土木工程施工组织设计精选系列 2

办公楼酒店上

中国建筑工程总公司 编著

中国建筑工业出版社

图书在版编目（CIP）数据

土木工程施工组织设计精选系列．2，办公楼酒店．上/中国建筑工程总公司编著．—北京：中国建筑工业出版社，2006

ISBN 978-7-112-08633-7

Ⅰ．土…　Ⅱ．中…　Ⅲ．①土木工程-施工组织-案例-中国②行政建筑-建筑施工-施工组织-案例-中国③饭店-建筑施工-施工组织-案例-中国　Ⅳ．TU721

中国版本图书馆 CIP 数据核字（2006）第 121327 号

多年来的施工实践表明，施工组织设计是指导施工全局、统筹施工全过程，在施工管理工作中起核心作用的重要技术经济文件。本书精选了20篇施工组织设计实例，皆为优中择优之作，基本上都是获奖工程。希望这些高水平建筑公司的一流施工组织设计佳作能够得到读者的喜爱。

本书适合从事土木工程的建筑单位、施工人员、技术人员和管理人员，建设监理和建设单位管理人员使用，也可供大中专院校师生参考、借鉴。

*　*　*

责任编辑：郭　栋
责任设计：郑秋菊
责任校对：张景秋　孟　楠

土木工程施工组织设计精选系列　2

办公楼酒店　上

中国建筑工程总公司　编著

*

中国建筑工业出版社出版、发行（北京西郊百万庄）
新华书店经销
北京密云红光制版公司制版
北京建筑工业印刷厂印刷

*

开本：787×1092 毫米　1/16　印张：80½　字数：1956 千字
2007 年 3 月第一版　2007 年 3 月第一次印刷
印数：1—3000 册　定价：**137.00** 元

ISBN 978-7-112-08633-7
（15297）

本社网址：http：//www．cabp．com．cn
网上书店：http：//www．china-building．com．cn

编辑委员会

前　　言

施工组织设计是指导项目投标、施工准备和组织施工的全面性技术、经济文件，在工程项目中依据施工组织设计统筹全局，协调施工过程中各层面工作，可保证顺利完成合同规定的施工任务，实现项目的管理精细化、运作标准化、方案先进化、效益最大化。编制和实施施工组织设计已成为我国建筑施工企业一项重要的技术管理制度，也是企业优势技术和现代化管理水平的重要标志。

中建总公司作为中国最具国际竞争力的建筑承包商和世界500强企业，一向以建造“高、大、新、特、重”工程而著称于世：中央电视台新台址工程、“神舟”号飞船发射平台、上海环球金融中心大厦、阿尔及利亚喜来登酒店、香港新机场、俄罗斯联邦大厦、美国曼哈顿哈莱姆公园工程等一系列富于时代特征的建筑，均打上了“中国建筑”的烙印。以这些项目为载体，通过多年的工程实践，积累了大量的先进技术成果和丰富的管理经验，加以提炼和总结，形成了多项优秀施工组织设计案例。这是中建人引以为自豪的宝贵财富，更是中建总公司在国内外许多重大项目投标中屡屡获胜的“法宝”。

此次我们将中建集团2000年后承揽的部分优势特色工程项目的施工组织设计案例约230余项收录整理，汇编为交通体育工程、办公楼酒店、文教卫生工程、住宅工程、工业建筑、基础设施、安装加固及装修工程、海外工程8个部分共9个分册，包括了各种不同结构类型、不同功能建筑工程的施工组织设计。每项施工组织在涵盖了从工程概况、施工部署、进度计划、技术方案、季节施工、成品保护等施工组织设计中应有的各个环节基础上，从特色方案、特殊地域、特殊结构施工以及总包管理、联合体施工管理等多个层面凸现特色，同时还将工程的重点难点、成本核算和控制进行了重点描述。为了方便阅读，我们在每项施工组织设计前面增加了简短的阅读指南，说明了该项工程的优势以及施工组织设计的特色，读者可通过其更为方便的找到符合自己需求的各项案例。该丛书为优势技术和先进管理方法的集成，是“投标施工组织设计的编写模板、项目运作实施的查询字典、各类施工方案的应用数据库、项目节约成本的有力手段”。

作为国有骨干建筑企业，我们一直把引领建筑行业整体发展为己任，特将此书呈现给中国建筑同仁，希望通过该书的出版提升建筑行业的工程施工整体水平，为支撑中国建筑业发展做出贡献。

目　录

第一篇

上海正大广场钢结构工程施工组织设计

编制单位：中建三局钢结构公司

编 制 人：熊　涛　徐　坤　高勇刚　严仍景　贺元发　贺振科

【简介】　上海正大广场钢结构工程是典型的钢结构安装工程，位于上海浦东核心商贸区内，场地窄小，给工程材料堆放与吊装都带来很大影响，在结构形式方面，钢结构安装工程与劲性梁、钢筋混凝土结构等相互交叉，在配合土建工程的进行方面做了精心的设计。该施工组织设计在具体的工程安装工艺、流程、注意事项等方面做了详尽的说明，其钢结构安装中的桅杆方案更是具有技术、经济的优势，有很高的借鉴参考价值。

目 录

1 编制说明

1.1 一般说明

正大广场工程由中建三局三公司总承包，中建三局四公司特种分公司承担钢结构的制作（含图纸深化）及安装任务，其中，钢结构制作委托专业厂家进行。正大广场钢结构工程施工组织设计按制作和安装分别编制，包括《正大广场钢结构制作工程施工组织设计》和《正大广场钢结构安装工程施工组织设计》，本册为《正大广场钢结构安装工程施工组织设计》，但作为钢结构工程的承包单位，中建三局四公司特种分公司对钢结构制作的承包管理包括在本册内。

本施工组织设计是在原《正大商业广场钢结构安装工程施工组织设计》的基础上，根据现场实际情况及公司的批复意见，经修改补充编制而成。钢结构安装使用的塔吊均由土建单位提供并由土建单位负责安装和拆除，因而本施工组织设计未考虑塔吊安装及拆除。

1.2 编制依据

1. 正大广场未完工程承包合同；
2. 正大广场建筑、结构施工图及有关设计变更；
3. 现行国家施工及验收规范；
4. 上海市有关法规及标准；
5. 局、公司有关企业标准。

1.3 构件代号

L——大楼梯；BL——钢天桥；RBL——商店天桥；WJ——天窗屋架。

2 工程概况

2.1 地理位置

正大广场位于上海市浦东陆家嘴富都世界 1 – A 地块、东方明珠电视塔下，北临陆家嘴交通要道，南接浦东香格里拉大酒店，西临浦东滨江大道，与浦西外滩隔江相望。

2.2 建筑特点

正大商业广场地下室东西长 270m、宽 121m，占地面积约 31000m^2；地面建筑物长约 260m，宽约 110m。该建筑地下 3 层，深 14m，地上 9 层，局部 10 层，层高 5m，建筑总高度约 50m，总建筑面积达 24 万平方米，是集商业、餐饮、娱乐、停车为一体的现代化综合建筑。各层建筑面积、层高及使用功能见表 2-1。

各层建筑面积、层高及使用功能　　表 2-1

层次	面积（m^2）	层高（m）	建筑功能及特点
B3	24000	3.500	停车房、污水处理站、冷库、地下人防、15 台电梯
B2	24000	4.950	停车场、超市、零售店、车道、快餐厅、15 台电梯
B1	24000	4.750	自行车库、超市、车道、15 台电梯
F1	24200	5.000	零售店、百货店、15 台电梯、26 台自动扶梯
F2	22700	5.000	零售店、百货店、15 台电梯、26 台自动扶梯，连接西部停车场
F3	22000	5.000	零售店、百货店、15 台电梯、26 台自动扶梯，通往东西天桥
F4	21400	5.000	零售店、百货店、15 台电梯、26 台自动扶梯
F5	19600	5.000	商店、美食广场
F6	18700	5.000	商店、餐厅
F7	18100	5.000	商店、餐厅
F8	15000	5.000	餐馆、游艺场、电影院、14 台电梯、10 台自动扶梯
F9	15000	5.000	电影院、俱乐部、10 台电梯、4 台自动扶梯
屋顶		6.717	电梯机房、发电机房、卫星天线、冷却塔、锅炉房

2.3　结构特征

本工程为预制方桩筏形基础，7 级抗震设防，主体主要为现浇钢筋混凝土框架结构，部分顶层采用钢框架结构。混凝土框架柱网为 9m × 11m，柱截面 80% 为 1.2m × 1.2m，梁高 900 ~ 1200mm，部分楼层还有劲性混凝土梁。

建筑物的西、中、东部各有一个天窗，分布在中部天窗下的 10 部天桥及各楼层中的大楼梯及 E 楼梯亦为钢结构。

2.4　钢结构工程概况及特点

正大广场钢结构共计约 3000 余件，计 5600t，高强螺栓约 2.5 万套，压型钢板 2 万多平方米，栓钉6万多颗，主要包括：

（1）E楼梯：分布在一~十层，均为双跑楼梯，共计238梯段，每梯段重量在2t以内。

（2）大楼梯：地下3部，地上12部，共计15部，均为单跑楼梯，分布在地下二层至地上九层，梯梁为方钢，最大截面为Ts300×1000×20×30，长度约24m，单件最大重量约20t，每部楼梯最轻为8t，最重达67.5t（L2-2）。

（3）劲性梁：共365t，均为工字钢H970×425×28×50，计57件，单件重量最重约12t。

（4）钢天桥：分布在五、六、七、八层，共10座，跨越中部天井，将南、北楼连为一体。其中，五、六、七层各有一座跨楼层天桥（商店天桥）。天桥跨度16~33.5m不等，主梁均为方钢，最大截面为Ts500×1800×30×80，单件重量48t，跨度33.5m，安装高度30~35m。

（5）八、九层屋面：为框架结构，柱为W14工字钢，主次梁分别为W970.8和W910.6，檩条为工字钢I20a，八层柱顶标高为47.650~48.070m，九层为49.61m（50.2m）。主梁最大长度23.525m，最大重量11.5t。八层钢结构总重量约1300t，九层约800t。

（6）天窗：包括东、西圆形天窗及中部弧形天窗三部分，共计18榀屋架，屋架均由方钢Ts360×250×14.5及Ts360×250×12拼焊而成。其中，西天窗直径30m，钢结构总量约180余吨，共5榀屋架，屋架高1.8m，端部顶标高57.787~50.214m，单件最重12.8t；东天窗直径38m，钢结构重约300余吨，共5榀屋架，屋架高2.9m，端部顶标高54.136~48.408m，单件最重约20t；弧形天窗钢结构重量约350t，共8榀屋架，屋架高1.8m，跨度18.2~26.2m，单件最重14t，另外弧形天窗两端各有一根截面为1000×1000×35的箱形弧形梁，最长36m，重约40t。

（7）观光走廊：为环形结构，外径67m，走廊宽度4.59m，标高53.1m，钢结构总量约220t。

钢结构除商店天桥（RBL-5、6、7）主梁Ts、钢屋架、劲性混凝土梁中的钢梁为16Mn钢，E50焊条焊接外，其余均为Q235钢E43焊条。所有钢结构出厂前应除锈，并刷防锈底漆二度。本工程钢结构型钢采用ASTM美国标准图，施工中选择焊接工字钢，压型钢板为U75-200，固定采用ϕ16圆柱头焊钉。

2.5 工期要求

根据合同，全部工程施工工期为626天，按业主的阶段性控制计划及总包的总体进度计划，钢结构安装工期自九层钢结构安装起计为85天，并于2000年7月31日钢结构封顶。

3 施工组织及管理

3.1 组织机构

本工程按项目法组织施工。由公司副总经理兼特种分公司经理熊××同志出任项目经理，并组织了一批专业知识水平较高、有一定的实践经验和组织管理能力、敢管肯干、责任心很强的中青年工程技术人员组成项目班子，代表分公司对工程实施管理。项目组织机构见图 3-1。

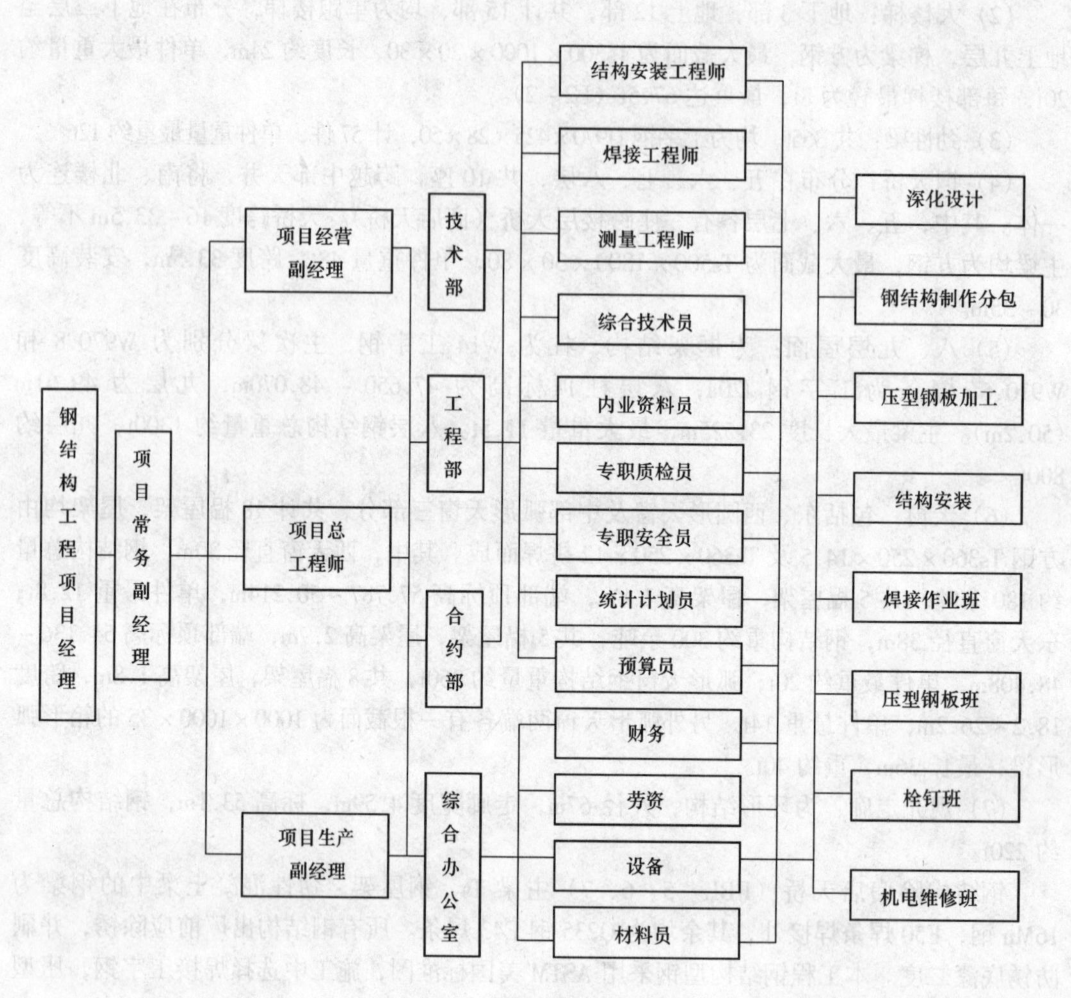

图 3-1　项目组织机构图

3.2　分包队伍的选择

正大广场钢结构安装由分公司自行完成。钢构件的制作（图纸深化）委托专业加工厂（设计单位）完成；经公司考察并报经总包、监理业主认可，八、九层屋面钢结构委托江南重工股份有限公司，钢天窗、钢天桥等剩余部分委托上海船厂洋泾分厂施工。图纸深化委托京华房地产咨询设计事务所上海分所进行。

3.3　对分包单位的管理

本工程为分公司及公司首次承接的包括图纸深化、钢构件制作及安装的大型钢结构工程，对分包单位管理的成功与否直接影响到工程的成败。为此，在分公司慎重选择分包单位的同时，项目部必须采取有效措施，强化对分包单位的管理。

（1）按国际惯例，充分利用经济杠杆，严格履行合同，实施合同管理；

(2) 项目总工牵头，配备专职技术人员与构件加工厂有关技术人员配合，及时做好与设计院的技术协调工作，加强对图纸深化进度及质量的控制，确保深化图纸在满足原设计及国家有关规范要求的同时，满足工厂制作及现场安装工艺的要求。

(3) 为了加强对构件加工的工期及构件加工质量进行监督和管理，项目部委派驻厂代表，负责对加工厂的构件加工进度和质量进行监督、检查和管理。

(4) 按业务关系，项目部各部门对口加工厂（分包单位）的相应部门进行对口管理。

(5) 建立项目例会制度，及时地反映和处理分包单位在施工过程中出现的各种问题。

4 施工部署

4.1 施工总体部署

(1) 根据本工程单层施工面积大、工期紧、质量要求高，八层以下钢结构工程量相对较少且分散，八层以上屋面及天窗工作量大，施工难度高等实际情况，八层以下钢结构安装紧随土建进度，及时插入跟进施工；八层以上屋面及天窗按平面分区分段，各工序交叉作业，流水施工。

(2) 考虑到钢天窗、钢天桥部分构件需采用桅杆起重机安装，为便于管理，组织一个安装队，利用桅杆起重机负责该部分构件的安装，并利用塔吊完成相关部分构件的安装。

(3) 分部分项工程的划分。根据正大广场钢结构工程实际，参照有关规范，对正大广场钢结构分部分项工程划分如下：

1) 分部工程

a.E 楼梯

b. 大楼梯

c. 劲性梁

d. 钢天桥

e. 八、九层屋面钢结构

f. 钢天窗（观光走廊）

g. 雨篷

2) 钢结构制作分项工程

a. 钢柱制作分项

b. 钢梁制作分项

c. 钢桁架（屋架）制作分项

d. 钢平台、钢楼梯制作分项

e. 支撑系统制作分项

f. 钢结构焊接分项

g. 栓钉焊接分项

h. 涂装分项

3) 钢结构安装分项工程

a. 主体结构安装分项

b. 钢平台、楼梯安装分项
c. 钢结构焊接分项
d. 高强螺栓连接分项
e. 压型钢板安装分项
f. 栓钉焊接分项
g. 涂装分项

(4) 钢结构工程验收。根据总包的总体部署，主导工序钢筋混凝土结构工程拟分六次进行核验，验收按一~八层每两层一次组织，屋面及顶层钢结构各一次组织。结合钢结构工程实际，钢结构验收也分阶段进行，劲性梁与土建同步验收，钢楼梯、钢天桥每四层验收一次，屋面及天窗各验收一次。

4.2　施工区段的划分及施工顺序

4.2.1　施工区段划分

根据正大广场钢结构八层以下工作量较小且相对分散、八层以上工作量大且比较集中及土建地上结构施工区段的划分情况，八层以下钢结构安装分区同土建地上结构施工区段，划分为A、B、C、D四个区，钢结构紧随土建及时插入施工（图4-1）。

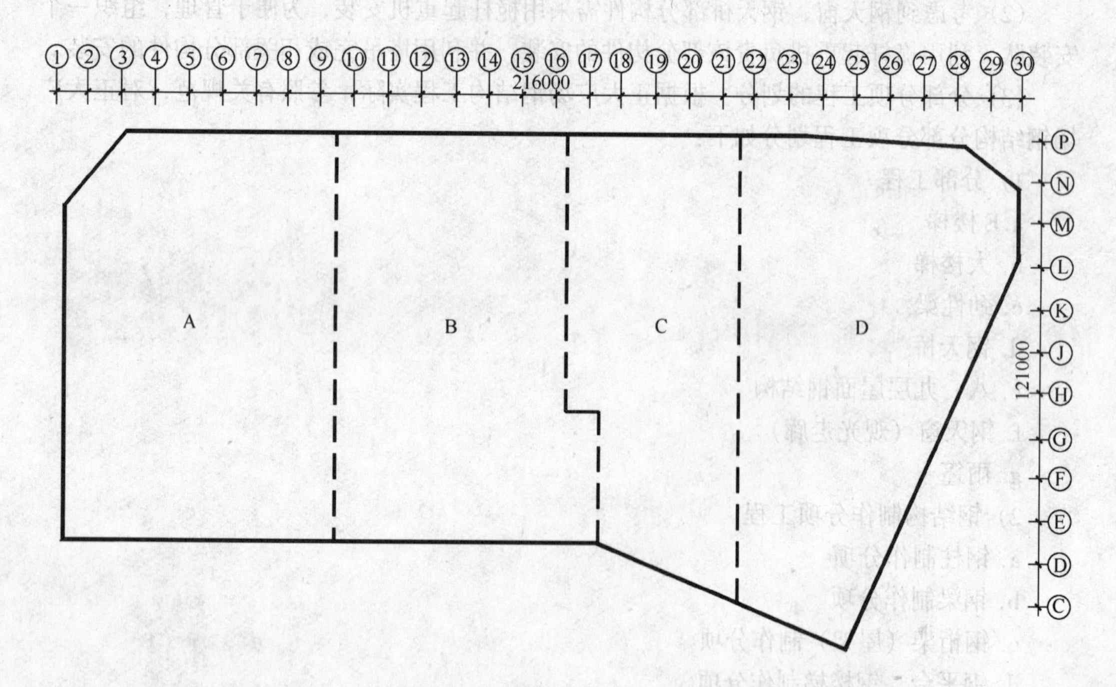

图4-1　土建地上结构施工区段划分示意图

八层以上钢结构安装划分为四个区（图4-2）：八、九层屋面根据构件分布及塔吊布置情况划分为三个区（Ⅰ、Ⅱ、Ⅲ区），天窗部分划分为一个区（Ⅳ区）。与四个区相对应地组织四个钢结构安装作业队，各工种密切配合，相互穿插，有序搭接，流水作业，负责四个区的钢结构安装施工。其中，天窗吊装作业队（Ⅳ区）除承担钢天窗的吊装外（部分构件利用桅杆起重机安装），还需利用桅杆起重机安装弧形天窗下的几部大型天桥（塔吊不能安装）。

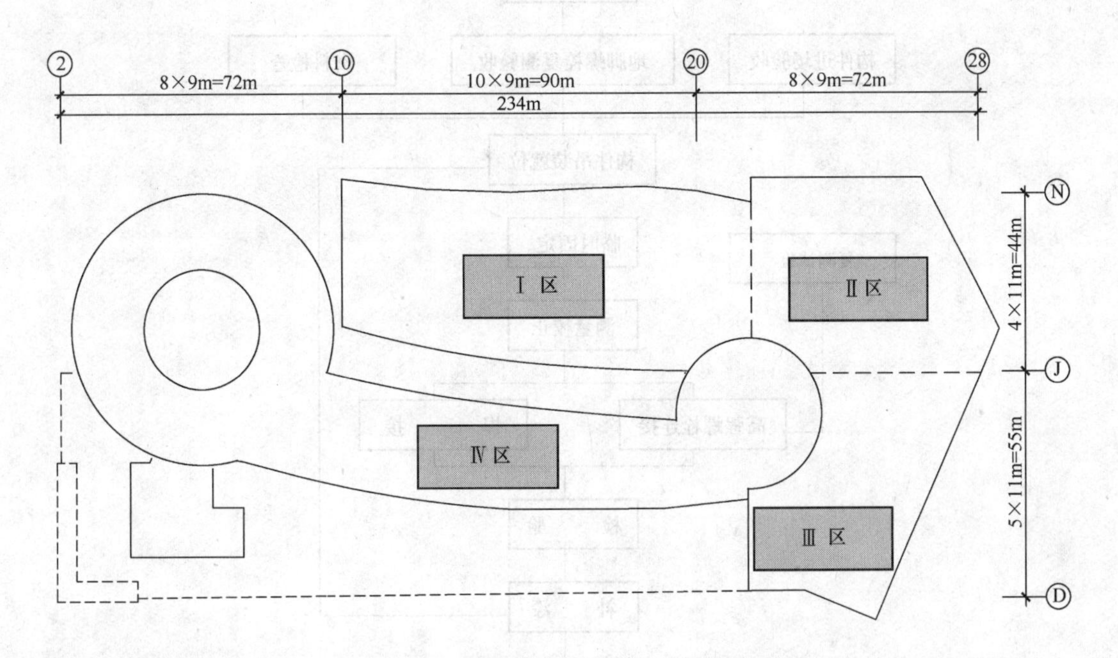

图 4-2 八层以上钢结构吊装分区示意图

4.2.2 施工顺序

总体吊装顺序：劲性梁→E 楼梯、大楼梯→钢天桥（商店天桥 RBL5、6、7 除外）→Ⅰ区八层、Ⅱ区及Ⅳ区东天窗→Ⅲ区、Ⅰ区九层、Ⅳ区弧形天窗（含商店天桥）、西天窗→钢雨篷。

各层劲性梁与土建钢筋工程同步施工；E 楼梯、大楼梯滞后土建两个结构层，钢天桥（商店天桥除外）滞后土建一个结构层，紧随土建进度，及时插入施工；土建施工完八层时，Ⅰ区八层、Ⅱ区及Ⅳ区东天窗分别利用 2#、3#、6# 塔吊同时施工；土建施工完九层，Ⅰ区八层安装完成后，2# 塔吊进行Ⅰ区九层安装。东天窗安装完成后，6# 塔吊进行Ⅳ区安装。与此同时，分别利用 5#、1# 塔吊（桅杆起重机）按由东向西的顺序进行弧形天窗和西天窗的施工。北立面大雨篷在九层屋面完成、2# 塔吊拆除后利用汽车吊施工。

八、九层屋面钢结构施工面积较大，吊装施工时根据塔吊作业半径，利用 2#、3# 及 6# 塔吊，以开间为结构单元，采用综合法吊装。由中间开始向四周展开，各工种互相穿插，有序搭接，流水作业。每天安装的构件应形成空间稳定体系，以增强结构的稳定性，确保安装质量和结构安全。

天窗施工按由东向西的总体顺序，采用桅杆起重机依次安装东天窗、弧形天窗，西天窗的屋架、天窗部分的其他构件同时跟进，利用塔吊安装。弧形天窗屋架安装由中部开始向两侧推进。天桥 RBL－7 与 WJ4、5、6 按先天桥主梁后屋架的顺序，利用同一台桅杆起重机安装。

4.2.3 主要工艺流程

（1）钢结构安装施工工艺流程

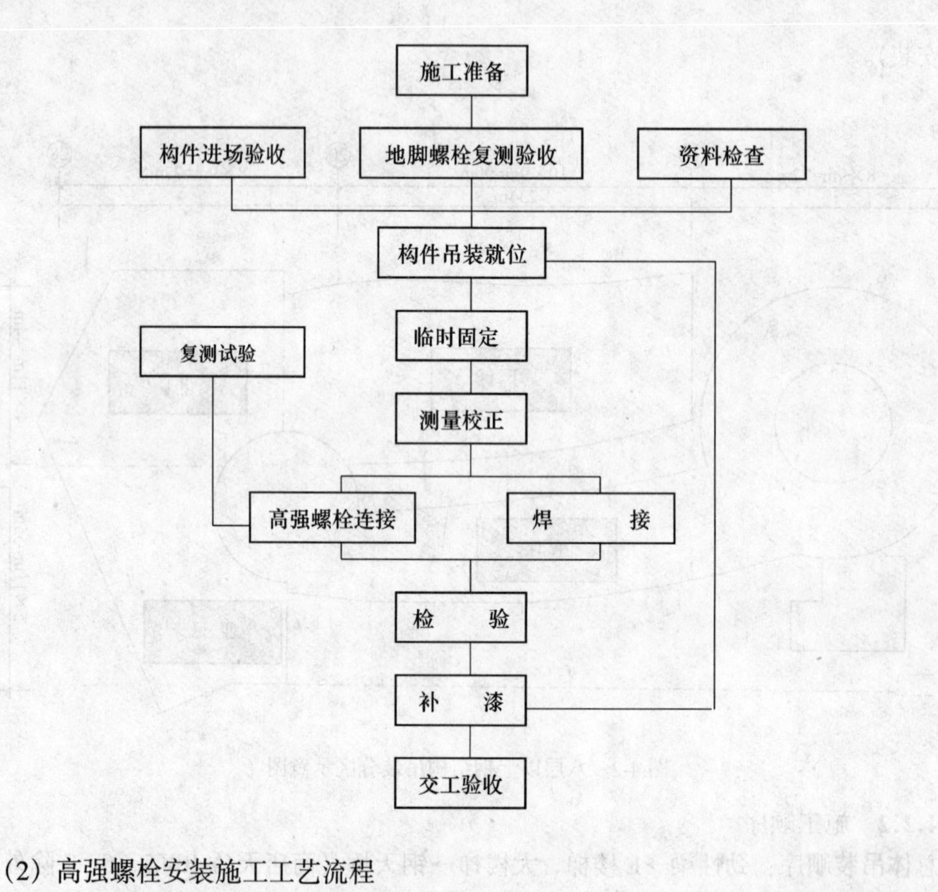

（2）高强螺栓安装施工工艺流程

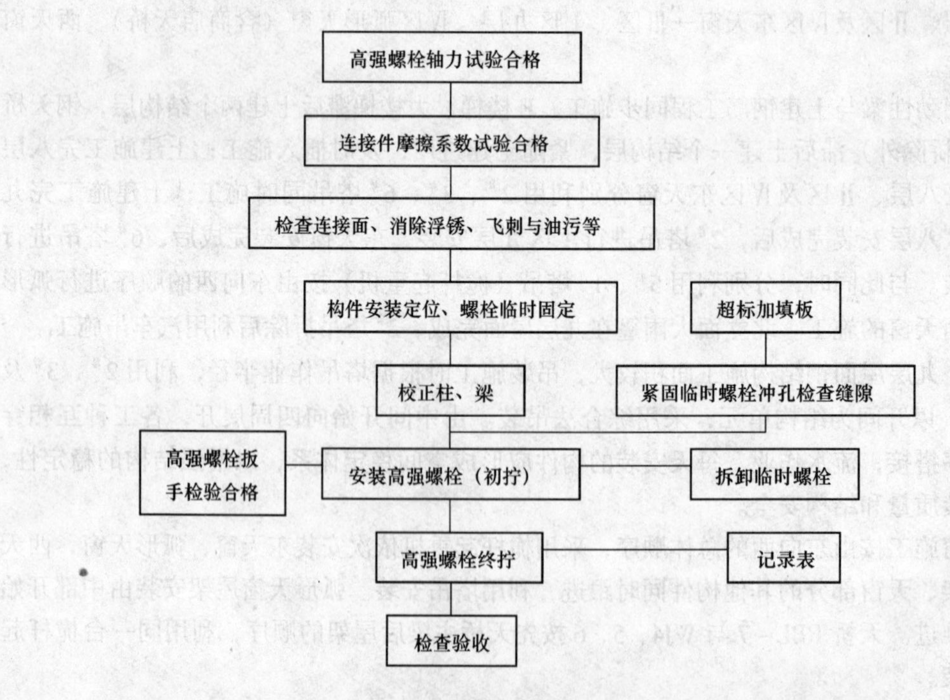

(3) 钢结构焊接施工工艺流程

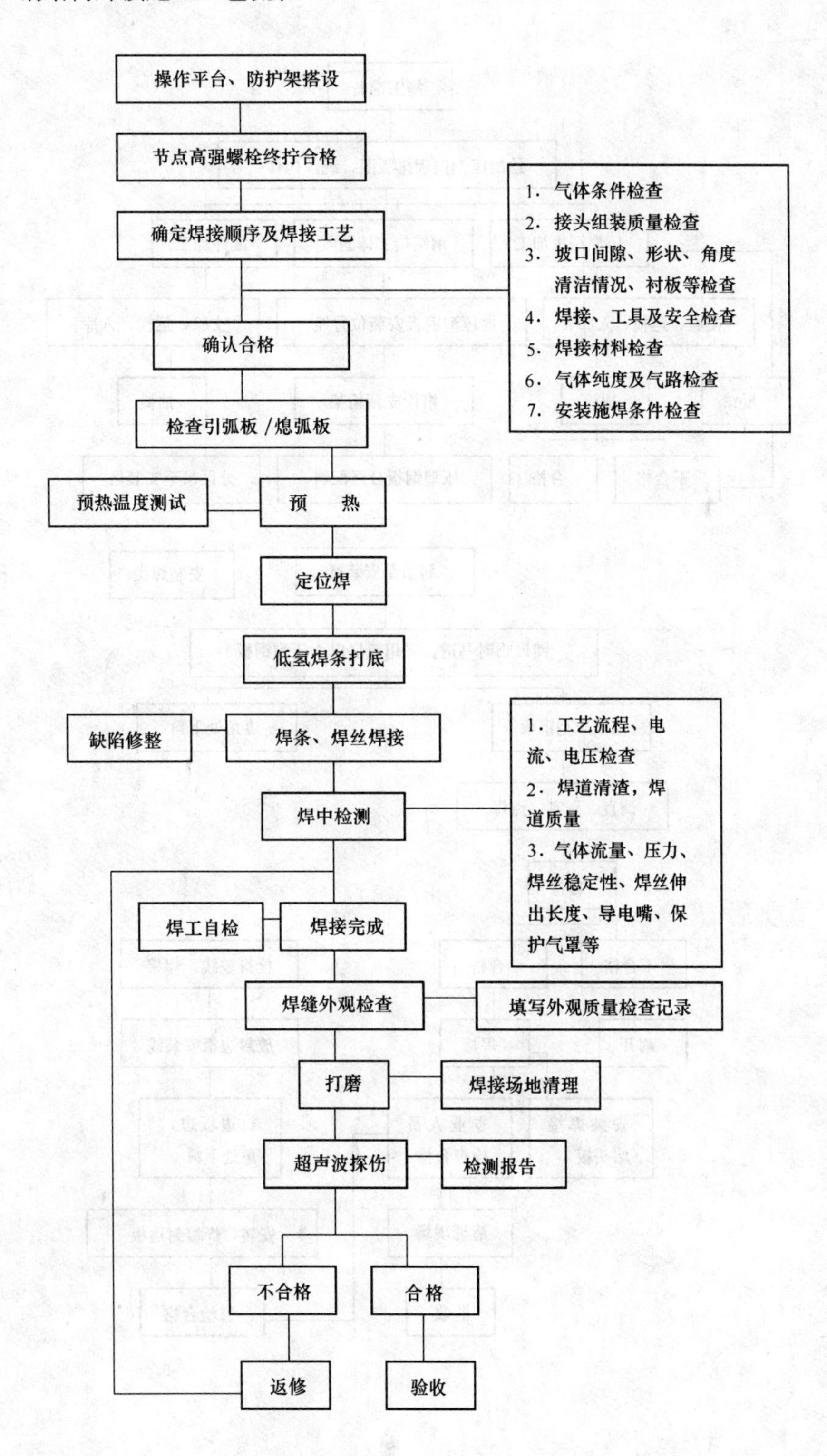

(4) 压型钢板安装工艺流程

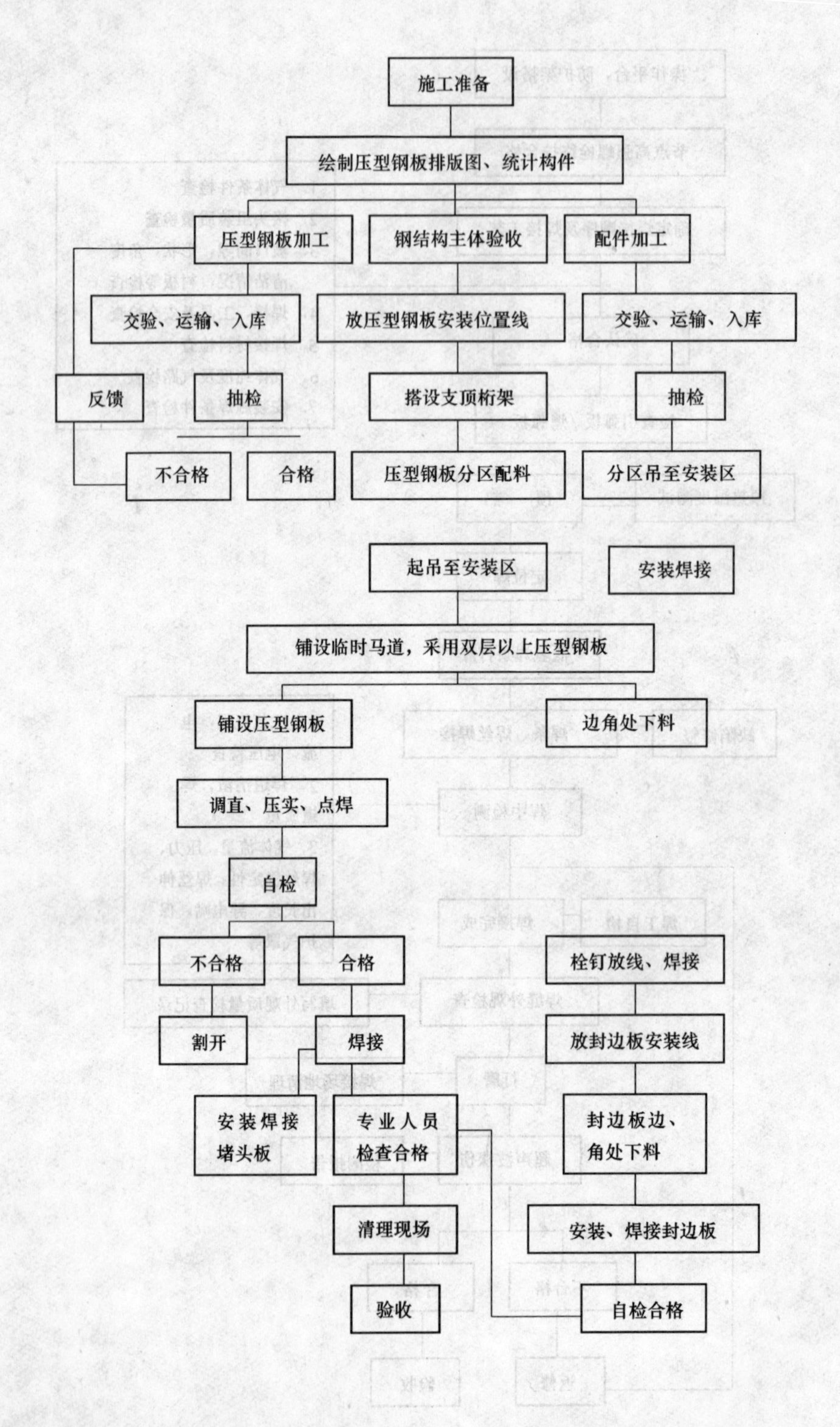

(5) 栓钉焊接施工工艺流程

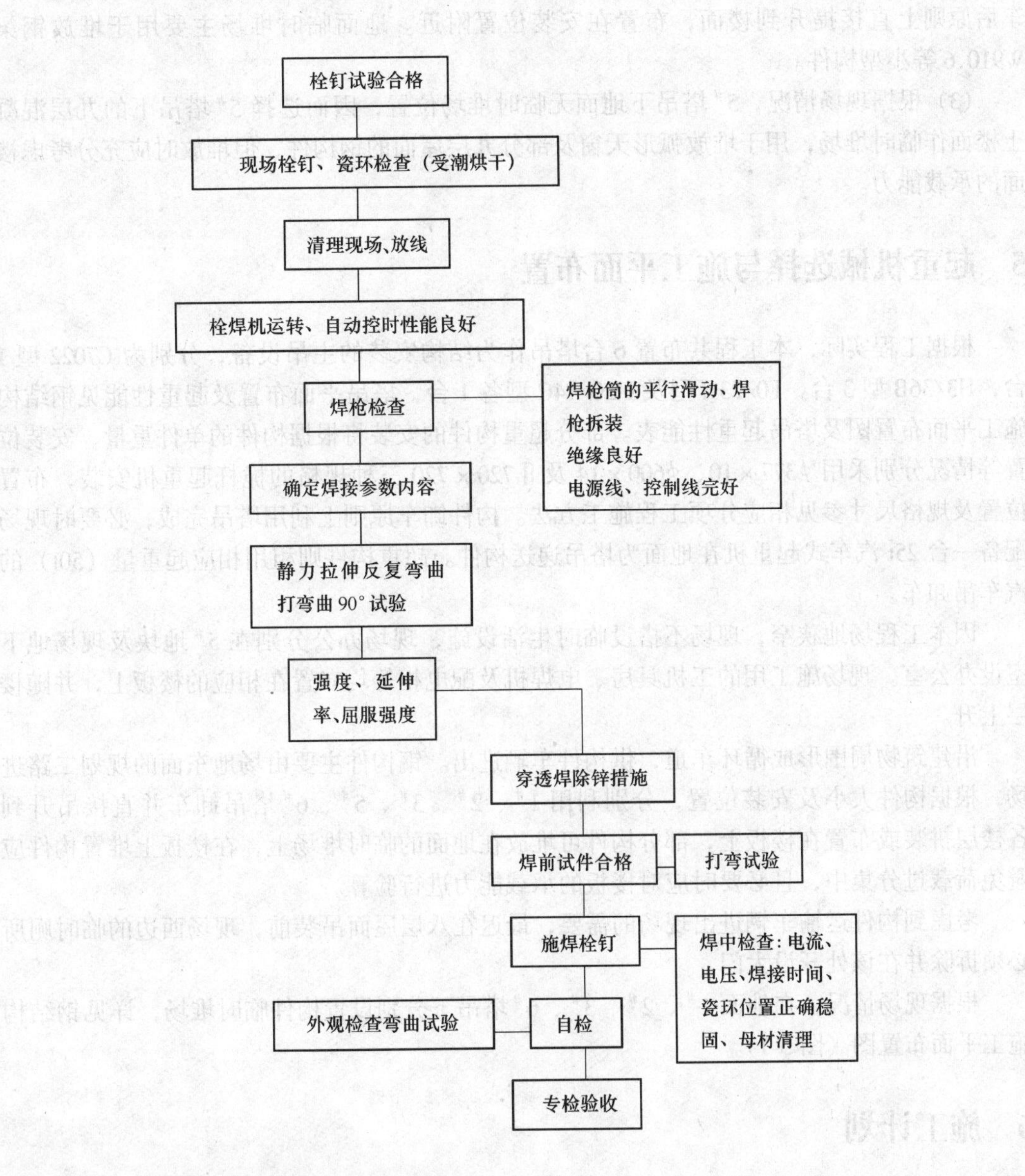

4.2.4 钢构件临时堆场总体规划

正大广场工程施工面积大，工期紧，交叉作业多且现场极其狭窄。结构安装施工总周期较长，但工作量极不均衡。八层以下只能随土建进度进行零星钢构件的安装。八层以上却必须在 85d 内完成 4000t 钢构件的安装任务，因而构件进场的组织也是确保工期的关键之一。为保证构件进场的顺利进行，特对现场钢构件临时堆场作如下总体规划：

(1) 八层以下钢构件均由上海船厂洋泾分厂制作。原则上构件进场后直接吊至安装位置，确需短时间堆放时，根据构件安装位置、塔吊情况，与土建、总包协商就近堆放，在可能的情况下，1#、2#、3#、6#塔吊下应考虑钢构件堆场。

(2) 钢结构屋面吊装时，1#、2#、3#、6#塔吊下地面必须设钢构件堆场，具体位置见钢结构施工平面布置图。考虑屋面柱及主梁 W970.8 外形尺寸较大，单件较重，构件卸车后原则上直接提升到楼面，布置在安装位置附近。地面临时堆场主要用于堆放钢梁 W910.6 等小型构件。

（3）根据现场情况，5#塔吊下地面无临时堆场位置，因而选择 5#塔吊下的九层混凝土楼面作临时堆场，用于堆放弧形天窗及部分九层屋面的钢构件，但堆放时应充分考虑楼面的承载能力。

5　起重机械选择与施工平面布置

根据工程实际，本工程共布置 6 台塔吊作为结构安装的主吊设备，分别为 C7022 型 1 台，H3/36B 型 3 台，F0/23C 型及 H20/14C 型各 1 台，塔吊平面布置及起重性能见钢结构施工平面布置图及塔吊起重性能表。部分超重构件的安装将根据构件的单件重量、安装位置等情况分别采用 $\phi377\times10$、$\phi600\times14$ 及Ⅱ720×720 三种规格的桅杆起重机安装，布置位置及规格尺寸参见相应分项工程施工方法。构件卸车原则上利用塔吊完成，必要时现场配备一台 25t 汽车式起重机在地面为塔吊递送构件。超重构件则租用相应起重量（50t）的汽车吊卸车。

因本工程场地狭窄，现场不搭设临时生活设施，现场办公分别在 5#地块及现场地下室设办公室。现场施工用的工机具房、电焊机及配电柜等均布置在相应的楼板上，并随楼层上升。

沿建筑物周围形成循环车道，供构件车辆进出。钢构件主要由场地东面的规划二路进场，根据构件大小及安装位置，分别利用 1#、2#、3#、5#、6#塔吊卸车并直接吊升到各楼层拼装或布置在楼板上，部分构件可堆放在地面的临时堆场上，在楼板上堆置构件应避免荷载过分集中，且必要时应对楼板的承载能力进行验算。

考虑到构件运输车辆进出现场的需要，最迟在八层屋面吊装前，现场西边的临时厕所必须拆除并在该处开设大门。

根据现场情况，在地面 1#、2#、3#、6#塔吊下分别设置构件临时堆场，详见钢结构施工平面布置图（图 5-1）。

6　施工计划

6.1　各类施工计划

6.1.1　施工进度计划

施工总进度计划及钢天窗（商店天桥）、八、九层屋面钢结构安装施工进度计划分别参见有关进度计划，此处略。

6.1.2　劳动力计划

八层以下钢结构安装计划投入劳动力 40 人左右，八层以上计划 179 人。八层以上钢结构安装劳动力计划见表 6-1。

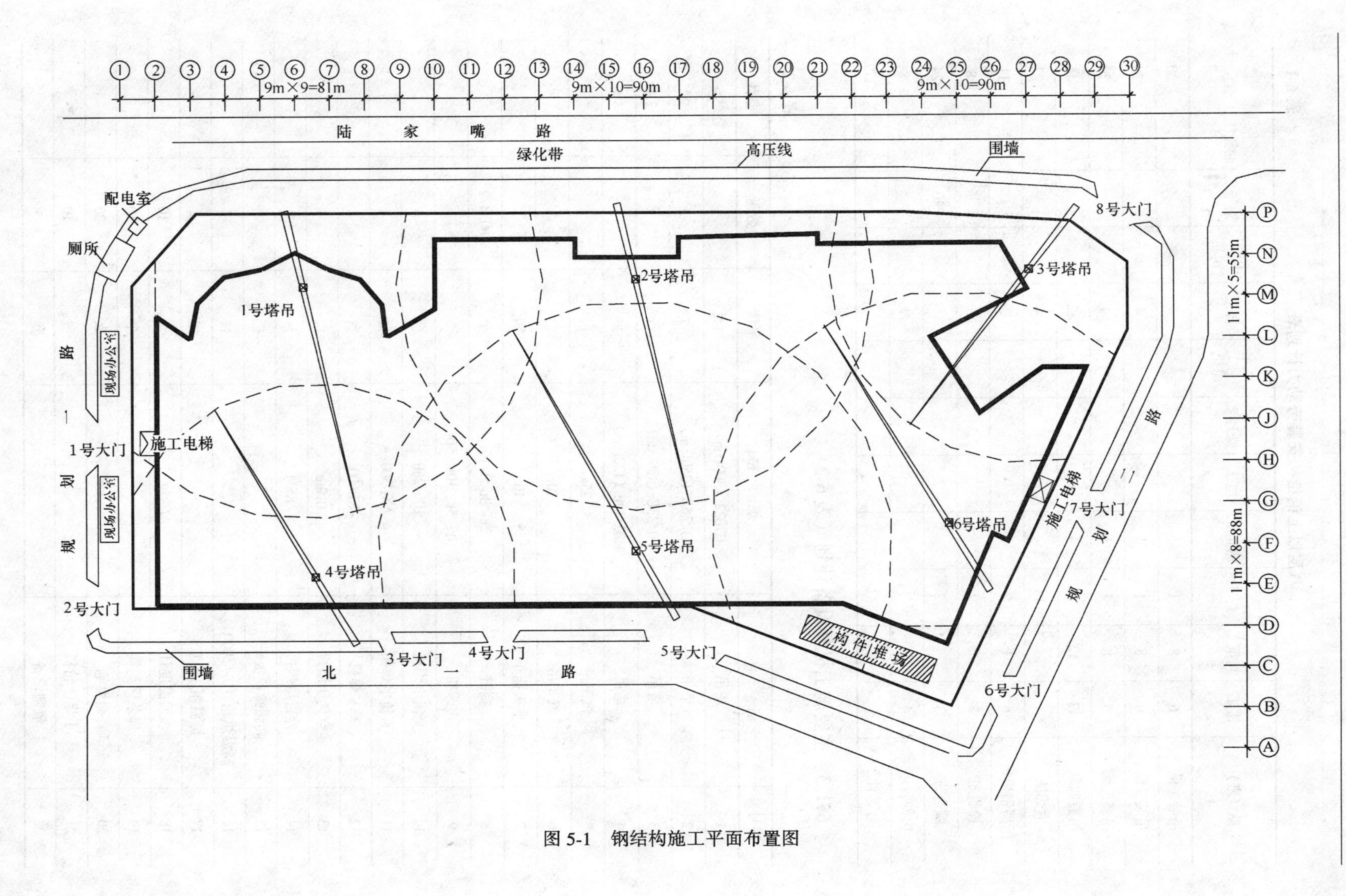

图 5-1 钢结构施工平面布置图

八层以上钢结构安装劳动力计划表　　表 6-1

队（班）	钳工	起重工	焊工	测量工	电工	修理工	吊车司机	普工	汽车司机	架子工	油漆工	合　计
吊装一队	6	8	1	1				4				20
吊装二队	6	8	1	1				4				20
吊装三队	6	8	1	1				4				20
吊装四队	12	12	6	4				12				46
电焊队			18					4				22
压型钢板班	6	1	2					2				11
栓钉班	3		2					3				8
综合班	3		2		3	2				10	4	24
构件转运	4	2						2				8
合　计												179

6.1.3　主要施工机具设备计划（表 6-2）

表 6-2

序号	名　　称	规　　格	单位	数量	备注
1	塔吊	C7022（300t·m）	台	1	5#
2	塔吊	H3/36B（250t·m）	台	3	1#、2#、6#
3	塔吊	F0/23C（120t·m）	台	1	3#
4	塔吊	H20/14c（120t·m）	台	1	4#
5	汽车吊	25t	台	1	
6	汽车吊	50t	台	1	
7	平板拖车	10t	辆	1	
8	捯链	2t～3t/5t/10t	个	60/4/2	
9	卸扣	3t、5t、10t、50t			
10	交流电焊机	BX_1-250	台	4	
11	直流电焊机	AX_1-300	台	4	
12	CO_2 焊机	KR600	台	8	
13	空气压缩机	0.9m^3	台	4	
14	栓钉熔焊机	KSM	台	2	
15	高强螺栓扳子		把	2	
16	高温烘箱（0～500℃）		台	2	
17	恒温箱 150℃		台	2	
18	表面温度计		支	10	
19	焊条保温筒		个	10	
20	测温笔		支	20	
21	手提砂轮机		台	10	
22	氧割设备		套	5	

续表

序号	名 称	规 格	单位	数量	备注
23	碳弧气割枪		支	20	
24	钢管脚手架		t	20	
25	碗扣式脚手架		t	15	
26	经纬仪	J_2	台	2	
27	水准仪	S_1	台	2	
28	塔尺	5m	把	2	
29	50m校准不锈钢卷尺		把	1	
30	50m钢卷尺		把	2	
31	水平尺	1000mm	把	8	
32	对讲机		对	6	
33	螺旋千斤顶	20t	只	6	
34	工具房		间	8	
35	回转格构式桅杆起重机	Ⅱ720×720	台	1	
36	$\phi600\times14$	$\phi600\times14$桅杆起重机	台	1	
37	$\phi377\times10$	$\phi377\times10$桅杆起重机	台	1	
38	Ⅲ1400×1400标准节		m	20	
39	卷扬机	10t	台	1	
40	卷扬机	5t	台	6	
41	卷扬机	1t	台	8	
42	滑车组	H80×8D	套	2	
43	滑车组	H50×6D	套	5	

6.1.4 钢结构工程技术复核及验收计划

见表6-3和表6-4。

钢结构安装中间验收计划 **表6-3**

序 号	验 收 项 目	参 加 验 收 人
1	地脚螺栓预埋	吊装工长、质监员
2	钢结构主体安装	吊装工长、质监员
3	高强螺栓连接	吊装工长、质监员
4	焊接	焊接工长、质监员
5	压型钢板铺设	工长、质监员
6	栓钉焊接	工长、质监员

钢结构安装技术复核计划表 **表6-4**

序 号	项 目	复 核 人
1	预埋地脚螺栓	工长、安装技术员
2	安装定位放线	工长、测量工程师、技术负责人
3	构件分段位置及节点处理	吊装工长、技术负责人
4	脚手架搭设	工长、综合技术员、安全员

6.1.5 钢结构制作与安装质量控制计划

(1) 钢结构制作质量控制计划表（表6-5）

钢结构制作质量控制计划表　表 6-5

序号	作业程序名称	质量控制内容
1	原材料检验	材料品种、规格、型号及质量符合设计及规范要求
2	切割、号料	各部位尺寸核对
3	切割、下料	直角度、各部位尺寸检查、切割面粗糙度、坡口角度
4	钻孔	孔径、孔距、孔边距、光洁度、毛边、垂直度
5	成型组装	钢材表面熔渣、锈、油污等清除、间隙、点焊长度、间距、焊脚、直角度、各部位尺寸检验
6	焊接	预热温度、区域、焊渣清除、焊材准备工作、焊道尺寸、焊接缺陷、无损检测
7	端面加工修整	长度、端口平直度、端面角度
8	除锈	表面清洁度、表面粗糙度
9	涂装	目测质量、涂层厚度
10	包装编号	必要的标识、包装实物核对
11	储存	堆放平整、防变形措施、表面油漆状况
12	装运	装车名细表、外观检查
13	预拼装	安装部位尺寸偏差、方向标识
14	隐蔽验收	箱形构件封闭前验收、涂装前验收

（2）钢结构安装质量控制计划表（表 6-6）

钢结构安装质量控制计划表　表 6-6

序号	作业程序名称	质量控制内容
1	原材料、钢构件等的检查	核对材质规格、出厂证明书检查、各部尺寸的测量、构件外观检查、必要的理化试验
2	堆存内运	外观检查、防变形措施
3	基础复测	轴线、标高、平整度
4	垫板设置	填实情况、尺寸位置、固定情况
5	吊装就位与调整	吊装垂直度、水平度、位移偏差等尺寸检查
6	高强度螺栓连接	试验报告、初拧与终拧扭矩、摩擦面的处理情况、终拧后的检查
7	焊接	预热情况、焊渣清除、焊道尺寸、焊接缺陷与处理、必要的理化试验和无损检测
8	矫正	结构纠偏措施实施情况
9	实测记录	实测数据核实认证
10	除锈	表面清洁度、外观油污等
11	压型钢板安装	支承长度、搭接长度、锚固连接件的数量、间距、设置位置、连接可靠程度
12	栓钉焊接	焊接外观质量、弯曲检查
13	涂装	测定涂装厚度、气候情况、补漆处的处理等
14	交工验收	资料准备情况、实物质量情况

6.2 施工进度计划保证措施

八层以上钢结构总重量约4000t，且施工难度大、技术含量高，加上部分区域八层以上有一~两层钢筋混凝土楼层，待混凝土楼层完工后才能交出工作面，而工期仅为85d。为了确保工程按期完工，特制定以下措施：

(1) 充分利用八层以下土建施工时间，切实做好施工准备工作，编制切实可行的施工准备工作计划，并建立严格的责任和检查制度。做到有计划、有分工、有布置、有落实、有检查，保证按期完成。

(2) 强化对图纸深化设计单位的管理，委派专人负责与设计院、加工厂等单位的协调配合，确保图纸深化的进度，并使深化图纸在符合设计及有关规范的前提下，满足工厂制作及现场安装的工艺要求。

(3) 提前做好技术准备工作，各级施工技术人员提前学习研究图纸，理解设计意图，及时与设计人员协调解决有关技术问题，并编制科学合理的施工方案，确保现场施工连续进行。

(4) 积极推广“四新”技术，加快施工进度；如采用半自动 CO_2 气体保护焊、高强度螺栓连接技术等。

(5) 公司抽调精干的管理人员和骨干施工队伍，组建项目经理部。公司全力保证，优先安排人力、物力，确保工程按计划顺利实施。

(6) 加强对分包单位的管理：所选择的分包单位要有一定的企业资质、技术素质及施工生产能力，既能保证工程质量，又能保证施工进度，并与各分包签定施工进度目标协议书，奖罚合理，及时兑现。

(7) 编制科学合理的施工进度计划，推行全面计划管理，坚持以每周计划为小节点，每日生产协调会、周技术协调会等制度，加强计划实施的严肃性。

(8) 充分利用本工程的施工作业面，立体交叉流水作业，全方位同时组织施工。

(9) 采取合理的施工技术措施，优先使用塔吊进行拼装和安装。

(10) 精心组织、指挥得力，加强现场的协调调度工作，超前预测并及时解决好施工过程中可能发生的技术、劳动力、机具设备、工序交接及材料等问题，使施工始终紧张有序、有条不紊地进行。

(11) 采取24h满负荷两班倒的作业方式，并建立青年突击队，大力开展劳动竞赛活动。

(12) 加强对钢构件生产厂家的质量管理和进度控制，保证合格构件按计划及时进场。

(13) 加强质量管理，各分项工程一次成优，以高质量保证高速度。

(14) 加强安全管理，确保施工安全。

7 施工准备

7.1 技术准备

(1) 施工前，组织有关工程技术人员认真学习施工图纸、了解设计意图，在此基础上对施工图中建筑与结构是否一致，尺寸、标高等是否正确及技术要求是否明确等进行审查，并组织图纸会审，及时解决施工图中的有关问题。

(2) 组织图纸深化设计单位的有关人员，充分了解钢结构工程制作及现场安装的施工工艺，确保钢结构深化图纸在满足设计及国家有关规范的前提下，满足工厂制作及现场安装的工艺要求。

(3) 针对工程实际，编制和优化施工组织设计、重要分项工程及特殊过程、关键工序的作业指导书，用以指导施工。

(4) 拟定有关工艺评定试验计划，经总包、监理认可后组织实施。

7.2　物资准备

(1) 编制构件、材料、工机具使用计划。

(2) 签订物资供货合同，落实施工工机具。

(3) 重点落实桅杆起重机及配套设备。

7.3　劳动组织准备

(1) 组织精干高效的项目领导及管理班子，分工明确，职责分明。

(2) 组织精干的施工队伍，特别是大型构件安装队伍，要求技术素质高、施工经验丰富并且配合默契。

7.4　现场施工准备

(1) 及时与总包有关部门联系，进行测量控制网的交接并办理相关手续。

(2) 预埋件的设置：本工程预埋件数量多、位置分散，应由专人负责与土建单位密切配合，确保埋件埋设位置、标高准确，并于安装前对埋件的数量、位置、标高逐一进行检查复核，做好记录，有偏差的要及时进行处理。

(3) 钢柱基础的验收。钢柱基础地脚螺栓的埋设精度，直接影响钢柱的安装质量和安装速度。在钢柱吊装前，必须对已施工的地脚螺栓的埋设位置、间距进行认真检查验收，并认真做好记录。对偏差较大超规范者，要及时提请总包解决；同时，对地脚螺栓进行检查，对弯曲变形者要进行校正，对损坏的螺牙进行修理，并对所有螺栓抹上机油润滑，然后用橡胶套套上进行保护。

对柱基础的行列轴线、标高，进行验收和复核，并做好记录，以此作为结构安装的依据。为便于安装和保证安装精度，验收后要用红色油漆明显标示柱安装对位的“十”字线，并设置钢柱标高调整螺母，使柱标高达到设计规定要求。待柱和梁安装完毕，校正固定后，进一步拧紧地脚螺栓，再在柱脚灌入不收缩砂浆。

(4) 构件的验收与堆放。本工程钢结构量大、构件复杂、型号品种多、技术要求高，搞好构件验收及堆放工作是确保结构安装质量和速度的重要保证。为此，本工程的构件验收将组织专门班子，按照构件进场计划，依据设计图纸、钢结构施工质量验收规范认真进行。

首先，应检查构件加工制作的各项质量保证资料，包括产品质量证明书（构件合格证)、钢材及连接材料的质量证明书和试验报告、焊缝质量、检验报告、组合构件的质量检查报告及其他有关的技术资料。

然后对照构件发运清单，根据设计要求及规范规定对构件的型号、几何尺寸、开孔位置、孔径、孔距、孔数、连接件的位置、轴线标高标记、构件的加工精度及焊缝进行检查和验收，并做好记录。

构件验收合格后，根据构件的安装位置和先后顺序，按照构件堆放布置图，按型号分类，整齐地堆放到指定地点。

8 主要施工方法

8.1 钢楼梯安装

钢楼梯由E楼梯和大楼梯两部分组成。E楼梯为双跑楼梯，分布在1～10层⑩～㉙轴，共计238个梯段，每梯段重量均在2t以内。大楼梯为单跑楼梯，共15部，分布在－2～9层。主梁为方钢，最大截面Ts300×1000×30（20），长度在11～24m之间，单件最大重量约20t。最轻的大楼梯为8t，最重的达67.5t。

E楼梯平面位置示意图见图8-1。

大楼梯平面位置示意图见图8-2。

8.1.1 E楼梯安装

E楼梯以梯段为安装单元。梯梁和踏步在工厂加工成整体运至现场，利用相应区域的塔吊，直接从地面提升就位安装。

吊装时采用钢丝绳四点绑扎，配两副捯链调平，以便于梯段就位，如图8-3所示。

E楼梯安装应紧随土建施工进度及时插入，逐层跟进施工。

8.1.2 大楼梯安装

大楼梯采用分件吊装，即将整部楼梯分为主、次梁及连系梁等部件，按顺序安装。

（1）主梁吊装

主梁吊装时，根据主梁长度采用不同的绑扎方法。梁长小于15m时，采用钢丝绳两点绑扎；梁长大于15m采用四点绑扎，并通过选用两根长度不同的钢丝绳调整梯梁就位时的仰角，如图8-4所示。

（2）连系梁安装

连系梁为工字钢I25a，采用多头吊索，利用塔吊一次吊装多根，以提高安装速度。

（3）L2-2楼梯主梁安装

1）构件概况

L2-2楼梯为单跑楼梯，梯宽约10m，位于西区圆形天窗下⑤～⑧，Ⓙ～Ⓛ轴间。楼梯主梁均为方钢，共7根，截面为Ts300×1000×20×30，单件重量为1.8～15.2t不等，梯梁间连系梁为I25a，连系梁与主梁之间为焊接连接。全部楼梯包括主梁及主梁间连系梁，共计约70t。主梁概况见表8-1。

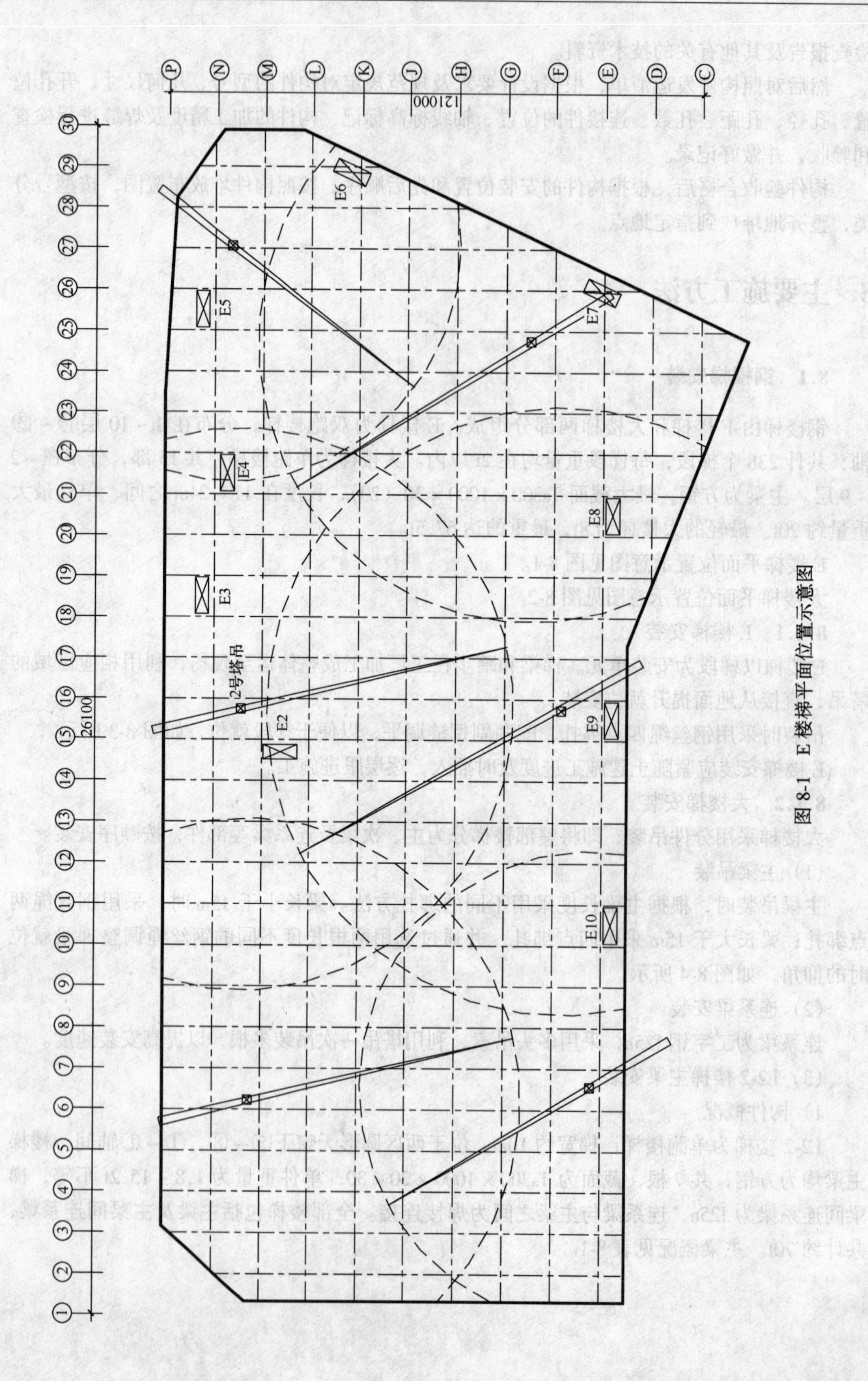

图 8-1 E楼梯平面位置示意图

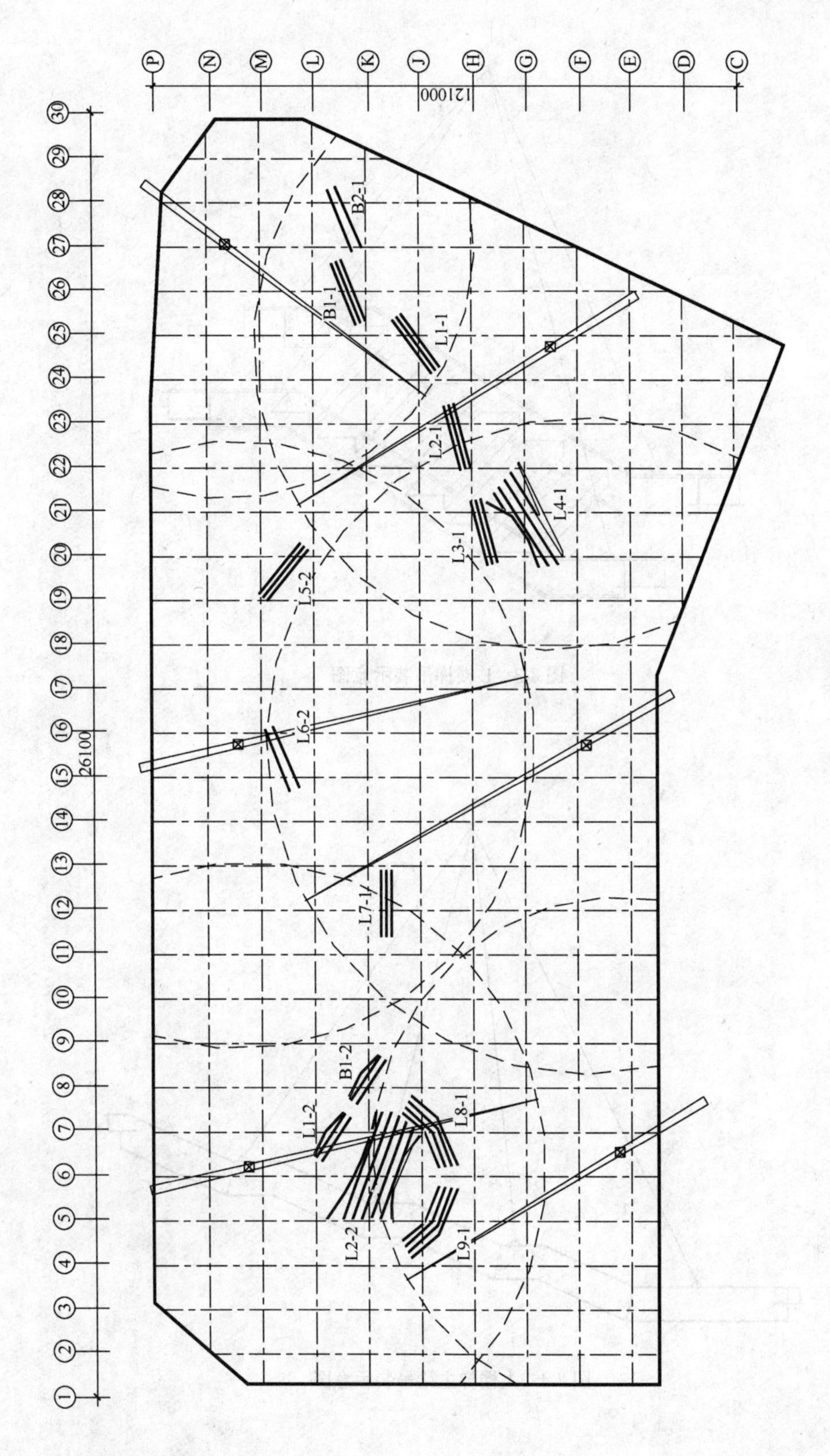

图 8-2　大楼梯平面位置示意图

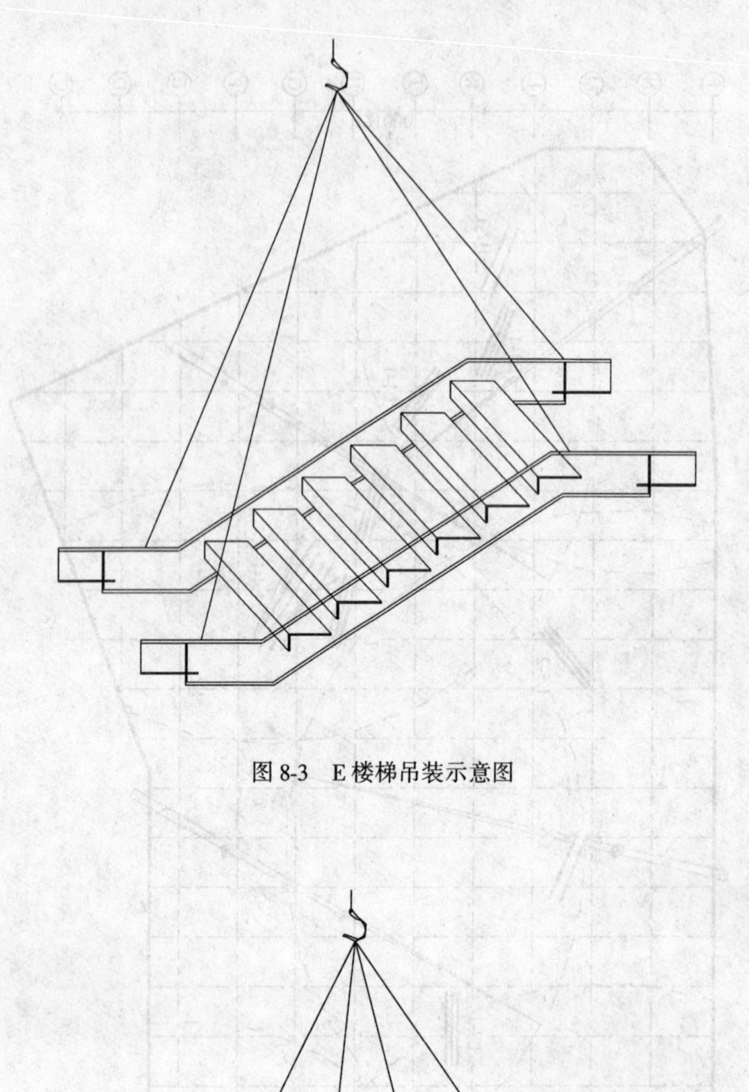

图 8-3　E 楼梯吊装示意图

图 8-4　大楼梯主梁吊装示意图

L2-2 主梁概况 表 8-1

主梁编号	规 格	跨度（m）	数 量	单件重（t）
L2-2-1	Ts300×1000×20×30	19.77	1	15.2
L2-2-2	Ts300×1000×20×30	20.845	1	10.12
L2-2-3	Ts300×1000×20×30	22.344	1	10.78
L2-2-4	Ts300×1000×20×30	23.155	1	11.147
L2-2-5	Ts300×1000×20×30	23.155	1	11.108
L2-2-6	Ts300×1000×20×30	16.416	1	9.163
L2-2-7	Ts300×1000×20×30	3.484	1	1.788

2）安装方法

A. 根据 L2-2 的平面位置及现场塔吊布置情况，L2-2 楼梯的全部构件均由北面道路进场，选用 1# 塔吊卸车并吊至拼装位置，根据塔吊的起重能力及楼梯主梁的单件重量等实际情况，L2-2 主梁除 L2-2-7 外，全部采取分段制作、运至现场。利用钢管脚手架作支撑，现场高空拼装。其中，L2-2-1 分三段制作。用于支撑的脚手架钢管为 $\phi48\times3.5$，立杆步距 600mm，横杆间距 600mm。顶部平台铺枕木，枕木上支千斤顶，下设钢管支撑。对在有踏步位置截断的梁，在断口两边各焊两块钢板，方便千斤顶支撑。脚手架从-0.05m 处搭设，搭设高度 5m 左右，截断点处楼梯梁面具体标高见支撑节点大样图（图 8-6、图 8-7）。L2-2 梯梁分段节点图见图 8-8。

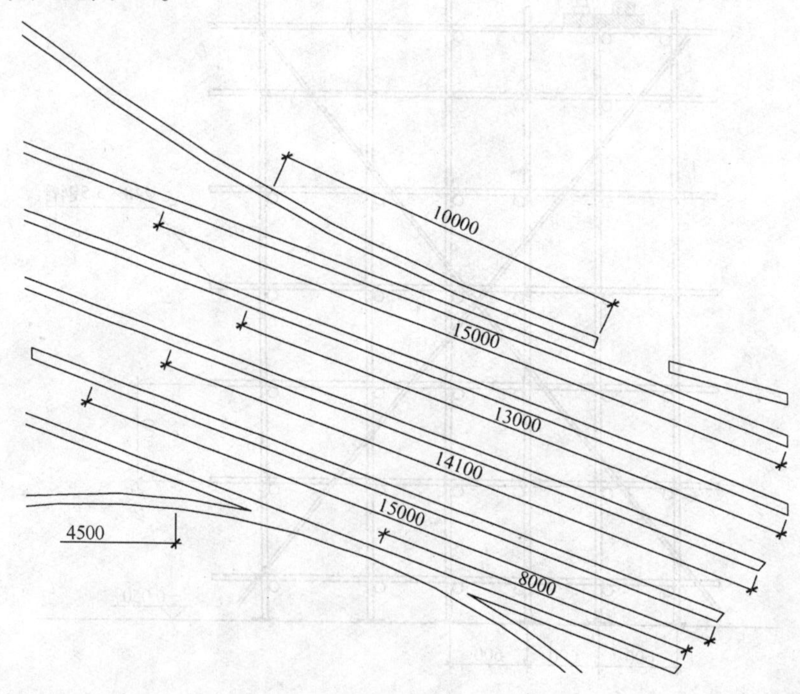

图 8-5 L2-2 分段位置示意图

B. 钢梁起吊时，先搭好脚手架，根据钢梁分段点位置铺好枕木。起吊后，一端搁在混凝土牛腿上，一端搁在枕木上，并用千斤顶调整梁面标高。用同样的方法吊另一段钢梁，用螺栓连接好安装连接板，使两段钢梁精确对位，然后开始 CO_2 焊接。

C. 钢梯梁吊装顺序是从北向南，按照构件编号，从大到小，先吊 L2-2-7，最后吊 L2-2-1。箱形梁对接焊接，先焊腹板，用两台 CO_2 焊机对称施焊，然后焊下翼缘板，最后焊上翼缘板。

D. 为使底层楼板的荷载和脚手架所承受的荷载尽量小，每一根分段后的主梁对接焊接结束，再吊下一根主梁。

E. 脚手架搭设步骤：先根据分段点位置图（图 8-5）在一层楼板上放出支撑点位置，做好标记。按照脚手架搭设范围，沿主梁方向搭设脚手架，在分段点位置沿主梁方向两边各 50cm 架好支撑，并与脚手架横杆扣接，必须严格控制支撑垂直。为增强支撑稳定性，支撑间布置适当剪刀撑，整体脚手架须设置扫地杆，并适当设置斜撑、连墙杆，临边洞口设安全网。

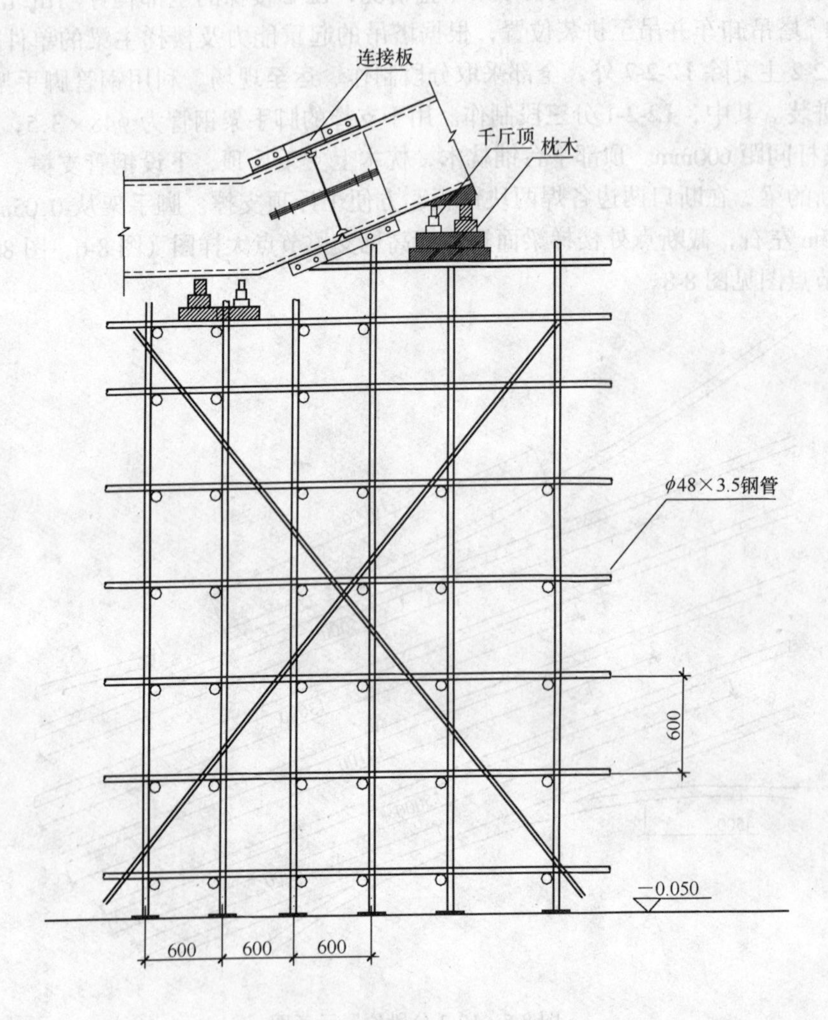

图 8-6　L2-2 支撑节点大样图（一）

（4）L4-1 楼梯主梁安装

L4-1 钢楼梯位于东天窗下⑳-㉒/Ⓕ-Ⓗ轴之间，宽 7m 左右，主梁概况见表 8-2。

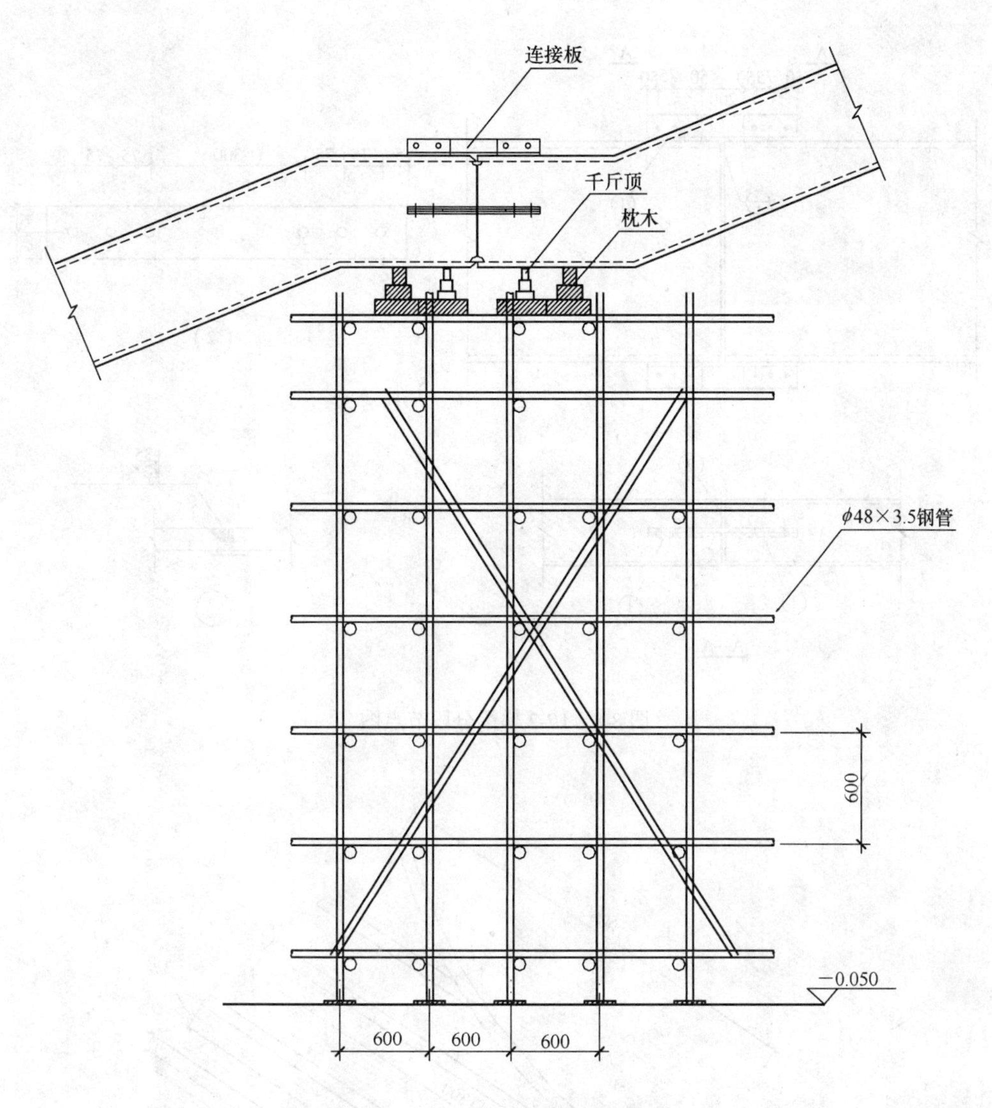

图 8-7　L2-2 支撑节点大样图（二）

L4-1 主梁概况　　**表 8-2**

编　号	规　　格	长度（m）	重量（kg）
L4-1-1	Ts300×1000×20×30	17.008	9784
L4-1-2	Ts300×1000×20×30	3.874	1903
L4-1-3	Ts300×1000×20×30	19.093	10640
L4-1-4	Ts300×1000×20×30	20550	10091
L4-1-5	Ts300×1000×20×30	20156	18347

L4-1 钢楼梯安装方法同 L2-2 楼梯，用脚手架管搭设支撑架。其中，L4-1-1、L4-1-3 的支撑架从一层楼板搭起，L4-1-4、L4-1-5 的支撑架从三层楼板搭起。由于 L4-1-4 的支撑点位于三层悬挑楼板处，楼板下部需用钢管加固。L4-1 主梁分段位置图见图 8-9。

安装完成的大楼梯外观见图 8-10。

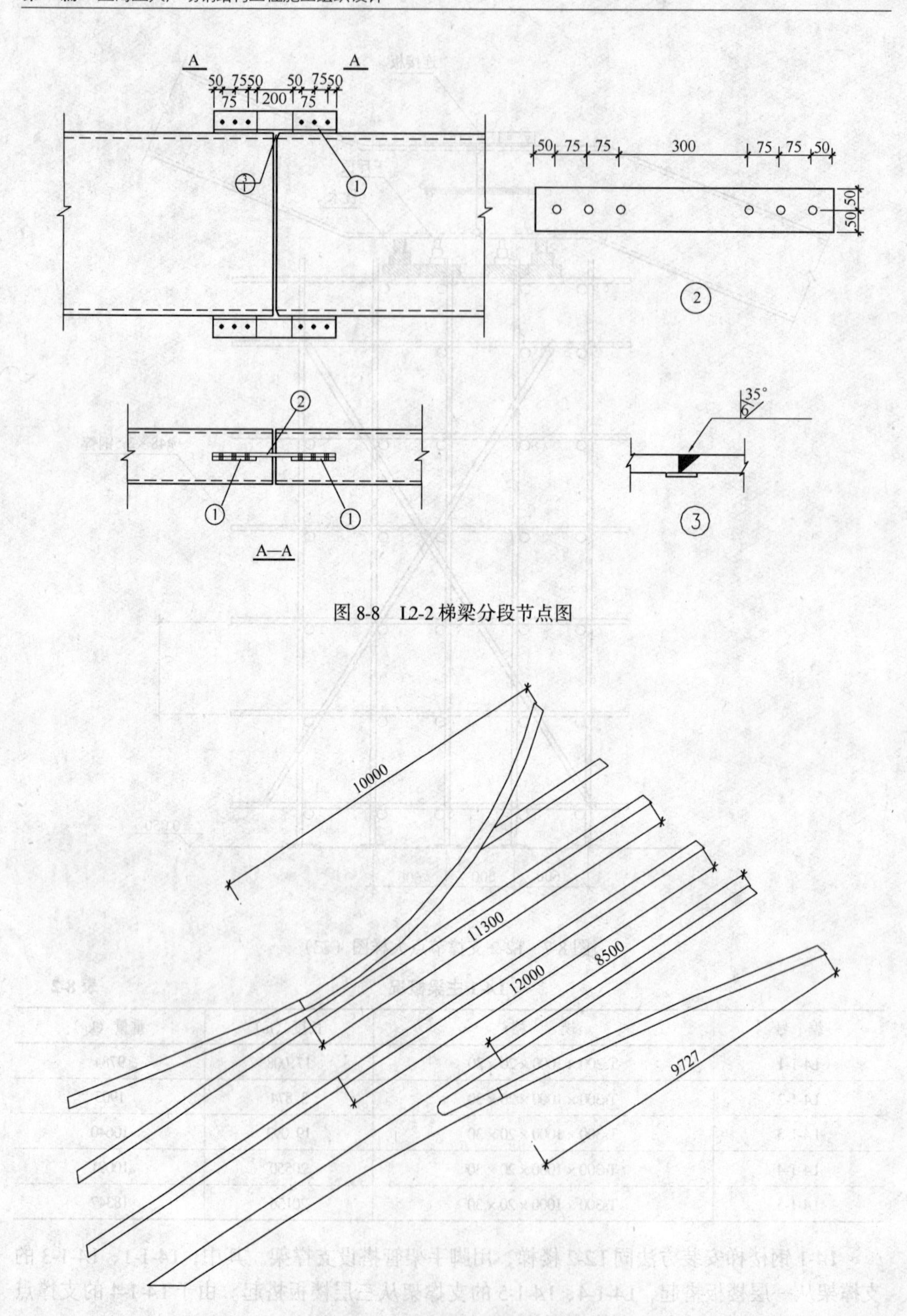

图 8-8　L2-2 梯梁分段节点图

图 8-9　L4-1 主梁分段位置图

图 8-10 大楼梯外观

8.2 劲性梁安装

劲性梁为工字钢 H970×425×28×50，约 60 余件，分布在一、三、五~十层，劲性梁与混凝土柱的连接节点见图 8-11。

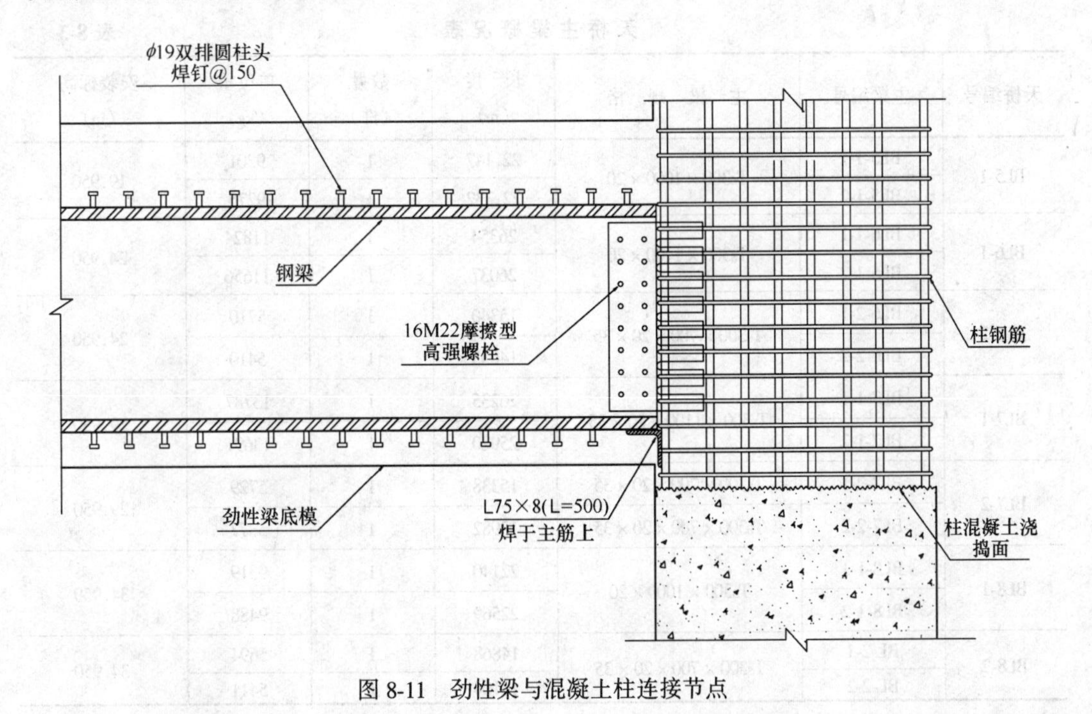

图 8-11 劲性梁与混凝土柱连接节点

施工要点：

（1）经复核轴线和标高无误后，将角钢牛腿与柱主筋焊接牢固，并弹出劲性梁就位的中心线和端线。

（2）起吊钢梁搁置于角钢牛腿上，两端各设置一块连接板伸入混凝土柱内，以增强梁与混凝土柱间的锚固。

（3）连接板与劲性梁选用高强螺栓连接，按照高强螺栓要求，完成终拧。

（4）劲性梁安装还应注意钢梁的正反方向，钢梁就位校正后，立即进行点焊固定，以免施工过程中导致钢梁错位、倾斜。

（5）部分劲性梁单件重量超过了塔吊的起重能力，可采用双机抬吊或分段吊装。

（6）双机抬吊时，吊点应经计算确定，并使两台塔吊的起吊重量分配合理，不得超过塔吊起重量的85%，起吊前应由专人检查复核。

（7）分段吊装时，分段位置及节点处理方式应经原设计人员核定，现场拼接采用全熔透焊接并进行100%超声波探伤，焊接方法采用半自动CO_2气体保护焊以保证焊接质量，提高安装速度。

8.3　钢天桥安装

钢天桥包括人行天桥和商店天桥两种，共10座，位于弧形天窗下方，分布在5、6、7、8层，其中5、6、7层各有一座跨楼层天桥（商店天桥）。人行天桥宽度约3.5m，商店天桥宽度7.2m，天桥主梁均为箱形梁，人行天桥最大截面为Ts300×1100×20×35，商店天桥最大截面为Ts500×1800×30×80。主梁间连系梁均为工字钢，可直接利用塔吊安装。连系梁与主梁间为全焊接连接，主梁与混凝土牛腿（埋件）一端为焊接，一端为自由端（梁底与埋件顶均为不锈钢板），梁面铺设压型钢板，并浇筑钢筋混凝土。天桥主梁概况见表8-3。

天桥主梁概况表　　表8-3

天桥编号	主梁编号	主梁规格	长度（m）	数量（件）	单位重（kg）	安装标高（m）
BL5-1	BL5-1-1	Ts300×1000×20	22.147	1	9201	19.950
	BL5-1-2		22.332	1	9275	
BL6-1	BL6-1-1	Ts300×1100×20	26354	1	11824	24.950
	BL6-1-2		26037	1	11656	
BL6-2	BL6-2-1	Ts300×700×20×35	15340	1	5710	24.950
	BL6-2-2		14033	1	5410	
BL7-1	BL7-1-1	Ts300×1100×20×35	26235	1	13787	29.950
	BL7-1-2		25920	1	13691	
BL7-2	BL7-2-1	Ts300×700×20×35	15338	1	5729	29.950
	BL7-2-2	Ts300×700×20×35	13982	1	5377	
BL8-1	BL8-1-1	Ts300×1000×20	22140	1	9319	34.950
	BL8-1-2		22569	1	9488	
BL8-2	BL-2-1	Ts300×700×20×35	14868	1	5694	34.950
	BL-2-2		14104	1	5411	

续表

天桥编号	主梁编号	主 梁 规 格	长 度（m）	数量（件）	单位重（kg）	安装标高（m）
RBL-5	RBL-5-1	Ts500 × 1300 × 20 × 50	21312	1	18339	19.950 ~ 24.9500
	RBL-5-2		20414	1	18318	19.950 ~ 24.950
	RBL-5-3	Ts500 × 700 × 20 × 30	11271	1	5645	24.950
	RBL-5-4		10606	1	5256	24.950
RBL-6	RBL-6-1	Ts500 × 700 × 20 × 30	10273	1	4948	24.950
	RBL-6-2		8614	1	4204	24.950
	RBL-6-3	Ts500 × 1300 × 20 × 50	23255	1	19472	24.950 ~ 29.950
	RBL-6-4		23866	1	19841	24.950 ~ 29.950
RBL-7	RBL-7-1	Ts500 × 1800 × 30 × 80	31.13	1	45649	29.950 ~ 34.950
	RBL-7-2	Ts500 × 1800 × 30 × 80	33.099	1	47623	

8.3.1 钢天桥吊装顺序

土建施工完六层板时，安装五层天桥 BL5-1，然后随土建施工进度，依次安装六、七、八层天桥。其中，天桥 BL6-1、BL7-1 及商店天桥 RBL5、RBL6、RBL7 因构件单件重量超过了塔吊的起重能力，需采用桅杆起重机安装，施工顺序将作适当调整，但 RBL5-3、RBL5-4 与 RBL6-1、RBL6-2 及相关构件在相应区域七层楼板封闭前施工。

RBL6-3、RBL-4 在八层楼板浇筑完毕（七层柱达到设计强度）时安装，RBL5-1、RBL5-2、RBL-7、BL6-1、BL7-1 在九层楼板达到设计强度后安装。其中，RBL7-1、BL6-1、BL7-1 主梁采用设置于同一位置（13 轴）的同一台桅杆起重机按照 RBL7-1→BL6-1→BL7-1 的顺序安装，主梁 RBL7-2 则在 RBL7-1、BL6-1、BL7-1 安装完毕后，将桅杆起重机移位至⑪轴，利用桅杆起重机安装。钢天桥平面位置示意图见图 8-12。

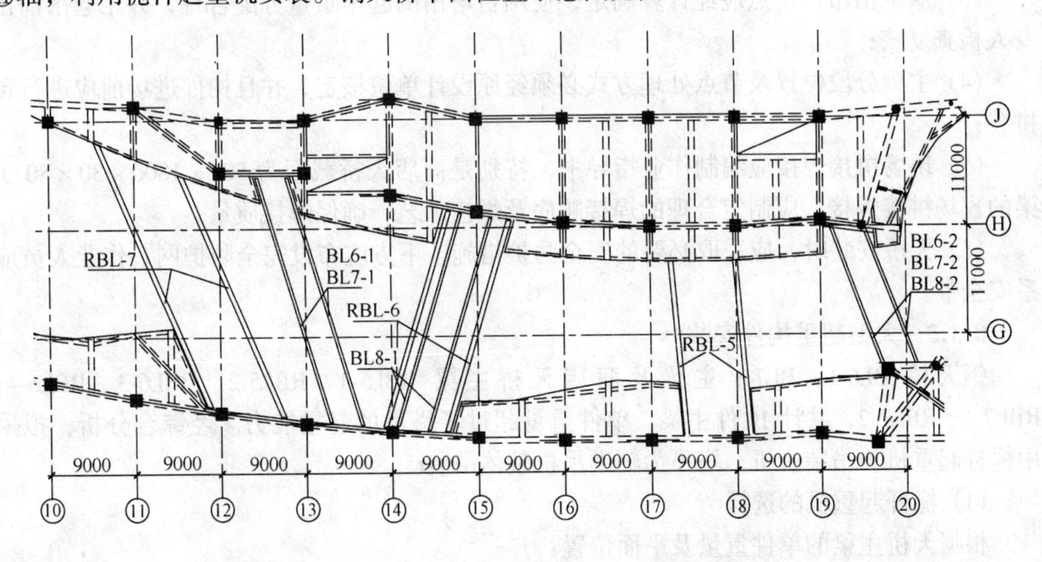

图 8-12 钢天桥平面位置示意图

8.3.2　主梁吊装方法选择

根据天桥平面位置及现场塔吊布置情况：

（1）天桥 BL5-1、BL8-1 主梁，利用 5# 塔吊直接从地面提升到安装楼层就位和安装。

（2）天桥 BL6-2、BL7-2、BL8-2 主梁利用 5# 塔吊分别提升到七、八、九层楼层模板（楼板）⑱-⑳轴间，改变绑扎点，利用 5#、6# 塔吊双机抬吊就位安装。

（3）商店天桥 RBL6-1、RBL6-2、RBL5-3、RBL5-4 均利用塔吊直接安装，且必须在上一层楼板封闭前就位。

（4）商店天桥 RBL6-3、RBL6-4 主梁在八层楼板浇筑完，七层柱混凝土达到设计强度后，在⑮轴交Ⓗ轴五层柱脚处，利用混凝土柱作桅杆设置起重机，RBL6-3、RBL6-4 主梁分两段运至现场拼装，桅杆起重机整体吊装。

（5）天桥 BL6-1、BL7-1 及商店天桥 RBL7-2 主梁在九层楼板浇筑并达到设计强度后，在⑬轴交Ⓗ轴混凝土柱顶设置桅杆起重机，BL6-1、BL7-2 整体运至现场，RBL7-2 分三段运至现场拼装，整体吊装；然后，将桅杆起重机移动到⑪轴交Ⓙ轴混凝土柱顶，安装 RBL7-1。

（6）商店天桥主梁 RBL5-3、RBL5-4 在九层楼板浇筑并达到设计强度后，在⑱轴交Ⓗ轴混凝土柱顶设置桅杆起重机，主梁分两段运至现场拼装整体吊装。

8.3.3　主梁间连系梁安装

主梁间连系梁在主梁安装就位后进行，均采用塔吊安装，施工方法参见屋面梁安装施工方案。为提高安装速度，连系梁可采用一机多吊。

8.3.4　天桥安装施工注意事项

（1）天桥主梁两端与预埋件连接方式不同：一端为电焊连接，另一端为自由端（梁底与埋件顶均为不锈钢板），吊装时应注意梁的方向，防止安错；

（2）商店天桥主梁为 16Mn 钢，焊接应采用 E50 焊条；

（3）双机抬吊，吊点应经计算确定，使两台塔吊的起吊重量分配合理，并于起吊前由专人检查复核；

（4）主梁分段位置及节点处理方式必须经原设计单位核定，并且构件进场前应进行预拼装；

（5）现场拼接焊接应编制作业指导书，特别是商店天桥截面为 $500\times1800\times30\times80$ 主梁的现场拼接焊接，应制定合理的焊接顺序及焊接工艺，确保焊接质量；

（6）天桥安装时，应采取必要的安全防护措施，下方应布设完全防护网，作业人员应系安全带。

8.3.5　大型超重构件安装

钢天桥 BL6-1、BL7-1 主梁及商店天桥主梁 RBL5-1、RBL5-2、RBL6-3、RBL6-4、RBL7-1、RBL7-2，共计 10 件主梁，单件重量超过了塔吊的起重能力。经综合分析，拟采用桅杆起重机为吊装主机，塔吊为辅助吊机整体吊装。

（1）桅杆起重机的选择

根据天桥主梁的单件重量及平面位置：

1）RBL5-1、RBL5-2 商店天桥主梁安装桅杆起重机（以下简称 D 扒杆）：桅杆高 27m，吊杆 25m，中部截面 $\phi600\times14$，两端截面 $\phi450\times14$，桅杆吊杆采用 $4L125\times125\times8$ 通长加

强。吊装时用 7 根缆风绳固定桅杆，缆风绳直径初选 30mm。起重及变幅用 5t 卷扬机各 1 台，旋转采用 2 台 1t 卷扬机。D 扒杆示意图见图 8-13。

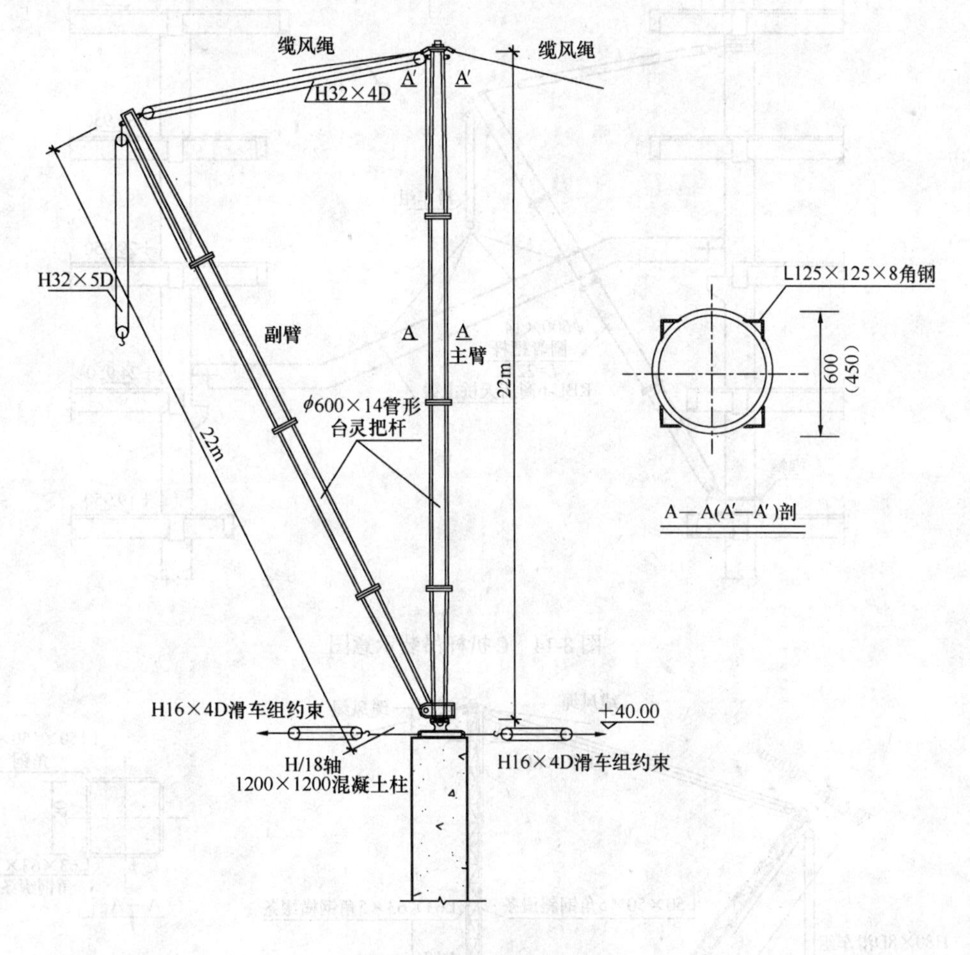

图 8-13　D 扒杆示意图

2）RBL6-3、RBL6-4 主梁安装桅杆起重机（以下简称 C 扒杆）：利用⑮轴交Ⓗ轴混凝土柱作桅杆，吊杆长 22m，截面同 C 扒杆，起重及变幅均采用 5t 卷扬机，旋转采用 2 台 1t 卷扬机。C 扒杆吊装示意图见图 8-14。

3）BL6-1、BL7-1 及 RBL7 主梁安装桅杆起重机（以下简称 B、B′扒杆）：桅杆高 30m，吊杆 28m，格构式，中部截面 720×720，两端截面 550×550，主肢角钢 4L150×150×14，横缀条 L63×63×5，斜缀条 L50×50×5，吊装时用 9 根缆风绳固定桅杆，缆风绳直径初选 39mm。起重选用 1 台 10t 卷扬机或 2 台 5t 卷扬机双跑头牵引，变幅采用 1 台 5t 卷扬机，旋转采用 2 台 1t 卷扬机。B（B′）扒杆示意图见图 8-15。

（2）桅杆起重机的布置

1）RBL5-1、RBL5-2 主梁吊装桅杆起重机（D）设置于九层楼板⑱轴交Ⓗ轴钢筋混凝土柱顶，吊装时最大回转半径为 14m；

2）RBL6-3、RBL6-4 主梁吊装桅杆起重机设置于五层楼板⑮轴交Ⓗ轴柱脚，吊装时最大回转半径为 15m，柱脚处安装钢牛腿，参见 C 扒杆吊装示意图（图 8-14）；

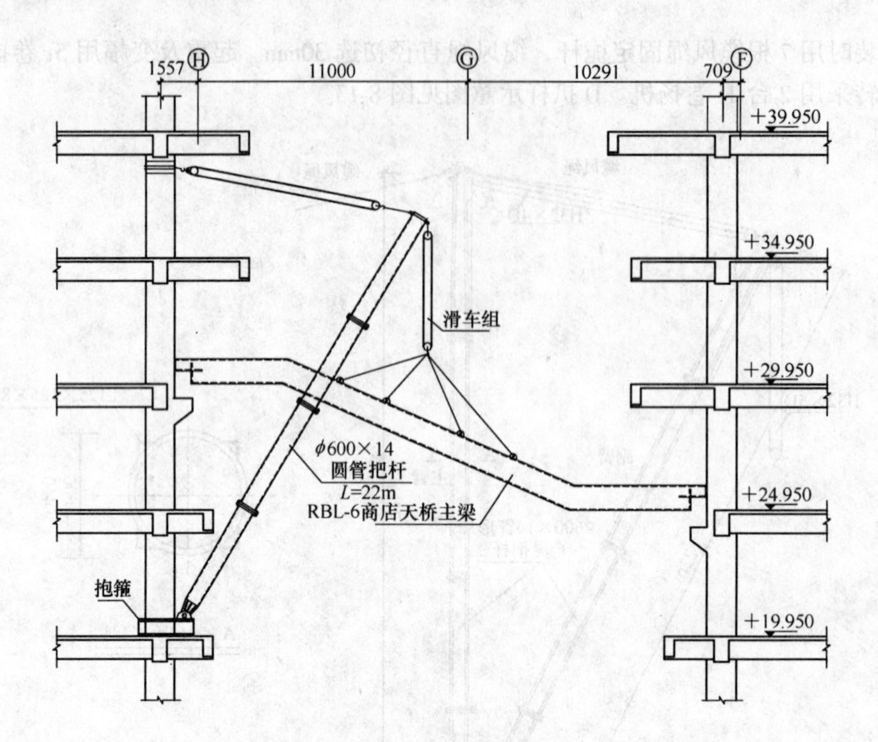

图 8-14　C 扒杆吊装示意图

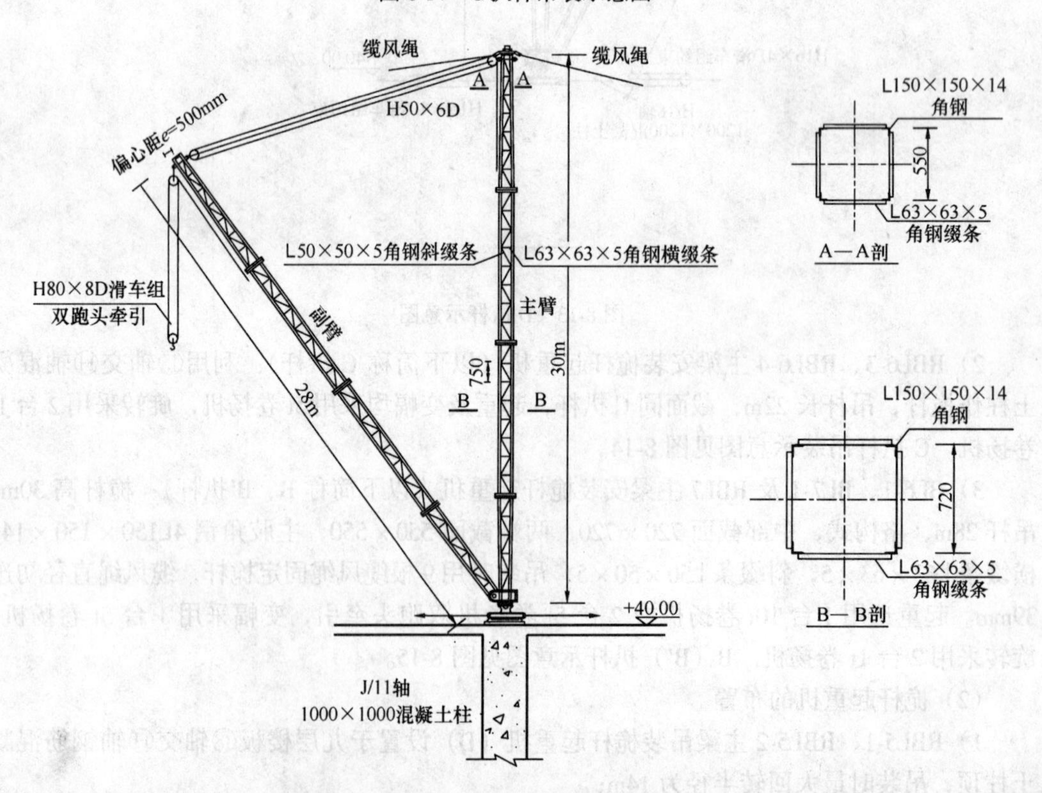

图 8-15　B（B′）扒杆示意图

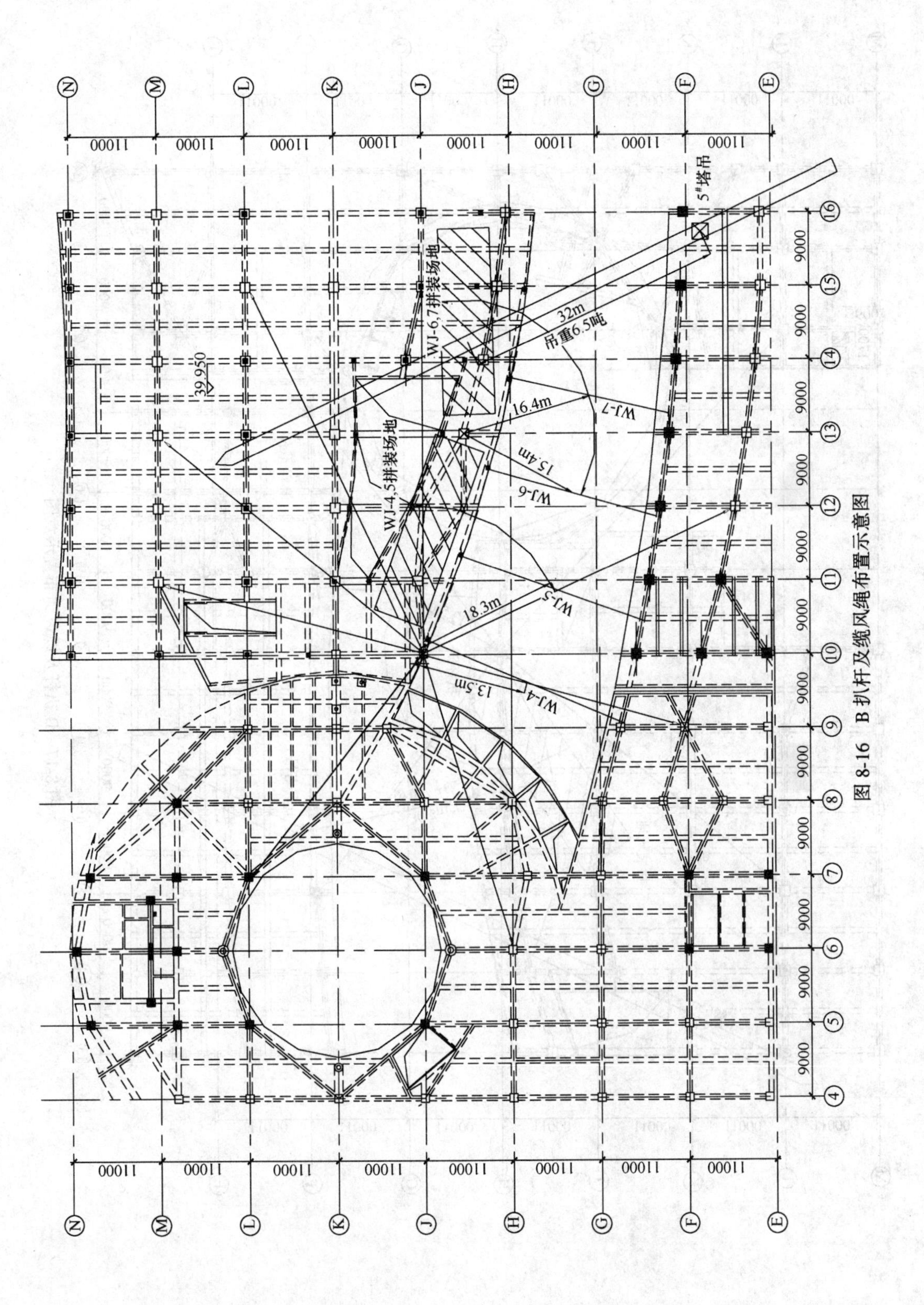

图 8-16 B 扒杆及缆风绳布置示意图

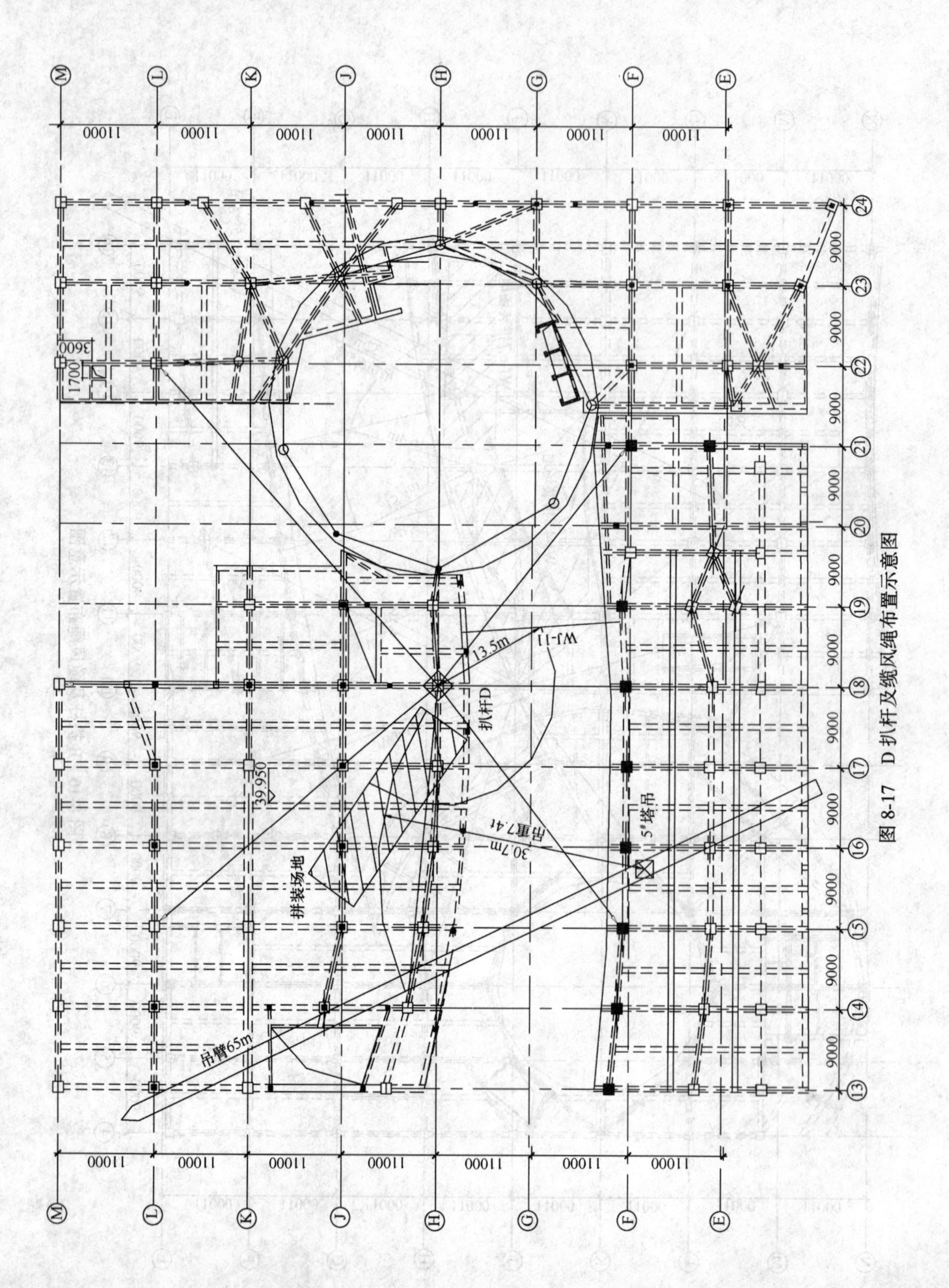

图 8-17　D扒杆及缆风绳布置示意图

3）BL6-1、BL7-1、RLB7-1 主梁安装桅杆起重机（B′）：设置于九层楼板⑬轴交Ⓗ轴钢筋混凝土柱顶，吊装时最大回转半径 15m；

4）RBL7-2 主梁安装桅杆起重机（B）：设置于九层楼板⑩轴交Ⓙ轴钢筋混凝土柱顶，在 RBL7-2 吊装后，桅杆起重机从⑬轴交Ⓗ轴整体移动至 10 轴交Ⓙ轴。吊装时最大回转半径为 19.5m；

5）起重、变幅及回转卷扬机等配套设备均布置在九层楼面，具体位置根据现场情况确定。

(3) 构件进场与拼装

天桥均位于建筑物中部，其安装位置（梁端）距建筑物外边缘最近约 25m，加上部分构件单件较重，安装位置高，因而拟采取分段运至现场拼装后整体吊装。

1）主梁分段

a　主梁 RBL5-1、RBL5-2、RBL6-3、RBL6-4 分两段（图 8-18，图 8-19）；

b　主梁 RBL7-1、RBL7-2 分三段（图 8-20）。

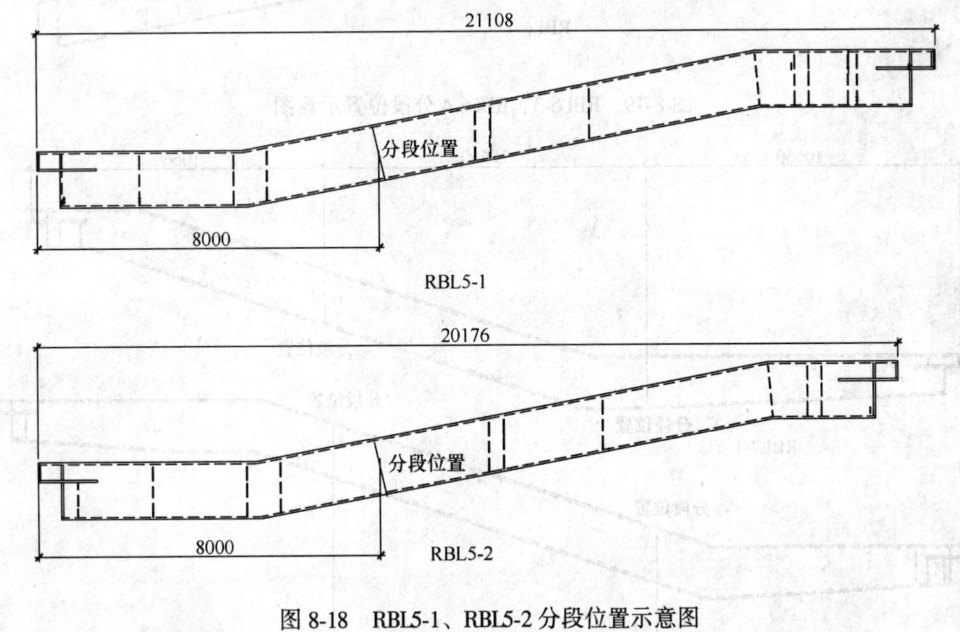

图 8-18　RBL5-1、RBL5-2 分段位置示意图

2）拼装位置选择

a.RBL5-1、RBL5-2 拼装位置选择在三层楼板；

b.RBL6-3、RBL6-4 拼装位置选择在一层楼板；

c.RBL7-1、RBL7-2 拼装位置选择在一层楼板。

具体位置详见图 8-16、图 8-17。

考虑到 RBL7 主梁拼装及吊装的需要，经与土建、总包协商，二、三层部分楼板及中央商场大坡道暂缓施工，待 RBL7 主梁吊装完毕后施工。

3）构件进场

工厂到现场的运输采用平板拖车，至拼装位置的运输则根据构件的重量采用不同的方法：

a.RBL5-1、RBL5-2、RBL6-3、RBL6-4 利用塔吊卸车，并直接吊至拼装位置；

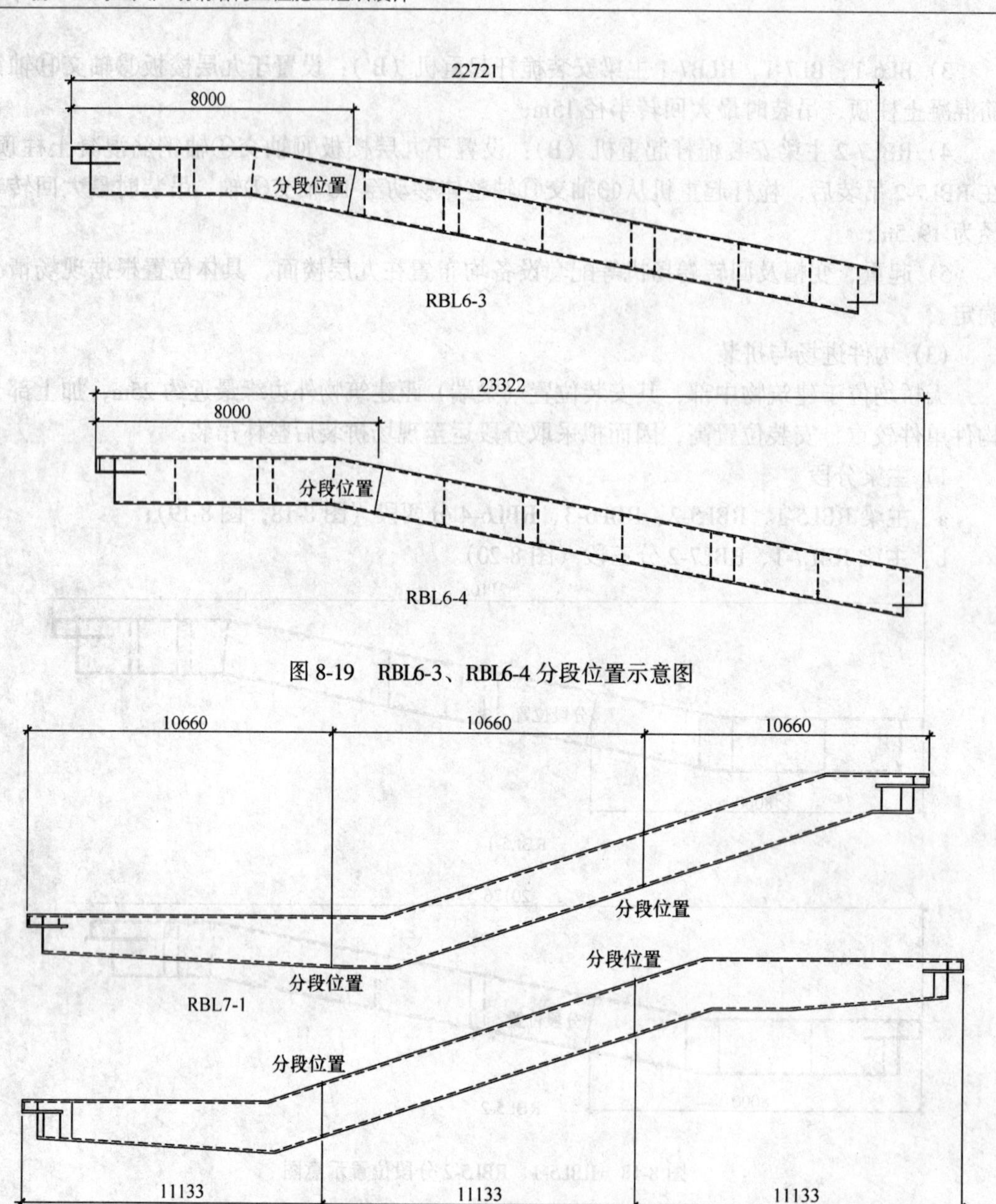

图 8-19　RBL6-3、RBL6-4 分段位置示意图

图 8-20　RBL7-1、RBL7-2 分段位置示意图

b. 在一层楼板⑪轴至⑫轴间布设轨道运输小车，BL6-1、BL7-1 整件，RBL7-1、RBL7-2 分三段运至现场，采用 50t 汽车吊卸车并将构件喂送至运输小车上，通过运输小车运至拼装位置，在拼装位置处卸车采用桅杆起重机 B（B′）。RBL-7 主梁运输轨道布设见图 8-21。

根据构件运输的需要，现场南面⑪～⑫轴处围墙及⑪轴至⑫轴间的脚手架应拆除，其间的二结构亦暂缓施工。

4）现场拼装

a. 考虑到拼装方便，主梁分段在工厂制作时应增加连接板，拼装后割除，并且构件

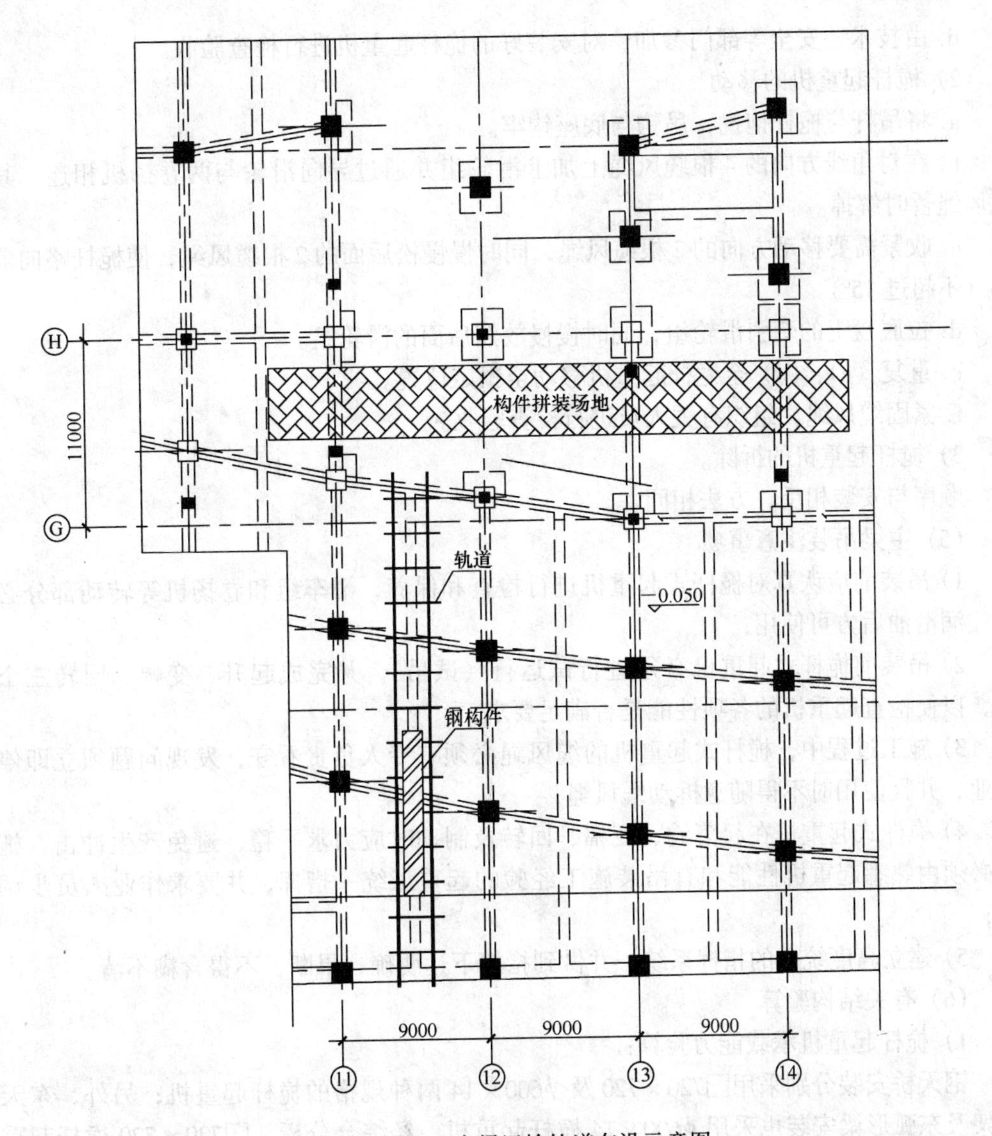

图 8-21 RBL-7 主梁运输轨道布设示意图

在出厂前必须进行预拼装；

b. 拼装接头采用全熔透焊接，并进行100%超声波探伤；

c. 拼装应在简易拼装平台上进行，并保证平台的平整；

d. 现场焊接前应编制焊接施工作业指导书，确定合理的焊接工艺，特别是大截面超厚钢板箱形梁 Ts500×1800×30×80 的对接接头。

(4) 桅杆起重机的安装、移动与拆除

1) 桅杆起重机的安装

a. 利用 5# 塔吊（或 2#）将桅杆起重机的零部件吊至九层混凝土楼面上，在起重机底座四角上套钢丝绳，沿对角线方向拉紧，固定于混凝土结构柱上。

b. 根据塔吊起重量，分节吊装桅杆至预定高度，并及时紧固节点螺栓，拉好缆风绳。

c. 在楼板上分节拼装吊杆，利用桅杆整体安装吊杆。

d. 由技术、安全等部门参加，对安装好的桅杆起重机进行检查验收。

2）桅杆起重机的移动

a. 将吊杆与桅杆抱拢，吊钩与底座钩牢。

b. 在对角线方向的4根缆风绳上加上滑轮组并通过导向滑轮与两卷扬机相连。其余缆风绳暂时解掉。

c. 收紧需要移动方向的2根缆风绳，同时慢慢松后面的2根缆风绳，使桅杆略向前倾斜（不超过15°）。

d. 拉底盘上的牵引滑轮组，同时慢慢放溜后面的滑轮组。

e. 重复（c）、(d）至桅杆起重机移动至预定位置。

f. 紧固缆风绳，组织有关人员进行检查验收。

3）桅杆起重机的拆除。

顺序与安装相反，方法相同。

（5）主梁吊装注意事项

1）吊装前应认真对桅杆式起重机进行检查和保养，滑车组和卷扬机等转动部分必须加注润滑油后方可使用；

2）吊装前桅杆式起重机必须进行试运行（试吊），并完成起升、变幅、回转三个动作，以便检查起重机的各项性能是否满足要求；

3）施工过程中，桅杆式起重机的缆风绳必须有专人负责看守，发现问题须立即停止作业，并且使用时不得随意拆动缆风绳；

4）桅杆式起重机在起落钩、变幅、回转及制动时应力求平稳，避免产生冲击，施工时必须由熟悉起重机性能和有吊装施工经验的起重工统一指挥，并要求作业人员步调一致；

5）建立高度统一的指挥系统，并做到指挥下达明确、果断，不得含糊不清。

（6）有关结构验算

1）桅杆起重机承载能力验算：

钢天桥安装分别采用□720×720及$\phi600\times14$两种规格的桅杆起重机；另外，东天窗屋架及东弧形梁安装也采用$\phi600\times14$桅杆起重机，经综合分析，□720×720桅杆起重机在吊装RBL7-2时为最不利情况，$\phi600\times14$在吊装东弧形梁时为最不利情况，因而针对这两种情况对桅杆起重机进行验算，$\phi600\times14$的验算见东天窗吊装方案；

2）RBL7主梁运输时轨道下楼板承载能力验算；

3）拼装位置楼板承载能力验算，构件拼装时，RBL7-2主梁拼装位置承受荷载最大，因而仅需对该处楼板进行验算；

4）桅杆起重机支座处钢筋混凝土柱验算：天桥吊装桅杆起重机支承柱截面及配筋相同，RBL7-2吊装时支座反力最大，选择RBL7-2吊装时支承柱进行验算；

5）RBL7主梁吊装，桅杆起重机需由⑬轴移至⑩轴，需对移动路线下的混凝土梁进行验算。

8.4　钢天窗安装

钢天窗分布在④～㉔轴，包括东、西圆形天窗及中部弧形天窗三部分，均为大跨度桁

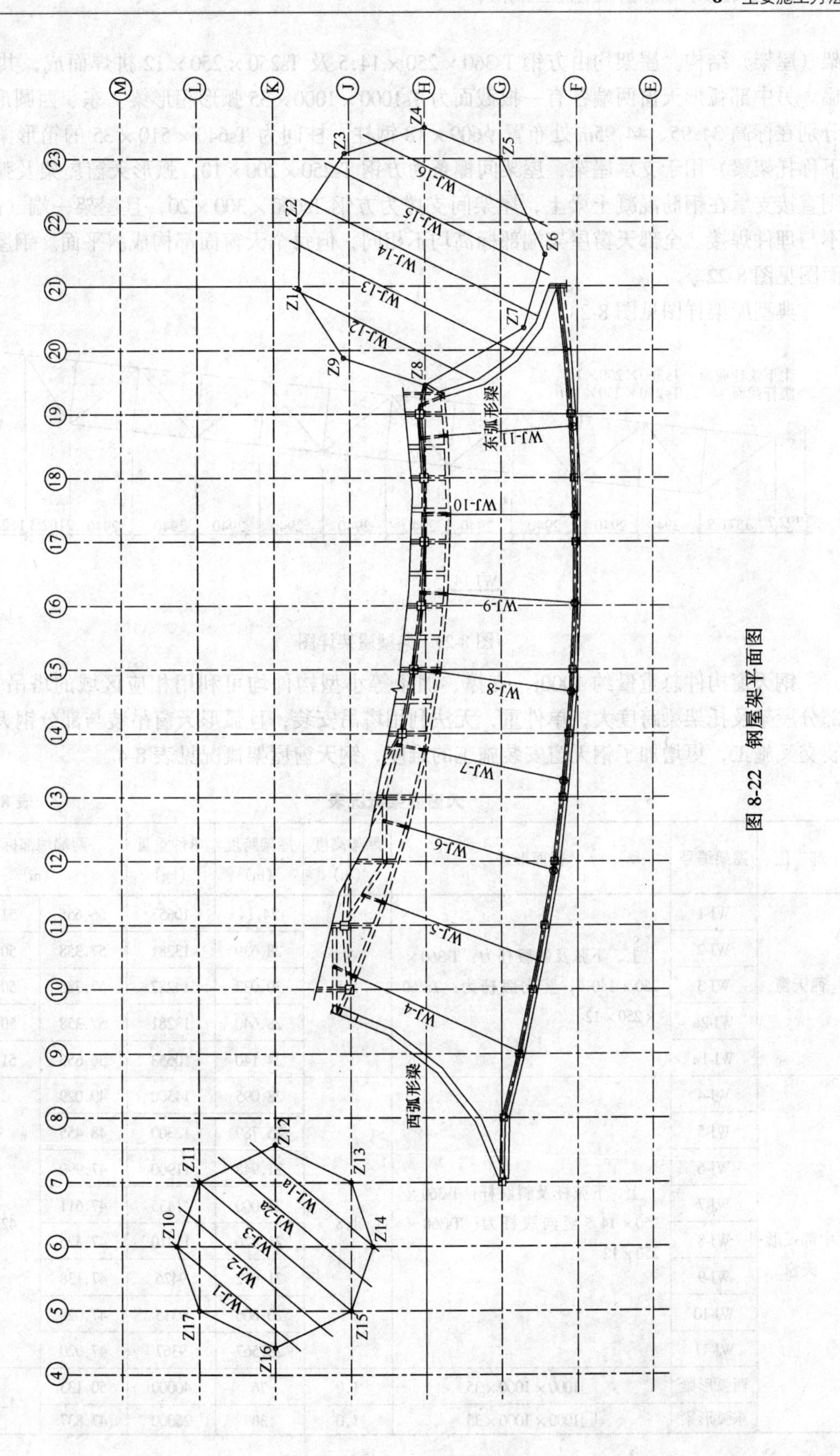
M
L
K
J
H
G
F
E
4
5
6
7
8
9
10
11
12
13
14
15
16
17
18
19
20
21
22
23
Z1
Z2
Z3
Z4
Z5
Z6
Z7
Z8
Z9
Z10
Z11
Z12
Z13
Z14
Z15
Z16
Z17
WJ-1
WJ-1a
WJ-2
WJ-2a
WJ-3
WJ-4
WJ-5
WJ-6
WJ-7
WJ-8
WJ-9
WJ-10
WJ-11
WJ-12
WJ-13
WJ-14
WJ-15
WJ-16
西弧形梁
东弧形梁

图 8-22 钢屋架平面图

架（屋架）结构。屋架均由方钢 Ts360 × 250 × 14.5 及 Ts250 × 250 × 12 拼焊而成，共计 18 榀。另中部弧形天窗两端各有一根截面为 Ts1000 × 1000 × 35 弧形箱形梁。东、西圆形天窗分别在标高 34.95、44.95m 处布置 ϕ609 × 18 钢柱，柱间为 Ts640 × 510 × 35 的箱形梁（以下称托架梁）用于支承屋架，屋架间檩条为方钢 Ts250 × 200 × 10。弧形天窗屋架及弧形梁则直接支承在钢筋混凝土梁上，屋架间支撑为方钢 Ts600 × 300 × 20，且屋架一端（高端）不与埋件焊接。全部天窗屋架端部标高均不相同，但每个天窗面都构成斜平面。钢屋架平面图见图 8-22。

典型屋架详图见图 8-23。

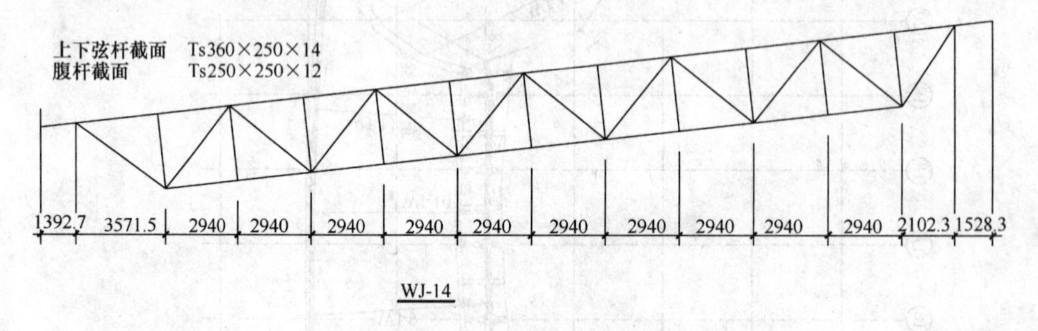

图 8-23　典型屋架详图

钢天窗构件总重量约 1000t，支撑、檩条等小型构件均可利用相应区域的塔吊安装，部分屋架及托架梁跨度大，单件重，无法利用塔吊安装，且弧形天窗吊装与部分钢天桥安装交叉施工，更增加了钢天窗安装施工的难度，钢天窗屋架概况见表 8-4。

天窗屋架概况表　　**表 8-4**

部　位	屋架编号	截面形式	屋架高度（m）	屋架跨度（m）	单件重量（kg）	两端端部标高（m）	
西天窗	WJ-1	上、下弦及斜腹杆为：Ts360 × 250 × 140.5，竖向腹杆为：Ts360 × 250 × 12	1.8	24.14	10653	56.655	51.070
	WJ-2			28.639	13281	57.358	50.784
	WJ-3			30.033	14287	57.786	50.214
	WJ-2a			28.640	13281	57.358	50.784
	WJ-1a			24.140	10653	56.655	51.070
中部弧形天窗	WJ-4	上、下弦杆及斜腹杆：Ts360 × 250 × 14.5 竖向腹杆为：Ts360 × 250 × 12	1.8	28.095	14500	49.029	42.887
	WJ-5			25.789	12300	48.455	
	WJ-6			21.948	11900	47.990	
	WJ-7			23.000	11435	47.611	
	WJ-8			21.826	11310	47.326	
	WJ-9			21.052	9426	47.138	
	WJ-10			20.606	9315	47.029	
	WJ-11			20.567	9367	47.020	
	西弧形梁	□1000 × 1000 × 35	1.0	36	40000	50.133	42.887
	东弧形梁	□1000 × 1000 × 35	1.0	30	26000	47.837	

续表

部　位	屋架编号	截面形式	屋架高度（m）	屋架跨度（m）	单件重量（kg）	两端端部标高（m）	
东天窗	WJ-12	上、下弦杆及斜腹杆：Ts360×250×14.5 竖向腹杆：Ts360×25×12	2.9	29.275	15700	54.136	51.093
	WJ-13			35.945	20000	53.535	49.998
	WJ-14			37.991	21000	52.950	49.194
	WJ-15			36.159	19600	52.191	48.645
	WJ-16			27.903	14900	51.087	48.408

8.4.1 钢天窗吊装顺序

根据土建结构情况及施工顺序，钢天窗按照东天窗→中部弧形天窗→西天窗的总体施工顺序组织施工。中部弧形天窗吊装由中间开始，向两端推进。其中，东弧形梁与东天窗一并吊装，每个天窗按照钢柱→柱间梁、支撑→屋架→屋架支撑、檩条的顺序施工。钢屋架吊装顺序如下：

东天窗：东弧形梁→WJ-12→WJ-13→WJ-14→WJ-16→WJ-15；

西天窗：WJ-1a→WJ-2a→WJ-3→WJ-2→WJ-1；

弧形天窗：WJ-8→WJ-9→WJ-10→WJ-11→WJ-7→WJ-6→WJ-5→西弧形梁→WJ-4；

弧形天窗屋架与钢天桥交叉施工时，按照先天桥后屋架的顺序施工。

8.4.2 吊装方法选择

根据钢天窗平面位置及现场塔吊布置情况：

（1）西天窗：钢柱、柱间连系梁、托架梁、WJ-1及屋面檩条等均利用1#塔吊直接卸车并吊装，WJ-2、3、2a、1a则分两段加工，运至现场，1#塔吊提升到十层楼面，拼装后采用桅杆起重机整体吊装。

（2）东天窗：钢柱、柱间连系梁、支撑及托架梁、屋面檩条等利用6#塔吊卸车并吊装，部分钢柱高约20m，采用分段吊装，钢屋架分二段或三段制作，在八层楼面拼装后，用桅杆起重机整体吊装。部分托架梁单件重量超过了塔吊的起重能力也采用桅杆起重机安装。

（3）弧形天窗：弧形天窗屋架支撑、檩条及WJ-8、9、10均利用5#塔吊安装，WJ-4、5、6、7、11分两段在工厂制作运至现场，5#塔吊卸车并提升到拼装位置，拼装后利用桅杆起重机整体吊装，屋架两端钢柱均较短（约2.5~3.0m），制作时可作为屋架的一部分一并制作和安装，以提高现场安装速度。东、西弧形梁分三段制作，现场拼装、桅杆起重机整体吊装。其中，东弧形梁与东天窗屋架采用同一台桅杆起重机一并施工。

（4）弧形天窗及东天窗檩条截面小、单件重量轻、节点多，采用在工厂分单元制作（分片），现场按单元整体吊装，以减少现场安装焊接量，加快安装速度。

天窗檩条分单元吊装示意图见图8-24。

8.4.3 钢柱、钢梁安装

天窗钢柱均为$\phi609\times18$圆柱，共17根，每根长度均不相同，安装时应特别注意。柱间托架梁为Ts640×510×35且有柱间支撑，柱与梁采用全焊接连接。钢柱安装时，吊点设置在柱上端并采用专用夹具。

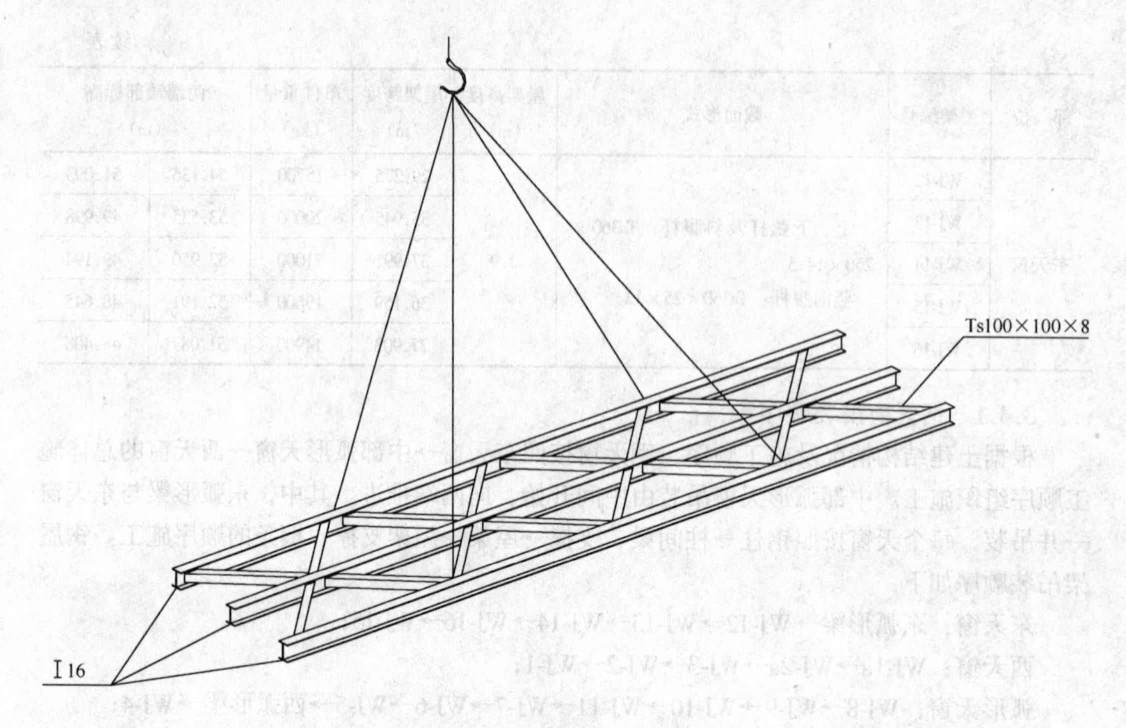

图 8-24 天窗檩条分单元吊装示意图

东天窗部分钢柱单件重量超过了 6# 塔吊的起重能力，其中钢柱采用 6# 塔吊提升到八层楼面，5#、6# 塔吊双机抬吊就位安装。抬吊时采用铁扁担并经计算确定吊点，使两台塔吊起重量分配合理。钢柱则分段制作，分段利用 6# 塔吊安装，现场高空拼装，分段位置及节点处理方式与原设计人员协商后确定。

钢梁安装方法同常规，采用钢丝绳直接绑扎起吊，为便于箱形梁吊装时能立即松钩，经与设计单位协商，柱、梁节点加工时增加了连接板，见东天窗柱梁节点大样图（图 8-25）。

8.4.4 钢屋架安装

钢屋架根据其平面位置、单件重量及现场塔吊情况，分别采用不同的安装方法并有部分屋架须分段制作，现场拼装。其中 WJ-1，WJ-8、9、10 分别利用 1#、5# 塔吊直接卸车安装，WJ-14 分三段制作，其余屋架分两段制作，现场拼装后吊装。分段位置在离支座近三分之一处，节点采用法兰盘，高强螺栓连接。拼装节点见屋架分段制作节点大样图（图 8-26）。

屋架安装吊点设置在屋架上弦节点处，采用钢丝绳直接绑扎。根据构件长度两点或四点起吊，必要时采用铁扁担。部分屋架及弧形梁跨度大、单件重，现场拼装后拟采用桅杆起重机整体吊装。

8.4.5 钢天窗安装施工注意事项

（1）屋架最大跨度达 38m，在翻身扶直过程中，要防止屋架变形，吊点选定后应进行验算，必要时进行加固处理。

（2）钢屋架起吊前，应拴好缆风绳，吊点选择应合理，保证屋架起吊后不变形，平衡稳定。

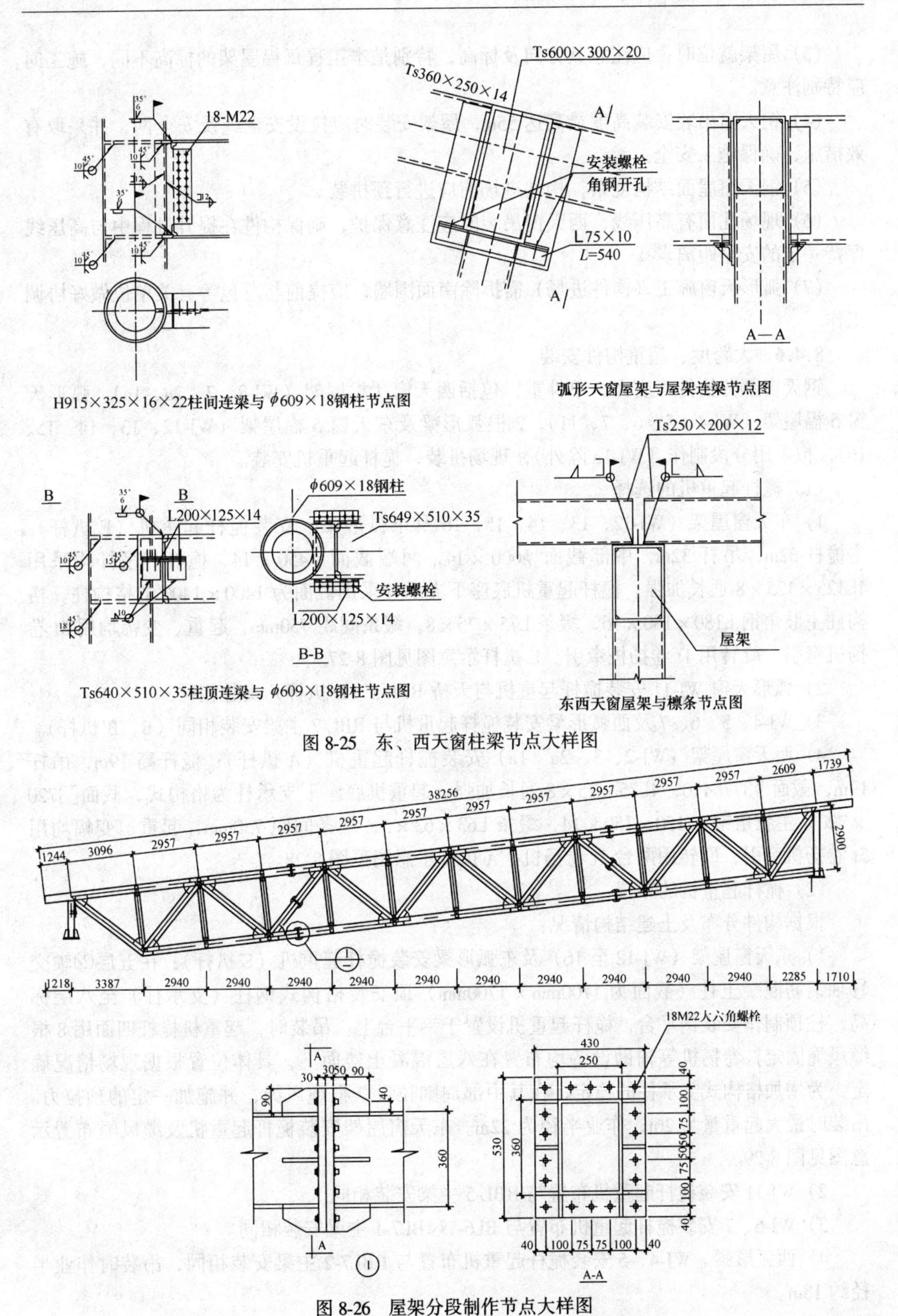

图 8-25 东、西天窗柱梁节点大样图

图 8-26 屋架分段制作节点大样图

（3）屋架就位时，应注意其方向及标高，特别是本工程每榀屋架的标高不同，施工时应特别注意。

（4）钢天窗吊装安装高度最高达55m，屋架安装时应拉设安全绳及安全网，并采取有效措施，确保施工安全。

（5）钢天窗屋面结构复杂，构件进场前应进行预拼装。

（6）现场北面有高压线，西天窗吊装时应注意保护，确保构件在提升过程中与高压线保持一定的安全距离。

（7）弧形天窗施工（构件进场）需拆除南面围墙，应提前与总包等有关单位做好协调工作。

8.4.6　大跨度、超重构件安装

钢天窗部分构件跨度大、单件重，包括西天窗4榀屋架（WJ-2、3、2a、1a），弧形天窗5榀屋架（WJ-4、5、6、7、11），2根弧形梁及东天窗5榀屋架（WJ-12、13、14、15、16），拟采用分段制作（WJ-1a除外），现场拼装，桅杆起重机安装。

（1）桅杆起重机的选择

1）东天窗屋架（WJ-12、13、14、15、16及东弧形梁）安装桅杆起重机（E扒杆）：主桅杆32m，吊杆32m，中部截面$\phi600\times14$，两端截面$\phi450\times14$，桅杆、吊杆均采用4L125×125×8通长加强。桅杆起重机底座下支承柱采用截面为1400×1400的格构柱，格构柱主肢角钢L180×180×16，缀条L75×75×8，缀条间距750mm，起重、变幅均用5t卷扬机牵引，旋转用1t卷扬机牵引。E扒杆示意图见图8-27。

2）弧形天窗WJ-11安装桅杆起重机与天桥RBL-5（D扒杆）安装相同。

3）WJ-4、5、6、7及西弧形梁安装桅杆起重机与RBL-7主梁安装相同（B、B′扒杆）。

4）西天窗屋架（WJ-2、3、2a、1a）安装桅杆起重机（A扒杆）：桅杆高19m，吊杆19m，截面$\phi377\times10$，4L75×75×8通长加强。起重机底座下支承柱为格构式，截面□720×720，主肢角钢4L150×150×14，缀条L63×63×5，缀条间距750mm，起重、变幅均用5t卷扬机牵引，回转用两台1t卷扬机。A扒杆示意图见图8-28。

（2）桅杆起重机的布置

根据构件分布及土建结构情况：

1）东天窗屋架（WJ-12至16）及东弧形梁安装桅杆起重机（E扒杆）：在五层㉒轴交Ⓗ轴钢筋混凝土柱（截面为1700mm×1700mm）顶安装格构式钢柱（支承柱）至八层标高，柱顶制作安装钢平台，桅杆起重机设置于钢平台上。吊装时，起重机桅杆四面用8根缆风绳固定，卷扬机等辅助设备均布置在八层混凝土楼面上，具体位置根据现场情况确定，为增加格构式支承柱的稳定，在其中部周围拉设7根缆风绳，并施加一定的预拉力。吊装时最大起重量为26t，作业半径为22m。东天窗屋架安装桅杆起重机及缆风绳布置示意图见图8-29。

2）WJ-11安装桅杆起重机布置与RBL-5主梁安装相同。

3）WJ-6、7安装桅杆起重机布置与BL6-1、BL7-1主梁安装相同。

4）西弧形梁、WJ-4、5安装桅杆起重机布置与RBL7-2主梁安装相同，吊装时作业半径约18m。

5）西天窗屋架安装桅杆起重机布置：在三层⑦轴交Ⓚ轴钢筋混凝土柱（截面1200mm

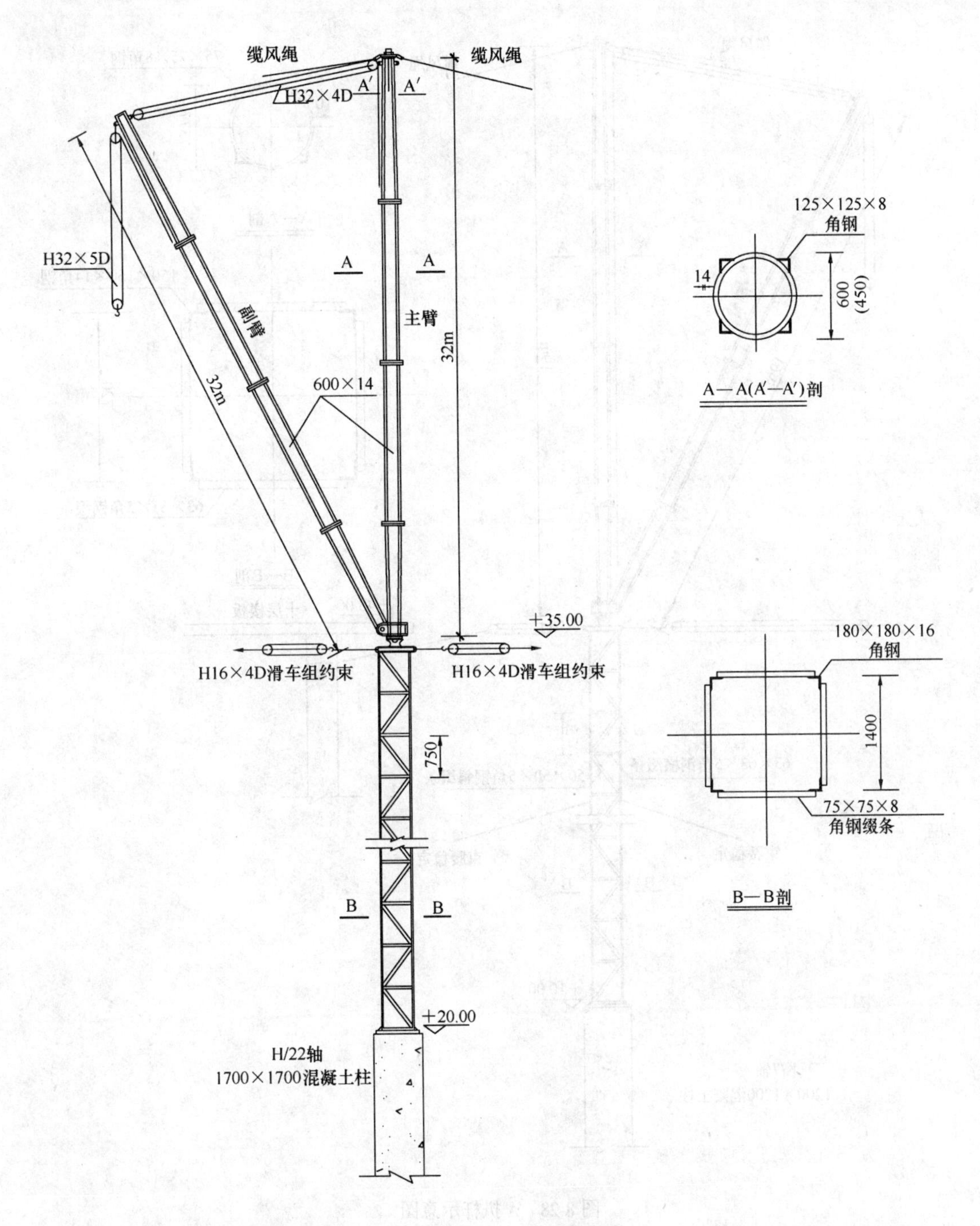

图 8-27 E 扒杆示意图

×1200mm）顶安装格构式钢柱（支承柱）至十层标高，柱顶制作安装钢平台。桅杆起重机设置于钢平台上，吊装时起重机桅杆四面用 8 根缆风绳固定。卷扬机等辅助设备布置在十层楼板，具体位置视现场情况确定，为增强支承钢柱的稳定性，在支承柱上、下各三分之一处拉设 7 根缆风绳。西天窗屋架安装桅杆起重机及缆风绳布置示意图见图 8-30。

（3）构件分段进场

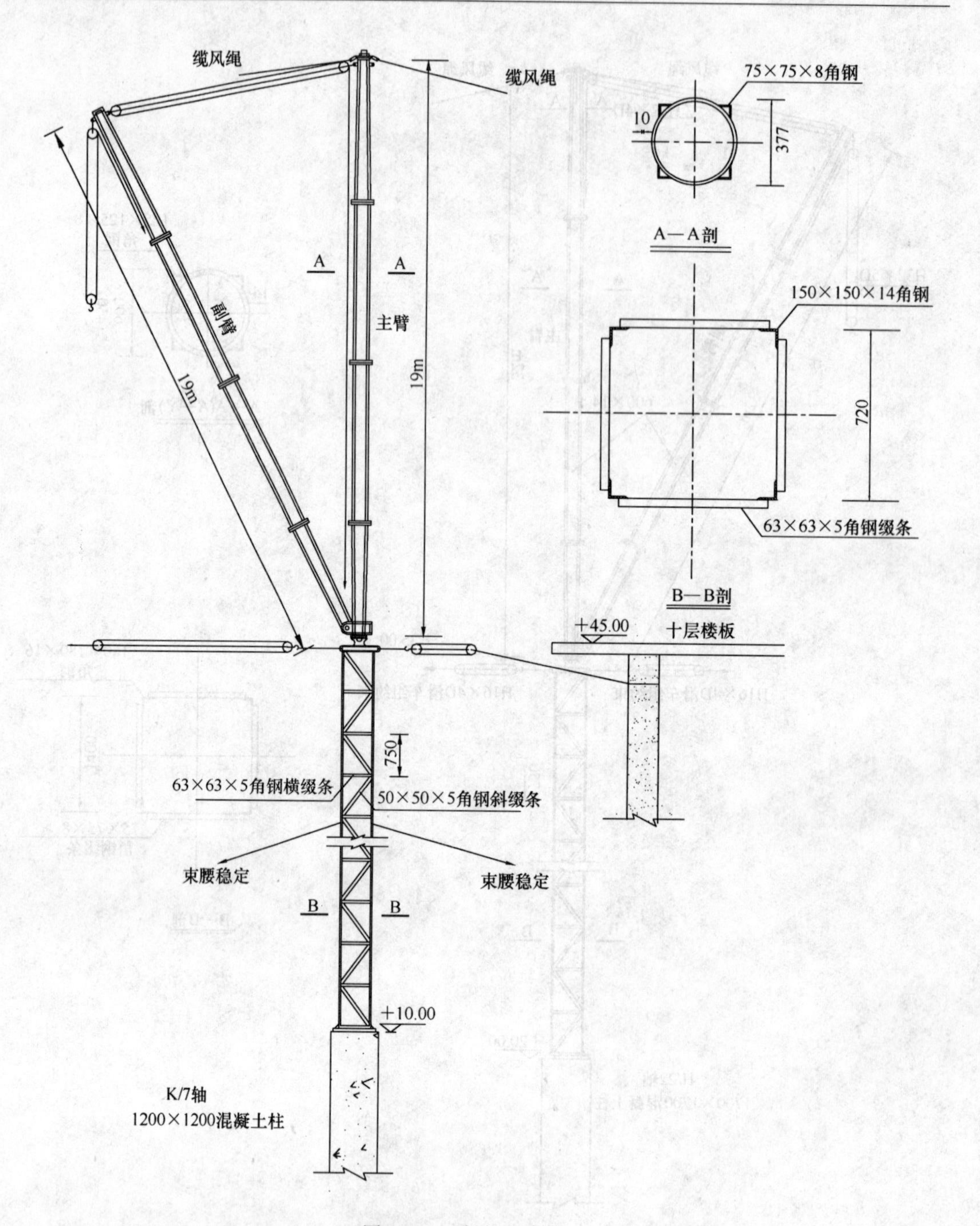

图 8-28　A 扒杆示意图

1）屋架分段位置在距支座约三分之一处，WJ-14 分三段，WJ-2、3、2a，WJ-4、5、6、7、11 及 WJ-12、13、15、16 分两段，节点采用法兰盘、高强螺栓连接。

2）弧形梁分三段，全焊接连接，节点位置及处理方式与设计院协商后确定。

3）东天窗屋架及东弧形梁分段利用 6# 塔吊提升至八层楼面拼装，WJ-6、7、11 分段利用 5# 塔吊提升到拼装位置拼装，西弧形梁、WJ-4、5 采用与 RBL-7 相同的方法运至一层楼板拼装位置拼装。WJ-2、3、2a、1a 则利用 1# 塔吊在十层楼板上拼装。拼装位置均见

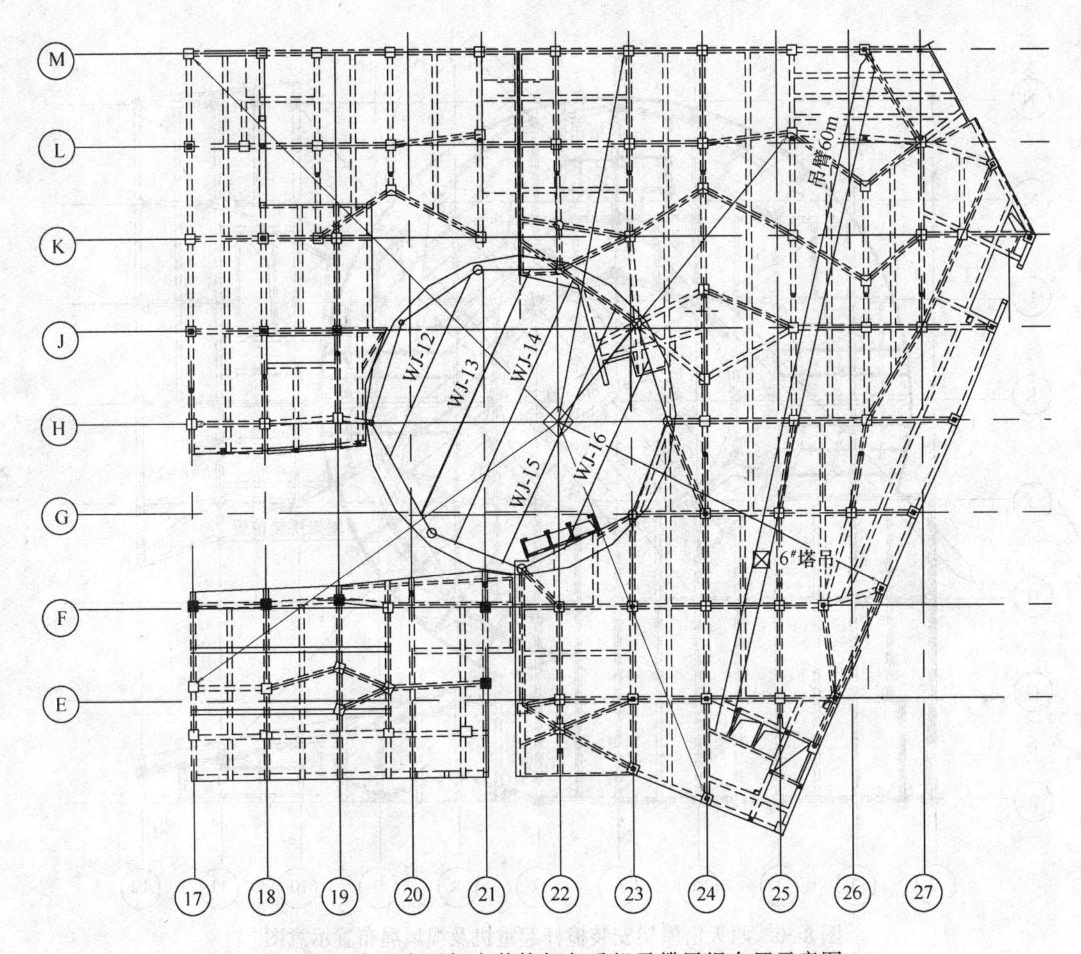

图 8-29 东天窗屋架安装桅杆起重机及缆风绳布置示意图

桅杆起重机布置示意图。

(4) 桅杆起重机安装与拆除

1) 东天窗

a. 在桅杆起重机安装前，利用 6# 塔吊分段安装格构式支承柱（1400 × 1400）并与五层混凝土柱焊接固定，因而在五层混凝土施工时，在柱顶预埋四块埋件（-400 × 400 × 20）。

b. 起重机桅杆在八层楼面拼装，利用塔吊整体吊装，并拉好缆风绳。

c. 吊杆拼装成整体，利用桅杆安装。

d. 为便于缆风绳固定，在八、九层楼板的相应位置预留 400mm × 400mm 的孔洞，以便缆风绳与楼板下混凝土柱拉结。缆风绳与混凝土柱拉结示意图见图 8-31。

2) 西天窗

仅支承柱、起重机规格与东天窗不同，安装方法相同。

3) 弧形天窗

参见钢天桥部分。

(5) 桁架（弧形梁）拼装与安装

1) 构件出厂前，桁架必须进行预拼装。

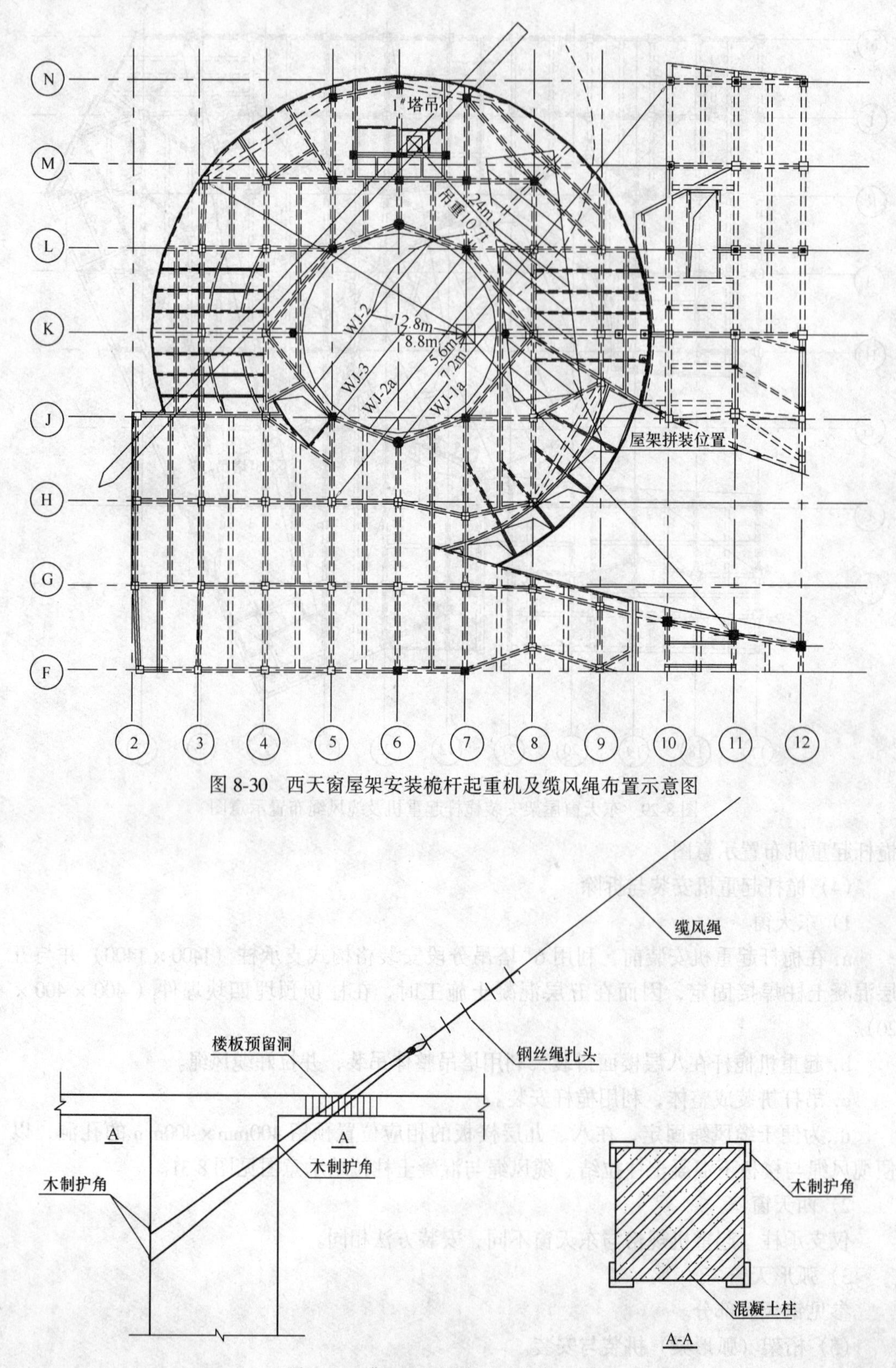

图 8-30　西天窗屋架安装桅杆起重机及缆风绳布置示意图

图 8-31　缆风绳与混凝土柱拉结示意图

2）现场拼装平台应基本平整，避免桁架在拼装过程中产生变形。

3）高强螺栓安装应严格按《钢结构高强螺栓连接的设计、施工及验收规程》进行，并在桁架安装前通过有关部门验收。

4）支撑桁架的钢柱、钢梁及柱间支撑安装完毕并连接牢固后，方可进行桁架的安装。

5）桅杆起重机安装注意事项参见钢天桥安装中主梁吊装部分。

6）桁架起吊前，应在桁架上弦拉悬挂安全带的安全绳，以便作业人员解钩，并采取可靠安全措施，确保安全。

7）弧形梁安装就位后，低端与埋件固定，高端直接搁置在埋件上，且梁底垫不锈钢板，因而松钩可能存在倾覆（或失稳）现象，故考虑在弧形梁中点设置支撑。其中，东弧形梁支撑可利用天桥 BL8-2 主梁搭设。西弧形梁支撑示意图见图 8-32。

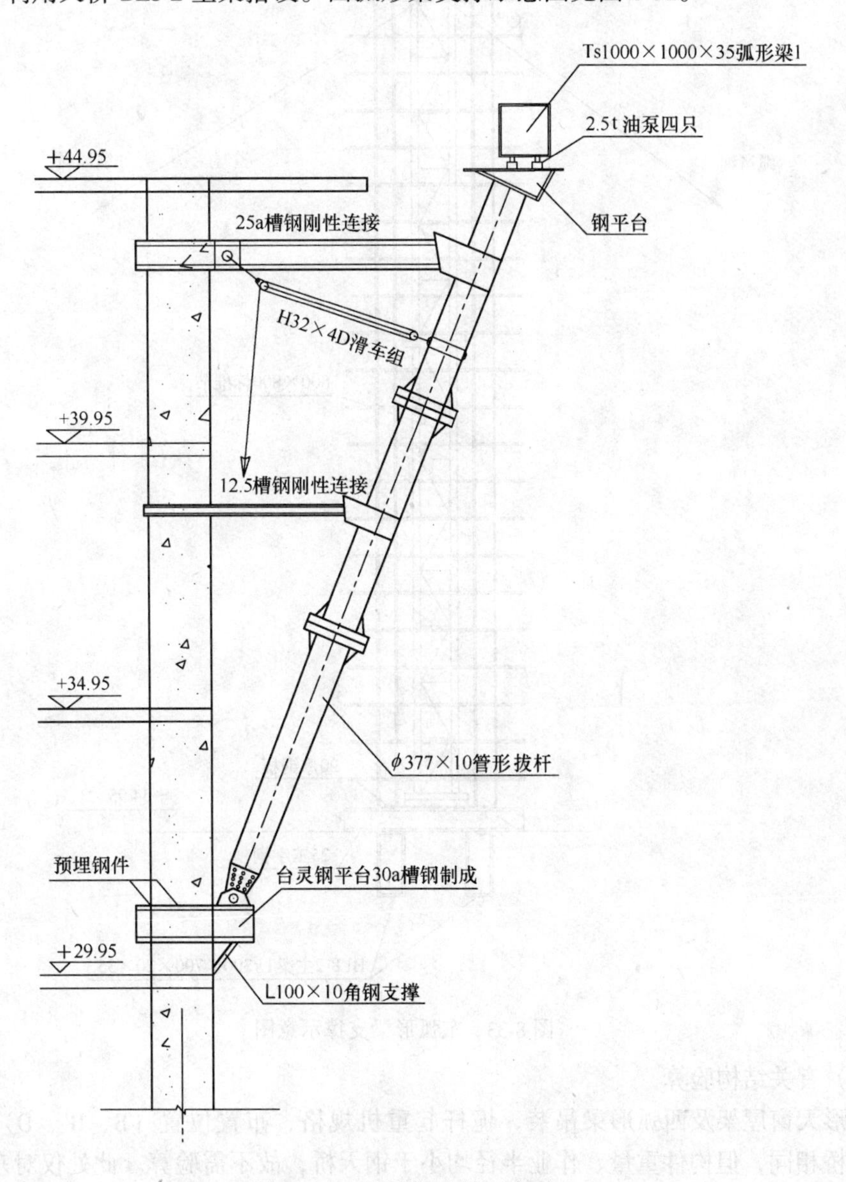

图 8-32　西弧形梁支撑示意图

东弧形梁支撑示意图见图 8-33。

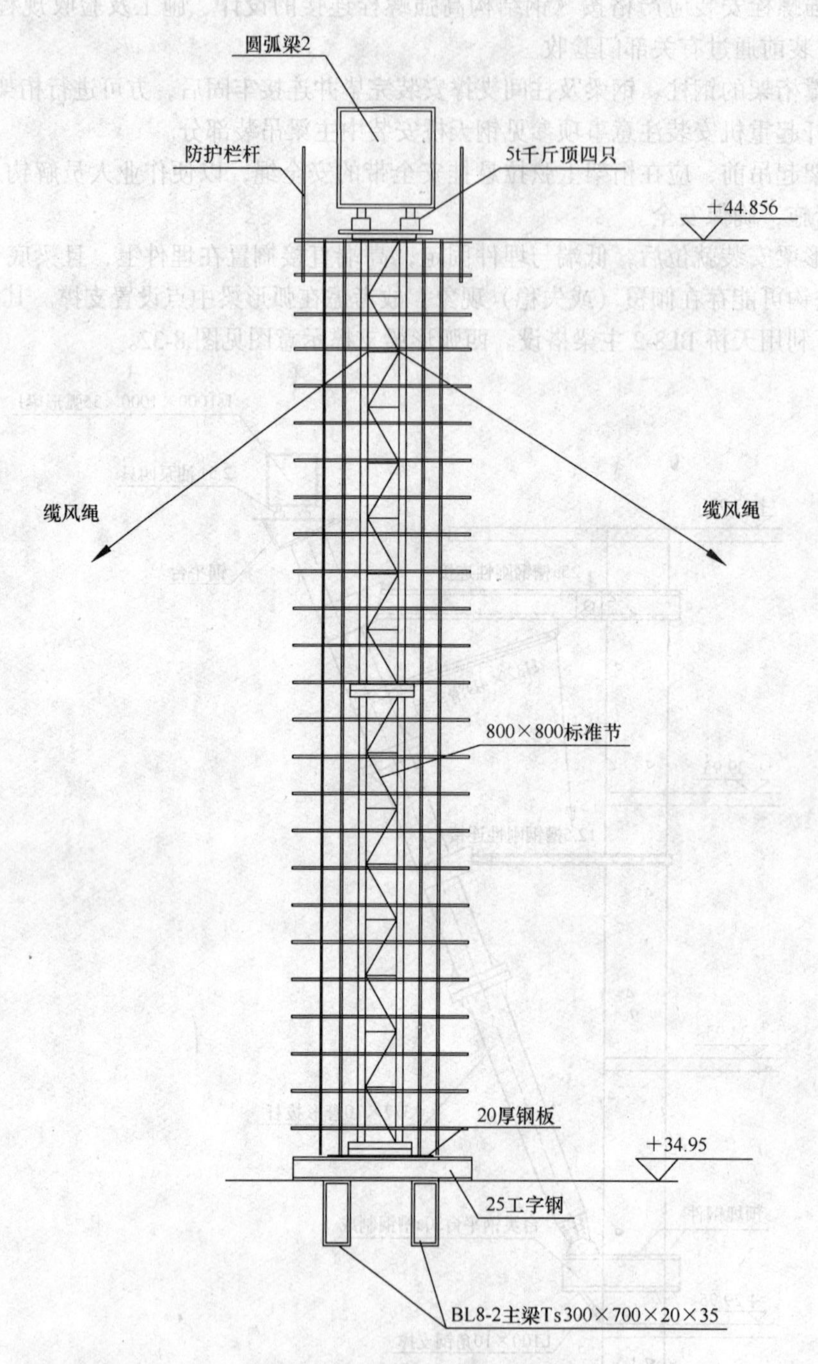

图 8-33　东弧形梁支撑示意图

(6) 有关结构验算

弧形天窗屋架及西弧形梁吊装，桅杆起重机规格、布置位置（B、B′、D）均与相应处钢天桥相同，但构件重量、作业半径均小于钢天桥，故不需验算。此处仅对东、西天窗屋架及东、西弧形梁吊装相关结构进行验算。

8.5 八、九层屋面安装

八、九层屋面钢结构包括八层、九层两部分，均为顶层、单层框架结构，包括柱、主次梁、檩条。截面分别为：柱 W14（H445×435×40×60），主梁 W970.8（H975×340×28×50），次梁 W910.6（H915×325×16×22），檩条 I20a。钢结构总重量约 2100t，高强螺栓 2.5 万套、压型钢板约 11000m²、栓钉 6 万颗。

八层钢结构施工面积约 6000m²，层高 12.7～13.12 m 之间，包括柱（W14）53 根，主梁（W970.8）约 70 根，次梁（W910.6）约 230 根及檩条等共计 1300t；九层屋面钢结构施工面积约 4000m²，层高 9.66m（10.25m），包括柱 41 根，主梁（W970.8）约 40 根，次梁（W910.6）约 140 根及檩条等，共计约 800t。

本工程柱梁节点为刚接，次梁与主梁间简支梁为铰接，悬臂梁为刚接，高强螺栓为 10.9 级扭剪型高强螺栓，直径为 M22。

工程特点：

（1）工作量大，工期紧。钢结构总重约 2100t，工期自九层开始吊装计仅为 85d，并且其间要穿插钢天窗的安装施工。

（2）施工面积大，构件安装位置分布广，构件卸车，垂直运输需由 1#、2#、3# 及 6# 塔吊分别完成，施工组织及协调难度较大。

（3）场地狭窄，1#、2#、3# 塔吊施工区域内的构件只能依靠一条宽约 5m 的道路进场，且构件车辆只能停在道路上卸车，现场构件堆放场地小。

（4）构件长、单件重且相差较悬殊。主梁最长约 23m，单重 11.4t，柱 13.12m，重约 7t，次梁单重约 3t。

（5）塔吊工作量不均衡。6# 塔吊除完成八层屋面外，还需承担东天窗的吊装，且因 3# 塔吊起重能力小，覆盖区域内的柱及主梁部分也需由 6# 塔吊完成，2# 塔吊的工作量也远远大于 1# 塔吊。

（6）吊装方法复杂，部分柱及主梁需采用双机抬吊或分段高空拼装，部分主梁须分三段拼装。

（7）东天窗屋架需利用八层楼面作为拼装场地，因而八层屋面部分构件需待东天窗屋架安装后吊装。

（8）部分钢梁悬臂长达 8m。

8.5.1 施工部署

（1）区域划分

结构吊装须形成框架，综合均衡塔吊的工作量，将八、九层屋面划分为三个区，分别对应 2#、3#、6# 塔吊（分别为Ⅰ、Ⅱ、Ⅲ区），考虑屋面与天窗同时施工，2#、5# 塔吊覆盖区域的构件原则上利用 2# 塔吊安装，弧形天窗则利用 5# 塔吊安装。

（2）施工组织

与三台塔吊相对应成立三个吊装作业队。根据土建的施工顺序，八层工作面交付钢结构后，分别承担Ⅰ区八层、Ⅱ区及东天窗的施工。在东天窗吊装焊接时，可穿插进行Ⅲ区部分构件的安装，东天窗安装完毕进行Ⅲ区钢结构的安装；Ⅰ区八层施工完成后进行九层施工。八、九层屋面钢结构施工组织机构如图 8-34 所示。

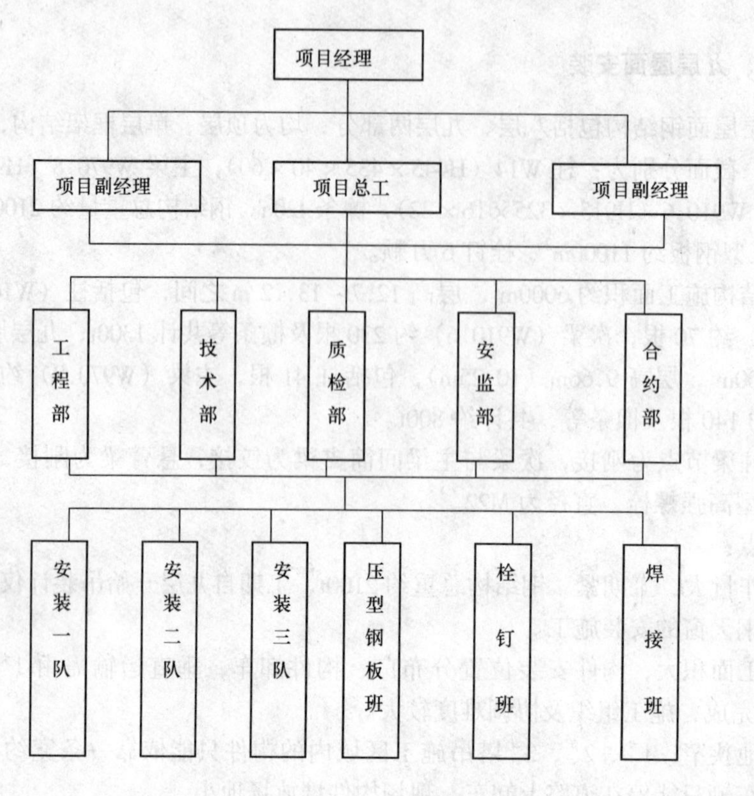

图 8-34　施工组织机构

(3) 施工顺序

考虑到东天窗屋架吊装拼装的需要，八、九层屋面总体吊装顺序为：由东天窗向四周展开。八层工作面交出后，Ⅰ区八层、Ⅱ区及东天窗，分别利用 2#、3#、6# 塔吊吊装，每区的吊装顺序为先吊柱，后柱间框架梁以形成框架。在框架按单元校正后再安装次梁，最后安装檩条及压型钢板。其中，钢柱及主梁 W970.8（除分段外）根据塔吊的起重能力，选择相应塔吊安装。次梁则按分区，利用相应区域的塔吊安装。鉴于 3# 塔吊的起重能力较小，Ⅱ区的部分钢柱及主梁 W970.8 需利用 6# 塔吊安装。因此，原则上考虑 6# 塔吊先吊装Ⅱ区柱及主梁，后安装东天窗，以便 3# 塔吊及时进行。Ⅱ区的吊装施工。安装顺序见表 8-5～表 8-8。

八层屋面钢柱吊装顺序表　　**表 8-5**

序号	柱编号	构件长度(m)	单件重(t)	吊装方法	选用塔吊	备　注
1	CD-17	10.25	6.12	单机吊	6#	
2	CD-18	10.25	5.96	单机吊	6#	
3	CD-12	10.25	5.86	双机抬吊	3#、6#	构件由 3# 塔吊卸车
4	CD-11	9.66	6.44	双机抬吊	3#、6#	构件由 3# 塔吊卸车
5	CD-18	9.66	6.44	双机抬吊	3#、6#	构件由 6# 塔吊卸车
6	CD-13	9.66	6.44	双机抬吊	3#、6#	构件由 3# 塔吊卸车
7	CD-14	9.66	5.23	单机吊	3#	构件由 3# 塔吊卸车

续表

序号	柱编号	构件长度（m）	单件重（t）	吊装方法	选用塔吊	备注
8	CD-19	9.66	5.23	双机抬吊	3#、6#	构件由6#塔吊卸车
9	CD-20	10.25	5.86	双机抬吊	3#、6#	构件由6#塔吊卸车
10	CD-15	10.25	5.86	双机抬吊	3#、6#	构件由3#塔吊卸车
11	CD-16	9.66	6.44	双机抬吊	3#、6#	构件由3#塔吊卸车
12	CD-10	9.66	6.44	分段吊	6#	
13	CD-09	10.25	5.23	分段吊	6#	
14	CD-07	10.25	5.86	分段吊	3#	
15	CD-06	9.66	5.86	分段吊	3#	
16	CD-05	9.66	5.86	分段吊	2#	
17	CD-08	10.25	6.55	单机吊	3#	
18	CD-04	10.25	6.55	单机吊	3#	
19	CD-04	9.66	4.33	单机吊	3#	
20	CD-03	9.66	5.45	分段吊	3#	
21	CD-02	10.25	5.33	分段吊	3#	
22	CD-01	10.25	5.33	分段吊	2#	
23	CD-30	9.66	5.23	单机吊	6#	
24	CD-32	9.66	5.23	单机吊	6#	
25	CD-36	9.66	5.96	单机吊	6#	
26	CD-29	10.25	5.96	单机吊	6#	
27	CD-35	10.25	5.53	单机吊	6#	
28	CD-33	10.25	5.53	单机吊	6#	
29	CD-43	10.25	5.23	单机吊	6#	
30	CD-33	9.66	6.02	单机吊	6#	
31	CD-38	9.66	6.23	单机吊	6#	
32	CD-42	9.66	4.22	单机吊	6#	
33	CD-44	9.66	4.22	单机吊	6#	
34	CD-39	9.66	5.23	单机吊	6#	
35	CD-42	10.25	8.63	单机吊	6#	
36	CD-45	10.25	5.23	单机吊	6#	
37	CD-22	9.66	7.42	单机吊	6#	
38	CD-23	9.66	5.23	单机吊	6#	
39	CD-24	10.25	5.23	单机吊	6#	
40	CD-21	10.25	5.66	单机吊	6#	
41	CD-26	9.66	5.23	单机吊	6#	
42	CD-27	9.66	6.33	单机吊	6#	

续表

序号	柱编号	构件长度（m）	单件重（t）	吊装方法	选用塔吊	备　注
43	CD-31	10.25	5.23	单机吊	6#	
44	CD-25	10.25	5.23	单机吊	6#	
45	CD-28	9.66	5.23	单机吊	6#	
46	CD-38	9.66	5.23	单机吊	6#	
47	CD-34	10.25	5.23	单机吊	6#	
48	CD-05	10.25	5.23	分段吊	2#	48-53#柱由2#塔吊完成与㉒-㉘轴同时施工
49	CD-02	9.66	7.24	分段吊	2#	
50	CD-06	9.66	5.23	分段吊	2#	
51	CD-03	9.66	6.55	分段吊	2#	
52	CD-04	10.25	6.65	单机吊	2#	
53	CD-01	10.25	5.23	单机吊	2#	

九层钢柱吊装顺序表　　表 8-6

序号	柱编号	构件长度（m）	单件重（t）	吊装方法	选用塔吊	备　注
1	CA-13	10.25	5.53	单机吊	2#	
2	CA-10	10.25	5.53	单机吊	2#	
3	CA-09	10.25	9.56	单机吊	2#	
4	CB-17	9.66	5.23	双机抬吊	2#、5#	
5	CB-18	9.66	9.56	双机抬吊	2#、5#	
6	CB-14	9.66	5.23	单机吊	2#	
7	CB-15	9.66	6.96	单机吊	2#	
8	CB-16	9.66	7.12	单机吊	5#	
9	CA-12	10.25	4.54	单机吊	2#	
10	CA-08	10.25	5.23	单机吊	2#或6#	
11	CB-12	9.66	6.36	单机吊	5#	
12	CB-13	9.66	5.23	单机吊	5#	
13	CA-12	10.25	5.23	单机吊	2#	
14	CA-07	10.25	5.23	单机吊	2#	
15	CB-10	9.66	5.23	单机吊	2#或5#	
16	CB-11	9.66	5.23	单机吊	5#	
17	CA-12	10.25	5.23	单机吊	2#	
18	CA-06	10.25	5.23	单机吊	2#	
19	CB-08	9.66	8.36	单机吊	2#或5#	
20	CB-09	9.66	6.36	单机吊	5#	
21	CA-12	10.25	5.23	单机吊	2#	

续表

序号	柱编号	构件长度（m）	单件重（t）	吊装方法	选用塔吊	备　注
22	CA-05	10.25	5.23	单机吊	2#	
23	CB-05	9.66	5.23	单机吊	2#	
24	CB-06	9.66	6.96	单机吊	2#	
25	CB-07	9.66	5.23	单机吊	5#	
26	CA-12	10.25	9.45	单机吊	2#	
27	CA-04	10.25	5.23	单机吊	2#	
28	CB-04	9.66	5.23	单机吊	2#	
29	CB-21	9.66	5.56	双机抬吊	2#、5#	5#卸车
30	CA-12	10.25	5.23	单机吊	2#	
31	CA-03	10.25	5.23	单机吊	2#	
32	CB-03	9.66	5.23	双机抬吊	2#、5#	2#卸车
33	CB-20	9.69	4.35	双机抬吊	2#、5#	2#或5#
34	CA-12	10.25	5.23	双机抬吊	1#、2#	
35	CA-02	10.25	6.66	单机吊	2#	
36	CB-02	9.66	5.23	双机抬吊	1#、2#	
37	CB-09	9.66	7.45	双机抬吊	1#、2#	
38	CA-11	10.25	5.23	单机吊	1#	
39	CA-01	10.25	8.25	单机吊	1#	
40	CA-01	10.25	5.23	单机吊	1#	
41	CB-01	9.66	5.23	单机吊	1#	

八层屋面主梁（W970.8）吊装情况一览表　　表 8-7

序　号	构件编号	构件长度（m）	单件重（kg）	吊装方法	选用塔吊	备　注
1	GK02-16	14.179	6907	抬吊	6#、3#	6#卸车
2	GK02-22	18.177	8840	双机抬吊	6#、3#	6#卸车在楼面移动
3	GK02-32	18.177	8840	分段	6#	
4	GK02-36	18.177	8840	分段	6#	
5	GK02-37	18.875	9161	分段	6#	
6	GK02-38	9.395	4614	单机吊	6#	
7	GK02-39	11.195	5441	单机吊	6#	
8	GK02-10	17.375	8472	分段	6#	
9	GK02-04	10.775	5296	抬吊	6#、3#	
10	GK02-15	18.428	8956	分段后抬	3#（3#、6#）	3#卸车
11	GK02-09	18.428	8956	分段	3#	分三段或分段抬

续表

序号	构件编号	构件长度（m）	单件重（kg）	吊装方法	选用塔吊	备注
12	GK02-03	18.428	8956	分三段	2#	
13	GK02-50	12.155	5978	单机吊	3#	
14	GK02-31	10.03	4906	单机吊	3#	
15	GK02-30	10.555	5147	单机吊	3#	
16	GK02-21	21.03	10247	分两段	3#	
17	GK02-14	6.155	3030	单机吊	3#	
18	GK02-49	6.155	3030	单机吊	3#	
19	GK02-02	6.155	3030	单机吊	2#	
20	GK02-11	10.555	5147	单机吊	6#	
21	GK02-12	10.555	5147	单机吊	6#	
22	GK02-13	7.587	3784	单机吊	6#	
23	GK02-06	16.669	8147	单机吊	6#	
24	GK02-20	11.451	5752	单机吊	6#	
25	GK02-26	10.605	5363	单机吊	6#	
26	GK02-28	4.768	2490	单机吊	6#	
27	GK02-29	<5		单机吊	6#	
28	GK02-47	4.768	2490	单机吊	6#	
29	GK02-48	<5		单机吊	6#	
30	GK02-17	18.458	8969	单机吊	6#	
31	GK02-23	18.475	8977	单机吊	6#	
32	GK02-33	18.475	8977	单机吊	6#	
33	GK02-40	14.94	7257	单机吊	6#	
34	GK02-41	11.625	5639	单机吊	6#	
35	GK02-18	11.009	5636	单机吊	6#	
36	GK02-24	15.115	7338	单机吊	6#	
37	GK02-34	18.175	8839	单机吊	6#	
38	GK02-42	9.61	4617	单机吊	6#	
39	GK02-43	11.625	5639	单机吊	6#	
40	GK02-44	10.475	5110	单机吊	6#	
41	GK02-19	17.010	8346	单机吊	6#	
42	GK02-25		7467		6#	
43	GK02-35	10.475	5110		6#	
44	GK02-45	10.475	5110		6#	
45	GF02-04		9270	分两段抬吊	2#（2#、5#）	

续表

序　号	构件编号	构件长度（m）	单件重（kg）	吊装方法	选用塔吊	备　注
46	GF02-03		11081	分两段或三段	2#	
47	GF02-07		6264	分两段	2#	
48	GF02-06		11081	分三段	2#	
49	GF02-03		11081	分两段	2#	
50	GF02-01		5040	单机吊	2#	
51	GF02-02		5040	单机吊	2#	

九层屋面主梁吊装情况一览表　　表 8-8

序　号	构件编号	构件长度（m）	单件重（t）	吊装方法	选用塔吊	备　注
1	GE02-07	10.555	5040	单机吊	2#	
2	GE02-07	10.555	5040	单机吊	2#	
3	GF02-04	19.00	9270	分两段抬	2#（2#、5#）	2#卸车
4	GG02-16	20.03	9680	分两段	2#	
5	GG02-17	1.77		单机吊	2#	
6	GG02-13	1.555		单机吊	2#	
7	GG02-14	10.324	4925	单机吊	2#	
8	GG02-15	4.583		单机吊	2#	
9	GE02-05	2.555		单机吊	2#	
10	GG02-10	21.555	10381	双机抬吊	2#、5#	2#
11	GE02-12	6.155	2923	双机抬吊	2#	
12	GE02-05	2.555		单机吊	2#	2#
13	GG02-10	21.555	10381	双机抬吊	2#、5#	2#
14	GG02-11	6.698	3173	单机吊	2#	
15	GE02-06	21.555	10381	单机吊	2#	
16	GG02-08	21.555	10381	双机抬吊	2#、5#	2#
17	GG02-09	6.14	2916	双机抬吊	2#	
18	GE02-05	21.555	10381	单机吊	2#	
19	GG02-05	13.137	6130	单机吊	2#	
20	GG02-06	5.91	2810	单机吊	2#	
21	GG02-07	6.587	3218	单机吊	2#	
22	GE02-05	21.555	10381	单机吊	2#	超载 7%
23	GG02-04	13.235	6367	单机吊	2#	
24	GE02-05	21.555	10381	分两段	1#	
25	GG02-03	12.396	5982	分两段	2#	

续表

序　号	构件编号	构件长度（m）	单件重（t）	吊装方法	选用塔吊	备　注
26	GE02-05	21.555	10381	分两段	1#	
27	GG02-02	10.343	4943	单机吊	1#	
28	GE02-03	10.555	5040	单机吊	1#	
29	GE02-02	10.555	5040	单机吊	1#	
30	GG02-01	6.834	3235	单机吊	1#	

（4）构件进场及堆放

八、九层屋面钢柱、钢梁共计约550余件，计2100余吨，其中钢柱及钢梁（W970.8）单件重量较重，钢梁W910.6及檩条I20a单件重量较轻，该部分构件卸车及垂直运输主要依靠2#、3#及6#塔吊完成。

八、九层屋面构件进场设三条路线：分别利用2#、3#、6#塔吊卸车。在一层楼板⑭~⑱轴交Ⓝ~Ⓟ间，3#塔吊下及R17坡道处分别设置三个构件堆场。钢柱及钢梁W970.8原则上卸车后直接提升到八、九层楼面，布置在安装位置附近，钢梁W910.6则分批进场，按区域分别堆放在三个构件堆场，在必要时配备一台汽车式起重机协助3#、6#塔吊卸车。

构件进场必须严格按计划进行，并且配套供应。根据安装进度要求，堆场的构件应有2~3d的储备。构件堆放时应注意以下问题：

1）构件堆放时应搁置枕木，避免构件变形、扭曲。

2）考虑到楼板的承载能力，构件应避免集中堆放。

3）构件堆放时，应将构件编号等标识露在外侧，以便查找，并按规定做好标识。

4）构件检查、堆放记录应留档备查。

（5）施工平面布置

本工程现场已布置6台塔吊，八、九层屋面主要利用2#、3#、6#三台塔吊，少量构件需利用5#塔吊。根据该部分工程施工周期短、构件数量多、工作量大且场地狭窄等实际情况，施工平面布置主要考虑地面施工平面布置及施工楼层平面布置两部分。地面布置主要对构件进场卸车堆放进行规划，楼层平面主要对施工工机具房等布置进行规划，地面施工平面布置见钢结构施工平面布置图。

考虑到西天窗及八、九层屋面依靠1#、2#、3#塔吊吊装，现场北面道路将作为构件进场的主要通道。因此，最迟在屋面吊装施工前，必须保证北面道路通畅，并将现场厕所拆除，以保证构件运输车辆从东面进西面出。

8.5.2　施工计划

根据总进度计划，八、九层混凝土楼面分别于4月5日、4月29日浇筑完毕，养护15d，八、九层屋面钢结构分别于4月20日、5月14日开始吊装。

8.5.3　主要项目施工方法

（1）结构安装施工工艺流程

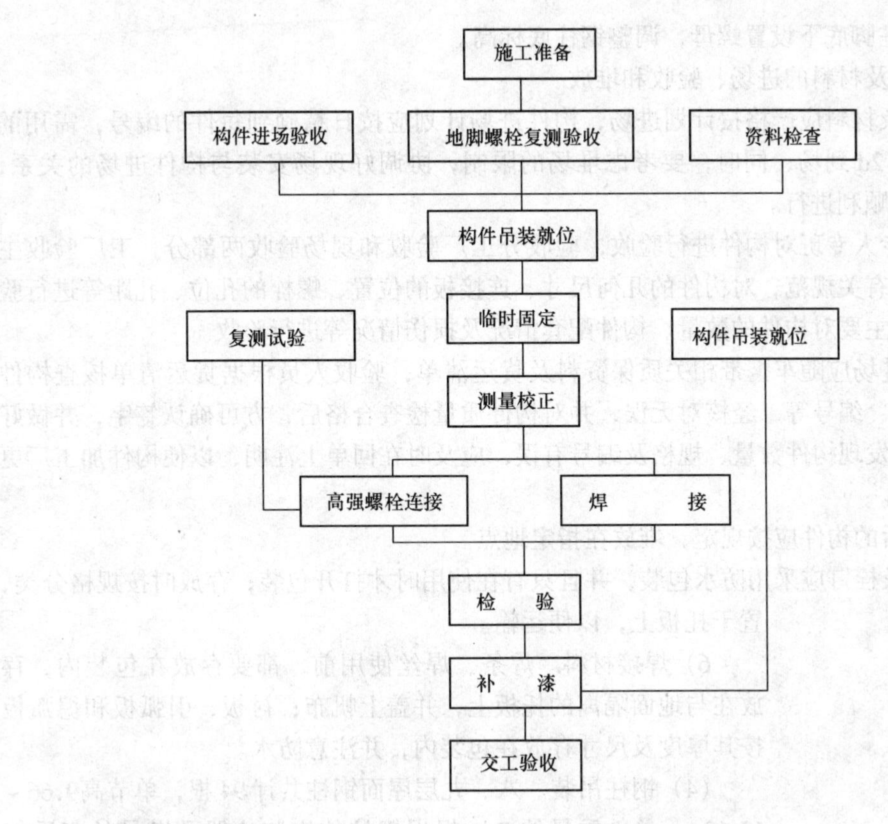

(2) 地脚螺栓预埋

1) 地脚螺栓预埋前应复测其轴线及标高，确保埋设精度。

2) 为保证地脚螺栓的准确性，设置标准样板，用于检查地脚螺栓的间距。在地脚螺栓固定后，将标准样板取出。地脚螺栓埋设示意图见图 8-35。

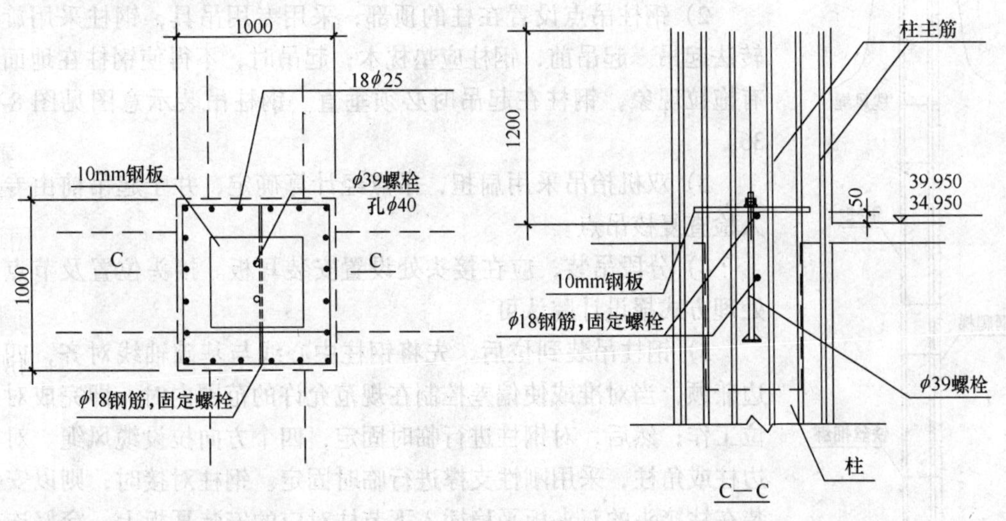

图 8-35 地脚螺栓埋设示意图

3) 安装前，应对地脚螺栓的埋设位置、间距进行检查，对偏差较大或弯曲变形者及时进行处理，并抹上机油润滑，用橡胶套进行保护。

4）在钢柱脚底下设置螺母，调整钢柱底标高。

（3）构件及材料的进场、验收和堆放

1）构件及材料应严格按计划进场，构件进场计划应按日精确到每件的编号，需用的构件至少提前2d到场；同时，要考虑堆场的限制，协调好现场安装与构件进场的关系，保证安装施工顺利进行。

2）配备专人专班对构件进行验收，验收分工厂验收和现场验收两部分，工厂验收主要依据图纸及有关规范，对构件的几何尺寸、连接板的位置、螺栓的孔位、孔距等进行验收；现场验收主要对构件的数量、构件配套情况及损伤情况等进行验收。

3）构件进场应随车携带相关质保资料及货运清单，验收人员根据货运清单核查构件的数量、规格、编号等，经核对无误，并对构件质量检查合格后，方可确认签字，并做好检查记录；若发现构件数量、规格及编号有误，应及时在回单上注明，以便构件加工厂更换或补齐构件。

4）验收后的构件应按规定，堆放在指定地点。

5）螺栓及栓钉应采用防水包装，并且只有在使用时才打开包装；存放时按规格分类，置于托板上，以便运输。

6）焊接材料。焊条、焊丝使用前，都要存放在包装内，存放在与地面隔离的托板上，并盖上帆布；衬板、引弧板和熄弧板按其厚度及尺寸存放在包装内，并注意防水。

（4）钢柱吊装。八、九层屋面钢柱共计94根，单节高9.66～13.12m，单件重量约7t，根据钢柱的安装位置及塔吊的起重能力，分别采用一台塔吊直接吊装，双机抬吊及分两段吊装。

1）吊装准备。钢柱吊装前，先安装好爬梯，拴好缆风绳，分段吊装的钢柱在吊离地面前，安装好临时连接板及安装螺栓。

2）钢柱吊点设置在柱的顶部，采用专用吊具，钢柱采用旋转法起吊。起吊前，钢柱应垫枕木；起吊时，不得使钢柱在地面有拖拉现象，钢柱在起吊时必须垂直。钢柱吊装示意图见图8-36。

3）双机抬吊采用扁担，吊点经计算确定，并于起吊前由专人检查复核吊点。

4）分段吊装，应在接头处设置安装耳板。接头位置及节点处理方式报设计院认可。

5）钢柱吊装到位后，先将钢柱中心线与基础轴线对齐，四边兼顾，当对准或使偏差控制在规范允许的范围内时，即完成对位工作；然后，对钢柱进行临时固定，四个方向拉设缆风绳。对边柱或角柱，采用刚性支撑进行临时固定。钢柱对接时，则以安装在柱接头的双夹板平稳插入下节柱对应的安装耳板上，穿好连接螺栓，进入校正阶段。

6）钢柱对接焊接平台采用$\phi48\times3.5$钢管脚手架搭设，平台搭设高度比柱接头高度低1.2m左右，并搭设护栏。钢柱分段吊

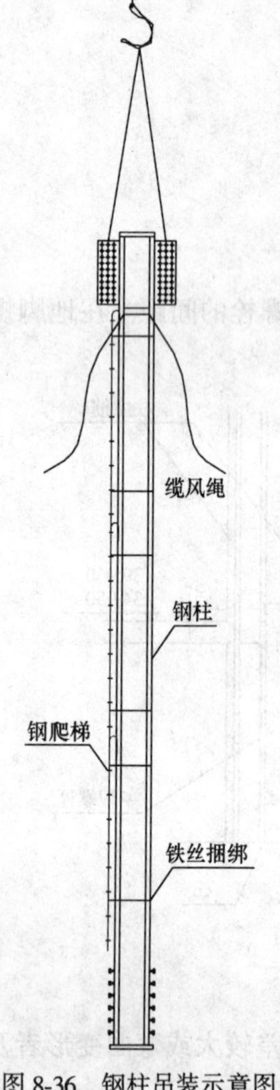

图8-36　钢柱吊装示意图

装操作平台搭设示意图见图 8-37。

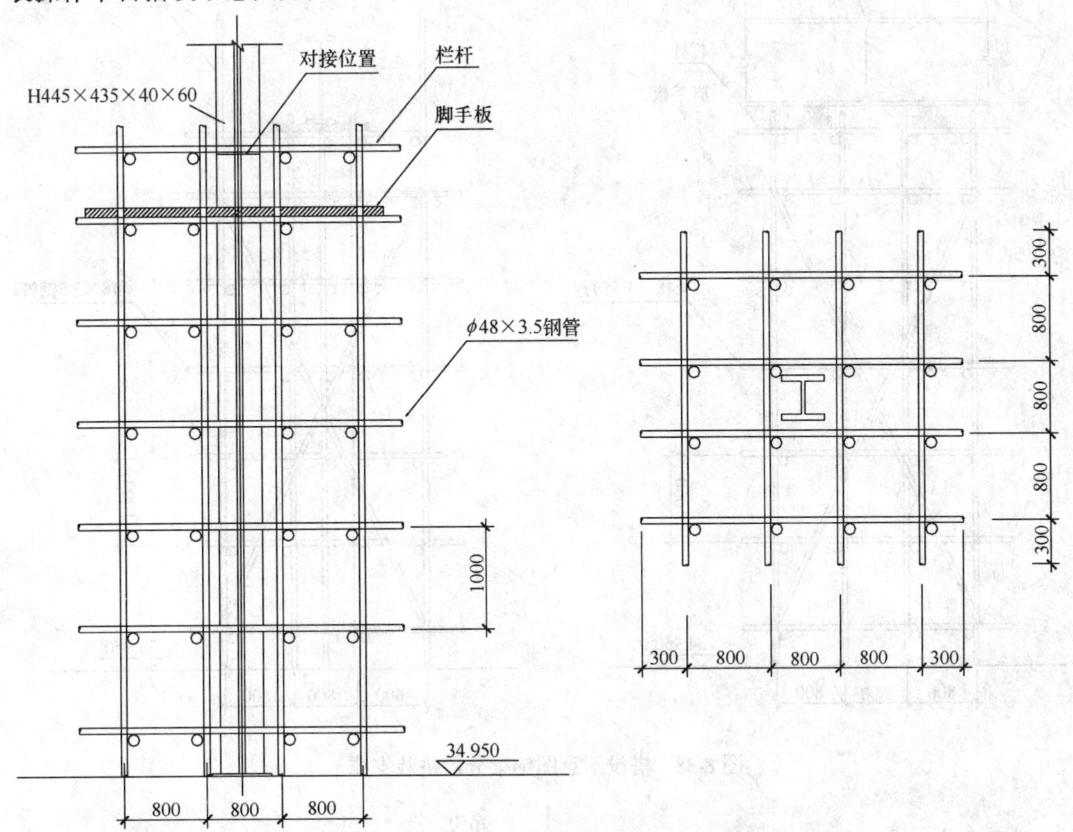

图 8-37 钢柱分段吊装操作平台搭设示意图

(5) 钢梁安装

1) 八、九层屋面钢梁有 H975×340 和 H915×325 两种规格，根据构件单件重量及塔吊布置情况，H915×325 均采用塔吊直接吊装。H975×340 则分别采用一台塔吊直接吊装、双机抬吊及分段高空拼装三种方式，其中部分钢梁需分三段拼装。详见八、九层屋面主梁吊装情况一览表。钢梁分段拼装支撑架搭设示意图见图 8-38。

2) 钢梁的绑扎起吊。钢梁吊点选择视具体情况而定，但要保证起吊后钢梁不变形，平衡稳定，安全可靠且便于安装。

钢梁采用钢丝绳直接绑扎起吊。为防止钢梁锐边割断钢丝绳，应采用钢瓦片对钢丝绳进行保护，并且吊索角度不得小于 45°。钢梁吊装示意图见图 8-39。

为了加快施工进度，对于重量较轻的钢梁可采用一机多吊的方法。

3) 钢梁的就位和临时固定。钢梁吊装到位后，按施工图进行对位，并要注意钢梁的拱向，确保正确安装。大跨度钢梁安装时，应用冲钉将梁两端孔打紧、逼正，然后再用普通螺栓拧紧，普通螺栓数量不得少于该节点螺栓总数的 1/3。

4) 悬臂梁安装。八、九层屋面 W970.8、W910.6 均有部分悬臂梁，W970.8 悬臂最长近 4m，W910.6 悬臂长度最长约 8m，悬臂梁在框架柱梁安装后施工。对悬臂长度大于 4m 的钢梁，安装时在悬臂端设置支撑；小于 4m 的悬臂梁吊装，在高强螺栓施工完后方可松

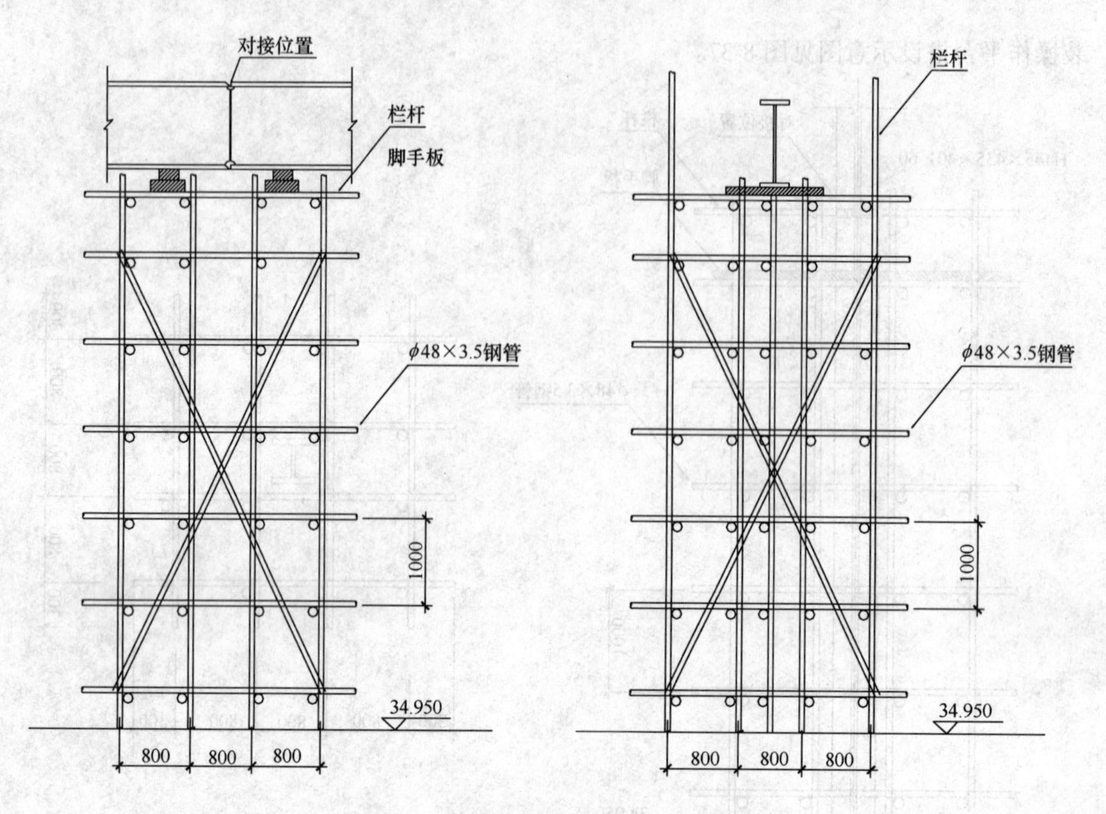

图 8-38　搭设示意图钢梁分段拼装支撑

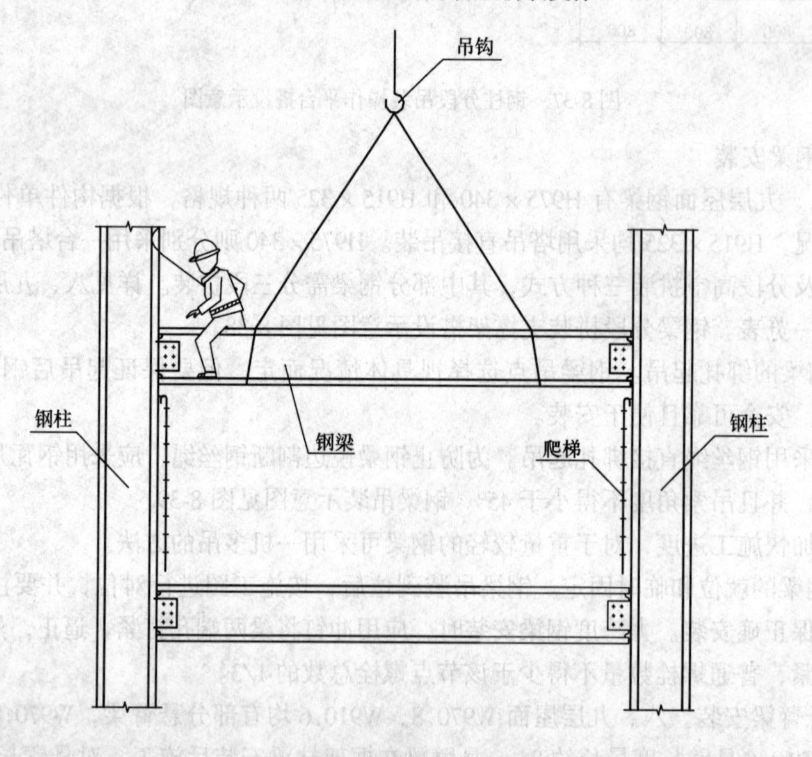

图 8-39　钢梁吊装示意图

钩。

5）主梁吊装施工注意事项

a. 双机抬吊吊点经计算确定，并合理分配两台塔吊的负荷量，起吊前应由专人检查复核。

b. 分段吊装时，分段位置及节点处理方式必须报经设计院认可。

c. 确保分段拼接焊缝质量，对焊缝进行100%超声波探伤检查。

d. 钢梁安装时，应注意连接板的靠向及高强螺栓的穿入方向，避免出错。

作者注：后期根据业主招商需要，九层屋面结构形式变更为大跨度桁架结构，主要安装方法进行了较大调整。屋面共计15榀桁架，每榀跨度38m，单重约26t，采取分段运输，现场法兰盘拼装。利用人字形桅杆式起重机整体安装就位。

8.6 钢雨篷安装

大雨篷位于北面⑬～⑰轴，长45m，最宽约11m，外轮廓成弧形，安装高度4.7m，共5根主梁（W30×15.W30×10），20余根次梁（工字钢45a），钢结构总重量约50t。

施工要点：

（1）雨篷在九层钢结构屋面完成及2#塔吊拆除后，利用25t汽车吊安装。

（2）安装从（13）轴开始，由西向东，先主梁后次梁，次梁安装由南向北。

（3）主梁一端为悬挑，悬挑部分最长达6.7m；另一端与混凝土柱通过连接板用销钉（部分为高强螺栓）连接，吊装时必须待梁端与混凝土柱连接牢固后，才能松钩。

8.7 钢结构安装测量与校正

钢结构施工测量和结构误差控制，是保证钢结构安装顺利进行和确保安装质量的关键。本工程由一名测量工程师负责，组成测量小组，担负全部钢结构安装的施工测量工作。

8.7.1 施工测量控制网的建立

由于本工程钢结构少量分散在各钢筋混凝土楼层，大量集中在八层和九层，钢柱均为单节柱。因而钢结构施工，以土建单位的施工测量控制网作为钢结构安装的施工测量控制网。

8.7.2 施工测量与放线

柱基础轴线的验收，应根据施工测量控制网，用方向线交会法进行，并标示出柱子安装的“十”字中心线。

本工程采用经纬仪测量控制钢柱的垂直度，用水准仪测量控制钢柱标高及钢梁的水平度，用吊线坠检测屋架的垂直度。测量钢柱垂直度时，应将经纬仪架设在柱子的纵横轴线上，并用正倒镜两次测量，以减少仪器误差。

8.7.3 调校与误差控制

在柱、梁、屋架安装对位，临时固定后，即进行柱垂直度、梁水平度的测量调校工作。调校从中间单元开始，向四周展开。在经纬仪的监测下，采用缆风绳、千斤顶、楔铁、修复孔眼等方法进行。

8.8　高强螺栓安装

8.8.1　高强螺栓安装施工工艺流程

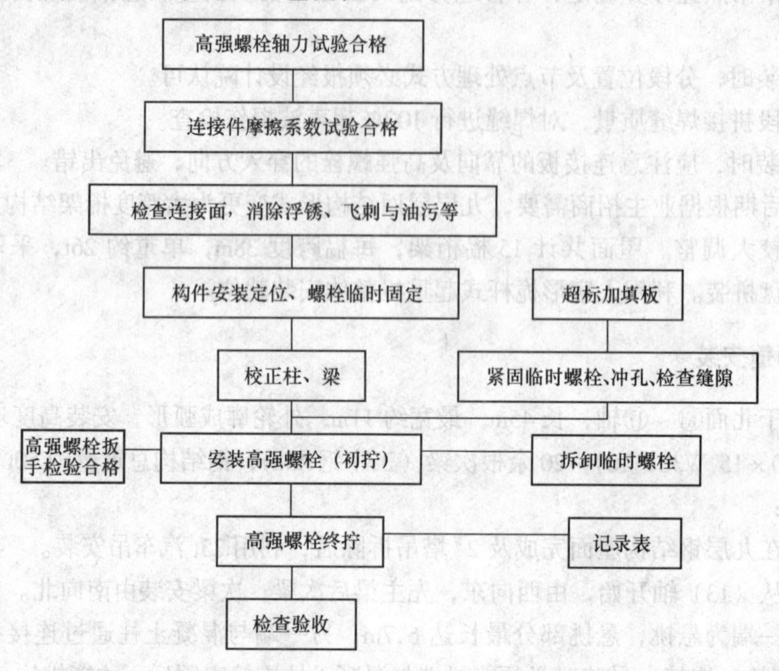

8.8.2　高强螺栓施工注意事项

（1）高强螺栓的规格、型号及性能必须符合设计及规范要求，存放时应按规格、型号分类妥善保管，避免因受潮、生锈、污染而影响其质量。

（2）摩擦面的抗滑移系数抽检在工地进行，由制造厂按规范提供试件。摩擦面不允许有铁屑、浮锈等污染物。

（3）高强螺栓不能自由穿入螺栓孔位时，不得硬性敲入，应用铰刀修正扩孔后再插入，穿入方向按图纸规定。

（4）雨天不得进行高强螺栓安装，摩擦面及螺栓不得有水及其他污物。

（5）高强螺栓拧紧应分初拧和终拧，10.9 级 M22 摩擦型高强螺栓初拧力矩经计算为 300N·m，终拧以螺栓梅花头剪断为准，同一高强螺栓的初拧和终拧时间间隔不宜超过 1d。装配和紧固接头时，应从安装好的一端或刚性端向自由端进行，高强螺栓施工完成后，应按有关规范进行检验，并且做好记录。

（6）安装中出同板厚差时：

$\delta \leqslant 1$mm	不作处理
$1 < \delta < 3$mm	将厚板磨成 1∶5 缓坡，使用间隙 $\delta < 1$mm
$\delta > 3$mm	加设填板，填板制孔，表面处理与母材相同

8.9　钢结构焊接

8.9.1　钢结构焊接的组织

本工程焊接量大，技术要求高。施工主要采用国产直流电焊机（AX1－300、AX1－

500）手工电弧焊及半自动 CO_2 气体保护焊。由一名焊接工程师担任焊接技术工长，组织一个电焊作业队，下设四个焊工班，分别在四个钢结构安装区每天两班连续作业。另配备4~5名普工负责氧气、乙炔气、焊条及探伤前打磨等辅助性工作，一名气割工负责对不合格坡口的修正工作。

8.9.2 焊接工艺流程

焊接工艺流程图见“4.2.3 （3）”。

8.9.3 焊接工艺参数

（1）预热

当板厚大于19mm时，焊接需对母材进行预热。预热范围应沿焊缝中心向两侧至少各100mm以上，并按最大板厚3倍以上范围实施，加热过程力求均匀。预热源采用氧—乙炔中性火焰加热。不同厚度的钢材推荐预热温度见表8-9。

不同厚度的钢材推荐预热温度表 **表8-9**

钢种	板厚（mm）				备注
	焊接方式	$t=22$	$22<t\leqslant38$	$38<t\leqslant50$	
Q235	手工电弧焊	>100	>100	150	
	CO_2 保护焊	>100	>100	150	

当预热范围均匀达到预定值后，恒温20~30min，温度测试采用表面温度计，测试应在离坡口边沿距板厚3倍（最低100mm）的地方进行。

（2）层温

焊接时，焊缝间的层间温度应始终控制在85~110℃之间，每个焊接接头应一次性焊完，施焊前应注意收集气象预报资料，恶劣天气应放弃施焊；若已开始焊接，在恶劣天气来临前，至少焊完板厚的1/3方能停焊，且严格做好后热处理工作。

（3）后热与保温

后热处理，规范中无明确规定。本工程对40mm以上的厚板焊后采取后热处理，后热温度为200~250℃之间，并用石棉布保温。

（4）焊接工艺参数

本工程安装焊接采用手工电弧焊、CO_2 气体保护焊，焊接参数将根据接头位置、坡口形式及施工环境条件进行焊接工艺评定来确定。常规条件下的焊接工艺参数见表8-10。

常规条件下的焊接工艺参数表 **表8-10**

序号	焊接部位	焊材类型	焊材规格	焊接电流（A）	焊接电压（kV）	气体流量	焊速
1	柱梁定位	E43	$\phi3.2$	90~120	28~32		0.25
2	柱梁封底	E43	$\phi3.2$	90~120	28~32		0.23
3	柱梁层填充	$H08Mn_2SiA$	$\phi1.2$	190~210	25~30	55	0.55
4	柱梁填充	E43	$\phi4.0$	160~190	32~35		0.35
5	梁填充	$H08Mn_2SiA$	$\phi1.2$	250~320	29~35	55~65	0.68
6	柱梁面层	$H08Mn_2SiA$	$\phi1.2$	210~240	29~33	55~65	0.65

8.9.4　焊接顺序

（1）就整个框架而言，柱、梁等刚性接头的焊接施工，应从整个结构的中部施焊，先形成框架，然后向外扩展施焊。

（2）对柱梁而言，应先完成全部柱的接头焊接。焊接时无偏差的柱，两人对称同速施焊；有偏差的柱，向左倒，右先焊，向右倒，左先焊；进入梁焊接时，应尽量在同一柱左右接头同时施焊，并先焊上翼缘板，后焊下翼缘板；柱间平梁，应先焊中部柱端接头，不得同一柱间梁两处接头同时开焊。

（3）焊接过程要始终进行柱梁标高、水平度、垂直度的监控；发现异常及时停焊，通过改变焊接顺序和加热校正进行处理。

8.9.5　焊接施工注意事项

（1）焊接工作开始前，焊缝处的水分、脏物、铁锈、油污、涂料等应清除干净，垫板应紧密、无间隙。

（2）定位点焊时，严禁在母材上引弧及收弧，应设引弧板。

（3）雨、雪天施焊，必须设有防护措施；否则，应停止作业。

（4）采用手工电弧焊，风力大于 5m/s（三级风）时，采用气体保护焊；风力大于 2m/s（二级风）时，均要采取防风措施。

（5）焊接顺序应从中心向四周扩展，采取结构对称、节点对称和全方位对称焊接。

8.10　压型钢板安装与栓钉焊接

8.10.1　压型钢板安装

（1）压型钢板安装工艺流程

压型钢板安装工艺流程图见图 8-40。

（2）压型钢板安装施工要点

1）压型钢板在装、卸、安装中，严禁用钢丝绳捆绑直接起吊，运输及堆放应有足够支点，以防变形。

2）铺设前，对弯曲变形者应校正好，钢檩条顶面要保持清洁，严防潮湿及涂刷油漆。

3）下料、切孔采用等离子弧切割机操作，严禁用乙炔氧气切割，大孔洞四周应补强。

4）压型钢板按图纸放线安装，调直、压实并对称点焊。要求波纹对直，以便钢筋在波内通过并要求与檩条搭接在凹槽处，以便施焊。

8.10.2　栓钉焊接

本工程采用 $\phi16$ 圆柱头栓钉。

（1）栓钉焊接工艺流程

参见“4.2.3（5）”。

（2）施工注意事项

1）焊接前应检查栓钉质量。栓钉应无皱纹、毛刺、发裂、扭歪、弯曲等缺陷，但栓钉头部径向裂纹和开裂，不超过周边至钉体距离的一半，则可以使用。

2）施焊前应防止栓钉锈蚀和油污，母材应进行清理后方可焊接。

3）禁止使用受潮瓷环，当受潮后要在 250℃温度下焙烘 1h，中间放潮气后使用。

4）栓焊工艺参数见表 8-11。

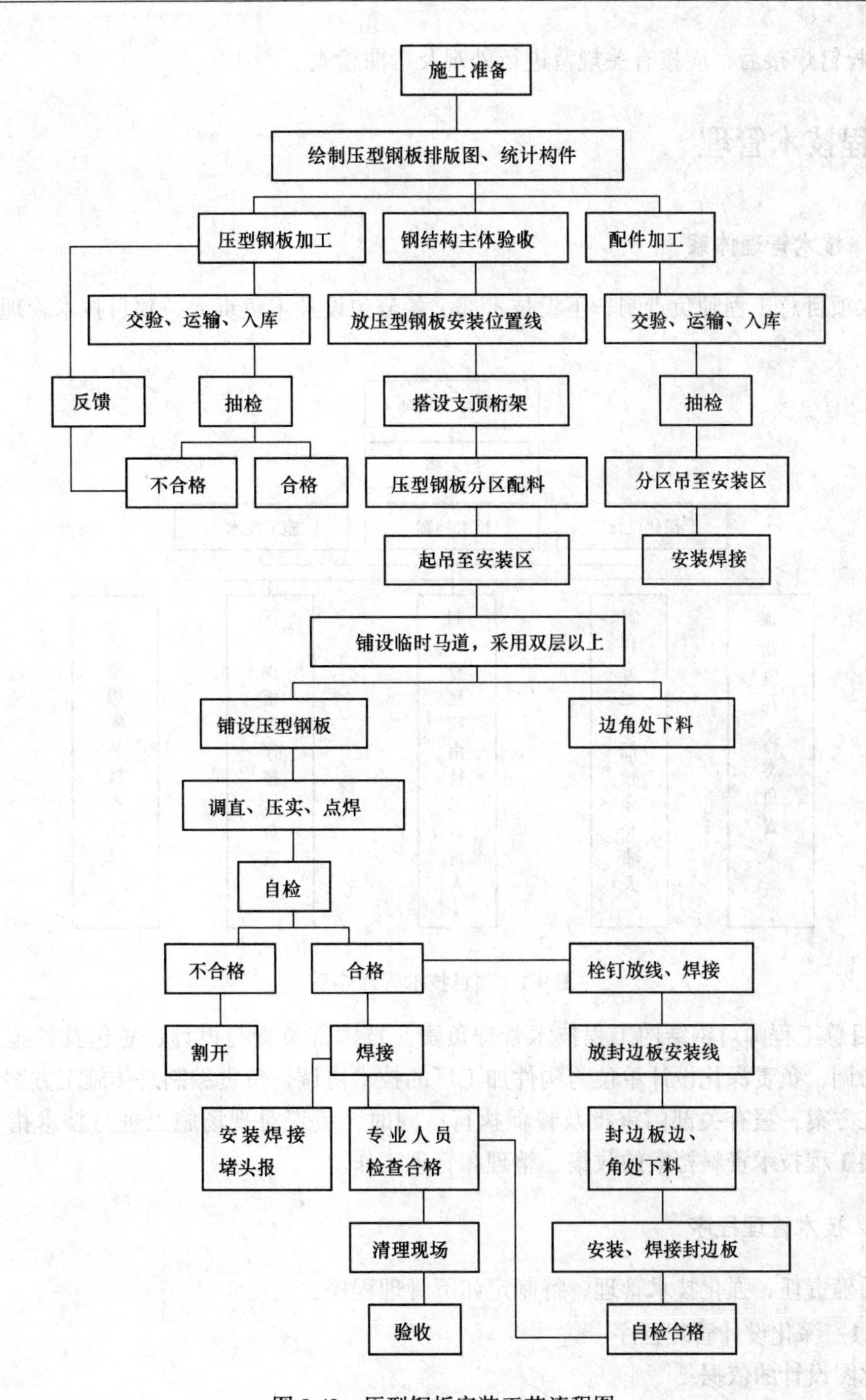

图 8-40　压型钢板安装工艺流程图

栓焊工艺参数表　　**表 8-11**

栓钉规格	电流（A）		时间（s）		伸出长度（mm）		提升高度（mm）	
	普通焊	穿透焊	普通焊	穿透焊	普通焊	穿透焊	普通焊	穿透焊
ϕ16	1250	1500	0.8	1.0	5	7～8	2.5	3.0

5）栓钉焊接后，应按有关规范进行外观及弯曲检查。

9　工程技术管理

9.1　技术管理体系

采取项目总工程师负责制，下设技术部，各分包设技术负责人，项目技术管理体系见图 9-1。

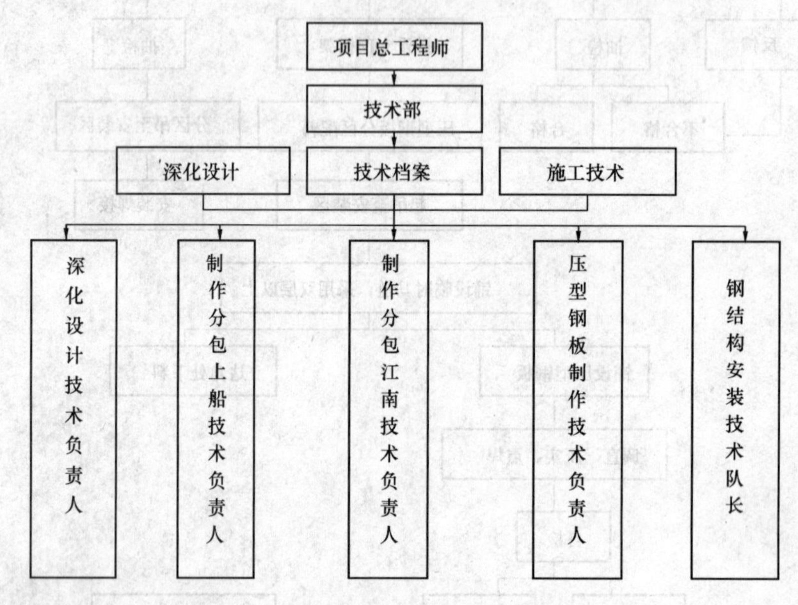

图 9-1　项目技术管理体系

项目总工程师对钢结构工程技术管理负责。技术部负责与设计、总包及各施工专业的技术协调，负责深化设计单位与构件加工厂的技术协调，负责编制总体施工方案、分项工程施工方案，报有关部门审批及督促执行；同时，负责对现场施工进行技术指导和制作、安装工程技术资料档案的收集、整理和管理工作。

9.2　技术管理程序

为明确责任，强化技术管理，特制定如下管理程序：

9.2.1　深化设计管理程序

深化图设计的依据：

1）设计图；

2）图纸会审纪要；

3）设计变更单；

4）技术核定单；

5）经批准的施工组织设计；

6）国家现行设计、施工技术规范、规程。

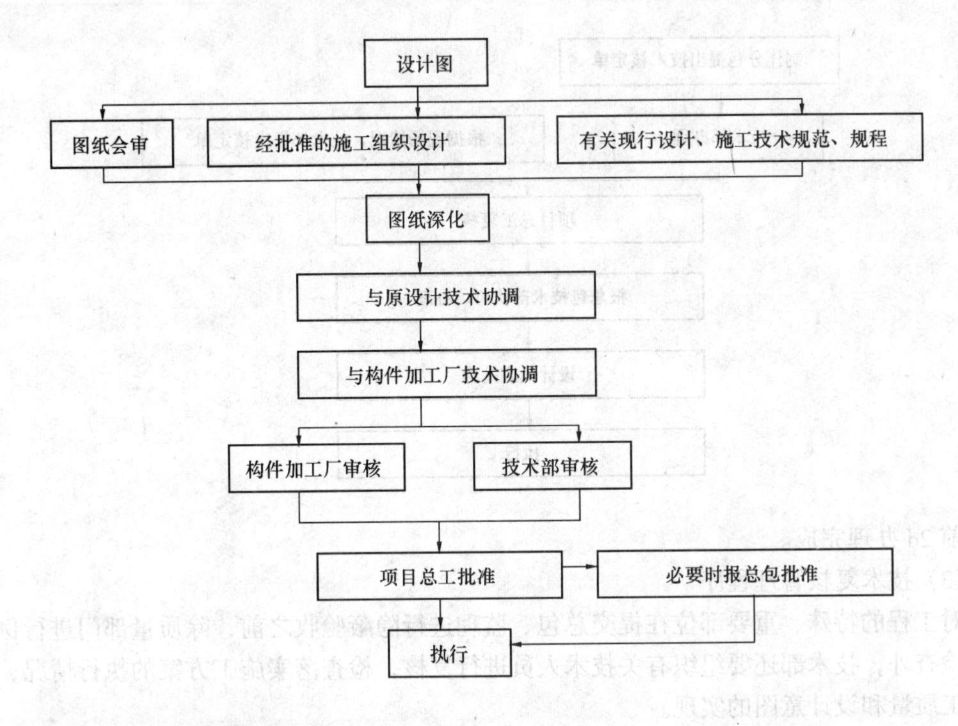

9.2.2 施工技术管理程序

施工技术管理包括施工方案、技术核定、技术复核及施工资料的管理。

(1) 施工方案管理程序

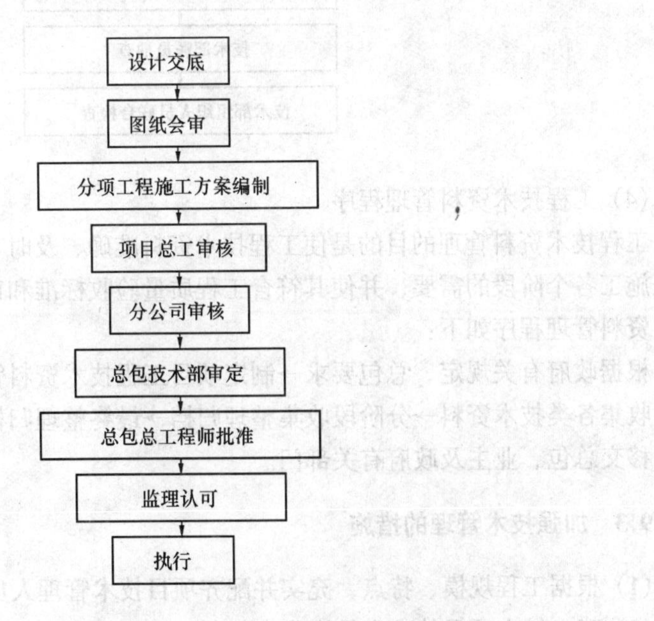

施工方案是执行设计意图、保证工程质量、指导现场施工的技术文件，在开工前15d，施工组织设计编制完成并报上级部门及业主认可。分项工程施工方案在施工前5d，报总包监理审批。

(2) 技术核定管理程序

在施工过程中，因现场条件变化而导致的施工方法变化所进行的技术核定，在该部位

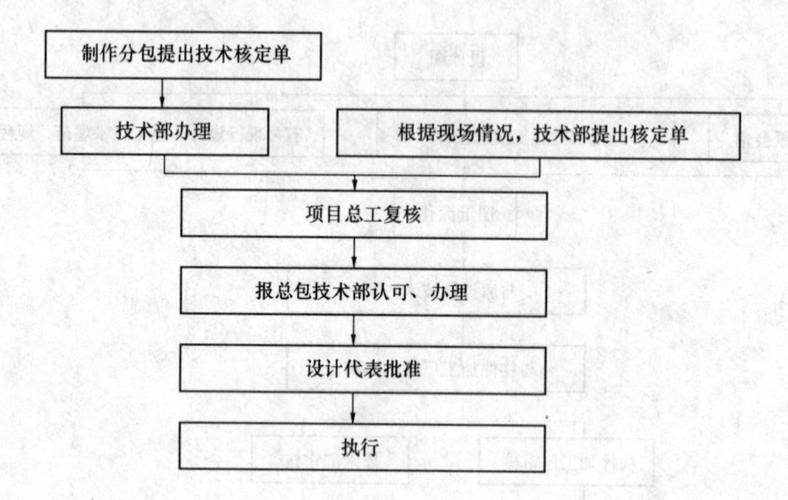

施工前 2d 办理完成。

(3) 技术复核管理程序

对工程的特殊、重要部位在提交总包、监理进行隐蔽验收之前，除质量部门进行例行质量检查外，技术部还要组织有关技术人员进行复核，检查落实施工方案的执行情况，确保施工质量和设计意图的实现。

技术复核工作程序：

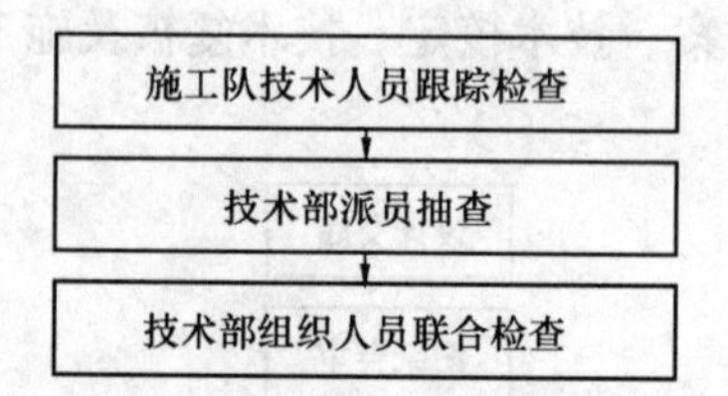

(4) 工程技术资料管理程序

工程技术资料管理的目的是使工程技术资料准确、及时、完整，与施工同步，且满足工程施工各个阶段的需要，并使其符合工程质量验收标准和市建设档案管理的要求。

资料管理程序如下：

根据政府有关规定、总包要求→制定项目工程技术资料管理办法→设置专职资料员→及时收集各类技术资料→分阶段收集整理归档→最终整理归档→提供质量验收→经检查认可后移交总包、业主及政府有关部门。

9.3　加强技术管理的措施

(1) 根据工程规模、特点，充实并配齐项目技术管理人员；

(2) 建立健全项目技术人员岗位责任制；

(3) 严格按工作程序办事，实行分级负责制；

(4) 制定技术方案时，综合吸收各层施工管理人员和技术人员的经验和建议，并认真听取总包、设计方的意见，不断提高施工方案的编制水平；

(5) 经常深入现场，了解现场施工情况，为技术管理掌握第一手资料。

10 工程质量管理

为贯彻公司质量方针，保证工程质量满足合同规定的要求及创优良工程目标的实现，本项目将按照 GB/T19002、ISO9002 质量保证模式建立项目质量体系，严格执行国家和上海市有关技术质量标准、规范、规程或规定，实施项目质量控制与质量管理。

10.1 质量计划

组织编写项目质量计划，作为项目质量控制的指南，并设置专职人员检查、督促项目质量计划的实施。

10.2 质量管理组织机构

成立以项目经理为组长，项目生产、技术、质检负责人为副组长的质量管理领导小组，负责项目全过程质量体系运行的策划、组织与协调。项目质量管理组织机构见图 10-1。

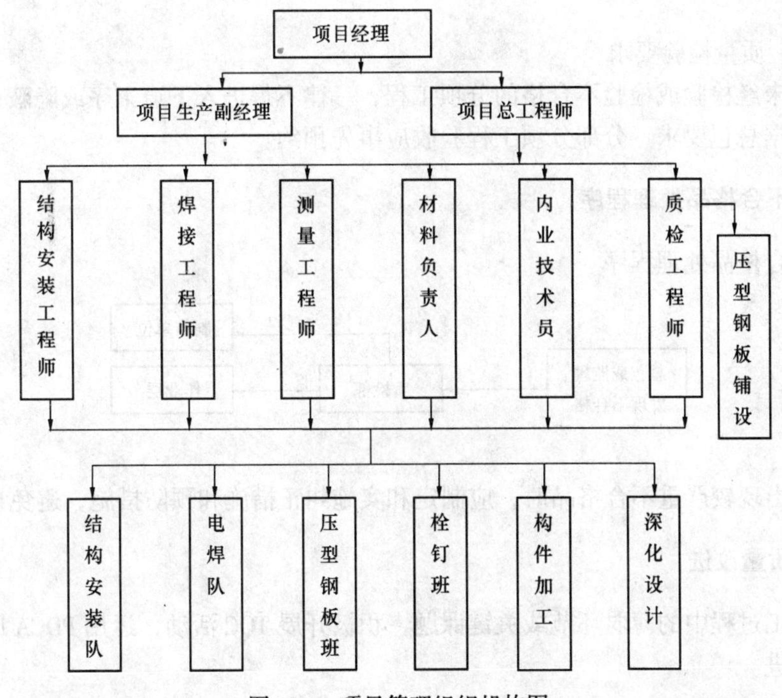

图 10-1 项目管理组织机构图

10.3 材料的验证

所有用于工程上的原材料、钢构件必须经验证合格后方可使用，并做好相应产品与状态标识。

10.4 特殊工序

特殊工序编制作业指导书，报上级部门批准，必要时报总包部或指定的质监部门批准，作为特殊工序质量控制的指南。

10.5　质量检验

10.5.1　质量检验程序

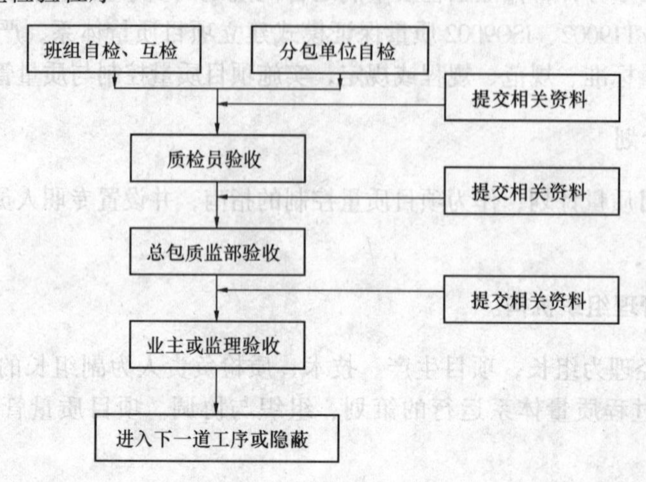

10.5.2　质量检验要求

（1）凡未经检验或检验不合格的分项工程，一律不得进入下道工序或隐蔽；

（2）根据总包要求，分部分项工程验收应事先预约。

10.6　不合格品处理程序

（1）不合格品处理程序

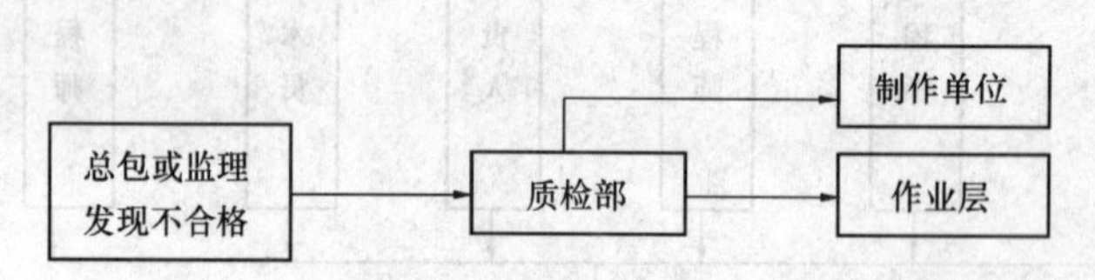

（2）当出现较严重不合格品时，应制定和实施纠正措施和预防措施，避免再次发生。

10.7　质量改进

针对施工过程中的薄弱环节或关键课题，积极开展 TQC 活动，运用 PDCA 原理，不断进行质量改进。

10.8　质量保证措施

（1）严格按照设计要求、《钢结构工程施工及验收规范》（GB50205—95）及《钢结构工程质量检验评定标准》（GB50221—95）逐级进行技术交底，精心组织施工。

（2）认真执行质量责任制，明确各级质量责任人，制定完善的各项质量管理制度，并严格遵照执行。实行质量奖罚制度，坚持“谁施工，谁负责质量”，在施工部位打上操作者的编号，以便明确质量责任。

(3) 认真做好技术交底工作。开工前，应逐级进行书面技术交底，技术交底中除说明施工方法、技术操作要领外，必须明确质量标准及质量要求。

(4) 把好原材料质量关。进场材料必须有合格证（材质证明）或检验报告，不合格材料不得进场使用。对进场的材料应妥善保管，防止变质和损坏。

(5) 加强对钢构件加工厂的质量管理和质量控制。构件验收时，应有专人负责构件质量验收，并认真做好记录，不合格构件禁止进场。

(6) 特殊工种，坚持“持证上岗”制度。

(7) 加强计量管理，统一计量器具。定期对施工中使用的仪器、仪表进行校正和检验。结构安装和钢构件制作应统一检定钢尺。

(8) 加强工序质量管理，针对钢结构吊装、焊接、压型钢板铺设与栓钉焊接及测量校正等编制相应的施工作业要领书，并以此指导施工，各道工序严格执行“自检、互检、专业检查”三检制，上道工序验收合格后，方可进行下道工序施工。

(9) 针对本工程施工面积大的特点，应制定合理的吊装顺序和焊接顺序；同时，加强测量控制，以减少积累和焊接变形，保证安装精度。本工程工期紧、任务重，应正确处理工期与质量的关系，以优良的工程质量来保证较快的施工速度。推行全面质量管理，针对“钢结构焊接”、“钢结构测量控制”等成立 QC 小组，广泛开展群众性的质量管理活动。

(10) 认真做好施工过程中，各种质量保证资料和技术资料的收集整理工作，并做到与施工同步。

11 安全生产与文明施工管理

11.1 指导思想

坚决贯彻“安全第一、预防为主”的方针，严格按照国家及上海市制定的各项安全生产政策、法规和制度，建立健全项目安全生产保证体系，认真落实安全生产责任制，加强安全生产全过程、全方位管理，确保施工安全。

11.2 控制目标

(1) 杜绝重大伤亡事故、重大机械设备事故、重大火灾、中毒、中暑、高空坠落等事故的发生，年工伤频率控制在 15‰以内。

(2) 严格按照上海市标准化工地和文明工地管理标准及中建总公司、三局、总包有关安全文明达标工地的有关规定实施管理，积极配合总包，力争在上级和市检查评比中取得优异成绩。

11.3 安全管理组织体系

成立以项目经理为组长，项目生产、技术负责人为副组长的安全生产领导小组，项目配专职安全员，各班组设兼职安全员，项目安全管理组织体系见图 11-1。

11.4 安全生产与文明施工保证措施

(1) 认真贯彻执行《建筑安装工人安全技术操作规程》等有关安全生产法规及局、公

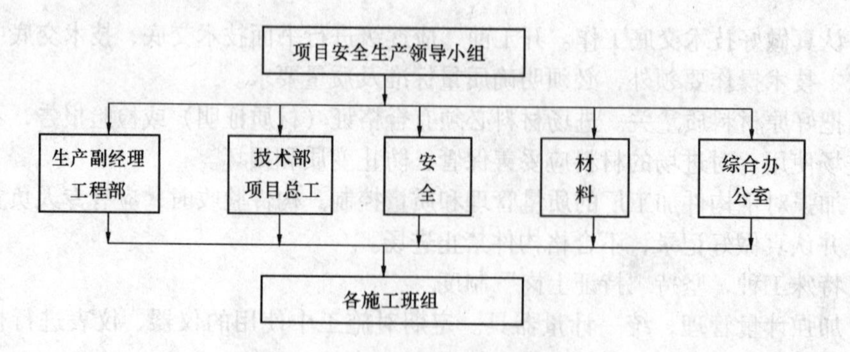

图 11-1 项目安全管理组织体系

司有关安全生产管理制度。执行上海市有关建筑施工的安全生产法规，同时结合工种实际，制定项目安全管理制度及条例，并认真执行。

(2) 坚持“安全第一，预防为主”方针，加强对职工的安全生产教育，增强职工的安全生产意识和自我保护意识，做到安全生产、警钟长鸣、常抓不懈。

(3) 坚持用好安全“三宝”。进入现场必须戴安全帽，高空作业人员必须系牢安全带，穿软底防滑绝缘鞋，吊装区设安全绳或挂网；同时，做好“三洞四口”的防护工作。

(4) 认真做好安全技术交底工作，做到班前有交底，班中有检查，班后有总结，定期召开安全生产例会。

(5) 针对本工程施工面积大，现场塔吊布置较多（六台）的特点，建立高度集中、统一、灵活、可靠的指挥系统，并明确统一的指挥信号。各指挥下达指令要明确果断，不得含混不清。

(6) 钢爬梯、吊篮、钢平台、吊物钢筐等，设计应轻巧、牢固，制作及悬挂固定可靠，验收合格后方可投入使用。

(7) 对施工过程中增设的机具、设备应进行验算，编制详细、合理的作业设计，报有关部门批准后，用以指导施工。设备、机具及构件堆放在楼板上时，应避免过分集中。

(8) 把好高空作业安全关。高空作业人员应经体检合格才能上岗。严禁酒后上岗及工作期间打闹，小型工具、焊条头子等应放在专用工具袋内。使用工具时要握持牢固，防止物件失落伤人。施工时，尽量避免直线垂直交叉作业。

(9) 严格执行《建筑机械使用安全技术规程》，加强机械设备的维护及保养。各种施工机械应编制安全操作规程和操作人员岗位责任制。

(10) 特种作业人员，坚持“持证上岗”。

(11) 加强现场临时用电管理，严格执行《建筑施工现场供用电安全规范》，确保用电安全，夜间施工应做好现场照明工作。

(12) 抓好现场防火工作。氧气、乙炔气应按规定存放和使用，焊接区域上下周围应清除易燃物品，施工现场应配备足够数量的消防器材。

(13) 做好防台风、防雷雨工作。台风、雷雨季节，要有专人掌握气象资料，安装风速测定仪，做好记录，随时通报，以便合理安排施工及采取预防措施。雷雨、台风来临前，应尽量安装固定完一个吊装单元。无法完成时，应采取临时加固措施。台风到来时，要及时将高空人员撤离到安全地区，保护好电源、机具、设备、材料等。

（14）做好冬期防寒保暖及夏季的防暑降温工作。

（15）施工现场必须做到道路通畅，排水畅通，无积水，场地整洁，无施工垃圾，操作地点保持整洁干净，工完场清。

（16）材料、机具、构件应分类堆放、摆放整齐，现场机具设备应整洁、标志编号明晰。安全装置灵敏可靠，机棚内外干净整洁，工具摆放整齐，禁止乱丢材料、工具及其他杂物。

（17）所有职工应穿戴整洁，精神饱满，并服从指挥。

（18）采用桅杆式起重机吊装时，应制定较完善的桅杆式起重机操作规程，认真遵照执行，严禁违章指挥、违章作业。并注意以下几点：

1）吊装前，应认真对桅杆式起重机进行检查和保养，滑车组和卷扬机等转动部分必须加注润滑油后方可使用。

2）吊装前，桅杆必须进行试运行（试吊）并完成起升、变幅、回转三个动作，以便检查起重机的各项性能是否满足要求。

3）施工过程中，桅杆式起重机的缆风绳必须有专人负责看守，发现问题须立即停止作业，使用时不得随意拆动缆风绳。

4）桅杆式起重机在起落钩、变幅、回转及制动时应力求平稳，避免产生冲击。施工时，必须由熟悉起重机性能和有吊装施工经验的起重工统一指挥，并要求作业人员步调一致。

5）建立高度统一的指挥系统，并做到指挥下达明确、果断，不得含糊不清。

6）严格按施工组织设计组织施工；如施工中遇特殊情况需做调整，应及时报有关部门审批。

12 “四新”技术推广

科学技术是第一生产力，我们将在本工程中充分调动广大工程技术人员的积极性，积极推广应用“四新”成果，开展合理化建议和技术改造活动，采用先进合理的技术方案措施，使科学技术更好地为施工生产服务，为优质、高速、经济地完成施工任务而努力。

12.1 科技推广工作领导机构

组　长：熊××

副组长：唐××

组　员：贺××

12.2 主要科技推广项目

（1）高强螺栓连接与焊接连接技术；

（2）桅杆起重机整体安装技术；

（3）半自动 CO_2 气体保护焊接技术；

（4）计算机应用和管理技术。

12.3　科技推广保证措施

（1）实行科技推广责任人、责任制制度，明确责任人的责、权、利，并将取得的经济效益与自身经济利益挂钩；

（2）项目推广前，对推广项目的内容，推广后对进度、质量、经济成本、劳动强度所带来的综合效益进行广泛宣传，提高广大职工推广应用新技术的积极性；

（3）组织召开研讨会，对重大技术问题，邀请公司内外有关专家共同攻关；

（4）组织学习推广应用的新技术，并进行必要的操作演练，让职工了解整个工艺流程和操作要领；

（5）认真做好安全技术交底工作，并认真监督实施；

（6）定期召开例会，确保信息畅通，及时解决和处理推广项目实施过程中的各种问题。

第二篇

北京乐喜金星大厦工程施工组织设计

编制单位：中建一局
编 制 人：李洪海　马　昕　周　宇　杨永波　赵　静　郭琰丽
审 核 人：杨耀辉　戴龙文

【简介】　北京乐喜金星大厦（简称北京LG大厦）工程为钢筋混凝土核心筒＋钢结构外框架体系，基坑支护采用土钉墙＋地下连续墙的组合支护方式；地下室外墙采用定型支架模板体系单侧支模；核心筒墙体采用液压爬模体系。工程采用多种新型防水材料，部分材料为国内首次应用。该施工组织设计中，施工过程涉及的分项工程的施工方案基本都有说明，其他安全、质量、环保等措施也很完备。

目　录

1　工程概况

1.1　工程概况

工程名称：北京乐喜金星大厦（简称：北京 LG 大厦）
建设单位：北京 LG 大厦发展有限公司
设计单位：初步设计：SOM（美国）
　　　　　施工图设计：CJA（韩国创造）
　　　　　国内设计：BIADR（北京市建筑设计研究院）
监理单位：北京五环建设监理公司（土建）
　　　　　北京市远达建设监理有限责任公司（钢结构）
质量监督单位：北京市质量监督总站
施工总包：中建一局建设发展公司
　　　　　韩国 LG 建设

1.2　建筑设计概况

见表 1-1。

建筑设计概况　　表 1-1

建筑占地面积	13021m²	建筑面积	150407.72m²
建筑用途	办公、商业两用	地下层数	4 层
地上层数	31 层	裙房层数	5 层
±0.00m 标高	40.17m	建筑高度	140.497m
基底标高	-24.55m	最大基坑深度	26.65m
标准层层高	3960mm	标准层面积	1720m²
主楼外墙	玻璃幕墙	裙房外墙	石材幕墙
功能分区	B3～B4 层：停车场；B2 层：设备层；B1～L5：商场；L6～L29：办公室；L30～31：设备层		

1.3　结构设计概况

见表 1-2。

结构设计概况　　表 1-2

地下水位标高	-15.5m，无腐蚀性	地下防水做法	美国 Grace 公司 preprufe 300R preprufe 160R 自黏性防水卷材
基坑支护	土钉及地下连续墙 + 锚杆支护	基础形式	2.8m、2.5m、1.2m 厚全现浇钢筋混凝土筏形基础
地下结构形式	全现浇混凝土框架结构	地上结构形式	全现浇钢筋混凝土核心筒剪力墙 + 外框架钢结构

续表

裙房结构	全钢框架结构	建筑耐火等级	一级
人防等级	6级	抗震等级设防烈度	一级抗震，8度设防
抗震措施	主楼和裙房之间从±0.000开始设置两道防震缝		
不均匀沉降措施	在地下室设置两条永久性后浇带，主体结构完成后再浇筑混凝土		

1.4 机电设计概况

见表1-3。

机电设计概况 **表1-3**

空调采暖及通风	中央制冷系统提供给标准层送风，机械制冷系统为机房送风
给排水工程	供水由市政直接供水，其他为30层生活水箱供给。设有生活热水及总水处理系统。排污采用污废分流，雨水排放系统采用重力式排放
消防工程	室内消火栓系统均由三十层水箱间消防水箱供水。室内消火栓系统竖向分为高、中、低三个区。室内喷淋系统、气体灭火系统。整个楼采用职能的消防控制系统，达到消防报警和联动控制
强电工程	由市政电力网引两路10kV高压电源。接地系统在各楼层设置接地箱，通过竖井桥架内的GV接地线连接至地下SC50钢管接地极
弱电工程	管理大厦的通信、闭路电视、空调、消防等
电梯工程	34部电梯，分为低、中、高区。提供人员、货物垂直运输
人防工程	本工程人防位于地下四层，分两个区，人员隐蔽室为一个区，物资库为一个区，人房等级为六级。平时作为车库用，设有送风、排风、排烟、消火栓、自动喷洒系统及排水设施。新风由室外防爆旋转活门、活门室和滤毒室的油网过滤器、过滤吸收器，再经风机送入人员隐蔽室内，战时送风系统的风道利用平时通风的风道，并设密闭阀，战时转换

2 现场总体部署

2.1 现场平面布置

2.1.1 现场平面布置

(1) 现场临水及消防水布置

本设计从施工现场东北角引入水源，然后沿建筑外围成环形敷设室外消火栓系统给水主管，环管各处按用水点需要预留甩口，并按施工及消防的实际需要，布置室外地下式消火栓，消火栓规格为SX100-1.6，具体安装方法参见华北标91SB-给-35：室外地下式消火栓安装图（二）。共设置6个室外地下室消火栓。

1) 室内消防及生产给水系统。

按照需水量最大的建筑物考虑，室内消火栓用水量设计为10L/s。

本方案设计引入1根*DN*100竖管供主楼施工及消防用。在低区裙房地下一层设计消防泵房。竖管上每层设室内消火栓，并预留甩口，以供施工用水。竖管的具体位置应满足位置明显、易于取用的原则，根据建筑平面布置现场确定。室内消火栓设计采用 ϕ19mm 喷嘴，ϕ65 栓口，25m 长麻质水龙带。

2）生活给水系统。

由水源引入后，经水表计量，然后在现场各用水点预留甩口。其具体的做法参见“华北标 91SB-给-11。”

3）生产给水系统。

在施工现场各用水点预留施工生产用水口 4 个。

4）管材设计。

本方案室外给水环管采用焊接钢管，生活区及办公室等的生活给水管道采用镀锌钢管，室内消防及生产用水管道采用焊接钢管。排水系统采用排水铸铁管。所有管道埋于冻土层下，局部加保温。

(2) 现场临电布置

1）电源。

自甲方提供的两台变压器引出两路电源接至低压配电盘 N1、N4，供施工现场临电用。低压配电盘 N2、N3 引出 8 个回路接至环绕现场的 10 台一级配电箱。

2）系统。

现场采用 TN-S 三相五线制接零保护系统供电。

3）主要施工机械配置表（表 2-1）。

施 工 机 械 表　　　表 2-1

序号	设备名称	型号	单位	数量	功率（kW）	总功率（kW）	进场阶段
1	塔吊		台	4	80	320	结构
2	外用梯		台	4	44	176	结构
3	电焊机		台	20	35	700	土方、结构
4	振捣棒		台	30	1	30	土方、结构
5	输送泵		台	4	55	220	结构
6	水泵		组	4	40	160	结构
7	锚杆机		台	4	22	88	土方
8	注浆泵		台	2	20	40	土方
9	办公区及照明					100	土方、结构
	总计					1834	

4）现场线路布置。

根据甲方供电线路的特点及现场施工要求，由甲方所供两台 500kV·A 变压器引出两路电源至低压配电盘 N1、N4，供施工现场临电用。低压配电盘 N2、N3 引出 8 个回路接至环绕现场的 10 台一级配电箱，配电箱分布在现场四周，配电箱应做重复接地。

(3) 现场道路

现场场地狭窄，为了便于大型车辆行驶设置环形硬化道路（表2-2）。

现场道路做法　　表2-2

序号	位　置	做　法
1	现场内北侧道路	盒子房北侧道路及东侧大门5m范围内采用ϕ14@200加强配筋。200mm厚C20混凝土，ϕ10@200构造配筋
2	现场内东侧及南侧道路	200mm厚C20混凝土，ϕ10@200构造配筋
3	办公室走道	1200mm宽100mm厚C15素混凝土
4	分隔缝	横向间距4m，纵向间距2.5m，缝宽15mm

(4) 临时围挡及大门

1）临时围挡采用压型钢板围墙。

2）现场设置三个大门，大门宽8m，高2m，内双开铁门。基础采用混凝土基础，门柱采用双[30槽钢，支间相对，门柱高2.2m。门柱与临时围挡背楞焊接。

2.1.2 生活区布置

为了统一管理，工人统一住宿在二场地。根据工程进展和劳动力配置计划，本工程高峰期的施工人员达2300人，因此，二场地生活区至少需要1500m²，拟在距离现场仅10km的近郊租赁。二场地配置工人宿舍、活动操场及其相关的生活设施。

2.2 劳动力配置

整个工程施工期间劳动力计划平均人数如下：

地下结构施工阶段：1070人。

主体结构施工阶段：840人。

机电及装修施工阶段：2345人。

劳动力应该根据现场实际情况进行配置，以满足工程进度、质量要求。

2.3 施工部署

(1) 基础

根据挖土的情况，分段依次从西往东进行施工。因基础混凝土量大，所以在浇筑混凝土时，应选择在车辆少的周末，但应注意施工前做好扰民和民扰的工作。施工过程中注意噪声及遗撒，及时清理道路。

(2) 地下结构施工

因本工程采取爬模施工工艺，所以底板施工完成，立即进行爬模组装施工，地下结构因为核心筒周围有辐射梁，且钢结构柱为两层一柱，爬模操作架占据了2层层高，因此，只有爬模施工至首层墙体时，方能进行核心筒周围钢结构施工。而这期间地下外墙、内柱及内墙均可以施工。地下结构按照Ⓚ~Ⓛ轴中心线分两个承包商进行施工，东段和西段再分为6个施工段进行分段、分层流水。同时，由于结构施工应配合换撑的要求，因此拆除连地墙锚杆应使楼板达到一定的强度，可以抵抗拆除锚杆而产生的水平力。因为主楼钢结构和核心筒施工速度较快，后期地下结构施工材料运输从主楼外缩进的20m吊入。

(3) 地上结构施工

地上塔楼结构施工也分两个承包商进行。主楼核心筒及筒内钢结构先行，外钢结构及压型钢板、栓钉和混凝土结构施工紧随其后，主楼混凝土结构施工分3个施工段进行。

(4) 钢结构施工

施工顺序为主塔楼核心筒柱梁安装→钢框架安装→核心筒内钢梁、楼梯安装。裙房钢结构安装依据具体情况穿插施工。混凝土核心筒施工，采用液压爬模工艺。混凝土核心筒的施工高度，高于钢结构施工层四～六层后，方可进行钢结构外框构件的安装，并保持动态平衡。混凝土核心筒到顶满足强度要求后，再逐层继续完成钢结构安装。塔楼钢结构安装的竖向作业顺序为先下后上，以工厂生产的柱节为施工安装节，吊装工序在前，其他工序跟进。钢结构安装的构件供应顺序，应满足现场吊装进度的要求。原则上，构件吊装以分节、分层、分区混合进行，即：主框架安装→轻型刚架安装。整个钢结构施工工序按照核心筒柱、梁→外框柱→主梁→次梁→焊接→挑梁→焊接→压型板→栓钉→钢筋混凝土柱→钢筋混凝土楼板的施工顺序进行。

(5) 机电及装修施工

结构施工中后期，机电及装修施工插入。主楼外幕墙施工配合机电预留设备吊装口，同时保证在2003年进入冬期施工前能封闭部分楼层，为冬期供暖及内装修创造施工条件。总图施工在装修后期插入，同时保证绿化种植时间避开冬期。

2.4　主要项目工程量

项目工程量见表2-3。

项 目 工 程 量　　表2-3

序　号	工 作 内 容	单　位	工 程 量
1	挖运土方量	m^3	254450
2	回填土方量	m^3	1800
3	地下连续墙	m^3	9070
4	土钉喷锚支护	m^2	455
5	锚　杆	m	28044
6	防　水	m^2	37584
7	降　水	m^3	4600
8	混凝土	m^3	92052
9	钢　筋	t	16183
10	模　板	m^2	189316
11	钢结构	t	16387
12	玻璃幕墙面积	m^2	31800
13	石材幕墙面积	m^2	3000
14	铝板幕墙面积	m^2	16140
15	门	樘	1384
16	架空底板	m^2	1700
17	环氧树脂涂料	m^2	14442
18	石膏板隔墙	m^2	22265
19	石膏板吊顶	m^2	104520
20	中水转输泵	台	12
21	中水反冲洗水泵	台	2
22	中水来源水转输泵	台	4

续表

序 号	工 作 内 容	单 位	工 程 量
23	中水变频供水泵	台	12
24	轴流风机	台	117
25	变风量空气处理机	台	366
26	镀锌钢板风管	m²	116983
27	交联聚乙烯泡沫塑料保温	m²	64400
28	金属线槽沿顶板敷设	m	84
29	干线电缆 YJV32-1kV	m	5963
30	双联二三孔插座	个	1099
31	格栅灯 1×36W	个	16462
32	喷淋管道及附件 *DN*25	m	17688
33	消防管道及附件 *DN*100	m	2380

2.5 施工总进度计划

(1) －8.50以上土钉支护完成时间：2002年9月16日

(2) 地连墙完成时间：2002年11月15日

(3) 锚杆完成时间：2002年12月29日

(4) 东侧坡道挖土完成：2003年2月19日（利用春节挖土）

(5) 底板完成时间：2003年2月22日～2003年4月3日

(6) 地下结构完成时间：2003年9月14日

(7) 核心筒封顶时间：2003年11月26日

(8) 主楼钢结构封顶时间：2003年12月30日

(9) 主楼结构施工完成：2004年1月9日

(10) 裙房结构施工时间：2003年9月15日～2004年1月3日

(11) 幕墙施工时间：2003年10月20日～2003年12月23日，2004年3月15日～2004年8月10日

(12) 机电调试、装修完成时间：2004年6月14日。

3 主要施工方法及技术措施

3.1 承包商范围及流水段划分

3.1.1 承包商施工范围划分

本工程根据施工工艺及实际情况划分承包商施工范围：

(1) 地下结构及裙房结构：以Ⓚ～Ⓛ轴线的中心线，划分为东西两个施工面；

(2) 地上主楼结构：每个主楼为一个施工段。

3.1.2 施工流水段划分

根据施工阶段及施工工序进行施工段划分，见表3-1。

施工流水段划分　　表3-1

序号	分项分部工程	施工段	划分依据
1	底板施工	3段	Ⓖ~Ⓗ和Ⓝ~Ⓟ之间的两道后浇带
2	地下结构及裙房结构施工	12段	详见附图（附图略）
3	主楼结构施工	3段	以核心筒以及中轴线划分3个段

3.2　大型机械选择

3.2.1　土方与基坑支护工程机械

本工程土方量约250000m^3，土方与基坑支护工程配合施工。基坑在0~-8.5m之间采用土钉喷锚护壁，-8.5~-24.55m采用地连墙支护形式。

在大型机械选择上，我公司优先选用先进的设备，地连墙施工用抓槽机BH-12两台，BH-7一台，德国双套管冲击钻进式锚杆机5台，吊钢筋笼用50t履带式吊车3台。土方主要在夜间施工，日出土量在3000m^{3}左右，需要60辆斯太尔、太拖拉自卸车。

3.2.2　垂直运输机械

（1）设计概述

LG北京大厦工程建筑物檐口高度140.5m，为完成垂直运输任务，每个主楼设置1台H3/36B内爬塔和1台H3/36B附着塔。

地下结构完成之后，在首层安装2台高速外用电梯，直达核心筒爬模操作层，作为主楼结构施工人员和材料的垂直运输工具。进入装修阶段之前，在高速外用电梯的南侧安装2台常规外用电梯，作为装修施工材料和人员运输用。

（2）塔吊

塔吊主要负责结构吊装以及材料设备吊装，因此，设计所采用塔吊型号和规格时，按照钢结构构件最大重量以及场地周围环境而布置。塔吊设置见表3-2。

塔吊设置　　表3-2

参数	1号、2号H3/36B内爬塔	3号、4号H3/36B附着塔
性能	1）起重臂长50m 2）臂端起重量为5.5t 3）最大起重量为12t	1）起重臂长55m、45m 2）臂端起重量为5.2、6.0t 3）最大起重量为12t
功能	1）主楼结构施工吊装 2）协助调运东侧坡道挖土 3）钢构件现场倒运	1）辅助内爬塔进行结构施工吊装 2）裙房钢结构吊装 3）材料及机电设备吊装 4）内爬塔拆除
基础	底板施工之前施工	安装的预埋件预埋在基础底板中
安装	50t汽车吊在基坑内安装	利用安装完成的内爬塔进行安装
初次安装高度	1号塔吊初装吊钩高度48m; 2号塔吊初装吊钩高度42m	3号塔吊初装吊钩高度39m; 4号塔吊初装吊钩高度33m
附着	架设钢梁附着在核心筒的混凝土墙体上	1~4道附着在主楼钢柱上，第5道附着在主楼核心筒剪力墙上
拆除时间	屋面钢结构吊装完成之后拆除	机电设备、装修材料吊装（运）完成后拆除
计划使用时间	2003年1月~2004年1月	2003年3月~2004年6月

（3）外用电梯及马道

1）为了保证结构施工人员上下和装修期间材料运输，在主楼首层设置一台高速外用电梯（为96m/min）和一台常速外用电梯。

2）高速外用电梯在结构施工期间安装，能直接到达施工作业层。常速外用电梯在结构施工后期进入装修阶段安装。

3）每台电梯最终高度均132.7m，每部电梯需要附墙17道。电梯笼尺寸都是特制的无操作室，梯笼宽度为1.3m。

4）电梯下部支撑采用工字钢支承在首层楼面（次）梁上，每根（次）梁所受荷载不大于30t，项目必须对该（次）梁进行必要的支撑加固。

5）地下结构施工期间，在基坑的南侧和北侧搭设两个马道供人员上下。

6）因为地下结构施工周期较长，首层楼板施工较晚，因此，在首层楼板完成前，爬模施工人员的上下利用核心筒内钢楼梯空间，搭设临时脚手架马道。当外用电梯能正常使用时，再拆除核心筒内马道。

3.2.3 混凝土输送泵选择

本工程预拌混凝土输送主要采用拖式混凝土输送泵，首层楼面及裙楼楼面混凝土浇筑则可以调混凝土泵车协助浇筑。

考虑混凝土浇筑量的影响，基础底板结构大体积混凝土浇筑施工选择3台拖式混凝土输送泵，外加三个溜槽协助。

根据以往的施工经验，选择5台浇筑速度为80～90m^3/h的地泵，可以满足本工程泵送混凝土的基本要求（在混凝土方案中，通过计算来核对）。

3.3 主要施工方法

3.3.1 测量放线

（1）场区平面控制网的测设

本工程的测量基准点采用北京市测绘设计研究院提供的A［125］3、A［125］4、A［125］5三个城市导线点和编号为2002验测0277的A、B、C、D四个控制点。

（2）高程控制网的建立

本工程的高程测量基准点采用A［125］3、A［125］4、A［125］5三个城市导线点的高程。

（3）土方开挖施工测量

1）在土方开挖施工过程中，对轴线控制桩每月复测一次，以防桩位位移而影响到工程施测的精度。

2）校测仪器采用测量精度2″级、测距精度2mm+3ppm的全站仪。

3）高程基准点为场外城市导点。

（4）地下结构施工期间测量

1）在基础施工过程中，对轴线控制桩每月复测一次，以防桩位位移而影响到工程施测的精度。

2）校测仪器采用测量精度2″级、测距精度2mm+3ppm的全站仪。

（5）±0.000以上施工测量

本工程±0.000m以上的轴线测量采用激光铅直仪内控接力传递法进行。

3.3.2　基坑支护设计及施工

根据设计计算提供的设计锚固力（使用荷载），共计3层锚杆。钢绞线采用强度1860型钢绞线。锚杆垫板采用厚20mm的钢板，尺寸为300mm×300mm；每个锚杆采取密封防水措施。防水材料采用堵漏灵。锚杆孔在连续墙中预留直径200mm的钢套管。锚杆直径150mm，间距2.0m。锚杆注浆采用水泥净浆，水灰比为0.5。由于地面荷载不同，各段各层锚杆长度不一，具体详见施工方案。

锚杆最终的承载力应根据现场实际的拉拔试验最终确定。

3.3.3　降水方案设计

由于连续墙已插入⑧层黏土隔水层，拦截住了基坑外面的地下水，故只采用基坑内降水，疏干基坑内地下水至基底下2m即可。具体设计如下：

（1）在基坑内采用10口大口井降水，基坑内降水井同时可用作观察井，观察水位降低情况；连续墙外侧设观察井2口，位于基坑边上，观察基坑外水位变化情况。由于槽内－9.0m以上地下水量较少，故降水井在土方挖到－8.5m时进行降水施工。槽内降水井还要在结构后浇带保留4口，在结构施工期间保持降水井降水。降水工期直到工程不再需要为止。

（2）基坑开挖深度为－24.6m和－23.3m，水位降至－26.6m处，第二层含水层顶板标高为－32.54m，降水井钻深至－33.0m处。基坑开挖面－9.0m处为工作面，开始打基坑内井，基坑内井深24m。基坑外观测井深33m。

3.3.4　土钉及土方施工

（1）土钉墙施工工艺流程

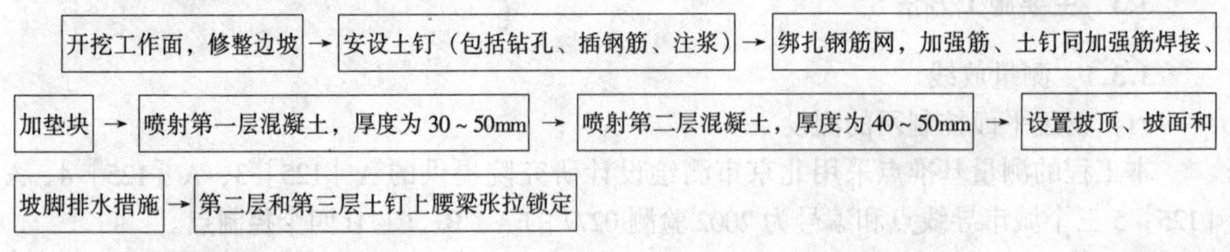

（2）土钉墙施工工艺要求

1）基坑边坡应分段分层开挖，每次超挖深度不得超过0.5m，边开挖，边人工修整边坡，边喷射混凝土。人工修整边坡时，坡面不平整度不大于20mm。

2）土钉成孔机具采用锚杆机或洛阳铲，成孔直径120~150mm，倾角为15°。成孔前，在设计孔位处作明显标志，以免钻孔时错位。用量角器测量钻杆倾角直至设计角度后再行钻进。成孔采用干法钻进，钻进深度应大于设计深度0.5m。钻孔完毕后，应立即将钢筋锚体和灌浆管同时插入孔底，灌浆管距孔底约150mm。

3）土钉钢筋使用前应调直、除锈；钢筋长度不够时，可采用搭接焊工艺加长；若采用其他直径钢筋替代设计钢筋，应采用同级钢筋，进行等截面换算。

4）水泥采用32.5级普通硅酸盐水泥，注浆材料宜用1:0.5的水泥净浆。注浆前，注浆管应插至距孔底250~500mm。灌浆采用1根ϕ20mm的塑料管作导管。将搅拌好的水泥浆注入钻孔底部，自孔底向外灌注。灌注至少二次以上，以保证灌浆质量，增加抗拔力。

5）喷射混凝土中的钢筋网应调直除锈，钢筋网与坡面间隙宜大于20mm，钢筋网应与土钉和加强筋连接牢固，喷射混凝土时钢筋不晃动（图 3-1）。

6）喷射混凝土应分段分片依次进行，同一分段内喷射顺序应自下而上，一次喷射厚度为 30～50mm。喷射时，喷头与受喷面应垂直，宜保持 0.6～1.0m 的距离。喷射手应控制好水灰比，保持混凝土表面平整、湿润光泽，无干斑或流淌现象（图 3-2）。喷射混凝土终凝 2h 后，应喷水养护，养护时间依气温环境条件，一般为 3～7d。

图 3-1　基坑土钉护坡

7）第二层和第三层土钉锚杆安装腰梁 10 号槽钢，并张拉锁定。

8）基坑边 5m 内，均布荷载不得大于设计荷载值。

9）四周做好防、排水工作，严防地下管道渗水。

10）施工中严格观察土质变化；当土质与提供的地质报告有较大不符时，应及时变更设计，并注意地下障碍物对土钉锚杆施工的影响。

11）为确保土钉墙支护结构的安全，遇潜水层或地下滞水层时，在该含水层埋设导水管（ϕ15 塑料管）。

图 3-2　喷射护坡混凝土

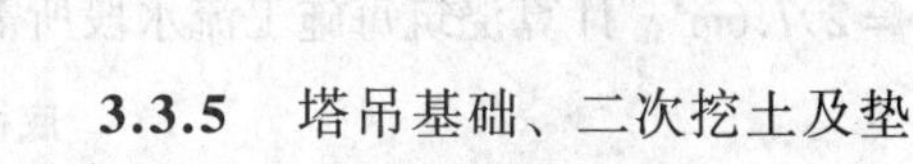

3.3.5　塔吊基础、二次挖土及垫层施工

（1）内塔吊基础施工

内塔吊基础施工埋件由塔吊安装专业公司提供埋件，结构分包商根据施工图进行埋设。要求定位准确，误差不大于 ±3mm。内塔吊基础完成面应与垫层标高一致。

（2）二次挖土及垫层施工

土方开挖至基底标高 150mm 以上时停止机械开挖，由人工清理基底上部 150mm 的土方，清土时应该随清理随覆盖草帘被。草帘被层数和厚度应该保证基底土不受冻，同时在草帘被上铺设一层塑料薄膜，并用土块、石块压住，防止风吹掉。

土方开挖完成之后应尽快浇筑垫层。垫层也应该在浇筑初凝之后，覆盖塑料薄膜，其上覆盖草帘被。草帘被层数和厚度应该保证垫层不受冻。

3.3.6　大体积混凝土施工

（1）平面布置

1）地泵位置：由于现场狭窄，底板施工时只能在基坑北侧西中段布置地泵。先施工塔楼底板基础，然后再施工裙房底板基础。根据环境要求，每台地泵需搭设隔声棚。

2）数量：根据现场实际情况设置 2 台地泵，3 个溜槽。

3）地泵功率：80～90m^3/h。

（2）钢筋连接、支撑及保护层控制

1）钢筋连接：底板钢筋为 ϕ36、ϕ32、ϕ25、ϕ22、ϕ20、ϕ18 等 6 种类型，大于或等于 ϕ22 的钢筋采用直螺纹连接，小于 ϕ22 采用直螺纹连接或焊接连接。

2）钢筋支撑及保护层：由于底板厚度大，因此采用 L63 角钢作为钢筋支撑，钢筋支撑间距 2m×2m，梅花形布置，其下布置钢筋保护层垫块，垫块采用 300mm×300mm×50mm 的 C30 钢屑混凝土块。

（3）混凝土浇筑

1）施工缝留设

本工程基础底板为板式筏基，设计有南北向 2 条沉降后浇带，把底板分成三块。底板混凝土强度等级为 C40，底板标高为：

塔楼部分：－24.9m（厚 2.8 m）及－24.6 m（厚 2.5 m），底板上标高为－21.95m。

裙房部分：－24.6m（厚 1.2 m），底板上标高为－23.25m。因为本工程底板面积较大，为确保混凝土浇筑质量，底板拟采用一次性浇筑。

2）施工组织

①混凝土浇筑时间及所需车辆：

根据现场实际情况，现场放置 2 台地泵，3 个溜槽，每小时浇筑量为 40.8×2＋72×3＝297.6m^3，计算浇筑每施工流水段所需时间（表 3-3）。

底板各段施工统计表　　表 3-3

流　水　段	Ⅰ	Ⅱ	Ⅲ	合　计
面积（m^2）	3398	3301	2884.9	9583.9
混凝土量（m^3）	8655.1	8468.3	4027.7	21151.1
浇筑时间（h）	30	29	14	

按每 5min 浇筑一辆搅拌车的混凝土，每小时每个溜槽需用 12 辆搅拌车，一共三个溜槽需 36 辆。所以，总共需要混凝土搅拌运输车数量为：20＋36＋4（备用）＝60 辆

②混凝土出罐及入模温度控制。

混凝土全部采用商品混凝土，因北京 3～5 月份气温为 20℃左右，取混凝土出罐温度 10～15℃。应尽量缩短混凝土出站与到现场之间的时间。

混凝土运输和泵送过程中，要控制入模温度不超过出罐温度，应在混凝土罐车和输送泵管上，覆盖保温材料以保持混凝土入模不增温。

③混凝土最高绝对温升及中心最高温度。

经计算混凝土内部最高绝热温升为 47.87℃，与表面温差不超过 25℃，混凝土表面温度与大气温度之差为 15.87℃，亦符合要求；同时，应当采取措施降低内外温差。

④混凝土抗裂验算。

经计算混凝土抗裂度满足要求，底板表面覆盖一层塑料薄膜、上盖两层 5cm 厚阻燃草帘（如果条件允许采用养护），以降低底板表面与大气温差，避免由于温差过大而造成的温度裂缝。

⑤控制混凝土最高温度和与表面温差的措施。

A. 合理确定配合比：

本工程底板大体积混凝土配合比设计中，将遵循下述几条原则：

a. 选用普通硅酸盐 32.5 级水泥，降低水泥水化热；

b. 掺加优质粉煤灰，减少水泥用量，减少水化热；

c. 混凝土设计强度采用 60d 强度，达到减小水泥用量的目的；

d. 掺加高效减水剂和缓凝剂，缓凝时间不小于 6h；缓凝时间应该根据施工工艺及实际情况进行调整。

B. 其他降低水化热措施。

由于底板厚度大，影响底板中心最大温度的因素很多，因此，应该根据实际情况保证底板中心最高温度不大于 55℃，内部和外部温差不大于 25℃。

3）施工工艺

采用分层分段施工方式，分层厚度不大于 50cm，浇筑坡度按照 1:7 设置。分层浇筑混凝土时，上层混凝土浇筑必须在下层混凝土初凝之前；同时，混凝土振捣棒必须插入下层混凝土至少 5cm。

4）混凝土养护。

在混凝土浇筑结束后，应对其表面水泥浆认真处理，经 4～5h 左右，初步按标高用长刮尺刮平，在初凝前用铁滚筒碾压多遍，再用木蟹打磨压实，以避免水泥收缩裂缝；并覆盖两层草袋，厚度不小于 50mm，以降低底板混凝土中心和表面的温差，将底板混凝土内外温差控制在合理范围内。

5）后浇带处理：

①本工程后浇带的混凝土浇筑，在主楼封顶后进行。

②由于后浇带搁置时间较长，为了控制其锈蚀程度，影响其受力性能，故采用在钢筋上刷水泥浆保护（图 3-3），在底板后浇带两侧砌筑三皮砖，上盖钢筋混凝土预制板并用防水砂浆勾缝，砖外侧抹灰，防止施工垃圾及雨水和施工用水进入后浇带，也便于施工人员通行（图 3-3）；后浇带梁板支撑如图 3-4 所示。

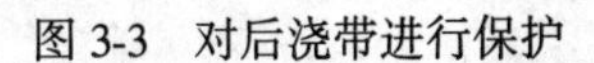

图 3-3 对后浇带进行保护

图 3-4 设置后浇带梁板支撑

③在底板每流水段混凝土浇筑过程中，混凝土浆通过隔离钢丝网流入后浇带内，而底板筋的贯穿给后浇带的后期清理带来困难，处理方式是在后浇带处设置排污沟，设 200mm×200mm×200mm 集水井，使混凝土浆通过排污沟流入集水井后抽出。

3.3.7　钢筋工程

（1）主要部位的钢筋

工程钢筋使用见表 3-4。

主要部位钢筋　　表 3-4

序号	主要部位		钢筋类型	钢筋规格	接头形式	间　距（mm）
1	塔楼 2.5～2.8m 厚底板	上筋	HRB335	ϕ25、ϕ32、ϕ36	直螺纹	200
		下筋	HRB335	ϕ36	直螺纹	200
2	裙房 1.2m 厚底板	上筋	HRB335	ϕ20	焊接或搭接	200
				ϕ22、ϕ28、ϕ32	直螺纹	
		下筋	HRB335	ϕ18	焊接或搭接	200
				ϕ22、ϕ28、ϕ25	直螺纹	
3	核心筒混凝土墙 QT		HRB335	ϕ22	直螺纹	200
4	核心筒混凝土墙内柱		HRB335	ϕ25、ϕ32、ϕ28	直螺纹	箍筋 ϕ12@100、ϕ10@100
5	地下室外墙		HRB335	ϕ20	焊接或搭接	200
				ϕ22、ϕ25、ϕ28、ϕ32	直螺纹	
6	裙房内混凝土墙 QC		HRB335	ϕ12、ϕ16、ϕ20	焊接或搭接	200～150
7	框架柱 ZC		HRB335	ϕ22、ϕ25、ϕ28、ϕ32	直螺纹	箍筋 ϕ12@100
8	钢骨柱 ZP		HRB335	ϕ28、ϕ32	直螺纹	箍筋 ϕ14@100 螺旋箍 ϕ16@100
9	框架梁		HRB335	ϕ14、ϕ16	焊接或搭接	箍筋 ϕ8@100、ϕ10@150、ϕ12@200
				ϕ28、ϕ32	直螺纹	
10	钢骨梁		HRB335	ϕ25	直螺纹	箍筋 ϕ10@100
11	框架次梁		HRB335	ϕ14、ϕ16	焊接或搭接	箍筋 ϕ8@100、ϕ10@150、ϕ12@200
				ϕ25、ϕ28、ϕ32	直螺纹	
12	混凝土板		HRB335	ϕ10、ϕ12、ϕ14	焊接或搭接	200
13	叠合层组合楼板		HRB335	ϕ8、ϕ10、ϕ12	焊接或搭接	305
				ϕ25	直螺纹	
14	钢筋混凝土楼梯	上筋	HRB335	ϕ10、ϕ12	焊接或搭接	分布筋 ϕ12@200
		下筋	HRB335	ϕ25、ϕ28	直螺纹	

（2）钢筋的检验

钢筋进场时，现场材料员要检验钢筋出厂合格证、炉号和批量（物资公司要有相应资料，并在规定时间内将有关资料归档到现场）。钢筋进现场后，现场试验室根据规范要求立即做钢筋复试工作，钢筋复试通过后，方能批准使用。

(3) 钢筋的加工

1) 由于现场场地狭小，钢筋加工场无法设在现场，因此，成规格、成批的底板、墙、柱、梁、板的直条定尺钢筋基本在第二场地集中加工成型，少数的钢筋加工在现场完成。现场设置四台钢筋切断机、四台钢筋弯曲成型机、二台卷扬机、六台砂轮切割机，做为零星钢筋的加工工作。

2) 钢筋配筋工作由负责土建施工的分包专职配筋人员严格按照《混凝土结构工程施工质量验收规范》(GB 50204—2002)和设计要求执行。结构中所有大于200mm的洞口，全部在配筋时，按照洞口配筋原则全部留置出来，不允许出现现场割筋留洞的现象出现。

3) 项目根据工程施工进度和现场储存能力编制钢筋加工和供应计划，根据供应计划把钢筋运至现场。

4) 现场制作钢筋定型加工半成品的检查工具。具体详见“钢筋施工方案”。

(4) 钢筋的堆放

1) 钢筋要堆放在现场指定的场地内，钢筋堆放要进行挂牌标识，标识要注明使用部位、规格、数量、尺寸等内容。钢筋标识牌要统一、一致。

2) 钢筋要分类进行堆放；如直条钢筋堆放在一起，箍筋堆放在一起。钢筋下面一定要垫木架空，防止钢筋浸在水中生锈。生锈的钢筋一定要除锈后，由现场钢筋责任工程师批准后使用。

(5) 钢筋的定位和间距控制

1) 为了保证基础底板钢筋位置正确、顺直，保证纵横向均为一条线，绑扎前，在混凝土防水保护层上每两个钢筋间距涂上一道醒目的红色墨线，按线布筋。

2) 为了保证底板上层筋的标高、位置正确，采用ϕ48钢管、立杆间距1400mm的脚手架作为上层钢筋的临时支撑，钢管架底部要加垫15mm厚木板。

3) 为了保证墙、柱的插筋位置正确，放线人员把墙、柱位置线用红油漆标记在底板上层钢筋上，按标记线进行插筋施工。

4) 为了保证楼板钢筋位置正确，模板上表面刷涂脱模剂后，放出轴线及上部结构定位边线。在模板上画好主筋、分布筋间距，用红色墨线弹出每两根主筋的线，依线绑筋。

5) 为了保证楼梯段钢筋位置正确，在楼梯段的底模上画主筋和分布筋的位置线。

(6) 钢筋的保护层控制

1) 墙体、柱、梁侧面钢筋保护层的控制用塑料卡进行，每隔1000mm×1000mm纵横设置一个塑料卡，墙体结构把塑料卡放在外侧的水平钢筋上，梁、柱结构把塑料卡放在箍筋上。底板、楼板、梁底面使用砂浆垫块，砂浆垫块可以根据钢筋规格做成凹槽，使垫块和钢筋更好地结合在一起，保证不偏移、移位。

2) 结构各部位钢筋保护层的厚度和使用垫块形式见表3-5。

钢筋保护层厚度及垫块 **表3-5**

序号	部位	保护层厚度	垫块形式	序号	部位	保护层厚度	垫块形式
1	底板	35mm	混凝土垫块		梁	25mm	塑料卡、砂浆垫块
2	地下室外墙	35mm	塑料卡	4	墙	15mm	塑料卡
3	柱	25mm	塑料卡	5	楼板	15mm	砂浆垫块

(7) 钢筋锚固、接头要求

钢筋锚固和接头搭接要求按照《混凝土结构工程施工质量验收规范》(GB 50204—2002),钢筋锚固长度和钢筋搭接长度见表3-6。

钢筋锚固和搭接长度 **表 3-6**

序号	钢筋规格	锚固长度(mm)		搭接长度(mm)	
		主梁/柱/墙/连梁	次梁/楼板	主梁/柱/墙/连梁	次梁/楼板
		$L_a=35d$ $d<25$ ($l_a=40d$ $d>25$)	$L_a=30d$ $d<25$ ($l_a=35d$ $d>25$)	$L_a=41d$ $d<25$ ($l_a=47d$ $d>25$)	$L_a=36d$ $d<25$ ($l_a=42d$ $d>25$)
1	ϕ10	350	300	410	360
2	ϕ12	420	360	490	430
3	ϕ14	490	420	570	500
4	ϕ16	560	480	660	580
5	ϕ18	630	540	740	650
6	ϕ20	700	600	820	720
7	ϕ22	770	660	900	790
8	ϕ25	880	750	1030	1050
9	ϕ28	1120	980	1320	1180
10	ϕ32	1280	1120	1500	1340
11	ϕ36	1440	1260	1690	1510
12	ϕ40	1600	1400	1880	1680

注:以上适合于混凝土强度等级不小于C30的混凝土。

(8) 钢筋清理

钢筋堆放时,难免会淋到一些雨水。因此,钢筋使用前,一定要事先检查钢筋是否生锈,生锈的钢筋必须做除锈处理,保证混凝土对钢筋的握裹力。

浇筑混凝土时,竖向钢筋会受到混凝土浆的污染。因此,在混凝土浇筑完毕后,使用湿布将竖向钢筋上的水泥浆擦掉,保证混凝土对钢筋的握裹力。

(9) 钢筋连接注意事项

由于地下室结构施工由两个承包商施工,划分位置为Ⓚ~Ⓛ轴线中线。因此,该部分的梁和板的钢筋连接应根据规范和图纸要求:

1) 底板钢筋全部采用机械连接,原则上上层钢筋接头留在支座,下层钢筋接头留在跨中。钢筋变截面亦采用机械连接,接头位置详见结构图所示。

2) 梁上部主筋连接接头应设置在梁跨中1/3处,下部钢筋连接接头应设置在梁端1/3处。如果是机械连接,受力钢筋接头面积应不大于钢筋总面积的50%,且接头不在同一连接区(35d,不小于500mm)内;如果是搭接,则应按照25%错开;现场无法按照25%错开时,则应根据规范计算搭接长度。因此,各家在施工至此梁钢筋时应该相互配合,先施工的一家将梁筋甩过施工缝。应满足以上要求、焊接及直螺纹连接规范的要求。如图3-5所示。

3) 板受力及分布钢筋连接接头应设置在板跨中1/3处,下部钢筋连接接头应设置在板端1/3处,受力钢筋接头面积应不大于钢筋总面积的25%,且接头不在同一连接区内

(连接区长度为 $1.3l_1$，其中 l_1 为钢筋搭接长度)；如果不能按照 25%错开，则应根据规范计算搭接长度。先施工的一方应将板钢筋甩至施工缝以外，满足以上要求，并应注意预留出焊接长度；同时，预留出钢筋的搭接长度。

4) 因爬模施工较快，核心筒墙体提前楼板施工，因此，楼板钢筋采用预埋和等强代换的原则。对 ϕ16 以上的钢筋采用预埋直螺纹套管连接，而对于小于 ϕ16 的 HRB335 钢筋，采用等强代换成 HPB235 钢筋，预埋在核心筒墙体内。相同原则也运用在地下室坡道及楼梯平台，与墙体钢筋预埋。

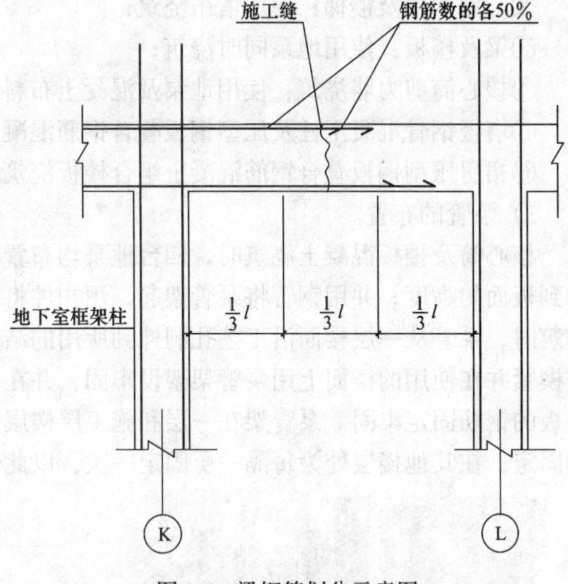

图 3-5　梁钢筋划分示意图

(10) 钢筋工程冬期施工措施

1) 当环境温度低于 -20℃时，严禁进行钢筋焊接、冷挤压连接。

2) 雪天或者施焊现场的风速超过 3 级时，在钢筋加工场地用钢管搭设防风架，外罩苫布，遮蔽风雪。

3) 钢筋存放应该选择在地势较高的位置，下部垫木方，保证垫高不小于 200mm；同时，雨雪天气应该及时清理垫下部水。

4) 环境温度低于 0℃时，水溶性切削润滑液中应掺入防冻剂。

3.3.8　混凝土工程

(1) 材料选择

1) 所有结构用混凝土均采用商品混凝土。

2) 任何混凝土中均不得使用氯化钙。

3) 水泥：普通硅酸盐水泥Ⅱ型（低水化热）。

4) 粉煤灰：仅当建筑师允许时方可使用。

5) 骨料：洗净碎石。

6) 搅拌用水：清洁、可饮用，无色无味。

7) 减水缓凝剂：至少缓凝 3h。

8) 高效减水剂（高效增塑剂）。

9) 坍落度：80～125mm 无减水剂，最大 200mm 含增塑剂，泵送混凝土坍落度控制在 17±3cm。

(2) 混凝土运输及浇筑部署

1) 商品混凝土进场方式。

商品混凝土采用混凝土罐车运输到场。

2) 混凝土浇筑方式：

①地下室结构浇筑：分段分层浇筑；

②竖向构件及楼梯：使用塔吊浇筑；

③梁及楼板：使用地泵同时浇筑；

④核心筒剪力墙浇筑：使用地泵及混凝土布料机浇筑，内爬塔吊辅助配合；

⑤塔楼钢骨混凝土柱及压型钢板叠合钢筋混凝土组合楼板浇筑：使用地泵同时浇筑；

⑥裙房压型钢板叠合钢筋混凝土组合楼板浇筑：使用地泵浇筑。

3）泵管的布置。

核心筒及楼板混凝土浇筑时，四台地泵均布置在基坑北侧位置。泵管沿地下连续墙延伸到板面的高度，并用钢管将泵管架起，用扣件将钢管架固定牢固。地上结构部件混凝土浇筑时，泵管从一层楼面沿工艺孔洞伸到所用的结构楼面上。泵管穿过工艺孔洞处，用木楔楔紧并在使用的楼面上用泵管架架设牢固，并在垂直转角和水平转角处泵管架与预埋在楼板的钢筋固定牢固。泵管架在一层和施工层楼层的垂直转角和水平转角处必须与楼板埋件固定，在其他楼层处为每隔一层固定一次，以此保证泵管固定牢固（图 3-6、图 3-7）。

图 3-6 泵管垂直方向的固定

图 3-7 泵管水平方向的架设

4）混凝土振捣：

①所有混凝土振捣均为机械振捣；

②检查安全设施、劳力配备是否妥当，能否满足浇筑速度要求；

③工程责任师根据施工方案，对操作班组进行全面的施工技术交底。

5）混凝土浇筑：

①混凝土自吊斗口或布料管口下落的自由倾落高度不得超过 2m；浇筑高度如超过 2m 时，必须用溜管伸到墙、柱的下部，浇筑混凝土。

②浇筑混凝土时要分段分层连续进行，浇筑层高度根据结构特点、钢筋疏密决定，控制一次浇筑 500mm 高。

③使用插入式振捣棒应快插慢拔，插点要均匀排列，逐点移动，顺序进行，不得遗漏，做到均匀振实。移动间距不大于振捣作用半径的 1.5 倍（一般为 30～40cm）。振捣上一层时应插入下层 5cm，以消除两层间的接缝。

④浇筑混凝土要连续进行，现场不得中断。如果必须间歇，其间歇时间应尽量缩短，并应在前层混凝土初凝前，将次层混凝土浇筑完毕。

⑤浇筑混凝土时应派木工、钢筋工随时观察模板、钢筋、预埋孔洞、预埋件和插筋等有无移动、变形或堵塞情况，发生问题应立即处理，并应在已浇筑的混凝土初凝结前修正完好。

3.3.9 模板工程

(1) 地下室外墙模板

1) 配置形式及高度：外墙模板配置高度为：$B4$、$B3=4800$mm，$B2$、$B1=6000$mm。模板形式为木模板与横梁组合。次背楞采用木梁，主背楞为槽钢（图3-8）。

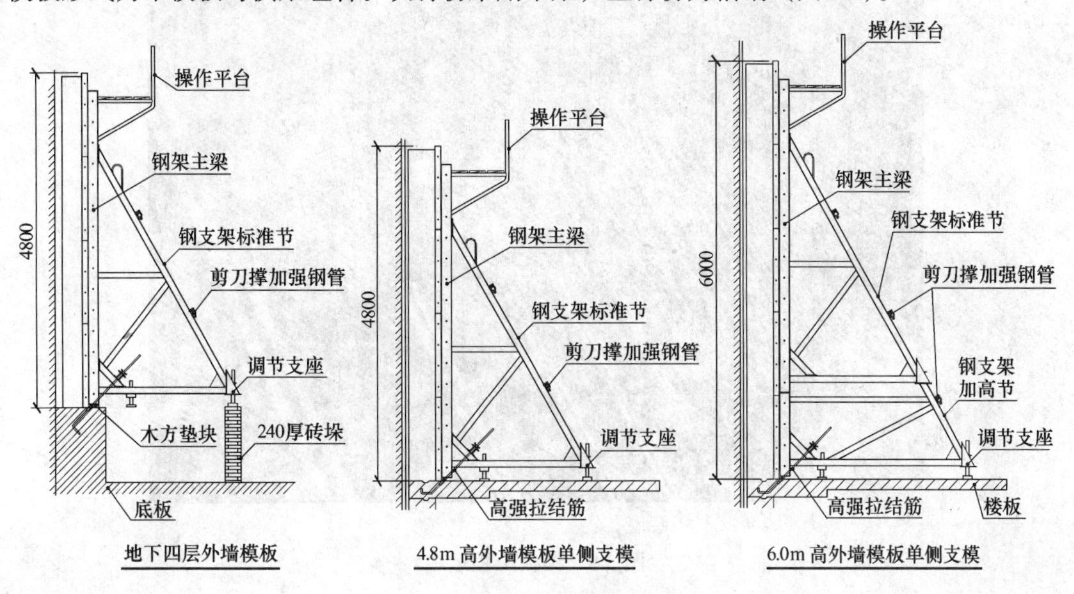

图3-8 钢模板配置

2) 模板支撑：外墙模板支撑用钢架支撑，钢架主梁为双[16a槽钢，三角支架由双[10槽钢及方钢管焊成，钢支架分标准节和加高节两部分，钢支架的布置间距不大于800mm。如图3-9所示。

3) 模板接缝处理：墙体大钢模板拼装时，两块板之间的缝内夹海绵条，防止混凝土浇筑时漏浆。

4) 模板配置数量及高度：按照工程地下室外墙模板总长的1/4配置。模板配置高度按照6m配置。

(2) 地下室内墙模板

1) 模板高度：$B1=5.35$m、$B2=6.15$m、$B3=4.15$m、$B4=4.8$m，地上F29有混凝土隔墙，层高F29=3.96m，室外竖井高度为2.6m，为节省材料，地下四层和地下三层内隔墙配4.8m高模板，地下二层和地下一层内隔墙配6.0m高模板。

2) 模板形式见表3-7。

模板形式 表3-7

序号	项目	内容	备注
1	模板面板	18mm厚胶合板	附模胶合板
2	模板次背楞	50mm×100mm木方	间距280mm
3	模板主背楞	ϕ60钢管	最下端距离地面300mm，以上间距600mm
4	穿墙螺栓	组合式穿墙螺栓	
5	斜支撑	可调钢管支撑	

图 3-9 模板工程运用

3）直面墙体模板标准块宽度为 2440mm（与市场胶合板规格一致），模板与模板之间的连接采用螺栓连接，模板支设如图 3-10 所示。

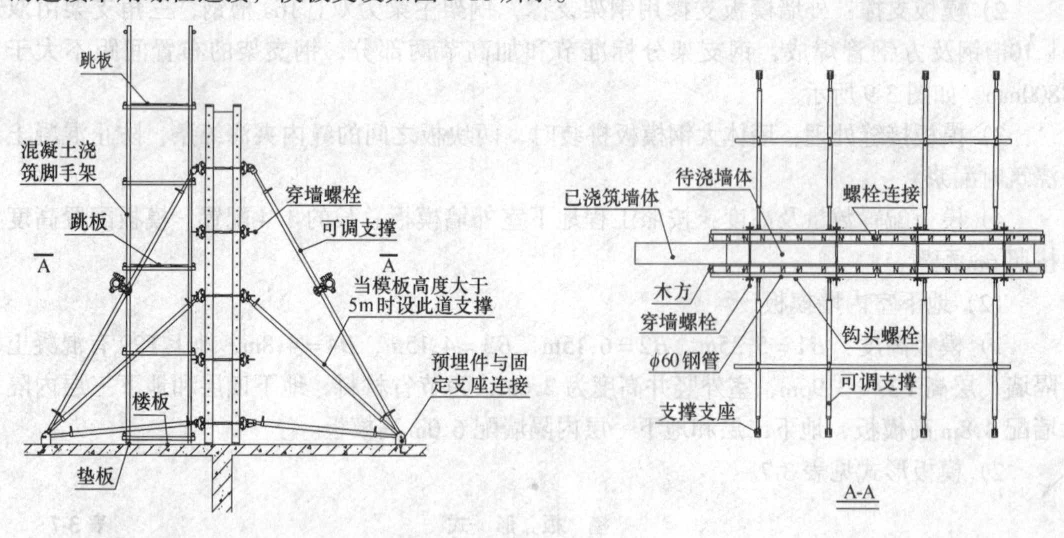

图 3-10 直面墙体模板支设

4）直面内隔墙阴角、阳角模板支设如图 3-11 所示。

5）模板安装：按照模板配置平面图（由施工单位根据图纸进行深化设计），采用先安装阴角模模板，然后安装大面模板，最后安装阳角模板的施工顺序。墙体模板拼装时，两块板之间的缝内夹海绵条；拼装后将模板放平，用棉纱蘸脱模剂涂刷板面。

6）配置量：按照整层的 1/2 配置。

(3) 圆柱模板

1) 模板采用形式：因本工程圆柱模板在主楼外框，采用常规的钢模板，不仅施工困难，而且极易造成危险，因此采用质轻玻璃钢模板，如图 3-12 所示。

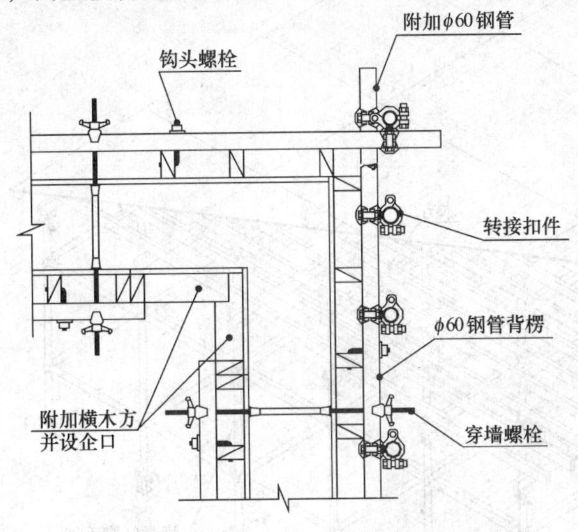

图 3-11 直面墙体模板拐角处施工节点

图 3-12 玻璃钢模板立面效果图

2) 模板配置数量：每个塔楼配置 4 根。

(4) 地下室梁板模板

1) 梁模板采用形式：采用 18mm 厚胶合板，背楞采用模板面板为胶合板或复合板，50mm × 100mm 木方竖肋，背楞用钢管。当梁高大于 600mm 时，增设对拉螺杆。模板支设方法如图 3-13 所示。由于钢梁采用桁架式，故也可以采用此形式。

2) 楼面模板形式：面板为 15mm 厚胶合板，主、次背楞均为 50mm × 100mm 木方，次背楞木方按 300mm 间距均匀布置，主背楞木方按 1200mm 间距均匀布置，支撑采用满堂红脚手架及可调钢管支撑（图 3-14）。

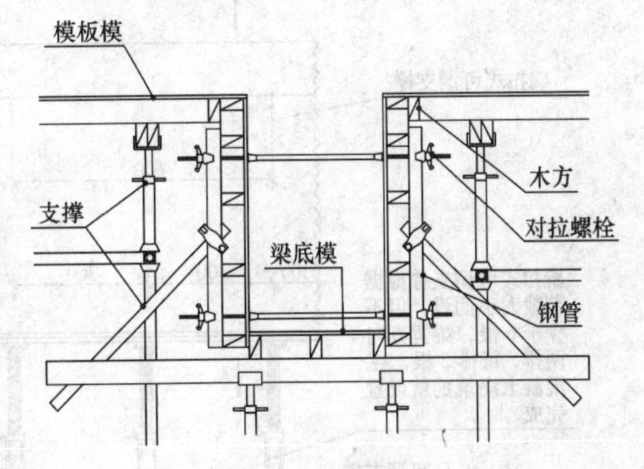

图 3-13 梁板模板节点

3) 模板支撑：梁和板均采用满堂红碗扣式脚手架，但为了提高碗扣脚手架周转使用，梁下支撑除了碗扣脚手架外，每 3m 沿梁纵向布置 1 根大直径独立支撑。当上层混凝土楼板浇筑时，可以拆除本层碗扣脚手架而保留大直径独立支撑。

4) 模板及支撑配置数量：模板配置一整层，碗扣脚手架支撑配置一层半，大直径独立支撑配置半层。

(5) 后浇带模板支撑

在后浇带混凝土浇筑前施工期间，该跨梁板的底模及支撑均不得拆除。当悬挑端长度

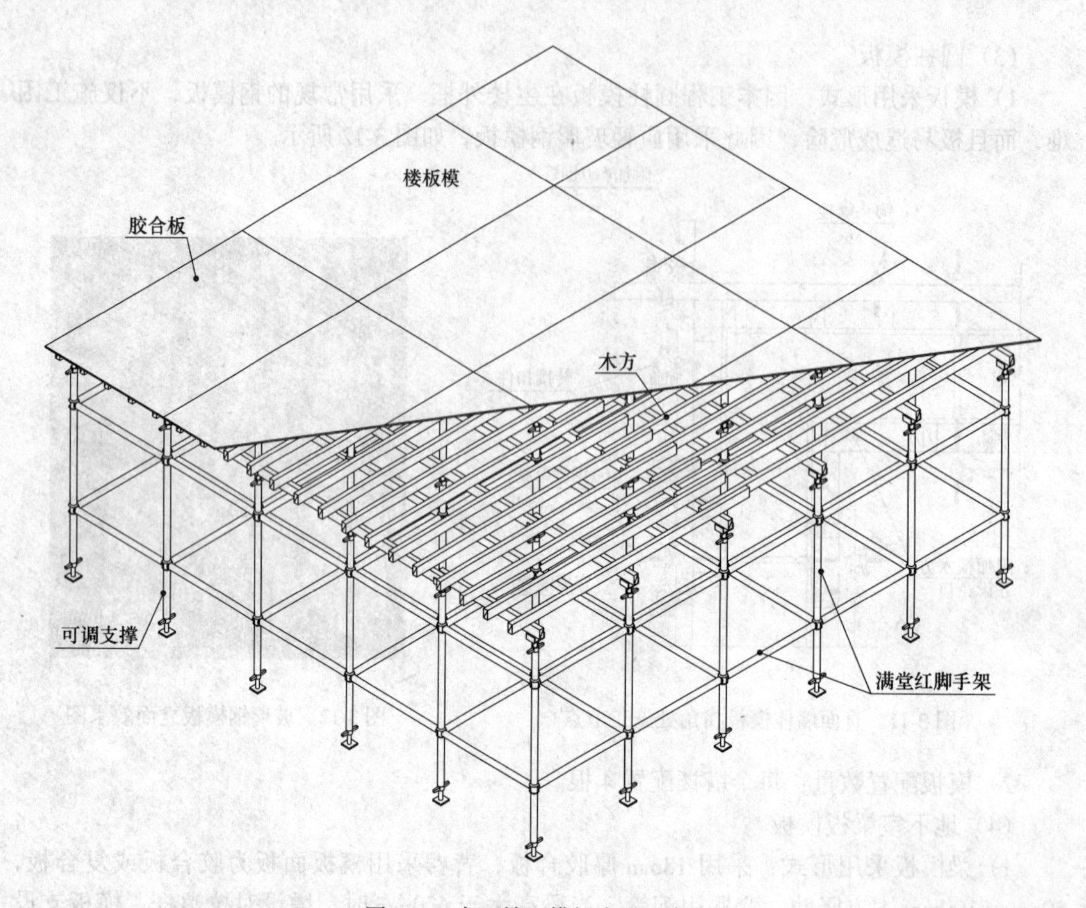

图 3-14 大面楼面模板支设示意图

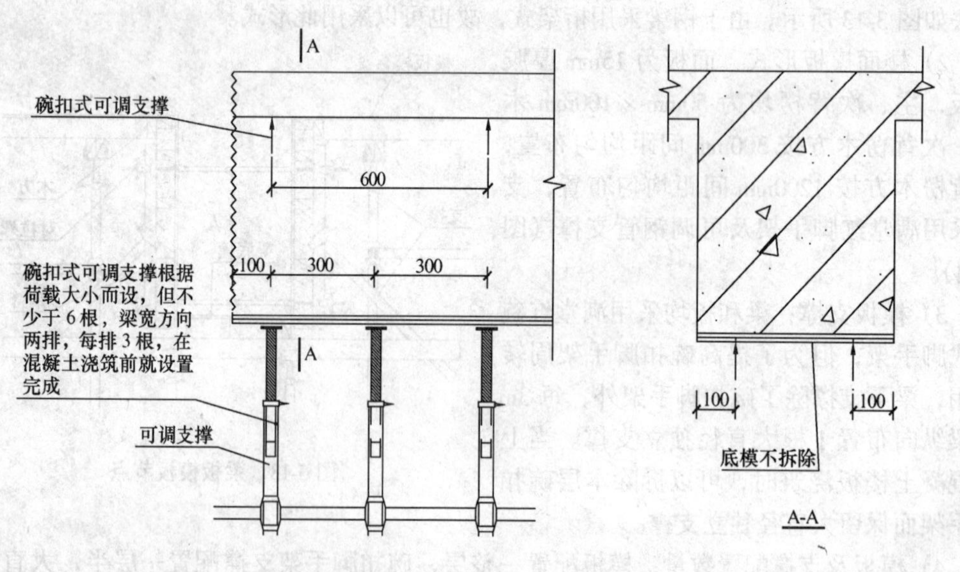

图 3-15 后浇带模板支撑

≤2m 时，设置 1 排支撑；当悬挑端长度 > 2m 时，设置 2 排支撑（图 3-15）。

3.3.10 核心筒爬模

(1) 液压自爬模板体系的工作原理

液压自爬模板体系的爬升系统主要包括：预埋件组成、导轨组成、液压系统和平台支架系统组成。

液压自爬模板体系的安装工作流程为：第一层墙体混凝土浇筑→安装埋件→安装支架和操作平台→第二层墙体混凝土浇筑→安装埋件、导轨和液压系统→爬升支架→安装下挂架。

液压自爬模板体系的自爬循环工作流程：浇筑混凝土；提升导轨；提升模板。

(2) 液压自爬模板体系的基本组成

液压自爬体系的埋件系统组成有：伞形头、内连杆、锥形接头、高强螺栓等。

1）伞形头及内连杆。

伞形头与内连杆连接，能使埋件具有很好的抗拉效果；同时，也起到省料和节省空间的作用。因为其体积小，免去了在支模时埋件碰钢筋的问题。伞形头大小及拉杆长度和直径，须按设计抗剪力和抗拔力确定。

2）锥形接头、接头配件及堵头螺栓。

锥形接头和接头配件用于连接堵头螺栓和连接螺杆。混凝土浇筑前，锥形接头通过堵头螺栓固定在面板上（图 3-16）。

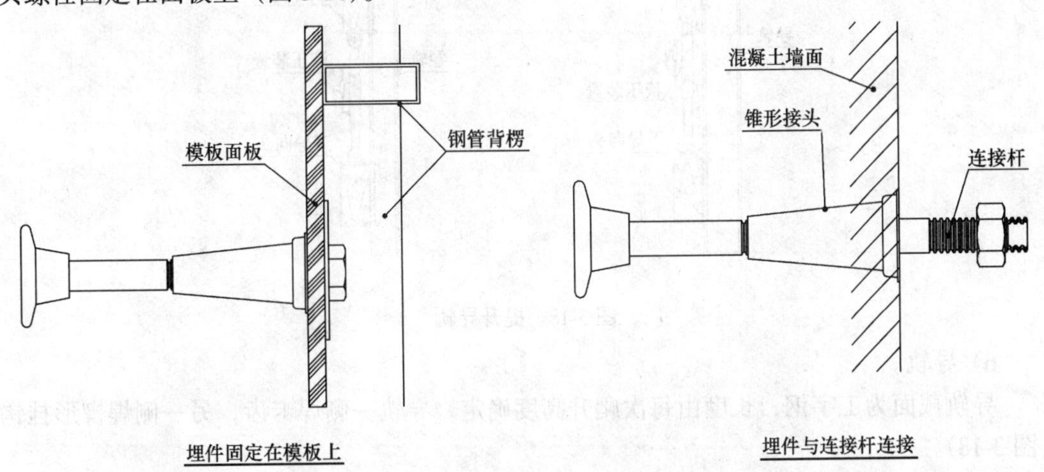

图 3-16 锥形接头安装

3）连接螺杆。

如图 3-16，连接螺杆是预埋部件中主要受力部件，混凝土浇筑完并达到可拆模强度后，拆模板穿墙螺栓并将模板后移使模板脱离混凝土墙面；然后，卸除预埋件上的堵头螺栓，安装连接螺杆。

4）导轨。

导轨是整个爬模系统的爬升轨道，它包括导轨支座和导杆两部分。

5）导轨支座。

导轨支座连接导轨和支架横梁，它主要受到施工垂直荷载、重力荷载、风雪荷载等荷载的作用，故其具有很强抗垂直力和水平力的能力；同时，它还起到给导轨导向的作用（图 3-17）。

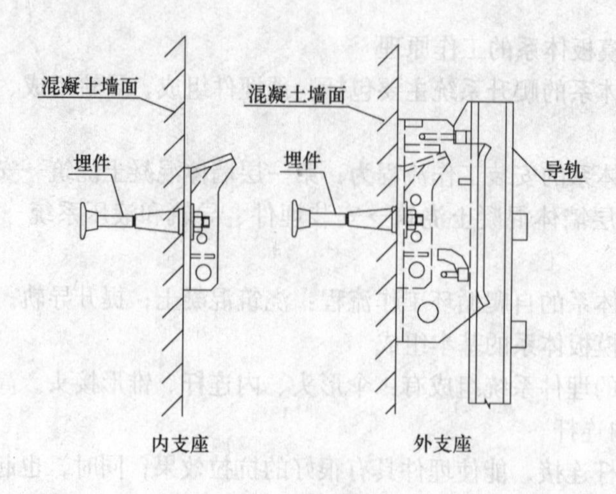

图 3-17　导轨支座

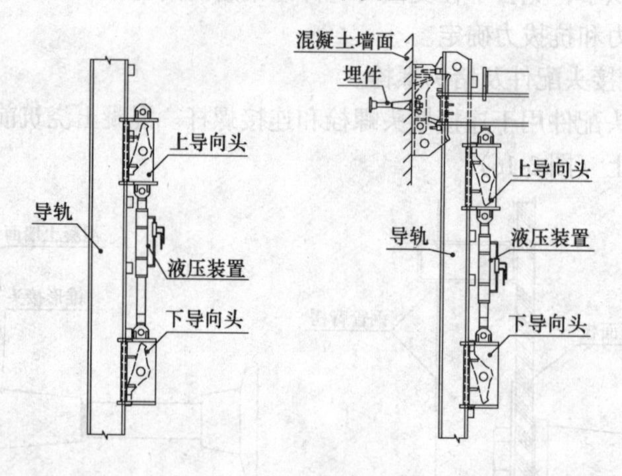

图 3-18　提升导轨

6）导轨。

导轨截面为工字钢，长度由每次爬升高度确定，导轨一侧焊卡齿，另一侧焊楔形挂钩（图 3-18）。

图 3-19　液压爬升系统

7）液压爬升系统

如图 3-19 所示，液压爬升系统包括：液压泵、顶升、上导向头和下导向头四部分。液压泵和顶升是整个爬模系统的动力提供者。导向头分上导向头和下导向头，它是在爬升模板与爬升导轨之间进行转换的部件。

8）支架及模板系统。

支架由横梁、吊挂操作平台、上操作平台、竖向主梁及模板五部分组成。

3.3.11　钢结构工程

（1）钢结构吊装

1）钢柱的安装。

①吊装准备：

A. 钢柱吊装前，先在柱身安好爬梯或操作平台，拴好缆风绳，挂好防坠器，且柱接柱耳板也已设置在指定位置处，牢固无误后，方可进入下步工作；

B. 底层钢柱吊装前，必须对钢柱的定位轴线、基础轴线和标高、地脚螺栓直径和伸出长度等进行检查和办理交接验收，并对钢柱的编号、外形尺寸、螺孔位置及直径、承剪板的方位等，进行全面复核。确认符合设计图纸要求后，划出钢柱上下两端的安装中心线和柱下端标高线。

②吊点设置及吊装方式：

A. 吊点设置：钢柱吊点设置在预先焊好的吊耳连接件处，即柱接柱临时连接板上。为防止吊耳起吊时的变形，采用专用吊具装卡，此吊具用普通螺栓与耳板连接。起吊时，为保证吊装均衡，在吊钩下挂设2根足够强度的单绳进行吊运。

B. 起吊方法：钢柱的起吊方法，拟采用单机回转法起吊。

③第一节钢柱临时固定及校正方法：

A. 钢柱就位：当钢柱吊至距其就位位置上方200mm时，使其稳定，对准螺栓孔，缓慢下落，下落过程中避免磕碰地脚螺栓丝扣。落实后用专用角尺检查，调整钢柱使钢柱的定位线与基础定位轴线重合。调整时需三人操作，一人移动钢柱，一人协助稳定，另一人进行检测。就位误差确保在3mm以内。

B. 临时固定：钢柱就位后对钢柱进行临时固定，即采用四个方向拉设缆风绳的方法，如受环境限制不能拉设缆风时，则采取在相应方向上做硬支撑的方式，进行临时固定及校正。

C. 钢柱校正：首先采用调整柱脚调整螺母对钢柱标高进行调整。然后利用临时固定用缆风绳、捯链、管式支撑、千斤顶等对柱垂直度进行校正，对柱的水平位置、间距进行处理。确认牢固无误后，对称紧固地脚螺栓螺母。

D. 灌注无收缩砂浆：灌注前，将柱脚空间清理干净、预湿。人工搅拌时需用力均匀，搅拌时间不少于5min，达到所需的流动度。灌注孔或小空间时，可用人工插捣，将气泡赶跑，灌注密实；稍干后，把外露面抹平压光，注意振捣时不可过振。灌注完毕后，经12h便要浇水养护，24h达到一定强度后可拆模，继续浇水养护。如图3-20所示。

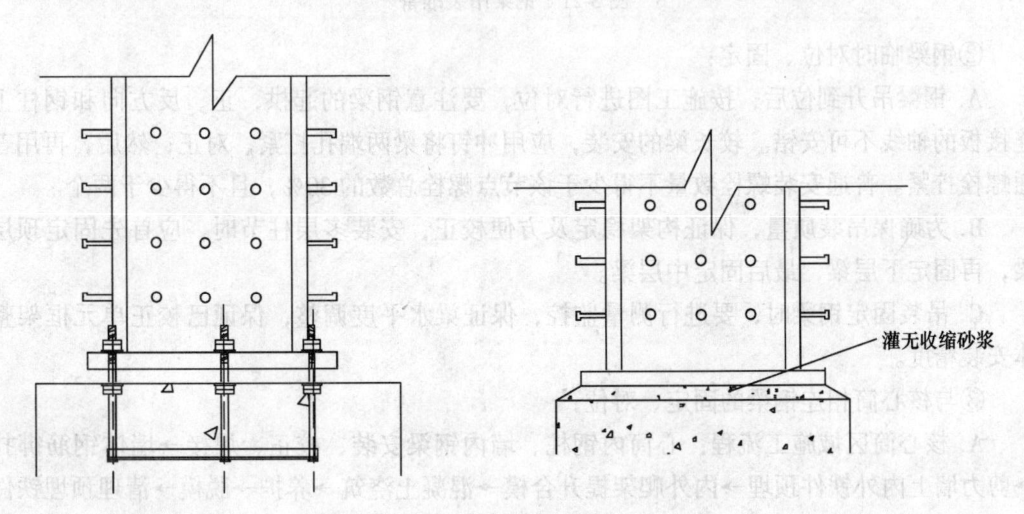

图3-20 首层钢柱就位

④二节以上的钢柱吊装：

A. 钢柱在吊装前应在柱头位置先画出钢柱翼缘中心标记，以便上层钢柱安装的就位使用。如果钢柱为变截面对接，应画出上层钢柱在本层钢柱上的就位线；同时，将临时连接板绑在钢柱上，与钢柱同时起吊。

B. 钢柱起吊方法同首层钢柱。

C. 钢柱就位采用临时连接板。当钢柱就位后，对齐安装定位线，将连接板用连接螺栓固定。

2）钢梁的吊装。

①绑轧、起吊：

A. 钢梁吊点选择可视具体情况而定，以吊起后钢梁不变形、平衡稳定为宜，以便于安装；

B. 确保安全，防止钢梁锐边割断钢丝绳，要对钢丝绳进行防护，吊索角度不小于45°，钢梁可以使用钢丝绳直接绑扎，或采用专用夹具进行吊运；

C. 为加快进度，提高工效，可采用多头吊索一次吊装三根钢梁的方法；

D. 钢梁吊装前在钢梁上装上安全绳，钢梁与柱连接后，将安全绳固定在柱上；

E. 梁与柱连接用的安装螺栓，按所需数量装入帆布桶内，挂在梁两端，与梁同时起吊，如图 3-21 所示。

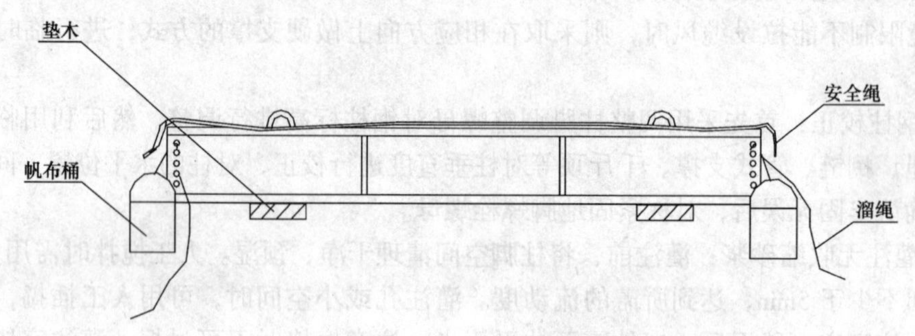

图 3-21　钢梁吊装准备

②钢梁临时对位、固定：

A. 钢梁吊升到位后，按施工图进行对位，要注意钢梁的起拱，正、反方向和钢柱上连接板的轴线不可安错。较长梁的安装，应用冲钉将梁两端孔打紧、对正；然后，再用普通螺栓拧紧。普通安装螺栓数量不得少于该节点螺栓总数的30%，且不得少于两个。

B. 为确保吊装质量，保证构架稳定及方便校正，安装多层柱节时，应首先固定顶层梁，再固定下层梁，最后固定中层梁。

C. 吊装固定钢梁时，要进行测量监控，保证梁水平度调整，保证已校正单元框架整体安装精度。

③与核心筒相连钢梁的固定、对位：

A. 核心筒区域施工流程：心筒内钢柱、墙内钢梁安装、校正、焊接→墙体钢筋绑扎→剪力墙上内外铁件预埋→内外爬架提升合模→混凝土浇筑→养护→脱模→清理预埋铁件表皮水泥浆→预埋铁件上弹水平标高线及钢梁中心线→焊剪力板→安装钢梁、压型钢板、栓钉焊→绑扎楼面钢筋→洞口封边→浇筑楼面混凝土→安装1号、2号钢梯。

B. 核心筒外区域的流程：钢柱安装→桁架梁及边梁安装→压型钢板安装→柱子钢筋及边梁钢筋绑扎→楼面钢筋绑扎→柱边梁模板安装→楼板封边铁件安装→浇筑混凝土→柱、梁模板拆除。

C. 施工协调：根据工艺流程的安排，结构安装与土建钢筋混凝土施工是密切相关的，因此，根据工程进度及不同的施工高度，每天都要安排好分时进度计划及顺序计划，严格执行，确保总工期。分时进度计划优先满足核心筒的施工，其他钢结构层及外包混凝土可滞后安排，一但核心筒超过了六层后，计划应随时进行调整，以保证总体计划的完成。

④起拱梁的安装：

A. 注意大起拱梁的拱向，确保正确安装。

B. 绑扎、吊装方法同普通梁的安装。

C. 其他事宜，同普通梁的安装。

⑤钢梁安装的注意事项：

A. 梁与连接板的贴合方向；

B. 高强螺栓的穿入方向；

C. 吊装分区顺序进行；

D. 钢梁安装时孔位偏差的处理，只能采用机具铰孔扩大，而不得采用气割扩孔的方式。

(2) 钢结构焊接

1）焊接准备

①检验柱、梁接头截面几何尺寸及长度；

②焊口几何尺寸及清理情况。

2）焊接施工顺序及焊接工艺

①安装焊接顺序：

A. 先进行核心筒区的安装焊接，以心筒四角钢柱为基准，向矩形内筒长边上的柱扩展，并使内筒结构始终高于外框架二节至三节（四层至六层）；

B. 塔楼以南北轴对称为界分成东西两个区及核心筒区组织施工，在东、西工区各个节间柱垂直度符合要求后，东工区选择ZP5为基准柱首先开始向南、北方向；西工区选择ZP5柱为基准柱，开始向南、北方向焊接；

C. 柱-梁栓焊混合节点中，梁的腹板应先与柱上的剪力板栓接后焊梁上下翼缘与柱之间焊缝，以便于栓孔的对准和摩擦面的紧贴，确保栓接质量；

D. 栓接时先用销钉穿孔定位，然后上30%的普通螺栓，再安装高强螺栓，高强螺栓应初拧达到50%～70%的扭矩值，再终拧到规定值；

E. 单节柱焊接应先焊上层梁，后焊下层梁，以便框架稳固，便于施工；

F. 柱-梁节点上对称的两根梁应同时施焊，而一根梁的两端不得同时焊接；

G. 柱-柱节点焊接时，柱的对称两个翼缘应由两名焊工同时焊接；

H. 梁的焊接应先焊下翼缘，后焊上翼缘，以减少变形。

②焊接工艺：

A. 施工流程：焊前检查→加热除锈→安装焊接垫板及引弧板→焊接→检查→填写作

业记录。详见安装焊接作业顺序图（图 3-22）。

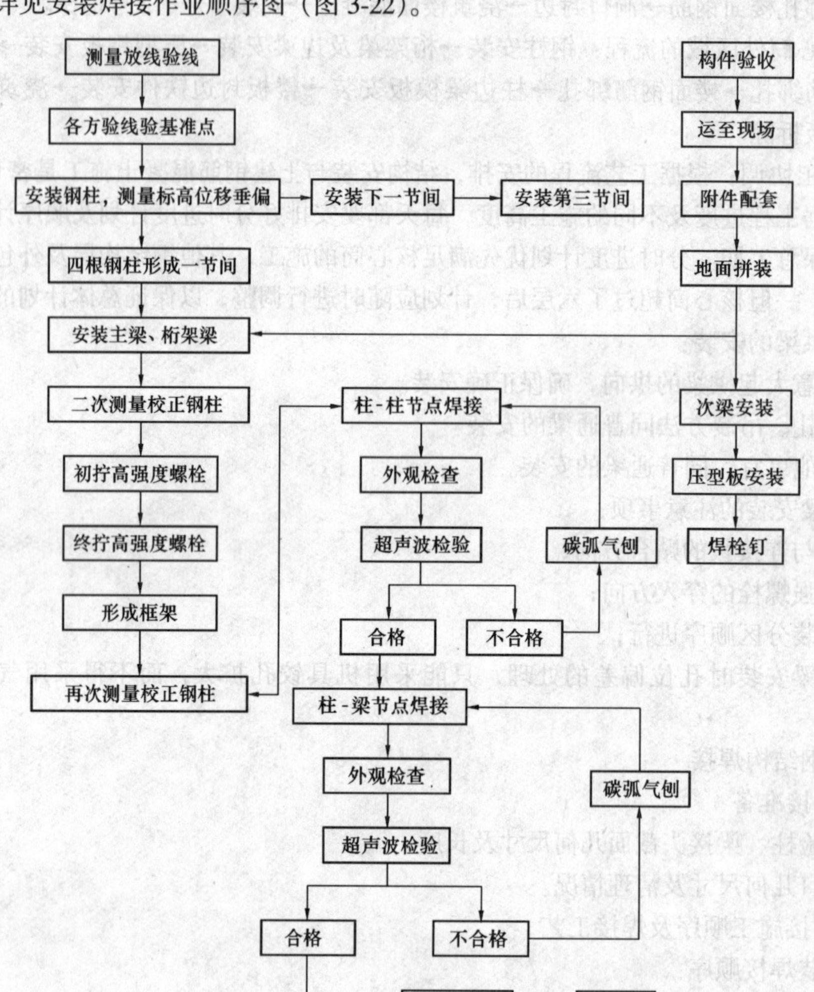

图 3-22　安装焊接流程

B. 施工措施：

a. 焊前检查坡口角度、钝边、间隙及错口量，坡口内和两侧的锈斑、油污、氧化皮等应清除干净。

b. 装焊垫板及引弧板，其表面清洁要求与表面坡口相同，垫板与母材应贴紧，引弧板与母材焊接应牢固。

c. 焊前预热：根据本工程安装构件板厚，按规定选择预热及后热温度。

d. 焊接：应先焊坡口内母材与垫板的连接处，然后逐道逐层垒焊至填满坡口，每道焊缝焊完后都应清除焊渣及飞溅物，出现焊接缺陷应及时磨去并修补。焊接层间温度不低于预热温度，不高于 200℃。

e. 焊后保温：焊接完成后，在焊接温度下保温时间以母材板厚每 25mm 保温 0.5h 计，随后缓慢冷却，加温、测温方法与预热相同。

f. 雨天、雪天时应停焊，环境温度低于 0℃时应按规定预热、后热措施施工，构件焊口周围及上方应有挡风雨棚，风速大于10m/s时则应停焊。

g. 一个接口必须连续焊完；如不得已而中途停焊时，应进行保温缓冷处理，再焊以前应加热。

h. 焊后冷却到环境温度时进行外观检查，A572 GR50钢构件焊缝超声波检查应在焊后24h进行。焊工及检验人员应认真填写作业记录表。

C. 节点的焊接顺序和工艺参数：

a. H形柱-柱焊接：

a）先在上下柱的翼缘上由两名焊工对称焊至板厚的1/3处厚度时，切去吊耳板；

b）然后切去耳板，对称连续焊至坡口填满；

c）坡口填满后，应用磨光机磨平焊缝，焊接最后一层盖面焊缝；

d）每两层之间焊道的接头应相互错开，两名焊工焊接的焊道接头要注意每层错开；如有焊瘤及焊接缺陷，要铲磨掉后再继续焊接。

b. 柱-梁焊接：

a）先由两名焊工同时焊接柱子对称侧的两个焊口，先焊接梁的下翼缘。梁腹板两侧的翼缘上焊道要保持对称焊接，可由一个焊工在腹板一侧先焊1~2层后换至另一侧焊接，焊完2~4层后再换一侧施焊，反复倒换直至焊完，各焊道的接头在上下层间要错开；

b）然后焊接梁的上翼缘，仍由两名焊工同时在柱的两侧对称焊。

3）焊接检验

①焊缝外观检验：

Q345等低合金钢在焊毕24h后均需进行100%外观检验。要求焊缝的焊波均匀平整，表面无裂纹、气孔、夹渣、未熔合和深度咬边，并不应有明显焊瘤和未填满的弧坑。

②焊缝的无损检测：

焊缝在完成外观检查，确认外观质量符合标准后，按图纸要求进行超声波探伤无损检测，其标准执行《钢焊缝手工超声波探伤方法和结果分级》（GB 11345—89）规定的检验等级，或执行AWS.D1.1的质量等级标准。对不合格的焊缝，根据超标缺陷的位置，采用刨、切除、砂磨等方法去除后，以与正式焊缝相同的工艺方法补焊，同样的标准核验。

3.3.12 脚手架及外防护工程

(1) 脚手架搭设概况

本工程在裙房外墙砖镶贴时，沿裙房外墙一圈需搭设装修脚手架，搭设总高度为28m。

裙房外墙采用全封闭双排钢管脚手架。由大小横杆、竖向立杆、安全栏杆、斜杆、挡脚板、剪刀撑等组成，采用明黄色$\phi48\times3.5$钢管，并用扣件连接成整体。地上装修脚手架外排架内侧挂绿色密目安全网，操作层底部满挂大眼网。

电梯井筒内搭设全封闭双排钢管脚手架，每两层采用钢绞线斜拉卸荷。

(2) 材料选择和质量规定

结合本工程结构特点，挑选出刚度好、强度高的钢管，在选材方面需遵循以下原则：

1）钢管采用外径48mm、壁厚3.5mm的焊接钢管，钢管材质使用力学性能适中的Q235钢，其材质应符合《碳素结构钢》（GB 700—88）的相应规定。用于立杆、大横杆、剪刀撑和斜杆的钢管长度为4~6m。用于小横杆的钢管长度为1.8~2.0m，以适应脚手架

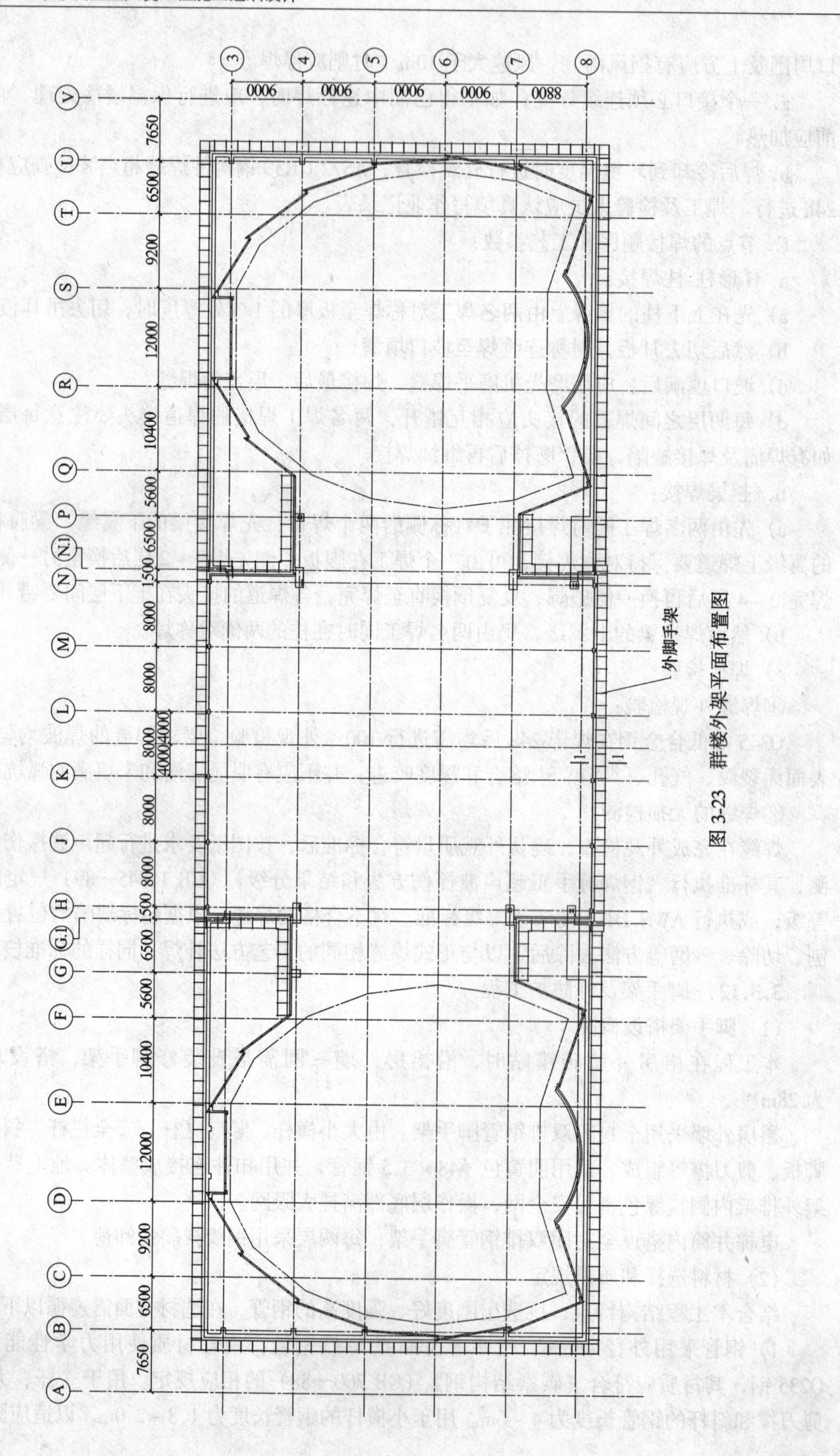

图 3-23　群楼外架平面布置图

宽的需要。

2）脚手板采用2～3mm厚的钢板压制而成的一级钢制脚手板，厚度为50mm，宽度为200～250mm，长3～4m，自重不超过0.3kN，且表面具有防滑、防积水构造。作业层及沿高每12m需满铺脚手板，板的探头长不大于150mm。

3）在搭设脚手架时，必须加设底座、垫木（板）或基础，并作好对地基的处理。

(3) 装修期间外脚手架

结构尺寸为排距1050mm，柱距1500mm，步距1800mm，内排架距结构30cm。搭设总高度为28m（局部为15m），外架采用双立杆形式，外排架内侧用密目网全封闭。连墙件钢管抱柱连接，为4.8m层高处每层设置一道；水平方向为间距4.5m设置一道，采用硬性连接；并在第三层设一道卸荷。搭设方法如图3-23、图3-24所示。

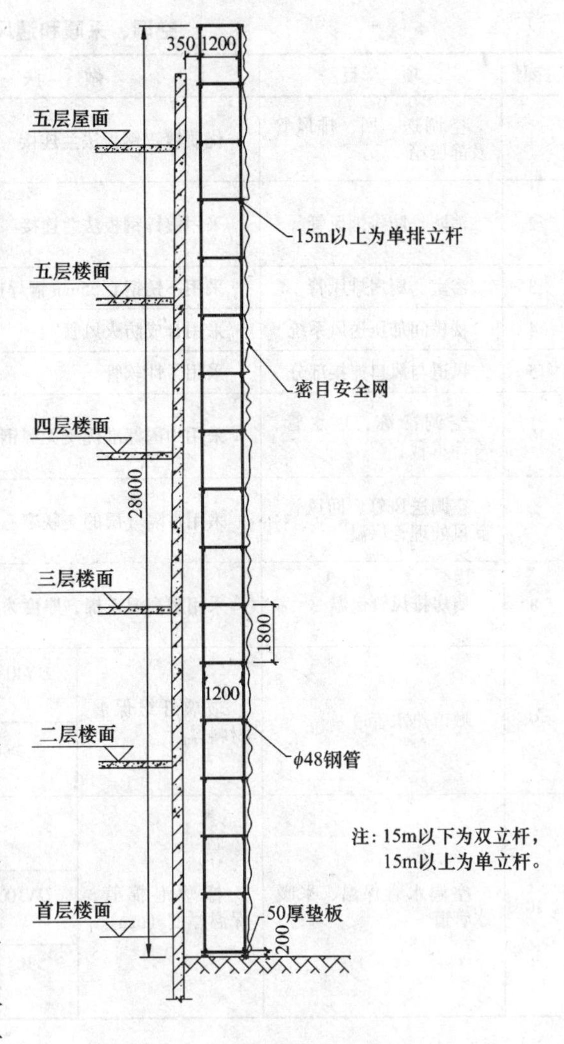

图3-24 脚手架剖面图

混凝土梁、板模板支承架采用碗扣式脚手架搭设，横、纵向间距为1200mm，并搭设剪刀撑和斜撑。碗扣架支承在下层梁、板上，支撑梁外侧模板的斜撑从碗扣架上斜挑出来，严禁从结构外脚手架上搭设支承架。

(4) 脚手架的拆除

脚手架的拆除作业应按确定的拆除程序进行。连墙件应在位于其上的全部可拆杆件都拆除之后才能拆除。在拆除过程中，凡已松开连接的杆配件应及时拆除运走，避免误扶和误靠已松脱连接的杆件。拆下的杆配件应以安全的方式运出和吊下，严禁向下抛掷。在拆除过程中，应做好配合、协调动作，禁止单人进行拆除较重杆件等危险性的作业。

(5) 结构期间外防护架

结构期间不搭设全封闭的外脚手架，仅在混凝土浇筑期间，搭设两层封闭安全防护网。防护网利用上下两层的楼板檐口外钢梁固定钢丝，拉展平整。

3.3.13 机电工程

(1) 空调、采暖及通风工程

1）空调、采暖及通风工程做法

工程做法见表3-8。

空调、采暖和通风工程做法 **表 3-8**

序号	项目	做法		备注
1	空调送、回、排风管及静压箱	优质镀锌钢板法兰连接		板材厚度见“空调技术说明书15880-5、2.5条”
2	消防、防排烟风管	采用镀锌钢板法兰连接		板材厚度见“空调技术说明书15880-5、2.5条”填料采用防火填料
3	浴室、厨房排风管	采用不锈钢 0.55mm 铜焊接和锡焊		
4	楼梯间加压送风系统	采用合成防火风管		按英标 BS476 第七部分要求
5	风道与风口连接部分	采用柔性软管		符合 UL 标准，最大距离 1.5m
6	空调冷冻、热水管、冷却水管	采用中国标准优质无缝钢管		焊接或法兰连接
7	空调送风管、回风管、新风处理管保温	采用带隔气层的交联聚乙烯板材		
8	厨房排风管保温	采用耐高温矿棉，厚度为 50mm		用焊接钉金属网和 13mm 隔热胶粘剂固定
9	城市热水管道	玻璃纤维保温材料厚度	*DN*40～*DN*150mm，50mm	
			≥*DN*200mm 90mm	
10	空调水管保温、采暖水管道	橡塑泡棉管，保温厚度（mm）	≤*DN*80mm 19mm	
			*DN*100～*DN*210mm 20mm	
			≥*DN*250mm 32mm	

2）专项技术及质量控制保证措施

①采暖、空调水管道安装工程工艺流程：

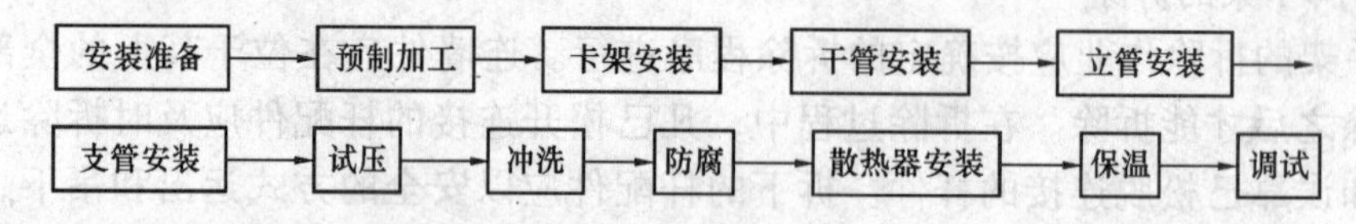

②通风安装工艺流程如下：

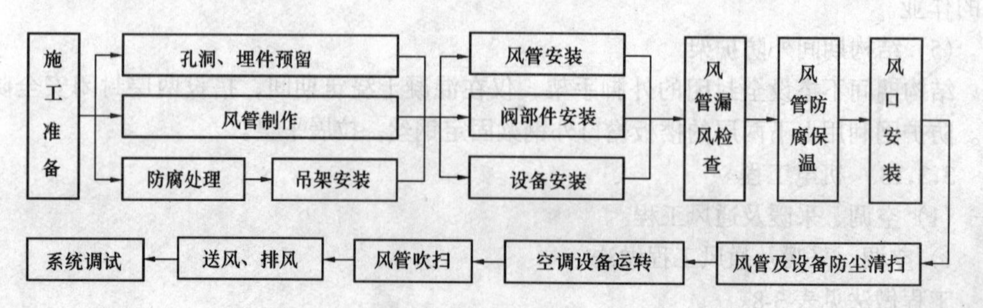

③质量控制点及控制措施（表3-9）。

质量控制点及控制措施　　表3-9

分项工程	质量控制点	质量控制措施	备注
风管制作	消除制作质量通病	严格按工艺标准操作	
风管阀部件安装	支吊架间距 安装方向性	确定阀部件安装方向	
设备安装	基础水平 设备安装稳固 气密性	编制专项施工方案	
保温	材料粘结点 连接缝处理 外保护	严格按工艺操作	
调试		编制专项施工方案，严格操作	

(2) 给排水工程

1) 给排水工程做法表

工程做法见表3-10。

工程做法表　　表3-10

序号	项目	管材及做法		备注
		管材	连接方式	
1	生活给水系统	室内饮用水、家用热水 $50mm < DN < 150mm$：K形无缝铜管	钎焊连接	
		室内饮用水、家用热水 $DN \leq 40mm$：L形无缝铜管	钎焊连接	
		室内饮用水、家用热水 $DN \geq 150mm$：热浸镀锌钢管	机械沟槽式连接	
		室内中水给水：热浸镀锌钢管	机械沟槽式连接	
2	排水系统	雨水管：镀锌无缝钢管	机械沟槽式连接	
		室内悬吊污水管、透气管和中水排水管：$DN \geq 75mm$ 铸铁管	柔性接口	
		室内悬吊污水管、透气管和中水排水管：$DN \leq 50mm$ 热浸镀锌钢管	丝扣连接	
		透气管、有压排水管：热浸镀锌钢管	机械沟槽式连接	
3	管道穿墙壁及楼板	给排水管道穿过防火楼板、墙及隔墙，应设套管，套管直径比管道直径大2号。套管顶部高出完成地面20mm，高出厨房、卫生间地面50mm。安装在墙壁上的套管端头应与饰面相平，套管与管道之间填实		
		外露管道穿过墙及隔墙，在有涂漆的装修房间或没有装修的空间，应提供不锈钢装饰板		
		管道穿地下室防水墙应做防水套管		
		所有穿入防护墙的水管均在防护墙两侧加密闭阀。穿防护墙水管在穿墙处的短管上焊接圆环翅片，并在防护墙浇筑前安放在其穿墙位置		
4	支吊架	吊架：可调的U形吊架 固定支架：可锻铸铁。 活动支架：保温管悬吊处		
5	管道保温	除支管外，所有明装和暗装的冷热水干、立管均保温；所有明装和暗装的污水/废水和雨水的水平悬吊管均做保温		
		保温材料为玻璃纤维管壳，厚度如下： 热水：25mm 冷水、污水、废水和雨水管：12.5mm		

2）管道安装工程工艺流程

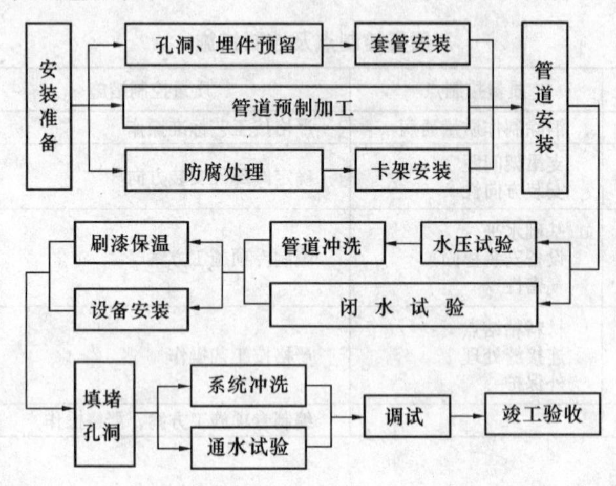

(3) 消防工程

消防工程做法见表 3-11。

消防工程做法表 **表 3-11**

序号	项目	做法			备注
		管材		连接方式	
1	室内喷淋系统立管、消防系统干管	$DN \leqslant 80mm$	热浸镀锌钢管	螺纹连接	系统压力不超过 $2.3N/cm^2$；ASTM A53
		$DN \geqslant 100mm$	热浸镀锌钢管	机械沟槽连接	
2	二氧化碳灭火系统	$DN \leqslant 80mm$	内外镀锌无缝钢管	锥管螺纹专用管件连接	
		$DN > 80mm$	内外镀锌无缝钢管	法兰盘连接	
3	烟路进管道	内外镀锌无缝钢管			
4	高倍发泡管道	内外镀锌无缝钢管			
5	支吊架	吊架：可调的 U 形吊架 固定支架：可锻铸铁 活动支架：保温管悬吊处			
6	室内消火栓箱	消火栓箱均采用加高型，下部装灭火器。消火栓栓口距地面或楼板面 1.10m			
7	喷淋头	温度规格： 空调和非空调房间为 68℃；厨房、热力点为 93℃			
8	管道保温	安装在汽车坡道进出口等需防冻部位的消防水管需保温			
9	管道穿墙及楼板	管道穿过楼层、墙壁混凝土隔板处安装不漏水或密封的套管			

(4) 强电工程

1) 施工工艺流程图

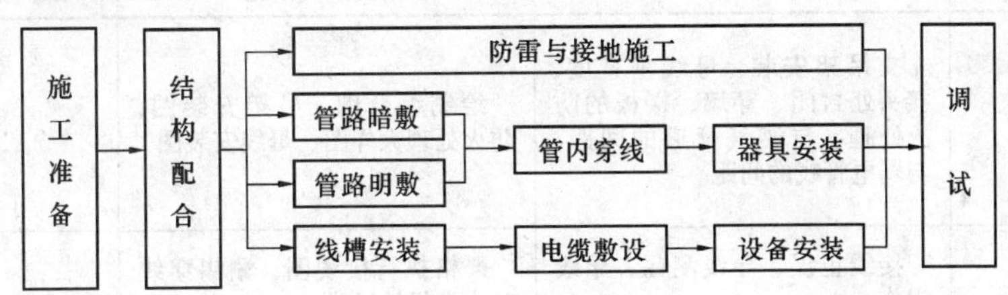

2) 电气工程做法表

工程做法见表 3-12。

电气工程做法表　　表 3-12

序号	项　目	做　法	备　注
1	PVC 线管	明敷	接地 GV 线防护
2	线槽、桥架	沿竖井敷设	
3	母线、电缆	沿竖井敷设	
4	配电箱	明装（顶距楼板 1.8m）或暗装	
5	开关、插座	暗装	
6	照明灯具	管吊、吸顶、嵌入、落地等	
7	防雷引下线	用钢柱作引下线	
8	接地系统	放热性焊接	
9	防护区内的灯具	链吊或线吊	
10	开关柜铭牌	塑料 300mm × 60mm × 5mm	
11	电缆标识	标示出图示的电路编号，标识为带状或管状	标识应在每 10m 水平处，弯曲部位，突出部分及拉线盒内设置
12	接地体标识	绿色	当多根电缆或多根电线芯中的一根被用作接地体，并且这根导线是裸导线或是有着花斑图案、醒目颜色的导线时除外

3) 质量控制点及控制措施

质量控制点及控制措施见表 3-13。

质量控制点及控制措施　　表 3-13

分项工程	质量控制点	质量控制措施	备　注
施工准备	材料计划 材料送审 施工方案	认真编制	
结构预留预埋	位置、规格正确	严格执行预留预埋图纸	及时同设计协商解决
桥架、线槽安装	标高准确、吊架安装、穿墙、楼板的防火处理、与燃气管道的间距	绘制综合图、吊架安装图、防火处理大样图	

续表

分项工程	质量控制点	质量控制措施	备注
母线安装	支吊架安装、母线垂直度、接头处封闭、穿墙、楼板的防火处理、与燃气管道的间距、与弱电管线的间距	绘制综合图、吊架安装图、防火处理大样图、母线安装图	
穿线配线	接线正误、导线涮锡、导线损伤	严格执行接线图，涮锡穿线时注意保护导线	
电缆敷设	电缆平直、固定牢固、电缆弯扁度、标识	落实图纸、规范相关要求	
放热性焊接点	焊接部位的接地电阻、焊点表面光滑饱满	焊接完成后测试焊接部位的接地电阻	
支吊架在钢结构上的固定点	不损坏钢结构的设计强度	绘制支吊架固定点大样图，并报批设计院	
器具安装	位置正确、安装牢固、观感良好	按绘制的机电综合图、表面器具布置平面图安装	
设备安装	安装方法、安装环境、位置标高正确	制订专项施工方案	
调试	系统运行的稳定性、运行的可靠性、绝缘摇测	制订专项调试方案	

3.3.14 防水工程

(1) 防水方案概况

本工程地下室底板防水采用 Preprufe 300R 防水卷材，－9.0m 以下外墙墙体采用 Preprufe 160R 防水卷材，－9.0m 以上外墙墙体采用 Bituthene 8000 防水卷材。首层楼板防水采用自粘式防水卷材，塔楼屋面及裙房屋面采用 GIWS 自粘式防水卷材，卫生间采用液体涂膜防水。地下外墙及底板防水如图 3-25 所示。

(2) 卷材施工技术要求

1) Preprufe300R 及 Preprufe160R 防水卷材施工

①基层处理：

铺贴卷材前，应对防水基层（找平层）进行检查验收，可在潮湿基面上施工。但表面不得有积水，平整度及细部构造必须达到设计要求；如有缺陷应进行处理，符合规范要求后方可进行防水施工。

②基础底板 Preprufe300R 防水卷材施工：

展开卷材，将无防粘塑料纸的一面对着地面或墙面，卷材相互重叠的部分不得小于 75mm，搭接边须用力压实，以保证卷材间的良好粘结。施工时，应注意保证搭接带处基层及卷材表面干净、干燥，没有灰尘；当两块卷材已粘合在一起，可将防粘塑料纸拆走。搭接缝要彼此错开至少 500mm。在底板与侧墙的转角部位，需将 Preprufe300R 卷材由底板在转角处向侧墙延伸至少 500mm，以便为侧墙防水卷料的铺贴提供良好的搭接。

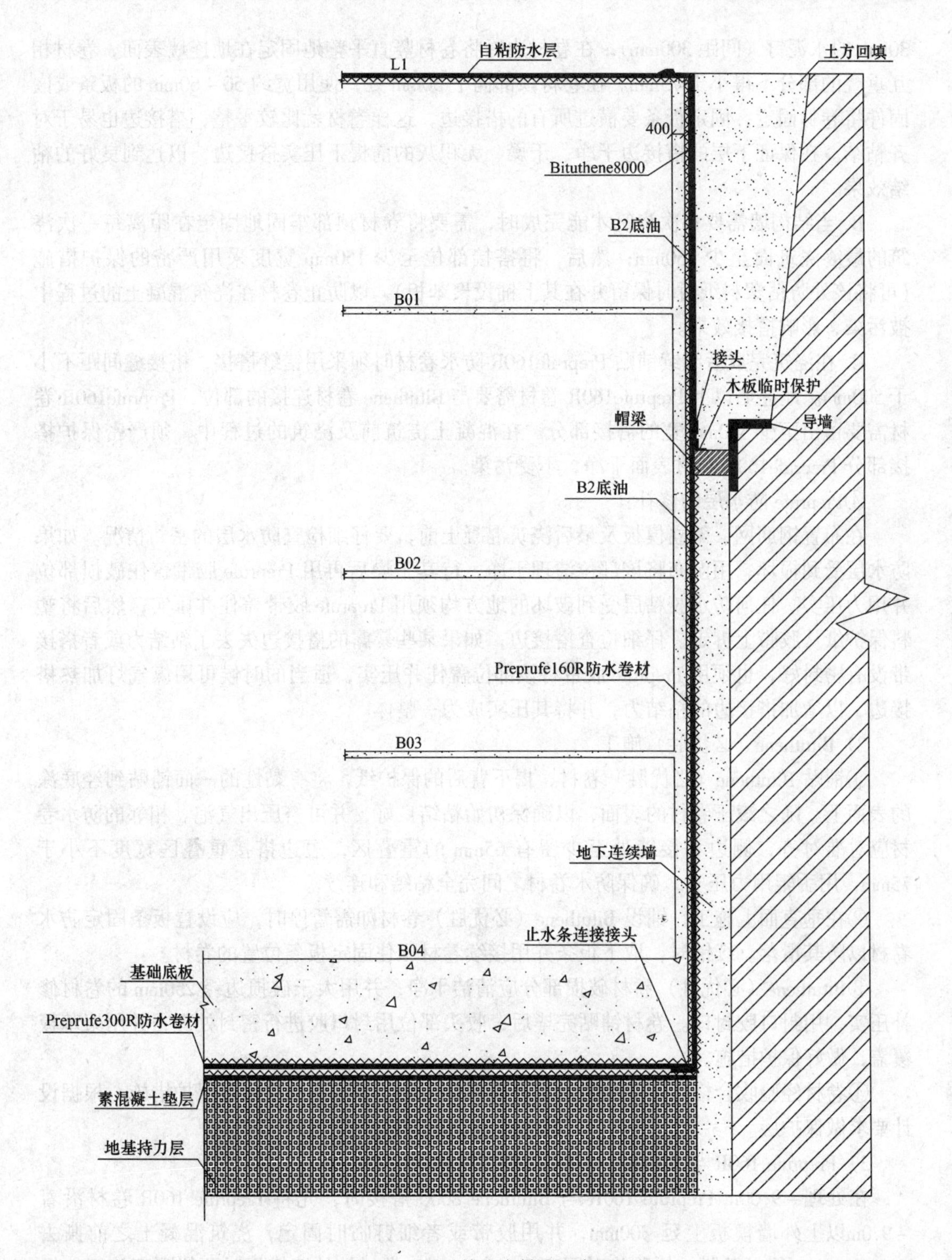

图 3-25 基础外防水做法示意图

③外墙立面 Preprufe160R 防水卷材施工：

A. 展开卷材，将无防粘塑料纸的一面对着地面或墙面，用直径约 2mm、长约 20～

30mm 的水泥钉（间距 300mm），在卷材边缘将卷材竖直平整地固定在地连墙表面，卷材相互重叠的部分不得小于 75mm。在卷材顶部向下 50mm 处，使用宽约 50~60mm 的板条或嵌固件将卷材固定，固定板条要横过所有的搭接边，这样卷材就比较平整，搭接边也易于对齐粘结。在保证下层的搭接边干净、干燥、无积灰的前提下压实搭接边，以达到良好的粘结效果。

B. 当结构墙需要多次浇筑才能完成时，需要将卷材顶部牢固地固定在距离每一次浇筑的最终浇筑面至少 150mm；然后，将搭接部位至少 150mm 宽度采用严密的保护措施（可将该处防粘塑料纸暂时保留并在其上铺设聚苯板），以防止卷材在浇筑混凝土的过程中被污染，影响搭接效果。

C. 在浇筑完成后继续铺贴 Preprufe160R 防水卷材时须采用错缝搭接，搭接缝间距不小于 500mm。地连墙以上 Preprufe160R 卷材需要与 Bituthene 卷材连接的部位，Preprufe160R 卷材需要留出至少 300mm 宽的搭接部分。在混凝土浇筑前及浇筑的过程中，须严密保护搭接部分 Preprufe160R 卷材表面干净，不受污染。

④Preprufe 防水层的修补：

在布置钢筋网、架立模板及最后浇筑混凝土前，要仔细检查防水层的密封情况。如果防水层受到损坏，用湿布将该部位清理干净，待其干燥后再用 Preprufe 胶带盖住破损部位并用力压实。任何防水胶粘层受到破坏的地方均须用 Preprufe 胶带盖住并压实，然后将塑料保护纸从胶带上拆走。仔细检查搭接边，如果某些暴露的搭接边失去了粘结力或者搭接带没有密封好，也须用 Preprufe 胶带将该部位盖住并压实，适当的时候可用煤气灯加热搭接边，以增加搭接边的粘结力，并将其压实成为一整体。

2）Bituthene（必优胜）施工

①铺贴 Bituthene（必优胜）卷材，揭下背后的保护纸，将有黏性的一面铺贴到经底涂的表面上。随之滚压卷材的表面，以确保初始粘结良好，并可挤压出气泡。相邻的防水卷材应对准对齐，侧边和接缝处至少留有 65mm 的重叠区，短边搭接重叠区宽度不小于 75mm，用手辊用力压实，确保防水卷材之间完全粘结和连续。

②在垂直面上施工，铺设 Bituthene（必优胜）卷材如需暂停时，应设置板条固定防水卷材以防其滑落。续铺时，取下板条并用接续卷材压住固定板条位置的卷材。

③Bituthene（必优胜）卷材破损部分应清洁干净，并用大于破损边缘 250mm 的卷材修补压实，用封口胶封口。卷材铺贴完毕后，收头部位用封口胶进行密封处理，并用聚苯板覆盖，做好保护措施。

④卷材经验收合格后，应将防水层表面清扫干净，并对防水层采取保护措施，根据设计要求做保护层。

3）Preprufe 160R 与 Bituthene 8000 的搭接处理

在处理 -9.00m Preprufe 160R 与 Bituthene 8000 搭接时，先将 Preprufe 160R 卷材沿着 -9.0m以上外墙模板上延 300mm，并用胶带或者细钉临时固定，浇筑混凝土之前撕去 Preprufe 160R 保护薄膜。拆除临时固定 Preprufe 160R 卷材的外墙模板时不能野蛮施工，轻拿轻放，尽量避免损坏防水层。拆除完成后立即进行 Bituthene 8000 防水卷材施工，两种卷材搭接不小于 75mm。边施工边检查搭接范围之外的防水层，并对损坏之处立即修补。

4）保护层施工

卷材经检验合格后，应将防水层表面清扫干净，并对防水层采取保护措施，根据施工方案的设计要求作保护。外墙防水应该根据现场结构施工的实际进度进行，在外墙钢筋绑扎前，完成保护层的施工并达到一定的强度。

(3) 防水涂料施工要求

1) 涂料涂刷应先在基层上涂一层与涂料相容的基层处理剂；

2) 涂膜应多遍完成，涂刷应待前遍涂层干燥成膜后进行；

3) 每边涂刷时应交替改变涂层的涂刷方向，同层涂膜的先后搭槎宽度宜为 30 ~ 50mm；

4) 涂料防水层的施工缝（甩槎）应注意保护，搭接缝宽度应大于 100mm，接涂前应将其甩槎表面处理干净；

5) 涂刷程序应先作转角处、穿墙管道、变形缝等部位的涂料加强层，后进行大面积涂刷；

6) 涂料防水层及其转角、变形缝、穿墙管道等细部做法，均需符合设计要求；

7) 涂料防水层的基层应牢固，基面应洁净、平整，不得有空鼓、松动、起砂和脱皮现象；基层阴阳角处应做成圆弧形；

8) 涂料防水层应与基层粘结牢固，表面平整、涂刷均匀，不得有流淌、皱折、鼓泡、露胎体和翘边等缺陷；

9) 涂料防水层的平均厚度应符合设计要求；

10) 侧墙涂料防水层的保护层与防水层粘结牢固，结合紧密，厚度均匀一致。

3.3.15 砌筑施工

(1) 砌块墙工艺流程

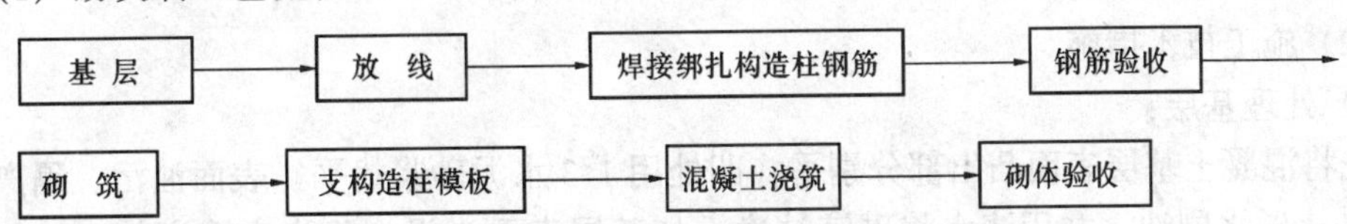

(2) 施工准备

1) 施工期间，砂浆搅拌机设置在主楼中部裙房位置。地下室墙体砌筑时利用机电设备吊装孔，利用串筒输送。主楼以上墙体砌筑则利用小推车，从外用电梯进行上下运输。

2) 本工程所选用的隔墙材料必须是经过严格筛选出来的优质产品，进场时要严格仔细地进行检查，符合规定才准入场。

3) 施工中所用的砂浆必须按照配合比进行配合搅拌，所用的水泥必须具备出厂合格证或检测报告，并要按规范进行复检。

(3) 施工要求

1) 测量人员在结构楼板上和结构柱或墙上放出轴线及水平标高线，砌筑施工人员根据图纸，依据轴线弹好墙体边线及门窗洞口位置；

2) 砌筑前应根据砌块皮数制作皮数杆，并在墙体转角处及交接处树立，皮数杆间距不得超过 15m；

3) 墙体砌筑时应单面挂线，随着砌体的增高，要随时用靠尺校正平整度、垂直度；

4) 砌筑时上下皮应错缝搭砌，不准出现通缝现象；

5）水平灰缝应平直、砂浆饱满，按净面积计算砂浆的饱满度不应低于90%；竖向灰缝应采用加浆方法，使其砂浆饱满；严禁用水冲浆灌缝，不得出现瞎缝、透明缝，其砂浆饱满度不宜低于80%；

6）墙体转角处即交接处应同时砌筑；如不能做到，应留马牙槎；

7）每天砌筑高度小于1.8m；

8）在砌筑砂浆终凝前后时间内，应将灰缝刮平；

9）砌筑砂浆不准使用隔夜砂浆，且使用过程中不准随便加水，搅拌后的砂浆要尽快在短时间内用完，避免时间过长，砂浆终凝；

10）在砌筑过程中要注意控制墙身的垂直度和平整度，每砌一层都要用水平尺进行控制，随时进行纠正；

11）在浇筑圈梁、过梁、构造柱时，要注意保证钢筋的保护层及钢筋的正确位置，混凝土要振捣密实，同结构一样严格要求。

(4) 质量要求

砌筑工程允许偏差见表3-14。

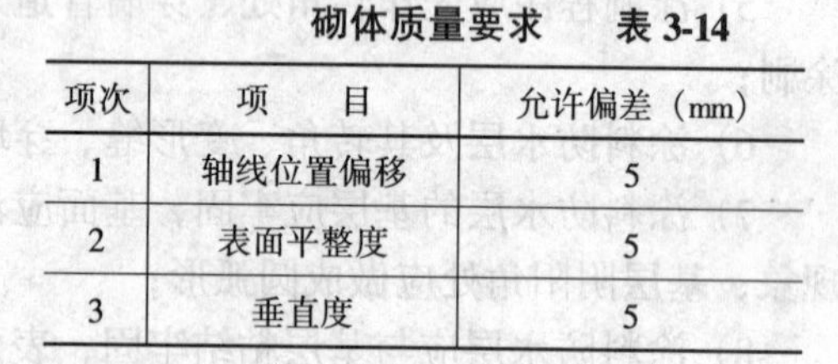

砌体质量要求　　表3-14

项次	项　目	允许偏差（mm）
1	轴线位置偏移	5
2	表面平整度	5
3	垂直度	5

3.3.16　抹灰工程

(1) 施工工艺流程

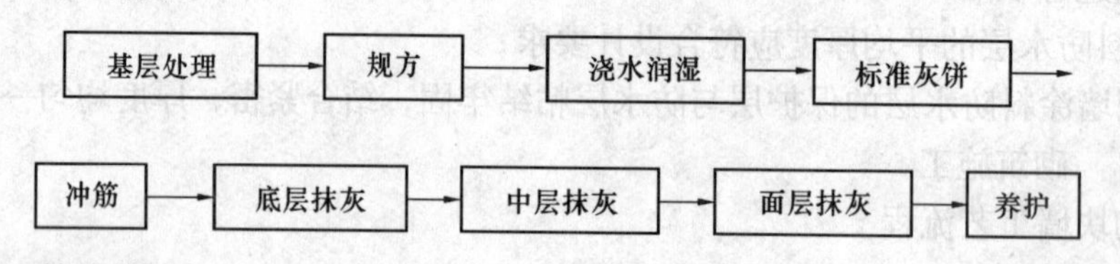

(2) 施工技术措施

1）处理基层：

先将混凝土基层表面凸出部分剔平，凹处用1:3水泥砂浆找平。表面油污、隔离剂宜用10%火碱水刷洗，并用清水将碱液洗净。如基层表面光滑，除浇水湿润外，一般先刷一道素水泥浆，或喷甩1:1水泥砂浆疙瘩，或者刷一道界面处理剂，使抹灰层与基层粘结得更好。

2）阴阳角找方、设置标筋：

首先将墙面的阴阳角找方，设置标筋，小的房间用方尺规方，阳角抹灰先用靠尺靠在墙面一角，用线坠找直；然后，在墙角的另一面顺着靠尺抹灰。

3）抹底灰：

底灰以1:2.5~3的水泥砂浆用1:4乳胶水拌合，厚度5~7mm；如超厚应分层，隔1~2d再抹，要刮平、搓平，表面用扫帚扫毛。

4）抹罩面灰：

用1:2.5~3水泥砂浆进行罩面层抹灰的施工。抹时要先薄薄地刮一层灰使其粘牢，紧跟着抹第二道灰，并用刮杠横竖刮平，木抹子搓平，铁抹子溜光，压平压实。

3.3.17　地面工程

(1) 石材地面

1）工艺流程：

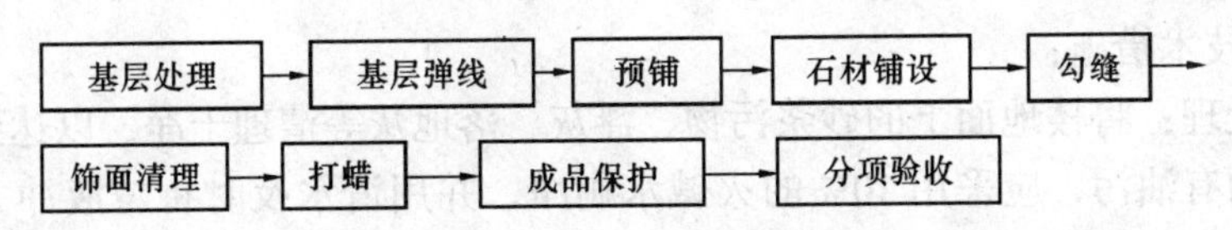

2）施工技术措施：

①基层处理：石材施工前，将地面基层上的落地灰、浮灰等杂物细致地清理干净，并用钢丝刷或钢扁铲清理，但不要破坏结构的保护层。基层处理应注意达到施工条件的要求，考虑到装饰厚度的需要，在正式施工前，用少许清水湿润地面。

②弹线：在施工的地面弹互相垂直的十字控制线，用以检查和控制石材板块的位置，十字线可以弹在地面上并引至墙面底部。在房间的墙四周弹出标高控制线和做出标高控制，注意检查与楼梯或其他不同面层材料部位的标高交圈和过渡。在地面弹出十字线后，根据石材规格在地面弹出石材分格线。

③预铺：首先应在图纸设计要求的基础上，对石材的颜色、纹理、几何尺寸、表面平整度等进行严格挑选，然后按照图纸要求预铺。对于预铺中可能出现的误差进行调整、交换，直至达到最佳效果（调整后的石材编号画在石材分格图上，按铺贴顺序堆放整齐备用）；同时，注意采用浅色石材时，其质地密度较小的应在石材的背面和所有侧面涂刷隔离剂，以防止石材铺装时吸水，影响石材的表面美观。

④结合层：在铺装砂浆前，对基层清扫干净后用喷壶洒水湿润，刷素水泥浆（水灰比为0.5左右做到随刷随铺）。

⑤铺砂浆层：在地面上按照水平控制线确定找平层厚度，并用十字线纵横控制，石材镶贴应采用1:4（1:3）干硬性砂浆经充分搅拌均匀后进行施工（要求砂浆的干硬度以手捏成团不松散为宜），把已搅拌好的干硬性砂浆铺到地面，用灰板拍实，应注意砂浆铺设宽度应超过石材宽度1/3以上，并且砂浆厚度约高出水平标高3~4mm，砂浆厚度控制在30mm。

⑥铺装石材：把已编号的石材按照排列顺序从远离门口一侧开始，按照试拼编号依次铺砌至门口。铺装前，将板预先浸湿后阴干备用，先进行试铺，对好纵横缝，用橡皮锤敲击垫木板（不得用橡皮锤直接敲击石材板面），振实砂浆至铺设高度后，将板移至一旁，检查砂浆上表面与板块之间是否吻合；如有空虚之处应填补干硬性砂浆，然后正式铺装。在砂浆层上满浇一层水灰比为0.5的素水泥浆结合层，安放时要四角同时往下落，用橡皮锤或木锤轻击垫木板，用水平尺控制铺装标高，然后按安装顺序镶铺。

⑦接缝要求：石材板块铺装时接缝要严密，一般不留缝隙。

⑧擦缝：在铺装完成后1~2昼夜进行灌浆勾缝。水泥浆内依据石材的颜色添加同颜色的矿物颜料，均匀调制成1:1稀水泥浆，用浆壶分次灌入缝隙内或者用干水泥拌合色粉擦缝。完成后，及时将石材板面的水泥浆用棉丝清理干净，加以保护。

⑨打蜡：要求打蜡前必须对地面进行彻底清理，做到无任何污物。打蜡一般应按所使用蜡的操作工艺进行，原则上烫硬蜡，擦软蜡，蜡洒布均匀，不露底色，色泽一致，表面干净。

（2）地砖地面

1）工艺流程：

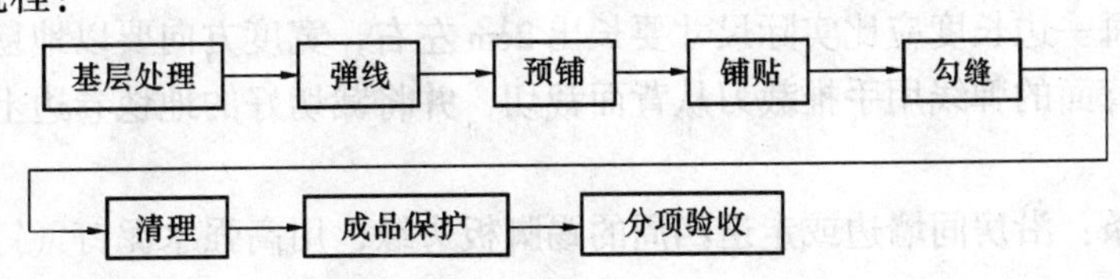

2）施工技术措施：

①基层处理：将楼地面上的砂浆污物、浮灰、落地灰等清理干净，以达到施工条件的要求；如表面有油污，应采用10%的火碱水刷净，并用清水及时将碱液冲去。考虑到装饰层与基层结合力，在正式施工前用少许清水湿润地面，用素水泥浆做结合层一道。

②弹线：施工前在墙体四周弹出标高控制线（依据墙上的50cm控制线），在地面弹出十字线，以控制地砖分隔尺寸。找出面层的标高控制点，注意与各相关部位的标高控制一致。

③预铺：首先应在图纸设计要求的基础上，对地砖的色彩、纹理、表面平整度等进行严格的挑选，依据现场弹出的控制线和图纸要求进行预铺。对于预铺中可能出现的尺寸、色彩、纹理误差等进行调整、交换，直至达到最佳效果，按铺贴顺序堆放整齐备用，一般要求不能出现破活或者小于半块砖，尽量把半块砖排到非正视面。

④铺贴：地砖铺设采用1:4或1:3干硬性水泥砂浆粘贴（砂浆的干硬程度以手捏成团不松散为宜），砂浆厚度控制在25~30mm左右。在干硬性水泥砂浆上洒素水泥浆，并洒适量清水。将地砖按照要求放在水泥砂浆上，用橡皮锤轻轻敲击地砖饰面直至密实平整达到要求；根据水平线用铝合金水平尺找平，铺完第一块后向两侧或后退方向顺序镶铺。砖缝无设计要求时一般为1.5~2mm，铺装时要保证砖缝宽窄一致，纵横在一条线上。

⑤勾缝：地砖铺完24h后进行勾缝，勾缝采用1:1水泥砂浆勾缝。

⑥清理：当水泥浆凝固后再用棉纱等物对地砖表面进行清理（一般宜在12h之后）。清理完毕后用锯末养护2~3d；当交叉作业较多时，采用三合板或纸板保护。

（3）地毯铺设地面

1）工艺流程：

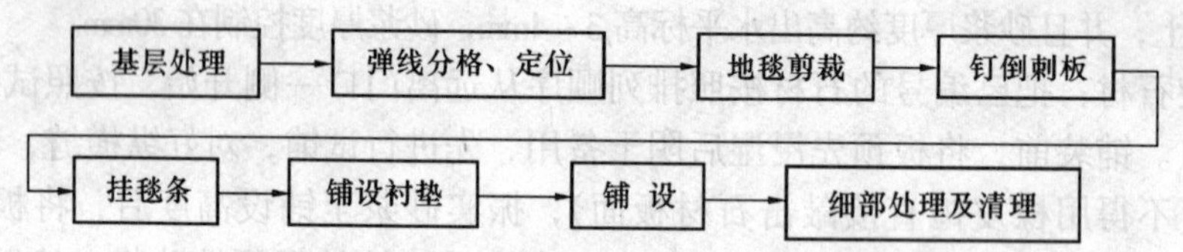

2）主要施工技术措施：

①活动式铺设：是指不用胶粘剂粘贴在基层的一种方法，即不与基层固定铺设，四周沿墙边修齐，一般适用于装饰性工艺地毯的铺设或者临时性地毯铺设。

②基层清理：将铺设地毯的地面清理干净，保证地面干燥，并且要有一定的强度。检查地面的平整度偏差不大于4mm，地面基层含水率不得大于8%，满足要求后再进行下一道工序。

③弹线、分格、定位：要严格按照设计图纸要求，对房间的各个部位和房间的具体要求进行弹线、套方、分格；如无设计要求时，应按照房间对称找中，并弹线定位铺设。

④地毯裁割：地毯的裁割应在比较宽阔的地方统一进行，并按照每个房间实际尺寸，计算地毯的裁割尺寸，要求在地毯背面弹线、编号。原则是地毯的经线方向应与房间长向一致。地毯的每一边长度应比实际尺寸要长出2cm左右，宽度方向要以地毯边缘线后的尺寸计算。按照背面的弹线用手推裁刀从背面裁切，并将裁切好的地毯卷边上号，存放在相应的房间位置。

⑤钉倒刺条：沿房间墙边或走道四周的踢脚板边缘，用高强水泥钉（钉朝墙方向）将

钉倒刺条固定在基层上，水泥钉长度一般为4~5cm，倒刺板离踢脚板面8~10mm；钉倒刺板应用钢钉，相邻两个钉子的距离控制在300~400mm；钉倒刺板时应注意不得损伤踢脚板。

⑥铺弹性垫层：垫层应按照倒刺板的净距离下料，避免铺设后垫层皱褶，覆盖倒刺板或远离倒刺板。设置垫层拼缝时应考虑到与地毯拼缝至少错开150mm。衬垫用点粘法刷聚醋乙烯乳胶，粘贴在地面上。

⑦地毯拼缝：拼缝前要判断好地毯的编织方向，以避免缝两边的地毯绒毛排列方向不一致。地毯缝用地毯胶带连接，在地毯拼缝位置的地面上弹一直线，按照线将胶带铺好，两侧地毯对缝压在胶带上；然后，用熨斗在胶带上熨烫，使胶层熔化，随熨斗的移动立即把地毯紧压在胶带上。接缝以后用剪子将接口处的绒毛修齐。

⑧找平：先将地毯的一条长边固定在倒刺板上，并将毛边掩到踢脚板下，用地毯撑拉伸地毯。拉伸时，用手压住地毯撑，用膝撞击地毯撑，从一边一步一步推向另一边，由此反复操作，将四边的地毯固定在四周的倒刺板上，并将长出的部分地毯裁割。

⑨固定收边：地毯挂在倒刺板上要轻轻敲击一下，使倒刺全部勾住地毯，以免挂不实而引起地毯松弛。地毯全部展平拉直后，应把多余的地毯边裁去，再用扁铲将地毯边缘塞进踢脚板和倒刺之间；当地毯下无衬垫时，可在地毯的拼接和边缘处采用麻布带和胶粘剂粘结固定（多用于化纤地毯）。

⑩细部处理、修整、清理：施工要注意门口压条的处理和门框、走道与门厅等不同部位、不同材料的交圈和衔接收口处理；固定、收边、掩边必须粘结牢固，不应有显露、找补等破活，特别注意拼接地毯的色调和花纹的对形，不能有错位等现象。铺设工作完成后，因接缝、收边裁下的边料和因扒齿拉伸掉下的绒毛、纤维应打扫干净，并用吸尘器将地毯表面全部吸一遍。

（4）橡胶地板

1）工艺流程：

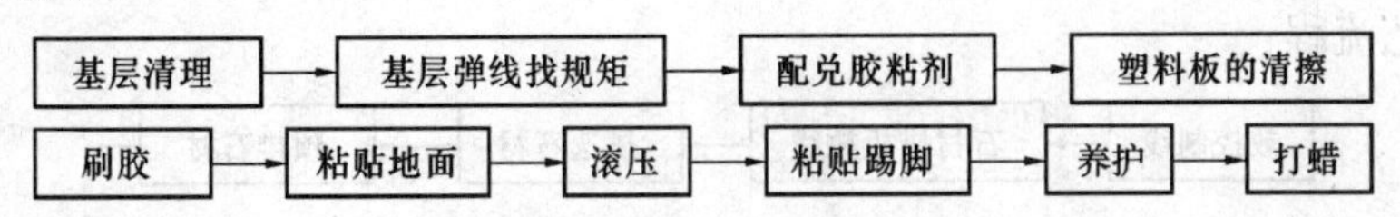

2）施工技术措施：

①基层清理：地面基层为预制混凝土大楼板，橡胶地面施工前应将楼梯过口处的板缝勾严、勾平、压光，无用的钢筋头及预埋件剔掉，凹坑补平，板面清理干净，用10%的火碱水刷净、晾干。对于改建工程地面，必须重新找平或者将原地面清理干净后进行调整地面标高、局部修补等相关内容的处理；地面基层刷胶粘剂配合比为：1:3＝乳液:水（重量比），随后紧跟刮一道水泥乳液腻子｛配合比:普通水泥:乳液:水＝100:（20~30）:30（重量比）｝，其中水的掺量根据腻子的稠度来定。刮平后要求表面的平整度不得超过2mm（2m靠尺检查）。第二天腻子干后打砂纸，将表面的接槎痕迹磨平，一般情况下打2道砂纸；对于基层为水泥抹面，其表面应平整、坚硬、干燥，无油脂及其他杂物（包括砂粒）；如有麻面采用水泥腻子修补，修补后再刷一道乳液水，使用目的是增强地面与板块的整体强度和粘结力。

②基层弹线找规矩：地板施工前必须依据设计要求，结合现场房间尺寸、相关房间的

地面关系、需要交圈部位及板的规格，准确弹出纵横交叉线或弹出对角线，要求墨线要细且清楚，线的走向应符合设计要求。如现场的房间尺寸与地板块的规格模数不相吻合时，应在地面的周边弹出圈边加条线；并且弹出与其他地面相界部位的控制线，以便于施工前的排板；如设计图纸要求有镶边时，应提前弹出镶边的位置线，并按照控制线进行样板试铺。

③配兑胶粘剂：配料前应由专人对原材料进行检查，如发现XY401胶团、变色及杂质时不能使用。使用稀料对胶液进行稀释时应随拌随用，存放间隔时间不应大于1h，在拌合、运输、存放时应用塑料或搪瓷容器，严禁使用铁器，防止发生化学反应，胶液变色。

④地板的清擦：为了保证橡胶地板块与地面基层粘结牢固，在刷胶前，对拆除包装的塑料板块的背面，应用干净的擦布进行清擦，将其粉尘及滑石粉等清净，以保证粘结效果。

⑤刷胶：先在地面上满刷一道薄而均匀的结合层底胶，底胶的配制与采用溶剂型稀释剂，其配合比为：XY401胶:二甲苯＝100:（100～150）。

⑥铺贴塑料板：橡胶地板的铺贴按照设计详图进行拼贴，对于橡胶地板块的作法，无详图时可采用十字铺贴法和对角线铺法。

⑦铺贴橡胶踢脚板：地面铺贴后，按照要求的踢脚高度在墙上弹出踢脚板的上口控制线，分别在房间的两端铺贴踢脚板后，挂线粘贴。应先铺装阴阳角处，然后进行大面，用磙子反复压实。注意踢脚板上口及踢脚板与地面交接的阴角的滚压，以涂刷的胶压出为宜，并及时将胶痕擦净。

⑧饰面清理：铺贴完毕应及时用溶剂清理表面，表面溢出的胶痕应用配套的溶剂进行擦拭。

⑨养护：禁止行人在刚刚铺贴完的地面上行走，养护期（一般为3d）内避免沾污或用水清洗表面。

3.3.18　墙面工程

(1) 干挂石材墙面

1）工艺流程：

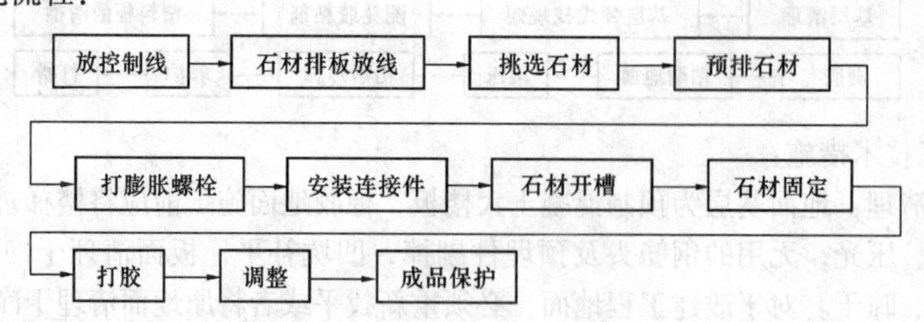

2）施工技术措施：

①基层处理：墙面基层表面用笤帚清理干净，局部有影响骨架安装的凸出部分要剔凿干净。

②放控制线：干挂石材施工前，必须按照设计标高要求在墙体上弹出50cm水平控制线和每层石材标高线，并在墙上做上控制桩，拉白线控制墙体水平位置，控制和找房间、墙面的规矩和方正。

③挑选石材：石材进货到现场必须对其材质、加工质量、花纹、尺寸等要求进行检查，并将色差较大、缺楞掉角、崩边等有缺陷的石材挑出、更换。

④预排石材：将挑选出来的石材按照使用的部位和安装顺序进行编号，并选择较为平整的场地做预排，检查拼接出来的板块是否有色差和满足现场尺寸的要求，完成此项工作后，将板材按编号存放好备用。

⑤打膨胀螺栓孔：按照设计的石材排板和骨架设计要求，确定膨胀螺栓的间距，划好打孔点，用手枪钻在结构上打出孔洞，以便于安装膨胀螺栓，孔洞的大小按照膨胀螺栓的规格做，间距一般控制在500mm左右。

⑥安装连接件：干挂石材一般采用不锈钢连接件。注意调节挂件一定要安装牢固。

⑦石材开槽：安装石材前用云石机在石材的侧面开槽，开槽深度依照挂件的尺寸进行，一般要求不小于1cm并且在板材后侧边中心。为了保证开槽不崩边，开槽距边缘距离为1/4边长且不小于50mm，并将槽内的灰尘清理干净，以保证灌胶粘结牢固。

⑧石材安装：石材安装是从底层开始，吊好垂直线，然后依次向上安装。必须对石材的材质、颜色、纹路、加工尺寸进行检查，按照石材编号，将石材轻放在T形挂件上。按线就位后调整准确位置，并立即清孔，槽内注入耐候胶，要求锚固胶保证有4~8h的凝固时间，以避免过早凝固而脆裂，过慢凝固而松动。板材垂直度、平整度，拉线校正后扳紧螺栓。安装时注意各种石材的交接和接口，保证石材安装交圈。

⑨打胶：对于要求密缝的石材拼接不用打胶；设计要求留缝的墙面，需要在缝内填入泡沫条后，用有颜色的大理石胶打入缝隙内。为了保证打胶的质量，用事先准备好的泡沫条塞入石材缝隙，预留好打胶尺寸，既不需要太深，也不需要太浅，要求密实，并在石材的边缘贴上胶带纸，然后打胶。一般要求打胶深度在6~10mm，保证雨水不能进入骨架内即可。待完成后，轻轻将胶带纸撕掉，使打胶边成一条直线。

⑩清理：勾缝或打胶完毕后，用棉纱等物对石材表面清理，干挂也须待胶凝固后，再用壁纸刀、棉纱等物对石材表面清理。需要打蜡的一般应按照使用蜡的操作方法进行，原则上应烫硬蜡，擦软蜡，要求均匀、不露底色，色泽一致，表面整洁。

(2) 壁纸裱糊墙面

1）工艺流程：

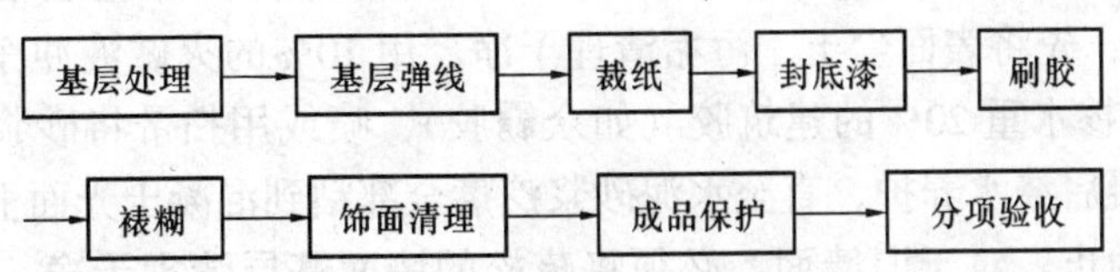

2）技术措施：

①基层处理：壁纸基层是决定壁纸粘结质量的重要因素，对于墙面基层要采用腻子将墙面找平。特别注意墙面的阴阳角顺直、方正，不能有掉角，墙面应保证平整，不能有凸出麻点，以达到基层坚实牢固，无疏松、起皮、掉粉现象。同时，基层的含水率不能大于8%，表面用砂纸打毛。

②基层弹线：根据壁纸的规格在墙面上弹出控制线作为壁纸裱糊的依据，并且可以控制壁纸的拼花接槎部位，花纹、图案、线条纵横贯通。要求每一面墙都要进行弹线，在有窗口的墙面弹出中线和在窗台近5cm处弹出垂直线，以保证窗间墙壁纸的对称，弹线至踢脚线上口边缘处；在墙面的上面应以挂镜线为准，无挂镜线时应弹出水平线。

③裁纸：裁纸前要对所需用的壁纸进行统筹规划和编号，以便保证按顺序粘贴。裁纸要

派专人负责，大面积时应设专用架子放置壁纸，达到方便施工的目的。根据壁纸裱糊的高度，预留出10～30mm的余量；如果壁纸、墙布带花纹图案，应按照墙体长度裁割出需要的壁纸数量并且注意编号、对花。裁纸应特别注意切割刀应紧靠尺边，尺子压紧壁纸，用力均匀、一气呵成，不能停顿或变换持刀角度。壁纸边应整齐，不能有毛刺，平放保存。

④封底漆：贴壁纸前在墙面基层上刷一遍清油，或者采用专用底漆封刷一道，可以保证墙面基层不干返潮，或壁纸吸收胶液中的水分而产生变形。

⑤刷胶：壁纸背面和墙面都应涂刷胶粘剂，刷胶应薄厚均匀，墙面刷胶宽度应比壁纸宽50mm，墙面阴角处应增刷1～2遍胶粘剂。一般采用专用胶粘剂；若现场调制胶粘剂，需要通过400孔/cm^2筛子过滤，除去胶中的疙瘩和杂质，调制出的胶液应在当日用完。

⑥裱糊：裱糊壁纸时，首先要垂直，后对花纹拼缝，再用刮板用力抹压平整。原则是先垂直面后水平面，先细部后大面。贴垂直面时先上后下，贴水平面时先高后低。

⑦饰面清理：表面的胶水、斑污要及时擦干净，各种翘角翘边应进行补胶，并用木棍或橡胶辊压实，有气泡处可先用注射针头排气，同时注入胶液，再用辊子压实。如表面有皱折时，可趁胶液不干时用湿毛巾轻拭纸面，使之湿润，舒展后轻刮壁纸，滚压赶平。

(3) 马赛克墙面

1) 工艺流程：

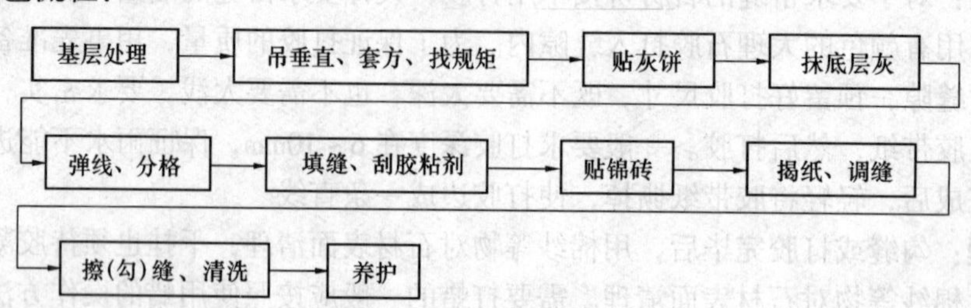

2) 施工技术措施：

①基层处理：当基层为混凝土墙面时，应先将凸出墙面的混凝土剔平，对大钢模施工的混凝土墙面应凿毛，并用钢丝刷满刷一遍，再浇水湿润。如果基层很平滑，亦可采用"毛化处理"办法，先将表面尘土、污垢清理干净，用10%的火碱液冲净、晾干。然后用1:1水泥细砂浆内掺水重20%的建筑胶（如众霸胶），喷或用扫帚将砂浆甩到墙面上，其甩点要均匀，终凝后浇水养护，直至水泥砂浆疙瘩全部粘到混凝土光面上，并有较高的强度，用手掰不动为止。对于旧墙面，必须将疏松的墙面基层清理干净，不得有尘土等杂质，重新挂网抹灰。

②吊垂直、套方、找规矩：根据墙面结构平整度，找出贴陶瓷锦砖的规矩；如果建筑物的外墙面全部贴陶瓷锦砖又是高层时，应在四周大角和门窗边用经纬仪吊垂直。对于房间内的墙面，必须将房间的墙面套方正；对于门窗洞口、分色线或其他分项装饰材料面，交叉的界线应在适当的位置标示出来。

③抹底子灰：墙面基层应打底子灰，一般分二次操作，先刷一道掺水重10%的建筑胶（立得尔胶粘剂）成水泥素浆，紧跟抹头遍掺水泥重20%的建筑胶1:2.5或1:3水泥砂浆，抹薄薄一层，用抹子压实。第二次用相同配合比的砂浆按冲筋抹平，用短杠刮平，低凹处填平补齐，最后用木抹子搓出麻面。底子灰完后，根据气温情况，终凝后浇水养护，注意底子灰一定要与基层粘结牢固。

④弹线：粘贴锦砖前，先应详细了解锦砖的规格、图案、拼装顺序等，应提前绘制施工大样，根据高度弹出若干水平线。在弹水平线时应计算好锦砖的块数，使两线之间保持整砖数。如分格，需按总高度均分，根据设计与锦砖规格定出缝子宽度，再加工分格条。要注意，同一墙面不能有一排以上的非整砖，并应将其镶贴在较隐蔽的部位，如阴角处。

⑤粘贴锦砖：在粘贴锦砖时，提前2h将抹底子灰的基层用清水湿润。在弹好水平线的下口上支上一根垫尺，并在墙面上刷一道素水泥浆（水灰比：0.4～0.5；内掺水重7%～10%的建筑胶）结合层；紧接着在找平层上抹2～3mm厚的较干稠的结合层砂浆，配合比为：纸筋:石灰膏:水泥＝1:1:2（先把纸筋与石灰膏搅拌均匀），或水泥:聚醋酸乙烯乳胶:细砂＝1:0.2:1，随即用刮刀刮平，木搓板压实，厚薄应基本一致。镶贴锦砖前，先将锦砖铺放在木托板上，底面朝上，缝隙用1:1或1:2水泥细砂干灰，并用软毛刷刷净底面浮砂，再用刷子稍湿润一下表面，然后薄涂一层砂浆结合层；当结合层收水时，从锦砖整联两角提起，对准线位粘贴，并随即用靠尺找好平直。应随刷浆，随即抹结合层灰浆，随即贴锦砖。每联锦砖间缝隙应与锦砖拼片间缝隙一致。粘贴顺序一般从阳角开始，使不成整块的面留在阴角，整间或独立部位宜一次完成。室内镶贴按底尺板上口沿线，由下往上逐联粘贴。

⑥拍实、揭纸、调缝：待镶贴一定面积时，用硬木拍板贴在砖面上，按镶贴先后顺序，用木锤敲击拍板，将锦砖拍平、压实，注意上下或左右两张之间的接缝应平整。然后，用刷子蘸水将棉纸分多遍刷湿刷透（一般需20～30min），把纸揭干净。揭纸后如局部不平再用拍板拍平一遍，并拉线拨缝调至匀直为止。整个操作过程应在结合层砂浆未初凝前完成，且每天镶贴高度按当时的气温确定，一般为1.2～1.5m。

⑦擦（勾）缝、清洗：锦砖镶贴1～2d后，用刷子将缝隙中的松砂粒刷出，并且用水壶由上往下冲洗，接着用钢抹子在砖面上薄抹一遍水泥砂浆或白水泥，将其刮入缝内并使之严实（配合比与结合层砂浆相同，颜色按照设计要求掺加一定比例的色粉），将砖面上的多余砂浆（白水泥浆）随即用擦布或棉纱揩抹干净。若有分格缝则用1:1水泥砂浆勾缝，再按设计要求色彩在缝内上色。必要时，待缝隙砂浆干透后，可用布或棉纱头蘸稀盐酸擦洗一遍，再用清水冲洗干净。在勾缝过程中，可采用铁溜子勾压一遍。

⑧养护：完成上述工序后，连续洒水养护3～4d。养护时应注意不得影响后续施工。

(4) 轻钢龙骨石膏板隔墙

1）工艺流程：

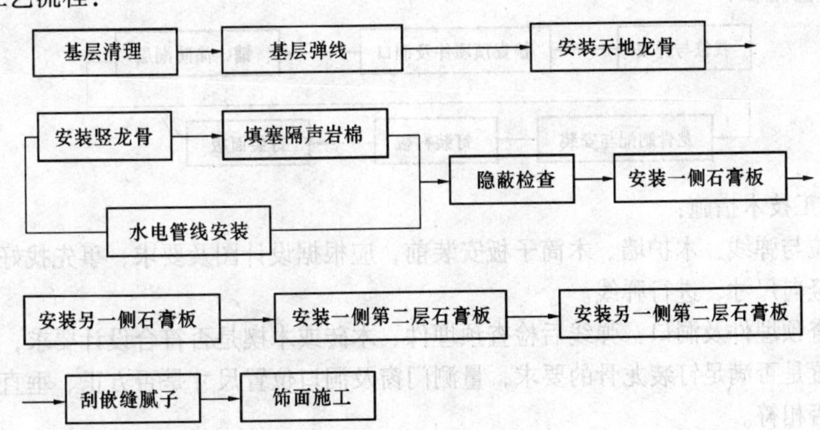

2）施工技术措施：

①放线：在结构楼板上放出隔墙位置线、门洞口线及沿顶龙骨位置线。

②安装天地龙骨：固定沿顶、沿地龙骨，在放出的隔墙位置线处，准确地将龙骨固定在混凝土楼板上，一般用射钉固定，射钉间距500mm。遇有特殊的部位，可采用膨胀螺栓、预埋木砖的方法固定。

③安装竖向龙骨：将竖龙骨的上下两端插入沿顶、沿地龙骨，按要求调整尺寸，尺寸一般根据石膏板的规格进行确定，石膏板一般规格为1200mm×3000mm，竖龙骨分档尺寸为402mm或603mm，使同一平面两块石膏板留有5~8mm伸缩缝。竖龙骨用抽芯铆钉与天地龙骨固定，固定后的竖龙骨要保证定位准确、垂直。对于有耐火等级的墙体，竖龙骨长度比上下之间实际距离短10~30mm，以便形成一个膨胀缝，竖龙骨可以与沿顶龙骨不固定。靠墙（或柱）的竖龙骨，用射钉将其固定，钉距<1000mm。

④封石膏板：安装单层石膏板墙先装一侧石膏板，从墙的一端开始，用$\phi3.5\times25$高强自攻螺钉进行固定，周边螺钉中心距<200mm，中间龙骨上螺钉间距<300mm。当内有电线管，封石膏板前线管应全部配好。封好一面石膏板后，将岩棉等填充料填入，然后封另一侧石膏板。两侧石膏板的接缝应错开一个竖龙骨布置，石膏板可纵向铺设，也可横向铺设，但要使石膏板间接缝落在竖龙骨翼板中央。对于耐火等级的石膏板墙应纵向铺设，且不能将石膏板固定在沿顶、沿地龙骨上。

⑤封多层石膏板：安装双层或三层石膏板墙时，第二层（第三层）石板固定方法与第一层同，但第二层板（第三层板）的接缝不能与第一层板（第二层板）的接缝落在同一龙骨上。内层石膏板中间螺钉间距可为500mm，周边螺钉间距最大可为300mm。防水墙时，石膏板与沿地龙骨均不固定。

⑥石膏板嵌缝：一般采用刮嵌缝腻子，刮腻子前，先将缝内浮土清除干净，用小刮刀将嵌缝腻子均匀饱满地嵌入板缝，并在接缝处刮上宽约60mm、厚约1mm的腻子，随即贴上穿孔纸带。用宽约60mm的腻子刮刀，顺着穿孔纸带方向，将纸带内的石膏腻子挤出穿孔纸带。用宽为150mm的刮刀，将石膏腻子填满楔形部分。用宽为300mm的刮刀，再补一遍石膏腻子，宽约300mm，其厚度不超过石膏板2mm。待腻子完全干燥后，用1号砂纸将嵌缝腻子磨平。

（5）木护墙、木制筒子板工程

1）工艺流程：

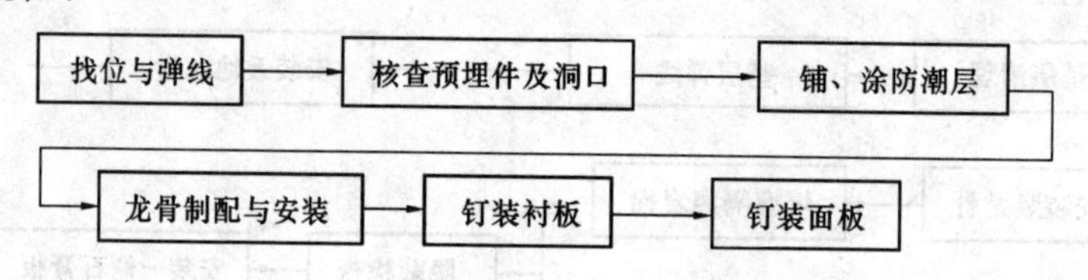

2）施工技术措施：

①找位与弹线：木护墙、木筒子板安装前，应根据设计图及要求，事先找好标高、平面位置、竖向尺寸，进行弹线。

②核查预埋件及洞口：弹线后检查预埋件、木砖或木楔是否符合设计要求，排列间距尺寸、位置是否满足钉装龙骨的要求，量测门窗及洞口位置尺寸是否方正、垂直，且与设计要求是否相符。

③铺、涂防潮层：设计有防潮要求的木护墙、木筒子板上在钉装龙骨时，压铺或涂刷防潮层的施工为满刷防潮层。

④龙骨配制与安装：木筒子板龙骨，根据洞口实际尺寸，按设计规定骨架料断面规格，可将一侧筒子板骨架分三片预制，洞顶一片，两侧各一片。每片一般为两根立杆，当筒子板宽度大于500mm时，横撑间距不大于400mm；面板为500mm时，横撑间距不大于300mm。龙骨架必须与固定件钉装牢固，表面应刨平，安装后必须平、正、直。防腐剂配置与涂刷方法应符合《木结构工程施工及验收规范》的要求。筒子板里侧必须装进门窗口裁口内。

⑤木护墙龙骨：局部木护墙龙骨是根据房间大小和高度，可预制成龙骨架整体或分块安装。全高木护墙龙骨首先量好房间尺寸，根据房间四角和上下龙骨的位置，将四框龙骨找位，钉装平、直；然后，根据龙骨间距要求，钉装横竖龙骨。木护墙龙骨间距，当设计无要求时，一般横龙骨间距为400mm，竖龙骨间距为500mm；如面板厚度在10mm以上时，横龙骨间距可放大到450mm。木龙骨安装必须找方、找直，骨架与木砖间的空隙应垫以木垫，每块木砖至少用2个钉子钉牢，在装钉龙骨时应预留出板面厚度。

⑥衬板安装：在龙骨安装完毕后检查合格，安装12～18mm厚层板做衬板，要求衬板钉装牢固，钉子的固定间距控制在200mm左右，背面刷防火涂料，拼接板之间应预留5mm左右伸缩缝隙，保证温度变化的伸缩量。

⑦安装面板：面板安装前，对龙骨位置、平直度、钉设牢固情况、防潮层等构造要求进行检查，合格后进行安装；面板配好后进行试装，面板尺寸、接缝、接头处构造完全合适，木纹方向、颜色观感尚可的情况下，才能正式进行安装；面板接头处安装时，应涂胶与龙骨钉牢，钉固面板的钉子规格应适宜，钉子长度约为面板厚度的2～2.5倍，钉子间距 一般为100mm，钉帽应砸扁，并用冲子将钉帽顺木纹方向冲入面板1～2mm；钉贴脸：贴脸料应进行挑选，花纹、颜色应与框料、面板近似。贴脸的规格尺寸、厚度应一致，接槎应顺平，无错槎。

(6) 玻璃栏板安装工程

1) 工艺流程：

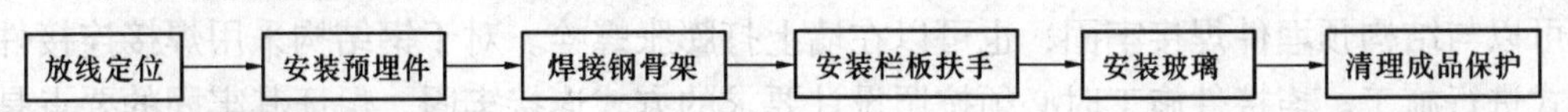

2) 施工技术措施：

①放线定位：在结构施工过程中，按照设计确定的尺寸位置放线，确定预埋件的位置，以便于预埋件的安装。如果没有提前做预埋件时，应在结构面上放线，定位出固定件的位置。

②预埋件安装：预埋件一般为5～8mm的钢板，一面焊接$\phi6$～$\phi8$mm的钢筋弯钩，长度不小于100mm。在混凝土浇灌时放在指定部位中，保证预埋件的位置正确。当没有预埋件时，应采用膨胀螺栓或植筋的办法，应用5～8mm钢板打孔，用8～10mm的膨胀螺栓固定在混凝土内，地面找平或饰面施工将其掩盖。要求保证预埋件的安装位置正确、牢固。

③焊接骨架：用于栏板的骨架一般采用角钢、槽钢、扁钢等材料，如∟127×76×10mm的角钢、[100×80mm的槽钢、6mm厚的钢板。按照设计和构造要求，将各部位的骨架焊接牢固，焊接时开始应固定几个点后进行满焊；否则，钢板等变形将不利于安装玻

璃。焊接完成后应在焊接部位刷上防锈漆，做隐蔽工程检查记录。

④安装扶手：安装扶手主要解决扶手本身的固定和扶手与玻璃上端的固定构造处理。扶手按照材质不同分为不锈钢管、木材等，安装时应采用不同的连接方法。扶手两端固定在锚固点上，锚固点应在不发生变形的、牢固的部位，如墙、柱或金属附加柱等；对于墙柱，可以预先在主体结构上预埋铁件，然后将扶手与铁件焊牢或螺钉连接牢固；当栏板采用金属材料时，在接长处需要焊接，焊口部位打磨修补平后，再进行抛光，保证具有相应的刚度，不可因正常使用而发生变形。为了加强金属管的刚度，在管内加设型钢，并与外表管连接成整体；当采用木质材料时，可以采用扁钢焊接成槽后与骨架和扶手连接，先与结构的钢骨架连接，而后用自攻螺钉与木扶手连接。

⑤安装玻璃：玻璃安装主要解决玻璃固定，玻璃固定可以分为两种形式：一种螺钉连接，另一种做骨架托玻璃。不管采用哪种连接方式，都要保证玻璃的安全性，即固定牢固。玻璃固定多采用角钢焊接成的连接铁件，将玻璃放在铁件做成的槽内，并用橡胶垫固定，避免与角钢相接触。或者采用一侧角钢，另一侧钢板，并在角钢和钢板上打孔，相对位置在玻璃上打孔。安装时角钢与玻璃之间将氯丁橡胶板用螺钉对拉拧紧，就可将玻璃挤紧。凡是玻璃与钢板等接触的地方，均采用氯丁橡胶垫垫起，并用硅酮密封胶封闭。

⑥清理验收：当玻璃安装完成后，将玻璃上的灰尘、胶印等清理干净，并在玻璃上做标示。

(7) 不锈钢饰面

1）工艺流程：

2）施工技术措施：

①放线：安装固定骨架前，首先要将骨架的位置弹到基层上。放线是保证骨架施工的准确位置，放线前必须检查基层的平整度等结构质量。如果结构垂直度与平整度误差较大，会影响骨架的安装质量。因此，在放完线后应对基层进行处理。

②固定骨架的连接件：骨架是通过其横竖杆件和连接件与结构固定，而连接件与结构之间可以与结构预埋件焊接牢固，也可以在墙上打膨胀螺栓。对于钢结构采用焊接连接件的方式进行施工。连接件施工时必须按照设计要求的方式连接牢固，保证其牢固的要点是焊缝的长度、高度、膨胀螺栓的埋入深度、螺栓的安装间距等方面，都应严格把关。对关键部位，如大门入口的上部膨胀螺栓做拉拔试验，应符合设计要求。型钢一类的连接件，其表面应镀锌，焊缝处刷防锈漆。

③固定骨架：骨架应预先进行防腐处理。安装骨架位置要准确，结合要牢固。安装后，检查中心线、表面标高等。骨架安装是根据设计和不锈钢面板的尺寸进行安装的，骨架安装必须与预埋件和结构连接牢固，骨架的间距尺寸必须符合设计要求和施工规范规定。对于多层或高层建筑外墙，为了保证板的安装精度，必须采用经纬仪对横竖杆件进行贯通。变形缝、沉降缝、变截面处等应妥善处理，使其满足使用要求。

④安装不锈钢饰面板：安装面板前对面板必须进行检查，并对安装顺序提前考虑。依据饰面板的固定形式，一种是采用螺钉与骨架相连接。固定的特点是螺钉头不外露，板条的一端用螺钉固定，另一根板条的另一端伸入一部分，恰好将螺钉盖住，一般要求板条的

螺钉固定间距为300mm左右；第二种是采用与特制的龙骨相连接，将板与骨架的卡槽固定；第三种是室内高度不大的，采用在板的上下各留两个孔，然后与骨架上焊牢的钢销钉相配。安装时，只要将板穿到销钉上即可。要求安装面板准确并调整板面的高度，使其在一个面上达到固定的平整度，缝隙宽度一致，要求打胶的缝隙应宽窄一致。固定的螺钉一定要拧紧，不得松动。不锈钢饰面板之间的间隙一般为10~20mm，用橡胶条或密封胶等弹性材料密封处理。

⑤收口处理：不锈钢装饰墙板在加工时，其形状考虑了防水性能；但若遇到材料弯曲、接缝高低不平，则会影响防水功能而失去防水作用。

(8) 乙烯树脂条板墙面

1) 工艺流程：

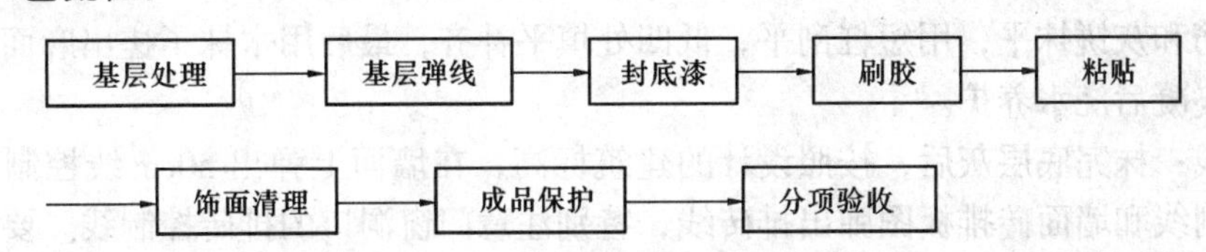

2) 施工技术措施：

①基层处理：基层是决定粘贴质量的重要因素，基层采用腻子将墙面找平。特别注意墙面的阴阳角顺直、方正，不能有掉角，墙面应保证平整不能有凸出麻点，以达到基层坚实牢固，无疏松、起皮、掉粉现象；同时，基层的含水率不能大于8%，表面用砂纸打毛。

②基层弹线：根据乙烯树脂条板的规格在墙面上弹出控制线作为粘贴的依据，并且可以控制粘贴的接槎部位，要求每一面墙都要进行弹线。

③封底漆：粘贴施工前，在墙面基层上刷一遍清油，或者采用专用底漆封刷一道，可以保证墙面基层不干返潮。

④刷胶：乙烯树脂条板背面和墙面都应涂刷胶粘剂，刷胶应薄厚均匀，墙面刷胶宽度应比条板宽50mm，墙面阴角处应增刷1~2遍胶粘剂。一般采用专用胶粘剂。

⑤粘贴：乙烯树脂条板粘贴时，首先要垂直，再用刮板用力抹压平整。原则是先垂直面后水平面，先细部后大面。贴垂直面时先上后下，贴水平面时先高后低。

⑥饰面清理：表面的胶水、斑污要及时擦干净。

(9) 墙面瓷砖工程

1) 工艺流程：

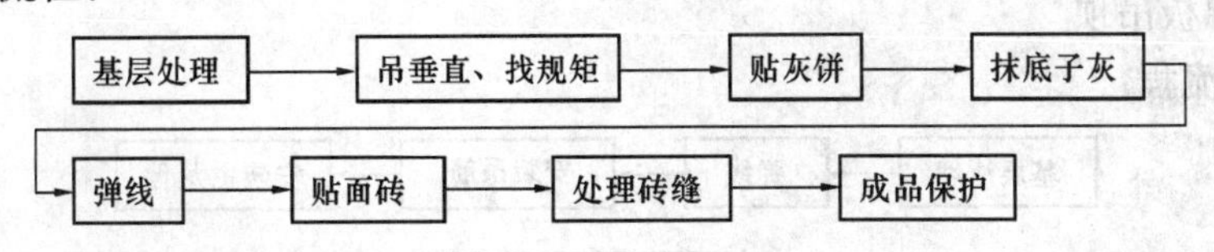

2) 施工技术措施：

①基层处理：混凝土墙面处理：首先将墙面的混凝土剔平，对大钢模施工的墙面应毛化处理，即在墙面上将表面尘土、污垢用10%火碱水将表面的油污刷掉，随之用清水冲干净，再用1:1水泥细砂掺10%立得尔建筑胶，用扫帚将砂浆甩到墙面上，其甩点要均匀，终凝后浇水养护，具有较高的强度，以手掰不掉为止。砖墙面处理：先剔除砖墙面上

多余的灰浆并清扫浮土；然后，用清水湿润墙面，后抹1∶3水泥砂浆底层。釉面砖在粘贴前几小时应充分湿润，阴干后备用，墙面也应充分湿水。

②吊垂直、套方、找规矩：要求对整个房间找方和规矩，弹出墙面的50cm水平控制线，并在门窗洞口按照弹出墙面砖的排砖控制线，并对墙面的垂直度进行检查。不能满足要求时必须修补、调整后施工。

③贴灰饼：墙面粘贴前需要基层打底子灰，按照墙面的垂直度和平整度，用稍干点的砂浆在墙面上按照控制点的位置作出抹灰的控制点和面，要求墙的两端必须做，中间间距1.5m左右。

④抹底层灰：抹底层灰一般分两次操作，先刷一道掺胶的素水泥浆结合层，然后紧跟着抹第一遍1∶2.5或1∶3水泥砂浆，要求薄薄一层并用抹子压实。第二次用同样配合比的砂浆按冲筋和灰饼抹平，用短杠刮平，低凹处填平补齐，最后用木抹子搓出麻面。根据天气情况，终凝后浇水养护。

⑤弹线：抹完底层灰后，按照设计的建筑标高，在墙面上弹出50cm线控制标高，并按照此控制线和墙面砖排板图弹出排砖线，特别注意门窗洞口的排砖控制线。要注意在同一墙面上不得有一排以上的非整砖，并将其镶贴在较隐蔽部位。

⑥墙面贴砖：墙面贴砖前，应将面砖放入清水中浸泡2h以上，然后取出晾干至手按砖背无水迹时方可使用；墙面湿润：砖墙提前一天润湿好，混凝土墙面可以提前3～4d湿润，以避免吸走粘结砂浆的水分。粘结砂浆的配合比可采用1∶2（体积比）水泥砂浆或采用聚合物水泥砂浆粘贴，其结合层可以减薄到2～3mm。室内砖的粘贴接缝宽度按照设计要求；无设计要求时，一般为1～1.5mm，且横竖缝宽一致。施工温度控制在5℃以上，冬期施工要采取保温防冻措施。釉面砖的粘结层厚度：在釉面砖背面满抹灰浆，四角刮成斜面，厚度控制在5mm左右，并注意边角满浆。釉面砖就位后用灰匙木柄轻击砖面，使之与邻面平，粘贴5～10块，用靠尺板检查表面的平整度，并用灰匙将缝拨直，阳角拼缝可以用阳角条，也可以用切割机将釉面砖边沿切成45°斜角，注意不能将釉面损坏或崩边，保证接缝平直、密实。

⑦处理砖缝：贴完墙面砖待达到一定强度后，用竹签或细钢丝将砖缝间的砂浆清理并用棉丝擦干净后，在48h后用白色水泥浆勾缝，可以用干净钢片碾压实，勾成凹缝。勾缝水泥浆硬化后，用棉丝清理干净。注意勾缝一定要仔细，不能出现毛槎和黑边，影响美观。

3.3.19　顶棚工程

（1）矿棉板吊顶

1）工艺流程：

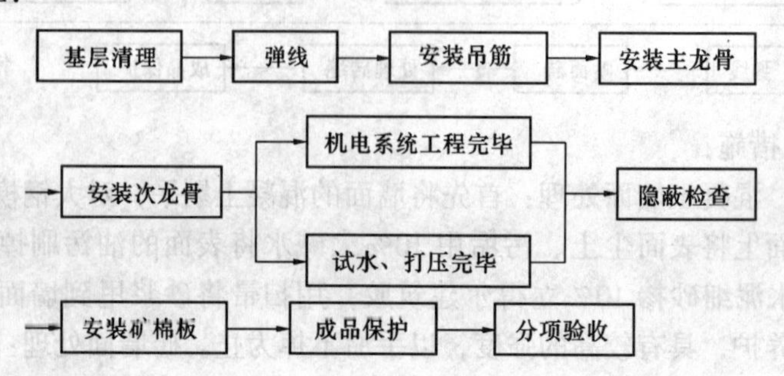

2）施工技术措施：

①弹线：根据事先从标高点引出的标高弹出50cm控制线，并依据弹出的控制线确定各房间吊顶设计标高的标准线。在墙上划出龙骨的分档控制点，一般距离900~1200mm左右。

②安装吊筋：根据施工大样图纸要求确定吊筋的位置，安装吊筋预埋件（角铁）前，刷防锈漆。吊杆采用直径为$\Phi6\sim\Phi10$的钢筋制作并刷防锈漆，吊点间距900~1200mm。安装时上端与预埋件焊接，下端套丝后与吊件连接。安装完毕的吊杆端头外露长度不小于3mm。

③安装主龙骨：采用UC50或U38龙骨，吊顶主龙骨间距<1200mm。安装主龙骨时，应将主龙骨吊挂件连接在主龙骨上，拧紧螺钉，并根据设计要求吊顶起拱。起拱高度约为短跨的1/200，并且安装的主龙骨接长应错开，在接头处增加吊点，随时检查龙骨的平整度。当遇到通风管道较大超过龙骨最大间距要求时，必须采用30mm×3mm以上的角钢做龙骨骨架，并且不能将骨架与通风管道等设备工程接触。

④安装次龙骨：按照面板的不同安装方式和规格，次龙骨分为T形和C形两种，次龙骨间距为600mm，将次龙骨通过挂件吊挂在大龙骨上，再与主龙骨平行方向安装600mm的横撑龙骨，间距为600mm或1200mm。当采用搁置法和企口法安装时，次龙骨为T形，粘贴法或者其他固定法时选用C形。

⑤安装边龙骨：采用L形边龙骨，与墙体用塑料胀管或自攻螺钉固定，固定间距为200mm。安装边龙骨前，墙面应用腻子找平，可以避免将来墙面刮腻子时污染和不易找平。

⑥安装T形龙骨：龙骨安装时，在灯具和风口位置的周边加设T形加强龙骨。

⑦隐蔽检查：在水电安装、试水、打压完毕后，应对龙骨进行隐蔽检查，合格后方可进入下道工序。

⑧安装矿棉板：矿棉板规格、厚度根据设计要求确定，一般为600mm×600mm×15mm。安装时操作工人须戴白手套，以防止污染。

（2）铝合金条板吊顶

1）工艺流程：

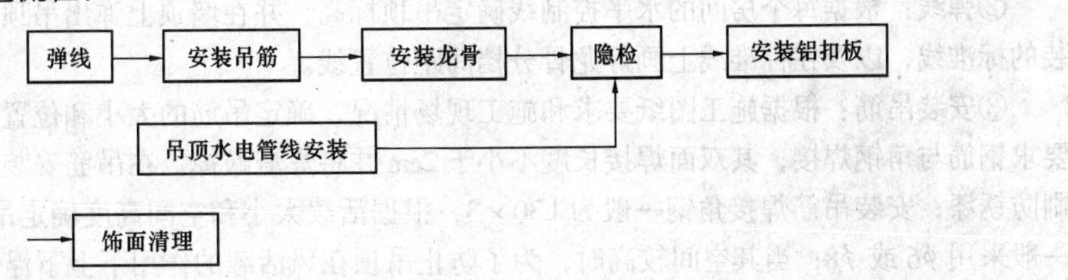

2）施工技术措施：

①弹线：根据楼层标高50cm水平控制线，按照设计标高，沿墙顶四周，弹出顶棚标高水平线，并沿顶棚的标高水平线，在墙上画好龙骨分档位置线。

②安装主龙骨吊杆：在弹好顶棚标高水平线及龙骨位置线后，确定吊杆下端头的标高，安装预先加工好的吊筋，吊筋安装用$\phi8$膨胀螺栓固定在顶棚上。吊筋选用$\phi6$圆钢，吊筋间距控制在1200~1500mm范围内。或者采用简易伸缩吊杆，这种吊杆为两根$\phi6$圆钢，并用弹簧钢片连起来，顶端同样用L30×3角钢与钢筋焊接后，用$\phi8$的膨胀螺栓固定

在结构上。

③安装主龙骨：主龙骨选用 UC38 轻钢龙骨，间距控制在 900 ~ 1200mm 范围内。安装时，采用与主龙骨配套的吊挂件与吊筋连接。

④安装边龙骨：按装配后的顶棚净高要求和标高控制线，在墙四周预埋防腐木楔并用圆钉固定 25mm × 25mm 烤漆龙骨，圆钉间距不大于 300mm，或者采用钢钉固定，其间距不得大于 300mm。要求边龙骨安装前，墙面抹灰、刮腻子找平后进行。

⑤安装次龙骨：根据铝扣板的规格尺寸（300mm × 300mm × 6mm 或 500mm × 500mm × 8mm 等），安装三角次龙骨，三角龙骨通过吊挂件，吊挂在主龙骨上。当次龙骨长度需多根延续接长时，用次龙骨连接件。在吊挂次龙骨的同时，将相对端头相连接，并先拉线控制纵横标高，调直后固定。

⑥安装铝扣板：顶棚铝扣板为 300mm × 300mm × 6mm、500mm × 500mm × 8mm 等。铝扣板安装时，在装配面积的中间位置垂直三角龙骨拉同一条基准线，对齐基准线后向两边安装。安装时严禁野蛮装卸，必须顺着翻边部位顺序轻压，将方板两边完全卡进龙骨后再推紧。或者采用自攻螺钉直接固定在次龙骨上，自攻螺钉间距 200 ~ 300mm。

⑦清理：铝扣板安装完后，需用布把板面全部擦拭干净，不得有污物及手印等。

(3) 石膏板吊顶工程

1）施工工艺流程：

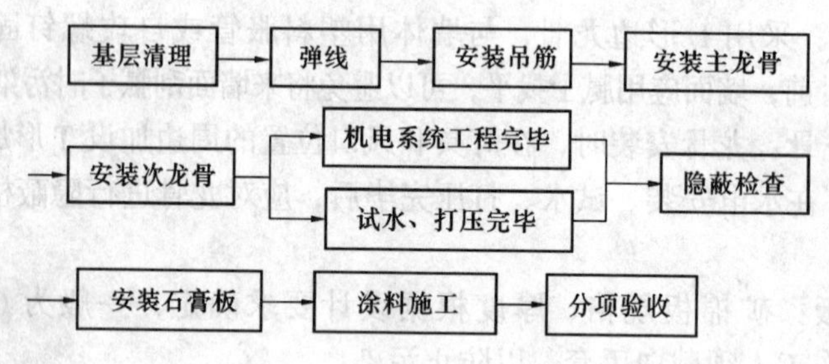

2）施工技术措施：

①基层清理：吊顶弹线施工前，将管道洞口封堵处清理干净，以及顶上的杂物清理干净。

②弹线：根据每个房间的水平控制线确定吊顶标高，并在墙顶上弹出吊顶线，作为安装的标准线，以及在标准线上画好龙骨分档间距位置线。

③安装吊筋：根据施工图纸要求和施工现场情况，确定吊筋的大小和位置，吊筋加工要求钢筋与角钢焊接，其双面焊接长度不小于 2cm 并将焊渣敲掉。在吊筋安装前，必须先刷防锈漆；安装吊筋焊接角钢一般为 L30 × 3，根据活载大小和空间高度确定吊筋的大小，一般采用 $\phi6$ 或 $\phi8$；当其空间较高时，为了防止吊顶在风活载的作用下上下浮动，应采用直径较大的，以保证强度足够。顶棚骨架安装顺序是先高后低，吊筋使用角钢打孔后，用膨胀螺栓固定在结构顶板上，一般所用的膨胀螺栓采用 $\phi6$ ~ $\phi10$。吊点间距 900 ~ 1200mm，安装时上端与预埋件焊接或者用膨胀螺栓固定牢固，下端套丝后与吊件连接。套丝一般要求长度为 5cm，以便于调节吊顶标高和起拱，并且安装完毕的吊杆端头外露长度不小于 3mm。

④安装主龙骨：采用 UC38 龙骨，吊顶主龙骨间距 $<$ 1200mm。安装主龙骨时，应将主龙骨吊挂件连接在主龙骨上，拧紧螺栓，要求主龙骨端部或接长都要增设吊点，接头和吊

杆方向也要错开。根据规范要求吊顶起拱，起拱高度视房间大小而定，一般为1/200左右。随时拉线检查龙骨的平整度，不得有悬挑过长的龙骨。

⑤安装次龙骨：次龙骨采用其相应的吊挂件固定在主龙骨上，次龙骨分为C形龙骨或配套的T形次龙骨，间距为500~600mm（按照面板的规格确定），吊挂件的间距为500~600mm，将次龙骨通过挂件吊挂在大龙骨上。注意在吊灯、窗帘盒、通风口周围必须加设次龙骨。

⑥安装边龙骨：采用L形边龙骨，与墙体用塑料胀管自攻螺钉固定，固定间距为300mm。特别注意在安装次龙骨和边龙骨前，必须将墙面的腻子找平。

⑦安装石膏罩面板：罩面板安装方法通常分为自攻螺钉固定法、胶结粘固法、托卡固定法。

3.3.20　门窗工程

(1) 工艺流程：

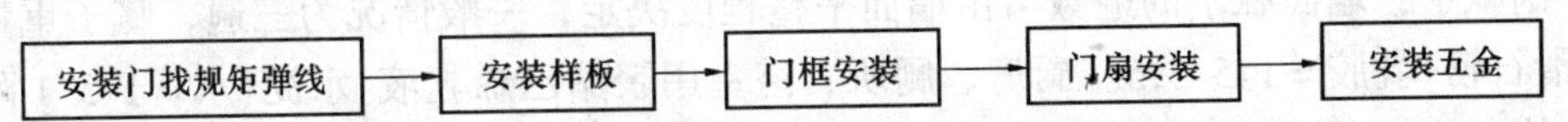

(2) 施工技术措施：

①找规矩弹线：结构工程经过核验合格后，即可用线坠吊垂直，检查门口位置的准确度，并在墙上弹出墨线，门洞口结构凸出框线的需进行处理。根据室内+50cm水平线核对检查，使其门框安装在同一标高上。

②掩扇及安装样板：把窗扇根据图纸要求安装到窗框上，此道工序称为掩扇。此质量按验评标准检查缝隙大小、五金位置、尺寸及牢固等，符合要求后作样板，并以此作为验收的标准。

③安装门框：按照墙上的安装位置控制线和标高控制线，并在门框上用彩色笔刻画，将门框立上对准控制线，用线坠吊垂直，并用木楔做临时固定，调整门框的垂直度和离墙边距离统一尺寸，确定安装位置、开启方向、安装标高、框埋入地面的深度后固定门框。门框固定依据结构和预埋件的情况分为两种：一种是将连接片与木门框用自攻螺钉连接后，与混凝土墙面用射钉连接或焊接；二是钢门框用铁连接件焊接后，与墙面预埋件焊接。注意，焊接后必须将焊渣清理干净后刷防锈漆，然后再抹灰收口，钢制防火门的框必须按照设计要求填充细石混凝土或水泥膨胀珍珠岩。如果框与墙面的空隙较大时可以后填；如果没有较大的空隙并难于操作时，应先填充后再安装。水泥膨胀珍珠岩的体积比为1:2:5，加水拌合以手握成团不散、挤不出浆为宜。安装门框详见节点大样。安装的固定点按照设计或施工专用图集上的规定确定，一般要求每边不得少于两个点，较高大的门为3~4点。完成上述工作后抹灰收口，抹灰前先用1:2水泥砂浆塞口，待其凝固后进行其他施工作业。

④安装门扇和五金件：塞口完成进行墙面粉刷施工，安装的五金包括门锁、闭门器、顺位器等，门扇安装后应达到门扇启闭灵活、无阻滞和回弹现象；门锁安装要正确可靠，五金件按照设计要求安装。

3.3.21　油漆工程

(1) 墙面涂料工程

1) 施工工艺：

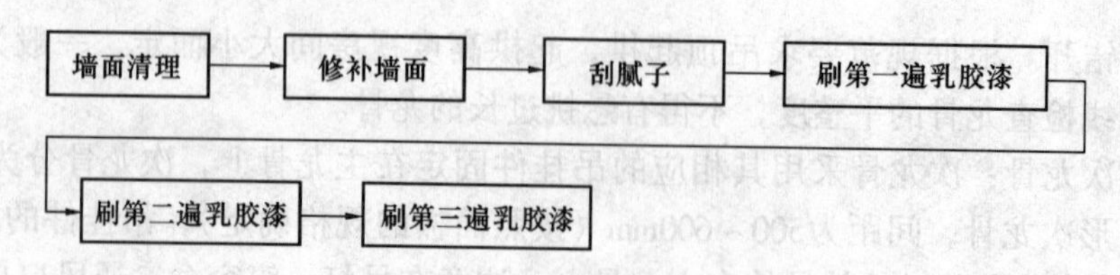

2）施工技术措施：

①清理墙面：施工前将墙面起皮及松动处清除干净，并用水泥砂浆补抹。将残留灰渣铲干净，然后将墙面扫净。对于老墙面按墙面抹灰的材料进行处理：混合抹灰墙面比较疏松，可以全部铲除后挂网抹灰，或者满贴的确良布后处理；墙面为水泥砂浆墙面，应将空鼓墙面局部切除后抹灰修补，并注意养护，新旧砂浆交接处应贴布处理。

②修补墙面：用水石膏将墙面磕碰处及坑洼缝隙等找平，干燥后用砂纸将凸出处磨掉，将浮尘扫净。

③刮腻子：墙面腻子的遍数可由墙面平整程度决定，一般情况为三遍，腻子重量比为乳液:滑石粉:乳胶=1:5:3.5。厨房、厕所、浴室用聚醋乙烯乳液:水泥:水=1:5:1耐水性腻子。第一遍用胶皮刮板横向满刮，一刮板紧接着一刮板，接头不得留槎，每刮一板最后收头要干净利落。干燥后磨砂纸，将浮腻子及斑迹磨光，再将墙面清扫干净。第二遍用胶皮刮板竖向满刮，所用材料及方法同第一遍腻子，干燥后用砂纸磨平并清扫干净。第三遍用胶皮刮板找补腻子或用钢片刮板满刮腻子，将墙面刮平刮光，干燥后用细砂纸磨光，不得遗漏或将腻子磨穿。

④刷第一遍乳胶漆：涂刷顺序是先刷顶板后刷墙面，墙面是先上后下。先将墙面清扫干净，用布将墙面粉尘擦掉。乳胶漆用排笔涂刷，使用新排笔时，将排笔上的浮毛和不牢的毛理掉。乳胶漆使用前应充分搅拌均匀，适当加水稀释，防止头遍漆刷不开。干燥后复补腻子，再干燥后用砂纸磨光，清扫干净。

⑤刷第二遍乳胶漆：操作要求同第一遍，使用前充分搅拌；如不很稠，不宜加水，以防止透底。漆膜干燥后，用细砂纸将墙面小疙瘩打磨掉，磨光滑后清扫干净。

⑥刷第三遍乳胶漆：做法同第二遍乳胶漆。由于乳胶漆膜干燥较快，应连续迅速操作，涂刷时从一头开始，逐渐刷向另一头，要上下顺刷互相衔接，后一排笔紧接前一排笔，避免出现干燥后接头。

(2）油漆工程

1）工艺流程：

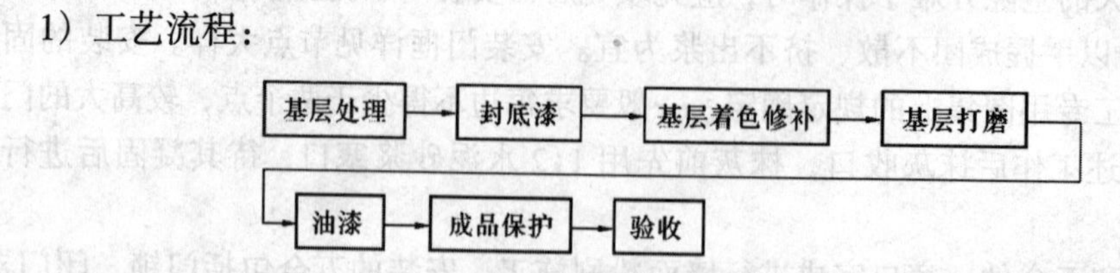

2）施工技术措施：

①基层处理：施工前应对材料表面的尘土、油污等清理干净。采用汽油或稀料将油污等擦洗干净；尘土、油污去除后磨砂纸，大面可用砂纸包5cm见方的短木垫打磨。对于木材加工厂加工生产的，同样也要将表面清理干净。

②封底漆：用于面层施工的各种面层装饰木板、夹板、实木等进场或在加工厂出厂

时，必须封一道底漆，底漆的选用是依据与面漆的材质情况而定。一般情况下采取刷一遍清油，要求底漆涂刷均匀，不能漏刷。主要是保证木材不会因含水率等变化而使木材出现变形、裂缝等。

③基层着色、修补：饰面基层着色是依据设计或样板规定的油漆颜色确定，并采用大白粉、红土子、黑漆、地板黄、清油、光油等配制而成。油粉调得不可太稀，以调成粥状为宜。用断成 30~40cm 左右长的麻头来回揉擦，包括边、角等都要擦净；满刮色腻子：采用调配好的腻子用刮板收净，不应漏刮。对于钉眼采用带色腻子找补，注意将其修补成与木材相接近为宜。

④打磨：饰面基层上色和刮完腻子找平后采用水砂纸或 1 号砂纸进行打磨平整，磨后用布清理干净。再用同样的色腻子满刮第二遍，要求和刮头一遍腻子相同。刮后用同样的色腻子将钉眼和缺棱掉角处补刮腻子，要求刮得饱满平整。干后磨砂纸，打磨平整。做到木纹清晰，不得磨破棱角，磨光后清扫，并用湿布擦净、晾干。

⑤油漆：油漆可根据厂家提供的性能采用刷或者喷，刷（喷）第一遍油漆时要横平竖直，厚薄均匀，不流不坠，刷（喷）纹通顺，不许漏刷。干后用水砂纸打磨，并用湿布擦净、晾干。以后每道漆间隔时间，一般夏季约 6h，春、秋约 12h，有条件的时间可以长一点。

⑥点漆片修色：漆片用酒精溶解后加入适量的石性颜料配制而成。对已刷过头道漆的腻子疤、钉眼等处进行修色，漆片加颜料要根据颜色深浅灵活掌握，修好的颜色与原来颜色要求基本一致。刷（喷）第二道油漆先检查点漆片修色符合要求，便可刷第二道油漆，待油漆干透后用水砂纸打磨，用湿布擦干净，再详细检查一次；如有漏腻子和不平处，需要补色腻子，干后局部磨平并用湿布擦净。接着按照此方法刷（喷）油漆，再用水砂纸磨光、磨平，磨后擦净，这样重复数遍。要做到漆膜厚薄均匀，不流不坠，不得漏刷（喷），棱角、阴角等要打磨到位，达到与大面一致。最后按照要求，刷一遍罩面漆。

(3) 环氧树脂涂料

1）工艺流程：

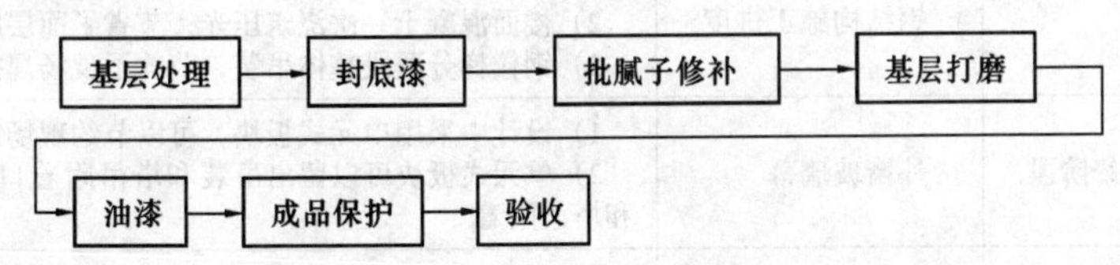

2）施工技术措施：

①基层处理：基层充分干燥、清理干净。

②封底漆：在清洁干燥的基层上先做一遍底漆。

③批腻子修补：做完底漆的次日，批嵌腻子。

④基层打磨：腻子干后，用粗砂纸磨平，并扫去浮灰。

⑤涂料施工：批腻子 24h 后做中层漆，刷两遍，每遍干燥时间 24h，第一遍干后再刷第二遍。中层漆用量 0.27~0.31kg/m^2。刷完中层漆，隔 24h 做面层，用量 0.17~0.20kg/m^2。罩面清漆涂完后静置，固化 7d 可交付使用。

4 施工管理措施

4.1　工期保证措施

工期保证措施见表4-1。

工 期 保 证 措 施　　　　**表 4-1**

分类	工程阶段	关键线路及控制点	工 期 保 证 措 施
施工工艺及组织	地连墙、锚杆、降水及土方施工	地连墙施工进度	1）使用大型、先进的施工机械保证施工进度。 2）钢筋接头采用机械连接代替焊接。 3）分3个施工段同时施工
		出土速度	1）施工前办理建外大街车辆手续，保证运土车辆能在白天和晚上通行。 2）大型挖土机在数量上保证出土量。 3）土方运输车辆容量为10m³，提供一次性运土能力。 4）现场道路布设专人在主要路口进行指挥疏导，保证道路畅通。 5）分3个施工段同时施工。 6）现场形成环形道路进行，方便车辆通行
		锚杆施工进度	1）先挖出锚杆施工的操作面，保证锚杆可以提前施工。 2）分3个施工段同时施工。 3）使用进口锚杆机，提高施工效率
		坡道收土进度	1）分层挖土。 2）坑外使用大型的吊车运土
	结构施工	地下室结构施工	1）地下室外墙模板使用先进单侧模板，坡道结构施工使用可调节弧形模板，大大节约了人工。 2）地下室分6段施工
		主楼结构施工	1）主楼核心筒采用国外先进爬模体系施工，在核心筒施工完成的外墙上支撑和顶升，有效的解决了模板垂直度、工人操作平台等问题，并提高了施工速度。 2）泵送混凝土，提供混凝土浇筑速度。 3）钢筋以直螺纹连接，提高工作效率
		钢结构施工进度	1）主楼钢结构采用2柱1层，减少了吊次。 2）楼面混凝土一次浇筑压光，节省了面层施工。 3）钢楼梯分两段整体吊装，节约了现场焊接量
	机电、装修阶段	外墙玻璃幕	1）设计中采用单元式板块，可以节约现场制作。 2）单元式板块可以留出吊装和塔吊附着口，便于机电吊装和塔吊附着
工程管理	施工准备阶段	计划管理	根据总进度计划编制承包商定标计划、材料、大型设备确认、订货、运输计划等相关计划，保证各项控制在计划内，不影响施工进度
		技术、物资、劳动力、现场准备、周边协调	1）进场前完成技术、物资、劳动力和现场的准备，尽快使工程进入正轨。 2）同时协调好周边与居民、政府机关等关系，办理相关手续，保证施工畅通无阻
	施工阶段	现场协调	1）根据施工进度和工程需要，成立协调部，组织一批富有施工和协调经验的工程师专职协调各专业分包商。 2）每周工程例会、监理例会以及各承包商内部协调例会，及时调整工程进度，解决质量问题

续表

分类	工程阶段	关键线路及控制点	工 期 保 证 措 施
工程管理	施工阶段	计划管理	1）依据总进度计划编制施工分部分项工程进度计划。 2）如工程进度滞后计划时，应及时制定追赶计划，同时调整人、机、料配置
		制度管理	交接制度、成品保护制度、既保护了各承包商的利益又减少了工程返工
		其他	项目采用计算机联网管理，使各部门及时了解工程进展以及处理工程问题，提高工作效率

4.2 施工质量管理措施

4.2.1 质量保证体系

(1) 项目组织体系与岗位职责

公司将委派具有类似工程施工经验的优秀项目管理人员组建本工程项目经理部，在总部的服务和控制下，充分发挥企业的整体优势和专业化施工保障，按照企业成熟的项目管理模式，严格按照 GB/T 19002—ISO 9002 模式标准建立的质量保证体系来运作，以专业管理和计算机管理相结合的科学化管理体制，全面推行科学化、标准化、程序化、制度化管理，以一流的管理、一流的技术、一流的施工和一流的服务以及严谨的工作作风，精心组织、精心施工，履行对业主的承诺，实现上述质量目标。

根据项目组织体系图，建立项目岗位责任制和质量监督制度，明确分工职责，落实施工质量控制责任，各岗位各负其责，定期对项目各级管理人员进行考核，并与奖金直接挂钩，奖励先进、督促后进。

(2) 建立完善的项目质量保证体系

建立由公司宏观控制，项目经理领导，总工程师策划、组织实施，现场经理和安装经理中间控制，专业责任工程师检查和监控的管理系统，形成从项目经理部到各分承包方、各专业化公司和作业班组的质量管理网络。质量保证体系框架图如图 4-1 所示。

(3) 总部质量保证部对项目的服务控制

我公司的质量保证能力由技术保证能力、项目管理能力、服务能力等构成，因此，我公司的质量保证部确立了以培训、服务拉动项目质量管理的策略，有计划、有系统、有针对性地开展服务工作，以求实创新的思想，全力围绕总部服务控制的职能和 ISO 9002 程序文件要求，为本工程施工提供全方位、高品质的服务。

在本项目开工之初，质量保证部将对项目有关管理人员进行创优及 ISO 9002 质量管理体系和 ISO 14001 环境管理体系运行的培训，对技术资料的管理、项目创优计划、质量检验计划、质量计划、环境管理计划的制订和实施进行指导。在项目施工过程中，及时跟踪本项目的质量情况，对项目质量进行考核；同时，促进本项目同公司其他创优项目的交流，必要时将对本工程进行现场协助和指导，确保本工程质量目标的实现。

(4) 专业施工保证

我公司拥有门类齐全的专业化公司作为项目管理的支撑和保障，为工程实现质量目标

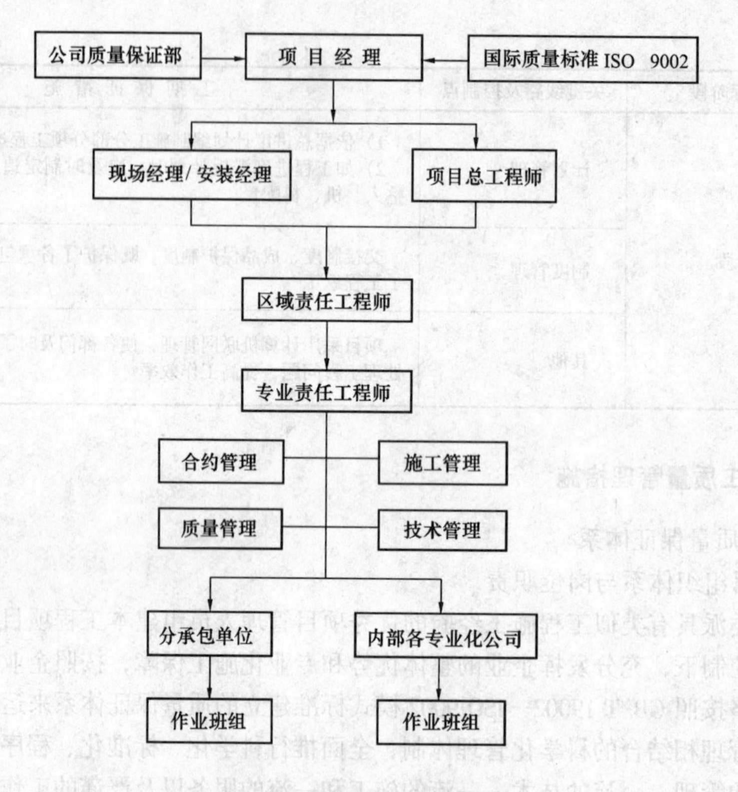

图 4-1 项目质量管理框图

提供了专业化技术手段。主要包括：装饰公司、安装工程公司、物资公司、混凝土公司、模板架料租赁公司、超净化工程公司、大型机械租赁公司、防水公司、建筑制品厂、中心试验室、工程测量分公司等数家专业公司。

(5) 劳务素质保证

本工程拟选择具有一定资质、信誉好和我公司长期合作的施工队伍参与本工程的施工；同时，我公司有一套对施工队伍完整的管理、培训和考核制度，从根本上保证项目所需劳动者的素质，从而为工程质量目标奠定了坚实的基础。

4.2.2 进行质量意识的教育

增强全体员工的质量意识是创精品工程的首要措施。工程开工前，将针对工程特点，由项目总工程师负责组织有关部门及人员编写本项目的质量意识教育计划。计划内容包括公司质量方针、项目质量目标、项目创优计划、项目质量计划、技术法规、规程、工艺、工法和质量验评标准等。通过教育提高各类管理人员与施工人员的质量意识，并贯穿到实际工作中去，以确保项目创优计划的顺利实现。项目各级管理人员的质量意识教育由项目经理部总工程师及现场经理负责组织教育；参与施工的各分包方各级管理人员由项目质量总监负责组织进行教育；施工操作人员由各分包方组织教育，现场责任工程师及专业监理工程师要对分包方进行教育的情况予以监督与检查。

4.2.3 加强对分包的培训

分包是直接的操作者，只有他们的管理水平和技术实力提高了，工程质量才能达到既定的目标。因此，要着重对分包队伍进行技术培训和质量教育，帮助分包提高管理水平。

项目对分包班组长及主要施工人员，按不同专业进行技术、工艺、质量综合培训，未经培训或培训不合格的分包队伍不允许进场施工。项目将责成分包建立责任制，将项目的质量保证体系贯彻落实到各自施工质量管理中，并督促其对各项工作落实。

4.2.4 对材料供应商的选择和物资的进场管理

结构施工阶段，模板加工与制作、混凝土原材料供应商的确定、钢筋原材及加工成品的采用；装修阶段、机电安装阶段，材料和设备供应商等，均要采取全方位、多角度的选择方式，以产品质量优良、材料价格合理、施工成品质量优良为材料选型、定位的标准；同时，要建立合格材料分供方的档案库，并对其进行考核评价，从中定出信誉最好的材料分供方。材料、半成品及成品进场要按规范、图纸和施工要求严格检验，不合格的立即退货。材料进场后，对材料的堆放要按照材料性能、厂家要求进行，对于易燃、易爆材料要单独存放。

4.2.5 严格执行施工管理制度

(1) 实行样板先行制度

分项工程开工前，由项目经理部的责任工程师，根据专项施工方案、技术交底及现行的国家规范、标准，组织分包单位进行样板分项施工，确认符合设计与规范要求后，方可进行施工。

(2) 执行检查验收制度

1) 自检：在每一项分项工程施工完后，均需由施工班组对所施工产品进行自检；如符合质量验收标准要求，由班组长填写自检记录表。

2) 互检：经自检合格的分项工程，在项目经理部专业监理工程师的组织下，由分包方工长及质量员组织上下工序的施工班组进行互检，对互检中发现的问题，上下工序班组应认真、及时地予以解决。

3) 交接检：上下工序班组通过互检认为符合分项工程质量验收标准要求，双方填写交接检记录，经分包方工长签字认可后，方可进行下道工序施工，项目专业监理工程师要亲自参与监督。

(3) 质量例会制度、质量会诊制度、质量讲评制度

1) 每周生产例会质量讲评。

项目经理部将每周召开生产例会，现场经理把质量讲评放在例会的重要议事日程上，除布置生产任务外，还要对上周工地质量动态做一全面的总结，指出施工中存在的质量问题以及解决这些问题的措施，并形成会议记要，以便在召开下周例会时逐项检查执行情况。对执行好的分包单位进行口头表彰，对执行不力者要提出警告，并限期整改。对工程质量表现差的分包单位，项目可考虑解除合同并勒令其退场。

2) 每周质量例会。

由项目经理部质量总监主持，参与项目施工的所有分承包行政领导及技术负责人参加。首先，由参与项目施工的分承包方汇报上周施工项目的质量情况，质量体系运行情况，质量上存在问题及解决问题的办法，以及需要项目经理部协助配合事宜。

项目质量总监要认真地听取他们的汇报，分析上周质量活动中存在的不足或问题，与与会者共同商讨解决质量问题所应采取的措施，会后予以贯彻执行。每次会议都要做好例会纪要，分发与会者，作为下周例会检查执行情况的依据。

3）每月质量检查讲评。

每月底由项目质量总监组织分承包方行政及技术负责人对在施工程进行实体质量检查；然后，由分承包方写出本月度在施工程质量总结报告，交项目质量总监，再由质量总监汇总，以“月度质量管理情况简报”的形式发至项目经理部有关领导、各部门和各分承包方。简报中对质量好的承包方要予以表扬，需整改的部位应明确限期整改日期，并在下周质量例会上逐项检查是否彻底整改。

（4）挂牌制度

1）技术交底挂牌。

在工序开始前针对施工中的重点和难点现场挂牌，将施工操作的具体要求，如：钢筋规格、设计要求、规范要求等写在牌子上，既有利于管理人员对工人进行现场交底，又便于工人自觉阅读技术交底，达到理论与实践的统一。

2）施工部位挂牌。

执行施工部位挂牌制度。在现场施工部位挂“施工部位牌”，牌中注明施工部位、工序名称、施工要求、检查标准、检查责任人、操作责任人、处罚条例等，保证出现问题可以追查到底，并且执行奖罚条例，从而提高相关责任人的责任心和业务水平，达到练队伍、造人才的目的。

3）操作管理制度挂牌。

注明操作流程、工序要求及标准、责任人，管理制度标明相关的要求和注意事项等。如：同条件混凝土试块的养护制度就必须注明，其养护条件必须同代表部位混凝土的养护条件。

4）半成品、成品挂牌制度。

对施工现场使用的钢筋原材、半成品、水泥、砂石料等进行挂牌标识，标识须注明使用部位、规格、产地、进场时间等，必要时必须注明存放要求。

4.3 现场安全管理

4.3.1 安全目标

（1）安全管理方针：安全第一、预防为主。

（2）安全生产目标：确保无重大工伤事故，杜绝死亡事故，轻伤频率控制在6‰以内。

4.3.2 安全组织保证体系

针对北京LG工程的规模与特点，建立以项目经理为首，由现场经理、安全总监、专业责任工程师、各分包单位、指定分包商等各方面的管理人员组成的安全保证体系，确保工程安全施工的顺利实施。安全保证体系如图4-2所示。

4.3.3 安全教育程序

安全教育程序如图4-3所示。

4.3.4 组织安全活动

定期安全活动如图4-4所示。

4.3.5 安全检查

安全检查活动见表4-2。

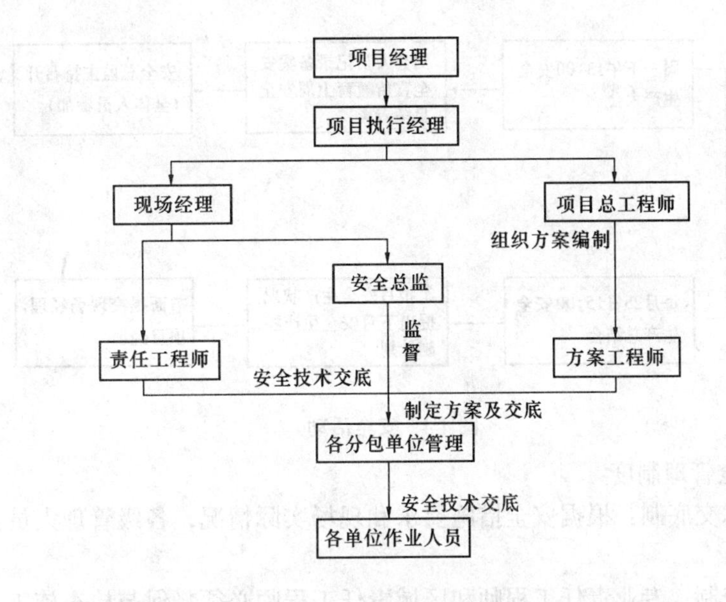

图 4-2 安全保证体系框图

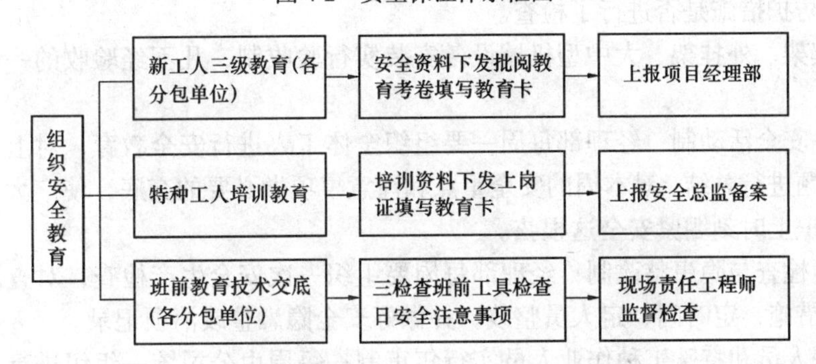

图 4-3 安全教育程序

安 全 检 查 表 **表 4-2**

检查内容	检查形式	参加人员	考 核	备 注
分包安全管理	定期	安全总监	月考核记录	检查分包单位自检记录
外挂架 外爬架	定期	安全总监会同责任工程师分包单位	周考核记录	
“三宝”、“四口”防护	定期	安全总监会同分包单位	周考核记录	
施工用电	定期	安全总监会同分包单位	周考核记录	分包单位自检
垂直运输机械	定期	安全总监会同分包单位	周考核记录	租赁公司自检
塔吊	定期	安全总监会同分包单位	周考核记录	租赁公司自检
作业人员的行为和施工作业层	日检	责任工程师会同分包单位	日检记录	现场指令，限期整改
施工机具	日检	分包单位自检	日检记录	责任工程师检查分包自检记录

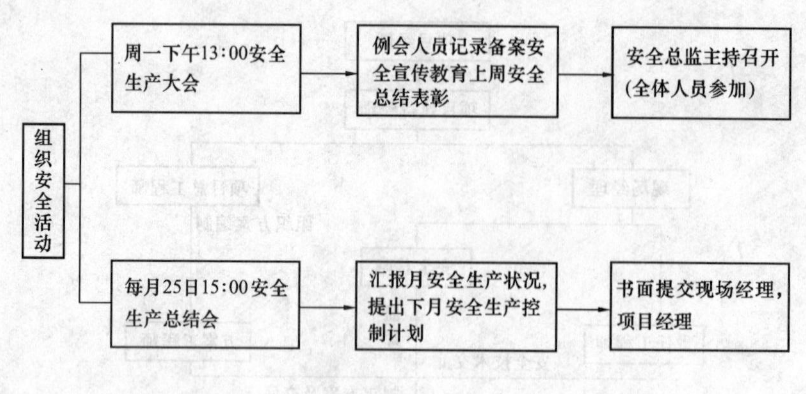

图4-4　安全活动

4.3.6　安全管理制度

1）安全技术交底制：根据安全措施要求和现场实际情况，各级管理人员需亲自逐级进行书面交底。

2）班前检查制：专业责任工程师和区域责任工程师必须督促与检查施工方，专业分包方对安全防护措施是否进行了检查。

3）外爬架、外挂架、大中型机械设备安装实行验收制，凡不经验收的一律不得投入使用。

4）周一安全活动制：经理部每周一要组织全体工人进行安全教育，对上一周安全方面存在的问题进行总结，对本周的安全重点和注意事项做必要的交底，使广大工人能心中有数，从意识上时刻绷紧安全这根弦。

5）定期检查与隐患整改制：经理部每周要组织一次安全生产检查，对查出的安全隐患必须制定措施，定时间、定人员整改，并做好安全隐患整改消项记录。

6）管理人员和特殊工种作业人员实行年审制：每周由公司统一组织进行，加强施工管理人员的安全考核，增强安全意识，避免违章指挥。

7）实行安全生产奖罚制度与事故报告制。

8）危急情况停工制：一旦出现危及职工生命安全险情，要立即停工；同时，立即报告公司，及时采取措施排除险情。

9）持证上岗制：特殊工种必须持有上岗操作证，严禁无证上岗。

4.4　工程成品保护管理

4.4.1　成品保护制度总述

制定成品保护措施的目的，是为了最大限度地消除和避免成品在施工过程中的污染和损坏，以保证业主的利益不受损失，达到降低成本及减少专业之间破坏造成的返工，保障工期目标和质量目标的实现。

根据以往工程的经验，总承包商将对现场成品保护负责；同时，制定完善的成品保护和工序交接制度，来达到成品保护的目的。各专业分包商和指定分包商就成品保护责任向总承包商负责，总承包商统一向业主负责。工程开工后，总承包商制定专项成品保护管理办法报监理审批，各专业分包商（含指定分包商）均需按照执行。

成品保护制度遵循的总的原则是：各分包商须负责各自的施工成品和半成品保护，下一道工序的施工须保护上一道工序的成品，区域成品交接制度。

4.4.2 现场成品保护制度

（1）土方开挖和地下连续墙、结构施工阶段，场内施工单位较少，施工交叉情况简单。在这个阶段，成品保护组织采取分包商各自负责自身成品保护工作，对总包商负责的方法。总承包商根据各工序的具体情况，要求分包商采取具体的成品保护措施。

（2）机电和装修阶段施工交叉情况日益复杂，在遵循“各分包商须负责各自的施工成品和半成品保护”的原则下，总承包商将组织区域成品交接制度来保证成品不受损坏。主要体现为：根据不同阶段施工主要内容的不同，总承包商将安排主要施工内容的分包商负责施工区域内的所有成品保护。一道工序完成后，总承包商组织分包商确认房间现状后，将房间交于下一道工序之分包商，同时区域成品保护责任相应转移。

（3）总承包商根据现场条件、专业系统、施工组织设计、工期进度制定成品保护方案，明确各分包对成品的交接和保护责任，确定主要分包单位的成品保护责任，总承包监督、协调分包单位的成品保护工作。

（4）分包单位根据系统或专业施工进展情况，根据总包方的要求，制定相应的成品保护方案，并上报总承包单位审核备案。

（5）现场材料的保护工作，由总承包单位的安全保卫部协助分包进行管理，分包接管或采购的成品、半成品应在施工区内的指定区域堆放，负责保管、使用，并且承担自身成品的保护责任。

（6）区域内负责主要施工内容的分包商由总承包商指定负责施工区域的成品保护责任，其他施工单位进入施工需向总承包商申请施工许可证，填写施工许可单。在区域施工负责分包商处，办理手续后方可进入。

（7）如果分包单位不能按照总包单位的要求对于自身施工成品、半成品采取必要的保护措施，则分包商成品、半成品的损坏分包商自身承担责任。在总包商认为有必要时，在通知分包商采取成品保护措施但仍未有彻底改进的情况下，总包商将代其采取成品保护措施。相应措施费用总包商将按实际发生的两倍，要求分包商以现金支票的方式支付，或直接从业主应支付分包商的月进度工程款中扣除（指定分包商）。

（8）如果分包单位所负责成品保护的区域发生成品损坏，而分包商不能说明确切原因的情况下，成品损坏责任由负责该区域保护的分包商负责。如为自身施工成品，则分包商应该在总包指定时间内修复并且保证质量。如果为其他单位施工成品，则总包单位将会安排其他单位进行施工，费用由该分包商负责，总包商将会直接从分包商月进度工程款中扣除。由于此类未能尽到成品保护责任而导致的直接或间接工期、成本等一切费用损失，均由该分包商负责。

（9）如果分包单位在施工时有意或无意损坏成品，或者由于分包商的过失直接或间接导致成品的损坏，此类成品损坏责任，由此分包商负责。如为自身施工成品，则分包商应该在总包指定时间内修复并且保证质量。如果为其他单位施工成品，则总包单位将会安排其他单位进行施工，费用由该分包商负责，总包商将会直接从月进度工程款中扣除。由于此类未能尽到成品保护责任而导致的直接或间接工期、成本等一切费用，均由该分包商负责。

（10）如果分包单位管理人员或工人在现场发生盗窃、损坏他人成品行为，总包方除追究由此引起的直接或间接损坏责任，由分包方负责外，还将向当地公安部门报案，采取进一步的法律手段。

4.5 工程消防保卫管理

4.5.1 总则

根据合同要求，总承包商应负责现场消防保卫工作，包括：配备专职人员提供工地24h保卫，制定并实施严格的现场出入制度，印制出入证供现场人员使用。

公司总部为项目的消防保卫管理的组织提供人员保证和组织保证，公司为每一个项目派驻专职消防保卫管理人员和培训合格的保安人员为工程提供服务。

4.5.2 消防保卫制度

为了加强项目消防保卫工作，保障施工生产、保护国家和人民的生命财产安全，免受火灾危害，杜绝和防止重大安全事件和一般刑事案件的发生，在工程开工后总承包商将制定现场消防保卫制度，报监理工程师审批。

(1) 施工现场认真贯彻北京市人民政府1989年20号令《施工现场消防安全管理办法》和《北京市建设工程施工现场保卫基本标准》以及有关消防保卫有关规章制度。

(2) 施工现场杜绝和防止重大案件和一般刑事案件，杜绝重大火灾事故和防止火情隐患，杜绝政治案件。

(3) 施工人员必须遵纪守法、服从管理、听从指挥、文明施工。

(4) 施工现场严禁吸烟、偷盗、破坏、打架斗殴、酗酒闹事等扰乱现场治安秩序事件。

(5) 新工人入场，必须进行三级教育，加强各种证件的办理，生活区严禁赌博、酗酒，非经批准不准私自留他人住宿，严禁私拉电线，严禁用火炉、煤油炉等做饭。

(6) 施工现场设防火措施牌子。设消防栓8个，道路和疏散的通道要畅通，按负责人定人挂牌管理。

(7) 坚持用火审批制度，对易燃、易爆、易毒品一定要隔离。操作者在操作之前，必须检查工作场所，设专人监护，备齐灭火器材方可操作。

(8) 施工人员必须遵守门卫制度，出入的人或车辆携带或运送物品材料，必须持有出入证和出门证，物证相符方可出入。

(9) 实行领导干部消防保卫值日制，专职保卫人员、警卫、巡逻人员昼夜值班，做好"四防"工作。

(10) 白天由专职人员和主管领导负责保卫、消防工作，夜间由值班领导、警卫班长负责保卫、消防工作。

4.6 环保措施及文明施工

4.6.1 文明施工管理措施

(1) 基坑支护及土方工程文明施工措施

1) 施工所需的材料、机械（如膨润土、砂石料、钢筋笼及钢筋加工厂、抓槽机、吊车）必须按审批方案中的施工平面布置图进行堆放。现场堆料要分种类、规格堆放整齐，不准占用公共循环道及妨碍交通。

2）连续墙抓槽抓出的泥渣必须晾晒一段时间后方可外运，防止泥浆遗洒在公交道路上。具体方法可采取在所抓槽段区域内划分出两块泥渣晾晒场地。

3）连续墙所用泥浆池要有可靠的防护，废弃泥浆及时收集清理。

4）连续墙施工过程中，随时派专人清扫溢出、遗洒的泥浆（渣），时刻保持导墙上口干净。

5）对泥浆的处理应按区域划分的平面布置图设置泥浆沉淀净化池，成槽循环用浆和清孔沉淀泥浆经过洗浆池净化后再用。废渣用反铲开挖后运出施工场地。泥浆护壁施工中，严禁泥浆溢出泥浆池。施工完毕，泥浆经沉淀后的清水可排入市政污水管网。

6）混凝土浇筑前，清孔用泥浆单独采用一个泥浆池向槽孔补充新鲜泥浆，掺加澎润土时应采取防扬尘措施。

7）下班时应将抓槽机抓斗提出槽外，所有机械摆放整齐，并将槽段范围防护好，导墙上口用木板盖严。

8）土方工程施工前，对周边居民进行走访，了解居民意见并提出切实可行的解决措施，确保周边居民的正常生活。

9）施工现场临时道路须进行硬化，以防止尘土、泥浆被带到场外。

10）设专人进行现场内及周边道路的清扫、洒水工作，防止灰尘飞扬，保护周边空气清洁（图4-5～图4-7）。

图4-5 基坑围挡及道路隔离

图4-6 现场洒水降尘

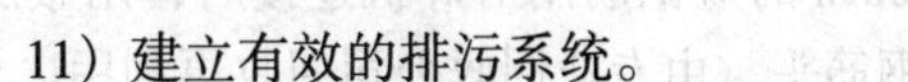

11）建立有效的排污系统。

12）合理安排作业时间，将混凝土施工等噪声较大的工序放在白天进行，在夜间避免进行噪声较大的工作。施工现场噪声达到土方阶段白天75dB、夜晚55dB的限值。

13）夜间灯光集中照射，避免灯光干扰周边居民的休息。

14）土方车辆出场前，应在洗车池洗净车轮，大门外铺设废旧地毯、草帘，吸收车轮泥垢，避免遗撒，污染环境。

15）各种不洁车辆开离现场前，须对车辆

图4-7 硬化路面

进行冲洗。

16）施工现场设封闭垃圾堆放点，并予以定时清运。

17）设置专职保洁人员，保持现场干净清洁。现场的厕所卫生设施、排水沟及阴暗潮湿地带，予以定期进行投药消毒，以防蚊蝇、鼠害孳生。

(2) 结构施工文明施工措施

1）加工场所产生的垃圾、废屑要及时收集，存放在固定地点，统一清运到北京市规定的垃圾集中地。

2）在加工场所作业时，必须按工完场清和一日一清的规定执行。

3）混凝土浇筑完成之后，模板边和残留的多余混凝土要及时清理。

4.6.2 环保专项措施

(1) 基坑支护及土方工程环保措施

1）夜间施工期间，现场镝灯要集中照射，不要照射到附近的居民楼。

2）夜间土方开挖，在合理安排施工的前提下，尽量开挖远离居民楼的土方。同时，运土车辆启动的时候尽量用小油门。

3）主动与当地政府联系，积极和政府部门配合，处理好噪声污染问题，加强对职工的教育，严禁大声喧哗。

4）如确需夜间施工噪声超标的工序，则办理夜间施工许可证，以保证夜间施工的合法性。

(2) 钢筋工程环保措施

1）现场在进行钢筋加工及成型时，要控制各种机械的噪声。将机械安放在平整度较高的平台上，下垫木板。并定期检查各种零部件，如发现零部件有松动、磨损，及时紧固或更换，以降低噪声。浇筑混凝土时不要振动钢筋，降低噪声排放强度。

2）钢筋原材、加工后的产品或半产品堆放时，要注意遮盖（用苫布或塑料布），防止因雨雪造成钢筋的锈蚀。如果钢筋已生片状老锈，在使用前必须用铁丝刷或砂盘进行除锈。为了减少除锈时灰尘飞扬，现场要设置苫布遮挡，并及时将锈屑清理起来，统一清运到北京市规定的垃圾集中地。

3）锥螺纹套丝的铁屑装入尼龙口袋，送废品回收站回收再利用。

4）为了减少资源的浪费，下料后长度≥300mm的短钢筋用对焊机连接后，用做加工制作构造搭接马凳筋。其余长度小于300mm的钢筋头，由专业回收公司回收再利用。

5）为减轻焊接造成的大气污染，钢筋接头采用锥螺纹和冷挤压机械连接接头。

(3) 混凝土施工环保措施

1）噪声的控制：现场沿基坑四周用红白相间的 $\phi48$ 钢管围挡，外侧满挂密目网，基坑北、东两侧采用降噪隔声屏，以降低浇筑基础底板混凝土过程中产生的噪声；现场施工的操作工人在施工时，要有意识地控制说话的音量，以避免人为产生的噪声，减小噪声对周边居民的影响。

2）混凝土泵、混凝土罐车噪声排放的控制：加强对混凝土泵、混凝土罐车操作人员的培训及责任心教育，保证混凝土泵、混凝土罐车平稳运行、协调一致，禁止高速运行。要求商品混凝土供应商加强对混凝土泵的维修保养，及时进行监控，对超过噪声限制的混凝土泵，及时进行更换。

3）水的循环利用：现场设置洗车池和沉淀池、污水井，罐车在出现场前均要用水冲洗，以保证市政交通道路的清洁，减少粉尘的污染。沉淀后的清水再用做洗车水，重复使用。

4.6.3 协调周边居民关系

在本工程的施工过程中，经理部将采取各种措施保持与周边居民和睦友好的关系。为实现这一目标，应采取以下措施：

1）开工之初，主动拜访附近的单位、居民委员会，说明我公司在施工中将采取的防扰民措施，针对其提出的要求采取相应的措施，并将所采取的措施反馈给他们，以获得对方的信任和理解。

2）在不影响施工及力所能及的前提下，主动为附近社区建设做贡献，所采取的活动应以解决实际问题为原则，以求得居民的协助和理解。

4.6.4 协调政府的关系

本工程的顺利施工，与政府有关部门的支持与配合是密切相关的。为此项目经理部将作到：

1）严肃认真地执行政府有关规定，对各有关部门下达的各项指令、通知、要求，必须及时贯彻落实，并将落实情况汇报给有关部门。

2）处理好与政府部门的关系，首先须了解和掌握政府的各项相关规定的内容、要求，尊重和执行政府的要求。对有争议的事项，应耐心做解释工作，力求从政策上达到对方的认同，从情理上求得对方的理解。

4.7 降低成本措施

（1）精心安排，缩短工期，减少机械、架模占用时间。

（2）底板大体积混凝土施工时，使用粉煤灰替换水泥，减少水泥用量，降低造价。

（3）结构施工，合理采用流水段，既保证了工期，又减少了模板、架料的投入量。

（4）采用木模板保证混凝土光洁度、平整度，顶棚、柱、梁表面不再抹灰，可直接刮白，减少抹灰量。

（5）采用计算机 CAD 制图，土建与机电专业共同制作机电安装图，确保安装预留孔位置的正确性，避免出现返工，以降低工程成本。

5 经济技术指标

（1）工程质量目标：

结构长城杯、一次验收合格率 100%，优良率 93%，分部工程优良率 100%，分项工程优良率 90%。

（2）安全目标：

因工负伤率 6‰，因工重伤/死亡率为 0。

（3）场容目标：

获得北京市安全文明工地称号。

（4）消防目标：

无火灾，无爆炸，无危险品泄漏，无治安灾害事故，确保施工现场安全。

(5) 环保目标：

噪声污染及污水排放不超过政府规定的标准，固体废物逐步实现资源化、无害化、减量化，回收可利用资源，垃圾分类处理，最大限度节约水电能源，将预计用水量下调10%，用电量比预算上调30%。

(6) 合同工期：

2002年8月8日~2005年7月7日，共35个月。

第三篇

全国海关信息中心备份中心工程施工组织设计

编制单位：中建一局

编 制 人：邓旭东　王丽英　孙儒强　应敏红　解　煜　董佩玲

审 核 人：熊爱华　刘嘉茵

【摘要】　全国海关信息备份中心工程，工程性质特别，质量要求很高，地处繁华地带与居民区，施工组织管理措施要求严格。该工程在小流水网络图、快拆体系应用、不同结构形式的模板配置、1400mm×2100mm预应力大梁施工、单侧模板施工等方面很有特色。

目 录

1 工程概况

1.1 工程项目基本情况

(1) 工程名称：全国海关信息中心备份中心工程
(2) 地理位置：北京市东城区金宝街
(3) 建设单位：海关总署基建办公室
(4) 设计单位：九源建筑设计有限公司
(5) 勘察单位：北京市勘察设计研究院
(6) 监督单位：东城区建设工程质量监督站
(7) 监理单位：北京建工京精大房工程建设监理公司
(8) 施工总包：中国建筑第一工程局第五建筑公司
(9) 建筑功能：办公、会议接待
(10) 合同工期：540日历天。

1.2 施工现场概况

(1) 环境、地貌

本工程位于北京市东城区金宝街，是市区繁华地带，东北侧为拟建的华嘉金宝综合楼，在施工时极有可能两个工程同时施工，且共用东北侧的临时出入口；北侧紧邻东城区党校办公楼、西侧紧邻一所小学。

(2) 三通一平状况

已完成。

(3) 地上、地下障碍物

紧邻基坑边有两棵古树，需进行保护。

(4) 水、电供应情况

现场水、电、热源供应点及可供应量，已提供水源、电源10万伏高压电。

1.3 建筑设计概况

工程建筑设计见表1-1。

建筑设计概况 表1-1

序号	项目	内容			
1	建筑功能	信息中心兼餐饮、办公和会议接待等中心两大功能的综合性建筑物			
2	建筑特点	本工程外立面为花岗石幕墙及玻璃幕墙，三层大会议室为网架屋面，上部尖屋顶为钢屋面，二层屋面为屋顶花园，方形大厅，巧妙的灯光布置，匠心独具的建筑韵律，给人独特感受			
3	建筑面积	总建筑面积 (m^2)	44620	占地面积 (m^2)	8006
		地下建筑面积 (m^2)	11495	地上建筑面积 (m^2)	33125
		标准层建筑面积 (m^2)	2688.33	人防面积 (m^2)	4178

续表

<table>
<tr><th>序号</th><th colspan="2">项 目</th><th colspan="4">内 容</th></tr>
<tr><td>4</td><td colspan="2">建筑层数</td><td>地上</td><td>十一层、局部十五层、裙房三层、三层局部有设备层</td><td>地下</td><td>二层、局部有夹层</td></tr>
<tr><td rowspan="4">5</td><td colspan="2" rowspan="4">建筑层高</td><td rowspan="2">地下部分层高（m）</td><td>地下二层</td><td>地下二层夹层</td><td>地下一层</td></tr>
<tr><td>5.9</td><td>3.3</td><td>4.8</td></tr>
<tr><td rowspan="2">地上部分层高（m）</td><td>首层至三层</td><td>标准层（四层至十一层）</td><td>非标层（十二层、十三层、十四层、水箱间）</td></tr>
<tr><td>4.2、4.2、5.4</td><td>3.6</td><td>3.3、3.8、4.5</td></tr>
<tr><td rowspan="3">6</td><td colspan="2" rowspan="3">建筑高度</td><td>±0.00 标高</td><td>46.40m</td><td>室内外高差（m）</td><td>0.45</td></tr>
<tr><td>基底标高</td><td>－13.35、－11.95</td><td>最大基坑深度（m）</td><td>－16.55</td></tr>
<tr><td>檐口高度（m）</td><td>52.35</td><td>建筑总高度（m）</td><td>61.75</td></tr>
<tr><td rowspan="2">7</td><td colspan="2" rowspan="2">建筑平面</td><td>横轴编号</td><td>Ⓐ～Ⓙ轴</td><td>纵轴编号</td><td>①～⑯轴</td></tr>
<tr><td>横轴距离（m）</td><td>8、5.1</td><td>纵轴距离（m）</td><td>8</td></tr>
<tr><td>8</td><td colspan="2">建筑防火</td><td colspan="4">本建筑物为一类高层建筑，耐火等级为一级，均满足《建筑设计防火规范》的规定</td></tr>
<tr><td>9</td><td colspan="2">建筑节能</td><td colspan="4">外墙采用砌块墙保温隔热，14 层、水箱间层的窗下墙为内保温，内贴 30mm 厚欧龙保温板，其他均为外保温，保温材料为 30mm 厚挤塑聚苯保温板，内墙也采用砌块隔墙，屋面保温采用 50mm 厚挤塑聚苯板保温。凡地下一层顶板标高为－1.200m 处的楼板及梁底部（室内一侧）均贴 30mm 厚挤塑聚苯保温板</td></tr>
<tr><td rowspan="5">10</td><td rowspan="5">室外装修</td><td>檐口</td><td colspan="4">花岗石石材装饰</td></tr>
<tr><td>外墙</td><td colspan="4">玻璃幕墙和花岗石幕墙相结合，层次丰富</td></tr>
<tr><td>门窗</td><td colspan="4">铝合金门窗采用深灰色喷塑铝框，灰色镀膜（热反射、低反光）中空玻璃，均为安全玻璃，主入口门为玻璃旋转门</td></tr>
<tr><td>屋面</td><td colspan="4">包括水泥砂浆找平、50mm 厚 FM250 型欧文斯科宁挤塑聚苯乙烯泡沫板保温隔热层及防水层；面层包括 6mm 厚防滑地砖、水泥砂浆、人造草皮，金属网架金属夹芯板屋面等做法</td></tr>
<tr><td>主入口</td><td colspan="4">拉索点式幕墙</td></tr>
<tr><td rowspan="6">11</td><td rowspan="6">内装修</td><td>顶棚</td><td colspan="4">板底刮腻子喷涂顶棚、板底合成树脂乳液、铝条板吊顶、双层埃特板吊顶、粘贴石膏吸声板、铝方板吊顶，金属吸声板吊顶</td></tr>
<tr><td>楼地面</td><td colspan="4">水泥砂浆找平层，面层为玻化砖地面，石材地面，大、中会议室为地毯，机房及车库为环氧树脂自流平地面，部分特殊功能房间为抗静电金属地板</td></tr>
<tr><td>内墙</td><td colspan="4">合成树脂乳液涂料、矿棉吸声板、刮腻子喷涂、釉面砖墙面、石材墙面、壁纸墙面</td></tr>
<tr><td>门窗工程</td><td colspan="4">甲、乙、丙级木质防火门、室内门为实木门、铝合金喷塑门及窗、不锈钢防火玻璃门</td></tr>
<tr><td>楼梯</td><td colspan="4">楼梯踏步为玻化砖地面、梯板为乳胶漆顶棚、墙面为乳胶漆墙面、一至三层楼梯间地面及墙面均为石材，不锈钢栏杆扶手</td></tr>
<tr><td>公用部分</td><td colspan="4">首层至三层为石材墙面及石材拼花地面，吊顶为埃特板造型吊顶，乳胶漆饰面，四至十四层客房部分地面为地毯，墙面为壁纸，办公区部分地面为玻化砖地面，墙面为乳胶漆地面；吊顶均为埃特板造型吊顶，地下室部分地面为玻化砖地面，墙面为 1200mm 高玻化砖墙裙，其他为乳胶漆墙面，吊顶部分为埃特板吊顶，部分铝条板吊顶</td></tr>
<tr><td rowspan="5">12</td><td colspan="2" rowspan="5">防水工程</td><td>地 下</td><td colspan="3">混凝土为抗渗混凝土自防水，SBS 改性防水卷材 3mm＋3mm 两层</td></tr>
<tr><td>屋 面</td><td colspan="3">SBS 改性沥青防水卷材 3mm 厚两层</td></tr>
<tr><td>厨 房</td><td colspan="3">1.5mm 厚 JS 防水涂料</td></tr>
<tr><td>厕淋浴间</td><td colspan="3">1.5mm 厚 JS 防水涂料</td></tr>
<tr><td>屋面防水等级</td><td colspan="3">二级</td></tr>
</table>

典型的平、立、剖面图如图 1-1～图 1-3 所示。

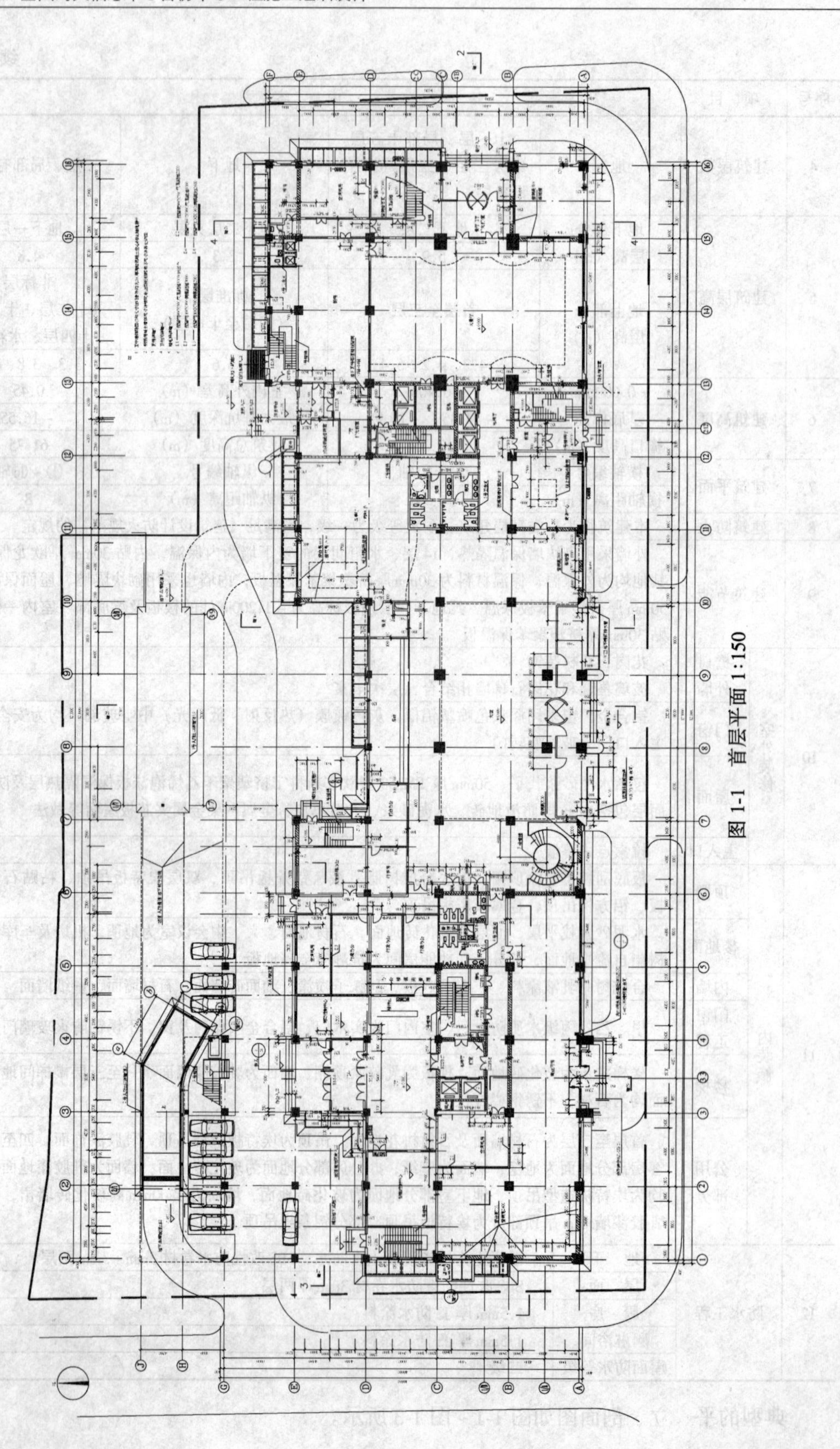

图 1-1　首层平面 1:150

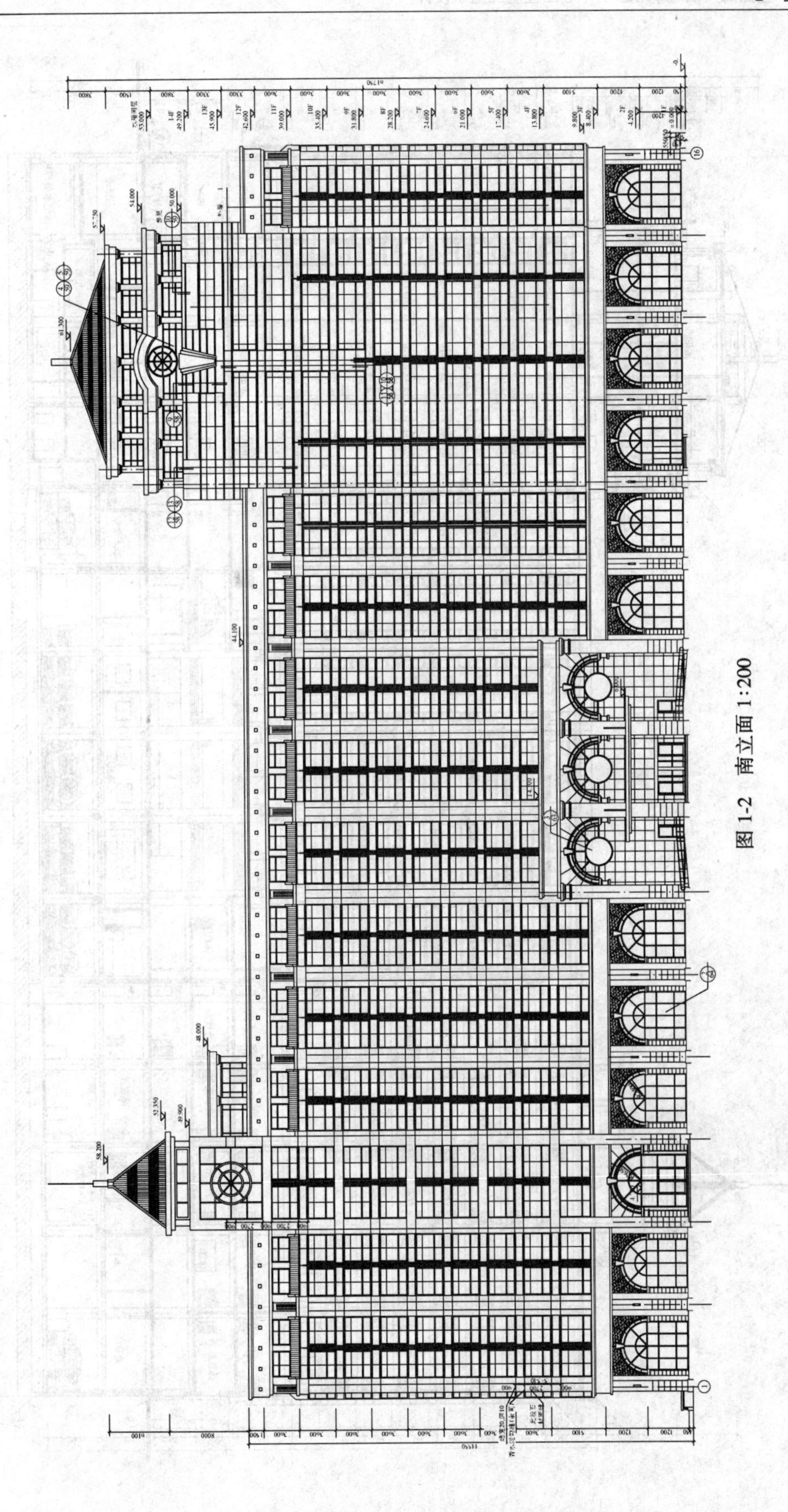

图 1-2 南立面 1:200

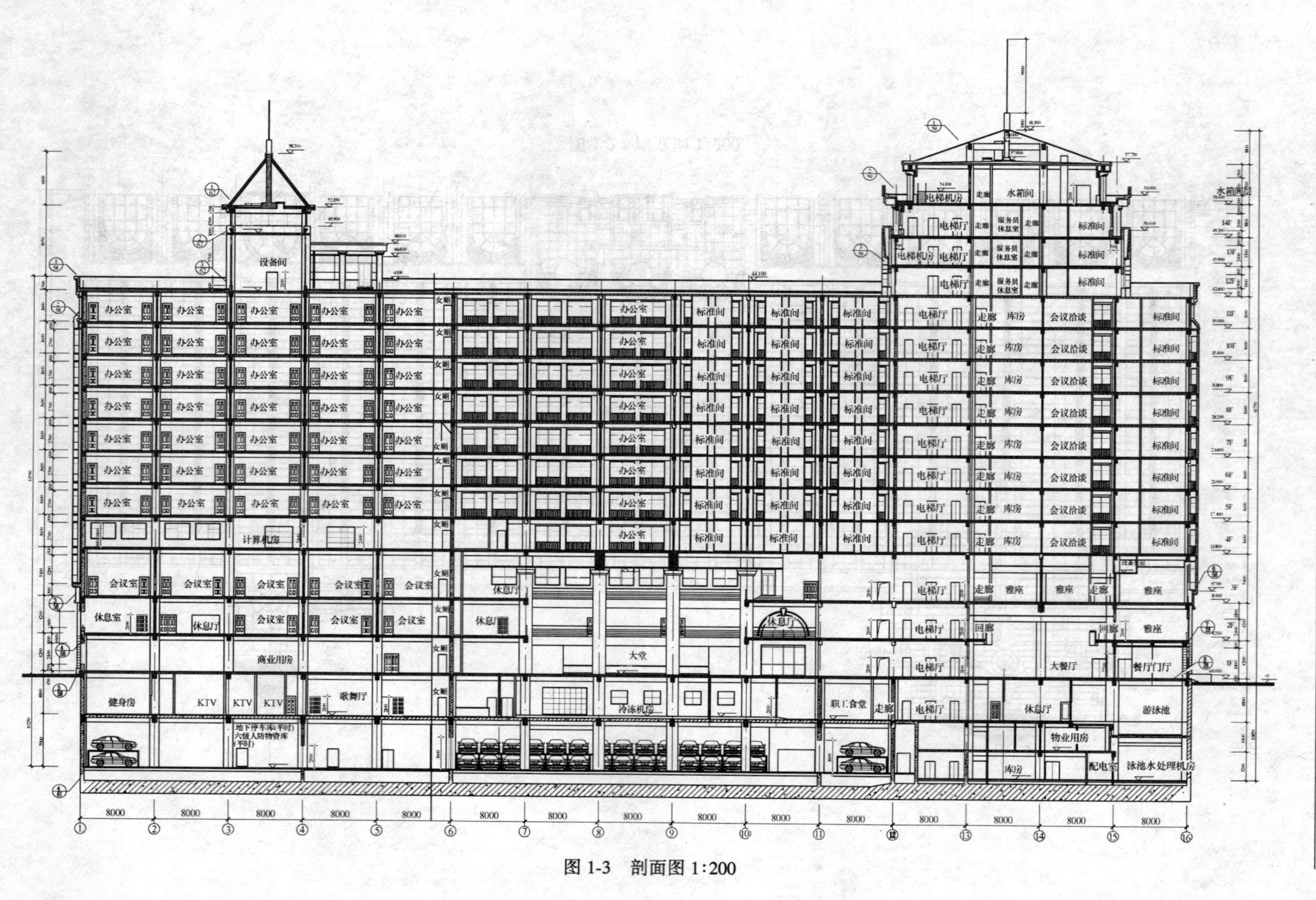
水箱间
电梯机房
走廊
服务员休息室
电梯厅
标准间
设备间
办公室
库房
会议洽谈
女厕
计算机房
会议室
休息室
休息厅
雅座
回廊
大堂
大餐厅
餐厅门厅
商业用房
健身房
KTV
歌舞厅
冷冻机房
职工食堂
游泳池
地下停车库(平时)
六级人防物资库
(平时)
物业用房
配电室
泳池水处理机房
8000

图 1-3 剖面图 1:200

1.4 结构设计概况

结构设计概况见表1-2。

结构设计概况　　表1-2

序号	项目		内容
1	结构形式	基础结构形式	筏形基础
		主体结构形式	框架-剪力墙结构
		屋盖结构形式	现浇梁板结构
2	土质、水位	基底以上土质分层情况	基础持力层为第四纪沉积层中第4层土细砂、粉砂，标高为31.92~33.67m
		地下水位标高	38.000m
		地下水性质	对混凝土结构无腐蚀
3	地基	持力层以下土质类别	Ⅲ类场地
		地基承载力	持力层地基承载力标准值320kPa
		土渗透系数	勘探报告未提供
4	地下防水	结构自防水	基础底板、外墙采用C40P12抗渗混凝土
		材料防水	SBS防水卷材（Ⅰ型）聚酯胎（3mm厚）二道
		构造防水	施工缝采用BW止水条防水，防水混凝土对拉螺栓采用止水螺栓
5	混凝土强度等级	基础底板	C40P12
		±0.00以下外墙、附墙柱	C40P12
		12层以下内墙、柱	C40
		12层以上内墙、柱	C35
		楼梯	与主体结构同时施工时，混凝土强度等级同主体结构（C40，C35）
6	抗震等级	工程设防烈度	8度
		框架抗震等级	二级
		剪力墙抗震等级	一级
7	钢筋类别	非预应力筋及等级	热轧一级钢筋、二级钢筋、三级钢筋
		预应力筋类别及张拉方式	分有粘结和无粘结两种，均采用后张法
8	钢筋接头类别	直螺纹连接	ϕ18（含ϕ18）以上的水平和竖向钢筋均采用剥肋滚轧直螺纹连接接头
		搭接绑扎	ϕ18及以下钢筋采用搭接绑扎接头
		焊接	个别部位（如现场取样接头部位）允许采用帮条焊或搭接焊
9	结构断面尺寸	基础底板厚度（mm）	1000、1400、1800
		外墙厚度（mm）	400
		内墙厚度（mm）	400、350、300、250、200
		柱断面尺寸（mm）	500×500、600×600、700×700、800×800、1000×1000、1000×1200、1000×1900、1200×1200、1400×1800、800圆柱等
		梁断面尺寸（mm）	300×400、300×500、300×600、300×800、350×900、400×600、400×800、450×600、450×1000、500×600、600×600、600×800、500×1000、600×1000、500×2000、600×2000等
		楼板厚度（mm）	400、300、200、180、150、120等

续表

序号	项 目		内 容
10	楼梯、坡道结构形式	楼梯结构形式	板式
		坡道结构形式	钢筋混凝土全现浇墙板式结构
12	结构混凝土预防碱集料反应管理类别		Ⅱ级
13	人防设置等级		六级
14	建筑沉降观测		对基坑回弹和建筑物施工与使用阶段的沉降进行观测

1.5 专业设计概况

专业设计概况见表1-3。

专业设计概况 表1-3

名称	设计要求	系统做法	管线类别
冷水	地下二层至地上三层为低区，利用市政管网直接供水，四层至八层，采用高区变频泵从生活贮水箱中吸水，九至十四层为高区，采用高频泵从生活贮水箱中吸水	胶圈连接、卡箍连接	建筑物给水系统管径≥*DN*150采用球墨铸铁管，管径≤*DN*80采用热镀锌钢管
热水	地下二层至三层为低区，由地下一层热力站内低区换热机组供给，四至八层为中区，由地下一层热力站内中区换热机组供给，九至十四层为高区，由地下一层热力站内高区换热机组供给	螺纹连接，丝接	立管均采用热镀锌钢管，公共卫生间及客房内采用复合铝塑管
消防水	引入两路市政给水管道，在地下二层设一座消防水池，作为消防系统的储备水量	丝扣连接、卡箍连接	热镀锌钢管
饮用水	地下二层至地上三层为低区，利用市政管网直接供水，四层至八层，采用高区变频泵从生活贮水箱中吸水，九至十四层为高区，采用高频泵从生活贮水箱中吸水	胶圈连接、卡箍连接	建筑物给水系统管径≥*DN*150采用球墨铸铁管，管径≤*DN*80采用热镀锌钢管
中水	地下二层至地下六层为低区，同地下二层中水机房低区供水机组供水，七至十四层为高区，同地下二层中水机房高区供水机组供水	沟槽连接，螺纹连接	热镀锌钢管
雨水	内排水系统，经雨水斗和雨水管收集后排至室外雨水管网	胶圈连接	雨水埋地部分为球墨管，地上部分采用给水铸铁管
污水	地上污水经重力流排向室外化粪池	承插水泥接口	机制水泥接口
烟感	接到两个独立的火灾信号后才能启动	丝扣连接、卡箍连接	热镀锌钢管
喷淋	地下车库采用直立式喷头，其余吊顶处设置吊顶型喷头	丝扣连接、卡箍连接	热镀锌钢管

续表

名称	设 计 要 求	系 统 做 法	管 线 类 别
报警	五个湿式报警阀，一个作用报警阀	丝扣连接、卡箍连接	热镀锌钢管
空调	全空气系统、直流全新风系统、风机盘管加新风系统	焊接或法兰连接，保温材料采用聚乙烯闭孔泡沫橡塑管壳	无缝钢管、热镀锌钢管
通风	地下二层车库、消防及生活泵房、中水处理间、冷冻房、热交换站、变配电室、保龄室馆、浴室、厨房等进行机械通风，地下车库采用诱导风机通风系统、卫生间排风扇均带止回阀	保温材料为离心玻璃棉板	通风管道均采用镀锌钢板制作
冷冻	7～12℃冷冻水，3台离心式冷水机组	焊接或法兰连接，保温材料采用聚乙烯闭孔泡沫橡塑管壳	无缝钢管、热镀锌钢管
采暖	市政热源，空调设计换热器装机容量为2640kW空调用热水经换热器换热后的参数为60～50℃	焊接或法兰连接，保温材料采用聚乙烯闭孔泡沫橡塑管壳	无缝钢管、热镀锌钢管
照明	钢管暗敷设，箱盒暗敷设	丝接、套管连接	焊接钢管、塑铜线、阻燃塑铜线
动力	钢管暗敷设，箱盒暗敷设	丝接、套管连接	焊接钢管、电缆桥架、塑铜线、电力电缆、控制电缆、阻燃 YJV 电缆
电梯	本工程共设八部电梯，1、2、5、6、7号电梯为乘客电梯，3、4号电梯为客货梯，1、2、3、4号为消防电梯，2、6号为无障碍电梯		
通讯	电话也自本建筑物南侧引入，强入做法均采用 92DQ5-4 三式，结构内预埋支路管线	焊接	暗敷设为焊接钢管吊顶风竖向式电线管
避雷	TN-s 接地形式，利用建筑物钢筋混凝土基础内钢筋作变压器中性线工作接地	垫层内敷设 $-40mm \times 4mm$ 镀锌扁铁	
电视	电视电路也自本建筑物南侧引入，强入做法均采用 92DQ5-4 三式，电视电缆在封闭金属线槽内敷设及穿钢管敷设	焊接	金属线槽或钢管敷设
水箱、水泵	地下二层设 $30m^3$ 玻璃水箱两座，地下二层设钢筋混凝土 $540m^3$ 消防水池一座，生活泵 $2 \times 25kW$、$2 \times 45kW$ 消火栓泵、$2 \times 45kW$ 喷洒泵、$4 \times 30kW$ 雨淋泵	焊接、法兰连接	镀锌钢管
人防	按六级人防设计，送排风兼平时地下车库送排风	焊接、法兰连接	通风管道均采用镀锌钢板制作

1.6 工程特点、难点

(1) 特殊的地理位置

本工程位于东城区金宝街，为市区繁华地带，交通管制严格，对材料及商品混凝土运输有可能造成一定的影响。西侧为东城区小学，北侧紧邻东城区党校办公楼及居民生活区，施工中必须采取有效措施维护，保证周边单位正常的工作生活秩序。

（2）高标准的质量要求

鉴于本工程的重要性，如何通过严格的程序控制和过程控制，确保达到结构长城杯金质奖、建筑长城杯和誓夺“鲁班奖”，把本工程建成一流的“精品工程”，是本工程的核心任务。

（3）施工准备时间短

由于该工程以前土方、护坡及基础垫层已施工完毕，进场后很快就要进行基础底板结构的施工，这样就给施工队伍的选择、钢筋加工、模板加工等一系列的施工准备工作带来很大的压力。

（4）施工现场场地狭小

本工程施工现场场地狭小，尤其在地下室结构施工时，东侧及南侧基坑上口距离红线很近，场内无法形成施工环路。

（5）对总承包的协调和管理要求高

本工程实施总承包管理，众多的专业承包商将同时进场施工，各专业工种之间的工序上交替穿插频繁，因此，要求施工单位具有很强的专业施工、协调和总包管理能力，确保全面实现本工程的使用功能。

（6）砌筑工程量大

本工程中整体的砌筑量大。从材料的选购、进场安排、存放、现场运输到施工进度、质量控制等都有严格的要求。

（7）模板设计要求高

本工程为高层框架—剪力墙结构，平面布局为 L 形，立面形式复杂，异形构件多，如：首层大堂 13.7m 高的 1200mm × 1200mm 高大独立柱、旋转悬挑楼梯、汽车坡道圆弧墙、弧形窗等模板的支设难度都很大，对结构施工细部节点处理设计提出了很高的要求。

同时，地下室南侧外墙高 7.05m，长 120.8m，厚 400mm，护坡桩支护，由于南侧外墙距离基坑外边线只有 20～30cm，基坑下口线离用地红线仅 1.2m，外墙无法双侧支设模板，为超高单侧模板体系，故其防水施工和结构施工技术难度非常大。

（8）设计科技含量高

本工程在地下室环形墙体、混凝土楼板、转换层大托梁大量应用了有粘结和无粘结预应力施工技术；三层大会议室屋面采用网架结构，屋顶采用钢结构，同时地下室面积大，基础较厚，其混凝土属于大体积混凝土和 120m 超长混凝土，施工难度大，因此，本工程的混凝土浇筑、检验试验工作将是管理的重点。

建筑设计中外墙采用外保温，外立面为玻璃幕墙和干挂石材，在工厂加工，现场组装，安装量大，需要保证立面效果，对施工组织与协调能力要求很高。

（9）季节性施工问题突出

本工程施工跨越 2 个雨期和 2 个冬期，装修阶段跨越 2 个雨期和 1 个冬期，要求保证工期和质量措施考虑非常周到。

（10）防水施工难度大

本工程防水面积大，卫生间和厨房多，除 10370m^2 地下室外防水面积外，还包括

$28490m^2$ 外幕墙、12 个大小屋面、37 个公共卫生间和 236 间客房卫生间，4 个厨房，防水效果质量保障难度大。

（11）精装修档次高

本工程精装修设计档次高，装饰风格复杂多样，效果高贵、典雅，施工单位多，如何做到细部节点处理统一协调，确保装修整体效果非常关键。

2 施工部署

2.1 施工部署原则与施工顺序

2.1.1 施工部署总原则

（1）满足合同要求的原则：

以合同约定的质量要求、工期目标为主线，合理组织人力、物力、财力，做到人尽其才、物尽其用、财尽其能，以最优化的资源确保总目标的实现。施工前，各级管理人员要认真研究合同，从技术、经济、工程管理等方方面面下工夫，面对现代化高层工程的施工要求。

（2）符合工序逻辑关系的原则：

整体工程按照"先结构，后装修"的顺序进行；结构施工按照"先地下，后地上"的顺序进行；外装修按照自上而下的顺序进行；内装修按分阶段结构验收顺序，结构验收合格即可进行施工；机电工程按照交叉作业的顺序进行。

（3）符合主控工期的原则：

为确保合同工期，在主体及装修各阶段根据各单位建筑的工程量及工作内容，工期主控线路施工优先，集中人、机、料，确保主控线路工期。

（4）进度与效益平衡的原则：

在确保整体进度的情况下，尽可能组织小流水，减少模板等物资投入。要围着既定目标，在模板、支撑的投入上不能将就。在现场的管理上要认真研究，精打细算，管出效益。

（5）符合季节性施工的原则：

本工程结构在雨期季节施工时，雨水多，钢筋易生锈，对现场排水，地下室防止雨水浸入，合理安排施工节奏，保证构件整洁。冬期施工前，争取完成主体结构工程，并完成大部分的屋面工程，做好保温工作。

（6）科技先导的原则：

在施工中积极推广应用建设部"十项新技术"及其他北京市建委审批的新技术、新工艺、新材料、新设备，以科技推动施工质量、施工进度的提高。同时，充分利用公司上上下下相当重视的有利条件，高标准高起点定位：多配置电脑、实行电脑化管理、多查书籍、多请教专家，下大力气运用新技术，为干出好工程提供强有力保障。

（7）满足空间占满、时间连续的原则：

主体阶段实施流水段、平行交叉作业，装修阶段内外装修及机电安装实行主体交叉流水作业。

（8）誓夺鲁班奖的原则：

工程以明确“确保北京市建筑结构长城杯金奖和北京市建筑长城杯金奖，暂夺鲁班奖”的质量目标，一定要以非常高的标准严格要求。在模板的选型、施工队伍的选择、施工管理的方方面面，为创出品牌工程打好基础。

(9) 社会效益原则：

抓住机遇，精工细作，干出精品，最终赢得很好的社会效益，在建筑市场上开辟一片新天地。

2.1.2 施工顺序

(1) 总体施工顺序：

结构施工按照“先地下，后地上”的顺序进行；外装修按照自上而下的顺序进行；粗装修（砌筑、抹灰）按分阶段结构验收顺序，结构验收合格即可进行施工；机电工程按照交叉作业的顺序进行。东侧十四层加钢结构屋面部分作为主控工期线路，先行进行筏板等结构施工，地下室结构完成达到验收条件后即进行验收，以便及时回填，重新规划现场平面布置；同时，在结构主体分段验收后，立即开始机电管线及粗装施工。粗装完成1/3工程量后，跟进防水、机电设备、精装施工。在工程后段，进行市政工程内容。

(2) 总工艺流程

[地下室防水]→[基础底板]→[地下室墙、柱]→[地下室顶板]→[主体结构]→[粗装修]→[室内外装修]→[交竣工]。其中，机电配合和安装贯穿整个施工过程。

1) 地下室施工阶段：

本工程基坑支护、土方及基础垫层已经由其他承包商完成。我单位本阶段施工程序为：基坑交接（包括验线）→底板防水→底板结构→地下室结构。安装预埋预留和防雷接地，随结构施工进行。

2) 主体结构施工阶段：

本工程为框架—剪力墙结构，在结构工程施工时，采用小流水的方法来组织施工。由于部分梁板中还有预应力筋，所以，在普通梁板混凝土达到设计要求的强度后，穿插预应力筋的施工。主体结构4层施工完，从地下室开始围护结构施工。

3) 机电施工阶段：

机电工程施工总体按照“先内后外，先下后上，先主管后支管，先预制后组安”的原则，实行平面分区、分楼层、立体交叉作业的施工方法。在专业施工阶段，应本着“电让水、水让风、风让设备”的原则组织施工。配合装饰阶段先进行吊顶内机电施工，为装修及其他专业施工提供作业面，及时插入各已用设备的机电。待各专业的机电工程完成后，再进行竣工验收前的单体和联合调试。

4) 装饰施工阶段：

装饰施工阶段在工艺流程上，按照先外后内的基本原则。在幕墙工程和外墙窗基本封闭后，尽快插入室内精装饰施工。在整个装修施工中，以装饰施工为主线，其他专业施工按进度要求配合。

5) 综合调试、竣工收尾阶段：

本阶段加紧整个工程的配套收尾，清洁卫生和成品保护，搞好安装及设备调试，安装好室外管线，加紧各项交工技术资料的整理，确保工程的一次验收成功。

(3) 相关专业的配合及组织协调

1) 结构施工与粗装修的插入交叉：

解决装修总工期紧张的关键在于必须采取粗装提前插入，以保证精装修有充裕的时间。要充分体现“结构快，粗装早插入，精装要紧张”的原则，在有工作面的情况下组织插入。粗装修插入后要与结构工作面适当隔离，划分区域，有一定的独立性，避免过多的干扰，应以不影响结构施工为原则；粗装工作面上部分防护设施可能会妨碍施工，必须申报同意后方可临时拆除，施工完后再恢复。严禁私自拆除必要的防护设施，以保证结构施工安全为原则。

2) 粗装修与机电安装之间的配合：

装修工作与水电安装交叉工作面大，内容复杂，必须重点解决。解决原则：水电安装进度必须服从总包的进度计划，选择合理的穿插时机，要在总包统一协调指挥下施工，使整个工程形成一盘棋；明确责任，正确划分利益关系；建立固定的协调制度；一切从大局出发，互谅互让，土建要为水电安装创造条件，水电安装要注意对土建成品和半成品的保护。

3) 内外装修的配合：

装修阶段内外装修应遵循先外后内，内装修要为外部装修提供条件和工作面，在此期间外墙装修始终处于网络计划的关键线路上，因此，一切内部工作都要为外装修让路。

2.2 施工流水段的划分

2.2.1 流水段划分原则

(1) 符合整体设计布局原则；

(2) 充分利用现场场地和资源的原则；

(3) 符合施工合同要求和工期目标的原则；

(4) 进度与效益平衡，符合成本控制的原则；

(5) 工程量大体均衡，方便组织流水作业原则。

2.2.2 流水段的划分

(1) 地下室结构

1) 根据施工平面图，地下室结构单层面积较大，底板及地下室结构施工时，按设计后浇带进行流水段的划分。顶板划分为五个流水段Ⅰ～Ⅴ段（图 2-1）。

2) Ⅰ段外墙、柱划分成三段，Ⅴ段外墙在转角处划分成二段，整个外墙、柱划分为八个流水段。

3) Ⅰ～Ⅴ段的内墙、柱分别划分成二段，内墙、柱共划分为十个流水段。

4) 地下室结构施工共需用 47d。施工网络图如图 2-2 所示。

(2) 首层至四层结构施工

1) 地上非标准层结构有东西向后浇带，流水段划分时亦考虑到组织小流水施工，以加快施工进度和减少模板量的投入，共划分为 5 个施工流水段（图 2-3）。

2) Ⅰ～Ⅳ段的内墙、柱分别划分成二段，内墙、柱共划分为八个流水段。

3) 每层结构施工需用 10d，层与层搭接 3d，每层需要相对工期 7d。施工网络如图 2-4 所示。

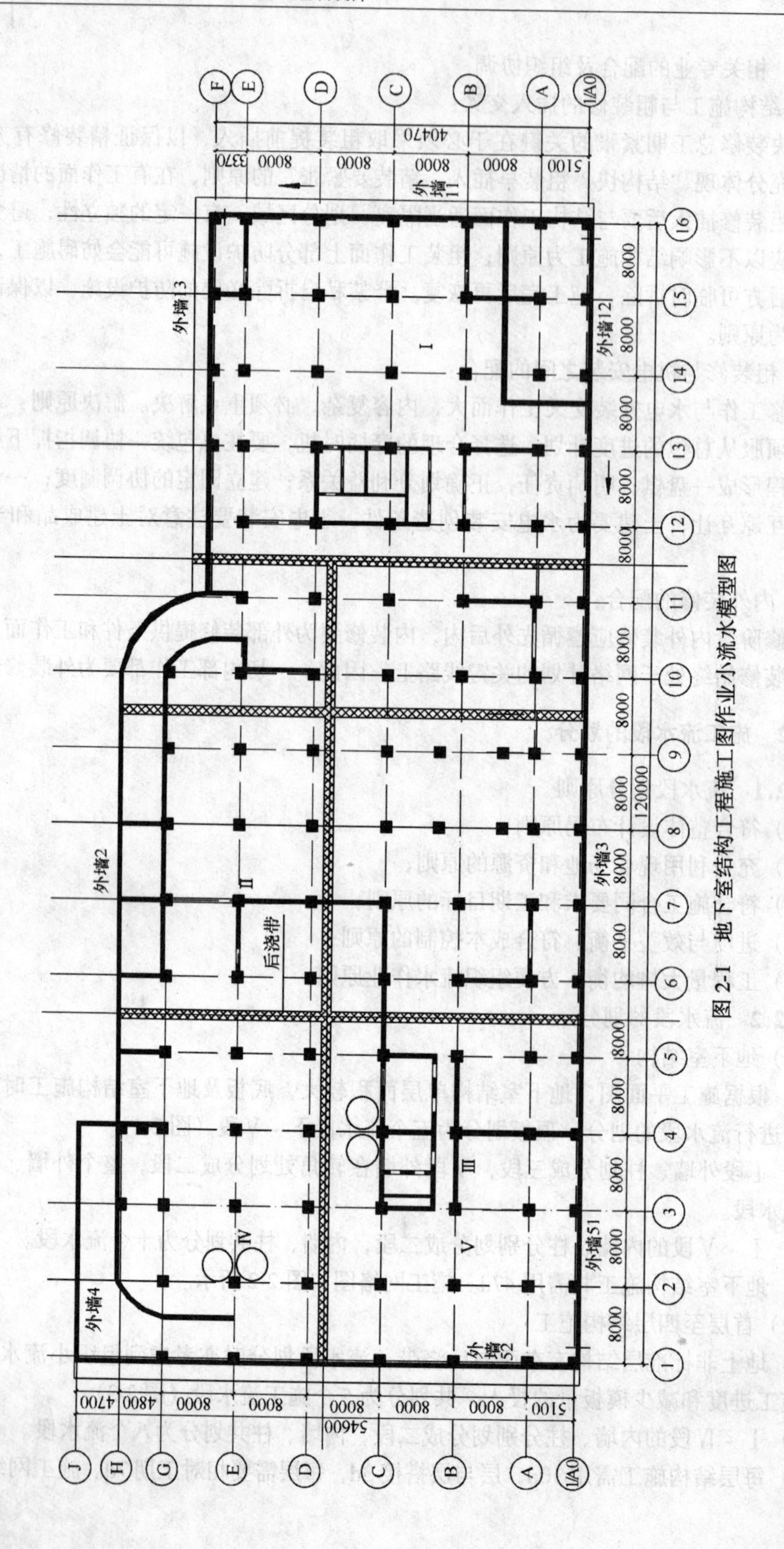

图 2-1 地下室结构工程施工图作业小流水模型图

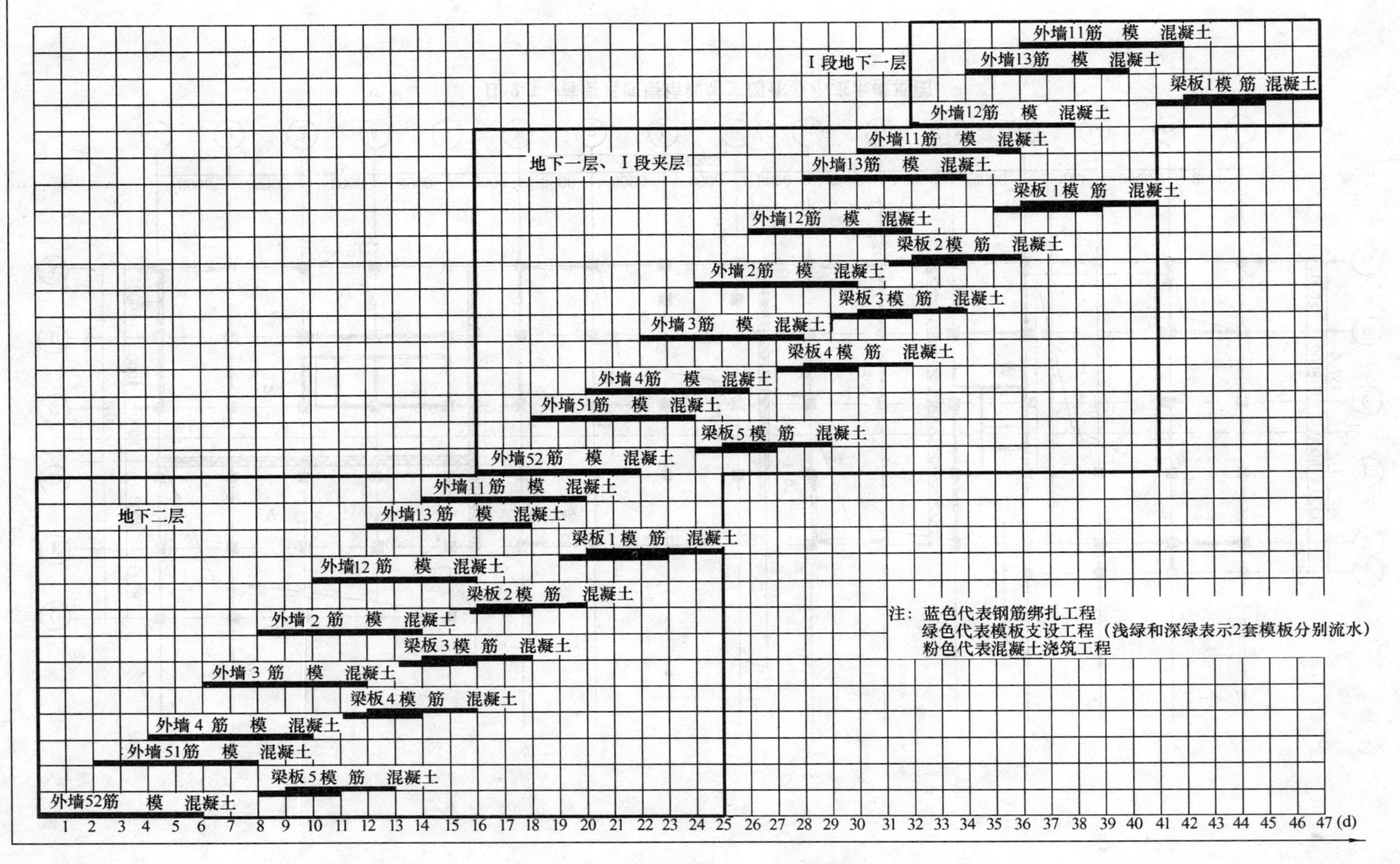

图 2-2 地下结构施工小流水网络图

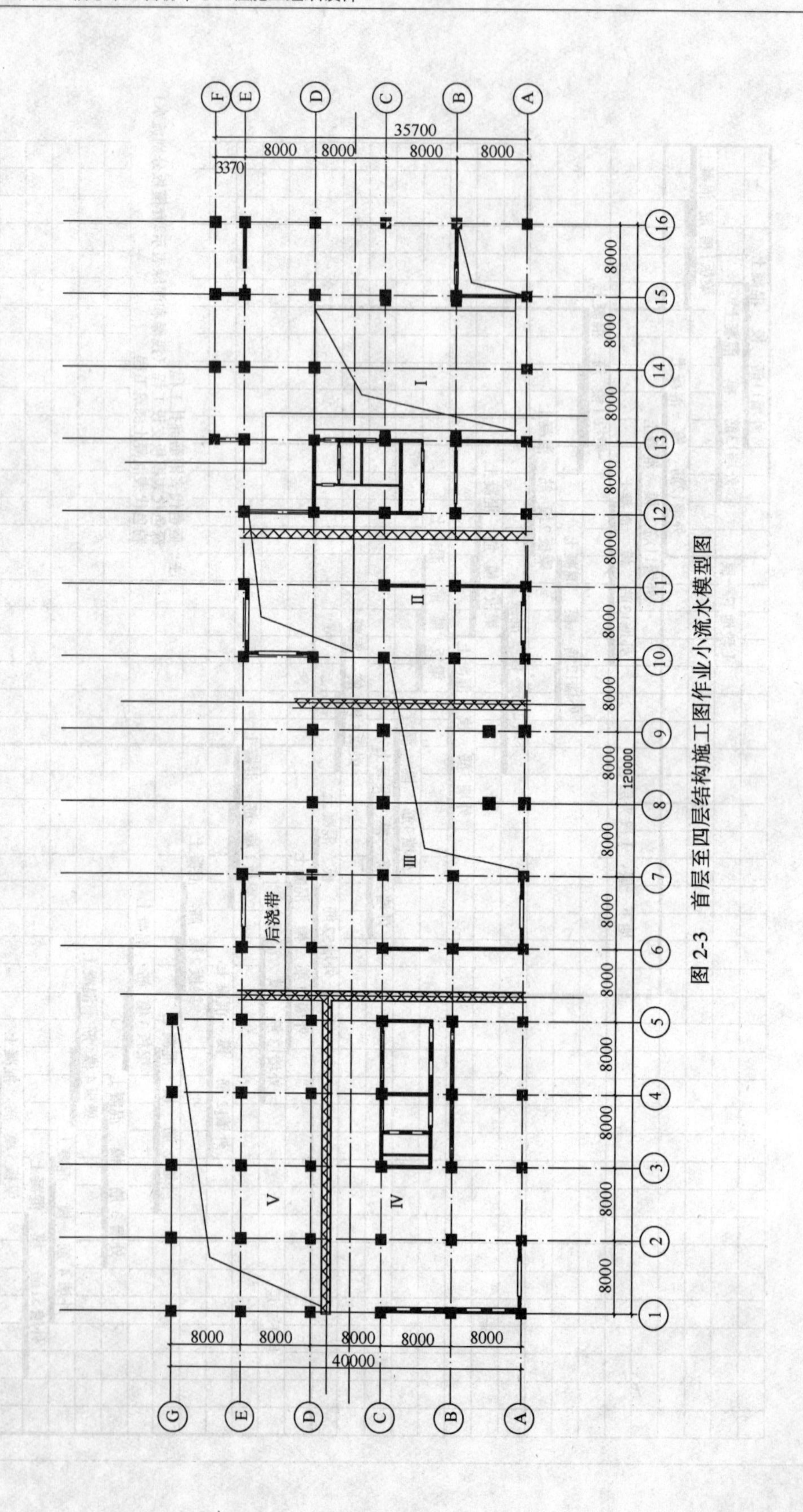

图 2-3 首层至四层结构施工图作业小流水模型图

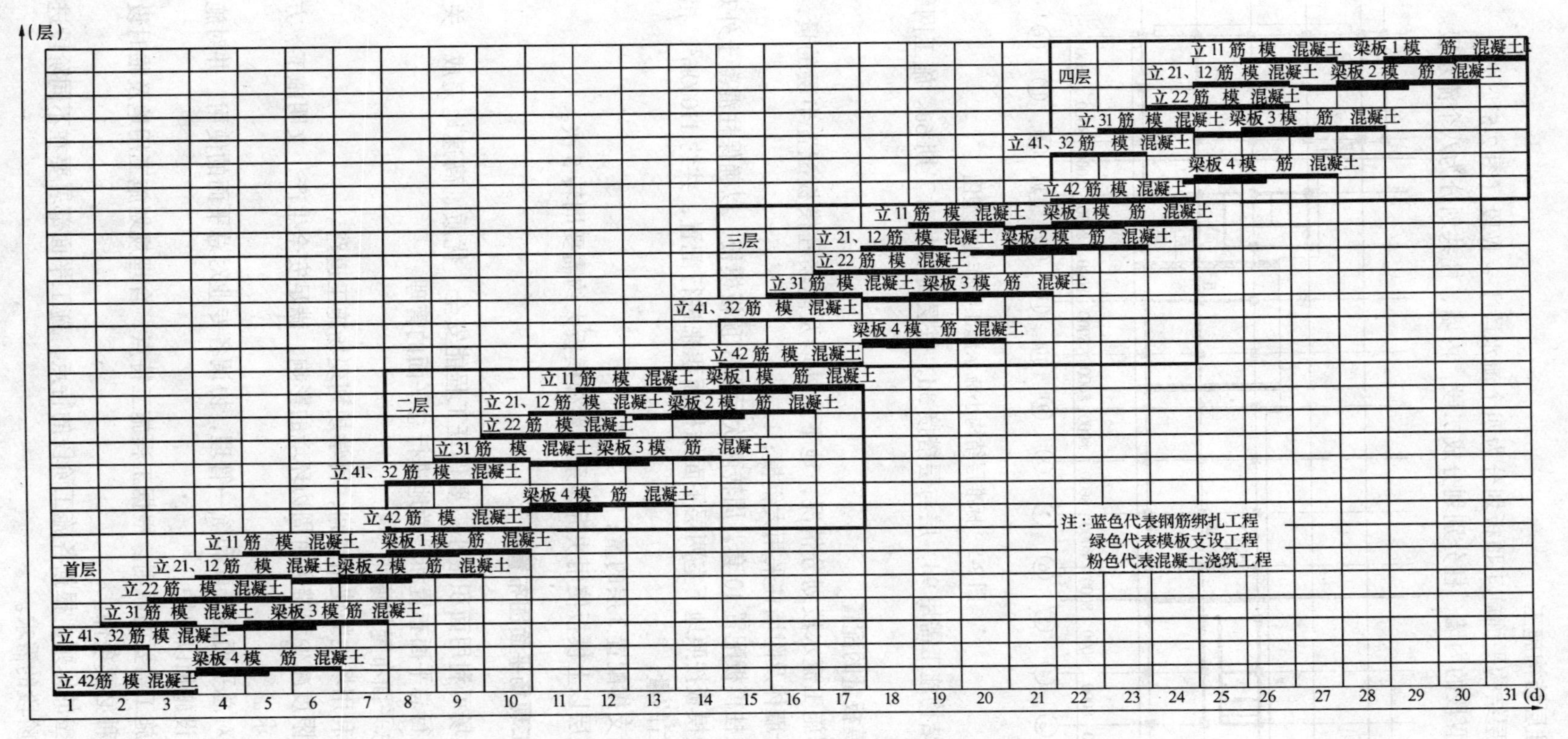

图 2-4 首层至四层施工小流水网络图

(3) 标准层结构施工

1) 标准层结构平面施工顶板划分为四个流水段Ⅰ~Ⅳ段（图 2-5）。

2) Ⅰ~Ⅳ段的内墙、柱分别划分成二段，内墙、柱共划分为八个流水段。

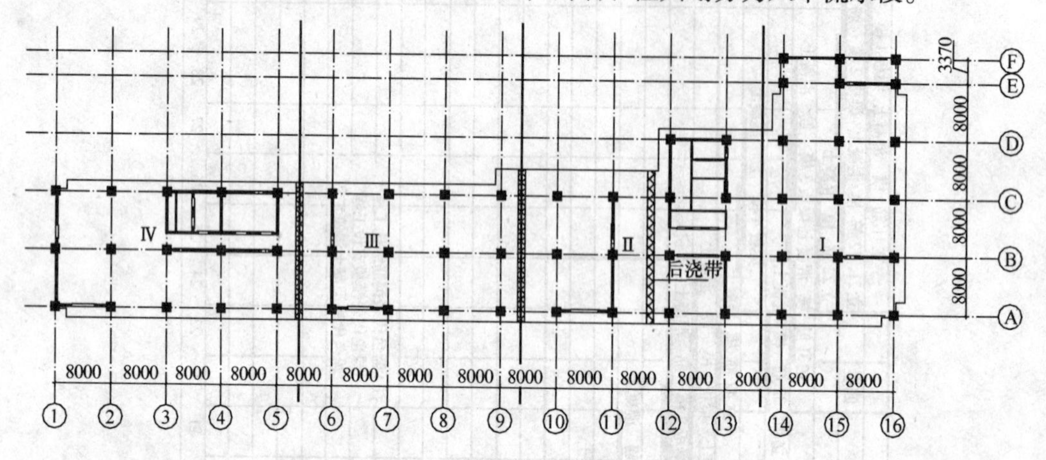

图 2-5 标准层结构小流水施工图作业模型图

3) 每层结构施工需用 9d，层与层搭接 3d，每层需要相对工期 6d。施工网络如图 2-6 所示。

2.2.3 模板量的配置

(1) 根据施工流水段划分情况，地下室外墙及附墙柱模板配置半层的量，共周转 4 次，地上部分墙体及附墙柱采用大钢模；

(2) 独立柱模板配置 10 套，周转两次后用作顶板模板，以确保柱混凝土外观质量；

(3) 梁板模板按照地下室两层平面结构面积来进行配置，共约 11000m^2，相当于标准层 4~5 层左右的量；

(4) 竖向支撑配置 3 层的量；

(5) 标准层以上模板使用快拆体系，梁板模板大约需要周转 5 次。

2.3 施工现场平面图布置

本工程现场可利用面积很小，要保证工程能安全、优质、高速地完成，关键在于合理、严密地进行总平面布置和科学地进行总平面的管理。

2.3.1 总平面布置的原则

(1) 有效利用场地的使用空间，科学规划现场施工道路。

(2) 最大限度减少和避免对周边环境的影响，满足安全生产、文明施工、方便生活和环境保护的要求。

(3) 做好对总平面的分配和统一管理，协调各专业对总平面的使用，并对施工区域和周边各种公用设施加以保护。

(4) 保证施工需要的原则。根据工程施工特点，合理规划施工用地及临时设施，保证施工需要的各种必要条件。

(5) 可调整的原则。根据各施工阶段的特点，施工平面部署要在不同阶段进行必要调整，适应不同阶段的需求。

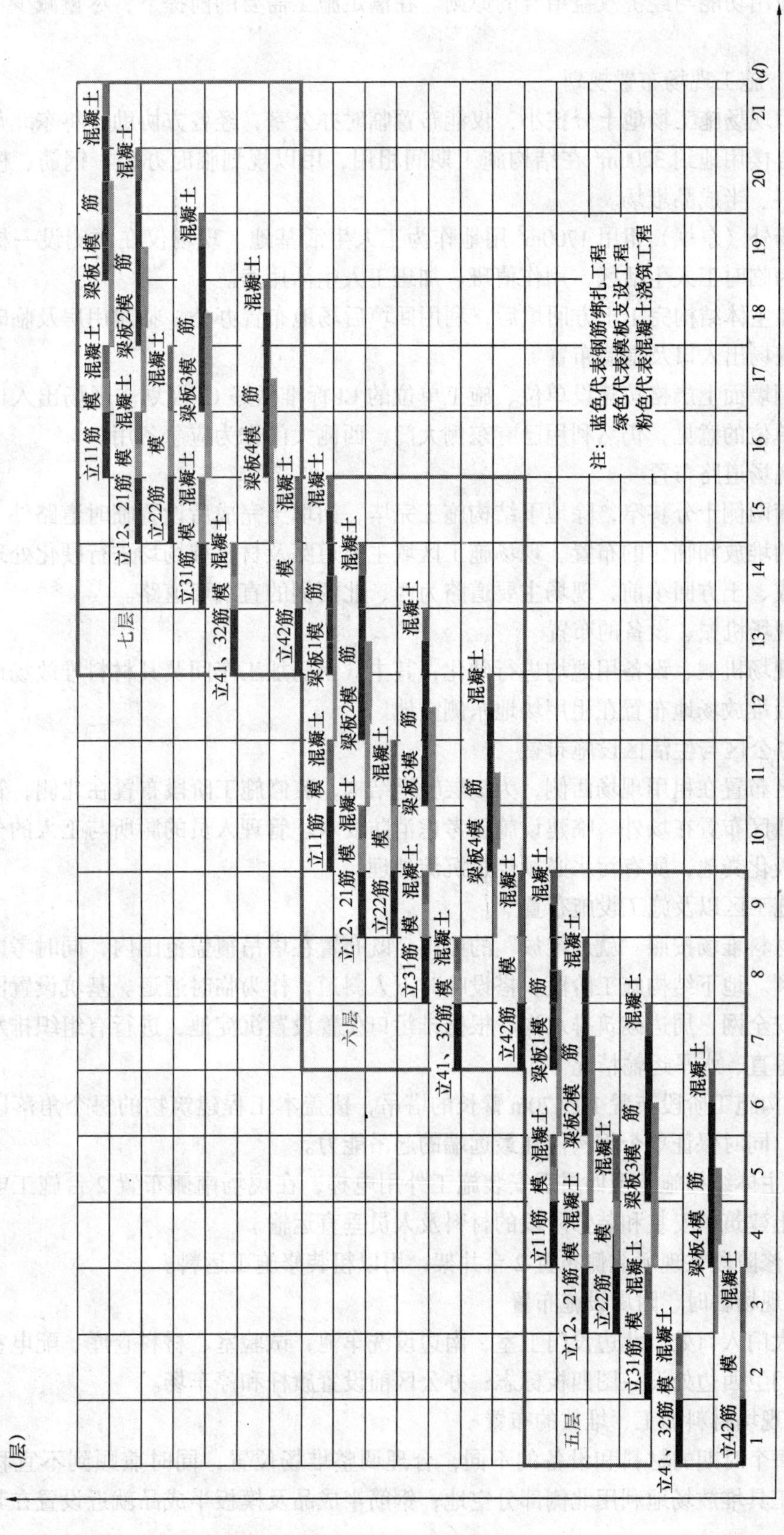

(层)

七层
立11筋 模 混凝土 梁板1模 筋 混凝土
立12、21筋 模 混凝土 梁板2模 筋 混凝土
立22筋 模 混凝土
立31筋 模 混凝土 梁板3模 筋 混凝土
立41、32筋 模 混凝土
梁板4模 筋 混凝土
立42筋 模 混凝土

六层
立11筋 模 混凝土 梁板1模 筋 混凝土
立12、21筋 模 混凝土 梁板2模 筋 混凝土
立22筋 模 混凝土
立31筋 模 混凝土 梁板3模 筋 混凝土
立41、32筋 模 混凝土
梁板4模 筋 混凝土
立42筋 模 混凝土

五层
立11筋 模 混凝土 梁板1模 筋 混凝土
立12、21筋 模 混凝土 梁板2模 筋 混凝土
立22筋 模 混凝土
立31筋 模 混凝土 梁板3模 筋 混凝土
立41、32筋 模 混凝土
梁板4模 筋 混凝土
立42筋 模 混凝土

1 2 3 4 5 6 7 8 9 10 11 12 13 14 15 16 17 18 19 20 21 (d)

注：蓝色代表钢筋绑扎工程
绿色代表模板支设工程
粉色代表混凝土浇筑工程

图 2-6 标准层施工小流水网络图

(6) 使用功能与经济效益结合的原则。在满足施工需要的前提下，尽量减少不必要的设施投入。

2.3.2　施工现场布置规划

(1) 因现场施工场地十分狭小，仅能布置临时办公室，经各方协助，将东北角拟建华嘉金宝综合楼用地约3200m^{2}在结构施工期间租用，用以规划临时办公、钢筋、模板加工车间及材料、半成品堆场。

(2) 场外（东坝）租用1700m^{2}用地作为工人生活基地。现场仅在西侧设一栋二层活动板房作为临时工人生活区，用作值班、加班工人生活用房。

(3) 在主体结构完工土方回填后，利用回填后场地布置办公、临建用房及临时料场。

(4) 现场出入口及围墙布置

所有围墙面上严格按建设单位、施工单位的CI标准做好CI规划。现场出入口的布置根据建设单位的意见，仍然利用已有东侧大门，西侧大门作为应急备用。

(5) 现场道路布置

东、南两侧十分狭窄，除地下结构施工完毕，回填土完成后设置临时道路外，不考虑其他材料的堆放和临建的布置。现场施工区域主要道路及材料堆场均进行硬化处理，在地下结构完成、土方回填前，现场主要道路为西、北两侧的直线形道路。

(6) 现场机械、设备的布置

所有现场机械、设备用地均进行硬化，其中，钢筋加工车间及其材料堆放场地和木工车间、模板堆放场地布置在租用场地东侧空地。

(7) 办公区与生活区设施布置

办公区布置在租用现场西侧，为2层轻钢结构，装修施工阶段布置在北侧，管理人员和工人生活区布置在场外。临建设施已考虑消防要求。管理人员的厕所与工人的分开，厕所设置三级化粪池，所有污水必须经过沉淀处理。

(8) 施工区以及施工设施布置

所有材料堆场按照“就近堆放”的原则，既布置在塔吊覆盖范围内，同时考虑到交通运输的便利。地下结构施工阶段，搭设临时下人斜道，作为临时通道。基坑设置围挡，并满挂密目安全网，周边砌筑排水沟，根据排污口位置设置沉淀池，进行有组织排水。

(9) 垂直、水平运输情况

1) 结构施工阶段布置1台70m臂长的塔吊，覆盖本工程建筑物的每个角落以及主要材料堆场，同时保证单个钢构件在最远端的起吊能力。

2) 在主体结构施工至四层后安装施工外用电梯，在现场南侧布置2台施工电梯，用于满足地上建筑的安装和装修阶段的材料及人员垂直运输。

3) 装修阶段在现场北侧布置2台井架，用以粗装修施工运料。

(10) 现场临时、附属设施布置

东侧大门入口处，北边设门卫室，南边设洗车池，试验室、材料仓库、配电室设在现场西侧。门卫西边处设一图四板标志；办公区前设置旗杆和停车场。

(11) 现场材料加工、堆放的布置

根据每个时期的材料和设备的不同，合理调整堆场位置，同时兼顾到不宜移动的设施。脚手工具堆放场地利用北侧部分空地；钢筋半成品及模板半成品就近设置在其加工车间附近。

(12) 混凝土泵车、泵管的布置

1) 地下结构施工阶段，在现场北侧设 2 台混凝土运输泵，底板大体积混凝土及地下室外墙施工时，临时租用 1 台汽车泵；地上结构施工设 1 台混凝土运输泵，利用布料器进行混凝土水平运输。

2) 地下结构施工时，搭设临时脚手架来固定泵管，底板浇筑时，应从远往近浇，以利于泵管安拆；地上结构施工时，泵管经现场施工通道接到楼中立管处，在施工通道上设置管道坑，上盖预制混凝土盖板，使泵管埋入地下。

根据现行制图标准和制度要求绘制地下结构施工阶段总平面布置图（图 2-7)、地上结构施工阶段总平面布置图（图 2-8)、装修阶段总平面布置图（图 2-9)。

2.4 施工进度计划

(1) 施工进度计划编制原则及依据

1) 满足合同要求的原则；

2) 合理配置资源的原则；

3) 采用先进的施工技术、加大机械化施工程度和实施标准化管理；

4) 有效利用公司的整体优势，完善进度计划管理体系，长计划、短安排编制阶段目标计划进行控制。依据本工程特点，结合公司的技术、资源等状况确定。

(2) 工期安排

1) 定额工期共 745d。

2) 合同工期共计 540d。

3) 工期总目标（计划工期）见表 2-1。

工期实施目标 **表 2-1**

实际开工日期	基础完成日期	结构封顶日期	竣工日期	总工期
2003.4.1	2003.7.31	2003.11.10	2004.9.21	540

注：没有冬休日期。

4) 施工工期汇总表（表 2-2)。

施工工期计划 **表 2-2**

总分配		起止日期	所用天数（d）
施工准备		2003.4.1～2003.4.29	29
地下	底板防水	2003.4.20～2003.5.5	16
	基础底板	2003.5.4～2003.5.30	27
	地下室结构	2003.6.1～2003.7.31	52
	外防水	2003.7.20～2003.8.20	32
	回　填	2003.8.10～2003.8.30	21
地上	主体结构	2003.8.1～2003.11.10	102
	屋面工程	2003.11.15～2004.4.20	158
	外装修工程	2004.7.15～2004.9.5	53
	内初装修工程	2003.9.5～2004.6.30	225
	门窗工程	2004.6.20～2004.7.30	42
	设备安装工程	2003.5.1～2004.7.30	327
	精装修工程	2004.3.10～2004.8.10	110
	室外管线工程	2004.7.15～2004.9.5	53
竣工收尾		2004.8.10～2004.9.21	43

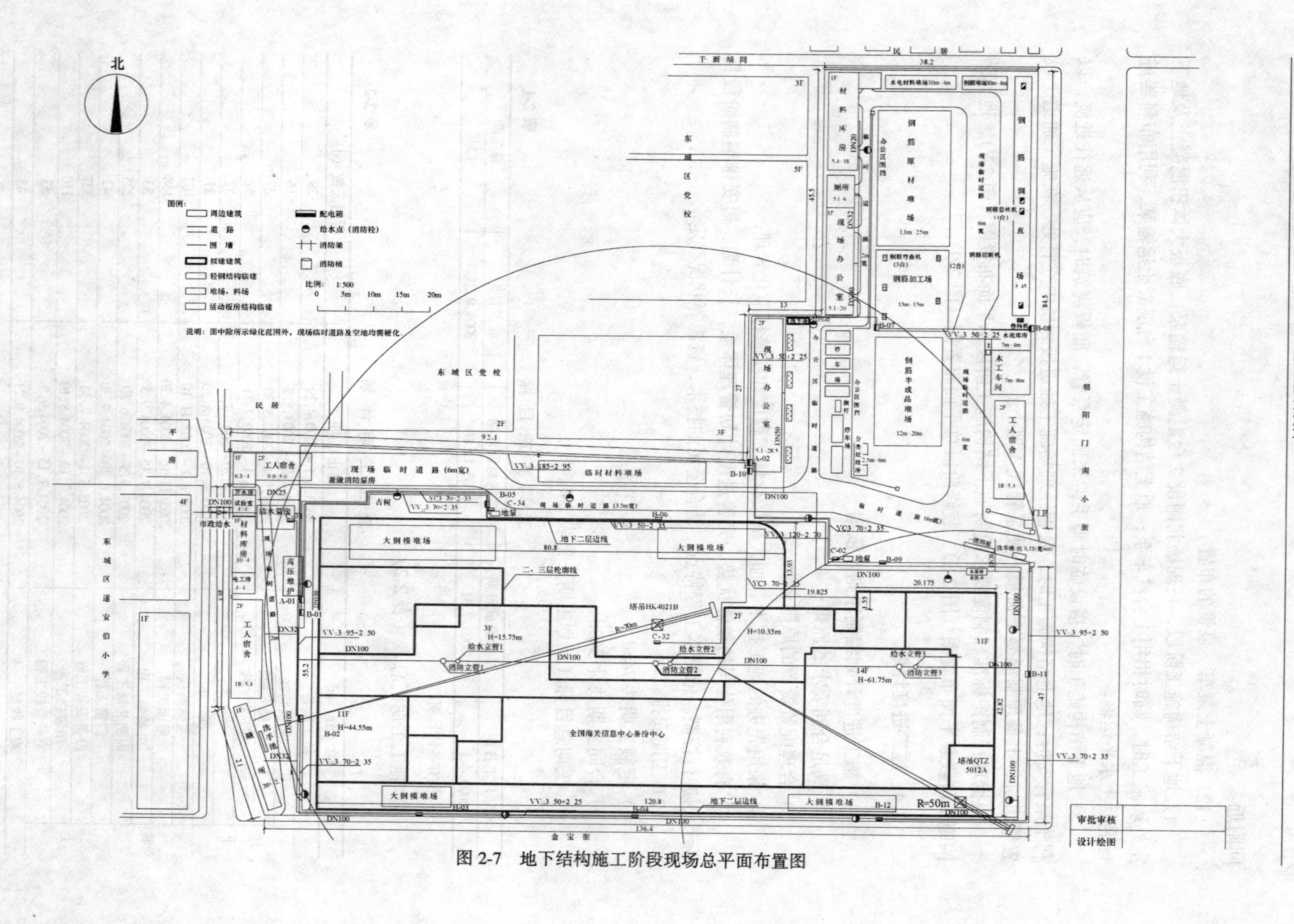

图 2-7　地下结构施工阶段现场总平面布置图

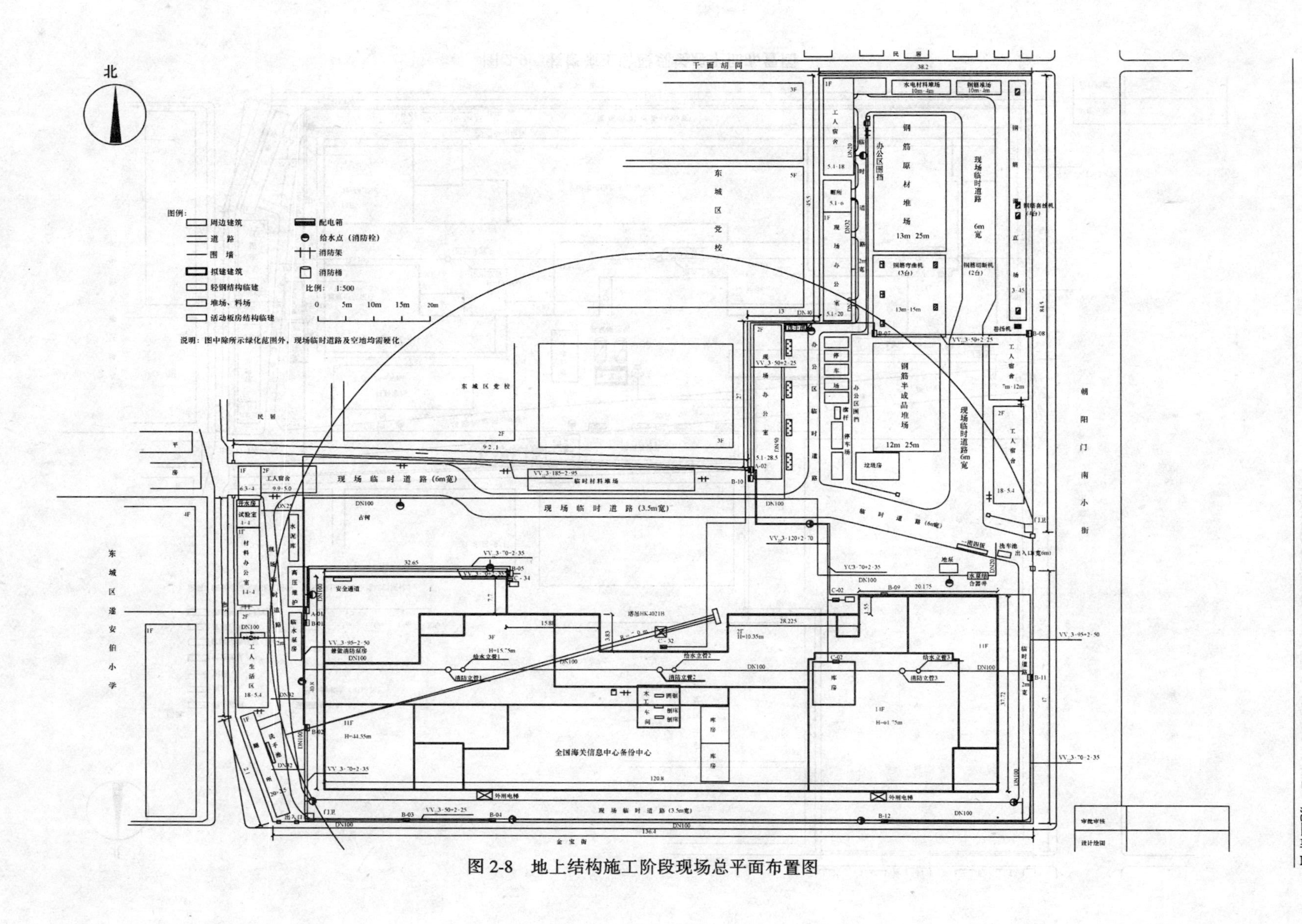

图 2-8 地上结构施工阶段现场总平面布置图

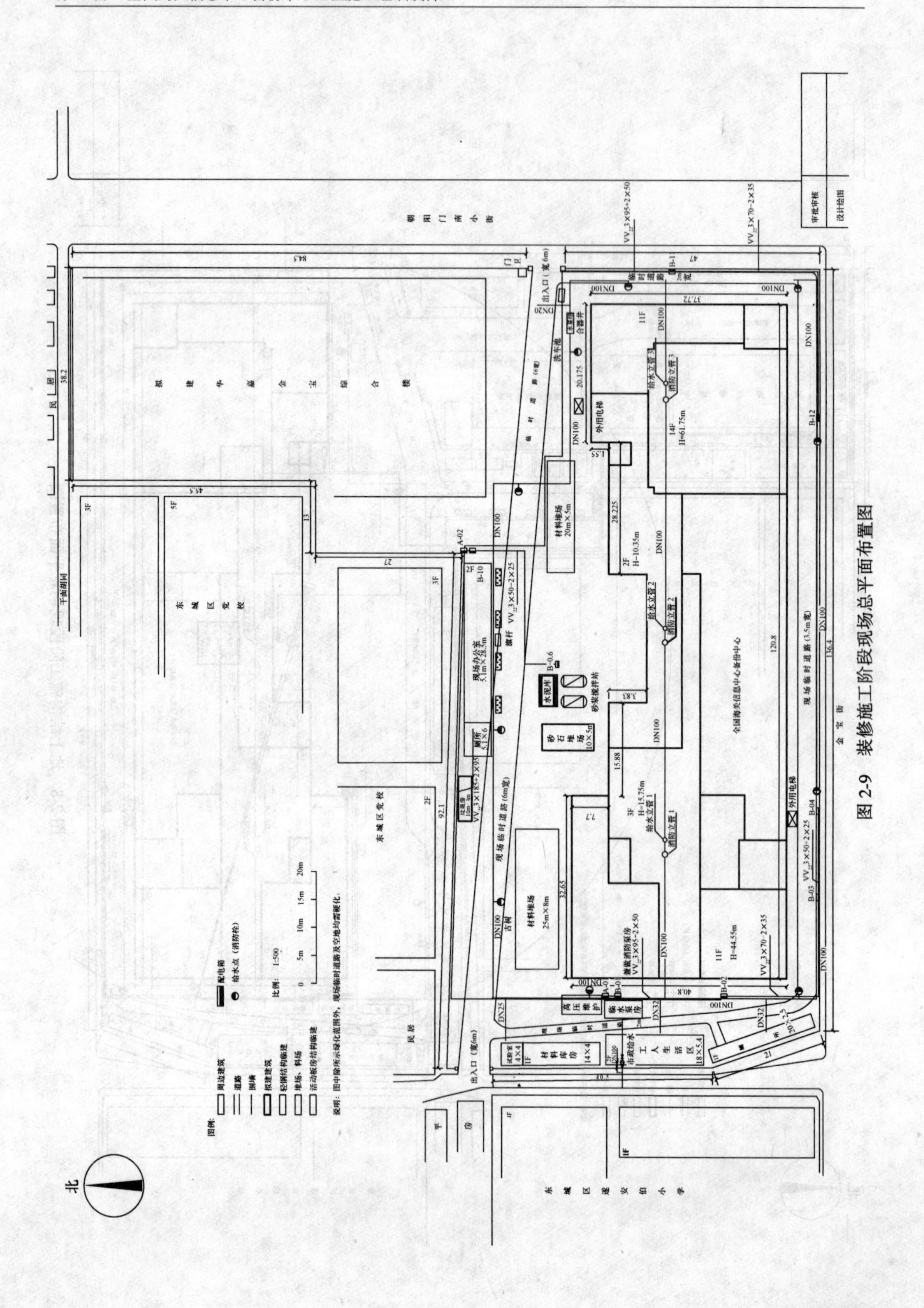

图 2-9　装修施工阶段现场总平面布置图

（3）验收安排

1）基础验收

现场土方及基础垫层工作已完成，我方进场后于2003年4月10日进行基础交接验收。2003年9月10日进行基础（地下结构）验收。

2）主体结构验收

因本工程为框架-剪力墙结构，砌筑量很大，而且裙房为2～3层，第5层开始为标准层，故主体结构分两次验收，定于2003年10月15日进行1～4层结构验收，以便尽早穿插砌筑作业；2003年12月20日进行5层及以上结构验收。

3）竣工验收：2004年8月10日～2004年9月21日。

2.5 主要周转材料用量

主要周转材料见表2-3。

主要周转材料表　　表2-3

序号	材料名称	材料来源	单位	数量	使用时间	使用部位
1	18mm厚多层板	购置	m^2	4000	2003.5.15	柱、墙
2	18mm厚多层板	购置	m^2	14000	2003.6.1 2003.7.1	梁、板
3	墙体大钢模	购置	m^2	1800	2003.8.1	剪力墙
4	70mm×150mm木方	购置	m^3	300	2003.5.1	柱、墙
5	50mm×100mm木方	购置	m^3	600	2003.6.1	顶板、梁
6	100mm×100mm木方	购置	m^3	200	2003.6.1	顶板、梁
7	250mm×4000mm×50mm脚手板	购置	m^3	200	2003.6.1 2003.8.1	外架子、操作架
8	ϕ48×35钢管	租赁	t	200	2003.5.1～2003.8.31	地下室外墙
9	碗扣脚手架	租赁	t	700	2003.5.1～2003.12.31	顶板支撑
10	ϕ48×35钢管	租赁	t	500	2003.8.1～2004.8.31	外架子
11	可调支座	租赁	个	35000	2003.5.1～2003.12.31	顶板支撑
12	扣件	租赁	个	95000	2003.8.1～2004.8.31	外架子
13	密目安全网	购置	m^2	20000	2003.8.1～2004.8.31	外架子
14	大眼安全网	购置	m^2	4000	2003.8.1～2004.8.31	外架子
15	大模板	购置	m^2	1100	2003.6.1～2003.8.1	地上筒体、剪力墙模板
16	外墙对拉螺栓	购置	个	48000	2003.6.1	剪力墙模板
17	内墙对拉螺栓	购置	个	5000	2003.6.1	剪力墙模板
18	3形扣	租赁	副	14000	2003.5.1～2003.8.31	剪力墙模板
19	[50×100×1500槽钢	租赁	根	2000	2003.6.1	柱模板加固
20	柱对拉螺栓	购置	根	2000	2003.6.1	

2.6 主要施工机械进出场时间及需用计划

根据本工程施工要求，通过计算、布局，考虑租赁厂家及价格，进行效益的经济比较，选用最佳性能的机械，确定进场最佳时间和租赁期限，满足施工生产需要。

(1) 塔吊本工程共选用二台塔吊，塔基分别立在基础底板及地下二层顶板上，技术参数见表2-4。

塔吊技术性能 表2-4

型号	最大工作幅度	最大幅度起重	最大起重量	自由高度	最终高度
KH4021B	70m	2.1t	16t	45.2m	91m

(2) 外用电梯

当工程施工至6层左右时，在其南侧安装两台双笼外用电梯，以解决该工程砌筑及装修阶段人员和部分材料垂直运输问题。

(3) 地泵

本工程现场设置两台地泵，型号为HBT80，理论泵送量为80m³/h混凝土，基础底板施工及外墙施工过程中计划用2台汽车泵配合浇筑混凝土。

施工机械使用计划见表2-5。

施工机械使用计划 表2-5

序号	机械名称及型号	单位	数量	机械来源	进出场时间	备注
1	塔吊 HK4021B	台	1	租赁	2003.5.20~2003.12.31	
2	外用电梯	台	2	租赁	2003.10.15~2004.9.5	
3	蛙式打夯机 HW-60	台	8	租赁	2003.8.10~2003.8.30	
4	砂浆搅拌机 HJ200	台	3	租赁	2003.9.5~2004.9.15	
5	混凝土插入式振捣棒	根	50	购置	2003.5.10~2003.13.31	
6	钢筋切断机 GQ65A	台	3	租赁	2003.5.15~2004.4.30	
7	钢筋弯曲机 y100L2-4	台	3	租赁	2003.5.15~2004.4.30	
8	电焊机	台	8	租赁	2003.5.15~2004.4.30	
9	直螺纹套丝机	台	8	厂家提供	2003.5.15~2003.11.30	
10	无齿锯	台	10	租赁	2003.5.15~2003.11.20	
11	木工圆锯机 MJ105-1	台	2	租赁	2003.5.15~2003.11.20	
12	木工平刨床 MB504B	台	2	租赁	2003.5.15~2003.11.20	
13	水泵	台	4	租赁	2003.5.15~2003.11.20	
14	空压机 1.2m³	台	2	租赁	2003.5.15~2003.11.20	
15	卷扬机 2t	台	2	租赁	2003.5.15~2003.11.20	
16	地泵 HB-80	台	2	租赁	2003.5.15~2003.11.20	
17	汽车泵	台	2	租赁	2003.5.15~2003.7.31	
18	推土机	台	1	租赁	2003.8.10~2003.8.30	
19	铲车	台	1	租赁	2003.8.10~2003.8.30	
20	木工压刨	台	2	租赁	2003.5.15~2003.11.20	
21	钢筋调直机	台	1	租赁	2003.5.15~2004.4.30	
22	砂轮机	台	1	租赁	2003.5.15~2003.7.30	
23	台钻	台	2	租赁	2003.5.15~2003.11.30	
24	手把钻	台	8	租赁	2003.5.15~2003.11.30	
25	手提电钻	台	8	租赁	2003.5.15~2003.11.30	

2.7 劳动力部署

(1) 主要劳动力进场计划

劳动力进出场计划见表2-6。

劳动力进出场计划 **表2-6**

序号	工种	人数	施工阶段	进出场时间	备注
1	木工	200	施工准备阶段	2003.4.15~2003.5.1	根据施工情况及时调整
		400	结构施工阶段	2003.6.5~2003.10.15	
		100	装饰施工阶段	2003.9.5~2004.9.5	
2	钢筋工	100	施工准备阶段	2003.4.15~2003.5.1	
		250	结构施工阶段	2003.5.15~2003.10.15	
		50	装饰施工阶段	2003.9.5~2004.9.5	
3	混凝土工	15	施工准备阶段	2003.4.15~2003.5.1	
		100	结构施工阶段	2003.5.18~2003.10.15	
		40	装饰施工阶段	2003.9.5~2004.9.5	
4	瓦工	50	施工准备阶段	2003.4.15~2003.5.1	
		50	结构施工阶段	2003.9.1~2004.4.15	
		200	装饰施工阶段	2003.10.15~2004.9.5	
5	抹灰工	100	装饰施工阶段	2003.9.10~2004.9.5	
6	特殊工种	20	施工准备阶段	2003.4.15~2003.5.1	
		120	结构施工阶段	2003.5.1~2003.10.15	
		50	装饰施工阶段	2004.7.15~2004.9.5	
7	油工	150	装饰施工阶段	2003.10.15~2004.9.5	
8	其他工种	60	施工准备阶段	2003.4.15~2003.5.1	
		100	结构施工阶段	2003.9.1~2004.4.15	
		80	装饰施工阶段	2003.9.5~2004.9.5	

(2) 劳动力动态管理图

劳动力用量动态如图2-10所示。

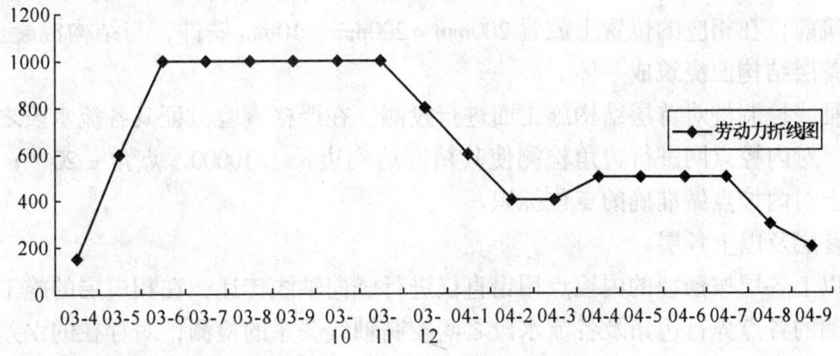

图2-10 劳动力动态分配图

3　主要项目施工方法

3.1　工程测量放线

3.1.1　平面测量

(1) 地下部分

因地下基础较深，经纬仪在基坑上无法将整道控制轴线弹出墨线，为避免二次架镜积累的误差，将控制轴线点引测在基坑护坡的竖立面上，直接把经纬仪架在基坑的中间，调整仪器与控制轴线成一条直线。

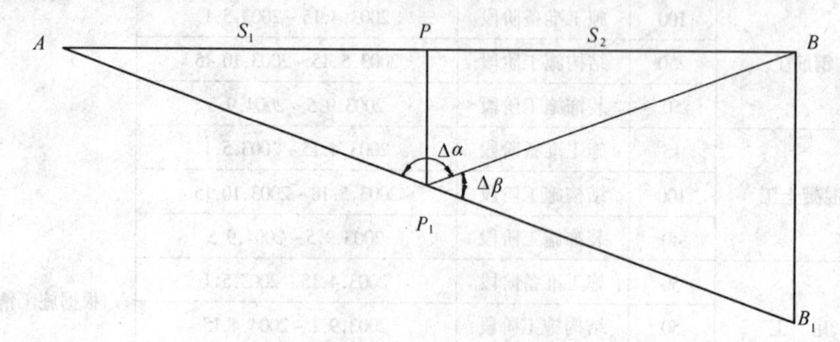

图 3-1　轴线测设

$\angle B = S_1/S_1 + S_2 \times \Delta\beta \quad \angle A = S_2/S_1 + S_2 \times \Delta\beta$

$PP_1 = S_1 \times \text{tg}\angle A \quad PP_1 = S_2 \times \text{tg}\angle B \quad \Delta\beta = 180° - \Delta\alpha$

首先仪器在 P_1 测出 $\Delta\alpha$ 角值，依据所列公式求出 PP_1 值，仪器架在 P 点，使 APB 三点成一直线（图 3-1）。

按此步骤，如此类推投测出每道控制轴线，再对控制轴线进行严格的边角校核，使其精度达到测量规范的要求；然后，按各层设计图放出各细部轴线及墙、柱边线、门窗洞口线。

(2) 首层内控点的布设

首层内控点是 ± 0.000m 以上各层目前施工测量最常用的控制方法，其精度的高低，对以后的施工进度及二次结构、装修工程影响很大。因此，内控点布设与其精度是至关重要的环节，一定要做好做细。

内控点的作法，根据施工图和施工组织设计，安排好内控点的位置，预先在一层结构混凝土浇筑前，在相应的位置上放置 200mm × 200mm × 10mm 铁件，与结构混凝土面同高，使铁件与首层结构面浇筑成一体。

利用轴线控制桩对首层结构施工面进行投测，在严格查验保证其各流水段之间轴线关系的同时，对内控点网进行边角检测使其精度达到边长 1/10000，点角 ± 20″；然后，才能在铁件上对内控点做准确的点位标识。

(3) 首层及以上各层

首层以上各层按预埋的内控点用铅直仪进行竖向轴线传递，在相应层的施工面上，对铅直仪投测的各点先行边角及各流水段之间控制轴线关系的检测，对存在的误差进行合理调整后，最后按设计图放出本楼层各细部轴线和墙、柱边线、门窗洞口线。

3.1.2 高程

(1) 地下部分

基础、地下二层、地下一层根据现场引测的水准点进行标高控制测量，用钢尺下引法进行标高控制(图 3-2)。

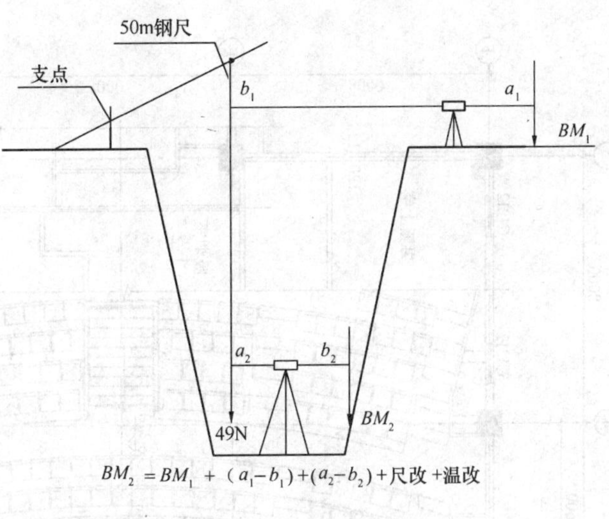

$BM_2 = BM_1 + (a_1 - b_1) + (a_2 - b_2)$ + 尺改 + 温改

图 3-2 地下高程测设

(2) 地上部分

按施工流水段的划分情况，选择立面便于直接向上排尺的地方固定二到三个 + 1.000m标高点，并由此向上传递标高。由于十五层的最高点超过 50m，故在十一层时留点过渡，十一层以上从留点往上传递到十五层控制标高。此依据点进行联测时高差不得超限，作标识保护。因结构外挑板不能直接向上排尺时，用钢尺上引法进行标高控制（图3-3）。

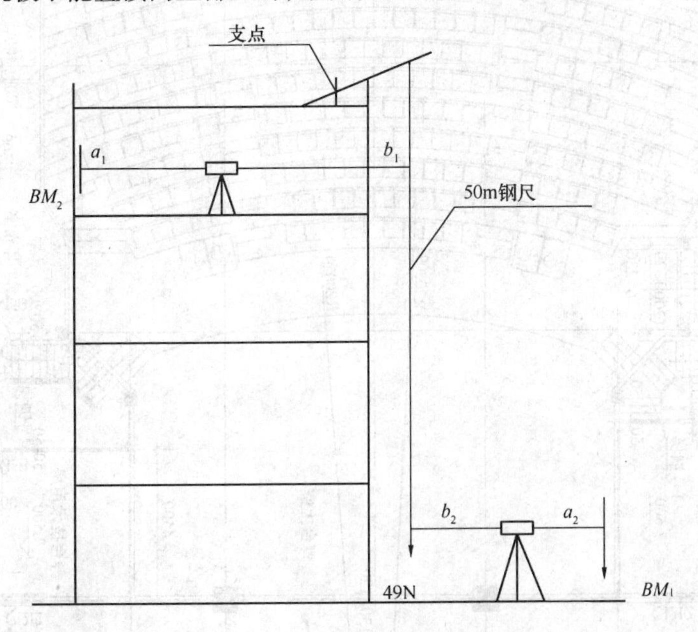

$BM_2 = BM_1 + a_2 + [(b_1 - b_2)$ + 尺改 + 温改$] - a_1$

图 3-3 地上高程测设

(3) 标高复杂构件测量处理

地下部分每层都有很多大的落差，用传统的统一标高来控制根本不可能。采用了分段分区作控制的方法，即在钢筋上用双色油漆标识来区分，在混凝土上弹线后及时标识，并及时将标高控制情况以书面通知的形式下发到各工种手中，有效地避免了施工中二次返工现象的发生。

3.1.3 多圆弧的二次结构放线

二层大报告厅座椅平面共有 22 道同心圆弧线组成，立面落差 4.2m，原结构板共有 9 块高低不同的台阶组成，装修完成后为 22 个台阶（图 3-4、图 3-5）。

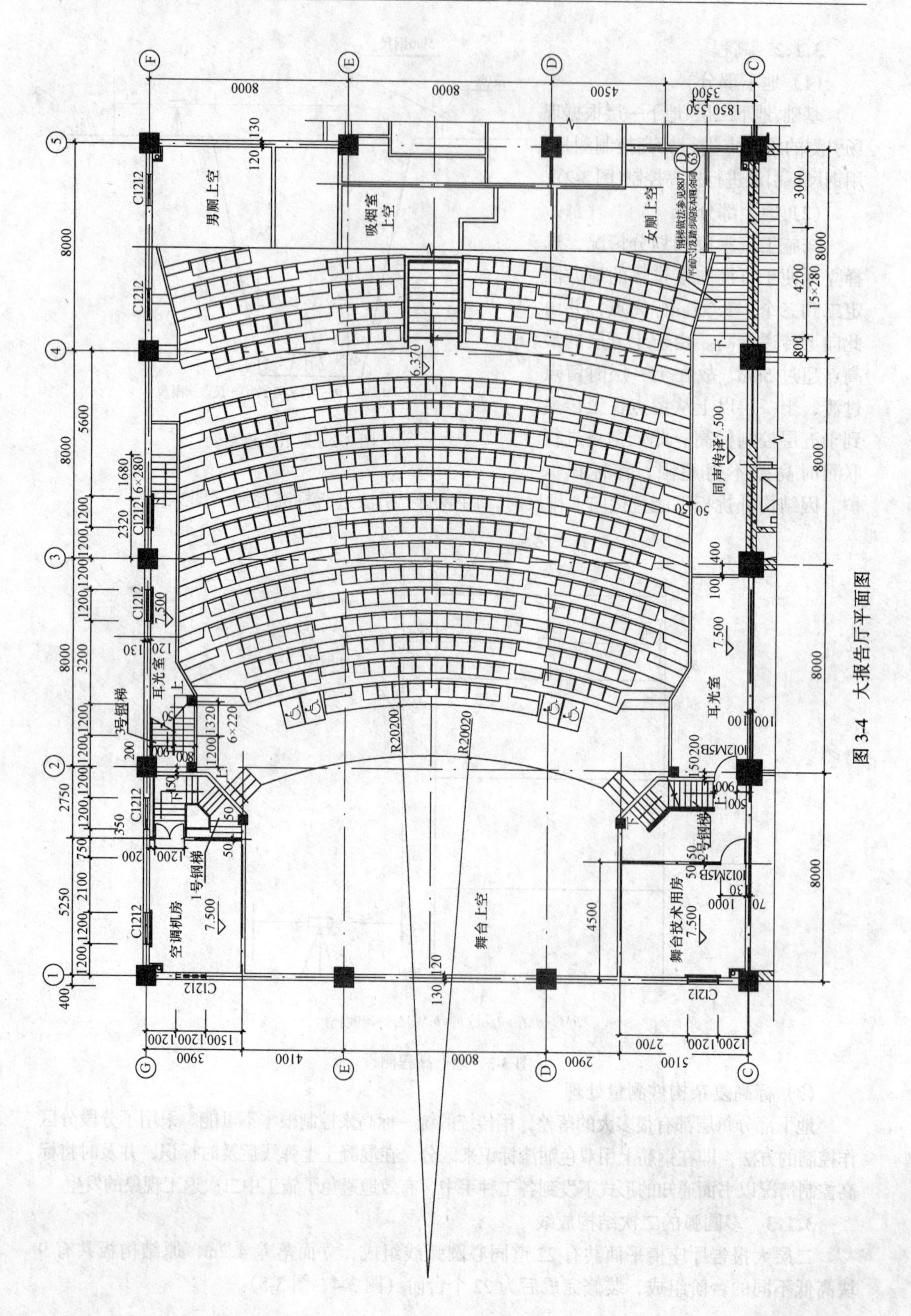
男厕上空
吸烟室
上空
女厕上空
同声传译7.500
耳光室
耳光室
3号钢梯
1号钢梯
2号钢梯
空调机房
舞台上空
舞台技术用房
R20200
R20020
6.370
7.500
C1212
1012M5B
15×280
6×280
6×220

图 3-4 大报告厅平面图

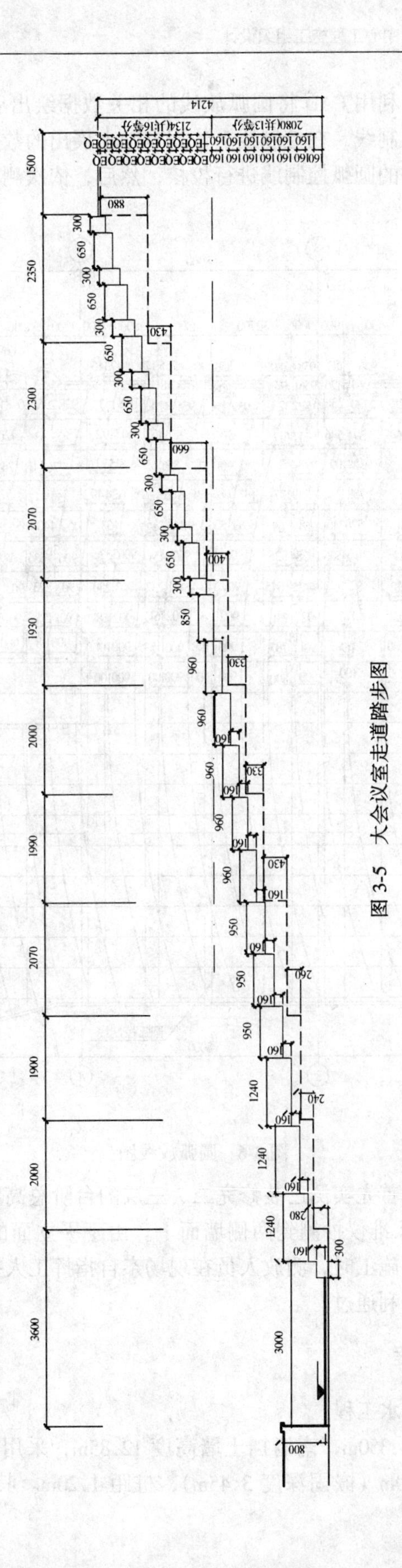

图 3-5 大会议室走道踏步图

在圆弧平面放线时，利用CAD将圆弧放线的相关数据绘出后打印出来。在每块原结构板上各弹出一道圆弧控制线，在控制线上依据电脑上展出的数据，将单块板上的圆弧线放出，用下一道结构板上的圆弧控制线进行校核；然后，依次测放出每道圆弧线。圆弧放线如图3-6所示。

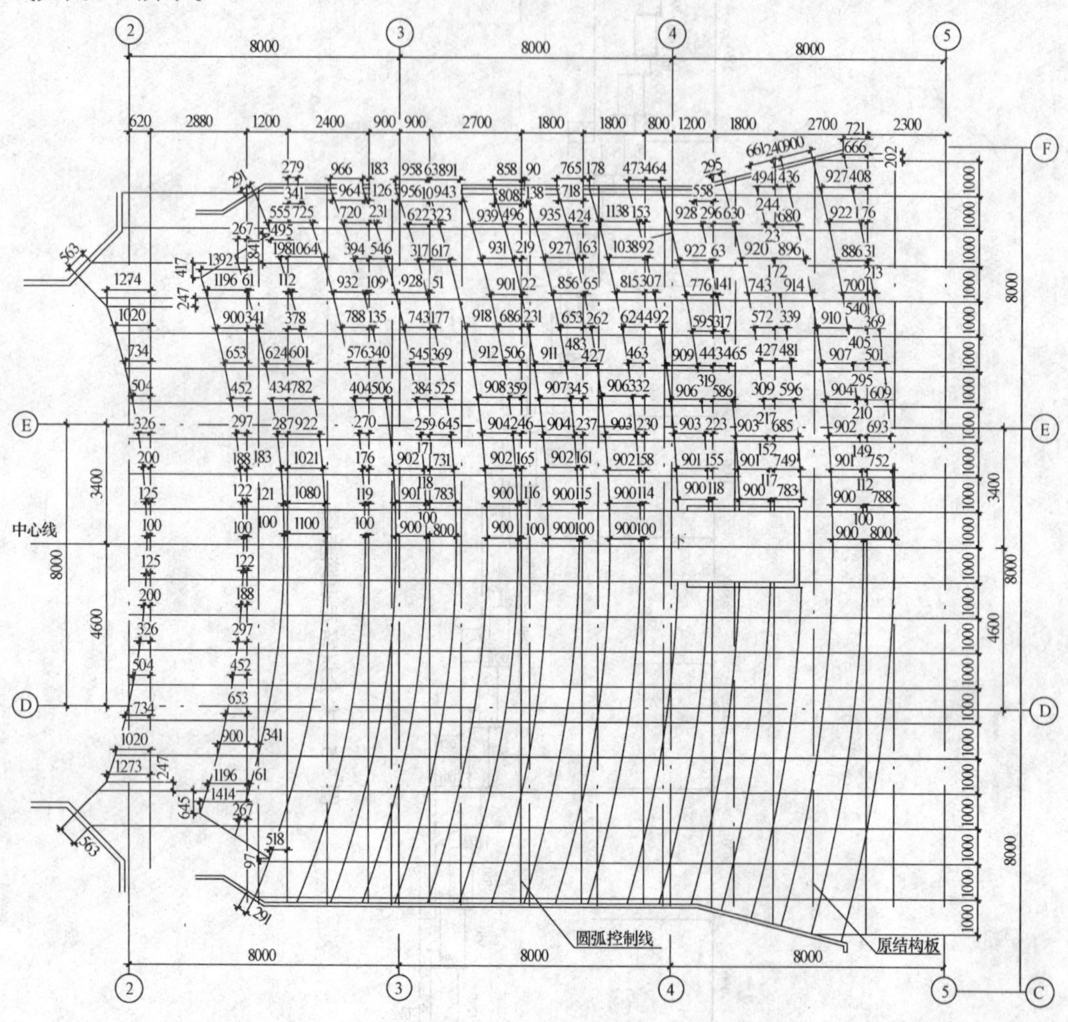

图3-6　圆弧放线图

在放立面台阶线时，首先实测已装修完二、三层的台阶总高度，把施工误差平均分配到22步台阶中，然后用水准仪抄测到两侧墙面上。由于平立面的线比较乱，为保证施工无误，除做好标识外，在施工时，测放人员在现场亲自指挥工人按所放的线进行施工，保证了按图施工和验收时顺利通过。

3.2　地基与基础工程

(1) 土方、护坡及降水工程

基底相对标高为-13.350m，南墙挡土墙高度12.85m，采用护坡桩的边坡支护形式，桩径ϕ600mm，桩长16.30m（嵌固深度3.45m），桩距1.20m。其他部位采用土钉墙支护形式。

（2）地下室防水

1）地下室平、立面柔性防水均采用聚酯胎 SBS 高聚物改性沥青防水卷材 3mm + 3mm，基层为 20mm 厚 1∶2.5 水泥砂浆；底板防水保护层采用 40mm 厚 C20 细石混凝土，立面采用 1∶3 水泥砂浆加 240mm 厚页岩砖保护墙作为保护层，外墙防水保护采用 50mm 厚聚苯板。基层含水率不大于 9%方可进行进行，采用热熔法施工，在后浇带处按设计要求附加一层 3400mm 宽防水卷材，阴阳角、管根等处必须按规范要求增设附加层，在施工过程中按公司“质量手册”规定进行质量连续监控检查。

2）底板采用大体积混凝土结构自防水，抗渗等级为 P12，混凝土强度等级为 C40，施工中掺抗渗防裂性混凝土外加剂 UEA-H，后浇带及施工缝处采用微膨胀橡胶止水条，汽车坡道伸缩缝采用止水带。

3.3 主体结构

3.3.1 模板工程

本工程模板体系的选择考虑清水混凝土。

（1）地下室底板外模为 240mm 砖模；

（2）地下室结构施工时，墙、柱、楼梯、电梯井筒等竖向结构及梁模板采用 18mm 厚多层板，墙、柱等竖向结构模板背肋使用 70mm × 150mm 木方，以增加其截面矩，提高刚度，墙采取木方后配置水平及竖向双向钢管支撑体系，以增加其整体性，柱使用 50mm × 100mm 槽钢作为柱箍；

（3）门窗洞口用 18mm 厚多层板进行定型组装，阳用采用八字进行拼接；

（4）梁、板模板采用 18mm 多层板；板背肋使用 50mm × 100mm 木方、100mm × 100mm 木方，支撑体系为碗扣架；

（5）所有楼梯段采用木胶板、方木钢管脚手架支撑体系；

（6）地下二层南侧墙体因无作业面，采用单面支模，面板采用 18mm 多层板，70mm × 150mm、50mm × 100mm、100mm × 100mm 木方作为背楞，基础底板上预埋地锚，作为支撑和拉接用，采用钢管架作为支撑系统；

（7）主体结构施工时电梯井筒及剪力墙模板使用大钢模，其他结构与地下室一样；

（8）钢模板选用 2∶8 机柴油脱模剂。模板及支撑选用见表 3-1；

模板及支撑选用表 表 3-1

序号	施工部位	选用模板	选用支撑	其他要求
1	柱	18mm 厚多层板	50mm × 100mm 槽钢	
2	地下室墙、井筒		70mm × 150mm 木方、双向钢管背肋	使用穿墙螺栓
3	梁		50mm × 100mm 木方，100mm × 100mm 木方碗扣架	高大于 600mm 使用穿墙螺栓
4	板			
5	门窗洞口	18mm 厚多层板	定型组装	
6	地上剪力墙、井筒	大钢模		
7	楼梯	18mm 厚多层板	钢管支撑	

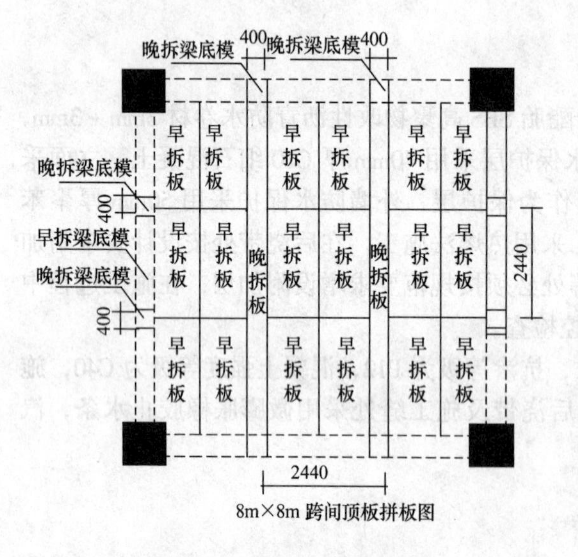

8m×8m 跨间顶板拼板图

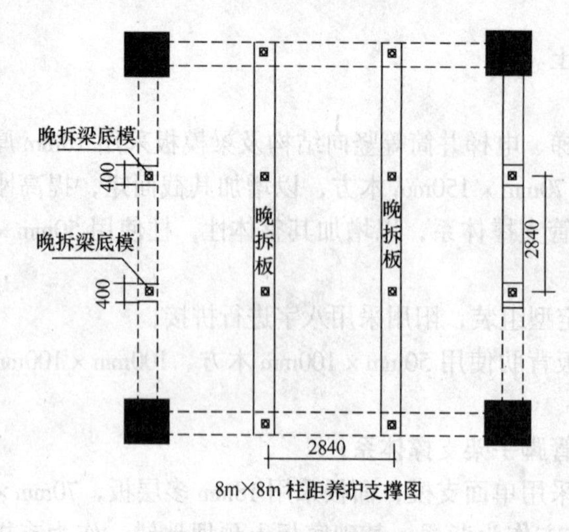

8m×8m 柱距养护支撑图

图 3-7 8m×8m 顶板拼板

(9) 标准层平面模板：

四层（包括四层）以上为标准层（层高 3.6m）。采用快拆体系，以加快周转材料的运转。

1) 按照混凝土验收规范要求：板的结构跨度≤2m，混凝土强度达到设计强度的 50% 时方可拆除模板；结构跨度在 2~8m时，混凝土强度达到 75%，方可拆除模板。人为地将结构构件跨度划小，降低顶板混凝土自应力，从而实现早拆模板的目的。经过计算，2.44m 跨度的板，在混凝土强度达到 62.5% 方可拆模，结构板 180mm 厚、C40 强度的 62.5% 相当于 C25 混凝土强度的 100%。

2) 标准层顶板拼板原则：8m × 8m 跨间布板以中心线为界左右两侧配板对称，顺着次楞（50mm × 100mm）方向铺板。将 8m 宽标准板划分五条板带，设三条早拆板和两条晚拆板带，晚拆板板宽 0.4m，早拆板板带中间宽 2.44m，两边各宽 2.18m（图 3-7）。

3) 支撑仍用满堂红碗扣脚手架，在晚拆板带上附加独立钢支撑，间距 2.84m，承重 3~4t。

4) 混凝土标准养护强度估测（C40）（表 3-2）。

5) 按照工期要 4 层以上每层 7d，每段 3.5d。混凝土养护 3d 的龄期强度约 15.4N/mm²，C40 的强度为 26.8N/mm²。可以达到标准的 53%，采取现场加入早强剂来提高混凝土强度，由于冬期气温比较低，做好结构外围的封闭工作，必须留置两组同条件试块 3d、7d 进行试压，决定是否拆模。

混凝土标养强度估值 **表 3-2**

龄期（d）	1	2	3	7
强度（N/mm²）	4.0	11.0	15.9	21.8

(10) 地下室超高外墙模板体系设置：

地下室南侧外墙高 7.05m，长 120.8m，厚 400mm，防水采用先砌筑页岩砖，按构造要求与护坡桩拉结，抹灰后铺贴防水卷材的“内贴法”防水施工技术（图 3-8）。

模板体系中的面板采用 18mm 厚覆膜多层板，后背三道木方，以确保模板自身刚度，第一道 70mm × 150mm 竖向木方，间距 300mm；第二道横向木方 100mm × 100mm，间距 300 ~ 500mm；第三道竖向木方 50mm × 100mm，间距 500mm。底板内预埋地锚和拉锚。

设满堂红脚手架，间距 1000mm × 1000mm，满堂红脚手架与地锚连接形成整体。设横向及斜向钢管支撑，两头加U形托，竖向间距 300 ~ 500mm，横向间距 500mm（图 3-9）。并采用［10 号槽钢作为传力构件。槽钢与该处水平钢管点焊连接，并加扣件固定。斜撑、横撑钢管遇到满堂红立杆即与立杆用扣件相连。槽钢后设水平撑杆，间距 300mm，与满堂红脚手架水平杆至少用 3 个扣件连接。设拉杆、撑杆，间距 1m 一道，与满堂红脚手架横杆及立杆用扣件连接。为防止墙体模板在浇筑混凝土时上浮，在模板顶部与拉锚之间加钢丝绳（下部为花篮螺栓），间距 1000mm 一道（图 3-10）。

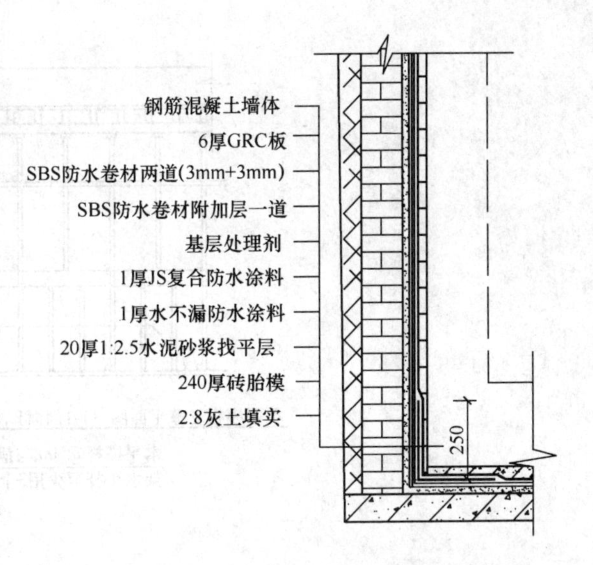

图 3-8 地下室南侧外墙防水设计

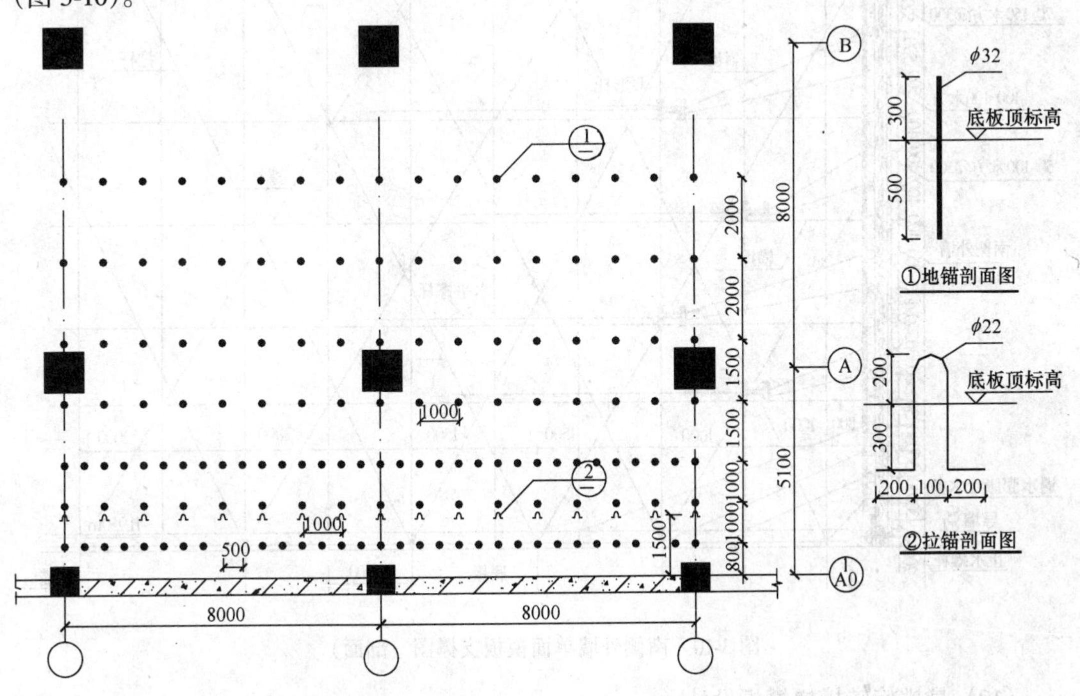

图 3-9 地下室南侧外墙单面模板体系预埋图

（11）汽车坡道弧形墙模板设计：

汽车坡道弧形墙模板采用定型模板，面板为 12mm 厚竹胶板，后背竖向木方 100mm × 100mm，间距 300mm，横向为定型弧形多层板，背 50mm × 100mm 木方，间距 600mm 一道。定型模板后背竖向钢管背楞，间距 300mm，横向背楞为 φ25 弧形钢筋，间距 300mm。穿墙对拉螺栓 M16，竖向间距 600mm，横向间距 300 ~ 600mm。汽车坡道弧形模板配置图如图 3-11 所示。

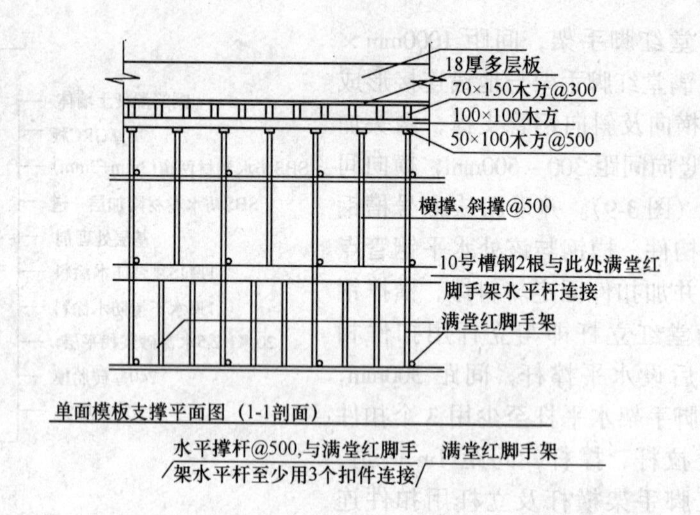

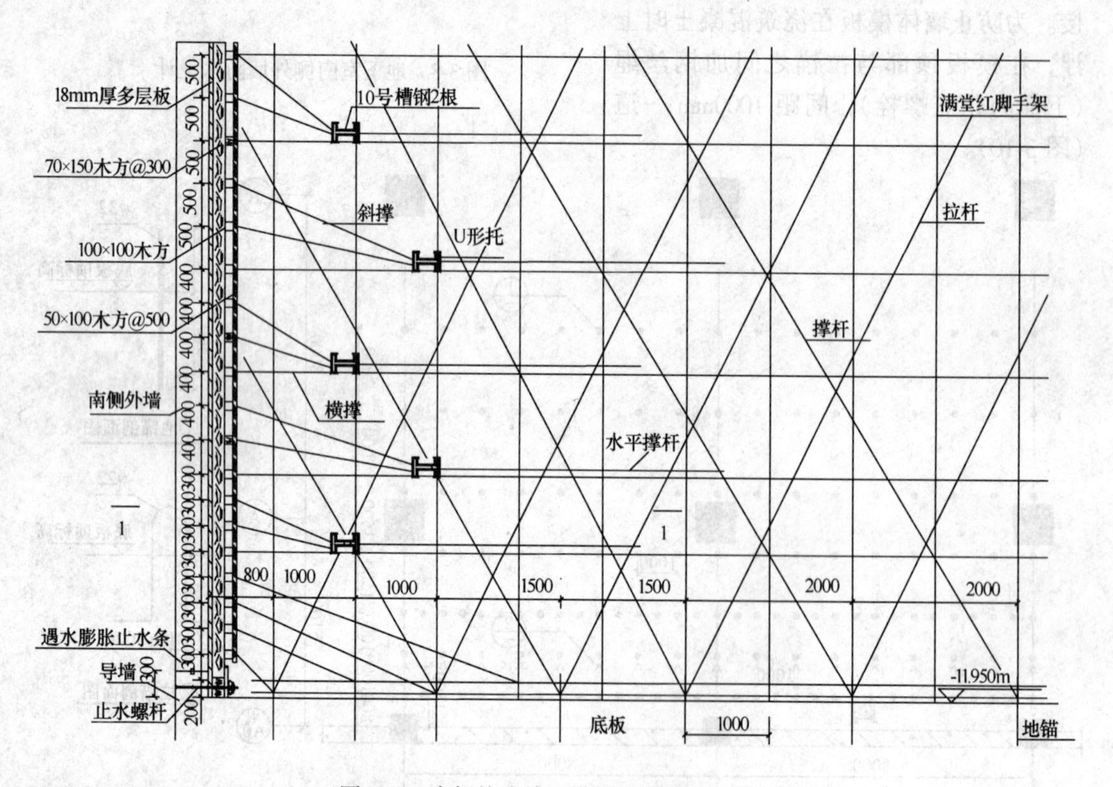

图 3-10　南侧外墙单面模板支撑图（剖面）

（12）悬挑旋转楼梯模板设计：

3 号悬挑旋转楼梯底模和侧模都采用五合板和 18mm 厚覆膜多层板，根据现场实际放大样，结合图纸和配模图来现场安装悬挑旋转楼梯（图 3-12）。

（13）钢木模板接高设计：

本工程结构标准层层高为 3.6m，非标准层标高为 4.8、4.2、5.4m，地上模板采用 86 体系整体大钢模板拼装模板。为节约项目成本，大钢模板高度均按标准层层高 3.6m 进行配制，首层～三层非标准层模板均采用多层板木模进行接高，达到高度要求。

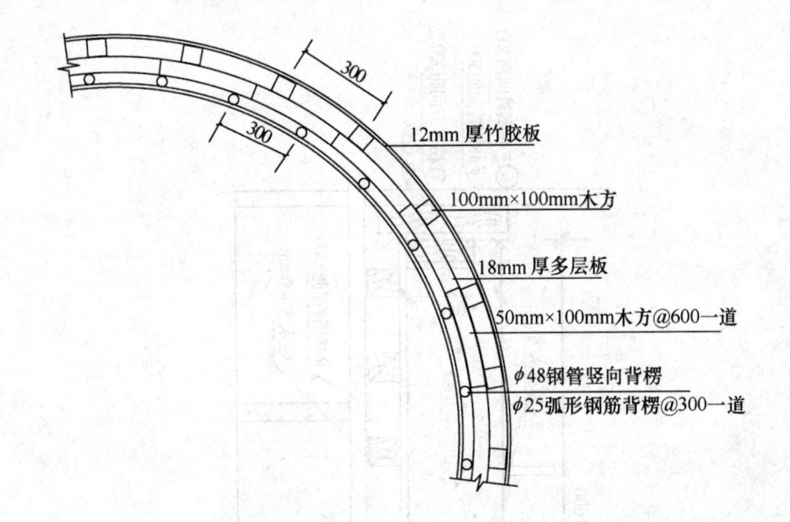

图 3-11　汽车坡道弧形模板配置图

1）86 体系整体大钢模板设计：模板面板为 6mm 厚钢板，肋为［8 槽钢，水平间距为 300mm，背楞为双根［10 槽钢，最大间距为 1200mm，穿墙螺栓最大间距为 1200mm，模板上部在［8 槽钢上部焊接 1000mm 高，间距 900mm，以备固定将来要接高的木模板。

2）木模板体系设计：面层采用 18mm 厚多层板，四周边框木方为 86mm × 100mm 木方，竖向背楞为 100mm × 100mm 木方间距 300，外侧横向双向钢管 2ϕ48 × 3.5，间距 200 ~ 400mm，竖向钢管 2ϕ48 × 3.5，间距 600mm，对拉螺栓 M16，竖向间距 600mm，横向间距 200 ~ 400mm，接高模板平面图及剖面图如图 3-13 所示。

3）86 体系大钢模板与木模板接高节点设计：大钢模与与木模连接部位采用 M16 的对拉螺栓进行连接，因大钢模板的槽钢内间距只为 86mm，因此，连接螺母由 3 形螺母将两端切除自制面成（图 3-14）。

模板四边框连接采用企口式连接，以保证整个木模板的整体刚度。两块木模板子母口相接处，竖向木方应用 M16 的对拉螺栓连接，以保证模板不发生错台现象。接高木模与大钢模相接处，在接高木模上内外侧均应贴 3mm 厚海绵条，以防止漏浆，如图 3-15 所示。

3.3.2　钢筋工程

（1）本工程所使用的钢筋集中配料，现场加工成型，用塔吊运送至使用部位。

（2）本工程采用 HPB235 级钢筋直径 ϕ6 ~ ϕ12，HRB335 级钢筋直径 ϕ12 ~ ϕ32，HRB400 级钢筋直径 ϕ32。

（3）钢筋原材必须符合施工规范及设计要求，钢筋原材及接头按北京市要求标准取样送检试验，并按规定比例做见证试验，各主要部位水平和竖向结构（梁、板、柱、墙、基础底板等）钢筋种类及连接方式，采用的新工艺或新技术等，见表 3-3。

选用钢筋及连接方式列表　　**表 3-3**

序号	施工部位	主要钢筋	钢筋连接方式
1	基础底板	ϕ32、ϕ28、ϕ25、ϕ22、ϕ20	剥肋滚轧直螺纹连接
2	墙	ϕ25、ϕ16、ϕ14、ϕ12	≥ϕ18 采用剥肋滚轧直螺纹连接、其他搭接
3	柱	ϕ28、ϕ22、ϕ20、ϕ18	剥肋滚轧直螺纹连接
4	梁	ϕ25、ϕ22、ϕ20、ϕ18、ϕ16	≥ϕ18 剥肋滚轧直螺纹连接、其他搭接
5	板	ϕ20、ϕ18、ϕ16、ϕ14、ϕ12	≥ϕ18 剥肋滚轧直螺纹连接、其他搭接

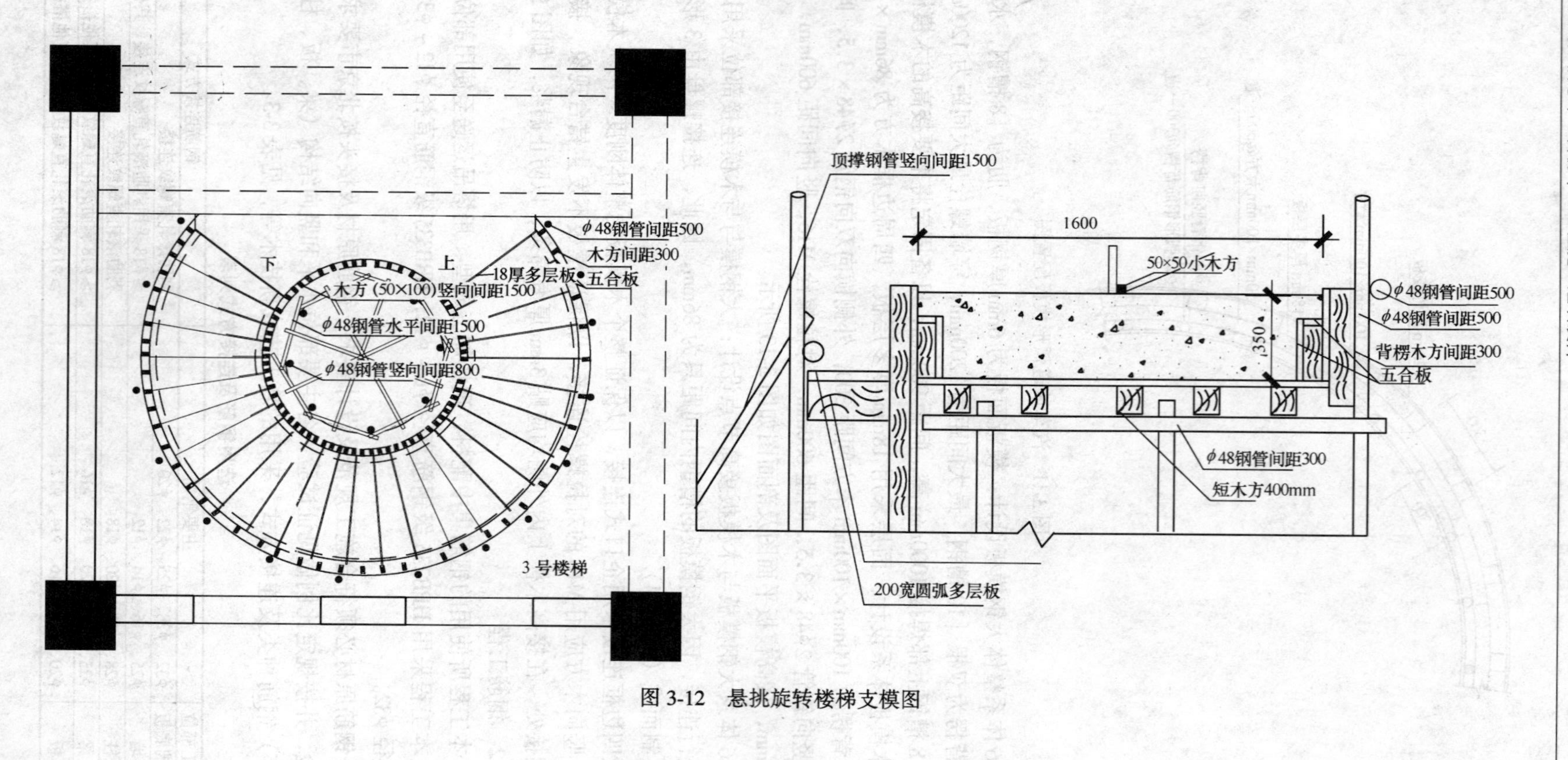

图 3-12　悬挑旋转楼梯支模图

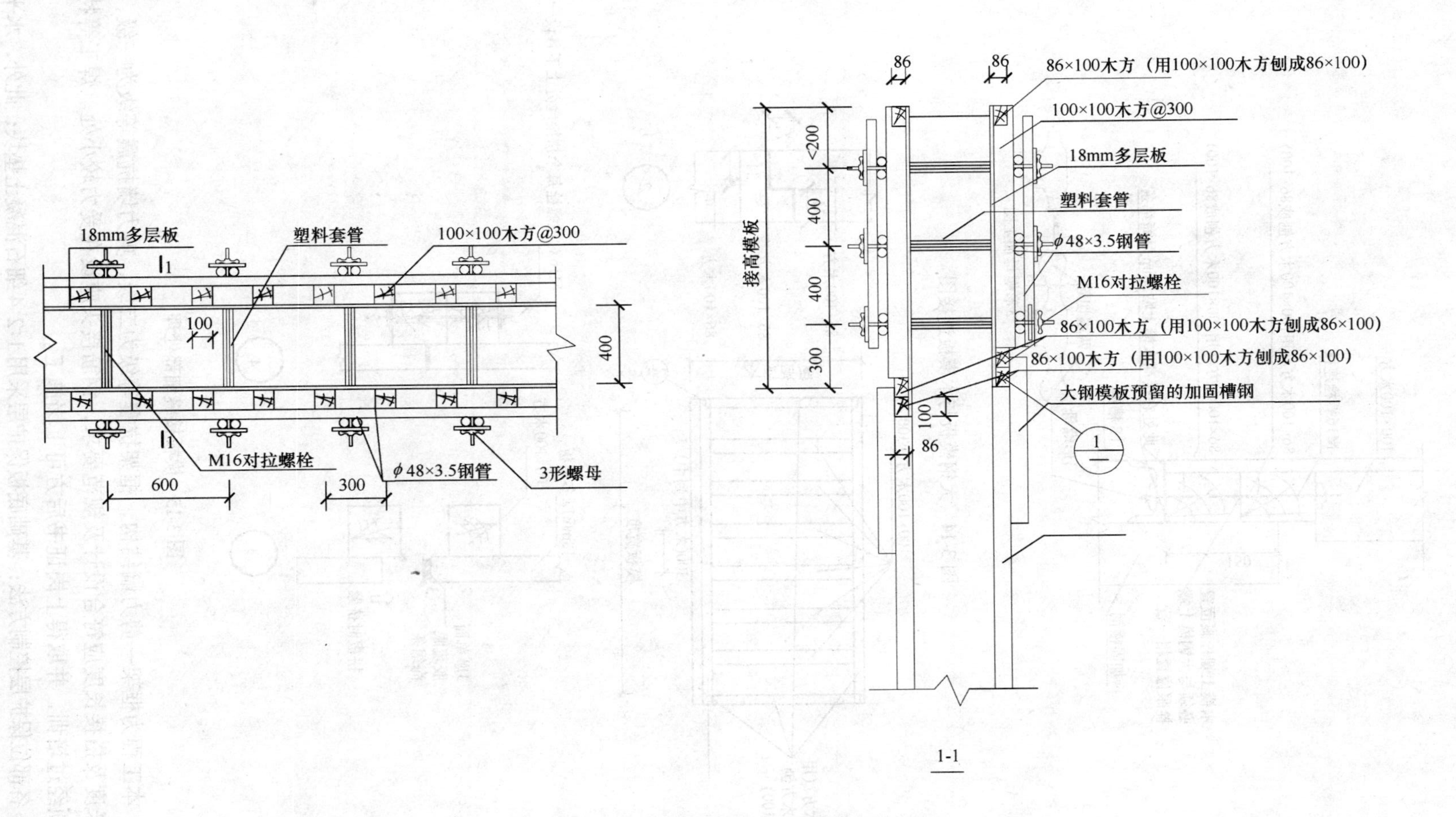

图 3-13 大钢模板接木模平面图及剖面图

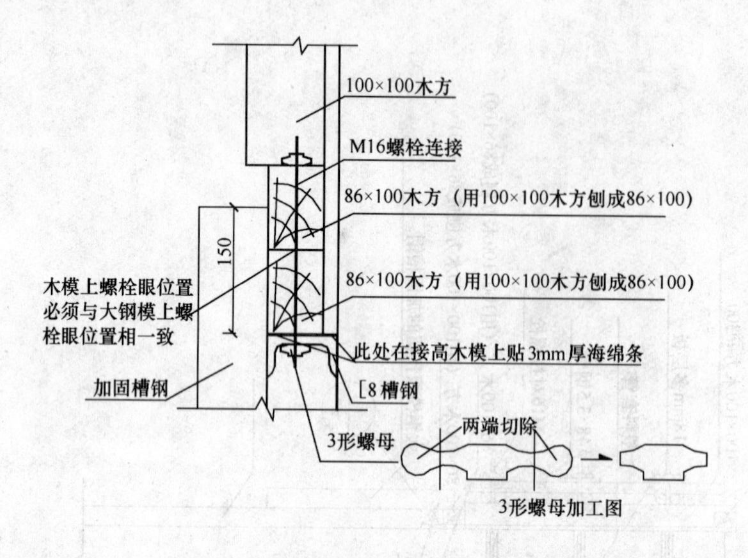

图 3-14　大钢模板与木模板连接图

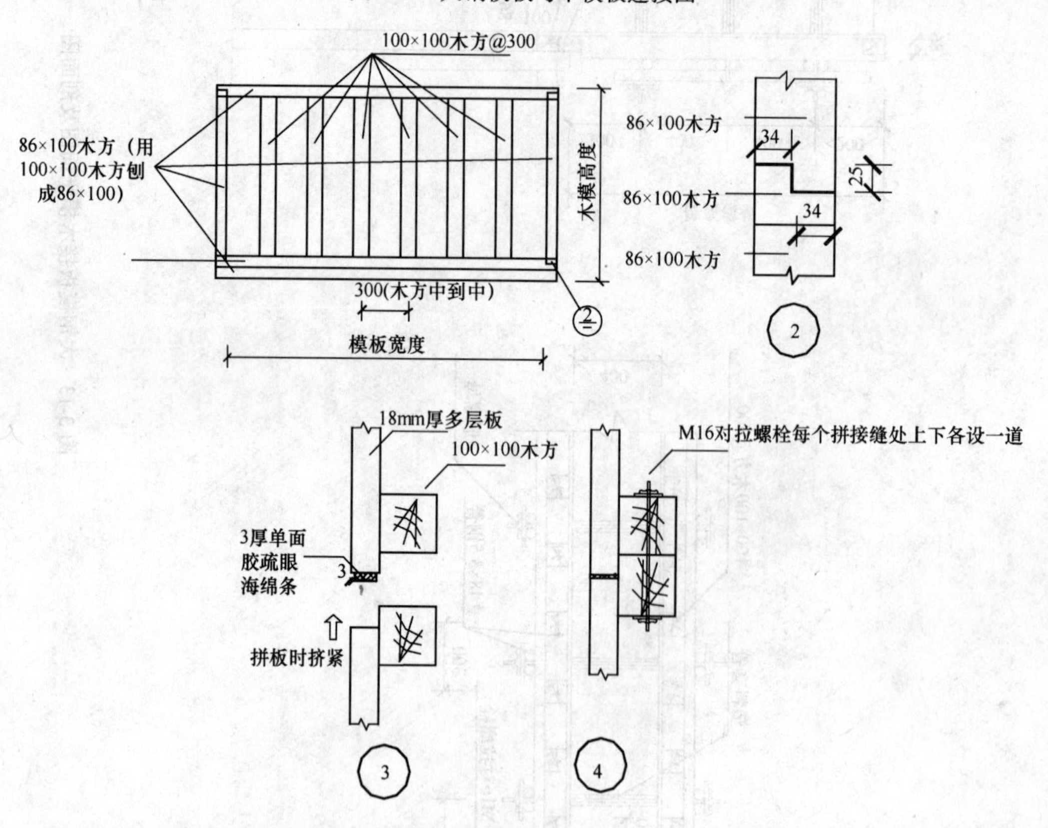

图 3-15　模板接缝细部处理

（4）本工程为框架—剪力墙结构，框架抗震等级为二级，剪力墙抗震等级为一级，钢筋锚固长度及搭接长度应符合设计及规范要求，钢筋接头应设在受力较小处。焊工等特种工种必须经过培训，并取得上岗证书后方可上岗施工。

（5）各部位保护层控制方法：基础底板保护层采用 1:2:4 细石混凝土垫块；此外，水平结构（板、梁）用水泥砂浆垫块；竖向结构用塑料卡具垫块外，柱用定位钢框固定钢筋保证保护层位置准确，墙体钢筋用竖向梯子筋及水平梯子筋来固定钢筋，以保证墙体保护层准确。所有定位钢筋端头均使用塑料套，以保护模板和减少后处理（剔凿、抹水泥砂浆等）。

(6) 受力钢筋的锚固长度（l_{aE}）和搭接长度（l_{lE}）：

1）受拉钢筋绑扎接头的最小锚固长度见表3-4。

受拉钢筋绑扎接头最小锚固长度　　表3-4

锚固长度 \ 混凝土强度等级	C20		C30		≥C40	
	l_a	l_{aE}	l_a	l_{aE}	l_a	l_{aE}
HPB235级钢筋	$31d$	$35d$	$25d$	$30d$	$20d$	$25d$
HRB335级 $d\leqslant25$	$40d$	$45d$	$30d$	$35d$	$25d$	$30d$
HRB335级 $d>25$	$45d$	$50d$	$35d$	$40d$	$30d$	$35d$
HRB400级 $d\leqslant25$	—	—	—	—	$30d$	$35d$
HRB400级 $d>25$	—	—	—	—	$35d$	$40d$

注：1. l_a为不考虑地震作用组合时的受拉钢筋的最小锚固长度，用于次梁和板。
2. l_{aE}为考虑地震作用组合时的受拉钢筋的最小锚固长度，用于框架柱、梁、墙。
3. 任何情况下，受拉钢筋的锚固长度不应小于300mm。
4. HPB235级钢筋端部应另加弯钩。

2）受拉钢筋绑扎接头的最小搭接长度见表3-5。

受拉钢筋绑扎接头最小搭接长度　　表3-5

搭接长度 \ 混凝土强度等级	C20		C25		C30		≥C40	
	l_l	l_{le}	l_l	l_{le}	l_l	l_{le}	l_l	l_{le}
HPB235级钢筋	$36d$	$41d$	$30d$	$35d$	$24d$	$29d$	$24d$	$29d$
HRB335级 $d\leqslant25$	$48d$	$53d$	$42d$	$47d$	$36d$	$41d$	$30d$	$35d$
HRB335级 $d>25$	$54d$	$59d$	$48d$	$53d$	$42d$	$47d$	$36d$	$41d$

注：1. l_l为不考虑地震作用组合时构件的受拉钢筋的最小搭接长度，用于次梁及板。
2. l_{le}为考虑地震作用组合时的受拉钢筋的最小搭接长度，用于框架柱、梁、墙。
3. 在任何情况下，受拉钢筋的搭接长度不应小于300mm。
4. HPB235级钢筋端部应另加弯钩。

3.3.3　混凝土工程

(1) 本工程混凝土强度等级见表3-6。

混凝土强度等级列表　　表3-6

序号	施　工　部　位	混凝土强度等级	特　殊　要　求
1	防水保护层	C20细石混凝土	
2	地下室外墙及水池	C40	P12（内掺UEA-H）
3	12层以下结构墙、柱、梁、板	C40	
4	12层以上结构墙、柱、梁、板	C35	
5	圈梁、构造柱	C20	

(2) 本工程结构混凝土全部采用预拌混凝土。混凝土搅拌站必须根据混凝土申请单上的设计标准强度、选用的水泥品种、砂石最大粒径和外加剂、掺合料等进行混凝土试配，得出最优化配合比。商品混凝土必须按有关规范和操作规程进行拌制，并保证加料计量具的定期校验、骨料含水率的经常测定（雨天施工应增加测定次数），搅拌环节具有可追溯性。混凝土从搅拌机卸出运输到现场时间、初凝时间、相邻两车的发车时间必须符合施工规范要求。

(3) 基础底板采用汽车泵配合拖式泵浇筑，其他利用拖式泵进行浇筑运输。

(4) 施工缝的留置位置留在结构受剪力较小且便于施工的部位：基础底板施工缝设在后浇带，外墙垂直施工缝设在后浇带部位，内外墙垂直施工缝设在外墙向内 25~30cm 范围内，墙体及柱水平施工缝设在梁底或板底向上 10cm 部位，梁板施工缝设在后浇带部位。

(5) 在留置施工缝处继续浇筑混凝土时，已浇筑的混凝土其抗压强度不应小于 1.2MPa。在已硬化的混凝土表面上，应清除水泥薄膜和松动石子以及软弱混凝土层，剔凿至露出石子，并加以充分湿润和冲洗干净，不得积水。浇筑混凝土前，施工缝处宜先铺与混凝土成分相同的水泥砂浆一层。浇筑混凝土时应仔细振捣，使新旧混凝土紧密结合。

(6) 混凝土立面、水平面结构均采用浇水或覆盖养护的方法，并严格按清水混凝土的有关要求执行：用水养护，保证保湿时间，减轻返碱现象。

3.4 预应力工程

本工程中施加预应力除满足楼板抗裂要求，还要抑制因温度及混凝土收缩产生的裂缝。预应力梁板抗裂控制等级均为二级。地下一层到地上十二层梁板均配置无粘结预应力筋，另外地上三层、四层预应力托梁配置有粘结预应力筋。预应力筋采用 1860 级钢绞线，均为曲线布置；预应力筋张拉控制应力均为 $0.7f_{ptk}$，混凝土强度达 80%后方可张拉预应力筋。

无粘结预应力筋总计 19000 束，张拉端锚具近 2 万套，挤压锚 13000 套，钢绞线总重 880t。张拉端采用夹片式锚具锚固，固定端采用挤压锚锚固，张拉设备采用 FYCD-23 型前卡式千斤顶，设计张拉控制应力 $0.75f_{ptk}$，张拉力为 195.3kN。有粘结预应力筋总计 5334 根，张拉端锚具 1000 套，固定端采用 P 型锚具。预应力钢绞线总计 180t。张拉设备采用 YCQ-150 型穿心式千斤顶，张拉力为 1367kN，采用大吨位变角张拉新技术。

本工程预应力结构工程的特点是：柱网大（24m×16m）；所有梁、板、墙内预应力束，均采用交叉搭接变角张拉新技术。

3.4.1 特点和难点

(1) 该结构长 120.8m，宽 45.8m，按设计要求，预应力分三段施工，即中间一段 (52m)，两端各一段（33.4m)。预应力筋的分段，与土建施工流水段配合是一个施工技术难题，底板的非预应力上铁配筋间距为 100mm，预应力配筋柱上板带为 $4\times3\phi^{j}15$，支座板带为 $3\phi^{j}15@300$，跨中板带为 $3\phi^{j}15@400$，非预应力筋密集布置，张拉端钢制张拉盒如何布置需要重点考虑，如何进行预应力张拉，才能保证预应力按设计要求建立。

(2) 由于创结构长城杯对结构外观的要求，如何处理结构平面和墙面上数以万计的预应力张拉端钢制张拉盒的预埋，是一个难题。

(3) 为保证冬期施工期间基坑边坡的稳定，要求地下室墙体、顶板在一个月内完成，期间要求铺设无粘结预应力钢绞线200t，安装预应力张拉盒8000余个，施工量大，施工难度高。

(4) 三层为转换层，有粘结预应力大梁跨度为16.0m，需承受上面13层的荷载，对施工工艺提出了很高的要求；同时，该梁需在主体结构施工完后张拉，对模板及其支撑设计要求也很高。

(5) 有粘结预应力大梁和与其连接的框架柱截面尺寸大，分别为1400mm×2100mm和1400mm×1400mm，配筋率大，钢筋密，需对梁和柱的钢筋布设进行深化设计。

(6) 梁及柱内尤其是梁柱接头处的钢筋布置密集，空隙狭窄，浇筑混凝土困难，如何保证混凝土浇筑质量很关键。

(7) 结构施工和有粘结预应力大梁张拉时，均处于冬期施工。

针对上述问题，采取了以下措施和方法：

1) 在施工前期组织了各级技术人员认真审图，特别是对关键部位要求放出大样图，发现问题及时与设计协商解决。首层顶板梁最复杂的部位即是预应力筋张拉端处，也是非预应力钢筋和预应力筋交叉最密集处，双向筋纵横交错；如按原设计图纸进行施工，张拉端塑料张拉套将无法放置。利用CAD技术进行了1:1柱网足尺放样，把节点放大，并对预应力筋与非预应力筋的间距适当调整，在很短的时间里拿出了三种方案。经与设计讨论，最后选定预应力筋张拉端塑料张拉套前后交错布置方案。该方案成功解决了张拉端塑料张拉套密集布置时，预应力筋搭接处节点构造难以处理的难题。

2) 本工程施工时，因工期很紧，预应力布筋时与钢筋、水电工种互抢进度。为保证预应力钢绞线穿筋顺利，项目经理部及时协调各工种，严格按照工序施工。铺筋时，预应力筋的铺设与普通钢筋交叉进行，采取了梁板钢筋绑扎时将预应力筋穿入处的普通钢筋移开暂不绑扎、张拉端塑料张拉套处的钢筋两根合并等措施；同时铺设梁板下铁及部分上铁，铺设梁板内预应力筋，再铺设水电管线、预埋铁件，然后绑扎全部上铁。由于合理地安排了布筋顺序，理顺了各工种之间关系，整个工程的工期、工程质量得到了很好的保证。

3) 预应力筋的铺设。

平板内采用双向跨中央矢高为 e 的 $Y=4e\left[X/L-(X/L)^2\right]$ 抛物线方程式确定的预应力曲线。如图3-16所示。

在平面中分柱宽、柱上板带和跨中板带三个区域布置预应力筋，预应力的配筋见表3-7。由于预应力筋种类及数量较多，为避免双向预应力筋同时铺设容易出错，采取先铺一个方向的预应力筋，经检查合格后再铺另一个方向的预应力筋。铺筋后，由质检员仔细复检双向筋在交叉点处的矢高位置，确认无误后再与马凳绑牢。

预应力配筋概况表 表3-7

项　目	部　位	配筋方向	配筋数量
有粘结预应力	有粘结预应力框架梁	沿梁方向	$4\times9\phi^{j}15$
无粘结预应力	地下室外墙	沿外墙走向单向	-13.8m～±0.00m$\phi^{j}15$@400
	各层板	双向板双向	$\phi^{j}15$@300

4) 张拉端钢制张拉盒安装。

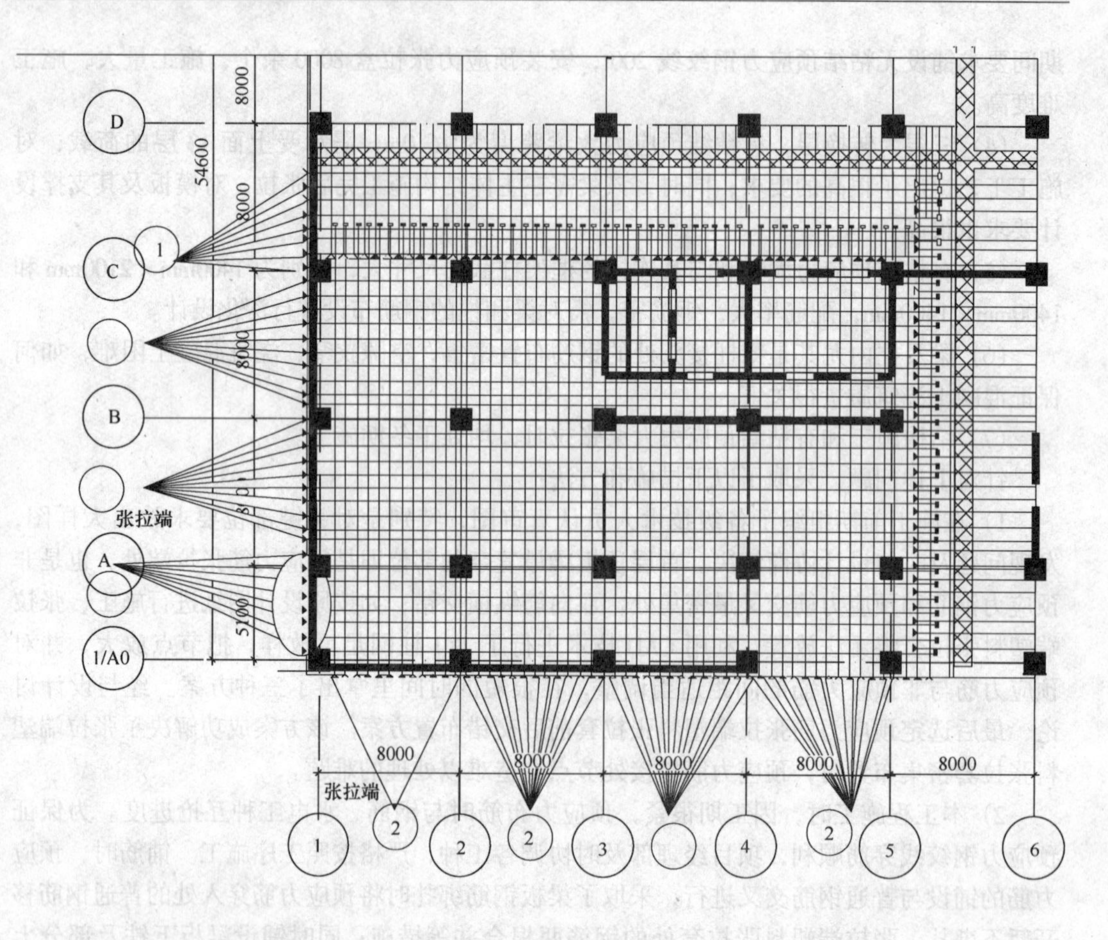

图 3-16　张拉端无粘结预应力铺放示意图

预应力张拉端分为出板面张拉（预留张拉槽）和穴模两种。张拉端位于跨中及柱轴两侧时，张拉端采用塑料张拉套预留张拉位置，张拉端位于梁、板边及坑边时，采用穴模预留张拉位置，洞盒尺寸见表 3-8。

张拉端洞口概况表　　　　**表 3-8**

项　目	材　料	尺　寸（mm）	备　注
地下室顶板张拉端	塑料套	$\phi80\times500$	单　孔
外墙张拉端	塑料套	$\phi80\times500$	单　孔
梁张拉端	塑料套	$\phi150\times600$	单　孔

5）预应力筋的张拉和锚固。

按照设计要求，凡垂直于外墙边的预应力筋端部均设为锚固端，在支座板带和跨中板带的跨度中央为凹进混凝土内的张拉端（预留塑料张拉套），出板面外张拉。边跨为一端张拉，长度为 3～4 轴跨。在地下室外墙沿水平方向，亦设置无粘结预应力钢绞线，无粘结预应力钢绞线交错布置，张拉位置在柱间距跨度中央一边各 1500mm 处，张拉长度为 3 个轴跨。张拉顺序，竖向分层张拉；水平分段张拉，先张拉楼板，后张拉梁；变角张拉。

3.4.2　预应力大梁的施工

（1）工艺流程

支梁底模绑→扎梁普通钢筋→焊接波纹管固定点→支架波纹管→留排气孔→安装配件→布设预应力筋→浇筑混凝土→张拉预应力筋→孔道灌浆→切割→封锚。

(2) 钢筋配置、下料、施工

YKL3-1 普通钢筋为 HRB400，上铁配置 40 根 $\phi32$，下铁配置 48 根 $\phi32$，箍筋为 HRB335，$\phi14$ 间距 200mm，并配置有粘结预应力筋 $12\times9\phi^{j}15$，预应力筋采用高强低松弛钢绞线，曲线布置，设计强度标准值 $f_{pu}=1860\text{N/mm}^2$，$d=15.20\text{mm}$，$A_s=140\text{mm}^2$。如图 3-17所示。

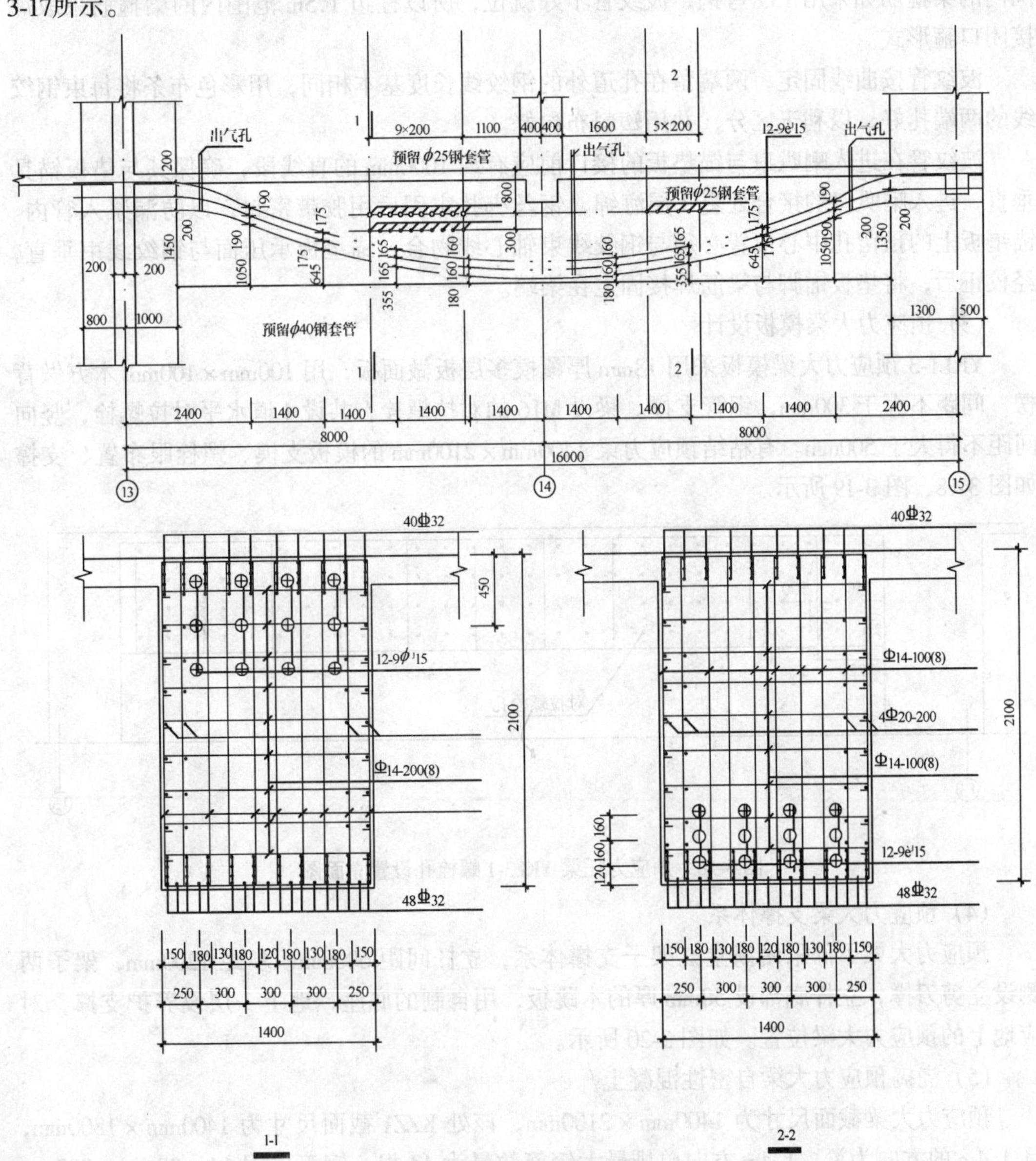

图 3-17 预应力托梁 YKL3-1

钢绞线的实际下料长度为预应力孔道的实际长度加端头张拉预留长度 1000mm，每 9 根编为 1 束，编束后编号挂牌。

在预应力布筋前应在梁箍筋上根据预应力筋曲线布置大样图焊钢筋支承点。

对有粘结预应力梁应先从固定端穿入波纹管，边穿边用连接套管连接，连接套管两端应用粘胶带缠绕密实；波纹管就位后按照图纸要求将成束钢绞线从一端穿入波纹管并从另一端穿出，穿筋时注意不要戳伤波纹管，且两端外露的钢绞线长度要相等。波纹管在每一支承点处用钢丝绑扎固定，排气孔在每一波峰处安装。

梁柱接头处的柱子箍筋根据不同部位采取先套上最后绑扎的方法，由于柱边 1.5m 范围内的梁箍筋如采用 135°弯钩，波纹管不好就位，所以柱边 1.5m 范围内的梁箍筋采取焊接闭口箍形式。

波纹管按曲线固定，两端留在孔道外的钢绞线长度基本相同，用彩色布条将每束钢绞线的两端扎好，以利于区分，并用塑料布包好。

波纹管在进入喇叭口与锚垫板的接口前应有约 1000mm 的直线段，确保其与垫板锚具垂直，进入喇叭口的接合处裹 1 层海绵，钢丝绑扎牢固后用胶带密封，以防漏浆入管内。锚垫板上的预留孔中心位置必须与钢绞线束轴心线吻合，锚垫板承压面与钢绞线束垂直，经校正后，将垫板锚脚与梁筋焊接固定在梁端。

（3）预应力大梁模板设计

YKL1-3 预应力大梁模板采用 18mm 厚覆模多层板做面板，用 100mm × 100mm 木方做背楞，间距不大于 300mm，钢管支撑。梁设 M16 的对拉螺栓，共设 4 道水平对拉螺栓，竖向间距不得大于 500mm。有粘结预应力梁 1400mm × 2100mm 的模板支模、螺栓眼布置、支撑如图 3-18、图 3-19 所示。

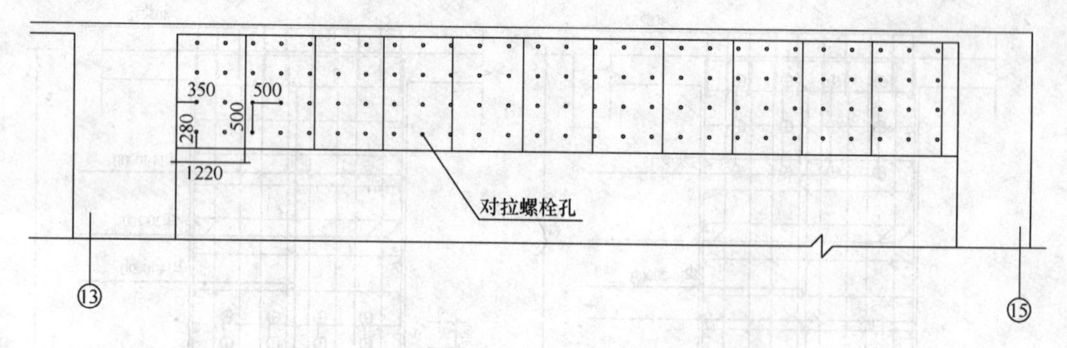

图 3-18 预应力托梁 YKL3-1 螺栓孔设置立面图

（4）预应力大梁支撑体系

预应力大梁下部采用满堂红架子支撑体系，立杆间距 600mm，步距 1200mm，架子两侧设立剪刀撑，立杆底部设 50mm 厚的木跳板，用自制的底座，地下一层设养护支撑，对应地上的预应力大梁位置。如图 3-20 所示。

（5）浇捣预应力大梁自密性混凝土

预应力大梁截面尺寸为 1400mm × 2100mm，该处 KZZ1 截面尺寸为 1400mm × 1800mm，且 1.4m 的方向为梁，1.4m 方向单排最大钢筋数量为 14 根，钢筋占据 14 × 28mm = 392mm 空间。该处预应力大梁下部为 48 根 $\phi32$ 的三级钢，单排最大钢筋数量为 14 根，占据 14 × 32 = 448mm 的空间。钢筋保护层厚度两侧均为 50mm，需要穿过直径为 100mm 的 4 根波纹管，则钢筋（包括预应力筋）需要占据空间为：392 + 448 + 4 × 100 + 2 × 50 = 1340mm，钢

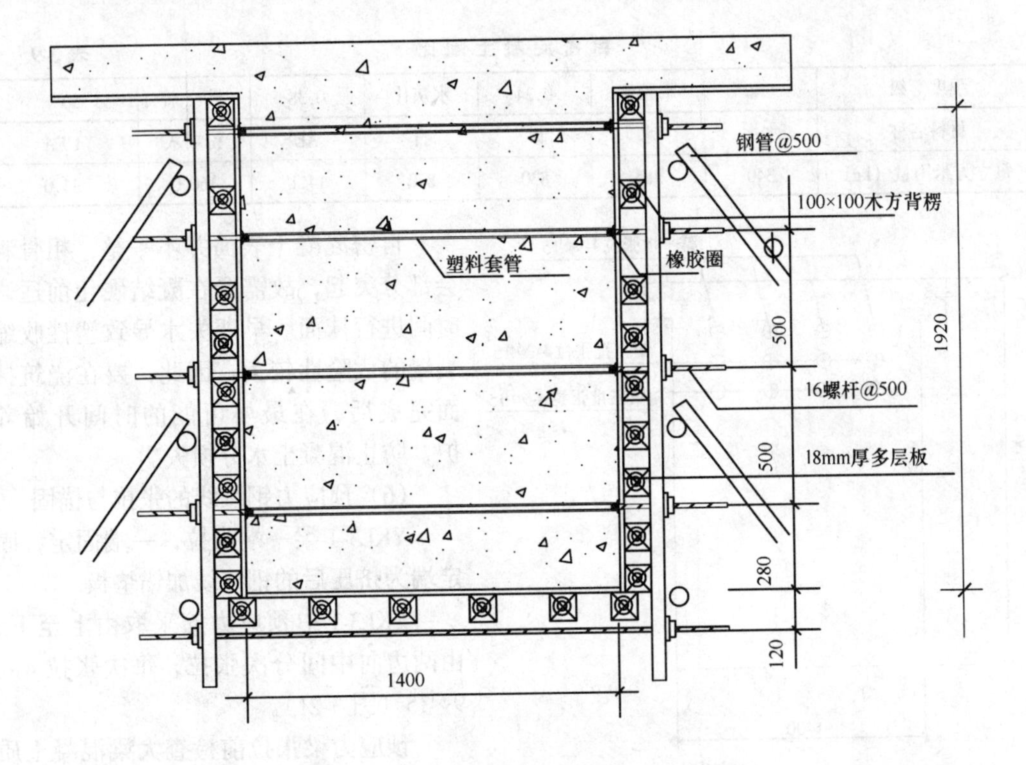

图 3-19 预应力托梁 YKL3-1 模板支设剖面图

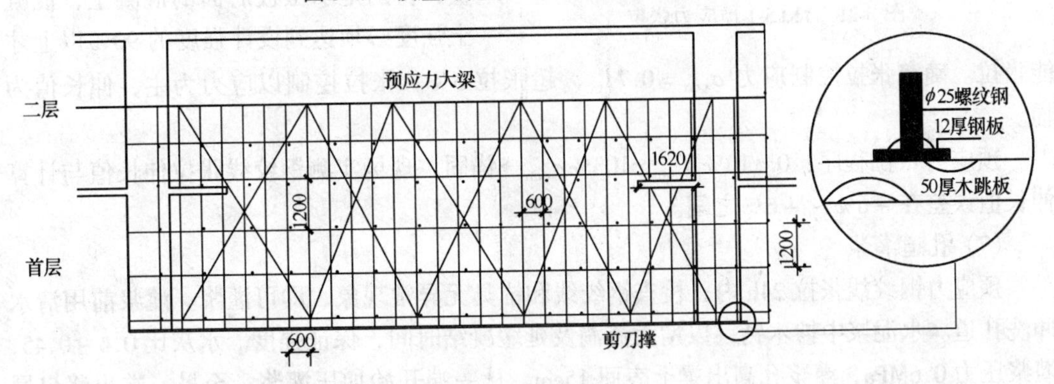

图 3-20 预应力托梁 YKL3-1 模板支设剖面图

筋之间的总间距只有 60mm，无法振捣混凝土，所以，预应力大梁采用自密性混凝土。

自密实混凝土具有如下特性：能够保持不离析和均匀性，不需要外加振动，完全依靠重力作用充满模板每一个角落，达到充分密实和获得最佳的性能。可以解决密集配筋结构混凝土浇筑施工的困难。

自密混凝土使用石子粒径为 0.5～3cm，砂子为中山砂，水泥用量 340kg/m^3，掺 10%的 U 形膨胀剂，并掺泵送剂，由搅拌站试验室多次试配确定配合比，保证混凝土强度达到设计要求，配合比见表 3-9。

混凝土采用泵送施工，浇筑过程要连续进行，不可中断，每层下料厚度严格控制在 500mm。浇筑过程中，派专人值班，已浇灌混凝土的钢绞线每隔 0.5h 用手拉葫芦来回抽动一次，直至大梁混凝土终凝。

自密混凝土配比　　表3-9

强度等级	C40	水胶比	0.34	水灰比	0.38	砂　率	50%
材料名称	水泥	水	砂	石	AE	粉煤灰	UEA
每立方米用量（kg）	340	185	830	870	14.1	160.0	34.0

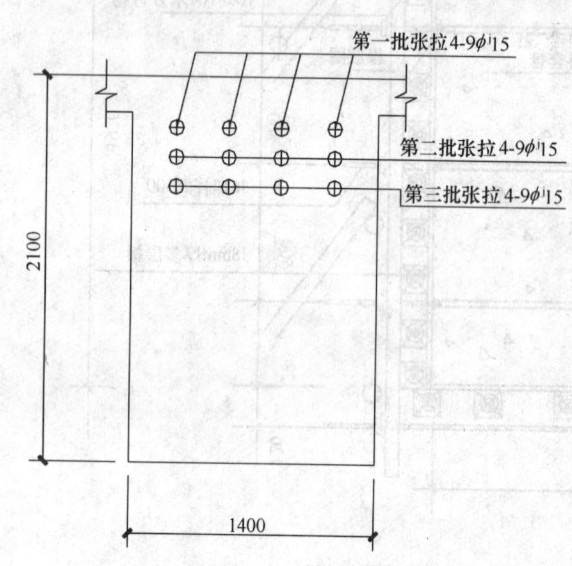

图3-21　YKL3-1预应力张拉

自密混凝土表面并不平整，粗骨料会部分突起，故需要在凝结硬化前适当时间进行抹面。早期失水导致塑性收缩裂缝的危险性较大，因此，要在浇筑抹面完成后，在最早可能的时间开始养护，防止混凝土水分损失。

（6）预应力钢绞线的张拉与锚固

YKL3-1梁一端张拉，一端固定，固定端为挤压后的钢绞线加锚垫板。

YKL3-1中预应力筋采取由上至下、由两边向中间分次张拉，每次张拉4～9ϕ^j15（图3-21）。

预应力梁张拉前检查大梁混凝土质量，特别是承压板后面的混凝土，混凝土强度必须达到设计强度的90%以上才能张拉。确定张拉控制应力$\sigma_{con}=0.7f_{pu}$，超张拉3%。张拉控制以应力为主，伸长值为辅。

预应力张拉程序：0→10%σ_{con}→103%σ_{con}→锚固。现场实测钢绞线张拉伸长值与计算伸长值误差在-6%～+6%之间。

（7）孔道灌浆

预应力钢绞线张拉24h内，检查钢绞线和锚具无异常现象，即可灌浆。灌浆前用清水冲洗孔道。水泥浆中掺木钙，以增大流淌及延缓凝结时间，保证强度。水灰比0.4～0.45，灌浆压力0.6MPa，灌浆孔高出梁上表面15cm。从一端开始加压灌浆，至另一端出浆口冒出浓浆后，停止灌浆1h左右二次灌浆。最后割除多余钢绞线，端头留出350mm钢绞线，加钢筋网片，用C40细石混凝土封闭梁端锚具与钢筋。

（8）结构施工时的保温措施

在结构施工时，需对有粘结预应力大梁底部用彩条布进行封闭，避免冬期风大，形成穿堂风。自密实混凝土浇筑后及时先覆盖一层塑料薄膜，然后覆盖两层阻燃草帘。两块塑料薄膜间须搭接，以防止之间出现空隙，搭接宽度不得小于20cm。两层阻燃草袋应错开搭接，搭接宽度不得小于10cm，以从整体上形成良好的保温层。

（9）张拉时的冬期处理措施

在预应力梁张拉灌浆期间，平均气温在-5～-10℃之间，对有粘结预应力梁除采取加强保温养护、控制所灌混凝土浆温度等技术措施外，选用具有早强功能的混凝土防冻剂，能使混凝土在负温下硬化，并在规定的时间内达到足够防冻强度，使混凝土免遭冻害，确保重要结构构件安全。

3.5 装修工程

3.5.1 地面大理石处理技术

（1）施工程序

石材缝口修补→第一遍打磨→第二遍打磨→第三遍打磨→第四遍抛光→第五遍抛光→第六遍抛光→结晶细粉抛光→结晶液体抛光→进口加光油抛光→交付使用。

（2）施工工艺

1）石材缝口修补：用壁纸刀将石材缝内的灰尘、水泥浆等剔除干净，用钢丝刷蘸水清理，擦干净后用与石材同颜色的云石胶填满补齐。

2）打磨找平：待云石胶干透后，用50目砂轮，加适量清水初磨，抛磨后可使地面相对平整，解决瓦工铺装时拼缝的高低差及地面平整度的差异。第二道用150目加细砂轮抛磨。第三道用300目加细砂轮进一步打磨，使地面进一步平整并初步抛光。每遍抛磨均加适量清水，抛完后及时清除地面上的浮浆，用手触摸地面的平整度、光滑度，以便决定是否增加抛磨的遍数。

3）抛光：第一道用500目加细砂轮高速抛光，第二道用1000目加细砂轮高速抛光，第三道用3000目加细砂轮高速抛光，抛光后手感光洁、平整，无任何不平之感，半小时后清理干净浮浆。

（3）结晶细粉抛光地面

在高目高速抛光后半小时清理干净后，进行结晶粉抛光，采用宝丽都—沙石水晶抛光粉（Poligura），用抛光机加2号抛光钢丝高速抛光。用结晶粉可使石材表面高度光滑平整、结晶细致平滑。待半小时后，清理干净进行下道工序。

（4）结晶液体抛光地面处理（加光、加硬、防滑）

在结晶粉抛光平整半小时后，进行三道液体药水高速抛光。

第一道采用进口K2水晶加硬剂抛光。用进口抛光专用磨盘加2号抛光钢丝。将少量药水装入废弃的塑料瓶内（便于携带），瓶盖部位穿一小孔。左手扶住抛光机，右手拿饮料瓶，边洒药水边磨，一般以2~3块石材为一个单元，由前向后退着进行。边磨边观察光泽度。它能与石内化合物产生化学反应，使石材表面变更坚硬且能减低石材被刮花的程度。

第二道采用进口K3加光剂，它含有蜡的成分，用于两层加硬剂之间，可把石材的划痕修补并增加光度，配合水晶加硬剂，使用能使石材表面更加光亮，同时具有防滑作用。第三道采用进口K2水晶加硬剂进行最后一道加硬抛光处理，使石材地面硬度更高。其操作方法和速度与第一遍相同。

（5）进口加光油处理（加硬、提高光洁度、防水）

在水质材料抛光加硬处理后，再用进口加光油进行中速抛光，使加光油封住前道工序的光，并能起到防水、防污、加硬作用。

3.5.2 节点处理技术

（1）石材阳角无缝施工技术

本工程室内装修大量采用高级新莎安娜米黄大理石石材，首层至三层公共区域，柱子造型多，阳角处理上千米，常规收口效果不是很理想，整体情况不好，直接影响装饰效

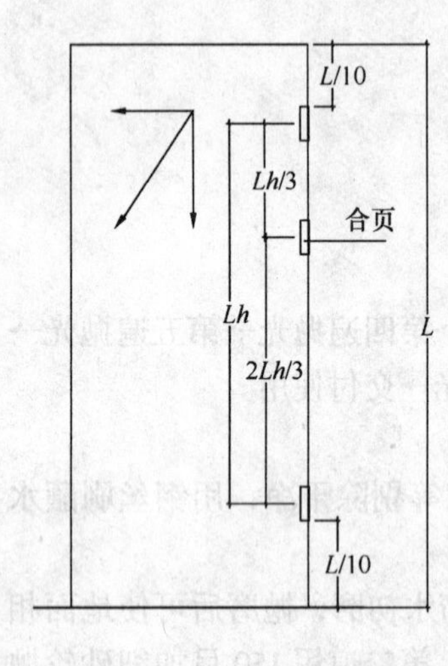

图 3-22　合页安装

果。经多方论证后，选择阳角石材全部采用45°角，斜边对缝，同色胶粘实后，先后用粗、中、细砂轮磨光找平，进行高精度抛光。经过上述方法处理后的阳角就跟整体石材切割一样，达到精致、美观大方、整体效果流畅的观感效果。

（2）木门框、贴脸的对缝处理

木门框、贴脸应45°角对接，角缝顺直。门框、门扇上钉眼封堵、调色，应与大面颜色一致。

（3）合页安装位置和十字螺钉横平竖直

合页安装采用十字螺钉，合页槽应深浅一致，紧固螺钉平卧，螺钉十字槽方向水平、竖直。

上下合页外侧边应分别设置于门扇高度的上下1/10处，中部合页应设置在门扇中部偏上位置（图 3-22）。

（4）墙面壁纸与门贴脸的节点处理

墙面为裱糊壁纸时，在贴脸与墙面壁纸相接处的贴脸板内侧切割2mm宽、5～10mm深槽线，壁纸压入槽内粘贴牢固，然后打胶封闭（图 3-23）。

（5）壁纸与踢脚板的节点处理

踢脚板上部靠墙一侧切割1～2mm宽、5～10mm深槽线，壁纸压入槽内粘贴牢固，然后打胶封闭（图 3-24）。

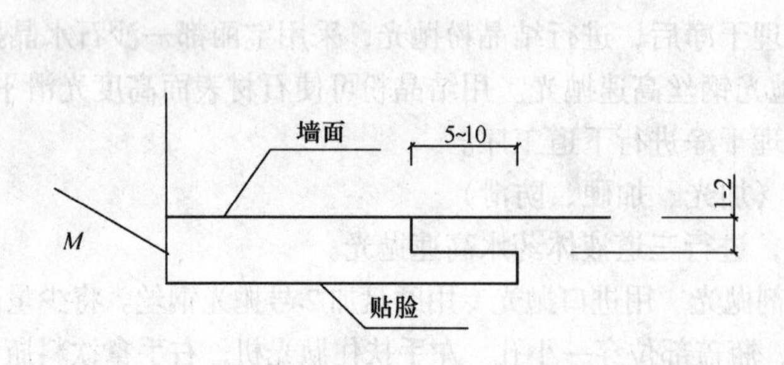

图 3-23　壁纸与门贴脸节点处理

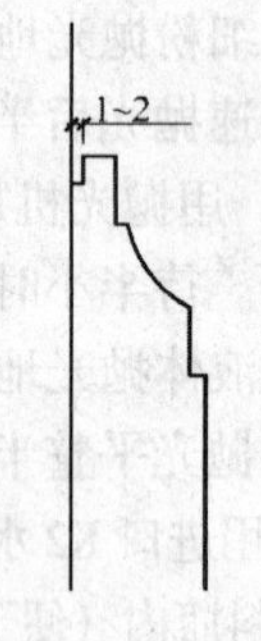

图 3-24　踢脚板上部节点处理

（6）吊顶阴角防裂处理

有石膏线的吊顶除外，其他吊顶工程与墙面交接处必须留置凹槽（使用10～20mm宽、深的W形凹槽龙骨）。如图 3-25 所示。

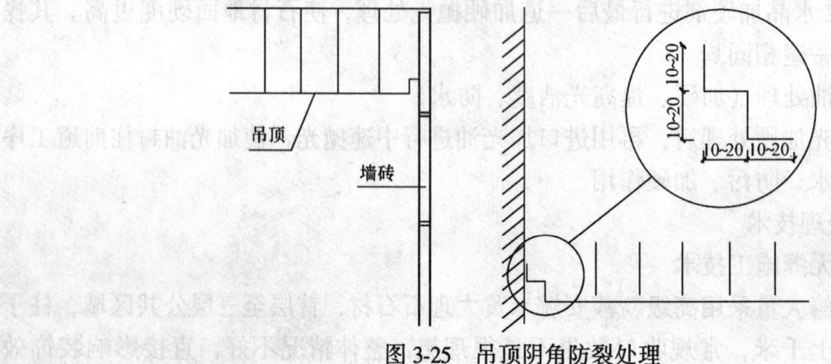

图 3-25　吊顶阴角防裂处理

3.6 脚手架工程

本工程地上结构施工期间，外围护脚手架采用悬挑双排脚手架。

3.6.1 悬挑脚手架布置

因建筑物四周外围有飘窗板，脚手架平面布置如图 3-26 所示。脚手架从首层到顶层共悬挑 4 次，悬挑位置分别是：首层（－0.100m）、4 层（13.700m）、8 层（28.100m）、12 层（42.500m），悬挑层数为 4 层，立面悬挑位置如图 3-27 所示。

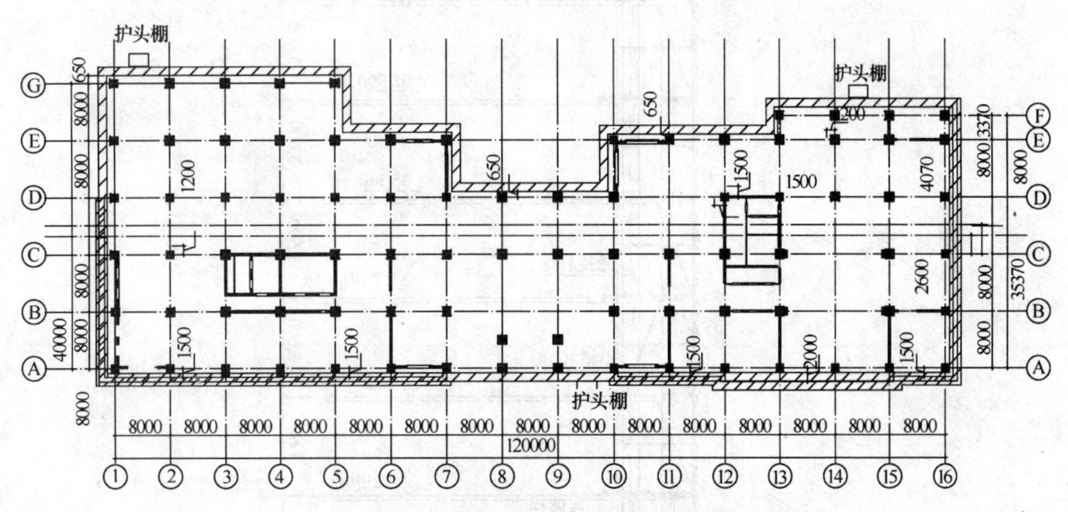
护头棚
护头棚
护头棚
注:图中黑色区域表示东、西、南侧三层的悬挑脚手架。
图中红色区域表示从首层到3层(2层) 的双排脚手架。

图 3-26 双排脚手架搭设位置平面布置图

3.6.2 无剪力墙处脚手架搭设

(1) 预埋悬挑地锚

在首层板（－0.100m）、4 层板（13.700m）、8 层板（28.100m）、12 层板（42.500m）上预埋 1 道悬挑支撑地锚（ϕ22 钢筋），预埋在轴线位置上，地锚间距为 1.2m，将地锚用扣件与钢管连接牢固，形成悬挑地锚连杆，具体如图 3-28 所示。

(2) 预埋别杆地锚

在非悬挑层板上预埋 1 道别杆地锚（ϕ22 钢筋），位置为该层顶板边梁内边线投影线上，地锚间距 2.4m。设 1 道竖向别杆，下端与别杆地锚连接，上端靠在边梁内侧；悬挑层将悬挑杆用一水平扫地杆连接起来，水平扫地杆位于该层顶板边梁内边线投影线上，将竖向别杆固定在水平扫地杆上，间距 2.4m（图 3-29）。

(3) 预埋悬挑杆拉锚

在悬挑层板（2 层、5 层、7 层、9 层、11 层、13 层）上预埋 3 道悬挑钢管拉锚（ϕ22 钢筋），间距 0.5m。第一道拉锚预埋在轴线上，拉锚间距为 1.2m，钢管穿过三道拉锚，悬挑出来作为悬挑杆，拉锚两侧均加扣件固定钢管，防止钢管受力滑移。如图 3-29 所示。

(4) 悬挑支撑体系搭设

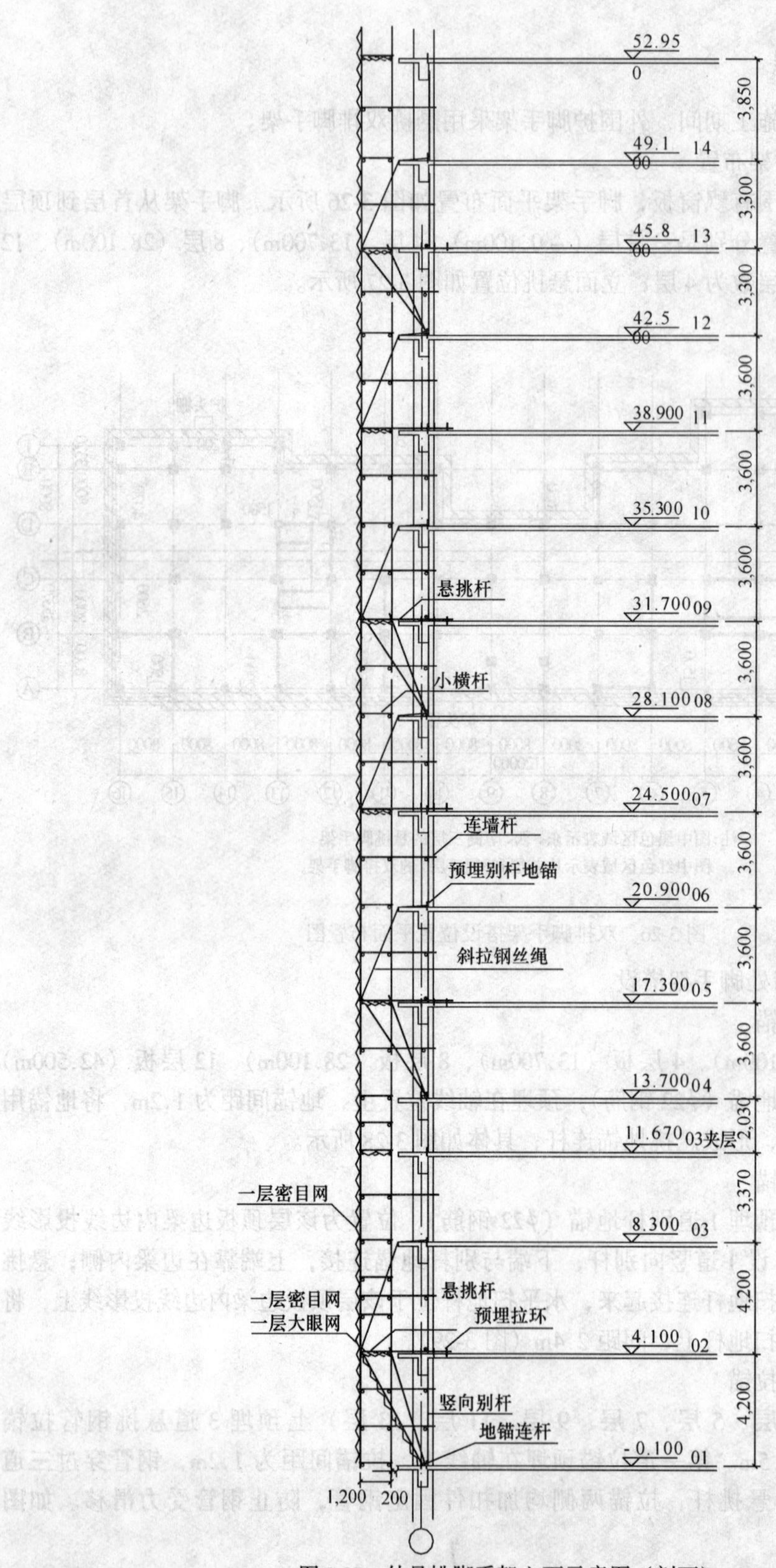

图 3-27 外悬挑脚手架立面示意图（剖面）

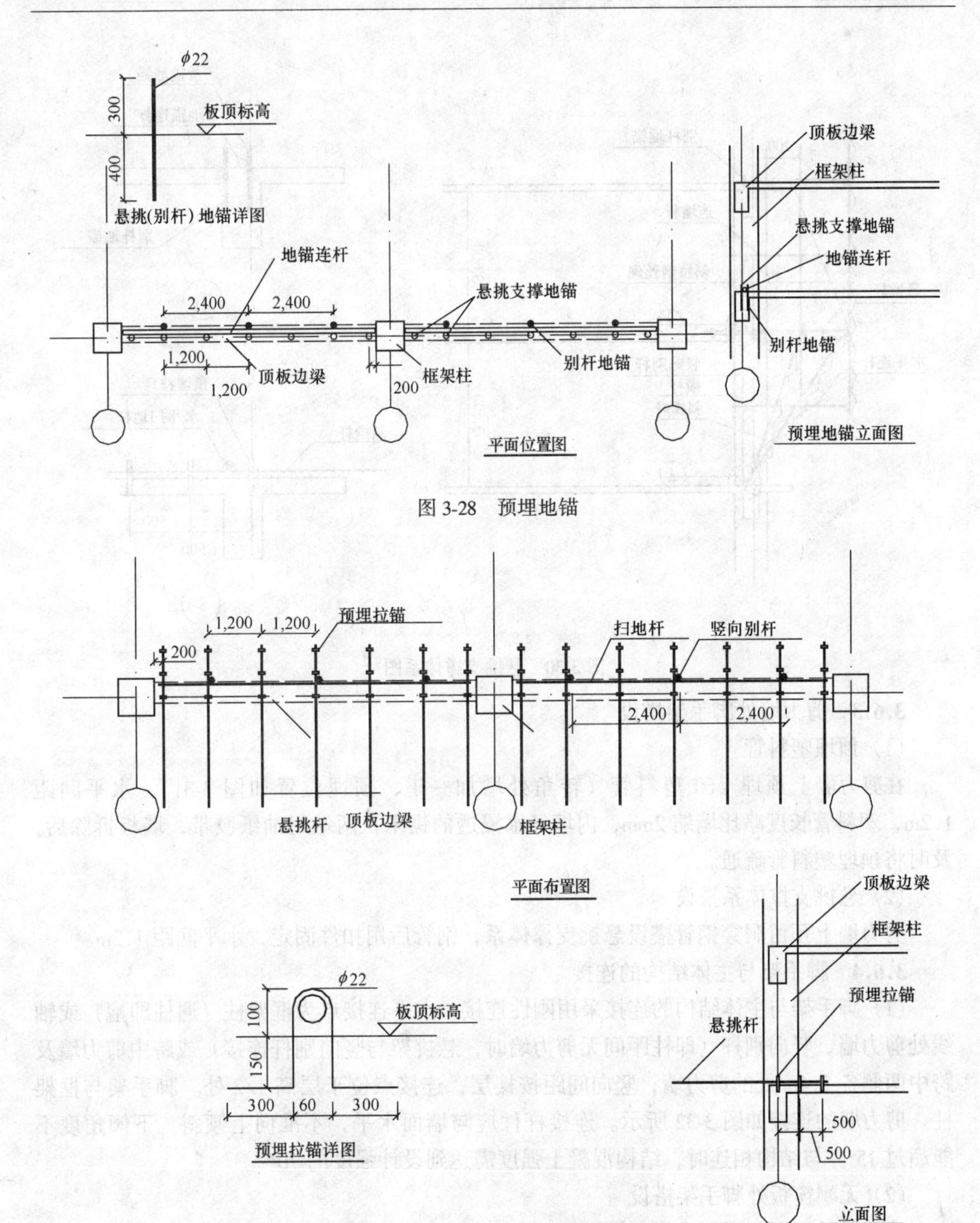

图 3-28 预埋地锚

图 3-29 悬挑杆及拉锚图

设 2 道斜撑杆，撑在地锚连杆与悬挑杆间。将竖向别杆在层高 1/2 处用一道横杆连接起来，首层设两道横杆，分别位于层高 1/3 处、2/3 处。设 1 道（首层设两道）水平连杆，用扣件与斜撑杆、竖向别杆或横杆连接，间距 1.2m。用 ϕ12.5 钢丝绳（下端加花篮螺栓）将悬挑杆端部与预埋的竖向别杆地锚连接起来，间距 2.4m 一道（图 3-30）。

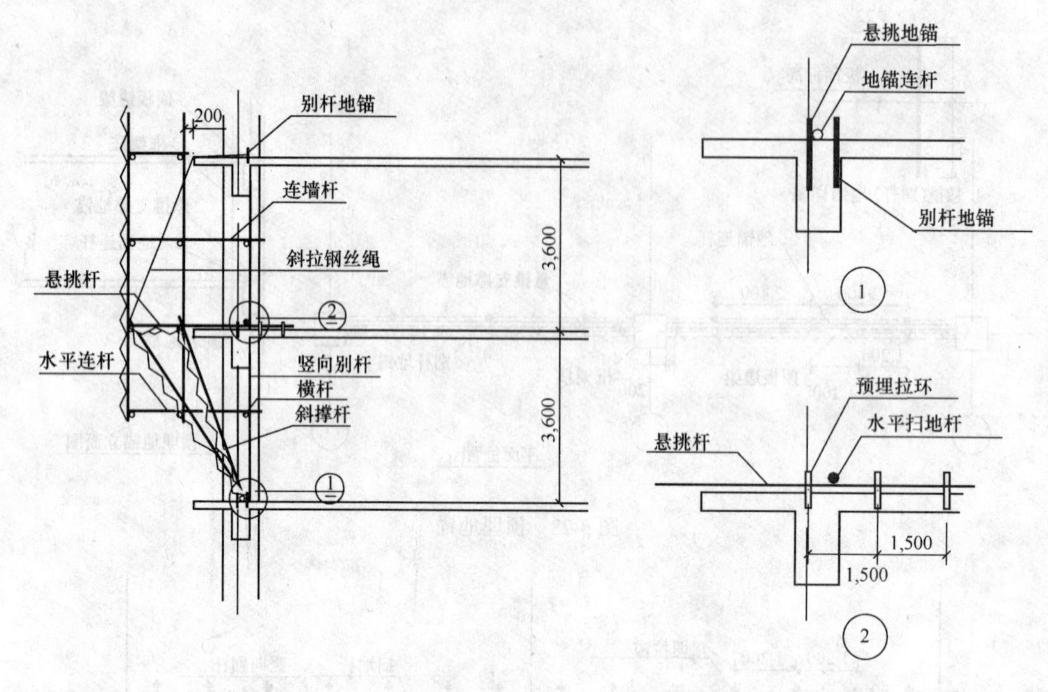

图 3-30　悬挑支撑体系图

3.6.3　剪力墙处脚手架搭设

(1) 预埋塑料管

在剪力墙上预埋 $\phi60$ 塑料管（转角处增加一道，预埋位置如图 3-31)，水平间距 1.2m，塑料管长度略比墙缩 2mm，内填经水浸透的锯末，两端封油纸胶带，墙板拆除后，及时将预埋塑料管疏通。

(2) 悬挑支撑体系搭设

剪力墙上预留洞穿钢管搭设悬挑支撑体系，钢管后用扣件固定，水平间距 1.2m。

3.6.4　脚手架与主体结构的连接

(1) 脚手架与主体结构的连接采用刚性连接。水平连接点为框架柱（遇柱即抱）或轴线处剪力墙、竖向别杆（即柱距间无剪力墙时，悬挑架与竖向别杆连接）或跨中剪力墙及跨中两侧各 2.4m 处的剪力墙；竖向间距按楼层，连接点位于层高 1/2 处。脚手架与框架柱、剪力墙的连接如图 3-32 所示。连接杆件应与墙面水平，不准向上倾斜，下倾角度不能超过 15°。与结构相连时，结构混凝土强度需达到设计强度的 70%。

(2) 无飘窗板处脚手架搭设

建筑物外围局部无飘窗板，搭设此处脚手架，需在悬挑杆上距建筑物外边线 0.2m 处再设 1 道立杆，用横杆与悬挑双排脚手架连接成整体。具体如图 3-33 所示。

(3) 脚手架剪刀撑的设置

脚手架剪刀撑设在脚手架的外侧，沿高度由下而上连续设置。每 6 根立杆设一组，即每 7.2m 设一组，每组应连续设置，且在转角或两端必须设置。剪刀撑宽度为 6 个立杆纵距，斜杆与地面夹角在 45°。剪刀撑应用旋转扣件与立杆和小横杆扣牢，连接点距脚手架节点不大于 200mm；剪刀撑的接长，应采用对接扣件对接连接。

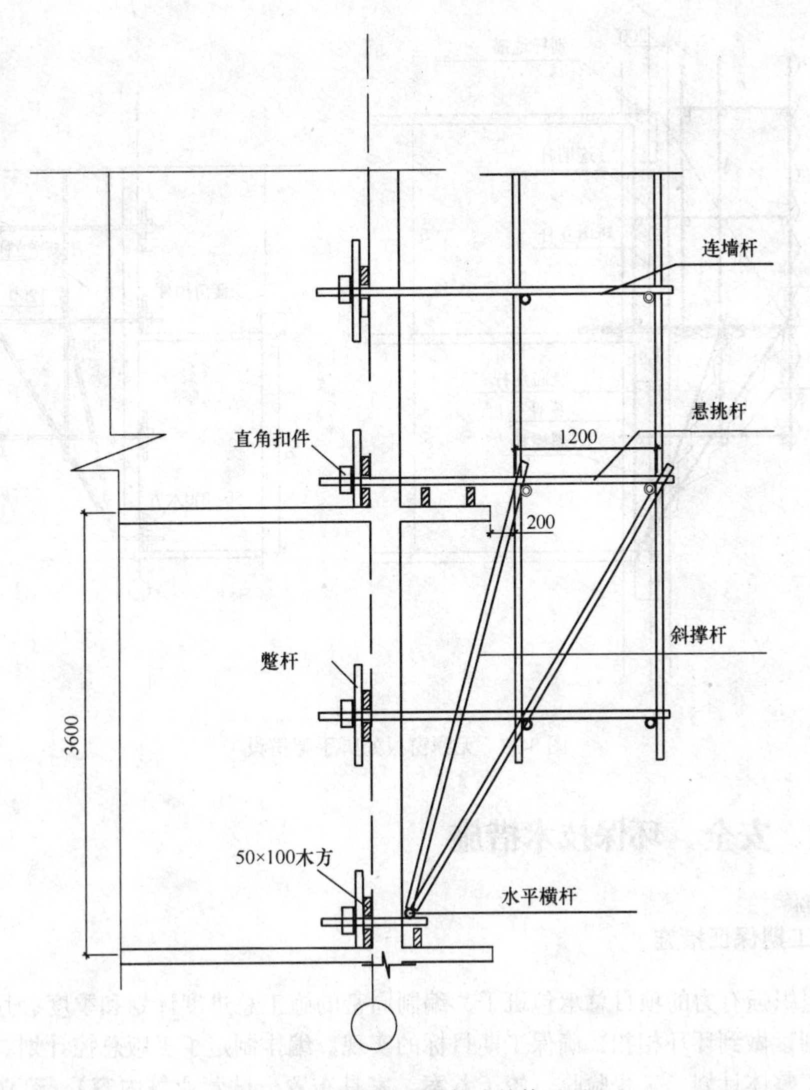

图 3-31 剪力墙处悬挑支撑体系图

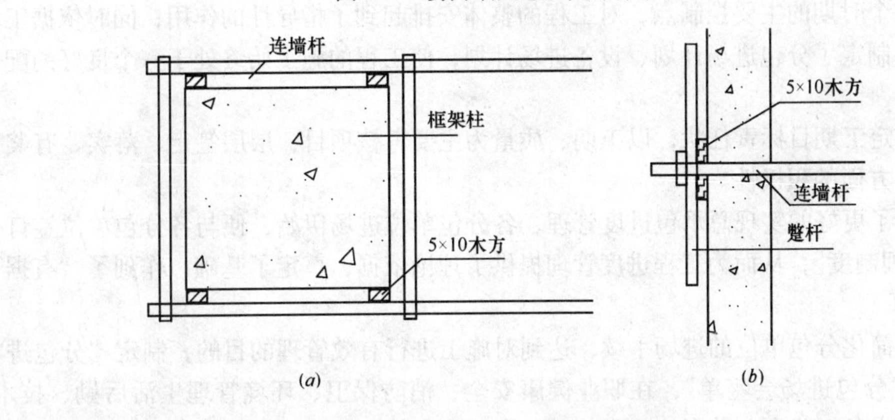

图 3-32 脚手架与主体结构连接

(*a*) 刚性连柱形式；(*b*) 刚性连墙形式

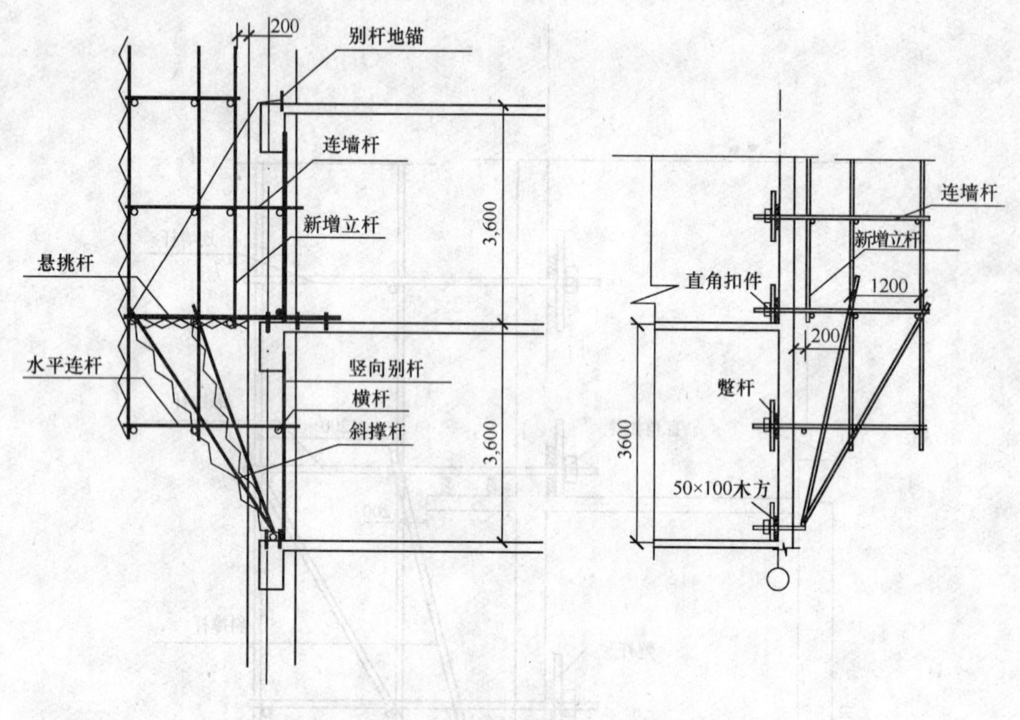

图 3-33　无飘窗板处脚手架搭设

4　质量、安全、环保技术措施

4.1　工期保证措施

(1) 组织强有力的项目总承包班子，编制周密的施工总进度计划和季度、月度、周生产进度计划，做到环环相扣，确保工期目标的实现。编排制定了多版总控计划（计划包含各单位施工整体计划、工程验收、竣工备案、家具布置、试营业等内容），建立里程碑节点，分析各个时期的主要控制点，对工程的整体安排起到了指导性的作用；同时依据工程进展的需要制定了分包进场计划、设备进场计划，使工程的施工始终处于一个良好的配合阶段。

(2) 签定工期目标责任状，以工期、质量为主要考核项目，层层签定、落实，有奖有罚，调动各方面的积极性。

(3) 为了更好的实现总承包进度管理，各分包单位进场伊始，便与各分包单位签订了“总承包管理制度”，从而为工程进度管理提供了理论依据，奠定了基础，作到了“有据可依”。

(4) 为简化分包单位的进场手续，达到对施工进行有效管理的目的，制定“分包进场会签单”，“分包进场会签单”，在职业健康安全、消防保卫、环境管理生活后勤、技术、经营、机械设备、机电、劳资、工程部、物资、临电等方面均有详细的规定。“分包进场会签单”制度是工程施工顺利展开的前提保障。

(5) 为了有效的跟踪工程进度，建立了“工程进度日报”，对各分包单位每日的工程进展、人员配备、机械等情况进行汇总、分析，从根本上了解影响工程进度的因素，便于及时发现问题、解决问题。在进度日跟踪的同时，与各分包单位签订了“工程进度管理办法”，建立了“工期考核制度”，明确了工程进度的奖罚措施及依据，调动了各单位的主观能动性。

(6) 工程进度管理是一项繁琐而又细致的工作，为了协调工程的整体进度，总承包单位多次有计划、有针对性组织工程进度协调会，采取了多种形式的协调会：一是进度综合协调会，这种协调会主要是各单位进行进度沟通，开得简单、实效；二是进度专题协调会，会议主题涉及外立面装修、室内精装修、室外工程、机电安装、系统调试、冬期施工供暖、外封闭、甲供设备等专题内容，目的是针对某个专题（或专项工程）协调各专业交叉配合工序之间的安排；三是对一些会上不易说清、现场需要配合的问题，由总包组织、业主主管现场工程师带队、监理或设计和相关施工单位参加，在现场逐个部位进行落实解决，明确各专业的完成时间和责任人，这种解决问题的方式成效明显，组织方便、灵活，为确保使用效果提供了很大的支持。

(7) 制定了“成品保护制度”，实行区域封闭措施，依据封闭管理制度进行管理，并与各单位签订了“成品保护责任状”，明确成品保护的范围、责任区，从而减少了因为成品保护不利而产生的工期损失、经济损失。

(8) 制定了“文明施工管理办法”，划分文明施工责任区，实施区域负责制，同时加大对各单位工完场清的监督力度，为保持整体环境，消除各种隐患、保证装修阶段的施工环境等方面起到了良好的推动作用。

4.2　质量保证措施

(1) 建立以项目经理为中心、以项目总工程师为执行者的完整严密的质量管理体系，管理体系的人员配备完整到位；同时，建立质量责任制，明确各项技术质量工作的直接责任人，做到各项工作都有人去抓，各直接责任人对分管的分包的各项活动结果要进行检查和监督，严格控制。

(2) 建立考核评价办法，定期进行考核，形成一个有效的激励机制，把质量管理目标要求进行层层分解，层层落实，管理责任具体到个人。

(3) 工程质量是在施工工序中形成的，为把施工质量从事后检查把关，转向事前控制，达到过程检测和测量的目的，加强施工工序的质量控制。

(4) 加强验收工作，加大检查力度，在施工过程中每一道工序均应按要求进行三检制，即自检、互检和交接检。未经检验或已经检验定为不合格的工作，严禁进行下道工序施工，以将质量隐患消灭在萌芽中。特别是在不同分包单位需要交接的部位，要严格地检测和检查，对不符合规定的不得接收，以分清质量责任。

(5) 每周进行一次质量大检查，在检查过程中各分包互相查问题，避免在自身责任区出现类似问题，同时施工好的部位现场进行交流学习。

(6) 施工过程中，各道工序都先做好策划，包括排板图、细部节点图等，才可以做样板。没有工序样板，严禁大面积进入下道工序施工。执行样板引路制度，就是先作出示范，把质量的要求具体化、实物化，样板的质量标准应是此后质量控制的最低标准。

(7) 定期召开质量分析会进行质量教育，提高质量管理能力、质量意识和管理人员的业务素质。

(8) 编制了“总包技术质量管理制度”，包括了技术管理、质量管理、资料管理和成品保护管理四个方面，并有具体奖罚条款，其内容涵盖了从施工方案的编制要求，工程资料的报验、收集、整理，影像资料的收集，样板制，验收程序到成品保护要求等内容。

(9) 针对分包施工质量过程管理难度大、提出质量问题落实不到位的特点，创建了“工程质量日报”，每日将工程质量问题书面提出，以加快质量整改的速度。

(10) 针对精装修阶段施工分包多、工种多、装修做法多，施工队伍来自不同地区的特点，在国家规范和长城杯评审标准之外，编制“精装修质量验收标准”。该标准为工程的强制性标准，内容包括了装饰装修各分项工程，重点是统一细部做法，比如打胶的要求、吊顶预留凹槽的要求等，避免装修中做得五花八门。

4.3　安全、文明施工保证措施

(1) 严格执行公司安全生产管理目标，确保工程项目安全管理达标；建立和完善工程项目安全组织管理保证体系，由项目经理领导其有效运行；定期召开工程项目安全生产会议，认真研究分析当前工程项目安全生产动态、特点，并对存在的隐患采取有效措施进行整改，确保安全生产。

(2) 建立健全安全生产管理制度，管理及施工人员进场前必须进行安全教育，施工过程中进行日常性安全检查。

(3) 工程开工前编制安全技术方案，方案的编制过程中要遵照国家和政府颁发的有关安全生产的规定、规范等；同时，考虑现场的实际情况、施工特点、周围作业环境及不利因素，从技术上采取具体有效的措施予以预防，必要时将有设计、计算、详图、文字说明等。

(4) 除分包自身组织的安全教育外，针对当前施工特点组织安全教育活动。此外，利用晚上休息时间，给工人放映北京市安全生产监督管理局制作的安全录像光盘，加深工人的安全生产感性认识，增强其安全生产意识。

(5) 依据公司的“E+O手册”及危险源台账识别项目现时存在及即将产生的危险源进行评价，编制项目重大危险源目标、指标及管理方案。根据装修阶段分包多的特点，每个季度要求各分包根据自身施工范围上报重大危险源，项目按施工部位和施工内容制定“项目阶段性重大危险源”，并在相关显要位置公示。通过班前安全活动，将安全防范方案落实到各班组的作业岗位。

(6) 制定班前安全讲话制度，对班前讲话不设固定的形式、场地和时间限制。班前讲话必须在工长安全技术交底的基础上强化安全施工，注意潜在危险隐患的提示，根据当日的生产项目和作业环境，说明注意事项和防范措施，做到针对性强，职责明确。同时，要求讲话要指定专人负责记录和保管，项目安全总监定期检查。凡不认真执行讲话制度或丢失、损坏记录本的班组，将对班组长进行经济处罚。通过对班前讲话的重点管理，成效明显。

(7) 除公司每月安全施工大检查及日常巡查、项目每旬安全大检查及日常巡查、分包的日常安全自查外，还建立健全了安全巡查员制度。对公司制定的巡查员工作制度进行细化，依据公司编制的巡查员培训资料，制定本项目安全巡查员的选拔制度、培训制度、巡查制度、汇报制度、奖罚制度。

(8) 每月逢8进行的安全文明施工检查和每周一、三、五、日的安全生产例会，要求各分包参加，除项目安全、消防保卫等管理人员的日常不间断检查外，还聘请了专业的成品保护员进行24h的连续安全巡查，从而真正做到及时发现问题和处理问题，有效地监控了安全质量管理。

(9) 为充分发挥总包的监督管理职能和明确各分包单位的文明施工责任区，使其各尽其能，各负其责，编制了“文明施工管理办法”。其主要内容包括：文明施工责任区的划分、责任区的文明施工管理内容和管理目标。

(10) 为切实保证工程的顺利进行，努力营造一个规范有序的现场安全文明施工氛围，让各分包充分融入到其中的相关职责，编制了“现场安全文明施工周报”，每周对施工现场的安全文明施工检查情况进行登报。对查出的问题，相关单位要立即整改；否则，总包将根据相关制度规定进行处罚。对检查中表现好的相关单位，进行登报表扬。

4.4 环境保证措施

(1) 现场成立环保小组，并由项目领导任义务环保组长。环保小组定期进行教育，熟悉掌握环保常识，对环保工作进行监督检查和管理。

(2) 编制项目重要环境因素目标、指标及管理方案和应急准备、响应预案。制定并实施环保制度和措施，并严格过程控制，确保环境管理按该标准达标。

(3) 采用经国家或北京市认证的绿色环保材料，严格现场材料验收制度，杜绝禁止使用的有毒害材料进入现场，用于本工程。

(4) 现场工地进行园林式绿化管理，对于裸露的空地全部进行硬化或绿化，水泥和其易飞扬的细颗粒建筑材料应密闭存放，使用过程中应采取有效措施防止扬尘，每天设专人进行清理。

(5) 垃圾分类堆放在指定地点，清理施工垃圾时必须使用封闭的专用垃圾道或采用容器吊运，严禁随意凌空抛撒，造成扬尘。施工垃圾要及时清运，清运时适量洒水，减少扬尘。

(6) 运输车清洗处设置沉淀池，冲洗后排入沉淀池内，经二次沉淀后，回收用于洒水降尘。未经处理的泥浆水，严禁直接排入周围场地。

(7) 加强施工现场环境噪声的长期监测，采取专人监测、专人管理的原则，根据测量结果填写建筑施工场地噪声测量记录表，凡超过《施工场界噪声限值》标准的，要及时对施工现场噪声超标的有关因素进行调整。

5 经济效益分析

在本工程中，通过采取先进技术措施和科学的管理措施，一方面节约了大量人力、物力，直接经济效益显著；另一方面，由于提高了结构质量，节省了装修费用，缩短了工期，节约了管理费用及机械租赁费用，实现经济效益117.92万元，科技进步效益率达到1.6%。

第四篇

厦门国际银行大厦工程施工组织设计

编制单位：中建一局华江建设有限公司

编 制 人：袁　梅　石圣祥　马连锋　梁　军　万　进　张英丽

审 核 人：陈　娣

【摘要】　厦门国际银行大厦工程位于厦门市水仙路与鹭江道交汇处，与鼓浪屿隔海相望。该工程平面布置合理，立面造型复杂多变，功能完善，设施齐全，是一座集办公、银行于一体高档、智能化、全海景写字楼。

本工程坐落在繁华地区，交通繁忙，人流量大，施工场地十分狭小。建筑平面不规则，柱、墙、梁轴线均以一点为基点，轴线多半径多角度，轴线、垂直度控制、标高测量难度大，对测量的精度要求高。基坑支护设计两道水平内支撑及钢格构内支撑柱。内支撑换撑及内支撑拆除施工与各道工序交叉作业，施工组织难度大。结构框架柱为大直径独立圆柱，钢筋为双环双层高密集钢筋，数量多、直径大，柱和梁柱节点钢筋绑扎施工难度大。有粘结预应力梁在梁柱节点钢筋密集区穿束和控制梁柱节点处柱梁钢筋间距和排距施工困难。

施工中结合工程难点、特点和实际情况，积极推广应用“四新”技术，增加工程科技含量，提高工程整体质量。施工中推广应用了深基坑内支撑毫秒微差炸药爆破拆除及内支撑换撑，预拌及泵送高强高性能混凝土，有粘结预应力梁混凝土，粗直径钢筋连接，剪力墙、电梯井 DoKa 大模板，工程项目计算机应用和管理等多项新技术和创新技术，施工技术达到了国内同行业的领先水平。

目 录

1 工程概况

1.1 工程概况

厦门国际银行大厦是一幢高档次、智能化、全海景写字楼。具有办公、商务、会议、银行等多项功能。建成投放后，能为社会各界人士提供具有世界先进水平的高品质的综合服务。

本工程位于厦门市思明区鹭江道与水仙路交汇处的西北角，西北与东北侧分别临近海滨及海光大厦，对面是厦门港，与鼓浪屿隔海相望。

工程由厦门信基置业有限公司投资兴建，建筑方案由美国 JWDA 设计事务所及美国 KAI、CHEN 建筑设计事务所设计，北京建筑设计研究院厦门分院负责施工详图设计工作。

1.2 建筑概况

（1）建筑层数

本工程地下 3 层，地上 32 层，五层以下为裙楼，六层以上为主楼。其中，五层以下分为国际银行及写字楼两部分。六层至二十八层为景观办公室（十三层为避难层），二十九层至三十二层为会所，三十二层局部拔高。屋面以上设有机房及水箱间。

（2）面积指标

基地面积：4620m^2

建筑用地面积：3353.735m^2

建筑占地面积：1664m^2

总建筑面积：55362m^2

地上总建筑面积：47192m^2

首层建筑面积：1782m^2

标准层建筑面积：1413m^2

地下室总面积：8170m^2。

（3）建筑标高

本工程设计室内地坪±0.000m 标高，相当于黄海高程 5.45m。

建筑高度为 123.5m（室外地坪至三十二层顶板面结构标高）。

最高点建筑标高为 141.35m，弧形女儿墙檐口标高为 124.2m。

（4）建筑层高

首层层高：5m　　　　　　　　二～四层层高：4.8m

五～三十一层层高：3.7m　　　三十二层层高：4.2m

地下室层高为 3.65、3.6、4.54m。

（5）建筑装饰

本工程建筑装饰不仅在艺术效果上高雅、庄重、豪华，而且同时满足声、光、温度、湿度的各种参数要求。外墙采用铝墙板，蓝灰色玻璃幕墙，内墙采用中高级涂料、釉面砖等；顶棚采用中高级涂料，纸面石膏板吊顶、铝塑板吊顶或石膏板吊顶；地面采用地砖、花岗石、地毯及水泥地面等；裙楼二层、五层局部及屋面最高处设计有装饰艺术钢架，与装饰小圆柱相结合，更突出了本工程宏伟、壮观及明快的现代建筑风格。

(6) 建筑平、立、剖面

本工程建筑标准层平面、建筑立面和剖面如图 1-1 ~ 图 1-3 所示。

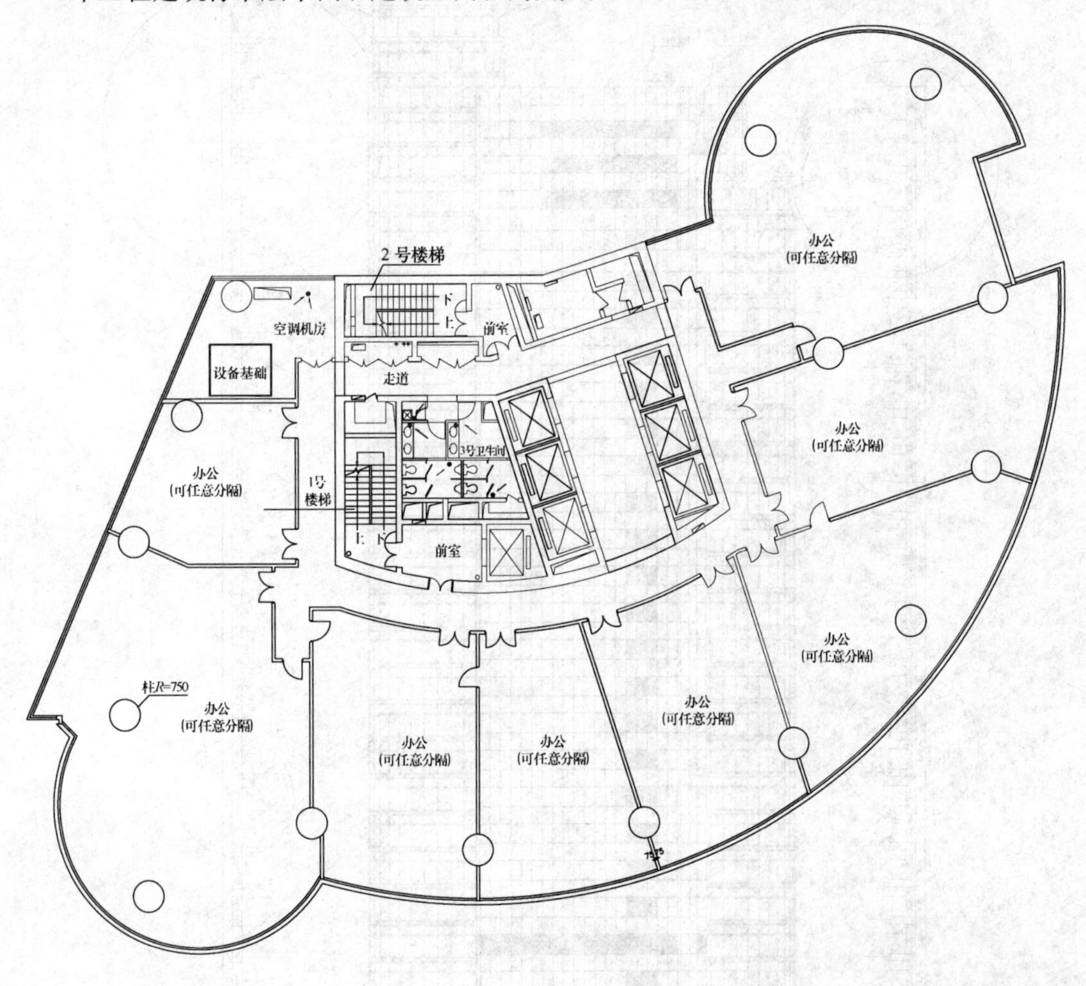

图 1-1　标准层平面

1.3　结构概况

(1) 结构设计本工程为全现浇框筒结构，抗震设防烈度为 7 度，场地类别为Ⅱ类，抗震等级为二级。

(2) 混凝土强度等级见表 1-1。

混凝土强度等级　**表 1-1**

部　　位	1 ~ 9 层	10 ~ 11 层	20 层以上
框架柱	C60	C50	C40
核心筒墙体	C50	C50	C40
梁板其他墙	C40		
其　他	C35		

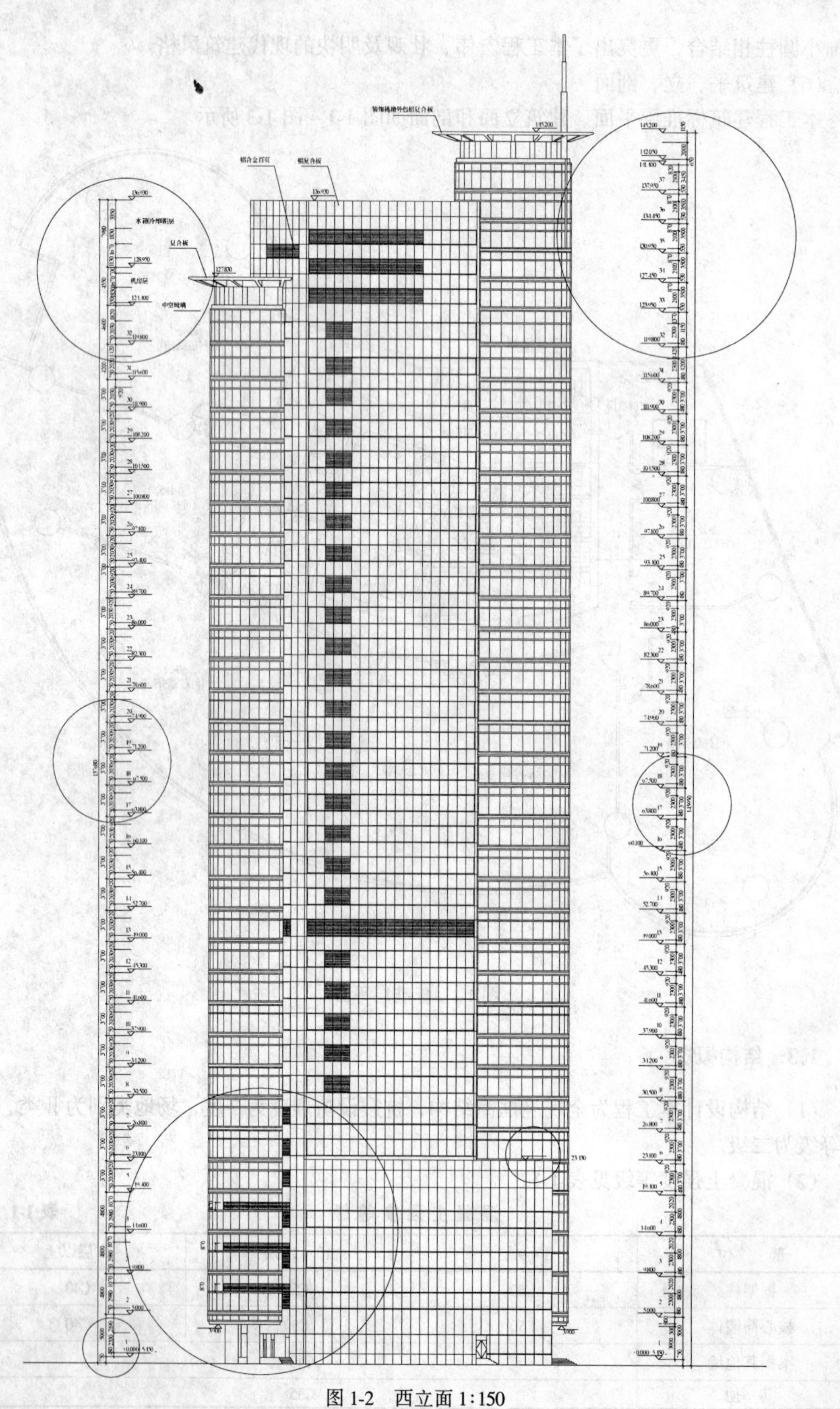
装饰挑檐外包铝复合板
145.200
铝合金百页
铝复合板
136.930
水箱冷却塔层
复合板
128.950
127.830
机房层
121.100
中空玻璃

图 1-2　西立面 1∶150

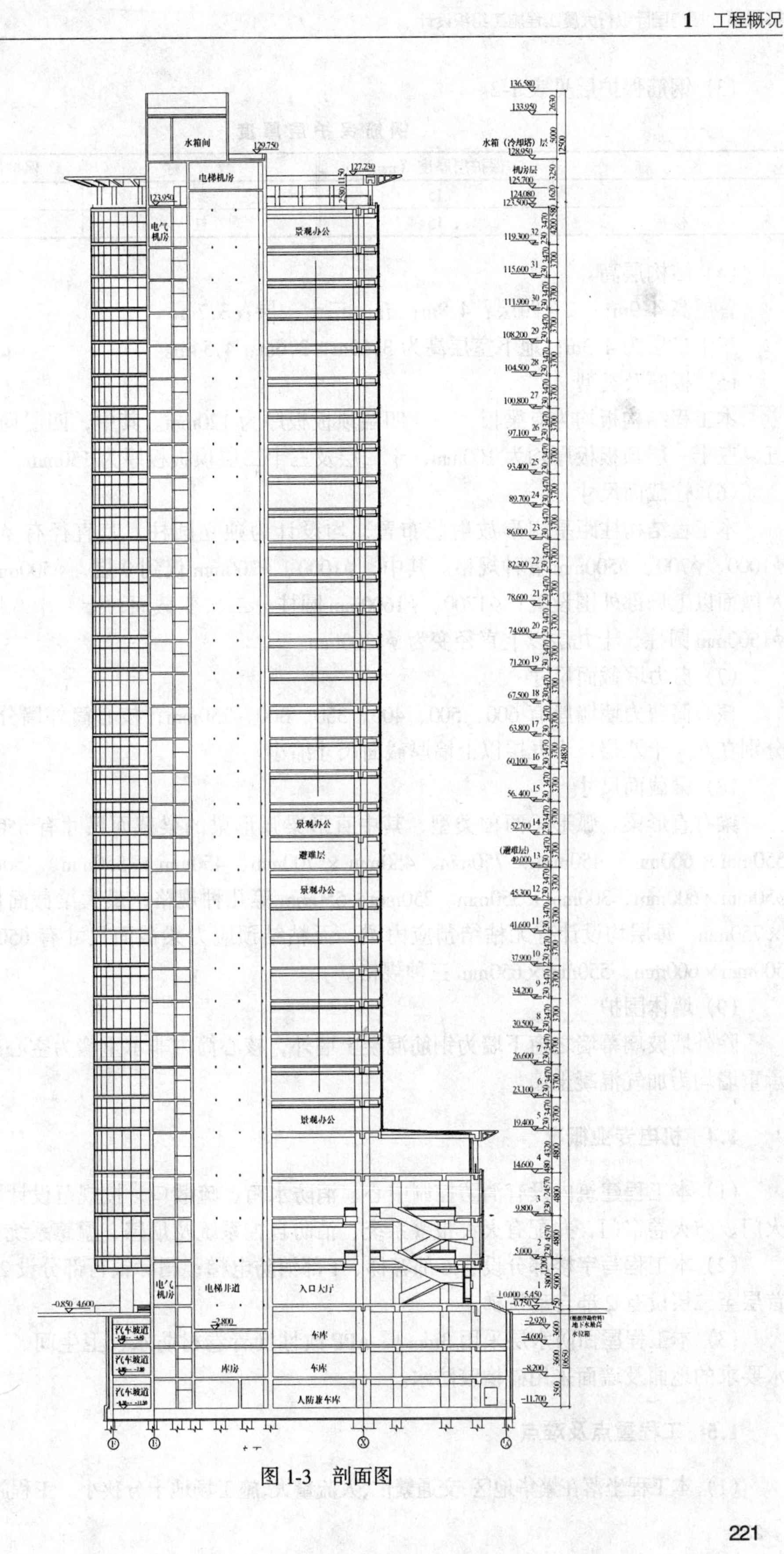

水箱间
电梯机房
电气机房
景观办公
景观办公
避难层
景观办公
景观办公
水箱（冷却塔）层
机房层
电气机房
电梯井道
入口大厅
车库
车库
库房
人防车库
汽车坡道
汽车坡道
汽车坡道
136.580
133.950
129.750
128.950
127.230
125.700
124.080
123.950
123.400
119.300
115.600
111.900
108.200
104.500
100.800
97.100
93.400
89.700
86.000
82.300
78.600
74.900
71.200
67.500
63.800
60.100
56.400
52.700
49.000
45.300
41.600
37.900
34.200
30.500
26.600
23.100
19.400
14.600
9.800
5.000
-2.800
-2.920
-4.600
-11.700

图 1-3　剖面图

（3）钢筋保护层见表1-2。

钢筋保护层厚度 表1-2

名称	保护层厚度（mm）	名称	保护层厚度（mm）
墙	15	梁	25
楼板	15	柱	30

（4）结构层高

首层高4.9m；二～四层：4.8m；五～三十一层：3.7m；

三十二层为4.3m；地下室层高为3.65m、3.6m、4.54m。

（5）板厚及类型

本工程结构板均为有梁板，一～四层顶板板厚为120mm。其中，四层局部150mm厚，五～三十一层顶板板厚均为100mm，十二层及三十二层顶板板厚为150mm。

（6）柱截面尺寸

本工程结构柱距呈扇形放射状布置，均设计为独立圆柱，其直径有ϕ1700、ϕ1600、ϕ1000、ϕ700、ϕ500mm五种规格。其中，ϕ1000、ϕ700mm仅到9层，ϕ500mm圆柱仅四层及屋面以上局部外围设置；ϕ1700、ϕ1600mm圆柱分二次变截面，十～十八层直径均变为ϕ1500mm圆柱，十九层以上直径变为ϕ1300mm。

（7）剪力墙截面尺寸

核心筒剪力墙墙厚有600、500、400、350、300、250mm，核心筒外墙分二次变截面，分别在八～十八层，十九层以上墙厚截面尺寸缩小。

（8）梁截面尺寸

梁有直形梁、弧形梁两种类型，其中直形梁弧形梁的梁截面尺寸有550mm×650mm、550mm×600mm、450mm×750mm、450mm×700mm、450mm×550mm、450mm×600mm、350mm×600mm、300mm×550mm、250mm×550mm等几种规格，最大梁截面尺寸为550mm×750mm。每层均设计有无粘结预应力梁，无粘结预应力梁截面尺寸有650mm×600mm、500mm×600mm、550mm×650mm三种规格。

（9）墙体围护

除外墙玻璃幕墙之窗下墙为钢筋混凝土墙外，核心筒内非承重墙为空心砖墙，其他非承重墙均为加气混凝土墙。

1.4 机电专业概况

（1）本工程建筑内设有消防控制中心、消防水箱、疏散口，按规范设计了防火墙、防火门、防火卷帘门，并配有火灾报警系统、消防自控系统及烟感、温感系统。

（2）本工程写字楼部分设有6部客梯、1部消防电梯；国际银行部分设2部液压客梯；首层至二层设有2部自动扶梯。

（3）本工程屋面防水层采用3mm厚APP改性沥青卷材防水，卫生间、工具间等有防水要求的地面及墙面采用硅橡胶防水。

1.5 工程重点及难点

（1）本工程坐落在繁华地区，交通繁忙，人流量大，施工场地十分狭小。工程施工用料存放、临建搭设、大型机械设备安置困难，特别是基础施工阶段，直接用于现场施工场地很有限。

(2) 本工程建筑外型独特，立面变化丰富，有平面、曲面、直角、斜角，外墙为铝板和玻璃幕墙，弧形玻璃幕墙面积占幕墙总面积70%以上，外墙装饰难度大。

(3) 本工程平面不规则，柱、墙、梁轴线均以一点为基点，轴线多半径、多角度，轴线、垂直度控制、标高测量难度大，精度要求高，测量放线是本工程的重点之一。

(4) 基坑支护设计两道水平内支撑及钢格构内支撑柱。内支撑换撑及内支撑拆除施工与各道工序交叉作业，施工组织难度大。

(5) 本工程框架柱设计为大直径独立圆柱，柱钢筋为双环双层高密集钢筋，数量多、直径大，柱和梁柱节点钢筋绑扎施工难度大。

(6) 本工程标准层梁为大跨度有粘结预应力梁，预应力梁预应力筋在梁柱节点钢筋密集区穿束和控制梁柱节点处柱梁钢筋间距和排距施工困难。

(7) 室内墙面和楼地面石材为不规则几何图案拼装，且楼地面石材图案与墙和电梯轿厢地面石材图案层层相对，接合并连通，施工标准高，难度大。

(8) 该工程系统功能齐全，智能化程度高，设备先进，专业施工交叉作业多，安装、调试难度大。

2 施工布署

2.1 工程目标

(1) 质量方针和目标

质量方针：用我们的智慧和承诺雕塑时代的艺术品。

质量目标：分项工程优良率90%，分部工程优良率85%，创国家优质工程“鲁班奖”。

(2) 安全生产与消防目标

1) 安全目标：确保无重大工伤事故，杜绝死亡事故，轻伤频率控制在6‰以内。

2) 消防目标：达到厦门市消防部门验收标准，无火灾隐患，坚决杜绝火灾。

(3) 文明施工目标

实行CI管理，让业主满意，施工噪声控制在城市允许范围，建立环保措施，创厦门市文明工地。

(4) 工期目标

服务业主，满足合同工期要求。

(5) 管理目标

发挥中建一局（集团）有限公司优势，充分利用我集团公司在生产经营、技术管理中的各种优势，实行现代化管理，保证工程在管理、质量、安全、文明、工期、作风上均创一流水平。

2.2 施工组织机构

2.2.1 组织机构

根据本工程的实际需要，项目部由项目经理、项目执行经理、项目副经理、项目总工程师、专业责任工程师组成。项目经理负责对工程的领导、指挥、协调、决策等重大事宜，对工程的进度、成本、质量、安全和现场文明负全部责任。其中，项目经理对集团公司负责，其余人员对项目经理负责。经理部下设五部一室，即：工程部、技术部、质安部、物资部、经营部、办公室。

项目部组织机构如图 2-1 所示。

2.2.2 职责

(1) 项目经理

组织项目部开展工作，实行对项目工程的全面管理，对工程项目施工全面负责，及时、准确地对施工进度、资源调配、重大技术措施等作出管理决策；对工程进度、质量、安全、成本和场容场貌等进行监督管理，对施工中出现的问题及时解决；组织制定项目部各项管理制度及各类管理人员职责权限。

(2) 项目执行经理

协助项目经理开展工作，对工程质量、施工进度、资源调配、安全文明施工进行管理；协调与业主指定分包专业公司配合及交叉作业等工作；处理施工中出现的各种问题，协助项目经理制定项目各项管理制度及各部门管理人员职责。

(3) 项目副经理

协助项目经理协调各职能部门工作及各专业公司之间、总包与分包之间的关系，组织施工生产，主持编制季、月、周施工生产计划，对施工过程中劳动力、机械、材料进行平衡调度，对重点分部分项部位的技术、安全、质量措施执行情况进行检查，保证施工进度与质量，确保安全文明施工。

(4) 项目总工程师

主持编制和审核施工组织设计施工方案、技术措施，并组织实施、监督、检查，落实施工组织设计（施工方案）、技术措施执行情况，对关键工序进行技术交底；负责执行编制质量工作计划、技术工作计划、技术工作总结，搞好技术管理和质量管理；主持技术攻关，负责科技成果推广应用和技术革新，提交技术成果，指导和检查试验取样、送检工作及技术资料归档、搜集、整理工作；及时解决施工中存在的技术问题，审核不合格材料处理意见，组织不合格项目原因分析，负责施工过程控制，落实和执行不合格品纠正措施。

(5) 工程部

负责制定生产计划，完成工程统计，组织实施施工现场各阶段平面布置及平面管理，对分包单位进行施工安排部署；负责制定阶段性施工进度计划并检查落实情况，保证总进度计划按预期目标实现，对已完工程的成品保护制定专项措施，并组织实施，责任到人；控制、做好收集整理各种施工记录，对质量保证体系有关程序文件进行贯彻执行，对施工过程实施有效控制，对现场文明施工、CI 形象进行设计并组织落实。

(6) 技术部

编制和贯彻工程施工组织设计、施工工序，进行技术交底，组织技术培训，办理工程变更，收集整理工程技术资料档案；组织材料检验、试验及施工试验；编制项目“质量计划”，检查监督工序质量、调整工序设计，负责施工全过程控制，对不合格品参加评审，及时制定质量纠正及预防措施，解决施工中出现的一切技术问题。

(7) 质安部

严格执行项目"质量计划"和安全管理制度，分项工序施工过程中对施工质量安全跟踪检查，抽查技术交底，检查施工试验报告等；参加预检、隐检、验收工作；建立自检、交接检，分项工程质量检验和评定记录台账；参加不合格分项工作评审，监督质量改进措施实施；负责本部门质量安全活动，制定本部门安全、质量工作计划和方针目标，并负责贯彻实施；负责进场工人三级安全教育、培训、考核、发证工作；负责本部门质量、安全记录的搜集、整理，做到准确、及时；参加基础工程、主体结构工程及单位工程的验收工作。

(8) 物资部

负责项目工程材料及施工材料和机械、工具的购置、运输，编制并实施材料使用计划；负责进场物资的堆放、标识、保管、发放；参加不合格品评审，并进行实施、监督控制现场各种材料的使用情况；维修保养机械、工具等；收集、整理有关资料，做到有可追溯性。

(9) 经营部

负责编制工程报价、决算、合同管理，监督按合同履约，负责工程成本管理。

(10) 办公室

负责文件管理、档案管理、对外关系、现场保卫、后勤供应等工作。

(11) 各部门具体职责详见现场组织机构框架图（图 2-1)。

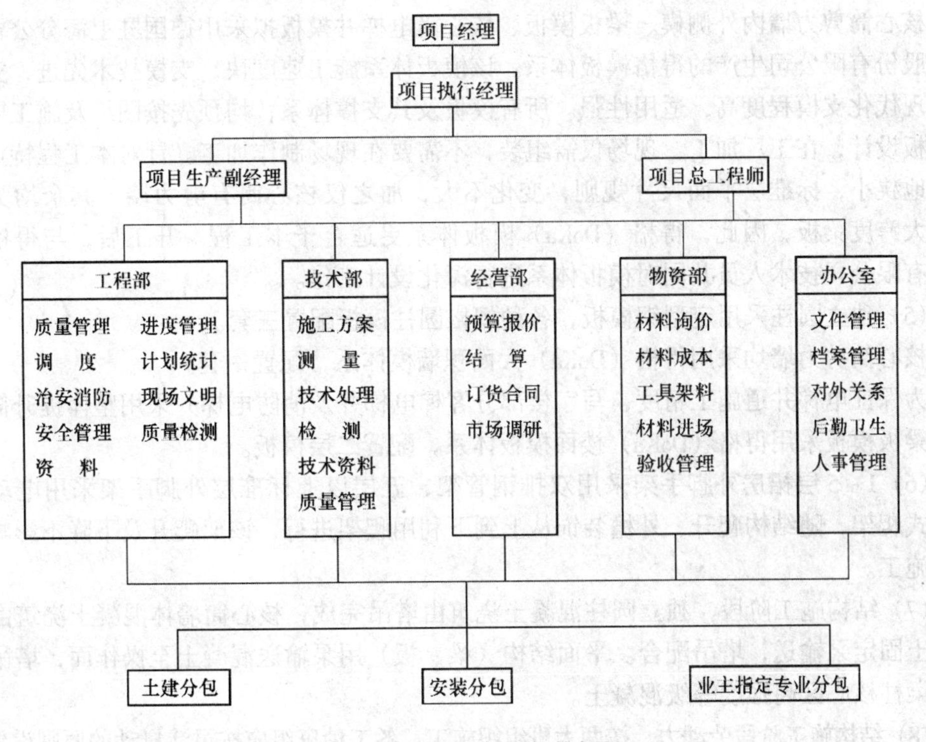

图 2-1 项目部组织机构构架图

2.3 施工安排

(1) 我集团公司具备一级总承包资质，对总承包管理施工具有丰富经验和实力。针对上部结构工程特点和性质，按《建筑法》要求，由我公司自行组织主体结构工程的施工与管理。在上部结构施工中，组织两支作业班组分别从事柱、墙及梁、板施工。另外，钢筋接头套筒冷挤压接头连接、电渣压力焊选择专业作业队伍。模板作业队伍：分别从事模板制作、安装、拆除等工作，需组织两支作业班组分别进行墙柱、梁板模板工程施工。混凝土作业队伍：从事混凝土浇筑工作，组织一支作业班组；脚手架作业队伍：从事本工程外爬架及所有施工脚手架施工；砌筑作业队：从事隔墙砌筑，组织一支队伍；无粘结预应力梁施工：由专业设计施工单位施工；卫生间墙、地面、外墙、屋面防水由专业施工队伍施工。

(2) 工程各项工序间需紧密衔接，穿插流水作业，配备足够劳动力，利用施工进度计划网络软件实行动态管理，抓住关键工序，确保总进度计划的实现。

由于本工程场地狭小，钢筋场外加工，按施工顺序编号运至现场，后由塔吊吊至施工部位。混凝土全部由中建一局（集团）有限公司厦门搅拌站提供，并随时满足现场各项需要。

(3) 地下室外墙外模板采用砖胎模，用防水保护墙作为外侧模板；地下室外墙内模板采用18mm厚竹夹板，50mm×100mm木方作背楞；地下室内墙模板采用整张七夹板分段拼装后组装，竖楞采用50mm×100mm木方，间距50cm，横楞采用钢管。

(4) 地上工程模板的设计、加工、制作均采用定型模板体系。

核心筒剪力墙内外侧模、梁板模板、核心筒电梯井模板拟采用德国驻上海分公司得格工程股份有限公司生产的得格模板体系。该模板体系施工速度快，支模技术先进，安装简捷，现代化支模程度高，适用性强。所有模板及其支撑体系，均预先按图纸及施工要求进行模板设计，在工厂加工，现场仅需组装，不需要在现场制作加工。针对本工程特点：施工场地狭小，标准层平面尺寸规则，变化不大，加之仅核心筒有剪力墙，其余均为大空间、大跨度梁板，因此，得格（DoKa）模板体系更适合于本工程。开工后，与得格工程股份有限公司技术人员共同对模板体系进行深化设计工作。

(5) 独立圆柱采用定型钢模板，各种规格圆柱模板配置三套。

核心筒剪力墙均采用得格（DoKa）大面积墙模体系，配置一套。

为保证电梯井道施工精度，写字楼部分客梯电梯井及消防电梯井采用整体提升筒模。

梁板模板采用得格（DoKa）楼面模板体系，配置二层模板。

(6) 1~5层裙房外脚手架采用双排钢管架，五层以上标准层外脚手架采用电动整体提升式爬架，随结构爬升，外檐装饰从上到下利用爬架进行，该架爬升及下降不影响外檐装饰施工。

(7) 结构施工阶段，独立圆柱混凝土浇筑由塔吊完成，核心筒墙体混凝土浇筑由两台混凝土固定泵输送，塔吊配合。平面结构（梁、板）用泵输送混凝土至操作面，塔吊配合浇筑梁柱核心区高强度等级混凝土。

(8) 结构施工阶段劳动力，按两大班组织施工，各工种班组应按灵活机动的原则设置，并留有余地，成立由各工种组成的机动预备队。当发现某个关键工序按网络要求滞后时，应立即投入，使工序按计划完成，而不致影响下道工序及窝工、总体流水混乱等现象发生。

2.4 施工组织部署

(1) 总承包自行组织施工，以土建工程为主，水电、通风、设备安装及装饰工程配合施工，并协调业主所指定分包单位的施工。

(2) 整体工程分结构施工期、设备安装和装饰施工期、设备调试及精装饰施工期，通过平衡协调和高度紧密地组织成一体。

(3) 结构施工期以主楼区域为主要进度控制区域，一切施工协调管理即人、材、物首先满足该区，确保结构总进度计划。

(4) 组织计划施工内容有土建工程、水电、通风、电梯、消防、污水处理、装饰调试等工程。

(5) 施工区域分主楼及裙楼部位，裙楼部位（即五层以下）施工在安排总进度计划时，平衡人、材、物利用，优先考虑，保业主提前营业，创造投资效益。

(6) 各分包施工单位（含业主指定分包单位）无条件服从施工总计划。

2.5 施工管理

2.5.1 施工管理方法

我集团公司已经通过国际标准 ISO 9002 第三方认证，并相应制订出质量手册和体系运行程序文件，采取有效手段保证体系的有效运行，因此，我们有能力对从材料采购直至工程交工采用全过程的控制。具体方法是：

(1) 根据程序文件规定的各部室的职能进行质量控制，工作的全过程全部采用程序文件规定的表格，形成过程控制质量文件，并由职能部门进行审核整理，以满足程序文件的要求，进行具体管理操作。

(2) 根据我集团公司制订的管理标准进行管理控制，所有管理工作按照各职能部门的划分进行管理操作，所有管理工作均在控制之中，满足管理标准的要求。

(3) 根据管理工作要求设定的岗位，作出具体工作内容安排，所有岗位的工作均在控制之中，满足工作标准的要求。

(4) 按照中华人民共和国建设部和厦门市政府规定的建筑施工企业所必须做到和遵守的有关条例、标准工作，遵守政府有关法律、法规等，保证工程的顺利进行。

2.5.2 施工协调

(1) 与设计单位之间的工作协调

1) 本工程开工后，即与设计院联系，进一步了解设计意图及工程要求，根据设计意图提出施工实施方案。设计单位提交施工方案中，对可能出现的各种结构进行分析，协助设计院完善施工图设计。

2) 向设计院提交施工总进度计划，以便设计院根据施工总进度计划进行未完善图纸出图工作，积极参与设计的深化工作。

3) 主持施工图审查，协助业主方会同建筑师、供应商（制造商）提出建议，完善设计内容和设备物资选型。

4) 与地方专业主管部门沟通与建筑师的联系，向设计方提供需主管部门协助的专项工程，如：外配电、水、通信、市政、污水处理、环保、广播、电视等的设计，施工安装、检测等资料，完善整体设计，确保联动调试的成功和使用功能。

5) 对施工中出现的情况，除按驻场建筑师、监理所提要求及时处理外，还应积极修正可能出现的设计错误，并会同业主、建筑师、施工方按照总进度与整体效果要求，验收小样板间，进行部位验收、中途质量验收、竣工验收等。

6）根据业主指令，组织设计方参加机电设备、装潢用料、卫生洁具等的选型选材定货，参加新材料的定样采购。

7）协调各施工分包单位在施工中需与建筑师协商解决的问题，协助建筑师解决诸如因多管道并列等原因引起的标高、几何尺寸的平衡协调工作。

（2）与监理师工作的协调

1）在施工全过程中，严格按照业主方及监理批准的“施工大纲”、“施工组织设计”进行对施工质量管理。在分包单位“自检”、总承包专检的基础上，接受监理的验收和检查，并按照监理要求，予以整改。

2）执行总承包已建立的质量控制、检查、管理制度，并据此对各分包施工单位予以监控，确保产品达到优良。总承包对整个工程产品质量负有最终责任，任何分包单位工作的失职、失误均视为本公司的工作失误，因而杜绝现场施工分包单位不服从监理工作的不正常现象发生，使监理的一切指令得到全面执行。

3）所有进入现场使用的成品、半成品、设备、材料、器具均主动向业主方及监理提交产品合格证或质量保证书，应按规定在使用前需进行物理化学试验检测的材料，主动递交试验检测结果报告，使所使用的材料、设备不给工程造成浪费。

4）按部位或分项、工序检验的质量，严格执行“上道工序不合格，下道工序不施工”的准则，使监理师能顺利开展工作。对可能出现的工作意见不一的情况，遵循“先执行监理的指令后予以磋商统一”的原则，在现场质量管理工作中，维护好监理的权威性。

（3）对分包单位间的协调

1）总承包商会同发包方（发包方代表）对拟选定的分包单位予以考察，并采用竞争录用方法，使所选择的分包单位（含供应厂商）无论是资质、管理、经验，均符合工程创优要求。

2）责成分包单位所使用的设备、材料，必须在事前征得业主方代表和总承包的审定，严禁擅自代用材料和使用劣质材料。

3）责成各分包单位应严格按施工总进度和“施工大纲”编制“施工进度计划”和“施工组织设计”，建立质保体系，以分目标的完成来确保“大纲”所规定的总目标的实现。

4）各分包单位严格按照总承包商制定的总平面布置图“按图就位”，且按总承包制定的现场标准化施工的文明管理规定，做好施工现场的标准化工作。

5）分包单位进场前均与总承包签订工程承包合同，严格以合同条款来检查落实分包单位的责任、义务。

6）公司将以各个指令组织指挥各分包施工单位科学合理地进行作业生产，协调施工中所产生的各类矛盾，以合同中明确的责任来追究贻误方的失责，尽可能减少施工中出现的责任模糊的推诿、扯皮现象而贻误工程。

7）总承包应不断加强对各分包施工单位的教育，提请分包单位增强员工对产品的保护工作，做到上道工序对下道工序负责，完工产品对发包方负责，使产品不污、不损。

（4）协调方式

1）按总进度制定的控制节点，组织协调工作会议，检查本节点实施的情况，制订、修正、调整下一个节点的实施要求。

2）由总承包的项目部项目经理负责主持施工协调会，一般情况下，以周为单位进行协调。

3）总承包将会同业主定期或不定期地组织对工程节点、工程质量、现场标准化、安全生产、计量状况、工程技术资料、原材料及用电器具等的检查，并制定必要的奖罚制度，奖优罚劣。

4）本项目管理部门以周为单位，提出工程简报，向业主和各有关单位反映、通报工程进展状况及需要解决的问题，使有关各方了解工程的动态情况，及时解决施工中出现的困难和问题。根据工程进展，还将不定期地召开各种协调会，协助业主协调与社会各业务部门的关系，以确保工程进度。

2.5.3 管理工作控制要点

(1) 工程施工准备阶段主要工作

1）工程总计划安排：根据现场各种条件进行细致的分析研究，制定上部工程总体施工计划，主要内容如下：

A. 确定各分部工程的工期安排以及各分部工程之间的关系；

B. 确定施工因素，如劳动力、机械设备、工程材料等；

C. 对确定之后的主要因素进行分析、调整，确定工程的最终施工计划；

D. 根据工程施工计划确定材料采购计划；

E. 工程总体预算计划安排；

F. 对总体工程施工进行估算；

G. 分析并考虑工程变更等情况导致的设计预算变更；

H. 分析并考虑工程变更等情况导致的施工预算变更；

I. 分析并考虑各分部工程预算；

J. 分析总体工程计划中工程预付款支付情况；

K. 根据以上情况进行总体工程预算计划的编制。

2）制订工程分包项目管理计划：根据本工程性质，我集团公司进行项目的分包管理，以使工程达到高质量、高效益。

3）为了短工期、低造价完成本工程，我集团公司将认真研究各工序特点，尤其是交叉工序，以便确定最优施工方法。为此，将主要做好以下工作：

A. 现场临时设施与场外管理：主要确定现场平面布置（包括材料堆场、混凝土运输用地、人员及货物垂直运输电梯等）；材料机械的供应、调拨；施工人员的组建、培训；意外事故预防（包括消防设施、安全防护设施、医疗卫生设施）等。

B. 现场施工管理：主要进行模板设计；爬架设计；钢筋、混凝土工序确定；垂直运输手段；主要施工机械等。

C. 编制工程项目质量计划书。

(2) 工程施工阶段主要工作

1）生产计划管理。

对各分部工程、分项工程乃至各道施工工序、劳动力、材料、机械等，均实行总计划、月计划乃至周计划，通过例会进行总结分析调整。总进度计划详见进度计划表，其他计划根据工程的具体情况编制、设计。

2）预算管理。

根据合同价格和福建省预算定额价格及厦门地区有关规定，编制工程预算，同时对以下发生的问题根据情况进行调整：重大的设计变更所导致的工程量的变更；主要原材料的变更；非我公司能预见的工程外的环境因素发生的变化所导致的工程造价的增加。

每月将所发生预算报告送交业主或监理，以便互相配合。

除预算报告以外，编制应急费用报告，以便及时处理各种紧急事务。

3）分包管理。

对所有分包工程，我集团公司将主要控制以下内容：

A. 劳动力组织管理（分包起始阶段）；

B. 劳动力配备计划（在起始阶段和施工阶段）；

C. 主要技术、管理人员和工序施工的技术工人（在起始阶段和施工阶段）；

D. 机械、设备；

E. 原材料供应计划（每周）；

F. 工序设计（起始阶段和施工阶段）；

G. 工程进度计划；

H. 材料、工序质量报告（每周）；

I. 安全措施计划（施工阶段）；

J. 现场文明报告（每周）；

K. 工程款使用计划和报告（每月）；

L. 每周综合计划；

M. 每周综合报告；

N. 事故报告。

4）技术质量管理。

施工过程中主要控制以下内容：

A. 除施工准备阶段所应做的施工组织设计、工序设计等技术文件之外，施工过程中应主要制定工序调整、技术总结报告、工程技术资料档案、阶段性试验工作计划、季节性技术措施、现场特殊情况技术措施等技术文件。

B. 对工程材料质量应主要控制以下内容：材料规格、数量、产地、运输手段、质量保证程度、产品的认证情况、出厂检验和试验、进场检验和试验、进场材料的标识和存放、现场材料使用程序等。

C. 对施工工序应主要控制以下内容：工序施工人员数量、技术水平、施工工具、施工材料、施工环境、施工方法、工序成品质量检查、交叉工序作业程序等。

5）安全文明管理。

施工过程中，主要控制以下内容：

A. 安全管理制度、现场安全防护、安全内业资料、安全教育情况、施工人员安全防范水平、各道工序施工安全技术措施、机械及电气设备安全性能等。

B. 施工现场的平面规划及实施、现场卫生、现场建筑垃圾的清运计划及实施、责任划分等。

（3）工程收尾阶段主要工作

1）同业主主管共同检查、维修、验收，并协助做好维修的准备工作。

2）提供业主施工技术资料、预（决）算报告。

（4）总包对分包的控制。

1）合同中明确总包对工期的责任，因此施工过程中，总包对各分包的工期、质量控制以及施工过程中的协调应取得业主和监理的配合。

2）分包单位在施工前（包括业主的指定分包），应将主要施工人员名单及施工队伍人数、资质等情况上报总包方，总包方有权对其资质进行复审，并给业主以建议。

3）总包方应同分包方签订合同（包括业主已指定的分包），以便于总包对工程的总体协调管理和配合。

4）施工期间，分包应根据总的施工进度计划提出分项工程施工计划，便于总包统一协调，保证总体工期。

5）总包对分包的施工质量、进度进行控制，并有权根据工程进度、质量、现场文明等情况，依据分包合同控制分包商工程款的支付和使用，并将此情况以书面形式上报业主。

6）对于业主指定的分包，施工期间应在总包和业主的施工工期内完成其工作量。因技术、环境等原因不能按期完成时，总包将以书面形式上报业主，以商定解决方法或形成新的协约。

7）总包将派专人负责配合各分包的施工，并定期召开工程例会，解决施工中的各种问题。

2.6 主要施工准备工作

（1）技术准备工作

1）及时组织有关人员认真学习施工图纸，了解设计意图，组织图纸会审，由技术部组织实施。

2）编制出本工程各分部分项工程的详细施工方案，进行工序设计，技术交底及季节性技术措施编制工作，便于指导施工，由技术部组织实施。

3）进行上部结构工程模板设计和钢筋抽筋、翻样，组织加工及现场拼装，由技术部组织实施。

4）编制出施工预算，并根据预算编制材料供应计划，落实各种材料供应渠道。由经营部及物资部组织实施。

5）根据我集团公司质量手册和程序文件的要求，制定质量文件的编制计划，以制定宏观质量控制原则；同时，根据工程特点编制质量计划书，制定生产工序，进行具体的质量控制，由办公室组织实施。

（2）材料、机械的准备工作

1）对工程使用的一切材料、机械设备提前进行询价，并作价格分析，选择价格低、质量好的供应商，由物资部组织实施。

2）编制材料供应计划，落实三大材料及主要机械设备并作好进场计划，由物资部组织实施。

3）提出施工机械的使用计划，组织调拨、购置、运输和安装，由工程部组织实施。

4）材料进场、运输、保管安排，签订主要机械设备、非标准件、半成品、混凝土构件、铁件加工计划合同，由经营部、物资部组织实施。

5）地下室主体结构施工结束后，对临水、临电布置进行调整、完善，重新对地上主体结构施工时现场平面布置管理机制进行规划、布置、安排、管理，由工程部实施。

(3) 管理准备工作

1）工程开工后，在现有项目经理部管理人员基础上增加调集专业管理人员，增强项目管理层技术力量。组织工程用材料及上部工程所需或缺的机械设备陆续进场，做好上部工程施工前各项准备工作，由工程部组织实施。

2）进一步落实完善组织机构和人员编制，进一步完善制定各项管理制度，由办公室组织实施。

3）完成合同上部工程签约，组织有关人员熟悉合同内容，对合同内容评审，各方按合同内容条款实施。由经营部组织实施。

4）按照施工组织设计要求和施工平面布置图的安排，建立消防和保安等组织机构及有关制度，落实好消防、保安措施，由工程部及办公室组织实施。

5）根据工程任务实物量编制劳动力需用量计划，组织施工力量，做好施工队伍的工种配备及施工分工。由工程部组织实施。

6）做好新进场操作人员的三级教育和操作技能培训，审核劳动岗位技能情况。

(4) 其他准备工作

1）依据结构工程施工现场总平面布置图，对地下室施工现场布置好的临时用水、用电、通信、排水、排污、消火栓等设施进行完善、改造、调整。

2）与供电局、市政公司、自来水公司、统计局、人防站、交通站、派出所、居委会、医院等单位进一步加深工作联系。

3）办理施工许可证、建筑施工企业安全资格审查许可证、建筑施工工地安全许可证、安全委托、开工执照、文明施工、施工占道、劳力申报、噪声、排污等有关手续工作。

2.7 施工要素的安排

(1) 劳动力安排

劳动力安排计划见表 2-1。

劳动力需用量计划 表 2-1

序 号	工 种	数 量	序 号	工 种	数 量
1	木 工	1000	10	试验工	2
2	钢 筋	130	11	材料工	2
3	混凝土	60	12	测量工	3
4	架子工	50	13	起重工	8
5	瓦 工	40	14	普 工	15
6	防水工	20	15	电 工	60
7	对焊工	6	16	管 工	35
8	电焊工	8	17	电气焊工	25
9	临电工	3	18	钳 工	20

除现有施工地下室工程劳动力外，需增加或调配各工种施工劳动力进场计划，工程开工后根据施工图和工程合同所要求的具体工期，周密、详细地考虑，统筹安排，制定详细计划。现场劳动力将根据工程特点，按工种或分项工程组织进行编制。

(2) 施工所需主要材料安排

本工程混凝土采用商品混凝土，钢材、水泥等及工程材料木枋、胶合板、钢管、支撑等工程用材料。按所需材料计划分批进场，上部结构土建施工用主要材料计划见表2-2。

主要材料需用量计划表　　表2-2

序号	材料名称	规格(mm)	单位	数量
1	钢材		t	4600
2	空心砖	240×190×90	万块	57
3	空心砖	190×190×90	万块	141
4	加气混凝土砌块	600×200×300	万块	78
5	APP卷材	3厚聚酯胎	m^2	3500
6	851防水涂料		m^2	200
7	有粘结预应力筋		t	130
8	胶合板	1830×1915×18	m^2	800
9	钢管	ϕ48×3.5	t	400
10	木枋	50×100	m^3	250
11	木枋	100×100	m^3	20
12	U形托		个	60000
13	快拆头		套	7000
14	碗扣脚手架		t	600
15	脚手板	200×5	m^3	50
16	安全网	20×20	m^2	8000

(3) 机械设备安排

机械设备安排见表2-3。

主要机具需用量计划表　　表2-3

序号	名称	规格型号	单位	数量
1	塔吊	QTZ100	台	1
2	外用电梯	SCD200/200	台	1
3	混凝土泵	固定式HBT60CJ、HBT80CJ	台	2
4	混凝土泵	HBT100CJ(固定式)	台	2
5	钢筋切断机	GQ40-1	台	3
6	钢筋弯曲机	GW40-1型	台	3
7	钢筋对焊机	UN-100	台	2
8	冷控卷扬机	JM-2	台	2
9	冷挤压设备	YZH-ZB	套	8
10	电渣压力焊设备	MH36	套	3
11	砂浆搅拌机	UJW200、UJW250	台	2
12	电焊机	BX1-250-2	台	4
13	电焊机	BX6-300	台	4
14	木工电锯	MG235	台	2
15	木工平刨机	MB-514	台	2
16	手提式切割机		台	10
17	混凝土振动棒	ZN50、ZN70	台	20

续表

序 号	名　称	规格型号	单 位	数 量
18	混凝土平板振动器	PZ-50	台	2
19	消防泵		台	1
20	经纬仪	TDJ2E	台	1
21	水准仪	DSZ2	台	1
22	激光铅直仪	D2G-6	台	1

本工程结构施工大型机械塔吊选用 QTZ100 塔吊一台，总安装高度 160m，臂长 42m，外用两用双笼人货电梯一台，型号 SCD200/200，其他小型机械设备仍采用地下室施工时全套机械设备，所需增加小型机械待工程开工后，将陆续进场。

2.8　现场总平面布置及管理

本工程场地十分狭窄，现场总平面布置将按结构施工和装修施工分别布置。

2.8.1　总体布置

(1) 总体布置

靠水仙路处围墙、大门、大门入口处冲洗台仍保持原状，仅对围墙及大门上油漆及字体进行不定期刷新工作，保持原有围墙清洁、明快。靠鹭江道处胶合板围墙改为砖围墙，并按我集团公司 CI 标准进行布置施工。靠海光大厦处破旧围墙拆除，重新布置施工，靠海滨大厦处薄钢板围墙不定期进行修整。大门设门卫一间。

(2) 临时设施

因场地狭小，现场临设仅在靠水仙路布置。

1) 现场二层活动房仍保持原位，作为业主、监理、总包、分包管理办公用房。

2) 在东北角靠海光大厦及海滨大厦原搭设的职工厕所、浴室仍利用，厕所位置设置化粪池，定期清洁抽粪。现场搭设的职工食堂要拆除，到场外租房，职工宿舍场外租房住宿。

3) 堆场位置

因首层向里缩进，利用局部地方作模板周转堆场及水电预埋、预留制作场地。钢筋堆场及加工场外租地。

4) 上水布置

业主在现场提供两根 ϕ50 给水管，地下室施工时沿基坑护壁距坑面 200mm 处设置了 *DN*100 环边给水管，并设置了一定数量 *DN*25 配用给水支管，上部结构施工仍保持原状。在建筑物四周设 SS80 消火栓四个。

5) 用电布置

从变电间接出 YZW-3×95+2×50 橡套电力电缆，电缆沿地面布置，埋入地下后由总电缆接出电箱，现场共设五个二级箱，总开关为 200A，二级箱两套，总开关为 100A。分别设在靠鹭江道侧西北角及现场配电室处。

2.8.2　结构施工阶段的临时设施布置

(1) 施工机械布置

1) 主楼及裙房的垂直运输主要由 ZTQ100 附墙式塔吊负责（回转半径 42m，从基础底板算起，总安装高度 160m)。

2）为方便施工，解决施工人员垂直攀登和零星材料及小型设备上下调配，在结构施工到六层后，配备一台 SCD200/200 两用施工电梯随结构的升高而自升（具体布置在 P-7 轴～P-8 轴之间）。

3）本工程设 HTB60C 及 HTB80C 固定泵两台，施工到十三层时，改用 HTB100 固定泵两台布置在靠鹭江道侧，垂直泵管布置在核心筒内。

4）钢筋以场外租地加工为主，成品运至现场，塔吊吊至施工部位。现场仅安置一台钢筋切断机、一台成型机、一台对焊机，以解决现场钢筋的应急需要。

（2）各层楼面电箱布置

五层以下每层配备 4 只电箱，五层以上每一层分别安放一只电箱，电箱电缆线现场从结构预留洞随着进度向上升。每层用电通过电箱拉接至各流动小电箱进行施工。电缆通过洞口时，用抱箍及膨胀螺栓把电缆固定在混凝土结构上。

（3）各层楼层水管布置

为满足各层施工用水，保护高层施工安全，在施工层内设置消防设施和施工用水龙头，采用一台 150m 扬程水泵，由水泵接出一根 $\phi100$ 的水平管，分层设置立管，主管布置在核心筒预留管井内，由 $\phi100$ 主管在每层分解出 $\phi75$ 支管。在主管就近处装置两只 $\phi25$ 的施工用水龙头，并安装启泵按钮；同时，设置一只钢板蓄水池，由现场进水管送水。楼层施工用水主要用橡皮管。同时，每一层安装一只消防水龙头，设置一只消防箱。

（4）施工用电计算

施工现场主要机械设备用电见表 2-4（按土建机械用电考虑，安装机械由于在土建机械撤出现场后工作，故不参加计算）。

施工现场主要机械设备用电功率表　　表 2-4

机 械 名 称	数 量	功率（kW）	总功率（kW）
塔 吊	1	43.5	43.5
外用电梯	1	45	45
砂浆搅拌机	2	2.2	4.4
电焊机	8	24	192
对焊机	1	100	100
电渣压力焊	3	24	72
套筒冷挤压	3	2.2	6.6
钢筋弯曲机	1	3	3
钢筋切断机	1	7	7
混凝土振动器	20	1.5	30
平板振动器	2	1.1	2.2
木工电刨	2	0.7	1.4
木工圆锯	2	3	6
消防泵	3	4	12
切管机	1	5	5
套丝机	1	5	5
共 计			535.1

现场照明用电：

按用电量10%，计54kW。

总的用电量：

本工程所用电动机虽然在15台以上，但其主要负荷是塔吊及外用电梯，塔吊和外用电梯工作时各台电机同时工作，故K系数需选大些。

$$K_1 = 0.7 \quad K_2 = 0.6 \quad \cos\phi = 0.75$$

$$\begin{aligned} P_{总} &= 1.1 \times (0.7 \times 271.1/0.75 + 0.6 \times 292 + 54) \\ &= 1.1 \times (253 + 175.2 + 54) \\ &= 531\text{kW} \end{aligned}$$

因业主提供现场电源为315kV·A，故结构施工用电量不够，即使各种机械错开用电高峰期，仍不能满足施工用电要求，业主需进行用电增容。

(5) 施工用水计算

因本工程主体施工混凝土采用商品混凝土，内隔墙砌筑量不大。同时，施工人员不进驻现场，生活用水量小，即以业主提供的两个*DN*50临时给水管线能满足施工要求。

(6) 总平面的管理

由于本工程位于厦门繁华地段，平面面积大，几何尺寸复杂，加上工程施工分包单位多，现场施工人员复杂，要求施工总平面有一个合理布置，而且要有科学严密的管理制度。

1) 为减少各种材料、工具运输距离，组织现场平面及立体交叉流水作业。施工平面管理由项目经理负责，日常工作由工程部及物资部实施，按划分区域包干管理。

2) 现场道路畅通，设排水明沟。

3) 现场主要入口处设置出入制度、场容管理制度、工程简介、安全管理制度等。

4) 凡进入现场的设备、材料必须按平面布置指定的位置堆放整齐，不得任意堆放。

5) 施工现场的水准点、轴线控制点，埋地电缆应有醒目标志，并加以保护，任何人不得损坏、破坏。

6) 各分包单位应在划定的平面范围内使用场地，并遵守平面管理。

7) 现场设置门卫，禁止打架斗殴等流氓行为。

(7) 施工现场垃圾处理

现场垃圾采用层层清理、集中堆放、专人管理、统一搬运的方法，将现场消防电梯井改装成临时垃圾道。电梯门洞口用上下滑动式简易门封闭。底层洞口内用厚木板做斜坡，并装好外开门。从各楼层清理垃圾，通过垃圾道落至底层的斜坡滑出垃圾道门，由专人将垃圾搬运到堆放地点。

2.9 施工进度计划

(1) 综合施工网络计划

国际银行大厦工程主承包单位按投标文件要求，负有协助业主统筹配合各专业分包间协调、统一安排施工进度、组织交叉施工的责任。因此，施工进度计划的编制应从全局出发，注重整体效果，统筹安排内外水、电、空调、电梯、消防等专业分项工程的施工程序和工期计划，尽早使五层以下银行部分满足业主提前使用要求，使业主发挥投资效益。

(2) 主要分项工程计划安排

主体是整个施工网络计划中占时最长、用工最多和占用施工机械设备最多的分部项目，是整个施工网络的关键线路。主体结构采用平面分段、立体分层同步流水的施工方法，以实现劳动力、设备最佳投入效果。

1）五层以下裙房部分首层施工约16d，二、三层各为15d，四、五层各14d，即首层至五层共计划74d完成。

2）六～三十二层每层施工面积为1413m^2，每层需7d完成。

3）结构工程自首层始到三十二层封顶，累计计划工期263d完成。

4）预应力梁施工，按梁混凝土强度等级达到张拉设计要求后施工，每层预应力梁张拉时需3d完成。

5）在结构工程施工到第五层时插入内墙体砌筑，十层以下砌筑采用单向流水施工，十层以下墙体砌筑需75d完成，十层以上内墙施工方法改为以平面流水立体分层等节拍施工，十层以上内墙砌筑需125d完成。

6）分部分项工程工期控制目标见表2-5。

分部分项工程工期目标 **表2-5**

序号	分部分项工程名称	开工－完成（d）	备注
1	结构封顶	263（1999.12.15～2000.9.7）	
2	裙楼结束	74（1999.12.15～2000.2.27）	
3	主体结构	279（1999.12.15～2000.9.23）	主体包括屋面以上结构
4	首层到顶层内墙砌筑	200（2000.3.8～2000.9.27）	
5	预应力梁施工	207（2000.2.24～2000.9.17）	

（3）施工进度计划

略。

2.10 施工顺序及流水段划分

（1）施工顺序

墙柱放线→墙柱筋校正→墙柱筋绑扎、焊接→水电预留、预埋→墙柱模板安装就位→墙柱混凝土→模板拆除→模板清理，刷脱模剂→模板运出。

→梁底模→梁筋→梁边模→顶板模→顶板下筋绑扎→水电预埋预留→顶板上筋绑扎→梁板混凝土→预应力梁张拉→梁顶板拆模养护→爬架提升。

（2）流水段划分

1）一～五层为裙楼，立面结构分三个流水段，平面结构以膨胀加强带分两个流水段。

2）六～三十二层独立圆柱数量明显减少，且比较规则，为标准层；五层以上平面结构考虑预应力梁施工，尽可能减少预应力梁留设施工缝，所以，平面结构划分两个流水段，立面结构划分三个流水段。

3）每层结构施工，由于核心筒墙体模板支设及钢筋绑扎量大，模板的周转量大，直接影响主体结构施工进度，故核心筒部位为主导工序。在每层立面结构施工时，先抓主导工序，即核心筒墙体钢筋、模板、混凝土施工，为其他部位施工创造工作面。

4）1～5层立面及平面结构流水段划分及标准层立面及平面结构流水段划分。如图2-2～图2-4所示。

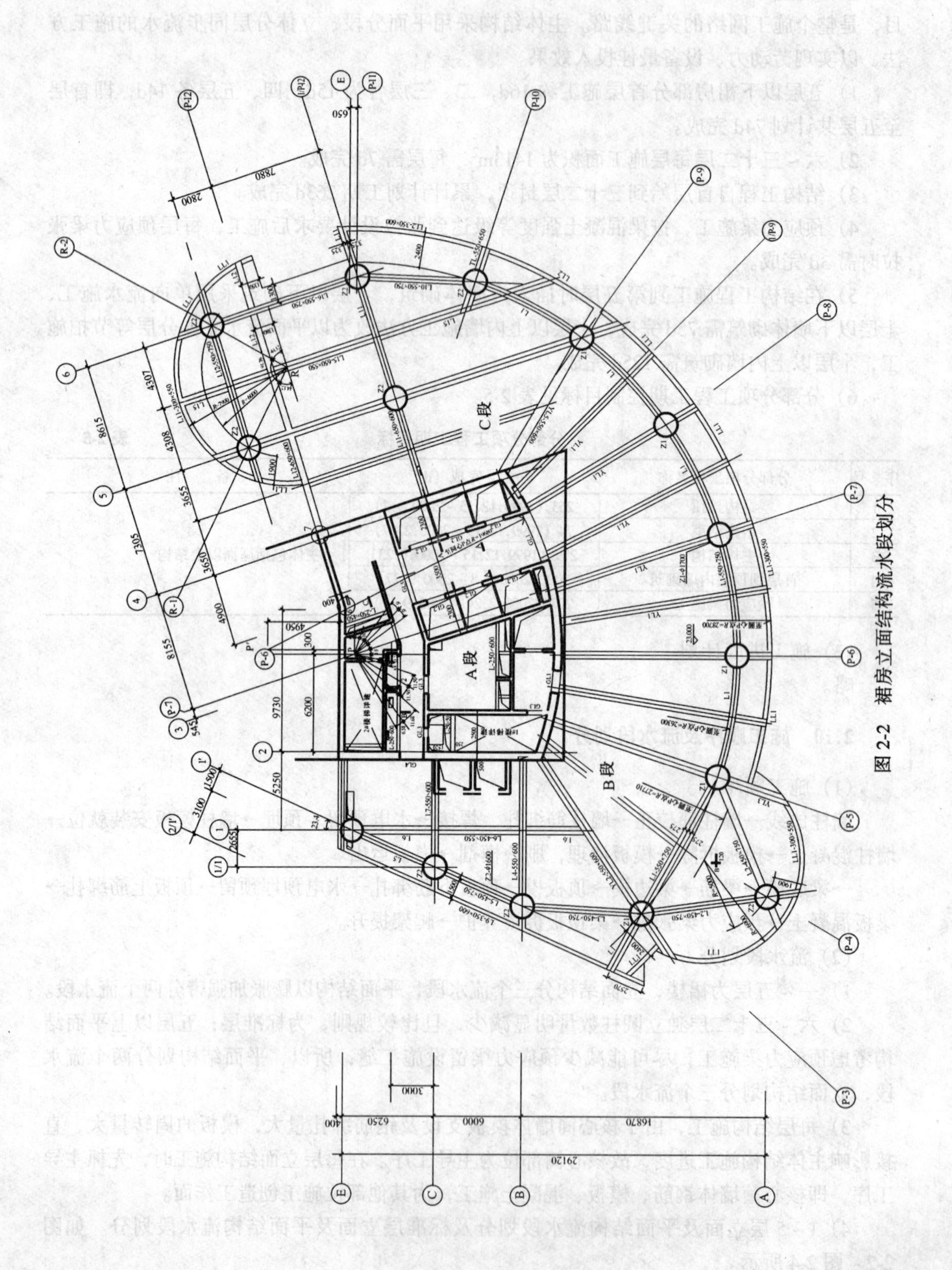

图 2-2 裙房立面结构流水段划分

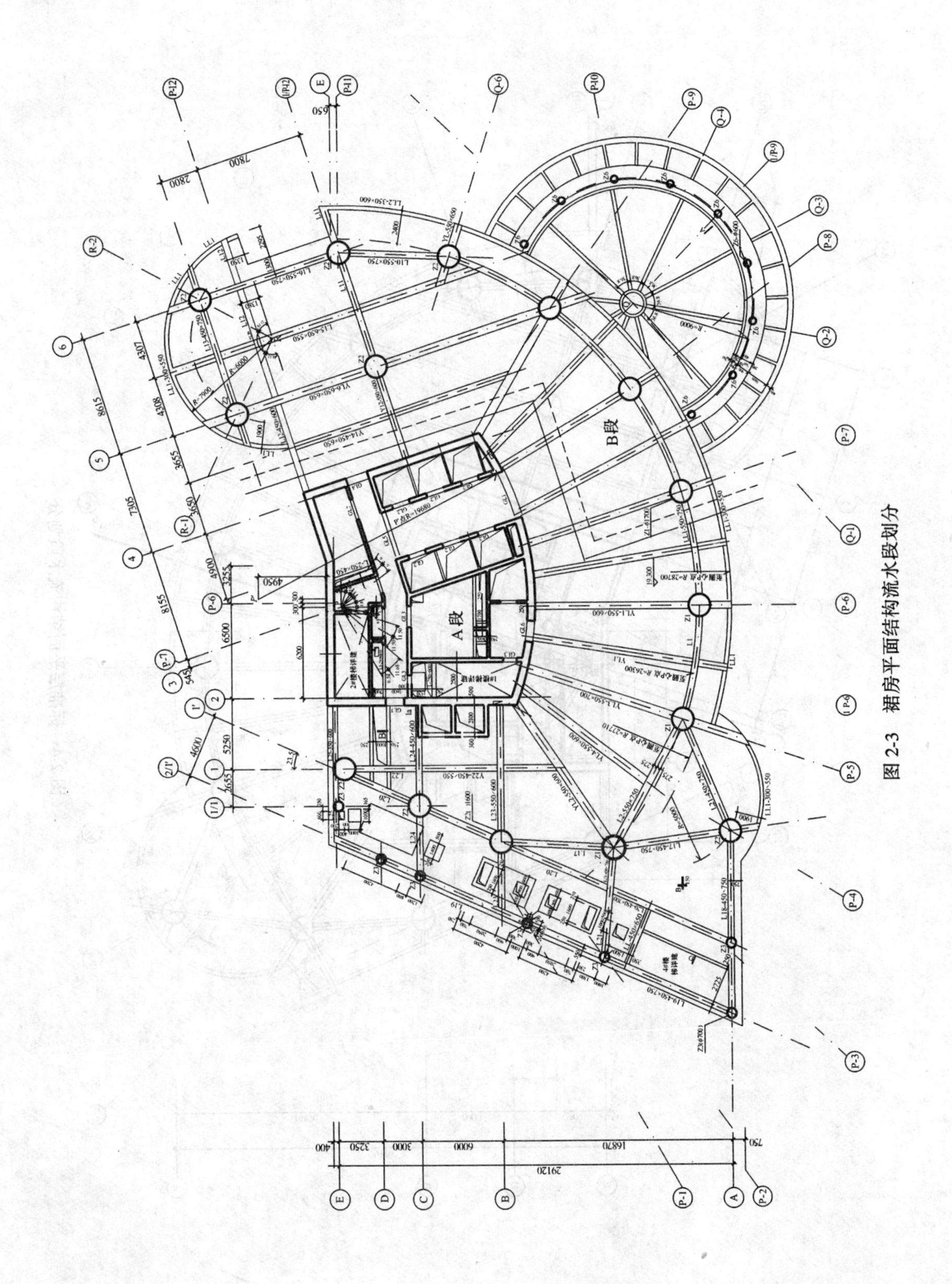

图 2-3 裙房平面结构流水段划分

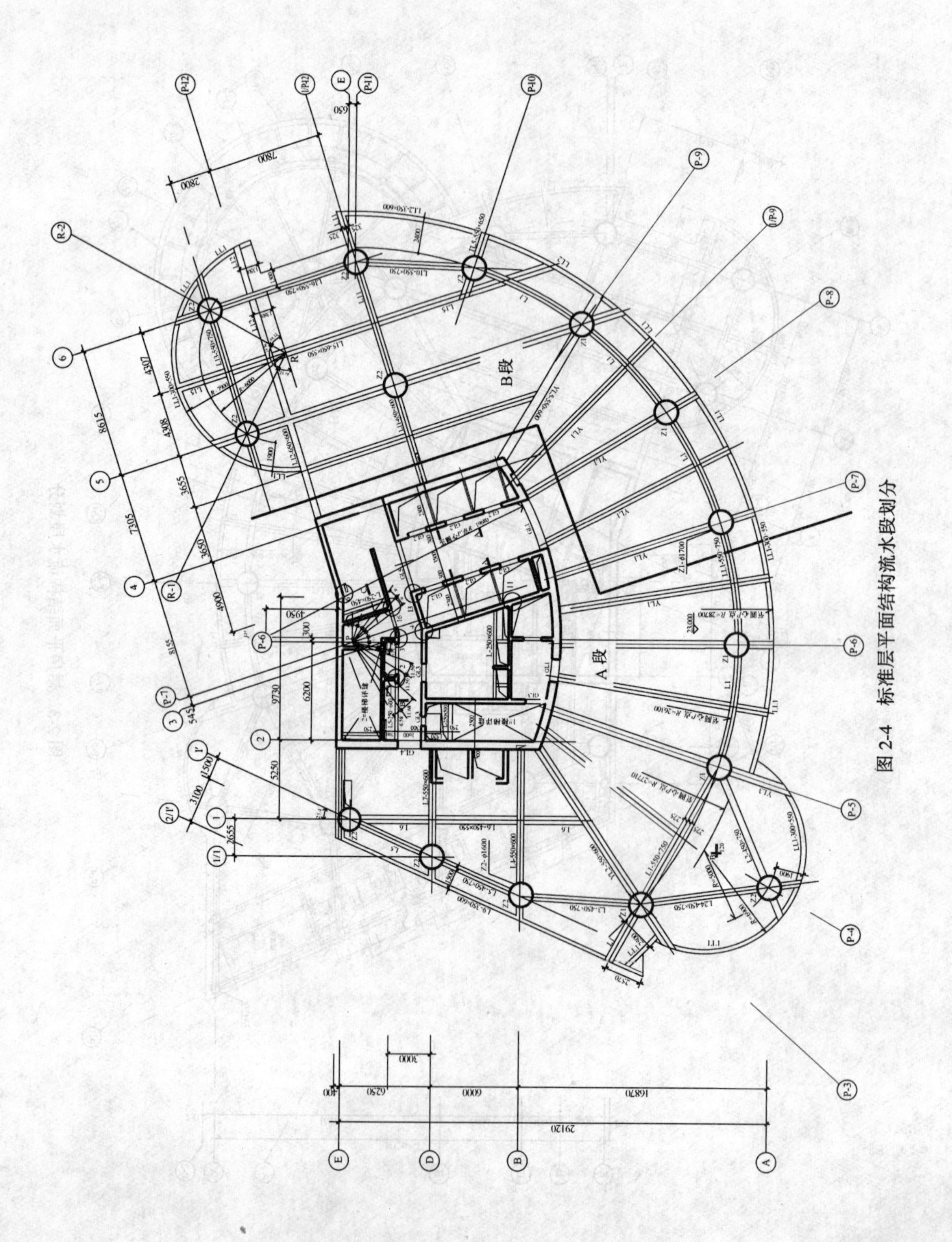

图 2-4 标准层平面结构流水段划分

3 主要项目施工方法

3.1 钢筋工程

3.1.1 钢筋加工

本工程钢筋总量约4600t，其中裙楼为937t，主楼为3693t，钢筋加工量很大。又由于施工场地十分狭窄，无法满足加工需要，公司在施工地下室时，在海关工地上租用场地，地上工程施工时仍租用海关工地的场地作为钢筋加工场地，以保证现场施工需要。钢材由我集团公司负责采购并运送到加工场地，钢材采购严格按ISO9002质量标准和公司物资“采购手册”执行，并按要求进行原材料复试，严禁不合格钢材用于该工程上。钢材厂家品牌按投标文件要求选用三明钢铁厂生产钢材。如三明钢铁厂钢材在某一规格、型号、尺寸暂时短缺，满足不了工程需要时，需采购其他厂家钢材，要提前将钢材厂家相关资料报业主、监理，在得到业主、监理审批后方可采购。钢筋加工现场建立严格钢筋生产、安全管理制度，并制定节约措施，降低材料消耗，建立严格的质量检查程序和质量保证措施，确保钢筋加工质量。

钢筋加工现场总共布置两台钢筋切断机、两台成型机、一条冷拉线、一台对焊机、冷挤压设备两套。考虑本工程形状呈不规则，有的部位钢筋需现场放大样后，才能制作成型，所以，现场设置一台切断机、一台成型机、一台对焊机、三台冷挤压设备，以备施工时零星钢筋加工之用。

钢筋运到加工场地后，必须严格按分批，同等级牌号、直径、长度分别挂牌堆放，不得混放。存放钢筋的场地要平整，浇筑混凝土地面，设排水坡度，四周设排水沟。钢筋堆放时，下面需用垫木垫高，离地面高度大于20cm，以防雨天钢筋浸泡水中，生锈、污染，影响工程施工质量。

每批成型加工制作完钢筋，要分部位、分层、分段用挂牌、编号方式进行区分，同一部位或同一构件的钢筋堆放在一起，并有明显标识，标识上注明构件名称、部位、钢筋直径、尺寸、根数、型号。

3.1.2 钢筋绑扎

本工程结构呈不规则形，钢筋绑扎难度大，尤其是框架放射梁、圆弧梁及高密集多配筋框架独立圆柱，因此，绑扎前需认真审阅图纸，做好施工前技术交底，加强过程控制和检查，保证工程进度及质量。

(1) 钢筋绑扎前，应先熟悉施工图纸及施工规范要求，核对钢筋配料表和料牌，核对成品钢筋的品种、规格、形状、尺寸、数量及使用部位；如有错漏，应立即纠正增补。钢筋绑扎用18~22号火烧丝或钢丝，所需火烧丝及钢丝规格根据钢筋直径而定，并符合有关规定。

(2) 梁与柱箍筋，应与受力钢筋垂直设置。箍筋弯钩叠合处，应与受力钢筋方向错开位置，箍筋呈封闭型，开口处设置135°弯钩。弯钩平直长度不小于$10d$（d箍筋直径）。

(3) 所有梁板纵横钢筋、墙的竖向及水平钢筋交接点均用钢丝全部扎牢，防止出现漏扣、脱扣、松扣现象。

(4) 钢筋绑扎顺序:

框架柱、墙钢筋→框架梁钢筋→次梁钢筋→顶板钢筋。

(5) 绑扎接头其绑扎点不少于3处。

(6) 框架梁纵向钢筋接头应避开梁端箍筋加密压,有同一截面接头不得大于总钢筋面积的25%,相邻接头间距不应小于600mm;当受力钢筋采用冷挤压接头时,以接头为中心,长度为钢筋直径35倍区段内;有接头钢筋截面面积占受力钢筋总截面面积的百分率在受拉区不得超过75%,在受压区不受限制。

(7) 顶板上、下层钢筋的排距用ϕ12“⎍”形钢筋马凳来控制,间距纵横1000mm,并与上、下层钢筋绑扎牢或点焊牢。板负弯矩筋与板受力筋之间排距采用ϕ10通长“⊼”形马凳控制,布置在板负弯矩筋端部,并与板筋及负弯矩筋绑扎牢。板负弯矩筋绑扎时,端部需在同一直线,不允许出现参差不齐现象,严格控制板面标高。

(8) 钢筋数量、规格、接头位置、搭接及锚固长度、间距应严格按施工图要求绑扎。

(9) 梁、柱节点钢筋密集,绑扎前需认真放出梁柱节点钢筋排列图及主次梁钢筋穿插先后顺序。

(10) 柱、墙竖向钢筋接头位置严格按设计图纸要求施工。

3.1.3 钢筋接头连接方式

(1) 柱钢筋

本工程独立圆柱采用内外双环双层高密集配筋,柱的主筋规格为ϕ32、ϕ25,核心筒剪力墙暗柱主筋规格有ϕ16、ϕ22、ϕ25、ϕ32。对于独立圆柱,竖向钢筋接头方式均采用套筒冷挤压接头连接。核心筒剪力墙暗柱竖向钢筋按设计图纸要求,十层以下要求机械连接,所以,十层以下暗柱接头均采用套筒冷挤压接头;十层以上ϕ32mm采用套筒冷挤压;ϕ22mm、25mm时,采用电渣压力焊接头,其余采用绑扎接头。

(2) 核心筒墙体钢筋

本工程核心筒墙体钢筋规格有ϕ16、ϕ18mm。水平钢筋接头采用闪光对焊为主,绑扎为辅,竖向钢筋均采用绑扎接头。

(3) 框架梁钢筋

框架梁钢筋规格有ϕ32、ϕ25、ϕ22mm。当为ϕ32、ϕ25mm时,采用套筒冷挤压接头;ϕ22mm时,采用闪光对焊接头或绑扎接头。

(4) 板钢筋

本工程板钢筋规格有ϕ14、ϕ12、ϕ10、ϕ8mm,均采用绑扎接头。

3.1.4 钢筋连接方法

(1) 套筒冷挤压

本工程采用YHJ-7B型套筒机三台。工作程序为:

1) 施工前准备工作。

2) 对操作工人培训考核,持证上岗。

3) 钢套筒、钢筋均需具备材质出厂合格证及原材料试验报告,符合国家相关标准。

4) 钢筋端头宜用砂轮切割机断料,保证下料断面与钢筋轴线垂直,对有毛边呈马蹄形或纵肋过大切头,应用手提砂轮修磨,严禁用气焊切割超大部分,钢筋端部的扭曲弯折切除或矫正。

5）对进场套筒派专人检查验收，验收项目：

A. 套筒内径尺寸以及壁厚尺寸；

B. 套筒的外沿漆，压痕的宽度和道数，有无漏喷或压痕不均现象；

C. 套筒的内壁光滑情况，有无毛刺及凹凸不平，以及有无裂缝等现象；

D. 清除钢套筒及钢筋压接部位的油污、铁锈等杂物。

6）施工工艺：

A. 挤压工艺流程：

套筒安放在挤压机压模内→安放连接钢筋→开动挤压机→从钢套筒中央逐道向端部压接成型→卸下挤压机→接头外观检查。

B. 用红色铅笔划出钢筋伸入位置和钢套筒外皮挤压分格标志线。

C. 将套筒放入挤压模内，钢筋插入套筒内，使套筒端面与钢筋伸入位置标记线对齐。

D. 按套筒压痕位置标记对正压模位置，并使压模运动方向与钢筋两纵肋所有的平面相垂直，保证最大压接面能在钢筋横肋上。

E. 开动挤压机，从钢套筒中央逐道向端部进行压接。

F. 先在地面将套筒与钢筋一端压接，形成带帽钢筋，然后吊运到拼接楼面，套进另一端钢筋。

G. 用 $\phi48\times3.5$mm 短钢管支承于脚手架横枋上，并用吊钩吊起模具代替平衡器，与上述同样方法压挤另一端。

7）注意事项：

A. 楼面一端钢筋套接时，必须搭设脚手架。

B. 挤压机开动前，钢筋上部须有人扶直，连接钢筋轴线应与钢筋套筒的轴线保持在一直线上，以防偏心及弯折。

（2）电渣压力焊施工

本工程电渣压力焊机采用 ZDH-36 型全自动电渣压力焊机及 HJ431 焊剂。

1）施工前准备工作：

A. 施焊人员必须通过培训，取得焊接合格证方可上岗作业。

B. 将焊接接头端部 120mm 范围内的油污和铁锈等清除干净。

C. 根据竖向钢筋接长高度，搭设操作架子，确保工人扶直钢筋及操作方便。

D. 焊药提前烘干。

2）施工工艺：

A. 用夹具夹紧下部钢筋，将上部钢筋扶直夹牢，使上、下钢筋同心，钢筋两棱宜对齐。

B. 用 70~80cm 长粗麻绳在焊盒下口绕钢筋缠几圈，封住焊剂盒的下口，以防焊药泄漏。

C. 接电缆线，把控制盒插入卡具插口内，启动按钮，焊接过程开始自动进行至焊接完成。

D. 拔掉控制盒，卸下焊接缆线，降温不少于 3min 以后打开焊剂盒，回收焊剂。

E. 待接头冷却后，用短钢筋或小铁锤敲打钢筋，使渣壳脱落。

3）注意事项：

A. 钢筋焊接的端头要直，端面要平，上、下钢筋必须同心。

B. 焊接过程中不允许摆动钢筋，以保证钢筋自由向下正常落下，避免产生“假焊”

接头或弯折角度不合格。

C. 焊接设备的外壳必须接地，操作人员戴手套，穿绝缘鞋。

(3) 质量要求

1) 机械连接及电渣压力焊接头钢筋应符合国家标准《钢筋混凝土用热轧带肋钢筋》(GB 1499) 的要求，机械连接尚还需符合行业标准《钢筋机械连接通用技术规程》(JGJ 107—96) 及其他国家现行标准的有关规定。

2) 套筒冷挤压接头外观质量检查应符合表 3-1 规定。

冷挤压接头质量要求　　**表 3-1**

钢筋直径	套筒型号	每端插入长度 (mm) 标准尺寸，允许误差	压痕处最小直径 (mm)	每端压痕扣数	接头弯折最大值 (°)
ϕ20	TC2	60 ± 5mm	29.5 ~ 31	3	4
ϕ22	TC2	70 ± 5mm	32 ~ 34.5	4	4
ϕ25	TC2	75 ± 5mm	37 ~ 39.5	3	4
ϕ32	TC3	96 ± 5mm	47.5 ~ 50	5	4

注：1. 压痕间距 1 ~ 6mm。
2. 套筒中部无压痕长度 20 ~ 30mm。
3. 接头不得有内眼及可见裂纹。
4. 挤压后套管长度为挤压前的 1.10 ~ 1.15 倍。

3) 电渣压力焊接头处钢筋轴线弯折均小于 4°。接头没有裂缝等缺陷。电渣焊接头钢筋表面无明显烧伤缺陷。电渣连接接头处钢筋轴线的偏移不超过 2mm。

4) 强度检验:

各楼层均按规定（套筒同类型接头 500 个为一批，电渣焊同类型接头 300 个为一批）进行留样试验。

(4) 钢筋保护层控制

结构工程中钢筋保护层非常重要，它直接影响到建筑物耐久性。本工程混凝土强度高 (C60、C50) 所用垫块强度必须和原结构一致。对于梁侧、板钢筋保护层，采用预制砂浆块，规格为 50mm × 50mm，厚度同保护层，间距：梁不大于 1000mm，板不大于 1000mm × 1000mm，梅花形布置。梁侧垫在梁箍筋处，板垫在下层钢筋下。柱、梁底及核心筒墙体保护层垫块采用与结构同强度等级细石混凝土垫块，预先在公司商品混凝土搅拌站按保护层厚度预制，规格 50mm × 50mm。梁底：垫在梁底筋下方，间距 1000mm；柱：绑扎在主筋与箍筋交接处，垫在箍筋上，竖向间距 ≤ 600mm，水平间距 ≤ 500mm；墙：绑扎在墙外侧水平钢筋上，竖向及水平间距 ≤ 800mm。

(5) 钢筋工程技术措施

1) 钢筋成品与半成品进场必须附有出厂合格证及物理试验报告，进场后必须挂牌，按规格分别堆放，进口钢筋除合格证和复试报告外，还须进行可焊性试验及化学成分分析，合格后方准使用。

2) 对钢筋工程要重点验收，验收时严格控制钢筋品种、规格、数量、绑扎牢固、搭接长度、锚固长度（逐根验收）、梁柱节点处柱箍筋，并认真填写隐蔽工程验收单，交监理、业主验收，做到万无一失。

3) 柱、墙主筋根部与板或梁的交接处，增设定位箍筋与板或梁筋点焊牢，防止浇筑混凝土时移位。柱、墙主筋上口增设定位箍或与墙或柱点焊牢固，并顶死墙柱模板内侧面。

4）梁板钢筋绑扎完后，及时在梁筋上用红笔放出墙、柱位置线，便于定位箍筋焊接正确，梁、柱应按轴线拉线，确保位置正确。

3.2　模板工程

本工程为框筒结构，外形呈不规则形状，模板工程不仅量大、复杂，而且质量要求高。

对模板合理设计，选择先进模板体系是确保工程质量和进度的关键，因此，根据工程特点和以往工作经验，设计实用且科学的模板体系，满足该工程质量要求。

3.2.1　圆柱模板

本工程圆柱共6种规格，尺寸大，圆柱模板均采用由专业模板厂家生产的定型钢模板（图3-1）。

（1）圆柱定型钢模板加工制作有关技术要求

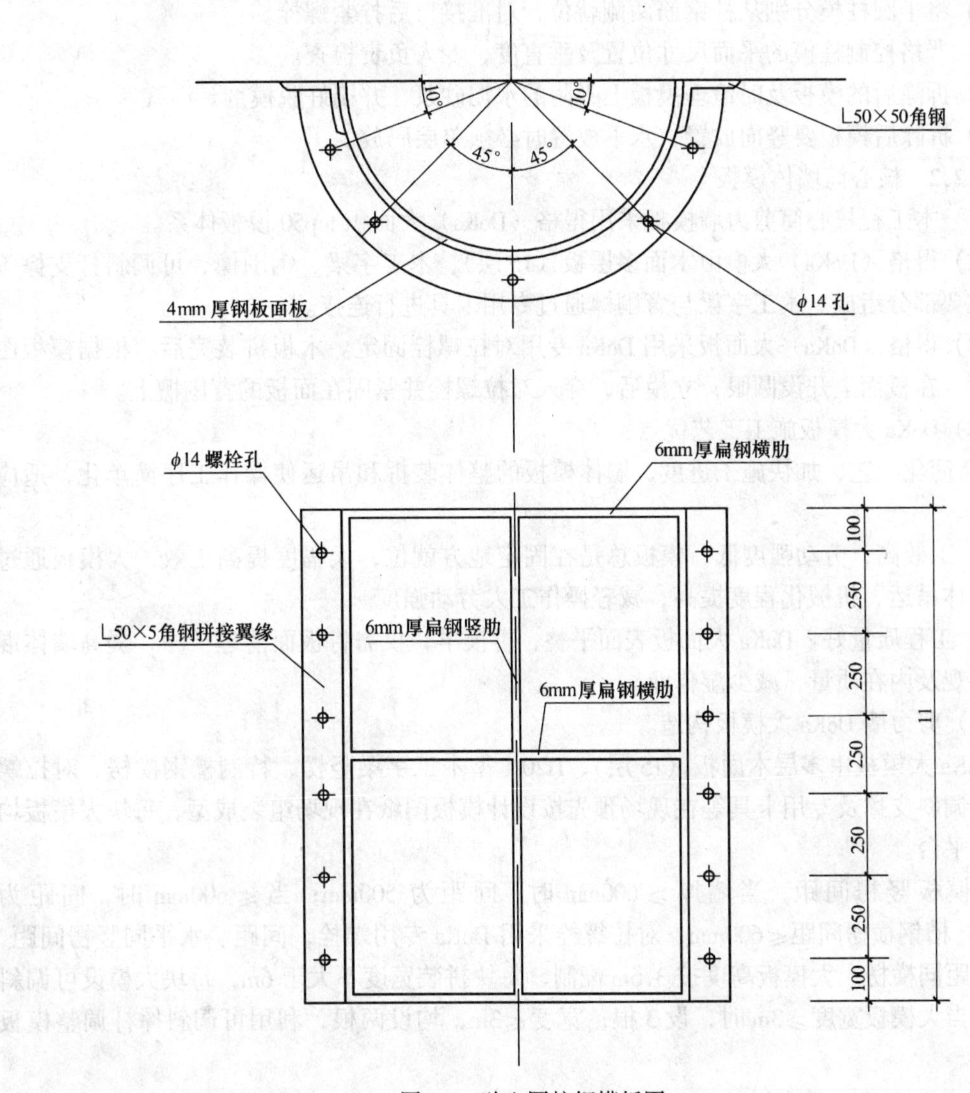

图3-1　独立圆柱钢模板图

定型钢圆柱模板加工成两个半圆卷曲模板，每个半圆模板由多节组成，后由螺杆连接组装成型，拼缝处设置模板组拼接翼缘。板面采用4mm钢板，拼接翼缘采用L50×5mm角钢，角钢上设拼接螺栓孔，孔径为ϕ14，孔距沿柱模高度方向间距为25cm，每节模板上下口处设置L50×5mm拼接翼缘，上设ϕ14连接螺栓孔，孔距沿圆弧周长间距为25cm。连接螺栓采用ϕ12螺杆。为加强模板刚度，每片半圆模板外侧面均设横肋及竖肋加强，横肋每片加设两道，竖肋加设一道，设在中部，材料为6mm厚扁钢。详见独立圆柱定型钢模板图。

（2）圆柱模板施工工艺流程

放线→绑扎柱钢筋→柱模就位安装→柱模接口螺栓固定→柱模钢管斜撑杆支设→校正垂直度并固定→验收→柱混凝土浇筑完后拆除模板→清理，刷水性防锈脱模剂。

（3）施工要点

1）加工好钢模板必须按加工图纸逐片检查，重点检查半圆模半径尺寸。

2）将半圆柱模分别从柱钢筋两侧就位，对准接口后拧紧螺栓。

3）严格控制柱模的平面尺寸位置及垂直度，专人负责检查。

4）拆除后的模板及时清理模板上吸附的水泥砂浆，并刷好脱模剂。

5）拆除后模板要竖向放置，水平放置时必须单层码放。

3.2.2 核心筒墙体模板

（1）本工程核心筒剪力墙模板采用得格（DoKa）大面积top50模板体系。

（2）得格（DoKa）大模由木面多层板（15层）、木工字梁、钢围檩、可调斜杆支撑等几个主要部分组成。木工字梁与背围檩通过专用卡具进行连接。

（3）得格（DoKa）大面板采用DoKa专用对拉螺栓固定。木板拼装完后，根据模板图纸尺寸，在板面上开设圆眼，立模后，穿入对拉螺栓并紧固在面板的背围檩上。

（4）DoKa大模板施工工艺优点：

1）简化工艺，加快施工进度，墙体模板的整体装拆和吊运使操作工序简单化，适应性较强。

2）工效高，劳动强度低，模板总是在固定地方就位，大幅度提高工效，大模板通过塔吊整体吊运，机械化程度提高，减轻操作工人劳动强度。

3）工程质量好。DoKa大面板表面平整，拆模早，仅需将板面清理干净，提高墙体混凝土外观及内在质量，减少湿作业。

（5）剪力墙DoKa大模板构造。

DoKa大模板由多层木面板（15层）、H20Ⅰ型木工字梁竖楞、特制槽钢横楞、对拉螺栓、可调斜支撑及专用卡具等在现场预先按设计模板图纸在现场组装成型，每块大模板均设操作平台。

大模板竖楞间距，当墙厚≥600mm时，间距为500mm；当≤600mm时，间距为600mm。槽钢横楞间距≤600mm，对拉螺栓采用DoKa专用螺栓，间距、水平同竖楞间距，竖向间距同横楞。大模板高度按3.6m配制，每块拼装宽度不大于6m，每块大模设可调斜撑杆，当大模板宽度≥3m时，设3根；宽度≤3m，均设两根，利用可调斜撑杆调整模板垂直度。

3.2.3 剪力墙模板

(1) 施工准备。

按设计图纸，放出剪力墙位置尺寸线，按水准标高做好找平工作，检查钢筋绑扎质量，办妥隐检手续，检查模板上预埋件和门窗框，涂刷脱模剂。

(2) 工艺流程（图3-2）。

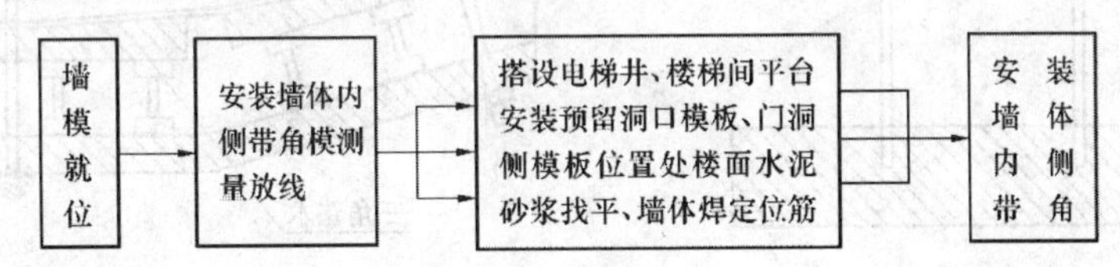

图3-2 工艺流程图

梁用直螺杆或翼缘卡固定，如图3-3、图3-4所示。固定工作完毕后，重新检查一遍，确认牢固后，在工字梁上铺上DoKa模板专用面板，先进行试排工作，使得面板的排布合理化，排布完毕后，用钉子将面板钉在木工字梁上；然后，将此块大模板上部工字梁上固

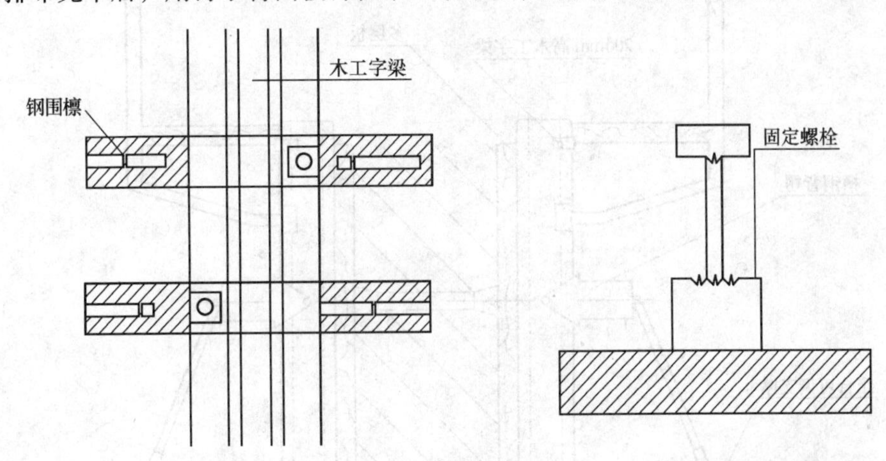

图3-3 直螺杆卡固

定两吊钩，并在吊钩的上部加设吊装横木，以加强模板的整体稳定性；同时，用电钻在模板相应位置钻眼，以用于立模时穿对穿螺杆用。至此，将此块模板按图纸用红漆进行编号运至固定地点，再按图进行下一块模板组装工作。

圆弧形模板的组装程序与之大致相同，仅仅是多了在工字梁上加上一道三角垫木，此垫木为厂家按图纸尺寸提前设计制作加工好的成型品，将面板钉在此三角垫木上，其余同上，如图3-5所示。

(3) 模板安装。

立模前，在模板下部抹好找平层砂浆，按墙位置线进行大模板安装就位。利用塔吊先支设内侧模，并将对拉螺栓穿入面板，随后再支设外侧模，严格校正位置后，紧固对拉螺栓（图3-6）。

大模板安装必须按模板设计图纸进行，先从第二块开始，安装校正后用拉杆固定，然后再安装其他各块，安装一块固定一块。

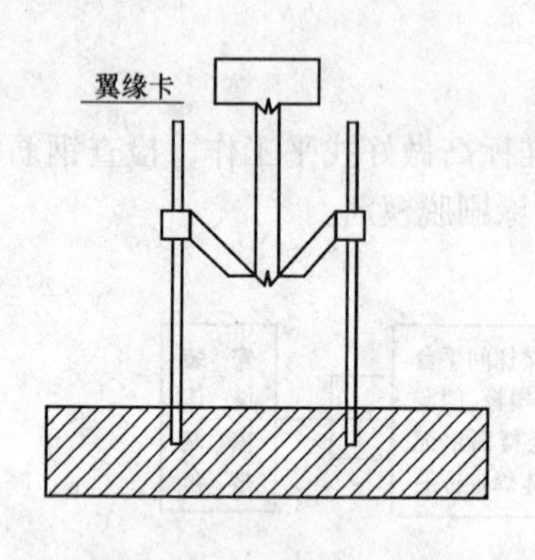

图 3-4　翼缘卡固定

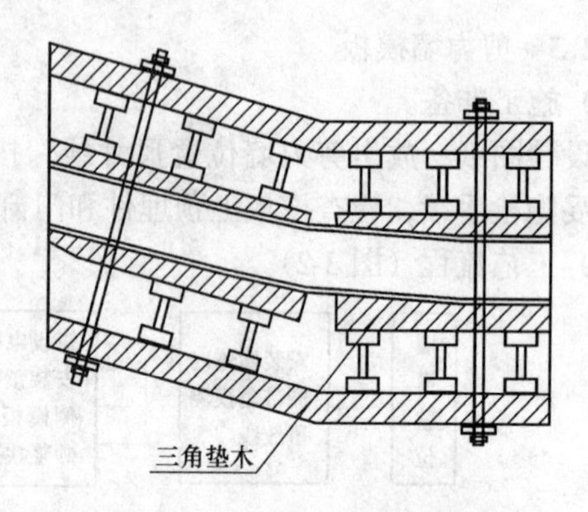

图 3-5　面木钉三角垫木

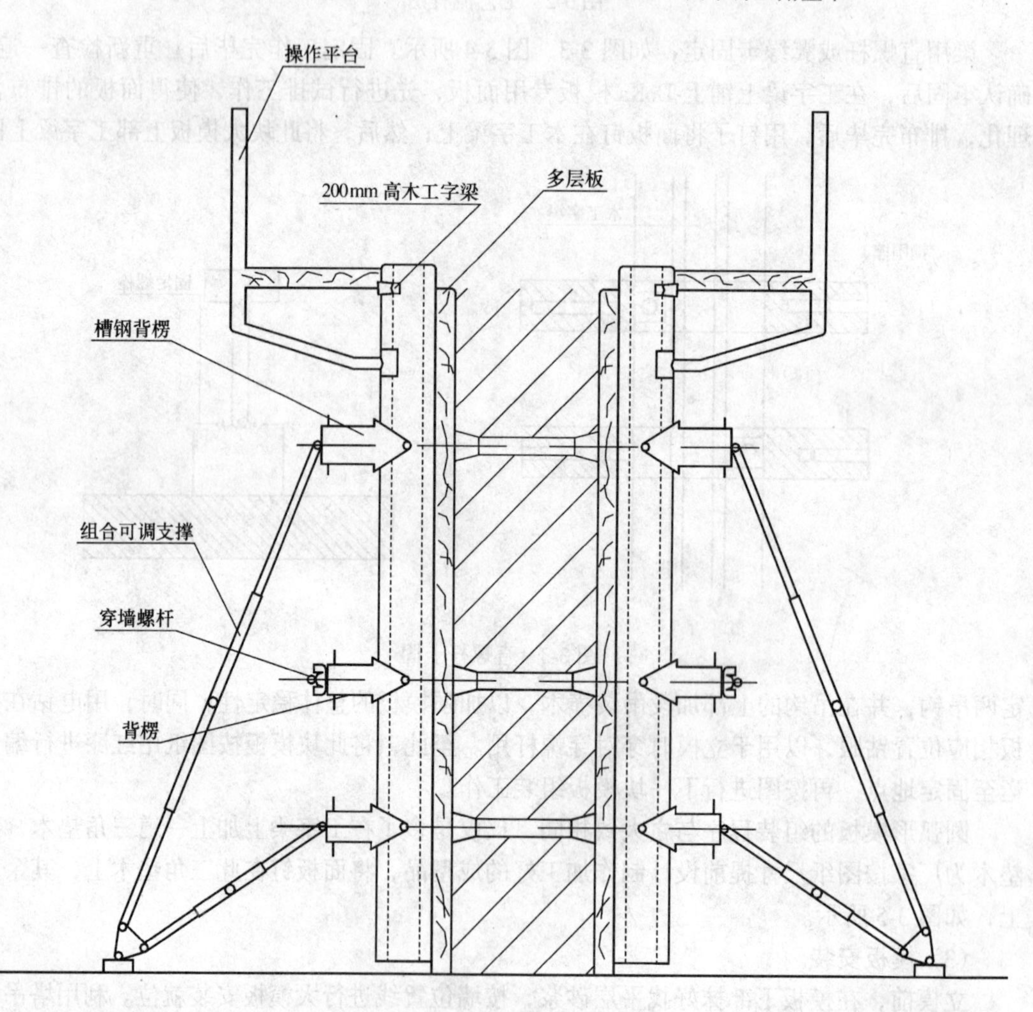

图 3-6　墙体大模板支模图

(4) 拆模与清理。

大模板拆除，需在混凝土强度达到 1.2N/mm^2 后方可开始拆除。拆除顺序与安装顺序相反，松开对拉螺栓，利用调节可调斜支撑杆使模板脱离混凝土后吊出。清理干净，涂刷脱模剂。

3.2.4　电梯井模板

本工程核心筒内电梯井一是消防电梯井，二是主楼客厅电梯井。为保证电梯井道施工精度，电梯井模板采用伸缩式电梯井筒模。支模时，首先在墙上留出放置平台预留洞，找平后，将平台吊起，顺混凝土筒壁使爬角平稳放置平台的预留洞，调整底座，用楔子把平台四周固定牢固，吊起模板使滑轮对准平台滑道就位。待混凝土初凝以后，打出四角钢楔，拆除直角芯带，拔出主栓上、下销轴，调节伸缩可调丝杠，使筒壁收缩，脱离墙体50mm。然后，吊出筒体，放置在楼层上清理，刷脱模剂，待下层使用（图3-7）。

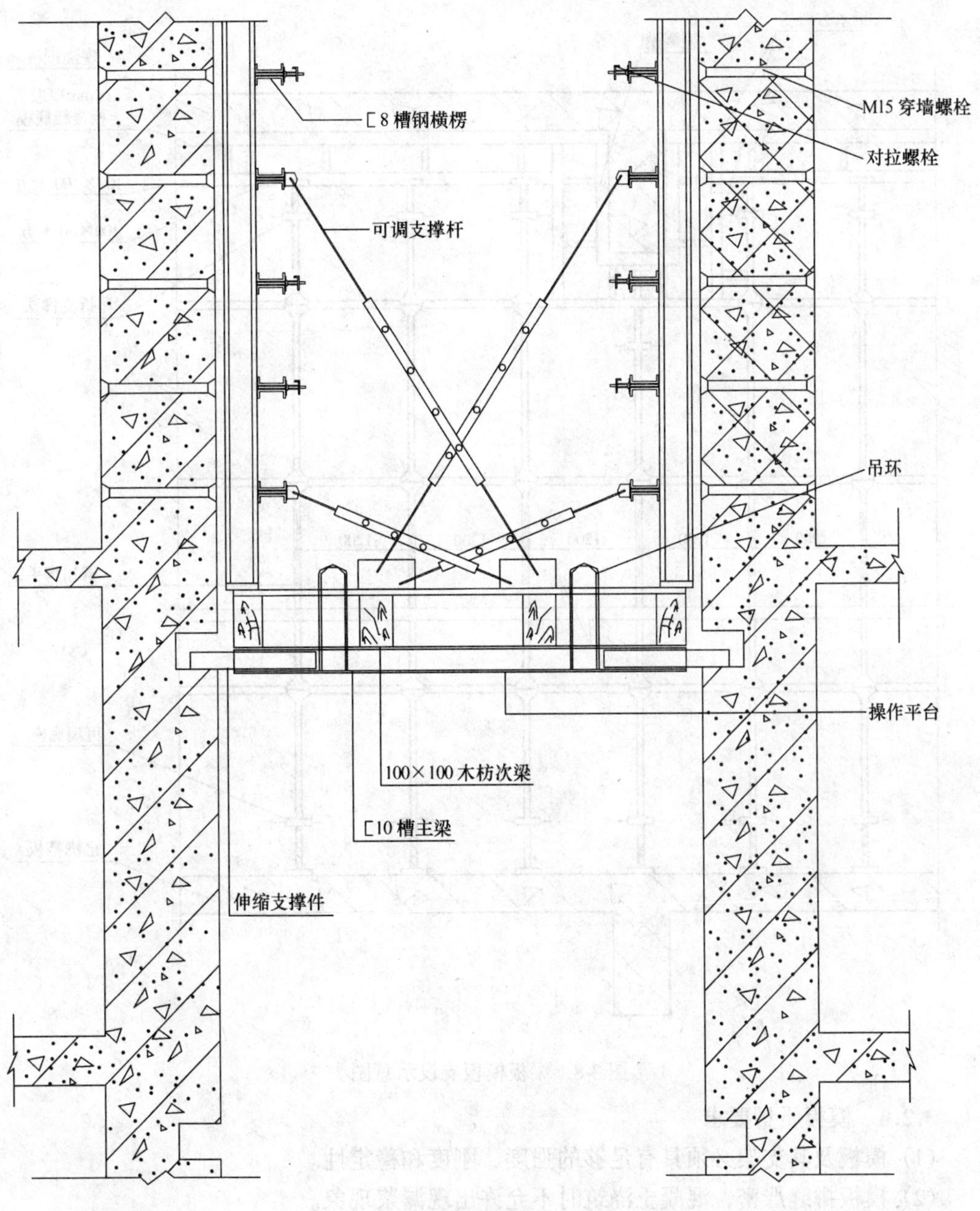

图3-7　电梯井筒模支模图（单位：mm）

3.2.5　梁板模板

本工程框架梁底、梁侧、板底模均采用 DoKa 多层面板（15 层），支撑系统采用 DoKa 新型支撑早拆体系，具有多功能、效率高、承载大、安装可靠、便于管理特点。梁下支撑架间距 600mm×1200mm，板下为 1200mm×1200mm，板下搁栅采用 H20 木工字梁，搁栅间距 600mm，H20 木工字梁作搁栅托梁，间距 1200mm，采用早拆养护支撑。当混凝土强度达到设计强度的 50%时，即可拆去部分模板和顶撑，只保留养护支撑不动，混凝土强度以现场留置的同条件养护试块抗压强度为依据，直到混凝土达到设计强度时拆除。梁板支设及支撑体系如图 3-8～图 3-9 所示。

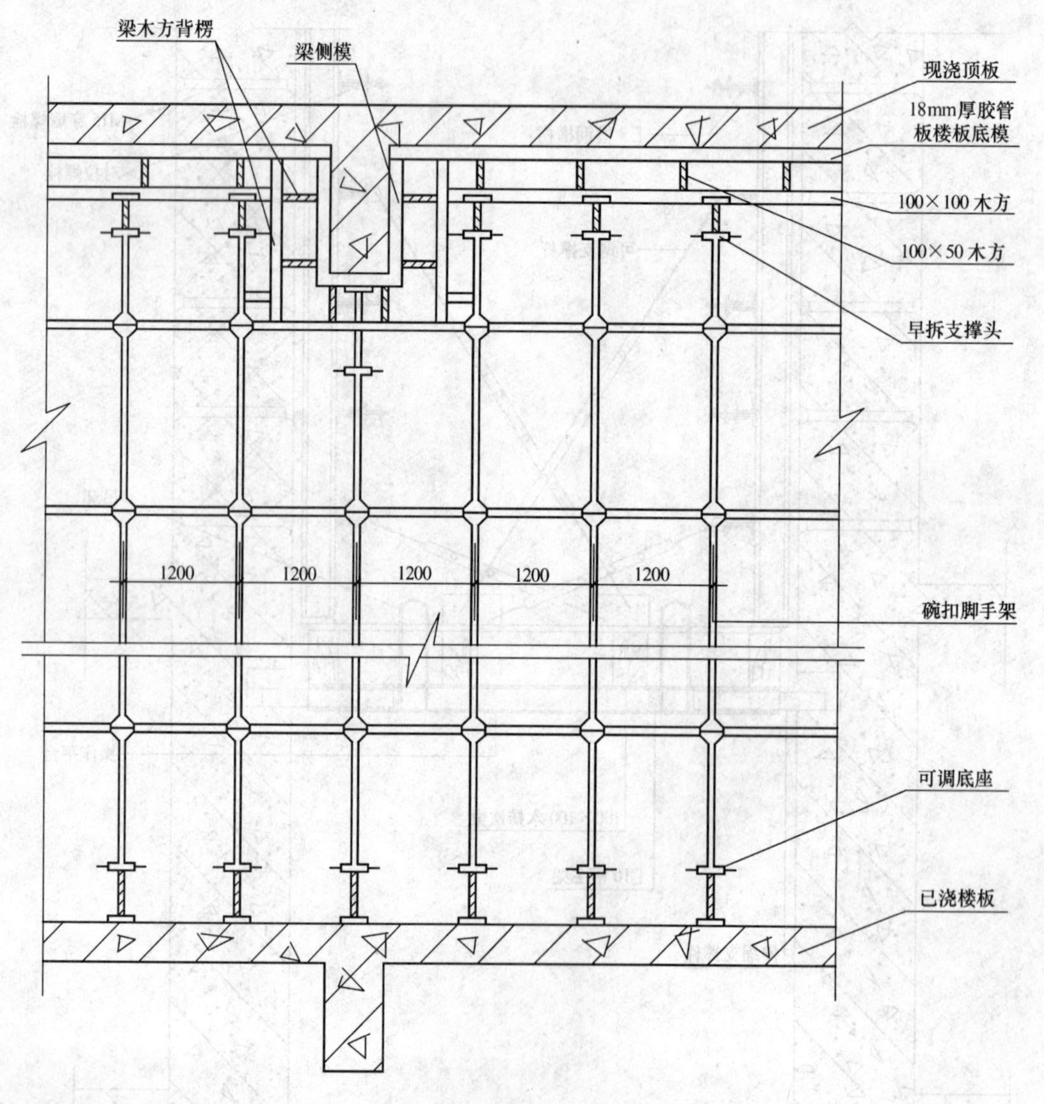

图 3-8　梁板模板支设示意图

3.2.6　模板质量要求

（1）模板及其支架必须具有足够的强度、刚度和稳定性。

（2）模板拼缝严密，混凝土浇筑时不允许出现漏浆现象。

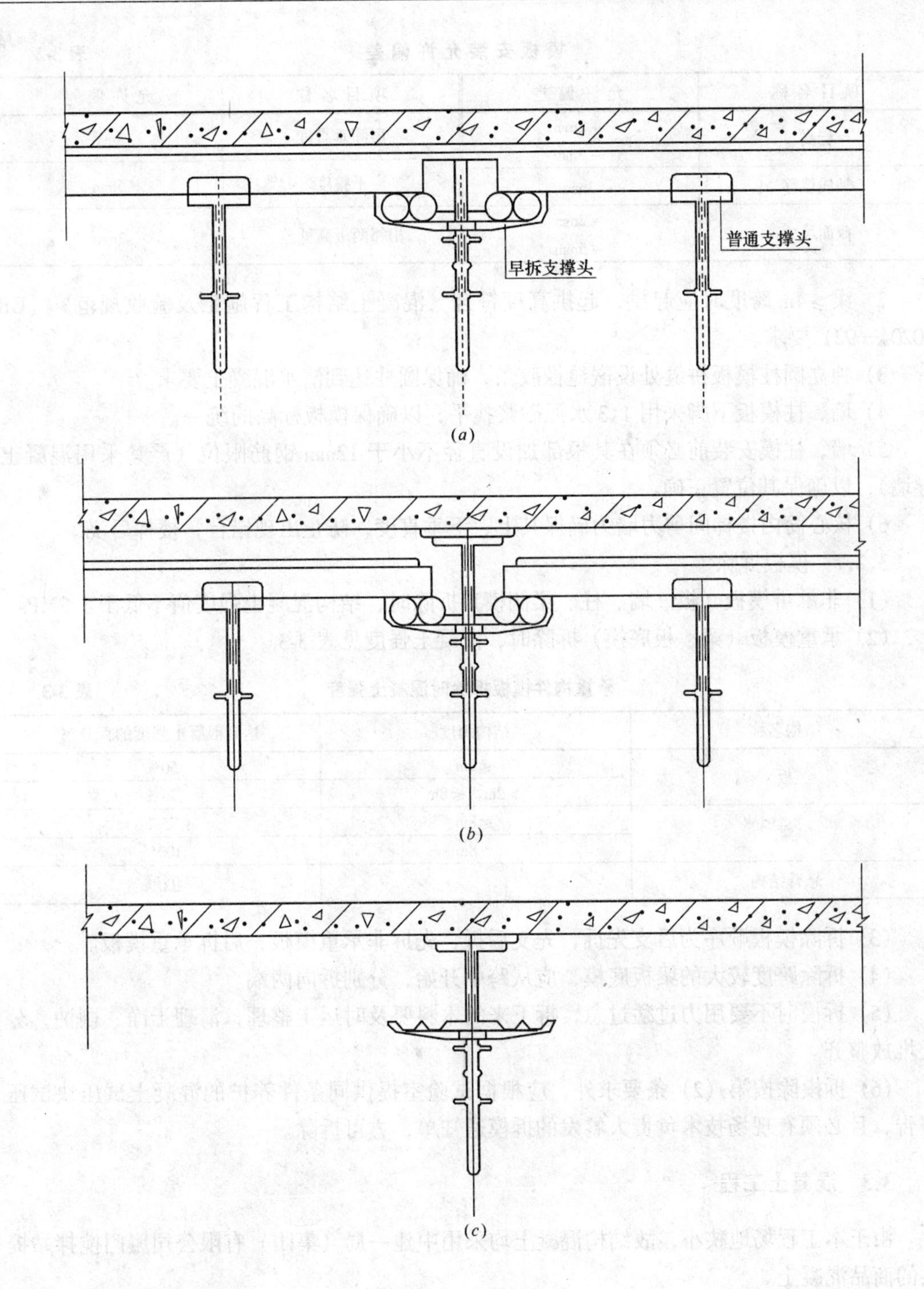

图 3-9 楼板支撑图

(*a*) 支模、浇筑混凝土；(*b*) 调节支撑头螺母；(*c*) 养护支撑头维护支撑，其余拆除

模板实测允许偏差见表 3-2，其合格率严格控制在 95%以上。

(3) 模板体系技术措施：

1) 柱模、墙模的下脚必须留有清扫口，便于清理垃圾。

模板安装允许偏差 表3-2

项目名称	允许偏差	项目名称	允许偏差
标高	+2mm -5mm	层间垂直度	3mm
轴线位移	3mm	平整度	5mm
截面尺寸	+2mm -5mm	相邻两板高低差	2mm

2）梁≥4m跨度时应起拱，起拱高度符合《混凝土结构工程施工及验收规范》（GB 50204—92）要求。

3）独立圆柱模板拼缝处设嵌缝橡胶条，确保圆柱达到清水混凝土要求。

4）墙、柱模板下脚采用1:3水泥砂浆找平，以确保模板标高的统一。

5）墙、柱模安装前必须在其根部加设直径不小于12mm钢筋限位（严禁采用混凝土导墙），以确保其位置正确。

6）核心筒内楼梯间剪力墙为确保其上、下垂直度，防止出现错台，楼梯后浇。

3.2.7 模板拆除

（1）非承重模板（板、墙、柱、梁侧模）拆除时，结构混凝土强度值不低于1.2MPa。

（2）承重模板（梁、板底模）拆除时，混凝土强度见表3-3。

承重构件模板拆除时混凝土强度 表3-3

结构名称	结构跨度	达到混凝土强度的百分率
板	≤2m	50%
	>2m，≤8m	75%
梁	≤8m	75%
	>8m	100%
悬臂结构		100%

（3）拆除模板顺序为后支先拆，先支后拆，先拆非承重模板，后拆承重模板。

（4）拆除跨度较大的梁板底模，应从跨中开始，分别拆向两端。

（5）拆模时不要用力过猛过急，拆下来的木料要及时运走整理，清理干净、刷油，分类堆放整齐。

（6）拆模除按第（2）条要求外，应根据试验室提供同条件养护的混凝土试压块试压报告，且必须有现场技术负责人签发的拆模通知单，方可拆除。

3.3 混凝土工程

由于本工程场地狭小，故结构混凝土均采用中建一局（集团）有限公司厦门搅拌站提供的商品混凝土。

3.3.1 高强混凝土施工

本工程C50、C60属高强混凝土，配置高强泵送混凝土除必须满足混凝土设计强度和耐久性要求外，尚应使混凝土满足可泵性的要求，高强混凝土配合比及施工比普通混凝土要求更严格，必须遵循高强混凝土施工各项技术指标及施工规范、规程。

（1）泵送高强混凝土原材料要求

1）粗骨料最大粒径与输送管径之比。

粗骨料粒径与输送管径之比与建筑高度（层数）有关。

本工程屋面结构标高为123.5m，实际凸出屋面最高处结构标高为136.58m。根据我集团公司施工经验，50m以上的高层建筑施工易发生混凝土泵管堵塞，因此，泵送高度50~100m时，粗骨料最大粒径与管径之比为1:3~1:4，泵送高度超过100m以上时，为1:4~1:5。

2）坍落度选用。

不同泵送高度入泵时，混凝土坍落度按表3-4选用。

混凝土坍落度 **表3-4**

泵送高度（m）	30~60	60~100	100以上
坍落度（mm）	140~160	160~180	180~200

注：对于高强度等级混凝土考虑运输及施工时，坍落度损失快，所以坍落度应为160~200±20mm。

3）水泥。

配制高强混凝土水泥宜选用强度不低于42.5级硅酸盐水泥、普通硅酸盐水泥、早强型硅酸盐水泥，质量满足《硅酸盐水泥、普通硅酸盐水泥》（GB 175—85）的要求。

4）细骨料。

细骨料宜选用质地坚硬，级配良好中粗砂。通过0.35mm筛的颗粒不应小于15%，细度模数为2.4~2.9mm，含泥量不宜大于2%，砂率控制在37%左右，砂浆体积每立方米混凝土拌合物中砂浆体积不得小于580L。

5）粗骨料。

粗骨料选用质地坚硬、级配良好的石灰石、花岗石等碎石，骨料抗压强度应比所配制的混凝土强度提高20%以上，含泥量不应超过1%，针片状颗粒含量不宜超过10%，且不得含有风化颗粒，粗骨料碎石由5~15mm和3~25mm单粒级配规格组合，以1:1比例掺合配制成5~25mm碎石使用，空隙率控制在40%左右。其质量符合《普通混凝土用碎石或卵石质量标准及检验方法》（JGJ 53—92）的要求。

6）外加剂及掺合料。

混凝土掺用的外加剂必须有厦门市建委推荐证书，并有合格证及其检验报告，得到业主、监理认可方可使用。

掺合料及外加剂其质量应符合《用于水泥和混凝土中的粉煤灰》、《粉煤灰在混凝土和砂浆中应用规程》、《预拌混凝土》、《混凝土外加剂》（GB 8076—87）、《混凝土外加剂应用技术规范》（GBJ 119—88）、《混凝土泵送剂》有关规定。

7）水。

配制高强泵送混凝土所用水为饮用水，其质量符合《混凝土拌合用水标准》（JGJ 63—93）有关要求。

（2）配合比

高强度混凝土配合比设计原则：降低用水量，采用低水灰比，外掺复合型外加剂（泵送剂）和磨细粉煤灰（达到规范Ⅰ级或Ⅱ级灰的要求），选择最佳骨料级配，应用滞水工艺。即在搅拌过程中外加剂滞后于水加入，使水泥粒子表面先建立水化物层，从而减少对外加剂的吸附量，增强流化效果，降低混凝土坍落度要求。高强混凝土配合比设计应根据施工工艺要求的坍落度、凝结时间、混凝土原材料、运距、混凝土泵与混凝土输送管径、泵送距离、气温等具体施工条件进行试配，现场确认后方可使用。

（3）高强泵送混凝土搅拌

高强混凝土由中建一局（集团）有限公司厦门搅拌站提供，高强混凝土搅拌时严格掌握配合比，混凝土原材料计量要精确，称量偏差不允许超下列限值：水泥和掺合料±1%；粗细骨料±2%；水及外加剂溶液±1%。各种计量器具定时校验，骨料含水率随时测定。雨天施工时，增加测定次数，确保工程质量。

3.3.2 柱、梁、墙混凝土浇筑

（1）施工流程

商品混凝土运输到指定地点→泵送混凝土到浇筑部位→振捣→平整→养护。

（2）施工顺序

先竖向后平面，先墙柱后梁板。

（3）机械设备配置安排

混凝土浇筑梁板及核心筒墙体采用 HBT60CT 及 HBT80CJ 两台固定泵输送混凝土。塔吊加串桶，主要负责梁、柱核心区高强度混凝土浇筑。柱混凝土浇筑采用塔吊加串桶运送混凝土。

（4）混凝土浇筑振捣

1）高强度等级混凝土振捣采用高频振捣器，确保混凝土密实度。

2）混凝土入模处，每处配备振动棒数量：柱 2 台；梁、板每处 2 台，平板振捣器 1 台；墙每处 2 台。

3）柱、墙混凝土浇筑，严格控制下灰高度及厚度，每层浇筑厚度不超过 500mm，下灰高度超过 2m 时，采用串管，控制振捣时间，杜绝蜂窝、麻面，加强墙、柱根部混凝土的振捣，防止漏振，造成根部结合不良或出现烂根现象。柱、墙、梁混凝土用插入式振动器振捣，振捣器插点要均匀排列，逐点移动，间距不大于振动棒作用半径 1.5 倍（一般为 30~40cm），呈梅花状布置。快插慢拔，振动时间以不冒气泡为止，插入深度为进入下层 5~10cm。

4）梁板混凝土浇筑方向顺次梁方向推进，随浇随抹，梁由一端开始用赶浆法浇筑，板混凝土用平板式振动器振捣。

5）浇捣过程中拌合物内严禁随便加水。

6）所有梁板面均需用木抹子进行搓平、扫毛。

（5）不同强度等级混凝土的同时浇筑

梁板浇筑时，将柱、墙在梁位置用钢丝网隔离，先浇柱、墙高强度等级混凝土，在初凝前随即浇筑低强度等级混凝土（图 3-10）。

（6）梁板混凝土浇筑时板面标高控制

用水准仪进行楼层标高引测，抄 50cm 高水平线，用红胶带纸作标记。浇筑混凝土时，拉小白线控制，钢尺测量，木杠刮平，木抹子抹平。

（7）施工缝的处理

1）所有施工缝表面必须凿去表面浮浆露出石子，浇捣前洒水润湿后，用与结构相同级配水泥砂浆进行接浆处理，厚度为 35~50mm。

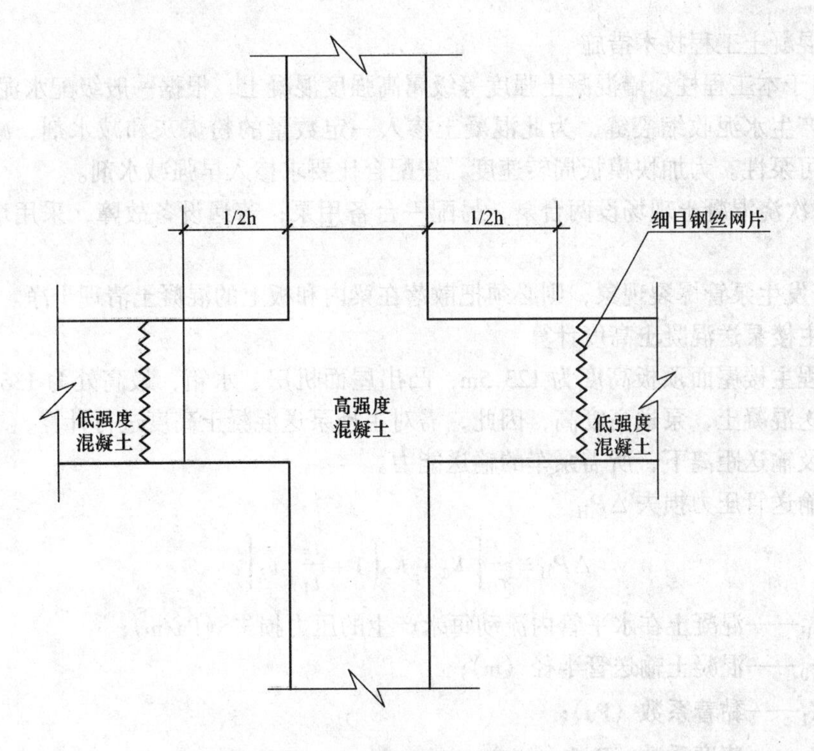

图 3-10 墙面梁、柱、墙不同强度等级混凝土接头大样

2）若在混凝土浇捣过程中，由于设备故障而无法连续浇捣时，必须按规范要求留置施工缝。施工缝的留置宜设在梁（板）跨中的三分之一处或受力较小部位。

3）水平施工缝必须留置水平，垂直施工缝必须垂直设置，严禁留设斜缝，并支设模板，垂直施工缝采用设钢丝网加木挡板方法进行，接浇时取出木挡板，钢丝网不取出。

（8）混凝土的养护

混凝土浇捣根据混凝土终凝时间、硬化程度及时进行养护工作，柱、墙养护采用养护液养护，涂刷时间为拆模后马上进行。梁板采用覆盖麻袋浇水保湿养护。

（9）混凝土试块制作

1）试压块组数应满足每 $100m^3$ 不少于一组，每台班不少于一组（坍落度测试次数同试压块）。

2）试块制作完成后应送入试验室进行标养，或放置在现场标养室进行养护。另外，加做一组留在现场与结构同条件养护，作为承重模板拆除时强度依据。

3.3.3 混凝土质量技术措施

（1）混凝土质量要求

1）混凝土强度必须符合现行规范规定及设计要求。

2）表面无蜂窝、孔洞、露筋，施工缝无灰渣现象。

3）实测数量偏差必须符合表 3-5 要求，其合格率应控制在 95% 以上。

混凝土施工质量要求　　表 3-5

分项名称		允许偏差
标　高	层　高	±10mm
	全　高	±30mm
截面尺寸		±4mm
表面平整度		4mm
轴　线		3mm
垂直度		3mm

（2）混凝土工程技术措施

1）由于本工程柱、墙混凝土强度等级属高强度混凝土，根据一般级配水泥用量较高，这必将会产生水泥收缩裂缝，为此混凝土掺入一定数量的粉煤灰和减水剂，减少水泥用量，增加可泵性。为加快模板周转速度，按配合比要求掺入早强减水剂。

2）每次浇混凝土现场设两台泵，另配一台备用泵；若遇设备故障，采用塔吊吊料进行。

3）若发生泵管爆裂现象，则必须把散落在梁内和板上的混凝土清理干净。

（3）主楼泵送混凝土高度计算

本工程主楼屋面顶板高度为123.5m，凸出屋面机房、水箱，最高处为136.5m。混凝土采用泵送混凝土，泵送高度高，因此，需对主楼泵送混凝土高度进行计算，求得在一定的泵送量及输送距离下，所需泵车的输送能力。

水平输送管压力损失 ΔP_{H}

$$\Delta P_{\mathrm{H}}=\frac{2}{r_0}\left[K_1+K_2\left(1+\frac{t_2}{t_1}\right)v_2\right]\alpha_2$$

式中　ΔP_{H}——混凝土在水平管内流动每米产生的压力损失（Pa/m）；

r_0——混凝土输送管半径（m）；

K_1——黏着系数（Pa）；

K_2——速度系数［Pa/（m/s）］；

v_2——混凝土拌合物在输送管内平均流速（m/s）；

t_2——混凝土泵分配阀切换时间与活塞推压混凝土时间之比；

t_1——一般取0.3；

α_2——径向压力与轴向压力之比，普通混凝土取0.90。

泵管管径选用125mm，$r_0=0.125/2=0.0625\mathrm{m}$

$$K_1=(3.00-0.01S_1)\times10^2=(3.00-0.01\times0.19)\times10^2$$
$$\approx0.3\times10^3\mathrm{Pa}$$

式中　S_1——坍落度，取 $S_1=0.19\mathrm{m}$。

$$K_2=(4-0.01S_1)\times10^2$$
$$=(4-0.01\times0.19)\times10^2$$
$$\approx0.4\times10^3\mathrm{Pa}$$
$$v_2=0.6\mathrm{m/s}$$

$$\Delta P_{\mathrm{H}}=\frac{2}{0.0625}[0.3\times103+0.4\times103(1+0.3)\times0.6]\times0.9$$
$$=32\times0.612\times10^3\times0.9$$
$$=17.63\times10^3=17.63\times10^{-3}\mathrm{MPa}$$

泵送混凝配管：

$$L=123.5/4+123.5\times4+2\times9+8=550.9\mathrm{m}$$

ϕ125mm垂直管段每米折算水平管长度为4m，每根90°弯管，折算成水平管长度9m。每根 ϕ150、ϕ125mm锥形管折算成水平管8m，垂直向上配管，地面水平管长度不宜小于垂直管长度四分之一。

需泵压力 $P = L \times \Delta P_H$

$= 550.9 \times 17.63 \times 10^{-3}$

$= 9.71\text{MPa}$

本工程所选用泵理论最大混凝泵压力为一台为 6.8MPa，一台为 9.5MPa，不能满足主楼泵送高度对泵送压力要求，需更换混凝土泵型。因此，当主楼施工到二十层时，采用两台 HBT100 泵。此泵理论最大泵压力达 16MPa，满足施工需要。

3.4 无粘结预应力梁工程

本工程首层至三十二层部分框架梁设计为无粘结预应力梁结构，用无粘结预应力宽梁将筒体与框架连接，预应力梁的跨度 12m 左右，梁截面为 550mm × 600mm、550mm × 700mm、650mm × 600mm。无粘结预应力筋采用 ϕ15.24mm1860MPa 低松弛钢绞线，预应力梁混凝土强度等级为 C40。无粘结预应力梁张拉端、锚固端设计与施工比较方便，不会影响节点处非预应力筋的布置，并且施工速度快。无粘结预应力宽梁的使用不仅有效减少梁的截面高度，增加建筑物的净高，而且会增加楼盖在自身平面内的刚度，便于地震力的传递和分配。按设计要求，无粘结预应力设计由冶金院负责本工程无粘结预应力梁设计施工技术。通过三家方案及报价对比，我们拟选用中建一局（集团）有限公司北京中建建筑科学技术研究院负责本工程无粘结预应力梁设计、施工技术。工程开工后，随即向业主、设计、监理呈报相关资料及设计资料，以供业主、设计、监理审批。

3.4.1 施工准备

（1）编制预应力施工方案，对预应力梁进行深化设计；部署各工种的准备工作；派专人负责各项准备工作的进度和质量，进场前做到准备充分，材料和设备按时到位。

（2）机械和设备材料准备（表 3-6）。

主要施工机械设备需用量　　表 3-6

序号	名　称	规　格	单　位	数　量
1	高压电动小油泵	ZB0.8/500 或 STDB0.63/63	台	3
2	千斤顶	YCN-23	台	3
3	液压挤压机	JY-45	台	1
4	砂轮切割机	ϕ400	台	1
5	钢卷尺	30m	盒	3

（3）劳动力组织准备及职责范围：

1）预应力施工劳动力组织。

预应力工程的劳动力组织、各工种人数的确定，除根据工期、工程量、劳动定额外，还应考虑到预应力施工的特点，即：①各工种同时作业；②在规定的时间内必须完成某一工序；③受预应力张拉条件的限制，单一工种的效率受约束，如夜间、雨、雪天不能张拉；④与其他工种配合的熟练程度等。根据以上因素综合考虑，确定劳动力需要量，见表 3-7。

劳 动 力 组 织　　　　表 3-7

工　种	钢筋工	木　工	混凝土工	抹灰工	张拉工	电　工	力　工
人数	15	10	10	5	8	2	15

2）主要工种职责范围。

钢筋工负责无粘结预应力筋的下料、制作、盘圈、挂牌堆放，预应力筋运到现场后吊到指定地点，并负责分散到各个部位，负责绑扎梁中的无粘结预应力筋、支撑钢筋和预应力筋破损的包扎，对影响预应力筋铺放、张拉的非预应力钢筋，应及时反映给现场工程师，由现场工程师与有关人员协商解决。在浇筑预应力梁时，派专人看管无粘结筋的位置及完好程度，防止人踩踏，产生位移、变形。

木工负责组装件的安装，根据图示尺寸要求固定承压板在边模上，并将螺旋筋、承压板、穴模牢固绑扎好，负责张拉端封锚的支模工作。

混凝土工负责用膨胀混凝土封堵张拉端锚具，并按规定的配比进行膨胀混凝土的制作，做好现场试块管理工作。

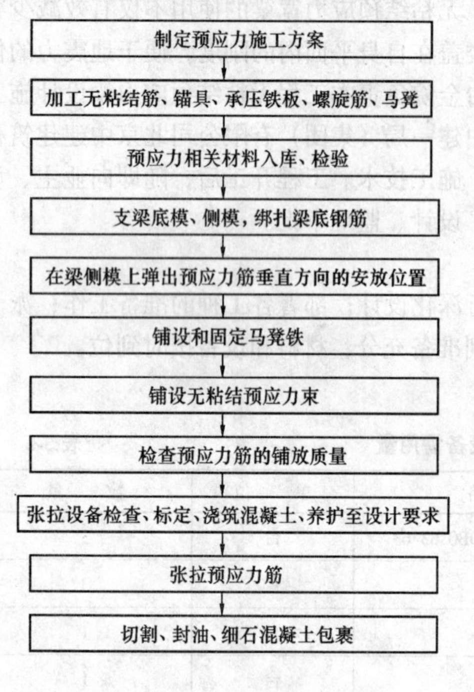

图 3-11　预应力梁施工流程

张拉工负责无粘结预应力筋的张拉工作，包括张拉设备的标定，现场设备就位，锚具的安装，并按时填写预应力张拉记录表。

各工种都应在技术交底时明确其工作责任范围，并按安全技术操作规程作业。

3.4.2　施工方法

（1）无粘结预应力梁工艺流程

无粘结预应力梁工艺流程，如图 3-11 所示。

（2）材料锚具质量要求

1）预应力钢绞线。

用于制作无粘结预应力筋的钢绞线，其性能应符合美国标准《PC Strand ASTM Standard》ASTMA416-94 规定。本工程预应力梁采用 270 级 - 15.24 - 1860 - Ⅱ - ASTM416 - 94 的钢绞线。

带有专用防腐涂料和外包层的无粘结预应力筋质量要求应符合标准《钢绞线、钢丝束无粘结预应力筋》（JG 3006—93）及《无粘结预应力筋专用防腐润滑脂》（JG 3007—93）标准的规定。

2）锚具系统。

无粘结预应力筋 - 锚具组装件的锚固性能，应符合下列要求：无粘结预应力筋必须采用Ⅰ类锚具。锚具的静载锚固性能，应同时符合下列要求：$\eta_a \geq 0.95$apu$\geq 2.0\%$。

本工程采用Ⅰ类锚具，张拉端为 QM-1 型夹片式单锚，固定端为 QMP-1 型挤压锚。

3）材料验收。

根据图纸要求，采用270级-15.24-1860-Ⅱ-ASTM416-94标准生产的高强度低松弛钢绞线，由生产厂家出具产品合格证，并经国家检测中心进行材料复验，出具破坏力和延伸率复试的证明。

所有的符合Ⅰ类锚具要求的锚具组装件，按规范要求验收，除出厂质量保证书外，由国家级检测中心进行静载实验并出具复验报告。检验结果应符合GB/T 14370—93规范关于Ⅰ类锚具的要求。

4）无粘结筋下料和制束。

本工程预应力筋下料在预应力筋和锚具复检合格后方可进行，下料和制束在场外基地进行。

下料长度应综合考虑其曲率、锚固端保护层厚度、张拉伸长值及混凝土压缩变形等因素，并应根据不同的张拉方式和锚固形式预留张拉长度。

下料时应遵循先下长筋，后下短筋的原则。

用砂轮锯进行切割，同时检查外包层的完好程度，有破损处用塑料粘胶带包扎，以保证混凝土不直接接触钢绞线。

逐根对钢绞线进行编号，长度相同为统一编号。

对有固定端的钢绞线进行挤压头的制作。

应按编号成束绑扎，每2m用钢丝绑扎一道，扎丝头扣向束里。

钢绞线顺直、无旁弯，切口无松散；如遇死弯，必须切掉。

每束钢绞线束应按规格编号成盘，并按长度及使用部位分类堆放、运输、使用。

5）无粘结预应力筋及锚具的运输、存放。

按施工进度的要求及时将无粘结预应力筋、锚具和其他配件运到工地。在铺放前，应将预应力筋堆放在干燥平整的地方，下面要有垫木，上面要有防雨设施，锚具、配件要存放在指定工具房内。

在运输和吊装过程中尤其注意保护包裹层；如有破损，必须及时用塑料粘胶带包扎。

(3) 无粘结预应力梁筋的铺设工艺要点

由于梁宽度较小，对布筋较多的梁，采用集中束的方式来满足钢筋间距的要求；张拉端采用均匀布置锚具的方式；对梁端无足够张拉空间的部分，采用在板底面下变角度张拉技术。

1）布筋时掌握以下原则：

预应力筋的铺放应与梁内非预应力筋的绑扎同时进行。

对于成束的预应力筋采用竖直扎紧成束：既保证预应力筋顺利穿入，又保证能顺利浇筑混凝土，同时成束的预应力筋对称布置在梁的截面上。

预应力钢绞线集束，在梁的任何断面保持群束中心与图中预应筋的坐标一致。

端部节点锚具的位置保证左、右与定位中心线处对称。

梁中预应力筋保证顺直，多根之间不得扭绞。

敷设的各种管线不得将预应力筋垂直抬高或压低。

梁中预应力筋位置的垂直偏差限制在±10mm以内，水平偏差在±30mm以内。

预应力梁施工时，以预应力筋位置为主，非预应力筋可适当移位。

为了保证张拉质量，无粘结预应力曲线筋或折线筋末端的切线应与承压板相垂直，曲线段的起始点至张拉锚固点应有不小于300mm的直线段。

2）铺筋的施工顺序：

负责铺筋的技术人员应预先熟悉施工图纸，并对工人进行技术交底，预应力筋应按照设计轻重缓急的规定进行铺放。

放线：曲线标高由梁底往上量在侧面模板上。

支撑钢筋的放置：支撑钢筋的直径为 ϕ12mm，HPB235 钢，间距控制在 1.0～1.2m。梁中按照放线的位置，将支撑钢筋固定在箍筋或腰筋上。重点控制反弯点及最高、最低点位置。

在梁内成束布置的预应力筋，离锚固端或张拉端 1.5m 处，分成上下两排出梁端。

认真调整预应力筋在垂直、水平位置，并用 20 号钢丝绑扎固定，控制误差在规范、规程范围内。

端部固定：预应力筋端部承压钢板固定在模板或非预应力主筋上，且保证与预应力筋垂直。固定端用挤压锚和端部承压钢板，螺旋筋一起浇在混凝土内。张拉端采用凹入式做法。

在整个预应力筋的铺设过程中，如周围有电焊施工，预应力筋应用多层板进行保护，防止焊渣飞溅。操作无粘结筋的外包层，也必须保证电焊不接触预应力筋。

（4）混凝土浇筑

1）预应力筋铺设安装完毕后进行隐蔽工程验收，确定合格后才能浇筑混凝土。

混凝土浇筑时，由质量检查员对预应力筋部位进行监护。

2）预应力梁混凝土浇筑时，应增加制作两组混凝土试块。两组试块和预应力梁混凝土同条件养护，以供张拉使用。

3）混凝土浇筑时，严禁踏压，撞碰预应力筋、支承架以及端部预埋构件。

4）用振捣棒振捣时，振捣棒不得接触预应力筋。在梁与柱、墙节点处，由于钢筋、预应力筋密集，应用插入式振捣器振捣，不得出现蜂窝或孔洞。

5）张拉端、锚固端混凝土必须振捣密实。

（5）无粘结预应力梁预应力梁筋张拉工艺

严禁预应力筋张拉之前，撤除预应力梁的底模，可撤除梁的侧模和板的底模。

1）预应力梁采用小吨位千斤顶单根张拉，当混凝土强度达到设计强度 80% 以上，方可进行张拉。张拉时，用 YCN-23 前卡式千斤顶及专用附件张拉。

2）预应力张拉组织管理：预应力张拉施工由专人负责，施工现场组建一个张拉小组，每个小组由三人组成，配备张拉设备一套，其中一人负责提千斤顶和测量伸长值，另两名负责开油泵和做张拉记录。

3）预应力筋张拉控制应力。

根据图纸要求，张拉控制应力 $\sigma_{con} = 0.75 \times F_{ptk} = 1395\text{N/mm}^2$，即单束张拉力为 195.3kN。

4）预应力筋的张拉顺序。

采用“数层浇筑，顺向张拉”法，本层预应力筋的张拉在混凝土强度达到要求时，即上层混凝土达到 C15 以上。

5）预应力筋的张拉程序。

每层预应力梁预应力筋的张拉，从中部开始对称进行张拉，每根梁内预应力筋的张拉也应遵循对称的原则。张拉时采用：$0 \to 10\% \sigma_{con} \to 103\% \sigma_{con} \to$ 锚固。对两端张拉的预应力筋先在一端张拉到要求的数值，再用另一台千斤顶在另一端补拉到 σ_{con}。

6）张拉采用“应力控制，伸长校核”法，每束预应力筋在张拉以前先计算理论伸长值和控制压力表读数作为施工张拉的依据，每一束预应力筋张拉时，都要做详细记录。

7）预应力筋的伸长值控制：

理论计算伸长值：　　$\Delta L = F_p \times L / (A_p \times E_p)$

式中　F_p——扣除摩擦损失的平均张拉力；

L——预应力筋的曲线长度；

E_p——预应力筋的弹性模量；

A_p——预应力筋的面积。

$$F_p = A_p \times \sigma_{con} \times (1 + e - (K\Sigma L + \mu\Sigma\theta)) / 2.0$$

其中，$K = 0.004$，$\mu = 0.12$。

张拉前后预应力筋的延伸量加上初应力计算值和理论计算值比较，应符合《混凝土结构工程施工及验收规范》（GB 50204—92）要求：误差范围在 $-5\% \sim +10\%$ 内。

8）张拉端端部处理：

A. 张拉后，采用砂轮锯切断超长部分的预应力筋，严禁采用电弧切割。预应力筋切断后露出锚具夹片外的长度不得小于30mm；

B. 切割后，在锚具和承压板表面涂以防水涂料；

C. 在浇筑混凝土前，在槽口内壁涂以环氧树脂类胶粘剂；

D. 采用微膨胀细石混凝土封堵槽口。

（6）质量保证体系

1）质量控制。

为了能够保证预应力工程的施工质量，一方面严格按照规范、规程和预应力施工方案进行施工；另一方面加强质量管理和监督，严把质量关，对不符合施工要求的工序进行彻底整改，不留任何工种隐患。因此，采取责任到人，谁施工谁负责，实行质量奖惩制度，并由经理和主任工程师进行总体监督，每道工序严格控制。具体质量控制流程如图 3-12 所示。

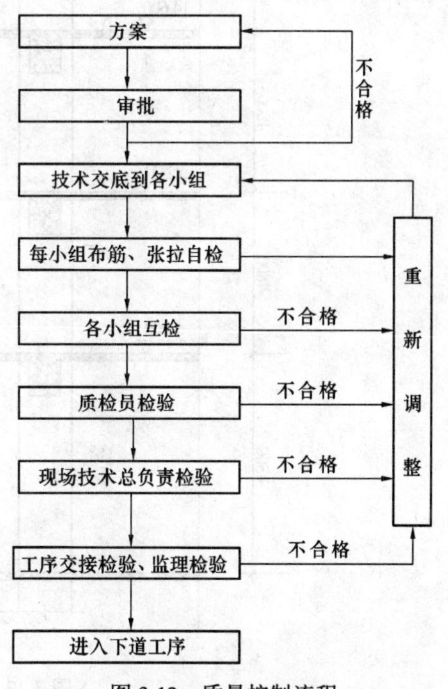

图 3-12　质量控制流程

2）质量保证措施：

①工地配备经验丰富的专业检验员，对各分项进行质量检查和技术指导；

②检查员应加强施工全过程中的质量预控，密切配合好业主、监理、设计三方人员的检查验收，按时做好隐蔽工程记录；

③对进场的原材料，要严格检查（包括书面资料，无出厂合格证明的材料不得进场）；

④严格按施工程序组织施工，不得工序倒置，当进度与质量发生矛盾时，要绝对服从质量；

⑤每个分项都要有明确详细的技术交底，按工艺卡标准组织施工。检查上道工序是否符合要求，并做好记录，施工中随时检查施工措施执行

情况，记好施工日志，按时进行施工质量检查，掌握施工情况；

⑥每一个分项工程完工后，班组要进行自检，并做好自检记录，自检记录交资料员存档；

⑦进行工序检查，上道工序不合格，下道工序不准施工，实行班组施工挂牌留名制度，便于追查质量事故。技术人员和工长组织工序进行检查，工长、技术人员和班长均要签字，交接检材料由技术人员保管并存档；

⑧严格执行质量“三检制”，对质量问题要“三不放过”；

⑨技术资料应与工程同步，现场技术负责人负责技术资料的管理。

3.5　脚手架工程

3.5.1　外脚手架

一至五层外脚手架采用落地式钢管扣件双排脚手架，采用 $\phi48\times3.5$mm 焊接钢管。

脚手架立杆的纵距 $L=1.5$m，横距 $B=0.9$m，步距 $H=1.8$m。脚手架距结构面 0.25m，每层均与框架柱用钢管拉结，形成封闭箍，每步架中部设扶手栏杆一道。剪刀撑沿整个外架长度与高度连续设置，宽度 7.5m，与地面的夹角在 45°~60°之间。凡大横杆与立杆交接处均设小横杆。操作面满铺 200mm×50mm 脚手板，设 200mm 高挡脚板。下设水平安全网，外侧满挂小眼密目安全网，脚手架下设通长木枋支垫，设扫地杆（图 3-13）。

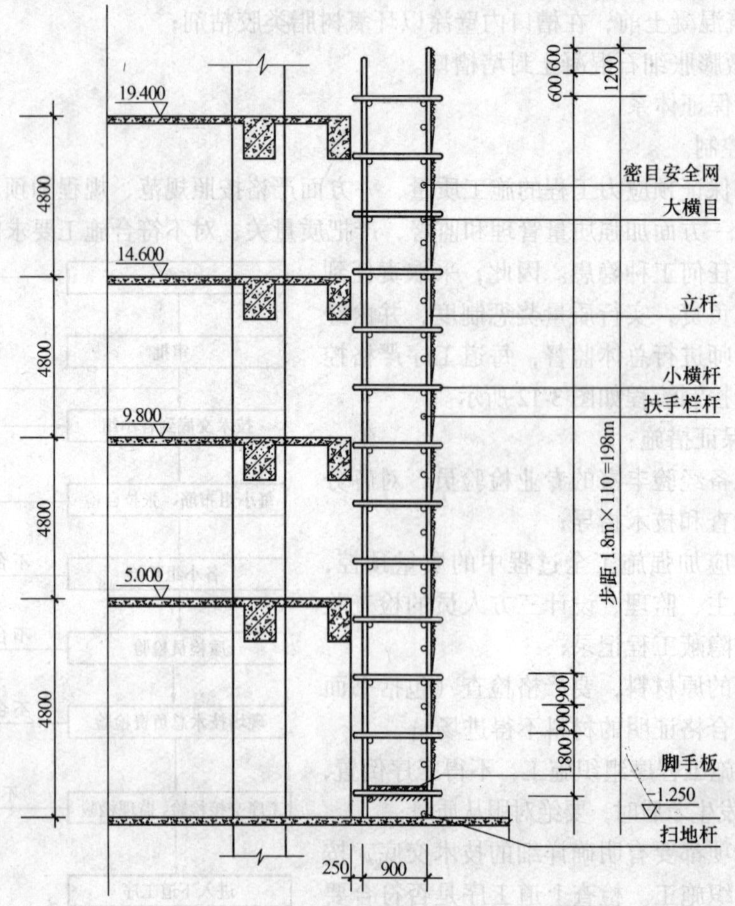

图 3-13　裙楼脚手架搭设图

3.5.2 整体提升外爬架

六～三十二层主楼因平面规则变化不大，外脚手架采用DP-00导轨式电动整体爬架。本工程外爬架采用由厦门市安全站推广的同步道轨爬升脚手架，该爬架由支架、爬升机构、动力及控制系统和安全防坠装置四大部分组成。该系统既可作为结构施工时上层浇筑混凝土，下层拆模，材料周转运输，安全防护，又可作为粗装修及玻璃幕墙安装施工使用，并有非常可靠的防坠落保护装置。

(1) 导轨式爬架说明及工作原理

1) 其独特的导轨导轮设计，保证爬架在爬升过程中能保持水平约束，运行平稳可靠。

2) 具有可靠的安全防坠装置，在动力失效时能迅速锁住支架，多次试验证明，最大下降6～8cm即能锁牢支架，为施工中的安全性提供了有效保证。

3) 可节约钢材及辅料约60%以上，节约投资40%以上，一次性安装（电动四层半架体），多次自动升降使用，与垂直运输毫无干涉，减少垂直运输设备压力。

4) 灵活性、通用性高，既可用普通钢管扣件搭设，又可用碗扣架搭设，适合任何外形、任何尺寸的结构。

5) 工作原理：导轨式爬架工作原理是利用提升机构动力电动葫芦完成架体与附墙导轨之间的相对运动。附墙导轨是架体承重、导向的基准，在提升时，导轨上提升挂座悬挂电动葫芦并且静止不动，电动葫芦下吊钩勾住提升钢丝绳，使架体匀速升降。

6) 爬升过程：按立面图的要求架体搭设完毕，导轨式爬架各部件安装好。施工程序如图3-14所示。

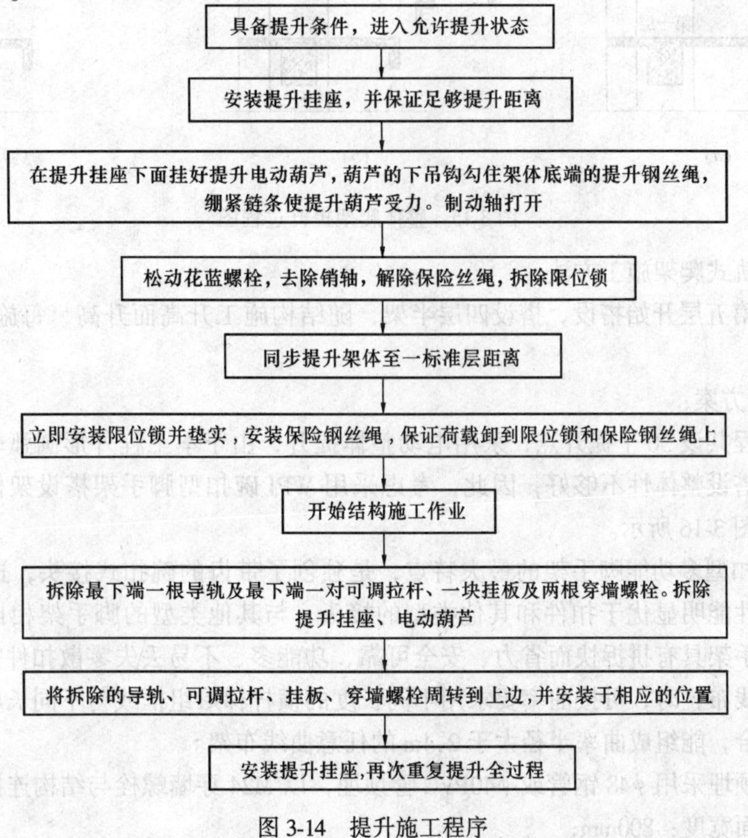

图3-14 提升施工程序

整体爬架提升过程如图 3-15 所示。

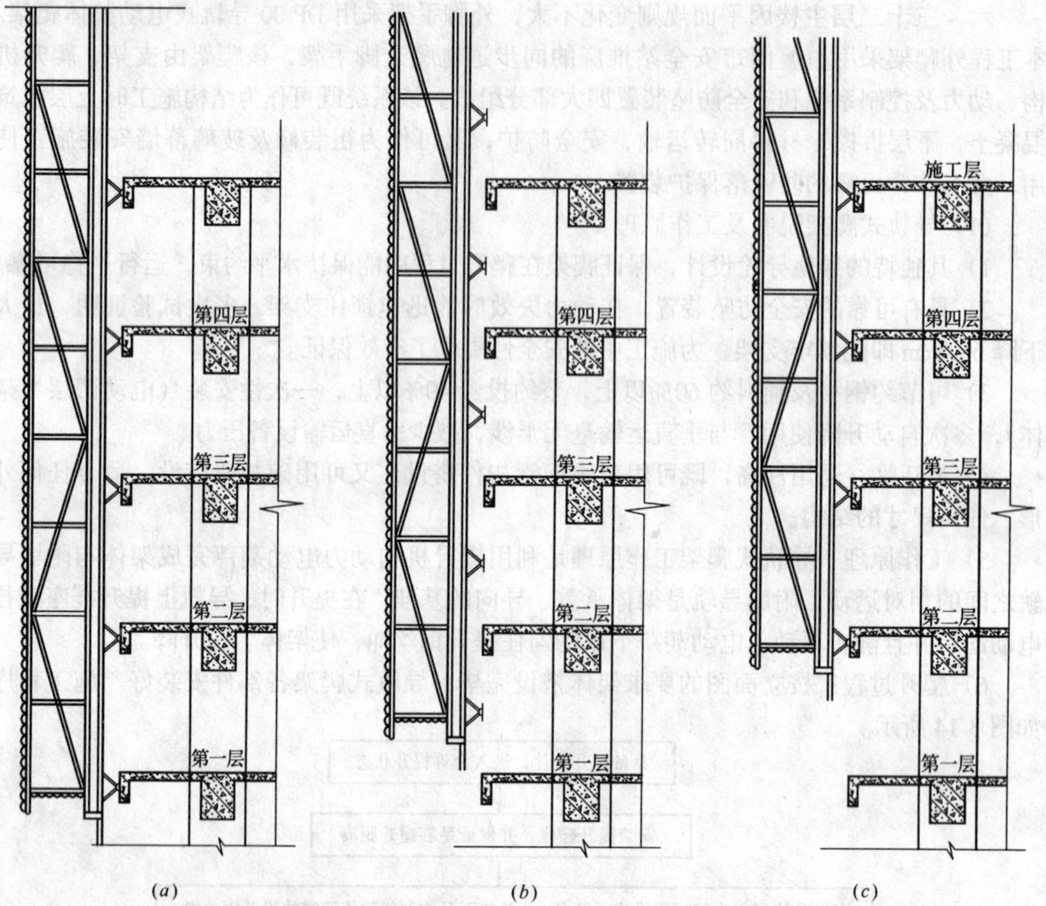

(a)　(b)　(c)

图 3-15　整体爬架提升过程图

(2) 导轨式爬架施工方法

爬架由第五层开始搭设，搭设四层半架，随结构施工升高而升高，每施工一层结构，提升一层。

1）平面方案：

①本工程共设 30 个提升点，采用电动整体提升，由于本工程外形圆弧较多，采用普通钢管扣件搭设整体性不够好，因此，考虑采用 WPJ 碗扣型脚手架搭设架体。整体爬架平面布置如图 3-16 所示。

WDJ 碗扣型多功能脚手架的最大特点，是独创了带齿的碗扣式接头，这种接头结构合理、力学性能明显优于扣件和其他类型的接头。与其他类型的脚手架相比，WDJ 碗扣型多功能脚手架具有拼拆快而省力、安全可靠、功能多、不易丢失零散扣件等优点。当脚手架需作曲线布置时，可按曲率要求用不同长度的横杆梯形组框或与不同长度横杆的直角组框混合组合，能组成曲率半径大于 2.4m 的任意曲线布架。

②爬架预埋采用 $\phi48$ 钢管或 $\phi40$PVC 管预埋，以 M24 穿墙螺栓与结构连接。

架体平面宽度：800mm；

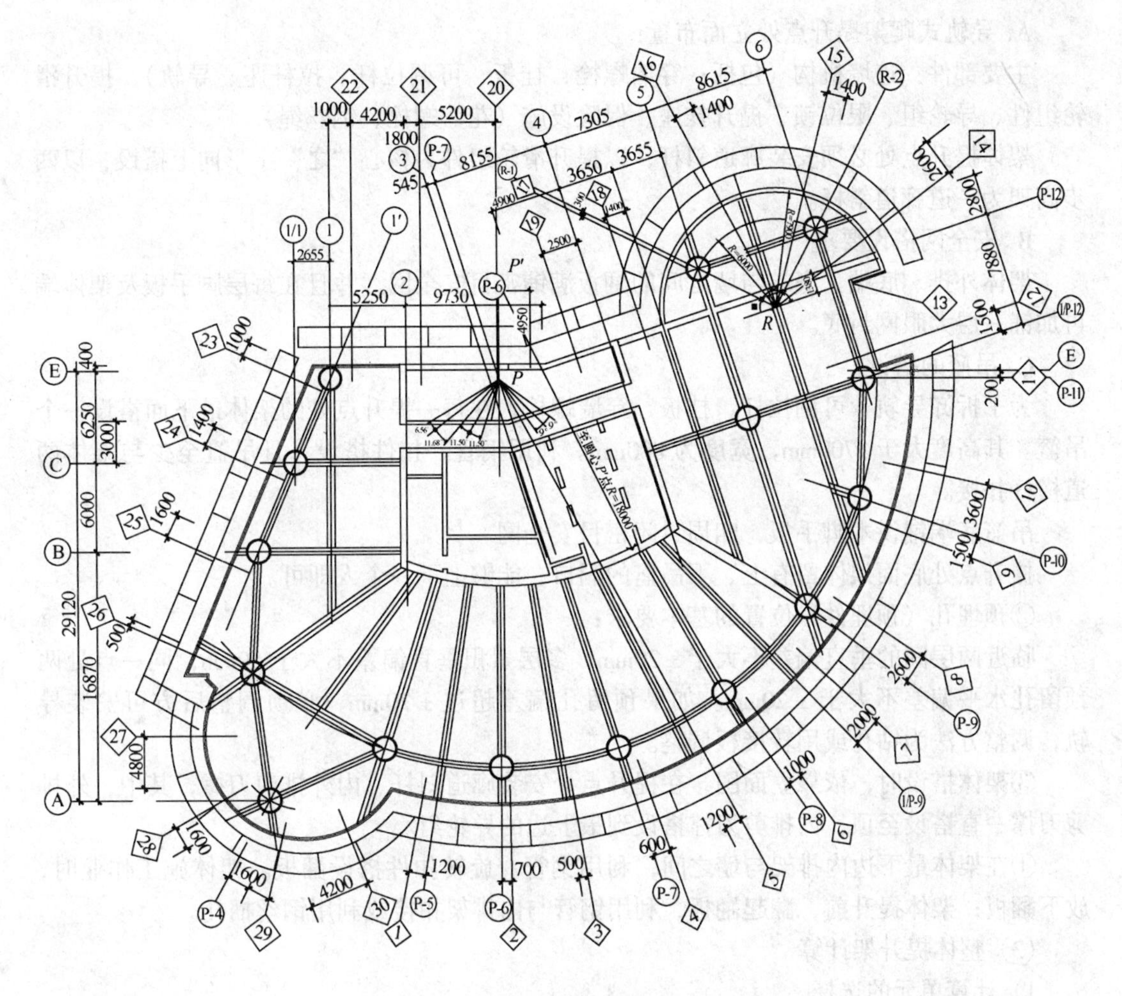

图 3-16　导轨提升架平面布置图

内排立杆中心距离墙 400mm；

内排碗扣立杆组合 6×LG3.0。

由于塔吊附墙及施工电梯的位置影响，可根据实际情况进行调整。若塔吊附墙需穿过架体，则在对应架两跨横杆和塔吊附墙干涉的以下部分采用短杆搭设。在爬架提升时，先拆除与塔吊附墙干涉的每一根短杆，等此短杆提升超过塔吊附墙后，立即与架体扣紧。第二根短杆与塔吊附墙干涉时，再拆除，再扣紧，如此循环。由于层高较高，若引起导轨变形，可采用导轨卸荷装置解决。

2）立面方案。

①构造：

导轨式爬架立面布置采用碗扣式脚手架搭设架体，一次性搭设安装四层半。首先搭设主框架和底部承力桁架，再依次用普通钢管扣件搭设架体，主框架一直搭设到架体顶端。架体高度：内排架 16.2m，外排架 18m，架体宽度：800mm；架体步高：1800mm；导轨下端距楼面：2500mm；架体搭设平台高度距离楼面往下：350mm；内排立杆中心距离墙 400mm。导轨式提升点处的内排立杆，使用碗扣式脚手架。立杆组合为：6×LG3.0。

A. 导轨式爬架提升点处立面布置：

主要部件：连墙机构（包括：穿墙螺栓、挂板、可调拉杆、拉杆座、导轨）、提升滑轮组件、导轮组、限位锁、提升挂座、保险设施（花篮螺栓、钢丝绳）。

架体提升点处必须安装廊道斜杆，以提升滑轮组件为核心“之”字形向上搭设，以两步高架为一道廊道斜杆。

B. 安全网搭设要求：

架体外排、底端、底端与墙之间的翻板满铺密目安全网，并且在每层脚手板及架体端再加铺一层大眼网封底。

C. 吊篮的搭设：

为了拆卸导轨、可调拉杆、挂板、穿墙螺栓，在每一提升点处的架体最下面搭设一个吊篮。其高度大于3700mm，宽度为800mm。利用钢管、扣件搭设，且吊篮至少与架体两道横杆扣接。

吊篮底端铺设木脚手板，四周封闭密目安全网。

提升点处底面架体留有上、下吊篮的洞口，能够上下一个人即可。

②预埋孔（预埋件）位置的基本要求：

临近两层间的垂直偏差不大于±20mm，多层累积垂直偏差不大于50mm，同一点处两预留孔水平偏差不大于±20mm。如果预留孔偏差超过±20mm，必须调整后方可安装导轨，调整方法为钻孔或用转接板调整。

③架体搭设时，依靠立面图，在提升点处安装廊道斜杆、内外排剪刀撑，其中，外排剪刀撑一直搭设至顶，内排剪刀撑搭设到最上边的导轮组。

④在架体最下边内排架与墙之间，利用钢管、旋转扣件搭设翻板。架体施工作业时，放下翻板；架体提升前，翻起翻板，利用钢管与内排架扣接或利用钢丝捆扎。

（3）整体提升架计算

1）计算单元的选择

所选取的单元满足以下几点：

①架体高度16.5m。

②计算跨度按6.5m，为荷载最不利处。

③电动整体提升，提升过程中每个提升点有三组连墙点。

2）荷载计算

①荷载取值

安全网及竹片：　0.025kN/m^2

脚手架结构自重：　0.146kN/m^2

挡脚板重量：　0.14kN/m^2

电控柜重量：　2kN

轨道：　1.5kN/根

防坠器：　0.45kN/个

施工荷载：　3kN/m^2×2

②荷载分项系数

恒载系数：$\gamma_G = 1.2$

活载系数：$\gamma_k = 1.4$

冲击安全系数：$\gamma_{安} = 5$

③荷载计算

脚手架结构自重：

$$G_{k1} = 0.149 \times (16.5 \times 6.5) = 15.98\text{kN}$$

脚手架及安全网自重：

$$G_{k2} = 0.025 \times (0.8 \times 6.5) \times 5 = 0.65\text{kN}$$

挡脚手板重量：

$$G_{k3} = 0.14 \times (0.2 \times 6.5) \times 5 = 0.91\text{kN}$$

电控柜重量：

$G_{k4} = 2.0\text{kN}$　以上四项合计：$G_k = 19.54\text{kN}$

④施工荷载计算

按 $2 \times 3\text{kN/m}^2$ 考虑

$$Q_k = 2 \times 3 \times (0.8 \times 6.5) = 31.2\text{kN}$$

⑤风荷载计算：

垂直于脚手架外表的风荷载标准值：

$$\omega_k = 0.7\mu_\sigma \cdot \mu_z \cdot \omega_0$$

式中　μ_σ——风荷载体型系数；脚手架步距 1.8m，最小柱距 1.2m，挡风系数 = 0.099，

$\mu_\sigma = 1.3 \times 0.099 = 0.13$；

μ_z——风压高度变化系数，按 200mm 高空、地面粗糙度为 B 类，取 $\mu_z = 2.61$；

ω_0——基本风压、取 $\omega_0 = 0.75\text{kN/m}^2$。

风压标准值：$\omega_k = 0.7 \times 0.13 \times 2.61 \times 0.75 = 0.178\text{kN/m}^2$

3）钢挑梁预埋环的计算

架体在使用状态时，架体坠落为最危险状态：

此时荷载为：

$$P = 5.0\ (G_k + Q_k) = 5.0 \times 50.074 = 253.7\text{kN}$$

$$[\Gamma] = \sigma_s/2.5 = 400/2.5 = 160$$

$$d_s \geqslant \sqrt{(P/9 + P/8)\ /4i\pi \times 160}$$

选取 $\phi 16$ 螺栓满足要求。

4）提升钢丝绳承受的设计拉力

$$F_t = \frac{\gamma_0 \cdot \gamma_D \cdot K_J \cdot G_k}{\eta} = \frac{0.9 \times 1.05 \times 2.0 \times 19.54}{2 \times 0.98} = 18.84\text{kN}$$

式中　γ_0——结构重要性系数，$\gamma_0 = 0.9$；

γ_D——动力系数，$\gamma_D = 1.05$；

K_J——荷载变化系数，$K_J = 2.0$；

η——钢丝绳效率，$\eta = 0.98$；

$$F_g = \frac{K\ [F_g]}{2} = \frac{5 \times 18.84}{0.82} = 114.87\text{kN}$$

选钢丝绳 $\phi15$，其破断力为 132kN。

5）导轨式爬架支架计算

①支架的基本尺寸：

连墙件（附墙点）二步四跨

步距 $H=1.80$m，立杆横距 $b=0.8$m，柱距 $L=1.8$m。

②小横杆计算：

恒载：包括脚手板和小横杆自重

$$0.025\times0.8+0.04=0.06\text{kN/m}$$

活载：即施工荷载

$$q'=3\times0.8=2.4\text{kN/m}$$

均布荷载标准值

$$Q_k=g+q'=0.06+2.4=2.46\text{kN/m}$$

均布荷载设计值

$$q=1.2g+1.4q'=1.2\times0.06+1.4\times2.4=3.432\text{kN/m}$$

强度计算：

$$M=\frac{qL_B^2}{8}\ (1-\ (a_1/b_1)^2]$$

$$=\frac{3.432\times0.64}{8}\ [1-\ (0.3/0.8)^2]\ =0.236\text{kN}\cdot\text{m}$$

$$\sigma=46\text{N/mm}^2<F=205\text{N/mm}^2$$

变形计算：

$$W=\frac{5Q_k\cdot L_B^4}{384EI}=\frac{5\times2.46\times800^4}{384\times206\times103\times121}<\frac{Lb}{150}=5.3\text{mm 符合要求}$$

③大横杆计算：

F_k、F 是小横杆向大横杆传递的集中力。

$$F_k=0.5Q_k\ (L_B+A_1)\ =0.5\times2.46\times\ (0.8+0.3)\ =1.353\text{kN}$$

$$F=0.5q_k\ (L_B+A_1)\ =0.5\times3.432\times\ (0.8+0.3)\ =1.888\text{kN}$$

强度计算：

$$M=0.175FL=0.175\times1.888\times1.8=0.595\text{kN}$$

$$\sigma=M/N=595/5080=117\text{N/mm}^2<F=205\text{N/mm}^2\text{ 满足要求}$$

变形计算：

$$V=\frac{1.146F_k\cdot L_3}{100EI}=\frac{1.146\times1.353}{100\times206\times10\times121900}<\frac{L}{150}=12\text{mm 满足要求}$$

④脚手架整体稳定性计算：

脚手架整体稳定性计算可转化为立杆强度计算，对半封闭的脚手架，其计算公式为：

$$\frac{N}{\phi A}+\frac{M_w}{W}\leqslant F_c$$

式中 N——第一步距内立柱轴心压力设计值，其值为：

$$N = 1.2N_{Gk} + 1.4N_{Qk}$$
$$= 1.2(N_{Gk1} + N_{Gk2} + N_{Gk3}) + 1.4N_{Qk}$$

N_{Gk1}——脚手架结构自重所产生的轴心压力标准值；

$$N_{Gk1} = H_D、G_k = 16.5 \times 0.134 = 2.211\text{kN}$$

H_D——脚手架搭设高度；

G_k——一个柱距范围内每米高脚手架结构自重所产生的轴力标准值；

N_{Gk2}——脚手板和挡脚板所产生的轴心压力标准值：

$$N_{Gk2} = 0.51(1B + 0.3) \times 3Q_P$$
$$= 0.5 \times 1.8 \times (0.8 + 0.3) \times 3 \times (0.025 + 0.014) = 0.49\text{kN}$$

N_{Gk3}——电控柜重量所产生的轴心压力标准值；

$$N_{Gk3} = \frac{G_{k3}}{2} = 1.0\text{kN}$$

N_{Qk}——施工均步荷载所产生轴心标准值；

$$N_Q = 0.511B \times 2Q_k$$
$$= 0.5 \times 1.8 \times 0.8 \times 6$$
$$= 4.32\text{kN}$$
$$N = 1.2(2.211 + 0.49 + 1.0) + 1.4 \times 4.32$$
$$= 10.49\text{kN}$$

ϕ——轴心压杆稳定系数；

$$\lambda = \frac{\mu h}{I} = \frac{1.7 \times 1800}{15.8} = 194$$

查得 $\phi = 0.194$，

μ——立杆长度计算系数、按二步三跨附墙考虑，$\mu = 1.7$；

A——立柱截面积，$\phi48 \times 3.5$ 钢管 $A = 4.89\text{cm}^2$；

$$M_w = \frac{1.4W_kH^2}{10}$$

Q_{wk}——风荷载标准值，$Q_{wk} = W_k \times L = 0.178 \times 1.8 = 0.32\text{kN/m}$；

$$M_w = \frac{1.4 \times 0.32 \times 1.82}{10} = 0.145\text{kN·m}$$

W——立柱抗弯模量，$W = 5.08\text{cm}^3$；

$$\frac{N}{\phi A} + \frac{M_w}{W} = 162\text{N/mm}^2 < F_C = 205\text{N/mm}^2 \text{ 满足要求。}$$

3.5.3 防护架子

（1）首层搭设 6m 宽、5m 高双层挑网。

（2）每隔四层设挑网一道，水平宽度 3m，四周交圈。

（3）电梯井需层层设防护栅，井道内首层及每隔四层设水平兜网一道。

（4）楼梯设钢管临时栏杆，高 90cm，设两道水平杆，设立网。

（5）洞口大于 1.5m，四周设防护栏杆，设立安全网，洞口下张挂水平安全网，护栏高 1.2m，设两道水平杆。

（6）立体交叉作业时应搭防护棚，裙房施工时，在主楼四周要搭防护棚。

(7) 进入外用电梯通道口及首层银行入口处用钢管设防护棚，防护棚高度不低于3.5m，上铺木板，板下张挂安全网。

(8) 上料平台：

考虑主楼施工时物料吊运，主楼施工时内隔墙及安装工程插入施工，用塔吊及上料平台进料。

1) 结构施工时随爬架搭设上料平台，平台由钢管搭设，共设四个上料平台，分别设东、南、西、北侧，上料平台挑出3m，宽4m，平台设防护栏板、挡脚板、挂立网。

2) 爬架上升后，砌筑及水电安装上料平台用型钢框，脚手板用钢丝绳悬挂在上层柱脚，长8m，平台外挑4m，平台上设1.2m高防护栏杆与挡脚板，共设两个，设置于靠鹭江道侧。

(9) 楼层防护架。主体结构施工时，施工完每一楼层临边，周圈设置防护栏杆，栏杆采用钢管搭设，高度90cm，设两道水平杆，立杆间距1.5m。

3.6 测量工程

3.6.1 测量方法

(1) 定位依据。

由于施工场地比较狭小，给施工平面控制网与高程控制网的测设带来一定的困难。为确保±0.000m以上工程轴线控制网和标高控制点精度，在±0.000m上设置P点及两条半永久轴线和两个半永久性高程控制点作为定位依据。如图3-17所示。

(2) 根据地下室施工所投测的控制基线（点），在测放前首先进行校核，然后在相邻的建筑物上、鹭江道上设置标志，并加以保护，以防破坏。

(3) 定位原则：

1) 依据控制基线测放出主控线，主控（轴）点的确定为P点，(P-6)轴和(P-11)轴作为半永久校核依据。

2) 由主轴线布控工程区，对该工程的垂直系统都有相应的半永久标志与之校核。

(4) 高程控制网的测设：

1) 根据±0.000m基点引测半永久水准点，在相关位置设点，并加以保护，水准点设数不少于3个，以后每次高程传递均以此基点作为引测起始点。

2) 测设水准点采用闭合测量或附合测量法，使用仪器为DSZ2精密水准仪，测设时变换仪高，取两次读取数的平均值，测回偏差不超过$\pm\sqrt{n}$（n为测站数）。

(5) 高程控制网的测设原则：

1) 在该工程附近设置半永久水准点不得少于3个，做法大样详见《工程测量规范》。

2) 施工场地内任何一处安置水准仪都能同时后视两点，以便校对。

3.6.2 圆弧曲线的测设

(1) 本工程平面设计呈扇形，其主轴线(P-6)、(P-11)确定后，分别精确丈量24.800m至01点，丈量30.000m至02点，然后设站于01、02点，依次转角量距，如图3-18所示。

1) 再设站于(P-6)与(P-11)轴线的十字交点上，顺时针转角149°15′36″，精确量距24.800m，以此为校核。

2) 为了易测易放，R控制半径为1.500m。

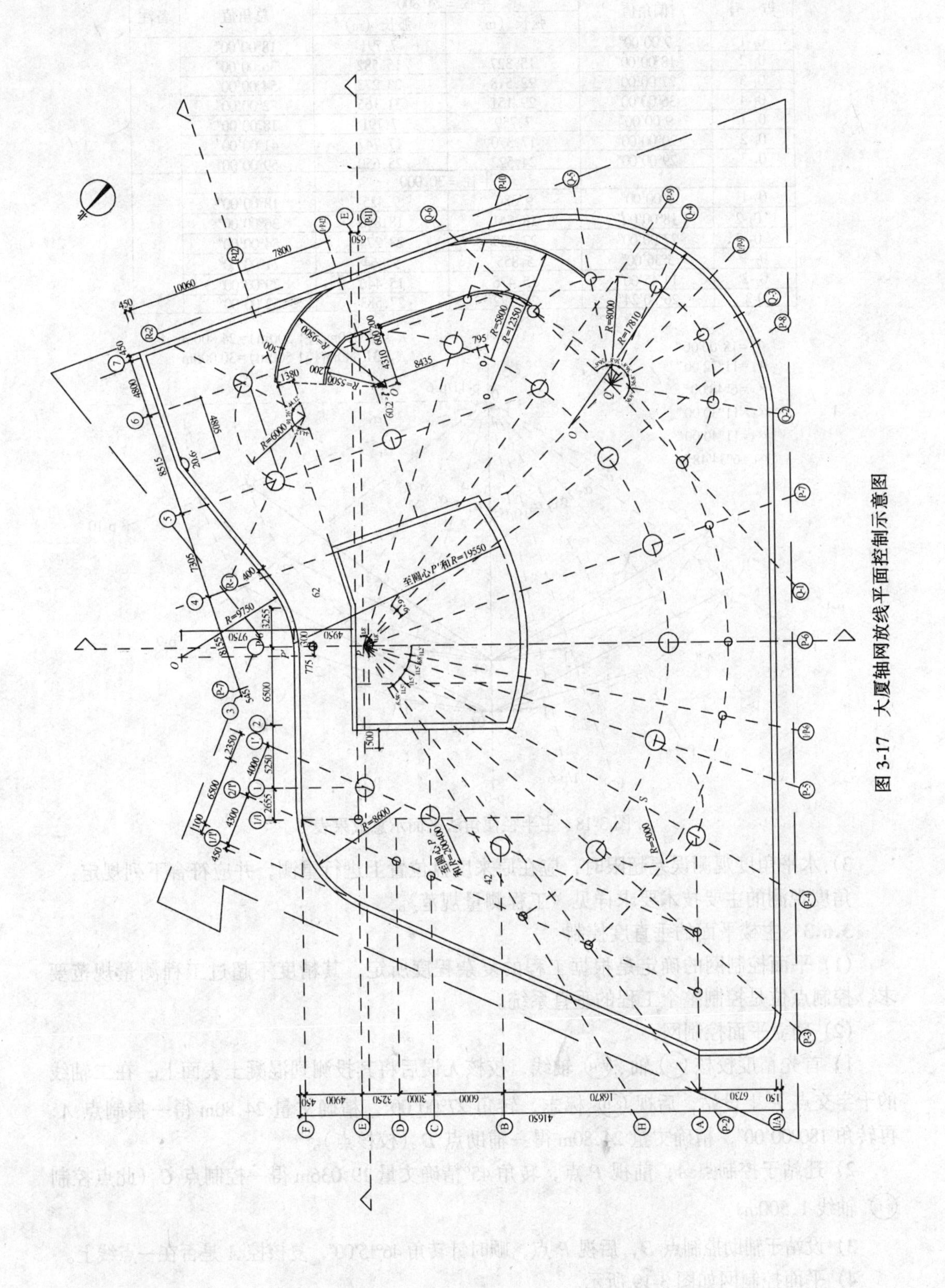

图 3-17 大厦轴网放线平面控制示意图

点　号	偏角值	半径 = 24.800		总角值	备注
		弦长（m）	弧长（m）		
0_1-1	9°00′00″		7.791	18°00′00″	
0_1-2	18°00′00″	15.327	15.582	36°00′00″	
0_1-3	27°00′00″	22.518	23.273	54°00′00″	
0_1-4	36°00′00″	29.151	31.165	72°00′00″	
0_1-1	9°00′00″	7.759	7.791	18°00′00″	
0_1-2	20°00′00″	17.370	17.747	41°00′00″	
0_1-3	29°00′00″	24.522	25.650	59°00′00″	
		半径 = 30.000			
0_2-1	9°00′00″	9.386	9.425	18°00′00″	
*0_2-2	18°00′00″	18.541	18.850	36°00′00″	
*0_2-3	27°00′00″	27.239	28.274	54°00′00″	
0_2-1	5°36′00″	5.855	5.864	11°00′00″	
0_2-2	14°45′00″	15.476	15.446	29°00′00″	
0-3	26°20′24″	26.522	27.583	52°00′00″	

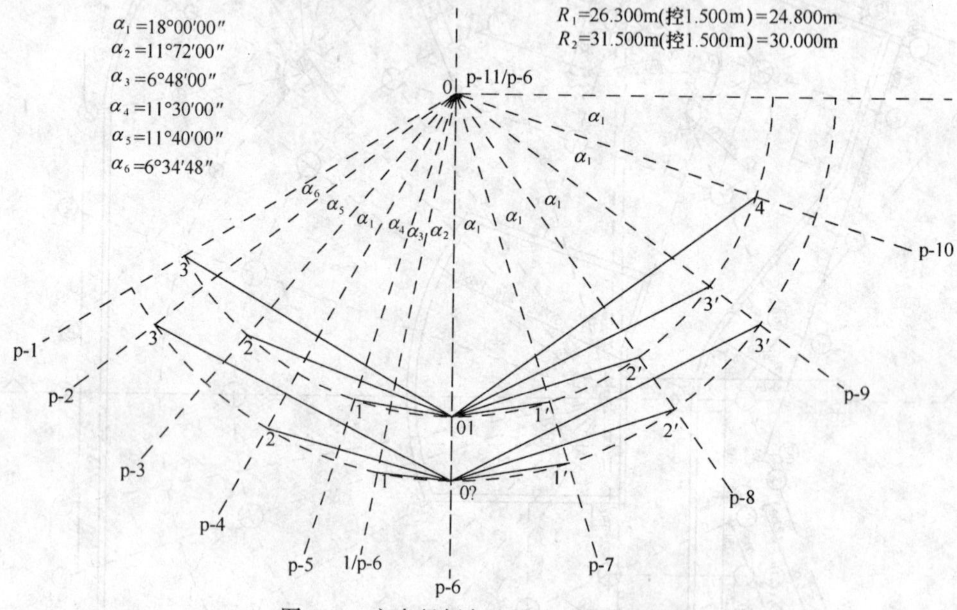

图 3-18　主半径便角法平面示意成果表

3）水平角度观测误差超限时，应在原来度盘位置上进行重测，并应符合下列规定：角度观测的主要技术要求详见《工程测量规范》。

3.6.3　主楼平面的垂直度控制

（1）平面控制网的确定是根据工程的复杂程度所定，其精度不超过工程测量规范要求，控制点位是控制整个工程的垂直系统。

（2）确立平面控制网：

1）首先精度校核 (P-6) 轴、(P-11) 轴线，校核无误后将其投测到混凝土表面上，在二轴线的十字交点 P 上设站，后视 (P-11) 标志，转角 27°00′00″，精确丈量 24.80m 得一控制点 A，再转角 180°00′00″，精确丈量 24.80m 得一辅助点 D（校核点）。

2）迁站于控制点 A，前视 P 点，转角 45°精确丈量 19.036m 得一控制点 C（此点控制 (P-12) 轴线 1.500m）。

3）设站于辅助控制点 D，后视 P 点，顺时针转角 46°15′00″，复核控 A 是否在一点线上。

4）平面控制网如图 3-19 所示。

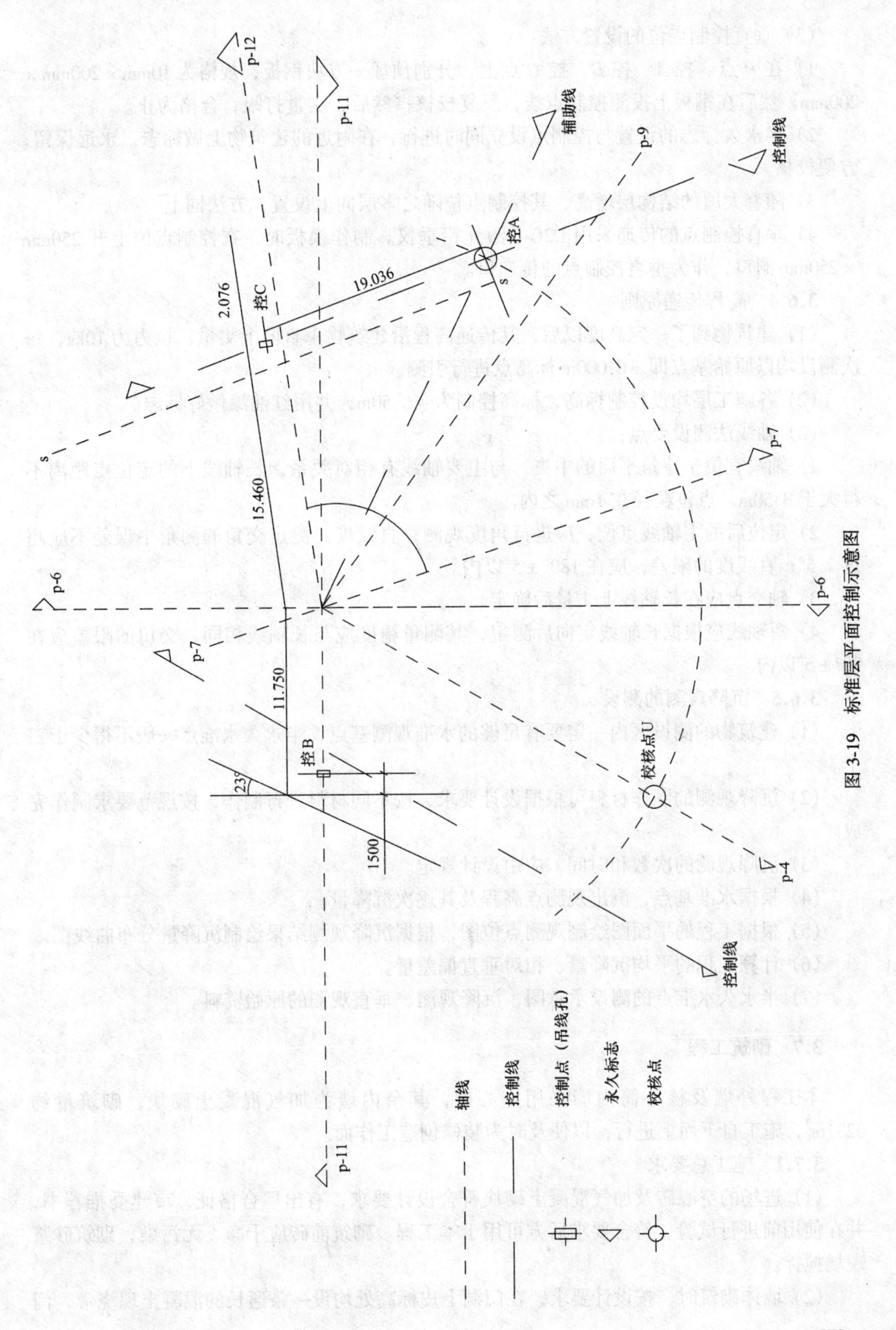

图 3-19 标准层平面控制示意图

（3）垂直控制点位的设置方法：

1）在 P 点、控 A、控 B、控 C 点上，分别预埋一方块钢板，规格为 10mm×200mm×200mm，然后在钢板上投测控制点线，反复校核；然后，丈量打眼，合格为止。

2）半永久标志的设置与控制点设立同时进行，在附近的建筑物上做标志，永远保留，方便校核。

3）随着大厦的结构层增高，其控制点位随之多层向上设置，方法同上。

4）垂直控制点的传递采用 D2G-6 激光铅垂仪。制作模板时，在控制点位上开 250mm×250mm 洞口，作为垂直控制点的传递口。

3.6.4　高程传递原则

（1）建筑物到了一定高度以后，其传递高程沿建筑物垂直向上丈量，拉力为 10kg，每次测设均以原始基点即 ±0.000m 标高点进行引测。

（2）各施工层均设控制标高，标高控制为 +0.50m，并用红油漆做好标志。

（3）轴线法测设要点：

1）轴线宜位于建筑平面的中央，与主要轴线有相对关系，长轴线上的定位点距离不得大于 3.50m，点位粒径在 1mm 之内。

2）定位后的主轴线点位，应进行角度观测；直线度、测定交角的测角中误差不应超过 2.5″；直线度的限差，应在 180°±5″以内。

3）轴交点应在长轴线上丈量后确定。

4）短轴线应根据长轴线定向后测定，其测量精度应与长轴线相同，交角的限差应在 90°±5″以内。

3.6.5　沉降观测的测设

（1）建筑物的测设区内一定要有足够的水准观测基点，半永久水准点一般不得少于三个。

（2）沉降观测的制作材料可根据设计要求，按不同材料进行制作，按规范要求制作完成。

（3）沉降观测的次数和时间，应由设计规定。

（4）根据水准基点，测出观测点高程及其逐次沉降量。

（5）根据工程的平面图绘制观测点位图，根据沉降观测结果绘制沉降量分布曲线图。

（6）计算工程的平均沉降量、相对垂直偏差量。

（7）半永久水准点的测设示意图，沉降观测、垂直观测的原始资料。

3.7　砌筑工程

本工程外墙及核心筒内墙采用空心砖，其余内墙为加气混凝土砌块，砌筑量约 3231m^3，施工自下而上进行，以便及时为装修创造工作面。

3.7.1　施工总要求

（1）进场的空心砖及加气混凝土砌块符合设计要求，有出厂合格证、市建委推荐书，并在使用前进行试验，符合要求后方可用于本工程。砌筑前砖应干净、无污染，砌筑砂浆现场搅拌。

（2）墙体砌筑时，按设计要求，在门洞上皮标高处均设一条通长的混凝土现浇带，门洞边及隔墙拐角处设构造柱。当墙体长≥4m时，应每4m加设构造柱。

(3) 砌筑前先弹墙身轴线，再立皮数杆。皮数杆要用水准仪进行抄平，皮数杆上的楼面标高线位于设计标高位置上。

(4) 墙洞口宽度大于0.3m时，须加设钢筋混凝土过梁。

墙与柱、构造柱或混凝土墙相连时，在有墙体侧均预留 $2\phi6@500$ 墙体拉结筋。钢筋沿柱边伸入墙内长度≥墙长/5且≥1000mm，或抵洞口边构造柱，锚入柱内≥500mm。

3.7.2 砌筑要点

(1) 空心砖墙砌筑要点

1) 空心砖墙厚度等于空心砖厚度，砌筑采用全顺侧砌，上下皮竖缝相互错开1/2砖长。

2) 空心砖墙砌筑前，按墙的轴线、门洞位置试摆砖。

3) 空心砖墙采用刮浆法，竖缝应先批砂浆后再砌筑。孔洞呈垂直方向时，水平铺砂浆，用套板盖住孔洞，以免砂浆掉入孔洞内。

4) 灰缝横平竖直，水平灰缝和竖向灰缝宽度应控制在10mm左右，但不小于8mm，且不大于12mm。

5) 灰缝砂浆应饱满。水平灰缝砂浆饱满度不低于80%，竖向灰缝不得出现透明缝。

6) 空心砖应同时砌筑，不允许留斜槎，每天砌筑高度不应超过1.8m。

7) 空心砖墙底部砌三皮烧结普通砖，门窗洞口一侧一砖范围内，应用烧结普通砖砌筑。

8) 管线槽留置，采用弹线定位后用凿子或开槽机开槽，不允许采用斩砖预留槽的方法。

9) 砌筑时不够整砖部分，应用无齿锯加工制作非整砖，不允许采用砍凿方法将砖打断。

(2) 加气混凝土砌块墙施工要点

1) 加气混凝土墙砌筑方式采用全顺砌筑。上、下皮错缝不小于砌块长度1/3。不能满足要求时，必须在水平灰缝中设置 $2\phi6$ 钢筋或 $\phi4$mm 钢筋网片，钢筋长度不少于70cm。

2) 立皮数杆，并设于墙两端；拉准线，砌筑前放出墙体位置线。

砌筑前，适量浇水，墙体底部应至少砌筑三皮烧结普通砖墙，高度不小于200mm。

3) 灰缝应横平竖直，砂浆饱满，水平灰缝厚度不得大于15mm。竖向灰缝宜用内外临时夹板夹住灌缝，宽度不大于20mm。

4) 墙体转角处，应隔皮纵横墙砌块相互搭砌，丁字交接处，横墙砌块隔皮露面、露头。

5) 梁底、板底用烧结普通砖斜砌挤紧，斜度为60°左右，与板底、梁底相接处砂浆应饱满。

6) 墙体上不允许留设脚手眼。砌块切锯用专用工具，不允许任意砍凿，每天砌筑高度不宜超过1.8m。

7) 管线槽留设，待砌筑完后，达到一定强度，用专门工具在墙上弹线开槽，不允许采用斩砖预留槽方法。

3.8 防水工程

本工程屋面防水层采用3mm厚APP改性沥青卷材防水聚酯胎。卫生间、工具间楼面及墙面采用硅橡胶防水涂料。

3.8.1 屋面防水卷材施工

屋面APP改性沥青防水卷材采用热熔法施工。

（1）作业条件

1）基层必须牢固、无裂缝，没有松动、麻面、空鼓、凸凹不平现象。

基层表面应平整光滑，均匀一致，其平整度用2m直尺检查，最大空隙不超过10mm，空隙平缓变化。

2）基层与屋面突出结构交接处的阴、阳角转角处，均抹成均匀一致和平整、光滑的小圆角，其半径为100～150mm。

3）基层必须干燥，含水率控制在<9%为宜。测定方法：将$1m^2$的APP卷材覆在基层表面上，静置2～3h；如卷材覆盖处的基层表面无水迹，紧贴基层一侧的地面无凝结水时，即可进行卷材防水施工。

4）必须将突出基层表面的异物、砂浆疙瘩等铲除，并将尘土杂物清除干净，阴阳角及转角处应仔细清理。

（2）施工要点

1）涂布基层处理剂。

应使用与选用防水材料相配套的基层处理剂。

用油漆刷沾底胶在阴角、阳角、根部等复杂部位均匀涂刷一遍，再以长柄滚刷将基层处理剂涂刷在基层表面，要涂刷均匀，不得漏刷或露底。基层处理剂涂刷完毕，须经过8h以上，达到干燥程度方可进行施工。

在铺卷材之前对阴阳角及突出的部位等薄弱部位做增强处理。

弹粉线：在已处理好并干燥基层表面，按照卷材宽度留出搭接缝尺寸，将铺贴卷材基线弹好，以此准线进行铺贴卷材。

热熔法施工：屋面防水卷材铺贴采用条粘，施工时沿卷材掀起，加热基层和APP卷材，加热要均匀，喷枪距离卷材0.3～0.5m左右，将卷材及其表面熔化。卷材尚未冷却时，用铁抹子将接缝封好，再用喷灯均匀、细致地密封。

卷材的搭接缝处理：搭接缝及收头卷材必须100%烘烤，粘铺时必须有熔融的沥青从边端挤出，用刮刀将挤出的热熔胶刮平，沿边端封严。

2）几点质量要求：

原材料应有出厂合格证明、试验报告及现场取样复试报告、市建委推荐的准用证。

各层卷材之间以及防水层与基层之间必须粘结牢固，外观表面应平整，不允许有皱折、空鼓、起泡、滑溜、翘边与封口不严等缺陷。

凡结构的转角部位，穿过卷材防水层的管道阴、阳角等细部均增加附加层。

相邻卷材搭接宽度不小于100mm，上下层卷材接缝应错开1/3幅度以上，在垂直面上铺贴；如需接长，应错开接缝搭接，上层盖过下层搭接长度不小于150mm。

接缝及末端处理必须封严。

3.8.2 卫生间防水施工

本工程设计图纸要求卫生间楼地面防水层采用高分子防水涂料施工，按议标答疑会上设计院要求，卫生间防水涂料选用1.0mm厚硅胶防水涂料。

(1) 作业条件

1) 防水基层表面应用水泥砂浆抹平压光，不允许用素水泥浆压光。

2) 砂浆找平层表面达到一定强度，表面平整、密实，不得有空鼓、起砂、裂缝等缺陷；如有上述情况应先进行基层修补，处理后才可以进行防水施工。

3) 穿过楼面板、墙体的管道和套管的孔洞，应预留出16mm左右的空隙。待管件安装就位后，在空隙内嵌填补偿收缩嵌缝砂浆，插捣密实，防止出现空隙；填塞孔洞较大，采用补偿收缩细石混凝土填塞，楼面板孔洞应吊底模浇灌。

4) 所有管道、地漏或排水口穿过楼面部位，必须位置正确，安装牢固，接缝严密，收头圆滑，不允许有任何松动现象。

5) 凡阴阳角部位要抹成半径不小于20mm小圆弧或八字角，管根部位要使周围略高于其他部位20mm以上，坡度为5%，地漏周围做成略低于基层凹坑。

6) 需做防水基层表面均应表干，不得有渗漏现象。

7) 基层表面有气孔、缝隙、起砂及潮湿，用硅类防水剂处理。配比为：硅类防水剂：水=1:1，掺入32.5级普通硅酸盐水泥搅拌成腻子，局部修补找平基层后，再调成稠的素浆，大面积涂刷于基面上，厚度要求1mm以上。

8) 各种穿越防水层管道、预埋件等应在防水层施工前安装好。防水层施工完后，禁止再在防水层上凿洞。

9) 施工前，必须将找平层表面的灰土杂物清扫干净；找平层应基本干燥，即可涂布施工。

(2) 操作工艺

1) 采用涂刷或滚涂法施工。

2) 涂刷方向和长短应一致，做到上、下、左、右均匀涂刷，不得漏刷。卫生间涂刷8~9遍。

3) 涂料选用Ⅱ型涂料，1号及2号复合使用。1号、2号均为单组分，分别涂刷，交叉进行。

4) 涂刷顺序：1号（2遍）→2号（1遍）→1号（1遍）→2号（1遍）→1号（1遍）→2号（1遍）→1号（2遍）。

5) 施工时，首先在处理过的基层上均匀涂刷一道1号料，待其渗透到基层并固化干燥后再涂刷第二道1号料，每道涂料干燥后才能进行下一道防水施工，涂刷第8道涂料后停置8h；当最后一道1号涂料涂刷完毕后，立即抹水泥砂浆保护层。硅胶防水涂料成膜后不吸水，因此，砂浆保护层砂浆稠度小于一般抹灰砂浆，砂浆中不得混入小石子和尖锐的颗粒，以免在抹保护层时损伤涂膜。

每道涂料均应在前一道涂料固化成膜后再涂刷下一道，一般间隔4~6h，视环境、温度而定。

防水保护层应在最后一道1号料尚发黏时进行施工。

3.8.3 结点防水做法

(1) 穿楼板管道防水做法

穿楼板管道安装定位后，四周嵌填补偿收缩嵌缝砂浆；然后，沿管根嵌遇水膨胀橡胶止水条，密封材料搭接头应粘结牢固。防水层在管根处应拐上包严，且铺贴一层无纺布增强材料；立面涂膜高度不应超过水泥砂浆保护层，收头处用防水密封材料封严。

(2) 地漏上防水做法

主管与地漏口的交接处用防水密封材料封闭严密，后用补偿收缩细石混凝土（或水泥砂浆）嵌填塞严，做防水保护层；地漏口杯处嵌遇水膨胀橡胶止水条；涂膜应与膨胀橡胶止水条相连接；涂膜防水保护层在地漏口周围，抹成5%的顺水坡度。

(3) 细部构造增强处理

施工前，应先用1号料对阴阳角、管道的根部、地漏口处进行认真涂刷，待其固化成膜后再涂刷2号料，并立即粘贴无纺布增强胎体附加层。搭接连接，连接宽度不小于70mm。表面应满涂2号涂料，使其形成固化成带胎体增强材料涂膜附加层。

(4) 注意事项

1) 施工人员必须穿干净软底鞋进行涂刷施工。

2) 找平层必须平整光滑，无尖锐棱角，以免尖凹部位的涂料发生流淌现象。

3) 硅胶防水涂料需有出厂合格证、市建委推荐证书，现场复验合格后方可进行施工。

4) 施工时不慎将涂膜破坏，按施工要求的涂布遍数，从头至尾重新涂布，使损坏处与防水层连接成一整体。

3.9 安装工程

3.9.1 给排水、消防系统

(1) 给排水系统

1) 生活给水系统分为两个系统：地下三层至四层由市政给水管网直接供给，五层及其以上各层由加压泵加压和屋顶水箱供水，加压供水系统设减压阀及减压水箱。

2) 排水系统：地下一层至三层污水排至污水池，由提升泵排出；地上各层污水排至污水池，经生化处理后，排至市政污水管网；雨水为内排水，直流排至室外。

给排水管道安装基本工艺流程，如图3-20所示。

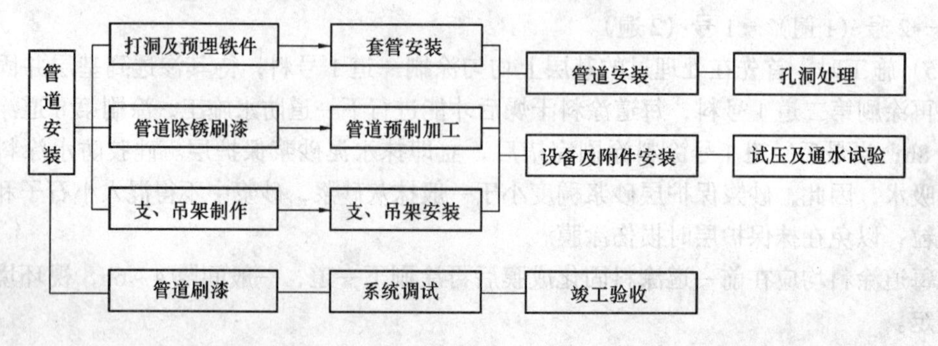

图3-20 给排水管道安装工艺流程

（2）消防系统

消防系统分别设置室内消火栓和自动喷洒灭火系统及各自的加压系统。消火栓给水系统及自动喷洒灭火系统的加压泵和有效容积 560m^3 的消防、生活合用储水池，设置于地下三层；储有 18m^3 消防用水量的高位水箱及增压装置设于三十二层屋顶水箱间内。

消防系统安装基本工艺流程，如图 3-21 所示。

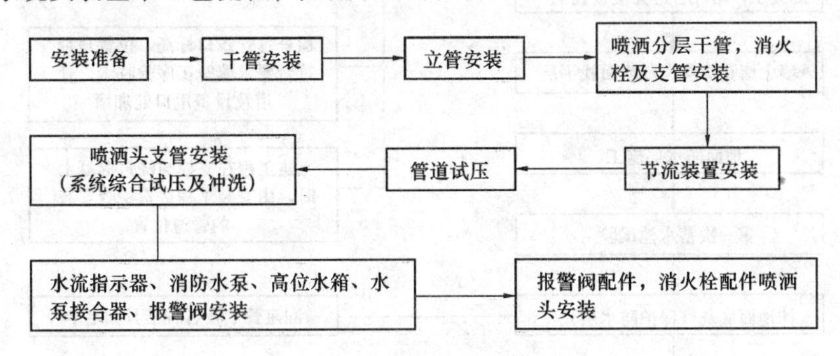

图 3-21　消防系统安装流程

（3）卫生间安装工艺方案

卫生间是现代室内建筑的重要组成部分，与建筑物的使用功能息息相关，包括许多安装内容，而且卫生间内的施工是与各专业密切配合完成的。

1）卫生间的管道均为暗装或半暗装敷设，暗装管布置在顶棚顶内，半暗装管布置在房间竖井或技术竖井内，卫生间管线合理的施工操作顺序如图 3-22 所示。

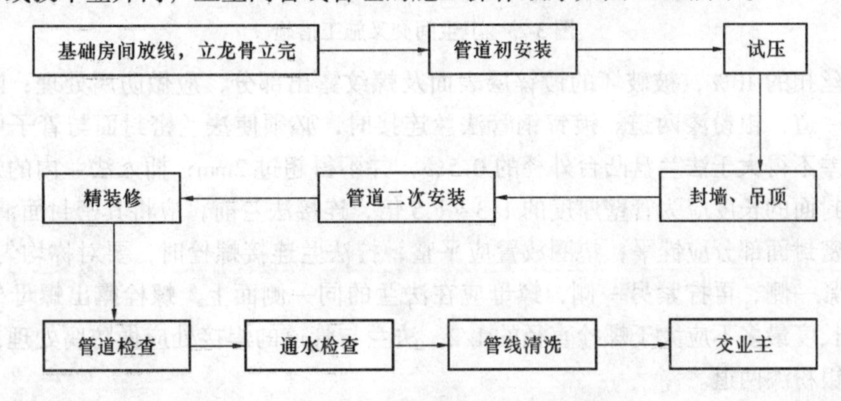

图 3-22　卫生间管线安装顺序

2）卫生间交叉作业施工措施（图 3-23）。土建与安装密切配合。

（4）给排水、消防施工技术要求

1）严格按施工图纸及相应施工规范要求进行施工。

相应施工规范：GB 50268—97；GBJ 84—85；CJJ 30—89；华北标 919B（机电标准图集）。

2）给水管道、喷洒系统、水幕系统、有压排水管均采用镀锌钢管安装：$DN<150$mm 时，采用丝扣连接；$DN \geqslant 150$mm 时，采用法兰连接。每层喷淋支管须有 $i=0.002$ 的坡度，坡向配水立管。管道安装前，必须清除管内污垢和杂物，安装中断或完毕的敞口处应临时封堵。钢管螺纹连接，填料用麻丝和白厚漆，螺纹应规整；如有断丝或缺丝，不得大

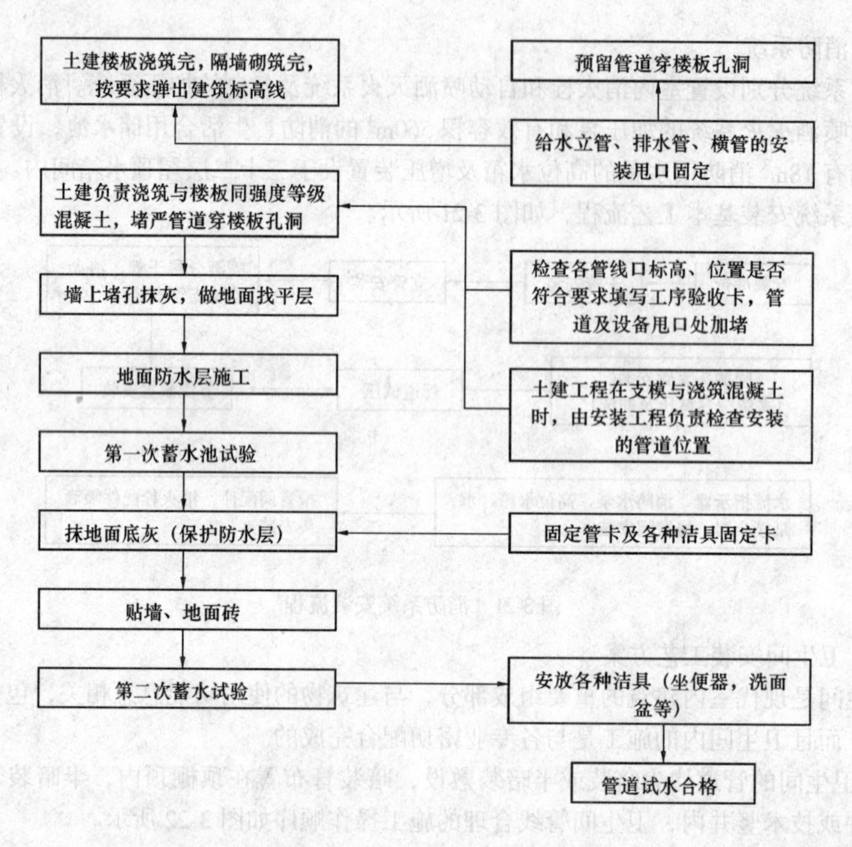

图 3-23 卫生间交叉施工措施

于螺纹全丝扣的10%；被破坏的镀锌层表面及螺纹露出部分，应做防腐处理；除锈后应刷防锈漆一道，银粉漆两道。镀锌钢管法兰连接时，必须使法兰密封面与管子中心线垂直，其偏差不得大于法兰盘凸台外径的0.5%，并不得超过2mm；插入法兰内的管子端部至法兰密封面的长度应为管壁厚度的1.3～1.5倍，连接法兰前，应将其密封面清理干净，焊肉高出密封面部分应锉平，垫圈放置应平整，拧法兰连接螺栓时，要对称均匀地拧紧，严禁先拧紧一侧，再拧紧另一侧，螺母应在法兰的同一侧面上，螺栓露出螺母外至少两扣，但其长度最多不应大于螺栓直径的1/2，法兰与管道的焊接处应做防腐处理：刷防锈漆一道，银粉漆两道。

3）室内消火栓安装：栓口应朝外，阀门中心距地面为1.2m，允许偏差20mm，阀门距箱侧面为140mm，距箱后表面为100mm，允许偏差5mm。

4）室内排水管安装：自流排水管道采用PVC管承插粘结。先安装立管，然后安装排出管，在排出管和立管安装好后，再安装各水平支管和连接卫生器具的短管及附件。立管安装应由下往上进行，排出管与主管宜采用两个45°弯连接，排水立管与排水横管连接忌用“T”形正三通，应采用斜三通。所有的弯管及返水弯均需带有检查口，地漏箅子面安装要低于相应楼面5～10mm，地面坡向地漏口，排水横管每隔4m装一伸缩节，立管每层装一伸缩节。

5）消防喷淋头安装：安装喷头前，必须对报警控制阀后的管道进行冲洗，确保无施工留下的杂物堵塞阀门、喷头，以免影响系统正常工作。喷淋配水管道变径时，应采用异径管件，不准用补芯。安装喷头时，必须使用厂家提供的专用工具；无法用工具时，只能用扳手夹紧螺纹外边的四方体（或六方体）。喷头安装后应逐个检查溅水盘有无歪斜，玻璃球有无裂纹和液体渗漏，易熔合金片有无变形、位移；如有，必须更换喷头。施工时，应严禁喷头上挂上泥、砂浆等杂物，并严禁喷涂油漆等污染物，以免妨碍感温作用。

6）管道支吊架的安装：

管道支吊架，根据现场的不同情况选用“华北标准图集”中的方式。

小管径给水管道支架采用钩钉和管卡，大口径给水管道采用吊环或托架。

通过配水点的支管应采用钩钉加以固定，钩钉应安装在配水点附近；当支管长度大于1.5m时，则应安装在支管中间；支管较长时，应设多个，各个钩钉间的距离不得大于2.5m；排水管道上的吊钩和卡箍应固定在承重结构上，固定间距横管不得大于2m。给水管道水平管的支、吊架安装间距见表3-8。

支、吊架间距　　表3-8

公称直径 *DN*（mm）	支架间距（m）	公称直径 *DN*（mm）	支架间距（m）
15	2.5	50	5
20	3	65	6
25	4	80	6
32	4.5	100	6.5
40	5	150	8

楼层层高不超过4m时，给水立管只需在距地面1.5～1.8m高处设置一个管卡，排水立管应用管卡固定，管卡间距离不得超过3m。

喷淋管道的支、吊架位置不应影响喷头的喷水效果，一般吊架与喷头的距离不少于300mm，与末端喷头的距离不应大于750mm。管道穿梁安装时，穿梁处可作为一个吊架考虑，相邻两喷头之间的管段上至少设支吊架一个；当喷头间距小于1.8m时，可隔断设置，但支吊架的间距不应大于3.6m。为防止喷水时管道沿管线方向晃动，故在下列部位设防晃支架：

A. 配水管在中点设一个。

B. 配水管干管及配水管、配水支管的长度超过15m（包括管径为50mm的配水管及配水支管），每15m内最少设一个（≤40mm的管段可不算在内）。

C. 管径≥50mm的管道拐弯处（包括三通及四通位置）应设一个。

D. 防晃支架的强度，应能承受管道、配件及管内水的重量和50%的水平推力而不致损坏或产生永久变形。

管道支、吊架制作完毕，其外表面应除锈，刷两道防锈漆，支、吊托架安装位置应正确，埋设平整、牢固，与管道接触应紧密，固定牢靠。

7）有压管试压。

管道在试压前，应检查受压管的各处阀门是否完好，管内是否有杂物，所有管路是否完好；如检查一切准备好后，打开最高处阀门，从低点向内注水，水注满后用试压泵缓慢向管内加压，直到设计或规范要求试验压力并保持一定时间。检查验收合格后放压，排出管内的水。

8）无压管的通水试验。

管道在试漏前应检查试漏管的管口、低点排出口堵好没有。如准备工作就位后，向管内注水，并通知业主、监理、质检一同查看，有无渗漏，并做好试压和试漏记录。

3.9.2　电气工程

（1）动力配电系统

1）楼内送排风机、水泵房、电梯等动力设备的电源均由配电室放射供电，其中消防设备、客梯、电讯机房等重要负荷的电源为双回路供电末端互投。

2）在机房层设制冷机房专用变电所，为屋顶制冷机房供电，并采用两条专用密集母线，分别给16层及以下和17层及以上的各层空调设备供电。

（2）照明系统

1）本工程照明采用高效节能型灯具，主要为格栅灯具和筒灯，事故照明和疏散照明的灯具为内置电池的应急灯具。

2）事故照明：疏散照明等电源均引自竖井内双路互投配电盘，由变电室应急母线上引来的专用事故照明电源与正常电源组成双电源。各层的一般照明电源由配电室以两路密集母线供给，在各层电气竖井内设该层的总照明配电箱。

（3）防雷与保护接地系统

1）本工程按Ⅰ级防雷建筑物设防，防雷装置采用传统式作法。

2）防雷主要措施如下：

屋顶上的女儿墙或檐口采用ϕ12镀锌圆钢做避雷带，屋顶上所有凸起的金属构筑物和管道均与避雷带焊接。

在20m以上的建筑物周围作防侧击雷措施，所有楼层的金属门窗均与楼板钢板连接，每隔三层利用外廓圈梁内钢筋作水平均压环，使整座大楼成为一个可靠接地的等电位体。

引下线采用柱内直径大于20mm的主筋两根，利用结构基础钢筋作接电极。

电气安全接地采用TN-S系统，将防雷接地、保护接地、工作接地等接地连成统一的共同接地体，接地电阻小于1Ω。

所有电源插座均设漏电开关进行保护。

（4）电气施工工序网络图

开工准备→配合土建结构预埋→墙内及吊顶内线管敷设→桥架、线槽、母线安装→各系统配线、敷设电缆→配电箱、控制箱安装→柴油发电机安装→器具安装→单机调试→集中调试→交工验收。

（5）施工工艺

电气工程主要施工项目包括：

钢管敷设、预留洞；

电缆桥架、线槽、插接母线安装；

电缆敷设；

管内穿线工程；

柴油发电机、控制箱、配电柜（箱）安装；

器具安装；

防雷与接地；

电动机及其附属设备的安装；

调试。

(6) 电气工程施工技术要求

1）施工中所执行相应规范及标准。

《电气装置安装工程、电力变压器、互感器施工及验收规范》(GBJ 148—90)

《电气装置低压电器工程及验收规范》(GB 50254—96)

《1kW以下配线工程施工及验收规范》(GB 50258—96)

《电气照明装置施工及验收规范》(GB 50259—96)

《电气安装工程母线装置施工及验收规范》(GBJ 149—90)

《电气装置安装工程电缆线路施工及验收规范》(GB 50168—92)

《电气装置安装工程接地装置施工及验收规范》(GB 50169—92)

《电气装置安装工程盘、柜二次回路接线施工及验收规范》(GB 50171—92)

2）管线敷设：

本工程配管采用焊接钢管、镀锌钢管、PVC管，所有管材的规格必须符合图纸设计要求，并且有产品的合格证和材质证明。

A. 暗配管敷设工艺流程如下：

冷煨弯暗装管路敷设→预制加工→切割→测定箱、盒位置→套丝→管路连接→跨接线焊接→配合土建混凝土浇筑及砌体。

管路敷设中，电气专业人员必须随工程进度密切配合土建工程，做好预埋或预留。洞、桥架的通过处，电箱的位置处，都应与土建配合预留好。注意加强检查，绝不能有遗漏，钢管暗敷设必须填写隐蔽工程记录。必保施工技术资料记录和工程进度同步完成，由专业工长自检、互检合格后，向监理公司、业主各报一份存档。

B. 明配管敷设工艺流程如下：

吊顶内护墙板内管路敷设→预制加工管弯、支架、吊架→支架、吊架固定、盒箱固定→管路敷设与固定（管路敷设、管路连接、管进盒箱）→地线焊接（跨接地线、防腐处理）。

C. 明管敷设作业条件。

配合土建结构安装好埋件。

采用胀管安装时，必须在土建抹灰完后进行。

D. 明管敷设应采用配套管卡固定牢固，档距均匀，配管时弯曲半径一般不小于管外径6倍；如有一个弯时，可不小于管外径的4倍。

3）桥架、线槽安装。

桥架线槽安装工艺流程如下：

预留定位→预留孔洞，预埋吊杆、吊架，金属膨胀螺栓→支架与吊架螺栓固定→保护地线安装→槽内配线→线路检查及绝缘测试。

A. 电缆桥架水平敷设时，固定支架间距为1.5m，垂直敷设时其固定间距为2m。

B. 敷设电缆的桥架在任何情况下必须保证其弯曲半径为敷设的外径最大的电缆的10倍；如订货的弯头达不到要求，应予调换或自制符合要求的弯头。

C. 桥架、线槽连接的螺栓应紧固，螺母应位于桥架、线槽的外侧。

D. 桥架、线槽其正常情况下不带电的金属外壳均应牢固地连接为一整体，并可靠接地，以保证其全长为良好的电气通路。其镀锌制品的桥架、线槽的搭接处用螺母平垫，弹簧垫紧固后可不做跨接线。

E. 桥架的支撑点不应在桥架、线槽接头处，距接头处 0.5m 为宜。在桥架拐弯和分支处、中分支点 0.5m 处应加支撑点；如设计院、厂家有特殊要求，按设计院和厂家要求施工。

F. 当直线段钢制电缆桥架超过 30m 时，应有伸缩缝，其连接宜采用伸缩连接板。

G. 电缆桥架在穿过防火隔墙及防火楼板时，应采取防火隔离措施，按"华北标准图集 92DQ5"中做法施工。

H. 桥架支架安装时应带线取直，不应有弯曲现象。桥架安装完毕后，应及时清除桥架表面污点。

4）插接母线安装：

插接母线安装工艺流程：

设备点件检查→支架制作及安装→插接母线安装→试运行验收。

A. 进入施工现场的插接母线及其配件应每节进行绝缘电阻测试，并做好测试记录；如不符合设计规范要求，退出施工现场。

B. 进入施工现场的插接母线及其配件应逐件检查，并应做好设备开箱验收记录。

C. 插接母线施工前对照图纸检查预留孔洞的尺寸、标高、方位是否符合要求，检查脚手架是否安全及符合操作要求，有无与建筑结构或设备、管道、通风等工程各安装部件交叉、矛盾的现象。

D. 插接母线支架安装应带线取直，支架垂直安装距离不大于 2m，支架水平安装距离不应大于 2.5m；支架及支架与埋件焊接处刷防腐漆应均匀；支架距离应均匀一致，两支架间距离偏差不得大于 5cm。

E. 插接母线的插接分支点应设在安全、可靠及安装、维修方便的地方。

F. 插接母线在穿过防火墙及防火楼板时，应采取防火隔离措施。

G. 母线装置所使用的设备及器材，在运输与保管中应妥善包装，以防腐蚀性气体的侵蚀及机械损伤。

H. 母线表面应光洁、平整，不得有裂纹、折叠及夹杂物，插接母线槽的各分段应标志清晰，附件齐全，外壳无变形，内部无损伤。

I. 垂直敷设的插接母线，当进线盒及末端悬空时应用支架固定。垂直敷设时，应在通过楼板处采用专用附件支撑。

5）电缆敷设。

A. 电缆敷设前检查电缆的型号、电压、规格是否符合设计要求，进行外观检查和各项试验。1kV 以下电缆，用 1kV 绝缘摇表进行相间及对地的绝缘测试，绝缘电阻应不低于 10kΩ，合格后方可敷设。

B. 电缆敷设前应按设计和实际路径计算每根电缆的长度，合理安排每盘电缆，减少电缆接头。

C. 电缆敷设时，使用人工牵引和机械牵引两种方法。敷设时，电缆应从盘的上端引出，应避免电缆在支架上及地面摩擦拖拉。电缆上不得有未消除的机械损伤（如：铠装压扁、电缆绞拧、护层拆裂等)。

D. 动力电缆与控制电缆分开排列，不同等级电缆分层敷设。

E. 电缆敷设时应注意电缆的排列，一定要根据设计图纸绘制“电缆敷设图”进行。电缆敷设不宜交叉，须加以固定并及时装设标志牌。在终端头与接头处一面留有备用长度。

F. 电缆在桥架上敷设的固定间距不大于 2m，水平敷设的电缆在电缆首末两端及转弯、电缆接头的两端处应加以固定。

G. 电缆桥架内的电缆应在首端、末端、转弯及每隔 50m 处设有注明电缆编号、型号、规格及起止点等标记牌。

H. 标志牌字迹应清晰，不易脱落，标志牌的规格宜统一，标志牌应能防腐且挂装牢固。

I. 制作电缆终端头，从剥切电缆开始操作直至完成，必须连续进行，一次完成，缩短绝缘暴露时间。剥切电缆应使用专用工具，不应损坏线芯和保留的绝缘层，附加绝缘的包绕、装配、热缩等应清洁。

J. 电缆终端头的相位应正确，所用绝缘材料及配件应符合规范要求。

K. 电缆在穿过竖井、墙壁、楼板处，用防火材料密实封堵，按“华北标准图集 92DQ5”中做法施工。在封堵电缆孔洞时，封堵应平实可靠，不应有明显的裂缝和可见的孔隙。

L. 电缆敷设完毕后，应及时清除杂物，保持电缆表面清洁。

6) 管内穿线工程。

A. 管内穿线后，线管内不得有积水及潮气侵入，必须保证穿线绝缘强度符合规范要求。

B. 考虑导线(电缆)截面大小、根数多少，将导线(电缆)与带线进行绑扎，绑扎处应做成平滑锥形状，便于穿线。

C. 穿线前应在管口加装护口，两人配合协调，一拉一送，管线较长、转弯较多时，可以在管内吹入适量滑石粉。

D. 穿线完毕后，应用摇表检测线路，照明回路 500V 摇表检测绝缘电阻值不小于 0.5MΩ；动力线路采用 1kV 摇表，其绝缘电阻值不小于 1MΩ，并做好记录。由责任工长向监理公司填报并经监理工程师抽测，确认合格后报业主签字。

7) 配电箱(盘)

安装工艺流程如下：

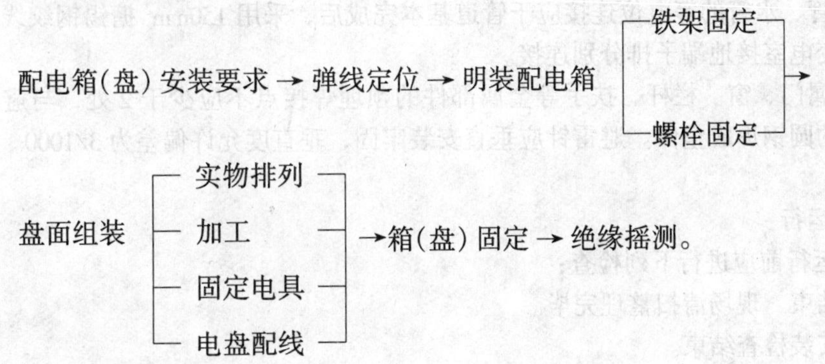

A. 在混凝土墙或砖墙上固定明装配电箱（盘）时，采用暗配管及暗分线盒和明配管两种方式；如有分线盒，先将盒内杂物清理干净，然后将导线理顺，分清支路和相序，按支路绑扎成束。待箱（盘）找准位置后，将导线端头引至箱内或盘上，逐个剥削导线端头，再逐个压在器具上；同时，将保护地线压在明显的地方，并将箱（盘）调整平直后进行固定。在电具、仪表较多的盘面板安装完毕后，应先用仪表校对有无差错，调整无误后送电，并将卡片框内的卡片填写好部位，编上号。

B. 配电箱（盘）全部电器安装完毕后，用500V兆欧表对线路进行绝缘摇测，摇测项目包括：相线与相线之间、相线与零线之间、相线与地线之间。两人进行摇测，同时做好记录，做为技术资料存档。

8）器具安装：

这里主要指灯具、开关、插座等的安装，灯具、开关、插座的具体安装方式和接线方法都应严格按产品说明书及规范进行。

A. 灯具、开关、插座安装必须牢固端正，位置正确。

B. 有吊顶处的灯具或重量超过3kg的灯具，必须在顶板上加独立的吊杆或预埋件，承担灯具的全部重量，不使吊顶龙骨承受灯具荷载。

C. 安装开关、插座时，必须将预埋盒内的填充物清理干净，再用湿布擦净。

D. 凡安装距地面高度低于2.4m的灯具，其金属外壳必须连接保护地线。

E. 安装好的器具要认真保护，防止损坏和被盗。

F. 照明工程中的节能灯、电子镇流器将会对弱电系统中一些设备（如扬声器、综合布线系统设备）产生电磁干扰，施工时应注意保护它们之间的距离，或对弱电设备进行屏蔽保护。

9）防雷与接地工程。

A. 安装工艺流程如下：

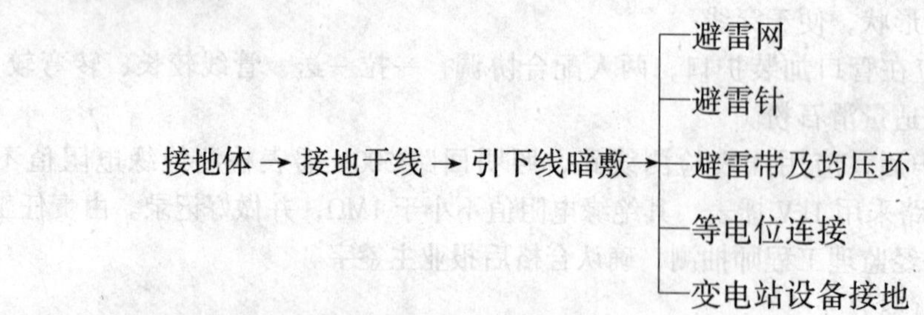

B. 本工程利用桩基做接地体（地下已按要求施工）。

C. 金属风管、水管的等电位连接应于管道基本完成后，采用150mm^{2}搪锡钢绞线，与风管、水管和变电室接地端子排分别连接。

D. 外檐金属门、窗、栏杆、扶手等金属部件的预埋焊接点不应少于2处，与避雷带或均压环预留的圆钢焊成整体。避雷针应垂直安装牢固，垂直度允许偏差为3/1000。

10）调试。

A. 电机试运行：

a. 电机试运行前应进行下列检查：

土建工程结束，现场清扫整理完毕。

电机本体安装检查结束。

冷却、调速、润滑等附属系统安装完毕，验收合格，分部试运情况良好。

电机的保护、控制、测量、信号、励磁回路调试完毕，运转正常。

测定电机定子线圈、转子线圈及励磁回路的绝缘，轴承座及板的接触面应清洁干燥，用500V摇表测量，绝缘电阻值不得小于0.5MΩ。

电刷与换向器或滑环的接触良好。

盘动电机转子时，转动灵活，无碰卡现象。

电机引出线应相位正确，固定牢固，连接紧密，接线与铭牌标识一致。

电机外壳油漆完整，接地良好。

照明、通风、消防装置齐全。

b. 电动机在运行时进行下列检查：

电动机的转动方向是否符合要求，有无杂声。

换向器、滑环及电刷的工作情况是否正常。

检查电机温升，看是否过热。

空载运行时，滑动轴承温升不应超过45℃，滚动轴承温升不应超过60℃，负载运行时，滑动轴承温升不得超过80℃，滚动轴承温升不超过95℃。

交流电动机的带负荷连续起动次数，如生产厂家无规定时，可按下列规定：在冷态时，可连续起动二次；在热态时，可连续起动一次。

c. 运行注意的问题：

监视电压变化，电压不得低于额定电压的10%，电压相位差不得大于额定电压5%。

监视电流变化，电流不得大于额定电流的10%。

监视温升变化，温升不得超过电机铭牌上的限度，可采用手摸、滴水、温度计测量等方法。

监视电器保护装置，防止缺相运行。

B. 照明器具试运行

电气照明器具试运行前应进行通电安全检查，并逐个做好记录。

电气照明器具应以系统进行通电试运行，系统内的全部照明灯具均得开启，同时投入运行，运行时间为24h。

全部照明灯具通电运行开始后，要及时测量系统的电源电压负荷电流，并做好记录。试运行过程中每隔8h还需测量记录一次，直到24h运行完为止，上述各项测量的数值要填入试运行记录内。

3.9.3 设备安装工程

本次议标工程所需安装设备量较少，有各种水泵数十台。因为设备的价值较高，安装质量的好坏，直接影响到整个建筑物的使用功能。因此，针对各种设备不同的安装特点，分别制定出方案，确保设备的安装质量。

(1) 施工准备

1) 设备的安装工作，一般在土建施工进行到结构基本完成，粗装修开始阶段时进行。首先，设备安装人员要熟悉图纸及有关设备的技术要求和规范要求，明确设备安装的工期、技术、环保等要求，明确设备订货情况及到现场时间。

2) 根据设备的数量、规格、到场时间，安排好设备进场次序，并根据设备的不同安装位置，制定出不同的设备运输路线。根据不同设备安装方法和吊装方法，制定切实可行的设备安装方案。

3）根据设计图纸，检查各设备的位置、基础的各项技术参数，是否符合设备安装的要求。

（2）通用设备安装

1）各种水泵在安装时，应注意各水泵的轴线位置。同一排的水泵，应使每一台水泵的中心轴线相互平行，偏差不大于2mm，并且应使水泵的出水口或进水口的中心轴线在一条直线上。

2）设备的安装、地脚螺栓的稳固必须垂直，螺栓的选用应该同设备的技术要求相符，必须使用弹簧垫平垫，且按规定紧固螺母。

3）设备吊装就位后，做好成品保护，进出口要临时封闭，防止杂物进入，并防止外力碰撞。

（3）设备单机试运行

1）设备安装工作完成后，应对设备的安装情况进行仔细检查。根据技术资料，检查设备润滑、电器接线、电器绝缘、转动部分的防护措施，并对设备安装现场进行清理，做好试车前的准备工作。

2）设备的试车，应根据设备生产厂家的技术资料进行，组织有关技术安装配合专业人员，成立试车小组，使设备试车工作有序进行。

3）设备试车应先进行设备点动，检查设备的转动方向，是否与要求一致，然后进行单机试运转；试车当中，对设备的各项技术参数进行测量。检查包括：运转电流、设备转速、设备温升、振动情况、润滑情况，并按照要求做好试运转记录。

（4）主要施工机械及材料供应计划

主要施工机械使用见表3-9。

各安装系统工程量见表3-10～表3-13。

主要施工机械　　表3-9

序　号	设备名称	台　数	用电量（kW）
1	交、直流电焊机	12	12×12=144
2	套丝切管机	3	1×3=3
3	砂轮切割机	4	1.1×4=4.4
4	电动试压泵	3	4×3=12
5	空气压缩机	2	7.5×2=15
6	电锤、电钻、角向磨光（机）	30	2
7	手动液压弯管机	2	
8	台　钻	2	0.75×2=1.5
9	焊条烘干箱	1	2
		合　计	183.9kW

给排水安装实物工程量 **表 3-10**

序 号	材料名称规格	单 位	数 量
1	镀锌钢管 *DN*15	m	325
	镀锌钢管 *DN*20	m	430
	镀锌钢管 *DN*25	m	103
	镀锌钢管 *DN*32	m	296
	镀锌钢管 *DN*40	m	75
	镀锌钢管 *DN*50	m	396
	镀锌钢管 *DN*70	m	120
	镀锌钢管 *DN*80	m	31
	镀锌钢管 *DN*100	m	665
	镀锌钢管 *DN*150	m	529
	镀锌钢管 *DN*200	m	10
2	焊接钢管 *DN*70	m	1
	焊接钢管 *DN*150	m	25
3	无缝钢管 457×3.5	m	17
	无缝钢管 476×4	m	20
	无缝钢管 4159×5	m	269
	无缝钢管 4219×6	m	4
	无缝钢管 4273×7	m	22
4	UPVC 管 *DN*50	m	116
	UPVC 管 *DN*75	m	48
	UPVC 管 *DN*100	m	945
	UPVC 管 *DN*150	m	115
	UPVC 管 *DN*200	m	603
5	铸铁给水管 *DN*100	m	73
	铸铁给水管 *DN*150	m	21
	铸铁给水管 *DN*200	m	507
	铸铁给水管 *DN*250	m	5
	铸铁给水管 *DN*300	m	13
6	各种阀件 *DN*15	个	576
	各种阀件 *DN*20	个	1
	各种阀件 *DN*32	个	33
	各种阀件 *DN*40	个	10
	各种阀件 *DN*50	个	15
	各种阀件 *DN*70	个	15
	各种阀件 *DN*80	个	25
	各种阀件 *DN*100	个	10
	各种阀件 *DN*150	个	45
	各种阀件 *DN*250	个	2
	各种阀件 *DN*300	个	2

续表

序　号	材料名称规格	单　位	数　量
7	Y形过滤器 DN150	台	2
	Y形过滤器 DN50	台	2
8	压力表 Y-100	块	23
9	水流指示器	个	7
10	喷　头	只	53
11	室外消火栓 DN150	套	3
12	软管接头 DN150	个	14
13	玻璃管液位仪	套	4
14	防爆地漏 DN150	个	10
	铸铁地漏 DN100	个	7
	PVC地漏 DN50	个	34
	PVC地漏 DN100	个	192
15	雨水斗 DN150	个	1
	雨水斗 DN100	个	3
	雨水斗 DN200	个	8
16	洗脸盆	只	132
	小便器	只	66
	坐便器	只	128
17	各种支架制作安装	只	1.56

消防喷淋安装实物量　　表 3-11

序　号	材料规格名称	单　位	数　量
1	镀锌钢管 DN25	m	522
	镀锌钢管 DN32	m	751
	镀锌钢管 DN40	m	520
	镀锌钢管 DN50	m	270
	镀锌钢管 DN70	m	227
	镀锌钢管 DN80	m	181
	镀锌钢管 DN100	m	1149
	镀锌钢管 DN150	m	492
2	无缝钢管 $\phi108\times4$	m	29
	无缝钢管 $\phi159\times5$	m	1709
3	自动喷头 DN150	个	629
4	室内消火栓 DN65	套	163
5	温式系统检测装置	套	3
6	水流指示器 DN100	套	38
7	Y形过滤器	台	8
8	接合器 DN150	台	8
9	各种阀门 DN100	只	43
	各种阀门 DN150	只	70

设备安装工程实物量 表 3-12

序号	设备名称	单位	数量
1	各类规格泵	台	22
2	气压给水、水处理设备	台	2
3	罐水箱	台	5
4	消毒器	台	2

动力照明系统实物工程量 表 3-13

序号	材料、设备名称、规格	单位	数量
1	各类灯具	套	2850
2	开关插座	套	1695
3	各类电箱	台	254
4	钢管暗敷设	m	31138
5	吊顶内敷设	m	13914
6	PVC 管暗敷设	m	2149
7	各种规格电缆	m	7685
8	各种规格电线	m	71137
9	插接母线	m	750
10	金属线槽	m	2889
11	镀锌圆钢 $\phi 12$	m	3569
12	镀锌扁钢	m	1189

4 质量、安全、环保技术措施

4.1 质量保证措施

4.1.1 质量措施目标

(1) 质量方针和目标:

质量方针：用我们的智慧和承诺雕塑时代的艺术品。

质量目标：分项工程优良率 90%，分部工程优良率 85%，创“鲁班奖”工程。

(2) 建立质量控制保证体系，落实各级质量责任。

建立完善的质量保证体系。项目经理是质量的责任者，项目执行经理负责质量，项目总工程师协助经理抓好管好质量工作，各职能部门承担部门质量责任，各级质量检查人员严格使用质量否决权。做到：坚持没有质量计划和施工组织设计不安排施工；坚持没有按规范检验合格不报竣工和交付使用。

(3) 执行 ISO9002 标准，以认真的工作质量来保证工程质量。认真执行 GB/T 19002—92、ISO9002 标准，树立以质量为中心经营思想，健全以质量管理为主线的经营管理体制，用全面质量管理方法，重点做好施工工序质量的控制和评审及物资管理工作，使施工质量始终处于受控状态。

1) 工序控制。

工序控制程序如下：

工程开工前，总工程师主持深化投标方案，编制施工组织设计，编制质量计划和分项

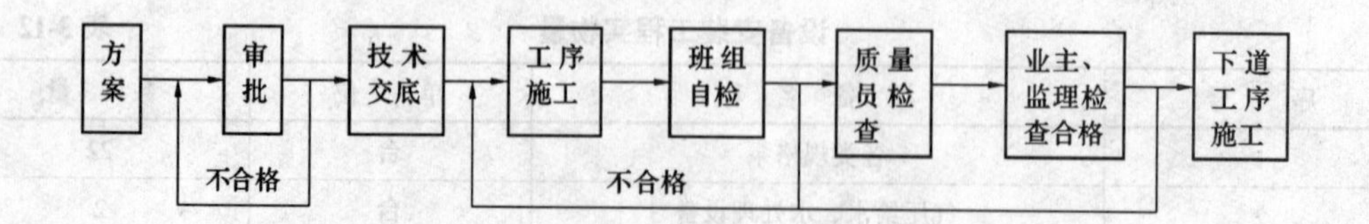

工程施工方案。工序施工前，要进行技术交底。

工序施工前，要对人员、设备、施工环境、施工方法进行检查，是否满足正常顺利进行施工的要求。

从事特殊工种作业人员要有上岗证书。

工序施工前，要对原材料、半成品和设备进行检查，施工过程中，质检员对施工部位进行跟踪检查，查出问题立即改正，并按施工操作方法和质量标准，对分项工程质量进行验评、核定。

工序完后，班组长对工序施工质量进行自检，并填写自检表，报质量检查员。

质量检查员对自检结果进行复检、评定，并填写“分项质量验评表”，报监理工程师。

监理师验评合格后，方可进行下道工序施工。

2）工程质量评定。

在工程实施阶段，质检员要按月评审工程质量问题，并填写“工程实施阶段存在问题表”报项目经理。

3）最终检验和试验。

分部工程所含分项工程的施工全部完成后，由项目总工程师组织分部工程质量评定。

在分部工程质量评定的基础上，项目总工程师组织对单位工程质量进行评定。

4）物资材料管理。

工程所用的物资采购前，必须向监理工程师提出下列内容的申报表：产品生产厂的简介、产品技术性能、产品合格证及准用证、产品样品、特殊产品是否有省、部鉴定证书（证明）或组织监理、设计、业主到生产厂进行考察。

材料进货前，要建立合约登记台账，对质量要求高的物资要进行严格检查，必要时要到生产厂监督、检查。

材料入库前，仓库管理员要对物资的质量，按申报审批的标准进行检查、验收；如发现不符合样品要求，拒收入库。

进入现场合格的物资由材料员按施工平面图一次就位，并及时登记入账和标识。入库保管的，由仓库保管员登记入账。

物资进场存放好后，材料员立即对物资进行挂牌待检标识，并组织进货检验工作；如检验不合格的材料，报项目总工程师审批、退货；如使用劣质材料者，要追究责任，并给予严肃处理，同时经检验合格的材料立即标识。

5）质量文件和质量记录的管理。

在施工过程中所有的质量文件内容要有针对性，并有必要的核对、审核、批准及签字齐全。

质量记录的内容要齐全，要真实可靠，与工程同步，与管理同步。

工程技术资料由专职资料员进行收集、整理，并按厦门市档案馆的规定内容进行整编成册，以满足工程竣工资料要求。

(4) 提高管理水平，实行标准化管理。

1) 制定考核制度：项目经理考核各级管理人员及班组长，重点考核工作质量和责任制落实情况，做到奖优罚劣；公司考核项目经理，重点考核质量目标落实情况。

2) 制定工艺施工标准：对目测观感影响较大及出现质量通病的分部分项工程，从原材料、操作工艺及质量控制等方面，明确质量要求及处理措施。

3) 制定分项工程质量样板标准：凡主要分项工程在施工前均要作出样板，其标准按设计及国家规范要求，由质检部门与监理工程师、业主、设计共同验评合格后，方可进行大面积施工。

4) 制定材料封样制度：使用优质材料是保证本工程创“鲁班奖”工程的基础，我们在原材料及半成品上，将使用国家认证的优质产品。

(5) 依靠科技进步，克服质量通病。

1) 防止外墙面渗水、外墙面支模穿墙洞后补渗水和外墙窗周边渗水。

2) 防止楼地面渗漏、起壳、开裂、起砂。

3) 防止屋面、厕所渗漏。

4) 防止排水管道堵、漏、渗。

5) 解决避雷带（网）及接地装置焊接及安装质量问题。

6) 严格按设计图纸控制钢筋的保护层厚度。

(6) 推广新技术、新工艺、新材料，以先进的施工技术保证施工质量。

(7) 以创“鲁班奖”工程为目标，严把“六关”：图纸会审关、技术交底关、严格按图纸和标准施工操作关、原材料及半成品检验关、按图纸和国家规范标准验收关、施工管理和操作人员素质关。

4.1.2 保证质量技术措施

±0.000m 以下工程我公司按图纸及规范要求组织施工，±0.000m 以上工程施工我公司参加议标，对该部分的工程质量提出如下保证质量技术措施：

(1) 高强度等级泵送混凝土保证质量技术措施

混凝土均采用中建一局厦门搅拌站供给的商品混凝土。

1) 原材料质量要求：

原材料进场均按有关标准、规范分批进行验收、复验。

配制高强度泵送混凝土应选择不低于 42.5 级的优质水泥，且水泥活性不宜低于 5.0MPa，严禁使用无合格证、过期、受潮水泥。

使用饮用水，严禁使用被污染的水。

为改善混凝土的可泵性，掺入粉煤灰和其他活性材料，掺入粉煤灰时，其质量应符合 GB 1569—91 中Ⅰ、Ⅱ级粉煤灰的要求。

石子：要求厂家提供岩石强度值，并进行复验，保证岩石强度≥90MPa，泵送混凝土宜采用 5~25mm 级配较好的碎石，含泥量应≤1%，并对碎石进行碱活性检验。

砂子：砂子的细度模数应在 2.4~2.9 之间，含泥量不宜大于 2%，对砂子进行云母含量、轻物质含量试验。

选用优质高效 NF 型减水剂，其减水率不小于 12%。

2）混凝土配合比设计：

本工程有C60等级混凝土和其他强度等级混凝土，要求配合比设计要满足设计强度要求，耐久性和可泵性要求。首先，应进行试配，其试配的实际抗压强度值，在满足设计要求时，报监理工程师审批同意后，方能进行搅拌要求等级的混凝土。

混凝土的可泵性，可用压力泌水试验结合施工经验进行控制。

严格控制水灰比及坍落度，水灰比一般控制在0.5左右，坍落度控制在160～200±20mm。

(2) 钢筋工程质量控制技术措施

1）为加快工程进度和保证工程质量，凡钢筋直径≥ϕ22的接头连接采用套筒冷挤压连接技术，增加技术保证率，其操作者必须持证上岗，按规范操作，按规定接头数量进行抽检，发现不合格者，按规定数量再次进行复检，其连接质量必须100%合格。

2）对原材料必须按规定数量进行检验，合格后方可进行施工；如外观上有严重锈蚀、颈缩等现象，不得使用。

3）钢筋绑扎前要熟悉图纸，按配料单检查加工的钢筋品种、规格、数量和形状是否满足要求，绑扎前要保证钢筋接头位置及搭接长度符合钢筋施工规范及设计图纸要求。

4）钢筋绑扎前，应在模板或楼板或楼板面上画出钢筋的位置线，以防错位，柱筋应有定位箍，板、梁墙钢筋的保护层垫块厚度应满足设计规定要求。

5）钢筋的焊接应事先做钢筋焊接试验，接头不能有偏心、咬肉等现象。

6）为保证墙筋位置准确，在钢筋根部设通长定位筋，与墙筋点焊牢固。

(3) 模板工程质量措施

1）中筒剪力墙采用定型钢制大模板，电梯井采用伸缩筒模。梁、板采用碗扣脚手架早拆体系，圆柱采用定型钢模，模板表面要平整光滑，模板的支撑刚度、强度、穿墙螺栓间距等，需对不同部位侧压力的变化，经计算确定，以保证混凝土的几何尺寸准确。

2）模板所有工序全部进行施工检查，以规范标准进行控制，通过高标准的工作质量保证模板工程质量，模板质量是保证混凝土质量的关键。所有工序过程全部以质量记录形式加以保存，形成由操作人员到项目经理的质量保证体系。

3）梁、板跨度≥4m，应按设计图纸要求起拱；如设计图纸无具体规定，按跨度1/1000～3/1000起拱，以防下挠，柱模支完必须校正，支撑牢固，以防偏位扭歪，保证结构尺寸正确。

(4) 混凝土工程质量控制技术措施

1）混凝土运输采用泵送，保证浇灌速度和质量，减少操作形成的施工缝，增加技术保证程度。

2）施工中严格控制混凝土坍落度和水灰比，到现场的混凝土如难于泵送或水灰比过大则退回搅拌站，按规定做试块。

3）混凝土振捣应按顺序进行，严防漏浇漏振。

4）混凝土的拆模时间，应根据气温情况与现场现条件的混凝土试块的强度值确定拆模时间，以防损伤混凝土。拆模后，必须及时养护。楼面混凝土浇筑完后，混凝土强度未达到1.2MPa，不得上人。

(5) 防水工程质量措施

1）选用的防水材料必须是经厦门市建委批准的材料品牌，且进场必须有合格证，抽样复验合格后方可用于工程。防水队伍需经厦门市建委批准的专业队伍，方可承担本工程防水施工。

2）凡用于工程的各种管道或配件应有出厂合格证，进场时进行外观检查，保证管件质量。

3）屋面、卫生间须按防水设计要求及施工规范规定施工。

4）严格执行“防水施工工序控制检查表”制度，严格工序把关和工序检查，经蓄水、淋水试验，确保防水工程质量。

（6）技术资料保证措施

1）设专职资料员进行技术资料的管理工作，负责技术资料的收集、整理、成册、归档等工作，保证技术资料的完整、齐全，与工程进度同步。

2）项目经理、项目总工程师及时检查、督促施工员所完成施工部位的原始资料的积累，保证原始资料完整、准确、及时，不留尾项。

4.2 保证工期措施

（1）现场经理部同业主、监理工程师和设计方密切配合，统一领导施工，统一指挥协调，对工程进度、质量、安全等方面全面负责，从组织形式上保证总进度的实现。

（2）项目进度管理采用网络计划软件，对工期及各项资源投入实行动态管理。首先，根据合同要求，制定详细的总体网络控制计划，分阶段设置控制点，在网络计划中绘出关键线路进行控制，将影响关键线路的各个分部分项工程进行分解，保证总体计划的顺利实现。

（3）运用均衡流水施工工艺，合理安排施工。合理利用空间进行结构施工、设备安装施工和装修施工三者立体作业，保证总进度实现。

（4）安排足够劳动力。组织两大班作业，充分利用作业面。

（5）采用新技术。混凝土掺高效早强减水剂，核心筒剪力墙采用大模板，电梯井等用伸缩筒模，顶板模板采用碗扣式脚手架快拆体系，提前拆模时间，加快模板周转。外脚手架采用整体提升爬架，钢筋接头采用套筒冷挤压、电渣压力焊，保证质量，加快施工速度。

（6）制定切实可行的防风、防雨措施，连续施工，保证进度和质量。

（7）采用中建一局厦门搅拌站供给商品混凝土，地泵浇筑，加快浇筑速度。

4.3 保证安全措施

（1）认真贯彻落实“安全第一，预防为主”的安全生产方针，严格执行国家和厦门市安全技术、劳动保护方针、政策、法令、规章、制度及指示。

（2）组成安全生产领导小组和相应的管理制度，对工程安全生产和消防保卫负全面责任，分级管理，各负其责。

（3）严格执行安全教育规定，坚持班前10min及周一安全活动制度，工人进场前必须做好三级教育，做好安全活动记录；各道工序施工前，安全员做好书面安全交底，认真执行上级颁发的安全操作规范及安全岗位责任条例。

(4) 在现场醒目的地方设置安全活动、消防等宣传标牌；各种消防设施让大家都知道其位置和使用方法，其设置位置的道路要通畅；防火栓专用，保护好。

(5) 施工现场严禁吸烟，明火作业要办理“动火证”，要有防火措施和专人负责看火。

(6) 进入现场必须戴好安全帽，高空作业必须系安全带。

(7) 禁止从楼上倾倒垃圾等杂物；模板、木方、工具等由塔吊运输；垃圾等杂物装入小车由电梯运出；塔吊作业时，禁止将起吊物凌空于人行道上。

(8) 做好现场“五口”的防护工作。结构层楼面所留设备管道孔洞及建筑所留孔洞，均应铺设盖板加以固定。楼梯间的防护栏杆必须及时用钢管安装好，并安装临时电源保证照明，以防跌落伤人。

(9) 塔吊、脚手架等要设避雷装置。6级以上大风时，塔吊停止作业。在每次恶劣天气后，安全员要认真检查现场；若发现异常情况及时处理，保证施工安全。

(10) 外操作平台按规定设好护身栏和安全网，安全员要经常检查，有破损之处立即补上，防止意外。

(11) 对特殊重要的分项工程要制定专项安全技术措施，如塔吊爬架、外用电梯等。

(12) 临时用电一律采用“三相五线制”配线，每个临时配电箱必须全部安装灵敏的漏电保护器。

(13) 现场所有机电设施应由专人操作、维修、保管，他人不得随意操作，对焊工、电工等工种，必须持有操作证者方能施工。

(14) 贯彻厦门市施工现场安全管理、文明施工管理标准，实现安全防护标准化，创文明施工工地。

(15) 标准层外爬架安装、升降均由厂家技术指导，工地成立的专业队伍完成，各项操作严格按操作规定执行，实行逐级申报、审批制度，未经安全、技术部门验收不得使用。

4.4 消防保证措施

(1) 贯彻“以防为主，防消结合”的消防方针，结合施工中的实际情况，加强领导，组织落实，建立逐级防火责任制，确保施工安全，做好施工现场平面管理，对易燃物品的存放要有专人负责保管，远离火源。

(2) 成立现场防火领导小组，由项目经理任组长，由安全员、保卫员及施工员任组员，负责日常消防工作并组织20人的消防队，各施工部位明确安全责任，实行挂牌制。

(3) 对进场的操作人员进行安全防火知识教育，每周一次安全教育日，充分利用醒目标语等多种形式宣传防火知识，从思想上使每个人重视安全防火工作。

(4) 施工现场设有 ϕ100 管径的消防干管，每100m设一个消防栓。

4.5 雨期施工措施

(1) 现场做好排水坡度，场地周围做出排水沟，将场地内雨水排出场外。

(2) 注意天气预报，现场应有足够的覆盖材料，保证新浇混凝土不被雨水冲刷。

(3) 塔吊和脚手架设避雷装置。

(4) 机械设备应有防水措施及安全接地措施。

4.6 环保措施

（1）严格执行《中华人民共和国环境保护法》，在施工过程中，严格控制噪声、粉尘等对周边环境的污染。

（2）清理施工垃圾必须用封闭式临时专用垃圾道，严禁随地凌空抛撒。施工垃圾应及时清理，适当洒水，减少扬尘。

（3）现场施工污水排入市政下水道，排放时清除杂物，防止堵塞下水道。

（4）遵守厦门市建委诸项施工及扰民的有关规定。

4.7 文明施工措施

（1）工地文明施工。对工地参加施工人员进行文明施工教育，提高文明施工意识，按中建一局CI要求，对工地进行布置。

（2）按总平面布置划分文明施工责任区，指定区域负责人把文明施工管理落实到人。

（3）施工现场道路畅通、平坦、整洁，排水畅通。

（4）材料、构件按计划分批进场，分类、分型、分规格划区，挂牌堆放整齐。

（5）建筑和生活垃圾集中堆放，随时处理，楼梯踏步、休息平台、阳台等悬挑处，不得堆放料具和杂物。

（6）施工现场设饮水桶，应密封。

（7）食堂内外要整洁，炊食用具干净，无腐烂变质食品，生熟食物分开放置和操作，做到无蝇、无鼠、无蟑螂，饮用水用具保持清洁卫生。

4.8 降低成本措施

（1）严格执行材料消耗定额，建立领用和发放制度，贯彻节约有奖、浪费罚款原则，注意保管，严防损坏、丢失。

（2）混凝土和砌筑砂浆中，掺加粉煤灰，节约水泥。

（3）钢筋直径$\geqslant\phi$22mm的采用套筒冷挤压连接，ϕ22以下采用闪光对焊连接、电渣压力焊连接，节约钢材。

（4）砌筑、抹灰、浇筑混凝土减少落地灰，及时收集利用，节约材料，减少浪费。

（5）施工中采用合理的流水施工段，加快模板周转，节约模板。

（6）楼板混凝土掺早强剂，强度达到50%可提前拆模，但要保留养护支撑，以提高支撑和模板的周转次数。

（7）严格控制结构轴线尺寸、洞口位置尺寸、楼层标高、断面尺寸和墙体垂直度，避免装修时剔凿，造成返工浪费。

（8）穿墙螺栓套塑料管，螺栓重复利用，减少切割量，节约钢材。

（9）工序交叉作业时，对成品进行保护；否则，将影响工程进度。

（10）采用新材料、新工艺，以节约人工、缩短工期。

5 经济效益分析

(1) 坑内支撑用微量炸药爆破拆除及内支撑换撑技术

厦门国际银行大厦工程基坑内支撑系统设计为两道钢筋混凝土水平内支撑，内支撑拆除随着地下室底板及地下室三层顶板施工完毕而逐道进行水平内支撑的拆除工作，内支撑的拆除必须确保基坑护壁的整体稳定及安全，这就需要对基坑护壁进行加固处理，即进行内支撑拆除前的换撑施工。

中建一局国际银行大厦项目部克服了工程临海、无降水、建筑红线内可供使用空间狭小等种种不利因素，自行独立完成了内支撑拆除及换撑的设计工作，并成功地进行了在闹市区狭窄空间采用微量炸药进行内支撑爆破拆除的施工。

基坑内支撑微量炸药爆破拆除及内支撑换撑技术在国际银行大厦工程推广应用覆盖率达100%。

(2) 预拌及泵送C60高性能混凝土技术

本工程框架柱混凝土强度等级为C60，属高性能混凝土。当时，在厦门超高层建筑工程上C60高性能混凝土的采用属于首次。

国际银行大厦项目部成功地进行了C60高性能混凝土的预拌及泵送技术的施工，并在混凝土的配制过程中，通过掺入矿渣掺合料和Ⅰ级粉煤灰、FDN高效减水剂、早强剂等，以及散装水泥的综合应用，取得良好的经济效益。

本工程C60高性能混凝土推广应用覆盖面达40%。

(3) 有粘结预应力梁混凝土施工技术

国际银行大厦工程框架梁采用有粘结预应力梁，有粘结预应力梁设计不仅具有减少结构断面、增加层高、减轻钢筋混凝土自重、提高抗裂度、节省原材料及耐久性好等优点，而且会增加楼盖在自身平面内的刚度，便于地震力的传递和分配，能有效满足建筑物的抗震要求，实现了结构的大跨度。

项目部在组织预应力梁的施工过程中，对预应力梁进行了二次深化设计工作，并本着对科学的严谨态度，对业主负责的原则，并从考虑建筑物整体外观效果出发，在业主、监理及设计单位的配合下，对梁柱节点处钢筋密集、有粘结预应力筋穿筋困难、张拉端钢筋多、设置困难等进行合理设计布置，成功解决了预应力张拉端与钢筋相碰撞、梁柱节点钢筋密集、预应力筋穿筋难的难题，对有粘结预应力梁张拉端进行合理的设计及施工。

厦门国际银行大厦有粘结预应力梁施工在厦门地区公共建筑中属于首次，其推广应用覆盖面达100%。

(4) 粗直径钢筋连接技术（墙竖向钢筋电渣压力焊、柱梁钢筋套筒冷挤压、柱钢筋等强锥螺纹连接）

本工程钢筋连接剪力墙竖向钢筋采用了电渣压力焊、柱梁钢筋采用套筒冷挤压、柱竖向钢筋采用等强锥螺纹连接技术。该连接技术具有接头可靠、操作简单、施工安全、不污染环境、节省大量钢材及能源等优点，其接头的抗拉强度均超过母材抗拉强度的标准值，起到了缩短工期、加快施工进度的目的；并且大大降低了工程成本，节约材料，保证工程质量，取得了良好的经济效益。

本工程柱竖向钢筋原设计全部套筒冷挤压连接技术，后经甲方、设计同意，改用等强锥螺纹连接技术。

采用等强锥螺纹连接技术，等强锥螺纹每个比套筒冷挤压可省2元，30940个接头共计可省：

$$30940 \times 2 = 6.2 \text{万元}$$

电渣压力焊共计2.36万个，就本工程而言，$\phi18 \sim \phi25$钢筋电渣压力焊与电弧焊相比较（按照有关规范单面焊接10d计算），平均每个焊接接头可省20min，即0.33h。

电弧焊费用：机械台班58元/台班，人工费25元/工日

节约机械、人工费：$(58+25) \div 8/0.33 = 3.42$元

节约钢筋（平均以$\phi22$计）：$0.22 \times 3.85 \times 3200 = 2.71$元

节约机械、人工、材料费：$3.42 + 2.71 = 6.13$元

节约资金：2.4万×6.13元×1.41（取费）=20.74万元

本工程推广应用粗直径钢筋连接技术覆盖率达100%。

（5）剪力墙采用DoKa（得格）大模板、电梯井采用筒模、柱采用定型钢模新型模板

针对本工程造型不规则、轴线呈放射状、剪力墙呈圆弧状的特点，如采用传统支模方法，结构外形尺寸及外观质量很难达到高标准、高精度的质量要求，故本工程核心筒剪力墙模板采用进口德国DoKa（得格）大模板体系。

该模板体系具有缩短工期、节省大量人工、减少工人劳动强度、安全可靠、减少交叉作业施工、周转次数多、便于维修保养等优点，使工程安全度及施工速度大大增加，确保了工程质量，使核心筒剪力墙混凝土达到了清水混凝土效果。

项目部结合其工程相关因素，成功地对核心筒剪力墙进行了DoKa模板的专项设计与现场组装工作。DoKa（得格）大模板体系的组装及应用技术在厦门地区属于首次，其剪力墙DoKa（得格）大模板体系推广应用率达87.5%。

本工程电梯井模板采用筒模，其操作平台为整体提升操作平台。

柱采用专业生产厂家加工的定型钢模，具有刚度好、不易变形、便于安装等优点，确保了大直径圆柱外型尺寸及混凝土柱外观质量。定型钢模在本工程的推广应用率达100%。

DoKa大模板总造价为104万元：

本工程摊销：104×45%=46.8万元

业主合同造价为77万元，故可省：77−46.8=30.2万元

利用此大模板体系每层可省工时180个，本工程四层以上开始使用DoKa大模板体系，计有28层使用，共计工日：180×28=5040

省人工费用：5040×20.5=10.3万元

采用此模板每层比常规模板可快2d，业主规定每天的工期为5000元，故可省：28×5000=14万元

综合可省费用：30.2+10.3+14=45.5万元

整体操作平台用于6个电梯井，电梯井如采用脚手架，则每个电梯井搭设费用为15579.75元，共计：15579.75×6=93478.5元

采用整体提升操作平台，需每层埋件预埋，每层需埋件及其他综合费用200元，共

计：200×32=6400元

故可节省费用：93478.5－6400=8.7万元

柱定型钢模板660m^2，制作维修费共24.5万元，按常规模板需50万元，可省：50－24.5=25.5万元。

(6) 外架采用多功能分片式提升外爬架技术

本工程采用TBDP-00型同步道轨爬升脚手架。针对本工程特点，外爬架采用整体搭设分片式提升，该脚手架具有操作灵活方便、安全可靠、节约钢管、一次搭设可重复使用的优点，有效地满足了工程需要，同时取得了良好的经济效益。

外脚手架业主合同造价为220万元，外爬架为50万元，二次搭设费用23万元，外防护15万元，故可节省：220－50－23－15=132万元。

外架采用多功能分片式提升外爬架在本工程的推广应用率达87.5%。

(7) 新型建筑防水材料及PVC塑料管应用技术（硅橡胶防水涂料、APP防水卷材、851防水涂料）

针对本工程场地狭小、临海、基坑施工时未进行降水设计等特点，对工程的不同部位采用了其相对应的防水技术，基础底板及地下室外墙采取了刚柔相结合的防水技术，即混凝土采用P12高抗渗等级混凝土，并在混凝土中掺入CEA复合膨胀剂，有效地减少及防止混凝土收缩裂缝的出现，达到了抗裂、抗渗的目的。

国际银行大厦项目部成功地进行了地下室高抗渗等级混凝土的配制及施工，P12高抗渗等级混凝土的应用开创了厦门地区高层建筑的先例。

地下室外墙及底板防水采用YJ硅胶防水涂料，克服了基坑护壁渗水严重、基层潮湿的难题；其卫生间采用851防水涂料；地下室外顶板及屋面采用APP改性沥青卷材，有效地保证了工程防水质量，使其达到一级防水标准。

本工程的上下水管采用PVC管材，该管材重量轻、能耗低、经济耐用，其整体造价仅为其同等材料的三分之一，且便于安装。

人工费：安装费用PVC管材，0.238工日/m

镀锌管：0.388工日/m

故可省工费：3668×（0.388－0.238）×22.23=1.22万元

材料费：PVC管8.6元/m

镀锌管：15元/m

故可省材料费：3688×（15－8.6）=2.35万元

共省费用：1.22+2.35=3.57万元

(8) 建筑节能和新型墙体材料应用技术（框架填充墙多孔砖、加气混凝土砌块）

本工程框架填充墙采用非承重空心砖、加气混凝土砌块，提高了建筑墙体保温隔热效果，减轻了结构自重，有效地降低了建筑能耗。

(9) 大型构件和设备的整体安装技术

本工程室内设有大型冷却机组，如采用传统安装方法，则不能一次安装到位。故采取先用塔吊吊装将其机组放置在悬挑钢架上，后采用滑杠将其滑至安装位置的方法，使设备安装一次完成，有效地保证了设备的安装质量及其整体性能。

(10) 工程项目计算机应用和管理技术

本工程施工预算、管理网络计划、进度管理、技术管理、成本管理及分析、工程文档及技术资料、工程质量管理、物资管理、劳动力管理等均实现计算机控制管理。通过计算机各专业软件及管理技术的综合应用，使得项目部的各项管理进一步规范化、条理化，提高了施工管理水平，保证了工程的总体质量，加快了施工进度，提高了经济效益。

(11) 均衡小流水施工技术

针对本工程结构复杂、工程量大、技术要求高、工期紧等特点，为确保主体工程能够如期完成，并使主体工程质量达到优良，力争“鲁班奖”及在合同工期内完成施工任务的既定目标，必须将平面结构及竖向结构结合现场实际情况及施工规范细致、周密地加以分析，统筹安排，科学地划分若干流水段，组织进行具有成熟经验的均衡小流水施工技术，使工程各工种、各工序间紧密衔接，有效地进行交叉穿插作业，节省了大量人力物力，提高了施工速度，确保工程质量，保证了工程项目的如期竣工。

厦门国际银行大厦工程均衡小流水施工技术在厦门建筑工程上属于第一家推广应用。

(12) 高层建筑测量放线技术

本工程轴线呈放射状，外形不规则，柱、梁、墙轴线定位以多角度多半径进行定位，测量难度大，技术要求高。为此，本工程主体测量放线采用轴测偏角测量放线施工技术。竖向轴线投测采用激光铅垂仪，平面轴网投测采用经纬仪，成功地克服了施工场地狭小、平面控制网与高层控制网测设困难等难题，使工程各构件轴线尺寸符合设计要求及施工规范要求，保证了工程质量。

(13) 合理化建议及技术革新项目

1) 装修抹灰及砖墙砌筑砂浆采用 MT 高效砂浆外加剂。

在地下室装修墙面抹灰，在砂浆中掺外加剂，可节省水泥；砌筑砂浆掺入 MT 可节约水泥及石灰膏，降低了材料消耗。

按重量比 0.2% 的掺量，每使用 1t MT 外加剂可节省水泥 165t、石灰 300t，折合资金为 9.45 万元，本工程使用 0.5t，可节省 4.7 - 4 = 0.7 万元

2) 抹灰阳角条。

地下室墙面抹灰中，设计要求需在门洞口先做 5cm 宽水泥砂浆护角，后改为抹灰专用塑料阳角条，可有效保证抹灰质量，减少工时。

完成角部人工费：师傅每日工资 50 元/d

每日完成量：可完成 25m

故完成角部位每米成本为：50/25 = 2.0 元/m

使用角条施工每人每日可完成阳角工作量为：200m/d

需角条材料费：1.5 × 200 = 300 元

平均完成每米成本为：(50 + 300) /200 = 1.75 元/m

即每米省 0.25 元，共省：0.25 × 1500 = 375 元

3) 对拉螺栓再利用技术。

在核心筒剪力墙施工中，在固定模板的对拉螺栓中套入塑料管，在混凝土浇筑后，将塑料管留在混凝土中，对拉螺栓可取出重复利用。

平均每层可节省对拉螺栓 320 个，其单价为 15 元，故每层可省对拉螺栓费用为：320 × 15 = 4800 元

塑料管每根 0.8 元，每层需：$320 \times 0.8 = 256$ 元

故每层可省：$4800 - 256 = 4544$ 元

共 28 层采用此方法，共省 $28 \times 4544 = 12.7$ 万元

4）通风风管无法兰连接技术。

采用聚氯乙烯管代替镀锌钢管进行电气预埋，可节省大量的人工费及材料费。将矩形风管用镀锌钢板冲压为成型法兰，代替角钢法兰，可节省大量的人工费及材料费。

风管 $13500m^2$，人工：无法兰需 675 工日，有法兰需 2025 工日

人工费可省：$(2025 - 675) \times 65 = 87750$ 元

材料：节约角钢 $0.002t/m^2$

$0.002 \times 13500 \times 2800 = 75600$ 元

故共省：$87750 + 75600 = 16.3$ 万元

人工费：聚氯乙烯 0.238 工日/m

镀锌管：0.388 工日/m

故可省工费：$3668 \times (0.388 - 0.238) \times 22.23 = 1.22$ 万元

5）地下室梁柱墙板不抹灰，直接刮腻子。

地下室梁柱墙板由于混凝土观感质量好，故在业主及设计、监理同意下，装修不抹灰直接刮腻子。

6）回填土改为回填级配砂石。

工程业主自己所做护壁渗漏水严重，且无降水措施，护壁与地下室外墙可供使用空间狭小，无法进行黏土回填，故与业主及设计商讨，将其改为级配砂石回填。

7）裙楼不设后浇带，设膨胀加强带。

裙楼不设后浇带，设膨胀加强带，使得混凝土楼面可一次浇筑，避免了设置后浇带所带来的一系列问题，加快了施工速度。

裙楼不设后浇带，设膨胀加强带，使得混凝土楼面可一次浇筑，平均每层可省混凝土工日 15 个。

8）地下室外墙外侧不支模，以砖代模。

鉴于本工程场地狭窄，建筑红线内可供使用空间狭小，加之工程业主所做止水帷幕与建筑红线有所出入，局部大大偏向建筑红线以内，这样就使得原本局限的空间更显得狭小，个别位置处，其外墙与止水帷幕或旋喷桩之间的距离仅 20cm 左右。

在这种情况下，很显然其钢筋混凝土外墙的外侧模板根本无法支设，并且在以后其侧模也根本无法拆除，也必将影响其后的基槽回填工作。故后与业主协商，在外墙外侧砌筑 240mm 砖墙，用砖墙作为外墙的外模，其外砖墙不拆，也不影响其后的基槽回填工作。

共计砌筑砖墙 $609.7m^3$，即模板量为 $609.7 \div 0.24 = 2540.4m^2$

以直型模板材料费用计可省：$2540.4m^2 \times 11.67$ 元$/m^2 = 29647$ 元

（14）综述

本工程通过广泛采用新技术、新工艺、新材料、新设备，达到了节约资金，降低消耗，减轻工人劳动强度，加快施工进度，提高劳动生产率，确保了工程质量；同时，取得了良好的经济效益。

通过推广及应用新技术，实现综合经济效益 409.62 万元，技术进步效益率达 7.77%。

第五篇

北京华贸中心（一期工程）办公楼施工组织设计

编制单位：中建二局
编 制 人：张秀峰　魏小东　李凤林　韩友强　罗琼英
审 核 人：施锦飞　倪金华　杨发兵

【简介】　北京华贸中心办公楼工程在施工技术方面有多个重点、难点，例如沉降差异的监测控制、不同强度等级混凝土的分界控制、超厚混凝土墙抗裂问题、钢柱安装与钢筋安装的配合以及季节性施工影响等，在施工组织设计中都作了应有的说明与阐述，该项目在深化设计方面，诸如外幕墙深化设计、精装修深化设计、机电深化设计以及机电安装计划控制等方面很有特色，值得借鉴。

目　录

1　编制依据

（1）合同：北京华贸中心（一期工程）办公楼施工承包合同。

（2）工程地质勘察报告：北京市勘察设计院提供的《华贸中心写字楼工程岩土“工程详细勘察报告”》，工程编号：2003 技 116。

（3）业主提供的结构、建筑、设备专业及地下室施工图。

2　工程概况

2.1　总体概况

（1）工程名称：北京华贸中心（一期工程）办公楼

（2）工程地址：北京市朝阳区西大望路 6 号

（3）建设单位：北京国华置业有限责任公司

（4）设计单位：华东建筑设计研究院有限公司、美国 KPF 建筑师事务所

（5）监理单位：北京赛瑞斯工程建设监理有限责任公司

（6）质量监督站：北京市建设工程质量监督总站

（7）施工总承包：中国建筑第二工程局

（8）建筑性质：商业楼

（9）质量目标：确保整体结构获得北京市结构长城杯金奖、建筑长城杯金奖，争创“鲁班奖”。

2.2　建筑概况

建筑设计概况见表 2-1。

建筑设计概况　　**表 2-1**

序号	项目	内容				
1	建筑功能	商业楼，地下室为停车库和设备机房（地下四层兼作战时六级人防物资库）				
2	建筑面积	212155m²	地上部分	139673m²	地下部分	72482 m²
3	建筑层数	1 号楼	地下 4 层，地上裙房 4 层，塔楼 28 层			
		2 号楼	地下 4 层，地上裙房 4 层，塔楼 32 层			
4	建筑层高	地下室	地下一层	5.2m		
			地下二、三层	3.4m		
			地下四层	4.0m		
		1 号楼	一～四层	5.2m		
			五～二十七层	4m		
			二十八层	6.3m		
			水箱间	4.4m		

续表

序号	项目	内容				
4	建筑层高	1号楼裙房			一~四层	5.2m
		2号楼			一~四层	5.2m
					五~三十一层	4m
					三十二层	6.3m
					水箱间	4.4m
		2号楼裙房			一~四层	5.2m
5	建筑高度	±0.000绝对标高		36.700m	室内外高差	0.15~0.2m
		檐口总高	1号楼	135.3m	基底标高	−18.7m，−18.8m，−18.5m，−17.8m
			2号楼	151.3m		
			裙房	20.8m		
6	建筑平面	横轴编号：①~㉚ 总长：250.400m			纵轴编号：Ⓐ~Ⓤ 总长：96.650m	
7	建筑防火	耐火等级一级		建筑设计使用年限	50年	
8	结构安全等级				二级	
9	内外隔墙	100mm		小型轻质混凝土空心砌块，M5水泥砂浆砌筑		
		200mm				
		300mm				
10	顶　棚	防霉防潮涂料、乳胶漆、轻钢龙骨板吊顶、轻钢龙骨防潮矿棉板吊顶				
11	地　面	细石混凝土地面、水泥砂浆地面、防滑地砖地面、300mm高架空活动地板				
12	内墙面	防霉防潮涂料、乳胶漆、墙面砖				
13	外墙面	玻璃幕墙				
14	屋　面	10mm厚地砖面层				
15	地下防水系统	混凝土自防水		底板、外墙、地下室顶板混凝土中掺加防水剂，形成自防水混凝土		
		柔性防水		外墙防水涂料和1.5+1.5mm厚三元乙丙卷材防水		
16	门　窗	木板木门、木制防火门、防火卷帘门、组合防火门、铝合金窗、甲级防火窗				

2.3　结构概况

结构设计概况见表2-2。

结构设计概况　　表2-2

序号	项目		内容
1	结构形式	基础结构形式	基础型式：1号、2号写字楼采用钻孔灌注桩，1号、2号裙楼采用梁式筏形基础，纯地下室区域采用钻孔灌注抗拔桩
		主体结构形式	1号、2号写字楼为型钢混凝土框架—钢筋混凝土筒体剪力墙结构、1号、2号商业裙房为混凝土框架—剪力墙结构
2	建筑物地基	地基土质层	第7层卵石—圆砾土层、第3层卵石土层
		地基承载力	$f_{ka}=220kPa$

续表

序 号	项 目	内 容				
3	抗震等级	抗震设防烈度	8度			
		地下部分	地下二~四层抗震等级为三级，地下一层框架抗震等级为一级，筒体和剪力墙抗震等级为特一级			
		地上部分	1号、2号塔楼	框架为一级，筒体和剪力墙为特一级		
			1号、2号楼裙房	框架为二级，剪力墙为一级		
4	混凝土强度等级	地下部分	基础垫层	C15		
			核心筒墙体、主楼框架柱	C60		
			地下室外墙	C40P8		
			地下室底板及基础梁	C40P10		
			地下室顶板	C40（室外区域顶板抗渗等级为P6）		
			地下室内墙、框架柱、梁板	C40		
			楼梯	C30		
			其他	C40		
		地上部分	楼板及梁	C40		
			楼梯	C30		
			墙体及柱	1号塔楼核心筒	十九层以下	C60
					二十~二十八层	C50
					二十八层以上	C40
				2号塔楼核心筒	二十三层以下	C60
					二十四~三十二层	C50
					三十二层以上	C40
				裙房墙柱		C40
			其他			C40
5	钢筋类别	HPB235（Ⅰ级）	6、8、10mm（直径）			
		HRB335（Ⅱ级）	10、12、14、16、18、20、22、25、28、32mm（直径）			
		HRB400（Ⅲ级）	25、28、32mm（直径）			
6	钢筋接头形式	剥肋滚轧直螺纹、冷挤压	直径≥20mm钢筋			
		搭接接头	直径＜20mm钢筋			
7	钢材	型钢及钢板采用Q235B、Q345B				
8	结构断面尺寸	墙体厚度（mm）	250、300、350、400、500、600、650、800			
		底板厚度（mm）	800、1500、2300、2500			

2.4　专业概况

（1）钢结构概况

1）1号、2号塔楼分别各设有20根十字形劲性框架柱，劲性柱之间采用钢筋混凝土梁连接；塔楼核心筒墙体内各设有28根H形钢柱。2号塔楼二十～二十二层设有伸臂桁架。1号塔楼与1号裙房之间和2号塔楼与2号裙房之间均设有钢结构天桥。1号、2号塔楼屋顶钢结构等。

2）钢结构主要用材料：

①钢板采用Q345B低合金结构钢。材质应符合《低合金结构钢》(GB/T1591)的规定；

②高强度螺栓为摩擦型高强度螺栓，性能等级为10.9级；

③所有用于本工程的焊接材料选用原则为：

工程所用的焊条、焊丝、焊剂等均应与主体金属强度相适应，但两种不同强度的钢材焊接时，可采用与较低强度钢材相适应的焊条。

（2）机电工程概况

1）建筑电气包括供电电源、应急柴油机电源；

2）智能建筑包括综合布线系统、双向有线电视系统、背景音乐及应急广播系统、安保系统、消防报警系统；

3）通风与空调系统包括空调系统、通风系统、消防排烟系统、自动控制系统等；

4）动力系统包括热力系统、柴油发电机组；

5）给排水系统（含消防工程）包括给水、热水、排水、消防给水、气体灭火、水喷雾灭火。

2.5　工程特点与难点

经过工程现场情况踏勘调查及设计图纸等有关资料的分析研究，总体归纳如下几点：

（1）结构方面

1）本工程基础底部连为整体，主楼和裙房高差大，建筑物基底荷载差异较大，差异沉降为观测的重点；

2）竖向结构与水平结构间高、低强度等级混凝土的分界控制，超高层混凝土输送，高强度（C60、C50）混凝土质量控制是本工程施工的重点；

3）本工程塔核心筒混凝土为C60、C50，且核心筒构件墙体较厚，最厚处达650mm，如何有效地控制高强混凝土构件的裂缝是本工程的重点；

4）由于主楼墙、柱为劲性混凝土，钢结构柱安装与钢筋安装的合理配合是本工程结构质量与结构工期控制的重点；

5）1号塔楼、2号塔楼底板大体积混凝土（1号塔楼底板9000m^3、底板厚2.3m；2号塔楼底板11000m^3、底板厚2.5m；）一次性浇筑施工组织，混凝土内部温差的控制施工是本工程的难点；

6）塔楼屋顶钢结构安装过程中，安全保证措施是本工程的一大难点。

（2）季节性施工方面

本工程施工将跨越两个雨期、两个冬期。如何控制和科学地安排施工工序，是确保工程质量、进度和施工安全，确保工程顺利是施工的重点。

（3）环境方面

本工程地处北京市朝阳区西大望路，地铁大望路站附近，北侧紧临热电厂。地理位置优越，做好环境保护、防止施工扰民、确保安全文明生产、确保电厂的正常生产是施工的重点。现场内有在建华贸住宅一期和拟建商场、酒店以及3号写字楼，如何合理安排场内施工道路、施工材料的堆放、现场塔吊的布置（安装高度及安装位置）是保证工程正常施工的重点及难点。

（4）专业方面

机电工程涉及的专业多且复杂，组织与协调专业施工是项目管理的重点。

（5）质量目标方面

本工程质量目标为整体结构工程获北京市结构工程长城杯金奖，争创国优“鲁班奖”。我局将严格按结构长城杯和创鲁班奖的质量标准进行管理和施工，结构施工达到清水混凝土的质量效果是本工程施工重点和难点。

（6）深化设计

外幕墙深化设计、精装修深化设计、机电深化设计以及机电安装计划控制是本工程施工进度控制的重点。

3　施工部署

3.1　施工部署原则

本工程结构质量标准高，工期非常紧张。为了保证基础、主体、装修均尽可能有充裕的时间施工，确保工程高质量、按期完成，施工部署原则如下：结构小流水，质量标准高，专业细配合，过程严控制，设备早订货，幕墙安装快。

3.2　施工平面布置

各阶段施工平面布置如图3-1～图3-3所示。

3.3　流水段划分

（1）地下结构施工流水段划分地下结构施工按后浇带划分成四个段，由四个土建施工队和设备安装队分别负责一个段的土建和水、电施工，Ⅰ段划分为3个小流水段，Ⅱ段、Ⅲ段划为5个小流水段，Ⅳ段划为6个小流水段。分别组织流水施工（底板部分按后浇带划分为六个流水段进行施工）。通风专业、钢结构、防水队各确定一个施工队，负责整个工程相关专业的施工。具体流水段划分如图3-4所示。

（2）主体结构施工流水段划分1号塔楼、1号裙房、2号塔楼、2号裙房四个流水段，由四个土建施工队和设备安装队分别负责一个段的土建和水、电施工，1号塔楼、2号塔楼为Ⅰ、Ⅲ段，再各划分为2个小流水段；1号裙房为Ⅱ段，2号裙房为Ⅳ段，再各划分2个小流水段，各段分别组织流水施工。通风专业、钢结构、防水队各确定一个施工队，负责整个工程相关专业的施工。

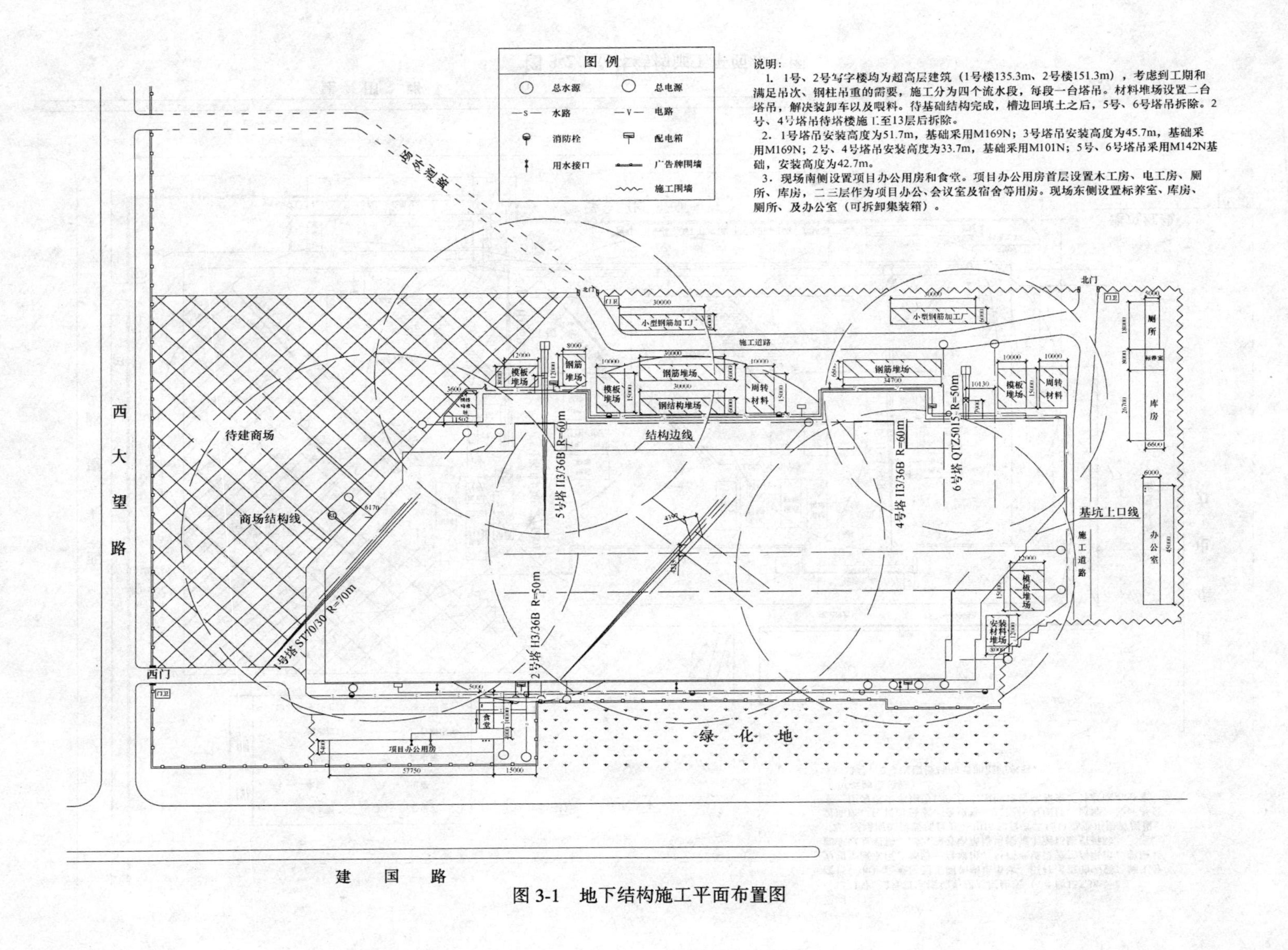

图 3-1 地下结构施工平面布置图

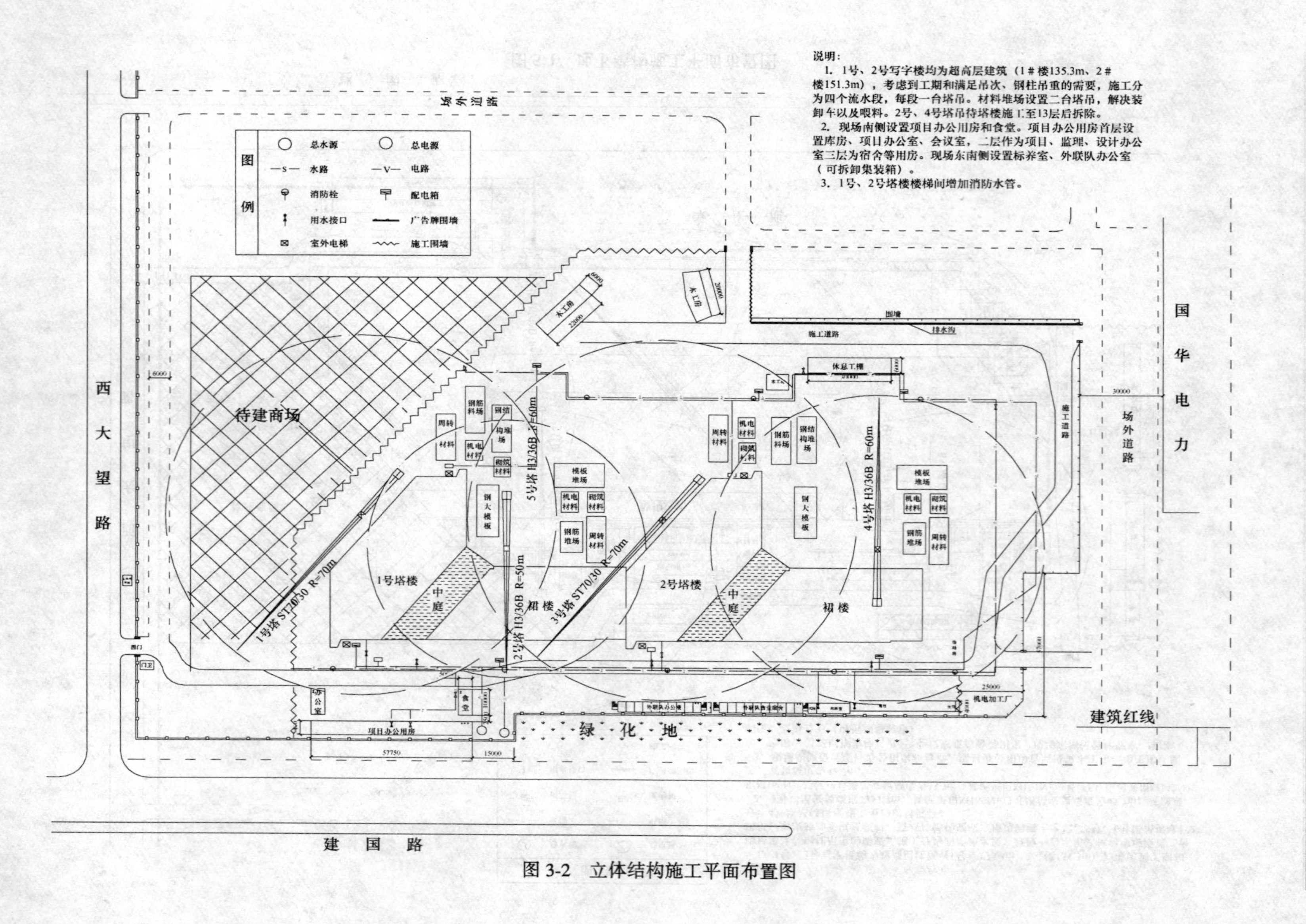

图 3-2　立体结构施工平面布置图

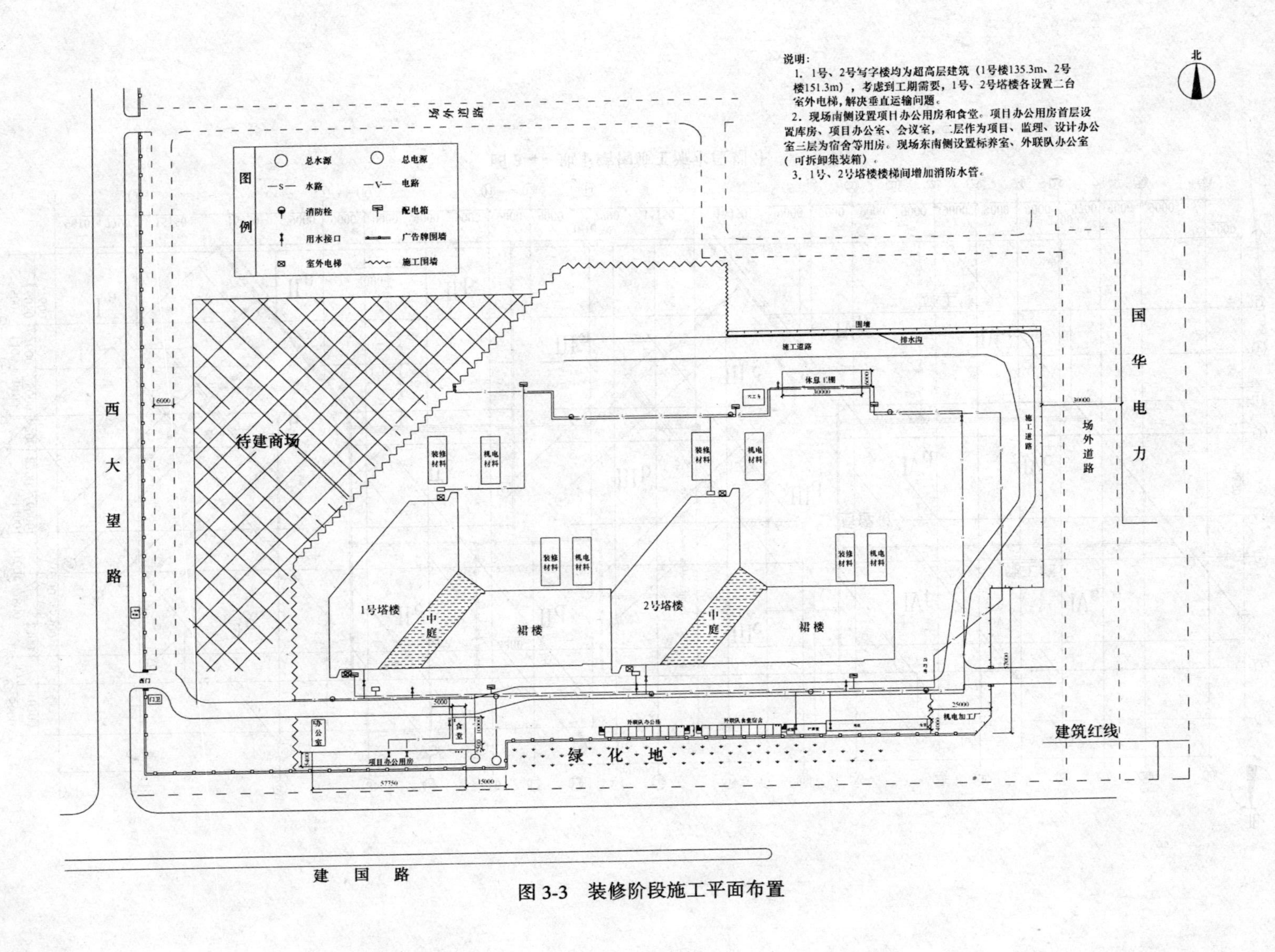

图 3-3 装修阶段施工平面布置

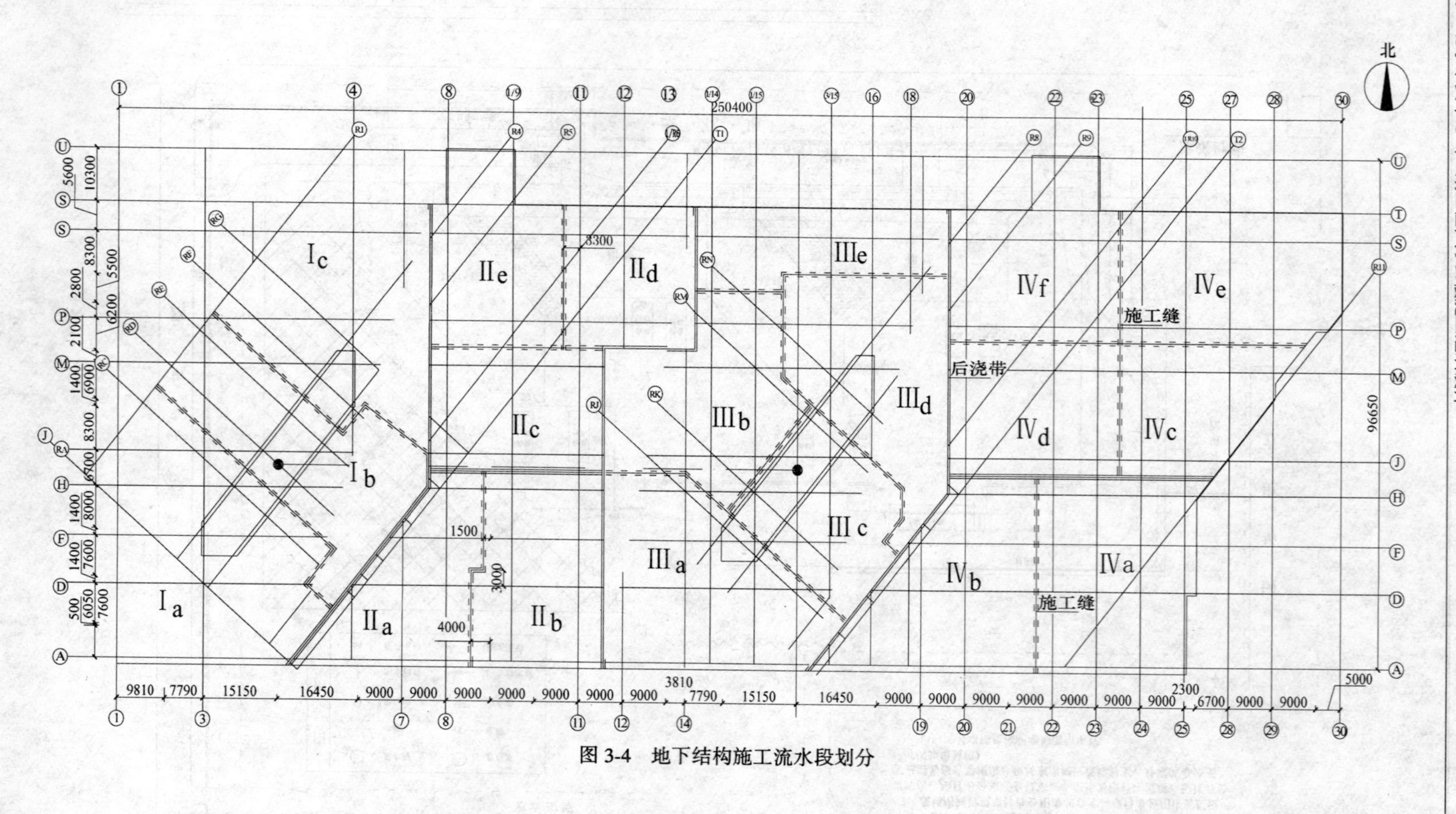

图 3-4　地下结构施工流水段划分

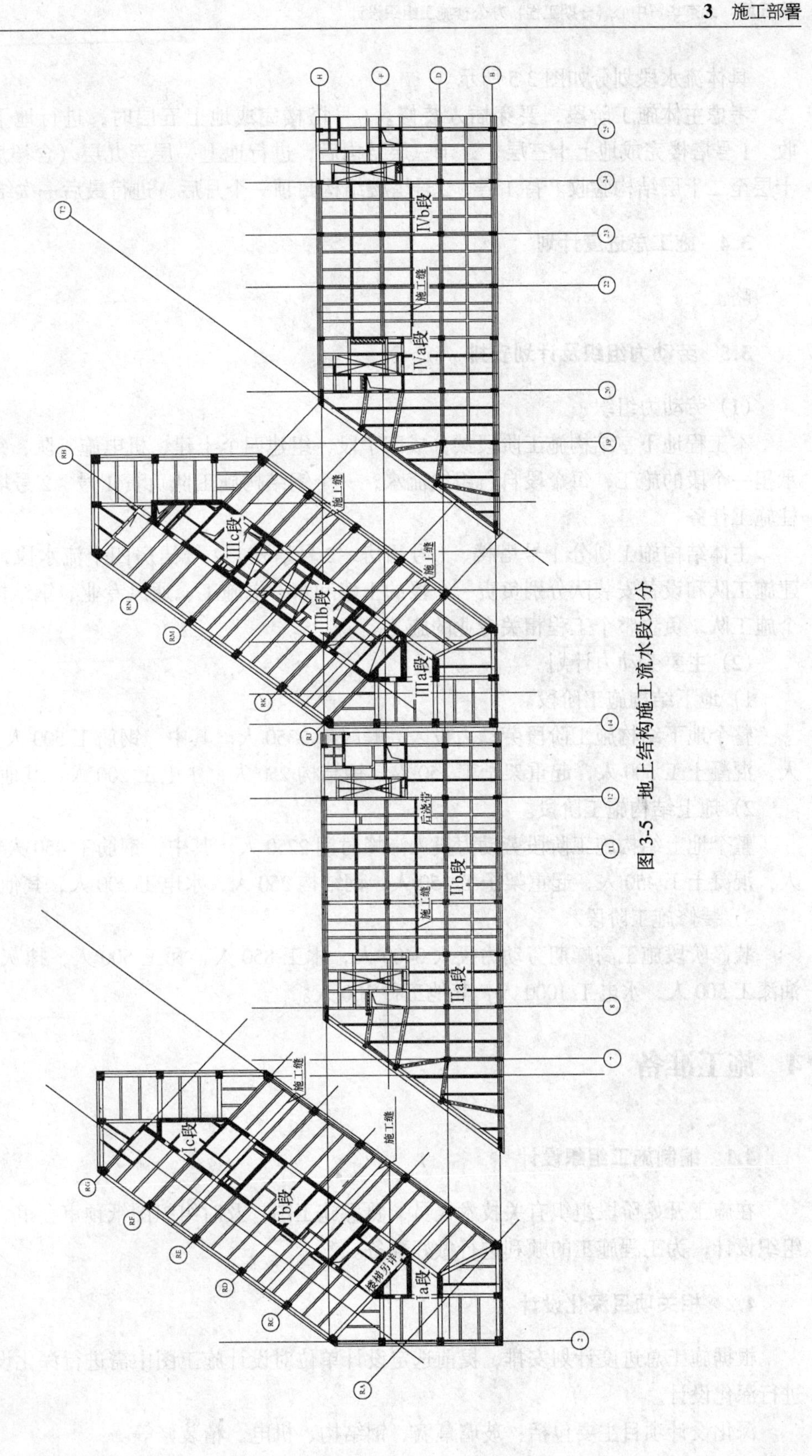

图 3-5 地上结构施工流水段划分

具体流水段划分如图 3-5 所示。

考虑主体施工阶段，要穿插入装修。1 号塔楼完成地上五层时，进行地下室结构验收。1 号塔楼完成地上十三层、二十三层结构后，进行地上一层至九层（含裙房结构）和十层至二十层结构验收。待 1 号、2 号塔楼结构封顶一个月后，进行最后一次结构验收。

3.4　施工总进度计划

略。

3.5　劳动力组织及计划安排

（1）劳动力组织

本工程地下室结构施工阶段共分成四个段，组建四个土建、机电施工队，每个施工队承担一个段的施工，每个段自行组织流水，一个钢结构施工队负责 1 号、2 号塔楼钢结构柱施工任务。

主体结构施工划分 1 号塔楼、1 号裙房、2 号塔楼、2 号裙房四个流水段，由四个土建施工队和设备安装队分别负责一个段的土建和水、电施工，通风专业、钢结构各确定一个施工队，负责整个工程相关专业的施工。

（2）主要劳动力计划

1）地下结构施工阶段。

整个地下结构施工阶段劳动力投入高峰时期 2350 人。其中，钢筋工 500 人，木工 650 人，混凝土工 500 人，起重架子工 150 人，钢结构 250 人，水电工 200 人，其他 100 人。

2）地上结构施工阶段。

整个地上结构施工阶段劳动力投入高峰时期 2250 人。其中，钢筋工 450 人，木工 600 人，混凝土工 450 人，起重架子工 150 人，钢结构 250 人，水电工 200 人，其他 100 人。

3）装修施工阶段。

装修阶段施工高峰期劳动力投入 3400 人，木工 850 人，瓦工 500 人，抹灰工 450 人，油漆工 500 人，水电工 1000 人，其他工种 100 人。

4　施工准备

4.1　编制施工组织设计

在施工开始阶段组织有关技术人员，熟悉施工图，及时组织图纸预审会审、编制施工组织设计，为工程施工的顺利进行做好准备。

4.2　相关项目深化设计

根据施工总进度计划安排，提前选定设计单位对设计施工图中需进行深化设计的内容进行深化设计。

深化设计项目主要包括：玻璃幕墙、钢结构、机电、精装修等。

5 主要分部、分项工程施工方法及技术措施

5.1 施工测量

(1) 原有定位线复核和重新测量放线

对已设置的横竖轴控制线及相关性标志进行重新检查复核，复核无误后更新标识，便于以后使用。新的控制轴线网施测后，由施测人员自检，自检合格后由工长复检，再由专职质检员专检，确认无误后报监理验线。

结构轴线控制网的布设，根据建筑物的实际情况和现场已有的控制标志，布设原则以施工测量方便、容易核验为原则。

(2) 对降水、护坡、土方及地基处理工程的验收

本工程降水、护坡、土方及地基处理均由业主分包，项目部需对上述工作进行验收。

按照本工程招标文件要求，应首先对原已施工完毕的土方工程进行全面的验收，与原施工单位、监理单位一起，按照施工验收规范进行检验，并做好检查记录；对不符合之处及时进行处理，确保满足本工程设计要求。

(3) 施工测量放线

为了保证轴线投测的精度，地下室平面控制采用外控法。控制网轴线的精度等级及测量方法依据《工程测量规程》执行。

(4) 施工高程测量

1) 根据《工程测量规程》高程控制网，拟采用四等水准测量方法测定；

2) 在向基坑内引测标高时，首先联测高程控制点，确认无误后，方可引测所需的标高，并不得小于三个；

3) 施工现场内敷设的水准网控制点，在间隔一定的时间需联测一次，以做相互检核，对检测后的数据采用计算机计算，以保证水准点使用的准确性。

(5) 建筑物沉降测量

本工程沉降观测由专门的测绘部门进行，项目部所做的沉降观测只作为施工质量管理的依据。

5.2 钢筋工程

本工程钢筋全部采用 HPB235 钢筋及 HRB335、HRB400 级螺纹钢筋。

(1) 钢筋检验

本工程钢筋采用 HPB235 钢筋及 HRB335、HRB400 级螺纹钢筋，每批钢筋进场前必须审查材质证明，按批进行验收，每一混合批验收重量不超过 60t。

一、二级抗震的框架结构纵向受力筋，实测抗拉强度与屈服强度比值不应小于 1.25，实测屈服强度与强度标准值的比值不应大于 1.3。

(2) 钢筋连接

本工程直径≥20mm 的钢筋采用滚轧直螺纹连接，基础梁、底板端头部分为方便施工采用套筒挤压接头，其他采用正反丝直螺纹连接；直径<20mm 的钢筋采用搭接接头。底

板角钢马凳如图 5-1 所示。

图 5-1　角钢马凳

底板直螺纹连接接头如图 5-2 所示。

5.3　模板工程

本工程地下室外墙和部分内墙为剪力墙，1 号、2 号楼为筒体剪力墙结构。为保证结构的清水混凝土效果，按清水混凝土表面质量要求，配置和安装模板。

5.3.1　模板选择

各种模板配置和选用见表 5-1。

模　板　选　择　　　　表 5-1

部　　位		内　　　容
柱子	塔楼柱	采用全钢可调模板，按照标准层配置，不设穿墙杆，不够高度处采用钢大模板接高，B3、B4 层大部分为连墙柱，采用木模同其他内墙，无墙两柱面采用 16 号槽钢做柱箍。配置每座塔楼 11 根，施工缝位置同核芯筒
	地下室及裙房柱模板	采用 18mm 厚覆膜木胶合板。用 100mm × 100mm 木方间距 200mm 作竖肋。16 号槽钢柱箍，间距 400mm、600mm。M18 对拉螺栓。模板配置按照每段最多柱数量考虑

续表

部　位	内　容
外　墙	采用 18mm 厚覆膜木胶合板。用 50mm×100mm 木方间距 250mm 作竖肋，面板接缝处采用 100mm×100mm 木方，2［8 号槽钢横楞，间距 400mm、600mm。M18 可拆卸对拉螺栓在墙上部 2.6m 高范围内为 600mm×900；2.6m 以下间距 400mm×900mm，16mm 厚钢板扣件。模板配置按照每段最长墙体考虑
内　墙	核芯筒墙体模板体系：86 全钢大模板高度按照标准层配置，不够高度处采用钢大模板接高，直径 30mm 穿墙杆，模板配置按照 Ⓡⓓ～Ⓡⓔ轴间为施工缝 Ⓡⓐ～Ⓡⓓ间用量考虑。 其他墙体模板体系：采用 18mm 厚覆膜木胶合板。用 50mm×100mm 木方间距 250mm 作竖肋。2［8 号槽钢横楞，间距 400mm、600mm
塔楼顶板	采用 12mm 厚覆膜竹胶合板；梁间距离 9m 跨，采用 47mm×95mm 木方，间距 235mm 长向布置作次龙骨；65mm×130mm 木方，间距 1500mm 短向布置作主龙骨；碗扣支撑间距 1500mm，水平连接二至三道；短向布置钢管早拆杆点式支撑间距 700mm，采用钢管水平连接二至三道
楼　梯	楼梯踏步模板采用本单位设计加工的定型整体式木模板
门窗洞口	采用本单位设计加工的定型模板（模板整体用木方制作，表面覆一层覆膜木胶合板，四角用角钢封闭）
预留顶板洞口	倒梯形定型钢板
后浇带	18mm 厚木胶合板制作的梳子板
基础梁	采用 70 系列钢模板

图 5-2　直螺纹接头

5.3.2 模板安装

模板及支撑结构具有足够的强度、刚度和稳定性；固定在模板上的预埋件和预留孔不得遗漏，安装必须牢固且位置准确。重要预埋件，必须根据相关设计图纸精确加工，辅以经纬仪、水准仪准确定位，牢靠固定；梁、板、剪力墙、筒体所有模板的轴线位置、截面尺寸、平整度、垂直度通过自检、互检、交接检严格检查，确认无误后，进入下一道工序。

5.3.3 模板拆除

顶板模板拆除时，结构混凝土强度应符合表5-2要求。当混凝土强度能保证构件不变形，其表面及棱角不因拆除模板而受损坏，预埋件或外露钢筋插铁不因拆模碰扰而松动，墙、柱模板方可拆除。

模板拆除后，应立即清理干净并刷上脱模剂。新模板进场，必须先刷脱模剂方可使用，拆下的扣件及时集中收集管理。拆模时，严禁模板直接从高处往下扔，以防模板变形和损坏。

底模拆除时的混凝土强度要求 **表5-2**

构件类型	构件跨度（m）	达到设计的混凝土立方体抗压强度标准值的百分率（%）
板	≤2	≥50
	>2，≤8	≥75
	>8	≥100
梁、拱、壳	≤8	≥75
	>8	≥100
悬臂构件	—	≥100

注：本表引自《混凝土结构工程施工质量验收规范》（GB 50204—2002）。

墙体模板86钢大模板如图5-3所示。

墙体木模板如图5-4所示。

框架柱木模板如图5-5所示。

框架柱可调模板如图5-6所示。

5.4 混凝土工程

本工程全部使用商品混凝土。

5.4.1 混凝土施工方法

（1）混凝土和搅拌站选择

混凝土采用预拌混凝土，确定由四家（北京一建混凝土搅拌站、北瑞混凝土搅拌站、北京六建混凝土搅拌站、通惠绿洲混凝土搅拌站）混凝土搅拌站负责工程所需混凝土供应，其生产和质量必须符合《混凝土质量控制标准》（GB50164）的规定。

（2）混凝土运输

混凝土水平运输采用混凝土搅拌运输车，垂直运输采用塔吊和混凝土输送泵，底板、墙体及梁、板等混凝土构件浇筑采用泵送混凝土工艺，除框架柱及筒体剪力墙钢筋密集处

图 5-3　墙体 86 钢大模板

图 5-4　墙体木模板

采用塔吊吊运、料斗辅助入模外，其他均可采用布料机进行浇筑。

图 5-5　框架柱木模板

（3）混凝土浇筑

浇筑混凝土前对该部位的模板、钢筋、预埋管、预埋件、预留洞等进行全面细致地检查，并做好隐检验收记录，办理好土建与水电等其他专业的会签手续。

（4）混凝土振捣

基础、剪力墙采用 HZ－50 插入式振动棒振捣，当遇有梁重叠部分钢筋较密，HZ－50 振捣棒无法插入时，可选用 HZ6x－30 振捣棒，同时采用 HZ－50 振捣棒在模板外侧进行振捣模板；板混凝土宜采用平板式振动器振捣。

（5）混凝土养护及成品保护

常温施工期间，浇筑 12h 内即进行洒水养护，对于墙体混凝土拆模后采用浇水进行养护，柱混凝土采用拆模后缠裹塑料薄膜保水养护，楼板水平结构混凝土采用覆盖黑塑料布和洒水养护，每天的浇水次数以能保证混凝土表面潮湿为准。养护时间防水混凝土不得少于 14d，普通混凝土不得少于 7d。

（6）后浇带施工措施

1）后浇带模板支设：为保证后浇带两侧模板支撑牢固紧密且易拆除，采用 18mm 厚木胶合板制作的梳子板，外侧采用 50mm × 100mm 木方，间距 250mm 做龙骨，50mm ×

图 5-6 框架柱可调模板

100mm 三角木架利用钢筋固定。

2）后浇带两侧混凝土施工缝的处理：当混凝土终凝后将木模板拆除，对已经硬化的混凝土表面，及时安排人凿毛处理。对较严重的蜂窝或孔洞，立即进行修补。在后浇带混凝土浇筑前，应用喷枪（用水和空气）清理表面。

3）混凝土浇筑：超高层建筑施工完成，且沉降速率趋向平稳后，用高一级的微膨胀补偿收缩混凝土浇筑。

底板后浇带施工时混凝土按400mm厚分层浇筑，振捣时振捣棒应距离后浇带模板300mm左右，以免因浇筑厚度较大，造成钢丝网模板侧压力增大而向外凸出，造成尺寸偏差。

采用钢丝网模板的垂直施工缝，在混凝土浇筑和振捣过程中，要特别注意分层浇筑厚度和振捣器距钢丝网的距离。为防止混凝土振捣中水泥浆流失严重，应限制振捣器与模板的距离（采用 ϕ50 振捣器时不小于40cm）。

5.4.2　大体积混凝土施工

本工程基底标高分别为 -19.500m、-18.800m、-18.700m、-18.500m、-17.800m，板底最深部位底标高为 -22.100m。基础底板及基础梁采用C40P10抗渗混凝土，地下四层外墙为C40P12抗渗混凝土，其中，塔楼为2300mm、2500mm（局部1500mm）厚筏形基础，裙楼为800mm厚梁式筏形基础，基础梁截面尺寸为900mm×1600mm、1200mm×1500mm、500mm×2200mm。

（1）材料的选用

水泥：水泥的强度等级不应低于32.5MPa。

骨料：粗骨料采用5~25mm碎石，含泥量小于1%，吸水率不应大于1.5%，颗粒级配及指标符合《普通混凝土用碎石或卵石质量标准及检验方法》（JGJ 53—92）的有关要求；

细骨料采用中砂，含泥量小于3%，其他指标符合《普通混凝土用砂质量标准及检验方法》（JGJ 52—92）要求。

为了保证混凝土碱含量控制在3kg/m^{3}之内，采用低碱活性骨料。

掺合料：满足粉煤灰应用技术规范规定，以降低水化热提高抗渗性能，选用Ⅰ~Ⅱ级磨细粉煤灰，掺量不宜大于20%，其主要指标应符合《用于水泥和混凝土中的粉煤灰》（GB 1596—91）规定；同时，还应符合有关含碱量控制要求。

外加剂：外加剂质量满足《砂浆、混凝土防水剂》（JC 474—1999）、《混凝土泵送剂》（JC 473—2001）规范及北京市有关规定的要求，应符合国家或行业标准一等品及以上的质量要求，其品种和掺量应经过试验确定。

（2）配合比的确定

本工程混凝土配合比的基本要求是：

试配的抗渗水压值应比设计值提高0.2MPa；

每立方米混凝土水泥用量不少于320kg；掺有活性掺合料时，每立方米混凝土水泥用量不少于280kg；

灰砂比宜为1：（1.5~2.5）；

水灰比不大于0.5；

砂率控制在35%~45%；

混凝土坍落度宜控制在160~180mm；

混凝土缓凝时间宜控制在12~14h。

混凝土入模温度控制在20℃以内。

(3) 机械选择

本工程使用商品混凝土，由混凝土搅拌运输车将混凝土运到现场，Ⅰ段采用4台HBT-80型混凝土输送泵，1台ST70/30塔吊配合送泵管不易浇筑部位的混凝土入模；Ⅱ段采用3台HBT-80型混凝土输送泵，1台H36/3B塔吊配合送泵管不易浇筑部位的混凝土入模；Ⅲ段采用4台HBT-80型混凝土输送泵，1台ST70/30塔吊配合送泵管不易浇筑部位的混凝土入模；Ⅳ段采用4台HBT-80型混凝土输送泵，1台H36/3B塔吊配合送泵管不易浇筑部位的混凝土入模。每个流水段浇筑时，均应设1台HBT-80型混凝土输送泵做为备用泵。

混凝土罐车数量应根据各搅拌站距现场距离确定，必须保证现场有1~3辆车，在早晚上下班车流高峰期，应在现场保证10~12辆混凝土罐车。

(4) 施工组织

为了浇筑及下料的一致，组建立体指挥体系，即坑下负责布料的人员指挥停料或下料，坑上负责人员则综合坑下传来的信息指挥罐车的走向。同时，在现场设指挥中心，人手配备手持对讲机，作为相互联络的工具，对全场全过程进行统一调度，并管理、监督控制大体积混凝土的施工过程、施工顺序、养护情况和施工质量。

(5) 流水段划分

1) 根据施工总进度计划及图纸、现场具体情况，基础底板施工时，以后浇带为分界线划分为Ⅰ、Ⅱa、Ⅱb、Ⅲ、Ⅳa、Ⅳb六个大段，每个施工段整体浇筑混凝土，总的浇筑顺序为自东向西Ⅳa→Ⅳb→Ⅲ→Ⅱa→Ⅱb→Ⅰ段（图5-7）;

2) 根据浇筑工程量现场每段配4台（Ⅱ段、Ⅳa为3台）型号为HBT-80型混凝土泵，管径为125mm泵管，再考虑局部塔吊配合;

3) 为保证连续浇筑，应要求商品混凝土搅拌站根据每次浇筑混凝土量和时间确定车数及每车间隔时间，保证施工现场停留一辆混凝土罐车，最大间隔时间不得超过40min;

4) 各段混凝土地泵及泵管布置、混凝土浇筑顺序如图5-8所示。

(6) 施工方法

根据泵送大体积混凝土的特点，采用“分段定点，一个坡度，薄层浇筑，循序推进，一次到顶”的方法进行浇筑。在Ⅰ、Ⅲ段底板混凝土施工中采用设置混凝土膨胀加强带的工艺补偿混凝土收缩。

混凝土温度控制及养护：对于大体积混凝土施工，控制其温差裂缝的形成是施工的关键。因此，必须加强施工中的温度控制，在混凝土浇筑和养护过程中，做好测温工作，控制混凝土的内部温度与表面温度、表面温度与环境温度之差均不超过25℃，如超过应立即采取保温措施。

混凝土测温：采用便携式电子测温仪测温。测温点布置见图5-9。

(7) 混凝土养护

800mm厚基础底板混凝土可按普通混凝土养护，采用覆膜保温法：即在新浇混凝土终凝后表面铺一层塑料薄膜，防止水分过快散失，同时进行洒水养护；350mm高外墙侧墙面、墙上口施工缝、高出底板的反梁及承台采用浇水养护。

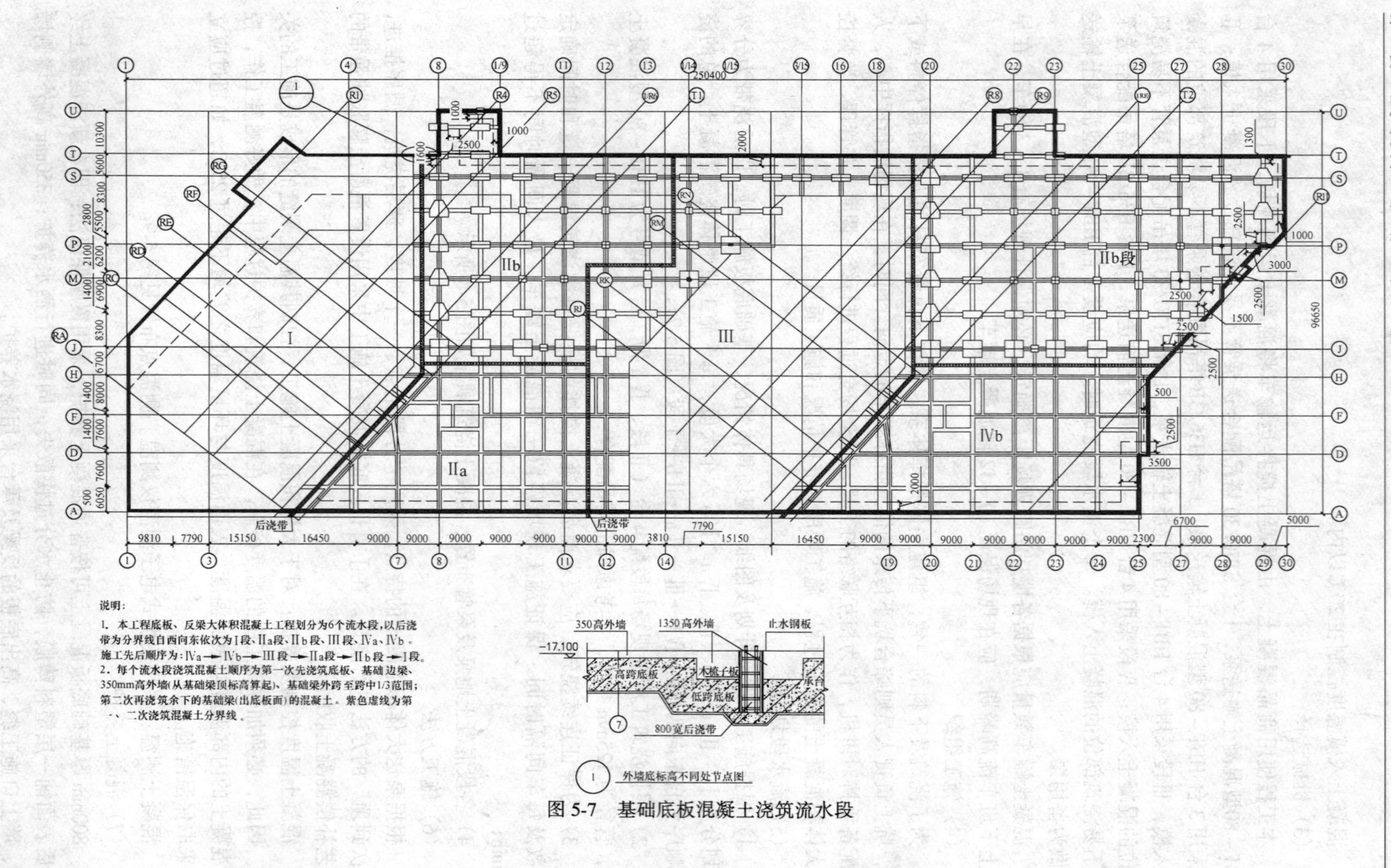

图 5-7 基础底板混凝土浇筑流水段

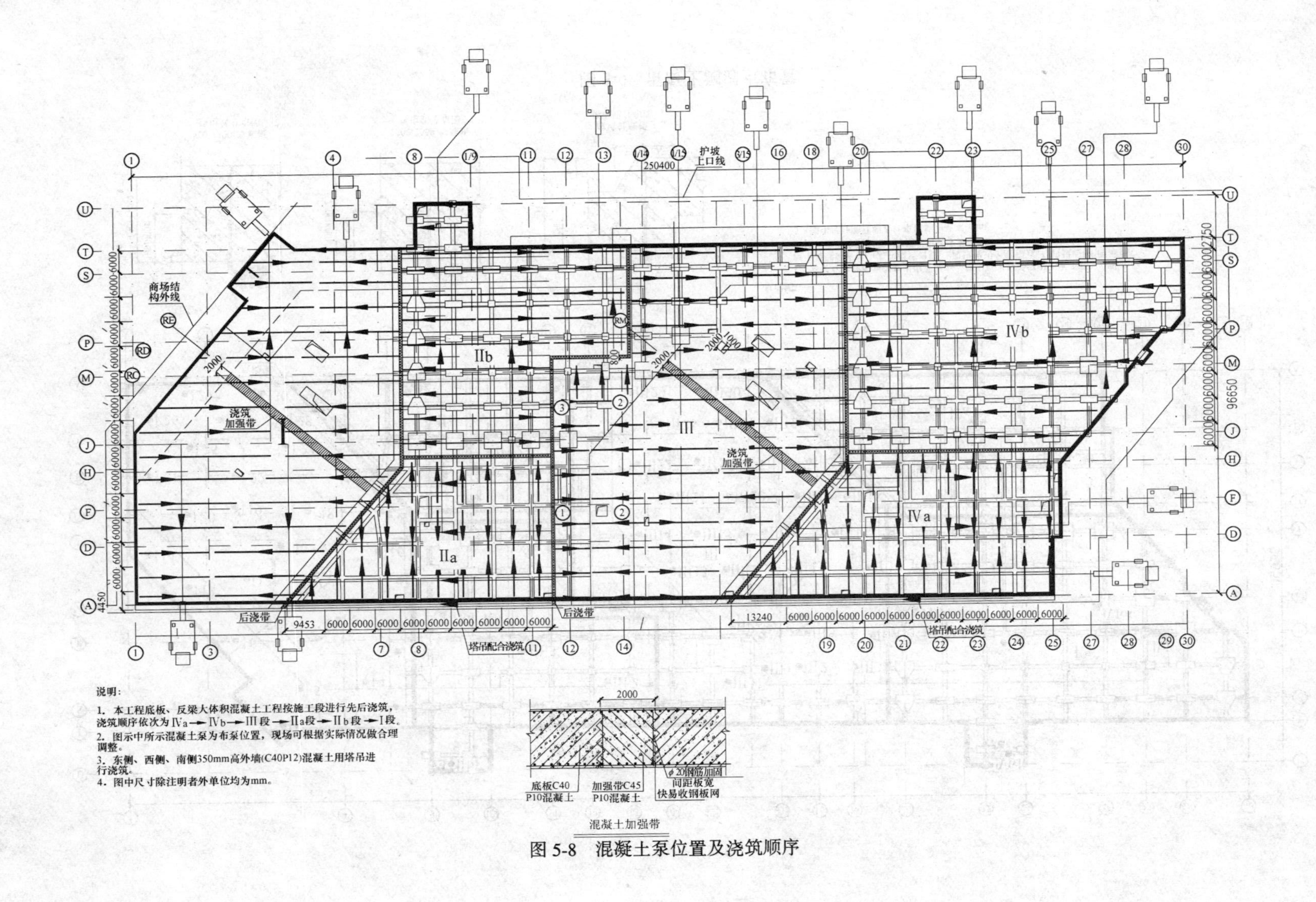

说明：

1. 本工程底板、反梁大体积混凝土工程按施工段进行先后浇筑，浇筑顺序依次为IVa→IVb→III段→IIa段→IIb段→I段。
2. 图示中所示混凝土泵为布泵位置，现场可根据实际情况做合理调整。
3. 东侧、西侧、南侧350mm高外墙(C40P12)混凝土用塔吊进行浇筑。
4. 图中尺寸除注明者外单位均为mm。

图 5-8 混凝土泵位置及浇筑顺序

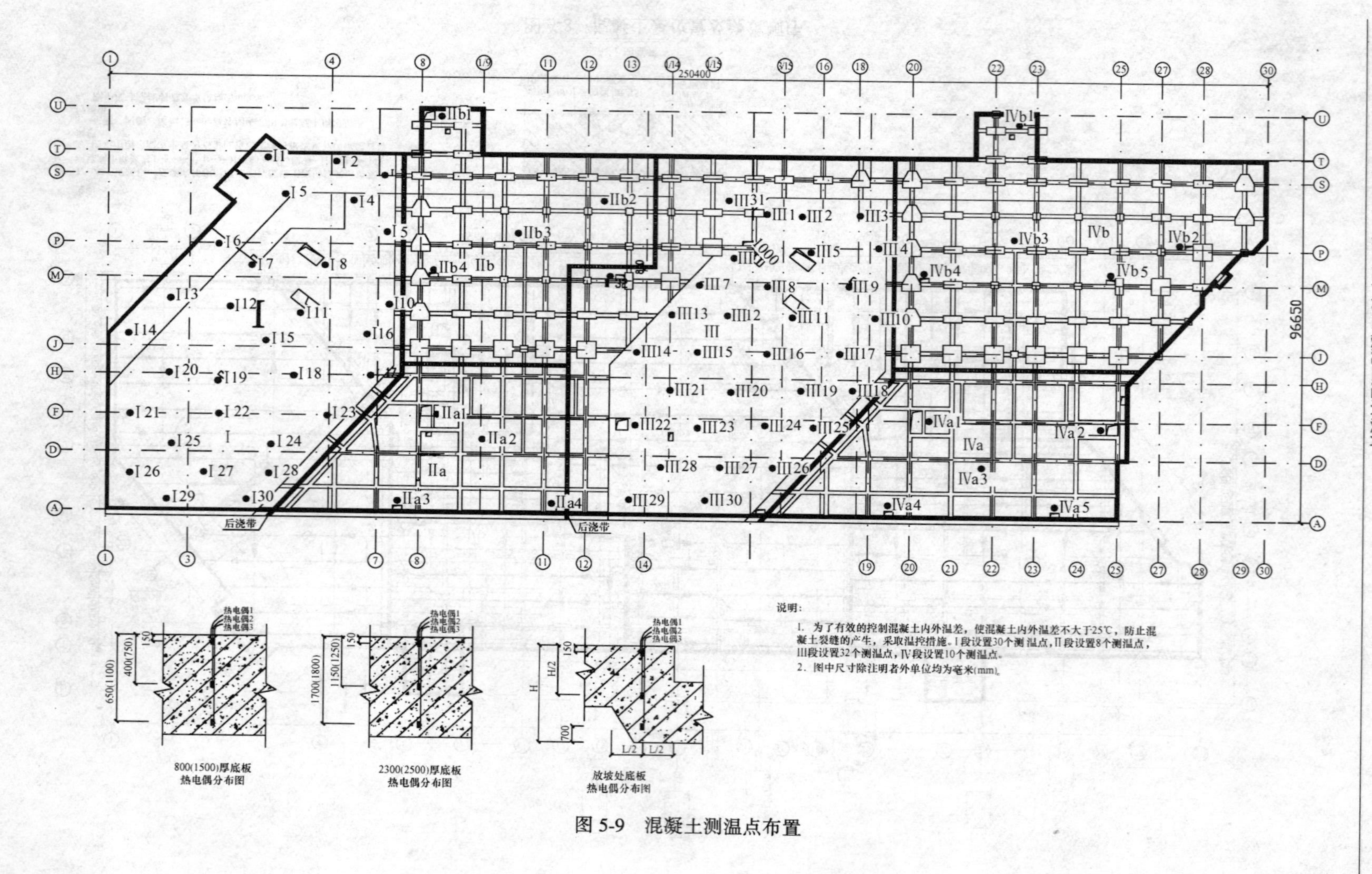

图5-9　混凝土测温点布置

1500、2300、2500mm 厚基础底板混凝土采用覆盖海绵浇水养护：即在混凝土浇筑后及时抹面，在二次抹面后，采用喷壶等容器洒水湿润，并覆盖海绵浇水后加盖塑料薄膜养护，养护时间不得小于 14d（养护期间当混凝土内外温差小于 25℃后，可采取洒水养护的方式进行养护），保证混凝土能在潮湿环境中达到预期强度要求。

后浇带两侧面，底板板厚、标高变化处，集水坑及电梯基坑坑壁立面混凝土，利用浇筑时的竹模板保温浇水养护。

（8）大体积混凝土防裂措施

浇筑大体积混凝土施工时，由于凝结过程中水泥散出大量水化热，因而形成内外温度差较大，易使混凝土产生裂缝。因此，必须采取措施降低水化热，结合实际采取降低水泥水化热，加强施工中的温度控制，采取相应的保温措施减小混凝土内外温差，提高混凝土极限拉伸强度等措施。

（9）高强混凝土施工

本工程主楼框架柱和核心筒墙体混凝土强度为 C60、C50，属于高强混凝土。高强混凝土的施工重点做好了以下几个方面的工作：

1）试配的 C60、C50 混凝土满足了以下性能指标要求

①配制强度：满足 $R_{配} > R + 1.645\delta$；

②初凝时间 6～8h，终凝时间 8～10h；

③坍落度损失：经时损失率不大于 10%，120min 后扩展度不小于 450mm；

④水化热：推迟水化热峰值出现的时间，并使峰值降低 15%～20%，最高时温度不超过 55℃；

⑤混凝土采用泵送，因此，要具有较好的流动性和良好的可泵性、保塑性，不产生离析泌水；

⑥收缩：各个龄期的收缩不高于普通 C30 混凝土。

2）严格控制混凝土的和易性、流动性和坍落度损失情况。

3）确保梁板柱节点混凝土浇筑质量。

5.5　防水工程

地下室底板为混凝土自防水、外墙体及覆土顶板采用混凝土自防水加 1.5mm＋1.5mm 厚三元乙丙防水卷材；屋面防水采用 1.5mm＋1.5mm 厚三元乙丙防水卷材与 2mm 厚合成高分子防水涂料；卫生间等楼地面防水为高聚物改性沥青涂膜防水或聚氨酯涂膜防水层。

施工时应注意以下事项：

（1）防水基层应在垫层、首层楼板以及屋顶楼板施工时采用铁抹子直接压光，充分养护，不得疏松、起砂、起皮，表面应平整。

（2）基层转角部位（外墙、首层反梁、女儿墙、立面、天窗、天沟、排水口等）均应做成圆弧或三角形，圆弧半径应大于 20mm。

（3）女儿墙、山墙在卷材收口处需做凹槽，其高度距屋面找平层为不小于 250mm。

（4）基层应充分干燥，简易检验方法为：将 $1m^2$ 卷材平坦地铺在找平层上，光线直射静置 3～4h 掀开检查，找平层覆盖部位与卷材上未见水印即可。

（5）外墙防水卷材的铺贴采用条粘法，屋面采用点粘法。但距屋面四周边 800mm 内

及天沟、檐沟、女儿墙、立墙泛水部位仍采用”满粘法”施工。

条粘法铺粘卷材时，卷材与基层采用条状粘结。要求每幅卷材与基层粘结面不少于两条，每条粘贴宽度不小于150mm。粘贴部位设在卷材接缝下面。

点粘法铺贴卷材时，卷材与基层采用点状粘结，要求每平方米粘结不少于五个点。每点粘贴面积为100mm×100mm。点与点之间应等距离，呈梅花状分布（其方法可采用基层满涂胶，卷材点涂胶，点面重合）。

5.6 脚手架工程

根据本工程地下与地上结构变化大、裙房与高层写字楼相连的特点，外架采用多种形式，以满足不同部位的施工需要。

5.6.1 钢管外架

（1）施工外架

1）地下结构施工：本工程地下室四层，在地下室的肥槽内，从基坑底部搭设双排落地式外脚手架。地下部分外架高度约18.8m。

2）1号、2号商业裙楼的地上结构层数仅为4层，结构施工高度为21m，采用落地式双排钢管外脚手架。

3）1号、2号超高层写字楼层数分别为28层和32层，为现浇混凝土框架—剪力墙结构，并考虑到四层以下商业裙楼的影响，五层以上采用外爬架。

（2）双排扣件式钢管脚手架施工

1号、2号商业裙楼外架采用双排扣件式钢管脚手架，并考虑钢结构安装和装修也能使用，所以，外架几何尺寸选择排距 $L_b = 1200$mm，柱距 $L_L = 1500$mm，步距 $L_h = 1500$mm，根据不同部位，搭设高度为高于结构层2m；室内搭设满堂脚手架，满足结构施工需要，几何尺寸选择根据模板体系确定。

5.6.2 外爬架施工

（1）本工程外爬架选用桁架轨道式爬架，爬架由架体、升降承力结构、防倾防坠装置和动力控制系统四部分构成。结构简单合理、使用方便，安全且经济实用。

架体部分提升点处设置竖向主框架，竖向主框架底部由水平支承桁架相连；承力结构和防倾防坠装置安全可靠，受力明确；动力控制系统采用电动葫芦，并固定在架体上同时升降，避免频繁摘挂，方便实用。

（2）爬架施工荷载要求：

使用工况下，施工荷载≤2层×3kN/（m^2·层）（结构施工）。

施工荷载≤3层×2kN/（m^2·层）（装修施工）。

升降工况下，施工荷载≤0.5kN/m^2。

（3）主要设计参数：

1）平面设计。

1号、2号楼共设68个提升点，其中1号楼设35个提升点，2号楼高33个提升点。采用电动葫芦升降，按结构施工流水段分片提升。1号楼按三个流水段布置，2号楼按二个流水段布置。

爬架主架宽900mm，内排立杆离墙距离400mm。

预埋点位置在结构施工时需进行预埋，预埋点立面位置为楼板面下返 350mm。

2）立面设计。

提升点处爬架架体立面为定型加工的主框架。爬架总高 14.72m，步高 1.8m，架宽 0.9m，共铺设 3～5 层木脚手板。架体高度为操作层下 4 层，操作层上层加 1.8m 高安全防护。

动力系统固定在主框架上，为保证足够提升高度，吊点横梁设置在第三步架上。

(4) 本工程外爬架由专业施工队进行设计施工。详细施工方案见外爬架专项方案。

5.7　屋面工程

本工程为超高层建筑，除中厅采用采光玻璃顶外，其他的上人屋面作法为 10mm 厚地砖面层屋面。

5.7.1　屋面作法设计

钢筋混凝土楼板→50mm 厚硬质聚苯板保温→C20 细石混凝土找坡层→40mm 厚 C20 细石混凝土找平层→1.5mm 厚三元乙丙防水卷材（双层）防水→40mm 厚水泥砂浆保护层→10mm 厚地砖面层。

5.7.2　操作要点

(1) 基层处理：将混凝土结构层表面清理干净，检查预留孔洞、管路预埋预留符合设计要求。

(2) 下部找坡、找平层施工：按设计坡度铺设找坡层，找出屋面坡度走向，最低处 30mm 厚。施工时排气道不能堵塞，嵌填密封材料或空铺卷材条，纵横位置宽度不能变。然后施工 20mm 厚 1:3 水泥砂浆找平层作为防水施工基层。

(3) 高分子防水卷材施工要求见“5.5 防水工程”。

(4) 保温层铺设：干铺保温层，要留设排气道，排气道宽为 20mm，间距为 6000mm，纵横设置，屋面面积每 $36m^2$ 宜设置一个排气孔。要保证排气道纵横贯通，且与大气层相通。铺设保温层的基层应平整、干净、干燥。块体保温板不得破碎、缺棱掉角，铺设时遇有缺棱掉角、破碎不齐的，应锯平拼接使用。干铺保温材料，要紧靠基层表面，铺平垫稳；分层铺设时，上下接缝应互相错开，接缝处应用同类材料碎屑填嵌饱满。

(5) 上部找平层施工：为了避免或减少找平层开裂，找平层留设分格缝，缝宽为 20mm，并嵌填密封材料或空铺卷材条。分格缝与排气道相重合，与保温层连通。

(6) 屋面面层施工 10mm 厚防滑地砖面层：面砖用 1:3 水泥砂浆铺卧，离缝 2mm 宽。用砂填满扫净。

5.8　玻璃幕墙工程

本工程外墙为玻璃幕墙，由专业施工队进行设计施工，总包单位在结构施工过程中配合留设预埋件。土建与幕墙配合应注意以下内容：

预埋件施工首先是它定位的准确性。为了能保证它的定位准确性，把误差控制在规范允许内（水平误差不大于 ±20mm，垂直误差不大于 ±10mm），而且尽最大可能减小误差，所以在施工过程中需要做到以下几点：

(1) 核对设计院结构图纸和建筑图纸与幕墙公司所提供的预埋件施工图的埋件位置是否吻合，是否有多埋、少埋或者偏埋的现象发生。

（2）核对设计院结构图纸和建筑图纸与幕墙公司所提供的预埋件施工图中所表达的梁板结构是否统一，比如梁的截面尺寸和板的厚度。

（3）查看特殊位置预埋件的构造与此位置的主体结构配筋在预埋过程中是否发生冲突。比如预埋件埋在梁端时，由于该位置的结构配筋比较复杂，容易发生预埋件放不进去的情况，这需要专业幕墙公司修改预埋件的设计。

（4）查看预埋件的设计是否合理。比如主要承载较大拉力和弯矩的预埋件，锚筋的长度是否满足规范要求，锚筋的构造形式能否满足把作用力通过梁板主筋传给整个梁板。

（5）在土建主体结构施工过程中有设计变更时，应及时通知专业幕墙公司，给预埋件做合适的修改。

（6）在预埋件施工过程中，要提供准确的定位点和定位线，最好采用多轴线控制测量，这样能防止测量误差的积累，使预埋件施工具有可行性和易操作性。

（7）若专业幕墙公司对幕墙的固定和连接件有特殊要求或与《玻璃幕墙工程技术规范》（JGJ 102—2003）的偏差要求不同时，专业幕墙公司应提出书面要求或提供埋件图、样品等，反馈给建筑设计单位，并在主体结构中施工图中注明，土建总包将积极与专业幕墙公司配合，达到设计要求。

（8）在预埋件施工过程中，应先绑扎主体结构钢筋；然后，再把预埋件锚筋尽最大可能绑扎在梁板主筋上，保证其位置的准确性。由于在埋预埋件的位置，主结构配筋和预埋件的锚筋相互交错，在浇筑混凝土时，容易发生浇筑不实（气泡和空隙）、预埋件易移位的现象，所以在该位置施工时，要特别注意，采取多种措施，比如把埋件锚板紧贴模板，控制模板的变形和移位，还有用振捣棒从不同方向和部位进行振捣，可杜绝这两种现象的发生。同时，预埋件工程属于隐蔽工程，所以要对其进行隐检，并如实填写隐检报告。

5.9 装修工程

装修施工总原则：先外后内，先上后下，互创条件，室内外交叉，合理安排，统一协调，交叉配合，有效衔接。结构施工分阶段验收，初装修提前插入，精装、安装施工及时跟进。

室内装修顺序如图 5-10 所示。

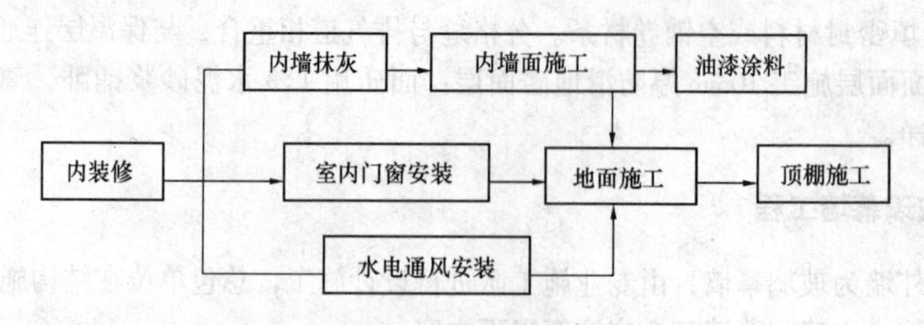

图 5-10 室内装修施工顺序

装修开始之前，重点做好准备工作，包括装修队伍的选定、装修材料厂家的考察选定、各分部分项装修作法的明确、计算装修材料的使用量等，每一分项装修开始前，装修材料由厂家送样，经监理、甲方确定。

本工程装修阶段装修施工与水电安装互相交叉，必须互相协调，避免下道工序施工时将上道工序已施工的成品破坏或污染；并且每个分项工程施工前，各专业必须进行成品保护交底。每一层从设备、机房开始，然后安排管理用房、卫生间，最后安排走道、前室和楼梯间装修。装饰施工时，本着“方案领先、样板引路”的原则，每个分项大面积施工前均先作样板，经甲方、监理及设计认可后，施工方可全面展开。

5.10　钢结构施工

5.10.1　钢结构安装定位控制方案

(1) 工程特点和基本要求

1) 高层钢结构安装施工测量的放样工作，是各阶段工序的先行工作，又是各工序的主要质量控制手段，是保证工程质量的中心环节。

2) 高层钢结构的竖向投点是保证结构垂直度的一项非常重要的工作，该大厦的投点高度已超过普通经纬仪的可测视范围，因此，本工程采用激光天顶仪进行竖向投点观测，精度：1″/200000。

3) 本工程为超高层钢结构，安装精度要求高，其中钢结构放线、轴线传递、垂直度控制、水平标高传递等允许偏差值都高于一般工程标准。

4) 钢结构控制测量难度大，要求高。该工程主楼外框从平面看似矩形，在2号塔楼①～②轴位置，每根钢柱与轴线都有一个夹角，给钢结构放线校正，带来很多困难。

5) 本工程为多工艺、多工种，平行立体作业。在施工过程中，测量、安装和焊接必须三位一体，以测量控制为中心，密切协作，互相制约。

(2) 测量准备工作

1) 选派有多年测量经验的测量工程师，负责该工程的全部测量工作；

2) 了解设计意图，核实图纸，熟悉标准，掌握各工序、各工种施工工艺；

3) 本工程所配备的测量设备、工具，使用前全部重新进行校核，检定合格后方能使用。

(3) 主控轴线与柱顶平面放线

1) 根据结构平面特点和施工情况，采用现场测量控制网，测量出柱网控制网，确定底层主控制点的位置，并进行首层平面控制网放线；然后，将主楼钢结构作为重点进行控制加密，点位精度控制在1/20000以上，并在主楼内设置4个（1号塔楼4个，2号塔楼4个）竖向传递控制点，各点位之间必须闭合，视线良好，首层平面控制网为整个高层钢结构安装测量控制的基准，测控网的点位布置既使用方便又能长期保存；

2) 钢柱顶部的平面放线是利用主轴线竖向传递测设的，安装中控制网的竖向传递，必须从底层控制轴线引测到高层，不能逐层接力以免累积误差，造成结构偏移；

3) 采用激光投测内控法，需在每层四角柱（中央、外围各四角）边预留激光通道，便于激光投测，主楼钢结构较高，可根据激光的传递距离设2次激光接力点，竖向投测时，采取回转四点取中值的方法，各楼层预留150mm×150mm引测方孔；

4) 竖向投递的主轴线测设完毕后，进行闭合检查，经调整合格后再排尺放线，排尺时应注意拉力和温度放线精度的影响。

(4) 控制技术措施

1) 由于施工振动，如塔吊运行、室外电梯运行、风速过大等，均会给投点工作带来影响，且楼层越高施工振动影响越大。因此，在每一层施工完成后，要合理选择投点时间，尽量避开塔吊和室外电梯运行时间，一般都在早上和晚上进行投点工作。投点时要注意掌握晃动的数据，操机人员在指挥时，要及时进行平差和修正。

2）夜间投点时，要加强夜间照明，充分保证投点时各点的照明度。操机人员对仪器要严格调整，一定要保证天顶仪上口方的激光接收靶呈现在最佳清晰度。

3）投点工作完成后，要精确地闭合各边和各角度的误差，闭合出的误差要保证在规范要求之内，然后进行平差，最后放出控制线和其他轴线。每次放线都要遵循“从整体到局部，先控制主轴线后控制细部轴线”的原则。

4）要充分考虑大楼沉降对垂直度的影响，每一层施工完后，精确测出大楼的沉降量，准确掌握大楼的整体沉降情况。

(5) 测量程序

1）钢柱定位：根据提供的平面控制点及各柱中心坐标，用极坐标法和直角坐标法在实地上将各柱中心放样出来，复查符合精度要求后，再将仪器分别架设在各柱中心点上，后视前一柱中心点，顺时针拨设计角度，所得前视方向线即为钢柱放置方向。根据各层的传递平面控制点，实测各相邻钢柱连线的角度及距离，以此来控制各层钢柱的方向，保证各层钢柱的一致。然后用1:1的比例放出钢柱外边控制线。

2）钢柱标高检查：其他首节钢柱吊装就位后，用水平仪观看钢柱＋1.0mm线，标高偏差用钢楔调整柱子。吊装前，先在柱顶架设水准仪，测出每根柱四角的顶点标高，根据标高偏差，决定柱子是否需要处理。

3）钢柱校正：钢柱就位后马上进行单根的垂直度校正，倾斜控制在1/1000内，将结果与下节柱的轴线偏差，换算出校正后的柱顶轴线偏差。其中，要考虑焊接收缩，局部向外倾斜预留变形。

4）通过天顶仪作轴线控制，架设经纬仪，将钢柱顶作为一个平面层作一次整体的轴线测量，得到每根柱的焊前偏差报告，根据偏差决定焊接顺序，焊完后再作一次整体轴线测量，得出焊后偏差结果，以此作为一个循环程序，焊后偏差数据又作为一节钢柱吊装校正、纠正偏差方向的依据。

(6) 柱垂直偏差的测控

1）柱网测量校正，首段钢柱吊装后测量校正→钢柱高强度螺栓连接并焊接后的测量→把轴线向上翻引，逐层传送轴线，作为一个循环过程，并且把其中几根重要的钢柱作为标准柱，每六层左右就以钢柱底部中心向上与焊后钢柱测时的中心线校核，进行修正，从而保证测量翻线精度。

2）在测量时要考虑温差对钢柱垂直度的影响，在同一时间、气温差不大的情况下，对钢柱进行校正测量，以抵消温差对钢柱的影响。

3）预防焊接变形对钢柱垂直度的影响，柱由于截面尺寸大，因而焊接量大，由此引起的变形及应力随时都可能发生。施工中主要采取预留反变形和对称焊接两种措施。

4）使用经纬仪测控柱子垂直度时，应用两台仪器，同时测量柱子两个相交方向。先将经纬仪对准控制轴线，然后仰视柱顶、柱脚处柱的中心线，边测量边校正，直至符合预定的控制值。

5）利用天顶仪竖向投测控制钢柱位移，先进行标准柱的安装，对其他柱的垂直偏差，可利用拉线拉尺的方法进行控制。

6）对测量资料进行会审，确定纠偏方法，编制单元框架实测资料。

7）垂直校正方法：从中间向两边逐根校正每根钢柱垂直度，用千斤顶进行校正。

（7）标高的测量控制

1）该工程以建筑设计标高为基准设置测量控制网，主楼控制点不少于三个，并设置四个以上沉降观察点。

2）利用地面标高控制点，把设计标高引测到每根钢柱上；同时，复核土建施工的柱顶标高控制点，避免意外偏差的产生。

3）每层柱顶标高的测量；钢柱进场时，先用标准钢卷尺从柱顶向柱底丈量一段尺寸，并用白油漆作出标记。柱安装完毕后，丈量或用水准仪实测各层标高，再向上丈量出柱顶的尺寸，突出各柱顶标高。

4）标高引测时，应考虑到建筑物上部荷载使钢柱产生的压缩变形，对建筑物标高的影响。

5）柱顶标高检测。每节钢柱安装、焊接后，将水平仪架在该层楼板的固定架上，观测每节柱的标高，竖向分段误差≤5mm只记录，不修改。误差≥5mm时，查明原因后提前通知制作厂，在制作钢柱期间进行处理。

（8）安装测量的三检制度：

1）钢柱初校，确定初校位置，就是对钢柱的就位中心线的控制和调整；

2）钢柱重校，调整垂直偏差：钢柱初校后紧固安装螺栓，使钢结构具有初步的刚度和一定的空间尺寸后，对柱的垂直度进行全面的重新校正，即实施柱网整体校正技术；

3）高强度螺栓终拧后的复校：高强度螺栓全部紧固结束后的复检，是防止因高强度螺栓紧固时造成钢柱发生垂直度偏移，这时测量出的垂直偏差和标高尺寸，应充分考虑利用焊接收缩变形来补偿、校正。高层钢结构的安装质量通过三检制度，使工程的安装精度得到确实控制。

5.10.2 现场安装

（1）垫层混凝土浇筑时将地脚螺栓埋件埋设好后，将螺栓固定架调整好后，与埋件焊接牢固。

（2）根据构件的重量，结合施工现场情况和主体钢结构构件分布情况及工期要求，钢构件主吊机械选ST70/30附着式塔吊两台，分别布置在1号楼Ⓡ3轴线以外ⓇⒹ～ⓇⒺ轴线之间位置和2号塔楼Ⓡ7轴线以外ⓇⓁ～ⓇⓂ轴线之间位置。

（3）钢柱安装均采用熔透焊接钢柱内置隔板为磨平顶紧，为不破坏钢柱磨面，配备一台35t汽车吊，配合塔吊构件卸车、倒料及钢柱起吊时双机抬吊送料等。

（4）钢构件预检所用检测工具和标准，应事先统一，土建、钢结构制作、安装持统一标准的钢卷尺。钢结构预检项目：钢构件的几何尺寸、螺孔大小和间距、预埋件位置、焊缝坡口、节点摩擦面、附件数量、规格等，查验构件材质证明、试验报告、实际偏差值等资料；对于关键构件应全部检查，其他构件抽检10%～20%，并记录预检数据。构件预检由监理工程师会同土建、钢结构安装联合派人参加；同时，组织构件处理小组，将预检出来的偏差及时给予修复，严禁不合格的构件运到施工现场。

（5）柱基地脚螺栓安装前，需检查柱基的中心线同定位轴线之间的误差，调整柱基中心线，使其同定位轴线重合。柱基地脚螺栓需要对螺栓长度、螺栓垂直度、螺栓间距进行检查；如发现问题，应与业主、土建、设计单位协商解决。

（6）钢构件吊装时，随土建施工段划分为三个施工段。每个区域按测量→吊装→校正→高强度螺栓施工→焊接进行平行流水作业。

钢结构安装每个流水区按照建筑物的平面形状、工作效率等，从中央向两侧扩展吊装，目的在于完成的每个流水段可形成空间构架，以提高抗风稳定性和安全性，有利于吊装精度的可靠性，可减少积累误差的形成。并且吊装顺序容易形成流水，加快施工进度。对每个流水区的一节标准框架的钢柱，在安装后就着手校正。流水区之间采用大流水，分别按构件安装、校正、高强度螺栓紧固、柱节点焊接、栓钉焊等工序实行流水作业。扩大作业面，加快施工进度。使区域流水的方向和顺序形成有规律的流动，并根据塔吊的使用情况调整节奏。

（7）钢柱安装：

1）首节钢柱安装工艺流程：

柱网轴线复测→钢柱吊装→柱脚对位并临时固定→测量钢柱垂直度→临时固定→搭设柱节点操作平台→校正柱精度→紧固各节点高强度螺栓→焊接→交验。

2）标准层钢柱安装工艺流程：

下节钢柱轴线上移→上节柱吊装就位→柱与柱对位并临时固定→测量钢柱垂直度→临时固定→搭设柱节点操作平台→柱校正→紧固柱梁节点高强螺栓→柱节点焊接→交验。

3）钢柱吊装前，先在塔吊允许范围内，用道木或马凳设一个临时拼装台，把安装钢柱所需的操作平台、爬梯及连接板、附件临时固定在钢柱上，便于减少吊次，加快速度，对易变形处予以加固。

4）钢柱吊装就位后，柱顶中心标记须与下节柱顶中心线标记对齐；如有偏差，则四面调整，使轴线偏差调整在规定范围内，且错位值不超过1mm。对位完毕后，用螺栓临时固定，稳固后才能松钩，用布置于柱相邻垂直两侧的激光经纬仪进行监控，用千斤顶等工具对柱垂直度进行调整校正，接着紧固柱节点高强螺栓和柱节点的焊接。

5）钢柱吊点设置和起吊方法（图5-11）：

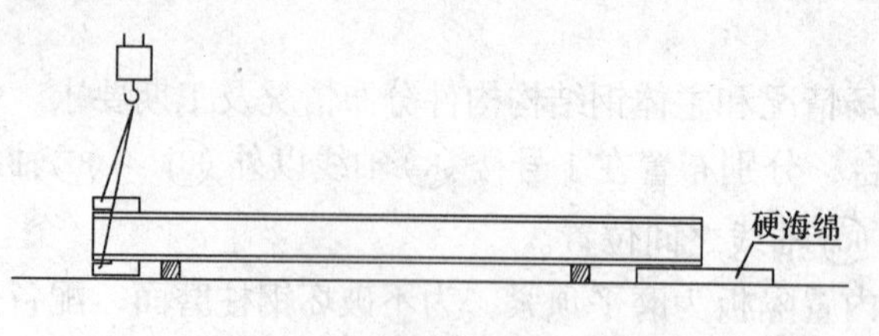

图5-11 钢柱吊点设置和起吊方法

吊点设置：钢柱吊点设置在事先焊好的连接件上，用专用吊具吊装。吊装前，检查钢柱的型号、几何尺寸、牛腿位置，标出钢柱的轴线、标高线，将登高用的爬梯和操作平台、缆风绳、安全网等固定好。

起吊：1号塔楼和2号塔楼钢柱接点均为熔透焊，钢柱内隔板为磨平顶紧面。为防止柱底边破坏，减少吊装难度，钢柱吊装前，在柱脚下面铺垫一块100mm厚硬海绵，下垫厚度大于20mm的橡胶板，塔吊起吊采用旋转起吊、直立就位的施工方法。起吊时注意均衡，缓慢进行；回转时必须具有一定高度，避免同其他吊好的钢构件相碰撞。钢柱吊装就位后，用临时螺栓固定。

6）校正：

A. 柱脚位移：在柱脚螺栓预埋时位移即已确定。为此，埋设柱脚螺栓时，采取埋设模板及支架来严格控制其轴线偏差，并设置数道支撑，以保证在混凝土灌注时能承受一定的施工荷载，柱子安装前亦需检查螺栓位置；如仍有少许偏差，则需改正螺栓孔来补偿。

B. 柱子标高：首节钢柱就位后，在柱底板下面每边放置2块斜垫片，用水准仪观测1m线，标高误差用斜钢楔调整。

C. 垂直度校正：钢柱柱脚位移和标高调整后，在柱垂直两侧架设经纬仪，观测钢柱垂直度，偏差用缆风绳校正。钢柱形成柱网，校正后立即进行柱脚二次浇灌。

（8）伸臂桁架安装方案：

1）2号楼在标高80.750~88.750m之间有加强桁架（单片）六榀及六根连接钢梁。

2）重点、难点：

伸臂桁架均为单片，各桁架间无连接，因此，施工重点主要为柱轴线控制、柱层间标高控制、高空拼接焊接的质量控制、钢柱的扭曲控制及钢结构制作精确度的控制。需要在施工中采取诸多措施，确保钢结构的质量和精确度。施工难点主要为：钢柱的垂直度控制及桁架的高空拼装精度。

3）现场安装：

A. 钢结构安装施工准备。

主吊机械。根据构件的重量，结合施工现场情况和主体钢结构构件分布情况及工期要求，钢构件主吊机械选用土建ST70/30附着式塔吊。

根据现场ST70/30塔吊的起重性能、施工平面布置图和钢构件安装参数表及道路运输条件，经过计算可知：十字形钢柱按每一层或两层一节制作、安装，核心筒H形钢柱均为两层一节（特殊注明处除外）。

B. 构件卸车。

构件卸车预计使用2号裙楼的4号塔吊卸车。卸车前需要将4号塔吊的主臂拆掉一部分（臂长在50m，以保证将构件吊运至3号塔吊的起吊范围内）。构件车停在2号裙楼的正南侧即4号塔吊正南方，以达到4号塔的起重量范围内。

设置钢构件周转区。钢构件在制作厂加工后，运输到周转堆场内堆放。对不合格的构件进行维修；构件进厂按吊装顺序配套供应。构件在用4号塔吊卸车后，将其吊至“ⓇⓂ轴/Ⓡ10轴外侧4m”处（构件中转区）；然后，用3号塔吊吊至主楼楼上相应位置或3号塔吊东北侧30m范围内。此外，受塔吊的起重性能影响，在上述的构件周转区正上方挑出的安全网需临时拆除，以保证3号塔吊能够正常起吊。如图5-12所示。

（9）高强度螺栓施工：

1）高强度螺栓技术参数。

A. 本工程高强度螺栓应符合要求，产品选用大六角型高强度螺栓。

B. 高强度螺栓由正规厂家供货，配套供应。一个连接副配备一个螺栓、一个螺母及一个垫片。供货时附相应实验报告。

C. 高强度螺栓参考长度：螺栓长度 = 构件厚度 + 所有连接板厚度 + 伸长值。

2）高强度螺栓保管：

A. 高强度螺栓到货后，及时清点检查，不得破坏塑料薄膜保护层，在搬运保管过程中，要轻拿轻放、防水、隔潮，防止生锈及损伤螺纹；

B. 每根高强度螺栓到货后，做好记录，记录规格、数量、批号及试验资料；

C. 按照高强度螺栓连接副分类存放到库房内，做好隔潮措施。

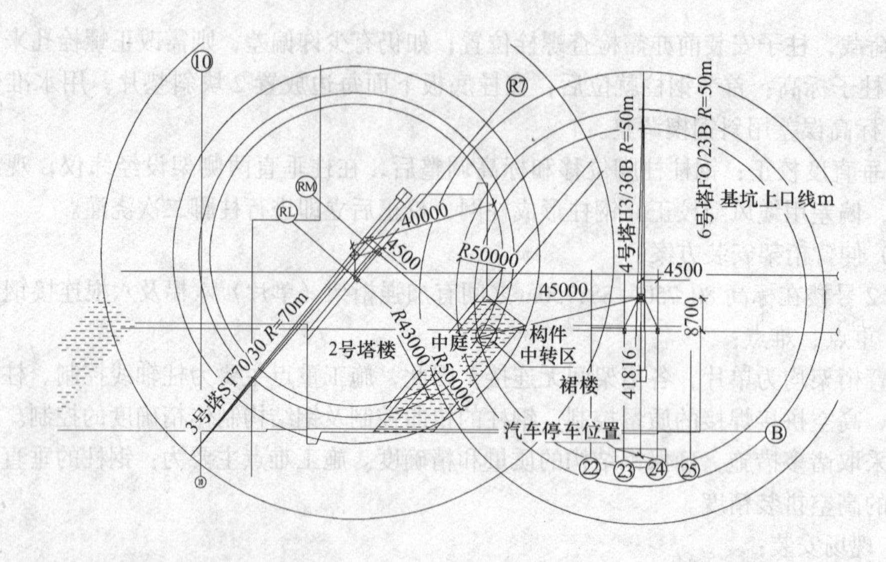

图 5-12 钢结构吊运

3）高强度螺栓使用：

高强度螺栓领用时，每次做好领用手续。使用过程中，放入工具袋内，不得被泥土、油污等污染。使用过程中，发现锈蚀、裂纹严禁使用，严禁随意堆放，做到用多少领多少。

4）构件及连接板摩擦面要求：

构件进场后对构件摩擦面进行外观检查，不得有油污、杂物，连接处平整、无弯曲，并有摩擦面试验报告。

5）高强度螺栓的连接固定：

A. 高强度螺栓施工前，应按出厂批号复验高强度螺栓连接副的紧固轴力，每批复验5套。

B. 安装高强度螺栓应自由穿孔，不允许锤击贯入，螺栓穿孔方向应力求一致，不得随意加垫板、扩孔。

C. 高强度螺栓穿入方向应力求一致，螺母带圆台的一侧朝向弹簧垫圈有倒角的一侧。

D. 安装时，临时螺栓数量不得少于节点螺栓数的1/3，且不少于2颗，不得用高强度螺栓代替临时螺栓，以免损伤螺纹及减少扭矩值。

E. 安装过程分为初拧和终拧，初拧扭矩值为终值的30%～50%，初拧后的高强度螺栓用白油漆在螺母上做标记。初、终拧使用带标称扭矩的拉拔扳手作业。

F. 为使螺栓群受力均匀，换临时螺栓时，初拧和终拧必须按一定顺序操作，一般应由螺栓群中央向四周扩散进行。

6）检查：

A. 每个节点的高强度螺栓紧固完成后，应通过复拧检查是否达到终拧扭矩值；

B. 终拧后的螺栓目测外露螺纹是否达到2～4扣螺纹，不符者查明原因进行更换，换下的螺栓不能再用；

C. 用手动测力扳手终拧的螺栓，用标准扭矩扳手进行抽查，抽查数量不得少于10%，且不得少于1颗；

D. 经检查合格后的高强度螺栓进行复验，并涂漆防锈。

(10) 剪力栓钉施工:

1) 使用的材料和设备:

A. 本工程劲性钢柱、钢梁所采用的剪力栓钉最小直径为19mm，焊接间距300mm。进场时应按包装上的规格、数量进行验收。设专用库房存放保管，使用要注意防水和防雨，以避免栓钉受潮生锈。发放和领用按当天的使用量，建立领用手续和发放登记。

B. 施焊时配备专用的栓焊设备，焊机暂载率≥15%，栓焊机日本产型号JSS2500型，配备A－88J型焊枪，使用中加强对栓焊设备的维护和保养，保持良好的焊接性能。

C. 栓焊机必须接在独立电源上，电源变压器的容量适当，能满足栓焊的使用要求。栓焊机在配电设施附近，此处应防潮、防风雨、防日晒，并具备维修条件和空间。

2) 栓焊工艺过程:

A. 栓焊工艺流程见“栓焊工艺流程图”(略)。

B. 焊接前，画出栓焊的准确位置，母材的施焊处不应有过量的氧化皮、锈蚀、受潮或其他物质。为确保焊接质量，可使用钢丝刷、角向磨光机等方法除锈或除污。

C. 焊钉端头与圆柱头部不得有锈或污物，严重锈蚀不能使用。焊接用的瓷环应保持干燥，因凝水或雨水而使表面受潮的瓷环，使用前置于120℃的烘箱中烘烤2h。

D. 若在同一电源上采用两支或两支以上焊枪时，焊枪应有联锁装置，在同一时间内只能有一只焊枪工作；且当焊完一个焊钉之后，而另一焊枪焊接之前，电源应恢复正常。

E. 为保证焊接电弧的稳定性，不得任意调节工作电压。可根据栓钉直径，调节焊接电流和通电时间。

F. 为使成型焊肉饱满且适当，应调节焊钉伸出瓷环的长度和焊钉提升高度。其参考值如下：普通焊伸出长度5mm，提升高度2.5mm。

G. 施焊时，焊枪应按住不动，直至焊缝处熔化的金属凝固为止。在其根部周围应有挤出的熔融金属(挤出焊脚)。焊接完毕，应将套在栓钉上的瓷环全部清除。

H. 气温在0℃以下，降雨雪或工件上残留水分时不得施焊。

3) 栓焊试验与检验要求:

对所有栓钉进行目视检查，随意选取20%的栓钉进行弯曲试验，而且每个杆件上至少对两个栓钉进行试验。

(11) 钢结构安装顺序

1) 施工顺序为Ⅲa→Ⅲb，每个区域按测量→吊装→校正→焊接及高强螺栓施工→焊接后检查校正(图5-13)。

2) 钢结构安装每个流水区按照建筑物的平面形状、工作效率等，按土建的施工流水顺序从西南向东北方向安装，使吊装顺序形成流水作业，加快施工进度。每个流水区的钢柱，在安装后就着手校正。流水区之间采用大流水，分别按构件安装、校正、柱节点焊接、焊后校正等工序实行流水作业。扩大作业面，加快施工进度，使区域流水的方向和顺序形成有规律的流动，并根据塔吊的使用情况调整。

5.11 雨期施工措施

雨期施工主要以预防为主，采用防雨措施及加强排水手段，确保雨期正常的施工生产，不受季节性气候的影响。

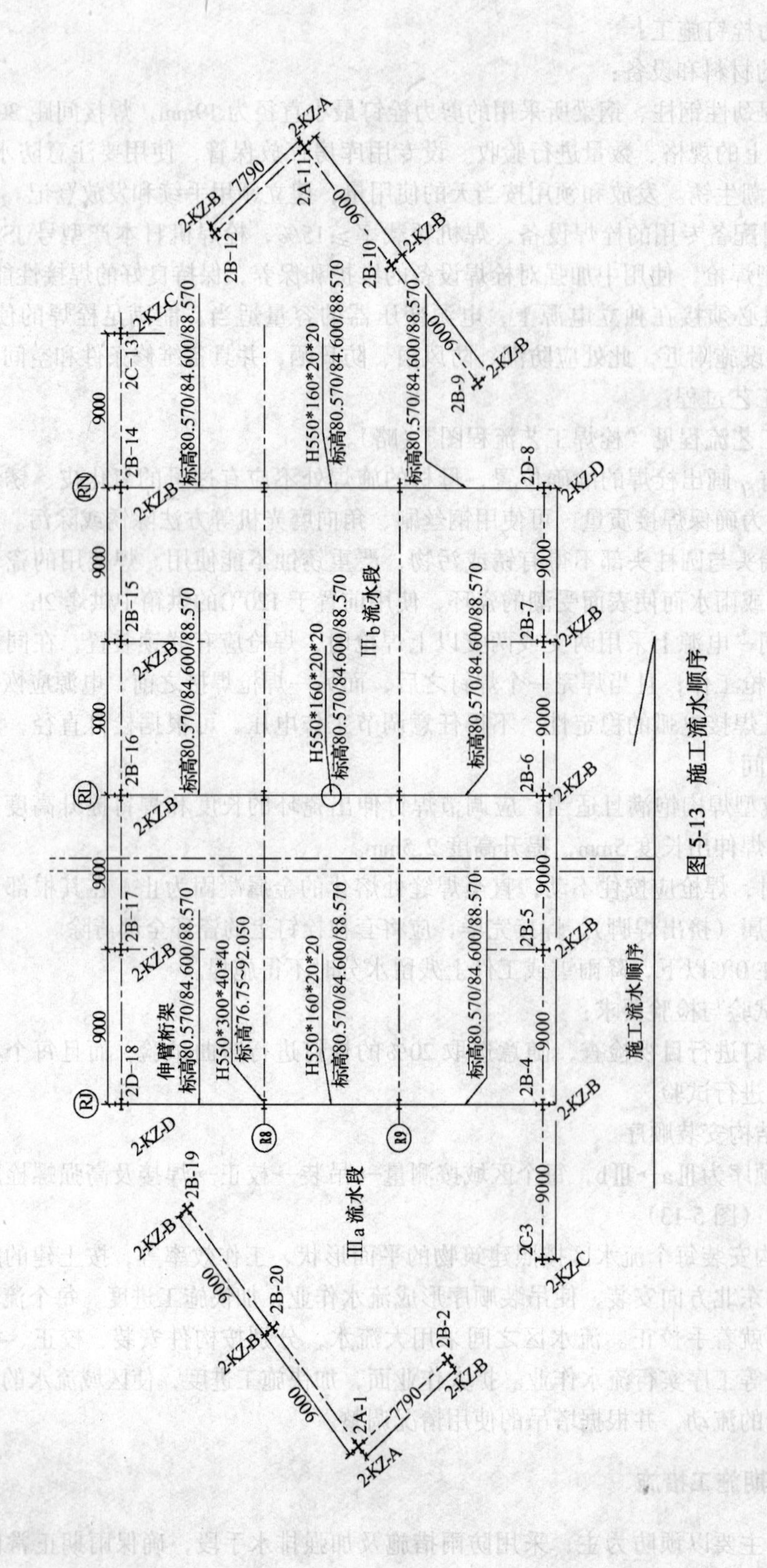

图 5-13 施工流水顺序

根据工程总进度控制计划，本工程经历两个雨期，为保证工程顺利进行，必须从思想上、措施上和物资上做好充分准备，严格制定雨期技术措施，确保雨期施工质量，确保工期不延误。

(1) 施工场地

施工现场应根据地形，对施工区及生活区分别形成良好的排水系统，以保证水流畅通、不积水。基坑周边用砖砌筑20cm宽的排水沟，防止地面水倒流入基坑内。

(2) 机电设备及材料养护

1) 在雷雨季节到来之前，必须做好机电设备的防潮、防霉、防锈蚀、防雷击等项措施，管好、用好施工现场机电设备，确保施工任务的顺利完成。

2) 对露天放置的大型机电设备要防雨、防潮，对其机械螺栓、轴承部分要经常加油并转动，以防锈蚀，所有机电设备都要安装预防漏电保安器。

3) 在施工现场比较固定的机电设备要搭棚或电机加防护罩，不允许用塑料布包裹。

4) 对现场各种高低压线路，应检查是否符合安全操作规程的要求；凡普通胶皮线、普通塑料线，只准架空铺设，不准随地拖设。

5) 机电设备的安装、电器线路的架设，必须严格按照临时用电方案措施执行。各种机械的机电设备的电器开关，要有防雨、防潮设施。

6) 雨后对各种机电设备、临时线路、外用脚手架等进行巡视检查；如发生倾斜、变形、下沉、漏电等迹象，应立即标志危险警示并及时修理加固，有严重危险的立即停工处理。

7) 现场使用的塔吊设置避雷装置，并定期进行检查。对于变压器、避雷器的接地电阻值必须进行复测（电阻值不大于4Ω），不符合要求的必须及时处理。对于避雷器，要做一次预防性试验。

(3) 临建工程及其他

1) 雨期前，对于临建房屋、水泥库房等应进行检查和修理，防止漏雨、漏电和其他不安全因素存在。雷雨前，交代工人雷雨中不要在大树下避雨，不要走近架子、架空电线周围10m以内区域，避免雷击触电事故发生。

2) 雨期前对现场已硬化的施工道路要进行一次平整铺垫，做到路面坚实平整、不沉陷、不积水、行车不打滑、不颠簸。路边设置300mm×300mm的排水沟，内侧抹灰，沟底向市政雨水管网方向设2‰的流水坡度，使雨水有组织地排入市政雨水管网。

5.12 冬期施工措施

1) 认真组织有关人员，根据生产任务编制冬期施工计划，分析冬期施工特点，编制冬期施工措施，所需材料要在冬施前准备好。各单位应做好施工人员的冬施培训工作，组织相关人员进行一次冬施工作的全面检查，落实施工现场的冬施准备工作，包括临时设施、机械设备的检修及保温等项工作。

2) 大型机械要做好冬期施工所需油料的储备和工程机械润滑油的更换、补充以及其他检修保养工作，以便在冬施期间运转正常。

3) 混凝土供应公司、试验室，要做好冬期混凝土、砂浆所掺外加剂的复试试配工作，及时提出不同施工条件的配合比，严禁使用不合格的外加剂（特别是含氨粒子成分的）。

4）冬施中加强天气预报工作，防止寒流突然袭击，合理安排每日的工作，同时加强防寒、保温、防火、防煤气中毒等项工作。

5）混凝土测温：室外日平均温度5d稳定低于5℃即应开始测温。对于使用大钢模板工程，该温度低于10℃即开始测温。测温工作包括大气、原材、入模和养护温度。测温孔沿梁每3m一个且每跨至少2个，楼板每15m^{2}一个，柱头、柱脚各一个，剪力墙轴线间3个，距上下边缘30～50cm，气温早7:30、午后14:00、晚21:00各测一次，每班三次。掺防冻剂的混凝土浇筑后临界强度达到前每2h测温一次，临界强度达到后每6h测温一次。

5.13　试验方案

(1) 本工程所需试验（包括有见证取样试验）均在北京华诚信建筑检测有限责任公司，并签定委托试验合同。

(2) 现场设标养室，派试验员两名负责现场取样。

(3) 取样依据根据公司《建筑安装工程过程试验（检测）控制程序》。

(4) 本工程主要进行的试验：回填土取样试验，钢筋复试试验，水泥复试试验、钢筋焊接试验，砂浆、混凝土试块试验，防水材料复试试验，砂、石试验，其他试验等。本工程有见证取样和送检各种试验次数不得少于试验总次数的30%，试验总次数在10次以下的不得少于2次。

(5) 见证试验送检要求：

1）见证人按有见证取样和送检计划，对施工现场的取样和送检见证；

2）在试样或其包装上作出标识、封志。标识和封志应标明样品名称、样品数量、工程名称、取样部位、取样日期，并有见证人、取样人签字；

3）见证人做见证记录，见证记录列入工程技术档案（附常用建筑材料的质量检测取样表）。

(6) 混凝土结构实体检验：

除按常规做好标养试块、抗渗试块并及时送压测试外，还必须认真执行规范要求，做好混凝土结构同条件实体检验，结构实体检验试块组数以及结构实体钢筋保护层厚度数量按规范要求，与监理、业主共同协商确定。

5.14　分包专业施工

(1) 专业分包商须在进场前，将其承包范围内施工组织设计报于技术部，由项目总工审核，公司技术部审批后方可依照施工。

(2) 所有深化设计文件及图纸需经项目部转交设计院签认后，方可进行施工。

(3) 分包单位在初次报批方案及技术文件时应一式三份（并附批示页），待正式审批整改后按一式六份报审（并附电子文档）。

(4) 每周五下午15:00之前，上报下周施工计划，每月25日上报下月施工计划，一式六份。

(5) 分包单位竣工资料的收集整理工作必须符合有关规定，接受总包项目部的检查。

(6) 必须建立技术文件管理制度，因分包单位原因造成施工错误的一切后果自负。

(7) 分包单位的计量工作必须符合总包项目部要求，要有专人负责，所用检测工具必须符合有关法律法规要求；否则，不得使用。

(8) 资料的编制与整理按照2003年北京市《建筑工程资料管理规程》进行整理，分承包方的竣工图及施工资料应在指定的期限内自行编制完，符合有关规定，经项目技术部检查合格后，方可进行竣工结算。

6 质量、工期、安全、环保保证措施

6.1 质量保证措施

创结构长城杯的目的就是树立结构是根本的理念，从根本做起，严格按规范、规程、标准精心施工、科学管理，加强预控，严格工序质量和过程控制，确保结构质量达到内实外美的效果。因此，在整个施工过程中严格控制以下几点：

①钢筋绑扎、搭接、锚固、保护层厚度符合设计和施工规范要求。

②阴阳角方正顺直、几何尺寸符合设计要求。

③结构混凝土浇筑振捣密实、表面平整、色泽一致。

④大面积卫生间和屋面不渗漏。

⑤防止大面积的隔墙板开裂、铝合金窗防变形等质量通病。

⑥大模板技术的运用为工程的重点，模板分项是施工关键工序。

⑦底板大体积混凝土冷缝以及裂缝的预防。

质量管理作为工程管理的重点和难点，我们将从质量保证体系和质量保证措施方面入手，达到质量目标的实现。

6.1.1 质量标准

本工程分部分项工程施工完毕后，严格按照质量检查规范中的列项进行检查，实行质量三检制，检查标准为长城杯标准，该标准略高于国家标准。

(1) 结构施工测量质量标准（表6-1）。

结构施工测量质量标准 **表6-1**

序号	项目			允许偏差	
				国家标准	内控标准
1	轴线控制网	测角误差	一级	±9″、1/15000	±9″、1/15000
			二级	±12、1/24000	±12、1/24000
		边长相对中误差		1/15000	1/15000
2	基础垫层标高			±15mm	±10mm
3	轴线竖向投测		每层	3mm	2mm
			总高	5mm	3mm
4	外廓主轴线长度（L）		$30m < L \leqslant 60m$	4mm	3mm
5	细部轴线			±2mm	±2mm
6	墙、梁边线			±3mm	±2mm
7	门窗洞口线			±3mm	±2mm
8	标高竖向传递		每层	±3mm	±2mm
			总高	±5mm	±4mm

（2）结构施工钢筋绑扎分项工程质量标准（表 6-2）。

钢筋施工质量标准　　表 6-2

序号	项目		允许偏差（mm）	
			国家标准	结构长城杯标准
1	绑扎骨架	宽、高	±5	±5
		长	±10	±10
2	受力钢筋	间距	±10	±10
		排距	±5	±5
		弯起点位置	20	±15
3	箍筋、横向筋焊接网片	间距	±20	±10
		网格尺寸	±20	±10
4	保护层厚度	基础	±10	±5
		柱、梁	±5	±3
		板、墙、壳	±3	±3
5	梁、板受力钢筋搭接锚固长度	入支座、节点搭接	—	+10、-5
		入支座、节点锚固	—	±5
6	等强直螺纹接头外露丝扣	套筒外露整扣	1个	≯1个
		套筒外露半扣	—	≯3个

（3）模板工程质量标准（表 6-3）。

模板工程质量标准　　表 6-3

序号	项目		允许偏差（mm）	
			国家标准	结构长城杯标准
1	轴线位移	柱、墙、梁	5	3
2	底模上表面标高		±5	±3
3	截面模内尺寸	基础	±10	±5
		柱、墙、梁	±4、-5	±3
4	层高垂直度	层高不大于5m	6	3
		大于5m	8	5
5	相邻两板表面高低差		2	2
6	表面平整度		5	2
7	阴阳角	方正	—	2
		顺直	—	2
8	预埋铁件中心线位移		3	2
9	预留孔洞	中心线位移	+10	5
		尺寸	+10、0	+5、0
10	门窗洞口	中心线位移	—	3
		宽、高	—	±5
		对角线	—	6
11	插筋	中心线位移	5	5
		外露长度	+10、0	+10、0

（4）混凝土工程质量标准（表 6-4）。

混凝土工程质量标准　　表 6-4

序号	项目		允许偏差（mm）	
			国家标准	结构长城杯标准
1	轴线位置	基础	15	10
		墙、柱、梁	8	5
2	标高	层高	±10	±5
		全高	±30	±30
3	截面尺寸	基础宽、高	+8、−5	±5
		墙、柱、梁宽、高	+8、−5	±3
4	垂直度	层高≤5m	8	5
		层高>5m	10	8
		全高（H）	H/1000且≤30	H/1000且≤30
5	表面平整度		8	3
6	保护层厚度	基础	—	+5、−3
		墙、柱、梁、板	—	±3
7	角、线顺直度		—	3
8	楼梯踏步板宽度、高度		—	±3
9	电梯井筒	长、宽对定位中心线	+25、0	+20、−0
		筒全高（H）垂直度	H/1000且≤30	H/1000且≤30
10	阳台雨罩位移		—	±5
11	预留孔、洞中心线位置		15	10

（5）钢结构工程质量标准（表 6-5）。

钢结构工程质量标准　　表 6-5

序号	项目		允许偏差（mm）	
			国家标准	结构长城杯标准
1	定位轴线	基础上柱、柱高	1	1
		杯口位置	10	5
		地脚螺栓（锚栓）移位	2	1
		底层柱对定位轴线	3	2
2	杯高	支承面、地脚螺栓	±3	2
		坐浆垫层顶面	0，−3	0，−3
		杯口地面	0，−5	0，−3
		基础上柱面	±2	±2
3	垂直度	杯口、单节柱	H/1000且≤10	8
		杯口底面	H/250且≤15	10
		多层、高层整体结构	H/1000且≤25	20

续表

序号	项目		允许偏差（mm）	
			国家标准	结构长城杯标准
4	网架结构安装	支承面顶板位置	15	10
		支座锚栓中心偏移	±5	±5
		支座中心偏移	≤30	≤20
		纵、横向长度	±30	±20
		相邻支座高差（周边）	$L/400$ 且≤15	≯10
5	压金属板安装	檐口与屋脊平行度	12	10
		檐口与相邻端错位	6	5
		墙板包角板垂直度	$H/800$ 且≤25	≤20
		墙板相邻板下方错位	6	5
6	现场焊缝组对缝隙	无垫板间隙	0，+3	0，+3
		有垫板间隙	−2，+3	0，+3

（6）混凝土砌块墙体允许偏差（表6-6）。

混凝土砌块墙体允许偏差 **表6-6**

项次	项目		允许偏差（mm）
1	轴线位置		10
2	楼面标高		±15
3	垂直度	每楼层	5
		全高	20
4	表面平整		8
5	水平灰缝平直度		10
6	水平灰缝厚度（连续5皮砌块累计数）		±10
7	垂直缝厚度（连续5皮砌块累计数）		±15
8	门窗洞口	高度	±15、−5
		宽度	±5

（7）建筑地面面层允许偏差表（表6-7）。

地面面层允许偏差 **表6-7**

序号	项目	允许偏差（mm）					
		水磨石地面	耐磨地面	混凝土地面	水泥地面	地砖地面	石材地面
1	表面平整度	2	4	5	4	2	1
2	缝格平直	2	3	3	3	3	2
3	接缝高低差	—	—	—	—	0.5	0.5
4	踢脚口平直	3	4	4	4	3	1
5	板块间隙	—	—	—	—	2	1

（8）一般抹灰的允许偏差（表6-8）。

一般抹灰允许偏差　　表 6-8

序号	项目	允许偏差（mm）	
		普通抹灰	高级抹灰
1	立面垂直度	4	3
2	表面平整度	4	3
3	阴阳角方正	4	3
4	分格条（缝）直线度	4	3
5	墙裙、勒脚上口直线度	4	3

(9) 吊顶工程安装允许偏差（表 6-9）。

吊顶工程允许偏差　　表 6-9

项次	项目	允许偏差（mm）		
		石膏板	金属板	硅钙板
1	表面平整度	3	2	3
2	接缝直线度	3	2	3
3	接缝高低差	1	1	2

(10) 墙面施工允许偏差（表 6-10）。

墙面允许偏差　　表 6-10

序号	项目	允许偏差（mm）		
		磨光石材	装饰面板	内墙面砖
1	立面垂直度	2	2	2
2	表面平整度	2	3	3
3	阴阳角方正	2	3	3
4	接缝直线度	2	2	2
5	接缝高低差	0.5	1	0.5
6	接缝宽度	1	1	1

(11) 门窗安装允许偏差（表 6-11）。

门窗安装允许偏差　　表 6-11

项次	项目		允许偏差（mm）		
			木门窗	钢门窗	铝合金门窗
1	门窗槽口宽度、高度	≤1500mm	2	2.5	1.5
		>1500mm		3.5	2
2	门窗槽口对角线差	≤2000mm	3	5	3
		>2000mm		6	4
3	门窗框正、侧面垂直度		2	3	2.5
4	门窗框的水平度		3	3	2
5	门窗横框标高		4	5	5
6	门窗竖向偏离中心		4	4	5
7	双层门窗内外框间距		4	5	4
8	推拉门窗扇框搭接量		—	—	1.5

6.1.2 质量保证管理程序

（1）依据局《综合管理手册》的要求，我们决心以自己卓有成效的努力，提供给业主最优质的产品，不断地提高工作质量和服务质量，更好地完成对业主的质量承诺（表6-12）。

管理要素和工作质量 表6-12

基本要素	工作质量
生产和服务的提供过程控制	过程控制是确保项目质量目标实现的最为关键的一步，通过对特殊过程、关键过程、一般过程、工程的放行、交付和交付后的控制及工程服务控制，以每道工序环节的质量来保证整个过程的优质
产品监视和测量	通过一定的组织形式和检测手段，对施工生产的各阶段中需检验和试验的设备、成品、半成品或过程，必须按规定方法标识，以确保经过检验合格的产品方可使用，最终验证工程质量已达到《建筑工程施工质量验收统一标准》（GB 50300—2001）的规定，确保向业主交付满足合同要求的产品
不合格品（项）控制	对检测结果达不到要求的物资或施工过程中允许偏差超过规范要求的工序，在经过退货及整改后，重新检验和试验，取得各方认可后，才能进入下道工序
监视和测量装置的控制	为保证所接收的每批工程物资的质量，保证及早发现施工和安装过程中的不合格过程，通过一定的组织形式和检测手段、一定的设施和试验方法对其加以检验和试验
纠正和预防措施	制定纠正、预防措施，消除工程（产品）和服务过程中存在的或潜在的不符合因素，防止事故的扩大和重复发生，并对不合格原因进行调查、分析，实现持续改进
顾客满意监视和测量	认真听取、征求建设单位、监理单位及各相关单位的意见和建议，针对调查分析的问题组织制定纠正措施，组织实施和验证，以达到顾客满意

（2）组织保证措施。

根据保证体系组织机构图，进一步建立岗位责任制度和质量监督制度。认真执行质量“三检制”，测量放线复验制，地基联合验槽制，关键和特殊过程跟踪检验制，隐蔽工程联合检验制，分项分部工程质量评定制，主体工程、中间交工及竣工交验制。对不合格品进行控制，对出现的不合格品按“三不放过”的原则实施纠正，并重新验证纠正后的质量。

在现场质量管理过程中，严格做到“三不放过”并开展好“三检”工作。外联队要配备专职自检员，与分公司的质检员、项目工长配合做好质量检查工作，做到层层把关，重点部位要重点检查，不漏检不留隐患，严格按照国家的操作规范、验评标准及设计图纸进行施工检查，及时对工程中出现的质量问题以及不合格品，会同项目进行质量分析，对由于检查把关不严、决策或指挥失误、明显失职的进行严厉的处罚。另外，对能及时发现问题、及时避免出现质量事故的人员给予重奖。由公司质量执法小组组织每月进行两次质量检查，质量的好坏与当月的奖金挂钩，保证施工质量处在受控状态。

（3）工程质量的过程控制与管理措施。

工程质量的过程控制与管理措施主要包括：施工测量、钢筋工程、模板工程、混凝土工程、钢结构工程、砌筑工程、防水工程、屋面工程、装修工程、幕墙工程。

6.2 技术保证措施

(1) 把好图纸关，认真学习、审核图纸，搞好图纸预审、会审。

(2) 编制施工组织设计。

(3) 组织技术交底。

(4) 制定切实可行的施工方案。

(5) 工程技术资料的管理。

6.3 工期保证措施

(1) 以总控制进度计划为基础，分别编制分部、分项和配合工作进度计划及其他专业进度计划，作为控制各施工队施工进度的依据。

(2) 建立定期的生产计划例会制度，下达计划，检查计划完成情况，解决实际问题，协调各施工队之间的工作，统一有序地按总进度计划执行。

(3) 加强策划与组织工作的预见性。保证施工图纸等技术资料满足连续施工的需要。同时，密切监督各部门负责的建筑材料、物资的采购定货、供应过程。争取将一切影响工期的不利因素做到在施工前解决。

(4) 控制关键日期（里程碑）为目标，以滚动计划为链条，建立动态的计划管理模式。在总控制进度计划的指导下编制阶段（月、周、日）等各级进度计划，一级保一级，绝不能拖延总控制进度计划。

(5) 对各级计划的关键线路深入分析，最大限度地控制缩短关键线路的潜力。同时，利用计算机实现计划的优化管理，应用梦龙智能项目管理系统 Pert98 软件编制各级进度计划并进行优化，以便及时、准确地将实际施工中各种反馈信息反映到修改的进度计划中，不断修改计划中存在的不合理性，提高滚动计划编制效率和准确度。

(6) 推广应用小流水施工工艺，合理安排工序，在绝对保证安全、质量的前提下，充分利用施工空间，科学组织结构、设备安装和装修三者的立体交叉作业。

(7) 充分发挥群众积极性，开展队与队、班与班、组与组之间的劳动竞赛，争取流动红旗，对完成计划好的予以表扬和奖励，对完成差的给予批评和经济制裁，充分利用经济杠杆作用。

(8) 在有限的工期内，积极推广应用新技术、新工艺和新材料，提高机械化施工程度，缩短工期。

(9) 建立强有力的实施工程进度计划的组织机构，理顺各部门的分工协作关系，明确各施工队的责任，对完不成计划的要根据具体情况迅速作出处理。必要时采用经济与行政措施，对各个施工队进行奖罚。

6.4 降低成本措施

(1) 编制成本控制计划

根据本工程的特点、合同要求及所处环境，施工阶段结合相关工程的成本管理经验进行科学成本预测，并在此基础上编制“成本控制计划”，该计划是实现成本目标的具体安排，是施工过程中成本管理工作的纲领性文件。

（2）项目管理以成本管理为中心

项目管理以成本管理为中心，实行月结成本，建立责任成本体系，将目标成本指标分解到每个管理人员，由项目经理加强考核并与奖罚挂钩，把成本管理的各项要求落到实处。

（3）加强材料管理，节约材料费用

改进材料的采购、运输、收发、保管等方面的工作，减少各个环节的损耗，节约采购费用；合理堆置现场材料，组织分批进场，避免和减少二次搬运；严格材料进场验收和限额领料制度；制订并贯彻节约材料的技术措施，合理使用材料，尤其三大材，重视节约代用、修旧利废和废料回收，综合利用一切资源。

（4）加强机械设备管理，提高机械使用率

正确选配和合理使用机械设备，搞好机械设备的保养修理，提高机械的完好率、利用率和使用效率，从而加快施工进度、增加产量、降低机械使用率。

（5）充分利用我局现有资源降低现场费用

工程的大部分技术施工准备工作在总部进行，项目经理部精简管理机构，减少管理层次，压缩非生产人员，节省现场管理开支。充分利用当地的人力、物力资源，减少转场费用。钢筋集中在加工厂配料加工，优化下料，提高钢筋出材率。

（6）加强劳动工资管理，提高劳动生产率

改善劳动组织，合理使用劳动力，采用流水作业，尽量缩短施工工期，减少人工投入，减少窝工浪费；加强技术教育和培训工作，提高工人的文化技术水平和操作熟练程度；加强劳动纪律，提高工作效率，压缩非生产用工和辅助用工，严格控制非生产人员比例。

（7）加强技术管理，提高工程质量

研究推广新工艺、新技术、新结构、新材料、新设备及其他技术革新措施，制定并贯彻降低成本的技术组织措施，提高经济效益；加强施工过程的技术质量检验制度，提高工程质量，避免返工损失。

（8）加强施工管理，提高施工组织水平

正确选择施工方案，合理布置施工现场；采用先进的施工方法和施工工艺，不断提高工业化、现代化水平；组织均衡生产，搞好现场调度和协作配合；注意竣工收尾，加快工程进度，缩短工期。

（9）科学的用工体制

降低人工费用的根本途径是提高劳动生产率。项目通过公开招标的方式优选劳务施工队，提高基层施工人员的素质，从而提高工效。在此基础上，项目部将与劳务队签订包清工承包合同，把人工费用在施工前一次包死，同时签订施工材料使用合同，合同规定，凡超出成本计划中的材料消耗，施工劳务队承担相应经济责任，避免了材料浪费。为降低中、小型机械使用费，项目部把成本计划中的该项费用一次结清给劳务作业队，中、小型机械由其负责购买、使用和保养，充分调动施工劳务队的积极性，这样将大大提高机械利用率，降低维修费用。良好的机械状态将能保证工期，而且保证质量。

6.5　职业健康、安全、消防保证措施

6.5.1　安全保证措施

（1）杜绝重伤事故，轻伤事故率低于2‰。

(2) 安全保证体系。安全保证体系框架图如图6-1所示。

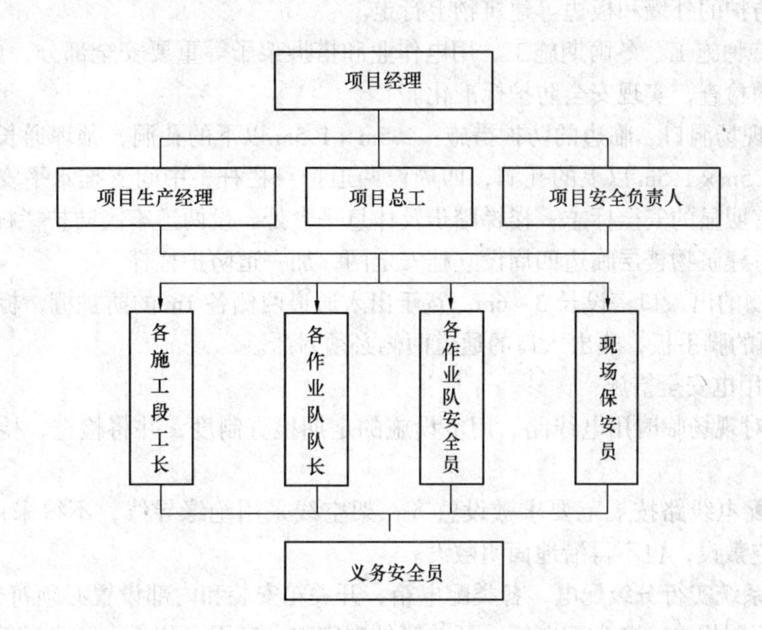

图6-1 安全保证体系框图

(3) 安全保证措施：

1) 现场安全：

A. 贯彻“安全第一，预防为主”的方针，项目管理机构职能部门和操作工人均明确安全生产目标，做好各项防护工作，安全生产做到经常化、制度化、规范化，坚持既抓生产又抓安全；当生产进度与安全相矛盾时，进度必须让位于安全。

B. 严格执行建筑施工现场安全防护标准，现场有明显的安全标志牌。

C. 认真落实各项安全管理制度，反对违章指挥和违章作业。项目经理部主要负责人实行值班制度，坚持每周一班前一小时的安全教育和一周总结，每日安全交底，每月进行一次安全生产检查评比活动。

D. 开展经常性的安全教育，提高全员的安全意识，对工人进行三级安全教育，经考试合格才能准许上岗，特殊工种的工人应经过培训持证上岗。

E. 建立安全保证体系，强化安全管理，严格按安全操作规程施工，给予专职安全员权力，发现隐患限期整改，拒不整改有权罚款，遇有特别紧急不安全情况有权停工。

F. 重视安全“三宝”的作用，进入施工现场必须戴安全帽，高空作业必须系安全带。施工中认真穿戴好各种劳动防护用品。

G. 按规定搭设各种安全防护设施，如临边、四口的安全护栏，脚手架、马道架等的搭设，均应符合有关安全规定。

H. 距地面2m以上作业要有防护杆、挡脚板或安全网，架设安全网有专人检查监护；发现不符合要求时，应停止使用、立即整改。

I. 高空作业时，任何人禁止投掷物件。坑下作业时，严禁从坑上向下扔东西。高空作业的工人应携带工具袋，使用的工具、小型材料等均应随时装入袋内。高空作业时，不准站在不稳定的物体上操作，不准从高空处向下跑跳，不准沿架设或模板支撑向上攀登。不准在没有防护的外墙和板边等建筑物上行走。

J. 对于特种施工、冬雨期施工、用电作业和搭拆架子等重要安全部分，要进行定时、定量、定人的检查，实现安全防护标准化。

K. 施工现场洞口、临边的防护措施：1.5m×1.5m 以下的孔洞，预埋通长钢筋网或加固定盖板；1.5m×1.5m 以上的孔洞，四周设两道护身栏杆，中间支挂水平安全网，各主要出入口设有明显的安全标志；楼梯踏步及休息平台处，设两道牢固防护栏杆或用立挂安全网做防护，建筑物楼层临边四周设立挂安全网，加一道防护栏杆。

L. 建筑物的出入口搭设长 3~6m，宽于出入通道两侧各 1m 的防护棚，棚顶应满铺不小于 50mm 厚的脚手板，非出入口的通道两侧必须封严。

2）临时用电安全措施：

A. 建立对现场临时用电线路、用电设施的定期检查制度，并将检查、检验记录存档备查。

B. 临时配电线路按规范要求敷设整齐，架空线采用绝缘导线，不得采用塑胶软线，不得成束架空敷设，也不得沿地面明敷设。

C. 配电系统实行分级配电，各类配电箱、开关箱安装和内部设置必须符合有关规定，开关电器应标明用途。各类配电箱、开关箱外观完整、牢固、防雨、防尘，箱体涂有安全色标，统一编号，箱内无杂物，停止使用时切断电源，箱门上锁。

D. 施工用电严格执行《施工现场临时用电安全技术规范》，有专项施工组织设计，强调突出线缆架设及线路保护，严格采用三级配电、二级保护的三相五线制“TN-S”供电系统，做到“一机一闸一漏一箱”，漏电保护装置必须灵敏、可靠。

E. 手持电动工具应符合有关规定，电源线、插头、插座应完好，电源线不得任意接长和调换，工具的外绝缘完好无损，维护和保管由专人负责。

F. 电源照明采用 220V，在电源一侧加装漏电保护器，特殊场所按规定使用安全电压照明器。使用行灯照明，其电源电压应不超过 36V，灯体与手柄绝缘良好，电源线使用橡套缆线，不得使用塑料软线。

3）机械安全措施：

A. 施工现场的机械均按“施工现场平面图”的位置进行安装；

B. 所有机械设备必须做到定期检查，机械不得带病工作，非专业人员不得开启机械；

C. 大型机械安装必须符合规定要求，并办理验收手续，经验收合格后方可使用。

(4) 职业健康安全防护措施

1）职业卫生管理制度：

A. 为从事有害作业的人员配备有效的个人防护用品。在易发生急性中毒的作业场所必须采取防护措施和医疗急救用品。

B. 凡接触职业病危害因素的劳动者，均应进行上岗前、在岗期间每隔半年、离岗时和应急的健康检查，发现有职业禁忌症者必须调离。

C. 对职业病危害作业场所进行定期检测，保证检测系统正常运行。

D. 对从事有害作业人员进行职业卫生教育和培训，职业病防护设施应正确使用，并定期维护、定期检查；发现不符合国家职业卫生标准和卫生要求，应立即采取相应措施。

E. 发生职业病危害事故后，须在4h内向公司主管部门报告，并按《应急准备和响应程序》执行。

F. 从事尘、毒、高温等作业工种的保健待遇：

①保健待遇每季度发放一次，以工作天为计算单位，一天实际工作不足4h的算半天，4h以上算一天（连班作业或一天内实际工作超过8h甚至更多的也算一天）；

②从事有毒、有害工作（包括静电复印、电焊工、油漆工、搅拌司机等）的人员，在每月的工资中相应增加补贴。

2）职业病防治操作规程：

A. 进行水泥搬运、搅拌水泥砂浆，上料的人员必须佩戴防尘面罩，以防止水泥尘肺病；

B. 电锯、切割机操作人员要佩戴护耳罩，以避免噪声聋病；

C. 电、气焊工作业时，必须戴防护镜，防止灼伤眼部；在进行电焊作业时，尽量选择上风方向操作，以防锰中毒；

D. 进行防水、油漆作业时，必须保证通风良好，作业人员必须佩戴防毒面具，以防中毒；

E. 复印机应放在通风的位置，不用时及时关闭，尽量减少硒鼓毒害；

F. 夏季施工时，注意防暑降温；温度超过40℃时，必须停止室外露天作业。

6.5.2 消防、保卫措施

(1) 施工现场保卫措施

1）现场保卫工作组织机构。

成立本项目保卫工作领导小组，以项目经理为组长，全面负责领导工作，项目安全负责人任副组长，各施工段工长、作业队队长、安全员、现场保安员为组员。

2）治安保卫措施。

工地设门卫值班室，由保安员昼夜轮流值班，白天对外来人和进出车辆及所有物资进行登记，夜间值班巡逻护场。重点是仓库、木工棚、办公室、塔吊及成品、半成品保卫。

加强对劳务分包人员的管理，掌握人员底数，掌握每个人的思想动态，及时进行教育，把事故消灭在萌芽状态。非施工人员不得住在现场，特殊情况必须经项目保卫负责人批准。

3）治安保卫教育。

由保卫小组负责人组织，定期对职工进行治安保卫教育，提高思想认识。一旦发生灾害事故，作到召之既来，团结奋斗。

4）现场保卫定期检查。

为了维护社会治安，加强对施工现场保卫工作的管理，保护国家财产和职工人身安全，确保施工现场保卫工作的正常有序，促进建设工程顺利进行，按时交工。根据本项目实际，每周对现场保卫工作进行一次检查，对现场保卫定期检查提出的问题限期整改，并按期进行复查。

(2) 施工现场消防：

1）现场消防工作组织机构：针对本项目成立消防安全工作领导小组，以项目经理为组长，项目消防安全负责人为副组长，各施工段工长、劳务作业队队长、安全员、现场保安员为组员。

2）消防措施：制定机电设备、焊接工程、防水作业、易燃易爆物资存放与管理、明火作业、季节性施工、现场堆料等防火措施。

6.6 施工现场环境保护措施

（1）环境绩效监视和测量

1）成立环境绩效监视与测量管理小组；

2）编制环境绩效监视和测量工作程序。

（2）环境保护措施

1）为降低施工现场扬尘发生和现浇混凝土对土的污染，施工现场主要道路采用混凝土预制块硬化。

2）木工棚、露天仓库或封闭仓库地面均采用水泥砂浆地面，并做到每天清扫，经常洒水降尘。

3）施工现场建筑垃圾设专门的垃圾分类堆放区，并将垃圾堆放区设置在避风处，以免产生扬尘；同时，根据垃圾数量随时清运出施工现场，运垃圾的专用车每次装完后，用布盖好，避免途中遗撒和运输过程中造成扬尘。

4）施工现场主要施工道路，每天设专人用洒水车随时进行洒水压尘。

5）地下室回填土所用的石灰采用袋装或搅拌好后进入施工现场。

6）施工现场按单位工程进行分区管理，责任到人。

6.7 文明施工与 CI 形象

（1）文明施工管理目标

本工程文明施工目标是创“北京市安全文明样板工地”，施工现场及机械料具管理要严格按总平面设计，做到合理布置、方便施工、场容整洁、封闭施工；环境保护及环境卫生工作措施得力、管理严密，符合北京市相关法规的要求，防止有损周围环境和人员身体健康现象的发生；在防止扰民等方面制定具体的措施，加强内部保证和外部协调，妥善处理所出现的问题。

（2）现场 CI 整体形象设计方案

本方案根据“公司企业形象视觉识别规范手册”（以下简称“手册”）和“施工现场CI达标细则”（以下简称“细则”），结合本工程具体情况，制定施工现场 CI 设计方案。同时，将对业主的企业形象大力宣传。

7 工程管理目标

（1）质量目标及质量、环境和职业健康安全方针

质量目标：创北京市结构工程长城杯金奖，争创国优“鲁班奖”。

质量、环境和职业健康安全方针：

精心施工　预防监控

遵规守法　诚信至上

以人为本　追求卓越

(2) 工期目标：2004年4月15日进场施工，2006年5月29日工程备案验收。

(3) 安全目标：杜绝伤亡、重伤事故，轻伤事故率低于2‰。

(4) 文明施工目标：创2004、2005年“北京市文明安全样板工地”。

(5) 环境管理目标

管理目标：杜绝环境污染，美化施工周边环境，营建“花园式工地”。

(6) 成本目标

降低成本额3%。

第六篇

鑫茂大厦工程施工组织设计

编制单位： 中建二局三公司

编 制 人： 杨发兵　陈小茹　吕宝平　杨丽　李慧　陈星　刘广文　马建军　罗琼英

审 核 人： 施锦飞　倪金华

【摘要】 鑫茂大厦工程（图 0-1）为大型综合建筑，在施工中采用了钻孔压浆桩、导轨式爬架等新工艺、新技术，很有特色。工程装修档次很高，外檐采用多种形式的幕墙，其中发光式幕墙目前较为罕见。此外，为了抢回因设计变更、“非典”影响损失的工期，项目组在设备材料周转、劳动力配置、多专业协调方面的施工组织管理方面也很出色，值得借鉴。

图 0-1　鑫茂大厦

目　录

1　工程概况

1.1　项目概况

鑫茂大厦工程位于北京市西城区金融街B1地块，为金融街控股股份有限公司开发建设的国际标准写字楼项目。

勘察院：北京市勘察设计研究院

设计单位：中元国际工程设计研究院

北楼精装修设计单位：美国SOM公司，中国建筑设计研究院

西楼及南配楼精装修设计单位：北京弘高设计公司

总承包施工单位：中建二局第三建筑公司

监理单位：北京银建工程建设监理有限公司

质量监督机构：北京市建设工程质量监督总站。北楼现为中国保监会办公楼，西楼及南配楼现为中国银行业监督管理委员会办公楼。

工程占地面积12390m^2，总建筑面积为131057m^2，其中地下41930m^2，地上89127m^2；地下四层，地上北楼22层，西楼20层；基础为梁板式筏形基础，全现浇框架－剪力墙结构；建筑高度（按主体顶层结构板面标高计）：北楼89.525m，西楼82.225m；抗震设防烈度为8度。本工程为一类高层建筑，耐火等级为一级，地上部分为办公用房及附属用房，地下部分主要为汽车库、自行车库、设备机房及库房等，地下四层为六级人防工程。地下四层车库层高为3.80m，地下二、三层车库层高为3.60m，地下一层自行车库、厨房餐厅、会议厅及设备机房层高为4.50m；地上部分为办公用房，首层层高6.00m，二、三层层高为5.00m，标准层层高为3.80m。

1.2　结构概况

（1）梁板式筏形基础（属大体积混凝土）

南北向长126.3m，东西向长95.35m。基底标高－17.50～－18.90m，底板面积11498m^2，底板厚度有1200、1400、700mm，基础梁截面尺寸有1600mm×2200mm、1600mm×2900mm、1000mm×1500mm，暗梁截面尺寸为1000mm×1500mm、1000mm×1400mm。

（2）混凝土构件截面尺寸

1）地下室外墙最大厚度为500mm；

2）框架柱的截面尺寸有：1200mm×1200mm、1100mm×1100mm、1000mm×1000mm、800mm×1000mm、800mm×1200mm、800mm×800mm、1600mm×2000mm（地下四层～地下二层2/B轴）、700mm×1700mm、D＝400mm圆柱、D＝700mm圆柱，柱网跨度有8250、8700、9150mm；

3）框架梁：2000mm×3300mm（地下一层）、600mm×600mm、700mm×600mm、500mm×550mm、500mm×600mm；

4）井筒墙厚：600、500、450、400、350、300mm。

（3）混凝土强度等级

1）梁板式筏形基础：C40P12；

2）主塔楼墙、主塔楼柱、地下四～六层混凝土强度等级为C60，六层以上为C50高强混凝土；其余墙、柱为C40；

3）梁、板：C30。

1.3 初装修概况

（1）地下二～四层各房间装修做法

地面装修做法有混凝土地面、铺地砖地面；楼面装修做法有混凝土楼面、铺地砖楼面（磨光、抛光、防滑地砖）、水泥楼面；房间踢脚装修做法有水泥砂浆踢脚、铺彩色釉面砖踢脚；内墙面做法有耐水腻子墙面、乳胶漆墙面；顶棚装修做法有耐水腻子顶棚、石膏板吊顶、乳胶漆顶棚、硅钙吸声板吊顶、铝合金方板吊顶。

（2）楼地面防水做法

汽车库、货运区、货运中转防水做法为刷水泥基渗透结晶防水层；地下工程防水等级为二级，地下室底板、顶板、侧壁采用喷涂水泥基渗透结晶型防水涂料，铺贴“一宁”牌自粘防水卷材（部分采用Ⅱ+Ⅲ型SBS改性沥青防水卷材），侧壁和顶板采用挤塑型聚苯乙烯泡沫塑料保护层；中水处理、水泵房、冷冻机房、热交换站、喷淋设备间、卫生间、浴室、厨房操作间、地下一层～地上四层空调机房、新风机房及屋顶机房一层、二层新风热回收机房为JS复合防水涂料。

（3）工程砌筑墙体

除卫生间采用烧结页岩砖，其余采用陶粒混凝土空心砖，商业、办公等部分采用轻钢龙骨双层石膏板墙。卫生间隔断板采用成品隔断，现场组装。

（4）屋面工程防水

等级为一级，耐水年限为25年。采用有组织排水，屋面排水坡度为2%（机房屋面局部排水坡度为1%）。屋面防水及卷材面积：屋面总面积6040m^2，防水卷材总面积12080m^2（不含附加层面积）。防水卷材采用（Ⅲ+Ⅳ）型国产优质聚合物SBS改性沥青防水卷材，屋面保护层为细石混凝土保护层，粘贴人造草皮，高层屋面（包括屋顶机房）保温层为100mm厚憎水珍珠岩板保温层，四层、五层屋面为倒置式屋面，保温层为50mm厚挤塑聚苯板保温层。

（5）工程外玻璃幕墙

工程主要以单元体幕墙为主，大面由3208个单元板块组成，最大标准板块为2900mm×3800mm，由玻璃、石材、阴影盒三部分组成，重约1t，体积重量之大国内仅此一家，国际罕见。另外，还有框架石材幕墙、铝板幕墙、钛复合板幕墙、裙楼框架点式夹胶玻璃复合石材、裙楼明框玻璃幕墙、首层落地大玻璃。

（6）工程门窗

有人防门、防火门、木门、卷帘门、隔断门、铝合金门、铝门，窗有铝合金窗、百叶窗、铝窗。

1.4 北楼精装修概况

北楼精装修涉及的施工分项有：

（1）建筑地面工程（水泥混凝土面层、不发火水泥楼面、砖面层施工、米黄大理石面层、防静电活动地板面层、工艺地毯面层、木地板）；

（2）饰面板（砖）工程（包括室内贴瓷砖施工、核心筒墙面槽钢骨架干挂花岗石饰面施工）；办公室轻钢龙骨纸面石膏板隔墙工程；

（3）吊顶工程（轻钢骨架金属铝扣板顶棚，轻钢骨架固定钢化玻璃复合板、铝蜂窝石材、石膏板、矿棉板顶棚）；

（4）涂饰工程（木饰面施涂混色油漆施工、木饰面施涂清色油漆施工、混凝土及抹灰表面施涂油漆涂料施工、木地板施涂清漆打蜡施工）；

（5）软包工程（石膏板海基布铺贴施工）；

（6）大堂石材发光墙光源应用了复式电极冷阴极荧光灯，发光墙选用玻璃石材复合板（透光石材）；

（7）大堂首层接待台上方和三层发光墙上方两处顶棚采用了铝蜂窝复合石材；

（8）公共走道墙面木饰面采用 WD－1 多层复合板；

（9）会议楼大堂首层顶棚、二层墙面和北楼大堂顶棚、三层走道墙面采用了钛板装饰等新技术、新工艺；

（10）北楼大堂地面为 725mm×1450mm 进口米黄石（SOM 设计公司提出的石灰石），墙面大部分为 1200mm×600mm 米黄石，局部柚木复合板和钛金板饰面，顶棚大部分为石膏板表面乳胶漆，局部为钛金板、蜂窝铝板饰面；另外，大堂中的两处 5.8m×10.4m 玻璃透光复合石材通高发光墙，是整个工程的亮点，使整个大堂显得气势恢弘；

（11）北楼核心筒走廊地面一～三层为 725mm×1450mm 进口米黄石，核心筒统一为 200mm×1450mm 横向条形干挂深色“优雅绿”花岗石石材；

（12）标准层办公室走廊地面为高级玻化砖，墙面为乳胶漆，矿棉板吊顶。

1.5　西楼精装修概况

（1）楼地面工程

铺雪花白大理石楼地面、铺地砖楼地面、地毯楼面、防静电地板楼地面、木地板楼面；

（2）内墙面

雪花白大理石石材墙面、樱桃木木饰面、乳胶漆墙面、墙面砖墙面、壁纸壁布墙面；

（3）顶棚

铝单板顶棚、铝单板氟碳喷涂顶棚、矿棉板顶棚、石膏板刷乳胶漆顶棚、乳胶漆顶棚；

（4）门合页、把手、门锁

均为拉丝不锈钢；

（5）门

为木质防火门、装饰木门、普通木门、玻璃门、铝板门、卷帘门；

（6）窗帘

高管层窗帘为电动卷帘，其他房均为手动卷帘；

（7）地毯

为抗静电抗污染阻燃地毯。

1.6 机电工程概况

(1) 通风与空调系统

本工程冷、热源由地下四层冷冻机房和热交换站提供。除一层大堂为全空气系统外，其余均为风机盘管加新风系统。

1) 地下四层平时为车库，战时为人防六级物资库，平时按防烟分区各设一套机械送、排风系统（兼消防排烟及补风系统），战时每个防护单元各设一套清洁式通风和隔绝通风系统。

2) 地下二、三层车库部分，按防烟分区各设一套机械排风系统（兼着火时排烟）及自然补风系统（兼着火时补风）。

3) 地下一层、一层、二层区域根据功能变化设机械排风、排烟系统，以满足消防规范要求。卫生间、吸烟室、洁具间、屋顶电梯机房均设机械排风系统。

4) 一层煤气表房设防爆事故排风系统。

5) 地下一层厨房在产生油烟的炉灶、烧烤炉上均设排烟罩，油烟经过各排烟罩集中，经湿式油烟过滤器处理，使排放浓度小于等于 $2mg/m^3$ 后排至室外。

6) 地下一层为厨房和职工餐厅、部局级餐厅。原全空气系统改为新风加风机盘管系统。

7) 地上办公区均为风机盘管加新风系统，并设机械排风系统，办公区的排风集中送到屋顶上的新风热（冷）回收机组内以预热（冷）室外新风，在经集中处理通过竖井送至办公区各层，新风热回收机组可根据每层办公人员的变化实现变频调速，达到节能目的。

8) 二层以上的办公区空调系统分为内区和外区，外区风机盘管均采用四管，冬期空调冷、热水均供到外区的每台风机盘管以满足不同用户的需求，内区风机盘管系统为两管制，四季均可送冷风。

9) 空调冷冻水及热水由冷冻机房经管井引至各用户。空调水系统为二次泵系统，一次泵为定流量控制，二次泵采用变频控制；水路系统冷、热水管完全独立；办公区每层风机盘管水管及竖井中水管均采用同程式（地下一、一、二层为异程式）；全空气及新风水系统为异程式，每台空调机组、新风机组的回水管上设置动态平衡电动调节阀。

10) 冬季办公区风机盘管供冷由冷却塔提供，全空气系统在冬季、过渡季节可充分利用调节新风比，来满足室内负荷的变化。

(2) 给排水系统

1) 生活给水系统：

系统竖向分三个区供水。B4 ~ F2 层为直供区，F3 ~ F12 层为加压低区，F13 ~ F22 层为加压高区。直供区由市政管网水压直接供水，加压区（低、高区）分别采用变频设备恒压变量供水。B4 层生活及消防水泵房内设有一座不锈钢生活储水箱和加压高、低区两套恒压变量变频供水设备。

2) 生活热水系统：

系统分层采用容积式电热水器制备热水，水源来自同层生活给水系统。地下一层厨房及淋浴间热水由地下四层热力站供给。

3）中水系统：

本工程在B4层中水处理站机房内设一套中水处理设备和一套恒压变量变频供水设备，收集办公部分的洗手废水，经中水处理站后回用于本大厦。中水回用水用于四层以下卫生间便器冲洗和室外道路浇洒及绿化。

4）排水系统：

地上部分污水分区排放，采用双立管排水系统。首层和部分二层卫生间排水为低区，污水排入地下污水坑；F2～F22层为高区，污水直接排放。地下部分污废水排入污水坑，坑内设置若干台潜水排污泵，抽升排放。出户的污废水经化粪池处理后，排入市政污水排水管网。

5）雨水系统：

屋面雨水有组织排入大楼北侧和西侧市政雨水排水管网，地下部分收集的雨水设置潜水排污泵抽升排放。

6）消防系统：

自动喷水灭火系统在地下汽车库和自行车库部分采用预作用系统，其余部分采用湿式自动喷水系统。消火栓系统竖向分高低两区，B4～F10层为低区，F11～F22层为高区，各区管道独立成环。在B4层生活及消防泵房设一座消防储水池，两台消火栓系统给水泵，两台自动喷水灭火系统给水泵；北楼屋顶消防水箱间内设一座消防储水箱。

(3) 电气系统

1）动力系统：

本工程低压配电采用放射式和树干式相混合配电方式。对于重要负荷的配电，如消防系统、保安监控系统、通信机房、重要计算机系统、污水泵高管层，采用双电源末端互投供电。

2）照明系统：

本工程分为一般照明、事故照明和疏散指示照明，应急照明除采用双电源供电末端互投外，并选用自带应急电源型，其持续供电时间不小于60min，高管层及计算机房间增加双路供电。出口指示灯、疏散指示灯选用自带应急电源型，其持续供电时间不小于60min，出口疏散指示灯均设为长明灯。

3）防雷、接地及电气安全系统：

本工程为二类防雷建筑。设防直击雷、侧击雷和雷击电磁脉冲保护。利用女儿墙上不锈钢扶手作为接闪器，将顶层横、纵主梁内主筋（两根）通长连通，且相互连通作为避雷网格（不大于10m×10m），接闪器和避雷网格与引下线连通。

2　施工部署

2.1　总体和重点部位施工顺序

2.1.1　总体施工顺序

(1) 空间上部署原则——立体交叉施工。

采用主体和二次维护结构、主体和安装、主体和装修、安装和装修的立体交叉施工。

北楼、西楼平行施工，每栋楼进行流水作业。

(2) 时间上部署原则——季节性施工。

对不宜在冬期施工的分部分项工程，如混凝土工程、屋面工程、外饰面、室外工程、室内防水、楼地面工程、抹灰、涂料等应在冬期前或冬期后安排施工；如必须经过冬期，必须采取冬期施工措施，保证施工质量。

对不宜在雨期施工的分部分项工程，如基坑开挖工程、屋面工程、回填土工程，在雨期前或雨期后安排施工；如必须经过雨期，必须采取雨期施工措施，保证施工质量。

(3) 总体施工顺序部署原则。

按照先地下后地上、先结构后围护、先主体后装修，以土建施工为主、专业配合的总体施工顺序部署。

2.1.2 重点部位施工顺序

(1) 梁板式筏基基础（属大体积混凝土）施工顺序：

每个流水段分两次浇筑混凝土，第一次先浇筑底板、外墙下暗梁、300mm 高外墙（从基础梁顶标高算起）、与暗梁相接的基础梁外边跨 1/3 边跨 + 1m 长度处，待混凝土达到 1.2N/mm² 强度（通过同条件试块的试压），能上人时，同时混凝土内外温差不大于 25℃ 后，支设反梁模板。合模前需将反梁内的浮浆清除干净，露出石子，进行余下基础梁（出底板面标高）混凝土浇筑，浇筑分界线如图 2-1 所示。

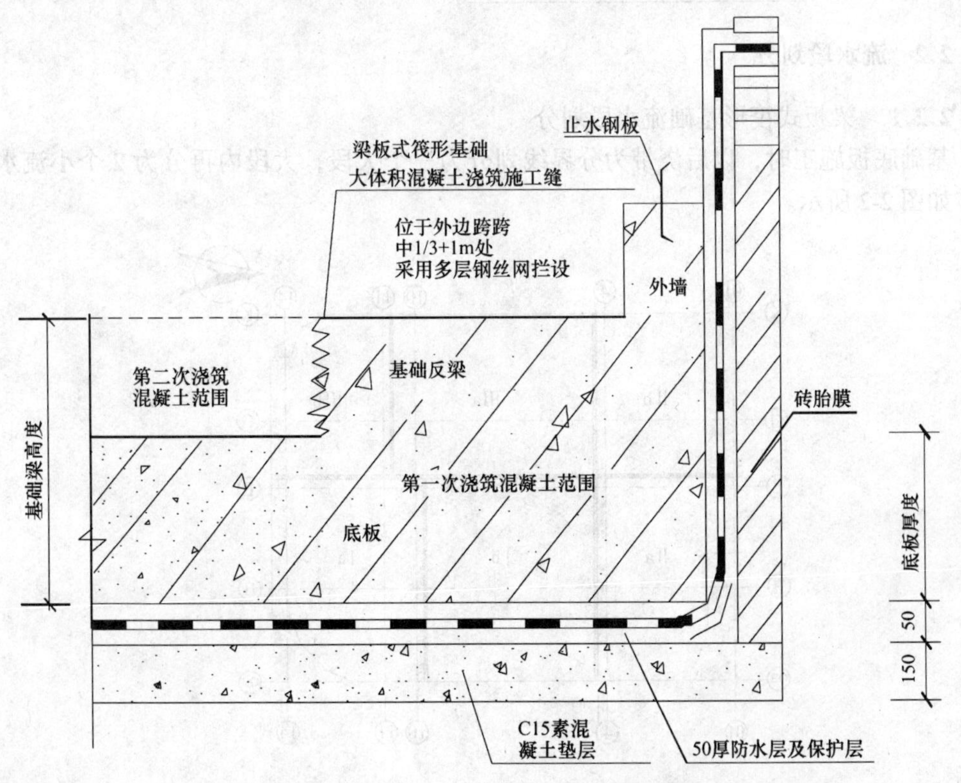

图 2-1 第一次浇筑混凝土施工缝留设位置图

(2) 核心筒大模板施工顺序：

施工准备→抄平放线→下层顶板边及电梯井墙处理→电梯井操作平台吊装→绑扎墙体钢筋→安装门窗洞口模板及水电预埋件→隐蔽工程检查验收→安装内角模→安装内侧墙模板→安装穿墙螺栓→安装外侧墙模板、外角模→校正、加固→检查、验收→浇筑墙体混凝土→拆模→模板清理校正→进入下一施工循环。

(3) 北楼发光墙安装施工顺序：

不锈钢角码连接 —膨胀螺栓连接→ 不锈钢连接件连接 —氩弧焊→ 不锈钢立板安装 —装配式安装→ 特制铝合金横龙骨 —装配式安装→ 配套铝合金压条安装 —装配式安装→ 透光石材的安装 —装配式安装→ 铝合金装饰压条。

(4) 西楼及南配楼报告厅施工顺序：

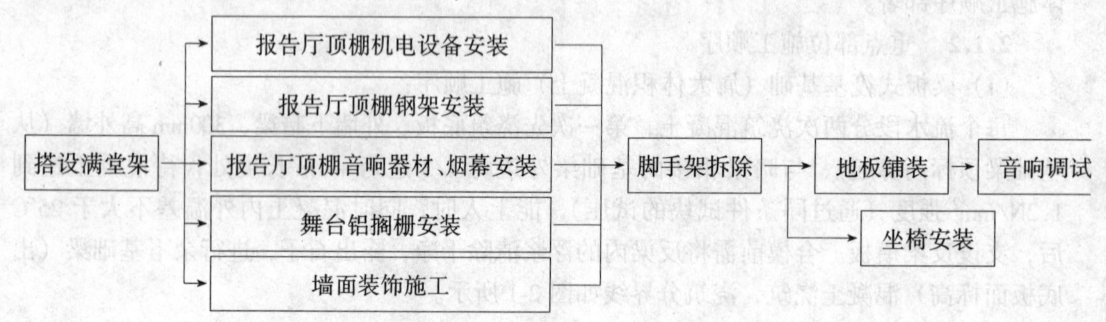

2.2 流水段划分

2.2.1 梁板式筏形基础流水段划分

基础底板施工时，以后浇带为分界线划分为三个大段，大段内再分为2个小流水段，具体如图2-2所示。

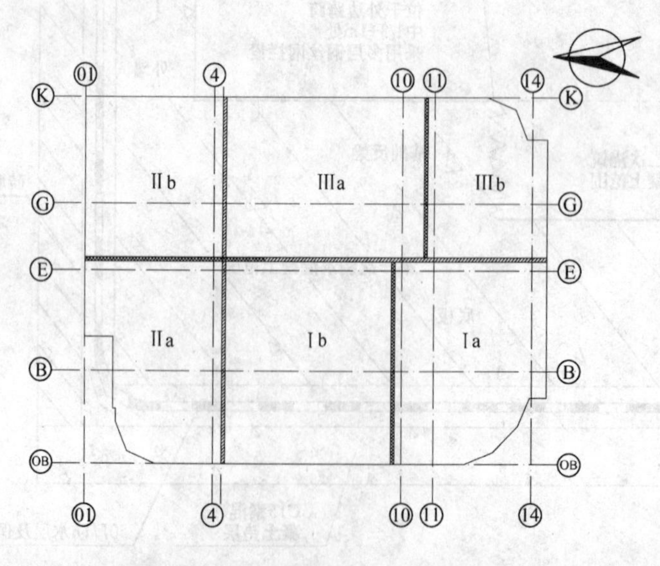

图2-2　基础施工流水段划分

2.2.2 主体结构流水段划分

根据地下施工期间流水段之间的后浇带位置，地上一～四层结构按北楼、西楼及裙房划分成三个施工流水段（5个小流水段），五层以上结构则分成北楼、西楼两个施工流水段（4个小流水段）。整个主体结构按北楼和西楼作为主要工段，四层裙房作为次要工段的原则组织施工。地上结构施工流水段划分，如图2-3所示。

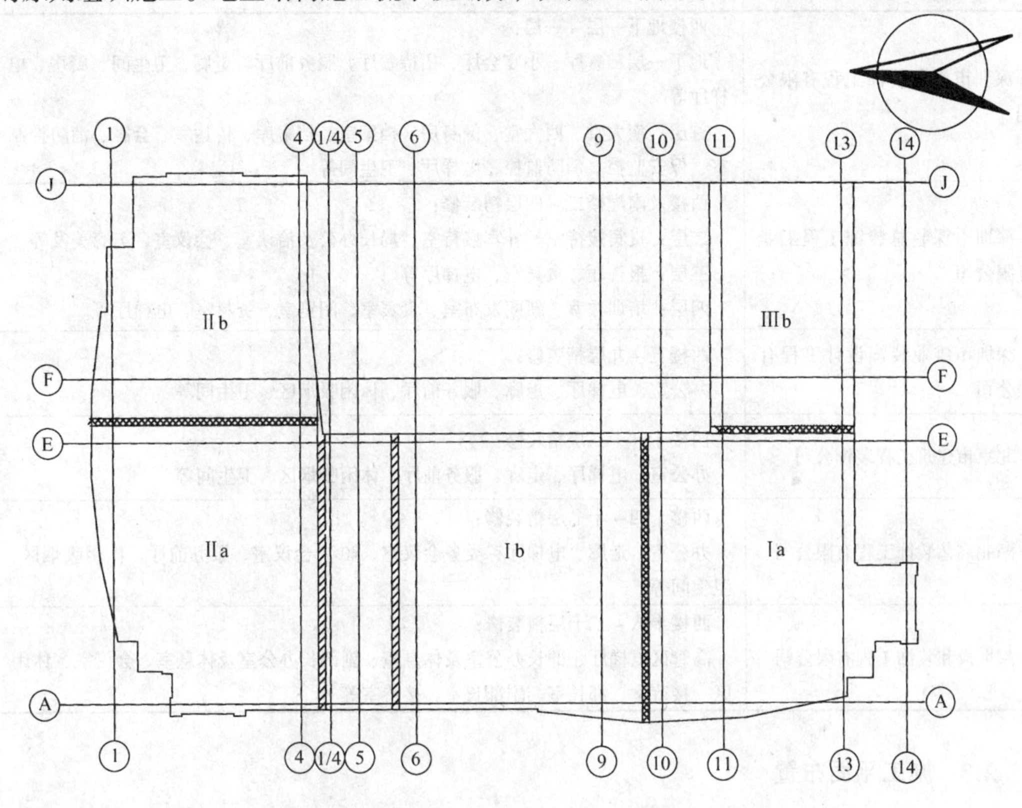

图2-3 结构施工流水段划分

2.2.3 精装修流水段划分

北楼划分为四个施工段，西楼划分为六个施工段，分别由不同的精装修施工单位施工，按照装修和安装立体交叉施工，以土建施工为主，专业配合；先预埋（并配合其他承包商做好预埋工作），后装修；先房间，后走廊；先高空，后地面；先湿后干；先里后外的原则，在每个施工段各房间内组织小流水施工。

1）北楼精装修流水段划分（表2-1）。

北楼装修流水段划分　　表2-1

精装修施工单位	施工内容
迪臣发展有限公司	地下一层餐厅、公共走道、电梯厅等公共区域，首层大堂及公共区域、二层公共区域、三层公共区域及功能性房间，12号、13号楼梯
深圳海外装饰工程公司	北楼F4~F13层核心筒、办公区部分的精装修
北京中建华腾装饰工程有限公司	北楼F14层~F19层办公室、会议室等房间以及核心筒公共走廊、电梯厅的地面、墙面、顶面等部位
深圳市深装总装饰工程工业有限公司	北楼F20~F22高管层办公室、会议室等房间以及核心筒公共走廊、电梯厅的地面、墙面、顶面等部位

2）西楼精装修流水段划分（表2-2）。

西楼装修流水段划分 表2-2

精装修施工单位	施工内容
深圳市洪涛装饰工程有限公司	西楼地下一层～一层： 地下一层：餐厅、小宴会厅、招待餐厅、服务前厅、走廊、卫生间、厨房、电梯厅等 首层：南大堂、西大堂、健身房、档案室、档案库、传达室、会客、消防控制室、保安监控、消防监控、电梯厅、卫生间等
深圳市深装总装饰工程工业有限公司	西楼及南配楼二～四层精装修： 二层：贵宾接待室、外宾接待室、局长办公及洽谈室、会议室、美容美发等 三层：报告厅、贵宾室、电梯厅等 四层：培训教室、新闻发布室、贵宾室、阅览室、资料室、电梯厅等
深圳市维业装饰设计工程有限公司	西楼五～九层精装修： 办公室、电梯厅、走廊、服务前厅、休闲吸烟区、卫生间等
北京市建筑工程装饰公司	西楼十～十三层精装修： 办公室、电梯厅、走廊、服务前厅、休闲吸烟区、卫生间等
湖北高艺装饰工程有限公司	西楼十四～十七层精装修： 办公室、走廊、电梯厅、委务会议室、40人会议室、服务前厅、休闲吸烟区、卫生间等
深圳瑞和装饰工程有限公司	西楼十八～二十层精装修： 高管区电梯厅、部长办公室及休息室、副部长办公室及休息室、会议室、休闲区、接待室、部长室、副部长室、接待室等

2.3 施工平面布置

施工平面总布置图如图2-4～图2-6所示，临建设施面积见表2-3。

临建设施 表2-3

序号	临建设施名称	面积（m²）
1	办公室	262
2	宿舍	2265
3	标养室	38.5
4	库房	55
5	食堂	170.3
6	厕所	96
7	洗漱池	102
8	垃圾池	33
9	警卫室	21
10	材料堆场	1277

2.4 施工进度计划

（1）定额工期922d，合同承诺工期894d。

（2）实际施工进度计划如下：

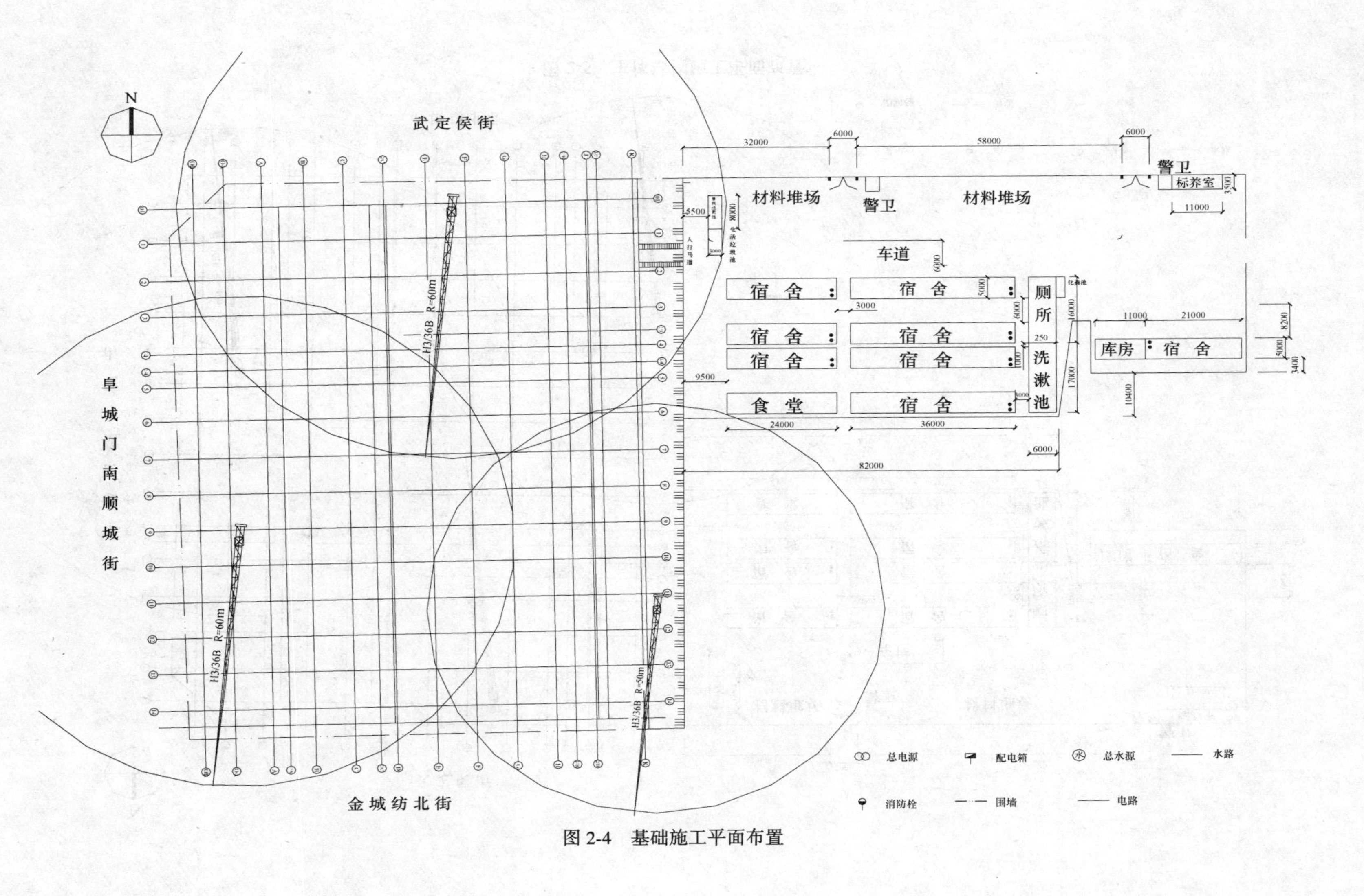

图 2-4 基础施工平面布置

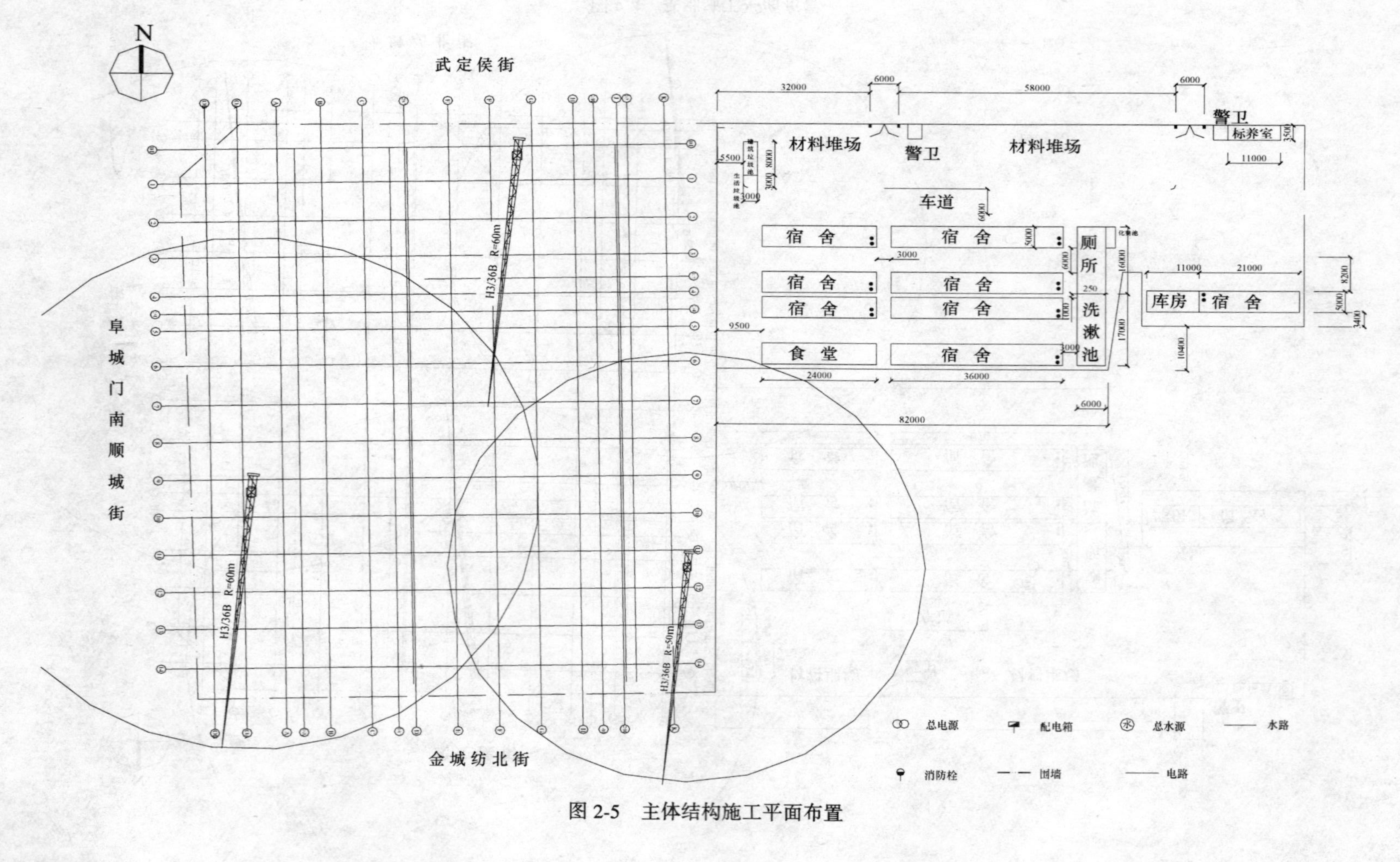

图 2-5　主体结构施工平面布置

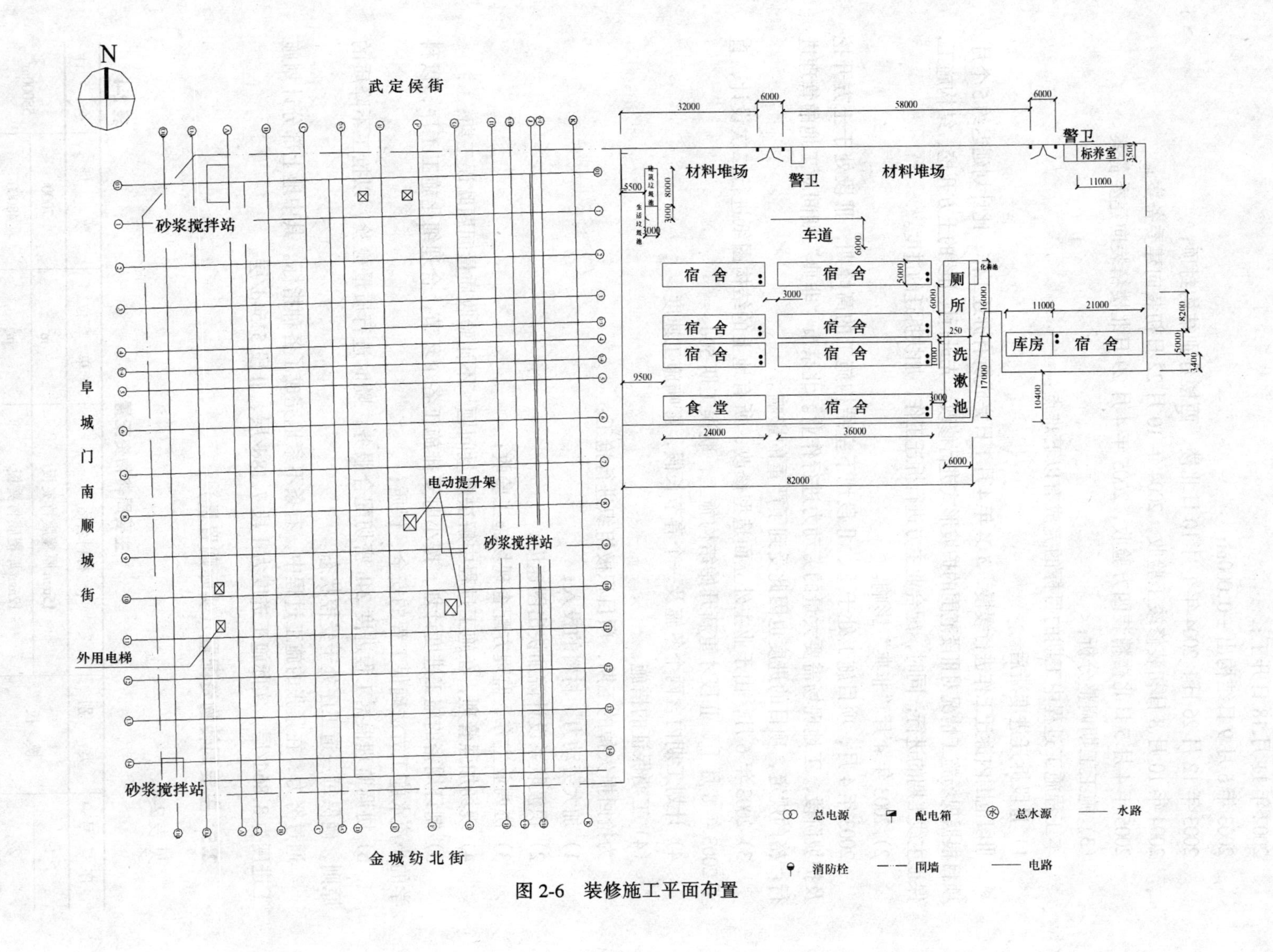

图 2-6 装修施工平面布置

2002年11月18日开工；

2003年6月9日结构出±0.000m；

2003年12月26日、2004年1月10日北楼、西楼分别结构封顶；

2004年10月8日初装修竣工验收，2004年10月22日初装向建委备案；

2005年4月5日北楼精装四方验收，2005年4月29日北楼精装向建委备案。

（3）施工工期调整分析：

本工程施工过程中工期的目标的完成有以下难点：

1）Ⅲ段拆迁进度滞后。

Ⅲ段范围内拆迁工作进行缓慢，2004年4月1日完成所有拆迁工作，比计划延迟约5个月。项目根据现场施工情况对Ⅲ段范围的护坡形式进行修改，先进行Ⅰ、Ⅱ段的土方开挖、结构施工，保证主线工期的进行；同时，配合业主方进行拆迁工作，加快拆迁的进度。

2）2003年4月"非典"影响。

2003年4月，项目施工处于Ⅰ、Ⅱ段地下室结构施工的高峰期，Ⅲ段处于土方开挖及护坡阶段，工地现场需要大量的劳动力进行作业。北京市"非典"期间对工地的管理进行严格的规定，项目的进度也因此受到了严重的影响。

3）2003年6月，由于业主外立面造型修改，所有地上的结构图纸进行二次设计，直至2003年8月Ⅰ、Ⅱ段才重新开始结构施工，耽误工期50d。

4）计划工期内含两个冬施及一个春节长假，影响施工速度。

（4）工期保证的措施：

为抢回损失掉的工期，项目积极组织进行抢工：

1）加大劳动力、材料的投入；

2）积极联系设计院加快出图速度；

3）协调业主方、监理方配合现场施工验收；

4）现场加强管理，在施工过程中解决质量问题，不让验收质量问题耽误工期；

5）制订周密的施工进度计划，按小时安排施工各个环节，合理细化施工工序，以科学的小流水施工方法确保工程的安全、保质；

6）协调监理根据工程进度24h密切配合服务，随时进行质量检验，以抢工不降质的原则，确保每一道工序处于受控状态。

通过努力，在紧张的施工过程中，有条不紊地完成了各种指标。其中地上部分计划施工进度为8.86d/层，实际施工进度为Ⅰ段7.18d/层、Ⅱ段5.54d/层。

2.5　主要周转物资配置（实际购置量）

见表2-4。

主要周转物资配置　　表2-4

序号	类别	材料名称	单位	数量	合计
1	模板	15mm厚覆膜竹夹板	m^2	7000	55000m^2
2		12mm厚覆膜竹夹板	m^2	48000	
3	支撑	50mm×100mm木方	m^3	1600	2000m^3
4		100mm×100mm木方	m^3	400	

续表

序号	类别	材料名称		单位	数量	合计
5	钢管	钢管	6m	根	18190	455571m
6			4m	根	9105	
7			3m	根	15992	
8			2.5m	根	1907	
9			2m	根	16664	
10			1.5m	根	33069	
11			1m	根	10255	
12		碗扣架	1.8m 立杆	根	20950	
13			1.5m 立杆	根	13129	
14			1.2m 立杆	根	25413	
15			0.6m 立杆	根	1358	
16			1.2m 横杆	根	37534	
17			0.9m 横杆	根	33696	
18	构件	顶托		个	44361	44361 个
19		扣件		个	263642	263642 个
20		蝴蝶卡		个	10000	10000 个

2.6 主要施工机械选择

见表 2-5。

主要施工机械设备表　　表 2-5

机械名称	数量	单位	规格、型号	备注
自升式塔式起重机	1	台	H3/36B	生产厂家：四川建筑机械厂 出厂日期：1985.6 技术参数： 最大起重力矩：295t·m 最大额定起重量：12t 臂最大幅度：60m 臂最大幅度处的额定起重量：3.6t 生产厂家：四川建筑机械厂 出厂日期：1995.1 技术参数： 最大起重力矩：245t·m 最大额定起重量：12t 臂最大幅度：60m 臂最大幅度处的额定起重量：3.6t

续表

机械名称	数　量	单　位	规格、型号	备　　注
自升式塔式起重机	1	台	HK40/21B	生产厂家：沈阳建筑机械厂 出厂日期：2000.7 技术参数： 最大起重力矩：295t·m 最大额定起重量：12t 臂最大幅度：70m 臂最大幅度处的额定起重量：2.1t
外用电梯	2	台	SCD－200/200	生产厂家：北京 出厂日期：1996.4 技术参数： SAJ30－1.2 防坠安全器 限载 24 人 载重：2t 最大架设高度：100m
混凝土输送泵	1	台	HBT100.16.181RS	
混凝土输送泵	2	台	HBT100.16.161RS	
砂浆搅拌机	1	台	JB350	
电焊机	3	台	BX1－500	
电焊机	14	台	BX1－315	
焊机保护器	17	台	JHF－I	
注浆机	1	台	YD112M－6/4	
喷混凝土机	1	台	RZ－50	
空压机	2	台	VY－12/T－6	
平刨	3	台	MB－574	
圆锯	2	台	MJ－105	
滚丝机	2	台	GSJ－40	
切割机	3	台	J3GA－400	
砂轮机	3	台	MQD3215.370W	
钻床	2	台	ZQ4124	
手提开关箱	11	个	单项“20A”	
电控卷扬机	4		JK.2t	
台钻	3	台	YS7124	
电锤	5	台	PR－38E	
角磨机	4	台	TGC－100SA	
手电钻	11	台	BOSCH.GBM.480.DBV	
插入式振动棒	30	台	ZX－50	
插入式振动棒	20	台	ZX－30	

2.7 主要实物工程量

(1) 钢筋及套筒用量(表2-6)。

钢筋及套筒用量表 表2-6

接头型式	直径	规格	原材生产厂家	单位	用量	每平方米用量
梁、柱采用直螺纹连接,梁端头配合冷挤压	ϕ6	HPB235	唐钢、首钢	t	48.033	0.124t/m^2
	ϕ8		唐钢、首钢、宣钢	t	441.064	
	ϕ10		唐钢、首钢、宣钢、安钢	t	1523.369	
	ϕ12	HRB400	唐钢、首钢、莱钢、承钢、济钢、凌钢	t	3280.585	
	ϕ14		唐钢、莱钢、承钢、济钢、邯钢、凌钢	t	961.776	
	ϕ16		首钢、莱钢、承钢、唐钢、凌钢	t	1258.241	
	ϕ18		莱钢	t	26.689	
	ϕ20		唐钢、莱钢、首钢、承钢、凌钢	t	1305.541	
	ϕ25		唐钢、首钢、承钢、莱钢、凌钢、安钢	t	2361.636	
	ϕ32		莱钢、承钢、唐钢、首钢、凌钢、安钢	t	5086.74	
	小计			t	16293.674	
	套筒	20	直螺纹套筒:石家庄钢铁有限责任公司	个	16706	
	套筒	25		个	41382	
	套筒	32	冷挤压套筒:山东烟台钢管总厂	个	52517	
	小计			个	110605	

(2) 混凝土用量(表2-7)。

混凝土用量表 表2-7

强度等级	使用部位	单位	数量	厂家
C30P8	与土接触地下室顶板	m^3	2346.36	北京中建北瑞混凝土有限责任公司 北京建工一建工程建设有限公司混凝土分公司
C40P12	地下室底板、地下室外墙	m^3	19404.27	
C45P12	地下室底板、地下室外墙后浇带	m^3	812.87	
C30	楼梯、梁、楼板	m^3	27867.731	
C35P8	与土接触地下室顶板后浇带	m^3	539.244	
C40	裙房墙、柱;北塔楼13~22层、西塔楼13~20层主楼墙、主楼柱	m^3	9529.521	
C50	塔楼7~12层主楼墙、主楼柱	m^3	2212.739	
C60	地下四层~6层主楼墙、主楼柱	m^3	9073.504	
合计		m^3	71786.239	

2.8 劳动力组织

结构施工阶段分为三个施工段,Ⅰ段、Ⅱ段地下结构施工阶段每段350人,地上结构施工阶段每段350人;Ⅲ段地下结构施工500人,地上结构施工150人。初装修施工阶段地下室施工 400 人；地上初装修阶段 400 人。北楼精装修共分四个标段，高峰期共投入 600 人。

地上结构施工阶段为达到工期目的必须加大劳动力的投入，但由于施工队的具体人员情况满足不了现场工期要求，在Ⅰ段地上二层施工阶段项目部更换了施工队，保证了人员的投入。由于地上阶段图纸变更原因导致Ⅰ段、Ⅱ段结构停工约 50d，Ⅲ段地下正处于大面积结构施工阶段，项目部将地上部分劳动力转移至Ⅲ段，解决作业队窝工问题的同时，加快了Ⅲ段结构施工进度。

3　主要项目施工方法

3.1　深基坑支护技术

本工程基坑南、西侧、北侧下部采用桩锚支护（为减少上部杂填土及旧基础、管线等对打桩的影响，上部 3.5m 采用砖混结构支护）和东侧土钉墙喷锚支护相结合的方案。

桩锚支护第一层锚杆设于帽梁处，采用大间距、长锚杆，尽量减少锚杆施工对地下管网的影响。另外，锚杆施工万一碰到地下障碍还有，调整锚杆水平位置的余地。第二层锚杆设置在 -10.0m，水平倾角为 5°小倾角锚杆，可避让第④层卵石层（该层顶层埋设最高点在 -11.3m）。

根据本工程场地特点和施工要求无污染、无噪声、施工速度快等诸多特点，护坡桩施工时采用“钻孔压浆桩”技术，其为水泥浆护壁，直接投放碎石并多次布浆成桩的无砂混凝土桩，其施工工艺简介如下：

用螺旋钻杆钻到预定深度后，通过钻杆的芯管自孔底由下向上，向孔内压入已制备好的以水泥浆为主的浆液，使浆液升至地下水或无塌孔危险的位置以上，提出全部钻杆后，向孔内投放钢筋笼和骨料，最后自孔底向上多次高压补浆而成。由于该工艺是连续一次成孔，多次自下而上高压注浆成桩，能在流砂、卵石、地下水易塌孔等复杂的地质条件下顺利成孔成桩，它具有以下优点：

在多种复杂地质条件下能顺利成孔成桩：长臂螺旋钻钻至设计深度后，及时高压注浆（注浆压力 5～8MPa），高压浆的作用可把孔壁周围的地下水排至孔外，加上水泥浆的重力作用，从而保证孔壁不坍塌而顺利成孔。

施工速度快：在一般黏性土和砂质土层中，直径 ϕ800，长 10～20m 的桩，一台钻机一天成桩 15～20 根。

无噪声、无振动、无排污、文明施工：钻孔压浆桩是直接在提钻过程中用高压水泥浆护壁，不需要大量泥浆池，也不会产生泥浆，施工近乎干作业，施工现场文明。

3.2　粗直径钢筋连接施工技术

本工程≥ϕ20mm 的钢筋采用剥肋滚轧直螺纹连接技术，局部采用套筒挤压连接配合（梁端部、流水段间衔接处），＜ϕ20mm 的钢筋采用绑扎搭接。带肋钢筋套筒挤压连接具有接头性能可靠、质量稳定等优点。钢筋剥肋滚压直螺纹连接技术，具有施工速度快、连接质量可靠且经济合理等优点。

3.3 基础底板大体积混凝土施工技术

3.3.1 施工难点

大体积混凝土与普通钢筋混凝土相比，具有结构厚、体形大、钢筋密、混凝土数量多、工程条件复杂和施工技术要求高的特点。浇筑这样的大体积混凝土极易产生温度收缩裂缝，因此，如何控制好混凝土内外温差，如何控制好混凝土内部中心最高温度的产生是大体积混凝土施工的关键。

大体积混凝土中水泥水化热所释放出来的热量较大，有效地降低混凝土内部的升温是大体积混凝土配合比配制的关键。

本工程由于地处二环，一次浇筑混凝土工程量大，如何保证混凝土的连续供应，避免冷缝出现、避免产生温度收缩裂缝是底板施工的重点。

3.3.2 解决措施

根据泵送大体积混凝土的特点，采用"分段定点，一个坡度，薄层浇筑，循序推进，一次到顶"的方法进行浇筑。

施工中加强温度控制，在混凝土浇筑和养护过程中，做好测温工作。采用便携式电子测温仪进行测温，控制混凝土的内部温度与表面温度、表面温度与环境温度之差均不超过25℃。

根据我方技术要求，与商品混凝土供应商密切联系，多次试配，确定混凝土最优配合比。

为保证连续浇筑，应要求商品混凝土搅拌站根据每次浇筑混凝土量和时间确定车数及每车间隔时间，保证施工现场停留一辆混凝土罐车，最大间隔时间不得超过40min，在早晚上下班车流高峰期，应在现场保证8～10辆混凝土罐车。

由于底板施工处于冬期，混凝土采用覆膜保温法养护：即在新浇混凝土终凝后表面铺一层塑料薄膜防止水分过快散失，再覆盖两层保温被，保证混凝土能在潮湿环境中达到预期强度要求。

3.4 C50、C60高强高性能混凝土施工技术

本工程地下4层～地上6层核心筒墙、框架柱混凝土设计强度等级为C60，地上7～12层核心筒墙、框架柱混凝土设计强度等级为C50。

由于混凝土强度等级越高，水泥用量越多，温升越高，易造成混凝土温度应力过大，致使混凝土开裂，并减弱建筑物耐久性。因此，C50、C60高强混凝土的配制是确保混凝土质量的关键，应在不采用特殊原材料、不改变常规施工工艺、符合规范《普通混凝土配合比设计规程》（JGJ 55—2000）中有关高强混凝土要求的原则下，确定混凝土配合比。

3.5 泵送混凝土施工技术

（1）概况

本工程混凝土工程量大，全部采用商品混凝土。根据建筑物的轮廓形状、高度、流水段划分以及现场布置情况，采用1台HBT100.16.181RS，2台HBT100.16.161RS混凝土输送泵，在不同的施工阶段布置在建筑物的北侧和东侧。根据每台混凝土泵的实际平均输出

量（35m³/h）、泵送压力和骨料最大粒径及泵机型号，选定泵管的管径为 ϕ125。施工面层上敷设的水平管道末端配用软管，以利于混凝土浇筑和布料。

（2）原则

距离尽可能短、弯管尽可能少且转弯宜缓。管路连接要牢固、稳定，各管卡位置不得与楼面或支撑物接触，管卡在水平方向距离支撑物≥100mm，水平管布置采用钢管架空，以避免泵送时脉冲振动对钢筋、模板产生位移、松动，接头应密封严密（垫圈不能少）；如管道向下倾斜，应防止混入空气，产生阻塞。泵管敷设时，在混凝土泵出料口 3～6m 处的输送管根部设置截止阀，以防混凝土拌合物反流。

开始泵送时，混凝土泵操作人员应使混凝土泵低速运转，并应注意观察泵的压力和各部分工作情况，待工作正常能顺利泵送后，再提高运转速度，加大行程，转入正常的泵送。正常泵送时，活塞应尽量采用大行程运转。

（3）泵送混凝土特殊情况处理

1）如遇混凝土坍落度过低，不准在受料斗内直接加水，应在搅拌车内加减水剂（其配比与所泵混凝土相同），经搅拌均匀后卸入泵车的受料斗。

2）在泵送过程中如出现混凝土泵送困难，泵的压力急剧升高或输送管线产生较大的推动与异常情况时，不宜强行提高压力进行泵送。宜用木槌敲击管线中锥形管、弯管等部位，使泵进行反转或放慢泵送速度，以疏通泵管内的堵塞部位；如仍不能排除故障，应拆除泵管进行清理后，再进行泵送。重新泵送时，要待管内的空气排尽后，才能将拆卸过的管段接头拧紧。

3）泵管进入主楼后沿框架柱边楼板预留 300mm×300mm 洞到施工作业面，各层搭设泵管支撑架，钢管下面垫木方，分层卸荷到各层楼板面，并与柱连接牢固，以减小混凝土浇筑时泵管的振动。到高层部分水平距离小于垂直泵送高度的 1/4 时，在中间层（小于水平距离 4 倍高的楼层）增加该层以上高度 1/4 长的一段水平管进行分压，且在地面水平管增加一段并增设截止阀进行分压，并选用高强泵管和泵卡，以减小地面管段的垂直压力，地泵调整为高压进行混凝土的泵送。水平泵管接缝处，必须在接缝两侧设置支撑。

3.6 核心筒钢质大模板施工技术

3.6.1 大模板配置

核心筒模板采用全钢企口式拼装大模板。本工程将北楼、西楼核心筒按照地下四层、地上三～五层和六层以上配置模板量，每段划分为两个流水段进行施工。地下四层～地上五层与地上六层～顶层墙体厚度不同，采用更换角模来调整。

模板设计、加工由唐山世纪鲁班模板有限公司设计制作，模板采用 $\delta=6$mm 的面板，横楞采用［8 槽钢，竖楞采用［10 槽钢，边框采用 L80×8 等边角钢，肋板采用 80mm×6mm 钢筋焊接成型。穿墙杆采用 ϕ22，间距 1000mm×900mm。

3.6.2 墙体大模板安装

（1）角模安设

每个房间内外墙模板安装前，应预先将房间内的四个阴角模就位，安放牢固并安装好墙身控制筋（左、右、每侧不少于三道），然后安装大块平板。

（2）电梯井大模板安装

1）电梯井模板支撑架体搭设：电梯井内侧墙模板安装时支撑在可提升操作平台上。墙体混凝土浇筑完毕拆模后，将墙体穿墙螺栓孔的塑料套管剔出，插入L形连接螺栓，在电梯井外侧墙上放好垫板，旋紧螺母；然后，将操作平台挂在L形螺栓上。

2）模板安装：电梯井筒墙体模板安装前，应先检查楼板处倒模与墙体结合是否严密、是否松动，考虑混凝土收缩，应将支撑再进行适当紧固；然后，在倒模上立井筒内模，接着安装穿墙杆，然后吊装外模并校正紧固。模板支设前，应在倒模上口粘贴10mm×5mm通长自粘海绵条，楼板处粘贴20mm×50mm通长海绵条，以避免墙体混凝土浇筑时出现漏浆现象。

（3）非标准层模板支设

由于本工程核心筒墙体模板是按照标准层3.8m层高配置，地下室以及地上一～三层为非标准层，其中地下三层、地下二层为3.6m高，施工时可控制混凝土浇筑标高，不要与墙模上口平即可。

地下一层层高为4.5m，采用在大模板上加配18mm厚木胶合板模板处理，木模采用50mm×100mm木方，间距200mm作横肋，两根5号槽钢，间距700mm作竖肋，可调钢支撑加固，木模与钢模板间采用螺栓连接，间距300mm，确保两种模板接口平整、无错台。

地上一～三层层高为6m、5m、5m，为确保施工质量采用将墙体分两次浇筑，第一次浇筑至3.73m；然后，拆除墙模，利用已浇筑的混凝土墙体支设下一部分混凝土。

3.6.3 大模板拆除

（1）在常温下，墙体混凝土强度不低于1.2MPa，且能保证混凝土墙体棱角完好的情况下，方允许拆除墙体侧模。施工时，可用试压现场同条件养护试块来作为施工依据。

（2）拆模顺序是：先拆墙体外侧模板，后拆内侧模板。模板拆除时，应先将穿墙杆上铁销打开，接着轻敲穿墙杆小头，将穿墙杆退出；然后，松大模板支撑腿，用撬棍将模板后退距墙50mm后，再用塔吊起吊模板。

（3）模板拆除时的注意事项：脱模困难时，可在模板底部用撬棍撬动模板，严禁在上口硬撬、晃动或用大锤敲砸模板，以保证模板板面不受损伤。模板拆除后，要及时将板面残留水泥浆清理干净，涂刷脱模剂，以备下次再用。对变形超出规范要求的模板应进行修整或更换。从模板上拆除的连接螺栓应集中堆放，防止散落或丢失。

（4）大模板的应用。

全钢企口式拼装大模板均采用塔吊安装就位及拆除，减少了工人的拼装支模量，降低了劳动强度，施工速度大大提高。由于是企口式拼装大模板，保证了核心筒的拼缝密实，墙面平整，达到了清水混凝土的要求，减少了抹灰，节约了成本。

3.7 外爬架施工技术

3.7.1 方案设计

（1）平面设计

1）根据工程结构情况，爬架采取单片液压升降，共布置113个吊点，分54个提升单元；

2）爬架的附着支撑结构为板式支座形式；

3）塔吊附着处与提升吊点相冲突，采取调整间距的方法调整。等外架提升时，将塔吊附壁点以下横杆拆除后再提升，施工电梯安装高度落后于外架安装。

(2) 立面设计

1) 本工程局部从四层开始留孔，五层结构混凝土强度达到C10时，即可安装主框架并搭设架体；六层施工时就可用爬架进行主体施工；六层结构混凝土强度达到C10以上时，即可安装防倾支座；七层结构混凝土强度达到C10时，即可对架体进行提升，进行上一层施工；

2) 爬架体以主框架为骨架，采用扣件钢管搭设，架体高度12.8m，宽度0.9m，每步架高度1.8m，设置剪刀撑和架体水平梁架等稳定机构，所有钢管必须按规范搭设，扣件必须按规定拧紧。

(3) 爬架主要技术参数

1) 架体高度：12.8m;

2) 架体跨度：最大跨度为6.0m;

3) 架体悬挑长度：最大悬挑长度为1.8m;

4) 架体悬臂高度：4.5m;

5) 组架方式：以刚性主框架及架体水平梁架为主要承力结构，承受上部架体构架传下的施工荷载等。

3.7.2 爬升原理

在建筑结构四周分布爬升机构，附着装置安装于结构剪力墙或能承受荷载的梁上，架体利用导轮组通过导轮攀附安装于附着装置外侧，提升葫芦通过提升挂座固定安装于导轨上，提升钢丝绳穿过提升滑轮组件连在提升葫芦挂钩上并吃力预紧。这样，可以实现架体依靠导轮组沿导轨的上下相对运动，从而实现导轨式爬架的升降运动。

3.8 建筑节能和新型墙体应用技术

本工程砌筑隔墙（除卫生间外）采用200mm厚陶粒混凝土空心砌块。陶粒混凝土空心砌块采用MU2.5及M5水泥砂浆砌筑，规格为390mm×190mm×190mm、390mm×190mm×90mm、190mm×190mm×190mm、190mm×190mm×90mm，砌筑方法采用反砌、对孔、错缝的“反、对、错三字”砌筑法。陶粒混凝土空心砌块砌体具有节约能源，价格便宜，规格多样，重量轻，易操作，减轻楼板承重等优点。商业、办公等部分隔墙采用轻钢龙骨双层石膏板墙。

3.9 地下室防水施工技术

地下室防水等级为二级，防水面积为20590m^2，基础底板及其外墙底部480mm高范围防水做法为外防内贴法；其余外墙及地下室顶板为外防外贴法。

地下室顶板、侧壁、底板采用喷涂水泥基渗透结晶型防水涂料和1.5mm厚“一宁”牌自粘防水卷材进行防水。

水泥基渗透结晶型防水涂料施工方法：

(1) 调制：选用一个较大的桶，将涂料及水以3:1（重量比）的比例进行调合，每袋(25kg)加入7~8kg水，调合成糊状，然后放置10~15min；如果使用低速搅拌器搅拌，搅拌1min后需立即停止。

(2) 涂刷：使用质地较硬的刷子持续涂刷，涂刷时必须沿横向涂刷，再沿垂直方向涂刷，以防漏刷。涂刷时，需佩戴橡胶手套，用量 1.5kg/m^2，理想的工作温度为 15～20℃，在雨期将来临前 4～6h 不要涂刷。如在夏季，先用水润湿结构表面，在墙面涂刷完毕后，发现干得过快，需向墙面淋少量水。

通过采用新型防水，地下室未发生任何渗漏现象。应用建筑防水新技术，不仅可以提高防水寿命，延长防水工程的正常使用时间，而且节约维修的人力、物力。

3.10 室内 JS 防水施工技术

中水处理、水泵房、冷冻机房、热交换站、喷淋设备间、卫生间、浴室、厨房操作间、地下一层～地上四层空调机房、新风机房及屋顶机房一层、二层新风热回收机房为 JS 复合防水涂料，地面均应找坡，坡向地漏处坡度不小于 0.5%。

施工工艺：配置 JS 复合防水涂料→基层清理→涂刷底涂→细部附加层（一布二涂）→第一道涂膜→满铺一层玻璃丝布→第二道涂膜。

防水层涂刷验收合格后，将地漏堵塞，蓄水 20mm 高，时间不得小于 24h，无渗漏，面层施工完毕，第二次蓄水，未发现有任何渗漏现象。

JS 复合防水涂料特点：①冷施工、无毒、无味、无污染；②可在潮湿基面施工；③可厚涂，施工简单方便，干燥固化速度快；④涂层具有一定的透气性，即使基层潮湿也不会发生防水层起鼓现象；⑤与基层具有良好的粘结性；⑥用量 3～3.5 kg/m^2；⑦优良的耐候性。

3.11 屋面施工技术

3.11.1 高层屋面施工技术

(1) 工艺流程

基层清理及找平（水泥胶腻子修补）→ 弹线找坡→ 管根固定→ 隔汽层施工 1.0mm 厚 JS 复合防水涂料→ 保温层铺设（100mm 厚憎水珍珠岩板保温层，留设排气槽）→憎水珍珠岩板及 1:0.2:3.5 水泥粉煤灰页岩陶粒找坡层→20mm 厚 1:3 水泥砂浆找平→附加层铺贴→铺贴 SBS 改性沥青防水卷材→细部构造→40mm 厚 C20 细石混凝土保护层。

(2) 基层施工

1) 基层清理：将基层表面尘土、杂物等清理干净。基层不平整处，用水泥乳液腻子处理。隔汽层施工时，基层必须干燥。

2) 弹线找坡：按设计坡度及流水方向，找出屋面坡度走向，在女儿墙侧壁弹出保温层铺排线及排气槽位置，确定保温层及找坡的厚度范围及防水卷材收口处标高。

3) 管根固定：穿结构的管根在保温层施工前，应用细石混凝土塞堵密实。

(3) 隔汽层施工

隔汽层采用 1 道底涂加 2 道防水涂层做法，漆膜厚 1.0mm。其中底涂按重量配比为液料:粉料:水＝10:7:14，涂层按重量配比为液料:粉料:水＝10:7:2（按规定比例取料后，用搅拌器充分搅拌均匀，直至料中不含团粒，搅拌时间 5min 左右）。用滚刷蘸涂料均匀地涂刷在基层表面，在屋面与墙的连接处，防水涂料应沿墙向上连续涂刷，涂刷至防水卷材收口处，涂刷后应干燥 4h 以上，固化实干后，才能进行下一道工序的操作。

（4）排汽槽及排汽管的留设

为保证屋面保温隔热效果，采用排汽屋面，即在保温层与防水找平层间内留设间距为5m、缝宽为20mm的排汽槽，排汽槽位置与找坡层及防水找平层的分隔缝位置相同，在保温层施工时，采用20mm木条设置分隔缝；如排汽通道的留置与保温块留缝模数不符时，应调整至保温块缝隙处，避免切割保温块。待防水找平层施工完毕，即将分隔缝内清理干净，不得有任何杂物，以确保排汽槽纵横贯通，并与大气层相通。鉴于本工程屋面横向跨度较小，故只在防水收头留置永久性排汽管（ϕ40不锈钢管，施工时应注意成品保护，采用塑料布包裹），C20细石混凝土固定，统一做成混凝土保护锥台。排汽管高出防水面350mm，顶部做180°弯头。排汽管详图、分隔缝详图、分隔木条详图具体作法如图3-1～图3-3所示。

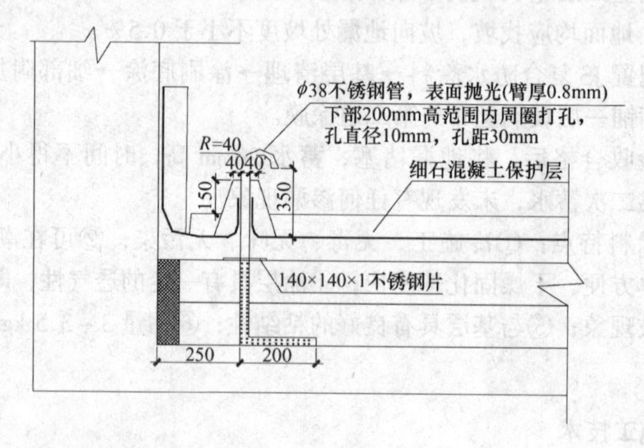

图3-1　排汽管详图

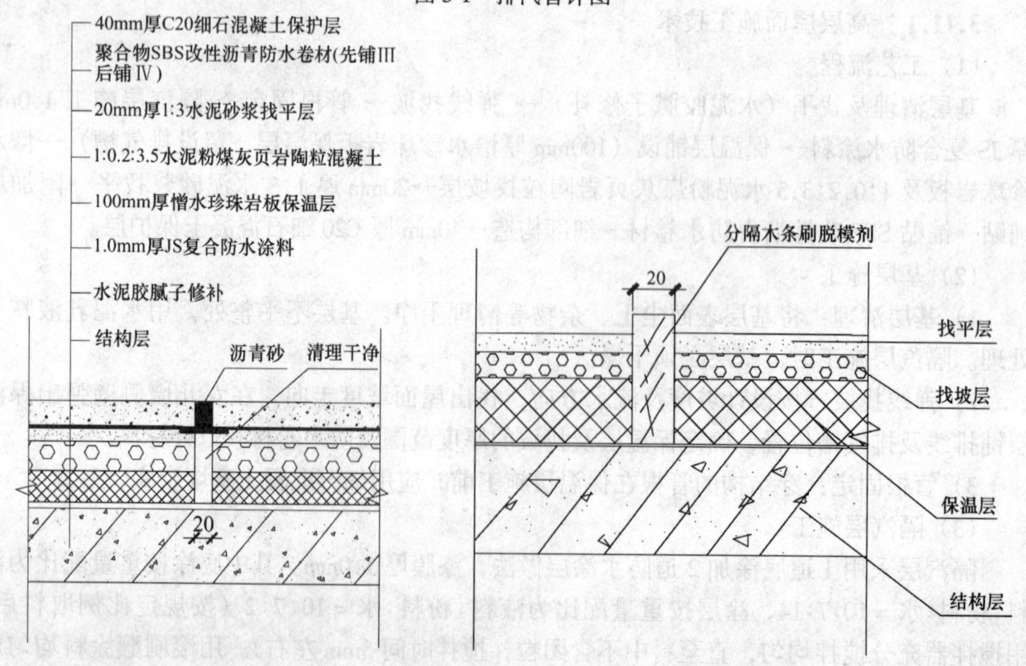

图3-2　分隔缝详图　　图3-3　分隔木条详图

水电出屋面排汽管处防水施工完后，做一混凝土保护锥台，如图3-4所示。

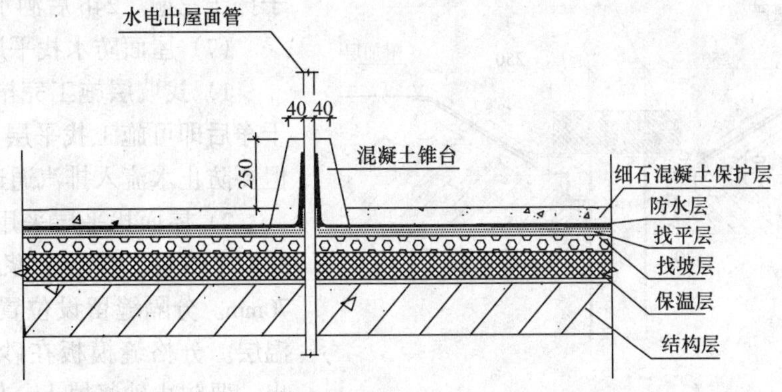

图3-4 混凝土保护台

(5) 屋面保温层施工

1) 铺保温块前先按女儿墙侧壁铺排拉线，紧贴隔汽层铺设保温层，铺平垫稳，拼缝严密，板间的缝隙，应用同类材料的碎屑嵌塞密实，边角整齐；

2) 保温层与女儿墙（或其他高出屋面的墙面）交界处，预留20mm宽排汽槽，内填软质泡沫塑料条，直至防水找平层。保温层厚度允许偏差不得大于4mm。

(6) 屋面找坡层施工：

本工程采用100mm厚憎水珍珠岩板与1:0.2:3.5水泥粉煤灰页岩陶粒混凝土相结合的方式进行找坡，即大面上采用保温板，局部斜面采用陶粒混凝土的方式进行找坡。如图3-5所示。

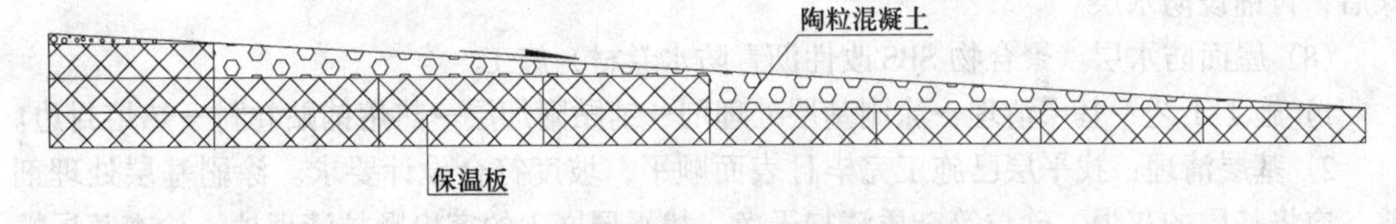

图3-5 找坡示意图

1) 根据排水坡度要求在女儿墙弹线拉线，铺排找坡层。

2) 找坡层必须符合设计要求，内部排水的水落口周围，找坡层应做成略低的凹坑。本工程水落口形式为87型铸铁直式水落口，要求套管高于地面30mm。水落口杯与竖管承插口的连接处用密封膏嵌填，具体作法为：水落口周围直径500mm范围内做5%坡度（制作统一模具，保证排水坡度一致），水落口与基层接触处应留宽20mm、深20mm凹槽，嵌填密封材料。如图3-6所示。

3) 保温块铺排完后用1:0.2:3.5水泥、粉煤灰、页岩陶粒混凝土找坡，保证总体坡度为2%或1%。

4) 进行页岩陶粒混凝土找坡时，分隔缝留设位置及宽度同保温层。施工前，先用20mm厚木模板进行分仓支模，根据排水设计坡度、坡向做灰饼拉线冲筋，灰饼间距1.5m，冲筋间距2m。再按梅花形错开填仓，以便木方或苯板拆除，保证边角整齐。

5) 以平板式振动器振捣密实，木杠刮平，找坡后用木抹子搓平。待浮水沉失后，人

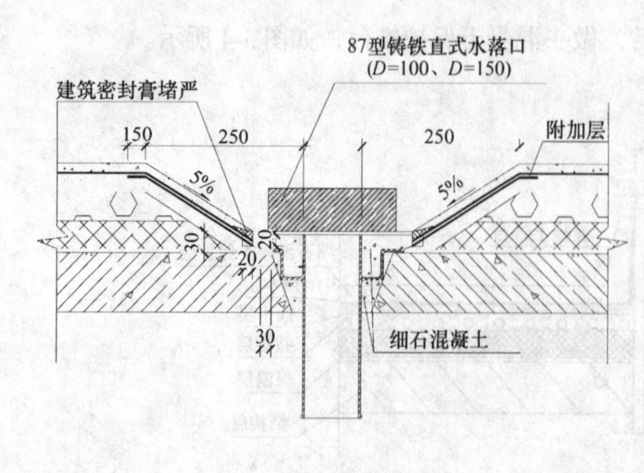

图 3-6 水落口做法

踏上去有脚印但不下陷，再用木抹子抹压三遍。24h后洒水养护7d。

(7) 屋面防水找平层施工

1) 找坡层施工完毕，表面清理干净后即可施工找平层，洒水湿润，但要防止水流入排汽通道中。

2) 屋面找平层采用20mm厚1:3水泥砂浆。拌合砂浆稠度控制在70mm。分隔缝留设位置及宽度同保温层。分格缝模板在砂浆终凝时取出。要防止砂浆掉入，保证20mm宽排汽通道清洁通畅。

3) 水泥强度等级不低于32.5级；砂宜用中砂，含泥量不大于3%。

4) 与突出屋面结构的交接处和基层的转角处，找平层均应做成圆弧形，圆弧半径50mm。

5) 当水泥砂浆开始凝结，人踩上去有脚印但不下陷时，用铁抹子压第二遍，注意不得漏压，并把死坑、死角、砂眼抹平。当抹子压不出抹纹并在砂浆终凝前，进行第三遍找平、压实，并取出分隔木条。

6) 水泥砂浆找平层应平整、压光，不得有酥松、起砂、起皮现象，找平层表面平整度允许偏差为5mm。

7) 养护：找平层抹平、压实以后24h可浇水养护，一般养护期为7d，必须经完全干燥后，再铺设防水层。

(8) 屋面防水层（聚合物SBS改性沥青防水卷材）施工

1) 施工工艺：基层清理→涂刷基层处理剂→铺贴附加层→热熔铺贴卷材→热熔封边。

2) 基层清理：找平层已施工完毕且表面顺平，坡度符合设计要求。涂刷基层处理剂前，应将基层的灰尘、砂粒等杂质清扫干净。找平层嵌入的突出颗粒清理掉。检查基层情况，基层不得有空鼓、开裂及起砂、脱皮等缺陷。基层含水率不大于9%。

检验方法：晴天将$1m^2$卷材平坦的干铺在找平层上，静置3～4h后掀开检查，找平层覆盖部位与卷材上未见水印即可铺设。

3) 基层处理剂是将氯丁橡胶沥青胶粘剂加入工业汽油稀释，搅拌均匀，采用涂刷法施工，先对屋面节点、周边、拐角等处先行涂刷，涂刷应均匀一致，常温4h干燥后方可铺贴卷材。

4) 在女儿墙、水落口、管根、阴阳角等细部先做卷材附加层，附加层宽度不少于500mm（阴角全粘实铺，阳角可空铺）。铺贴的卷材应压住附加层，接缝应留在立面，不应留在沟底。在铺设防水层前，找平层分隔缝位置处，上部附加宽度300mm单边点粘的卷材覆盖层。

具体如图3-7所示。

5) 铺贴卷材：先铺Ⅲ型卷材，再铺Ⅳ型卷材。粘铺Ⅲ型卷材时，沿防水基层周边和孔洞等细部与基层粘结，其余部位平整铺设在基层上，卷材与卷材间热熔搭接在一起。搭接部位的卷材应待大面积施工完后单独进行粘结。Ⅳ型卷材采用满粘法。

卷材粘结面均需加热熔化，上下层卷材不得相互垂直铺贴。铺贴卷材采用搭接法，上下层及相邻两幅卷材的搭接缝应错开不小于500mm，铺贴檐口、屋面转角处及突出屋面的连接处800mm范围内的卷材必须满粘。防水层贴入水落口杯内不应小于50mm，长短边搭接宽度各为100mm，搭接宽度允许偏差为10mm。搭接缝应顺流水、顺风向搭接。

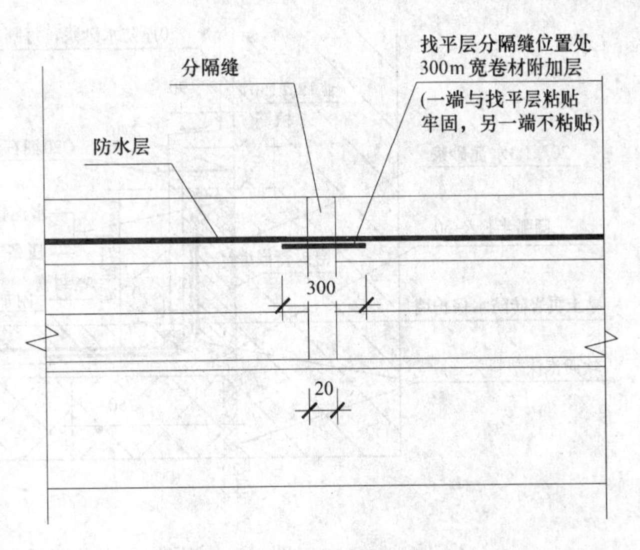

图 3-7　附加层做法

热熔法铺贴卷材应符合下列规定：

A. 火焰加热器加热卷材应均匀，喷嘴距卷材面的距离应适中（一般为300mm），不得过分加热或烧穿卷材，以卷材表面熔融至光亮黑色为度；

B. 卷材表面热熔后应立即滚铺卷材，卷材下面的空气应排尽，并滚压粘结牢固，不得空鼓。

6）卷材接缝部位必须溢出热熔的改性沥青胶，并应随即刮封接口。

(9) 细部作法

①裙房倒置式屋面泛水作法详图，如图3-8所示。

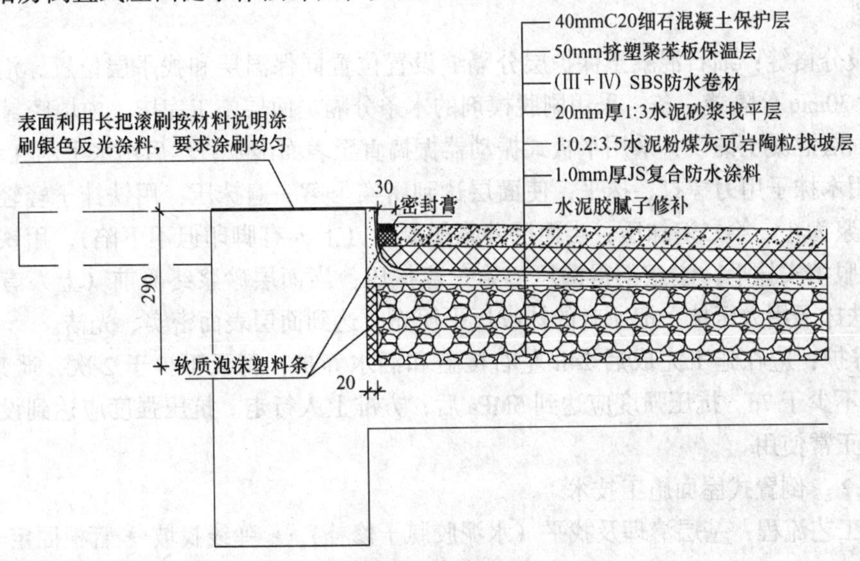

图 3-8　四层、五层倒置式屋面外边线泛水作法

②高层及机房屋面泛水作法，如图3-9所示。

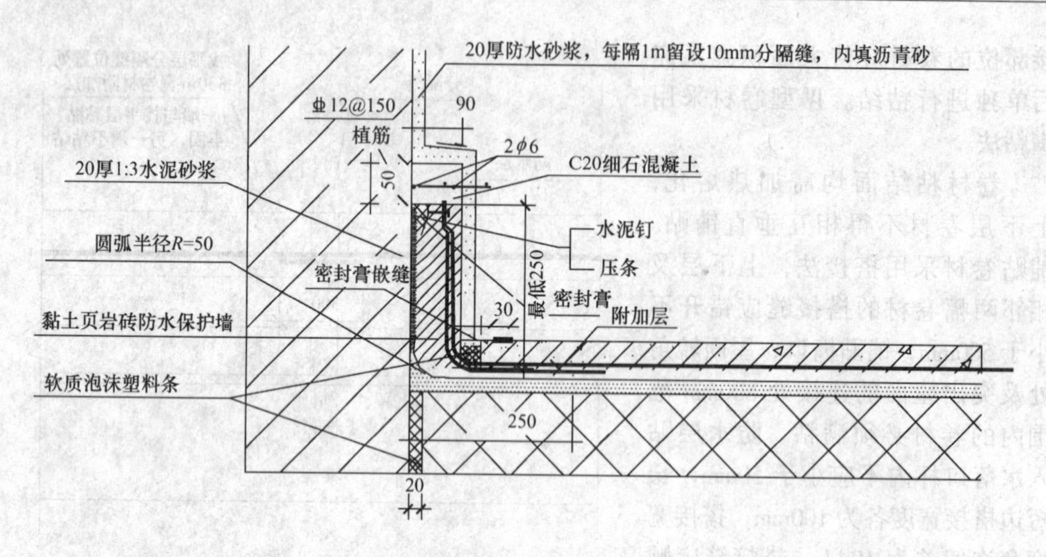

图 3-9　高层屋面女儿墙泛水详图

（10）防水保护层施工

防水保护层采用 40mm 厚 C20 细石混凝土保护层，双向中距 5m 设分格缝，缝内填沥青砂，混凝土内配 ϕ6.5 钢筋网（网孔 200mm），在防水层上绑保护层钢筋前，先刷一道水泥浆。浇筑保护层混凝土时，按梅花形错开填仓，混凝土应密实，表面抹平压光。

工艺流程：

贴饼冲筋→设分格缝→铺设混凝土面层→振捣→找平→压光→养护。

1）抹灰饼：按设计坡度要求拉线，抹出坡度墩，用与混凝土相同配合比的拌合料作灰饼（50mm×50mm 见方），灰饼上标高为面层标高。

2）抹冲筋：以做好的灰饼为标准抹条形冲筋，用刮尺刮平，作为浇筑混凝土面层厚度的标准。

3）设分格缝：细石混凝土保护层分隔缝设置位置同保温层和找平层位置，沿女儿墙周边留设 30mm 分隔缝一条，采用刷脱模剂的木条分隔。面层施工完毕，内填密封材料。

4）面层混凝土铺设：采用平板式振动器振捣直至表面出浆，然后用水平刮杠刮平。

5）用木抹子用力搓打、抹平，使面层达到密实。第一遍抹压：用铁抹子轻轻抹压一遍直到出浆为止。第二遍抹压：当面层砂浆初凝后（上人有脚印但不下陷），用铁抹子把凹坑、砂眼填实抹平，注意不得漏压。第三遍抹压：当面层砂浆终凝前（上人有轻微脚印），用铁抹子用力压抹，把所有的抹纹压平压光，达到面层表面密实、光洁。

6）养护：应在施工完成后 24h 左右覆盖和洒水养护，每天不少于 2 次，严禁上人，养护时间不少于 7d。抗压强度应达到 5MPa 后，方准上人行走。抗压强度应达到设计要求后，方可正常使用。

3.11.2　倒置式屋面施工技术

（1）工艺流程：基层清理及找平（水泥胶腻子修补）→ 弹线找坡→ 管根固定→ 隔汽层施工，1.0mm 厚 JS 复合防水涂料→1:0.2:3.5 水泥粉煤灰页岩陶粒找 2% 坡→20mm 厚 1:3水泥砂浆找平层→SBS 改性沥青防水卷材→50mm 厚挤塑聚苯板保温层→40mm 厚 C20 细石混凝土保护层。

由于倒置式屋面将防水层置于保温层及细石混凝土保护层下，可有效防止防水层老化，故不需在屋面设置排汽孔、槽。其他各层施工工艺可参照“3.11.1”施工（但需按要求留置分格缝）。

(2) 屋面施工完毕，做闭水试验，经检查无渗漏、无积水现象，符合设计和规范规定要求。

3.12 幕墙施工技术

(1) 本工程外墙幕墙采用小单元式组合幕墙，由装饰铝板和 Low－E 镀膜中空玻璃、花岗石组合，具体类型有：单元式组合玻璃幕墙、框架石材幕墙、铝板幕墙、钛复合板幕墙、裙楼框架点式夹胶玻璃复合石材、裙楼明框玻璃幕墙、全玻璃幕墙；连接类型：背栓、干挂。

(2) 幕墙各种材料选用均采用国内知名成熟厂家生产。玻璃为上海耀华皮尔金顿 6＋12＋6（mm）中空玻璃，外片采用 6mm 厚钢化浮法银灰色 Low－E 镀膜玻璃，内片采用 6mm 厚钢化浮法透明玻璃，中空层内充氩气。铝板为高士达集团生产氟碳喷涂 2.5mm 厚珠光银膜银灰色铝单板，型材为亚洲铝业集团生产高精级氟碳喷涂铝型材。为保证结构安全和防水密封的要求，胶采用美国 GE 原装进口。五金件采用德国丝吉利娅。本工程玻璃幕墙风压变形性能四级，雨水渗透性能三级，空气渗透性能一级，平面内变形性能一级，保温性能一级，隔声性能三级，耐撞击性能二级，防火按一类建筑的一级耐火设计，防雷按一级防雷设计，抗震按八级设防。整个立面设计风格独特，大面线条清晰明快，单元体表面内镶珠光银膜氟碳漆喷涂铝合金装饰条，极具立体效果。板块交接处采用无污染干湿密封连接，不用打胶，采用三道三元乙丙胶条防水，将成为金融街中心区一道亮丽的风景线。

(3) 背栓石材幕墙：本工程采用大量背栓石材，背栓石材的采用大大缓解了干挂石材由于结构、温度伸缩变形导致石材幕墙破坏带来的一系列问题。①背栓石材采用铝挂件，避免干挂胶失效、缓解温度结构变形带来幕墙破坏的问题，石材在允许范围之内上下、左右、前后可自由伸缩；②本工程石材幕墙嵌缝采用绿色环保聚氨酯胶密封，为突出大面积石材效果，增加珠光银膜（氟碳喷涂）铝合金立面装饰线条，避免传统大面石材单一色调呆板。同时，也相对缓解同一平面不同部位石材色差。

(4) 铝金属板幕墙施工：采用钢架作为支撑体系。铝单板饰面处理采用珠光银膜二涂氟碳漆，表面光滑。铝板接缝处防水采用美国通用电气公司生产 SCS2000 系列密封胶。为增加其防水性能，打胶前涂 SCS4400 底漆，改善其氟碳喷涂表面性能，保证其良好连接性能。具有加工厂制作加工易成型的特点，故转胶部位、造型变化较多部位均采用铝单板作为装饰面板。

(5) 钛金属板幕墙：钛金属幕墙，主体框架采用钢架，钛板与结构钢材连接时必须加防腐垫片，以免造成材料腐蚀。钛板幕墙的采用为本工程外装饰增加新的色彩，成为本工程点睛之作。

(6) 塔冠点式玻璃百叶幕墙：主体框架为钢结构，塔冠采用点式玻璃百叶，玻璃采用带条纹轧花玻璃，在阳光、夜间照明情况下，呈现出光彩四射。

3.13　超薄石材与玻璃复合发光墙的应用

鑫茂大厦工程外幕墙及室内均采用了超薄石材与玻璃复合发光墙设计，其中外幕墙采用双层隐框幕墙体系，室内采用不锈钢板与铝合金型材相结合的盒式体系，装配式施工。

所谓石材发光墙，系由3~6mm厚的透光性较好的超薄大理石与8~10mm的超白平板玻璃，通过专用胶粘贴而成玻璃石材复合板，中间加入灯光照明，形成透光石材发光墙。

鑫茂大厦共设置了二片超薄石材与玻璃复合发光墙（以下简称发光墙，300mm宽），共计238m^2，分别位于北楼北大堂（61m^2，5.8m×10.4m高）、会议楼大堂南侧（157m^2，17.4m×9m高），光源应用复式电极冷阴极荧光灯，灯光透过透光石材，使整个大堂明亮、气势恢弘。

鑫茂大厦外幕墙共设置了三片发光墙（750mm宽），分别位于大厦的西面北端（106.1m^2，18.85m×5.626m高）、南配楼的南面（340.8m^2，36.25m×9.4m高）北面（177.2m^2，18.85m×9.4m高）均设有发光墙，共计624.1m^2。在光照条件下成五彩半透明状，为金融街夜景增加了一道绚丽色彩。

发光墙设计采用的新材料、新工艺有：选用玻璃石材复合板（室内发光墙：采用3mm×1436mm×360mm希腊产山水大花白大理石板+德国皮尔金顿8mm超白玻璃原片；外装幕墙发光墙材料：采用6mm意大利进口大花白大理石板（最大为2900mm×1250mm）+1.14PVB+德国皮尔金顿8mm超白钢化玻璃）；室内发光墙不锈钢板及铝合金型材所构成的盒式结构构架、“冷阴极辉光放电荧光灯”光源的应用；外装幕墙发光墙玻璃与石材采用透明灌胶工艺连接，光源采用中山威光生产的1W的大功率LED灯具（是目前照明行业推荐的绿色照明光源，比起常规光源，LED光源具有寿命长、节能的优点）。

3.14　北楼精装修施工特点及难点

(1) 大堂大面积进口米黄石灰石铺贴技术

北楼大堂采用的是进口米黄石灰石（会议楼大堂铺贴面积有700m^2），且这种石材材质较软、密实性较差，更增加了铺贴难度，所以必须从各个环节严把质量关，才能最终达到设计要求的质量、外观标准。首先，必须严把石材进场质量关，进场的石材必须是经过防护处理的，特别是规格尺寸要逐块检查，误差控制在0.5mm以内；其次，石材铺贴前必须要进行标高超测，用红外线水平仪准确测出水平控制点，并做灰饼，用经纬仪准确测出十字控制线，并拉十字通线；铺贴时，要使用水平尺，铺贴后要做好成品保护。

(2) 核心筒干挂石材施工技术

北楼核心筒全部采用干挂国产“优雅绿”花岗石石材墙面，按设计图纸要求是横向条形挂装，条块1450mm长，200mm宽，板块间留6mm缝，缝是干缝，不作任何处理。针对以上要求施工中存在较大难度，再加上石材加工尺寸误差，公共走道又是环形筒式结构，且石材是横向安装，在40多米长的走道，条形石材要达到缝间均匀、横平竖直，在施工安装过程中是难度最大的环节，因此需要采取切实有效的措施保证施工质量。首先要精选高素质施工队，其次要严格控制材料进场质量，条形块材要经过精挑细选，尺寸误差控制在规范范围内才能上墙，石材挂装过程中，石材缝必须用标准塑料间卡作为成品墙面的干缝，通过拉长线进行调整，达到横平竖直的要求。

(3) 墙、地、顶对缝

根据设计要求北楼电梯厅地面石材采用“法国木纹石”，设计要求地面缝与电梯厅立面缝相对，为控制土建结构有可能出现墙地矩形放线误差，特别是每层电梯厅双立面都有电梯门，门洞边缝对接在排板中要达到精确是有很大难度的，项目部测量工程师利用先进的红外线水平仪，准确测出水平控制点，用经纬仪准确测出十字控制线，把有可能出现在铺贴过程中墙地对缝偏差考虑周全，排板放线→下料→铺贴均由专业工程师跟踪、安排，严格按排板放样图纸施工，做到符合技术规范要求达到设计效果。卫生间砖铺贴，设计要求墙、地、顶均对缝，所以，首先必须要求成品规格砖，规格尺寸误差和平整度等符合精度要求，不合格的坚决退场；其次，砖铺贴前一定要预先排板（将砖缝等考虑周全），墙、地均需弹线，且要经过预铺后才能大面积铺贴，以免造成返工、浪费、延误工期。

(4) 工业化生产与环保

北楼精装修过程中，WD-1 多层复合板木饰面的切割采用数控裁板锯，其设备的加工公差可控制在 0.5mm 以内，对角线偏差可控制在 2mm 以内，饰面油漆工序亦尽可能在工厂基本完成，即在工厂内完成加工，然后到现场组装，提高了产品质量、提高了工效，改善了施工现场的作业环境，减少室内环境污染。

大量使用的米黄石，在工厂中大板切割采用红外线控制的数控切割机，其设备的加工公差一般在 0.3mm 左右，有效地保证了石材的加工精度，由于此种石材质地较软、密实性较差，因此，在出厂前由厂家对石材进行防护处理，以免造成损坏、磨损、污染等，影响石材的装饰效果。

3.15 结构改造加固新型加固补强材料的应用

由于业主对工程的特殊使用功能要求，常会导致对已施工完毕的混凝土结构进行改造加固，本工程对混凝土结构加固采用的加固补强材料为粘贴碳纤维布、配套树脂类粘结材料和表面防护材料（根据构件的耐火极限选用防火涂料）。这种方法工艺简单、易操作，不占用空间，而且能够有效地起到补强加固作用，确保结构安全。

3.16 给排水工程施工技术

3.16.1 工艺流程

管段预制→管道安装→闭水、试压→卫生洁具安装→系统试压、冲洗、刷漆、保温→通水、调试。

3.16.2 管材连接方式

室内生活给水管采用内筋嵌入式衬塑钢管及管件（其中加压高区 13 层以下的管道采用加厚管），$DN \leqslant 100$mm 卡环连接，$DN > 100$mm 法兰连接；热水管采用薄壁紫铜管，焊接；消防水管、雨水排水管、压力流排水管及 $DN < 50$mm 的重力流排水管采用热浸镀锌钢管，$DN \leqslant 100$mm 螺纹连接，$DN > 100$mm 沟槽式刚性接头连接；中水回用水管采用热浸镀锌钢管及管件，螺纹连接；$DN \geqslant 50$mm 的重力流排水管及透气管、中水收集水管采用 RK 型柔性抗振排水铸铁管及管件。

3.16.3 预制加工

(1) 螺纹连接

包括断管、套丝、配装管件、管段调直。螺纹连接时，应在管端螺纹外面敷上填料（麻丝或生料带），用手拧入2~3扣，再用管子钳一次装紧，不得倒回。装紧后应留有2~3道尾丝，丝扣连接后将麻丝、生料带等杂物清理干净，露丝部分刷两道防锈漆。

（2）铜管焊接

可采用专用接头或焊接。如使用焊接，则管道将进行2h并两倍工作压力的压力测试。铜管焊接首先是焊件坡口制备，紫铜及黄铜的切割和坡口加工应采用机械方法或等离子弧切割。焊件组对，管道对接焊缝组对应内壁齐平，内壁错边量不应超过管壁厚度的10%，且不大于2mm。铜管焊接位置宜采用转动焊，每条焊缝应一次连续焊完，不得中断。紫铜采用钨极氩弧焊，黄铜采用氧乙炔焊。镀锌钢管与铜管之间的连接件材质为黄铜。

（3）沟槽式刚性接头连接

沟槽式管接头工作压力应与管道工作压力相匹配。检查橡胶密封圈是否匹配，涂润滑剂，并将其套在一根管段末端；将对接的另一根管段套上，将胶圈移至连接段中央，将卡箍套在胶圈外，并将边缘卡入沟槽中，将带变形块的螺栓插入螺栓孔，并将螺母旋紧（图3-10）。

图3-10　沟槽式接头连接

（4）钢塑复合管卡环连接

给水系统采用内筋嵌入式衬塑钢管，外镀锌管，内衬PP-R塑料管。切断时用贝根公司提供的专用滚槽机断管，保证断口端面与管材轴线垂直。压槽时应根据不同规格的管材选择相应的滚轮，并按压槽尺寸表滚出沟槽。槽距以预装完卡环、垫圈、密封环后，管接头端面与径向密封环紧贴，且卡环、垫圈、密封环无缝隙为理想槽距。装管前，必须去掉管材连接部位的覆膜层，检查接头各附件是否齐全。对*DN*65以上的大管件连接时，先将接口、卡环、垫圈、密封圈套在管材上；然后，与接头法兰连接，拧紧螺栓。给水用衬塑钢管与阀门、水表、水嘴等卫生洁具的连接应采用内、外丝管螺纹管件连接，严禁在衬塑钢管上套丝。

3.16.4　给排水管道安装

（1）给排水干管安装

1）给水干管安装一般从总进入口开始操作，总进口端头加临时丝堵以备试压用。管道预制后、安装前应做好防腐。将预制好管道运至安装部位，按编号依次排开。安装前清扫管膛，用管钳按编号依次上紧，安装后找直找正，所有管口加好临时丝堵。

2）排水干管安装：按图纸所示坐标、标高找好位置、坡度，将管段承插口相连，全部连接后，管道要直，坡度均匀，各预留口位置准确。干管安装完毕进行自检，准确无误后，从预留管口处做闭水试验。

3）托、吊架排水干管安装：先搭设架子，将托架按设计坡度栽好吊卡，量准吊杆尺寸，将预制好的管道运至安装部位进行安装，将预留管口装上临时丝堵。

（2）给排水立管安装

1）给排水立管宜分主立管、支立管分步预制安装。

2）给水立管明装：每层从上至下统一安装卡件，将预制好的立管按编号分层排开，顺序安装，螺纹连接丝扣外露2~3扣，校核预留甩口的高度、方向是否正确。立管阀门安装朝向应便于操作和修理。安装完毕，用线坠吊直找正。

3）给水立管暗装：竖井内立管安装的卡件在管井口设置型钢，上下统一吊线安装卡件。安装在墙内的立管在结构施工中预留管槽，立管安装后吊直找正，用卡件固定。支管的甩口应露明并加好临时丝堵。

4）热水立管：立管与导管连接采用2个弯头；立管直线长度大于15m时，采用3个弯头；如有伸缩器安装同干管。热水立管安装方向应在冷水立管左边。

5）排水立管：安装前先检查预留洞口，以设计尺寸确定位置，修改洞口。安装时，若需打洞，洞口直径不应过大，并且不得随意切断楼板钢筋。必须切断时，需在立管安装后焊接加固。立管安装完毕需用线坠吊直找正。排水立管每层设检查口，高度距安装地面1m，以便闭水方便。

（3）给排水支管安装

1）给水支管明装：将预制好的支管从立管甩口依次逐段进行安装。给水支管安装前核定各卫生洁具冷热水预留口高度、位置，找平正后栽支管卡件，去掉临时固定卡，上好临时丝堵。水表安装位置上先装连接管，试压后、交工前拆下连接管，装上水表。

2）给水支管暗装：确定支管高度后画线定位，剔出管槽，将预制好的支管敷在槽内，找平正后用钩钉固定。卫生器具的冷热水预留口做在明处，加丝堵。

3）热水支管：热水支管穿墙处做好套管。热水支管应在冷水支管的上方。支管预留口位置应左热右冷。

4）排水支管：支管安装先按坡度栽好吊卡，将支管插入立管承口内，进行安装。然后调整坡度，合适后固定支架，封闭各预留管口。排水支管安装不允许有倒坡、平坡的现象。

（4）支吊、托架安装

给水干管应设托架，立管每层均应设管卡；排水横管应设吊架，排水立管应设固定落地卡，支托吊架埋设平正牢固，与管道接触紧密。无热伸长管道的吊架、吊杆应垂直安装；有热伸长的管道的吊杆，应向热膨胀的反方向偏移。

采用新型的铜制内螺纹胀栓，吊杆为光杆镀锌两头丝，抱卡为快速卡接式镀锌抱卡，保证系统管道吊装的可靠性和美观性。

3.16.5 卫生洁具安装

（1）工艺流程

安装准备→卫生洁具及配件检查→卫生洁具安装→配件预装→卫生洁具稳装→与墙、地缝隙处理→通水试验。

（2）低水箱坐便器安装

1）配件安装：低水箱溢水管口应低于水箱固定螺栓10~20mm。有补水管者把补水管上好后煨弯至溢水管口。

2）本体稳装：坐便器出水口要对准预留排水口，放平找正，管口周围抹上油灰以防漏水。上地脚螺栓时要套好胶皮垫、眼圈，将螺母拧至松紧适度。

（3）小便器安装

应先检查给、排水预留管口是否在一条垂线上，间距是否一致。小便器稳装时应找平、找正。小便器与墙面、地缝嵌入白水泥抹平、抹光。

(4) 台式洗脸盆安装

洗脸盆下水口中的溢水口要对准脸盆排水口中的溢水口眼，加上垫好油灰的胶垫，套好眼圈，上螺母至松紧适度。脸盆支架安装要求找平、栽牢。脸盆安装，要求牢固、水平。存水弯上、下衔接处应保证严密不漏。

3.16.6　水压试验与闭水试验

(1) 水压试验

给水试压试验压力为工作压力的 1.5 倍，但不得小于 0.6MPa，10min 压降不应大于 0.02MPa，降至工作压力进行检查，无渗漏为合格。分层、分段进行分项试压并合格后，方可进行系统试压。建立临时上、下水系统，每层甩头由阀门控制，在每个管路最高处设排汽口，最低点设泄水口。

(2) 闭水试验

排水、中水集水、雨水、空调凝结水管做灌水试验。排水管满水 15min 后，再继续灌满观察 5min，液面不降，管道及接口不渗不漏为合格。室内雨水管注水应满至最高上部雨水斗，60min 内不渗不漏为合格。有压排水管按排水泵扬程的 2 倍进行试压。所有水箱、贮水池做充水试验，水箱、池内充满水，24h 各处无渗漏和明显阴水为合格。

(3) 将试验用水及时排至水箱，一般作为临时消防用水。

3.16.7　防腐、保温

(1) 镀锌层破坏处及排水铸铁管外壁刷防锈漆两遍。

(2) 架空给水、排水管采用 PEF 难燃保温材料做防结露保温。热水铜管先采用电伴热保温，维持温度 55℃，再采用优质难燃保温材料做隔热保温。

3.16.8　系统冲洗

参见“3.17.2 号空调水系统安装”。

3.17　通风空调工程施工技术

3.17.1　通风系统安装

(1) 主要施工程序

熟悉审查图纸→施工机具与人员准备→通风管道及部件的加工制作→风管内衬吸音及保温材料→通风管道及部件的安装→通风空调设备安装→风管漏风量测试→吊顶内排烟风管保温→通风空调系统试运转及试验调整→工程交工验收。

(2) 通风管道及部件的加工制作

1) 金属风管的预制程序为：

通风管道的展开下料→直风管的加工制作→变径管的加工→弯头、三通的加工→法兰的加工制作→风管的组配，风管的材质选用镀锌薄钢板、普通钢板。

2) 金属风管制作：

工艺流程如图 3-11 所示。

A. 镀锌钢板风管可采用咬口连接、焊接。

B. 采用咬口连接的风管：板材的拼接咬口采用单咬口，矩形风管、弯管、三通管及

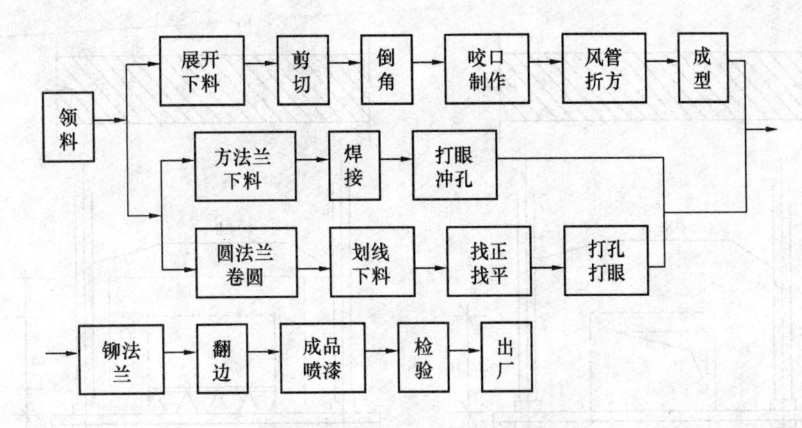

图 3-11 金属风管制作工艺流程

四通管的四角采用联合角咬口，咬口缝应紧密，宽度均匀。

C. 采用焊接连接的风管：焊接时可采用气焊、电焊或接触焊，板材的拼接缝采用对接缝、搭接缝，矩形风管或配件的四角采用角缝、搭接边角接缝。

D. 风管要求负偏差。风管和配件表面应平整，圆弧均匀，纵向接缝应错开。

E. 风管的组配。风管与法兰的翻边铆接：铆接矩形风管法兰时，在平钢板上进行，先把两端法兰连接在风管上，并使管端露出法兰 9mm，然后将法兰和风管铆接在一起，铆好后，再用木锤将管端翻边，使风管翻边平整并紧贴法兰，且保证翻边宽度不小于 6mm。将铆接好法兰的风管按规范要求铆好加固框，编号；同时，按设计要求安装风量、风压及温度测定孔，避免因安装后高空作业打孔，使风管变形，不易修整。

焊接风管的焊缝应平整，不应有裂痕、凸瘤、穿透的夹渣、气孔及其他缺陷等，焊接后板材的变形应矫正，并将焊渣及飞溅物清除干净。风管与法兰焊接连接时，风管端面不得高出法兰接口平面。

3）风管支吊架的制作：

风管、部件和设备的支吊、托架、基础的钢制构件，在除锈后涂防锈底漆两道，外露部分涂面漆两道。

(3) 通风管道与部件的连接

1）风管安装前，经过预组装、检查合格后，按编写的顺序进行安装就位。

2）法兰连接时，连接法兰的螺母设在同一侧，法兰连接螺栓应均匀沿对角线逐步拧紧。通风空调系统垫料采用 8501 阻燃胶带，排烟系统采用石棉橡胶板为垫料（图 3-12）。

3）风管及部件连接前将管内外的积尘、污物清除，用聚乙烯薄膜封口，保持管内清洁。

(4) 风管吊装

1）风管安装前，核查风管穿越楼板、墙孔的尺寸，标高和标定支吊架的位置；

2）吊架间距 3m，对于不足 3m 长的管道在其两端各设一吊架。外保温风管为防止冷桥产生，在风管和吊架之间加设垫木，垫木的厚度同保温层。风管的吊架安装如图 3-13 所示；

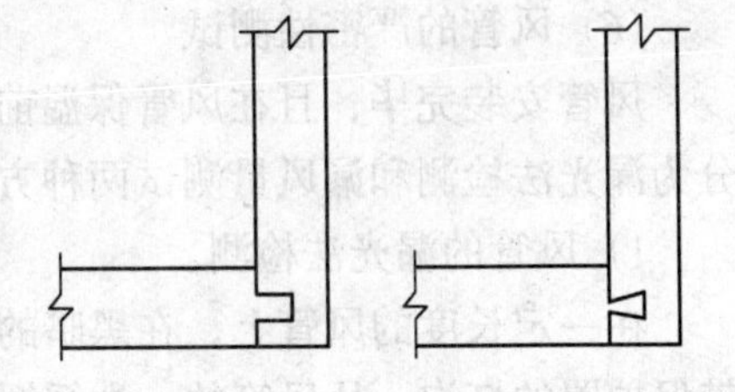

图 3-12 石棉橡胶板在法兰处的连接形式

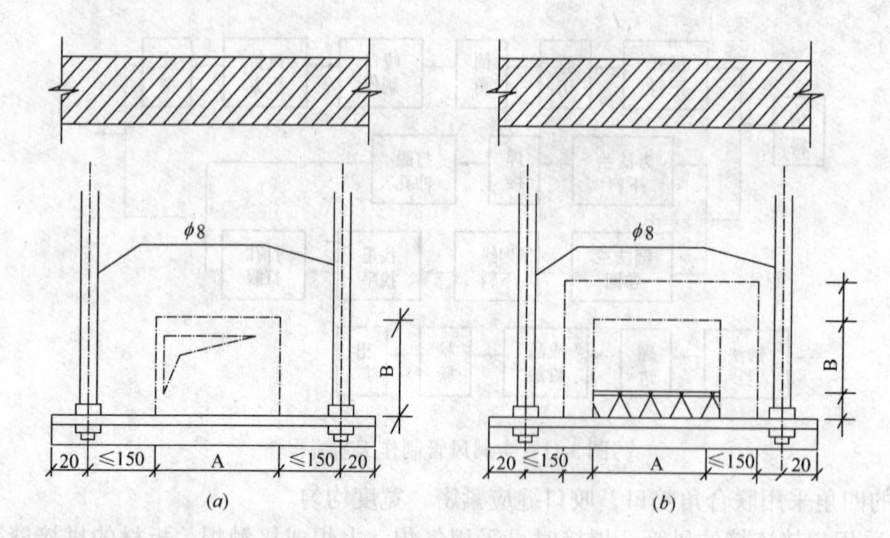

图 3-13 风管吊架安装
(a) 不保温风管吊架；(b) 保温风管吊架

3）风管的支吊架避开风口、风阀、法兰、检查门、测量孔等部件位置，配件的可卸接口不允许安装在墙洞或楼板内。

(5) 风管部件安装

1）消声器安装的方向保证正确，且不得损坏和受潮。消声器单独设支架，避免其重量由风管承受。

2）防火阀安装前，检查其型号和位置是否符合设计要求、有无产品合格证，防火阀易熔片迎气流方向安装，为防止易熔片脱落，易熔片在系统安装后再装，安装后做动作试验，防火阀安装时单独设支架。

3）依据设计要求的位置安装排烟阀、排烟口及手控装置（包括预埋导管），排烟阀安装后做动作试验，检查其手动、电动操作是否灵敏、可靠，阀体关闭是否严密。

4）风口安装时，保证风口与风管连接的严密、牢固；风口的边框与建筑装饰面贴实；安装完毕的风口外表面保证其平整不变形，调节灵活。

5）安装过程中振动和噪声的预防：空调机组、风机和风管相连接的软接头的安装做到松紧适度，避免因软接头过松，减小进出风口面积，而引起噪声和振动。为防止风管振动，在每个系统主干风管的转弯处、与空调设备连接处设固定支架。

(6) 风管的严密性测试

风管安装完毕，且在风管保温前，首先进行风管的检漏。国家规定的风管的漏风检测分为漏光法检测和漏风量测试两种方法。

1）风管的漏光法检测。

在一定长度的风管上，在黑暗的环境下，在风管内用一个电压 36V、功率在 1000W 的带保护罩的灯泡，从风管的一端缓缓移向另一端。试验时若在风管外能观察到光线，则说明风管有漏光点，应对风管的漏风处进行修补。风管的漏光法检测如图 3-14 所示。

2）风管的漏风量测试。

风管的漏风量测试采用经检验合格的专用测量仪器，或采用测量风管单位面积漏风量

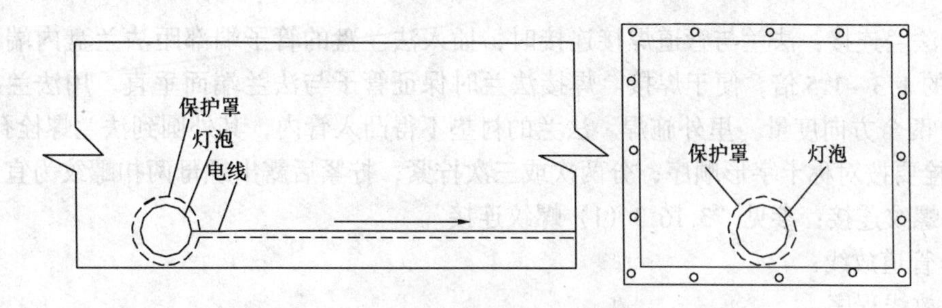

图 3-14 风管的漏光法检测图

的试验装置。风管安装完毕以后，在保温前对安装完毕的风管进行漏风量的测试。将待测风管连接风口的支管取下，并将开口处用盲板密封。利用试验风机向风管内鼓风，使风管内静压上升到200Pa后停止送风；如发现压力下降，则利用风机继续向管内进风并保持在200Pa，此时风管内进风量即等于漏风量。该风量用在风机与风管之间设置的孔板与压差计来测量。

(7) 通风管道保温

1) 地下一层、地上一层、地上办公区域空调及排风系统风管的保温材料采用非燃性玻璃棉保温板保温。保温程序如下：

清洁风管（外）内表面→保温板下料→保温板、风管保温面刷胶或粘胶钉→敷设保温板→保温板接缝处理。

2) 保温板：敷设保温板时，保温板的接缝尽量安排在四角，保温层纵、横向接缝应错开，敷设完毕后压紧。

3) 空调风管保温用宽度大于50mm、厚10mm的保温板将接缝封严；排烟风管保温板接缝用胶带封严。

(8) 风口的安装

风口安装时，要横平竖直，表面平整；明露于室内部分与室内线条平行；对于各种吸顶安装的散流器，应使风口与平顶平行；凡有转动装置的风口，在安装好后仍应保持原来的灵活程度。

3.17.2 空调水系统安装

(1) 管材及连接方式

空调水管道包括空调冷、热供回水系统和凝结水系统。管道材质：凝结水管为镀锌钢管丝扣连接；空调水管管径小于或等于 *DN*70 为焊接钢管；管径大于 *DN*70 为无缝钢管；管径大于300mm为螺旋焊接钢管；管径小于等于 *DN*32 采用丝扣连接，其余焊接连接。

(2) 主要施工程序

施工程序：施工准备→预留、预埋→材料的采购、检验及保管→管道预制→管道放线→支、吊架制作、安装→管道及附件安装→管道试压、冲洗→管道防腐→管道保温及刷标识漆→系统调试。

(3) 主要施工方法及技术要求

1) 管道预制：

A. 管道焊接：钢管壁厚为4～11mm，采用手工电弧焊焊接。壁厚等于或大于4mm的焊件坡口形式采用“V”形；壁厚小于4mm，采用I形坡口。

B. 法兰连接：法兰与管道焊接连接时，插入法兰盘的管子端部距法兰盘内端面为管壁厚度的1.3～1.5倍，便于焊接。焊接法兰时保证管子与法兰端面垂直，用法兰靠尺从相隔90°两个方向度量，里外施焊。法兰的衬垫不得凸入管内，其外圆到法兰螺栓孔为好，紧固螺栓要按对称十字形顺序，分两次或三次拧紧，拧紧后露出螺母两扣螺纹为宜。

C. 螺纹连接：参见“3.16.3（1）螺纹连接”。

2）管道放线：

A. 放线程序。

核对施工图→标出支吊架位置尺寸→管道定位、弹线→支架定位、弹线。

B. 管道放线由总管到干管再到支管放线定位。放线前逐层进行细部会审，使各管线互不交叉，同时留出保温及其他操作空间。

C. 立管放线时，打穿各楼层总立管预留孔洞，自上而下吊线坠，弹画出总立管安装的垂直中心线，作为总立管定位与安装的基准线。

3）支、吊架制作、安装：

A. 支、吊架安装程序：

图纸现场核对→支、吊架形式和位置→支、吊架制作计划→放线定位→支架安装。

B. 支架形式的选用。

管道支架的选择考虑管路敷设空间的结构情况、管道重量、热位移补偿、设备接口不受力、管道减振、保温空间及垫木厚度等因素选择固定支架、滑动支架及吊架。

空调水支管吊架如图3-15所示。

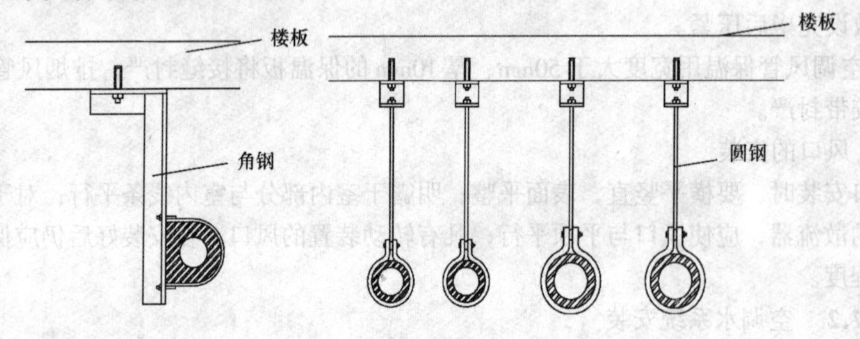

图3-15 支管吊架

空调热水水平管道滑动支架如图3-16所示。

对于成排管道（例如地下三层空调冷热水管道），支架安装方式如图3-17所示。

冷冻水立管支架大样图如图3-18所示。

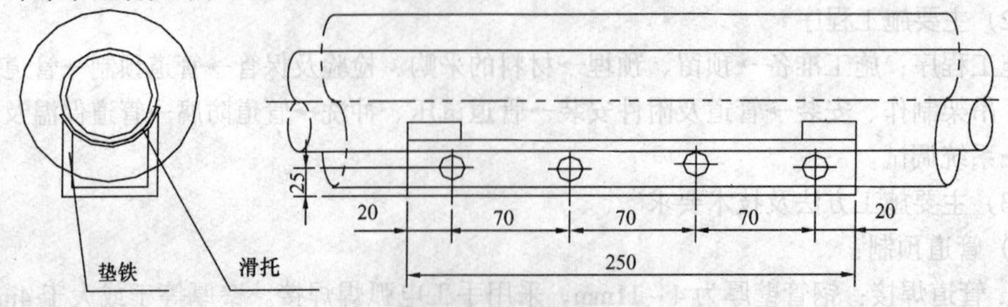

图3-16 滑动支架

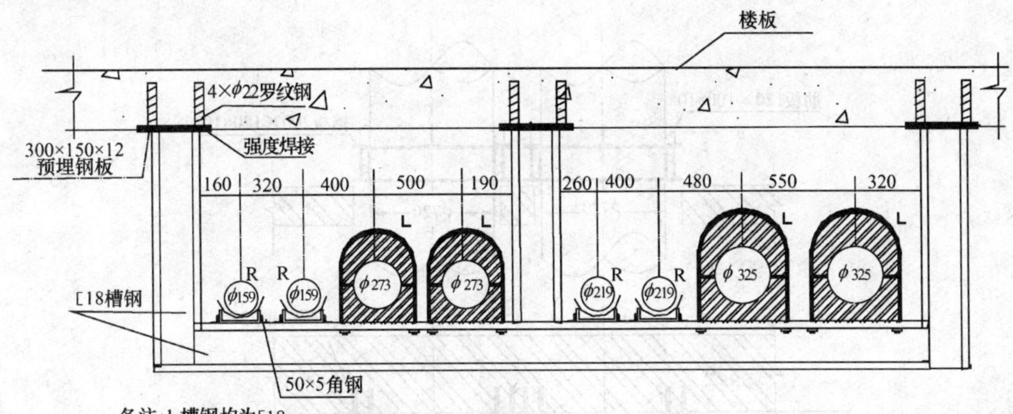

备注：1.槽钢均为[18。
2.槽钢间均强度焊接并做防腐处理两遍。
3.预埋件需在配合土建钢筋混凝土时预埋并做标记。
4.热水管的滑托为[16槽钢两侧的固定角钢为∟50×5

图 3-17　地下三层③—④轴空调冷、热水管安装大样

空调冷热水立管固定支架如图 3-19 所示。

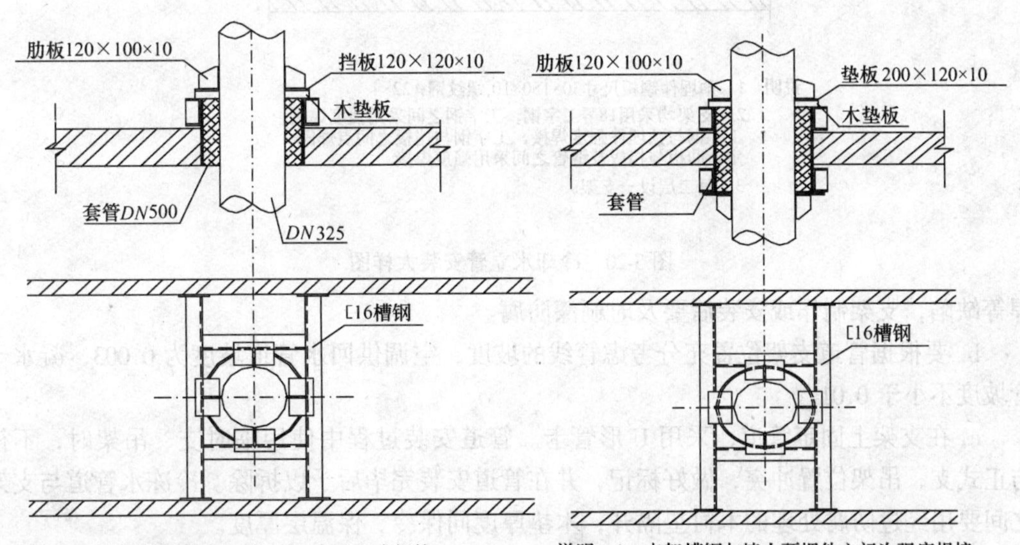

说明：1. 支架槽钢与墙上预埋件之间为强度焊接。
2. 肋板与钢管及挡板之间为强度焊接。
3. 木垫板厚度不小于保温层厚度。

说明：1. 支架槽钢与墙上预埋件之间为强度焊接。
2. 肋板与钢管及挡板之间为强度焊接。
3. 木垫板厚度不小于保温层厚度。

图 3-18　冷冻水立管大样图　　图 3-19　冷、热水立管固定支架大样图

冷却水立管支架如图 3-20 所示。

空调热水立管采用 U 形卡做滑动支架如图 3-21 所示。

C. 支架的安装：

a. 制作支、吊架时，采用砂轮切割机切割型钢，并用磨光机将切口打磨光滑；用台钻钻孔，不得使用氧乙炔焰吹割孔；煨制要圆滑均匀。各种支、吊架要无毛刺、豁口、漏

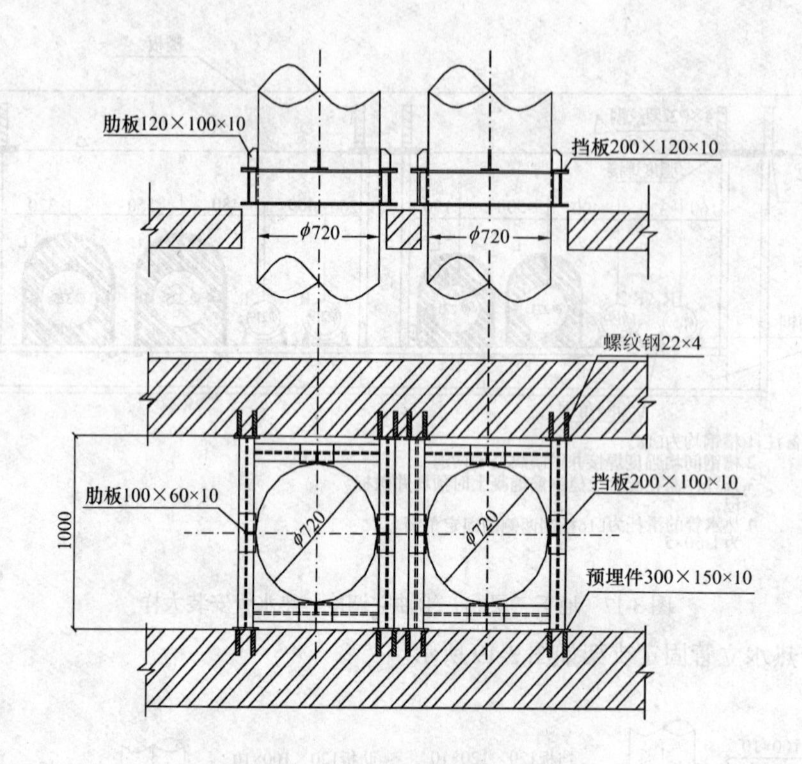

说明：1. 预埋件钢板尺寸30×150×10，螺纹钢ϕ22×4

2. 支架均采用18号工字钢，工字钢之间采用强度焊接，工字钢与预埋件强度焊接，工字钢与挡板之间点焊固定，肋板与挡板及钢管之间采用强度焊接。

3. 每二层设一支架。

图 3-20　冷却水立管安装大样图

焊等缺陷，支架制作或安装后要及时刷漆防腐。

b. 要根据管道支架位置充分考虑管线的坡度，空调供回水管道坡度为 0.003，凝水干管坡度不小于 0.01。

c. 在支架上固定管道，采用 U 形管卡。管道安装过程中使用临时支、吊架时，不得与正式支、吊架位置冲突，做好标记，并在管道安装完毕后予以拆除。冷冻水管道与支架之间要用经过防腐处理的木衬垫隔开，木垫厚度同保冷、保温层厚度。

4）管道及附件安装：

A. 安装程序如图 3-22 所示。

B. 水平管的安装：

a. 放线、定位核准，支架正确安装后，管子就要上架。上架前，进行调直，对用量大的干管进行集中热调，小口径的管子用手锤敲击冷调。

b. 管子上架，小口径管道用人力抬扛，当使用梯子时，应注意防滑；大口径管子用手动捯链吊装，注意执行安全操作规范。

c. 管子上架后连接前，对大管子进行拉扫，即用钢丝缠破布，通入管膛清扫，对小口径管，上架时敲打“望天”（从管膛一端望另一端的光亮），以确保管道安装内部的清洁、不堵塞。

d. 干管采用焊接连接，与附件连接采用法兰连接。焊接的对口、点焊、校正、施焊等技术要求见“管道预制”。

e. 为尽量减少上架后的死口，组织班组精心施工，在方便上架的情况下尽量在地面进行活口焊接。

f. 干管变径采用成品管件焊接成型较好，空调供回水管用偏心大小变径，并在初装时使偏心分别向下和向上。分支管与主干管连接采用孔焊，变径管 200～300mm 以外，方可开孔焊支管。

g. 在施工中抓好画线准确及焊接质量，不允许无模板画线，不允许开大孔将支干管插入主管中焊接，不允许在主干管弯管的弯曲半径范围内开孔，应在弯曲半径以外 100mm 以上的部位开孔焊接。

C. 立管的安装：

管道安装总原则：先里后外，安排好施工顺序。

为加快施工进度，除 1 号管井中两根 $\phi720$ 管道外，其余各管井立管可在管井拆模后先施工 10 层以下立管，管道由首层管井门进入管井后，用电动葫芦拉至所需位置进行安装。待主体封顶后再用塔吊由屋顶将管道吊下，由十层向上安装。管道安装时，先将整段管道点焊好并用支架固定牢固，检查无误后再进行焊接。

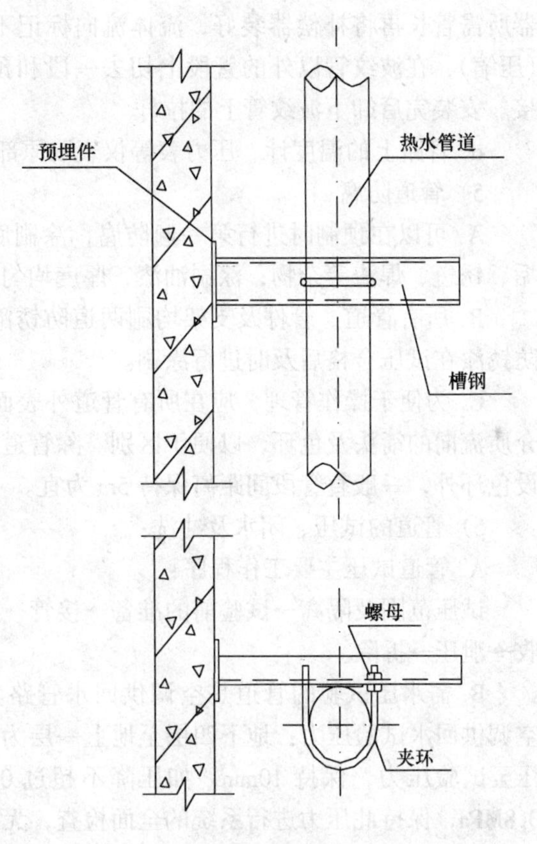

图 3-21 空调热水 U 形卡滑动支架大样图

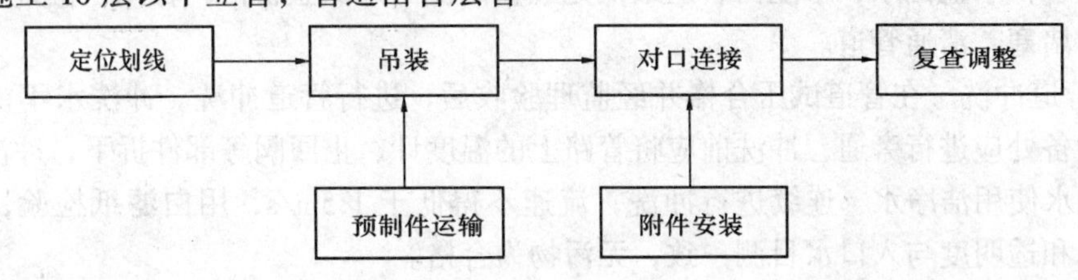

图 3-22 管道及附件安装程序

D. 附件安装：

a. 阀门：安装前按规范进行试压，在安装时按介质流向确定其安装方向；安装丝扣阀门时，保证螺纹完整无缺，并以聚四氟乙烯生料带缠绕。

安装法兰阀、软接头、过滤器等法兰配件时，法兰垂直于管子中心线，法兰连接使用同一规格螺栓，安装方向一致。

b. 过滤器：安装时要将清扫部位朝下，并要便于拆卸。

c. 波纹管补偿器的安装：在安装前，先将管道敷设好，在安装补偿器处，切去补偿器所需管长再将补偿器装好，流体流向标记不能装反。按照设计型号和要求进行预拉伸（压缩），在波纹管以外的管段上切去一段和预拉伸的长度相等的管长，拉伸管道后再焊接。安装完后卸下波纹管上的拉杆。

d. 管路上的温度计、压力表等仪表取原部件的开孔和焊接在管道试压前进行。

5）管道防腐：

A. 可以在预制时进行第一遍防腐，涂刷底漆前，用电动钢丝刷清除表面的灰尘、污垢、锈斑、焊渣等杂物；涂刷油漆，厚度均匀，色泽一致，无流淌及污染现象。

B. 所有管道、管件及支架均刷两道防锈漆，第一道防锈漆在安装前已涂好，第二道防锈漆在试压合格后及时进行涂刷。

C. 为便于操作管理，应在所有管道外表面或保温层外表面涂上不同颜色或画上表明介质流向的箭头及色环，以便于区别。除管道穿墙处及弯头、阀门、法兰或分支管附近须设色环外，一般直管段间距离保持 5m 为宜。

6）管道的试压、闭水及冲洗：

A. 管道试压主要工作程序：

试压范围及隔离→试验前的准备→接管→灌水→检查→试压→稳压检查→做记录及验收→泄压→拆除。

B. 需水压试验的管道是空调供回水管路。试压介质为自来水，用电动试压泵加压，空调供回水试验压力：地下四层至地上一层为 2.5MPa；地上二层至顶层为 2.1MPa。先升压至试验压力，保持 10min，如压降不超过 0.02MPa，则强度试验合格；降至工作压力 0.8MPa，保持此压力进行系统的全面检查，无渗漏则严密性试验合格；

C. 凝结水管进行闭水、通水试验。凝结水管闭水方法同排水管道，通水具体要求是向风机盘管积水盘倒水，水能由管道最低处顺畅的流出则试验合格；否则，检查管路是否有倒坡、堵塞，清通管道。

D. 管道冲洗。在管道试压合格并经监理验收后，进行管道冲洗。冲洗水不能经过设备，在设备处应进行旁通，冲洗前应将管路上的温度计、止回阀等部件拆下，冲洗后再安装。冲洗水使用洁净水，连续进行冲洗，流速不得低于 1.5m/s，用白滤纸检验，以排出口的水色和透明度与入口水目测一致，无污物为合格。

7）空调水管道保温：

A. 保温的施工程序：

施工准备→防腐质量复核→材料准备→预制下料→保温→检查记录、报验→刷标识漆。

B. 保温方式：根据设计说明，保温材料选用非燃性橡塑和 PEF 保温管壳，保温厚度 15～50mm。

C. 主要施工方法及技术要求：

a. 根据不同管径范围、不同厚度，选择符合要求的保温管。

b. 空调水管与其支架之间应采用与保温厚度相同的经过防腐处理的木垫块，直接接触管道的支吊、托架必须进行保冷，其保冷层长度不得小于保冷层厚度的 4 倍；否则，应敷设于垫木处。

c. 为保证保温质量和美观，对弯头、三通、阀门、附件要进行组合件保温，按不同的管径制作模板，最好能达到预制成型、现场组装。对于管件要按展开下料，弯头用虾米弯，缝隙填实，一般组合块不能少于3个。

d. 阀门除将手柄露在外面外，阀体保温，法兰面之间板材要分体，缝隙粘紧，这样在检修时就不用毁坏大量保温材料。

e. 过滤器向下的滤芯外部要做活体保温，同样以利于检修、拆卸的方便。水管与分体空调冷媒管穿楼板和外墙处套管内也要保温，而且要保证密实不露。

f. 冷却塔等处水平管道金属保护层的环向接缝应沿管道坡向搭向低处，其纵向接缝宜布置在水平中心线下方和15°~45°处缝口朝下。垂直管道金属保护层的敷设应由下而上进行施工，接缝处应上搭下，垂直管道的金属保护层应分段将其固定在支承件上。

g. 用玻璃丝布做保护层时，玻璃丝布以螺纹状缠绕在外，视管道坡度由低向高缠绕紧密，前后搭接宽度为40mm，立管由下向上缠绕，布带两端和每隔3~5m用18号镀锌钢丝扎紧。

3.17.3 空调设备安装

(1) 风机盘管的安装

风机盘管安装前，进行单机三速试运转及水压试验，试验压力为系统工作压力的1.5倍，不漏为合格（图3-23）。

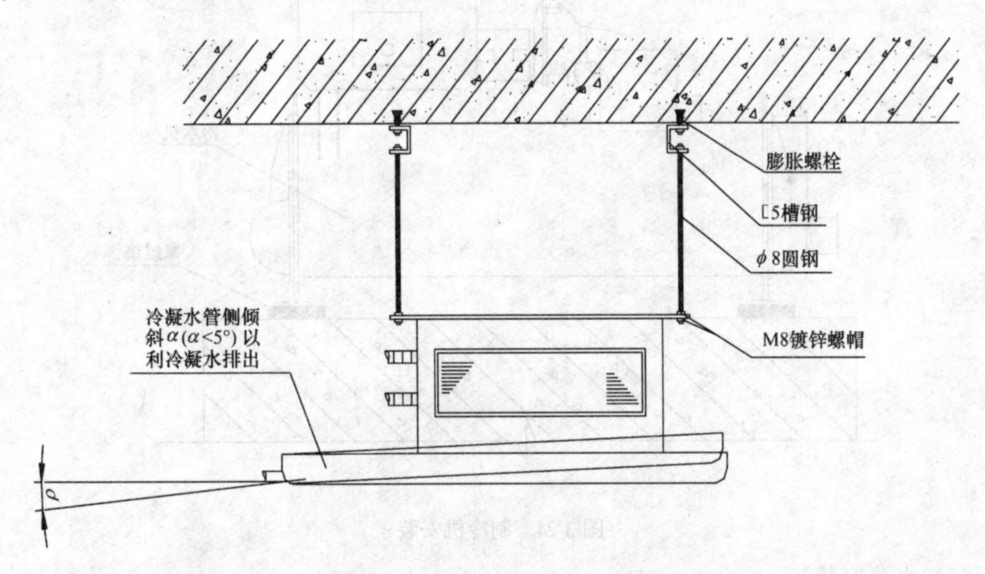

图3-23 风机盘管吊装示意图

(2) 空调机组、新风机组安装

1) 基础符合图纸及机组说明书要求。

2) 一般大型机组由于体积大，不便于整体运输，常采用散装或组装功能段运至现场进行整体拼装的施工方法。为了保证组装后的产品质量，在产品定货时，要求厂家安排技术人员现场指导。由厂家进行漏风量测试，达到设计使用要求。

3) 需要与土建专业积极配合，机组运行线路必须保证机组顺利通过，既不损坏机组也不破坏建筑物。

(3) 风机安装

1）风机叶片安装角度应一致，达到同一平面内运转，叶轮与筒体之间的间隙应均匀；

2）安装隔振器的地面应平整，各组隔振器承受荷载的压缩量应均匀；

3）风机支、吊架，其结构形式和外形尺寸应符合设计或设备技术文件的规定。

（4）制冷机组吊装

1）吊装前，先在冷机底部安装［16 槽钢的设备托架；然后，根据制冷机组重量，采用 25t 汽车吊，从一层室外由吊装孔直接将冷机放置铺设在吊装孔底的导轨上，导轨采用［12 槽钢，滚杠采用 $\phi89\times4$ 钢管。

2）水平运输：将卷扬机固定在混凝土柱上、墙上或地面，用卷扬机或手拉葫芦牵引机组及临时托架在导轨上，向基础方向水平移动至基础旁。由于冷水机组的高度过高，在水平运输前，先拆卸掉冷水机组的风罩。

3）检查设备朝向，用 4 个 10t 千斤顶将制冷机组顶起并平移至基础上，再进行水平调整。用 *DN*150 的无缝钢管焊接成 2 组龙门架，用 4 台 5t 的捯链将设备吊起，将滚杠、托架去除，找正机组位置，垫好减振垫，安装减振垫的地面应平整，各组减振垫承受荷载的压缩量应均匀。将机组缓慢降落在基础减振垫上，并调整好机组位置（图 3-24）。

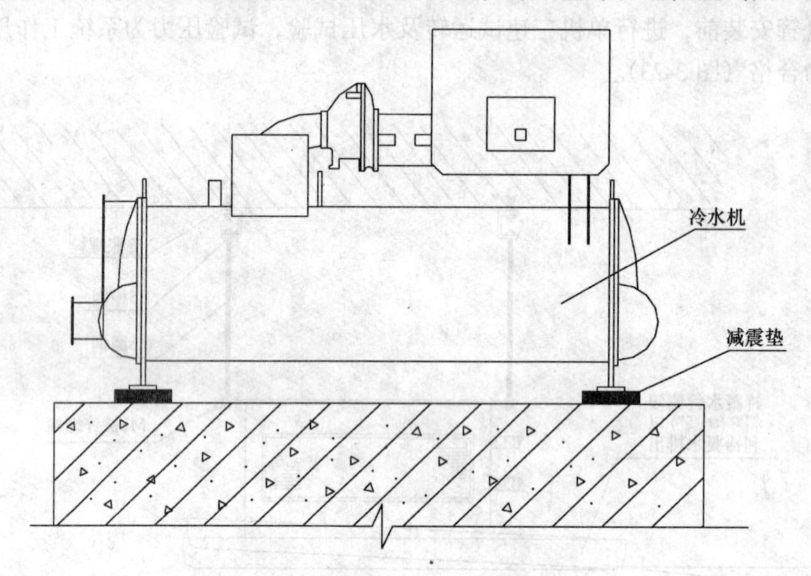

图 3-24　制冷机安装

（5）水泵安装

1）水泵吊装时，索具应挂在底座或吊装环上，将泵吊起后穿入地脚螺栓，调整底座位置，对准基础的中心线及泵座的中心线后放在基础上。将水泵用垫铁找平、找正后，垫铁一般放在地脚螺栓两侧，斜垫铁必须成对使用。设备安装好后，同一组垫铁应点焊在一起，以免受力时松动。检查水泵底座水平度，合格后拧紧地脚螺母，并进行配管及附件安装。

2）水泵的吸入口如变径，应采用偏心大小头，并使平面朝上。吸入管的安装应具有沿水流方向连续上升的坡度接至水泵入口，坡度应不小于 0.005，吸入管靠近水泵进口处应有一段长约 2～3 倍管径的直管段，避免直接安装弯头使水量发生变化。吸入管应有支撑件。

3）水泵安装就位如图 3-25 所示。

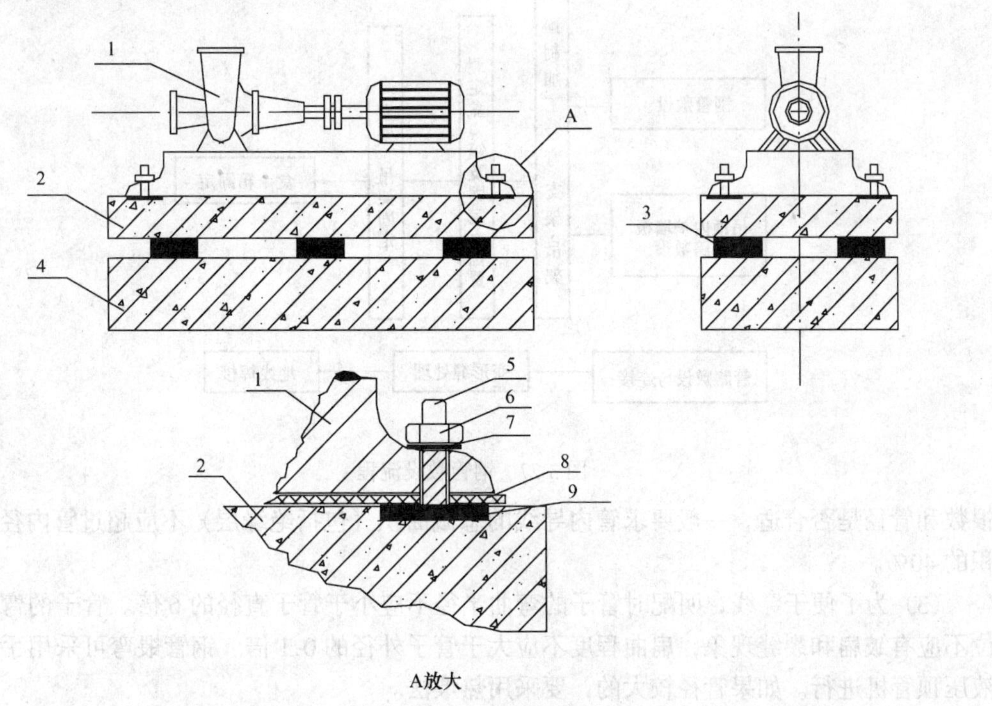

图 3-25 水泵安装

1—水泵；2—混凝土底座；3—橡胶减震垫；4—水泵基础；5—地脚螺栓（焊在预埋铁上）；6—螺母；7—弹簧垫片；8—垫铁；9—预埋铁（δ10mm、200mm×200mm 钢板）

3.18 电气安装工程施工技术

3.18.1 工艺流程

电气安装工艺流程如图 3-26 所示。

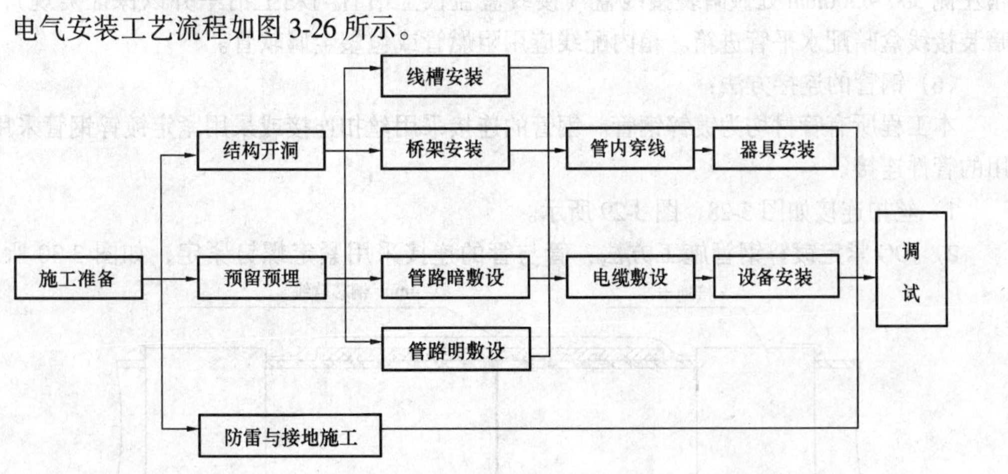

图 3-26 电气安装工艺流程

3.18.2 钢管敷设

(1) 工艺流程示意如图 3-27 所示。

(2) 根据设计要求，选择施工所用线管，为了便于配管，穿线前应考虑导线的截面、

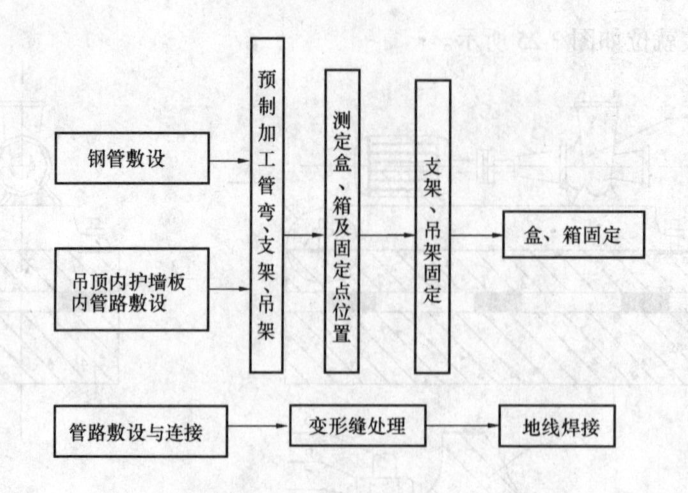

图 3-27　钢管敷设流程

根数和管径是否合适，一般要求管内导线的总截面积（包括绝缘层）不应超过管内径截面积的 40%。

（3）为了便于穿线，明配时管子的弯曲半径不应小于管子直径的 6 倍。管子的弯曲部位不应有皱扁和裂缝现象，扁曲程度不应大于管子外径的 0.1 倍。钢管煨弯可采用手动和液压顶管机进行。如果管径较大的，要采用热煨法。

（4）线管敷设按设计进行配管，一般从配电箱处开始配至设备，也可由设备处向配电箱处；钢管与配电箱本体、电器具箱盒均连接为一体。配电箱、盒进出线端成排线管的连接，必须按要求保证每根线管口的焊接长度。管进箱柜必须采用丝扣连接、锁母固定。

（5）消防箱暗装时，严禁将接线盒敷设在消防箱后侧面的墙上，暗管进暗装消火栓箱做法。总体原则是不允许将接线盒做在箱体后壁墙内。配管时应将管路配在箱体左侧，在箱左侧 300 ~ 500mm 处做暗装接线盒（接线盒盖板上沿宜与箱上沿平齐以保证美观），由暗装接线盒暗配水平管进箱。箱内配线应用阻燃管或包塑金属软管。

（6）钢管的连接方法：

本工程所有管材均为镀锌钢管。钢管的连接采用丝扣连接或采用紧定镀锌钢管采用专用的管件连接。

1）丝扣连接如图 3-28、图 3-29 所示。

2）JDG 紧定镀锌钢管施工方法：管与管的连接采用紧定螺钉紧定，如图 3-30 所示，

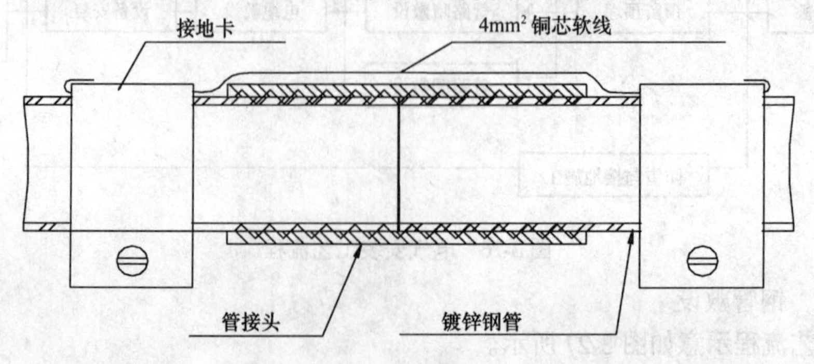

图 3-28　丝扣连接

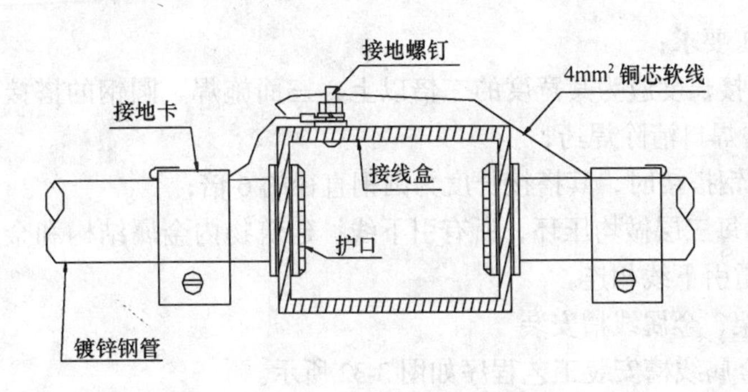

图 3-29 镀锌管与接线盒连接方法

管与盒连接用爪形锁母紧锁，如图 3-31 所示。螺钉紧定连接和爪形锁母连接，无需再做跨接地线，即可保证良好的电气连接性。

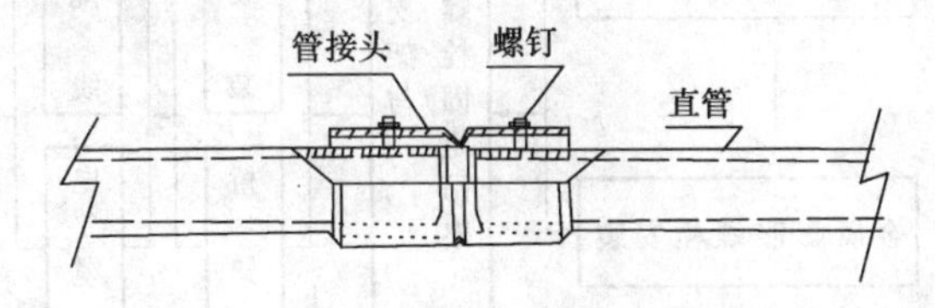

图 3-30 JDG 电线管直管连接

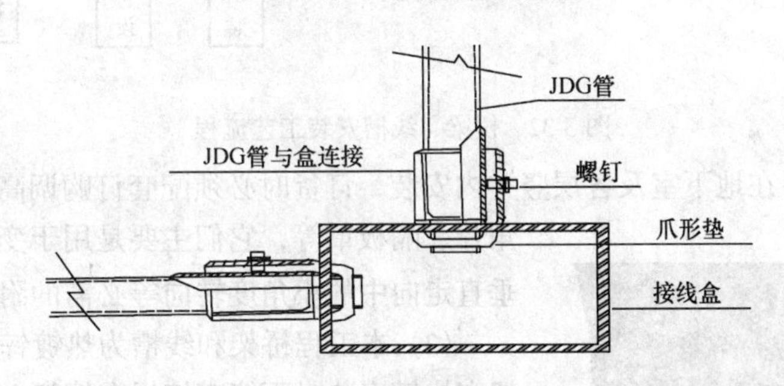

图 3-31 JDG 管与盒连接

(7) 吊顶内敷设金属软管时，长度不得超过 1m。

(8) 敷设于多尘和潮湿场所的电线管路、管口、管子连接处均应作密封处理。

(9) 线盒清理完要及时将盒子刷漆，并用盖板封好做好成品保护。

3.18.3 防雷接地安装

(1) 安装程序如下：

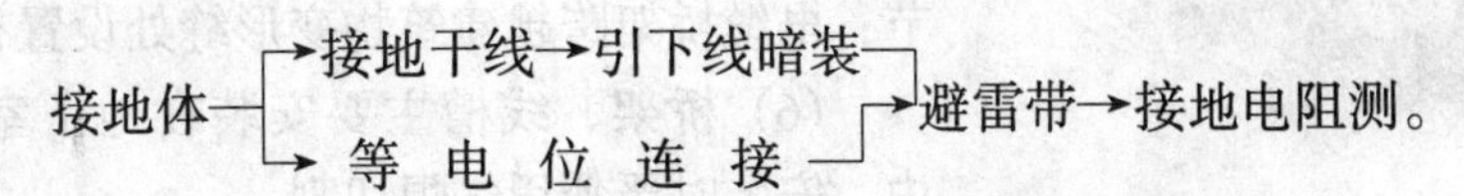

(2) 本建筑在屋顶设置避雷网，凡突出屋面的所有金属构件，如电视天线金属杆、金属通风管、屋面风机等，均与避雷带可靠焊接。

(3) 本工程的用电设备外壳、配电箱、控制箱及插座箱的金属外壳、金属电缆桥架、电梯轨道、保护钢管必须与配电系统保护线（PE）连接。

（4）具体施工要求：

1）扁钢的搭接长度应为其宽度的二倍以上，三面施焊。圆钢的搭接长度为其直径的6倍，双面施焊，焊口清除焊药；

2）圆钢与扁钢搭接时，其搭接长度为圆钢直径的6倍；

3）从30m起每三层做均压环，所有引下线、建筑物内金属结构和金属物体等，与均压环连接并与防雷引下线相连。

3.18.4　桥架、金属线槽安装

（1）桥梁、金属线槽安装工艺程序如图3-32所示。

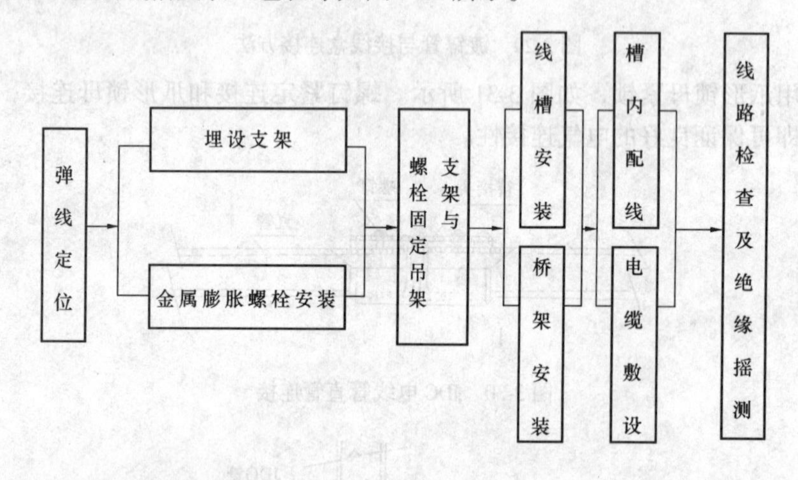

图3-32　桥梁、线槽安装工艺流程

（2）桥架主要在地下室及各层竖井内安装，订货时必须配套订购调高片、连接片、调角片、隔板罩等，它们主要是用于变高连接、水平和垂直走向中的小角度转向等必需的附件。

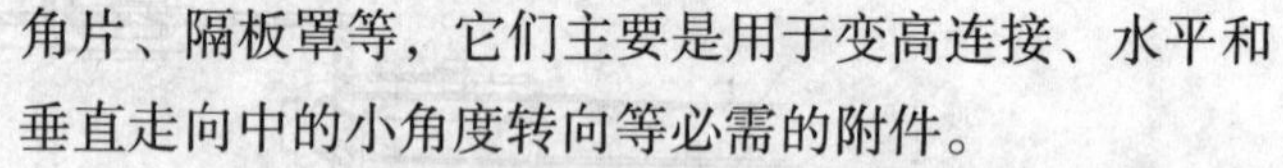

图3-33　桥架穿防火墙封堵

（3）本工程桥架和线槽为热镀锌线槽、桥架，桥架和线槽安装时不能直接焊在钢架上，必须加固定配件或螺栓固定，螺母应位于线槽、桥架的外侧。连接处弹簧垫、平垫要齐全，不用做跨接地线。

（4）所有安装的线槽均须盖板齐全、牢固，线槽内敷设的导线应按四路绑扎成束并应适当固定，导线不得在线槽内接头，桥架内不应直接敷设导线。

（5）直线段钢制电缆桥架长度超过30m设有伸缩节；电缆桥架跨越建筑物变形缝处设置补偿装置。

（6）桥架、线槽主要安装在地下室和各种竖井内，安装时严禁用气焊切割。

（7）桥架安装应注意：

1）桥架的支吊架应顺直美观，桥架直线段支吊架间距为1.5～3m，布置均匀；桥架的支吊架钢筋直径不小于8mm；在距桥架分支处500mm内应均匀设

置支吊架，桥架弯曲半径大于600mm时，在转弯中点安装支吊架；桥架的支吊架与桥架固定牢固。桥架固定间距如图3-33所示。

2）桥架走向顺直，接缝紧密平齐，连接牢固，终端有封堵；桥架安装应考虑到与风管、管道的位置关系，特别是与采暖管道、空调管道、介质为腐蚀性气体或液体的管道的位置关系；多排桥架还应考虑到强、弱电桥架的排列间距、位置等。

3）桥架敷设完毕后，应将杂物及时清除，盖好盖板，在户外、潮湿、多尘的场所应将桥架及盖板的缝隙密封好；桥架穿过竖井楼板洞、过墙洞后，应用防火堵料将洞口密封，不应将桥架与结构体用灰抹死。

（8）线槽进箱、盒、柜时，进线和出线口等处应采取抱角连接，并用螺栓紧固，如图3-34所示。

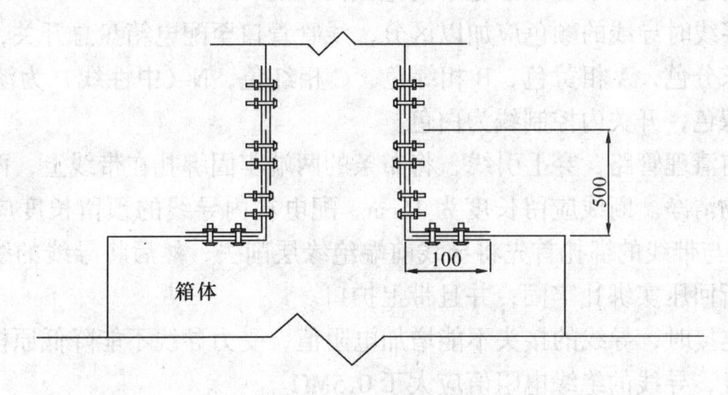

图3-34　金属线槽进配电箱做法

（9）从线槽上分支的线管不得用电气焊开孔，管子要套丝用锁母与线槽固定，在距开孔处300mm内管子应加一道支架固定。如图3-35所示。

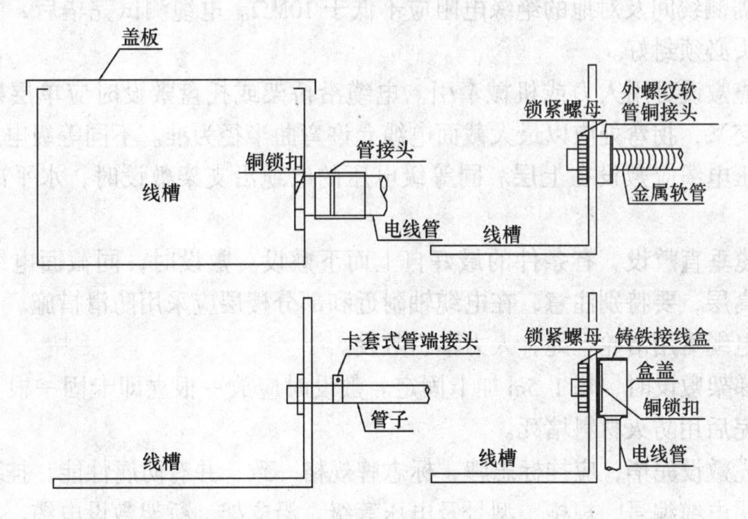

图3-35　金属线槽引线安装方法

3.18.5　导线敷设

（1）工艺流程：

扫管→选择导线→穿引线→放线及断线→导线与带线绑扎→带护口→管内穿线→导线焊接→导线包扎→导线绝缘摇测。

(2) 当管路较长或转弯较多时，要在穿线的同时往管内吹入适量的滑石粉。

(3) 两人穿线时，应配合协调、一拉、一送。同一交流回路的导线必须穿于同一管内，不同回路、不同电压和交流与直流的导线不得穿入同一管内（以下几种情况除外：标称电压为50V以下的回路；同一设备或同一流水作业线设备的电力回路和无特殊干扰要求的控制回路；同类照明的几个回路，但管内的导线总数不应多于8根。）

(4) 管内敷设的绝缘导线，其额定电压不应低于500V，导线在变形缝处，补偿装置应活动自如，导线应留有一定的余度。导线在管内不应有接头和扭结，接头应设在接线盒内。管内导线的总截面积不应大于管子内空截面积的40%。

(5) 管内穿线时导线的颜色应加以区分，线管管口至配电箱盘总开关，一般干线回路及支路应按要求分色，A相黄色，B相绿色，C相红色，N（中性线）为淡蓝色，PE（保护线）为黄绿双色，开关内控制线为白色。

(6) 穿线前清理管路，穿上引线，将布条的两端牢固绑扎在带线上，两人来回拉动带线，将管内杂物清净。断线应留长度为15cm。配电箱内导线的预留长度应为配电箱体周长的1/2；导线与带线的绑扎首先将导线前端绝缘层削去，然后将导线的线芯直接插入带线的圈内，并折回压实绑扎牢固，并且带上护口。

(7) 导线连接时，导线的接头不能增加电阻值，受力导线不能降低原机械强度，不能降低原绝缘强度，导线的绝缘电阻值应大于0.5MΩ。

3.18.6　电缆敷设

(1) 本工程电力系统主要1kV阻燃及耐火型YJV电缆，施工前应对电缆进行详细检查，规格、型号、截面、电压等级均符合设计要求，外观无扭曲、坏损等现象。对电缆，用1kV摇表摇测线间及对地的绝缘电阻应不低于10MΩ。电缆测试完毕后，并按回路做好记录，电缆头必须封好。

(2) 电缆敷设可用人力或机械牵引。电缆沿桥架或托盘敷设时应单层敷设，排列整齐，不得有交叉，拐弯处应以最大截面电缆允许弯曲半径为准。不同等级电压的电缆应分层敷设，高压电缆应敷设在上层。同等级电压的电缆沿支架敷设时，水平净距不得小于35mm。

(3) 电缆垂直敷设，有条件的最好自上而下敷设。敷设时，同截面电缆应先敷设低层，后敷设高层，要特别注意，在电缆轴附近和部分楼层应采用防滑措施。自下而上敷设时，小截面电缆可用滑轮、绳，人力牵引敷设。

(4) 沿梯架敷设时，每1.5m加卡固定。敷设时应放一根立即卡固一根。电缆穿过楼板时，敷设完后用防火材料堵死。

(5) 电缆敷设完毕，应挂标志牌，标志牌规格一致，并有防腐性能，挂装应牢固。标志牌上应注明电缆编号、规格、型号及电压等级。沿支架、桥架敷设电缆，在其两端、拐弯处、交叉处应挂标志牌，直线段应适当增设标志牌，特别注意加强防盗巡视。

3.18.7　开关、插座、灯具安装

(1) 在安装前应对灯位盒、开关盒、插座盒等，预先进行处理（如调正、调平、清扫等）。安装时应先检查位置高度与设计要求有无偏差，导线数量是否符合，然后再安装。

（2）开关插座安装牢固，位置准确，所装开关插座在任何房间都不应装在门后。一般插座安装高度距地 0.3m，同一室内安装的开关、插座成排安装高度应一致。插座的接线面对插座零右相上接地。并排排列的强弱电插座间距不得小于 500mm。开关、插座的面板应端正、严密并与墙面平；开关位置应与灯位相对应，同一房间内开关方向应一致，向上为合，向下为关。零线不得进入开关，开关控制应灵活。

（3）灯具安装距地低于 2.4m 时，灯具其金属外壳必须进行接地，接地顶棚内的灯具安装时，灯具的灯头引线应用金属软管保护，其保护软管长度不超过一半，调整灯具的边框与顶棚装修直线应平行。

（4）灯具、插座安装牢固端正，位置美观正确。所有吊顶上灯具应排列规律，依据装饰专业图与喷淋头、风口等保持间距，整齐划一，保证有良好的视觉效果，成排安装的灯具中心线仅允许偏差 5mm。

（5）灯具、配电箱安装完毕后，每条支路进行绝缘摇测，大于 0.5Ω 并做好记录后，方可进行通电试运行。

3.18.8 配电箱安装

（1）安装工艺程序：

施工准备→弹线定位→箱体安装→跨接地线→配接线→箱芯安装→绝缘摇测。

（2）配电箱安装时，位置应正确，部件齐全，箱体开口合适，切口整齐，零线经零线端子连接，PE 线压接牢固。配电箱的配线须排列整齐，绑扎成束固定在板上，引入的导线应留出适当的余量以利检修，金属构架、铁盘及电器的金属外壳应有良好接地。

（3）箱体颜色应按合同甲方提供的色标采购，内部油漆应均匀、完整，外表油漆应均匀、平滑，无明显划痕，无起泡、滴流等现象。箱体加工应平整，无手敲打痕迹，所有金属加工件均不应有毛刺，尺寸要准确，装配公差要符合要求。

所有电器下方均安“卡片柜”，其中标明名称、路别、额定电流等，并在箱门的里面粘贴接线系统图。开关及接触器的进线必须贴色标。

（4）母线应刷黑漆，漆膜应完整，无杂物，母线涂黑漆起止位置应一致、整齐并贴相序色标；当进线为塑料线时，应用导线色表示相序，不允许用涂漆或缠塑料带等方法代替。相序依次为 L1 黄色、L2 绿色、L3 红色，垂直排列时从左至右应为黄、绿、红色。水平排列时，从上至下为黄、绿、红色。如图 3-36 所示。

（5）所有配电箱均应设有专用工作零母线和保护零母线各一条，其中工作零母线必须与箱体绝缘，保护零母线与配电箱体有可靠连接。箱门二层板都应有接地裸带引至保护零母线，并做可靠连接（二层板必须有专用接地柱），箱体内应当有明显、易操作的地方设置不可拆卸的接地螺栓，并有接地标志（图 3-37）。工作零母线及保护零母线均按回路数加工钻孔。

3.18.9 调试方案

调试时应编制专项调试方案：

（1）电气设备安装工作完成后，对整个电气系统安装进行调试，根据本工程实际情况，对电气系统分楼层、分系统进行调试。

（2）调试前，先将各层及楼道等明显地方贴上送电标志牌，并通知现场各专业施工队。

图 3-36　导线相序排列

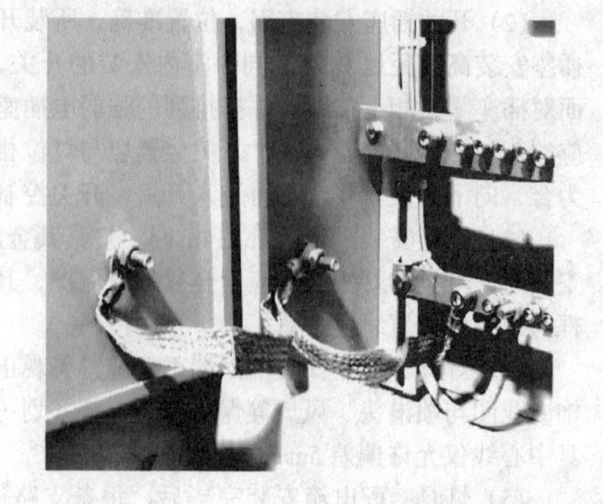

图 3-37　配电柜接地裸带

(3) 调试时至少由两位电工一组，穿好绝缘鞋，戴好绝缘手套，金属梯架下方垫好绝缘垫，方可进行操作。

(4) 低压电机空载试运行：

先用与电机绝缘等级匹配摇表摇测电机的绝缘电阻，绝缘电阻值合格后，给电机送电，并用钳形电流表测试并记录各相的电流值，各相的电流值平衡且电机无异常噪声，判定电机试运转合格。每台设备的电机均进行测试，试运行时间为 2h。

(5) 电气器具通电检查：

将整个电气系统都送上电，动力设备全部打开运转，灯具开关全部处于接通状态后，逐个检查开关、插座、灯具的通电情况，开关切断相线，插座相位正确，灯具都能点亮且接线牢固无误，则通电检查合格并形成记录。

(6) 动力、照明试运行：

将整个电气系统都送上电，动力设备全部打开运转，灯具开关全部处于接通状态后，运行 24h，每 2h 记录一次总电压和总电流，24h 运行完毕后，未发现电气系统异常，则试运行合格。

(7) 调试完毕后，由公司组织有关工程部门和质检部门进行初检后，再进行正式竣工验收，交付用户试用，并做好维修工作，确保各种设备正常运行，及时对各种施工资料进行整理，并按规定程序交有关部门保存。

3.19　空调水系统自动平衡调节技术的应用

空调末端设备空气处理机及外区的风机盘管为四管制，可满足不同季节、不同用户的要求；内区风机盘管为两管制，一年四季均供冷（冬季通过冷却塔制冷）。空调水立管及水平干管均采用同程式，便于水力平衡及调试；鑫茂大厦空调水系统采用二级泵系统，一级负责冷冻水设备的制备，以满足冷源恒定流量；二级负责冷冻水的输配，以满足空调负荷变化。一次泵由流量和温差进行台数控制；二次泵由变频调速配合系统的流量和压力的变化，达到节省水泵动力能耗的目的。每台空调机组、新风机组的回水管上均设置动态平衡电动调节阀，动态平衡电动调节阀是电动调节阀和动态平衡阀合二为一体，同时具备动态平衡和比例积分调节二种功能；风机盘管回水管上设置电动两通阀；冷冻一次循环水泵出口设置动态平衡阀；冷冻水集水器回水管设置静态平衡阀。经过对设备及阀门的参数设定，从而在系统变流量的工况下，达到自动平衡水力及节能的理想效果。

另外，制冷机房空调水管道上加设两台真空脱气机，排出管道内空气，避免了气阻现象及人工排气。还通过空调水系统加设综合水处理仪，起到过滤、除垢、除锈、灭菌功能，从而节省大量人工及材料。

3.20 机电施工的难点、重点

主要表现为制冷机房、管井及走廊吊顶内各种管线的综合排布。

由于制冷机房、管井及走廊吊顶内各种管线非常密集，而且制冷机房和管井内很多大型管道，为避免管线互相交叉重叠，使管线排布美观合理，便于施工，保证施工安全。根据现场实际情况，由各专业一起配合进行了综合排布，并制定了各种管线的先后施工顺序，统一设置支吊架，并对制冷机房搭设满堂架进行分层施工。管井楼板部分为便于施工，先绑钢筋不浇混凝土，待管道安装完后再浇筑及进行后砌墙壁部分的砌筑，混凝土墙部分与设计联系，为便于施工预留临时施工洞口。管井内各种管道重新排布位置，利用混凝土墙和梁统一设置支架，并经设计监理确认。

4 质量、安全、环保技术措施

4.1 质量保证措施

(1) 方案先行、技术交底制度

重点专项施工方案编制定稿前，召开施工方案研讨会，确认方案可行性，论证施工方法。方案经审批后，进行方案和技术交底，包括：项目技术负责人组织向工长交底及工长向操作人员进行交底，每一分项施工前，工长必须有书面的文字资料向现场操作人员进行详细的交底（包括分项涉及到的所有详细的安全交底），做到技术交底是工人操作的依据，交底双方须签字齐全，现场必须严格按照方案进行施工，不得擅自更改。

(2) 严格审批制度，确保方案精确

项目方案实行项目总工负责制，经项目技术部编制，项目总工审核，公司项目管理部审批，经监理、甲方签字确认，方可组织实施。

(3) 坚持样板引路制度

“过程精品”意识强，对于样板间还需作出详细的专项技术交底，所有施工程序都以单元做样板，样板验收合格后进行大面积施工。

(4) 质量验收制度

所施工的所有工序严格按国家验收规范规定的程序、标准进行，能够按照分级控制，分段监督，统一申报的质量管理原则进行质量管理，执行“分包三检制” + 总包“三检制” + “监理验收”质量验收程序，以样板引路的原则，“过程精品”意识强，实行必要的旁站制度，积极组织验收工作，严格按照工序流程，每道工序检验合格后才能进入下道工序施工。

所有使用的建筑材料、构配件、设备，均坚持物资进场报验制度，生产厂家资质证明材料、检验报告等资料齐全有效，按规定对进场材料进行复试，并按要求作见证取样和送检，坚持审批同意后方可使用的原则。

对不合格品进行控制，对出现的不合格品按“三不放过”的原则实施纠正预防措施，并重新验证纠正后的质量。在收到质检人员发出的整改通知单后，应立即制定纠正或预防措施，实施整改，并重新验证。

4.2　安全保证措施

认真贯彻ISO18000标准，施工中始终坚持“安全第一、预防为主”的方针，认真执行安全生产方针、政策、法规及国家、行业、地方、企业等有关安全生产的各项规定，用规范化、标准化、制度化的科学管理方法，搞好安全施工。把安全生产纳入项目管理目标的重点，以安全促生产。

坚持入场安全教育、周一安全检查、各工种安全交底、班前安全教育等，对安全事故的发生能起到有效的防范、警示作用。

4.3　环保保证措施

所有材料全部使用环保产品，材料供应厂家获ISO14001环境管理体系认证。

按照贯标要求，进行环境因素识别与环境因素评价、环境运行控制、环境绩效监视与测量。

5　综合经济技术指标分析

（1）深基坑支护技术应用效果

1）缩短工期。土方开挖与边坡支护同步进行，不占用关键工序，节约了工期，给提前插入结构施工创造了条件。

2）支护效果较好。基坑支护完成后，根据对基坑边壁几何尺寸进行的测定，另根据基坑边壁位移的数据分析，最大位移量在规范规定范围内，基坑边壁稳定，基坑四周建筑物和各类管线均未受到影响。

3）经济效益较好。护坡桩采用钻孔压浆桩工艺与采用商品混凝土灌注桩，节约费用46.84万元。

（2）粗直径钢筋连接施工技术应用效果

1）技术先进、安全适用、经济合理，加快了施工进度，保证了工程质量。

2）与采用搭接接头相比，可节约138.03万元。

（3）核心筒钢质大模板施工技术应用效果

1）经济效益明显，与采用18mm厚木胶合板相比，节约费用25万元。

2）操作简单，速度快。核心筒钢质大模板施工采用塔吊安装就位及拆除，大大减少了工人的拼装支模量，降低了劳动强度，缩短了工期。

3）保证了混凝土施工质量。通过以上模板体系的应用，结构施工质量得到了大幅度提高。阴阳角方正，电梯井尺寸精确，混凝土表面光滑平整，克服了漏浆、胀模等质量通病，基本上达到了清水混凝土的质量要求。

（4）导轨式爬架施工技术应用效果

XHR-01型导轨式爬架成套施工设备，施工简单，易操作，且整体性好、防倾覆，有效保证了架体升降平稳，防坠落控制系统能迅速将架体锁定在固定的导轨上，确保安全可靠。与租赁钢管脚手架相比，可节约费用11.78万元。

（5）制冷机房、管井及走廊吊顶内各种管线的综合排布

通过综合排布，合理安排施工顺序，并对制冷机房搭设满堂架进行分层施工，便于组织施工，避免返工，节约了大量人工和吊车费用，各种管线统一设置支、吊架并请设计监理签认，节省了大量型钢支架。

吊车台班：$25\times2000=50000$元

型钢支架：$9.5\times8000=76000$元

人工：$620\times50=31000$元

合计：15.7万元

（6）空调水系统自动平衡调节技术的应用

空调水系统自动平衡调节技术的应用可以节约以后运行能耗200万元左右，节约调试维护人工680工日，为$680\times50=33000$元

材料费　　　　10000元

（7）给水管采用内筋嵌入式衬塑钢管及管件卡环连接

以新型材料取代传统材料，节约大量的国内紧俏产品，同时加快施工进度，提高工程质量，从而提高经济效益。节约管道切断、焊接、油漆的人工费，节约内衬塑钢管等材料费，电焊机、切断机、套丝机的机械费。

全楼内筋嵌入式衬塑钢管共8500m

节约主材费：$8500\times0.02=170$m　　30×170m $=5500$元

节约人工费：$16\times8500=13600$元

节约机械费：$3\times8500=25500$元

合计：44600元。

6 主要分承包单位、主要供应商

（1）主要分承包单位（表6-1）。

主要分承包单位　　**表6-1**

分承包单位名称	资　质	分承包内容
中国建筑土木工程公司	房屋建筑工程施工总承包壹级	护坡桩
江苏省金坛市建宏建筑安装劳务有限公司	木工作业分包劳务分包一级	北楼主体、北楼粗装修
江苏省金坛市建昌劳务有限公司		裙房主体、西楼粗装修
四川省三台县建安劳务输出有限责任公司	模板作业分包一级	西楼地上结构

续表

分承包单位名称	资　质	分承包内容
安阳市京鑫建筑劳务有限责任公司	水暖电安装作业分包资质	机电劳务
巴东宏华建筑有限公司	混凝土作业分包（无级）	机电劳务（通风工程、弱电系统、强电系统）
河南永阳建筑劳务有限公司	砌筑作业分包壹级	机电劳务（通风、空调工程，消火栓）
北京瑞意英达水电安装有限公司		机电劳务
金坛市建筑劳务有限公司		机电劳务（电气设备安装）
河北城市建筑工程劳务分包有限公司	砌筑作业分包壹级企业	机电劳务（消防喷淋系统）73
安阳市豫丰建筑劳务有限责任公司	砌筑作业分包壹级	机电劳务（弱电、通风工程）
北京安富业消防工程设备公司	消防设施工程专业承包壹级	消防（甲指分包）
山东坤元建筑安装有限公司		室外工程
广东菱电电梯有限公司北京分公司		电梯
中国迅达电梯有限公司		自动扶梯
北京鸿安伟业消防设备有限公司		防火卷帘门
河南省防腐保温公司	防腐保温工程专业承包壹级	防水
北京江河幕墙装饰有限公司	建筑幕墙工程专业承包壹级	幕墙
沈阳安捷擦窗设备有限公司	壹级（擦窗机、金属结构、装饰塔）	擦窗机（甲指分包）
北京正泰通科技有限公司	特种专业工程专业承包资质	北楼结构改造加固分包工程
北京佳绩建筑工程有限责任公司	特种专业工程专业承包资质	西楼及南配楼结构改造加固分包工程
中建一局钢结构工程公司	钢结构工程专业承包壹级	西楼钢结构
迪臣发展有限公司		北楼地下一层～三层精装修
深圳海外装饰工程公司	建筑装饰装修工程施工壹级	北楼4～13层精装修
北京中建华腾装饰工程有限公司	建筑装修装饰工程专业承包壹级	北楼14～19层精装修
深圳市深装总装饰工程工业有限公司	建筑装修装饰工程专业承包壹级、建筑幕墙工程专业承包壹级	北楼20层～22层高管层精装修
深圳市洪涛装饰工程有限公司	建筑装修装饰工程专业承包壹级	西楼地下一层～一层精装修
深圳市深装总装饰工程工业有限公司	建筑装修装饰工程专业承包壹级建筑幕墙工程专业承包壹级	西楼及南配楼2～4层精装修
深圳市维业装饰设计工程有限公司	建筑装修装饰工程专业承包壹级	西楼5～9层精装修
北京市建筑工程装饰公司	建筑装修装饰工程专业承包壹级	西楼10～13层精装修
湖北高艺装饰工程有限公司	建筑幕墙工程专业承包壹级、建筑装修装饰工程专业承包壹级	西楼14～17层精装修
深圳瑞和装饰工程有限公司	建筑装修装饰工程专业承包壹级	西楼18～20层精装修

(2) 主要供应商（表6-2)。

供 应 商 名 单 **表6-2**

材料名称	主要供应商单位名称	供应商地址
钢 筋	北京京华四方金属材料有限责任公司	北京市海淀区清河安宁庄北京陶瓷厂北
	北京市中建利源物资经营公司	北京市海淀区田村路8号
钢筋连接直螺纹套筒、钢筋冷挤压套筒	北京五隆兴机械加工厂	北京市丰台区王佐魏各庄8号
模 板	湖南邵阳市宝庆实业有限责任公司	湖南省邵阳市城西白田
商品混凝土	北京中建北瑞混凝土有限责任公司	丰台区西五里店15号
	北京建工一建工程建设有限公司混凝土分公司	丰台区小屯双楼村1号

第七篇

天津海关综合设施工程施工组织设计

编制单位：中建三局三公司
编 制 人：丁伟祥　陈功　宋俊杰

【简介】　天津海关综合设施工程为软土地区框架剪力墙结构高层建筑，其在施工技术方面有不少新应用，根据不同挖深，基坑支护分别采用双排桩+局部内支撑以及格构式水泥搅拌桩支护等技术措施；主楼结构密肋梁板采用塑料模壳施工，转换大梁及牛腿采用分段叠合浇筑；施工外架采用导轨式爬架；顶层钢屋架采取一端吊装，滑移就位的安装方式等，都很具特色。

目 录

1　工程概况

1.1　工程建设概况

天津海关综合设施工程位于天津经济技术开发区新城中心地段，北为第三大街，南邻宏达街，西邻新城西路，东邻广场西路，是一幢集办公、培训中心、职工餐厅、图书馆为一体的多功能现代化智能型高层建筑。该工程平面长 108m，宽 105m，基本呈方形，总建筑面积 48651m^2（其中地下部分 10844m^2）。按功能分为高层办公主楼、海关对外窗口——报关厅、出租经营办公用房及与海关办公相关的图书馆、培训中心、职工餐厅等部分，主楼地下 2 层，其中地下二层为设备用房。裙房地下一层为汽车库，办公主楼地上 18 层、裙房 3 层（局部为 4 层）。

该工程平面复杂，高低错落有致，体型变化丰富，建成后将以别具一格、新颖造型、巍峨雄姿，与东临滨海行政中心大楼成为天津经济技术开发区十大建筑标志工程之一。

该工程投资方为天津开发区管委会和天津海关，由加拿大柯岚国际设计公司与天津市建筑设计院共同合作设计。

本工程分三次招标：桩基工程、基础工程及主体工程，我公司中标了基础工程及主体工程，并成为了工程的总承包方。工期为：1999 年 3 月 25 日至 2000 年 11 月 30 日，共计 620d。

1.2　建筑、结构设计概况

本工程总建筑面积 48651m^2，整个建筑平面分为 A、B、C 三个区，首层建筑面积约 9000m^2。主楼地下 2 层，地上 18 层，主楼地下负二层层高 4.250m，负一层层高 3.750m，地上 A1 ~ A3 层高 6m，A3 以上层高为 3.8m；B 区一 ~ 三层层高均为 6m，C 区一层层高为 7.5m，二 ~ 四层层高均为 4m；檐高 88.5m；裙房地下 1 层，地上 3 ~ 4 层，层高 6m，檐高 24m。

地下二层为生活泵房、消防泵房、消防水池、热交换间、发电机房、配电间等，地下一层主要为汽车库。

大楼入口为 480m^2 的大台阶，配以门式玻璃幕墙、半圆形雨篷；入口大厅设计成 20m 高的共享空间，采用下沉式弧形阳光板吊顶，墙、地面采用大理石和花岗石装饰。

报关大厅为净高 15m，面积 1600m^2 的空间，顶部采用自然采光。吊顶采用弧形亨特板，墙面为花岗石柱和木搁栅，地面采用花岗石板和红色地毯。

主楼（A 区）A1 层为接待厅及多功能厅，其中多功能厅舞台、灯光、坐椅、运动器材等均设计为可伸缩式，既可以进行篮球、羽毛球等运动，也可以举行大型会议等活动；A2 层为健身娱乐层，设有台球室、乒乓球室、棋牌室、健身房等；A3 层为会议层；A4 层为机房；A5 ~ A18 为标准层，设置有开敞办公室、饮水间、卫生间、更衣室、会议室等。A15 ~ A16 为关长层，设有办公室、休息室、会议室、接待室等。

B 区一层为图书阅览室；二层为培训中心；三层为员工餐厅。

C 区一层为银行营业部；二层到四层为出租用房，供各报关单位使用。

主楼外墙采用国产花岗石、透明玻璃和进口银色铝板幕墙；裙楼外墙采用麻面花岗石石材配以红色花岗石“圈带”，整个大楼显得庄重、沉稳。

主楼基础采用桩箱复合基础，1600mm厚C30P8钢筋混凝土基础底板坐落在由192根长32m的ϕ800钢筋混凝土钻孔灌注桩上，基础底板处标高为-8.120m，裙房基础为桩承台反梁混合结构，板底标高分为-8.120m、-3.650m、-4.400m。由于基础开挖深度比较大，深基坑支护采用双排钻孔灌注桩加钢筋混凝土梁内支撑方案，两排灌注桩之间通过帽梁、肋板紧紧连接在一起，止水帷幕采用水泥搅拌桩；浅基坑支护采用三排格构式水泥搅拌桩，并将桩顶宽4000mm、深1500mm范围内挖土卸荷。

该工程±0.000m以上主楼为全现浇扁梁框架-剪力墙结构，裙房为框架结构，楼板结构采用双向密肋梁、扁梁体系，板厚分别为100、150、225、375、400mm等，柱网尺寸基本为9m×9m；主楼标高19.2m处有悬挑两根大牛腿，截面尺寸为700mm×4550mm×9270mm，标高29.2m处有900mm×2900mm的转换大梁及（2270~5100）mm×1500mm框肢梁，承担上部6至17层平面上结构的荷载。裙房上部采用钢屋架体系，跨度有27、19.63、16.9m三种，以及雨篷、天窗等异形钢构件。结构构件根据部位和性质，其混凝土强度等级从C20~C50不等，其中，主楼两个中柱混凝土强度等级为C50，柱墙强度等级为C30~C40，梁板与柱墙相差两个强度等级；楼梯、构造柱强度等级为C20。

本工程抗震烈度为7度，Ⅲ类场地，抗震等级为二级。由于大楼属多功能综合建筑，赋予建筑物平、立面造型变化大，结构构件截面多变，平面组合复杂，为消除大楼在建设期间的变形，设四条后浇带将裙房分为八个部分，主楼与裙房之间设置有沉降缝，用橡胶止水带止水，由四条后浇带将裙房基础底板分成八个部分，后浇带要求在裙房封顶60d后方可浇筑。

1.3 建筑设备安装设计概况

（1）强电系统配置

高压系统采用双电源供电，自备柴油发电机一台，采用“三遥”控制系统。低压电缆采用耐火、阻燃型交联绝缘屏蔽五芯电力电缆；低压插接母线采用阻燃、耐火型；动力及照明采用耐火或阻燃型BV线；大楼内正常用电采用单电源供电，消防及应急部分采用双电源供电。防雷接地采用TN—S系统，结构主筋引上与避雷网、均压环连成一体，在屋面沿建筑物四周设置ϕ25×2mm不锈钢管避雷网，综合接地电阻值≤1Ω；此外，在强、弱电竖井分别采用-80mm×8mm铜排作为接地干线。

（2）楼宇自控系统

包括停车场管理系统、消防控制系统、保安监控系统、综合布线系统等。

（3）供水系统

分高低区，采用变频泵供水。其中，低区部分设置减压阀，根据不同的用水量改变水泵频率。生活泵房设有水处理装置，直饮水采用不锈钢管道供水。消防水系统采用镀锌钢管（地下消防干管均采用橡塑保温材料保温）。

（4）排水系统

雨水系统为室内排水，采用内涂塑镀锌钢管。污水系统地下部分采用铸铁管，地上部分采用UPVC螺旋降噪管材。

(5) 空调系统

按全年舒适空调设计，A、B区及C区报关大厅采用全空气系统，C区出租办公室采用风机盘管加新风机系统。空调主设备采用美国或日本进口设备。空调VAV末端（变风量送风装置）是目前国内较大的变风量全空气系统。

(6) 消防系统

火灾自动报警系统采用报警控制器，自动喷淋灭火系统采用湿式报警阀，消防供水泵与消防报警系统联动，一旦发生火警，能确保大楼有充足的水源灭火。此外，在地下1层设有CO_2气体灭火装置，供网络、通信及发电机房等部位实施气体灭火。

整个大楼共设电梯7部，其中主楼4部电梯（含1部消防电梯），B区1部，C区2部；上人及疏散楼梯共13部。

1.4　工程特点

(1) 深基坑施工

1) 在海相淤泥质高含水量、高压缩性、低抗剪强度软弱地质条件下，开挖面积12000m²、最深处达10m的深基坑（是当时开发区面积最大、最深的基坑），基坑支护将天津市常规双排桩做法进行了改进，采用在椅子状上下双排桩帽梁上加现浇钢筋混凝土肋板连接，大大加强了双排桩整体性，此为天津市首创；

2) 吸取邻近滨海大厦围护经验，将浅基坑长度很大的一边有意设置两个转折，转折处形成两个刚度很大的“堡垒”，避免了中段处位移过大；

3) 基坑降水采用大口径无砂混凝土管井；钢筋混凝土支护结构拆除采用毫秒微差控制爆破技术；

4) 土方开挖过程中采用信息化施工手段监测支护结构变形情况，确保了结构施工和支护结构安全。

(2) 裙房设有二纵三横五条后浇带

将整个平面划分成十块施工面，由于施工工期紧、后浇带多，给结构施工地下室防水带来极大困难。但我们精心策划施工组织，严格控制施工工艺和标准，最终保证了后浇带防水施工质量和工程工期。

(3) 结构转换层施工

位于主楼19.2m的结构转换层厚板（截面为（厚）1.5m×（宽）5.100~2.270m的变截面）、转换梁（截面为1m×3m），由于结构复杂、自重大，造成钢筋穿插、绑扎定位，特别是模板支撑及厚大混凝土裂缝控制等施工难题。我们在施工前认真分析研究编制方案：

1) 采用碗扣式脚手架配螺旋支托及槽钢横梁作为支撑体系；

2) 转换梁采用叠合法施工；

3) 钢筋施工放1:1大样与计算机放样相结合解决穿插排列问题，增加构造钢筋；

4) 混凝土浇筑过程中采用电子测温仪监控，确保了混凝土施工质量。

(4) 主楼底板施工

主楼底板厚1.6m，混凝土量1860m³。

1) 为控制底板混凝土裂缝，优化大体积混凝土施工配合比，做好混凝土水化热温升预估；

2）采用合理的浇捣方案及养护过程中采用电子测温仪监控信息化施工，做好保湿蓄热养护，保证了大体积混凝土施工质量。

（5）大牛腿施工

底标高位于19.2m转换层的两个厚0.7m、高10m、外挑5m的大牛腿。由于要承受上部12层结构荷载，设计配筋复杂且与三个楼层相连，要求必须保证结构施工质量。通过采用叠合梁施工工艺，增加构造钢筋和合理的模板支撑体系以及混凝土浇筑、养护、测温方案，确保了结构施工质量。

（6）大型构件和设备吊装

报关大厅、入口大厅等屋面大型钢屋架、钢梁（单件重量最大5.85t）等构件以及位于主楼76m，重达10t的冷水机组，由于场地所限，塔吊和常规起重设备不能满足吊装要求。通过在塔吊大臂下增加弹性支撑点，手动捯链加滑轮组牵引到位以及桅杆起重机吊装工艺，解决了构件和设备吊装难题。

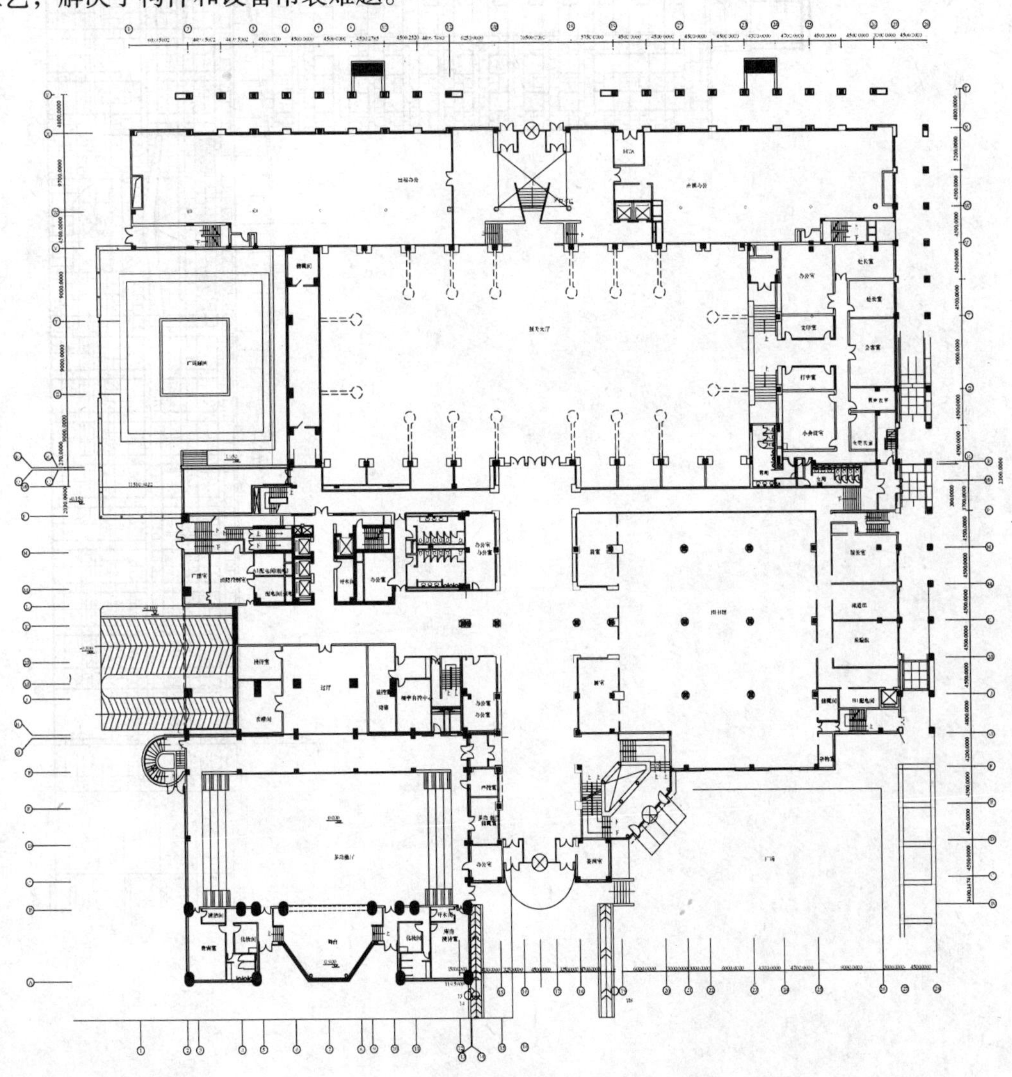

图1-1 天津海关综合设施工程首层平面图

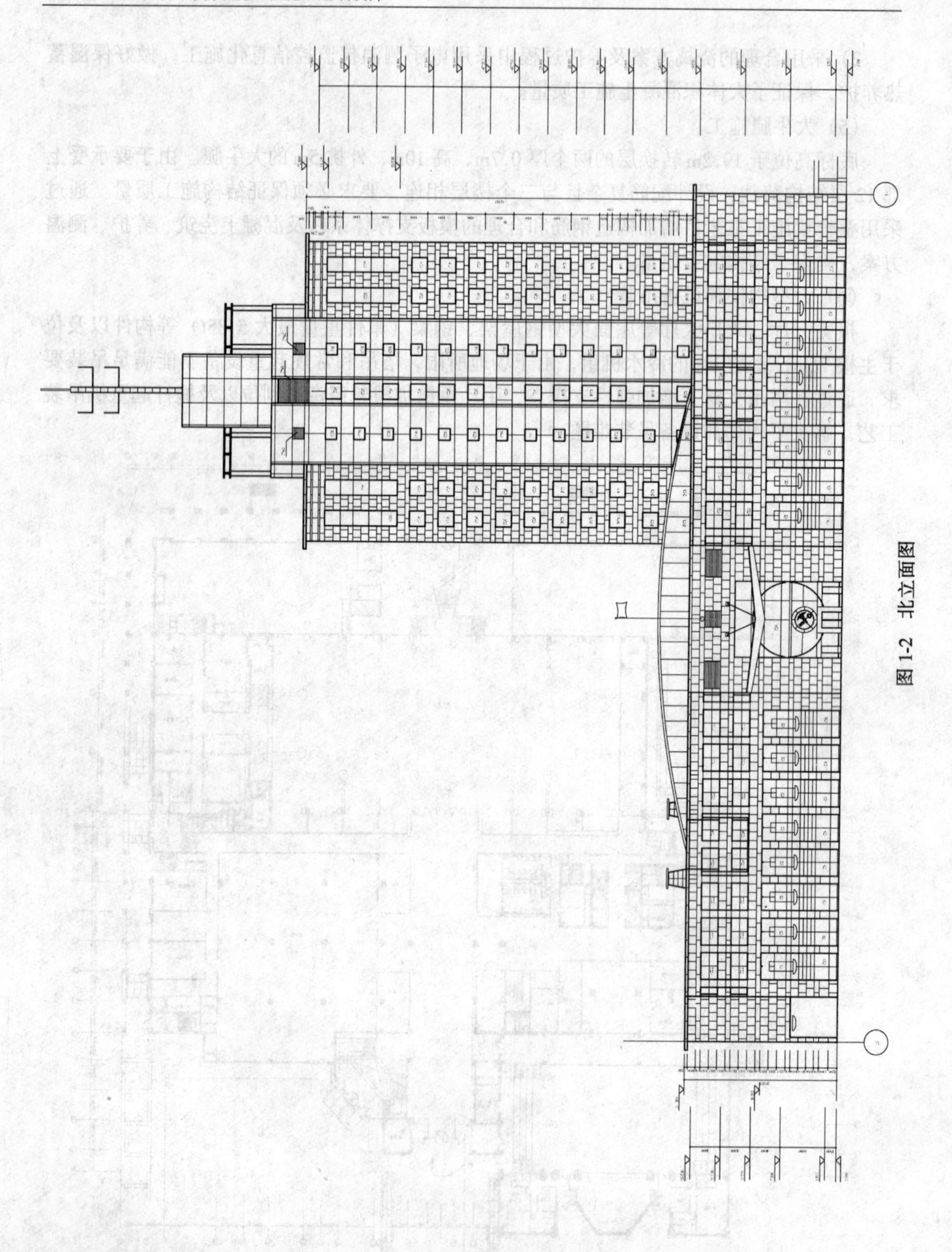

图 1-2　北立面图

（7）消防设备安装

消防喷淋支管、喷头安装同内装修吊顶同步施工，水压试验必须一次成功。试压时采用先进行气压试验检验，再进行水压试验的工艺，确保7400个接头通水无一渗漏，解决了直接水压试验可能发生"跑、冒、滴、漏"的施工难题。

（8）薄壁管明装

紧靠板底密排KBG扣压式薄壁钢管明配，要求外观排列整齐。施工时通过在计算机上进行管路预排，交叉纵横向管路数量的比较，确定了下料长度和施工工艺。达到了明配薄壁钢管同方向曲率一致，无弯扁折皱，横平竖直，其水平偏差小于1.5‰。

1.5 工程平面图、立面图

工程平面和立面如图1-1、图1-2所示。

2 施工部署

2.1 项目经理部组织机构

项目经理部组织机构设置如图2-1所示。

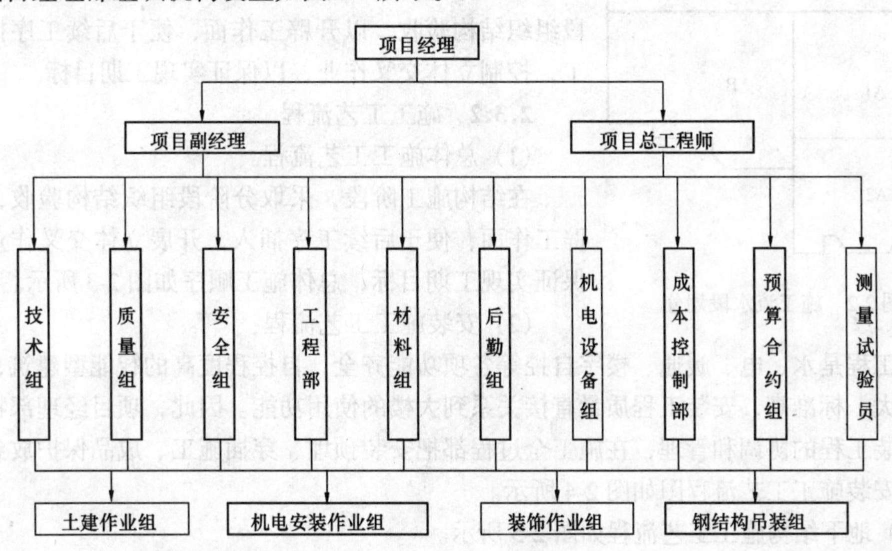

图2-1 项目组织机构图

2.2 施工方案的确定

（1）由于基坑开挖深度深，项目部和天津建筑设计院合作对基坑进行了支护设计，深基坑支护采用双排钻孔灌注桩加钢筋混凝土梁内支撑方案，两排灌注桩之间通过帽梁、肋板紧紧连接在一起，止水帷幕采用水泥搅拌桩；浅基坑支护采用三排格构式水泥搅拌桩。同时，在浅基坑处要在一定范围内卸载。

（2）由于主楼高度比较高，结构施工时外脚手架采用多功能整体提升架，裙房采用双排钢管脚手架，内脚手架根据层高采用扣件式支撑脚手架和碗扣式支撑脚手架。

本套提升架设置 28 套提升系统，外架在双笼电梯及塔吊处断开，在塔吊处用短管搭设，以便升降时拆装，由穿墙螺栓和预埋螺栓将承力架及导轨固定在建筑物上，采用导轨作为升降时的防倾斜装置，自锁式防坠器作为防坠落装置，预留孔洞采用 PVC 管预埋，垂直偏差不大于 10mm，水平偏差不大于 4mm。

(3) 墙体模板采用组合钢模板，楼板模板采用 18mm 厚覆膜竹胶板。

2.3　施工流水段的划分及施工工艺流程

2.3.1　施工流水段的划分

本工程在平面上被施工缝划分为 A、B、C 三个区，B、C 区被后浇带划分为八块，考虑到工期紧迫，必须在方便管理、充分利用工作面展开施工的前提下组织流水施工，将 A、B、C 三区同时施工，各自按 A1→A2、B1→B2，C1→C2 组织流水作业，以保证实现工期目标（图 2-2）。

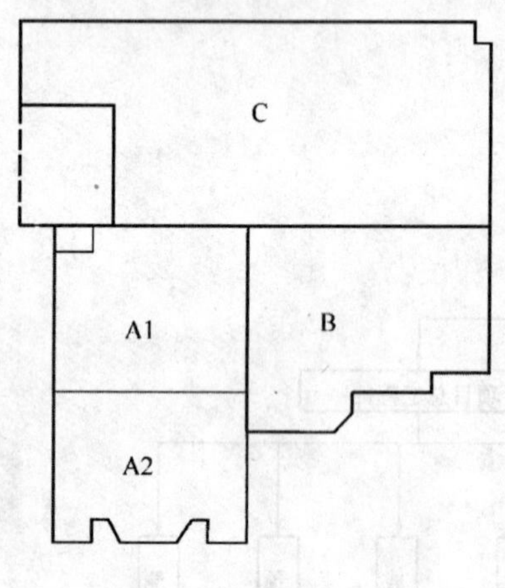

图 2-2　施工流水段划分

在裙房及主楼 + 19.200m 以下施工阶段，在梁下、板面留置水平施工缝，柱、梁分次施工；在 + 19.200m 以上水平施工缝仅在板面留置，柱与楼面结构连续施工。

在主体结构施工阶段，施工完第八层后，采取分阶段组织结构验收，以开辟工作面，便于后续工序插入施工，控制立体交叉作业，以保证实现工期目标。

2.3.2　施工工艺流程

(1) 总体施工工艺流程。

在结构施工阶段，采取分阶段组织结构验收，以开辟工作面，便于后续工序插入，开展立体交叉作业，以保证实现工期目标，总体施工顺序如图 2-3 所示。

(2) 安装施工工艺流程：

本工程是水、电、暖通、楼宇自控等各项功能齐全，自控程度高的智能型建筑，安装工程量大、标准高，安装工程质量直接关系到大楼的使用功能。因此，项目经理部特别注重对安装工程的协调和管理，在施工全过程都把安装预埋、穿插施工、成品保护放到重要日程。安装施工工艺流程图如图 2-4 所示。

(3) 地下结构施工工艺流程如图 2-5 所示。

2.4　主要施工机械的选择

(1) 主楼塔吊选用 QT-80A 型，臂长 50m，布置在Ⓙ ~ Ⓚ两轴线之间；B 区裙房选取用 QT-63 型塔吊，臂长 50m，布置在⑲ ~ ㉑两轴线之间；C 区裙房选用 QT-63 型塔吊，臂长 50m，布置在⑱ ~ ⑲两轴线之间。解决模板、钢筋、架料及其他大件材料的垂直及水平运输，在塔吊工作范围以外的盲区采用塔吊吊运辅以人工水平运输。

(2) 主楼设置施工电梯一台，承担施工人员上下及零星小件材料垂直运输。

(3) 主体结构及其他（如楼地面等）大宗混凝土采用商品混凝土。现场设置两台强制式搅拌机，承担砌筑及抹灰工程砂浆搅拌及少量构造柱及梁混凝土搅拌。

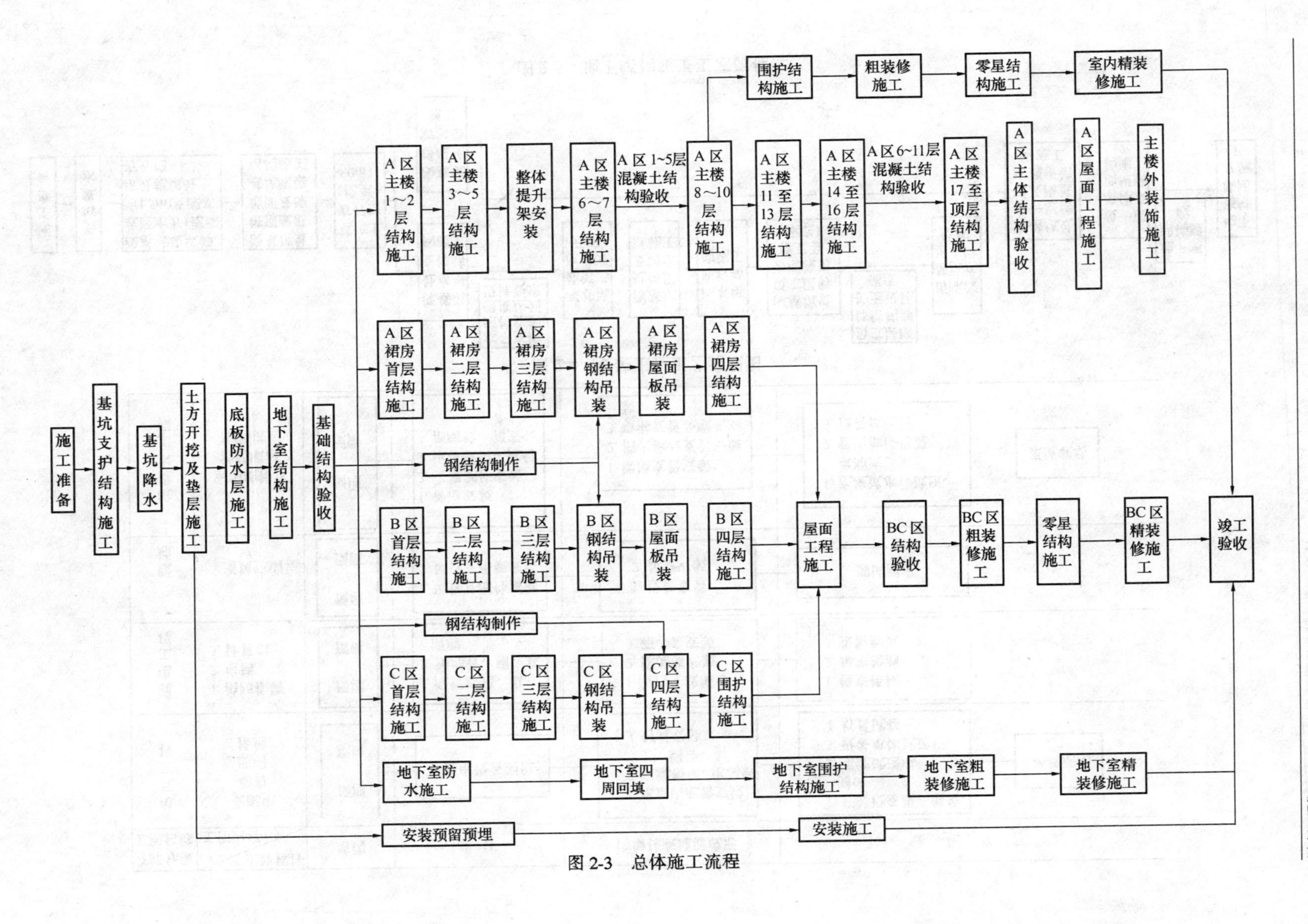

施工准备
基坑支护结构施工
基坑降水
土方开挖及垫层施工
底板防水层施工
地下室结构施工
基础结构验收
A区主楼1~2层结构施工
A区主楼3~5层结构施工
整体提升架安装
A区主楼6~7层结构施工
A区1~5层混凝土结构验收
A区主楼8~10层结构施工
A区主楼11至13层结构施工
A区主楼14至16层结构施工
A区6~11层混凝土结构验收
A区主楼17至顶层结构施工
A区主体结构验收
A区屋面工程施工
主楼外装饰施工
围护结构施工
粗装修施工
零星结构施工
室内精装修施工
A区裙房首层结构施工
A区裙房二层结构施工
A区裙房三层结构施工
A区裙房钢结构吊装
A区裙房屋面板吊装
A区裙房四层结构施工
钢结构制作
B区首层结构施工
B区二层结构施工
B区三层结构施工
B区钢结构吊装
B区屋面板吊装
B区四层结构施工
屋面工程施工
BC区结构验收
BC区粗装修施工
零星结构施工
BC区精装修施工
竣工验收
钢结构制作
C区首层结构施工
C区二层结构施工
C区三层结构施工
C区钢结构吊装
C区四层结构施工
C区围护结构施工
地下室防水施工
地下室四周回填
地下室围护结构施工
地下室粗装修施工
地下室精装修施工
安装预留预埋
安装施工

图 2-3 总体施工流程

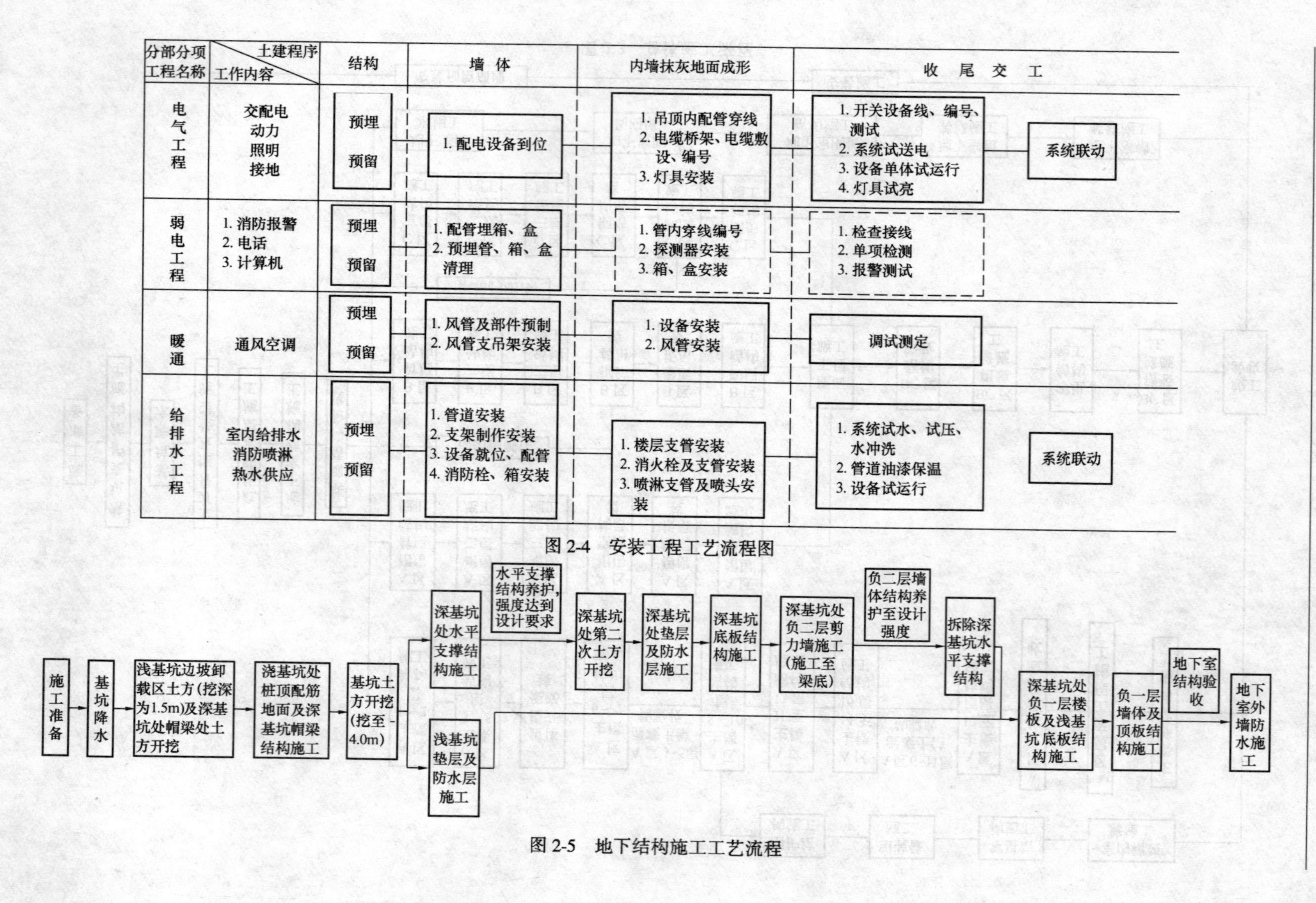

图 2-4　安装工程工艺流程图

图 2-5　地下结构施工工艺流程

(4) 在塔吊覆盖面以外布置门架三台，解决小件材料垂直运输。

主要施工机械见表 2-1。

主要施工机械表 **表 2-1**

序号	机械设备名称	型号规格	数量	额定功率	生产能力
1	搅拌机	JZC-350	2	13kW	$0.35m^3$
2	混凝土输送机	HBT60C	2	110kW	$60m^3/h$
3	交流电焊机	BX1-300、BX3-300	10	23.4kW	焊缝 10～20m/台班
4	交流电焊机	AX1-300	5	23.4kW	焊缝 10～20m/台班
5	埋弧焊机	MZ-1000	1		
6	钢筋切断机	CQ40-1	4	5.5kW	12～20t/台班
7	钢筋弯曲机	WJ40	4	3kW	4～81t/台班
8	钢筋调直机		2		
9	钢筋对焊机	UN1-100	2	100kWA	
10	电渣压力焊机	BX-500	4	38.6kW	
11	机动小翻斗	FC1A-1	6		1t
12	圆盘锯		2	3kW	
13	汽车吊	20T	1		
14	塔式起重机	QT-80A	3	63kW	8t、55m
15	施工电梯	SC200/200	1		
16	卷扬机	JJK-3	2		

2.5 主要劳动力计划

主要劳动力计划见表 2-2。

主要劳动力计划表 **表 2-2**

工种、级别	主楼			裙房		
	基础	主体工程	粗装修	基础	主体工程	粗装修
木工	80	100		60	120	
钢筋工	60	60		40	80	
混凝土工	40	30		20	40	
砖瓦工			40			50
抹灰工			80			120
电焊工	6	12		3		
机操工	10	25		6		
安全工	2	3		1		
现场电工	1	2		1		
机修工	1	2		1		
试验工	2	2		1		
测量工	2	3		1		
防水工	15		15	10		10
杂工	40	40	40	20	20	20
合计	259	279	224	164	309	249

3 施工进度计划

略。

4　施工平面布置

根据现场实际情况，按减少临建投入，最大限度地利用现场场地的原则进行平面布置。

由于施工现场场地狭窄，在现场西侧的新城西路布置办公用房及部分职工宿舍，在建筑物南侧布置食堂及钢筋棚、库房、劳务队宿舍等生产生活设施。施工现场平面布置如图4-1所示。

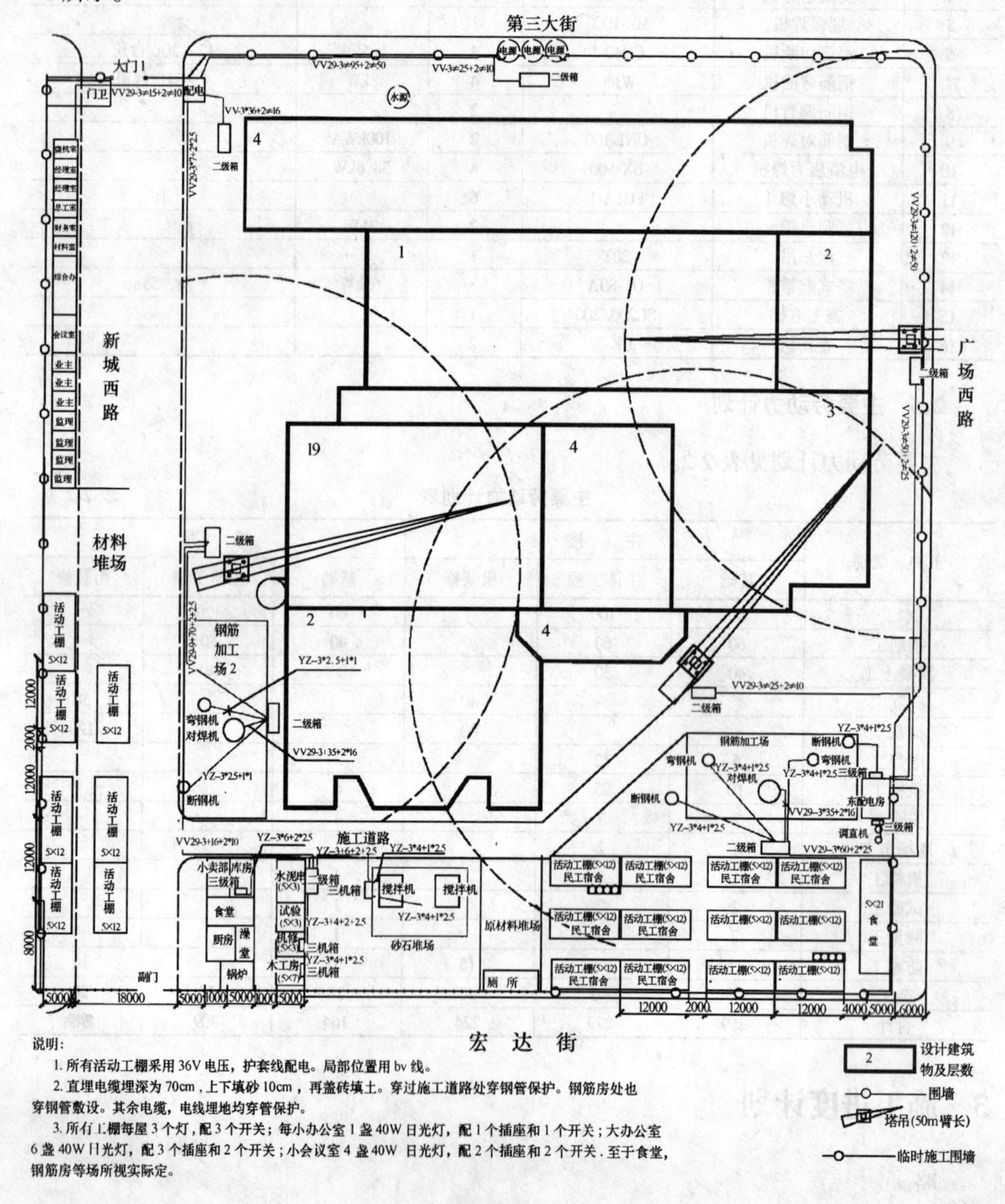

图4-1　施工现场平面布置

主楼塔吊 QT-80A，布置在Ⓙ～Ⓚ两轴线之间；B 区裙房 QT-63 型塔吊，布置在⑲～㉑两轴线之间；C 区裙房 QT-63 型，布置在⑱～⑲两轴线之间。

施工电梯布置在Ⓜ～Ⓟ两轴线之间，距建筑物外墙 4.2m。

在施工现场南侧布置两台 JZC-350 型搅拌机组成搅拌站，负责现场零星混凝土和砂浆的供应。

5 主要分部分项工程施工方法

5.1 施工测量

本工程占地面积大，平面布置复杂，对平面控制、高程、细部放样、变形观测上要求精度较高。由于施工场地四边邻街，场地较为狭窄，轴线多、跨距大，给施工放线带来了较大的困难。为确保施工测量的精确，体现设计造型的精美，考虑到各分部分项工程施工工艺、流程及进度计划，采用如下方案进行测量放线。

5.1.1 高程控制

将测量偏差控制在规范允许的范围内（层间测量误差控制 ± 3mm 内，总高测量偏差小于 15mm），及时准确地为工程提供可靠的高程基准点，紧密配合施工，指导施工。

（1）平面高程控制网的施测：

1）将甲方提供水准点复检合格后组成如图 5-1 所示的闭合环，采用双仪高法进行引测。控制网的平面布置如图，三个水准基点分别位于现场塔吊基础上，为减少架设水准仪的次数，减少误差的产生，按就近原则三个准点分别控制不同的区域：基准点 A 控制 A 区，基准点 B 控制 B 区，基准点 C 控制 C 区。

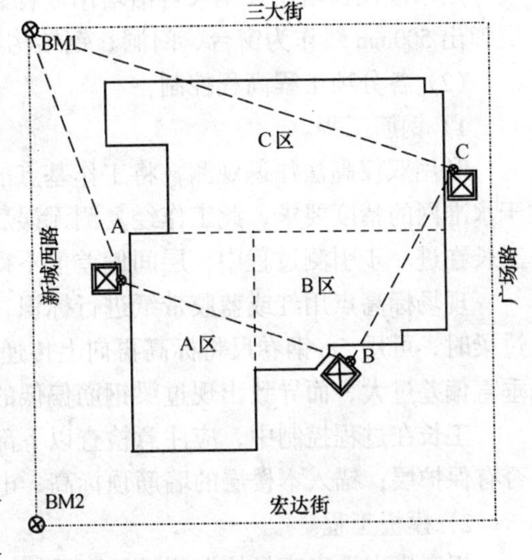

图 5-1 控制网布置

2）基准点形式。

考虑现场情况拟定用射钉直接钉在塔吊基础顶面作为高程基准点。如图 5-2 所示。

3）测量器具配置。

选用 DSZ2 自动安平水准仪一台，FS1 平板测微器一台，2m 铟钢尺两把，50m 钢卷尺一把。

4）技术要求：

采用三等水准测量，具体要求见表 5-1。

三 等 水 准 测 量 表 表 5-1

水准仪型号	观测次数	视线长度（m）	水准尺	前后视距差（mm）	前后视距差累计（mm）	视线离地面最小高度（m）	读数误差（mm）	一测站高差较差（双仪高法）(mm)	闭合差（mm）n 为测站 L 为公里数
DS3	往返各一次	≤50	铟钢尺	3	6	1.5	≤1	1.5	$12L_1/2$（$n<15$）或 $3n_1/2$

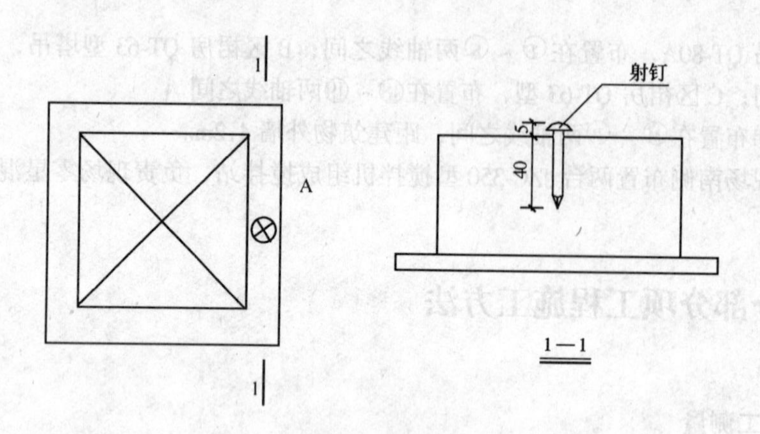

图 5-2　基准点

5）成果的处理及复测周期：

每一测站观测成果应于观测时直接记录于三至四等水准测量手簿中，不得记于其他纸张上最后进行转抄，每一测站观测完毕，立即进行计算和校核，各项校核数据都在规范允许范围内，方可将仪器转入下一站。由于本工程水准网较简单，只进行简单的高差改正即可。

各高程基准点的复测工作，每一月进行一次。

6）标高点的竖向传递。

用水准仪、塔尺及钢尺等沿塔吊立杆、电梯井内壁或内控点预留孔洞进行传递，在每层弹出 500mm 线作为窗台、门洞、钢结构等放样的基准。

（2）各分项工程高程控制：

1）钢筋工程。

利用双仪高法往返观测，将工作基点的引测至柱竖向主筋上，此项工作的精度不得低于水准网的精度要求，此工作经复测无误后，交给工长作为整个施工层标高控制的依据。工长在进一步引测过程中，层间偏差值不得超过 ±3mm 的要求。

现场标高点用红或蓝胶带纸进行标识，应注意胶带纸上下边的统一。在绑扎门窗洞口过梁时，可用 5m 钢卷尺将标高再向上传递，拉尺过程中应保持立筋垂直，以免造成立筋垂直偏差过大，而导致出现过梁钢筋偏低的质量问题。

工长在过程控制中，应注意检查以下部位标高情况：梁接头钢筋的顶标高，看钢筋是否有保护层；锚入本楼层的墙筋顶标高；电梯井下口上部筋顶标高等。

2）模板工程。

板底模支设高度是依据测设于脚手架立杆的标高点，所以测设脚手架立杆的标高点是模板工程标高控制的着重点。

鉴于本工程满堂脚手架面积较大，测设时可选择位于满堂脚手架的角点、中间点底部稳定可靠、垂直的立杆，将标高测设其上，扶尺人员注意标高的上方是否有扣件、横杆阻碍标高点向上的传递。然后，用红或蓝胶带纸做统一的标识。测设完毕后可沿立杆向上传递，定出水平杆的标高点，利用细线将各标高点连线，检查合格后（连线应重合，偏差值小于 3mm），可将此细线作为其他脚手架搭设的依据。

待部分板模铺设完成后，可将水准仪架设其上，检查模板面标高、平整度以及相邻两块模板的高低差；若发现问题，现场改正，直至符合表5-2的要求。

现浇结构模板安装允许偏差值　　表5-2

底模上表面标高	相邻两板表面高差	表面平面度（2m）
±5mm	2mm	5mm

工长在过程控制中，应注意检查以下部位标高情况：吊模侧模底标高，外墙模板标高是否低于混凝土顶面标高；跨度不小于4m梁、板跨中标高是否按要求起拱；电梯井底模；焊接预埋件标高高差等。

3）混凝土工程。

工作重点：控制板混凝土顶面标高。

待板底模铺设完成后，即可将水准仪架设其上，将距混凝土面500mm的控制标高测设在外墙竖筋及柱立筋上，测设标高的数量应保证每一柱子上有一标高点，内外墙3~5m有一点。

混凝土浇筑过程中，应随时将各标高点拉线，检查找平。此外，工作面上也架设一台水准仪随时动态地进行监控，发现问题及时改正，将混凝土顶面标高偏差值控制在±10mm以内。

4）室内工程。

室内地坪面积较大，施测时可将建筑500mm标高沿内墙每3~5m测设一点在柱侧面上，后弹墨线红油漆标识，室内地面在1.5m×1.5m方格网上做灰饼。浇筑地面时，也可架设一台DS3水准仪随时动态地进行监控，发现问题及时改正，将混凝土顶面标高偏差值控制在±10mm以内。

5.1.2 平面控制

（1）主楼+19.200m以上采用“内控法”，其余部分采用“外控法”。

1）对甲方提供的矩形控制网复核无误后对照上部结构图纸进行轴线的加密工作，具体布置如图5-3所示。加密过程中以1号、4号边为起始边，分别置镜于1号、4号、3号点沿箭头所示方向进行加密。加密时选择气候较好（阴天微风），用全站仪按“平面直角坐标法”依次定出各网点的桩位，经反复平差校核后埋点保护。各控制点的埋设直接采用射钉钉在马路上，具体如图5-4所示。加密完毕后进行复测工作，具体要求以场区三级平面控制网为准：边长距离中误差为1/10000，角度中误差为±20″，复测确认无误后，请建设单位、监理单位验线，并作好工程定位、复测记录签字认证工作。

2）现场对各控制点采用红油漆进行标识，并在马路两边路牙也做相应的标识，进行编号并绘制详图，以防发生错漏。

3）“外控法”的投测。

采用正倒镜挑直法，如图5-5安置仪器在施工层$19F_{上}$点，向下后视地面轴线点19S，纵转望远镜定出$19Y_{上}$，然后将仪器安置在$19Y_{上}$，后视$19F_{上}$，纵转望远镜，若前视正好照准地面轴线19_N，则两次安置仪器就都是在19_N19_S的连线上。

如图，以投测19轴为例，①施工层利用模板边缘估计$19F_{上}$向上投测的点位如$19F_{上}'$，也可将仪器架设至19S后视首层⑲轴标识向上投测，在施工层用帖牌定出$19F_{上}'$；②在$19F_{上}'$上置镜后视19S用正倒镜延长直线分中定出$19Y_{上}'$；③置镜于$19Y_{上}'$上后视

$19F_上'$用正倒镜延长直线分中定出 19N′；④实量出 19N19N′的间距，利用相似三角形算出两次偏离⑲轴的垂距：

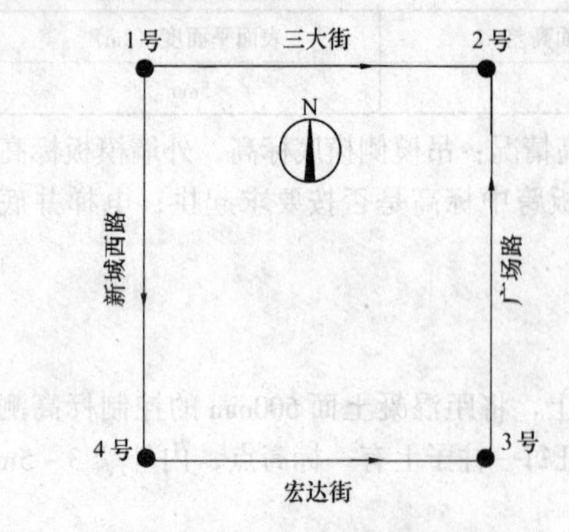

图 5-3 起始边及加密方向示意图

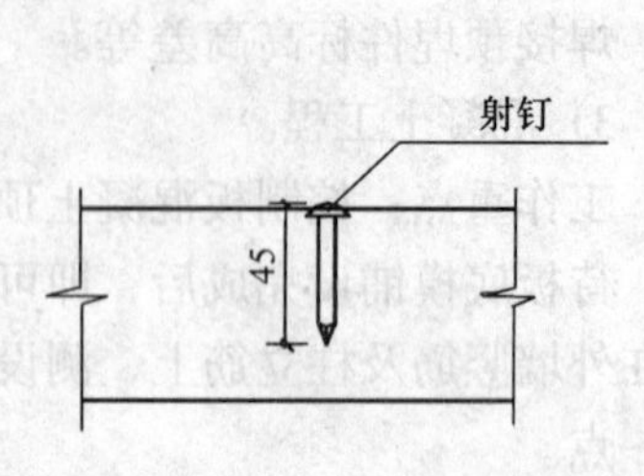

图 5-4 轴线控制点示意图

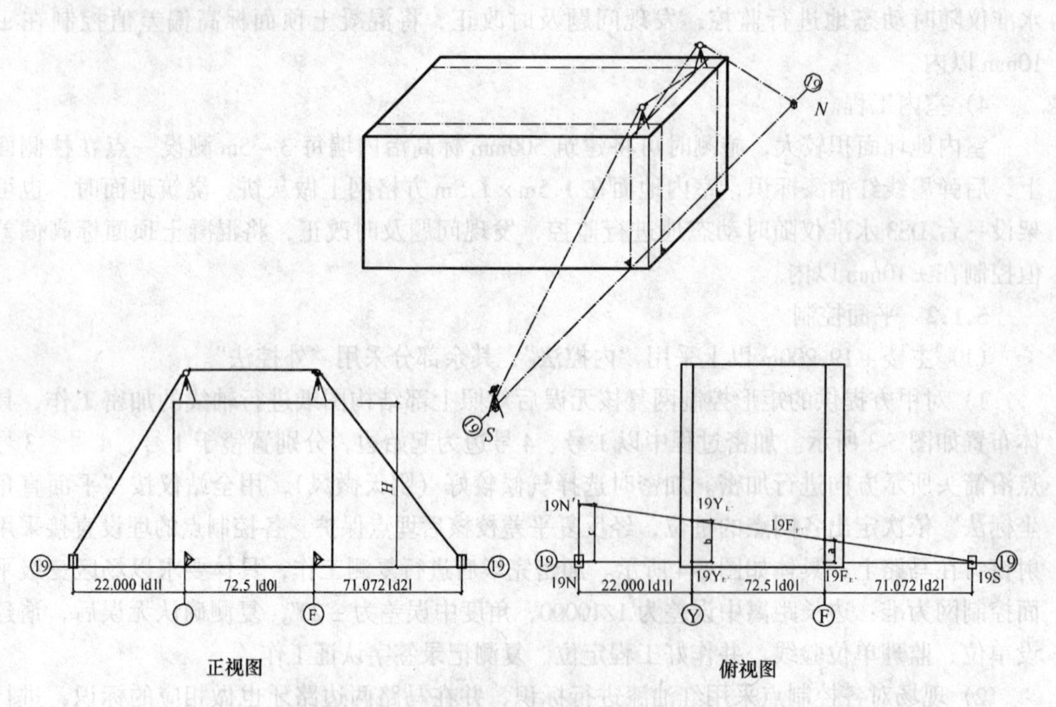

图 5-5 正倒镜挑直法投测示意图

$19F_上\ 19F_上'\ (a)\ = 19_N19_N'\ (c)$

$19Y_上\ 19Y_上'\ (b)\ = 19_N19_N'\ (c)$

即可在施工层上由 $19F_上'$、$19Y_上'$定出 $19F_上$、$19Y_上$；⑤再次将经纬仪依次架设在 $19F_上$、$19Y_上$ 上，用正倒镜延长直线法检测 $19F_上$、$19Y_上$、19_S、19_N 四点应在一条直线上；若出现偏差，可按上式二次点位分中位置作为最后结果。

按上述方法投测完主控轴线后，应在施工层进行主控轴线网格距离及角度的闭合，各项限差不得超出三级场区控制网规定的要求，并请甲方、监理进行验线工作，做好工程定位、复测记录。

由于主楼进度较裙房快，在投测裙房B、C区各轴线时，可置镜于主楼上后视各控制点向下投测。

(2)“内控法”的投测。

由于主楼高层建筑在垂直度等方面的要求较高，普通的经纬仪引测传递轴线平面控制放样在精度、实用性等方面已达不到要求，为此，采用激光垂准技术“内控法”控制办公楼主体结构平面轴线。利用轴线控制桩及平面几何关系，在+19.200m层板上恢复主轴线(1/P、1/J、③、⑫)。根据内控制点与各轴线间的相对尺寸，精确测设出四个内控制点位置（要进行矩形边长及角度闭合）作为轴线垂直向上传递的基点，形成直角坐标系。四个基点应作长期稳固的标识保存，为了能使激光束顺利向上投测，在每层楼板相应部位留设150mm×150mm孔洞。具体位置见测量控制点平面布置图（图5-6）。

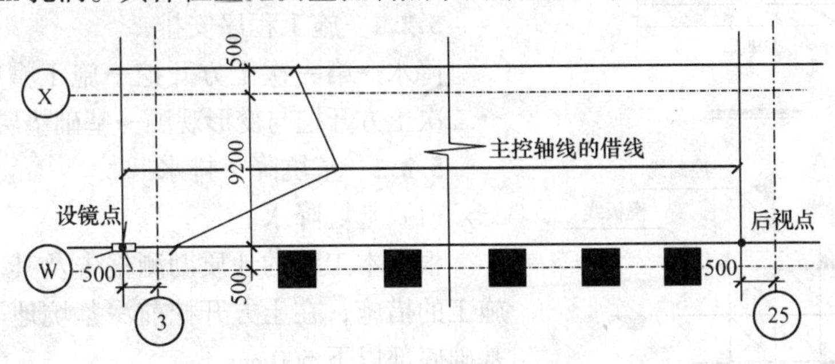

图5-6　测量控制点平面布置图

在每一层的投测中，上方洞口用激光靶固定接受激光束，在接收靶上激光环中心所指示位置即为一层平面四点竖向投影，然后用经纬仪对四点连线所组成四边形角度及边长闭合差的校核。闭合无误后，方可进行楼层各轴线及细部放线。竣工后，用同强度等级混凝土封住孔洞。

(3) 细部放样。

施工层待主轴线投测复测合格后，可进行细部线的测设工作。本工程框架柱较多，细部线测设时尽量减少量尺次数，特别是轴线较长时可采用轴线两端量尺定点经纬仪投点的方法。以放样Ⓦ轴柱子为例：可沿投测的主轴线③和㉕轴的借线分别量尺9500mm定出设镜点和后视点，可置镜于设镜点后视点向下投点。此方法可提高测量精度和工作效率。投测完此线后，就可定出柱子的边线和中线，以柱子中线作为柱子支设模板的控制线并用红油漆做好标识，如图5-7所示。

本工程独立柱较多，其垂直度的控制是重点，现场可用经纬仪及线坠对两个方向进行校正。考虑到现场较为狭窄，可用经纬仪的弯管进行配合。

剪力墙现场弹模板线两条及距模板线为500mm的墙控制线两条。模板500mm的控制线是模板支设的依据。模板安装完后，可采用图5-7形式进行模板的垂直度检查。控制线交点应标识好，可作为室内二次结构（填充墙、构造柱、抹灰归方等）定位的依据。

5.1.3　沉降观测

(1) 施工期观测：按规定配合设计单位、观测单位埋设永久性观测点，并为观测单位创建良好的观测条件，每施工一层观测一次，直至竣工；

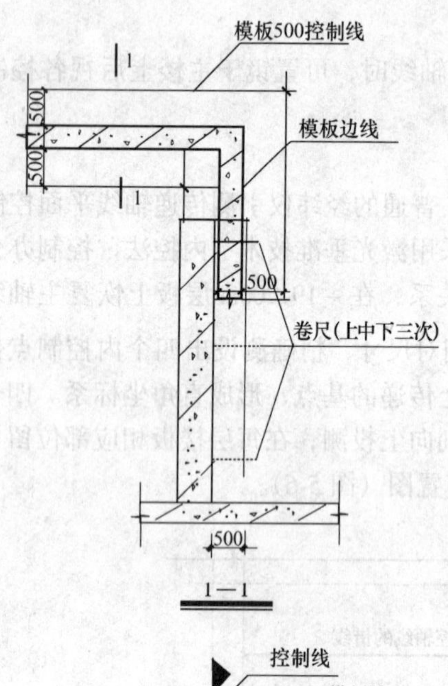

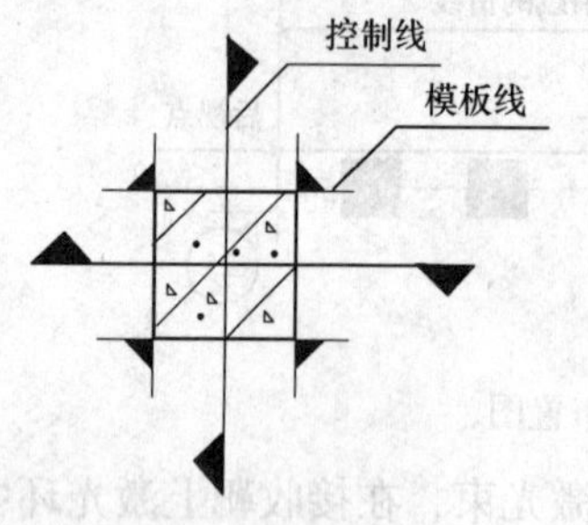

图 5-7 细部放线

(2) 按信息化施工要求，及时向观测单位索取观测资料，与我方数据对比，以便准确掌握建筑物沉降情况；

(3) 工程竣工后向观测单位索取应提交的以下文件，并作为工程竣工验收依据：

1) 沉降观测成果记录；

2) 荷载–沉降与时间的关系曲线图；

3) 每个观测点的下沉量统计表，绘制观测点的下沉观测曲线。

5.2 基坑支护及土方工程施工

5.2.1 施工程序安排

降水→第一次土方开挖→施工帽梁与水平支撑→二次土方开挖与变形观测→基础垫层和底板施工。

5.2.2 基坑降、排水

(1) 基坑降水。

根据本工程的地质勘测报告及其基础支护结构施工的措施，在土方开挖前深基坑地下水位应降至基础底部以下 500mm。

在基础开挖前 10d 进行全面降水，降水采用 ϕ500 无砂水泥管井点降水，每井配备 QY–20 潜水泵实施昼夜抽水，水流集中到基坑边沉淀池，通过沉淀后排往市政下水井。派专人负责抽水，认真做好降水记录，确保降水达到要求后实施土方开挖。

(2) 坑内排水。

土方开挖后视场地内情况沿基坑四周及必要部位设置断面为 300mm × 400mm 的排水沟，排向坑边的降水井。

(3) 坑外排水。

根据支护设计要求，在水泥搅拌桩顶部做 500mm × 500mm 的砖砌排水沟，并在各转角处设积水井，用泵抽到沉淀池。

5.2.3 土方开挖

本工程基坑开挖面积大，标高变化多，采用分段开挖，在土方开挖过程中及时封闭垫层的方法。土方开挖前，业主、设计、监理对土方开挖方案进行了联合审查，并请设计单位就有关注意事项做了交底。

(1) 土方开挖原则

1) 深基坑：

A. 深基坑土方分两步开挖：首先集中力量开挖土方至帽梁底标高，施工完帽梁和内支撑后即进行第二步开挖至设计标高；

B. 第二步土方开挖采用两台挖土机上下接力传递开挖的方法。由于土方开挖深度达

8.35m（最深处达9.6m），工程桩密集，加上内支撑障碍，许多挖土机够不着的地方必须采用人工挖土，部分区域采用0.3m^3挖土机下到基坑内开挖。第二次开挖时合理安排挖土机作业进度，以便及时将人工挖出的土方清走。

2）浅基坑：

A. 首先顺水泥搅拌桩纵列挖去卸载区域土方，保证水泥搅拌桩完整，并逐段施工桩顶配筋地面，对卸载区边坡抹水泥砂浆进行保护。既防止了雨水渗入搅拌桩格构内，增加了搅拌桩的整体性，又保证了整个施工现场的整洁干净。

B. 卸载区域土方开挖完毕后，根据设计要求进行试开挖，即在中部开挖一段15m左右至设计标高进行变形监测，确认支护结构稳定后再进行大面积分段开挖。

（2）土方开挖方法

1）土方开挖前，应根据确定的施工方案要求，将施工区域内的障碍、地下管线清理完毕。建筑物的场地的定位控制线（桩）、标准水平桩及开槽的灰线尺寸，必须经过监理人员检验合格，并办理完预检手续。

2）土方采用机械分两次开挖，自卸汽车运土，人工配合清理的开挖方案。

3）第一次全面开挖至－3.0～－4.0m。安排二台PC-200型反铲挖土机，18台自卸汽车分二组同时操作，以⑨轴作为两组分区施工线。

4）第二次开挖在水平支撑达到设计规定强度后进行。对于发电机房部分基坑，采用二台挖土机接力作业，一台挖土机在下面挖土，另外一台负责倒运装车；主楼基坑选用三台挖土机接力作业，配合12台自卸汽车；通过的浅基坑区预留坡道，最后挖除。水平支撑下部部分土由人工挖运至机械能操作地方。

5）为避免扰动基土，挖土机挖至设计标高以上40cm，抄出水平标高线，钉上水平橛，留置的余土人工配合随时清理，并用手推车把土运到机械挖到的地方，以便及时用机械挖去。

6）电梯井、积水坑等底板加深部位的土方由人工挖土。

5.2.4 基坑支护结构施工措施

（1）基坑支护方案

1）地质情况。

工程所在场地土层分布从总体上看来相对稳定。埋深约17m以上为典型沿海软土，强度低、压缩性高，静止水位埋深0.3～0.6m。上部地质土层主要依次为杂填土，层厚0.5～1.3m；素填土，层厚0.4～2.0m；粉质黏土，层厚1.3～2.5m，呈软塑状态，属高压缩性土；淤泥质黏土，层厚3.3～3.80m，呈软塑状态，属高压缩性土；淤泥层厚2.7～5.20m，呈流塑状态，属高压缩性土；淤泥质黏土，层厚4.2～6.3m。

2）基坑支护方案。

A. 深基坑：

a. 深基坑支护采用两排钻孔灌注桩加钢筋混凝土梁内支撑方案，止水帷幕采用水泥搅拌桩。

b. 外排桩直径800mm，$L=15650$mm，间距1800mm，桩顶帽梁1200mm×700mm，顶标高－1.0m；内排桩直径800mm，$L=16650$mm，间距1800mm，桩顶帽梁3000mm×700mm，顶标高－3.9m；两排灌注桩之间通过下帽梁、肋板紧紧连接在一起（图5-8）。

c. 基坑转角部位由700mm×700mm钢筋混凝土组成的平面桁架梁作为角支撑，长度

图 5-8　深基坑支撑方案

较大位置设置了两道钢筋混凝土梁板对顶内支撑（图 5-9）。

d. 为减少角撑及内支撑跨度，支撑中间采用钢管混凝土桩作为工作柱。

图 5-9　基坑角部支撑及内支撑

B. 浅基坑：

a. 浅基坑支护采用三排格构式水泥搅拌桩。桩底标高 - 8.0m，并将桩顶宽 4000mm、深 1500mm 范围内挖土卸荷。

b. 由于基坑长度达 110m，为减小中段出现较大位移，在中间增加两个转折，转折处采用五排格构水泥搅拌桩，形成了两个刚度很大的“堡垒”。

c. 为避免雨水渗入搅拌桩格构中增大土压力，软化桩体，除了对边坡抹水泥砂浆进行保护外，还在水泥搅拌桩顶部铺设 100mm 厚 C10 混凝土配筋（双向 ϕ6@200）地面。

（2）水平支撑结构施工

1）模板工程。

机械挖土操作到帽梁顶部标高 - 3.0m 后，采用人工清理至梁底标高 - 3.7m，人工破桩头至 - 3.65m，清除碎块，底面抹 30mm 厚水泥砂浆隔离层作为地胎模，按照轴线控制网放出中心线和边线。将桩间余土清理干净后可作内侧模，外侧模采用钢模，保证模板拼缝严密，浇筑前要详细检查。水平支撑部分地胎模同帽梁，侧模采用钢模支护，上部钢管锁口，中部设 $\phi12@600$ 钢片对拉杆一道。支撑必须牢固，严禁爆模。

2）钢筋工程。

钢筋原材料进场必须具有合格材质证明，进场后应按规定抽样检验，合格后使用。

钢筋保护层采用40mm厚预制砂浆垫块控制。绑扎钢筋时要注意安装预埋件；横向钢筋直径大于20mm的采用闪光对焊，其余绑扎搭接。连接时，按照规范要求，保证焊接质量，搭接长度和接头所占比例应符合规定；验收合格后才能进行下道工序施工。

接头部位严格按设计、规范要求，焊工必须持证上岗，并按规定先作试件，合格后方能上岗。钢筋焊接实施特殊工序，制定“施工作业指导书”；并对实施过程中的技术参数进行监控检查，对所有焊接头均应一个一个地检查外观质量。

3）混凝土工程。

为了满足工期要求，施工时将帽梁支撑混凝土强度由C30提高至C40。

采用商品混凝土浇筑。施工前，对原材料的材质证明和检验情况进行核实检查，原材料符合要求方能使用，严格控制混凝土质量。混凝土采取分组浇筑，从同一点往两个方向浇筑，最后会合一点，帽梁与水平支撑整体浇筑，不得留置施工缝。混凝土要振捣密实，不得有蜂窝、麻面。

做好混凝土的保湿养护，平面采取草袋覆盖保湿养护。避免在雨天浇筑混凝土，如果遇雨，及时采取防雨措施，并合理组织混凝土的供应，确保连续浇筑，不留置施工缝。

（3）变形监测

支护系统变形监测是信息化施工一个重要的环节，对其安全保障起着至关重要的作用。通过对支护结构的位移变形观测和基底土标高变化的观测，准确了解支护结构和基底土的变化情况，以利于对变形和应力的发展作出评价，从而判定支护结构的安全性。

1）监测内容、测点布置及观测方法：

A. 支护桩顶部及根部（土方开挖标高处）的位移采用3.5m钢卷尺配合全站仪进行观测。浅基坑处在水泥搅拌桩顶部和土方开挖标高上300mm处各钉一颗钢钉作为观测点，间距15m左右；深基坑在上帽梁顶部涂红三角作为观测点，下帽梁内侧及灌注桩根部（土方开挖标高上300mm）各钉一颗钢钉作为观测点。

B. 支护桩顶部边坡土体和基底土标高变化、路面沉降等采用高精度水准仪进行观测，后视点必须设在不受变形影响且能通视的部位。支护桩顶部边坡打木桩作为观测点，垫层施工完毕后钉钢钉，作为基底土标高变化情况观测点。

2）观测频率。

支护桩顶部及根部（土方开挖标高处）的位移、支护桩顶部边坡土体和基底土标高变化情况、路面沉降情况，每天早8:00和晚17:00各观测一次。下列情况下增加一次夜间观测：土方开挖初期垫层封闭前，发现变形速率较大，遇雨天。

3）观测结果处理。

每次观测完毕后，观测数据及时整理填入相应的表中，并及时报告项目技术负责人和值班监理，基坑每个方向挑选3~5点绘制位移和标高随时间变化的关系曲线。若发现变位速率较大，支护结构发生异常等情况，及时向各有关单位联络人汇报。

4）施工期间建立了业主、设计、监理、施工四方24h联络制度，及时贯彻落实施工进展情况，通报变形观测数据及有关应急措施。

5）紧急预防措施。

1999年4月中旬，东北角支护产生较大位移（170mm），我们果断采取措施降低角部回填土反压，建设单位及时邀请有关专家到工地会诊，由于提供的数据翔实，给专家会诊提供了可靠的依据，专家建议在水泥搅拌桩底部反压加固。在业主的支持下，决定采用素混凝土反压并立即组织有关人员实施，从方案确定到混凝土浇筑完毕仅用了5h的时间，有效地制止了搅拌桩变形的继续开展，确保了支护结构的安全。

（4）技术总结

1）支护结构双排桩之间采用帽梁和肋板紧紧联系在一起，大大增加了双排桩的整体性，提高了双排桩抗侧移能力，支撑拆除前最大位移量8mm，支撑拆除后最大位移量25mm。实现了底板施工完毕即拆除支撑的计划，给基础施工带来了方便。

2）水泥搅拌桩顶部配筋和水泥砂浆护坡，对雨期支护结构的安全起了重要作用。

3）在浅基坑支护结构中间增加两个转折，转折处采用五排格构水泥搅拌桩，形成了两个刚度很大的“堡垒”，有效地减小中段的位移，实测最大值为120mm。

4）土方开挖过程中，及时封闭混凝土垫层可为支护结构提供支点，增加支护结构的稳定性。

5）认真做好观测，坚持信息化施工是支护结构安全的重要保障。

5.3 主体结构施工

5.3.1 钢筋工程

（1）本工程钢筋密集，特别是梁与柱的接头部位，翻样时应考虑到钢筋的穿插及占位避让因素，配料表经项目技术人员审核后才能下料制作，制作好的钢筋应挂牌分类堆放，并注意成品的保护。

（2）本工程钢筋直径最大为ϕ32，大于ϕ22钢筋竖向和水平方向均采用套筒连接；小于ϕ22钢筋竖向和水平方向采用电渣压力焊、闪光对焊、搭接等连接方式。

带肋钢筋套筒挤压连接施工要点：

1）施工前的准备工作：

A. 操作人员必须持证上岗；

B. 钢筋端头的锈皮、泥砂、油污等杂物应清理干净；

C. 对套筒做外观尺寸的检查；

D. 对钢筋与套筒进行试套，如钢筋有马蹄形、弯折或纵肋尺寸过大者，预先矫正并用砂轮打磨，对不同直径的套筒不得相互串用；

E. 钢筋连接端画出明显定位标记，确保在挤压时和挤压后，可按定位标记检查钢筋伸入套筒内深度；

F. 检查挤压设备情况，制作试件，试件检验合格后方可按确定的参数作业。

2）操作要点：

A. 挤压操作时采用的挤压力、压模宽度、压痕直径或挤压后套筒长度的波动范围以及挤压道数均应符合确定的技术参数要求；

B. 施工时按标记检查钢筋插入套筒内深度，钢筋端头离套筒长度中点不超过10mm；

C. 挤压时挤压机应与钢筋轴线保持垂直；

D. 挤压从套筒中央开始，并依次向筒两端挤压；

E. 先挤压一端套筒，在施工作业区插入待接钢筋后再挤压另一端套筒；

F. 对拉墙筋严格按设计要求设置，不得遗漏；板上双层钢筋设 ϕ12 钢筋支凳，间距 1500mm，呈梅花形布置架设，钢筋保护层采用预制砂浆垫块控制；

G. 在无梁楼板、双向密肋梁楼板结构中，应考虑暗梁交叉部位的梁、板钢筋穿插顺序，既要保证梁、板的截面尺寸，又要尽量方便施工；

H. 绑扎钢筋时要注意安装预埋预留的穿插并做好成品保护，兼作接地引下线的竖向钢筋必须保证焊接质量，并有明确标识，不得混淆。

5.3.2 模板工程

(1) 模板使用原则：

1) 梁及方形柱模板采用组合钢模，圆形柱模板采用定型模板。

2) 剪力墙采用组合钢模板，钢管横梁和对拉螺栓。楼板模板采用 1220mm × 2440mm × 12mm 竹胶合板，木背枋、钢管横梁。

3) 标准层电梯井内模采用组合式铰接筒模。外模采用竹胶合模板组拼，并编好序号，随内模同时上升。

4) 后浇带处模板支撑体系必须在后浇带处混凝土浇筑完毕，且强度达到 C20 以上时方可拆除。

5) 本工程主楼的双向密肋梁板，肋梁高度 350mm，标准格网尺寸为 9000mm × 9000mm，双向密肋梁楼板模板采用塑料模壳早拆体系。

塑料模壳施工工艺流程：框架梁底支模→在底板上定肋梁位置→支模壳支撑系统→模壳调整加固→肋梁底板支模→刮腻子刷隔离剂→绑扎钢筋→浇筑混凝土→混凝土养护至规定强度→拆除模壳支撑→脱模壳→混凝土继续养护至规定强度→拆肋梁。

(2) 模板施工注意事项：

1) 模板支撑必须稳固，确保几何形状，拼缝严密。

2) 施工过程中，随时复核轴线位置、几何尺寸及标高等，施工完后必须再次全面复核。模板施工时，必须注意预埋件及预留洞的穿插不得遗漏，位置准确。

3) 施工时，应注意梁柱接头处模板的拼装。

4) 拆模时不得硬撬硬砸，以免损伤混凝土表面，拆下的模板均应进行清理修整，并涂刷脱模剂。

5.3.3 混凝土工程

(1) 混凝土采用商品混凝土，泵送入模，施工工艺如下：

模板钢筋检查验收→输送泵就位→垂直与水平管安装→混凝土运输→坍落度测试与试块制作→泵送混凝土及布料→混凝土浇筑完成→拆除施工面的管道→清洗管道及输送泵→养护。

(2) 混凝土配合比：

应综合考虑混凝土泵送要求、施工时的环境条件、原材料使用情况及混凝土自身各种技术参数，经试配确定，并报监理公司及公司试验室审批。混凝土施工前，我公司对商品混凝土原材料的材质证明和检验情况进行核实检查，原材料符合要求后方能使用，项目部派专人对混凝土投料计量情况进行监控。商品混凝土进场，要进行坍落度检查，严格控制混凝土质量。

(3) 混凝土运输：

1) 混凝土浇筑前，根据楼层结构特征及布管条件选择混凝土浇筑顺序；

2) 正常泵送过程宜保持连续泵送，尽量避免泵送中断；若混凝土供应不及时，宁可降低泵送速度，也要保持连续泵送；

3) 根据施工环境和输送高度及时调整混凝土的坍落度，保证混凝土正常泵送。

(4) 混凝土浇筑：

框架剪力墙结构的柱与剪力墙分段进行浇筑，在浇筑与柱和墙联成整体的梁板时，应在柱和墙浇筑完毕后，停歇1~1.5h再继续浇筑。门窗及预留洞口处混凝土的浇筑要特别注意，派专人不断敲打洞口两侧模板，以判断洞口模板下的混凝土是否振捣密实，防止出现孔洞。

(5) 混凝土取样：

根据施工规范和现场施工的要求，每连续浇筑100m³混凝土作为一个批量取二组（每组三块）试块，测定其7d和28d强度分别作为混凝土拆模及最终强度评定的依据，每次浇筑量不足100m³时，按一个批量取样。

(6) 施工缝的处理：

在浇筑上层混凝土前，先将施工缝处混凝土表面的灰尘、浮浆及松动的石子清理干净，并浇水湿润；在浇混凝土前，先铺与混凝土同组成成分的50mm厚砂浆，以防止混凝土浇筑后烂根，并增强新旧混凝土之间的粘结力，增加建筑物的整体刚度。

(7) 后浇带处理：

梁板结构在后浇带位置用钢丝网片和木枋进行拦隔，后浇带在裙房结构封顶60d后方可浇筑，混凝土比原结构混凝土提高一个强度等级，且掺加水泥用量的12%UEA。

(8) 混凝土的保湿养护：

平面采取覆盖保湿，竖向采取涂刷混凝土养护剂的方法进行保湿。

5.4 脚手架工程

5.4.1 外脚手架工程

本工程裙房采用普通钢管扣件双排外脚手架，主楼采用多功能整体提升脚手架。

(1) 提升式外脚手架的平面布置：

本套提升架设置28套提升系统，外架在双笼电梯及吊塔处断开，在塔吊处用短管搭设，以便升降时拆装，由穿墙螺栓和预埋螺栓将承力架及导轨固定在建筑物上，采用导轨作为升降时的防倾斜装置，自锁式防坠器作为防坠落装置，预留孔洞采用PVC管预埋，垂直偏差不大于10mm，水平偏差不大于4mm。多功能整体提升脚手架平面布置及立面示意图如图5-10、图5-11所示。

(2) 多功能整体提升脚手架的安装：

当预埋件或预留孔洞处混凝土强度达到C15时，开始安装承力架及拉杆，先安装承力架，再利用拉杆调整承力架到水平，其偏差不大于5mm。

(3) 脚手架搭设规定：

待承力架调整好，拉杆处于受力状态后，开始搭设脚手架，安装和搭设时要执行《多功能外脚手架施工技术操作规程》的有关规定。

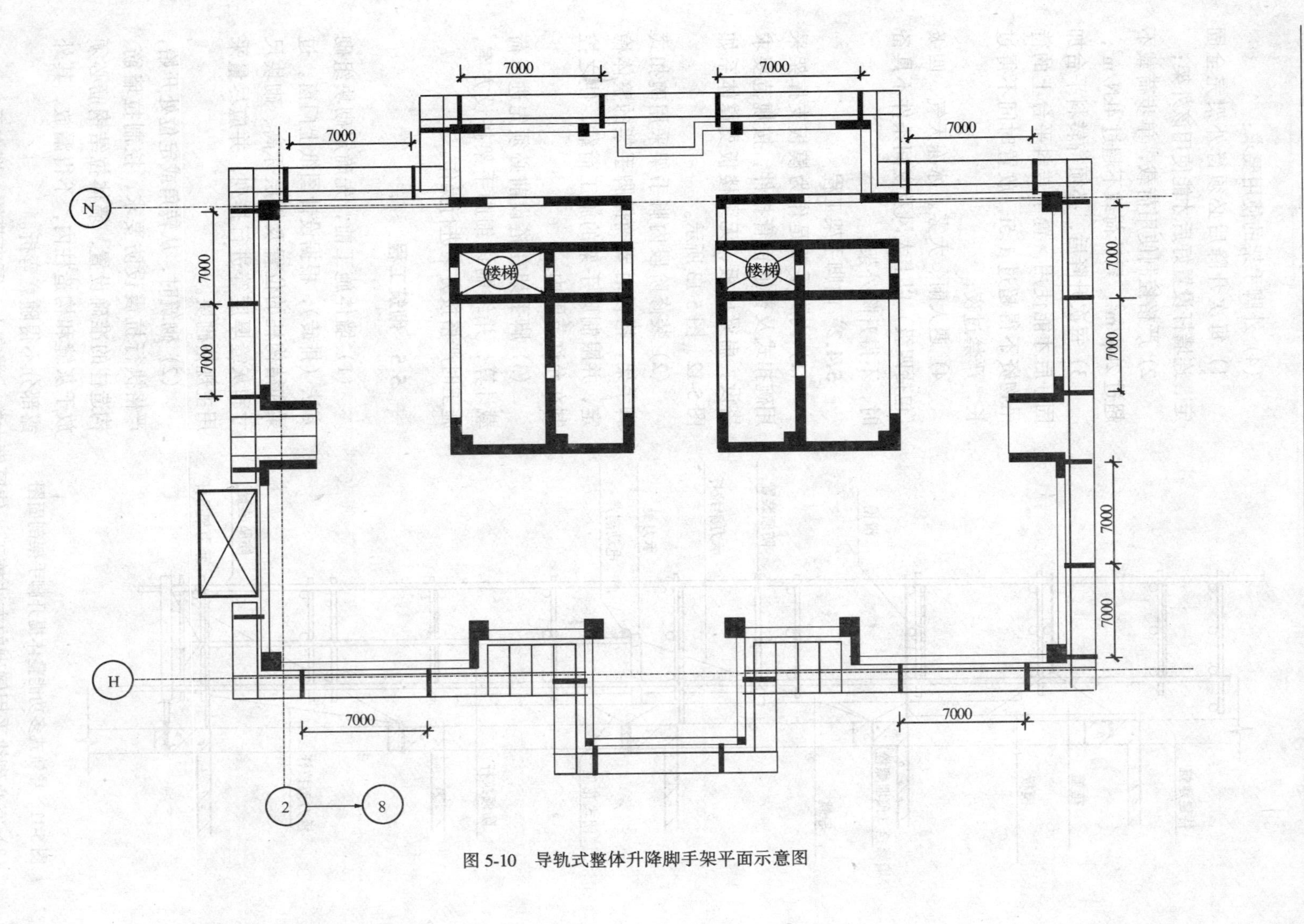

图 5-10 导轨式整体升降脚手架平面示意图

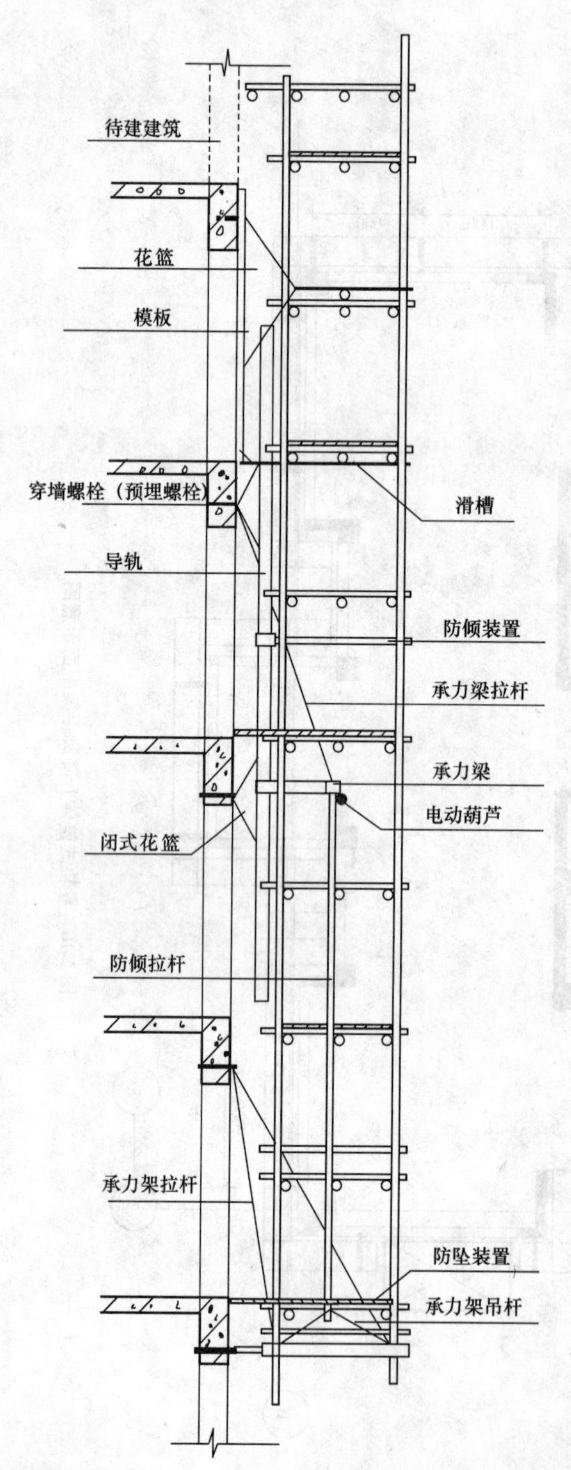

图 5-11　导轨式多功能整体提升脚手架剖面图

(4) 外脚手架的使用要求：

1) 每次升降后必须待外架完全固定、连墙杆设置好后才能使用该外架；

2) 严格控制使用荷载，单步荷载不超过 $2kN/m^2$，累计荷载不超过 $4kN/m^2$；

3) 每次升降后，必须待转料平台加固好后才能使用，置于转料平台上的待吊物资不得超过 1.5t，放置时间不得过长，严禁过夜；

4) 遇大雨、大雾、冰冻天气、四级（包括四级）以上大风及夜间条件不具备时，不得升降外架。

5.4.2　内脚手架工程

(1) 内脚手架是作为模板支撑架采用碗扣式及普通钢管扣件，按规范要求搭设。扁梁楼板、无梁楼板支撑体系如图 5-12、图 5-13 所示。

(2) 装修阶段内脚手架采用碗扣式脚手架，搭设时要确保脚手架的整体稳定，并限制脚手架的施工荷载，使之控制在允许范围内。

(3) 脚手架在搭设前必须先进行荷载计算，并编制详细脚手架搭设方案，施工时严格按方案进行操作。

5.5　砌筑工程

(1) 墙体施工前，先确定砌块组砌方法（排砖），根据设计图纸上门窗、过梁和结构柱的位置及楼层标高、砌块尺寸和灰缝厚度等进行排列，并应尽量采用主规格砌块。

(2) 砌筑时，从转角或定位处开始，严格执行抗震设防要求，控制拉墙筋、构造柱的准确设置，墙体拉结钢筋必须放于灰缝和构造柱内，不得漏放，其外露部分不得随意弯折。

(3) 空心砌块采用倒砌的方法施工，使厚度大的一端在上，厚度薄的一端在下。

(4) 在砌筑过程中，注意安装穿插；对设计规定的洞口、管道、沟槽和预埋件等，应在砌时预留或预埋，最大限度避免在砌好的墙体上打凿。

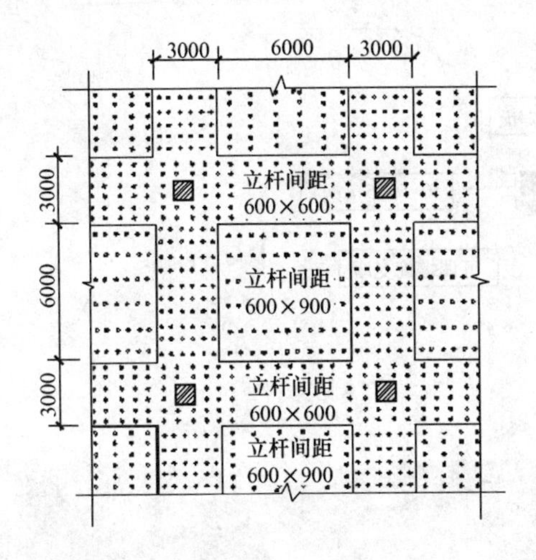

图 5-12 扁梁楼板支撑平面示意图

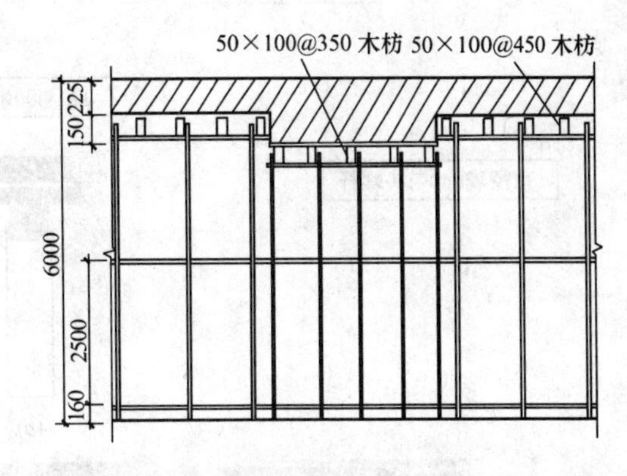

图 5-13 扁梁楼板支撑立面示意图

说明：无梁板在柱帽部位立杆间距为 600×600，在其他楼板部位立杆间距为 600×900。

（5）伸缩缝、沉降缝、防震缝中夹杂的落灰与杂物应清除。

（6）施工中如需在墙体中设置临时施工洞口，其侧边离交接处的墙体不应小于 600mm，并在顶部设过梁，填砌施工洞口的砌筑砂浆强度等级应提高一级。

5.6 双向密肋楼盖施工

本工程主楼（除转换层外）和裙房 C 区均采用双向密肋楼盖，柱网尺寸 9000mm×9000mm，柱子顶部为一块 6～9m² 实心板区，扁梁截面尺寸 1200mm×400mm，肋梁尺寸（125～287.5）mm×400mm，板厚 50mm，板筋采用 550 级 ϕ17 冷轧带肋钢筋；肋梁网格有 1200mm×1200mm、1200mm×900mm、900mm×900mm 等几种。

（1）双向密肋楼盖施工工艺流程

测量放线→脚手架搭设→肋梁底龙骨安装→模壳安装→补缝→刷隔离剂→钢筋绑扎→混凝土浇筑→养护→模壳拆除→脚手架拆除。

（2）测量放线

每一层施工前必须根据轴线弹出所有肋梁位置线，以方便脚手架搭设。

（3）脚手架搭设及模壳安装

1）支撑体系采用碗扣式脚手架，塑料模壳尺寸有 1075mm×1075mm、1075mm×775mm、775mm×775mm 等几种，肋梁底采用木龙骨。

2）采用横杆 1200mm 的碗扣式脚手架，立杆位置均位于肋梁交叉点上，局部辅以普通钢管扣件连接。

3）塑料模壳安装及浇筑成型如图 5-14 所示。

5.7 转换层牛腿施工

主楼转换层以上⑥～⑧/Ⓙ轴部位有两个柱上厚 700mm、高 9270mm、外挑 4550mm 的大牛腿，体积达 16.124m³，结构自重 403.1kN。牛腿与 1100mm×900mm 柱相连，涉及 4F、5F、6F 三个楼层，因 19.200m 层牛腿部位钢屋架尚未施工，因此牛腿施工脚手架必须从 13.450m 开始搭设，搭设高度为 15m。

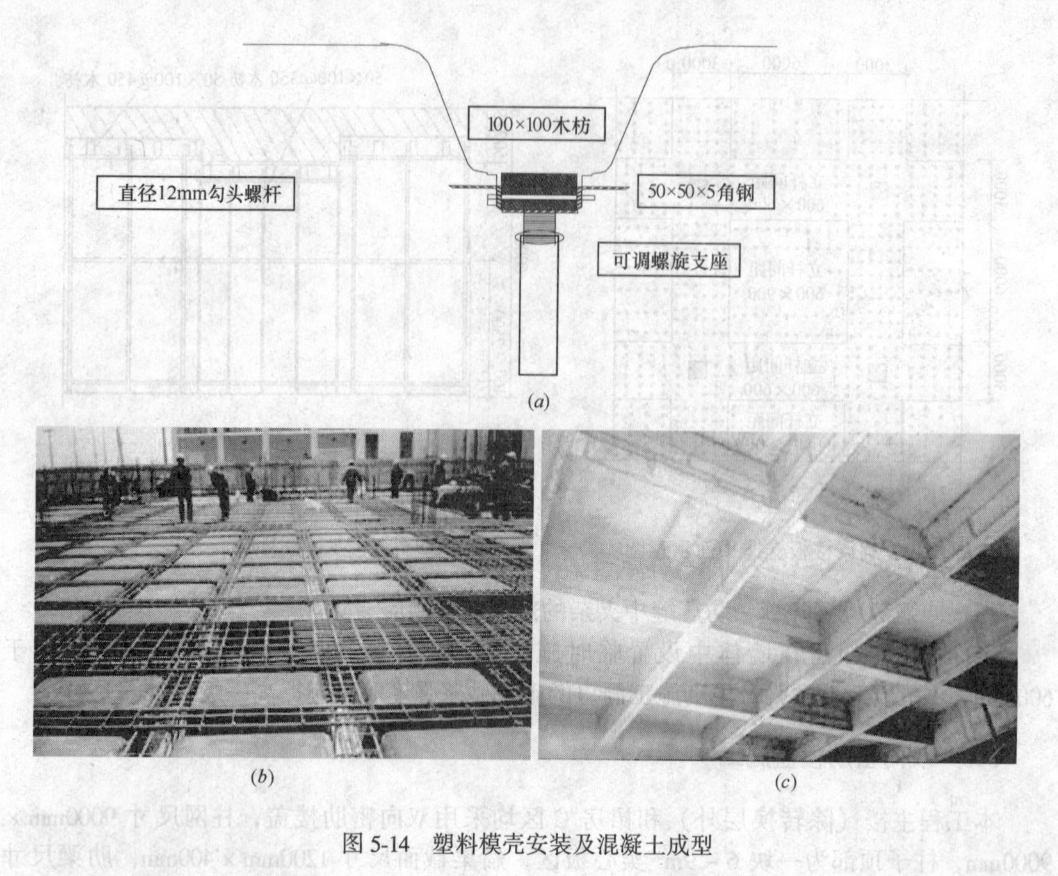

(a)

(b)

(c)

图 5-14　塑料模壳安装及混凝土成型

5.7.1　施工方案的确定

因牛腿涉及三个结构层，根据楼层施工顺序，牛腿混凝土分三次浇筑，即留置两道水平施工缝，第一道水平施工缝标高为 23.700m，第二道水平施工缝标高为 26.670m。Ⅰ段牛腿与 23.700m 层楼板、柱一起浇筑，混凝土量为 3.874m^3（一个牛腿混凝土量，不包括相连柱混凝土，以下同）；Ⅱ段牛腿与 28.470m 层柱一起浇筑，混凝土量为 6.517m^3；Ⅲ段牛腿与 28.470m 层楼板、梁一起浇筑，混凝土量为 5.733m^3。

5.7.2　施工顺序

施工顺序如图 5-15、图 5-16 所示。

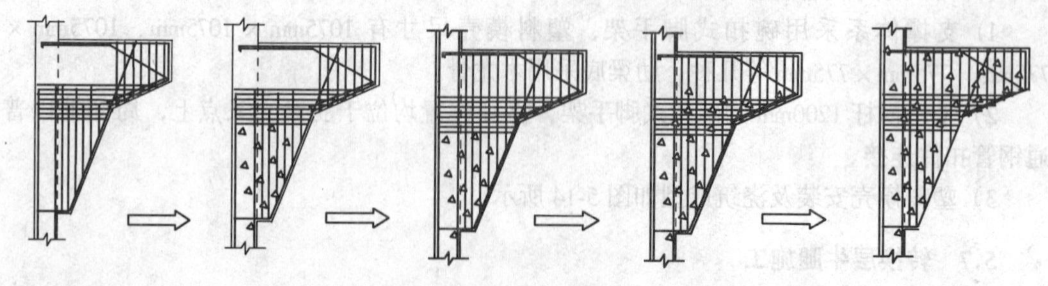

图 5-15　混凝土浇筑顺序

5.7.3　施工脚手架与模板工程

由于牛腿支撑脚手架搭设高度较高，而施工面较窄，因此施工时要防止架体倾覆而发

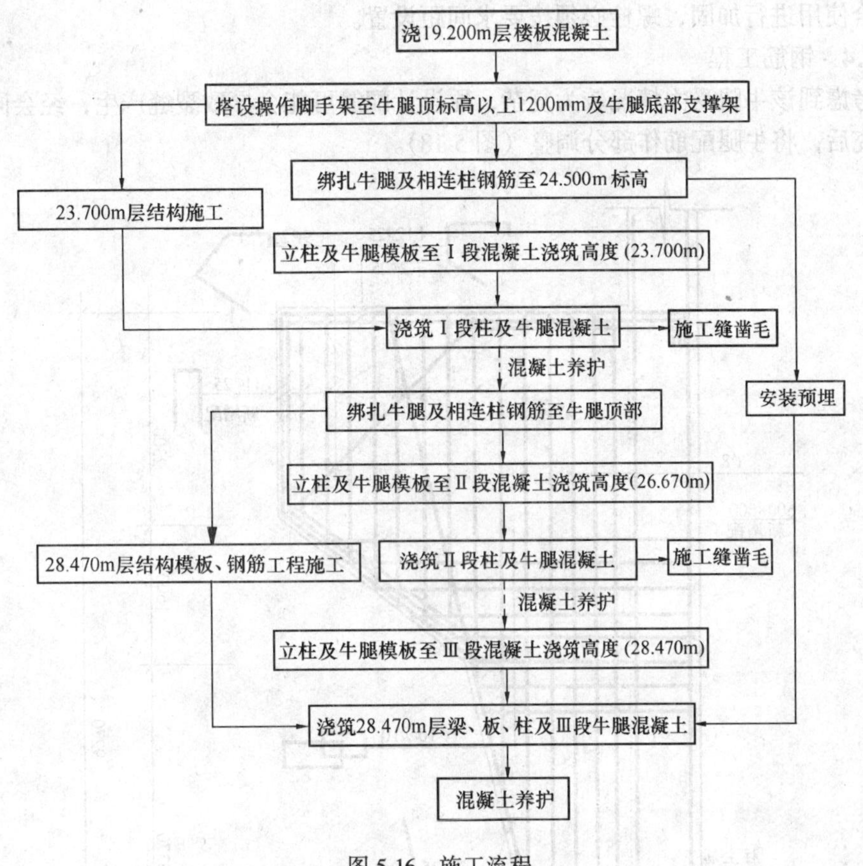

图5-16 施工流程

生坍塌事故。

(1) 工作脚手架立杆间距1500mm×1500mm，大横杆步距1500mm（图5-17），脚手架一次搭设到顶，立杆采用对接接头，接头位置必须错开，立杆底部必须加垫木块。

牛腿下部支撑立柱间距及横杆必须按方案要求搭设，支撑立柱底部加垫通长跳板，立柱顶部采用调节头支顶模板体系。支撑脚手架用钢管、扣件必须进行挑选，锈蚀、变形严重的钢管扣件不得作为支撑脚手架使用。

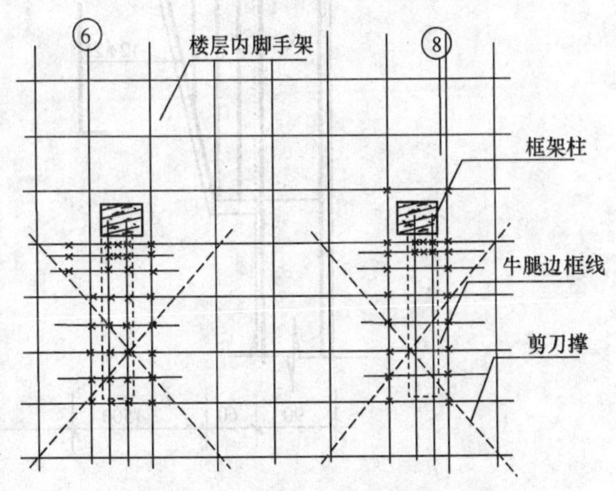

图5-17 牛腿模板支撑体系平面图

(2) 牛腿脚手架必须与楼层内脚手架连成整体，剪刀撑必须按要求搭设，防止架体倾斜变形。

(3) 在19.200m及23.700m层楼板混凝土施工时，在与牛腿相连梁顶部插留脚手管，架体搭设时支撑体系与这部分脚手管连成整体。

(4) 柱采用钢模板，牛腿采用木模板，柱及牛腿均采用28MnSi高强螺栓及自制ϕ12

螺栓配合使用进行加固，螺栓必须按要求间距设置。

5.7.4　钢筋工程

因考虑到该牛腿受力情况较为复杂，原设计配筋可能会导致裂缝产生，经会同设计等方面研究后，将牛腿配筋作部分调整（图 5-18）。

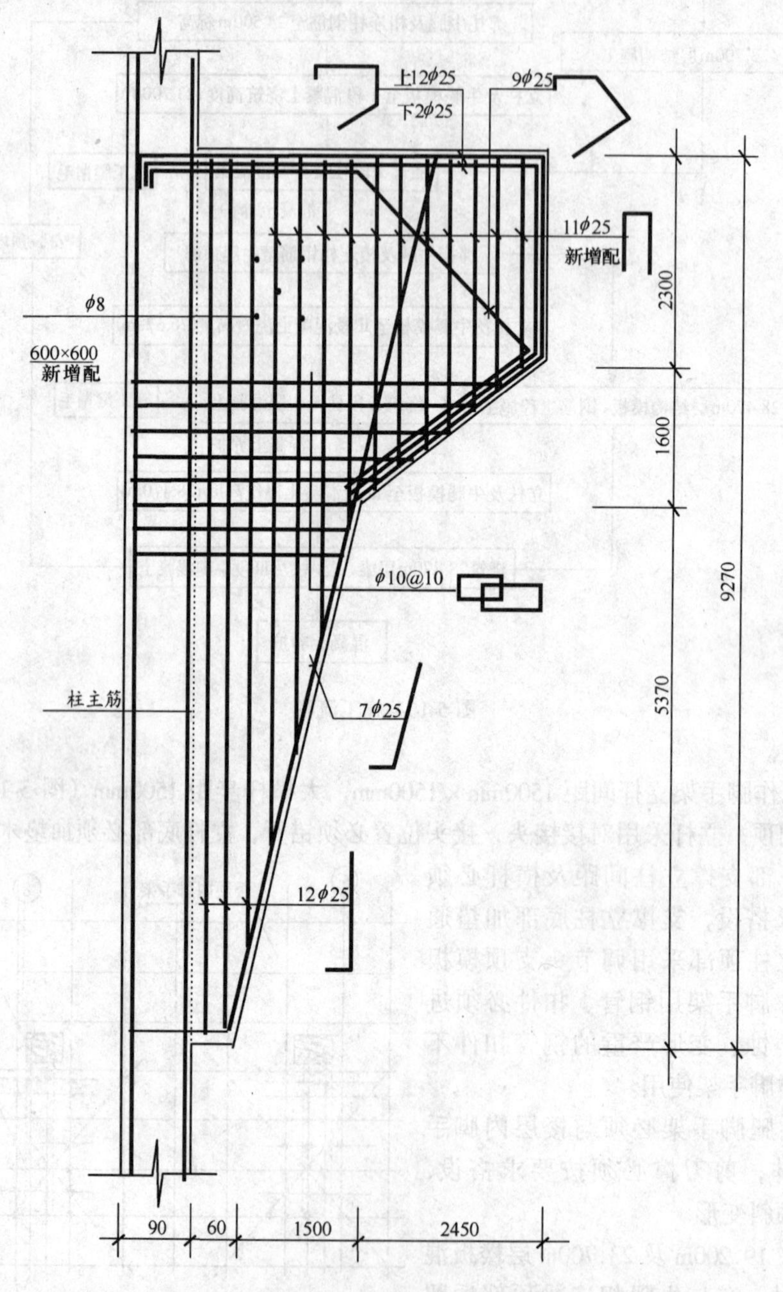

图 5-18　牛腿配筋详图

（1）竖向钢筋根据施工段划分情况分两次施工，ϕ20 以上钢筋采用电渣压力焊，ϕ20 以下采用绑扎搭接。23.700m 以上水平箍筋、异形筋、拉钩待第一段混凝土施工完毕后再施工，但牛腿侧面 7ϕ25 斜向钢筋必须一次到位。

(2) 钢筋翻样必须充分考虑各主筋之间的叠放次序及避让关系，根据确定的配筋方式进行钢筋翻样及下料。

(3) 每次浇筑完下段混凝土后，必须将钢筋上浮浆清理干净、施工缝处理完毕、杂物清理干净后方可合模。

(4) 竖向主筋焊接必须保证质量，焊剂必须烘烤，混凝土表面焊渣必须清理干净。

(5) 装修预埋件安装、预埋件进行焊接时，不得烧伤主筋。

5.7.5 混凝土的浇筑及养护

(1) 根据环境条件及混凝土总量，Ⅰ段混凝土同23.700m层楼板及梁柱一起浇筑，采用两台混凝土输送泵进行混凝土施工，先浇柱、剪力墙、牛腿混凝土，然后浇筑楼板及梁混凝土；Ⅱ段混凝土同28.470m层柱、剪力墙一起浇筑，混凝土浇筑完毕后再绑扎板筋；Ⅲ段混凝土同28.470m层楼板一起浇筑，浇筑顺序同Ⅰ段混凝土施工顺序。牛腿混凝土必须分层浇筑，每层高度不得大于1500mm。

(2) 因牛腿侧模为胶合板木枋体系，因此采用带模养护，整个牛腿混凝土浇筑完毕14d后拆模；牛腿顶部混凝土采用洒水养护。

5.8 报关大厅屋盖系统吊装方案

本工程钢结构共有钢屋架、屋架支撑、柱梁及雨篷等钢构件共计920件，共190.43t。A、B、C区分别有6榀跨度16.9m、7榀跨度19.83m、12榀跨度27.0m的钢屋架及钢梁。其中，有15榀为焊接H型钢钢梁，最大钢梁为 $b \times h \times l = 400\text{mm} \times 1000\text{mm} \times 19830\text{mm}$，梁重5753kg，最长柱长12.5m；钢屋架最大重量为2960kg，座底最高标高23.3m，梁顶安装最高安装标高83.5m。屋盖系统构件见表5-3。

屋盖系统构件一览表 **表5-3**

序号	构件名称	单位	数量	单件重（t）	序号	构件名称	单位	数量	单件重（t）
1	CGWJ	榀	12	2.96	9	CJ1	榀	24	0.5~1.2
2	CC1	榀	2	0.22	10	I_{32a}钢梁	根	22	0.28
3	CC2	榀	4	0.17	11	YWB-2	块	90	1.17
4	SC1	榀	32	0.09	12	kWB-1	块	18	0.9
5	LG1	榀	35	0.07	13	YWBa	块	20	0.95
6	LG2	榀	24	0.07	14	YWBb	块	4	0.75
7	LG3	榀	35	0.04	15	YWBc	块	4	0.55
8	LG4	榀	20	0.01	16	TGB-77	块	16	1.2

5.8.1 构件安装示意图

构件安装示意图如图5-19、图5-20所示。

5.8.2 吊装方案的选择

由于报关大厅四周均为建筑物，起重机械无法在跨外吊装；若将吊车开进报关大厅内吊装，设备房和报关大厅地面均为地下室顶板，结构加固工作量大，且容易造成结构隐患；1号、3号塔吊受起重力矩限制，满足不了吊装要求。故考虑采用土法吊装。

方案一：采用钢管独脚拔杆吊装。根据计算，拔杆 $\phi400 \times 12$，$L = 35\text{m}$，加上屋架、索具等重量达50~60kN，楼板承受不了如此大的集中荷载，同样存在结构加固工作量大且容易造成结构隐患的问题，故放弃该方案。

方案二：考虑到钢屋架设计为下沉式（重心朝下），且屋架支座为两条通长框架梁，

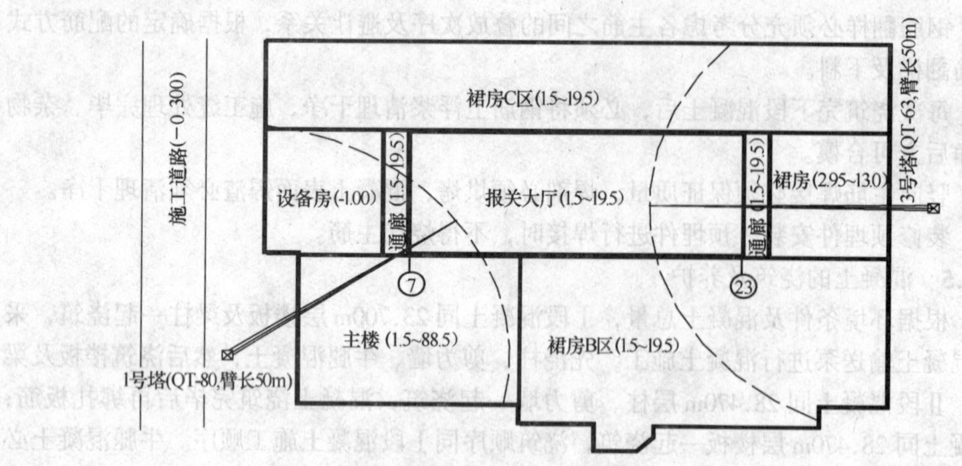

图 5-19　构件安装示意图

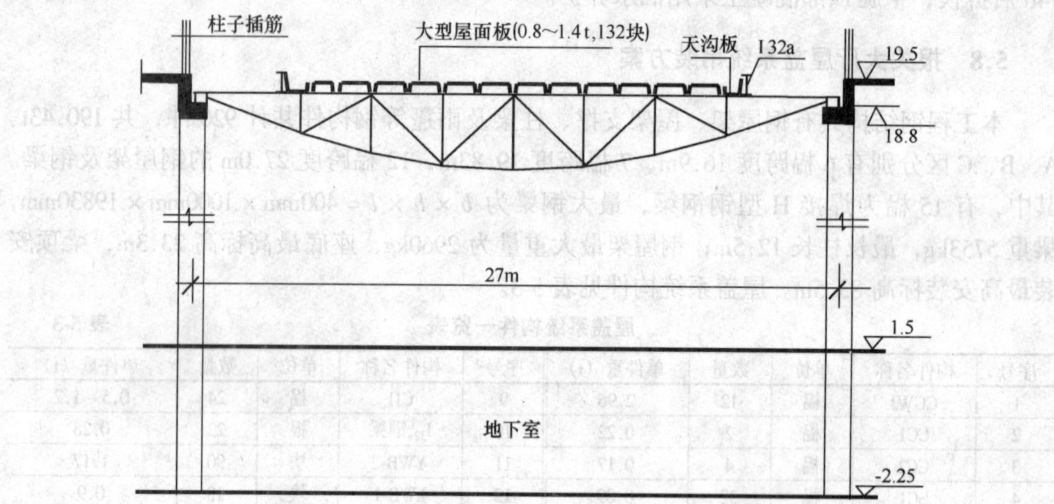

图 5-20　屋盖系统吊装

钢屋架可以沿支座水平移动；另在建筑物东侧安装有 QT-63 塔吊一台，距最近一榀屋架距离 35m，将塔吊进行加固后可以完成屋架垂直运输。

5.8.3　吊装施工工艺

（1）吊装顺序

施工准备→屋架水平运输、地面就位→CGWJ-㉓安装、临时固定→CGWJ-㉒安装、临时固定→㉒～㉓节间支撑、连杆、屋面板、钢梁（利用塔吊）→CGWJ-⑳安装、临时固定→⑳～㉒节间支撑、连杆、屋面板、钢梁（利用塔吊）→CGWJ-⑲安装、临时固定→⑲～⑳节间支撑、连杆、屋面板、钢梁→拆装拔杆→CGWJ-⑱安装、临时固定→………→CGWJ-⑨安装、临时固定→CGWJ-⑦安装、临时固定→拆拔杆→⑦～⑨节间支撑、连杆、屋面板、钢梁（利用塔吊）。

（2）施工准备

1）加固地下室顶板，如图 5-21 所示；

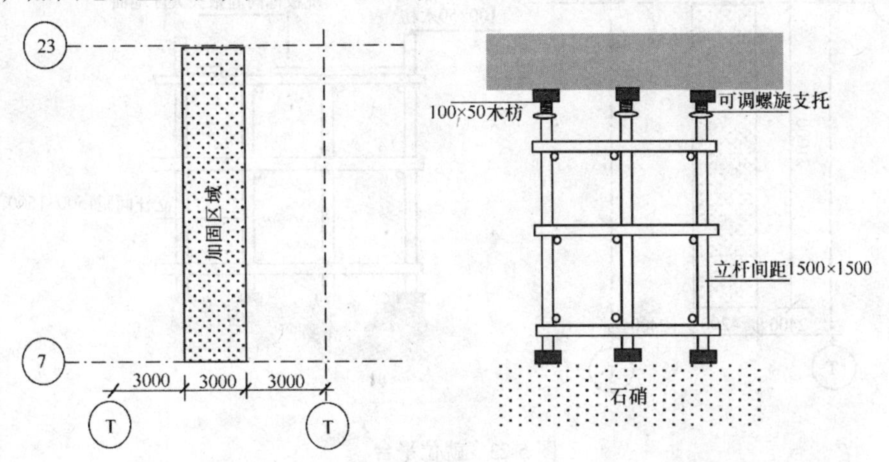

图 5-21　地下室顶板加固

2）加固塔吊：在报关大厅东侧通廊屋面上搭设一钢管脚手架，用于支撑塔吊臂。架体顶部用弹簧和枕木作弹性支座，支座与塔臂之间预留 150mm 间隙，以确保塔臂拉杆和支座共同受力；为防止塔臂摆动，将塔臂用缆风绳固定于屋面上；如图 5-22 所示；

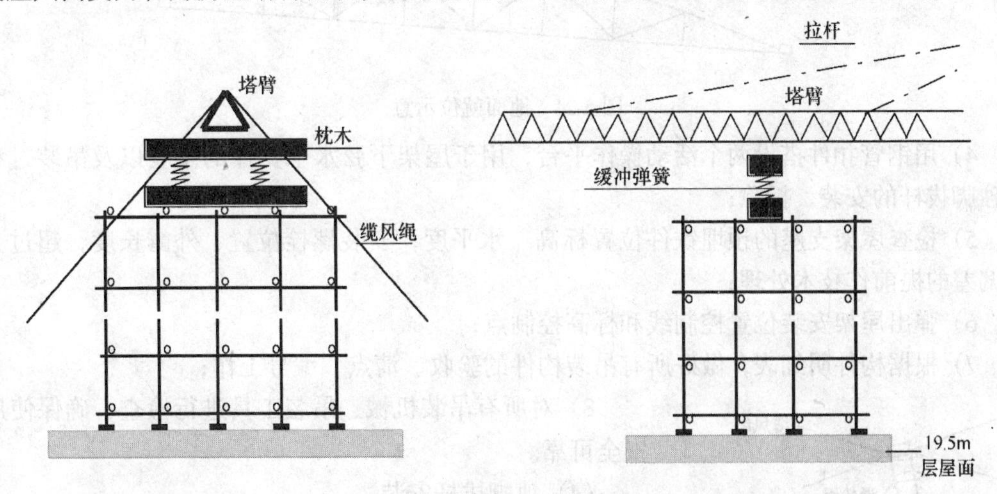

图 5-22　塔臂加固示意图

3）在报关大厅西侧地面安装一台慢速卷扬机，用于屋架地面水平移动就位；

4）根据构件明细表及吊装顺序，做好所有吊装构件的验收、清点、编号工作；

5）弹出屋架安装位置控制线和标高控制点，检查屋架支座的预埋铁件轴线标高、水平度，安装螺栓位置、外露长度，超过允许偏差的提前作技术处理；

6）对所有吊装机械、吊装用具进行检查，确保使用安全可靠。

（3）屋架地面就位

1）在发电机房顶部搭一平台，用于放置钢屋架；如图 5-23 所示；

2）屋架整榀在车间加工完毕经检查验收后，用大型平板车运输至施工现场，卸在用钢管搭设的平台上；

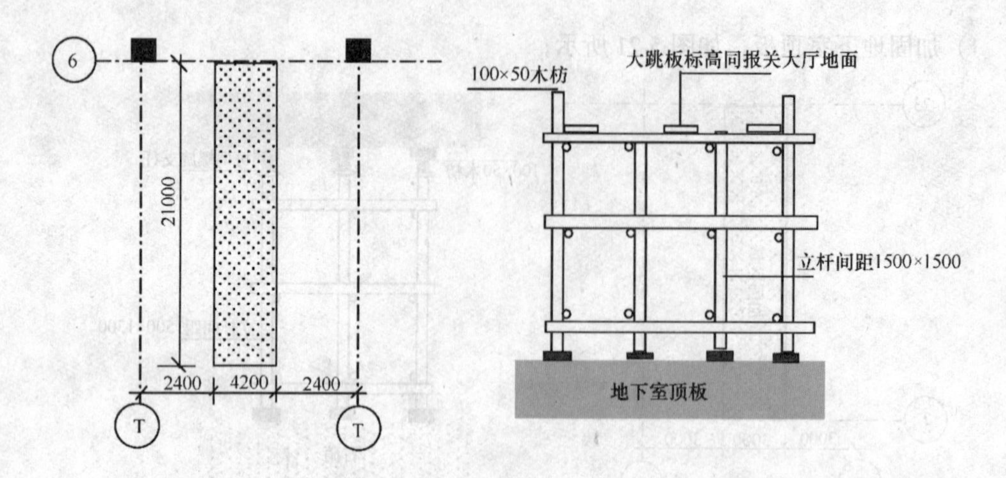

图 5-23　就位平台

3）设备房顶部平台及报关大厅地面提前放置 ϕ100 钢管，利用慢速卷扬机拖动屋架沿钢管滚动就位；地面就位示意图如图 5-24 所示；

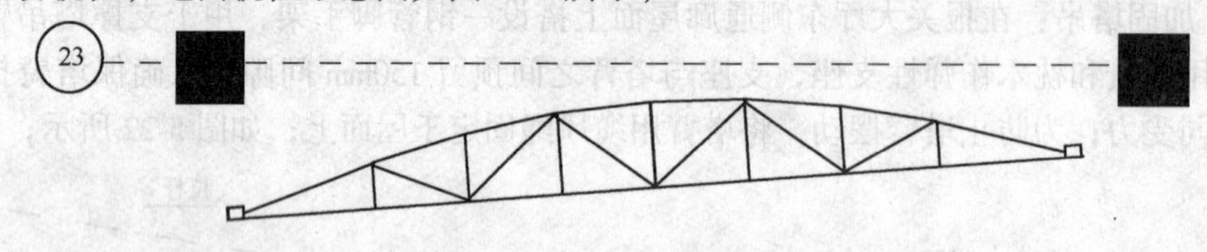

图 5-24　地面就位示意

4）用钢管扣件搭设两个活动操作平台，用于屋架下弦水平支撑的安装以及吊装过程中独脚拔杆的安装、拆除；

5）检查屋架支座的预埋铁件位置标高、水平度，安装螺栓位置、外露长度，超过允许偏差的提前作技术处理；

6）弹出屋架安装位置控制线和标高控制点；

7）根据构件明细表，做好所有吊装构件的验收、清点、编号工作；

8）对所有吊装机械、吊装工具进行检查，确保使用安全可靠。

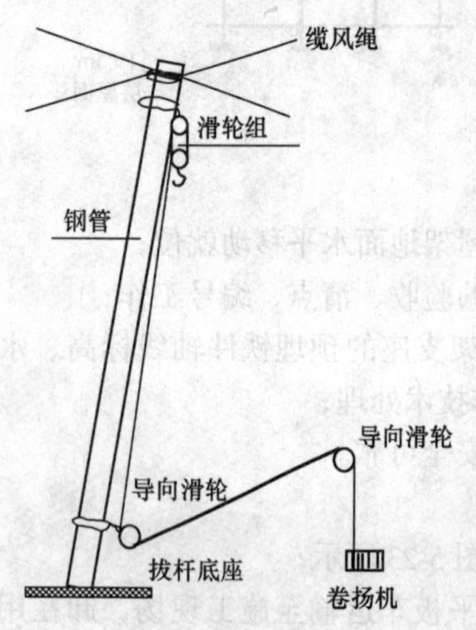

图 5-25　起重拔杆

（4）独脚拔杆安装

1）拔杆构造。

根据屋架重量、安装高度，采用 $\phi 273 \times 12$ $L = 24.5$ 钢管做拔杆。如图 5-25 所示。

2）拔杆安装。

拔杆初始安装在报关大厅地面㉒～㉓轴之间进行，利用东侧塔吊配合进行组装，卷扬机固定于西侧通廊柱子上，导向滑轮根据钢丝绳走向，就近固定于建筑物柱子上，缆风绳固定于南北两侧建筑物屋面预埋吊环上。

（5）屋架吊装

1）为防止屋架在翻身过程中平面外变形过大，吊装前将 50mm×100mm 木枋用钢丝捆绑于屋架上，对屋架进行加固；

2）屋架绑扎如图 5-26 所示；

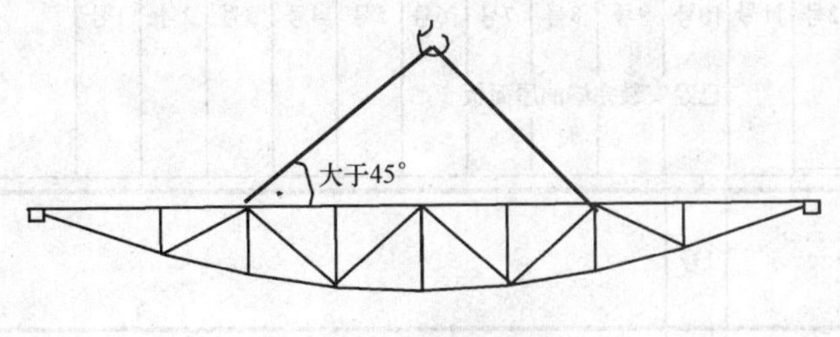

图 5-26 屋架吊装绑扎

3）屋架起吊离开地面 300mm 后应暂停，检查屋架有无变形，吊装机具安全可靠后方可继续起吊。

（6）屋架就位

1）在屋架吊放在框架梁之前，沿框架梁方向铺设吊车梁轨道（24kg/m），用于钢屋架的水平滑移（图 5-27）；

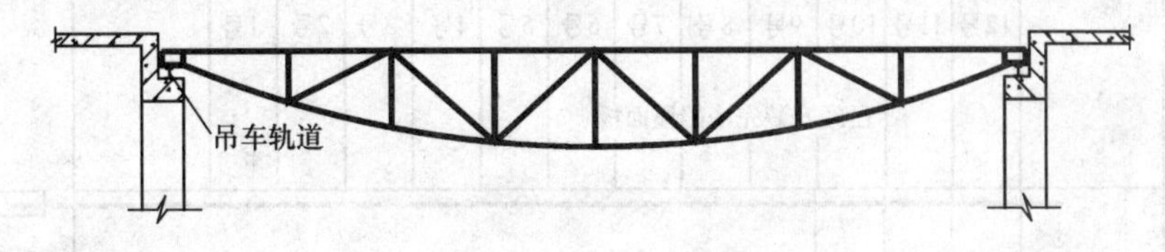

图 5-27 吊车梁轨道

2）屋架落在框架梁上后，利用手扳葫芦拖动屋架沿梁上铺设好的钢管轨道水平移动就位，拖动过程中根据两边事先作好的距离标尺两端同步进行（图 5-28）；

3）在全部屋架到达指定位置后，在屋架的端头，每侧使用一个钩式螺旋千斤顶把屋架顶起，撤掉吊车轨道，然后再把屋架放下；

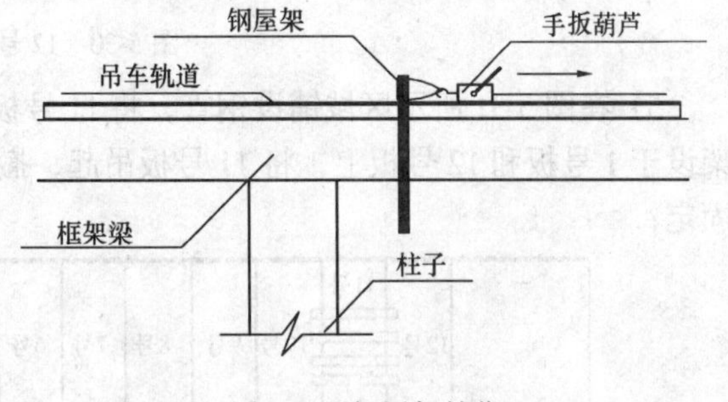

图 5-28 钢屋架就位

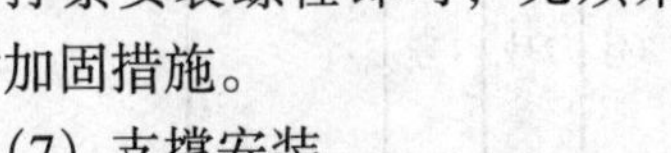

4）由于屋架是下沉式，所以屋架就位后拧紧安装螺栓即可，无须采取其他临时加固措施。

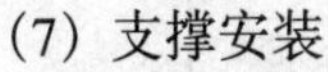

（7）支撑安装

屋架全部就位后，即可进行支撑的安装。屋架水平支撑、垂直支撑仅布置在端跨，分别利用 1 号、3 号塔吊配合安装。中间各跨的水平连杆重量轻，人工利用滑轮组安装就位。

（8）屋面板安装

1）东侧第一个节间、西侧第一个节间屋面板分别利用 3 号、1 号塔吊进行安装；

2）其他屋面板利用 3 号塔吊吊至西侧第一节间屋面，并按第 3）款方法进行安装；（以东侧第二个节间以例）

3）将 1 号板用“炮车”运至人字拔杆位置，用人字拔杆将板放置于屋架上，然后用手扳葫芦拖至图 5-29 所示位置（屋架上弦垫竹胶板条，以保护油漆）；

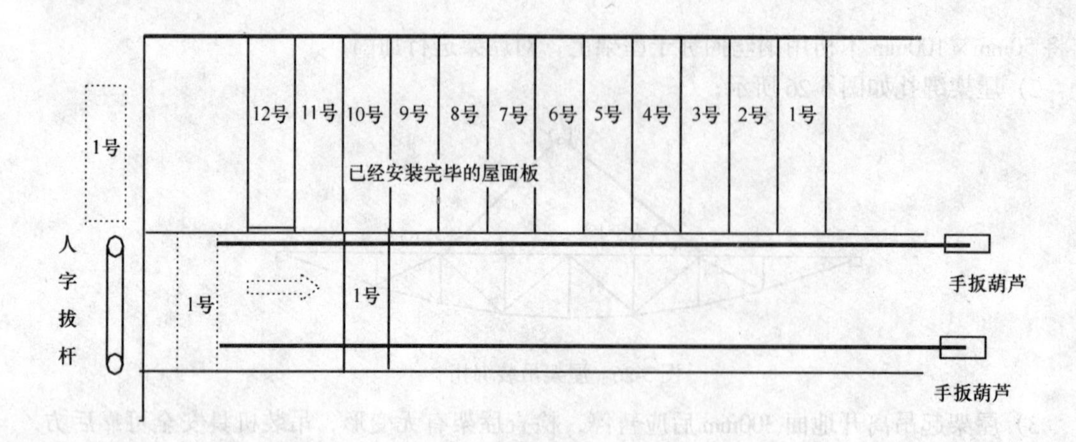

图 5-29　1 号板安装

4）用上述方法将 12 号板吊至图 5-30 所示位置；

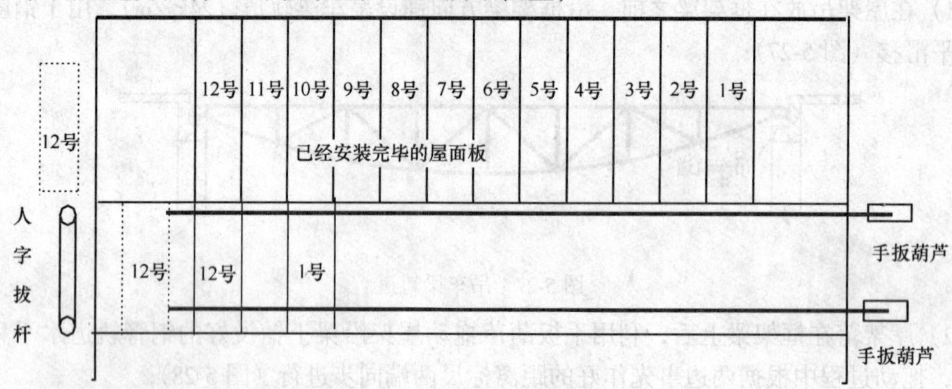

图 5-30　12 号板安装

5）在图 5-31 所示区域铺设钢管，将 11 号板沿钢管滚轮推至安装位置，然后将龙门架架设于 1 号板和 12 号板上，将 11 号板吊起，撤去钢管，缓慢将屋面板放下，就位后焊接固定；

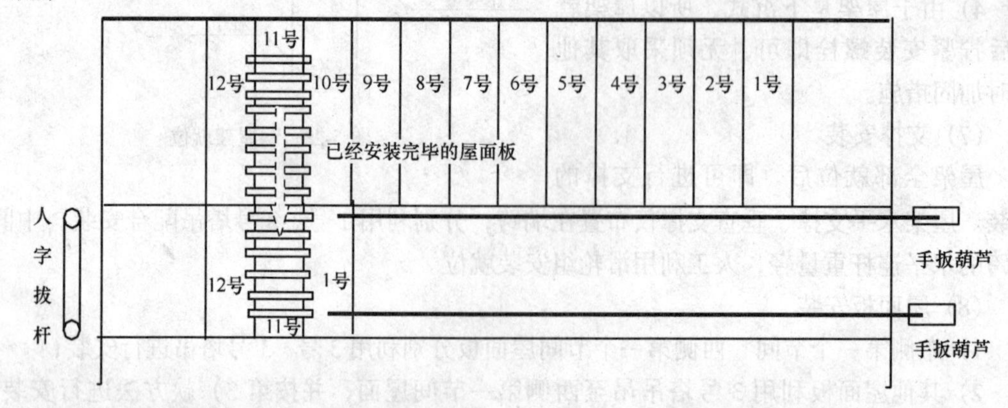

图 5-31　11 号板安装

6）将 1 号板向前拖一个板宽距离，采用与安装 11 号板相同的方法安装 10 号板（图

5-32)，依次类推，1号板逐渐向前移动，逐块安装屋面板。

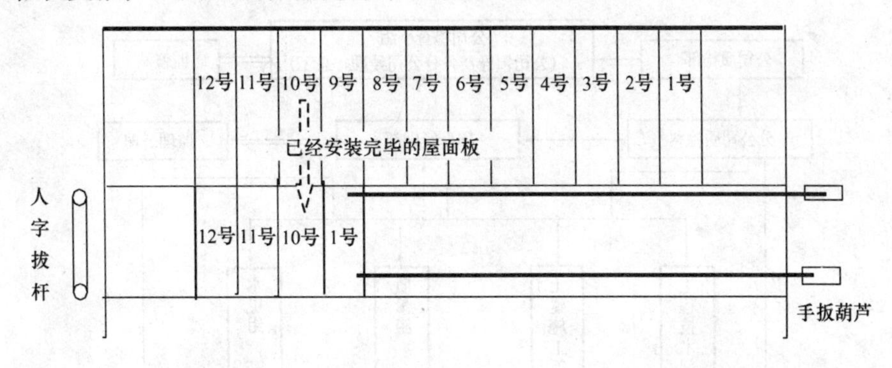

图 5-32　10号板安装

6　质量、安全、文明施工保证措施

6.1　质量保证措施

6.1.1　工程质量总体部署

(1) 建立健全以项目经理为领导的工程质量保证体系（图 6-1)。

(2) 结合本工程特性，制定工程质量创优的实施计划和相应的细则。

(3) 质量记录、技术档案与工程同步，做到准确、齐全、规范。

6.1.2　工程质量管理组织体系及质量检查制度

(1) 组织体系机构人员：建立以项目经理为组长，项目总工、专职质检员为副组长的工程质量领导小组，各工序班组设兼职质检员 1~2 名。

(2) 工程质量检查制度：

在建立健全质量管理组织体系的同时，制定严格的质量检查制度，做好自检、互检、交接检，严格执行分部分项工程验收程序，做好隐蔽验收记录。

6.1.3　保证工程质量的技术措施

(1) 熟悉施工图纸，做好图纸会审工作，全面领会设计意图；若图纸之间有矛盾时，必须尽早提出，得到设计单位解决后方能施工。

(2) 熟悉、领会设计意图，掌握施工验收规范的内容，结合图纸的要求指导施工。

(3) 建立分级技术交底制度，施工组织设计由项目总工对项目施工负责人、工长、内业技术员、施工员、质检员、安全员等进行技术交底；特殊的分部分项工程，由总工向工长进行技术交底；所有分部分项工程，工长必须向作业班组进行全面的施工技术交底。

(4) 预留孔洞、预埋件必须仔细检查，避免遗漏，造成事后凿打。

6.1.4　工程质量过程控制措施

(1) 施工过程中的质量控制严格按照我公司“质量保证手册”和相关“程序文件”执行。

(2) 开工前编制质量计划，根据质量计划编制工程质量检验计划，并配备必要的资源，项目经理部各人员持证上岗。

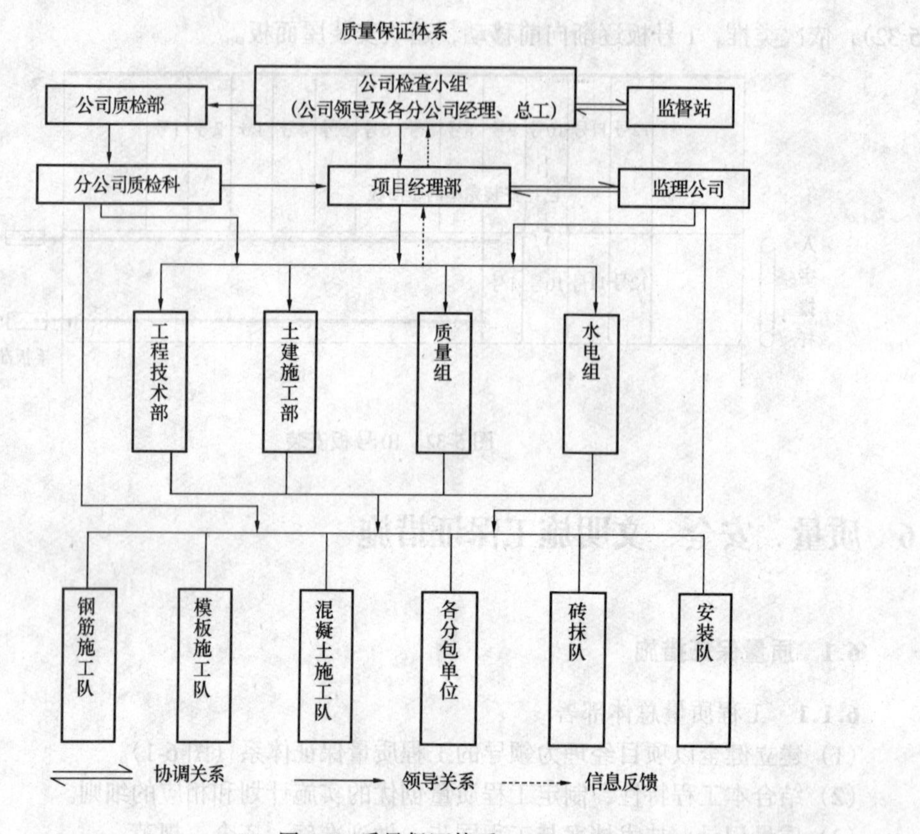

图 6-1　质量保证体系

(3) 对于焊接、防水等特殊工序应编制施工作业指导书；对重要工序要制定控制措施，并由技术、质量人员对实施过程进行监控和验证。

(4) 严把材料质量关，进场材料按有关规定进行试（复）验，对不合格材料严禁进场。

6.1.5　创建鲁班奖（国家优质工程）具体目标及措施

(1) 本工程的土建和安装分项工程必须达到的目标：

1) 保证项目全部符合相应质量评定标准的规定；

2) 基本项目每项抽样的处（件）符合相应质量验评标准合格规定，其中 60% 以上的处（件）符合优良规定，优良项数占检验项数的 60% 以上；

3) 允许偏差项目抽验的点数中，有 95% 以上实测值在相应质量检验评定标准的允许偏差范围内。

(2) 主体工程中的建筑工程和设备安装工程质量评定等级必须达到优良，其主要分部工程（基础、主体、装饰）质量评定必须优良，分部工程优良率在 80% 以上。整个工程观感质量得分率在 88% 以上。

(3) 技术管理质量保证档案资料必须齐全。

(4) 在工程施工过程中，及时收集并整理能真实、完整反映工程重要结构部位和最终成品质量并附有文字说明、工程解说的工程彩色照片和工程录像带。

(5) 工程竣工后继续做好建筑物结构沉降观测，确保地下室、屋面不渗不漏、结构不发生有害裂缝、设备安装不出现功能缺陷等质量问题。

(6) 工程竣工后，积极协助业主完成由本工程项目的批准单位（或是由其授权单位）组织的工程项目全面交工验收（包括建筑、设计、施工、监理、工程质量监督站、环保、消防等），并办理正式的竣工验收证明。

6.2 安全生产保证措施

安全生产管理必须以“安全第一，预防为主”的方针统筹全局。施工期间，要坚决贯彻执行建设部标准 JGJ59—99 安全检查评分标准和天津市有关规定，科学地管理和组织施工。

6.2.1 安全保证体系

(1) 项目经理和专职安全员及其他主要管理人员组成项目施工安全生产领导小组，各作业层设兼职安全员，形成一个安全生产保证体系（图 6-2)。专职安全员授予“三权”，即罚款权、停工整顿权、越级上告权。

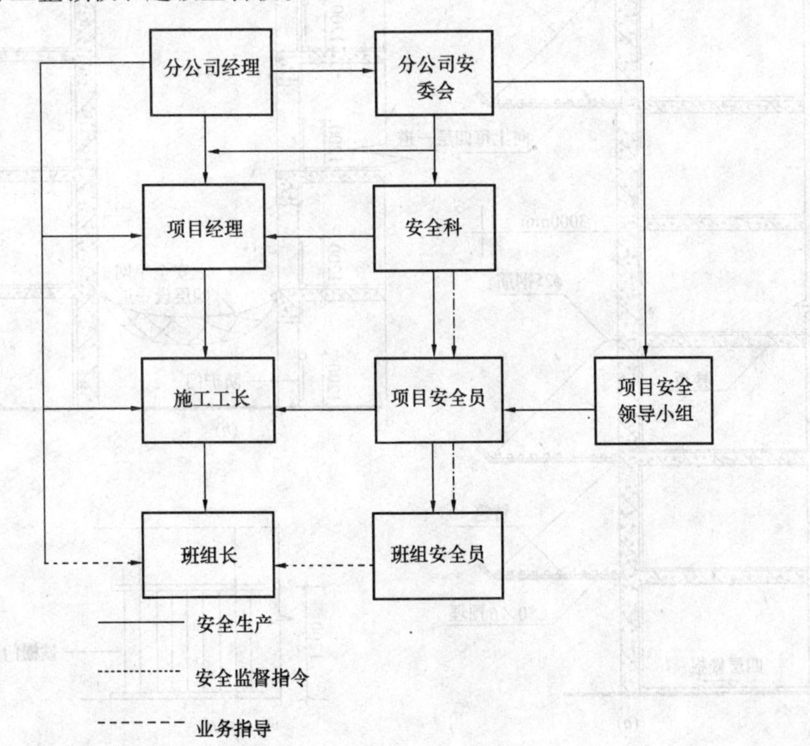

图 6-2 安全生产保证体系

(2) 建立健全安全生产各项管理制度和按建设部、总公司安全生产“十三套”管理资料要求，加强施工现场安全生产管理，严格执行奖罚制度。

(3) 做好新工人入场“三级”教育和新设备、新工艺、变换工种的安全教育，积极组织职工开展各种安全生产活动，努力提高全体员工安全意识和增强自我保护意识。

(4) 建立健全各级安全生产责任制，层层签定安全管理协议，作到安全生产横向到边，纵向到底，坚决执行上级“谁主管、谁负责”的安全生产管理原则，责任制落实情况与月、季度奖金挂钩，奖罚兑现。

(5) 认真做好分部分项工程的安全技术交底，并经常检查落实情况。

(6) 电工、电焊工、机操工等特种人员必须经特殊工种作业培训，并考试合格，持证上岗。

(7) 正确使用安全"三宝"，严禁穿"三鞋"进入施工现场。

(8) 施工现场张挂"五牌一图"和安全生产警示牌、安全标语宣传牌。

6.2.2　高层建筑施工安全

高处作业"四口"、"五临边"是高层建筑防坠落事故的重点，必须做好以下工作：

(1) 建筑物周围地面人行通道采用钢管、竹跳板，按规定要求搭设双层防护棚作为安全通道。

(2) 楼层安全防护如图 6-3 所示。

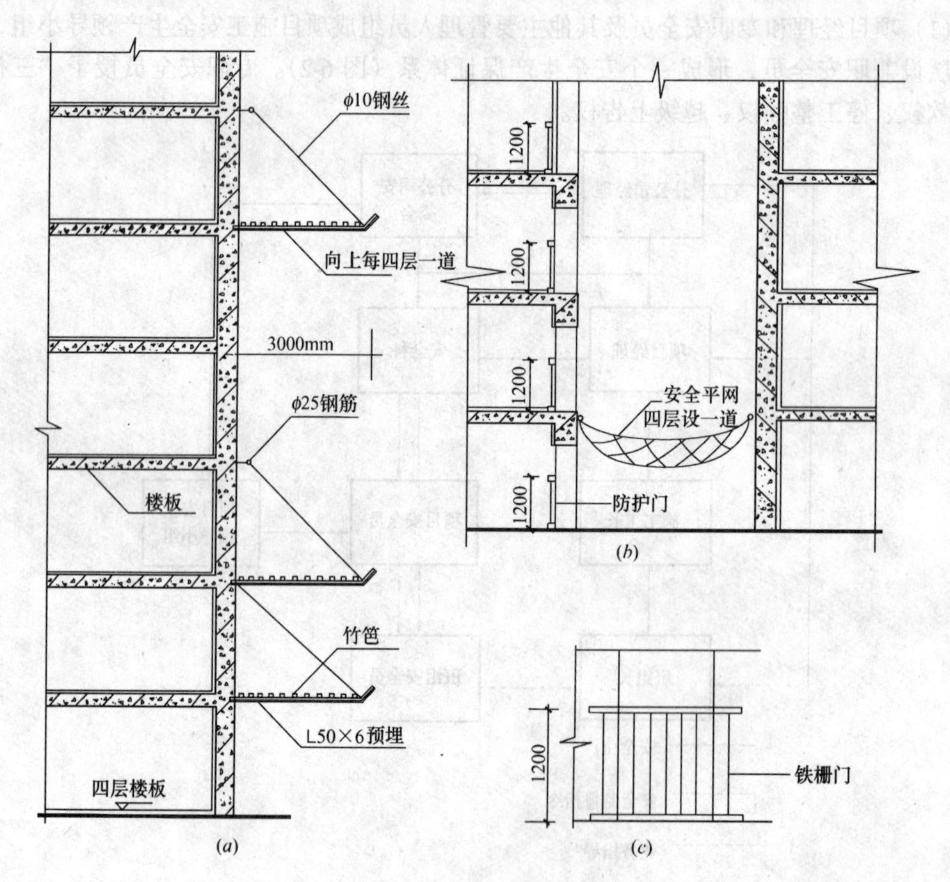

图 6-3　楼层安全防护

(a) 楼层安全防护；(b) 电梯井安全防护；(c) 防护门立面示意

(3) 受料平台应经计算，控制荷载及做好防护。

(4) 施工期间各种预留洞防护

1) 室内电梯井道预留洞采用 ϕ12 钢筋网片与预留门洞竖向钢筋焊接或采用膨胀螺栓与墙体锚固设防。施工期间，项目专职安全员每天巡回检查。发现因施工损坏，立即修复。

2）楼面竖向设备管道井洞口，采用预留钢筋，洞口上再覆盖竹跳板。预留钢筋等设备管道安装时，逐层割掉。

3）四周临边墙面落地洞口，在墙模拆除后，应立即搭设防护栏杆，以防止人、物高空坠落，防护高度不应小于1.2m。

6.3 现场文明施工达标管理措施

(1) 建筑文明施工管理制度，执行天津市市容管理委员会关于施工工地文明施工管理的有关规定。

(2) 按照我局和公司“标准化现场管理手册”的要求，划分文明施工责任区，责任落实到人，实行月检查奖罚制，并不断总结和改进这项工作。

(3) 施工现场周围应封闭管理，严格执行门卫制度，严禁非施工人员进入现场，施工管理人员进入现场应挂牌上岗，现场入口处设立图表及有关文明施工、安全管理制度标志牌。

(4) 场地道路及堆场实行硬化管理，保证场地周边干净整洁。

(5) 生活区及食堂应整洁卫生，无污物污水，垃圾应集中堆放并及时清运。

(6) 现场机械设备、材料应按施工组织设计要求合理安排并及时清理。

(7) 施工现场应保持工完场清，“四口”处设立安全标志牌，严禁从高处乱抛乱丢杂物。

(8) 现场所有人员应举止文明，夜间施工不得大声喧哗。严禁打架、斗殴、酗酒现象发生。

(9) 通过采取切实有效的措施，将建设“双文明工地”同开发区的“文明城市”建设紧密结合起来，为开发区的城市建设作贡献。

6.4 成品保护措施

6.4.1 成品保护制度

(1) 合理安排施工工序，建立各道工序的产品保护制度。

(2) 做好各分包单位的技术协调，实行场地和工序移交、验收制度。

(3) 建立成品保护管理保证体系，做到谁分管的施工段面（工序）谁负责成品保护，对无故破坏成品、半成品的人员，给予罚款，并对损失部分照价赔偿。

(4) 安装就位的各类设备，搭设防护栏（棚）。

(5) 严格24h门卫制度。设备安装及装修阶段，同业主共同建立出入证制度；未持出入证的非生产工人，严禁进入施工现场。

6.4.2 主要工序成品保护措施

(1) 钢筋成品保护：

1）模板隔离剂不得污染钢筋；如发现污染，及时清理干净；

2）钢筋按图纸绑扎成型完工后，应将多余的钢筋、扎丝及垃圾清理干净；

3）木工支模及安装预留、预埋、混凝土浇筑时，不得随意弯曲、拆除钢筋；

4）梁、板、楼梯绑扎成型完工的钢筋上，后续工种施工作业人员不能任意踩踏或重物堆置，以免钢筋弯曲变形或位移。水平运输车道应按方案铺设，不得直接搁置在钢筋面上；

5）木工支模在钢筋绑扎成型完工后，作业面的垃圾应及时清理干净。

（2）模板保护：

1）安装预留、预埋应在支模时配合进行，不得任意拆除模板，也不得用重锤敲击模板及支撑，以免影响模板质量；

2）模板安装成型后，混凝土浇筑过程中，应派模板工值班保护，进行检查校正，以确保模板安装质量；

3）水平运输车道，不得搁置在侧模上。

（3）混凝土成品保护：

1）混凝土浇筑完成后应将散落在模板上的混凝土清理干净，并按方案要求进行覆盖保护；冬（雨）期施工的混凝土产品，应按冬（雨）期要求进行覆盖保护；

2）混凝土终凝前，在方案规定确定保护期内不得在上作业；

3）安装应在混凝土浇筑前做好预留预埋，不得随意凿打；

4）混凝土面上临时安放施工设备应垫板，并应做好防污染覆盖措施，防止机油等污染。

（4）交工前产品保护：

1）为确保工程质量完好，达到用户满意，项目经理应根据工程特点，在建筑、安装分区分层完工后，组织专门人员负责产品质量保护，值班巡查，进行产品保护工作；

2）产品保护人员，交接班应做好记录。

7　技术经济效益分析

本工程技术经济效益分析见表7-1。

技术经济效益分析　　表7-1

序号	新技术名称	应用新技术	经济效益
1	深基坑支护技术	桩墙——内支撑基坑支护	
2	高强高性能混凝土的应用	高性能混凝土的应用	36.8万元
3	粗直径钢筋连接技术	带肋钢筋套筒挤压连接技术	4.2万元
4		钢筋闪光对焊连接技术	2.3万元
5		钢筋电渣压力焊连接技术	3.4万元
6	新型模板和脚手架应用技术	附着式升降脚手架应用	8.5万元
7		早拆支撑体系脚手架应用	8.4万元
8	建筑节能和新型墙体材料应用技术	混凝土小型空心砌块的应用	8.7万元
9	新型建筑防水和塑料管应用技术	新型建筑防水材料的应用技术	12.6万元
10		新型建筑塑料管应用技术	7.3万元
11	建筑钢结构新技术的应用	建筑钢结构新技术的应用	
12	大型设备与构件整体提升技术的应用	大型设备与构件整体提升技术的应用	
13	企业的计算机应用及管理技术	深基坑支护工程设计与技术管理	
14		钢筋混凝土模板工程应用	
15		合计（合同造价4380万元，科技进步效益率为2.1%）	92.2

第八篇

澳门观光塔工程施工组织设计

编制单位：中建三局
编 制 人：陈新安　刘家甫

【简介】　澳门观光塔工程为钢筋混凝土高塔结构，建筑总高度达342.80m（其中混凝土部分252.80m），塔身混凝土设计为清水混凝土。施工采用爬模施工工艺，垂直运输设备内置，并采用劲性混凝土结构外包预制混凝土模壳的方法解决塔楼上支撑等外挑构件的施工。针对澳门地区的特殊情况，例如施工工期短、雨期施工、可能遭遇台风影响等，都在管理与技术方面采取了有效措施。

目　录

1　工程概况及特点

1.1　工程概况

1.1.1　工程地址及环境状况

（1）澳门观光塔选址于澳门半岛南湾填海区最南端的D区1号地块上，紧靠海边，塔的南侧离海堤不足10m。

（2）该填海区地域宽阔、平坦，各项基础设施正在建设中，整个填海区已被正式道路分割成若干地块。但尚未进入正式开发期，故车流、人流较少，较为冷清。

（3）塔区道路已经建成通车，的士、卡车可通往海关、码头和市区任何地方，交通十分方便；ϕ100mm正式水管线路已接进塔区，可满足施工需要；正式电源已通，另配备一台200kW发电机，供临时停电时使用。

1.1.2　工程地区气象状况

（1）澳门位于珠江口西侧，与广东省沿海地区气候相似，属亚热带海洋性气候，无明显冬季，年平均气温较高，春夏两季湿热多雨，入秋以后受岭南焚风影响，气候干热，降雨量明显减少。

（2）台风和热带气旋将是施工期间可能反复出现的最大灾害。

（3）据澳门气象台统计，有记录以来，台风最高风速124km/h，同时吹烈风程度之阵风风速达166km/h；台风和热带气旋具有极大的摧毁力，登陆时一般风力可达12级，极少的可达17~18级。施工中将给予高度重视，提出可靠的防范措施，确保施工安全，把可能出现的台风损害减少到最低程度。故施工期间要与澳门气象台紧密联系，随时掌握气象动态，在台风来临前，要密切注意澳门气象台的风球警示，随时收集有关法规，提前做好抗御台风的物资准备。

1.1.3　工程设计简介

（1）澳塔塔顶标高+342.8m，地面以上高度338m，地面以下8.7m（地面相对标高+4.80m），施工总高度（从筏板面标高-3.9m起）：342.8-（-3.9）=346.70m。观光塔设计剖面如图1-1所示。整个塔身按结构和使用功能，设计将其划分为四个区段：

从T1（-3.90m）~T22层（+80.80m）为基座段；

从T22~T48层（+184.80m）为塔身段；

从T48~T65层（+252.80m）为塔楼段；

从T65~T88层（+342.80m）为桅杆基座和桅杆段。

（2）澳塔钢筋混凝土塔身设计为圆锥台形，中部带连墙的筒中筒结构。塔身下部最大直径16140mm，壁厚500mm；塔顶直径12000mm，壁厚350mm：内筒为附在连墙上的钢筋混凝土工作服务电梯井道。连墙壁厚200mm，内筒壁厚150mm，从下自上截面不变；塔楼和桅杆设计采用钢结构。其中桅杆下部40m，内部为非结构性的预制混凝土爬梯筒，后设计改为同直径的钢爬梯筒，外部为以钢管为主腹杆的钢构架，是上部50m钢桅杆的承重结构。

塔身混凝土强度等级C55（英标），主筋竖筋以Y32为主，水平环筋以Y25为主，部

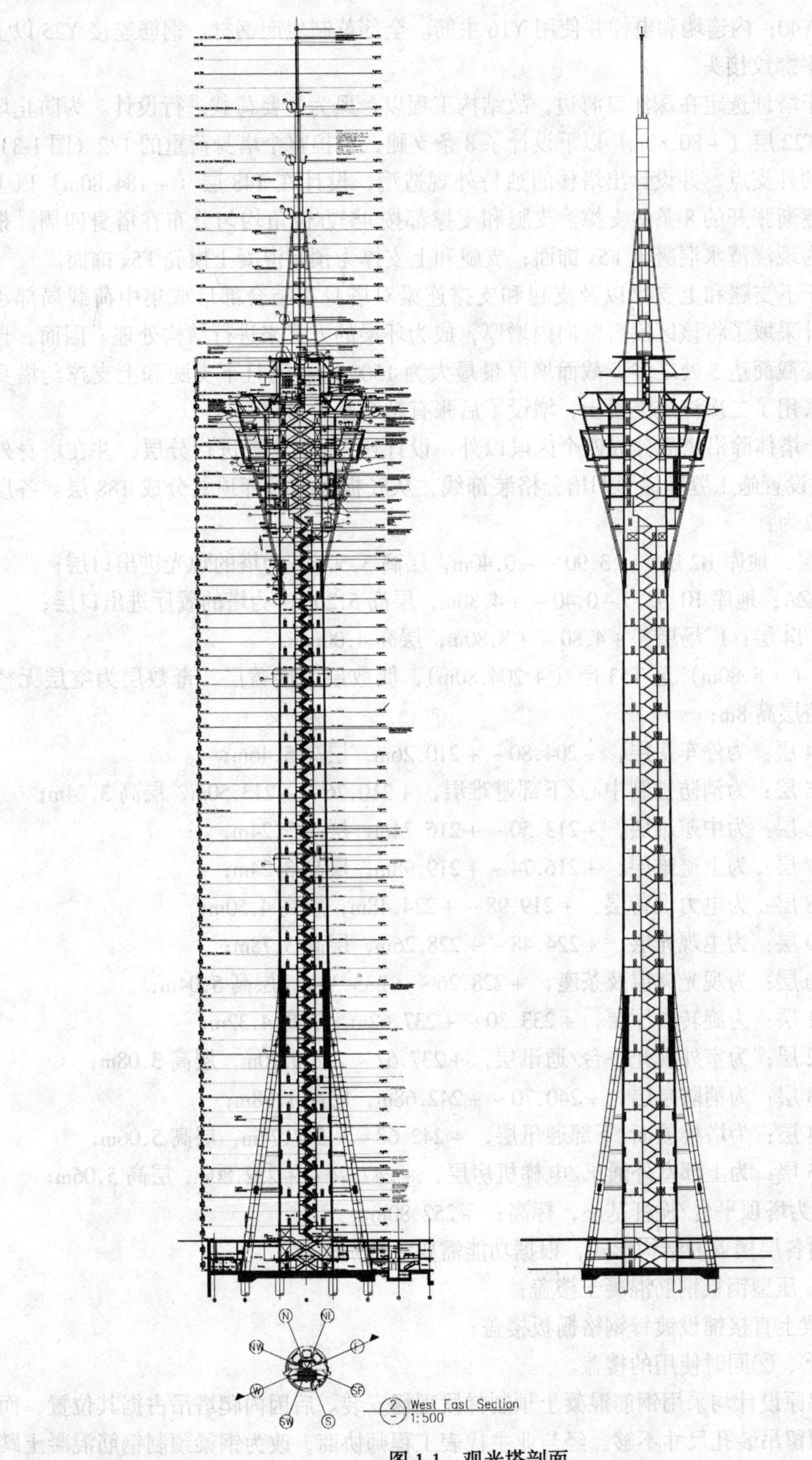

图 1-1 观光塔剖面

分暗柱使用 Y40；内连墙和电梯井使用 Y16 主筋。全部英制生产钢材。钢筋连接 Y25 以上原则都采用平螺纹接头。

（3）由于塔址选定在珠江口海边，故结构工程以台风为主要荷载进行设计。为防止塔身倾覆，在 T22 层（+80.80m）以下设计了 8 条支腿，承担整个塔身荷重的 1/2（图 1-3）；为解决塔楼的外支点，并设计出塔楼的独特外观造型，设计在 T48 层（+184.80m）以上采用了向上逐渐张开的 8 条斜支撑。支腿和支撑都按 45°方位角均匀分布在塔身四周。根据设计塔身为现浇清水混凝土 F5x 饰面；支腿和上支撑为预制混凝土模壳 F5x 饰面。

（4）由于下支腿和上支撑以及支腿和支撑连梁对塔身在结合部形成集中荷载局部承压，对此设计采取了将该区段塔壁向内增厚，成为环梁的方式来进行结构处理。因而，自上而下塔壁变截面达 5 处之多。截面增厚量最大为 1500mm。而且下支腿和上支撑与塔身结合部设计采用了二次浇筑混凝土，增设了后张有粘结预应力锚杆。

（5）整个塔体除沿塔高分成四个区段以外，设计还以 4m 模数进行分层，并在塔身外壁按 4m 模数设置施工缝即梯形凹槽分格装饰线，从底板面到桅杆顶共分成 T88 层。各层功能情况大致为：

T1～T2 层：地库 B2 层，－3.90～－0.40m，层高 3.50m，为塔的观光进出口层；

T2～PLAZA：地库 B1 层，－0.40～＋4.80m，层高 5.20m，为塔的餐厅进出口层；

PLAZA～T4 层：广场层，＋4.80～＋8.80m，层高 4.00m；

从 T4 层（＋8.80m）至 T53 层（＋204.80m），偶数层为楼盖层，奇数层为空层无楼盖，实际楼盖层高 8m；

T53～T54 层：为停车房层，＋204.80～＋210.26m，层高 5.46m；

T54～T55 层：为消防控制中心/下部避难层，＋210.26～＋213.50m，层高 3.24m；

T55～T56 层：为中避难层，＋213.50～＋216.74m，层高 3.24m；

T56～T57 层：为上避难层，＋216.74～＋219.98m，层高 3.24m；

T57～T58 层：为电力设备层，＋219.98～＋224.48m，层高 4.50m；

T58～T59 层：为主观光层，＋224.48～＋228.26m，层高 3.78m；

T59～T60 层：为观光夹层及茶座，＋228.26～＋233.30m，层高 5.04m；

T60～T61 层：为旋转餐厅层，＋233.30～＋237.62m，层高 4.32m；

T61～T62 层：为室外观光平台/通讯层，＋237.62～＋240.70m，层高 3.08m；

T62～T63 层：为消防泵层，＋240.70～＋242.68m，层高 1.98m；

T63～T64 层：为塔楼屋面/下部通讯层，＋242.68～＋247.74m，层高 5.06m；

T64～T65 层：为上部室外通讯/电梯机房层，＋247.74～＋252.80m，层高 5.06m；

T65 层：为塔顶平台/桅杆基座，标高：＋252.80m。

（6）塔内各层楼盖的结构形式，根据功能需要，分别采取：

1）钢梁、压型钢板钢筋混凝土楼盖；

2）在钢梁上直接铺设镀锌钢格栅板楼盖；

3）上述①、②同时使用的楼盖。

各层楼梯原设计均采用钢筋混凝土预制梯段现场安装。后因内爬塔吊占据其位置，而且爬模平台预留吊装孔尺寸不够。经与业主代表工程师协商，改为钢梁预制钢筋混凝土踏步楼梯，解决了吊装的困难。但地库和塔楼区的剪刀形楼梯设计坚持不能改变。

各层楼盖均以内连墙为界，分隔为东北和西南两块。东北侧一块主要为电梯间，共设三台高速观景电梯和一台工作服务电梯；西南侧一块主要布置楼盖、疏散楼梯、主管道井。

观光电梯井道使用托梁钢结构墙梁分隔。由于井道很窄，为避免电梯高速运行时空气产生涡流和响声，托梁钢结构的安装必须垂直。

(7) 桅杆从T65～T88层，由钢爬梯筒、钢桅杆和钢构架组成：

钢爬梯筒在塔顶的中心部位，第一节高10m（T65～T68层），外径为4.50m，壁厚20mm；第二节高30m（从T68～T73层），外径为3.50m，壁厚20mm的钢筒。

钢桅杆由四部分组成，从基座起第一节为以钢管为主腹杆的镀锌格构式桁架，高40m（从T65～T75层）是桅杆的下部承重结构；第二节为外径2.50m，壁厚20mm的钢桅杆，共6节，高15m（从T75～T79层）；第三节为外径1.50m，壁厚20mm的钢桅杆，共4节，高15m（从T79～T83层）；第四节为外径0.6m，壁厚16mm钢桅杆，共2节，高20m（从T83～T88层）。为此，钢桅杆分别在以下各层设相关功能部位：

T68层设钢筒爬梯转换层；

T75层设桁架转换层；

T71层设桅杆下部平台；

T79层设桅杆中部平台；

T83层设桅杆上部平台；

T88层桅杆顶部安装航空灯及避雷针。

1.2 工程特点

本工程建设具有如下四大特点：

(1) 施工工期短

类似工程的建设周期一般需要三年以上。澳门观光塔业主要求从1998年10月19日进场，到2000年3月31日全面交工，总工期不到16个月，不足常规工期的一半。尤其业主要求在1999年12月15日～22日为临时占用期，可供人们12月20日澳门回归祖国庆典时上塔观光，这实际是要求在12月15日以前塔身主体和地库工程必须结束，塔楼的铝扣板、玻璃幕墙、旋转餐厅、楼地面、装饰工程基本做完，上下水工程、电气工程、通风工程的安装和调试要完成，确保两台观光电梯和工作服务电梯投入使用。达到这样的形象进度，工期不足13个月。但这又是一项十分重要的政治任务，必须千方百计本着“时间不断，空间占满，关死后门，计划倒排。确保质量，安全生产，迎接回归，勇作奉献”的原则和精神，打好这一仗，打出中建人的志气，打出中建人的威风。

(2) 质量标准高

1）本工程产品质量要求高，设计要求从原材料抓起，必须保证所有的原材料和半成品符合规定要求，以创造出高质量的澳塔；

2）在工程质量上尤其对外露的钢筋混凝土，包括塔身、下支腿、上支撑预制楼梯等都要求达到清水混凝土F5x饰面标准。对混凝土的颜色、气泡的多少和大小都有严格的限制，在国内是没有见过的。

3）施工技术复杂，难度很大

澳塔是在新西兰塔的基础上设计的，为了追求外观的整体美，做了较多改进（与照片对比发现），但较少为施工考虑，使施工技术增加了很大难度，如：

1）为了满足塔身外壁 F5x 饰面要求，塔吊和施工电梯不能放在塔外，以免附着件生锈，污染塔壁混凝土面；而塔筒又很小，特别在下支腿与塔身结合部的环梁，新西兰塔是向外突出，澳塔则设计为向内突出，增厚达 1.50m。使垂直运输设备布置起来十分困难；

2）下支腿和上支撑均设计为预制混凝土“L”模壳，都必须先在地面拼装以后逐节吊装就位，然后再在里面扎筋浇筑混凝土，每节“L”模壳仅自重就有 2t，吊装时必须搭设承重支撑架，架高 84m 以上，施工难度极大；

3）由于垂直运输设备只能布置在塔筒内这个狭小的空间，限制了运输能力，而且爬模平台因不能开口过多，影响结构安全，致使两台施工电梯没有一台直通平台上面，给施工人员上下和在紧急状态下疏散带来极大不便；

4）主要垂直运输机械塔吊采用一塔到顶，由于受上、下环梁向内凸出的限制，只能靠近圆心布置，施工到塔顶以后，为了让出爬梯筒位置，不在塔吊拆除前影响桅杆承重钢构架主杆的安装，也为了塔吊拆除时臂杆能降到最低位置，方便拆除，塔吊爬升到顶以后需要向塔体外缘平移 1.0m 左右；

5）塔身与下支腿、上支撑结合部都在塔身爬模后，二次浇筑混凝土，并径向埋设后张有粘结预应力锚杆，尤其塔身与下支腿预制的结合处，采用后张平板式千斤顶张顶、灌浆，这项技术在国内尚未接触过，也无此种千斤顶和张顶设备；

6）塔楼铝扣板和玻璃幕墙都在 200m 以上高空外部悬空作业。体大、块重，安装十分困难，且危险性大。需要十分可靠的安装措施。

（3）工作面狭窄，施工危险性极大

1）塔身施工自始至终围绕在直径 $\phi16140 \sim \phi12000$mm 的狭小空间里开展，或与塔身施工开展平行施工，与塔身施工进行立体交叉作业，施工危险性极大。尤以物体打击、高空坠落、触电事故和机械伤害是多发性安全事故。因此，要采取十分周密的安全措施，防止以上事故的发生。

2）塔身进入高空施工以后，城市消防灭火能力逐渐减弱，直至失去灭火能力，除使用必要的灭火器材外，必须采取严格的消防防火措施。其中，电焊熔渣和烟蒂是可能引燃高空火灾的防范重点。

3）进入雷雨季节和台风期后，高空雷击和可能出现的台风是施工的最大危险。施工期间必须与澳门气象台加强联系，随时掌握气象动态，采取有效的防范措施，把灾害造成的损失和危险降低到最小程度。

2　管理目标

2.1　质量管理目标

本工程质量管理目标：

（1）确保一次性验收达到优良，交验合格率 100%。

（2）确保杜绝质量事故，消除质量通病。

(3) 确保达到澳门地区验收规范合格标准。

2.2 工期管理目标

本工程工期管理目标:

(1) 严格在2000年3月31日全部竣工。

(2) 保证1999年12月15~20日澳塔迎回归使用。

2.3 安全生产目标

本工程安全生产目标:

(1) 杜绝重大伤亡事故,杜绝出现四级及以上重大安全事故。

(2) 控制轻伤事故率在1.5‰以内。

(3) 实现"六无"目标:

1) 无因工死亡事故。

2) 无重伤以上(含重伤)事故。

3) 无触电、物体打击、高空坠落事故。

4) 无重大机电设备事故及火灾事故。

5) 无因施工造成地表沉陷及由此导致交通中断、通讯中断、漏水、漏气等重大事故。

6) 无集体中毒事故。

2.4 文明施工目标

本工程文明施工目标:

规范管理,注重绿色环保,在确保文明施工达标的基础上体现公司品牌和企业形象。

3 施工部署

3.1 项目组织机构

(1) 本工程的建设受到中建总公司的高度重视,为了优质、快速、安全、低耗完成建塔任务,中建总公司成立了以常务副总经理、党组书记为组长的建塔领导小组和以原总工程师为首的专家顾问组;为了加强对工程施工的组织领导,联合投标和联合承包双方——中建澳门公司和中建三局成立联合工程建设指挥部。

(2) 此工程按项目法组织施工。为此,中建澳门公司和中建三局成立联合项目经理部,双方根据精干、高效、满负荷工作的原则,各派出得力的管理人员和特殊工种参加项目经理部工作。

(3) 联合项目经理部下设五部一室,即技术部、施工部、质安部、商务部、行政部、资料室。

(4) 组织机构如图3-1所示。

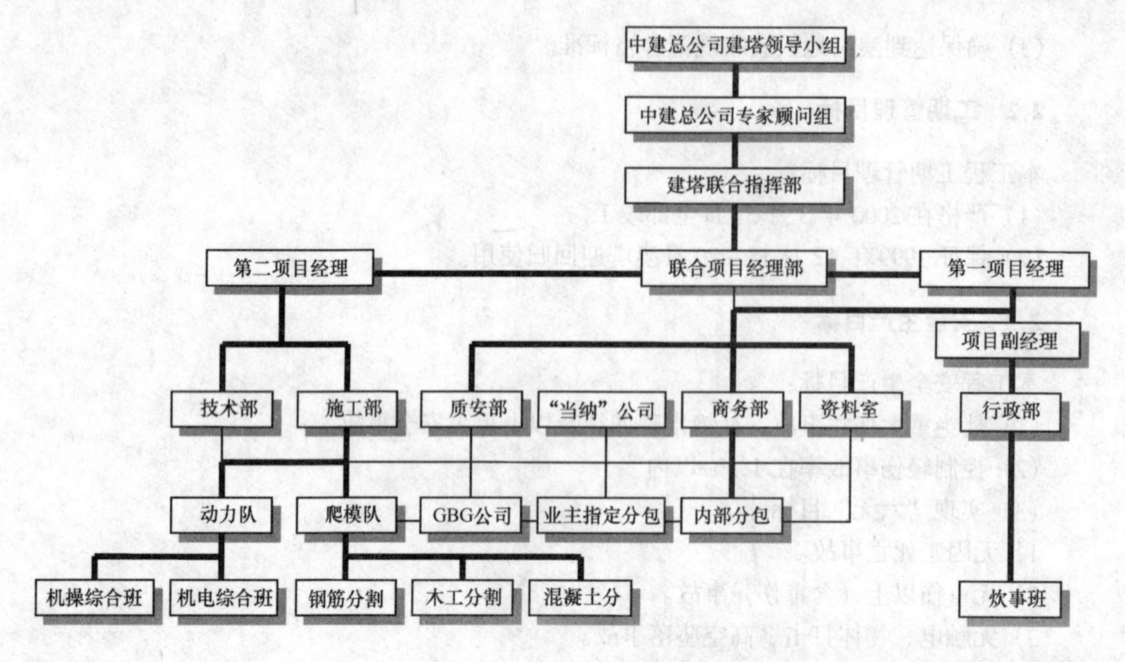

图 3-1　项目组织机构图

3.2　施工程序

(1) 澳塔施工以塔身为主线，其他分部分项工程如下支腿施工、塔内楼梯、楼盖施工和观光电梯隔断、托梁、墙架施工适时插入，或与塔身爬模开展平行作业，或与塔身爬模进行立体交叉。衔接紧凑，组织严密，确保安全，严控质量，空间占满，时间不断。

(2) 塔身施工采用爬模施工工艺，从 - 3.900m（筏板面）开始，使用 4.50m 高定型钢模板（内模为钢框木模板），电动爬升器沿丝杆爬升，每浇筑 4m 高爬升一次，一直爬升到 + 252.800m 结束。

(3) 由于设计已经表明：整个塔体荷重的 1/2 分配给下支腿承担，因此，规定塔身在施工到 T39 层前，必须把下支腿与塔身的结合部预应力锚杆张拉、灌浆；支腿顶部与塔身之间的平板式千斤顶张顶、灌浆；下支腿与连梁、环梁间的留缝灌浆，让它们形成整体受力以后，才准许塔身继续往上施工。对此，下支腿最迟必须在塔身施工到 T8 层时插入，与塔身施工平行立体交叉作业。

(4) 塔内楼梯、楼盖和观景电梯、托梁、隔断墙（架）及钢结构在塔身爬模让出工作面以后，立即插入施工，与塔身爬模开展立体交叉作业为指定分包创造工作面。但必须认真做好安全防护工作。

(5) 在塔身爬模到 T51 层时，插入上支撑座墩施工：先在 + 184m 处安装施工平台，在施工平台上搭设钢管脚手架，进行座墩和预应力锚杆施工，施工必须确保安全，并保证座墩的预埋铁件与上支撑中轴线垂直，确保结构受力传力效果。

(6) 塔身爬模至 + 252.80m 全部结束，拆除塔内模板和吊架，再逐根吊入支模用的 I30 承重钢梁及搁栅，支模、扎筋、浇混凝土，进行塔顶平台施工。待塔顶平台混凝土达到强度后，拆除整个爬模体系插入桅杆施工。

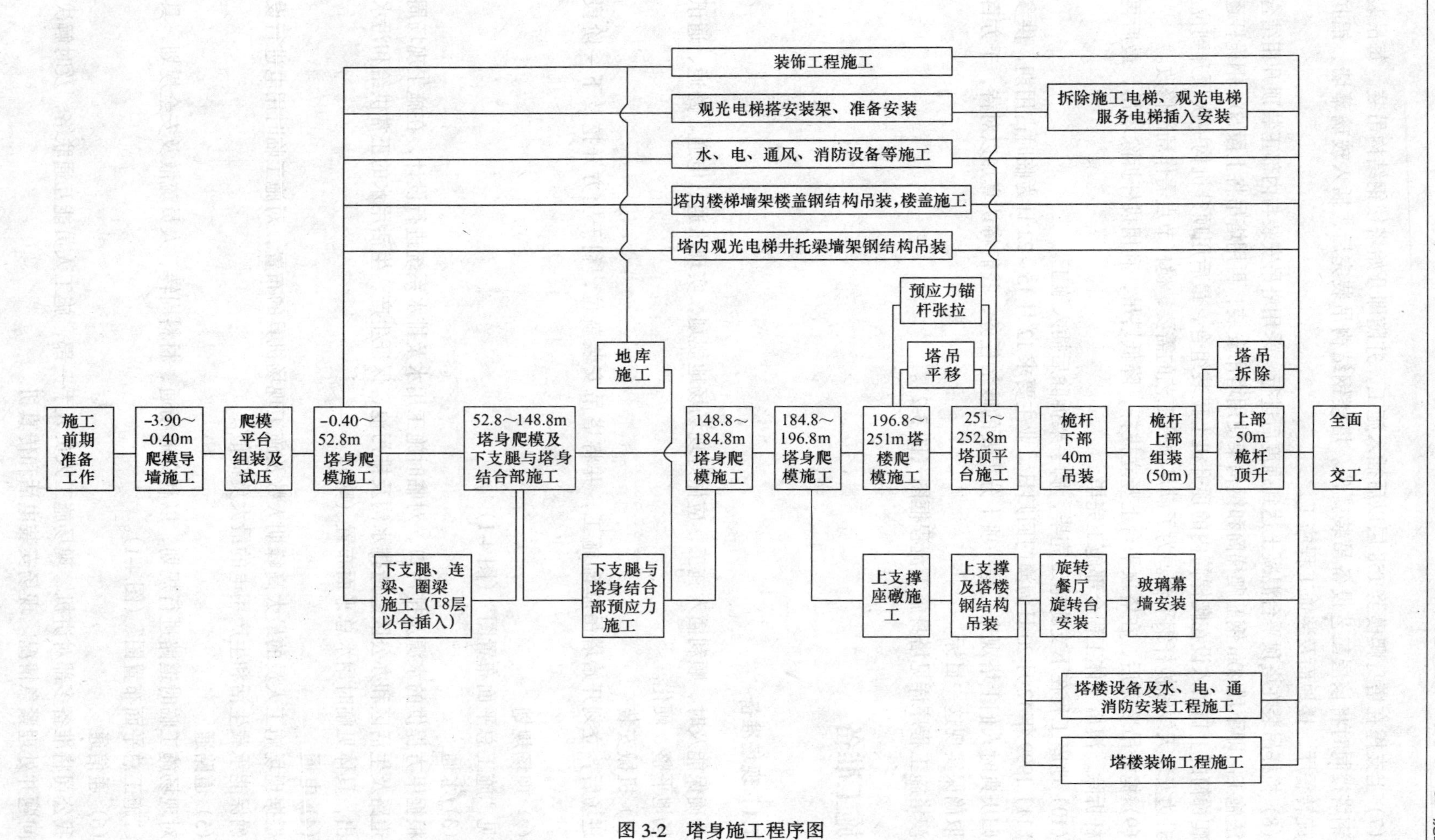
施工前期准备工作
-3.90~-0.40m爬模导墙施工
爬模平台组装及试压
-0.40~52.8m塔身爬模施工
52.8~148.8m塔身爬模及下支腿与塔身结合部施工
148.8~184.8m塔身爬模施工
184.8~196.8m塔身爬模施工
196.8~251m塔楼爬模施工
251~252.8m塔顶平台施工
桅杆下部40m吊装
桅杆上部组装(50m)
上部50m桅杆顶升
全面交工
装饰工程施工
观光电梯搭安装架、准备安装
水、电、通风、消防设备等施工
塔内楼梯墙架楼盖钢结构吊装,楼盖施工
塔内观光电梯井托梁墙架钢结构吊装
拆除施工电梯、观光电梯服务电梯插入安装
地库施工
预应力锚杆张拉
塔吊平移
塔吊拆除
下支腿、连梁、圈梁施工(T8层以合插入)
下支腿与塔身结合部预应力施工
上支撑座礅施工
上支撑及塔楼钢结构吊装
旋转餐厅旋转台安装
玻璃幕墙安装
塔楼设备及水、电、通消防安装工程施工
塔楼装饰工程施工

图 3-2 塔身施工程序图

(7) 上支撑在塔身爬模至T58层以后插入施工，并随即开始塔楼钢结构吊装。每吊装一层钢塔楼同时将该层工艺设备吊装就位。塔楼钢结构吊装完后，插入玻璃幕墙、铝扣板、旋转餐厅、楼地面及装饰工程施工。

(8) 桅杆吊装在塔顶平台混凝土达到强度后进行，采用塔吊安装与内部正装顶升相结合的方法施工。即下段40m钢筋爬梯筒和钢构架使用塔吊安装；再用塔吊将上段50m钢桅杆逐节从爬梯筒的上口吊入设在爬梯筒内的顶升机上正装组合，最后用顶升机构一次顶升到位。边顶升边安装天线和桅杆钢平台。为了满足顶升工艺的需要，桅杆节点需作局部修改。

(9) 桅杆吊装完后，在塔顶平台上竖立拔杆，降低塔吊，利用拔杆拆除塔吊，最后再把拔杆拆除，澳塔主体工程全部施工完毕。

(10) 地库工程在下支腿施工完毕，脚手架拆除后插入施工。

(11) 1999年12月20日为澳门回归日，业主要求12月15~22日为临时占用期，供参加回归庆典时人们上塔观光，是一项十分重要的政治任务，我们将认真加以对待，千方百计争取确保实现这一目标。

澳塔施工程序详见塔身施工流程框图（图3-2)。

4 施工准备

4.1 现场准备

为确保能及时、顺利插入施工，应做好现场场地规划，实现水通、电通、路通、通讯通和场地平整、硬化。

(1) 机械安装

进场后，立刻开始塔吊基础施工，并将塔吊安装就位，利于土方开挖及下一阶段施工。

(2) 现场规划

见“施工总平面布置图”(图4-1)。

(3) 水通

根据甲方提供的水源及排污口，对临时施工用水及排水系统进行设计，在施工现场周边、道路及生活区和办公区建造排水沟及排污池，保证生产、生活用水的正常供给和污水的排出，具体见临时用水总平面布置（略)。

(4) 电通

根据现场施工人员的最大高峰期人数及施工现场机具的布置，对施工临时用电进行设计，确保能承载生活和生产用电的最大负荷值。

(5) 道路通

对现场施工临时道路进行规划，以利交通畅通、材料周转、人员疏散及安全规划，具体见“施工总平面布置图”(图4-1)。

(6) 通信通

我公司将准备多部对讲机，现场施工人员人手一部，施工人员能互通联络，及时解决现场问题并处理紧急情况。现场安装电话和传真机。

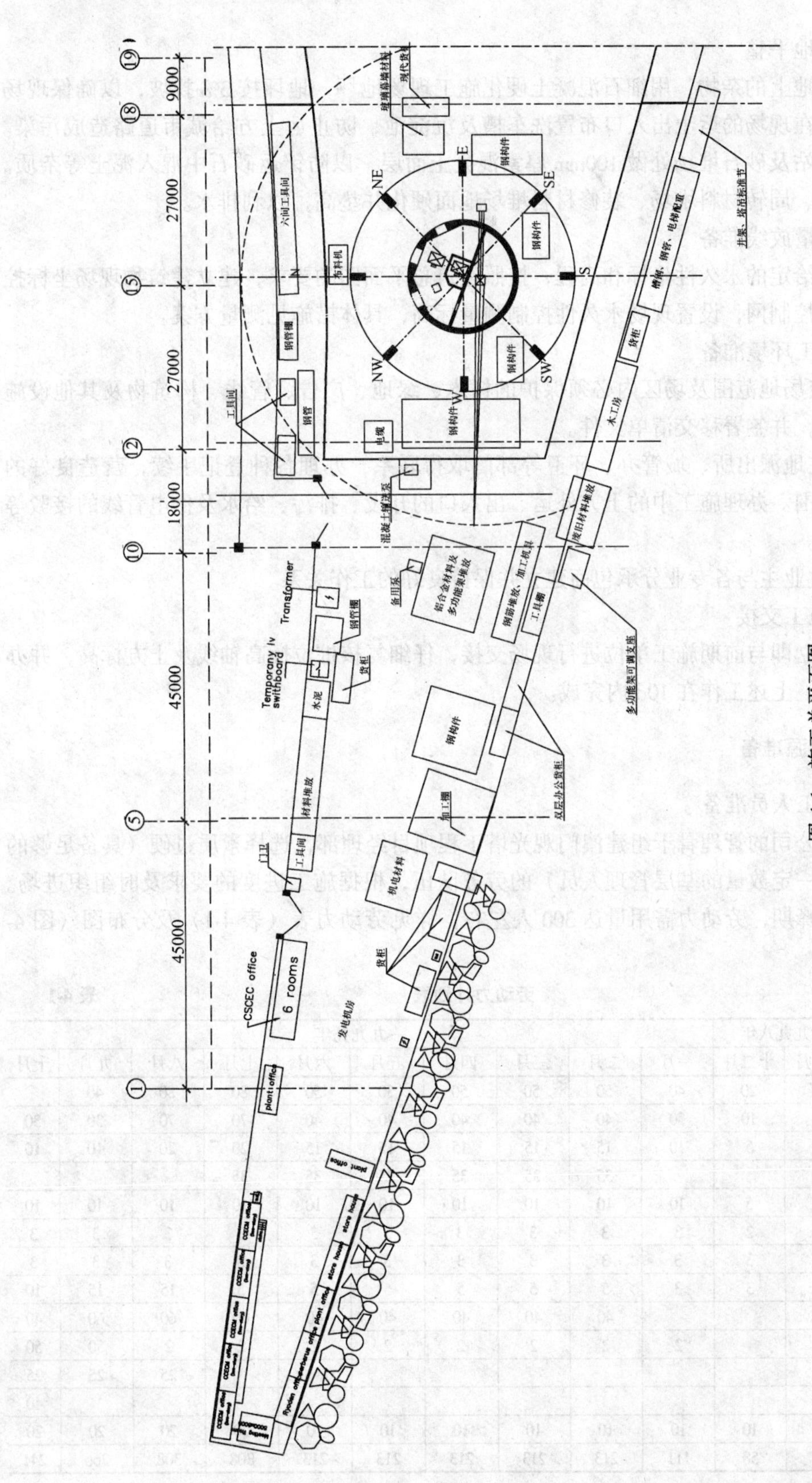
45000
45000
18000
27000
27000
9000
CSCEC office
6 rooms
Temporary lv switchboard
Transformer
plant office
store house
钢构件
工具间
材料堆放
水泥
货柜
发电机房
机电材料
加工棚
双层办公货柜
钢管棚
钢管
电缆
木工房
多功能架可调支座
工具棚
钢筋堆放、加工机具
铝合金材料及多功能架堆放
备用泵
混凝土搅拌泵
搅拌机
六间工具间
现代货柜
NE
SE
NW
SW
E
W
S
N

图 4-1 施工总平面图

(7) 场地平整

清理工地上的杂物，用细石混凝土硬化施工现场地坪，地坪按3‰找坡，以确保现场内无积水。在现场的运土出入口布置洗车槽及沉淀池，防止运土方给城市道路造成污染。在砂浆搅拌站及砂石堆场处做100mm厚素混凝土面层，以防铲运砂石中混入泥土等杂质。钢筋加工场、周转材料堆场、装修材料堆场地面硬化并垫高，以利排水。

(8) 测量放线准备

根据已给定的永久性坐标和高程，按照建筑总平面图的要求，建立建筑物现场坐标控制网及高程控制网，设置现场永久性控制测量标高，具体措施见测量方案。

(9) 施工环境准备

1) 确定场地范围及场区内必须保护的树木、绿地、广告、管线、构筑物及其他设施和测绘资料，并签署移交清单文件。

2) 与驻地派出所、城管办、环卫等部门取得联系，办理各种登记手续，营造良好的施工外部氛围。办理施工中的土方外运、出入口的开设、排污、给水及供电管线的接驳等的相关手续。

3) 通过业主与各专业分承包商建立并保持良好的工作关系。

(10) 施工交接

进场后立即与前期施工单位进行现场交接，仔细复核桩位标高轴线及土方标高，并办理交接手续，上述工作在10d内完成。

4.2　资源准备

(1) 施工人员准备

抽调我公司的管理骨干组建澳门观光塔工程项目经理部，选择素质过硬（具备足够的技术等级和一定数量的基层管理人员）的劳务队伍，根据施工进度的要求及时组织进场。工程施工高峰期，劳动力需用量达300人左右，详见劳动力表（表4-1）及分布图（图4-2）。

劳动力计划表　　**表4-1**

工种	一九九八年		一九九九年									
	十一月	十二月	一月	二月	三月	四月	五月	六月	七月	八月	九月	十月
木工	10	20	40	50	50	50	50	50	80	80	40	
钢筋工	10	10	30	40	40	40	40	40	70	70	30	30
混凝土工	5	5	10	15	15	15	15	15	20	20	10	10
架子工				35	35	35	35	35	35			
机操工		5	10	10	10	10	10	10	10	10	10	10
机修工		2	3	3	3	3	3	3	3	3	3	3
电工	3	3	3	3	3	3	3	3	3	3	3	3
电焊工		3	3	5	5	5	5	5	5	15	15	10
起重工				40	40	40	40	40	60	60	60	40
安装工			2	2	2	2	2	2	2	2	50	50
抹灰工										25	25	25
饰面工												40
普工	10	10	10	10	10	10	10	10	20	20	20	20
合计	38	58	111	213	213	213	213	213	308	308	266	241

(2) 机械设备、材料、资金准备

1) 根据现场施工的需要，分批地组织机械设备进场。设备进场前须经过充分的检修保养，保证机况良好。机械需用计划表详见表4-2。

主要施工机械需用量计划表　　表4-2

序号	名称	规格型号	单位	数量	备注
1	塔式起重机	利勃海尔 140EC-H	台	1	
2	柴油发电机	200kW	台	1	
3	施工电梯	SC150/150V	台	2	
4	混凝土输送泵	HBT100B	台	2	一台备用
5	混凝土布料机	HG16	台	1	
6	卷扬机	TTM-5t	台	2	
7	卷扬机	3t	台	2	高速
8	台钻	ϕ16mm	台	2	
9	磁力电钻	ϕ32mm	台	2	
10	型材切割机		台	2	
11	交流弧焊机	B2-500	台	6	
12	交流弧焊机	B2-300	台	4	
13	空气压缩机	1m^3	台	1	
14	钢筋切断机	GJ5-40	台	2	
15	钢筋弯曲机		台	2	
16	平螺纹加工机		台	1	
17	低速环链电动葫芦	10t	台	4	
18	手拉葫芦	3～2t	台	各10	

2) 根据施工进度的要求编制材料需用计划，按照计划组织材料进场。材料进场后按有关要求做好仓储保管、原材送检工作。

3) 由公司筹集充分的资金，保证工程能顺利进行。

4.3 技术准备

(1) 阅读施工图，熟悉、审核设计图及相关规范，参加设计交底和进行图纸会审。

(2) 确定总体施工方案，深化、完善施工组织设计及编制专项施工方案和检验试验方案；建立本项目的质量保证体系，编制质保体系文件。

(3) 进行施工组织设计及分部分项工程的技术交底。交底程序为：技术经理→土建工程师→班组长，交底以书面形式进行。

(4) 对入场员工进行质量、安全、文明施工等方面的交底和教育，交底以书面形式进行。

(5) 确定工程应用“四新”技术的目标，制定质量通病的预防措施。

(6) 进行本工程预算成本的分析，确定施工各阶段的成本控制目标。

(7) 根据现行澳门标准与规范的相应规定和要求，拟定本工程施工、检验试验、验收以及资料整理需执行的标准与规范条文。

主要施工准备工作流程如图4-3所示。

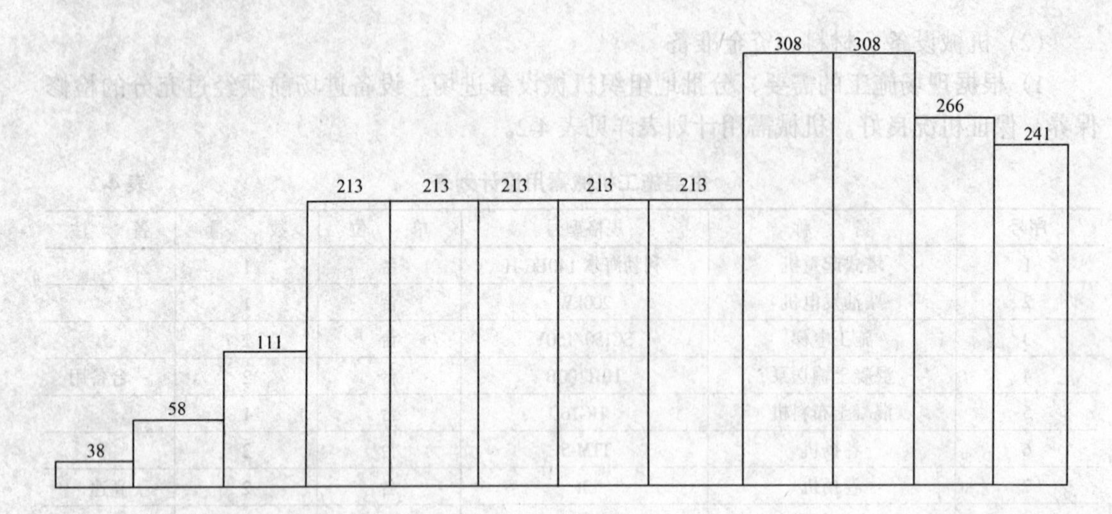

图 4-2　劳动力阶段用量分布

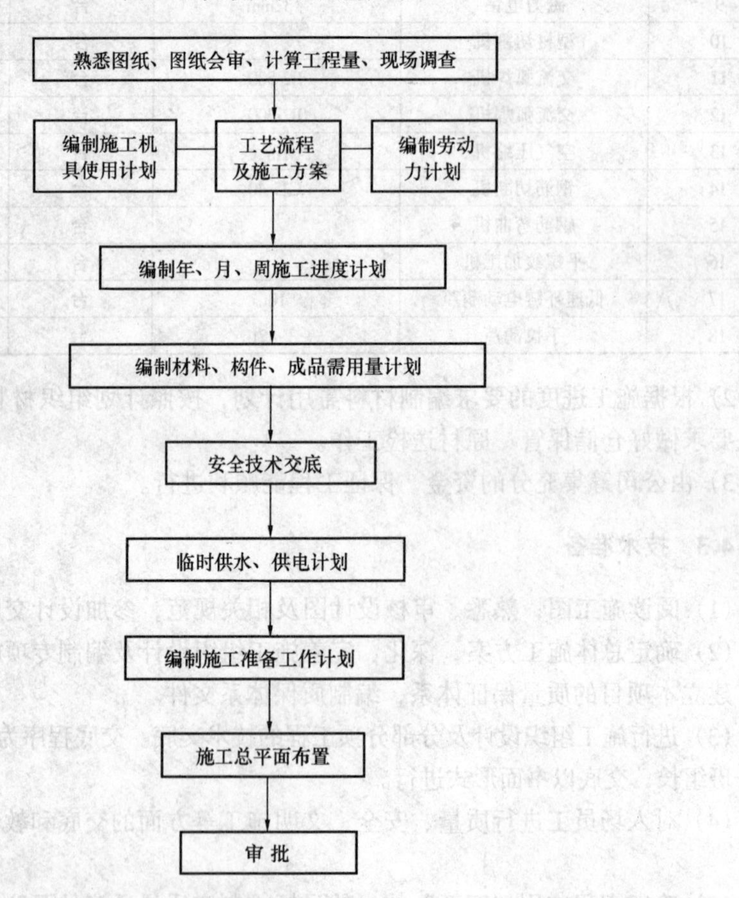

图 4-3　主要施工准备工作流程图

5　施工进度计划和保证工期的具体措施

5.1　施工总进度计划

本工程的进度采取分段监控的方式，以达到实现总工期的目的。

根据业主要求，工程原计划于1998年11月19日开工，为迎接澳门回归，1999年12月15~20日澳塔需临时交付使用，整个工程在2000年3月31日全部竣工。为确保总体工期目标的实现，在施工工期特短的情况下，按照“后门关死、工期倒排”的原则制订施工进度计划。澳塔主体工程施工，拟定8个工期控制点。

(1) 1999年3月8日，爬模施工至+52.80m;

(2) 1999年4月20日，爬模施工至+84.80m;

(3) 1999年6月7日，下支腿与连梁、圈梁施工完（包括预应力施工）;

(4) 1999年8月23日，上支撑施工完;

(5) 1999年9月20日，塔身结构封顶;

(6) 1999年10月20日，塔楼钢结构吊装完;

(7) 1999年11月27日，钢桅杆吊装完;

(8) 1999年12月15日，塔吊拆除，临时交工。

具体计划分为5个阶段进行安排:

第一阶段：塔身爬模施工。

1）-3.90~+52.80m段，1998年12月18日开始组装模板，并于12月22日完成混凝土浇筑前的各项施工工作，1999年开始浇筑第一次混凝土。待爬模爬升成功后开始逐步加快塔筒施工进度。从1999年元月8日开始截止1999年3月8日，完成至+52.80m高度。

2）+52.80~+80.80m段，此段为塔身下环梁施工段，从1999年3月9日到1999年4月16日，共计39d时间完成。

3）+84.80~+180.80m段，此段塔身对爬模爬升影响较少，可以加快爬升速度，计划安排于1999年4月17日至1999年7月1日完成，共计76d时间，以平均3d一层的速度施工。

4）+180.80~+250.80m段，此段塔身因与上斜撑及塔楼连接，爬模改变量大，计划安排于1999年7月2日至1999年9月2日完成，共计63d时间。

5）塔顶施工，计划安排待筒身施工完后即开始爬模内模板拆除及塔顶支撑施工。从1999年9月3日~9月20日，历时18d时间施工完。

第二阶段：下支腿及上斜撑施工。

下支腿及上斜撑分预制及现浇两个部分。

1）下支腿施工与-3.90~+52.80m段筒身施工基本上同步进行，为支腿与塔身连接处预应力施工及上部塔身施工创造条件。

下支腿模壳预制从1999年元月7日开始至1999年3月20日完成。

下支腿现浇部分从1999年2月4日开始至1999年4月20日施工至+84.80m。预应力锚杆张拉、平板千斤顶张顶、施工缝灌浆在1999年6月7日全部结束。

2）上斜撑模壳预制从1999年6月14日开始至1999年7月10日结束。

上斜撑施工从1999年7月16日~8月23日，历时39d时间施工完。

第三阶段：钢结构、压型板制作、安装，楼梯预制、吊装，楼板施工。

此阶段施工应以塔筒施工为主，不影响爬模爬升，计划安排待爬模爬升两层后即开始安装工作及楼板施工。

第四阶段：塔楼施工。

塔楼钢结构利用49d时间吊装完毕，整个塔楼计划安排从1999年8月8日开始至1999年10月20日结束。

第五阶段：桅杆吊装。

桅杆吊装从1999年10月11日开始至11月27日结束。

具体工期安排见澳门观光塔工程施工总进度横道计划（略）。

5.2　工期保证措施

5.2.1　一般技术措施

（1）根据施工合同计划，在开工后7d内向业主及监理工程师提交施工计划。每年12月20日前向业主及监理递交下一年度的施工进度计划，在每月20日前递交下月修正的施工进度计划，每周五递交下周施工进度计划，其内容包括按期完成的工程量、材料的耗用量、劳动力安排、材料（设备）的计划安排等并报送业主及监理审批，当月和当周施工进度设施报告须有适当的说明以及形象进度示意图和照片。

（2）项目制定二三级工期网络和节点控制，并进行动态管理，在此基础上合理、及时插入相关工序，进行流水施工。

（3）利用Project软件等计算机技术对网络计划实施动态管理，通过关键线路节点控制目标的实现来保证各控制点工期目标的实现，从而进一步通过各控制点工期目标的实现来确保总工期控制进度计划的实现。

（4）根据总工期进度计划的要求，强化节点控制，明确影响工期的材料、设备的考察日期和进场日期，加强计划管理。建立以时保日、以日保周、以周保旬、以旬保月、以月保总体的计划管理体系。

（5）进度计划按单周和月度进行控制，以利于总进度计划的实现（应附有适当的说明以及形象进度示意图和照片）。

（6）积极推广应用先进适用技术、科技成果和工法。充分发挥科学技术是第一生产力的作用，确保工程质量目标、工期目标的实现。

（7）项目技术部门对土建、安装各个专业进行深化设计，尤其是同一部位的各种专业管线深化为同一张施工图，便于安装施工的协调，使我们的施工作品更好地体现设计师的意图，在保证工期的基础上建成精品工程。

（8）精心规划和部署，优化施工方案，科学组织施工，使项目各项生产活动井然有序、有条不紊，后续工序能提前穿插。

5.2.2　组织措施

（1）承担本工程建设的项目班子具有同类工程施工经验，可以确保指令畅通、令行禁止。

(2) 项目加强同建设单位及现场监理工程师的交流与沟通，对施工过程中出现的问题及时达成共识。

(3) 项目加强对项目施工生产的监控与指导，保证各种生产资源及时、足量的供给。

(4) 项目加强同各单位的协调与合作，根据工程进展及时与各单位进行必要的联系。

5.2.3 管理措施

(1) 除参加现场监理工程师主持召开的现场例会外，项目每星期召开2~3次工程例会，围绕工程的施工进度、工程质量、生产安全等内容检查上一次例会以来的计划执行情况。每日召开各专业碰头会，及时解决生产协调中的问题，不定期召开专题会，及时解决影响进度的有关问题。

(2) 施工配合及前期施工准备工作，拟定施工准备计划，专人逐项落实，确保后勤保障工作的优质高效。

(3) 做好作业队管理：

①作业队采取三级管理方式，即一级为作业队长，二级为质检员和施工员，三级为班组长，明确权力，落实责任；

②引入竞争激励机制，每月进行一次考核评比，对于表现突出，对工期和质量作出重大贡献的作业班组和个人予以重奖；

③专业工种之间严格执行持证上岗制度，杜绝无证操作，同时要定期对持证人员进行现场实际操作考试，考试不合格的取消上岗资格；对于重要工序（如混凝土振捣等）的操作人员进行现场技术培训，考试合格后才能上岗。

(4) 加强现场管理，注重过程控制，确保每一工序一次成优，既为下一工序的插入创造条件，又节省其自身的验收时间。

5.2.4 材料保证措施

(1) 拥有完善的材料供应商服务网络及大批重合同、守信用、有实力的物资供应商，能保证工程所需材料及时到场。

(2) 各专业工程师提前做好材料需求计划，项目材料部门及时采购。

(3) 项目试验员对进场材料及时取样（见证取样）送检，并将检测结果及时呈报监理工程师。

(4) 资料员及时向监理呈报材料合格证、材料供应商资质证明等。

5.2.5 机械设备保证措施

(1) 工程所需机械设备进行充足准备，根据工程需要即刻进入现场。

(2) 配置高效、性能好的机械设备，保证工程所需材料能及时加工并运输至施工层，同时减少对周边环境的影响。

(3) 为保证施工机械在施工过程中运行的可靠性，项目加强管理协调，同时采取以下措施：

①加强对设备的维修保养，对机械易损件的采购储存；

②对钢筋加工机械、木工机械、焊接设备，落实定期检查制度；

③为保证设备运行状态良好，加强现场设备的管理工作。

5.2.6 外围保障措施

(1) 设专人专职负责，加强消防、文明施工、环保与扰民、治安保卫工作以及与当地政府有关部门的联系。

（2）对于扰民及民扰，提供完善的管理和服务，减少由于外围保障不周而对施工造成的干扰，从而创造良好的施工环境和条件，使施工人员能够集中精力进行施工生产，施工过程能够不间断地快速进行。

6 施工现场平面布置及管理

本工程占地面积大，交通便利，大门设二个。根据工程特点，我公司经过慎重仔细的考虑，按如下的思路对施工现场进行布置：①根据工程量和施工工期的要求，从既满足施工需要又经济合理的角度，布置施工现场的主要施工机械；②根据塔吊的位置，确立钢筋及周转材料的位置；③根据办公室、职工宿舍长期性的特点，并根据工程施工劳动力的需要，按投标文件的要求布置办公室及职工宿舍。

6.1 施工机械的平面布置

（1）塔吊

根据工程特点，布置一台利勃海尔 140EC－H 塔吊即可满足工程需要，塔吊布置见总平面布置图。

塔吊是本工程最主要的垂直运输设备，其主要任务是：

1）承担塔身爬模期间吊运钢筋、预留孔洞模板、衬模及支架、预应力锚件、预埋铁件等；

2）承担下支腿、连梁、环梁、预制混凝土模壳、钢筋、架杆的吊装和运输；

3）承担上支撑劲性型钢、预制混凝土模壳、钢筋吊装、脚手架杆、施工平台的吊运；

4）承担塔楼钢结构的吊装、塔楼铝扣板、玻璃幕墙、旋转台、工艺设备的吊运；

5）承担塔顶平台（桅杆基座）支模钢梁搁栅、模板、钢筋的吊运，以及爬模体系拆除的吊运；

6）承担钢桅杆 40m 以下的吊装（包括钢构架）以及将 40m 以上钢桅杆逐节吊入爬梯筒内的顶升机上正装组合；

7）承担塔内楼盖钢梁、楼梯段、梯踏步及休息平台的吊装；

8）承担业主指定分包和内部分包大型设备、幕墙玻璃、铝扣板、餐厅旋转台等吊运；

9）根据货流量分析和计算，决定租用一台利勃海尔 140EC-H 型内爬塔吊完成上述任务；此塔吊为德国公司在马来西亚吉隆坡双塔施工时专门设计，后卖给新加坡“依康”公司出租；由于塔身内环梁的限制（最大时向圆心变截面 1.50m），故塔吊只能布置在塔筒内连墙南侧的Ⓢ～ⓈⓌ轴间；具体位置见“施工平面布置图”；

10）塔吊的塔身高度 47m＝自由高度（31m）＋爬升梁间高度（16m），工作臂长 40m，可以覆盖整个塔体及地库，在 17.9m 半径范围最大起重量 8t，200m 以上扣除钢丝绳重量可吊运 7.5t，而此工程需要塔吊吊运的最重构件不超过 7.0t，吊钩钢丝最快起重速度 105m/min，每次爬升高度 16m，各项性能指标可满足施工需要；

11）此工程施工采用一塔到顶方案，塔吊使用至主体工程结束后拆除，为确保拆除时方便、安全，塔吊在最后一次爬升前需向塔身外缘（西南侧）平移 1000mm（具体见“塔吊的组装、爬升、位移和拆除作业指导书"）；必须在平移以后才能施工塔顶平台，并在塔顶平台留设塔吊孔；

12）塔吊拆除顺序：

A. 利用塔吊将两台起重扒杆、卷扬机和配套机具分别吊至桁架转换层和塔楼屋面层，并在指定位置安装和固定；

B. 利用塔吊自身的顶升系统进行降机直至有阻碍止（约为 280m 标高处）；

C. 利用桁架转换层处的扒杆将塔吊进行拆除，解体后吊至塔楼屋面指定位置（塔吊解体顺序：平衡重拆除──→起重臂整体拆除──→平衡臂拆除──→塔头拆除──→回转与操作室拆除──→标准节拆除──→机座与承重梁拆除）；

D. 利用塔楼屋面处的扒杆，将塔吊各部件进行进一步解体后吊至地面；

E. 塔吊装车退场。

具体详见"塔吊安装、顶升、平移、拆除作业指导书"。

（2）施工电梯

施工电梯的主要任务是承担：

1）爬模操作平台及塔内各楼层施工人员的上下；

2）零星材料及小型机具的运输。服务电梯井内的施工电梯在顶部还设有 0.3m^3 的混凝土料斗，专供运输塔内各楼层混凝土之用；同时，承担楼盖压型钢板、锻造钢搁栅和预制混凝土踏步的运输。

施工电梯共设 2 台，一台 SC150VA 布置在塔内服务电梯井内，一台 SC150V 布置在中部观景电梯井内，由于塔内空间限制，两台都为非标准型专门设计，在乘人数量上减少很多。详见施工平面布置图。

施工电梯采用无极变速，最高爬升速度可达 80m/min，缺陷是由于 GBG 模板公司不同意在爬模平台上开孔，因此设有一台施工电梯可以直达爬模平台以上，造成平台上的人员进出电梯都必须在爬模吊架外爬行 20m 左右的软梯，不仅给平台上人员的紧急疏散造成困难，而且为人员进出电梯在安全防护上带来很大困难。为此，我们自行设计了一段吊楼梯，吊楼梯固定在爬模平台，沿电梯井壁布置，随同爬模平台一起提升，施工人员由施工电梯出来后，可通过吊楼梯到达平台面。

施工电梯在塔内楼盖施工到电梯机房后，首先拆除设在工作服务电梯井内一台，另一台施工电梯保留到工作服务电梯及一台观景电梯安装后可供使用时拆除。

详见"施工电梯安装、加节、拆除作业指导书"。

（3）混凝土施工机械的选择

澳塔使用的混凝土全部为商品混凝土，由生产厂家电脑控制投料，搅拌运输车送工地，混凝土输送泵输送到爬模平台，再用混凝土布料机布料入模，采用一条龙机械化作业。故工地上主要选用和布置混凝土输送泵和布料机；

混凝土输送泵选用国内中联建机厂生产的 HBT-100 型拖泵二台（一台施工，另一台备用），一台先进场使用，另一台在塔身施工到 + 100m 以后进场；此泵原设计输送扬程 350m（混凝土最高浇筑高度为 252.8m）；在上海金茂大厦工程实际输送扬程达到 240m 以上；泵管管径 ϕ125mm，额定输送混凝土 100m^3/h；垂直管在塔内Ⓝ、Ⓦ区间布料机对应位置，垂直管的架设高度随平台而定，上端与布料机连成一体。

布料机由中联建机厂根据澳塔实际需要设计制造，全液压式，布料半径16m，安放在爬模平台上的Ⓝ～Ⓝⓦ区间，可以覆盖整个平台，直接将混凝土布料入模。详见“施工平面布置图”和“混凝土泵、布料机布置方案”。

(4) 钢筋加工机械的设置

根据观光塔钢筋加工工程量和我公司长期的实际经验，在钢筋加工场配置钢筋切断机2台、弯曲机2台。

6.2 材料堆场的设置

(1) 钢筋加工场的平面布置

钢筋加工、制作及成品堆放场地主要考虑吊装方便及材料运输的便利，包括钢筋堆场、钢筋加工及盘圆钢拉丝场、钢筋成品堆场。

(2) 周转材料、模板堆场设施的平面布置

由于本工程采用预拌混凝土，所以主体施工阶段的主要材料为周转材料（木枋、模板、钢管），部分垫层用砂、石、水泥及砖砌体等，包括模板木枋堆场、木工房、模板木枋成品堆场，钢管顶撑堆场。

(3) 砂石堆场、水泥库房的布置

砂石堆场、水泥库房的布置在混凝土及砂浆搅拌机亦布置在附近位置，方便施工。

(4) 分包材料的堆放

分承包方根据港方工程师和监理审核的总承包指定的堆场堆放材料。

6.3 工地临时道路的布置

对我方范围内的场地用C10的混凝土进行场地硬化，道路用C20混凝土硬化，以保持施工现场的整洁。施工现场的道路主要考虑各种材料的运输车辆能够畅通，以免材料抢占道路，以使现场整个施工道路通畅。施工道路两侧设置一定的绿化，美化环境。

6.4 施工用水的布置

(1) 给水系统

给水主管接自现场东北侧市政主干给水管，给水主管沿现场围墙及建筑物周围布置。施工用水与临时消防用水采用统一焊接钢管埋地布置。主管道采用直径100mm管道进行敷设，设置*DN*80的给水立管，供各楼层施工及消防用水。

(2) 排水系统

场地平整后，在建筑物和办公室周边以及道路边设砖砌排水沟和集水坑，保持现场现有的排水沟，将地表水和污水及基坑抽出的地下水排入市政管网，排入市政管网前砌筑一个2000mm×2000mm×2500mm沉淀池。由排水沟、沉淀池和抽水设备组成一个简易排泄水系统。

6.5 施工用电的布置

(1) 现场勘察

根据施工现场的实际勘察情况及施工平面布置。在该工程中：东侧临时道路已有

10kV 高压线路，并在深港分界线处设有 500kV 变压器一台及相应配电柜，临时用电由该处配电柜接入。

(2) 用电总体规划设计

现场配置的变压器可以满足现场施工需要。本工程将不采用架空线方式，而采用穿管方式进行敷设。

根据现场的机械分布特点，将本工程分为四个回路：第一回路主要为钢筋机械、木工机械、混凝土输送泵供电，其机械有弯曲机 2 台、切断机 2 台、冷拉卷扬机 2 台、混凝土输送泵 1 台；第二路主要为塔式起重机 1 台供电；第三回路主要为主体东侧的垂直运输机械及搅拌机供电；第四回路为主要为现场施工照明、办公生活用电供电。

(3) 配电线路设计

1) 配电线路的形式和基本保护系统：

对于本工程的配电线路，将采用 TN-S（三相五线制）的配电系统。以三级配电二级保护的方式运行。在本接地系统中，除在中性点处直接接地外，还必须在保护零线上做不少于三处的重复接地：分别为配电室处、线路中间处和线路末端处。其中，配电室处接地的接地电阻不大于 4Ω；中间接地处接地电阻不大于 10Ω；末端接地处的接地电阻不大于 10Ω。且保护零线必须采用黄/绿双色铜芯线，截面不小于 $16mm^2$，该线禁止用作其他用途。

2) 配电线路的敷设：

根据本工程的实际情况，从成本方面上考虑，采用电缆穿管的方式来进行供电。在穿管中应注意：①同一回路的相线各工作零线必须穿入同一管内；②各连接口一定要严密，以防进水；③管内不允许有接头，在接线处要设接线盒。管长超过 45m，无弯曲；超过 30m，有一个弯曲；超过 20m，有两个弯曲；超过 12m，有三个弯曲时应架设接线盒；④所有管内线完成后，应用电阻表测试其相间及对地绝缘。

3) 配电箱的设置要求：

开关箱根据施工需要，各分配电箱的距离不超过 80m，开关箱与所控制的固定式用电设备的水平距离应控制在 2.5m 以内，开关箱内必须保证一机一闸一漏电的要求。

固定式分配电箱与开关箱的下底与地面垂直距离应控制在 1.3～1.5m 以内。移动式分配电箱和开关箱下底与地面垂直距离应在 0.6m 以上，各配电箱、开关箱应装设备端正牢固，引入、引出线必须由箱底进出，配电箱及开关箱装设环境应能满足二人同时作业的空间和通道，且不得存放操作和维修物品及易燃易爆品。

(4) 重复接地装置设计

该工程电力变压器中性点直接接地，为保护配电系统运作安全可靠和防止触电，必须在系统中采用 TN-S 保护系统，在系统线路中分别设置不少于三处重复接地。根据本工程特点，分配电箱比较少的情况下，可在每一个分配电箱处进行重复接地。其接地电阻值≤10Ω，接地装置用 40mm×4mm 扁钢连接焊接引出，接地线采用 BV－$16mm^2$ 铜芯线或 BLV－$25mm^2$ 以上铝芯线连接，并有可靠的电气连接；另外，由总配电箱引出 PE 专用保护零线，并与各处重复接地线可靠连接。

(5) 防雷装置设计及安全用电、防火措施

1) 防雷装置及防雷接地：

在施工现场，防雷装置设在施工现场高点处，特别是垂直运输机械，如塔式起重机、高速井架的顶端，必须安装避雷针。同一台电气设备的防雷接地与重复接地可使用同一接地体，但接地电阻值必须符合重复接地电阻值的要求。避雷针采用直径 ϕ20 圆钢，长度为 1.2m。防雷接地引下线为 BV－16mm^2 铜芯线。

2）安全用电技术措施：

A. 该工程临时施工用电，安全运行必须按本设计要求设置接地和接零，杜绝疏漏。所有接地接零处，必须保证可靠的电气连接，专用保护零线 PE 必须用黄绿双色多股铜芯软线，严禁与相线及工作零线混用。电气设备的设置、安装防护、使用及维护由项目电工负责。电工必须有特殊工种的操作证以及其他相关证件。

B. 施工现场的配电箱包括总配电柜，均应配置漏电开关，确保三级保护，并且开关箱中实行一机一闸一漏电保护，开关箱内所设置的漏电开关，额定漏电动作电流和动作时间，不得超过 30mA/0.1s；危险场所、潮湿及易触及带电场所，所配置的漏电开关额定动作电流不得超过 15mA/0.1s。

C. 配电箱及开关箱中的电气装置必须完好，装设端正牢固，不倒置，各接头应紧固接触良好，不得有过热现象。各配电箱、开关箱应标明回路号、用途名称、编号、责任人、并配锁。

D. 在危险场所、潮湿以及易触及带电安全的场所应采用安全电压，不大于 24V 供电。

（6）安全用电组织措施

1）一般规定：

A. 建立健全临时用电施工组织设计和安全用电技术措施的技术交底制度；

B. 建立安全检测巡视制度，加强职工安全用电教育，建立健全运行记录、维修记录、设计变更记录，确保停电检修制度的实施，防止误送电、倒送电等；

C. 凡不符合规定的非电气专业人员严禁在系统内乱接线，以及检修与电气设备相关的一切工作。

2）安全用电防火措施：

A. 合理配置、检修、整改、更换各种电器，对用电设备的超载、短路故障进行可靠的保护；

B. 在设备和线路周围不得堆放易燃、易爆和强腐蚀物质，不得使用火源；

C. 在用电设备及电器设备较集中施工场所，必须配制干粉式（1211）灭火器和用于灭火的绝缘工具，并禁止烟火；

D. 加强电气设备、线路、相与地的绝缘，防止闪烁、接触电阻过大产生的高温、高热，并合理设置防雷装置。

（7）其他

1）项目电工在临时用电系统的组织施工过程中，必须对作业人员进行相关方面的安全技术交底，做到作业人员心中有数，杜绝作业中安全事故的发生；

2）临时施工用电工程施工完成后，项目部必须对现场进行一次全面地检查。包括相对相、相－地间绝缘电阻进行测量，各处接地电阻进行测量，并做好记录，备验；

3）施工用电工程只有在经公司相关部门验收后，才能投入使用。项目上完成施工用电工程后，应及时通知公司相关部门进行验收，并进行配合公司的验收工作。

7 主要施工技术措施

7.1 地库结构工程

7.1.1 地库概况

澳门观光塔地库工程是指⑫～⑱轴之间的二层地下室结构部分。B2/T1 层底板及承台已施工完，本方案以底板以上部分为主，原设计地库施工待下支腿施工完毕，脚手架拆除后进行，因确保娱乐中心工程按时用水用电，地库施工必须提前插入进行。

7.1.2 施工方法

由于在支腿完成前插入地库施工，塔身四周支腿施工的支撑架几乎占满筏板以上空间，因此楼板无法完成整体现浇施工，经与 STDM 代表商定，并得到 CCMBECA 认可，待支腿完成第四节施工后，先将支腿靠外侧占据楼板及环梁位置的部分架子拆除，然后施工 B1/T2 层环梁及楼板，广场层结构先施工环梁及环梁外侧部分楼板，沿环梁内侧边及支腿内侧边留设施工缝，待支腿千斤顶张顶完，架子拆除完后，施工环梁内侧边至塔身的楼板，在环梁内侧楼板完成之前，环梁的支撑架不得拆除。

（1）模板工程

执行“澳门观光塔模板、脚手架及混凝土饰面技术规范”。

1）模板原料：

A. 墙体：模板采用 18mm 厚菲林板，竖楞采用 50mm × 100mm 木枋，横楞用 $\phi48 \times 3.5$mm 钢管，模板支撑采用 $\phi48 \times 3.5$mm 钢管。在模板中间设对拉螺杆，呈矩形布置，间距为 750mm。

B. 圆柱：采用定型钢模板。

C. 梁板：F3 饰面处采用 18mm 厚木夹板，F4 饰面处采用 18mm 厚菲林板。底模和侧模用 50mm × 100mm 木枋支垫。支撑架采用 $\phi48 \times 3.5$mm 钢管搭设，立杆间距 1000mm。梁高大于 800mm 设对拉螺杆一排，对拉螺杆位于扣除板厚以后梁高的 3/5 处，水平间距 1500mm。

D. 旋转楼梯：底模采用小钢模板拼装成型，上覆三夹板。底模用 50mm × 100mm 木枋支垫。

E. 水池：采用 18mm 厚夹板。内、外两侧模板用 50mm × 100mm 木枋和 $\phi48 \times 3.5$mm 钢管支垫。模板中间设止水对拉螺杆。

F. 楼板支撑架：楼板支撑架立杆间距 ≤ 1000mm，其平面布置如图 7-6 所示。

G. 梁、板底模的支撑架视现场实际情况，也可采用门式架或顶杆代替 $\phi48 \times 3.5$mm 钢管支撑。

a. 定型钢模板由工厂加工制作，木模板在现场下料制作。

b. 穿墙螺杆用钢筋制作，采用三段式，配用塑料堵头，中间一段埋入混凝土内。

2）模板安装程序：

A. 墙体：绑扎墙体钢筋→清理模板表面、涂刷脱模剂→清理基底→关墙体模板→安装对拉螺杆→安装背枋、斜撑→浇筑混凝土。

B. 圆柱：绑扎圆柱钢筋→清理模板表面、涂刷脱模剂→清理柱底→关模板→安装抱箍→浇筑混凝土。

C. 梁板：搭设支撑架→搭设水平钢管支撑杆、安置垫木→安装模板→清理模板表面、涂刷脱模剂→绑扎梁板钢筋→加固底模、侧模（梁高大于 800mm 时加设对拉螺杆一排）→清理模板垃圾、验收钢筋→浇筑混凝土。

D. 旋转楼梯：搭设支撑架→搭设水平钢管支撑杆、安置垫木→安装模板→清理模板表面、涂刷脱模剂→绑扎楼梯钢筋→加固底模、侧模→清理模板垃圾、验收钢筋→浇筑混凝土。

E. 水池：绑扎水池钢筋→清理模板表面、涂刷脱模剂→清理水池壁基底→安装模板→加固侧模、加设穿墙止水螺杆→浇筑混凝土。

F. 脱模剂：选用 RHEOFINISH 211 脱模剂。

3）模板接缝处理：

模板按图纸组拼成型，模板接缝小于 2mm，超过规范所规定且小于 10mm 的接缝打胶处理，超过 10mm 缝隙嵌木条。

4）拆模：

满足规范中关于拆模及脚手架拆除的规定。

（2）钢筋工程

1）钢筋采购、试验、储存：

按"澳门观光塔钢筋规范"执行。

2）钢筋加工制作、吊运：

A. 加工制作：加工制作前提交钢筋料表，钢筋按审批后的下料表加工。钢筋在现场钢筋房加工制作，加工后的半成品分类、分区堆放，并挂设标志牌。

B. 吊运：原材料、半成品均由塔吊或履带吊吊运。

3）钢筋绑扎：

A. 墙、柱、板、楼梯等构件均按图纸分层绑扎，接头采用冷搭接。板筋上、下两层间绑扎᥄形钢筋支架，按 1500mm 间距，呈梅花形布置。

B. 垫块采用塔身已确认的浅色塑料垫块，按图纸保护层要求设置，间距不超过 1500mm。

4）钢筋保护：

A. 钢筋成品、半成品按规格、类型堆放，下铺垫木，防止钢筋受外力作用变形。

B. 施工过程中严禁攀爬、践踏钢筋。浇捣梁板混凝土时铺设临时通道，防止人员践踏梁板钢筋。

（3）混凝土工程

1）混凝土制备：

地库工程混凝土制备选择南方混凝土厂商品混凝土，满足澳门观光塔混凝土规范要求。

2）混凝土的运输：

A. 出厂运输：根据现场现有混凝土输送泵的最大输送能力（$100m^3/h$），混凝土搅拌运输车往返时间（30min），最低混凝土需要量 $20m^3/h$，确定混凝土搅拌运输车的数量为 6

台，可满足现场混凝土浇筑的连续、不间断。

B. 现场输送：梁、板、墙体、楼梯混凝土输送以塔身施工使用的 HBT－100 型混凝土输送泵为主，局部用吊机或滑槽配合运输，柱混凝土用吊机吊至浇筑部位。

3）混凝土浇筑方法：

每层混凝土分二次浇筑，先浇筑墙、柱混凝土，再浇筑梁、板混凝土，墙（柱）与梁（板）之间的水平施工缝留在梁（板）底。

A. 墙、柱：分层浇筑，每个浇筑层为 500mm。采用插入式振动器，每一振点的振捣时间以表面呈现浮浆和混凝土不在下沉为止，注意“快插慢拔、不漏振、不过振”。移动间距不大于作用半径的 1.5 倍。上下层混凝土搭接振捣不少于 50mm。避免振动器触碰钢筋、模板、预埋件等。

B. 梁、板：平行浇筑，水平推进，原则上不留施工缝。使用插入式振动器振捣，每一振点的振捣时间以表面呈现浮浆和混凝土不在下沉为止。浇筑前，在竖向钢筋上弹出标高控制线。振捣后用刮尺按控制标高线将混凝土刮平，用木抹子抹平或用竹扫拉毛，达到图纸和规范规定的饰面要求。如因特殊情况临时停止施工，施工缝留设在次梁跨中三分之一左右的范围内。

C. 楼梯：与梁、板混凝土浇筑同时施工。

4）混凝土养护：

混凝土养护采用同塔身一样的红棉牌养护液，脱模后除需要修补的混凝土外，所有的混凝土立面立即涂刷养护液。板面采用铺麻袋，浇水养护。

（4）施工缝处理

略。

（5）垂直运输系统

由于塔吊主要承担塔身及支腿的吊装施工，因此使用一台汽车吊用于地库钢筋、模板、支撑架的吊运，混凝土的施工以混凝土输送泵为主，局部采用汽车吊配合，其他装修材料的垂直运输由井架承担，井架设在⑰～⑱/Ⓐⓑ～ⓩ轴间，靠近Ⓐⓑ轴墙边布置，此跨板沿⑰、ⓩ及⑱轴梁边留设施工缝，板筋由梁边按搭接长度留置，待井架拆除后，补浇此跨板的混凝土。

（6）饰面修补

在需修补处清理干净混凝土表面，抹上一层 Sikadur732 环氧树脂胶粘剂，再按报经业主项目经理同意的砂浆配合比调制砂浆填补，用铁抹子修平，刷养护剂进行养护。具体参考塔身混凝土修补方案。

（7）基坑支撑系统拆除

1）拆除依据：

按照 P&T 设计的拆除程序进行，详见“P&T 图纸及计算书”。

2）拆除顺序：

为确保安全，保留 RL－4.55m 支撑不拆，埋入 B2 层底板以下。其余支撑的拆除分三个区域进行：

A. ⑫轴到⑭轴之间：

a. 浇筑 B2 层板以后三天开始拆除 RL－2.95m 处支撑；

b. 浇筑 B1 层板以后三天开始拆除 RL + 1.20m 处支撑，同时拆除竖向支撑；

c. 浇筑广场层楼板，并修补缺陷。

B. ⑭轴到⑯轴之间：

a. 浇筑 B2、B1 层板；

b. 浇筑广场层板；

c. 在广场层板完成以后拆除 RL + 1.20m 斜向支撑，并修补缺陷。

C. ⑯轴到⑱轴之间：

a. 浇筑承台并回填到 B2 层板下；

b. 浇筑 B2 层板；

c. 在 B2 层板完成三天后拆除 RL – 2.95m 处支撑；

d. 浇筑 B1 层板并在三天后拆除 RL + 1.20m 处支撑，同时拆除竖向支撑；

e. 浇筑广场层板，并修补缺陷。

3）拆除方法：

混凝土墩台破除采用油压炮（Hydraulic Breaker）凿除，周边钢梁填充混凝土用风镐凿除。钢梁和立柱拆除时，先用吊机吊住，再用大号割炬割断，运出现场。

7.1.3　质量保证措施

执行"澳塔工程项目质量保证计划"；同时，在地库施工中注意以下几点：

（1）底板预留钢筋暴露在空气中时间较长，存在锈蚀、污染现象，在底板钢筋绑扎前及时除污、除锈，保证钢筋符合规范要求。

（2）地库的柱、墙、旋转楼梯等多数立面混凝土饰面均为 F5x 饰面，模板选用 18mm 菲林板，安装时支撑牢固，接缝严密，保证其不发生变形、下沉。浇捣混凝土过程中专人检查，发现异常及时处理。

（3）混凝土选用南方混凝土厂供应，满足 BS5328 和图纸及规范要求，混凝土生产过程严格按混凝土配合比计量上料，不得随意改变配合比，并按要求做好试块。在混凝土试配、生产过程中，施工部、质安部应派专人对商品混凝土生产供应商进行监督，对达不到规范要求的混凝土，一律退回。

（4）地库工程作为澳塔工程的一部分，在为澳塔施工提供工作面和设备、材料堆放场地的同时，混凝土面上应安置施工设备垫板，作好防冲击、防污染、防腐蚀措施。

（5）作好混凝土修补工作，保证混凝土表面颜色一致。

（6）协调好各工序、工种间的关系，尤其要处理好土建施工与机电安装间的关系，避免不同工序间互相影响，严禁因预埋错误随意开凿混凝土。

7.2　塔身施工

7.2.1　塔身概况

（1）澳塔混凝土塔身从 – 3.90 ~ + 252.80m，总高 256.70m，底部外直径 16140mm，壁厚 500mm；塔顶平台（桅杆基座）外径 12000mm，壁厚 350mm。整个塔身外壁按 8.064‰ 的坡度均匀变小，仅在塔身与下支腿和上支撑结合部局部有所变异。塔身内壁因下支腿、支腿连梁、上支撑对塔体的局部承压，设计在这些部位增设环梁来进行平衡，因此，塔壁向内突变增厚，分别在 T6 ~ T7、T9、T11 ~ T12 层连梁处向内增厚 500mm；在 T15 ~ T22 层支腿与塔身结合处向内增厚 1500mm；在 T48 ~ T52 层上支撑与塔身结合部向内增厚 500mm，整个塔身有 5 处变截面增厚部位。

（2）塔筒内设混凝土连墙，壁厚 200mm，走向从Ⓝⓦ、Ⓦ之间向ⓈⒺ、Ⓔ，连墙把空间分隔成东北和西南部分。东北一侧主要布置电梯，共设高速观光电梯三台、工作服务电梯一台。观光电梯井道采用托梁钢墙架隔断；工作服务电梯设计为 3.5m × 2.4m 混凝土井道，壁厚 150mm，依附在连墙上。连墙到 T61 层结束，观光电梯机房设在 T63 层，工作服务电梯井设在 T64 层。

7.2.2　塔身施工工艺

混凝土塔身施工采用电动爬模施工工艺。

电动爬模工艺流程如图 7-1 所示。

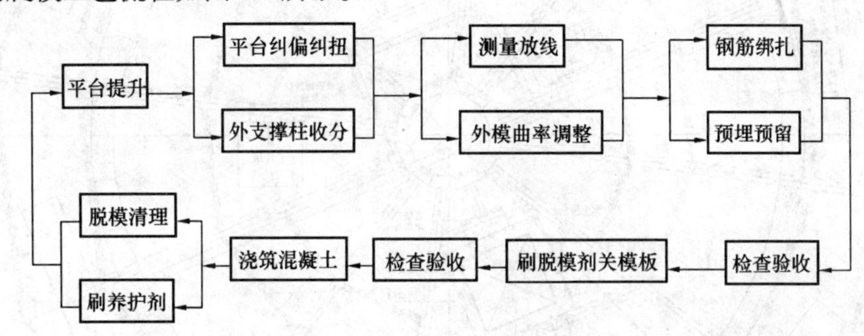

图 7-1　电动爬模工艺流程

爬模体系（设施）共分 10 部分，分别是：爬模平台、内外模板、内外吊架、静态固定系统、动态爬升系统、垂直运输系统、混凝土输送和布料系统、动力和照明电气系统、爬模施工的测量系统、通讯联络系统、避雷航空标识风速测量。

（1）爬模平台

1）爬模平台是爬模施工的主要操作活动场所和材料集散地，是整个爬模体系的主要承重结构，内外模板就是挂在爬模平台的轨道梁上。

2）爬模平台由辐射梁、内钢圈、环形钢梁、模板轨道梁、承重支腿、平台铺板等组成。内钢圈用钢板焊接成截面为矩形的钢环，布置在平台的圆心，周边与辐射梁连接；辐射梁用两根槽钢组成，一端连接在内钢圈上，另一端与承重支腿连接，再通过承重支腿和预埋螺栓与混凝土墙体连接，构成多个门架式结构体系来承担平台的荷重，并把荷重传递到已浇混凝土墙体上；环形钢梁安在辐射梁的侧面，共设三道，既把辐射梁连成整体，又通过环形钢梁分散平台上的荷重；在辐射梁上设置有调径丝杆，转动调径丝杆可以拖动承重支腿向圆心移动，实现塔身在不同高度时的直径收分；在环形钢梁上安装模板轨道工字钢梁，供内外模板悬挂之用，也是模板装、拆时移动的轨道；平台铺板使用压型钢板上钉 11 层胶合板，满铺在辐射梁上，供人员活动和堆放料具之用。

3）爬模平台由奥地利 GBG 公司设计图 7-2，中建三局钢结构公司加工。

（2）模板

1）模板是混凝土成型的工具，包括塔壁外模板、塔壁内模板、外壁收分模板、内壁收分模板、连墙模板及收分模板、电梯井模板、预留洞口模板、变截面底模、衬模、支

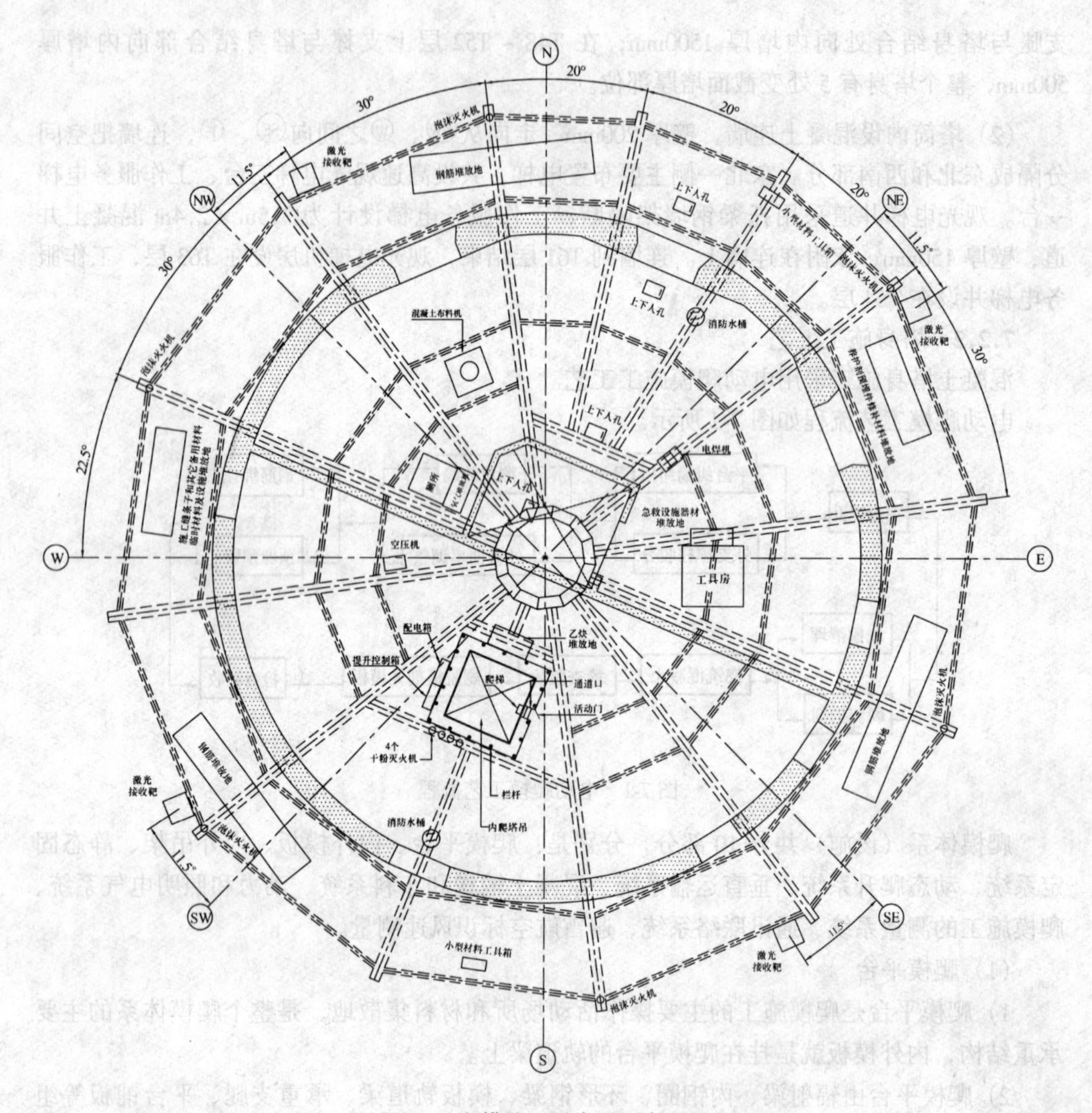

图 7-2 爬模施工平台平面布置图

架、支腿与塔身结合部模板、上支撑座礅模板、塔顶平台模板等。以上除前六项由 GBG 公司设计、加工并指导组装与施工外，其余均由我们自行设计、加工和施工。

2）塔壁外模板高 4.5m，板面为 4mm 钢板，采用由钢板模压成型的背肋，具有很好的刚度；在背肋上安装花篮螺栓，通过调整花篮螺栓来调整模板的曲率，以满足不同高度、不同直径收分情况下塔筒的曲率。外壁模板采用钢模板易生锈，污染混凝土表面。为了满足塔壁外表面 F5x 饰面标准的要求，决定在模板内侧粘贴 δ1.2mm 厚不锈钢板一层。

3）由于塔身半径设计为每 1m 高减小 8mm，所以塔壁外模的收分模板设计采用在每层模板组装以后现场实际丈量尺寸，通过计算外模，共设计有 9 块收分模板，除 2 块在外模全部关好且半径及曲率校核后量出尺寸、现场加工外，其余 7 块根据设计尺寸提前在工厂加工，收分模板因宽度较小，为平模板。内收分模板采用搭接式收分板进行调节，模板的固定采用定型对拉螺杆及内外顶撑，要求螺杆孔从塔身底到顶横竖向都呈一条直线。

4）塔壁内模板高4.50m，板面使用δ21mm的15层胶合板，模压成型钢板背肋同样通过调整装在背肋上的花篮螺栓来调整模板的曲率；外壁内模的周长收分采用钢板收分模板，可在每次组装时相互重叠达到收分的目的。

5）塔壁内外模板通过穿墙螺杆紧固，穿墙螺杆Y16精轧钢筋，套在塑料管内，以便拆模时回收。

6）连墙模板和电梯井道模板都使用11层胶合板制作的钢框层板模板，模压成型钢板背肋，除连墙模板因随直径变化配置钢板收分模板外，工作服务电梯井道模板因尺寸和壁厚不变，故自下而上均不改变。连墙和电梯井道模板与塔壁内外模板一样，通过穿墙螺杆紧固。

7）塔身内外模板、连墙模板和工作服务电梯井模板都通过特别挂件，一端勾挂在模板背肋上，一端吊挂在平台轨道梁上，装、拆模板时可沿轨道梁推移，塔壁外模可推移距混凝土墙面800mm，塔壁内模板和连墙模板、电梯井模板可推移距混凝土墙面400～600mm，供清理模板、刷混凝土养护液、刷模板隔离剂、预埋铁件和绑扎钢筋的工作空间。

8）所有门窗洞、预留孔洞、底模、衬模的模板均使用δ18mm厚胶合板，根据设计在现场制作或委托加工，用塔吊运往现场安装并尽可能重复使用。

（3）内外吊架

1）内外吊架是爬模施工的辅助操作活动场地，沿塔壁内外两侧和连墙、电梯井道墙的两侧设置。吊架共分两层，在有承重支腿的地方，吊架吊挂承重支腿下部；塔筒内的吊架，主要吊挂在爬模平台下部。

2）内外吊架主要供作拆除预留洞口模板、清理和修补混凝土表面、安装观光电梯窗玻璃、安装内爬塔吊以及进出施工电梯的过往通道。

（4）动态爬升系统

1）动态爬升系统是爬模施工中惟一提升动力，由电动机（每个7kV·A），蜗轮蜗杆、丝杆（2½″直径）和钢支架组成。开动电动机带动蜗轮杆沿丝杆爬升，将整个爬模系统提升到新的位置。每次提升高度4m，约需30min。

2）动力爬升系统原设计共15套，分别布置在连墙上2个（套），沿塔壁周边的承重支腿处共13个（套）。因在第一次提升时，由于设计失误，承重支腿和爬升器均出现问题，GBG公司在复算的基础上除对承重支腿水平杆进行加固外，另在连墙上增加三根承重支腿和2套爬升器。

3）根据GBG公司设计要求，提升一定要在混凝土强度达到8MPa后进行，避免支架对混凝土的局部承压使混凝土破裂发生危险；同样，提升后必须在混凝土强度达到12MPa方可固定。但实际情况是第一次提升时，混凝土强度已达到C55以上，仍有混凝土压碎现象，而且是在自重和施工荷载远未达到的情况下发生，故除严格控制混凝土的提升强度和施工荷重外，爬模平台的试压工作一定要做，使我们心中有数，严格控制施工荷载，确保施工安全。

以上具体见GBG公司爬模系统设计图。

（5）静态固定系统

1）在爬模提升到位以后，整个爬模系统通过承重支腿用螺栓固定在混凝土墙体上，把爬模体系的整个荷载传到塔身。

静态固定系统包括：在混凝土墙上的预埋螺母、承重支腿上的卡板和螺栓。固定时先把卡板和螺栓固定在预埋螺母上，然后把承重支腿铰挂入卡板进行固定。

以上见 GBG 公司爬模系统设计图。

(6) 垂直运输系统

垂直运输系统是爬模施工中人员上下运输、材料运输、工具用具运输、混凝土垂直运输等的垂直运输设备。这些垂直运输设备包括塔吊、施工电梯、混凝土输送泵和布料机等。

(7) 动力和照明电气系统

1) 动力和照明电气系统指现场施工机械的能源和施工照明电源。根据计算，现场电力负荷总量约 $920 \times 0.7 = 644$kV·A。分成四大部分，即：塔吊专用电源；施工电梯专用电源，平台动力；照明专用电源；塔内楼梯、楼盖施工和照明专用电源。澳门电力公司提供的电力总量为 1000kV·A，可以满足施工需要。

2) 这里需要强调的是：平台、吊架和塔内楼梯照明必须使用 36V 以下低压电，所有手持施工机具必须设漏电保护装置，确保施工安全。

以上具体详见动力和照明电气系统施工作业设计。

(8) 爬模施工的测量系统

塔身爬模施工的测量工作包括：爬模平台组装前的放线和组装测量；爬模平台的试压测量；爬模施工中的中心偏位和塔身扭转测量；爬模施工中的高程测量四大部分。

1) 爬模平台组装前的放线测量：

A. 在地库以下地坪埋设 T_A、T_8、T_B 三个桩点，该三点与塔心及 PA657 通视；

B. 按地籍司提供的 PA657、MECM073 坐标点实测 T_A、T_8、T_B 三点坐标；

C. 通过 T_A、T_8、T_B 三点使用全站仪后视 PA657，采用极坐标放样法，在 -3.90m 底板上定出塔中心 O 点，用水准仪将高程传递至场内水准桩点上；

D. 使用全站仪架在塔心 O 点上，后视 T_8 点，再根据塔体各部位的设计角度和几何尺寸，在 -3.90m 底板上放出定位线，并根据坑内水准点进行高程传递；

E. 根据测量定位线进行扎筋、支模；同时，在塔心以上 +0.700m 平台上检查模板各部位位置和几何尺寸，再经业主代表复查无误，浇筑混凝土墙；

F. 在混凝土浇筑完毕以后，再次使用全站仪，对塔身 +0.25m 处外壁门窗洞口预埋铁件等的位置和几何尺寸测量其偏差；

G. 在 -3.900m 底板上放全站仪于 O 点，放出爬模平台 13 组辐射梁中心定位线，量出尺寸控制点，标识在底板上；

H. 在 -3.90m 底板上放全站仪于 O 点，后视 T_8 点，放出 A、B、C 三个激光铅直仪控制点，此三点分别距塔心 10200mm，坐标分别为 A 点（$M = 19775.5718$，$P = 16529.0566$）、B 点（$M = 19733.6980$，$P = 16512.0514$）、C 点（$M = 19719.2933$，$P = 16511.2860$）。A、B、C 三点加上塔心 O 点即为测量塔身中心偏移和扭转的激光铅直仪控制点。

2) 爬模平台的安装测量：

A. 在第一层 4m 高混凝土浇筑以后，插入爬模平台安装，安装在 GBG 模板公司的指导下进行；

B. 爬模平台安装在组装平台和组装架上进行，组装平台用型钢焊成，放在塔筒内，组装架用钢管搭设在塔筒周边；

C. 架 DZJ3 激光铅直仪于塔心 O 点，把 O 点引射到爬模组装平台上，再架全站仪于平台上的 O 点，后视 PA657，根据计算于平台和组装架上放出 13 组辐射梁中线和距离尺寸，并与 -3.900m 底板上放出的辐射梁中线相对应，同时由水准点 PA657 引入标高，作为安装爬模平台的依据；

D. 平台组装完以后，再用相关仪器进行复核，确保爬模平台各构件就位准确、平整、平台中心与塔心重合。

3）爬模平台试压的测量：

A. 爬模平台组装以后，为确保施工安全，对平台的承载能力和爬升能力应进行试压检验。即分别对平台的固定状态和爬升状态进行超载 10% 的荷载试验，并观测其强度、刚度和残余变形。

B. 作固定状态试压时，共布置 44 个变形观测点；在 6 组辐射梁上布置 1~17 号观测点；在 A、B、C、D、E、F、G、H、I 等 9 个承重支腿的横杆上各布置 3 个点，共 $3\times9=27$ 个观测点。其中，辐射梁上 1~17 号和 A、B、C、D、E 承重支腿上的观测点用精密水准仪测量；F、G、H、I 承重支腿上的观测点用百分表测量。

C. 试压共分五次加荷，每加荷一次，观测记录一次，最后全部卸荷观测其残余变形，并对试压结果进行分析，作出平台安全度的结论和施工中荷载控制的决定。

4）塔身爬模施工中的偏、扭观测及纠偏、纠扭：

A. 造成塔身偏（塔身中心偏移），扭（塔身扭转）的原因：

在塔身爬模施工中，由于下列原因，很可能给爬模平台（代表塔身）造成偏、扭：

a. 由于混凝土下料及振捣不对称，特别在混凝土坍落度较大对模板侧压力较大，并沿周边流淌时，造成模板扭转，带动平台扭转；

b. 由于爬模平台上堆载不均衡，提升时平台各部快慢不一，不水平，造成爬模平台偏移和扭转；

c. 塔较高以后，由于日照形成的温差，使塔身弯曲以及塔体的自震、风震，以上三种因素造成的偏、扭附加值。

B. 塔身施工中的偏、扭观测：

a. 由于爬模平台组装时已经保证了激光靶心、平台中心和塔身中心"三心合一"，其中激光靶心 D 就放在平台中心上，任何时候都是"三心合一"，但施工中，平台中心则往往偏离塔心，出现偏心和扭转，偏、扭观测则是要把爬模平台上各靶心相对于 -3.900m 底板上 A、B、C、O 激光投点的偏、扭值测出来，作为纠偏、纠扭的依据。观测的方法是：

b. 首先，在爬模平台上相对应于 -3.900m 底板的 O、A、B、C 四点，设置固定位置的激光靶；

c. 在每次混凝土浇筑以后，立即架 DZJ3 激光铅直仪于 -3.900m 底板的 O、A、B、C 四点投射激光点到爬模平台对应的激光靶上，实测出光点与靶心的距离，通过坐标和三角函数运算，计算出平台的偏移尺寸和扭转角度，即代表塔身的偏移和扭转；

d. 对日照、风震和塔身自震对偏、扭带来的附加影响，要作为一个课题进行专题研究和定时测量，摸清它们的规律性，以保证纠偏、纠扭的准确性。

C. 塔身施工中的纠偏、纠扭观测：

在每次提升固定以后，架 DZJ3 激光铅直仪于 -3.900m 的 O、A、B、C 四点投射激光点到爬模平台的对应接收靶上，然后调整平台，直至激光点对准各靶心为止，纠偏、纠扭即完成。

(9) 通讯联络系统

塔身施工中的通讯联络包括：施工电梯上下的联络；塔吊操作和指挥人员之间的联络；台上指挥和混凝土输送泵操作工之间的联络；台上值班人员和台下值班人员之间的联络等，其通讯联络手段分别采用方式：

1) 施工电梯上、下之间的联络，使用载波电话；

2) 塔吊司机和起重指挥人员之间的联络，使用对讲机；

3) 台上值班人员与混凝土输送泵操作工之间的联络使用对讲机；

4) 台上和台下值班人员之间的联络使用子母电话机。

(10) 其他设施

其他设施包括：避雷、航空标识、风速测量等。

1) 避雷设施：整个施工系统的最高点是塔吊臂拉杆支撑塔帽，故在拉杆支撑顶安装避雷针一根。经计算，塔吊起重臂长 40m，该避雷针不能覆盖，故在起重臂尖端增设一个避雷针。其避雷引下线直接与塔身避雷接地网连接。

2) 航空标识：随着塔身的升高，为避免航空空难事故的发生，在塔吊顶端安装自动闪亮航空标识灯一只；在进入桅杆安装时，工程正式航空标识灯随桅杆一起安装组合，并一次顶升到位。

3) 风速测量：本工程施工进入高空后和塔吊运转遇风力超过 6 级时，为确保施工安全将全部停止作业。为及时测定风速，决定在塔吊操作室外侧安装固定式风速仪一台，另配置一台手持式风速仪，在爬模平台上供测量风速之用。风速测量由专人进行，定时测量、做好记录，阵风时及时测量，并增加测量次数。

(11) 爬模施工程序

塔身爬模按以下程序组织施工：

1) 调整爬模平台，使其保持水平，并纠偏、纠扭；

2) 绑扎塔身、连墙、电梯井钢筋，包括竖筋接长、绑扎水平筋、安装保护层塑料卡块等；

3) 安装门窗洞、预留孔洞模板及预埋铁件；

4) 钢筋及预留、预埋铁件检查，验收；

5) 安装内外模板，并对模板曲率、几何尺寸、标高、中心位置、扭转等检查、验收；

6) 浇筑混凝土；

7) 测量塔身中心偏移和扭转；

8) 松开模板并提升；

9) 清理模板刷脱模剂，混凝土面刷养护液；

10) 清理、修补混凝土面；

11）整调爬模平台，使其保持水平并纠偏、纠扭；

12）反复循环作业。

7.3 塔身变截面（环梁）施工

7.3.1 工程概况

（1）塔身下支腿以及支腿连梁与塔身结合处，分别在标高 +17.30～+20.30m（T6～T7层间）；+27.30～+30.30m（T8～T9层间）；+37.30～+40.30m（T11～T12层间）；+52.80～+86.80m（T15～T23层间）各形成一道环梁，前三道环梁将塔体壁厚由500mm向内突变为1000mm，增厚500mm；后一道环梁将塔体壁厚由500mm向内突变为2000mm，增厚1500mm；上支撑与塔身结合部在标高 +180.80～+196.80m形成一道环梁，将塔体壁厚由350mm向内突变为850mm，增厚500mm。

（2）由于爬模施工每4m为一提升层，塔身外壁施工缝的水平装饰线也是按4m模数设置，不容变动。因此，当爬模施工到这些部位时需安装三角支架，安装底模或衬模，达到改变截面的目的。且由于环梁部位并非刚好与4m爬模模数完全一致，故将出现以下几种情况：

1）变截面下口正好与模板下口一致，但环梁高度不足4m。则此时模板下口只安底模，不安衬模，环梁上部安衬模。

2）环梁变截面高度不足4m，且梁的下口与模板下口不相平，则在环梁的下口和上口都要加衬模，或下口加衬模，上口与模板上口平齐。

3）环梁变截面高度远超过4m，且梁的下口与模板下口不相平，则在环梁的下口加衬模后连续爬模；如果以上尺寸为4m模数，则不加衬模；如果以上尺寸不是4m模数，则梁上口要加衬模。

7.3.2 塔身变截面（环梁）施工

（1）塔身变截面施工按以下程序进行：

1）下支腿第一道连梁与塔身连接处筒壁变截面施工程序：

A. T5～T6层爬模施工时，在标高16.500m、15.500m处沿塔身筒壁内侧安设预埋铁件M1、M2；

B. T5～T6层施工完后，爬模平台向上爬升，将平台支架锚固在混凝土筒壁上，准备施工T6～T7层；

C. 爬模平台固定后，将三角形槽钢支架焊接在预埋铁件上，同时开始绑扎T6～T7层钢筋；

D. 检查三角形槽钢支架顶面标高；

E. 在三角形槽钢支架上安装［10槽钢；

F. 在［10槽钢上安装衬模；

G. 当T6～T7层钢筋绑扎、预埋件安装检查合格后，关塔筒外侧模板；

H. 安装标高19.800～20.800m处衬模，并将衬模临时固定在爬模外模板上；

I. 检查衬模几何尺寸、标高；

J. 关爬模内模板、固定衬模；

K. 安装对拉螺杆，紧固支撑系统；

L. 进行混凝土浇筑前的检查验收；

M. 浇筑 T6～T7 层混凝土，完成下支腿第一道连梁与塔身连接处筒壁变截面施工。

2）下支腿第二道连梁与塔身连接处筒壁变截面施工程序：

第二道连梁与塔身连接处变截面筒壁，根据爬模工艺需分 2 次施工，第一次施工标高 24.800～28.800m 部分，第二次施工标高 28.800～32.800m 部分，施工程序如下。

A. T7～T8 层施工时，在标高 24.500、23.500m 处，沿塔身筒壁内侧安设预埋铁件 M1、M2；

B. T7～T8 层施工完后，爬模平台向上爬升，将平台支架锚固在混凝土筒壁上，准备施工 T8～T9 层；

C. 爬模平台固定后，将三角形槽钢支架焊接固定在预埋铁件上，同时绑扎 T8～T9 层钢筋；

D. 检查三角形槽钢支架顶面标高；

E. 在三角形槽钢支架上安装［10 槽钢；

F. 在［10 槽钢上安装衬模；

G. 当 T8～T9 层钢筋绑扎、预埋件、衬模安装完并检查合格后，关筒体内外模板；

H. 安装对拉螺杆，紧固支撑系统；

I. 进行混凝土浇筑前的检查验收；

J. 浇筑 T8～T9 层混凝土，完成第一次施工；

K. T8～T9 层施工完后，爬模平台向上爬升，将平台支架锚固在混凝土筒壁上，准备施工 T9～T10 层；

L. 爬模平台固定后，绑扎 T9～T10 层钢筋，安装预埋铁件；

M. 检查验收 T9～T10 层钢筋、预埋铁件后，关塔身筒体外侧模板；

N. 安装标高 29.800～32.800m 处衬模，并将衬模临时固定在爬模外模板上；

O. 检查衬模几何尺寸、标高；

P. 关爬模内模板，将衬模固定在内模上；

Q. 安装对拉螺杆，紧固支撑系统；

R. 进行混凝土浇筑前的检查、验收；

S. 浇筑 T9～T10 层混凝土，完成下支腿第二道连梁与塔身连接处筒壁变截面施工。

3）下支腿第三道连梁与塔身连接处筒壁变截面施工程序：

A. T10～T11 层施工时，在标高 36.500、35.500m 处沿塔身筒壁内侧安设预埋铁件 M1、M2；

B. T10～T11 层施工完后，爬模平台向上爬升，将平台支架锚固在混凝土筒壁上，准备施工 T11～T12 层；

C. 爬模平台固定后，将三角形槽钢支架焊接固定在预埋铁件上；同时，开始绑扎 T11～T12 层钢筋；

D. 检查三角形槽钢支架顶面标高；

E. 在三角形槽钢支架上安装［10 槽钢；

F. 在［10 槽钢上安装衬模；

G. 当 T11～T12 层钢筋绑扎、预埋件安装并检查合格后，关筒壁外侧模板；

H. 安装标高 39.800～40.800m 处衬模，并将衬模临时固定在爬模内模板上；

I. 检查衬模几何尺寸、标高；

J. 关爬模内模板、固定衬模；

K. 安装对拉螺杆，紧固支撑系统；

L. 进行混凝土浇筑前的检查验收；

M. 浇筑 T11～T12 层混凝土，完成下支腿第一道连梁与塔身连接处的筒壁变截面施工。

4）下环梁施工程序：

A. T14～T15 层施工时，在标高 52.450、50.400m 处，沿塔身筒壁内侧安设预埋铁件 M3、M4；

B. T14～T15 层施工完后，爬模平台向上爬升，将平台支架锚固在混凝土筒壁上，准备施工 T15～T16 层；

C. 爬模平台固定后，将三角形工字钢支架焊接固定在预埋铁件上；

D. 检查三角形工字钢支架顶面标高；

E. 在三角形工字钢支架上安装［10 槽钢；

F. 在［10 槽钢上安装木枋及 18mm 厚菲林板；

G. 安装支腿与塔身连接处凹槽衬模，同时绑扎 T15～T16 层钢筋，安装预埋铁件、预应力筋套管；

H. 检查钢筋绑扎、预埋铁件安装合格后，关筒壁外侧模板；

I. 检查外模、衬模几何尺寸、标高；

J. 关爬模内模板；

K. 安装对拉螺杆，紧固支撑系统；

L. 进行混凝土浇筑前的检查、验收；

M. 浇筑 T15～T16 层混凝土，完成下环梁第一层施工；

N. 进入下环梁第二层施工循环，直至下环梁施工完毕。

5）上环梁施工程序：

上环梁从标高 180.800～196.800m，根据爬模施工工艺需分四次施工，每次施工高度为 4m。施工程序如下。

A. 爬模施工时，在标高 180.500、179.500m 处，沿塔身筒壁内侧安设预埋铁件 M1、M2；

B. T46～T47 层施工完毕后，爬模平台向上爬升，将平台支架锚固在混凝土筒壁上，准备施工 T47～T48 层；

C. 爬模平台固定后，将三角形槽钢支架焊接固定在预埋铁件上，同时绑扎 T47～T48 层钢筋；

D. 检查三角形槽钢支架顶面标高；

E. 在三角形槽钢支架上安装［10 槽钢；

F. 在［10 槽钢上安装衬模，同时在爬模外模板内面安装上支撑与塔身连接处的凹槽衬模；

G. 当 T47～T48 层钢筋绑扎、预埋件、衬模等安装完毕并检查合格后，关筒壁内外模板；

H. 安装对拉螺杆，紧固支撑系统；

I. 进行混凝土浇筑前的检查验收；

J. 浇筑 T47～T48 层混凝土，完成第一层上环梁施工；

K. 按爬模施工程序，完成第二、第三层上环梁施工；

L. T49～T50 层（第三层）施工完后，爬模平台向上爬升，将平台支架锚固在混凝土筒壁上，准备 T50～T51 层上环梁施工；

M. 爬模平台固定后，绑扎 T50～T51 层钢筋，安装预埋铁件；

N. 检查验收 T50～T51 层钢筋后，关筒壁外侧模板；

O. 安装标高 194.800～196.800m 外衬模，并将衬模临时固定在爬模外模板上；

P. 检查衬模几何尺寸、标高；

Q. 关爬模内模板，将衬模固定在内模板上；

R. 安装对拉螺杆，紧固支撑系统；

S. 进行混凝土浇筑前的检查、验收；

T. 浇筑 T50～T51 层混凝土，完成上环梁施工。

(2) 塔身变截面主要施工方法：

1) 模板：

塔身变截面处与环梁模板主要利用爬模系统，施工时在变截面处加设模板支撑及衬模，即可满足塔身截面变化处的施工要求。

A. 三角形支架的制作、安装。

支撑下环梁底模的三角形支架采用 12 号工字钢和［12 槽钢制作，其他部位的支架采用［12 槽钢制作。按图制作成形后，运至现场。经对三角形支架形状、尺寸及焊缝质量检验合格后，妥善保管存放。安装时由塔吊吊至平台上后，人工转运至安装部位，按所放的标高线与预埋铁件焊接牢固。每根三角形支架由一名焊工、两名普工进行安装，详见支架安装示意图。三角形支架安装完毕，经检验后将［10 槽钢点焊于支架上，再进行衬模及底模的安装。

B. 衬模的制作、安装。

所有的衬模、底模均采用 18mm 厚的夹板和 100mm×50mm 的木枋及 50mm 厚的木板在现场按模板加工图放样制作。夹板板边应刨光找直，以减小拼装时的缝隙宽度。衬模中所使用的弧形木枋由 50mm 厚的木板制成，须按模板加工图中的尺寸进行实物放样，先制作样板，再成批制作。木枋应按标准尺寸（100mm×50mm）刨光找直，以减小模板拼装误差。所用的铁钉端头须锤平，钉入模板后用腻子将凹部补平，以保证模板面光滑平整。

所有模板按加工图制成半成品，在地面进行预拼装，经检验合格后，编号妥善存放。在安装时，用塔吊吊至爬模平台上，由人工转至安装部位，按衬模安装图拼装成形，刷脱模剂。经检验合格后，进行下步施工。

C. 预埋铁件的制作、安装。

焊接三角形支架用的预埋铁件 M1、M2、M3、M4，均由加工厂按铁件加工图制作成形，经检验合格后才能使用。安装时，按铁件平面布置图所示位置，采用与其他预埋铁件相同的方式安装固定。其位置必须与其他预埋件错开。其中，最大间距的预埋件与三角形支架经计算其强度已可满足施工荷载要求。

D. 支架的拆除。

支撑下环梁的三角形支架的拆除须在塔内楼板施工至T14层后，在楼板上沿内筒搭设一周脚手架并用钢管稳定三角形支架后，由焊工用气割割除三角支架，拆除槽钢、模板。

其他部位的三角形支架的拆除必须在混凝土强度满足要求后（强度可根据试压试块确定），尽快拆除修整，以便周转使用。三角形支架的拆除可在爬模吊架上由焊工用气割拆除。拆下来的三角形支架经施工电梯运至地面妥善处理。

2）钢筋：

环梁、塔身变截面处钢筋绑扎应与爬模爬升、模板改造交叉进行，在爬模爬升前，进行钢筋平螺纹的连接，底模支设后，进行钢筋绑扎，最后安装预应力锚杆的套管。具体方法参见钢筋绑扎作业指导书。

其中环梁与上、下支腿连接的钢筋，通过“DEXTRA”平螺纹接头连接，在施工环梁时须按图示位置，放出钢筋的位置、倾斜度。在环梁钢筋绑扎完毕，将挑出斜筋绑扎就位，斜筋上下端用钢管固定后，复核斜筋的倾斜度与间距。

3）混凝土：

根据塔身变截面处和环梁结构特点，混凝土施工除了满足塔身混凝土施工的一般要求外（详见塔身混凝土浇筑作业指导书），为减少下环梁混凝土内外温差，降低水泥的水化热，应采用冷水或冰水搅拌混凝土，以降低混凝土入模温度。

(3) 塔身变截面施工机具

施工机具见表7-1。

施 工 机 具 表　　表7-1

序号	机械名称	规格型号	单位	数量	备注
1	内爬塔吊	140EC-H	台	1	
2	混凝土输送泵	HBT-100	台	2	1台备用
3	混凝土布料机	HG-16	台	1	
4	柴油发电机	200kW	台	1	备用
5	高压清水泵	1.5in	台	2	
6	插入式振动棒	ϕ70mm	台	5	2台备用
7	插入式振动棒	ϕ50mm	台	8	4台备用
8	插入式振动棒	ϕ35mm	台	5	2台备用
9	电动空压机	$1m^3$	台	1	
10	混凝土搅拌运输车	$6m^3$	台	5	1台备用
11	交流电焊机	BX-300	台	4	
12	交流电焊机	BX-500	台	4	
13	钢筋切断机		台	2	
14	钢筋弯曲机	GJ7-40	台	1	
15	风速仪		台	1	
16	手提电锯		台	6	
17	刨木机		台	2	
18	手提电钻		台	6	

(4) 质量保证措施

1) 钢筋的采购、运输、加工、储存、安装、检验、标识等工作，根据 ISO 9002 标准编制的澳塔项目质量保证计划进行；

2) 在模板固定前，对模板板面进行全面检查，破损处立即修补，对损坏严重的内模面面板及时更换，并涂刷脱模剂；

3) 在模板脱离混凝土面后，对模板面进行清理，用铲刀铲除附在模板上的混凝土浆液，再用水冲洗干净，涂刷脱模剂；

4) 在已浇硬化的混凝土表面，清除混凝土顶面的水泥薄膜和松动的石子，以及软弱混凝土层，并用清水冲洗干净，在混凝土浇筑前浇水充分湿润，但不得有积水；

5) 爬模平台爬升后，立即请业主审看，审看后墙体表面涂刷养护剂，并按已批准的混凝土修补方案对混凝土墙体进行修补，包括对拉螺杆孔和其他需要修补的地方。

7.4　下支腿施工

7.4.1　工程概况

(1) 在塔身 -3.90m ~ +84.58m 间沿塔体周边均匀设置八根支腿，呈 81.167°的仰角向塔身倾斜。根据设计意图，八条下支腿要承受整座塔体 1/2 的荷载，为了方便施工，根据计算，钢筋混凝土塔身施工至 +148.80m 标高以前，下支腿必须完成平板千斤顶张顶及预应力锚杆张拉。圈梁与支腿之间、连梁与支腿之间、连梁与塔身之间留设的缝隙应待支腿平板千斤顶张顶后方可灌浆固定；同时，为了确保外观质量和装饰效果，下支腿、连梁及圈梁在设计上采用了预制混凝土模壳的方案。

(2) 支腿采用预制钢筋混凝土“L”形模壳，组装成矩形：在 -3.90m ~ +55.235m 间模壳断面尺寸 1700mm × 2700mm × 100mm（模壳壁厚），每节长 4028mm，重约 8t；在标高 +55.235m ~ +84.58m 间为“└┘”形模壳，通过拉杆与塔身连接，并逐渐变小，与塔身呈平滑曲线过渡。

支腿在标高 +18.80m 处设一道环形圈梁，亦采用钢筋混凝土预制模壳，断面尺寸为 1200mm × 2100mm × 100mm（模壳壁厚），每节长 5105m，重约 7.6t。

支腿与塔身间设三道连梁，呈辐射状布置，将支腿与塔身连成一体，连梁截面尺寸为 1400mm × 1100mm × 100mm（模壳壁厚）。

7.4.2　下支腿施工

(1) 为了满足施工进度要求，下支腿、连梁及圈梁应在塔身爬模施工到第 5 层后必须开始施工。当下支腿施工高度达到连梁、圈梁的下口标高后，暂停下支腿的施工，拆除下支腿与连梁、圈梁相交处的部分垫板和支撑杆件，将该部位预制混凝土模壳吊装就位，并绑扎钢筋、浇筑混凝土，然后继续施工下支腿。具体施工程序如下：

1) 模壳验收，将 L 形模壳在地面拼装成 U 形；

2) 在筏基顶面测量，放出第一节模壳安装边线；

3) 搭设支撑架；

4) 靠塔身一侧支腿垫板、背枋、槽钢安装；

5) 测量校正垫板倾斜度，并在其上放出模壳定位线；

6) 绑扎支腿竖向钢筋和靠塔身一侧的箍筋；

7）吊装靠塔身一侧的U形模壳；

8）安装模壳上的预埋件；

9）吊装另一半U形模壳；

10）检测、校正混凝土模壳；

11）将2块U形混凝土模壳进行焊接连接；

12）绑扎另一侧的箍筋和其他水平安装预埋件及对拉螺杆；

13）用密封料填塞模壳拼缝；

14）安装模壳另一侧垫板、背枋；

15）设置柱箍、紧固对拉螺杆；

16）检查验收；

17）浇筑支腿混凝土并养护；

18）按以上程序（①～⑰），将下支腿施工到第七节；

19）拆除第6、7节下支腿与连梁及圈梁连接处的部分模板、背枋和柱箍；

20）吊装连梁、圈梁混凝土模壳；

21）绑扎连梁、圈梁钢筋；

22）加固连梁、圈梁模壳支撑；

23）检查验收连梁、圈梁的钢筋、模板；

24）浇筑连梁、圈梁混凝土并养护；

25）按①～⑰程序施工第8、9、10、11、12、13、14节下支腿（注：第9节和第12节下支腿施工完后，均暂停施工，按⑲～㉔程序施工连梁）；

26）安装下支腿平板千斤顶；

27）绑扎第15节支腿钢筋；

28）设置预应力锚杆；

29）吊装第15节支腿混凝土模壳并进行测量校正；

30）安装模壳垫板、背枋；

31）加固模板支撑；

32）检查验收钢筋、预埋件、模板；

33）浇筑支腿混凝土；

34）按㉗～㉝程序施工第16、17、18、19、20节下支腿；

35）安装最后一节下支腿预制支撑板；

36）预应力锚杆张拉；

37）锚杆灌浆；

38）平板千斤顶张顶；

39）平板千斤顶四周灌浆；

40）平板千斤顶内灌浆；

41）下支腿与连梁、圈梁连接处和连梁与塔身连接处缝隙灌浆；

42）下支腿对拉螺杆孔修补；

43）支撑架拆除至第三道连梁底部；

44）安装第三道连梁顶部预制混凝土盖板；

45）支撑架拆除至第二道连梁底部；

46）安装第二道连梁顶部预制混凝土盖板；

47）支撑架拆除至第一道连梁底部；

48）安装第一道连梁、圈梁顶部预制混凝土盖板；

49）拆除全部支撑架。

（2）主要施工方法

1）测量。

首先建立支腿测量平面控制网点，经检查无误后，在筏基顶面（RL－3.9m）放出第一节预制混凝土模壳安装边线，将中心线投测到支撑架上，以配合靠塔身一侧的槽钢（用于固定模壳）、垫板安装并检查槽钢的倾斜度是否与支腿一致后，将支腿中线、边线投测到垫板上。

具体测量方法详见“测量作业指导书”。

2）支撑架搭设。

支撑架用 $\phi48\times3.5$mm 钢管和扣件搭设。支撑架总高约 86.59m，连梁和圈梁下部立杆间距为 500mm，其他部位立杆间距为 1m，所有水平杆间距均为 1.2m。位于支腿与塔身间的部分支撑架搭设可分四步搭设：第一步由底板（－3.9m）搭设至第一道连梁下口；第二步搭设至第二道连梁下口；第三步搭设至第三道连梁下口；第四步搭设至顶，其他部分支撑架根据模壳吊装高度搭设。支撑架搭设应满足以下要求：

A. 根据支撑架平面布置图，必须先在筏基顶面进行测量放线，然后再开始搭设支撑架；

B. 在支撑架搭设过程中，必须随时用水平尺检查立杆垂直度，及时校正；

C. 搭设用的钢管、扣件的质量必须符合中华人民共和国有关规范的要求。由于是承重架，每个扣件必须拧紧。所有竖向钢管接长用接头扣件连接，不能搭接；

D. 钢管和扣件用塔吊吊运到支撑架上时，每一处不能超过 500kg 的材料；

E. 支撑架根据连梁和环梁的标高位置和施工程序，进行搭设。每次搭设后均应进行检查验收；

F. 支撑架径向水平杆必须用可调丝杆与塔身顶紧，加木枋衬垫，以保护塔身混凝土；

G. 支撑架上的操作平台应满铺架板，设置安全栏杆和安全网；

H. 供施工人员上下的马道与支撑架一起搭设。支撑搭设如图 7-3 所示。

3）支腿与连梁、圈梁预制混凝土模壳的验收与吊装：

A. 预制混凝土模壳的验收：

混凝土模壳在厂生产时将派驻厂代表监造，并进行预验收。

a. 进场记录（由材料人员负责）。

对于每批进场的混凝土模壳都必须有详细的进场记录，并按编号堆放，以便吊装，包括模壳的生产厂家、进场日期、编号、数量、强度等级等，按使用顺序排放。

b. 外观尺寸的验收（由质检人员负责）。

预制混凝土模壳要外光内实，表面必须达到 F5x 的饰面标准，并保证构件表面颜色均匀一致。

构件的形状尺寸必须按设计图纸 AT4401～AT4406 的细部尺寸要求，预埋件必须满足

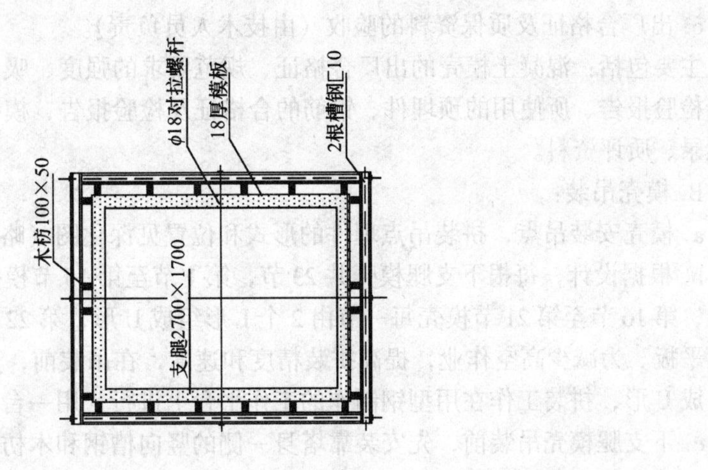
木枋100×50
φ18对拉螺杆
18厚模板
2根槽钢[10
支腿2700×1700

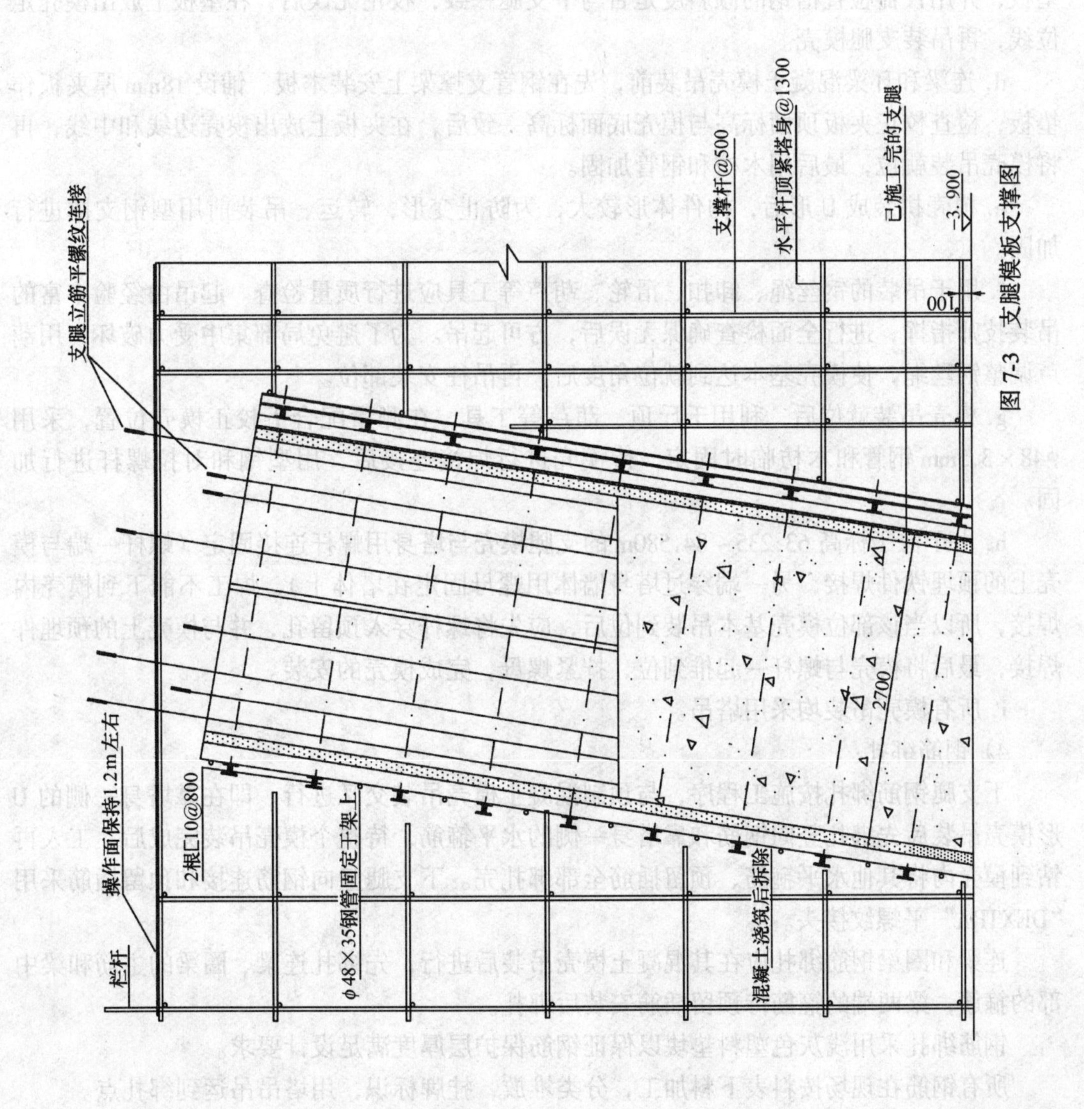
支腿立筋平螺纹连接
支撑杆@500
水平杆顶紧搭身@1300
已施工完的支腿
-3.900
100
2700
操作面保持1.2m左右
2根[10@800
φ48×35钢管固定在架上
混凝土浇筑后拆除
栏杆

图 7-3 支腿模板支撑图

ST2070图中的要求，不合标准的模壳不能验收。

c. 出厂合格证及质保资料的验收（由技术人员负责）。

主要包括：混凝土模壳的出厂合格证、规范要求的强度、吸水性、渗透性、干缩、氯离子检验报告、所使用的预埋件、钢筋的合格证及检验报告，模壳混凝土的施工记录、隐蔽记录、质评资料。

B. 模壳吊装：

a. 模壳安装吊点，拼装吊点埋件的形式和位置见深化图（略）。

b. 根据设计，每根下支腿模壳共23节，第1节至第15节模壳每一节由4个L形组成矩形，第16节至第21节模壳每一节由2个L形组成U形，第22、23节模壳为2块预制混凝土平板。为减少高空作业，提高拼装精度和速度，在吊装前，先在地面将2个L形模壳拼装成U形，拼装工作在用型钢制作的工作平台上进行，用一台15t汽车吊配合拼装。

c. 下支腿模壳吊装前，先安装靠塔身一侧的竖向槽钢和木枋，上铺18mm厚木夹板作垫板，并用仪器检查槽钢的倾斜度是否与下支腿一致，校正无误后，在垫板上放出模壳定位线，再吊装支腿模壳。

d. 连梁和环梁混凝土模壳吊装前，先在钢管支撑架上安装木板、铺设18mm厚夹板作垫板，检查校正夹板顶面标高与模壳底面标高一致后，在夹板上放出模壳边线和中线，再将模壳吊装就位，最后用木枋和钢管加固。

e. 模壳拼装成U形后，构件体形较大，为防止变形，转运、吊装前用型钢支撑进行加固。

f. 用于吊装的钢丝绳、卸扣、滑轮、葫芦等工具应进行质量检查。起吊由经验丰富的吊装技师指挥，进行全面检查确保无误后，方可起吊。为了避免局部集中受力破坏，用葫芦调整钢丝绳，使模壳基本达到就位角度后，再吊往安装部位。

g. 模壳吊装就位后，利用千斤顶、葫芦等工具，在测量配合下校正模壳位置，采用$\phi48\times3.5$mm钢管和木枋临时固定，待模壳进行焊接连接后，用型钢和对拉螺杆进行加固。

h. 由于位于标高63.235~84.580m的支腿模壳与塔身用螺杆连接固定（螺杆一端与模壳上的预埋铁件焊接，另一端穿过塔身墙体用螺母固定在塔体上），焊工不能下到模壳内焊接，所以当该部位模壳基本吊装到位后，应先将螺杆穿入预留孔，并与模壳上的预埋件焊接，最后将模壳与螺杆一起推到位，拧紧螺母，完成模壳的安装。

i. 所有模壳吊装均采用塔吊。

4）钢筋绑扎：

下支腿钢筋绑扎按施工程序，与预制混凝土模壳吊装交叉进行，即在靠塔身一侧的U形模壳吊装后先绑扎竖向钢筋和靠塔身一侧的水平箍筋，待整个模壳吊装完成后，工人再钻到模壳内将其他水平箍筋、预留插筋全部绑扎完。下支腿竖向钢筋连接和预留插筋采用"DEXTRA"平螺纹接头。

连梁和圈梁钢筋绑扎应在其混凝土模壳吊装后进行，先绑扎连梁、圈梁的主筋和梁中部的箍筋，梁两端的箍筋待预留插筋安装后绑扎。

钢筋绑扎采用浅灰色塑料垫块以保证钢筋保护层厚度满足设计要求。

所有钢筋在现场按料表下料加工，分类堆放，挂牌标识，用塔吊吊运到绑扎点。

5）混凝土浇筑：

8根下支腿混凝土逐个分层浇筑，对称进行，每次混凝土浇筑高度与每一节预制模壳高度相同。第一层连梁与环梁混凝土同时浇筑，T12层以下连梁和下支腿、圈梁混凝土浇筑采用泵送混凝土，T12层以上支腿混凝土浇筑采用塔吊吊运混凝土。

混凝土浇筑前的准备工作和现场管理工作见“混凝土浇筑方案”。

支腿、连梁及圈梁混凝土浇筑方法：

A. 沿塔身一周在支撑架上搭设工作平台，在平台上布置输送管；

B. 混凝土浇筑时均采用串筒分层下料，分层振捣，每层下料厚度为500mm，每节支腿分8次下料振捣；

C. 混凝土输送泵采用国产HBT-100型混凝土输送泵，配高压泵管，内径125mm；

D. 混凝土输送泵管布置。

E. 每次浇筑混凝土前，先用清水清洗泵管，再用水泥砂浆润管，并在平台上准备一个1.5m^3的钢制容器，将污水和润管砂浆收集后，吊运到地面处理；

F. 备用一个1m^3的混凝土吊运料斗，在混凝土输送泵发生故障时吊运混凝土，避免出现混凝土施工冷缝；

G. 采用ϕ50的插入式振动器振捣混凝土，在钢筋密集处使用ϕ35的小直径振动器振捣，以保证混凝土振捣质量；

H. 混凝土浇筑完毕，应及时清洗泵管，污水排放到1.5m^3的钢制容器内，不得流入新浇混凝土中。新浇混凝土顶部用麻袋覆盖，浇水养护；

I. 连梁、圈梁的混凝土浇筑，从梁的一端向另一端连续浇筑，并按斜面分层法浇筑，分层厚度不超过0.5m。

6）施工人员上下：

下支腿施工人员采用2种方式上下到达各个工作点：

A. 通过搭设在W轴线处的临时楼梯上下。

B. 先经N与NE轴线间的广场层门洞进入塔身内，乘坐施工电梯到达T5、T10、T12层，再从观光窗洞口出到塔外，再经专门搭设的通道到达各个工作点。

7）预应力筋张拉、灌浆、平板千斤顶张顶的施工：

A. 在每个支腿与塔身环梁连接处、15～17层间共设有27根ϕ56的预应力锚杆，每条支腿设一个千斤顶；支腿、连梁、圈梁施工完毕，混凝土达到强度后，先进行预应力锚杆的张拉、灌浆，再进行千斤顶的张顶和灌浆；

B. 预应力锚杆在埋设前，应具有生产厂家的合格证，并按有关规范进行检验，合格后才允许使用，所使用的张拉机具、仪表，在施工前应先检测其性能、精确度并进行标定；

C. 对灌浆孔道，其两端应先排气通顺，以保证孔道灌浆密实；

D. 对所用的灌浆料，应符合图纸规范要求，并得到项目经理批准；

E. 平板千斤顶设置在支腿与塔身环梁相交处，在支腿施工时安装，一定要注意千斤顶的中心必须与支腿的中心线相重合，以保证支腿轴心受压；

F. 预应力锚杆张拉和平板千斤顶张顶施工另外编制方案。

8）支腿、连梁、圈梁、塔身相交处施工：

在支腿与连梁、连梁与塔身相连处，均设有接力钢筋，并加套 $\phi64$ 的套管。按设计图纸 ST2066 的要求，在支腿连梁施工时，连梁两端与支腿和塔身相接处用聚苯乙烯材料隔离，在平板千斤顶张顶后，进行接力筋套管及接头缝隙的灌浆。

(3) 质量保证措施

在澳塔支腿施工过程中，控制工程质量关键在于支腿外观形状（包括颜色、轴线、标高）以及钢筋混凝土、预应力锚杆张拉、平板千斤顶的张顶及灌浆质量。为此，应做好以下几点：

1）严格控制模壳的进场，对不满足工程要求的一律拒绝验收进场。

2）制成模壳的混凝土，所使用的水泥、骨料、外加剂应与塔身混凝土成分相同。

3）模壳的吊装、加固过程中，应小心操作，轻提轻放，以免损坏模壳。

4）在支腿、连梁、圈梁混凝土浇筑前，应复核其轴线、标高，混凝土浇筑过程中，测量人员应跟踪测量，混凝土浇筑高度每达 1m 观测一项，以便及时调整；浇筑完毕后，发现有偏斜，应立即用备用的 10t 千斤顶纠正。

5）钢筋的绑扎必须严格执行施工规范要求，按设计图纸所示的直径、位置、数量进行绑扎，钢筋的连接、锚固、保护层等必须满足有关 规范，经业主现场代表验收合格后，才允许进行下步施工。

6）做好混凝土的进场检测、取样，对不合格的混凝土必须拒绝进场，并控制好混凝土下料、振捣，避免漏振、过振。严格按规范进行混凝土施工的各项工作。

7）平板千斤顶的张顶，预应力锚杆的张拉，必须控制好张拉力的大小。

(4) 安全保证措施

1）支腿、连梁、圈梁的施工属高空架上作业，必须对操作平台实施全封闭防护（图 7-28），架上满铺架板，平台两侧设栏杆，并满挂水平及竖向安全网，防止坠落；

2）不得在操作平台上乱扔杂物、工具，防止落物伤人；

3）在大雨 、暴雨、六级以上大风来临前，应暂停施工；对操作平台上的机械设备必须捆绑牢固，或及时吊运至地面；

4）不得在操作平台上集中堆放大量材料，对吊至平台上的钢筋、钢管应及时分散堆放，避免荷载集中；

5）执行“澳塔项目安全生产方案”。

7.5　上支撑及塔楼钢结构施工

7.5.1　上支撑施工

(1) 工程概况

在塔身标高 +184.800～+224.480m 区间，与 8 条下支腿相对应，设计有 8 根上支撑，既托住 6 层塔楼成为塔楼的承重结构，又构成塔楼特殊造型和塔楼与塔身的平滑过渡。

上支撑设计仍然采用预制钢筋混凝土模壳安装后扎筋、浇筑混凝土的结构形式。但由于上支撑与塔身以夹角 13.9387°逐渐向外张开的倒锥形，施工难度极大，经与业主工程师多次协商，并得到设计单位 CCMBECA 的同意，将上支撑改为劲性钢框，外挂预制钢筋混凝土模壳。模壳与钢框间采用灌浆填充，钢框内浇灌混凝土，因钢框内空较小，钢框的分节较长，普通混凝土无法浇灌，拟采用高抛自密免振混凝土浇灌。另支腿与塔身由6道径向梁连接，亦改为劲性配筋钢筋混凝土。

(2) 上支撑施工

1) 塔身上支撑座磁施工：

塔身上支撑座礅是上支撑在塔身上的结合点，是一个十分重要的节点。必须确保座礅的预埋铁件与支撑中轴线相垂直；否则，将影响结构的传力和受力效果。同时，由于8条上支撑对塔体的局部承压，为了抵抗这种局部荷载，设计采用了向内变截面增厚的环梁形式来进行平衡。其施工程序和方法如下：

A. 塔身爬模施工到环梁变截面时，按第7.3节塔身变截面（环梁）施工，并埋设预应力锚杆和预埋施工平台的穿墙螺栓套管；

B. 塔身爬模超过支撑座礅位置以后，利用爬模下吊架在+184.0m标高处安装施工平台，再用钢管在施工平台上搭设支撑座礅施工操作架；

C. 利用观光电梯窗洞作为施工人员进出口，塔吊吊运材料，进行扎筋、支模，用布料机接长出料管定点布料入模，浇筑座礅混凝土；

D. 最后拆除模板，用塔吊运往地面，待座礅混凝土达到强度以后，开始上支撑施工。

2) 上支撑施工：

因为上支撑是塔楼的托柱，其施工顺序必须与塔楼钢结构的吊装顺序相一致，采取水平方向从Ⓝ轴→Ⓢ轴，Ⓢ轴→Ⓝ轴顺时针对称旋转，垂直方向逐节分段往上施工的方法，其施工程序和方法为：

A. 施工准备：

上支撑为劲性混凝土结构，外包F5x预制混凝土模壳，其劲性钢柱、预制混凝土模壳吊装是施工中的重点、难点。在T53~T58层间上，支撑斜柱与塔楼钢结构吊装同时施工，吊装构件多、量大，施工精度要求高。为了加快施工速度，提高施工安全性，根据上支撑斜柱钢构件、预制混凝土构件数量多、单件重量较轻、长度较长的特点，在吊装过程中采取：①在地面尽量拼装成组合件再吊装。将劲性钢柱与塔楼辐射梁拼装成“7”字形，其中53

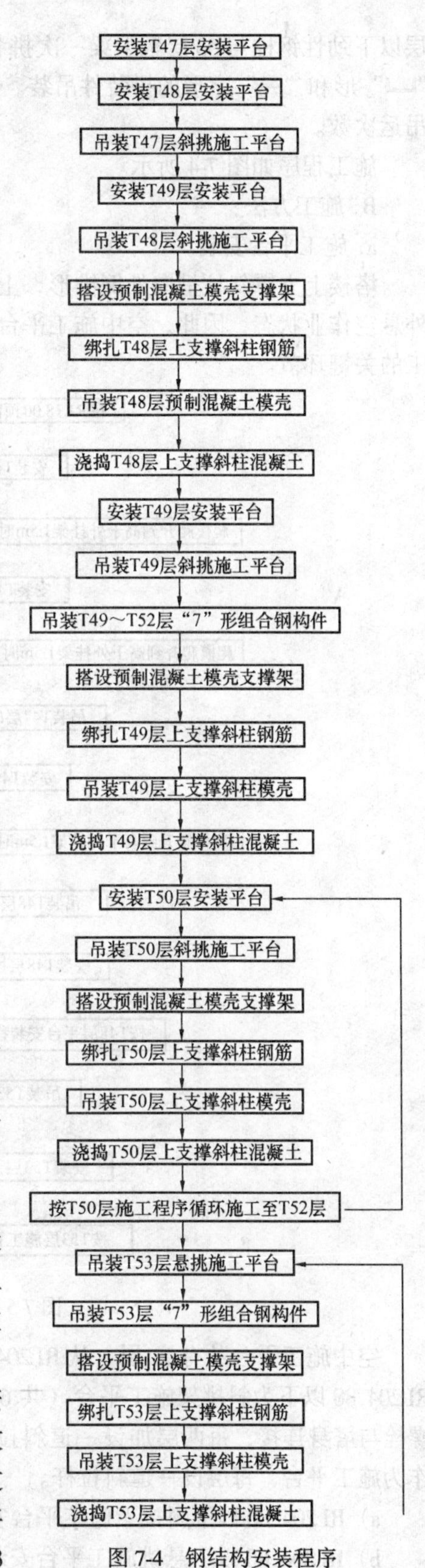

图7-4 钢结构安装程序

层以下劲性钢柱与53层辐射梁一次拼装成形、吊装就位。将预制混凝土模壳拼装成两块“凵”形和“一”字形的拼装件吊装。②将零散构件、材料捆绑吊运到施工层，尽量减少吊运次数。

施工程序如图7-4所示。

B. 施工方法：

a. 施工平台安装。

塔楼上支撑斜柱呈向外倒锥形，上端头处距离筒壁约8m，整个施工过程始终处于塔外悬空作业状态，因此，空中施工平台的安装成功是保证上支撑斜柱以及整个塔楼顺利施工的关键环节。

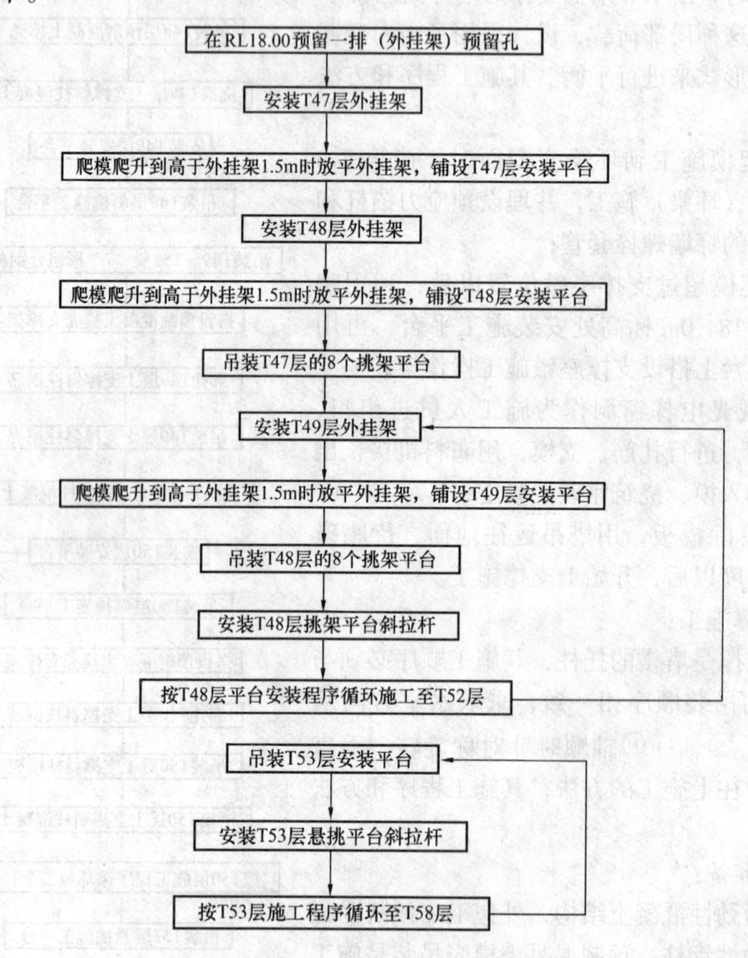

图7-5　斜挑平台安装程序

空中施工平台共有11层，从RL204.80处（T53层楼面）划分为上、下两种结构形式。RL204.80以下为斜挑架施工平台（共6层），随斜柱倾斜向上，每4m为一层，通过穿墙螺栓与塔身连接，每两层加设一道斜拉杆；RL204.80以上由楼板向外伸出一个悬挑平台作为施工平台，每层设一道斜拉杆。

a) RL204.80以下斜挑架施工平台安装程序（图7-5）：

b) RL204.80以上悬挑施工平台安装程序（图7-6、图7-7）：

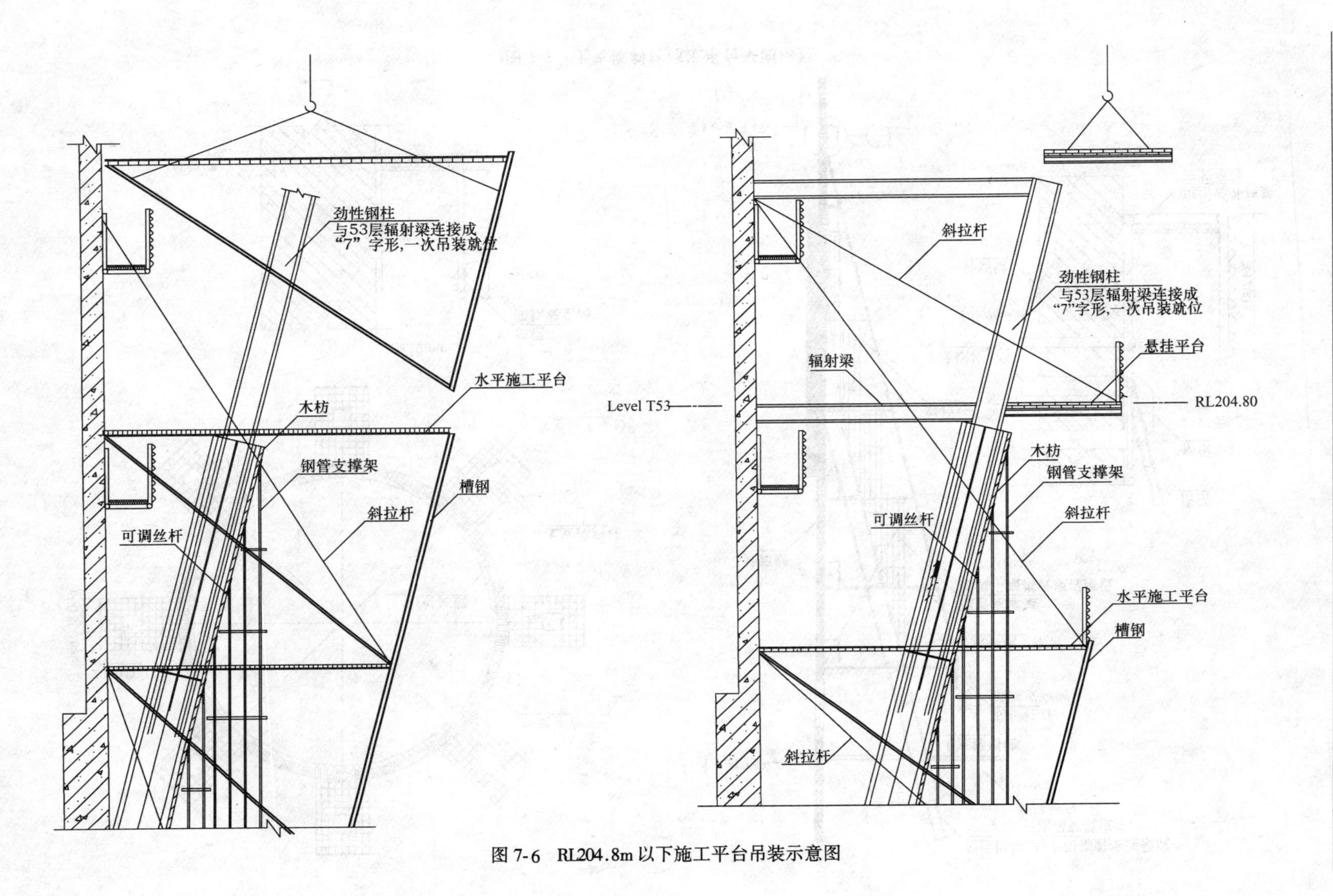

图 7-6 RL204.8m以下施工平台吊装示意图

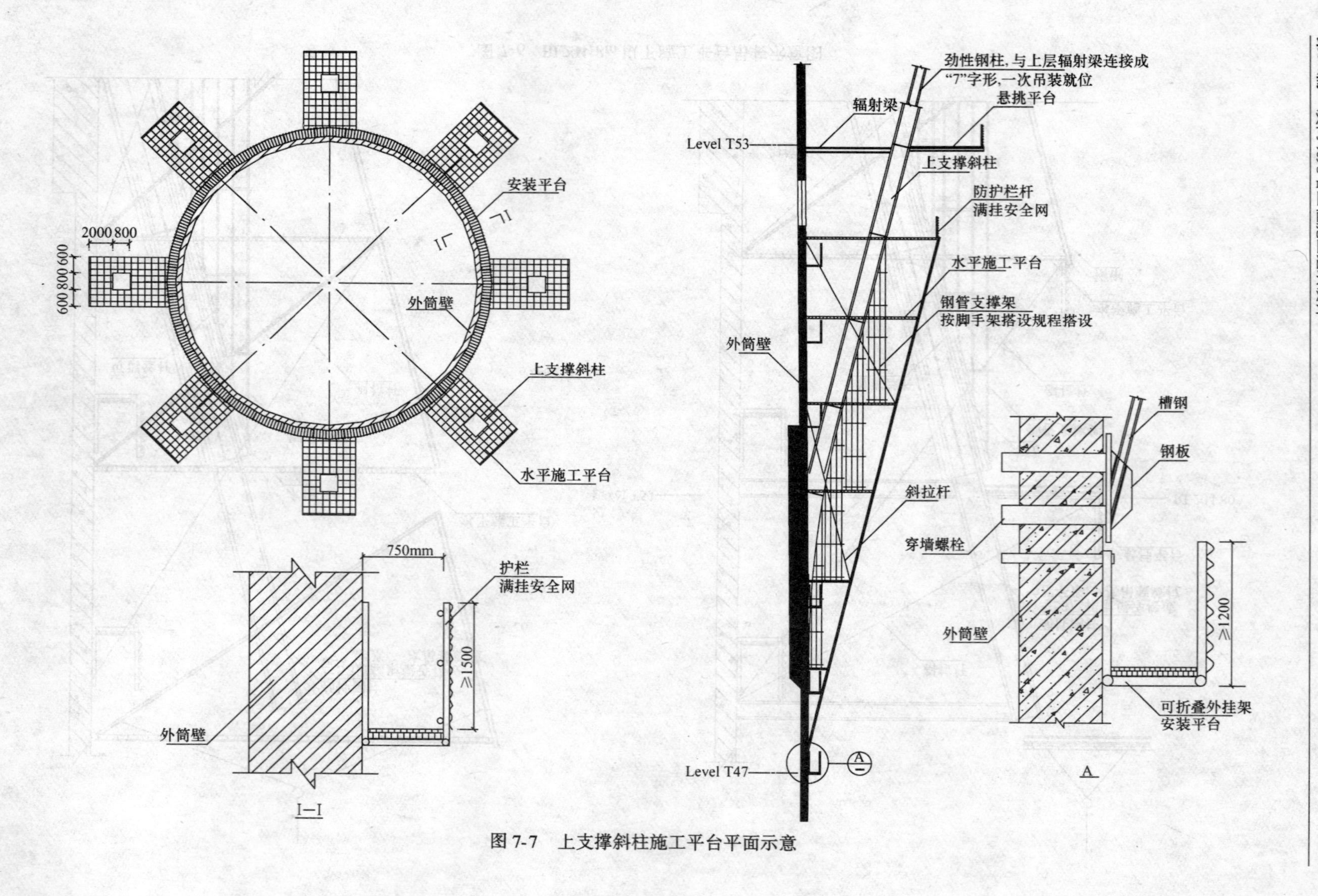

图 7-7 上支撑斜柱施工平台平面示意

b. 劲性钢柱吊装。

因塔楼钢构件在 RL203.80m 处与劲性钢柱连为一体，为方便施工，加快施工速度，在地面将上支撑斜柱劲性钢柱与塔楼辐射梁拼装成“7”字形组合件，经检验合格后，分节吊装就位。

c. 钢筋绑扎。

钢筋在现场加工成型，经检验合格后，成捆吊运至施工平台，与下层钢筋绑扎、焊接成型。

d. 钢管支撑架搭设。

支撑架采用碗扣式（扣件式）脚手架，主要部件包括：立杆、横杆、斜杆、可调丝杆等。

搭设程序如下：

在水平施工平台上铺设垫板→摆放扫地杆→逐根树立杆，扫地杆扣紧→安装各步大横杆、小横杆→安装剪力撑→安装可调丝杆。

脚手架立杆间距 0.5m，横杆步距 0.5 ~ 0.7m。

支撑架构造如图 7-32 所示。

e. 预制混凝土模壳吊装。

预制混凝土模壳在地面拼装成两块“凵”形和“一”形拼装件，经检验合格后，首先将“凵”形模壳吊运至上支撑斜柱侧下方就位，再吊“一”形模壳至斜柱侧上方就位，并与“凵”形模壳固定牢固，用密封胶密封结合部。经测量校对后，调节脚手架可调丝杆顶紧模壳。

空中施工平台操作空间有限，钢管、钢筋等竖向阻碍物较多，加之模壳最后就位时呈斜向滑落就位，在吊装过程中极易因撞碰造成预制混凝土模壳边角损坏。因此，在起吊前应对模壳边角，尤其是下口边角进行保护，以免损坏。

模壳吊装见“预制混凝土模壳吊装程序图”。

f. 混凝土浇筑。

混凝土由塔吊吊运至水平施工平台，通过串筒向上支撑斜柱分层浇筑。

浇筑前，应先将底部铺设一层 5 ~ 10cm 厚与混凝土成分相同的砂浆，并仔细振实，使新旧混凝土紧密结合，然后再进行正常浇筑。混凝土振捣采用插入式振动器，在振捣过程中，以混凝土表面出现浮浆和混凝土不下沉为准来掌握振捣时间。振动器移动间距不宜大于作用半径 1.5 倍，与模壳间距不宜大于作用半径的 0.5 倍，插入下层混凝土深度不得小于 500mm。浇筑中振动器应避免碰触钢筋、预埋件、混凝土模壳。为防止新筑混凝土失水，混凝土浇筑完毕后，应及时在模壳上口对混凝土面进行覆盖和浇水养护。

g. 施工平台拆除

上支撑斜柱施工完毕后，在爬梯的辅助下，用塔吊从上至下将平台和安装平台逐层拆除，边拆除、边取出穿墙螺杆；同时，将预留孔洞修补完好。修补方法见“混凝土修补方案”。

C. 成品保护：

上支腿施工工期紧，空中作业面小，各工序穿插作业多，如何进行成品保护对整个工程质量，尤其是外观质量产生极其重要的影响，必须妥善进行好成品保护工作，才能保证工程优质、高速地进行。

a. 施工平台上临时堆放材料或半成品应分类、分规格、均匀、分散堆放整齐、平直；

b. 成品、半成品上不得堆放其他物件；

c. 钢筋绑扎成型、支模成活后，及时将多余材料及垃圾清理干净；

d. 施工作业人员不得任意攀爬、踩踏成品、半成品；

e. 安装预留、预埋应在支模时配合进行，不得任意拆除模板、打洞开槽；

f. 吊装过程中应协调配合，防止施工平台、模壳、劲性钢柱等重物撞击塔身混凝土面，不得重锤击打混凝土面；

g. 雨期施工，应按雨期施工要求对钢筋、模板、混凝土等成品、半成品进行覆盖保护；

h. 预制混凝土模壳达到足够强度时方能吊运。吊装时，应对模壳边角进行包裹处理。

D. 安全措施：

a. 施工过程中，由专人指挥，操作人员必须集中精力，服从指挥、相互配合，确保作业安全；

b. 高空作业应严格遵守高空作业技术规程；作业时，要佩戴必要的安全防护用品；

c. 工具应放置在可靠地工具袋内，严禁上、下抛掷物品；

d. 由于高空作业平台场地狭小，作业过程中应注意障碍物的干扰；

e. 施工平台和安装平台外侧设不低于 1.5m 的钢管防护栏，同时满挂安全网；

f. 平台上不得集中堆放物品；

g. 施工用电必须符合规范要求，严禁随意走线。

7.5.2　塔楼钢结构吊装

(1) 工程概况

塔楼位于标高 +224.480 ~ +242.600m 之间，共 6 层，呈锥形，由辐射状径向钢梁、环向钢梁和钢柱组成稳定的结构体系。在标高 +242.600 ~ +252.800m 间是二层悬挑钢梁，上铺格栅板。整个塔楼构件总数包括钢柱、钢梁、钢支撑约 1400 件。构件最长 16.325m，最重近 2t。压型钢板约 5500m^2，钢格栅近 1500m^2，钢筋混凝土构件主要为 T53 层的预制环向板。

钢结构的主要连接形式是高强螺栓连接，其安装质量直接关系到整个钢结构工程的施工质量。高强螺栓为扭矩型，主要规格为 M20-8.8/S，少量 M16、M24、M30-8.8/S，且热浸镀锌。

(2) 塔楼钢结构吊装

1) 施工准备：

A. 塔楼钢构件要在工厂进行单元试拼装，并经严格检查验收合格后才能运往现场。现场验收人员应按图纸和加工计划，对构件进行数量、外观形状和尺寸、埋件数量逐件检查验收；

B. 在塔楼每层楼面下 1.20m 处，随塔身爬模施工，利用爬模吊架预先安装临时施工平台；

C. 径向钢梁在地面用钢管预先焊好栏杆，拉好安全绳，并在端头系好缆风绳，以便吊装时临时固定、调整，施工人员能在梁上安全行走、作业；

D. 对塔身预埋件进行质量、数量检查，表面清理，并根据测量放出连接板定位线，在检查无误后，按图纸和制作编号，装上连接板。

2）施工方法：

A. T58～T65层钢结构吊装分为T58～T60层、T60～T61、T61～T63、T63～T65层四段进行，每段吊装顺序为：水平方向从Ⓝ～Ⓢ轴，Ⓢ～Ⓝ轴顺时针方向对称安装；垂直方向按照楼层分段，逐段往上吊装。

B. 根据结构的设计形式，构件只能单件安装。柱子以连接节点作为吊点，梁采取两点或多点吊装。构件吊装就位以后，用葫芦缆风绳进行测量校正，螺栓固定。柱子吊装两根以后，在柱子上挂安装爬梯，进行环向构件连接，使其形成局部稳定结构。

C. 每层柱梁吊完后，安装压型钢板或格栅板，按设计规定熔焊栓钉，然后交付土建施工。

D. 在每层楼安装完后，利用塔吊将该层楼工艺设备吊装就位，满足业主指定分包的要求。

钢结构安装工艺流程如图7-8所示。

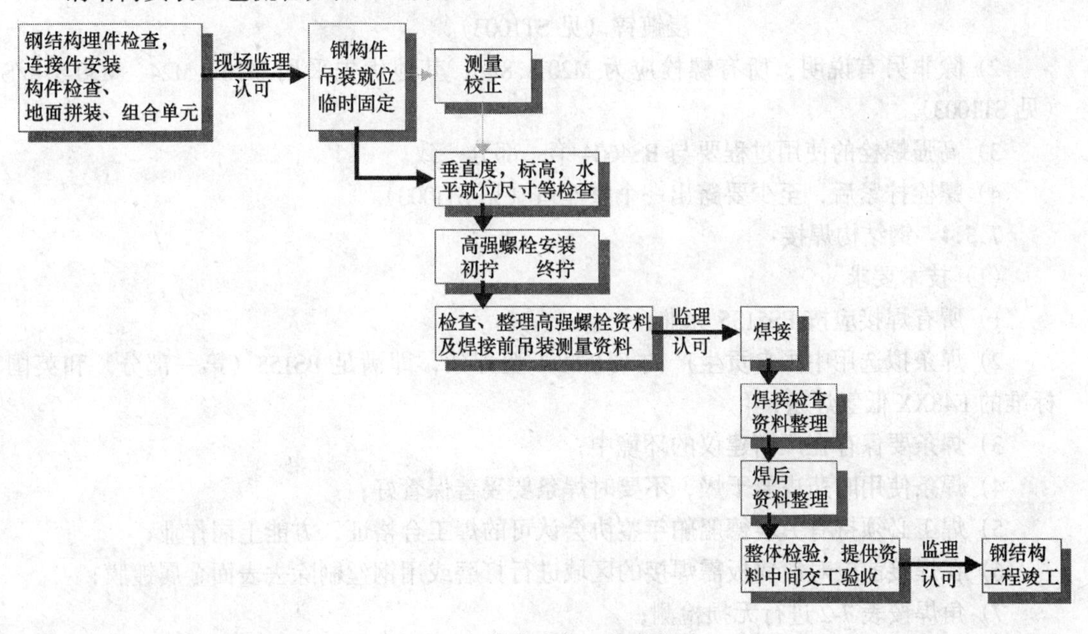

图7-8 钢结构安装工艺流程图

7.5.3 高强螺栓施工

（1）施工准备

施工工具：扳手、电动扭矩扳手、测力扳手。

（2）施工程序

钢结构施工程序如下页框图所示。

（3）高强螺栓施工

1）按图纸要求领取高强螺栓，开箱检查规格应符合图纸要求，符合BS4395标准；

2）电动扭矩扳手使用前须检查、校正，扭矩值应满足要求；

3）使用过程中，应保证高强螺栓连接副的干净、无损；

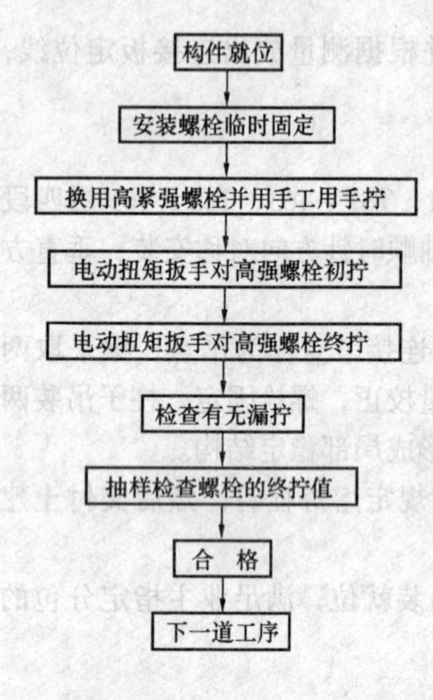

4）由中间向两边将钢结构节点处的普通螺栓换成高强螺栓，并用手工扳手依顺序初步拧紧；

5）将电动扭矩扳手扭矩值调至初拧扭矩值，对高强螺栓进行初拧（初拧顺序应由中间向两端）；

6）高强螺栓初拧后24h内必须完成终拧，初拧完成后，将电动扳手扭矩值调至终拧值，依顺序对初拧过的螺栓进行终拧；

7）每个施工段螺栓终拧完成后，应用专用工具检查螺栓是否漏拧，并抽查螺栓的终拧扭矩是否达到设计值；

8）在安装高强螺栓时，高强螺栓应能自由穿入螺孔，严禁强行敲入螺孔；对少量不能自由穿入的，应用铰刀铣孔，铣孔最大值2mm，螺栓的穿入方向应保持一致。

（4）高强螺栓的技术要求

1）高强螺栓、螺母和垫圈应符合BS4395标准，且热浸镀锌（见ST1003）。

2）除非另有说明，所有螺栓应为M20-8.8/S，其他优先采用M16、M24、M30-8.8/S（见ST1003）。

3）高强螺栓的使用过程要与BS4604第一部分一致。

4）螺栓拧紧后，至少要露出一个整丝口（见STI003）。

7.5.4　钢结构焊接

（1）技术要求

1）所有焊接应按BS5135标准；

2）焊条拟选用中国自贡生产的CHE58-1型焊条，即满足BS153（第一部分）和英国标准的E48XX低氢焊条；

3）焊条要保存在厂商建议的环境中；

4）焊条使用时药皮要干燥，不要时焊条要妥善保管好；

5）焊工必须持有劳埃德船舶年鉴协会认可的焊工合格证，方能上岗作业；

6）在焊接前应对镀锌板需焊接的区域进行打磨或用钢丝刷除去表面金属镀膜；

7）角焊按表7-2进行无损检测；

无损检测要求　　**表7-2**

目　测	无损检测百分率（%）		
	外观检测	磁粉探伤	X射线
100	25	20	无

8）对接焊中，前10个焊点（焊缝尺寸、焊接材料、焊接的几何形状、及焊接方法相同）用超声波100%探伤检查，其后25%的焊缝应被探伤。

（2）焊接前准备

1）焊接操作工人应经劳埃德船舶年鉴协会认可的专门焊接考试机构考试合格后，方能上岗作业；

2）焊工上岗前进行技术交底，对重点部位和质量要求组织学习，提高责任心；

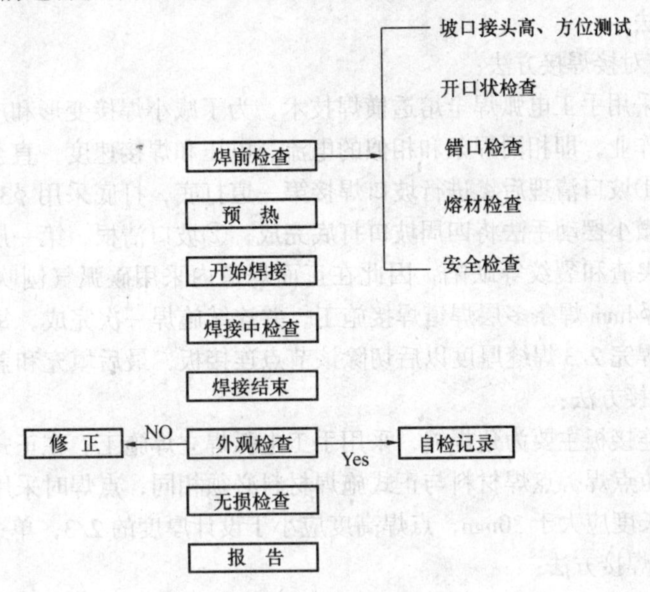

图 7-9 焊接流程图

3）做好焊工防护用品和安全用品的发放和使用；

4）塔身与径向梁（钢梁）的连接板，因土建爬模偏差影响，有部分连接板需二次切割加工，采取半自动气体切割机进行现场定位加工；

5）焊条应按出厂要求指派专人负责进行烘培和保温，并做好记录，做到随用随取，剩余焊条烘培不超过二次；

6）连接板定位组装时应认真检查组装的间隙、垂直度、孔位偏差等；

7）在焊接边缘外 50mm 范围内，对母材表面进行油污、铁锈、水分等清理和除湿。

（3）焊接工艺

1）焊接工艺流程，流程图如图 7-9 所示。

2）焊接工艺参数选择（表 7-3）。

焊接工艺参数表 表 7-3

焊接方法	焊条直径	焊接设备	电流（A）	电压（V）	焊接速度（mm/min）	焊接极性
立焊	ϕ3.2 ϕ4	交直流	80～110 100～150	15～30 20～40	80～130	正接
横焊	ϕ3.2 ϕ4	交直流	90～130 110～160	20～30 20～40	100～160	正接
仰焊	ϕ3.2 ϕ4	交直流	70～100 100～150	15～30 20～40	50～100	正接
平焊	ϕ3.2 ϕ4	交直流	100～150 120～200	20～30 20～40	120～180	正接

注：该参数根据现场电流、电压和焊接材料不同情况做调整，并经 ETS 认可。

（4）焊接顺序

（5）焊接方法

1）劲性钢柱对接焊接方法：

焊接方法：采用手工电弧焊全熔透横焊技术，为了减小焊接变形和应力集中，采用双人对称同步施工作业，即相同焊条和相似的电流、电压和焊接速度，直至焊接完该节点。

焊接步骤：①坡口清理后，进行坡口焊接第一道打底，打底采用 ϕ3.2mm 焊条，用适当的焊条角度和微小摆动手法将四周坡口打底完成；②坡口清根，第一层焊缝打底完后容易发生未焊透、夹渣和裂纹等缺陷，因此在正面焊道内采用碳弧气刨吹掉熔渣或刨成槽子；③坡口采用 ϕ4mm 焊条多层焊道焊接施工，并连续施焊一次完成，每一层焊道完成后应及时清理，当焊完 2/3 焊缝厚度以后切除该节点连接板，最后填充和盖面。

2）连接板焊接方法：

塔身埋件与连接板主要为角焊缝，采用手工电弧焊立焊施工。在正式施焊前，应对连接板进行组装定位点焊，点焊材料与正式施焊材料必须相同，点焊时采用回焊引弧，落弧填满弧坑，点焊长度应大于 30mm，点焊高度应小于设计厚度的 2/3，单边应不少于三处。

3）模壳组装焊接方法：

组装成“口”形的模壳内表面连接板的焊接为一般角焊焊接，主要采用立、仰焊焊接施工。采用 ϕ3.2mm 焊条以小电流、小摆动、快速焊接技术从中间向两边施焊，以减小模壳混凝土受热区，确保焊接质量。

4）栓钉熔焊施工方法：

A. 栓钉熔焊采用 2500 型熔焊机，配用焊枪进行栓钉焊接。焊接前应检查栓钉规格尺寸和质量，清除油污，在栓钉焊接区域内清除氧化皮、铁锈、水分等妨碍焊接的杂质。瓷环保护套应保持干燥，使用前在烘箱中烘培 120℃1.5h 左右，随用随取。焊接方法采用平焊施工，焊接时操作工人手握焊枪与焊接面呈垂直状，倾斜度不超过 10°，焊接电流和焊接时间的确定应在现场试焊后，经检查合格后确定。

B. 栓钉熔焊检查：

a. 目测检查。主要检查栓钉熔焊挤出焊脚的焊缝表面成型情况，表面四周 360°成型光滑、厚度一致，无缺边为合格。

b. 敲击检查。敲击采用 1 磅榔头敲击栓钉头部，使栓钉弯曲 15°；若不出现根部断裂，则认为合格。

c. 栓钉返修。不合格栓钉打掉以后，其部位应打磨光洁和平整；若母材受损部位出现凹坑应采用手工焊填平表面，并重新焊接新的栓钉。损坏的栓钉应被替换，不可修复再使用。

（6）焊接检验

1）焊缝外观检查　主要采用施工方自检和专业检进行外观检查，检查按照英国标准进行。自检由焊接工程师、焊接技师和质量检查人员组成。专业检有施工方质检人员与总包、监理等几方有关人员组成，复查检验。

2）焊缝内部检验　主要有超声波探伤和磁粉无损检测来完成，该项检测由第三方已取得资质合格证书的专业检测人员进行。对所检测项目的评定必须负责任并提交书面证明，交工、存档、核查。

(7) 焊接安全要求

1) 必须穿好安全带，工作时将安全带拴牢。

2) 操作平台上要搭好跳板及脚手架，周边挂安全网和防风彩条布。

3) 在攀登爬高时，必须先用手试一下攀登物是否牢固。

4) 高空作业中，火星所及的地方，采用木板铺设隔离或采用集火桶吊挂在下方，防止火花下落伤人。

5) 焊接操作时，除专职人员负责监护外，当班作业电工应密切注意焊工动态，检查电源开关和设备使用情况，若有危险立即拉闸。

7.6 桅杆及基础施工

7.6.1 工程概况

桅杆位于塔身顶部的 +252.8 ~ +342.8m 处，全高 90m。根据正式施工图设计，自上而下分段情况为：ϕ4.5m×壁厚 20mm 钢爬梯筒，高 10m；ϕ3.5m×壁厚 20mm 钢爬梯筒，高 23.88m；以钢管为主腹杆的梯形钢构架，高 40m，上部分布在钢爬梯筒外，下部分布在桅杆基础周边；ϕ2.5m×壁厚 20mm 钢桅杆，高 15m，分为 6 段，每段高 5×2.8+1m，重约 5t；ϕ1.5m×壁厚 20mm 钢桅杆，高 15m，分为 4 段，每段高 3×4.7+1m，最重约 4t；ϕ0.6m×壁厚 16mm 钢天线，高 20m，分为 2 段，每段高 10m，重约 5t。桅杆基础板呈圆台状，位于塔身顶端，其板面标高为 252.800m，板顶直径 12.000m，中部直径 7.300m 范围内的板厚 0.800m，其余外围板厚 1.300m，混凝土方量 133.48m^3。顶板中部留有供人员上下的孔洞，其距塔心半径为 2.250m，近似半圆状。在顶板Ⓢ ~ ⓈⓌ 轴之间，距塔心 4.195m 处，因施工所需留有 2.2m×2.2m 的塔吊孔洞，须待上部桅杆吊装完毕，塔吊拆除后，再封堵塔吊洞口。

钢爬梯筒及钢桅杆之间采用法兰螺栓连接。其中，变截面处为外法兰；等截面处为内法兰。

钢构架高 40m，重约 46t，是钢桅杆的下部承重构件。

7.6.2 桅杆基础施工

(1) 主要施工方法步骤

混凝土桅杆基础板的施工应以基础板的施工为中心，结合爬模体系的拆除，塔吊平移等综合考虑。采取在爬模体系的内模板、内吊架拆除完毕，塔吊平移后，通过在筒身内壁上埋设铁件，架设 360UB 钢梁作板底模支撑，利用爬模的外模作边模，平台作钢筋混凝土施工的操作架，待混凝土施工完毕，再拆除爬模体系的外模板，顶升装置及平台的方法。详细施工步骤如下：

1) 在爬模体系进入塔楼施工后，仍按 4.0m 一层的爬升高度施工，塔身墙体施工最后一次爬升系由标高 248.800m 爬升至 252.800m 的施工高度，爬升高度为 4.0m。

2) 爬模完成爬升后，按常规进行墙体的钢筋混凝土施工，塔身墙体混凝土最终浇筑高度由桅杆基础板的厚度确定，外筒身浇筑至标高 251.500m 处，内墙浇筑至标高 251.950m 处，并在标高 248.890m。外筒身埋设爬模固定螺栓，以便爬模体系的最后一次爬升。筒身内壁上预埋支撑钢梁用的铁件，内墙上须留设钢梁穿过的凹槽。

3) 塔身墙体施工完毕后，随即转入桅杆基础板的施工，因施工高度不够（平台钢梁距桅杆基础板面仅 700mm），爬模体系还需进行最后一次爬升，即由 252.800m 爬升至 253.700m，爬升高度为 0.9m，爬升完成后，在预埋铁件上焊接支撑钢梁用的钢牛腿。

4）爬模体系内模板，内吊架的拆除在最后一次爬升完成后进行，首先将内模板分割成宽度适中的部件，由塔吊直接吊运至地面，接着拆除原支撑在内隔墙上的两道 YOKE 梁，最后拆除吊架。内吊架的拆除应由下至上，逐步拆除安全网、吊架铺板等，再将单个吊架由塔吊吊运至地面。

5）因塔吊需向外平移，须对平台钢梁进行改造，可先在 F8 两侧，即 F9～F8、F8～F7 之间连接两根 310UC 钢梁，钢梁之间的连接采用电焊焊接。施工完毕后，再割除 W1 钢梁。

6）平台改造完毕后，将塔吊沿半径向外平移 0.9m。施工人员的上下由施工电梯经塔吊塔身至爬模平台。

7）以上工作完成后，即可开始桅杆基础板的施工，首先吊装支撑 360UB 钢梁，由塔吊将已下料加工好的钢梁整根经爬模平台吊入塔身内，钢梁的下端系好粗绳，粗绳的另一端与悬挂在平台钢梁下的手动葫芦相连，由人工操作葫芦，与塔吊吊钩相配合，将 360UB 钢梁放置在塔身墙体上。

8）安装 360UB 钢梁时，应先将所有支撑钢梁统一吊放在塔身大约Ⓦ轴与ⓈⓌ轴之间的墙体上，再由工人操作葫芦将钢梁逐一转向安装在预留钢牛腿上。

9）支撑钢梁安装就位，并逐根检查钢梁的标高、间距，并用电焊点焊在钢牛腿上。

10）因桅杆基础板中部直径 7.300m 范围内的板厚为 800mm，外围板厚为 1300mm，板底位于不同的标高，在支底模时，须先在 360UB 钢梁上铺设外围 125PFC 间距 500mm 的槽钢，在其上铺设 100mm × 50mm 间距 300mm 的木方及 20mm 厚的菲林板。

11）桅杆基础板中部直径为 7.300m 范围内底模的支撑，采用在 360UB 钢梁上搭设钢管支撑架，支撑架选用 $\phi 48 \times 3.5$ 的钢管扣件搭设，须严格按图示尺寸位置进行，其中立杆间距 700mm × 500mm，底部横杆间距 500mm，上部横杆间距 700mm，并注意设置斜撑。

12）钢管支撑架搭设完毕后，将呈 45°斜面弧形模板安装就位，再根据爬模外模第二道对拉螺杆孔洞的位置，间距在弧形摸板上留出对拉螺杆的孔洞，待钢筋绑扎完毕后，再安装对拉螺杆。

13）桅杆基础板中部底模，采用在钢管支撑架上，铺设 100mm × 50mm 的木方及 20mm 厚的菲林板，木方间距 300mm，应注意控制模板的标高及接缝的宽度。

14）桅杆基础板中预留的人员上下的孔洞及塔吊洞口，其模板施工应在钢筋绑扎完毕后进行，采用 100mm × 50mm 的木方及 20mm 厚的菲林板作模板，$\phi 48 \times 3.5$ 的钢管扣件，及 M38 的可调丝杆作受力支撑，并注意按图所示支撑方式搭设。

15）经对桅杆基础板的钢筋、模板、预埋件等检查后，关爬模外模板，设置对拉螺杆，在 YOKE 梁上设外模顶撑，经验收合格后，利用平台上的布料机浇筑混凝土。

16）待桅杆基础板的混凝土达到强度后，脱开爬模外模板，在桅杆基础板上，采用 $\phi 48 \times 3.5$ 的钢管、扣件，搭设支撑平台用的支撑梁，其中承受平台荷重的立杆沿平台钢梁方向间距 1200mm，水平杆沿立杆方向上下各设一道，钢梁正下方的小横杆间距 1200mm，其余连接横杆沿钢梁方向设置 2～3 道。

17）钢管支撑架搭设完毕后，由爬模电动顶升系统放下平台支撑杆，松开塔身上的固定螺栓，将平台平稳在放置在支撑架上，并注意保持爬模平台大致水平。

18）拆除爬模体系时，首先切断平台电源，由塔吊负责吊运构件、拆除混凝土布料机、电动爬升装置等平台上的零星构件。拆除爬模外模板须先拆除平台外围连接钢梁后，由塔吊将外模整块吊至地面。接着，将辐射梁外端和 YOKE 梁、吊架一次拆下。再拆除辐射梁剩余部分。最后拆除钢管支撑架，从而结束整个爬模系统的施工。

19）当上部桅杆吊装完毕，塔吊拆除后，须对桅杆基础板上所留的 2.2m×2.2m 的塔吊洞口进行封堵。采用在预留的平螺纹套筒上连接钢筋后绑扎，底模则利用在尚未拆除的 360UB 支撑钢架上铺设 125PFC 槽钢、木方及菲林板，然后浇筑洞口混凝土，从而完成混凝土桅杆基础板的施工。

20）为了解决混凝土桅杆基础板在混凝土浇筑完毕后所产生的水化热，可在混凝土搅拌时采用冷水或冰水进行搅拌。混凝土浇筑完后，在桅杆基础板的底面、侧立面加聚苯乙烯泡沫包裹，顶部加聚苯乙烯泡沫及砂层覆盖。

（2）桅杆基础板混凝土测温保温

1）测温方法：

桅杆基础板混凝土测温采用在混凝土中测温位置预埋 ϕ25（内径）薄钢管或铜管，管内测温点注入深度为 50mm 左右的油，使用温度计插入油内量测温度的方法。

A. 测温点的布置。

测温点的平面布置，在板边选三处有代表性的测温点，板中选一处。

竖向测温点的布置以覆盖混凝土的竖向的温度分布为原则，考虑到桅杆基础板的厚度不大（最大 1.3m），可在每个测温处的上部和中部各布置一个测温点。另外在混凝土表面上布置一个测量混凝土表面大气温度的测温点。

B. 测温预埋管的安装。

测温预埋管在混凝土浇筑前埋入，采用 ϕ25（内径）薄钢管或铜管制作，下端封口。并用“井”字形的钢筋网片固定钢管于桅杆基础板的钢筋上，钢筋网片与钢筋的固定采用钢丝绑扎牢固。

2）测温安排：

A. 测温时间。

桅杆基础板混凝土从浇筑到硬化有一个升温和降温过程，这两个过程相对来说比较缓慢，尤其是降温过程，要使混凝土内部达到大气温度，往往需要一周以上的时间。为此，初步安排测温时间从混凝土浇筑完毕开始到第 8d 结束。如果第 8d 的内外温差还大于 20℃，则考虑延长一段时间（3～5d）。

B. 测温次数。

因混凝土中水泥的水化过程在混凝土浇筑后的 1～3d 内反映较为剧烈，温度的变化（上升）也相应较快。因此，在混凝土浇筑完毕的 3d 内，测温应每 1h 测量一次，并做好记录，监测温差。

混凝土在浇筑的第 4d 到第 8d，水泥的水化反应相对而言较缓，初步安排测温每隔 4h 左右进行一次。若发现内外温差仍大于 20℃，且温度变化较大，则应将测温间隔时间缩短到每 2～3h 一次。

3）测温操作：

A. 测温前，应在沸水中或其他方法检验温度计的测量精度。

B. 测温时，应将温度计与外界气温做妥善隔离，可在孔口四周及温度计的上方用软木或其他保温物塞住，量测时，先取出软木棍，将用细绳系住的温度计拉出测温孔读数。温度计在油内应留置 3min 以上，方可读数。

C. 测量读数时，应使视线和温度计的水银柱顶点保持在同一水平高度上，以避免视差。读数时，须迅速准确，勿使手或其他物接触温度计的下端。为防止温度计中的水银柱在拉出测温点时水银回流，须使用防回流型温度计。

D. 应按照测温孔、点编号，和测温时间填写测温记录，以备向业主报批。

E. 测温人员应同时检查覆盖保温情况，并了解混凝土的浇筑时间、温差控制要求、养护期限等；若发现混凝土内外温差超过 22℃，应及时报告施工负责人和技术部门，商量采取进一步措施，保证混凝土内外温差不大于 25℃。

4）混凝土面的覆盖保温措施：

混凝土表面覆盖保温，采用厚度不小于 38mm 的泡沫板作为保温材料。即在桅杆基础板的顶面和侧面加泡沫板进行包裹的方法。具体方法如下：

A. 在桅杆基础板混凝土浇筑完毕，混凝土表面强度达到可上人时，在顶板面加一层厚度为 38mm 的泡沫板，并加木枋或其他重物压紧泡沫板，以防被风吹走。

B. 桅杆基础板混凝土浇筑完毕 12h 后拆除外模板，2h 内在桅杆基础板侧面加泡沫板，用 $\phi 8$ 的钢丝绳或绳子将泡沫板箍紧于桅杆基础板侧面。泡沫板拼缝用胶带纸粘贴，保持密封。

C. 桅杆基础板的上人孔洞及塔吊洞口的侧面模板加 38mm 厚的泡沫板进行包裹。

7.6.3　桅杆施工

桅杆施工按下部 40m 和上部 50m 两部分分别考虑，采用塔吊吊装和内部顶升相结合的方法进行施工。即：下部 40m，包括钢桅杆 10m + 30m，和钢构架使用塔吊安装；上部 50m 则用塔吊逐节吊入下段桅杆内安放的顶升机上正装组合，然后一次顶升到位。边顶升边安装航空灯、避雷针、天线和平台，进行防腐处理。

下部 40m 钢构架是桅杆的承重结构，塔吊虽经平移，仍占据其部分腹杆位置。在安装时先用代用杆件临时加固，待塔吊拆除以后再恢复原杆件。

7.7　塔内楼梯墙架、楼梯和楼盖施工

7.7.1　工程概况

塔身设计 65 层楼盖，标准层高 4m。其中，T65 层为塔顶平台（桅杆基座），以上属桅杆系统。以下从 T65 ~ T53 层每层均设楼盖，而 T53 层以下只在偶数层设楼盖，奇数层为空层，不设楼盖，楼盖的结构形式主要为三种：

（1）在承重钢梁上铺压型钢板，在压型钢板上扎筋，浇筑 C35 混凝土，厚 140mm，此种形式以工作服务电梯平台为主，单层面积 3.3m^2；

（2）在承重钢梁上铺放镀锌锻造格栅板，此种形式以主管道井一侧楼盖为主，单层面积 3.4m^2；

（3）以上两种的混合形式。

在主管道井一侧紧靠连墙为安全疏散楼梯的墙架和楼梯。墙架为柱梁钢结构。楼梯原

设计 T1～PLAZA 和 T54～T61 层为剪刀形钢筋混凝土楼梯，其余为钢筋混凝土单跑转角楼梯，全部采用预制梯段。施工方法上原考虑用内爬塔吊把梯段从爬模平台吊装孔吊入塔内安装，后发现爬模平台吊装孔小于梯段宽度，加之内爬塔又占据楼盖主钢梁和梯段位置，吊装就位困难，经与业主代表工程师协商同意将 PLAZA～T54 层楼梯改为钢梁预制钢筋混凝土梯踏步形式，解决了吊装就位的困难。

7.7.2 施工准备

（1）对吊装绳具进行严格认真的检查，确保施工安全；

（2）对照施工图和加工表对每层钢构件型号、数量进行核对、验收；

（3）搭设吊装架，并测量定出钢构件的定位线和标高。

7.7.3 施工程序

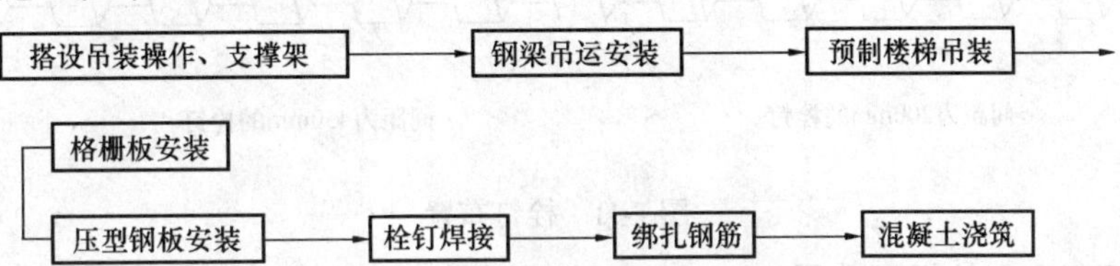

由于内爬式塔吊的影响，塔内楼板在爬模平台升至标高 30.000m 时开始插入施工。

7.7.4 施工方法

（1）吊装操作及支撑架的搭设。

为了满足钢梁、预制楼梯的吊装，以及钢梁的支撑，在已施工好楼层上采用扣件和 $\phi 48 \times 35$mm 钢管搭设，上铺木跳板。根据设计要求，复合钢梁下的支撑应满足每跨承受 2000N 的荷载，经计算，支撑立杆间距采用 1000mm × 1000mm 水平杆，间距 1500mm 能够满足要求。共需架杆约 6t，当本层楼板施工完后，将架杆和木跳板转运至上一层循环使用。

（2）钢梁吊装详见塔身内钢结构吊装作业指导书。

（3）预制楼梯吊装详见“预制楼梯吊运安装作业指导书”。

（4）锻造格栅板安装。

锻造栅板 WB323/1 在安装前先进行热浸渡锌处理，然后根据厂家要求固定到钢梁上。

（5）铺焊压型钢板。

预制楼梯吊装好后，压型钢板铺焊与格栅板安装同步进行。压型钢板所用剪力栓钉直径为 19mm、长 100mm，按相应梁表中的间距安装于压型钢梁上，栓钉到凸出部分位置边的距离不少于 25mm。

1）栓钉的布置。

A. 对与压型钢板线平行的梁，槽区应位于梁中心线上，栓钉布置如图 7-10 所示。

B. 对与压型钢板线垂直的梁、栓钉按梁表中所给平均间距进行布置。间距为 150mm 的每槽两个钉，间距为 300mm 的每槽一个钉，间距为 600mm 的每隔一个槽一个钉。间距为 200mm 及 450mm 的如图 7-11 所示。

2）压型钢板铺设好后采用栓钉熔焊机按规定熔焊栓钉。

（6）钢筋绑扎：

塔身内高强板配筋如下：

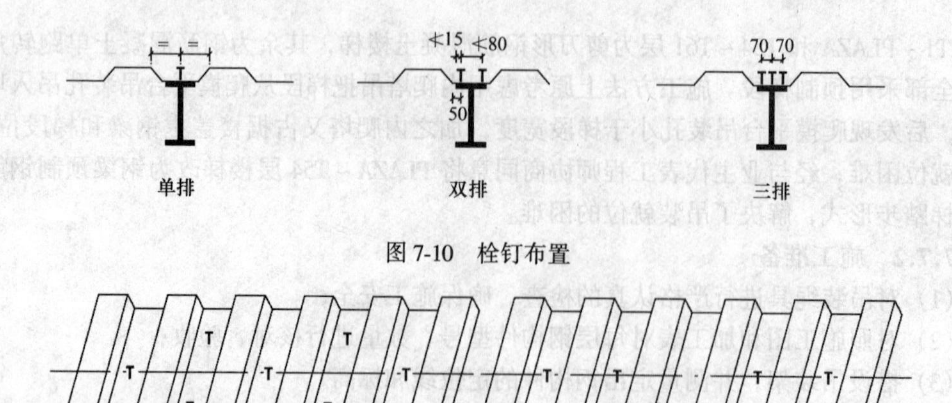

图 7-10 栓钉布置

图 7-11 栓钉布置

跨度小于 2.4m 的板配单层 Y12@300，板边缘配 Y16 加强筋，压型钢板每两个凹槽配一根 Y16 防火钢筋，跨度 2.4～3.2m 的板，配单层双向 Y12@150 钢筋，板边缘配 Y16 加强筋，压型钢板每个凹槽配一根 Y16 防火钢筋（图 7-12、图 7-13）。

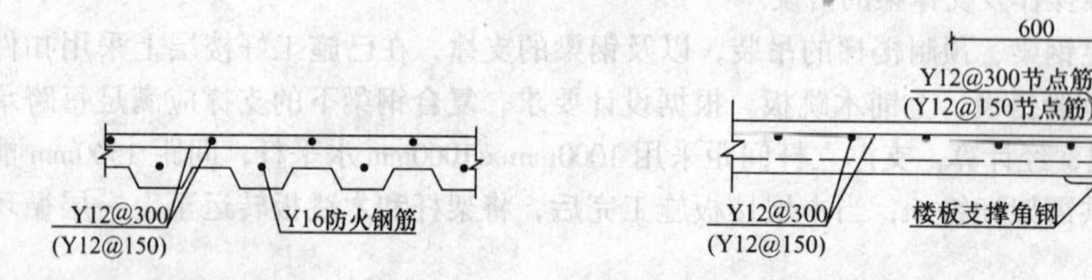

图 7-12 楼板标准配筋图　　图 7-13 楼板与墙体相交处配筋图

楼板面筋均采用 Y12 钢筋形如“⊓”进行支撑，防火筋采用“⊔”挂在楼板面筋上，以保证钢筋位置准确。撑铁间距 600mm，梅花形布置。

（7）混凝土浇筑。

钢筋绑扎完并经验收合格后即可浇筑混凝土。混凝土的垂直运输采用安装在服务电梯井里的施工电梯进行供料，局部楼层（如第四层）服务电梯筒没有门洞通向楼板，混凝土采用料斗用塔吊从平台预留吊装洞进行供料。混凝土在楼层内的水平运输，可先在格栅板和绑好的钢筋网上用九层板铺成走道，然后用手推车进行平面运输。混凝土的振捣采用平板式振动器。

7.7.5 主要施工机具

（1）垂直运输机械，采用塔式起重机吊运钢梁，选用施工电梯作为施工人员上下以及钢筋混凝土、压型钢板、格栅板等的垂直运输。

（2）钢结构安装机具：选用电动扭矩扳手、压型钢板焊机、栓钉熔焊机。

（3）混凝土采用平板式振动器进行振动密实。

（4）主要施工机具见表 7-4。

主要施工机具 表 7-4

序号	机具名称	规程型号	单位	数量	备注
1	塔式起重机	H3/36B、36tm	台	1	
2	施工电梯	SCD-200	台	1	
3	卷扬机	2t	台	2	
4	电动扭矩扳手		台	1	
5	栓钉熔焊机		台	1	
6	压型钢板焊机		台	1	
7	平板式振动器		台	2	其中一台备用

7.7.6 劳动力组合

见表 7-5。

劳动力表 表 7-5

序号	工程	数量	备注	序号	工程	数量	备注
1	架工	4		4	钢筋工	4	
2	焊工	2		5	混凝土工	4	
3	钢结构安装工	8		6	机操工	2	

7.7.7 施工进度安排

塔内楼板标准层每层施工时间安排为 3d，其中：

搭设法吊装操作、支撑架：0.5d

钢梁吊装：1d

铺焊压型钢板、安格栅楼板：1d

绑扎钢筋、浇混凝土：0.5d

7.7.8 质量控制措施

(1) 钢梁紧固前应检查其型号、尺寸及位置是否准确，无误后方可进行安装紧固。

(2) 压型钢板和格栅板，应严格按图纸和厂家规定进行安装。

7.7.9 安全保证措施

因塔内楼板处于爬模平台下，施工时，除必须严格遵守现场各项安全制度以外，还应执行以下几点：

(1) 爬模平台板下应铺一层密眼阻燃安全网，防止高空坠物伤人。平台预留吊装孔在不使用时，应予以封闭。

(2) 楼板施工时，孔洞边应用钢管架搭设临时性栏杆，防止人员坠落。

(3) 施工人员在操作架上进行钢梁吊装时，应系好安全带。

(4) 在施工楼层上，放置干粉灭火器、泡沫灭火器各两个。

7.8 观光电梯井托梁墙架隔断钢结构安装

7.8.1 工程概况

(1) 三台观光电梯的井道，设计采用 4 组型号 200UC52 托梁墙架钢结构隔断，分别与塔身外壁埋件、工作服务电梯井壁埋件和楼盖钢结构连接；

（2）托梁墙架由水平横杆、立杆，斜撑和电梯导向支撑组成。每2.0m一道水平横杆，立杆长9.6m，两道斜撑之间的距离小于10m。

7.8.2　施工准备

（1）在爬模平台的Ⓝⓦ→Ⓝ→Ⓝⓔ→Ⓔ轴之间设临时吊装孔600mm×1000mm三个，900mm×1500mm一个，供塔吊吊运托梁墙架钢构件之用，平时关闭，吊运时开启；

（2）在爬模平台的Ⓝⓦ→Ⓝ→Ⓝⓔ→Ⓔ之间的辐射梁下口，设置单轨行走式微型电动机葫芦吊，起重量0.5t；

（3）在爬模下吊架上安设垂直楼梯吊篮；

（4）依靠爬模吊架清理埋件，测量放出定位线，并安装好连接板；

（5）在已安装好的托梁上搭设临时堆放平台；

（6）把钢构件用塔吊从爬模平台吊装孔吊入塔内，堆放在临时平台上，供安装用。

7.8.3　施工程序和方法

（1）托梁墙架安装以槽钢立杆每9.6m一节划分施工段，进行分段施工，自下而上逐层、逐组进行；

（2）首先安装立杆顶端的水平支杆，用线坠控制其位置，必须与下方已安装的水平支杆在一条竖直面上，并用水平尺调整其水平度，达到要求后焊接固定；

（3）安装立杆，用线坠控制其垂直度，合格后与上方水平支杆焊接固定；

（4）逐件安装中部的水平支杆，安完为止，控制方法同安最上一件水平支杆。

7.9　预应力施工

7.9.1　工程概况

在塔身T15～T18之间下支腿与塔身结合部，为使支腿二次浇筑的混凝土与塔身整体受力，增加其抗剪能力，每条下支腿上设计有27根后张有粘结预应力锚杆，共8×27=216根，采用ϕ56高强钢棒制作，ϕ91热镀锌波纹管作套管，锚固端在支腿内，张拉端在塔壁内侧。

为使支腿能承受起塔身二分之一荷载，设计在每条下支腿的上半段底部各设计一个δ250mm厚钢筋混凝土平板和板中央一个ϕ960的活动楔块，楔块下（即支腿下半段顶部）放置ϕ920平板式千斤顶。千斤顶主要性能为：

（1）工作荷载：5600kN；

（2）最小伸展：25mm；

（3）压力释放设置在工作荷载125%处。

原设计规定：塔身爬模施工到T24层，必须待预应力锚杆张拉灌浆、平板千斤顶张顶、其四周高强非收缩填充物达到强度、满足设计要求后，才能继续往上施工。这样，将严重影响建塔工期。后经计算，设计同意将平板千斤顶更换为：ϕ920平板式千斤顶。这样，塔身爬模施工可以从T24层延伸到T39层。此时，预应力施工已完毕，工期不再受到影响；

在塔身T15～T23层间，为使钢筋混凝土预制模壳和边梁板与已施工塔身紧密结合，并承受支腿二次混凝土浇筑的侧压力。设计采用ϕ20螺杆穿过ϕ60热镀锌波纹管，一端焊在模壳铁件上，另一端在已施工塔壁内侧拧紧。共有螺杆 31×2+8×4=94 根，最后，在波纹管内灌注非收缩浆。

在塔身 T48～T50 层、即上支撑与塔身结合部，每根支撑设计有 16 根，共 8×16=128 根，用 ϕ40 高强钢棒制成的预应力锚杆，穿过 ϕ90 热镀锌波纹管套管，锚固在支撑模壳二次浇筑的混凝土内，张拉端在塔壁的内侧。同下支腿一样，在塔身 T48～T50 层上下，为使钢筋混凝土预制模壳和边梁板与已施工塔身紧密结合牢固，并承受模壳二次浇筑混凝土的侧压力，设计采用 ϕ20 螺杆穿过 ϕ60 热镀锌波纹管，一端焊在模壳铁件上，另一端在已施工塔身上拧紧。全部共有螺栓 7×2+4×2=22 根。最后，在波纹管内灌注高强非收缩浆。

7.9.2 施工程序和施工方法

（1）下支腿平板式千斤顶施工程序和方法。

1）平板式千斤顶安装前测试：

A. 氨探漏试验至工作压力 300kPa；

B. 进行验收试验，工作荷载 125%压力。

2）支腿二次浇筑混凝土到设计要求施工缝位置；

3）安放 δ250mm 厚钢筋混凝土平板；

4）安装平板式千斤顶；

5）安装活动楔块、注浆管、排气管，通过大环梁安装液压管和关闭阀进入塔身，并在塔身液压管和关闭阀之间安上压力释放阀；

6）安装波纹管（将波纹管套在接头钢筋之上，并密封入上部支腿内，待千斤顶张顶后灌注高强非收缩性浆）；

7）经检查无误后，浇筑平板以上支腿混凝土，待混凝土达到强度，并在预应力锚杆张拉以后，对平板式千斤顶进行张顶，并灌注高强非收缩浆；张顶和灌浆程序为：

A. 使用单一液压管使千斤顶同时张顶；

B. 用水给千斤顶加压至 13800kPa，通过集合管使所有千斤顶压力一致，并保证集合管使用到第 D 步结束；

C. 保持千斤顶压力不少于 5d，然后使用“SIKA212”高强非收缩浆或其他同等物料填充千斤顶下部及每根支腿顶部之间洞隙；应保持波纹管清洁、干净，且注浆应以 12h 一个阶段完成；快凝剂应与注浆一齐使用，以便其强度在 24h 内能达到 50MPa；

D. 当注浆强度达到 40MPa，释放千斤顶压力；

E. 在完成第 D 步以后，尽快按第 C 步所述给波纹管注满高强非收缩浆，所有注浆应在 12h 内完成；

F. 用压缩空气将释压后千斤顶内多余的水排除；

G. 不用集合管，而单独给每个千斤顶施压至 10000kPa，然后注入高强非收缩浆后封闭，采用高强非收缩浆封闭千斤顶四周空间；

注：a. 灌浆程序中第 D、E 步骤（包括 24h 灌浆和养护），应在平均风速（在塔顶所测）不大于 10m/s 时进行；

b. 安装时，平板千斤顶放于 3mm 环氧树脂混凝土浆垫层上，并用环氧树脂填充千斤顶的凹槽，同时安装检查管。

(2) 预应力锚杆施工程序和方法:

1) 在塔身爬模施工过程中安放热镀锌波纹管和灌浆管、排气管，为便于波纹管连接，应在衬模上钻孔，使波纹管伸入衬模内100mm，端头封闭不漏浆堵管；

2) 在支腿施工时接长波纹管进入支腿，并确保接头、端头不漏浆堵管，同时埋入锚杆（锚固端在支腿，张拉端在塔壁内侧）；

3) 经检查无误后，浇筑支腿混凝土；

4) 待所有混凝土都达到强度后，张拉锚杆，在塔壁内侧拧紧螺帽；

5) 在波纹管内灌注高强非收缩浆后，用细石混凝土封闭端头。

(3) ϕ20模壳紧固螺杆施工程序和方法:

1) 在塔身爬模中安放热镀锌波纹管、灌浆管、排气管，为便于波纹管连接，在衬模上钻孔，使波纹管伸入衬模100mm，端头封闭不漏浆堵管；

2) 在支腿施工时接长波纹管；在支腿模壳吊装到位后，将螺杆穿过波纹管与模壳铁件焊牢，另一端用垫板、螺帽将模壳拧紧在塔壁内侧墙体上；

3) 经检查无误后，浇筑支腿混凝土；

4) 在波纹管内灌注高强非收缩浆后，用细石混凝土封闭螺杆端头。

7.10　测量方案

7.10.1　塔身施工测量

根据筒身的结构特点、施工工艺，整个塔身施工测量工作主要由：①平台组装前的放线工作，筒身施工用激光点的布置；②筒身施工中，平台垂直偏差、扭转的观测；③施工层上的放线；④平台施工层上高程传递工作及高程放样；⑤激光点位移监测。分述如下：

(1) 平台组装前的放线工作，筒身施工用激光点的布置

首先于地下室基坑上部周围埋设两个平面标志点，编号为T8、TA。要求此两点间能相互通视，与塔心O亦通视良好。

使用地界师提供的PA65T、MECM073南湾商业中心两个坐标点，实测T8、TA。要求架全站仪TC905L（仪器测角中误差为2″，测距误差为±2mm+2ppmD）于PA657，后视MECM073南湾商业中心，测角，测距。测距四个测回，距离校差小于1mm；测角四个测回，测回差控制在5″内。然后，根据实测角度值、距离值计算TA、T8的坐标。

根据塔心设计坐标，架T8点，后视PA657，采用极坐标方法于基坑内观测平台上放出塔心点；同样架TA点，后视PA657，放出塔心点。如果采用根据此两测站定出塔心两点不重合，则要求此两点间距离值小于2mm，取其中点作为塔心点O标识于基坑内的观测平台上。如果此两点间距离值超过2mm，则需重测。

架TC905L于塔心点O，分别后视T8，于筏基顶面布置四个激光点A、B、C、D。具体作法是：架仪器于塔心点O，后视T8，转角，测距。于筏基顶面初放A、B、C、D；而后分别架仪器于A、B、C、D初放点校核其相互间距离，相邻三点构成的夹角，要求距离比设计值偏差小于1mm，角值偏差不超过8″。满足此要求后，于筏基顶面做出永久性标志，来标识激光点A、B、C、D。

为了日后监测A、B、C、D激光点的位移情况，架TC905L于塔心点O，于基坑上部布置$P1$、$P2$、$P3$三个平面标志点，要求此三点与A、B、C、D能通视，且能与PA657

通视。日后，将 $P1$、$P2$、$P3$ 作为工作基点，监测 A、B、C、D 的位移情况。

平台组装前的放线工作：架经纬仪于塔心点 O，放出各相应的门洞口、铁件中心线和筒体内、外边线，标识于筏基顶部。

标高引测工作：根据地界师提供的 PA657 水准点，使用苏光水准仪 D8Z2（每千米中误差 2mm），将高程传递至坑底的地下连续墙上，做好标记，作为下部高程转工作的根据。

(2) 筒身施工中，平台垂直偏差、扭转的观测

平台组装时，在激光点 A、B、C、D 铅垂向上的位置，位于爬模平台上布置四个激光接收靶，靶心与激光控制点 A、B、C、D 的投影重合。四个靶心点分别编号为 A'、B'、C'、D'。

平台垂直偏差的测量过程如下：平台安装时，定位好激光靶后，架经纬仪于 A'、B'、C'、D'，定出平台中心，此时平台中心与塔中心点 D 是重合的。平台爬升后，平台会发生偏转，使用北光生产的激光垂准仪 DZJ3（垂直 5″，射程 300m），将 A、B、C、D 传递到平台的激光靶上。分别架经纬仪于激光接收靶上的接收点，可定出此时塔心的正确位置，平台中心的垂直偏差可在平台上直接观测到。

平台扭转观测的操作程序如下：

根据地界师提供的坐标点 PA657，MECM073 南湾商业中心，采用极坐标法放出一点 $ML1$，要求此点位于经过塔体中心连接于 PA657 的直线上，且离基坑较近，这一个点 $ML1$ 作为筒体施工高度较小时的纠扭点。

而后，随着塔体的爬升，于 O 点、PA657 连线的延长线上布置纠扭点 $ML1$……MLn。要求通过实测这些纠扭点的坐标，以便进行纠扭工作时，后视 MECM073 南湾商业中心进行角度解算。确保纠扭控制线始终为 O 点与 PA657 的连线。如图 7-49 所示。

纠扭实际工作：平台组装完成后，架纠扭点 $ML1$，后视 PA657 于转角 180°00′00″平台上作一个红三角标志（位于平台的外圈）。而后，随着爬台，分别架经纬仪于点 MLn，后视 MECM073 南湾商业中心，转角（实际计算）；于此角度方向线上在平台上投点，实量此点与平台上红三角的距离 L，便可计算平台的扭转角度和实际观测平台的扭转方向。

实测得到平台的偏转和扭转后，及时反馈给施工平台上管理人员，作为指导平台操作的依据。

(3) 施工层上的放线工作

激光点传至施工平台激光靶后，首先检查光点间相互距离，确认满足精度要求后（距离与设计值较差小于 2mm，否则需重测），作为施工层放线依据。根据定位图，将各个构件放线至其设计部位。

根据四个激光点传递点，确定塔心的中误差为 m

α_m 为垂准仪的角度误差 $\alpha_m = 5''$；

h 为塔的施工高度，最不利条件下 h 取 260m；

$\rho = 206265$；

则　$m = \pm 3\text{mm}$。

$m = \pm 3\text{mm}$ 中误差小于测量规范要求的 ±5mm 的限差。

(4) 施工层上的高程传递工作及高程放样

当施工高度小于 40m 时，高程传递可采用 50m 钢卷尺，采用悬尺，配合水准仪 DSZ2

将高程传递至施工层。悬尺的计算要求进行尺长、温度、某项目的改正。要求每施工一层，从底部向上传递一次，高程传递的起算点为水准点 PA657。

随着爬模高度的增加，用钢卷尺传递高程已变不可行，就需采用三角高程法将高程传递至施工层。采用此法无误差累积。

具体作法是：

在离塔心 300m 远的位置布置两个水准、平面坐标共用点。使用苏光精密水准仪$\left(每千米中\begin{matrix}DSZ2\\+FS1\end{matrix}误差为\pm0.7mm\right)$，配合铟钢尺，从水准点 PA657，将高程转引至 M、N 两点。要求此水准测量工作按二等水准测量规范的技术要求进行施测。

在平台上选择一个标志点，安放三角架，置平棱镜水平，并实测棱镜高度。架全站仪 TC905L 于 M 点（或 N 点），实量仪器高。架仪器 M（或 N）照准棱镜，实测此间斜距四次，测竖直角九测回。根据公式计算 M（或 N）与棱镜架站的高差，进而根据 M（或 N）的高程，进一步计算棱镜架站点的高程 H。采用此方法传递高程，可保证高程传递中误差小于测量容许偏差 ±5mm 的要求（参见测量规范 A1.4）。有关高差的计算公式及高程传递中误差估计参考计算书。

根据架站点（标志点）的高程 H，将标高引至各个所需部位。

（5）激光点的监测

架 WILD、TC905L 全站器回测距、测角，通过实测角、距值解算 $P1$、$P2$、$P3$ 点的坐标。然后以 $P1$、$P2$、$P3$ 作为工作基点使用全站仪监测激光点 A、B、C、D 的位移情况；同样，要求测角四个测回（a_c 差小于5″），测距四个测回。

实测 A、B、C、D 的坐标，并做好记录和修正工作，以确保塔身施工的测量精度，并将变形结果及时呈报项目经理。

7.10.2 沉降观测方案

整个沉降观测工作包括：①沉降观测监测环（基准点网）的布置；②工作基点的埋设及工作基点环的测量工作；③坑上、坑下联测工作；④沉降观测点的联测工作；⑤日常沉降观测工作、沉降观测周期及报告的提交。

（1）沉降观测监测环（基准点环）的布置

以 PA657 水准点作为高程起算点（PA657 的高程 $H=4.929$m），于两个隧道桥墩上布置两个水准点 $BM1$、$BM2$。

监测坏的联测工作：将 PA657、$BM1$、$BM2$ 构成的闭合水准路线，在此线路上均匀分布测站，按照三等精密水准测量技术要求进行操作，使用 DSZ2 + FS1（精度 ±0.7m/km）精密水准仪，要求闭合差绝对值不大于 $0.8\sqrt{n}$（n 为测站数）。分配闭合差后，根据 PA657，实际计算本次水准测量中 $BM1$、$BM2$ 的高程。

重复上述操作，再次进行 PA657、$BM1$、$BM2$ 的联测，再次计算本次水准测量中 $BM1$、$BM2$ 的高程。取两次水准测量中 $BM1$、$BM2$ 高程的平均值作为 $BM1$、$BM2$ 之高程，作为日后测量工作中校核之用。

（2）工作基点的埋设及工作基点环的测量工作

于塔体北边基坑上布置一个工作点。

工作基点环的联测工作：从 PB657 至 $N1$ 构成一个闭合水准路线（PA657 至 $N1$ 间大

约100m远），中间均匀布置3站，往返共6站，按二等精密水准测量技术要求进行施测，要求闭合差绝对值不大于$0.8\sqrt{n}$（n为测站数，此处$n=6$），分配闭合差后，实际计算$N1$的高程。

（3）坑上坑下的联测工作

于坑内悬挂一钢卷尺，要求悬挂附着件要有足够大的刚度，不发生变形，钢卷尺下挂一个重量等于钢卷尺标准拉力的物件，天气条件无风，实测坑上、坑下大气温度，取其平均值为T8℃。

于坑上$N1$点正中间置平精密水准仪DSZ2＋FS1进行坑上联测。

1）后视$N1$点上所立的铟钢尺，整平仪器后，调整测微螺旋读基本分划A，辅助分划ΔA。

2）不动测微器，读钢卷尺读数（估读至0.1mm）L_A上，实际读数应该为$L_{A上}+\Delta A$。

3）重复①的过程，读铟钢尺的辅助分划B，测微读数ΔB，正确读数应为$\Delta B+B$。

4）重复②的操作，读钢卷尺读数$L_{B上}$，实际读数应该为$L_{B上}+\Delta B$。

将仪器搬至坑下，进行钢卷尺与沉降观测点8号联测。

5）后视8号点上铟钢尺，基本分划为C，测微读数为ΔC。

6）不动测微器，读钢卷尺的读数（估读至0.1mm）$L_{C下}$，实际读数应该为$L_{C下}+\Delta C$。

7）重复⑤的操作，辅助分划为D，测微读数为ΔD。

8）重复⑥的操作，读钢卷尺之读数（估读至0.1mm）$L_{D下}$，实际读数应为$L_{D下}+\Delta D$。

则N_1点与8号点的高差为ΔH。

（4）沉降观测点的联测

从8号至1号点组成闭合水准路线，按二等精密水准测量规范进行操作，将高程转引至其他7个观测点。

（5）日常沉降观测工作，观测周期，报告提交

日常沉降观测工作是由自PA657转引至$N1$，然后坑上、坑下联测，观测点的联测组成；同时，亦应每隔三个月定期检查PA657及$BM2$、$BM1$。

根据业主提交的监测要求，拟从进场时间起每隔一个月进行沉降观测工作。

根据实测的测量成果于4d内呈交项目经理。

沉降观测用测量仪器见表7-6。

沉降观测用仪器 **表7-6**

名称	规格	精度	编号	生产厂家
精密水准仪	DSZ2＋FS1	0.7mm	118579 098926	苏州一光
铟钢尺	2M	0.01mm	6370	扬州测绘仪器厂
钢卷尺	50M	1mm	001	日本Tojinca

7.11　钢筋工程

根据设计澳塔工程全部使用英制标准生产的钢筋，竖向筋以 Y32 为主，暗柱部份使用 Y40；水平环筋主要使用 Y25，内连墙和电梯井使用 Y16 EF。全部钢筋在工地就地加工，用塔吊运往现场绑扎。

7.11.1　钢筋施工程序

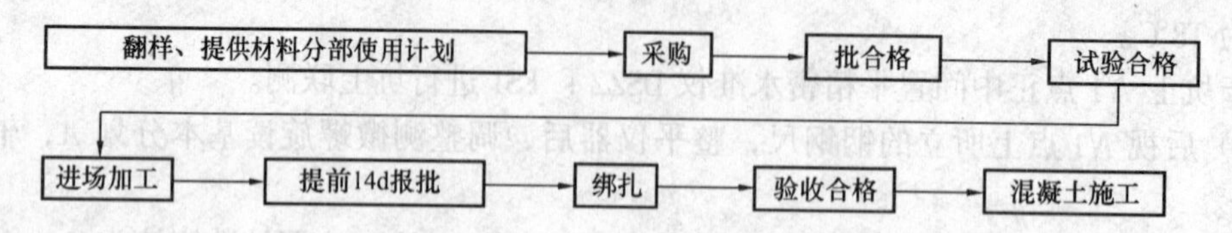

7.11.2　钢筋加工、准备工作

（1）进场钢材遵守 BS4449 及 CS2：1995 规范要求和图纸要求。

（2）钢筋加工遵守 BS4466 规范，焊接钢板网、骨架遵守 BS4483 规范，冷拉、冷拔遵守 BS4482、BS4461 规范。

（3）钢筋加工机具及布置：

钢筋加工车间主要机具见表 7-7。

钢筋加工设备计划一览表　　表 7-7

名 称	型 号	数 量	功 率	名 称	型 号	数 量	功 率
钢筋切断机	GJ5-40	2	2×7.5kW	锥螺纹套丝机	SX40B	2	
钢筋弯曲机	GJ7-40	2	2×2.8kW	钢筋对焊机	UN1-100	2	2×100KVA

（4）钢筋加工车间应设专用线路和控制柜，为保证钢筋对焊接头质量，线路上应能提供稳定电压。

（5）项目工程技术部根据图纸、规范提供钢筋配料单，报项目经理批准后送钢筋加工车间进行加工制作成型。钢筋的长度尺寸、形状应满足施工规范和图纸要求，弯钩按图弯折。钢筋使用前应除去锈渍。

（6）清料是绑扎前的最后一道，也是最重要的一项工作，地面备料人员根据平台施工人员指令，核对图纸和钢筋需用计划，进行钢筋清点，分类堆码、标识和吊运。

（7）钢筋的垂直运输工具为塔吊，地面转运尽量使用机械，平台转运为人工搬运。

7.11.3　钢筋绑扎

（1）设计对钢筋保护层控制要求十分严格，决定采用浅色塑料卡块控制保护层厚度。

（2）塔身和支腿 Y25 以上竖筋和 Y20 预留插筋的钢筋接头主要采用香港得士达公司的平螺纹接头，由厂家提供的加工机械在工地加工。施工方法：

1）先将每根待接钢筋的两端头墩粗后，用套丝机加工好外丝，并戴上塑料保护帽，保护好丝口；

2）连接钢筋前，将下层钢筋上端的塑料保护帽拧下来露出丝口，并将丝口上的水泥浆等污物清理干净；

3）接长钢筋时，将已拧套筒的上层钢筋拧到被连接的钢筋上，并用力把钢筋接头拧紧。

(3) 立筋按施工图示间距、位置排列、连接和绑扎，每次接长6.0m。水平筋Y25和Y20分段布置，采用搭接绑扎。

(4) 塔身内墙立筋、水平筋均为双面双向Y16@200，采用绑扎搭接方式连接。搭接头采取三点绑扎即两端及中间各绑扎一道。

(5) 避雷钢筋均压环的连接采用电弧焊。

(6) 塔身内外墙上均开有各种孔洞，洞侧设有暗柱、上下设有水平加强筋、四角设斜筋加强，在26层、46层处还设有剪刀斜梁进行加强。暗柱立筋的连接、绑扎同塔身外墙，箍筋按图示要求进行绑扎，斜梁纵筋、水平加强筋同塔身外墙水平筋绑扎。

(7) 塔内梁板随着塔身进度安排钢筋绑扎，钢筋的最小搭接长度和锚固长度按图纸规定。梁纵筋层间用Y32@1500分隔、梁柱第一个箍筋距支座距离为50mm，板中防火筋位于波纹槽中心。

7.11.4 钢筋工程验收

(1) 根据设计图纸检查钢筋的钢号、直径、根数、间距是否正确，特别是要检查支座负筋的位置；

(2) 检查钢筋接头的位置及搭接长度是否符合规定；

(3) 检查钢筋保护层厚度是否符合要求；

(4) 检查钢筋绑扎是否牢固，有无松动现象；

(5) 检查钢筋是否清洁。

7.11.5 质量控制措施

为保证澳塔钢筋工程质量，特提出如下控制措施：

(1) 钢筋配料单——必须是根据本工程施工图纸和施工规范翻样，由技术部提供，经过内部审核并报经项目经理审核批准的配料单才能送钢筋加工车间。

(2) 钢筋加工——必须严格按配料单上的形状、尺寸和直径、级别以及数量加工，进场钢材未经检验且证明合格被批准使用前严禁使用，尺寸形状不符合者严禁运出加工车间。

(3) 钢筋绑扎——必须严格执行施工规范要求，按图示直径、级别、间距和数量绑扎。钢筋的搭接、锚固、保护层以及接头位置等均必须满足各分项规定要求，不合格者一律返工重做，直至验收合格。

(4) 验收——绑扎前的半成品必须按规定报项目经理批准，才能用于绑扎。绑扎完钢筋后作好隐蔽记录，并报请监理和项目经理验收，合格后，才允许浇筑混凝土。

(5) 其他——工序施工中，必须严格执行三检制。原材料、加工半成品、成品钢筋均应做好标识，并做好保护工作。所有施工人员均需持证上岗。

(6) 钢筋工程质量控制程序图如图7-14所示。

7.12 混凝土工程

澳塔工程塔身主体全部采用商品混凝土，设计强度等级C55（但控制试块最高强度不得超过80MPa）；由于塔身外表面为清水混凝土F5×饰面标准，要求混凝土除满足强度要求外，混凝土的颜色、气泡等都应满足规范规定；设计还要求混凝土的氯离子含量、渗透

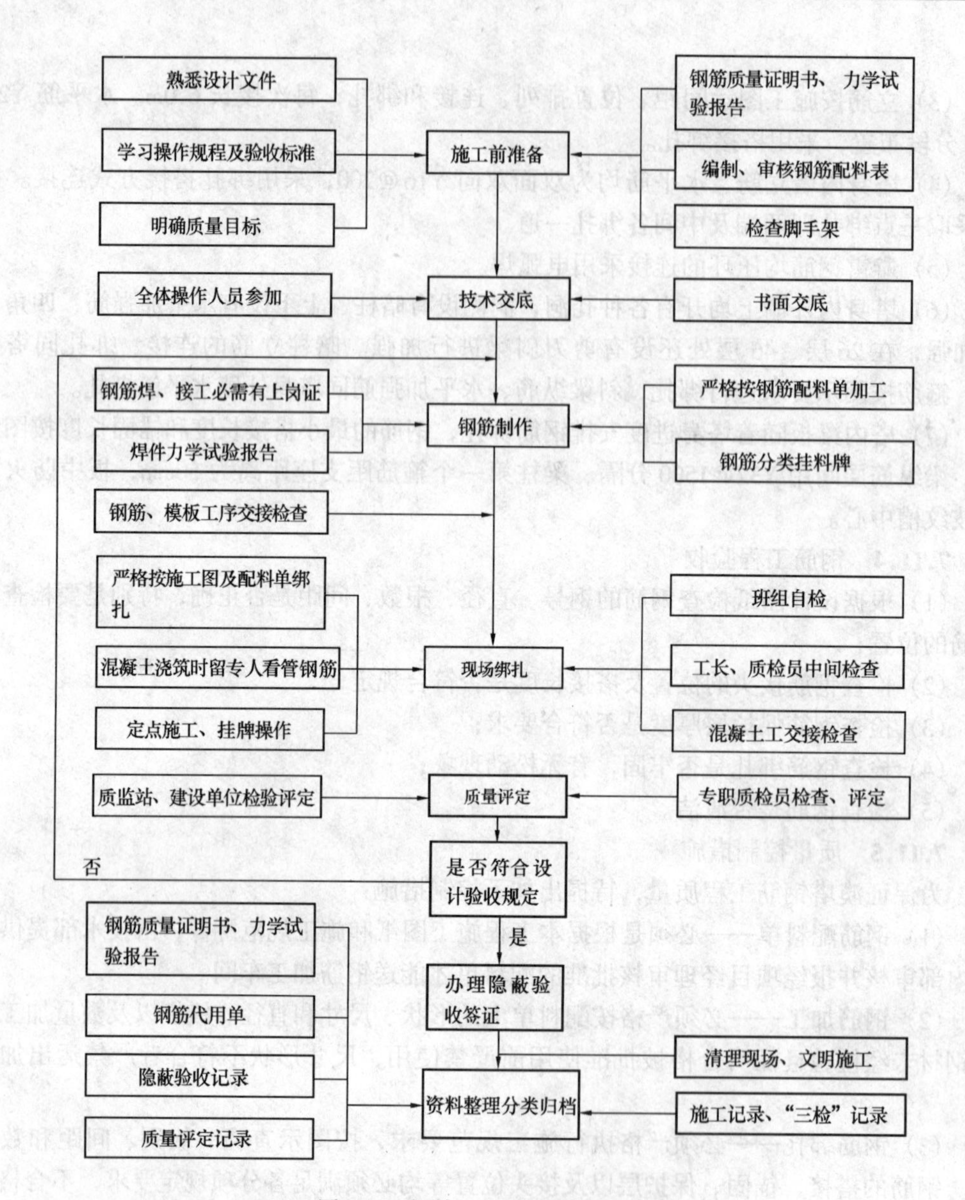

图 7-14　钢筋工程质量控制图

性、干缩性以及混凝土骨料中的氯离子、含碱量都不得超过规定，并定期试验，上报业主。

混凝土由供应商在生产基地用电脑控制配料、搅拌运输车运往工地，混凝土输送泵输往爬模平台再由布料机直接布料入模，混凝土泵送最高扬程 265m，故要求混凝土有很好的可泵性。

7.12.1　混凝土施工程序

如图 7-15 所示。

7.12.2　混凝土的制备

(1) 根据塔身混凝土的强度，应先确定混凝土原材料的材质及混凝土的配合比，并达到以下要求，才可使用：

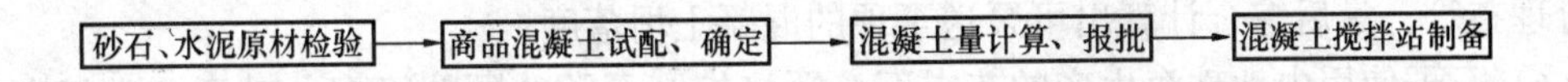

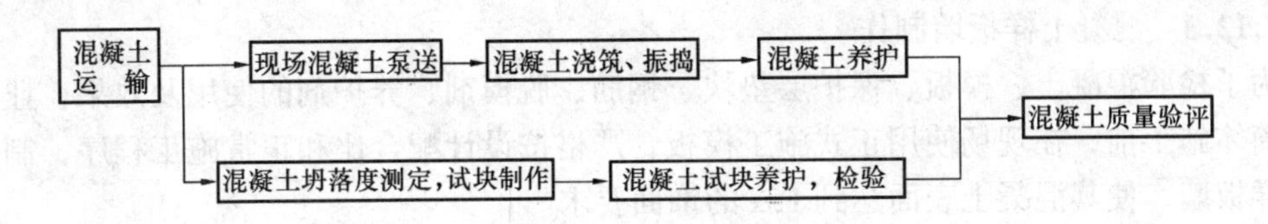

图 7-15 混凝土施工程序

1）水泥应符合规范 BS12，并有水泥检验证书、厂家的出厂合格证；粗骨料应符合规范 BS882 的要求，最大骨料粒径不超过 19mm，并严格控制骨料的含泥量、强度及杂物；

2）水应满足英国规范 BS5328 的要求；

3）外加剂的使用应满足 BS5057，并事先得到项目经理的批准，严格按照生产厂家的要求配制；

4）混凝土配合比设计，除满足强度等级、耐久性外，还应具有良好的施工和易性、泵送性、合适的初凝时间（3h 左右）。本工程使用的商品混凝土需经过反复多次试配，选择合理适用的配合比。并将配合比的有关内容（包括试验结果的试验单据、活性碱的含量）每季度向项目经理呈报批复一次。

(2) 混凝土配合比设计：

为了使混凝土达到 F5x 饰面的要求，业主对混凝土配合比设计有以下几条要求：

1）使用水泥品种必须完全一致；

2）石子全部采用花岗石，且石子最大粒径不大于 20mm；

3）混凝土配合比必须添加硅粉；

4）必须使用河砂；

5）混凝土坍落度必须控制在 150～200mm 之间。

(3) 混凝土试配：

为了满足要求，在试配过程中将采取以下措施：

1）使用广西华宏牌硅酸盐 42.5 级水泥，此水泥 28d 强度≥60MPa；

2）混合料采用香港 Sika 公司生产的硅粉，掺量为水泥用量的 8%，使用微小细粒（0.1mm）的硅粉，对混凝土的内聚力及保水性有了很大的提高，并且能增强混凝土的黏聚性和可泵性，最终还可满足混凝土在海边的抗腐蚀性、抗渗性，降低氯离子渗透，提高耐久性，大大提高混凝土强度；

3）减水剂也使用香港 Sika ment LA-400，掺量为水泥用量的 1.6%，采用该减水剂，可迅速提高混凝土的工作性，延缓混凝土的初凝，加速混凝土的终凝时间，增加混凝土密实性，提高混凝土表面装饰效果，减少干缩徐变，增强抗腐蚀性及其强度；

4）缓凝剂采用香港 Sika recarder 缓凝剂，为了延长混凝土的初凝时间，使混凝土每一浇筑层之间不存在混凝土缝，我们选择掺量为水泥用量的 0.4%～0.7%（根据温度而变化）；

5）根据所需泵送混凝土的高度，对混凝土输送泵进行选型，再根据所选输送泵的能力合理布管，最后综合计算出可泵送至顶的混凝土坍落度；

6）石子使用内地珠海生产的花岗石，严格控制石子的颗粒级配，对石子进行有效搭配，砂使用珠海河砂，水使用当地饮用水。

7.12.3 混凝土样板墙制作

为了检验混凝土、模板、保护层垫块、钢筋、脱模剂、养护剂的使用及效果，业主要求在筒体施工前，在现场使用正式施工模板，严格按设计配合比和正常施工程序，制作混凝土样板墙，使其混凝土表面达到 F5x 的饰面要求。

（1）混凝土——使用的混凝土，按 C55 强度等级设计配合比配制，配制时硅粉及减水剂均按正式筒体混凝土中相同的比例加入，搅拌车运输到现场，检测坍落度，按每 500mm 为一层浇捣，前一层浇捣完毕，间隔 25min 浇捣后一层，分四次浇完。

（2）钢筋、模板——钢筋网模同实际钢筋绑扎，钢筋保护层垫块的摆放位置也要同实际筒身位置相对应，内、外模均用正式的筒体施工模板，样板墙断面为弧形，高 2m，厚 300mm，外模用一块大钢模、内模用大木模，侧模用现场加工的普通木模，模板拼装时要求严实、顺直、支撑稳固，加对拉螺栓。

（3）脱模剂——脱模剂的涂刷在模板拼装前进行，为了比较脱模效果，采用几家生产商的脱模剂分块涂刷，涂刷前先清洁模板，均匀涂刷，拼装过程中注意不要将杂物弄到涂刷面上。

（4）拆模——浇筑完 12h 后，开始拆模，拆模时注意不要损坏边角。

（5）养护剂——拆模后，立即涂刷养护剂，涂刷前将墙面分成数块，选用几家生产商的养护剂，比较各自使用效果。

（6）记录及照片——试验时，每一步骤均要有专人记录，包括项目、内容、时间。试验过程有照片配合，试验养护剂前照相，涂刷后每天照一张，共 7d。试验完后，由项目完成报告并呈交业主。

7.12.4 混凝土浇筑要点

（1）混凝土浇筑前，应对模板及其支架、钢筋、预埋件、预留洞口等进行复核，清理模板内杂物、钢筋上油污，对模板的缝隙、孔洞应堵严，并浇水湿润，不得有积水；

（2）塔身混凝土浇筑必须对称下料，分层浇筑，按顺时针方向层层进行，每一层浇筑高度为 500mm 左右，每一爬模高度分 8 层浇筑，上、下层混凝土之间严禁出现冷缝；

（3）为了浇筑后的混凝土气泡最少、最小（气泡直径 < 2mm），经试验规定浇筑混凝土分层布料厚度 500mm，振动器均插入前层混凝土进行二次振捣，让滞留在前层混凝土上部的气泡最大限度地逸出；

（4）混凝土下料后应立即跟随混凝土的浇筑方向移动、振捣，捣制在下料 30min 内完成，混凝土振捣要充分，应使混凝土表面呈现浮浆和不再下沉为止，避免漏振、过振。振捣时，振动器的移动间距不宜大于振动器作用半径的 1.5 倍，插入混凝土的深度超过已浇混凝土表面 50mm，并避免碰撞钢筋、模板、预埋件等；

（5）在混凝土浇筑过程中，应经常注意模板、支架、钢筋、预埋件和预留洞口的情况；当发现有变形、移位时，应及时采取措施进行处理；

（6）贮备塑料薄膜等防雨材料，浇筑混凝土期间遇到阵雨，及时覆盖。

7.12.5 混凝土质量的控制

(1) 在模板组装前，对模板板面全面检查，并涂刷脱模剂。在模板脱离混凝土面后，对模板面进行清理，用铲刀去除粘附在模板上的混凝土浆液块，并用水冲洗干净，涂刷脱模剂。

(2) 对每车混凝土坍落度的检测，应设有经批准的检测试验。专业人员在项目经理代表在场的情况下，对混凝土的坍落度按规范要求测试，并有详细的测试记录。本工程混凝土坍落度应控制在17cm以内，超过此标准的应拒绝验收进场。

(3) 泵管出口混凝土的取样，按有关规定取样、养护、检验。

(4) 混凝土工程质量控制程序如图7-16所示。

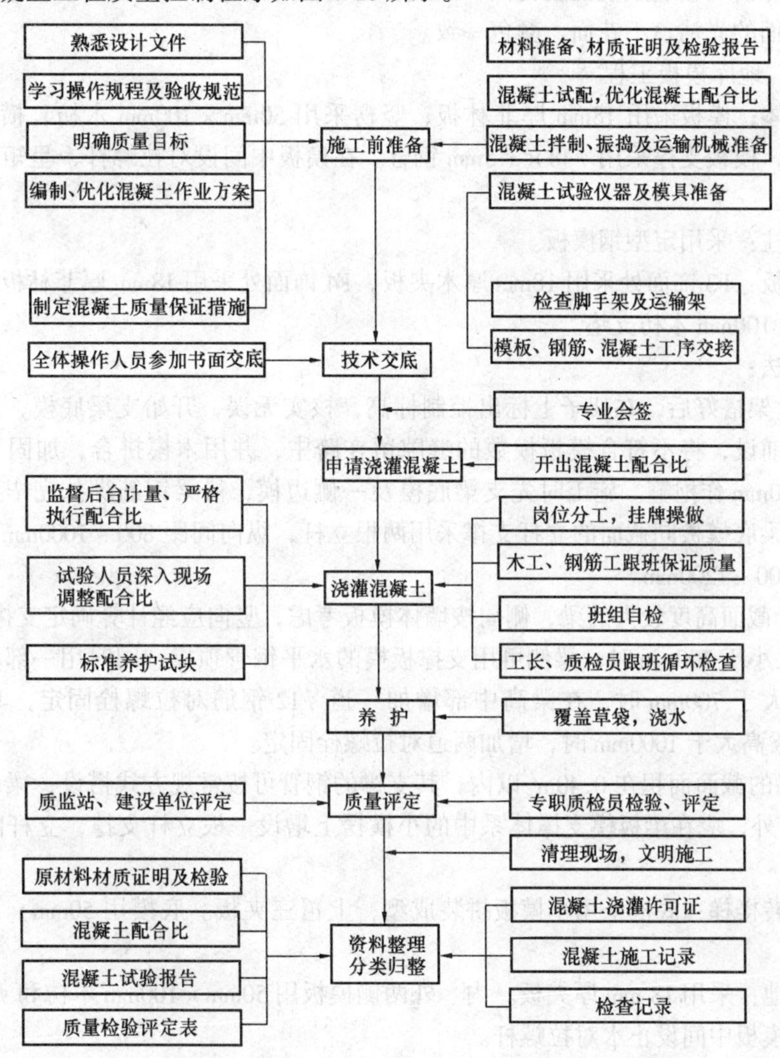

图7-16 混凝土工程质量控制程序

7.13 模板工程

7.13.1 塔身模板工程

(1) 如前所述，为满足塔身混凝土外表面F5x饰面标准的要求，澳塔塔身采用爬模工艺，根据业主推荐，委托奥地利 GBG 模板公司对爬模模板、平台、吊架等进行设计制造，对爬升设备进行出租并指导施工。但 GBG 公司对塔身预留洞，塔身与支腿接合部的模板及支撑，塔内变截面（环梁）的底模、底模支架、衬模，上支撑礅座模板以及塔顶平台的支撑模板并没有提供设计，均由我们自己来设计和加工；

（2）爬模使用 4.50m 高定型模板、电动丝杆爬升器，每浇筑 4m 高爬升一次。与塔内楼层设计层高和塔身外表面水平装饰线的间距模数相一致。塔身内模板设计为 δ21mm 的 15 层胶合板模板；外模设计、制造为钢模板，由于钢模很容易生锈，安装上去后除锈困难，如果不除锈又会造成混凝土花面，因此，在钢模内侧粘贴 δ1.2mm 不锈钢板一层，以确保混凝土面的光洁、不花面，颜色一致。

7.13.2 地库模板工程

（1）墙体：模板采用 18mm 厚菲林板，竖楞采用 50mm × 100mm 木枋，横楞用 ϕ48 × 3.5mm 钢管，模板支撑采用 ϕ48 × 3.5mm 钢管。在模板中间设对拉螺杆，呈矩形布置，间距为 750mm。

（2）圆柱：采用定型钢模板。

（3）梁板：F3 饰面处采用 18mm 厚木夹板，F4 饰面处采用 18mm 厚菲林板。底模和侧模用 50mm × 100mm 木枋支垫。

安装方法：

1）满堂架搭好后，在架子上标出控制标高，核实无误，开始支梁底模，支设时先从两端向中间铺设，将不符合模板模数的缝隙留在跨中，并用木模拼合，加固采用 ϕ48 钢管，间距 600mm 作抱箍。施工时先支梁底模及一侧边模，待梁钢筋绑扎完毕后，封合另一侧模板。梁底模板同截面的立杆支撑采用两根立杆，纵向间距 800 ~ 1000mm，板模支撑立杆间距 1000 ~ 1200mm。

2）对于截面高度较大的梁，侧向按墙体模板考虑，竖向应经计算确定支撑。

3）当梁小于 700mm 时，梁侧可用支撑板模的水平钢管顶撑，同时用一部分短钢管斜撑；当梁高大于 700mm 时，在梁高中部增加一道 ϕ12 钢筋对拉螺栓固定，其水平间距 700mm；当梁高大于 1000mm 时，增加两道对拉螺栓固定。

4）当梁的截面面积在 0.40m^2 以内，其支撑的钢管可按常规方式搭设；梁的截面面积在 0.40m^2 以外，应在梁板模支撑体系中的小横楞上增设一根立杆支撑，立杆间距不得大于 600mm。

（4）旋转楼梯：底模采用小模板拼装成型，上覆三夹板。底模用 50mm × 100mm 木枋支垫。

（5）水池：采用 18 mm 厚夹板。内、外两侧模板用 50mm × 100mm 木枋和 ϕ48 × 3.5mm 钢管支垫。模板中间设止水对拉螺杆。

（6）定型钢模板由工厂加工制作，木模板在现场下料制作。

（7）穿墙螺杆用钢筋制作，采用三段式，配用塑料堵头，中间一段埋入混凝土内。

（8）模板安装程序：

1）墙体：绑扎墙体钢筋→清理模板表面、涂刷脱模剂→清理基底→关墙体模板→安装对拉螺杆→安装背枋、斜撑→浇筑混凝土。

2）圆柱：绑扎圆柱钢筋→清理模板表面、涂刷脱模剂→清理柱底→关模板→安装抱箍→浇筑混凝土。

3）梁板：搭设支撑架→搭设水平钢管支撑杆、安置垫木→安装模板→清理模板表面、涂刷脱模剂→绑扎梁板钢筋→加固底模、侧模（梁高大于700mm时加设对拉螺杆一排）→清理模板垃圾、验收钢筋→浇筑混凝土。

4）旋转楼梯：搭设支撑架→搭设水平钢管支撑杆、安置垫木→安装模板→清理模板表面、涂刷脱模剂→绑扎楼梯钢筋→加固底模、侧模→清理模板垃圾、验收钢筋→浇筑混凝土。

5）水池：绑扎水池钢筋→清理模板表面、涂刷脱模剂→清理水池壁基底→安装模板→加固侧模、加设穿墙止水螺杆→浇筑混凝土。

(9) 模板的拆除

1）拆模时混凝土强度应达到以下要求：

承重的模板（如柱、墙），其混凝土强度应在其表面及棱角不致因拆模而受损害时，方可拆除。

承重模板应在混凝土强度达到施工规范所规定强度时拆模。所指混凝土强度应根据同条件养护试块确定。

注意：虽然混凝土达到拆模强度，但强度尚不能承受上部施工荷载时应保留部分支撑。

2）模板拆除经项目经理部技术主管人员批准后，方可进行。

(10) 模板施工注意事项

1）混凝土浇筑前认真复核模板位置，柱、墙模板垂直度和梁板标高，准确检查预留孔洞位置及尺寸是否准确无误，模板支撑是否牢靠，接缝是否严密；

2）梁柱接头处是模板施工的难点，处理不好将严重影响混凝土的外观质量，此处不合模数的部位用木模，一定要精心制作，固定牢靠，严禁胡拼乱凑；

3）所有模板在使用前都要涂刷隔离剂，较旧模板在使用前要修理，过于破损的模板必须淘汰；

4）混凝土施工时安排木工看模，出现问题及时处理；

5）在混凝土施工前，应清除模板内部的一切垃圾，尤其是石屑和锯末，凡与混凝土接触的模板都应清理干净；

6）模板工程质量控制程序图如图7-17所示。

7.14 预埋件施工

澳塔塔身主体采用钢筋混凝土筒状结构，塔体内部由钢结构和部分混凝土结构组成。塔体预埋铁件从其功能分主要有以下几种：①电梯托梁与混凝土墙身的连接；②塔楼钢结构与混凝土墙身连接；③电梯轨道支撑梁与混凝土墙身连接；④楼梯间平台梁、板与混凝土墙身的连接；⑤其他连接。

7.14.1 施工流程

铁件运输→测量定位→铁件固定→预埋验收。

7.14.2 施工方法

(1) 铁件运输——铁件用塔吊运到爬模平台上，用人工搬运至安装部位。

(2) 测量定位——铁件定位通过放出各自的径向与水平方向的中心轴线。径向轴线用

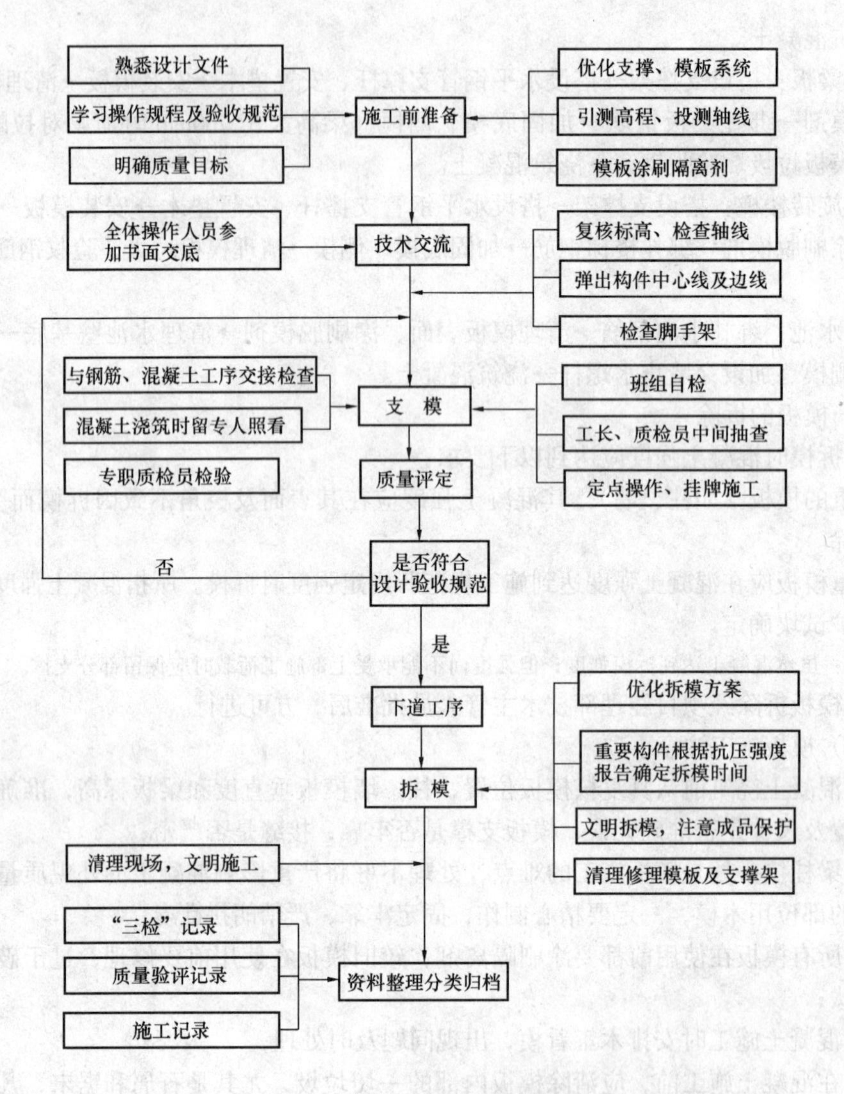

图 7-17　模板工程质量控制图

经纬仪和吊线依据铁件在图中的位置放出，并将线投放到下层已浇筑的筒壁上，水平轴线标高将以各自连接的构件标高为依据，通过计算得出，然后用水准仪投出水平线。

(3) 铁件固定——根据铁件轴线位置，将短钢筋水平绑扎到墙体纵向钢筋上，然后反复校正铁件中心位置，准确无误后，将铁件焊接固定在短钢筋上，同时铁件栓钉用 12 号钢丝与墙体纵筋绑扎牢固。

(4) 预埋件必须在工厂制作，不允许在现场加工。

(5) 设计规定预埋件安装不允许直接焊在结构钢筋上，因此，埋设前必须先在埋件上焊上附加钢筋，埋设时再将附加筋用 U 形螺栓与结构钢筋固定。

(6) 由于预埋铁件很多，为防止漏埋、错埋，应预先画出塔身预埋件展开图。

7.14.3　预埋铁件的保护

(1) 严禁现场施工人员踩踏，固定好预埋铁件；

(2) 现场材料搬运过程中，应避免与铁件的勾挂、碰撞；

(3) 混凝土浇筑下料时，应尽量避免混凝土直接冲击预埋铁件；

(4) 混凝土振捣时，应禁止振动器与预埋铁件直接接触。

8 施工质量保证措施

在此工程中，我公司的质量目标是：确保一次性验收达到合格，交验合格率100%，确保杜绝质量事故，消除质量通病，确保达到澳门地区施工验收规范合格标准。

本工程建造工作须符合澳门地区工程技术要求及规范，以及当地法规、法律、规章和规范性要求。

为达到这一目标，贯彻实施我公司“追求卓越管理，创造完美品质，奉献致诚服务”的质量方针，向业主提供优质的产品，根据公司质量保证体系手册和质量管理体系，采用TQC管理技术，成立QC管理小组，制定如下的质量保证措施和预控对策方法。

下面，主要围绕工程质量目标，着重阐述施工质量保证体系、全面质量管理、工程质量保证措施等几个方面进行阐述。

8.1 质量保证体系

质量保证体系如图8-1所示。

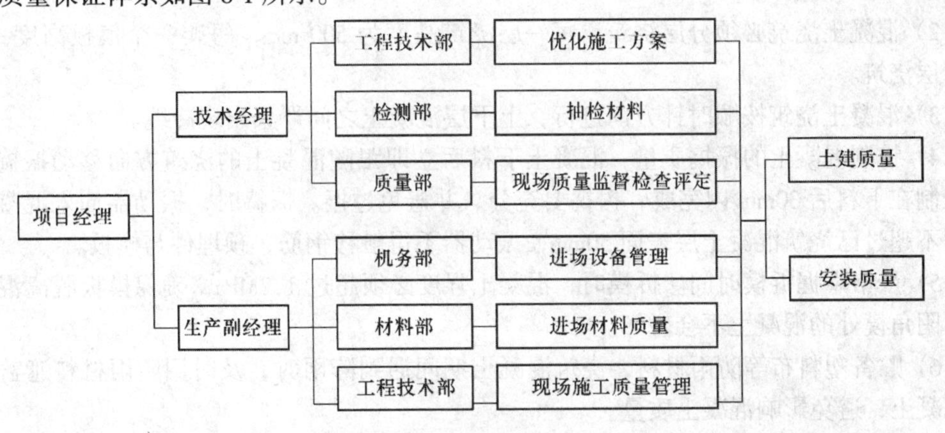

图8-1 质量保证体系

8.2 确保筒身外壁清水混凝土F5x饰面措施

(1) 商品混凝土的质量控制

本工程全部使用商品混凝土。

商品混凝土的供应商必须具有资质证书，建立运行有效的质量体系，并根据本工程所用的混凝土提供以下资料和文件：

1) 配制混凝土的各种原材料的检验报告，其中包括水泥、粗细骨料、水、掺合料及外加剂的检验报告，各种原材料的性能必须符合澳门建筑规范、法规和本工程设计规范的要求；

2) 混凝土的强度、耐久性、干缩性等检验报告；

3）有关混凝土碱骨料反应和硫化物含量的检验资料；

4）混凝土的配合比、掺合料与外加剂的品种与剂量，骨料的级配，拟用的坍落度。

（2）商品混凝土性能要求

1）混凝土的强度、耐久性、干缩性等性能必须满足要求；

2）混凝土应有足够的和易性与适宜的水灰比、坍落度，到达现场的坍落度必须满足泵送要求；

3）混凝土的配制应使用同一品牌的同一种水泥和同一种骨料，以保持塔体混凝土颜色一致。

（3）模板质量控制

1）严格按结构平面尺寸配制与组装模板，组装时，隔墙与电梯井道的模板应垂直，筒壁的模板符合设计斜率，模板的拼接要求平整、严密；

2）模板的设计具有足够的刚度与强度，模板使用前，对模板面全面涂刷脱模剂；

3）模板做到层层清理，并涂刷脱模剂；

4）对使用中损坏的模板及时予以修补或更换。

（4）混凝土浇筑的质量控制

1）混凝土浇筑前，对施工缝进行处理，保证混凝土浇筑时新、旧混凝土有很好的结合。

2）混凝土浇筑必须分层浇筑。每一层浇筑高度为 500 mm，每爬一个模板高度（4m）分 8 层浇筑。

3）混凝土浇筑按顺时针方向进行，上下层混凝土之间严禁出现冷缝。

4）控制混凝土的振捣质量，混凝土下料后立即跟随混凝土的浇筑方向移动振捣，必须控制在下料后 30min 内完成，振捣要充分，并避免过振。振捣时，振动器插入混凝土的深度不超过已浇筑混凝土层表面 50mm，振动器不得触移钢筋、预埋件与模板。

5）严格掌握拆模时间。拆模时，混凝土强度必须超过 1.2MPa，确保模板脱离混凝土面时阴角模处的混凝土不会碰坏。

6）贮备塑料布等防雨材料，浇筑混凝土期间遇到阵雨时，及时用防雨材料遮盖浇筑的混凝土，避免影响混凝土质量。

7）使用在混凝土表面喷涂养护液进行封闭养护。在模板脱离混凝土面后，随着模板的爬升在模板的下口进行喷涂。混凝土养护液要求喷涂均匀、不漏喷。

8）中断施工的混凝土顶面，及时覆盖、铺设 25mm 厚的湿麻袋进行保湿养护。

（5）混凝土质量检验

1）商品混凝土进入现场时，按澳门施工标准的要求对混凝土进行坍落度检验，坍落度超过规定坍落度 25mm 的混凝土拒绝收料使用；

2）对于未达到泵送工艺坍落度最低要求的混凝土拒绝收料使用；

3）使用的商品混凝土，按每车制作一组 150mm × 150mm × 150mm 标准试块，做好取样记录，并按澳门建筑规范的要求进行养护。试块养护 28d 后，在监理工程师的监视下进行试块抗压强度检测，并按规定的要求，及时向项目经理部提供检验报告。

9 施工安全、现场消防

为了达到我公司在本工程中制定的“杜绝发生死亡及重伤事故，轻伤事故年频率控制在2‰以内”的安全目标，根据“安全第一，预防为主”的原则，建立健全针对本工程的安全管理体系和管理制度，制定具体的施工安全保证措施及消防措施。

9.1 安全管理体系

建立由项目经理领导，各专业工长、各专职质检员参加的横向到边，纵向到底的安全生产管理系统，从项目经理到各生产班组的安全生产管理组织机构图如图9-1所示。

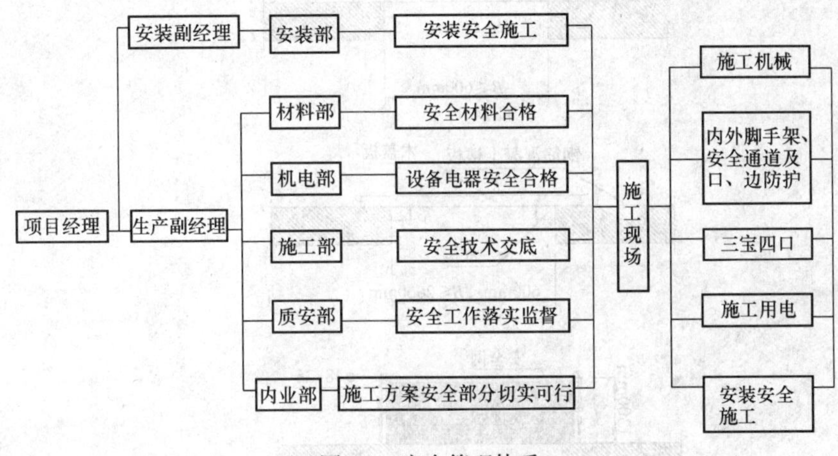

图9-1　安全管理体系

9.2 具体的保证措施

9.2.1 个人安全的防护

(1) 按要求使用安全三件宝：安全帽、安全网和安全带。进入施工现场要戴安全帽，高空临边作业要系安全带，挂安全网。

(2) 施工现场禁止互相打闹、开玩笑。

(3) 严禁酒后上班。

(4) 高空或有较危险的施工作业人员，要先经过身体健康检查，严禁有高血压、癫痫、聋哑、心脏病人等进行施工。

(5) 现场施工禁止穿高跟鞋、拖鞋、赤脚，应穿软底鞋。

(6) 有些作业应带防滑手套，如打锤或搭设脚手架等。

9.2.2 高处作业“四口”、“五临边”防护

(1) 建筑物周围地面人行通道采用钢管、钢板、竹跳板，按规定要求搭设双层防护棚作为安全通道，两层防护棚之间的距离不小于

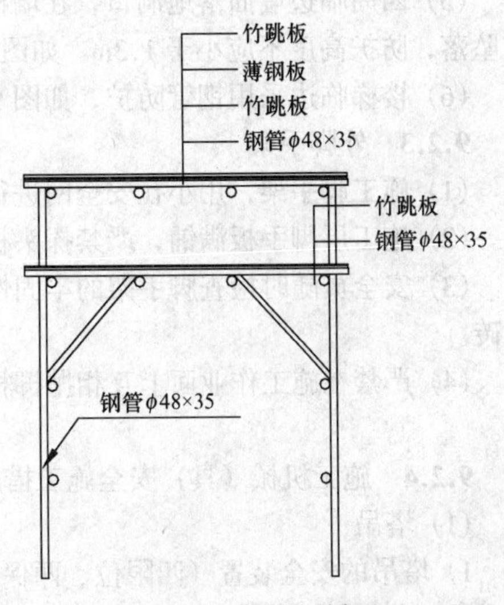

图9-2　防层防护棚

70cm（图 9-2）。

（2）对较小孔洞用木板覆盖，对较大孔洞用钢管防护，安全网密封，以防坠落（图 9-3）。

（3）室内电梯井道预留洞采用 ϕ12 钢筋网片，与预留门洞竖向钢筋焊接或采用膨胀栓与墙体锚固设防加涂安全防护色。施工期间，项目专职安全员每天巡回检查。发现因施工损坏，立即修复。

（4）楼面竖向设备管道井洞口，采用预留钢筋，洞口上再覆盖竹跳板，预留钢筋等设备管道安装时，逐层割掉。

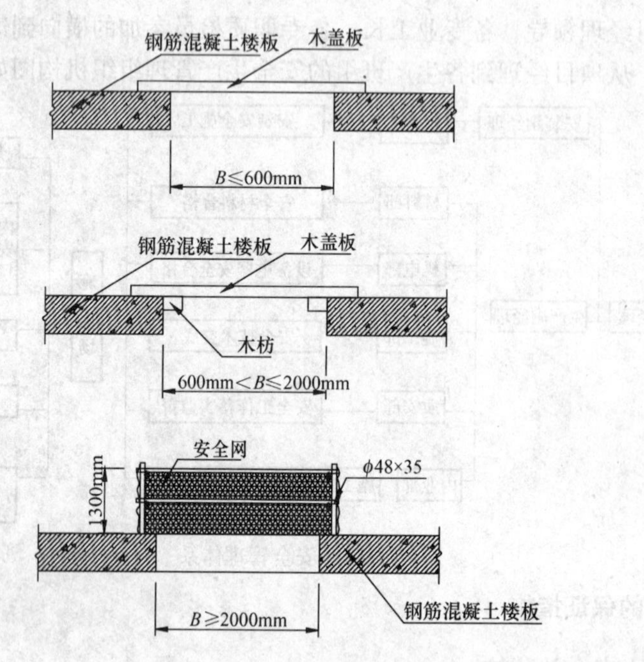

图 9-3　孔洞防护

（5）四周临边墙面落地洞口，在墙模拆除后，应立即搭设防护栏杆，以防止人、物高空坠落，防护高度不应小于 1.3m。如图 9-4 所示。

（6）楼梯临边采用钢管防护，如图 9-5 所示。

9.2.3　外脚手架

（1）施工脚手架，用小孔安全网进行封闭。

（2）施工层脚手板满铺，严禁探头板及单板作业。

（3）安全员随时检查脚手架的牢固性，不得超载或集载，堆放砖时每次不得超过三皮侧砖。

（4）严禁在施工作业面上互相抛掷材料、工具等物件，以及从施工作业面向下抛掷杂物。

9.2.4　施工机械（具）安全施工措施及有关规定

（1）塔吊

1）塔吊的安全装置（四限位、两保险）必须齐全、灵敏、可靠，指挥信号采用对讲机联系。各部位应经常检查、维修、保养、运转正常。

2）塔吊的钢丝绳、滑轮、吊钩、机械传动各部件应经常检查、维修、保养、运转正常。

3）塔吊的附着件应严格按照塔吊安装方案进行预埋、安装。

4）塔吊在遇有六级以上大风、大雨、大雾时，应停止作业。

5）施工时，塔吊司机应严格遵守操作规程和安全注意事项，严格执行“十不吊”规定。

（2）木工机械

圆锯、平面刨（手压刨）各种安全生产防护装置应齐全、灵敏、可靠。凡长度不长于30cm、厚度大于锯片半径的木料，严禁用圆锯裁割。

（3）其他机具

1）弯钢机、断钢机应严格执行机械设备的保养规程和操作规程；

2）砂浆搅拌机、输送泵各种安全及监测指示、仪表等装置，必须按规定接零、接地，做到一机一闸一漏电保护器，配电箱做到一箱一锁，现场配电按三级漏电保护。

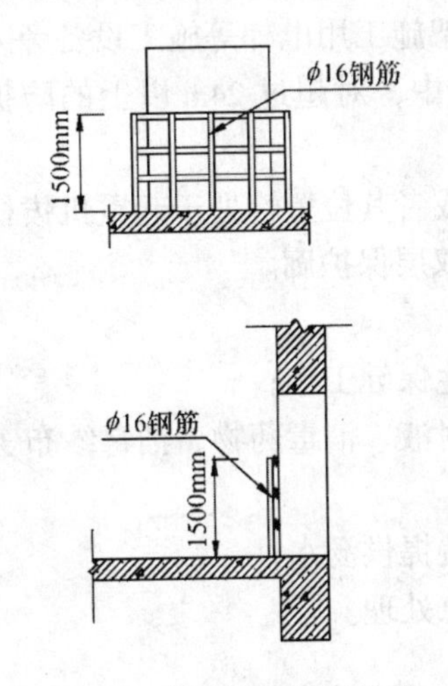

图 9-4 临边墙面洞口防护

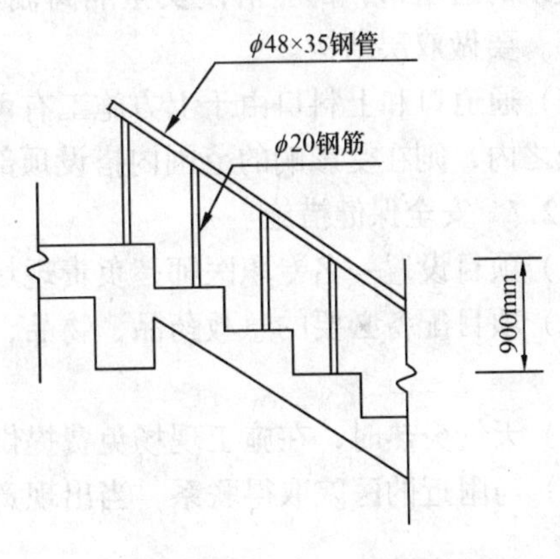

图 9-5 楼梯临边防护

9.2.5 安全重点区域和危险区域的防护

（1）进场后沿基坑边线用钢管设置安全护栏，钢管上间隔30cm涂刷红白两色油漆，以示警戒；

（2）机械挖土时，在开挖区域用钢管或竹杆悬挂简易红旗，或张拉尼龙绳，上挂红布，以示警戒；

（3）电梯门洞、超过2.0m的洞口、临边、外架上的楼梯、室内楼梯等位置，用钢管设置防护栏杆，钢管上间隔30cm涂刷红白两色油漆，以示警戒；

（4）配电箱等带电位置用红色油漆喷上闪电标志及“有电危险”字样；

（5）木工加工房及其他易发生火灾部位张挂“严禁烟火”、“当心火灾”安全标志；

（6）在施工机械、外架、洞口、临边等部位按要求张挂“当心轧手”、“注意坠物”、“高空危险”、“必须系安全带”等安全标志；

（7）在进入现场的入口处，张挂“必须戴安全帽”安全标志；

（8）钢结构吊装、外架拆除阶段，对地面相应范围实行封闭，并张挂“吊装施工，严禁通行”、“外架拆除，严禁进入”等红色标语。

9.2.6　交叉作业的安全防护

在交叉作业中，极易造成坠物伤人。因此，上下不同层次之间，以及在前后左右方向必须有一段横向的安全隔离距离。此距离应该大于可能坠落半径，如果不能达到此安全间隔距离，将设置能防止坠落物伤害下方人员的防护层。交叉作业中，各有关工种的安全措施主要有以下几项：

(1) 支模、粉饰、砌墙等工种，进行上下立体交叉施工时，任何时间、任何场合都不允许在同一垂直方向上操作。上下操作位置的横向距离，应大于上层高度的可能坠落范围半径。在设置安全隔离层时，它的防穿透能力应不小于安全平网的防护能力。

(2) 拆除钢模板、脚手架等时，下方不得有其他操作人员。钢模板部件拆除后，临时堆放离楼层边沿应不小于 1m，其堆放高度不能超过 1m。任何拆卸下来的物品，都不许堆放在楼层口、通道口、脚手架边缘等处。

(3) 当结构施工到二层及二层以上，须张设安全网，继续往上施工则每隔四层设置一道安全网，同时要另设一道随施工高度提升的安全网。井架施工用电梯等施工设备旁人员进出建筑的通道口，都应搭设安全隔离棚。高层建筑施工中，对超过 24m 以上的防护棚的顶部，要做双层结构。

(4) 通道口和上料口由于上方施工有可能坠落物体，或者其位置恰处于起重机拔杆回转半径之内，则在受影响的范围内搭设顶部能防止穿透的双层保护廊。

9.2.7　安全保健措施

(1) 项目设置一名专职医师，负责现场人员的医疗卫生保健工作；

(2) 项目配备必要的急救药品、物品，如：破伤风注射液、消毒药物、消毒纱布、担架等；

(3) 天气炎热时，在施工现场免费提供茶水，食堂免费提供汤水；

(4) 与附近的医院取得联系，当出现意外事故时，紧急处理。

9.3　消防措施

(1) 必须严格执行澳门地区关于建筑工地防火的基本措施，加强消防工作的领导，建立义务消防队，现场设消防值班人员，对进场职工进行消防知识教育，建立现场安全用火制度。

(2) 现场划分用火作业区、易燃易爆材料区、生活区，按规定保持防火间距，因现场条件所限，防火间距部分达不到标准的，采取相应的防火措施方可以适当减少防火距离。另外，还要注意在防火间隔中不得堆放易燃易爆物品。

(3) 施工现场根据临建布置平面设有消火栓、灭火器及砂箱，生活区工棚保持防火距离，消防通道畅通，具体见施工总平面布置图。严禁在专用通道内堆放材料。

(4) 建立现场消防水池，高压水泵作为加压水泵，每幢塔楼各备一套供水设施，并在每幢塔楼各设一消防水箱，楼层设消防竖管，随施工进度接高，保证消防用水能遍及建筑物的各个部分，消防器材设专人管理，并定期检查。

(5) 使用明火时应经主管消防的领导批准，任何人不得擅自用明火。使用明火时，要远离易燃物，并备有消防器材。

(6) 施工现场不同阶段的防火要点：

1) 在基础施工阶段，主要应注意保温、养护用的易燃材料的存放。

2) 在主体施工时，则应多设看火员，注意电焊火花。照明和动力用胶皮线应按规定架设，不准在易燃保温材料上乱堆乱放。

3) 在装修施工时，易燃材料较多，对所用电气及电线要严加管理，预防短路打火。装修施工时，凡采取明火作业的须制定专门的防火措施和制度，楼内明火炉要设专人管理。

4) 在使用易燃油漆时，要注意通风，严禁明火，以防易燃气体燃烧、爆炸，还应注意静电起火及工具碰打。

(7) 现场出现火灾后的注意事项及急救要点：

1) 现场出现火险或火灾时，要立即组织现场人员进行扑救，救火方法要得当。

2) 现场出现火险时，工长要判断准确，当火险不能救的要及时报警，请消防部门协助灭火。

3) 在消防队到现场后，工长要及时而准确地向消防人员提供现场电器、易燃、易爆物的情况。火灾区如有人时，要尽快组织力量，设法先将人救出，然后再全面组织灭火。

4) 灭火后要保护火灾现场，并设专人巡视，以防死灰复燃，保护火灾现场又是查找火灾原因的重要措施。

10 文明施工管理及环保措施

为了提高项目文明素质、管理水平和建立健全安全文明管理机构，落实安全文明措施和制度，同时为了给职工及附近居民创造一个良好的生产、生活环境，为此专门编制了本章节。

10.1 文明施工管理体系

如图 10-1 所示。

10.2 文明施工管理制度

(1) 遵守澳门地区有关环卫、市容、文明施工的规定，贯彻执行我单位“现场管理文明施工细则”，确保工地达到澳门安全文明施工示范工地标准。

(2) 加强现场的质量、安全管理，坚持工程质量、安全生产责任制，坚持挂牌施工制、质量“三检制”；严格执行各种操作规程，严禁违章作业。在主要通道口、楼面孔洞处及钢筋与木材加工车间设立安全警示牌或安全文明施工操作规程牌。

(3) 加强现场的技术管理，施工前有经审批的施工组织设计和施工方案作指导，坚持分部分项的技术交底，避免野蛮作业。

(4) 现场设专人负责安全和文明施工工作，制定现场安全和文明施工规则，检查安全和文明施工执行情况，对职工进行安全和文明施工教育，采取各种防护措施，防止事故的发生。

(5) 建立现场保卫管理制度，施工人员进入施工现场必须佩戴工作证，材料、器具的

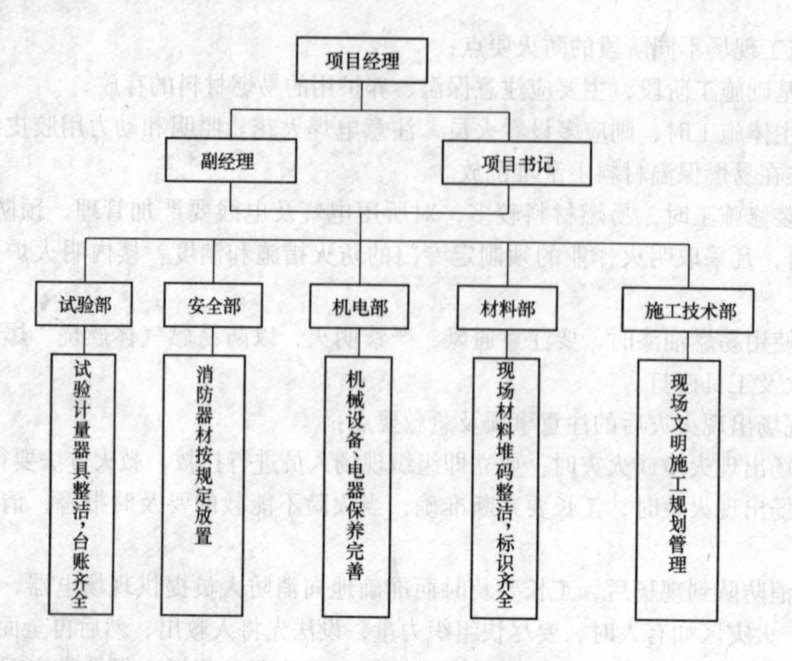

图 10-1　文明施工管理体系

进出必须登记，要求卡物相符。

(6) 建立文明、卫生、安全防火检查制度，除公司每月定期检查一次以外，项目经理部每星期组织二次定期或不定期检查，奖优罚劣，使职工有一个较为舒适的生活和工作环境。

10.3　文明施工管理的具体措施

(1) 为了在根本上解决文明施工问题，并为有较充分的现场加工场地，我公司将施工区、办公区和生活区分离。

(2) 创建无烟生产现场，目的有二：第一，可净化环境；第二，主要可减少火灾机率。

(3) 四周围墙严格按照中建总公司 CI 标准进行设置，上配我公司企业精神的图案或按照业主要求进行设置。

10.4　环保措施

(1) 实行环保目标责任制，建立以项目经理为第一责任人的环保责任制。

(2) 防止大气污染。

(3) 遵守国家有关环境保护的法令，在合同规定的施工活动界限之外的植物、树木，必须尽力维持原状，不得使有害物质污染土地、海洋。

(4) 制定专门的防护措施，防止土壤冲蚀。

10.5　防水源污染措施

(1) 严禁将有毒、有害废弃物作土方回填。

(2) 施工现场的生产废水经沉淀池沉淀后排入附近雨水系统，生活污水经化粪池后排入附近污水系统。

(3) 现场存放油料，必须对库房地面进行防渗处理。

(4) 工地临时厕所采用水冲式厕所，化粪池采取防渗漏措施，防止污染水体或环境。

10.6 防止噪声污染措施

(1) 严格控制人为噪声，进入施工现场不得高声喊叫，无故甩打模板、乱吹哨，限制高声喇叭的使用，最大限度地减少噪声扰民。

(2) 当工程工期紧张和技术质量要求必须采取昼夜施工时，先申报建设行政主管部门及环境行政主管部门批准，方能施工；施工时，尽量采取降低噪声措施。

10.7 绿化措施

(1) 在工地门口摆放花坛或种植花草。

(2) 在宿舍区、办公室、会议室内外摆设盆景、花坛或种植花草。

11 其他保证措施

11.1 成品保护措施

成品保护是工程质量管理、工程成本控制和现场文明施工的重要内容，在此作专门的论述：

11.1.1 制成品保护

(1) 车间制成品：

指车间生产的成品，如木门、铝合金门窗，按放样单加工断料弯曲成型的钢筋、预埋件、金结制品及其他进场的装饰品、混凝土构件等。

(2) 场地堆放要求：

1) 木门、钢门、铝合金窗、木扶手等木、铝制品、不锈钢制品、装饰用成品应堆放在室内场地，钢筋制品、混凝土构件及金结制品、预埋件等可堆放在室外。

2) 场地要求：地基平整、干净、牢固、干燥，排水通风良好、无污染。

3) 所有成品应按方案指定位置进行堆放，运输方便。

(3) 成品堆放控制：

1) 分类、分规格，堆放整齐、平直、下垫木；叠层堆放，上、下垫木；水平位置上下应一致，防止变形损坏；侧向堆放除垫木外应加撑脚，防止倾覆。

2) 成品堆放地应做好防霉、防污染、防锈蚀措施。

3) 成品上不得堆放其他物件。

(4) 成品运输：

要做到车厢清洁、干燥，装车高度、宽度、长度符合规定，堆放科学合理；超长构件成品，应配置超长架进行运输。装卸车做到轻装轻卸，捆扎牢固，防止运输及装卸散落、损坏。

11.1.2 现浇钢筋混凝土工程成品保护

（1）钢筋绑扎成型的成品质量保护：

1）钢筋按图绑扎成型完工后，应将多余钢筋，扎丝及垃圾清理干净。

2）接地及预埋等焊接不能有咬口、烧伤钢筋。

3）木工支模及安装预埋、混凝土浇筑时，不得随意弯曲、拆除钢筋。

4）基础、梁、板绑扎成型完工的钢筋上，后续工种、施工作业人员不能任意踩踏或堆置重物，以免钢筋弯曲变形。

5）木工支模完工后，作业面上的垃圾应及时清理干净。

6）模板隔离剂不得污染钢筋，如发现污染应及时清理干净。

7）水平运输车道应按方案铺设，不能直接搁置在楼板钢筋面上。

（2）模板保护：

1）模板支模成活后，应及时将全部多余材料及垃圾清理干净。

2）安装预留、预埋应在支模时配合进行，不得任意拆除模板及重锤敲打模板、支撑，以免影响质量。

3）模板侧模不得堆靠钢筋等重物，以免倾斜、偏位，影响模板质量。

4）禁止平台模板面上集中堆放重物。

5）混凝土浇筑时，不准用振动器等撬动模板及埋件，特殊部位混凝土应用锹入模，以免模板因局部荷载过大造成模板受压变形。

6）水平运输车道，不得直接搁置在侧模上。

7）模板安装成型后，应派专人值班保护，进行检查、校正，以确保模板安装质量。

（3）混凝土成品保护：

1）混凝土浇筑完成，应将散落在模板上的混凝土清理干净，并按方案要求进行覆盖保护。雨期施工混凝土，应按雨期要求进行覆盖保护。

2）混凝土终凝前，不得上人作业，应按规定确保间隔时间和养护期。

3）楼层混凝土面上应按作业程序分批进场施工作业材料，尽量分散，均匀放置，不得集中堆放。

4）下道工序施工的或堆放的油漆、酸类等物品，应用桶装放置，施工操作时，应对混凝土面进行覆盖保护。

5）不得随意开槽打洞，安装应在混凝土浇筑前做好预留预埋。

6）混凝土面上临时安置施工设备应垫板，并应做好防污染覆盖措施，防止机油等污染。

7）不得用重锤、重物击打混凝土面。

8）混凝土承重结构模板应达到规定强度方可拆除。

11.1.3 砌体成品保护

（1）需要预留预埋的管道铁件、门窗框应同砌体有机配合，做好预留预埋工作。

（2）砌体完成后按标准要求进行养护。雨期施工按要求进行覆盖保护，保证砌体成品质量。

（3）砌体完成后应及时清理干净，保证外观质量。

（4）不得随意开槽打洞，重物重锤击撞。

(5) 挑、拱、砌体的模板支撑，应保证砌体达到要求强度后方能拆除。

11.1.4 楼地面成品保护

(1) 水泥砂浆及块料面层的楼地面，应设置保护栏杆，到成品达到规定强度后方能拆除，成活后建筑垃圾及多余材料应及时清理干净。

(2) 雨期施工要求做好防雨措施，以确保楼地面质量。

(3) 水泥砂浆、广场砖及地砖等硬块料贴在楼地面，不允许放带棱角硬材料及易污染的油、酸、漆、水泥等物料。

(4) 下道工序进场施工，应对施工范围楼地面进行覆盖保护，对油漆料、砂浆操作面下，楼面应铺设防污染塑料布，操作架的钢管应设垫板，钢质扶手挡板等硬物应轻放，不得抛、敲、撞击楼地面。

(5) 注意清洁卫生，高层建筑应在楼层内指定位置设置临时厕所，以确保清洁卫生。

(6) 严禁在楼地面敲钉、生火。

11.1.5 门窗成品质量保护

(1) 木门框安装后，应按规定设置拉档，以免门框变形。

(2) 运输车道进出口的门框两边应钉槽形防护挡板，同小车高度一致，以免小车碰坏门框。

(3) 铝合金门窗框塑料保护膜完好，不得随意拆除。

(4) 不得利用门窗框销头作架子横挡使用。

(5) 窗口进出材料应设置保护挡板，覆盖塑料布，防止压坏、碰伤、污染。

(6) 施工墙面油漆涂料时，应对门窗进行覆盖保护。作业脚手架搭设与拆除，不得碰撞挤压门窗。不得随意在门窗上敲击、涂写或打钉、挂物。门窗开启，应按规定扣好风钩、门碰。

11.1.6 装饰成品质量保护

(1) 所有室内外、楼上楼下、厅堂、房间，每一装饰面成活后，均应按规定清理干净，进行成品质量保护工作。

(2) 不得在装饰成品上涂写、敲击、刻划。

(3) 作业架子拆除时应注意防止钢管碰撞，脚手板应轻放。

(4) 门窗及时关闭开启，保持室内通风干燥，风雨天门窗应关严，防止装饰后霉变。

(5) 严禁用火、用水，防止装饰成品污染，受潮变色。

(6) 对室外、厅堂、雕塑装饰品设置防护栏杆保护。

(7) 高层建筑应按层对装饰成品进行专人值班保管。

(8) 因工作需要进房检查、测试、调试时，应换穿工作鞋，防止泥浆污染。

11.1.7 屋面防水成品保护

(1) 屋面防水施工完工后应清理干净，做到屋面干净，排水畅通。

(2) 不得在防水屋面上堆放材料、杂物、机具。

(3) 不得在防水屋面上用火及敲踩。

(4) 因收尾工作需要在防水屋面上作业，应先设置好防护木板、钢板覆盖保护设施，散落材料及垃圾应工完场清，清理干净；电焊工作应做好防火隔离。

(5) 因设计变更，在已完防水屋面上增加或换型安装设备，必须事先做好防水屋面成品质量保护措施方能施工。作业完毕后应及时清理现场，并进行质量检查复验；如有损坏及时修补，确保防水质量。

11.1.8 交工前成品保护措施

(1) 为确保工程质量，达到业主满意，项目施工管理班子根据楼层高低，在装饰安装分区或分层完成成活后，专门组织专职人员负责成品质量保护，值班巡查，进行成品保护工作。

(2) 成品保护值班人员，按项目领导指定的保护区或楼层范围进行值班保护工作。

(3) 成品保护专职人员，必须按照质量保证计划中规定的成品保护职责、制度、办法，做好保护范围内的所有成品检查工作。

(4) 专职成品保护值班人员工作到竣工验收，办理移交手续后终止。

(5) 在工程未办理竣工验收移交手续前，任何人不得在工程内使用任何设施。

(6) 对于原材料、制成品、工序产品、最终产品的特殊保护方法，由现场在施工时编制详细方案。

(7) 当修改成品保护措施或成品保护不当需整改时，由原措施编制人制定新的保护措施，交项目技术负责人审定后，交成品保护负责人执行。

11.2 风雨期施工措施

澳门地处亚热带地区，温湿多雷雨，更处于沿海地区，容易受台风袭击，为保证施工安全，塔吊、井架不倾覆，施工质量不受影响，现场文明施工能做好，施工中采取以下措施：

(1) 做好现场排水工作，及时将地面积水排出场外。

(2) 混凝土浇捣时，如遇到暴雨，应用篷布将施工处加以覆盖，并按规范要求留设施工缝。

(3) 施工中做好塔吊、井架等防雷工作，做好防雷接地，利用结构钢筋作为接地引下线，现场机具设备必须有可靠接地，雨天机具设备应加以覆盖，做好防雨、防漏电措施。

(4) 雷暴雨及台风来临前，必须先检查现场机具及外架，加固大型机具及施工外架，做好防台风工作。

(5) 六级及六级以上大风，塔吊暂停使用，塔吊要放松旋转刹车装置，使伸臂能随风自由转动。

(6) 大雨或大风来临时，现场必须设人员值班，发现险情立即采取应急措施，大雨或大风后应对现场所有设备、设施进行全面、细致的检查与整修，合格后方能投入使用。

(7) 大雨台风来临前，现场要储备足够的物资，以便大雨台风后迅速投入施工，保证施工继续进行。

(8) 进入装修阶段后，做好天气预报工作，在风雨来临之前关闭好门窗，以防雨水进入室内，特别是在交工阶段，楼层保卫人员必须进行巡视，以确保受损。

11.3 夏季施工措施

11.3.1 保健措施

(1) 对高温作业人员进行就业前和入暑的健康检查，凡检查不合格者，均不得在高温条件下作业。

(2) 炎热时期应组织医务人员深入工地进行巡回和防治观察。

(3) 积极与当地气象部门联系，尽量避免在高温天气进行大工作量施工。

(4) 对高温作业者，供给足够的合乎卫生要求的饮料、含盐饮料。

(5) 采用合理的劳动休息制度，可根据具体情况，在气温较高的条件下，适当调整作息时间，早晚工作，中午休息。

(6) 改善职工生活条件，确保防暑降温物品及设备落到实处。根据工地实际情况，尽可能调整劳动力组织，采取勤倒班的方法，缩短一次连续作业时间。

11.3.2 技术组织措施

(1) 确保现场水、电供应畅通，加强对各种机械设备的维护与检修，保证其能正常操作。

(2) 在高温天气施工的如混凝土工程、抹灰工程，应适当增加养护频率，以确保工程质量。

(3) 加强施工管理，各分部分项工程坚决按国家标准规范、规程施工，不能因高温天气，而影响工程质量。

12 总承包协调管理

12.1 总承包管理目标

(1) 总承包制定项目质量、安全、文明施工、施工进度的总管理目标，各分承包商根据总承包提出的管理目标制定相应措施，保证总体管理目标的实现。

(2) 总承包将采取开会学习、黑板报等有效宣传形式，使项目全体员工（包括各分承包商）都能熟悉和理解项目管理目标，并能坚持贯彻执行。

(3) 在项目施工过程中，总承包及各分承包商由于自身原因而造成项目管理目标未能如期实现，必须承担相应责任。

(4) 对由总承包直接分包项目，在施工过程中由总承包直接监控，及时对其质量、安全、文明施工、施工进度及施工中的配合问题进行考核管理；由甲方直接分包项目，分承包商在施工过程中也应接受总承包的统一部署、宏观协调管理。

12.2 施工总承包管理原则

(1) 甲方直接分包的分承包商在工程开工后，应与总承包签定施工配合协议；由总承包直接分包的分承包商与总承包直接签定施工合同，在配合协议或施工合同中双方须明确责、权、利，共同遵守。整个项目坚持在总承包统一协调管理的原则，以保证工程有序、顺利的进行，任何违约行为都由违约方承担相应的责任。

(2) 加强总承包与分承包商的合约管理工作。

(3) 总承包直接分包项目，首先应向甲方、监理申报其营业执照、企业资质证书等有关资料，由甲方、监理审核同意后方可施工。

(4) 总承包在施工过程中应有效履行其职责，通过制定一系列管理制度，对分承包商加强管理。

(5) 分承包商应遵守总承包为保证项目整体目标得以实现而制定的各项规章制度，甲方直接分包的分承包商如果对其中某些存在异议，可请甲方、监理协商解决。

(6) 分承包商应与总承包一道共同遵守有关的法律、法令和规章。

(7) 分承包商应接受总承包对项目按标准程序管理。

12.3 总承包施工协调管理

(1) 总承包负责对项目施工中存在的各种配合问题进行统一、协调解决。

(2) 总承包应为各分承包商提供必须的施工用水、用电接驳口，各分承包商应服从总承包统一管理安排。

(3) 总承包根据现有施工条件，应为各分承包商提供生产区域内垂直运输配合，各分承包商应服从总承包统一调度安排。

(4) 总承包根据现有施工条件应为各分承包商提供其他配合工作，如脚手架、指定办公地点、设备堆放场地等等。

(5) 总承包在施工中应向工程师提交本合同工程需其他专业或合同工程提供接口的纲目清单，交由工程师统一协调或接受工程师的接口指令，及时要求分包实施接口指令作业。

(6) 总承包方须根据指定分包人书面要求及提供的资料和图纸，绘制综合管线及留洞图，经设计人及工程师签字认可后方可组织施工。

(7) 总承包人与其他工程分包之间有关施工组织设计、施工接口、测量控制点、预埋位置和尺寸等资料应及时互通信息，并应彼此协调，以确保施工顺利进行，避免工程质量事故发生。

(8) 各分承包商应及时向总承包反馈施工中发现的问题，以便协调解决，预留、预埋部分为避免出现遗漏和错埋现象，除分承包商自检隐蔽记录外，经总承包检查正确合格后方可浇筑混凝土。

(9) 项目施工中的协调管理遇到的各种问题可采用工程联系函、定期协调会议、专题协调会议、现场直接协调解决等形式，采取灵活多样的方式解决施工配合中存在的各种问题。

(10) 坚持工程协调会制度：每周定期召开一次生产协调会，及时解决施工生产中存在的各种问题，会议内容由总承包整理成会议纪要，打印下发分承包商执行。

(11) 各工种工作面交接坚持书面交底制度。上道工序施工完毕，须由其他专业插入施工时，双方应做好自检、互检工作，符合要求后双方签字认可办理工作面移交手续。各专业应同时采取措施，做好工作面内成品、半成品保护工作，确保现场不因工种交叉施工而显得凌乱，有效保护各工种的劳动成果。

12.4 施工总承包对施工质量的管理

总承包对单位工程的全部分部、分项工程质量向建设单位负责。总承包对分包工程进行全面质量控制，分包单位应对其分包工程的施工质量向总承包负责。

(1) 工程质量管理制度：督促分承包商重视分包工程质量，实现整体创优目标。做好施工过程中操作质量的巡视检查，坚持“预防为主，防患于未然”的方针。特别做好主要分部工程、关键部位的质量监控，对主要的结构部位、关键设备、关键部位的质量一定要制定切实有效的监控措施。

(2) 分承包商应按照合约的各项规定，精心组织施工，及时修补缺陷，做好对工程施工的各方面管理工作。

(3) 分承包商应及时收集本专业的各种保证资料，如：承建资格证书、各种材质证明、质评资料等。

(4) 分承包商应与总承包一道密切配合，采取适当措施做好成品、半成品的保护工作。总承包制定现场成品、半成品的保护规章制度，下发各分承包商共同遵守，对破坏成品、半成品者由其承担相应责任。

(5) 分承包商应根据总承包制定的施工进度计划，制定相应措施，合理插入施工，保证施工质量。

(6) 审查分承包商资质和施工方案。主要审查施工方案中所确定的施工方法、施工顺序是否科学合理，施工措施是否得当，有无工程质量方面的潜在危害。

(7) 做好隐蔽工程、预备工程的检查。对定位放线、高程和水准点引测、钢筋绑扎、防水工程、管道试压冲洗等要及时派人检查，发现问题及时处理。

(8) 把好材料、设备的质量验收关。对主要材料设备的规格、性能、技术参数、质量要求均应事先对分包商提出明确要求，并规定具体的验收办法。凡未经检查确认或经检查不符合要求的材料、设备，一律不准在工程中使用。

(9) 若分承包人未能及时对总包人交代的接口问题和工程师指令的问题进行及时实施，从而造成的工期延误、返工或其他损失，则所有损失和费用由分包人承担，造成相邻段及其他工程延误、返工或其他损失的，总包有权对其进行处罚。

12.5 施工总承包对施工进度的管理

(1) 总承包在施工过程中应从全局考虑、统筹计划、安排，对现场各指定分包人的施工进行全面协调管理，保证工程整体施工有序进行，并对各指定分包人加强配合、协调、管理，制定现场各施工管理制度。

(2) 根据总承包施工进度计划，分承包商应及时制定各自施工进度计划，包括总施工进度年计划，季、月、周施工进度计划，以便总承包对工期分阶段宏观控制。

(3) 总承包负责给分承包商留出必须的工作时间和工作面，督促分承包商按照计划要求保质、保量完成施工任务。

(4) 分承包商进场施工需要总承包提供各种施工条件，均须提前提交书面计划，由总承包统一调配，保证施工进度有序进行。

(5) 以甲方要求的竣工日期为总施工计划目标，各分承包商必须按照计划进场，备齐相关机械设备、材料。各分承包商应分别编制本专业的施工进度计划，总承包在此基础上根据现场合理的施工顺序要求，编制项目施工进度计划，下发各分承包商共同执行。各分承包商根据施工计划合理调整、调配各生产要素，总承包负责检查、督促进度计划落实情况。

(6) 各指定分包须参加总包的工程例会，并应在会上汇报已方的质量、进度、文明施工、材料设备进场及检验情况，按照总包要求向监理及业主提交施工周报和月报。

(7) 分包须与总包配合制作在港方规范内制作的审批图和施工及验收程序。

12.6　施工总承包对施工安全的管理

(1) 总承包应检查、督促分承包商采取一切必要措施，保障工地人员安全及施工安全。

(2) 总承包制定项目现场安全生产管理制度，下发各分承包商共同遵守执行，确保施工安全。

(3) 总承包应检查、督促分承包商对进场工人做好进场教育、安全交底工作。

(4) 总承包组织分承包商成立项目安全管理小组，建立健全项目现场安全生产管理制度，定期组织安全检查，指出安全隐患，制定整改措施，并监督落实整改措施。

(5) 安全工作坚持“预防为主，防患于未然”的原则，做好安全宣传、教育工作。

12.7　总承包对文明施工及环境保护的管理和控制

(1) 总承包制定项目现场文明施工及环境保护管理制度，下发各分承包商，督促共同遵守执行。

(2) 总承包应检查、督促分承包商一道共同遵守政府关于文明施工、环境保护有关的法律、法令和规章。

(3) 施工现场临建、材料、设备堆放、加工场地总承包严格按照“施工组织设计”要求布置，各分承包商服从总承包统一部署，严禁乱搭、乱建、乱堆放。

(4) 总承包制定具体措施检查、督促分承包商施工中做到工完场清，文明施工。

(5) 工期紧张、技术质量要求必须进行昼夜连续施工时，应先按规定向当地有关部门申请夜间施工许可证，方可施工。在施工过程中，应对周围居民做好解释、协调工作。

(6) 总承包检查、督促分承包商一道做好防尘、防污染工作。

13　推广应用的建筑施工新技术、新工艺

为实现本工程质量、工期、安全等目标，充分发挥科学技术是第一生产力的作用，在本工程施工中，我们采用成熟的科技成果和现代化管理技术，以实现公司“优质、高效、安全、低耗”的施工指导方针，本工程计划列入公司科技示范工程，其主要内容如下：

(1) 测量施工过程利用激光铅直仪。

(2) 粗直钢筋的连接技术。

(3) 楼地面整体一次找平压光。

(4) 楼梯采用整体封闭式楼梯模板，成型美观，便于施工。

(5) 外混凝土施工过程中外加剂的应用新技术。

(6) 在混凝土和砂浆中使用外加剂，降低混凝土的水化热峰值，增加和易性。

(7) 混凝土双掺技术。

(8) 混凝土养护使用养护液养护技术。

(9) 微机监控系统（即信息化施工技术），文档资料采用 EMP 项目管理软件，预算采

用定额站新定额应用软件，并推广网络化。

(10) 新型建筑防水材料应用技术。

(11) 发展混凝土小型砌块建筑体系。

13.1 整体楼梯施工工艺

现浇整体式全封闭支模是在传统支模施工工艺基础上增加支设楼梯踏面模板，并予以加固，使楼梯预先成型。

(1) 楼梯栏杆预埋件的埋设。传统楼梯支模，混凝土浇筑后，在混凝土初凝前，将预埋件埋入，比较容易操作。采用全封闭支模后，由于无外露混凝土表面，所以给预埋件的预先埋设增加了一定的困难。我们将预埋件依据图纸设计位置通过用22号钢丝及铁钉将预埋件先固定在踏步模板上，然后再封模。

(2) 混凝土浇筑：传统楼梯支模工艺属敞开式，混凝土浇筑方便，采用全封闭式支模后，混凝土入模、振捣有一定难度。与剪力墙连成一体的楼梯混凝土浇筑必须一次完成。这样，一方面利用浇筑剪力墙时混凝土自身的流动性灌入梯模内；另一方面将混凝土从梯梁处下料，用振动器将混凝土振入梯模内。混凝土的振捣是将振动器从梯梁处直伸入梯模底部进行振捣，逐级向上提。为保证踏步混凝土的密实，同时用另一台振动器在梯模表面进行振动，这样就保证了混凝土的密实性。对于单独的（与柱相连的）整体式楼梯，采用上述浇筑方法外，可利用休息平台分两次浇筑。

(3) 楼梯踏面凹坑、麻面。由于楼梯四面被模板封住，混凝土浇筑时有部分气体被封在模内一时排不出去，造成质量问题。在支踏面模板时，从第二级台阶开始，每隔三个踏步用电钻钻2ϕ20排气孔。

由于楼梯采用全封闭式支模，使现浇混凝土楼梯在浇筑混凝土之前已经成型，这样就保证了楼梯的几何尺寸，同时也避免了前述传统工艺支模容易出现的质量问题。楼梯拆模后混凝土表面光洁平整，棱角方正，观感和实测效果良好。

另外，无论楼梯混凝土是否已经浇筑，采用全封闭式支模工艺支模的楼梯都可用作施工层和下一层的施工人员上下通道，方便了施工，保护了半成品。同时，还能够减少混凝土和砂浆的浪费，降低工程成本。

13.2 楼地面一次压平搓毛技术

凡有装饰面层的楼板混凝土，均采用混凝土一次压平工艺施工，以节省找平层；同时，又可增加楼层净高、减轻楼层负荷。楼板模板完成时，即用水准仪进行认真校平。浇灌混凝土前，用水准仪将楼面标高投测在竖向钢筋上加以标记，同时每隔2m双向放置同楼板厚且同强度等级的混凝土预制块（长×宽×厚=10cm×10cm×板厚）。施工时，以此标记为基准进行混凝土虚铺后用振动器先振捣一遍，再用2m直尺把混凝土面按楼层标高高度刮平，必要时用水准仪监测平整度，最后用抹子将混凝土提浆压实。

13.3 泵送混凝土应用布料机施工

13.3.1 施工准备

(1) 混凝土及其泵送设备

对混凝土的质量要求，不仅满足设计规范的规定，还要满足管路输送时对混凝土的要求。混凝土拌合物须有良好的可泵性，即混凝土通过泵管时，流动阻力小，不离析，不堵塞，和易性、黏塑性能良好。

（2）机具

准备手动布料机全套设备。长4m、厚5cm木板2～4块，专用金属支架1个；ϕ125软管5m长一根，不同长度三钩一组吊绳；预制混凝土配重块共5块；以及布料机专用配套工具等。

（3）作业条件

1）灌注混凝土以前的各道工序，经隐检、预检合格；

2）泵送混凝土及其管路布置满足施工工艺要求；

3）全部布料机具完备，保证正常工作；

4）布料机置放位置为防止下部钢筋因受压造成变形，应增设马凳起承重作用；

5）做好混凝土泵送供料及起重机配合作业的协调保证工作；

6）应具备有效的通信联络手段或措施。

13.3.2　操作工艺

（1）由起重机将布料机总成吊运到施工面指定地点就位。亦可分拆零部件到施工面指定位置组装。如直接坐落结构钢筋骨架上时，支架底脚用4m长木板作垫板用。

（2）布料机最大回转半径为（1号臂）4m+（2号臂）5.5m=9.5m，其投影覆盖面积70.8m^2，如布料机超出此回转半径时，2号臂出口端可接装5m软管（一般无特殊需要不装）。机座尾部配重架应放置5×1.7kN混凝土预制配重块，起平衡作用。

（3）布料机投入使用前，应全面检查各部机件是否齐备，螺栓紧固可靠，各运动及转向机构均注足润滑油。

（4）备好不同长度三钩一组吊绳为布料机吊运移位时使用，另备临时金属支架一个；当5.5m臂旋转工作时，支架支撑于4m臂下方起支重作用。

（5）泵送一定量清水润湿输送管及布料机管路内臂，随后泵送砂浆润滑管路防止堵管。管路总长不足150m者，砂浆配比为1:2；多于150m者，砂浆配比为1:1。

（6）混凝土进行布料时，先回转2号臂沿300°范围覆盖浇筑。

（7）位于中间支架底部大约2.5m直径面积，除流态混凝土伴随振捣自然流入外，其上表面混凝土需由人工填补振实。

（8）第一区作业完成暂停泵送，拆除底部弯头以下水平管，由起重机将布料机起吊移位，进行第二作业区就位。

（9）就位前应检查好钢筋骨架间放好马凳及木垫板。

（10）弯头下方接装好水平输送管，继续进行混凝土泵送作业。

（11）计算好混凝土总需用量，勿使剩余混凝土过多。

（12）混凝土泵送全部完成后，由专业工种按规程进行布料机及管路的清洗工作。

（13）拆除（或分解拆除）布料机进行保养，存放待用。

13.3.3　质量要求

（1）布料机安装就位后，应保持平稳、四脚落实，各臂回转运动不应有任何倾覆现象。

(2) 布料机各部管路及弯头接装密封性能良好，转向接头应润滑、灵活。

13.3.4 安全注意事项

(1) 严格按照混凝土泵送布料工艺进行作业。

(2) 由专人负责指挥施工。

(3) 为防止泵送时产生的脉冲力，导致管路或金属平台晃动，在进行施工组织设计的同时，应考虑其稳定措施。

(4) 如在前端接装软管，注意防止泵送时软管出口埋在混凝土内，造成瞬时压力集中，导致爆管伤人。

(5) 作业完成后清洗管路，以水洗最佳；如采用压缩空气清洗，出口前必须设遮挡物，以防清洗塞喷出伤人。

13.3.5 其他注意事项

(1) 布料机安装后存在任何失稳情况均应及时处理，保持稳定作业。

(2) 布料机机身应始终保持整洁，无污损。

(3) 各部安装节点一律按规定用螺栓紧固连接，不准焊接。

(4) 指定专人负责管理。

13.4 现场监控与信息化管理

随着改革开放的日益深入和市场经济的不断发展，市场竞争越来越激烈，社会信息化进程加快，企业的网络化已经成为衡量一个企业质量的重要因素之一。

(1) 目标及打算

目前施工企业在管理方式上，主要采用公司统一领导下按各职能部门分头负责的模式；在管理技术上，采用的是传统的人工管理方式。这种方式存在决策分散、无总体优化、企业对市场变化反应速度较慢、应变能力较低的缺点。

建立企业信息化管理工作的目的是通过计算机网络和数据库系统，实现信息和资源的共享，提高工作效率，加快公文的流转速度，降低成本。

(2) 网络系统建设

1) 网络系统的建设原则

由于施工企业的不稳定性，特别是项目部是随着工程而不断迁移的，因此在进行网络组建时，我们不仅要考虑它的使用性、先进性还要考虑到成本等原因，在网络设计时，我们主要遵循以下原则：可靠性、先进性、实用性。

2) 网络的组建

①网络组建方案。

通过一个16口的HUB将项目各部门的十台计算机及分包单位、监理、甲方办公室的计算机采用星型结构组建成一个小型局域网，并通过ISDN与Internet连接。

②网络组建图，详见图13-1。

3) 网络的主要功能及应用

①实现数据共享。

实现项目各部门之间的数据资源共享，并与监理、业主及分包单位实现数据通讯。

②现场监控。

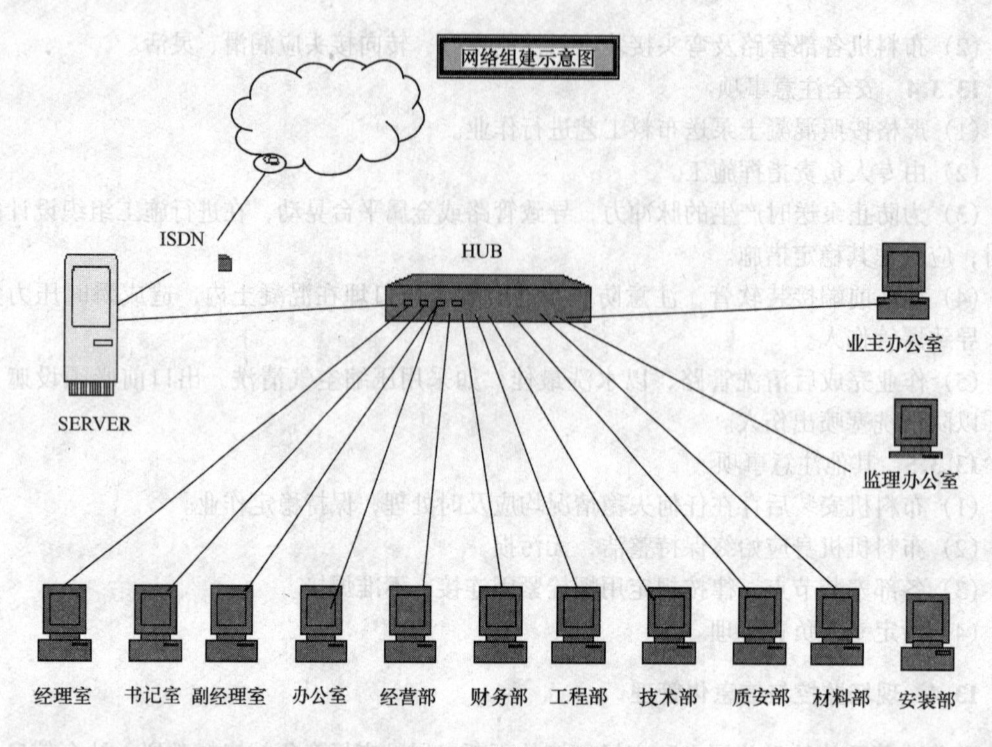

图 13-1　网络组建图

通过主控服务器实现现场监控的视频转换，并通过局域网实现局域网内每台计算机的分控功能。

③提供 Internet 浏览服务。

通过服务器与 Internet 连接，使各用户端也可以浏览 Internet 上的浩瀚资源。

④提供电子邮件服务。

通过安装电子邮件服务器，本系统内的各客户彼此之间可以接收和发送电子邮件，同时也可以通过服务器的 Internet 连接与外界进行电子邮件的收发。

⑤其他服务。

通过网络资源及相关外设的使用，实现视频会议、多媒体教学、网间通话等。

(3) 多媒体网络监控系统

1) 采用现场监控的目的

为了提高项目管理水平，利用各种先进的手段加强对现场施工进行管理，确保工程质量，并充分利用现有的网络资源，引进了先进的多媒体网络监控技术。

2) 实施应用

由于各部门均能通过计算机随时监控到现场施工的过程，使各职能部门能够及时发现问题、解决问题，并有录像回放作为记录凭证，有效地提高了施工质量，加强了工程的安全施工，对项目整个施工情况有了详细、直观的了解。

(4) 项目管理软件的应用

1) 项目管理软件的引进及使用

为了进一步提高项目管理水平，项目自开工起，将引进梦龙项目动态管理软件、海文预算软件、用友财务软件。

2）梦龙项目动态管理软件

①引进梦龙项目管理软件的目的。

要将项目纳入系统化、自动化、智能化管理的轨道。

②梦龙项目管理软件的特点

该软件的主要特点是：先进、科学、灵活、高效、功能强大。

第九篇

湖北出版文化城施工组织设计

编制单位：中建三局工程总承包公司
编 制 人：王 辉 周华松 杜丽琴

【摘要】 湖北出版文化城工程为钢筋混凝土框架-剪力墙结构建筑，基础底板设置滑动层，梁板大量采用预应力技术，地上双塔结构之间设计有净跨达45.0m的钢桁架结构连廊，施工中采用了单榀分别吊装、空中对接的方法，非常有特色，施工组织设计中对上述情况以及高性能混凝土配合比方面作了详细说明，非常具有借鉴价值。

目　录

1　工程概况

1.1　工程简况

工程名称：湖北出版文化城

建设单位：湖北省新闻出版局

设计单位：中南建筑设计院

监理单位：湖北建设监理公司

质量监督单位：武汉市建筑工程质量监督站

施工总承包单位：中国建筑第三工程局工程总承包公司

主要分包单位：中建三局一公司、中建三局四公司、武汉凌云建筑装饰工程公司

湖北出版文化城工程地处武昌楚雄大道以南，东面与中建三局总部办公大楼相望；西与“三鸿家园小区”相毗邻；北接湖北出版文化城临时批发市场。工程占地面积220亩（纵横向轴间总距范围达116m×106.5m），总建筑面积111565m^2，由2层地下室、地上5层裙楼及两座22层塔楼对称构成。裙房平面沿楚雄大道方向为304.625m的大半径曲线轮廓线，形成两翼舒展、中部内收的大半径曲面，与塔楼东西侧呈阶梯状收进的立面轮廓线遥相呼应；两座塔楼通过设于16~20层间的40m跨钢结构廊桥组成宏伟的“门”形主立面，稳重典雅，寓意深远，体现出深厚的文化内涵。

本工程建筑类别为一类建筑，建筑等级为一级耐久年限，建筑结构和建筑物安全等级为一级，建筑耐火等级为一级，地下室防水等级为一级，人防地下室设计等级为六级。地下室共二层：地下二层为汽车库、设备用房，战时作人员掩蔽所和物资库用；地下一层为展销大厅及快餐厅等。地下部分建筑面积24054m^2，地上一~四层为展销大厅，建筑面积46204m^2。工程共设电梯18部，其中升至地上二层以上的16部，含消防梯4部、客梯及货梯各6部；设有自动扶梯3台。

本工程所在地地震烈度六度、Ⅱ类场地，工程按乙类建筑设防，设防烈度7度，主楼为二级抗震框架、二级抗震墙，裙楼为三级抗震框架、二级抗震墙。裙楼为预应力筏形基础、主楼为预应力箱形基础，均为天然地基。裙楼筏板基础、主楼箱形基础和地上一至五层梁板均为预应力结构，其中箱形基础还是空间预应力结构体系。

其他建筑结构特征见表1-1。

工程建筑结构概况特征表　　**表1-1**

建筑面积	总建筑面积（m^2）	111565
	占地面积（m^2）	12000
	地下建筑面积（m^2）	24054
	地上建筑面积（m^2）	87511
建筑层数	本工程地上22层，地下2层，檐口高度100.5m	

续表

建筑层高	地下部分层高		地下一层	6m
			地下二层	5.3m
	地上部分		1至4层6m、5至19层3.6m，20～22层4.5m，设备层4.5m	
建筑高度	±0.00绝对标高	23.5m	室内外高差	0.6m
结构形式	基础结构形式为天然地基预应力筏形基础、主体为框架—剪力墙结构			
垂直交通	整个大楼共设电梯18部（含四部消防电梯），上人及疏散楼梯共十二部			
其　他	建筑防火防火等级为一级，人防设置等级六级			
墙体 外	200mm厚加气混凝土砌块			
墙体 内	100mm厚至200mm厚加气混凝土砌块			
外装修	外墙装修	玻璃、石材和金属三种形式幕墙		
	门窗工程	铝合金隔热上悬窗（幕墙结构）、铝合金隔热上悬防火窗（幕墙结构）；不锈钢玻璃门		
	屋面工程	25mm厚挤塑板保温层、沥青珍珠岩保温层找坡层、聚氯乙烯橡胶共混防水卷材和刚性防水相结合		
内装修	顶棚工程	涂料顶棚、矿棉顶板顶棚、铝板顶棚、搁栅顶棚、板条钢板网抹灰顶棚、吸声顶棚		
	地面工程	耐磨地面、石材地面、停车场沥青地面、地砖地面		
	楼面工程	耐磨地面、花岗石楼面、地砖地面、静电地板地面、地毯地面		
	内墙装修	面砖墙面、喷刷涂料墙面、吸声墙面		
	门窗工程	钢质防火门、玻璃门、成品高档实木门（局部带门禁系统）		
	踢　脚	水泥砂浆踢脚、花岗石板踢脚、不锈钢踢脚、塑胶踢脚、实木踢脚、地砖踢脚		
防水工程	屋面防水	1.5mm厚橡胶共混防水卷材		
	地下室防水	1.5mm厚橡胶共混卷材		
	厕浴间	1.5mm厚非焦油聚氨酯防水涂膜		
	屋面防水等级	二级		
水、暖、电、通风系统	大楼电气工程包括动力、照明、防雷接地、消防自动报警等，设计用电总负荷5750kV·A，设置两台800kW柴油发电机作应急用，采用二路10kV独立电源供电，共用接地电阻值大于1Ω，高压配电室，1号变电所设于二层，柴油发电机房，2号变配电所高于地下一层。 通风空调系统包括防火排烟、加压送风系统，新风加风机盘管空调系统，冷却水系统等，大楼采用冰蓄冷节能空调系统，由5台双工况制冷机提供冷源，16台蓄冰盘管进行节能蓄冰，通过5台电锅炉利用夜间低谷电对蓄热水池蓄热，通过3台夏季用板式换热器及2台冬用板式换热器与空调系统连接制冷供热 大楼给排水系统包括室内冷热水系统、室内排水系统、雨水系统等			
消防系统	本工程消防系统包括消火栓系统、自动喷淋系统、感烟感温自动灭火报警系统等			
弱电系统	弱电工程包括建筑智能、网络布线和门禁系统三个部分			

1.2 施工特点

(1) 施工场地平面布置较难

工程占地面积大，约220亩，但现场西面、北面和东面三面狭窄，惟一的出入现场道路布置在场地东北角，主要的材料堆场及半成品加工场只能设在场地南面，车辆进出、材料水平运输和现场平面管理都有一定的难度。同时因现场平面布局较为复杂，场地附近又为新填土，在测量控制点设置、平面尺寸控制方面都有一定难度。地下室底板、楼板平面尺度大，板面标高与平整度需采取有效措施加以控制。由于占地面广，作业面积大，场地形状不规则，临时办公及宿舍、加工房、库房、材料堆场分散，现场安全管理及文明施工管理都有一定的难度，应引起高度重视和采取有力的组织监督措施。

（2）地下工程施工难度大

因本工程平面尺度大，且坐落在天然地基上，使得结构设计在裙楼筏形基础、主楼箱形基础大量采用预应力结构体系，给地下室结构施工带来较大技术和施工组织难度：

1）地下室坐落在天然地基之上，必须注意第⑥层土（持力层）因卸荷出现的回弹影响和保护基坑土原状结构，以确保地基承载能力。同时，在回填之前还需密切注意地面及地下水的影响，防止结构浮起（图 1-1）。

图 1-1 基础底板施工

2）地下室虽然用沉降缝分为 A、B、C 三区，但各区仍是超长、超宽，温度、收缩的影响不可忽略。地下室结构设计要求采取在混凝土中掺 0.7% 的杜拉纤维、加 UEA，设膨胀加强带和后浇带，A 区设滑动层减小地基对底板的约束以及配置预应力钢绞线等控制裂缝的措施，在 B、C 区配置预应力钢绞线还考虑了荷载偏心的原因。但由于各种条件相互制约及其他可能因素的影响，仍应高度重视温度、收缩裂缝控制。

3）根据设计院的交底，在保证连续浇筑的前提下，A 区底板可以一次性连续浇筑，需要连续进行浇筑混凝土的部位，浇筑量最大的是 A 区底板，连续浇筑量达 7000m^3，B、C 区底板也有 5000m^3，箱基剪力墙约 5000m^3，由此结构的有害温度收缩裂缝防治有较大的难度，应作为施工控制重点。因此，在施工时，除了严格执行设计要求外，还要遵循大体积混凝土施工的原则，采取相应技术措施，作好配合比优化和保湿蓄热养护，以提高混凝土自身的性能和减小硬化收缩，加强对结构施工质量的控制。

4）工程由设计的变形缝、后浇带形成的复杂分区，因预应力张拉的特殊要求而对工序穿插及流水存在制约，安装工程量大、程序复杂且质量要求高，如何组织协调预应力和安装施工的穿插施工有一定的难度。

5）工程单层面积大，结构复杂多变，而质量要求高，工期紧，加上预应力张拉对结构混凝土强度和模板拆除的要求，对施工用模板、木枋、钢管、扣件等周转料具的一次投入需用量大；同时，设计留设有多条贯通竖向及水平结构的后浇带，出于对结构预应力的建立和设计意图的实现，设计要求留设大量零星后浇板块、剪力墙段，这些后浇墙、梁、板带布置分散，量大面广，后浇带模板安装、钢筋保护、混凝土浇筑都有较大的困难，周转料具及混凝土泵送设备需用时间长、利用效率低。

6）大面积且布局复杂结构的平面尺寸及高程控制，裙房大曲率半径的弧形主立面及塔楼的东西侧面内收倾斜面的定位控制，大面积板面标高及平整度控制，设有直线形及多波曲线形钢绞线的18m跨后张有粘结预应力梁等都有较高的施工技术含量。

7）如裙房大曲率半径的弧形主立面的定位控制；底板地基回弹判定、处理及原状土的保持；超大面积垫层、防滑层设置、底板标高及平整度控制；后张预应力钢绞线梁板、筏基及箱基施工以及各道工序穿插等，上述工作都有较高的技术含量。

（3）预应力施工难度大

本工程主体部分被沉降缝划分为裙楼和东、西主楼三个独立的结构单元（称为A、B、C区），如图1-2所示。由于建筑物的平面尺度大、柱距大、使用荷载大，又是坐落在天然地基上，设计采用了与一般工程大不相同的、复杂的预应力结构体系，而且工程量大（总计有有粘结预应力钢绞线495t、无粘结预应力钢绞线50t），在张拉方面又有不少特殊要求。这种超常规的设计方案，使得主体工程施工具有相当大的技术难度和组织难度，对施工单位的综合技术素质提出了极其严峻的要求。

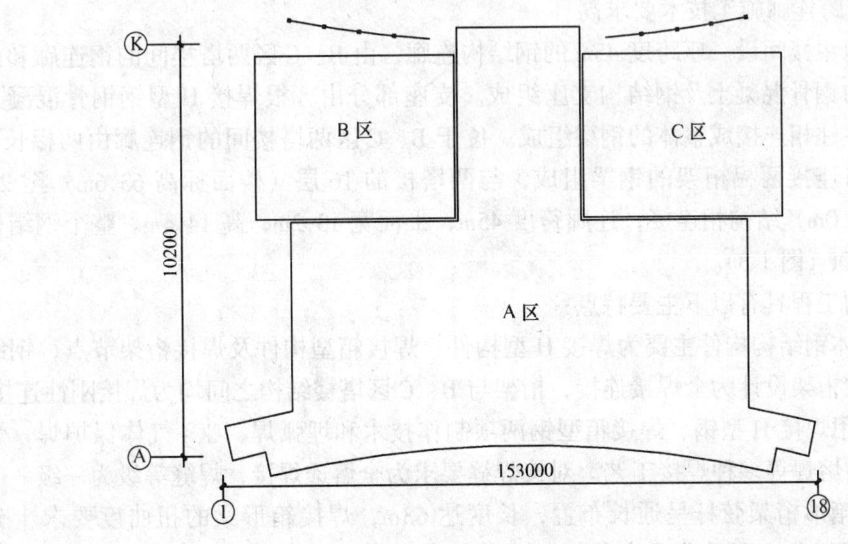

图1-2 结构分区示意图

1）B、C区主楼是两座对称于中轴线、两外侧逐渐收进、上部以廊桥相连的超高层建筑，其结构的重心与基础的形心有较大的偏心距，地基承受了大的偏心荷载。因此，设计在地下二层内设置了密集的纵横剪力墙，与底板、1B层楼板组成箱形基础。由于箱基需承受很大的地基反力，不但在箱基底板、顶板（1B层楼板）布置了纵横预应力钢绞线束，还要在剪力墙中布置斜向预应力钢绞线束，形成了立体施加预应力的特殊的结构体系。在五层以上的楼层，采用了无粘结平面预应力结构体系。

2）裙楼是一座尺度很大的倒“T”形平面，裙楼地下一层及以上各层采用了9m×18m大柱网布置；由于使用荷载大（楼层的使用荷载达2t/m^2），为了承受大的地基反力，地下二层采用了筏式底板、剪力墙，底板和各楼层的梁内都布置了多跨连续的多波预应力钢绞线束，还将地下二层横向主梁部位的竖向结构布置成为设有折线预应力钢绞线束的“空腹桁架”，使地下二层也成为了更为复杂的立体预应力结构体系。

3）地下二层的预应力钢绞线束是按满荷载时的地基反力布置，在此部位结构的混凝土达到张拉强度时，实际荷载远小于设计值，为了施加的预应力与结构的受荷状态基本保持一致，设计要求必须逐步张拉。如B、C区底板分别在箱基墙体混凝土施工前、主楼二层楼面混凝土施工完后各对称交错张拉50%的钢绞线；“空腹桁架”的钢绞线分别在裙楼二层楼面、四层楼面混凝土施工完后张拉上排、下排两孔。即是第一次按20%的控制应力张拉。各区在施工完第五层结构后，完成地下二层的张拉和灌浆。这就给我们在施工管理、钢绞线的防锈等方面提出了更为严格的要求。

4）地下室结构构件本身就有密集的大直径非预应力钢筋，钢筋与预应力钢绞线束、锚具以及平面正交的、立体相交的预应力钢绞线束之间的占位矛盾十分突出，特别是在一些钢筋密集、钢绞线束形复杂的部位，张拉端设置更成问题。使得本工程在构造处理方面的难度远大于一般预应力工程。

5）超常规的多跨抛物线、小曲率半径的折线、“空腹桁架”立体弯折的复杂束型等，反向弯曲多，在穿束、孔道摩阻力损失、钢绞线延伸率等方面存在许多疑虑，无前期工程实例可借鉴，相关参数都需要进行试验和探索。

(4) 45m跨连廊施工技术要求高

本工程两主楼间设一座跨度45m的钢结构连廊，由B、C区两塔楼间的钢连廊和两端位于塔楼内的钢骨混凝土及钢结构支座组成。支座部分由8根焊接H型钢钢骨混凝土劲性柱及将劲性柱相连接成整体的钢梁组成。位于B、C区两塔楼间的钢连廊由两榀长63m立面主桁架与连接两榀桁架的钢梁组成，与两塔楼的16层（楼面标高63.6m）至20层（楼面标高78.0m）结构相连接，连廊跨度45m，平面宽13.2m，高14.4m。整个钢结构工程总量约1000t（图1-3）。

该钢结构工程具有以下主要特点：

1）连接体钢结构构件主要为焊接H型构件、焊接箱型构件及焊接桁架节点，钢结构连廊的两榀主桁架设计为全焊接连接，桁架与B、C区塔楼结构之间均为焊接刚性连接。

2）需采用焊接H型钢、焊接箱型钢两项制作技术和埋弧焊、CO_2气体保护焊、熔阻电渣焊、栓钉熔焊等多种焊接工艺。对接焊缝要求为全熔透焊接，焊缝等级为一级。

3）焊接箱形桁架弦杆呈通长布置，长度达63m，焊接箱形梁的扭曲度要求十分严格；否则，因扭曲变形易造成安装接口错位，使焊接箱形梁和桁架节点的焊接变形控

图 1-3　钢连廊连接

制难度大。

4）连廊位于底标高 63.6m 的高空，跨度达 45m，高度达 14.4m，中间 35m 段单榀桁架重 84t，连廊总重约 400t，钢结构吊装难度大。

5）连接体与两座塔楼设计按整体门架考虑，要求支座部分钢结构安装和土建施工同步进行，施工协调配合有较大的难度。连接体结构复杂，连廊跨度、高度和宽度大，单件构件重量大（达 6.5t），高空作业量大，与土建施工交叉作业，这些都对现场安全管理提出了很高的要求。

（5）装修分色协调多

本工程装饰装修工程除裙楼部分外，大部分由业主分包或业主指定分包进行施工，且分包单位多，与安装专业协调工作量大，对项目总承包管理提出了新的考验。

2　施工部署

2.1　施工分区及施工程序

2.1.1　施工平面分区

根据工程施工的不同阶段，采取相应的平面分区。

（1）地下室结构施工阶段

1）利用设计变形缝位置把整个平面分为三个区，区间形成不等步距的流水作业。经与设计协商，在A区 (1/C) ~ (2/C) 轴间设置竖向施工缝，分为两个区段先后施工（Ⅰ→Ⅱ）。如图2-1所示。

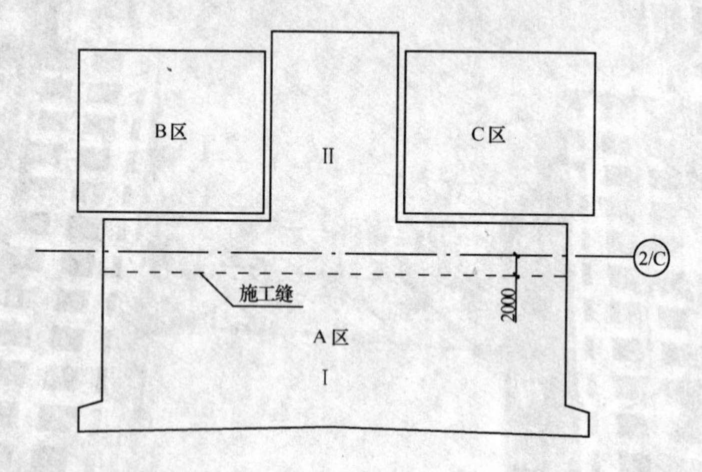

图2-1　施工分区图

2）地下室结构水平施工缝设置：

B、C区外墙水平施工缝设在箱基底板上500mm；－6.05m层①~②、⑰~⑱轴间外挑梁底下200mm，板面上200mm；－0.05m层的板底、板面。箱基内墙水平施工缝设在底板板面；－6.05m层外挑梁底下200mm。其余内墙和柱水平施工缝设在梁（或板）底和板面。

3）A区外墙水平施工缝设在筏基基础梁面以上300mm；－6.05m层暗梁底下200mm，板面上200mm；－0.05m层暗梁底下200mm及板面处。地下二层内墙及柱水平施工缝设在筏基基础梁面以上300mm；－6.05m层暗梁底下200mm。其余内墙和柱水平施工缝设在梁底和板面（图2-2）。

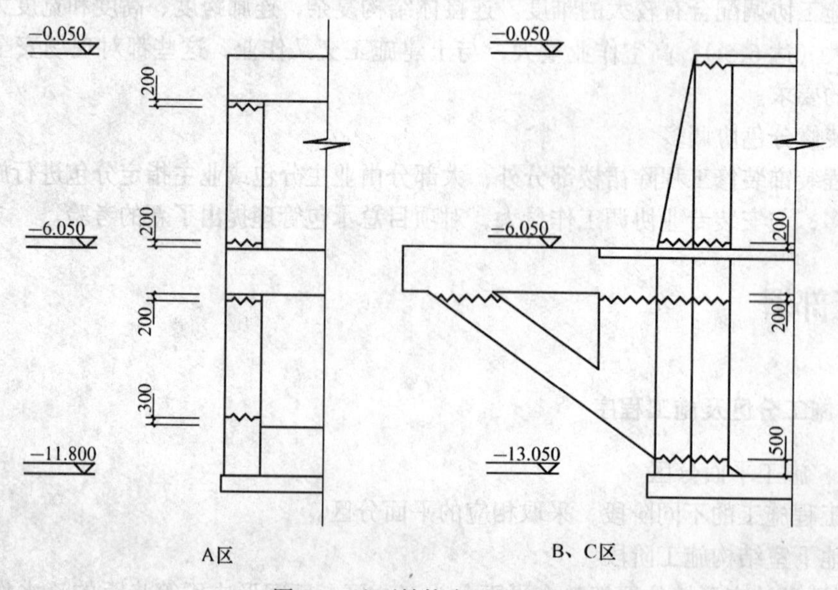

图2-2　地下结构水平施工缝

4）平面上按沉降缝划分的范围作为一个浇筑单元，混凝土连续浇筑。

（2）地上结构施工阶段

1）以设计主裙楼之间的变形缝将整个平面按 A、B、C 三个区独立施工，对 A 区则以设计留设的纵横三条后浇带又分成四个小区，区间形成不等步距的流水施工。

平面分区如图 2-3 所示。

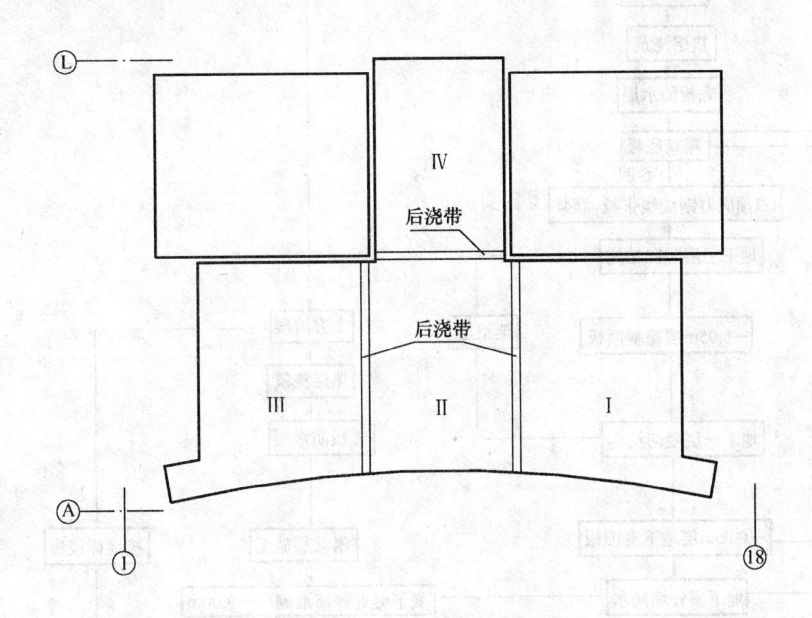

图 2-3　地上施工后浇带

2）水平施工缝位置留设：

A、B、C 区每层柱、墙水平施工缝底部留在板面处，柱顶部留在梁底下 200mm 处，墙与顶部梁板一起浇筑。

（3）砌体工程和装修工程分层施工，不进行流水区域划分。

2.1.2　施工程序

地下室结构施工总程序安排，首先要充分考虑预应力的张拉条件和张拉时间要求，施工顺序上考虑先施工 B、C 区，后施工 A 区。具体工序的安排上以普通混凝土结构与预应力的穿插施工为重点，在时间和空间上做到合理插入、及时衔接。

地下室工程总体施工程序详见地下室结构施工程序图（图 2-4）。

B、C 区 ±0.00m 以下主体部分施工程序如 B、C 区 ±0.00 以下结构施工程序图（图 2-5）。

A 区 ±0.00m 以下主体部分施工程序如 A 区 ±0.00 以下结构施工程序图（图 2-6）。

B、C 区地上部分工程施工程序如 B、C 区地上部分工程施工程序框图（图 2-7）；A 区地上部分工程施工程序如 A 区地上部分工程施工程序框图（图 2-8）。

2.2　主要机械设备的选择

本工程单层面积大，工期要求紧，现场机械设备的配置对保证施工进度、提高工效至关重要，根据工程特点，主要设备按以下原则配置。

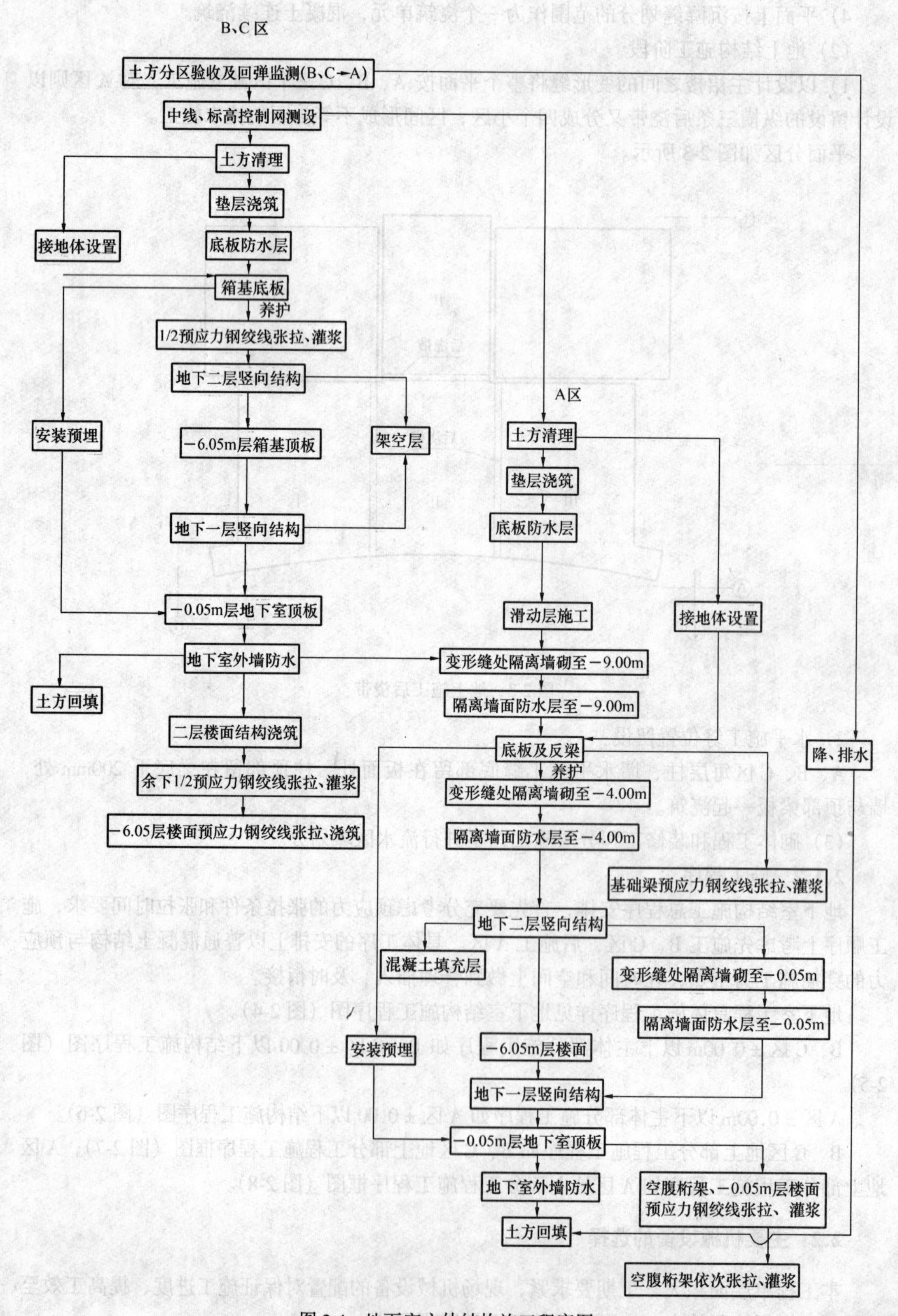

图 2-4　地下室主体结构施工程序图

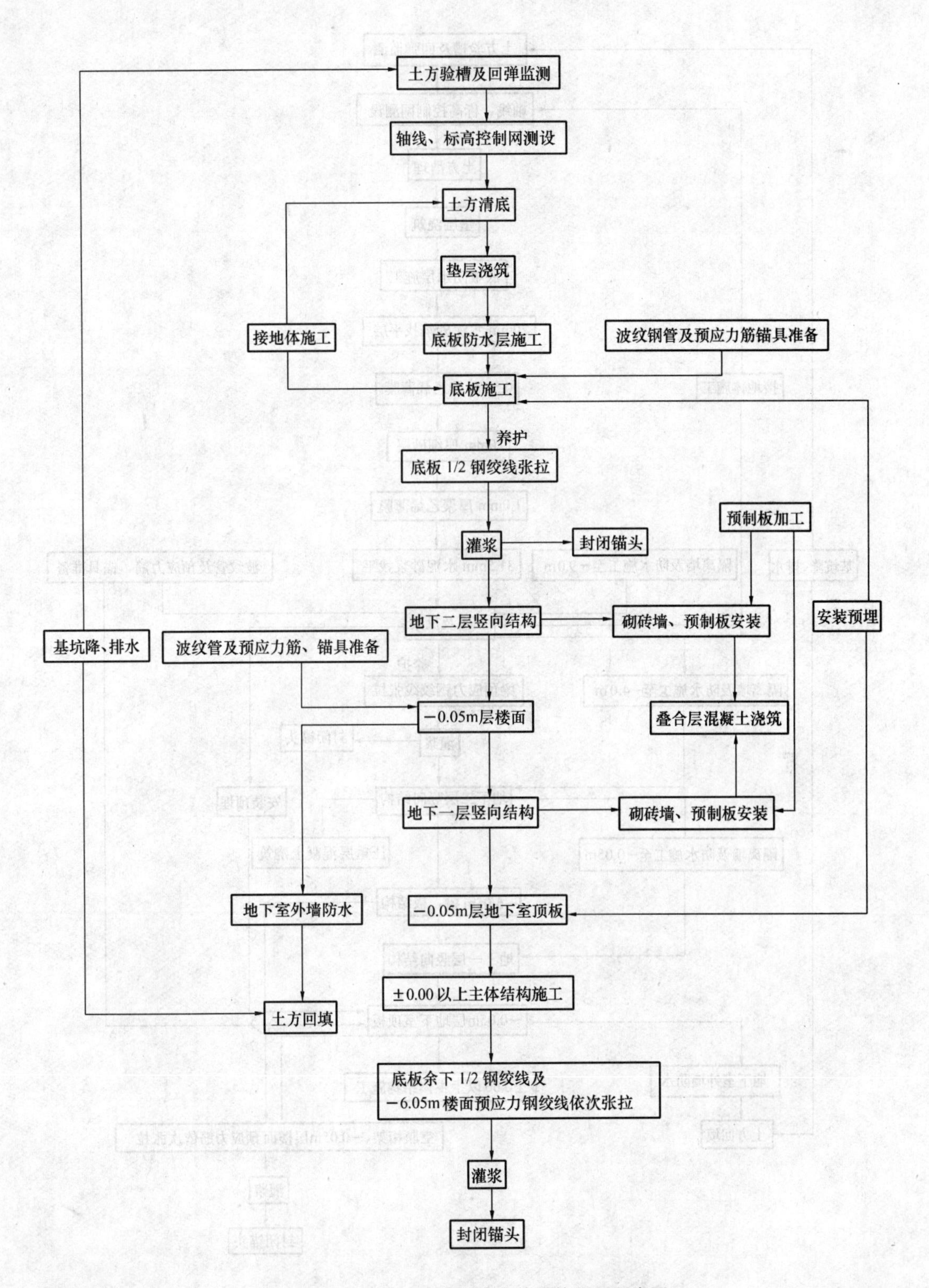

图 2-5 B、C 区 ±0.00 以下主体结构施工程序图

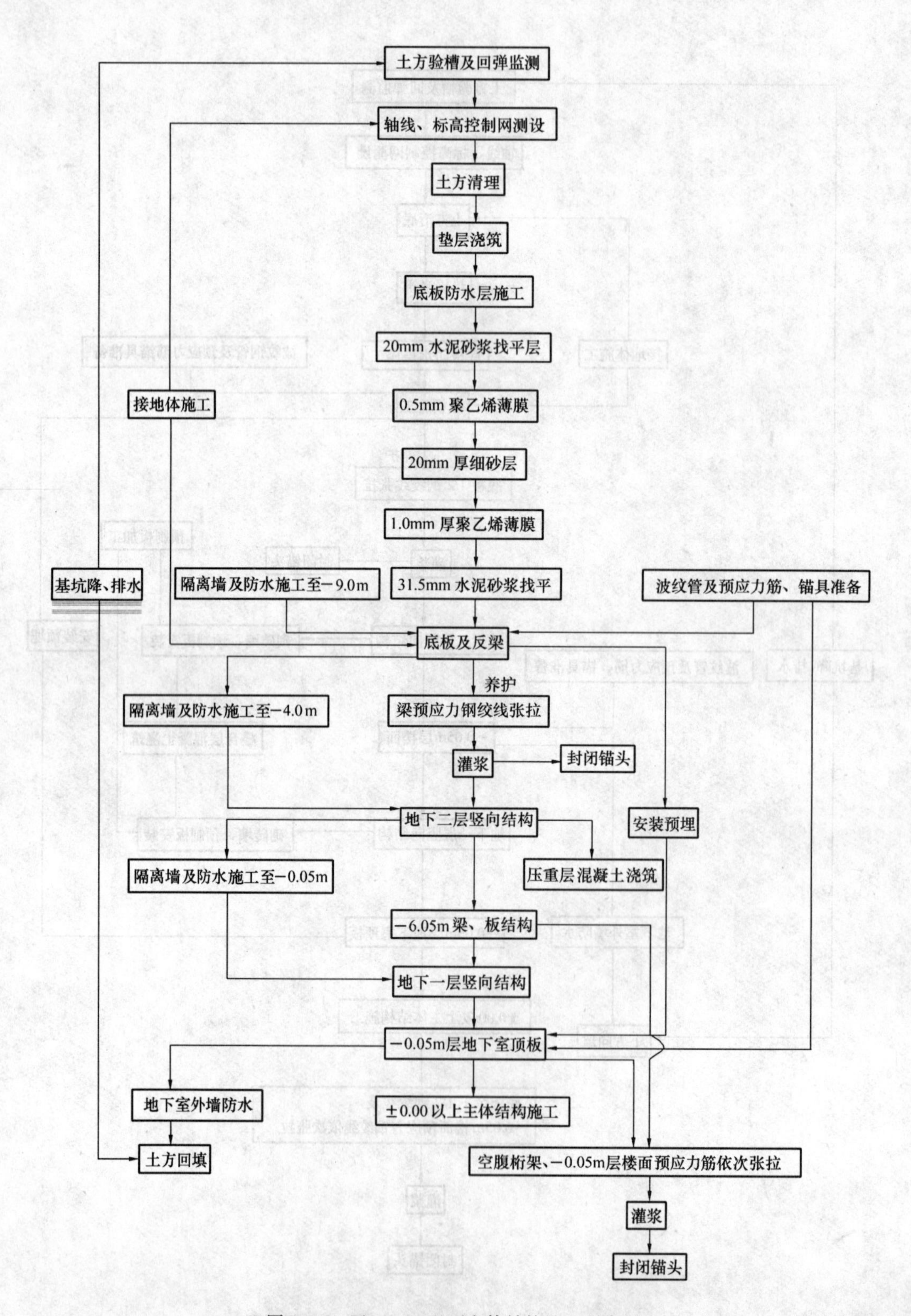

图 2-6　A 区 ±0.00 以下主体结构施工程序图

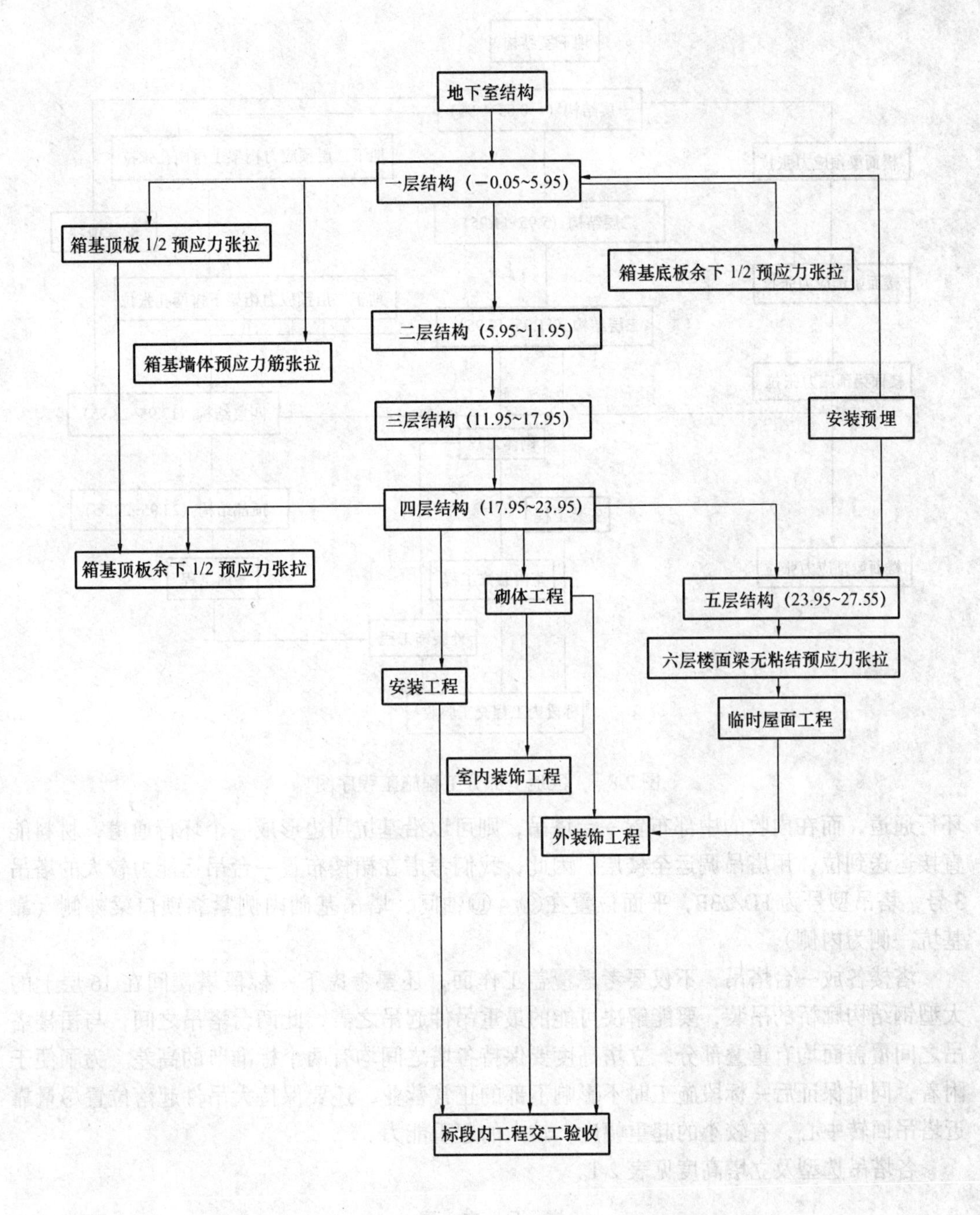

图 2-7 B、C 区地上部分工程施工程序图

2.2.1 水平及垂直运输设备

所有材料及设备的场外运输均由汽车经楚雄大街进、出现场，运至场内东、南侧，由 1 号塔吊协助上下车；场内二次转运大件以 160kN 汽车吊为主，小件、散件用 1t 机动翻斗车或胶轮车运输。

经现场实地测量，若在裙房Ⓐ轴两翼布置两台塔吊，受到周边环境的限制，不能形成

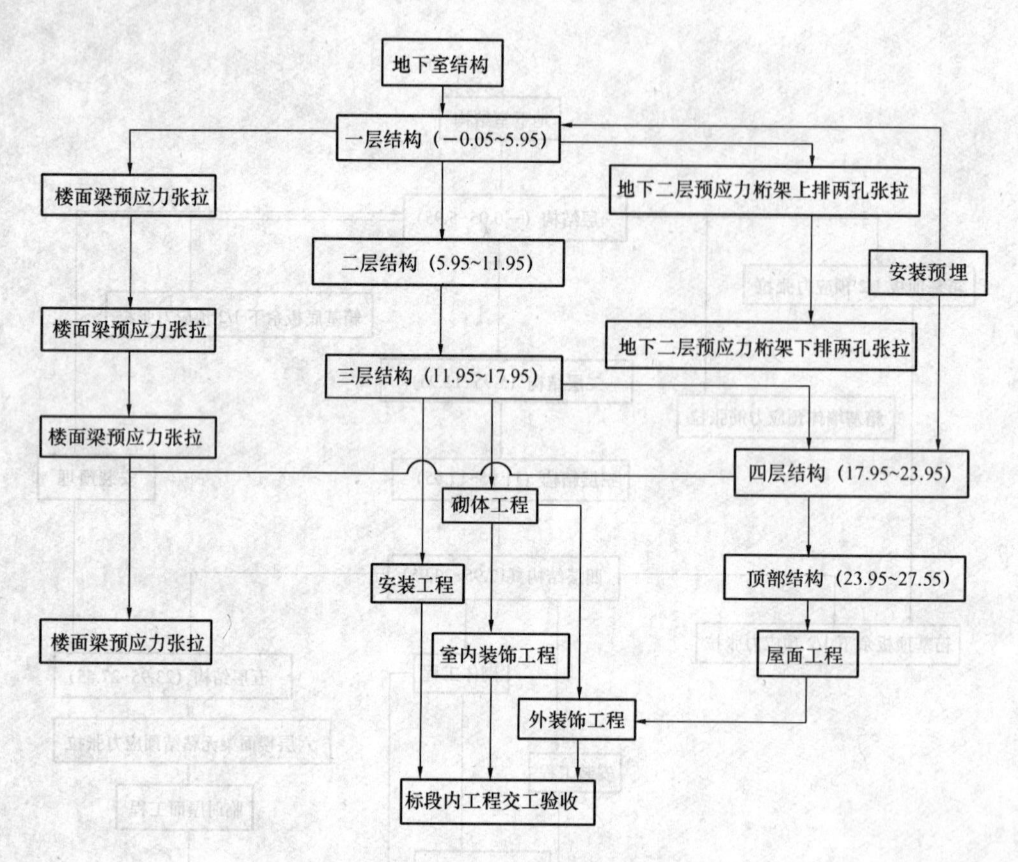

图 2-8　A 区地上部分工程施工程序图

环行通道，而在内收的中部布置一台塔吊，则可以沿基坑周边形成一个环行通道，材料能直接运送到位，用塔吊调运至楼层。因此，我们考虑在裙楼布置一台吊运能力较大的塔吊 3 号，塔吊型号为 FO/23B，平面位置在⑨～⑩轴间，塔吊基础内侧紧靠锁口梁外侧（靠基坑一侧为内侧）。

塔楼各放一台塔吊，不仅要考虑覆盖工作面，还要考虑下一标段塔楼间在 16 层上的大型钢结构廊桥的吊装，要能解决可能的最重吊件起吊之需，此两台塔吊之间，与裙楼塔吊之间覆盖面均有重叠部分，立塔高度要保持各塔之间均有两个标准节的高差。为了便于附着，同时保证后一标段施工时不影响下部的正常营业，还要保持大吊件起落位置尽量靠近塔吊回转中心，有较小的起重幅度，较大的起重能力。

各塔吊选型及立塔高度见表 2-1。

塔　吊　布　置　　　　表 2-1

塔吊编号	立塔位置	型号	起重臂长（m）	自立高度（m）	第一次立塔高度（m）	备　注
TD-3 号	(1/A) 轴外，⑨～⑩轴间	FO/23B	50.0	59.8	38.8	立塔一次，满足屋面施工要求，不需附着，A 区投入使用前拆除
TD-1 号	Ⓙ轴以南，⑥轴附近	FO/23C	50.0	44.8	38.8	自升式，按附着要求全高附着两次，本标段不附着
TD-2 号	Ⓙ轴以南，⑬轴附近				44.8	

塔吊基础TD3号、TD1号、TD2号位于支护桩后，采用900mm人工挖孔桩，C30钢筋混凝土基础。

2.2.2 其他机械设备表

其他机械配置见表2-2。

施工机具表 表2-2

序号	设备名称	规格型号	数量	备注
1	反铲挖掘机	$0.5m^3$	2台	
2	混凝土输送泵	HBT60	3台	
3	混凝土输送泵	SCHWING	2台	
4	插入式振动器	1.5kW	20台	按不同棒长配备
5	平板式振动器	1.5kW	2台	
6	钢筋切断机	GQ40	4台	
7	钢筋弯曲机	GW40	8台	
8	钢筋冷拉机	JK-3	3台	
9	钢筋对焊机	UN-100	3台	
10	交流电焊机	BX-500，BX-300	2，8台	
11	台式圆盘锯	JD-40	4台	
12	压刨		4台	
13	平面刨		4台	
14	柴油发电机组	25kW	2台	
15	空压机	$0.6m^3$	2台	
16	套丝机		3台	
17	剪板机		3台	
18	卷板机		2台	
19	高扬程水泵	ZGCX5.224	2台	
20	潜水泵	2.2kW	6台	
21	软轴泵		2台	
22	千斤顶	根据设计张拉力确定	2台	
22	手提电锯		8台	
23	手提电钻		8台	
24	冲击电钻		2台	
25	砂轮机	M30A（机修用）	1台	
26	混凝土布料机		2台	

2.3 施工总平面布置

根据工程结构和场地实际情况，项目部进场后对现有围墙进行改造，南面搭设临时围护；对施工区域内进行硬化处理，做好排水坡度；在基坑周边砌筑排水沟，根据排污口位置设置沉淀池，进行有组织排水；在施工场地大门入口处设置洗车槽，以免扬尘污染，在现场入口安排2人专门日常保洁路面；同时，进行水电线路的布设。

施工总平面布置按不同施工阶段进行调整，分别为地下结构施工总平面布置图（图2-9）地上施工总平面布置图（1）图2-10、地上施工总平面图（2）（图2-11）。

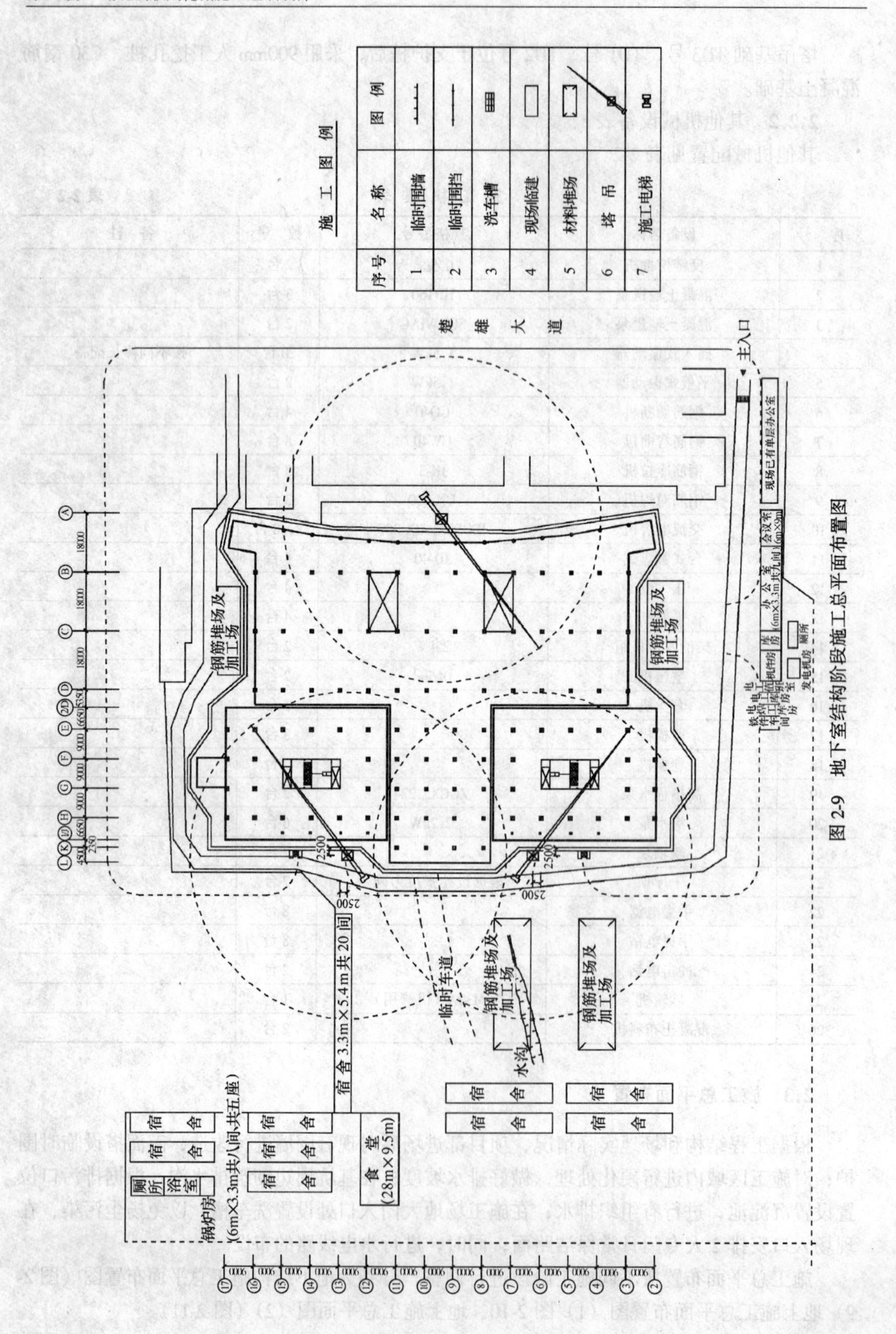

图 2-9 地下室结构阶段施工总平面布置图

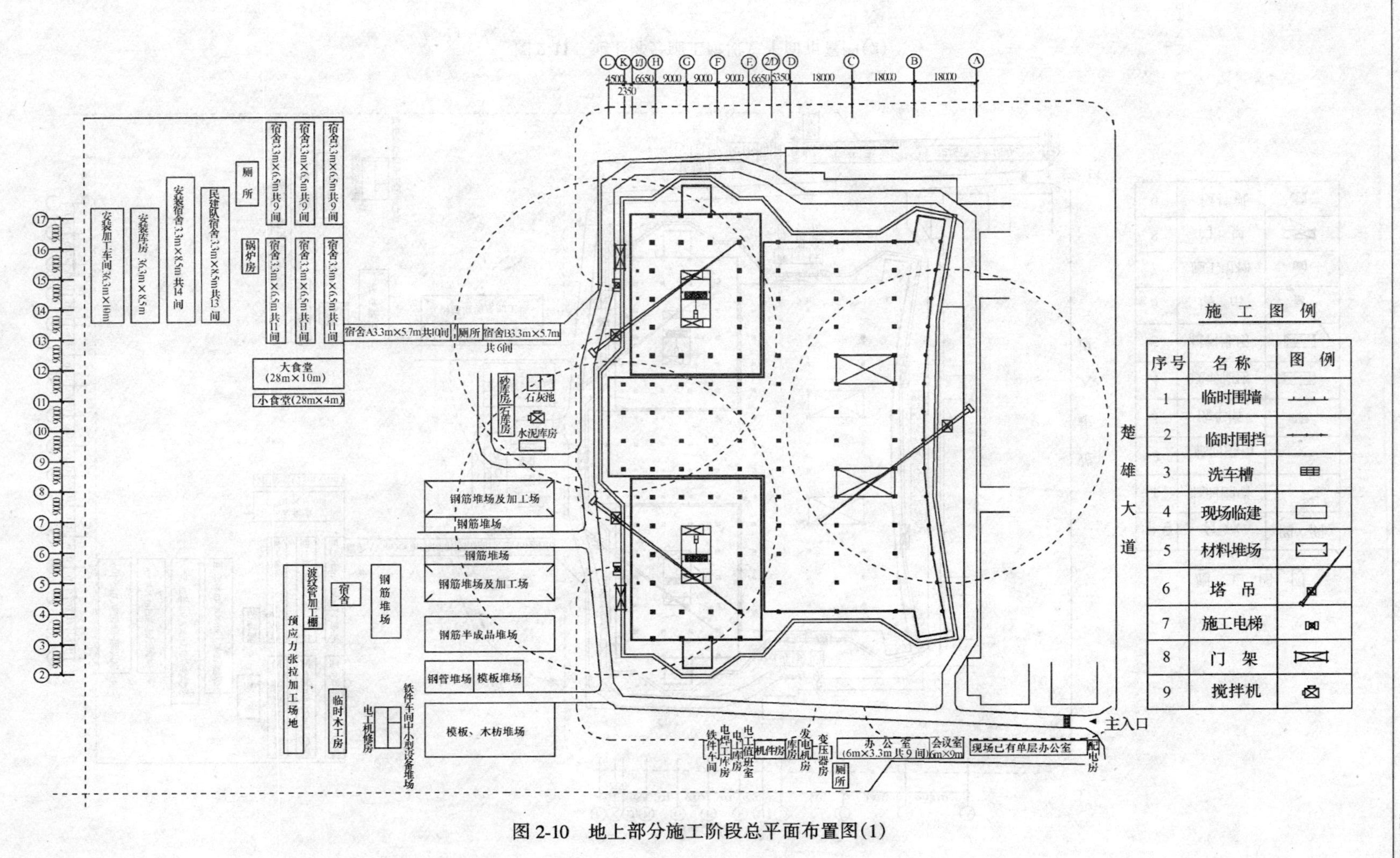

图2-10 地上部分施工阶段总平面布置图(1)

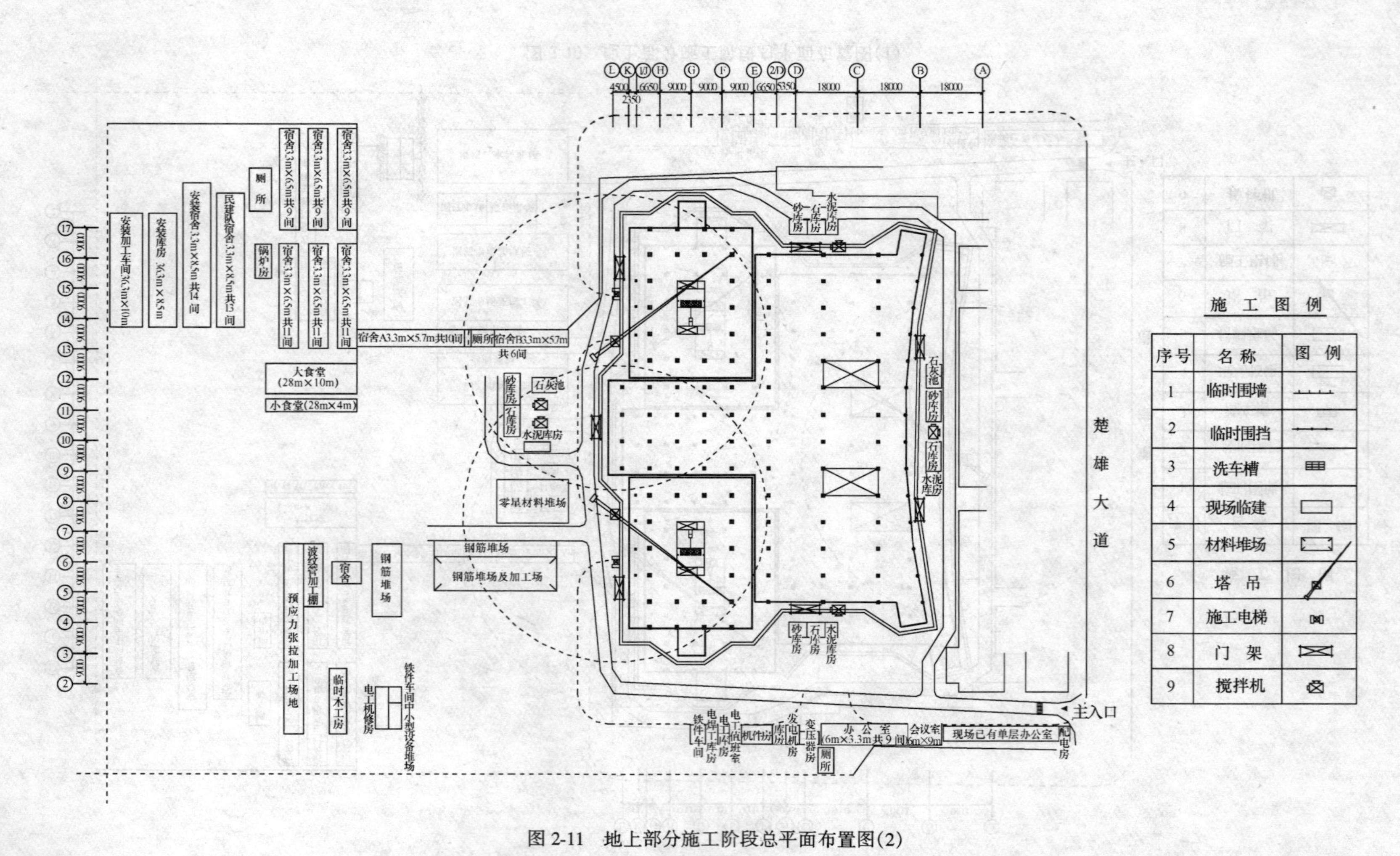

图 2-11　地上部分施工阶段总平面布置图(2)

2.4 施工进度计划

湖北出版文化城工程在立项时拟分一、二期建设，并先后进行一、二期工程招标，但工程建设过程中，因使用功能变化等因素，导致部分设计滞后，最终整个工程一次建成，故无整个工程整体进度计划。

地下室结构施工和主体结构施工工期节点见表2-3。

施工工期节点　表2-3

控制点编号	控制点日期	形象进度
1	2000年5月7日	B、C区箱基底板完
2	2000年6月6日	B、C区地下二层结构完
3	2000年6月27日	A区筏基底板完
4	2000年8月12日	A区地下室结构完
5	2000年11月30日	B、C区主体结构完（5层以下）
6	2001年4月12日	A区主体结构完

2.5 周转材料计划

（1）地下室结构施工周转材料需用计划见表2-4。

地下施工周转材料表　表2-4

序号	名称	规格（mm）	数量	备注
1	普通钢管	$\phi48 \times 3.5$	2000t	
2	扣件	$\phi48$	400000颗	扣件按三种类型备齐
3	SP-70模板		1200m^2	柱模板
4	九夹板	18	20000m^2	
5	竹胶合板	12	14000m^2	
6	木枋	50×100	500m^3	
7	竹跳板		5000块	
8	"3"形卡		15000颗	

（2）地上主体结构施工周转材料需用计划见表2-5。

地上施工周转材料表　表2-5

序号	名称	规格	数量	备注
1	普通钢管	$\phi48$mm $\times$ 3.5mm	2500t	
2	扣件	$\phi48$mm	480000颗	扣件按三种类型备齐
3	SP-70模板		2600m^2	柱模板
4	九夹板	18mm	29000m^2	
5	竹胶合板	12mm	25000m^2	
6	木枋	50mm $\times$ 100mm	1000m^3	
7	竹跳板	300mm $\times$ 2200mm	9000块	
8	"3"形卡		40000颗	

3　主要分部分项工程施工方法

本章仅就本工程有特色的主要或重点工序进行描述，如底板大面积滑动层施工、筏形和箱形基础空间预应力结构体系施工、大跨度钢结构连廊制作安装等，未对测量放线、钢筋工程、模板工程、混凝土工程和砌体工程等进行专门描述。

3.1　滑动层施工

3.1.1　滑动层工程概况

湖北出版文化城工程主体部分被沉降缝划分为裙楼和东、西主楼三个独立的结构单元(称为A、B、C区)。由于工程所在地质复杂并存在地下溶洞，建筑物平面尺度大、荷载大，设计A区采用预应力筏形基础，B、C区采用预应力箱形基础，均坐落在天然地基之上。A区筏基东西长135m、南北宽106.5m，设计为了减小天然地基对筏形基础的变形约束，达到防治如此大尺度筏基混凝土温度收缩裂缝的目的，在筏基底板下设置了滑动层(防摩擦层)，即两道塑料薄膜夹一层干细砂。滑动层面积达7900m^2，具体做法如图3-1所示。

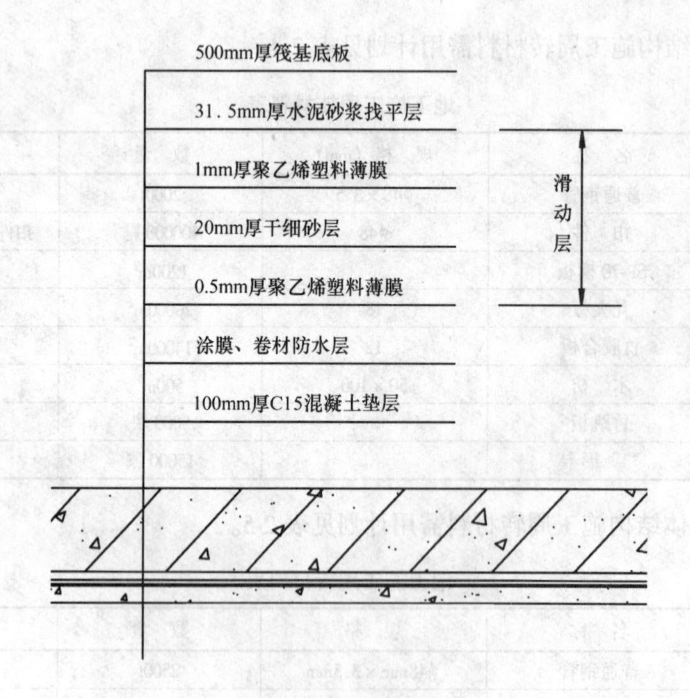

图3-1　滑动层做法

本工程地基荷载大，滑动层不仅要滑动，还要将上部结构达300kPa的荷载传递到地基，因此对滑动层的平整度、均匀度、密实度有极高的要求，亦无设计和施工标准可遵循。如何根据本工程的特点和设计要求，制定科学合理的施工方案和操作工艺指导施工，以最大限度地实现设计意图，成为我们施工的一道难题。

3.1.2 材料准备

(1) 聚乙烯塑料膜主要参数见表3-1。

聚乙烯薄膜性能参数 表3-1

	指 标	主要参数		指 标	主要参数
1	密 度	0.91~0.94kg/m²	5	直角撕裂强度（纵向）	73.9N/mm
2	拉伸强度	23.71MPa	6	直角撕裂强度（横向）	58.6N/mm
3	最大强度拉伸值	780%	7	维卡软化温度	70℃
4	热处理尺寸变化率	1.9%	8	脆化温度	-60℃

进场后必须进行外观检查和技术性能检查。

(2) 干细砂层中细砂的选定。

干细砂的细度模量控制在1.6~2.2之间，含泥量不得大于1%；细砂铺设时应保持一定的湿度（手捏紧时有湿润感），以保证施工时不飞扬及成型密实。

3.1.3 施工程序

施工程序如图3-2所示。

3.1.4 聚乙烯塑料布铺贴

(1) 聚乙烯塑料布四边的搭接长度不小于80mm，采用自行式热熔焊机进行热熔焊接，焊接应保持塑料布平整、无熔穿现象；

(2) 上层相邻两块聚乙烯塑料布采取随铺细砂随焊接的方法，以保证砂层的厚度、密实度及焊接质量；

(3) 上下两层聚乙烯膜的接头相互错开距离应≥1000mm；

(4) 焊接上层聚乙烯膜时，应在焊缝处砂面上铺设宽20cm左右的塑料布，以免因焊机进砂而影响焊接质量。

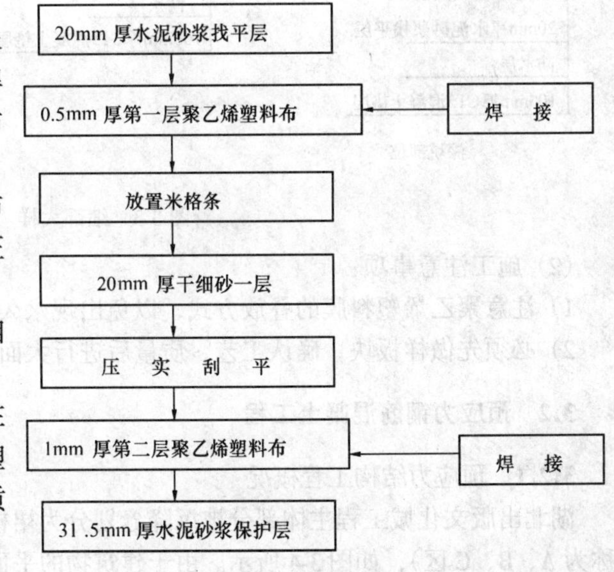

图3-2 施工程序

3.1.5 干细砂铺设

(1) 经与设计商定，“干细砂”为含水适度之砂；干细砂进场后就近放置在施工作业面范围已经硬化并清扫干净的场地，宜在塔吊覆盖范围内；

(2) 砂料应采购细度模量及含泥量合格的干细砂，进场过5mm筛后使用；

(3) 施工中细砂使用塔吊用吊斗吊入施工点，局部塔吊覆盖盲区用胶轮车进行转运，吊斗内及堆放场地必须干净、无杂物；

(4) 铺设细砂时采用16.5mm×20mm的米格条控制高度，每格宽度为2m×2m，细砂压实后用2m刮杠刮平；加深部位斜面不铺设干细砂；

(5) 现场准备喷淋头，在细砂吊入基坑前进行适当的湿润，以细砂拍平时不飞扬、能拍实为宜；

(6) 铺砂后及时覆盖1mm厚薄膜，在施工保护面层前设压重（可采用花岗石或大理石块作压重）；

(7) 聚乙烯塑料膜施工完毕后，应作好成品保护，特别应防止穿钉鞋作业或其他尖锐物的打击。

3.1.6　细部大样

(1) 滑动层铺设细部大样如图3-3所示。

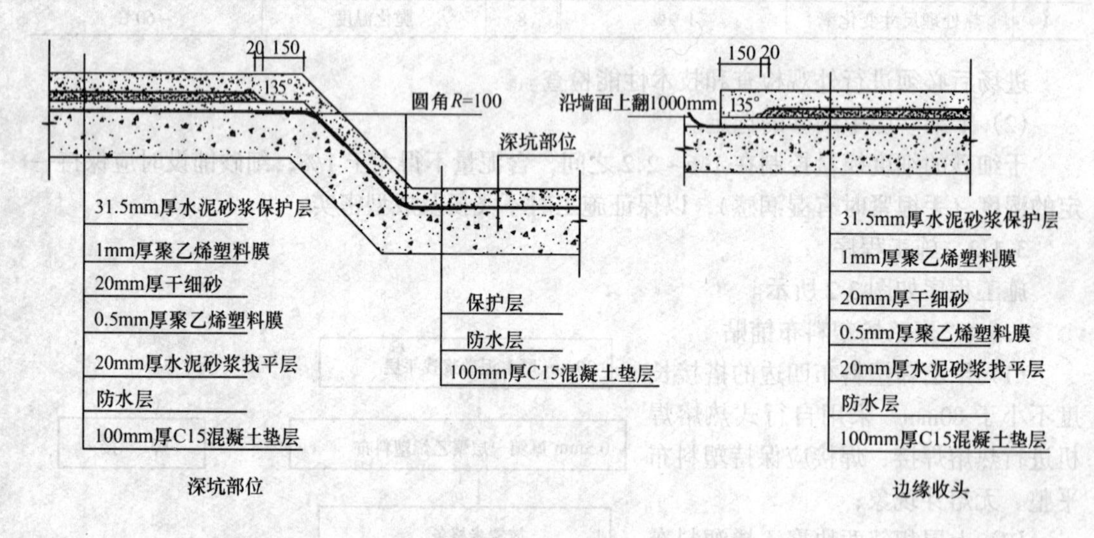

图3-3　细部大样

(2) 施工注意事项：

1) 注意聚乙烯塑料膜的叠放方式，以免出现永久性变形；

2) 必须先做样板块，确认工艺、质量后进行大面积作业。

3.2　预应力钢筋混凝土工程

3.2.1　预应力结构工程概况

湖北出版文化城工程主体部分被沉降缝划分为裙楼和东、西主楼三个独立的结构单元（称为A、B、C区），如图3-4所示。由于建筑物的平面尺度大、柱距大、使用荷载大，又是坐落在天然地基上，设计采用了与一般工程大不相同的、复杂的预应力结构体系，而且工程量大（总计有有粘结预应力钢绞线495t、无粘结预应力钢绞线50t），在张拉方面又有不少特殊要求。工程A区采用预应力筏板基础，上部结构为预应力框架梁结构，B、C区采用预应力箱形基础，上部为无粘结预应力楼面结构，且结构超长（长向153m无伸缩缝）。本工程涉及多种预应力技术的应用形式和施工方法，如超长结构框架的预应力设置与变角张拉，B、C区箱基墙体体外束的竖向布筋等，特别是A区空腹桁架的竖向小曲率空间曲线布筋在国内尚属首例。这种超常规的设计方案使得主体工程施工具有相当大的技术难度和组织难度，对施工单位的综合技术素质提出了极其严格的要求。

3.2.2　工程结构布置的特点

(1) B、C区主楼是两座对称于中轴线、两外侧逐渐收进、上部以廊桥相连的超高层

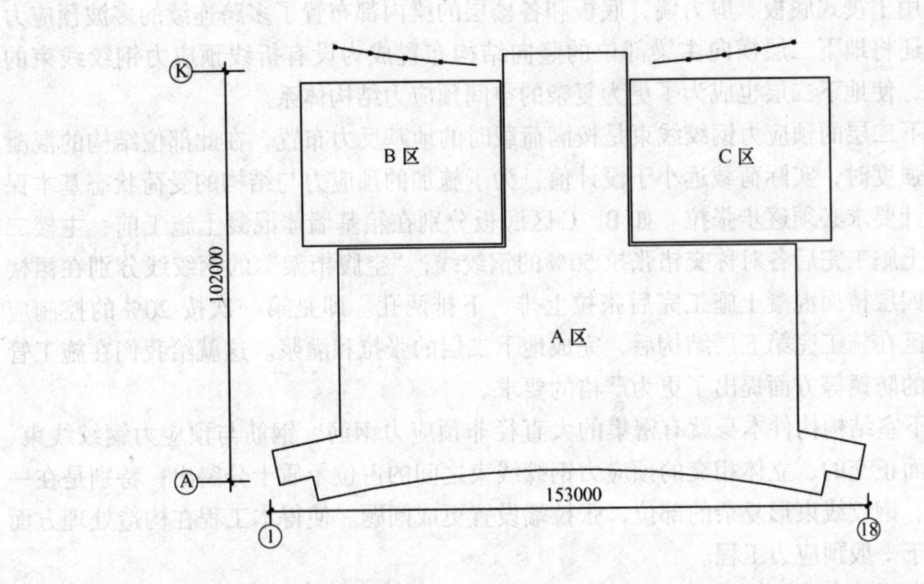

图 3-4 结构分区示意图

建筑，其结构的重心与基础的形心有较大的偏心矩，地基承受了大的偏心荷载。因此，设计在地下二层内设置了密集的纵横剪力墙，与底板、1B 层楼板组成箱形基础（图 3-5）。由于箱基需承受很大的地基反力，不但在箱基底板、顶板（1B 层楼板）布置了纵横预应力钢绞线束，还要在剪力墙中布置斜向预应力钢绞线束，形成了立体施加预应力的特殊的结构体系。在五层以上的楼层采用了无粘结平面预应力结构体系。

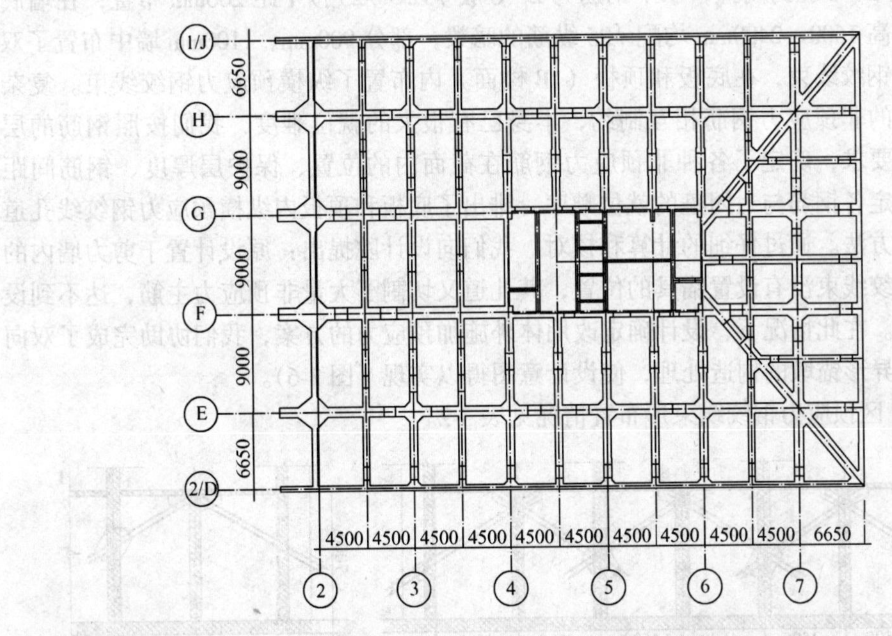

图 3-5 B、C 区箱基结构平面布置图

(2) 裙楼是一座尺度很大的倒“T”形平面，裙楼地下一层及以上各层采用了 9m × 18m 大柱网布置；由于使用荷载大（楼层的使用荷载达 $2t/m^2$），为了承受大的地基反力，

地下二层采用了筏式底板、剪力墙，底板和各楼层的梁内都布置了多跨连续的多波预应力钢绞线束，还将地下二层横向主梁部位的竖向结构布置成为设有折线预应力钢绞线束的"空腹桁架"，使地下二层也成为了更为复杂的空间预应力结构体系。

(3) 地下二层的预应力钢绞线束是按满荷载时的地基反力布置，在此部位结构的混凝土达到张拉强度时，实际荷载远小于设计值，为了施加的预应力与结构的受荷状态基本保持一致，设计要求必须逐步张拉。如B、C区底板分别在箱基墙体混凝土施工前、主楼二层楼面混凝土施工完后各对称交错张拉50%的钢绞线；"空腹桁架"的钢绞线分别在裙楼二层楼面、四层楼面混凝土施工完后张拉上排、下排两孔。即是第一次按20%的控制应力张拉。各区在施工完第五层结构后，完成地下二层的张拉和灌浆。这就给我们在施工管理、钢绞线的防锈等方面提出了更为严格的要求。

(4) 地下室结构构件本身就有密集的大直径非预应力钢筋，钢筋与预应力钢绞线束、锚具以及平面正交的、立体相交的预应力钢绞线束之间的占位矛盾十分突出；特别是在一些钢筋密集、钢绞线束形复杂的部位，张拉端设置更成问题。使得本工程在构造处理方面的难度远大于一般预应力工程。

(5) 超常规的多跨抛物线、小曲率半径的折线、"空腹桁架"立体弯折的复杂束型等，反向弯曲多，在穿束、孔道摩阻力损失、钢绞线延伸率等方面存在许多疑虑，无前期工程实例可借鉴，相关参数都需要进行试验和探索。

3.2.3 B、C区预应力工程的特点与对策

(1) 按箱形基础设计的地下二层布置有纵横剪力墙（深梁），在荷载重心一侧还加设了斜撑式的剪力墙，墙厚从500~1200mm等7种类型。剪力墙内竖向主筋为$\phi16\sim\phi25$，中距200mm的2~8肢封闭箍，水平钢筋为2~6肢$\phi12\sim\phi25$按中距200mm布置；在墙底和墙顶设置了高1600~2400mm均配$\phi25$纵筋的暗梁，部分900mm、1100mm墙中布置了双束斜向预应力钢绞线束，在底板和顶板（1B楼面）内布置了纵横预应力钢绞线束。复杂的、多层重叠的非预应力钢筋相互制约，本身已有很大的就位难度，我们按照钢筋的层次，根据构造要求，确定了各种非预应力钢筋在截面内的位置、保护层厚度、钢筋间距后，进一步确定各钢筋与封闭箍的就位顺序，排出了底板和顶板内纵横预应力钢绞线孔道的位置和固定方法。通过仔细的计算和核对，我们向设计院提出：原设计置于剪力墙内的斜向预应力钢绞线束没有设置锚具的位置，其孔道又切割了大量非预应力主筋，达不到设计要求的效果。在此情况下，设计确定改用体外施加预应力的方案，我们协助完成了双向受力的牛腿式异形锚墩的构造处理，使设计意图得以实现（图3-6）。

(2) B、C区预应力钢绞线束形布置情况见表3-2。

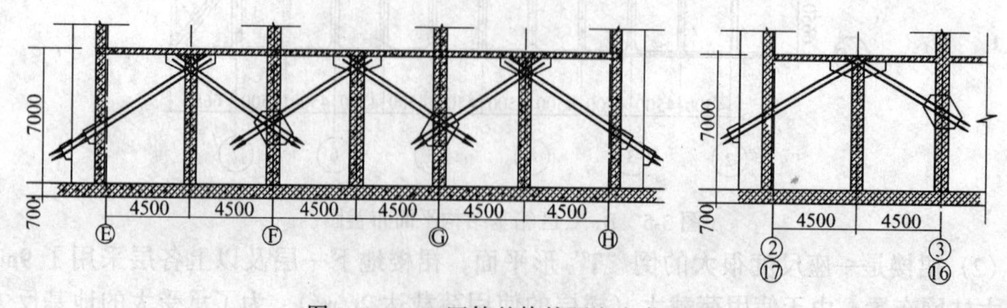

图3-6 B、C区箱基体外预应力布置图

B、C区预应力钢绞线束布置 **表3-2**

部位	截面尺寸(mm)	束形	材料	张拉要求
底板	$h=700$	$5\phi^j15.2$、$7\phi^j15.2$直线束形。 先穿束一端固定一端张拉，后穿束两端张拉	(1) $\phi^j15.2$、1860MPa级低松弛钢绞线 (2) $\phi55$波纹管、镀锌钢管 (3) P型挤压锚；5孔、7孔OVM锚	(1) 一端固定的束先穿，底板混凝土达到强度即可张拉、灌浆 (2) 钢管成孔的束在二层楼面结构完后穿束、张拉、灌浆 (3) $\sigma_k=0.75f_{ptk}$，超张3%，双控张拉
顶板	板=300； 梁b=1100，h=1400	$6\phi^j15.2$、$7\phi^j15.2$及$8\phi^j15.2$三种。 主次梁内均为1～2跨抛物线束形	(1) $\phi^j15.2$、1860MPa级低松弛钢绞线 (2) $\phi55$波纹管 (3) P型挤压锚；6、7、8孔OVM锚	(1) 一半在二层楼面结构完后张拉，一半在六层楼面结构完后张拉 (2) $\sigma_k=0.70f_{ptk}$，超张3%，双控张拉
墙体	$h=6700$ $b=900$、1100	体外直线束，均为一端固定一端张拉 $6\phi^j15.2$、$7\phi^j15.2$、$8\phi^j15.2$三种	(1) $\phi^j15.2$、1860MPa级低松弛钢绞线 (2) $\phi108$镀锌钢管 (3) P型挤压锚；6、7、8孔OVM锚	(1) 一层楼面结构完后张拉、灌浆 (2) $\sigma_k=0.70f_{ptk}$，超张3%，双控张拉
6F～21F楼面	板=120； 梁$b\times h=$ 600×400、1100×400	一端固定、一端张拉的无粘结单根半波或一波抛物线带直线段的较简单束形	(1) 1860MPa级低松弛无粘结钢绞线，$U\phi^j15.2$直径 (2) P型挤压锚 (3) 单孔锚	(1) 梁板混凝土达到75%设计强度后即可张拉 (2) $\sigma_k=0.75f_{ptk}$，不超张，双控张拉 (3) 张拉完尽快封闭张拉端锚具

(3) B、C区地下室施工顺序：

施工程序如图3-7所示。

(4) B、C区结构施工操作要点。

混凝土结构的质量是保证预应力施工达到预期效果的重要前提条件，除遵照现行施工质量验收规范，按常规施工外，我们还注意认真做好以下控制：

1）剪力墙的$\phi25$封闭箍是采用了正反丝扣直螺纹连接，封闭箍制作必须保证直角方正，不歪不扭，控制成品尺寸误差在允许范围之内，以保证预应力孔道的位置。

2）开始绑扎钢筋前，在垫层上放出墙边线和钢筋位置，根据钢筋的重叠顺序，将纵横钢筋、封闭箍筋依次就位。穿入预应力孔道管后。再将底板的上层钢筋依次就位。$\phi25$封闭箍是剪力墙的竖向主筋，必须按照保证墙保护层厚度偏差在±3mm内的要求，严格校准位置、固定牢靠。

3）预应力孔道接口处、孔道与灌浆孔、排气孔管连接处以及外露的灌浆孔、排气孔端都必须封堵严密，防止出现因漏浆或异物进入堵塞管孔情况。特别是下层孔道的灌浆孔、排气孔管长度大，又斜向伸出板面（图3-8），必须固定牢靠。

4）浇筑混凝土，振捣时振动器不得接触或碰动预应力孔道和锚具，避免引起损伤或移位。设置预应力孔道和锚具的部位钢筋密集，振捣困难，容易出现塑性沉缩裂缝的部位，规定须用钢筋棒辅以人工插捣和适度的模板外敲振，以确保此部位浇捣密实。

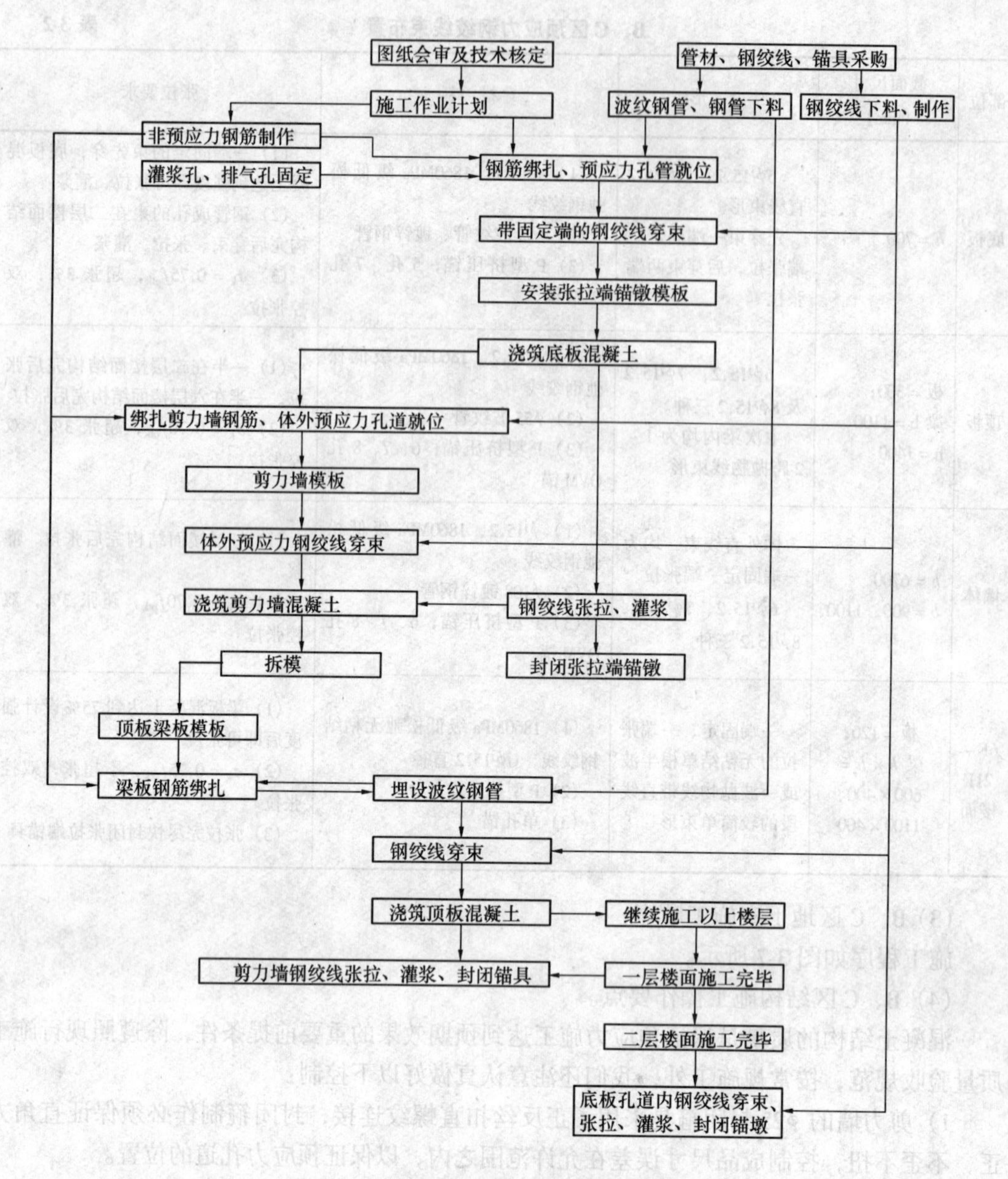

图 3-7　B、C 区地下室结构工程施工顺序

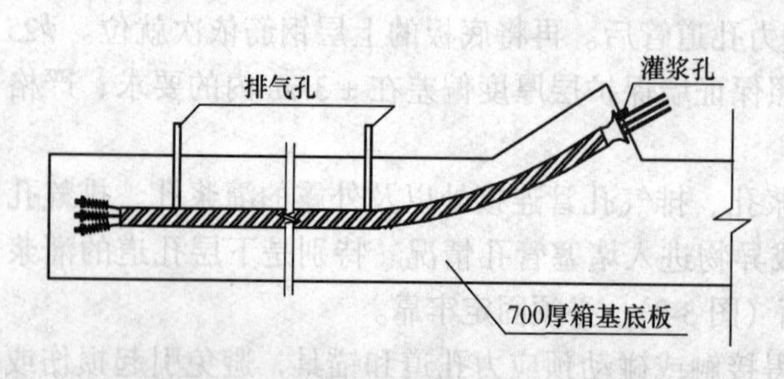

图 3-8　底板灌浆、排气孔布置示意

5）混凝土浇筑完毕，立即对孔道进行检查和必要的清理后，及时封堵张拉端和灌浆孔、排气孔管口，防止异物进入，以确保后续的张拉和灌浆能够顺利进行。

3.2.4　A 区预应力工程的特点和对策

（1）A 区被后浇带划分为四个浇筑单元，采用 9m×18m 大柱距的 A1～3 区地下二层为立体施加预应力的框剪结构（图 3-

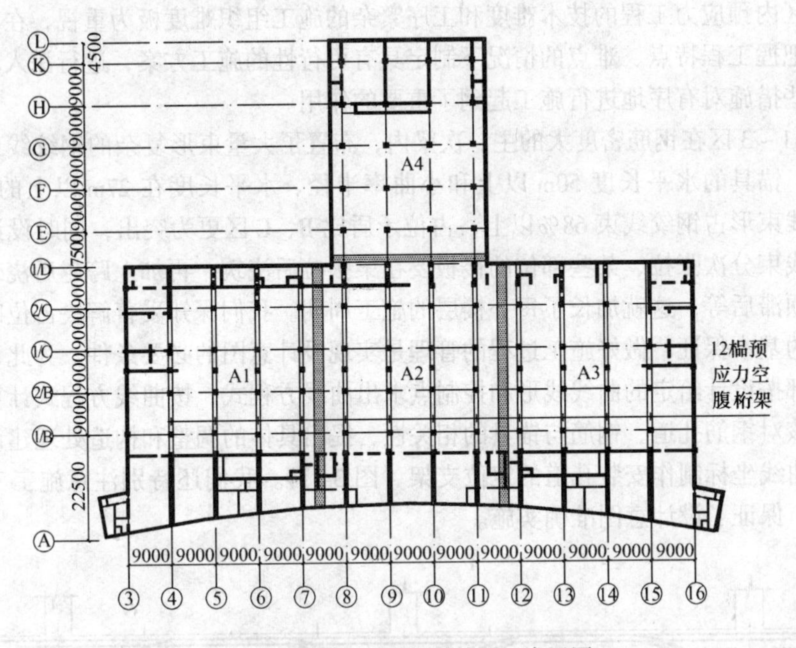

图 3-9　A 区地下二层结构平面布置图

9)，以上各层为楼层平面施加预应力的框架局部剪力墙结构（图 3-10）；A4 区为普通混凝土框架结构。在 A 区共布置了 57 种束形的预应力钢绞线束 1164 束，使用了 5 孔、6 孔、7 孔、8 孔、9 孔、11 孔、12 孔 8 个型号的 OVM 锚具和大量的 P 式挤压锚。本区的钢绞线束除极少量直线束形外，大多数是曲线束形，而且设计对有些部位还有张拉以后浇筑板面混凝土之类的要求。钢绞线在定型、定位、穿束、张拉、灌浆方面都有较大的施工难度。

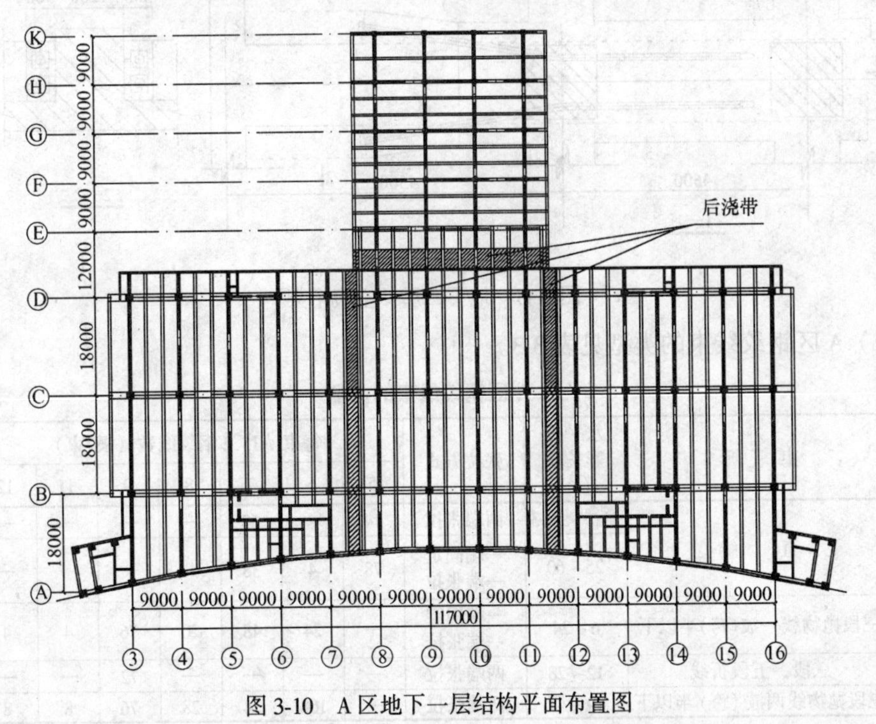

图 3-10　A 区地下一层结构平面布置图

我们对本区内预应力工程的技术难度和工序繁杂的施工组织难度极为重视，在充分理解设计意图、把握工程特点、难点的情况下制定具有可行性的施工方案，进行深入的施工技术交底，这些措施对有序地进行施工起到了重要的作用。

（2）A1～3区在钢筋密度大的主、次梁内，布置了大量束形复杂的钢绞线束，使得钢筋、孔道、锚具的水平长度50m以上和小曲率半径、水平长度在27m以上的三波（跨）三段抛物线束形占钢绞线束68%以上，占位矛盾比B、C区更为突出，同时设计还规定了部分钢绞线束分次张拉、某些部位的楼板要在梁张拉后浇筑，再加上跨越后浇带钢绞线束的张拉必须滞后等，这就加长了每一楼层的施工周期。我们深知妥善解决占位问题是设计的可行性的基本保证，做好施工过程的管理是实现设计意图的必要条件。为此，我们对每一个束形都按设计给定的曲线线形和控制点求出曲线方程式，按曲线方程式计算孔道的坐标位置、核对钢筋孔道、钢筋与锚具的相关性，提出具体的调整和构造处理建议，然后按照确认的曲线坐标制作安装孔道的定位支架（图3-11）。我们还特别注意施工工序安排和成品保护，保证了设计意图准确实施。

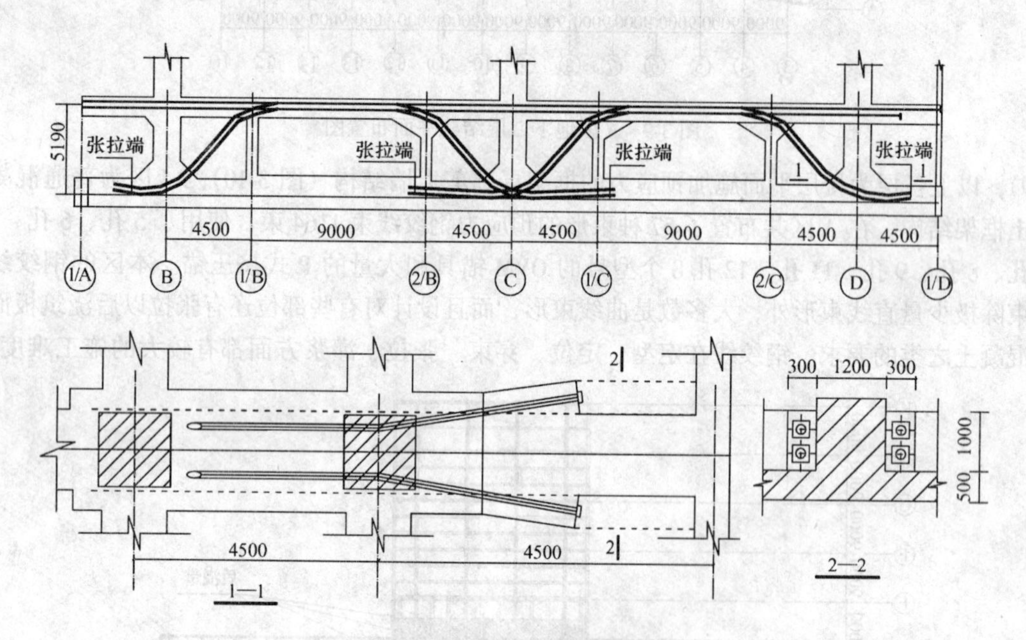

图3-11　地下二层“空腹桁架”

（3）A区钢绞线束的类型见表3-3。

A区钢绞线束的类型　　表3-3

序号	束形	水平投影长度（m）	张拉方式	每束 $\phi^{j}15.2$ 钢绞线数（根/束）							数量（束）
				5	6	7	8	9	11	12	
1	直线	21.5～50.3	两端张拉	14	—	60	—	—	—	—	74
2	直线	25～60	一端固定一端张拉	78	4	38	—	—	—	—	120
3	三段抛物线一波（跨）半以下	6～24	一端固定一端张拉	—	24	48	20	76	4	4	176
4	三段、五段折线	12～28	两端张拉	—	—	—	—	72	—	—	72
5	三段抛物线两波（跨）半以下	19～47	两端张拉	—	108	24	28	76	8	8	252

续表

序号	束形		水平投影长度（m）	张拉方式	每束 ϕ^j15.2 钢绞线数（根/束）							数量（束）
					5	6	7	8	9	11	12	
6	三段抛物线三波（跨）		27～51	两端张拉	196	28	44	16	22	—	2	318
7	空间折线	五段	12	两端张拉	—	—	—	—	—	—	96	96
8		七段	28.8	两端张拉	—	—	—	—	—	—	48	48
9	合计				288	164	214	64	266	12	158	1166

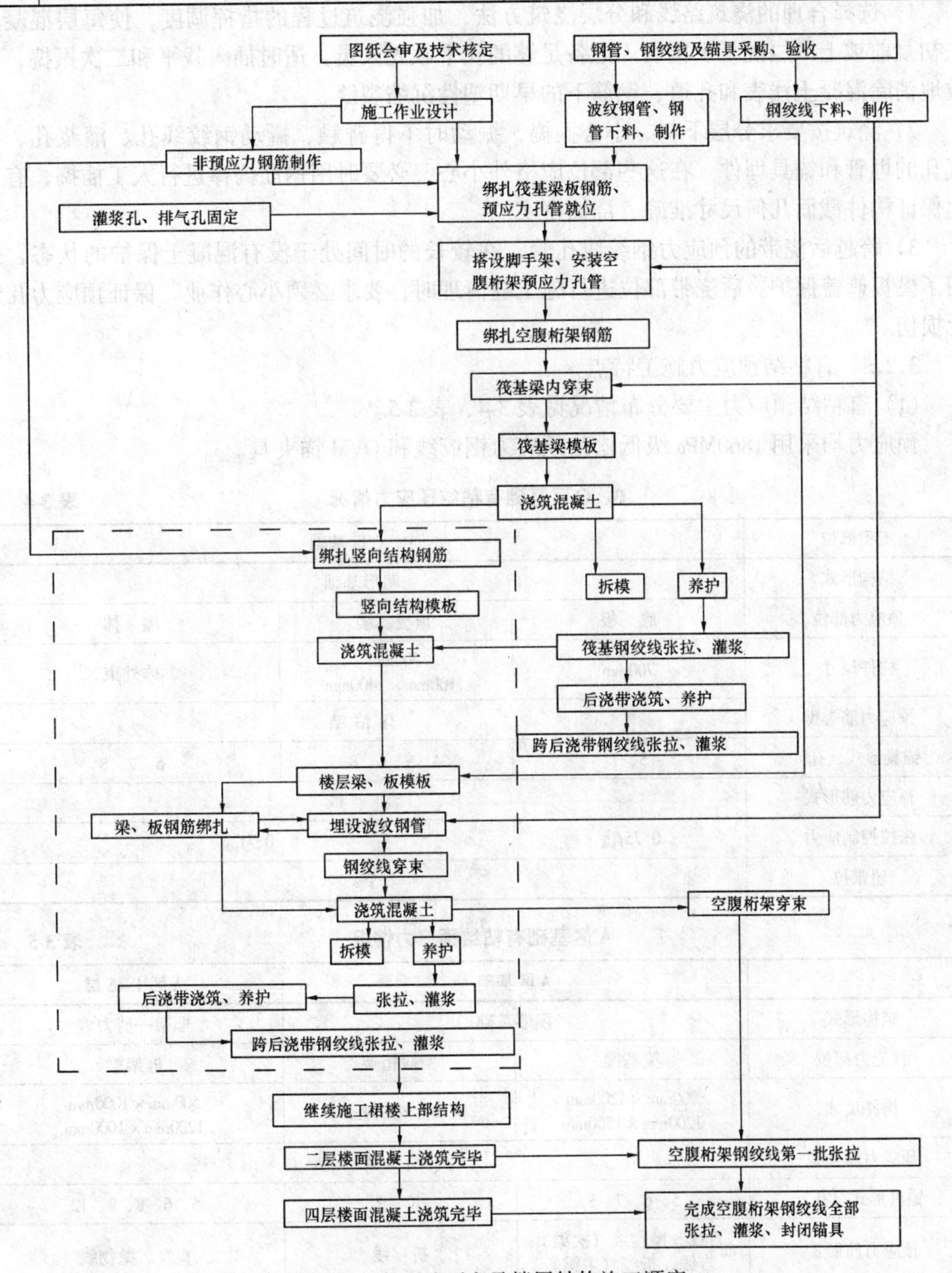

图 3-12　A 区地下室及楼层结构施工顺序

（4）A区地下室结构施工顺序：

如图3-12所示。

（5）A区混凝土结构施工技术控制：

A区混凝土工程施工是按后浇带划分成的施工段，分次浇筑。因A1～A3每一浇筑段的面积和工程量都大于B、C区，而且构件截面内钢筋、孔道密集、间距小，反梁和梁板交会部位多，浇筑难度极大，在浇筑时除了按前面提到的相关要求外，还须特别注意以下事项：

1）选择合理的浇筑路线和分层浇筑方法，加强浇筑过程的指挥调度，使每层混凝土在初凝前被上一层混凝土覆盖。配备足够的找平收光人员，适时插入找平和二次振捣，有效地消除混凝土浅表和孔道、钢筋下的早期塑性沉缩裂缝。

2）浇筑按要求分层下料、小心振捣，振动时不得碰触、撬动钢绞线孔、灌浆孔、排气孔的埋管和锚具埋件。在这些部位应格外小心，必要时用钢筋捣棒进行人工插捣，有效地保证构件截面几何尺寸准确、浇捣密实。

3）跨越后浇带的预应力钢绞线孔管，在较长的时间处于没有混凝土保护的状态，采用了模板遮盖保护。后浇带部位进行施工缝清理时，要求必须小心作业，保证预应力孔管无损伤。

3.2.5　有粘结预应力施工特点

（1）有粘结预应力主要分布情况见表3-4、表3-5。

预应力均采用1860MPa级低松弛预应力钢绞线和OVM锚夹具。

B、C区基础有粘结预应力情况　　**表3-4**

工程部位	B、C区基础		
结构形式	箱形基础		
预应力部位	底　板	顶板，梁	墙　体
构件尺寸	700mm	300mm 1100mm×1400mm	体外束
预应力筋类型	有 粘 结		
锚具形式（孔）	5、7	4、5、6、8	6、7、8
预应力筋形式	直　线		
张拉控制应力	$0.75f_{ptk}$	$0.7f_{ptk}$	
超张拉	3%		

A区基础有粘结预应力情况　　**表3-5**

	A区基础		A区1～5层
结构形式	筏形基础		框架—剪力墙
预应力部位	筏基梁	空腹桁架	框架梁
构件尺寸	900mm×1200mm 1200mm×1500mm	18m×5.19m	500mm×1000mm 1200mm×1000mm
预应力筋类型	有　粘　结		
锚具形式（孔）	5、6、7、9	12、9	5、6、8、9、12
预应力筋形式	直线、抛物线（次梁） 直线、折线（主梁）	折　线	直线、抛物线

续表

	A区基础		A区1~5层
张拉控制应力	$0.75f_{ptk}$（9孔变角张拉 $0.7f_{ptk}$）	$0.63f_{ptk}$	$0.75f_{ptk}$（变角张拉0.7fptk）
超张拉	直线筋3%，其余无		3%（无）

(2) 本工程的有粘结预应力工程量大、形式多样、束形复杂。在各类束形中，两跨和三跨的多波钢绞线束占总数的68%以上，还有12根钢绞线组成7段折线小曲率半径的立体束形；而且设计的张拉顺序也有特殊要求，使得本预应力工程具有相当大的技术含量和施工难度。预应力管道成型、定位，大量多波束形钢绞线的穿束和张拉，梁面凹入式端头处小曲率半径大吨位钢绞线束的变角张拉，长距离多波段管孔和空腹桁架上弦管孔灌浆质量保证等方面，都存在相当大的难度，有的还是全新的课题。

3.2.6 超长结构小曲率空间曲线有粘结预应力施工技术

由于有粘结预应力结构形式多样，这里重点就小曲率空间曲线预应力空腹桁架施工技术和变角张拉工艺的特点进行叙述。

(1) 定位埋管施工技术及特点

此道工艺是保证有效预应力值的建立的前提。特点是埋管量大，与普通钢筋施工配合复杂，空腹桁架的空间曲线钢管制作难度大，关键是标高控制准确。

空腹桁架制作安装较复杂，成孔材料采用直径108mm、壁厚3mm的镀锌钢管，弯曲半径小（3m）的空间曲线形式。我们对多波束形和空腹桁架的空间曲线束形进行成束试穿，探索可能出现的问题和寻找解决方法，以取得的经验指导施工。首先在平地进行1:1放样，拼装后进行整体穿束试验，然后在实际施工中，采用分段制作、分段安装定位、拼装调整的方法进行施工，达到了设计要求

(2) 钢绞线束穿束技术特点

本工程的曲线束形中，有大量的曲率较大、总长在30m以上的三波束形的钢绞线束。在为数不多的直线束形中，束长接近或超过50m，或在张拉端按一定的曲率弯曲、伸出梁板面外的钢绞线占一半以上。此道工艺的特点是：孔道曲率半径很小，最小仅为1.5m，每孔钢绞线根数多，最多12根，钢绞线束长，最长为四跨60多米，而且部分地方操作空间很小，人工整束穿束不能进行，且孔道曲率半径很小，很容易损坏波纹管。

我们经过试验，自己制作了一套实用的穿束机械，并制定了相应的穿束工艺。具体施工方法是：波纹管采用整束先穿工艺，镀锌钢管采用整束后穿工艺。当曲线束超过1跨时采用机械牵引整束穿束，直线筋长于40m时亦采用机械牵引整束穿束，其余采用人工推送整束穿束。

施工实践证明，采用此种穿束工艺，可避免钢绞线相互打搅，保证以后顺利张拉，同时施工速度快，降低工人劳动强度，提高了工作效率。

(3) 钢绞线张拉施工技术及特点

1) 体外束的张拉。

B、C区箱基墙体外钢绞线束原设计为群锚成束张拉，由于设备受位置限制，用OVM锚具群锚张拉后无法顶压，在此条件下锚具的正常回缩值为7~8mm，因束长仅7~9m，预应力损失值将达10%~15%。经提出并得到设计认可后改用单根张拉顶压，锚具的回

缩值 1～2mm，预应力损失值在 3%～5%范围。实际施工时，各根钢绞线伸长值均匀，不存在相互影响现象。

2）小曲率钢绞线束变角张拉。

小曲率半径钢绞线束的变角张拉和空腹桁架空间曲线束的张拉，缺少可借鉴的经验和数据，为了取得可靠的相关参数，张拉前约请东南大学华东预应力中心进行了孔道摩阻力和延伸率测试。测试数据见表 3-6。

张拉测试数据 表 3-6

项 目	A	B	C	规范规定值	常用值
k	0.0035	0.0035	0.0035	0.0015	0.0035
μ	0.31	0.28	0.32	0.26	0.30

测试数据表明：预应力钢绞线张拉的 μ、k 值比规范值大，但与设计值和常用取值相近；由于孔道曲率半径小，伸长值超过了理论值，但与东南大学已往大量工程的实测值相吻合。孔道及变角器的曲率半径都很小，超过规范要求，使各根钢绞线的应力不均匀性增大，为避免出现断丝现象，经与设计商量，张拉控制应力按每孔钢绞线数量适当降低，具体见表 3-4 和表 3-5。施工时，根据结构特点由 4 台千斤顶分成两组由中间往两边两端对称张拉。

通过张拉施工我们认为，孔道曲率半径超过规范时（含变角张拉施工），张拉控制应力应适当减小，由于摩阻损失增大，建立的有效预应力值减小，使预应力筋的利用率降低。故变角张拉不能作为主要施工手段，只宜在端头布置受限制时应用。

(4) 孔道灌浆施工技术及特点

此道工序的特点是：从本工程实际情况看，特别是空腹桁架的孔道灌浆，由于孔道直径大，浆体硬化沉降空隙大，一端部分存在倒灌现象，夹入空气的可能性增大，且因其孔道走向，水平段和斜管顶部砂浆会出现塑性收缩，必须进行人工补浆。

具体灌浆配合比为，水泥∶水∶膨胀剂∶减水剂＝1∶0.38∶0.1∶0.07。膨胀剂采用 UEA，减水剂采用我局建研院外加剂厂生产的 NFJ－01 高效减水剂，水泥采用华新 42.5 级普通硅酸盐水泥。采用挤压式灰浆泵压力灌浆。

灌浆过程中，每个出气口应冒出浓浆，然后封闭出气口加压至 0.6～0.8MPa 即可，浆灌完成后，在每个出气口采用人工补浆至密实。实际施工时，波纹管补浆量较少，空腹桁架补浆量较多，人工补浆的效果相当明显。

3.3 钢结构连廊制作安装

3.3.1 连接体钢结构工程概况

(1) 湖北出版文化城 D 区连接体钢结构工程由 B、C 区两塔楼间的钢连廊和两端位于塔楼内的钢骨混凝土及钢结构支座组成，平面和立面外形均呈“H”形。支座部分由 8 根焊接 H 型钢钢骨混凝土劲性柱及将劲性柱相连接成整体的钢梁组成，钢骨混凝土柱自 14 层楼面（标高 56.40m）至 21 层楼面（标高 82.50m）连续埋设，高度 26.1m。位于 B、C 区两塔楼⑥～⑬/Ⓕ～Ⓖ轴间的钢连廊由两榀长 63m 立面主桁架与连接两榀桁架的钢梁组成，与两塔楼的 16 层（楼面标高 63.60m）至 20 层（楼面标高 78.00m）结构相连接。整个钢结构工程总量约 1000t，其中支座部分 600t，连廊部分 400t（图 3-13）。

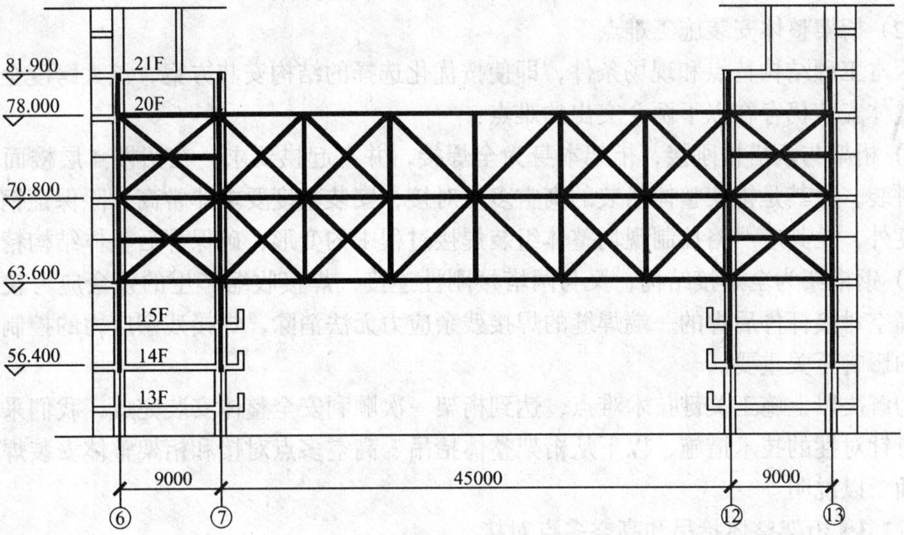

图 3-13　钢结构连接体剖面示意图

（2）连接体中部钢连廊为二层廊道，沿Ⓕ～Ⓖ轴两榀主桁架均由上、中、下三根 500mm×400mm 箱形截面弦杆与立面内 H 形截面斜向腹杆、竖向撑杆及节点组成。连廊跨度为 45m，宽度 13.2m，高度 14.4m，底标高 63.60m，距正下方 A 区裙楼 4 层楼面悬空高度 45.6m，桁架折线起拱 45mm，中间 35 段单榀重 86t。桁架设计两端与 B、C 区两塔楼均为刚性连接，桁架本身为整体焊接结构，焊缝均为全熔透一级焊缝，焊缝总长约 20000m。

3.3.2　连廊桁架整体安装方案确定及其施工难点

（1）连廊吊装方案的优化选择

连接体位于 B、C 区两座塔楼内的支座钢结构部分，可利用现场已有两台 F0/23C 塔吊吊装，对两座塔楼间的钢结构连廊，其吊装进行了以下几种方案的比较，见表 3-7。

连廊吊装方案选择　　**表 3-7**

考虑方案		优缺点
方案一	采用现有塔吊进行吊装	1. 须在两座塔楼间搭设工程浩大的满堂脚手架，投入大。 2. 因两台现有塔吊吊装连廊位置的工作半径大、能力小，必须把连廊钢结构分割成较小的构件，将增加大量的安装节点而大大增加焊接量，由此加大焊接变形和焊接残余应力，对结构不利；另外，高空焊接太多，安装节点太多，不利于质量控制。 3. 吊装件数多，高空作业工作量大，不利于工期和安全
方案二	在裙楼 4 层楼面组装钢连廊，用 4 台大型牵缆式桅杆起重机整体吊装约 400t 的钢连廊	1. 4 台大型牵缆式桅杆起重机投入大，仅只使用一次，不经济。 2. 对已有结构加固处理较复杂，难度和投入也大。 3. 整体吊装就位时，两榀桁架箱形弦杆 12 个空间节点对接施工难度大，风险大
方案三	在裙楼 4 层楼面组装钢连廊，然后将钢连廊两榀主桁架间的联系梁拆除，用两台较大的牵缆式桅杆起重机双机抬吊 86t 的钢桁架；用现场塔吊装两桁架之间的连系梁	1. 两台牵缆式桅杆起重机投入相对小，又能用两次，并可充分利用现场塔吊，另外对已有结构的加固难度和投入相对较小，比较经济。 2. 桁架平面内 6 个弦杆节点空中对接难度相对减小，精度控制难度亦减小，高空焊接量减小，焊接残余应力减少。 3. 两桁架吊装后下部满铺安全网，高空作业安全度增大

由上比较可见，方案三较为安全、经济，并综合设计要求整体安装的意见后，我们选择了单榀桁架整体双机抬吊定点起吊、高空对接安装的方案。

(2) 桁架整体安装施工难点

因本工程结构特点和现场条件，即使按优化选择的结构安装方案，该大跨度全焊接钢桁架整体安装仍存在以下两个突出的难点：

1) 桁架与两塔楼刚接，桁架本身为全焊接，并有起拱要求，在裙楼4层楼面的现场整体拼装，尤其是桁架整体吊装的高空多点对接，安装精度要求非常高。除保证钢构件制作精度外，尤其应严格控制现场整体组装焊接过程中的变形，确保焊后整体结构精度。

2) 钢桁架为全焊接结构，又与两塔楼刚性连接，焊接收缩产生的残余应力较大，特别是高空对接杆件后焊的一端焊缝的焊接残余应力无法消除，焊接残余应力的控制对结构安全的影响至关重要。

为解决以上施工关键技术难点，达到桁架一次顺利安全整体安装完成，我们采取了一系列有针对性的技术措施，以下从桁架整体抬吊、高空多点对接和桁架整体安装焊接等两个方面予以说明。

3.3.3 桁架整体抬吊和高空多点对接

(1) 主吊机械设备布置

桁架主吊机械设备采用长沙中联重科设计及监制的2台动臂格构式牵缆桅杆起重机。该机臂长12m，幅度7~9m，变幅角度45~55°，最大起重量70t，主钩动力设备采用定制10t慢速卷扬机，钢丝绳选用ϕ32.5（6×37）走10线，变幅动力采用8t慢速卷扬机，钢丝绳选用ϕ26（6×37）走12线，桅杆两侧稳固采用自桅杆顶部及顶下3m处，向两侧对称牵引两组ϕ26（6×37）钢绳以5t葫芦与22层楼面拉结。两台桅杆起重机底座分别设在B、C区22层楼面，⑦轴交Ⓕ轴、Ⓖ轴及⑫轴交Ⓕ轴、Ⓖ轴的混凝土柱顶部，变幅滑轮组分别固定在桅杆顶部和电梯井钢筋混凝土筒侧壁100.5m标高处，动力设备相应布置在22层楼面④轴和⑮轴附近。B、C区两台桅杆起重机机械设备匹备一致。该系统布局合理、视野宽阔，结构及锚固点经受力分析计算可靠。

(2) 阶梯倒错分段与节点对接转化设计

钢桁架原考虑沿35m垂直面分段平齐，为了保证双机定点由下至上抬吊能顺利就位，我们对桁架进行重新分段设计，分段采用阶梯倒错分段法，即以倒八字形分段，使下大上小、局部节点错开。对整体吊装段内箱形弦杆长度，16F分段为36m，18F分段为35m，20F分段为34m。弦杆高空对接六个节点，将设计箱形梁对接端头处增设安装腹板转化为H形梁对接，H形梁对接上下翼缘长度错开50mm距离。腹板连接采用两块处理好摩擦面的钢板，经高强螺栓连接群连接后作箱形梁焊接前的固定（图3-14）。

通过该分段和节点转化设计，既排除大跨度桁架定点吊装就位前的可能发生的碰撞障碍，又解决了多节点多端面同时对接固定的难题，实现了弦杆六节点一次高空就位的目的。

(3) 桁架整体立式组装

经比较，现场采取整体立式组装钢桁架，对保证连廊安装轴线、水平度、垂直度、间距、长度等几何尺寸较为有利，从而确保高空多节点一次对接到位，达到顺利安全闭合。在组装中主要抓了以下几个环节：

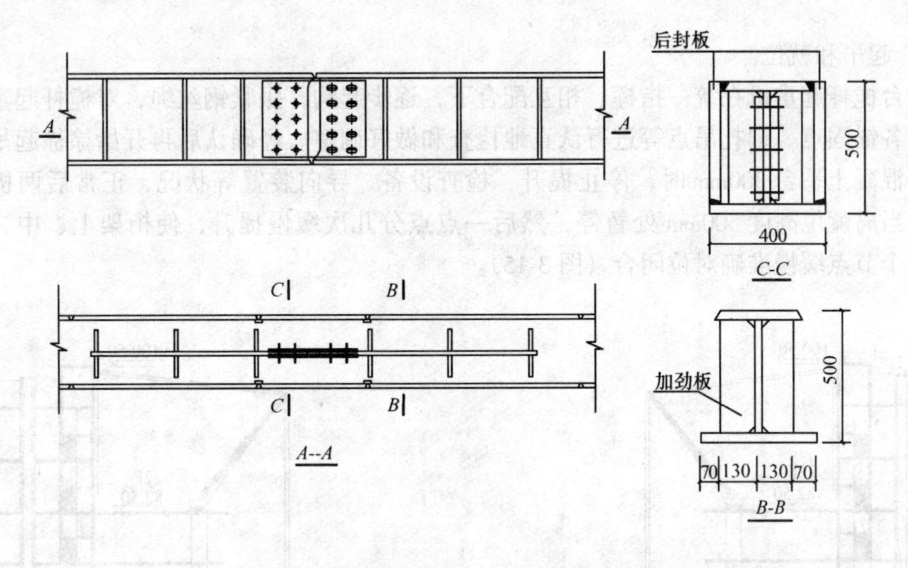

图 3-14 桁架弦杆高空对接节点转化设计

1）组装平台以裙楼4层楼面为平面基础，根据已安装好的B、C区两塔楼16F、18F、20F箱形弦杆悬臂端标高、轴线、间距、对角线等数值为依据，通过主控点将Ⓕ、Ⓖ轴轴线投测到裙楼4层楼面上，再沿轴线上分布设置9个长600mm、宽400mm、高300~345mm的混凝土基础，表面预埋条状铁件，通过铁件标高按照桁架起拱段进行起拱控制，使其形成起拱胎模。比原设计采用枕木与型钢组合大面积平台节约了大量的物力，同时又方便了投测点的设置和焊接等工作，做好了关键一环。

2）组装采用单元综合组装法施工，由中间开始向两边扩展，组装前绘制组装尺寸控制立体图，按组装各节间距、标高、轴线、水平度以及焊接收缩量值进行预控。组装采用临时螺栓组装固定及可调节专用对接夹具固定法，既使结构几何尺寸稳定又使结构有一些自由度。节点采用双面调整夹具沿两接头处进行上、下和两侧面的调节和固定，实现端面对接达到规范要求。悬臂端各尺寸的组装控制通过设置格构式可调支撑架，通过该支撑架既增加悬臂端结构的稳定，又起到精度调整作用，使其与已安装好的高空悬挑端各部分空间尺寸吻合。

3）桁架组装焊接按节点对称和结构对称的原则实施，焊接顺序采取先焊箱形弦杆，后焊H形受拉杆件，最后焊H形受压杆件，这样在焊接过程中使结构受热点在整个平面内对称、均匀分布，避免了结构因受热不均匀而产生弯曲变形及较大的焊后残余应力。

(4) 桁架整体抬吊和高空对接

桁架整体吊装段重86t，采用两桅杆起重机定点平分荷载抬吊，两机抬吊幅度均为7.5m（水平夹角51.3°），正对轴线定点吊装。顺序为先吊装Ⓕ轴桁架，再吊Ⓖ轴桁架。在Ⓕ轴桁架吊装完毕后，将双机移位，以相同的方法吊装Ⓖ轴桁架。

1）选择吊点和绑扎。

吊点分别选在20F层箱形弦杆与(7a)、(7e)轴立柱相交的节点处，节点两侧各用一根ϕ56mm(6×37+1-1400)钢丝绳兜索弦杆，箱形钢梁棱角用半圆形钢管护角，再用钢丝与钢丝绳相挂绑扎，并在80t主吊滑车钩上对称设置两台5t手链，作桁架起吊后的调平措施。

2）起吊和就位。

两台桅杆起重机在统一指挥、相互配合下，逐步起钩，张紧钢丝绳，对桅杆起重机各机构、各锚固点、绑扎吊点等进行认真地检查和做好调整。经确认后再开始徐徐起吊，当起吊离混凝土平台300mm时，停止提升，检查设备、导向装置等状况，正常后两机同时提升，当离就位高度500mm处暂停，然后一点点分几次缓慢提升，使桁架上、中、下弦两端六个节点缓慢准确对位闭合（图3-15）。

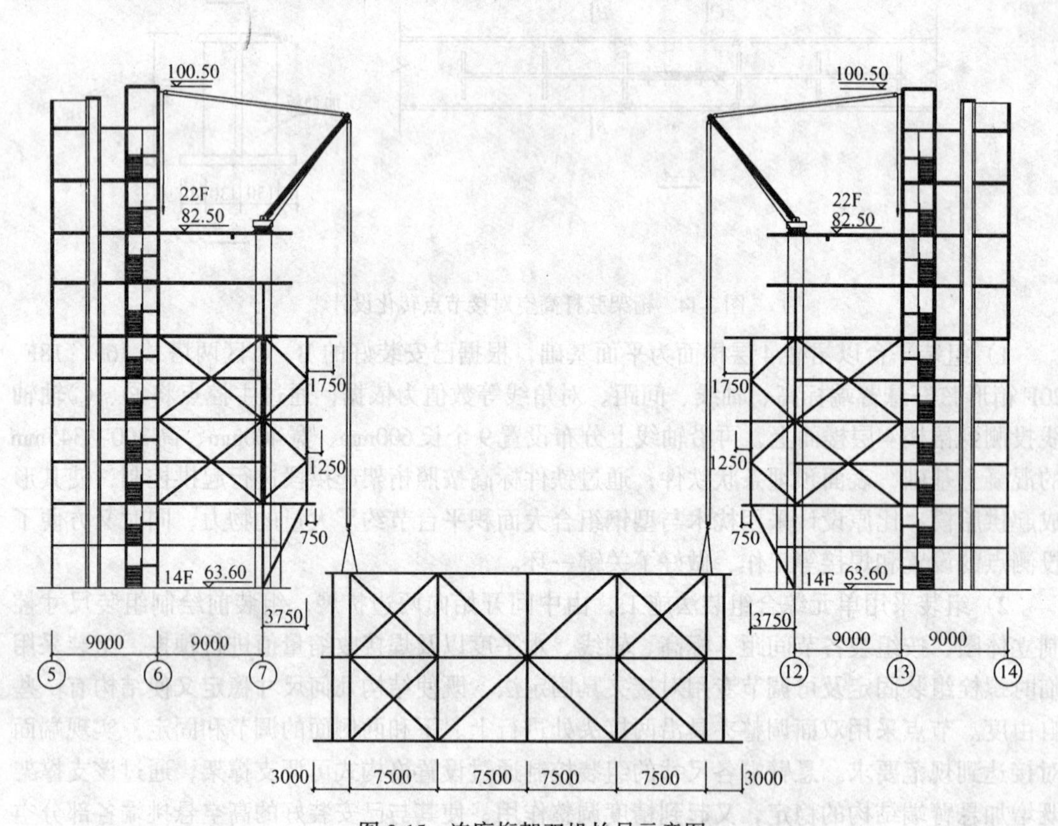

图3-15　连廊桁架双机抬吊示意图

3）节点连接与固定。

桁架提升到位后，立即采用连接板和安装螺栓将弦杆对接端连接，接头调整好后，再换上高强螺栓，经初拧、终拧而固定，并迅速安装⑦～(7a)和(7e)～⑫轴间的立面斜向腹杆，使桁架均匀受力，在20F、18F弦杆水平方向对称牵拉缆风绳，增加侧向稳定。

3.3.4　桁架整体安装焊接

（1）焊缝收缩量测定及焊接工艺参数选定

1）焊缝收缩量的测定。

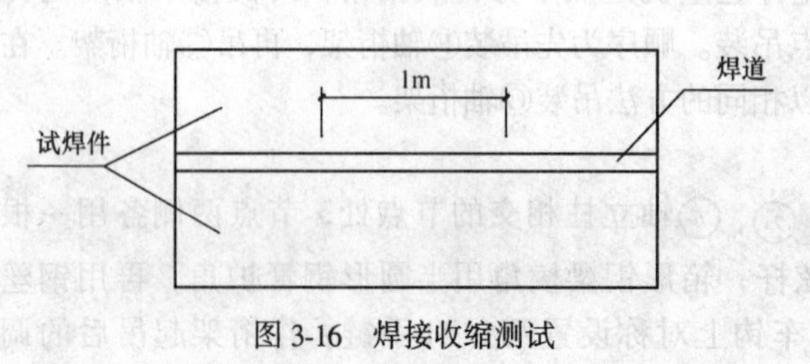

图3-16　焊接收缩测试

在本工程钢结构桁架构件制作前，我们进行了焊缝收缩量的测试。通过测定结果，为保证桁架制作焊后构件安装尺寸和现场安装焊后整体精度提供了直接可靠的依据。

如图 3-16 所示，在试焊件内用划针划两条线标定一个 1m 的区域后，对焊件进行焊接，焊后等焊件冷却后，重新测量该区域的长度，其与标定值之差即为焊缝纵向收缩量。实测焊缝纵向收缩量见表 3-8。

焊缝纵向收缩量 表 3-8

结构类型	焊接特征和板厚	焊缝收缩量（mm）
焊接箱型梁 焊接 H 型钢	断面高≤1000mm 且板厚≤25mm	纵焊缝每米共缩 0.6
	断面高≤1000mm 且板厚＞25mm	纵焊缝每米共缩 1.4
	断面高≥1000mm 各种板厚	纵焊缝每米共缩 0.2

如图 3-17，焊前对组合施焊件的断面长度进行测量，焊接完毕等焊件完全冷却后，再对其长度进行测量，得到两道纵向焊缝的横向收缩量为 6mm，即每条焊缝的横向收缩量为 3mm。

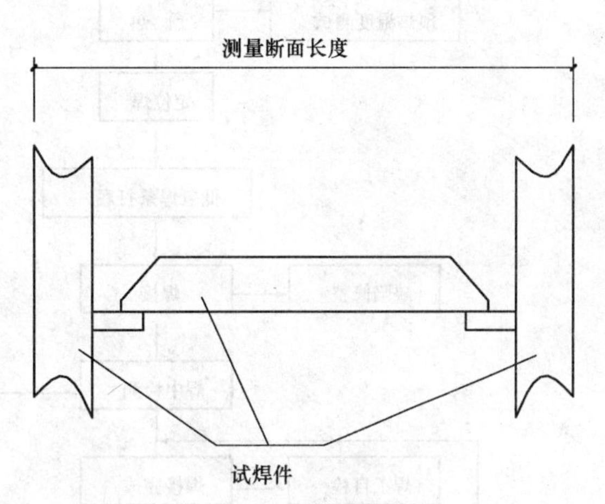

图 3-17 焊接横向收缩

2）安装焊接工艺参数选定

该桁架安装焊接采用手工电弧焊打底，CO_2 气体保护焊填充和盖面。焊接工艺评定试验所采用的试样与结构所用钢材等强，材质为 Q345B。

焊接工艺参数选定见表 3-9。

（2）焊接工艺流程

焊接工艺流程如图 3-18 所示。

焊接工艺参数 表 3-9

序号	焊接部位	焊材类型	焊材规格（mm）	焊接电流（A）	焊接电压（V）	焊 速（m/min）	气体流量（mL/s）
1	柱梁封底	E50	φ4.0	90～120	28～32	0.30	
2	柱梁填充	E50	φ5.0	160～190	32～35	0.35	
3	柱梁面层	E50	φ4.0	140～170	29～34	0.30	
4	斜撑封底	E50	φ4.0	90～120	29～33	0.30	
5	斜撑填充	E50	φ5.0	160～190	32～35	0.35	
6	斜撑面层	E50	φ4.0	90～120	28～32	0.25	
7	柱梁填充	H08Mn2SiA	φ1.2	250～320	29～35	0.68	55～65

（3）焊接顺序制定

结构焊接顺序对焊接变形及焊后残余应力有很大的影响，为了尽量减少结构焊接后的变形和残余应力，我们对 35m 跨桁架整体组装焊接、桁架高空焊接、箱形弦杆连接节点焊接和 H 形腹杆、竖杆连接节点焊接顺序等进行了全面考虑和充分研究，制定了科学合理的焊接顺序（图 3-19）。

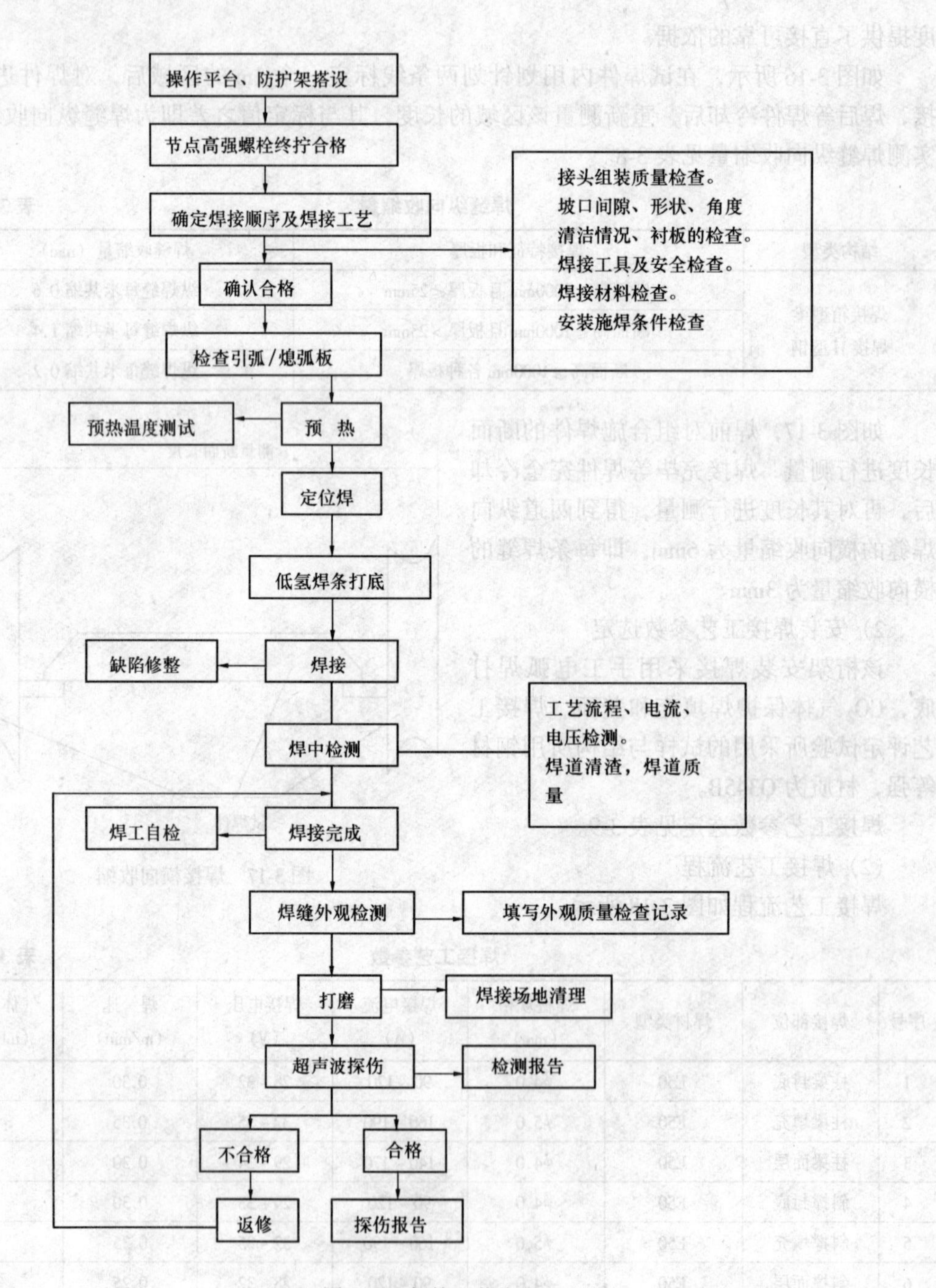

图 3-18　焊接工艺流程

桁架组装焊接顺序采取先焊箱形弦杆，后焊 H 形受拉杆件，最后焊 H 形受压杆件，焊接采取节点对称、结构对称、分布作业，同一节点采用双人施焊，使整个结构受热均匀分布，避免结构平面和局部节点因受热不均匀而产生弯曲和较大的残余应力。通过组装预留收缩量，经焊接过程中测控及焊后测定值，箱梁节点收缩 2～3mm，柱及斜梁收缩1.5～2mm，与原预留收缩量 2～3mm 基本吻合，达到预期效果。桁架整体起吊高空对接安装焊接采取先焊一端再焊另一端，同一端先焊拉杆再焊压杆，节点先焊翼缘板后焊腹板，双人

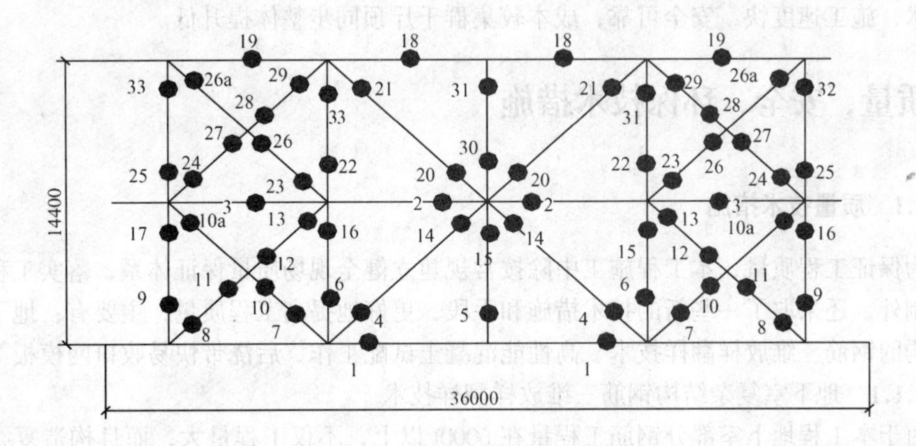

图 3-19　桁架组装焊接顺序

对称施焊（图 3-20）。

（4）焊接质量技术保证措施

①焊接前搭设操作平台，做好周边防风围护；

②严格控制 CO_2 气体纯度 99.5%，使用前采取倒置法，预先排除水气，减少焊接中产生的气孔；

③根据坡口间隙和节点密度预留收缩值保证焊缝能够自由收缩，减少焊接收缩应力；

④对节点母材焊缝坡口两侧各 100mm 处进行整体预热，焊接中连续监控层间温度在 85～110℃；

⑤焊接过程中采用减应区法，对未焊接部位进行加热减应区，使该区与焊接区同时膨胀和收缩，起到减少焊接应力的作用；

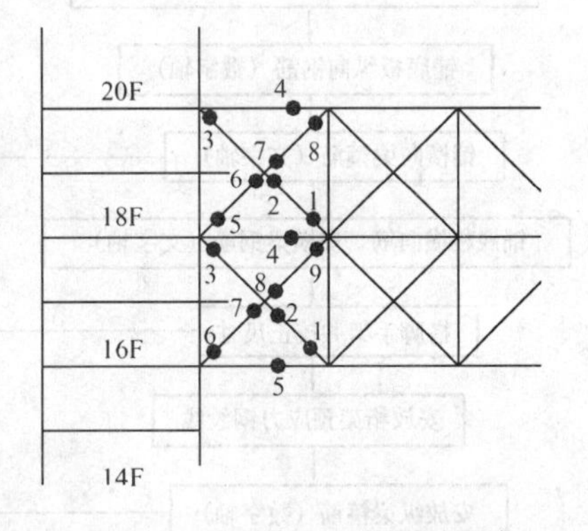

图 3-20　桁架高空对接焊接顺序

⑥对焊道两侧 100～150mm 处通过 200～250℃氧—乙炔火焰持续 30～40min 的后热处理，处理完毕后立即用三层石棉布紧裹节点焊缝，使焊缝缓慢冷却至常温。

3.3.5　实施效果

由于本工程具有较大的社会影响，钢结构连接体具有非常大的施工难度，我局充分发挥了集团优势和在钢结构施工方面的专长，局内组织专家进行钢结构连接体施工组织设计的编制，反复讨论、研究和多次修改，一次顺利通过了由业主组织国内多名专家进行的方案评审。在施工中，认真细致地进行了钢结构施工图纸转化设计，编制各分项工程施工作业设计和特殊关键工序作业指导书，对桅杆起重机进行了严密细致的静载、动载和双机试吊检验，落实安全技术交底工作，强化各环节的安全防护和监督，连廊安装施工中没有发生一起安全事故；两榀大跨度全焊接桁架整体组装焊接完成后，结构变形极小，桁架结构几何尺寸控制准确，达到了大跨度桁架整体起吊高空对接一次顺利就位的目的，桁架地面组装焊缝和高空对接焊缝外观符合施工及验收标准要求，焊缝质量经 100%超声波探伤检查达 GB 11345—89 标准中的 B-Ⅰ级要求；同时，也从施工角度最大限度地减少了焊接残余应力。

本工程大跨度全焊接钢桁架安装采用了整体组装、双机定点抬吊和高空六点对接的施工技术，施工速度快，安全可靠，成本较集群千斤顶同步整体提升低。

4　质量、安全、环保技术措施

4.1　质量技术措施

为保证工程质量，本工程施工中除按常规建立健全现场质量保证体系，落实工程质量责任制外，还采取了一些新的技术措施和手段，更好地提高工程质量，主要有：地下室复杂结构的钢筋三维放样翻样技术、高性能混凝土试配工作、后浇带快易收口网模板等等。

4.1.1　地下室复杂结构钢筋三维放样翻样技术

由于本工程地下室部分钢筋工程量在6000t以上，不仅工程量大，而且构造复杂、钢筋层次多。B、C区深梁（剪力墙）的ϕ25多肢箍筋高达7.4m，单件重64kg以上，纵横深梁主筋、水平筋层层叠叠交错，板内有上下各两层纵横交叠的预应力钢绞线，有安装预埋插入。A区筏基梁内有6肢、8肢箍，纵横交错的多波预应力钢绞线；地下二层有全层高的预应力空腹桁架等。本工程的技术控制除按常规外，重点应控制：确定钢筋的层次及施工穿插顺序，进行钢筋翻样，制定工艺流程图，严格控制加工质量（特别是各类箍筋与井字架）和有序的组织绑扎。

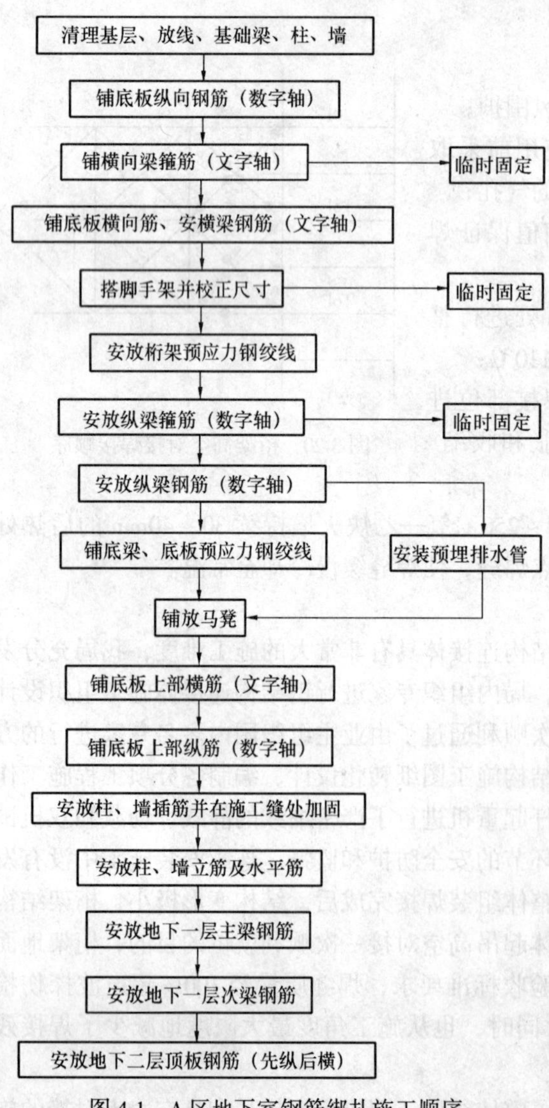

图4-1　A区地下室钢筋绑扎施工顺序

翻样时必须按照钢筋的叠放和穿插位置，考虑占位避让关系，确定加工尺寸。通长钢筋应考虑直螺纹连接各接头允许长度误差积累和端头弯头方向控制，以保证钢筋总长度就位准确。B、C区及A区地下二层钢筋叠放及穿插顺序见插图（图4-1、图4-2），其余类推。

为保证翻样准确，施工前组织技术人员用计算机画出三维图（图4-3），形象直观地反映非预应力钢筋、预应力钢筋及人防门预埋门框、各种安装预埋管线的相互关系，不仅让翻样人员快速进入工作状态，提高工作效率，也及时发现设计中部分考虑不周全的“盲点”，及时反馈至设计人员进行修正，减少返工率，保证了工程质量。特别是A区空腹桁架钢筋与空间曲线形的钢绞线钢套管

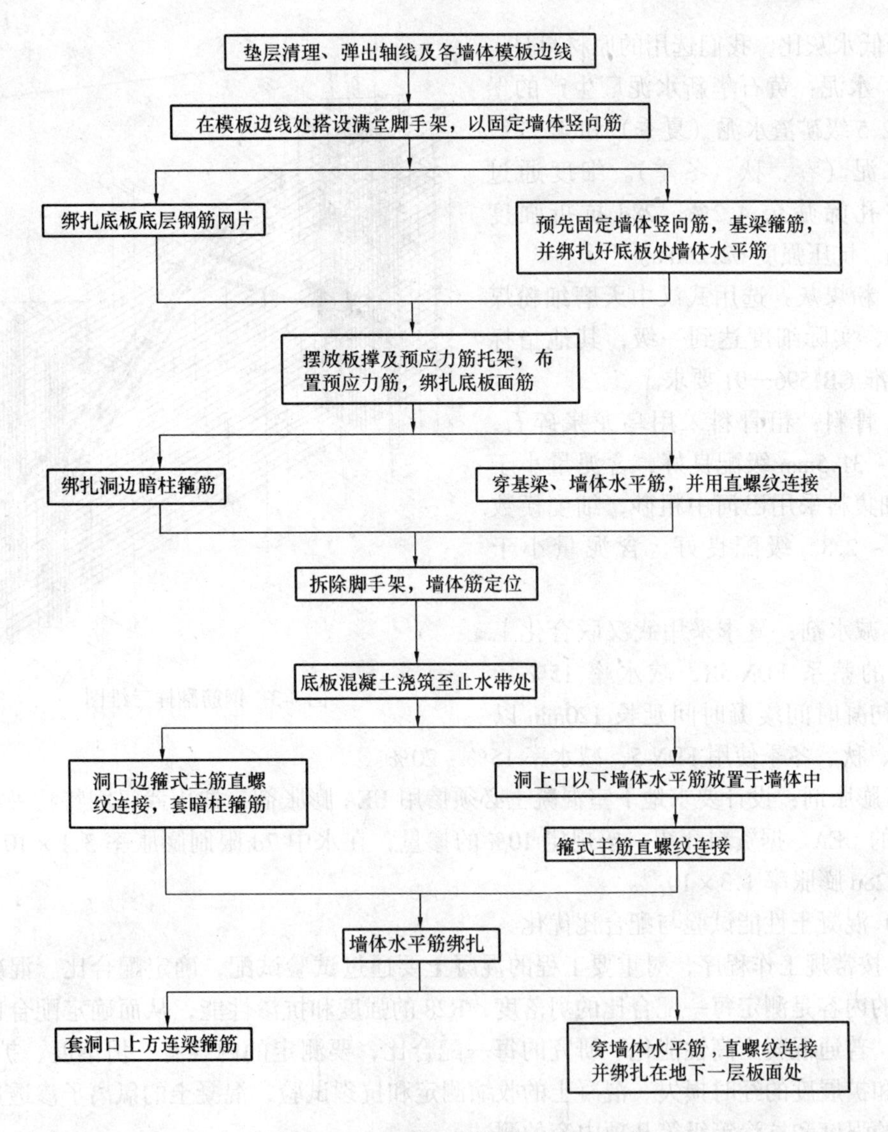

图 4-2 B、C 区箱形基础钢筋施工程序

交会，空间十分紧凑，尺寸控制要求非常严格，也通过电脑放样，核准后再进行加工。

同时电脑三维放样，也为现场钢筋绑扎顺序的确定提供了依据。见图 4-3。

4.1.2 高性能混凝土试配工作

影响钢筋混凝土结构工程的关键因素之一就是商品混凝土的质量。

为保证本工程混凝土施工质量，在施工前，我们对 C50 及以下强度等级的混凝土，在满足设计要求的强度和抗渗等级的前提下，通过控制原材料质量、优化配合比设计的技术途径，达到了在与传统配合比相比成本略有降低的条件下，生产出具有良好施工性能和耐久性的混凝土，也即是混凝土有良好的和易性、小的坍落度经时损失和好的耐久性（渗透性好、体积收缩小）。

(1) 原材料的选用

“普通混凝土高性能化”的前提条件是选用超细矿物粉掺合料取代部分水泥和高效减

水剂降低水灰比，我们选用的原材料是：

1）水泥：黄石华新水泥厂生产的堡垒牌42.5级矿渣水泥（夏季）和42.5级普通水泥（春、秋、冬季）。细度通过0.08方孔筛筛余4.2%，28d抗折强度8.8MPa，抗压强度62.2MPa。

2）粉煤灰：选用武汉中天磨细粉煤灰二级，实际细度达到一级，其他指标符合标准GB1596—91要求。

3）骨料：粗骨料采用乌龙泉碎石，粒径5～31.5mm级配良好，含泥量小于1%。细集料采用巴河中粗砂，细度模数为2.5～2.8。级配良好，含泥量小于2%。

4）减水剂：夏季采用武汉联合化工厂生产的萘系FDN-5R，减水率15%～20%，初凝时间缓凝时间延长120min以上。春、秋、冬季使用FDN-5，减水率15%～20%。

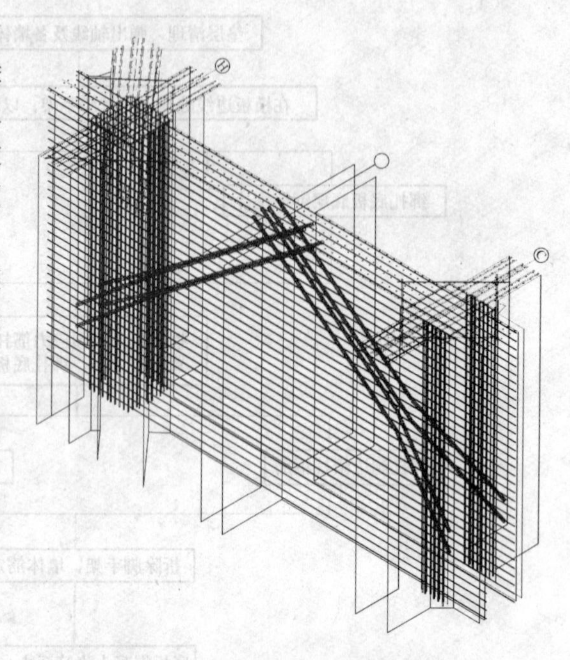

图4-3 钢筋翻样三维图

5）膨胀剂：设计要求地下室混凝土必须掺用UEA膨胀剂，选用武汉固特特种材料公司生产的UEA。据资料介绍，按规定10%的掺量，在水中7d限制膨胀率3.1×10^{-4}，在空气中28d膨胀率1.3×10^{-4}。

(2) 混凝土性能试验与配合比优化

1）按常规工作程序，对重要工程的混凝土要通过试验试配，确定配合比。混凝土试验试配的内容是测定每一配合比的坍落度，R28的强度和抗渗性能，从而确定配合比。而我们对"普通混凝土高性能化"研究的每一配合比，要测定的内容有：坍落度、扩展度、坍落度和扩展度的经时损失、混凝土的收缩测定和抗裂试验，混凝土的氯离子渗透量以及混凝土的强度和抗渗等级等几项内容的测试。

2）我们进行了C55P8、C50P8、C50P8加杜拉纤维、C40P8等混凝土近20组试配，从中优选出生产配合比。以B、C区的C50P8试验为例，配合比见表4-1。

B、C区混凝土配合比　　表4-1

序　号	水　泥	粉煤灰	UEA	河　砂	碎　石	自来水	减水剂	杜拉纤维
1号	1	—	—	1.52	2.52	0.38	0.024	—
2号	1	0.15	—	1.65	2.72	0.42	0.027	—
3号	1	0.17	0.12	1.85	3.06	0.47	0.031	—
4号	1	0.17	0.12	1.85	3.06	0.47	0.031	0.002

其中1号为普通混凝土，后面的配合比是在前面配合比的基础上，按普通混凝土高性能化要求调整。其性能及强度列于表4-2。

由表4-2可见，未掺入粉煤灰的混凝土的和易性较差，泵送性差。掺入粉煤灰的混凝土和易性较好，流动性好。加入粉煤灰能够显著增加混凝土的和易性，提高混凝土的泵送性能。同时，掺入粉煤灰对混凝土的凝结时间有一定的缓凝作用，也因减少水泥用量有利于降低混凝土的绝热温升。掺入 UEA 的混凝土的强度比未掺入的要低，这与 UEA 的自膨胀有关系。但掺入 UEA 混凝土的自收缩要比未加的要小，其收缩曲线列于图 4-4。

配合比调整 表 4-2

序号	和易性	流动性	坍落度（cm）	扩散度（cm）	1h 后		强度（MPa）		
					坍落度	扩展度	R3	R7	R28
1号	较差	差	17.5	39	12	35	—	47.2	56.0
2号	较好	较好	22	52	19	42	49.4	51.8	66.5
3号	较好	较好	19	58	18	50	40.2	47.0	63.6
4号	较好	较好	19	53	17	48	37.4	51.0	62.6

混凝土氯离子导电量 表 4-3

配合比编号	35d 氯离子电导量（库仑）	扩散系数（cm^2/s）	Cl^- 渗透性
1号	2461	14.6858×10^{-9}	中
2号	1758	11.2270×10^{-9}	低

注：氯离子扩散系数越大，混凝土的耐久性越差。

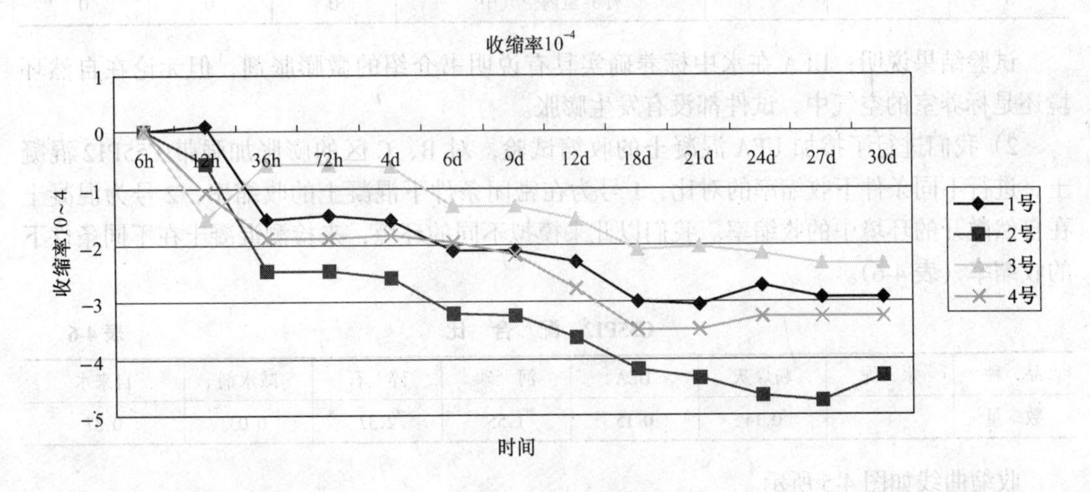

图 4-4 收缩曲线图

由上面曲线可见，混凝土的收缩率与混凝土的掺入材料有很大的关系。加入 UEA 在混凝土养护条件较好的情况下，对混凝土的收缩有明显的补偿。

由于掺入磨细粉煤灰，混凝土的抗渗性明显提高。对 1 号、2 号混凝土的氯离子导电量实验结果列于表 4-3，时间为 35d。

(3) 优化的配合比

经大量试验试配，优化的配合比用于施工生产，其水泥用量低于常规混凝土。生产主要配合比见表 4-4。

优化的配合比 表 4-4

序号	强度及抗渗等级	水泥用量 (kg/m^3)	配合比							
			水 泥	粉煤灰	水	砂	石	外加剂	UEA	杜拉纤维
1	C40	390	1	0.26	0.45	1.82	2.77	0.028	—	—
2	C40P8	370	1	0.16	0.47	1.89	2.89	0.03	0.14	—
3	C45P12	390	1	0.17	0.46	1.77	2.73	0.027	0.15	—
4	C50	450	1	0.22	0.39	1.46	2.34	0.03	—	—
5	C50P12	400	1	0.15	0.45	1.70	2.75	0.03	0.12	0.002
6	C55P12	430	1	0.12	0.41	1.58	2.51	0.03	0.14	0.002

(4) 关于掺用 UEA 的效果试验

1) 我们进行了掺 UEA 试件的限制膨胀率对比试验，结果见表 4-5。

掺 UEA 效 果 表 4-5

序 号	材料名称		养护条件	膨胀率 (10^{-4})		
	水泥	UEA		7d	14d	28d
1	华新矿渣 (42.5 级)	武汉固特	标养室内水中	+2.95	+2.53	+2.53
2			武汉夏季室外自然条件	0	0	0
3			标养室内空气中	0	0	0

试验结果说明：UEA 在水中标养确实具有说明书介绍的微膨胀剂，但无论在自然环境还是标养室的空气中，试件都没有发生膨胀。

2) 我们进行了掺加 UEA 混凝土的收缩试验，对 B、C 区的膨胀加强带 C55P12 混凝土，进行不同条件下收缩率的对比，1 号为在密闭条件下混凝土的收缩率，2 号为混凝土在自然敞开的环境中的收缩率。我们以此来模拟不同的环境，来检测混凝土在不同条件下的收缩率（表 4-6）。

C55P12 配 合 比 表 4-6

品 种	水 泥	粉煤灰	UEA	河 砂	碎 石	减水剂	自来水
数 量	1	0.14	0.15	1.55	2.37	0.03	0.37

收缩曲线如图 4-5 所示。

上述试验说明，掺入 UEA 的混凝土，养护条件对混凝土的收缩有很大的影响。这给我们在生产施工中提供了参考。

4.1.3 快易收口网用作后浇带模板

快易收口网是一种由簿型热浸镀锌钢板为原料，经机械拉伸加工而成的有单向 V 形密肋骨架和单向立体网格的新型永久性模板，其厚度为 0.45mm，重量 3.6kg/m²，外形尺寸 0.45m×2.5m，刚性好，力学性能优良，自重轻，操作安装方便，特别适用于分段浇筑混凝土（后浇带、施工缝以及不同强度等级的混凝土）。浇筑混凝土时，一方面能起到模板效果和作用，阻止混凝土流入界面以外，并且能使网眼上的斜角片嵌在混凝土当中，与混凝土紧密结合。同时，混凝土中的砂浆及粗骨料通过网眼渗透到界面，形成一个凹凸表

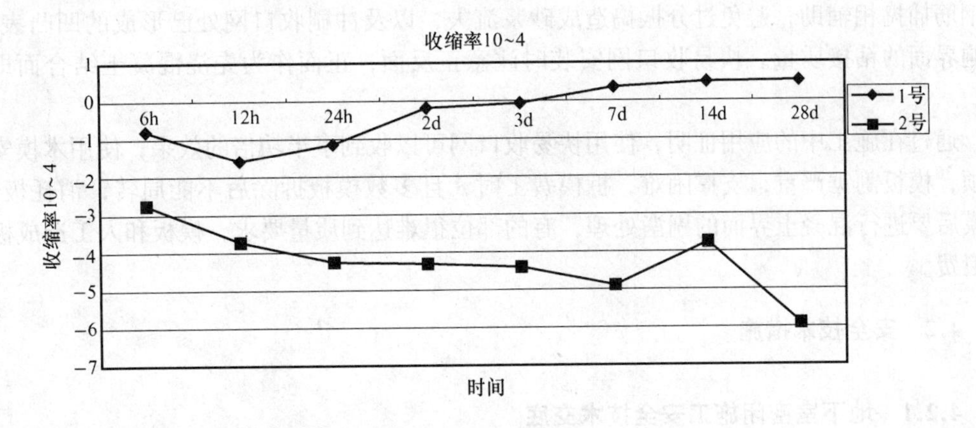

图 4-5　收缩曲线

面，补浇混凝土时不需要进行任何专业处理，就可与混凝土有良好的粘结界面并满足结构的抗剪要求。

在施工中，针对不同的部位和结构特点采取不同的施工方法，将快易收口网广泛应用于结构施工中。

由于后浇带或膨胀加强带设置必须贯穿于结构中的梁、板、墙中，施工中根据部位不同灵活应用。例如，在外墙后浇带或膨胀带快易收口网安装固定过程中，首先按常规将墙外模或一侧模板固定，按常规进行竖向钢筋焊接或连接、绑扎，同时即开始进行快易收口网的下料及安装。首先，以墙宽剪切收口网并稍宽 5 ~ 10mm，收口网亦可竖向横向使用（墙中竖向使用时，用收口网筋的间距和钢筋保护层的厚度直接剪切网眼，用钢钉沿收口网竖向钉在模板上，应使收口网紧贴竖向钢筋），配合水平钢筋穿筋绑扎后将切口复位；而后进行支内模，由于下料宽度稍宽于墙，内外模加固校正时同时挤压，使收口网边缘与模板紧密结合。模板支撑收口网的侧压力，在主、次梁，后浇带施工或膨胀加强带中使用快易收口网，要与梁、板钢筋绑扎及支模紧密配合，有时梁中钢筋较多，会给收口网的安装带来一定困难，但只要在下料和操作时，充分利用收口网容易剪切、弯曲成型方便等特点；同时，又能在钢筋绑扎时和封模前及时进行安装，同样会收到良好的效果。一般梁模板先进行单面支模，然后绑扎钢筋。这时只需按钢筋间距剪切开口，在钢筋扎完以前斜扎放在骨架内，待钢筋绑扎完毕后进行调整固定（有时为了安装固定操作方便，收口网可竖向或横向使用也可零散拼接定型，主要看使用部位如何安装方便决定）。同样，采用钢筋与梁骨架点焊固定，也可根据实际情况用木枋固定（只要木枋支撑拆除方便即可）。平板部位的收口网安装较前者方便，只需在板底筋绑扎时与之紧密配合，校正、固定，用扎丝绑扎固定即可。收口网应高出板面 20 ~ 50mm 为宜。在结构膨胀加强带的施工中，因混凝土的强度等级不同，使用快易收口网可使不同强度等级的混凝土同时浇筑，效果更为显著。

使用快易收口网也可应用于凹凸和各种企口形状的施工缝处，除采用上述安装方法外，收口网可根据要求加工成型各种形状，支撑钢筋也可成型所需形状，点焊与绑扎相结合，达到固定的目的。实际使用时，墙、梁在补浇部位不宜支模，在浇筑时应远离界面 2 ~ 3m 处下料，并从界面端向另一端方向浇筑，振捣时应离开界面 500mm 以上，界面部位以钢筋插捣相辅助，避免过分振捣造成砂浆流失，以及冲刷收口网处已形成的凹凸表面，影响界面的粘接质量。快易收口网安装时注意正反面，正面作为先浇混凝土结合面即凹面。

通过在施工中的应用证明，使用快易收口网可以收到事半功倍的效果，使用木模安装麻烦，模板割锯严重，支撑困难，拆模费工时，且多数模板拆除后不能周转，消耗极大，拆模后要进行混凝土界面的剔凿处理，有的部位很难达到质量要求，模板和人工造成极大的浪费。

4.2　安全技术措施

4.2.1　地下室密闭施工安全技术交底

地下室密闭施工指 ±0.000m 以下地下室在进行顶板铺设完毕到验收期间进行的拆模、抹灰、装修、安装等工序，其安全重点是：①通风换气；②低压照明；③防洞口坠落；④防雨水倒灌等重点工作。

(1) 通风换气

由于地下室地势较低，在进行施工时，使用电焊、照明等产生大量 CO_2 等气体，加之气候炎热，空气干燥，因此必须加强对地下室密闭施工人员进行通风换气，确保人身安全。

①派专人负责，每天上班前进行灯火试验，开工、完工清点施工人数，监视灯火燃明状况，紧急状态通知人员疏散等工作，每天做好工作记录；

②必须采用密式鼓风机，利用管道（$\geqslant \phi 25$）直铺进入整个房间（尤其像 B、C 区地下室中剪力墙多、空间分隔多的房间）；管道可利用镀锌水管隔 1m 左右开小口的方式漏风，固定铺设且须验收；

③工人进入地下室施工前必须试验，采用半截蜡烛点火后下放到其间，观察 5～10min，不灭后方可下人施工，并且在施工过程中，使蜡烛一直燃烧。观察燃烧情况，在没有干扰的情况下自灭，即说明氧气耗尽，是危险临界状态；

④作业人员每隔一段时间，必须上升到地面出外换气休息；

⑤禁止高血压、哮喘病、低血压等不耐通气作业区人员入室作业；

⑥入室作业人员，在饮食上可多吃养血食品，如含 Fe^{3+} 高的食物，加强营养；

⑦做好交通疏散通道，以便不测时，能进行紧急疏散工作；

⑧现场备好医疗救险人员、设备工作；针对文化城项目距局医院近的特点，施工处、项目部必须配有懂急救知识的救护人员；

⑨入室作业前，班组必须对工人进行安全教育，在施工时，如感觉胸闷、呼吸不畅等症状时，立即停止手中工作，上行撤退救护。

(2) 低压照明

地下室潮气重，湿度大，且光线不足，空气不畅，很容易发生因照明用电等引起漏电伤人事故。应采取以下措施：

①建立专人负责巡视责任制，做好交接班记录；

②照明、动力分别架设回路，且按规定实行“三相五线”制，尤其是接地必须可靠；

③配电箱开关必须可靠，灵敏度达到低压使用要求；

④照明线路电压不得高于36V;

⑤线路必须架空，且接头必须使用防湿（水）电工胶布包裹严密，搭接长度（破口边缘）不得少于50mm，层数不得少于2层，且来回方向不得一致;

⑥配电箱（尤其是二级箱）最好不入室，三级箱集中放置，引线不得回来重叠，交叉避免过多，坚决杜绝裸线入室，坚决杜绝裸线头直接入插座;

⑦照明灯泡必须是防爆产品;

⑧照明线路走向必须写出专门的方案，报总工审批、质安部备案。

(3) 洞口防坠

本项目由于有地下室，且功能较全，尤其是地下二层，有很多预留坑洞，因此必须谨防洞口坠落。

①超过1.5m洞口采用围护架围护，搭设方式用安全交底中“四口”防护方式，并作醒目标识和警示牌;

②不超过1.5m使用模板，加木方钉牢，并定专人定时巡视，防止施工人员就近取材而掀开盖板入洞误伤;

③电梯口、不通行的出入口、不通行的楼梯口等，使用竹笆封死。

(4) 防雨水倒灌

由于本项目地下室地势较低，因此必须防雨水倒灌。

①充分利用现有的排水系统排水;

②对室内必须加设足量的水泵;

③在“四口”处堆砌临时挡水墙。

4.2.2 钢结构连接体安装安全技术措施

(1) 坚持用好“三宝”。进入现场必须戴安全帽，高空作业人员必须系牢安全带，穿软底防滑绝缘鞋。吊装区设安全绳及挂网，同时做好边口、悬挑部位的防护工作。

(2) 在安装主体部位钢柱、钢梁时，应在其周围或正下方搭设操作平台并用安全网围护，以保证操作人员安全操作，并在塔楼外围周边搭设安全网。

(3) 连廊高空施工区下部严禁人员施工及走动；同时，在连廊桁架中安装小型构件时，应将桁架底部及两侧满挂安全网，形成封闭的作业区，在施工中需临时松开时，事后应及时恢复。如图4-6所示。

(4) 为了方便操作人员到桁架跨中施工，需在立面桁架轴线位置各拉一根钢丝绳和麻绳，作为操作人员在桁架上移动时挂安全带和扶手绳，保证安全。

(5) 采用桅杆起重机吊装时，应制定完善的操作规程，并认真遵照执行，严禁违章作业。具体注意以下几点:

①吊装前，应认真对桅杆起重机进行检查和保养，滑车组和卷扬机等转动部分必须加注润滑油后方可使用;

②吊装前，桅杆必须进行试吊，完成起重、变幅、回转三个动作，以便检查起重机的各项性能是否满足要求;

③施工过程中，桅杆起重机的重要部位和各缆风绳、导向轮等必须有专人负责看守，发现问题，立即停止作业；找出原因，立即整改;

④桅杆起重机在起落钩、变幅、回转及制动时，应力求平稳，避免产生冲击。施工时，必须由熟悉起重机性能和有吊装施工经验的起重工统一指挥；

⑤建立高度统一的指挥系统，作业人员要求步调一致，指挥应明确、果断，不得含糊不清；

⑥如施工中遇特殊情况需作调整，应及时报有关部门审批。

(6) 把好高空作业安全关。高空作业人员应经体检合格才能上岗；严禁酒后上岗及工作期间打闹；小型工具、焊条头等应放在专用工具袋内，使用工具时要握持牢固，防止物体失落伤人；施工时，应尽量避免垂直交叉作业。

(7) 抓好现场防火工作。氧气、乙炔气应按规定存放和使用，焊接区域上下周围应清除易燃物品。

(8) 做好防风、防雷雨工作。要有专人掌握气象资料，做好记录，随时通报，以便合理安排施工及采取预防措施；雷雨、大风来临前，应尽量安装固定一个单元的构件，无法固定时，应采用临时加固措施；同时，应及时将高空人员撤离到安全区，保护好电源、机具、设备、材料等。

(9) 材料、机具、构件应分类堆放，摆放整齐。现场机具设备应标识明确、整洁；安全装置灵敏可靠；工具棚内外干净整洁，工具摆放整齐，禁止乱丢材料、工具及其他杂物。

4.3 环保技术措施

4.3.1 施工材料环保的控制措施

施工过程中，使用绿色环保材料，与通过环保认证的材料供应厂家建立供货关系，在施工时，特别注意控制材料的环保。

(1) 本工程所使用的无机非金属建筑材料，包括砂、石、水泥、商品混凝土和陶粒混凝土空心砌块等，其放射性指标限量应符合《民用建筑工程室内环境污染控制规范》(GB 50325—2001) 规定。

(2) 本工程所使用的无机非金属装饰材料，包括板材、建筑卫生陶瓷、石膏板和吊顶材料等，进行分类时，其放射性指标限量，应符合 GB 50325—2001 规定。

(3) 室内装修中所采用的水性耐擦洗涂料等必须有总挥发性有机化合物 (TVOC) 和游离甲醛含量检测报告；溶剂性涂料、溶剂性胶粘剂必须有总挥发性有机化合物 (TVOC)、苯、游离甲苯二异氰酸酯 (TDI) （聚氨酯类）含量检测报告，并符合 GB 50325—2001 规定。

(4) 工程验收时，室内环境污染物浓度检测结果符合 GB 50325—2001 规定。

4.3.2 降低现场噪声的控制措施

(1) 工程外立面采用密目安全网实行全封闭，减少噪声扩散。

(2) 结构施工阶段，尽量选用低噪声环保混凝土振动器和有消声降噪的施工机械；各类管道安装临时固定要牢靠，强噪声施工机具必须采用有效措施，如添加抑制器。

(3) 现场搬运材料、模板、脚手架的拆除等，针对材质采取措施，轻拿轻放。

(4) 在作业楼层加强控制，避免材料、设备安装时出现敲打、碰撞噪声。模板、脚手架支设、拆除、搬运时必须轻拿轻放，各方向有人控制。

(5) 电锯切割速度不要过快，锯片及时刷油；电钻、水钻开洞时，钻头要保证用油和用水，降低摩擦噪声。

(6) 塔吊指挥使用对讲机，减少指挥哨声。

4.3.3 施工污水排放的控制措施

(1) 工地生产废水和雨水分开排放，单独设立管网；场内废水管网、雨水沟槽要分别和市政废水管线、雨水管线接口，雨水排放口沿现场周圈围墙布置，保证一定的泄水坡度，控制好流向。

(2) 场内厕所污水出口设立化粪池,废水进入市政废水管,由专人负责定期清掏淤积物。

(3) 运输车辆清洗处设置沉淀池。排放的废水要排入沉淀池内,经二次沉淀后,方可排入市政污水管线或回收用于洒水降尘。未经处理的泥浆水,严禁直接排入城市排水设施。

(4) 油漆油料库的防漏控制。施工现场要设置专用的油漆油料库，油库内严禁放置其他物资，库房地面和墙面要做防渗漏的特殊处理，储存、使用和保管要有专人负责，防止油料的跑、冒、滴、漏，污染水体。

(5) 禁止将有毒、有害废弃物用作土方回填，以免污染地下水和环境。

(6) 安全环保部门组织专人定期检查管线、沟槽的畅通情况，每半月定期清理淤积物，保证排放畅通。

5 经济效益分析

该工程推广应用了大跨度全焊接钢桁架整体安装技术、复杂结构预应力混凝土技术、大面积基底滑动层技术、深基坑桩锚支护技术、高强高性能混凝土技术、钢结构技术、高效钢筋应用技术、粗直径钢筋连接技术、新型模板和脚手架应用技术、建筑节能和新型墙体应用技术、新型建筑防水应用技术、计算机应用与信息化管理技术等全部的“建筑业10项新技术”和其他“四新”技术。

通过“建筑业10项技术”及其他“四新”技术的应用，取得了良好的经济效益。工程共取得科技进步效益373.1万元，科技进步效益率达2.6%。

通过新技术的推广应用，锻炼了项目管理班子和施工队伍，培养了施工技术和管理人才，为企业的发展和技术优势的建立提供和积累了宝贵的经验，也为本地区建筑业10项技术的推广应用起到了积极的示范作用。新技术成果见表5-1。

新技术应用成果 **表5-1**

序号	成果类别名称	项目名称	经济效益(万元)	节约三材数量		
				钢材(t)	木材(m^3)	水泥(t)
1	新技术	普通混凝土高性能化技术	158			
2	新技术	直螺纹连接技术		307		
3	新技术	电渣压力焊技术	44	217		
4	新材料	冷轧带肋钢筋应用		570		
5	新工艺	大型构件桅杆起重机整体安装技术	63			

第十篇

上海市卢湾区第9-1号地块办公楼工程施工组织设计

编制单位：中建三局
编 制 人：王国庆

【摘要】 上海卢湾区9号地块办公楼工程位于上海市繁华市区，施工现场内场地狭窄，周边环境复杂，给施工协调，尤其是夜间施工带来不少困难。在施工技术上，基坑开挖中的监测、大体积混凝土施工、地下工程防水、半逆作法施工等都很有特点，有一定借鉴参考意义。

目 录

1 工程简介

1.1 工程概况

上海市卢湾区第9－1号批租地块办公楼项目位于上海市卢湾区淡水路、太仓路与马当路所夹地块，工程占地面积4998m²，该办公楼为地上20层，地下3层，总建筑面积42286m²，其中地下建筑面积11286 m²，地上建筑面积为31000 m²。±0.00m相对于绝对标高3.250m。

地上总高度由目前首层楼面（0.05m）至20层屋顶面（83.25m）为83.2m。整个地上单体20层平面呈扇形构造，其中东面、北面、西面外延均为梁板结构，南面为剪力墙结构。东西向长约70m，南北向长约30m。

工程概况平面简图如图1-1所示。

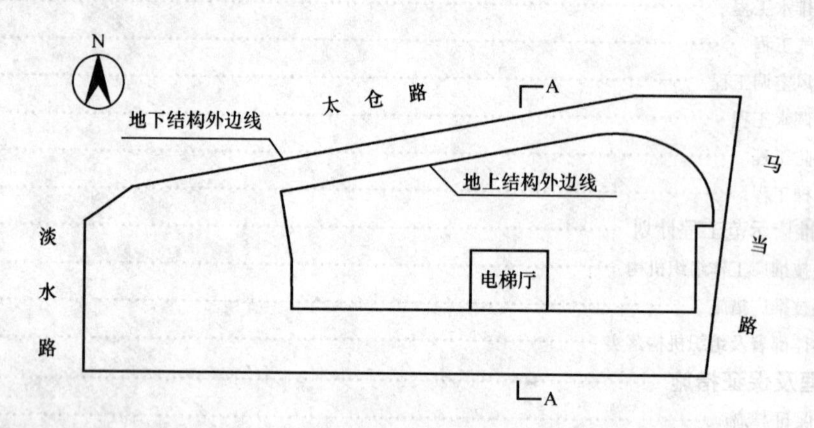

图1-1　9-1地块工地

本工程三面道路下均有地下管线，最近距离约6m。四周南面为在建工地，其余三面建筑物均为重要建筑。由上述平面概况图，南北方向（A-A）剖面图如图1-2所示。

工程概况见表1-1。

工程概况表　　表1-1

工程名称	上海市卢湾区第9-1号批租地块办公楼工程
建设单位	上海新茂房地产开发有限公司
设计单位（国外）	日建设计国际有限公司（新加坡）
设计单位（国内）	上海建工设计研究院
总包单位	中建三局建设工程股份有限公司（沪）
合同工期	2003年10月8日至2005年11月15日
合同工程造价	2.645亿元人民币
工程主要建设参数和功能	占地面积为4998m²，地下单层建筑面积3762 m²，地上单建筑面积1600m²，总建筑面积42286m²。－3F/20F，其中地下三层为停车库，地上为办公用房
结构概况	地下基础外围采用"两墙合一"的地下连续墙，基础采用桩基＋筏板结构。地上采用剪力墙＋框架结构，其中主梁采用预应力梁
装饰概况	地下车库地坪采用硬化地坪，墙体采用砂浆饰面，无吊顶； 地上办公楼采用架空地板，轻钢龙骨架与多种材质板吊顶，外围采用玻璃幕墙，内墙为石膏板隔墙；电梯厅墙面采用玻璃饰面，地面采用大理石

续表

工程名称	上海市卢湾区第9-1号批租地块办公楼工程
机电概况	机电包括统一给排水系统，强电采用备用发电机系统，智能化弱点系统，中央空调系统，冷却塔置于屋顶，采暖与通风系统，消防系统，电梯14台，两台消防梯
承包范围	结构、装饰、机电总承包
地理位置	位于上海市卢湾区太仓路、马当路、淡水路所夹地块

1.2 自然条件

本工程浅层土为杂填土，工程施工范围内以淤泥质粉质黏土为主，基坑范围内有两处暗浜，地表水丰富，但无承压水。

本工程位于上海市繁华市区，交通繁忙。周围有办公楼和居民区，此外基坑周边均有管线，其中最近为西侧淡水路上6m距离的煤气管。另外，现场已作围墙与外界分隔，施工现场内场地狭窄，可利用范围较小。

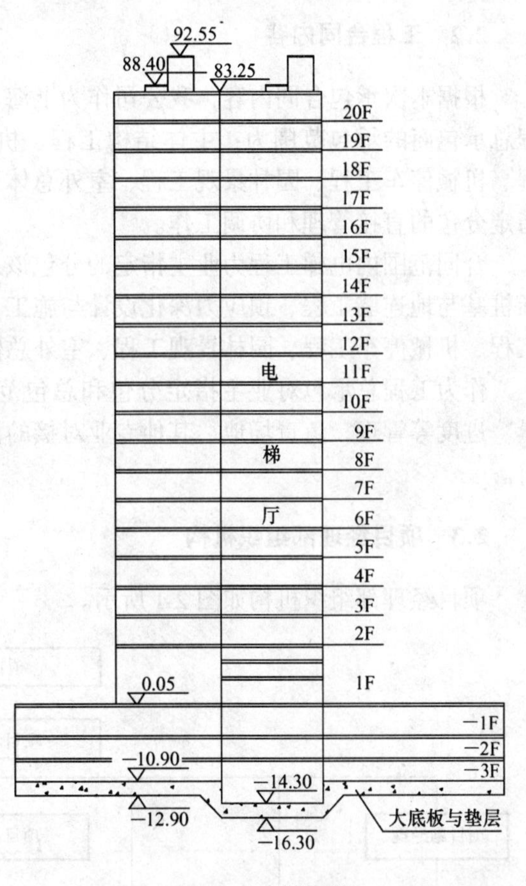

图1-2 工程剖面图

1.3 工程重点

根据本工程的施工要求和现场特征，工程重点主要有以下几个方面：

(1) 工程场地处于闹市区，周边环境复杂，必须做好施工协调工作，尤其是夜间施工。

(2) 基坑开挖深度达13～16m左右，四周管线复杂，离周边建筑物较近，施工中应重点做好监测跟踪工作。

(3) 大底板厚1800mm，为大体积混凝土施工，需采取有力质量监控和养护以及应急措施。

(4) 地下工程、防水工程质量控制应做好。

(5) 半逆作法施工的首次应用。

(6) 预应力技术应用。

2 施工部署

2.1 工程目标

(1) 质量目标：达到国家验收合格标准，争创区优质结构工程和上海市“白玉兰”奖；

(2) 工期目标：确保在2005年10月15日提前完成本工程的施工任务。

(3) 安全目标：在整个施工过程中杜绝重大伤亡事故，月轻伤事故发生频率控制在1.5‰以内。

(4) 文明施工目标：创建一流的施工现场，达到市文明工地要求。

(5) 科技进步目标：积极采用新技术、新工艺、新材料、新设备和现代化管理技术，创局"科技推广示范工程"。

2.2　工程合同内容

根据本次承包合同内容，我公司作为上海市卢湾区第9－1号批租地块办公楼项目工程总承包商的承包范围为：主体结构工程、机电工程、装饰工程、幕墙工程、擦窗机工程、机械停车工程、园林景观工程、室外总体工程以及相应的辅助工作，同时包括对业主指定分包的直接管理和协调工作。

合同范围内电梯工程为业主指定的分包该工程。此外，总包范围内的专业分包工程包括桩基与地连墙工程、预应力深化设计与施工、机电工程、装饰工程、幕墙工程、擦窗机工程、机械停车工程、园林景观工程、室外总体工程。

作为工程总承包对业主指定分包和总包范围内的分包负责，对各分包施工安全、质量、进度等管理，负责场地、其他专业对接的协调，负责相应的技术协调以及工程款的支付。

2.3　项目经理部组织机构

项目经理部组织机构如图2-1所示。

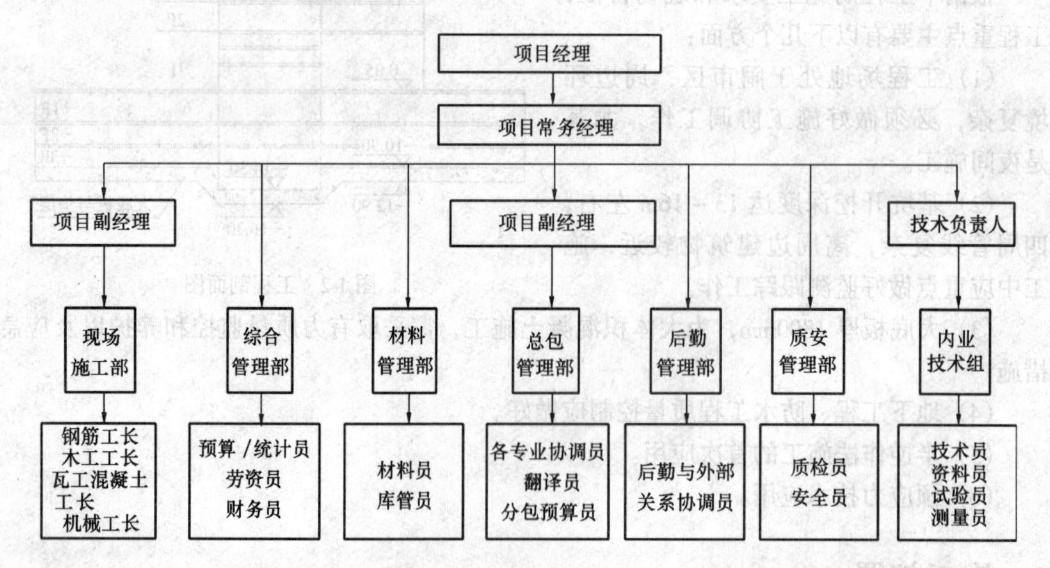

图2-1　项目经理部组织机构图

2.4　施工工艺流程

施工工艺流程如图2-2所示。

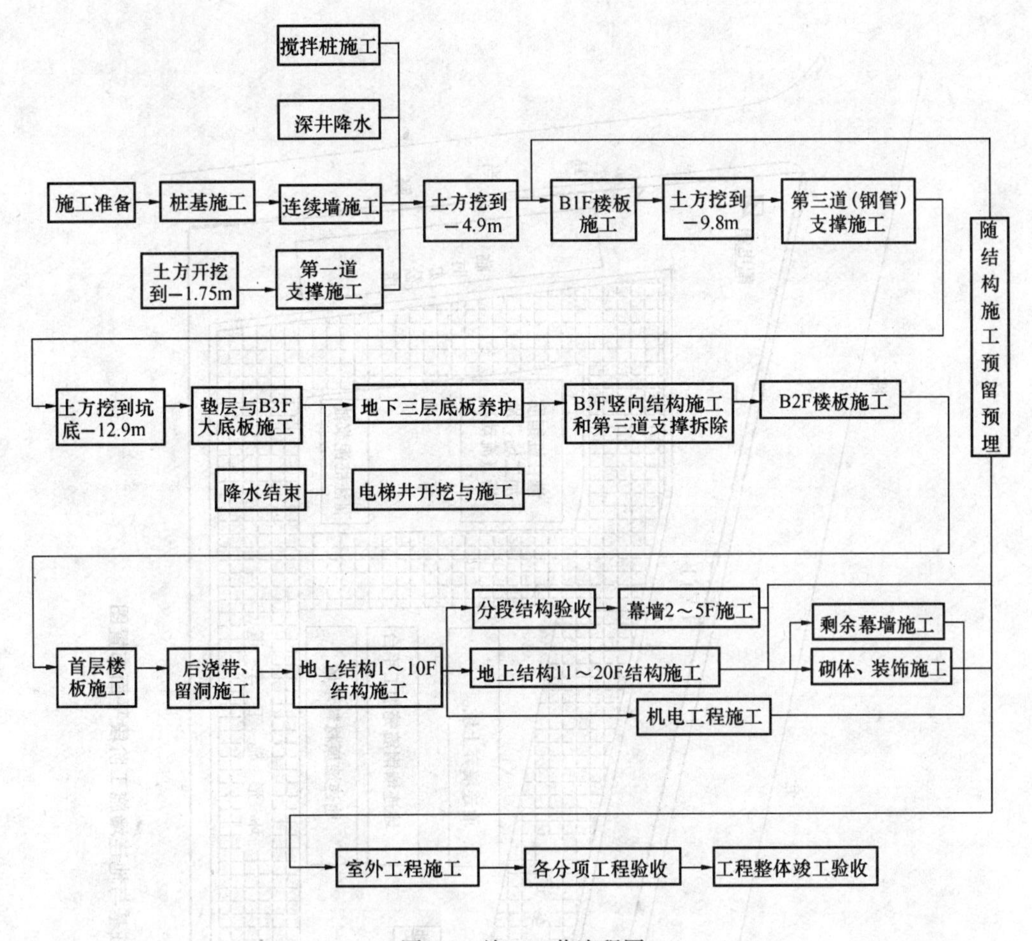

图 2-2 施工工艺流程图

2.5 施工总平面布置

按施工流程分四个阶段进行平面布置（图 2-3～图 2-6）。

（1）现场围墙及出入口

本工程采取施工围墙进行封闭式施工。围墙按 2200mm 统一高度、墨绿色琉璃瓦坡顶、外墙青水泥勾缝的标准建造。围墙在工程施工室外总体工程阶段拆除，临时围护采用彩钢板围挡。围墙上在面临太仓路方向开设两个大门。近马当路为 1 号门，近淡水路为 2 号门。在地上结构施工阶段时在马当路侧设 3 号门。门宽均为 8.000m。

（2）现场道路及排水

临时排水沟由东北角配电房处起，依围墙根部按 1% 坡度至东北角 2 号门进入市政排水管而终，分两路排水。排水沟按 300mm×300mm 断面，采用砖砌，钢筋网片盖板，局部采用预制板覆盖，进行暗沟排水。

（3）现场机械、设备的布置

现场地下结构施工阶段垂直运输采用租赁汽车吊，大底板施工完成后开始安装一台 F0/23B 塔机。本工程最大使用起吊高度 203.8m，塔吊有效臂长 45m，塔吊基础设置在底板上，位于现场北侧中部。塔吊计划于幕墙施工尾期内装饰施工初期开始拆除。地上结构

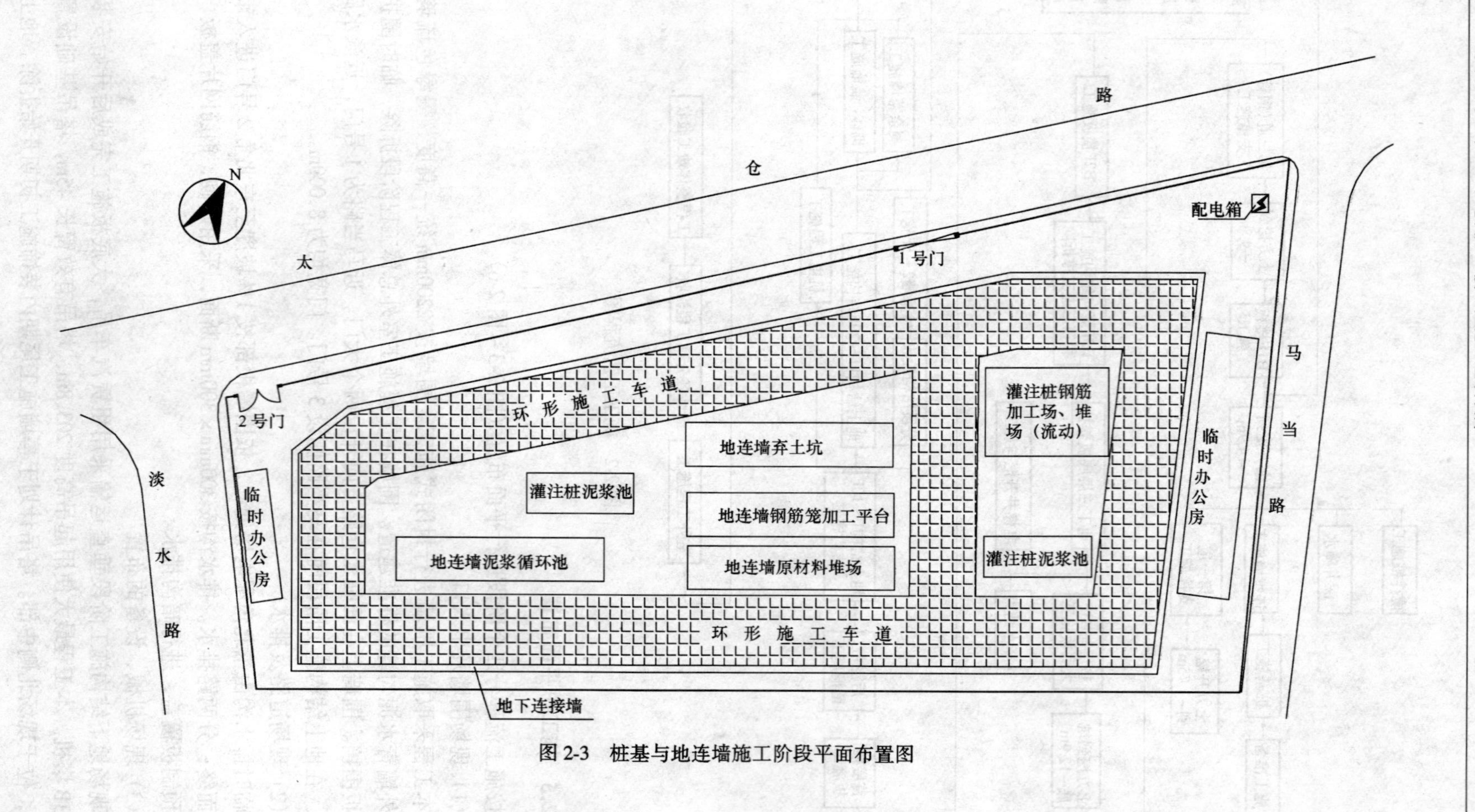

图 2-3　桩基与地连墙施工阶段平面布置图

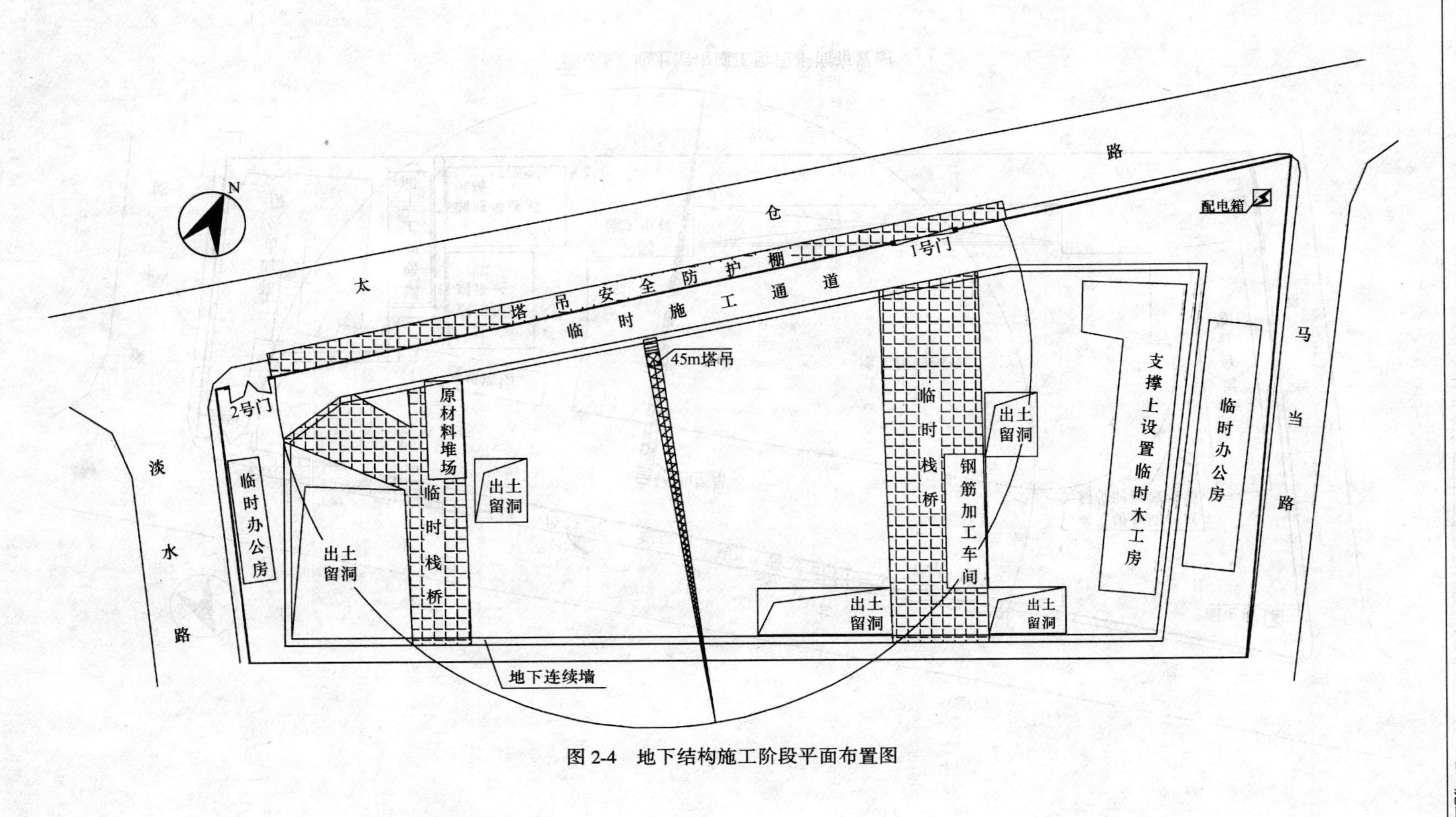

图 2-4 地下结构施工阶段平面布置图

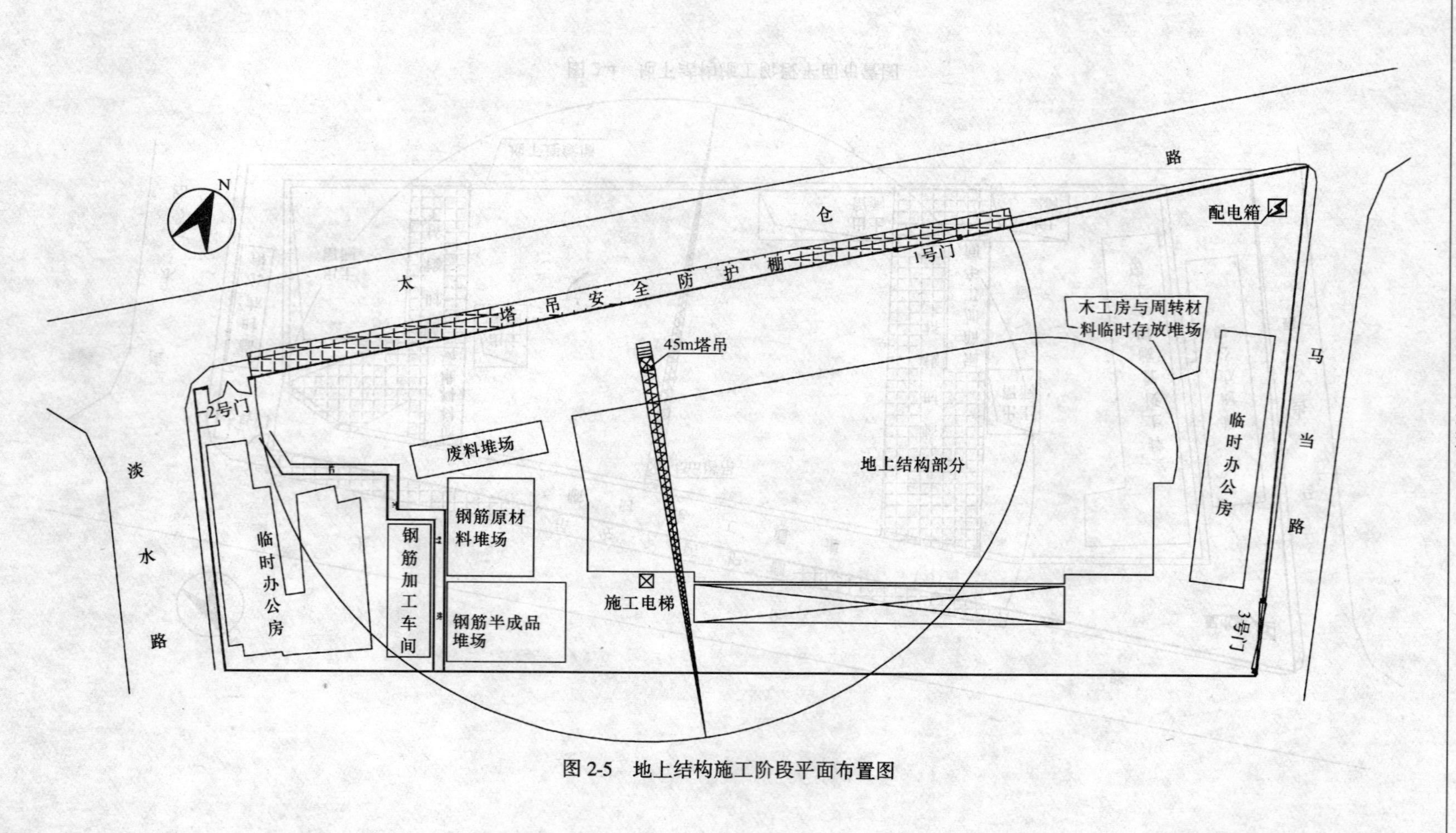

图2-5 地上结构施工阶段平面布置图

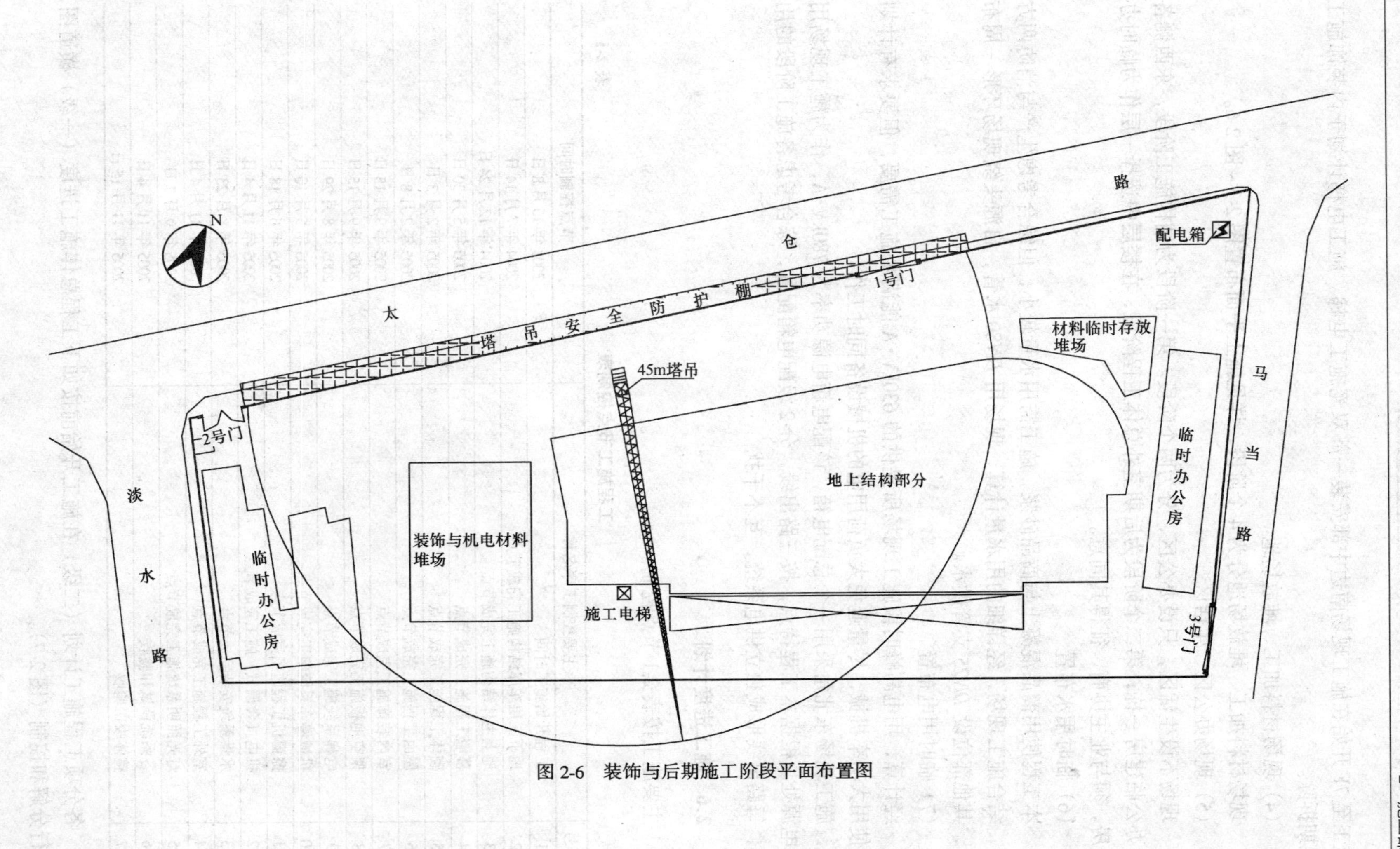

图 2-6 装饰与后期施工阶段平面布置图

施工至7F开始在施工现场南边中部安装一部双笼施工电梯。施工电梯计划于内装饰施工尾期拆除。

（4）现场材料加工、堆放场地

现场材料加工、堆放场地分为4个阶段，详见施工平面布置图2-3～图2-6。

（5）现场办公区、生活区

现场不设生活区，只设办公区，分为两个阶段。第一阶段为结构施工阶段，东西侧各设办公临建房一栋；第二个阶段为后期室外总体工程阶段，在楼层中选择一层作为临时办公房，须与业主协商，征得其同意。

（6）临时用水布置

本工程使用商品混凝土与商品砂浆，施工需用水量较小，但综合考虑生产与消防两方面，结合施工现场，经详细的用水量计算，现场用*DN*80水管，自源头绕现场环形一周布置，其他部位设*DN*25支管供水。

（7）临时用电布置

经计算，用电高峰时段施工现场所提供的630kV·A能满足施工需要，但要求有计划地使用大功率机械，尽量避免大负荷用电的机械设备同时工作。

施工现场东北角采用一个总配电箱，该配电箱电源功率为780kV·A，作为施工现场用电电源处。根据本工程特点，按三路出线，分2级配电箱配置，综合考虑各施工阶段的用电，每路出线形成独立供电系统，互不干扰。

2.6　施工进度计划

主要施工按表2-1节点控制。

工程施工节点控制表　　**表2-1**

序号	主要控制工序名称	节点控制时间
1	工程开始施工时间	2003年10月8日
2	地下三层车库结构施工完成节点	2004年7月14日
3	地上主体结构施工完成节点	2004年12月24日
4	幕墙工程施工完成节点	2005年5月30日
5	砌体工程施工完成节点	2005年2月3日
6	屋面工程施工完成节点	2005年2月8日
7	室内装饰施工完成节点	2005年9月15日
8	架空地板施工完成节点	2005年9月15日
9	电梯系统施工完成节点	2005年8月29日
10	机械停车系统施工完成节点	2005年5月10日
11	擦窗机工程施工完成节点	2005年6月18日
12	机电（含调试）施工完成节点	2005年11月4日
13	水景系统安装完成节点	2005年8月23日
14	室外工程施工完成节点	2005年11月4日
15	灯光照明系统施工完成节点	2005年9月7日
16	各系统调试和验收	2005年11月4日
17	整体竣工验收	2005年11月15日

各分项工程施工计划（二级）在施工开始前按如下工程总体施工进度（一级）横道图进行分解和控制（图2-7）。

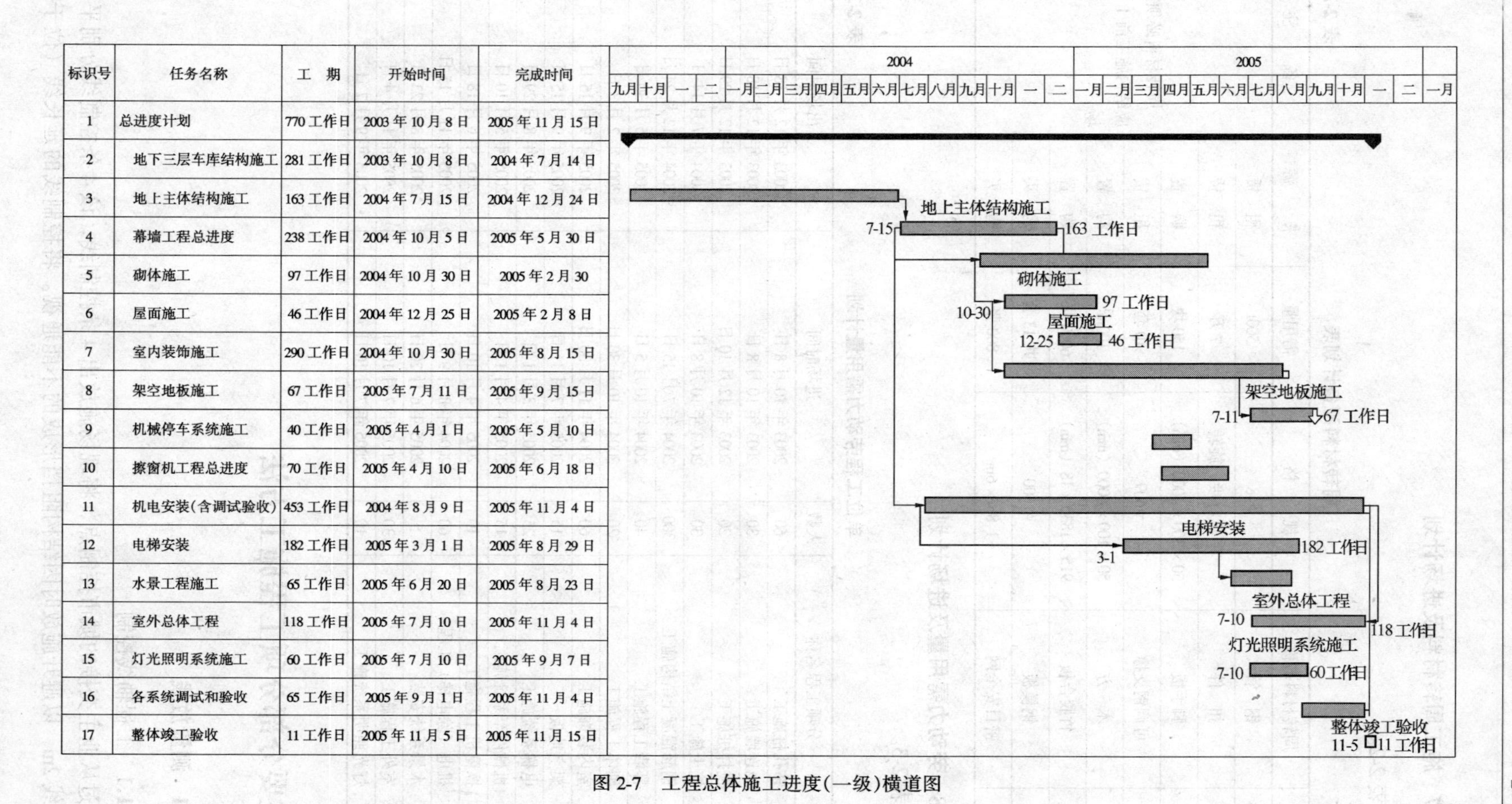

标识号	任务名称	工　期	开始时间	完成时间
1	总进度计划	770 工作日	2003 年 10 月 8 日	2005 年 11 月 15 日
2	地下三层车库结构施工	281 工作日	2003 年 10 月 8 日	2004 年 7 月 14 日
3	地上主体结构施工	163 工作日	2004 年 7 月 15 日	2004 年 12 月 24 日
4	幕墙工程总进度	238 工作日	2004 年 10 月 5 日	2005 年 5 月 30 日
5	砌体施工	97 工作日	2004 年 10 月 30 日	2005 年 2 月 30
6	屋面施工	46 工作日	2004 年 12 月 25 日	2005 年 2 月 8 日
7	室内装饰施工	290 工作日	2004 年 10 月 30 日	2005 年 8 月 15 日
8	架空地板施工	67 工作日	2005 年 7 月 11 日	2005 年 9 月 15 日
9	机械停车系统施工	40 工作日	2005 年 4 月 1 日	2005 年 5 月 10 日
10	擦窗机工程总进度	70 工作日	2005 年 4 月 10 日	2005 年 6 月 18 日
11	机电安装(含调试验收)	453 工作日	2004 年 8 月 9 日	2005 年 11 月 4 日
12	电梯安装	182 工作日	2005 年 3 月 1 日	2005 年 8 月 29 日
13	水景工程施工	65 工作日	2005 年 6 月 20 日	2005 年 8 月 23 日
14	室外总体工程	118 工作日	2005 年 7 月 10 日	2005 年 11 月 4 日
15	灯光照明系统施工	60 工作日	2005 年 7 月 10 日	2005 年 9 月 7 日
16	各系统调试和验收	65 工作日	2005 年 9 月 1 日	2005 年 11 月 4 日
17	整体竣工验收	11 工作日	2005 年 11 月 5 日	2005 年 11 月 15 日

图 2-7　工程总体施工进度(一级)横道图

2.7　施工周转材料及进场计划

见表2-2。

周转材料配备计划表　　表2-2

序　号	周转材料名称	规　　格	需用量	来　　源	备　　注
1	钢管	$\phi48$	500t	租　赁	周转材料必须在相应结构施工前1周进场
2	扣　件	十字、对接、旋转	7万	租　赁	
3	脚手板	50×300×4000（mm）	150块	购　置	
4	可调钢支撑	$\phi609$	10套	租　赁	
5	木　方	50×100×4000（mm）	$100m^3$	购　置	
6	竹胶合板	915×1830×18（mm）	6000张	购　置	
7	钢模板	$\phi1600$	共13套	购　买	
8	密目安全网	1.8m×6m	800张	购　买	

2.8　劳动力需用量及进场计划

见表2-3。

单位工程劳动力需用量计划　　表2-3

序号	分项工程名称	人数	进场时间	出场时间
1	钻孔桩施工	60	2003年10月8日	2003年12月18日
2	地连墙施工	30	2003年10月8日	2003年12月18日
3	搅拌桩施工	20	2003年12月10日	2003年12月29日
4	挖土施工	30	2003年10月8日	2004年7月14日
5	钢筋混凝土结构施工	300	2004年7月15日	2004年12月24日
6	幕墙工程施工	40	2004年10月5日	2005年5月30日
7	砌体工程施工	20	2004年10月30日	2005年2月3日
8	室内装饰施工	60	2004年11月30日	2005年9月15日
9	架空地板	15	2005年7月11日	2005年9月15日
10	电梯系统施工	25	2005年3月1日	2005年8月29日
11	机械停车系统施工	15	2005年4月1日	2005年5月10日
12	擦窗机工程施工	10	2005年4月10日	2005年6月18日
13	机电（除电梯）工程	60	2004年8月9日	2005年11月15日
14	水景系统安装	5	2005年6月20日	2005年8月23日
15	室外工程施工	30	2005年7月10日	2005年11月4日
16	灯光照明系统施工	10	2005年7月10日	2005年9月7日

3　主要分部分项工程施工方法

3.1　测量放线

3.1.1　工程轴线控制

通过从业主交接的城市控制点，将现场施放出4条控制线，该4条控制线分别平行于典型轴线2m，以避开施放时因结构阻挡形成的不能通视。将控制线的延长线（位于基坑外围墙内范围）上打入不易破坏的控制桩。8个控制桩每月进行闭合测量一次（图3-1）。

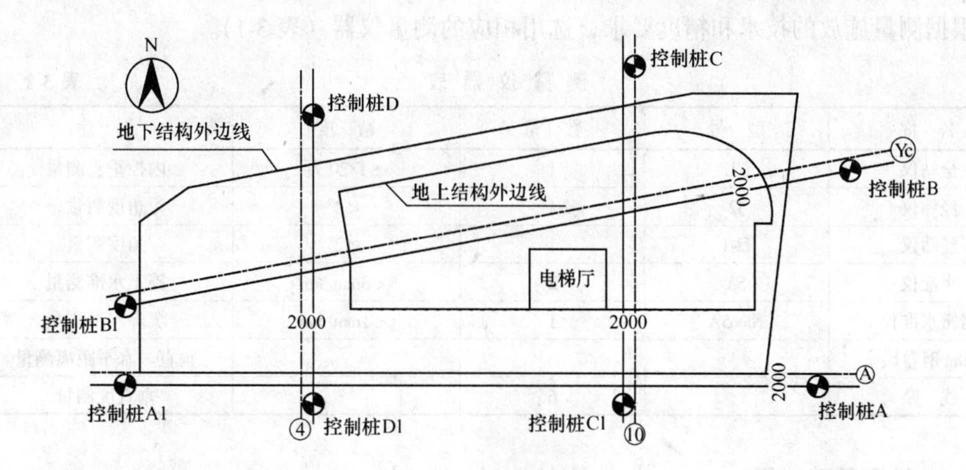

图3-1 平面测量控制图

3.1.2 工程高程控制

如图3-2所示。

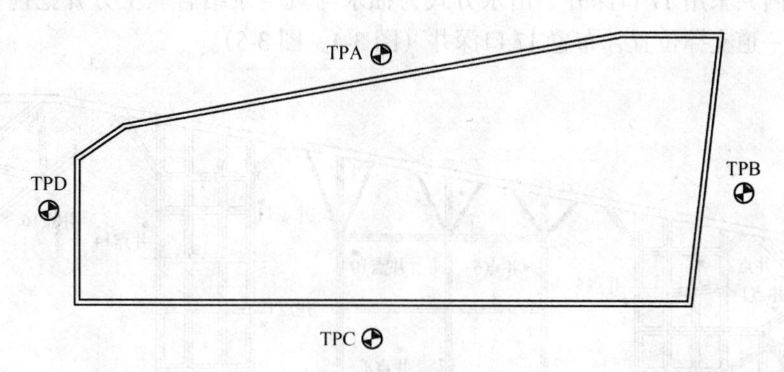

图3-2 高程测量控制图

3.1.3 .沉降观测

本工程沉降观测分为两个阶段。第一阶段是施工地下结构期间，在临时钢格构柱上设置8个临时沉降观测点；第二阶段是地下结构施工结束至建筑物沉降基本稳定时，在结构柱上设置8个沉降观测点。沉降观测时，均要求利用业主给定的城市标高进行测量。利用在临时钢格构柱上和在结构柱上设置沉降观测点方法，如图3-3所示。

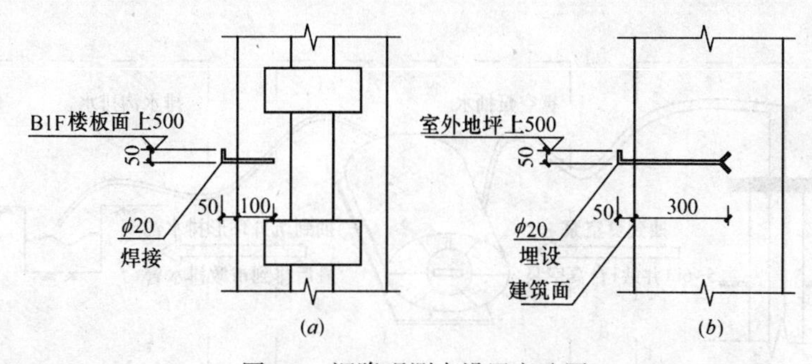

图3-3 沉降观测点设置方法图

（*a*）钢格构柱上设置沉降测量点；（*b*）结构柱上设置沉降测量点

3.1.4 测量仪器

根据测量施放的技术和精度要求，选用相应的测量仪器（表3-1）。

测量仪器表 **表3-1**

名称	型号	数量	精度	用途
全站仪	ZL	1	±1/20万	内控垂直测量
经纬仪	J2	1	<2″	角度测量
经纬仪	J2-1	1	<2″	角度测量
水准仪	S3	2	<3mm/km	施工水准测量
精密水准仪	Nioo5A	1	<1mm/km	沉降水准测量
50m钢卷尺		4		垂直、水平距离测量
线坠		6		垂直度测量

3.2 地下基础工程

3.2.1 基坑降水

在基坑内共采用17口深井，出水方式为抽水与真空泵结合。土方开挖前14d开始降水。参照第一道支撑位置，布置17口深井（图3-4、图3-5）。

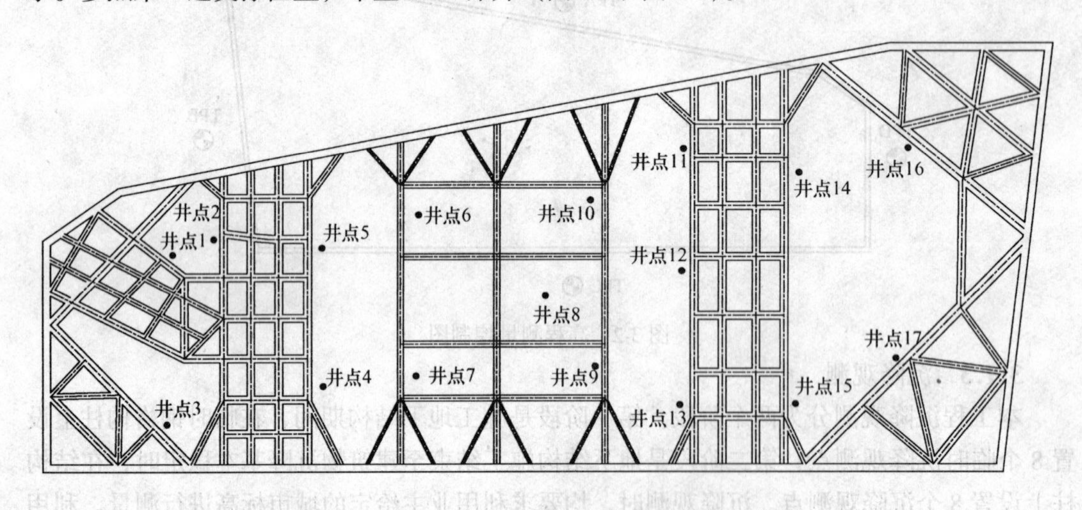

图3-4 深井降水平面布置图

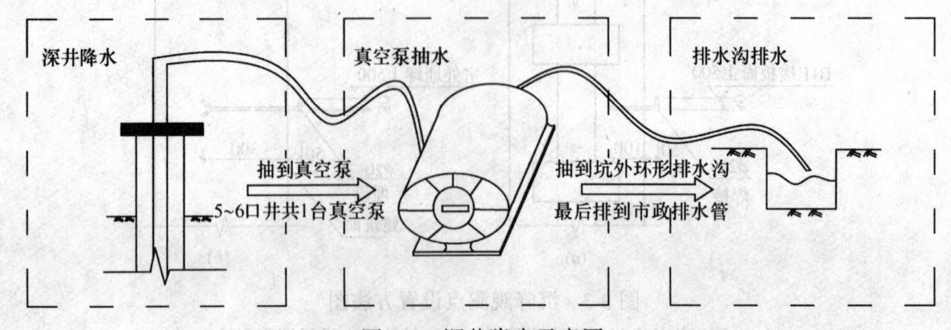

图3-5 深井降水示意图

3.2.2 地下连续墙工程

地下连续墙施工工艺如图 3-6 所示。

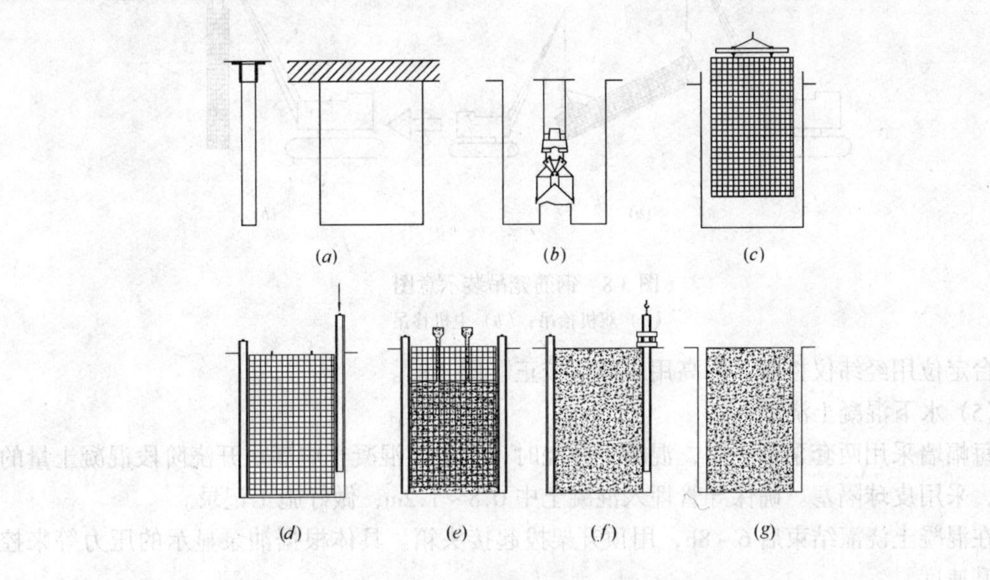

图 3-6 地下连续墙施工工艺图

(a) 导墙施工与连续墙开挖准备;(b) 用成槽机进行沟槽开挖;(c) 吊放钢筋笼;
(d) 吊放接头箱;(e) 浇灌水下混凝土;(f) 顶拔接头箱;(g) 槽段完工

(1) 导墙施工。

本工程采用"]["形的导墙,导墙深 1.5m,导墙宽 840mm,混凝土采用 C20 商品混凝土。暗浜处导墙需做到老土,约 2.2m 深。导墙根据地下墙轴线,定出导墙挖土位置。采用机械挖土和人工修整相结合的方法开挖导墙。

(2) 泥浆系统。

本工程由泥浆工厂负责新浆的配制和回收浆的调整。新制泥浆配合比根据施工实际情况作调整,新配制泥浆按理论配合比控制在相对密度 1.06 左右,黏度 18 ~ 25s。新制泥浆须在 24h 后使用。相对密度超过 1.30 的废浆应组织外运。

(3) 成槽施工

成槽施工如图 3-7 所示。

(4) 钢筋笼制作和吊装

现场布置一个钢筋笼加工平台,平台尺寸为 7m × 30m;用槽钢焊成搁栅状。钢筋笼加

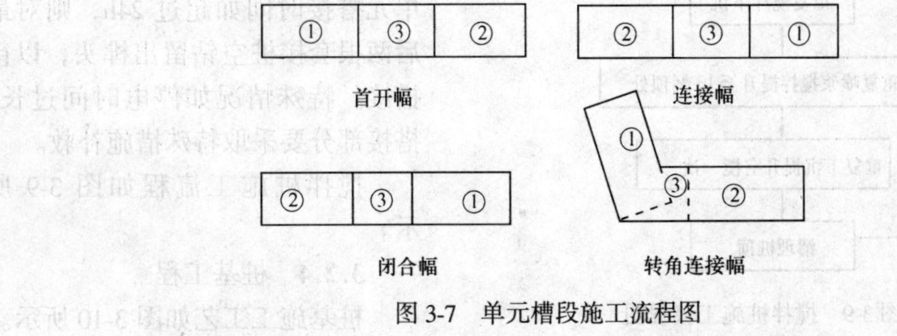

图 3-7 单元槽段施工流程图

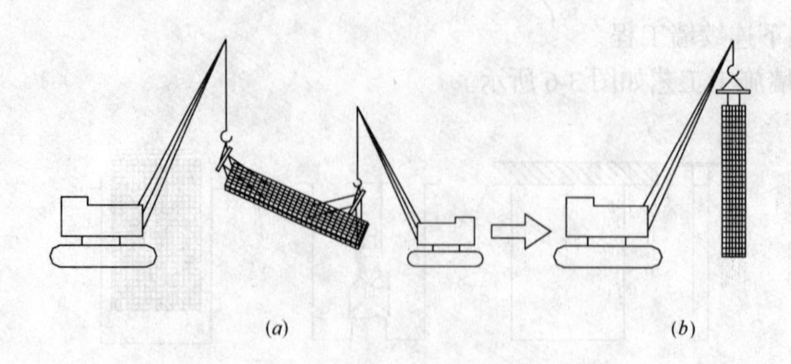

图 3-8　钢筋笼吊装示意图
（a）双机抬吊；（b）主机移吊

工平台定位用经纬仪控制，标高用水准仪校正（图3-8）。

（5）水下混凝土浇灌

每幅墙采用两套泵管浇捣，混凝土开浇时，首浇灌混凝土应满足开浇阶段混凝土量的需要，采用皮球隔塞。确保导管埋入混凝土中0.8~1.2m，做好施工记录。

在混凝土浇灌结束后6~8h，用顶升架拔起接头箱。具体根据油泵显示的压力等来控制顶升速度。

（6）墙趾注浆

为控制地下连续墙沉降，本工程地下连续墙设计采用墙趾压密注浆，墙趾压密注浆为2个孔/幅墙，墙底注浆管为直径$\phi80$黑铁管，黑铁管伸出钢筋笼底0.8m，伸出钢筋笼顶0.15m。在正式注浆之前选择有代表性的墙段，进行注浆试验，以调整施工参数。

3.2.3　搅拌桩加固工程

为防止连续墙的侧向位移，基坑底部沿连续墙内侧用双轴搅拌桩进行加固地基。加固深度在-12.8~-16.8m，间距为4000mm，水泥掺量为13%；加固深度在-9.8~-12.8mm，间距为3000mm，水泥掺量为8%。单桩中心距为500mm。

搅拌桩应保证连续作业，相邻单元搭接时间如超过24h，则对最后两根套接桩空钻留出榫头，以待搭接。特殊情况如停电时间过长，搭接部分要采取特殊措施补救。

搅拌桩施工流程如图3-9所示。

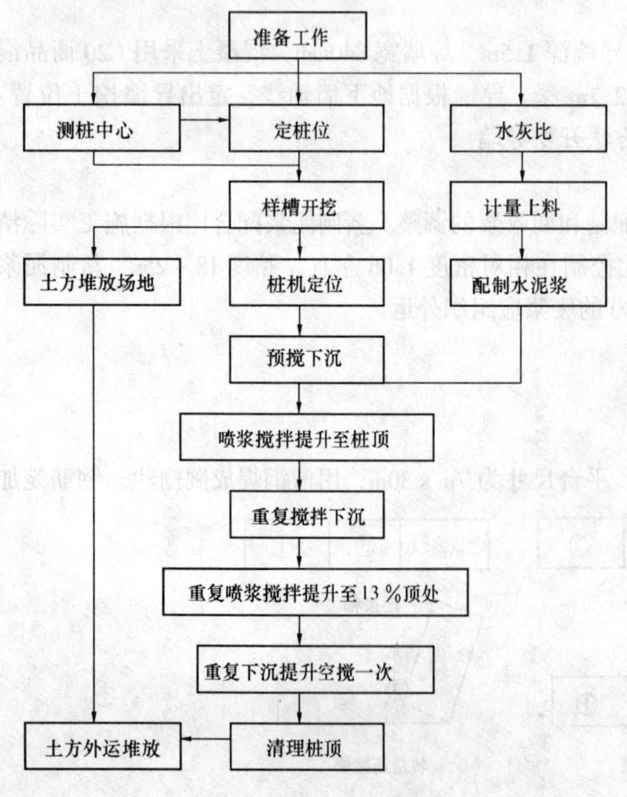

图 3-9　搅拌桩施工流程图

3.2.4　桩基工程

桩基施工工艺如图3-10所示。

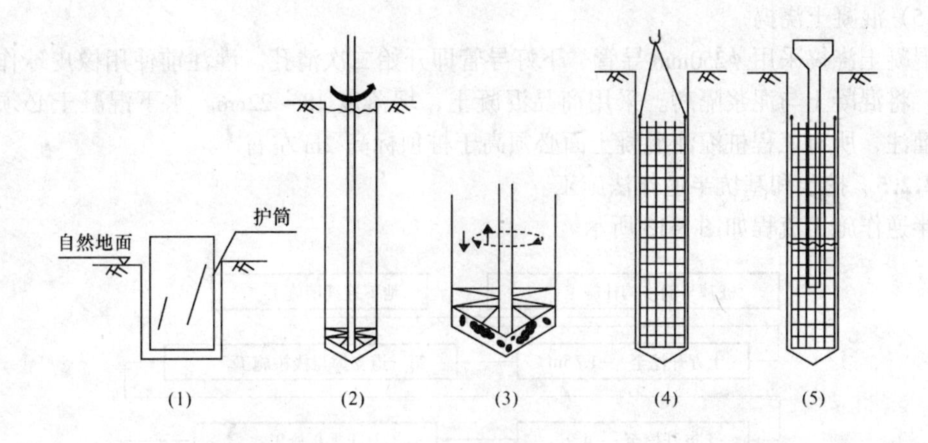

图 3-10 桩基施工

（1）测量与埋护筒；（2）成孔；（3）清孔；（4）下钢筋笼；（5）浇捣混凝土

（1）测量放线与埋护筒

桩位经测量定点并经复查无误后，由人工挖出基坑，进行护筒埋设（图 3-11）。

（2）成孔

钻进成孔中，以孔内自然造浆为主；若孔内有漏失、垮孔现象，则需采用钠基膨润土人工配制优质泥浆。按照规范的规定和设计要求，本工程钻孔桩全面施工前必须进行试成孔，工程桩的试成孔共二根，第一个孔主要了解土层情况及施工特性；第二个孔进行孔壁稳定性测试。

（3）清孔

清孔示意如图 3-12 所示。

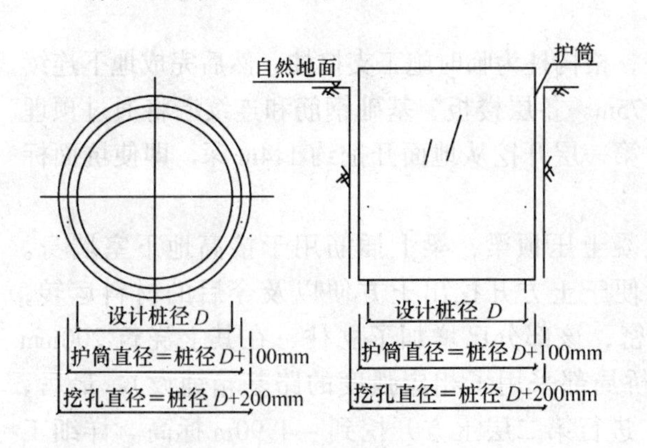

图 3-11 护筒埋设图

泥浆
钻杆
泥浆携带孔底泥块泥土返出孔口
钻具低速回转，上下活动
200

图 3-12 清孔示意图

（4）钢筋笼的制作与安放

钢筋笼分段焊接成型，经验收合格后按开孔通知书要求，下入孔内并在孔口焊接。同时，采用焊接吊筋和加焊水泥保护块的技术措施，确保钢筋笼垂直度位置安放达到设计标高及水平位置安放，保留设计要求的保护层空间。

钢筋笼置放必须轻提缓放，下放遇阻应立即停止，查明原因并进行相应处理后再行下放，严禁将钢筋笼高起猛落，强行下放。

(5) 混凝土浇捣

混凝土浇捣采用 ϕ250mm 导管，下好导管即开始二次清孔。灌注前使用橡皮球作为隔水塞，将混凝土与泥浆隔离。采用商品混凝土，坍落度 18～22cm。水下混凝土必须做到连续灌注，所有工程桩灌注混凝土面必须高于桩顶标高 2m 左右。

3.2.5 挖土和基坑半逆作法施工

半逆作施工流程如图 3-13 所示。

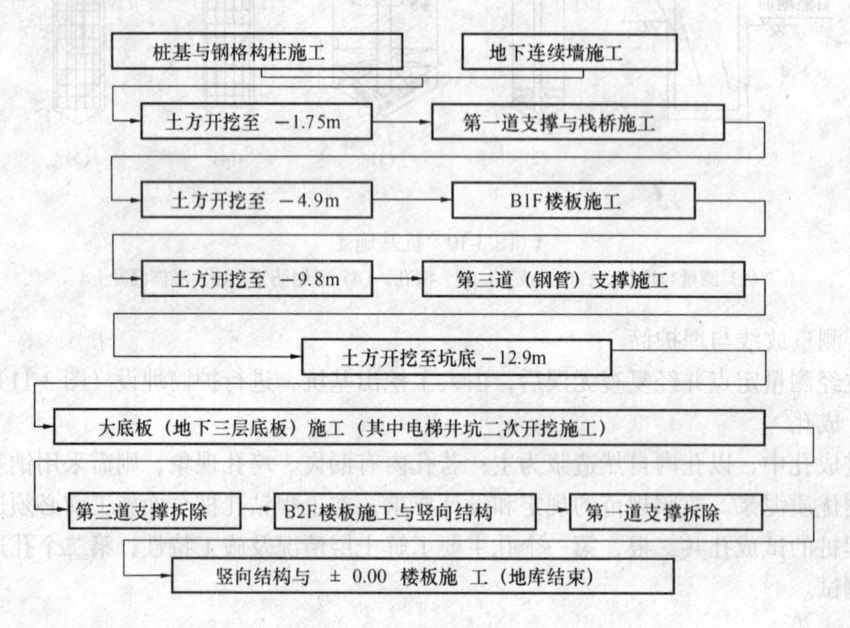

图 3-13 半逆作施工流程简图

(1) 地下结构半逆作法施工工况

首先在施工工程桩时预埋钢格构立柱，格构柱为临时施工支撑柱。然后完成地下连续墙的施工，浇筑地下墙有效长度顶到 −1.75m。各层楼板、基础钢筋和连续墙将通过预埋钢筋接驳器连接。进行第一层土方开挖，第一层开挖从地面开挖约 1.4m 深，即使坑面标高为 −1.75m。详细工况如图 3-14 所示。

凿去连续墙顶端浮浆后浇筑钢筋混凝土压顶梁，梁上插筋用于接高地下室墙身。同时，浇筑第一道钢筋混凝土支撑，为便于土方开挖出土方便以及今后的材料运转，选择支撑中二跨作为施工栈桥，支撑加密，该部分已增加了立柱，在其上浇筑 200mm 厚的钢筋混凝土板（后根据实际进度栈桥局部采用了相应强度的路基箱铺设）。最后，施工在基坑中间的 3 根 ϕ609 钢管支撑，进行第二层土方开挖到 −4.90m 标高。详细工况如图 3-15 所示。

浇筑 100mm 厚垫层，利用垫层涂抹脱模剂形成地胎模，进行地下一层楼板（面标高 −4.5m)施工。该层楼板需预留二个出土洞，洞周用暗梁加固。在剪力墙及柱子位置预留插筋，并留有混凝土灌注孔洞。坡道洞口处架设临时钢支撑，撑到地下连续墙墙身。进行第三层土方开挖到 −9.8m 标高，详细工况如图 3-16 所示。

在该层土面上插入电梯井深坑四周部分的坑基加固施工，采用压密注浆掺兑 3% 的水玻璃，以保证注浆加固的效果。

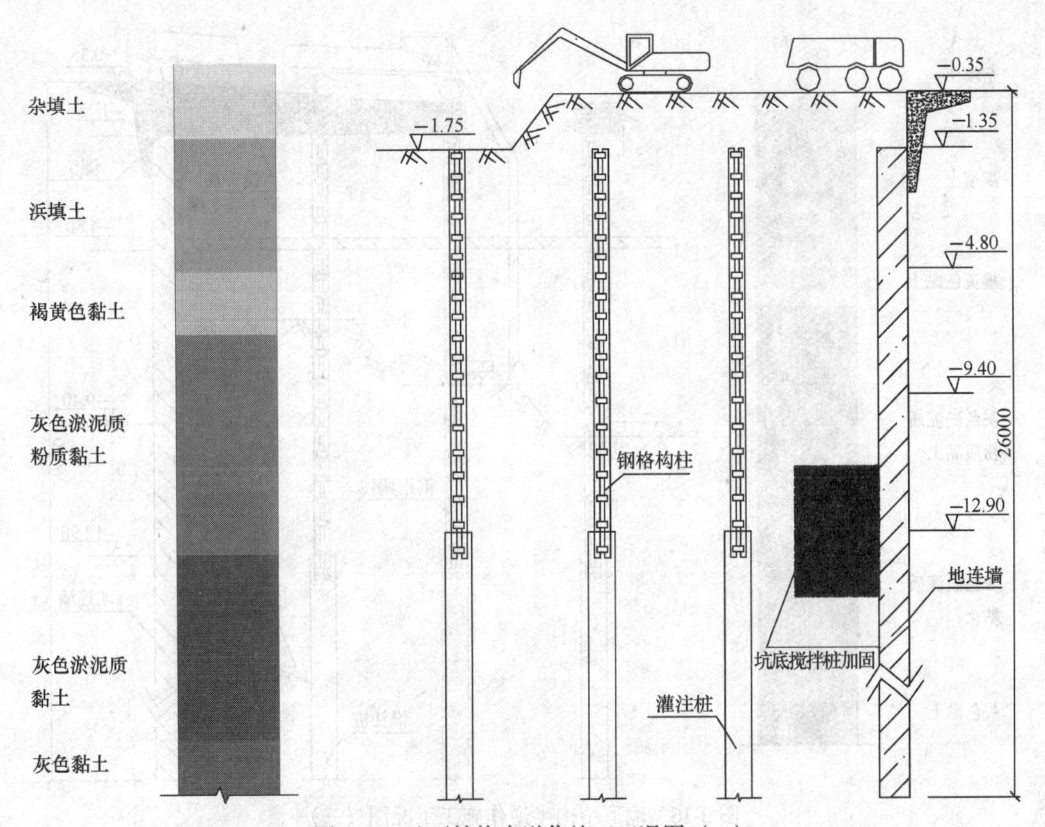

图 3-14 地下结构半逆作施工工况图（一）

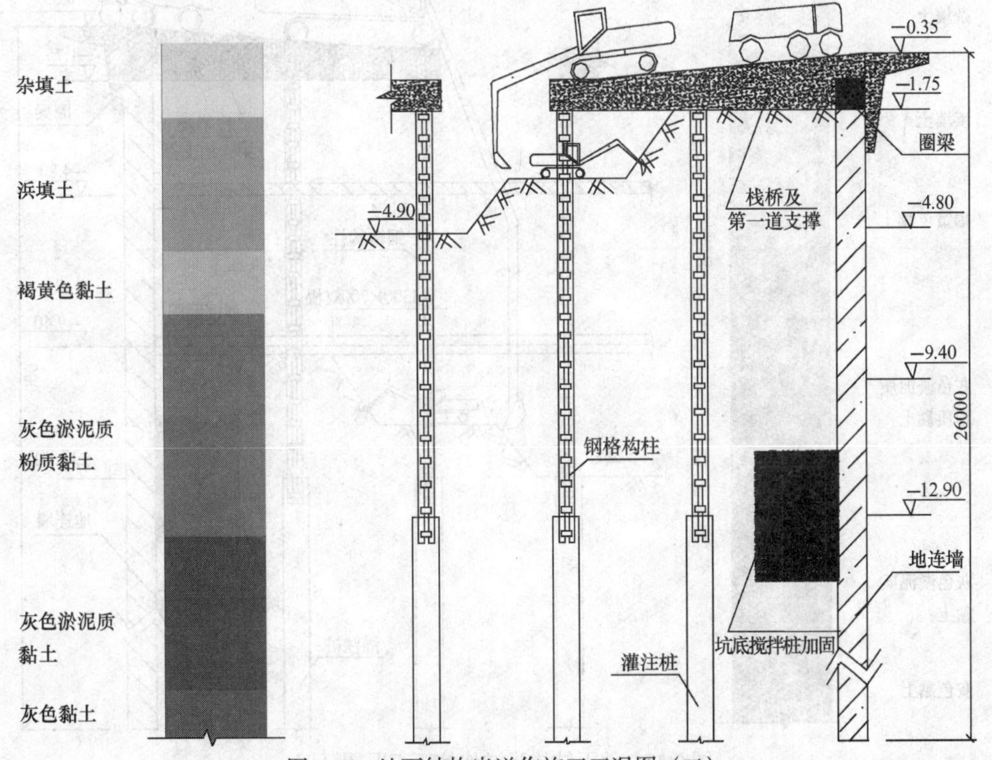

图 3-15 地下结构半逆作施工工况图（二）

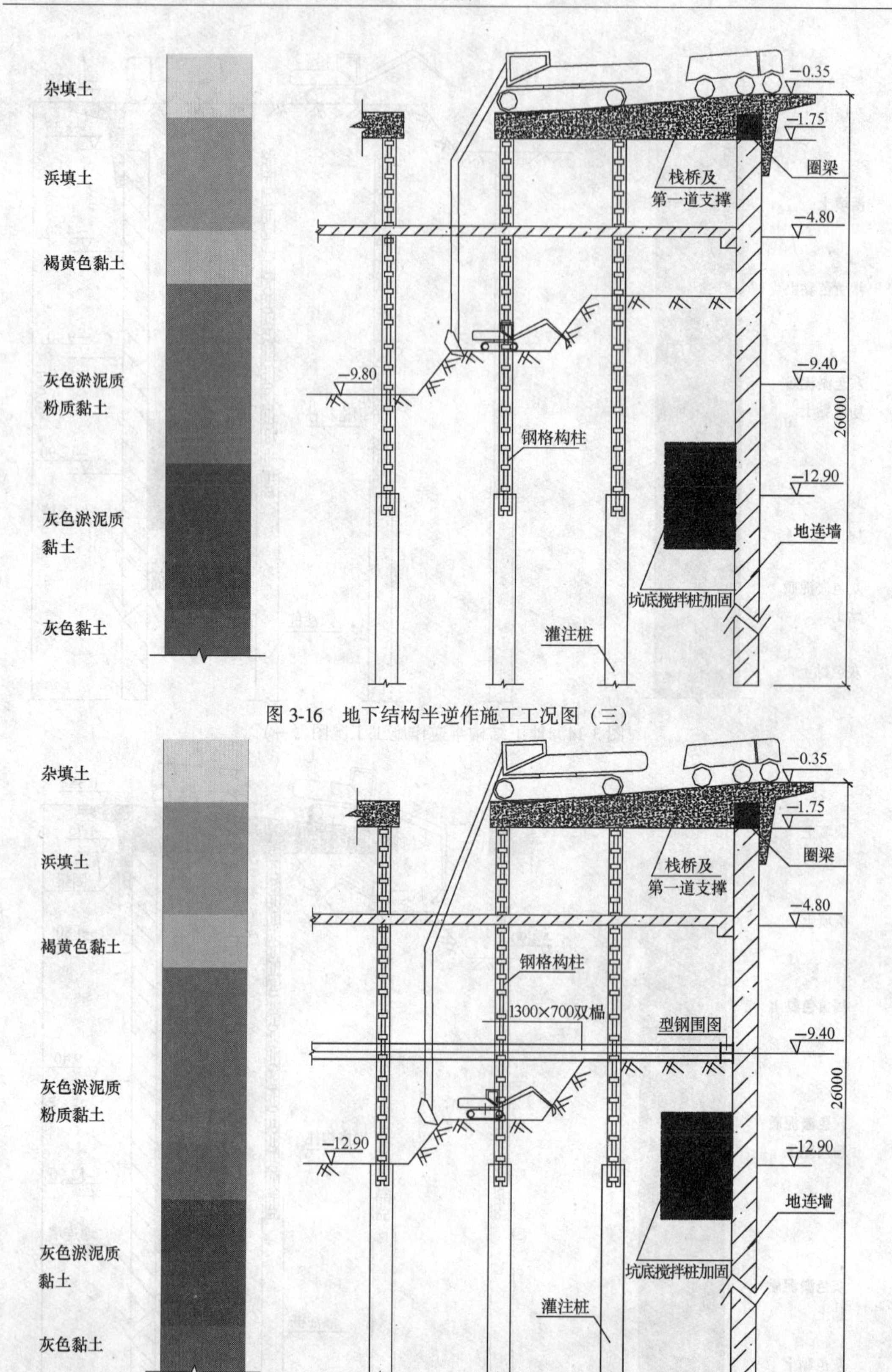

图3-16　地下结构半逆作施工工况图（三）

图3-17　地下结构半逆作施工工况图（四）

架设围檩及钢支撑，支撑施加预压力100kN进行支撑安装。进行第四层土方开挖到坑底标高－12.9m，采用盆式抽条挖，并尽快分块浇筑垫层。详细工况如图3-17所示。

土方开挖完一块，垫层浇筑一块，然后施工完大底板。详细工况如图3-18所示。

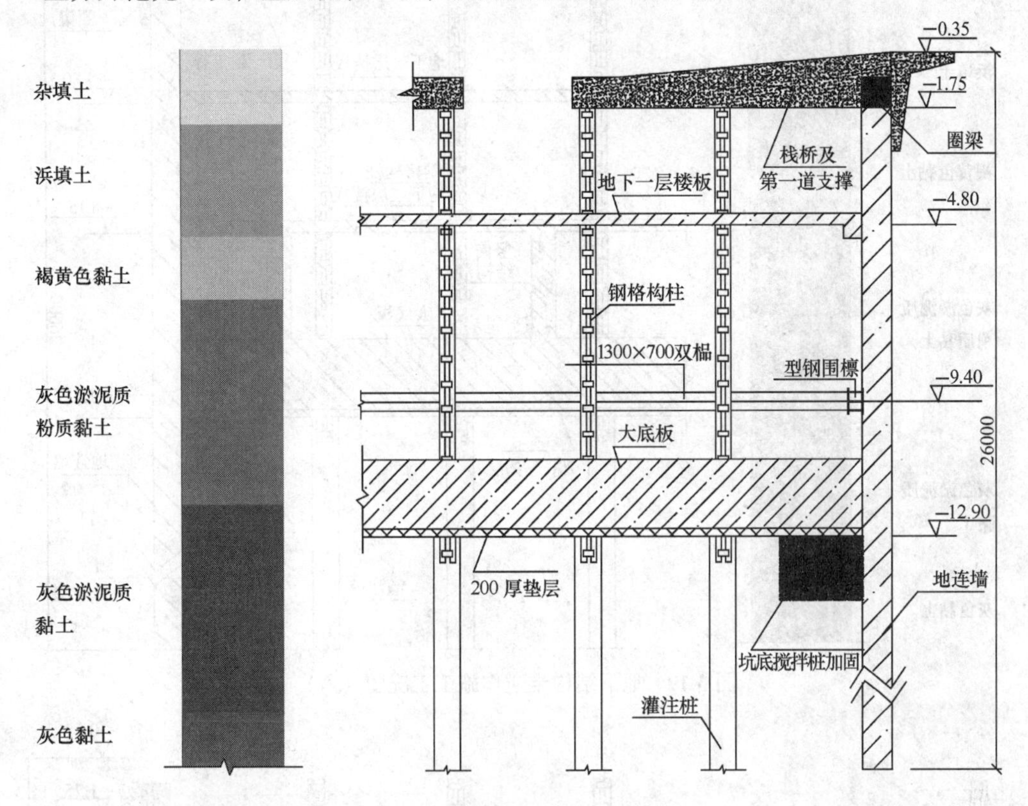

图3-18　地下结构半逆作施工工况图（五）

大底板强度达80%后，拆除第二道的水平钢支撑。同时，开挖电梯井深坑，并施工电梯井坑。顺作浇筑地下三层柱、墙及B2楼板，同时浇筑坡道部分。详细工况如图3-19所示。

拆除第一道混凝土支撑，施工地下二层柱、墙结构以及坡道。详细工况如图3-20所示。

施工地下一层柱、墙，接高外墙，浇筑首层楼板，并完成相应的坡道部分，割除竖向的临时钢格构柱。详细工况如图3-21所示。

（2）地下结构半逆作法节点处理

1）半逆作法挖土属于暗挖法，根据现场实际情况，通风满足要求，照明采用低压照明。逆作楼板留洞过大，要求周边增加暗梁（按设计要求），板不宜悬挑过大。留洞位置尽量避免出现在楼板受力最不利处（结构变形最大处）。

2）钢格构柱形成的空间尺寸要满足挖机行驶要求。所以，在围护设计过程中必须优化竖向钢格构柱的布置，尽可能减少其数量。但由于半逆作法中，先施工的地下一层楼板以及其他水平支撑的整体竖向支承均依靠钢格构柱，同时作为支撑楼板最不利点的竖向结构为后施工，为满足临时的竖向支承，势必增加临时的竖向钢格构柱。这就要求设计对整体车库的竖向结构进行优化，尽可能采用一柱一桩形式，避免出现一柱多桩形式。

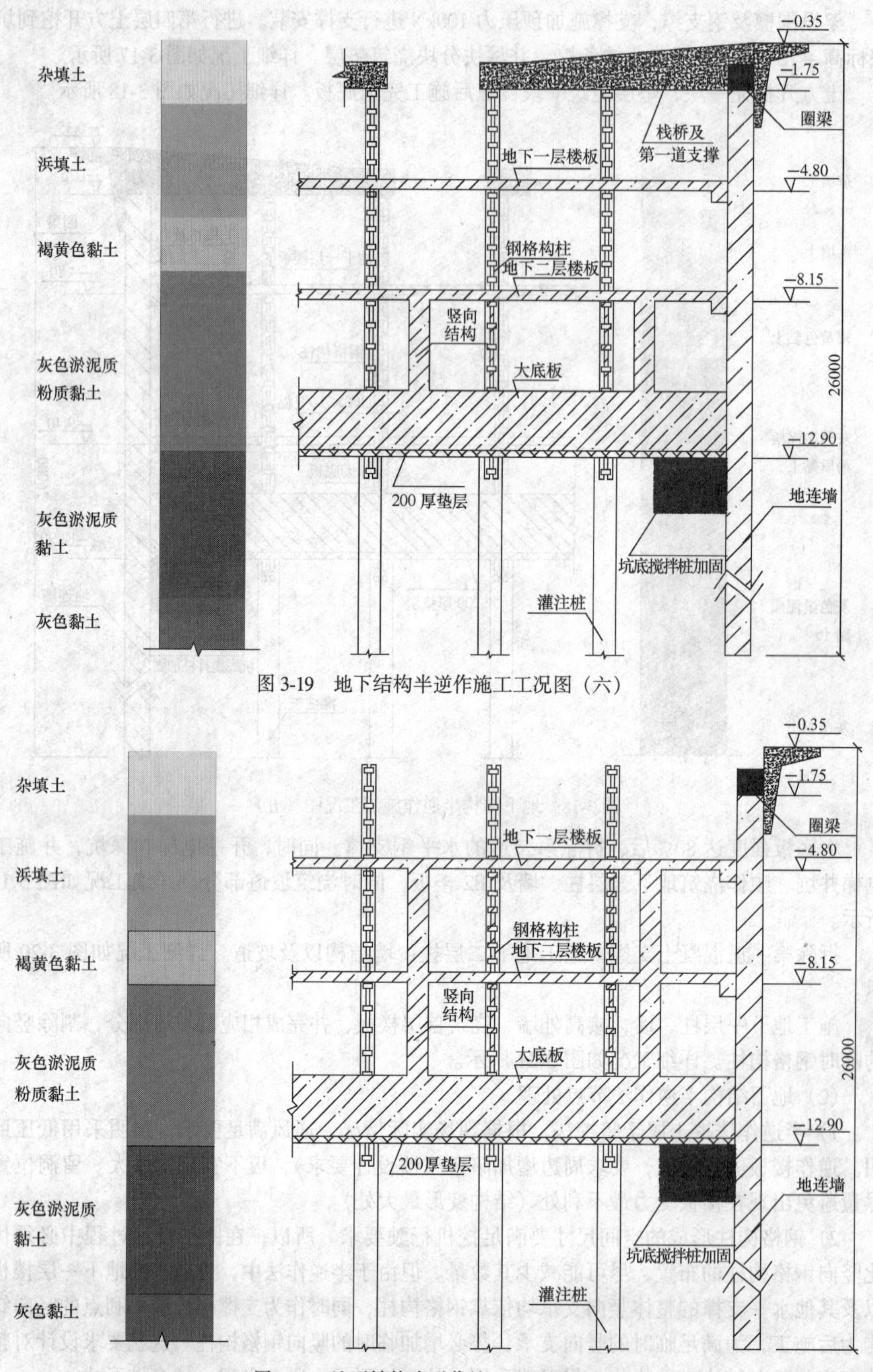

图3-19　地下结构半逆作施工工况图（六）

图3-20　地下结构半逆作施工工况图（七）

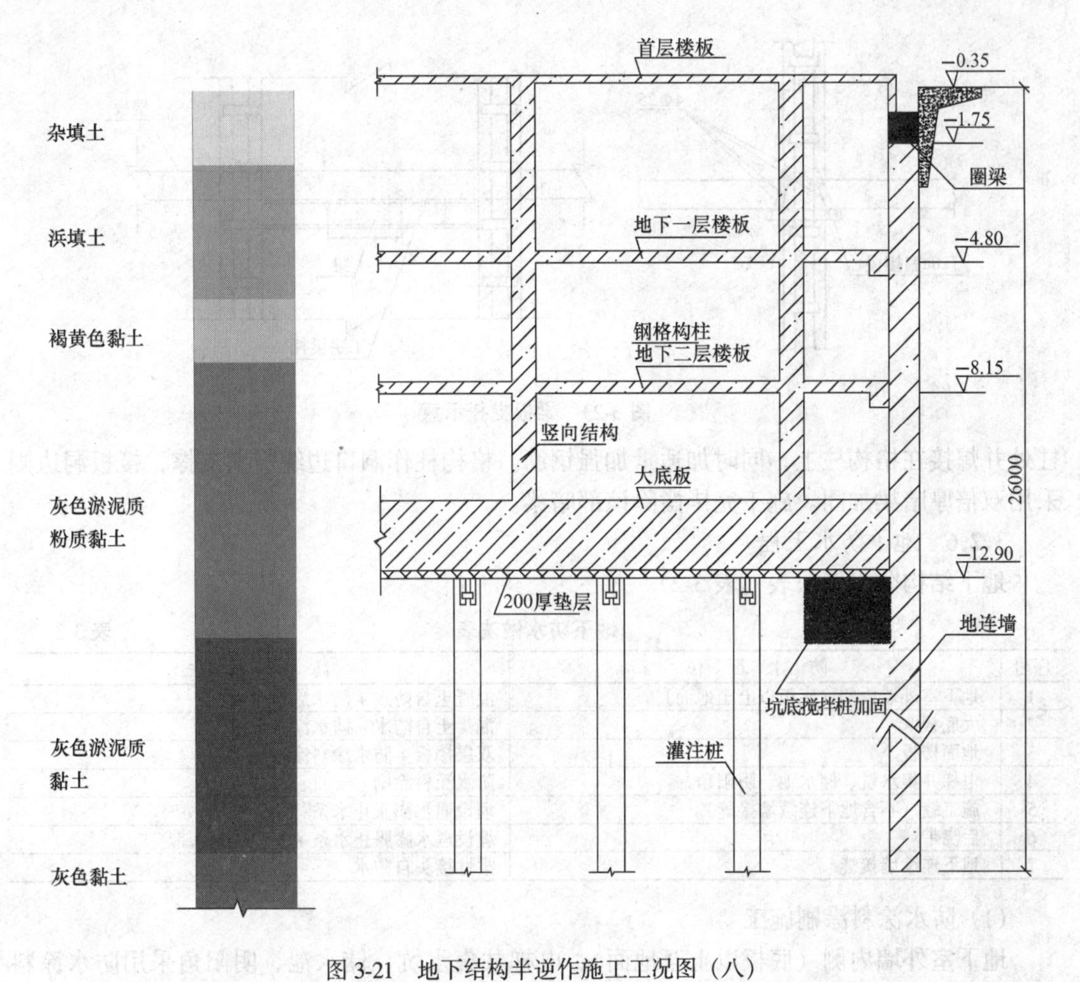

图 3-21 地下结构半逆作施工工况图（八）

3）地下一层底板采用逆作施工，即梁板部分在土方开挖中先施工，结构柱、墙后施工（顺作），其中柱、墙采用预留洞或插筋的处理方式。梁板利用原土基层处理后，涂刷水溶性脱模剂后形成（地）模板（图 3-22）。

4）有梁部分的楼板在梁底采用工字钢作为梁托，以保证梁板结构安全。另外，钢格构柱将承受板与施工荷载，对于板与格构柱连接部底部，采用槽钢加固处理。待施工完毕后，钢格构柱切割拆除。处理方式如图 3-23 所示。

5）逆作法后浇筑的竖向结构体分为 ϕ1600 柱和墙及 ϕ800 柱两种。ϕ1600 直接留洞后浇，剪力墙与 ϕ800 柱先浇楼板时，留插筋留浇捣管，同时留设浇捣过程中使空气流通的洞，确保浇捣足实，避免出现空洞现象（图 3-24）。

6）楼板水平钢筋遇钢格构柱若不能通过时，格构柱上原则上尽量少穿洞，通过与设计协调，将钢筋断在格构

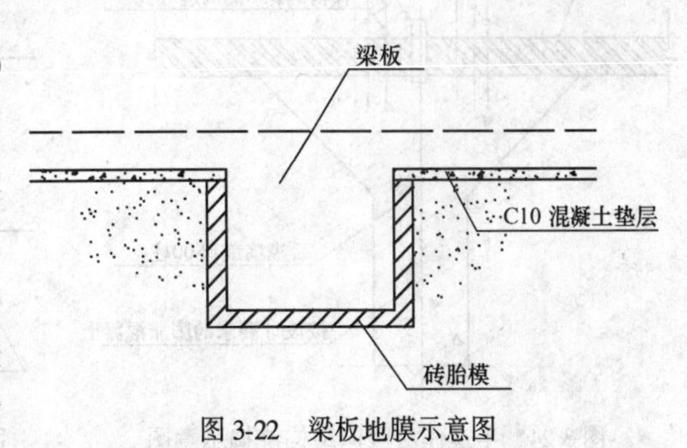

图 3-22 梁板地膜示意图

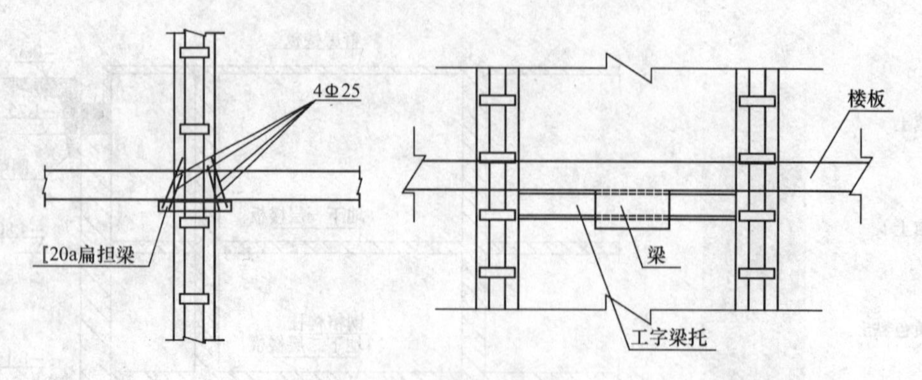

图 3-23　梁板支托示意

柱处并焊接在格构柱上，同时加适量加强钢筋。格构柱作洞口边缘竖向支撑，楼板洞边则采用双倍厚暗梁加固。施工完毕凿除该部暗梁。

3.2.6　地下防水工程

地下结构防水做法表（表3-2）。

地下防水做法表　　　　**表 3-2**

序号	防　水　部　位	防　水　做　法
1	地下室外墙内侧（底板以上至地面）	混凝土自防水 + 防水涂料涂刷
2	大底板	混凝土自防水 + 防水涂料干撒
3	地面楼板	双层楼板 + 防水涂料涂刷
4	电梯井集水坑、储水池、阴阳角	防水涂料涂刷
5	施工缝（不含地下连续墙接缝）	埋设遇水膨胀止水条
6	后浇带	埋设遇水膨胀止水条 + 中埋式止水带
7	地下连续墙接缝	柔性接头自防水

（1）防水涂料涂刷施工

地下室外墙内侧（底板以上至地面）、电梯井集水坑、储水池、阴阳角采用防水涂料涂刷施工方法，按说明书进行定额涂刷。涂刷完后，经24h，被涂刷的混凝土表面可进行其他工序的施工。

（2）施工缝的遇水膨胀止水条

施工缝遇水膨胀止水条如图3-25所示。

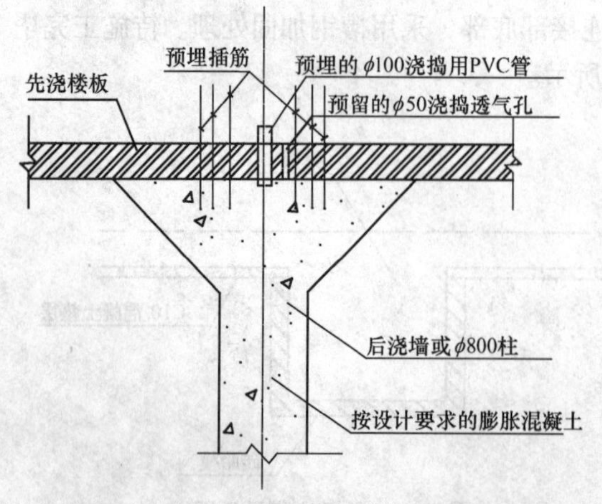

图 3-24　半逆作法竖向结构浇捣示意图

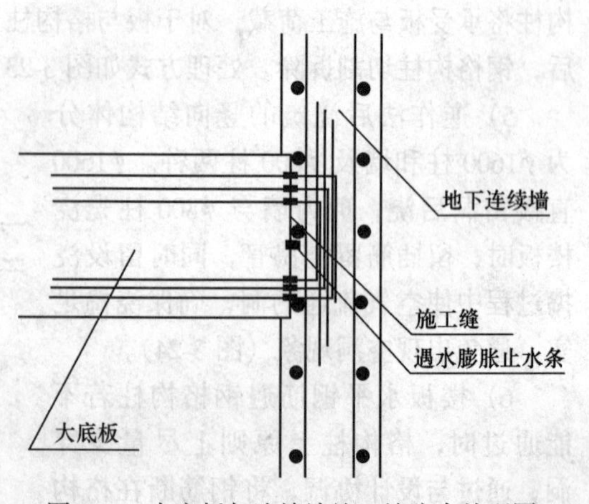

图 3-25　大底板与连续墙施工缝防水处理图

(3) 后浇带的防水处理

大底板后浇带防水处理如图 3-26 所示。

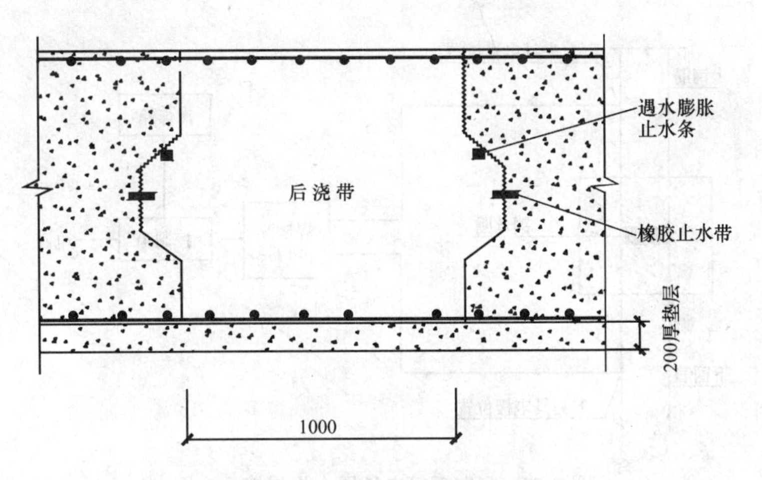

图 3-26 大底板后浇带防水处理

(4) 渗漏水治理

查出渗漏点后，堵漏原则是先释放漏水的水位（压），将大渗水变成小渗水，将面漏变成线漏，线漏变成点漏，最后封堵。堵漏后应进行抹面处理。释放水压可采用降低地下水位，若降水位较难则可凿出漏点采用塑料管引流，引流后将该层表面用砂浆抹平，再涂防水砂浆至平整。

3.3 结构工程

3.3.1 钢筋工程

本工程直径 ϕ25 以上的水平梁筋和大底板板筋采用直螺纹套筒连接，直径小于或等于 ϕ25，大于 ϕ14 梁筋采用闪光对焊；竖向钢筋采用电渣压力焊。

(1) 钢筋直螺纹连接技术

直螺纹连接示意如图 3-27 所示。

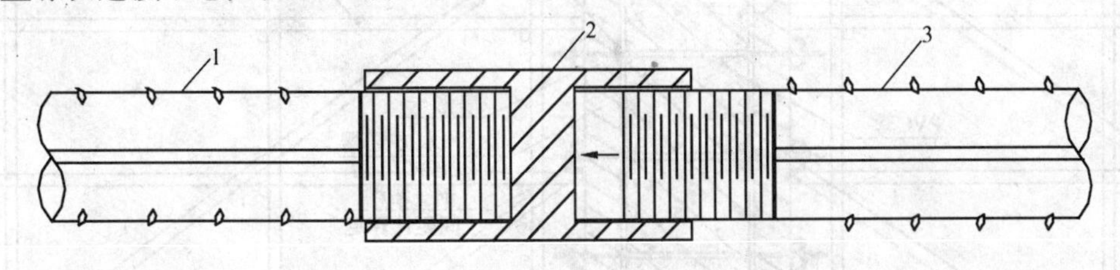

图 3-27 钢筋直螺纹连接

1—已连接的钢筋；2—直螺纹套筒；3—未连接的钢筋

钢筋套丝所需的完整牙数见规范要求。对钢筋直螺纹检查合格后，一端拧上塑料保护帽，另一端拧上钢套筒与塑料封盖，并用扭矩扳手将套筒拧至规定的力矩，以利保护与运输。

对钢筋拧紧力矩检查，如有一个直螺纹套筒接头不合格，则该构件全部接头采用电弧贴角焊缝方法加以补强，焊缝高度不小于 5mm。

(2) 竖向钢筋电渣压力焊

电渣压力焊属于特种作业，焊工作业前必须经过培训且考核合格后方可上岗作业(图3-28)。

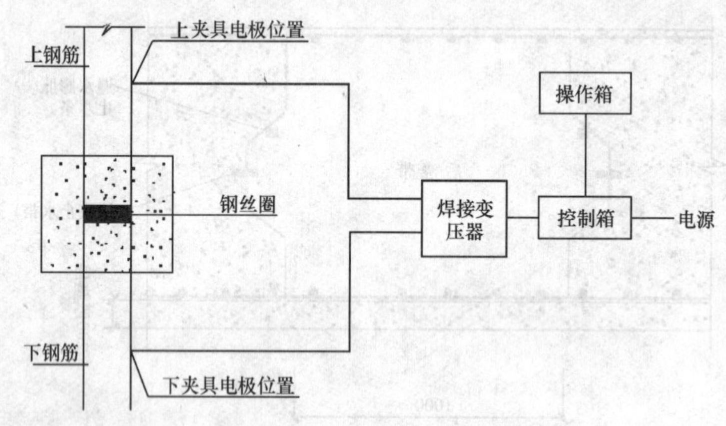

图3-28　竖向钢筋电渣压力焊焊接示意图

3.3.2　模板工程

本工程柱模选用组合式钢模板，楼板、楼梯、洞口等则选用多层胶合板作为模板体系。模板的支撑采用 $\phi48$ 钢管支撑。墙体模板三套，梁侧模板三套、底模四套，楼板楼梯等模板四套，主梁交接处节点模板四套。

(1) 墙体模板施工

内外墙均采用胶合模板散拼（图3-29～图3-31）。

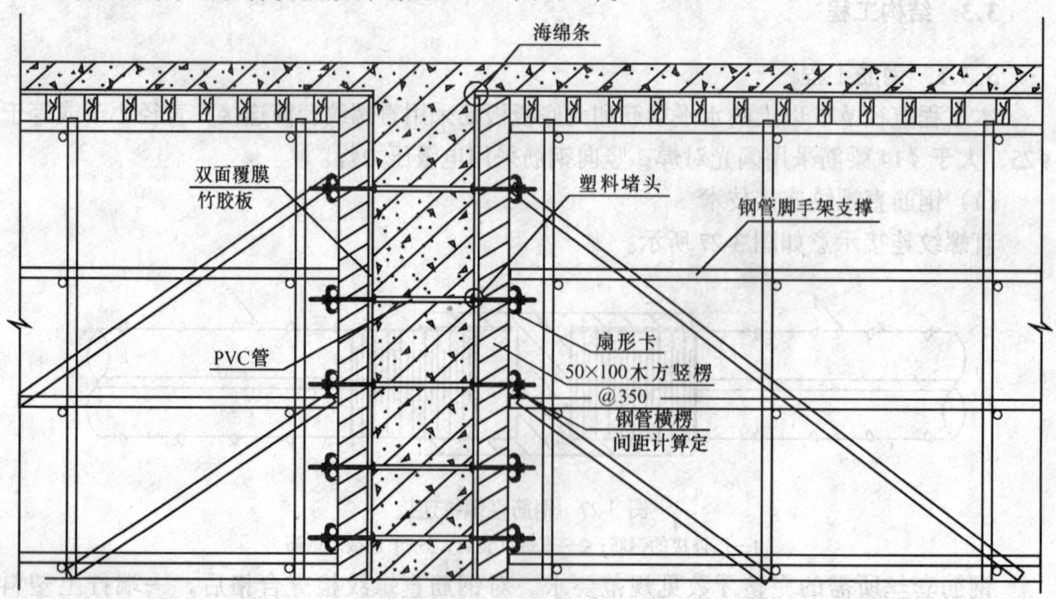

图3-29　内墙模板施工图

(2) 梁板模板施工

梁板模板支设示意图如图3-32所示。

（3）楼梯模板施工

踏步面采用木板，每三踏步一封闭，以使混凝土浇捣后踏步尺寸准确，棱角分明。在楼梯模板拆除后，待其混凝土强度达到设计要求后，所有楼梯均做上护角，以防止楼梯在今后的使用过程中，棱角被人为破坏（图3-33）。

（4）预留洞口支模

留洞模板示意图（图3-34）。

门洞支模示意图（图3-35）。

（5）复杂弧形状结构模板的定位与配模

上部结构施工中，东北侧为复杂弧形。

1）定位。

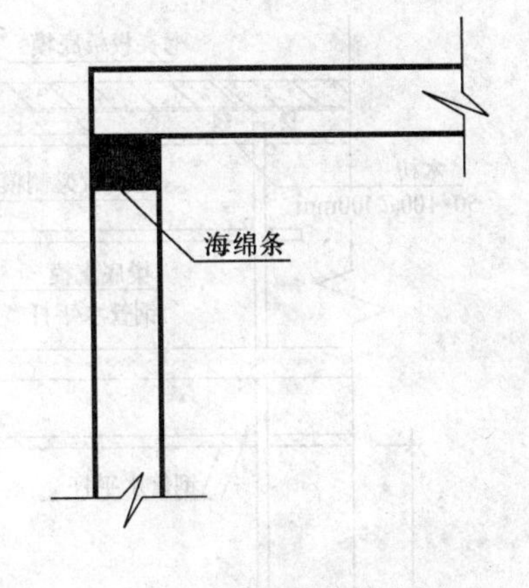

图3-30 墙、平台板之间阴角处理图

利用AutoCAD软件，在AutoCAD操作平台上放出结构圆弧线，将现场的轴线控制线表现在操作平台上，然后依据控制线画出合适的圆弧纵横控基准线；沿纵向基准线向两侧每隔ln（该数字可根据具体情况确定）画若干平行线；通

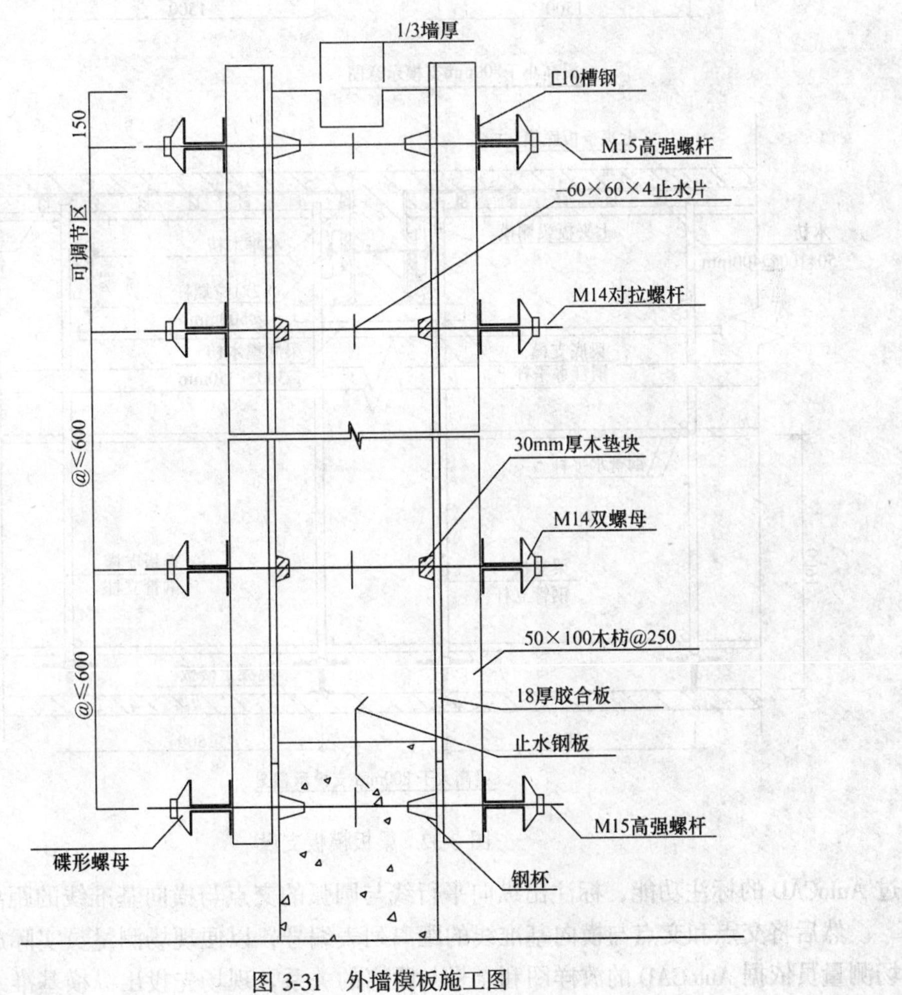

图3-31 外墙模板施工图

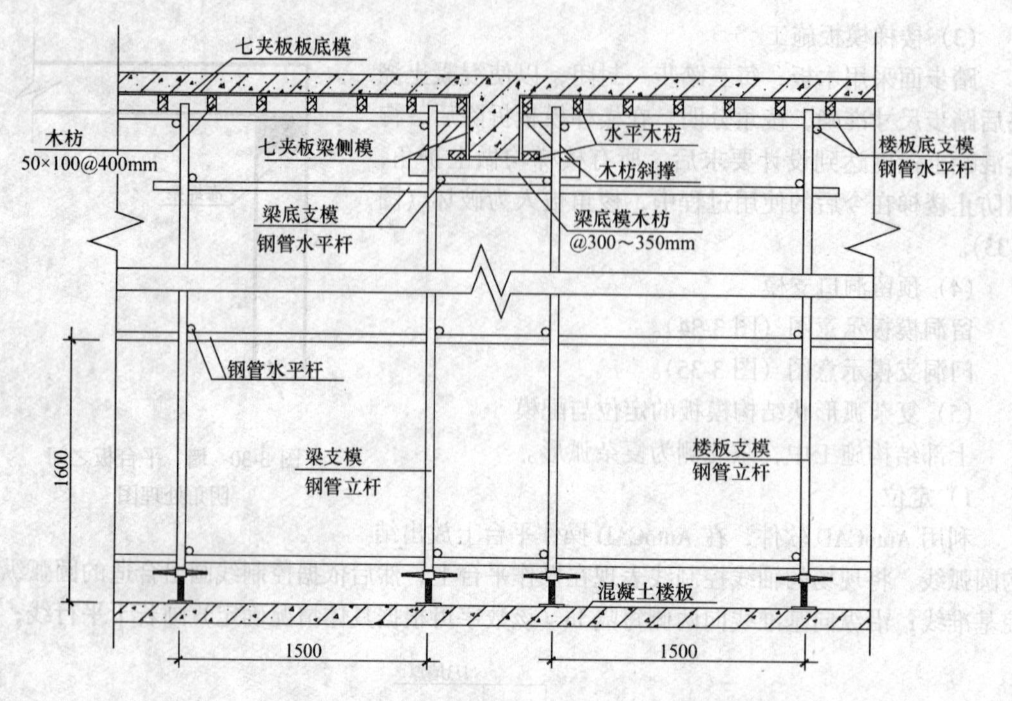

梁高小于800mm支模示意图

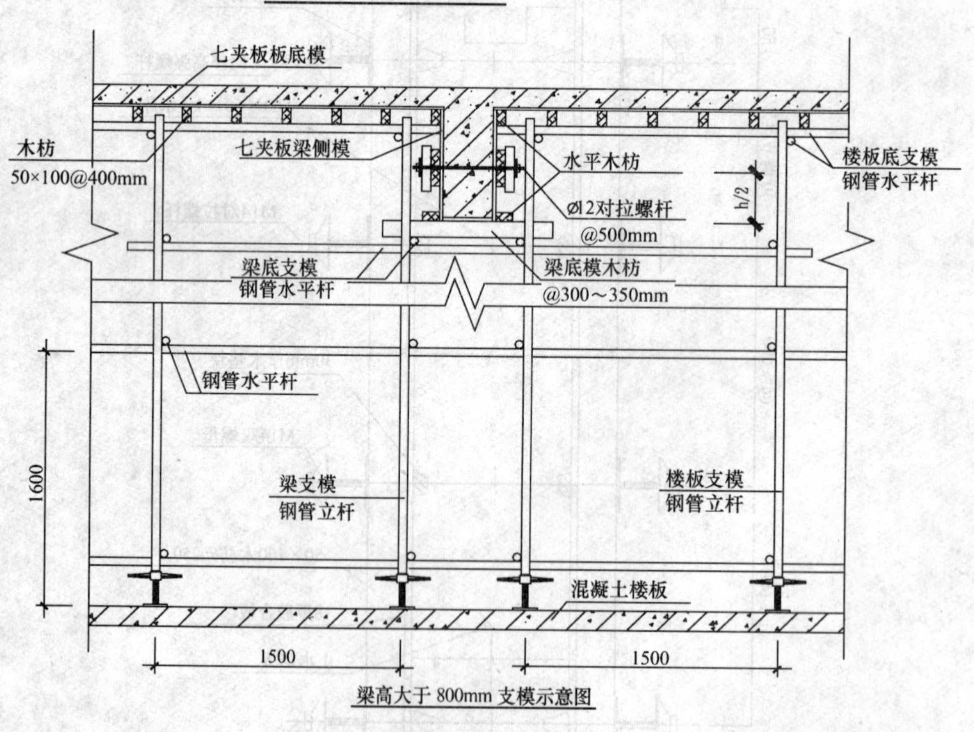

梁高大于800mm支模示意图

图3-32　梁板模板支设

过AutoCAD的标注功能，标注出纵向平行线与圆弧的交点与横向基准线的距离。

然后将交点和交点与横向基准线的距离列表编号，以便现场测量员实际放线依据；现场测量员依据AutoCAD的放样图和点号与距离的关系，现场先投出纵横基准线，而后依上

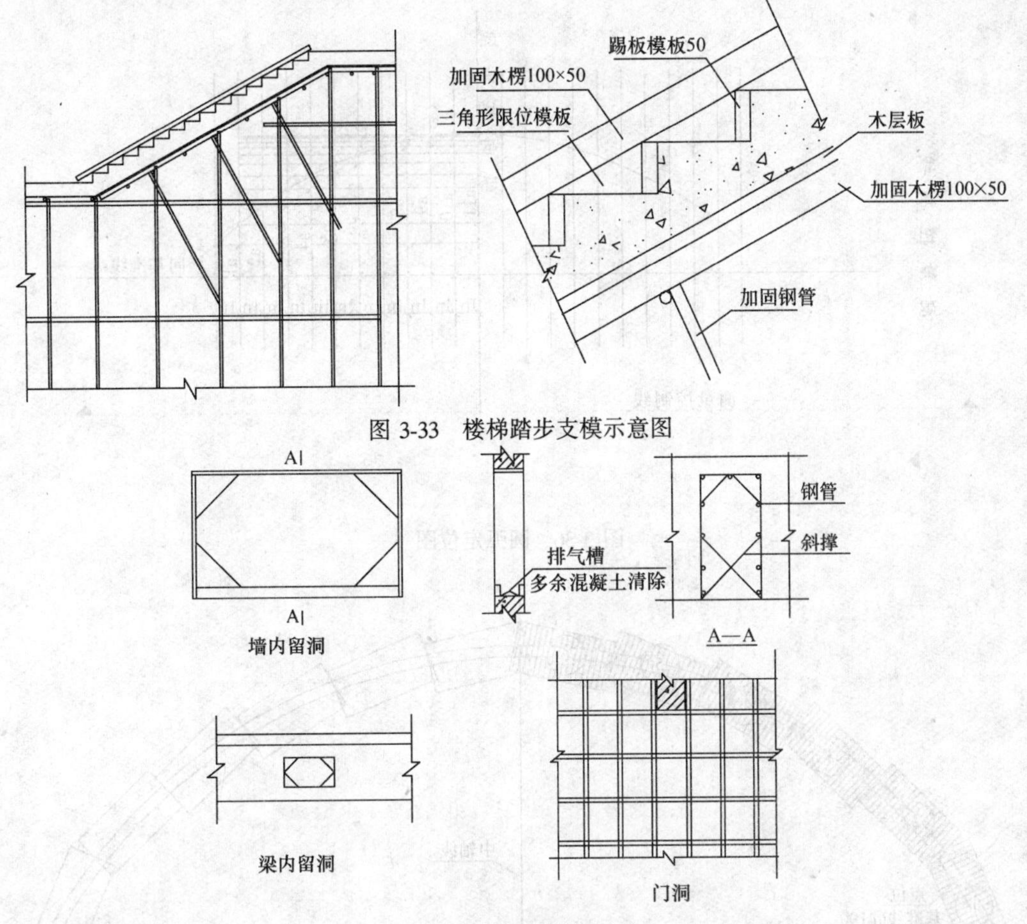

图 3-33 楼梯踏步支模示意图

图 3-34 留洞模板示意

三点实际现场操作，便在现场放出圆弧上各点。

最后将圆弧上的各点用平滑的墨线弹出即得到现场的圆弧线（图 3-36）。

2）配模。

对于复杂弧形结构底模配置如同在 AutoCAD 上的放线过程一样，而电脑上配置模板时，采用若干张整模拼成弧形的大致形状，在模板上放好基准线间距 100mm，并将每个模板编好号，然后交付配模员依模板号现场配置（图 3-37）。

3）支模。

根据已配好的模板和现场的实际线位，将弧形梁底模依结构线安装到

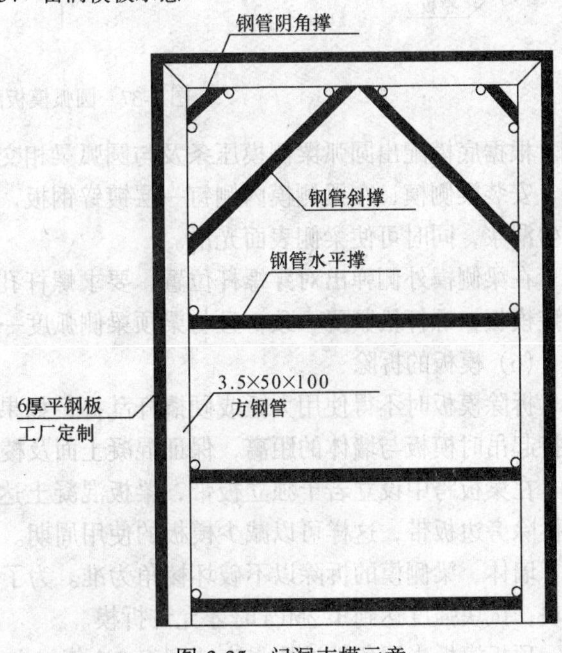

图 3-35 门洞支模示意

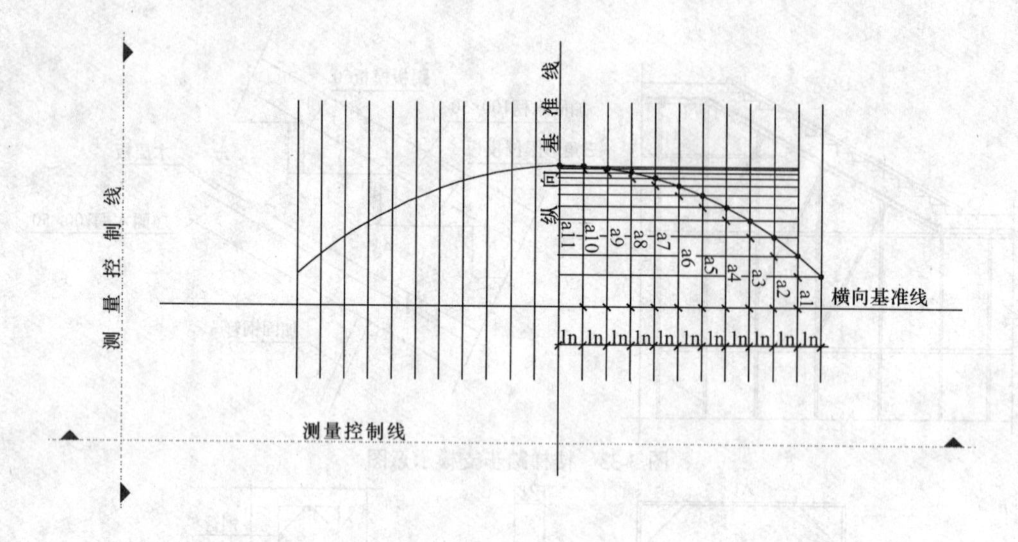

图 3-36　圆弧定位图

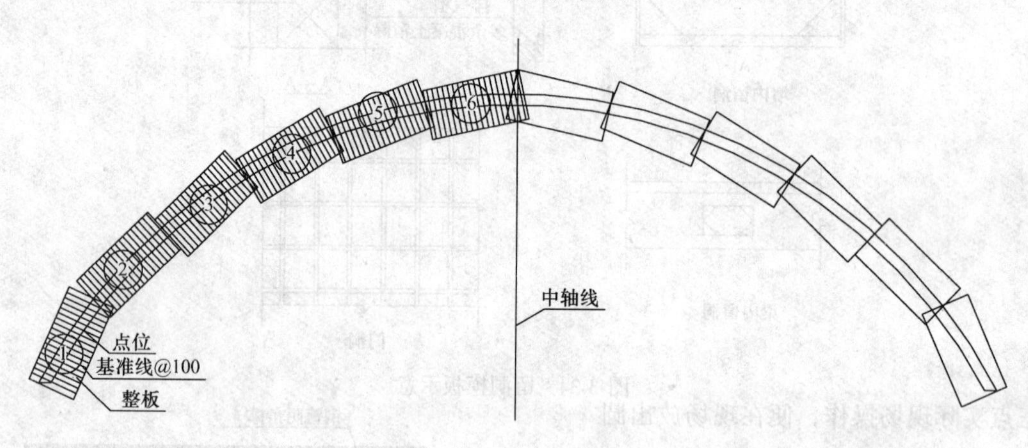

图 3-37　圆弧模板配置图

位。根据底模配出圆弧梁侧模压条及与圆弧梁相交的平台板模板。

安装梁侧模，在梁侧模内侧钉一层镀锌钢板，防止由于梁侧模弯曲而使板间拼缝过大产生漏浆，同时可使梁侧表面光滑。

在梁侧模外侧弹出对穿螺杆位置，要求螺杆孔标高间距一致。依弧度弯出钢管背楞。组装模板，螺杆松紧要一致，且与梁顶梁侧弧度一致，防止出现“大肚”现象（图 3-38）。

（6）模板的拆除

拆除模板时不得使用大锤或硬撬杆乱捣；如果拆除困难，可用撬杆从底部轻微撬动，保持起吊时模板与墙体的距离，保证混凝土面及棱角不因拆除受损坏。

在梁板跨中设立若干独立板带，梁板混凝土达到拆模强度后，中间板带顶撑不拆除，只拆除旁边板带，这样可以减少模板的使用周期。

墙体、梁侧模的拆除以不破坏棱角为准。为了准确地掌握拆模时间，必须留置同条件试块，试块强度达到 1.2MPa 时才允许拆模。

顶板模板当同条件试块强度达到表 3-3 值，方允许拆模。

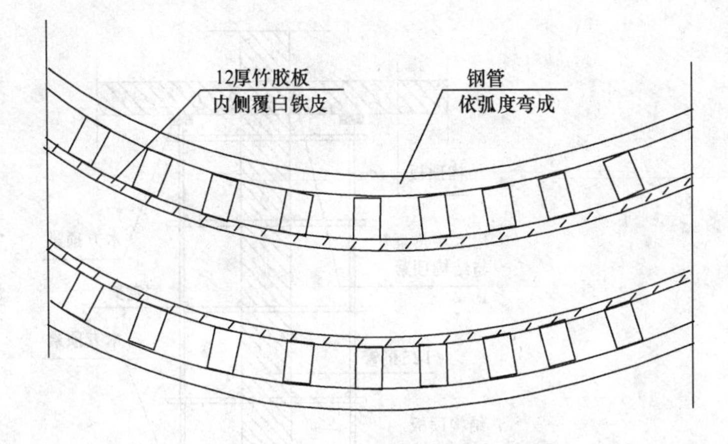

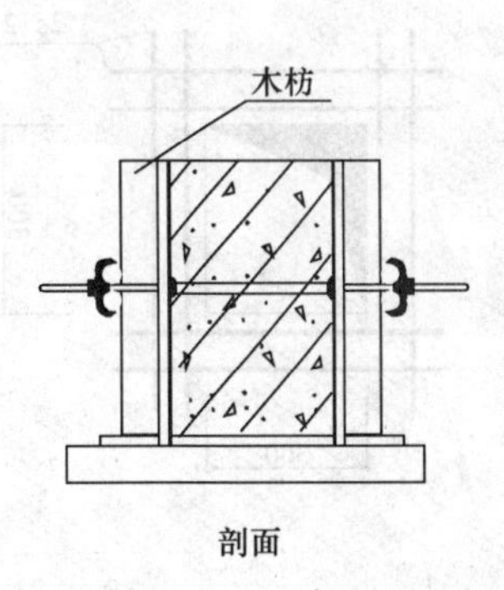

图 3-38 圆弧梁支模示意图

梁板结构模板拆除混凝土强度要求值 表 3-3

结构类型	结构跨度（m）	按设计时的混凝土强度标准（%）	结构类型	结构跨度（m）	按设计时的混凝土强度标准（%）
板	≤2	50	梁、拱、壳	≤8	75
				>8	100
	>2，≤8	75	悬臂构件	≤2	75
	>8	100		>2	100

3.3.3 混凝土工程

本工程混凝土全部采用商品混凝土，采用泵送工艺。大底板为大体积混凝土。除大底板外，各楼层混凝土浇筑均采用两台泵浇捣（图 3-39）。

（1）混凝土浇捣要求

①分层浇筑；

②墙体混凝土浇筑前应接浆；

③按规范进行混凝土坍落度测试；

④按技术规范振捣；

⑤个别位置浇捣前，先做好技术处理再交底。

（2）混凝土的养护

对已浇筑完毕的混凝土，应在 12h 后加以覆盖和浇水。浇水次数应能保持混凝土处于湿润状态；对立面可以采取涂刷养护剂的办法进行养护。冬期混凝土必须按冬期施工规范进行施工和养护。

3.3.4 大底板施工

（1）大底板钢筋

根据设计，大底板配筋很密，面层和底层钢筋大部分共有 6 排，局部为 8 排，而且钢筋为较粗的 HRB335 级钢筋（大部分为 $\phi40$，其他为 $\phi32$），总量约 1800t，面层钢筋重量较大，钢筋施工有较大难度，需要支设角钢支架，承受底板面层钢筋的重量并固定底板面层钢筋，保证底板面筋的位置准确。经验算，其中支架立杆间距为 2500mm × 2500mm，斜拉筋沿 4 个方向布置。具体如图 3-40 所示。

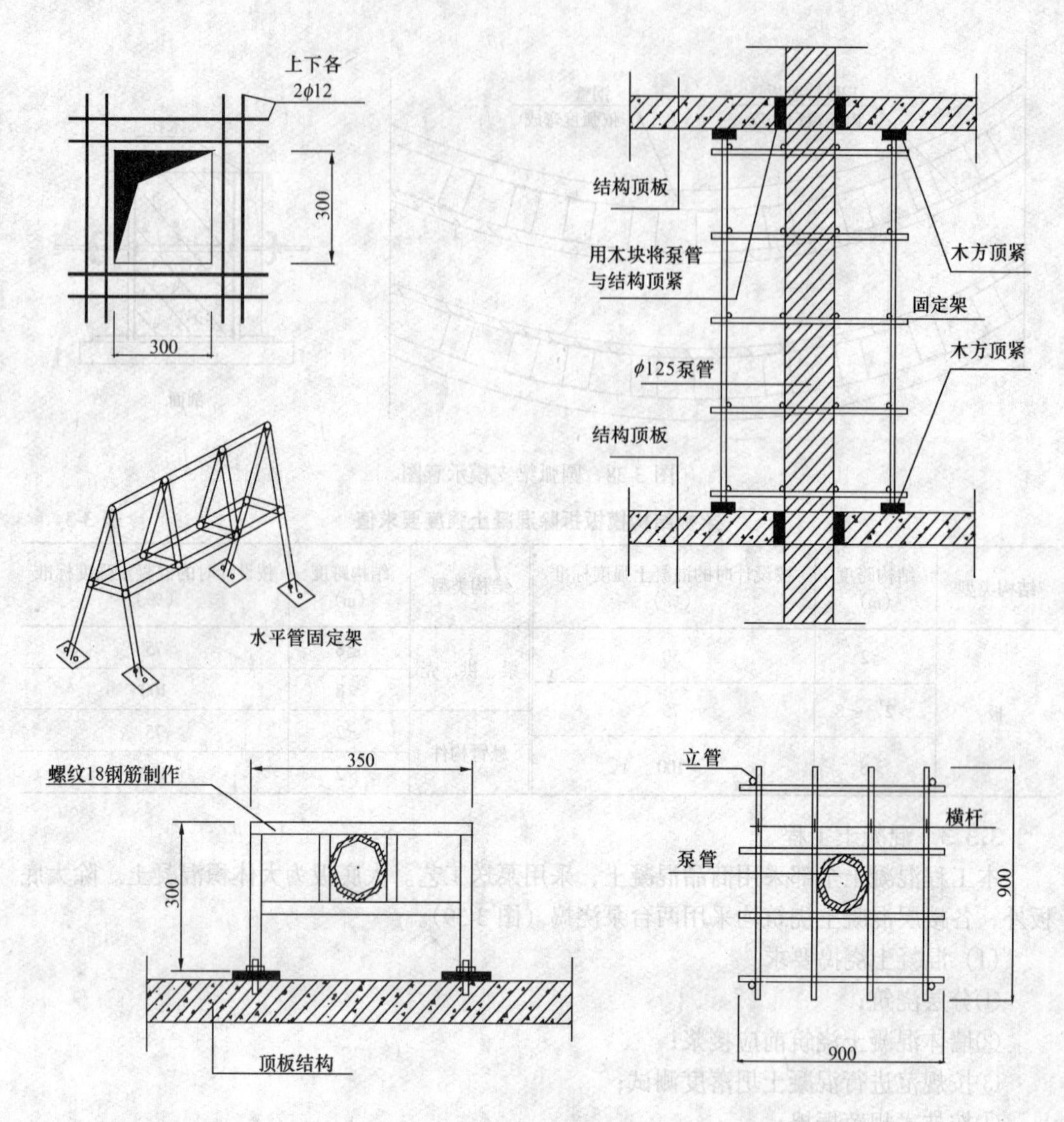

图 3-39　泵管布置固定图

底板钢筋采用直螺纹套筒连接，施工时严格按规范要求进行。上下排钢筋之间点焊固定，保证钢筋不松动。大底板和地下连续墙接头处凿开后，必须对接驳器端部认真清理干净，经验收合格后将大底板钢筋用扭力扳手拧进接驳器套筒中，与预埋在地下连续墙中的锚固段整体连接起来。已预埋的钢筋接驳器，如由于前期施工原因其标高或位置出现较大偏差而无法加以利用的部位，采取埋设胡须筋或化学植筋的措施，以保证大底板和地下连续墙的整体连接。胡须筋的埋设长度必须满足大底板钢筋的锚固长度要求，并将其点焊固定牢固，如考虑采取化学植筋的方式在植筋之前将另提交植筋施工专项作业指导书。底板与连续墙连接详图见前面第 3.2（6）节中内容。底板底筋铺设为通常施工方法，不再阐述。

（2）大体积混凝土

本工程地下室底板厚度为1800mm，属大体积混凝土，底板混凝土抗渗等级为 P8，底

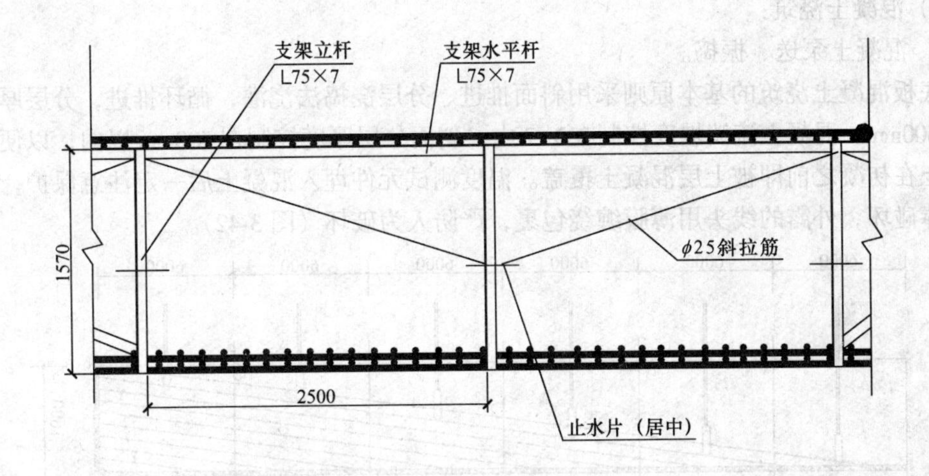

图 3-40 底板钢筋支架图

板混凝土方量共计约6000m³左右，一次浇筑，预计需连续浇筑3d。大体积混凝土必须进行温差监测和相应的养护措施。

1）施工安排。

根据现场条件，在混凝土栈桥上布置3台HBT60混凝土地泵和42m汽车泵相结合，浇筑大底板混凝土。底板混凝土测温室结合现场门卫室布置（图3-41）。

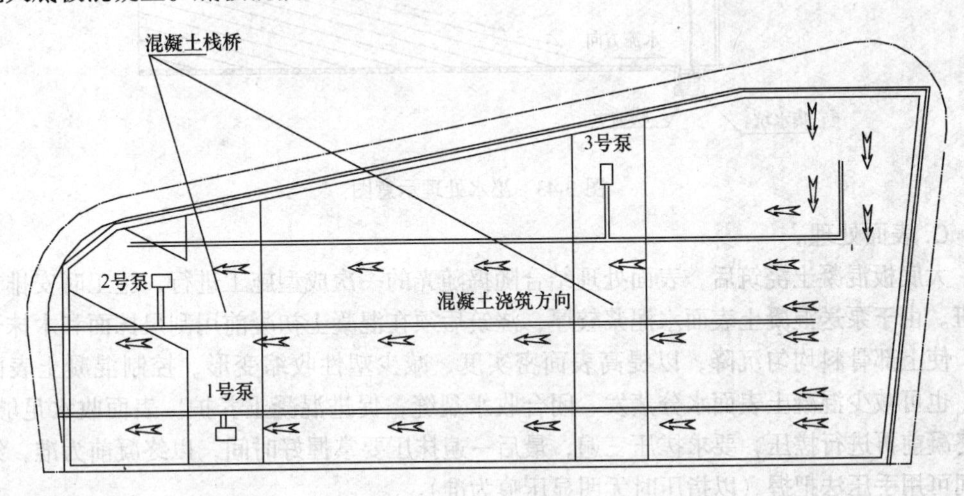

图 3-41 混凝土浇筑平面布置图

地泵泵管采取一次接长到最远处，边浇边拆的方式。泵管端头接7m软管，这样一条泵管线左右浇筑面可达15m。

为保证混凝土连续浇筑，避免出现施工冷缝，配置相应的搅拌车数量，并适当调整混凝土初凝时间。3台固定泵浇筑进度应协调一致，同步后退。

2）混凝土配合比选择。

取水化热低、收缩值小或采取补偿技术的配合比。配合比由项目部与搅拌站按大体积混凝土质量控制的技术要求确定。

3）混凝土浇筑：

A. 混凝土泵送、振捣。

底板混凝土浇筑的基本原则采用斜面推进、分层浇捣法浇灌，循环推进，分层厚度不大于500mm。混凝土流淌坡度控制在1:7内，斜面分层厚度控制在500mm以内，以便下层混凝土在初凝之前即被上层混凝土覆盖。温度测试元件埋入混凝土后一定注意保护，以免振捣棒碰坏，外露的线头用薄膜缠绕包裹，严防人为破坏（图3-42）。

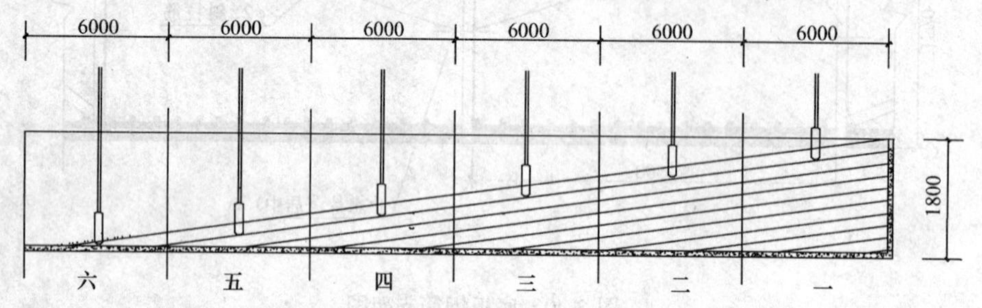

图3-42　大体积混凝土浇筑、振捣示意图

B. 泌水处理（图3-43）。

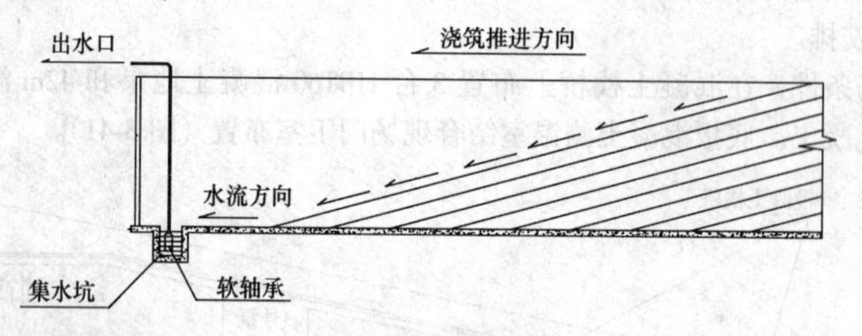

图3-43　泌水处理示意图

C. 表面处理。

大底板混凝土浇筑后，表面处理结合随捣随光的一次成型施工进行，施工时安排专人值班。由于泵送混凝土表面水泥浆较厚，浇筑后须在混凝土初凝前用刮尺抹面和木抹子打平，使上部骨料均匀沉降，以提高表面密实度，减少塑性收缩变形，控制混凝土表面龟裂，也可减少混凝土表面水分蒸发、闭合收水裂缝，促进混凝土养护。表面收水足够时，在终凝前再进行搓压，要求搓压三遍，最后一遍抹压要掌握好时间，以终凝前为准，终凝时间可用手压法把握（以指压时无明显压痕为准）。

4）混凝土养护、测温：

A. 混凝土养护

混凝土浇筑后12h之内开始养护。养护采用干麻袋加塑料薄膜覆盖。大体积混凝土表面抹平后，立即铺塑料膜一层，其上覆盖干麻袋两层，再铺塑料膜一层，作保湿蓄热之用，并根据温差变化情况增减覆盖层数；同时，根据混凝土表面保湿情况，适当补充水分，防止失水干裂，混凝土养护时间不得少于14昼夜。

B. 混凝土测温

混凝土测温平面上共布置11处，每处在竖向上布置3个测温点（图3-44）。

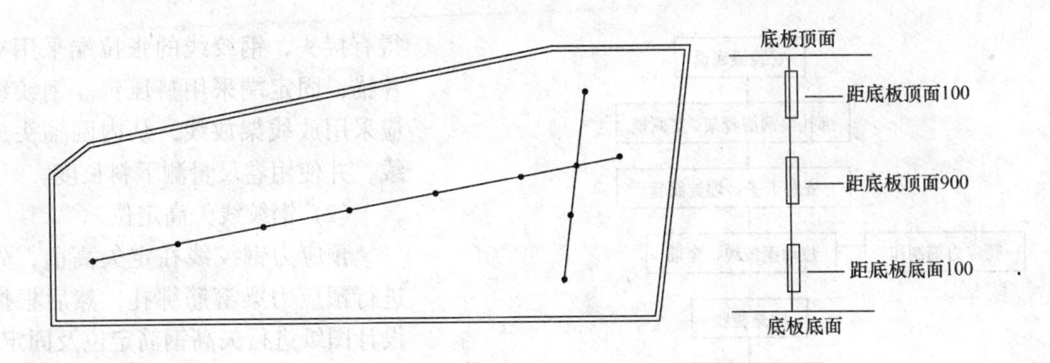

图 3-44 测温点布置图

如有测组温差超过25℃时，及时向有关各方报告。测温人员应遵守工地的各项规章制度，注意人身及仪器设备安全。在全部监测工作结束后15d内，提交监测报告。

5）温控和防裂措施：

A. 温控标准

混凝土入模温度≥5℃、混凝土内外温差<25℃、混凝土温度陡降<10℃、混凝土温度降至5℃掀去保温覆盖层，分两次取掉，相隔时间≥36h。

B. 加强温控

混凝土中加缓凝型减水剂（如木质素璜酸钙），分层浇筑，入模时加强通风，以减小混凝土内外温差。混凝土终凝后采取电脑测温，根据测温结果调整养护措施。做好保温、保湿养护，缓慢降温，发挥徐变特性，降低温度应力。延长养护时间，延缓降温时间和速度，待混凝土温度降至5℃时停止养护。

C. 降低水化热和变形

采用低水化热水泥，如矿渣水泥充分利用混凝土后期强度，掺入粉煤灰、减水剂，尽量用粒径大、级配良好的粗细骨料，控制砂石的含泥量，减小水泥用量，以降低水化热(每增减10kg水泥，水化热相应使混凝土温度升降约1℃)。加适量的微膨胀剂，减小温度应力。

D. 提高混凝土抗拉强度

选择良好级配的粗骨料，加强振捣，确保混凝土密实加强早期养护，结构转角处增加斜向构造钢筋（$\phi 8@200$、$L=1000\text{mm}$），以改善应力集中状况。

3.3.5 砌筑工程

砌体施工流程图如图3-45所示。

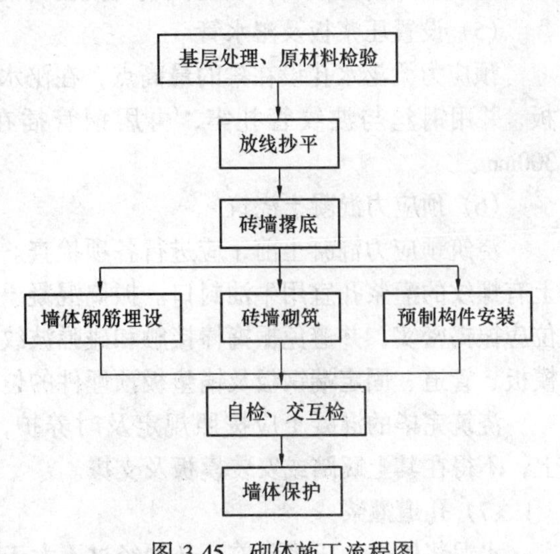

图 3-45 砌体施工流程图

3.3.6 预应力工程

本工程地上结构 Y 轴主框架梁全部为有粘结后张拉预应力梁。单根有粘结预应力梁施工工艺流程如图3-46所示。

(1) 预应力筋制作

组成钢绞线的每根钢丝应是通长的，不

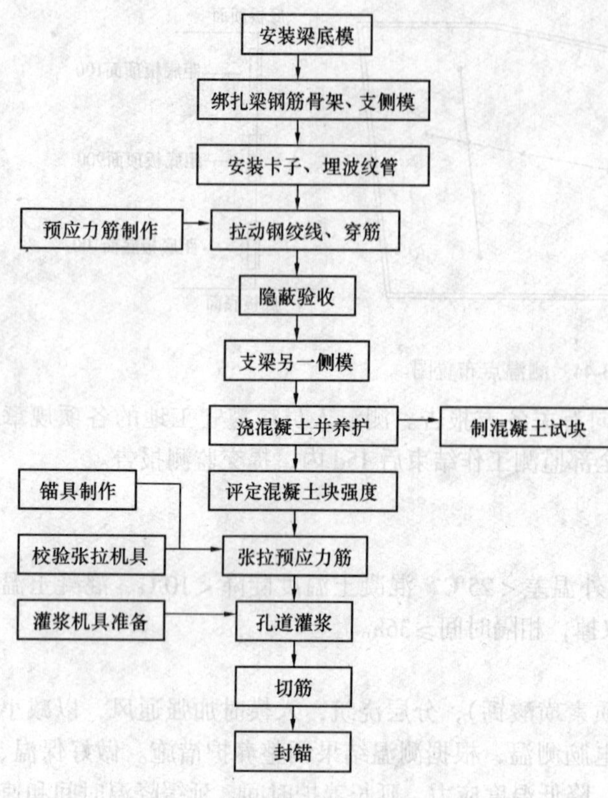

图 3-46　单根预应力梁施工工艺流程图

得有接头，钢绞线的张拉端采用夹片锚，固定端采用挤压锚。钢绞线应采用放线架放线，从内圆抽头放线，并使用卷尺量测下料长度。

（2）钢绞线矢高定位

预应力钢绞线在定矢高前，先进行预应力梁箍筋绑扎，然后根据设计图纸进行矢高钢筋定位及固定，值得注意的是图纸的矢高尺寸为预应力梁上表面至预应力钢绞线中心的距离近似为上表面至波纹管中心的距离。因此，钢筋的固定应考虑到波纹管及支架钢筋本身的尺寸，支架钢筋的规格为 $\phi12$，矢高控制钢筋的间距为1000mm。

（3）波纹管孔道成型

将波纹管按照矢高钢筋的控制位置进行铺放。为防止波纹管在混凝土浇筑时上浮或产生水平位移，必须把波纹管固定在钢筋支架上，用钢丝扎牢。波纹管接头要牢固、严密，两段工作管要顶紧。

（4）预应力筋的铺放布筋

先铺放普通钢筋并预埋管线，然后埋波纹管、穿预应力筋、锚垫板、钢筋螺旋筋等工作，再扎腰筋、吊筋。当预应力筋穿入锚垫板后，应将锚垫板固定在边模板上，使锚垫板紧靠边模板，防止倾斜，以至浇筑混凝土时漏浆而无法进行张拉操作。

（5）设置压浆板及泌水管

预应力梁泌水孔设在梁的最高点，在泌水孔处，先在波纹管上覆盖带嘴的塑料弧形压板，并用钢丝与波纹管扎牢，再用钢管插在嘴上，并将其引出梁顶面，高出顶面约300mm。

（6）预应力混凝土浇筑

浇筑预应力混凝土前，应进行各项检查。锚具预埋件与模板间的缝隙应填实，锚垫板上有螺纹的灌浆孔宜用牛油封口。振捣混凝土时，预应力筋的固定端及其他钢筋密集的部位应振捣密实，并避免振捣棒接触和碰弹波纹管、锚具预埋件。在振捣过程中，注意检查模板、管道、固定端钢板及锚垫板预埋件的位置和尺寸，发现松动及时整修。

浇筑完毕的混凝土应按照规定及时养护，已浇筑的混凝土强度未达到1.5N/mm^{2}以上，不得在其上踩踏或安装模板及支撑。

（7）孔道灌浆

水泥浆体进入压浆泵前，必须经过不大于5mm筛孔筛网过滤。在正常情况下，制浆、灌浆设备连续灌浆能力应使构件中最长的预应力孔道的灌浆时间不超过20min。其他操作参照规范要求。

(8) 施加预应力（张拉）

本工程单跨预应力梁采用一端张拉，对于两端张拉的预应力梁采用一端张拉一端补拉。本工程预应力梁采用两台千斤顶从当中向两边张拉，顺序为先次梁后主梁，总体张拉顺序见总体张拉顺序图（图3-47）。

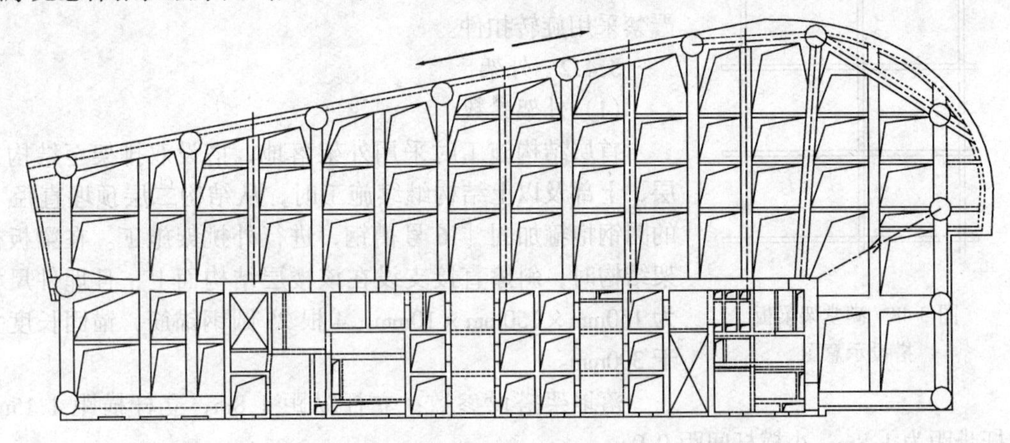

图 3-47 总体张拉顺序图

锚具安放前，应除去孔道口多余波纹管，清理预埋垫板上的灰浆，锚环对准孔道中心套入预应力筋束，锚环各孔中预应力筋应平行不得交叉。塞放夹片时，夹片间隙及留出长度应均匀，并用钢管及小锤轻轻敲紧，不致脱落。夹片装好后如不立即张拉，应将外露钢绞线扎结在一起。

装置千斤顶。张拉时应做到孔道、锚环与千斤顶三对中，张拉过程应均匀。张拉完毕，须检查端部及其他部位是否有裂缝，并填写张拉记录表。

张拉最终控制应力 σ_{con} 按设计要求取用。

本工程为：$\sigma_{con}=0.70f_{ptk}=0.70\times1860=1302\text{MPa}$

预应力张拉值以张拉力和伸长值进行双控，并以张拉力为主。

3.4 脚手架工程

本工程楼层间采用满堂架，外架1～2F采用双排立地外架，2F以上采用悬挑架。每6层一挑。

3.4.1 满堂架

本工程满堂架最大搭设高度为首层高度约为8.7m，楼板厚200mm，故首层满堂架基本立杆高度为8.3m。

满堂架采用 $\phi48\times3.5$ 圆钢管，立杆间距为900mm，梁底处加密为300mm。设置六排水平杆（梁底为5排）、一排扫地杆、一排板底或梁水平杆，其余分布在立杆中。水平杆步距最大为1500mm，扫地杆一律离地20cm设置。根据具体搭设高度，按安全技术规范设水平剪刀撑和垂直剪刀撑。

板底和梁底的水平杆必须采用双扣件，下一个扣件紧贴住上一个扣件的底部，防止上

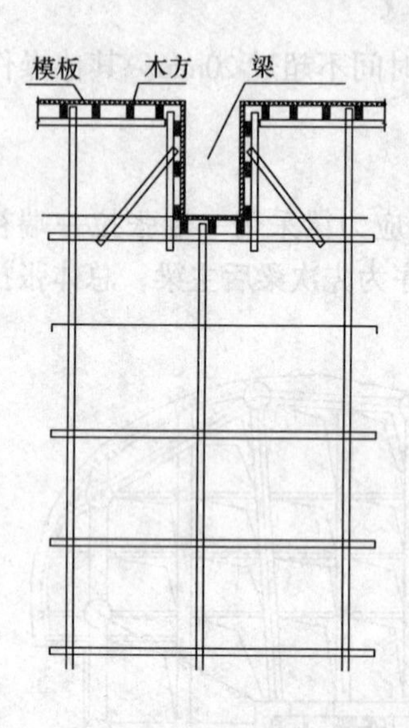

图 3-48 满堂架梁板搭设示意图

一个扣件的滑移(图 3-48)。

满堂架搭设中所有的水平杆件的连接采用接头扣件连接，特殊部位采用旋转扣件连接的必须保证 15cm 的搭接长度。

本工程满堂架选用 4、5、6m 长三种钢管搭接，立杆的搭接一律采用错开跨步搭接，搭接扣件必须采用对接扣件，严禁采用旋转扣件。

3.4.2 外架

(1) 外架参数

首层结构施工时采用外架落地，搭设双排架至结构二层，上部及以上结构继续施工时，从结构二层预埋直径 16 的圆钢抱箍加固［16 号槽钢，进行外挑架施工。在梁板框架结构时，斜撑直接支设在该楼层结构面上，且埋件尺寸为 150mm × 150mm × 10mm，4 根 25 圆钢锚筋，锚固长度大于 300mm。

落地架搭设参数：立杆纵距 1.8m，立杆横距 1.15m，立杆步距为 1.8m，小横杆间距 0.9m。

悬挑外架搭设参数：立杆纵距 1.8m，立杆横距 1.05m，立杆步距为 1.8m，小立杆间距为 0.9m。

(2) 附着连接

外脚手架与主体结构采用刚性连接方式，在楼板上埋设（距楼板边 30cm）$\phi 48 \times 3.5$mm 钢管。用水平钢管将埋件与外架连接，埋件水平间距≤4m，竖向每层设置。连墙撑杆应与墙面垂直。

(3) 剪刀撑设置

脚手架纵向支撑应在脚手架的外侧，沿高度由下而上连续设置，每 15m 设置一道，转角或两端必须设置。纵向支撑（剪刀撑）宽度宜为 3～5 个立杆纵距，斜杆与地面夹角为 49°。纵向支撑应用旋转扣件与主杆和横杆水平扣牢，连接点距脚手架接点不大于 20cm。四周脚手架应贯通连接牢固，若局部脚手架拆除，形成非封闭端，该端部应设横向剪刀撑，并加拉墙点。

(4) 脚手架构造要求

脚手架立杆接头采用对接。扣件两立杆接头应错开不小于 50cm，且应不在同一步距内。操作层应满铺竹笆，外侧应设 15cm 高的挡脚板和高 0.6m 的护身栏（两道），沿外架立杆内侧满挂绿色安全网，脚手架与每层楼板底部设一道水平兜网（白网）。

(5) 脚手架斜道（马道）

斜道宽度为 1m。坡度为 1:3，斜道为人字形拐弯处设置 1.5m 宽的休息平台。斜道两侧、端部及平台外围必须设置剪刀撑，斜道两侧及平台外围应设置两道护身栏及 20cm 高的撑脚板。斜道脚手板上必须设防滑条，防滑条间距为 30cm。

(6) 受料平台

为方便主体结构施工阶段拆下的模板及脚手架管向上周转，因层数较多，拟定采取悬挑钢平台作为受料平台，进行层层周转使用。每层楼设2处受料平台。受料平台宽度2m，悬挑长度4m，采用型钢制作，上、下采用钢丝绳、花篮扣与结构拖接。

(7) 特殊部位处理方法

在外部阳角处，埋件不易埋设，可以采取45°角悬挑一根工字钢来予以解决。如若该处是剪力墙结构，则在两侧的悬挑工字钢的外侧上方各加焊一根工字钢，至少搁置在2根工字钢上（图3-49）。

(8) 脚手架拆除

拆除脚手架前，安全员编制详细的拆除作业指导书，交由项目技术负责人审核。由项目技术、安全部门逐级进行安全技术交底。拆除时应设警戒区，设置明显的标志，并有专人警戒。其他参照安全技术规范要求。

3.5 屋面工程

该工程屋面为上人屋面，屋顶放置机电用冷却塔和景观钢结构架。

屋面做法图（明沟处）如图3-50。

屋面做法图（女儿墙处）如图3-51。

3.5.1 基层清理及扫浆

屋面工程施工前，要求对钢筋混凝土基层彻底清理，凿除表面浮浆、零星模板及其他杂物；表面外露的钢筋头（钢管头）等，需低于表面20～25mm切断，然后用水泥砂浆补平；在竖向结构上粉刷前，要求表面凿毛。

3.5.2 找平层施工

本部分工程采用20mm厚水泥砂浆找平，拍实抹平，并且表面抹光。找平层宜留设分格缝，缝宽为20mm，并嵌填密封材料。分格缝纵横最大间距不宜大于6m。

3.5.3 防水层施工

施工顺序应按“先高后低，先远后近”的原则进行。先涂布距上料点远的部位，后涂布近处；先涂布排水较集中的水落口、天沟等节点部位，再进行大面积涂布。涂布间隔时间控制以涂层涂布后干燥能上个为准，脚踩不粘脚、不下陷时即可进行下一涂层施工，一般干燥时间不少于12h。

涂布时，须用胶皮板来回刷涂，使它厚薄均匀一致，不露底，不存在气泡，表面平整；第二遍涂

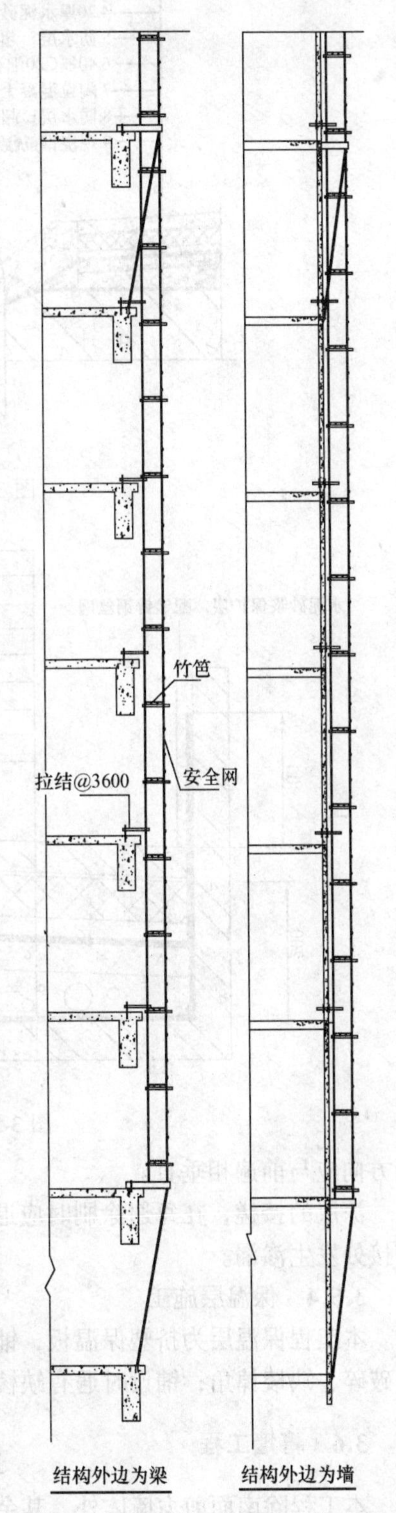

图3-49 外挑脚手架立面图

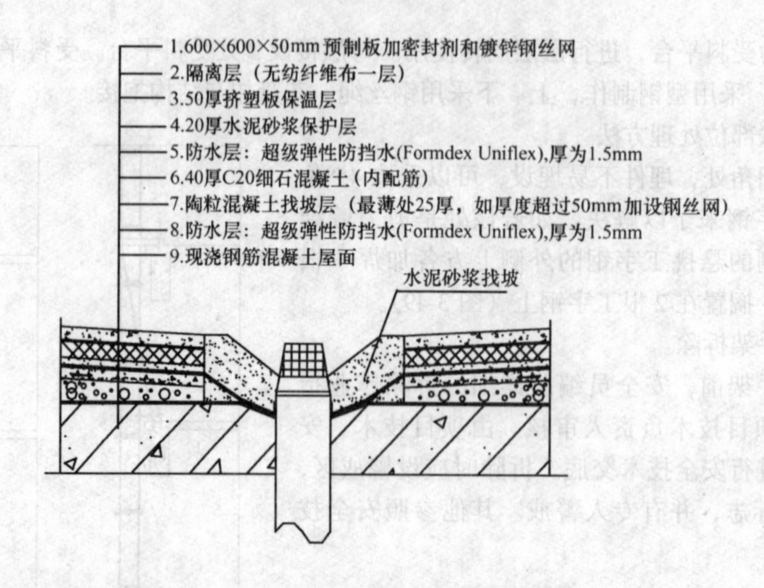

图 3-50　屋面做法（明沟处）

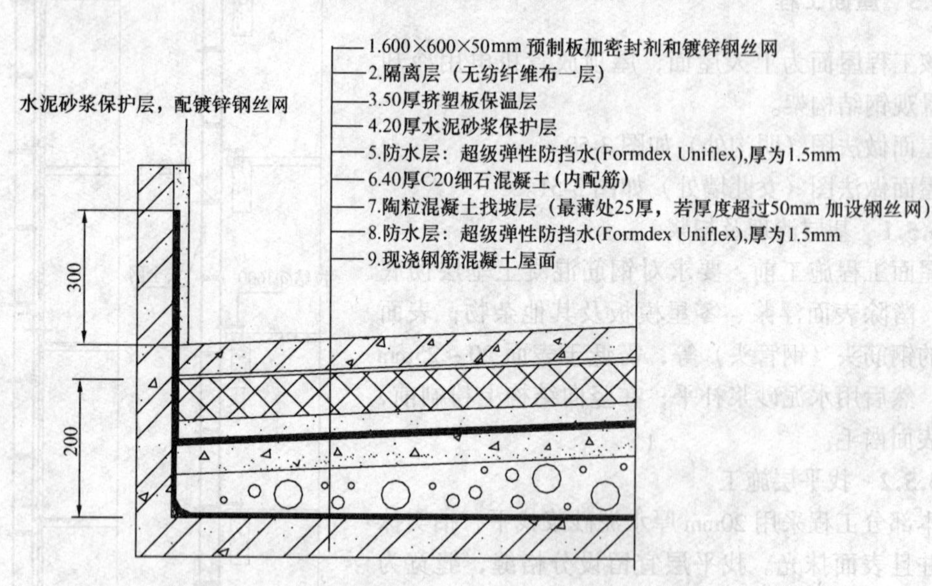

图 3-51　屋面做法（女儿墙处）

刷方向应与前遍相垂直。

涂层的接槎，在每遍涂刷时应退槎 50～100mm，接槎时也应超过 50～100mm，避免在搭接处发生渗漏。

3.5.4　保温层施工

本工程保温层为挤塑保温板，铺设保温板的基层表面应平整、干燥、干净。保温板不应破碎、缺棱掉角；铺设时遇有缺棱掉角、破碎不齐的，应锯平拼接使用。

3.6　幕墙工程

本工程除南面剪力墙体外，其余采用单元式明框幕墙外围结构。

3.6.1 单元式幕墙的安装工艺流程

单元式幕墙的现场安装工艺流程：测量放线→检查预埋T形槽位置→穿入螺钉→固定牛腿→牛腿找正→牛腿精确找正→焊接牛腿→将V形和W形胶带大致挂好→起吊幕墙并垫减振胶垫→紧固螺钉→调整幕墙平直→塞入热压接防风带→安设室内窗台板、内扣板→填塞与梁、柱间的防火保温材料。

3.6.2 幕墙安装方法

由于本工程采用单元式幕墙，幕墙安装采用由下至上的安装顺序，同一楼层幕墙采用先定位安装一单元块幕墙，其余根据此单元块拼接安装。塔吊附着位置留空最后安装。单元块幕墙在工厂加工成成品检查合格后运至现场，由塔吊吊运至各安装楼层中，工人安装作业采用吊篮作业，楼层中的单元块由电动葫芦吊起至安装位置。上层工人要把握好玻璃，防止玻璃在升降移位时碰撞结构等。

根据已定位好的牛腿使玻璃正确就位。由吊篮内的操作工人紧固完成单元板块的安装。第一块玻璃就位后，要检查玻璃侧边的垂直度，以后就位的玻璃只需检查与已就位好的玻璃上下缝隙是否相等，且符合设计要求。

单元块就位后，开始注密封胶。所有注胶部位的玻璃和金属表面都要用丙酮或专用清洁剂擦拭干净，不能用湿布和清水擦洗，注胶部位表面必须干燥；同时，沿胶缝位置粘贴胶带纸带，防止硅胶污染玻璃。注胶要匀速、匀厚，不夹气泡。注胶工作不能在风雨天进行，防止雨水和风沙侵入胶缝。另外，注胶也不宜在低于5℃的低温条件下进行，温度太低胶液会发生流淌，延缓固化时间，甚至会影响拉伸强度。严格遵照产品说明书要求施工。

平面上共设置6名工人作业吊篮，吊篮需专业机构认可后方可使用。

3.7 装饰工程

3.7.1 外墙

本工程外墙南侧采用干挂石材。

干挂石材施工工艺流程如图3-52所示。

(1) 放线定位

对于墙面饰面干挂，进行轴线、标高复核定位，并依次将轴线和1000mm标高线标在墙面上，做好钢骨架基层的定位。

(2) 埋件安装

依据定位线安装固定钢骨架的钢板埋件。

(3) 钢骨架安装

槽钢做主龙骨，角钢做次龙骨。在基层墙上，用膨胀螺栓将镀锌槽钢竖向固定在基层上。在安装好的竖筋上，再按照石材分层线，水平焊接已按照石材分格安装尺寸钻好孔的角钢，此孔为固定不锈钢挂件所预留。钢骨架基层安装完毕，所有焊接部位均刷防锈漆两度，将不锈钢连接件拧在水平的镀锌角钢上。

(4) 石板安装

在龙骨上或墙上标志板的位置、图纸上需标明锁定装置在板上的位置。在安装位置放一铅坠以便定位，根据施工图定位将锁定装置安装到龙骨上，用螺栓固定，两端固定并最

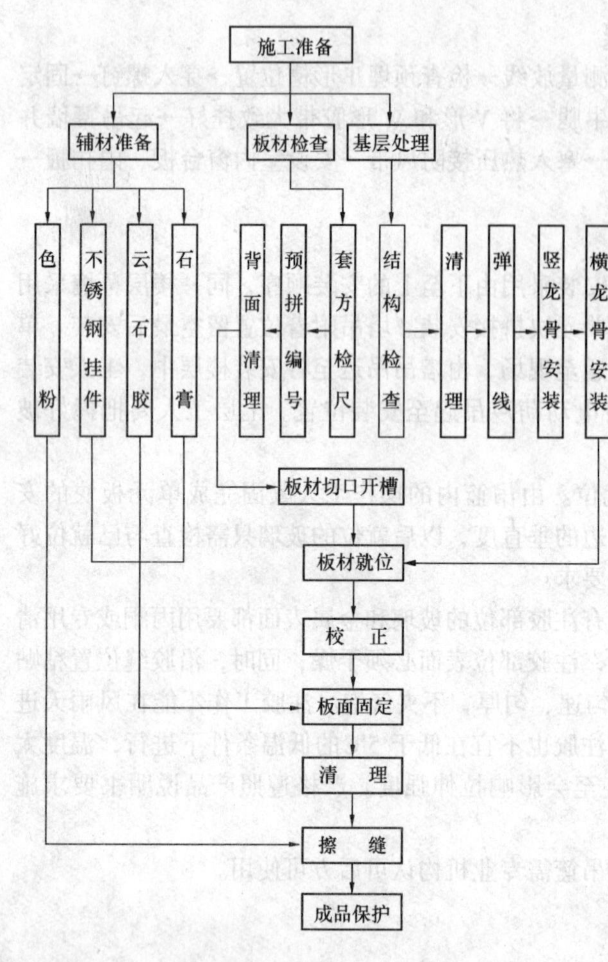

图 3-52　干挂石材工艺流程

多每隔600mm，就需螺栓固定，将超出板标材的长度切下。

利用传动杆将锁定装置按施工图放到位，用马蹄铁垫片调节水平。在锁定装置上喷肥皂水或用小块肥皂打滑，以便于安装。将板上的锁定装置扣在墙上对应的锁定装置上，注意保护板面。

(5) 擦缝

待石材镶贴完毕，清除余浆痕迹，用麻布擦洗干净，按石材颜色调同色灰浆嵌缝，随手擦干净，要求缝隙应密实、均匀，颜色一致。

3.7.2　内墙和柱面

本工程部分内墙面和全部柱面采用干挂石材，具体方法详见第3.7.1节，本节不再阐述，其余内墙面采用乳胶漆饰面，部分墙面采用面砖，办公间隔墙采用轻钢龙骨石膏板。

(1) 乳胶漆饰面

乳胶漆施工工艺流程如图3-53所示。

1）基层处理。

清理基层的目的在于清除掉基层表面粘附物，使基层清洁，必要时也要修补，达到不影响涂料对基层的粘结性。

2）涂刷稀乳液。

为了增强基层与腻子或涂料的粘结力，在批刮腻子或涂刷涂料前，先刷一遍与涂料体系相同或相应的稀乳胶液，这样稀乳液可以渗透到基层内部，使基层坚实干净，增强与腻

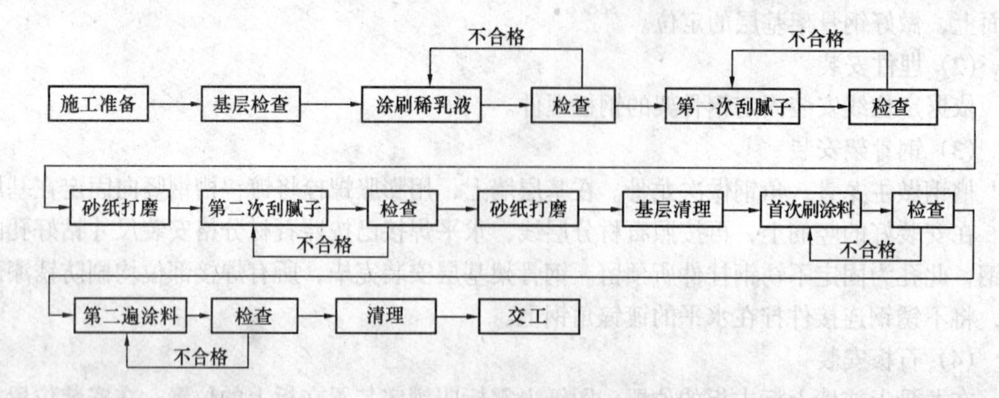

图 3-53　乳胶漆饰面工艺流程

子或涂层的结合。

3）满刮腻子。

满刮乳胶涂料腻子两遍，等腻子干后再砂纸磨平。

4）涂刷涂料。

涂刷遍数一般为两遍，必要时可适当增加涂刷遍数。在正常气温条件下，每遍涂刷的时间间隔为 1h 左右。

(2) 轻钢龙骨石膏板隔墙

轻钢龙骨隔墙是装配式作业，其施工操作工序如下：

弹线⟶固定沿地、沿顶沿墙龙骨⟶隔墙竖龙骨架装配及校正⟶填充岩棉⟶铺贴石膏板⟶饰面处理等。

(3) 墙面面砖铺贴

墙面面砖铺贴，分基层为混凝土面和砖墙面两种。

1）基层为混凝土墙面。

首先，将凸出墙面的混凝土剔平，对大钢模施工的混凝土墙面应凿毛，并用钢丝刷满刷一遍，再浇水湿润。然后，抹底灰。

2）基层为砖墙面

首先，将墙面清理干净，并提前 1d 浇水湿润；吊垂直、找规矩、贴灰饼、冲筋；然后，抹底灰；待基层灰六七成干时，即可按图要求排砖。

3.7.3 窗帘盒安装

本工程主要采用暗装窗帘盒方式。

施工顺序如下：弹线定位⟶钻孔安装基准木龙骨⟶在地面下料拼装好⟶固定在安装位置⟶调整后加固⟶与吊顶连接。

窗帘盒固定图如图 3-54 所示。

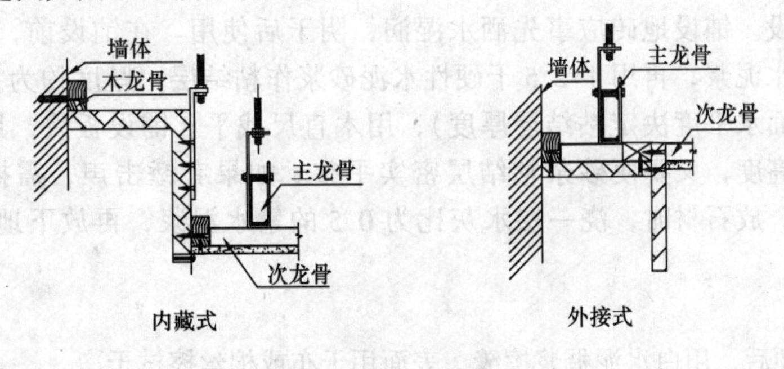

图 3-54 窗帘盒固定

3.7.4 楼地面工程

楼地面采用石材地面、地砖地面和架空地板。

(1) 石材地面的铺贴工艺

石材地面铺贴工艺流程如图 3-55 所示。

1）放线工作。

放好标高控制线、平面控制线。

2）试铺。

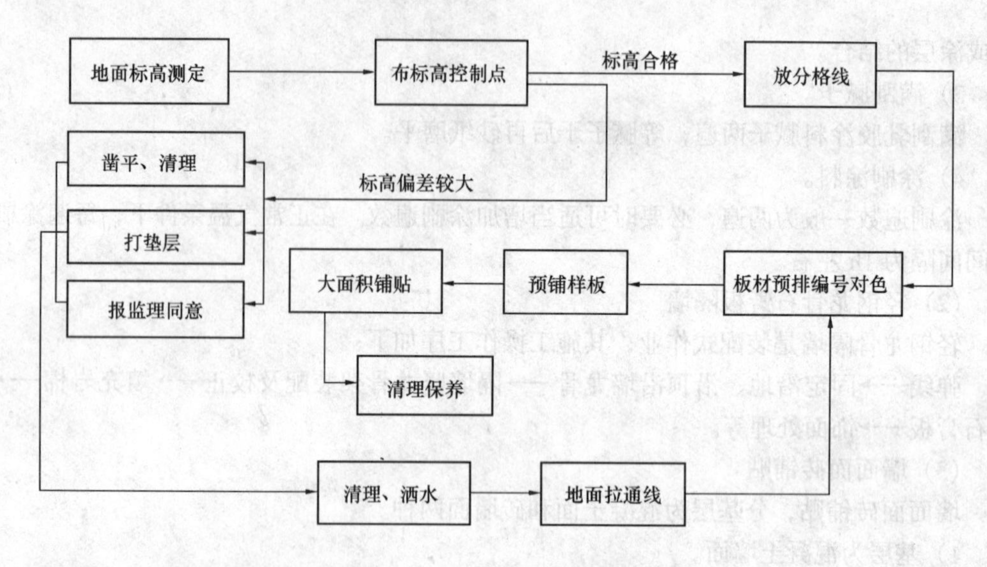

图 3-55　石材地面铺贴工艺流程

石材试铺应先沿一组垂直的分格排列成“L”形，每边铺贴10块，然后测量每边的长度，长度尺寸应控制在9m以内，误差3mm。根据实测的误差来调整接缝尺寸（注：石材不允许出现正误差），以保证每9m范围内的平面尺寸得以控制。

3）基层清理。

检查基层平整度和标高是否符合设计要求，偏差较大的应事先凿平，修补清扫干净。

4）找平弹线。

用1:2.5水水泥砂浆找平，做水平灰饼，弹线找中找方。

5）铺设。

根据弹线，应先铺若干条干线做为基准，起标筋作用。一般先由房间中线往两侧采取退步法铺设。铺设地砖应事先洒水湿润，阴干后使用。在铺设前，先在找平层上均匀刷一道素水泥浆，再用1:2.5干硬性水泥砂浆作粘结层，厚度约为20mm（根据试铺高度及楼地面水平度决定粘结层厚度），用木直尺找平。铺设板块，用橡皮锤敲击，既要达到铺设高度，又要使砂浆粘结层密实平整。如果有锤击声，需揭板增添砂浆，做到平实为止。放石材时，浇一层水灰比为0.5的素水泥浆，再放下地砖块，用锤轻轻敲击铺平。

6）擦缝。

待石材干硬后，用白水泥稠浆擦缝，表面用干布或棉丝擦拭干净。

7）养护

地面铺完后，面层铺盖一层塑料薄膜，减少砂浆在硬化过程中的水分蒸发，增强地砖与砂浆的粘固性，保证地面的铺设质量。养护期一般为3～5d，在养护期间应禁止踩踏，防止污染。

(2) 地面地砖的铺贴

地面地砖工艺流程如图3-56所示。

1）基层清理。

检查基层平整度和标高是否符合设计要求，偏差较大的应事先凿平修补，清扫干净。

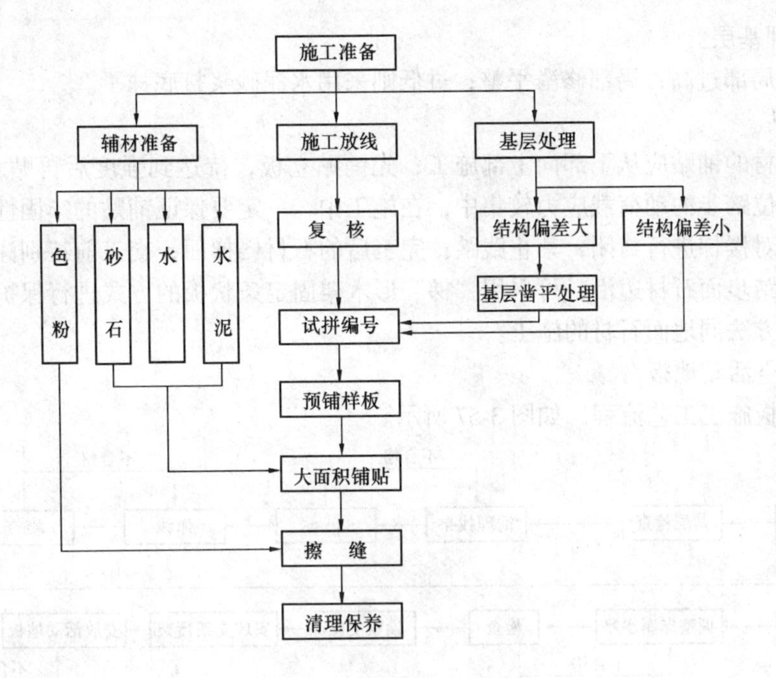

图 3-56 地砖铺贴工艺流程

2）找平弹线。

用 1:2.5 水水泥砂浆找平，做水平灰饼，弹线找中找方。

3）试拼、编号。

在铺设地砖前，应对地砖进行试拼，对色，挑选整理。

4）铺设。

镶贴面砖首先把挑选出一致规格的面砖，清扫干净，放入净水中浸泡 2h 以上，取出表面晾干。根据弹线应先铺若干条干线作为基准，起标筋作用。一般先由房间中线往两侧采取退步法铺设。凡是有柱子的房间，应先铺设柱子与柱子之间的部分，然后向两边展开，最后收口。铺设地砖应事先洒水湿润，阴干后使用，在铺设前先在找平层上均匀刷一道素水泥浆，再以 1:2.5 水泥砂浆作粘结层。厚度约为 20mm（根据试铺高度及楼地面水平度决定粘结层厚度），用木直尺找平，铺设板块，用橡皮锤敲击，既要达到铺设高度，又要使砂浆粘结层密实平整。如果有锤击声，需揭板增添砂浆，做到平实为止。

5）擦缝。

待铺设的地砖干硬后，用白水泥稠浆擦缝，表面用干布或棉丝擦拭干净。

6）养护。

待地面铺完后，面层铺盖一层塑料薄膜，减少砂浆在硬化过程中的水分蒸发，增强石板与砂浆的粘结牢固，保证地面的铺设质量。养护期一般为 3～5d，在养护期间应禁止踩踏、过车。

(3) 楼梯石材铺贴

1）放线。

根据楼层标高平均分配出每阶踏步的高度；根据踏步设计宽度，平均分配每阶踏步的宽度，误差部分放在休息平台处调整。

2）清理基层。

如基层局部过高，局部修凿平整；过低则采用水泥砂浆打底抹平。

3）铺贴。

楼梯石材的铺贴应从下部向上部施工；先铺贴立板，待达到强度后再贴水平踏面板；由于楼梯部位踏步的动荷载应力较集中，在施工中，一定要保证铺贴的牢固性；在石材养护期内，应对楼梯进行封闭，禁止践踏；完工后的石材楼梯面，交工前特别注意保护，以防坠物砸伤踏步面石材边沿，可采用"梯"形木架固定条状板的方式进行保护。楼梯石材的其他施工方法同地面石材的施工。

(4) 架空活动地板

架空地板施工工艺流程，如图3-57所示。

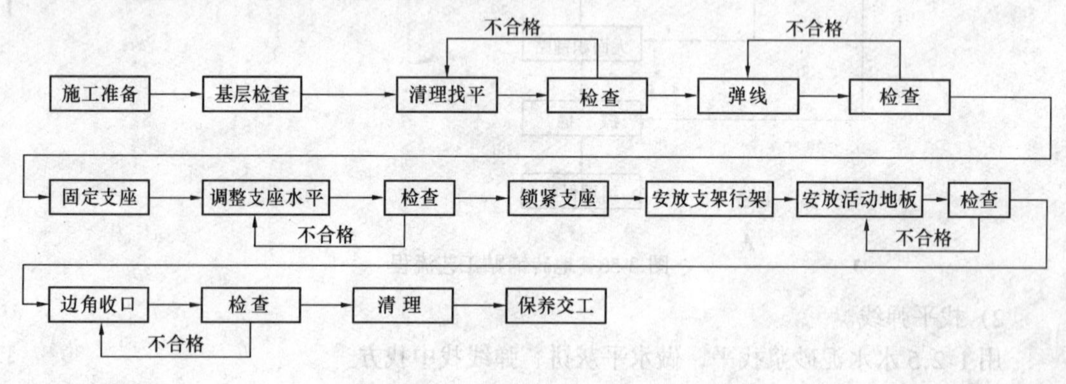

图3-57　架空地板施工流程

1）施工准备。

检查基层地面或楼面是否平整及是否达到设计标高；如地面平整度、高差相差太大，就用（1:2.5）水泥砂浆或细石混凝土找平；按照架空地板尺寸在地面弹出墨线，形成网格；在空间墙面上，弹出活动地板成活面水平标高线。

2）施工安装。

按架空地板成活面标高减去地板厚度后的高度，拉几道纵横水平线，作为安装活动地板支架高度的控制线。

在地面弹线方格网的十字点处固定支座，用M8膨胀螺栓将支座下部固定在地面上，每个支座不少于2颗膨胀螺栓。

调整支座顶面高度到室内要求水平，调平后，锁紧支座顶面活动部分。将地板支架行条放在两支座间，用平头螺钉与支座顶面固定（图3-58）。

在组装好的行条框架上，放活动地板并调整板块间的缝隙。在安装地板时，地板尺寸必然存在一定的尺寸误差。在安装前先进行选板，使用尺寸误差在允许范围内的活动地板，不影响视觉效果的地板安装在次要的墙边或桌子和工作台下面，或作为裁边部分的用料。

安装边角处需要裁截地板时，先将地板上标画出需裁截部分轮廓线，用曲线锯裁截掉多余部分再安装。

局部活动地板上负荷较大时，施工时预先在受力处增加支座架来支撑静电地板。

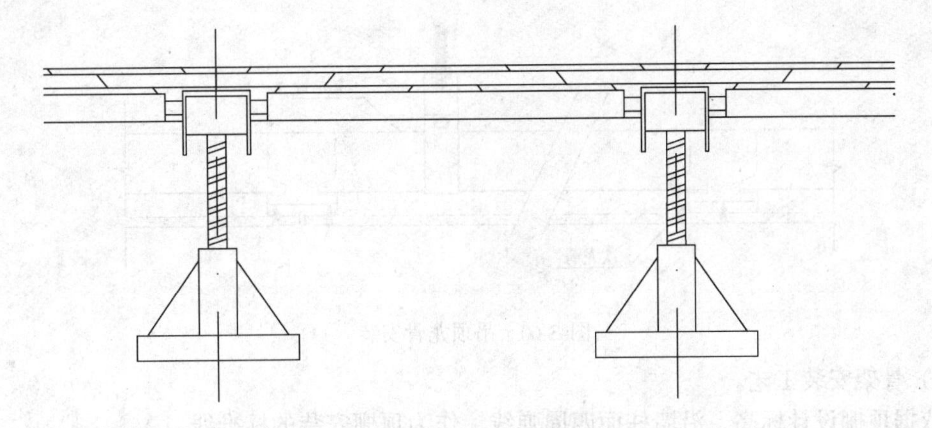

图 3-58 行条与支座连接图

3.7.5 顶棚吊顶工程

本工程办公区域采用轻钢龙骨覆板吊顶，厕所、会议厅及公共区域采用矿棉板吊顶。

(1) 轻钢龙骨石膏板吊顶的施工工艺

1) 施工顺序。

弹线安装吊杆→安装龙骨及配件→安装面板。

2) 操作要点。

根据顶棚设计标高，沿墙柱面四周弹顶棚安装的标准线。根据大样图，确定吊点位置弹线，并复验吊点间距；在吊点处钻孔洞，再将有内丝的膨胀栓打入孔洞内，最后将吊杆丝口相套旋入；安装主龙骨，进行调平，并应考虑顶棚的起拱高度不少于房间短向跨度的1/200；次龙骨用中吊挂固定在主龙骨下面，吊挂件上端搭在主龙骨上，C形腿用钳子插入主龙骨内（图 3-59）。

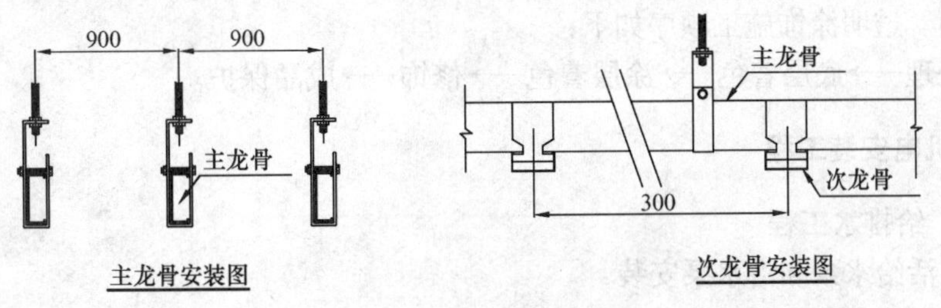

图 3-59 主、次龙骨安装图

横撑龙骨与次龙骨垂直，装在罩面板的拼接处，横撑龙骨与次龙骨的连接，采用中小接插体连接，安装沿边的异形龙骨或铝角条。横撑龙骨可用次龙骨截取，安装时横撑龙骨应与次龙骨的底面平顺，以便安装罩面板。用 $\phi3.5\times25$ 自攻螺钉固定，钉帽做防锈处理，并用油性腻子嵌平。

罩面板安装示意如图 3-60 所示。

吊顶应安排在上层楼面、屋面防水工程完工后，方可进行施工。

(2) 矿棉板吊顶

1) 施工顺序。

弹线安装吊杆→安装配件→安装铝板。

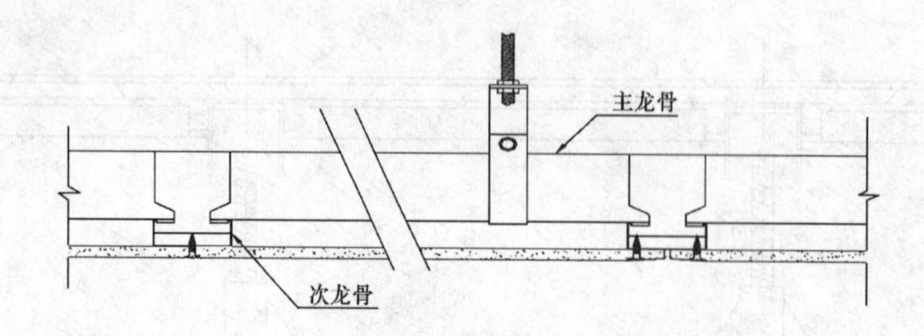

图 3-60　吊顶龙骨安装

2）骨架安装工艺。

依据顶棚设计标高，沿墙柱面四周弹线，作为顶棚安装的标准线。

吊杆可用直径为8mm的钢筋制作，安装时先将长短适宜的钢筋一端和套丝杆搭接焊好，搭接焊缝长度不小于3.5cm，吊杆端头螺纹外露长度不应小于3cm，另一端头与L40×40角钢焊好，角钢上开10mm孔眼，以安装8mm膨胀螺栓。

根据大样图确定吊点位置弹线，并复验吊点间距。在吊点处，用冲击钻将吊点对应的楼板底面钻孔洞，将安装有吊杆的8mm膨胀螺栓固定于吊点处。

通过配送的卡钩将配送的T形龙骨互相固定直接卡在龙骨的扣孔中，形成300mm×1200mm的方框分隔。

3）矿棉板吊顶。

矿棉板安装前，要对板材和已安装的龙骨进行检查，符合要求后方可安装。

将矿棉板放入到每一个方框分隔中调平，轻轻压实即可。

3.7.6　木作及油漆

装饰工程中的油漆施工，主要是饰面处理。本工程油漆饰面处理主要为：透明涂饰（清漆涂饰）。透明涂饰施工顺序如下：

基层处理⟶底层着色⟶涂层着色⟶修饰⟶成品保护。

3.8　机电安装工程

3.8.1　给排水工程

（1）生活给水泵和潜水泵安装

安装前，进行相应的设备基础与设备检查。

水泵安装示意如图3-61所示。

安装完成后，应将泵清洗并进行试车，完成后进行试运转。

（2）阀门安装

阀门安装前，应做耐压强度试验。经试验合格后的阀门方许安装于本工程中。阀门安装中应保证位置、进出口方向正确，连接牢固、紧密，阀门开启灵活，朝向合理。阀门与法兰连接的螺栓朝向一致。安装完毕后，应确保阀门清洁，有漏漆部位应补刷完整。

（3）管网安装

1）UPVC排水管安装

管道系统安装前，对材料的外观和接头配合的公差进行仔细检查。配管与管道粘结严格按下列步骤进行：①按设计图纸放线，并绘制实测施工图；②按实测施工图进行配管，

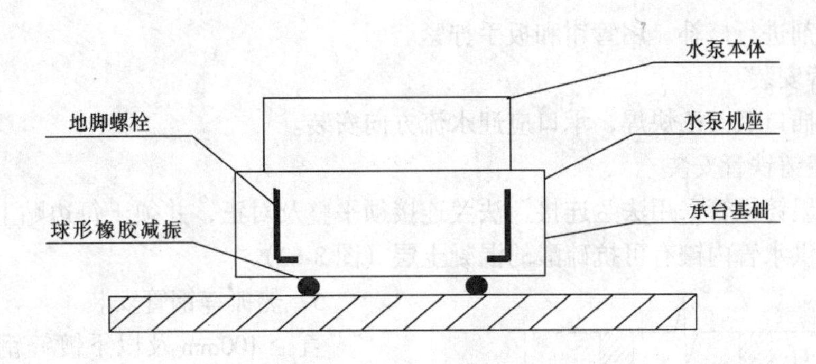

图 3-61 水泵安装示意

并进行预装配；③管道粘结；④接头养护。

配管时，应对承插口的配合程度进行检验。将承插口进行试插，自然试插深度以承口长度的1/2～2/3为宜，并做出标记。

室内明装塑料管待土建粉饰完毕后进行施工。塑料管道的立管和水平管的支撑间距不得大于表3-4的规定。

给水塑料管道的最大支撑间距（mm） 表 3-4

外 径	20	25	32	40	50	65	75	90	110
水平管	500	550	650	800	950	1100	1200	1350	1550
立 管	900	1000	1200	1400	1600	1800	2000	2200	2400

排水管道上的吊钩或卡箍应固定在承重结构上，立管底部的弯管处应设支墩，塑料排水管固定件的间距不得大于表3-5的规定。

塑料排水管固定件的间距表 表 3-5

外径（mm）		40	50	75	110	110
最大支撑间距	横管（m）	0.40	0.50	0.75	1.10	1.60
	立管（m）		1.50	2.00	2.00	2.00

排水立管在底层和最高层乙字管、转折管上层均应设置检查口。

UPVC排水管材的机械强度比铸铁管低，膨胀系数是铸铁管的6～8倍。因此，在排水立管上应装伸缩节。施工中应严格按设计要求装设伸缩节。排水管穿楼板、屋面应做好防水处理。

塑料管与金属管配件连接采用螺纹连接时，必须采用注射成型的螺纹塑料管件。其管件螺纹部分的最小壁厚不得小于表3-6的规定。

注射塑料管件螺纹处最小壁厚尺寸（mm） 表 3-6

塑料管外径	20	25	32	40	50	63
螺纹处厚度	45	48	51	55	60	65

2）衬塑管安装

安装前，须在管端表面及螺纹区统一涂上防锈剂，即使使用密封带，也要首先使用防锈剂后方可缠绕密封带。管道安装后，在所有螺纹外露部分及所有钳痕和表面损坏的地方应涂上防锈剂进行修补。用管钳和扳手拧紧。

3）铜管安装

采用承插口氧—乙炔焊，承口应迎水流方向安装。

4）球墨铸铁管安装

地上球墨铸铁管采用法兰连接，法兰连接须平整及对正，并须于每边贴上橡胶垫圈及填料封口。供水管内镶有可抗硫酸的混凝土层（图3-62）。

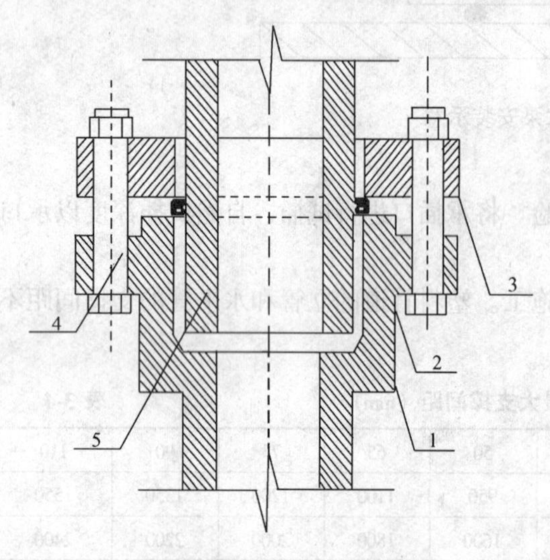

图3-62　铸铁管接口图

1—承口端；2—橡胶密封盖；3—法兰盖盘；4—紧固螺栓；5—插口端

5）热镀锌钢管安装

直径100mm及以下镀锌钢管采用螺纹丝扣连接。直径100mm以上采用机械式沟槽连接。

(4) 洁具安装

洁具的安装程序如图3-63所示。

(5) 给排水系统试验

给排水工程完后，必须按相应规范做以下系统试验：

①给水管道系统水压试验；

②排水管道系统灌水管道试验；

③给水管道系统冲洗和消毒；

④UPVC排水管灌水试验；

⑤卫生器具盛水试验。

3.8.2　电气工程

(1) 系统安装

1）母线敷设

母线敷设用瓷瓶支撑，水平敷设用卡板固定，垂直敷设用夹板固定，线与设备不得强制连接，接触面处涂电力复合导电膏处理，连接用的紧固件必须用镀锌螺栓加平垫圈和弹簧垫圈。

2）桥架及线槽安装

桥架及线槽安装程序如图3-64所示。

桥架支架直线段2m一个，弯角处根据桥架大小增设支架。

3）配管接线

配管接线施工程序如图3-65所示。

4）电缆敷设

敷设电缆时，按先大后小、先长后短的原则进行，排列在底层的先敷设。

5）开关、插座、灯具安装

开关、插座、灯头安装时应按电路图正确接线，不可调错及漏接。同一房间内高位和低位开关、插座的安装标高应一致，并列安装的开关、插座应平齐；开关、插座的布置应合理，安装位置应准确。

6）电线敷设

按技术规范敷设管线，并应对每个电气回路做好绝缘测试且做好记录；分户配电箱回

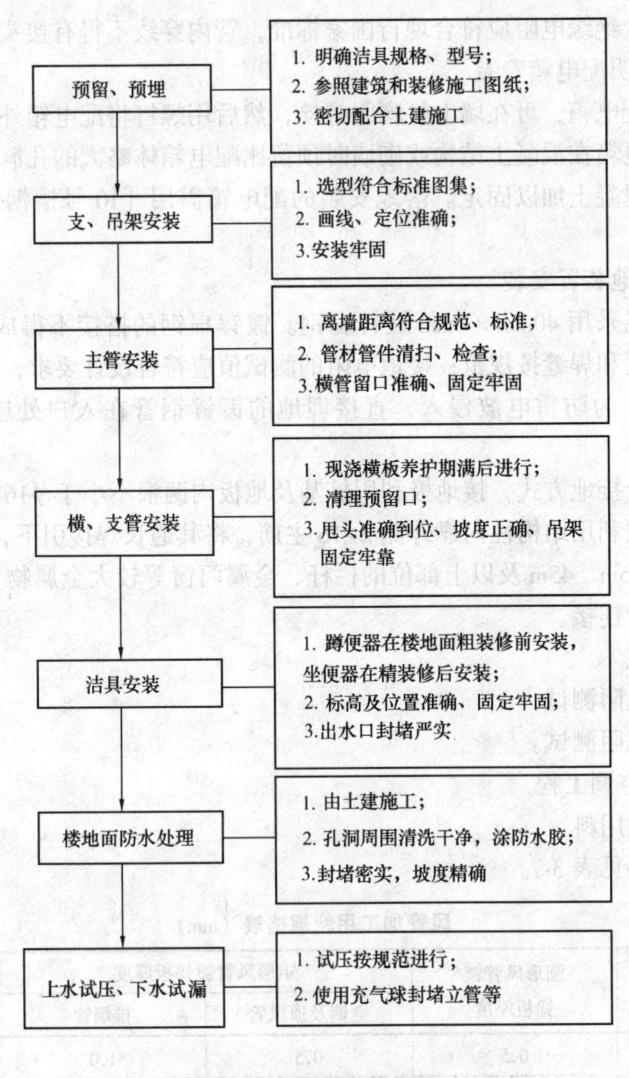

图 3-63 洁具安装流程

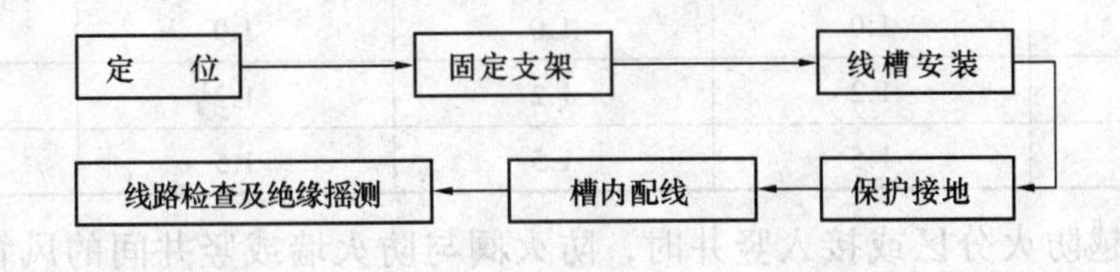

图 3-64 桥梁及线槽安装

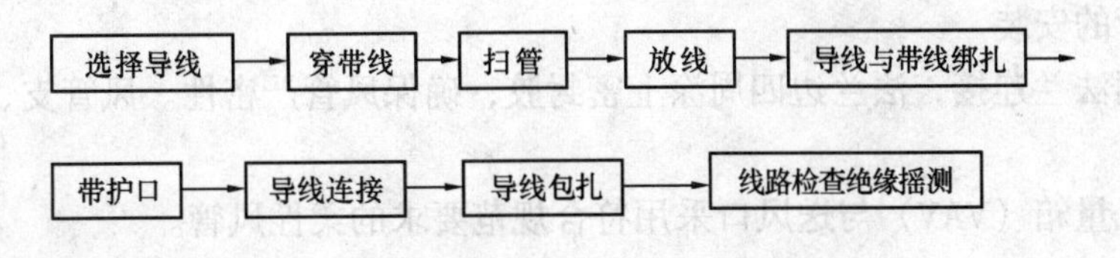

图 3-65 配管接线流程

路贴好回路标签；绝缘电阻应符合现行国家标准，管内穿线不得有接头。

7）电力、照明配电箱安装

竖井的明装配电箱，可在墙上打膨胀螺栓，然后用螺钉将配电箱外壳直接固定在膨胀螺栓上。暗装配电箱在混凝土结构或砌墙时预留比配电箱体略大的孔洞，在配电箱安装完成后，空间填以混凝土加以固定。落地安装的配电箱需用［10号槽钢做设备基础，用膨胀螺栓固定。

8）防雷与接地装置安装

户外接地母线采用40mm×4mm镀锌扁钢。镀锌扁钢的搭接不得成“T”形，严禁直接对接，搭接长度和焊缝按规范；接地电阻的测试值应符合设计要求，并得到当地防雷检测所的复核检验；为防雷电波侵入，直接埋地的镀锌钢管在入户处应与接地系统跨接处理。

接地采用联合接地方式，接地极利用桩基及地板内两根不小于$\phi16$或4根不小于$\phi10$钢筋组成。引下线利用结构柱内靠外侧$2\phi16$主筋，将其通长焊接引下，施工时做好标识。本建筑高度超过45m，45m及以上部位的栏杆、金属门窗等较大金属物直接或通过金属门窗埋铁与防雷装置连接。

（2）系统测试

①电气绝缘电阻测试；

②防雷接地电阻测试。

3.8.3　通风空调工程

（1）风管加工用料

风管加工用料见表3-7。

风管加工用料规格表（mm）　　表3-7

矩形风管大边长或圆形风管直径（mm）	圆形风管镀锌板厚度	矩形风管镀锌板厚度		角钢法兰用料规格
		空调及通风管	排烟管	
≤200	0.5	0.5	1.0	插接
220～500	0.75	0.75	1.0	插接
550～1120	1.0	1.0	1.0	插接
1250～2200	1.2	1.2	1.2	L40×4
≥2200	1.5	1.5	1.5	L50×5

当风管穿越防火分区或接入竖井时，防火阀与防火墙或竖井间的风管采用厚度为2.0mm的钢板焊接制成，加工好后刷防锈底漆两遍，内刷烟囱漆两遍，外刷色漆两遍。风管长边大于或等于1000mm，段长大于1200mm者，沿管道中心要求设纵向加强筋。

（2）风管的安装

风管采用法兰连接，法兰边四周涂上密封胶，确保风管严密性。风管支、吊架按规范设置。

连接变风量箱（VAV）与送风口采用符合规范要求的柔性风管。

（3）刷漆

镀锌钢板风管在制作安装中如镀锌层受到损坏，应重新刷漆。具体为刷锌黄底漆一遍，调合漆两遍。

风管金属支、吊、托架及排烟钢板风管应除锈后刷红丹漆两遍，调合漆一遍。排烟风管内壁刷烟囱漆两遍。

(4) 防火阀安装

防火阀安装示意如图 3-66 所示。

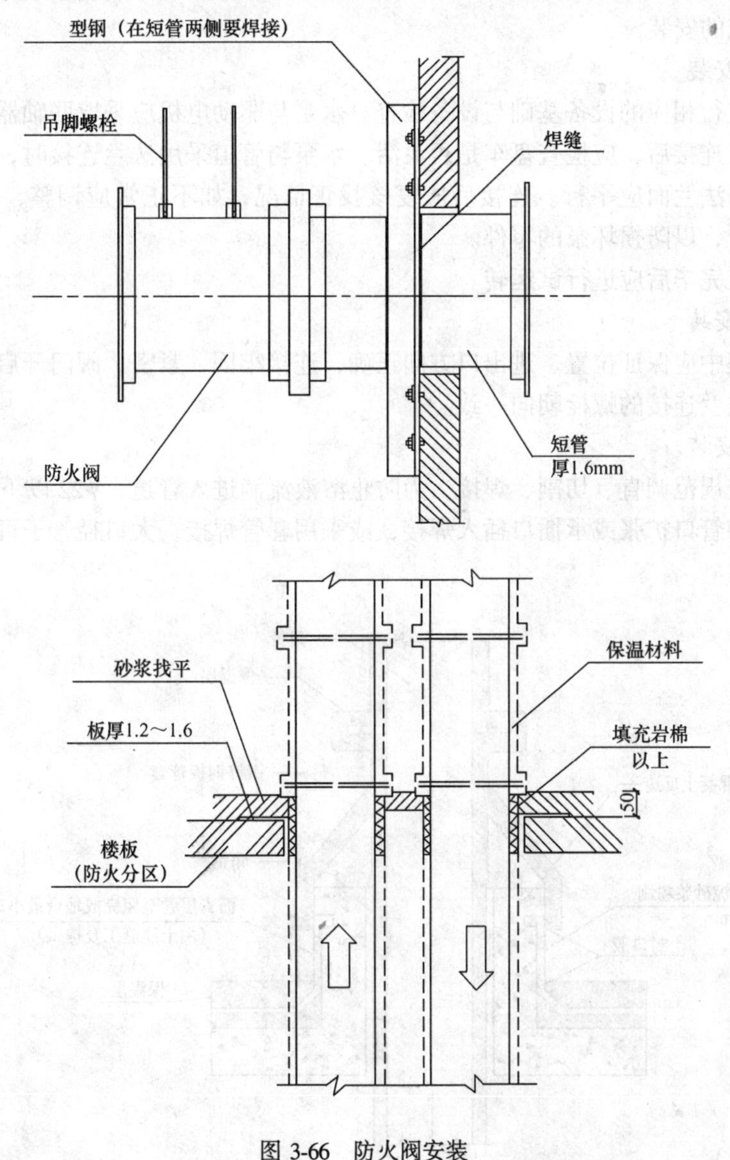

图 3-66 防火阀安装

(5) 风管保温

本工程风管保温采用带加强筋铝箔、48kg/m^3 离心玻璃板，保温厚度为 25mm，板材与风管管壁间用胶水粘结，板材搭接处用保温胶带封贴密实。在适当位置留检修口。

(6) 风管穿屋面安装

为确保防水施工质量，穿屋面风管严格按图 3-67 工艺要求进行施工，具体如图 3-67 所示。

(7) 通风系统试验

本工程的系统试验为以下两个：

①设备单机试运转及调试；

②系统无生产负荷下的联合试运转及调试。

3.8.4　空调水工程

(1) 系统的安装

1) 水泵安装

安装前进行相应的设备基础与设备检查。水泵与驱动电机应采取联轴器相连。主动轴与从动轴找正连接后，应检查盘车是否灵活。水泵与管道采用法兰连接时，法兰应与管中心线垂直，两法兰面应平行。连接后应复核找正情况，如不正常应调整，调整时应将水泵、管道脱开，以防损坏泵的零件。

水泵安装完毕后应进行试运转。

2) 阀门安装

阀门安装中应保证位置、进出口方向正确，连接牢固、紧密，阀门开启灵活，朝向合理。阀门与法兰连接的螺栓朝向一致。

3) 管网安装

对管子按规范调直、切割、焊接，为防止溶液流淌进入管道，ϕ22以下管子可采用手动胀口机，将管口扩张或承插口插入焊接，或采用套管焊接；大口径管子可采用加衬焊环的方法焊接。

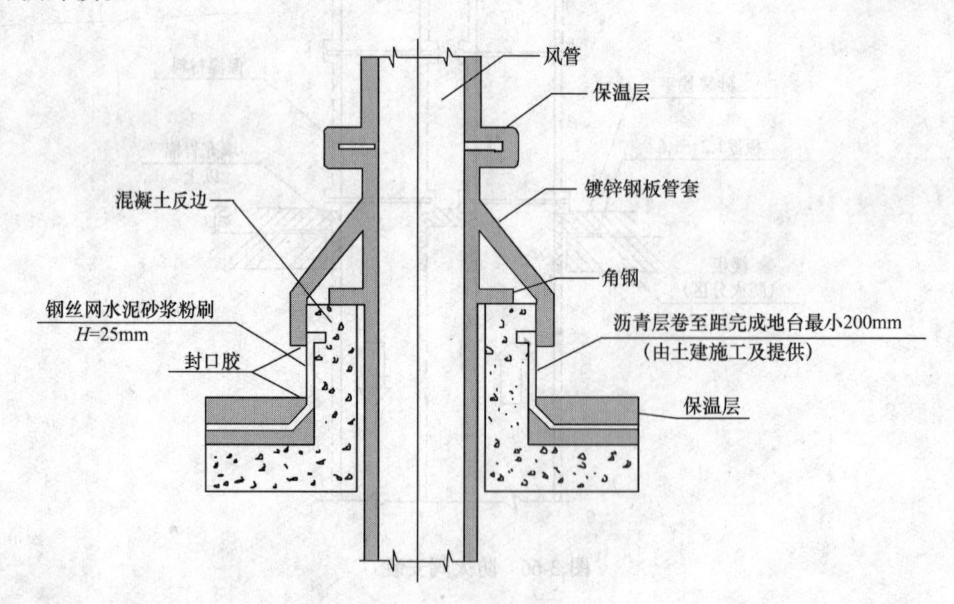

图 3-67　风管穿屋面安装

管道及配件必须用支吊架稳定固定。空调水管穿越结构层按图3-68施工。

4) 管道保温

管道安装完毕、试压合格后，先对支架做防腐处理，然后用纱布擦拭管道表面浮灰，刷上胶水，包裹难燃发泡橡塑保温材料，厚度见表3-8。每段管壳间留一膨胀缝，膨胀缝

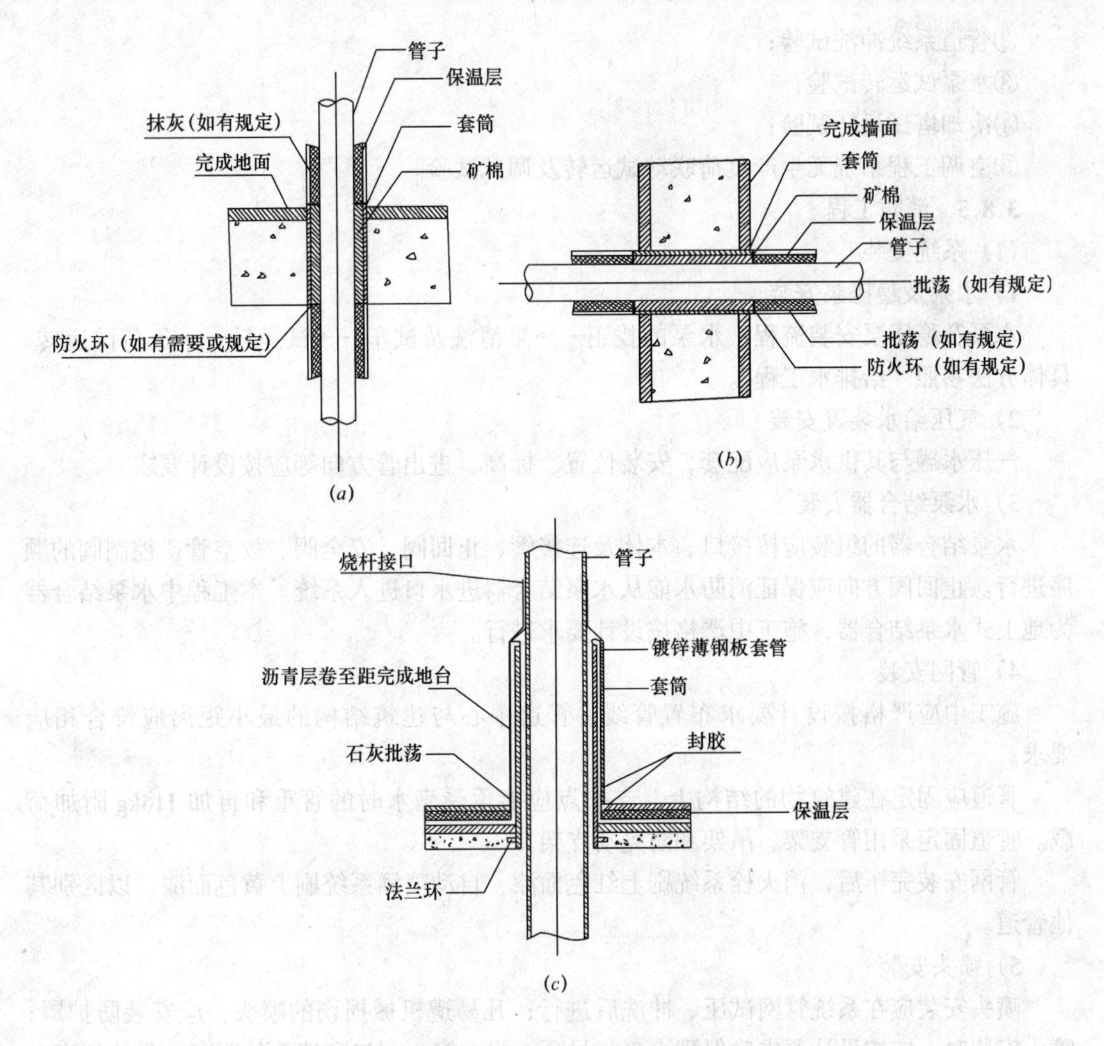

图 3-68 空调水管穿越结构层图

（a）管子穿楼板大样图；（b）管子穿墙大样图；（c）管子穿屋顶大样图

用柔性材料填充。

保温施工工序为：管道表面清洁→支架→涂红丹防锈漆两遍→涂520胶水→包裹难燃发泡橡塑保温材料。

对于机房内管道，在其保温或管道的外表面做色标，分别管道的系统并表明管内流体的流向。

对于屋面的管道保温层应用玻璃钢铝箔做保护层，保护层的纵、横向接缝应顺水；其纵向接缝应错开，且位于管道的侧面；保护层与墙面或屋顶的交接处需加设泛水。

保温材料厚度表　　表 3-8

管　径	冷冻水管和屋面水管	冷凝水管
$DN<40$	25mm	15mm
$50\leqslant DN\leqslant 100$	30mm	
$100<DN\leqslant 200$	36mm	
$DN>200$	45mm	

（2）系统试验

空调水管系统试验包括以下几方面：

①管道系统水压试验；

②管道系统冲洗试验；

③水泵试运转试验；

④冷却塔试运转试验；

⑤空调工程系统无生产负荷联动试运转及调试试验。

3.8.5 消防工程

（1）系统安装

1）水泵及稳压泵安装

水泵及稳压泵安装流程：水泵的找正⟶泵清洗及试车⟶试运转⟶负荷试运转。具体方法参照“给排水工程”。

2）气压给水装置安装

气压水罐与其供水泵应配套，安装位置、标高、进出管方向等应按设计要求。

3）水泵结合器安装

水泵结合器的组装应按接口、本体及连接管、止回阀、安全阀、放空管、控制阀的顺序进行。止回阀方向应保证消防水能从水泵结合器进水口进入系统。本工程中水泵结合器为地上式水泵结合器，施工中严格按设计要求进行。

4）管网安装

施工中应严格按设计要求布置管线，管道中心与建筑结构的最小距离应符合相应要求。

管道应固定在建筑物的结构上，支撑点应能承受满水时的管重和再加114kg附加荷载。管道固定采用管支架、吊架和防晃动支架。

管网安装完毕后，消火栓系统刷上红色面漆，自动喷洒系统刷上黄色面漆，以区别其他管道。

5）喷头安装

喷头安装应在系统管网试压、冲洗后进行；凡易遭机械损伤的喷头，应安装防护罩；喷头安装时，应按设计要求确保溅水盘与吊顶、门、窗、洞口和墙面的距离，具体如表3-9所示。

喷头与隔断的水平和垂直距离表 **表3-9**

水平距离（mm）	15	22.5	30	37.5	45	60	75	≥80
最小垂直距离（mm）	7.5	10.0	15.0	20.0	23.6	31.8	38.6	45.0

6）组件安装

水力警铃安装位置严格按设计要求执行，且安装检修、测试用阀门和通径20mm的滤水器；警铃和报警阀的连接应采用镀锌钢管，当通径为15mm时，其长度不大于6m；当通径为20mm时，其长度不应大于20m。水力警铃安装后，应确保其启动压力不小于0.05MPa；警铃连接管必须畅通，水轮转动灵活。

系统中的安全信号阀应靠近水流指示器安装，且与水流指示器间距不小于300mm。

自动排气阀应在管道系统试压冲洗后，安装于立管顶部或配水管的末端，不应有渗漏。

系统中安装的控制阀的型号、规格、安装部位应符合设计图纸要求；安装方向正确，阀内清洁、无堵塞、无渗漏；系统中的主要控制阀必须安装启闭指示。

节流装置应安装在公称直径不小于50mm的水平管段上，与弯管的距离不小于所有管段通径的两倍。压力开关宜竖直安装在通往水力警铃的管道上，并不允许在安装中拆动。

7）水箱安装

根据实际情况，如有必要可以在箱体周围用角钢制作抱箍进行加固措施，抱箍角钢间距为1m。

水箱要进行盛水试验。水箱就位后，按图纸设计安装进水管、出水管、溢流管、排污管、水位信号管等，安装好后，进行水压试验和保温处理。

(2) 系统试验和调试

系统试验和调试包括：水源测试、消防泵性能试验、稳压泵试验、湿式报警阀性能试验、排水装置试验、系统联动试验、灭火功能模拟试验。

3.8.6 电梯工程

(1) 设备运送路线及起吊

利用塔吊吊运设备至屋面入电梯机房。此项目所采用曳引机最大重量1800kg，高1.53m，宽为0.85m，长为0.85m。

(2) 安装方法

根据井道轴线下线板，确定导轨的正确位置。根据楼层完成面及石墙直面基准线，安装地坎及门框。

根据下线板所确定的位置，正确安装曳引机底座。电气设备安装及绝缘阻值、接地电阻及通电电阻的检测必须有监理、甲方监视并填报及签认有关表格。完成具备行慢车的条件后，各方确认各机械及电气设备的安装符合技术规范及国家国标要求。

(3) 调试

按规范要求首先进行慢车调试；然后，进行快车调试；最后，出调试报告。

3.9 科技推广示范工程计划

结合本工程的实际施工技术应用情况，拟将本工程申请为局级科技推广示范工程。

3.9.1 科技推广工作组织机构

组长：(项目经理)

副组长：(技术负责人、项目生产经理)

成员：(施工员、技术员、资料员、质量员)

3.9.2 科技推广措施

(1) 项目在全面了解和熟悉整个工程的结构和构造后，制定科技推广项目计划，报公司审定后，具体予以实施。

(2) 制定科技推广工作责任制，按逐一单项落实到人，并实行奖罚制。

(3) 项目在科技推广实施过程中，组建QC小组，进行计划（P）——实施（D）——检查（C）——对策（A）的工作循环，以攻克技术难关。

3.9.3 具体部署及组织机构落实

为了做到有计划、有步骤地开发和推广应用新技术项目，根据本工程的特点选定的新工艺、新技术。项目在开工之前，就成立推广领导小组，并按所开发和推广应用的项目，配备专业人员组成专业小组，具体安排见表3-10。

项目科技推广计划表　　表3-10

序号	项　　目	责任人（待定）	执行日期	计划推广量	备　注
1	半逆作法施工技术		2003.12～2004.6	地下一层	
2	深基坑支护技术		2003.12～2004.6	4道支撑	
3	电梯井二次浇捣法		2004.3～2004.4	600m²	
4	深基坑降水技术		2003.12～2004.6	17套	
5	地胎模施工技术		2004.2～2004.3	3500m²	
6	电渣压力焊技术		2004.2～2004.12	20000个接头	
7	套筒连接技术		2004.2～2004.12	18000个接头	
8	粘挡性防水材料及新型建筑防水材料的应用		2004.2～2005.1	7000m²	
9	圆柱定型模板技术		2004.7～2005.8	13个圆柱	
10	预应力梁施工技术		2004.7～2004.11	2000m³	
11	楼地面一次抹光技术		2004.02～2004.12	15000m²	
12	现代计算机应用和管理技术		2003.10～2005.8		

4　各项管理及保证措施

4.1　质量保证措施

4.1.1　施工质量管理组织

施工质量管理组织如图4-1所示。

4.1.2　施工质量控制措施

（1）阶段性的质量控制措施

阶段性施工质量管理流程如图4-2所示。

（2）各施工要素的质量控制措施

1）施工计划的质量控制

在编制施工控制计划时，应充分考虑人、财、物及任务量的平衡，合理安排施工工序和施工计划，在施工中应树立起工程质量为本工程的最高宗旨。如果工期和质量两者发生矛盾，则应把质量放在首位，工期必须服从质量，没有质量的保证也就没有工期的保证。

2）施工技术的质量控制措施

A. 施工必须正确贯彻按图施工的原则。

B. 发放图纸后，内业技术人员会同施工工长先对图纸进行深化、熟悉、了解，提出施工图纸中的问题、难点、错误，并在图纸会审及设计交底时予以解决。

C. 在分别组织土建、机电设备安装等图纸交底的基础上，必须组织各方共同会审，以解决图纸错漏、交接部分的矛盾、设计不合理及材料代用等问题，并认真做好图纸会审记录。

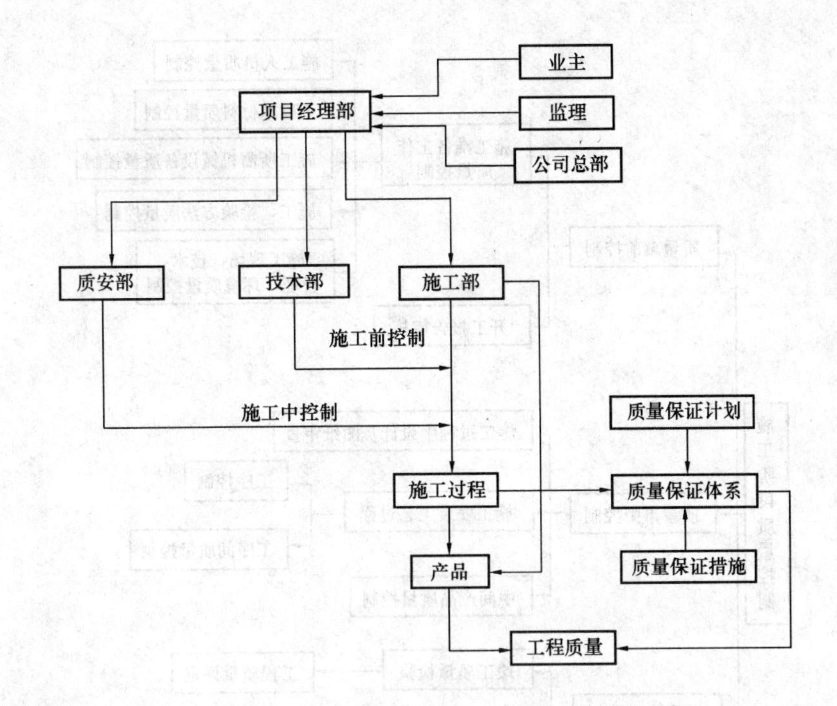

图 4-1 施工质量管理组织框图

D. 对在施工过程中，质量难以控制，或要采取相应的技术措施、新的施工工艺才能达到保证质量目的的内容进行摘录，并组织有关人员进行深入研究，编制相应的作业指导书，从而在技术上对此类问题进行质量上的保证，并在实施过程中予以改进。

E. 严格控制设计变更和材料代用，凡变更和材料代用一律由设计院正式发变更通知单及材料代用证明书。

F. 专门成立现场测量小组，标高、坐标及主要轴线网统一由测量小组测设并做出标记。土建、安装、吊装等，均按统一标高轴线施工，施工中做好各阶段的沉降观测记录。

G. 施工工长在熟悉图纸、施工方案或作业指导书的前提下，合理地安排施工工序、劳动力，并向操作人员做好相应的技术交底工作，落实质量保证计划、质量目标计划，特别是对一些施工难点、特殊点，更应落实至班组每一个人，而且应让他们了解本交底的施工流程、施工进度、图纸要求、质量控制标准，以便操作人员心里有数，从而保证操作中按要求施工，杜绝质量问题的出现。

H. 加强技术档案资料管理，及时填报、审核、收集、整理。

I. 工程施工技术交底采用二级交底模式：

a. 第一级为项目技术负责人（质量经理），根据经审批后的施工组织设计、施工方案、作业指导书，对本工程的施工流程、进度安排、质量要求以及主要施工工艺等向项目全体施工管理人员，特别是施工工长、质检人员进行交底；

b. 第二级为施工工长向班组进行分项专业工种的技术交底。

3）施工操作中的质量控制措施

A. 对每个进入本项目施工的人员，均要求达到一定的技术等级，具有相应的操作技能，特殊工种必须持证上岗；

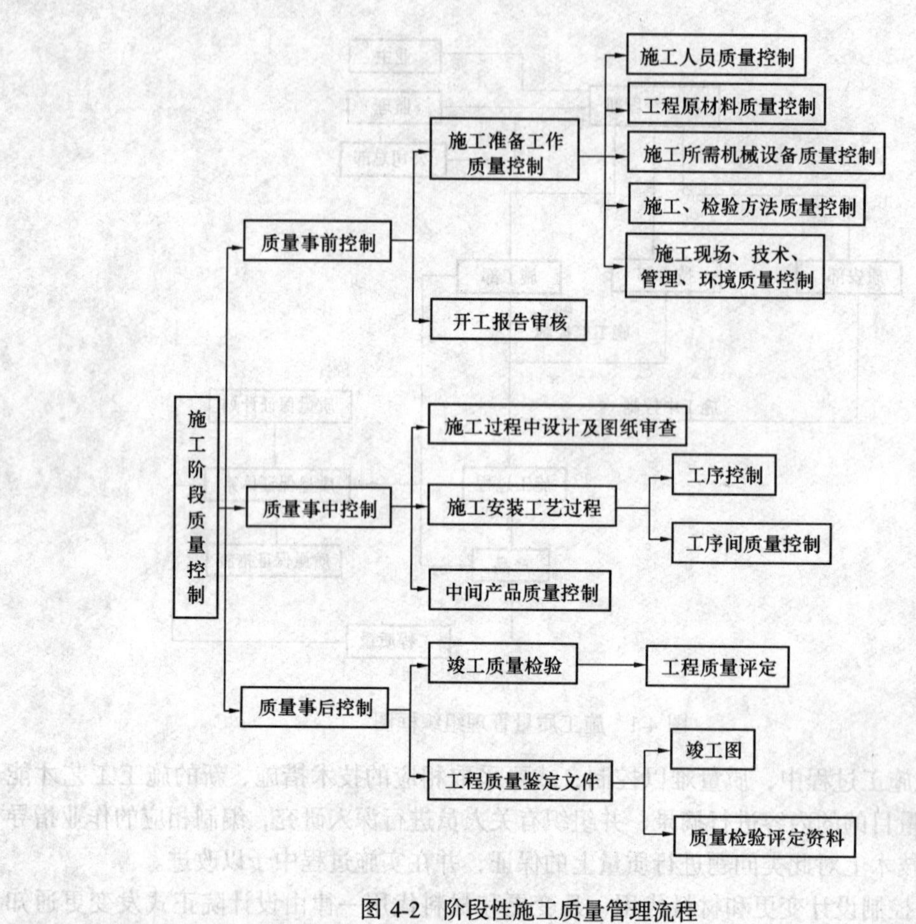

图4-2　阶段性施工质量管理流程

B. 加强对每个施工人员的质量意识教育，提高他们的质量意识，自觉按操作规程进行操作，在质量控制上加强其自觉性；

C. 施工管理人员，特别是工长及质检人员，应随时对操作人员所施工的内容、过程进行检查，在现场为他们解决施工难点，进行质量标准的测试，随时指出达不到质量要求及标准的部位，要求操作者整改；

D. 在施工中各工序要坚持自检、互检、专业检制度，在整个施工过程中，做到工前有交底、过程有检查、工后有验收的“一条龙”操作管理方式，以确保工程质量。

4）施工材料的质量控制措施

施工材料只有当复试报告、分析报告等全部合格且手续齐全方能允许用于施工。

5）施工中的计量管理的保证措施。

在计量工作中，将加强各种计量设备的检测工作，并在指定权威的计量工具检测机构（经业主及监理同意），按局计量管理文件进行周检管理。

（3）专项质量保证措施

按上海市“白玉兰奖”工程的质量要求进行结构施工。选择优秀的模板、脚手架支撑体系等；各分项工程层层交底、层层落实、记录完整，做到“凡事有章可循、凡事有人负责、凡事有人监督、凡事有据可查”，对每一个重要分项工程都编制管理流程，以过程质量保证精品工程。

4.1.3 成品保护措施

成品保护措施见表 4-1。

成品保护措施表　　表 4-1

序号	成品保护项目	成品保护措施
1	制成品保护	1. 堆放场地平整、干净、牢固、干燥、排水通风良好，无污染。 2. 分类、分规格按方案指定位置堆放整齐、平直，下垫木枋；叠层堆放时，上、下均放垫木，水平位置上、下一致，防止变形损坏；侧向堆放除垫木枋外，应加撑脚，防止倾覆。 3. 做好防霉、防污染、防锈蚀措施，成品上不得堆放其他物件。 4. 运输做到车厢清洁、干燥，装车高度、长度符合规定，堆放科学合理，装卸车做到轻装轻卸、捆扎牢固，防止运输及装卸散落、损坏
2	钢筋绑扎成型的成品保护	1. 按图绑扎成型后，清理干净多余的钢筋、扎丝、垃圾。 2. 支模及安装预留、预埋、混凝土浇筑时，不得随意弯曲、割除钢筋。 3. 成型钢筋上，后续作业中防止踩踏或重物堆置，以免钢筋弯曲变形。 4. 水平运输通道不得直接搁置在钢筋面上。 5. 模板隔离剂不得污染钢筋，如发现污染应及时清洗干净
3	模板成品保护	1. 模板支模成活后应及时将多余材料及垃圾清理干净。 2. 安装预留预埋与支模相配合，不得任意拆除模板及敲打模板、支撑。 3. 模板侧模不得靠钢筋等重物，以免倾斜、偏拉，影响模板质量。 4. 混凝土浇筑时，不得用振动棒等撬动模板、埋件等
4	混凝土成品保护	1. 混凝土浇筑完成后，清理散落的混凝土，并按方案要求覆盖保护。 2. 混凝土终凝前，不得上人作业，喷水养护时水压不宜过大。 3. 楼层混凝土面上的施工作业材料应分批进场，分散均匀，尽量轻放。 4. 在使用油漆、酸类等物品时，用桶装放置，并对混凝土面进行覆盖保护。 5. 浇筑混凝土前应做好预留、预埋，不得随意开槽打洞，不得击打混凝土面
5	水、电安装成品保护	1. 预留、预埋管件应做好标记，固定牢固。 2. 混凝土浇捣过程中，振动棒严禁接触穿线管、线盒等预埋件。 3. 开关、线槽、灯具安装后应采用封闭模、封闭罩进行保护
6	交工前的成品保护措施	1. 组织专职人员分片区值班巡查，进行成品保护工作。 2. 专职人员做好成品保护范围内的所有成品检查保护工作，并做好检查记录，发现问题及时提出整改要求，并及时汇报，以采取相应措施。 3. 在未办理竣工验收移交手续前，不得使用工程内一切设施

4.2 安全施工保证措施

4.2.1 安全生产管理组织

安全生产管理组织如图 4-3 所示。

4.2.2 安全生产制度

建立项目经理是第一责任人的安全生产责任制，落实每个管理人员的安全责任职责。建立包括安全教育制度、安全检查制度、安全交底制度、安全活动制度等的安全生产制度。

4.2.3 安全生产技术措施

安全生产技术措施见表 4-2。

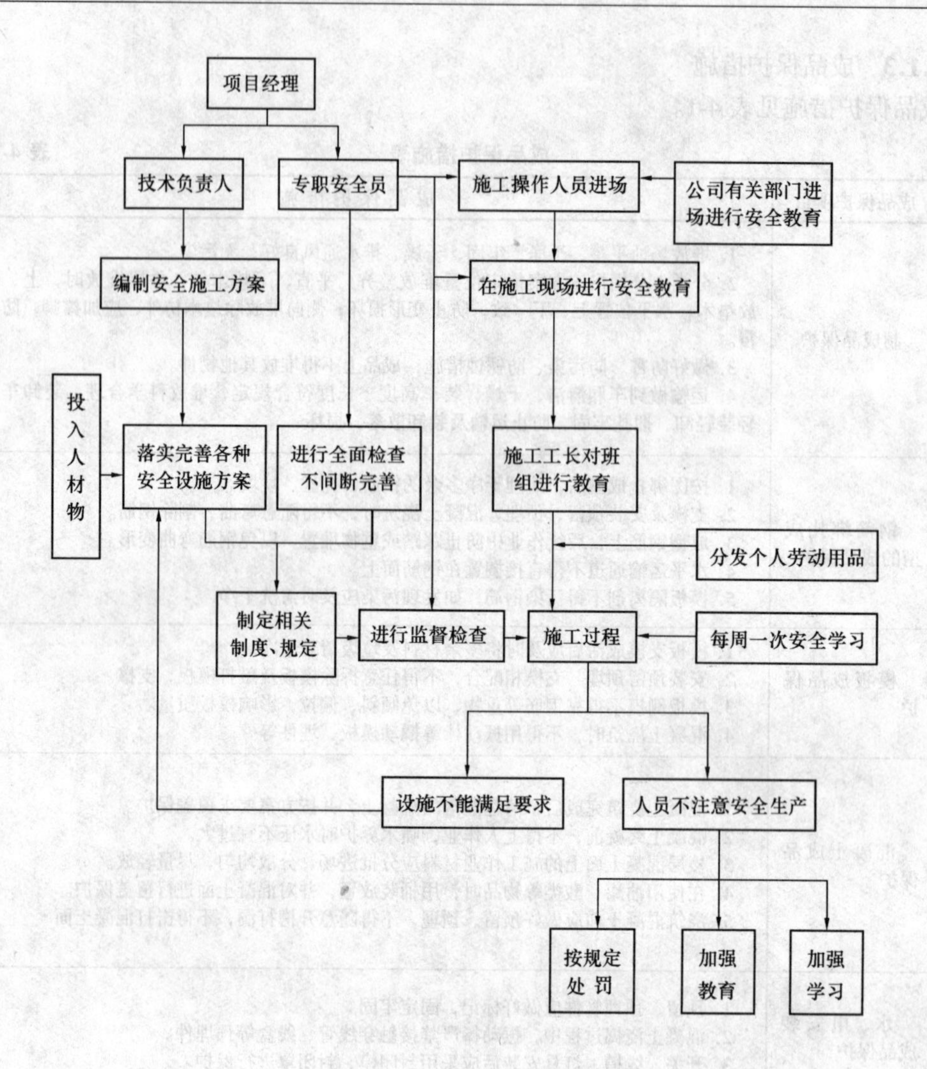

图 4-3　安全生产管理组织

安全技术措施表　　表 4-2

项次	部　位	措　　施
结构施工阶段的防护措施		
1	基坑的防护	四周临边设置 1.0~1.2m 高钢管或钢筋栏杆围护，并用竹笆封闭
2	结构内临边的防护	楼板钢筋在洞口均贯通，结构施工完一层后，在其上用层板盖住，楼梯处用钢管搭设临时扶手，楼层临边用钢管搭设防护栏杆，并用立网围护
设备安装阶段的防护措施		
3	临边防护	施工需要拆除防护，应在施工结束后及时恢复。在洞口上下设警戒区
雨期施工阶段的防护措施		
4	用电防护	加强机械检查、安全用电，防止漏电、触电事故
5	防滑防护	梅雨及暴雨期做好防滑处理

续表

项次	部　位	措　施
		其他安全措施
6	施工机具安全防护	现场所有机械设备必须按照施工平面布置图进行布置和停放； 机械设备的设置和使用严格遵守“施工现场机械设备安全管理规定”； 现场机械有明显的安全标志和安全技术操作指示牌
7	消防保卫管理	施工现场消防车道畅通，配备足够消防器材、消火栓；消防设施应能保证灭火需要，高压水泵及消火栓要随结构施工同时设置；临时消火栓要有防寒防冻保温措施；现场料场、库房布局合理规范，易燃易爆物品、有毒物品均设专库保管，严格执行领用、回收制度； 健全防火组织，在施工过程中建立以项目经理为首的义务消防队，定期训练，并保证消防设施齐全有效，所有施工人员均会正确使用消防器材； 现场建立门卫、巡逻护场制度，实行凭证出入制度； 建立以现场施工人员为主的保卫组织机构，与当地公安机关密切联系； 各分部分项工程，各分管辖地实行“谁主管、谁负责”的原则
8	施工用电	现场用电线路必须按上海市有关规定与用电布置图进行。电缆线均应架空，穿越道路时设防护套管，并埋置深度超过0.2m，全部采用三相五线制。 现场配电房醒目处挂有警示标志，配备一组有效的干粉灭火器，配电房钥匙由现场电工班派专人保管。 现场配电箱设有可靠有效的三相漏电保护器和缺相漏电保护器，动作灵敏，动力、照明分开，与配电房内的漏电保护器形成二级保护。 现场所有配电箱应统一编号、上锁，专人保管，箱壳接地良好。 施工用电的设备、电缆线、导线、漏电保护器等应有产品质量合格证。漏电保护器要经常检查，发现问题立即调换，熔丝要相匹配

4.3 文明施工保证措施

4.3.1 文明施工组织管理

文明施工管理组织机构如图4-4所示。

4.3.2 文明施工措施

根据现场情况，项目经理部成立20~30人的场容清洁队，负责环境清扫及维护工作。执行文明施工工作检查制度。项目经理部每半月组织一次由总包、各分包施工单位文明施工负责人参加的联合检查。对检查中所发现的问题，开出“隐患问题通知单”，各施工单位在收到“隐患问题通知单”后，应根据具体情况，定时间、定人、定措施予以解决。

4.4 环境保护措施

4.4.1 环境保护管理组织机构

组长：(项目经理)

副组长：(技术负责人、项目生产经理)

成员：(施工员、技术员、资料员、安全员)

4.4.2 环境保护措施

根据现场情况，项目经理部成立以环境保护管理组织机构为中心的3人环保监察队，负责按技术部门提供的环保措施方案监察日常的环保工作。监察员可直接向项目经理汇报；同时，项目经理部每半月组织一次由总包、各分包施工单位相应的环保负责人参加的

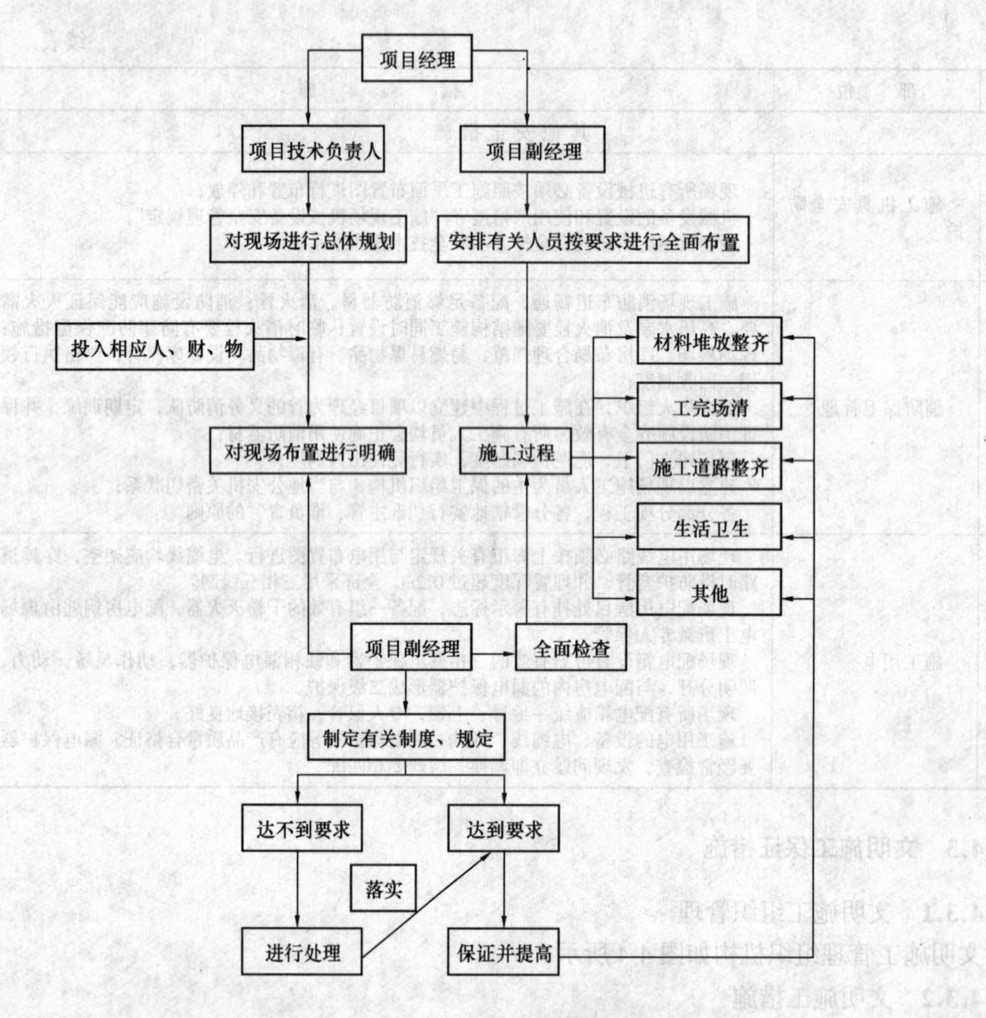

图 4-4　文明施工管理组织

联合检查。对检查中所发现的问题，开出“环保问题通知单”，各施工单位在收到“环保问题通知单”后，应根据具体情况，定时间、定人、定措施予以解决。具体控制以下几方面：

(1) 防止对大气污染；

(2) 防止对水污染；

(3) 防止施工噪声污染；

(4) 垃圾废弃物管理。

5　总承包管理

5.1　总承包管理组织

在项目组织架构（第2.3节）中设立总包管理部，总包管理部为总包管理中的牵头部门，设机电、装饰等专业协调员，牵头处理技术以及施工问题，其他各职能部门对口各分包的项目管理部的各职能部门进行管理。

5.2 总承包管理措施

(1) 总承包对分包施工技术的管理

总包督促各分包单位在不同的施工阶段对不同的施工对象，提出相应的施工方案或作业指导书，并进行审查，充分研究后，由总包批准实施，并归入总承包商的档案内。施工中，根据施工方案或作业指导书进行检查、落实。对于施工生产中产生的一般技术问题及时解决，如有重大技术问题，则组织有关方面共同参与解决。

总承包技术部检查、督促各分包单位按国家及当地有关规定，及时做好计量器具的送检工作，确保工程的质量。

(2) 总承包对分包施工进度的管理

作为总承包的总包管理负责人全权对业主负责，督促施工总进度计划的落实和完成。根据下属管理人员所提交的月、周或旬的评估报告及亲自观察等的现象，及时要求未按计划完成的分包单位进行人、财、物的调整，而分包商在无异议的情况下必须无条件执行；同时，总承包商将发函与业主及分包商备案。

当阶段性施工进度计划未按时完成，则当月施工进度款将按余留工作量的2~4倍扣除，何时追上何时发放。而对进度款拖欠而影响其他分包商的施工，则影响部分款项由该分包商承担50%~100%；同时，有权要求分包商撤换其派出的有关管理人员，直至更换分包商。

(3) 总承包对分包施工质量的管理

总承包单位主要是履行监督职责，而分包单位主要履行管理职责。总承包对分包商所需的原材料、半成品、构配件进行质量检查和控制，并编制相应的检验计划；协同施工单位参与设计交底、图纸会审等，审核分包商的施工方案、施工流程、工艺及方法；检查现场的测量标准，建筑的定位线及高程水准点；参与分包商的各工序间的交接检查，参与隐蔽验收工作；审核设计变更和图纸修改并发给各分包商；严禁施工中有异常情况出现，如未做隐蔽验收而擅自封闭、掩盖或使用了不合格的工程材料或擅自变更替换工程材料等。事后控制是指对施工成品进行质量评价。总承包商按规定的质量评定标准和办法，对分包单位完成的各项工程进行检查验收。

(4) 总承包对分包施工安全的管理

任何分包商进入施工现场，必须对所属的施工管理人员及施工人员在总承包商参加的前提下进行全面教育，并对施工现场的一些特殊部位进行详细交底，同时记录在案；而各工种则由分包商自行安排教育，并将教育记录交总承包商处。

在施工过程中，任何人必须参加每周一次的安全学习，并把学习的内容、记录交总承包商处备案；每个分项工程开始，必须进行安全交底，交底内容亦交总承包商处备案；每周一早上是施工现场全体人员的安全例会时间，由总承包商对全体现场施工人员进行集中学习和训话，强调本周的安全重点。

对于施工现场的安全设施，总承包商每月全面检查一次，平时则随时检查；对不符合要求的设施，及时向分包商提出并限时整改，在整改前及整改中贴上禁用标志，如有分包商强行使用，则总包有权要求其停工或要求。分包商把使用者清退出场，而所造成的一切后果，由分包商自行负责。

(5) 总承包对分包文明施工的管理

总承包商在对施工现场全面规划后，各分包商必须按规划要求堆放材料、布置场地，并按要求及文明施工细则等有关规定进行。

对所有现场划片分区，由各分包商进行承包管理，哪个区域达不到文明施工要求，就由负责该片区的单位负责，并进行适当处理。

对各分包商自行施工区域必须做到工完场清，每天有专人进行检查，每周总承包商会出评估报告交各分包方。

在文明施工管理和控制中，将结合施工安全进行综合管理，并在施工安全中具体体现。

(6) 总承包对分包环保施工的管理

按总承包提出的环保施工目标，要求分包将环保施工方案报审总包审批，由分包具体落实实施和自检，总承包的环保施工监察员进行实时监督，发现问题及时按环保施工的管理措施进行相应的处理。

6 经济效益评估

本工程除主体结构工程外，其他专业工程采用总承包发包形式由公司发包给有能力、有资质的专业分包商。故经济效益评估主要对主体结构工程进行分析。

(1) 本工程基坑工程采用半逆作法施工，节省一道支撑（原设计三道专用撑，使用本工法后减为两道），并增加了可利用的施工场地，预计产生效益约70万元。

(2) 深基坑支护技术主要采用钢管支撑拆卸方便，预计产生效益约20万元。

(3) 电梯井坑二次浇捣法施工技术节省支撑，同时节约工期，原设计5道钢筋混凝土支撑，并需要8d养护期。预计产生直接经济效益20万元，间接效益约100万元（工期延误按12.5万元/d）。

(4) 深基坑降水技术较传统地降水方法既简单，效率又高，预计产生效益约5万元。

(5) 竖向钢筋采用电渣压力焊连接技术，与绑扎相比较成本有所降低。预计可节约钢材约40 t，产生经济效益约14万元。

(6) 水平粗钢筋采用套筒接驳连接技术，施工便捷、不受气候影响，有利于施工进度，可节约钢材约210t，产生经济效益约95万元。

(7) 屋面及室内防水采用新型材料，可改善劳动环境，降低劳动强度，提高工程质量，预计可降低成本3万元。

(8) 项目管理采用计算机应用技术，有利于资料、信息存储及应用，预计可节约成本投入约1万元。

第十一篇

国家电力调度中心工程施工组织设计

编制单位：中建一局四公司
编 制 人：

【简介】 国家电力调度中心工程为钢筋混凝土框架-剪力墙结构，在结构施工、室内外幕墙施工、室内装饰施工、机电工程和智能化弱电系统等方面推广使用了大量的新技术、新材料、新工艺、新设备，与其复杂的结构体系、独特的建筑艺术效果和完备的使用功能相适应。其中基坑边坡采用桩锚支护，结构梁板采用了密肋梁板及预应力技术，地上十二层和屋面层为钢结构工程，施工中采用了悬吊结合的外挑架，外挑跨度达10.5m，技术要求极高，很有参考价值。

目　录

1 工程概况

1.1 工程概况

工程名称：国家电力调度中心

建设单位：国家电力公司

设计单位：华东建筑设计研究院

监理单位：北京赛瑞斯工程建设监理有限公司

施工单位：中国建筑第一工程局第四建筑公司

本工程位于北京市西城区西单路口东南侧，建筑面积 73667m^2，地下 3 层，地上 12 层，建筑总高度为 50.9m，为钢筋混凝土框架-剪力墙结构。

(1) 建筑物功能划分

地下室建筑面积为 23788m^2，主要为人防、车库、设备用房、厨房餐厅、库房、物业管理办公用房、预留商业用房；地上建筑面积为 49879 m^2，首层为门厅、展览大厅、中厅及设备用房；二层为报告厅、会议厅、办公用房；三～十二层为会议室、办公用房、调度用房。屋顶层设有水箱及设备机房。

(2) 地基基础工程

整个建筑物东西长 118m，南北宽约 74m。地下室基础埋深 18.05～20.55m，采用钢筋混凝土护坡桩、预应力锚杆及钢丝网喷射混凝土工艺进行基坑支护和土方开挖；基础采用天然地基筏形基础，筏板厚度为 1.8m。

(3) 钢筋混凝土主体结构

本工程地下室及地上十一层以下结构形式为现浇钢筋混凝土框架-剪力墙，地下二层楼板为无梁楼板形式，楼板主要由井字梁板与密肋梁板构成。地上结构梁采用了预应力技术，密肋梁采用无粘结预应力，框架梁采用有粘结预应力。结构混凝土强度全部为 C40。

(4) 屋面钢结构工程

地上十二层和屋面层为钢结构工程，最大框架跨度为 33.6m。钢结构总安装量为 1100t，所有构件均采用 Q345C 级钢板组拼，在钢结构周边从结构芯筒墙内劲性柱以及大跨度框架、箱形柱外挑钢构件，外挑跨度为 10.5m。钢结构施工采用悬吊结合的外挑架，使脚手架的跨度达到外挑 11m，为国内外挑跨度最大的施工脚手架。

(5) 室内主要装饰做法

室内走道、办公、工艺用房主要有大理石地面和磨光花岗石、架空网络地板、防静电架空地板等。墙面主要做法为：公共区域为花岗石墙面；中庭内围护墙为聚合物面饰铝单元框幕墙，办公室为乳胶漆涂料饰面。

(6) 建筑幕墙和中庭共享空间

建筑内部有两个中庭（60m×12m）直通到屋顶，首层直通屋顶的宽大的室内中厅立面为框架式幕墙封闭；屋顶有遥控可开启活动天幕和部分天窗。建筑外墙采用目前最先进的全断热节能的单元式石材、铝板、玻璃幕墙的复合（保温）体系，入口处立面采用拉索玻璃墙。

（7）机电工程

为满足建筑使用功能，配备了先进复杂的机电系统，机电工程除常规机电工程之外，还包括智能空调系统（冰蓄冷、低温送风及变风量末端三项先进技术的结合）；消防（气体灭火、水喷淋、消火栓及水幕系统）及火灾自动报警和消防联动控制系统；三水系统（中水、软化水及纯净水系统）、电梯工程、综合布线和九个智能化弱电子系统。

1.2　工程特点难点

（1）工程质量定位和要求高

本工程特殊的地理位置和使用功能，决定了工程的极端重要性和高标准的质量要求。本工程作为中国建筑的品牌性工程，我们把追求卓越的质量管理，创造一流的精品工程作为工作的出发点和落脚点，确定了本工程的质量目标为国家建筑工程“鲁班奖”。

（2）环保节能要求高

本工程从建筑风格和使用功能方面特别突出“人性化”的建筑理念和环保节能的现代绿色建筑要求，要求整个建筑物从决策、设计、材料设备选型、施工过程等各个方面必须充分体现环保节能的要求，各项指标要求达到世界卫生组织关于“健康建筑物”的标准规定。

（3）钢结构的设计与施工

屋顶为大跨度空间外挑钢结构工程，具有质量要求高，施工工期短，工程量大，冬期施工等特点。尤其是大跨度（10m 以上）钢结构桁架的安装是本工程的难点之一。这对钢结构加工和施工详图设计、钢结构加工、构件运输、现场安装、焊接和无损检测、测量校正、质量控制等方面提出了严格的要求。

（4）工期紧迫、设计大面积调整

本工程工期紧，同时由于业主对于楼层的功能划分未定，建筑功能进行多次调整，而且施工图到场后多次修改。整个结构、装修、安装等各阶段施工变更频繁，专业施工交叉多，协调力度要求强、难度大。

（5）装修深化设计工作量大、标准高

本工程的华东建筑设计院完成了装修方案设计后，交由各分项施工单位进行详图深化设计，要求总包方与业主以及各分包单位充分沟通，对所有的详图深化设计进行审核，最后由华东建筑设计院进行审批。本工程共计审核图纸 3000 余张，图纸审核及协调工作量大。

（6）幕墙工程技术含量高、工艺复杂、施工难度大

本工程应用了较多的幕墙体系：外立面单元式石材、铝板、玻璃幕墙的复合（保温）体系，室内中厅立面为框架式幕墙封闭；屋顶有遥控可开启活动天幕和部分天窗；主入口处为点式拉索幕墙。幕墙工程技术含量高，工艺复杂、施工难度大，是本工程的特点之一。

（7）机电系统先进复杂、施工要求严格、管理协调难度大

本工程作为大型智能化办公楼，其机电系统包括：给排水系统、动力系统、智能空调系统、消防及火灾自动报警和消防联动控制系统；三水系统、电梯工程、综合布线和智能化弱电系统等。该系统具有先进性、复杂性、多样性等特点，有些系统为国内首次应用。

机电各专业之间以及机电专业与装修施工之间管理协调的工作量和工作难度非常大，这对现场施工管理和协调提出了很高的要求。

(8) 总承包综合协调管理要求较高

本工程所涉及的分项工程多，参加本工程施工的分包商达40多家。为彻底实现项目管理的综合目标，作为施工总承包商，在业主决策过程中，应积极主动地向业主提出多合理化建议和多方案比选；在初步设计的基础上提出设计建议；在对各分包商提供服务支持的前提下，进行工程项目的计划组织、管理协调、质量控制、安全管理、技术管理、合约管理等，充分发挥总包商的综合协调和配套管理能力，全面实施“决策、设计、施工、管理一体化”的项目管理。

2 施工部署

2.1 流水段划分

根据地上部分的结构平面形式以及平面预应力的设置，将地上结构施工划分为四个施工段（Ⅰ、Ⅱ、Ⅲ、Ⅳ段）。分别为东、南、西、北段。

由于地上结构沿南北向中部作施工后浇带，因此，Ⅱ、Ⅳ段又可以将施工细化为Ⅱa、Ⅱb、Ⅳa、Ⅳb施工段。

施工进入地上以后，按照地上施工段的划分进行劳动力调整，劳动力实行专业化组织，按东西段、南北段划分为两个作业班组，各班组内含不同工种。使各专业化作业班组从事性质相同的工作，提高操作的熟练程度和劳动生产率。如木工按支模部位分为板、墙体两个作业班组。

各段的施工面积基本均等，具体各楼层的施工面积见表2-1。其中，Ⅰ、Ⅲ施工段以平面施工为主，Ⅱ、Ⅳ施工段的施工倾重于芯筒竖向工作量。施工中按照Ⅰ、Ⅲ段对流，Ⅱ、Ⅳ段对流的方式进行施工进度计划的制定和材料的投入。

地上各楼层结构施工面积　　表2-1

楼层	首层	二层	三层	四层	五层	六层	七层	八层	九层	十层	十一层	十二层	屋面
面积（m^2）	5461	3612	4411	4835	4514	4628	4754	4050	4097	3285	1869	3493	867

施工配制2个段的柱模，四套井筒模；同时，配置两个楼层的梁板模板（模壳）。

2.2 施工平面布置

(1) 现场总平面布置图

略。

(2) 现场总平面布置说明

1) 现场出入口及道路

现场共设二个大门。本着便于材料运输、混凝土浇筑为原则，在后牛肉湾胡同一侧开设两个大门：其中1号门（门宽6m），用于材料和混凝土罐车的主要入口；2号门（门宽12m，用于车辆和混凝土罐车的主要出口及管理人员的出入口。平时大门关闭，仅在出行时开放，边门平时开放用于管理人员及其他来访者进入办公区。在1号门、2号门处设置警卫岗亭。

本工程的现场地面及道路全部采用混凝土浇筑，在办公室前部、食堂门口以及各大门口设置排水箅子，场内排水由路面顺坡进入排水箅子，经沉淀处理后，统一汇入市政管道。

2）办公区与生活设施布置

① 现场办公室布置。

本工程的现场办公区设置在东侧，由一排双层集装箱式钢制办公室组成，共26间。其中南侧临建办公楼20间办公室供业主、监理、总包商使用；北侧临建办公楼6间办公室供配属队伍使用。

混凝土试块养护室设置在东侧办公室边。

②生活设施布置。

在现场东北角设置一个砖结构的工人食堂，内外抹灰，外墙按统一的CI设计涂刷涂料。为便于现场文明施工管理，保证施工安全，在食堂周围设置隔断，以与办公区、施工作业区分离。

总包食堂设置在东侧办公室边。

现场厕所设置在南面中部，临后牛肉湾胡同围墙，结合场外市政管网，按有利于设置化粪池的位置设置，厕所边设洗手池。

邻厕所西侧设置吸烟室以及垃圾堆放池。

紧靠办公室西侧区域停靠内部车辆，2号大门西侧区域停靠外来车辆，地面画出停车位。

南侧的后牛肉湾胡同沿街有两条高压线，且此街道临近施工现场，故对此街道搭设安全防护棚，对高压线及街道来往行人及车辆进行封闭式保护。

3）施工区以及施工设施布置

① 垂直、水平运输。

地上结构施工期间布置2台塔吊，分别为1号（C70/50B）、2号（H3/36B）。地下结构施工期间1号塔半径为70m，地上结构施工期间半径改为60m。

基坑内南侧⑦～⑧轴线间架设封闭通道，内设马道、双笼电梯。

现场布置两台双笼电梯作为垂直运输、交通使用，位置见现场总平面布置图。其中，北侧双笼电梯从地下三层到十二层，南侧双笼电梯从地下一层到顶层。

②现场临时、附属设施的布置。

钢筋原材料场（临时堆放）、机电库房、模板临时堆放统一设置在南侧，沿南侧围墙依次布设，钢筋材料堆放区设置在靠近1号大门的位置。为保证结构施工期间的现场道路的顺畅，材料进场严格按照计划执行，环行道路边的现场材料堆放不得超过两天。

③ 现场材料加工、堆放的布置。

因现场场地狭小，钢筋加工堆放、模板加工堆放主要布置在基坑内，其中：

螺纹钢半成品堆放、螺纹钢原材堆放、螺纹钢加工布置在基坑内南侧的标高－6.500m楼板上；

圆钢半成品堆放、圆钢原材堆放、圆钢加工布置在基坑内西侧的标高－3.450m楼板

及基坑内北侧 - 6.500m 楼板上；

模板加工、模板堆放布置在基坑内北侧 - 6.500m 楼板上。

④混凝土泵车、泵管的布置。

现场设 1 号、2 号两台地泵，根据混凝土浇筑计划随时进场，浇筑时布于基坑南侧，详见“现场总平面布置图”（略）。

泵管由封闭通道西侧进入建筑物内，顺位于轴线Ⓔ ~ Ⓒ/④ ~ ⑤、Ⓔ ~ Ⓒ/⑨ ~ ⑩间中庭架设钢管架上行。

(3) 施工进度计划情况

地上结构施工期间的主要工期控制目标有：

1）结构出正负零：1999 年 4 月 5 日（实际完成日期：1999 年 4 月 3 日）；

2）地下结构验收：1999 年 5 月 10 日；

3）结构地下外防水（- 6.50m 以下）的完成：1999 年 5 月 20 日；

4）地下室初装修插入：1999 年 6 月 1 日；

5）- 6.50m 以下回填完成：1999 年 6 月 15 日；

6）双笼电梯安装：1999 年 6 月 25 日；

7）地上结构封顶：1999 年 7 月 30 日；

8）钢结构施工完成：1999 年 9 月 20 日；

9）施工周期为 2000 年 8 月至 2001 年 5 月。

2.3 周转物资配置

主要包括（脚手架、支撑、模板）

工程所需材料由项目经理部自行采购。项目物资供应部根据技术协调部提出的物资采购计划，选择多家合格分供方，通过对其材料、规格、性能、服务及价格等多方面考查或试验后，确定长期稳定的分供方，并严格按照 ISO9002 质量认证体系中物资采购程序来操作，以保证进场材料的质量。其中，材料采购 A 类物资应由物资公司采购供应或由配属队伍在我公司确认的合格分供方采购，配属队伍不得自由随便采购。

现场主要施工用材料投入见表 2-2。

施工主要用材料投入一览表 **表 2-2**

序号	材料名称	规格（mm）	单　位	数　量	备　注
1	木　方	100 × 100	m^3	80	
2	木　方	50 × 100	m^3	400	
3	普通七夹板	90 × 1800	m^2	30000	t = 18mm
4	漆面七夹板	90 × 1800	m^2	8000	t = 18mm
5	钢　管	ϕ48 × 3.5	t	1300	
6	扣　件		万只	12	
7	泵　管	150mm	m	550	

2.4 主要施工机械配置

现场布置两台塔吊，塔吊安装在基坑内底板以下。塔吊主要满足钢筋以及模板的吊装需要。混凝土输送采用泵送，现场设置2台。主要机械设备投入见表2-3、表2-4。

结构施工期间主要施工机械设备投入计划表　　表2-3

序号	用电设备名称	单机设备用电量（kW）	设备投入总量（台）	需要系数 k	该设备用电总量（kW）
1	塔吊 C7050B	90	1	1	90
2	塔吊 H3/36B	90	1	1	90
3	电渣压力焊机	45	4	0.7	121.5
4	电焊机300型	12	13.2	0.6	95.04
5	钢筋回弯机	2.2	2	0.6	2.64
6	钢筋切断机	2.2	2	0.6	2.64
7	冷挤压机	2	10	0.7	14
8	空压机	5.5	2	0.6	6.6
9	平刨机	4	1	0.6	2.4
10	压刨机	4	1	0.6	2.4
11	圆盘锯	2.2	1	0.6	1.32
12	套丝机	2	3	0.6	3.6
13	手提切割机	1.5	10	0.6	9
14	闪光对焊机	100	1	0.6	60
15	施工电梯	11	2	1	22
16	砂浆搅拌机	3	1	1	3
17	电钻	0.75	20	0.6	9
18	砂轮切割机	2.2	4	0.6	5.28
19	振捣棒	1.2	30	0.6	2.16
20	混凝土振动台	7.5	1	0.6	4.5
21	消防泵	30	2	0.6	36
22	施工照明	3.5	14	1	49
23	碘钨灯	1	50	1	50
24	施工其他用电	43		1	43
25	临建空调	0.8	28	1	22.4
26	临建其余用电	0.3	40	0.8	9.6
27	食堂	48		0.8	38.4
总　计					795.48

装修施工机械设备投入计划表　　表2-4

序号	名　称	规　格	单　位	数　量
1	焊机		台	10
2	冲击钻	TE10-14	把	25
3	手枪钻	10mm	把	40
4	角磨机		台	30

续表

序号	名　称	规　格	单　位	数　量
5	切割机	355	台	20
6	云石机	110	台	50
7	射钉枪		把	16
8	拉铆枪		把	20
9	圆锯		台	5
10	曲线锯		台	5
11	螺机		台	15
12	压刨		台	3
13	铝合金刮尺	3m	把	10
14	水平尺	1200mm	把	10
15	水平尺	600mm	把	5
16	水准仪		台	1
17	垂准仪		台	1
18	气泵		台	8
19	配电箱	二级线箱	个	19～25
20	切割锯		台	10
21	台锯		台	1
22	配电箱	三级线箱	个	100

2.5 劳动力组织

本工程选用的配属队伍是和我公司长期合作的整建制队伍，有高素质的施工管理者、熟练的专业技术工人，且熟悉和习惯我公司的管理模式。

合理而科学的劳动力组织，是保证工程顺利进行的重要因素之一。根据工程实际进度，及时调配劳动力。在地上部分结构施工时，由于结构施工中增加有粘结、无粘结预应力施工，钢筋工相对投入较多；在顶板施工时，木工也相对投入较多。因此，在施工时同时安排两个作业班组，以满足施工工期需要。

根据施工控制计划、工程量、流水段的划分、机电安装配合的需要，现场劳动力投入见表2-5、表2-6。

地上结构施工高峰期劳动力投入表　　表 2-5

工种	木工	钢筋工	混凝土工	架子工	预应力工	电焊工	水电工	电工	机务	其他	合计
人数	365	240	140	25	45	15	48	4	25	66	973

每月劳动力投入动态曲线，如图2-1所示。

装修期间劳动力需求情况　　表 2-6

序　号	工　种	人　数	序　号	工　种	人　数
1	瓦　工	80	6	电焊工	15
2	木　工	110	7	架子工	2
3	油漆工	90	8	力　工	80
4	水暖工	5	合　计		377
5	电　工	5			

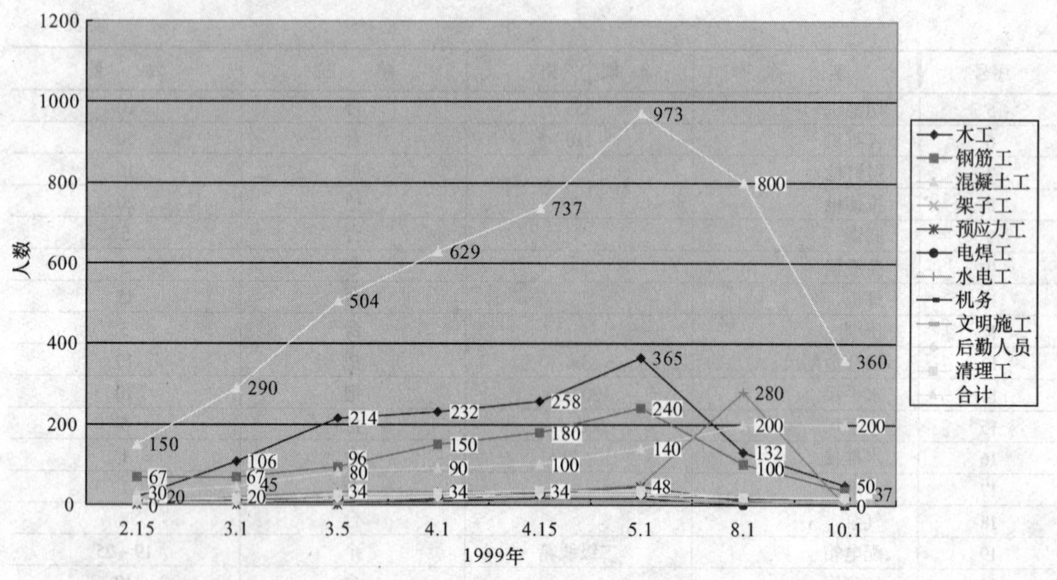

图 2-1　1999 年劳动力投入-时间曲线

3　主要项目施工方法

3.1　工程测量

3.1.1　施工依据

《工程测量规范》(GB 50026—93)。

3.1.2　平面控制网的测设

平面控制网的布设应遵循先整体、后局部，高精度控制低精度的原则。

为了保证足够的测量精度，满足结构安装的精度要求，±0.000m 以上楼层平面控制采用内控法。根据首层以上各楼层的平面图以及施工流水段的划分情况，选定内控点布设。具体的测设过程如下：

(1) 在首层楼板浇筑混凝土以前，预先在首层底板的上筋上相应控制点的位置焊接一块 15cm×15cm×1.5cm 的钢板，并保证钢板上表面与混凝土面齐平。

(2) 利用 PTS—Ⅲ05 全站仪对原有地面控制点进行校核，并把控制主轴线投测到首层平面上；然后，对各轴线组成的方格网进行角度、距离测量，边角的各项精度指标见表 3-1。

边角精度指标　　表 3-1

等　级	测角中误差（″）	边长相对中误差
二　级	±12	1/15000

(3) 用钢针在预埋钢板上沿轴线方向刻划十字线，其交点即为首层布设的内控点，作为以上各楼层平面控制的基准点，这些点（*K*1～*K*10）所组成的方格网即为 ±0.000m 以上各楼层的平面控制网。

(4) 在 ±0.000m 以上各楼层底板施工的过程中，要预先在内控点区上方相应位置预留一个 15cm×15cm 的孔洞（激光洞），用于内控点的竖向传递。

(5) 首层各内控点的 $1.0m^2$ 范围内严禁堆放各种材料和杂物，激光孔洞严禁堵塞，以保证测量工作的顺利进行，直至结构封顶。

3.1.3 地上楼层的轴线投测

(1) 投点引测

将激光铅直仪架设在首层内控点上，标明靶放在待测楼层的相应预留洞口上，对中整平铅直仪后，打开发光电源并调整激光束，直至接收靶标明到的光斑最小、最亮。慢慢旋转铅直仪，接收把将得到一个激光圆。当该圆直径小于 3mm 时，圆心即为该控制点的接收点，然后依次投测所需其他控制点。

(2) 轴线放样

利用电子经纬仪和 50m 钢尺，对待测楼层的接收点所组成的方格网进行角度、距离的测量。满足上表的精度要求后，即作为该楼层的平面控制网，以此进行各轴线的细部放线工作。

3.1.4 标高的竖向传递

(1) 首层标高基准点联测

在首层均匀地引测三个标高基准点，并定期地对其进行联测，其高差不得超过 2mm。

(2) 标高传递

如图 3-1 所示，利用两台水准仪，两根塔尺和一把 50m 钢尺，依次将 3 个标高基准点由激光洞口传递至待测楼层，并用式 (3-1) 进行计算，得该楼层的仪器的视线标高；同时，依此制作本楼层统一的标高基准点，并对各点进行联测，高差满足 2mm 的精度要求后方能使用，用红三角标记。这些点即为该楼层的标高基准点，从而依此进行各项测量工作。

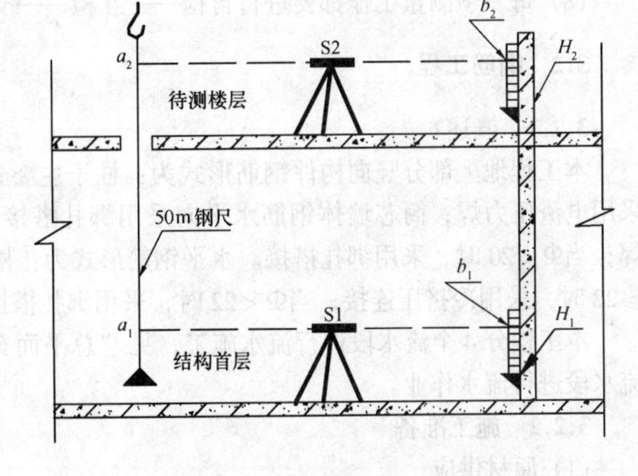

图 3-1 竖向标高传递示意图

$$H_2 = H_1 + b_1 + a_2 - a_1 - b_2 \quad (3\text{-}1)$$

式中 H_1——首层基准点标高值；

H_2——待测楼层基准点标高值；

a_1——S1 水准仪在钢尺读数；

a_2——S2 水准仪在塔尺读数；

b_1——S1 水准仪在钢尺读数；

b_2——S2 水准仪在塔尺读数。

(3) 跨楼层的竖向结构垂直度测量控制

在模板支设过程中，利用垂线法吊线坠，测量模板的垂直度，边测量边调整，直至该楼层的自身垂直度偏差小于 3mm。

在竖向拆模后，利用经纬仪将竖向结构的纵横轴线投测到结构立面上，并量取竖向结构的顶部的轴线偏差，及时将数据提供给模板支设队伍，以便在上一层竖向结构施工时调整、纠偏。

根据各标高段的竖向结构顶部（柱中心或墙体中线）的轴线偏差，制作竖向结构的偏差立面投影图，以直观地反映各柱的垂直度，从而保证跨楼层的竖向结构的垂直精度要求。

3.1.5　质量保证要求

(1) 所有质量活动均应按照分公司“工程测量专业质量手册”以及实施细则文件规定的程序进行。

(2) 测量作业的各项技术按《工程测量规范》进行。

(3) 测量人员全部取证上岗。

(4) 进场的测量仪器设备，必须检定合格且在有效期内，标识保存完好。

(5) 施工图、测量桩点，必须经过校算校测合格才能作为测量依据。

(6) 轴线放完后要求进行闭合检查。

(7) 加强现场内的测量桩点的保护，所有桩点均明确标识，防止用错和破坏。

(8) 每一项测量工作都要进行自检——互检——交叉检。

3.2　钢筋工程

3.2.1　概述

本工程地上部分竖向构件钢筋形式为：柱子主要钢筋型号为Φ 25 和Φ 22，连接形式采用电渣压力焊；筒芯墙体钢筋水平向采用绑扎搭接，竖向当Φ ≥20 时，采用电渣压力焊；当Φ < 20 时，采用绑扎搭接。水平钢筋形式为：楼板钢筋采用绑扎搭接，梁钢筋当Φ ≥22 时，采用冷挤压连接；当Φ < 22 时，采用绑扎搭接。

本工程分 4 个流水段进行流水施工，见“总平面布置图”。钢筋工程也依此按照四个流水段进行流水作业。

3.2.2　施工准备

(1) 原材供应

施工前，根据施工进度计划合理配备材料，并运到现场进行加工。钢筋进入现场后，要严格按分批级、牌号、直径长度分别挂牌堆放，不得混淆。

加强钢筋的进场控制，时间上既要满足施工需要，又要考虑场地的限制。所有加工材料必须有出厂合格证，且必须进行复试（包括第三方见证取样试验），合格后方可配料。钢筋复试按照每次进场钢筋中的同一牌号、同一规格、同一交货状态、重量不大于 60t 一批进行取样，每批试件包括拉伸和弯曲试验各 2 组。

(2) 钢筋加工

钢筋加工拟在现场进行，配属队伍根据项目经理部审核批准后的钢筋配筋单进行钢筋的加工。钢筋加工场的具体位置为Ⓐ轴以南 - 6.500m 标高封顶板及Ⓒ轴以北 - 6.500m 标高封顶板。具体位置见钢筋现场平面布置图及钢筋防护棚示意图。

现场组织 50 人的专业钢筋加工班组进行钢筋加工，加工过程中要严格控制加工尺寸，加工尺寸不合格的钢筋不准使用。成品钢筋及原材一定要分类堆码整齐，并且标识清楚。

钢筋加工过程中，为减少浪费，充分利用短钢筋，钢筋的接长采用闪光对焊，但接头位置必须符合规范要求。

（3）保护层加工

为确保施工质量，用于墙、柱侧面及楼板、梁的保护层垫块，依据设计要求厚度，订购塑料垫块。特别注意主、次梁及井格梁交叉处，次梁保护层厚度为主梁保护层厚度+主梁受力钢筋直径，并逐渐减小到次梁的保护层厚度。施工时要根据实际情况放样，以控制垫块的准确度。当塑料垫块尺寸不能满足要求时，可预制砂浆垫块，但须严格控制垫块的强度及加工精度。

3.2.3 钢筋施工

（1）板钢筋施工

板面筋在跨中 1/3 范围内搭接，底筋在支座附近 1/3 范围内搭接。当混凝土强度等级为 C40 时，搭接长度为 $35d$；当混凝土等级为 C30 时，搭接长度为 $41d$；同一断面搭接数≤50%总根数。

多跨连续板的底筋、面筋亦可在上述范围以外搭接，但应控制同一断面内搭接数≤25%总根数。

板筋在支座处的锚固长度为 $15d$，并且满足过梁轴线 $5d$。

（2）梁钢筋施工

梁钢筋当Φ≥22 时，采用冷挤压连接；当Φ＜22 时，采用绑扎搭接。搭接长度为：C40 混凝土 $35d$；C30 混凝土 $41d$。梁钢筋在绑扎过程中，必须与预应力筋互相配合施工。

1）次梁。

次梁钢筋的锚固及搭接要求同板。

2）主梁。

梁钢筋当Φ≥22 时，采用冷挤压连接；当Φ＜22 时，采用绑扎搭接。

梁上铁第一排非贯通筋在支座附近 $L_n/3$ 处断开，第二排在支座附近 $L_n/4$ 处断开；当Φ≤25 时，下铁锚入支座长度 $\geqslant 0.5h_c+5d$，且 $\geqslant L_aE=30d$；当Φ＞25 时，下铁锚入支座长度 $\geqslant 0.5h_c+5d$，且 $\geqslant L_aE=35d$。

梁筋锚入支座时，要上铁下弯，下铁上弯，严禁钢筋水平弯起。

3）梁钢筋的挤压接头：

A. 受力钢筋接头的位置应相应错开，冷挤压接头从任一接头中心至长度为钢筋直径 $35d$ 且不小于 500mm 的区段范围内，有接头的受力钢筋截面面积占受力钢筋总截面的允许的百分率应符合：受力钢筋的机械连接头：≤50% 总根数，钢筋的锚固长度应符合上述①、②条的要求。

B. 挤压接头的应用。

挤压接头的混凝土保护层应满足规范及设计要求中受力钢筋混凝土保护层最小厚度的要求，连接套筒之间的横向净距不宜小于 25mm。

C. 套筒。

套筒应有出厂合格证。套筒在运输和储存中，应按不同规格分别堆放整齐，不得露天堆放，防止锈蚀和沾污。

4）挤压接头的施工工序：

A. 操作人员必须经厂家培训，取得施工操作许可证后方可上岗。

B. 检查压接器、模具、套管卡板、测深尺型号是否正确。

C. 清除钢筋上被连接部位的锈皮、泥沙等等。

D. 应对钢筋与套筒进行试套，对不同直径钢筋的套筒不得相互串用。若端头弯折严重的，要先切掉后再进行压接。注意不能打磨钢筋横肋。

E. 钢筋连接端应用油漆作明显标记，确保在挤压时和挤压后可按定位标记检查钢筋伸入套筒内的长度，钢筋端头离套筒长度中点不可超过10mm。

F. 将钢筋插入套管，对正钢筋横肋，按给定压力、规定压接道次、压痕尺寸（表3-2）进行压接。

同径钢筋挤压工艺参数表　　表 3-2

套管型号	模具型号	插入深度（mm）	压接道次	压痕尺寸（mm）	压力范围（MPa）
G25	m25	75	3×2	36.5～39	58～60
G28	m28	84	4×2	41～43.5	58～60
G32	m32	96	5×2	47～49.5	62～65

5）挤压接头检查与验收：

A. 外观检查：

①划线正确，压接完成后能清楚看到检查标志，以保证钢筋的插入深度正确；

②压接方向正确，要求压接横肋，套管两边压接压痕在一条直线上；

③压痕尺寸要在规定的范围内（由冷挤压技术单位提供的卡板验收）；

④压痕道次符合冷挤压套筒上所标的道次；

⑤挤压后的套筒不得有肉眼可见裂缝；

⑥接头处弯折不得大于4°。现场检验方法为：用卷尺在钢筋弯折处至钢筋平直方向为1m的距离处，钢筋弯折水平距离小于7cm，则为合格。

B. 性能检验：

①现场施工前应作工艺检验，以保证施工现场接头质量的稳定；

②以500个接头作为一个验收批，现场性能检验只要求做单向拉伸试验，不要求做抗弯试验。

6）质量控制措施：

A. 连接钢筋应与钢套管的轴心保持一致，以减少偏心和弯折、必要时可用物体将钢筋两端垫平再进行压接；

B. 按定位标志将钢筋插入套管，允许偏差不大于5mm；

C. 压接时，应压接钢筋的横肋，即压接器垂直于钢筋纵肋所在平面进行压接，允许偏差范围为≤30°；压接顺序是从套管中间逐扣向端头压接，压接顺序不能颠倒，以防套管压空或压断；

D. 压接时，应先按给定压力进行压接（表3-2）；若压痕尺寸在规定值范围内，则可按此压力进行施工；若压痕尺寸未在规定范围内，则可适当增大或减小2～3MPa，调整到压力合适后再进行施工。

压接时不得少压或重叠压接。

7）钢筋冷挤压机在使用过程中要注意以下几点：

A. 冷挤压机下面铺木板，以防机器漏油污染钢筋；若钢筋已被污染，必须用稀料清洗或用喷灯将油烧掉；

B. 开机前一定要检查高压油管接头是否拧紧，且严禁在未接高压油管的情况下开机，防止液压油从换向阀油嘴处喷出；

C. 更换油管时要远离钢筋，更换下的油管要及时拿到施工现场没有钢筋的地方或库房，拿油管时注意不要使管接头朝下，防止油管里的油洒到钢筋上；

D. 移动挤压机泵站时，不要倾斜着抬或吊移，防止液压油从注油孔处流出；

E. 使用过程中，发现高压油管出现起鼓、管接头处渗漏油等情况，应即时更换油管；

F. 拆卸油管时最好先拆换向阀处的油管，不允许把压接器上的油管拆下后把油管甩到地上，防止发生虹吸现象，把油箱里的液压油通过油管吸到外面；

G. 发现设备漏油，应及时处理或找维修人员修理。

（3）柱、墙钢筋施工

1）工艺流程：

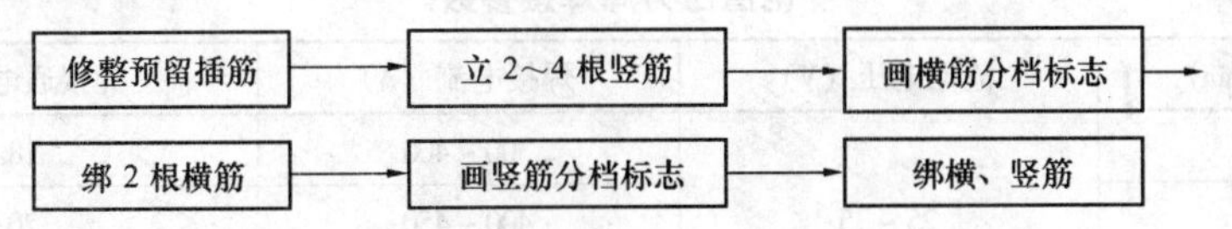

2）钢筋锚固及搭接长度：

A. 对于 C40 的混凝土：

当 $d \leqslant 25$mm 时，纵向钢筋的最小锚固长度为 $L_{aE} \geqslant 30d$；当 $d > 25$mm 时，纵向钢筋的最小锚固长度 $L_{aE} \geqslant 35d$（d 为钢筋直径）。

本工程当 $d < 20$mm 时，采用搭接。纵向受力钢筋的最小搭接长度为：

$$L_{lE} = 1.2L_a + 5\ d = 35d$$

B. 对于 C30 的混凝土：

当 $d \leqslant 25$mm 时，纵向钢筋的最小锚固长度为 $L_{aE} \geqslant 35d$；当 $d > 25$mm 时，纵向钢筋的最小锚固长度 $L_{aE} \geqslant 40d$（d 为钢筋直径）；当 $d < 20$mm 时，采用搭接。纵向受力钢筋的最小搭接长度为：$L_{lE} = 1.2L_a + 5d = 41d$。

本工程的混凝土一般为 C40。

3）柱墙纵向钢筋接头位置：

柱纵向受力钢筋总数为四根时，可在同一截面连接。多于四根时，同截面钢筋的接头数不宜多于总根数的 50%。柱第一道插筋离楼板距离为 ≥500mm，且 $\geqslant h_c$，且 $\geqslant H_n/6$（h_c 为柱截面长边尺寸，H_n 为所在楼层的柱净高）。柱纵向受力钢筋接头错开距离大于等于 $35d$，且不小于 500mm。

墙体纵向同截面钢筋的接头数不宜多于总根数的 50%。当采用焊接（≥Φ 20）时，接头位置错开距离大于等于 $35d$，且不小于 500mm；当采用绑扎搭接（<Φ 20）时，接头位置要错开距离大于等于 500mm，而且两接头中心间距满足 $1.3L_{lE}$ 的要求，即 $45.5d$（C40 混凝土）。

因钢筋竖向连接主要采用电渣压力焊，如果钢筋电渣压力焊出现缺陷而需将焊头割掉，会影响钢筋的搭接及离地高度。为防止这种现象的出现，将钢筋的离地高度及错开距离都加大10cm。

4）钢筋连接：

A. 当钢筋直径≥20mm时，竖向筋采用电渣压力焊，水平筋采用绑扎连接；

直径< d20mm时，采用绑扎搭接。

B. 电渣压力焊：

①电渣压力焊施工工艺：

本工程采用手工电渣压力焊，手工电渣压力焊可采用引弧法。先将上钢筋与下钢筋接触，通电后，即将上钢筋提升2~4mm引弧；然后继续缓提几毫米，使电弧稳定燃烧。之后，随着钢筋的熔化，上钢筋逐渐插入渣池中，此时电弧熄灭，转化为电渣过程，焊接电流通过渣池而产生大量的电阻热，使钢筋端部继续熔化；钢筋熔化到一定程度后，在切断电源的同时，迅速进行顶压。持续几秒钟，方可松开操纵杆，以免接头偏斜或接合不良。电渣压力焊在施工时，应满足表3-3所示焊接参数。

电渣压力焊焊接参数 **表3-3**

钢筋直径（mm）	渣池电压（V）	焊接电流（A）	焊接通电时间（s）
20	25~35	300~400	18~23
25		400~450	20~25
32		450~600	30~35

②电渣压力焊接缺陷防治措施（表3-4）：

缺 陷 防 治 措 施 **表3-4**

焊接缺陷	防 治 措 施	焊接缺陷	防 治 措 施
偏 心	1. 把钢筋端部矫直 2. 上钢筋安放正直 3. 顶压用力适当 4. 及时修复夹具	未熔合	1. 提高钢筋下送速度 2. 延迟断电时间 3. 检查夹具，使上钢筋均匀下送 4. 适当增大焊接电流
弯 折	1. 把钢筋端部矫直 2. 钢筋安放正直 3. 适当延迟松夹具的时间	焊包不均匀	1. 钢筋端部切平 2. 适当加大熔化量
		气 孔	1. 按规定烘烤焊剂 2. 把铁锈消除干净
暖 边	1. 适当调小焊接电流 2. 缩短通电时间 3. 及时停机 4. 适当加大顶压力	烧 伤	1. 钢筋端部彻底除锈 2. 把钢筋夹紧

③电渣压力焊检查及缺陷处理方法：

a）同一规格每300个头取试样一组；

b）接头焊包均匀，不得有裂纹，钢筋表面无明显烧伤等缺陷；

c）接头处钢筋轴线偏移不得超过0.1d，同时不得大于2mm；

d）接头处弯折不得大于4°。用卷尺在钢筋弯折处至钢筋平直方向为1m的距离处，钢筋弯折水平距离小于7cm，则为合格。

e）电渣压力焊焊包鼓出部分要求大于4mm，在钢筋绑扎前，须用小尖锤将焊药敲干净；

f）若电渣压力焊出现以上问题，须将已焊钢筋切除，重新进行焊接，以保证钢筋焊接的质量。

5）箍筋：

A. 严格钢筋下料及加工尺寸，加工时保证弯钩平行，平直长度10D，弯折135°。

B. 对于主次梁及井格梁交叉处，要采用变数箍筋。下料时，严格按照实际情况翻样，次梁箍筋高度要扣掉主梁钢筋直径，并逐渐加大到次梁实际的箍筋尺寸。

C. 箍筋加密区：

柱箍筋加密区为梁顶、底面向上和向下同时满足：≥柱长边尺寸；≥H_n/6；≥500mm。柱箍筋加密应与梁筋绑扎同时进行。

梁箍筋加密区范围为：梁端头，第一道离柱50mm，且≥2倍梁高；≥500mm。对于梁与墙体相交处，梁箍筋必须进入墙体一道。

对于受力钢筋搭接范围内，箍筋须进行加密处理。

对于井格梁相交节点处，梁端头处各须有3根加密箍筋。

6）附加钢筋：

对于主次梁相交处，要附加3根Φ 20吊筋。

对于构件所有开洞处，均须按照设计要求，进行钢筋加强处理。

7）钢筋定位及保护处理措施：

A. 钢筋在绑扎前，根据钢筋间距弹线，绑扎时严格按照弹线位置绑扎钢筋。

B. 对于墙体钢筋，为保证绑扎时的整体刚度及钢筋间距，当单面墙长超过4m时，要绑扎Φ 14斜筋二道，如图3-2所示。

为了保证在浇筑楼板混凝土时，柱、墙插筋不移位，插筋上部（距楼板约50cm）绑扎定位箍筋，下部将柱墙钢筋、箍筋及板水平筋绑扎牢固。

墙柱混凝土浇筑时，须在墙柱底口设置定位钢筋，定位钢筋须与墙柱钢筋绑扎牢固。防止混凝土浇筑时，插筋及模板移位。

为防止浇筑混凝土时污染钢筋，在插筋上部套塑料管。

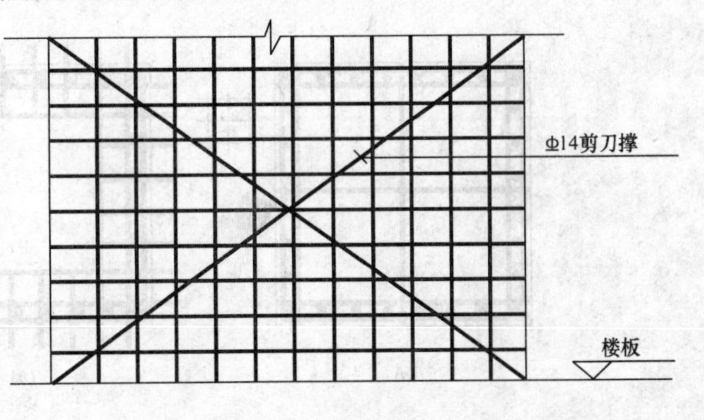

图3-2 斜筋

具体各构件的钢筋绑扎水平、竖向间距与排距定位措施如下：

筒体墙立筋绑扎水平向排距定位做法（图3-3）；

筒体墙水平筋绑扎的间距控制做法（图3-4）；

柱筋水平间距定位控制方法（图3-5）。

C. 板筋的上铁保护层控制：

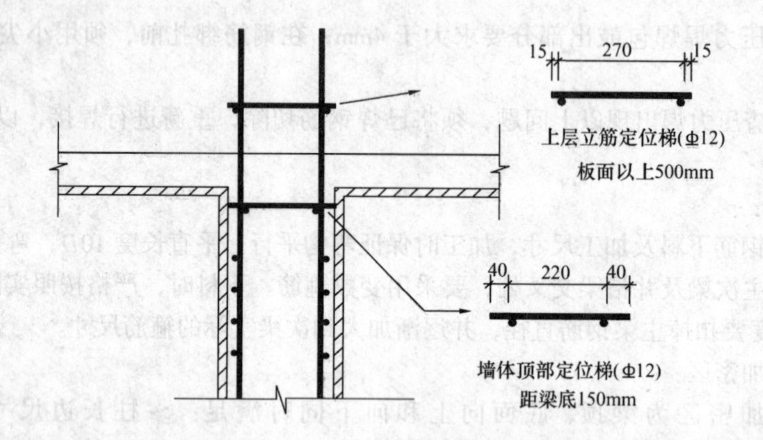

图 3-3　芯筒墙钢筋定位措施

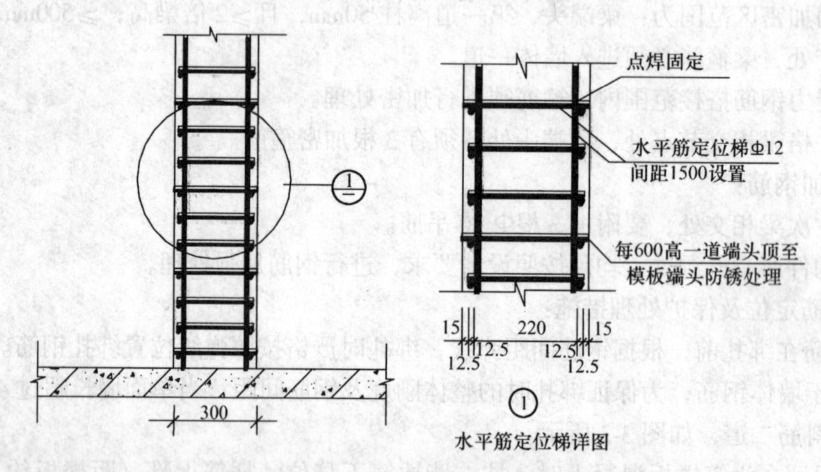

图 3-4　芯筒墙水平定位措施

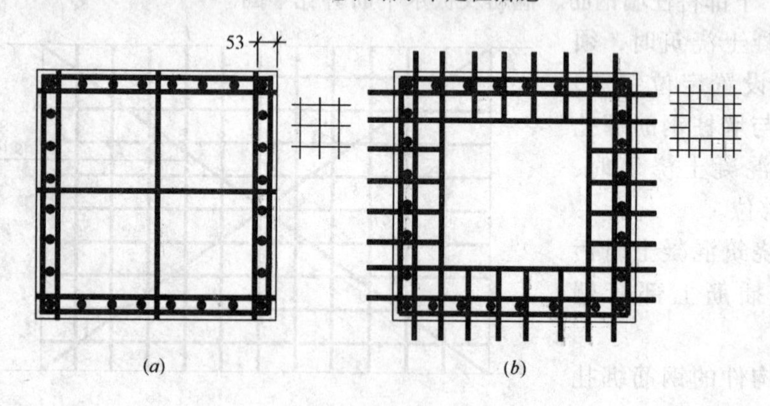

图 3-5　柱筋水平间距定位措施

(a)用于板面以下 30mm，一道；(b)用于板面以上 700mm，一道(立筋要求均匀布设)

100mm 厚度的楼板，上铁利用马凳支撑进行保护层的控制。

对于板厚大于 100mm 厚度的楼板（150mm 厚或者 250mm 厚），下铁上排与上铁下排之间间距控制通过“Z”形铁支撑。

D. 严格控制保护层垫块的强度及精度。本工程中保护层均以构件的外层钢筋进行控制，保护层采用成品塑料垫块进行。具体各构件的保护层以及外层钢筋、构件最大直径钢筋（内层筋）的各参数见表 3-5。

钢筋保护层 **表 3-5**

构件形式	构件最大直径钢筋（内层筋）	构件外层筋	保护层
竖向墙体	暗柱立筋Φ22	水平筋 ϕ10，Φ12	15mm
柱 子	主筋Φ25	箍筋 ϕ10，Φ12	15mm
梁	水平主筋Φ28	箍筋 ϕ14	15mm
	水平主筋Φ25	箍筋 ϕ10，Φ12	15mm
楼 板	ϕ8，Φ10	Φ10	15mm
	ϕ8，Φ10	Φ10	15mm

8）质量保证措施：

A. 对于进场钢筋原材，要求钢筋外表面不得有锈蚀现象，每米弯曲度不得大于 4mm，总弯曲度不得大于总长度的 0.4%；

B. 钢筋进场后立即组织复试，第二天提供复试结果，复试不合格钢筋严禁使用；

C. 施工前，检查钢套筒的质量，材质不符合要求、无出厂证明书以及外观质量不合格的钢套筒不得使用；

D. 要注意钢筋插入钢套筒的长度，认真检查钢筋的标记线，防止空压；

E. 挤压时严格控制其压力，认真检查压痕深度，深度不够的要补压，超深的要切除接头，重新连接；

F. 根据设计图纸，检查钢筋的型号、直径、根数、间距是否正确，特别要注意检查负筋的位置；

G. 检查钢筋的接头位置及搭接长度是否符合要求，钢筋表面不允许有油渍、漆污和颗粒状铁锈；

H. 检查钢筋绑扎是否牢固，保护层是否垫好；

I. 钢筋工程属于隐蔽工程，在浇筑混凝土前，应对钢筋及预埋件、插筋进行验收，并做好隐蔽工程记录；

J. 钢筋位置的允许偏差，不得大于表 3-6 所规定的要求；

钢筋位置允许偏差 **表 3-6**

<table>
<tr><th>项目</th><th colspan="2">内　容</th><th>允许偏差（mm）</th><th>项目</th><th colspan="2">内　容</th><th>允许偏差（mm）</th></tr>
<tr><td>1</td><td colspan="2">受力钢筋的间距</td><td>±5</td><td rowspan="2">4</td><td rowspan="2">焊接与预埋件</td><td>中心线位置</td><td>5</td></tr>
<tr><td>2</td><td colspan="2">钢筋弯起点位置</td><td>20</td><td>水平高差</td><td>+3，－0</td></tr>
<tr><td rowspan="2">3</td><td rowspan="2">箍筋、横向钢筋净间距</td><td>绑扎骨架</td><td>±20</td><td rowspan="3">5</td><td rowspan="3">受力钢筋的保护层</td><td>基础</td><td>±10</td></tr>
<tr><td>焊接骨架</td><td>±10</td><td>柱、梁</td><td>±5</td></tr>
<tr><td></td><td></td><td></td><td></td><td>板、墙、壳</td><td>±3</td></tr>
</table>

K. 严格钢筋的下料及加工尺寸，尺寸不合格钢筋不准使用；

L. 不准将定位钢筋或套管直接焊在受力主筋上；如必须采用焊接时，可在此部位加附加箍筋，将其焊接在附加箍筋上；

M. 定位钢筋要定位标准、到位，外露部位要打磨平，且端头须刷防锈漆；

N. 钢筋绑扎时，不准用单向扣，并注意绑扎扣端头要朝向构件内，以防今后在混凝土面产生锈蚀；

O. 各受力钢筋之间的绑扎接头位置应相互错开 1.3 倍的搭接长度（以绑扎接头中心距离为准）；

P. 对于电渣压力焊，为防止钢筋偏位，在焊接时要肋对肋；但如果钢筋上部有弯起筋，在钢筋加工时要注意弯起方向；

Q. 对于柱封顶处，由于与梁相交，钢筋很密，不利于混凝土的浇筑，柱钢筋可在梁上铁以下 5cm 处弯折。

9）安全注意事项：

A. 钢筋断料、配料、弯折等作业应在地面进行，不准在高空操作。

B. 在钢筋加工场设立钢筋加工操作规程标牌，设专人负责，严格遵守操作规程。

C. 钢筋调直采用卷扬机，固定机身必须设牢固地锚，传动部位必须安装防护罩，导向轮不得用开口拉板式滑轮。操作人员离开卷扬机或作业中停电时，应切断电源，将吊笼降至地面。作业中，严禁跨越钢丝绳，操作人严禁离岗。

D. 钢筋切断机切断短料时，手和刀之间必须保持 30cm 以上。

E. 搬运钢筋要注意附近有无障碍物、架空电线和其他临时电气设备，防止钢筋在回转时碰撞电线，发生触电事故。

F. 起吊钢筋骨架，下方禁止站人，必须待骨架降到距操作面 1m 以下才准靠近，就位支撑好方可摘钩。

G. 塔吊在吊运钢筋时，必须保持被吊物与高压防护架之间有 3m 以上距离。

H. 起吊钢筋时，规格必须统一，不许长短参差不一，不准一点起吊。

I. 各种机械使用前，须检查运转是否正常，是否漏电，电源线须保证有二级漏电开关。

J. 高空作业时，不得将钢筋集中堆放在楼板和脚手板上，也不要把工具、钢箍、短钢筋随意放在脚手板上，以免滑下伤人。

K. 冷挤压机的油管严禁负重拖拉、弯折和尖利物体的刻划，防止油污钢筋。

L. 冷挤压设备使用的电压是 380V、50Hz，使用时应接地线。线缆最好架高，离开地面，防止钢筋等把线缆砸坏。

M. 冷挤压泵站的高压压力在出厂时已调好，现场操作人员不得任意调整提高其压力，以防出现危险。每次冷挤压之前，应将高压油管接头的螺纹拧紧，防止因螺纹过松，导致油管接头崩开伤人。且操作时，注意高压油管的反弹方向不要对着他人。

N. 操作冷挤压压接器的人员，在压接时应在压接器的侧面操作，头部应避开模具压接的正上方，上压时严禁近距离俯视模具。冷挤压模具放正后，应扳好挡板后再进行压接。

3.3 模板工程

3.3.1 概述

本工程地上结构形式为钢筋混凝土框架—芯筒剪力墙体系，一般框架的柱网尺寸为8.4m×8.4m，设置双向井格次梁，次梁的间距为2.8m，楼板为2.8m×2.8m双向板；地上二层以上的8.4m×16.8m的柱网区域中非框架梁采用无粘结预应力密肋梁，间距为1.2m，梁板结构为1.2m×2.8m单向板。

3.3.2 模板、支撑选型

模板作为一种周转性材料，同时又由于其在施工质量中的关键性作用，对施工工期、成本投入、质量控制均是重要性项目。根据本工程特点，达到施工精品质量目标，模板方案要体现出实用、科学、可操作性强的特点。下面探讨竖向结构的模板。

根据本施工组织设计，地上施工段划分四个大流水段，其中Ⅱ、Ⅳ段又可以按照地上后浇带的设置细化为Ⅱa、Ⅱb、Ⅳa、Ⅳb施工分区。结构的四个芯筒分别处于Ⅱ、Ⅳ区的四个小施工操作区内，柱子的施工主要集中在Ⅰ、Ⅲ施工区内。

（1）柱子模板

地上结构柱子截面尺寸主要有800mm×800mm、900mm×900mm、1000mm×1000mm以及1100mm×1100mm四种，根据地上三至四层结构施工图，以800mm×800mm以及1100mm×1100mm的柱截面为主。由于柱子截面尺寸比较单一，模数变化不大。因此，柱模采用定型拼装柱模，拼装利用18mm厚漆面覆膜多层板进行，以加强模板刚度与耐用性，竖向背楞采用100mm×50mm木方，水平方向采用可调节模数的槽钢背楞，背楞的模数为50mm。

（2）核心筒墙模

核心筒（含外墙部分）模板的筒体外模采用18mm厚漆面多层板，100mm×50mm木方、钢管背楞，核心筒的梯井筒采用定型可提升式整体大钢模。

（3）水平构件模板

由于本工程结构水平构件较为复杂，单层面积大（地上标准层的施工面积约为4300m²），同一楼层水平梁板的标高变化以及楼层的层高变化均较大，地上平均要求10d左右完成一个楼层的施工。

预应力密肋梁板为每区格1.2m×2.8m，板块比较小，但是密肋梁的尺寸一般为250mm×550mm，梁宽小而深，垂直向小梁尺寸为200mm×300mm。而且楼板存在两个不同的面层标高，难以采用统一的定型（尺寸）模板。

井格梁在每楼层之间变化较大，且井格区域在不同楼层的平面尺寸也有所不同，采用统一的定型模板也达不到预期的利用率，井格梁区域每格为2.8m×2.8m，故利用模壳加碗扣式脚手架的模板方式。

受到密肋梁的区格尺寸（1.2m×2.8m）以及梁的断面尺寸的限制，密肋梁采用现场拼制木模（表面覆膜多层板）木方背楞，带可调支撑的钢管满堂脚手架支撑。

井格板的区格为2.8m×2.8m，竖向支撑采用碗扣式脚手架进行，以利于早拆，同时也有利于形成整齐的满堂架形式。模板采用表面覆膜多层板木方背楞进行。

3.3.3　施工部署

(1) 模板备料与周转

根据地上施工流水与施工进度要求，平均10d一楼层，结合模板设计中采用的梁板早拆体系，配置一个楼层的竖向芯筒模板，梯井间模板采用自爬式钢模，配置3套2.2m×2.2m井筒内模，1套2.8m×2.8m井筒内模；由于柱子施工不是紧要线路，只须配置2个施工区段的模板以及柱箍。

(2) 模板加工

模板的加工首先要求严格控制原材的质量（板厚、刚度、平整度），按照不同的规格、构件进行分批、分类码放堆置，加工一定要控制加工质量。

3.3.4　模板的施工

(1) 模板安装前的准备工作

1) 模板的组拼。

模板组装要严格按照模板配板图尺寸拼装成整体，拼装的具体精度要求见方案部分的质量保证要求，拼装好模板要求逐块检查其背楞是否符合模板设计，模板的编号与所用部位是否完全一致，比如：模板标号：ZM-7（3600mm×1100mm），表示第7套柱模，模板面板为1100mm宽、3600mm高。

对于芯筒模板，按照芯筒的平面位置图定制严格的规格模板。

2) 模板的基准定位工作。

首先引测建筑的边柱或者墙轴线，并以该轴线为起点，引出每条轴线，并根据轴线与施工图用墨线弹出模板的内线、边线以及外侧控制线，施工前4线必须到位，以便于模板的安装和校正。

3) 标高测量。

利用水准仪将建筑物水平标高根据实际要求，直接引测到模板的安装位置。

A. 竖向模板的支设应根据模板支设图，在楼面混凝土浇筑时预埋地锚；

B. 已经破损或者不符合模板设计图的零配件以及面板不得投入使用；

C. 已经检查合格的拼装后模板块，应按照要求堆置码放。重叠放置时，要在层间放置垫木，模板与垫木上下齐平，底层模板离地10cm以上距离。

(2) 模板的支设

1) 柱模的支设。

柱模的拼装要注意以下几点：

①加强角点拼缝，对角点拼缝处外面加设100mm×100mm木方，以保证阳角的方正。

②层板之间拼缝后面必须加设木方背楞。

③由于地上结构独立柱截面尺寸较小，截面内不加设穿墙柱杆，以保证模板的周转使用次数，并且使柱面不出现孔眼。

④模板安装就位前，必须利用同等级的砂浆找平 $H=20$mm（80mm宽），以防模板下口跑浆。

⑤对于跨楼层的独立柱，例如首层至四层的⑥、⑧/Ⓒ轴处的KZ204，支设上一层柱模时，必须保证柱模搭接下层完成混凝土柱300mm以上，并且最底一道柱箍在已完成柱面100~150mm以下，以确保上下层柱面不出现错台。

2）芯筒墙模的支设。

芯筒墙的安装工序：检查→清理→放模板就位线→做砂浆找平层→安放面角模板→安放内模（包括井筒模）→安装穿墙螺栓→安装外模固定→调整模板间隙，找垂直度→检查验模。

芯筒墙支模前，必须涂刷水性脱模剂。

模板底部每个墙角部位设置清扫口。

所有墙体的竖向模板的阴角、阳角加设100mm×100mm木方与模板固定，并且板梁角部也必须加设100mm×100mm木方。

对于楼梯内墙、井筒内墙支模，为了控制上下层墙体的接缝错台，必须在下一层混凝土体浇筑前，在距顶部250mm处预留一排套管（与穿墙螺栓配合）。在上层墙体模板的支设时，用穿墙螺栓将模板与墙体夹紧。

对于芯筒墙的门洞的模板支撑，必须保证水平支撑间距控制在600mm以内，并且在门洞顶部加设45°的斜撑，以确保门洞的侧模刚度。

3）楼梯支模。

支模时要考虑到装修厚度的要求，使上下跑之间的梯级线在装修后对齐，拆模后确保梯级尺寸一致。

D. 梁板的支设。

3.3.5 模板的拆除

（1）各构件拆除强度

构件拆除混凝土强度以及同条件强度试块预留见表3-7。

构件拆除强度及试块留置 表3-7

结构类型	拆模要求	试块留置
竖向结构	混凝土强度达1.2MPa以上	留置同条件1.2MPa试块或浇筑完成后24h拆除
楼梯支撑	强度过100%以上	在拆除顶板模板时拆除
梁、板（包括大跨度框架梁（≥8m）以及芯筒梁板、悬臂梁板）	强度过100%以上	留置2组以上同条件拆模混凝土试块

（2）拆模的要求

对于竖向构件的拆模，一定要做到混凝土强度达到1.2MPa以后拆模，以便于保护混凝土的棱角不受破损。

顶板模板拆除必须执行严格的拆模工作程序，并按要求填写拆模申请单。

顶板（梁）拆模步骤：

1）在梁底部一排水平杆处铺设木板跳板，提供拆除操作面；

2）降下碗扣架，拆除板底的水平架料管；

3）拆除板底木方背楞以及梁板底面板；

4）拆除梁侧面的脚手管、背楞、面板；

5）拆除梁底水平架料管、背楞木方、面板。

注意：拆模后在楼板堆料不能过于集中，必须符合楼板荷载堆积的要求，限制堆积高度小于 50cm。

3.3.6　质量保证要求

（1）严格控制预拼模板精度，其组拼精度应符合表 3-8 要求。

预拼模板精度　　表 3-8

序号	项目	允许偏差（mm）	序号	项目	允许偏差（mm）
1	两块模板之间拼缝	≤2.0	5	对角线长度差	≤5.0（≤对角线长度的 1/1000）
2	相邻模板之间高低差	≤2.0			
3	模板平整度	≤0.4	6	模壳制作平面尺寸偏差	≤1/500 的平面最大尺寸）
4	模板平面尺寸偏差	+2、-5			

（2）模板的安装精度要求（表 3-9）。

模板安装精度　　表 3-9

序号	项目	允许偏差（mm）	序号	项目	允许偏差（mm）
1	轴线位置	3	4	层高垂直度	3
2	底模上口标高	+2、-5	5	相邻板的表面高低差	2
3	截面内部尺寸偏差	+2、-5	6	表面平整度	5

（3）严格执行筒体电梯井门洞定位尺寸的控制，门洞边墙上预留洞口的定位控制，达到上层和下层门洞两侧尺寸平面错位误差不超过 5mm，因此，留洞口时，木工严格按照墨线留洞。

（4）每层主轴线和分部轴线放线后，规定负责测量记录人员及时记录平面尺寸测量数据，并要及时记录墙、柱、筒体的成品尺寸，目的是通过数据分析内筒、墙体和柱子的垂直度误差。并根据数据分析原因，将问题及时反馈有关生产负责人，及时进行整改和纠正。

（5）所有竖向结构的阴、阳角均须加设橡胶海绵条于拼缝中，拼缝要牢固，在模壳与模壳、模壳与多层板之间拼缝也须加设橡胶海绵条。

（6）模板的脱模剂要使用水性脱模剂，以防污染钢筋。

（7）大模板应定期进行检查与维修，保证使用质量。

（8）对于跨度较大的梁、板，应按规范适当考虑起拱，以防“塌腰”等现象发生。起拱应符合下列规定：当梁板跨度≥4m 时，模板应按设计要求起拱；如无设计要求时，起拱高度宜为全长跨度的 1/1000～1/300。

（9）阴、阳角模必须按照模板设计图进行加固处理。

（10）拆模后，楼板堆料高度超过 50cm 时，必须在下层加设支撑，以防楼板产生裂缝或者过量变形。

3.3.7　安全措施

（1）登高作业时，各种配件应放在工具箱或工具袋中，严禁放在模板或脚手架上，各种工具应系挂在操作人员身上或放在工具袋中，不得吊落。

（2）装拆模板时，上下要有人接应，随拆随转运，并应把活动的部件固定牢靠，严禁堆放在脚手板上和抛掷。

(3) 层高超过3.5m装拆模板时，必须搭设脚手架。装拆施工时，除操作人员外，下面不得站人。高处作业时，操作人员要带好安全带。

(4) 安装墙、柱模板时，要随时支设固定，防止倾覆。

(5) 对于预拼模板，当垂直吊运时，应采取两个以上的吊点，水平吊运应采取四个吊点，吊点要合理布置。

(6) 对于预拼模板应整体拆除。拆除时，先挂好吊索，然后拆除支撑及拼接两片模板的配件，待模板离开结构表面起吊。起吊时，下面不准站人。

3.3.8 地上结构模板方案计算书

(1) 墙体木模板计算

1) 荷载计算：

a. 混凝土侧压力标准值：

$$F_1 = 0.22\gamma_c\beta_1\beta_2 t_0 v^{1/2}$$
$$F_2 = \gamma_c \times H$$

其中：$\gamma_c = 25\text{kN/m}^3$（混凝土密度）

混凝土初凝时间：

$$t_0 = 3\text{h}$$
$$\beta_1 = 1.1$$
$$\beta_2 = 1.15, \text{坍落度取 } 160\text{mm}$$
$$v = 2\text{m/h}$$
$$F_1 = 0.22\gamma_c\beta_1\beta_2 t_0 v^{1/2}$$
$$= 0.22 \times 25 \times 1.1 \times 1.15 \times 3 \times \sqrt{2} = 29.52\text{kN/m}^2$$
$$F_2 = \gamma_c \times H = 25 \times 5 = 125\text{kN/m}^2$$

取两者中的小值，即 $F_1 = 29.52\text{kN/m}^2$

b. 混凝土侧压力设计值：

$$F = F_1 \times \text{分项系数} \times \text{折减系数}$$
$$= 29.52 \times 1.2 \times 0.9 = 31.9\text{kN/m}^2$$

c. 倾倒混凝土时产生的水平荷载为 2kN/m^2（采用泵管浇灌）

荷载设计值为 $2 \times 1.4 \times 0.9 = 2.52\text{kN/m}^2$

d. 荷载组合：

$$F' = 31.9 + 2.52 = 34.42\text{kN/m}^2$$
$$h = F_1/\gamma_c = 34.42/25 = 1.37\text{m}$$

2) 验算：

$$q = 34.42 \times 0.3 = 10.33\text{kN/m}$$
$$I = bh^3/12 = 5 \times 10^3/12 = 416.6\text{cm}^4$$
$$W = bh^2/6 = 5 \times 10^2/6 = 83.3\text{cm}^3$$

a. 木方抗弯强度验算：

$$M_{\max} = 0.1 \times 10.33 \times 0.4 \times 0.4$$
$$= 0.165\text{kN} \cdot \text{m}$$

$$\sigma_{max} = M_{max}/W = 0.165 \times 100 \times 100/83.3 = 19.8kg/cm^2$$

木方允许应力 $[\sigma] = 110kg/cm^2$

$$\sigma_{max} < [\sigma]（可行）$$

b. 木方挠度验算

$$\omega = 0.644 \times q^2 l^4/100EI$$
$$= 0.644 \times 10.33^2 \times 10^8 \times 0.4^4/100 \times 9 \times 1000 \times 833.3 = 0.47mm$$
$$\{\omega\} = l/500 = 900/500 = 1.8mm(可行)$$

c. 钢管背楞验算：

$$Q = 10.33kN/m（木方）$$

集中荷载 $P_1 = 10.33 \times 0.3 = 3.1kN$

$$P_2 = 10.33 \times 0.15 = 1.55kN$$
$$M = 0.3P_1 \times L = 0.3 \times 3.1 \times 0.6 = 0.56kN/m$$
$$\sigma = M/W = 0.56/(5.076 \times 2)$$
$$= 0.055kN/mm^2 < [\sigma] = 0.205kN/mm^2$$

可行。

d. 对拉螺杆计算（$\phi 14$）：

对拉螺杆所受集中力 $P = 34.42 \times 0.6 \times 0.4 = 8.26kN$

对拉螺杆允许应力 $\{\sigma\} = 210 \times 153.9 = 32319N = 32.3kN$

$\sigma < \{\sigma\}$，可行

（2）柱模板计算

侧压力：

$$P_m = 0.22\gamma_c\beta_1\beta_2 t_0 v^{1/2} = 0.22 \times 2.5 \times 1.1 \times 1.15 \times (200/20 + 15) \times 2.5^{0.5}$$
$$= 6.28t/m^2$$

柱箍的槽钢计算：

$$F = 6.28 \times 1.1 \times 0.5/6 = 0.576t$$
$$M = 0.51 \times 3F - (0.11 + 0.33 + 0.55) \times F = 0.726t \cdot m$$

钢柱箍的强度：

$$\sigma = M/2W = 0.726 \times 10^5/(2 \times 39.7) = 914.4kg/cm^2$$

（查表得［10 工字钢 $W = 39.7cm^3$）

$$\sigma < \{\sigma\} = 2050kg/cm^2(可行)$$

木方背楞计算（50mm×90mm 间距 220mm）

$$M = 1/8ql^2 = 0.125 \times 0.576 \times 0.50^2 = 0.018t \cdot m$$
$$W = 1/6bh^2 = 1/6 \times 5 \times 9^2 = 67.5cm^3$$
$$\sigma = M/W = 0.018 \times 10^5/67.5$$
$$= 26.7kg/cm^2 < \{\sigma\} = 110kg/cm^2(可行)$$

（3）100mm 厚密肋梁板支撑计算书

1）100mm 厚板模板计算：

荷载计算

钢筋混凝土自重：2.6×0.1（板厚）=0.26t/m^2

施工荷载取0.25t/m^2

荷载组合：0.26×1.2+0.25×1.4=0.662t/m^2

2）木方弯曲应力及挠度验算（木方间距30cm，跨度1.2m）

$$q = 0.3 \times 1.2 \times 0.662 = 0.24\text{t/m}$$

$$M = 0.105 \times 0.24 \times 1.2 \times 1.2 = 0.036\text{t} \cdot \text{m}$$

$$W = bh^2/6 = 5 \times 10^2/6 = 83.3\text{cm}^3$$

$$I = bh^3/12 = 5 \times 10^3/12 = 416.6\text{cm}^4$$

a. 木方抗弯强度验算：

$$\sigma_{\max} = M_{\max}/W = 0.036 \times 100000/83.3 = 43.26\text{kg/cm}^2$$

木方允许应力［σ］=110kg/cm^2

$$\sigma_{\max} < [\sigma](\text{可行})$$

b. 木方挠度验算

$$\omega = 0.644 \times q^2 l^4/100EI$$

$$= 0.644 \times 0.24^2 \times 10^8 \times 1.2^4/(100 \times 9 \times 1000 \times 833.3)$$

$$= 0.010\text{cm} = 0.10\text{mm}$$

$$\{\omega\} = l/400 = 900/400 = 2.25\text{mm}(\text{可行})$$

（4）250mm×550mm梁模板计算

1）梁底荷载计算：

a. 钢筋混凝土自重：2.6×0.55（板厚）=1.43t/m^2

b. 施工荷载取0.25t/m^2

荷载组合：1.43×1.2+0.25×1.4=2t/m^2

2）梁底木方弯曲应力及挠度验算：（木方中心距186cm，跨度1.2m）

$$q = 0.186 \times 2 = 0.37\text{t/m}$$

$$M = 0.105 \times 0.37 \times 1.2 \times 1.2 = 0.056\text{t} \cdot \text{m}$$

$$W = bh^2/6 = 5 \times 10^2/6 = 83.3\text{cm}^3$$

$$I = bh^3/12 = 5 \times 10^3/12 = 416.6\text{cm}^4$$

a. 木方抗弯强度验算：

$$\sigma_{\max} = M_{\max}/W = 0.056 \times 100000/83.3 = 67.5\text{kg/cm}^2$$

木方允许应力［σ］=110kg/cm^2

$$\sigma_{\max} < [\sigma](\text{可行})$$

b. 木方挠度验算

$$\omega = 0.644 \times q^2 l^4/100EI$$

$$= 0.644 \times 0.37^2 \times 10^8 \times 1.2^4/(100 \times 9 \times 1000 \times 833.3)$$

$$= 0.024\text{cm} = 0.24\text{mm}$$

$$\{\omega\} = l/400 = 900/400 = 2.25\text{mm}(\text{可行})$$

3）竖向立杆钢管验算：

集中力　$N = 0.662(\text{板}) \times 0.95 \times 1.2 + 2(\text{梁}) \times 1.2 \times 0.25 = 1.35\text{t}$

$$I = 1.58\text{cm}$$

$$\lambda = l/I = 170/1.58 = 107.6 < [\lambda] = 150$$

查表得 $\psi = 0.533$

$$\sigma = N/\psi A = 1.35 \times 1000/(0.533 \times 4.89) = 519.7\text{kg/cm}^2 < [\sigma]$$

$$050\text{kg/cm}^2 \text{（可行）}$$

4）梁底水平钢管验算：

梁传来的集中荷载为 $P_1 = P_2 = 2 \times 0.25 \times 1.2/2 = 0.3\text{t}$

板传来的集中荷载为 $P_3 = P_4 = 0.662 \times 0.475 \times 1.2/2 = 0.189\text{t}$

用弯矩分配法得出：

$$M = 0.10\text{t} \cdot \text{m}$$

$$\sigma = M/W = 0.10 \times 10^5/5 = 2000\text{kg/cm}^2 < [\sigma] = 2050\text{kg/cm}^2$$

（可行）

5）600mm×2200mm 大梁模板计算：

A. 荷载计算：

钢筋混凝土自重取 2.7t/m^2

施工荷载取 0.2t/m^2

荷载组合：$2.7 \times 1.2 + 0.2 \times 1.4 = 3.5\text{t/m}^2$

B. 梁底木方弯曲应力及挠度验算：（木方间距 17.2cm，跨度为 1m）

$$q = 0.172 \times 1 \times 3.5 = 0.6\text{t/m}$$

$$M = 0.105 \times 0.6 \times 1 \times 1 = 0.063\text{t} \cdot \text{m}$$

$$W = bh^2/6 = 5 \times 10^2/6 = 83.3\text{cm}^3$$

$$I = bh^3/12 = 5 \times 10^3/12 = 416.6\text{cm}^4$$

a. 木方抗弯强度验算：

$$\sigma_{\max} = M_{\max}/W = 0.063 \times 100000/83.3 = 75.6\text{kg/cm}^2$$

木方允许应力 $[\sigma] = 110\text{kg/cm}^2$

$$\sigma_{\max} < [\sigma] \text{（可行）}$$

b. 木方挠度验算：

$$\omega = 0.644 \times q^2 l^4/(100EI)$$

$$= 0.644 \times 0.6 \times 10^8 \times 1^4/(9 \times 10000 \times 833.3) = 0.014\text{cm} = 0.14\text{mm}$$

$$\{\omega\} = l/400 = 900/400 = 2.25\text{mm（可行）}$$

C. 梁底多层板挠度验算（取单位长度计算）：

$$E = 12 \times 10^5\text{kg/cm}^2$$

$$I = 100 \times 1.8^3/12 = 48.6\text{cm}$$

$$\omega = 1/384 \times q^2 l^4/EI$$

$$= 1/384 \times 32 \times 17.2^4/(9 \times 10000 \times 48.6) = 0.0018\text{cm} = 0.018\text{mm}$$

$$\{\omega\} = l/400 = 172/400 = 0.43\text{mm（可行）}$$

D. 梁底竖向钢管验算：

集中力 $N = 3.5 \times 1 \times 0.5 = 1.75\text{t}$

$$I = 1.58\text{cm}$$

$$\lambda = l/I = 170/1.58 = 107.6 < [\lambda] = 150$$

查表得 $\psi = 0.533$

$$\sigma = N/\psi A = 1.75 \times 1000/(0.533 \times 4.89)$$
$$= 671.4\text{kg/cm}^2 < [\sigma] = 2050\text{kg/cm}^2$$

(可行)

E. 梁侧木方背楞计算：

$$F = \gamma_c \times H = 2.5 \times 0.6 = 1.5\text{t/m}^2$$
$$q = F \times 0.2 = 0.3\text{t/m}$$
$$M = 0.105ql^4/ = 0.105 \times 0.3 \times 1 \times 1 = 0.0315\text{t}\cdot\text{m}$$
$$\sigma_{max} = M_{max}/W = 0.0315 \times 100000/83.3 = 37.8\text{kg/cm}^2$$

木方允许应力 $[\sigma] = 110\text{kg/cm}^2$

$$\sigma_{max} < [\sigma]\text{(可行)}$$

F. 其他梁支撑计算书同上，此处略。对于梁底钢管间距作如下规定：

a.600mm×900mm 梁，梁底钢管间距沿梁长方向上为 1000mm，沿梁宽方向上 550mm。

b.250mm×500mm 梁，梁底沿梁长方向上钢管间距为 1000mm。

3.4 脚手架工程

3.4.1 概述

本工程地下 3 层，地上 12 层，屋顶标高 49.9m，结构形式为钢筋混凝土框架-剪力墙结构。为满足施工作业需要，本工程地上部分外脚手架采用双排扣件式钢管脚手架。

3.4.2 编制依据

(1)《建筑施工扣件式钢管脚手架安全技术规范》

(2)《建筑施工高处作业安全技术规范》

(3) 相关的现行国家标准及规范

3.4.3 工程准备

(1) 材料准备：

1) 钢管杆件：钢管杆件采用 Φ48×3.5mm，焊接钢管其材性应符合《碳素结构钢》(GB 700—88) 的相应规定。用于立杆、大横杆、剪刀撑和斜杆的钢管长度分别为 4m 和 6m，用于小横杆的钢管长度为 1.2m。

2) 扣件：扣件应采用《可锻铸铁分类及技术条件》(GB 978—67) 的规定，机械性能不低于 KT33-8 的可锻铸铁制造。扣件的附件采用的材料应符合《碳素结构钢》(GB 700—88) 中 Q235 钢的规定；螺纹均应符合《普通螺纹》(GB196—81) 的规定，垫圈应符合《垫圈》(GB 96—76) 的规定。

3) 脚手板：脚手板采用钢跳板，跳板的厚度 50mm，宽度 250mm，长度 3000mm。

4) 安全网采用绿色密目安全网，新网必须有产品质量检验合格证，旧网必须有允许使用的证明书（或试验记录），安全网的选用应符合《安全网》(GB5725—85) 的规定。

(2) 人员配备。

各专业施工人员及上岗证应配备齐全。

(3) 技术准备。

脚手架施工前，要进行技术交底，并提出有关的要求事项。

3.4.4 施工布置

(1) 外脚手架平面及形状

如图3-6所示，内侧立杆距建筑最外边线（包括外挑楼板）最小距离为0.2~0.3m，4层以上如楼层平面有变化，外脚手架随楼层缩进，现场北侧马道改设在建筑物东侧。

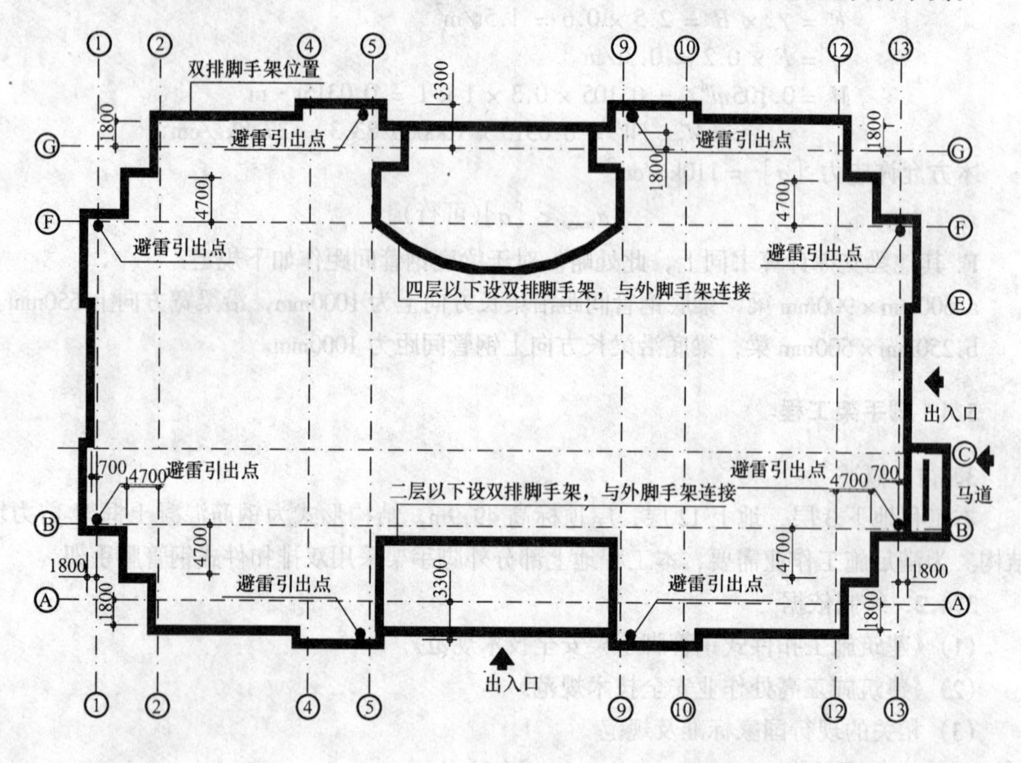

图3-6 外脚手架平面布置（图中尺寸为内排架定位）

(2) 外脚手架构造（图3-7）要点

1) 立杆。35m以下采用双立杆，35m以上改为单杆。立杆横距（中距）为1m，纵距（中距）为1.5m，相邻立杆的接头位置应错开布置在不同的步距内，与相邻的大横杆的距离不宜大于0.5m。立杆与大横杆必须用直角扣件扣紧，不得隔步设置或遗漏。立杆整个架高的垂直偏差应不大于75mm。

2) 大横杆。步距为1.8m，上下横杆的接长位置应错开布置在不同的立杆纵距内，与相近的立杆距离不大于0.5m。同一排大横杆的水平偏差不大于该片脚手架总长度的1/250，且不大于50mm。相邻步架的大横杆应错开布置在立杆的里侧和外侧，以减少立杆偏心受载情况。横杆与结构连接预埋件如图3-8所示。

3) 小横杆。应贴近立杆布置，搭于大横杆之上并用直角扣件扣紧。在相邻立杆之间根据需要加设1~2根。在任何情况下，均不得拆除作为基本构架结构杆件的小横杆。

4) 剪刀撑。35m以下采用双剪刀撑，与地面夹角为50°沿架高连续布置，采用对接扣对接，对接扣位置错开大于2m布置，除两端用旋转扣件与脚手架的立杆或大横杆扣紧外，在其中间应增加 2～4 个扣节点，如图 3-9 所示。

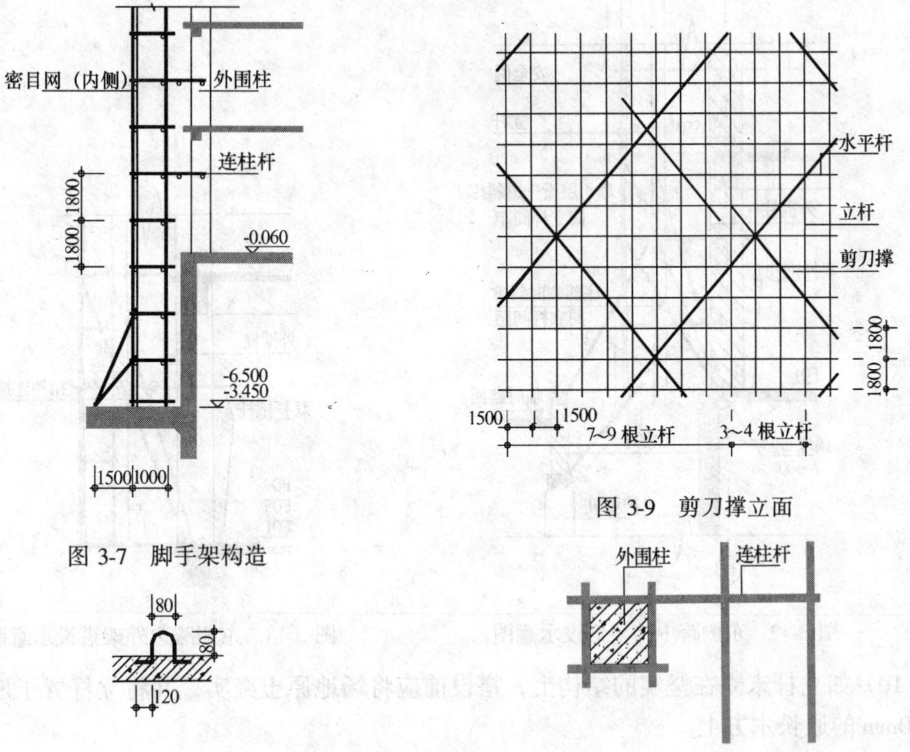

图 3-7　脚手架构造

图 3-8　预埋件

图 3-9　剪刀撑立面

图 3-10　脚手架与柱连接方式

5）连柱杆。按每两步三跨设置，其水平、垂直间距均不得大于 6m，与柱拉接方式采用单杆箍柱式，如图 3-10 所示。

6）水平斜拉杆。设置在有连柱杆的步架平面内，加强脚手架的横向刚度。

7）脚手板。采用钢跳板，脚手板与脚手板之间以及脚手板与脚手架之间用 8 号钢丝拧紧，应同时保持有两个楼层的脚手板操作面，随结构施工上移。

8）因建筑物较高，为增加脚手架的稳定性，在 F05、F06 层处采取卸荷措施，如图 3-14 所示。

9）基坑东侧、北侧脚手架为进行回填土及防水施工的需要，从标高 –0.060m 处开始搭设，底部加设斜撑，每 4 层采取外挑措施，施工作法详见图 3-11、图 3-12、图 3-13 所示。

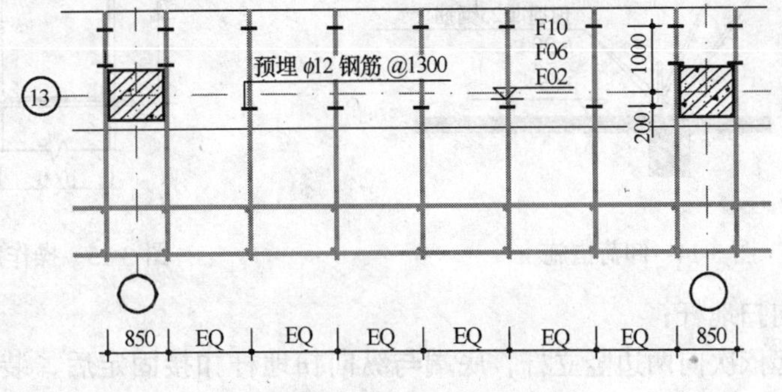

图 3-11　东侧外架搭设平面

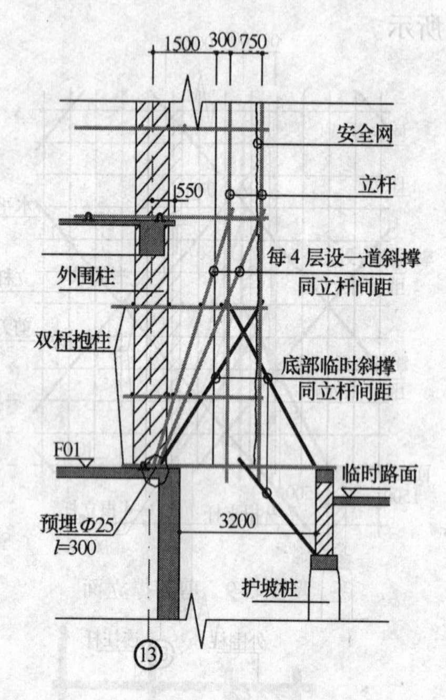

图 3-12　东侧跨中外架搭设示意图

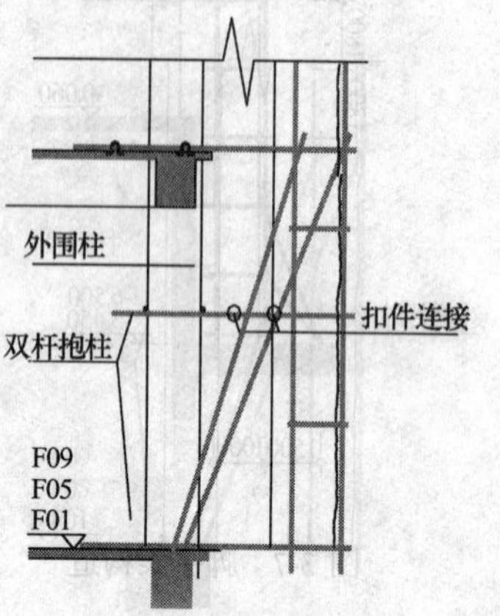

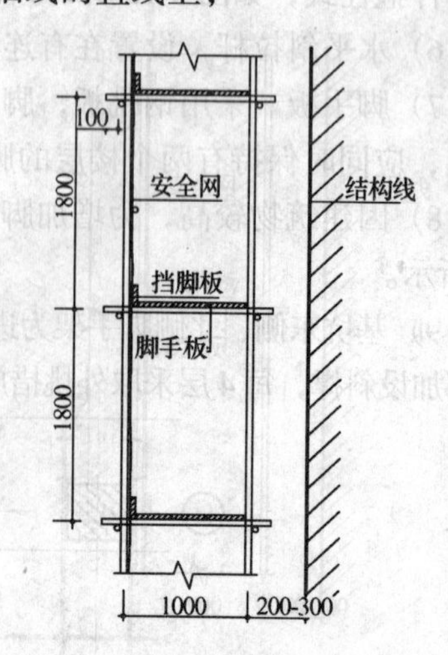

图 3-13　东侧跨边外架搭设示意图

10）如立杆未立在坚实的结构上，搭设前应将场地原土夯实，并将立杆置于厚度不小于50mm的通长木方上。

11）护栏。在铺脚手板的操作层上设三道护栏，上栏杆距脚手板面高度为1000mm，下栏杆距脚手板面为600mm，设挡脚板，如图3-15所示。

（3）施工作业程序

1）依据图3-6排立杆位置，放线使立杆在一条平行轴线的直线上；

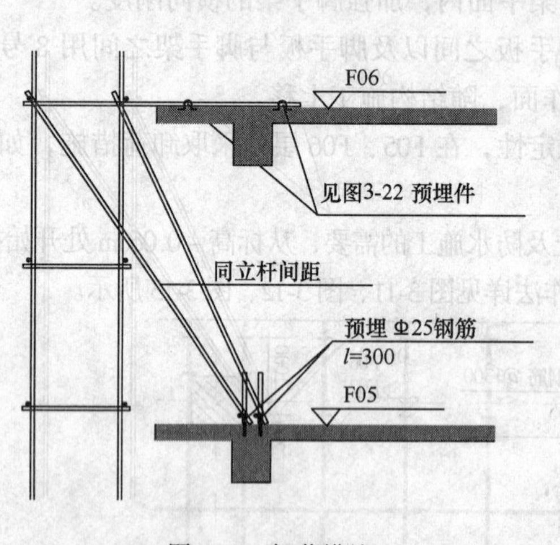

图 3-14　卸荷措施

图 3-15　操作层护栏示意

2）放置纵向扫地杆；

3）自角部起依次向两边竖立杆，底端与纵向扫地杆扣接固定后，装设横向扫地杆并与立杆固定，每边竖起3～4根立杆后，随即装设第一步大横杆（与立杆扣接固定）和小横杆（靠近立杆并与大横杆扣接固定），校正立杆垂直和水平杆水平使其符合要求后，按40～60kN·m力矩拧紧扣件螺栓，形成构架的起始段；

4）按上述要求依次向前搭设，直至第一步架交圈完成；交圈后，再全面检查一遍构架和地基情况，严格确保方案要求和构架质量；

5）设置连柱杆（开始搭设时加边撑）；

6）按以上的作业程序和要求向上搭设脚手架；

7）随搭设进程及时设置剪刀撑；

8）随施工进度在脚手架构架大横杆间搭设横杆，以缩小铺设脚手板的支撑跨度，铺设脚手板、栏杆和防护密目网。

(4) 施工作业注意事项

1）底部第一排立杆应按立杆搭设要求选择，不同长度的钢管交错设置，至少有6m和4m两种不同长度的钢管作立杆。

2）在设置第一排附柱杆前，应每隔约6跨设一道斜撑，以确保架子稳定。

3）一定采取先搭设起始段而后向前延伸的作业方式，可分别从相对角开始搭设。

4）连柱杆和剪刀撑应及时设置，不得滞后超过两个步距。

5）杆件端部伸出扣件之外的长度不得小于100mm。

6）在顶排连柱杆之上的架高不得多于两个步距；否则，应每隔6跨加设一道撑拉措施。

7）剪刀撑的斜杆与基本构架结构杆件之间至少3道连接，其中，斜杆的对接或搭接接头部位至少有一道连接。

8）周边脚手架的大横杆必须在角部交圈并与立杆固定。

9）纵向对接搭设脚手板时，对接处的两侧必须设置横杆，并且绑扎牢固。

10）作业层的栏杆应设置在立杆的内侧，栏杆接长应符合对接或搭接的要求。

建筑物南侧、东侧主要入口的钢管架采用在洞口上挑空1～2根立杆，并相应增加斜杆加强的构造方式。

3.4.5 荷载验算

(1) 验算依据：

《建筑施工手册》（第三版）第一册5-1-3：脚手架的设计和计算的一般方法。

(2) 荷载计算：

1）恒载的标准值 G_k

$$G_k = H_i \times (g_{k1} + g_{k3}) + n_1 l_a g k_2$$

式中 H_i——立杆计算截面以上的架高（m）；

g_{k1}——以每米架高计的构架基本结构杆部件的自重计算基数（kN/m）；

g_{k2}——以每米立杆纵距（l_a）计的作业层面材料的自重计算基数（kN/m）；

g_{k3}——以每米架高计的外立面整体拉结杆件和防护材料的自重计算基数（kN/m）；

n_1——同时存在的作业层设置数。

查表得：

$$g_{k1} = 0.1089\text{kN/m}$$

$$g_{k2} = 0.3856\text{kN/m}$$

$$g_{k3} = 0.0786\text{kN/m}$$

$$H_i = 58\text{m} \quad G_k = 58 \times (0.1089 + 0.0768) + 2 \times 1.5 \times 0.3856 = 11.124\text{kN}$$

$$H_i = 25\text{m} \quad G_k = 25 \times (0.1089 + 0.0768) + 2 \times 1.5 \times 0.3856 = 5.0\text{kN}$$

2）活载的标准值 Q_k

$$Q_k = n_1 l_a g_k$$

式中　g_k——按每米立杆纵距 l_a 计的作业层施工荷载标准值的计算基数（kN/m）。

查表得：

$$g_k = 1.8\text{kN/m}(\text{结构作业})$$

$$Q_k = 1 \times 1.5 \times 1.8 = 2.7\text{kN}$$

3）风荷载的标准值 W_k

$$W_k = l_a \phi w_{k1}$$

式中　ϕ——挡风系数，因外脚手架为全封闭，$\phi = 1$；

w_{k1}——标准风压值（kN/mm^2）。

$$w_{k1} = 0.7 \times \mu_s \mu_z w_o$$

式中　μ_s——风荷载体型系数，查表得 $\mu_s = 1.0$；

μ_z——风压高度变化系数；

查表得　$\mu_z = 0.80$（离地 5m）

$\mu_z = 1.72$（离地 25m）

$$w_{k1} = 0.7 \times 0.8(\text{或 }1.72) \times 0.35 = 0.196(\text{或 }0.337)\text{kN/m}$$

$$W_k = 1.5 \times 1 \times 0.196(\text{或 }0.337) = 0.294(\text{或 }0.506)\text{kN/m}$$

4）脚手架整体稳定验算

A. 材料强度附加分项系数 $r'_m = 1.5607$

B. 轴心力设计值 N'

$$N' = 1.2 \times (G_k + Q_k)$$

a）验算底部截面 $N' = 1.2 \times (11.124 + 2.7) = 16.59\text{kN}$

b）验算 $H_i = 20\text{m}$ 截面 $N' = 1.2 \times (5.0 + 2.7) = 9.24\text{kN}$

C. 风荷载弯距 M_w

$$M_w = 0.12 q_{wk} h^2$$

式中　q_{wk}——风线荷载标准值；

$$q_{wk} = l_n \times (A_n / A_w) \times W_k$$

l_n——立杆纵距；

h——步距（mm）。

底部　　$M_w = 0.12 \times 0.294 \times 1.8^2 = 0.114\text{kN·m}$

$H_i = 10\text{m}$　　$M_w = 0.12 \times 0.506 \times 1.8^2 = 0.197\text{kN·m}$

D. 轴心受压件的稳定系数 ϕ

查表得 $\mu = 1.53$

$$\lambda = \mu \cdot h/i$$

式中　i——回转半径；

μ——计算长度系数，查表得 $\mu = 1.53$。

$$\lambda = \mu \cdot h/i = 1.53 \times 1.8/0.0158 = 174$$

查表得 $\phi = 0.235$

E. 验算稳定

$$0.9(N'/(\phi \cdot A) + M_w/W) \leqslant f_c/\gamma'_m$$

式中　W——截面抵抗距（m^3）；

γ'_m——材料抗力的附加分项系数；

A——立杆的计算截面面积（mm^2）；

f_c——钢材的抗压强度计算值。

$$f_c/\gamma'_m = 0.1314\text{kN/mm}^2$$

底部：

$$\begin{aligned}&0.9 \times (N'/(\phi \cdot A) + M_w/W)\\&= 0.9 \times (16.59/(0.235 \times 489) + 114/(5.08 \times 10^3))\\&= 0.1501\text{kN/mm}^2 > 0.1314\text{kN/mm}^2\text{(不合格)}\end{aligned}$$

25m 处：

$$\begin{aligned}&0.9 \times (N'/(\phi \cdot A) + M_w/W)\\&= 0.9 \times (9.24/(0.235 \times 489) + 197/(5.08 \times 10^3))\\&= 0.1071\text{kN/mm}^2 < 0.1314\text{kN/mm}^2\text{(合格)}\end{aligned}$$

5）验算结果分析及设计调整

A. 底部为验算不合格截面。

B. 在脚手架地面的荷载作用效应中，由 N'引起的占 86.55%，由风荷载弯距 M_w 引起的仅占 13.45%，在不改变搭设高度的前提下，通过分层卸荷来降低 N'值。

C. 卸荷措施：详见外脚手架构造要点第 11 条及图 3-14。

D. 复核底部稳定：

图 3-11 所示斜撑扣件抗滑系数 $p = 6\text{kN}$/只，安全系数取 2，

N'减小值为

$$N' = (6 \times 2)/(2 \times 1.5) = 4\text{kN}$$

$$0.9N'/(\phi \cdot A) = 0.9 \times 4/(0.235 \times 489) = 0.03132\text{kN/mm}^2$$

底部卸荷后：$0.9 \times (N'/(\phi \cdot A) + M_w/W) = 0.01501 - 0.03132 = 0.1188\text{kN/mm}^2$

$$0.1188\text{kN/mm}^2 < 0.1314\text{kN/mm}^2$$

符合要求。

6）使用材料一览表

见表 3-10。

脚手架使用材料表　　表 3-10

序号	名称	规格	数量	备注
1	$\phi48\times3.5$ 钢管	$L=6m$	9500 根	
2	$\phi48\times3.5$ 钢管	$L=4m$	1800 根	
3	$\phi48\times3.5$ 钢管	$L=1.2m$	6300 根	
4	扣件	直角扣	30000 只	
5	扣件	旋转扣	5000 只	
6	扣件	对接扣	10000 只	
7	钢跳板	3000×250（mm）	3800 块	
8	密目网	绿色	38000m²	

3.4.6 质量要求及保证措施

(1) 脚手架用钢管

1) 表面应平直光滑，不应有裂纹、分层、压痕、划道和硬弯；

2) 外径偏差不大于 -0.5mm，壁厚偏差不大于 -0.3mm；

3) 端面应平整，偏差不超过 1.7mm；

4) 钢管锈蚀深度应小于 0.5mm，不得使用严重锈蚀的钢管；

5) 钢管长度规格必须按要求统一，不得长短参差不齐。

(2) 扣件

1) 所用铸铁不得有裂纹、气孔；不宜有疏松、砂眼或其他影响使用性能的铸造缺陷；并应将影响外观质量的粘砂、浇冒口残余、披缝、毛刺、氧化皮等清除干净；

2) 扣件与钢管的贴合面必须严格整形，应保证与钢管扣紧时接触良好；

3) 扣件活动部位应能灵活转动，旋转扣件的两旋转面间隙应小于 1mm；

4) 当扣件夹紧钢管时，开口处的最小距离应不小于 5mm；

5) 扣件表面应进行防锈处理。

(3) 钢制脚手板：

1) 钢制脚手板必须具备产品质量合格证；

2) 脚手板板面挠曲偏差小于 12mm；

3) 脚手板板面任一角扭曲小于 5mm；

4) 不得有裂纹、开焊与硬弯。

(4) 脚手架未经验收不得投入使用，脚手架检查与验收标准见表 3-11。

脚手架检查验收标准　　表 3-11

序号	项目		容许偏差	检查方法
1	立杆垂直度		≤$H/200$，≤100mm	吊线
2	间距	步距偏差	±20mm	钢卷尺
		柱距偏差	±50mm	
		排距偏差	±20mm	
3	大横杆高差	一根杆两端	±20mm	水平仪
		同跨内、外大横杆高差	±10mm	水平尺

续表

序号	项目		容许偏差	检查方法
4	扣件螺栓拧紧扭力矩		40～65N·m	扭力扳手
5	剪刀撑与地面倾角		45°～60°	角尺
6	脚手板外伸长度	对接	100mm≤a≤150mm	卷尺
		搭接	a≥100mm	卷尺

3.4.7 安全注意事项

（1）避雷措施。将B2层梁板、内墙水平筋围绕建筑物焊接为环形回路，并引出钢筋与B/13、C/1柱涂有蓝漆的避雷引上主筋焊接，环形回路共引出8根镀锌钢筋与钢管脚手架焊接，所有避雷线路中钢筋直径均不得小于12mm，所有搭接焊应为双边满焊且焊接点长度不得小于6d（或单边焊搭焊接点长度不小于12d）；如焊接点长度不满足要求，则应另加钢筋按要求两边焊接；如实测离镀锌钢筋最远点内脚手架上过渡电阻超过10Ω，应增加引出镀锌钢筋以满足要求；

（2）施工中对使用的材料必须进行严格筛选，锈蚀变形严重的材料严禁使用；

（3）架子搭设作业时，必须按规定戴安全帽，系安全带，穿软底鞋，所有材料应堆放平稳，工具应放入工具袋内，上下传递物体不得抛掷；

（4）支搭脚手架必须选用符合规定的架设料具，在架子上作业不得走单杆，必须将安全带系在高处大横杆上；

（5）相临立杆接头应错开500mm以上，大横杆也须将接头错开，必须有足够数量的小横杆；

（6）接杆位置超过600mm时，应翻搭上步架后再接杆；

（7）绑“十”字斜撑必须从端头第一根立杆开始，单杆斜撑搭接，双杆斜撑对接；

（8）必须与内外排立杆或大横杆连接；

（9）层必须满铺钢制脚手板，脚手板必须在钢管上铺平、铺稳，并且绑牢；

（10）大风之后，必须对架子进行检查；

（11）架搭完后，应进行检查验收，合格后才能使用；

（12）网与钢管必须绑牢。

3.5 混凝土工程

3.5.1 施工现场总平面布置

（1）大型设备的布置

结构施工期间布置一台C70/50B（臂长70m）塔和一台H3/36B（臂长55m）塔，负责钢筋、架料、混凝土的垂直运输。设置2台地泵，分别施工北侧和南侧。泵管同时由南侧场地进入首层梁板，沿中庭边的楼板留孔上楼。为保证竖向芯筒墙体的连续均衡浇筑，控制好每次下灰量和浇筑高度，楼层芯筒墙混凝土浇筑采用布料机施工。布料机是一种全回转混凝土布料设备，主要用于混凝土现场浇筑施工，该机可360°全方位正反向回转、混凝土输送管道采用标准管径及管接头。混凝土浇筑时，与泵输送管连接，由操作人员直接推动臂架或用绳子拉动臂架进行转动使用。

(2) 临电、临水平面布置

1) 临电平面布置。

为防止在浇筑混凝土时，因用电量过大，保险丝过流熔断，给混凝土浇筑带来不便，经业主和经理部领导商量决定，增加一台发电机备用，在停电时投入使用。

临电电源：

根据用电需要，经理部提供一台 GE-200kV·A 的发电机备用。发电机供电采用 TN-S 三相五线制接零保护系统。

施工用电设备（表 3-12、表 3-13）：

1号回路停电时施工用电设备统计表　　**表 3-12**

序　号	设备名称	单　位	数　量	功率（kW）	总功率（kW）	备　注
1	塔吊	台	1	90	90	
2	插入式振动器	台	20	1.5	30	
3	熵灯	台	5	3.5	17.5	
4	电焊机	台	2	30	60	
5	办公用电及设备				17.5	
合　计			28		215	

平时施工用电设备统计表　　**表 3-13**

序　号	设备名称	单　位	数　量	功率（kW）	总功率（kW）	备　注
1	电渣焊机	台	4	45	180	

2) 临水平面布置。

采用 ϕ100 水管，从市政管网接驳引入，按总平面图布置供给，来确保施工用水以及夏季混凝土的养护。

3.5.2　劳动力计划

为保证浇筑质量，现场混凝土施工人员安排如下：

操作层人员配备：

现场总指挥：×××

现场总调度：×××

混凝土供应调度：×××

混凝土浇筑负责：×××

操作层人员见表 3-14。

操作层浇筑混凝土生产协调人员　　**表 3-14**

协调项目	备　注	协调项目	备　注
技术负责	现场技术控制	经营负责	负责统计混凝土量、联系混凝土
质检负责		后勤负责	负责日常生活以及换班安排
材料负责	负责急需材料的供应	现场清理	道路清理
安全负责		机务负责	

每台泵车配备操作人员数量：

放料：　　2人

振捣：　　3人

平仓：　　3人

电工：　　1人

焊工：　　1人

机务指挥：　　2人

木工：　　3人

钢筋工：　　2人

共需人员：　　34人

其他工种配备每班总人数：

压光刮平（楼板）：　　9人

拆管接泵：　　12人

交通指挥：　　4人

以上安排是按政府规定施工时间来进行的，但我们将竭尽全力通过居委会做好居民工作，取得居民的谅解，争取混凝土浇筑连续进行。

3.5.3 混凝土泵送能力、各构件浇筑参数及主要设备

(1) 混凝土泵选型的主要依据有两方面：

其一：本工程的结构形式及特点；其二：泵的主要技术参数。

混凝土泵的主要技术参数即混凝土泵的实际平均输出量和混凝土泵的最大输送距离。混凝土泵的实际输出量根据混凝土泵的最大输出量、配管情况和作业效率，计算如下：

$$Q_A = Q_{max} \times a \times \eta = 120 \times 0.85 \times 0.6 = 61.2\text{m}^3/\text{h}$$

式中 Q_A——混凝土泵的实际输出量（m^3/h）；

Q_{max}——混凝土泵的最大输出量（m^3/h）；（取自表3-15）

a——配管条件系数；

η——作业效率。

混凝土泵的最大输出距离，根据下式计算：

$$L_{max} = P_{max}/\Delta P_H$$

$$\Delta P_H = \frac{2}{r_0}\left[k_1 + k_2\left(1 + \frac{t_2}{t_1}\right)v_2\right]a_2$$

$$K_1 = (3.00 - 0.01S_1) \times 10^2$$

$$K_2 = (4.00 - 0.01S_1) \times 10^2$$

式中 L_{max}——混凝土泵的最大水平输送距离（m）；

P_{max}——混凝土泵的最大出口压力（Pa）；

ΔP_H——混凝土在水平输送管内流动每米产生的压力损失（Pa/m）。

$$V_2 = Q_A \div \pi r^2 \div h = 61.2 \div \left[3.14 \times \left(\frac{0.125}{2}\right)^2\right] \div 3600 = 1.4\text{m/s}$$

$$\Delta P_H = 2 \div (125 \times 10^{-3} \div 2)[(3 - 0.01 \times 18) \times 10^2$$

$$+ (4 - 0.01 \times 18) \times 10^2 \times (1 + 0.3) \times 1.4] \times 0.9$$

$$= 28.14 \times 10^3 \text{Pa/m} = 28.14 \times 10^{-3} \text{MPa/m}$$

式中　r_0——混凝土输送管半径（m）；

K_1——黏着数（Pa）；

K_2——速度系数［Pa/（m/s）］；

S_1——混凝土坍落度，本工程取 $S_1 = 18\text{cm}$；

$\frac{t_2}{t_1}$——混凝土泵分配阀切换时间与活塞推压混凝土时间之比，一般取 0.3；

V_2——混凝土拌合物在输送管内的平均流速（m/s）；

a_2——径向压力与轴向压力之比。

混凝土实际配管如下：（最大长度配管）

水平管：110m；垂直管：50m 折成水平管 50×4＝200m；

弯管：5 根折成水平管 5×9＝45m；软管：6m 折成水平管 20m

$$L_{\max} = 110 + 200 + 45 + 20 = 375\text{m}$$

需要压力　$P = P_{\text{H}} \times L = 28.14 \times 10^{-3} \times 375 = 10.55\text{MPa}$

本工程推荐使用混凝土泵，技术参数见表 3-15。

混凝土泵技术参数　　表 3-15

性　能	BSA2110HD（地泵）	新泻 303 泵（汽车泵）
	参　数	参　数
最大液压泵压力（MPa）	32	20
输入能力（m³/h）	90～120	15～110
骨料最大粒径（ϕ125 管）（mm）	40	40
混凝土坍落度（cm）	5～23	5～23
料斗容量（m³）	0.7	0.5

根据上面计算与泵的技术参数比较，BSA2110HD 地泵和新泻 303 汽车泵能够满足地上结构施工的需要。

（2）各构件的实际浇筑参数（计算自搅拌站到现场的运输时间为 45min）（表 3-16）。

实 际 浇 筑 参 数　　表 3-16

构件型号	浇筑设备	浇筑速度	每车浇筑时间	计算缓凝时间（h）	要求缓凝时间（h）
柱　子	塔　吊	4m³/h	约 1.5h	2×1.5＝3	4
竖向芯筒墙	布料机	25m³/h	约 15min，每层（500mm 厚，约 12m³）需 30min	3×0.5＋0.45＝1.95	4
水平板梁浇筑宽度 3m	地泵泵送	25m³/h	每浇筑宽度来回约 50m³，需 1h	0.45＋1×2＝2.45	4

（3）主要机械设备投入，见表 3-17。

现场主要施工机械设备投入计划　　表 3-17

机械名称	型号	单位	数量	备注
塔吊	H3/36B	台	1	臂长 55m
塔吊	C70/50B	台	1	臂长 60m
插入式振动器	ϕ50	根	50	
平板式振动器		台	2	
混凝土地泵	BSA2110HD，90～120m³/h	台	2	
汽车泵	新泻 303 泵，120m³/h	辆	1	
罐车	6m³	辆	35	
布料机	HG12B，$R=12$m，$h=5985$	台	1	
发电机	200W	台	1	备用

3.5.4 混凝土供应

搅拌站的确定是保证混凝土连续供应和浇筑的重要因素之一。现场混凝土平均每小时浇筑量为 90m³，考虑到混凝土量较大，现场又处于繁华的西单路口，为保证混凝土的供应，选定中建一局搅拌站作为我工地混凝土供应商。中建一局集团搅拌站参与过时代广场 A 座的混凝土施工，对于本地区情况了解比较清楚。搅拌站位于丰台区花乡白盆窑，距现场 17km，实测往返一趟需 $1\frac{1}{3}$h，采用 4 台德国利勃海尔 55m³/h 搅拌机组合，具有 220m³/h 混凝土搅拌能力，实际搅拌能力 170m³/h。拥有 29 台 6m³ 韩国现代、日本三菱、日野罐车，1 台德国大象泵车，2 台日本新泻泵车，1 台日本石川岛泵车，2 台德国原装大象拖泵（90m³/h）。具有 1 台美国卡特比勒 280kW 发电机，可保证电力不间断。

3.5.5 C40 混凝土配置

（1）施工要求

混凝土强度等级 C40，混凝土配合比按现行的《普通混凝土配合比设计规程》执行，混凝土的强度应符合国家现行《混凝土强度检验评定标准》的有关规定。

（2）使用材料

水泥：邯郸 PO.42.5R。

砂：昌平龙凤山中砂，含泥量控制在 3%以内。

石子：潮白河 5～20mm 卵碎石，含泥量控制在 1%以内。

粉煤灰：按 JGJ 28—86 标准符合二级灰。

（3）配合比确定

混凝土配合比由一局搅拌站试验室根据我方设计要求和现场实际施工情况作出试配，将各种试配实验数据报给业主和监理，经业主和监理审批后确定。

一局搅拌站试验室有丰富的混凝土试验对比数据，可以保证工程在设计和施工上的要求。混凝土使用的外加剂均为北京市建委认证产品，外加剂的性能或种类报监理工程师认可（表 3-18）。

混凝土配合比申请单　表 3-18

工程及部位名称	国家电力调度中心工程				
设计强度等级	C40P8				
搅拌方式	机拌	浇捣方式	机振	养护方式	标准、同条件
水泥品种及强度等级	PO.42.5R	厂别牌号	邯郸		
砂产地及种类	龙凤山，中砂				
石产地及种类	三河卵碎石	粒径	5～20mm		
掺合料名称	Ⅱ级粉煤灰				
申请日期	1999.3.1				

3.5.6　混凝土的浇筑

(1) 混凝土浇筑泵管布置

具体每一层施工段的楼板混凝土浇筑，根据泵管出口在本施工段的相对位置，采取倒退式浇筑混凝土。

对于竖向芯筒墙的混凝土浇筑，将泵管直接接至布料机来浇筑混凝土。由于其自身较为轻便，能在施工楼层上被塔吊移动，所以，浇筑范围较广，可以提高混凝土的浇筑效率及浇筑质量。

(2) 振捣方式

由于泵送混凝土坍落度大，振动器插点要均匀排列，可采用“行列式”或“交错式”的次序移动，不应混用，以免造成混乱而发生漏振。振动器的操作，要做到“快插慢拔”。每一插点要掌握好振捣时间，过短不易捣实，过长可能引起混凝土产生离析现象。一般每点振捣时间应视混凝土表面呈水平，不再显著下沉，不再出现气泡，表面泛出灰浆为准。

(3) 框架混凝土的浇筑要求

1) 芯筒墙利用布料机进行浇筑，插入式振动器振捣；

2) 水平楼板采用平板式振动器进行振捣；

3) 柱子浇筑采用塔吊吊斗（吊斗为 $1m^3$）进行浇筑，严格控制每斗灰在每个柱子下灰一次高度为 50cm。浇筑时，多个柱子（2 个以上）同时浇筑，确保每斗灰下料厚度，柱子混凝土利用插入式振动器振捣。

4) 为了避免发生离析现象，混凝土自吊斗或布料机软管倾落时，要保证软管长度，使混凝土自由倾落高度不超过 2m。为了保证混凝土结构良好的整体性，混凝土应连续进行浇筑，不留或少留施工缝；如必须间隙时，间隙时间应尽量缩短，并应在上一层混凝土初凝前，将次层混凝土灌筑完毕。

5) 灌筑每层墙体时，为避免墙脚产生蜂窝现象，在底部应先铺一层 50mm 厚同配合比（无石子）混凝土水泥砂浆，以保证接缝质量。

6) 筒体剪力墙厚度较薄，为 300mm，因此墙体混凝土坍落度控制在 14～16cm。

7) 在进行墙体混凝土浇筑前，应对墙体钢筋的分布情况全面了解。尤其对暗柱、门窗洞口过梁及洞口加筋等钢筋较密的部位，进行技术处理，局部加大钢筋的间距，找出下棒的位置，并在模板上或相应钢筋位置做出明显标注，以备在混凝土浇筑时使用。

8）对于门窗洞口、墙体转角部位的混凝土下灰方式，采取机械加人工配合，即门窗洞口两侧采取机械均匀同时下灰，门窗洞口上口过梁及墙体转角部位采取人工下灰，将混凝土先卸在操作平台上，然后人工下灰。

9）混凝土浇筑应分层振捣，每次浇筑高度应不超过插入式振动器长的1.25倍，由于在振捣上一层时，应插入下层中50mm，以消除两层之间的接缝，且本工程使用HZ-50插入式振动器，有效长度为38.5mm，$38.5\times1.25=48.125$mm，即浇筑高度不得超过500mm。下料点应分散布置，一道墙至少设置两个下料点，门窗洞口两侧应同时均匀浇筑，以避免门窗口模板走动。

10）在浇筑中应使用照明和尺竿进行配合，保证振动器插入深度。

11）墙转角暗柱部分，混凝土应分层浇筑，每层厚度不得超过300mm，并同时与混凝土墙进行浇筑。

12）浇筑墙体混凝土应连续进行，上下两层混凝土浇筑间隔时间应小于初凝时间，每浇一层混凝土都要用插入式振动器插入至表面翻浆不冒气泡为止，必要时在上下两层混凝土之间接入50mm厚与混凝土同配合比（无石子）混凝土水泥砂浆。

13）墙体混凝土浇筑完毕，应用水准仪进行找平、压光，以保证浇筑上一层混凝土时墙体根部不漏浆。

14）混凝土浇筑过程中，要保证混凝土保护层厚度及钢筋位置的正确性。不得踩踏钢筋，移动预埋件和预留孔洞的原来位置；如发现偏差和位移，应及时校正。特别要重视竖向结构的保护层和板负弯矩部分的位置。

（4）春夏季混凝土的施工

为保证混凝土工程在春、夏季期间的施工质量，采取如下措施：

1）为保证混凝土不开裂，在混凝土中应掺加缓凝剂或减水剂；

2）在风雨或暴热天气运输混凝土，罐车上应加遮盖，以防进水或水分蒸发；

3）夏季最高气温超过40℃时，应有隔热措施；

4）在高温炎热季节施工时，要在混凝土运输管上遮盖湿罩布或湿草袋，以避免阳光照射，并注意每隔一定的时间洒水湿润。

3.5.7 紧急状态下的施工缝处理措施

如果在施工中出现扰民现象又无法解决时，则留设施工缝。在下次浇筑混凝土前将接槎处的混凝土凿掉，表面做凿毛处理，保证混凝土接槎处强度和抗渗指标。施工缝留置位置，有主次梁的楼板，宜顺着次梁方向浇筑，施工缝应留置在次梁跨度的中间1/3范围内；墙，留置在门洞过梁跨中1/3范围内，也可留在纵横墙的交接处。

3.5.8 夏季混凝土温度控制及裂缝预控措施

（1）混凝土温度控制

根据混凝土温度应力和收缩应力的分析，必须严格控制各项温度指标在允许范围内，才不使混凝土产生裂缝。

控制指标：

1）温升值在浇筑入模温度的基础上不大于35℃；

2）控制混凝土出罐和入模温度（按规范要求）；

3）加掺合料及附加剂，减少水泥用量，降低水化热；掺粉煤灰，替换部分水泥；掺减水剂，减少水灰比即水的用量，以达到水泥用量最少的目的，减少水化热总量。

（2）其他预控措施

1）混凝土浇筑时，振捣要密实，以减少收缩量，提高混凝土抗裂强度。并注意对板面进行抹压，可在混凝土初凝后、终凝前，进行二次抹压，以提高混凝土抗拉强度，减少收缩量。混凝土浇筑后，应及时进行喷水养护或用潮湿材料覆盖，认真养护，防止强风吹袭和烈日暴晒。

2）预应力张拉或放松时，混凝土必须达到规定的强度。操作时，控制应力应准确，并应缓慢放松预应力筋。

3）春夏季，梁、板混凝土浇筑后，必须经 6h 后方可上人进行下道工序的施工。同时，才可吊运钢管等架料放置楼板上，放置位置必须在梁板负弯矩最大处，即放置在柱、梁、板三者相交位置附近，且严禁放置在悬挑梁板上。吊运架料时，必须有专人看管。在梁板混凝土强度未达到 75%以上时，每次吊运架料重量不宜过大，以防卸料时给梁板造成集中荷载，出现裂缝。放料时，塔吊司机应使架料缓慢、平稳地放置在楼板上。放稳后应及时分散架料，避免集中荷载长时间放在梁板上。

3.5.9 混凝土养护

降低混凝土块体里外温度差和减慢降温速度来达到降低块体自约束应力和提高混凝土抗拉强度，以承受外约束应力时的抗裂能力，对混凝土的养护是非常重要的。

混凝土浇筑前，应准备好在浇筑过程中所必须的抽水设备和防雨防暑措施。混凝土的养护，墙、梁混凝土采用涂刷养护剂或浇水的方法进行养护，养护剂采用高效养护剂 BD21 型。

夏季施工时，覆盖浇水养护应在混凝土浇筑完毕后的 12h 以内进行。

混凝土的浇水养护时间不得少于 7d。

3.5.10 混凝土试块留置

混凝土试块留置见表 3-19。

各构件拆强度以及同条件强度试块预留 表 3-19

结构类型	拆模要求	试块留置	组 数
竖向结构	混凝土强度达 1.2MPa 以上或 24h 后	留置同条件试块	2组
楼梯支撑	强度达到 100%	随顶板模板拆除时拆除	—
悬臂梁板	强度达到 100%	留置同条件试块	2组
普通楼板	强度达到 100%	留置同条件试块	2组以上
有预应力处楼板	强度达到 80%/100%	强度达到 80%时开始张拉 100%开始拆模	3组，其中一组测 80%强度

3.5.11 交通疏导

混凝土浇筑时，搅拌站 24h 派人在现场负责与搅拌站的联络，根据现场车辆的停留等候情况，快速与混凝土搅拌站联络，以加快或减慢混凝土的出罐速度。为保证罐车顺利出入，在现场外侧道路需设置4名疏导员疏导车辆，并由门卫负责指挥车辆的进出现场。由于现场场地狭小，在场地内只能停留2辆罐车，其余车辆在后牛肉湾胡同等候，最多可等候10辆罐车。总调、疏导员、现场责任工程师之间通过无线对讲机联系，及时对车辆进行疏导。车辆疏导如图3-16所示。

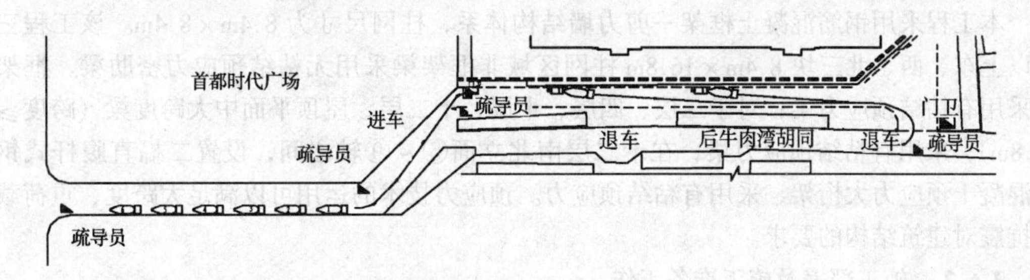

图3-16 车辆疏导

3.5.12 质量保证

现场由执行经理牵头质检部负责实施，现场统一协调和管理，精心安排施工。确保混凝土原材料质量和浇筑质量，对于每车混凝土各指标均要求进行现场测试。

3.5.13 文明施工

在混凝土浇筑过程中，自觉地形成环保意识要创造良好的生产工作环境，最大限度地减少施工所产生的噪声与环境污染，本次参与施工的设备噪声均控制在国家和北京市允许的范围内。

3.5.14 环境保护措施

(1) 施工现场临时道路做硬化处理，表面浇筑一层混凝土，这既给将来雨期施工带来很大的便利，给工人提供了良好的工作环境，又防止了尘土、泥浆被带到场外，保护了周边环境，很大程度上加强了现场文明施工。

(2) 合理安排作业时间，在夜间避免进行噪声（<55dB）较大的工作，尽量压缩夜间混凝土浇筑的时间。

(3) 夜间灯光集中照射，避免灯光扰民。

(4) 混凝土振捣时采用德国进口的低噪声振捣棒，在地泵的周围搭设棚子，罐车在等候进场时必须熄火，以减少噪声扰民。

(5) 混凝土罐车撤离现场前，派人用水将下料斗及车身冲洗干净。

(6) 派专人进行现场洒水，防止灰尘飞扬，保护周边空气清洁。

(7) 罐车、泵车和泵管清洗时，污水定向排放，引到污水沟。建立二级沉淀池，保证现场和周围环境整洁文明。

(8) 严格按市有关环保规定执行。

3.5.15 混凝土施工安全措施

(1) 浇筑柱、墙混凝土时，应搭设操作平台，四周防护栏杆高度应在1m位置，且脚手板铺设不少于两块。

(2) 混凝土工进行混凝土浇筑时，应佩戴安全带，并悬挂在牢固的位置，方可进行施工。

(3) 夜间施工时，浇筑现场应配备足够的照明设施。

3.6 预应力工程

3.6.1 工程概况

本工程采用钢筋混凝土框架—剪力墙结构体系，柱网尺寸为 8.4m×8.4m。该工程三层以上东、西、北三块 8.4m×16.8m 柱网区域非框架梁采用无粘结预应力密肋梁，框架梁采用有粘结预应力梁；对于二层、四层、十层、十二层、屋顶平面中大跨度梁（跨度≥16.8m），采用有粘结预应力梁；在十二层南北立面⑤～⑨轴之间，设置二榀直腹杆式钢筋混凝土预应力大桁架，采用有粘结预应力。预应力技术的运用可以满足大跨度、重荷载和抗震对建筑结构的要求。

3.6.2 施工部署及施工准备工作

(1) 施工准备工作

1）根据预应力施工方案的要求，部署各工种的准备工作。派专人负责各项准备工作的进度和质量，进场前做到准备充分，材料和设备按时到位。

2）机械设备和材料（表 3-20、表 3-21）。

材料供应：钢绞线：秦皇岛预应力钢绞线联营公司；

锚　具：中国建筑技术开发总公司。

主要施工机械设备需用量　表 3-20

序号	名称	规格	单位	数量
1	高压电动油泵	ZB4-500，STDB0.63×63	台	4
2	千斤顶	YCQ-150，FYCD-23	台	各 2
3	液压挤压机	JY-45	台	2
4	砂轮切割机	ϕ400	台	2
5	灌浆泵	UB-3	台	2
6	钢卷尺	30m	盒	5

主要材料用量表　表 3-21

序号	材料	型号	序号	材料	型号
1	有粘结钢绞线	1860MPa	4	挤压锚	QM15P
2	无粘结钢绞线	1860MPa	5	波纹管	ϕ55，ϕ65
3	夹片锚	QM15	6	马凳	Φ12

(2) 劳动组织及岗位责任制

1）预应力施工劳动力组织。

预应力工程的劳动组织各工种人数的确定，除根据工期、工程量、劳动定额外，还考虑到预应力施工的特点，即：

A. 各工种同时作业；

B. 在规定的时间内必须完成某一工序；

C. 受预应力张拉条件的限制，单一工种的工作效率受约束，如夜间、雨、雪天不能张拉，与其他工种的配合等。

根据综合考虑，初步确定劳动力需用量见表3-22。

劳动力需用量　　表3-22

工　种	钢筋工	木　工	混凝土工	张拉工	电　工	力　工
人数	25	5	3	6	2	15

2）主要工种责任制：

A. 现场经理：负责预应力施工总体工作，监督并协助质量检查员做好施工质量管理工作以及与工程同步的技术资料的收集整理，严把质量关、安全关。

B. 质量检查员：负责督促并检查工人执行安全操作规程，按照施工方案进行预应力的施工。负责作业进度、计划，提前做好所需材料表及进场材料计划。

C. 钢筋工：负责有粘结预应力筋和无粘结预应力筋的下料、制作、盘圆、挂牌堆放，预应力筋到现场后吊运到指定地点负责分散到各个部位，负责绑扎梁中的预应力筋、支撑钢筋和波纹管。对影响张拉的非预应力钢筋，应及时反映给现场工程师，与有关人员协商解决。在浇筑预应力梁时，派专人看管有粘结筋和无粘结筋的位置及完好程度，防止人踩产生波纹管、无粘结筋位移及变形。

D. 木工：负责组装件的安装，根据图示尺寸要求固定承压板在边模上，将承压板、螺旋筋牢固绑扎好，并负责安装灌浆孔和排气孔。

E. 混凝土工：负责有粘结预应力大梁的孔道灌浆，负责灌浆用水泥浆的调配，并做好现场试块的管理工作。

F. 张拉工：负责有粘结、无粘结预应力筋的张拉工作，包括现场设备就位、锚具的安装，并填写预应力张拉记录表。各工种都应在技术交底时明确工作责任范围，并按安全技术操作规程作业。

3.6.3　有粘结、无粘结预应力梁施工工艺和质量要求

有粘结预应力混凝土在张拉后通过孔道灌浆使预应力筋与混凝土相互粘结，无粘结预应力混凝土是预应力筋涂有油脂，预应力只能永久地靠锚具传递给混凝土。

有粘结预应力梁工艺流程图（图3-17），无粘结预应力梁工艺流程图（图3-18）。

（1）施工前材料准备工作

1）预应力钢绞线。

本工程所用的预应力钢绞线，其性能应符合美国标准《PC Strand ASTM Standard》ASTM A416规定（表3-23）。本工程预应力梁采用270级、15.24的钢绞线。

美国标准ASTM A416　　表3-23

级　别	公称直径（mm）	允许偏差（mm）	截面积（mm^2）	每1000m理论重量（kg）	破断负荷（kN）	1%伸长时最小负荷（kN）	伸长率（%）	松弛值
								最初负荷70%
270	15.24	+0.66 −0.15	140.00	1102	260.7	234.6	3.5	2.5

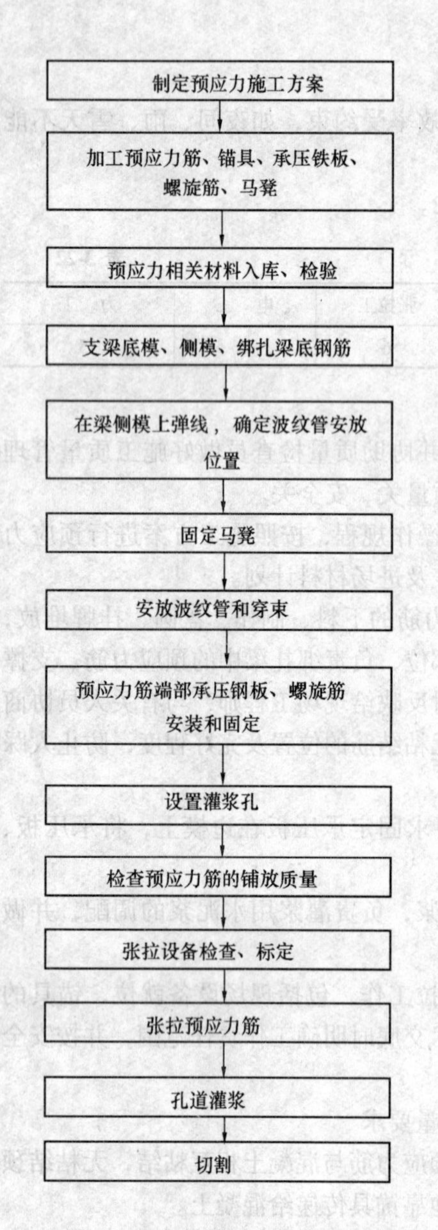

图 3-17 有粘结预应力梁工艺流程

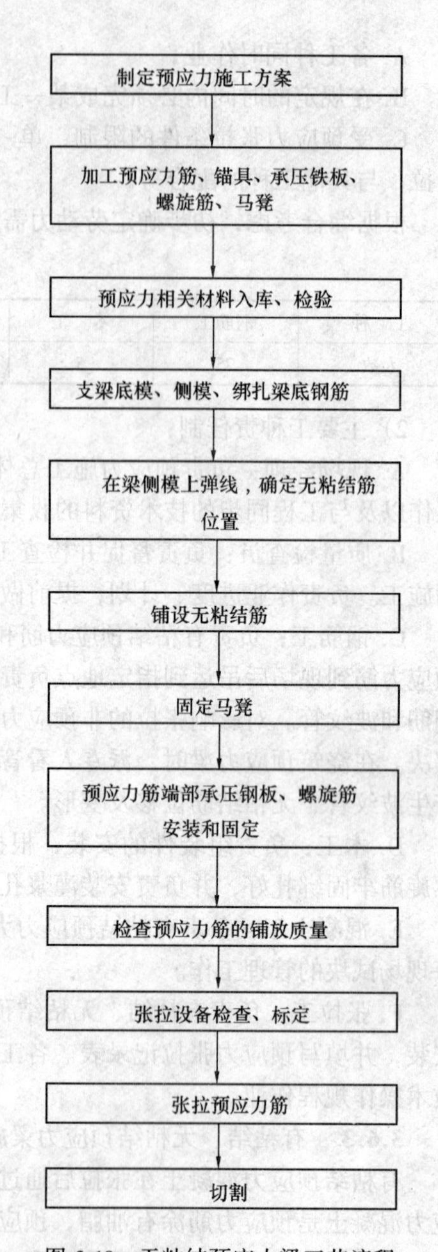

图 3-18 无粘结预应力梁工艺流程

带有专用防腐涂料和外包层的无粘结预应力筋质量要求应符合《钢绞线、钢丝束无粘结预应力筋》（JG 3006—93）及《无粘结预应力筋专用防腐润滑脂》（JG 3007—93）标准的规定。

2）锚具系统。

有粘结预应力筋—锚具组装件的锚固性能，应符合下列要求：有粘结预应力筋采用Ⅰ类锚具。锚具的静载锚固性能，应同时符合下列要求：$\eta_a \geq 0.95 \varepsilon_{apu} \geq 2.0\%$。本工程采用Ⅰ类锚具，有粘结部分采用群锚体系；无粘结部分采用单锚体系。张拉端为QM15型夹片锚，固定端为QMP型挤压锚。

（2）材料验收

1）根据图纸要求，采用15.24—1860—Ⅱ—ASTM A416标准生产的高强度低松弛钢绞线由生产厂家出具产品合格证，并经国家级检测中心进行材料复验，出具破坏力和延伸率复试的证明。

2）所有的符合Ⅰ类锚具要求的锚具组装件，按规范要求验收，除出厂质量保证书外，由国家级检测中心进行静载实验并出具复验报告。检验结果应符合GB/T 14370—95规范关于Ⅰ类锚具的要求。

（3）有粘结、无粘结筋下料和制束

本工程预应力筋下料在预应力筋和锚具复检合格后方可进行，下料和制束在配属队伍加工场进行。有粘结筋和无粘结筋的下料分开进行。

1）下料长度应综合考虑其曲率、锚固端保护层厚度、张拉伸长值及混凝土压缩变形等因素，并应根据不同的张拉方式和锚固形式预留张拉长度。

2）用砂轮锯进行逐根切割，同时检查无粘结筋外包层的完好程度，有破损处用塑料粘胶带包扎，以保证混凝土不直接接触钢绞线。

3）逐根对钢绞线进行编号，长度相同为统一编号。

4）对有固定端的钢绞线进行挤压头的制作。

5）应按编号成束绑扎，每2m用钢丝绑扎一道，扎丝头扣向束里。

6）钢绞线顺直无旁弯，切口无松散，如遇死弯必须切掉。

7）每束钢绞线应按规格编号成盘，并按长度及使用部位分类堆放、运输和使用。

（4）预应力筋及锚具的运输、存放

按施工进度的要求及时将预应力钢绞线、波纹管、锚具和其他配件运到工地。在铺放前，将预应力筋堆放在干燥平整的地方，下面要有垫木，上面要有防雨设施，锚具、配件要存放在指定工具房内。

注意：在运输和吊装过程中，尤其注意保护无粘结筋包裹层。如有破损，必须及时用塑料粘胶带包扎。

（5）预应力筋的铺设

1）布筋时掌握以下原则：

A. 预应力筋的铺设，应与梁内非预应力钢筋的绑扎同时进行；

B. 梁中预应力筋集束需保证顺直，多根之间不得扭绞，顺筋向投影平行；

C. 预应力筋在储存、运输和安装过程中，应防止锈蚀及损坏；

D. 梁中预应力筋位置的垂直偏差限制在±10mm以内，水平偏差在±30mm以内；

E. 端部承压板中心位置保证左、右关于预应力筋中心线对称；

F. 敷设的各种管线不得将预应力筋的垂直抬高或压低；

G. 为了保证张拉质量，预应力曲线筋或折线筋末端的切线应与承压板相垂直，曲线段的起始点至张拉锚固点应有不小于300mm的直线段；

H. 波纹管的接头管用长20～30cm的大一号尺寸波纹管，接头处用塑胶带密封。

2）铺筋的详细步骤：

A. 负责铺筋的技术人员应预先熟悉施工图纸，并对工人进行技术交底，预应力筋应按照设计图纸的规定进行铺放；

B. 放线在侧模上标出梁中预应力筋的位置；

C. 支撑钢筋的放置直径为12mm的HPB235钢，间距控制在1.0~1.2m之间。按照曲线的矢高将马凳固定在箍筋上，重点控制反弯点及最高点、最低点位置；

D. 安放波纹管时，认真调整波纹管在垂直、水平位置，并用20号钢丝绑扎固定，控制误差在规范、规程允许范围内；

E. 穿束时用人工把已制好的有粘结钢绞线束平顺地穿入波纹管内；将无粘结钢绞线束放置在梁内，在距锚固区1.5m处将钢绞线束散开，以便放置承压板，并用20号钢丝固定在马凳上；钢绞线束不得纽结；

F. 灌浆孔设置在梁跨中和两端设三个灌浆孔，兼作排气孔；

G. 端部固定预应力筋，端部承压钢板固定在模板或非预应力主筋上，且保证与预应力筋相垂直；固定端用挤压锚和端部承压钢板，和螺旋筋一起浇在混凝土内；

H. 在整个预应力筋的铺设过程中，如周围有电焊施工，预应力筋应用多层板进行维护，防止焊渣飞溅，损伤波纹管及预应力筋。

（6）混凝土浇筑

1）预应力筋铺设完毕后进行隐蔽工程验收，确定合格后才能浇筑混凝土。

2）混凝土浇筑时，由质量检查员对预应力部位进行监护。

3）混凝土浇筑时，应增加制作两组混凝土试块，两组试块和板中混凝土同条件养护，以供预应力筋张拉前对结构混凝土强度提供依据。

4）混凝土浇筑时，严禁踏压撞碰无粘结筋、波纹管、支承架以及端部预埋构件。

5）用振捣棒振捣时，振捣棒不得接触无粘结筋、波纹管。在梁、柱节点处，由于钢筋、预应力筋密集，应用插入式振动器振捣，不得出现蜂窝或孔洞。

6）张拉端、锚固端混凝土必须振捣密实。

（7）预应力筋张拉工艺

当混凝土强度达到设计强度80%时，开始张拉预应力筋。在预应力筋张拉前，严禁撤除预应力梁的底模，可撤除梁的侧模和板的底模。

1）有粘结部分用YCQ-150千斤顶，无粘结部分用FYCD-23千斤顶，以及相应的专用附件进行张拉。张拉设备由我方标定，并出具标定报告。

2）安装张拉设备时，曲线预应力筋应使张拉设备的作用线与孔道中心线末端的切线重合。

3）预应力张拉组织管理，预应力筋张拉施工由专人负责。施工现场组建两个张拉小组，每个小组由三人组成，每组配备张拉设备一套，其中一人负责提千斤顶和测量伸长值，另二人分别负责开油泵和做张拉记录。

4）预应力筋张拉控制应力：

根据图纸要求，张拉控制应力 $\sigma_{con} = 0.75 \times f_{ptk} = 1395\text{N/mm}^2$，即单束张拉力为195kN。

5）预应力筋的张拉顺序：

采用“数层浇筑，顺向张拉”法，本层预应力筋的张拉在混凝土强度达到要求时，需上层混凝土强度达到C15以上。

6）预应力筋的张拉程序：

本层预应力筋的张拉采用对称的方式进行张拉，从东、西两块同时开始张拉，先张拉无粘结筋，等本层无粘结筋张拉完毕后才张拉有粘结筋。为了减少摩擦损失，张拉时采用：$0 \to 10\% \sigma_{con} \to 100\% \sigma_{con} \to 103\% \sigma_{con}$锚固。

7）张拉采用“应力控制，伸长校核”法，每束预应力筋在张拉前，先计算理论伸长值和控制压力表读数作为施工张拉的依据。每一束预应力筋张拉时，都要做详细记录。

8）预应力筋的伸长值控制：

理论计算伸长值：$\Delta L = F_p \times L/(A_p \times E_p)$

式中 F_p——扣除摩擦损失的平均张拉力；

L——预应力筋的曲线长度；

E_p——预应力筋的弹性模量；

A_p——预应力筋的面积。

$$F_p = A_p \times \sigma_{con} \times (1 + e^{-(\kappa \Sigma L + \mu \Sigma \theta)})/2.0$$

其中：无粘结筋：$\kappa = 0.004$，$\mu = 0.12$；有粘结筋：$\kappa = 0.0015$，$\mu = 0.25$。张拉前后预应力筋的延伸量加上初应力计算值和理论计算值比较，应符合《混凝土结构工程施工及验收规范》（GB 50204—92）要求：误差范围在 $-5\% \sim +10\%$内。

9）张拉过程中，预应力钢材断裂或滑脱的数量，严禁超过结构同一截面预应力钢材总根数的3%，且一束钢丝只允许断一根。

（8）波纹管的防漏检查

混凝土浇筑前，派专人检查波纹管的完好程度，对破损处用密封胶带包好。混凝土浇筑过程中，注意振捣棒不要直接接触波纹管上。如果浇筑过程中，浇筑人员发现波纹管有破损，应暂停浇筑。待有关人员对波纹管破损处处理完后，方可继续进行混凝土的浇筑。

（9）孔道灌浆

有粘结预应力筋张拉完毕后，待12h以后才能灌浆，尽量在48h之内完成灌浆。在某个波纹管内灌浆必须连续，中途不得停顿，一次灌满为止。

1）材料孔道灌浆用32.5级普通硅酸盐水泥，水泥浆的水灰比为0.4左右，水泥浆中加入适量的减水剂和膨胀剂；灌浆时水泥浆的温度宜为15℃左右；

2）灌浆在梁跨中的灌浆口进行，用灌浆机一次性将水泥浆压入孔道，直到两端泌水管流出浓水泥浆为止。

注：底模撤除时，水泥浆的强度需达到C15以上。

（10）张拉端端部处理

1）张拉24h后，采用砂轮锯切断超长部分的预应力筋，严禁采用电弧切割。预应力筋切断后，露出锚具夹片外的长度不得小于30mm。

2）切割后，在锚具和承压板表面加以保护和处理。

（11）特殊部位的处理

1）由于部分预应力框架梁和非预应力框架梁连在一起，无张拉空间，需将张拉端设置在非预应力框架梁内。此时，张拉端设置在非预应力框架梁梁底面。

2）后浇带部位的张拉。

后浇带处的密肋梁以及该处密肋梁相交的有粘结大梁，待后浇带处混凝土强度达到设计强度的100%时，方可进行预应力筋的张拉。

3.6.4　质量保证体系

（1）质量控制

为了能够保证预应力工程的施工质量，一方面严格按照规范、规程和预应力施工方案进行施工，另一方面加强质量管理和监督，严把质量关，对不符合施工要求的工序进行彻底整改，不留任何工程隐患。因此，采取责任到人，谁施工谁负责，实行质量奖惩制度，并由现场经理和项目总工进行总体监督，每道工序严格控制。具体质量控制如图 3-19 所示。

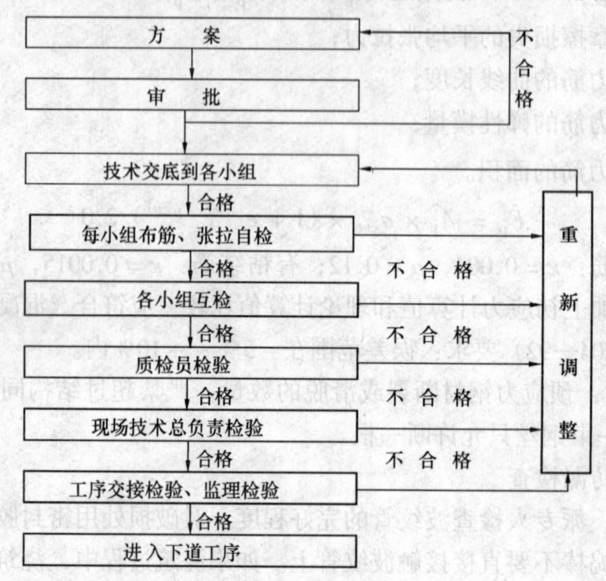

图 3-19　质量控制框图

（2）质量保证措施

1）工地配备专职质量检查员，负责对施工过程中的全面跟踪检查。

2）严格按施工程序组织施工，不得工序倒置；当进度与质量发生矛盾时，要绝对服从质量。

3）每个分项都要有明确和详细的技术交底，按工艺卡标准组织施工。检查上道工序是否符合要求，并做好记录。施工中随时检查施工措施执行情况，记好施工日志，按时进行施工质量检查，掌握施工情况。

4）每一个分项工程完工后，班组要进行自检，并做好自检记录，自检记录交技术人员存档。

5）进行工序检查，上道工序不合格，下道工序不施工。实行班组施工挂牌留名制度，便于追查质量事故。技术人员和工长组织工序检查，工长、技术人员和班长均要签字，交接检材料由技术人员保管并存档。

6）严格执行质量“三检制”，对质量问题要“三不放过”。

7）技术资料应与工程形象同步，现场技术负责人负责技术资料的管理。

8）各种材料（钢绞线、锚具等）的见证检验报告合格后，方可进行预应力施工。

（3）材料及检验

1）材料选用：

预应力钢绞线：$f_{ptk}=1860\mathrm{MPa}$，$d=15.24\mathrm{mm}$，符合美国 ASTM A416—96 标准，以及《钢绞线、钢丝束无粘结预应力筋》（JG 3006—93）、《无粘结预应力筋专用防腐润滑脂》（JG 3007—93）标准的规定。

预应力锚具：夹片式Ⅰ类锚具，符合《预应力筋用锚具、夹具和连接器应用技术规程》（GB/T 14370—93）的规定。

2）材料检查：

钢绞线：

外观检查：无锈坑、无折弯、无断丝、直径检查。

力学性能检查：以每次重量不大于 60t 为一验收批，抽检一组，进行力学性能试验。同时做好钢绞线弹性模量的检测。

钢绞线无粘结外包层：

外观检查：无破损、厚度均匀。

物理性能检查：以每次重量不大于 60t 为一验收批，抽检一组，进行外包层厚度及油脂单位长度重量的检验。

锚具：

外观检查：表面无裂缝，尺寸符合要求。

物理性能检查：以每 1000 套为一验收批，进行表面硬度检验和锚具组装件试验。

Ⅰ类锚具要求：锚具效率系数：$\eta_a \geqslant 0.95$；

实测极限拉力时总应变：ε_{apu}（%）$\geqslant 2.0$。

（4）技术资料

1）钢绞线、锚具出场质量保证书。

2）钢绞线、锚具质量复检报告。

3）预应力张拉设备标定检验报告。

4）预应力张拉记录。

5）预应力张拉设备压力表的国家指定测试所检定证书。

3.6.5 安全文明生产措施

（1）牢固树立“没有安全，就没有质量，就没有工期”的意识，坚决贯彻“安全第一，预防为主”的方针，严格执行国家、上级主管部门有关安全生产的规定，以及《北京市建筑现场安全防护基本标准》，成立安全管理小组，检查安全设施，建立健全安全生产责任制，做到管理到位，责任到岗；

（2）认真做好安全教育和安全交底；

（3）对进场的工人开始工作前进行一次普遍的安全教育，对新工人、合同工、临时工、民工要进行特殊的安全教育；

（4）工长在下达任务时要对班组进行文字安全交底，办好双方签证手续；交底要有针对性、及时性，内容要全面；

（5）班组长在分配工作时，要对不同操作对象和工作地点进行口头安全交底，要做到班前交底、班中监督、班后有检查、活后有总结；

（6）工长和班组长要对改变工种调换工作岗位的工人，必须按规定进行新工种工作岗位的安全教育和安全交底；

（7）按时进行周一上午一小时安全教育活动，开展班组安全自检自查，组织互查评比，总结经验，消除隐患；

（8）对电焊工、张拉工等特种作业工人，必须经过培训考试合格取证，才能上岗；

（9）对张拉平台、脚手架、安全网、张拉设备等，现场施工负责人要组织技术人员、安全人员及施工班组共同检查，合格后方可使用；

（10）严禁酒后上班，精神不正常时不准上班；

（11）发生重大安全事故要保护好事故现场，及时向上级报告；

（12）所有进场的预应力设备必须维护保养好，完好率必须100%，严禁带病运转和操作；

（13）张拉设备必须要有防雨罩（或防雨棚），不得露天堆放，不准放在积水和潮湿大的地方；

（14）操作机械设备要严格遵守各机械的规程，要按规定配备防护用具；

（15）进入现场戴好安全帽，系好帽带，在无防护的高空作业必须系好安全带；

（16）进入现场一律禁止穿高跟鞋、拖鞋，在高空作业禁止穿硬底鞋、易滑鞋；

（17）进入现场的作业人员对所使用的工具一定要保管好，存放在工具袋内或放在牢靠的不易碰落的地方，以防作业时工具失落砸人；

（18）进入施工现场的人员要看上顾下，看上就是看看上面是否有易坠物和有人作业，要做到及时躲开；顾下就是看看下面是否有料物绊脚或扎脚，是否有未加护盖的洞口；

（19）预应力筋张拉时，操作人员不得站在张拉设备的后面或建筑物边缘与张拉设备之间，因为在张拉过程中，有可能来不及躲避偶然发生的事故而造成伤亡；

（20）预应力工程高空作业，必须搭设牢固的脚手架平台及防护设施；

（21）夜间施工要有足够的照明；

（22）无论何工种，施工期间必须严格遵守安全操作规程，不得违章作业。

3.6.6 施工及验收标准

预应力结构施工时应满足设计及下列标准、规程要求：

（1）《预应力混凝土用钢绞线》（GB/T 5224—95）

（2）《钢绞线、钢丝束无粘结预应力筋》（JG 3006—93）

（3）《预应力筋用锚具、夹具和连接器应用技术规程》（JGJ 85—92）

（4）《预应力用液压千斤顶电动油泵》（GB/T 5028、5029—93）

（5）《混凝土结构工程施工及验收规范》（GB 50204—92）

（6）《无粘结预应力混凝土结构技术规程》（JGJ/T 92—93）

（7）《无粘结预应力筋用防腐润滑脂》（JG 3007—93）

（8）美国标准《PC Strand ASTM Standard》ASTM A416

4 装修分项施工方案及技术措施

4.1 轻质隔墙工程

本工程轻质隔墙应用在地下一层、夹层及地上各层，采用75系列轻钢龙骨、双面双层纸面石膏板，在“三中心”部分有气体消防要求房间采用防火石膏板，其他为普通纸面石膏板。

4.1.1 工艺流程

弹线、分档→固定沿顶、沿地龙骨→固定边框龙骨→安装竖向龙骨→安装附加龙骨→安装横撑龙骨→检查龙骨安装质量→电气铺管安附墙设备→安装门、窗框→安装一面罩面板→填充隔声材料→安装另一面罩面板→质量检验。

4.1.2 施工工艺

(1) 弹线、分档

在隔墙与上、下及两边基体的相接处，应按龙骨的宽度弹线。弹线清楚，位置准确。按设计要求，结合罩面板的长、宽分档，以确定竖向龙骨、横撑及附加龙骨的位置。隔墙与柱连接处，龙骨面与柱面最高点平，凡隔墙与柱连接处均以此原则放线。

(2) 固定沿顶、沿地龙骨

安装沿顶、沿地龙骨时，按照位置线用射钉固定，每根沿顶龙骨两端用 $\phi6$ 膨胀螺栓固定，沿顶龙骨上的孔径为 10mm，与膨胀螺栓的余量供调节沿顶龙骨的位置使其与位置线吻合。每根沿顶龙骨安装时，先安装两端的膨胀螺栓，待校正沿顶龙骨位置正确后，再用射钉固定。射钉间距为 600mm 左右，天地龙骨接头处两边固定，不得遗漏，确保上、下龙骨安装的牢固性。

(3) 固定边框龙骨

沿弹线位置固定边框龙骨，龙骨的边线应与弹线重合。龙骨的端部应固定，固定点间距应不大于 600mm，固定应牢固。

边框龙骨与基体之间，应按设计要求安装密封条。

选用支撑卡系列龙骨时，应先将支撑卡安装在竖向龙骨的开口上，卡距为 400～600mm，距龙骨两端的距离为 20～25mm。

安装竖向龙骨应垂直，龙骨间距为 40cm，竖龙骨长度应比实际尺寸短 1～1.5cm。预留伸缩缝，竖向龙骨插到地龙骨底，上口留缝。经调整垂直、定位准确后，用拉铆钉固定。在门洞口（门设在平行墙上）两侧设加强龙骨，壁厚 1.5mm，在门框、柱、墙 20cm 处原分档龙骨不动，另加一根龙骨，以保证阴阳角的强度。

(4) 穿通贯龙骨

通贯龙骨设二道，第一道通贯龙骨距竖龙骨底 1m，第二道通贯龙骨位于第一道上 1m。

横撑龙骨设置二道，第一道横撑龙骨设在 ±0.00m 处，第二道横撑龙骨应设在吊顶高度以上 20cm 处。但此次施工因空腔回风与防火要求相矛盾，隔墙封板高度尚未确定，所以第二道横撑龙骨位置待设计以后定，未定之前暂不做第二道横撑龙骨。

门口处加强龙骨及 90°转角处，T 形转角处的竖龙骨暂不固定，待封板时再固定，这样可在封板时调整阴阳角方正及转角处隔墙的垂直度。

(5) 特殊点处理

对于特殊节点处，如吊顶上穿隔墙的风道口、烟道口及各种大口径管道口，应由各专业提供给装饰公司留洞位置图，图纸要求标注准确，装饰公司根据留洞位置图补节点图，并按图施工。架空地板下综合布线线槽穿隔墙处留洞处理方法同上。

对于特殊结构的隔墙龙骨安装（如曲面、斜面隔断等），应符合设计要求。

凡门口、门连窗处隔墙龙骨均需加斜支撑，间距1200mm。

（6）电气铺管、安装附墙设备

专业装饰公司按图纸要求预埋管道和附墙设备。时间上要求专业公司在龙骨安装后另一面石膏板封板前进行，并根据图纸、图集采取局部加强措施固定牢固。电气设备专业在墙中铺设管线时，应避免切断横、竖龙骨，同时避免在沿墙下端设置管线。电管穿过龙骨，必须开圆孔，线盒位置正确，隔墙与线盒留缝，以后打胶补齐。

（7）龙骨检查校正补强

安装罩面板前，应检查隔断骨架的牢固程度，门窗框、各种附墙设备、管道的安装和固定是否符合设计要求。如有不牢固处，应进行加固。龙骨的立面垂直偏差应≤3mm，表面不平整应≤2mm。

（8）安装石膏罩面板

1）石膏板宜竖向铺设，长边（即包封边）接缝应落在竖龙骨上。但隔墙为防火墙时，石膏板应竖向铺设。

2）龙骨两侧的石膏板及龙骨一侧的内外两层石膏板应错缝排列，接缝不得落在同一根龙骨上。

3）石膏板用自攻螺钉固定。沿石膏板周边螺钉间距不应大于200mm，中间部分螺钉间距不应大于300mm，螺钉与板边缘的距离应为10～16mm。

4）安装石膏板时，应从板的中部向板的四边固定，钉头略埋入板内，但不得损坏纸面。钉眼应用石膏腻子抹平。

5）石膏板宜使用整板。如需对接时应紧靠，但不得强压就位。

4.2 吊顶工程

本方案主要针对普通装修部分编制，普通装修吊顶类型包括矿棉板、硅钙板、铝板、石膏板及异形金属板等，其中矿棉板采用400mm宽OWA矿棉板，长度类型包括2400mm、1700mm，主要应用在普通办公间；硅钙板规格为600mm×600mm，应用在机房等业主指定房间；铝板吊顶采用300mm宽乐斯龙条板，主要应用在环中庭走道及办公区走道；异形金属板包括弧形顶及八角厅吊顶等，主要应用在八角厅及电梯厅。

4.2.1 工艺流程

放线→安装边龙骨（墙面基层已处理完）→检查机电管线安装→打孔及安装主龙骨吊杆→安装主龙骨→安装T形烤漆龙骨或A形钢龙骨→安装卡档铝合金龙骨或A形钢龙骨→安装吸声板或金属板。

4.2.2 施工工艺

（1）放线

根据图纸设计要求标高，找出原测量标准水平点，根据水平点向上返出标高，沿墙、柱四周都得放出顶棚水平线，按照施工图设计板块尺寸，吊顶综合布置图，现场测量、标明吊杆、主龙骨、副龙骨及灯位、喷淋头、风口、感烟等设备末端的位置并引到四周墙面的相应位置。各专业依位置线施工吊顶内管线及设备调试。主龙骨两头末端不得悬挑150mm，吊杆的间距不得大于1000mm。

(2) 打孔安装吊杆及主骨

依据水平线横竖向拉线测出吊杆长度，吊杆用膨胀螺栓拧固，一般采用 $\phi14$ 膨胀螺栓，孔深不得浅于膨胀螺栓套筒。安装时，将膨胀螺栓拧得无法拧动即可。安装主龙骨要对拉错开，不要留在同一直线上，接头处用短铝角铆固连接。根据水平标高线，拉通线找出中心，并按照1/1000起拱算出中心起拱值，四周扩散调整，并将主龙骨挂上穿心螺杆拧固。

(3) 安装T形烤漆龙骨或A形钢龙骨

根据罩面板规格尺寸，在主龙骨上拉好通线，用专用卡件固定。

(4) 安装卡档龙骨或A形钢龙骨

根据罩面板规格尺寸，在T形烤漆龙骨或A形龙骨上拉好通线，用专用卡件固定或直接将铝合金卡档龙骨插入T形烤漆龙骨上的预留孔内。

(5) 安装边龙骨：依墙面上已放好的吊顶线安装边龙骨。

(6) 安装面板：操作人员戴上手套，将每块板安装到位。

4.3 墙面干挂石材工程

本工程墙面主要采用30mm厚凝灰石石材，为保证施工质量及效果，石材采用干挂方式安装。墙面安装钢龙骨，石材用挂件与石材侧面槽连接后与墙面龙骨固定，石材间留5mm明缝不打胶，墙面外观可见的墙体及龙骨、挂件做黑色饰面处理。

4.3.1 工艺流程

清理基层→放线→钻孔、打膨胀螺栓→装节点板→竖龙骨安装→横龙骨安装→清理焊渣，检查焊接质量及龙骨平整、垂直度→将石材分格线返到龙骨上→预拼、预排、编号→安装底层大角石材→底层石材安装→底层石材检验调整→安装其他石材→清理→报验。

4.3.2 施工工艺

(1) 放线

现场清理干净，依图纸、轴线、高程线，将石材完成面线、龙骨边线、中线、对拉螺栓位置、节点板位置放线，并校核无误。

(2) 钻孔、打膨胀螺栓

依据放线结果，在墙面对拉螺栓、节点板膨胀螺栓位置打孔。

(3) 节点板安装

将节点板就位、调好，紧固牢固。

(4) 竖龙骨安装

依照墙面线龙骨位置，将龙骨用对拉螺栓临时固定。无对拉螺栓的龙骨用膨胀螺栓与节点板点焊临时固定，然后检查龙骨间距、垂直度、平整度符合要求后满焊。

(5) 横龙骨安装

依照墙面线横龙骨位置，将横龙骨临时固定，检查间距、垂直度、水平、平整度后，焊接牢固。

清理焊渣，检查焊接质量，防锈处理。

检查龙骨垂直、水平、平整，焊道饱满，无夹渣，基层干净。

(6) 弹线

弹好石材面线（地面、墙面垂直线），要求找垂直、套方，并将分格线弹在龙骨上。

(7) 预拼安装

先预拼、排放，放第一层石材水平直线，安装第一层石材的大角两块石材，将石材按挂件尺寸切好槽，用挂件固定于墙面龙骨上，安装这两块石材检验无误后，挂第一层石材，第一层石材除用挂件固定龙骨上，还在石材下端安装两个钢脚，支撑石材底面，要求石材底面与挂件上面接触吻合，使石材重量均匀由挂件传导于龙骨上。第一层石材安装完毕，检查垂直、水平、平整，校正完毕后，固定好不锈钢挂件，打好云石胶，按次做其他石材。

(8) 清理

墙面石材安装完毕后，清理好大面及缝、口内石材面。

4.4　涂料工程

涂料主要应用在轻质隔墙和砌筑墙体非石材及木饰面部位。

4.4.1　墙面乳胶漆

(1) 工艺流程

基层处理→点防锈漆、套清油或丹利胶→嵌缝处理→墙、顶面找平整→满刮腻子、打磨→乳胶漆刷装。

(2) 施工工艺

基层处理：

1) 混凝土墙表面的浮砂、灰尘、疙瘩等要清除干净，表面的隔离剂、油污等应用碱水清刷并用清水冲洗。如墙面有明显细裂缝，需用云石机将其切开呈八字形口，并清扫干净。

2) 石膏板墙、顶是否有断裂、松动及螺钉松动外露现象。对于板与板之间的接缝，非契口而是裁口接缝的，需将裁口的板用多用刀将其切开成深与板厚度相同、宽 8～10mm 的八字形口，清理干净。

点防锈、套清油或丹利胶：

①对安装石膏板的自攻螺钉帽、平或凸露在水泥墙面的钢筋、接点板等进行防锈处理。防锈漆干透后，对整个墙或顶表面和接缝进行满操底油封闭。

②对表面抹灰细腻的水泥墙面，可用丹利胶液进行封底。

③操清油或丹利胶时，根据油或胶的稠度，适当加入稀料和清水，一般清油加入稀料不得大于 15%，丹利胶加入清水不得大于 1 倍胶液。依墙背操油或胶的表面干后不结膜为宜。

嵌缝，贴粘缝条：

①接缝处应用嵌缝腻子填塞满，待第一遍干燥后，嵌补第二遍腻子并收刮平整。嵌缝的腻子应超出墙的顶棚实际标高线 200～300mm。

②调配嵌缝腻子是由嵌缝石膏加稀白乳胶液调配成稠膏状；乳胶与水的比例为 4:1 左右。一次调配成的腻子不宜过多，一般以嵌补两条接缝为宜，因为几分钟后如腻子未用完，石膏就会膨胀而报废。膨胀过的腻子已不起嵌缝作用，切不可再次调配使用。水泥墙与石膏板接口缝，应采用 TACC 室内强力接缝胶。

③腻子干燥后，用开刀将其表面处理平整，粘贴粘缝条。粘缝条一般用布条粘贴即

可。布条的宽度应裁至60~70mm，墙的阴阳角应采用金属纸面护角带粘贴。

④用白乳胶（加少许水调拌均匀），将粘缝条贴在接缝正中处，自上而下拉直糊平。粘缝条应超出顶棚墙实际标高线200~300mm。待干燥后刮一道腻子，将接缝与大面找平。

⑤墙面、顶棚找平直。对横、竖偏差不平直，大于规范要求的局部墙面、顶棚，需采用2m长的铝合金扁方管靠尺，用成品腻子进行找平直。成品腻子加水调配即可。对偏差较大的部位需做二次找平，此工序要两位施工人员配合操作。

⑥在墙面找平直后，用适当长度的铝合金扁方管靠尺，用上述腻子根据墙面将不合规范的墙体阳角做平直（包括窗洞口）。先做一面，干燥后做另一面。

⑦做阴角时，先在一侧墙的阴角处弹出一条垂直线，根据垂线用上述腻子将阴角一侧做平直，干燥后弹线做另一侧。

⑧造型顶棚找平直施工时，应先将顶子的阳角平直度用铝合金靠尺加通线，用腻子做好，干燥后再进行大面找平直。以上做阴、阳角的直角度，垂直、平整度应严格控制在最小规范之内。

满刮腻子：

①为遵循批刮腻子以达到墙面、顶棚平整、光滑的原则，根据基层状况和工程质量等级的要求，一般应满刮三~五遍腻子。批刮时前后遍次应横、竖交叉批刮作业，避免同一方向批刮时刀楞不平的缺陷，并注意接槎和收头部位腻子批刮要到位并收净。

②批刮腻子时，需两位施工人员一上一下或一前一后同时配合操作。作业时每位施工人员应配置一低压照明行灯，置于离批刮面不超出300mm的位置，以清楚看出施工面基层状况和批刮时效果，提高批腻子作业的质量。

③批刮腻子选用成品腻子加水调配即可。

④批刮腻子时应对顶角线、踢脚线，钢、木门套及窗套等，用美纹纸条加以适当防护，对没有油漆过的木饰面切不可甩上腻子，以免因吸潮造成无法清除的深色疤痕。

⑤对已批刮好且已干燥的腻子，用0号细木砂纸进行打磨。高级乳胶漆饰面的腻子需用380目以上的水砂纸进行干磨，避免因打磨而造成的砂纸划痕。打磨时，砂纸应用木块或硬泡沫适当包好进行作业；施工人员应手持照明行灯，一面一面地细致打磨，特别注意阴阳角、收头处和腻子接槎部位的打磨。

⑥将打磨好砂纸的顶棚或墙面清理干净浮尘，对其进行乳胶漆涂饰。高级乳胶漆一般选用刷涂、喷涂或刷喷相结合的施工方法，需进行4~5遍涂饰。涂饰前应对其他的装饰物应进行适当的保护，以不污染为原则。刷涂时应两位工人一上一下配合操作，基本先上后下同时涂刷，每涂刷一遍，并用380目水砂纸打磨一次，清理干净浮尘。第一遍涂刷完后，应将涂饰面上局部坑洼、刮痕、划痕等用腻子进行修补刮平，用砂纸打磨扫净，达到涂饰表面光滑平整。对一些要求用丝光或高亚光品种的乳胶漆，需采用喷涂施工或先涂刷2~3遍、再进行喷涂的施工方法。涂饰时，乳胶漆的浓度应根据其产品说明相应调稀，用细铜箩进行过滤。

4.4.2 木制品油漆

(1) 工艺流程

基层处理→涂刷底漆→嵌补钉眼、打磨→木器着色→面漆涂装→水磨→修色→喷涂亚光漆。

（2）施工工艺

1）基层处理：清除表面的尘土、胶液和油污等，并用0号木砂纸顺木纹方面细致打磨一次，并清扫干净。

2）涂刷底漆，将硝基底漆或面漆加入稀料适当调稀，对木器表面涂刷2遍进行封底，防止后道工序施工时吸潮而吃色，并易于腻子打磨。

3）嵌补钉眼、打磨用立德粉或大白粉，加入适量的色粉颜料，用稀乳胶液调制成稠膏状腻子，腻子的颜色应略浅于色板的颜色调制。

腻子乳胶液的加入量不宜过多，造成打磨困难，更不宜加入量过少，造成胶性不够，出现打磨时腻子凹陷、砂眼、粗糙，后道工序吸油、吃色等现象。应先进行少量试补，干燥后打磨，确认后再大面积填充。

对需要填充的部位应填平、填实，干燥后用砂纸打磨平整；如发现有虚补、凹陷等缺陷，应进行二次填充，干后打磨平整，清理干净，并涂刷两遍硝基面漆。

4）木器着色：

根据样板所需颜色、用油种加入煤油调制成油色，一个区域的油色需一次性调制好，用排笔蘸油色在木器表面均匀地涂刷一遍，用毛巾将其均匀地清擦一遍并用干净的毛巾收净，着色时应先内后外、先上后下、从左至右进行；因油色干燥较快，所以刷油色、擦油色时要求动作应敏捷、快速，此道工序应两位施工人员配合进行。

油色干燥后，对其喷涂一道硝基面漆；如发现颜色浅于样板颜色，可用以上方法对木器表面再进行一次着色，直至完全一致为止。干燥后喷涂一道硝基面漆。

5）面漆涂装：

将硝基清漆（面漆）加入适量的稀料调配好，对木器饰面进行刷涂。根据设计要求，一般涂刷4~6遍左右。

涂刷时不得有漏刷、流坠或过楞，每涂刷一遍待漆膜干燥后，用400目砂纸打磨一次，进行一道涂刷，以达到要求的漆膜为止。

刷门时，应先刷门框和门的背面，用木楔子塞好再涂刷前脸。门的上、下帽头也应涂刷油漆。其他饰面应遵循先上后下、先里后外、顺木纹涂刷的原则。

在施工中如发现现场湿度较大，可将油漆根据说明，加入适量的硝基漆化白水。

6）水磨：

饰面漆膜完全刷好后，充分干燥，用400目以上水砂纸带水顺木纹精细打磨，要求达到横竖平细光滑。注意棱角不得磨破，阴角处打磨一致，打磨完用毛巾清擦干净。

7）修色：

对局部磨破露色的棱角和少数钉眼颜色深浅不完全一致的饰面，用油种加硝基稀料调成硝基色浆，用毛笔对其进行细致地着色，要求修好后的颜色与饰面颜色一致、木纹理一致。

8）喷涂亚光漆：

喷涂油漆前，应先将所在施工面清理干净，做好其他物品的成品保护，佩戴防毒面具，做好现场通风。

选用适合的喷枪和气泵，在气泵上加装油水分离器。喷涂时，将调配好的亚光漆用细铜箩过滤，装入清洗干净的喷枪。

施工人员必须熟悉喷枪操作方法。喷涂时要求均匀一致，不得漏喷、流坠，使漆膜光滑细腻，光泽一致、柔和。

4.5 门窗制作、安装工程

本工程室内装饰门为木制门，局部有铝合金隔断。

4.5.1 工艺流程

门套、门扇制作→弹线、找规矩→门套安装→门套贴面钉木线→门扇安装→各类线条加工安装。

4.5.2 施工工艺

(1) 弹线

根据 + 1.0m 线，弹出 + 1.5m 施工线，并复核无误。

(2) 门套安装

实木门框、铝合金框由公司家具厂制作，木门窗框较大，采用榫、钉结合方法，保证门窗框牢固、不变形，筒子板的板材为大芯板，与框一同安装，面板下一步安装。

根据 150cm 线设计门扇高度，在门套标出基准点，跟 + 150cm 线吻合，四方校正垂直，自攻钉紧固在轻钢龙骨上，如地面的水泥面已做，在门套两侧下端剔出坑洞，将两端埋入地面下 3cm 后用水泥砂浆抹固；在没有做水泥地面的情况下，可直接到底、校正稳固后用水泥砂浆，在建筑面下 3cm 抹固稳定。

(3) 门套贴面

根据设计要求，选用面板、线条、木皮收口，挑选面板、线条、颜色、花纹应基本顺通一致，不得有污染翘曲。面板可使用万能胶粘贴，也可使用白浮胶加压条，贴完面板后木皮收边口小阳角压固，用砂纸抹清不得掉角，钉木线时枪钉不得乱打，距离应基本一致，应顺纹，线条的槽角相对清晰，相撞有不平处可用小光刨刨平。完成后如门扇不能安装时，要做护套将其保护。

(4) 线条加工

在门扇制作前，各类线条应按照施工图加工完。加工线条主要选用实木，进场后应隔空码放，加工时应根据线条长短、大小，选用开料、分色配对，杜绝乱拉、乱开、乱放，加工好的线条要立即刷油保护，捆扎码放。

(5) 门扇制作

根据设计门扇造型选用木材，一般选用大芯板、九厘板或十二厘板，根据设计门扇高、宽度把板材几何尺寸锯好后，在板双面开槽断筋，槽深是板厚的 2/3，横竖间距为 15cm 左右，防止变形并预留锁位。按照施工图的门扇造型把大芯板、九厘板或十二厘板在压床上加压 48h 后取出，方可进行贴面。选板配对编号刷保护油。在贴好面板的门扇边口、造型口收实木线时，根据门扇面板的颜色选用木线的颜色，收口阳角 45°必须严密。造型收口条出台均匀一致。门扇进场后码放在压台上，每扇门需隔空通风、水平，防止门扇变形。

(6) 门扇安装

根据图纸确定开启方向，将门扇靠到门套上画出相应的尺寸线，第一次修刨后再将门扇塞到门套子口内，确定两侧缝隙两边不得大于 2mm、上端不得大于 1mm；如缝隙不合，第二次修刨。刨面不得有反丝，要顺光，缝隙尺寸合适后即可安装合页，根据门扇高度确定上、下合页的距离，上、下合页中心安装第三只合页。合页槽可根据尺寸做出模板，用螺机专人剔合页槽。木螺钉应钉入全长 1/3，拧入 2/3；如硬杂木可用电钻打眼，以防止安装裂缝或拧断。根据门扇合页的位置定好门套合页位置，剔合页槽。安装上、下合页时，先拧入一螺钉然后关上门，检查门缝是否合适，门扇与套是否平整。无问题后，拧紧所有螺钉。

4.6 石材地面工程

4.6.1 工艺流程

准备工作→弹线→试拼→编号→刷水泥浆结合层→铺砂浆→铺大理石（或花岗石）→灌缝、擦缝→打蜡。

4.6.2 施工工艺

(1) 熟悉图纸

以施工大样图和加工单为依据，熟悉了解各部位尺寸和作法，弄清洞口、边角等部位之间的关系。

(2) 基层处理

将地面垫层上的杂物清净，用钢丝刷刷掉粘结在垫层上的砂浆并清扫干净。

(3) 弹线

在房间的主要部位弹相互垂直的控制十字线，用以检查和控制大理石板块的位置，十字线可以弹在混凝土垫层上，并引至墙面底部。并依据墙面 + 100cm 线找出面层标高，在墙上弹好水平线，注意要与楼道面层标高一致。

(4) 试拼

在正式铺设前，对每一房间的大理石（或花岗石）板块，应按图案、颜色、纹理试拼，试拼后按两个方向编号排列，然后按编号码放整齐。在房间内两个相互垂直的方向铺两条干砂，其宽度大于板块，厚度不小于 3cm。根据试拼石板的编号及施工大样图，结合房间实际尺寸，把大理石（或花岗石）板块排好，以便检查板块之间的缝隙，核对板块与墙面、柱、洞口等接口部位的相对位置。

(5) 刷水泥浆结合层

在铺砂浆之前再次将混凝土垫层清扫干净（包括试排用的干砂及大理石块），然后用喷壶洒水湿润，刷一层素水泥浆（水灰比为 0.5 左右，随刷随铺砂浆）。

(6) 铺砂浆

根据水平线，定出地面找平层厚度，拉十字控制线，铺找平层水泥砂浆（找平层一般采用 1:3 的干硬性水泥砂浆，干硬程度以手捏成团不松散为宜）。砂浆从里往门口处摊铺，铺好后用大杠刮平，再用抹子拍实找平，找平层厚度高出大理石底面标高水平线 3～4mm。

(7) 铺大理石（或花岗石）

一般房间应先里后外，沿控制线进行铺设，即先从远离门口的一边开始，按照试拼编号，依次铺砌，逐步退至门口。铺前应将板预先浸湿阴干后备用，先进行试铺，对好纵横缝，用橡皮锤敲击木垫板（不得用橡皮锤或木锤直接敲击大理石板）。振实砂浆至铺设高度后，将大理石（或花岗石）掀起移至一旁，检查砂浆上表面与板块之间是否相吻合；如发现有空虚之处，应用砂浆填补，然后在大理石（或花岗石）板块反面批净灰素水泥结合层（浅色大理石采用白水泥素浆加胶）。安放时四角同时往下落，用橡皮锤轻击石材板块，根据水平线用标准水平尺找平，铺完第一块向两侧和后退方向顺序镶铺。大理石（或花岗石）板块之间接缝要严，一般不留缝隙。擦缝：在铺砌后 1~2 昼夜后进行灌浆擦缝。根据大理石（或花岗石）颜色，选择相同颜色矿物颜料和水泥拌合均匀，调成 1:1 稀水泥浆，用浆壶徐徐灌入大理石板（或花岗石）块之间缝隙（分几次进行），并用长刮板把流出的水泥浆向缝隙内喂灰。灌浆 1~2h 后，用棉丝团蘸原稀水泥浆擦缝，与板面擦平，同时将板面上水泥浆擦净，然后面层加覆盖保护。

当各工序完工不再上人时方可打蜡，达到光滑、洁净。

（8）冬期施工

原材料和操作环境温度不得低于 5℃，不得使用有冻块砂子，板块表面不得有结冰现象。如室内无取暖和保温措施，不得施工。

4.7 架空地板工程

4.7.1 工艺流程

基层处理→放线→安装地脚→安装架空地板→调平整→安装架空板上专业末端。

4.7.2 施工工艺

（1）基层处理

将地面上落地灰、胶等杂物清除干净。

（2）放线

以架空板模数及专业线槽位置及房间布局画排板图，依排板图将分格线弹在地面上。

（3）安装地脚

依分格线用胶将地脚固定在地面上，并调到架空板底高度。

（4）安装架空地板

将架空板裁割准确，安装到地脚上，同时预留专业末端洞口。

（5）调平整、直顺

用水平尺、拉通线等方法检查地板的平整度、直顺、十字接缝及高低差，有误差处调整到位。

4.8 镶贴工程

4.8.1 工艺流程

基层清理→基层弹线→预排→做标志块→瓷砖镶贴→勾缝、打胶→饰面清理→成品保护→分项工程验收。

饰面砖镶贴工程控制流程如图 4-5 所示。

4.8.2 设计具体作法

厕所、开水间：10mm 厚彩色防滑地砖铺实拍平，干水泥擦缝，20mm 厚 1:4 干硬性水泥砂浆结合层，纯水泥浆结合层一道，30mm 厚（最高处）1:3 水泥砂浆从门口向地漏找泛水（最低处 15mm 厚）。

4.8.3　施工工艺

（1）基层处理

对于混凝土墙面，要先凿毛，用钢丝刷满刷一遍，再浇水湿润。对抹灰墙面表面的灰尘等污物，清理干净并保持表面干燥。

（2）弹线

根据设计要求弹出地面标高线，按照室内墙砖排板方向弹出水平及垂直控制线。

（3）预排

根据弹线对墙砖预排，如发现误差要及时调整。墙面如发现少于半块砖的部位，要与相邻的墙砖进行调整。

（4）坐标志块

墙面瓷砖排列为直缝。铺贴大面前，先用废瓷片做标准厚度块，用靠尺和水平尺确定水平度。这些标准厚度块将作为粘贴瓷砖厚度的依据，以便施工中随时检查表面的平整度。

（5）垫底尺

根据计算好的最下一皮砖的上口标高，垫放好尺板作为第一批砖上口的标准。底尺安放必须水平，摆实摆稳。

（6）贴砖

用1:2的水泥砂浆粘贴瓷砖，粘贴时应从墙面的一端顺序向另一端粘贴。

（7）勾缝

在墙砖贴好24h后进行勾缝处理，勾缝采用白水泥进行，擦缝密实即可。

（8）清理

用棉纱对饰面进行清理，瓷砖表面及砖缝部位要擦净。

（9）成品保护

在进行其他作业时，注意保护墙面，不要磕碰和污染饰面。

5　质量、安全、环保技术措施

5.1　质量保证措施

5.1.1　质量方针

我公司的质量方针是："用我们的承诺和智慧，雕塑时代的艺术品"。在这一方针的指导下，本工程具体实施中，我公司将运用先进的技术、科学的管理、严谨的作风，精心组织、精心施工，以有竞争力的优质产品满足业主的愿望和要求。根据ISO9002质量标准的要求，建立了文件化质量保证体系——"质量保证手册"，体系有效运行已通过了中国质量管理协会质量保证中心的第三方认证。广泛开展质量职能分析和健全企业质量保证体系，大力推行"一案三工序管理措施"即"质量设计方案、监督上工序、保证本工序、服务下工序"和TQC质量管理活动。强化质量检测与质量验收专业系统，全面推行标准化管理，健全质量管理基础工作，使企业对质量综合保证能力显著提高。

5.1.2　质量保证体系

质量保证体系，如图5-1所示。

公司根据项目管理的需要，建立起了项目管理体系，以合同为制约，推行国际质量管理和质量保证标准（ISO9002），强化质量职能。项目经理部全体管理人员及分承包方强化质量意识和质量职能；推行区域责任工程师和专业责任工程师负责制，施工全过程对工程质量进行全面的管理与控制；同时，使质量保证体系延伸到各施工方、公司内部各专业分公司，项目质量目标通过对各施工方、内部各专业分公司严谨的管理予以实现；通过明确分工、密切协调与配合，使工程质量得到有效控制。

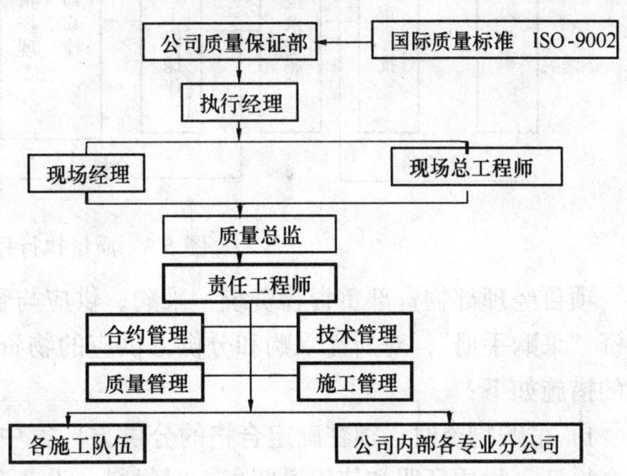

图 5-1 质量保证体系

建立由项目执行经理领导、现场经理及总工程师中间控制、专业监理工程师检查的三级管理系统，形成项目经理到各施工方、各专业分公司的质量管理网络。

5.1.3 质量目标

本工程地上部分结构按照国家标准《建筑安装工程质量检验评定统一标准》（GBJ 300—88）的要求和北京市现行质量评定标准和施工技术规范进行质量检查评定为优良。

本工程要求单位工程竣工质量保证市级优良工程并达到国家鲁班奖。

5.1.4 质量保证措施

（1）组织保证措施

根据组织保证体系图，建立岗位责任制和质量监督制度，明确分工职责，落实施工质量控制责任，各岗位各行其职。职能表见"项目管理职责"。

（2）质量管理程序与质量预控

1）质量保证程序（图 5-2）。

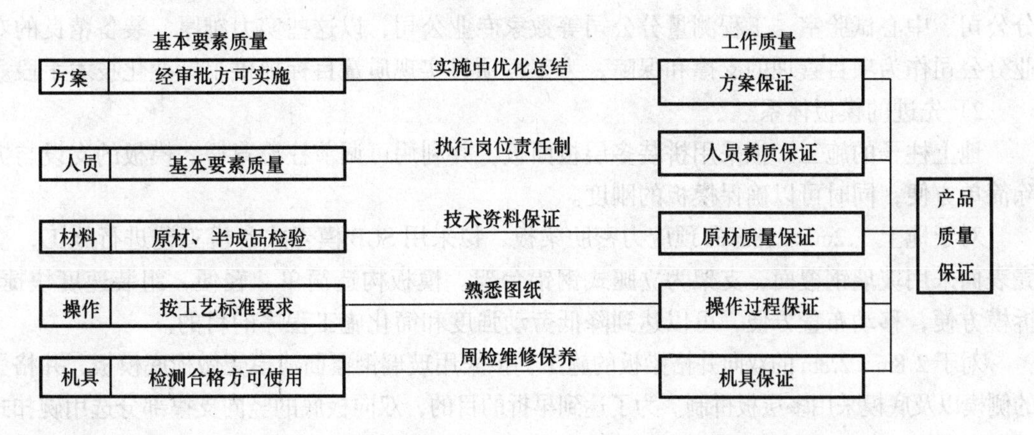

图 5-2 质量保证程序

2）过程质量执行程序（图 5-3）。

（3）采购物资质量保证

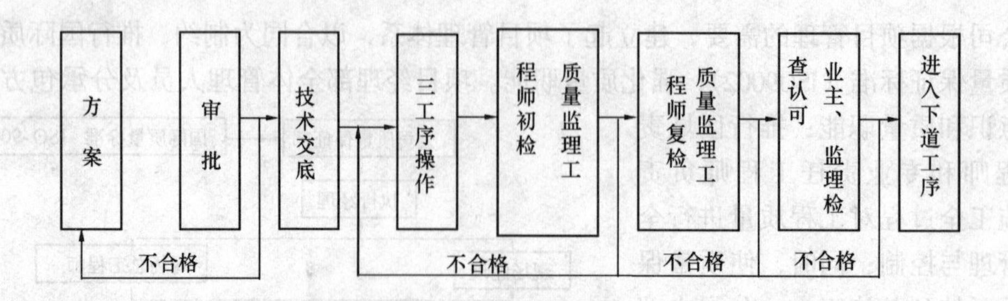

图 5-3　质量执行程序

项目经理部物资部负责物资统一采购、供应与管理，并根据 ISO9002 质量标准和公司物资“采购手册”，对所需采购和分供方供应的物资进行严格的质量检验和控制，主要采取的措施如下：

1）采购物资时，须在确定合格的分供方厂家中采购，所采购的材料或设备必须有出厂合格证、材质证明和使用说明书，对材料、设备有疑问的禁止进货；

2）物资分公司委托分供方供货，事先已对分供方进行了认可和评价，建立了合格的分供方档案，材料的供应在合格的分供方中选择；

3）实行动态管理；物资分公司、公司项目管理部等主管部门和项目经理部定期对分供方的实绩进行评审、考核，并做记录，不合格的分供方从档案中予以除名；

4）加强计量检测。采购物资（包括分供方采购的物资），根据国家、地方政府主管部门规定、标准、规范或合同规定要求及按经批准的质量计划要求抽样检验和试验，并做好标记。当对其质量有怀疑时，应加倍抽样或全数检验。

(4) 技术保证措施

1）专业施工保证。

我公司按照工程建设过程的工序界定要求设立专业分公司，重点在于强化技术含量高、有技术优势的专业公司，用先进的技术装备专业化公司。目前公司现有专业分公司：混凝土分公司、模板架料租赁分公司、安装工程分公司、防水分公司、装饰分公司、物资分公司、中心试验室、工程测量分公司等数家专业公司，以这些实力雄厚、装备精良的专业分公司作为项目管理的支撑和保障，为工程项目实现质量目标提供了专业化技术手段。

2）先进的模板体系。

地上柱子的施工，拟采用拼装多层板面板，并利用可调节柱箍背楞。模板的支设与拆除简单方便，同时可以确保模板的刚度。

对于地上 1.2m×2.8m 的预应力密肋梁板，拟采用 SGB 模壳式台模工艺进行施工，模壳表面采用玻璃钢覆面，支架为立腿式钢铝台架。模板构造简单、轻便，组装速度快捷，拆模方便，移动布置方便，可以达到降低劳动强度和简化施工程序的目的。

对于 2.8m×2.8m 的双向井格梁板的施工，拟采用玻璃钢覆面浅模壳做板底模板，井格梁的侧模以及底模采用多层板拼制。为了达到早拆的目的，双向板底的竖向支撑部分选用碗扣式早拆脚手架，主、次梁底支模采用保留延期支架。以实现底模的早拆，加快流水节拍。

3）混凝土浇筑措施：

①在进行墙体混凝土浇筑前，应对墙体钢筋的分布情况全面了解。尤其对暗柱、门窗洞口过梁及洞口加筋等钢筋较密的部位，进行技术处理，局部加大钢筋的间距，找出下棒

的位置，并在模板上或相应钢筋位置做出明显标注，以备在混凝土浇筑时使用。

②对于门窗洞口、墙体转角部位的混凝土下灰方式，采取机械加人工配合，即门窗洞口两侧采取机械均匀同时下灰，门窗洞口上口过梁及墙体转角部位采取人工下灰，将混凝土先卸在操作平台上，然后人工下灰。

③混凝土应分层浇筑振捣，每层浇筑厚度不得超过500mm，下料点应分散布置，一道墙至少设置两个下料点，门窗洞口两侧应同时均匀浇筑，以避免门窗口模板走动。

④墙转角暗柱部分，混凝土应分层浇筑，每层厚度不得超过300mm，并与混凝土墙同时进行浇筑。

⑤浇筑墙体混凝土应连续进行，上下两层混凝土浇筑间隔时间应小于初凝时间，每浇一层混凝土都要用插入式振动器插入至表面翻浆、不冒气泡为止，必要时在上下两层混凝土之间，接入50mm厚、与混凝土同强度等级的水泥砂浆。

⑥墙体混凝土浇筑完毕，应按标高找平。

4）采用泵送混凝土。

采用混凝土泵送技术，解决了混凝土的水平和垂直运输，提高了劳动生产率，加快了混凝土浇筑速度，保证了混凝土的质量。

5）钢筋连接技术。

底板钢筋采用冷挤压连接技术，钢筋连接采用专业施工队施工，操作工人现场培训，持证上岗，同时施工中严格按技术规程操作，加强质量检测与验收，确保钢筋连接质量。

（5）经济保证措施

保证资金正常运作，确保施工质量、安全和施工资源正常供应。同时，为了更进一步搞好工程质量，引进竞争机制，建立奖罚制度、样板制度，对施工质量优秀的班组、管理人员给予一定的经济奖励，激励他们在工作中始终把质量放在首位，使他们再接再厉，扎扎实实，把工程质量干好。对施工质量低劣的班组、管理人员给予经济惩罚，严重的予以除名。

（6）合同保证措施

全面履行工程承包合同，加大合同执行力度，及时监督配属队伍、专业公司的施工质量，严格控制施工质量，热情接受建设监理。

5.2 安全保证措施

5.2.1 安全管理方针

安全管理方针是“安全第一，预防为主”。

5.2.2 安全组织保证体系

以执行经理为首，由现场经理、安全总监、区域责任工程师、专业监理工程师、各专业分公司等各方面的管理人员组成安全保证体系（图5-4）。

5.2.3 安全管理制度

（1）安全技术交底制。根据安全措施要求和现场实际情况，各级管理人员需亲自逐级进行书面交底。

（2）班前检查制。区域责任工程师和专业监理工程师必须督促、检查施工方、专业分公司对安全防护措施是否进行了检查。

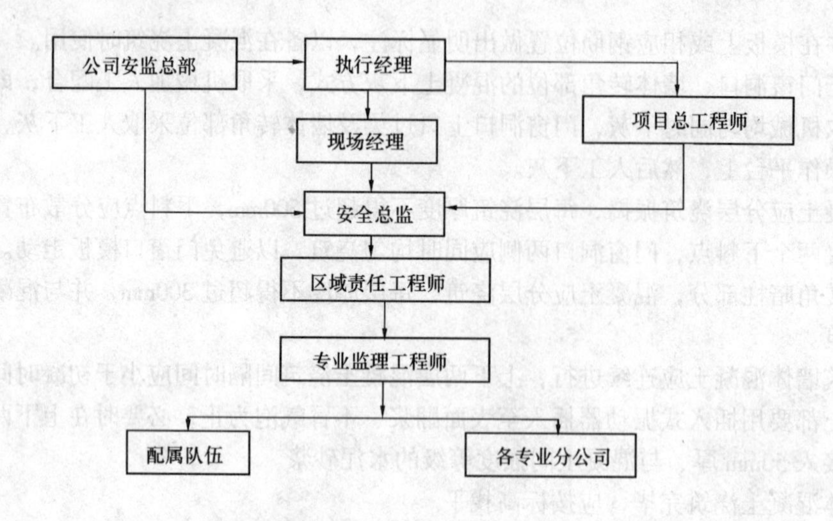

图 5-4　安全组织保证体系

(3) 高大外脚手架、大中型机械设备安装实行验收制，凡不经验收的一律不得投入使用。

(4) 周一安全活动制，经理部每周一要组织全体工人进行安全教育，对上一周安全方面存在的问题进行总结，对本周的安全重点和注意事项作必要的交底，使广大工人能心中有数，从意识上时刻绷紧安全生产这根弦。

(5) 定期检查与隐患整改制。经理部每周组织一次安全生产检查，对查出的安全隐患必须定措施、定时间、定人员整改，并做好安全隐患整改消项记录。

(6) 管理人员和特种作业人员实行年审制，每年由公司统一组织进行，加强施工管理人员的安全考核，增强安全意识，避免违章指挥。

(7) 实行安全生产奖罚制与事故报告制。

(8) 危急情况停工制。一旦出现危及职工生命财产安全险情，要立即停工，同时即刻报告公司，及时采取措施排除险情。

(9) 持证上岗制。特殊工种必须持有上岗操作证，严禁无证操作。

5.2.4　安全管理工作

(1) 项目经理部负责整个现场的安全生产工作，严格遵照施工组织设计和施工技术措施规定的有关安全措施组织施工。

(2) 专业监理工程师要检查配属队伍、专业分公司，认真做好分部分项工程安全技术书面交底工作，被交底人要签字认可。

(3) 在施工过程中对薄弱部位、环节要予以重点控制，如塔吊等从设备进场检验、安装及日常操作要严加控制与监督。凡设备性能不符合安全要求的，一律不准使用。

(4) 防护设备的变动必须经项目经理部安全总监理批准，变动后要有相应有效的防护措施，作业完后按原标准恢复，所有书面资料由经理部安全总监保管。

(5) 对安全生产设施进行必要、合理的投入，重要劳动防护用品必须购买定点厂家的认定产品。

(6) 分析安全难点，确定安全管理点：

在每个大的施工阶段开始前，分析该阶段的施工条件、施工特点和施工方法，预测施工安全难点和事故隐患，确定管理点和预控措施。在结构施工阶段，安全难点集中在：

1）施工防坠落，立体交叉施工防物体打击；

2）基坑周边的防护，预留孔洞口、竖井处防坠落；

3）脚手架工程安全措施等；

4）各种电动工具施工用电的安全等；

5）现场消防等工作；

6）塔吊安全措施等。

5.2.5　临边与洞口防护

（1）临边、洞口防护布置

对临边及洞口的高处作业，必须设置防护措施，包括：

1）基坑周边、未安装栏杆或栏板的阳台、料台与挑平台周边，雨篷与挑檐边，设置防护栏杆；

2）头层墙高度超过3.2m的二层楼面周边、无脚手的高度超过3.2m的楼板周边，外围设置安全平网一道；

3）分层施工的楼梯口和梯段边，安装临时护栏；顶层楼梯口随工程结构进度安装正式防护栏杆；

4）井架、施工用电梯、脚手架等与建筑物通道两侧边，设置防护栏杆，地面通道上部设安全防护棚，双笼井架通道中间应分隔封闭；

5）双笼电梯垂直运输接料平台两侧设防护栏杆，平台口设活动防护栏杆；

6）板、外墙洞口设置盖板、防护栏杆、安全网；

7）电梯井口设防护栏杆，电梯井内每隔四层、最多隔10m设一道安全网；

8）现场通道附近的洞口与坑槽等处，除设置防护设施与安全标志外，夜间应设红灯示警。

（2）临边、洞口防护措施

1）楼板洞口边长大于1500mm时，周边应设防护栏杆，下张安全平网。防护栏杆采用$\phi48\times3.5$钢管扣接，上横杆距地1000mm，下横杆距地200mm，中横杆距地600mm，如图5-5及图5-6所示。

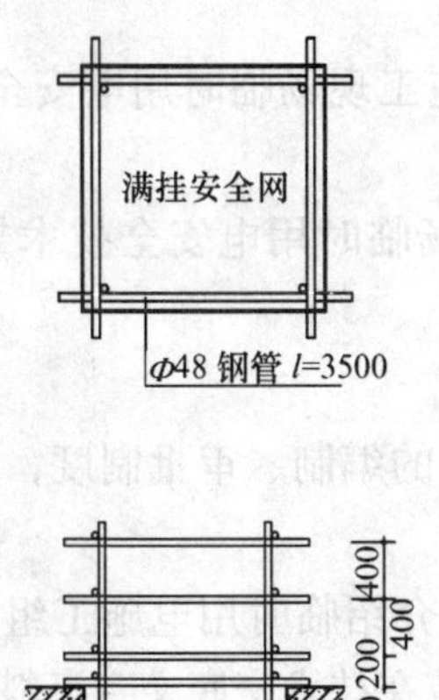

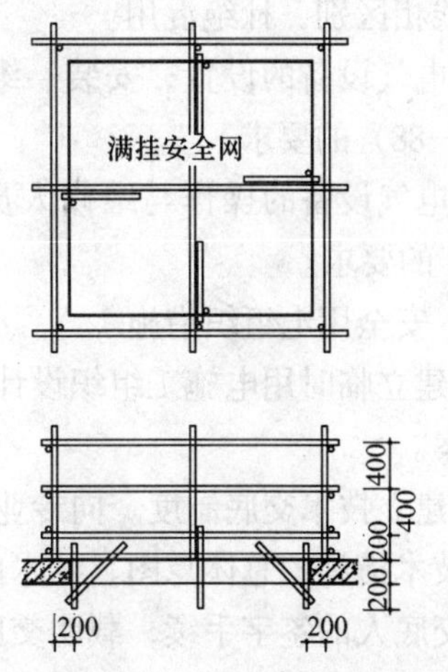

图5-5　边长1.5～2.0m洞口防护　　图5-6　边长2.0～4.0m洞口防护

2）边长介于500～1500mm的楼板洞口，洞口上设置200mm×200mm间距的扣件钢管网格，钢管网上铺设钢跳板。

3）边长介于250～500mm的楼板洞口、缺件临时形成的洞口，用木板作盖板固定在洞口位置。

4）边长介于25～250mm的楼板孔口，用坚实盖板盖设，盖板应防止挪动移位。

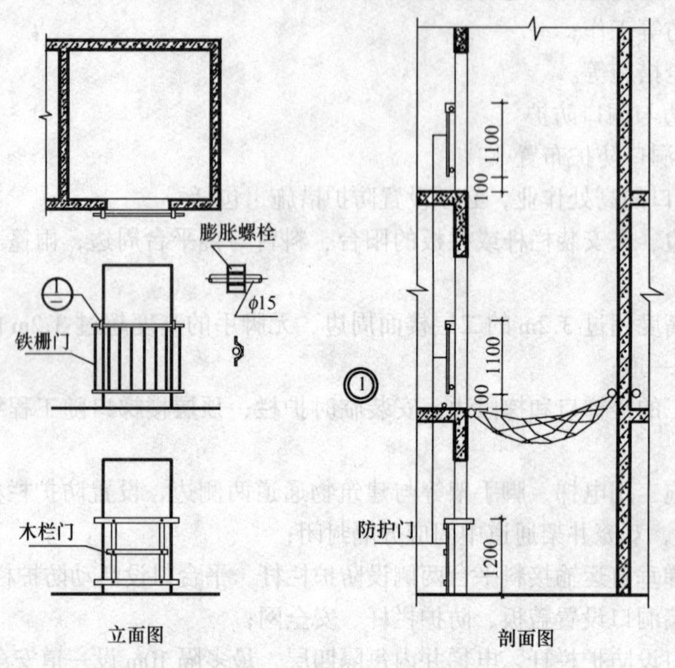

图5-7　电梯井口防护门（单位：mm）

5.2.6　安全用电

（1）安全用电技术措施

为保证正确可靠的接地与接零，必须按设计要求设置接地与接零，杜绝疏漏。所有接地、接零处必须保证可靠的电气连接。保护线PE必须采用绿/黄双色线，严格与相线、工作零线相区别，杜绝混用。

1）电气设备的设置、安装、维修必须符合标准《施工现场临时用电安全技术规范》（JGJ 46—88）的要求。

2）电气设备的操作与维修人员必须符合《施工现场临时用电安全技术规范》（JGJ 46—88）的要求。

（2）安全用电组织措施

1）建立临时用电施工组织设计和安全用电技术措施的编制、审批制度，建立相应的技术档案。

2）建立技术交底制度。向专业电工、各类用电人员介绍临时用电施工组织设计和安全用电技术措施的总体意图、技术内容和注意事项，并应在技术交底文字资料上履行交底人和被交底人的签字手续，载明交底日期。

3）建立安全检测制度。从临时用电工程竣工开始，定期对临时用电工程进行检测，主要内容是：接地电阻值、电气设备绝缘电阻值、漏电保护器动作参数等，以监视临时用电工程是否安全可靠，并做好检测记录。

4）建立电气维修制度。加强日常和定期维修工作，及时发现和消除隐患并建立维修工作记录，记载维修时间、地点、设备、内容、技术措施、处理结果、维修人员、验收人员等。

5）建立安全检查制度，工程、安全管理部门要根据《施工现场临时用电安全技术规范》(JGJ 46—88)，定期对现场用电安全情况进行检查评估。

6）建立安全用电责任制度，对临时用电工程各部位的操作监护维修，分片、分块、分机落实到人，并辅以必要的奖罚。

7）建立安全教育和培训制度，专业电工经过考核合格者持证上岗，严禁无证上岗。

(3) 电气防火技术措施

1）合理配置、整定、更换各种保护电器，对电路和设备的过载、短路故障进行可靠保护；

2）在电气装置和线路周围不堆放易燃、易爆物和强腐蚀介质，不使用火源；

3）在电气装置相对集中的场所，如变电所、配电室等配置绝缘灭火器材，并禁止烟火；

4）加强电气设备相间和相-地间绝缘，防止闪烁；

5）合理配置防雷装置。

(4) 电气防火组织措施

1）建立易燃、易爆物和强腐蚀介质管理制度；

2）建立电气防火责任制，加强重点场所烟火管制，并设置禁止烟火标志；

3）建立电气防火教育制度，经常进行电气防火知识教育和宣传提高各类用电人员电气防火自觉性；

4）建立电气防火检查制度，发现问题及时处理；

5）强化电气防火领导体制，建立电气防火队伍。

(5) 临时用电系统的使用、管理与维护

1）坚持电气专业人员持证上岗，非电气专业人员不准进行任何电气部件的更换或维修；

2）施工现场的配电设施要坚持，一个月一检查，一个季度复查一次；

3）应保持配电线路及配电箱和开关箱内电缆、导线对地绝缘良好，不得有破损、硬伤、带电体裸露、电线受挤压、腐蚀、漏电等隐患，以防突然出事；

4）工地所有配电箱都要标明箱的名称，所控制的各线路称谓、编号、用途等；

5）配电箱要做到“六有”，在现场施工；当停止作业 1h 以上时，应将动力开关箱断电上锁；

6）检查和操作人员必需按规定穿戴绝缘鞋、绝缘手套，必须使用电工专用绝缘工具；

7）平时应经常查看配电箱的进出线有没有承受外力，有没有被水泥砂浆浸污、被金属锐器划破绝缘，配电箱内电器的螺钉有没有松动，动力设备有没有缺相运行的声音等。

(6) 配电室的设置、使用与管理

1）配电室应靠近电源，并应设在无灰尘、无蒸汽、无腐蚀介质及无振动的地方；

2）配电室应能自然通风，并应采取防雨雪和防止动物出入的措施；

3）成列的配电盘应与重复接地线及保护零线做电气连接；

4）配电盘应装设短路、过负荷保护装置和漏电保护器；

5）配电室应设值班人员，值班人员必须熟悉本岗位电气设备的性能及运行方式，并持操作证上岗值班；

6）配电室内必须保持规定的操作和维修通道宽度；

7）配电室内应整齐、清洁，严禁放置食物及杂物；

8）配电盘或配电线路维修时，应悬挂停电标志牌，电箱关闸上锁；停、送电必须由专人负责；

9）发电机组电源应与外电线路电源联锁，严禁并列运行；

10）发电机组应用三相四线制中性点直接接地系统，并须独立设置接地装置，其接地电阻值不得大于4Ω；

11）发电机组应设置短路保护和过负荷保护；

12）室外地上变压器应设围栏，悬挂警示牌，内设操作平台；变压器围栏内不得堆放任何杂物；

13）发电机并列运行时，必须在机组同启后再向负荷供电。

(7) 现场机械动力系统及电工岗位责任制

1）机械动力系统岗位责任制：

①对机电起重设备的安全进行负责，并认真贯彻执行安全操作规程；

②对所有机械设备要有出厂合格证书及完整的技术资料，使用前要制定出安全操作规程；

③对机电起重设备的操作人员进行定期培训考核并签发作业合格证，要求持证上岗；

④负责现场机械设备的验收工作，验收合格后方可交付工人使用；

⑤违章作业人员进行监督处理，对发生的事故要进行分析、调查，弄清原因，明确责任。

2）电工岗位责任制：

①认真学习，严格执行安全用电的技术操作规程、制度、规定和决定；

②积极参加安全活动，认真执行安全用电交底，不违章作业；

③对施工前不进行安全交底，对现场不安全隐患不及时排除，对现场中无安全技术措施或措施不落实，对违章指挥，工人有权拒绝施工，并有责任积极提出意见。

5.2.7　现场消防

(1) 消防设计

按《建筑设计防火规范》(GBJ 16—87) 及《高层设计防火规范》(GB 50045—95)，本工程为综合性办公大楼，按高层一类建筑物和耐火等级一级考虑。

(2) 消防措施

1）消火栓及管道的设置：

A. 室外消防。根据施工现场情况，在基坑西周设置7个消火栓及环行水管，水管采用给水铸铁管，并在基坑四周设置一定数量的灰火器。

施工现场进水管直径100mm。消火栓处昼夜设有明显标志，配备足够的水龙带，周围3m内不存放任何物品。

B. 室内消防。建筑物内消防系统为：在B02层水箱边设置消防泵房，利用建筑物本身的水箱（储水量46t）储水，以提供建筑物施工期间的消防用水。因本工程高度达49.9m，因此设置消防竖管，管径为100mm，并随楼层的升高每层设置二处消防栓口，配备水龙带，保证消防供水水枪的充实水柱射到最高、最远点。

消防泵的专用配电线路，引自施工现场总断路器的上端，并设专人值班，保证连续不间断供电。

2）现场消防规章制度：

①严格遵守有关消防安全方面的法令、法规，配备专职消防保卫人员，制定有关消防保卫管理制度，完善消防设施，消除事故隐患。

②现场设有消防管道、消防栓，楼层内设有消防栓、灭火器，并有专人负责，定期检查，保证随时可用，并做明显标识。

③消防泵房应用非燃材料建造，施工现场的消防器材和设施不得埋压、圈占或挪用他用。冬期施工，对消防设备采取防冻保温措施。

④坚持现场用火审批制度，电气焊工作要有灭火器材，操作岗位上禁止吸烟，对易燃、易爆物品使用要按规定执行，指定专人设库房分类管理。建设工程内不准积存易燃、可燃材料。

⑤使用电气设备和化学危险品，必须符合技术规范和操作规程，严格防火措施，确保施工安全，禁止违章作业。

⑥新工人进场要和安全教育一起进行防火教育，重点工作设消防保卫人员，施工现场值勤人员昼夜值班，搞好“四防”工作。

⑦建立各种安全生产规章制度，施工现场设置明显的安全标志及标语牌。

⑧建立严格的安全教育制度，工人入厂前进行安全教育，坚持特殊工种持证上岗。

⑨建立安全工作资料管理，使安全工作有章可循，有准确的文字和数字档案依据可查。

⑩设专职安全员负责全面的安全生产监督检查和指导工作，并坚持安全生产谁主管谁负责的原则，贯彻落实每项安全生产制度，确保指标的实现。

⑪坚持安全技术交底制度，层层进行安全技术交底，对分部分项工程进行安全交底并做好记录。班长每班前进行安全交底，坚持每周的安全活动，让施工人员掌握基本的安全技术和安全常识。

⑫现场要有明显的防火宣传标志，每月对职工进行一次防火教育，每季度培训一次义务消防队。定期组织防火工作检查，建立防火工作档案。

⑬施工现场配备足够的消防器材，并做到布局合理，经常维护、保养，采取防冻保温措施，保证消防器材灵敏、有效。

⑭电工、焊工从事电器设备安装和电焊、气焊切割作业，要有操作证和用火证。动火前要清除附近易燃物，配备看火人员和灭火用具。用火证当日有效，动火地点变换，要重新办理用火证手续。

⑮使用电器设备和易燃易爆物品，必须严格防火措施，指定防火负责人，配备灭火器

材，确保施工安全。

⑯施工现场设置消防车道，其宽度不得小于3.5m。

⑰因施工需要搭设临时建筑，应符合防火要求，不得使用易燃材料。城区内的工地一般不准支搭木板房，必须支搭时，需经消防监督机关批准。

⑱施工材料的存放、保管，应符合防火安全要求，库房应用非燃材料支搭。易燃易爆物品应专库储存，分类单独存放，保持通风，用电符合防火规定。不准在工程内、库房内调配油漆、稀料。

⑲结构内不准作为仓库使用，不准存放易燃、可燃材料，因施工需要进入结构内的可燃材料，要根据工程计划限量进入，并应采取可靠的防火措施。

⑳施工现场严禁吸烟。必要时，应设有防火措施的吸烟室。

㉑施工现场和生活区，未经保卫部门批准不得使用电热器具。

㉒氧气瓶、乙炔瓶（罐）工作间距不小于5m，两瓶同明火作业距离不小于10m。禁止在工程内使用液化石油气"钢瓶"、乙炔发生器作业。

㉓在施工中要坚持防火安全交底制度。特别在进行电气焊、油漆粉刷或从事防水等危险作业时，要有具体防火要求。

㉔施工现场的有害材料不准在现场随意焚烧，要集中起来及时处理。

㉕冬施保温材料的存放与使用，必须采取防火措施。

㉖非经施工现场消防负责人批准，任何人不得在施工现场内住宿。

5.2.8　施工脚手架

(1) 施工中对使用的材料必须进行严格筛选，满足施工方案规定要求，锈蚀、变形严重的材料严禁使用。

(2) 架子搭设作业时，操作人员必须按规定戴安全帽、系安全带、穿软底鞋，所有材料应堆放平稳，工具应放入工具袋内，上下传递物体不得抛掷。

(3) 架子搭设过程中，如需使用，必须由施工负责人组织有关人员进行检查，符合要求后方可上人，架子需做局部拆改时，须经施工负责人同意架子工操作。

(4) 脚手板必须在钢管上铺平、铺稳，并且绑牢，安全网必须与钢管绑牢。

(5) 脚手架搭完后，应进行质量检查验收，合格后才能使用。未经检查、验收前，除架子工外严禁其他人攀登。

(6) 大雨、大风之后，施工负责人必须组织有关人员对架子进行检查。

5.3　文明施工与成品保护措施

5.3.1　现场文明施工责任

(1) 文明施工责任

1) 文明施工是一个系统工程，贯穿于项目施工管理的始终。它是施工现场综合管理水平的体现，涉及项目每一个人员的生产、生活及工作环境；同时，该工程地处北京市繁华地段，紧邻西单路口，文明施工尤为重要。我公司结合以往工程的施工经验，并遵照北京市有关规定，把该工程建成北京市文明样板工程。

2) 在施工过程中，自觉地形成环保意识，要创造良好的生产工作环境，最大限度地减少施工所产生的噪声与环境污染，本次参与施工的设备噪声均控制在国家和北京市允许的范围内。

3）施工现场实行公司的CI形象设计。

（2）实施责任

1）现场经理是施工管理的第一责任者，项目工程管理部制订出文明施工计划；

2）区域责任工程师直接负责责任区域的文明施工；

3）设专职文明施工管理人员，专门负责现场文明施工。

5.3.2 文明施工保证措施

（1）现场排污管理

1）市政污水井位于现场东南侧大门处，现场内污水经过必要的处理后排入此污水井。具体排污系统布置见现场平面布置图。

2）雨水：

基坑内排水：基坑内主要污水为雨水，在雨期来临前，回填土填至-6.500标高，并由建筑物四周向坑边做排水坡，相应地在基坑内四周做明沟，并在西南角及东南角设集水井，及时将流入集水井的水抽出基坑。

混凝土路面做2%排水坡，沿路边设雨水井，将流入雨水井的水排入市政管道。

3）生产用水：

现场南侧设洗车池及沉淀池，施工用水须经过此沉淀池沉淀后，再排入市政污水管道。

4）生活用水：主要生活用水为食堂用水及厕所用水；

食堂用水：现场设隔油池，由食堂排出的污水通过现场隔油池隔离后，污水排入市政管道，上部油污须经特殊处理，严禁直接排入市政管道。

厕所用水：在现场南侧设化粪池，厕所用水经化粪池处理后排入市政污水井，定期对化粪池进行清理。

5）加强现场清理工作，保证现场和周围环境整洁、文明。

（2）现场施工清理

1）设立专门的垃圾通道；派专人进行现场洒水，防止灰尘飞扬，保护周边空气清新。

2）每楼层的施工垃圾集中堆放，结构施工期间可利用机电竖向风道，直接将垃圾倒至首层后外运。在每层的水平风道口利用多层板封堵。

3）施工现场垃圾按指定的地点集中收集，并及时运出现场，时刻保持现场的整洁文明。

（3）现场环境保护

1）合理安排作业时间，在夜间避免进行噪声（<55dB）较大的工作，尽量压缩夜间混凝土浇筑的时间；

2）夜间灯光集中照射，避免灯光扰民；

3）混凝土振捣时采用德国进口的低噪声振捣棒，振捣时不得直接振捣在钢筋上；在地泵的周围搭设棚子，罐车在等候进场时须熄火，以减少噪声扰民；

4）混凝土罐车撤离现场前，派人用水将下料斗及车身冲洗干净；

5）派专人进行现场洒水，防止灰尘飞扬，保护周边空气清洁；

6）罐车、泵车和泵管清洗时，污水定向排放，导引到污水沟；建立二级沉淀池，保证现场和周围环境整洁、文明；

7）模板加工利用多层板封闭进行；

8）在施工高峰期，定期利用声级器进行环境监控（噪声标准符合《建筑企业噪声卫生标准》）要求；

9）严格按市有关环保规定执行。

5.3.3　成品保护措施

结构施工期间主要做好钢筋、模板、混凝土的成品保护。

（1）钢筋成品保护

1）成品钢筋。须按照指定地点堆放，钢筋底部加垫木，雨期时钢筋上部须覆盖，以防锈蚀。

2）钢筋绑扎。墙筋绑扎时须打设架子，定位准确。板筋绑扎完成后，尽量不在上面乱踩（尤其小直径钢筋），以防钢筋变形。弯起筋及负弯距钢筋绑扎完成后，不得在上面任意行走、踩踏。

3）当预埋套管及线管穿过时，应避开钢筋，严禁任意切割钢筋。

4）钢筋连接。竖向钢筋的焊接接头夹具不得过早拆卸，焊接后的钢筋接头不得利用机械进行弯砸。

5）为了保证在浇筑楼板混凝土时，柱、墙插筋不移位，插筋上部绑扎定位箍筋，下部将柱、墙插筋和箍筋及板水平筋绑扎牢固，防止插筋移位，并在插筋上部套塑料管，以防浇筑混凝土时污染钢筋。

（2）模板成品保护

1）进场后的模板，临时堆放时，必须用编织布临时遮盖，使用前必须双面刷脱模剂；

2）柱模板为定尺寸的漆面胶合板，只允许用同型号的柱周转使用，严禁其余部位使用；

3）模板拆除时，严禁用撬棍乱撬和高处向下乱抛，以防口角损坏；

4）梁板模支设完成以后，在其上面焊接或割除钢筋时，模板上必须垫钢板，以防烧伤模板；

5）墙模拆除，如需割除对拉螺栓的，必须用钢板垫在模板表面；

6）边角模板严禁用整板模切割；

7）井筒钢板，严禁乱撬乱割；

8）浇混凝土时，支设泵管用的马凳，底面必须焊 50mm×50mm×5mm 钢板；

9）筒体模板，尽量做到同部位上、下层周转，避免用到别处重新增加对拉拉杆；

10）施工过程中，严禁用利器或重物乱撞模板，以防损坏或变形。

（3）混凝土模板成品保护

1）因已进入春、夏季施工，大气平均气温高于+5℃，应在混凝土浇筑1～2h内，即用塑料布进行覆盖，并及时浇水养护，以保持混凝土具有足够湿润状态，直至混凝土达到设计强度。混凝土的浇水养护时间不得少于7d。

2）在已浇筑的混凝土强度达到 1.2N/mm^2 以后，始准在其上来往行人和安装模板及支架。

3）不承重的侧面模板，应在混凝土强度能保证其表面及棱角不因拆模板而受损坏，方可拆除。

4）承重的模板应在混凝土达到设计要求强度以后，才能拆模。

5）已浇筑混凝土的楼梯踏步，踏步处模板不得拆除。

6）墙、柱和门框的转角部分利用多层板进行围护。

第十二篇

上海正大广场土建工程施工组织设计

编制单位： 中建三局三公司

编 制 人： 曾海霞　冯天成　钱世清

【简介】　上海正大广场土建工程为高水位软土地区框架结构建筑，施工过程中，加强组织管理，并大量应用、开发新技术，主要有：采用单排钻孔灌注桩加钢筋混凝土内支撑的支护体系，并设置深层搅拌桩止水帷幕；部分框架梁为劲性梁；顶层局部为钢结构，竖向承力构件为钢柱，水平构件为大跨度钢梁及钢桁架；在高空进行吊装；施工虚拟仿真技术等，该施工组织设计中对上述技术和管理工作都作了明确阐述。

目　录

1　编制说明

1.1　一般说明

正大广场工程施工组织设计按专业分别编制，包括：总承包及土建主体结构工程施工组织设计、钢结构工程施工组织设计、机电安装工程施工组织设计、装饰工程施工组织设计、电梯安装工程施工组织设计、园林景观施工组织设计等。按各专业插入施工的时间先后，在进行图纸会审、图纸深化设计之后，各专业分阶段提交详细的专项施工方案。

本分册为总承包及土建主体结构施工组织设计，作为总承包及主承建方，中建三局三公司的总承包管理包括在本分册内。

1.2　编制依据

本施工组织设计的编制依据为：

(1) 正大广场未完工程总承包合同；

(2) SAE 已完工程资料；

(3) 正大广场建筑、结构原有施工图；

(4) 现行国家施工及验收规范；

(5) 上海市政府有关法规及标准。

2　工程概况

2.1　地理位置

正大广场位于上海市浦东陆家嘴富都世界 1-A 地块、东方明珠电视塔下，北临陆家嘴路，南抵浦东香格里拉大酒店，西临浦东滨江大道，与外滩隔江相望。

2.2　建筑特征

(1) 建筑设计概况

正大广场地下室东西长 270m、南北宽 121m，占地面积约 31000m^2；地面建筑物长约 260m，宽约 100m。该工程地下 3 层，埋深 15m，地上 9 层，局部 10 层，建筑总高度约 55m，总建筑面积达 23 万 m^2，是集商业、餐饮、娱乐、停车为一体的现代化综合建筑。各层建筑面积、层高及使用功能见表 2-1。

建　筑　概　况　　　　表 2-1

层次	面积（m^2）	层高（m）	建筑功能及特点
B3	24000	3.5	停车房、污水处理站、冷库、地下人防、15 台电梯
B2	24000	4.95	停车场、超市、零售店、车道、快餐厅、15 台电梯
B1	24000	4.75	自行车库、超市、车道、15 台电梯

续表

层次	面积（m^2）	层高（m）	建筑功能及特点
F1	24200	5.00	零售店、百货店、15台电梯、26台自动扶梯
F2	22700	5.00	零售店、百货店、15台电梯、26台自动扶梯　连结西部停车场
F3	22000	5.00	零售店、百货店、15台电梯、26台自动扶梯　通往东西天桥
F4	21400	5.00	零售店、百货店、15台电梯、26台自动扶梯
F5	19600	5.00	商店、美食广场
F6	18700	5.00	商店、餐厅
F7	18100	5.00	商店、餐厅
F8	15000	5.00	餐馆、游艺场、电影院、14台电梯、10台自动扶梯
F9	15000	5.00	电影院、俱乐部、10台电梯、4台自动扶梯
屋顶		6.717	电梯机房、发电机房、卫星天线、冷却塔、锅炉房

（2）工程屋面做法

1）现浇钢筋混凝土屋面：挤塑聚苯乙烯泡沫板填坡→钢丝网水泥砂浆找平→卷材防水层→环氧树脂胶泥贴地砖；

2）单层钢结构屋面，工字钢主次梁→75mm高金属压型钢板，内填混凝土→水泥砂浆找平填坡→卷材防水层→环氧树脂胶泥贴地砖；

3）现浇钢筋混凝土结构双层防水屋面：现浇钢筋混凝土→挤塑聚苯乙烯泡沫板填坡→刚性混凝土防水层→环氧树脂胶泥贴地砖。

（3）围护结构做法

外墙大部分为大三孔砖墙，加混凝土构造柱和圈梁，局部为钢结构轻质墙，内衬保温材料；内墙为多孔砖墙和轻钢龙骨双面贴纸面石膏板墙。

（4）建筑装饰做法

1）外墙为干挂花岗石、局部玻璃幕墙、金属幕墙及瓷砖墙面；

2）室内装饰主要有花岗石、地砖、水磨石地面，局部塑料地板、地毯等；

3）轻钢龙骨石膏板吊顶、金属板吊顶及涂料顶棚，内天井部分有大面积玻璃采光顶棚；

4）防火钢门及铝合金门窗等。

2.3 结构特征

本工程为预制钢筋混凝土方桩筏形基础，七级抗震设防，主体为现浇钢筋混凝土框架结构，框架柱网为9m×11m，柱截面80%为1.2m×1.2m，梁高900～1200mm，部分楼层还有劲性混凝土梁。

从地下室底板至±0.000m层楼板，在⑨～⑩、㉑～㉒轴间梁、板、外墙上均留设1200mm宽后浇带，设计要求在地下室顶板完成不少于28d后采用提高一级混凝土强度并掺UEA微膨胀剂混凝土封闭。±0.000m以上楼层，在⑨～⑩、㉑～㉒轴间留置变形缝。

混凝土强度等级及使用部位见表 2-2。

混凝土强度等级及使用部位　　表 2-2

部位		混凝土强度等级	抗渗等级	备注
B3～B1	柱	C60	B3 层 P12/B2、B1 层 P8	B3～B1 地下室已完成结构工程 掺 UEA
	内墙	C40		
	外墙	C40		
	梁、板	C40		
F1～F4	柱	C50		
	内墙	C40		
	梁、板	C40		
F5～F9	柱	C40		
	内墙	C40		
	梁、板	C40		

在本建筑中，钢结构构件共 3000 余件、总重约 5000t，压型钢板约 20000 多 m^2，栓钉约 60000 多颗。其中，E 楼梯 1～10 层，240 个梯段，每梯段重 2t 以内；1～9 层大楼梯 12 部，梯梁单件长度约 24m，单件最重 10t，一部楼梯构件重约为 70t；型钢—混凝土劲性梁共 365t，单件重约 12t；5、6、7、8 层 10 座钢天桥，跨度 16～33.5m 不等，单件最大重量 46t；8、9 层屋面最大主梁重 11.5t，长度为 23.525m，8、9 层钢结构总重 2100t；东、西两个圆形天窗及中部弧形天窗，共计 18 榀屋架，最大构件长 36m，重 42t；外径 67m 的弧形观光走廊，宽 4.59m，钢结构总量 220t。钢结构构件类型多，几何尺寸大，单件重量大，吊装跨度大等特点给施工带来较大难度。

2.4　机电安装工程概况

机电安装工程概况见表 2-3。

机电安装工程概况　　表 2-3

序号	系统名称	工程项目及主要设备分布
1	强电系统	1. 防雷接地系统 2. 供配电及动力系统：供配电室设地下一层、地下夹层，3 台进口发电机设于层面，每层电气室 7 个，层面有擦窗机轨道 3. 照明系统
2	弱电系统	1. 消防火灾报警系统：消防中心设在一层 2. 楼宇管理系统 3. 通信系统：电话机房设在一层 4. 安全系统：安保控制室设在一层 5. 车辆自动管理系统

续表

序号	系统名称	工程项目及主要设备分布
3	管道系统	1. 生活给水系统：蓄水池、泵房设在地下二层 2. 排水系统：地下三层设污水处理设备1套，污水提升泵16台，潜水泵17台 3. 消火栓系统：地下二层设消火栓给水泵2台，屋顶设18m³消防水箱1个，消防增压泵1台 4. 自动喷淋灭火系统：地下二层设喷淋泵2台，屋顶喷淋增压泵1台 5. 消防系统：地下二层设水幕系统泵2台，水幕增压泵1台 6. 泡沫灭火系统 7. 冷却塔供水系统：13台冷却塔设于大屋面 8. 雨水系统 9. 煤气管道系统 10. 柴油供应管道系统：设地下燃油贮罐1个，燃油锅炉3台，油泵4台，日用油罐6个
4	通风空调	1. 中央空调通风系统：包括公用部分全风道集中空调，零售区风机盘管加新风半集中式空调。采用美国开利离心式冷冻机组7台，设于地下二层。地上每层设空调处理机房，共有61台空气处理机组 2. 四管异程式空调制冷、供暖管道回水系统 3. 大楼防排烟系统 4. 机房、车库（含人防）及厨房送排风系统 5. 卫生间轴流风机系统 6. 燃油锅炉系统：锅炉设在九层屋顶

3 施工部署

3.1 施工总体部署

（1）结构先导，交叉作业

根据本工程单层面积大、工期紧、质量要求高的特点，工程施工采取以结构施工为先导，整个工程实施平面分区分段、立面分部分层交叉作业的施工程序及施工方法。主体结构、砌体工程、室内外装修及安装穿插，从下而上依次同步跟进，形成主要分部、分项工程在时间上、空间上合理搭接，缩短工期，实现对业主的工期承诺。

（2）分次核验，及时插入

鉴于本工程尺寸大、施工内容繁多、合同工期紧等条件，为了争取装饰工程及时插入的工艺时间，主导工序钢筋混凝土结构工程拟分六次进行核验，即：地下室一次；地上一～八层每两层验收一次，地上九层验收一次；屋顶钢结构一次；屋面一次。安装工程验收部分也按照每两层组织一次验收。

3.2　施工段的划分及施工顺序

为了便于施工组织和管理，按照建筑物的自然设缝位置及⑰轴附近施工缝将建筑物平面分割①、②、③、④块组织结构施工，见地上结构施工段划分（图3-1）。整个平面分为A、B段即①、③块为A段，②、④块为B段。施工流水顺序为A→B即：

A段→B段。

甲队伍①→②；

乙队伍③→④。

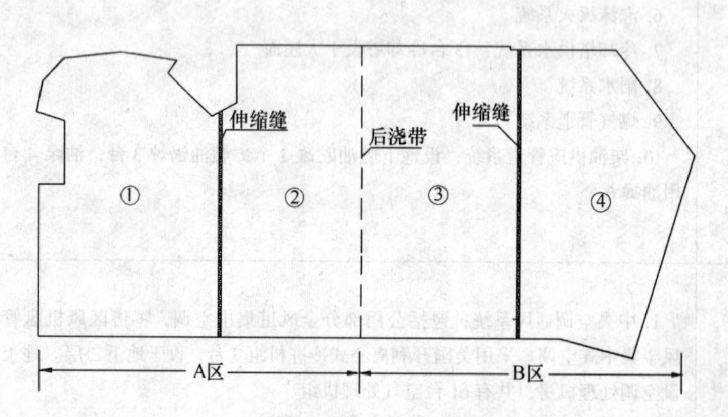

说明：
1. 每层根据结构伸缩缝及施工后浇带分成1、2、3、4共四个施工段。
2. 1、2施工段为一个区，3、4施工段为另一个区，每区组织一个独立的劳务队在两段间组织流水施工。

图3-1　流水段划分平面示意图

3.3　工艺流程

正大广场工程总体施工流程如图3-2所示。

现浇钢筋混凝土结构工程各流水段施工工艺流程如图3-3所示。

钢结构结构工程现场吊装顺序与钢筋混凝土主体结构施工顺序基本相同，吊装主要工艺流程如图3-4所示。

机电设备安装工程主要工艺流程如图3-5所示。

装饰工程主要工艺流程如图3-6所示。

3.4　施工垂直运输设备的选择

3.4.1　塔吊

（1）塔吊选型及布置的原则

1）须覆盖所有作业面，并满足作业面范围内钢筋混凝土结构，特别是屋面大吨位钢结构构件的吊装要求，为确保工程合同工期创造必要的条件；

2）须便于安装，便于拆除；

3）须避开主体结构主梁、柱、墙的位置，尽量少穿楼板，少断框架梁；

4）须征得主体结构设计单位的同意，对与主体结构有关的部位作适当加强或预留后浇处理。

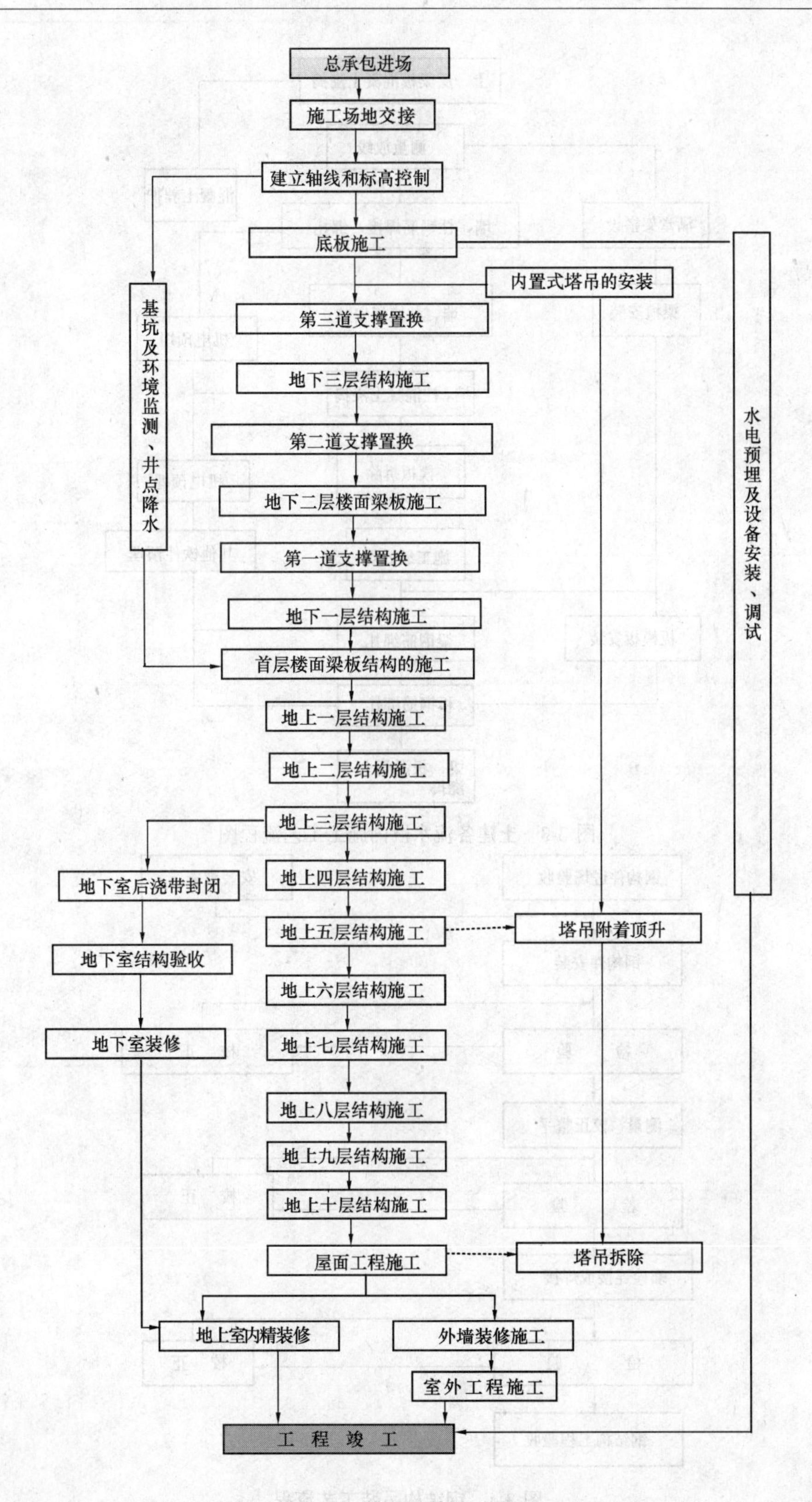

图 3-2　工程总体施工流程

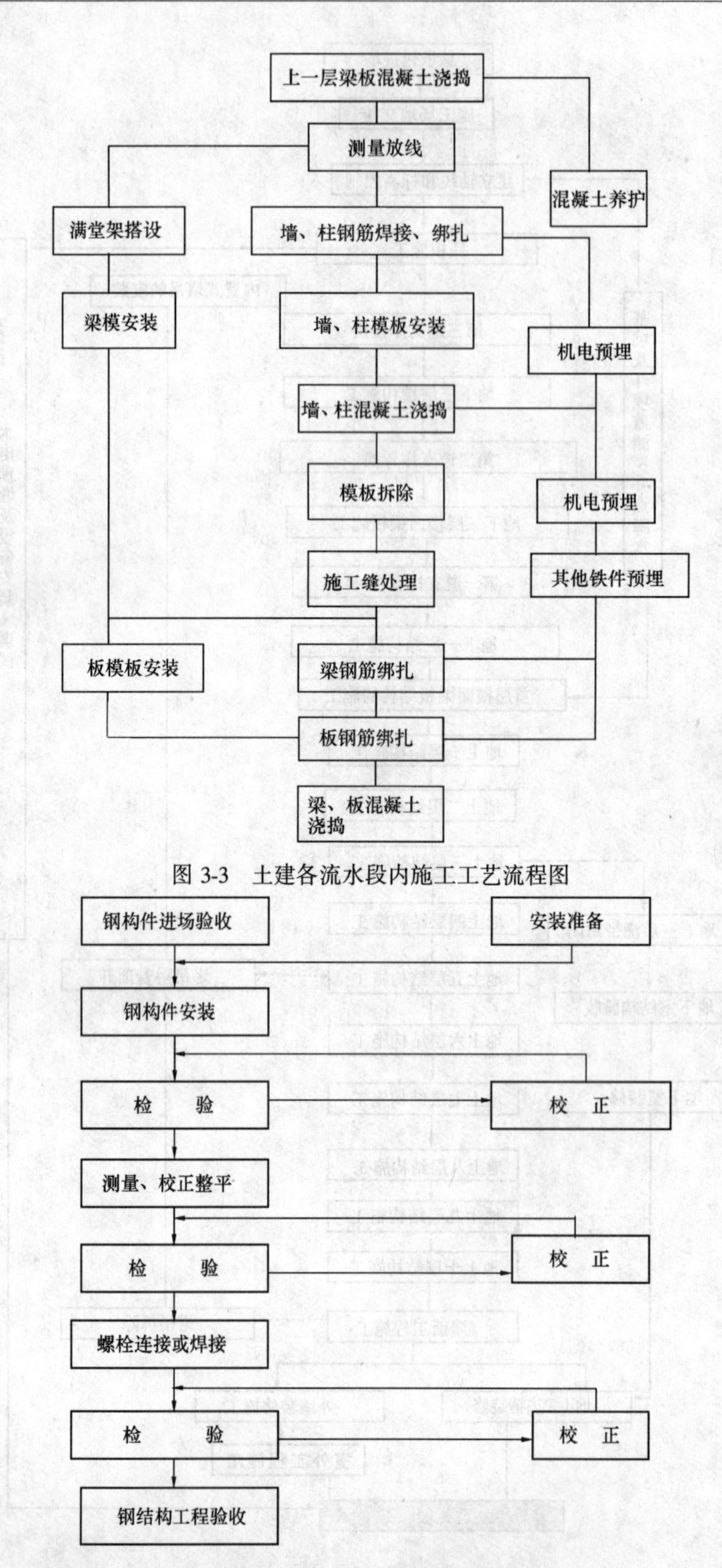

图 3-3　土建各流水段内施工工艺流程图

图 3-4　钢结构吊装工艺流程

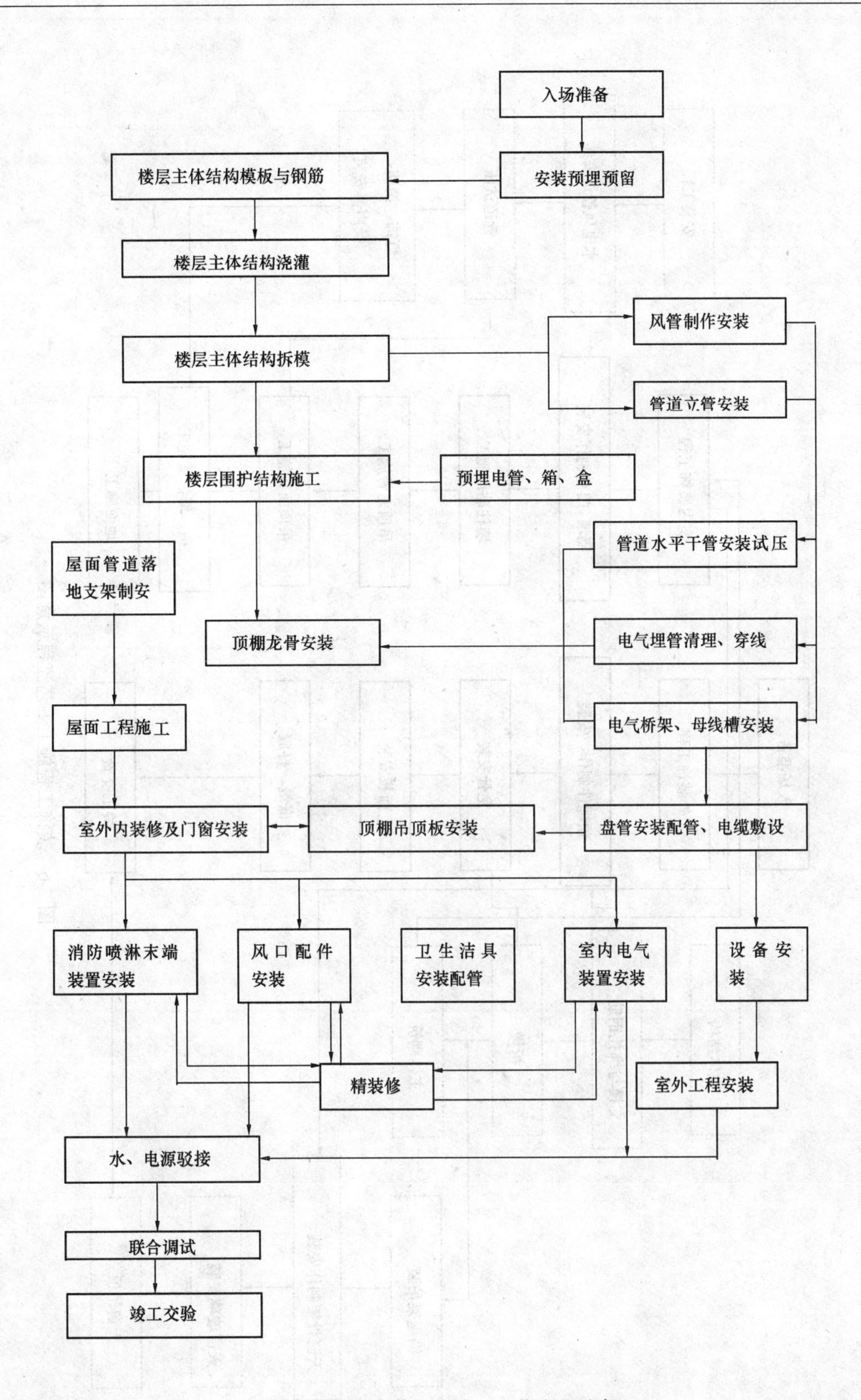

图 3-5 机电安装工程施工工艺流程示意

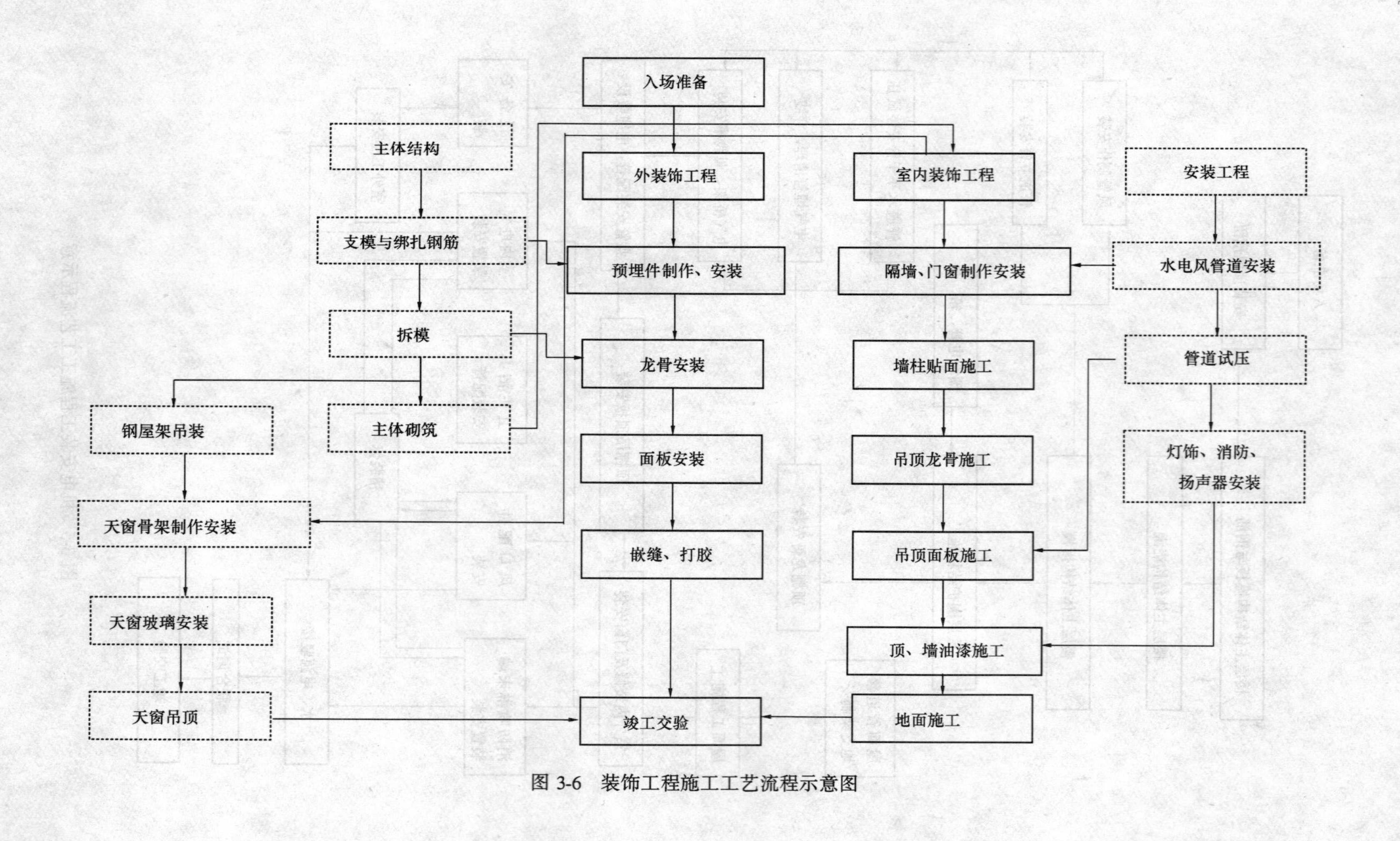

图 3-6 装饰工程施工工艺流程示意图

(2) 塔吊选型与数量

根据以上原则，本工程采用6台自升式塔吊，塔吊的型号及主要机械性能见表3-1。

施工塔吊性能表　　表3-1

塔吊编号	塔吊型号	回转半径（m）	最大起重量（t）	最小起重量（t）
1	H3/36B	60	12	3.6
2	H3/36B	60	12	3.6
3	F20/23C	50	10	2.3
4	H20/13C	50	8	2.3
5	C7022	65	16	2.7
6	H3/36B	60	12	3.6

(3) 结构施工塔吊布置

略。

3.4.2 施工电梯

双笼电梯在主体结构施工至地上三层以后，按总平面图所示位置安装三台SCD200/200施工电梯，主要运送对象是施工人员、预埋件等；在装修施工阶段，主要运送对象是施工人员、装修材料、机电安装一般材料、配件及施工工具等。工程后期利用室内电梯1~2部，以便工程的收尾、调试等。

3.5 施工计划

(1) 施工进度计划

1) 总进度计划。

2) 主要专业工程施工工期控制计划如下：

①土建上部主体工程施工工期为250个日历天；

②机电设备安装工程施工工期为480个日历天；

③屋面钢结构工程施工工期为85个日历天；

④饰面精装修工程施工工期为357个日历天。

(2) 劳动力计划

见表3-2~表3-5。

(3) 施工机具计划

见表3-6~表3-10。

(4) 主要周转材料使用计划

见表3-11。

土建主要劳动力投入计划表　　表3-2

序号	工种	工人数量	进退场时间
1	木工	400	从1999年8月开始分批进场，2000年3月开始分批退场到2000年10月

续表

序 号	工 种	工人数量	进退场时间
2	钢筋工	300	从1999年8月开始分批进场，1999年3月开始分批退场到2000年10月
3	架 工	30	
4	混凝土工	60	从1999年9月开始分批进场，2000年3月开始分批退场到2000年10月
5	防水工	40	从1999年8月开始进场，11月退场
6	普 工	100	从1999年8月开始分批进场，2000年3月开始分批退场到2000年10月
7	机操工	60	从1999年8月开始分批进场，2000年9月开始分批退场
8	电焊工	50	从1999年8月开始分批进场，2000年4月开始分批退场到2000年10月
9	砖瓦工 抹灰工	50	从1999年12月开始分批进场，2000年8月开始分批退场
10	机修工	10	从1999年8月开始分批进场，2000年9月开始分批退场
合	计	1100	

注：以上进出场时间表根据施工总进度计划而定；当现场实际施工进度与总进度不符时，进出场时间要调整。

钢结构主要劳动力投入计划表　　表3-3

序 号	工 种	单 位	数 量	备 注
1	钳 工	人	36	
2	起重工	人	35	
3	焊 工	人	29	
4	测量工	人	4	
5	电 工	人	3	
6	修理工	人	2	
7	吊车司机	人	4	
8	普 工	人	25	
9	汽车司机	人	2	
	合 计	人	140	

说明：前期工程量（工作量）较小，劳动力控制在40人左右。

安装主要劳动力需用计划表　　表3-4

序 号	工 种	单 位	数 量		备 注
			平 时	高 峰	
1	管工	人	105	195	
2	电焊工	人	40	60	

续表

序号	工种	单位	数量		备注
			平时	高峰	
3	电工	人	290	560	
4	钳工	人	35	70	
5	通风工	人	70	135	
6	油漆工	人	40	80	
7	保温工	人	20	60	
8	调试工	人	—	60	
9	杂工	人	50	80	
	合计	人	650	1300	

精装修主要劳动力投入计划表 表 3-5

序号	工种	人数	班组数	备注
1	木工	288	16	
2	油漆	94	8	
3	贴面	235	15	
4	电工	24	3	
5	水管工	20	3	
6	电焊工	28	3	
7	保卫	10	1	
8	成品保护	20	1	
9	配合工	85	5	加工厂、后勤
10	料工	10	2	
11	测量工	4	1	
12	幕墙工	350	7	所有外墙人员
13	合计	1168	65	

土建施工机具投入计划 表 3-6

序号	机械名称	规格型号	功率（kW）	单位	数量	备注
1	塔吊	C7022 H3/36B	117 117	台	1 3	70m 臂 60m 臂
2	塔吊	H20/14C F0/23C	88 117	台 台	1 1	50m
3	施工电梯	SCD200/200	38	台	3	装修工程时再增 1～2 台
4	输送泵	HB600	77	台	10	备用 2 台
5	插入式振动器	ϕ60 ϕ30	0.75	台	40 16	
6	平板式振动器		3.5	台	8	

续表

序号	机械名称	规格型号	功率（kW）	单位	数量	备注
7	附着式振动器		1.5	台	10	
8	弯钢机	GW50	4.5	台	6	
9	断钢机	GJ50-60	4.5	台	6	
10	对焊机	NV100 型	85	台	2	
11	直流电焊机	A×300	12.0	台	3	
12	交流电焊机	B×500	10.0	台	3	
13	木工单面平刨机	MB504B	3.0	台	3	
14	木工单面压刨机	MB106	7.5	台	3	
15	木工圆锯机	MJ1-4	4.5	台	6	
16	高压泵	扬程 60m	15	台	2	
17	空压机	0.6m^3	7.5	台	10	
18	水压清洗机		1.5	台	8	移动式
19	软轴泵	6″	1.5	台	16	8 台备用
20	潜水泵	1.5″	1.5	台	20	8 台备用
21	卷扬机	1t	7.5	台	2	
22	手推车			辆	100	
23	手推平板车			辆	30	

各周转架料具体投入表　　表 3-7

序号	材料名称	规格	单位	数量	备注
1	快拆体系	WDJ	t	315.2	1. 木枋、层板制作损耗取 10%，层板周转损耗取 20%，木枋周转损耗取 10%。 2. 快拆体系一次性配齐两层半
2	钢管	ϕ48×3.5	t	1520	
3	扣件	十字	颗	94000	
4	扣件	旋转	颗	5200	
5	扣件	接头	颗	34300	
6	层板	1830mm×915mm	块	68500	
7	木枋	50mm×100mm	m^3	2310	
8	安全网	密目	m^3	54600	
9	竹笆	1000mm×2000mm	张	10500	

钢结构施工机具投入计划表　　表 3-8

序号	名称	规格	单位	数量	备注
一	起重机具、索具				
1	塔吊	300	台	1	
2	塔吊	120t·m	台	2	
3	平板拖车	10t	辆	1	
4	履带吊	32t	台	1	

续表

序号	名称	规格	单位	数量	备注
5	倒链	2~3t	个	120	
6	单门吊环铁滑车		个	12	
7	单门开口铁滑车		个	4	
8	卸扣	1t、3t、5t、10t	个	60	
9	绳夹		个	32	
10	钢丝	8#、10#	m	500	
11	钢丝绳	ϕ11~ϕ36.5mm	m	5000	
12	麻绳	ϕ20	卷	10	
13	吊具	3t、5t、10t	个	30	
二	测量仪器				
1	经纬仪	J2	台	4	中国苏州产
2	水准仪	S1	台	2	
3	塔尺		把	3	
4	水平尺	1000mm	把	4	
5	卷尺	5m×10，50m×2	把	12	
6	角尺		把	2	
三	通信器材				
1	无线电对讲机		只	15	
2	高倍望远镜		付	1	
四	焊接				
1	交流电焊机	BX1-250	台	3	
2	直流电焊机	AX1-300	台	12	
3	半自动 CO_2 气体保护焊机	NVC1-300	台	4	
4	空气压缩机	V-Q6/7-0	台	4	
5	直流电焊机	AX1-500	台	4	
6	焊条保温筒		个	18	
7	栓钉熔焊机	日本产 KSM	台	2	
8	电缆	ϕ10~120mm	m	2500	
9	手提砂轮机		台	10	
10	焊钳	500A	台	50	
11	氧气瓶		只	80	
12	乙炔瓶		只	50	
13	氧气、乙炔管		m	1000	
14	焊条		t	10	
五	吊装辅助工具				
1	枕木		根	800	

续表

序号	名　称	规　格	单　位	数　量	备　注
2	脚手板	3600×200×60	块	500	
3	钢爬梯	自制	架	50	
4	吊篮	自制	只	10	
5	铁箱工具	自制	个	12	
6	活动扳手		把	12	
7	梅花扳手	17×19	把	12	
		30×32	把	12	
		36×41	把	12	
8	铁锤	2.5磅×88磅×2	把	10	
9	冲子		个	60	
10	钢马凳	自制	只	20	
11	橇棍	自制	把	20	
12	管式支撑	正反螺旋式	只	6	
13	水平支撑		只	6	
14	工具房	自制	间	8	
六	安全				
1	安全帽		顶	140	
2	安全带		副	120	
3	安全网		副	100	
七	专用吊装设备				
1	回转格构式桅杆起重机	截面1000×1000	台	1	
2	回转格构式桅杆起重机	截面800×800	台	1	
3	回转格构式桅杆起重机	截面500×500	台	1	

安装施工机具投入计划表　　**表3-9**

序　号	机具名称	规　格	单　位	数　量
1	剪板机	Q11-4×2000	台	2
2	按扣式咬口机	YZA-10、YWA-10	台	4
3	联合式咬口机	YZL-12、YWL-12	台	4
4	折方机	2000×1.5	台	2
5	电台机		台	5
6	电锤	回ZBC-26	把	30
7	摇臂钻		台	1
8	电动套丝机	TQ100	台	8
9	电焊机	BX3-300	台	10
10	交流轻便电焊机	BX3-200	台	10
11	直流电焊机	AB-165	台	2

续表

序号	机具名称	规格	单位	数量
12	氩弧焊机		台	1
13	磨光机	回 STMJ-125	把	6
14	空压机	0.3m³	台	1
15	无线电对讲机		台	16
16	卷扬机	1、3t	台	各 1
17	手动试压泵		台	5
18	电动试压泵		台	3
19	真空泵		台	1
20	电工成套工具		套	20
21	冲击电钻		把	16
22	手枪电钻	$\phi6 \sim \phi12$	把	18
23	液压弯管机	YW3	把	3
24	汽车	5t	辆	2
25	汽车吊	8t	辆	1
26	拉链葫芦	1、3t	个	各 10
27	叉车	5t	辆	1
28	角向磨光机	回 STMJ-125	把	6
29	兆欧表		块	4
30	接地电阻测试仪		块	1
31	钳型电流表		块	2
32	热电风速仪	QDF	个	2
33	分贝仪		个	1
34	卤素检测仪		个	1
35	万用表		块	10
36	转速表	LZ-45	块	2
37	毕托管		套	2
38	微压计		台	2

精装修施工机具投入计划表　　表 3-10

序号	机具名称	型号	单位	数量	备注
1	冲击钻	JZL-22	台	20	
2	两用冲击电钻	JIZC-20	台	20	
3	台钻	165	台	3	
4	金属切割机	14″	台	10	
5	手提云石切割机	日立 110mm	台	35	
6	型材切割机	$\phi400$	台	8	
7	手电钻	龙牌	台	35	

续表

序号	机具名称	型号	单位	数量	备注
8	铆钉枪	FLM-1	把	12	
9	自攻螺钉枪	牧田 6800DW	把	20	
10	罗机	日立	把	8	
11	曲线机	JIQ2-3	把	10	
12	手动打胶枪		把	20	
13	气动打胶枪		台	2	
14	角连接冲铆机	VCG700	台	2	
15	双头锯	VSJ-420	台	2	
16	手电刨		台	20	
17	电焊机	BI-450	台	20	
18	电圆刨	日立	台	10	
19	空压机	猎豹	台	10	
20	直钉枪		把	20	
21	磨光机	JMJ-100	台	20	
22	腻子搅拌机		台	6	
23	玻璃磨边机		台	1	
24	石材切割机		台	2	
25	水磨抛光机		台	2	
26	压刨机	台式	台	4	
27	玻璃吸盘机		台	1	

正大商业广场上部（地上部分）

土建结构主要周转材料投入计划 **表 3-11**

序号	材料名称	规格	单位	数量	备注
1	快拆体系	WDJ	t	3152	1. 木枋、层板制作损耗取 10%，层板周转损耗取 20%，木枋周转损耗取 10%。 2. 快拆体系一次性配齐两层半
2	钢管	$\phi 48\times3.5$	t	1520	
3	扣件	十字	颗	94000	
4	扣件	旋转	颗	5200	
5	扣件	接头	颗	34300	
6	层板	1830×915（mm）	块	68500	
7	木枋	50×100（mm）	m^3	2310	
8	安全网	密目	m^3	54600	
9	竹笆	1000×2000（mm）	张	10500	

(5) 正大商业广场混凝土取样计划

根据正大商业广场工程混凝土量多、浇捣时间不统一、结构复杂等特点，同时为保证试验工作的顺利进行，特制定以下混凝土取样计划。

1) 混凝土强度检验试样：(依据 GB 50204—92 及 DBJ 08—227—97 规范)

①每拌制 100 盘且不超过 100m^3 的同配合比的混凝土，其取样不得少于一次；

②每工作班拌制的同配合比的混凝土不足 100 盘时，其取样不得少于一次；

③当在一个分项工程中连续供应相同配合比的混凝土量大于 1000m^3 时，其强度检验试样，每 200m^3 混凝土取样不得少于一次。

每次取样应至少留置一组（三块/组）标准试件，同条件养护试件的留置组数，可根据实际需要确定。

2) 单独浇筑独立柱混凝土时，按第 1) 条的第①或第②点执行。

浇筑梁、板混凝土且混凝土量小于 1000m^3 时，按第 1) 条的第①、②点执行，超过 1000m^3 时按第 1) 条的第③点执行。

3) 试块计划留置组数见表 3-12。

试块留置组数　　表 3-12

轴线	混凝土试块计划取样（组）		混凝土计划方量（m^3）			
			C60		C50	C40
	梁板（组/层）	柱（组/层）	梁板	柱	柱	梁板
1～9	16	每工作组 1 组不足 100m^3 不少于 1 组	3040	553	553	3040
9～21	22	同上	4300	1260	1260	4300
21～30	10	同上	2000	560	560	2000

(6) 土建工程复核与验收计划，见表 3-13～表 3-15。

工程技术复核计划表　　表 3-13

序号	验收项目	复核人	备注
1	后浇带、施工缝	工长、综合技术员	
2	降水管井封闭前钢筋、施工缝	工长、技术负责人	
3	标高、轴线控制	工长、质监员、测量工程师	
4	脚手架	工长、综合技术员、安全员	
5	预留洞、预埋件	工长、综合技术员、各专业技术员	
6	楼层构件定位放线	工长、技术负责人	
7	设备基本定位	工长、安装技术员	
8	围护结构定位放线	工长、技术负责人	
9	楼地面标高及平整度	工长、技术负责人、测量员	
10	防水保温节点处理	工长、技术负责人	
11	轻质隔墙、防火墙等节点处理	工长、综合技术员	

隐蔽工程验收计划 表 3-14

序 号	验 收 项 目	参 加 验 收 人	备 注
1	地下室人防钢门安装	木工工长、质监员	
2	施工缝	木工工长、质监员	
3	墙钢筋制作、绑扎	钢筋工长、质监员	
4	柱钢筋焊接、绑扎	钢筋工长、质监员	
5	梁钢筋焊接、绑扎	钢筋工长、质监员	
6	板钢筋绑扎	钢筋工长、质监员	
7	避雷针钢筋焊接	钢筋工长、质监员	
8	钢结构安装预埋	木工工长、质监员	
9	砌体结构拉墙筋	砖工工长、质监员	
10	防火墙、钢结构轻质墙等焊接	木工工长、质监员	
11	屋面防水、钢结构轻质墙等焊接	防水工长、质监员	
12	地下室抹灰前结构修补	抹灰工长、质监员、综合技术员	
13	钢结构焊接缝	吊装工长、质监员	
14	钢结构防火涂料	工长、质监员	

土建工程验收计划 表 3-15

序 号	验 收 项 目	验 收 人	核 验
1	地下室结构	监理公司	市质监总站
2	人防地下室	监理公司	人防质监站
3	地上各层结构	监理公司	市质监总站
4	屋面钢结构	监理公司	市质监总站
5	结构总体验收	监理公司	市质监总站
6	±0.000m层定位线	监理公司	区规划局

(7) 施工进度控制

1) 施工进度控制计划(略)。

2) 进度控制措施:

①运用网络计划,进行进度控制:

制定二级网络计划。对总控制一级网络计划进行深化,明确各阶段性目标,以更好地指导施工；

根据工程进度情况及时调整关键线路，以确保工程进度。

②抢工措施：

施工过程中，严格按计划要求组织各分部分项工程施工，并根据现场实际情况及时调整劳动力，采取必要的抢工和突击施工，编制与之相应的作业计划，以保证各分段目标予以实现。

③推广“四新”加快施工进度：

推广新技术、新材料、新工艺、新设备，以加快施工进度，例如早拆模板体系、竖向电渣压力焊等。

④加强对资金、物资和机具的管理和控制：

作好资金准备，保证物资供应和劳动力的稳定，资金计划另列并报甲方。提前搞好各类材料、设备的样品确认和采购，保证施工的连续性，进场施工机具及时作好安装和调试，加强日常检修和保养，保证施工期间的正常运转。

⑤提前做好技术准备工作：

各级施工人员提前研究图纸，吃透设计意图，与设计协调解决技术问题，提前做好主要分部工程的施工方案，保证现场施工的连续进行。

⑥加强劳务层的管理：

所选择的劳务队伍要有一定的企业资质和技术素质，既能保证工程质量，又能保证施工进度，与各分包签定施工进度目标协议书，奖罚合理、及时兑现。

⑦抓好质量和安全管理：

在抢进度的同时，狠抓质量、安全、文明施工，保证各分项工程一次交验合格，将一切可能影响进度的因素降低至最小程度。

⑧做好思想工作，抓好后勤服务：

做好思想教育工作，抓好社会治安综合管理，协调好周边关系，减少外围麻烦并从工作、休息、娱乐方面考虑职工生活，解决后顾之忧，才能确保工程按时、高质地完成。

3.6 施工总平面布置

在地上施工时，在场外租借二块场地安置职工食堂、宿舍。钢筋场外加工。

在地上施工阶段，建筑物北侧向内收进 5～10m，地下室施工阶段已与设计协商对±0.000m梁板道路部分结构适当作了加强，以便载重汽车（40t）能直接进到现场内，减少材料的二次转运，充分发挥塔吊的吊装能力（这对屋面钢结构的施工显得特别重要）。5号场地作为总包及业主办公室，并设置食堂、试验室。西侧 2 幢活动棚，作为监理、土建现场办公室。库房设在地下一层。施工现场总平面布置如图 3-7 所示。

施工现场水、电采用环向布置方法，均匀设支路，详细设计见现场临时水电设计，现场排水口有三个，分别位于现场的东、西、北面。

为确保工期的要求及屋面钢结构中小型构件的吊装要求，设置六台自升式塔吊，其安装平面位置见“正大广场施工平面布置图”，施工总平面布置将根据施工进度再作调整。

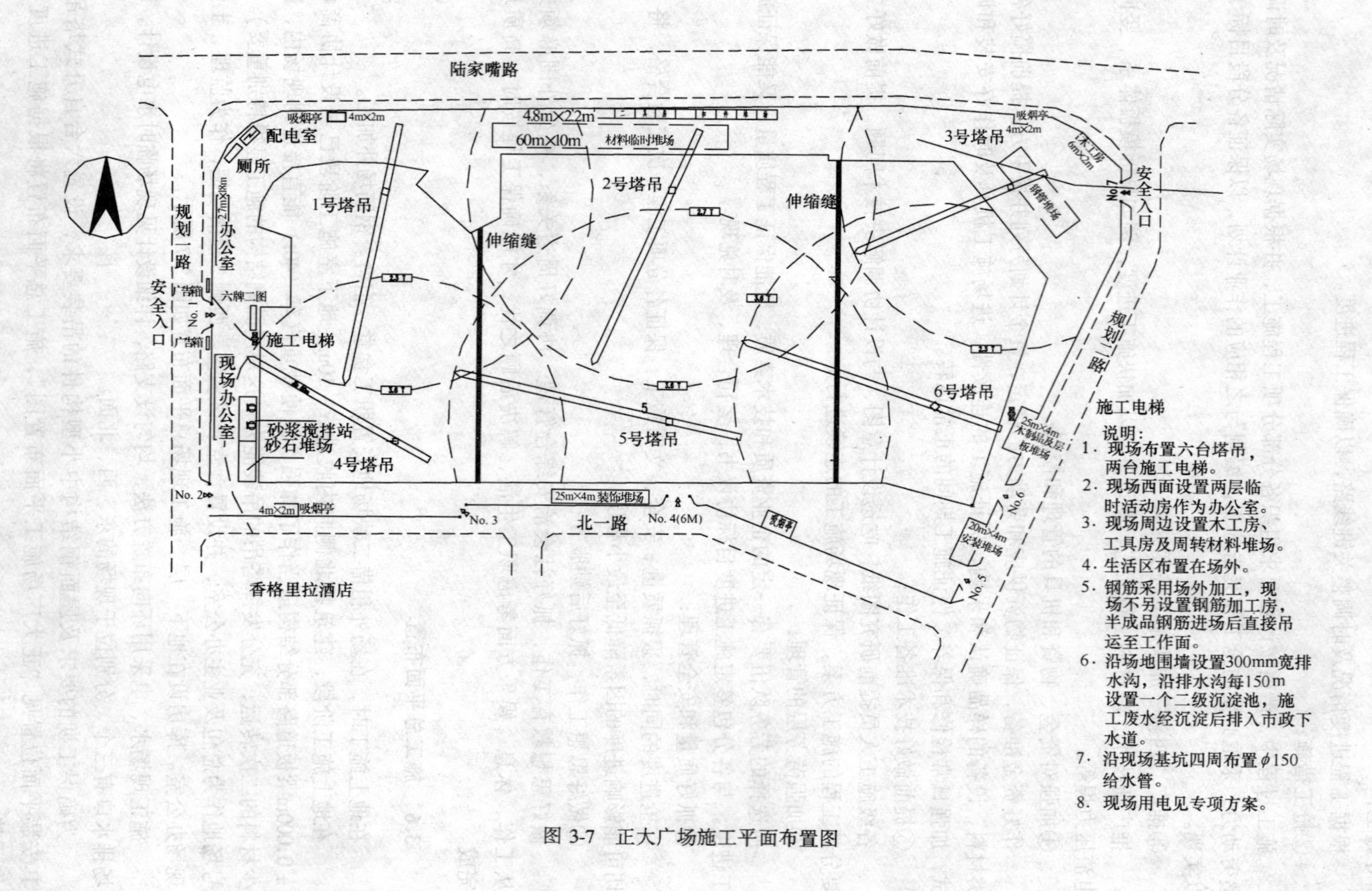

图 3-7 正大广场施工平面布置图

4 主要施工方法

4.1 工程测量

4.1.1 轴线、标高的管理

(1) 主承建单位施工时，做好轴线的标识（每层每块不少于2根轴线），轴线的控制点用红油漆作标记，并向总包书面移交，再由总包向其他分包书面移交。

(2) 主承建单位施工完楼层时，及时对标高进行平差，平差后的标高标识在结构柱上（每层每块不少于一个标高控制点），控制点用红油漆作标记，并向总包书面移交，再由总包向其他分包书面移交。

4.1.2 主体结构阶段轴线控制

(1) 平面轴线控制

根据正大广场底板（-13.25m层）经上海市工程建设咨询监理公司复核的轴线控制点引测到±0.000m层楼板，埋设控制铁件，用内控法，以检定合格的SET2OII型全站仪[精度为±（3±2ppm×D）mm]测设一级精度十字形主控线（精度为测角中误差±5″，量距相对边长中误差1/30000)，作为正大广场轴线控制和基准。考虑该工程分段分块施工，由合格的十字形主控线测设8条一级精度的控制轴线，见“轴线控制平面图”（测量精度角中误差±8″，量距相对边长中误差为1/20000)。然后依据这些控制线，辅以检定合格的苏光J2经纬仪及50m钢卷尺逐次放出所需轴线，按《工程测量规范》（GB 50026—93），精度为测角中误差为±10″，量距相对边长中误差为1/10000。考虑到正大广场面积较大，分段（区）施工，一次整体控制难以做到，故除十字主控线外，各个线面均埋设激光控制点，并在正大广场附近稳固的地方布设3~5个控制点，这样不管各段面施工情况如何，采用内控、外控相结合的方法，既能保证整个正大广场结构的整体性，又能保证各个段面（区）的独立性（图4-1）。

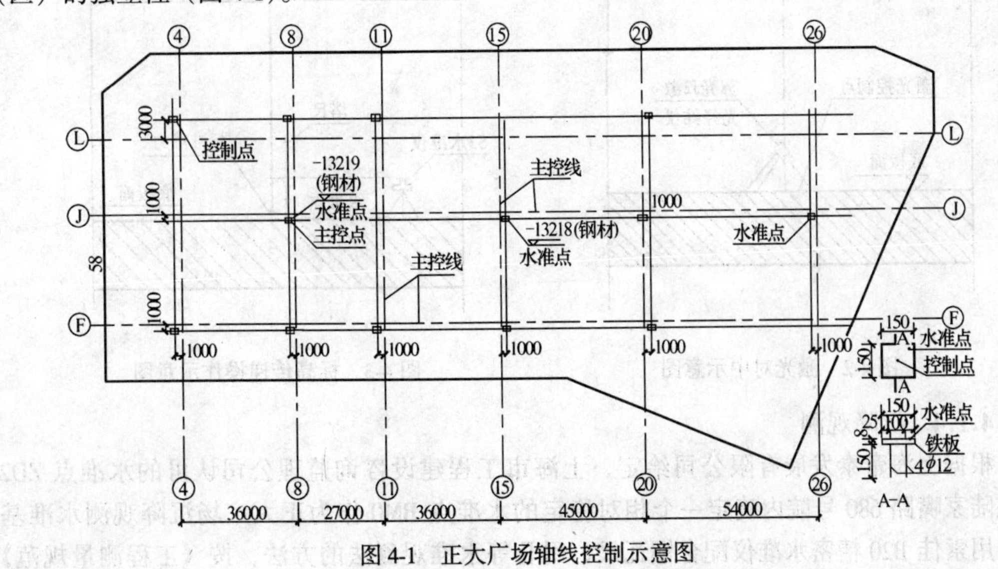

图4-1　正大广场轴线控制示意图

（2）轴线垂直投测

各层施工轴线均从首层埋设的激光对中点引测，采用检定合格的激光经纬仪 DJ2 将控制点垂直投测在所需的层面上。然后检查几何尺寸、角度误差，若在《工程测量规范》误差允许范围内，调整合格并放出控制轴线，然后逐次放出所需的轴线。为保证控制的引测精度，对控制轴线分两次进行整体监控，±0.000m～四结构层一次，五～九层结构一次，用全站仪对十字形主控线进行复测，使其控制在误差允许范围内，从而保证整个正大主体结构轴线的精度。

4.1.3 标高控制

在施工场地内不受影响的地方设两个水准控制基点，与指定使用高程点进行校核，作为本工程施工标高控制基点。楼层标高用钢卷尺水准法进行标高传递，见激光对中标高传递示意图（图 4-2），以±0.000m 层十字形主控点的铁件上测定的经总包、监理认可的标高控制点，见轴线控制平面图（图 4-3）。以检定合格的 DS3 水准仪及 50m 钢卷尺，测定上个层面控制高程值，不少于 3 个，并相互联测取中。其闭合差不大于 3mm，确定该层面控制标高，每层标高控制精度不大于 5mm，±0.000m 以下总高误差不大于 8mm，以±0.000m起总高误差不大于 20mm。每个层面的标高控制点均从±0.000m 楼板铁件上引测，避免误差累积。

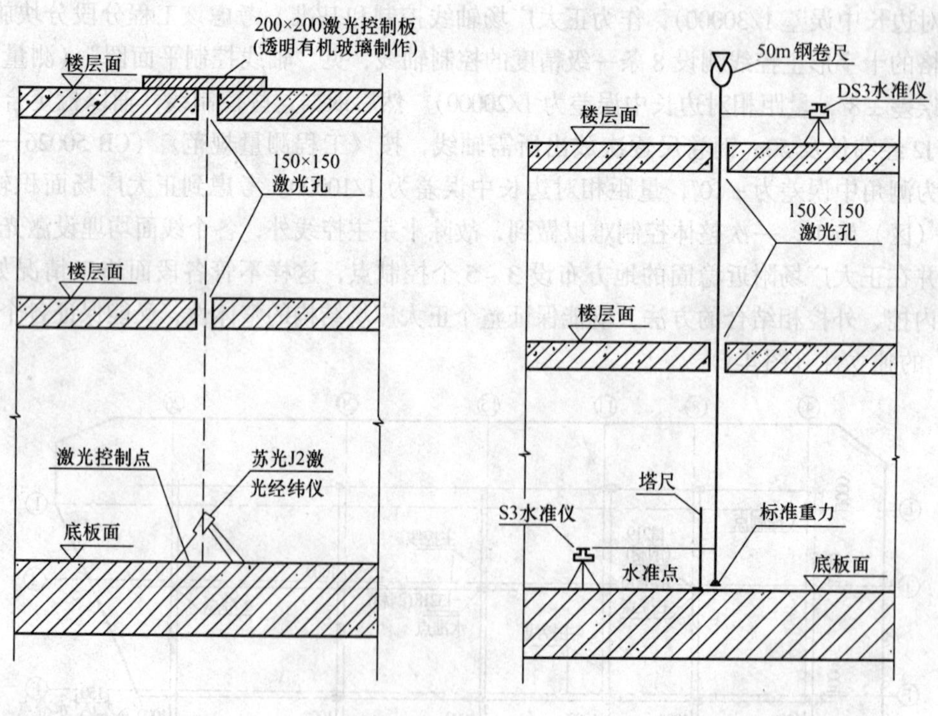

图 4-2 激光对中示意图　　图 4-3 标高传递操作示意图

4.1.4 沉降观测

根据上海帝泰发展有限公司给定，上海市工程建设咨询监理公司认可的水准点 ZD2 及在陆家嘴路 680 号院内确定一个相对稳定的水准点 BM0 作为正大广场沉降观测水准基点，用索佳 B20 精密水准仪配合铟瓦尺，用Ⅱ等水准观测法的方法，按《工程测量规范》

进行沉降观测，其往返校差，附合或环线闭合差不大于 $0.6\sqrt{n}$mm（n 为测站数），并及时检查观测精度，做好观测成果整理和审核，及时向监理及设计提交成果。整个正大广场分地上（±0.000 层以上）、地下两段，分别进行观测。

（1）地下室观测点的布设

用 ϕ32 的钢筋加工成沉降观测的标志构件，用冲击电锤在大底板上（-13.25m）钻孔埋设。由于受施工条件限制，地下室外阶段沉降观测共进行五次，即：底板完成后首次，地下三层拆模后第二次，地下室结构验收前第三次，地下室底板地坪面层施工前第四次，地坪施工前第五次观测。

（2）±0.000 层观测点的布设和观测

如有设计要求，则按设计要求布设；若无设计要求，则我公司根据现场实际情况做出布设方案，报设计单位审核。

观测点采用“喜利得”钻孔植筋，钢筋选用 ϕ25 螺纹钢。沉降观测次数，结构施工阶段每结构层完成即观测一次，安装及装修阶段每三个月观测一次。

4.1.5 主要测量仪器配备

本工程施工用于轴线与标高控制的主要测量仪器配备见表 4-1。

主要测量仪器配备表 **表 4-1**

序 号	名 称	数 量	规格、型号	精 度 等 级
1	全站仪	1 台	SET2CII	2″
2	光学经纬仪	1 台	J2	2″
3	激光经纬仪	1 台	J2-JD	2″
4	光学对点器	1 台	JF5	1mm
5	水准仪（自动安平）	1 台	DSZ3	1mm
6	水准仪	2 台	DS3	1mm
7	索佳平板精密水准仪	1 台	B20	0.01mm
8	标准钢卷尺	1 把	50m	±3mm
9	钢卷尺	5 把	50m	
10	标准钢卷尺	1 把	15m	±3mm
11	钢卷尺	6 把	15m	
12	钢卷尺	1 把	2m	

4.2 深基坑施工技术

4.2.1 工程概况

（1）概况

上海正大商业广场地下三层，建筑物长 260m，宽 110m，开挖面积达 2.6 万 m^2，开挖深度一般为 13.3m，局部因功能需求有多处加深坑，开挖深度达 15m，其中最深为 18.3m。基坑规模大，地理位置显要。基坑支护设计由上海港湾工程设计院设计，并组织了上海市专家论证批准，其基坑支护结构体系选型合理，结构刚度、变形和场内外土体的稳定性均满足上海地区基坑及深基坑设计。

（2）工程地质

根据工程地质勘察报告，正大广场的地下土层分布如下：

① 填土层：由碎石、碎砖及杂填土组成，层厚 1.5～4.8m；

② 褐黄色粉质黏土：中压缩性，层厚 0.5～2.3m，局部缺；

③ 灰色砂质粉土：中压缩性，层厚 6.8～16.6m；

④ 灰色黏土：高压缩性，层厚 0.8～5.3m；

⑤ 灰色粉质黏土：层厚 6.2～22.5m。

本工程开挖面绝大部分落在灰色砂质粉土层，个别小基础落在灰色黏土、灰色粉质黏土层。地下水属潜水类型，主要补给来源为大气给水，稳定水位在地表下 0.5～0.7m。

(3) 工程环境

本工程基坑北面为陆家嘴西路，属城市主干道。离坑边仅 5m 处有两条供电电缆，分别为 3.5kV 和 22kV，是上海景观政府部门的惟一供电电源，其余三面是在建设中的城市主干道。

4.2.2　深基坑支护设计

本工程的基坑支护结构采用单排钻孔灌注桩加钢筋混凝土内支撑的支护体系。钻孔灌注桩桩径为 ϕ1100mm，461 根，12267m^3；ϕ1150mm，46 根，1529m^3；ϕ1300mm，26 根，1208m^3 三种规格，设计桩长 27～34m。工程中共使用钻孔灌注桩 533 根，约 1.6 万 m^3。

工程中共设置三道钢筋混凝土内支撑，支撑混凝土强度为 C30。设计的支撑截面一般高度为 1000mm，宽度为 800～1500mm。整个工程由于基坑规模大，其钢筋混凝土支撑总量达 1.25 万 m^3，使用钢筋 1457t。

支护桩外侧采用双排双轴 ϕ700mm 的深层搅拌桩挡水，搅拌桩的桩间和桩内侧 6～12m 范围内的开挖面以下采用压密浆止水。搅拌桩的设计水泥掺量为 13%，水灰比 0.5；双排错开布置，搭接 200mm，前后排搭接 300mm。压密注浆使用压力 300～800kPa，要求扩散半径 500mm，水灰比 0.4～0.6，每立方米水泥用量 80kg，内掺 2% 的水玻璃。

为保证局部加深坑处的基底稳定，加深坑周边也采用深层搅拌桩加固挡土，基底则采用压密注浆止水、固结。

4.2.3　基坑支护结构施工技术措施

(1) 基坑支撑围护及土方开挖施工工艺主要流程，如图 4-4 所示。

(2) 技术措施

4.2.4　深基坑降水技术

(1) 降水要求

根据设计要求，后浇带封闭前，地下室底板仍须降水。降水延用土方开挖阶段所设置的井点，按现场前期地下降水出水情况，须严格控制西北角地区，即 1、35、25 号井的降水，水位以保持在平底板垫层面（或略低 20cm）为宜，不得超降。降水井点布置见降水井点平面布置图（略）。

后浇带（⑨～⑩轴间及㉑～㉒轴间）处降水井点管须持续抽水，每天观测一次，确保水位在垫层面 0.5m 以下（井口水位观测）。其他降水井点的降水应持续进行，每天观测一次，确保水位在垫层面以下 0.5m（井口观测）。遇雨天要增加观测频率，并连续降水，除达到以上要求外，必须另增加抽水泵，及时排除槽内积水。

(2) 降水时间

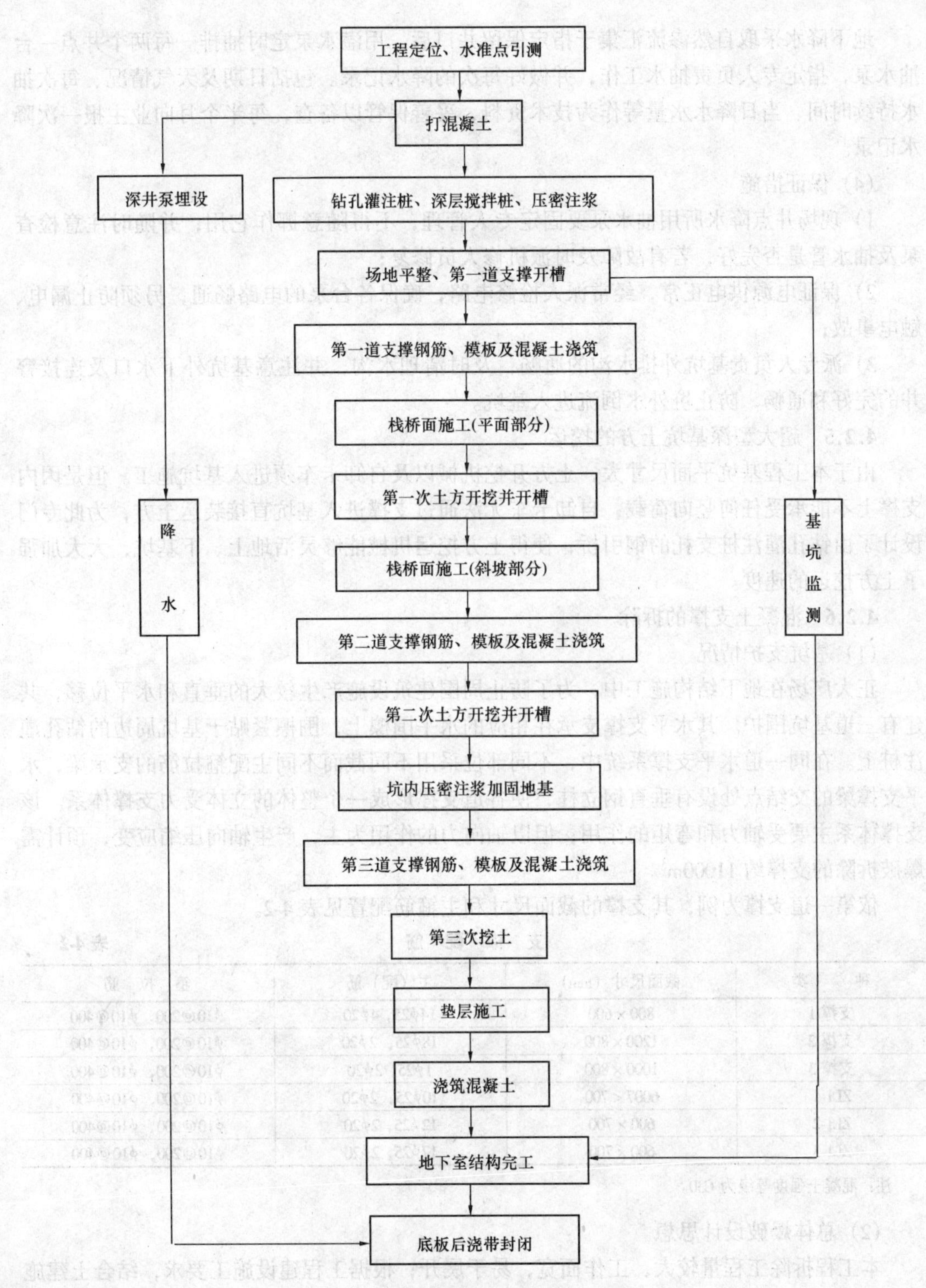

图 4-4　基坑支撑及土方开挖施工流程

降水工作从地下室底板施工开始即持续进行，直到业主、监理或华东建筑设计研究院发出书面通知，停止降水工作为止。

(3) 降水方法

地下降水采取自然渗流汇集于指定保留井口后，用潜水泵定时抽排。每两个井点一台抽水泵，指定专人负责抽水工作，并做好每次的降水记录。包括日期及天气情况、每次抽水持续时间、当日降水水量等作为技术资料，妥善保管以备查，每半个月向业主报一次降水记录。

(4) 保证措施

1) 现场井点降水所用抽水泵要固定专人管理，不得随意挪作它用，并随时注意检查泵及抽水管是否完好，若有故障及时派机修人员修复；

2) 保证电源供电正常，经常派人检修电路，确保各台泵的电路畅通，另须防止漏电、触电事故；

3) 派专人负责基坑外排水沟的通畅，及时清理水沟，并注意基坑外下水口及连接窨井的完好和通畅，防止坑外水倒流进入基坑。

4.2.5　超大型深基坑土方的挖运

由于本工程基坑平面尺寸大，土方开挖机械以及自卸卡车须进入基坑施工。但是因内支撑上不能承受任何竖向荷载，自卸卡车无法通过支撑进入基坑直接装运土方，为此专门设计了由钻孔灌注桩支托的钢引桥，使得土方挖运机械能够灵活地上、下基坑，大大加强了土方挖运的速度。

4.2.6　混凝土支撑的拆除

(1) 基坑支护情况

正大广场在地下结构施工中，为了防止周围建筑设施产生较大的垂直和水平位移，共建有三道基坑围护。其水平支撑支承在相应的水平围檩上，围檩紧贴于基坑周边的钻孔灌注桩上。在同一道水平支撑系统中，不同部位采用不同截面不同主配箍拉筋的支承梁，水平支撑梁的交结点处设有垂直钢立柱，使各道支撑形成一个整体的立体受力支撑体系。该支撑体系主要受轴力和弯矩的作用，但以轴向力的作用为主，产生轴向压缩应变，预计需爆破拆除的支撑约11000m^3。

依第一道支撑为例，其支撑的截面尺寸和主箍筋配置见表4-2。

支　撑　配　筋　　　　**表4-2**

种　类	截面尺寸(mm)	主(配)筋	箍拉筋
支撑1	800×600	14ϕ25，4ϕ20	ϕ10@200，ϕ10@400
支撑2	1200×800	18ϕ25，2ϕ20	ϕ10@200，ϕ10@400
支撑3	1000×800	1ϕ25，2ϕ20	ϕ10@200，ϕ10@400
ZL1-1	6007<700	10ϕ25，2ϕ20	ϕ10@200，ϕ10@400
ZL1-2	600×700	12ϕ25，2ϕ20	ϕ10@200，ϕ10@400
ZL1-3	600×700	17ϕ25，2ϕ20	ϕ10@200，ϕ10@400

注：混凝土强度等级为C30。

(2) 总体爆破设计思想

本工程拆除工程量较大，工作面宽，易于展开；根据工程建设施工要求，结合土建施工需要，整个工程的爆破工作应该有次序地进行。爆破施工遵循以下几个原则：

① 在确保安全的前提下，尽量采用强松动爆破技术，使混凝土与配筋基本分离，以减少后处理及人工清凿的工作量，缩短工期，提高工效；

② 采用延期起爆破技术，先爆破围檩和支撑部分的连接点，后爆破支撑，便于减小

因爆破作业带来的应力释放、冲击波、爆破振动对基坑围檩、围护桩及周围建筑设施的影响；

③ 利用毫秒延期技术，先爆破支撑间的接点，后爆破支撑中间部分，防止悬臂梁出现；

④ 利用孔内延期及孔外延期相结合的技术，对支撑进行逐段、逐排爆破，以减少一次起爆药量，并获得更好的爆破效果；

⑤ 对各道支撑、同一道支撑中不同截面、不同配筋的支撑，分别采用不同的炸药单耗，以期获得更好的爆破效果。

(3) 爆破参数设计

采用垂直梅花形布孔，最小抵抗线 W 在 200～300mm，排距 b 为 W 的 0.8～1.2 倍左右，孔距 a 为 b 的 1.5～3.5 倍左右。采用 $q=ksa/n$ 计算硝铵炸药单孔用药量，s 为截面尺寸。具体各支撑的单孔药量见表 4-3。

单孔用药量　　表 4-3

种　类 (mm)	K	L	a	W	b	n	q
支撑 1 (800×800)	520	530	500	300	200	2	83.2
支撑 2 (1200×800)	600	530	500	240	240	4	72
支撑 3 (1000×800)	520	530	500	250	250	3	69
ZL1-1 (600×700)	500	460	550	200	200	2	57.8
ZL1-2 (600×700)	500	460	550	250	100	2	57.8
ZL1-3 (600×700)	550	460	550	250	100	2	63.6

说明：K (g/m) 单耗，W 抵抗线 (mm)，L 孔深 (mm)，a 间距 (mm)，b 排距 (mm)，n 排数，$q=ksa/n$ (g) 单孔用药量，g。

(4) 施工方法和进度

炮孔的形成采用预埋管法，即在支撑的施工（浇捣混凝土）过程中，将成型管按爆破设计要求预先埋入混凝土中，待爆破作业时，修正及清孔即可装药施爆。这样，可以缩短每道支撑的爆破作业的总工期，为总包方的施工赢得时间和效益。以每道支撑爆破拆除方量 4000m^3 为例，施工进度为：

1) 预埋管：在每道支撑浇捣混凝土前 3d 通知我方做好预埋管准备工作，浇捣时，我方即派员工跟随着将成型管插入混凝土内，直至一道支撑浇捣结束；

2) 爆破：总包方提前 5d 通知我方进场。进场后用 3d 左右时间进行清孔、补孔；随后待混凝土养护期满总包方通知可以爆破后，我方即进行爆破作业，每道支撑的爆破作业约需 10～12d；

3) 爆后清凿：爆后对少量残留在钢筋笼内的混凝土（尤其在节点处），以风镐清凿，使混凝土与钢筋全部脱离，此时甲方应配合及时割钢筋。该过程预计需 3～5d。

(5) 安全措施及警戒方案

在爆破工程中，安全是第一位的，为了确保工程的顺利进展和施工作业的安全。需要甲、乙双方的互相协调和配合，力求万无一失。

1) 振动安全校核。

由国家《爆破安全规程》规定：爆破振动安全距离 $R=(K/v)\ 1/a\cdot k\cdot Qm$ 来校核振动速度 v，Q 为一次齐爆药量；根据四周环境，一般取 $K=50$，$v<5$cm/s，$R=7$m，$a=$

1.5，$m=1/3$ 计算，如一次启爆药量控制在 $q<3.4\text{kg}$，则对 7m 以外的建筑物及地下管线和设施是安全的；具体振动速度随距离变化计算；

2）为了确保飞石有效地控制在基坑附近，总包方须搭设好安全防护设施，具体见所附防护（图 4-5），在个别重要部位要进一步加固防护，以保证飞石不对周围环境造成任何

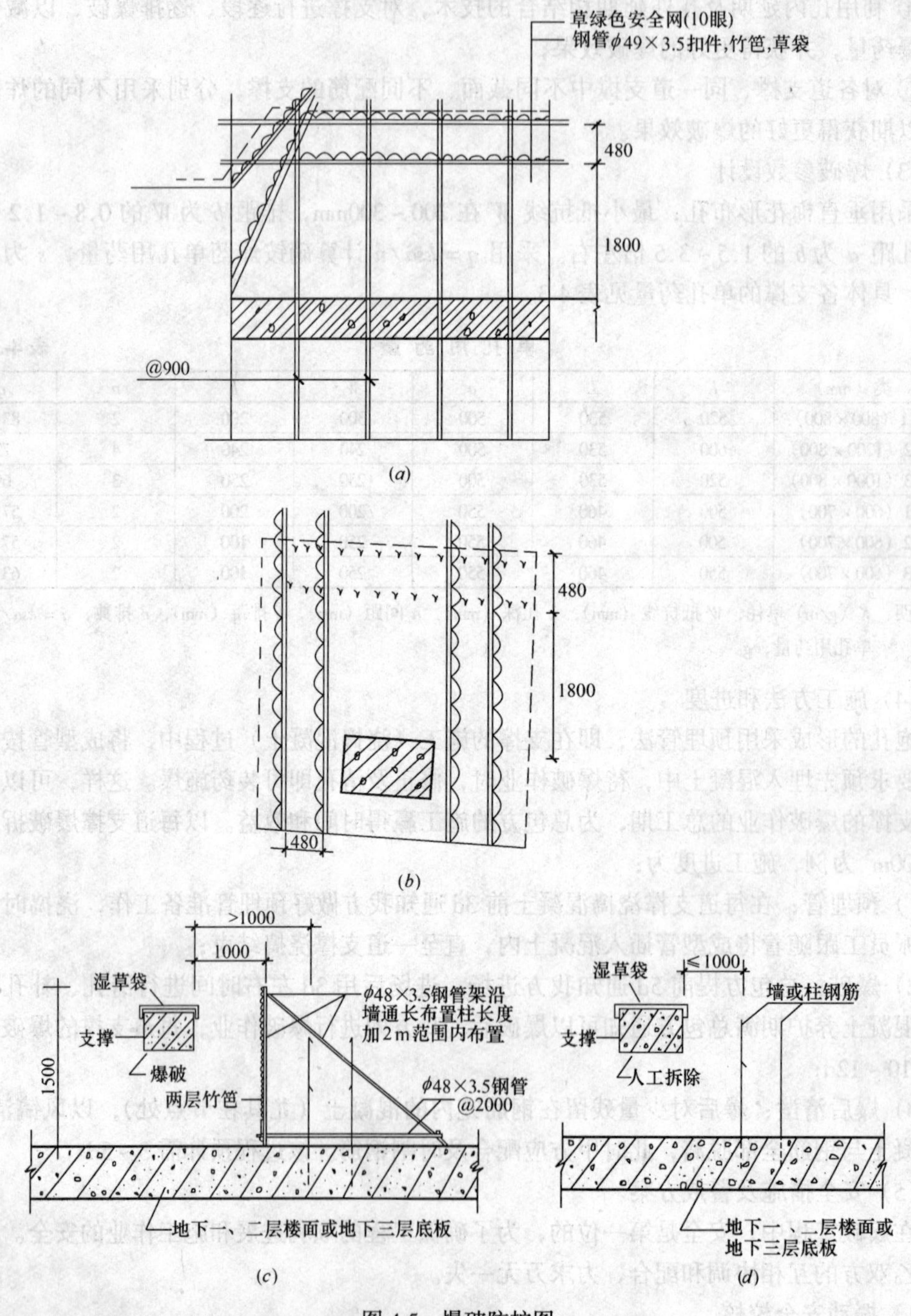

图 4-5　爆破防护图

（a）第一道围护防护立面；（b）防护剖面详图；（c）支撑爆破结构墙、柱钢筋防护图；（d）局部不爆破采用人工拆除

伤害和破坏；

3）采用分段延期及孔内延期相结合的办法，以进一步减小一次启爆药量，并获得更好的爆破破碎效果；

4）对不同截面的支撑、相同截面但配筋不一样的支撑，分别采用不同的炸药单耗系数 K 值，以期更准确地控制炸药用量；

5）鉴于爆破是在地面以下基坑中进行并且启用了分段延时爆破系统，一次启爆药量很小，冲击波对周围环境的影响可以不予考虑；

6）严格执行国家公安部、市消防局有关化工品的运输、保管、加工规定，贯彻“五双”制度，做好领退料登记，账物相符；

7）详细防护图由承爆方设计，总包方负责实施，并由承爆方派员认可后方可进行爆破，爆破后如再出现飞石事故，由我方负全责；

8）警戒距离以基坑周围 50m 范围确定，由双方配合完成。

4.2.7 基坑信息化施工技术

基坑工程变化因素多，在目前设计中尚难做到全面、准确及合理。在本工程中，对基坑支护结构和周边环境进行了全程监测。依据设计制定的测试项目、测试点位置数量、测试频率和理论报警值，制定基坑施工期间监测方案。基坑开挖期间在灌注桩顶和支撑立柱上共设置了 17 个沉降观测点；基坑四周桩顶上设置 17 个位移观测点；基坑四周设置了 8 个测斜孔；并在支撑中设置了轴力观测点，观测 21 个断面 84 根钢筋的轴力。支撑拆除期间依据管线单位的要求对周围的管线进行监测。

4.3 钢筋工程

4.3.1 钢筋接头

（1）竖向连接：

$\phi14\sim\phi32$（包括 $\phi14$、$\phi32$）主要采用电渣压力焊、帮条单面焊、搭接单面焊相结合。

$\phi14$ 以下钢筋采用绑扎搭接连接。

（2）水平连接：

$\phi10\sim\phi28$ 在钢筋加工场采用闪光对焊，$\phi28$ 以上钢筋采用熔槽接头。

$\phi22$ 以上钢筋在现场采用锥螺纹连接或电弧焊接头。

$\phi22$ 以下钢筋根据规范要求，现场可采用绑扎搭接。

4.3.2 钢筋特殊工艺的控制

除按常规进行原材料试验及施工质量控制外，特别要注意以下技术控制：

（1）钢筋翻样人员、技术人员要在充分理解设计意图，熟悉国家有关规范的前提下，高度注意钢筋与钢筋、钢筋与预埋件之间的关系，要及时与设计人员商定，在保护层厚度调整、特殊的构造处理等方面采取措施，确定加工尺寸、绑扎穿插顺序等，并认真交底至操作班组，保证钢筋绑扎形状、规格、间距正确。

（2）楼面双层钢筋用支凳控制负弯矩钢筋的位置，确保钢筋间的相对位置正确。

（3）控制各层楼面墙、柱插筋的位置，保证其位置准确，主要方法如下：

A. 做好测量放线及测量放线的复核，保证控制线无误后开始钢筋接长；

B. 钢筋接长过程中应保持整体垂直，相对位置正确，防止整体倾斜，钢筋不校正不准装模板；

C. 控制模板的垂直度在允许范围内；

D. 严格控制模板上口钢筋保护层；

E. 在混凝土浇捣过程中，派专人看管插筋，发现问题及时纠正；

F. 制定偏位钢筋处理方案，报总包、设计认可后方能实施，现场不得擅作处理。

(4) 框架主梁钢筋先绑扎，次梁上、下部钢筋分别排放在主梁上、下部钢筋之上；两主梁相交于柱处，9m 跨方向主梁上、下部钢筋分别排放在 11m 跨主梁上、下部钢筋之上，11m 跨主梁在支座处箍筋适当降低，以保证板上层钢筋保护层的厚度。

(5) 主梁钢筋穿劲性钢筋混凝土柱碰型钢时，须专业技术人员出详图指导施工。

(6) 为满足机电安装防雷系统接地要求，建筑物柱子内的钢筋作引下线，所有突出屋面的金属构件均与避雷带焊接，航空障碍灯设避雷保护，在四层、七层利用结构圈梁中 2 根不小于 $\phi20$ 的水平钢筋与引下线焊接成均压环。防雷系统接地引下线钢筋焊接由机电安装分包负责完成，并按每层做好隐蔽验收和记录。土建分包配合机电安装分包施工。

4.4 模板工程施工

4.4.1 材料

(1) 梁、钢筋混凝土内墙采用 1820mm × 915mm × 20mm 九层板，$\phi48\times3.5$mm 钢管（扣件连接）及 50mm × 100mm 木枋背楞。板模板采用 2440mm × 1220mm × 10mm 及 2440mm × 610mm × 10mm 竹胶板。

(2) 对拉螺栓采用 M12 和 M14，楼板模板间拼缝采用胶带或石膏封补。

(3) 600mm × 600mm、1200mm × 1200mm 方柱及 $\phi900$、$\phi1000$、$\phi1400$ 圆柱采用定型钢模。

(4) 梁板支撑架部分采用普通钢管架，部分采用碗扣式脚手架。

(5) 模板的配置数量。梁、板模板及支撑均按 2.5 层配置。

4.4.2 施工方法

(1) 梁、板模板。

弧形梁的施工方法同车道弧形墙施工方法，用 100mm 宽木枋及多层板拼接后加 50mm 木枋背楞。详见弧形墙及弧形梁模板示意图（图 4-6）。一般梁模板采用木模板，见典型梁支模示意图（图 4-7）。

标准跨板配模采用竹胶板与 1cm 厚的木板相结合的方法，详见板模及主次龙骨平面布置图（图 4-8）。

(2) 剪力墙。

先根据墙模板线，选择一侧先装，立竖档、横档及斜撑，钉模板。待钢筋绑扎完后，清理干净，然后安另一侧模板，固定对拉螺栓。

(3) 圆柱、方柱及梁柱节点。

本工程方柱最多，圆柱较少，1200mm × 1200mm、600mm × 600mm 方柱采用钢模见定型钢柱模剖面图（A-A）（图 4-9）、定型钢柱模剖面图（图 4-11）。其他方柱采用钢、木模板，其详细作法见方柱与梁接头及圆柱模板示意图（图 4-10）。

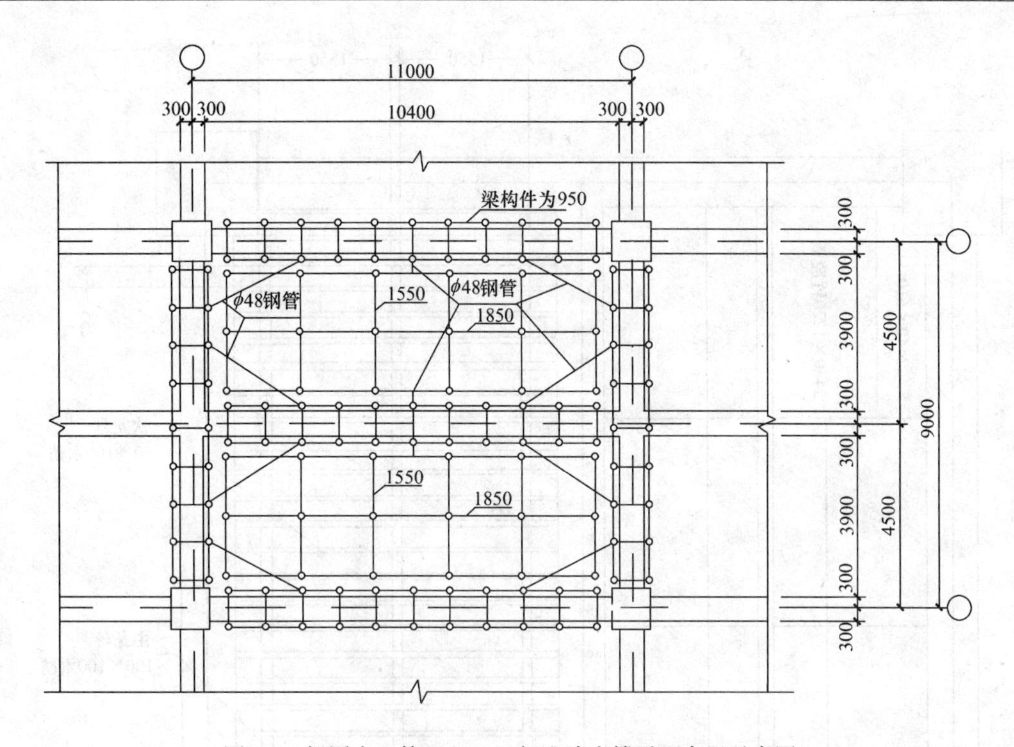

图 4-6　板厚小于等于 160mm 标准跨支撑平面布置示意图

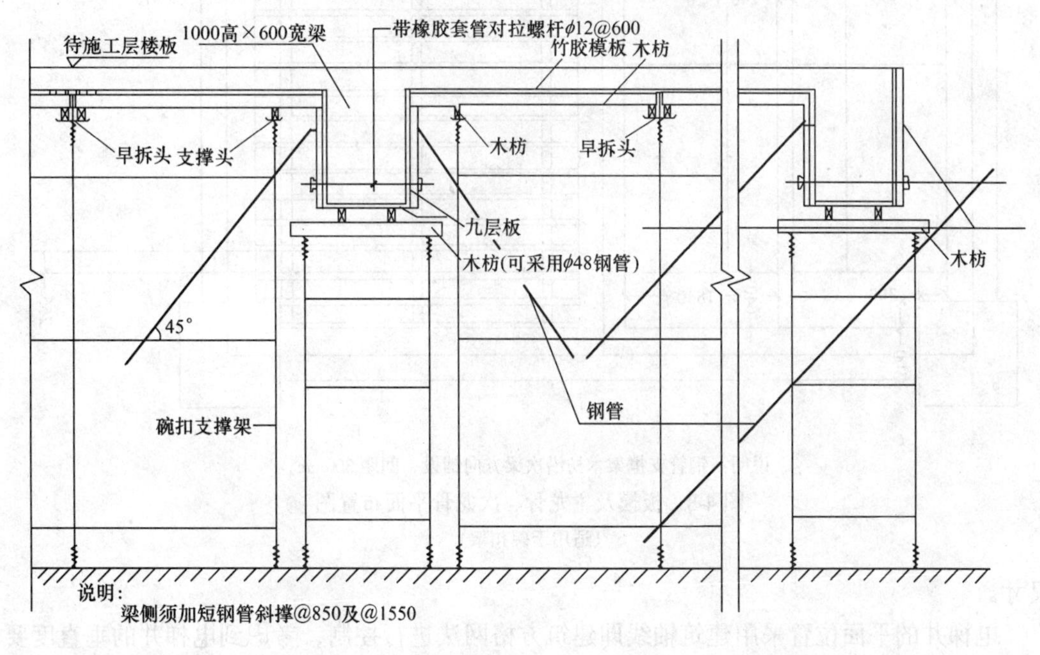

图 4-7　典型梁支模示意图

(4) 电梯井。

电梯井的结构一般为框架梁、柱、填充砖墙壁砌筑，外观光电梯为现浇混凝土井道墙，框架部分采用九层板拼装角部特殊处理，具体做法详见典型电梯井模板安装图（图 4-12）。为保证井道几何垂直度，现浇墙采用定型木模板拼制，严格检查构件拼模和定位

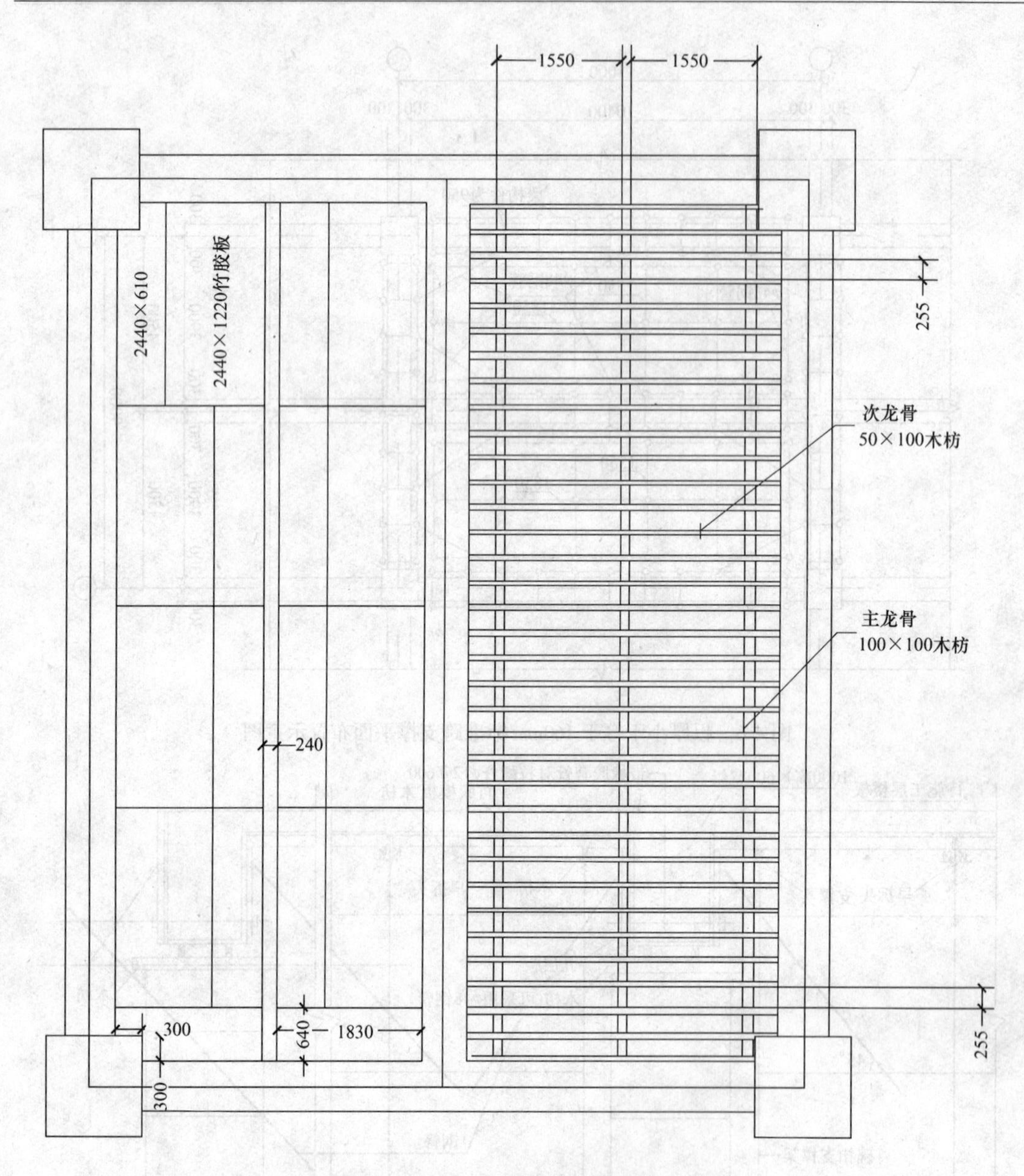

说明：钢管支撑架木枋沿次梁方向铺设，间距300mm。

图4-8　板模及主龙骨、次龙骨平面布置图

（适用于碗扣架）

尺寸。

电梯井的平面位置采用建筑轴线即建筑方格网法进行控制，考虑到电梯井的垂直度要求较为严格，为保证其垂直度，在电梯井的筒壁上，按建筑轴线测量定出电梯井的井壁轴线，随着井壁的上升，在井壁上用铅垂线弹出轴线来。

在井壁的轴线点附近吊铅坠，用卷尺量出，上与此同时，下使其相等，然后再弹出墨线，随着电梯井的上升，垂线不断延伸，每层楼面所吊出的轴线点应与平面位置的建筑轴线相应数字进行比较，达到许可范围，方能使用，否则重测。

为保证铅垂线的准确性，每隔3～4层，应采用大铅坠吊线，对所弹出的线进行校核。

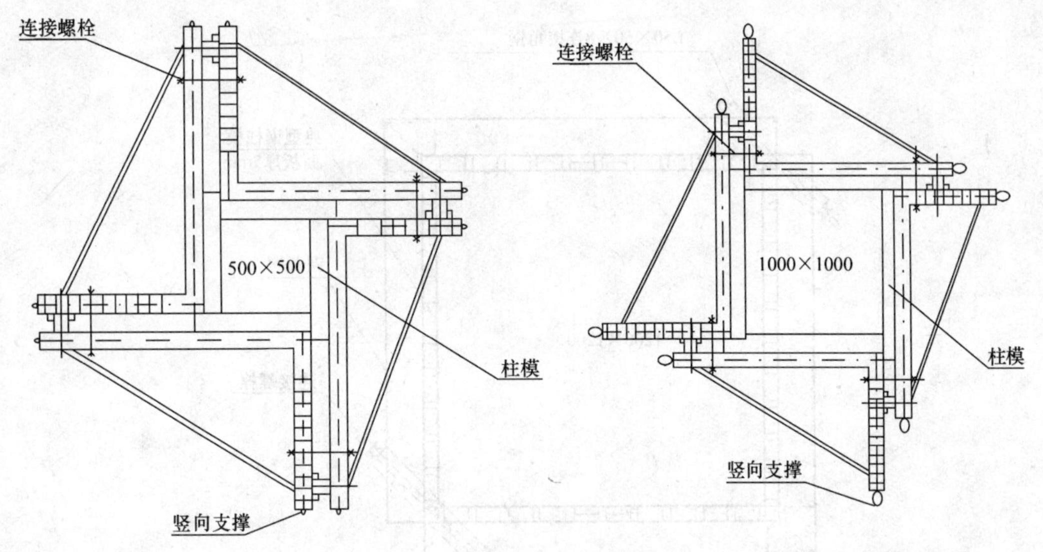

说明：适用于500×500到1000×1000的柱

图 4-9 定型钢柱模剖面图（A-A）

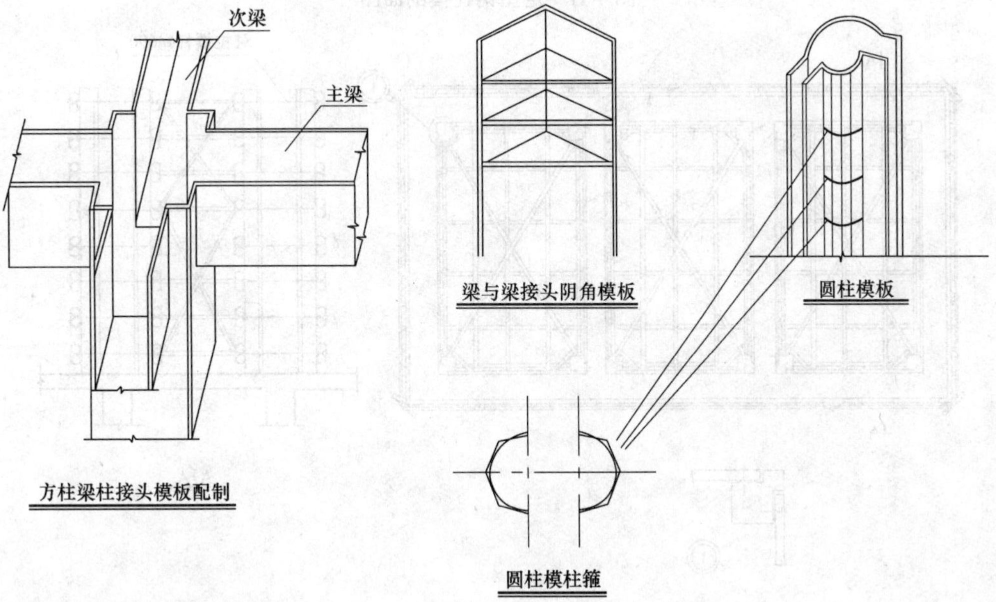

次梁
主梁
方柱梁柱接头模板配制
梁与梁接头阴角模板
圆柱模板
圆柱模柱箍

图 4-10 方柱与梁接头及圆柱模板示意图

(5) 楼梯。

模板安装见楼梯模板安装示意图（图 4-13）。

(6) 标准跨梁、板支撑体系。

本工程梁、楼板支撑部分采用 WDJ 碗扣脚手架体系，部分采用普通钢管体系，碗扣脚手架具有组合功能多、拼装速度快、省工省料等优点，碗扣脚手架早拆示意如图 4-14 所示。

在梁板的碗扣脚手架支撑中，由于梁的断面尺寸较大，利用碗扣架的横杆无法承受其

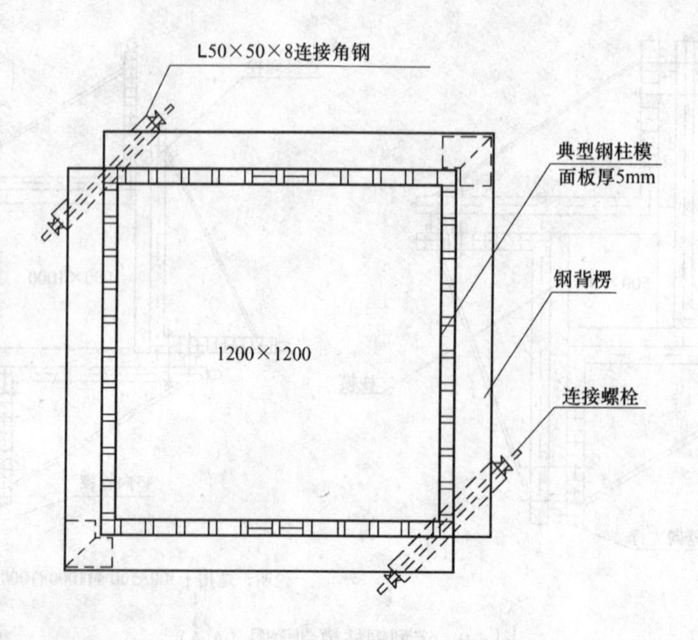

图 4-11　定型钢柱模剖面图

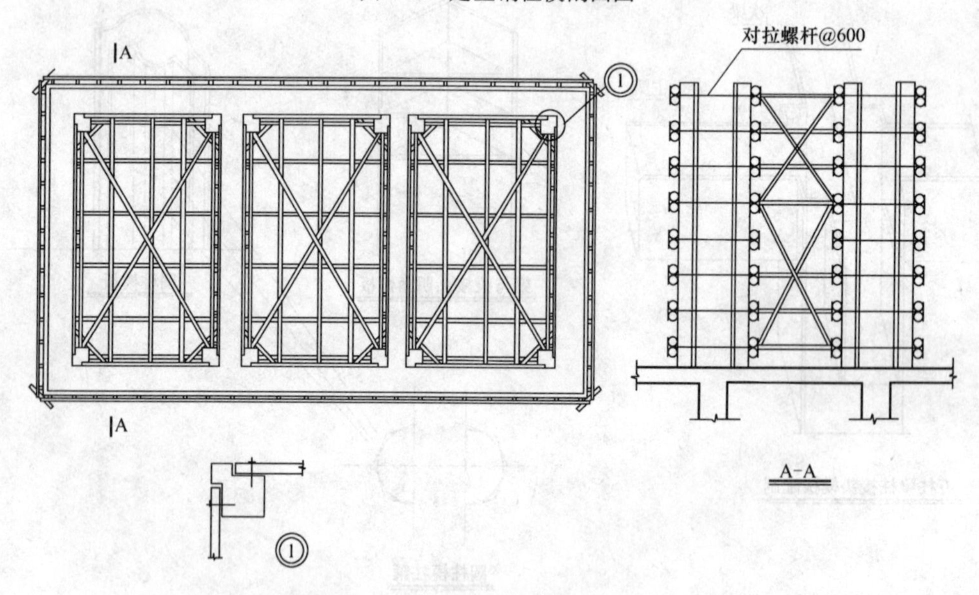

图 4-12　典型电梯井模板安装图

荷载，不能实现梁板合支，故采取梁板分支的方法。

梁的碗扣脚手架支撑中，水平格构以 950mm × 950mm 的横杆组成，竖直步距为 1200mm，以满足梁的荷载的要求。

楼板的碗扣脚手架支撑中，由于板厚不同，板厚在 140mm 至 250mm 时，水平格构以 1850mm× 1550mm 为主，部分为 1550mm × 950mm。立柱步高按承载力不同，板下为 1800mm，梁下为 1200mm。见梁板模板支撑剖面示意图（图 4-15）。

梁的支撑架不考虑早拆。

楼板的支撑架使用了早拆头，在模板适当布置后，即可组成早拆体系，达到节省模板

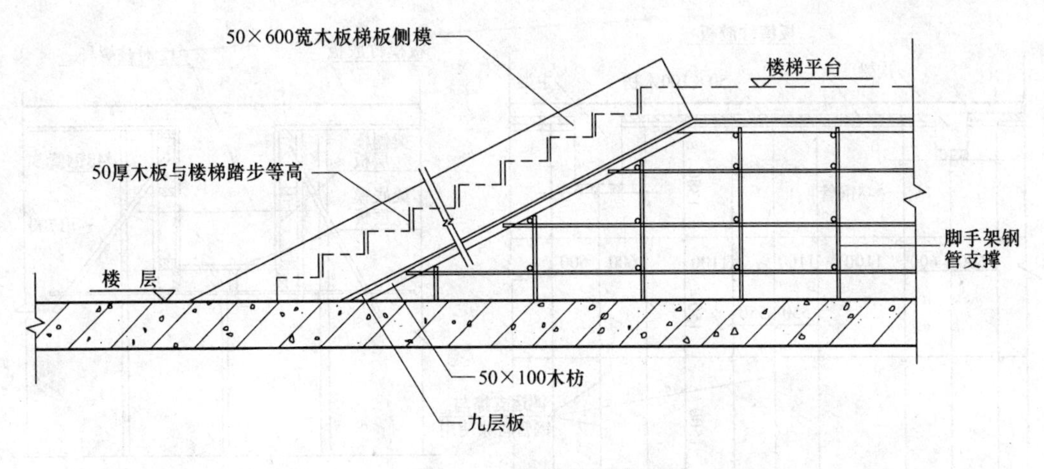

图 4-13 楼梯模板图

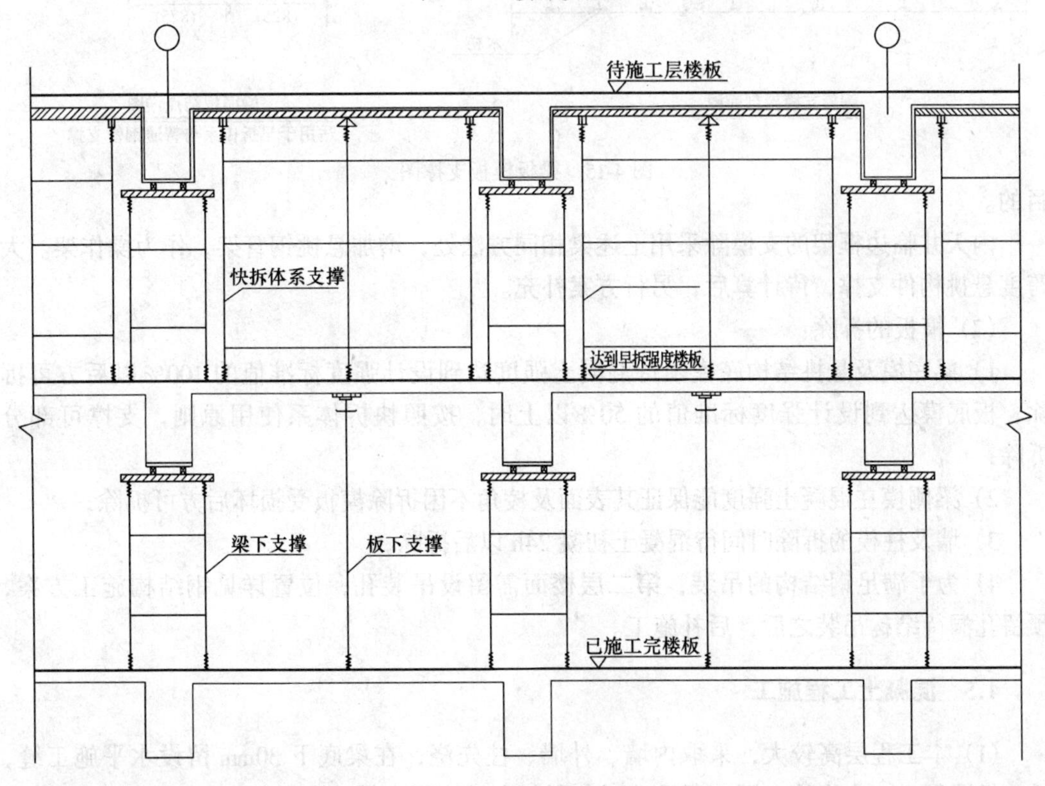

图 4-14 碗扣脚手架早拆示意图

及碗扣架的目的。

可调托撑使用规格为 KTC-60，可调范围 0～600mm；早拆头使用规格STY(11)-60，可调范围 0～600mm；底座使用规格是 KT2-50，可调范围 0～500mm。这样，配合各种立杆的组合，即可适用于不同支撑高度的要求。

在一些异形结构的地方，可使用碗扣架和少量的钢管扣件，即可满足不同形状开间的布架。

钢管支撑体系采用普通钢管与鸿运支撑（活动支撑）相配合的方法以达到快拆的

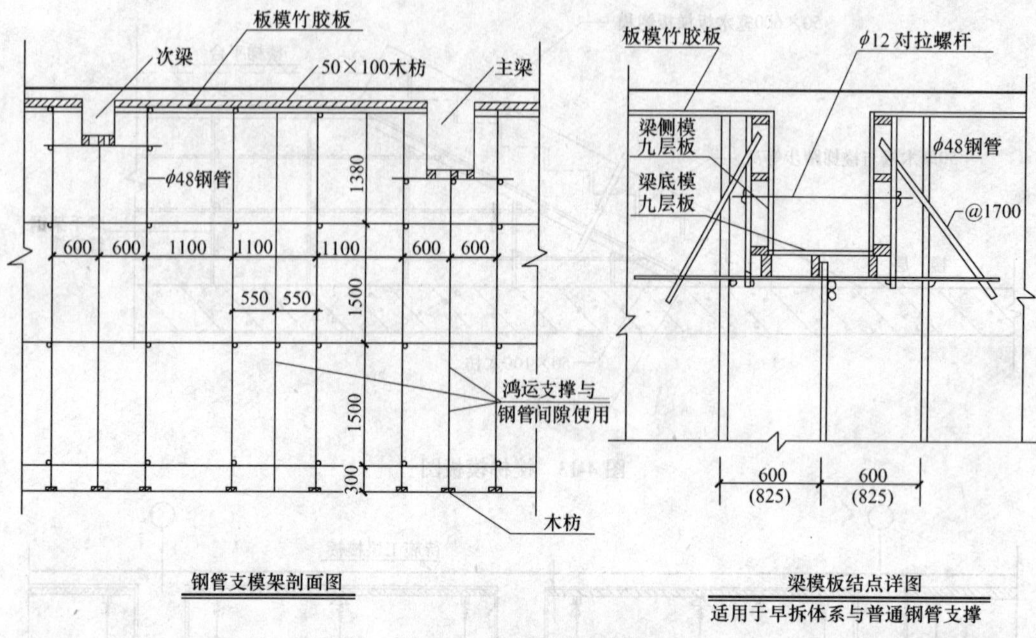

图 4-15　梁板模板支撑图

目的。

内天井临边框架的支模除采用上述梁相同方法处，增加悬挑钢管架，作为操作架。大跨度悬挑构件支撑，待计算后，另行方案补充。

(7) 模板的拆除：

1) 梁底模及悬挑结构底模须待混凝土强度达到设计强度标准值的 100% 以后方可拆除，板底模达到设计强度标准值的 50% 以上时，按照快拆体系使用原则，支撑可部分拆除；

2) 梁侧模在混凝土强度能保证其表面及棱角不因拆除模板受损坏后方可拆除；

3) 墙及柱模的拆除时间待混凝土初凝 24h 以后拆除；

4) 为了满足钢结构的吊装，第二层楼面需留设吊装孔，位置详见钢结构施工方案，预留孔洞待结构吊装之后，后补施工。

4.5　混凝土工程施工

(1) 本工程层高较大，采取内墙、外墙、柱先浇，在梁底下 30mm 留设水平施工缝，梁、板混凝土一次浇捣。因四层及以下各层竖向结构强度等级高于梁板，梁柱节点处梁端需挂钢板网，用塔吊下料浇筑柱帽部位，在此部位混凝土初凝之前，梁、板混凝土必须泵送到位，如梁柱混凝土强度不同时施工缝示意图（图 4-16）。

(2) 为确保分块而留设的施工缝处的混凝土质量，一方面必须认真凿除该部位的松散混凝土，用水冲洗干净，在梁的位置采用钢丝网隔断，留设垂直施工缝；另一方面在板面无上层钢筋的施工缝位置，加设 $\phi6@200$ 的双向钢筋。

(3) 遇内墙环通部位若混凝土方量过大，将采用泵送结合塔吊下料或增加混凝土输送泵，以避免混凝土浇捣过程中出现冷缝。

(4) 在柱或墙混凝土浇捣前，不仅要严格检查验收其自身的钢筋规格、数量，而且要

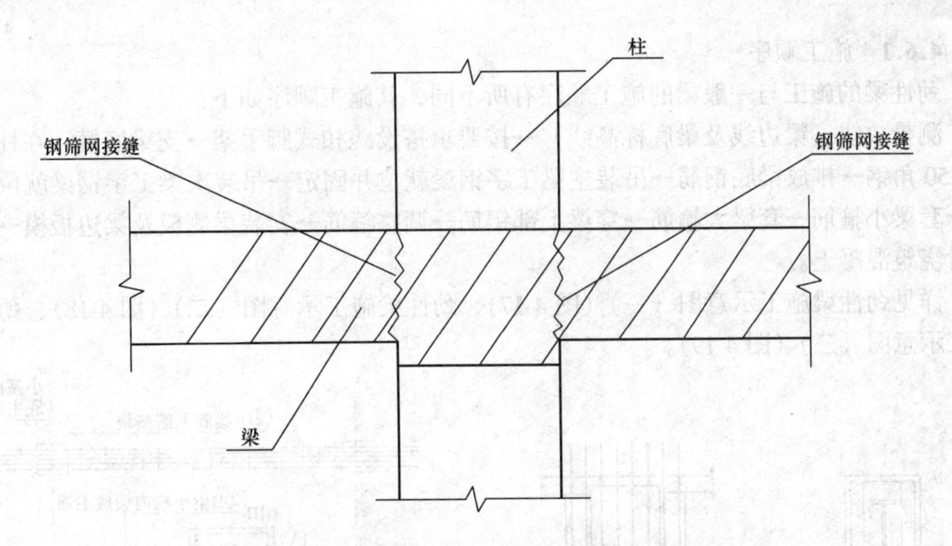

图 4-16 梁柱混凝土强度不同时施工缝示意图

严格仔细核对施工图，检查与之相关联的梁或板的钢筋，避免钢筋遗漏。

（5）本工程因层高高，在开始浇捣内、外墙时一定要配软管伸入墙内，分散下混凝土达到一定高度（约 2m 后）方可采用常规方法斜面向前推进。在浇捣过程中，为避免因混凝土流淌远端出现冷缝，应做到在混凝土流淌远端至下料点之间间隔一定时间来回振捣，分层振捣密实。

（6）根据周边道路交通情况，中区梁、板各块混凝土的浇捣时间适当错开。

（7）一次混凝土浇筑量超过 1000m^3 时，组织业主、监理对混凝土的原材料进行现场检查，并由混凝土供应商提供原材料检验报告、混凝土配合比及混凝土供应方案。经确认具备条件后，允许其供应。在混凝土浇捣过程中，若发现混凝土质量问题，将责令其立即退货。

（8）本工程结构平面尺寸大，混凝土强度等级高，现浇构件易产生收缩裂缝，除分段分块施工外（见“地上结构施工段划分”），减少和防止裂缝措施如下：

1）控制水泥用量和水灰比，C40（含 C40）混凝土采用普硅 42.5 级水泥浇捣，并控制混凝土中粗细骨料比例。混凝土配合比应经优化筛选后确定。

2）控制现场浇捣质量。楼板混凝土在操作面上采用铁锹或木耙均匀布料，禁止用振动器碾赶，防止混凝土中砂浆集中堆积。

3）加强混凝土板表面的振捣和碾压，保证混凝土的密实度；

4）在混凝土初凝前切实做好板面二次压实收光处理，发现初期裂缝尽早用同强度等级砂浆弥补，搓平压实；

5）加强混凝土的养护，柱、墙等竖向构件拆模后即可采用混凝土养护剂进行养护，楼板采用淋水养护；

6）未经技术组同意，现场不得擅自拆除构件的承重支撑模板。

4.6 劲性梁施工

正大商业广场根据其建筑功能的要求，地上有一部分劲性梁，为保证其施工质量，特编写以下方案以指导施工，达到设计及规范要求。

4.6.1　施工顺序

劲性梁的施工与一般梁的施工顺序有所不同，其施工顺序如下：

测量放线（梁边线及梁底标高线）→按要求搭设碗扣式脚手架→支梁底模、在柱筋上焊 L50 角钢→排放梁底钢筋→吊装主梁工字钢梁就位并固定→吊装次梁工字钢梁就位并固定→套梁小箍筋→套梁大箍筋→穿梁上部钢筋→调整箍筋→安装梁侧模及梁边板模→与板同时浇筑混凝土。

详见劲性梁施工示意图（一）（图 4-17）、劲性梁施工示意图（二）（图 4-18）、劲性梁施工示意图（三）（图 4-19）。

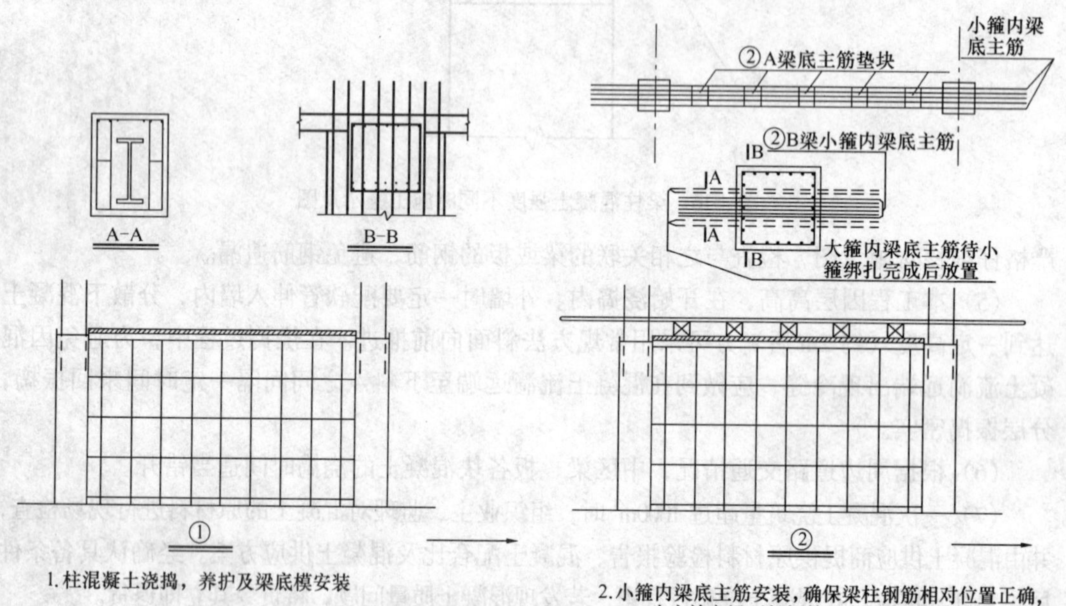

图 4-17　劲性梁施工示意图（一）

4.6.2　施工要求

(1) 模板。

采用九层板，拼缝严密，支撑牢固，梁柱接头处保证阴角畅通，阳角方正。

(2) 钢筋。

梁钢筋的排放应按照华东院图纸施工，排放整齐、位置正确，节点穿插时相互避让。

在梁中套管处、梁钢筋断点及加强筋应按设计变更有关内容执行。

在梁柱接头处，按照设计图纸要求，施工时按附图作相应变更。

(3) 混凝土。

劲性梁混凝土施工要严格控制坍落度，石子粒径应在规定范围内。

混凝土下料时，应从工字钢梁两边均匀下料，以防工字钢梁移动或偏位。

浇捣混凝土时，要随时检查梁模板是否有漏浆及爆模情况，及时发现及时处理加固，派专人负责各类插筋的偏位情况，及时纠正。

振捣时，不能将振捣棒直接放在工字钢上操作，以免工字钢偏位及变形，工字钢顶面应埋置 $\phi50\sim\phi70$mm 排气孔若干个。

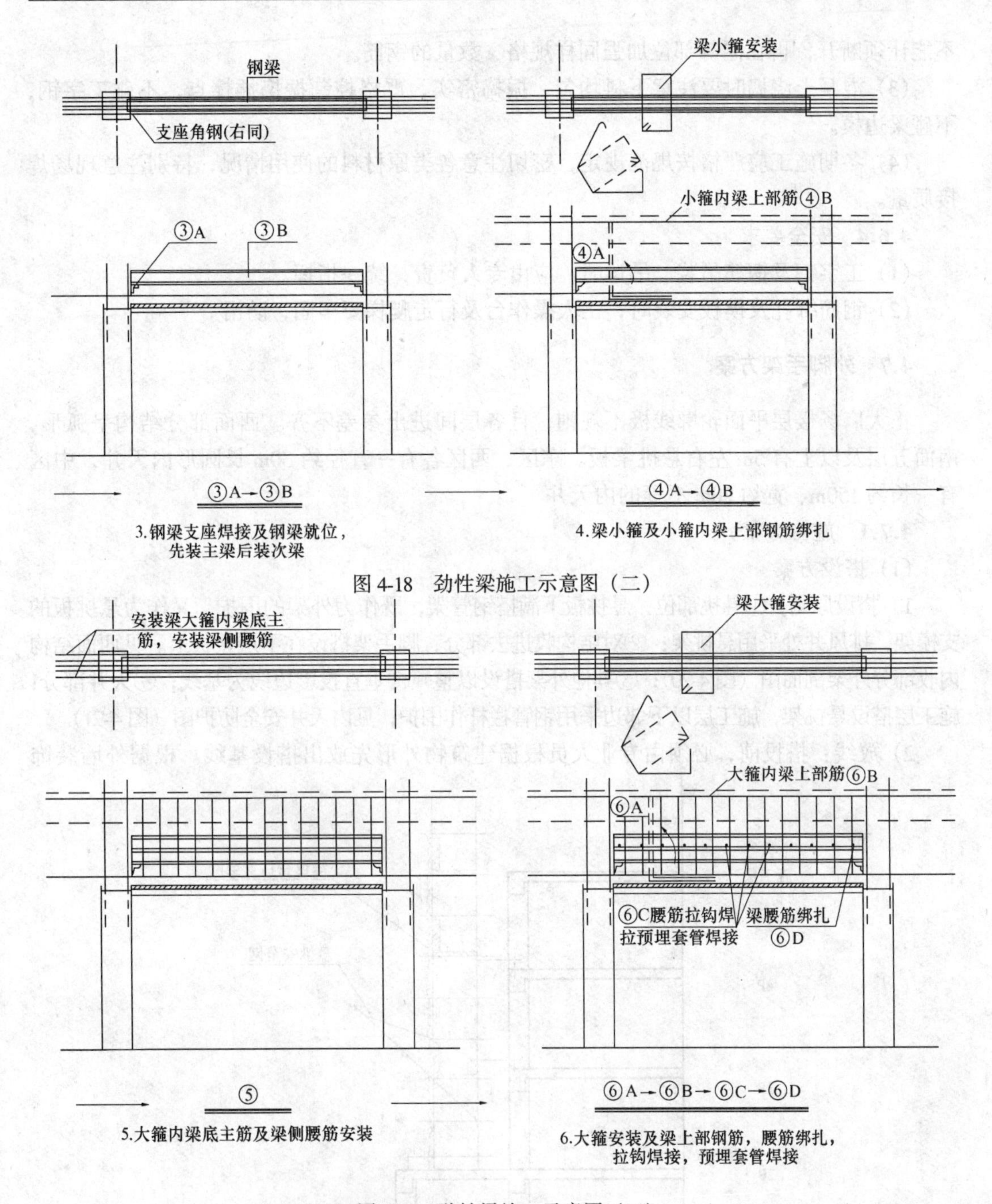

图 4-18 劲性梁施工示意图（二）

图 4-19 劲性梁施工示意图（三）

及时根据施工组织设计方案中的要求进行养护。

4.6.3 质量要求

(1) 工字钢必须按照加工深化图在工厂加工，经检验合格后，派专车运到工地指定地点，按规定排放整齐，吊装就位不能有偏移及变形。

(2) 钢筋一定要按照工序先后及时绑扎到位，钢筋规格、位置及间距正确无误，梁与梁、梁与柱交叉部位钢筋要相互避让，顺利穿插，碰到工字钢与预埋套管能让开就让开，不能让须断开，再在同等部位加强同样规格、数量的钢筋。

（3）混凝土浇捣时要注意下料均匀，振捣密实，严格控制振捣插棒点，不碰工字钢，不碰梁边模。

（4）冬期施工应严格按规范规定，密切注意各类原材料的使用情况，特别注意现场焊接质量。

4.6.4 安全要求

（1）工字钢及钢筋吊装、吊运时，应由专人负责，统一指挥。

（2）钢筋绑扎及模板安装时，工人操作台及行走爬梯要牢固，防滑。

4.7 外脚手架方案

正大广场楼层平面轮廓线极不规则，且各层间进出参差不齐。西面部分结构呈弧形，南面五层及以上有5m左右悬挑梁板。东区、西区各有一直径约30m长圆形内天井，中区有一长约150m、宽约20m不等的内天井。

4.7.1 施工方案

（1）搭设方案

1）搭设原则：①悬挑部位：悬挑板下满搭钢管架，既作为外架的围护，又作为悬挑板的支模架，排风井处采用悬挑架；②对结构收进去部分，脚手架搭设在下层楼板上。见西面结构内收部分外架剖面图（图4-20）；③其他外架搭设以整幢楼垂直投影边线为基线；④天井部分：施工层搭设悬挑架，施工层以下邻边采用钢管栏杆作围护，见内天井安全防护图（图4-21）。

2）放线：搭投前，必须由专业人员根据建筑物外形先放出搭设基线。根据外墙装饰

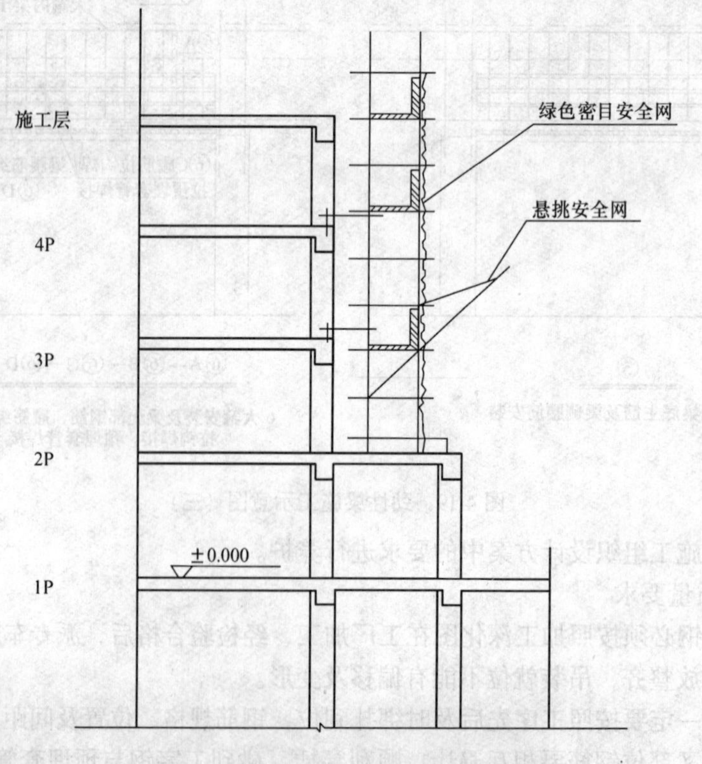

图4-20 西面结构内收部分外架剖面图

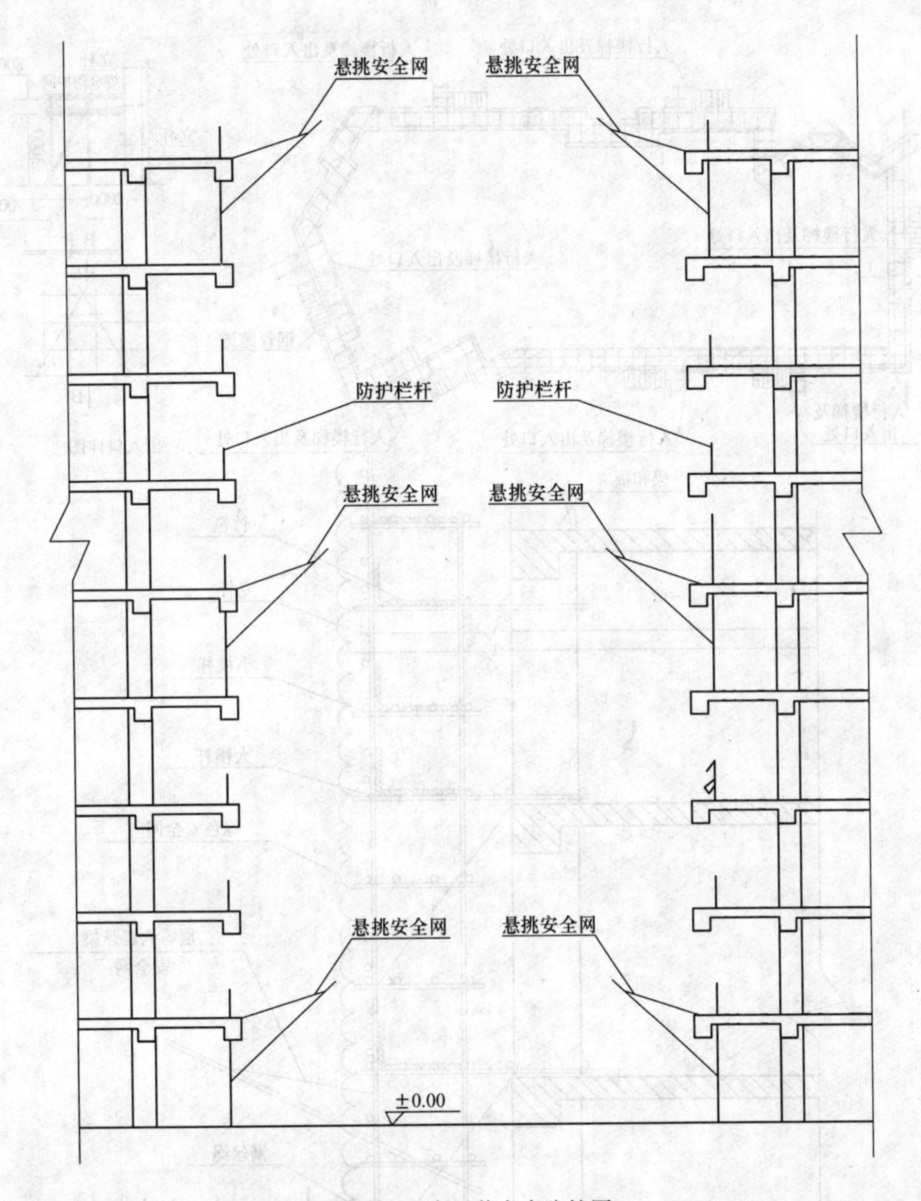

图 4-21　内天井安全防护图

施工的要求，外架内立杆距外墙面 500mm。

3）搭设方法：整个脚手架高 48～55m 不等（比建筑物高出 1.5m），脚手架自顶往下 30m 内搭设双排单立柱脚手架，再往下至地面搭设双排双立柱脚手架。立杆间距 1.8m，排距 1.05m，底步步高 1.6m，二步以上步高 1.8m；每根立杆下垫 200～500mm 长 50mm×100mm 木枋。扫地杆离地高 30cm，纵向每隔 9m 设转角处剪刀撑一道，剪刀撑与水平夹角 45°～60°。

4）搭设顺序：放置纵向扫地杆→立杆→横向扫地杆→第一步纵向水平杆→第一步横向水平杆→第二步纵向水平杆→第二步横向水平杆……。

5）安全防护：作业层三步架内脚手架满铺竹笆，外侧面设 1m 高竹笆作防护，非作业层只在靠楼层面处作通道的脚手架上铺竹笆，外侧立竹笆作防护；整个外架外挂罩绿色密目安全网。见外脚手架平面布置示意图（图 4-22）中剖面 1-1、A-A。

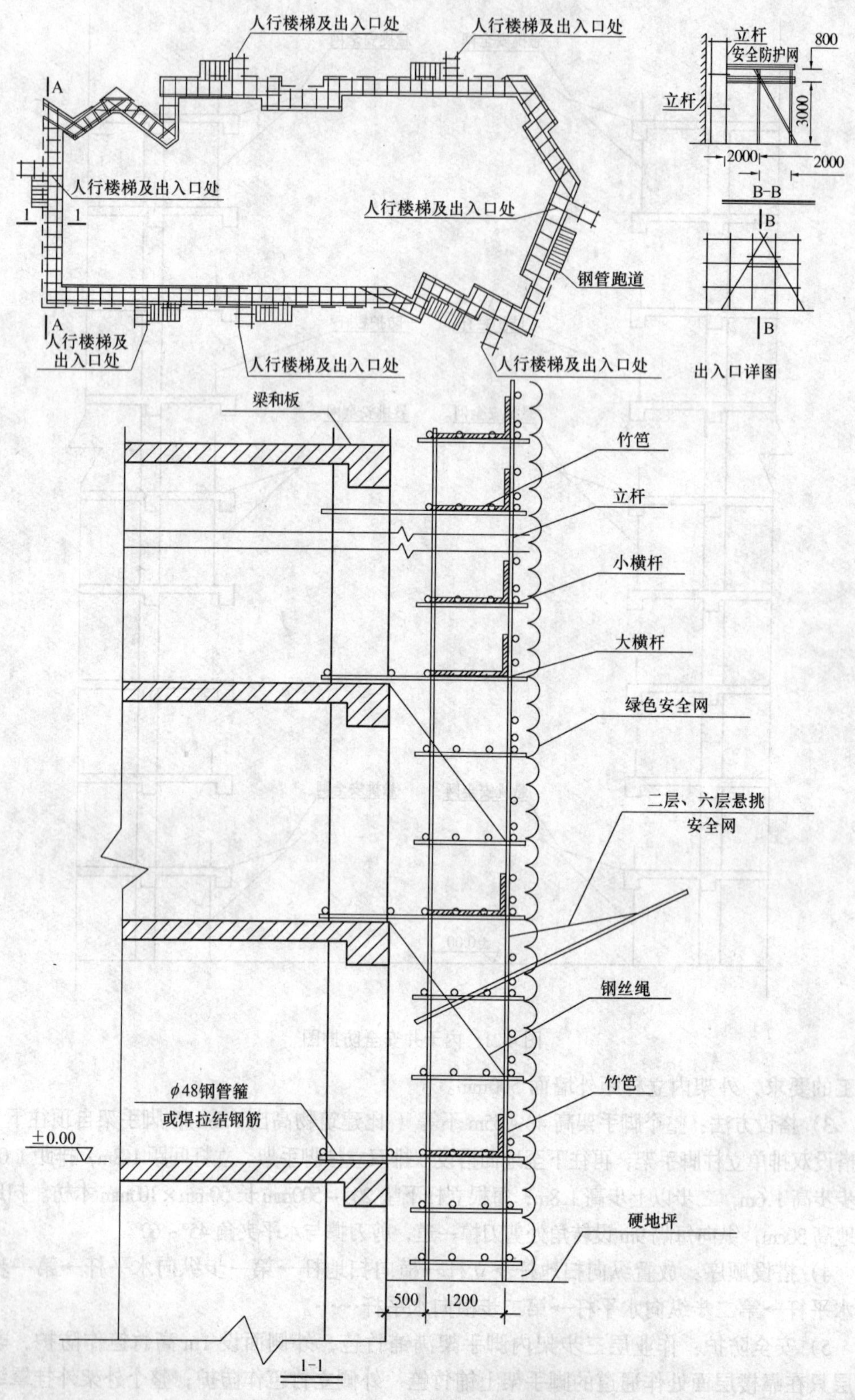

图4-22　外脚手架平面布置示意图（一）

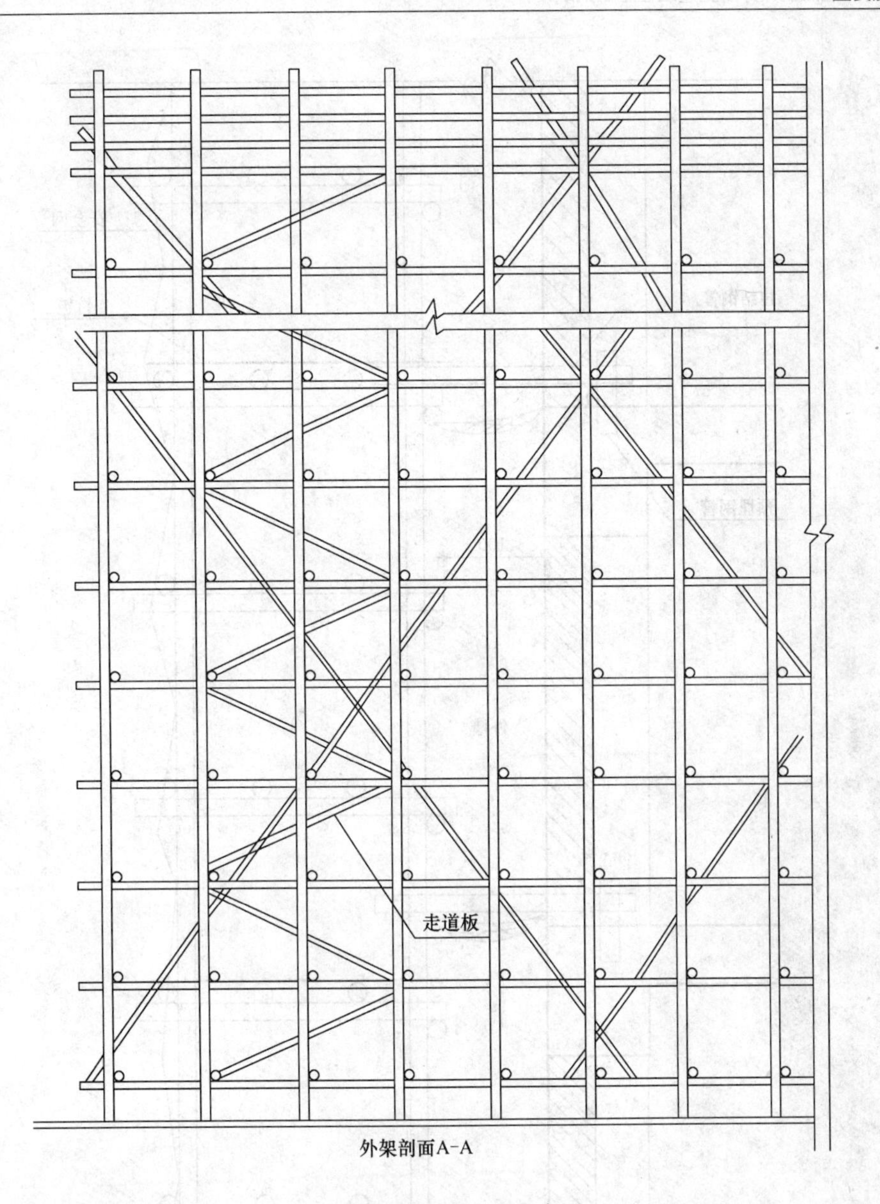

图 4-23 外脚手架平面布置示意图（二）

6）连接点设置：楼板或柱处预埋 ϕ48 钢管。水平间距 3m，垂直间距 5m。见外脚手架拉结图（图 4-24）。

7）特殊部位的处理：

A. 内天井考虑钢结构吊装，施工层防护采用悬挑架，随结构拆模时拆除，施工完的结构层从二层开始每四层悬挑安全网，每层临边按上海市地方标准设防护栏杆。见内天井安全防护图。

B. 施工电梯两侧立杆从上到下设双立杆；走道及出入口各设置七个（如“外脚手架平面布置示意图”）。

8）脚手架搭设除满足国家规范要求外，还需满足上海市地方标准。

(2) 脚手架的拆除

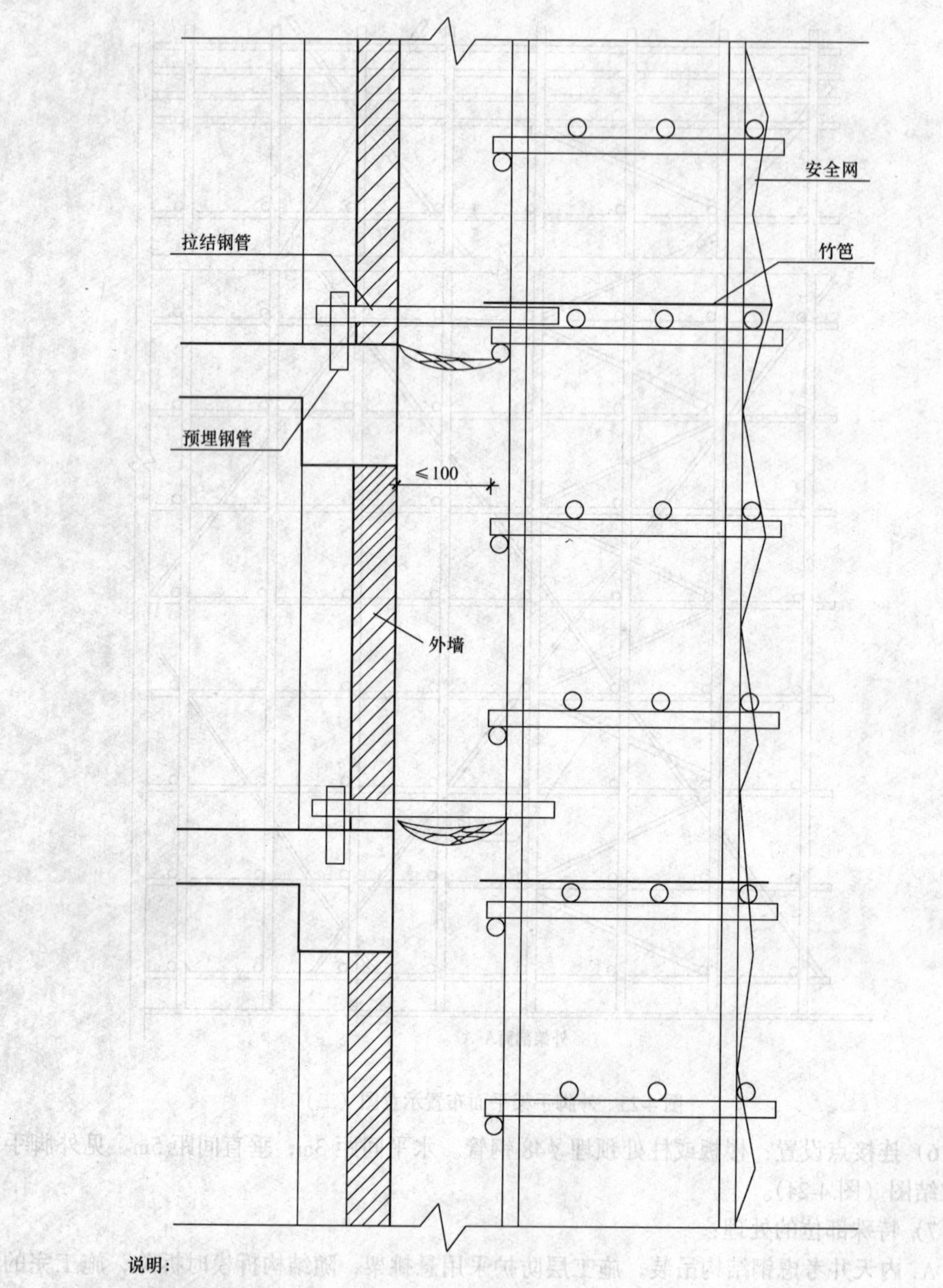

图 4-24　外脚手架拉结图

1）拆除前应全面检查脚手架的扣件连接、连墙件、支撑体系等是否符合安全要求，经安全主管部门批准方可实施拆除；

2）拆除前应清除脚手架上杂物及地面障碍物；

3）拆除顺序应逐层由上而下进行，严禁上下同时作业；

4）所有连墙件应随脚手架逐层拆除，严禁先将连墙件整层或数层拆除后再拆脚手架；分段拆除高差不应大于2步；如高差大于2步，应增设连墙件加固；

5）各构配件必须及时分段集中，运至地面，严禁高空抛掷；

6）运至地面的构配件应及时检查整修与保养，并按品种、规格随时码堆存放。

4.7.2 脚手架的管理

（1）防火

脚手架内施工实行动火申请及监护制度，对施工人员尤其电焊工进行安全防火教育；气温高、干燥时，应定时淋水；出入口、走道处悬挂灭火器。

（2）防雷

外架转角处均焊 $\phi8$ 圆钢作跨接线；框架柱的防雷引下线处焊接预埋铁，通过预埋铁用圆钢连接外架，每层每处防雷引下线预埋铁均不少于1块；经常派人检查，保证各连接点是焊接连接。

（3）防坠落物

脚手架上杂物应及时清理，保证通道干净、整洁。脚手架内侧与墙面较大空隙处在楼层标高面设置水平安全网。

（4）注意事项

1）混凝土输送泵管不得与外架接触；

2）未经特殊技术处理不得利用外架作模板支撑；

3）保护灭火器不受损坏，同时对作业队伍如何使用灭火器进行教育；

4）雷雨天气禁止在外架上作业施工。

（5）其他

按《上海市建设工程施工现场安全标准化管理标准》施工。

4.8 后浇带施工

正大商业广场在地下室①～⑩轴及㉑～㉒轴间根据设计要求，设置有两条1200mm宽后浇带，底板后浇带已留设完毕。根据设计要求，待地下室顶板混凝土浇筑完毕28d后，方可封闭地下室后浇带，底板用C40掺UEA微膨胀剂、抗渗等级P8混凝土，外墙地下三层用C45/P12，地下二层、一层用C45/P8掺UEA微膨胀混凝土。为保证其施工质量及施工工期，应从以下几方面严格控制：

（1）模板

1）外墙施工时在后浇带处应按设计图纸放好线，两侧用木枋，中间加对撑，靠墙内侧面加斜撑与外墙模板及支撑连成一体，保证其牢固稳定。

2）楼板处后浇带、底模与两侧梁、板的模板及支撑一起施工，侧模用小钢模及钢筋斜撑支模并加固。楼板后浇带在该跨内的楼板及梁的模板支撑必须保留至后浇带浇筑混凝土，待其达到设计强度后方可拆除。

（2）钢筋

1）外墙后浇带钢筋必须与外墙钢筋一次施工成型，在装、拆模板时注意保护钢筋，不弯、不变形、不移位，在混凝土浇筑前认真清洗钢筋表面。

2）楼板后浇带根据设计要求需加强的钢筋，不能遗漏，因换撑要求需在后浇带处梁及板加强钢筋，应按设计要求增加，在封闭后浇带前应认真清洗钢筋。

3）因施工周期长，后浇带钢筋须刷水泥浆保护，特别是底板。

（3）后浇带的保护

后浇带在封闭前应采用层板覆盖严实，以防垃圾入内，底板后浇带应随时派专人抽水。

（4）后浇带的清理

后浇带在浇筑前应清除杂物，并用高压水冲洗干净，并用与后浇带混凝土同配合比的水泥浆接浆。

（5）混凝土

外墙后浇带处混凝土需用溜槽或增加软管浇筑混凝土，因其高度超过 3m，楼板及底板混凝土直接用输送泵管一次性浇筑混凝土。

4.9　建筑隔墙施工

4.9.1　工程概况

正大广场建筑隔墙共 8 种类型，按设计编号分别为 W1、W2、W3、W5、W6、W10、W11、W13。

建筑隔墙使用的材料、部位及其他技术要求见表 4-4。

4.9.2　一般要求

（1）按设计对填充墙抗震构造的要求，各特殊部位分别作如下处理：

1）构造柱的设置：

A. 填充墙构造柱的设置位置、断面尺寸按各层建筑平面及相关结施图纸，除有关图纸已注明外，当填充墙长大于 3m 时应每 3m 设置构造桩，应先砌墙后浇筑混凝土（强度等级 C25），砌墙时构造柱与墙体连接应设拉筋，构造柱与梁、板连接处应加插筋；

隔墙使用材料　　表 4-4

符　号	厚　度 (mm)	使　用　部　位	耐火等级 (m)	材　　料
W1	200	外墙		大三孔砖
W2	120	地上地下防火分区墙 楼梯间消防前室、消防电梯间、机房、消防控制中心、柴油发电机房、锅炉房、变配电间、储油间、垃圾房、风机房、管道井、卫生间及其他	3	多孔砖
W3	124	防火分区内房间隔墙	1	轻钢龙骨双面贴石膏板（防火型）
W5		耐火玻璃墙	1	防火玻璃
W6	240	电梯井道及隔墙	3	多孔砖
W10	120	装卸区		1000mm 高钢筋混凝土墙上砌半砖多孔砖墙
W11	200	剪刀楼梯梯段之间墙		加气混凝土砌块
W13	152	地上内外墙		钢结构轻质墙

B. 填充墙转角处及墙与墙交接处，均应设构造柱及拉筋。

2）圈梁的设置：

A. 当墙厚为120mm时应设圈梁，在门洞顶处或在1/2层高处。

B. 当墙厚为240mm或（200mm）且墙高 $H_0 \leqslant 4m$ 时可不设；当墙高 > 4m时，圈梁设置要求同120mm墙。

(2) 砌体结构与钢筋混凝土墙、柱、梁、板的连接设拉墙筋。

(3) 按上海市建设工程质量监督总站关于贯彻执行建委《关于在建筑中限制使用实心黏土砖的通知》的几点意见的报告，结合建筑工程使用功能和防水性能的要求，在下列工程部位，可允许使用实心黏土砖：

1）使用砌块或三孔砖砌筑的填充墙建筑，不够整砖时可用实心砖补砌；在空心砖墙中的门窗洞口、预埋件和管道穿墙处可用实心砖砌筑；为固定木门框木砖砌筑需要，在门框两侧边，也可局部使用实心黏土砖镶砌；

2）高出屋面的女儿墙，可采用实心黏土砖砌筑，同时采取构造措施，防止外墙与屋面交接处产生水平裂缝；

3）卫生间及其他有防水要求的房间从楼地面起三皮可使用实心黏土砖砌筑，有利于建筑防水的要求；

4）在外墙窗盘以下可砌三皮实心黏土砖。

(4) 填充墙的顶面与上部结构接触处宜用立砖斜砌挤紧，砂浆填实。

(5) 各类填充墙，轻质隔墙均须按安装图确定预留孔洞位置，并作相应加固处理。

4.9.3 加气混凝土砌块墙的施工

(1) 一般规定：

1）砌块在装卸和堆放时要轻拿轻放，堆放整齐，堆放高度以1.5m为宜，堆放场地要求平整、干燥，避免浸水；

2）砌块运输车辆要求车底平整，严禁用翻斗车运输；

3）砌块出厂要附出厂合格证，进入现场要进行质量验收，证明合格后方可使用；

4）施工时砌块含水率宜小于25%；

5）砌筑时要精确设置皮数杆，注明块层、灰缝、窗台板、门窗洞口、圈梁、过梁、预制构件的高度及位置；

6）墙上埋设电线管时，不得用锤、斧剔凿，应使用专门开槽工具，线管就位后用水冲去粉末，再用混合砂浆填实；

7）墙上留孔应用电钻钻取所需孔洞，铁件在钻孔内用水玻璃或108胶粘结，砂浆深入与墙粘结。

(2) 操作要点：

1）砌块砌筑时，应向砌筑面适量浇水，以保证砌块间的粘结；砌筑时应上下错缝，搭接长度不宜小于砌块长度的1/3；

2）砌筑临时间断时可留成斜槎，不允许留“马牙槎”；灰缝应横平竖直，砂浆饱满；

3）切锯砌块应用专门工具，不得用斧子或瓦刀任意砍劈。洞口两侧应用规则整齐的砌块砌筑。

4.9.4 外墙大三孔砖的施工

(1) 一般规定：

1）砌筑砖砌体时，空心砖应提前浇水湿润，含水率宜为10%～15%；

2）砖砌体的灰缝应横平竖直，并填满砂浆；

3）砌体的砂浆稠度按7～10cm采用；

4）洞口边及构造柱边的三孔砖应用砂浆填堵孔洞。

（2）操作要点：

1）砖砌体水平灰缝的砂浆应饱满，水平灰缝的砂浆饱满度不得低于80%，竖向灰缝宜采用挤浆，使其砂浆饱满；

2）砖砌体的水平灰缝厚度和竖向灰缝宽度一般为10mm，但不应小于8mm，也不应大于12mm；

3）对不能同时砌筑而又必须留置的临时间断处，应砌成斜槎。与构造柱连接处留马牙槎，并加设拉结筋；

4）砌砖接槎时，必须将接槎处的表面清理干净，浇水湿润，并应填实砂浆，保持灰缝平直；

5）砌筑大三孔砖砌体时，利用砖的大面抗压强度，全部平摆错缝砌筑。砌筑前应试摆；在不够整砖处，如无辅助规格，可用模数相符的普通砖补砌。

4.9.5　多孔砖的施工

一般规定及操作要点基本同“大三孔砖”的施工。砌筑多孔砖时，砖的孔洞应垂直于受压面，与大三孔砖有所区别。

4.9.6　钢结构轻质墙的施工

钢结构轻质墙W13衬保温材料，厚度为152mm，墙身骨架由方钢管和槽钢龙骨组成，外包钢丝网混凝土。该结构轻质墙工序较多，骨架精度要求高，分格必须准确。根据此工程墙面多的特点，拟按不同墙面分段流水施工。

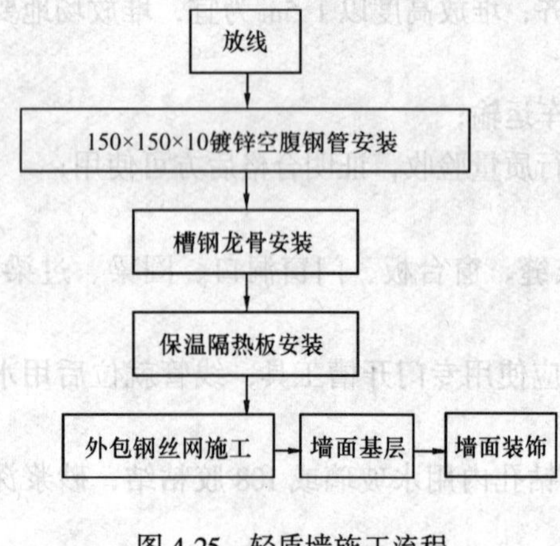

图4-25　轻质墙施工流程

（1）施工工艺流程图（图4-25）。

（2）主要施工方法：

1）放线。

在地面上和楼板底分别沿地、沿顶龙骨中心线和位置线，弹出隔墙两端边的竖向龙骨中心线和位置线，并弹出沿地、沿顶龙骨和墙端边竖向龙骨固定点“十字”线，前者间距为800mm，后者间距为1000mm。

2）骨架安装：

A. 150mm×150mm×10mm镀锌空腹钢管安装：根据设计图纸和实地尺寸，骨架的设置依据墙身的高度和宽度，由生产厂家计算后确定。空腹钢管由塔吊吊装至楼层后，由行走式小车运送就位。

B. 安装沿地、沿顶龙骨：将沿地、沿顶龙骨按位置分段就位，采用预埋铁件或打膨胀螺栓方法，分别与地面和楼板固定牢，一根与另一根沿地或沿顶龙骨接头要对齐、顺直。接头两侧50～100mm处均要设固定点。

C. 安装竖向龙骨：在沿地、沿顶龙骨任一侧面画竖向龙骨中心和位置线，将已断好的竖向龙骨对准上下墨线，依次插入沿地顶龙骨凹槽内，遇门、窗洞口需留出。

D. 安装门、窗洞口加强龙骨：先安装洞口两侧竖向加强龙骨，再安装洞口上下的加强龙骨，最后安装洞口两外侧上下加强龙骨及斜撑。补安装洞口上下竖向龙骨后，再对竖向龙骨间距、垂直度和预留洞口、伸缩缝位置尺寸全面检查，认真调整至合格为准。

E. 安装通贯横龙骨和支撑卡：按图纸尺寸要求，将竖向龙骨撑牢，使整片墙面骨架有足够的强度和刚度。

3）钢丝网片和保温隔热板的安装。

墙体的骨架安装无误后，按图纸在骨架上所需要的位置焊好外挂石材（玻璃幕墙）的预埋铁件，用钢丝网片将墙的一面挂好，使其平整。从墙的另一面向骨架内铺砌保温隔热块料，并砌严、铺平。分层铺设的接缝要错开，块与块之间要满涂胶接材料，以便互相粘结牢固。铺设时应挂线，随时检查其垂直度和平整度。保温隔热层砌好后，再将这面墙的钢丝网挂上，施工墙面基层混凝土，最后进行墙面装饰施工。

(3) 质量和安装措施：

1）根据图纸和规范对进场材料的型号、尺寸进行检查、验收，不合格的材料不得使用。要按不同规格和型号分类堆放，并应设置标志。

2）各道工序要严格进行自检、互检和交接检，不留隐患。

3）施工中要严格按照《建筑安装工人安全技术操作规程》作业，做好施工安全交底。

4）外墙施工时，要对脚手架和安全网严格检查，合格后才能施工。

4.10 施工用水用电

4.10.1 施工给排水

(1) 临时供水方式

根据本工程用水量，施工临时供水直接利用已有的城市给水系统，水源选在现场东北角，总阀 *DN*80，选用 *DN*50 水管沿场布置，消防用水利用城市消防系统中的供水系统，施工用水采用分级供应。

(2) 临时供水的布置

平面上采用环形管网，沿基坑四周在地平面处布置，沿管线长度均匀布置 10 个水阀；在垂直方向上，根据需要从水阀处引出若干水管，向上下延伸到地上地下作业层。在每一结构层设一支管，在每服务段设一水嘴（*DN*50），施工用水时，使用塑料软管接到水嘴上，引至用水点。

(3) 供水管线的布置

沿基坑四周的主管网一次敷设完毕，地下三层施工时，从每一水阀处引一竖直管到地下第三层，地上结构施工时竖向水管沿结构外壁铺设，随结构层的上升逐层敷设。

(4) 排水方案

所有生产废水及降水都利用城市排水管道排放，现场生产废水集中到地下室污水坑内经过沉淀，利用污水泵抽到城市排水井。现场四周排水通过地面明沟集中到污水池，经过滤后排放到下窨井。

4.10.2 供电方案

(1) 概况

业主提供临时变电站800kV·A位于西北面，进线电压为10kV，出线电压为0.4kV，变电站内有计量柜，各种保护系统均由供电局调整完毕，施工方负责变电站的引出线。

(2) 电负荷高峰调配

正大广场临时用电高峰期在钢结构施工阶段，最高容量估算约815.86kV·A，在此期间现场值班电工要合理调配施工用电，尽量减少大功率设备的同时使用，并经常检查用电系统，及时反馈用电系统的信息，项目机电工长及时了解用电情况，以便合理安全地配合施工生产，如果高峰期用电量能控制在815.86kV·A以内，变电站可以满足施工生产。

(3) 线路敷设

现场施工用电均用橡导电缆敷设，根据各配电箱容量及远近，选择相应截面的电缆，从配电房引至各主配电箱的电缆采用YC3×95+2（近距离）和YC3×120+2（远距离）或者YC3×70+2。从主配电箱至分配电箱电缆采用YC3×25+2电缆供电，各分配电箱输出线跟设备大小和移动配电箱容量选择相应截面的橡导电缆。

(4) 塔吊及施工电梯供电

6台塔吊供电均从主配电箱DZ-250/250空气开关用YC3×50+2橡导电缆接至设备的独立配电箱中，施工电梯供电均从主配电箱DZ10-100/100空气开关用YC3×16+2电缆接至设备的配电箱中。

(5) 供电方式

现场采用三相五线制供电方式，采用三级以至多级保护措施，各保护系统均按供电要求整定，主配电箱必须采取重复接地措施。

(6) 平面布置

现场周围均布置8只DXP400型和2只DXP600型主配电箱，施工用分配电箱采用DXP100型配电箱。根据现场需要，采用若干移动式配电箱接至各施工点，施工层配电箱逐层上移，装饰阶段暂不按施工层考虑，根据需要布置少量配电箱。

(7) 安全措施

现场机电工长全面负责施工用电的布置、检查、整改工作，严格按照国家及地方政府制定的建筑施工现场用电规定及法规执行。

现场电工每日必须检查、记录、整改现场用电设施及线路，杜绝违章作业，持证上岗，严禁非电工检修操作电器设备。

严禁破坏用电设备，发现用电故障及时报修。

主要用电设备负荷计算见表4-5。

正大广场上部结构施工主要用电设备负荷计算　　**表4-5**

用电设备	数量	需要系数	$\cos\phi$	$tg\phi$	有功功率	无功功率	视在功率
H3/36B塔吊	3	0.3	0.8	0.75	186.9	140.18	233.63
H20/14C塔吊	2	0.3	0.8	0.75			
C7050塔吊	1	0.3	0.8	0.75			
SCD200/200	6	0.65	0.75	0.88	85.8	75.5	114.4
振动器	64	0.75	0.8	0.75	216	162	270
电焊机	40	0.35	0.6	1.33	168	223.44	280
圆锯机	6	0.75	0.8	0.75	33.75	25.31	42.19

续表

用电设备	数 量	需要系数	cosϕ	tgϕ	有功功率	无功功率	视在功率
卷扬机	2	0.75	0.8	0.75	11.25	8.44	14.06
断钢机	5	0.75	0.8	0.75	15	11.25	18.75
弯钢机	5	0.75	0.8	0.75	15	11.25	18.75
各类泵	36	0.75	0.8	0.75	40.5	30.4	50.6
照 明		1	1		129	0	129
总计（同时系数 0.7）					670.5	464.82	815.86

说明：1. 照明含 14 盏镝灯，80 盏碘钨灯；

2. 已考虑其他手持电动工具的负荷。

4.11 季节性施工

（1）冬期施工

1）现场室外供水管全部包草绳，防止水管结冰爆裂；

2）及时清除楼梯、通道的积水和积雪，防止结冰滑跌；

3）室外工程尽量提前施工，室内抹灰、砌砖应封闭门、窗洞口保暖，并在砂浆中掺防冻剂，混凝土中应加防冻剂，浇捣完成后加塑料薄膜及草袋覆盖；

4）钢筋：①负温下应尽量采用控制冷拉率方法调直钢筋；调直后的钢筋，应检查外观质量，其表面不得有裂纹和局部颈缩；②雪天或施焊现场风速超过 5.4m/s（3 级风）焊接时，应采取遮蔽措施或禁止焊接，焊接后冷却的接头应避免碰到冰雪，对焊宜采用预热闪光焊或闪光→预热→闪光焊工艺。

（2）雨期施工

1）疏通排水沟、下水道，储备必需的排水泵；

2）雨期应勤收集天气预报，及时用塑料薄膜覆盖，避免新浇混凝土、砂浆被水冲刷；

3）经常检查配电箱的漏电保护装置，使其灵敏、有效；经常检查用电线路的完好情况，发现破坏立即包扎或更换；

4）做好塔吊、配电箱或其他电器设备的接地，防止雷击；

5）雷雨、台风天气，外脚手架子禁止上人；遇六级以上大风，塔吊停止使用。

（3）夏季施工

避开中午炎热时间施工，调整作业时间。现场提供凉开水、绿豆汤等防暑降温物品。现场医务室提早备好中暑药品。

4.12 塔吊安装使用和拆卸说明

（1）塔吊安装使用说明

1）塔吊安装及保养

1～5 号塔吊在开工前，进行全面的检查、保养和配件储备，以良好的状态投入使用。6 号塔吊在 ± 0.00m 以上结构合同签订后，即按原塔吊能力恢复安装就位。

2）塔吊使用的说明

因本工程±0.00m以上结构施工过程中，将同时使用6台塔吊，相邻塔吊之间覆盖面均有不同程度的重叠，而且周边还有高压线与1、2、3号塔吊相邻，4、5号塔吊与浦东香格里拉大酒店水平距离在40m内，因此，在塔吊使用过程中应注意以下事项：

① 沿陆家嘴路侧的高压线按与供电部门的协议执行，严格限位，保证塔吊运行过程中及停运期的安全；

② 靠浦东香格里拉大酒店工地的4、5号塔吊采用限位装置，限制吊臂的活动范围；

③ 不管是在初装阶段、顶升阶段，还是在达到最大高度后，都应该保持相邻塔吊之间的最小高差不小于3m；

④ 对所有的塔吊操作人员及指挥人员进行详细的技术交底，制定严格的管理制度，除严格遵守单台塔吊的使用规定外，所有塔吊操作和指挥人员都必须时刻注意与相邻塔吊之间的协调配合，防止塔臂撞击相邻塔吊的吊钩或钢丝绳；

⑤ 结构施工塔吊布置见“施工总平面图”。

(2) 塔吊拆卸

1) 拆卸准备事项

① 清理拆卸塔机场地及桅杆式起重机安装、吊装场地；

② 屋面用普通钢管塔设搁置塔机前臂承重架，架高1m、宽2m、长60m（因各塔机起重臂和长度有变化，故承重架长度随各塔机而异）；

③ 顶层塔身留洞3m×3m，便于降塔，提升架下落；

④ 安装桅杆式起重机：

a. 安装地点：⑮轴与Ⓝ轴相交立柱上；

b. 主杆及副杆安装：用塔机安装；

c. 缆风绳拉设：采用6×19－18.5钢丝绳，楼层留洞，缆风绳拉至下一层立柱上固定；

d. 卷扬机安装：楼层预埋件地锚固定卷扬机；

e. 桅式起重机安装经相关部门验收合格后方能使用。

2) 拆卸车辆及工具准备

8t桅式起重机一台；东风加长车二台；8t汽吊一台；

10t半挂车一台；氧割工具一套；专用扳手两套；

对讲机四只；安全带六副；常用工具若干。

3) 拆卸步骤

① 降塔机至极限位置，提升架落下；

② 利用塔机自卸装置拆配重至楼面后，用桅式起重机吊至地面装车转运；

③ 利用1号塔机及桅式起重机共同吊住2号塔机起重臂，拆除前拉杆后，将起重臂吊下置于已搭好的承重架上，解体后用桅式起重机吊至地面装车转运；

④ 塔机回转90°，用桅式起重机将后臂解体，拆至地面装车转运；

⑤ 利用桅式起重机拆除塔帽、驾驶室节至地面装车转运；

⑥ 利用桅式起重机拆除回转支承、提升架、顶升系统及余下标准节到地面装车转运；

⑦ 拆卸桅式起重机。拆卸过程完毕。

4) 拆卸安全措施

① 现场设立警戒区，由专职安全员监护，禁止非作业人员进入作业区，拆除塔机楼层里面部分的洞口须设立禁区，专人看守；

② 遵守现场施工纪律，高空作业人员按规定使用安全带、防滑鞋等安全防护用品；

③ 拆卸前，检查钢丝绳、绳扣、滑轮等，确认可靠方可作业；

④ 拆塔期间注意天气，大风（超过四级）、大雨、大雾期间禁止拆塔机，中途天气有变须加固并中断拆塔；

⑤ 拆塔期间作业人员禁止酒后作业、疲劳作业；

⑥ 高空作业禁止乱扔抛物件，禁止嬉戏打闹；

⑦ 作业人员由总指挥统一安排，禁止擅自操作，擅自离岗。

5）说明

3、4、5、6号塔吊拆除方法与1、2号塔吊拆除方法相同。

塔吊拆除之前，由承担拆除单位编写具体操作方案，报经上海市建委有关部门批准后方可执行。

4.13 施工虚拟仿真技术

虚拟现实技术是一门新兴技术，它利用计算机产生具有高度真实感的三维交互环境，实现以用户为核心的直接、自然的人机交互。随着计算机技术的发展，仿真技术获得了广泛的应用。以虚拟现实为核心的虚拟仿真技术逐步在军事、航天、航空、火电和核电、交通运输等领域渗透到设计、生产和训练方面，对这些行业产生了巨大的推进作用。

但是在建筑行业中，计算机技术的应用还较为落后，仿真技术还鲜有应用。中建三局一直在探索应用先进的计算机技术改造建筑工程施工技术，提高施工技术水平。

4.13.1 概况

上海正大商业广场位于上海浦东陆家嘴，东方明珠电视塔脚下，工程占地3.1万m^2，建筑物东西长约260m，宽约100m，地下3层、地上9层，总建筑高度50m，总建筑面积24.3万m^2；是一座集商业、娱乐、餐饮为一体的综合性建筑。本工程由于体量大、建筑造型复杂，主体结构采用现浇钢筋混凝土框架结合钢结构的方式以适应建筑造型和功能的要求。工程中使用的钢构件主要集中在八层以上，重、大型构件又多布置于建筑物腹地，空间位置复杂。同时本工程是经国际招投标，按“菲迪克”条款实施工程管理的工程项目，工期要求严格，钢结构吊装的允许有效工期仅为85d，使用传统方法组织工程施工难以可靠地解决安全、优质与高速施工的矛盾。

中建三局和华中科技大学合作，联合开发了“上海正大商业广场施工虚拟仿真技术”。它以满足生产需求为目标，利用虚拟现实技术对多种施工方案的施工全过程进行三维可视化模拟、验证和优化，并提供相应的施工和安全控制参数。主要包括三大部分：

(1) 钢结构吊装施工虚拟仿真：即施工前在计算机上完成多种吊装方案的试验和优化工作。

(2) 应力和变形的仿真分析：包括对桅杆起重机、吊装构件及钢结构焊接应力、应变的仿真分析计算，获得相关施工过程控制和安全控制的必要参数。

(3) 建筑外观与城市场景虚拟漫游：主要是构建了建筑物建成后虚拟环境并实现对该虚拟世界的交互式游览。

本工程的钢结构吊装工作除部分构件因设计变更等原因，方案作适当调整外，基本按照虚拟仿真验证和确定的施工方案组织施工。工程施工中各构件全部一次性吊装成功；焊缝质量经超声波探伤检测一次性合格率100%；工程总体质量达到优良标准；实现了安全、优质、高速施工的目标。经测算，施工虚拟仿真技术在正大商业广场钢结构安装工程中的应用，创直接经济效益123.8万元。事实证明应用“施工虚拟仿真技术”这一全新的技术手段对施工技术和组织的可行性、经济性、安全性等进行全面地验证和优化，能有效提高工效和安全可靠度。

4.13.2　单项技术简介

(1) 上海正大广场钢结构施工虚拟仿真

本工程结构施工的技术难点集中在钢结构吊装施工部分，其特点和难点主要体现为：吊装的有效工期紧；构件数量多、类型多、超长超重构件多（构件总数达三千余件，总重量约5600t）；重、大型构件集中在建筑物腹地和顶部，运输通道和吊装空间不但狭窄且在空间和平面上都很不规则；有的构件还安装在同一投影面内的不同楼层，障碍物很多，吊装难度大。

我们除合理安排土建和钢结构穿插施工及利用工作面多点吊装外，对吊装方案的技术和组织方面的论证和优化开展重点攻关。最终依靠施工虚拟仿真技术，经过对各种施工方法仿真分析，确定了最佳的施工方案。

在钢结构施工虚拟仿真的研究和应用过程中，我们解决了以下方面的技术难题，成功地实现了对钢结构吊装全过程的虚拟仿真和分析：

1) 由二维设计图纸快速建模生成精确的三维模型

由于建筑工程设计中均是采用二维的AutoCAD图纸，因而必须由人工根据设计图纸构建仿真所需的三维模型。通过摸索，我们成功实现了使用Mechanical Desktop3.0软件，利用Auto CAD图形文件资源快速生成三维模型。针对不同情况分别采取参数化和非参数化两种方式。

对于大量相同内容造型、尺寸无需更改的土建结构，采用非参数化建模方式。从原二维图形文件中提取轮廓，通过实体拉伸、布尔运算、坐标变换、空间阵列等方法的组合，迅速生成多层或高层建筑模型。

对结构较复杂、有变异造型、约束较多的构件，如大楼梯、天桥等，采用参数化建模方式。从二维图形文件提取可供参考的外形轮廓特征，通过添加约束、材料特征等手段，迅速生成构件模型，建立可直接调用构件库。

2) 实现了较大规模模型的快速显示

本课题的模型规模大，我们通过将几何实体模型转换为带有物理属性的面片，经过多次简化，以115800个面单元构建了运动仿真所需的三维模型。并且采用层次细节技术，提高了仿真的显示速度，解决了本课题涉及的较大规模模型的快速显示问题。

3) 实现了反运动学模拟

在本课题中对双机抬吊的构件运动，如果采用正运动学模拟，通过编程实现协调运动比较困难。探索采用运动物体移动的位置变化反向驱动，以较小的计算量实现构件的吊装协调运动。

4) 解决了碰撞干涉检查显性实时显示问题

引进动态显示中的信息通道概念，解决了多点同时吊装运动中的实时干涉检测显性显示问题。

5）实现了记录和回放运动过程

通过建立记录和回放机制，便于本课题开发过程中发现问题、保留问题、解决问题。

建立了部分虚拟建筑设备库，如塔吊库、桅杆起重机库，能为不同规格的设备实现集成模型。

施工虚拟仿真技术在正大商业广场钢结构施工实践中取得了良好的应用成效，主要体现在以下几方面：

1）通过组装模型深化钢结构施工图设计，校验装配尺寸，可防止出现设计和加工错误。

2）通过对施工方案的动态模拟，施工人员可以对吊装地点进行漫游，随时根据具体情况调整施工方案，确保构件的安装就位，避免高空处理问题，对原施工方案的优化修改主要有：

A. 西天窗屋架吊装方案中，将桅杆式起重机座高度升高；

B. 西弧形梁吊装方案中，构件绑扎点的优化；

C. 中部商业天桥安装中，桅杆起重机的副杆长度加长等。

3）缆风绳的优化布置。

通过虚拟仿真技术并对缆风绳布置进行优化调整，减少了吊装过程中安拆缆风绳的次数，提高了施工工效，减少了施工风险。

4）吊装模拟中通过引入时间信道，利用多点决策优化理论，优化装配吊装方案，提高施工工效。

5）实现了施工过程的实时视觉仿真，有利于进行施工前的操作和安全技术交底；

钢结构施工虚拟仿真技术对原施工方案的验证和优化，为钢结构吊装的安全高效施工提供了可靠保证。通过施工虚拟仿真技术，每消除一处施工隐患都会产生巨大的社会和经济效益。

经查新，本工程是国内首次将虚拟仿真技术应用于建筑工程施工，并成功地实现了对施工全过程的仿真分析。

(2) 应力和应变仿真分析

1）桅杆起重机构件及基座等应力、应变仿真分析。

本工程的重、大型构件均采用桅杆起重机吊装，因而保证桅杆起重机吊装的安全运行非常重要，有必要对整个吊装过程中桅杆起重机的各部位内力进行全面分析。

针对上海正大项目该部分需求而设计了有自主版权的计算机分析软件。该软件计算各种条件下，桅杆起重机各构件的受力状态，并能通过颜色和数据两种方式显示计算结果，达到临界状态时予以报警。

在软件中设计了钢材参数等三个数据库，只需输入钢材型号、相应参数即可自动查询调用，使用相当方便。该软件可用于其他工程中的桅杆起重机内力分析，具有通用性。同时，还对桅杆起重机的基座和吊装的屋架进行了应力和应变分析。

通过该系统，成功地分析了桅杆起重机及其基座、被吊屋架在吊装动态过程中各种条件下的受力状况、应力分布。计算表明：在荷重50t以内，副臂仰角在30°~60°范围内时，桅杆起重机组成的吊装系统运行是安全可靠的；基座顶部附近出现了局部应力集中现象，但内力峰值均未达到临界状态，混凝土基座是稳定的；吊装屋架在吊装时各构件的应力均未达到临界状态，吊点选择和吊装方法是可行的，吊装过程是安全的。实际工程施工中，即将仿真计算提供的参数作为施工安全控制的指标。

国内未见如此全面系统地模拟分析桅杆起重机应力、应变的报道，我们完成的分析程序在类似工程中有良好的推广应用价值。

2）钢结构焊接应力、应变的三维有限元仿真。

本工程中多数焊接接头是箱形截面。为保证钢结构安装的顺利进行，必须有效地控制焊接变形，保证焊接接头的工程质量。

针对本工程的特点，对典型的箱形截面焊接过程进行了三维有限元分析。为了对比焊接效果，分别对钢板的多层焊接和一次性焊接两种焊接方式进行了有限元仿真。

通过多层和一次性焊接方式的对比计算，经综合分析，建议 80mm 厚钢板至少分成 10 层焊接为宜，30mm 厚钢板至少分成 2～3 层焊接为宜。

通过对典型箱形截面焊接应力和应变的仿真计算，获得了截面一次焊接和多层焊接的温度场、应力场和应变场的连续变化规律，为施工现场控制焊接变形提供了理论依据和参数，也为其他工程提供了可借鉴的分析手段。

经查新，国内模拟箱形截面的焊接过程的报道，我们对箱形截面焊接的分析、分层焊接的分析，对于今后系统地研究焊接施工应力奠定了基础。

3）建筑外观与城市场景虚拟漫游。

在建筑物未建成以前，对于设计者、建筑单位和业主，都希望能全面、直观地了解它建成后的效果，以及与周围环境是否协调。

通过将上海正大商业广场和附近的一些建筑场景、道路等建模渲染，我们成功实现了满足实时仿真需求的大面积逼真场景。该系统能使观察者自由地在场景中漫游；在场景中加入灯光、天气、海洋等特效，使场景更显真实和具有动感。在漫游中实现了碰撞检测功能，它使得漫游场景中的各种实体能够真正反映现实生活中的各种状况。例如，运动物体遇到障碍物会停止运动，在高低不平的道路上，能够随地形起伏运动等。

4.14　大型构件及设备整体安装施工技术

上海正大商业广场顶层结构，采光天窗、天桥，各楼层的楼梯等为钢结构，重量约为 7000t，其中顶层结构及采光天窗钢结构约 5000t。重大型构件又多布置于建筑物腹地，空间位置复杂，经计算分析，工程中的钢结构中共有 94 类构件，单件重量在 10～49t，无法用塔吊直接吊装；同时，在九层锅炉房内有锅炉，单件重量达 9.2t；顶层共有发电机组 3 台，重量分别为 11.4t、15.547t、15.574t。这些设备也不能利用塔吊直接吊装到位。

上海正大商业广场这些重大型构件和设备具有分布面广，但又相对集中在建筑物腹地和顶部，单件构件跨度大、重量大，多数构件两端的安装高度不同的特点，而且施工工期紧。经过综合对比分析，我们采用共五台、三种规格形式的桅杆起重机，并通过施工中适当移动起重机，成功完成了本工程重、大型构件的整体安装。

4.14.1　主要施工组织措施

为高速、优质地完成正大广场的大型构件和设备的整体安装，中建三局四公司经过多次施工组织设计优化，主要采取了以下组织措施：

(1) 采用虚拟仿真技术验证、优化方案

通过中建三局与华中科技大学联合开发的施工虚拟仿真技术，对上海正大商业广场的构件吊装方案、顺序等关键问题进行验证、优化，使方案更科学、可行、可靠。

(2) 优化总体施工顺序，为吊装工作提供更多的施工面

通过工程总承包部协调，土建施工改变了原由西向东的施工流水顺序，改为由东向西流水。使顶层钢结构吊装能提前20d插入。另外，在中央天井处预留了坡道等土建结构，为钢结构吊装提供了吊装运输通道。

(3) 优化了节点连接方法

经与设计、监理、业主的多方协商，将原八至九层的节点连接由全部焊接连接改为高强螺栓连接或混合连接。提高了现场拼装、安装速度，也方便了拼装调校和安装校正。

(4) 优化桅杆起重机布置

除最大限度地利用现场塔吊，采用单机吊装或双机抬吊方式完成楼梯等吊装外，通过优化桅杆起重机布置位置，减少移动次数，调整构件拼装位置，减少加固作业。

4.14.2 圆天窗大跨度钢桁架安装施工技术

(1) 天窗概况

正在商业广场在建筑物④~⑧轴和⑲~㉔轴各设有一个圆形天窗，本处以东部天窗为例说明，东天窗直径38m，八层以下为混凝土结构，八层以上为钢结构，主要有ϕ609×18钢柱，Ts640×510×35托架梁及桁架三部分组成。桁架由Ts360×250×16及Ts360×250×12拼焊而成，共5榀，高度2.9m。端部安装标高54.13~48.08m，比八层楼面高14~20m，单件重量15~20t，跨度最大达38m。距建筑物外边线最近约20~25m，且由于工期紧，天窗与八层屋面钢结构必须同时施工。

(2) 钢桁架安装方案

在天窗天井内五层钢筋混凝土柱顶设置桅杆起重机，并利用八层楼面作为拼装场地，屋架分段后利用塔吊吊到拼装位置，由桅杆起重机拼装、吊装。

(3) 主要技术措施

1) 桅杆起重机的布置与安装。

根据桁架单件重量和安装高度，选择的圆管式桅杆起重机，其主桅杆高32m，吊杆长30m，中部截面为ϕ530×12，两端截面ϕ430×12。起重机变幅采用5t卷扬机牵引，旋转采用2台1t卷扬机牵引。

2) 起重机的安装。

由于结构柱顶标高仅为20.00m，而桅杆起重机安装高度均为35m，故在结构柱顶预埋埋件，利用塔吊分段安装15m的格构式承栓（截面1.8m×1.8m）。

桅杆起重机主桅杆安装时分两段就位，第一段由塔吊安装，拉好临时缆风绳；而超过塔吊高度的第二段用辅助独脚扒杆安装，两段连接牢固后拉好缆风绳，吊杆则利用主桅杆整体安装。

3) 桁架的分段。

考虑运输和安装的需要，桁架在2T分段制作，WJ-13、WJ-14、WJ-15分三段制作，WJ-11和WJ-16则分两段制作，分段位置均在桁架近三分之一处，采用法兰盘式高强螺栓

连接。

4）桁架的安装。

由于 WJ-15 安装位置与桅杆中心距离仅 0.9m，故 WJ-15 不能利用桅杆起重机一次安装到位，施工中先将拼装好的 WJ-15 吊至天井内，临时固定放置于其安装位置附近托架梁下方。待 WJ-16 安装就位后，拆除吊杆，利用主桅杆将 WJ-15 吊装就位，故天窗桁架的吊装顺序为 WJ-12→WJ-13→WJ-14→WJ-15 临时固定→WJ-16→WJ-15。

(4) 经济效益比较

除使用桅杆起重机整体安装外，东天窗可行的吊装方案有：天井内搭设满堂脚手架、桁架分段制作、利用塔吊吊装、高空拼装等。但本方案脚手架搭设高度达 52m，需另外安装大型塔吊。

以上方案不但施工费用高，而且施工周期长，采用本方案安装，仅 10d 时间就完成了天窗桁架的施工任务。经测算，取得经济效益 18.7 万元。

4.14.3　大型钢天桥主梁安装施工技术

(1) 工程概况

正大广场建筑物东、西、中部各有一个天窗，中部天窗平面呈弧形，天窗下⑨~⑳轴为跨越三层至五层的混凝土商场大坡道。坡道上方为天井，将建筑物中部区域分隔为南、北两部分。五层至八层跨越天井设置两种类型的钢天桥，天桥主梁均为箱形截面。水平设置的为人行天桥，共 7 部，BL6-2、BL7-2、BL8-2 跨度约 15m，主梁单件重约 6t；BL5-1、BL8-1 跨度 22.5m，主梁单件重约 10t；BL6-1、BL7-1 跨度约 26.3m，单件重约 12~14t。跨楼层设置的为商店天桥，共 3 部，天桥宽 7.2m，每部天桥两根主梁，主梁跨度约 20~33.5m，单件重量 19~49t。十部天桥钢结构总重量约 800t，其中主梁共约 350t。

该工程具有以下特点：

1）散。十部天桥分布在五~八层四个楼层，长达 100m 的范围内。

2）重。大部分构件单件重量超过 10t，最重达 49t，远远超过现场塔吊相应吊装半径的起重能力。

3）大。箱形梁除 BL6-2、BL7-2、BL8-2 梁高为 0.7m 外，其余梁高都在 1.0m 以上，最大 1.8m，跨度最大达 33.5m。

4）难。天桥位于建筑物腹地，安装集团距建筑物外线最近 25m，且商店天桥主梁为折线形，高低度差 5m，构件运输就位困难，现场布置六台塔吊，但塔吊起重能力小，常规大型起重机因无法靠近安装位置而无能为力，因此，吊装机械、吊装方法的选择比较困难；

5）狭。天井内土建结构复杂，空间狭小。三层为商店大坡道，以下不同楼层均有不规则外边线的悬挑约 8m。

(2) 总体施工方案确定

根据本工程特点，结合现场塔吊布置、天桥平面位置、构件单件重量及周边施工环境等实际情况，我们制定了如下总体施工方案：

1）天桥 BL5-1、BL8-1 主梁利用 5 号塔吊安装；

2）天桥 BL6-2、BL7-2、BL8-2 主梁利用 5 号塔吊提升到安装楼层适当位置，改变吊点，利用 5 号、6 号塔吊双机抬吊就位安装；

3）BL6-1、BL7-1、RBL-6 主梁采取先将构件运到安装位置下方，其中 RBL-7、RBL-5 分段制作运到拼装位置拼装；然后，在九层布置桅杆起重机，吊装 BL6-1、BL7-1 和 RBL-7 主梁，在五层、六层分别设置桅杆起重机，整体吊装 RBL-5、RBL-6 主梁。

在此以 RBL-6、RBL-7 主梁吊装为例，介绍天桥主梁的施工方法。

（3）RBL-6、RBL-7 主梁施工方案选定

钢天桥主梁安装最直接的方法是选用大型塔吊或分段高空拼装，选用大型塔吊，其规格须在 1000t·m 以上，基本不现实；分段高空拼装，若利用现有塔吊，分段数量将在十段以上，且天桥下方为楼板，支撑设置困难，高空拼装质量不易保证，同时我们也曾考虑利用大型汽车吊或履带吊将构件吊至七层楼板，采用跨越平移法施工但构件为折线，实施困难。

经综合分析、对比和验算，确定以下施工方案：

⑨～⑯轴二三层楼板及商场大坡道钢筋混凝土暂缓施工，在一层楼板布设运输通道及构件拼装平台，将构件运至天桥主梁安装位置下方（RBL-7 主梁分三段运输至拼装平台上拼装），分别利用设置在五层、九层顶的桅杆起重机整体吊装 RBL-6、RBL-7 主梁。

（4）桅杆起重机的选择与布置

为尽可能提前插入钢天桥安装施工，加快天桥安装进度，减轻屋顶钢结构安装的工期压力，同时为后续工程施工创造条件，根据天桥结构及周边混凝土结构的实际情况，RBL-6、RBL-7 分别用了两种不同型号、规格桅杆起重机，布置方式也截然不同。

RBL-6 主梁安装桅杆起重机：利用⑮轴交Ⓗ轴钢筋混凝土柱作桅杆，在五层柱脚设置抱箍钢牛腿作为吊杆的底座。吊杆长 22m，中部截面 530mm×12mm，两端截面 430mm×12mm，四周用 4L100×10mm 角钢通长加强，起重变幅均采用 5t 的卷扬机，旋转采用 2 台 1t 卷扬机，吊装时最大回转半径 15m。

RBL-7 主梁安装桅杆起重机：桅杆高度为 31.5m，吊杆高度 28m，格构式，中部截面 720mm×720mm。两端截面口 550mm×550mm，主肢角钢 4L150×150×14mm，缀条 L63×63×5mm，吊装时用 9 根 ϕ39 的缆风绳固定桅杆，起重选用 2 台 5t 的卷扬机双跑头牵引，变幅采用 1 台 5t 卷扬机，旋转采用 2 台 1t 卷扬机。

桅杆起重机放置于九层⑫轴交Ⓗ轴钢筋混凝土柱顶，吊装时最大作业半径 19m，卷扬机等布置在九层楼面。

（5）运输通道搭设

在指定区域平等铺设三至四根 I30a 通长工字钢，垂直于铺设方向，I30a 工字钢间用 I16 焊接连接以形成整体，I16 间距 1800mm，I30a 工字钢上满铺 $\delta=10$mm 厚钢板，钢板与工字钢点焊固定，作为运输平台，考虑构件吊入运输通道，将运输通道延伸至超出建筑物 3～4m，并支撑牢固。

在运输平台上均布 ϕ89×12 的无缝钢管，间距 30～50cm，并在无缝钢管上放置托板，用 5t 汽车吊将构件置于托板上，利用卷扬机牵引构件滑动，将构件运至指定地点。

因 RBL-7 主梁跨度大、单件重，采取分三段制作运至现场拼装，构件进场时应注意三段构件进场的顺序。

（6）RBL-7 主梁分段与拼装

主要参数及分段情况，以 RBL7-1 主梁为例：构件截面 Ts500×1800×30×80，见表

4-6。

RBL-7 梁主要参数　　　　表 4-6

构件编号	安装标高	重　量	长　度	分 段 数
RBL-7	40m	49t	35m	3

1）拼装节点形式。

拼装节点采用 100%等强焊接连接，考虑到构件截面尺寸大，单件重，拼装过程中构件翻身困难，同时构件置于拼装平台上拼装，仰焊操作困难，不易保证质量，我们采用盖板式拼装节点，既避免了拼装过程中的构件翻身，又避免了仰焊；

2）构件分三段，按顺序进场，用 50t 汽车吊并送至运输通道上，在运输通道上布设走管，卷扬机牵引，箱形梁腹板朝下平躺布置于拼装位置；

3）构件拼装：

A. 构件置于平台上，平整度、起拱度、扭曲、接头错口等校正符合设计规范要求后方可施焊；

B. 焊接顺序，先用两台 CO_2 焊机对称焊接两条立焊缝（80mm）；然后，水平焊接腹板焊缝，最后焊接上盖板；

C. 焊接工艺，按焊接施工作业指导书实施，焊接时应搭设防护棚，分层尽可能对称焊接，严格按作业指导书做好预热、后热及保温工作并加强焊接过程的监控；

D. 对焊接接头进行 100%超声波探伤。

（7）构件安装

构件拼装时，为减少桅杆起重机的作业半径，构件两端部分伸入二层楼板内，同时由于三层以上每个楼层均有悬挑楼板，构件拼装后必须旋转 90°方向进行垂直提升作业。

1）桅杆起重机安装：吊杆、桅杆在九层楼面拼装成整体，利用辅助扒杆竖立桅杆，拉好缆风绳后，利用桅杆安装吊杆，起重机拆除方法与安装方法相同，顺序相反；

2）桅杆起重机安装后应须经有关部门组织验收并试运行，合格后方可正式投入使用；

3）在箱形梁上下翼缘板上分别设置吊耳，构件主要采用上翼缘的四个吊点起吊；同时，下翼缘设两个吊点，其起重钢丝绳采用滑车组并各配一只 10t 手拉葫芦，以便调节起重钢丝绳的长度而进行构件空中翻身；

4）构件起吊及空中翻身需在构件起吊离地旋转 90°方位后再进行，构件空中翻身利用手拉葫芦慢慢地放松箱形梁下翼缘两个吊点起重钢丝绳的方法实施；

5）利用两台卷扬机双跑牵引，缓缓提升构件，至预定高度，构件回旋 90°，利用手拉葫芦缓缓调节构件两端高低差，基本符合要求按弹线位置就位。

（8）主要施工技术措施

1）拼装区域二三层楼板及商场大坡度道混凝土结构暂缓施工，将构件拼装场地设置于一层楼板，方便构件进场；同时，保证了拼装区域的混凝土结构安全（L1 层楼板承载能力大）；

2）将拼装平台及运输通道布置于钢筋混凝土梁上，避免混凝土楼板承受集中荷载；

3）采用构件空中翻身，避免构件翻身过程中与楼板接触，损伤楼板；

4）利用虚拟仿真施工技术对构件拼装焊接，桅杆起重机的受力情况，构件提升过程与混凝土结构的相互位置关系等进行模拟，验证方案的可行性。

(9) 计算复核

为确保混凝土结构及施工安全，我们主要对以下几种情况进行了验算：

1) 拼装区域混凝土梁等结构的验算；

2) 桅杆起重机及缆风绳等受力情况的验算；

3) 支承桅杆起重机混凝土柱结构验算；

4) 吊耳设置及验算；

5) 两种吊装情况下（平吊及立吊）构件变形验算；

6) 焊接变形及应力分析。

4.14.4 屋面大跨度桁架（箱形梁）安装技术

(1) 工程概况

正大广场工程因招商需要，顶层⑩～㉑轴北面的使用功能发生变化，九层⑩～⑱轴（以下简称九层）改作以剧场为主的多功能厅，八层⑱～㉑轴（以下简称八层C区）改作电影院，因而钢结构也发生了重大的设计变更，跨度、层高显著增大。

八层C区钢柱为焊接工字钢，截面为H445×435×40×60（mm），钢柱长度约22.4m，单件重11.8t。屋面梁部分为焊接工字钢，另外大跨度区域（中部）采用了六根变截面箱形梁，截面为Ts1000～1989×400×28×50（mm），跨度26.4m，单件重29t，安装高度（距八层楼面）22.4m，安装标高57m。

九层柱梁截面同八层C区，中部区域⑫～⑰轴屋面采用了11榀大跨桁架，桁架由箱形杆件拼焊而成，高2.8m，最大跨度约36.5m，单件重约20t，安装高度（距九层楼面）12～16m，安装标高52～56m。

工程特点：

1) 八层C区、九层屋面均为具有两个方向坡度的空间坡屋面，结构比较复杂；

2) 箱形梁、桁架及部分钢柱的单件重量超过了塔吊的起重能力，无法利用塔吊安装；

3) 特别是桁架、箱形梁跨度大，单件重，构件垂直运输及吊装十分困难；

4) 大型构件位置分散，11榀桁架和6根箱形梁分散在⑫～㉑轴80m的范围内；

5) 箱形梁截面尺寸大，钢板较厚，现场拼装困难，周期长，质量不易保证；

6) 工期紧。该部分变更设计图纸2000年9月下发，业主要求2001年3月底结构必须封顶，考虑深化设计、备料、加工周期，安装工期很紧。

(2) 施工方案选定

方案选定主要考虑以下几个特殊条件：

1) 桁架及箱形梁跨度大、单件重，且安装位置位于建筑物顶层中央部位，塔吊起重能力不能满足垂直运输及安装的要求，大型起重机因无法靠近，无能为力；

2) 构件安装位置距相应楼面高15～22.4m，若利用塔吊吊装，高空拼装，支撑工作量大，施工周期长；

3) 采取在楼面拼装，整体吊装方案，则要求选用的起重机械起重能力大，装拆或移动方便；

4) 在布置起重机械设备时，应充分考虑机械设备及支承设备的混凝土结构的安全。

经综合分析、论证，确定如下施工方案：

1）桁架分段制作，法兰连接，利用塔吊卸车并完成垂直运输，将构件布置在九层楼面；

2）箱形梁考虑到现场拼装比较困难且构件运输能力可以满足要求，不作分段处理；

3）在八层C区楼面布设构件运输通道及构件堆放平台，在吊装前将六根箱形依次布置在平台上；

4）自行改装设计人字桅杆起重机，承担箱形梁垂直运输及桁架、箱形梁整体吊装施工，人字桅杆起重机装拆、移动由塔吊协助完成；

5）对相关混凝土结构进行验算，并采取必要加固措施。

（3）人字桅杆起重机的选择

人字桅杆起重机是在牵缆式桅杆起重机的基础上改装而成，主要由底座横梁、吊杆、人字桅杆三部分组成，其他辅助设备如卷扬机等的配备与牵缆式桅杆起重机相同。

本工程采用的人字桅杆起重机：吊杆长28m，中部截面$\phi530\times12$，两端截面430mm×12mm，四周采用4L100×10mm通长角钢加强，桅杆由两根钢管组成人字形，钢管长26m，截面$\phi325\times12$，四周采用4L75×7通长角钢加强，两根钢管1/2处用L200×10相连，以增强其稳定性。

人字桅杆起重机起重及变幅均采用5t卷扬机牵引，旋转采用1t卷扬机牵引。

人字桅杆起重机与牵引式桅杆起重机有以下不同之处：

1）桅杆改为人字形，稳定性大，且桅杆受力方向较为明确，固定桅杆的缆风绳数量减少；

2）底座横梁代替固定支座，作用于支承结构的荷载分散，利于保证支承起重机混凝土结构的安全；

3）起重机各部件尺寸小，重量轻，且缆风绳数量少，装拆方便，移动灵活；

4）吊杆旋转角度较小，只能在小于180°的范围内旋转，吊装工作范围较小。

（4）构件进场的布置

① 九层桁架分段制作，根据安装进度和顺序，组织桁架进场，利用2号塔吊吊运至九层楼面的拼装胎架上拼装。

② 八层C区箱形梁在⑱～㉑轴北面九层混凝土结构施工前运至八层楼面，构件进场前在八层C区楼面布设运输通道，通道由三根I30a平行铺设而成，I30a间焊接I16形成整体，间距2.0m，并保证I30a上表面基本平整，通道上布置$\phi89\times12$无缝钢管。

在Ⓝ轴上⑲～⑳轴间设置人字桅杆起重机：起重机底座横梁长约7.5m，主桅杆长26m，由两根钢管组成，钢管截面$\phi325\times12$，四周采用4L75×7通长角钢加强，长度二分之一得用L200×10焊接连接，以增强其侧向稳定性，吊杆长20m，中部$\phi530\times12$，两端截面$\phi430\times12$，吊杆四周采用4L100通长角钢加强。主缆风绳四根，回转缆风绳两根，起重变幅采用5t卷扬机，旋转采用1t卷扬机。

构件卸车及垂直运输均采用人字桅杆起重机，因构件较长，起吊时使构件与建筑物外边线平行，待构件超过外架高度后，构件旋转90°，在收起重杆的同时，缓缓落钩，使构件一端置于运输通道，然后用卷扬机牵引构件，至Ⓜ、Ⓚ轴间通道上。

在⑱轴处布置两台卷扬机，同时牵引构件两端，同样利用钢管，将构件滑移至安装位置下方。

（5）构件吊装

在八层C区钢柱及托架梁（柱间梁）安装校正并固定后，将人字桅杆起重机移至八层C区㉑轴，由㉑轴向⑧轴推进，依次吊装。每移动一次，吊装两根构件，起重机的移动利用塔吊协助完成。

箱形梁为变截面梁，刚度很大，吊装时采用两点绑扎起吊。吊点间距尽可能小，根据桅杆起重机的高度，经计算确定，吊点间距4m。

九层桁架在拼装验收合格后，采用相同的方法安装，施工时每移动一次起重机，吊装两榀屋架。

构件安装施工注意事项：

1）钢构件布置在楼层时必须垫枕木，枕木搁置在钢筋混凝土梁上，运输通道搭设时，支承点也必须设在钢筋混凝土梁上，以保证钢筋混凝土楼板的结构安全；

2）人字桅杆起重机底座横梁搁置在钢筋混凝土梁上，并在混凝土梁底按方案要求搭设脚手架支撑；

3）吊装前认真对桅杆式起重机进行检查和保养，滑车组和卷扬机等转动部分必须加注润滑油后方可使用；

4）吊装前桅杆式起重机必须进行试运转（试吊）并完成起升、变幅、回转三个动作，以便检查起重机的各项性能是否满足要求；

5）施工过程中，桅杆式起重机的缆风绳必须有专人负责看守，发现问题，须立即停止作业，并且使用时不得随意拆动缆风绳；

6）桅杆式起重机在起落钩、变幅、回转及制动时应力求平稳，避免产生冲击，施工时必须由熟悉起重机性能和有吊装施工经验的起重工统一指挥，并要求作业人员步调一致；

7）建立高度统一的指挥系统，并做到指挥下达明确、果断，不得含糊不清；

8）构件吊装必须对构件质量（拼装质量）进行严格检查验收，合格后方可起吊。

（6）结构验算

为确保混凝土结构及吊装施工安全，我们主要对以下几种情况进行了验算：

1）拼装及运输通道区域混凝土结构验算；

2）人字桅杆起重机及缆风绳验算；

3）支承桅杆起重机混凝土梁结构验算；

4）构件吊装吊点选择及验算。

5 工程质量管理

为了贯彻公司的质量方针，保证工程质量满足合同规定的要求以及争创优质工程目标的实现，本项目按照GB/T 19002—ISO 9002质量保证模式建立项目质量保证体系，严格执行国家和上海市有关技术质量标准、规范、规程或规定，实施项目质量控制与质量管理。

（1）质量计划

组织编写总分包两级质量计划，作为项目质量控制的指南，并设置专职人员检查，督促项目质量计划的实施。

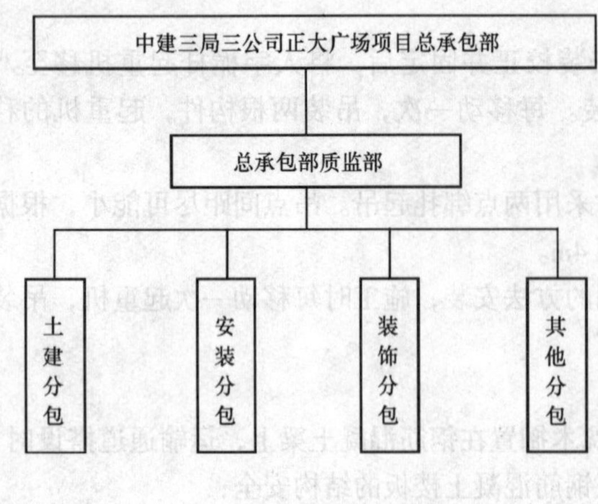

图 5-1 质量管理网络图

(2) 质量管理组织机构

1) 成立以中建三局三公司正大广场项目总承包部，项目经理为组长、总承包部质量总监工程师为副组长的质量管理领导小组，负责项目全过程质量体系运行的策划、组织与协调。

2) 质量管理组织机构网络图如图 5-1 所示。

(3) 材料的验证

所有用于工程上的原材料、半成品必须经验证，合格后方可使用，并做好相应产品与状态标识。

(4) 特殊工序

特殊工序编制作业指导书，经总承包部审批，必要时报请业主或其指定的质监部门批准，作为特殊工序质量控制的指南。

(5) 质量检验

1) 质量检验流程如下：

分包单位自检 —提交相关资料→ 总包质监部验收 —提交相关资料→ 业主或监理验收 —合格→ 进入下道工序或覆盖。

2) 质量检验要求：

分部分项工程（含隐蔽工程）质量验收实行预约制度。

凡未经检验或检验不合格的分项工程一律不得进入下道工序或覆盖。

(6) 不合格品处理程序

1) 不合格品处理程序如下：

业主或监理发现不合格→总包质监部→分包单位→作业层。

2) 当出现较严重不合格品时，应制订和实施纠正措施和预防措施，避免再发生。

(7) 质量改进

针对施工过程中的薄弱环节或关键课题，积极开展 TQC 活动，按照 PDCA 循环原理，不断进行质量改进。

(8) 土建主承建质量保证措施

1) 质量保证体系的建立

土建主承包质量保证体系如图 5-2 所示。

以上人员执行公司“质量保证手册”所规定的质量职责，各小组或工区负责人应模范执行其负责范围内的质量职责，并组织检查、指导、督促小组内成员的执行情况。各小组之间做到分工合作，各负其责，与项目整体的目标一致。项目各专业组在业务上受分公司和项目的双重领导。

合格分包商包括劳务队、钢材、混凝土、塔吊、碗扣式脚手架、模板等大宗材料的供应商，均由分公司与项目共同负责选择，项目对其实施考核，将意见反馈给总包部，由总

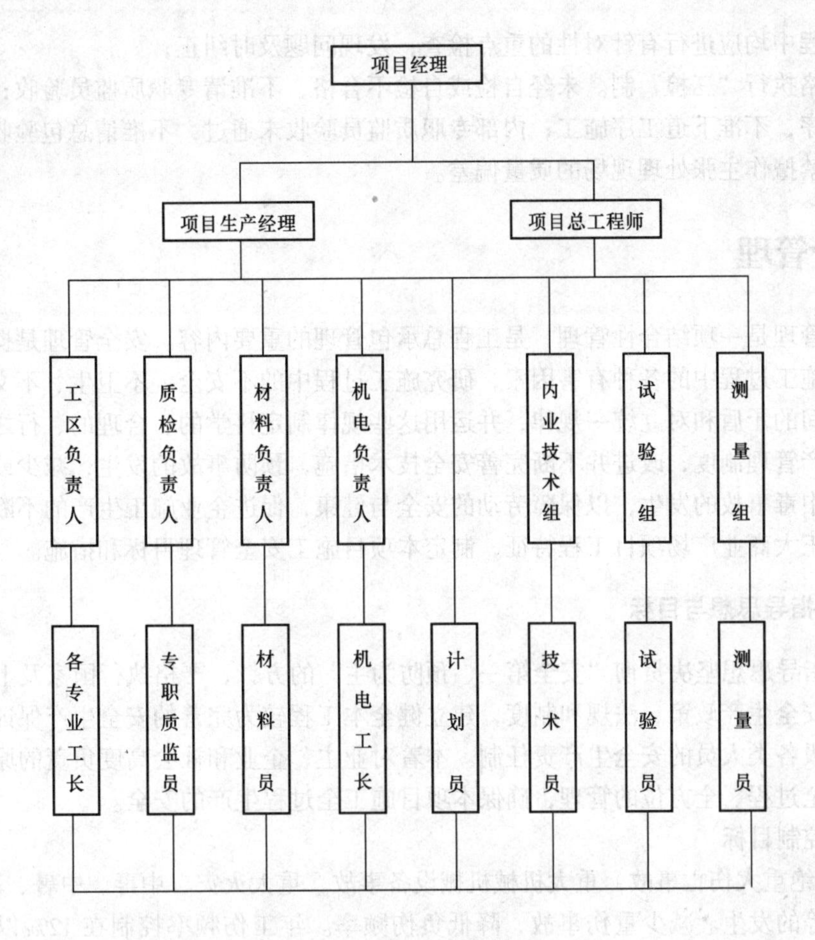

图 5-2 质量保证体系框图

包部组织分承包商的评审，直接用于工程的物料由监理和业主代表参与考查确认。

2）原材料、半成品的质量控制

①选择与我公司长期合作，质量好、信誉佳的公司作为原材料、半成品的供应商，必要时取得总包或业主的认可同意；

②钢材除厂家提供质保书外，并按规定对批量进行取样复试，合格后方准使用，商品混凝土供应商必须提供砂、石、水泥、外加剂的质保资料，混凝土配合比须审核合格后方准供应混凝土，在搅拌站和施工现场均按规定做好混凝土试块和混凝土强度或抗渗报告，并保证混凝土的养护时间；

③钢筋焊接工人必须做到持证上岗，试件合格。成品按规定取样。

3）施工过程的控制

①严格执行技术交底制度，在开工前项目总工程师、生产经理就设计交底、施工组织设计向工区负责人、各专业工长交底；在分部分项工程施工前由工区负责人、各专业工长向作业队负责人、工长、班组长就图纸要求、质量标准、操作要领等进行交底；在具体工作开始前，由工长向班组长、工人在实地就操作程序、材料、工具的使用、质量的要求作现场交底；

②严格执行施工过程中的质量检查制度，对所有交底内容的落实情况，各级管理人员

在施工过程中均应进行有针对性的重点检查，发现问题及时纠正；

③严格执行“三检”制。未经自检或自检不合格，不准请专职质监员验收；未经验证合格的工序，不准下道工序施工；内部专职质监员验收未通过，不准请总包验收；

④严禁擅作主张处理现场的质量偏差。

6　安全管理

安全管理是一项结合性管理，是工程总承包管理的重要内容。安全管理是探索和研究如何消除施工过程中的各种有害因素，研究施工过程中的不安全、不卫生、不文明因素与劳动者之间的矛盾和对立统一规律，并运用这些规律制定科学的、合理的、行之有效的各种安全生产管理制度，改进并不断完善安全技术措施，预防事故的发生，减少或控制职业病和职工中毒事故的发生，以保障劳动的安全与健康，促进企业施工生产的不断发展。

针对正大商业广场项目工程特征，制定本项目施工安全管理目标和措施。

6.1　指导思想与目标

(1) 指导思想坚决贯彻“安全第一、预防为主”的方针，严格执行国家及上海市所制定的各项安全生产政策、法规和制度，建立健全本工程较为完善的安全生产保证体系，认真落实各级各类人员的安全生产责任制。本着对业主、企业和社会高度负责的原则，加强安全生产全过程、全方位的管理，确保本项目施工全过程生产的安全。

(2) 控制目标

1) 杜绝重大伤亡事故，重大机械机械设备事故，重大火灾、中毒、中暑、高空坠落、交通事故等的发生。减少重伤事故，降低负伤频率。年工伤频率控制在12‰以内，重伤频率控制在4‰以下，努力实现重大事故为“零”的目标。

2) 严格按照上海市标准化工地和文明工地管理标准及中建总公司、中建三局等上级有关安全文明达标工地的有关规定实施管理。力争上级和市检查评比中取得优异成绩。

(3) 安全管理组织机构及管理网络

1) 按照“谁主管，谁负责”的原则，项目经理为项目安全第一责任人。成立以总包项目经理为主任、项目常务副经理、生产副经理、总工程师为副主任、总包各职能部门成员和各分包项目经理为成员的总包部安全生产委员会。各分包成立以项目经理为组长、职能人员和工长、劳务队负责人为成员的安全生产领导小组。定期召开会议，研究和解决生产过程中的安全问题。

2) 总包部设立专职安全监察部，配备三名专职安全监察，全面负责现场安全监督管理、协调工作。土建分包设立安全组，配备五名专职安全监督人员，具体负责整个施工现场的安全防护、垂直运输设备和施工用电及结构施工的安全监察工作。钢结构分包、机电安装分包、装饰分包指定专职人员负责本施工范围及人员安全管理工作并服从总包安全监察部及土建安全组的指挥、检查和协调。各劳务队及主要生产班组指派专人负责本队、班组的安全生产工作，接受总包、分包安全监察人员的领导，保证本班组人员施工安全。

3) 安全管理网络图

正大商业广场项目安全管理网络如图6-1所示。

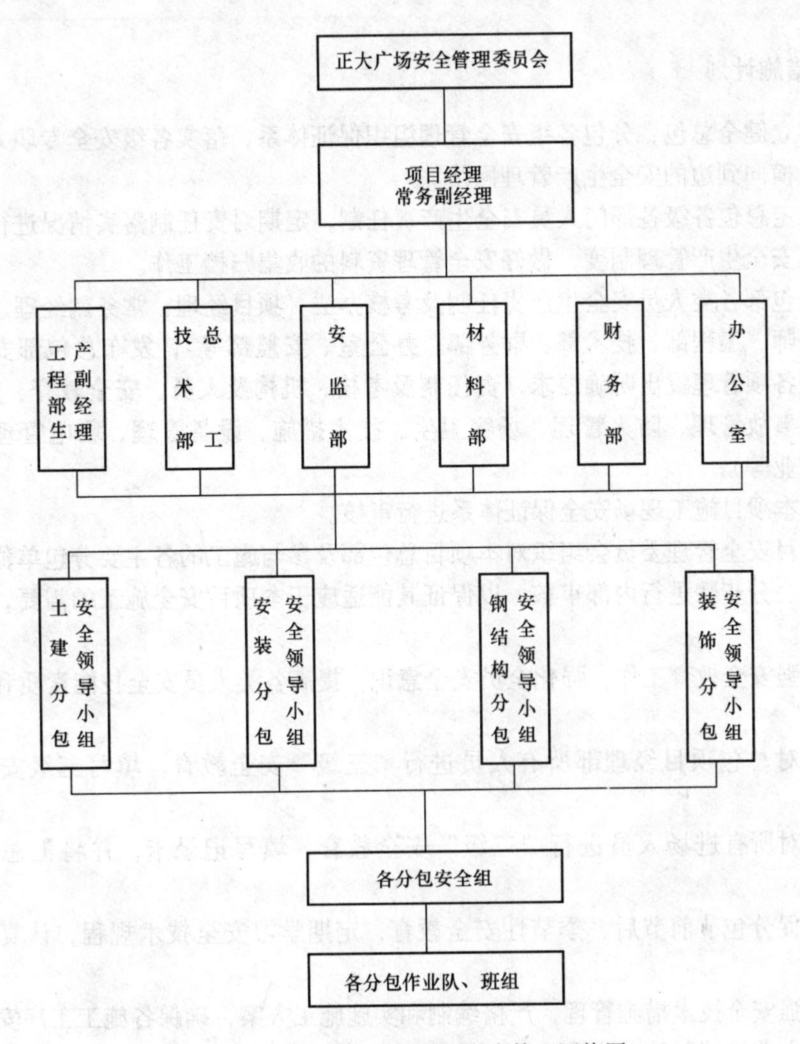

图 6-1 正大商业广场项目安全管理网络图

6.2 现场安全管理主要内容

(1) 贯彻执行国家的安全生产方针、政策、法规、标准、规程、规定、制度等;
(2) 安全组织管理;
(3) 建立、健全安全生产管理的各项制度;
(4) 安全技术措施管理;
(5) 职工安全教育;
(6) 现场施工安全检查;
(7) 工伤事故管理;
(8) 大型机械设备和特种作业的安全管理;
(9) 安全纪律检查与安全考核;
(10) 安全统计与分析。

6.3　措施计划

（1）建立健全总包、分包各级安全管理组织保证体系，落实各级安全专职人员，形成纵向到底、横向到边的安全生产管理网络。

（2）制定总包各级各部门人员安全生产责任制，定期对责任制落实情况进行考核，严格执行各项安全生产管理制度，做好安全管理资料的收集归档工作。

制定总包部各类人员安全生产责任制及考核办法（项目经理、常务副经理、生产副经理、总工程师、工程部、技术部、财务部、办公室、安监部等），发布总包部安全监察条例，对分包各项管理提出明确要求（责任制及考核、机构及人员、安全教育、安全活动、安全奖罚、事故管理、防火管理、场容卫生、技术措施、设备管理、临电管理、验收管理、安全内业等）。

（3）对本项目施工现场安全保证体系进行审核。

由本项目安全管理委员会组织对本项目总包部及参与施工的各主要分包单位安全保证体系分阶段、分步骤进行内部审核，以保证其能适应于本项目安全施工的需要，确保控制目标的实现。

（4）加强安全教育工作，强化全员安全意识，提高各类人员安全技能素质和自我防范能力。

总包部对总包项目经理部所有人员进行“三级”安全教育，填写三级安全教育纪录卡。

各分包对所有进场人员进行“三级”安全教育，填写记录卡，并将汇总表报总包存档。

组织督促分包节前节后、季节性安全教育，定期学习安全技术规程，认真做好记录备查。

（5）加强安全技术措施管理，严格编制和实施施工方案，确保各施工工序安全生产。

各分包方严格编制施工方案，即时报送总包审查备案，实施时认真做好安全交底工作，主要方案如下：

1）钢筋工程施工安全方案；

2）模板工程安装与拆除施工安全方案；

3）脚手架工程搭设与拆除施工安全方案；

4）施工用电方案及管理措施；

5）外用电梯安装与拆除方案；

6）塔吊安装与拆除方案；

7）地下室遗留支撑拆除方案及安全技术措施；

8）钢结构吊装施工方案及安全技术措施；

9）装饰工程安全技术措施；

10）机电安装工程安全技术措施。

（6）加强安全监督检查，查制度落实，查防护到位，查隐患整改，查违章行为，力争将安全事故隐患消灭在萌芽状态。

总包安全监察员坚持每天现场巡查，每周组织各分包安全人员进行一次现场全面检查，每月进行一次管理检查，写出月度安全简报，提交总包安全生产委员会月度会议进行通报。

各分包坚持日常检查和定期检查，发现隐患及时定人、定措施进行整改。

(7) 认真执行安全技术管理交底工作，通过各级安全交底指导生产安全过程。

总包部对各分包进行安全技术和安全管理交底。各分包对项目管理干部进行技术和管理交底。分部分项工程必须由施工工长根据工程特点、工艺要求、施工环境、人员素质等因素进行针对性安全技术交底。安全交底必须有书面记录，履行签字手续。

6.4 土建主承建安全管理措施

(1) 安全管理目标

1) 安全目标：杜绝重伤以上事故发生，年工伤频率控制在5‰以内，创安全标化工地。

2) 为保证安全目标的实现，相应地制定了安全保证体系，安全生产责任制、安全教育制度、安全检查计划、安全技术措施计划等。

(2) 安全保证体系见“正大项目安全管理网络图”。

(3) 各级安全生产职责

1) 项目经理安全职责：

A. 认真贯彻执行国家和政府部门制定的劳动保护和安全生产政策、法令、法规，执行企业的安全生产规章制度；

B. 坚持管理生产必须管安全，以身作则，不违章指挥，积极支持安全监督人员的工作；

C. 针对生产任务特点，制定和实施安全技术措施计划和安全纪律教育计划；

D. 定期对职工，尤其是特殊工种职工进行安全技术和安全纪律教育；

E. 每月组织安全生产检查，对发生重大事故和危险事故苗头及时上报，认真分析原因，提出和落实改进措施；

F. 改善劳动条件，注意劳逸结合，保护职工的身体健康。

2) 项目副经理安全生产职责：

A. 对所管辖范围内安全生产负直接领导责任，在各项施工（生产）中，模范遵守和具体贯彻落实上级有关安全生产的措施和制度；

B. 参加编制单项工程安全技术措施，在进行计划、布置、检查、总结、评比施工生产的同时，必须计划、布置、检查、总结、评比安全工作，在交待技术措施的时候，必须交待安全技术措施；

C. 经常教育和指导生产工人执行安全技术操作规程，及时纠正违章作业的行为，严格执行工种、工序自检制、交接检制，正确使用机电、起重工具、脚手架等安全设施和个人防护用品；

D. 负责每周一次的安全生产检查，贯彻执行本局的十项安全技术措施，及时消除事故隐患，保证施工现场道路畅通，成品、半成品、材料等整齐堆放，做到文明施工；

E. 发生工伤事故、重大未遂事故，组织紧急抢救，保护事故现场，按报告程序逐级上报，并参加事故的调查、分析，做好详细记录，采取可靠防范措施。

3）项目总工程师安全生产职责：

A. 认真贯彻执行国家安全生产方针、政策和安全技术标准、规范，结合本工程项目的技术状况制定具体措施，并检查落实执行情况；

B. 对所管项目的安全生产、劳动保护工作负全面技术领导责任，经常深入施工现场，进行作业安全检查，及时解决施工过程中的安全技术问题；

C. 负责审批或组织编制“安全技术措施计划”以及审定或编制安全技术措施革新建议；

D. 组织职工安全技术知识培训，做好新工人的安全教育及考核工作；

E. 总结交流安全生产经验，表彰先进，对违章造成事故者进行处罚；

F. 参加伤亡事故和职业性中毒事故的调查、分析和处理，对重大伤亡事故从技术等方面分析原因，提出鉴定意见和防范措施。

4）项目施工员安全生产职责：

A. 对所负责的施工现场范围内的安全生产负直接责任，不违章指挥，有责任制止违章作业；

B. 认真执行上级有关安全生产的指示，严格按施工方案精心组织施工；

C. 指导和督促工人执行各项安全生产规章制度，经常进行现场安全检查，纠正违章作业现象，及时消除事故隐患；

D. 组织班组工人认真学习操作规程，进行经常性安全教育，督促工人正确使用劳动保护用品；

E. 发生事故立即报告项目领导和专职安全员，指派专人保护事故现场并参加事故调查；

F. 有权拒绝不科学、不安全的生产指令；

G. 分部（分项）工程施工前，必须向工人进行书面的安全技术交底；

H. 参加脚手架、吊篮、井字架、机电设施的验收工作，经检查验收合格后方可交给工人使用。

5）安全监督员安全生产职责：

A. 要熟悉安全技术操作规程和掌握部颁《建筑施工安全检查评分标准》，严格按“规程”和“标准”进行检查；

B. 协助施工负责人检查安全技术交底执行情况，查漏洞、查隐患，及时向施工负责人和主管部门反映安全生产情况，遇到险情，立即制止并通知整改，写出书面报告，报施工负责人和主管部门；

C. 进行工伤事故统计、分析和报告，参加工伤事故的调查和处理，提出整改措施；

D. 有权制止违章指挥和违章作业，遇有严重险情，有权暂停生产并报告领导处理；

E. 对违反安全技术、劳动保护法规的行为，经说服、劝阻无效时，或者遇有打击报复者，有权越级上告。

6）项目机管员安全生产责任制：

A. 贯彻执行企业制定的所有机械设备、电气设备的安全操作要领和安全管理制度；

B. 经常加强机械、电气设备的检查、维修、保养，使其处于良好的技能状态，其安全保护装置保证齐全、灵敏、可靠；

C. 督促机电操作人员，遵守安全技术操作规程，及时制止违章作业行为，自己不向操作人员下达违章指令，不安排无证人员上岗作业；

D. 管好机电设备、零部件库房，达到文明施工。

7）项目卫生部门（医务室）安全生产职责：

A. 对职工定期组织进行健康检查；

B. 制定现场环境卫生标准，督促作业班组实现现场文明、清洁、卫生；

C. 监测有毒有害作业场所的毒害程度，提出处理意见；

D. 提出职业病预防和改善卫生条件的措施；

E. 抓好食堂卫生，做好防暑、降温和防冻、防寒工作。

8）值班电工安全职责：

A. 值班电工必须熟悉安全用电的基本常识，掌握《施工现场临时用电安全技术规范》和现场机械、电气设备性能；

B. 在设备使用过程前后负责检查、维修所用设备的负荷线、保护零线或保护地线、漏电保护器、开关箱和有关防护设施；

C. 凡属于电气方面的问题（包括搬迁、移动和拆卸用电设备）必须亲自去处理，不得交给非电工去操作；

D. 各类设备停止工作时，必须将开关箱的开关闸断电，并将开关箱锁好，以防闲杂人员误合闸或意外触碰带电体；

E. 在当班过程中发现电气设备存在事故隐患时，要立即消除；自己不能处理的，必须做好详细记录，并立即报告主管领导。

9）项目党支部书记安全生产职责：

A. 保证和监督项目行政领导认真贯彻实施政府及有关部门关于劳动保护和安全生产方针、政策和法令；

B. 支持项目行政领导抓好劳动保护和安全生产，并积极提出意见和建议；

C. 做好劳动保护和安全生产过程中的思想政治工作；

D. 深入实际，调查研究，注意了解劳动保护和安全生产方面的情况，协同项目经理总结推广好的做法和经验。

（4）安全教育制度

1）把好入场三级教育关；

2）利用安全录像、宣传栏等多种形式进行安全教育；

3）加强对特殊作业人员的安全技术培训和考核；

4）抓好民建队特别是班组长、班组安全员一级的安全教育；

5）现场对违章人员做安全教育。

（5）安全检查计划

1）定期安全检查：每月 15 日、30 日项目领导与有关人员对现场安全情况进行有重点的检查；每周四会同业主进行安全例行检查；

2）节前安全检查：各种节日前后对现场进行全面检查；

3）早巡查：每天早上由安全组对现场做全面检查，纠正工人违章行为；

4）日常检查：各主管工长与安全监督人员对所管工段进行随时检查；

5）临时安全检查：台风、大风、大雨、大雪、地震等恶劣天气条件及险肇事故后，由安全人员及相关部门对现场进行全面检查。

(6) 各类安全技术措施

1）钢筋工程安全方案：

A. 钢筋绑扎（登高悬空作业）：

a. 绑扎钢筋和安装钢筋骨架时，必须搭设脚手架和走道。

b. 绑扎立柱和墙体钢筋，不得站在钢筋骨架上或攀登骨架上下。层高超过 3m，需搭设操作平台。具体搭设方法如图 6-2 所示。

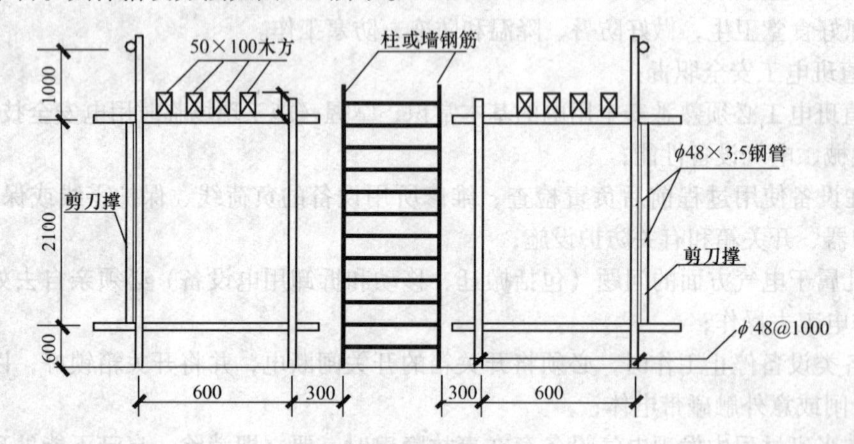

图 6-2　操作平台搭设

c. 绑扎 ±0.000 以上楼层圈梁、挑梁、外墙和边柱钢筋时，应搭设操作平台和张挂安全网。悬挑大梁钢筋绑扎必须在满铺脚手板的支架或操作平台上操作，并系好安全带。

B. 钢筋运输：

a. 塔吊吊物严格按操作规程起吊，不违章起吊；

b. 塔吊吊物时，下方严禁站人，指挥人员密切注意施工人员走动，随时提醒，待物体放平稳后施工人员方可解钩，千万注意钢丝绳回弹，以免伤人；

c. 水平运输：当塔吊无法直接吊至施工点时，人工转运应注意以下情况：

行走道路必须畅通，且做到牢、稳、可靠才能行走，必要时搭设走道；

放钢筋时，不许从肩上往下扔，而要慢慢地同步放下；

d. 应注意有无障碍物，架空电线和其他临时电器设备，防止钢筋回转时碰撞电线或电器发生触电事故；

e. 雷雨时，停止露天操作，防止雷击钢筋伤人；

f. 施工人员随时注意洞口及踏板的牢固，发现不安全因素及时整改。

C. 钢筋制作安全措施：

a. 所有制作人员必须遵守现场有关安全规定；

b. 操作人员应持证上岗；

c. 钢筋冷拉应在两端设置防护网，拉伸时人员隔离，且不能碰拉伸钢筋，以防钢筋回弹伤人；

d. 操作工人不准擅自接、拉电线，发现电路不通或漏电现象，及时找现场电工解决；

e. 断钢机两端应搭设平台，待钢筋放在平台上量定尺寸后方可切断钢筋；

f. 抬钢筋时不准嬉戏，放钢筋时应慢慢放下，以免钢筋回弹伤人；

g. 抬钢筋时注意障碍物，特别是电线及电器设备，以防碰撞发生触电事故；

h. 操作人员发现机械有异常现象，应及时报知制作工长，请机修人员检查、维修后方可使用。

2）电焊安全措施：

A. 电焊、切割严格遵守“十不烧”规程操作；

B. 检查工具、电焊机、电源开关及线路是否良好，金属外壳是否安全可靠接地；

C. 每台电焊机应有安全专用的电源开关，保险丝的容量应为该机的 1.5 倍，严禁采用其他金属丝代替保险丝，完工后应随即切断电源；

D. 电焊机放置位置应做到切实牢固，防倾斜或坠落伤人；

E. 电弧焊须与氧气瓶、乙炔瓶及油类等易燃物品的距离不少于 10m，与易爆物品的距离不少于 20m，氧气瓶、乙炔瓶应隔离存放；

F. 氧气瓶、乙炔瓶均应有安全回火防止器，橡皮管连接须有扎头固定；

G. 经常检查氧气瓶与表头处的螺纹是否滑牙，橡皮管是否漏气，焊枪嘴与枪身是否有阻塞现象；

H. 注意安全用电，电线不准乱拖乱拉，电源线均应架空扎牢且与金属接触处加设绝缘套管隔离；

I. 焊割点周围应采取防火措施，并派专人监护；

J. 清除焊渣时，防止焊渣溅入眼内；

K. 高处悬空烧焊时，应系安全带，且应有防护措施。

电焊工的安全保护：

A. 戴好眼镜和面罩；

B. 焊接烟气勿吸入；

C. 严格执行“十不烧”；

D. 氧气、乙炔瓶隔开，竖直固定，不可暴晒；

E. 氧气、乙炔瓶存放距离不少于 2m，使用距离不小于 5m，与明火距离不小于 10m，乙炔瓶不可倒放。

3）模板工程安全方案：

A. 一般要求：

a. 施工前认真学习领会施工组织设计中关于模板工程的设计，要求熟悉工艺流程。

b. 熟悉施工现场，合理布置模板的现场平面图，做到安全、方便，保证运输道路畅通。

c. 建立安全责任制，施工前认真向班组做好安全技术交底，施工中，加强安全巡回检查，对不安全的因素与行为，随时进行整改与制止。施工后，组织班组进行验收做到工完场清，文明施工。

d. 建立安全体系，每天指派一名工长为当班安全值日；班组设立兼职安全员一名，加强安全管理与监督。

B. 基本规定与操作要求：

a. 进入施工现场必须正确佩戴安全帽；禁止穿“三鞋”（拖鞋、高跟鞋、硬底鞋）上班；严禁酒后作业；工作时思想集中，不许在工作中打闹、开玩笑；

b. 高度在 2m 以上的模板安装，要有可靠的架子；从地面二层楼面开始，周边要设立安全网及防护栏杆；

c. 严禁在墙顶、独立的梁及狭窄而无护栏的模板上行走；

d. 平台与模板上堆放材料，必须平稳，不能堆码过高，要严格控制在允许荷载范围内；

e. 严禁向下抛物，工人操作的工具要搁放稳当，不能随意将工具放在脚手架上，以免坠落伤人；

f. 吊运材料，先要对吊绳进行检查；捆吊材料要牢固，避免散落伤人；要听从指挥，控制起吊重量。卸料时下面要安放垫木，放稳后方能卸料；

g. 注意安全用电，电动工具要经常检查；如有问题，由电工解决，不能私自拆卸，严禁用线直塞插孔；

h. 工人上下班，必须走安全人行通道或乘坐电梯，严禁攀越架子。

6.5　机电管理安全保证措施

在现场，有许多机械设备需要电力供应，为使所有工人遵守安全用电制度，电力系统由现场允许供电的几个配电箱组成。

另外，这些开关板的数量和位置为迅速接通或切断线路开关提供了方便。

(1) 电力安全要求：

1) 所有用电来自陆家嘴和滨江大道拐角和现场开关配电室；

2) 主配电室又分 7 个现场配电箱，它们坐落于现场四周以便现场次配电箱的工作；

3) 为满足工作中电力要求，现场另有 25 个次配电箱；

4) 所有现场配电箱和次配电箱必须经常关闭；

5) 所有电线必须做好绝缘保护；

6) 保持线路开关周围的高度清洁。

(2) 机械使用安全要求：

1) 机械设备人员在进场时必须接受入场安全教育；

2) 机械设备人员严格执行持证上岗；

3) 机械设备在安装完毕后，严格执行上海市有关规定进行检查验收，合格后方可进行投入使用；

4) 机械设备在使用中做到定机、定位、定人、定岗；

5) 机械设备在使用前做到班前、班后检查；

6) 设立机械、电气专职安检员；

7) 操作中严格遵守塔吊操作规程、断钢机操作规程、弯钢机操作规程、对焊机操作规程、木工机械操作规程、电焊机操作规程、气割操作规程、卷扬机操作规程、施工电梯操作规程，坚守岗位，严格执行岗位责任制；

8) 塔吊工坚持“十不吊”，做到“三懂四会”，做好“十字作业”；

9) 做到每日、每班有书面台班运转记录、交接班记录；

10）做到定时、定期检查机械设备运转情况，组织机电人员定期学习有关规范及操作规程；

11）对机械设备出现的故障，及时组织人员进行抢修；

12）严禁机电设备带病运转；

13）严禁酒后操作机电设备；

14）定期保养、维修机电设备；

15）定期向上级汇报设备运转情况；

16）根据分公司人员培训计划，定期组织操作人员进行学习培训。

6.6 材料管理

（1）把好材料采购关

材料采购员必须熟悉材料名称、规格、适用范围和质量标准等，在进行采购前必须进行社会调查，坚持货比三家，选择质量最优，信誉最好的产品供应商及厂家，采购适应本单位生产所需的材料。

（2）材料验收与保管

材料进场后及时进行验收、检查生产单位是否有合格证书、质保书，察看外观质量，对工程永久性材料除有质保书外，还要通知试验部门取样作质量复试，合格后方能收货，对质量不合格的产品坚决不收。材料验收合格后，按规格、品种、批量分别进行堆放，并做好产品验收记录、质量记录及产品标识。对需质量复试的材料，复试报告未出来之前隔离堆放，并做好待验收标志，待复试报告出来后再进行产品验收。验收入库的材料要妥善保管，预防材料腐烂变质；如材料发生腐烂、变质，应及时向质量部门报告，质量部门检验后提出处理意见（退货、报废或降级使用），并做好处置记录。对于易燃、易爆物品必须隔离堆放，做好安全防护标识。严禁携带任何火种进入库房，确保库内安全。

（3）材料发放

库房管理人员要了解材料的用途、性能，对于发放工程所需用的材料，坚持先入先出的原则。坚持质量不好不发放的原则，严禁错发、乱发。根据发放的材料的使用用途、部位做好使用记录，以备检查。了解易燃、易爆物品的性能并给使用部门做安全使用交底，以利于保证使用过程中的安全。

（4）场容场貌

脚手架进场，按施工平面图正确堆放平稳、整齐，使用前认真做好质量检查，必须进行质量验证后方能发放使用。对于质量不合格者，拒绝发放使用。施工人员使用脚手架料时，必须与当事管理人员配合，取得同意后方能进行使用，不得私自乱动乱用脚手架料，以防不合格的脚手架进入施工工作中，造成安全事故的发生。施工人员使用后，必须退还堆放在原指定的地方堆好，确保现场文明。

6.7 质量验收

安全生产贯穿于整个生产过程，深入到每个部门。作为质量部门，对影响到安全生产方面的工程质量问题更应引起重视，联系到正大商业广场的具体情况，我们应注重以下问题：

（1）在深基坑施工时，应该注意基坑和周边建筑物的稳定，进行沉降和位移的观测，并做详细记录。为防止基坑土被扰动，基坑挖好后尽量减少暴露时间，及时进行垫层封闭，且应安设预留积水坑或井点降水，同样需要记录。

（2）模板工程施工中，首先要检查物件和材料是否符合设计要求；如钢模板物件是否有严重锈蚀或变形，物件的焊缝或连接螺栓是否符合要求，支模应该按照规定的作业程序，应具有足够的稳定性。支撑应有足够的承载力，严禁在连接件或支撑件上攀登上下，并严禁在同一垂直面上装拆模板，结构复杂的模板装拆应严格按施工组织设计的措施进行。支设悬挑形式的模板时应有稳固的支点。当柱模板在6m以上时，不宜单独支模，应将几个柱子的模板拉接或整体处理。拆模时，应按规定待混凝土达到一定强度，方可拆模。

（3）悬空大梁钢筋的绑扎必须在满铺脚手架板的支架或操作平台上操作，绑扎立柱或墙体的钢筋时，不得站在钢筋骨架上或攀登骨架。

（4）浇筑离地2m以上的框架、过梁、雨篷及平台时，应设操作平台，不得直接站在模板或支撑件上操作。浇筑拱形结构应从两边拱脚对称地相向进行。

（5）安装门窗、油漆及安装玻璃时，严禁操作人员站在凳子、阳台和栏板上操作。门窗临时固定，封填材料未达强度以及电焊时，严禁手拉门窗进行攀登。

（6）砌筑工程应严格按要求设置拉结筋，砖墙和安装浇捣圈梁时，不得站在砖墙上施工，应搭设操作平台。

（7）搭设操作平台应由专业技术人员按现行的相应规范进行设计，设计书及图纸应编入施工组织设计，质检人员应严格按设计及规范要求验收。

（8）在现场施工中不论对安全生产是否有直接影响都应重视。尽量做到不是由于工程质量不合格而影响生产。

6.8 安全防护

本工程由于建筑面积大，在主体施工过程中，建筑物的临边及洞口将随主体工程的逐渐上升而不断增加。如果防护措施不到位，措施不力，将会使施工人员和物件随时有坠落的可能。为了防止或杜绝事故的发生，做好各种可靠安全防护措施进行防患。

（1）框架结构施工：

1）外设脚手架不低于操作面，内设操作平台。

2）楼层周边、料台与挑平台周边、雨篷与屋檐边均用$\phi48 \times 3.5$mm的钢管架设，或用直径为16～18mm的螺纹钢筋焊接。楼板周边无立柱时，在楼板口预埋铁件，供焊接钢管或钢筋临时栏杆时用，铁件的水平间距为2m。

3）栏杆由上、下两道横杆及立杆构成。横杆离地高度上杆为1.0～1.2m，下杆为0.5～0.6m，即位于中间位置。必要时沿底面设置一道横杆，立杆间距为2m；如大于2m时，将栏杆柱加密。

4）栏杆搭设形成后，刷红、白油漆色标。必要时，在栏杆内侧加封一道绿色密网安全网或竹笆。

（2）预留洞口：

1）边长或直径在20～50cm的洞口，利用混凝土板内钢筋或固定盖板防护。

2）50～150cm 的洞口，利用混凝土板内钢筋贯穿孔洞，构成防护网。网格大于 20cm 时，另外加密。

3）150cm 以上的洞口，四周设钢管或钢筋栏杆，洞口下张挂安全网。护栏高为 1.0～1.2m，设两道水平杆。

4）预制板件的洞口（包括缺件临时形成的洞口），架设脚手板，满铺竹笆，固定防护。

5）管道施工时，四周设防护栏（按上述规定），并设明显标志。

（3）楼梯口：

1）分层施工的楼梯口装设临时护栏；

2）梯段边设临时防护栏（同钢筋或钢管）；

3）顶层楼梯口随施工安装正式栏杆或临时防护栏。

（4）电梯井洞口：

用钢筋制作固定栅门（往上翻式）与混凝土墙面固定。电梯井内在每隔 10m 处（约二层楼）设一道安全平网或采取其他方法进行水平隔离。

（5）每层通道口及人行道路：

1）固定出入通道搭设防护棚，棚宽大于道口。棚顶双层铺设（间隔不小于 80cm）木板或竹笆。

2）现场建筑物周围的主要人行通道上方、办公室和工具房屋面上方防护搭设与 1）相同。

6.9 防火安全

（1）与项目各管理层、作业层各班、组签订安全防火责任书，责任范围落实到人；

（2）定出 50 名义务安全消防人员，定期集训学习，每月两次；

（3）每月开展一次全体职工消防安全知识宣传教育；

（4）专人、专项，严管、严控易燃、易爆物品；

（5）严格执行动火作业申请审批制度；

（6）动火作业配专人监护；

（7）合理配制足够的消防灭火器；

（8）备有急救水源；

（9）每月三次检查、维修消防设备；

（10）设置火灾、火险安全出口、紧急通道；

（11）专职消防人员每天巡查现场，发现情况及时处理和向上级领导汇报；

（12）发生火警，专职消防人员、现场经济警察、义务安全消防人员，及时、迅速、准确拨打 119 火警报警电话，并积极参加抢救，疏散人群，使用灭火器、急救水源进行扑灭火源；

（13）预备一些黄沙，以备起火时工人能用黄沙灭火。

6.10 保卫部门治安管理措施

（1）根据项目实际情况，成立经济警察分队，全面负责施工现场、钢筋加工场、生活基地的正常生产、生活秩序。

（2）分队设立正、副队长各一名。

（3）分队装备：电击警棍三根，橡皮警棍六根等必备设备。

（4）发生争吵、打架斗殴时，在场值班经警及时调解处理和向上级汇报。正、副队长可调集警员进行处理。遇特殊情况及时上报分公司经警中队和所在地段派出所（陆家嘴警署）。同时，准确拨打“110”公安报警电话。

（5）对参加项目施工的工人进行入场安全法制教育，使每个人都了解我项目部的各项管理条例制度。

（6）对进场工人严格验证、登记、照相，办理出入证（住宿卡）、上海市暂住证。

（7）与各作业层班组签订治安管理合同书，成立治保、调解小组。

（8）警员职责：

门岗：负责进、出人员的查证放行，材料的验证放行；

巡逻岗：负责巡视自己的管辖区内治安、安全、防冬等全面工作。

（9）1～6号大门，每个大门安排两名经济警察，负责开、锁大门，督促进入施工现场的人员必须正确戴好安全帽，凭项目出入证进入。有特殊情况和采访、参观、考察的外来人员，填写会客单，审核证件方可进入，保证各个大门24h有人管。

（10）施工作业面分为三个区域，每个区域两名经济警察，保证24h巡逻值班。

（11）5号钢筋加工场设三名经济警察，负责整个场地的门岗和巡逻工作。

（12）浦东南路882号生产基地设两名经济警察，负责整个场地的门岗和巡逻工作。

桃林小区生活基地设两名经济警察，负责整个场地的门岗和巡逻工作。

7　现场文明施工管理

现场文明施工与安全生产有着十分密切的关系，文明施工是体现当今建筑市场施工人员职业道德、企业精神风貌的集中反映。因此，在组织工程施工时，必须采取相应的文明施工措施，制定切实可行的有关规定：

（1）认真执行本局颁发的文明施工管理细则，并严格按照上海市人民政府发布的《上海市建设工程文明施工管理暂行规定》精心组织总承包管理。

（2）按施工总平面布置图，指令分包单位安装现场机械设备、临时施工用电，按上海市规定设置“五牌、二图”，现场围墙、道路及排水畅通，保持场容整洁卫生。

（3）总承包部建立健全完整的现场文明施工管理机构及行之有效的管理措施，并指令督促各分包单位坚决执行。

（4）制定场容分片包干图，划分责任区域，实行分片包干，明确责任，把文明施工工作真正落实到人，制定并严格执行奖惩措施。

（5）指令分包单位经常加强对职工的文明施工教育，严格执行文明施工管理制度和措施，强化现场文明施工管理，各分包单位行政一把手要亲自抓好（此）项工作。

（6）保证文明施工的措施：

1）实行分区包干责任制，定人、定岗、定责任范围，定期检查，奖罚分明；

2）对分区区域指定专人、专队负责，随时检查；

3）在每天的生产会上对不文明的施工行为当面提出批评和整改意见，对经多次劝说仍无变化的施工负责人及作业队做撤职、开除处理，并要求其赔偿相应损失；

4）对定额内工作内容完成不彻底，由他人完成的，则加倍给以扣除；

5）认真执行现场标化管理，对工地大门、围墙作专门的形象设计，并长期保持，以树立良好的社会形象；

6）加强噪声特别是夜间噪声的控制，尽量减少噪声，以便协调与香格里拉的关系。

8 技术经济效益分析

在正大广场工程项目施工中，共推广应用了建设部重点推广应用的“十项新技术”中的全部，并开发应用了五项其他新技术，十项新技术具体清单如下：深基坑支护技术、高强高性能混凝土技术、高效钢筋连接技术、粗直径钢筋连接技术、新型模板和脚手架应用技术、新型墙体材料应用技术、新型建筑防水和塑料管应用技术、钢结构技术、大型构件和设备的整体安装技术、企业的计算机应用和管理技术。

除了推广应用十项新技术外，根据正大广场工程的实际情况，开发或应用的其他新技术如下：施工虚拟仿真技术的开发和应用、风管快速法兰连接施工技术、全站仪应用技术、无缝镀锌钢管卡箍连接技术、大体积混凝土施工技术。

通过新技术的应用加快了工程进度，提高了工程质量，增加了企业的实力，提高了企业的社会信誉。本工程共取得经济效益 1200 余万元，科技进步效益率达 2.13%，取得了良好的社会效益和经济效益。

第十三篇

北京新盛大厦工程施工组织设计

编制单位：中建一局华中建设有限公司
编 制 人：朱燕　赵俭学　居朝林
审 核 人：李贤祥

【简介】　北京新盛大厦工程位于北京市西城区金融街，该工程是以商业及办公为主，包括设备用房与地下车库等配套设施组成的建筑群体。设计外形新颖独特，智能化程度高，工程外立面采用石材幕墙、玻璃幕墙等形式，造型雄伟壮观。

该建筑群体由两座塔楼及裙楼、地下室组成，总建筑面积近 11 万 m^2，地下 4 层、地上南塔楼 21 层、北塔楼 20 层、裙楼 13 层，建筑檐度 88m，结构形式为全现浇框架-剪力墙结构，筏形基础。

本工程广泛应用了建设部推广的十项新技术。地下四层，基础埋深 21m，采用了预应力锚杆护坡桩及土钉墙组合的深基坑支护技术；基础为 2m、1.8m 厚的筏形基础，采用了大体积混凝土施工技术；首层大堂高 14.3m，柱直径 1.2m，采用圆钢模板二次倒置接高支设，控制了接槎；轴线关系复杂，地下室、主楼、裙楼存在好几套轴线系统；外形为多段不同直径的弧形及椭圆，弧形墙梁的施工存在一定难度；梁柱节点复杂，多条梁放射状与柱相交，且混凝土等级差别大；外墙脚手架采用导轨式电动爬架体系，减少了架料的投入，确保了安全施工。

目　录

1　工程概况

1.1　施工现场概况

本工程位于北京市西城区金融街A4区，西侧临近西二环，东侧为规划金融街。本工程东侧为王府仓小区，南北侧为平房，西侧为英蓝工地，现场场地平整，无地下障碍物，水、电具备开工条件，施工道路通畅，但场区无循环道路，基本施工场地开阔，满足施工需要。

1.2　工程基本情况

1. 工程名称：北京新盛大厦
2. 建设单位：北京新盛房地产开发有限公司
3. 设计单位：中国泛华工程有限公司设计部
4. 监理单位：中咨工程建设监理公司
5. 质量监督单位：北京市建筑工程质量监督总站
6. 施工总包单位：中国建筑一局（集团）有限公司
7. 施工主要分包单位：四川省江油第三建筑有限公司、重庆市江津第五建筑工程有限公司
8. 合同承包范围：土建工程（图纸全部工程内容）；给排水消防工程；采暖及通风工程；电气工程：强电工程，弱电（只包含埋管穿带线）
9. 合同性质：总承包
10. 合同工期：2002年4月20日至2003年11月20日
11. 合同质量目标：优良
12. 资金来源：自筹
13. 结算方式：概算+增减账

1.3　建筑设计概况

建筑设计概况见表1-1。

建筑设计概况　　**表1-1**

序号	项　目	主　要　内　容	
1	建筑用途	商业及综合办公楼	
2	建筑特点	由两座塔楼及裙楼组成，地下4层为车库及设备用房，地上21层为商业及办公用房，两塔楼各设电梯5座，消防电梯2座	
3	建筑面积	总建筑面积（m^2）	109596.60
		总用地面积（m^2）	12047.78
		地下室占地面积（m^2）	10094.98
		地下部分建筑面积（m^2）	36487.71
		标准层建筑面积（m^2）	3918.81
		地上部分建筑面积（m^2）	73108.89
4	建筑层数	地下4层、地上21层	

续表

序号	项 目	主 要 内 容				
5	建筑层高	零米以下部分层高（m）	地下四层	4.0	地下三层	3.8
			地下二层	5.5	地下一层	4.9
		零米以上部分层高（m）	一～三层	4.8		
			标准层	3.9		
			机房层	5.1		
6	建筑高度	建筑总高（m）	95.8m	室内外高差（m）	0.2	
		檐口高度（m）	88m	基坑最大深度（m）	－21.30	
		±0.000 标高(m)	51.000	基础垫层底标高（m）	－20.50	
7	建筑平面	横轴编号	①～⑰	纵轴编号	Ⓐ～Ⓧ	
		横轴距离	5.9～8m	纵轴距离	5～8m	
8	建筑防火	一级				
9	建筑保温	屋面保温	40mm 厚聚苯乙烯泡沫塑料保温板			
10	外装修	外墙装修	花岗石，镜面玻璃及铝复合板幕墙			
		门窗工程	甲级防火门，玻璃门，窗为塑钢窗、百叶窗			
11	内装修	顶棚	吊顶，装饰板，矿棉板，涂料			
		楼地面工程	石材，地砖，活动地板			
		门窗工程	玻璃门，木门			
		内墙	内隔墙为 100、200mm 厚加气混凝土砌块和轻钢龙骨双面纸面石膏板			
		楼梯	防滑地砖			
12	防水工程	零米以下	结构自防水（P8）＋SBSⅢ＋Ⅲ防水卷材二层			
		屋面	一道 40mm 厚细石混凝土 一道 1.6mm 三元乙丙橡胶卷材			
		屋面防水等级	2 级，两道设防			
		厕浴间	1.5mm 厚聚氨酯防水涂膜，四周卷起 250mm			

1.4 结构设计概况

结构设计概况见表 1-2。

结构设计概况 **表 1-2**

序号	项 目	主 要 内 容	
1	结构形式	基础结构形式	筏板基础
		主体结构形式	全现浇钢筋混凝土框架剪力墙
2	土质、水位	基底以上土质分层	由上至下：杂填土→粉质黏土→黏土→卵石
		地下水位标高	上层滞水 7.4～8.5m，需降水
		持力层以下土质类别	卵石
		地基承载力	天然卵石地基基础 地基承载力≥400kPa
		土壤渗透系数	小

续表

序号	项　目	主　要　内　容			
3	地下防水	结构自防水		抗渗混凝土，抗渗等级 P8	
		材料防水		SBSⅢ＋Ⅲ防水卷材二层	
4	地下混凝土强度等级	外墙	C35P8	柱	C60
		内墙	C60	筒体	C60
		梁板、楼梯	C30	基础	C35P8
5	地上混凝土强度等级	墙	C60、C50、C40、C35	柱	C60、C50、C40、C35
		梁板楼梯	C30	筒体	C60、C50、C40、C35
6	抗震等级	工程设防烈度		八度	
		框架-剪力墙抗震等级		一级	
7	钢筋类别	基础底板		HRB335 级	
		主体结构		Ⅰ级、HRB335 级	
8	钢筋接头形式	机械连接		≥ϕ18mm 滚轧直螺纹连接	
		绑扎搭接		≤ϕ16 采用绑扎搭接	
9	结构断面尺寸	基础底板厚度（mm）		1000，1800，2000	
		外墙厚度（mm）		零米以下 600、500、400、300；零米以上 400、350、300	
		内墙厚度（mm）		－4F～5F 为 400、300、250；6F 以上 350、300、250、200	
		楼板厚度（mm）		180、150、120、100	
		典型断面（mm）		梁 400×800，柱 750×750、ϕ1200	
10	楼梯坡道、结构形式	楼梯结构形式		全现浇板式楼梯	
11	建筑沉降观测	由甲方指定单位		观测点位于首层楼地面	

1.5 专业设计概况

专业设计概况见表 1-3。

专业设计概况　　**表 1-3**

名称		设 计 要 求	系 统 做 法	管 线 类 别
上下水	上水	水源由市政自来水供应，总供水量 660m^3/d、138 m^3/h	地下室及地上一、二层用水由城市管网直接供水，三层以上由层顶水箱供水	管径＜50mm 采用衬塑钢塑复合管 管径≥50mm 采用 PPR 冷水塑料管
	中水	水源取自洁净废水，水量为 99.6m^3/d，处理后用于冲厕，需水量为 81.0m^3/d	同上	同上

续表

	名称	设计要求	系统做法	管线类别
上下水	下水	采用污、废水分流排水系统，日排水量 311.6m³/d，小时最大排水量 92m³/d	南塔二到二十一层（北塔二到二十层）为排水高区，从地下一层顶板下直接排出，二层及地下室为排水低区，排入地下四层的集水坑内	柔性接口的排水铸铁管
	雨水	采用内排水系统		无缝钢管
	热水	用水量 30m³/h，各层洗手间按 8h 供应，地下一层淋浴间每天供两次，每次两小时	强制循环，上行下给式，二层以下为低区，三层以上为高区	热水供水管及热水循环回水管采用紫钢管，其他部位采用 PPR 热水塑料管
消防	消防	室内消火栓用水量 40L/s，喷淋系统设计喷水强度 8.0L/（min·m²），系统设计秒流量：27L/s	八层以上为消防高区，八层以下为消防低区	管径 < 100mm 采用热铸锌钢管，管径 > 100mm 采用无缝钢管镀锌
	排烟	地下车库排烟量按换气次数大于 6 次/h，每个塔楼有两个防烟楼梯及一个消防楼梯合用前室，设加压送风系统；一个防烟楼梯间送风量 37000m³/h，消防电梯合用前室送风量 30000m³/h，另一防烟楼梯送风量 25000m³/h	每个塔楼的 2 个防烟楼梯从 B4F 开始，偶数层均设一个送风口；消防电梯合用前室每层均设一个送风口；送风机设于屋顶	镀锌钢板制作风管
	报警	一级	控制中心监视整座大楼	桥架、镀锌钢管
	监控	各主要出入口安装	控制中心监视整座大楼	钢管
风调暖热	空调	由变风量空调器及风机管夏季送冷风，冬季送热风		
	通风	地下车库排风量按换气次数大于 6 次/h，同时设送风系统，冬季送热风，卫生间排风量按换气次数 10～12 次/h，各层由风机盘管和变风量空调器冬季送热风、夏季送冷风		卫生间排风管采用不燃无机玻璃钢，其余采用镀锌钢板制作钢管
	冷源	冷源由设于地下二层制冷机房提供，总制冷量 11200kW（320RT），冷冻水温度 7～12℃，屋顶还设冷冻塔，冷却水温度 32～37℃	由地下二层的制冷机房将冷水供至各层，由各层的变风量空调器和风机盘管在夏季送冷风	管径 < 32mm 用加厚镀锌钢管，管径 40～500mm 用无缝钢管 管径 600mm 以上用螺旋曲焊管
	采暖	由变风量空调器和风机盘管采暖，热源为 60～52℃，总热负荷 12840kW	由地下二层的热交换站将热水供至各层，由各层的变风量空调器和风机盘管送热风	管径 < 32mm 用加厚镀锌钢管，管径 40～500mm 用无缝钢管

续表

	名称	设计要求	系统做法	管线类别
电力、电器、电讯	照明	正常照明与事故照明分开	干线、支线	明敷 TC、暗敷 SC
	动力	重要设备双电源	树干式、放射式相结合	焊接钢管
	变配电	南塔、北塔各设一变电	10/0.4kV	桥架
	避雷	一级	利用土建结构钢筋做引线	ϕ12 钢筋焊接
	电梯	双电源供电	树干式	线槽
	电视	综合布线	干线、支线	桥架、钢管敷设
	通讯	综合布线	干线、支线	桥架、钢管敷设
	音响	综合布线	干线、支线	桥架、钢管敷设
设备	水箱	南塔楼楼顶层设 $60m^3$ 的水箱；北塔楼楼顶层设 $50m^3$ 的水箱	设于屋顶	
	冷却塔	冷却水进水 37℃、出水 32℃，进塔水压 14m，共计 4 台，每台 $Q=600m^3/h$	设于屋顶	
	特种井、池	生活水池 $250m^3$；消防水池 $500m^3$	设于地下二层，消防与生活水池各单设	

1.6 工程重点、难点

工程重点、难点及应对措施见表 1-4。

工程重点、难点及应对措施 表 1-4

序号	难点与重点	应对措施	备注
1	本工程为两栋塔楼及裙房组成，标准层单层面积 $4000m^2$，地下室单层面积 $10000m^2$。施工的总体组织与安排，是本工程施工的难点之一	采用流水方式组织施工，地下室总体划分为四个施工区域，地上划分为三个区域	详见第 2.4 节
		根据工程量大小及层数，合理安排施工顺序及流向，确保同期交付	详见第 2.3 节
		施工材料、机械、劳动力按施工区域及流水段划分情况配置，确保满足流水施工需要	详见第 2.4 及 2.9 节
2	本工程基础埋深 -20.3m，土质情况复杂，如何在短时间内完成土方开挖、基坑支护及降水是难点之二	进场后，测绘场地方格网，进行统一平衡，减少重复挖、填方量	详见第 4.2 节
		依据价值工程方法选择最经济合理有效的支护降水方案	详见第 3.3 节
3	本工程外形复杂为几段圆弧组成且随楼层有多次变化，有三套轴线系统，如何进行计算测量放线是难点之三	利用计算机及 AutoCAD 软件计算圆弧、推导各轴线系统的关系，提供放线依据	详见第 3.1 节
4	本工程基础底板最厚达 2m，为大体积混凝土，且面积达到 1 万 m^2，如何确保混凝土的连续施工及施工质量是难点之四	计算水化热，与搅拌站共同设计配合比，严格控制水泥用量，混凝土出罐温度，进行测温及养护	详见第 3.6 节

续表

序号	难点与重点	应对措施	备注
5	本工程大堂挑空三层，圆柱高14.3m，如何控制模板的垂直度和拼缝的严密，防止出现错台是难点之五	圆柱模板采用全新定型大钢模，二次支设接高时采用倒置法施工，垂直度统一用首层基准线控制	详见第3.5节
6	本工程为总承包工程，分包单位较多，分包形式复杂。对分包的管理和协调是本工程施工的重点	制定总包协调管理制度，确保各类分包的施工处于总包的严格控制之下，并加强与独立承包商的横向联系	
7	本工程体量大，工期紧，合理加快施工进度，确保按我公司承诺的时间内竣工交付，是本工程施工的重点	采用均衡流水施工方式，实现平行流水、立体交叉作业，以加快施工进度 利用网络计划技术对施工进度进行动态管理，确保关键线路的顺利实现 制定进度管理专项措施，加强分包管理，以确保总工期	详见第2.3～2.6节

2 施工部署

2.1 工程管理目标

工程管理目标见表2-1。

工程管理目标　　表2-1

序号	目标名称	内容
1	质量目标	结构长城杯，北京市优质工程
2	工期目标	严格按合同工期完成
3	安全目标	创北京市安全文明工地，死亡重伤数为零，轻伤事故不超过6‰
4	技术目标	中建一局集团新技术应用示范工程
5	成本目标	按制造成本降低1%
6	环境目标	各种污染物排放符合国家法规及有关规定要求
7	CI目标	符合中建总公司“企业形象视觉规范手册”要求
8	顾客满意	及时回复顾客来函、监理通知，售中服务评价达到90分

2.2 施工部署原则

(1) 满足合同要求

本工程按照甲方对工期的要求进行部署，根据甲方的进度要求，编制施工进度计划。以合同质量目标为核心，制定质量保证措施。在施工过程中，一切施工安排要服从于工程总体目标，确保工程各项目标的顺利实现。

(2) 符合工序逻辑关系

总施工顺序：先地下后地上，先结构后装修，先内檐后外檐，水电穿插进行。±0.00m以下结构一次验收，±0.00m以上分二次验收（一层至十三层、十三层至结构完），第一次验收合格后，根据现场实际情况可插入二次结构施工。

（3）重视并做好季节性施工

根据进度安排，做到冬、雨期不停工，冬、雨期施工前编制冬、雨期施工方案，采取切实可行的措施，保证施工正常进行并保证工程质量。

（4）推动、发展、运用科技技术

工程施工期间根据实际需要，尽量采用新技术、新材料，以做到既提高了工程质量，又节约了人力、物力，从而推动新技术、新材料的应用。

（5）加强环保力度，做好文明施工

因为本工程位于金融街，周围紧邻居民区，因此在施工过程中把环境保护和文明施工作为重点来抓，成立专职小组，制定有效措施，处理好与周围住户、居民的关系，同时保证居民的正常起居，给居民一个满意的生活环境。

2.3　施工工序组织

（1）基础、结构工程主要工序流程

定位放线→机械挖土→护坡桩→机械挖土→验槽及褥垫层→垫层混凝土→防水层施工→防水保护层→底板模板→底板钢筋→底板混凝土浇筑→混凝土养护→抄平放线→绑扎墙、柱钢筋→安装固定门口模及预留洞口模→水电管线预埋→合墙体、柱模板、校正模板位置→浇筑墙体、柱混凝土→拆除墙体、柱模板→养护→模板清理、涂隔离剂→支梁、顶板模板→绑扎梁、顶板钢筋，水电管线敷设，管洞预留→浇筑梁、顶板混凝土→混凝土养护→抄平放线→下一循环（外墙防水层施工随施工进度穿插进行）。

（2）室内装修工程主要工序流程

门窗立口→细石混凝土地面→局部墙面抹灰→公共卫生间墙、地面瓷砖→墙面、顶面刮腻子→涂料→木门油漆→楼梯间墙面刮腻子→验收。

（3）室外装修工程主要工序流程

屋面工程→幕墙安装→石材干挂→散水台阶→验收。

2.4　施工流水段划分

（1）底板以后浇带划分为五段；地下部分划分为12段；地上部分结构共分6个流水段。具体如图2-1所示。

（2）垂直分段为：地下室以底板上返30cm及地下室顶板上返3cm为界共分三个垂直段；地上部分结构分别以楼板上表面及该层顶板下皮上返3cm为界划分垂直施工段。

（3）从地下室结构封顶开始采用三塔三线流水施工，1号塔吊负责南塔楼，2号塔吊负责北塔楼，3号塔负责裙房。

2.5　施工现场平面布置

2.5.1　布置原则

（1）现场平面随着工程施工进度进行布置和安排，分期进行布置。地下结构、地上结

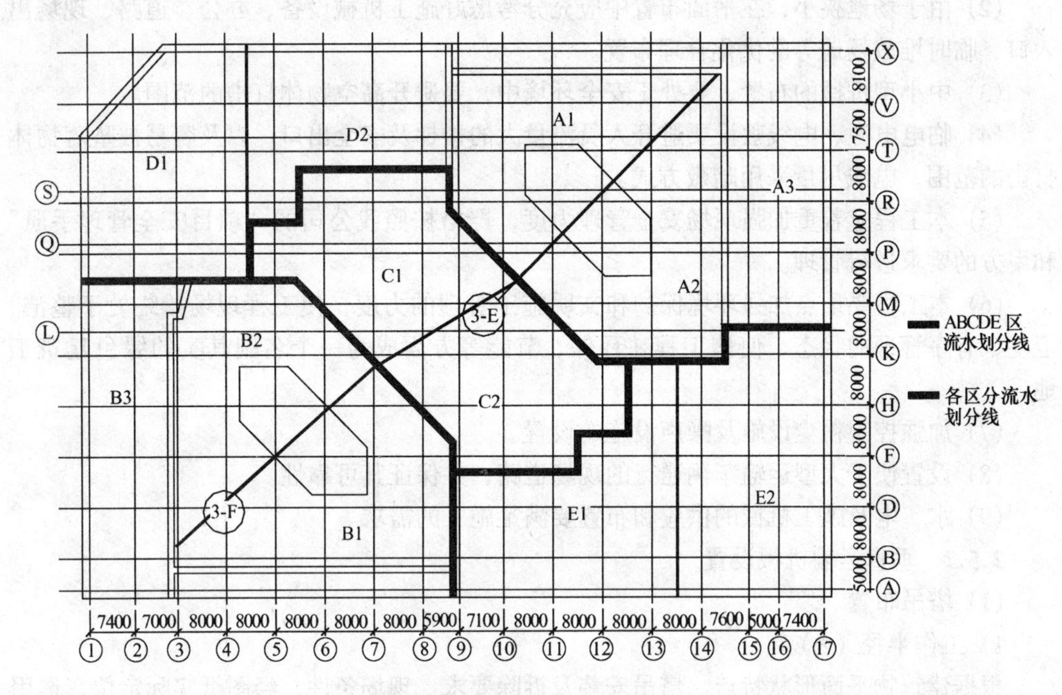

地下结构流水段划分图

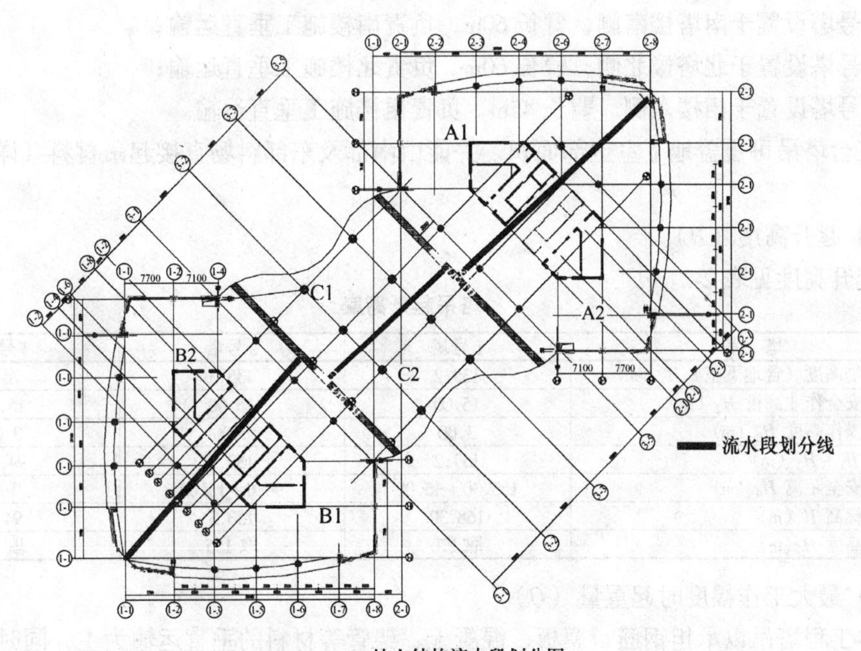

地上结构流水段划分图

图 2-1 地下、地上结构施工流水段划分

构及装修阶段平面布置要与该时期的施工特点与重点相适应。具体见施工平面布置图（图 2-2 ~ 图 2-6）。

(2) 由于场地狭小，在平面布置中应充分考虑好施工机械设备、办公、道路、现场出入口、临时堆放场地等的优化合理布置。

(3) 中小型机械的布置，要处于安全环境中，要避开高空物体打击的范围。

(4) 临电电源、电线敷设要避开人员流量大的楼梯及安全出口，以及容易被坠落物体打击的范围，电线尽量采用暗敷方式。

(5) 本工程应着重加强现场安全管理力度，严格按照我公司的“项目安全管理手册”和甲方的要求进行管理。

(6) 本工程要重点加强环境保护和文明施工管理的力度，使工程现场始终处于整洁、卫生、有序管理的状态，使该工程在环保、节能等方面成为一个名副其实的绿色建筑工地。

(7) 加强控制粉尘设施及噪声设施的设置。

(8) 设置便于大型运输车辆通行的现场道路，并保证其可靠性。

(9) 水、电及施工机械的供应和布置要满足施工的需求。

2.5.2　垂直运输机械设置

(1) 塔吊布置

1) 工作半径 (R)。

根据建筑物平面形状特点、塔吊安装及拆除要求、现场条件，经图纸实际定位，选用3台附着式塔吊，其中：

1号塔设置于南塔楼南侧，臂长60m，负责南楼施工垂直运输；

2号塔设置于北塔楼北侧，臂长60m，负责北楼施工垂直运输；

3号塔设置于裙楼东侧，臂长45m，负责裙楼施工垂直运输。

三台塔吊可覆盖地下室全部面积，并能由南部及东部料场直接起吊材料（详见平面布置图）。

2) 起升高度 (H)。

起升高度见表2-2。

塔吊起升高度　　　　**表2-2**

塔　吊	1号塔	2号塔	3号塔
建筑物高度（含地下室）H_1（m）	139.2	135.3	76.6
吊索安全作业高度 H_2（m）	15.00	15.00	15.00
安全操作高度 H_3（m）	3.00	3.00	3.00
$H_1+H_2+H_3$（m）	157.2	153.3	94.60
群塔安全距离 H_4（m）	153.30 + 15.00	94.6 + 15.00	
塔臂标高 H（m）	168.30	153.3	94.6
起升高度 H（m）	取170	取155	取95

3) 最大工作幅度时起重量 (Q)。

本工程塔吊以承担钢筋、模板、混凝土、架管等材料的垂直运输为主，同时满足部分设备、构件的吊装需要，根据同类工程经验，最大起重量10t，端部起重量2t即可满足施工要求。

4) 机械选择。

根据以上数据，可选择2台H3/36B及一台MC120A，均可满足施工运输需要。其主要技术参数见表2-3。

塔吊技术性能 表 2-3

型号	幅度（m）	最大起重量（t）	最大幅度时起重量（t）	起升高度（m）
H3/36B	60	12	3.6	205
MC120A	50	10	2.3	203

（2）混凝土输送泵

为了达到缩短工期及减少塔式起重机负担，以保证完全满足大模板的吊装需要，现场所有结构全部采用预拌混凝土施工。结构混凝土全部采用三台混凝土输送泵输送，型号为 HBT80-16S 型。作业面配置手动式布料杆进行混凝土浇筑。

（3）外用电梯设置

主体结构 13 层验收完后，开始进行二次结构作业前，安装 3 台双笼电梯，负责砌筑装修材料的运输。位置分别位于⑧～⑨/Ⓤ～Ⓦ轴、⑫～⑬/Ⓗ～Ⓚ轴、③～④/Ⓝ～Ⓠ轴。

2.5.3 加工场地布置

（1）结构施工阶段

结构施工阶段，在现场东侧设置钢筋加工棚及木工棚。

钢筋加工棚采用钢架管搭设，为开敞式工棚，屋盖采用石棉瓦，平面尺寸为 50m×10m。

木工棚亦采用钢架管搭设，金属压型板作围护，屋盖采用石棉瓦，平面尺寸为 15m×6m，设置 2 个。

另设水电加工场地，做法同木工棚，平面面积为 20m×5m，设置 2 个。

（2）装修施工阶段

工程进入装修阶段，主要进行砌筑、装修施工和水电安装施工，因此在现场设置砂浆搅拌站，不需要模板加工，同时要增大材料堆放场地。装修阶段水电材料用量增大，另增加水电加工场地。

图 2-2～图 2-4 为地下结构阶段、地上结构阶段、装修阶段施工现场平面图，图 2-5 为施工现场消防临水平面图，图 2-6 为施工现场临电平面图。

2.5.4 办公和生活区

现场南侧设置轻钢结构 2 层楼作为现场办公室（包括监理办公及分包单位办公），实验室、工具库房亦在南侧设置。

工人生活区不在施工现场，甲方另提供场地，距施工现场约 100m 的距离。总面积 $2000m^2$，占地面积 $1000m^2$。临时用地见表 2-4。

临时用地表 表 2-4

用途	面积（m^2）	位置	需用时间
办公	500（占地 250）	现场南侧	2001.12～2003.12
工人生活区	2000（占地 1000）	现场外	2001.12～2003.12
试验室	15	现场北侧	2001.12～2003.6
厕所	50	现场南侧	2001.12～2003.12
仓库	400	见平面图	2001.12～2003.12
搅拌棚	300	见平面图	2002.4～2003.1
钢筋棚	500	见平面图	2002.4～2003.1
木工棚	200	见平面图	2002.4～2003.1

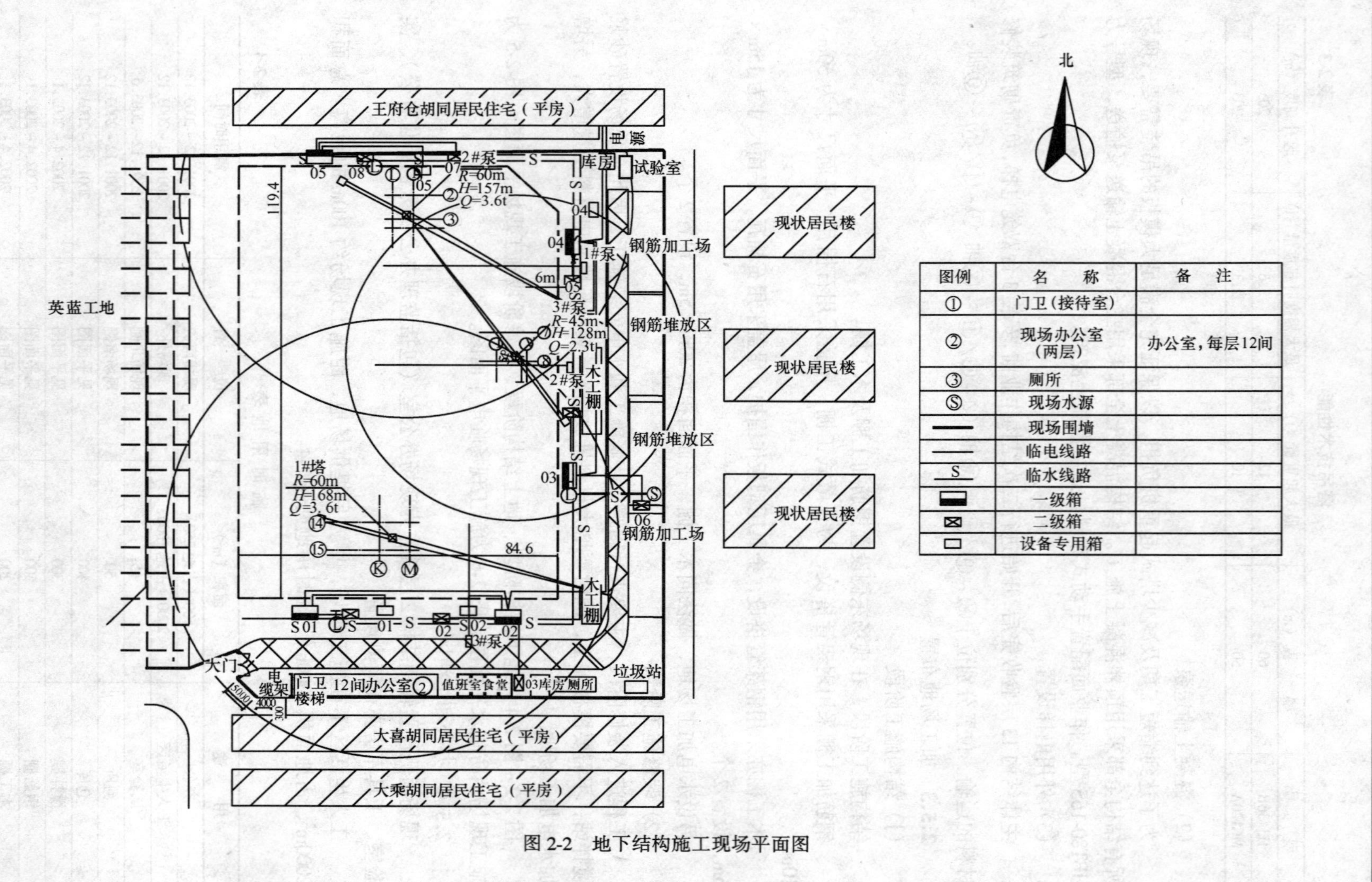

图 2-2 地下结构施工现场平面图

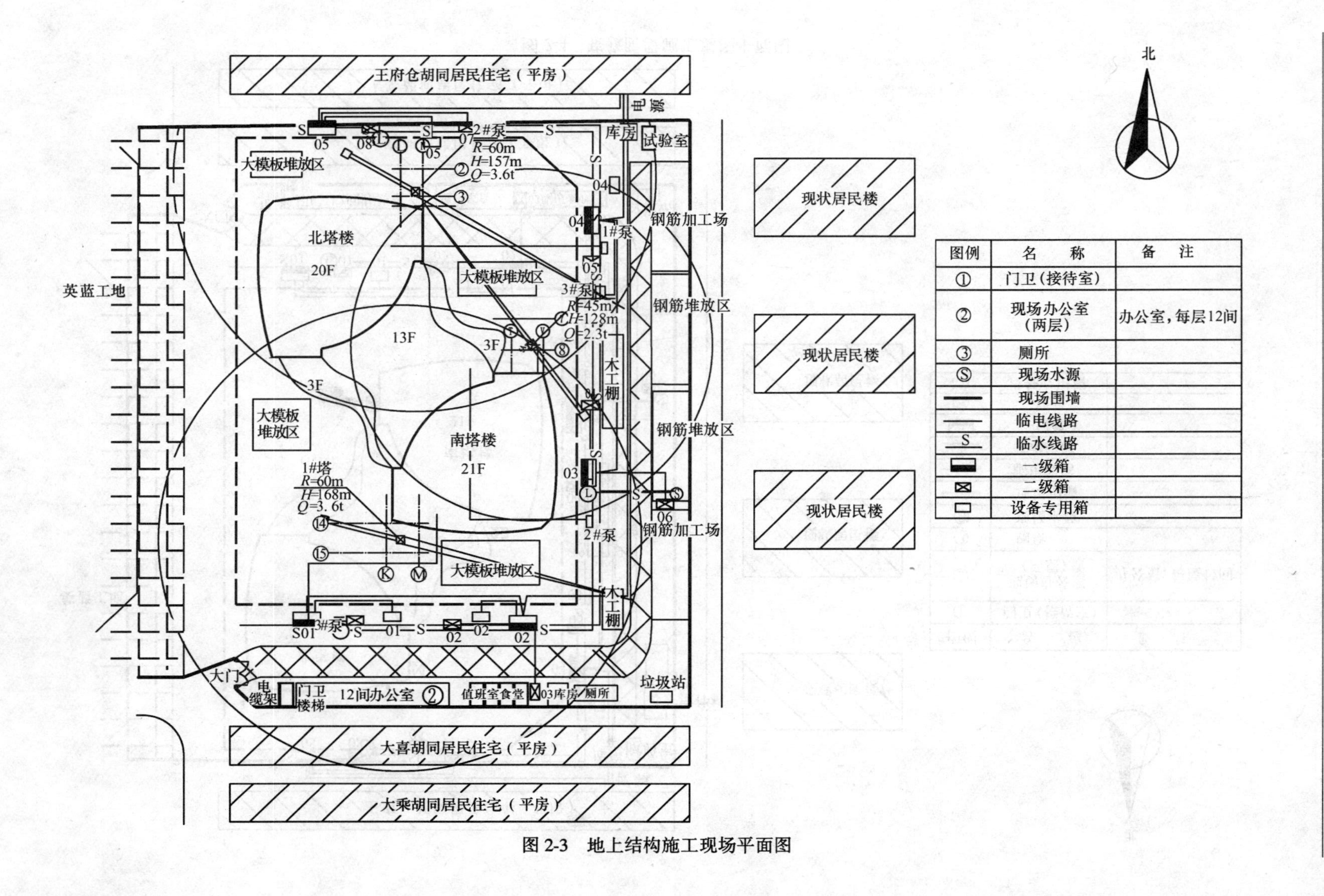

图例	名称	备注
①	门卫(接待室)	
②	现场办公室(两层)	办公室，每层12间
③	厕所	
Ⓢ	现场水源	
——	现场围墙	
——	临电线路	
—S—	临水线路	
▬	一级箱	
⊠	二级箱	
□	设备专用箱	

图2-3 地上结构施工现场平面图

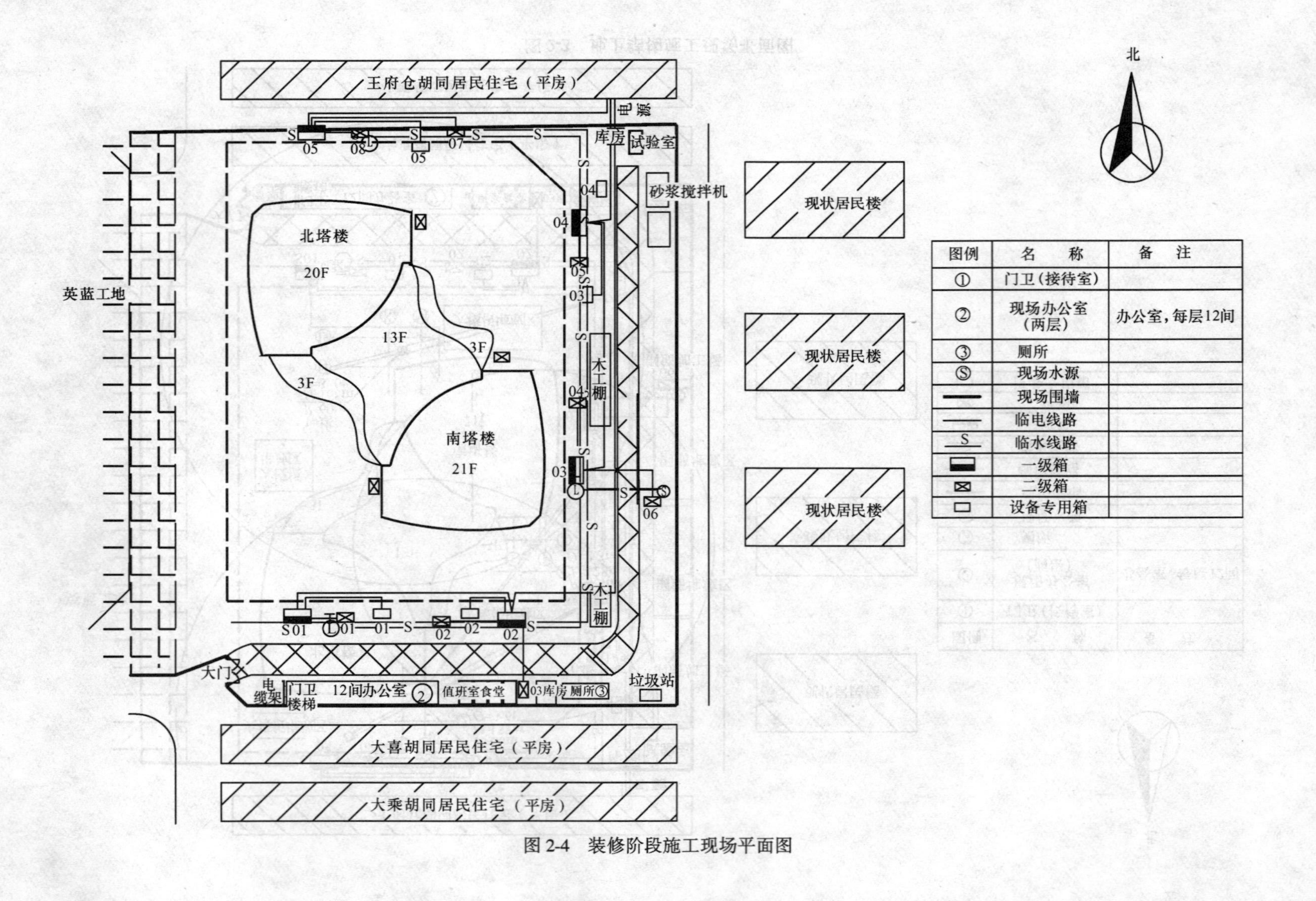

图例	名　称	备　注
①	门卫（接待室）	
②	现场办公室（两层）	办公室，每层12间
③	厕所	
Ⓢ	现场水源	
	现场围墙	
	临电线路	
S	临水线路	
	一级箱	
⊠	二级箱	
□	设备专用箱	

图 2-4　装修阶段施工现场平面图

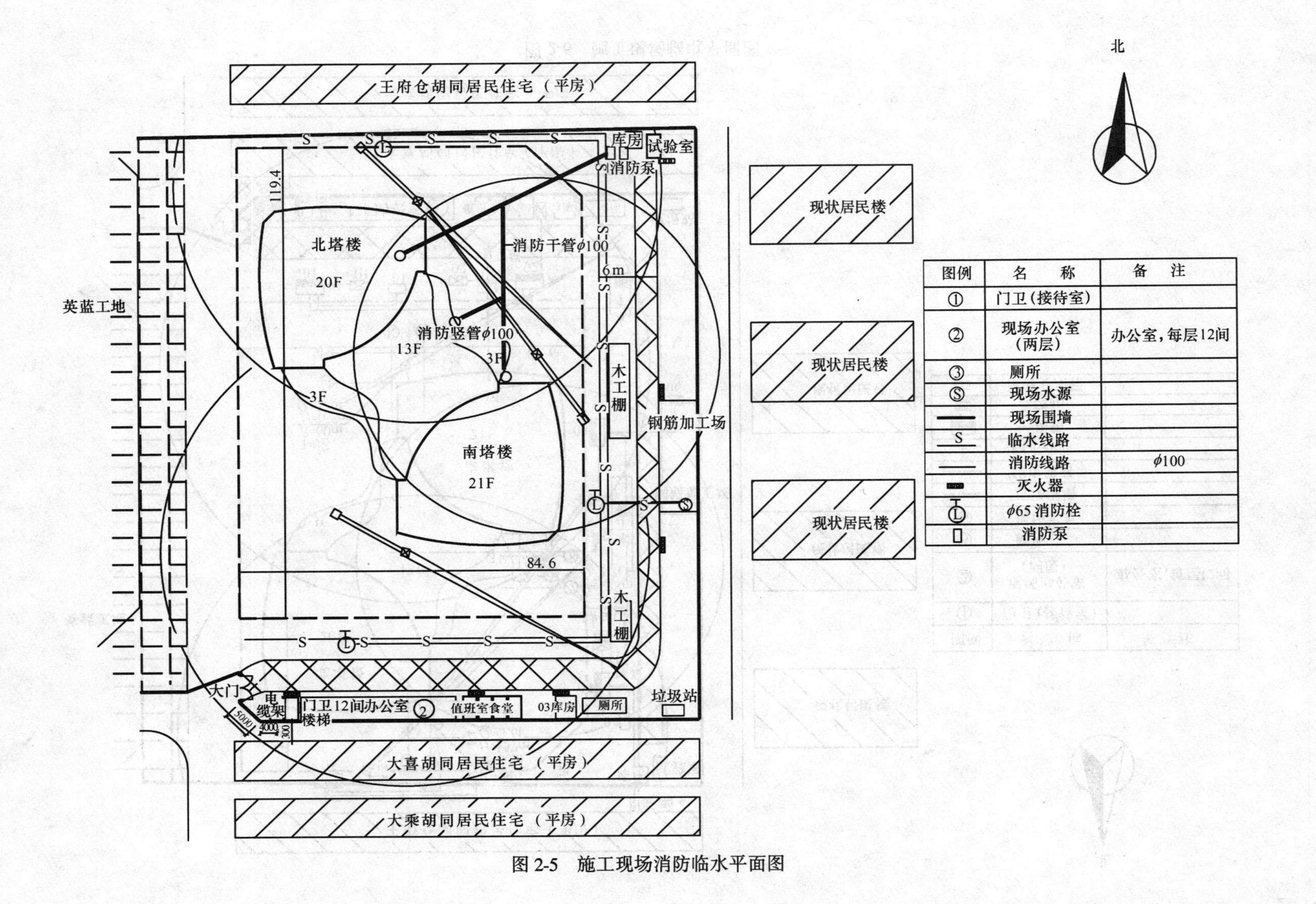

图例	名　称	备　注
①	门卫(接待室)	
②	现场办公室(两层)	办公室，每层12间
③	厕所	
Ⓢ	现场水源	
	现场围墙	
S	临水线路	
	消防线路	φ100
	灭火器	
	φ65 消防栓	
	消防泵	

图 2-5　施工现场消防临水平面图

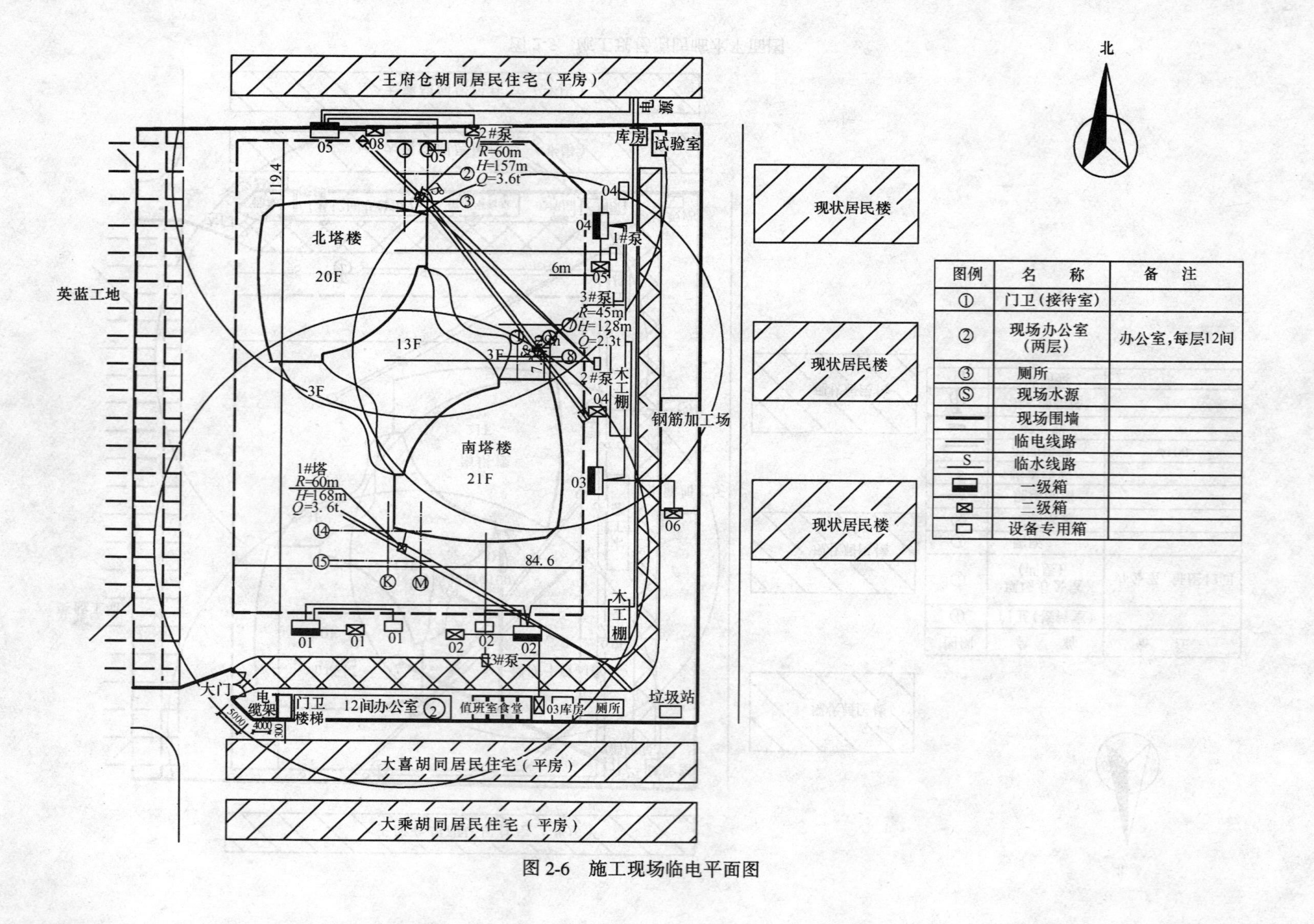

图例	名称	备注
①	门卫(接待室)	
②	现场办公室(两层)	办公室,每层12间
③	厕所	
Ⓢ	现场水源	
	现场围墙	
	临电线路	
S	临水线路	
	一级箱	
	二级箱	
	设备专用箱	

图 2-6 施工现场临电平面图

2.5.5 临时用电设计

现场由甲方提供的电源埋设电缆引至到现场总闸箱，由总闸箱分路供电至用电设备。计算得出现场高峰用电量，需要一台 800kV·A 变压器。

（1）施工机械性能见表 2-5。

主要施工用电机械 表 2-5

序号	设备	型号	单位	数量	功率	总功率	取值系数	功率
1	塔吊	H3-36B MC120A	台	3	90kW	270W	0.6	162kW
2	地泵	HBT80-16S	台	3	110kW	330kW	0.6	198kW
3	电焊机	BXL500	台	4	28.5kW	114kW	0.6	68.4kW
4	电焊机	BXL300	台	4	18.4kW	73.6kW	0.6	44.16kW
5	成型机	CW750	台	3	3.5kW	10.5kW	0.4	4.2kW
6	切断机	GQ60-1	台	3	7.5kW	22.5kW	0.4	9kW
7	砂轮切割机	400 型	台	6	2.2kW	13.2kW	0.4	5.28kW
8	空压机	0.9m³	台	2	7.5kW	15kW	0.5	7.5kW
9	卷扬机	5t	台	2	15kW	30kW	0.4	12kW
10	圆锯	250～500mm	台	4	5.5kW	22kW	0.5	11kW
11	压刨	400mm	台	2	7.5kW	15kW	0.5	7.5kW
12	平刨	300mm	台	2	4kW	8kW	0.5	4kW
13	螺纹机		台	4	4kW	16kW	0.5	8kW
14	水泵		台	5	2.2kW	11kW	0.4	4.4kW
15	振捣器	φ50	台	20	1.5kW	30kW	0.4	12kW
16	打夯机	20kg	台	4	3kW	12kW	0.4	4.8kW
17	消防泵		台	1	75kW	75kW	0.5	37.5kW
18	给水泵		台	1	15kW	15kW	0.5	7.5kW
19	低压变压器	5kV·A	台	4	12kW	48kW	0.8	38.4kW
20	生活用电				80kW	80kW	0.9	72kW
21	施工照明				100kW	100kW	0.8	80kW
22	电动工具		台	30		50kW	0.5	25kW
23	套管机		台	4	1.5kW	6kW	0.4	2.4kW
合计						1366.8kW		825.04kW

（2）临时用电计算。

电流计算及电缆截面选择：

由于 01 号柜和 02 号柜并联，总功率为 260kW，01 号柜电流为：

$$I = K \times \Sigma P / (\sqrt{3} \times U \times \cos\phi) = 346A$$

结论：选 VV-3×240+2×120 聚氯乙烯电缆，安全载流量为 367A。

02 号柜负载为 110kW，其电流为：

$$I = K \times \Sigma P/(\sqrt{3} \times U \times \cos\phi) = 146A$$

结论：选 VV-3×120+2×95 聚氯乙烯电缆，安全载流量为 253A。

03 号柜和 04 号柜并联总功率为 240kW，03 号柜电流为：

$$I = K \times \Sigma P/(\sqrt{3} \times U \times \cos\phi) = 320A$$

结论：选 VV-3×240+2×120 聚氯乙烯电缆，安全载流量为 367A。

04 号柜负载是 190kW，其电流为：

$$I = K \times \Sigma P/(\sqrt{3} \times U \times \cos\phi) = 253A$$

结论：选 VV-3×120+2×95 电缆，安全载流量为 253A。

05 号柜负载是 140kW，其电流为：

$$I = K \times \Sigma P/(\sqrt{3} \times U \times \cos\phi) = 186A$$

结论：选 VV-3×120+2×95 电缆，安全载流量为 253A。

01 号～08 号二级配电箱负载为 30kW，其电流为：

$$I = K \times \Sigma P/(\sqrt{3} \times U \times \cos\phi) = 0.8 \times 30/(1.732 \times 0.4 \times 0.85) = 40A$$

结论：选 YZ-3×25+2×10 橡套电缆，安全载流量为 71A。

01 号～05 号设备专用箱：

$$I = K \times \Sigma P/(\sqrt{3} \times U \times \cos\phi) = 106A$$

结论：选 YZ-3×35+2×16 电缆，安全载流量为 107A。

现场电流为 852A，以上为地下室结构用负载，随着楼层增高逐步加设备。

变压器容量 800kV·A，它的电流为：

$$S = \sqrt{3} \times U \times I \times \cos\phi$$

$$I = 1000/\sqrt{3} \times U \times \cos\phi = 1333A$$

结论：变压器电流大于现场用电流，可以使用。

2.5.6 临时用水设计

（1）本工程位于金融街，施工用水满足要求，水源位于现场东北侧，给水主干管为 150mm 直径钢管引至现场，现场共设置 3 个消火栓，施工及生活用水由水源引至各用水地点，水管直径为 100mm。现场东北角设泵房，配两台消防泵，主体结构施工将消防立管引入楼内。

（2）临时用水计算

现场施工用水量：以混凝土自然养护日用水量计算（混凝土浇筑采用预拌混凝土）取 $N_1 = 400L/m^3$

$$q_1 = K_1 \times Q_1 N_1 / T_1 t \times K_2/(8 \times 3600)\ (K_1 = 1.15 \quad K_2 = 1.5 \quad Q_1 = 100m^3)$$

$$= 1.15 \times 100 \times 400 \times 1.5/(8 \times 3600) = 2.4L/s$$

施工机械用水量 q_2，无特殊机械不考虑。

施工现场生活用水量：以 200 人计

$$q_3 = P_1 \cdot N_3 \cdot K_4/(t \cdot 8 \times 3600) \quad 取\ P_1 = 200\ 人 \quad N_3 = 60L/人班$$

$$K_4 = 1.5, t = 2\ 班$$

$$q_3 = 200 \times 60 \times 1.5/(2 \times 8 \times 3600) = 0.313L/s$$

生活区生活用水量：以 800 人计

$$q_4 = P_2 \cdot N_4 \cdot K_5 /(24 \times 3600) \quad 取\ P_2 = 800 \quad N_4 = 120L$$

$$K_4 = 2.5$$

$$q_4 = 800 \times 120 \times 2.5/(24 \times 3600) = 3.776L/s$$

消防用水量：居住区人数在 5000 人以内则

$$q_5 = 15L/s$$

综上 $q_1 + q_2 + q_3 + q_4 = 2.4 + 0.313 + 3.776 = 6.489 < 15L/s$

则施工总用水 $Q = q_5 + 0.5\ (q_1 + q_3 + q_4) = 15 + 3.2445 = 18.2445L/s$

管径的选择

$$d = \sqrt{4Q/(\pi v 1000)} \qquad 取\ v = 2.8m/s$$

$$d = \sqrt{4 \times 18.2445/(3.14 \times 2.8 \times 1000)} = 0.091m \quad 取\ d = 100mm$$

结论：给水管选用直径 100mm。

2.6 施工总进度控制计划

(1) 施工进度计划编制原则

为了优质、高效地完成施工任务，保证各施工进度目标的顺利实现，确保优质、高效地交付使用，进度计划编制依据：

1) 合同要求；

2) 合理的配置资源；

3) 采用先进施工技术、加大机械化施工程度和实施标准化管理；

4) 有效利用公司的整体优势，完善进度计划体系；

5) 从建设单位利益出发，依据本工程特点，结合公司的技术、资源等状况。工程开工日期为 2002 年 4 月 20 日，竣工日期为 2003 年 11 月 20 日。本工程总工期为 580d。根据总施工进度的安排，本工程地下结构于 2002 年 9 月 30 日完成；主体结构在 2003 年 5 月完成；外檐装修在 2003 年 11 月完成；内装修于 2003 年 11 月 20 日完成。

(2) 采用主体、安装、装修立体交叉施工

为了使上部结构正在施工而下部安装、装修插入施工，需要将 ±0.00m 以上结构分二次验收（一～十三层、十三层～结构完），第一次验收合格后，根据现场实际情况可插入二次结构施工。在第一次验收之前，我们将三台双笼电梯全部安装完毕，待验收合格后，立即进入二次围护结构的施工。在二次结构及装修施工的同时，水、电专业等在配合土建施工的情况下，也进入安装施工阶段。随着上部结构的施工及验收完成，下部结构的二次围护及装修也按施工进度计划快步跟上。三台塔吊在主体结构施工完后，于 2003 年 6 月 25 日拆落完毕（表 2-6）。

工程进度节点控制 **表 2-6**

工　　序	计 划 工 期
土方工程、护坡施工	2001.12.05～2002.04.19
基槽验收	2002.04.20
零米以下结构	2002.04.20～2002.09.30

续表

工　　序		计　划　工　期
基础验收		2002.10.26
零米以上结构		2002.09.20~2003.05.30
主体验收时间	一层至十层	2003.04.20
	十层以上	2003.06.20
	屋面工程	2003.05.20~2003.06.12
二次结构施工		2003.04.25~2003.09.10
内檐装修		2003.05.20~2003.10.20
外檐装修		2003.05.10~2003.11.10
楼内清理		2003.11.10~2003.11.20
竣工验收时间		2003.11.20

北京新盛大厦工程施工进度计划表（略）。

2.7　周转物资配置计划

周转物资配置计划见表2-7~表2-8。

土建工程主要材料表　　表2-7

序　　号	材料名称	单　　位	数　　量	进场时间
1	钢筋	t	11500	2002.4~2003.6
2	商品混凝土	m^3	55749	2002.4~2003.6
3	水泥	m^3	2000	2002.4~2003.6
4	陶粒空心砌块	m^3	800	2003.7
5	SBS防水卷材	m^2	45000	2002.4~2003.6

施工主要辅助材料投入一览表　　表2-8

序　　号	材料名称	规　　格	单　　位	数　　量	进场时间
1	组合小钢模	60系列	m^2	10000	2002.4
2	定型大钢模		m^2	3800	2002.6
3	多层胶合板	δ18mm	m^2	20000	2002.4
4	竹胶合板	δ12mm	m^2	36000	2002.4
5	槽钢	[10	m	1200	2002.4
6	木　方	100mm×100mm	m^3	700	2002.4
7	木　方	50mm×100mm	m^3	700	2002.4
8	钢　管	ϕ48×3.5	t	1300	2002.4
9	扣　件		只	100000	2002.4
10	安全网	密目	m^2	20800	2002.4

2.8 主要施工机械选择

(1) 垂直及水平运输机械

基础及地上主体部分钢筋、模板、架具垂直及水平运输均采用H3/36B（$R=60$m）、MC120A（$R=45$m）塔式起重机，3台附着式塔吊分别置于⑭～⑮/Ⓚ～Ⓜ轴间及Ⓛ～Ⓝ/②～③轴间、⑦～⑨/Ⓥ～Ⓣ轴间(建筑物地下结构内部)，可覆盖地下室全部面积，并能由南部及东部料场直接起吊材料，地上结构时施工时，三台塔吊分别独立满足两栋塔楼及裙楼的施工垂直运输。东侧设三座倒料平台。插入二次结构施工及装修施工前立三台双笼电梯，位置分别位于⑧～⑨/Ⓤ～Ⓦ轴、⑫～⑬/Ⓗ～Ⓚ轴、③～④/Ⓝ～Ⓠ轴。

(2) 混凝土机械

为了达到缩短工期及减少塔式起重机负担，以保证完全满足大模板的吊装需要。现场所有结构混凝土全部采用预拌混凝土施工。结构混凝土全部采用三台混凝土输送泵输送，型号为HBT80-16S型。作业面配置手动式布料杆进行混凝土浇筑。

施工机械投入见表2-9。

机械投入计划 **表2-9**

序号	机械名称	类型型号	需要量		进场时间	退场时间	备注
			单位	数量			
1	反铲挖掘机	PC200	台	3	2002.1	2002.3	土方开挖
2	长臂挖掘机	24m	台	1	2002.1	2002.3	土方开挖
3	自卸汽车	15t	辆	20	2001.12	2002.3	土方开挖
4	钻机	QUY-50t	台	1	2002.1	2002.4	护坡施工
5	注浆车	SNC-300	台	1	2002.1	2002.4	护坡施工
6	泥浆泵		台	1	2002.1	2002.4	护坡施工
7	锚杆钻机	7Y42	台	2	2002.1	2002.4	护坡施工
8	卷扬机		台	1	2002.1	2002.4	护坡施工
9	塔吊	H3/36B	台	2	2002.4	2003.6	结构施工
		MC120A	台	1	2002.4	2003.6	结构施工
10	混凝土泵	HBT80	台	3	2002.4	2003.6	结构施工
11	混凝土布料机	$R=30$m	台	3	2002.4	2003.6	结构施工
12	钢筋调直机	CMT-30	台	2	2002.4	2003.6	结构施工
13	钢筋切断机	CJT-45	台	1	2002.4	2003.6	结构施工
14	钢筋弯曲机	YM-4	台	2	2002.4	2003.6	结构施工
15	直螺纹套丝机	ϕ18-32	台	4	2002.4	2003.6	结构施工
16	无齿锯	J393-40	把	8	2002.4	2003.6	结构施工
17	电焊机	BX_1-300	台	6	2002.4	2003.6	结构施工
18	木工平刨	MB503	台	2	2002.4	2003.6	结构施工
19	木工圆锯	MJ104	台	4	2002.4	2003.6	结构施工
20	水泵		台	5	2002.4	2003.6	结构施工

续表

序号	机械名称	类型型号	需要量		进场时间	退场时间	备　注
			单　位	数　量			
21	混凝土振捣棒	φ50	只	50	2002.4	2003.6	结构施工
22	平板式振动器	HZ-70	只	3	2002.4	2003.6	结构施工
23	蛙式打夯机	HW20	台	4	2003.4	2003.10	回填土用
24	砂浆搅拌机	HT350B	台	4	2002.10	2003.10	装修施工

2.9　劳动力组织

（1）配备一个项目班子负责本工程的施工、管理、协调工作。

（2）配备两个综合大包队，分区作业施工。

（3）设置4名工长和3名专业工长及其他管理人员跟班作业管理。

（4）电焊工、机工、架子工、信号工、临水、临电、塔司按两班连续作业配备人员。

主要工种、劳动力计划本工程劳动力，按两塔两队配置；劳动力需要数量见表2-10，工人分批进场，进行相应的培训。

劳动力需要量一览表及动态表　　　表2-10

序号	劳动力名称	2002年									2003年										
		4月	5月	6月	7月	8月	9月	10月	11月	12月	1月	2月	3月	4月	5月	6月	7月	8月	9月	10月	11月
1	防水工		40	20				20	20							30	30				
2	钢筋工	100	200	300	300	400	440	350	350	350	300	350	350	350	350	200					
3	木工	200	300	350	350	450	520	270	270	270	200	270	270	270	270	150					
4	混凝土工	30	80	80	100	100	125	80	80	80	80	80	80	80	80	30					
5	电工		50	50	50	50	50	50	100	100	100	100	100	100	100	100	100	100	100	80	80
6	水工	30	30	30	30	30	30	30	80	80	80	80	80	80	80	80	80	80	80	60	60
7	抹灰工												50	100	100	100	300	300	300	200	200
8	装修工												50	100	100	100	400	400	400	300	300
9	玻璃幕								10	10	10	10	10	80	80	80	80	80	80	80	80
10	月汇总	360	700	830	830	1030	1160	800	910	890	790	890	990	1160	1160	870	960	960	960	720	720

人工

3 主要分项工程施工方法

3.1 工程测量

3.1.1 测量放线工程

(1) 测量仪器的选择：

采用 TDJ2 经纬仪、DJD2-PG 电子经纬仪、ATG6、NAZ4 水准仪各一台，DZJ3 激光铅垂仪一台，50m 钢尺两把。根据《计量法实施细则》的规定，测量中所用仪器和钢尺，送计量器具检定部门进行校核，合格后方可使用。

(2) 平面轴线控制：

根据甲方及测绘院提供的红线桩坐标点，采用布设平面控制网来控制地下室、塔楼、裙楼位置以及尺寸。

(3) 竖向轴线投测：

采用铅直仪进行轴线投测、经纬仪校核外墙角。

(4) 水准点：

以甲方提供的高程点为依据（±0.00m = 51.00m），将高程引入施工现场，并不少于两个点，以进行闭合测量。

(5) 标高传递及控制：

标高利用外墙向上传递，拉尺校核，控制顶板模板及楼层标高。

(6) 弧线的测量放线方法：

本工程造型复杂，弧线很多，最大圆弧半径为 82.3m，无法实际测量。本工程采用近似法放线，先在电脑上计算出弧线到控制轴线的距离，每米计算一点，实际放线时在控制轴线上相应的点位转 90°角，放垂直线。根据圆弧上点到控制线的距离量距，放出圆弧上的点，将各点连线后成弧线。

(7) 沉降观测

由建设单位委托有资质的单位进行，我方予以配合。

3.1.2 高层建筑复杂外形测量放线方法

(1) 建筑物外形较为复杂，为几段圆弧连接组成且随楼层有变化，圆弧半径较大，且圆心在建筑物之外，增加了内业计算及放线的难度及工作量（图 3-1）。另外，本工程有 3 套轴线系统，地下室为一套，地上塔楼部分为一套，裙楼部分成 45°与塔楼轴线相交，因此，推导各轴线系统之间的关

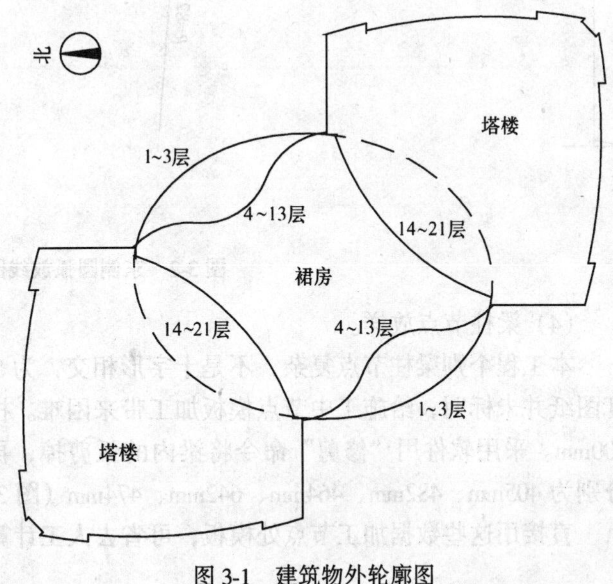

图 3-1 建筑物外轮廓图

系及减少计算误差也是重点。本工程个别梁柱节点处为5条梁放射状相交，不是通常十字状相交，且施工图纸上没有标明尺寸。采用电脑软件计算放样，为加工梁柱节点处模板提供了方便。

（2）外形圆弧组成。

本工程地上部分外形有三次变化。塔楼外形由83.3m、82.3m半径圆弧（在一侧的同圆心）组成，其中十四～二十一层裙楼顶上部分圆弧半径36.7m。裙楼一～三层为椭圆，长轴25.6m，短轴20.2m；五～十三层由半径9.8、10.5、11.3m圆弧相切组成，近似为波浪线（图3-1）。

（3）操作方法。

对于同圆心的圆弧可用同一条轴线，以东侧弧为例（图3-2）。首先，以建筑施工图给的圆心做半径为82.3m及83.3m的圆。以②～Ⓗ轴为基准线，以②～⑦轴与它的交点为起点，做②～⑦轴的数条平行线，间距为1m；用软件中的“标注”命令量出这些平行线从②～Ⓗ轴到圆弧交点的距离，即为施工测量放线的尺寸。施工中将这些点用直线连接起来，近似为弧线。

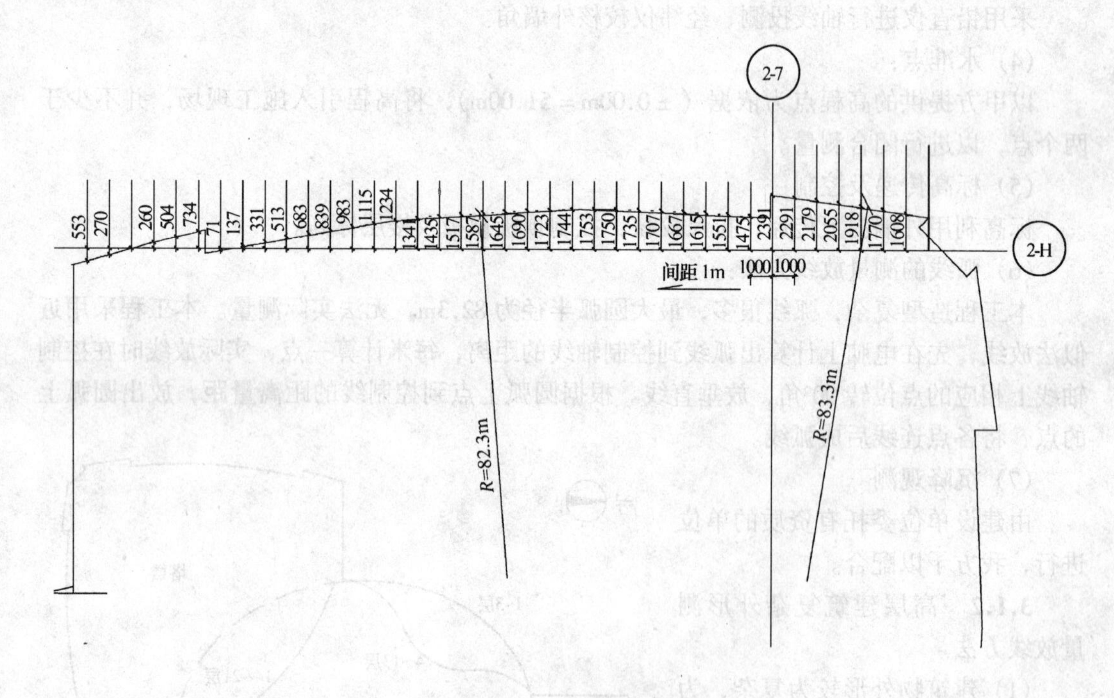

图3-2　东侧圆弧放线图

（4）梁柱节点放样。

本工程个别梁柱节点复杂，不是十字形相交，为5条梁放射状相交，且尺寸、相交角度图纸并未标明，给施工中节点模板加工带来困难。柱直径1300mm，梁宽分别为400mm、300mm。采用软件用“修剪”命令将梁内的弧剪掉，再用“特性”命令可直接得到弦长，分别为405mm、482mm、464mm、642mm、474mm（图3-3）。

直接用这些数据加工节点处模板，可省去人工计算的麻烦，且较为精确。

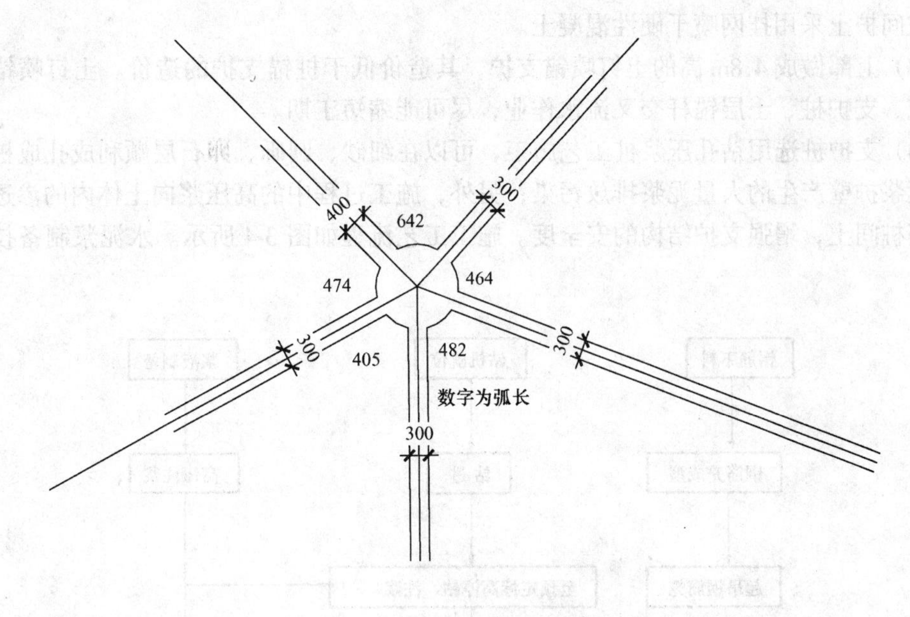

图 3-3 梁柱节点处弧长放样图

3.2 土方工程

3.2.1 土方开挖

土方分四步开挖，第一步土方开挖到标高 - 4.8m 处，打灌注桩，浇帽梁。打桩同时，第二步土方在中间开挖，开挖深度为 6.8m，开挖至 - 11.6m，并做第二层锚杆；第三步开挖 4.0m，标高至 - 15.6m；第四步开挖至基底，留 200mm 的保护层，人工配合清槽。坡道留在基坑西南角，开挖到基坑边时，坡道土用 4 台挖土机接力运土，4 台挖土机分别在 - 15.0、 - 11.0、 - 6.0、 - 0.7m 处向上倒挖。剩余土方用 24m 长臂挖土机直接装车。

汽车坡道留置于现场西南角，按 1:4 放坡，坡道按双车道设计，宽 8m。汽车坡道处两边须放坡，并且做砖墙挡土墙。

3.2.2 土方回填

本工程基础肥槽回填土为 2:8 灰土和素土。

3.2.3 基坑支护

(1) 本工程采用桩锚支护，其中支护结构上部（ - 4.8m 上）为土钉喷锚， - 4.8m 处设一道帽梁， - 4.8 ~ - 20.5m 部位采用护坡桩加两道预应力锚杆组成桩锚支护体系。

(2) 支护桩直径 800mm，间距 1600mm，嵌固深度 3100mm。

土层锚杆直径 150mm，间距 1600mm。

第一层：土层锚杆，水平倾角 15°　$L = 8 + 11 = 19$m　标高 - 4.9m

锚筋 2 束 7ϕ5 钢绞线

第二层：土层锚杆，水平倾角 5° ~ 8°　$L = 6 + 16 = 22$m　标高 - 11.0m

锚筋 4 束 7ϕ5 钢绞线

土钉坡面 81°沿基坑高度范围内设 3 层土钉，土钉间距 1500mm，梅花形布设，网片 ϕ6.5@200 双向，喷射 C20 干硬性混凝土。

桩间护土采用挂网喷干硬性混凝土。

(3) 上部做成4.8m高的土钉喷锚支护，其造价低于桩锚支护的造价。土钉喷锚与土方开挖、支护桩、土层锚杆交叉流水作业，尽可能缩短工期。

(4) 支护桩选用钻孔压浆桩工艺施工，可以在细砂、圆砾、卵石层顺利成孔成桩，避免了泥浆护壁产生的大量泥浆排放污染；另外，施工过程中的高压浆向土体内的渗透，可以挤密桩间土，增强支护结构的安全度。施工工艺流程如图3-4所示。水泥浆制备技术要求：

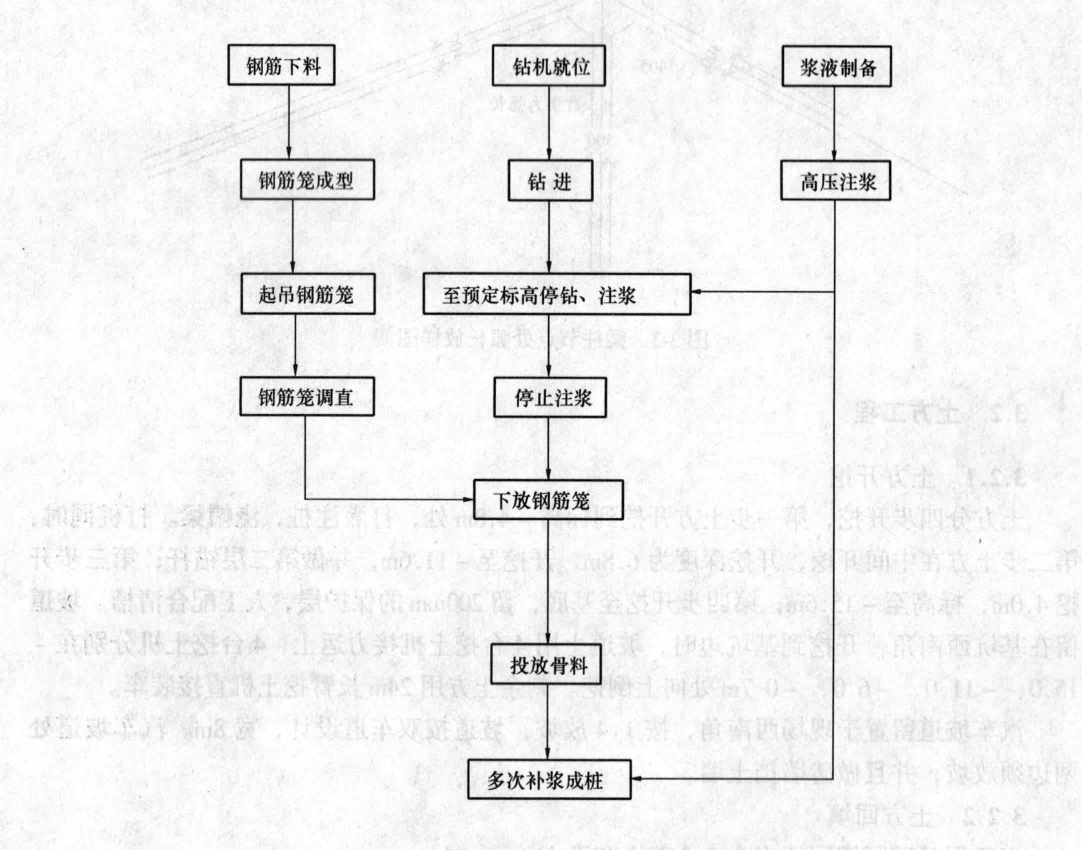

图3-4　施工工艺流程

1) 选用PO.32.5级普通硅酸盐水泥，并有出厂实验单，实验合格后方可使用，使用过程中不得受潮、过期；

2) 水灰比为W/S=0.5~0.6；

3) 搅拌的水泥浆超过2h后达到初凝不得使用；

4) 水泥浆液应符合高压泵的要求，严禁掺有水泥纸袋或其他杂物，并应通过14mm×14mm~18mm×18mm目筛子。

水泥浆注浆要求：

1) 孔内注浆1min后方可提钻，并且提钻速度控制在0.3~0.5m/min；

2) 注浆过程中保证钻头浸没在浆面下1.0m左右，注浆量应至不塌孔地层以上1.0m；

3) 注浆压力控制在6~8MPa之间。

石料选择及投放要求：

选用2~7cm粒径的碎石，含泥量小于1%；投放碎石时孔口必须用漏斗，严禁孔口的泥块掉入。

补浆技术要求：

补浆间隔在15~25min，直到浆面不再下沉为止，且不得少于三次。

3.2.4 降水

(1) 本工程上层滞水深约8m，潜水水位深为18.50m，降水面积为11320m²，基础深度-20.5m。根据土层主要为粉土、圆砾和卵石，其次为黏性土的条件，考虑采用管井降水的方案最为安全、经济、合理。

(2) 上层滞水主要补给为大气降水和管道渗漏，含水层较薄，水量较小，可通过渗水井降其渗漏至潜水含水层一同抽走。因此，本次降水方案采用抽渗结合的降水方案。

(3) 降水井沿基础东、南、北三侧布置，同西侧的A7地形成封闭的稳定降水线，降水标高控制在基础底标高下0.5~1.0m之间。经计算同时考虑群井降效的影响，每隔12m一口井，降水井直径600mm，滤管直径400mm，井深27.0m。

(4) 渗水井布置在降水井中间，共计25口，渗水井直径600mm，井深12m，进入中砂层1m以上。

(5) 为检查降水效果，在基础南北两侧各打一口水位观察井，观察井井深20.7m。

3.2.5 基坑变形观测

(1) 观测点设置：测距点在距基坑10~30m相对稳定地方沿基坑边线延长方向设置，共设置4个，并用水泥桩固定。护坡桩（土钉墙）水平位移观测点在帽梁（土钉墙顶）上布设，东西长边均匀设置6个观测点，南北短边均匀设置4个观测点，点位用水泥钉固定。

(2) 沉降观测点设在南侧楼房北墙上和基坑东侧地面上，水平间距15~20m，用水准仪进行观测。

(3) 观测方法：

1) 采用方向法进行观测，从基坑开挖开始观测，基坑回填为止结束，土方开挖期间、降水期间和特殊天气后，要每天早晚各观测一次，其他可每周观测2~3次，并做好记录；

2) 设专人并使用水准仪及经纬仪进行观测变形情况，记录要准确、工整，严禁涂改，每次观测结果详细记入汇总表，定期向监理工程师报告变形情况；

3) 如地面变形产生裂缝时，增设观测点，随时观测裂缝的变化；

4) 用水位计观测水位，抽水前普遍观测一遍降水井、观测井的水位，开始抽水后每天观测1次观测井内的水位。

3.3 地下防水工程

本工程地下防水工程作法采用结构自防水和外部粘贴SBSⅢ+Ⅲ型防水卷材相结合。根据设计要求，地下室底板、外墙和顶板混凝土强度等级均为C35，抗渗等级P8，SBSⅢ+Ⅲ型防水卷材厚度6mm，二层热铺。

(1) 工艺流程：

基层清理→刷冷底子油→后浇带及阴阳角铺设附加层施工→铺设第一层卷材→卷材接缝密封处理→验收→第二层卷材施工→验收→保护层施工。

（2）底板防水层施工按照一个方向进行，基础底板以及导墙部分的防水施工采用外防内贴法，先做立面后做平面，先铺转角后铺大面，全部转角处铺贴卷材附加层；底板以上外墙防水采用外防外贴法，外侧加50mm厚聚苯板覆盖保护，回填2:8灰土。

（3）外墙后浇带外侧做80mm厚预制板，板上栽筋与墙筋绑扎，预制板外侧两边用水泥砂浆抹八字斜角，预制板外侧做防水附加层，附加层外侧再铺贴整体防水层，后浇带按设计规定时间浇筑。

（4）防水层施工前将基层清理干净，基层表面平整、干燥，含水率在9%以内，阴阳角部位抹成圆弧。

（5）卷材长边搭接长度不小于100mm，短边搭接不小于150mm，附加层宽度500mm。卷材搭接部位采用热融法粘贴牢固。

（6）所用防水材料必须有合格证及检测报告、复试报告，现场进行见证取样。

（7）防水层施工完毕做好成品保护，发现损坏及时修补。

3.4　钢筋工程

（1）钢筋加工由钢筋工长提出钢筋加工单，在现场钢筋加工厂统一加工、配制，成型。

（2）现场钢筋本着随用随进的原则，只在建筑物东侧临时存放，由塔吊吊运至楼层。

（3）钢筋进场要有出厂质量证明，现场根据进场数量，对不同规格、不同批次钢筋进行取样复试，合格后方可使用。

（4）所有直径≥ϕ18mm的钢筋连接均采用滚轧直螺纹连接，机械连接强度达到A级，钢筋连接要求有机械连接接头型式试验，机械连接施工人员必须经专业培训后上岗。直径≤ϕ16mm钢筋采用绑扎搭接。

（5）钢筋接头位置必须按规范及设计要求相互错开，搭接长度以及锚固长度符合规范及设计要求。

（6）钢筋保护层在水平结构采用水泥砂浆垫块，竖向结构采用专用塑料垫块，注意垫块的绑扎位置和留置间距；同时，必须保证主筋的保护层厚度符合要求。

钢筋保护层厚度：底板→底铁50mm、上铁50mm；地下外墙→外侧50mm，内侧15mm；梁→25mm；其余各层墙体、顶板→15mm，柱→30mm。除满足上述要求外，且不小于钢筋公称直径。

（7）剪力墙竖向筋在内，水平筋在外，两片钢筋网之间用ϕ8@600拉结筋拉结，梅花形布置，为控制墙体双层钢筋网片正确位置、间距，以及保护层厚度，在墙体设置竖向梯子筋和水平梯子筋，竖向梯子筋代替墙体竖向筋，采用直径较原有墙体竖筋大一级的钢筋制作。

（8）梁、板绑扎钢筋时，必须考虑流水段的划分界限，甩头钢筋位置符合规范要求。

（9）顶板钢筋在楼层板标高改变、顶板钢筋施工时，必须认真核对施工部位。

（10）基础底板、楼板上下铁之间加设钢筋马凳支撑。

（11）为保证钢筋位置正确，不偏移，绑扎时严格按位置线进行施工，墙筋采用横竖梯子进行定位控制，柱筋采用定位箍，板筋采用马凳进行控制。所有钢筋绑扎完后对其位置、规格、尺寸及连接进行全面检查。浇筑混凝土前再次检查钢筋位置，如有位移及时调整。混凝土浇筑过程中设专人看护钢筋，施工振捣时不得触动钢筋，浇筑完毕及时调整钢筋位置。

（12）隐检报验：提前通知监理和质检部门的人员及时验收钢筋。提前联系好混凝土和做好浇筑混凝土的一切准备工作，隐检验收合格后及时浇筑混凝土。

3.5　模板工程

（1）垫层、底板采用砖模，导墙模板及电梯井坑模板为组合钢模板，吊模施工。

（2）±0.00m以下墙体模板主要使用600mm宽中型组合钢模板系列和100mm、300mm宽系列小钢模板，模数不够的部位用木方组拼，用钩头螺栓连接两侧钢模板，墙体阳角处用连接角模连接，阴角处用阴角模连接两侧模板。经过计算确定水平、竖向龙骨均采用两根ϕ48钢管，水平龙骨间距为675mm、600mm，竖向龙骨间距700mm，交点处设ϕ14穿墙螺栓，外墙采用防水螺栓，内墙加直径为20mm塑料套管，螺栓周转使用。拼缝一律采取硬拼接缝，全部采用加塞5mm厚海绵条。

（3）±0.00m以上墙体模板采用定型大钢模板，采用直径为32mm大穿墙螺栓固定；外墙模板配合三角外挂架子；阴阳角部位采用定型钢角模，圆柱模板采用定型大钢模。首层大堂14.3m圆柱模板：首层大堂圆柱高14.3m，直径1.2m，采用定型钢模板，分三次浇筑，为了保证接缝严密，采用模板倒置的方法进行施工。同一根柱采用同一套模板，将钢模板上口作为下次浇筑的下口，一～三层柱模校正采用统一基准线。

（4）地下室及地上部分结构顶板、悬挑板模板采用12mm厚竹胶板，梁模采用18mm厚覆膜多层板；支撑系统采用碗扣架，碗扣架上部加可调托，下部垫50mm厚通长木板；主龙骨采用100mm×100mm木方，次龙骨采用50mm×100mm，钢支柱之间采用钢管拉结（上、下共两道）；模板之间、模板与墙拼缝保证不大于2mm。

（5）基础底板后浇带处模板采用木方加钢丝网封挡，其余各层墙体和楼板后浇带及施工缝均采用木方封挡，所有施工缝处模板在钢筋经过位置处留豁口。后浇带两侧顶板及支撑在混凝土浇筑前要始终保持支顶，混凝土浇筑后强度等级达到图纸要求方可拆除支撑。

（6）电梯井采用大钢模板，下部设承重平台板。

（7）门窗洞口模板：采用定型木模板。

（8）楼梯踏步采用定型木模。

（9）模板配备按水平配备3层，竖向配备按流水段配备2段半。

（10）电梯机房墙体及女儿墙模板采用大钢模板进行拼接。顶板模板仍采用竹胶板。施工方法同地下室墙体模板及结构顶板模板。

（11）模板安装前，所有预留洞、预埋件、预埋管均按要求留设，安装后必须办理好预检手续，方可进行下道工序施工。

（12）预检和报验：模板安装完毕后，还应拉线复核平面位置和标高，要进行检查验收工作。所有预留洞、预埋件均按要求留设，并在合模前与水电施工部门配合核对，支撑牢固，清理后请质检、监理部门预检验收，合格签认后进行下道工序

（13）所有模板要求在合模前清理干净并满刷脱模剂，钢模板脱模剂采用油质脱模剂（不得使用废机油），木模板脱模剂采用水性脱模剂。大模板及定型模板要求编号。浇筑顶板混凝土时预先下好地锚，地锚用不小于ϕ20钢筋制成。

（14）当梁、板跨度大于4m时，梁底及板底模板要求中间起拱2‰。

（15）模板拆除：

模板拆除时，必须在混凝土强度达到规范要求，模板的拆除以混凝土同条件养护试块抗压强度为依据，要求拆模必须有申请。

墙体模板拆除时，混凝土强度应能保证表面及棱角不因拆除模板而受损坏，方可拆除。底模拆除根据梁、板、悬臂等构件的跨度不同，分别达到规范规定的强度要求方可拆模。

3.6　底板大体积混凝土施工

（1）控制温度和收缩裂缝的技术措施

加掺合料及附加剂：掺粉煤灰，替换部分水泥，减少水泥用量，降低水化热；掺减水剂，减小水灰比，防止水泥干缩，加UEA。

1）事前计算混凝土水化热，为有效控制作好准备；

2）控制好混凝土入模温度；

3）加强施工中的温度控制（控制分层厚度、测温和保温）；

4）改善约束条件，消减温度应力。

（2）混凝土的浇筑

1）分层和振捣方式。

底板混凝土浇筑量大，铺开面大，为了在浇筑过程中不出现冷缝，通过时间计算，按1:（5~6）的坡度斜向分层推进。

为了避免泵管的振动影响底板钢筋的位置，泵管需架设在支设的钢管架上，不得直接放置在钢筋骨架上。架设泵管的脚手架钢管要在底板混凝土初凝前拔出，防止底板混凝土出现纰漏。

由于泵送混凝土坍落度大，混凝土斜坡摊铺较长，故混凝土振捣由坡脚和坡顶同时向坡中振捣，振捣棒必须插入下层内50~100mm，使层间不形成混凝土缝，结合紧密成为一体。

2）泌水处理。

浇筑过程中混凝土的泌水要及时处理，泌水流向板底的集水坑、集水井处，然后用泵抽出，以免使粗骨料下沉，混凝土表面水泥砂浆过厚致使混凝土强度不均和产生收缩裂缝。

（3）混凝土温度控制

根据混凝土温度应力和收缩应力的分析，必须严格控制各项温度指标在允许范围内，才不使混凝土产生裂缝。

控制指标：

1）混凝土内外温差不大于25℃；

2）降温速度不大于1.5~2℃/d；

3）控制混凝土出罐和入模温度（按规范要求）。

（4）混凝土养护

降低大体积混凝土内外温度差和减慢降温速度来达到降低块体自约束应力及提高混凝

土抗拉强度，以承受外约束应力时的抗裂能力，对混凝土的养护是非常重要的。混凝土浇筑后，应及时进行养护。混凝土表面压平后，先在混凝土表面覆盖一层塑料薄膜，然后蓄水进行养护，塑料薄膜要覆盖严密，防止混凝土暴露。养护过程设专人负责。

蓄水层在混凝土表面温度与环境温度之差小于25℃时方可放水。

3.7 混凝土工程

（1）本工程所有结构混凝土使用预拌混凝土。

（2）混凝土垂直运输采用混凝土输送泵，塔吊配合，水平运输采用布料杆，塔吊辅助吊运。

（3）混凝土强度等级见表3-1。

混凝土强度等级 表3-1

混凝土部位		强度等级	抗渗等级	碱　含　量
地下	垫层	C10		使用B种低碱活性集料配制混凝土，其混凝土含碱量不超过5kg/m³
	底板	C35	P8	
	外墙	C35	P8	
	内墙	C60		
	柱	C60		
地上	墙体	C60、C50、C40、C35		
	顶板	C30		
	楼梯	C30		

（4）预拌混凝土配合比由项目技术部和搅拌站共同确定，预拌混凝土合同中要明确混凝土强度等级、抗渗等级、外掺剂、凝结时间、坍落度等技术指标及技术要求。预拌混凝土搅拌站在运送混凝土时，应随车签发货单，发货单应包括以下内容：收料单位、工程名称及部位、地址、配合比编号、运输编号、混凝土强度等级、发货数量、发车时间。现场设专人验收预拌混凝土小票，并在小票上注明到场时间、浇筑完成时间、坍落度检测结果。

（5）施工时严格按流水段划分及施工进度安排进行施工。

（6）混凝土输送：垫层底板施工利用汽车泵，其他部位施工选用三台HBT-80C泵，泵位布置严格按施工平面图进行。泵送混凝土施工时，泵管搭设符合要求，尽量减少弯折。泵送混凝土前进行试运转，用砂浆润滑管壁，浇筑后及时清洗泵管。预拌混凝土从出站到现场的时间不得超过技术合同中规定的时间，从出机到浇筑完成的时间不超过初凝时间。泵送混凝土时如发生故障，停歇时间超过45min，须用压力水冲洗管内残留的混凝土。泵管布置在合适的位置，并用架子管固定牢固。

（7）浇筑前，模板要验收合格，并履行签字手续。准备好施工机具，保证混凝土连续浇筑。

（8）施工缝留设位置及处理方法：

1）底板水平缝：底板顶面，外墙在底板以上300mm，加钢板止水带。

2）底板垂直缝：结构后浇带处。

3）墙体水平缝：顶板下皮以上5mm；施工时先浇筑至板底标高以上30mm，再剔除软弱层至板底标高以上5mm，以露出石子为宜。地下部分外墙水平缝加BW膨胀止水条。

4）墙体垂直缝：地下室外墙留至结构后浇带处，内墙留置在门窗口跨中1/3范围内。

5）楼梯施工缝：留置在休息平台板内，退进休息平台宽中间1/3范围内。

施工缝浇筑混凝土前将表面清理干净、凿毛、润湿，并随浇筑随铺一层（水平缝铺3~5cm）与混凝土配比相同（不含石子）的砂浆。

（9）浇筑与振捣的要求：

1）分层浇筑，分层振捣。分层厚度为插入式振动器有效作用长度的1.25倍以内，采用ϕ50插入式振动器施工时控制在450mm以内；

2）墙混凝土浇筑不得集中在一点下料，必须均匀分层浇筑，浇筑层厚度不大于振捣棒有效作用长度的1.25倍，下料位置应在墙实体处，门窗洞口两侧应同时下料振捣，施工缝附近浇筑、振捣时要注意，避免破坏施工缝的封闭；

3）振捣时应快插慢拔，插点要均匀排列，逐点移动，顺序进行，不得漏振或过振，移动间距不大于40cm，振捣时应插入下层混凝土5cm；

4）局部钢筋密集或混凝土较薄部位，如外墙导墙、暗梁、暗柱处，采用ϕ30型插入式振动器，分层厚度为35cm。

（10）浇筑混凝土时应经常观察模板、钢筋、孔洞、预埋件和插筋等有无移动、变形或堵塞情况，发现问题应立即处理，并应在已浇筑的混凝土凝结前修正完毕。

（11）垫层混凝土二次压光，找平成活，底板混凝土连续浇筑，顶板混凝土在初凝后、终凝前用木抹子搓面三次。

（12）顶板混凝土浇筑完毕，强度达到1.2MPa以上方可上人进行下步工序施工，施工时施工荷载不得集中堆放，且不得超过2kN/m^2。

（13）混凝土浇筑完毕要及时进行养护。墙体混凝土拆模后及时补水养护；地下墙体配合养护剂进行养护；顶板混凝土浇水养护；墙体、顶板养护时间不少于7d。

（14）混凝土试块按本工程施工试验计划的要求进行留置，标养试块留置28d，同条件试块按规定留置两组，每段设钢筋笼保存于楼层内，作为拆模等施工的强度依据。

（15）后浇带的施工方法：

1）后浇带混凝土浇筑前钢筋刷水泥浆保护；

2）底板及顶板后浇带均加盖竹胶合板保护，周边砌挡水台；

3）后浇带混凝土在主体结构施工完毕45d后浇筑，并采用强度等级高一级（见图纸要求）微膨胀混凝土进行浇筑，浇筑完毕后及时进行养护，养护时间不少于14d。

3.8　脚手架工程

（1）基础施工时，基坑四周搭设护身栏，夜间设红灯警示。

（2）墙体钢筋及模板、混凝土施工时搭设临时脚手架，所用临时架子采用碗扣架或钢管架。

（3）外墙采用爬架施工，墙体混凝土强度要求达到7.5MPa，才允许爬升。

1）爬架爬升原理：

在建筑结构四周分布爬升机构，附着装置安装于结构剪力墙或能承受荷载的梁上，架体利用导轮组通过导轨攀附安装于附着装置外侧，提升葫芦通过提升挂座固定安装于导轨上，提升钢丝绳穿过提升滑轮组件连在提升葫芦挂钩上并预紧吃力，实现架体依靠导轮组沿导轨上下相对运动，从而实现导轨式爬架的升降运动。

本工程导轨式爬架共设计 54 套爬升机构，最大相邻爬升机构分布间距直线距离为 6.9m，折线距离为 5.4m，爬架内排立杆离结构外沿距离为 0.5～0.9m。架体在剪力墙处离墙距离 800～900mm，以满足大模板施工时大模板支腿有足够的支撑空间。本工程架体外排高度 18.195m、架体中心宽度 0.9m、架体步高 1.8m。最下一步架体距离上楼面的距离为 0.6m、导轨接头距离邻近上楼面为 2.6m。剪力墙处内排架体比外排架体低两步，以便于放置大模板支腿。架体每一层导轨需要加固。

2）安装工艺流程：

搭设安装平台→摆放提升滑轮组件→安装第一根导轨，组装第一步竖向框架和水平桁架→随施工进度顺序安装第二～五根导轨→搭四层半高支架→铺设操作层脚手板，用密目安全网封闭架体→安装斜拉钢丝绳、限位锁→安装提升挂座，挂电动葫芦并预紧→检查验收，进行第一次提升→在提升滑轮组件下方扣搭吊篮→进行升（降）循环。

3）爬升工艺流程：

上一层楼混凝土完毕→拆模→拆装导轨→转换提升挂座位置→挂好电动葫芦，并预紧→检查验收，同步提升 50mm→拆除限位锁、斜拉钢丝绳及附墙→同步提升（下降）一层楼高度→固定支架：安装限位锁、斜拉钢丝绳并附墙→施工人员上架施工。

(4) 首层搭架子挂 6m 宽安全网。首层安全网以上每隔四层搭挑架子挂 3m 随层安全网。

(5) 施工层大板挂架用密目网封闭。

(6) 塔吊臂回转半径内的道路、暂设、配电室、混凝土输送泵等处搭设防护棚。

(7) 所有架子搭设必须由专业架子工操作，符合架子搭设要求，经有关部门验收方可使用。

3.9 屋面工程

(1) 屋面保温隔热层：

涂刷冷底子油一遍，铺 40mm 厚聚苯乙烯（硬质 PB 性）泡沫塑料保温板，屋面传热系数 0.80W/（m^2·K）首先将接触基面清扫干净，然后将板块铺平垫稳，其上铺水泥珍珠岩块材找坡层，最低 30mm 厚，3%找坡，振捣密实，表面抹光。

(2) 找平层：

20mm 厚 1:2.5 水泥砂浆找平层。施工前，保温层必须验收合格，然后将杂物清扫干净，再根据坡度冲筋，在排水沟、雨水口处找泛水，进行找平层抹灰，用铁抹子抹压两遍，保证其表面平整，24h 后浇水养护，干燥后进行防水层施工。屋面防水为二级防水，两道设防，一道为 40mm 厚细石混凝土（内配 $\phi4$@200 双向钢筋），设 3m×3m 分仓缝 30mm 宽，油膏嵌缝；一道 1.6mm 三元乙丙橡胶卷材。卷材施工时，阴阳角、檐口、管根、女儿墙等处做细部附加层施工，要求卷材粘贴牢固。基层表面排好尺寸，弹出标准线，为铺好卷材创造条件。从流水坡度的下坡开始，使卷材长向与流水坡度垂直，搭接顺流水方向，然后沿弹好的标准线向另一端铺贴。

(3) 保护层：

防水层施工完毕后应做蓄水试验、做保护层及10mm厚浦地缸砖面层，干水泥擦缝，每3m×3m留10mm宽缝，填1:3石灰砂浆。

3.10　砌筑工程

(1) 基层清理：

在砌筑砌块墙部位的楼地面位置，剔除高出撂底面的凝结灰浆，并及时清扫干净。

(2) 排列摆块

砌筑前按实地尺寸和砌块规格尺寸进行排列摆块，砌块订货时要求厂家提供一些符合尺寸要求的半块砖。

(3) 拉结筋设置

砌块与墙柱的相接处，必须预留拉结筋，竖向间距500mm以内，压埋2ϕ6钢筋，拉筋延长布置。

(4) 圈梁和构造柱设置

按设计要求设置圈梁和构造柱，结构施工时在相应位置做好预留预埋，以保证圈梁和构造柱的钢筋与结构有效连接。

(5) 门口预埋木砖

砌块与门口连接采用后塞口，按洞口高度留置木砖，高度在2m以内每边埋三块，洞口高度大于2m时埋四块。

3.11　装饰工程

3.11.1　楼地面工程

本工程楼地面做法有水泥砂浆细石混凝土楼地面，大理石楼地面，地砖楼地面。

(1) 水泥砂浆地面施工工艺流程。

基层处理→找标高、弹线→洒水湿润→抹灰饼和标筋→刷水泥浆结合层→浇筑细石混凝土→铺水泥砂浆面层→木抹子抹平→铁抹子压第一遍→第二遍压光→第三遍压光→养护。

(2) 大理石楼地面工艺流程。

基层清理→弹线→试拼→扫浆→铺水泥砂浆结合层→铺板→灌缝、擦缝。

(3) 地砖楼地面工艺流程。

基层清理→ 基层找平→放线预排→铺设施工→养护→擦缝清洁→成品保护→验收。

3.11.2　内墙面装饰工程

本工程内墙主要有涂料墙面、釉面砖墙面、大理石板和少量的不装修的水泥砂浆墙面。

(1) 墙面刮腻子工艺流程：

墙面修补、清扫→填补缝隙、局部刮水泥腻子→磨平→阴阳角方正→磨平→满刮耐水腻子→磨平→第一遍腻子→磨平→第二遍腻子→磨平→第三遍腻子（光）。

(2) 墙面涂料施工方法：

1) 涂料工程施工时，施工环境应当清洁干净，抹灰工程、地面工程、木装修工程、水暖电气工程等完工后再进行涂料工程。一般涂料工程施工时的环境温度不宜低于10℃，相对湿度不宜大于60%。

2）涂刷前墙面必须干燥，表面含水率不宜大于8%。

3）在大面积施工前，应做样板间，并一直保存到竣工止。

4）施工过程中应注意气候条件的变化，当遇有大风、雨、雾情况时，应停止施工。

5）使用的腻子应坚实牢固，不得粉化、起皮和裂纹。腻子干燥后，应打磨平整光滑，并清理干净。

6）黏度或稠度须加以控制，应根据不同的材料性质和环境温度而定，不可过稀、过稠，使其在施涂过程中不透底、不流坠、不显刷纹，施涂过程中不得任意稀释。

7）可使用墙面滚刷器采用滚涂的方法施工。施涂时，在辊子上蘸少量涂料后再在被滚墙面上轻缓平稳地来回滚动，直上直下，避免歪扭蛇行，以保证涂层厚度一致、色泽一致、质感一致。后一遍涂料必须在前一遍涂料表干后进行，每一遍涂料应施涂均匀，各层必须结合牢固。

8）质量标准：

A. 选用的涂料的品种、质量等级、颜色要符合设计和选定样品的要求和有关规定；

B. 严禁起皮、掉粉、漏刷和透底；

C. 基本项目标准要求见表3-2。

涂料施工质量标准 **表3-2**

项次	项目	标准
1	反碱、咬色	允许有轻微少量，但不超过1处
2	喷点、刷纹	1.5m正视喷点均匀，刷纹通顺
3	流坠、疙瘩、溅沫	允许有轻微少量，但不超过1处
4	颜色、砂眼、划痕	颜色一致，允许有轻微、少量砂眼、划痕
5	装饰线分色平直	偏差不大于2mm（拉5m小线检查，不足5m拉通线检查）
6	门窗灯具等	洁净

（3）瓷砖墙面工艺流程：

基层清理→弹控制线→素水泥胶浆扫浆→镶贴标准点→垫底尺→镶贴瓷砖→灌缝、擦缝→清理。

3.11.3 玻璃幕墙外装饰工程

一层为大玻璃幕墙；二～三层采用半单元式，横向隐框，竖向有装饰挂板幕墙；四层以上为半单元式，横向，竖向都有装饰挂板；底层为19mm厚透明钢化玻璃。二～三层可见位置采用8mm透明钢化玻璃+12A+8mmLow-E钢化中空玻璃，层间不透视位置采用8mm透明钢化玻璃；四层以上（包括四层）可视位置采用8mm镀膜钢化玻璃+12A+8mmLOW-E钢化中空玻璃，层间不透视位置采用8mm镀膜钢化玻璃；大楼两端采用短槽式干挂石材，面层为3cm厚花岗石板。

本工程所有铝型材采用6063-T5，部分铝合金连接件采用6063-T6，所有室外铝装饰扣板、挂板及百叶片为氟碳喷涂，室内可见部分为阳极氧化，不可见部分为光材。铝板为3mm，装饰面为氟碳烤漆；所有钢材及铁件均采用Q235钢，表面均做热镀锌处理；结构胶、密封胶及云石胶均采用进口产品。

(1) 幕墙施工工序：

预埋件的埋设→测量放线→安装竖龙骨→安装横龙骨→安装饰面板（安装玻璃）→注胶→撕膜清洗。

(2) 弧形玻璃幕墙施工要点：

1) 熟悉图纸基本内容（与平面相同）：不同的是对圆弧形玻璃幕墙的半径要搞清，不同位置不同半径，同时要搞清圆弧的类型是内弧还是外弧，而且还要考虑竖龙骨半径与玻璃半径的关系；单片玻璃幕墙外饰面与竖龙骨外表面半径相差 36mm，中空玻璃则相差 51mm、54mm 或 59mm。

2) 准备所需的工器具：

与平面基本相同。

3) 进行模板加工：用模板放线是为了保证弧形玻璃安装准确，保证其曲率效果而采取的一种精确放线方法，故模板加工的准确是保证该种放线方法准确的前提，模板加工的具体方法是：

A. 根据图纸及工地测量情况，确定弧形玻璃或折线玻璃幕墙半径为 R。

B. 取竖龙骨安装半径为 $R36$（取单片玻璃幕墙）。

C. 取大于 5mm 厚提夹板放于一块平地。

D. 沿夹板长边方向找出夹板中心线并固定好夹板。

E. 正长中心线至满足第 B 款中所确定半径要求。

F. 在中心线上确定圆心，满足半径要求及节约材料。

G. 画圆，确定圆心后接原定半径在夹板上画圆，然后在中心线上按 $(R-6)+100$ (mm) 再画，两圆所夹圆环为所制作的圆模（必要时按弧加长）。

H. 用电动曲线锯将夹板锯成 100mm 宽圆弧形板，将板内边修饰平滑（以下是在工地进行）。

I. 拼板，由于受夹板长度规格的控制所制作的模板是一块一块的短料，短料不能满足工地要求，所以要将加工成的一块块的短料拼接成工地实际需要的长度，拼料的方法是：

a. 将所加工成的一块块模板按照图示方法顺次拼接。第 1 块与第 2 块拼接用第 3 块作为控制板，以调整圆弧准确性，或者在地上画一道需要的圆弧按此圆拼接，但受场地局限较大。

b. 连接，连接时用一块弧形衬板，衬住交接处然后将一块一块板进行临时固定，临时固定时可用自收紧螺栓或铁线、铁钉等固定。

c. 检查准确性，初步固定模板。检查模板准确性：

圆弧法：将模板放在设计半径画好的圆上，对照检查其误差。

弦长法：通过计算将数个点间的弦长计算出来，再对实际模板进行调整。

3.12　机电安装工程

3.12.1　工程概况

(1) 给水系统：

本大厦的水源来自楼北侧的王府仓胡同和东侧的金融街的市政给水管道，各由一根200mm的供水管道引入楼内。大厦的供水采用水池－水泵－水箱的供水方式。其中，地下层及地上一、二层用水由城市管网直接供水；三层以上由水池－水泵－水箱的供水方式，为保证静水压力不超过0.45Pa，供水立管上设置可调式减压阀，分区供水。泵房及蓄水池设于主楼的地下二层，蓄水池的容积为250m^3，泵房设有三台生活给水泵（两用一备）。开水供应自楼五层起，每层均设电开水器一台。

（2）热水系统：

本大厦的热水系统为强制循环，上行下给式，立管设比例式减压阀减压，分区与给水相同。热水由地下二层的热交换站供应。在大厦的各层洗手间均有热水供应，供应时间按8h计，设在地下一层的淋浴间按定时供水，每天两次，每次两小时。

（3）排水系统：

本大厦的排水采用污、废分流排放的排水系统。洗涤等优质废水经中水处理后用于冲厕、室外绿化。厨房、餐厅废水经隔油器处理后与粪便污水一起，经室外化粪池处理后排入城市管网。

（4）中水系统：

本大厦的中水水源取自洁净废水，水量为99.6m^3/d，由地下二层的中水站处理后用于冲厕及室外绿化。

（5）消防水系统：

消防系统包括消火栓消防系统和自动喷水灭火系统。

1）消火栓系统：为满足有关水压的要求，本大厦的消火栓系统利用可调式减压阀分区。火灾前10min有屋顶水箱供水，水箱静水压力＞7m，可保证顶部几层的供水压力。由位于地下二层消防泵房内的消防泵自水池内抽水加压供给。消火栓口的出水压力大于0.5Pa时，采用减压稳压消火栓。本系统高低区由上部和下部的干管连接成环，以保证供水的可靠性。屋顶有18m^{3}消防水池，保证火灾前期的用水。地下二层有容积为500m^{3}的消防水池，供火灾时使用。消火栓箱内设有SN65消火栓和*DN*25的自救式消防水喉各一支，以供消防人员及非消防人员灭火时使用，消火栓水枪嘴口径19mm，水龙带长25m，消防前室水龙带长15m，消火栓箱内的按钮可直接启动消火栓消防泵。另外，每个消防箱底部设5A级2kg磷酸铵盐干粉灭火器三具，消防控制中心、BA控制室、光端机房、高压分界室等各设两具。变配电室另设推车式干粉灭火灭火器。

2）自动喷水灭火系统：本建筑为全面积喷淋消防系统。火灾前10min由屋顶水箱供水，此后将由位于地下二层的自动喷淋消防泵从水池内抽水加压供给。各区的湿式报警阀及水力警铃设于地下一层的报警阀室内，所有控制讯号均传至消防控制中心。其中，办公用房采用68℃的直立型、吊定型玻璃球喷头；地下车库采用72℃的直立型易熔合金喷头；库房采用79℃的直立型玻璃球喷头；厨房采用93℃的直立型、吊定型玻璃球喷头。

（6）空调水系统：

空调水系统采用两管制，一次泵变流量系统。在供、回水总管间，安装压差控制器和两通电动调节阀，调节水流量。冷源来自地下二层制冷机房的4台离心式冷水机组，每台制冷量2800kW（800RT），总制冷量11200kW（3200RT），冷冻水温度7～12℃，冷却水温度32～37℃。冷却水由塔楼屋顶上的超低声喷射冷却塔（每个塔楼设两台）处理。热源为城市供热管网，热媒为125~65℃热水，经设于地下二层的热力站中的热交换器获得空调热水60~52℃。空调水的补水及定压采用高位膨胀水箱。

(7) 通风及防排烟系统：

1) 通风系统：

地下车库设排风系统，排风量按换气次数6次/h，同时设送风系统，冬季送热风，并且在出入口设热风幕，保持车库5℃以上；地下室的制冷机房、热力站、变配电间及水泵房等，均设排风系统，以排出设备余热。余热量较大的制冷机房及变配间等，设空调箱；卫生间设排风系统，换气10~12次/h，卫生间排气扇均带止回阀；厨房设送、排风系统，炉灶排气须经除油烟处理；地上部分由设于各层空调机房内的新风机组对各层送新风，由设于每层吊顶内的变风量空调箱及风机盘管对各层夏季送冷风，冬期送热风。

2) 防排烟系统：

地下汽车库排风系统兼作排烟系统，排烟量按换气次数大于6次/h计算。同时设送风系统，地下二层考虑车道出入口自然进风，机械送风量为排烟量的50%，地下三四层送风量为排烟量的80%，每层地下汽车库分设4个排烟系统及4个送风系统；位于地下室的餐厅、物业管理办公室及内走道设排烟系统，利用空调回风管作排烟风管，火灾时关闭回风管总风阀；每个塔楼各有2个防烟楼梯间及一个消防电梯合用前室，分别设加压送风防烟系统，楼梯间正压值为50Pa，前室为25Pa，加压送风机在顶层，一个防烟楼梯间（独立前室不送风）送风量37000m^3/h，消防电梯合用前室送风量30000m^3/h，另一个防烟楼梯间（合用前室送风）送风量25000m^3/h；B4F~3F每个塔楼核心筒外侧各有一个消防电梯，其前室分别设加压送风防烟系统，消防电梯前室送风量15000m^3/h；1F~3F、4~13F中部内走道设排烟系统。

空调机房的送风管及回风管穿墙处，均设防火阀，并与空调风机连锁，竖向设置的送风系统和排气系统，在各层支管与垂直干管连接处，设防火阀。

(8) 动力系统：

由地下一层高压分界室引来两路10kV电源向位于地下一层的1BS、2BS变配电室供电，由配电室引出母线、电缆，至各设备及配电箱。

照明、动力干线采用密集式母线槽，竖向干线均沿各楼的电气竖井敷设，竖井兼作每层的配电间。在竖井内敷设的电缆及电线沿密闭电缆槽架敷设。由配电箱引出的各动力及照明支线一般采用铜芯塑料导线（BV-500mm^2）沿电缆槽架及钢管敷设。

(9) 防雷接地：

电气接地利用结构基础作接地体。低压配电系统的接地采用TN-S系统，零线与保护线分开敷设，电气设备金属外壳、配线钢管及插座接地等均应与保护线可靠连接。

弱电接地、强电接地、防雷接地共用接地体，接地电阻小于1Ω。各系统采用一点接地方式，由各控制室单独敷设BV-35mm^{2}的铜芯导线至地下一层低压变配电室的总等电位母排上。

(10) 弱电系统：

北楼首层消防中心作为控制中心，南楼首层值班室作为分控室。大楼全面装设火灾探测器，设备的联动通过消防控制模块来实现，特别重要设备另由控制柜单独拉线控制。设消防防火线槽、连通消防中心、值班室及各竖井。线路由消防中心、值班室引出至各竖井，沿竖井至各层模块箱。地下室横向线路由弱电竖井引出，钢管暗敷设保护层不小于3cm，吊顶内及明管涂防火材料。

设置消防广播、业务广播、背景广播三个系统，控制室在首层消防中心及南楼值班室。线路由控制中心、值班室沿防火线槽至各竖井，再引至各层。钢管暗敷设保护层不小于3cm，吊顶内及明管涂防火材料。

南北塔楼及裙房设巡更系统，在各层公共部位设置巡更磁卡，距地1.30m，主机位于首层控制中心及南楼值班室。

在各主要部位设置摄像机，控制室内设监视器及录像设备，控制室在控制中心及南楼首层值班室。线路由控制室沿防火线槽至弱电井至各层。

3.12.2 给水系统安装

（1）系统管材与连接方式。

生活给水管在泵房内、换热间内、水箱间内、水箱供水管及其他部位的 $DN>50$mm 采用内衬塑钢塑复合管，丝扣连接；其他部位给水管 $DN\leqslant50$mm 采用 PP-R 冷水管，热熔连接。

（2）管道穿越墙体时应做钢套管，套管直径比管道直径大2号，套管两端与墙饰面平齐。注意在套管中的管道不得有接头（接口）。

（3）PP-R 专用卡件的设置：考虑聚丙烯塑料的线性膨胀，管道支架作为克服管道因膨胀变形，防止管道扭曲的一种措施。因此，一般均为固定支架，固定支架一定要安装牢固，在专用滑动支架及固定支架安装时，按 PP-R 有关要求施工。

（4）管道试压：水压试验应在管道连接24h后进行，铺设、暗装的给水管道在隐蔽前做好单项水压试验。管道系统安装完后进行综合试压，水压试验时放净空气，充满水后进行加压；当压力升到规定要求时停止加压，进行检查，如各接口和阀门均无渗漏，持续到规定时间，观察其压力下降在允许范围内，通知有关人员验收，办理交接手续，然后把水泄净。

（5）管道单项试压合格后，必须及时用不低于结构强度等级的混凝土或水泥砂浆把孔洞堵严，抹平，堵楼板孔洞宜用定型模具或用模板支撑牢固后，浇筑用 C20 以上细石混凝土 M50 水泥砂浆填平捣实，不许向洞内填塞砖头或杂物。给水主管根部与土建配合做出20～50mm 水泥台，防止水管根部积水。

（6）管道冲洗：系统在验收及使用前应进行通水冲洗，冲洗水速宜大于2m/s，冲洗时，应不留死角，每个配水点龙头应打开，系统最低点设放水口，清洗时间控制在冲洗出口处排水的水质与进水相当为止。

（7）管道保温：吊顶内的给水管采用防结露保温，保温采用橡塑海绵保温材料保温。

3.12.3 热水系统安装

（1）系统管材与连接方式。

热水管及热水回水管采用紫铜管，锡焊或银焊或活套法兰连接。其他部位及卫生间内暗敷的热水支管采用 PP-R 热水塑料管，热熔连接。

（2）安装时，一般从总进入口开始操作，总进口端加好临时丝堵试压用。安装前清扫管膛，管道安装后应调整好坡度。热水支管应在冷水支管的上方，支管预留口位置应为左热右冷。

(3) 管道单项试压合格后，必须及时用不低于结构强度等级的混凝土或水泥砂浆把孔洞堵严、抹平，堵楼板孔洞宜用定型模具或用模板支撑牢固后，浇筑用C20以上细石混凝土M50水泥砂浆填平捣实，不许向洞内填塞砖头或杂物。

(4) 管道冲洗：同给水管道的冲洗。

(5) 管道保温：热水管、热水循环管保温采用橡塑海棉保温材料保温。

3.12.4　排水系统安装

(1) 系统管材及连接方式：污水管采用柔性离心浇铸的排水铸铁管；雨水排水管采用无缝钢管。

(2) 安装顺序：排水管道安装宜自下向上方层进行，先安装立管，后安装横管，连续施工，安装间断时，敞口处应临时封堵。立管安装完毕后，应配合土建按设计图纸将其穿楼板孔洞堵严。安装前，必须将承口、插口及法兰压盖工作面上的泥沙等附着物清除干净。

(3) 排水管道的吊架、托架、管卡的形式、规格，应按标准图集要求制作安装。排水管道的吊钩或卡应固定在承重结构上，对于排水铸铁管，其固定间距为：横管不得大于2m，立管不得大于3m；楼层高度小于或等于5m，每层必须安装一个；楼层高度大于5m，每层不得少于2个；管卡安装高度，距地面应为1.5～1.8m，2个以上管卡应均匀安装，同一房间管卡应安装在同一高度上。

(4) 排水管道横管在安装过程中必须有安装坡度（表3-3）。

横管安装坡度　　表3-3

管径（mm）	50	75	100	150
坡度	0.035	0.025	0.020	0.010

(5) 雨水管焊接时，焊口面无烧穿、裂纹和明显结瘤、夹渣及气孔等缺陷，焊波均匀一致。

(6) 排水管道安装完毕，应检查管道安装偏差。

(7) 灌水试验：生活污水排水管注水高度以一层楼高为标准，雨水排水管的灌水高度以每根立管最上部的雨水漏斗为标准，满水15min后，再灌满延续5min，液面不下降、不渗漏为合格。

3.12.5　空调水工程安装

(1) 系统管材及连接方式：*DN*32以下的采用加厚镀锌钢管，*DN*40～*DN*500用无缝钢管，*DN*600以上的用螺旋电焊钢管。空调冷凝水管用U-PVC塑料管。

(2) 管道试压：水压试验时管道内放净空气，充满水后进行加压，当压力升到规定要求时停止加压，进行检查，空调水管试验压力为1.75MPa，冷却水管试验压力1.82MPa，10min内压降不大于0.02MPa，外观检查不渗、不漏为合格。

(3) 管道防腐：管道防腐采用刷防锈漆两道，明装管道除刷防锈漆两道外，再刷银粉漆两道。

(4) 管道保温：保温材料为醋酸乙烯泡沫塑料阻燃型保温材料，厚度：*DN*70以下，用19mm；*DN*80～*DN*250，用25mm；*DN*300以上，用30m；冷凝水管保温厚度为16mm。

3.12.6　通风及防排烟工程安装

(1) 风管连接：镀锌钢板制作的风管及玻璃钢风管均采用法兰连接方式，法兰垫料选用密封胶条，一对法兰的密封垫规格、性能及厚度应相同，矩形法兰四角设螺钉孔用，螺钉、螺母、垫片和铆钉连接。

(2) 风管及部件安装：

1) 支吊架的安装：支吊架的安装是风管安装的第一工序，风管支吊架间距根据风管大小选择，一般为2~3m之间。安装吊架应根据风管的中心线找出吊杆的敷设位置，双吊杆按托架角钢的螺孔间距或风管中心线对称安装，但吊架不能直接吊在风管法兰上。支吊架在安装前刷防锈漆两道。

2) 风管的安装：风管连接完毕后（10~20m一段）再进行风管的吊装。安装前应对安装好的支吊、托架进行检查，位置是否正确，是否牢固可靠，按先干管后支管的安装。

(3) 风管保温：新风系统及单风管空调系统风管、风机盘管及其送风管均做保温，用PEF高分子交联发泡保温材料（难燃B1级）。

(4) 风管测量孔按下述原则开设：对于空调机在送风、新风、回风总管中任选其中两管上开设，对于其他风系统，则在每个系统的总管上开设，测量孔位置应开设在风管内气流较稳定之处。

3.12.7 电气工程安装

(1) 预埋：

1) 暗管敷设方式随墙砌体配管：最好将管放在墙中心；管口向上者要堵好。往上引管有吊顶时，管上端应煨成90°直进吊顶内，管路的弯曲半径不应小于管径的十倍。

2) 大模板混凝土墙配管：可将盒、箱固定在该墙的钢筋上，接着敷管。每1m左右用钢丝绑牢。管进盒、箱时要煨灯草弯。

(2) 电缆敷设：

在桥架上或支架上多根电缆敷设时，应根据现场实际情况，事先将电缆的排列用表或图的方式表达出来，以防电缆的交叉和混乱。垂直敷设时若有条件最好自上而下敷设。土建未拆吊车前，将电缆吊至楼层顶部。敷设时，同截面电缆应先敷设底层，后敷设高层。电缆在超过45°倾斜敷设时，应在每个支架上进行固定。

(3) 金属线槽安装。

根据图纸标注的轴线部位，将预制加工好的木制或铁制框架，固定在标出的位置上，并进行调直找正，待现浇混凝土模板拆除后，拆下框架，并抹平孔洞口。

预埋吊杆。吊架采用不小于直径8mm的圆钢，经过切割、调直、煨弯和焊接等步骤制作成吊杆和吊架。其端部应攻丝，以便于调整。在配合土建的过程中，应随着钢筋施工的同时，将吊杆或吊架固定在所标出的固定位置。在混凝土浇筑时，要留有专人看护，以防吊杆或吊架移位。拆模板时，不得碰坏吊杆端部的丝扣。

槽内配线：在同一线槽内的导线截面积总和不应超过管内部截面积的40%。线槽向下配线时，应将分支导线分别用尼龙绳绑扎成束，并固定在线槽底板上，以防导线下坠。

放线前，应先检查管与线槽连接处的护口是否齐全；导线和保护地线的选择是否符合设计图纸的要求；管进入盒时内外根母是否锁紧，确认无误后再放线。

(4) 配电箱安装。

随土建结构预留好暗装配电箱的安装位置预埋铁架或螺栓时，墙体结构应弹出施工水平线，安装配电箱时，抹灰、喷浆及油漆应全部完成。

照明配电箱底口距地一般1.5m，明装电度表板底口距地不得小于1.8m。同一建筑物内同类盘的高度应一致，允许偏差为10mm。挂式配电箱应用金属膨胀螺栓固定。铁制配电箱均需先刷一遍防锈漆，刷灰油两道，铁架也刷防锈油漆，做好明显可靠接地。

明装配电箱用高强度水泥砂浆将铁架燕尾埋筑牢固，埋入时要注意铁架的平直程度和孔间距离，应用线坠和水平尺测量准确再稳住铁架。待水泥砂浆凝固后，方可进行配电箱安装。

绝缘摇测。配电箱全部安装完毕后，用500V（照明）和1000V（动力）兆欧表，对线路进行绝缘摇测（相与相、相与零、相与地、地与零）同时做好记录，作为技术资料存档。

(5) 封闭母线安装。

1）支架制作安装。应根据现场结构类型，采用角钢和槽钢制作支架。支架钻孔严禁用电焊、气焊割孔；母线直线段水平敷设时，支持点间距不宜大于2m，拐弯处及与箱（盒）连接处必须加支架，在建筑物楼板上垂直安装应使用弹簧支架支撑。

2）水平敷设时，至地面距离不应小于2.2m；垂直敷设时，距地面1.8m，以下部分应采取防止机械损伤措施，敷设在电气专用房间内时除外；应按设计和产品技术规定组装，组装前应逐段进行绝缘测试，其绝缘电阻值不得小于0.5MΩ；封闭式插接母线应按分段图、相序、编号、方向和标志正确放置。

3）封闭母线接地。应接地牢固，防止松动，且严禁焊接。封闭母线外壳应用专用保护线连接。

4）封闭插接母线安装完毕后，应整理、清扫干净，用摇表测试相间、相对地的绝缘电阻值并做好记录；经检查和测试符合规定后，送电空载运行24h，无异常现象，办理验收手续，交建设单位使用，同时提交验收资料。

3.12.8 设备运行

(1) 照明器具试运行。

1）试运行前，进行通电安全检查，逐个做好记录。

2）以电源进户线为系统进行通电试运行，系统内的全部灯具均开启，同时投入运行，运行时间为24h。

3）全部通电试运行开始后，要及时测量系统的电源电压、负荷电流并做好记录，每隔8h还需测量记录一次，直至24h运行完毕，并填入运行记录表格。

(2) 动力系统调试。

1）步骤：单体检验→线路绝缘摇测→控制回路接线→主机接线→设备做好调试→主体联动试车→记录起动电流和运行电流及电压值→转向、转速、温升→数据整理分析→填试运行记录并做好签字。

2）单体检验。低压电机空载启动前，要求进行绝缘摇测，用500V的兆欧表测量，绝缘电阻值不小于1MΩ，并记录实测值。电机运行要求首先空载情况运行2h，每小时要记录电源电压和空载电流，并记录结果，归入竣工资料档案。

3）线路绝缘摇测要求有记录，并归入竣工资料档案。

4）控制回路。检查接线牢固、正确后，模拟动作一次，各种保护及联锁动作灵活、可靠，电柜各执行其功能，运行正常。

5）主机运行和设备专业密切配合，部分重要设备严禁逆转的，电机空载运行时记录转向，再带设备运转。联动试车必须做好技术交底，并由甲方专业人员在场共同验收。

6）注意事项：调试过程中如遇到问题，必须停电作业；如有特殊情况，必须有安全措施，一人操作，一人监护。

4 质量、安全、环保技术措施

4.1 质量保证措施

质量控制和保证措施在各专项施工方案中已有具体描述，以下对相关的质量管理和控制措施进行简单阐述。

4.1.1 钢筋工程

钢筋工程是结构工程质量的关键，我们要求进场材料必须由合格分供方提供，并经过具有相应资质的试验室试验合格后方可使用。在施工过程中我们对钢筋的绑扎、定位、清理等工序采用规范化、工具化、系统化控制，近几年我公司又探索出了多种定位措施和方法，基本杜绝了钢筋施工的各项隐患。

具体控制措施为：

（1）为保证钢筋与混凝土的有效粘结，防止钢筋污染，在混凝土浇筑后均要求工人立即清理钢筋上的混凝土浆，避免其凝固后难以清除；

（2）为有效控制钢筋的绑扎间距，在绑板、墙筋时均要求操作工人先划线后绑扎；

（3）工人在浇筑墙体混凝土前安放固定钢筋，确保浇筑混凝土后钢筋不偏位；

（4）在钢筋工程中，我们总结和研究制定了一整套钢筋定位措施，如梯子筋、马凳等；

（5）通过垫块保证钢筋保护层厚度，用钢筋卡具控制钢筋排距和纵、横间距；

（6）钢筋绑扎后，只有土建和安装质量检查员均确定合格，并经监理检验合格后，方可进行下道工序的施工。

4.1.2 模板工程

模板体系的选择在很大程度上决定着混凝土最终观感质量。我公司对模板工程进行了大量的研究和试验，对模板体系的选择、拼装、加工等方面都已趋于完善、系统，能够较好地控制了模板的胀模、漏浆、变形、错台等质量通病。

模板质量具体控制措施：

（1）为保证模板最终支设效果，模板支设前均要求测量定位，确定好每块模板的位置。

（2）用完善的模板体系和先进的拼装技术保证模板工程的质量。墙体模板采用定型大钢模；顶板模板选用多层胶合板，拼缝采用硬拼方式，保证混凝土的实体效果。

（3）混凝土浇筑速度对模板侧压力影响很大，施工中混凝土应分层浇筑。墙柱控制在混凝土初凝后达到1.2MPa方可拆模。

（4）模板上墙前，涂刷混凝土脱模剂，保证混凝土拆除模板时混凝土面层的观感质量。

（5）小钢模要求板面平整，用2m靠尺检查，凹凸不许超过1.5mm；边框平直度、垂直度控制在1/1000mm。每块模板几何尺寸允许偏差（+0、-1mm），对角线偏差不大于1mm，组装后几何尺寸和平整度应符合相关混凝土施工规范。

（6）为防止内模整体移位，合模前需焊定位筋。定位筋距模板根部30mm，其水平间距为1500mm左右，长度=墙厚-1mm。定位筋竖筋为预埋钢筋头，横筋两头涂防锈漆，并按两排主筋的中心位置分档，同时必须保证阴阳角和结构断面转折处的定位筋。

4.1.3　混凝土工程

本工程采用商品混凝土。在施工中采用流程化管理，严格控制混凝土各项指标，浇筑后成品保护措施严密，每个过程都存有完整记录，责任划分细致，配合模板体系后，保证了混凝土工程内坚外美的效果。

质量控制的具体措施：

（1）确保混凝土的掺量正确，严格控制搅拌时间，以保证混凝土的出机质量；

（2）浇筑混凝土时，为保证混凝土分层厚度，制作有刻度的尺杆；晚间施工时要配备足够照明，以便给操作者全面的质量控制工具；

（3）混凝土浇筑后做出明显的标识，以避免混凝土强度上升期间的损坏；

（4）为保证混凝土拆模强度，从下料口取混凝土制作同条件试块，并用钢筋笼保护好，与该处混凝土同等条件进行养护。拆模前，先试验同条件试块强度，达到拆模强度方可拆模。

4.1.4　砌筑工程

质量控制的具体措施：

（1）测量放出主轴线，砌筑施工人员弹好墙线、边线及门窗洞口的位置；

（2）墙体砌筑时应单面挂线，每层砌筑时应穿线看平，墙面应随时用靠尺校正平整度、垂直度；

（3）外墙砌筑过程中，保证上下层同线；

（4）注意配合墙内管线安装；

（5）墙体拉结筋按照图纸施工；

（6）横平竖直，砂浆饱满，错缝搭接，接槎可靠；

（7）墙体每天砌筑高度不宜超过1.8m。

4.1.5　防水工程

（1）参与施工的管理人员及施工操作人员均持证上岗，并具有多年的施工操作经验；

（2）必须对防水主材及其辅材的优选，保证其完全满足该工程使用功能和设计以及规范的要求；对确定的防水材料，除必须具有认证资料外，还必须对进场的材料复试，满足要求后方可进行施工；对粘结材料同样要做粘结试验，其粘结强度等试验合格后方可使用；

（3）防水工程施工时严格按操作工艺进行施工，施工完成后必须及时进行蓄水和淋水试验，合格后及时做好防水保护层的施工，以防止防水卷材被人为破坏，造成渗漏；

（4）防水做法及防水节点设计必须科学合理，对防水施工的质量必须进行严格管理和控制；

(5) 对防水层的保护措施和防水保护层的施工，要确保防水的安全可靠性；

(6) 对室内功能性房间和机电设备房间的防水必须通过严格的程序和过程控制，以确保防水施工质量；

(7) 屋面防水重点要处理好屋面接缝处、阴阳角、机电管道和防雷接地等薄弱部位处的防水节点和防水层施工的质量控制。

4.1.6 机电工程

机电工程质量控制点及控制措施见表4-1。

机电安装工程质量控制点及措施 **表4-1**

分项工程	质量控制点	质量控制措施
施工准备	材料计划、材料送审、施工方案	及时、准确认真编制
电气工程		
结构预埋	位置标高正确、线管保护层、漏埋、错埋、管路弯扁度	确保按基准标高线施工，避免预埋的管路三层交叉，认真查阅图纸，消除质量通病
孔洞留设	漏留、错留	编制孔洞留洞图和留洞检查表
线槽安装	位置、标高正确，与水管、风管间距正确，支架排列正确	绘制综合图解决
母线安装	支架间距正确，母线垂直，接头处封闭	严格规范要求，认真检查，根据电气竖井图进行协调
管路暗敷	支架间距、与水管、风管间距正确，接线盒、过线盒接线正确，管路弯扁度	严格规范要求，认真检查，消除质量通病
管路明敷	支吊架间距，与水管、风管间距正确，接线盒、过线盒接线正确，管路横平竖直，管路弯扁度	严格规范要求，认真检查，消除质量通病
穿线配线	导线涮锡，导线损伤	严格涮锡工艺，穿线时注意保护导线
电缆敷设	电缆平直、固定牢固、电缆弯扁度、电缆排列整齐、美观	根据电缆排布图进行协调，电缆按次序敷设
器具安装	器具固定方法正确，位置标高正确	研究照明器具的安装方法，准确定位
设备安装	安装方法、位置标高正确	制订专项施工方案
调试	绝缘摇测全面，开关动作可靠	制订专项调试方案
管道工程		
预留预埋	孔洞位置、数量	仔细审图、编制表格、逐个检查
管道安装	管道甩口、支吊架间距、铸铁管水泥捻口	及时封堵，严格规范要求，认真检查，冬期防冻
保温	穿越隔墙、楼板处	严格规范要求，认真检查
管道冲洗	断开设备连接，拆下阀部件	认真检查

4.1.7　其他质量保证措施

(1) 劳务素质保证

本工程拟选择具有一定资质、信誉好和我们长期合作的劳务施工队伍参与本工程的施工；同时，我们有一套对劳务施工队伍管理和考核办法，对施工队伍进行质量、工期、信誉和服务等方面的考核，从根本上保证项目所需劳动者的个人素质，从而为工程质量目标奠定了坚实的基础。

(2) 成品保护措施

1) 项目经理部根据施工组织设计、设计图纸，编制成品保护方案；以合同、协议等形式明确各分包对成品的交接和保护责任，确定主要分包单位为主要的成品保护责任单位，项目经理部在各分包单位保护成品工作方面起协调、监督作用。

2) 现场材料保护责任。由我单位统一供应的材料、半成品、设备进场后，由项目经理部材料部门负责保管，项目经理部现场经理和项目经理部安全保卫部门进行协助管理，由项目经理部发送到分包单位的材料、半成品、设备，由各分包单位负责保管、使用。

3) 结构施工阶段的成品保护责任。结构工程分包施工单位为主要成品保护责任人，水电配合施工等专业队伍要有保护土建项目的保护措施后方可作业，在水电等专业施工项目完成并进行必要的成品保护后，向土建分包单位进行交接。对于一些关键工序（钢筋、模板、混凝土浇筑），土建、水电安装均要设专人看护及维修。

4) 装修、安装施工阶段的成品保护责任及管理措施：

A. 装修、安装阶段特别是收尾、竣工阶段的成品保护工作尤为重要，这一阶段主要的成品保护的责任单位是装修分包单位，设备的成品保护的责任单位是水电安装的分包单位。土建和水电施工必须按照成品保护方案要求进行作业。在工程收尾阶段，装饰分包单位分层、分区设置专职成品保护员，其他专业分包队伍要根据项目经理部制定的“入户作业申请单”并在填报手续齐全经项目经理部批准后，方准进入作业；否则，成品保护员有权拒绝进入作业。施工完成后，要经成品保护员检查，确认没有损坏成品，签字后方准离开作业区域，若由于成品保护员的工作失误，没有找出成品损坏的人员或单位，这部分损失将由成品保护责任单位及责任人负责赔偿。

B. 上道工序与下道工序（主要指土建与水电，不同分包单位间的工序交接）要办理交接手续。交接工作在各分包之间进行，项目经理部起协调监督作用，项目经理部各责任工程师要把交接情况记录在施工日记中。

C. 接受作业的人员，必须严格遵守现场各项管理制度：不准吸烟。如作业用火，必须取得用火证后方可进行施工。所有入户作业的人员必须接受成品保护人员的监督。

D. 分包单位在进行本道工序施工时，如需要碰动其他专业的成品时，分包单位必须以书面形式上报项目经理部，项目经理经与其他专业分包协调后，其他专业派人协助分包单位施工，待施工完成后，其他人员恢复其成品。

E. 项目经理部制定季度、月度计划时，要根据总控计划进行科学合理的编制，防止工序倒置和不合理赶工期的交叉施工以及采取不当的防护措施而造成的相互损坏、反复污染等现象的发生。

F. 项目经理部技术部门对责任工程师进行方案交底，各责任工程师对各分包的技术交底及各分包单位对班组及成员的操作交底的同时，必须对成品保护工作进行交底。

g. 项目经理部对所有入场分包单位都要进行定期的成品保护意识的教育工作，依据合同、规章制度、各项保护措施，使分包单位认识到做好成品保护工作是保证自己的产品质量从而保证分包自身的荣誉和切身的利益。

(3) 成品保护技术措施

1) 测量定位：定位桩采取桩周围浇筑混凝土固定，搭设保护架，悬挂明显标志以提示，水准引测点尽量引测到周围老建筑物上或围墙上，标识明显，不准堆放材料遮挡。

2) 防水工程。

防水施工时，严禁穿硬底带钉的鞋在上面行走，防水施工完毕后，办理交接手续，及时做防水保护层，并且对该部分成品采取有针对性的保护措施，办理交接手续，责任工程师要将实际情况记录在施工日记中，作为一个重点检查项目。

3) 砌筑工程：在砌筑过程中，水电专业及时配合预埋管线，以避免后期剔凿对结构质量造成隐患，墙面要随砌随清理，防止砂浆污染，雨期施工时要用塑料布及时覆盖已施工完的墙体。在构造柱、梁、模板支设时，严禁在砌体上硬撑、硬拉。

4) 地面与与楼地面工程：

A. 水电的综合布线管槽、各类管道，都应全部完成，并经过监理检查认可后，与土建专业进行交接；

B. 土建将安装完毕的木门框，用9层胶合板将1.2m以下框周围包钉好，防止碰撞；在地面施工时，要安排木工随时检查门框的位置、垂直度有无变动和错误；若有变动和错误，在施工过程中及时校正和修改；

C. 运输砂浆或细石混凝土过程中，凡经过各类门口处时，推车要缓慢，防止撞坏门框；

D. 水电进入二次安装时，对使用的人字梯、高凳的下脚要用麻布或胶皮包好，以防止滑到和碰坏已施工完成的地砖地面。

5) 门窗工程：

A. 门框安装完成后，在1.2m以下用9层板将框周围包钉好，防止碰撞，门窗油漆应将五金件用纸胶带或塑料布包裹好，门窗套与墙面交接处贴纸胶带，以防止油漆对五金件及墙面的污染，油漆涂刷后漆膜未干前要安排人看护，防止触摸；

B. 铝合金窗在安装前必须粘贴塑料保护胶带，以防止水泥砂浆的腐蚀和污染，在进行塑钢门窗与墙体的接缝处打密封胶时，要及时清理多出的胶液；

C. 在风天施工时，要及时将门窗关闭好，以防止门窗玻璃打碎和门窗框松动、变形；

D. 门窗玻璃要做好标识保护；

E. 对滴在窗台、地面的油漆要及时擦干净。

6) 墙面、顶棚涂料：

A. 墙面、顶棚涂料施工时，要与水电、灯具、面板的安装穿插进行，其顺序为：顶棚涂料涂刷完成后，进行灯具等的安装，墙面在涂刷最后一遍涂料前，灯具、面板、空调等进行安装。灯具、面板安装时要戴清洁的白手套，以保持墙面、顶棚的清洁，并用塑料薄膜和胶带包裹好，由水电向土建进行交接，再进行最后一遍涂料施工；

B. 墙面、顶棚涂料施工前，应将地面清理干净，用塑料布或报纸将地面覆盖，并对门窗进行包裹和保护，以便墙面涂料施工，防止对地面、门窗的污染；

C. 在涂刷分界线时，采用纸胶带粘贴的方法，避免污染其他界面。

7）屋面工程：

屋面找平层应按设计的流水方向，向雨水口和天沟进行找坡找平。喷固化施工前要清扫干净，防止杂物将雨水口、雨水管堵塞；防水施工完成后，要及时将防水保护层做好。在施工中运送材料的手推车支腿应用麻布或胶皮包扎好，防止将防水层刮破，并安排防水人员随时检查；如发现有刮破的，要及时进行修补。

在施工防水时，要注意防止对外墙和其屋面上设备的污染。

8）季节性施工的质量保证：

季节性施工严格按照季节性施工方案执行，以确保季节性施工的质量。

（4）经济保证措施

保证资金正常运作，确保施工质量、安全和施工资源正常供应；同时，为了更进一步搞好工程质量，引进竞争机制，建立奖罚制度、样板制度，对施工质量优秀的班组、管理人员给予一定的经济奖励，激励他们在工作中始终能把质量放在首位，使他们能再接再厉、扎扎实实地把工程质量干好。对施工质量低劣的班组、管理人员给予经济惩罚，严重的予以除名。

（5）合同保证措施

全面履行工程承包合同，加大合同执行力度，严格监督、检查和控制各承包商、独立承包商的施工过程，严把质量关，接受业主、监理和设计以及政府相关质量监督部门的监督。

4.2　安全保障措施

在施工中，始终贯彻“安全第一、预防为主”的安全生产工作方针，认真执行国务院、建设部、北京市关于建筑施工企业安全生产管理的各项规定，把安全生产工作纳入施工组织设计和施工管理计划，使安全生产工作与生产任务紧密结合，保证施工人员在生产过程中的安全与健康，严防各类事故发生，以安全促生产。

强化安全生产管理，达到组织落实、责任到人、定期检查、认真整改。

安全管理目标：杜绝重大伤亡事故、火灾事故和人员中毒事件的发生，轻伤频率控制在3‰以内，确保“北京市安全文明工地”。

（1）认真贯彻执行安全责任制及有关规定，施工前应对参加施工的全体人员进行一次安全措施的教育。

（2）安全工作要贯彻预防为主的方针，现场设专人负责。

（3）施工现场及作业区要悬挂相应的安全指示牌。

（4）所有进入施工现场的人员必须戴好安全帽，高空作业人员要系好安全带，施工用的安全带要进行定期检查。

（5）基槽施工，基坑四周边1m处设1.2m高护栏，运输车辆距槽边1.5m以外。采用溜槽送料应有施工安全交底。基础施工期间，经常检查边坡结构有无异常情况，并与护坡单位签好协议，发现问题及时处理。

（6）三座塔吊共同工作时，由于塔吊距离较近，塔臂较长，使用时要特别注意安全，在垂直方向严格控制塔吊高度，要求塔高要有高低差（北侧塔吊H3/36B比东侧塔吊

MC120高出3个塔节以上），水平方向西侧塔设提前遇警装置和方向控制回转限位装置；塔吊工作时必须设监护哨，专人协调指挥；配合塔吊的信号指挥和挂钩工，必须经过培训、考试，持有合格证方可上岗；地面要设监护哨协调指挥，为防止小车吊钩与塔臂打架，要求哨工配备高低两种哨。

（7）吊装灰斗时，必须使用卡环，防止脱钩伤人。大风（五级以上）、大雨天塔吊停止工作，塔臂顺风放置。塔臂尽量在场区内旋转，吊重物旋转时行走小车在场区施工范围内，设专人负责监护。

（8）夜间施工要有足够照明。

（9）外墙防水及回填土施工时，肥槽上要搭护头棚，严禁向坑内乱扔物品。外墙防水施工时专人看管，设排风措施，保证槽内空气流通，以防中毒。

（10）各种架子支搭好后，非操作人员严禁任意更改、拆卸，未经安全部门检查、验收的架子不得使用，架子工持证上岗。

（11）各种电气设备要设专人管理，不得随意摆放，电闸箱要上锁，做好接地接零，挂上铭牌，定期检查。

（12）所有手操电动机具、电闸必须装有可靠的漏电保护装置，使用前应进行绝缘摇测，防止漏电伤人。

（13）振捣器的电源要经常检查，防止损坏，操作时要戴绝缘手套。

（14）临时供电必须由电工操作，其他人员一律不得自接、拆电源。

（15）雨天和大风后应对供电线路全面检查，发现问题及时解决。

（16）严格贯彻安全防护工作，并应经常检查防护设施，防止被人移动。

（17）楼板上大于200mm×200mm的预留洞都必须有防护盖，并有固定措施。

（18）楼梯处用钢管设临时护身栏，电梯井门口、外墙门窗洞口处全部安装防护栏，防护栏按总公司统一的要求制作。

（19）凡以上未涉及的条款，均应贯彻执行市、总公司、公司颁发的有关安全生产规定。

4.3 文明施工和环境保护措施

（1）室内环境

随着我国经济的飞速发展和物质生活水平的提高，人们对居室环境的要求日益提高。本着满足顾客要求的宗旨，我们在本工程中将严格执行《民用建筑工程室内环境污染控制规范》（GB 50325—2001）的相关规定，对本工程的室内环境污染进行严格控制，营造“绿色建筑”提供给业主。

根据我公司多年从事住宅工程建设的经验，影响室内居住环境的主要因素为混凝土结构外加剂和装饰材料的有害物质。在本工程施工中，我们将针对此两项内容进行严格控制，从材料采购环节入手，确保所选用的材料符合规范相关要求。具体要求见表4-2。

项目验收前，进行室内环境检测，检测结果满足表4-3的要求。

（2）场容布置

为美化环境，在主要出入口和围墙边进行绿化和摆放盆花。

在主要大门口明显处设置标牌，标牌写明工程名称、建筑面积、建设单位、设计单位、施工单位、工地负责人、开工日期、竣工日期等内容，字迹书写规范、美观，并经常保持整洁、完好。

施工材料有害物限量 表 4-2

序号	材料	测定项目	限量要求
1	水泥、砂、石、商品混凝土	内照射指数	≤1.0
		外照射指数	≤1.0
2	人造木板、饰面板	游离甲醛含量	≤1.2mg/m³
3	水性涂料	总挥发性有机化合物	≤200g/L
		游离甲醛含量	≤0.1g/kg
4	水性胶粘剂	总挥发性有机化合物	≤50g/L
		游离甲醛含量	≤1g/kg
5	溶剂型胶粘剂	总挥发性有机化合物	≤750g/L
		游离甲醛含量	≤5g/kg

室内环境有害物质限量 表 4-3

序号	污染物	限量
1	氡	≤200Bq/m³
2	游离甲醛	≤0.08mg/m³
3	苯	≤0.09mg/m³
4	氨	≤0.2mg/m³
5	总挥发性有机化合物	≤0.5mg/m³

严格执行北京市施工现场文明施工管理条例，严格按施工平面布置图布置现场，工地做好文明施工，“七图一牌”到位，形象宣传上墙，保证达到市级文明工地标准。

(3) 防止对大气污染

施工阶段，定时对道路进行洒水降尘，控制粉尘污染。

建筑结构内的施工垃圾清运，采用搭设封闭式临时专用垃圾道运输或采用容器吊运或袋装，严禁随意凌空抛撒，施工垃圾应及时清运，并适量洒水，减少粉尘对空气的污染。

水泥和其他易飞扬物、细颗粒散体材料，安排在库内存放或严密遮盖，运输时要防止遗撒、飞扬，卸运时采取码放措施，减少污染。

现场内所有交通路面和物料堆放场地全部铺设混凝土硬化路面，做到黄土不露天。

现场办公及生活区进行分区管理。

现场内的采暖和烧水茶炉均采用电器产品。

(4) 防止对水污染

确保雨水管网与污水管网分开使用，严禁将非雨水类的其他水体排进市政雨水管网。

施工现场厕所设沉淀池，将厕所污物经过沉淀后排入市政的污水管线。

现场交通道路和材料堆放场地统一规划排水沟，控制污水流向，设置沉淀池，污水经沉淀后再排入市政污水管线，严防施工污水直接排入市政污水管线或流出施工区域污染环境。

加强对现场存放油品和化学品的管理，对存放油品和化学品的库房进行防渗漏处理，采取有效措施，在储存和使用中，防止油料跑、冒、滴、漏，污染水体。

(5) 防止施工噪声污染

现场混凝土振捣采用低噪声混凝土振捣棒，振捣混凝土时，不得振钢筋和钢模板，并做到快插慢拔。

对混凝土输送泵、电锯等强噪声设备，以隔声棚遮挡，实现降噪。

模板、脚手架在支设、拆除和搬运时，必须轻拿轻放，上下、左右有人传递。

使用电锯切割时，应及时在锯片上刷油，且锯片送速不能过快。

使用电锤开洞、凿眼时，应使用合格的电锤，及时在钻头上注油或水。

加强环保意识的宣传，采用有力措施控制人为的施工噪声，严格管理，最大限度地减少噪声扰民。

塔吊指挥尽可能配套使用对讲机来降低起重工的吹哨声带来的噪声污染。

木工棚及高噪声设备实行封闭式隔声处理。

(6) 限制光污染措施

探照灯尽量选择既能满足照明要求又不刺眼的新型灯具或采取措施，使夜间照明只照射工区而不影响相临居民的正常生活。

(7) 废弃物管理

施工现场设立专门的废弃物临时贮存场地，废弃物应分类存放，对有可能造成二次污染的废弃物必须单独贮存，设置安全防范措施，且有醒目标识。

废弃物的运输确保不散撒、不混放，送到政府批准的单位或场所进行处理、消纳。

对可回收的废弃物做到再回收利用。

(8) 其他措施

对易燃、易爆物品和化学品的采购、运输、贮存、发放和使用后对废弃物的处理制定专项措施，并设置专人管理。

对施工机械进行全面的检查和维修保养，保证设备始终处于良好状态，避免噪声、泄漏和废油、废弃物造成的污染，杜绝重大安全隐患的存在。

生活垃圾与施工垃圾分开，并及时组织清运。

施工作业人员不得在施工现场围墙以外逗留、休息，人员用餐必须在施工现场围墙以内。

对水资源应合理再利用，部分未污染水可用于冲洗车辆、降尘和冲洗地面。

项目经理部配置粉尘、噪声等测试器具，对场界噪声、现场扬尘等进行监测，并委托环保部门定期对包括污水排放在内的各项环保指标进行测试。项目经理部对环保指标超标的项目，及时采取有效措施进行处理。

5 经济效益对比分析和降低成本措施

5.1 经济效益对比分析

施工前对工程项目进行成本预测，运用定量分析和定性分析方法对未来成本做出科学估计，进行预控，使项目经理能够选择最佳方案，合理组织施工。

针对该工程采用了大量的新技术、新方法、新工艺，我们选择经济合理的施工方案，对降低工程造价起到了关键的作用。

5.1.1　价值工程方法选择护坡方案

(1) 护坡难点

1) 开挖深度达 20.55m，在北京市内较少见，对边坡支护的安全性要求很高；

2) 现场场地狭小，不允许采用大放坡的施工方法；

3) 地下水分布情况复杂（上层滞水与下部承压水共存），给土方施工及护坡施工带来较大难度；

4) 本工程地处北京老城区，土质情况复杂，勘察取点不能完全反映土质真实情况；

5) 平面面积大，护坡的范围较大，必须相应地考虑护坡的经济性。

(2) 备选方案的提出

为了保证施工方案的可行性和合理性，在认真研究业主提供的勘察资料、施工图纸及合同要求的基础上，结合我公司以往护坡施工的资料，提出了被选方案（表 5-1）。

护坡备选方案比较　　**表 5-1**

方　案	护坡桩	土钉墙	地下连续墙	组合支护
工程量	$2300m^3$	$6419.5m^2$	$1844.6m^3$	为两种或两种以上方式的组合
单位成本	850 元/m^2	210 元/m^2	1120 元/m^2	
安全性	较好	较差	好	
施工速度	慢	快	慢	
施工难度	机械化程度高，施工难度小	卵石中较难施工	机械化程度高，施工难度小	
施工环境	污染一般	污染较大	污染一般	
占用作业面的宽度	800～1000mm	一般按 0.18～0.27 放坡	300～500mm	

(3) 评价指标及权重的确定

根据本工程特点及业主方要求，为方案的选择确定了如下目标：

1) 由于本工程基坑深度较大（达 20.4m），地理位置特殊，必须保护基坑边坡的安全和稳定；

2) 护坡施工必须加快速度，以确保工程总工期满足业主要求；

3) 由于地层条件复杂，应尽可能降低施工难度；

4) 本工程地处北京市中心地带，社会影响大，必须营造干净、整洁的施工环境，树立企业品牌；

5) 现场场地小，要尽可能减少对施工场地的占用，有利于后续工程施工顺利进行；

6) 在满足上述条件的前提下，实现经济效益的最大化。

依据以上目标确定的功能评价指标分别为安全性、施工周期、施工难度、环境影响、施工现场占用 5 项。

为便于比较，首先对此 5 项指标的重要性，在公司内部通过专家打分的方式进行量化，将打分结果取平均值，最终确定各项指标的权重见表5-2。

5项指标的权重表　　**表5-2**

分　值	安全性	施工难度	施工周期	环境影响	场地占用
分值1	4	2	1	1	2
分值2	3	2	3	1	1
分值3	4	2	2	1	1
分值4	4	1	1	3	1
分值5	3	3	1	1	2
分值6	3	2	2	1	2
分值7	4	3	1	1	1
分值8	4	2	2	1	1
平均数	*S*1 3.625	*S*2 2.125	*S*3 1.625	*S*4 1.250	*S*5 1.375
权重	*N*1 3.625	*N*2 2.125	*N*3 1.625	*N*4 1.250	*N*5 1.375

(4) 多方案选择

在确定评价指标及权重后，对排桩、土钉墙、地下连续墙、组合支护（本方案中选用土钉墙+排桩的组合方式）4种方案进行评价分析。各种方案对评价指标的满足程度按表5-3，分析次评价指标分别赋值为10、6、10、8，分析结果见表5-3。

根据表5-3的指数，最终选用土钉墙+排桩的组合方式。

不同方案评价指标的得分　　**表5-3**

方案名称		排　桩	土钉墙	地下连续墙	土钉墙+排桩
质量保证	评价指标	高 10	一般 6	高 10	较高 8
	权重 *N*1 等分	3.625 36.25	3.625 21.75	3.625 36.25	3.625 29.0
施工难度	评价指标	一般 10	高 6	一般 10	一般 8
	权重 *N*2 等分	2.125 21.25	2.125 12.75	2.125 21.25	2.125 21.25
施工周期	评价指标	一般 6	较短 8	一般 6	较短 8
	权重 *N*3 等分	1.625 9.75	1.625 13.0	1.625 9.75	1.625 13.0
现场环境	评价指标	较好 8	一般 6	较好 8	较好 8
	权重 *N*4 等分	1.25 10.0	1.25 7.5	1.25 10.0	1.25 10.0

续表

方案名称		排 桩	土钉墙	地下连续墙	土钉墙+排桩
场地占用	评价指标	少	一般	少	少
		10	6	10	10
	权重 N5 等分	1.375 13.75	1.375 8.25	1.375 13.75	1.375 13.75
得分合计		91.0	63.25	91.0	87.0
功能指数		0.274	0.190	0.274	0.262
预计成本		195.5	134.8	206.6	182.3
成本指数		0.272	0.187	0.287	0.253
价值指数		1.007	1.016	0.955	1.036

(5) 方案的进一步优化

1) 组合支护分界点的优化。

由于护坡的费用比土钉墙高，在一定范围内，分界标高越低，总费用也随之降低，但由于上部土方作为护坡桩设计的超载进行考虑，超过一定界限以后，费用反而上升。为了找到经济效果最佳的结合点，护坡桩计算时进行了多个截面的计算，并比较其总费用，最后确定在标高 -4.800m 以上采用土钉支护，其下采用桩锚支护。

2) 护坡桩设计优化。

在护坡桩的配筋设计中，针对护坡桩两侧和护坡桩上下部的不同受力特点，经过反复计算，采取两侧不对称、变截面配筋的方式，在保证基坑安全的前提下，有效地降低了工程成本。

3) 施工工艺优化。

针对本工程的特点，下部排桩采用“钻孔压浆成桩法”工艺施工。其施工原理为：用螺栓钻杆钻到预定深度后，通过钻杆的芯管自孔底由下向上向孔内压入已制备的以水泥浆为主的浆液，使浆液升至地下水或者无塌空危险的位置以上，提出全部钻杆后，向孔内投放钢筋和骨料，最后再自孔底向上多次高压补浆而成。该工艺的特点是连续一次成孔，多次由下而上高压注浆成桩，能在流砂、卵石、地下水易塌孔等复杂的地质条件下顺利成孔成桩。该工艺优点如下：

A. 能顺利成孔成桩。长臂螺旋钻至设计深度后，及时高压注浆，借高压浆的作用可把孔壁周围的地下水排至孔外，加上水泥浆的重力作用，保证孔壁不坍塌而顺利成孔；

B. 由于水泥浆在土层中的扩散，改善了土的力学性能，增加了支护结构的安全性和桩间土的稳定性；

C. 施工速度快。在一般黏性土和砂质土层中，直径 $\phi800$、长 20m 的桩，一台钻机日成桩可打 12~18 根；

D. 无噪声，无振动，无污染，施工文明。钻孔压浆桩是直接在提钻过程中用高压水泥浆护壁，不需要大量泥浆池，也不会产生泥浆，施工接近干作业，施工现场文明，为了文明施工创造了条件。

5.1.2 采用直螺纹钢筋连接技术经济分析

常见的几种钢筋连接技术的对比分析见表 5-4。

常用钢筋连接技术分析 表 5-4

对比内容	锥螺纹连接	套筒冷挤压	剥肋滚压直螺纹
连接施工用具	力矩扳手	压接器	管钳或力矩扳手
丝头或接头加工设备	锥螺纹机	径向挤压机	剥肋滚压直螺纹机
容易损耗件	梳刀	压接模具	刀片、滚丝轮
易损耗件使用寿命	300~500 头	5000~20000 头	刀片 1000~2000 头，滚轮 5000~8000 头
单个接头损耗件成本	一般	一般	小
套筒成本	较低	高	较低
操作工人工作强度	一般	大	一般
现场施工速度	快	一般	快
施工污染情况	无	有时液压油污染钢筋	无
耗电量	小	小	小
接头抗拉强度性能	与母材等强	与母材等强	与母材等强
接头质量稳定性	好	好	好
螺纹精度	好	—	较好
接头综合成本	一般	高	低

与套筒挤压连接技术相比，接头性能与挤压接头相当，但套筒耗钢量少，仅为挤压套筒重量的 30%~40%，且劳动强度小，连接速度快。钢筋连接接头成本降低。

与锥螺纹套筒连接技术相比，套筒重量相近，但连接强度高，对钢筋端部的外观要求低，质量容易保证，且扭矩值的大小对接头影响小，给现场施工带来方便。

综合比较，采用直螺纹最经济、最实用。

5.1.3 采用先进的模板体系

本工程剪力墙模板采用大钢模，混凝土达到清水混凝土标准，减少抹灰，可节约 60 万元。

5.1.4 外架采用外爬架技术经济分析

通过表 5-5 比较可以看出：落地架的材料费、人工费及总价较高，爬架的各种费用较低，总价只有落地架的 70%左右，挂架与吊篮的总价也较高；从安全性分析，落地架、挂架、吊篮的安全性较低，而爬架的安全性较高；从管理使用性分析，爬架能带外模板同时提升，能满足结构快节奏施工，而落地架、挂架则不能。通过以上综和分析可知，选用爬架在经济上、施工要求上、安全上都有较好的优势。

落地架、挂架、吊篮、爬架经济性分析表 表 5-5

（按结构周长 150m，层高 3.9m，总高 60m）

序号	施工方式 各项指标	落地架 （结构、装修用）	爬架 （结构、装修用）	挂架（结构用） 落地架（装修用）	挂架（结构用） 吊篮（装修用）	挂架（结构用） 爬架（装修用）
1	总价	72.56 万元	45.98 万元	62.1 万元	72.37 万元	47.98 万元
2	钢管用量（t）	309.13	31.34	326.96	17.83	49.17

续表

序号	施工方式 各项指标	落地架 （结构、装修用）	爬架 （结构、装修用）	挂架（结构用） 落地架（装修用）	挂架（结构用） 吊篮（装修用）	挂架（结构用） 爬架（装修用）
3	扣件用量	45471个	5396个	49371个	3900个	9296个
4	安全网用量	13560m^2	2280m^2	14641m^2	1081m^2	3361m^2
5	用塔吊时间	每层搭设都用塔吊，用塔吊台班多	只有初期搭设用塔吊，用塔吊台班少	挂架每次拆装都用塔吊，与落地架相同，用塔吊台班多	挂架同上	挂架，爬架同上
6	安全性比较	相对较差： 1. 高空作业多 2. 人、物料坠落机率大，安全性低	优： 1. 爬架只在底层拆装 2. 爬升在架体内，操作安全性高 3. 防倾性能好，防坠安全可靠	相对较差： 1. 挂架每层拆装高空作业多 2. 两点一片断口多，防护不严，安全性低 3. 材料周转用工多	挂架同上	挂架，爬架同上
7	管理性比较	相对较差： 1. 管理时间多 2. 架体与外模板配合差，每层需吊下 3. 影响主体施工进度	优： 1. 爬架可与外模板同步提升，减少塔吊班次 2. 现场管理时间少 3. 用工少，能保证施工进度	相对较差： 1. 挂架现场管理时间多 2. 外模板每次需吊下，施工难度大 3. 影响施工进度	挂架同上	挂架，爬架同上
8	其他	相对较差： 1. 材料多，运费多 2. 管理时间长 3. 维护费用多	优： 1. 材料少 2. 设备化管理专业化 3. 操作可分包，以分担安全风险			

5.2　经济数据

本工程采用北京市96概算定额结算。

造价：1925元/m^2；

混凝土用量：0.5m^3/m^2；

钢筋用量：109kg/m^2；

用工量：3.5工日/m^2（结构、粗装阶段）。

5.3　降低成本措施

(1) 充分利用总承包管理优势

我公司具有成熟的总承包管理经验和科学合理的总承包管理模式，有一整套总承包管理的程序、制度和管理控制实施办法，具有高素质的管理人才和先进的管理手段，通过对工程项目的全盘策划、有效组织、管理、协调和控制，采取自动化办公，能极有效地提高工作质量和效率，节约管理费用。

(2) 总包预控能力

强化应变能力和风险意识，对于工程，作为总承包商，必须通过超前的策划和计划，及时预测风险、识别风险、消除风险，牢牢控制工程的成本和造价。

(3) 信息网络对工程的支持

在设计、技术、计划、设备和物资材料、定货加工和施工、人员和劳动力、项目管理等方面大力推广和采用计算机技术、综合信息技术和网络技术，大力进行技术创新、管理创新，与专业性的科研院所和大专院校进行密切合作，确定本工程生产、技术、管理全方位的科学研究，制定专题的降低成本措施，实现工程项目的降低成本目标。

(4) 严格的质量控制和计划管理

通过严格的质量管理和控制，能减少甚至通过预控手段消除返工拆改，同时积极主动为工程业主和设计提出合理化建议，节约工程成本造价；通过进度计划的有效管理和实施，实现我公司承诺的工期目标，极其有效地节约机械设备的投入、材料的投入、人力的投入、临水临电费用的支出以及现场管理费的投入。

(5) 采用计算机辅助管理

本工程在项目部各部门均配置至少一台计算机，并且联网；对资料、文件、方案实行计算机资源共享，既提高了工作效率，又保证了各种资料齐全不遗失，还节省纸张。

(6) 各项具体措施

1) 各级管理人员牢固树立经济观点，认真做好两算对比，先算后干，量入而出。在经济上，使每个管理人员做到心中有数。

2) 优选施工方案，降低投入成本，提高经济效益。

3) 在结构施工时，合理的组织工序搭接，尽量缩短工期，节约工时，节约大型机械费用。

4) 以施工预算作为配备劳动力组织、编制任务书、人工成本核算的主要依据，以预算收入控制支出。

5) 各工种按工作范围做到活儿完料尽脚下清，减少清理用工和材料浪费。

6) 加强材料管理，严格检尺收方和执行限额领料，节约材料费用和维修费用。

7) 钢筋集中加工、下料，ϕ18 以上钢筋接头采用直螺纹机械连接技术，节约钢材。

8) 顶板采用覆膜多层板模板体系，施工效率高，表面可达到清水混凝土要求，顶板直接刮腻子找平，减少了工作量。

第十四篇

科技部建筑节能示范楼工程施工组织设计

编制单位：中建一局土木工程公司
编 制 人：彭前立 隋 坤 雷 岩
审 核 人：彭前立

目 录

1　工程概况

1.1　工程概况

(1) 总体简介

工程概况见表 1-1。

工　程　概　况　　　表 1-1

序号	项　目	内　容
1	工程名称	科技部建筑节能示范楼工程
2	工程地址	北京市海淀区玉渊潭南路北蔡公庄 55 号
3	建设单位	中国科技促进发展研究中心 中国二十一世纪议程管理中心
4	设计单位	北京市城市规划设计研究院
5	监理单位	中咨建设监理公司
6	质量监督单位	北京市质量监督总站
7	施工总承包单位	中建一局土木工程公司
8	施工主要分包单位	重庆江津五建（结构）
9	投资性质	国拨资金
10	合同承包范围	设计图纸设计的全部土建、变配电系统、动力照明系统、防雷接地系统、消防系统、弱电系统、生活给水系统、热水系统、室内生活排水系统、雨水排水系统、室内消火栓系统、自动喷洒灭火系统、空调水系统、空气调节系统、消防排烟系统
11	合同性质	工程施工总承包合同
12	合同工期	564d
13	合同质量目标	“北京市结构长城杯”、竣工工程“北京市优质工程”

(2) 建筑设计简介

建筑设计概况见表 1-2。

建 筑 设 计 概 况　　　表 1-2

<table>
<tr><th>序号</th><th>项　目</th><th colspan="4">内　容</th></tr>
<tr><td>1</td><td>建筑功能</td><td colspan="4">本工程为科技示范楼。地下室为停车库、库房及设备用房；地上为展览中心、办公及各种附属用房</td></tr>
<tr><td>2</td><td>建筑特点</td><td colspan="4">工程集中使用了多项国内外的节能材料、设备，在亚太地区树立节能、环保建筑的典范</td></tr>
<tr><td rowspan="3">3</td><td rowspan="3">建筑面积</td><td>总建筑面积（m²）</td><td>12959</td><td>占地面积（m²）</td><td>2750</td></tr>
<tr><td>地下建筑面积（m²）</td><td>3389</td><td>地上建筑面积（m²）</td><td>10397</td></tr>
<tr><td>标准层建筑面积（m²）</td><td colspan="3">1234</td></tr>
<tr><td>4</td><td>建筑层数</td><td>地上</td><td>8层</td><td>地下</td><td>2层</td></tr>
</table>

续表

序号	项目	内容			
5	地下室层高	地下二层	4.90m		
		地下一层	3.20m		
	地上层高	首层	4.90m		
		二层	3.81m		
		三层	3.70m		
		四—八层	3.55m		
		设备层	4.64m		
6	建筑高度	绝对标高（m）	51.30m	室内外高差	0.30m
		基底标高（m）	－10.30m	最大基坑深度	－10.95m
		檐口高度（m）	30.75m	建筑总高	42.97m
7	建筑平面	横轴编号	①～⑧	纵轴编号	Ⓐ～Ⓔ
		横轴距离	43.60m	纵轴距离	33.20m
8	建筑防火	一级			
9	外围护墙及保温	砌筑双层（140、90mm）舒布洛克墙体，中间充40mm厚发泡保温层			
10	外装修	檐口	女儿墙高1.20m		
		外墙装修	1～3层为花岗石石材幕墙，有部分铝塑板及玻璃幕墙，4～8层外框架柱外挂铝塑板；其他部位贴面砖，外窗台包铝塑板		
		门窗工程	外窗：断冷桥窄框铝合金窗框，双层低辐射Low-E玻璃，中间充惰性气体		
		屋面工程	上人屋面	自上至下做法依次为：100mm厚人造土及草毯－广场砖－80mm厚水泥焦渣－40mm厚发泡聚氨酯保温防水一体化－水泥珍珠岩－200mm厚加气混凝土砌块	
		主入口	北面主入口有钢结构雨篷，三步室外台阶，地面是毛面花岗石		
11	内装修	顶棚	刷白色乳胶漆、T形烤漆龙骨硅酸钙板吊顶		
		地面工程	水泥地面、抗静电活动地板、铺地砖地面、铺大理石地面		
		内墙	刷白色乳胶漆、粘贴大理石、卫生间贴釉面通体瓷砖		
		门窗工程	室内为木门及木制防火门，部分玻璃门		
		楼梯	楼梯铺地砖，刷白色乳胶漆		
		公用部分	大理石墙地面		
12	防水工程	地下室	SBSⅡ型3＋4（mm）卷材防水		
		屋面	40mm厚发泡聚氨酯保温防水一体化		
		厕所	聚氨酯涂膜		

(3) 结构设计

结构设计概况见表1-3

结构设计概况 表1-3

序号	项目	内容	
1	结构形式	基础结构形式	筏形基础
		主体结构形式	框架-剪力墙结构
		顶板结构形式	地下一层、地下二层、一层、八层为钢筋混凝土板；二至七层为混凝土预应力板
2	土质、水位	基底以上土质情况	杂填土和砂质粉土
		地下水位	-11.91～-11.58m
		地下水质	对混凝土结构无腐蚀性，对钢筋有弱腐蚀性
3	地基	持力层以下土质类别	卵石④层
		地基承载力	400kPa
4	地下防水	混凝土自防水	底板及外墙抗渗混凝土P12
5	混凝土强度等级	垫层	C10
		底板	C30
		外墙、核芯筒墙	C30
		柱子	C45、C35、C30
		顶板	C30
6	抗震等级	工程设防烈度	8度
		框架抗震等级	一级
		剪力墙抗震等级	一级
7	钢筋类别	非预应力筋及等级	低松弛无粘结预应力钢绞线
		预应力筋及张拉方式	无粘结后张、暗锚
8	钢筋接头形式	滚轧直螺纹连接	≥ϕ20钢筋、剪力墙暗柱及无梁板暗梁主筋
		绑扎搭接	其他均为搭接
9	结构断面尺寸	基础底板厚度（mm）	700
		外墙厚度（mm）	300
		内墙厚度（mm）	200、250、300、400
		柱断面尺寸（mm）	800×800、900×900
		梁断面尺寸（mm）	650×400
		楼板厚度（mm）	200、250、300
10	楼梯、坡道结构形式	楼梯结构形式	双跑梁板式楼梯
		坡道结构形式	汽车坡道是梁板结构
11	结构混凝土预防碱集料反应管理类别	地下室混凝土控制碱含量3kg/m^{3}以内	
12	人防设置等级	无人防要求	
13	建筑沉降观测	设计不要求做沉降观测	
14	构件最大几何尺寸	基础梁1000mm×1600mm	

(4) 专业设计简介

专业设计简介见表1-4。

专业设计简介　　表1-4

序号	项目		设计要求及系统做法
1	给水排水系统	上水	四层以下为市政供水，以上是变频供水，设备及水箱置于地下二层泵房内
		排水	首层以上自流排出，地下排水收集到地下二层集水坑内，由潜污泵提升排至室外
		热水	生活热水采用热管式太阳能集热器做为加热设备，生活冷热水管采用热镀锌钢管
2	消防系统		室外消火栓由市政直供水30L/s，室内消火栓水量25L/s，消防水池总容积280m³，自动喷淋系统按中危险设计，水量为26L/s
3	空调通风系统		首层为全空气空调系统，二层为架空地板空调系统，三～八层为风机盘管加可变风量新风系统
4	电力系统		两路10kV电源同时供电，低压配电系统为0.4/0.23kV TN-S系统，选用两台干式变压器。使用高效照明光源T5
5	防雷与接地系统		二级防雷建筑物，屋顶设避雷带，接地采用TN-S系统，利用结构主筋相连与建筑物四周的接地网相连
6	有线电视、电缆		地下一层弱电间设电视前端箱，用户电缆采用SYWV-75-5，穿SC20保护管，主干电缆采用SYWV-75-5
7	保安监控系统		一～八层电梯前室及楼梯前室设红外双鉴探测器，与监控系统联动，摄像机采用半球式防护罩，信号送至首层控制室
8	楼宇自控系统		对所有空调通风机组、制冷机组、送排风机、生活水泵、电梯及照明等设备实施监测和控制，信号通过楼控网络总线传送至首层楼宇自控室

1.2 工程特点、难点

(1) 本工程是节能示范楼，其中使用了多项节能措施，楼体使用的能源消耗只相当于普通楼体的40%。塑造国内节能建筑的典范。

(2) 工程现场场地狭小，场地东侧作为材料进场主入口，所以东面汽车坡道需待主体结构封顶后再做。

(3) 综合考虑现场及周围建筑环境，塔吊只能立在东南角汽车坡道转角处。因为与场地东面的高层建筑距离较近，所以塔吊后臂不能超过12m，塔吊前臂被限制在最长50m，最远的西北角超出塔吊的回转半径，给施工带来不便。塔吊前臂运行做限位处理，停滞不用时吊钩必须钩住地锚，防止转臂撞楼。

(4) 层高变化较多，结构竖向模板及支承变化多。

(5) 主体结构是框架-剪力墙结构，部分无粘结预应力现浇板，楼板钢筋较大，且暗梁箍筋较多，钢筋绑扎将比较困难。

2 施工部署

2.1 总体和重点部位施工顺序

2.1.1 主要施工工序安排

(1) 基础施工

土方开挖、塔吊安装完，验槽隐蔽验收完，开始进行基础施工。基础底板、地下室外墙考虑工程防水质量进行一次性浇筑混凝土；柱子和水平结构施工分为两个流水段；梁板流水段施工缝设在④～⑤轴之间；核芯筒墙体一次性浇筑混凝土；综合现场施工条件，考虑东面汽车坡道待结构完成、内隔墙砌筑完成后再做。

(2) 主体结构施工

主体结构流水分段施工，水平结构分两段；竖向结构核芯筒墙体分两段；柱子分四段。

(3) 装修、机电安装工程施工

随着结构施工的进行，粗装修随之插入施工，与土建和机电安装专业进行交叉施工，从而有效缩短工期。

1) 进场后积极做好前期的准备工作，做好避雷接地的工作；

2) 结构施工过程中，进行机电管线的预埋和机电孔洞的预留；

3) 随着结构工程的施工，及时插入机电管道安装工作；随着粗装修工程的施工，及时插入设备安装；

4) 在结构施工期间，协助业主、设计进行特殊机电专业和专业分包商的选择和招投标工作；

5) 积极配合与协助业主进行设备、材料的选型和定货，以及专业分包商的选定；在施工过程中，积极协调和解决各专业间的交叉施工中存在的问题，为施工顺利进行创造良好的条件；

6) 组织、协调各承包商进行机电专业安装施工以及机电各系统的调试和联动调试；

7) 协助业主优先保证设备和电梯的安装施工及调试。

2.1.2 装饰、装修工程

(1) 在结构施工期间，协助业主选定装饰装修分包商和装修材料选型和招投标工作。在机电管道大面积展开施工后，在楼层外围护大部分封闭的同时，进行各房间内大面积装修施工。积极、主动地为业主指定各装饰装修分包商创造良好的施工条件和提供相关的措施，并高效组织、管理协调专业分包商的设计、供货和按计划组织施工。

(2) 外墙装修施工。将在结构施工期间，进行外窗、外墙饰面材料的选型和材料供货商的选择以及相关的预留、预埋工作，按工程总进度计划要求插入外墙施工，为室内装修施工的及时插入和全面展开创造良好的施工环境。

2.2 流水段的划分

(1) 基础施工的流水段划分

1) 为确保基础底板、地下室外墙混凝土的自防水性能，所以底板、地下室外墙混凝土一次浇筑，不留施工缝，施工不分段流水；

2) 核芯筒墙体混凝土一次浇筑，不留施工缝；

3) 柱子分东西两段，模板倒用；

4) 顶板分东西两段施工。

(2) 主体结构施工的流水段划分

1) 柱子分四段施工，模板倒用；

2) 核芯筒墙体分两段施工；

3) 顶板分东西两段施工。

(3) 地上流水分段

2.3 施工现场平面布置

(1) 布置原则

1) 现场平面随着工程施工进度进行布置和安排，阶段平面布置要与该阶段施工重点相适应。

2) 在平面布置中，充分考虑施工机械设备、办公、道路、现场出入口、临时堆放场地的优化合理布置。

3) 施工材料堆放尽量设在垂直机械覆盖的范围内，以减少发生二次搬运为原则。

4) 中小型机械的布置，要处于安全环境中，要避开高空物体打击的范围。

5) 临电电源、电线敷设要避开人员流量大的楼梯及安全出口，以及容易被坠落物体打击的范围，电线尽量采用暗敷方式。

6) 加强现场安全管理力度，严格按照公司的“项目安全管理手册”的要求进行管理。

7) 本工程重点加强环境保护和文明施工管理力度，使工程现场始终保持整洁、卫生、有序、合理的状态，使该工程在环保、节能等方面成为一个名副其实的绿色建筑。

8) 执行 ISO14001 标准，控制粉尘、排污、废弃物处理及噪声设施。

9) 充分利用现有的临建设施为施工所用，尽量减少不必要的临建投入。

10) 设置便于大型运输车辆通行的现场道路，并保证其可靠性。

(2) 结构施工阶段平面布置

现场北临玉渊潭南路，东、西设置两个大门，入口处设门卫、“一图十板”，场内路面做混凝土硬化。结构施工阶段现场待建建筑东南角安装一台 FO/23B 型塔吊（$R = 50m$）。各区段就近布置模板堆放区和架料堆放区，地泵设在北侧大门口。由于现场场地狭小，钢筋加工、模板制作将在附近租赁场地进行加工。仓库、试验室设在现场的西侧。

办公室设在现场的西侧，共两层，布置项目经理部部门办公室、会议室及甲方、监理办公室。办公楼按公司 CI 标准进行刷涂。

现场东南角设配电室，从甲方提供的变电站接入电源；水源由现场东北角接入；厕所使用整体式，放在工地的东侧；东北角设沉淀池，现场污水经处理后排入工地外西北侧的市政雨水管。

(3) 装修施工阶段平面布置

装修阶段，在东南角首层楼面部位设置一台外用电梯，以保证施工材料垂直运输的需要。在东面汽车坡道以北设置一座砂浆搅拌站。装修阶段分包商较多，设备材料也较贵重，在楼内指定范围作为其库房。

(4) 第二场地安排

由于现场场地狭小，因此，加工场地和材料堆放安排在较近的租赁场，现场仅考虑 2d 左右的物资材料的临时堆放，供周转使用；劳动力生活基地在工地附近解决，设置食堂、宿舍。

(5) 施工现场总平面图

分施工三阶段布置，如基础施工现场总平面图、主体结构施工现场总平面图、装修施工现场总平面图。

2.4　施工总体进度计划安排

根据所确定工程总目标和阶段目标如下：

(1) 总工期目标：2002 年 2 月 28 日开工，2003 年 9 月 15 日竣工；

(2) 前期准备工作：熟悉图纸、基坑定位、施工机械设备安装、临建搭设和临水临电线路敷设：2002 年 1 月 20 日至 2002 年 2 月 28 日；

(3) 基础工程：2002 年 3 月 1 日至 2002 年 6 月 30 日；

(4) 主体结构工程：2002 年 7 月 1 日至 2002 年 9 月 30 日；

(5) 粗装修工程：1 ~ 3 层外围护墙砌筑从 2002 年 10 月 10 日至 2002 年 12 月 15 日，其他部位砌筑、抹灰从 2003 年 3 月 15 日至 2003 年 4 月 30 日；

(6) 屋面工程：2002 年 10 月 1 日至 2003 年 5 月 20 日；

(7) 外墙装修（湿作业）工程：2003 年 3 月 15 日至 2003 年 7 月 20 日，幕墙工程 2003 年 5 月 21 日至 2003 年 7 月 20 日（结构施工期间预埋铁件）；

(8) 室内精装修工程：2003 年 3 月 1 日至 2003 年 8 月 10 日；

(9) 给排水与消防工程：2002 年 5 月 1 日至 2003 年 8 月 10 日；

(10) 暖通、空调工程：2002 年 5 月 1 日至 2003 年 8 月 10 日；

(11) 电梯安装：2003 年 1 月 10 日至 2003 年 3 月 15 日；

(12) 电气、设备安装工程：2002 年 5 月 10 日至 2003 年 8 月 1 日；

(13) 弱电工程：2002 年 5 月 10 日至 2003 年 8 月 10 日；

(14) 竣工清理及验收：2003 年 8 月 21 日至 2003 年 9 月 15 日。

2.5　主要施工材料及周转物资配置

主要施工材料及周转物资配置见表 2-1 ~ 表 2-2。

施工主要措施用材料投入一览表 **表 2-1**

序　号	材料名称	规格（mm）	单　位	数　量	备　注
1	木　方	100×100	m^3	145	
2	木　方	100×150	m^3	80	
3	木　方	50×100	m^3	40	
4	多层胶合板	1220×2440	m^2	5500	t = 18mm
5	止水穿墙螺栓	ϕ16 三节头	套	5500	
6	对拉螺栓	ϕ16 通丝	个	1400	
7	钢　管	ϕ48×3.5	t	320	
8	扣　件		万只	4.5	
9	泵　管	150mm	m	100	

工程材料使用计划一览表 **表 2-2**

序　号	材料设备名称	单　位	数　量	进场时间	备　注
一、土建材料					
1	钢材	t	1482.0	2002 年 3 月	陆续进场
2	商品混凝土	m^3	8319.0	2002 年 3 月	陆续进场
3	板方材	m^3	260	2002 年 3 月	陆续进场
4	水泥珍珠岩	m^2	1507.0	2002 年 10 月	陆续进场
5	40mm 厚配套涂膜防水及硬发泡聚氨酯	m^2	1277.0	2002 年 10 月	进场
6	铝塑板	m^2	894.0	2002 年 10 月	陆续进场
7	凯福保温材料	m^2	3574.0	2002 年 10 月	陆续进场
8	人造土及草毡	m^2	1277.0	2003 年 7 月	陆续进场
9	舒布洛克水泥空心砌块	m^3	966.0	2002 年 9 月	陆续进场
10	钢筋滚轧直螺纹接头	个	35000	2002 年 4 月	陆续进场
11	加气混凝土砌块	m^3	713.0	2002 年 9 月	陆续进场
12	陶粒砌块	m^3	544.0	2002 年 9 月	陆续进场
13	防火门	m^2	354.0	2003 年 5 月	进场
14	木门	m^2	260.0	2003 年 3 月	进场
15	改性沥青油毡	m^2	2692.0	2002 年 10 月	进场
16	天然花岗石石材	m^2	890	2003 年 1 月	陆续进场
17	天然大理石石材	m^2	65.0	2003 年 4 月	
18	地面砖	m^2	2010.0	2003 年 4 月	陆续进场
19	抗静电地板	m^2	224.0	2003 年 6 月	
20	硅钙板	m^2	7172.0	2003 年 4 月	陆续进场
21	铝合金方板	m^2	327.0	2003 年 4 月	陆续进场
22	聚苯乙烯保温板	m^2	920.0	2003 年 3 月	陆续进场

续表

序　号	材料设备名称	单　位	数　量	进场时间	备　注
一、土建材料					
23	矿棉保温板	m^2	1742.0	2003年3月	陆续进场
24	聚苯乙烯板	m^2	2416.0	2003年2月	陆续进场
25	外墙面砖	m^2	1553.0	2002年9月	陆续进场
26	玻璃幕	m^2	101.0	2003年4月	
二、给排水工程					
1	生活水箱	台	2	2003年3月	
2	变频生活供水装置	套	2	2003年3月	
3	紫外线消毒器	个	2	2003年4月	
4	潜水污水泵	台	8	2003年5月	
三、消火栓系统					
1	消火栓	套	43	2003年4月	
2	消火栓泵	台	2	2003年5月	
3	消防水箱	台	2	2003年3月	
4	消防增压装置	套	1	2003年4月	
5	加压泵房消火栓泵	台	2	2003年3月	
四、喷淋系统					
1	水流指示器	个	12	2003年5月	
2	湿式报警阀	套	2	2003年5月	
3	干式报警阀	套	1	2003年5月	
4	喷淋泵	台	2	2003年5月	
5	扩散器	套	4	2003年4月	
6	水-水板式换热机组	套	1	2003年5月	
7	超低噪声冷却塔	台	2	2003年4月	
8	冷冻水循环泵	台	2	2003年4月	
9	冷却水循环泵	台	2	2003年4月	
五、通风系统					
1	转轮式全热交换器	台	1	2003年3月	
2	送风风机	台	2	2003年3月	
3	正压送风风机	台	3	2003年3月	
4	排风风机	台	14	2003年3月	
六、弱电工程					
1	网络主机及设备	套	1	2003年4月	
2	多线连动柜	台	1	2003年4月	
3	火灾报警控制器	台	1	2003年3月	
4	总电话主机	台	1	2003年4月	
5	紧急功放设备	台	1	2003年4月	

续表

序 号	材料设备名称	单 位	数 量	进场时间	备 注
六、弱电工程					
6	彩色显示系统	套	1	2003年4月	
七、电气工程					
1	高压开关柜	台	8	2003年5月	
2	低压开关柜	台	12	2003年5月	
3	干式三相变压器	台	2	2003年5月	
4	落地式动力配电箱	台	2	2003年3月	
5	悬挂式动力配电箱	台	8	2003年4月	
6	控制箱	台	2	2003年3月	
7	照明配电箱	台	5	2003年3月	
8	照明切换器	台	1	2003年3月	
9	应急开关柜	台	1	2003年4月	
10	管材	m	26000	2002年2月	陆续进场
11	桥架线槽	m	2530	2002年9月	陆续进场
12	电线	m	120000	2003年1月	陆续进场
13	电缆	m	5100	2002年12月	陆续进场
14	灯具	套	1140	2003年4月	陆续进场
八、空调水系统					
1	膨胀水箱	台	1	2003年4月	
2	冷却水加药装置	套	1	2003年4月	
3	软化水补水泵	台	2	2003年4月	
4	软水箱	台	1	2003年4月	
5	软水器	台	1	2003年4月	
6	集水器	台	1	2003年4月	

2.6 主要施工机械设备配置

主要施工机具配置见表2-3。

现场主要施工机械设备投入计划表 **表2-3**

序 号	机械名称	类型型号	需要量		进场时间	退场时间
			单 位	数 量		
1	塔吊	FO/23B	台	1	2002.3.12	2002.10.31
2	挖掘机	日立1.6m^3	台	1	2002.2.1	2002.3.31
3	载重汽车	20t	辆	20	2002.2.1	2002.3.31
4	混凝土汽车泵	42m、47m	台	1	2002.3.5	2002.8.31
5	混凝土输送泵	80m^3/h	台	1	2002.6.30	2002.9.20
6	混凝土罐车	MR45-T	台	15	2002.3.5	2002.9.20
7	穿心液压千斤顶	YC-60	台	1	2002.6.10	2002.9.30
8	直螺纹套丝机		台	4	2002.4.5	2002.8.31
9	钢筋切断机	FGQ40A	台	2	2002.4.1	2002.11.30
10	钢筋弯曲机	GW40-1	台	2	2002.4.1	2002.11.30
11	钢筋调直机	3t	台	1	2002.4.1	2002.11.30
12	电焊机	BX-500	台	4	2002.4.1	2002.11.30

续表

序　号	机械名称	类型型号	需要量		进场时间	退场时间
			单　位	数　量		
13	木工圆锯	400mm	台	2	2002.4.1	2002.9.30
14	平刨		台	1	2002.4.1	2002.9.30
15	压刨		台	1	2002.4.1	2002.9.30
16	混凝土振捣棒	$\phi 50$	只	10	2002.4.1	2002.11.30
17	混凝土振捣棒	$\phi=30$	只	6	2002.4.1	2002.11.30
18	外用电梯	SC120Ⅰ	部	1	2002.9.30	2003.7.15
19	砂浆搅拌机		台	1	2002.10.20	2003.6.1

2.7　劳动力投入计划

本工程招标范围内的所有内容，均由我公司自行组织施工和管理，劳务分包队伍选用长期同我公司合作的成建制劳务分包单位，这些分包队伍都拥有高素质的施工管理者、熟练的专业技术工人，且熟悉和习惯我公司的管理模式。

合理而科学的劳动力组织，是保证工程顺利进行的重要因素之一。根据工程实际进度，及时调配劳动力。根据施工控制计划、工程量、流水段的划分、机电安装配合的需要，现场劳动力投入见施工劳动力计划表（表2-4）及劳动力柱状图（图2-1）。

劳动力计划一览表　　表2-4

	2002年											2003年							
	2	3	4	5	6	7	8	9	10	11	12	1	2	3	4	5	6	7	8
钢筋工		20	50	50	80	100	100	30	5	5	0	0	0	0	0	0	0	0	0
木工		0	80	80	80	120	120	10	10	10	0	0	0	50	50	50	5	50	20
混凝土		5	15	25	25	25	25	25	10	10	0	0	0	0	0	0	0	0	0
力工	50	30	20	20	20	20	40	40	40	30	10	10	10	20	20	20	20	20	30
水暖工		4	4	4	20	20	20	50	50	50	40	40	40	0	0	50	50	50	50
电工		20	20	20	30	30	30	60	60	60	50	50	50	0	0	60	50	50	50
瓦工	15	20	20	15	30	30	30	50	20	20	0	0	0	0	0	0	0	0	0
油工		0	0	0	0	0	0	0	0	0	0	0	0	20	20	20	20	20	20
抹灰工		0	0	0	15	40	40	40	40	40	0	0	0	0	20	20	0	0	0
焊工		0	6	6	6	6	6	6	6	6	6	6	6	0	6	6	6	6	6
预应力		0	0	25	25	0	25	25	0	0	0	0	0	0	0	0	0	0	0
通风		3	3	3	6	6	20	30	30	30	30	30	30	0	0	30	30	30	30
其他	20	15	20	15	20	20	20	20	10	20	10	10	10	30	20	20	20	30	30
合计	85	117	238	263	357	417	476	386	281	281	146	146	146	120	136	276	201	256	236

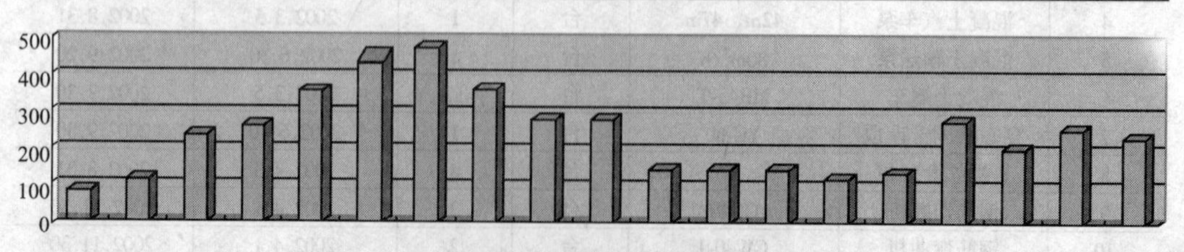

图2-1　劳动力计划柱状图

3 主要分项工程施工方法

3.1 土方开挖

(1) 施工准备

1) 在施工前通知测量工根据甲方提供的控制桩点，放出基础开挖上口线。

2) 本工程所处的位置水位较低，在开挖深度以下，所以本工程不考虑降水问题，若局部出现渗水，采用明排水法或特殊方法处理。

3) 施工前项目技术负责人向所有参加施工的人员进行有针对性的技术交底，必须使每个操作者对施工中的技术要求心中有数。

(2) 土方开挖

1) 为加快施工速度，土方采用机械开挖，预留 20cm 人工清底。

2) 开挖配置一台挖掘机挖土，20 台自卸卡车进行土方外运。

3) 土方开挖与边坡支护配合施工，挖掘机按 3 ~ 3.5m 一步在中心开挖，按 1.5m 一步在周边开挖、修坡，采用锚钉墙进行垂直喷锚护壁。

(3) 质量标准

1) 国家标准《土方和爆破工程施工及验收规范》(GBJ 201—88)；

2) 工程设计中对土方施工的质量要求。

(4) 安全施工措施

1) 开工前，施工总负责人要向全体参加施工人员进行安全交底。

2) 土方施工机械和运输车辆在进场前进行彻底的检修保养，确保施工期间车辆的正常运转。

3) 进入施工现场人员要戴好安全帽。

4) 施工中如遇地下障碍物（包括古墓、各种管道、管沟、电缆）时，立即暂停施工，及时报告业主，待妥善处理后方可继续施工。

(5) 文明施工管理及环保措施

1) 所有土方运输车辆在进入玉渊潭公园南路后禁止鸣笛，以减少噪声，在交通堵塞时，我公司将和当地交通管理部门联系，帮助我们疏通道路。

2) 所有施工人员应保持现场卫生，生产及生活垃圾均装入运土车中带走，不得随处抛撒。

3) 为保持环境卫生，避免运土车发生遗撒，安排工人清扫出门前的车辆，并在出口处铺垫草袋、安全绿网。

4) 现场大门处设雨水箅子和沉淀池，由专人负责对车辆的清扫，严禁抛洒道路。

(6) 单独编制“土方开挖施工方案”。

3.2 防水工程

3.2.1 概述

(1) 地下室防水工程。

地下室底板及地下室外墙防水采用三道设防：结构抗渗（P12）混凝土自防水，结构外包 SBS—Ⅱ型（聚酯胎）3mm+4mm 防水卷材，肥槽回填夯实 2:8 灰土。

施工缝防水做法：地下室第一道水平施工缝设 200mm 宽、4mm 厚钢板止水带，地下室上面的三道水平施工缝铺设 BW 止水条。

在施工过程中除严格程序和过程控制之外，要重点加强施工缝、阴阳角、机电穿管处、防水收边处等细部节点的防水处理，以确保地下室的防水质量达到合格标准。

（2）卫生间等防水工程。

卫生间等较潮湿房间涂刷 1.5mm 厚聚氨酯防水涂膜，在施工过程中除严格程序和过程控制外，要重点加强阴阳角、防水收边处、管根等细部节点的防水处理，以确保防水质量达到合格标准。

（3）屋面防水工程。

屋面采取 40mm 厚配套涂膜防水保护层及硬发泡聚氨酯保温防水一体化材料进行防水。

3.2.2　卷材防水

工艺流程：

基层表面清理修补→基层含水率检查→喷涂基层处理剂→节点附近增强处理→定位、弹线、试铺→铺贴卷材→收头处理，节点密封→清理检查修整→保护层施工。

3.2.3　涂膜防水

（1）防水做法：

1）涂膜防水施工，用小滚动刷或油漆刷蘸满已配好的涂膜防水混合材料均匀地涂布在基层表面上。涂布时要求厚薄均匀一致。

2）涂布防水层时，对管道根部和地漏周围以及下水管转角墙部位，必须认真涂布，并要求涂层比大面积要求涂布的厚度加厚 1mm，以确保防水工程的质量。

（2）节点作法：

1）管根：注意地漏、管道（含套管）与楼板之间的缝隙防水施工质量，确保穿过楼板孔洞的防水效果。

2）阴阳角：卫生间的找平层的坡度以 1%～2%为宜，凡遇到阴阳角处，要抹成小圆弧。

（3）基层作法：

1）防水基层必须用 1:3 的水泥砂浆抹找平层，要求抹平压光、无空鼓，表面要坚实，不应有起砂、掉灰现象。抹找平层时，凡遇到管道根部的周围，在 200mm 范围内的原标高基础上提高 10mm 坡向地漏，避免管道根部积水。在地漏的周围，应做成略低于地面的凹坑，一般在 5mm。

2）穿过楼面或墙面的管道、套管、地漏等以及卫生洁具等，必须安装牢固，收头圆滑。

3）基层应基本干燥，一般在基层表面均匀泛白、无明显水印时，方可进行涂膜防水层的施工。施工时，要把基层表面的尘土杂物清扫干净。

（4）蓄水试验：

浴室、厕所等有防水要求的房间必须有防水层及装修后的蓄水检验记录。蓄水时间不少于24h。

3.2.4 安全注意事项

(1) 防水上岗人员必须持证上岗。

(2) 防水上岗人员必须遵守工地安全技术规定。

(3) 防水工上岗必须遵守防火要求规定。

(4) 单独编制“地下防水施工方案”、“地上防水施工方案”。

3.3 钢筋工程

因为场地狭小，所以钢筋原材堆放及加工场需外租，各部位成品钢筋随施工进度加工好后，运至现场待用。现场设少量成品钢筋堆放，由塔吊或人工运至施工地点。

3.3.1 钢筋的检验、加工、管理

(1) 原材供应

施工前，根据施工进度计划合理备料。钢筋进场后，要严格按分批级、牌号、直径长度分别挂牌摆放，不得混淆，并根据公司质量保证手册要求进行标识。

(2) 由专业人员进行配筋，重点重要部位配筋单要经技术部审核后才允许加工。

(3) 钢筋的检验与保管。钢筋进场应具有出厂证明书或试验报告单，并需分批做机械性能试验。

(4) 钢筋取样，同一厂别、同一炉罐号、同一规格、同一交货状态，每≤60t为一验收批。

(5) 堆放时钢筋下面要铺垫木，以防止钢筋锈蚀和污染。

(6) 钢筋成品要按分部工程名称和构件名称，按号码顺序堆放，同一部位或同一构件的钢筋要放在一起，按号牌排列，牌上注明构件名称、部位、钢筋型号、尺寸、直径及根数。

(7) 钢筋连接主要采用滚轧直螺纹连接、搭接连接。

3.3.2 钢筋绑扎

(1) 钢筋绑扎前应先熟悉施工图纸，核对钢筋配料表和料牌，核对成品钢筋的品种、直径、形状、尺寸和数量；如有错漏，应立即纠正增补。

(2) 绑扎形式复杂的结构部位时，应先研究逐根钢筋的穿插就位的顺序，并与有关工种研究支模、绑扎钢筋、浇筑混凝土等的配合次序和施工方法，以确保施工进度要求，减少绑扎困难，避免返工，加快进度。

(3) 钢筋绑扎严格按《混凝土结构工程施工质量验收规范》和设计要求执行。

(4) 钢筋搭接倍数、锚固长度、钢筋的保护层、钢筋接头位置，严格按照设计图纸、工程规范和图集要求。

(5) 梁与梁在柱交叉部位，梁主筋受力有效高度减少一个钢筋直径，柱外梁主筋再平缓增加受力有效高度，梁箍筋在该部位按放样缩尺。

(6) 钢筋定位及保护处理措施：

1) 钢筋在绑扎前，根据钢筋间距弹线；绑扎时，严格按照弹线位置绑扎钢筋；

2) 为了保证在浇筑楼板混凝土时，柱、墙插筋不移位，插筋上部（距楼板约50cm）绑扎定位箍筋，下部将柱墙钢筋、箍筋及板水平筋绑扎牢固；

3）墙、柱混凝土浇筑时，须在墙、柱底口设置定位钢筋，定位钢筋须与墙柱钢筋绑扎牢固。防止混凝土浇筑时，插筋及模板移位；

4）底板、楼板上铁钢筋采用钢筋马凳支承，马凳不直接落在模板上；

5）为防止浇筑混凝土时污染钢筋，在插筋上部套塑料管或包裹塑料布。保护层垫块采用定型的塑料垫块，底板及顶板钢筋保护层使用花岗石垫块。

（7）钢筋滚轧直螺纹按《北京市建筑工程研究院企业标准》（Q/HJ 08—1999）执行，质量要求满足 JGJ 107—96A 级接头性能的规定。

3.3.3　安全注意事项

（1）钢筋断料、配料、弯折等作业应在地面进行，不准在高空操作。

（2）在钢筋加工场设立钢筋加工操作规程标牌，设专人负责，严格遵守操作规程。

（3）钢筋调直采用卷扬机，固定机身必须设牢固地锚，传动部位必须安装防护罩，导向轮不得用开口拉板式滑轮。操作人员离开卷扬机或作业中停电时，应切断电源。作业中严禁跨越钢丝绳，操作人严禁离岗。

（4）钢筋切断机切断短料时，手和刀之间必须保持 30cm 以上距离。

（5）搬运钢筋要注意附近有无障碍物，架空电线和其他临时电气设备，防止钢筋在回转时碰撞电线或发生触电事故。

（6）起吊钢筋时，规格必须统一，不许长短参差不一，不准一点起吊。

（7）各种机械使用前，须检查运转是否正常、是否漏电，电源线须保证有二级漏电开关。

（8）高空作业时，不得将钢筋集中堆放在楼板和脚手板上，也不要把工具、钢箍、短钢筋随意放在脚手板上，以免滑下伤人。

3.4　预应力工程

（1）概况

二至七层顶板采用无粘结预应力结构，其中二、三层顶板内纵横向柱上板带、跨中板带均配置无粘结筋，四至七层顶板局部均布单向无粘结筋，预应力板厚为 300mm，混凝土强度为 C30。无粘结预应力筋采用 $\Phi_j 15.24$ 低松弛钢绞线，抗拉强度标准值 $f_{ptk}=1860N/mm^2$。预应力筋张拉控制应力 $\sigma_{con}=0.70f_{ptk}=0.7\times1860=1302N/mm^2$，张拉端采用夹片锚固，固定端采用挤压锚固，张拉用 FYCD-23 前置内卡式千斤顶。凹进混凝土表面的张拉端由夹片、锚环、穴模、承压板、螺旋筋和无粘结预应力钢绞线组成，锚固端由挤压锚、承压板、螺旋筋等组成。

（2）无粘结预应力施工工艺

无粘结预应力施工流程如图 3-1 所示。

（3）预应力筋的铺设

1）控制预应力筋矢高。

2）预应力筋长度方向绑扎顺直。

（4）预应力筋张拉

预应力筋张拉采用“应力控制、伸长校核”法。

（5）单独编制“预应力施工方案”。

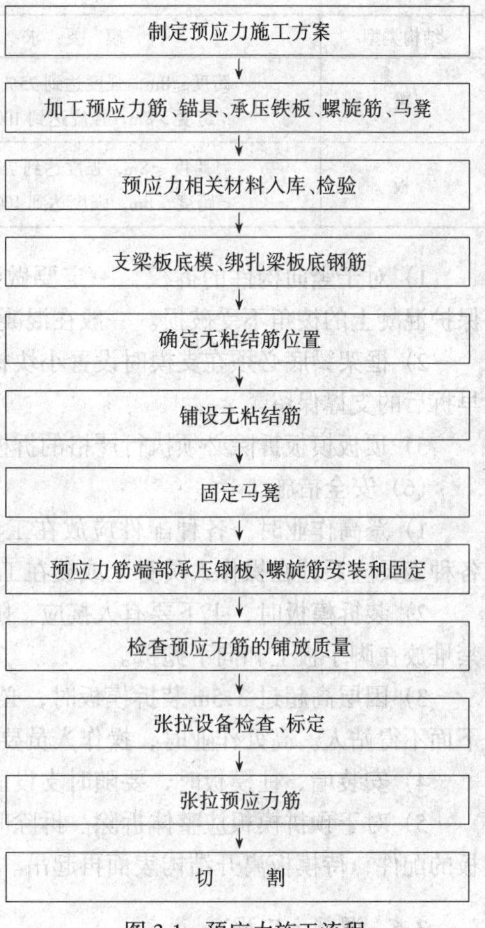

图 3-1 预应力施工流程

3.5 模板工程

本工程为框架-剪力墙结构。模板工程考虑的范围有墙模板、柱模板、梁板模板、楼梯模板，均按清水混凝土模板要求制作，表面平整度及尺寸误差不大于 2mm。

（1）墙体大模板

地下室外墙模板采用散拼钢木组合模板，三节头止水穿墙螺栓紧固，中部核芯筒墙体采用钢木组合大模板，即采用槽钢背楞 + 木方 + 多层板的方法拼装定型，采用 $\phi16$ 通丝螺栓紧固，用塔吊整装整拆；地上核芯筒墙体采用定型大钢模板，T 形大头螺栓紧固，用塔吊整装整拆。

（2）顶板模板

现浇顶板模板采用脚手架 + 木方 + 多层板的方法。板底铺 10cm × 10cm 木方，主龙骨 10cm × 10cm 木方加 U 形托，用架管顶牢。

（3）梁模板

底板反梁模板采用吊模，加对拉螺栓紧固，多层板 + 木方 + U 形托可调支撑，基础边梁加一排紧固止水螺栓，木方选用 10cm × 10cm。

梁模板采用多层板 + 木方 + U 形托可调支撑，散支散拆支模方案。支柱上部用 10cm × 10cm 木方支撑梁底。梁底模用 5cm × 10cm 木方做楞，调整预留梁底模板的厚度，拉线安装梁底模板，待梁钢筋绑扎完毕后再安装侧模。梁侧模用 5cm × 5cm 木方做竖楞，外楞用 5cm × 10cm 通长木方。上口用架管加木楔子锁紧，用斜撑顶紧，下口用角钢限位，加木楔子顶紧侧模外木方，间距 500mm。梁净高≥600mm 时，加对拉螺栓。

（4）独立柱模板

独立方柱采用多层板 + 木方 + 槽钢抱箍散支散拆，对拉螺栓紧固的方式。柱模由四大块组成，施工现场组拼，柱模底口处加海绵条塞紧。

（5）模板的拆除

模板拆除时混凝土达到的强度等级见表 3-1。

混凝土强度要求 **表 3-1**

结构类型	拆模要求	试块留置
楼梯支撑	强度达到 100%	留置同条件试块或 1 个月后拆模
悬臂梁板	强度达到 100%	留置同条件试块或 1 个月后拆模

续表

结构类型	拆模要求	试块留置
梁	跨度≤8m，强度达到75%以上 跨度>8m，强度达到100%	留置同条件试块
板	跨度≤8m，强度达到75% 跨度>8m，强度达到100%	留置同条件试块

1）对于竖向构件的拆模，一定要做到混凝土强度达到1.2MPa以后拆模，以便于保护混凝土的棱角不受破损。一般在混凝土浇筑完12～24h拆模。

2）框架梁底必须在支模时设置小块板，并将独立支撑的可调顶撑定位准确，确保早拆后的支撑保留。

3）顶板模板拆除必须执行严格的拆模工作程序，并按要求填写拆模申请单。

（6）安全措施

1）登高作业时，各种配件应放在工具箱或工具袋中，严禁放在模板或脚手架上，各种工具应系挂在操作人员身上或放在工具袋中，不得掉落。

2）装拆模板时，上下要有人接应，随拆随运走，并应把活动的部件固定牢靠，严禁堆放在脚手板上和向下抛掷。

3）因层高超过3.5m装拆模板时，必须搭设脚手架。装拆施工时，除操作人员外，下面不得站人。高处作业时，操作人员要带上安全带。

4）安装墙、柱模板时，要随时支设固定，防止倾覆。

5）对于预拼模板应整体拆除。拆除时，先挂好吊索，然后拆除支撑及拼接两片模板的配件，待模板离开结构表面再起吊。起吊时，下面不准站人。

3.6　混凝土工程

3.6.1　底板混凝土施工

基础底板混凝土强度为C30（抗渗等级为P12），混凝土厚度为0.7m，电梯井、集水坑局部为1.3m、2.6m。

（1）混凝土的搅拌要严格按设计配合比进行，以满足泵送混凝土的要求。

（2）水泥宜选用低热水泥，并要掺入一定数量的粉煤灰，以减小水泥的水化热。

（3）混凝土浇筑时，设置一台42m臂汽车泵（在西大门），一台47m臂汽车泵在南侧的食堂改建工地场内，使用前协同甲方与该施工项目部协商解决。混凝土浇筑采用“分段定点、一个坡度、薄层浇筑、循序推进、一次到顶”的方法。

（4）混凝土浇筑时，振捣要及时充分，严禁出现漏振的现象。在每个浇筑带的前、后布置两道振捣棒。第一道布置在混凝土卸料点，主要解决上部混凝土的振捣，由于底皮钢筋间距较密，第二道布置在混凝土的坡角处，确保下部混凝土的密实。随着混凝土浇筑工作的向前推进，振捣也相应跟上，以确保整个高度混凝土的质量。

（5）混凝土的表面处理。

混凝土浇筑结束后要认真抹压处理。经4～5h左右，初步按标高用长尺刮平，在初凝前用木抹压实表面（初凝时间为6～8h），以闭合收水裂缝；约12～14h后，进行浇水养护。

(6) 混凝土养护。

混凝土的浇水养护时间不少于7d。

3.6.2 结构混凝土的浇筑

地下室至地上3层混凝土浇筑采用汽车泵泵送，配合塔吊灰斗浇筑。

(1) 振捣方式。

振捣棒插点要均匀排列，可采用“行列式”或“交错式”的次序移动，不应混用，以免造成混乱而发生漏振。振捣棒的操作，要做到“快插慢拔”，每一插点要掌握好振捣时间，过短不易捣实，过长可能引起混凝土产生离析现象。一般每点振捣时间应视混凝土表面呈水平，不再显著下沉、不再出现气泡、表面泛出灰浆为准。

(2) 混凝土的浇筑要求：

1) 为了避免发生离析现象，混凝土自高处倾落时，其自由倾落高度不宜超过2m；如高度超过2m，宜设串筒、溜槽。为了保证混凝土结构良好的整体性，混凝土应连续浇筑，不留或少留施工缝。

2) 灌筑每层竖向结构时，为避免墙脚产生蜂窝现象，在底部应先铺一层5~10cm厚同强度无石混凝土（水泥砂浆），以保证接缝质量。

3) 在进行墙体混凝土浇筑前，应对墙体钢筋的分布情况全面了解，尤其对暗柱、门窗洞口过梁及洞口加筋等钢筋较密的部位，进行技术处理，局部加大钢筋的间距，找出下棒的位置，并在模板上或相应钢筋位置做出明显标志，以备混凝土浇筑时使用；

4) 混凝土浇筑应分层振捣，每次浇筑高度应不超过振动棒长的1.25倍，即不得超过500mm；在振捣上一层时，应插入下层中50mm左右，以消除两层之间的接缝。下料点应分散布置，一道墙至少设置两个下料点，门洞口两侧应同时均匀浇筑，以避免门口模板走动。

5) 在浇筑中使用标尺竿进行配合，来保证混凝土每层浇筑厚度不超过500mm。

6) 浇筑竖向结构混凝土应连续进行，上下两层混凝土浇筑间隔时间应小于初凝时间，每浇一层混凝土都要用插入式振捣棒插入至表面翻浆不冒气泡为止，必要时在上下两层混凝土之间接入50mm厚、与混凝土同强度的水泥砂浆。

7) 墙体混凝土浇筑完毕，用水准仪进行找平、压光，以保证浇筑上一层混凝土时墙体根部不漏浆。

8) 混凝土浇筑过程中，要保证混凝土保护层厚度及钢筋位置的正确性。不得踩踏钢筋，移动预埋件和预留孔洞的原来位置；如发现偏差和位移，应及时校正。特别要重视竖向结构钢筋的保护层和板负弯矩部分的位置。

9) 混凝土养护。水平结构（梁板）做浇水养护，墙、柱顶部浇水养护，柱子浇水包塑料布养护，墙体浇水养护。混凝土的浇水养护时间不得少于7d。

3.7 工程装修

3.7.1 总体工艺流程

装修工程工艺流程如图3-2所示。

(1) 室内装修工艺流程

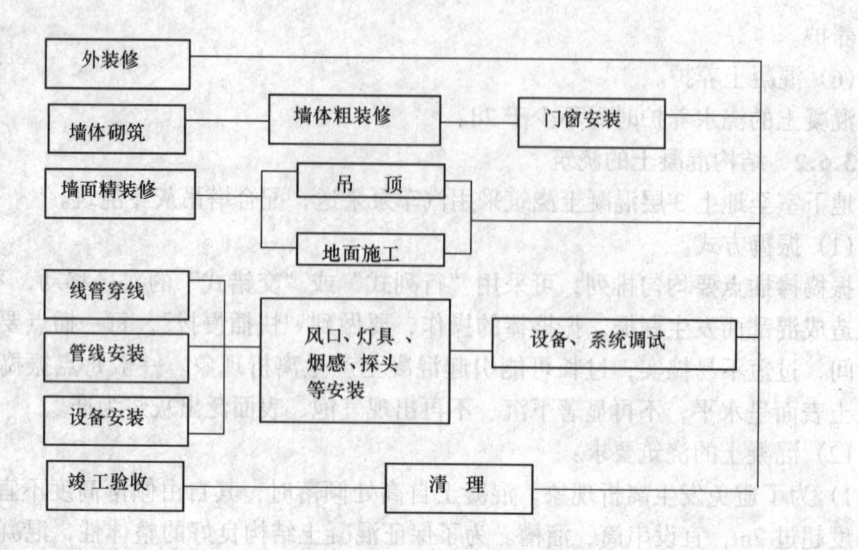

图3-2　装修工程工艺流程

墙面准备、冲筋找方→门窗框安装→墙面设备、管线预埋→墙面抹灰、粗装→检查→吊顶准备、吊筋、龙骨→通风管安装→电气、水、消防管线安装→管道打压→保温、喷漆→隐蔽验收→吊顶→墙面细装修→地面预埋管→隐蔽→地面施工→门窗扇安装→玻璃、油漆、喷涂→成品保护。

(2) 室外装修工艺流程

脚手架→屋面防水→墙面准备→饰面板安装→室外管线→台阶散水→成品保护。

(3) 装修工程施工顺序：

1) 砌筑工程，包括陶粒空心砌块、加气混凝土砌块砌筑、舒布洛克水泥空心砌块砌筑；

2) 室外饰面及幕墙工程、结构工程结束后，自上而下顺序进行；

3) 室内装饰工程的施工应在屋面防水工程完工后，并在不致被后续工程所损坏和沾污的情况下进行；

4) 抹灰、饰面、吊顶和隔断工程，应待隔墙、门窗框、暗装的管道、电线管和电器预埋等完工后进行；

5) 门窗工程在湿作业完工后进行，如需在湿作业前进行，必须加强保护；

6) 有抹灰基层的饰面板工程、吊顶及轻型花饰安装工程，在抹灰工程完工后进行；

7) 涂料、刷浆工程，以及吊顶、隔断罩面板的安装，应在塑料地板、地毯、硬质纤维板等楼地面面层和明装电线施工前，以及管道设备试压后进行；木楼地板面层的最后一遍漆料，应在裱糊工程完工后进行；

8) 裱糊工程，应在顶棚、墙面、门窗及建筑设备的涂料及刷浆工程结束后进行。

3.7.2　砌体工程

本工程砌体为陶粒混凝土砌块、加气混凝土砌块、舒布洛克水泥空心砌块。

(1) 工艺流程。

基层处理→找平放线、立皮数杆→构造柱钢筋绑扎→墙体砌筑→现浇带钢筋绑扎→

构造柱、现浇带模板支设→构造柱、现浇带混凝土浇筑→拆模→砌筑上部墙体→上部构造柱、现浇带施工→砌至梁板下（待结构封顶后用机砖斜砌封闭）→检查验收

（2）砌筑构造。

砌筑墙体构造柱下部钢筋预插，上部预埋钢板，构造柱钢筋与钢板焊接；圈梁端部在结构上预埋钢板，钢筋与钢板焊接。禁止剔凿出结构主筋焊接。

3.7.3 抹灰工程

施工顺序可分为顶棚、内墙面和地面，主要为室内抹灰，原则上先顶棚，再墙面，后地面。顶棚及内墙面抹灰，根据现场实际情况适时安排施工。墙面施工完后，根据情况安排地面施工。楼梯间、主要通道及首层的抹灰施工安排在最后进行。

工艺流程：

清理、浇水湿润基层→放线→做灰饼→设置标筋→头遍低灰→抹灰护角→养护→中层抹灰→养护→面层抹灰→清理

3.7.4 精装修主要分部分项工程

（1）楼地面工程：

本工程楼地面做法主要为水泥地面、石材地面、防静电活动地板等。

（2）石材地面工艺流程：

准备工作→基层处理→试拼→弹线→试排→刷水泥浆、铺砂浆结合层→铺砌大理石（或花岗石）板块→灌缝、擦缝→打蜡

（3）防静电活动地板施工要点：

1）为使活动地板面层与通道的走道或房间的建筑地面面层连接好，其通道面层的标高应根据所选支架的型号，相应地要低于该活动地板的标高；否则，在入口处应设置踏步或斜坡等形式的构造要求和做法。

2）活动地板面层的支架应支撑在水泥类基层上，水泥混凝土为现浇的，不应采用预制空心楼板。

3）基层表面系统应平整、光洁、干燥、不起灰，安装前清扫干净，并根据需要，在其表面涂刷1～2遍清漆或防尘漆，涂刷后不允许有脱皮现象。

4）活动地板面层施工时，应待室内各项工程完工和超过地板承载力的设备进入房间预定位置以及相临房间内部也全部完工后，方可进行安装。不得交叉施工，也不可在室内加工活动地板和地板附件。

5）铺设活动地板的面层标高，应按设计要求确定。

6）根据房间的平面尺寸和设备情况，应按活动地板的模数选择板块的铺设方向；当室内有控制设备且需要预留洞口时，铺设顺序应综合考虑。

7）铺设地板面层前，应在四周墙面画出标高控制位置，并按选定的铺设方向设基准点。在基层表面上按板块尺寸弹线形成方格网，标出地板的安装位置和高度，并标明设备预留位置。

8）先将活动地板各部件组装好，以基线为准，顺序在方格网交点处安放支架和横梁，固定支架的底座，连接支架和框架。安装过程中应经常抄平，转动支座螺杆，用水平尺调整每个支座的高度至全室等高，并尽量使每个支座受力均匀。

9）在横梁上铺设缓冲胶条时，应采用乳液与横梁粘合。当铺设活动地板块时，从

一角或相临的两个边向另外两个边铺活动地板。应保证活动地板铺设处四角的平整、严密，但不得采用加垫的方法。

10）当铺设活动地板不符合模数时，其不足部分可根据尺寸将板面切割后镶补，并配装相应的可调支撑和横梁。

11）活动地板切割、打孔后应用防潮腻子封边或用铝材镶嵌。

12）与墙边的接缝处，应根据缝的宽窄分别采用木条或泡沫塑料镶嵌。

13）安装机柜时应根据机柜和地面的实际情况，在地板的下部选择增设支撑架。

14）在全部设备就位和地下管线、电缆安装完毕后，还要抄平一次，调整至符合设计要求，最后将板面全面清理。

3.7.5　吊顶工程

本工程顶棚吊顶主要采用烤漆龙骨、硅钙板顶棚。

操作工艺工艺流程：

弹顶棚标高水平线→画龙骨分档线→安装主龙骨吊杆→安装主龙骨→安装次龙骨→安装罩面板→安装压条

3.7.6　涂料工程

本工程内墙涂料主要为耐擦洗涂料。

工艺流程：

基层处理→刷胶水→填补缝隙、局部刮腻子→满刮腻子→刷第一遍涂料→复找腻子→刷第二遍涂料→刷面层涂料

3.7.7　门窗安装

本工程内门主要为实木门，外门窗主要为断桥铝合金门窗。

(1) 质量标准：

1）门及其附件的质量，必须符合设计要求和有关标准的规定。

2）门安装必须牢固，预埋件的数量、埋设方法及位置必须符合要求。

3）门的安装位置和开启方向必须符合要求。

4）门应开启灵活，无变形翘曲。

5）门与墙体的缝隙填嵌饱满密实，表面平整。

6）表面洁净，颜色一致，无划伤、污染，拼接缝严密。

7）门窗安装允许偏差见表3-2。

门窗安装允许偏差　　表3-2

项次	项　　目		允许偏差（mm）	检　验　方　法
1	门框两对角线长度差	≤2000mm	3	用钢卷尺检查
		>2000mm	5	
2	门扇与框搭接宽度差		1	用深度尺或钢板尺检查
3	同樘门相邻扇的横端角高度差		2	用拉线和钢板尺检查
4	门框（含拼樘料）正、侧面垂直度	≤2000mm	2	用1m托线板检查
		>2000mm	3	

续表

项次	项　　目	允许偏差（mm）	检 验 方 法
5	门框（含拼樘料）的水平度	2	用1m水平尺和楔形塞尺检查
6	门框标高	5	用钢板尺与基准线比较
7	双层门内、外框	4	用钢板尺检查

(2) 木门安装工艺流程：

弹线找规矩→决定门框安装位置→决定安装标高→门框安装样板→门框安装→门扇安装

3.7.8 屋面工程

本工程屋面为上人屋面，上人屋面铺设广场砖。

(1) 保温层施工工艺流程：

基层清理→弹线找坡→管根固定→保温层铺设→做找坡层→抹找平层

(2) 防水层施工，具体见地上防水施工方案。

(3) 广场砖地面工艺流程：

基层处理→弹铺砖控制线→铺砖→勾缝→养护

3.7.9 外墙饰面

本工程外墙装饰做法主要为外墙镶贴面砖和干挂石材，立面铝塑板包柱。

(1) 外墙镶贴面砖工艺流程：

基层处理→吊垂直、套方、找规矩→贴灰饼→抹底层砂浆→弹线分格→排砖→浸砖→镶贴面砖→面砖勾缝和擦缝

(2) 外墙磨光花岗石干挂施工石材工艺流程：

基层处理与块料整理→装饰面位置放线，石材钻孔或开槽→安装挂件膨胀螺栓→安装挂件→锚固件及石材连接孔、槽涂胶→安装饰面石材→复核并调校饰面石材位置→用橡胶条或泡沫条填塞拼接缝并打封缝硅胶→饰面清理

(3) 铝塑板安装。

安装时，在节点部位用直角铝型材与角钢骨架用螺钉连接，将饰面板两端加工成圆弧直角，嵌卡在直角铝型材内，缝隙用密封材料嵌填。

1) 注意事项：

A. 铝塑板加工圆弧直角时，需保持铝质面材与夹芯聚乙烯一样的厚度；

B. 圆弧加工可使用电动刨沟机；

C. 弯曲时，不可做多次反复弯曲；

D. 安装时，均勿用铁锥等硬物敲击；

E. 安装完毕，再撕下表面保护膜。切勿用刷子、溶剂、强酸、强碱清洗。

2) 特殊部位的处理：

对于边角、沉降缝、伸缩缝和压顶等特殊部位均需做细部处理。它不仅关系到装饰效果，而且对使用功能也有较大影响。因此，一般多用特制的铝合金成型板进行妥善处理。

A. 转角处理。

构造比较简单的转角处理是用一条厚度 1.5mm 的直角形铝合金板，与外墙板用螺栓连接。

B. 水平部位处理。

窗台、女儿墙的上部，均属于水平部位的压顶处理，即用铝合金板盖住，使其能阻挡风雨浸透。水平盖板的固定，一般先在基层焊上钢骨架，然后用螺钉将盖板固定在骨架上，板的接长部位宜留 5mm 左右的间隙，并用密封胶密封。

C. 边缘部位处理。

墙面边缘部位的收口处理，是用铝合金成形板将墙板端部及龙骨部位封住。

D. 墙下端处理。

墙面下端的收口处理，是用一条特制的披水板，将板的下端封住；同时，将板与墙之间的间隙盖住，防止雨水渗入室内。

E. 伸缩缝、沉降缝的处理。

伸缩缝、沉降缝的处理，首先要适应建筑物伸缩、沉降的需要，同时也应考虑装饰效果；另外，此部位也是防水的薄弱环节，其构造节点应周密考虑。

3.8 机电工程节能新技术

3.8.1 节能新技术

(1) DOE-2 是由美国能源部资助，由 LBNL 开发研制的一个计算机程序，用于模拟全年任一时间建筑物的热流动、通风系统及装置的运行情况及性能。

(2) DOE-2 程序计算出了该办公楼主要的能源消耗、设备的能源消耗和能源开支，即环流供暖、热水供应、制冷、风扇和泵、照明和办公设备，其中在能源开支分析图上可以看出，照明占 40%~42%，设备占 18%，制冷占 13%~18%，风扇、泵占 14%~16%，环流供暖占 7%，热水占 5%。

(3) 能源开支的决定性因素依次为：电力照明、空调、用于热气的风扇和泵，这三种能源消耗设备的全部能耗占全部能源开支的 69%~74%。由于夏季制冷能耗远大于冬季供暖的能耗，因此节能楼的节能应以夏季制冷为主要矛盾来考虑。

(4) 楼形对节约能源使用情况的影响：

1) 在以制冷为主的情况下，最佳的建筑形状则是尽可能多地减少太阳辐射，增加日光照射和通风的潜力，基于美方通过 DOE-2 程序计算分析比较得出的十字形建筑的优点。

2) 楼形为十字形，大多数窗户集中在南、北墙上。在其他相同的条件下，通过 DOE-2 程序计算分析比较，十字形办公楼比方形楼节能 4.5%（图 3-3）。

3.8.2 工程节能技术的应用

(1) 照明、制冷所需的能源开支较高，针对这两方面制定节能措施：

1) 浅色墙壁和顶，增加办公楼表面的反射，可以减少非直接的太阳能量的获取；

2) 凹进的窗户（在外墙上向内嵌入 0.3m)，可起到遮荫的作用；

3) 南向窗一律采用遮阳板和反光板，遮阳板的宽度确定为 0.6m;

4) 高效照明。用带电子镇流器的 T5、T4 取代磁镇流器的 T12 灯，可减少耗电

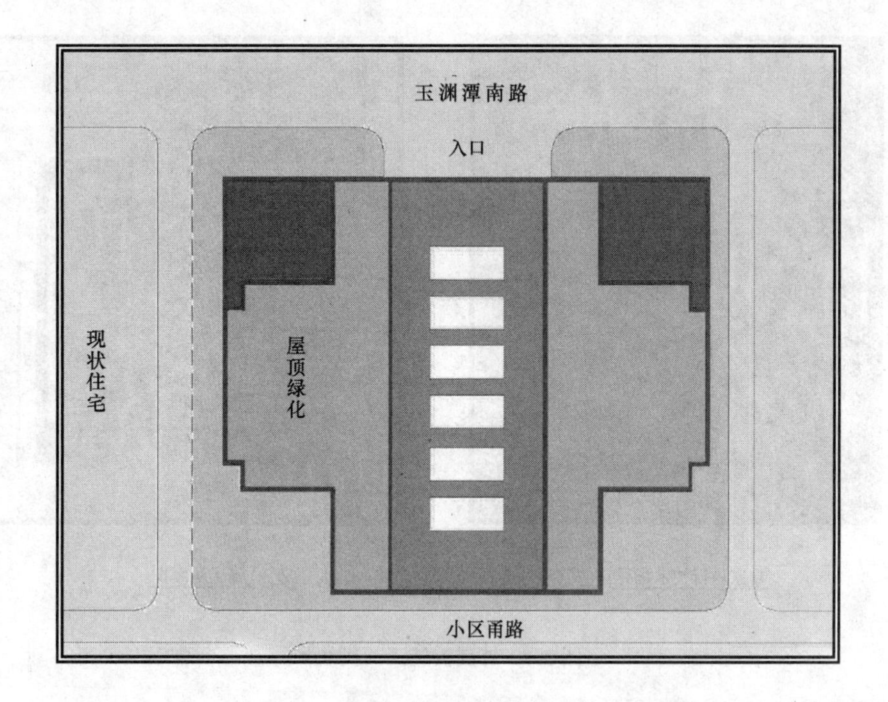

图 3-3 楼十字形布置

40%，可使高峰照明时段的用电强度从 14W/m^2 降到 8.3W/m^2；

5）低辐射窗户。玻璃表面采用低辐射涂层可在保持相对较大透光度的同时，减少太阳辐射的参数，用透明玻璃与低辐射玻璃 Low-E 型玻璃相比，双层窗户的热能变成：$K = 1.65$ W/(m^2·K)，太阳辐射系数为 0.28，透光度为 0.41；

6）降低窗户高度。在满足窗户天然照明的需求下，将窗户的高度减少，即从现在的 2.1m 降为 1.8m～2.1m，以得到最佳的照明、通风效果；同时，能将太阳辐射减至最小。

（2）节能相关的主要材料选型：

1）外围护系统中墙体材料。舒布洛克墙体总导热系数 $K_0 = 0.617$W/(m^2·K)。北京地区过去常用 300mm 空心陶粒砌块，双面 20mm 抹灰，$K_0 = 1.06$W/(m^2·K)(图3-4)。

2）外围护系统中窗体材料。北京地区现在常采用单框双玻塑钢框料（图 3-5），窗整体的总导热系数 $K_0 = 3.49$W/(m^2·K)。本工程采用铝合金断冷桥框料和双层低辐射中空玻璃，窗整体的总导热系数 $K_0 = 1.363$W/(m^2·K)；

3）外围护系统中屋面材料。采用防水保温一体化的 40mm 厚硬发泡聚氨酯。屋顶花园（采用丽兰人造土系）可以使屋顶传热系数减小，还能提高整个屋盖体系的热惰性指标（图 3-6）。

（3）雨水回收系统。在核芯筒楼梯间九层的上空设置两个现浇混凝土的雨水收集水池（共 10m^3），主要收集九层机房顶屋面的雨水。

3.8.3 设备节能技术应用

（1）空调通风系统。

1）二层展厅采用架空地板送风复合型空调送风方式，属于置换通风。它与传统的

专家进行技术指导

施工示意图

图 3-4　外围护施工（砌块）

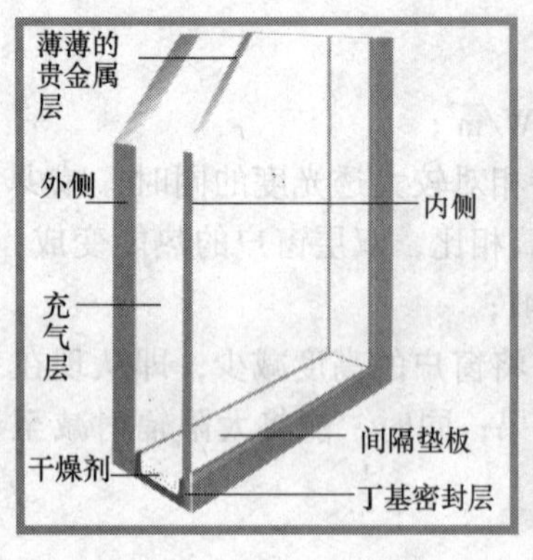

图 3-5　外围护窗体

混合通风方式相比，使室内工作区得到较高的空气品质、较高的热舒适性，并具有较高的通风效率（图 3-7）。

2）首层门厅、休息厅和三至八层办公及会议区，采用风机盘管加变风量新风系统的吊顶空调方式。其优点是：

A. 把新风送风系统设计成变风量系统，它可以通过安装在空调区域内的 CO_2 监测系统提供室内空气质量信号，自动调节送入空调区域的新风量，从而降低新风负荷；

B. 风机盘管系统可以根据安装在空调区域内的温控器控制风机盘管水侧的三通调节阀，调节进入盘管的冷温水水量，从而实现风机盘管水系统的变流量控制；

C. 风机盘管设有三档调速开关装置，工作人员可根据环境情况手动调节风机盘管送风量，每个风机盘管可设一个手动开关，也可根据不同的功能区域小范围地合并一些风机盘管的开关，这样设置的目的是使系统能够提供“人走灯灭”的实时控制功能；

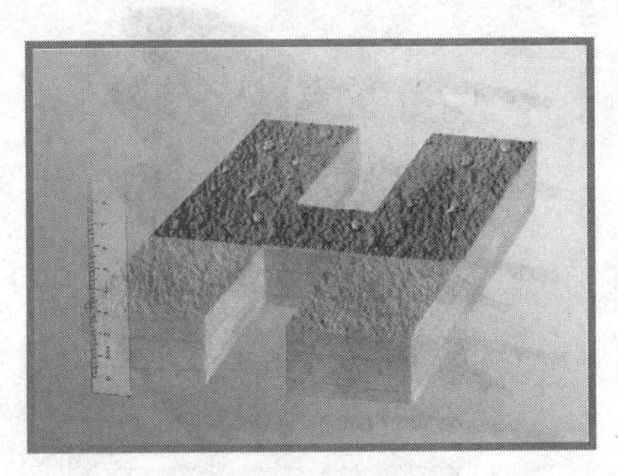
聚氨酯硬泡体结构

聚氨酯硬泡体施工

图 3-6　屋面保温层施工

D. 将用于保证室内空气质量的通风系统与用于承担围护结构及室内负荷的空调系统分开设置，从而使系统对于不同的条件变化作出相应的适当调节；

E. 根据建筑的实际功能情况分析，空调系统在运行过程中同时供冷和供热的情况发生的机率极小，因此将水系统设计成二管制（即冷热两用）系统，可在满足使用功能的前提下，减少初投资；

F. 与喷洒系统共用吊顶，节省吊顶空间，提高室内净空。

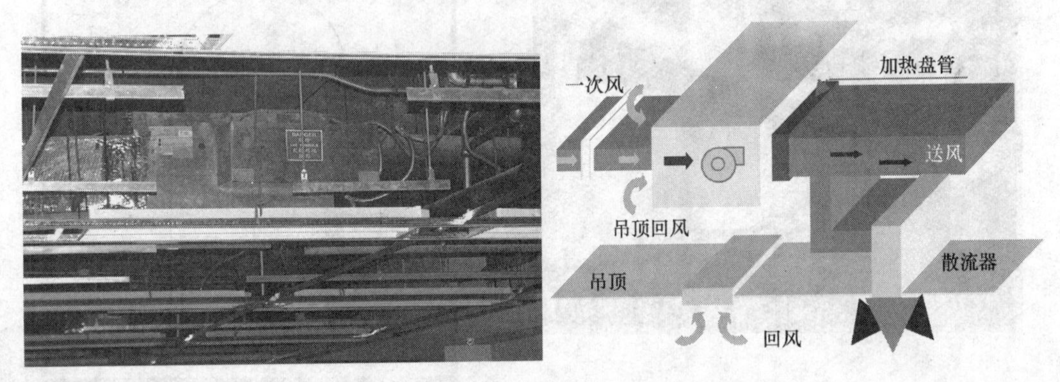

图 3-7　复合型通风空调系统

3）屋顶设备层内设转轮式全热回收机组，其功能是在转轮旋转过程中，让排风与新风以相逆方向流过转轮（蓄热体）而各自释放和吸收能量（图 3-8），其优点如下：

A. 既能回收显热，又能回收潜热，也就是具有全热回收的能力；

B. 排风与新风交替逆向流过转轮，设备具有自净作用；

C. 回收效率高，可达到 60%以上，例如，冬期室外设计新风温度为 -12℃，经过转轮式全热回收机组后的出风温度可上升为 5℃以上；

D. 能应用于较高温度的排风系统。

（2）制冷系统。

制冷系统冷源采用两台高效双机头电制冷水机组，*COP* = 4.4，制冷剂采用氟利昂替代产品 R134a。此种冷源系统的配置的优点是：

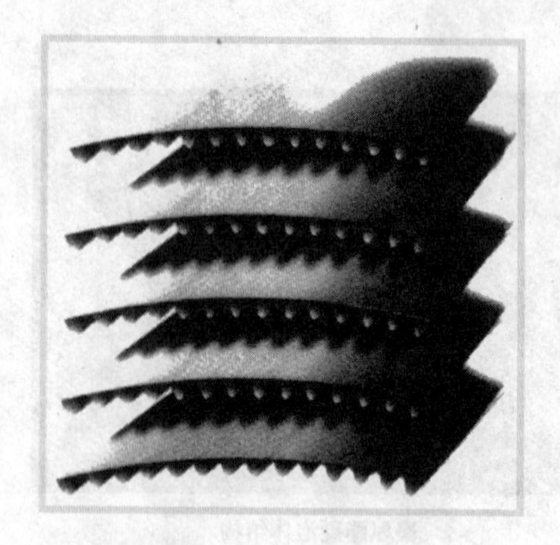

图 3-8　热回转轮

1）在满负荷的四分之一情况下也能使制冷系统在高效区工作；

2）将制冷机组的 *COP* 值提高到 4.4，提高机组的制冷效率；

3）一次泵系统，系统简单，运行管理方便，节省初投资；

4）采用 R134a 等氟利昂替代物代替 R22 作制冷剂，避免了氟利昂对大气臭氧层的破坏（图 3-9）。

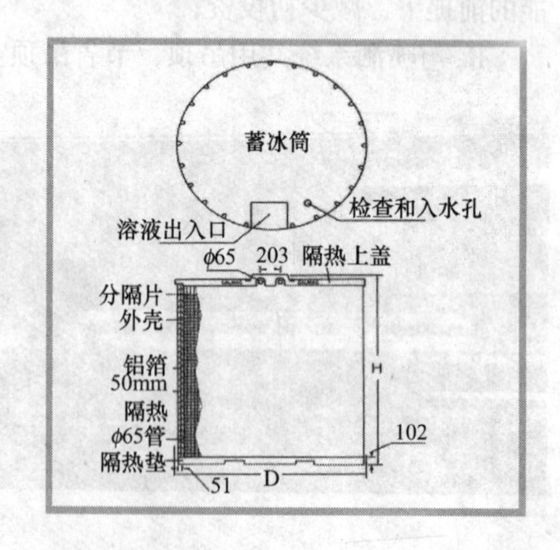

图 3-9　冰蓄冷系统

(3) 卫生热水系统。

由于本工程卫生热水仅提供各层公共卫生间盥洗用热水，经计算本工程卫生热水日用水量为 5m³，采用热管真空管太阳能热水系统、集热器等设备可布置在屋顶机房层的屋面上（图 3-10)。

(4) 生活水给水系统。

本工程生活给水系统分为两种供水方式：首层至三层以及地下室部分的生活水给水，由市政供水管道引入系统直接供给；三层以上的各层生活水给水，由于市政给水管道压力无法保证，因此利用设置于地下二层的生活给水池以及变频供水装置供给，设计管道供水秒流量 4.0L/s。

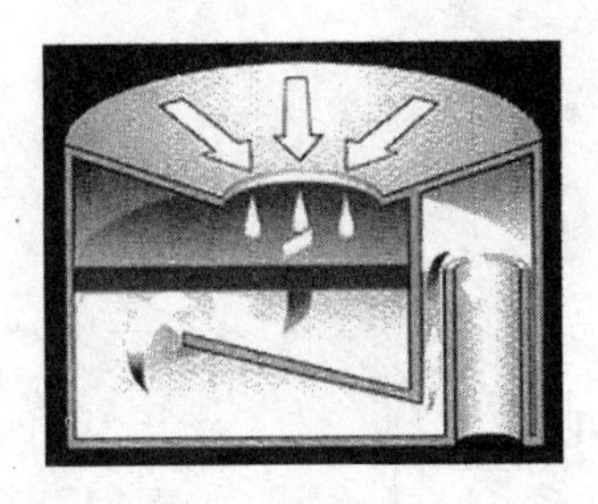

图 3-10 卫生热水系统

(5) 设备电气。

1) 采用节能型电力变压器;

2) 照明设计中采用了新型高效光源(T5 和 T4)和灯具配件(可控型镇流器),为了减少强光,使用反射型吊灯灯具;

3) 为了提高节能效果,采用一套照明控制系统;

4) 对楼内的通风、供水、空调制冷、供暖等系统采用了一套楼宇自控系统,该系统运用集散控制理论,实现分散控制、集中管理。在各设备机房设置直接数字控制器就地控制各设备,并通过网络总线与主机相连,接受主机的指令及管理。

3.8.4 节能示范楼负荷计算比较

节能示范楼负荷计算比较见表 3-3。

节能示范楼负荷方案比较 表 3-3

编号	项目	新方案	原方案
1	外墙	舒布洛克复合型墙体 $K=0.62W/(m^2 \cdot K)$	300 厚陶粒混凝土空心砌块墙双面抹灰 $K=1.06W/(m^2 \cdot K)$
2	外窗	Low-E 型玻璃外窗 $K=1.65W/(m^2 \cdot K)$,太阳辐射系数 $SHGC=0.28$,可见光透射系数 $TVIS=0.41$。采用铝合金断冷桥框料和双层 Low-E 中空玻璃,窗整体总导热系数 $K_0=1.363W/(m^2 \cdot K)$	单框双层玻璃塑钢窗,玻璃为普通 5mm 厚标准玻璃 $K=3.49W/(m^2 \cdot K)$,遮挡系数 0.78。单框双玻塑钢框料,窗整体总导热系数 $K_0=3.49W/(m^2 \cdot K)$
3	外门	普通落地玻璃外门(双层门斗)	普通落地玻璃外门(双层门斗)
4	计算机设备	办公区人员与计算机比例 1:1(甲方提供),计算机设备功率 200W/台	办公区人员与计算机比例 1:1(甲方提供),计算机设备功率 200W/台
5	照明	$8.3W/m^2$	$20W/m^2$
6	夏季空调	夏季空调冷负荷:$Q_L=524.0kW$,单位总建筑面积冷负荷指标:$q_L=39.5W/m^2$,单位空调区面积冷负荷指标:$q_L=39.5W/m^2$	夏季空调冷负荷:$Q_L=812.5kW$,单位总建筑面积冷负荷指标:$q_L=61.2W/m^2$,单位空调区面积冷负荷指标:$q_L=104.4W/m^2$
7	冬季空调	冬季空调热负荷:$Q_R=628.8kW$,单位总建筑面积冷负荷指标:$q_R=47.3W/m^2$,单位空调区面积冷负荷指标:$q_R=80.8W/m^2$	夏季空调冷负荷:$Q_L=975.0kW$,单位总建筑面积冷负荷指标:$q_L=73.4W/m^2$,单位空调区面积冷负荷指标:$q_L=125.2W/m^2$

4 质量、安全、环保管理措施

4.1 质量保证措施

项目质量保证体系如图 4-1 所示。项目部质量职能见表 4-1。

项目经理部质量职能分配表 **表 4-1**

要素序号	要素名称	项目领导				项目部门					
		项目经理	主任工程师	现场经理	合同经理	工程管理部	工程技术部	合同部	物资部	行政部	机电部
1	管理职责	○				△	△	△	△	●	△
2	质量体系		○			△	△	△	△	●	
3	合同评审	○			△						
4	设计控制										
5	文件和资料的控制		○			△	△	△	△	●	△
6	采购		○			△	△	△	●		△
7	顾客提供产品的控制			○			△		●		△
8	产品标识和可追溯性			○		●	△		△		△
9	过程控制			○		●	△		△		△
10	检验和试验		○			△	●		△		△
11	检验、测量和试验设备的控制		○			△	●		△		△
12	检验和试验状态			○		●	△		△		△
13	不合格品的控制			○		●	△		△		△
14	纠正和预防措施		○			△	●				△
15	搬运、贮存、包装、防护和交付			○		●			△		△
16	质量记录		○			△	△	△	△	●	△
17	培训		○			△	△	△	△	●	△
18	服务			○		●	△	△	△	△	△
19	统计技术		○			●					

注：1.●——主管部门；△——关联职责；○——领导班子负责人；

2. 本质量职能分配表待项目经理部成立后职责划分到具体个人。

4.1.1 模板工程

（1）模板的安装允许偏差项目见表 4-2。

模板安装允许偏差值（mm） **表 4-2**

序号	项目	内容	允许偏差（mm）
1	轴线位移	基础	5
		墙、梁、柱	3
2	标高		±3
3	截面尺寸	基础	±5
		墙柱梁	±2
4	每层垂直度		3
5	相邻两板表面高低差		2
6	表面平整度		2
7	预埋钢板中心线位移		2
8	预埋管、预留孔中心线位移		2
9	门窗口侧模垂直度		3~4
10	预埋螺栓	中心线位移	2
		螺栓外露长度	+10，-0
11	预留洞	中心线位移	5
		内部尺寸	+10，-0

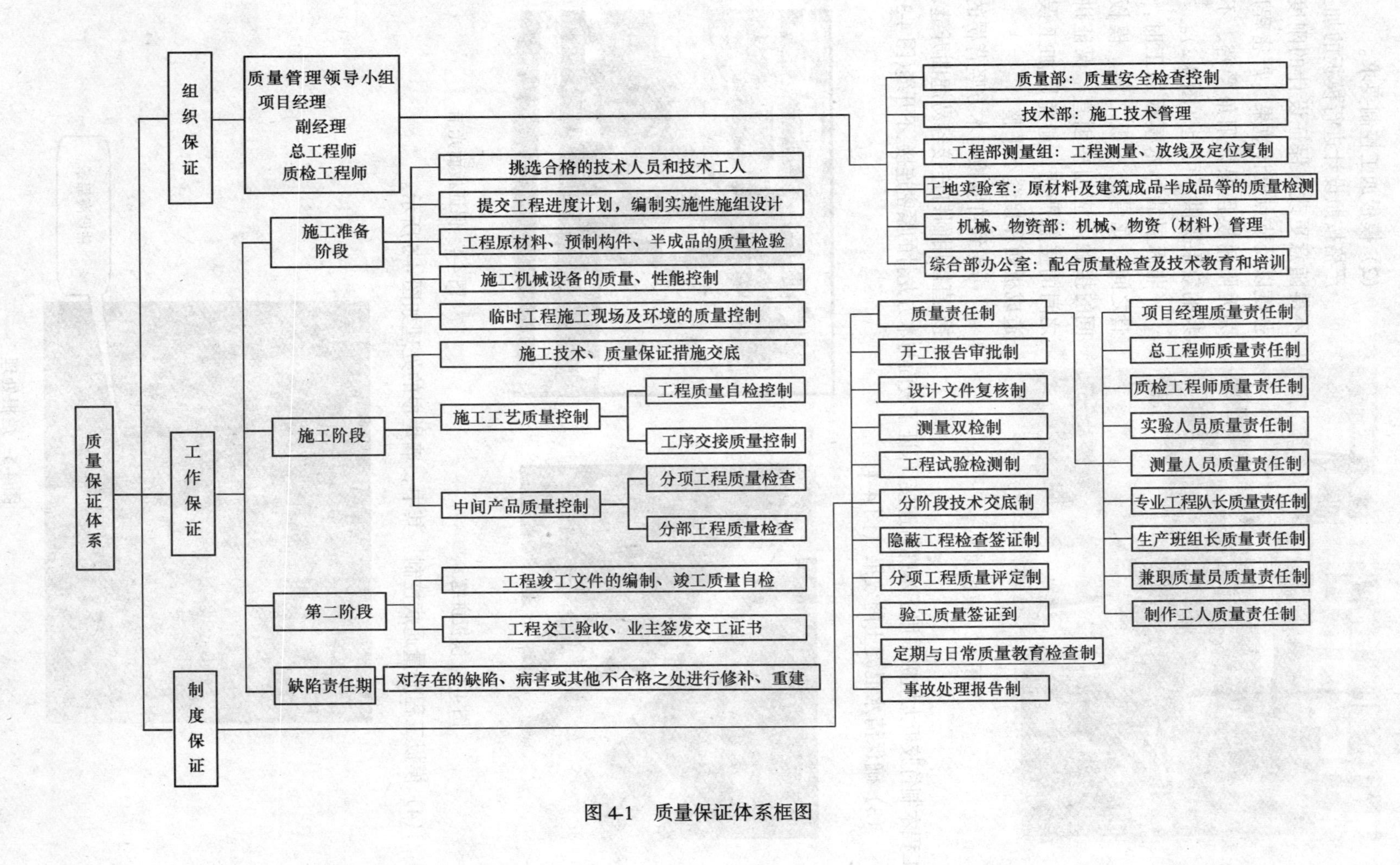

图 4-1 质量保证体系框图

图 4-2　模板加工

（2）模板加工控制要求。

严格按照设计进行模板的加工，不得随意更改，保证设计的刚度和强度以及节点设计效果、严密程度，为无阳角模且保证阳角严密、不漏浆的效果提供了可能（图 4-2）。

非标层墙体木模板加工时，龙骨之间、龙骨与木板之间、模板之间的接触面应刨平刨直，保证拼缝之间的接触严密，避免因加工误差造成板面和接缝不平整。

考虑到竹胶板与木方竖背楞的连接，直接用圆钉连接容易翘曲开缝，本工程木制竹胶板大模板采用了木螺钉连接，保证了板面与木方龙骨的紧密连接、不开缝(图 4-3)。

（3）确保清水混凝土的效果（图 4-4）。

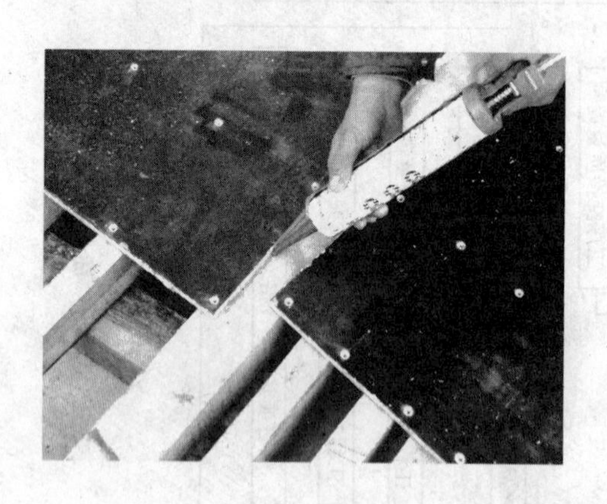

图 4-3　模板拼缝

图 4-4　保证板面光洁

（4）模板工程质量通病控制。其中，墙烂根的处理如图 4-5 所示。

图 4-5　烂根处理

(5) 模板漏浆处理

顶板模板和墙体的接缝处理（图 4-6）。

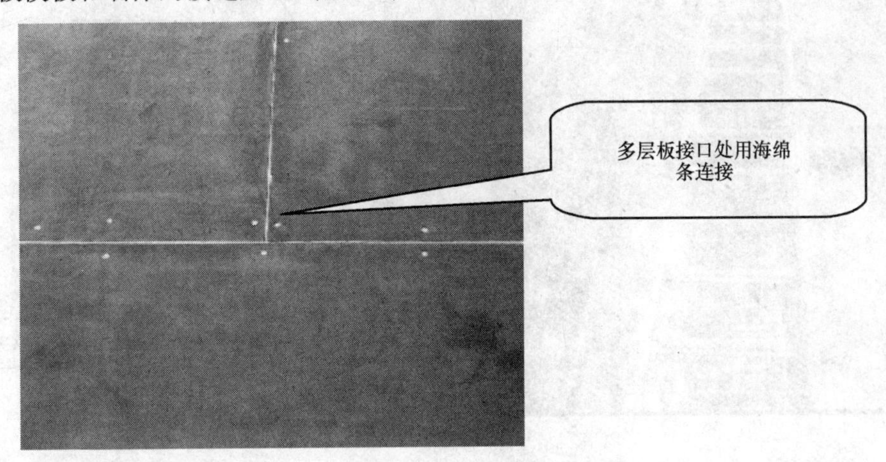

图 4-6 顶板模板与墙体接缝处理

4.1.2 钢筋保护层控制

(1) 采用塑料垫块控制保护层厚度。塑料垫块分为板、墙两种，我们将根据不同钢筋直径采用工厂化生产，可以保证控制在保护层允许的偏差范围内（图 4-7）。

(*a*)

(*b*)

图 4-7 塑料垫铁及安装

(2) 用梯子筋是控制钢筋间距和钢筋保护层的一种有效工具，其效果已经在很多工程实践中得到验证（图 4-8）。

(3) 钢筋选材方面，要求材料必须在我公司的合格分包方采购，并经过公司试验室试验合格后方可使用。

(4) 在钢筋工程中，我公司通过总结和研究制定了一整套钢筋定位措施，已根治了钢筋偏位这一建筑顽症。图 4-9 ~ 图 4-12 为用定购的 PVC 垫块保证钢筋保护层厚度；钢筋卡具控制钢筋排距和纵、横间距方法。钢筋绑扎后，只有土建和安装质量检查员均确定合格后方可支设模板。

(5) 成品保护。

板筋绑扎时的成品保护，必须架设跳板操作，禁止在板筋上踩踏（图 4-13、图 4-14）。

图 4-8　梯子筋

图 4-9　定位垫块

图 4-10　钢筋定位措施

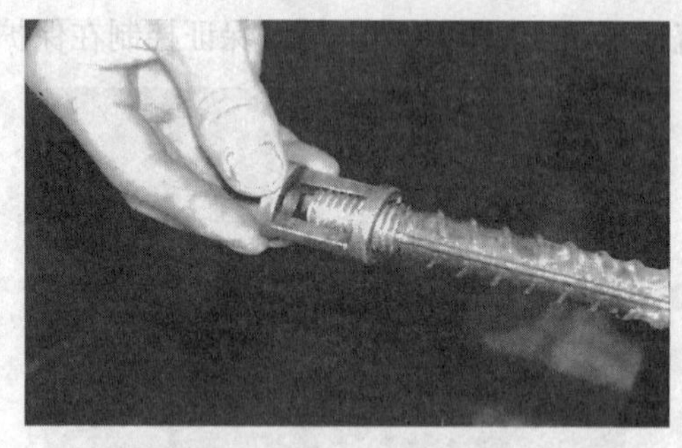

图 4-11　锥螺纹检测工具

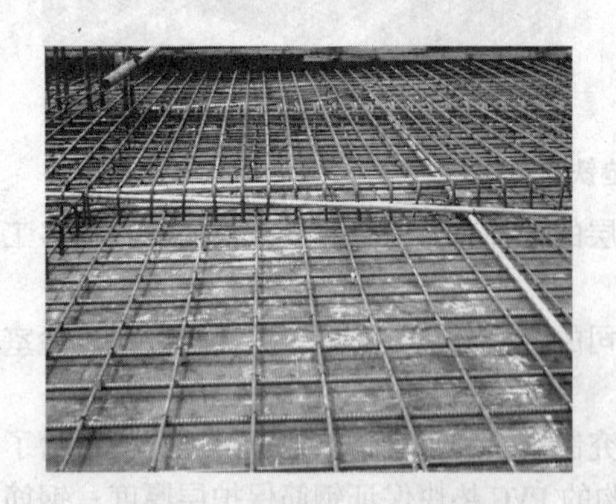

图 4-12　钢筋安装检验合格

图 4-13　工人蹲在已搭好的木跳板上进行顶板上铁绑扎

4.1.3　混凝土制备质量控制

(1) 在现场控制方面，做到每车必做坍落度检测，严禁现场加水，保证混凝土强度不受损失，严禁随意掺加外加剂，以保证混凝土颜色不发生变化（图 4-15）。

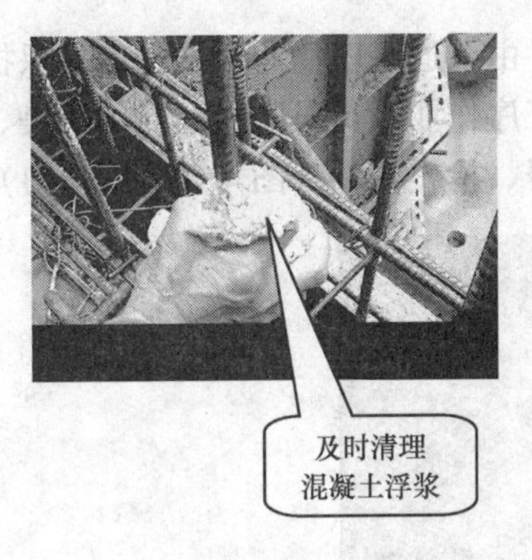

图 4-14　清理钢筋

图 4-15　现场测量坍落度

(2) 施工缝混凝土剔凿。混凝土责任工程师检查立面和水平面施工缝的剔凿质量，要求必须将浮浆清除干净，表面露出石子，用清水湿润。下次混凝土浇筑时，采用同配合比砂浆接浆处理（图 4-16）。

(3) 在每个楼层模板全部拆除后，对拆模后的楼层进行检查，拿出处理措施（图 4-17、图 4-18）。

图 4-16　混凝土剔凿见石子

图 4-17　混凝土试块

图 4-18　浇筑厚度控制

图 4-19　混凝土浇筑后做出明显的标志，以避免混凝土强度上升期间的损坏

（4）工序交接全部采用书面形式由双方签字认可，由下道工序作业人员和成品保护负责人同时签字确认，并保存工序交接书面材料，下道工序作业人员对防止成品的污染、损坏或丢失负直接责任，成品保护专人对成品保护负监督、检查责任（图4-19～图4-21）。

图4-20　楼梯成品保护

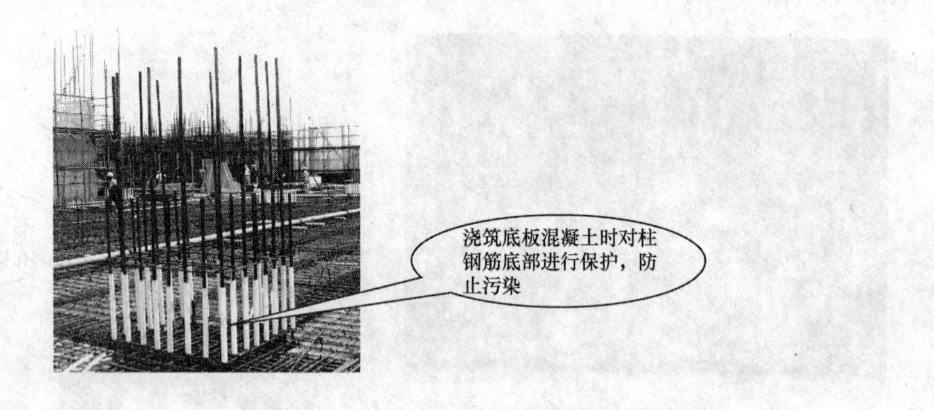

图4-21　柱钢筋保护

项目工程管理流程如图4-22～图4-27所示。

4.2　安全保证措施

（1）建立现场安全管理机构

安全管理机构如图4-28所示。

安全组织保证体系如图4-29所示。

（2）安全管理工作

1）项目经理部负责整个现场的安全生产工作，严格遵照施工组织设计和施工技术措施规定的有关安全措施组织施工。

2）专业工程师要检查配属队伍、专业分公司，认真做好分部分项工程安全技术书面交底工作，被交底人要签字认可。

3）在施工过程中对薄弱部位、环节要重点控制，如塔吊等，从设备进场检验、安装及日常操作要严加控制与监督。凡设备性能不符合安全要求的，一律不准使用。

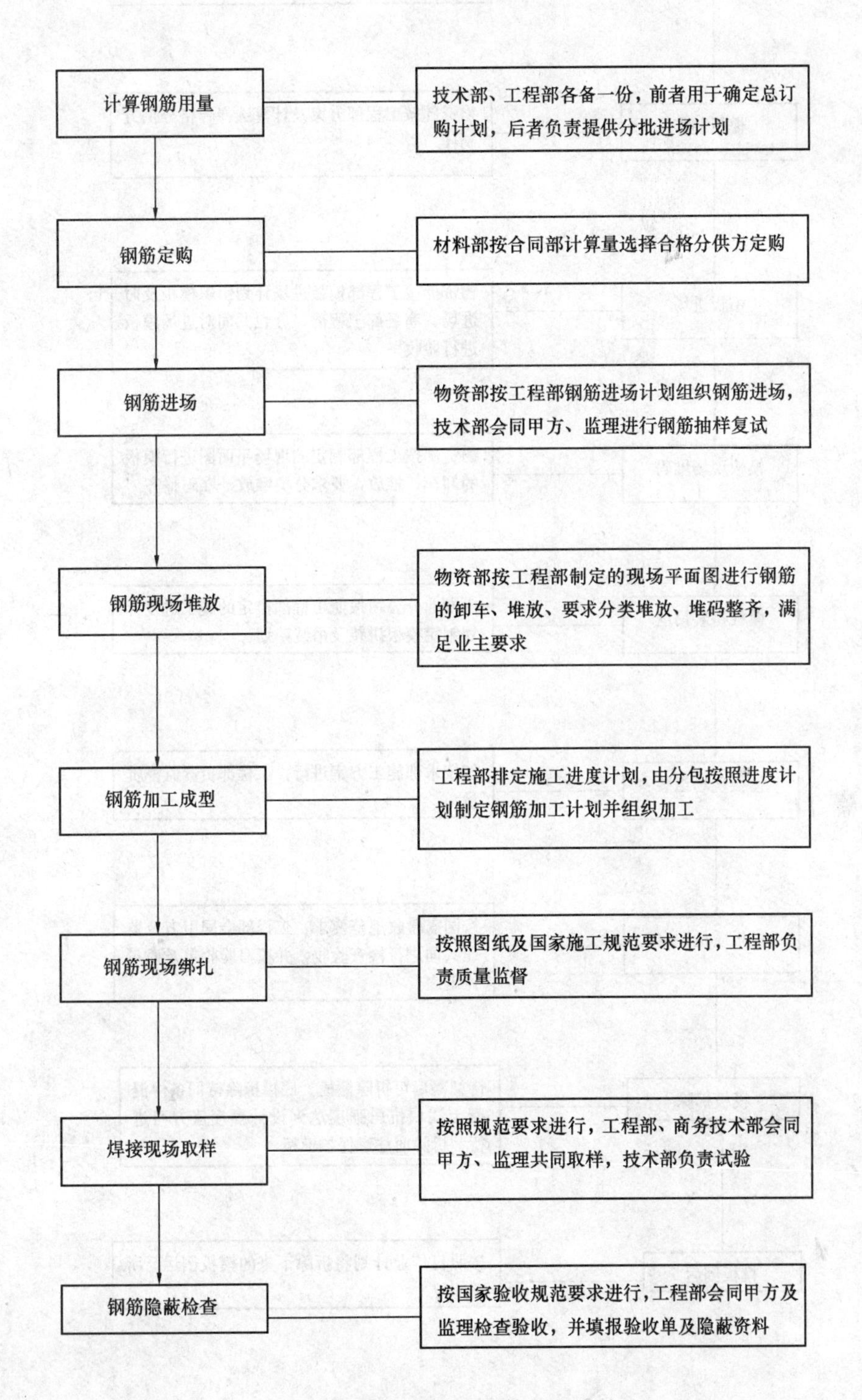

图 4-22　钢筋工程管理流程图

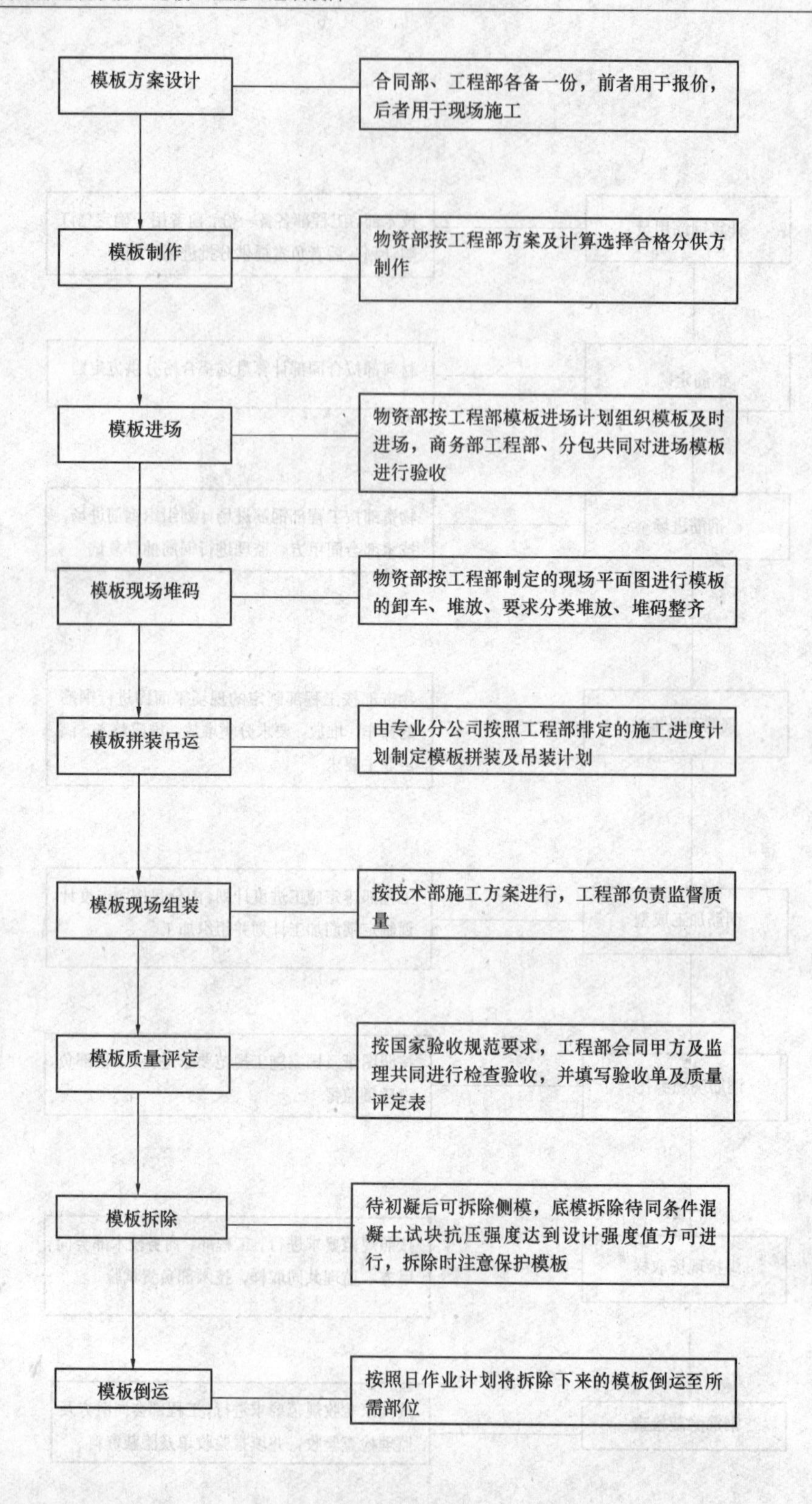

图 4-23　模板工程管理流程图

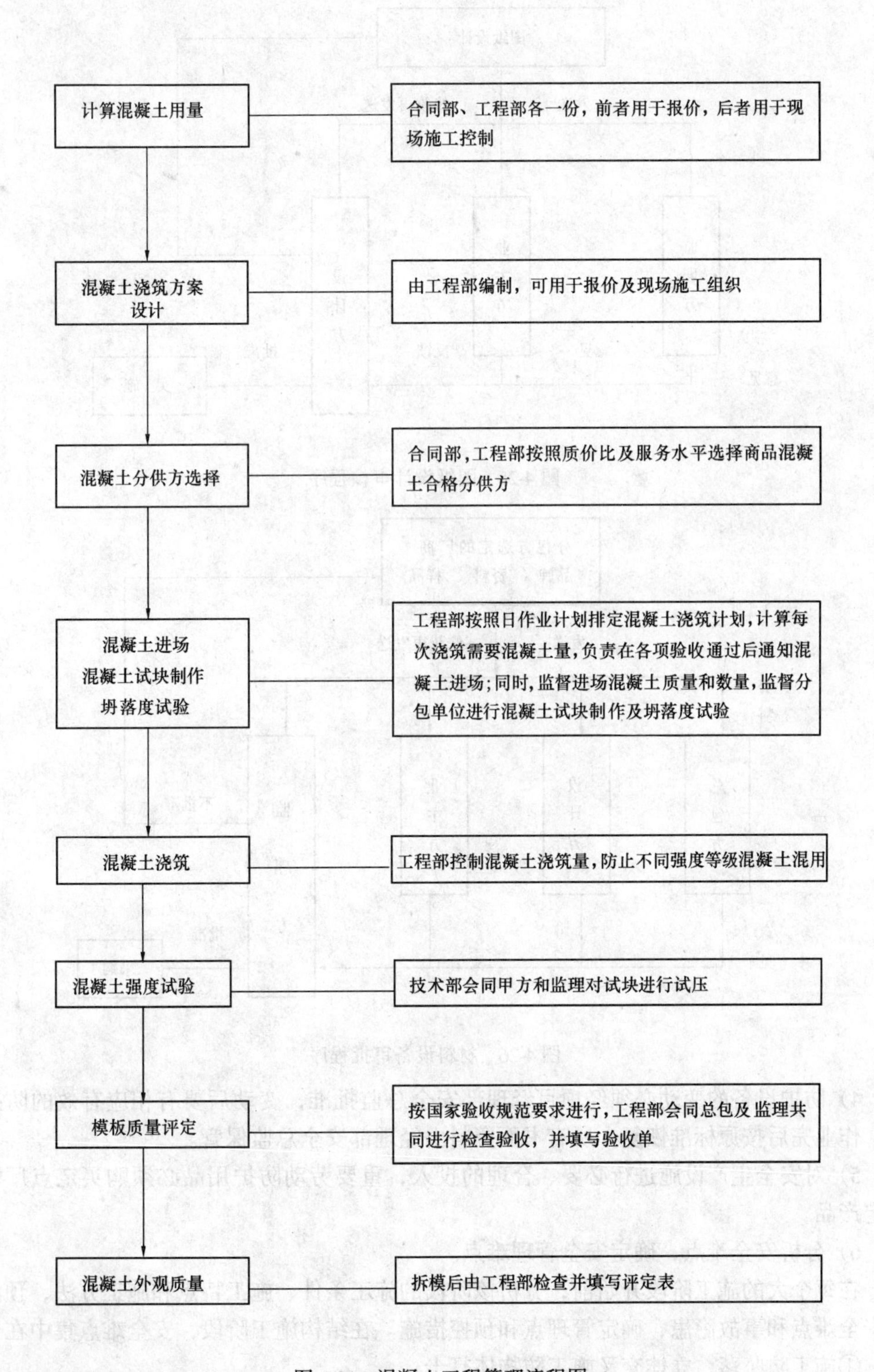

图 4-24　混凝土工程管理流程图

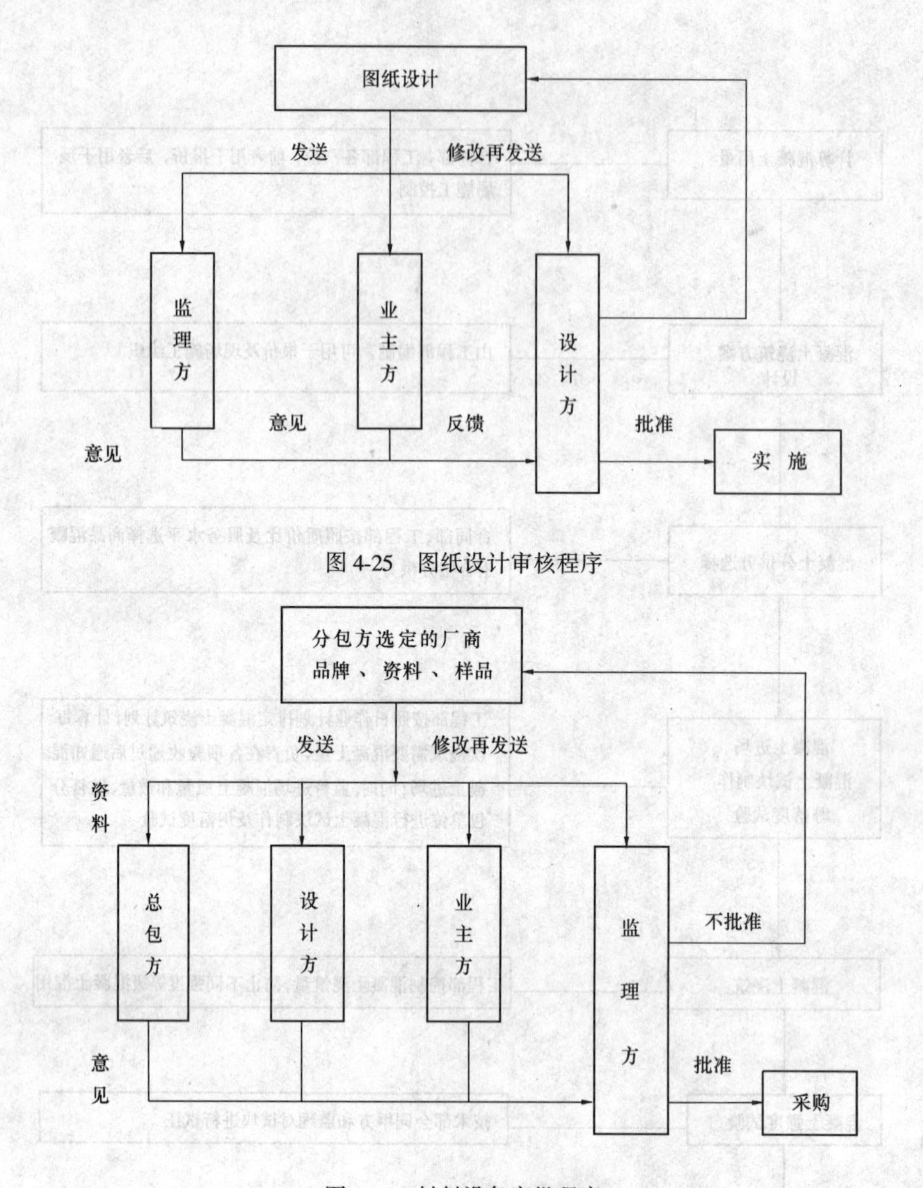

图 4-25　图纸设计审核程序

图 4-26　材料设备审批程序

4）防护设备的变动必须经项目经理部安全总监批准，变动后要有相应有效的防护措施，作业完后按原标准恢复，所有书面资料由经理部安全总监保管。

5）对安全生产设施进行必要、合理的投入，重要劳动防护用品必须购买定点厂家的认定产品。

6）分析安全难点，确定安全管理难点。

在每个大的施工阶段开始前，分析该阶段的施工条件、施工特点和施工方法，预测施工安全难点和事故隐患，确定管理点和预控措施。在结构施工阶段，安全难点集中在：

①施工防坠落，立体交叉施工防物体打击；

②基坑周边的防护，预留孔洞口、竖井处防坠落；

③脚手架工程安全措施等；

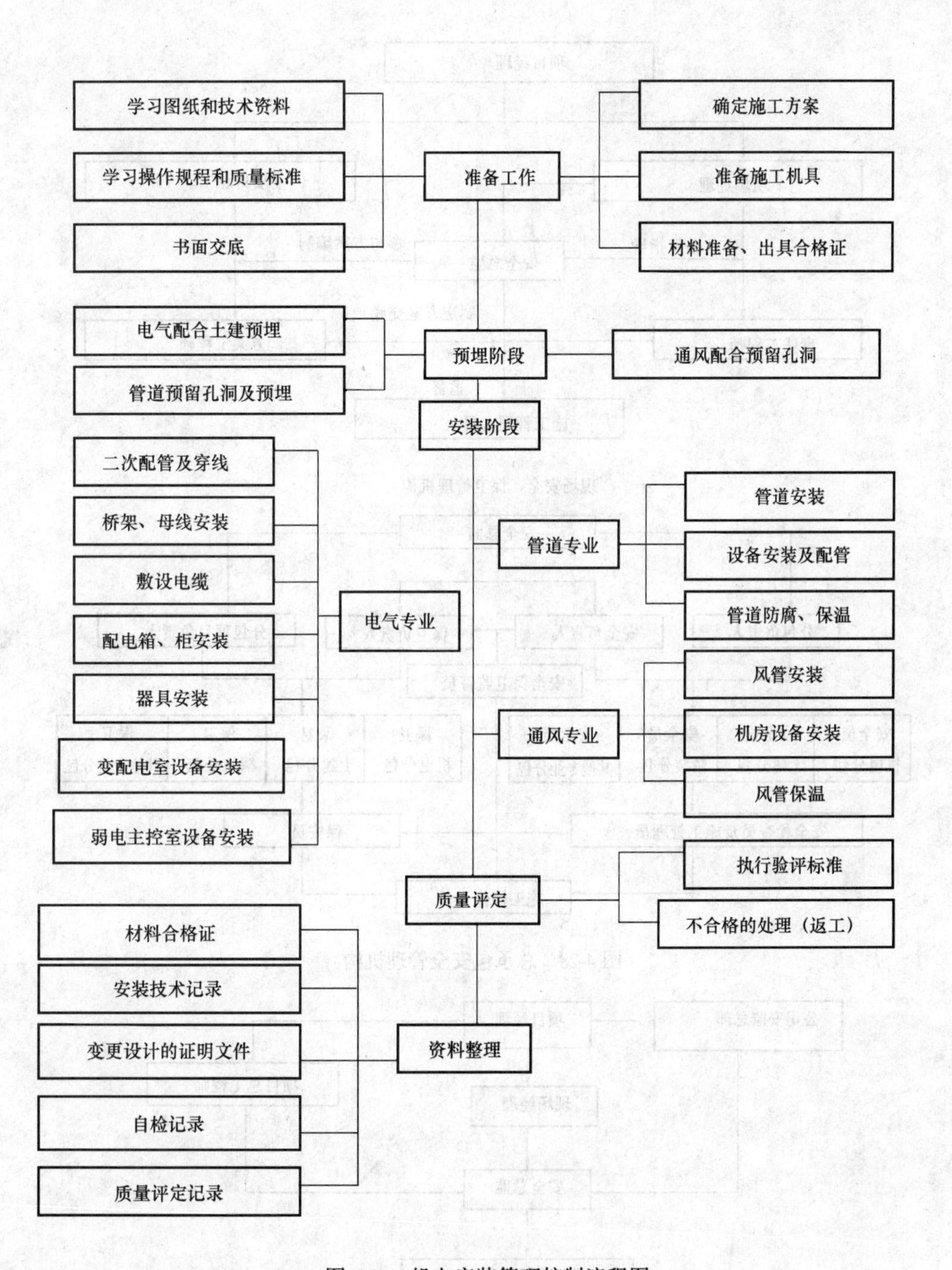

图 4-27　机电安装管理控制流程图

④各种电动工具施工用电的安全等；

⑤现场消防等工作；

⑥塔吊安全措施等。

4.3　环境保护措施

环境保护管理体系如图 4-30 所示。环保措施如下：

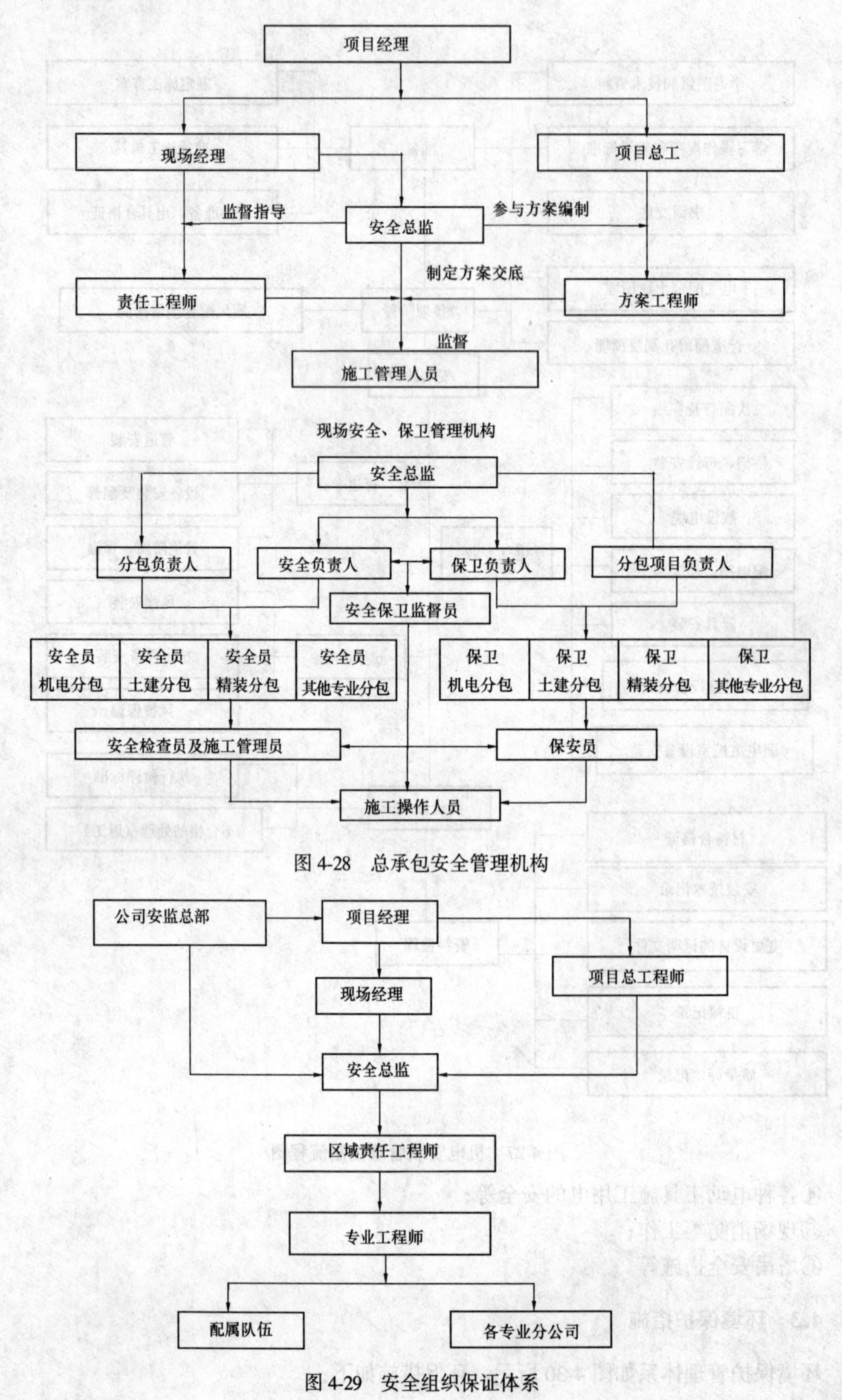

图 4-28　总承包安全管理机构

图 4-29　安全组织保证体系

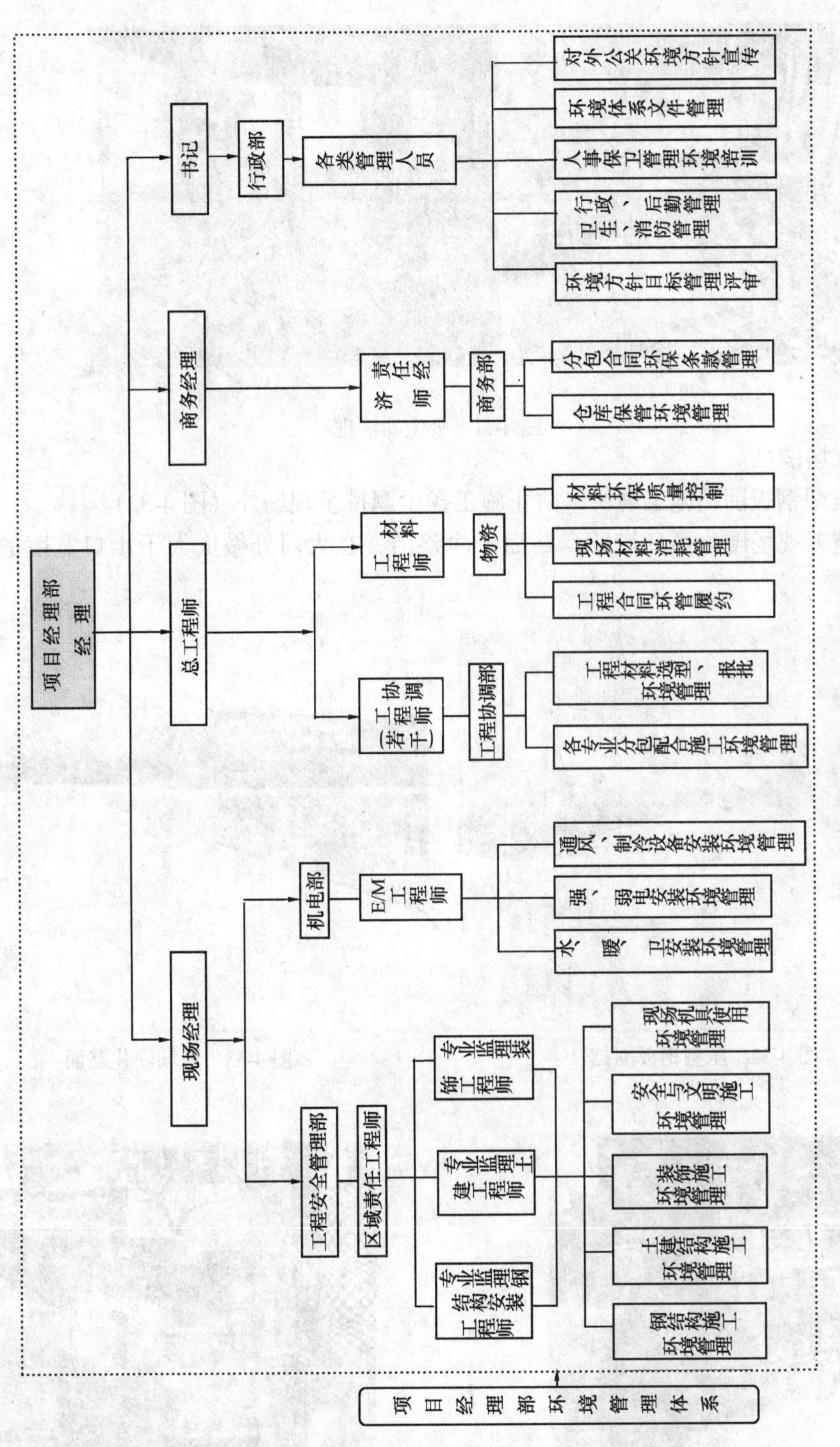

图 4-30 科技部建筑节能示范楼工程项目环境管理体系图

（1）结构施工期间模板内木屑、碎渣的清理采用大型吸尘器吸尘，防止灰尘的扩散（图 4-31）。

(*a*)　　(*b*)

图 4-31　吸尘器清理

（2）现场围挡。

利用压型钢板围挡施工现场，防止施工扬尘飘拂至现场外（图 4-32）。

（3）施工现场硬化循环道路，路面干净整洁，在大门处做成大于出口宽度的喇叭口（图 4-33）。

图 4-32　压型钢板围挡

图 4-33　现场硬化路面

图 4-34　运输车辆覆盖出现场

图 4-35　出入口大门外铺设湿润的草垫子

（4）密闭垃圾运输车、混凝土罐车、货物运输车辆防尘（图 4-34、图 4-35）。

（5）强声设备作业的遮挡。在混凝土输送泵、电锯房外围搭设隔声棚，并不定期请环保部门到现场检测噪声强度，以达到国家标准限值的要求（图 4-36、图 4-37）。

图 4-36　木工、钢筋加工隔声棚

图 4-37　现场隔声屏

（6）混凝土浇筑尽量在白天进行，采用低噪声混凝土振捣棒，振捣混凝土时，不得振钢筋和模板，并做到快插慢拔。

图 4-38　清洗沉淀池

图 4-39　混凝土罐车清洗

图 4-40　三级沉淀池

图 4-41　三色废弃物垃圾箱

（7）污废水的重复利用：现场大门口设置三级沉淀池，清洗混凝土泵车、搅拌车的污水经过沉淀后还可用作现场洒水降尘等重复利用（图4-38～图4-40）。

（8）封闭式垃圾站的设置：现场东南角设置封闭式垃圾站（地面应做防渗处理），按照垃圾的性质分为三类（图4-41、图4-42）。

图4-42　现场封闭式垃圾站

5　经济效益分析

5.1　降低造价的主要措施

（1）降低大型垂直运输机械使用费

塔吊属公司自有，只计提设备折旧费，不存在向外部单位租赁塔吊的费用。

（2）降低中小型机械使用费

中小型机械属公司自有，只计提设备折旧费，不存在向外部单位租赁塔吊的费用。

（3）脚手杆及扣件为公司自有，只计取折旧费。

以上三个方面能有效地降低工程造价。

5.2　施工工艺和技术措施

（1）钢筋工程

钢筋采用“优化配筋、综合下料”的方法，从而能有效降低钢筋损耗量。

（2）混凝土工程

混凝土节约水泥的具体措施：采用高效减水剂，以减少水泥用量；还可利用粉煤灰采用内掺法替代水泥，以满足商品混凝土的和易性和流动性等，配合比专门配制。

（3）模板工程

模板配置，主要由模板专业化公司负责。按使用部位及使用计划运进和运出施工现场，能及时为现场提供服务，加快工程进度，降低施工成本。

（4）结构施工采用流水施工作业

合理划分结构施工流水段，采取流水施工的方法，合理组织和安排，能有效节省人工、机械、材料（诸如模板、架料和配套支撑）的投入，加快工程进度（比常规施工进度加快 1/3），从而大幅度降低成本。

（5）垂直运输设备的综合利用

结构施工期间运送物料充分考虑塔吊、混凝土输送泵的综合利用，如柱混凝土浇筑采用塔吊，楼板混凝土浇筑则采用输送泵等；结构施工一旦完成，拆除塔吊通过外用双笼电梯进行室内装饰材料和机电设备材料运输，能实现垂直运输设备的优化配置和最优化使用，从而降低工程成本。

（6）分阶段进行结构验收，使装饰、机电施工尽早插入

结构期间分阶段进行结构验收，使地下室外墙防水、回填土、砌筑提前插入，而且能保证室内装修、机电安装、外墙装饰施工尽早插入，从而加快工程进度，有效降低管理成本。

（7）分阶段合理安排现场总平面布置，充分利用良好的场地条件

根据现场场地特点，我们将根据不同的施工阶段，科学合理地进行现场平面布置，材料进行合理堆放和周转使用，大幅度减轻劳动强度，最大限度地减少材料浪费，减少二次搬运成本，能极有效地降低工程成本。

第十五篇

北京市三露厂综合楼工程施工组织设计

编制单位：中建一局五公司

编 制 人：刘为民　白志远　纪亚峰　董佩玲　解　煜

审 核 人：熊爱华　刘嘉茵

【简介】　北京市三露厂综合楼工程施工中存在多种形式的梁，如井字梁、米字梁、圆弧梁等，施工技术要求较高，通过对塔吊吊次进行计算的方法来选择塔吊台数，很有特点。在施工组织设计中行走式塔吊应用、模板配置等介绍较为详细。

目　　录

1 工程概况

1.1 工程概况

工程概况见表 1-1。

工 程 概 况 **表 1-1**

<table>
<tr><td>项 目</td><td colspan="5">内 容</td></tr>
<tr><td>工程名称</td><td colspan="5">北京市三露厂生产、科研、培训综合楼</td></tr>
<tr><td>工程地址</td><td colspan="5">北京市亦庄经济技术开发区</td></tr>
<tr><td>建设单位</td><td colspan="5">北京市三露厂</td></tr>
<tr><td>设计单位</td><td colspan="5">轻工业部规划设计院</td></tr>
<tr><td>监理单位</td><td colspan="5">中国建筑科学研究院北京凯勃建筑监理公司</td></tr>
<tr><td>监督单位</td><td colspan="5">北京市质量监督总站第四监督室</td></tr>
<tr><td>施工总包</td><td colspan="5">中建一局五公司</td></tr>
<tr><td>建筑功能</td><td colspan="5">办公生产科研培训综合楼</td></tr>
<tr><td>合同工期</td><td colspan="5">1999 年 7 月 14 日至 11 月 15 日</td></tr>
<tr><td>质量目标</td><td colspan="5">结构：结构长城杯</td></tr>
<tr><td rowspan="4">建筑规模</td><td colspan="5">占地面积：25070m²，建筑面积：42848m²</td></tr>
<tr><td>层 数</td><td colspan="2">地上：4/6 层</td><td colspan="2">地下：1 层</td></tr>
<tr><td rowspan="2">层 高（m）</td><td>首 层</td><td>标准层</td><td>地 下</td><td>其 他</td></tr>
<tr><td>6</td><td>4.8</td><td>4.8（6）</td><td>3.3（2）</td></tr>
<tr><td>屋 面</td><td colspan="5">高强珍珠岩板</td></tr>
<tr><td>楼地面</td><td colspan="5">彩色釉面地砖、防滑陶瓷锦砖面层和水泥砂浆面层</td></tr>
<tr><td>外墙面</td><td colspan="5">铝扣板、玻璃幕墙及外装饰物</td></tr>
<tr><td>内墙面</td><td colspan="5">水泥砂浆抹灰，表面喷内墙涂料及环氧树脂保护膜</td></tr>
<tr><td>顶棚</td><td colspan="5">轻钢龙骨纸面石膏板吊顶，表面喷内墙涂料</td></tr>
<tr><td rowspan="2">防水</td><td colspan="2">地下外墙</td><td colspan="2">厨房、厕浴</td><td>屋 顶</td></tr>
<tr><td colspan="2">SBS</td><td colspan="2">聚氨酯涂膜</td><td>氯化聚乙烯卷材</td></tr>
<tr><td>门窗</td><td colspan="5">铝合金门窗、钢门、木门窗</td></tr>
<tr><td>设备安装</td><td colspan="5">电梯 客梯两部 货梯五部</td></tr>
<tr><td></td><td colspan="5">空调 集中空调（螺杆制冷） 通风（镀锌薄钢板）</td></tr>
<tr><td></td><td colspan="5">上水 镀锌给水管</td></tr>
<tr><td></td><td colspan="5">下水 稀土铸铁雨污管</td></tr>
<tr><td></td><td colspan="5">暖气 车间为铸铁暖气管</td></tr>
<tr><td></td><td colspan="5">强电 照明及动力电</td></tr>
<tr><td></td><td colspan="5">弱电 电话及计算机</td></tr>
<tr><td></td><td colspan="5">消防 烟感探头；喷淋：湿式系统</td></tr>
</table>

1.2 施工现场概况

北京市三露厂生产、科研、培训综合楼工程是集生产、科研、培训、办公于一体的综合性建筑，建筑物长112m，宽75.2m，占地面积25070m^2，建筑总面积42848m^2，其中首层建筑面积8142.09m^2。

本工程分为A、B、C三段，地下1层（B段除外），地上A段四层，B段大部分四层，局部六层，C段五层和六层。±0.000m绝对标高31.76m，室外绝对标高30.56m，室内外高差1.2m。地下一层层高4.8m和6m，首层层高6m，标准层层高4.8m，建筑物高度31.6m。本工程为现浇钢筋混凝土框架结构体系。A段、C段基础为筏形基础，底板厚500mm，反梁650mm×1600mm，外墙厚300mm、350mm，B段基础为独立柱基础，A段基础底标高为-6.8m和-8m，B段基础底标高为-8m、-6.8m，C段基础底标高为-6.8m。本工程混凝土强度等级为：垫层C10、地下室底板C30、地下室外墙及柱子C35、一层、二层柱子C35、梁板及三层以上柱子C30、梁柱接头部位混凝土强度等级同梁板。地下室底板、地梁、外墙、附墙柱为抗渗混凝土，抗渗等级为P8。后浇带强度等级提高一个等级，即C40或C35，全部采用商品混凝土，总量为2万m^3。

1.3 工程目标

根据合同规定的承包范围（地基与主体结构部分），我们将充分利用我公司在生产经营、技术管理等方面的优势，干好结构工程，争取承揽到下一步的装修工程，在开发区树立良好的企业形象。为此，我们特制定本工程目标：

（1）质量目标

确保北京市结构“长城杯”。

（2）工期目标

1999年7月14日开工，1999年11月15日完成主体结构工程，不考虑冬期施工。

（3）现场管理目标

强化施工现场科学管理，创一流水平，建成市级文明样板工地。在施工期间杜绝一切重大安全质量事故。

1.4 施工条件

本工程现场场地比较开阔，所处位置交通便利，所需用混凝土全部为商品混凝土。钢筋加工厂设在现场内。现场已完成三通一平。

1.5 施工重点、难点

地下室外墙高7.5m，A、B段为井字梁，C段局部为米字梁、圆弧梁，梁柱接头较多，结构尺寸变化较大，因此，施工质量不易控制。A、B、C三段之间间隔只有150mm，地下室防水施工难度较大，以上为施工的重点。结构工期紧，只有四个月，又是创结构长城杯工程，质量与进度的处理是施工管理的难点。结构施工要重点控制，保证质量。

2　施工部署

2.1　流水段划分

A段分四个流水段（其中地下室底板及外墙以后浇带分为两个施工流水段），B段分三个流水段，C段分两个流水段，A、B、C三段同时平行流水施工。具体划分见流水段划分图（图2-1～图2-3）。

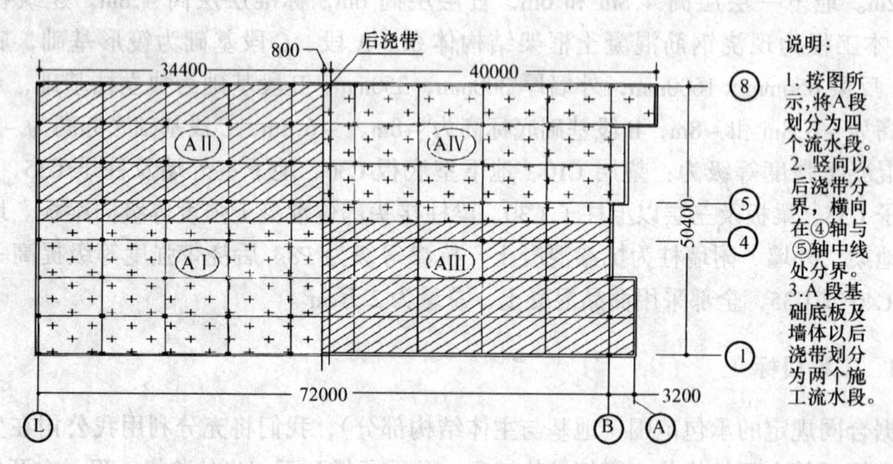

图2-1　A段结构施工作业小流水模型图

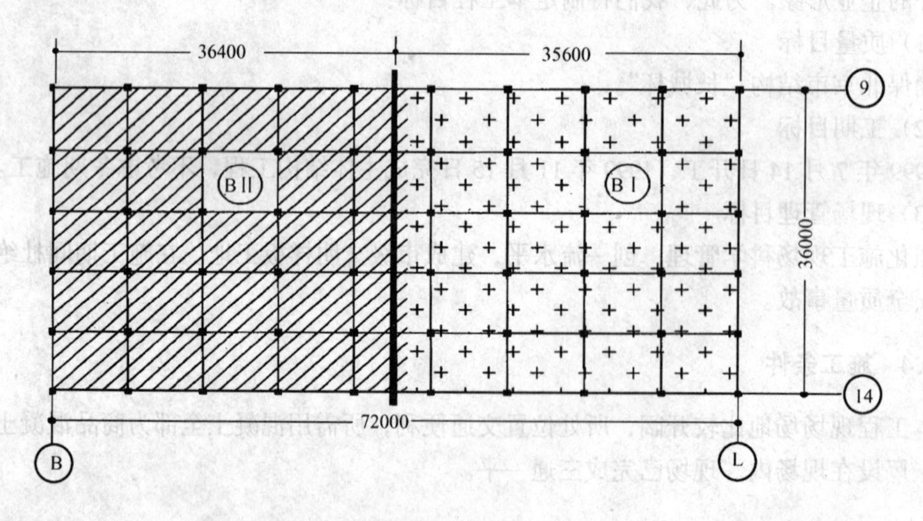

图2-2　B段结构施工图作业小流水模型图

2.2　施工现场平面布置图

本工程施工现场场地较为开阔，现场平面布置充分利用现有场地，严格按照公司CI手册进行布置，保证现场井然有序，采用标志牌、隔断等划分现场各区域的不同使用功能。

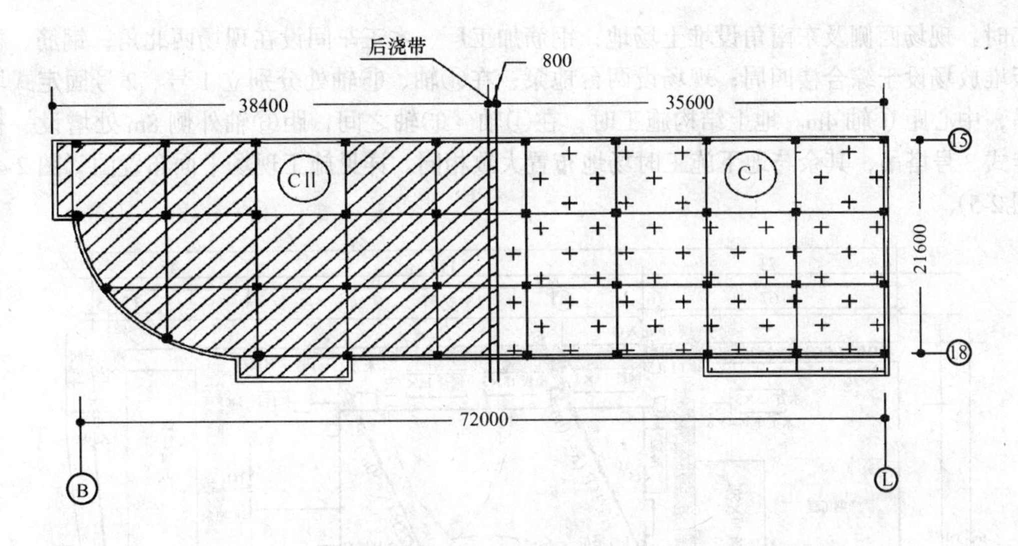

图 2-3　C 段结构施工图作业小流水模型图

现场分别在荣华路和十三号路两侧设两个出入口，宽 6m，1 号出入口主要用于车辆及人员进出；2 号出入口主要用于材料的进出。出入口旁各设一警卫室。现场办公区布置在场地的西南角（包括项目经理部办公室、试验室、甲方及监理办公室、管理人员食堂等）；材料库房布置在现场西北角；厕所、垃圾场设于 1 号出入口东侧。现场在综合楼周围布置 4m 宽环行道路。

根据地下结构以及地上结构施工的不同需要，分别对施工现场进行布置，地下结构施

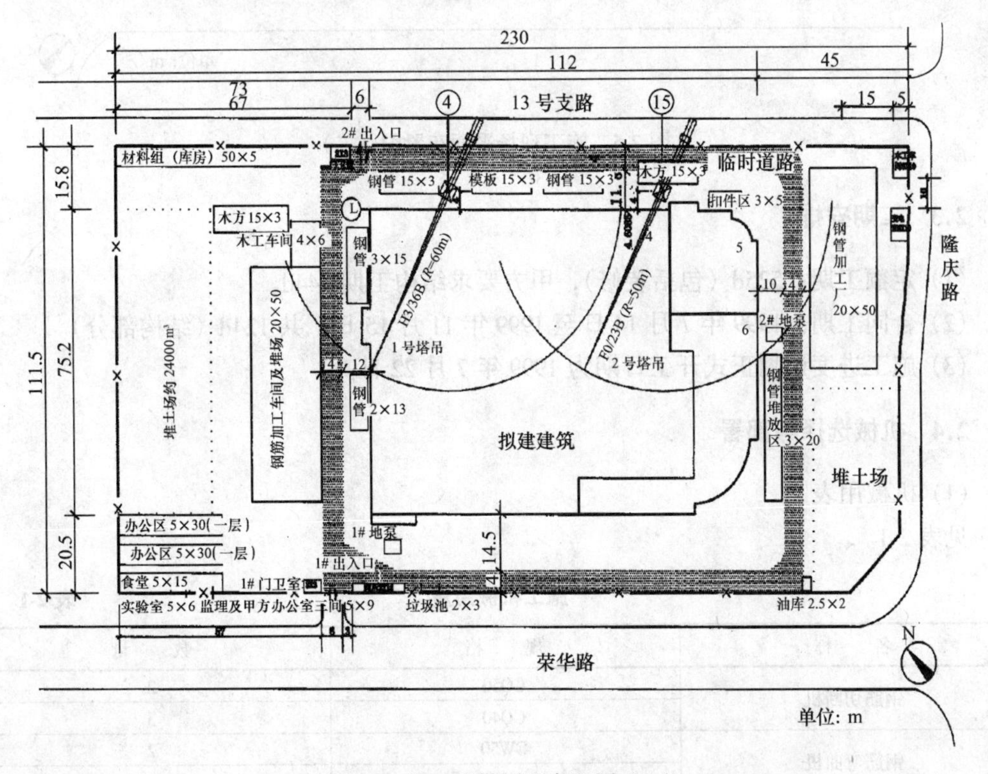

图 2-4　施工现场平面布置图（一）

工时：现场西侧及东南角设堆土场地；钢筋加工厂、木工车间设在现场西北角；钢筋、模板堆放场设于综合楼四周；现场设两台地泵；在④轴、⑮轴处分别立1号、2号固定式塔吊，中心距Ⓛ轴4m。地上结构施工时，在④轴～⑮轴之间，距Ⓑ轴外侧8m处增设一行走式3号塔吊，其余与地下施工时场地布置大致相同。详见施工现场平面布置图（图2-4、图2-5）。

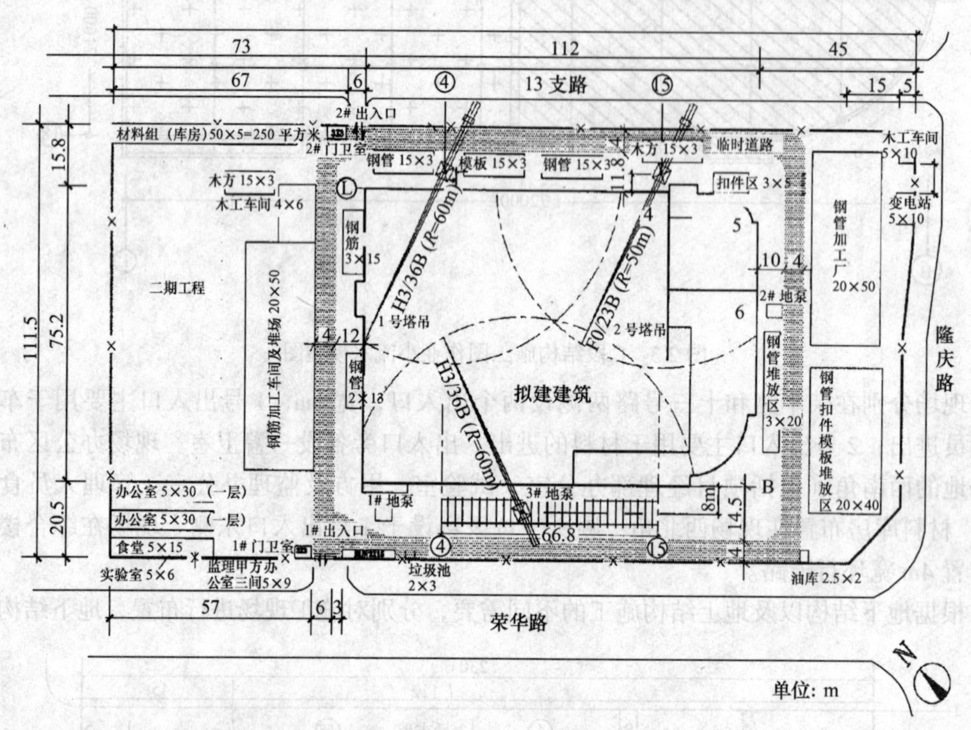

图2-5　施工现场平面布置图（二）

2.3　工期安排

（1）定额工期：525d（包括装修），甲方要求结构工期144d。

（2）合同工期：1999年7月14日至1999年11月15日，共124d（结构部分）。

（3）施工进度计划正式开工日期为1999年7月22日。

2.4　机械选择与部署

（1）机械用表

见表2-1。

施工机械用量　　表2-1

名　称	规　格	数　量
钢筋切断机	GQ50	2
	GQ40	3
钢筋弯曲机	GW50	2
	GW40	2

续表

名　称	规　格	数　量
卷扬机	5t	1
挖土机	HITACHI-200/300	4
太脱拉翻斗车	15t	30
翻斗车	JS-1T	10
电焊机	BX-300	4
电渣压力焊机	BX-500	8
冷挤压机具		20
圆锯	500	2
压刨	400	2
蛙式打夯机	HW-20	20
混凝土振捣棒	ZN50	20
混凝土振捣电机		8
空压机	$6m^3$	2
行走式塔吊	H3/36B	1
固定式塔吊	H3/36B、F0/23B	1/1
布料器		2
混凝土输送泵	HBT80D、HBT60	1/1

(2) 塔吊布置

1) 吊次计算：根据钢筋混凝土结构的施工经验数据，平均每平方米需用1.1~1.6吊次，塔吊平均每台班可完成50~75吊次，1号、2号塔吊使用约四个月；3号、4号塔吊使用三个月：

$$N_{总估}=42848\times1.5=64272\text{ 吊次}$$

$$N_{总计}=70\times(2\times4\times30\times3+3\times30\times3)=69300\text{ 吊次}$$

$$N_{总计}>N_{总估}，\text{满足要求。}$$

由于公司现有的轨道长度不够，根据实际情况，具体选型：两台固定式F0/23B、H3/36B，两台行走式H30/30C、E2/23。

2) 布局：1号、2号塔吊为固定式，3号、4号塔吊为行走式，1号塔吊型号为H3/36B，臂长为60m；2号塔吊型号为F0/23B，臂长50m；3号塔吊型号为H30/30C，臂长50m。4号塔吊型号为E2/23，臂长45m。

3) 塔基：土方开挖时，挖出塔基基坑，在-6.8m基底标高处做钢筋混凝土基础，作为1号、2号固定式塔吊的基础，待回填土完成后，铺道渣，放枕木，作为3号、4号行走式塔吊的基础。

4) 塔吊供电：由一级配电箱直接引入，单独电缆供电。

5) 立塔时间：基础施工时，先立两台固定式塔吊，待回填土完成后，进行行走式塔吊的安装。

6) 立塔高度：1号塔吊44m，2号塔吊62m，3号塔吊56m，4号塔吊50m，大臂交叉高差6m，无须附着。

7) 安全防护：在建筑物四周设置三个出入口，搭设护头棚，其他部位全部封闭。

8) 塔吊参数：H3/36B，自重90t，塔基尺寸6250mm×6250mm×1250mm，塔身截面2m×2m，最大吊重12t，最大吊距60m，最小吊距3m，吊速20m/min；F0/23B，自重65t，

塔基尺寸 5600mm×5600mm×1250mm，塔身截面 1.6m×1.6m，最大吊重 10t，最大吊距 50m，最小吊距 3m，吊速 30m/min。

2.5　劳动力计划

由于本工程单层面积大，工期紧，因此在结构施工中，木工、钢筋工、混凝土工的投入较多。高峰期劳动力投入见表 2-2、表 2-3。

劳动力计划　　表 2-2

工种	木工	钢筋工	混凝土工	架子工	电焊工	水电工	电工	机务	其他	合计
人数	380	260	184	40	20	55	6	35	60	1040

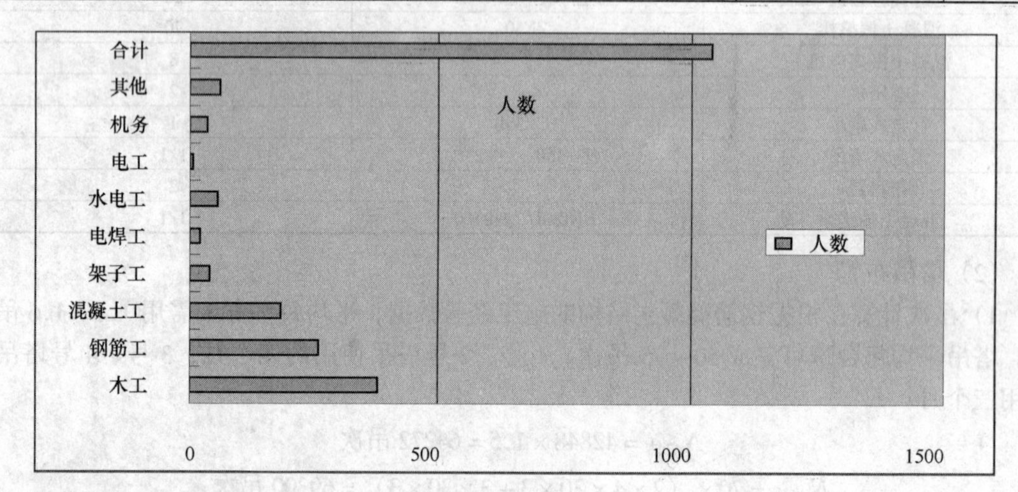

劳动力时间用量计划　　表 2-3

时　间	1999.7	1999.8	1999.9	1999.10	1999.11
人　数	186	920	1040	1040	820

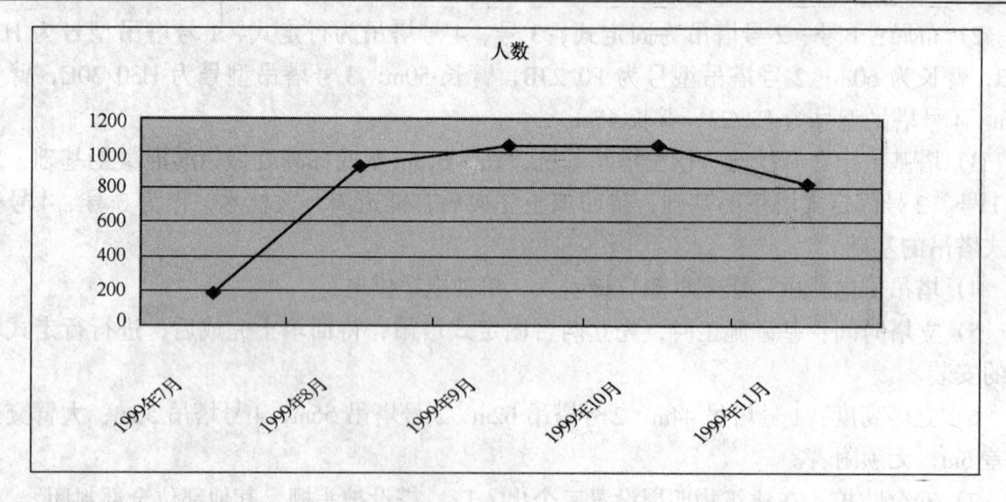

3 主要施工方法

3.1 施工测量

3.1.1 建筑物定位

根据北京市规划管理局钉桩成果通知单，由测绘院在场内定位。

3.1.2 平面控制测量

利用测绘院提供的三个轴线交点桩 A/19、L/19、A/1 三点，在检查其内外业成果正确无误的前提下，依据此三点作建筑物轴线控制桩。按设计要求，该建筑物以沉降缝划分为 A、B、C 三段，每一个施工段内应不少于两横两竖四条轴线，以便实现轴线间的校核，另考虑到 B 段 -5.6m 处独立柱基础为单独开挖至 -6.8m 处，在两排独立柱上加设两条控制轴线，分别为①轴、⑫轴，以满足对整个建筑物的平面控制。在定位过程中依据《测量规程》及满足该工程实际需要，采用建筑物二级平面控制网的技术指标：单角测角中误差 <12″，测距相对闭合差≤1/15000，采用仪器为日本 Topcon GTS301 全站仪。在实际定位测量过程中，为达到技术要求，测角采用两测回法，测距为单向测两次，取平均值。施工过程中采用仪器为北光 TDJ2 光学经纬仪，使用过程中必须定期进行校核。

（1）地下轴线投测

地下施工中通过轴线控制桩直接投测轴线，每段轴线投测完毕后必须进行校核，满足精度要求后，方可进行内轴线的划分，钢尺量距时必须进行尺长改正。地上部分结构平面控制网的布设，应遵循先整体 、后局部、高精度控制低精度的原则。

（2）首层楼面轴线投测

为了保证足够的测量精度，满足结构安装的精度要求，±0.00 以上楼层平面控制采

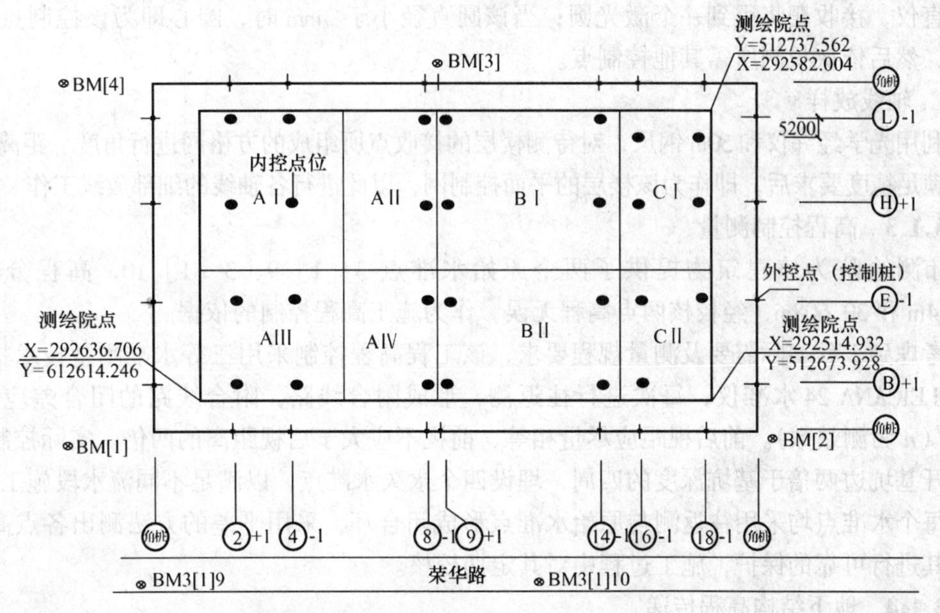

图 3-1 综合楼内、外控制点位示意图

用内控法。根据首层以上各楼层的平面图以及施工流水段的划分情况，选定的内控点布设如图 3-1 所示。

具体的测设过程如下：

1）在首层楼板混凝土浇筑完成后，在首层底板混凝土楼面上，通过轴线控制桩投设控制轴线。

2）利用 Topcon GTS301 全站仪对控制轴线进行校核，并把控制主轴线投测到首层平面上，然后对各轴线组成的方格网进行角度、距离测量，边角的各项精度指标见表 3-1。

精　度　指　标　　**表 3-1**

等　级	测角中误差（″）	边长相对中误差
二级	±12	1/15000

3）用钢针在混凝土楼板上沿轴线方向刻划十字线，并画红油漆作为标识。其交点即为首层布设的内控点，作为以上各楼层平面控制的基准点，这些点所组成的方格网即为 ±0.00 以上各楼层的平面控制网。

4）在 ±0.00 以上各楼层底板施工的过程中，要预先在内控点区上方相应位置预留一个 15cm × 15cm 的孔洞（激光洞），用于内控点的竖向传递。

5）首层各内控点的 $1.0m^2$ 范围内严禁堆放各种材料和杂物，激光孔洞严禁堵塞，以保证测量工作的顺利进行，直至结构封顶。

A. 地上楼层的轴线投测

略。

B. 投点引测

将激光铅直仪架设在首层内控点上，标明靶放在待测楼层的相应预留洞口上，对中整平铅直仪后，打开发光电源并调整激光束，直至接收靶标明到的光斑最小、最亮。慢慢旋转铅直仪，接收靶将得到一个激光圆；当该圆直径小于 3mm 时，圆心即为该控制点的接收点，然后依次投测所需其他控制点。

C. 轴线放样

利用光学经纬仪和 50m 钢尺，对待测楼层的接收点所组成的方格网进行角度、距离的测量。满足精度要求后，即作为该楼层的平面控制网，以此进行各轴线的细部放线工作。

3.1.3　高程控制测量

市测绘院为该建筑物提供了两个原始水准点 3［1］9、3［1］10，高程分别为 30.274m 和 30.608m，经校核两点高程无误，作为施工高程控制的依据。

考虑到工程实际需要及测量规程要求，该工程高程控制采用三等水准测量技术指标，采用 LEICANA 24 水准仪，每次进行往返测，形成附合线路，附合线路的闭合差应小于 $1.4n$（n 为测站数）。前后视距应尽量相等，前视不应大于后视距离的两倍。实际控制中，在离开基坑边两倍于基坑深度的四周，埋设四个永久水准点，以满足不同流水段施工的需要，每个水准点均采用往返测与原始水准点形成闭合环，采用平差的方法测出各点高程，并对其进行可靠的保护，施工过程中对其定期校核。

3.1.4　地下结构高程传递

该工程基础实际最浅深度为 4.4m，用 5m 塔尺即可进行高程传递。尽可能固定后视水准点，以确保高程传递的精度。

（1）首层标高基准点联测。

在首层均匀地引测三个标高基准点，并定期对其进行联测，其高差不得超过2mm。

（2）楼层高程传递。

如图3-2所示，利用两台水准仪、两根塔尺和一把50m钢尺，依次将3个标高基准点由激光洞口传递至待测楼层，并用公式（3-1）进行计算，得该楼层的仪器的视线标高，同时依此制作本楼层统一的标高基准点，并对各点进行联测，高差满足2mm的精度要求后方能使用，用红三角标记。这些点即为该楼层的标高基准点，从而依此进行各项测量工作。

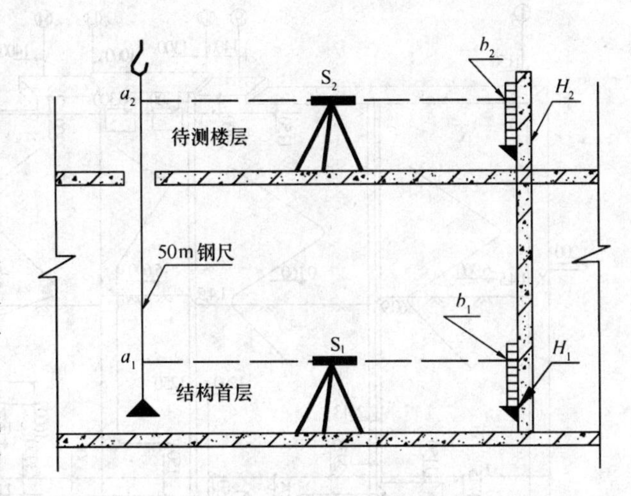

图3-2　楼层高层传递联测

$$H_2 = H_1 + b_1 + a_2 - a_1 - b_2 \tag{3-1}$$

式中　H_1——首层基准点标高值；

H_2——待测楼层基准点标高值；

a_1——S_1水准仪在钢尺读数；

a_2——S_2水准仪在塔尺读数；

b_1——S_1水准仪在钢尺读数；

b_2——S_2水准仪在塔尺读数。

3.2　土方工程

土方开挖时，在现场预留下回填土所需的方量约3万m^3，土方开挖及护坡具体见“土方开挖施工方案”。土方开挖图如图3-3所示。

（1）基坑开挖几何尺寸

基坑土方底边距基础外墙0.8m，以便基坑排水和脚手架搭设，基坑边坡为大放坡，坡度设为1:0.5。

工艺流程：确定开挖顺序和坡度→土方开挖→修边和清底→水泥土护壁。

（2）标高及边坡控制。

机械挖土时由测量组派人配合施工，基底标高预留300mm，用人工清土，严禁超挖。边坡按照基坑底边控制桩，先控制基坑边线，然后用挖掘机铲成斜坡。

（3）开挖方法

本工程采用机械大开挖，挖土标高从东南方向向西北方向分别为－6.96、－8.16、－8.1、－5.6、－6.9、－6.96m。挖土分为四个挖土段，每段各配备1台挖土机，各段的挖土方向是相同的。A段挖土方向为由东北方向呈“Z”字形向西南方向开挖；B、C段土方挖土方向为由东北方向呈Z字形向西南方向开挖。其中独立基础处一次开挖至－5.6m标高，余

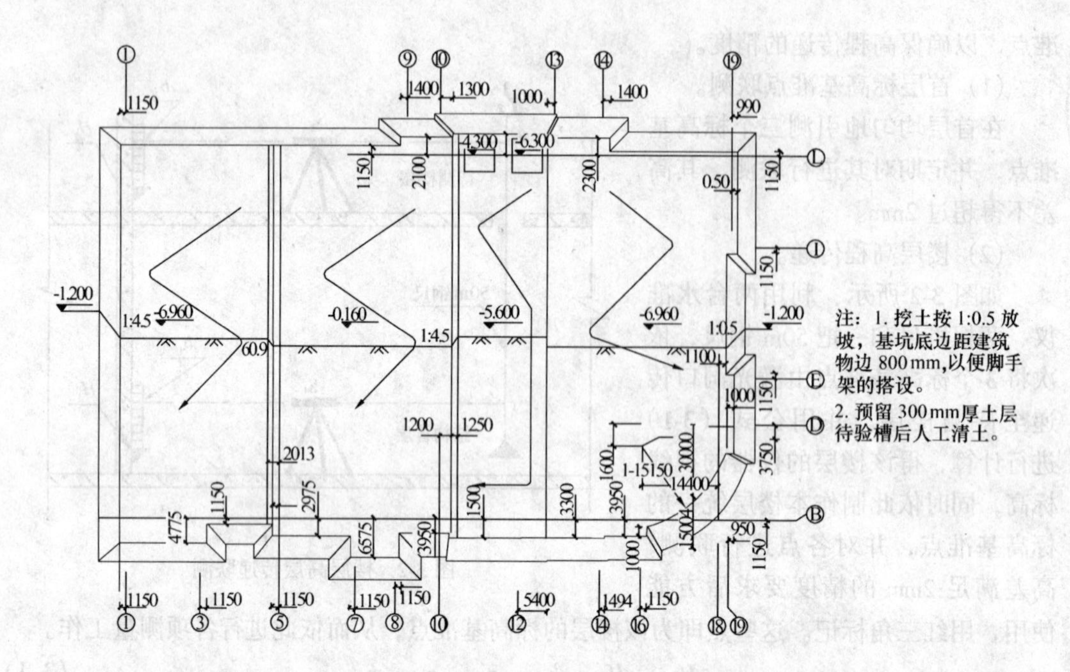

图 3-3　土方开挖平面图

下的土由机械配合人工清除，基底需预留 300mm 土，待验槽后由人工清除。其余部分基坑一次开挖至基底标高以上 300mm，待验槽后由人工清除预留的 300mm 土层。

（4）挖运

配 4 台履带式反铲挖掘机，除留下 30000m^3 用于回填外，余土运出现场。

（5）水泥土护壁

本工程采用 2～3cm 厚 1:4 水泥土进行护壁。

（6）排水措施

在槽底每隔 30m 设置一 500mm × 500mm × 600mm 的集水坑，流向集水坑的排水沟坡度为 1%，宽度为 40cm。集水井有挡泥土措施，距坑边 300mm 处砌筑 200mm 高挡土墙，以防基坑外泥土和污水排入坑内。

（7）土质钎探

基坑挖至基底标高，及时按钎探布点图进行钎探，经过钎探后，再会同设计单位、勘察单位、建设单位以及质量监督部门检查基底土质是否符合要求；如有不符合要求的松软土层、坟坑、枯井等情况时，应做出地基处理记录。

探杆用 ϕ25 圆钢，有效长 1.80m，穿心锤自重为 10kg。落锤时，高度控制在 50cm 自由下落，节拍要均匀，每入土 30cm 记录一次锤击次数。钎探时碰到打不下去或锤击数不正常时，应立即记录下来并及时向技术负责人报告，以便处理。

1）工艺流程：

确定打钎顺序→就位打钎→记录锤击数→记录孔深→拔钎盖孔→移位→整理记录→灌砂。

2）就位打钎：

人工打钎：将钎尖对准孔位，一人扶正钢钎，一人站在操作凳子上，举锤高度为 50cm，将钎垂直打入土层中。

3）记录锤击数：

钎杆每打入土层 30cm 时，记录一次锤击数。

4）拔钎：

用扣件或钢丝将钎杆绑好，留出活套，套内插入撬棍或钢管，利用杠杆原理将钎拔出。每拔出一段将扣件往下移一段，直至完全拔出，然后用砖盖孔。

5）移位：

将钎杆移到下一孔位，以便继续打钎。

6）灌砂：

打完的钎孔，经过质量检查人员和有关工长检查孔深与记录无误后，即进行灌砂。灌砂时，每填入 30cm 左右可用钢筋棒捣实一次。灌砂采用每天打完统一灌一次的方法进行。

7）整理记录：

按孔顺序编号，将锤击数填入统一表格内，数据要真实，字迹要清楚，经过打钎负责人、质量检查员、工长签字后归档。

（8）土方回填

当基础施工完毕且经有关部门进行基础工程验收合格后，方可进行土方回填。室外基槽距外墙 800mm 范围内回填为 2:8 灰土，填至标高 -1.4m；房心回填为素土，填至室内灰土垫层下口。施工前，做好水平标高控制，在边坡上每隔 3m 钉上水平橛，混凝土外墙上弹好标高线；在室内边墙及基础反梁上弹出水平标高控制线；清理基坑内和室内积水、杂物；并根据规范及设计要求，测定填料的最佳含水率、最大干密度等参数。

1）灰土回填。

回填的土料采用现场存土。回填前应过筛，不得含有机物，土粒径不大于 15mm；石灰应使用生石灰粉，并充分熟化，不得夹有未熟化的生石灰块，粒径不大于 5mm。灰土拌合均匀（用同一手推车量 1 车石灰、4 车土，然后拌合至少两遍，灰土颜色应一致）后方可回填，应控制灰土含水量，现场以手握成团、两指轻捏即碎为宜。

灰土回填要分层进行，填土分层虚铺厚度不应大于 25cm，上下两层灰土的接缝距离不小于 500mm，并用蛙式打夯机进行夯实，在死角处应用木夯夯实。填土要按规范要求每层夯实后进行干密度试验，用环刀取样时应除去该层上部厚度 1/3 后再取样；当干密度达到要求时，方可进行上层灰土回填。

2）素土回填。

素土回填粒径不大于 50mm，含水量不能过高或过低，要符合压实要求，现场以手握成团、落地开花为准。土方回填要分层进行，并用蛙式打夯机进行夯实。填土分层虚铺厚度不应大于 25cm，回填土要按规范要求，每层夯实后进行干密度试验，用环刀取样时应除去该层上部厚度 1/3 后再取样。当干密度达到要求时，方可进行上层土回填。

在基础工程施工过程中，考虑到 B 段两侧的 A 段、C 段外墙施工完毕后要进行防水作业，其将影响到 B 段房心土方回填的进度，从而直接影响到 B 段地上结构施工进度，造成 A、B、C 三段施工进度不一致，增加了地上结构施工的难度。因此，靠近 B 段的 A、C 段外墙施工进度成为基础工程施工的关键。当 A、C 段基础底板施工完毕后，即进行 B 段两侧的 A 段、C 段外墙的施工；同时，为了使 A、C 段的后浇带不影响外墙防水的施工，用 120cm×60cm×10cm 的钢筋混凝土预制板盖住后浇带。在防水未完成前，B 段土方回填可从房心中间向两侧进行，留出踏步槎。这样在外墙防水完成后，可用最短的时间完成B段房心回填土。

3.3　模板工程

本工程地下A、C段为筏基，B段为独立柱基；地上结构形式为钢筋混凝土框架体系，一般框架的柱网尺寸为7.2m×8.0m，设置双向井格次梁模板，框架柱截面主要为矩形，局部为圆柱。

3.3.1　模板及支撑选型

模板作为一种周转性材料，同时又由于其在施工质量中的关键性作用，对施工工期、成本投入、质量控制均是重要性项目。

(1) 基础反梁模板。

基础反梁截面尺寸为650mm×1600mm，采用12mm厚的竹胶板，采用50mm×100mm木方做横向背楞，间距小于等于300mm。对拉螺栓采用ϕ12，双向间距600mm，钢管支撑。A段、C段各配置半段模板。

(2) 独立柱基。

独立柱基，采用12mm厚的竹胶板，采用50mm×100mm木方做横向背楞，间距小于等于300mm。用50mm×100mm木方支撑，配置4套模板。

(3) 柱子模板。

柱子截面尺寸主要有1300mm×1300mm（B段地下部分）、750mm×750mm、700mm×700mm以及650mm×650mm四种，由于柱子截面尺寸比较单一，模数变化不大。因此，柱模采用定型拼装柱模，拼装利用18mm厚覆膜多层板进行，以加强模板刚度与耐用性；竖向背楞采用50mm×100mm木方，间距小于等于300mm，水平向采用可调节模数的槽钢柱箍。直径为950mm的圆柱模板采用加工定型钢模板。方柱A、B、C段各配置一个流水段的模板，圆柱配置两套模板。

(4) 地下室外墙模板。

地下室外墙模板采用12mm厚的竹胶板，整体拼装，采用50mm×100mm木方做竖向背楞，间距250mm，钢管支撑。A、C段各配置半段的模板。

(5) 梁板模板。

梁板模板采用12mm厚竹胶板，横向用50mm×100mm木方背楞，整体拼装，带可调支撑的钢管满堂脚手架支撑。C段大堂处有一根圆弧梁，圆弧梁处底模用竹胶板，侧模采用12mm厚竹胶板后背定型钢箍，以保证该梁的混凝土外观质量，配置一层半的模板。

3.3.2　模板施工

(1) 模板组拼

模板组装要严格按照模板配板图尺寸拼装成整体，加固模板经验收合格后方可投入使用，拼装的具体精度要求见表3-2。

拼装模板精度　　表3-2

序号	项　目	允许偏差（mm）	序号	项　目	允许偏差（mm）
1	两块模板之间拼缝	≤1.0	4	模板平面尺寸偏差	+2，-5
2	相邻模板之间高低差	≤1.0	5	对角线长度差	≤5.0（≤对角线长度的1/1000）
3	模板平整度	≤4			

(2) 模板定位

首先引测建筑物的控制轴线，经校核后，以该轴线为起点，引出每条轴线，并根据轴线与施工图用墨线弹出模板的内线、边线以及外侧控制线，施工前4线必须到位，以便于模板的安装和校正。然后利用水准仪将建筑物水平标高根据实际要求，直接引测到模板的安装位置。竖向模板的支设应根据模板支设图，在楼面混凝土浇筑时预埋地锚；已经破损或者不符合模板设计图的零配件以及面板不得投入使用；已经检查合格的拼装后模板块，应按照要求堆置码放，重叠放置时要在层间放置垫木，模板与垫木上下齐平，底层模板离地保证有10cm以上距离。

(3) 模板的支设

模板支设前用空压机将楼面清理干净，不得有积水、杂物，所有模板必须用铲刀、湿布清理干净，刷水性脱模剂。

1) 基础反梁模板支设。

基础反梁用12mm厚竹胶板后背50mm×100mm木方支设。相邻的两道梁用钢管相互支撑作为斜撑。由于地梁较高，为有效抵抗混凝土浇筑时的侧压力，地梁上还需根据计算加设对拉螺栓（ϕ12@600），分别距底板面200mm、800mm，水平间距600mm。地梁吊模支撑在钢筋马凳上（采用ϕ14以上的钢筋头焊接，间距1200mm），马凳支腿落在下层钢筋之上，不得直接与垫层接触。所有支撑也不得直接支撑在垫层上（图3-4）。

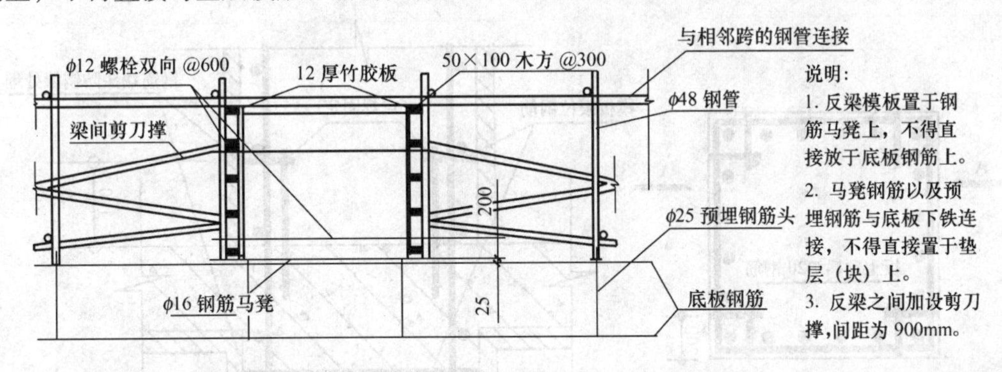

图3-4 反梁模板图

2) 基础独立柱基模板支设。

独立柱基础模板采用12mm厚竹胶板。台阶采用吊模，在柱基上口用纵横50mm×100mm木方架起固定，并与基坑边坡顶牢，以免浇筑混凝土时模板移位。见柱基支模图（图3-5）。

3) 柱模的支设。

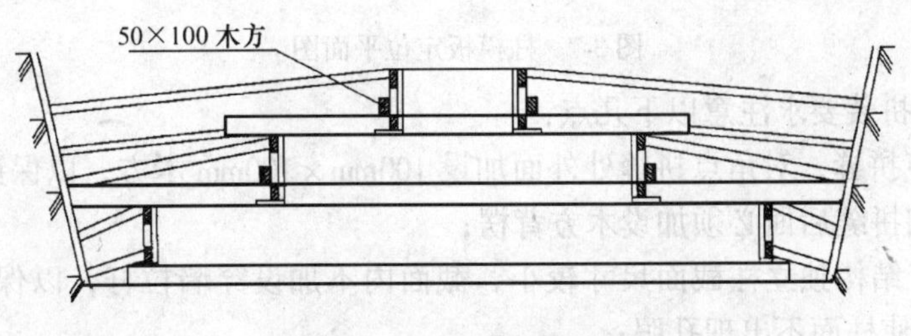

图3-5 独立柱基模板图

柱模支设及模板底部的定位方式如图3-6、图3-7所示。

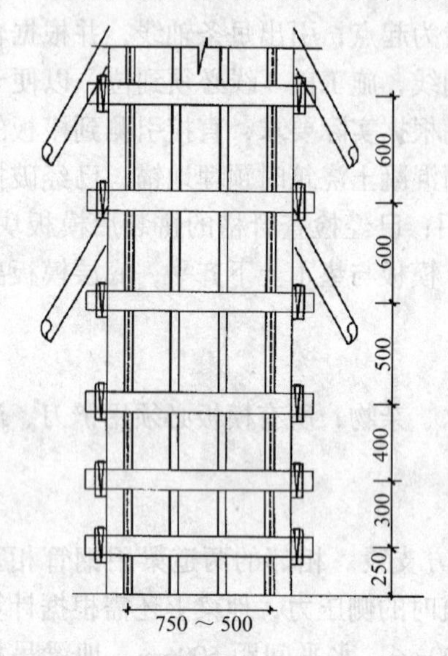

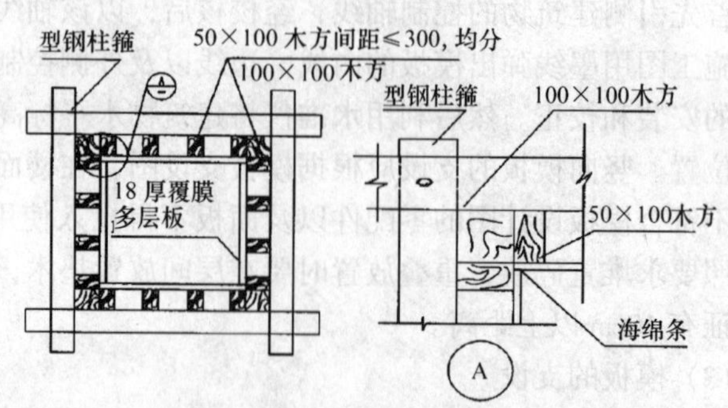

模板制作、拼装技术要求

1. 采用覆膜多层板制作柱面模板，严格按图下料，模板拼缝严密，缝≤1mm，错台≤1mm，并粘胶带。
2. 柱角多层板拼接及木方背楞严格按A节点实施。
3. 对拉钢箍布置按图所示，竖向位置保持在同一高度。
4. 距楼面(或度板顶面)100mm焊限位钢筋(16或20)，模板拼接时保证四角为90°。
5. 柱斜撑每边两道，柱间拉水平支撑。
6. 柱模安装垂直度允许偏差≤3mm。

图3-6 柱模支设

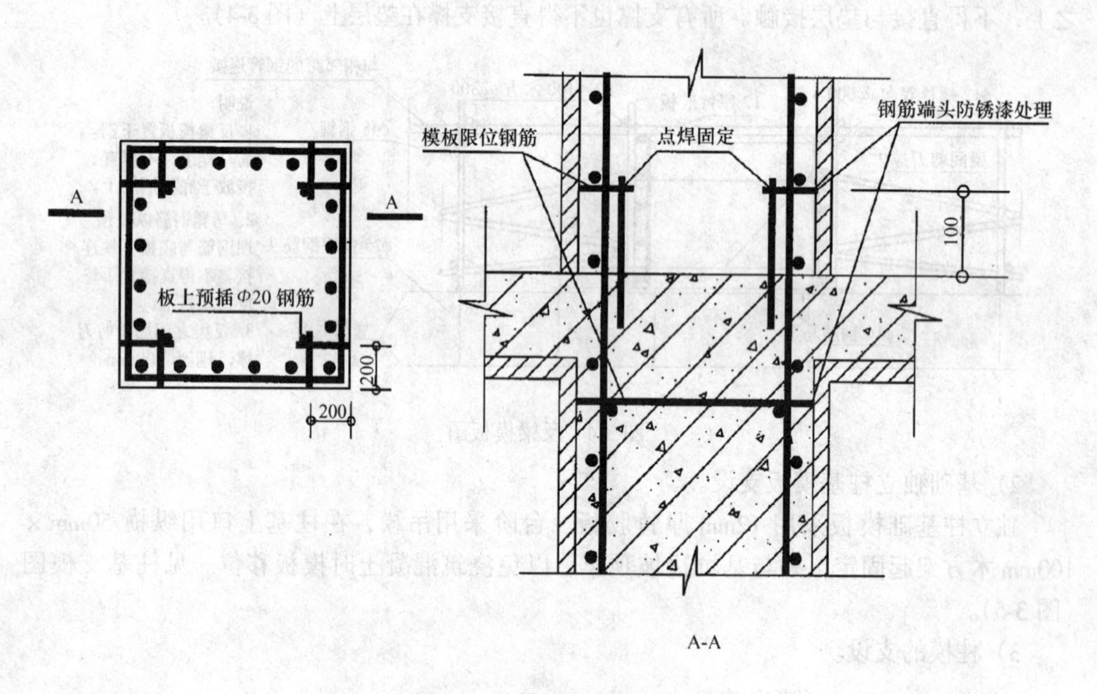

图3-7 柱模板定位平面图

对于柱模的拼装要求注意以下几点：

A. 加强角点拼缝，对角点拼缝处外面加设100mm×100mm木方，以保证阳角的方正；

B. 层板之间拼缝后面必须加设木方背楞；

C. 由于地上结构独立柱截面尺寸较小，截面内不加设穿墙拉杆，以保证模板的周转使用次数，并且使柱面不出现孔眼；

D. 模板安装就位前，必须利用同等级的砂浆找平 $H=20$mm 高，$b=80$mm 宽，以防模板下口跑浆；

E. 模板根部通过钢管与楼板（底板）预埋的钢筋固定，四面加斜向钢管支撑，柱子间拉结成整体；

F. 一段柱模板支设完毕后，上口拉纵横通线，检查柱子模板的平面位置和整体垂直度；

G. 柱模板下口对角设置清扫口。

4）墙模的支设。

墙的模板支设图如图 3-8 所示。

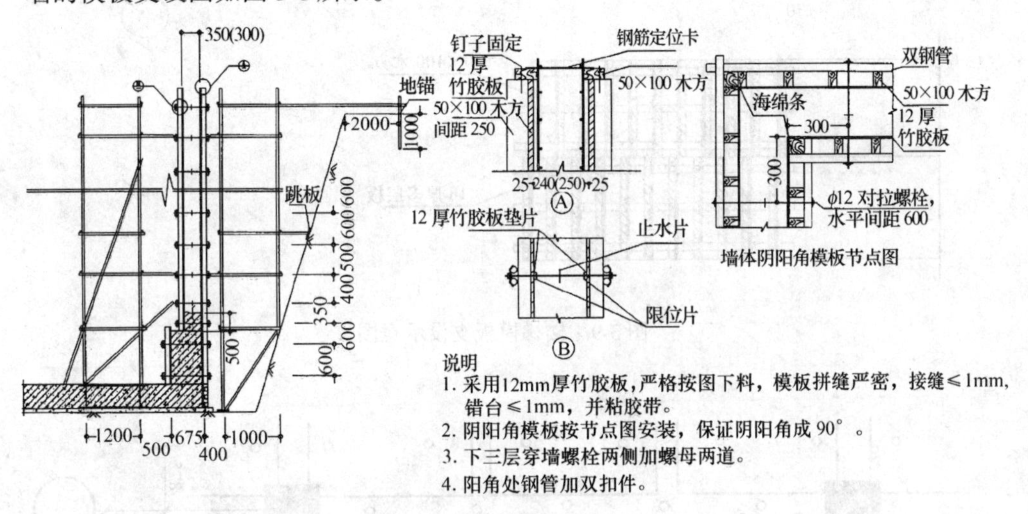

图 3-8 墙体模板支设

墙的安装工序：

检查→清理→放模板就位线→找平层→安放内模→安装穿墙螺栓→安装外模固定→调整模板间隙，找垂直度→检查验模。

墙模支设前必须涂刷水性脱模剂。模板底部每个墙角部位放置清扫口。

所有墙体的竖向模板的阴角、阳角加设 100mm×100mm 木方与模板固定，并且板梁角部也必须加设 100mm×100mm 木方。

对于外墙的洞口的模板支撑，必须保证水平支撑间距控制在 600mm 以内，并在洞口顶部加设 450mm 的斜撑，以确保洞口的侧模刚度。

5）楼梯模板的支设：

楼梯模板底模、侧模采用 12mm 厚竹胶板，踏步立模采用 12mm 厚竹胶板。施工前，应根据实际层高放样，先安装休息平台梁模板，再安装楼梯模板斜楞，然后铺设楼梯底模，安装外帮侧模和踏步模板。安装模板时要特别注意斜向支柱（斜撑）的固定，防止浇筑混凝土时模板移动。

楼梯支模图如图 3-9 所示，支模时，要考虑到装修厚度的要求，使上下跑之间的梯级线在装修后对齐，确保梯级尺寸一致。

6）梁板模板的支设：

A. 梁板模板的支撑体系采用满堂红碗扣式脚手架。模板使用前要刷脱模剂，拼缝处

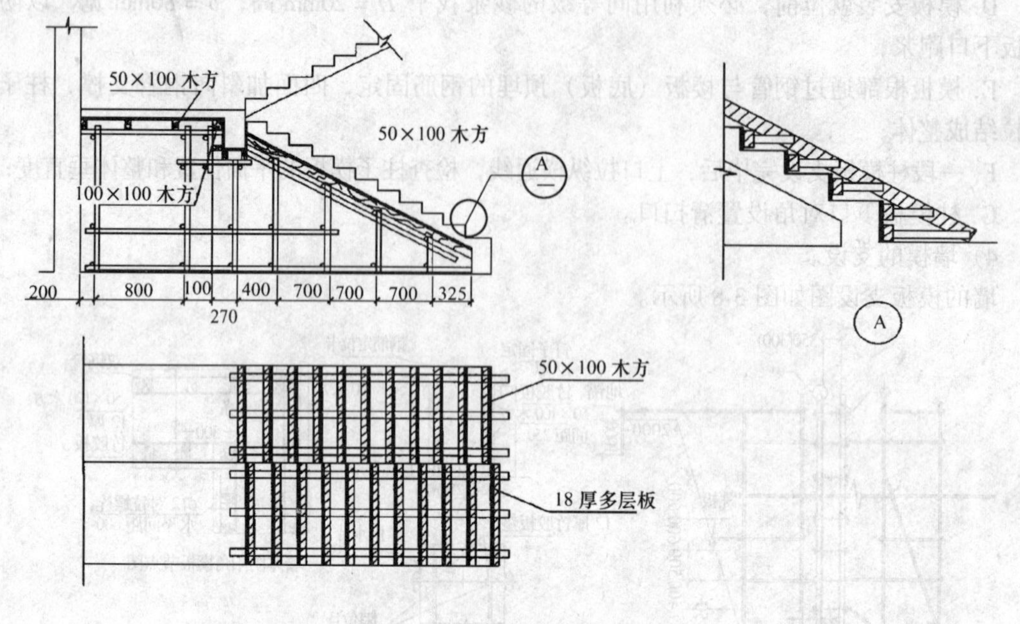

图 3-9　楼梯模板支设示意图

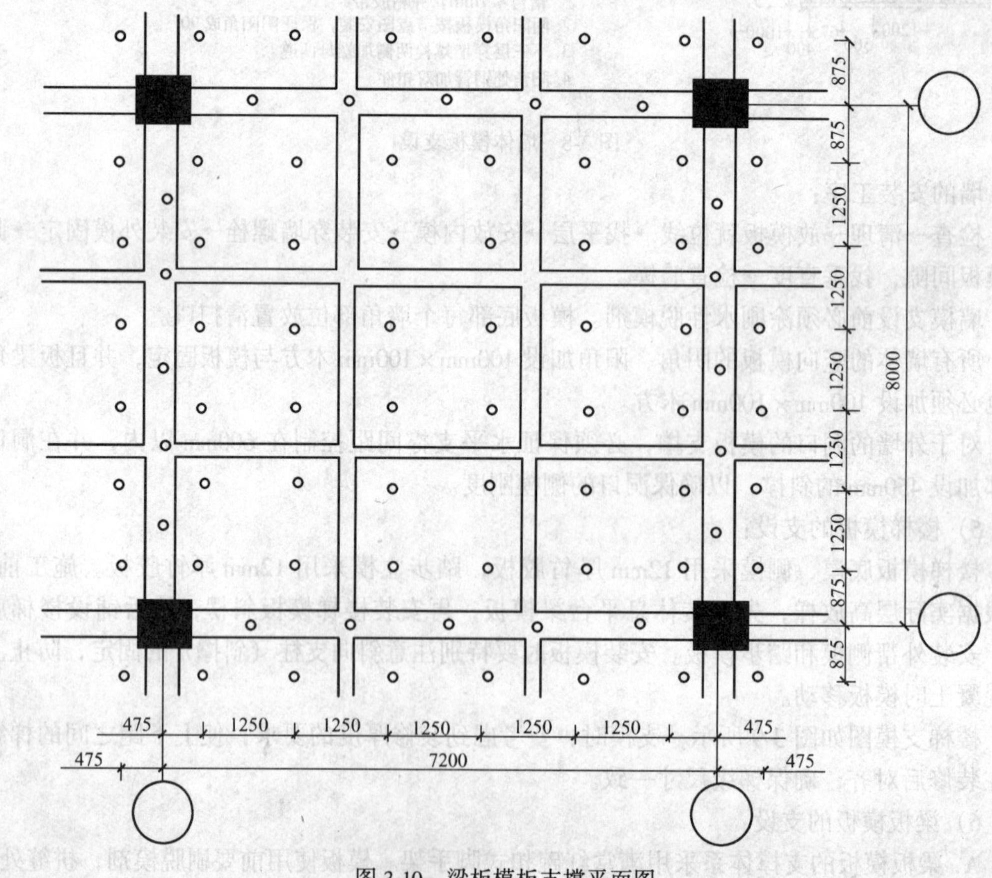

图 3-10　梁板模板支撑平面图

及有眼的地方用塑料带贴好，混凝土浇筑前，拉通线调整梁和柱的位置，以免钢筋偏位。梁上预埋的埋件要按设计位置固定，上下在同一直线上，梁内杂物一定要清理干净。下层柱上弹梁底控制线，平板模板铺好后，应拉通线进行模板面标高的检查工作，进行调整。梁高≥800mm时，设对拉螺栓，间距900mm。

B. 圆弧梁模板支设：由于该梁处于显要位置，其施工质量的好坏影响着整栋楼的整体形象，而混凝土的外观质量又决定于模板的质量，在此段圆弧梁底，用竹胶板后背木方按照圆弧的尺寸配成定型模板。支模前，先在下层的底板上放出圆弧梁线，然后严格按线支出底模、安装侧模、打好斜撑，支模完毕，吊线检查圆弧梁位置（图3-10、图3-11）。

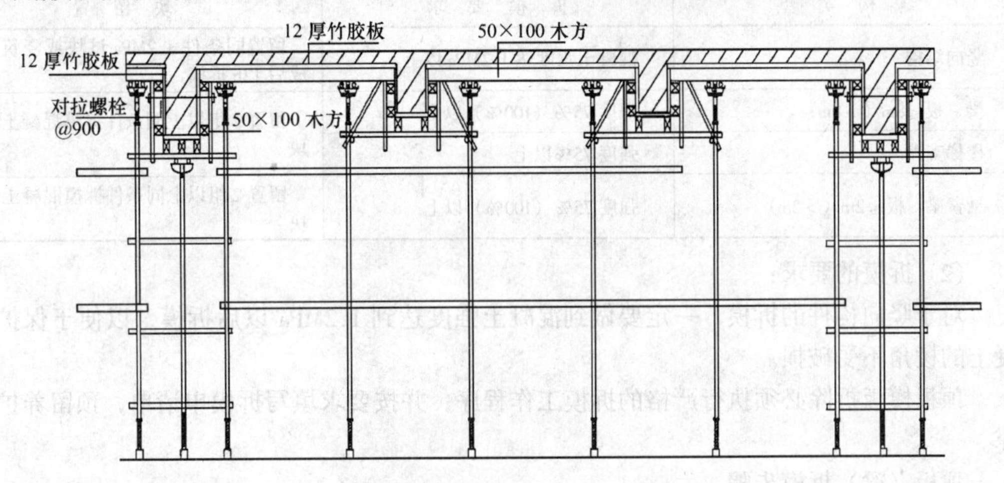

图3-11 梁板支撑剖面图

C. 梁柱接头采用12mm厚竹胶板整拼，50mm×100mm木方背楞，下口加海绵条塞缝，柱箍加固，上口用限位钢筋支撑。详见梁、柱及梁柱接头模板图（图3-12）。

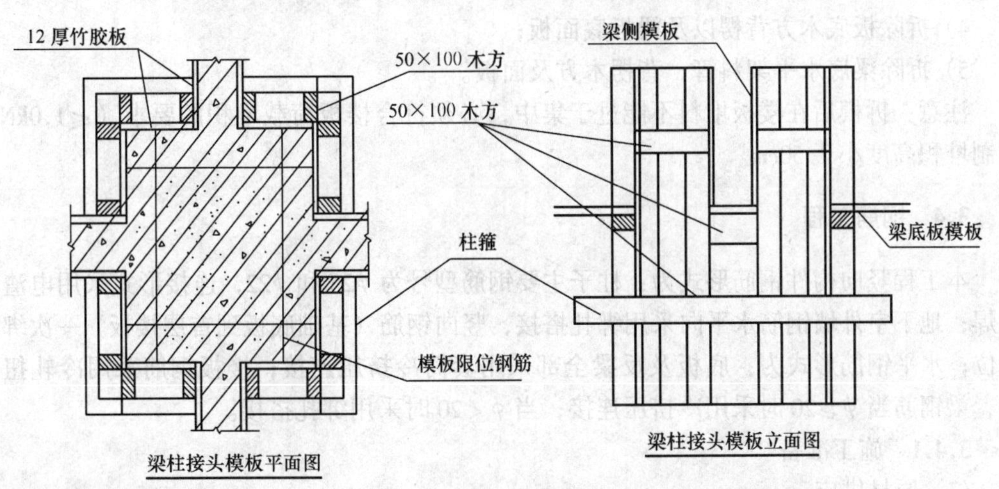

图3-12 梁柱接头模板图

3.3.3 模板的安装质量检查

(1) 模板及其支撑结构的材料、质量，应符合规范规定及设计要求；

(2) 模板及支撑应有足够的强度、刚度和稳定性，并不致发生不允许的下沉和变形；

(3) 模板的内侧面要平整，接缝严密，粘塑料胶条，不得漏浆；

(4) 模板安装后应仔细检查各部位构件是否牢固，并整体拉通线检查模板位置；

(5) 在浇筑混凝土过程中要经常检查，如发现变形、松动等现象，要及时修整加固；

(6) 模板对拉螺栓的间距，内肋、外肋间距的计算详见计算书。

3.3.4 模板的拆除

(1) 各构件拆模强度以及同条件强度试块留置（表 3-3）。

构件拆模强度及试块留置 **表 3-3**

结 构 类 型	拆 模 要 求	试 块 留 置
竖向结构	混凝土强度达 1.2MPa 以上	留置同条件 1.2MPa 试块或浇筑完成后 12h 拆横
梁、板≤8m（>8m）	强度 75%（100%）以上	留置 2 组以上同条件拆模混凝土试块
楼梯支撑	强度 75%以上	
悬臂梁、板≤2m（>2m）	强度 75%（100%）以上	留置 2 组以上同条件拆模混凝土试块

(2) 拆模的要求：

对于竖向构件的拆模，一定要做到混凝土强度达到 1.2MPa 以后拆模，以便于保护混凝土的棱角不受破损。

顶板模板拆除必须执行严格的拆模工作程序，并按要求填写拆模申请单，预留养护支撑。

顶板（梁）拆模步骤：

1）在梁底部一排水平杆处铺设木板跳板，提供拆除操作面；

2）拆除梁侧面的脚手管、背楞及面板；

3）降下碗扣架，拆除板底的水平架料管；

4）拆除板底木方背楞以及梁板底面板；

5）拆除梁底水平架料管、背楞木方及面板。

注意：拆模后在楼板堆料不能过于集中，必须符合楼板荷载堆积的要求（≤1.0kN），限制堆积高度小于 50cm。

3.4 钢筋工程

本工程竖向构件钢筋形式为：柱子主要钢筋型号为 ϕ25 和 ϕ22，连接形式采用电渣压力焊；地下室外墙钢筋水平向采用绑扎搭接，竖向钢筋（基础底板到首层楼板）一次绑扎到位；水平钢筋形式为：底板及反梁全部采用套筒冷挤压连接；楼板钢筋采用冷轧扭钢筋，梁钢筋当 $\phi \geqslant 20$ 时采用冷挤压连接；当 $\phi < 20$ 时采用绑扎搭接。

3.4.1 施工准备

(1) 原材供应

施工前，根据施工进度计划合理配备材料，并运到现场进行加工。钢筋进现场后，要严格按分批级、牌号、直径、长度分别挂牌摆放，不得混淆。

加强钢筋的进场控制，时间上既要满足施工需要，又要考虑场地的限制。所有加工材料，必须有出厂合格证，且必须进行复试（包括三方见证取样试验），合格后方可配料。

钢筋复试按照每次进场钢筋中的同一牌号、同一规格、同一交货状态、重量不大于60t为一批进行取样，每批试件包括拉伸和弯曲试验各2组。冷轧扭钢筋每10t一批取样。

(2) 钢筋加工

钢筋加工在现场进行，按两外协队伍分别在现场设两个钢筋加工厂，钢筋配料单由技术员复核无误后方可进行钢筋的下料加工。

钢筋加工过程中要严格按尺寸加工，加工完毕后，由技术员、质量检查员和工长检查，合格的钢筋标识后方可使用。成品钢筋及原材一定要分类堆码整齐，并且标识清楚。

钢筋加工过程中，为减少浪费，要充分利用短钢筋，钢筋的接长采用闪光对焊，但接头位置必须符合规范要求。

(3) 保护层加工

为确保施工质量，用于基础底板的钢筋保护层垫块用1:2:4细石混凝土（内掺3%防水剂）制作；用于地下室外墙外侧钢筋保护层垫块为水泥砂浆（内掺3%防水剂）制作；地下室外墙内侧及柱子钢筋采用水泥砂浆垫块。地上部分柱子钢筋侧面及楼板、梁钢筋保护层垫块，依据设计要求厚度，订购塑料垫块。特别注意主次梁交叉处，次梁保护层厚度为主梁保护层厚度+主梁受力钢筋直径，并逐渐减小到次梁的保护层厚度。施工时，要根据实际情况放样，以控制垫块的准确度。当塑料垫块尺寸不能满足要求时，可预制砂浆垫块，但须严格控制垫块的强度及加工精度。

(4) 钢筋间距控制

底板钢筋及楼板筋绑扎前，在垫层及楼板模板上按设计图纸钢筋间距弹线定位；在梁、柱主筋上按箍筋间距画好分隔线，保证箍筋绑扎位置。

3.4.2 钢筋施工

(1) 基础钢筋施工

底板及基础反梁下铁钢筋在跨中1/3范围内冷挤压连接，上铁在支座附近1/3范围内挤压连接，冷挤压接头从任一接头中心至长度为钢筋直径$35d$且不小于500mm的区段范围内，有接头的受力钢筋截面面积占受力钢筋总截面的允许的百分率应$\leqslant 50\%$。绑扎时，先铺设底板钢筋，然后绑扎出地梁钢筋，钢筋绑扎用顺扣或八字扣，双向受力板相交点全部绑扎。底板上、下层钢筋之间加钢筋马凳，$\phi 16@1000$，以确保上部钢筋位置；钢筋绑扎好后垫好垫块，以保证保护层厚度。插筋位置除符合垫层上的尺寸线外，还应沿纵横轴线方向，根据轴线的控制线拉通线检查。校正完毕后，将基础上柱插筋绑扎固定。

(2) 地下室外墙钢筋施工

地下室外墙立筋插筋一次到位，不留接头，然后在外墙外侧搭设脚手架，用于固定立筋，并将立筋架起。注意控制立筋间距及顶标高，底板施工完以后绑扎墙体水平钢筋，先做好水平筋的分档标志，然后于下部齐胸处绑两根横筋定位，并在横筋上画好标志，最后再绑其余横筋，水平钢筋采用绑扎搭接，接头长度$41d$，接头错开$1.3L_{aE}$；墙钢筋应逐点绑扎，双排钢筋之间应绑拉筋，按图纸设计呈梅花形布置，钢筋外皮绑扎垫块。墙水平筋在端头、转角、十字节点等部位的锚固长度均应符合设计及规范要求。为保证墙上部预留钢筋位置的准确，制作定距框。

(3) 框架梁钢筋施工

梁钢筋当$\phi \geqslant 20$时采用冷挤压连接，当$\phi < 20$时采用绑扎搭接，搭接长度$41d$。梁上

铁第一排非贯通筋在支座附近 $L_n/3$ 处断开，第二排在支座附近 $L_n/4$ 处断开；当 $\phi \leqslant 25$ 时，下铁锚入支座长度 $\geqslant 0.5h_c + 5d$，且 $\geqslant L_{aE} = 30d$。梁锚入支座时，要上铁下弯，下铁上弯，严禁钢筋水平弯起。

(4) 钢筋的挤压连接

受力钢筋接头的位置应相应错开，冷挤压接头从任一接头中心至长度为钢筋直径 $35d$ 且不小于 500mm 的区段范围内，有接头的受力钢筋截面面积占受力钢筋总截面的允许的百分率应 $\leqslant 50\%$ 。

挤压接头的混凝土保护层应满足规范及设计要求中受力钢筋混凝土保护层最小厚度的要求（25mm），连接套筒之间的横向净距不宜小于 25mm。

套筒应有出厂合格证。套筒在运输和储存中，应按不同规格分别堆放整齐，不得露天堆放，防止锈蚀和沾污。

挤压接头的施工工序：

1）操作人员必须经厂家培训，取得施工操作许可证后方可上岗；

2）检查压接器、模具、套管卡板、测深尺型号是否正确；

3）清除钢筋上被连接部位的锈皮、泥沙等；

4）应对钢筋与套筒进行试套，对不同直径钢筋的套筒不得相互串用；若端头弯折严重的，要先切掉后再进行压接；注意不能打磨钢筋横肋；

5）钢筋连接端应用油漆做明显标记，确保在挤压时和挤压后可按定位标记检查钢筋伸入套筒内的长度，钢筋端头离套筒长度中点不可超过 10mm；

6）将钢筋插入套管，对正钢筋横肋，按给定压力、规定压接道次、压痕尺寸进行压接。钢筋挤压工艺参数见表 3-4。

同径钢筋挤压工艺参数表　　表 3-4

套管型号	模具型号	压接道次	压痕尺寸（mm）	压力范围（MPa）	检验卡板
G20	M20	3×2	29～31	50～60	KB20
G22	M22	3×2	32～34	55～65	KB22
G25	M25	3×2	36.5～39	58～70	KB25

挤压接头检查与验收：

1）外观检查：

A. 划线正确，压接完成后能清楚看到检查标志。以保证钢筋的插入深度正确。

B. 压接方向正确，要求压接横肋，套管两边压接压痕在一条直线上。

C. 压痕尺寸要在规定的范围内（由冷挤压技术单位提供的卡板验收）。

D. 压痕道次符合冷挤压套筒上所标的道次。

E. 挤压后的套筒不得有肉眼可见裂缝。

F. 接头处弯折不得大于 4°。现场检验方法为：用卷尺在钢筋弯折处至钢筋平直方向为 1m 的距离处，钢筋弯折水平距离小于 7cm，则为合格。

2）性能检验：

现场施工前应作工艺检验，以保证施工现场接头质量的稳定。以 500 个接头做为一个验收批，现场性能检验只要求作单向拉伸试验，不要求做抗弯试验。

3）质量控制措施：

A. 连接钢筋应与钢套管的轴心保持一致，以减少偏心和弯折。必要时可用物体将钢筋两端垫平再进行压接。

B. 按定位标志将钢筋插入套管，允许偏差不大于5mm。

C. 压接时，应压接钢筋的横肋，即压接器垂直于钢筋纵肋所在平面进行压接，允许误差范围为≤30°。

D. 压接顺序是从套管中间逐扣向端头压接，压接顺序不能颠倒，以防套管压空或压断。

E. 压接时，应先按给定压力进行压接；若压痕尺寸在规定值范围内，则可按此压力进行施工，若压痕尺寸未在规定范围内，则可适当增大或减小2~3MPa，调整到压力合适后再进行施工。压接时不得少压或重叠压接。

4）钢筋冷挤压机在使用过程中要注意以下几点：

A. 冷挤压机下面铺木板，以防机器漏油污染钢筋；若钢筋已被污染，必须用稀料清洗或用喷灯将油烧掉；

B. 开机前一定要检查高压油管接头是否拧紧，且严禁在未接高压油管的情况下开机，防止液压油从换向阀油嘴处喷出；

C. 更换油管时要远离钢筋，更换下的油管要及时拿到施工现场没有钢筋的地方或库房，拿油管时注意不要使管接头朝下，防止油管里的油洒到钢筋上；

D. 移动挤压机泵站时，不要倾斜着抬或吊移，防止液压油从注油孔处流出；

E. 使用过程中发现高压油管出现起鼓、管接头处渗漏油等情况，应及时更换油管；

F. 拆卸油管时最好先拆换向阀处的油管，不允许把压接器上的油管拆下后把油管甩到地上，防止发生虹吸现象，把油箱里的液压油通过油管吸到外面；

G. 发现设备漏油，应及时处理或找维修人员修理。

（5）楼板钢筋绑扎

楼板主筋采用冷轧扭钢筋，不得焊接，下部钢筋在支座1/3范围内搭接，该部分钢筋提前按图纸抽筋，经技术员复核无误后，由厂家直接进行定型加工，且不得再次进行冷轧、冷拉等冷加工。下层钢筋末端不做弯钩，上部支座负筋一端弯直角钩，弯心直径为$3d$，弯钩高度为板厚减去保护层厚度，并相互错开布置。钢筋不得在受拉区截断，伸入支座长度应超过支座中心线并不小于$10d$。双向受力网片每个交叉点均需绑扎，单向受力网片除外边缘两行交叉点全部绑扎外，其余可隔点交错绑扎。

（6）柱钢筋施工。

1）工艺流程：

套柱箍筋→焊接主筋→画箍筋间距线→绑扎箍筋。

2）钢筋锚固及搭接长度。

当$d \leqslant 25$mm时，纵向钢筋的最小锚固长度为$L_{aE} \geqslant 35d$；当$d < 20$mm时，采用搭接。纵向受力钢筋的最小搭接长度为$41d$。

3）柱纵向钢筋接头位置。

柱纵向受力钢筋总数为四根时，可在同一截面连接。多于四根时，同截面钢筋的接头数不宜多于总根数的50%。柱第一道插筋离楼板距离为≥500mm，且≥h_c，且≥$H_n/6$（h_c

为柱截面长边尺寸，H_n 为所在楼层的柱净高)。柱纵向受力钢筋接头错开距离大于等于 $35d$，且不小于 500mm。当采用绑扎搭接（$\phi < 20$）时，接头位置错开距离大于等于 500mm，而且两接头中心间距满足 $1.3L_{aE}$ 的要求。

因钢筋竖向连接主要采用电渣压力焊，如果钢筋电渣压力焊出现缺陷而需将焊头割掉，会影响钢筋的搭接及离地高度。为防止这种现象的出现，将钢筋的离地高度及错开距离都加大 10cm。

4）竖向钢筋连接。

当钢筋直径≥20mm 时，竖向筋采用电渣压力焊；$d < 20$mm 时，采用绑扎搭接。

电渣压力焊：

1）电渣压力焊施工工艺：

本工程采用手工电渣压力焊，手工电渣压力焊可采用引弧法。先将上钢筋与下钢筋接触，通电后，即将上钢筋提升 2～4mm 引弧，然后继续缓提几毫米，使电弧稳定燃烧；之后，随着钢筋的熔化，上钢筋逐渐插入渣池中，此时电弧熄灭，转化为电渣过程，焊接电流通过渣池而产生大量的电阻热，使钢筋端部继续熔化；钢筋熔化到一定程度后，在切断电源的同时，迅速进行顶压。持续几秒钟，方可松开操纵杆，以免接头偏斜或接合不良。电渣压力焊在施工时，应满足表 3-5 所示焊接参数。

电渣压力焊焊接参数　　　　**表 3-5**

钢筋直径（mm）	渣池电压（V）	焊接电流（A）	焊接通电时间（s）
20	25～35	300～400	18～23
22		300～400	19～24
25		400～450	20～25

2）电渣压力焊检查及缺陷处理方法：

A. 同一规格每 300 个接头取试样一组。

B. 接头焊包均匀，不得有裂纹，钢筋表面无明显烧伤等缺陷。

C. 接头处钢筋轴线偏移不得超过 $0.1d$，同时不得大于 2mm。

D. 接头处弯折不得大于 4°。用卷尺在钢筋弯折处至钢筋平直方向为 1m 的距离处，钢筋弯折水平距离小于 7cm，则为合格。

E. 电渣压力焊焊包鼓出部分要求大于 4mm，在钢筋绑扎前，须用小尖锤将焊药敲干净。

F. 若电渣压力焊出现以上问题，须将已焊钢筋切除，重新进行焊接，以保证钢筋焊接的质量。

3）电渣压力焊接缺陷防治措施（表 3-6）。

电渣压力焊缺陷防治措施　　　　**表 3-6**

焊接缺陷	防治措施	焊接缺陷	防治措施
偏　心	1. 把钢筋端部矫直 2. 上钢筋安放正直 3. 顶压用力适当 4. 及时修复夹具	弯　折	1. 把钢筋端部矫直 2. 钢筋安放正直 3. 适当延迟松夹具的时间

续表

焊接缺陷	防 治 措 施	焊接缺陷	防 治 措 施
咬 边	1. 适当调小焊接电流 2. 缩短通电时间 3. 及时停机 3. 适当加大顶压力	焊 包 不均匀	1. 钢筋端部切平 2. 适当加大熔化量
未熔合	1. 提高钢筋下送速度 2. 延迟断电时间 3. 检查夹具，使上钢筋均匀下送 4. 适当增大焊接电流	气 孔	1. 保证焊剂干燥 2. 把铁锈消除干净
		烧 伤	1. 钢筋端部彻底除锈 2. 把钢筋夹紧

(7) 楼梯钢筋绑扎。

在楼梯底模上确定主筋和分布筋位置，按设计图纸放主筋和分布筋，绑扎时先绑主筋，后绑分布筋，每个交点均绑扎，再绑楼梯两端上铁主筋、分布筋。钢筋绑完后，应按规定垫好保护层垫块，主筋接头数量和位置要符合设计和规范要求。

(8) 箍筋加工和施工：

1）严格钢筋下料及加工尺寸，加工时保证弯钩平行，平直长度 $10d$，弯折 135°。

2）对于主次梁及井格梁交叉处，要采用变数箍筋。下料时，严格按照实际情况翻样，次梁箍筋高度要扣掉主梁钢筋直径，并逐渐加大到次梁实际的箍筋尺寸。

3）箍筋加密区。

柱箍筋加密区为梁顶、底面向上和向下同时满足：≥柱长边尺寸，≥ $H_n/6$，≥500mm。柱箍筋加密应与梁筋绑扎同时进行；梁箍筋加密区范围为：梁端头，第一道离柱 50mm，且≥2 倍梁高，≥500mm。对于梁与墙体相交处，梁箍筋必须进入墙体一道。

对于受力钢筋搭接范围内，箍筋须进行加密处理。

对于井格梁相交节点处，梁端头处各须有 3 根加密箍筋。

3.4.3 钢筋保护处理措施

钢筋在绑扎前，根据钢筋间距弹线；绑扎时，严格按照弹线位置绑扎钢筋。

(1) 对于墙体钢筋，为保证绑扎时的整体刚度及钢筋间距，当单面墙长超过 4m 时，要绑扎 ϕ14 斜筋二道。

为了保证在浇筑底板、楼板混凝土时，柱、墙插筋不移位，插筋上部绑定位箍筋，下部将柱墙钢筋、箍筋及板水平筋绑扎牢固。墙柱混凝土浇筑时，定位钢筋须与墙柱钢筋绑扎牢固，防止混凝土浇筑时插筋及模板移位。墙体钢筋定位措施见“钢筋施工方案”。

(2) 柱筋水平间距定位控制采用方钢筋定位框。

(3) 楼板筋的上铁保护层控制。楼板上铁利用制作马凳支撑进行保护层的控制。

(4) 严格控制保护层垫块的强度及精度，以对构件的外层钢筋最小保护层进行控制。

3.4.4 钢筋施工质量检查

(1) 对于进场钢筋原材，要求钢筋外表面不得有锈蚀现象，每米弯曲度不得大于 4mm，总弯曲度不得大于总长度的 0.4%。

(2) 钢筋进场后立即组织复试，第二天提供复试结果，复试不合格的钢筋严禁使用。

(3) 施工前，检查钢套筒的质量，材质不符合要求、无出厂证明书以及外观质量不合格的钢套筒不得使用。

（4）要注意钢筋插入钢套筒的长度，认真检查钢筋的标记线，防止空压。

（5）挤压时严格控制其压力，认真检查压痕深度，深度不够的要补压，超深的要切除接头，重新连接。

（6）根据设计图纸检查钢筋的型号、直径、根数、间距是否正确，特别要注意检查负筋的位置。

（7）检查钢筋的接头位置及搭接长度是否符合要求，钢筋表面不允许有油渍、漆污和颗粒状铁锈。

（8）检查钢筋绑扎是否牢固，保护层是否垫好。

（9）钢筋工程属于隐蔽工程，在浇筑混凝土前，应对钢筋及预埋件、插筋进行验收，并做好隐蔽工程记录。

（10）钢筋位置的允许偏差，不得大于表 3-7 所规定的要求。

（11）严格钢筋的下料及加工尺寸，尺寸不合格钢筋不准使用。

（12）不准将定位钢筋或套管直接焊在受力主筋上；如必须采用焊接时，可在此部位加附加箍筋，将其焊接在附加箍筋上。

（13）定位钢筋要定位标准、到位，外露部位要打磨平，且端头须刷防锈漆。

钢筋安装位置允许偏差　　**表 3-7**

项　目	内　容		允许偏差（mm）
1	受力钢筋的间距		±5
2	钢筋弯起点位置		20
3	箍筋、横向钢筋净间距	绑扎骨架	±20
4	焊接与预埋件	中心线位置	5
		水平高差	+3，-0
5	受力钢筋的保护层	基　础	±10
		柱、梁	±5
		板、墙、壳	±3

（14）钢筋绑扎时，不准用单向扣，并注意绑扎扣端头要朝向构件内，以防今后在混凝土面产生锈蚀。

（15）各受力钢筋之间的绑扎接头位置应相互错开 1.3 倍的搭接长度（以绑扎接头中心距离为准）。

（16）对于电渣压力焊，为防止钢筋偏位，在焊接时要肋对肋。但如果钢筋上部有弯起筋，在钢筋加工时要注意弯起方向。

（17）对于柱封顶处，由于与梁相交，钢筋很密，不利于混凝土的浇筑，柱钢筋可在梁上铁以下 5cm 处弯折。

3.5　混凝土工程

本工程基础底板厚为 500mm，反梁为 650mm × 1600mm，外墙厚为 300mm 及 350mm，垫层混凝土强度等级为 C10，基础混凝土强度等级为 C30，抗渗等级 P8；地下室外墙混凝土强度等级为 C35，抗渗等级 P8；A 段、C 段后浇带混凝土 C40，掺加 15%CEA－B；梁、板混凝土强度等级为C30；柱混凝土强度等级：地下一层至地上二层为C35，二层以上为C30。

本工程混凝土全部采用商品混凝土，由我公司商品混凝土搅拌站供应，其产品性能必须符合有关标准和设计要求。

3.5.1 混凝土的运输

公司混凝土搅拌站距离现场25km，罐车往返一趟平均需100min，混凝土运达现场后通过塔吊、混凝土泵、布料机等设备直接将混凝土运送至工作面。

现场布置一台F0/23B（臂长50m）塔和两台H3/36B（臂长60m）塔，负责钢筋、架料、混凝土的垂直运输。设置2台地泵（1号地泵DBT80D，2号地泵DBT60），两台布料器施工。布料器是一种全回转混凝土布料设备，主要用于混凝土现场浇筑施工，该机可360°全方位正反向回转、混凝土输送管道采用标准管径及管接头。混凝土浇筑时，与泵输送管连接，由操作人员直接推动臂架或用绳子拉动臂架进行转动使用。

3.5.2 劳动力安排

(1) 每台地泵配备操作人员数量：

放　料：2人

振　捣：4人

平　仓：4人

电　工：1人

焊　工：1人

机务指挥：1人

木　工：3人

钢筋工：2人

共需人员：$2\times18=36$人

(2) 其他工种配备每班总人数：

压光刮平（楼板）：9人

拆管接泵：12人

交通指挥：2人

3.5.3 混凝土泵送施工

(1) 混凝土泵选型的主要依据有两方面：

1) 本工程的结构形式及特点；

2) 泵的主要技术参数。

工程结构形式及特点：

本工程A、C段基础结构为筏形基础，B段为独立柱基础，A、C段地下室墙体为厚350（300）mm混凝土墙；主体结构为框架结构，混凝土工程除立面较分散外，全部为框架柱。梁板混凝土量相对集中。

混凝土泵主要技术参数：

混凝土泵的主要技术参数即混凝土泵的实际平均输出量和混凝土泵的最大输送距离。根据工程特点，选用HBT60混凝土输送泵，实际输出量根据混凝土泵的最大输出量、配管情况和作业效率，计算如下：

$$Q_A = Q_{max} \times \alpha \times \eta = 60 \times 0.85 \times 0.6 = 30.64m^3/h$$

式中　Q_A——混凝土泵的实际输出量（m^3/h）；

Q_{max}——混凝土泵的最大输出量（m^3/h）（取自表 3-8）；

α——配管条件系数；

η——作业效率。

混凝土泵的最大输出距离，根据下式计算：

$$L_{max} = P_{max}/\Delta P_H$$

$$\Delta P_H = \frac{2}{r_0}\left[k_1 + k_2\left(1 + \frac{t_2}{t_1}\right)v_2\right]\alpha_2$$

式中　L_{max}——混凝土泵的最大水平输送距离（m）；

P_{max}——混凝土泵的最大出口压力（Pa）；

ΔP_H——混凝土在水平输送管内流动每米产生的压力损失（Pa/m）；

r_0——混凝土输送管半径（m）；

k_1——黏着系数（Pa），取 $k_1 = (3 \sim 0.01s_1) \times 10^2$；

k_2——速度系数［Pa/（m/s）］，取 $k_2 = (4 \sim 0.01s_1) \times 10^2$；

S_1——混凝土坍落度，本工程取 $s_1 = 16$cm；

t_2/t_1——混凝土泵分配阀切换时间与活塞推压混凝土时间之比，一般取 0.3；

v_2——混凝土拌合物在输送管内的平均流速（m/s），取 0.8m/s。

$v_2 = Q_A \div \pi r_0^2 \div h = 30.64 \div [3.14 \times (0.125/2)^2] \div 3600 = 0.69m/s$；

α_2——径向压力与轴向压力之比。

混凝土实际配管如下：（最大长度配管）

$$\Delta P_H = 2 \div (125 \times 10^{-3} \div 2) \times [(3 - 0.01 \times 16) \times 10^2 + (4 - 0.01 \times 16) \times 10^2 \times (1 + 0.3) \times 0.69] \times 0.9 = 18.1 \times 10^{-3}MPa$$

则混凝土实际配管：

水平管：160m

垂直管：35×4＝140m

弯管：10×9＝90m

$$L_{max} = 160 + 140 + 90 = 390m$$

需要压力 $P = P_H \times L_{max} = 18.1 \times 10^{-3} \times 390 = 7.06MPa$

本工程选用混凝土泵 HBT-60，技术参数见表 3-8。

混凝土泵技术参数　　**表 3-8**

性　能	HBT-60（地泵）参　数	性　能	HBT-60（地泵）参　数
最大输送压力（MPa）	9.5	骨料最大粒径（ϕ125 管）（mm）	40
输入能力（m^3/h）	60	料斗容量（m^3）	0.51

根据上面计算与泵的技术参数比较，地泵能够满足结构施工的需要。由于本工程工期紧，由两个外协队伍同时施工，故增加一台 HBT80D 地泵共同进行混凝土浇筑。

（2）各构件的实际浇筑参数（计算自搅拌站到现场的运输时间为50min）见表3-9。

实际浇筑参数　　表3-9

构件型号	浇筑设备	浇筑速度	每车浇筑时间	计算缓凝时间（min）	要求缓凝时间（h）
柱　　子	塔　　吊	$4m^3/h$	约1.5h	50+90=140	4
外　　墙	布料机	$25m^3/h$	约15min，每层（500mm厚，约$24m^3$，需1h）	50+60=110	4
水平梁板浇筑宽度6m	布料机	$25m^3/h$	约15min	50+60=110	4

3.5.4 混凝土的浇筑

（1）混凝土浇筑泵管布置。

具体每一层施工段的楼板混凝土浇筑，根据泵管出口在本施工段的相对位置，采取倒退式浇筑混凝土。

对于地下室外墙的混凝土浇筑，将泵管直接接至布料机来浇筑混凝土，由于其自身较为轻便，能在施工楼层上被塔吊移动，所以浇筑范围较广，可以提高混凝土的浇筑效率及浇筑质量。

（2）振捣方式。

由于泵送混凝土坍落度大，振动器插点要均匀排列，可采用“行列式”或“交错式”的次序移动，不应混用，以免造成混乱而发生漏振。振动器的操作，要做到“快插慢拔”，每一插点要掌握好振捣时间，过短不易捣实，过长可能引起混凝土产生离析现象。一般每点振捣时间应视混凝土表面呈水平不再显著下沉，不再出现气泡，表面泛出灰浆为准。

（3）混凝土的浇筑要求：

1）基础部分混凝土采用抗渗混凝土（抗渗等级P8），混凝土的配合比、拌制、运输、浇筑、振捣及养护等各个环节严格把关。混凝土配合比由我公司搅拌站试配，其配合比各参数必须符合《地下工程防水技术规范》的规定，商品混凝土合同条款中必须注明质量要求（包括强度等级、材料、缓凝时间、外加剂、坍落度）。运输至现场如坍落度损失超过30mm时，必须做退货处理。

2）防水混凝土振捣时间为10～30s，以混凝土开始泛浆和不冒气泡为准，并要避免漏振、久振和超振。振捣时，振动器的移动半径不能大于其作用半径，振动器插入下层混凝土的深度不小于50mm。

3）外墙混凝土施工缝留在地梁上500mm处，在施工缝上放置300mm高（上下各150mm）钢板止水带（焊缝饱满且满焊、外露高度准确、保证水平）。施工缝处浇筑混凝土时要先将原已浇筑的混凝土表面浮浆剔除，并用空压机将施工缝内的灰尘、杂物吹除干净。

4）防水混凝土结构内部设置的各种钢筋或绑扎钢丝，不能接触模板，固定模板用的螺栓，要采用止水环止水，止水环必须满焊。

5）防水混凝土刮平后立即覆盖塑料布，混凝土终凝后蓄水5cm进行养护，养护时间不小于14d，梁侧面刷养护剂。在养护期内使混凝土表面保持湿润。

6）地下室外墙利用布料器及塔吊进行浇筑，用$\phi 50$插入式振捣棒振捣。在进行墙体混凝土浇筑前，应对墙体钢筋的分布情况全面了解，尤其对暗柱、洞口过梁及洞口加筋等钢筋较密的部位，进行技术处理，局部加大钢筋的间距，找出下棒的位置，并在模板上或相应钢筋位置做出明显标注，以备在混凝土浇筑时使用。

7）对于洞口、墙体转角部位的混凝土下灰方式，采取机械加人工配合，即洞口两侧采取机械均匀同时下灰，洞口上口过梁及墙体转角部位采取人工下灰。

8）柱子浇筑采用塔吊吊斗（吊斗为 $1m^3$）进行浇筑，严格控制每斗灰在每个柱子下灰一次高度为50cm。浇筑时，多个柱子（2个以上）同时浇筑，确保每斗灰下料厚度，柱子混凝土利用插入式振捣棒振捣。

9）为了避免发生离析现象，混凝土自吊斗或布料机软管倾落时，要保证软管长度，使混凝土自由倾落高度不超过2m。为了保证混凝土结构良好的整体性，混凝土应连续进行浇筑，不留或少留施工缝；如必须间隔时，间隔时间应尽量缩短，并应在上一层混凝土初凝前将次层混凝土灌筑完毕。

10）混凝土浇筑应分层振捣，每次浇筑高度应不超过振动棒长的1.25倍，由于在振捣上一层时，应插入下层中50mm，以消除两层之间的接缝，且本工程使用ZN－50插入式振捣棒，有效长度为451mm，$451 \times 1.25 = 563mm$，即浇筑高度不得超过500mm；下料点应分散布置，一道墙至少设置两个下料点，门窗洞口两侧应同时均匀浇筑，以避免门窗口模板走动。

11）在浇筑中应使用照明（手电或手把灯）和分层尺竿进行配合，来保证振动器插入深度及振捣情况。

12）浇筑墙体混凝土应连续进行，上下两层混凝土浇筑间隔时间应小于初凝时间，每浇一层混凝土都要用插入式振动器振至表面泛浆不冒气泡为止，必要时在上下两层混凝土之间接入50mm厚、与混凝土同配合比无石子水泥砂浆。

13）混凝土浇筑过程中，要保证混凝土保护层厚度及钢筋位置的正确性。不得踩踏钢筋，移动预埋件和预留孔洞的原来位置；如发现偏差和位移，应及时校正。特别要重视竖向结构的保护层和板负弯矩部分钢筋的位置。

3.5.5　夏季混凝土的施工

为保证混凝土工程在夏季期间的施工质量，采取如下措施：

(1) 为保证混凝土不开裂，在混凝土中应掺加缓凝剂或减水剂。混凝土浇筑完毕后，及时覆盖湿地毯。

(2) 在风雨或暴热天气运输混凝土，罐车上应加遮盖，以防进水或水分蒸发。夏季最高气温超过40℃时，应有隔热措施。

(3) 在高温炎热季节施工时，要在混凝土运输管上遮盖湿罩布或湿草袋，以避免阳光照射，并注意每隔一定的时间洒水湿润。

3.5.6　紧急状态下的施工缝处理措施

如果在施工中出现意外情况时，则留设施工缝。在下次浇筑混凝土前将接搓处的混凝土（达到1.2MPa）凿掉，表面做凿毛处理，铺5cm厚同混凝土配比无石子的水泥砂浆，保证混凝土接搓处强度和抗渗指标。施工缝留置：有主次梁的楼板，宜顺着次梁方向浇筑，施工缝应留置在次梁跨度的中间三分之一范围内；墙，留置在门洞过梁跨中1/3范围内，也可留在纵横墙的交接处。

3.5.7 其他预控措施

混凝土浇筑时，振捣要密实，以减少收缩量，提高混凝土抗裂强度。并注意对板面进行抹压，可在混凝土初凝后终凝前，进行二次抹压，以提高混凝土抗拉强度，减少收缩量。混凝土浇筑后，应及时进行喷水养护或用潮湿材料覆盖，认真养护，防止强风吹袭和烈日暴晒。

夏季，梁、板混凝土浇筑后，必须经6h后方可上人进行下道工序的施工。才可吊运钢管等架料放置楼板上，放置位置必须在梁板负弯矩最大处，即放置在柱、梁、板三者相交位置附近，且严禁放置在悬挑梁板上。吊运架料时，必须有专人看管。在梁板混凝土强度未达到75%以上时，每次吊运架料重量不宜过大，以防卸料时，给梁板造成集中荷载，出现裂缝。放料时，塔吊司机应使架料缓慢、平稳放置在楼板上；放稳后，应及时分散架料，避免集中荷载长时间放在梁板上。

3.5.8 混凝土养护

降低混凝土块体里外温度差和减慢降温速度来达到降低块体自约束应力和提高混凝土抗拉强度，以承受外约束应力时的抗裂能力，对混凝土的养护是非常重要的。

混凝土浇筑前，应准备好在浇筑过程中所必须的抽水设备和防雨防暑措施。混凝土的养护：墙、梁混凝土采用涂刷养护剂或浇水的方法进行养护，养护剂采用高效养护剂M9型。

夏季施工时，覆盖浇水养护应在混凝土浇筑完毕后的12h以内进行。混凝土的浇水养护时间不得少于7d。

3.5.9 混凝土试块留置

见表3-10。

各构件拆模强度以及同条件强度试块留置　　表3-10

结构类型		拆模要求	试块留置	组　数
竖向结构		混凝土强度达1.2MPa以上或12h后	留置同条件试块	2组
楼梯支撑		强度达到75%	随顶板模板拆除时拆除	2组
悬臂梁板	≤2m	强度达到75%	留置同条件试块	2组
	>2m	100%		
普通梁板	≤8m	强度达到75%	留置同条件试块	2组以上
	>8m	强度达100%		
冬期施工临界受冻强度		4MPa 方可拆除保温层	留置同条件试块	2组

3.5.10 施工缝留置

施工缝的设置：基础外墙水平施工缝留在地梁上500mm处，采用300mm宽的钢板止水带（上下各150mm，焊缝饱满且满焊、外露高度准确、保证水平）。柱的水平施工缝留在基础顶面或梁底，梁板垂直施工缝设置在跨中1/3范围内，楼梯施工缝设置在踏步板的1/3范围内。

施工缝的处理：施工缝处须待已浇筑混凝土的抗压强度不小于1.2MPa时才能继续浇筑。在施工缝处继续浇筑混凝土时，要把已硬化的混凝土表面的水泥薄膜和松动石子以及软弱混凝土层清除干净，并加以充分湿润和冲洗干净且不得积水。在浇筑混凝土前，先在施工缝处铺设一层与混凝土配比成分相同的约50mm厚的水泥砂浆，然后浇筑混凝土。

3.6　后浇带处理

(1) 地下室外墙后浇带处理

为加快工程进度，使地下室外墙防水能尽早施工，在地下室外墙模板拆除以后用钢筋混凝土预制扣板将后浇带封上，在预制板外侧抹水泥砂浆找平层，做好防水处理。

(2) 梁板后浇带处理

在支设梁板模板时，将后浇带处模板一同支上并与其他模板相对脱开，待梁板混凝土达到一定强度之后，其他地方混凝土模板拆除，留下后浇带处模板及支撑。为避免使后浇带内存留垃圾，后浇带上方用木板覆盖。待后浇带浇筑之前，将后浇带两侧松动混凝土及浮浆剔除，后浇带模板上每隔一段距离留设清扫口，以便将后浇带内垃圾清除干净。

3.7　防水工程

3.7.1　防水混凝土

见“混凝土部分”。

3.7.2　地下室防水卷材施工

防水材料采用两层SBSII型防水卷材，厚2mm。⑨轴、⑭轴柱子距离A、C段外墙仅75mm，因此该处的柱子待外墙防水完成后再进行施工。

(1) 施工准备：

1) 铺贴防水层的基层表面，应将尘土、杂物清扫干净，表面残留的灰浆硬块及突出部分应清除干净，不得有空鼓、开裂及起砂、脱皮等缺陷。

2) 基层表面应保持干燥，含水率应不大于9%。雨期施工基层达不到规定要求时，不得进行防水施工。可采取午后在基底上平铺一块1m见方卷材，4~5h后揭开无水珠的简易方法检测。基层要求平整、牢固，阴阳角处应做成圆弧或钝角。

3) 防水层所用的卷材、冷底子油、二甲苯等，均属易燃物品，存放和操作应远离火源，并不得在阴暗处存放，防止发生意外。

(2) 操作工艺。

1) 工艺流程：

基层表面清理→涂刷冷底子油→特殊部位进行附加层处理→防水卷材铺贴→接头处理→卷材末端收头。

2) 涂刷冷底子油前，先将尘土、杂物清扫干净，同时进行冷底子油配制。

3) 涂刷冷底子油。将配好后的冷底子油用长把滚刷均匀涂刷在基层上，厚薄一致，不得有漏刷和透底现象，阴阳角、管根等部位可用毛刷涂刷；常温情况下，干燥4h以上，手感不黏时，即可进行下道工序。

4) 特殊部位附加层处理：阴阳角及后浇带处铺贴500mm宽防水卷材作为附加层。

5) 铺贴卷材防水层：铺贴卷材时，先将卷材摊开在干净、平整的基层上，进行预排，然后用喷灯预热卷材至表面熔化但未流淌时，向前推进铺贴。每铺完一张卷材，应立即用干净的长把滚刷从卷材的一端开始在卷材的横方向顺序用力滚压一遍，以使空气彻底排出。随后用30kg重、30cm长外包橡皮的铁辊滚压一遍。施工时，不得拉伸卷材，防止出现皱折。

6）接头处理：不得在阴阳角、管根处留置接头且接头位置应相互错开。卷材长、短边搭接长度分别为100mm和150mm，喷灯分别在下层、上层卷材喷烤，做法同其他部位。

7）卷材末端收头。为使卷材收头粘结牢固，防止翘边和渗漏，用烤热的刮刀进行修边，附加120mm宽盖缝条并涂刷一层聚氨酯涂膜防水材料。

8）地下防水层做法。底板垫层上500mm范围内采用内贴法施工，其他地下防水层采用外防水外贴法施工，应先铺贴平面，后铺贴立面，立面包平面，立面接头应相互错开；铺贴完成后的外侧应按设计要求，砌筑120mm保护墙，并及时回填土。

9）内贴法与外贴法交接处应采取保护措施，即在内贴卷材甩头处，将卷材卷出，在其上砌临时保护砖墙两皮并抹水泥砂浆保护层。

10）防水层铺贴不得在雨天、大风天施工。

3.8 垂直运输和脚手架工程

3.8.1 垂直运输

本工程每层面积较大，楼长度为112m，宽度为75.2m。为解决工程施工中材料垂直运输问题，在楼东北侧设两台固定式塔吊，西南侧设一台行走式塔吊。臂长分别为60m和50m，以解决部分材料运输。

地下结构施工时，用钢管和脚手板在①轴Ⓕ、Ⓖ轴之间、⑲轴F、Ⓖ轴之间、Ⓛ轴⑪、⑫轴之间搭设上人斜道，宽1.5m，坡度1:3；地上结构施工时，①轴、⑲轴外侧搭设上人斜道。

3.8.2 脚手架工程

该工程外防护采用普通钢管扣件式外双排脚手架。搭设前需编制单独的技术方案，搭设时严格按方案进行，搭设完毕及时请有关部门检查验收，合格后方可使用。由于脚手架搭设时，地下室外墙防水及回填土还没完成，站杆不能落地，所以在A、C段地上结构施工时需搭设挑架，在B段填土完成后直接搭设双排架子。在首层楼板外边缘预埋ϕ16钢筋卡环，挑架在搭设时需与结构和预埋钢筋头有可靠拉结。当地下室回填土完成后，再及时将挑架的站杆落地，形成落地式外双排脚手架。站杆下的回填土应分层夯实，以达坚实平整，并认真做好排水，站杆下做20cm宽、5cm厚通长脚手板，以避免站杆不均匀沉降。详见“结构施工外脚手架施工方案”。

地下外墙钢筋插筋、支模时需搭设脚手架，详见“地下室底板施工方案”。

脚手架与建筑物应逐层有可靠拉接，并在脚手架外侧立面满挂安全网，并将安全网封严，操作面上要满铺脚手板，不得有探头板和飞跳板，脚手架在使用过程中应派专人进行检查和维修。

（1）脚手架搭设顺序及要点

1）搭设顺序：

做好搭设的准备工作──►放线──►夯实填土地基，铺设垫板──►按立杆间距排放底座──►放置纵向扫地杆──►逐根竖立杆，随即与纵向扫地杆扣牢──►安装横向扫地杆，并与立杆或纵向扫地杆扣牢──►安装第一步大横杆（与各立杆扣牢）──►安装第一步小横杆

→安装第二步大横杆→安装第二步小横杆→加设临时抛撑（上端与第二步大横杆扣牢，在装设两道连墙杆后方可拆除）→安装第三四步大横杆和小横杆→设置连墙杆→接立杆→加设剪刀撑→铺设脚手板→绑护身栏杆和挡脚板→挂安全网。

2）搭设要点：

A. 垫板铺设平稳，不悬空，拉水平线控制。

B. 内立杆距墙面300mm，相临立杆接头位置错开，并不小于500mm。

C. 上下横杆的接头位置应错开布置在不同立杆纵距中，与相临立杆的距离不大于纵距的三分之一，同一排大横杆水平偏差不大于50mm。

D. 剪刀撑的斜杆除两端用转扣与立杆或大横杆连接外，在其中间应增加2～4个扣结点。剪刀撑斜杆两端扣件与立杆节点的距离小于200mm，最下面的斜杆与立杆的连接点离地面小于500mm。

E. 操作面脚手板要铺满、铺平、铺稳，不得有探头板，下兜安全网，并加绑两道护身栏和挡脚板。

（2）脚手架拆除。

1）拆除原则是：先搭的后拆，后搭的先拆。

2）拆除顺序为：

安全网→护身栏→挡脚板→脚手板→小横杆→大横杆→立杆→连墙杆。

3）画出工作区标志，禁止行人入内。

4）严格遵守拆除顺序，由上而下，后绑者先拆，先绑者后拆。

5）统一指挥，上下呼应，动作协调。

6）材料工具要用滑轮和绳索运送，不得乱扔。

3.9　雨期施工措施

（1）平整现场场地，规划排水流向，场地四周做排水沟，排水沟的坡度要符合排放要求，及时清理，不得堵塞，保证排水畅通无阻。见“施工总平面布置图”。

（2）在土方开挖前，做好充分的准备工作。编制切实可行的施工方案，提前收听天气预报，安排好场内进出车辆的道路，施工时则以最快的速度在不遇雨的情况下将土方挖完。

另外，进场后对现场场地进行硬化处理（10cm混凝土），如果挖土时一旦遇雨在基坑范围内进出车辆的道路上铺垫道渣，这样可防止运土车陷进泥里，同时也避免将泥土带出场外。

（3）在土方、基础工程施工时，为保持基坑内干燥，采取防排结合的方法防止基坑内存水。首先，在基坑上口四周设挡水墙（120mm宽、300mm高），以防止雨水流入基坑；另外，在土方开挖过程中，沿坑底四周挖明沟排水，挖至设计标高时，用石子铺设盲沟，在拐角分别设置集水井，这样一旦下雨，雨水将通过排水沟汇入集水井，然后用泵抽至沉淀池，引入市政管道。

再者，将在底板范围内适当设置集水井；这样，在基础底板施工时一旦遇雨能够将底板范围内的雨水尽快排出坑外。

（4）土方开挖时边坡坡度要适当放缓，坡面用水泥土抹面保护，防止雨水浸入坡面土体，造成土体滑移；同时，也防止坡面的土块掉入基坑，难以清除。另外，设专人经常检查边坡稳定情况，发现问题及时处理。

(5) 雨期进行地下室防水施工，基层含水率应控制在9%以内，符合要求后方可施工。防水材料要防雨、防污染。防水层施工时，应密切注意天气预报，根据天气情况来决定防水层施工的时间，下雨天不得进行防水层的施工。

(6) 雨期进行土方回填之前，首先要将肥槽内淤泥清理干净，排除积水，橡皮土全部挖除。回填前注意收听天气预报，计算好每次回填的土方量，避免赶在雨天回填。另外，未回填的土方也应尽量避免被水浇湿。回填应分层，随填随夯。土方的运、填、夯须连续操作，并按规定测定回填土的含水率和干密度。若含水率偏高，可采取翻松、晾晒或换土等措施。

(7) 钢筋应用垫木垫放整齐，绑扎前应刷除钢筋表面的泥土和锈斑。

(8) 木模板应尽量减少雨淋日晒，防止扭曲变形和开裂。不要过早刷脱模剂，刷后要有防雨保护，雨后清理、补刷。

(9) 雨期进行混凝土施工要注意收听天气预报，确定混凝土浇筑时间。混凝土浇筑要避开大雨；如遇小雨时，应用防雨材料将新浇筑的混凝土表面遮盖，以免冲走水泥浆，影响混凝土浇筑质量。对因大雨被迫中断连续浇筑的部位，设置紧急施工缝，施工缝处可采用加筋的方法进行处理或按设计要求采取措施，并加盖塑料布保护。

(10) 基础底板和外墙混凝土属于抗渗混凝土，所以不能在雨天施工。在浇筑该部位混凝土时，在现场合理地布置混凝土输送泵，使运到现场的混凝土能够尽快浇筑。在施工时，设专人负责混凝土车辆的调度工作，保证混凝土能够连续浇筑。这样，在提前掌握天气情况的条件下，就能使混凝土能在很短的时间内浇筑完毕，而保证其不被雨淋。

(11) 做好混凝土的养护工作，养护时间为7d，地下室底板、墙养护14d。日晒严重时，应多浇水，保证混凝土表面保持湿润。

(12) 外脚手架要及时排除架子基底积水，大风、暴雨后要认真检查，发现立杆下沉、悬空、接头松动等问题应及时处理，并经验收合格后，方可使用。

(13) 脚手架的坡道要加防滑条，安装挡脚板和防护网。

4 采用先进的施工技术

(1) 梁、板模板采用覆膜多层板，碗扣早拆支撑体系，运用清水混凝土模板技术进行混凝土结构施工，减少或消除抹灰施工工序，加快工程进度。

(2) 钢筋采用套筒冷挤压、电渣压力焊连接技术，除底板外的板钢筋采用冷轧扭钢筋，保证了施工质量，提高工效。

(3) 混凝土采用泵送工艺，解决了混凝土的水平和垂直运输，提高劳动生产率，加快混凝土浇筑速度。

(4) 采用新的施工工艺，推广新的科技成果，保证了施工进度。

(5) 采用小流水均衡施工法，合理安排施工工序，加快了施工进度。

(6) 运用计算机管理，对施工形象进度、施工部位质量情况、材料供应、技术资料进行有效的控制。

5　各项管理保证措施

5.1　技术质量保证措施

制定明确的质量目标：结构长城杯。高标准、严要求，坚持“百年大计，质量第一”的方针；工程质量管理坚持始于过程，终于过程，重在过程的原则，所以要把工程质量的过程控制管理放在首位，要求每一道工序、每一个部位都必须是上道工序为下道工序提供精品，并服务于下道工序；把质量责任（横向到边、纵向到底）分解到各个岗位、各个环节、各个工种，做到凡事有章可循，凡事有据可查，凡事有人负责，凡事有人监督，通过全员、全方位、全过程的质量动态管理来保证实实在在的高质量。

为使严格的质量管理贯穿于不断变化的施工全过程，按照ISO9002系列标准建立起了一套有效的质量保证体系，并制定了相应的技术、质量管理制度，最大限度地发挥每个部门、每个岗位和每个人的作用，确保质量保证体系的正常运行，以每个人的工作质量来保证和提高整个工程的质量。

编制施工进度计划实施细则，建立多级网络计划和施工作业周计划体系，强化事前、事中和事后的进度控制。

(1) 做好施工准备，制定切实可行、科学合理的施工方案和正确合理的施工程序，采用小流水施工法，科学合理划分施工流水段，实现快节拍均衡流水施工。

(2) 针对本项目的工程特点，组织调配一批具有大型综合性工程施工组织经验的工程技术人员，参与本工程的施工组织协调管理工作，充分利用现场的空间和时间；以计划为龙头、计算机管理，对现场的各个角落的施工进展情况、质量情况、安全文明施工和立体交叉作业的情况进行全面的监控，发现问题及时采取措施、及时解决，以确保施工进度计划的实现。

(3) 建立各项技术、质量管理制度：

1) 图纸会审制度。

在接到正式施工图纸后，尽快熟悉图纸，弄清设计意图、工程特点和施工中可能出现的关键问题，认真做好图纸的自审工作。图纸会审的内容包括：设计是否符合施工技术装备和工程现场条件，是否能满足工期的要求，图纸各部位是否清楚明确，尺寸有无差错或遗漏。各专业图纸之间有无冲突、不妥、不便施工的部位，图纸会审过程中提出的问题及其解决办法和决定，由专人负责做好详细记录。

2) 施工组织设计、施工方案管理制度。

单位工程施工组织设计、施工方案由项目技术负责人组织有关人员编制并审核，然后报公司相关部门进行会签，会签完成报公司总工程师审批。

施工组织设计完成后由项目技术负责人组织对施工管理人员进行交底并严格执行，公司每季度对施工组织设计执行情况进行检查。

3) 施工技术资料的管理。

项目经理部配备一名专职资料员，严格按照北京市颁发的418号文件及档案管理的有关施工技术资料管理规定，进行技术资料的收集和整理。技术资料在收集整理过程中要完整、真实、准确，数据齐全，无差错，记录及时，字迹清楚，并且与施工进度同步。项目总工程师负责技术资料的审核。

4）交底制度。

单位工程开工前，项目技术负责人要就施工图纸和涉及的施工规范、施工组织设计、施工方案向参加施工的全体管理人员进行交底。分部工程、重要分项工程、特殊部位或新材料、新工艺施工前，技术负责人应写出书面技术交底。每个分项工程施工前，工长根据施工规范、工艺标准、施工组织设计的要求，以书面形式向施工班组做详细的技术交底。

5）进场物资质量管理。

项目物资部门根据施工进度计划编报物资需用计划，上报物资分公司，并根据公司的有关规定，到合格分承包方处统一采购供应。

进入施工现场的物资除必须具有合格证明外，还应进行外观质量检验和抽样送检，物资部按规定办理入库验收手续，建立台账。

入库或现场堆放的物资均应按品种规格分类码放整齐，并对其进行明确标识，注明其品名、规格、型号、数量、产地、进货日期、是否经过检验及检验是否合格等，以防止不合格品使用于工程上。

6）隐蔽工程验收制度。

凡属隐检项目均要在班组自检合格的基础上，由工长组织，单位工程技术负责人、质检员等参加检查验收，合格后由工长填写“隐蔽工程检查记录”并通知业主、监理、设计单位进行检查验收。未经隐检或隐检不合格，不得进行下道工序施工。

7）工程预检复核制度。

预检复核必须在下道工序施工前进行，由工长负责组织班组长，并请技术负责人和质量检查人员参加，共同进行；检查中如提出返修意见，则返修合格后，进行复查，填写复查意见。

8）施工试验。

为检验施工质量是否达到有关规范要求。在施工中主要进行以下施工试验：

①钢筋连接试验：试验按同品种、同规格、同接头形式、同一焊工划分，并从外观检查合格的成品中切取。

②混凝土试验：包括混凝土坍落度的检查、混凝土标准试块的留置（标养、同养）、防水混凝土抗渗试块的留置。

③回填土试验：按有关规定进行干密度试验、含水率试验。

9）混凝土浇灌申请制度。

混凝土浇灌前，须做好一切准备工作：钢筋做好隐检；水电专业做好预埋管件的隐检；模板做完预检；浇灌用水、电、马道、器械已准备完备。

所有准备工作都做好后，由工长填写混凝土浇灌申请书，经监理工程师批准后才能进行混凝土浇灌。

10）计量器具的管理。

工地上使用的计量器具需按有关规定进行首检和周期检定，做好标识，并定期进行维护和保养。

如果计量器具在使用中偏离校准状态时应立即停止使用，标明“禁用”标识，并由专业人员进行维修和校准。另外，还要派专人对其发现偏离校准状态前所检测结果的有效性进行评定。

11）各级质量检验制度。

在施工过程中，严格执行三检制（自检、互检、交接检），要按有关规定进行工序检验、分项工程质量评定、分部工程质量评定和竣工验收。必须执行样板制，包括样板工序、样板墙、样板间、样板段、样板层等。

12）不合格品的控制。

在施工过程中，一旦出现了不合格品，我们一定要认真对待、认真处理，首先要做出“不合格品报告”，然后项目技术负责人组织有关人员要对其产生的原因、性质进行评审，提出处置方案，质检员负责对处置过程进行监督并对结果检验评定。以使其对工程质量的影响降到最低程度。

13）纠正和预防措施。

施工过程中，对已发现的质量问题，根据不合格品报告，项目技术负责人组织有关人员调查、分析产生不合格的原因，制定纠正措施并组织实施。对潜在的质量问题（尤其是质量通病）制定预防措施。

工地每月召开一次质量分析会，根据工程中出现的不合格品、较为集中和普遍影响质量的问题、隐患，分析影响质量的潜在原因，分别研究制定纠正和预防措施，并由项目技术负责人组织实施。

(4) 质量预控措施

针对施工中较为常见的质量通病，由于这些质量通病量大面广，成为进一步提高工程质量的主要障碍。特制定了一系列预防控制措施。防患于未然，对薄弱环节重点防范，以达到提高工程质量的目的。

(5) QC 小组活动

施工过程中，对于质量通病、特殊过程、新材料、新工艺的运用，组织 QC 小组活动，运用 TQC 管理办法和统计技术，对施工的整个过程予以监控，确保施工质量。

5.2 工期保证措施

本工程工期紧张，但是由于场地比较开阔，且单层面积较大，有利于抢工期，这就需要在施工中科学合理地组织施工，确定好施工流向，以保证工期目标的实现。

在土方开挖时，投入四台挖掘机分四个区域同时同方向开挖。缩短开挖时间，减少雨期施工的不利影响。

由于 B 段 ±0.00m 以上的施工需待室内回填土完成一部分后进行，所以 B 段回填土要尽快完成。为此，我们在 A 段和 C 段地下室外墙防水及保护层尚未完成时，给防水施工留出一定工作面，先阶梯式进行中间部分的土方回填，待地下室外墙防水及保护层施工完毕，马上回填余下部分。

加大人力物力的投入，以充分利用工作面，尽量做到有人就有施工面，有施工面就有人工作。在施工时，划分两个施工区域，由两个不同的施工队伍来独立进行施工，在两个施工区域内，再分别合理划分流水段进行施工；这样，既有利于加快工程进度，又方便组织施工。

在结构施工时，投入四台塔吊，两台混凝土输送泵，两台混凝土布料器，机械设备投入量的加大，必然会提高生产效率，加快工程进度。

5.3 节约三材措施

(1) 钢筋连接采用钢筋冷挤压机械连接、钢筋电渣压力焊技术。

(2) 混凝土内掺加掺合料（粉煤灰）以减少水泥用量。

(3) 合理划分流水段，采用早拆模板支撑体系，加快模板周转，减少模板和木材的投入。

(4) 采用竹胶板、多层板及定型钢模板等模板体系，提高混凝土质量，减少混凝土浪费。

5.4 安全消防措施

5.4.1 安全措施

(1) 建立健全安全生产管理保证体系，在工程施工过程中，严格执行国家及上级主管部门有关安全生产的规定，并针对工程特点、施工方法和工作环境，编制切实可行的安全技术措施。

(2) 提高全员的安全意识，树立“没有安全，就没有质量，就没有工期，就没有效益”的思想认识，贯彻执行“安全第一、预防为主”的方针，认真把好安全的“教育、措施、交底、防护、验收、检查”六关，杜绝“三违”现象。

(3) 严格执行北京市规定的建筑施工现场安全防护标准，做到各类防护设施规范化，现场设置明显的安全标志牌，进入施工区域的所有人员必须戴安全帽，确保生产活动在安全条件下进行。

(4) 在施工中，针对施工现场内的环境条件，抓住重点部位、重点设施，采取有效的安全技术防范措施，做好每一个环节的施工安全，做好安全技术交底工作，坚持每周一次的班前安全学习制度，新工人进场要进行三级安全教育，特殊工种人员经培训合格后持证上岗，并佩戴相应的劳保用品。

(5) 土方工程施工中安全技术措施：

1) 土方开挖前要做好排水工作，坑边砌好挡水墙，防止地表水、施工用水和生活废水浸入施工现场或冲刷边坡；

2) 在基坑边堆放弃土、材料和机械时，应与坑边保持一定的距离，以免影响基坑的边坡稳定，造成土体滑坡；

3) 基坑四周应设立两道1.2m高护身栏杆，并刷红白油漆；危险处，夜间应设红色标志灯；

4) 室外回填土施工过程中，由于地上和地下同时施工，交叉作业，所以肥槽处必须支搭防护棚，以免高处坠物伤人。

(6) 脚手架作业安全防护措施

1) 脚手架搭设时必须按搭设方案进行搭设，所用材料必须符合有关规定要求；

2) 外脚手架搭设时必须与楼层结构有可靠拉结，拉结点水平距离不得超过6m，竖向距离不得超过4m；

3）脚手架的操作面必须满铺脚手板，不得有空隙和探头板、飞跳板，脚手板下层兜设水平网，操作面外侧设两道护身栏和一道挡脚板。

4）脚手架搭设必须进行接地，防止发生触电事故；

5）脚手架搭设完成必须经验收合格后方可使用，不得随意改动，大风雨后及时进行检查。

（7）洞口、临边防护安全措施

1）对于1.5m×1.5m以下的孔洞，应预埋通长钢筋网或加固定盖板，1.5m×1.5m以上的孔洞，四周必须设两道护身栏杆，中间支挂安全网；

2）楼梯踏步及休息平台处，必须设两道牢固防护栏杆。

（8）高处作业安全防护措施：

1）建筑物四周必须用密目网封闭严密，不得有漏封之处，如有损坏及时更换；

2）建筑物的出入口需搭设长6m，宽于出入通道两侧各1m的防护棚，棚顶应满铺不小于5cm厚的脚手板，非出入口和通道两侧必须封严；

3）高处作业，严禁投掷物料。

（9）临时用电安全防护措施：

1）临时用电必须建立对现场的线路、设施的定期检查制度，并将检查、检验记录存档备查；

2）配电系统必须实行分级配电。各类配电箱、开关箱的安装和内部设置必须符合有关规定，箱内电器必须可靠完好，其选型、定值要符合规定，开关电器应标明用途；

3）各类配电箱、开关箱外观应完整、牢固、防雨、防尘，箱体应外涂安全色标，统一编号，箱内无杂物。停止使用的配电箱应切断电源，箱门上锁；

4）独立的配电系统必须按部颁标准采用三相五线制的接零保护系统，非独立系统可根据现场实际情况采取相应的接零或接地保护方式。各种电气设备和电力施工机械的金属外壳、金属支架和底座必须按规定采取可靠的接零或接地保护。

在采用接地和接零保护方式的同时，必须设两级漏电保护装置，实行分级保护，形成完整的保护系统。漏电保护装置的选择应符合规定；

5）手持电动工具的使用，应符合国家标准的有关规定。工具的电源线、插头和插座应完好。电源线不得任意接长和调换，工具的外绝缘应完好无损，维修和保管应由专人负责；

6）电焊机应单独设开关，电焊机外壳应做接零或接地保护。一次线长度应小于5m，二次线长度应小于30m，两侧接线应压接牢固，并安装可靠防护罩。焊把线应双线到位，不得借用金属管道、金属脚手架、轨道及结构钢筋作回路地线。焊把线无破损；绝缘良好。电焊机设置地点应防潮、防雨、防砸。

（10）施工机械安全防护措施：

1）施工现场应有施工机械安装、使用、检测、自检记录。

2）塔式起重机的安装必须符合国家标准及原厂使用规定，并办理验收手续，经检验合格后，方可使用。使用中，定期进行检测。

3）塔式起重机的安全装置（四限位，两保险）必须齐全、灵敏、可靠。

4）机动翻斗车时速不超过5km，方向机构、制动器、灯光等应灵敏有效，行车中严禁带人，往槽、坑、沟卸料时，应保持安全距离并设挡墩。

5）蛙式打夯机必须两人操作，操作人员必须戴绝缘手套和穿绝缘胶鞋，操作手柄应采取绝缘措施。夯机用后应切断电源，严禁在夯机运转时清除积土。

6）氧气瓶不得暴晒、倒置、平使，禁止沾油。氧气瓶和乙炔瓶工作间距不小于5m，两瓶同焊炬间的距离不得小于10m。施工现场内严禁使用浮桶式乙炔发生器。

7）圆锯的锯盘及传动部位应安装防护罩，并应设置保险档、分料器。凡长度小于50cm，厚度大于锯盘半径的木料，严禁使用圆锯。破料锯与横截锯不得混用。

8）砂轮机应使用单向开关。砂轮必须装设不小于180°的防护罩和牢固的工件托架。严禁使用不圆、有裂纹和磨损剩余部分不足25mm的砂轮。

(11) 塔吊安全措施：

1）吊索具必须使用合格产品；

2）钢丝绳应根据用途保证足够的安全系数。凡表面磨损、腐蚀、断丝超过标准的，打死弯、断股、油芯外露的均不得使用；

3）吊钩除正确使用外，应有防止脱钩的保险装置；

4）卡环在使用时，应使销轴和环底受力，吊运大灰斗、混凝土斗等大件时，必须用卡环；

5）吊物上不得站人，吊钩下不得站人；

6）塔吊安装完毕后，必须进行接地。

(12) 模板施工安全措施：

1）登高作业时，各种配件应放在工具箱或工具袋中，严禁放在模板或脚手架上，各种工具应系挂在操作人员身上或放在工具袋中，不得掉落；

2）装拆模板时，上下要有人接应，随拆随运转，并应把活动的部件固定牢靠，严禁堆放在脚手板上和抛掷；

3）装拆模板时，必须搭设脚手架；装拆施工时，除操作人员外，下面不得站人；高处作业时，操作人员要系好安全带；

4）安装墙、柱模板时，要随时支设固定，防止倾覆。

5）对于预拼模板，当垂直吊运时，应采取两个以上的吊点，水平吊运应采取四个吊点。吊点要合理布置；

6）对于预拼模板应整体拆除。拆除时，先挂好吊索，然后拆除支撑及拼接两片模板的配件，待模板离开结构表面在起吊。起吊时，下面不准站人。

5.4.2 消防保卫措施

(1) 成立施工现场消防保卫领导小组，实行保卫、巡逻、门卫制度。

(2) 严格遵守北京市消防安全工作的有关标准，贯彻“预防为主，防消结合”的方针，逐级落实消防责任制。

(3) 设立防火标志牌，防火制度、防火计划要上墙，配备充足的消防器材，设置消火栓，并配备足够的消防水带，建立义务消防队，定期进行演习。

(4) 做好施工现场警卫护厂工作，值班人员在当班间要认真负责，不得擅离工作岗位，负责看管建筑材料、机具设备，防止破坏和盗窃。

(5) 向外拉运建筑材料和机具，要由材料员和工长开出门证方可放行；否则，门卫有权阻止，不得外运。

(6) 对新入厂的职工，在入厂前由工地保卫组进行治安、防火及遵守工地各项规章制度的教育。

(7) 建立吸烟室，施工现场及仓库严禁吸烟，违者罚款。

(8) 施工现场消火栓、消防器材，经常保持完好状态，布置合理，灵敏有效，使用方便。

(9) 施工现场严格禁止使用易燃物搭设临建。搭设临建时，要符合防火要求。

(10) 凡未经消防部门的同意私自移动或挪用消防器材的人，按破坏消防设施处理。落实逐级防火责任，严格执行防火制度，违者按有关规定处理。

(11) 现场动用明火，办理动火证，有效期为1d，并注明时间、地点、种类，配备相应的消防器材。易燃易爆物品要远离火源。

(12) 在防水卷材施工时，必须有消防措施，施工作业区必须配备足够数量的灭火器，并对施工人员进行消防安全教育。

5.5　环保与文明措施

做好文明施工工作，不仅关系到工程能否顺利进行，更重要的是反映企业的素质。不文明的施工，不仅影响人们宁静、和谐的工作和生活，而且影响一个工程、一个企业的荣誉，作为施工单位，我们有责任为周边居民及工程建设的所有人员着想，为他们提供一个文明的环境。所以，在本工程的施工过程中，我们将把文明施工管理作为我们项目管理的重要内容，制定每一个工作计划时都以不对工程周边环境造成影响为目标，做到生产效益和社会效益双丰收。

(1) 文明施工管理体系

项目经理部设立文明施工管理小组，项目经理任小组长，设兼职文明施工管理员负责文明施工管理工作。

(2) 文明施工及环保措施

1) 施工现场场容。

施工现场门口施工标牌、安全生产管理制度牌、消防保卫管理制度牌、场容卫生环保制度牌、工程简介牌、工地导向牌、施工现场平面布置图均按公司有关规定制作、标识。

进场后，将施工现场临时道路进行硬化处理，防止将尘土、泥浆带到场外。进入现场的施工人员全部佩戴胸卡，对工人实行准军事化管理，并对其进行现场教育，要求工人举止文明，各施工队伍之间团结合作，施工管理人员对工人应平等、尊重，使整个施工场区营造出一个紧张向上的气氛。

2) 施工现场料具管理。

施工现场的成品、半成品、各种料具均要按施工平面布置图指定位置分类码放整齐、稳固，做到一头齐、一条线。砌体材料码放不得超高，砂石等散料要成堆。施工现场的材料保管，要依据材料性能采取必要的防雨、防潮、防晒、防火、防爆、防损坏等措施。

3) 施工现场环境卫生和卫生防疫。

设专人进行现场内及周边道路的清扫工作，以保持周边空气清洁。各种不洁车辆离开现场之前，须对车身进行冲洗。运输车辆不带泥砂及其他污物出场，并做到沿途不遗撒。

炊事人员需持证上岗，食堂要经常消毒，炊具必须干净，无腐烂变质食品。厕所、排水沟及阴暗潮湿地带，要定期进行投药、消毒，以防蚊蝇、鼠害孳生。

4）防止大气及水污染。

水泥和其他易飞扬的细颗粒散体材料，要在库房内存放或严密遮盖，运输时车辆要封闭，以防止遗撒、飞扬。施工现场配备洒水设备并指定专人负责，在易产生扬尘的季节经常洒水降尘。

施工现场设置沉淀池，使废水经沉淀后再排入市政污水管线，食堂要设置简易、有效的隔油池，并加强管理，定期掏油，以免造成水污染。

5）防止噪声污染

对于木工车间等产生较大噪声的地方，在可能的情况下采取全封闭，以降低噪声。另外，在施工现场我们将严格遵照《中华人民共和国建筑施工场界噪声限制》来控制噪声，最大限度地降低噪声扰民。

（3）成品保护措施

成立项目经理领导下的生产副经理负责的成品保护小组（图 5-1），建立成品保护责任和奖罚制度，使成品保护规范化、制度化、措施化。成品保护重点部位有：楼梯踏步、混凝土墙阳角、墙面、前后工序的相互污染。

1）钢筋成品保护：

①成品钢筋。须按照指定地点堆放，钢筋底部加垫木，雨期时钢筋上部须覆盖，以防锈蚀。

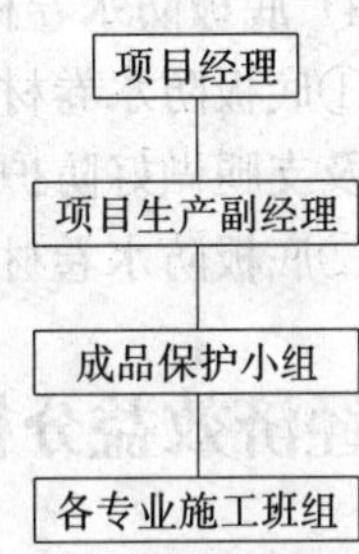

图 5-1 成品保护小组

②钢筋绑扎。墙筋绑扎时须搭设架子，定位准确。板筋绑扎完成后，铺脚手板用钢筋支架架空，尽量不在上面乱踩（尤其小直径钢筋），以防钢筋变形。弯起筋及负弯距钢筋绑扎完成后，不得在上面任意行走踩踏。

③当预埋套管及线管穿过时，应避开钢筋，严禁任意切割钢筋。

④钢筋连接。竖向钢筋的焊接接头夹具不得过早拆卸，焊接后的钢筋接头不得利用机械进行弯折。

⑤为了保证在浇筑楼板混凝土时柱、墙插筋不移位，插筋上部绑扎定位箍筋，下部将柱墙插筋、箍筋及板水平筋绑扎牢固，防止插筋移位。另外，柱墙钢筋下部 50cm 缠塑料布，防止浇筑混凝土时污染钢筋。

2）模板成品保护：

①进场后的模板，临时堆放时，必须用编织布临时遮盖，使用前，必须双面刷脱模剂。

②柱模板为定尺寸的覆膜多层板，只允许用同型号柱的周转使用，严禁其他部位使用。

③模板拆除时，严禁用撬棍乱撬和高处向下乱抛，以防口角损坏，拆下的模板要及时清理。

④梁板模支设完成以后，在其上面焊接或割除钢筋时，模板上必须垫钢板，以防烧伤模板。

⑤墙模拆除，如需割除对拉螺栓的，必须用钢板垫在模板表面。

⑥边角模板严禁用整板模切割。

⑦浇混凝土时，支设泵管用的马凳，底面必须焊 50×50×5 钢板；

⑧施工过程中，严禁用利器或重物乱撞模板，以防损坏或变形。

3）混凝土成品保护：

①因已进入夏季施工，大气平均气温高于25℃，应在混凝土浇筑 1～2h 内，即用塑料布进行覆盖，并及时浇水养护，以保持混凝土具有足够湿润状态，直至混凝土达到设计强度，混凝土的浇水养护时间不得少于 7d；

②在已浇筑的梁板混凝土强度达到 $1.2N/mm^2$ 以后，始准在其上来往行人和安装模板及支架，架子下要铺跳板；

③不承重的侧面模板，应在混凝土强度能保证其表面及棱角不因拆模板而受损坏，方可拆除，拆下的模板不能抛掷，防止伤及梁板及地梁的混凝土；

④墙、柱和门框的转角部分利用多层板进行围护。

4）底板防水卷材成品保护：

①底板防水卷材施工完毕后，在做保护层时，其上铺设地毯用于人、车行走，同时在车轮及支腿做好防护；

②底板防水卷材施工完并经验收合格后，要及时做保护层并砌筑保护墙。

6　经济效益分析

采取以下措施，在保证工程的工期和质量的前提下，达到降低成本的目的：

(1) 挖土时，在场地内预留下要回填的土方量。

(2) 制定科学、合理的施工方案，采取小流水均衡施工法，科学划分施工区段，实现快节拍均衡流水施工，加快施工速度，最大限度地减少模板及支撑的投入量，降低成本。

(3) 通过缩短工期，减少大型机械和架模工具的租赁费，降低成本。

(4) 加强现场管理，按照项目法严密组织施工，制定严格的材料加工、购买、进场计划、限额领料制度，既保证材料保质保量及时进场到位，又不造成积压和材料浪费，减少材料损耗，减少材料来回运输和二次搬运，降低成本。

(5) 从质量控制上，做到一次成优，避免返工，降低成本。

(6) 采用清水混凝土的措施。为使工程减少粗抹灰的工作量，节约材料、节约人工，并且混凝土平整度好，采用竹胶板整拼模板施工，达到清水混凝土墙效果，减免抹灰工序，避免抹灰造成空鼓、灰层脱落，使材料费、人工费、管理费相应得到降低。

(7) 利用公司的混凝土搅拌站和中心实验室，提供混凝土的配合比互易性好、早期强度高，使用本公司混凝土可保证质量、降低成本且表面不易出现蜂窝、麻面。

第十六篇

燕都大酒店工程施工组织设计

编制单位：中建一局六公司

编 制 人：梁红丽　齐国平　刘占第

审 核 人：董清崇　秦占民　李国辉

【简介】　燕都大酒店工程位于石家庄市育才街与槐北路交叉路口西南角，河北宾馆院内。该建筑是集餐饮、娱乐、住宿、办公为一体的综合建筑，为五星级宾馆。建筑物内外高级装修，外装为干挂花岗石、玻璃幕墙及瓷砖，整体效果为一艘扬帆远航的巨轮。

本工程从设计到施工应用了多项新技术、新工艺成果：深基坑土钉喷锚支护施工技术、C40大体积混凝土施工技术、C60高性能混凝土施工技术、高效钢筋和无粘结预应力技术、工程测量施工技术、钻孔植筋施工技术、建筑节能和新型墙体应用技术等，其中C40大体积混凝土应用技术获河北省科技成果三等奖、C60高性能混凝土的应用技术获河北省科技成果一等奖。

目　　录

1　工程概况

1.1　工程简介

工程名称：燕都大酒店
工程业主：河北宾馆
勘察单位：核工业第四勘察设计院
设计单位：核工业第四研究设计院
监理单位：河北中原建设监理公司
监督单位：河北省建设质量监督检测管理总站
施工单位：中建一局六公司
建筑面积：87356m^2
地理位置：石家庄育才街与槐北路交叉路口西南角
开工日期：1997.5
质量标准：河北省优质工程
施工总包：中建一局六公司

1.2　建筑设计概况

建筑设计见表 1-1。

建筑设计概况　　表 1-1

<table>
<tr><th>序号</th><th>项　目</th><th colspan="6">内　　容</th></tr>
<tr><td rowspan="4">1</td><td rowspan="4">建筑规模</td><td>面积（m^2）</td><td colspan="2">总面积：87356</td><td>地下：22623</td><td colspan="2">地上：64733</td></tr>
<tr><td>层　数</td><td>地　上</td><td colspan="2">31层</td><td>地　下</td><td>3</td></tr>
<tr><td rowspan="2">高度
（m）</td><td>非标层</td><td>标准层</td><td>±0.00 标高</td><td>基底标高</td><td>檐高</td></tr>
<tr><td>5.4
5.1</td><td>3.1</td><td>0.45</td><td>主楼：－15.7
裙楼：－13.85</td><td>108.2</td></tr>
<tr><td>2</td><td>屋　面</td><td colspan="6">聚苯乙烯泡沫板、水泥珍珠岩保温板、LYX603 氯化聚乙烯橡胶卷材和聚氨酯防水涂膜防水</td></tr>
<tr><td>3</td><td>外墙面</td><td colspan="6">贴面砖、玻璃幕墙、干挂花岗石</td></tr>
<tr><td>4</td><td>内墙面</td><td colspan="6">抹水泥砂浆、内墙涂料粉刷</td></tr>
<tr><td>5</td><td>楼地面</td><td colspan="6">楼梯水泥砂浆地面、厨卫间铺地砖</td></tr>
<tr><td>6</td><td>顶　棚</td><td colspan="6">抹水泥砂浆，内墙涂料粉刷</td></tr>
<tr><td>7</td><td>门　窗</td><td colspan="6">铝合金门窗、木门</td></tr>
<tr><td rowspan="3">8</td><td rowspan="3">防　水</td><td>地　下</td><td colspan="5">地下底板及外墙采用结构自防水：混凝土内掺 8% UEA 膨胀剂为；外墙外贴 4mm 厚 SBS 防水卷材。底板及外墙上竖向及水平施工缝处采用 20mm × 30mmBW 止水条</td></tr>
<tr><td>屋　面</td><td colspan="5">LYX603 氯化聚乙烯橡胶卷材和聚氨酯防水涂膜防水</td></tr>
<tr><td>雨　篷</td><td colspan="5">防水砂浆</td></tr>
</table>

续表

<table>
<tr><th>序号</th><th>项　目</th><th colspan="4">内　　容</th></tr>
<tr><td>9</td><td>保温节能</td><td colspan="4">外墙采用240mm厚陶粒混凝土空心砌块</td></tr>
<tr><td rowspan="9">10</td><td rowspan="9">设　备
安　装</td><td>电　梯</td><td>十　　部</td><td>自动扶梯</td><td>六　部</td></tr>
<tr><td>空　调</td><td>风机盘管</td><td>通　　风</td><td>风　管</td></tr>
<tr><td>上　水</td><td>冷水：铜管</td><td>热水：铜管</td><td>消防水：消火栓</td></tr>
<tr><td>下　水</td><td>中水：镀锌钢管</td><td>污水：镀锌钢管</td><td>雨水：室内 U-PVC</td></tr>
<tr><td>暖　气</td><td colspan="3">空调</td></tr>
<tr><td>强　电</td><td colspan="3">电缆桥架、封闭母线、地面线槽</td></tr>
<tr><td>弱　电</td><td colspan="3">电缆桥架、地面线槽、钢管</td></tr>
<tr><td>天　线</td><td colspan="3">卫星天线</td></tr>
<tr><td>消　防</td><td>烟感：有</td><td colspan="2">喷淋：有</td></tr>
</table>

1.3　结构设计概况

结构设计概况见表 1-2。

结构设计特点　　**表 1-2**

<table>
<tr><td>土质情况</td><td colspan="3">较　　好</td><td colspan="2">地基承载力标准值</td><td>170kPa</td></tr>
<tr><td>基础类型</td><td colspan="3">主楼：平板式筏形基础裙楼：独立基础</td><td colspan="2">地下防水做法</td><td>结构自防水＋外墙外贴 4mm 厚 SBS 防水卷材</td></tr>
<tr><td>结构形式</td><td colspan="3">框架-剪力墙结构</td><td colspan="2">底板厚度</td><td>2500mm 厚</td></tr>
<tr><td>地下混凝土类别</td><td colspan="3">C40、C60</td><td colspan="2">抗震设防烈度等级</td><td>7</td></tr>
<tr><td>标准冻结深度</td><td colspan="3">0.6m</td><td colspan="2">人防等级</td><td>6 级</td></tr>
<tr><td rowspan="3">混凝土
强度等级</td><td>外墙</td><td>－3～－1 层 C40</td><td>梁</td><td>－3～12 层 C60
13～18 层 C50
19～28 层 C45
29～31 层 C40</td><td>筒体</td><td>－3～12 层 C60
13～18 层 C50
19～28 层 C45
29～31 层 C40</td></tr>
<tr><td>内墙</td><td>－3～12 层 C60
13～18 层 C50
19～28 层 C45
29～31 层 C40</td><td>板</td><td>－3～12 层 C60
13～18 层 C50
19～28 层 C45
29～31 层 C40</td><td>楼梯</td><td>－3～12 层 C60
13～18 层 C50
19～28 层 C45
29～31 层 C40</td></tr>
<tr><td>基础</td><td>C40S8</td><td>柱</td><td>－3～12 层 C60
13～18 层 C50
19～28 层 C45
29～31 层 C40</td><td>其他</td><td>基础垫层 C10</td></tr>
<tr><td>钢筋类别</td><td colspan="6">HPB235 级、HRB335 级、HRB400 级</td></tr>
<tr><td>钢筋接头类别</td><td colspan="6">柱及地下室剪和墙结构的主筋（大于 $\phi16$ 以上）均采用气压焊。剪力墙水平钢筋采用绑扎搭接，直径大于 $\phi16$ 以上的钢筋采用气压焊及锥螺纹、冷挤压连接。水平结构梁筋采用闪光对焊、气压焊连接。电梯井筒结构的竖向主筋均采用竖向气压焊，水平钢筋采用绑扎搭接</td></tr>
</table>

1.4 施工难点和重点

(1) 施工测量精度高、难度大

由于本工程平面、立面造型复杂多变，共有六个圆心控制的九条圆弧轴线，其中，主楼有三个圆心控制的三个圆弧轴线，裙楼有三个圆心控制的六条圆弧轴线。且建筑工程量大，施工中交叉作业多，施工测量的精度要求高。

(2) C40 大体积混凝土施工技术

主楼采用筏板基础，长 68.2m，宽 30.4m，面积 2275m^2；平面形状不规则，板底标高 -15.7m，底板上下各配两层 ϕ36 钢筋网片，在标高 -14.7m 处设 ϕ25@200 温度筋一道，混凝土浇筑厚度 2.5m，最深处可达 3.8m，混凝土等级 C40P8，一次浇筑量 5950m^3，施工难度大。

(3) C60 高性能混凝土的应用

本工程高 46.3m 以下梁板、柱、墙混凝土均采用 C60 混凝土，属于首次应用的高强高性能混凝土。混凝土的配制、输送、浇筑、养护等环节是保证混凝土质量的重点。

(4) 深基坑土钉喷锚支护施工

本工程基坑面积较大，基础深达 -16.0m，场地狭小，根据地质情况，综合考虑施工成本、安全等因素，采用深基坑土钉喷锚支护。

(5) 无粘结预应力混凝土施工

本工程自 18.97m 以上均为无粘结预应力混凝土梁板，混凝土强度采用 C60、C50、C45、C40 四个等级，此技术的特点是采用大柱距布置，最大跨度可达 13m。

2 施工部署

2.1 总体施工顺序

总体施工顺序如图 2-1 所示。

2.2 分阶段施工顺序

(1) 地下结构

基坑支护→土方开挖→人工清理余土→复合地基打桩→剔凿桩头、清底→垫层混凝土浇筑→底板钢筋放线→底板钢筋绑扎→底板混凝土浇筑→底板混凝土养护→测量放线→地下一层墙柱钢筋绑扎→地下一层墙柱支模→地下一层墙柱混凝土浇筑→地下一层墙柱混凝土养护→地下一层内架搭设→地下一层顶板、梁支模→地下一层顶板、梁钢筋绑扎→地下一层顶板、梁混凝土浇筑→地下一层顶板、梁混凝土养护→地下二层结构施工（施工工序同前）→地下三层结构施工（施工工序同前）。

(2) 主体结构

外架搭设→F01 层墙柱钢筋绑扎→F01 层墙柱支模→F01 层墙柱混凝土浇筑→F01 层墙柱混凝土养护→内架搭设→F01 层梁、板模板支设→F01 层梁、板钢筋绑扎→F01 层梁、板混凝土浇筑→F01 层梁、板混凝土养护→后一结构层施工（施工工序同前）。

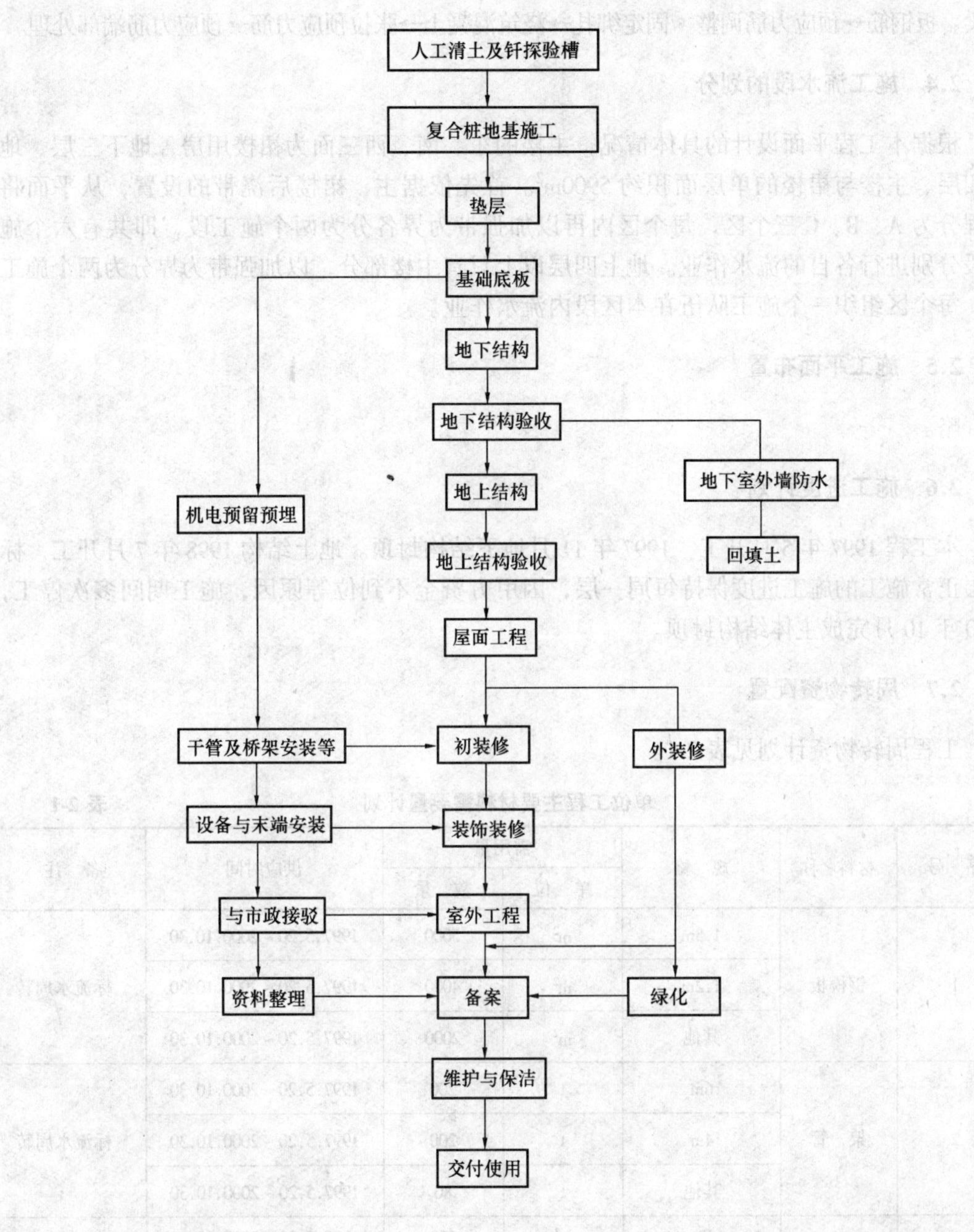

图 2-1 总体施工顺序

（3）装修工程

建筑标高放线→二次结构隔墙砌筑→屋面防水→外立面装修→立门窗框→内墙面抹灰→设备安装→门窗玻璃安装→吊顶→涂料→地面面层→油漆。

2.3 重点部位施工顺序

无粘结预应力混凝土施工工序：

支梁板底模→铺梁板底普通钢筋（下铁）→铺预应力筋→支梁板边模板（节点安装）→铺

次梁、板钢筋→预应力筋调整、固定绑扎→浇筑混凝土→张拉预应力筋→预应力筋端部处理。

2.4 施工流水段的划分

根据本工程平面设计的具体情况，主楼的东、南、西三面为裙楼用房，地下三层、地上四层、主楼与裙楼的单层面积约 5900m^2。首先依据主、裙楼后浇带的设置，从平面将工程分为 A、B、C 三个区，每个区内再以加强带为界各分为两个施工段，即共有六个施工段分别进行各自的流水作业。地上四层以上只有主楼部分，以加强带为界分为两个施工段。每个区组织一个施工队伍在本区段内流水作业。

2.5 施工平面布置

略。

2.6 施工进度计划

本工程 1997 年 5 月开工，1997 年 11 月地下结构封顶。地上结构 1998 年 7 月开工，标准层正常施工的施工进度保持每周一层，因甲方资金不到位等原因，施工期间多次停工，2000 年 10 月完成主体结构封顶。

2.7 周转物资配置

工程周转物资计划见表 2-1。

单位工程主要材料需要量计划 **表 2-1**

序 号	材料名称	规 格	需用量		供应时间	备 注
			单 位	数 量		
1	钢模板	1.5m	m^2	5000	1997.5.20～2000.10.30	标流水周转
		1.2m	m^2	4000	1997.5.20～2000.10.30	
		其他	m^2	2000	1997.5.20～2000.10.30	
2	架 管	6m	t	200	1997.5.20～2000.10.30	标流水周转
		4m	t	200	1997.5.20～2000.10.30	
		其他	t	80	1997.5.20～2000.10.30	
3	木 方	50×100（mm）	m^3	150	1997.5.20～2000.10.30	标流水周转
		100×100（mm）	m^3	160	1997.5.20～2000.10.30	
4	木 板	50mm厚	m^2	60	1997.5.20～2000.10.30	标流水周转
5	卡 扣	卡扣	个	15000	1997.5.20～2000.10.30	标流水周转
		其他	个	5000	1997.5.20～2000.10.30	
6	U形卡钩	ϕ8～ϕ10	个	80000	1997.5.20～2000.10.30	标流水周转
7	穿墙螺丝杆帽	600～1800mm长	套	10000	1997.5.20～2000.10.30	标流水周转
8	竹编板	1.2cm厚	m^2	4000	1997.5.20～2000.10.30	

2.8 主要施工机械选择

施工机械使用计划见表2-2。

单位工程机械需要量计划　　表2-2

序号	机械名称	类型型号	需用量		来源	使用起止时间	备注
			单位	数量			
1	塔吊	意大利EQ60 北京塔	台	2	自有	1997.5.20~2001.12.30	
2	混凝土输送泵	HB-60	台	2	自有	1997.5.20~2000.9.30	
3	钢筋调直机	CG4-14	台	2	自有	同上	
4	钢筋弯曲机	CW-40	台	4	自有	同上	
5	钢筋切割机	Q（32-1）	台	4	自有	同上	
6	钢筋对焊机	XW-150	台	4	自有	同上	
7	交流电焊机	D3-500	台	4	自有	同上	
8	外用电梯		部	2	自有	2000.3.10~2003.3.10	
9	蛙式打夯机		台	5	自有	1998.1.10~1998.3.30	
10	插入式振捣棒	HW-60	台	10	自有	1997.5.20~2000.9.30	
11	砂浆搅拌机		台	1	自有	2000.5.10~2002.5.30	
12	照明灯具		个	25	自有	1997.5.20~2003.3.10	
13	自动计量搅拌站	$50m^3/h$	座	1	自有	1997.5.20~1999.12.30	

2.9 劳动力组织情况

劳动力需用量及进场计划见表2-3。

单位工程劳动力需要量计划　　表2-3

序号	分项工程名称	人数	进出厂时间	备注
1	基础工程	500	1997.5.20~1997.11.20	
2	主体工程	450	1998.7.20~2000.10.30	
3	屋面工程	50	2000.11.10~2000.12.30	
4	门窗工程	30	2001.5.1~2001.9.10	
5	地面工程	50	2002.3.20~2002.5.20	
6	装修工程	200	2002.3.20~2002.10.30	
7	水电工程	100	2002.3.20~2002.12.30	

3　主要分部(分项)工程施工方法

3.1　工程测量

3.1.1　地下工程施工测量控制

(1) 控制桩设置

根据设计图和石家庄市规划局提供的高程、坐标点，经校核准确无误后，在现场制作永久性的控制桩（即建筑红线桩）。

(2) 定位轴线测量方法和程序

1) 本工程根据设计图和现场实际情况，为便于准确反映各控制点之间及与主要轴线的相互关系，利用甲方提供控制桩原点，在拟建建筑物四周测设一矩形控制网，并经计算设定了四个控制桩的坐标值，Ⅰ（2000.000，2000.000），Ⅱ（2118.319，2000.000），Ⅲ（2118.319，2067.310），Ⅳ（2000.000，2067.310）。(如图 3-1)。

2) 在矩形控制网线上，利用Ⅰ、Ⅱ、Ⅲ、Ⅳ控制桩，测设出轴线控制桩、大角桩和轴线桩。根据现场实际情况将主要轴线准确地延长到建筑物以外，选择地势平坦、相对稳定的地方保留桩位，并在附近现有建筑物的墙面上弹出一段墨线。

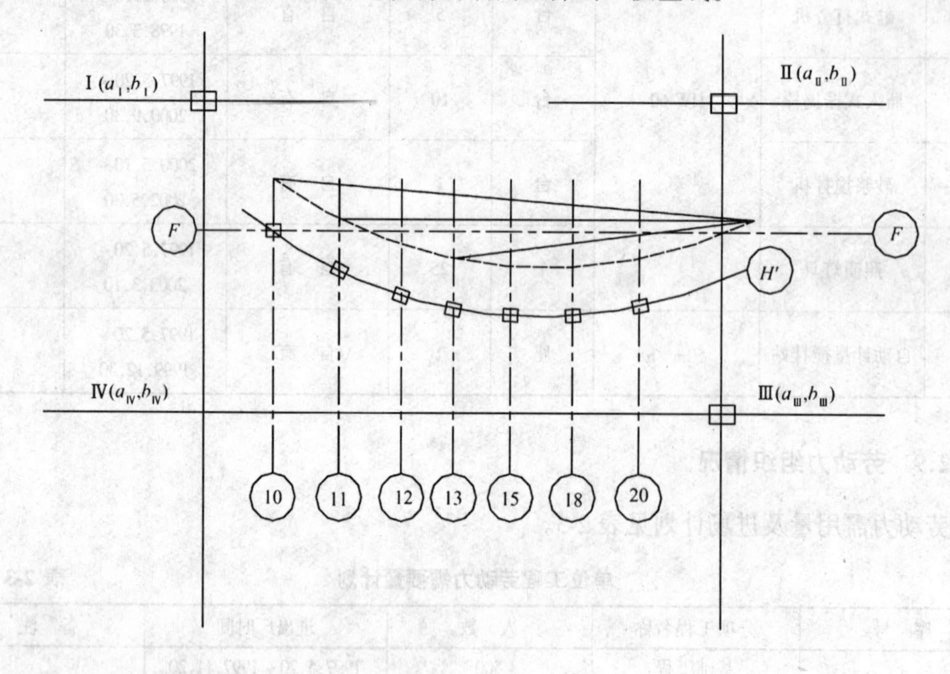

图 3-1　控制桩位

(3) 标高控制

1) 建立标高控制导线网。

利用石家庄市规划局给定标高的水准点 A 和 B，在施工场地四周布设四个水准点，用 S3 点及水准仪测定其标高，测设闭合差要小于 $\pm 5\sqrt{n}$（mm）（n 为测站数）或 $20\sqrt{L}$

(mm)（L 为测线长度，以 km 为单位）。

2）施工场地内各水准点标高和 ±0.000m 水平线标高经自检及有关技术部门和甲方检测合格后，方可正式使用。桩位采取隐蔽措施保护，并在雨期前后各测设一次，以保证标高精度的正确性。

3）±0.000m 以下标高测设。

在基坑开挖的过程中，在基坑护坡墙上引测临时水准点，以控制基坑开挖深度，在基槽底制作四个水准点，作为控制基础地下室标高的基准点。

4）标高控制的精度要求。

层间标高测量偏差不允许超过 ±3mm，建筑全高（H）测量偏差不应超过 $3H/10000$，即：

$30 \leqslant H \leqslant 0\text{m}$　　　　$\Delta = \pm 10\text{mm}$

$60\text{m} \leqslant H \leqslant 90\text{m}$　　　　$\Delta = \pm 15\text{mm}$

$90\text{m} \leqslant H$　　　　$\Delta = \pm 20\text{mm}$

基槽开挖水平桩测设：$H < \pm 10\text{mm}$。

3.1.2 地上主体结构垂直度控制

(1) 依据

1）建筑安装工程质量检验评定标准；

2）使用工具：激光经纬仪、光点测距仪、激光铅垂仪、线坠等。

(2) 精度要求

1）每层垂直度≤5mm；

2）建筑物全高≤30mm。

(3) 测量基本准则

1）遵守先整体后碎部和高精度控制低精度的工作程序。

2）遵守定位、放线的自检、互检制度。

(4) 测量控制方法

1）地上工程群楼采用外控法；主楼主要采用内控法，并与外控法相结合，保证垂直度。

2）群楼选用Ⓢ、Ⓐ/2、④、⑮轴为控制轴线，根据场地实际情况及规划局规定的控制点在不受施工影响的区域内，定做控制轴线桩，作为架镜点。同时，在建筑物的 ±0.000m 层梁或板边缘作控制轴线点，作为后视点，依次向上一层投射控制轴线点。为保证测量精度，永久控制轴线桩采用正倒镜法取值（图 3-2）。

3）主楼垂直度控制采用内控法：在 ±0.000m 层楼面上以⑦轴北侧 1.5m 线，⑬轴北侧 1.5m 与Ⓢ轴东侧 1.5m 线，Ⓕ轴西侧 1.5m 线的四个交点，作为控制点，组成主楼测量平面矩形控制网，向上每层楼板的相应位置上预留出 20cm×20cm 的预留洞，利用激光经纬仪沿此洞在上层楼板上定出该四个控制点来进行该轴线的定位放线工作（图 3-3）。

3.1.3 重点部位—圆弧轴线定位点的测设

本项目工程有六个圆心控制的九条圆弧轴线。其中，主楼有三个圆心控制的三条圆弧轴线，群楼有三个圆心控制的六条圆弧轴线。下面以Ⓗ圆弧轴线和Ⓑ圆弧轴线为例，说明本工程圆弧轴线的定位放线步骤和方法。

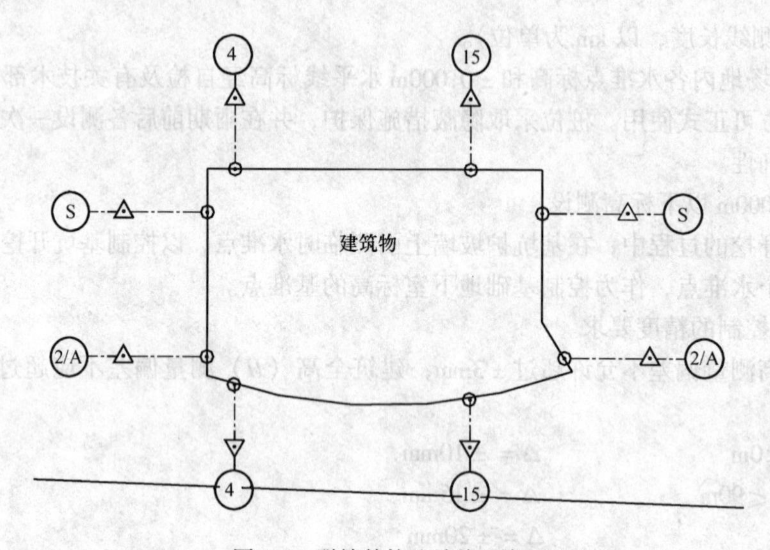

图 3-2 群楼外控法放线示意图

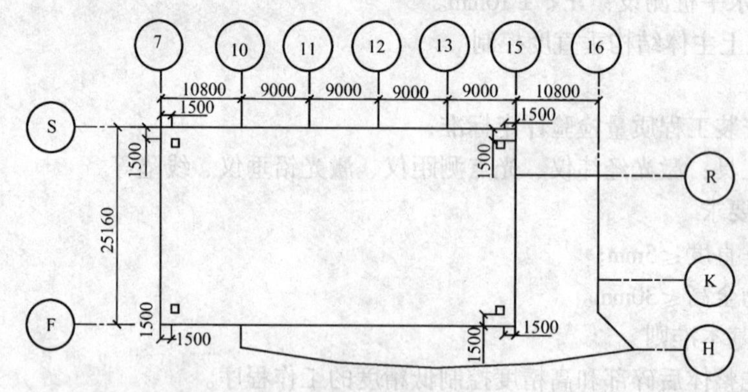

图 3-3 主楼垂直度控制法预留洞

(1) 主楼圆弧轴线定位放线的具体步骤和方法

1) 根据设计的建筑物轴线图，结合假定坐标系，推算出圆心 5 的坐标值 O_5（x_5，y_5）；用轴线间的几何尺寸和两点间距离公式 $R^2=(a_1-x_5)^2+(b_1-y_5)^2$，推算出 1 号～7 号点的坐标值（$a_i$，$b_i$），如图 3-4 所示。

2) 以 Ⓕ 轴线向下 1m 的平行线为基准线，利用轴线间的几何尺寸和圆弧半径长度公式计算出，Ⓗ' 圆弧轴线与基准线相交两端点的坐标值，然后以 2 号柱、5 号柱所在横向轴线与基准线的交点 $M(x_1,y_1)$ 和 $N(x_2,y_2)$，作为控制点，利用直角坐标系测设在顶板上。

3) 为便于 1～7 号柱的定位，测定点设置在横向距 Ⓗ' 圆弧轴线 1m 的⑩～⑳轴轴线上，该测定点的直线坐标值为（a_i,b_i-1）。

4) 根据两个控制点 M、N 和 7 个测定点的直线坐标值，进行内业计算，按坐标反算方法，求出以 MN 为起始边的 M 到各个测定点的极角 $\theta=\delta_i$ 和距离 $D=L_i$。

5) 在 M 点架设经纬仪，后视 N 点定向，将水平角度盘拨至 $90°-\alpha$，然后依次按 δ_i 角度定向，量距 L_i 测出放线点位。

(2) 群楼 B'圆弧轴线放线步骤和方法

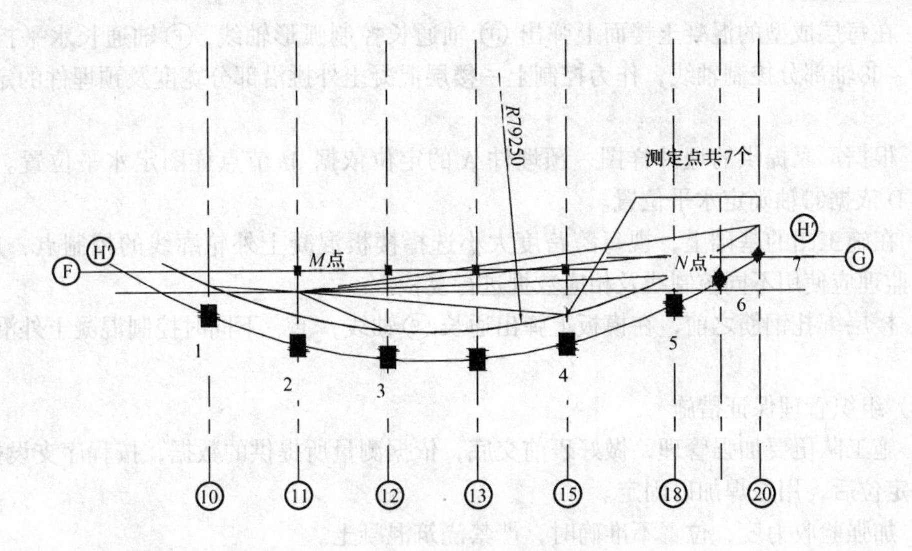

图 3-4 主楼圆弧轴线定位

利用轴线之间相互关系，配合直角坐标系，推算每个柱子所通过的半径轴线与轴线之间的夹角 ϕ。

在轴线上找一点，使得此点距半径的间隔为 1m。利用极坐标算出此点到柱子中心圆弧交点轴线夹角 θ 和距离 D，用光电测距仪测出即为柱子所在位置。

3.1.4 主楼外轮廓线及玻璃幕墙预埋件埋设控制方案

(1) 工程概况

工程主楼东立面及部分北立面采用玻璃幕外装修。由于建筑要求，东立面结构楼层由 Ⓗ 轴圆弧线控制，部分外挑檐板宽度逐层增大，使玻璃幕墙呈倒挂式，部分外北立面（⑱轴以北部分）斜梁斜度随楼层增加，建筑立面幕墙呈马鞍扭面（图 3-5）。

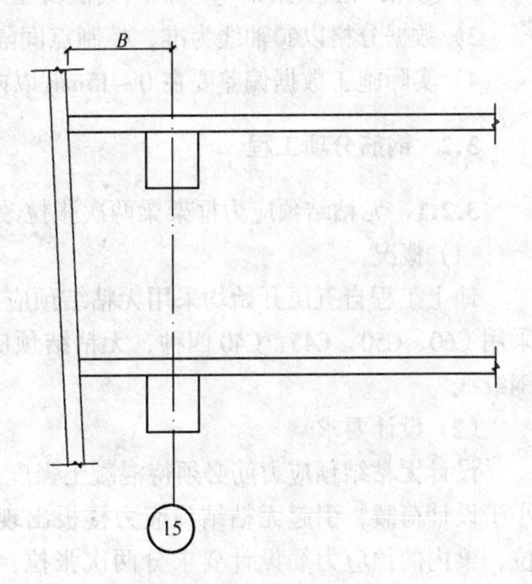

图 3-5 立面斜梁

(2) 技术要求

根据工程结构形式，加之幕墙厂家提供预埋件形式多样，平面布置复杂，使施工难度提高；如果预埋件埋设位置不准确，会给后期幕墙安装带来许多麻烦。

1) 对于外挑檐部分，由于张拉预应力筋穴模及幕墙安装要求，挑檐混凝土外轮廓按负偏差（0 ~ 15mm）控制；如果出现正偏差，则需进行混凝土剔凿，影响穴模的使用，也满足不了建筑要求。

$$B' = B - (1 \sim 15)$$

2) 左右定位，严格按埋件图执行。

(3) 技术保证措施

1）在每层成型的混凝土楼面上弹出 Ⓗ' 轴通长控制弧形轴线，Ⓕ 轴通长水平控制轴线，⑩～⑱轴部分控制轴线，作为控制上一楼层混凝土外挑沿部分宽度及预埋件的定位控制线。

2）根据厂家提供的埋件详图，预埋件 A 的定位依据 *M* 节点详图定水平位置。埋件 C、B、D 依据⑬轴确定水平位置。

3）在施工图的基础上，视每跨跨度大小选择楼板混凝土外轮廓线的控制点，质检、测量、监理应使用不同控制线及相应数据进行复核。

4）楼层绑扎钢筋之前，在模板上弹出通长 Ⓕ 轴线，上、下同时控制混凝土外沿宽度尺寸。

（4）组织管理保证措施

1）施工队伍要加强管理，做好班前交底，依据测量所提供的数据，按程序支设模板。预埋件定位后，用点焊加以固定。

2）加强验收力度，位置不准确时，严禁浇筑混凝土。

3）混凝土施工过程中，专人负责预埋件位置检查。一旦发现位置偏移后，马上加以纠正。

4）预埋件要分类堆放，标志明确，避免混用。

5）预埋件在施工前，要进行除锈等工作。

（5）每层施工及验收数据说明

1）Ⓗ' 轴以上数据指 Ⓕ 轴线到混凝土外轮廓线的理论距离。

2）Ⓗ' 轴以上数据指 Ⓗ' /轴线到混凝土外轮廓线的理论距离。

3）数据分格以⑩轴线为准，控制点间隔 1500mm。

4）实际施工数据偏差要在 0～15mm 以内，同时考虑到浇筑混凝土时的胀模影响。

3.2　钢筋分项工程

3.2.1　无粘结预应力框架梁两次张拉改为一次张拉施工技术

（1）概况

地上工程自五层开始均采用无粘结预应力混凝土楼板，混凝土强度等级从下至上分别采用 C60、C50、C45、C40 四种，无粘结预应力筋采用 $f_{tk}=1860N/mm$ 高强低松弛 $\phi^j15.6$ 钢绞线。

（2）设计要求

设计无粘结预应力筋必须待混凝土强度达到 100%后方可进行张拉。为避免实际荷载小于设计荷载，引起无粘结预应力楼板出现反拱。张拉时，板内预应力筋可一次张拉到位，梁内的预应力筋设计要求分两次张拉，第一次张拉至 $0.6f_{tk}$，待砌隔墙、做地面后，再将预应力筋张拉至 $0.75f_{tk}$，并且要求上述各梁在第一次张拉后，砌隔墙、做地面前，应在跨中均匀地设两个可靠支撑，待第二次张拉后，方可拆除支撑。

（3）经济对比和可行性分析

采用二次张拉，梁底需要加设支撑 $\phi200$ 钢管，从地上三层至三十层需 150 根，合计 32t，造成原材、资金、人力的浪费，并且采用二次张拉需搭设外脚手架或吊篮等，以创造作业条件。

针对工程的复杂性，必须系统管理，统筹安排施工顺序。按照“由外到内、由上到下”的装修组织安排，若无粘结预应力筋的张拉采用两次张拉，势必影响外装工程均衡连续的施工。

经设计院同意，可在一层已进行第一次张拉的，且无施工荷载的标准层楼面上用一根预应力梁作试验，张拉后若梁的反拱挠度值在规范的允许范围内，则在以后的施工中，可将预应力梁内预应力筋的应力一次张拉到位。

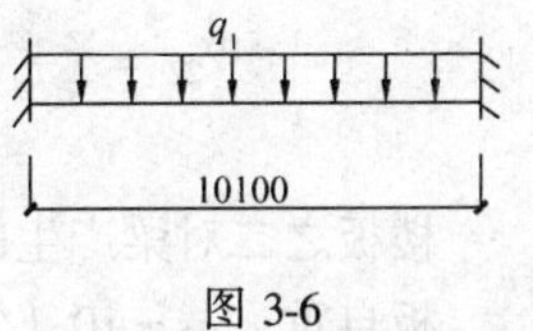

图 3-6

(4) 试验用预应力梁的选用

为操作方便，选取五层（18.97m）的一根梁 5YKJL-1 作试验，计算图如图 3-6 ~ 图 3-10 所示。

该梁截面：700mm × 750mm，净长 $L_0 = 10.1$m。

预应力梁挠度值的理论计算：

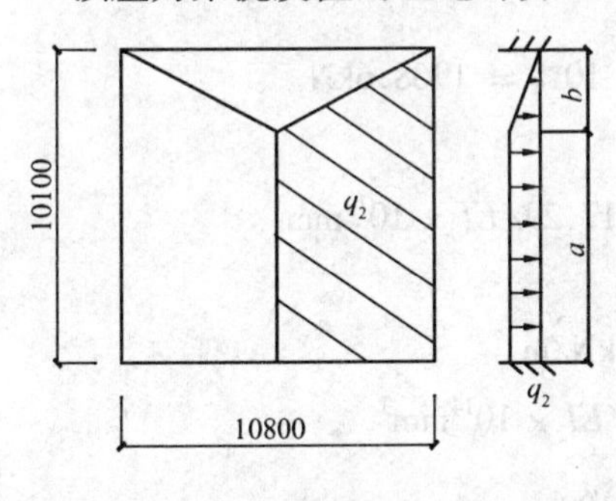

图 3-7

弹性模量 $E = 3.6 \times 10^4 \text{N/mm}^2$，混凝土自重 25kN/m

惯性矩：按矩形截面梁考虑（偏于安全）

$$I_1 = bh^3/12 = 700 \times 750^3/12 = 2.46 \times 10^4$$

梁自重产生的挠度：

$$q_1 = 0.7 \times 0.75 \times 10.1 \times 2510.1 = 13.125 \text{kN/m}$$

$$W_1 = q_1 l_0^4/384EI = 3.56/EI \times 10^{14} \text{mm}^3$$

楼板之一对梁产生的挠度：$b = 10.8/2 = 5.4$m

$a = 10.1 - b = 4.7$m

板自重：$q_2 = 24.73$kN/m（板厚为 250mm）

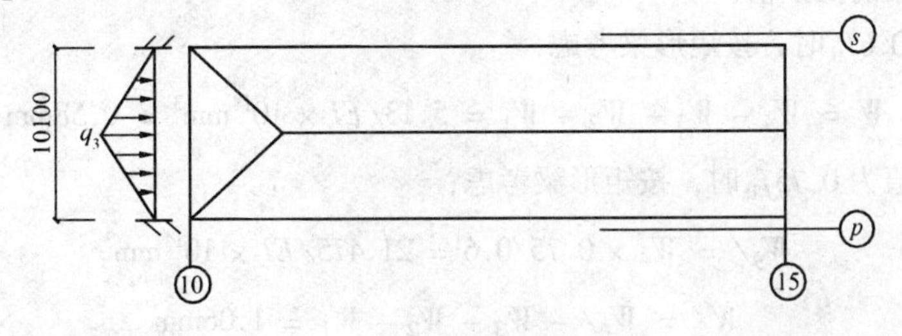

图 3-8

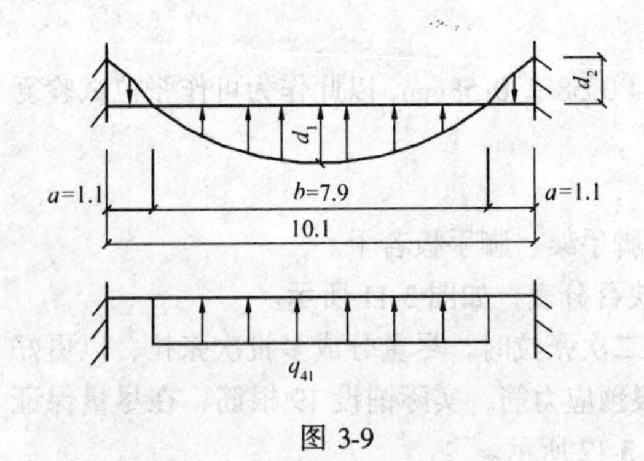

图 3-9

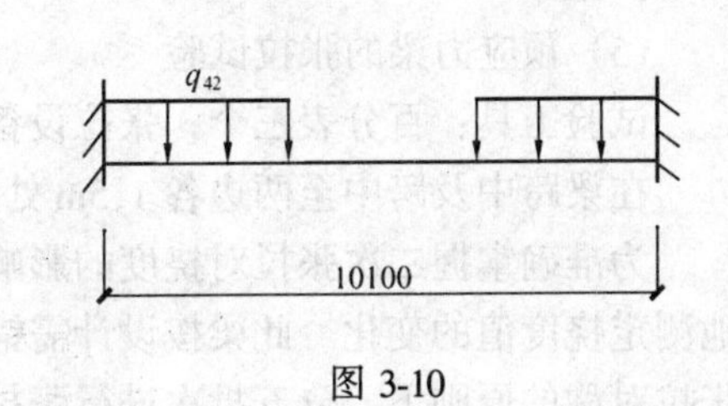

图 3-10

三角形荷载产生的挠度：

$$W_{21}=(-R_Ax^3-3M_Ax^2+q_2x^4/4)/6EI=2.89/EI\times10^{14}\text{mm}^3$$

均布荷载产生的挠度：

$$W_{22}=(-R_Bx^3-3M_Bx^2+q_2x^4/20b)/6EI=2.62/EI\times10^{14}\text{mm}^3$$

$$W_2=W_{21}+W_{22}=5.51/EI\times10^{14}\text{mm}^3$$

楼板之二对梁产生的挠度：板厚为250mm

板自重：$q_3=10.1/2\times10.1/2\times0.25\times25/10.1=15.78\text{kN/m}$

$$W_3=7q_3l_0^4/384EI=2.99/EI\times10^{14}\text{mm}^3$$

梁内预应力筋张拉产生反拱：$q_4=8Pd/l$

当应力为$0.6f_{tk}$时，

$$P_1=n(A\times0.6f_{tk})\times10\%$$

$$=18(140\times0.6\times1860)\times70\%\times10^{-3}=1968.6\text{kN}$$

$$q_{41}=8P_1d_1/l_0=64.84\text{kN/m}$$

$$W_{41}=641cl_0^3(2-2r^2+r^3)/334EI=17.29/EI\times10^{14}\text{mm}^3$$

其中：$r=c/l_0=7.9/10.1=0.78$

$$q_{42}=8P_1d_2/l_0=20.07\text{kN/m}$$

$$W_{42}=q_{42}cl_0^3/24EIW_{z\alpha}=0.1024/EI\times10^{14}\text{mm}^3$$

其中：$\alpha=a/l_0=1.1/10.1=0.11$ 查表得 $W_{z\alpha}=0.0108$

则 $W_4=W_{41}-W_{42}=17.18/\text{EI}\times10^{14}\text{mm}^3$

求预应力梁的反拱值：

当应力为$0.6f_{tk}$时，按矩形梁考虑：

$$W=W_4-W_3-W_2-W_1=5.13/EI\times10^{14}\text{mm}^3=0.58\text{mm}$$

当预应力值为$0.75f_{tk}$时，按矩形梁考虑：

$$W_4/=W_4\times0.75/0.6=21.475/EI\times10^{14}\text{mm}^3$$

$$W/=W_4/-W_3-W_2-W_1=1.06\text{mm}$$

根据计算可知，当应力为$0.75f_{tk}$时梁的反拱值仅为1.06mm，远远小于规范的允许值。（$W=L/400=10.1\times10^3/400=25.25\text{mm}$）

所以：第二次张拉的反拱值为$\Delta W=W/-0.58=0.58\text{mm}$，以此作为可作张拉试验复核的依据。

(5) 预应力梁的张拉试验

试验工具：百分表三个；张拉设备一套；脚手架、脚手板若干。

在梁跨中及跨中至两边各1.5m处各设一块百分表，如图3-11所示。

为准确掌握二次张拉对挠度的影响，在第二次张拉时，尽量分成多批次张拉，以更好地测定挠度值的变化。此梁按设计需铺设18根预应力筋，实际铺设19根筋，在尽量保证张拉对称的原则下，分五批次进行张拉。如图3-12所示。

安放百分表的脚手架必须独立设置，与上人脚手架无任何连接，确保不因人在脚手架上走动而改变百分表的读数。张拉时百分表记录见表 3-1。

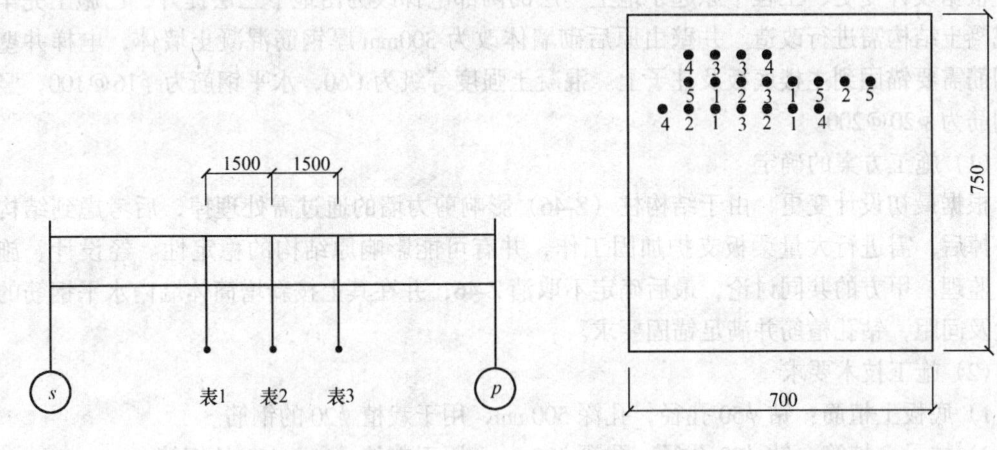

图 3-11　张拉试验　　　　图 3-12　张拉顺序示意图

张拉时百分表记录（单位：0.01mm）　　　　表 3-1

张拉次数 \ 表位置	表 1	表 2	表 3	张拉次数 \ 表位置	表 1	表 2	表 3
初始值	0	0	0	第三批次	43	39	39
第一批次	4	5	4		47	42	42
	8	8	7		51.5	45	46
	12	12	10	第四批次	55.5	49	51
	17	16	15		60	53.5	54
第二批次	21	20	19		64	57	58
	25	24	23		65	58	58.8
	29	27	27	第五批次	64	58	58
	34	31	31		68	61	62
第三批次	39	34.5	34		73	65	66

第二次张拉梁的最大反拱挠度值为：$W = 73 \times 0.01 = 0.73$mm，与计算值 0.58mm 基本符合，也符合规范要求。

接着对第二根预应力梁进行二次张拉的试验，也都符合规范要求。

在二个试验梁预应力筋第二次全部张拉完后，观察一段时间，并记录挠度的增长值。为进一步增强试验的可确信性，我们再选取一根截面高度小的预应力梁进行试验。

选取的梁的截面为：600mm × 750mm，净长 $L_0 = 10.1$m。

允许挠度值 $W = L_0/400 = 25.25$mm

结果均在规范允许范围内，且远远小于允许挠度值，即预应力梁一次张拉到 100% 不会引起梁的反拱，可以一次张拉到位。

(6) 效果分析

采用一次张拉，避免了不利因素，且梁板顶面或地面均未出现开裂现象，效果理想，节约资金十几万元，保证了装修工程合理组织及顺利进行。

3.2.2　钻孔植筋工程施工技术

根据设计变更，工程中原起于地上一层的两部电梯改为由地下三层提升，已施工完毕的混凝土结构需进行改造。井壁由原后砌墙体改为300mm厚钢筋混凝土墙体，电梯井壁内钢筋需要锚固到主楼底板及柱子上。混凝土强度等级为C60，水平钢筋为ϕ16@100，竖向钢筋为ϕ20@200。

(1) 施工方案的确定

根据最初设计变更，由于结构柱（Z-46）影响剪力墙的通过需处理掉，后考虑到结构柱去掉后，需进行大量梁板支护加固工作，并有可能影响原结构的稳定性。经设计、施工、监理、甲方的共同讨论，最后确定不取消Z-46，并在其上按新增筒体墙内水平钢筋的数量及间距，钻孔植筋并满足锚固要求。

(2) 施工技术要求

1）底板上植筋：钻ϕ50孔径，孔深500mm，用于栽植ϕ20的钢筋。

2）柱子上植筋：钻ϕ20孔径，孔深400mm，用于栽植ϕ16、ϕ12的钢筋。

3）所植钢筋需满足抗拔力要求。

4）植筋点位布置图如图3-13所示。

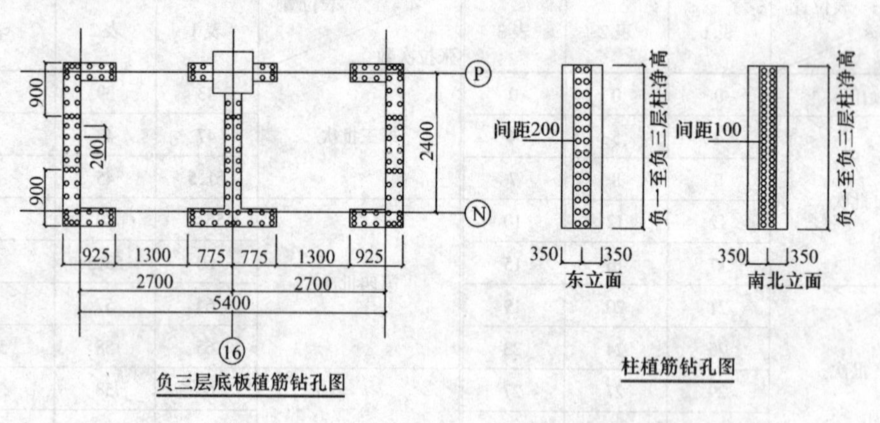

图3-13　植筋点布置

(3) 施工工艺

梁、板、柱爆破——清理操作面——断筋——施工放线——柱子钻孔——底板上钻孔——清孔——植筋——绑筋、支模、浇筑混凝土。

1）梁板柱爆破：

①根据设计要求，凡影响电梯井筒墙通过的梁板，需全部剔掉，由于梁箍筋、主筋影响，筒墙上梁不可能去掉一部分，必须整体去掉。基于此点，确定爆破方案，明确范围，施工爆破。

②采用控制爆破，以风镐破碎及人工清凿相结合的方法，在确保施工安全可靠的基础上，尽量缩短工期，控制爆破安全预留段的长度为梁柱的最小边长度。梁体爆破前于保留体边沿钻间距不大于5cm的减振隔离孔，梁体爆破钻孔间距等于梁体最小边长，柱体爆破断面均布分5孔。

③施工顺序：由上而下，逐层进行，层内施工先破板体，后爆梁体，梁体在每层施工过程中一次处理到位。

④主要安全措施：梁体爆破施工时，首先在中间部位爆破1~2个孔，将梁体分为2段，由中间向两边逐孔爆破，以减少爆破对其他部位的影响；认真做好安全警戒工作，尤其是地下施工人员爆破前要仔细做好清场工作；减小一次爆破药量（每次爆药量不大于200g），控制爆破对楼体造成的危害；采用铁板和胶管帘做成防护材料，严格控制有害碎石飞散。

⑤在⑮~⑱轴/Ⓡ~Ⓚ轴之间，新增电梯井剪力墙以外的梁板，全部用脚手架支撑，梁底用5cm板铺垫，以减小爆破过程中梁的振动（图3-14）。在梁断开端，集中三根横担支撑，间距150mm。

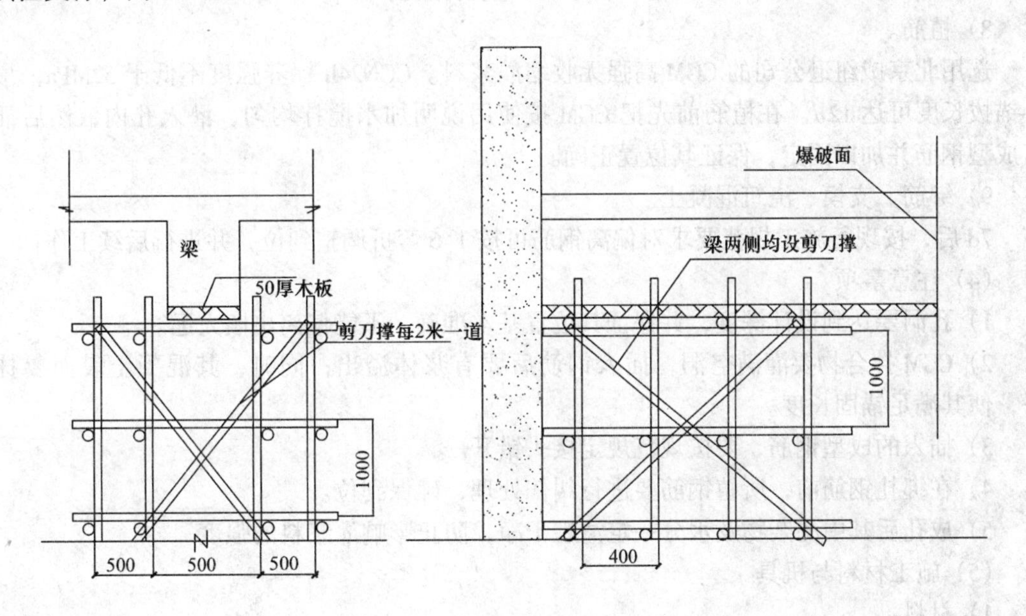

图3-14 加固支撑示意图

2）清理操作面。

爆破后，除掉松散的混凝土，并加以整理剔凿，直至符合规范要求。

3）断筋。

根据设计要求，原梁、板钢筋要按锚固长度，锚固到新增井筒墙体中。

4）施工放线。

在柱子立面上弹出墙体外边线，并确定钢筋位置，用明显标识标出。在底板上弹出新增墙体、暗柱边线，并用龙门桩拉线，控制其位置，防止钻孔时不易找线，同时明确新增暗柱、墙竖向钢筋的点位。

5）柱子立面上钻孔。

此结构柱截面尺寸为700mm×700mm，由于在此处增设有暗柱，所以孔洞能打通则打通，柱两侧用开口暗柱箍筋锚固；另外，由于柱竖向筋及箍筋较密，施工时，使用混凝土保护层厚度测定仪测定钢筋位置，可在50mm内错动，保证不重复钻孔，柱子的刚度尽可能地减少削弱。

6）底板钻孔。

本项工程是施工的难点，同时也是重点。要避开底板钢筋找到所有新增竖向筋点位是不可能的，这就要求在尽可能少断筋的情况下，找竖向筋点位，并在50mm内错动；同时，不能新增筒体外轮廓线。施工时，使用混凝土厚度测定仪测定底板钢筋位置，并定出钻点位。

7）清孔。

钻孔完毕，达到设计孔深后，用清水清孔，除去底部的混凝土渣，同时用海绵吸净孔内水分，并用棉纱等物堵严，防止异物进入，重新钻孔。

8）植筋。

选用北京威纽逊公司的CGM高强无收缩灌浆料。CGN24h标养强度不低于52MPa，最小锚拔长度可达12d。在植筋前先把CGM按使用说明加水搅拌均匀，灌入孔内，然后插入成型钢筋并加以固定，保证其位置正确。

9）绑筋、支模、浇筑混凝土。

7d后，按现行施工规范要求对偏离钢筋可按1:6弯折调整到位，并进行后续工作。

（4）注意事项

1）孔洞要达到设计深度，并保证其位置基本准确，不能偏离出墙太远。

2）CGM拌合物要灌满空洞，插入钢筋后要有浆体溢出；同时，其混凝土表面要抹平，使其满足锚固长度。

3）插入的成型钢筋，要按规范规定接头错开。

4）在绑扎钢筋前，所植钢筋要进行纠偏处理，确保到位。

5）成孔后其中的杂物及水分一定清理干净，防止影响灌浆料的强度。

（5）施工材料与机具

1）材料：

所植钢筋：ϕ20、ϕ16、ϕ12。

植筋胶粘剂：CGM高强无收缩灌浆料。

2）施工机具：

①TE-T4型HILTI电锤钻。

②ZIZ-100型飞灵钻心机。

③混凝土保护层厚度测定仪。

④PUMA空气压缩机。

（6）分析与思考

经过现场做抗拔试验，三种型号钢筋在植入7d后，锚拔力均能满足设计要求。在技术上，其灌浆料终凝时间短，施工方便，易于操作；当锚固长度略小于规定值时，其锚拔力亦能满足要求。在经济上，CGM灌浆料的价格低于环氧树脂的2倍，并可加快施工进度，节约造价。此项工作的开展，为今后加固及改造工程提供了一种新思路，具有广阔的社会效益。

3.2.3　普通钢筋工程

本工程普通钢筋主要连接方法：

1）柱及地下室剪和墙结构的主筋（大于 $\phi16$ 以上）均采用气压焊。

2）剪力墙水平钢筋采用绑扎搭接，直径大于 $\phi16$ 以上的钢筋采用气压焊及锥螺纹、冷挤压连接。

3）水平结构梁筋采用闪光对焊、气压焊连接，电梯井筒结构的竖向主筋均采用竖向气压焊，水平钢筋采用绑扎搭接。

主要操作要点（略）。

3.3 模板分项工程

（1）概况

本工程模板施工面积约 80000m^2，主要包括剪力墙、楼梯、楼板、柱等。

（2）技术特点及要求

针对本工程特点，对于基础底板、梁板、剪力墙、电梯井筒等构件的模板施工先进行模板设计，加以模板验算，以保证模板具有足够的强度、刚度和稳定性，同时保证构件各部位的形状尺寸的正确性，对易出现质量通病的地方，从技术革新环节上考虑，采取具体针对性措施加以克服。

（3）施工工艺

1）基础模板：

底板外模采用 370mm 砖模，地下室墙采用组合钢模板及钢架管支撑，并用 $\phi12$ 对拉穿墙螺栓加固，@600，背楞为 $\phi48$ 钢架管，竖楞间距 600mm，横楞间距 600mm，用勾头螺栓固定。

2）电梯井筒：

采用定型钢框竹胶版大模板体系，内筒配以定型伸缩式内模体系，由机具公司专门设计配制。

3）楼梯支模：

楼梯板底模采用竹编板加木方带，踏步用 50mm 厚木板。板底支撑用普通脚手架。

4）柱模板：

$\phi1700$mm 圆柱采用定型配制 12mm 厚玻璃钢柱模；边长 1400mm 以上方柱采用定型配制大钢模板，其他柱模板采用竹胶板模板；

3.4 混凝土分项工程

3.4.1 C60 高性能混凝土施工方案

（1）特点

1）C60 高性能混凝土具有抗压强度高（＞60MPa）、流动性能好、坍落度大、和易性好（达到 20±2cm）、泵送效果理想等特点。

2）泵送 C60 以上高性能混凝土不需特殊设备，不需专业技工，采用常规的国产混凝土输送泵即可达到泵送效果。

3）C60 高性能混凝土与普通混凝土的区别在于：在坍落度相同的情况下，高性能混凝土无论是流动性还是和易性，都比普通混凝土好，有利于泵送；高性能混凝土坍落度损失小，初凝时间适中，有利于浇灌和振捣，方便施工。

4）C60高性能混凝土能提高混凝土早期强度，缩短施工工期，减少钢筋混凝土构件截面尺寸，增大柱网尺寸和构件跨度，更好地满足建筑物对使用功能及建筑效果的要求。

5）采用C60高性能混凝土早期强度上升较快、水化热较大，为防止混凝土发生温度裂缝，需加强早期养护。

（2）工艺原理

1）配制高性能混凝土首先解决好低水灰比和大流态的矛盾，高水泥用量和体积稳定性间的矛盾，高强与脆性之间的矛盾，混凝土坍落度经时损失与泵送之间的矛盾。本工程采用高效减水剂延缓水泥水化的缓凝技术，与掺合料技术及优化原材料与配合比技术来提高。

2）严格控制配合比、搅拌投料顺序，控制搅拌时间和出罐、入泵、入模坍落度。

（3）原材料选择及质量控制

1）水泥：选用性能优异、质量稳定的42.5级邯郸水泥厂普通硅酸盐水泥。28d胶砂强度>58MPa，C_3A含量6%～8%，R_2O含量低，C_3S+C_2S含量高，水泥温度<30℃，出厂时间在2个月内。

2）细集料：质地坚硬，级配良好的河砂。视密度$d>2.65$，吸水率<2.5%，

细度模数$F_m=2.6\sim3.0$，含泥量<1.5%。

3）粗集料：采用石灰岩、玄武岩、砂岩，最大粒径$D_{max}=25mm$，含泥量<0.5%，针片状含量<10%，级配良好。

4）掺合料

①Ⅰ级粉煤灰满足GB 1589—88。

②磨细矿渣：$B_s>400cm^2/g$。

③SF：含硅量>88%。

5）高效泵送剂：采用TOP系列高效减水剂，减水率>20%，缩合度>10，非引气型（$N_{A2}O+0.658K_2O$）>5%。

6）水：自来水。

7）各类材料在运输、储存、保管和使用方面应建立管理制度，并由专人负责。

（4）机具设备

1）混凝土搅拌站：各种原材料计量采用电子自动计量，计量器具经国家计量单位校核。

2）混凝土输送泵。

3）振动器：高频振动器、平板式振动器。

4）混凝土运输罐车。

5）无线通讯设备一套。

（5）工艺流程（梁板）

工艺流程如图3-15所示。

（6）施工现场准备

为使混凝土顺利泵送，泵送前应做好各项准备工作，模板支撑要严密，不得漏浆，钢筋按设计图纸安装、绑扎牢固、模板底面清除干净。

（7）混凝土搅拌和生产

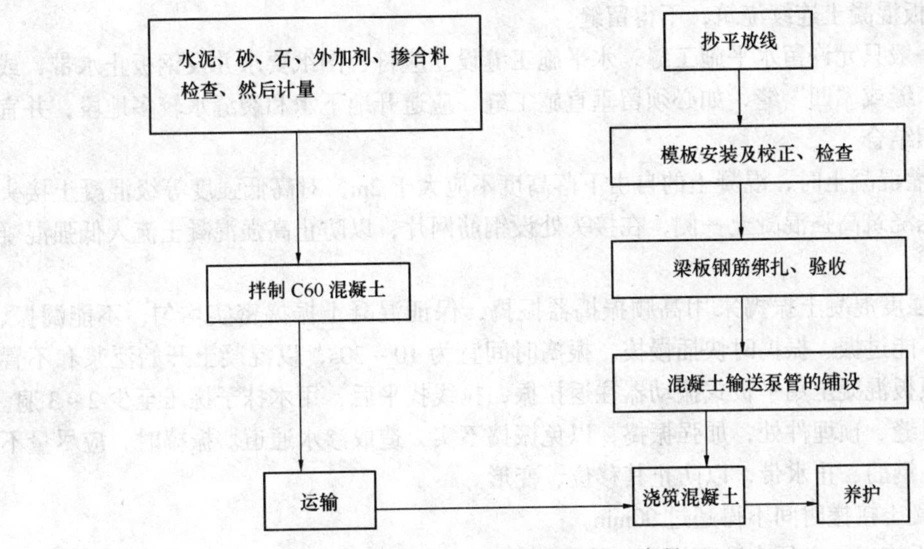

图 3-15 C60 混凝土施工流程

1）配合比的确定：

水泥:水:砂:石:硅灰:TOP＝480:150:625:1065:20:10

水泥:水:砂:石:磨细矿渣:TOP＝460:168:615:1090:120:11.6

配料的计量误差：

水泥：±1%；粗细骨料：±2%；水、外加剂：±1%；掺合料：±1%。

2）施工现场根据当日砂、石含水率以及实测出罐混凝土坍落度，调整混凝土用水量。坍落度控制在20±2cm，严格控制加水量，坍落度大于22cm的混凝土不得用于实际施工中。

3）对每批原材料都进行检测试验，按前述原材料指标严格控制质量；如有变化，及时报告实验室主任和总工程师。

4）定期校定混凝土搅拌站计量设备、器具，尤其是外加剂和水，每次开盘都必须指定专人校验、检查。

5）外加剂采用同掺法加入，混凝土拌合物加入外加剂后干拌30s，再加水搅拌时间不应少于50s，同时注意混凝土的流动性。

6）混凝土拌合物的出罐温度：夏季施工混凝土拌合料温度不高于30℃，冬期施工混凝土拌合料的出机温度不低于10℃。

（8）混凝土的运输与泵送

1）混凝土运输采用搅拌车运输，搅拌站到工地的运输时间不超过1h，以30min左右为宜。

2）混凝土送到工地后，搅拌车快速搅拌20~30s，取样测混凝土坍落度，符合要求马上进行泵送；如坍落度小，采用二次掺加外加剂的方法，不准掺水，并及时通过搅拌站进行调整。

3）出罐混凝土符合泵送要求，迅速入泵开始输送，并应保持连续泵送，直至泵送完成。

4）混凝土泵送管道布置要尽量减少弯管，布管力求横平竖直，接头橡胶垫圈安装齐全，管道内壁清洁干净，并在泵送前充分湿润、润滑。

（9）混凝土浇筑和振捣

1）浇灌混凝土前，模板及钢筋间所有杂物必须清理干净。

2）底板混凝土连续浇筑，不得留缝。

墙体一般只允许留水平施工缝，水平施工缝设立应符合图纸要求并设钢板止水带，或采用“凸”缝或“凹”缝，如必须留垂直施工缝，应避开地下水和裂缝水较多地段，并宜与变形缝相结合。

3）浇灌混凝土时，混凝土的自由下落高度不应大于2m，对高低强度等级混凝土接头部位，应先浇筑高强混凝土一侧，在接头处设钢筋网片，以防止高强混凝土流入低强混凝土一侧。

4）高强度混凝土振捣采用高频振捣器振捣，保证混凝土振捣密实均匀，不能漏振、欠振，也不能过振。振捣时快插慢拔，振捣时间宜为10～30s，以混凝土开始泛浆和不冒泡为准。顶板混凝土用平板式振动器往返拉振，拉线找平后，用木抹子搓压至少2～3遍。

在施工缝、预埋件处，加强振捣，以免振捣不实，造成渗水通道。振捣时，应尽量不触及模板、钢筋、止水带，以防止其移位、变形。

5）混凝土接槎时间不得超过90min。

6）雨天施工，必须有防雨措施，采取塑料布覆盖。

（10）混凝土养护

1）混凝土养护是保证混凝土质量最重要措施之一，现场派专人负责养护工作，养护期不少于14d。

2）顶板混凝土的养护。

采用塑料薄膜覆盖与蓄水养护相结合的方法，浇筑混凝土最后一遍搓压后，马上进行塑料薄膜覆盖，不能有时间间隔，薄膜与混凝土表面贴平，并用木方等压住，保证其密闭。对于不易覆盖薄膜的部位，要用湿润草袋或麻袋覆盖。待混凝土终凝硬结后，将塑料薄膜以下蓄水2～3cm，既可保温又可保水。

3）墙体、柱混凝土的养护。

混凝土墙体带模养护2～3d，混凝土终凝硬化后，在墙体顶面浇水养护，模板拆除后，立即喷刷M-9混凝土养护剂，喷刷厚度均匀一致，不能漏喷。

（11）冬、雨期施工

1）雨期施工：必须有防雨措施。

2）冬期施工：采用综合蓄热法。混凝土搅拌采用温水添加TOP系列防冻剂搅拌；入模温度不能低于+10℃；梁板混凝土养护采用塑料薄膜和草袋覆盖；柱子用塑料布和麻袋包裹养护。

（12）劳动组织及安全

使用高强度等级、大流态高强混凝土，各环节管理尤为重要，要以浇筑施工为中心设立统一指挥调度，备好通信设备，及时协调搅拌站、运输、浇筑等过程的配合，对每项岗位明确责任要求，指定专人负责，严格按每个环节、每个岗位的技术要求进行把关，根据混凝土浇筑量的大小随时调整劳动力人数。

施工安全遵守国家颁布的《建筑安装工程安全技术规程》及建设部、中建总公司颁布的有关安全规定执行。

（13）质量要求与成品保护

1）对每批原材料都进行检测试验，严格按第三项指标控制质量。

2）施工前，由施工工长、技术负责人组织对班组进行全面的施工交底，使各个环节上工作人员充分了解高性能混凝土的施工技术要求，确保严格按配合比及工艺要求施工。

3）开盘前，要校核计量器具、检查机具设备。

4）混凝土坍落度在出盘、入泵、入模时，分别进行测试，每工作班检测不少于2次。

5）按《混凝土强度检验评定标准》（GB J—87）留置抗压强度试块及检验评定。

3.4.2 C40大体积主楼底板混凝土施工方案

（1）施工前的准备工作

1）材料准备：

水泥：选用邯郸产42.5级普通硅酸盐水泥，用量380kg/m^3，水灰比0.4。

砂：选用细度模数<2.6的中砂，含泥量不得超过3%。

石子：先用10~20mm级配的碎石，含泥量不得超过1%。

外加剂：

膨胀剂：选用高效UEA，内掺量在10%~12%，解决了混凝土收缩裂缝问题，提高混凝土抗渗、抗裂问题。配合比见表3-2。

C40混凝土配合比（单位：kg） **表3-2**

水　泥	水	石子	砂子	UEA	TOP403
380	172	1084	722	50	6.45

2）运输车辆准备：

优选两个商品混凝土搅拌站进行混凝土供应，考虑到堵车等特殊情况，搅拌站保证有8辆运输车的正常工作，至少保证5min一趟，保证混凝土连续浇筑。

3）现场准备：

①物资准备：混凝土输送泵2台、溜槽8套、塔吊2台、混凝土振动器15套。

②人员准备：管理人员不得少于4人/台班，操作工人每班不少于40人，定专人振捣、抹面，并设专人现场监督，避免出现漏振、欠振、过振问题，并派专人负责机械维修，以保证设备的正常工作。

（2）混凝土运输及泵送

1）由于施工正处于夏季，气温高，最高气温可达39℃，混凝土在运输过程中坍落度损失过大，为保证坍落度及质量要求，采取现场调整砂率和高效泵送剂来解决。严禁在现场随意加水增大坍落度，并控制在16~18cm左右。

2）商品混凝土搅拌站及施工现场搅拌站设专人负责监控混凝土质量，随时与混凝土浇筑现场联系，根据现场情况解决可能出现的问题，保证混凝土各项指标要求。

（3）混凝土浇筑

1）在浇筑混凝土前，模板及钢筋间所有杂物必须清理干净。

2）混凝土分段。

主楼底板混凝土浇筑工作：本着总体连续浇筑的思路，尽量保证不形成施工缝。但由于混凝土工程量较大，混凝土供应、天气、设备等偶然因素影响较多，为了保险起见，经与设计、监理、水泥制品厂、甲方等有关技术人员共同协商，将底板划分为四段，两段之间留1m宽后浇带。后浇带划分用钢丝网隔开，钢丝网内侧衬塑料薄膜，并用ϕ22、间距

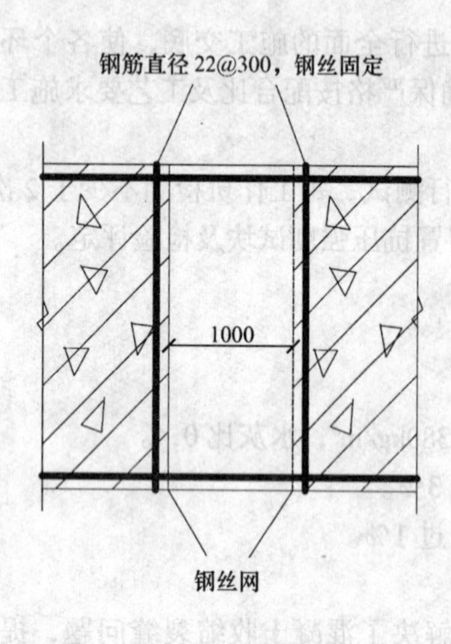

图 3-16　后浇带钢丝网

300mm，与上、下层钢筋焊接固定，钢丝网遇到下部钢筋处，将丝网剪成豁口，并用麻袋片把钢筋空隙堵严，以保证不漏浆。每段混凝土连续分层浇筑，后浇带混凝土浇筑要在两段混凝土浇筑完成之后，方可进行浇筑（图 3-16）。后浇带混凝土强度等级提高一级，内掺 UEA 量增加 2%。由于多掺了 UEA，产生加大膨胀，从而补偿相应的收缩。

3）浇筑顺序。

考虑石家庄市商品混凝土的供应能力及运输、浇筑、机械等因素，从北向南分段浇筑，在各段内从西向东依次分层连续浇筑。使操作面尽量减小，保证在混凝土初凝时间内浇筑完一层开始上一层浇筑，使两层混凝土很好地结合，分块及后浇带做法如图 3-17 所示。

4）采取分层浇筑振捣。

分层厚度不超过 50cm，分层振捣密实以使混凝土的水化热尽快散失，上下层施工间隙时间在 6h 以内（以不超过初凝时间为准）。

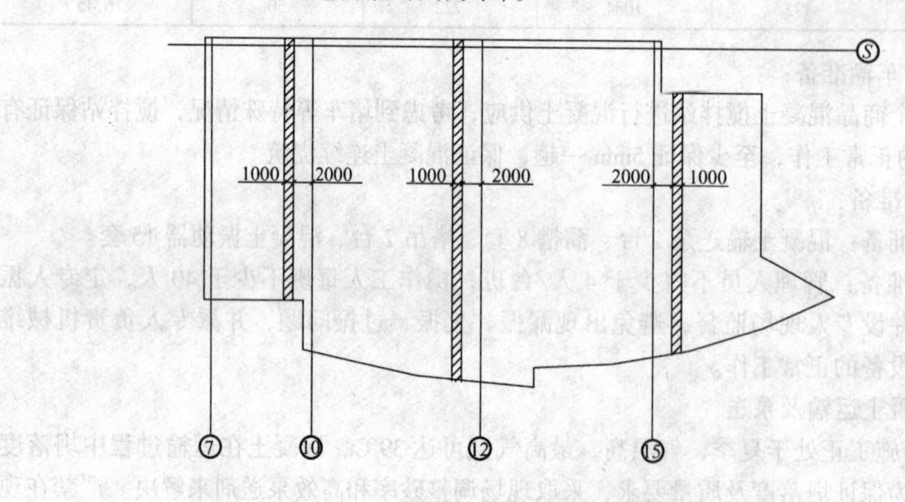

图 3-17　主楼底板分段布置图

振捣棒操作：要做到快插慢拔，每点振捣时间为 20 ~ 30s，使混凝土表面不再出现气泡为止，振点布置要均匀；当遇到钢筋密集处、预埋件处要加强振捣，提高重视，防止欠振。振捣棒应插入下层 5cm 左右，用以清除两层之间的接缝，增加混凝土的密度，提高抗裂能力。个别钢筋层数过多，钢筋网过密的部位，应在合适的部位，设置下人孔，安排作业人员到中间钢筋网层进行振捣。

基础顶面振完后，转入下道工序，找平、搓压。找平要上刮杠找平，并用木抹子搓压三遍，最后一遍搓压，要掌握好时间，以理论上凝结时间为准。由于现场气温等条件复杂，可用手压的方法控制。

当有不可遇见的事情发生时，利用塔吊进行混凝土浇筑接槎续槎，防止形成施工缝，影响施工质量及工期。

(4) 混凝土养护

1) 为了防止混凝土内部及表面的水分散失，在浇筑混凝土最后一遍压槎后，及时进行覆盖塑料薄膜，并保证塑料薄膜紧贴混凝土表面，两块薄膜搭接宽度不少于30cm，用木方压住，以保证接槎不跑风、漏气。柱中用麻袋覆盖，设专人进行监督，防止漏盖等问题。同时在基础外围砌180mm高砖墙，并根据浇筑的速度，在基础长度方向上每段范围内，砌一道180mm高隔墙，在每一块混凝土表面终凝后再进行蓄水养护，蓄水高度150mm，既可保水，又可保持表面温度。

2) 后浇带立面混凝土采用在钢板网和竖向钢筋间增加双层塑料布覆盖的方法，保持混凝土表面温度，防止水温散失。后浇带混凝土浇筑前，将后浇带内部漏浆、杂物清理干净，后浇带上面用架板和塑料布覆盖，以防操作面上的杂物掉落到后浇带里。

(5) 测温监控

1) 根据每段面积大小留设测温孔，每段设置测温孔8个。测温孔采用在混凝土内埋设 ϕ100钢管，长度2m，露出混凝土表面20cm，用温度计测混凝土内部和表面温度。

2) 在混凝土强度未达到3.5N/mm^{2}以前，每2h测量一次，以后每6h测量一次。绘制测温布置图，进行编号，做好记录。

3.4.3 后浇带施工方案

(1) 工程概况

燕都大酒店工程总建筑面积87356m^2，地下结构3层，地上结构主楼部分为30层；裙楼部分：东群楼、南群楼为3层，西裙楼6层。自基础底板至裙楼顶，在主、裙楼之间均设一条贯通的后浇带。后浇带宽度为1m，设计要求待主楼主体施工完，经沉降观测建筑物沉降稳定后，采用比设计强度等级提高一级的、无收缩水泥配置的混凝土浇筑密实，并加强养护。

(2) 后浇带加固支撑

后浇带处所截断的梁均为承重框架梁，尤其在东群楼处，梁的截面最大为900mm×1200mm，最大跨度可达18m多。由于后浇带的设置，使此部分梁均变成了悬挑结构，因此，必须在梁下设置可靠支撑，才能保证梁受力的连续性，使梁不发生下沉等偏移现象。

后浇带两侧采用槽钢焊接而成的格构柱支撑。

(3) 沉降观测

主楼施工至29层时，对主、裙楼间后浇带两侧框架梁悬臂端头与锚固端之间的沉降差进行了观测，观测结果见表3-3。

主、裙楼沉降观测表（cm） **表3-3**

标高(m)	东侧后浇带（轴）							
	7	10	11	12	13	15	18	14
15.52	-6	-4.5	-4	-5.5	-3	-6	-3	-5.5
10.42	-6	-6.5	-7	-5	-4	-3.5	-4	-3.8
5.32	-1	-2	-2.5	-2.5	-1.8	-3.5	-2.5	-1
-0.08	-2	-3.5	-1	-4	-3.5	-3	-6	-0.5

续表

标高（m）	东侧后浇带（轴）							
	7	10	11	12	13	15	18	14
−5.05	−4	−4.5	−5	−4	−3.5	−3.5	−4	−3.5
−9.05	−3	−4.1	−4.7	−4	−3.8	−3.5	−3.7	−2.9
	西侧后浇带（轴）							
15.52	−2	−2	−1	−1.5	−0.5	0	0	
10.42	−0.4	−0.5	−1	−0.5	−0.3	0	0	
5.32	−0.5	0	1	0	0	−2	−2	
−0.08	−2	−1	−1.2	−0.5	0	−1.5	−1.2	
−5.05	−2	−1.3	−2	−1	−1.8	−1	0	
−9.05	−1	−1.5	−2	−2	−1	0	−0.8	
	南侧后浇带（轴）							
	T	S	Q	M	F	B		
15.52	−1	−1.5	−2	−2	−1.5	−1.8		
10.42	−0.8	−0.5	−1.8	−1.8	−3	0		
5.32	−1.5	−1	−1.5	−0.5	−1	−1.5		
−0.08	−0.5	−1	−1.5	−1	−1.7	−1.7		
−5.05	−1.4	−2	−1.6	−1.8	−1.5	−2		
−9.05	−1.5	−1.8	−2	−1.6	−1.8	−2		

注　表中所测数据以主楼的相对标高为±0.000m为依据，裙楼大梁在后浇带的沉降值。

从表3-3中的观测结果可以看出，西裙楼与南群楼沉降偏差较小，除个别点达到2cm外，大部分偏差均控制在1.5cm以内。东群楼偏差较大，尤其是地上三层（10.42m）板，因为二层（5.32m）在此部位为中空大厅，使此处梁的层高达到10.5m，因此，梁的沉降偏差较大。

根据上述观测结果，必须对沉降较大部位进行二次顶撑，使后浇带两侧沉降差控制在1cm以内，方可对后浇带进行支模、浇筑。

(4) 支顶后浇带计算

1) 千斤顶的选择：

计算依据：选取几根梁截面较大、梁较长、与之相连的次梁较多、受力较复杂的几根框架主梁，计算出荷重，以此来选取支顶用千斤顶的吨位（计算时梁长均为减去后浇带的梁长）。

①计算：⑦轴线1KTL-11，梁截面700mm×800mm，板厚$h=200$mm，梁长$L=14.8$m。

梁自重 $W_1 = 0.7\times(0.8-0.2)\times14.8\times25 = 155.4$kN

1KL-5：梁截面500mm×750mm

$$W_2 = 0.5\times(0.75-0.2)\times(10.8/2+2.0)\times25 = 50.9\text{kN}$$

1L-39：350mm×600mm　$W_3 = 0.35\times0.4\times7.4\times25 = 25.9$kN

1KL-4：500mm×750mm　$W_4 = 0.5\times0.55\times(5.5/2+2.0)\times25 = 32.7$kN

1KTL-13：500mm × 700mm　$W_5 = 0.5 \times 0.5 \times 14.8 \times 25 \times 1/2 = 45.3\text{kN}$

板：$W_6 =$ （2.0 + 5.5） $\times 14.0 \times 0.2 \times 25 = 525\text{kN}$

总重：$W = W_1 + \cdots\cdots W_6 = 864.7\text{kN} = 86.5\text{t}$

因为梁已发生偏沉，所以计算千斤顶承重时，按梁板总重的 2/3 考虑，则 $Q = 86.5 \times 2/3 = 57.6\text{t}$

②计算：⑩轴 1KJL-14，梁截面 500mm × 800mm，板厚 $h = 200\text{mm}$，梁长 $L = 13\text{m}$。

$$W_1 = 0.5 \times 0.6 \times 13 \times 25 = 95.7\text{kN}$$

1L-39：350mm × 600mm　$W_2 = 0.35 \times 0.4 \times 10.5 \times 25 = 36.8\text{kN}$

1L-34：350mm × 600mm　$W_1 = 0.35 \times 0.45 \times 5.3 \times 25 = 20.9\text{kN}$

1KTL-13：500mm × 700mm　$W_4 = 0.5 \times 0.5 \times 13 \times 25 \times 1/2 = 40.6\text{kN}$

1L-38：350mm × 550mm　$W_5 = 0.35 \times 0.35 \times 5.3/\cos 22.727° \times 25 = 17.6\text{kN}$

1L-35：500mm × 750mm　$W_6 = 0.5 \times 0.55 \times 4.5 \times 25 = 30.9\text{kN}$

1L-30：500mm × 750mm　$W_7 = 0.5 \times 0.55 \times 4.5 \times 25 = 30.9\text{kN}$

1L-9：350mm × 550mm　$W_8 = 0.5 \times 0.35 \times 13 \times 25 \times 1/2 = 20\text{kN}$

板：$W_9 = 9.8 \times 13 \times 0.2 \times 25 = 637\text{kN}$

$$W = W_1 + \cdots\cdots W_9 = 930.4\text{kN} = 93.04\text{t}$$

$$Q = 2/3\,W = 62\text{t}$$

③计算：⑦轴线 2KTL-8，梁截面 600mm × 900mm，板厚 $h = 120\text{mm}$，梁长 $L = 14.8\text{m}$。

$$W_1 = 0.6 \times 0.78 \times 14.8 \times 25 = 173.2\text{kN}$$

2KL-10：500mm × 750mm　$W_2 = 0.5 \times 0.63 \times (5.0 + 2.3) \times 25 = 57.5\text{kN}$

2L-49：350mm × 600mm　$W_3 = 0.35 \times 0.48 \times 7.3 \times 25 = 30.7\text{kN}$

2KL-9：500mm × 850mm　$W_4 = 0.5 \times 0.73 \times 7.3 \times 25 = 66.6\text{kN}$

2L-49：350mm × 600mm　$W_5 = 0.35 \times 0.48 \times 7.3 \times 25 = 30.7\text{kN}$

2L-11：350mm × 550mm　$W_6 = 0.35 \times 0.43 \times 14 \times 25 \times 1/2 = 26.3\text{kN}$

板：$W_7 = (5 + 2.3) \times 14 \times 0.12 \times 25 = 306.6\text{kN}$

$$W = W_1 + \cdots\cdots W_7 = 691.6\text{kN} = 69.2\text{t}$$

$$Q = 2/3\,W = 62\text{t}$$

④计算：⑩ 轴 4YKJL-2，梁截面 800mm × 12000mm，板厚 $h = 150\text{mm}$，梁长 $L = 13.05\text{m}$。

$$W_1 = 0.8 \times 1.05 \times 13.05 \times 25 = 274\text{kN}$$

4L-8：350mm × 600mm　$W_2 = 0.35 \times 0.45 \times 5.4/4 \times 25 = 5.3\text{kN}$

4L-39a：500mm × 550mm　$W_3 = 0.5 \times 0.4 \times 6/4 \times 25 = 7.5\text{kN}$

4L-31：350mm × 800mm　$W_4 = 0.35 \times 0.65 \times 9.8 \times 25 = 55.7\text{kN}$

4KL-6：500mm × 850mm　$W_5 = 0.5 \times 0.7 \times 9.8 \times 25 = 85.8\text{kN}$

4L-28：350mm × 650mm　$W_6 = 0.35 \times 0.5 \times 9.8 \times 25 = 42.9\text{kN}$

4L-7：350mm × 700mm　$W_7 = 0.35 \times 0.55 \times 11.7 \times 1/2 \times 25 = 28.2\text{kN}$

4L-9：350mm × 600mm　$W_8 = 0.35 \times 0.45 \times 10/2 \times 25 = 19.7\text{kN}$

板：$W_9 = 4.9 \times 13 \times 0.15 \times 25 = 238.9\text{kN}$

$$W = W_1 + \cdots\cdots W_9 = 758\text{kN} = 75.8\text{t}$$

$$Q = 2/3W = 50.5\text{t}$$

⑤计算：⑩轴 3YKJL-2，梁截面 950×1000mm，板厚 $h = 120$mm，梁长 $L = 12$m。

$$W_1 = 0.95 \times 0.88 \times 12 \times 25 = 228\text{kN}$$

3L-46：350mm×600mm　$W_2 = 0.35 \times 0.48 \times 9.8 \times 25 = 42\text{kN}$

3KL-5：500mm×750mm　$W_3 = 0.5 \times 0.63 \times 9.8 \times 25 = 77.2\text{kN}$

3L-41a：350mm×600mm　$W_4 = 0.35 \times 0.48 \times 9.8 \times 25 = 42\text{kN}$

3L-10：350mm×550mm　$W_5 = 0.35 \times 0.43 \times 13.35/2 \times 25 = 25\text{kN}$

3L-15a：350mm×550mm　$W_6 = 0.35 \times 0.43 \times 13.35/2 \times 25 = 42\text{kN}$

板：$W_7 = 9.8 \times 12 \times 0.12 \times 25 = 352.8\text{kN}$

$$W = W_1 + \cdots\cdots W_7 = 792\text{kN} = 79.2\text{t}$$

$$Q = 2/3W = 52.8\text{t}$$

⑥综合 1 至 5 条的计算结果：选取 100t 的千斤顶。

2）支顶用槽钢的选择计算：

计算时，以槽钢的最大受力为 800kN 考虑。从安全角度选择层高最高、截面适中的梁计算。选取 3YKJL-2，层高 $h = 10.5$m，梁高 1.0m，另外扣除千斤顶的高度 20cm。则净高 $h_0 = 10.5 - 1.0 - 0.2 = 9.3\text{m}$

选择：[22a 型槽钢

截面面积：$A = 63.68\text{cm}^2$；对实轴回转半径：$i_y = 8.67$cm

①稳定性验算：$\lambda_{max} = \lambda_y = L_{0y}/i_V = 930/8.67 = 107.3$

查表得，$\varphi = 0.6$

则 $\sigma = N/\varphi A = 800 \times 10^3/(0.6 \times 63.68) = 209\text{N/mm}^2 < f = 215\text{N/mm}^2$

②刚度验算：$\lambda_{max} = 107.3 < [\lambda] = 150$　满足要求。

③由两主轴方向的等稳定性确定两分支轴的间距：

单支对弱肢的惯性矩 $I_1 = 157.8\text{cm}^4$

回转半径 $i_1 = 2.23$cm；重心距 $Z_0 = 2.10$cm

选 $\lambda_1 = 50 < \lambda_y/2 = 53.65$

两缀板净距：$L_{01} = i_1\lambda_1 = 111.5$cm，取 $L_{01} = 110$cm

$$\lambda_x = \sqrt{\lambda_y^2 - \lambda_1^2} = 94.9$$

$i_x = 930/94.9 = 9.8$cm 查表得，$\alpha_1 = 0.44$

$h = i_x/\alpha_1 = 9.8/0.44 = 22.3$cm　取 $h = 22$cm

整个截面对虚轴的惯性矩：

$$I_x = 2[157.8 + 63.63/2(53.65/2 - 2.1)^2] = 39244.8$$

$$i_x = \sqrt{I_x/A} = 24.8\text{cm} \quad \lambda_x = L_{0y}/i_x = 930/24.8 = 37.7$$

$$\lambda_{0x} = \sqrt{\lambda_x^2 + \lambda_1^2} = \sqrt{377^2 + 50^2} = 62.6 < \lambda_y = 110.5$$

④缀板设计：缀板宽度取 20cm，厚度取 1cm。

缀板线刚度之和 $Ih/c = [2 \times (1 \times 20)^3/12]/17.8 = 41.34$

单肢线刚度$I_1/d=157.8/(110+20)=1.21$

满足缀板线刚度之和大于单肢线刚度的6倍的要求。

缀板与分肢用角焊缝相连，焊缝高度8cm，三面围焊。

⑤截面形式如图3-18所示。

3）正式支顶前，我们在现场进行了一次试验，根据计算结果选取了三个100t的千斤顶，对15.52m标高⑦、⑩、⑪轴三根梁进行了试顶，三根梁位移均在预定范围内，且未发现额外变形现象，据此结果，不再进行梁的变形验算。

(5) 支顶方法

1）支顶时，采取相邻三根梁同时支顶、同步进行。

2）千斤顶位置点尽量靠近后浇带边，当梁长大于8m时，同一根梁上应设两个支点，另一支顶点设在梁跨中部位置。

3）当支顶上一层梁时，其下各层梁应同时增设支撑，支撑数量不少于此部分梁原来所设支撑的数量，支撑材料仍选用钢管支撑。

4）支撑顺序：支顶时采取从上向下进行，即首先支顶15.52m层各梁，待各梁标高达到要求后，对各后浇带处进行支模、绑钢筋及混凝土浇筑，混凝土强度达到100%后，先对此层各预应力梁进行张拉，然后拆除其下模板，然后再进行下一层各梁的支顶。

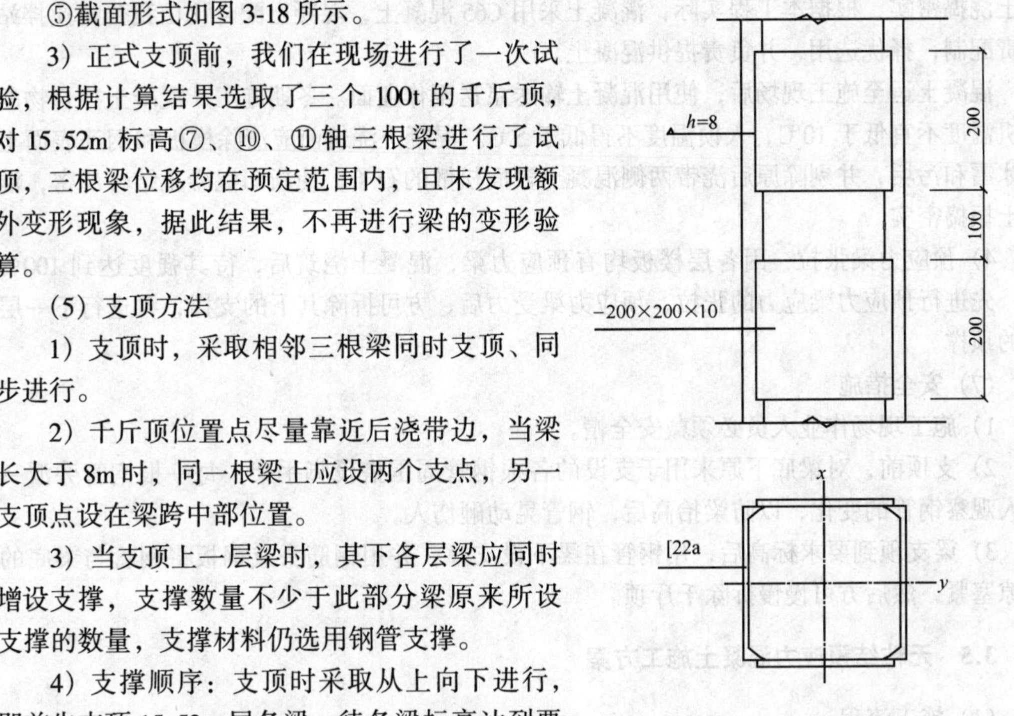

图3-18 截面形式

5）支顶前，根据各梁的净高，并减去预留千斤顶的高度后，根据所选的槽钢制作槽钢顶杆，在槽钢的上下表面各焊一块钢板-300mm×300mm×10mm。支顶时，将槽钢顶杆放于梁底，其下放置千斤顶，必须保证槽钢上下钢板在同一条直线上且此中心线与梁底面垂直。开动千斤顶进行顶升，顶升的过程对上述中心线、垂直线同样进行控制。

6）支顶前，在所支顶的梁的上表面、主楼区域选取某个点架设水准仪，先对所要支顶各梁再次进行标高复测，随着顶升的进行不断测量各梁顶升的高度，直到与主楼梁顶标高相同为止。

7）因部分梁下沉量较大，随着顶升的进行，梁根部有可能产生裂缝，支顶过程中应仔细观察裂缝的发展。

(6) 后浇带施工

1）模板支设：模板采用小钢模并辅以木模组拼完成，其下采用双排架子支撑。模板使用前应进行筛选，对缺肋及严重变形者严禁使用。模板表面涂刷脱模剂，避免污染钢筋，实现混凝土表面清洁，拆模时禁止用野蛮手段破坏模板。

2）钢筋绑扎：后浇带处的钢筋因露天放置时间较长，钢筋表面均已发生锈蚀，在重新对钢筋进行绑扎就位前，必须首先对钢筋表面进行除锈。钢筋除锈使用铁刷子，对钢筋锈蚀特别严重的部分，由设计方确定补强方法。钢筋除锈后，按原设计图纸对钢筋的规格、数量、间距、型号进行调整，并绑扎就位，经有关各方验收后方可进行下道工序。

3）混凝土浇筑：设计要求后浇带处混凝土采用比原结构强度等级提高一级的膨胀混凝土浇捣密实，根据本工程实际，混凝土采用C65混凝土，混凝土配合比由我公司搅拌站负责配制，择优选用，并负责提供混凝土。

混凝土运至施工现场后，使用混凝土输送泵送至作业面。冬期施工，混凝土拌合物的出机温度不宜低于10℃，入模温度不得低于5℃。混凝土浇筑前应清除模板和钢筋表面上的冰雪和污垢，并剔除原后浇带两侧混凝土表面松散的石子，使新旧混凝土结合严密，混凝土振捣密实。

4）预应力梁张拉：因各层楼板均有预应力梁，混凝土浇筑后，待其强度达到100%后，先进行预应力梁应力的张拉，预应力梁受力后，方可拆除其下的支撑，再进行下一层梁的顶撑。

（7）安全措施

1）施工现场作业人员必须戴安全帽。

2）支顶前，对梁底下原来用于支设的各根钢管周围搭设脚手架，每一根钢管旁派一专人观察钢管的变化，以防梁抬高后，钢管晃动砸伤人。

3）梁支顶到要求标高后，用钢管在梁下设支撑，并用钢筋头或钢板将钢管与梁底的缝隙塞紧，然后方可慢慢拆除千斤顶。

3.5 无粘结预应力混凝土施工方案

（1）施工流程

施工流程如图3-19所示。

（2）无粘结预应力筋和锚具的运输、存放

无粘结预应力筋、锚具及配件运到现场后，在铺放使用前，应将预应力筋堆放在干燥、平整的地方，下边要有垫木，上面要有防雨、雪措施，锚具、配件和设备要存放在室内。

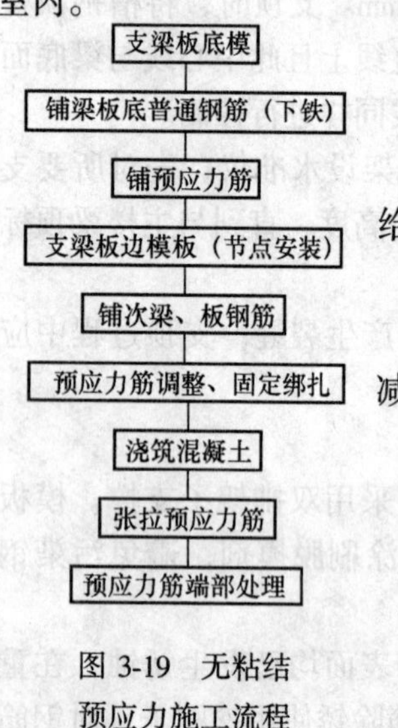

图3-19 无粘结预应力施工流程

（3）预应力板的施工

1）铺放无粘结预应力筋前应做的准备工作：

①准备端模：板端模应采用木模，根据设计图和本施工方案给出的预应力筋平、剖面位置图，在模上打孔，孔径22mm。

②准备无粘结预应力筋支撑钢筋（马凳）。

支撑钢筋高度为设计图所示的预应力筋中线距板底的高度，减去预应力筋半径位置处。

2）支底模和端模：

①支底模；

②支端模。

3）铺筋：

①铺板普通钢筋；

②铺预应力筋；

③预应力筋的铺放位置。

A. 平面位置：根据设计图纸所示的无粘结预应力筋在板内应铺放的部位及布置根数。

B. 剖面位置：按照设计所要求的预应力筋剖面曲线位置，对其需安放马凳处的位置和预应力筋中心线距板底的高度进行标注。

4）预应力筋铺放的原则：

预应力筋顺序铺设，保证铺放位置符合设计要求，施工单位应参照板筋图纸、预应力筋图纸，统一安排预应力筋铺放走向位置。保证预应力筋在板平面位置均匀、对称；在板剖面位置符合规程要求，即无粘结预应力筋在板内垂直偏差为±5mm；预应力筋中心距板底高度满足设计要求。

5）预应力筋的铺放步骤：

①安放通长马凳，马凳间距1.5～2.0m；采用ϕ12mm螺纹钢筋制作，跨中和支座处可不设马凳，直接绑在钢筋上。

②按照本施工技术方案中要求的铺放位置、原则及方法，铺放无粘结预应力筋。

③节点安装：

A. 要求预应力筋张拉端伸出端模长度不小于40cm；

B. 张拉端与固定端组装；

C. 承压板安装在端模上，不留缝隙，张拉作用线应与承压板面垂直承压板后应有不小于30cm的直线段。

④在预应力筋张拉端和固定端均安装螺旋筋（或绑扎钢筋网片）。

⑤位置确定正确后，采用与普通钢筋相同的绑扎方法和支承马凳固定牢。

⑥铺筋完毕后，由专人检查以下两个内容：

A. 无粘结筋外包塑料皮有无破损；若有破损，要用胶带按规程要求缠补好；

B. 张拉端安装的质量检查。

（4）混凝土的浇筑及振捣

1）无粘结筋铺放完成后，应由施工单位、建设、监理部门会同设计单位进行隐检验收，确认合格后，方可浇筑混凝土。

2）浇筑混凝土时应认真振捣，保证混凝土的密实，尤其是承压板、锚板周围的混凝土严禁漏振，不得出现蜂窝或孔洞。振捣时，应尽量避免踏压、碰撞预应力筋、支撑架以及端部预埋部件。

（5）无粘结筋的张拉

1）混凝土达到设计要求强度后方可进行预应力筋的张拉。混凝土强度应有试验报告单。

注：预应力筋张拉前严禁拆除板下的支撑，待该板内预应力筋全部张拉后方可拆除。

2）张拉前，施工单位在张拉端要准备操作平台，平台可单独搭设，也可以利用原有的脚手架。但无论采用哪种，其操作面都要求距预应力筋垂直高度在0.2～1.0m之间，宽度不宜小于1m，以便张拉操作。

3）张拉前2d，应把张拉端无粘结筋外露部分的塑料皮沿承压板处割掉，为实施张拉做好准备。

4）张拉时，在工作面准备380V、15～20A电源并安排工人配合。

5）张拉设备为YCN-25前卡式千斤顶和油泵，根据设计要求，张拉之前，由计量单位负责标定。

(6) 张拉端处理

张拉工作完成后张拉端处理，将外露预应力筋预留部分用机械方法切断，锚具外剩余长度不得小于 3cm，擦去油脂后用微膨胀混凝土将其封上。

(7) 预应力梁的施工

1) 在梁底模和主筋施工基本就绪后，梁箍筋未就位前，开始铺放无粘结预应力筋，将无粘结预应力筋按设计数量放入梁的主筋骨架内；

2) 按图纸设计要求定位预应力筋，预应力筋的定位固定方法：采用直径 14 的螺纹钢筋与马凳绑扎在一起，来定位预应力筋的标高，将预应力筋大体铺放成图纸设计的形状，待梁箍筋绑扎完毕后，再次调整预应力筋的矢高，使其达到精确位置；

3) 预应力筋基本铺放完毕后，即可开始梁的箍筋就位，并开始安装预应力筋的张拉端，张拉端的安装步骤为：首先，将预应力筋按图纸要求从梁端竖向钢筋间均匀穿过；然后，安装承压板；最后，组装端部模板，梁端部模板应采用 2cm 左右的木模板，并在其上按预应力筋张拉端的排列位置打孔，孔径为 20 ~ 23cm 左右，张拉端的位置应均匀对称牢固，并满足设计要求；

4) 待梁普通钢筋的预应力筋铺设完毕后，要进行预应力筋的检查验收；合格后，方可合梁的侧模；

5) 按设计要求在混凝土达到设计强度 100% 后开始预应力筋的张拉，张拉前应做好张拉准备工作，包括机具检测和设备标定等，张拉采用一次超张 3% 的方法进行，张拉控制应力为 1860 × 70% = 1302MPa，每束预应力筋的张拉力为 1302 × 139 × 1.03 = 186.5kN，张拉采用应力控制伸长值校合的双控方法；

6) 预应力筋张拉完后应尽快将钢绞线离锚具端部 2 ~ 3cm 切断，用高强度等级水泥砂浆将锚具封堵密实。

(8) 质量检验验收

由项目部组织包括甲方、设计、监理、质检等部门人员进行预应力筋铺放验收。

预应力筋的检查验收主要依据是中华人民共和国和国行业标准《无粘结预应力混凝土结构技术规程》(JGJ/T 92—93)。

主要检验内容有：预应力筋的矢高控制；预应力筋绑扎是否牢固；预应力筋外皮有否破损；张拉端和锚固端的位置和摆放是否正确；张拉端安装是否正确、牢固等。

(9) 注意事项

1) 在预应力筋铺放过程中，为避免预应力筋裸露部位由于使用电焊而造成打火，使得预应力钢丝退火强度降低，因此，不得使用电焊。

2) 在预应力筋张拉前，不得拆掉预应力梁下部的支撑。

3) 在预应力筋张拉端部位，浇筑混凝土时，应保证端部混凝土的密实，防止在张拉端出现混凝土质量问题。

3.6 脚手架工程

3.6.1 吊篮施工方案

燕都大酒店工程主体结构总高度为 106.95m、建筑面积 7356m^2，地下 3 层，地上 30

层，建筑高度107.95m，工程中外墙均为外包墙设计，即从梁底至板底高度的砌体和构造柱无法在室内施工，框架柱外侧的构造柱绑筋、支模和浇筑都较困难。从施工的可行性及经济效益出发，采用设吊篮的方法来解决上述问题。根据实际的工期要求及形象进度，设计了两个吊篮，用ϕ48架管搭设而成，挑梁用Ⅰ14工字钢，吊栏用ϕ13.5钢丝绳。

(1) 材料要求

1) 扣件：直角扣件、旋转扣件、对接扣件。

2) 钢管：ϕ48架管，壁厚3.5mm。有严重锈蚀、弯曲、压偏、损坏和裂纹者均剔除。

3) 吊篮挑梁、预埋件的材质要求：吊篮挑梁采用Ⅰ14工字钢。

4) 吊绳选用ϕ13.5 (6×19) 钢丝绳，手扳葫芦选用与钢丝绳直径ϕ13.5相对应的承载力为3t的69-3型。

5) 压重环采用ϕ20钢筋环或工程中用于搭设外挑架时预埋的ϕ12钢筋环，间距1500mm设置，埋于板内。

6) 脚手板：吊篮底部立人板采用的脚手板为红、白松，其宽度为220~300mm，厚度为50mm，长度为4000mm。在施工过程中，可根据需要进行长度调整，局部采用有一定强度的竹胶板补齐，吊篮顶部防护板采用5cm厚的脚手板或具有强度的竹胶板。

7) 安全网：吊篮四周除操作面部分外均应设安全密目网，封闭到吊篮架子底部。

(2) 设计计算

1) 挑梁、钢丝绳、保险绳、手扳葫芦的设计计算及选择（略）。

2) 压重环的复核验算及加强处理：

①压重环的复核验算：

验算压重环的力臂是否满足抗拉力要求：本工程所用压重环为ϕ20钢筋环或工程中用的搭设外挑架时预埋的ϕ12钢筋环，实际埋设位置距板边约为1.5m：

每个工字钢的拉力（吊篮自重及载荷总重1080kg）$P_1 = 54\text{kN}$

按最大支臂长度　$L_1 = 0.75\text{m}$

$$M_{拉} = 54 \times 0.75 = 40.5\text{kN}\cdot\text{m}$$

采用ϕ20预埋环时，抗拉力：$P_2 = 50 \times 2 \times 3.14 \times 20^2/4 = 30.14\text{kN}$

$$M_{抗} = 30.14 \times 1.5 = 45.21\text{kN}\cdot\text{m}$$

$M_{抗} > M_{拉}$　采用ϕ20预埋环时满足要求。

采用ϕ12预埋环的抗拉力　$P_2 = 50 \times 2 \times 3.14 \times 12^2/4 = 11.3\text{kN}$

取　$P_2 = 11\text{kN}$

$$M_{抗} = 11 \times 1.5 = 16.5\text{kN}\cdot\text{m}$$

$$M_{抗} < M_{拉}$$

不能满足抗倾覆力矩的要求，因此，在实际支设挑梁时，在每个挑梁的里端头，用4根立杆搭设架体予以加固，上端顶住上一层板底。

②架管支撑架验算：

架管稳定性按如下公式验算：$N/\varphi A \leqslant f$

计算过程：

架管的力臂（工字钢总长4.5m）

$$L_3 = 4.5 - 0.85 - 0.1 - 0.2 = 3.35\text{m}$$

架管承受的力（按忽略预埋环抗力计算、安全系数 2）$P_3 = M_{拉}/L_3 = 2 \times 40.5/3.35 = 24.18\text{kN}$

则单根架管的承载力 $N = 24.18/4 = 6.05\text{kN}$

架管的面积 $A = 489\text{mm}^2$

$$\lambda = L_0/I = 261/15.8 = 165.2$$

查表得 $\varphi \approx 0.255$

则 $N/\varphi A = 6.05 \times 10^3/0.255 \times 489 = 48.4\text{N/mm}^2 \leqslant f = 215\text{N/mm}^2$

所以，架管不会发生失稳现象。

对卡扣的抗滑力进行验算：

每个卡扣的承载力 $= N/2 = 1.51\text{kN} \leqslant$ 卡扣的抗滑力 $= 24\text{kN}$

所以，卡扣的抗滑力满足要求。

（3）安装要求

1）钢丝绳和保险绳与吊篮的连接：

①钢丝绳通过手扳葫芦的吊钩与吊篮的兜底钢丝绳连接，钢丝绳上的保险器用同等强度的钢丝绳；

②保险绳通过保险绳上的安全锁，用同等强度的钢丝绳与吊篮兜底钢丝绳连接；

③连接方法用不少于 3 个 U 形卡子连接。

2）加荷试验：

①预埋吊环试验：用千斤顶试验，预埋环抗拉强度不得小于 20kN；

②吊篮加荷试验：将吊篮提高距地面 50cm，加砂袋 200kg/m^2（设计承载力 100kg），加荷 24h 专人观察钢丝绳、钢梁和吊篮系统有无危险，经安全科、技术科认可后，方可投入使用。

（4）安全措施

略。

（5）吊篮的使用与保养

略。

（6）材料运输

砂浆、砌块等材料垂直运输，采用外用电梯运至楼层，再从窗口放入吊篮内。

（7）吊篮的拆除

吊篮落至地面，先将吊篮从钢丝绳拆下，保存好吊篮，钢丝绳拆除在楼台面进行，先用粗绳将钢丝绳吊绑拆下卡子，再用临时滑轮往下放。注意楼外围 15m 内不得有人，应有专人看管，专人指挥慢慢放下。

（8）固定措施

因本工程屋面结构比较复杂，根据实际情况采取不同挑梁固定措施。

措施如图 3-20 所示。

（9）吊篮搭设图

吊篮搭设如图 3-21、图 3-22 所示。

（10）吊篮平面布置图

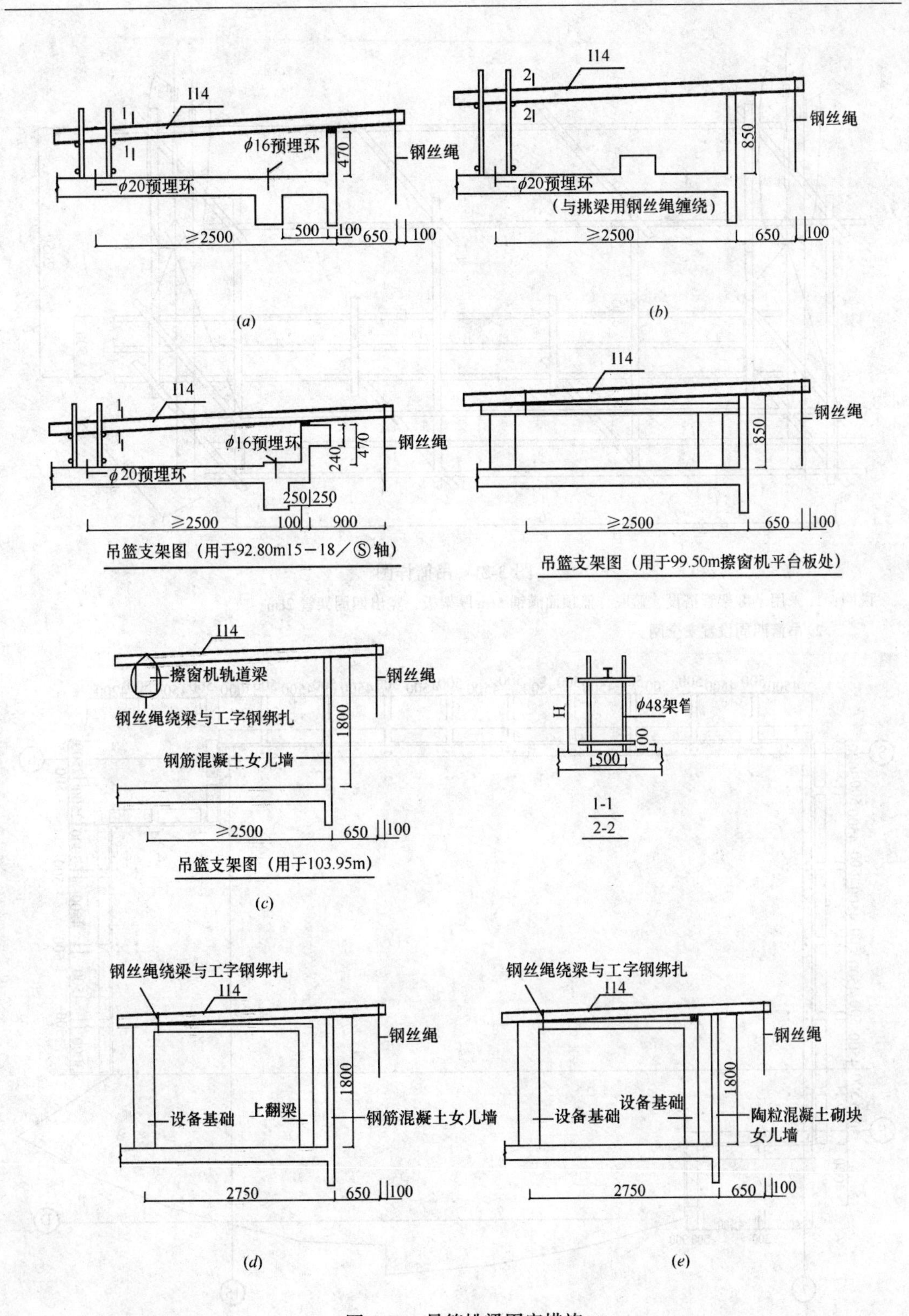

图 3-20　吊篮挑梁固定措施

（a）吊篮支架图（用于 92.80m⑱／Ⓡ～Ⓢ轴）；（b）吊篮支架图（用于 99.5m⑩／Ⓕ～Ⓓ轴）；（c）吊篮支架图（用于 103.95m）；（d）吊篮支架图（用于 103.95m）；（e）吊篮支架图（用于 103.95m）

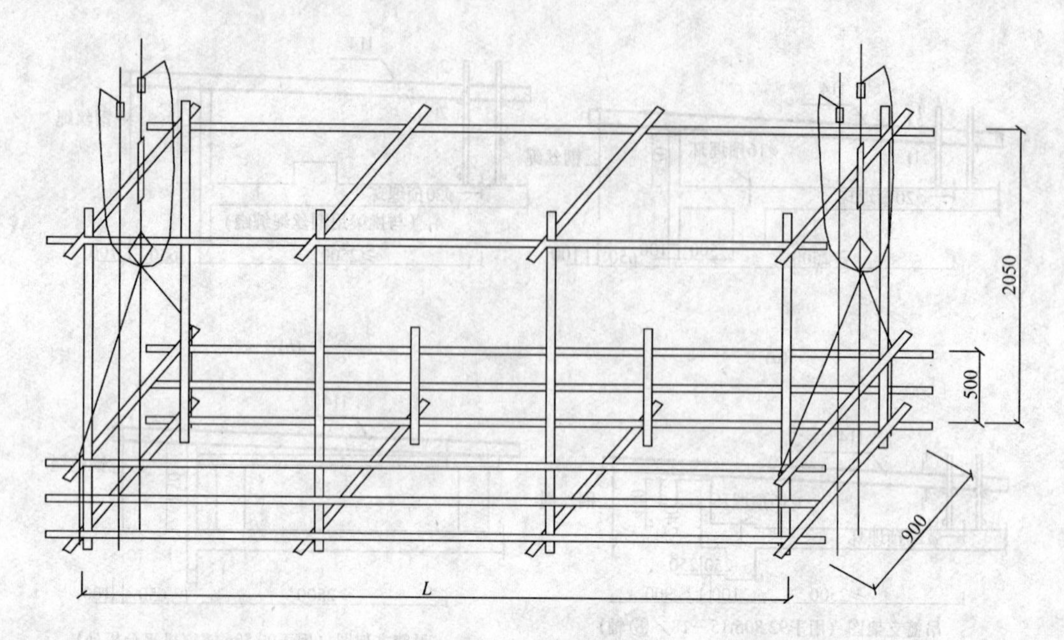

图 3-21　吊篮详图

说明：1. 采用 ϕ48 架管搭设，篮底、篮顶面满铺 5cm 厚架板，宽出四周架管 2cm。

2. 吊篮四周设置安全网。

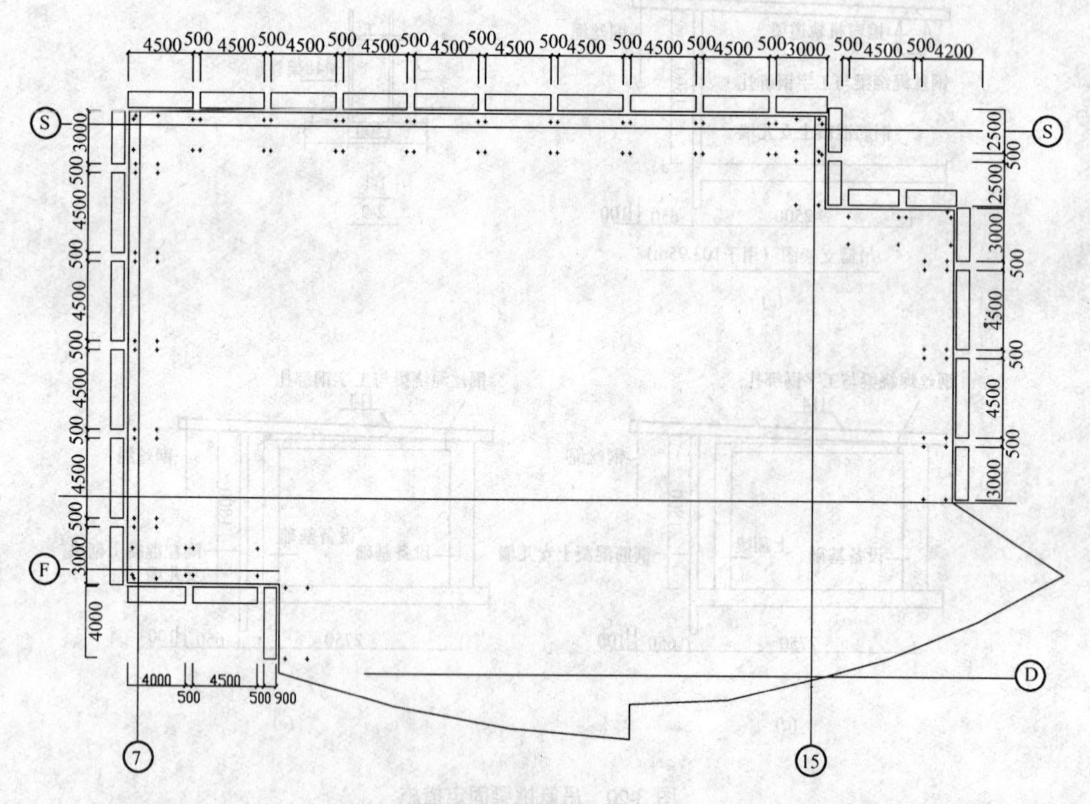

图 3-22　吊篮布置平面图

说明：1. 图中"+"点为预埋环中心点，当两个预埋环相邻较近时，可向后移动 100mm。

2. 在女儿墙钢筋混凝土挑板上留置穿钢丝绳的洞 150mm×150mm，洞中心距女儿墙外皮 650mm。

3.6.2 挑架搭设方案

(1) 概况

主楼西立面、北立面Ⓢ轴以东4470mm，南立面Ⓢ轴以东5150mm范围内的外墙面上，在标高为101.43m处有一宽度为1.2m的悬挑雨篷，雨篷侧面、底面的瓷砖粘贴工作采用搭设悬挑架进行。

(2) 材料

1) 扣件：直角扣件、对接扣件、平扣，材料符合GB 78—67中KT 33—8的技术条件。

2) 钢管:外径ϕ48、壁厚3.5mm钢管,有严重锈蚀、弯曲、压偏、损伤和裂纹者均剔除。

3) 脚手板：采用30cm宽、5cm厚、4m长的红、白松，并按要求进行加工。

4) 安全网：悬挑架立面挂一道安全密目网，悬挑架底部挂一道小眼水平网，和立网形成一个安全空间，阻挡人员和物体的坠落。

(3) 搭设要求

基本要求：横平竖直，整齐清晰，横竖通顺，连接牢固，受荷安全，有安全操作空间，不变形、不摇晃。

悬挑架均采用ϕ48架管搭设，底层在96.4m窗台处挑起，挑出宽度为2.0m。挑架自洞口穿出，在洞口高度上，每个洞口内设三排，在洞口水平方向每个洞口内设4根挑杆。

二十九层楼层内设双排脚手架，分别与挑杆锁紧，脚手架间距2.0m，外边一侧距外墙内皮200mm，脚手架上、下与楼板顶紧，底部扫地杆如遇原结构板上的预埋环时，穿入预埋环。

悬挑架下部设斜撑杆，自二十八层窗洞口穿进，支撑在二十八层地面。斜撑杆的间距与挑架站杆间距相同。二十八层楼内设双排脚手架与斜撑杆拉结，支设方法与二十九层相同（图3-23）。

(4) 脚手架计算

参照顶层雨棚脚手架搭设方案（略）。

(5) 加荷试验

脚手架加荷试验：脚手架搭设好后，在顶层铺设脚手板，在4m^{2}范围内堆放400kg的砂袋，加荷24h，专人观察脚手架稳定性，经安全科、技术科认可后，方可投入使用。

(6) 材料运输

外墙贴砖所用的各种材料用施工电梯运至二十九层楼内，随施工随从窗口向脚手架上运放材料，脚手板上堆放的材料总重量不得超过90kg。

(7) 脚手架的拆除

1) 架子拆除时划分作业区，周围设围护栏或竖立警戒标志，地面设有专人指挥，严禁非作业人员入内。

2) 拆除的高处作业人员，必须戴安全帽，系安全带，穿软底鞋。

3) 拆除顺序应遵循由上而下、先搭后拆、后搭先拆的原则，即先拆栏杆、脚手板、剪刀撑、斜撑，后拆小横杆、大横杆、立杆等，并按一步一清的原则依次进行，严禁上下同时进行拆除作业。

4) 连接点应随拆除进度逐层拆除，拆抛撑前，应设置临时支撑，然后再拆抛撑。

5) 拆下的材料从二十九层窗口运至室内，再由施工电梯运至地面，严禁抛掷。运至地面的材料按指定地点，随拆随运，分类堆放。当天拆当天清，拆下的扣件、钢丝要集中

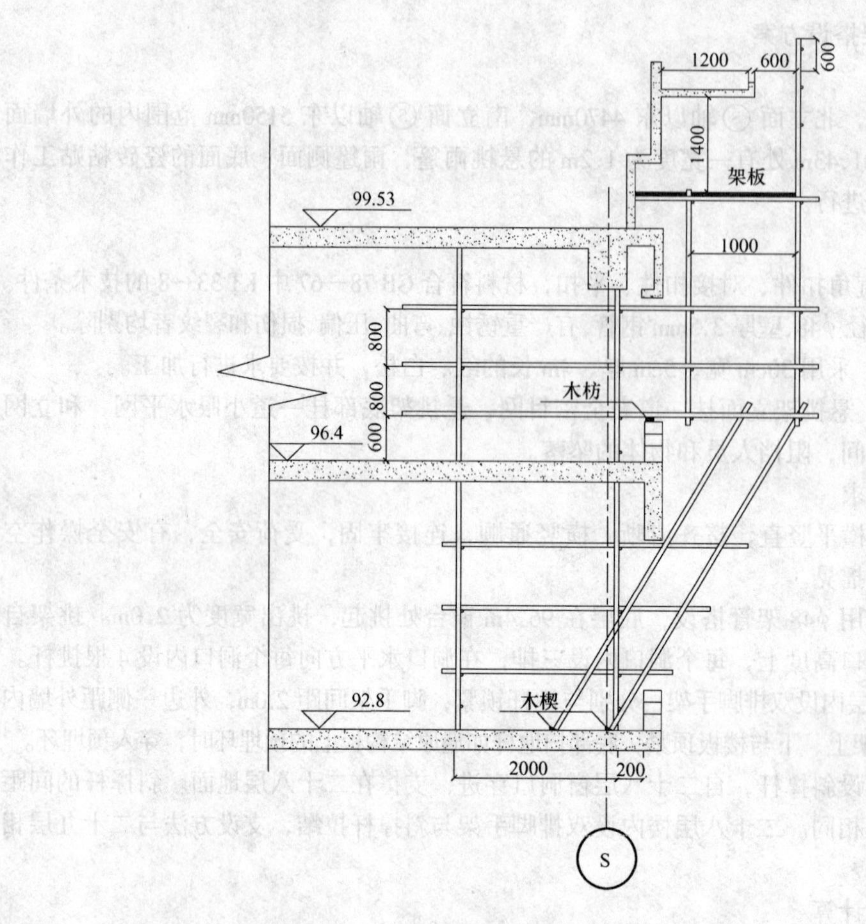

图 3-23　挑架

回收处理。

(8) 安全措施

1) 工人在架上作业，应注意自我安全保护和他人的安全保护，避免发生碰撞、闪失和落物，严禁在架上戏闹和坐在栏杆上等不安全处休息。

2) 每班工人上架作业时，应先检查有无影响安全作业的问题存在，在排除和解决后方许开始作业。在作业中发现有不安全的情况和迹象时，应立即停止作业，进行检查，解决后才能恢复正常作业。发现有异常和危险情况时，应立即通知所有架上人员撤离。

3) 遇有 4 级以上大风，不得进行作业。

4) 架上人员必须戴安全带，安全带挂在满堂红脚手架上。

5) 脚手架上作业时，其下方严禁立体交叉作业。

6) 脚手板上操作人员不得超过三个。

3.6.3 顶层雨篷脚手架搭设方案

(1) 概况

燕都大酒店顶层雨篷位于 99.53m 屋面上的三座墙板基础上之上，基础底面标高为 104.65～106.287m，呈弧形。雨篷为空间网架结构，自基础东侧面向外悬挑约 5m，呈船帆形，悬挑宽度下部均无结构楼板，必须采用悬挑架搭设。

(2) 材料

同挑架搭设方案(略)。

(3) 搭设要点

1) 满堂红脚手架:

坐落在 99.53m 屋面上,各基础墙板之间,站杆、水平杆、步距均为 1.0m,脚手架向西搭至电梯井剪力墙边,向东与外悬挑架拉结,上部超过基础墙板高度后进行整体拉结。

2) 悬挑架:

①底层在 89.7m 标高采用][20 双拼槽钢自板边悬挑 2.0m,][20 钢间距 2.0m,支点设在 Ⓗ' 轴处。压重环采用钢丝绳穿楼板固定,钢丝绳采用 ϕ12.5 (6×19) 钢丝绳 (图 3-24)。

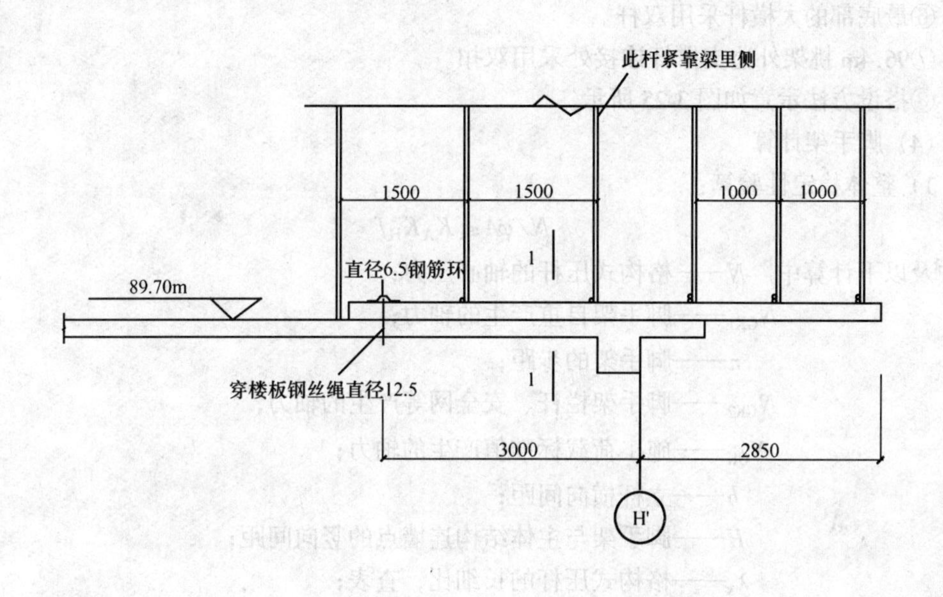

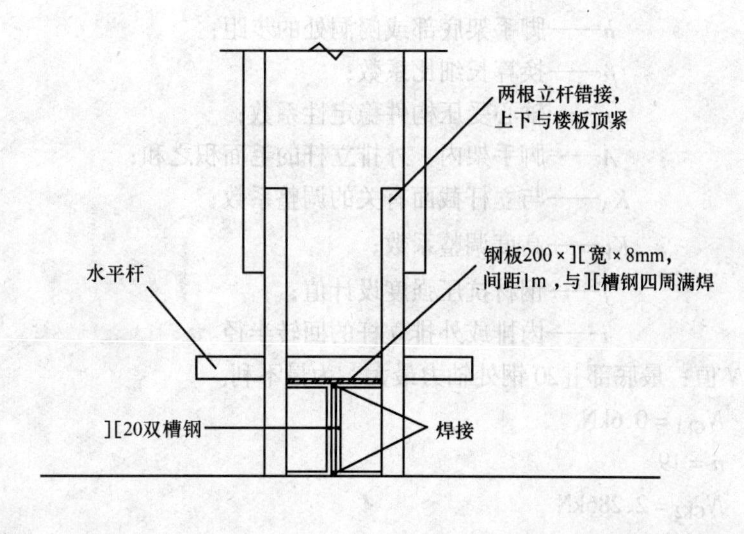

图 3-24 89.70m 槽钢与楼板、架管连接示意图

②96.4m 楼板处采用架管自板边向外悬挑 4.0m，107.5m 标高处架管自板边向外悬挑 5.0m。

③悬挑部分站杆 1.0m，水平杆在梁底、地面各设一道，中间间距@ < 1.5m。水平杆遇柱时与柱锁紧，上、下各设一道，中间部分间距@ < 1.5m。斜撑杆间距 1.0m，采用双杆与各层地面扫地杆锁紧。斜拉杆间距 1.0m，与各层楼板边站杆锁紧。

④每楼层内均设三排脚手架，站杆间距 1.5m，上下与楼板顶紧，水平杆与悬挑部分水平杆拉紧，底步水平杆压紧槽钢。

⑤⑮轴以北部分配重用满堂红脚手架分别落在 96.4m 和 92.8m 楼板上，自楼板的东边向西边总长 10m。

⑥最底部的大横杆采用双杆。

⑦96.4m 挑架外边支撑杆连接处采用双扣。

⑧搭设方法示意如图 3-25 所示。

(4) 脚手架计算

1) 整体稳定性验算：

$$N/\varphi A \leqslant K_A K_H f$$

式中及以下计算中 N——格构式压杆的轴心压力；

N_{GK1}——脚手架自重产生的轴力；

n——脚手架的步距；

N_{GK2}——脚手架栏杆、安全网等产生的轴力；

N_{QK}——施工荷载标准值产生的轴力；

b——立杆横向间距；

H——脚手架与主体结构连墙点的竖向间距；

λ_x——格构式压杆的长细比，查表；

h——脚手架底部或门洞处的步距；

μ——换算长细比系数；

φ——轴心受压构件稳定性系数；

A——脚手架内、外排立杆的毛面积之和；

K_A——与立杆截面有关的调整系数；

K_H——高度调整系数；

f——钢材抗压强度设计值；

i——内排或外排立杆的回转半径。

①求 N 值：最底部][20 钢处轴力最大、为最不利。

查表 $N_{GK1} = 0.6\text{kN}$

$n = 19$

查表 $N_{GK2} = 2.286\text{kN}$

查表 $N_{QK} = 8.4\text{kN}$

$$N_1 = 1.2\,(nN_{GK1} + N_{GK2}) + 1.4N_{QK}$$
$$= 1.2\,(19 \times 0.6 + 2.286) + 1.4 \times 8.4 = 28.1832\text{kN}$$

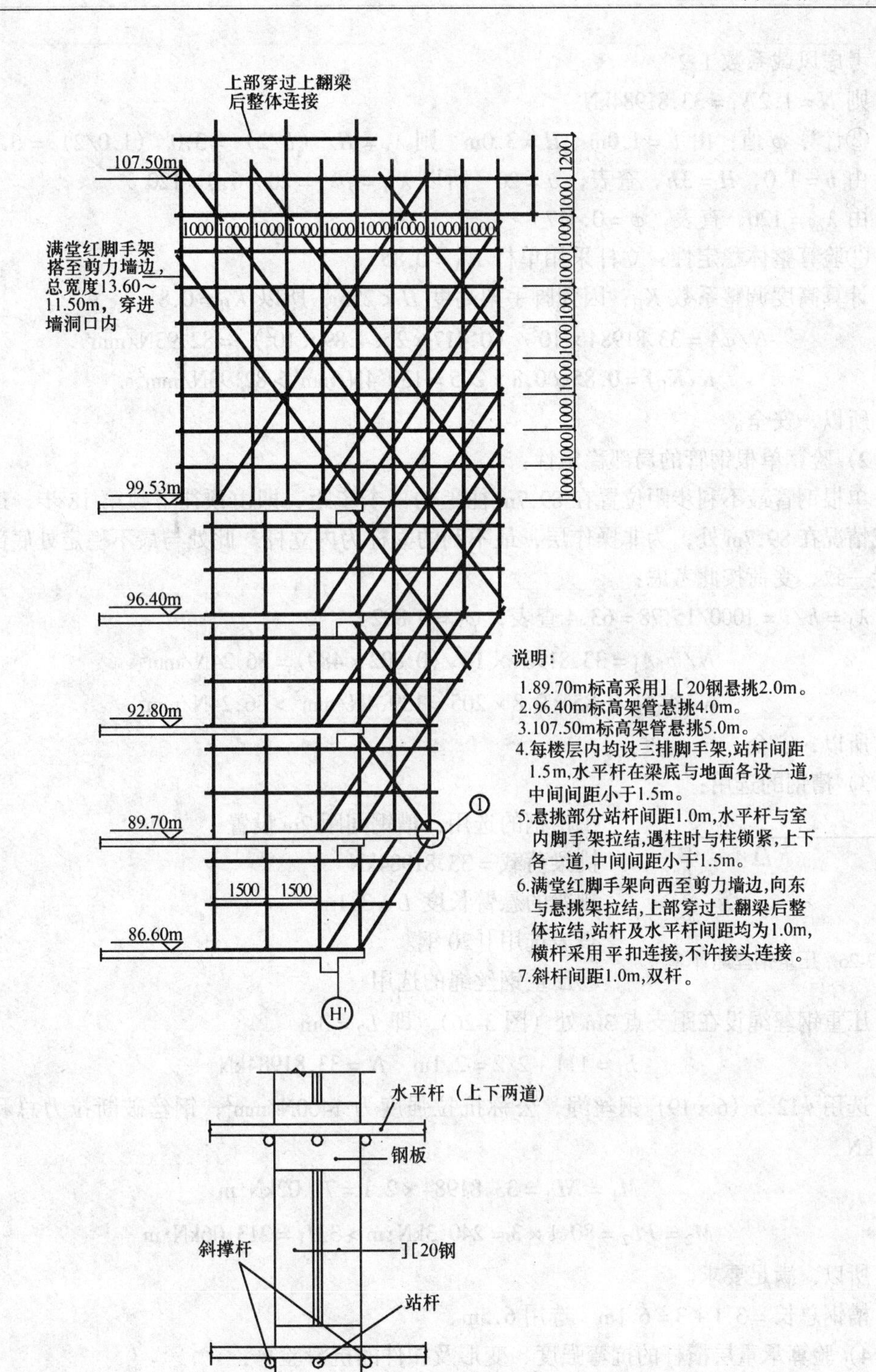

图 3-25 顶层雨篷脚手架搭设示意图

考虑风载系数 1.2

则 $N=1.2N_1=33.81984\text{kN}$

②计算 φ 值：由 $b=1.0\text{m}$　$H=3.0\text{m}$　则 $\lambda_x=H/(b/2)=3.0/(1.0/2)=6.0$

由 $b=1.0$，$H=3h$，查表，$\mu=20$　所以 $\lambda_{ox}=\mu\lambda_x=20\times6.0=120$

由 $\lambda_{ox}=120$，查表，$\varphi=0.417$

③验算整体稳定性：立杆采用单杆 $K_A=0.85$

计算高度调整系数 K_H：因为脚手架高度 $H<25\text{m}$，所以 $K_H=0.8$

$$N/\varphi A=33.81984\times10^3/(0.417\times2\times4.89\times10^2)=82.93\text{N/mm}^2$$

$$K_AK_Hf=0.85\times0.8\times205=139.4\text{N/mm}^2>82.93\text{N/mm}^2$$

所以，安全。

2）验算单根钢管的局部稳定性：

单根钢管最不利步距位置在 89.7m 往上的一个步距，即由顶往下数第 18 步，最不利荷载情况在 89.7m 处，为非操作层，最不利的立杆为内立杆。此处与最不稳定处底部压杆位置一致，受荷按此考虑：

$\lambda_1=h/i=1000/15.78=63.4$ 查表，$\varphi_1=0.802$

$$N/\varphi_1A_1=33.81984\times10^3/(0.802\times489)=86.24\text{N/mm}^2$$

$$K_AK_Hf=0.85\times0.8\times205=139.4\text{N/mm}^2>86.24\text{N/mm}^2$$

所以，安全。

3）槽钢的选用：

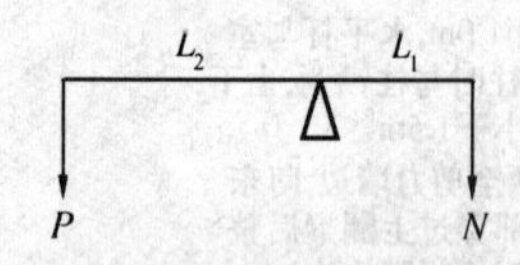

图 3-26　压重钢丝绳计算

①槽钢的选用：槽钢间距 2m 设置

挑梁荷载 = 33.81984kN

挑梁的悬臂长度 $L=3.1\text{m}$

查表选用][20 钢。

②压重钢丝绳的选用

压重钢丝绳设在距支点 3m 处（图 3-26），即 $L_2=3\text{m}$

$$L_1=1.1+2/2=2.1\text{m}\quad N=33.81984\text{kN}$$

选用 $\phi12.5$（6×19）钢丝绳，公称抗拉强度为 1400N/mm²，钢丝破断拉力总和 $P=80.1\text{kN}$

$$M_1=NL_1=33.81984\times2.1=71.02\text{kN}\cdot\text{m}$$

$$M_2=PL_2=80.1\times3=240.3\text{kN}\cdot\text{m}>3M_1=213.06\text{kN}\cdot\text{m}$$

所以，满足要求。

槽钢总长 = 3.1 + 3 = 6.1m　选用 6.5m。

4）验算承重层横杆的抗弯强度、变形及扣件的抗滑验算：

①小横杆抗弯验算（略）

②小横杆变形计算（略）

③大横杆抗弯验算：大横杆采用双杆（略）

④大横杆变形计算（略）

⑤大横杆与小横杆交点处的扣件的抗滑力验算（略）

5）验算 96.4m 挑架外边支撑杆的单杆稳定性及扣件的抗滑力（图 3-27）：

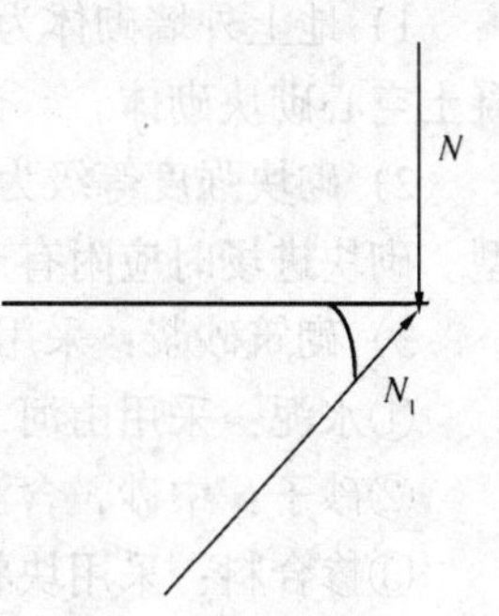

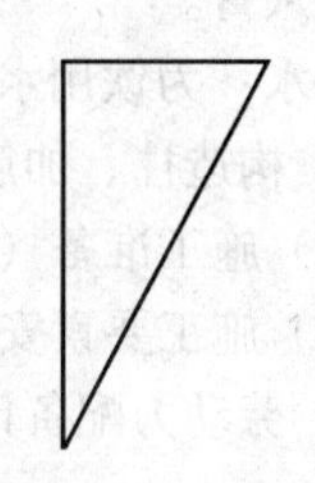

图 3-27　支撑杆示意

①验算单杆稳定性：

$$N_1/\varphi A \leqslant K_A K_H f$$

a. 求 N 值

$$N = 1.2(nN_{GK1} + N_{GK2}) + 1.4N_{QK}$$

$$= 1.2(12 \times 0.351 + 1.732) + 1.4 \times 5.04$$

$$= 14.19\text{kN}$$

b. 求 N_1 值

$$N_1 = N/\sin\theta$$

$$= 14.19/(6.7/7.8) = 16.52\text{kN}$$

c. 计算 φ 值

由 $b = 1.0$，$H = 4.0$，查 3-175 表，取 $\lambda_x = 7.62$

由 $b = 1.0$，$H = 4h$，查表，$\mu = 16$

所以，$\lambda_{ox} = \mu\lambda_x = 16 \times 7.62 = 121.92$，查表，$\varphi = 0.45$

d. 验算单杆稳定性：立杆采用单杆 $K_A = 0.85$

计算高度调整系数 K_H：因为脚手架高度 $H < 25$m，所以 $K_H = 0.8$

$$N_1/\varphi A = 16.52 \times 10^3/(0.45 \times 2 \times 4.89 \times 10^2) = 37.54\text{N/mm}^2$$

$$K_A K_H f = 0.85 \times 0.8 \times 205 = 139.4\text{N/mm}^2 > 37.54\text{N/mm}^2$$

所以，安全。

②验算扣件的抗滑力：此处扣件采用双扣：

$$R = N_1 = 16.52\text{kN} < R_C = 8.5 \times 2 = 17\text{kN}$$

所以，安全。

(5) 加荷试验

1）预埋环试验：用千斤顶试验预埋环抗拉强度不得小于 30kN。

2）脚手架加荷试验：(同“挑架搭设方案”)

(6) 材料运输

网架所用的各种材料用塔吊运至 99.53m 屋面，各个杆件或球必须单个运至操作面，安装完毕后，再传输下一个材料。脚手板上堆放的材料不得超过 90kg。

(7) 脚手架的拆除

同“挑架搭设方案”(略)

(8) 安全措施

同“挑架搭设方案”(略)

3.7 砌筑工程

(1) 原材料选择及质量控制

1）地上外墙砌体为240mm厚陶粒混凝土空心砌块砌体，内墙砌体为140mm厚陶粒混凝土空心砌块砌体。

2）砌块强度等级为MU1.5，砌块规格按墙厚分为240、190、140、115、90mm五种块型。砌块进场时应附有产品出厂质量合格证书及检验报告。

3）砌筑砂浆：采用M5混合砂浆。

①水泥：采用由河北省特种水泥厂生产的32.5级普通矿渣硅酸盐水泥。

②砂子：中砂，含泥量不超过3%，过5mm孔径筛。

③掺合料：采用块状生石灰熟化成的石灰膏，熟化时间不少于7d，严禁使用脱水硬化的石灰膏。

④水：为饮用水。

4）构造柱、加筋带：采用C20混凝土。

(2) 施工准备（略）

(3) 施工要素安排计划

1）劳动力配备计划表3-4。

劳动力计划　　表3-4

工　种	人　数	工　种	人　数
瓦　工	80	机械工	4
架子工	10	壮　工	25
测量工	2	后　台	5

2）主要机械设备配备（表3-5）。

机械使用计划　　表3-5

机具名称	单　位	数　量	机具名称	单　位	数　量
灰浆机	台	2	外用电梯	部	1
手推车	辆	20	磅　秤	台	2

(4) 操作要点

1）工艺流程：

基层处理──→砌筑陶粒混凝土砌块──→质量检查验收。

2）基层处理：

①砌筑前，应将墙体根部的混凝土表面清扫干净，局部若有不平，可用砂浆找平；若高差超过30mm，应用C15以上的细石混凝土找平后才可砌筑，不得仅用砂浆填平。

②砌筑前，将混凝土楼板、柱、墙壁上预留的构造柱插筋、墙体拉结筋剔凿出来，摆正位置。楼板上未预留插筋的部位，采用打膨胀螺栓的方法，根据设计要求，采用M16膨胀螺栓，总长180mm，构造柱与膨胀螺栓焊接，单面焊长度不小于10mm；柱、墙上未预留拉结筋的部位，在预留筋位置放一块钢板，用射钉将钢板固定在柱、墙上，拉结筋与

钢板焊接，单面焊长度不小于10mm，钢板厚3mm；如尺寸为5cm×15cm，射钉长为5cm，如图3-28所示。

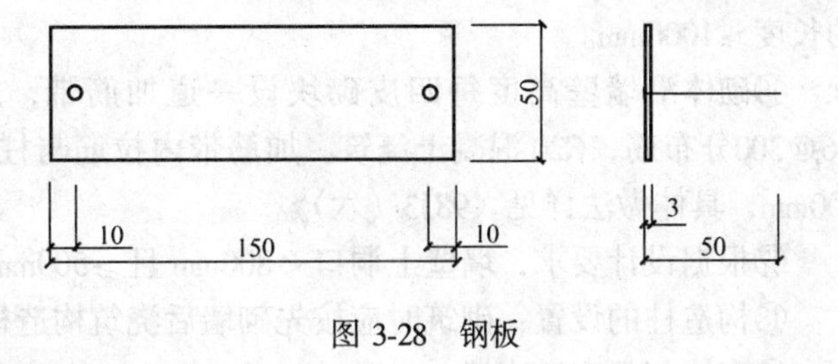

图 3-28 钢板

3）砌筑：

①砌块的品种、强度等级必须符合设计要求，小砌块的生产龄期不小于28d，并应清除表面污物和柱芯用小砌块底部的毛边，剔除外观质量不合格的小砌块。

②砌块的含水率宜为自然含水率，当天气干燥炎热时，可提前喷水湿润，严禁雨天施工；砌块表面有浮水时，亦不得施工。

③施工前，由测量员负责弹放每层柱的+50cm线及墙体的单侧边线。

④立皮数杆。

⑤必须遵守“反砌”原则，每皮砌块应使其底面朝上砌筑。

⑥砌筑形式：墙厚度等于砌块的宽度，其立面砌筑形式只有全顺一种，即各皮砌块均为顺砌，上下皮竖缝相互错开1/2砌块长。使用单排孔小砌块砌筑墙体时，应对孔错缝搭砌；使用多排孔小砌块砌筑墙体时，应错缝搭砌，搭接长度不应小于120mm。墙体的个别部位不能满足上述要求时，应在灰缝中设置拉结筋。拉结钢筋用2ϕ6.5钢筋，拉结钢筋的长度不应小于700mm。

⑦墙体的转角处和内外墙交接处应同时砌筑；如不能同时砌筑，则应留置斜槎。墙体临时间断处应砌成斜槎，斜槎的长度应等于或大于斜槎高度。

⑧墙体中作为施工通道的临时洞口，其侧边离交接处的墙面不应小于600mm，并在顶部设过梁；填砌临时洞口的砌筑砂浆，强度等级宜提高一级。

⑨电线暗管竖向宜穿砌块孔，尽量避免横穿暗管，如需横穿，应在砌筑前沿竖缝壁钻孔，砌筑后穿管。

⑩竖向灰缝采用加浆方法，使其砂浆饱满，严禁用水冲浆灌缝；不得出现瞎缝、透明缝；竖缝的砂浆饱满度不宜低于80%。

⑪水平灰缝和竖向灰缝宽度宜为10mm，最小不小于8mm，最大不大于12mm。砌筑时，一次铺灰长度不宜超过2块主规格块体的长度。

⑫需要在墙上设脚手眼时，可用辅助规格的小砌块侧砌，利用其孔洞作脚手眼，墙体完工后采用C20混凝土填实。

⑬空心砌块墙下列部位不得留置脚手眼：

A. 过梁上部与过梁成60°角的三角形范围内；

B. 宽度小于800mm的窗间墙；

C. 梁或梁垫下及其左右各500mm的范围内；

D. 门窗洞口两侧200mm和墙体交接处400mm的范围内；

E. 设计不允许留脚手眼的部位。

⑭空心砌筑体的每天砌筑高度宜控制在1.5m或一步脚手架高度内。

⑮在承重墙或柱内沿砌体高度每隔三皮位置设2ϕ6.5拉结筋，拉结钢筋伸入砌体墙内

的长度≥1000mm。

⑯砌体沿墙壁高度每四皮砌块设一道加筋带，加筋带高60mm，内配2ϕ6.5钢筋，ϕ6@300分布筋，C20混凝土浇筑。加筋带内拉筋与柱、墙内预留拉结筋搭接长度不小于200mm，具体做法详见《98J3（六）》。

⑰根据设计要求，墙壁上洞口＜800mm且≥500mm时，设钢筋砖过梁。

⑱构造柱的设置：砌筑时应按先砌墙后浇筑构造柱的施工程序进行。

⑲砌块与门窗口连接：

门窗口两侧采用设置预制混凝土块的方法来固定埋件，预制块尺寸：450mm×砌块高×墙厚，C20混凝土，将木砖或铁件预先埋在预制块内（铁件需刷两道防锈漆），在洞口上、下第二皮砌块位置各设一块，中间部分每三皮砌块设一块。

⑳砌块与楼板（或梁底）的连接：

楼板（梁底）的底部应预留拉结筋，便于与砌块拉结。当未事先预留拉结筋时，在楼板（梁底）斜砌一排砌块（90mm砌块），保证砌体顶部稳定、牢固。

㉑砌筑时，采用双排内脚手架。其中由于外墙多为外包墙，梁底以上砌体在室内无法砌筑，且构造柱在外侧的支模较困难，采取在室外设吊篮，填补以上不易施工部位。

（5）质量检查验收（执行国家规范）

（6）成品保护

1）砌块在装运过程中要轻装轻放，按规格、型号分别码放整齐，搭拆脚手架时不要碰坏已砌墙体和门窗口角。

2）落地砂浆及时清除，收集再用，以免与地面粘结，影响下道工序施工。

3）设备孔槽以预留为主，尽量减少剔凿，必要时剔凿设备孔槽不得乱剔硬凿，可划准尺寸用刀刃镂划；如造成墙体砌块松动，必须进行补强处理。

3.8　垂直运输及吊装工程

本工程垂直运输机械选用意大利EQ-60型塔吊和北京型高塔各一台。装修阶段在大楼北侧安装外电梯两部，位置详见“总平面布置图”。

3.9　屋面工程

（1）概况

本工程屋面数量较多：高度位置在5.40、10.50、15.60、25.95、92.85、96.45、99.55、102.75、103.95m等，分为上人屋面和不上人屋面两种，屋面为有组织内排水，屋面防水设防等级为Ⅱ级，防水层为1.8mm厚聚酯防水涂膜及1.2mm厚氯化聚乙烯橡胶卷材，保温层采用50mm厚聚苯乙烯泡沫塑料板和250mm厚1:10水泥珍珠岩板两种，找坡层采用1:6水泥焦渣找坡层 $i=2\%$，最薄处为30mm。

（2）施工工艺

1）上人屋面施工程序

基层清理→50mm厚聚苯乙烯泡沫塑料板→1:6水泥焦渣找坡，坡度2%，最薄处为50mm→20mm厚1:2.5水泥砂浆找平层→防水层→25mm厚TG胶水泥砂浆结合层→撒素水泥面→10mm厚铺地面砖。

2）不上人屋面：

①基层清理→1∶6 水泥焦渣找坡层，坡度 2%，最薄处 30mm→250mm 厚 1∶10 水泥珍珠岩板保温层→30mm 厚水泥砂浆找平层→防水层。

②基层清理→50mm 聚苯乙烯泡沫塑料板保温层→1∶6 水泥焦渣找坡层、坡度 2%，最低处 50mm→20mm 厚 1∶2.5 水泥砂浆找平层→防水层。

3.10 装修、装饰工程

本工程内装修主要为水泥砂浆墙面、抹灰喷白涂料、瓷砖、墙面砖等；外装修主要为玻璃幕墙、干挂石材、贴面砖墙面。

3.11 设备安装

3.11.1 电气工程

1）变电系统

供电部门的一个 10kV 开闭所（HDS1），本工程的 10kV 配电室（HDS2）互为备用，两组中央变配电设备（SS1、SS2），室外柴油发电机作为消防设备用电源。

2）动力系统：

本工程动力系统包括普通客梯、服务兼消防电梯、消火栓泵、喷淋泵、水幕泵、排水泵、污水泵、排烟风机、防火卷帘门、冷却塔风机、空洞系统等，主要动力设备设于地下三层及裙楼。

3）照明系统：

照明系统分为一般照明及应急照明，电源由 SS1、SS2 引出的插接母线 BD2、BD1（普通照明）和 BD4（应急照明）沿竖井引上分布至各层照明配电箱及应急照明箱。

4）弱电系统：

主要包括：火灾报警、综合布线、广播、监控、消防、电视系统、消防对讲电话系统、自动记账系统等。

5）本工程采用联合接地，接地极为水平敷设在建筑物基础底板下的 40mm×4mm 扁钢，要求接地电阻不大于 1Ω；防雷引下线利用建筑物柱内两根主筋作为一组引下线，在屋顶与接闪器焊接，埋端与接地极焊接，距地 30m 以上的金属门窗框架、阳台金属栏杆及面积较大的金属装饰物就近与钢筋网连接。本建筑地下 3 层、地下 1 层、地上 3 层、6 层、9 层、12 层、15 层、18 层、21 层、24 层、27 层、30 层处作为等电位连接，此连接利用建筑物内钢筋，横向钢筋应与所有引下线有可靠连接。

3.11.2 给水、热水、排水、雨水、冷却循环水系统

1）给水系统：

给水系统采用分区供水方式，一区为地下三层至地下一层，由市政管网直接供水；二区为地上一层至六层，由变频调速泵供水；三区为七层至二十九层，由水泵及高位水箱联合供水，该区又分为两个小区，一小区为七层至十余层为高位水箱减压供水，二小区为十九层至二十九层由高位水箱直接供水。

2）热水系统：

热水系统分为两个大区：一区为地下三层至地上六层，由变频调速泵及热交换器供

给；二区为七层至二十九层，由变频调速泵及热交换器供给，该区又分为两个小区，一小区为七层至十八层，二小区为十九层到二十九层，二小区由热水泵直接供水，一小区为减压供水、热水立管每三层设可曲挠橡胶接头一个。

3）冷却循环水系统：

由冷水机组、冷却塔、循环水泵、过滤装置、软化水装置及加药装置组成。冷却塔为四台设置于三层裙房屋面上、循环水泵、软化水设备及加药装置设于地下二层循环水泵房内，软水箱、软化水泵及过滤装置设于地下三层给水泵房内，管道材质为螺旋钢管焊接、焊接钢管焊接、镀锌钢管 $DN < 100$ 丝接，$DN > 100$ 焊接。

4）雨水、排水系统：

地下室积水用潜污泵排至室外排水管道，生活及消防水池定期用潜水泵排污清洗；厨房排水经隔油器处理后排入地沟；地下三层至地上六层卫生间排水采用合流制；七层至三十层卫生间排水采用粪便污水与洗澡污水分流制；雨水排水采用内落水管排至室外。雨水采用焊接钢管，排水采用有压镀锌钢管焊接，无压柔性接口排水铸铁管。

5）中水工程：

中水水源为七层至三十层的洗浴排水，经除污器——调节池（水下曝气器）——毛发过滤器——污水提升泵——生化池——中间水池（加药）——清水提升泵——综合净水器——活性碳——中水池（补水）——中水供水泵处理后，用作本建筑卫生间冲洗水。处理设施设于地下三层中水泵房内，中水给水分为两个分区：一区为地下三层至地上六层，二区为七层至三十层，该区又分为两个小区，一小区为七层至三十层，二小区为十九层至三十层，一小区减压供水，二小区由中水给水泵直接供水，管道材质镀锌钢管，$DN \leqslant 100$ 丝扣连接，$DN > 100$ 焊接法连接。

6）本专业要求与土建队伍密切配合，土建施工计划要求提前 1 个月报本专业施工队伍中。

4 质量、安全、环保技术措施

4.1 质量技术保证措施

为确保本工程按期保质完成，施工要严格按照分部（分项）施工方法施工，同时要加大新技术、新材料的投入，提高工程的科技含量。

(1) 新材料、新工艺、新技术应用

1）划分施工段组织流水施工，合理配置生产要素，减少模板及架设工具投入，缩短工期，降低工程成本；

2）C60 高性能混凝土的应用技术；

3）C40 基础底板大体积混凝土技术；

4）无粘结预应力混凝土的应用技术；

5）大模板的运用技术；

6）高程、泵送、商品混凝土技术；

7）轻钢龙骨内隔墙板应用技术；

8）钢筋混凝土保护层定位卡；

9）加气混凝土砌块建筑技术；

10）钢筋连接新技术应用，在墙柱竖向钢筋及框架梁的纵向钢筋连接中采用气压焊、锥螺纹、冷挤压连接技术；

11）混凝土复合外加剂的应用。

混凝土配制中充分使用缓凝剂、UEA 微膨胀剂、减水泵送剂、防冻剂等，以生产满足操作性能和设计强度要求的混凝土；

12）微机应用：

本项目计划配置微机八台，分别应用于技术、工程、财务、经营、综合办公室等部门，应用管理软件如 Word97、配备 MIS 软件、AutoCAD、Photo Shop、财务、预算等软件及电视监控系统。

①施工企业经营管理：网络计划、财务和会计、计划统计。

②工程项目计算机综合管理系统（技术、质量、成本、进度、工程资料等的计算机控制）。

（2）技术管理

技术管理是项目管理一切工作的基础，也是完成项目各种经济技术指标的依据和条件，包括：施工图纸管理、设计变更与洽商管理、方案管理、测量管理、试验管理、工程资料管理、现场技术质量问题的解决与新技术应用、协调指导各分包商的技术管理等。

（3）工程资料管理

工程资料是工程施工情况的具体反映和如实记录，为此，项目经理部配置专职资料管理人员，统一对资料进行管理。采取了以下措施，最后保证了工程资料与工程同步完成，竣工时同时移交。

1）施工过程中资料随生产进程及时收集、整理；

2）定期、不定期地组织对各承包商的工程资料进行检查和审核，促进各承包商工程资料的管理工作同步进行；

3）分阶段对工程资料整理、装订，分阶段完成竣工图的绘制工作；

4）采用数据库对工程资料进行管理，大大方便了工程资料的检查和查询。

4.2 安全保证措施

（1）安全管理体系

安全管理体系如图 4-1 所示。

（2）安全生产责任目标分解

安全生产责任分解如图 4-2 所示。

（3）施工现场主要安全防护方案

1）基坑围护：

①在基坑四周采用 ϕ48 钢管打入地面 500 ~ 700mm 深，钢管离边口的距离不小于 500mm。

②防护围栏应由上下两道横杆组成，上杆离地高度 1.2m，下杆离地高度为 600mm。

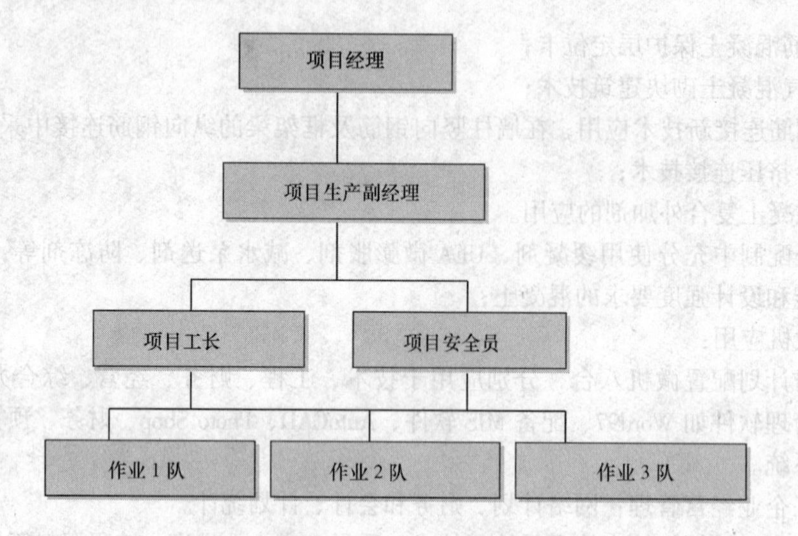

图 4-1　安全生产管理体系

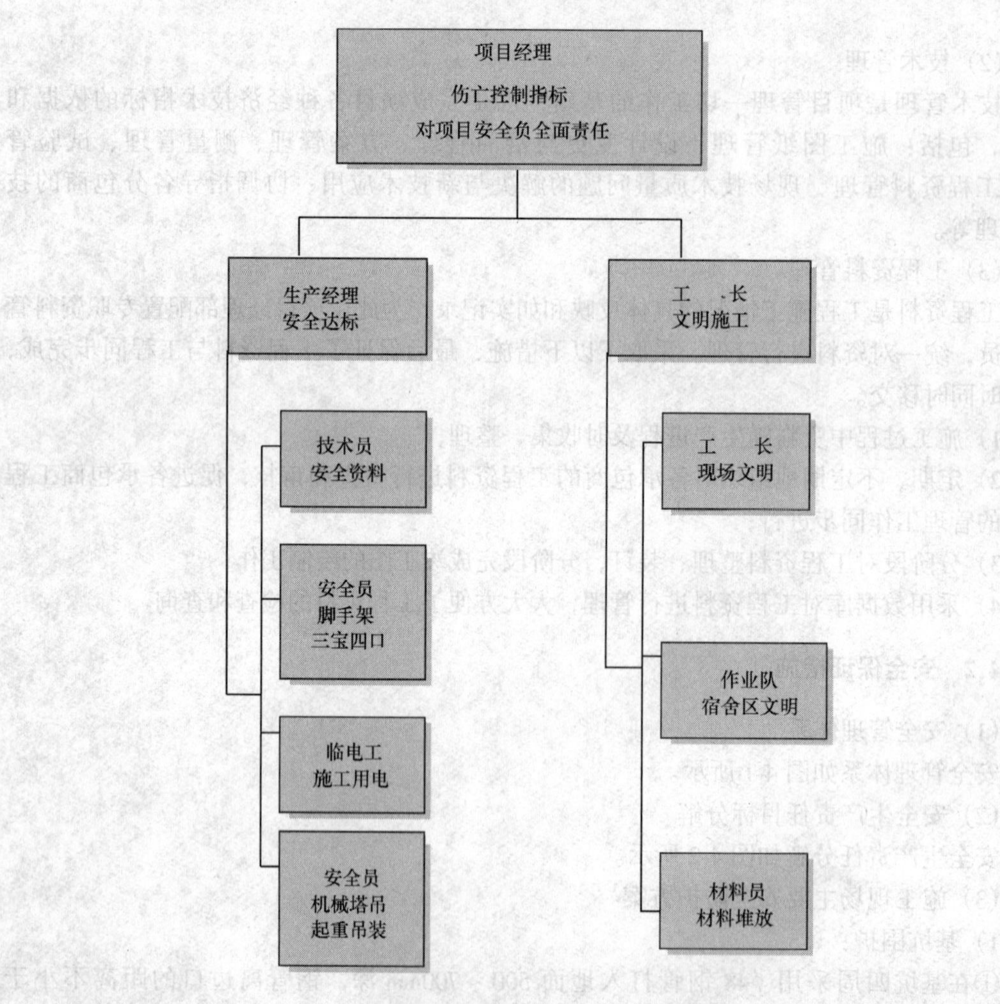

图 4-2　安全生产责任分解

③杆与打入地下立杆之间用"+"字形扣件连接牢固，栏杆之间用连接扣件联成整体，上下栏杆接头位置相互错开。

A. 栏杆上粉刷红、白油漆，给予警戒。

B. 因回填土需拆除围栏时，需经施工负责人员同意后方可拆除，回填中断要及时恢复原状。

C. 拆除围栏处夜间必须设红灯示警。

2）施工人员的安全防护措施：

①施工人员进入基坑施工必须戴好安全帽，正确使用安全防护用品。

②使用蛙夯机人员配备绝缘劳保用品。

③对基坑边的杂物、钢筋头、砖头、木方等在施工前清除干净，防止掉落伤人。

④蛙夯机配备专用电箱，箱内设漏电保护品，电线电缆必须确保绝缘良好无损。

⑤回填土施工配备专职人员进行巡回检查，发现问题及时处理。

⑥拖车人员在施工中，要注意护壁的动态，当心护壁裂缝下塌。

3）临边作业安全防护：

①在基坑四周采用 ϕ48 钢管打入地面 500～700mm 深，钢管离边口的距离不小于 500mm，防护围栏由上下两道横杆组成，上杆离地高度 1200mm，下杆离地高度 600mm，并均用扣件连接牢固。

②结构楼层周边、斜道两侧边、卸料平台外侧，均用 ϕ25 钢筋同原结构施工中预留出的钢筋头焊接成两道防护栏杆，并设置固定的高度不低于 180mm 高的挡脚板或搭设固定的立网防护。

A. 分层施工的楼梯口和楼梯段边，用 ϕ25 的钢管与楼梯埋件焊接成栏杆，顶层施工楼梯口随工程结构的进度安装临时栏杆，楼段旁边设置双道扶手，挂上安全网作为临时扶栏。

B. 外用施工电梯与建筑物相连接的通道两侧边加设护栏杆，栏杆的下部加设挡脚板，各楼层出料口设防护门。

4）洞口作业安全防护：

①电梯井口采用 ϕ20 钢筋制作的高 1.2m 的专用防护门，中间设两道横筋，给予固定。

②井内每隔两层、最多隔 10m 设一道安全平网。

③屋面和平台等面上短边尺寸为 2.5～25cm 的洞口，必须设坚实盖板并能防止挪动移位。

④25cm×25cm～50cm×150cm 洞口，必须设置固定盖板，保持四周搁置均衡，并有固定位置的措施。

⑤50cm×50cm～150cm×150cm 洞口，必须预埋通长钢筋片，纵横钢筋间距不得大于 15cm，或铺满脚手板，脚手板应绑扎固定，任何人未经许可不得随意移动。

⑥150cm×150cm 以上的洞口，四周必须搭设围护架，并设双道防护栏杆，洞口中间以挂水平安全网，网的四周要拴挂牢固、严密。

⑦暗处的竖向洞口，凡落地的洞口应设置防护门或绑扎防护栏杆，不设挡脚板；低于 80cm 的竖向洞口，应加设 1.2m 高的临时护栏。

⑧洞口按规定设置照明装置和安全标志。

5）高处作业安全防护：

①作业人员上下作业，在主楼的南部搭设斜梯，采用 ϕ48 的钢管搭设，上铺脚手板，每 30cm 设防滑条一道，不得缺档。

②作业人员应从规定的通道上下，不得在阳台之间、非规定通道进行攀登。

③高空作业处应有牢靠的立足处，并必须视具体情况配置防护栏网、栏杆或其他安全设施。

④支模按规定工艺进行，严禁在连接件和支撑件攀登上下，并严禁在同一垂直面上装拆模板，高度在 3m 以上的柱模板四周应设斜撑，并应设立操作平台。

⑤绑扎钢筋和安装钢筋骨架时，必须搭设脚手架和马凳；绑扎立柱和钢筋时，不得站在钢筋骨架上或攀登骨架上下，绑扎 3m 以上的柱钢筋，必须搭设操作平台。

⑥高层建筑支撑 6m 宽双层网，网底距地不小于 5m，每隔 10m 设一道水平网或逐层设立全封闭网。

⑦建筑物出入口，搭设长 3～6m，且宽出通道两侧各 1m 的防护棚，棚顶满铺不小于 5cm 厚的脚手板，非出入口和通道两侧必须封严。

⑧对人或物构成威胁的地方必须支设防护棚，保证人、物安全。

⑨高处作业人员必须穿戴好个人防护用品，严禁投掷物料。

⑩斜梯搭设角度小于 30°，中间设休息平台，两边设不低于 1.2m 的防护栏杆。

4.3　文明施工保证措施

现场文明施工保证体系如图 4-3 所示。

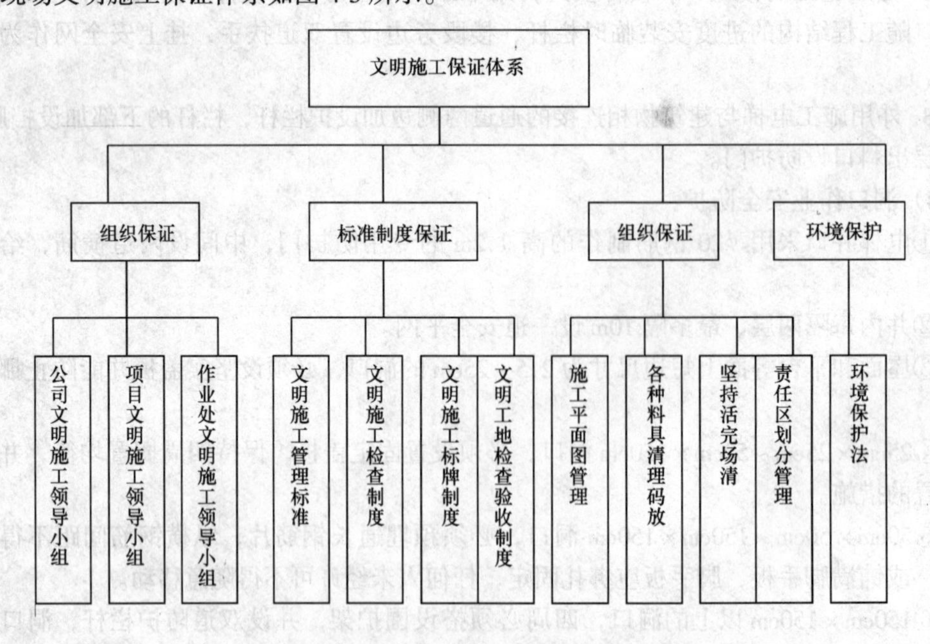

图 4-3　文明施工保证体系

5 经济效益分析

（1）主要经济技术指标

燕都大酒店工程总建筑面积87356m²，自1997年5月20日开工，1997年11月10日基础完工，1998年7月20日地上工程开工，2000年10月30日主体封顶。

基础、主体分部优良，主体结构经济效益1800万元。

（2）科技示范工程的运作情况

燕都大酒店工程开工伊始，就被列为省、局级科技示范工程，为此，项目领导班子制定了以大科技的眼光对工程实施运作的管理思路，即以施工技术为主线，大力推广应用新技术新成果，牵动生产、物资、安全、经营等各部门的技术性协作，从而确保工程施工进度、安全生产、工程质量、工程成本等各项目标的实现。项目与局、省建委签订了科技示范工程责任状，采取措施积极落实责任状的有关内容，大胆进行技术创新，以科技为本，调动项目管理人员的积极性，充分发挥科技示范作用，提高工程施工的科技含量，并把质量、安全、文明施工等纳入科技示范工程的管理范畴，从而真正体现“用我们的承诺和智慧雕塑时代的艺术品”这一质量方针的内涵。

（3）科技示范工程的完成情况

1）精心编制施工组织设计和施工方案。

首先，落实部门岗位职责分配，由项目经理牵头，副经理负责组织工程、技术等部门共同精心编制工程施工组织设计。施工组织设计是在充分领会设计意图，依据国家施工及验收规范的基础上，采取合理、先进、可操作性强的施工方法和措施，保证工程质量、安全、工期、成本等目标的实现，最终达到合同目标。在编制中，突出保证工程质量的技术措施，并编制了具体的新技术推广应用内容，为保证施工确立了指导文件。

2）推广应用全国十项新技术、局四十项新技术内容如下：

①小流水段施工技术；

②深基坑支护技术—土钉锚喷支护技术；

③高强高性能混凝土技术：商品泵送混凝土及粉煤灰应用；C60、C50高性能混凝土的应用；

④高效钢筋和预应力混凝土技术：新Ⅲ级钢筋（HRB400）的应用；低松弛高强度钢绞线（$f_{tk}=1860N/mm^2$）的应用；高效预应力混凝土技术；

⑤粗直径钢筋连接技术：气压焊连接技术；锥螺纹连接技术；冷挤压连接技术；

⑥新型模板和脚手架应用技术：整体式井筒模板；竹胶版模板；钢框胶合板模板；

⑦建筑节能和新型墙体应用技术：陶粒混凝土空心砌块应用；轻钢龙骨纸面石膏板；

⑧新型建筑防水和塑料管应用技术：三元乙丙橡胶防水卷材；聚氨酯防水涂膜的应用；

⑨钢结构技术：球节点网架；高强螺栓连接构成的轻钢结构体系；

⑩企业的计算机应用和管理技术。

（4）经济效益分析、计算

1）工程定位、管理模式、分包队伍的确定和策划。

根据本工程建筑面积、工程量较大、檐口高度较高，以及业主资金、内外部环境、公司内部使用劳动情况、机具设备等实际情况，项目经理部班子带领财务部、经营部、物资部、工程部等各有关人员，认真研究学习河北省（1998）预算定额、研究收入，我们认为工程成本控制的重点在以下几个方面：①工程超高费、垂运费的收支控制；②人工费控制：包括分包队伍人工单价控制，具体分包内容的细化等；③材料费控制：钢材、混凝土、木材、三大工具租赁等费用控制；④机械费用控制；⑤工程防护费用控制。

为了最大限度地降低工程成本，本工程采用“包清工”的分包形式，其优点在于：①可以将非常可观的工程超高费、垂运费用据为公司已有，而不必考虑被“大包”队伍瓜分；②采用竞标的方法，可有效达到降低人工单价的效果；③划分区段方便、灵活，如铁件加工、预应力筋安装等诸多分项工作均很方便肢解，达到降本目的；④大宗材料、机械费用由经理部直接控制，可有效减少“利润”外流；⑤能够有效、直接地体现项目经理部的管理思路和意图。

基于以上的思路，在公司内部首次实行劳务队伍投标制度，经过招标、筛选，在十支队伍中选出四支作为劳务队伍，有效地降低了人工单价，满足工程六层以下裙楼25000m^{2}的工作面的要求，也相应地降低了经理部的风险，通过磨合考查、议标，又成功地从中选出了两支队伍从事六楼以上主楼的施工。经过认真测算，确定了58元/m^{2}的平米包干形式结算，避免了工程管理中和因超高“降效”等因素分不清而出现结算扯皮的现象。

2）成本降低措施。

降低工程成本，是提高企业竞争力的根本，是企业管理、项目管理的中心工作，项目部始终将这一中心贯彻到施工生产的全过程中，一方面多渠道增大工程收入；一方面从每个环节抓起，预测、计划、控制每项支出，力求做到既不影响工程质量、工期，满足工程施工生产的正常进行，又能最大限度地降低成本。

①C60高性能混凝土的计价。

项目部同武汉工大协作开发研制C60高性能混凝土成功，获得省级科技进步奖，并在燕都大酒店工程中应用近3万m^3。但根据市建委有关商品混凝土指导价，C60混凝土价格较低，我们走访了河北省定额站，详细地介绍了C60高性能混凝土的各种指标、原材料、与普通混凝土及低强度等级混凝土的差别等技术、经济情况，赢得了他们的认可，出具了对我方非常有利的红头文件，每立方米混凝土增加收入100多元，增加收入300万元。

②划小核算区段，特殊分项工作分项承包，开动机器、认真研究，最大限度地降低工程成本：

A. 将钢筋配料统一交由一个专业班组承担，对其进行材料节超奖罚。统一对各劳务队进行发料，统一协调用料，既能较好地保证配料质量，又能有效地避免重复配料，浪费用料等现象。

B. 将钢筋气压焊整体分包专业班组，按定额直接费计算，每个接头可赢利13元，地上结构部分共计钢筋接头约7万个，赢利近100万元。

C. 将预应力筋绑扎单独分包，收入1900元/t（根据三方合同），支出250元/t，工程量约450t，共计赢利75万元。

D. 将工程所用铁件交由经理部内部一名焊工加工，按照预算，每吨赢利3000元/t，地上结构使用铁件30t，共计10万元。

E. 将工程外防护交由专业架工班承担，并将外防护作成外挑防护架，工程外防护支出节约近 200 万元。

F. 由于采用劳务承包方式，采取平方米包干，公平竞标等有效手段，使得结算避免扯皮；同时，使 780 万元的超高费用完全据为公司已有。

G. 后浇带支撑问题，由于工程工期较长，而工程本身有六层，每层设 250 多 m 长的后浇带，且工程跨度很大，如果采用传统的后浇带支撑，将耗用大量的三大工具租赁费用，通过计算，用钢管、型钢、木桁架柱代替架管支撑。后浇带浇筑完毕后，钢管可拆下来作水管用。可节约费用约 100 万元。

③材料费、机械费的成本控制。

材料费收入占成本收入的 60%，其降低率的高低将对工程成本的情况起到至关重要的作用。我们对三大主材、三大工具等几个重要因素逐个分析，将与劳务队伍有关的材料，在劳务合同中逐一写明材料节、超奖罚的具体条款，并具有很强的操作性和合理性，在经过 1999 年出现大面积停窝工等非常不利情况下，取得累计材料成本降本 15.72%，机械费成本降本 46.87%的好成绩。

3）合理化建议和技术改进：

①基坑大开挖采用土钉锚喷支护技术，与护坡桩相比节约费用 28 万元。

②预应力梁内预应力钢筋原设计采用二次张拉，即混凝土强度达到 100%后先进行第一次张拉至 $0.6f_{tk}$，待砌隔墙、做地面后，再将预应力筋张拉至 $0.75f_{tk}$，并且要求上述各梁在第一次张拉后，砌隔墙、做地面之前，应在跨中均匀的设两个可靠支撑，待第二次张拉后，方可拆除支撑。通过现场试验，获得有利数据，将二次张拉改为一次张拉到位，可提高外装工程均衡连续施工，并节约二次张拉梁底支撑钢管费用及二次张拉时搭设外脚手架等费用 12 万元。

③搭设吊篮进行外墙面砖施工和补砌外包部分的外围护墙，节约脚手架租赁费 86 万元。

④墙身砌体材料由加气块改为陶粒混凝土空心砌块，增收 7 万元。

⑤屋面保温材料为 250mm 厚水泥珍珠岩板时，找平层厚度由 20mm 改为 30mm，增加施工的可行性，减少施工浪费，增收 3 万元。

⑥在保证泵送效果的前提下，将泵送剂由 TOP 改为 SPR，节约费用 8 万元。

⑦在各层楼板预应力钢筋的铺设中，根据不同的矢高制作相应的马凳，方便施工，增收 51 万元。

4）科技成果认证：

①C60 高性能混凝土研究及应用技术，荣获河北省建设厅科技进步一等奖。

②C40 大体积混凝土应用技术研究，荣获河北省建设厅科技进步三等奖。

5）编制专项技术总结、论文 24 篇，工法 7 篇，其中 11 篇在集团级以上刊物上发表。

6）工程管理达到集团文明工地 A 级标准，并荣获河北省省级文明工地。

第十七篇

钦州赛格新时代广场施工组织设计

编制单位：中建二局
编 制 人：刘青锋　熊肇遂　郝明俊
审 核 人：陈学英

【摘要】　钦州赛格新时代广场位于广西壮族自治区钦州市，是一总建筑面积 11.6 万 m^2 的大型综合性群体建筑，共由 9 个单体建筑组成：一栋高层酒店、三栋商业建筑、四栋高层住宅、一栋综合楼。基础形式有筏形基础、人工挖孔桩基础两种形式。酒店及商业三建筑有一层地下室，地上主体为全现浇框架、框架-剪力墙结构。

该工程总体规模较大，包括各种功能和结构形式，施工组织及资源调配、总平面管理较复杂，施工中采用多项建设部重点推广的新材料、新技术、新工艺，如新型防水材料、HRB400 高效钢筋、节能型墙体材料、粗直钢筋直螺纹连接技术等，施工过程对传统工艺加以改善，创造了良好的经济效益。

项目施工管理过程注重安全文明施工管理，采取措施得当，先后被评为钦州市安全文明工地、钦州市安全无事故工地、广西壮族自治区安全文明工地。

项目施工组织合理，进度管理及质量管理充分体现了企业实力，被钦州市建委作为样板工地组织当地施工企业参观学习。

本施工组织设计从进度管理、总平面管理、施工部署、施工方法、安全文明施工、质量等方面全面进行了总结。重点介绍本工程有特色的方面，对常规工艺、措施、计算等予以省略。

目　　录

1　工程概况

1.1　工程建设概况

钦州赛格新时代广场工程位于钦州市永福大道与钦州湾大道交汇处，与钦州湾广场隔路相望，环境优越，交通便利。工程由钦州市赛格置业有限公司投资，深圳市建筑设计研究总院设计，深圳市赛格监理有限公司监理，中建二局承包，由中建二局中南分公司组织施工。工程投资总额2.8亿，其中我局总包工程造价1.2亿。合同工期642日历天（不含土方工期），开工日期2004年4月28日，计划竣工日期2006年5月18日。

钦州赛格新时代广场占地面积34108m^2（净），总建筑面积115943.3m^2，该工程由商业区、办公区、酒店区、住宅区四部分组成，是一个集娱乐、商务、休闲、购物、居住为一体的综合建筑群。

酒店主体24层（其中裙房有4层），总高101.7m，建筑面积为35067.67m^2。酒店的1~4层为裙楼，1层设有大堂、大堂吧、餐厅、办公室、厨房等，2层为咖啡厅、西餐厅、包房、厨房等，3层为宴会厅、会议中心、厨房，4层为游泳、健身娱乐、休息区等设施，5~23层为标准层客房（23层设有水吧），24层为总统套房。

住宅区建筑面积28248.3m^2，由4栋高层、小高层住宅组成。其中，A1、A2、A3三栋为11层，总高均为40.55m；B栋为18层，总高69.3m。A1、A2及A3住宅首层沿路设商铺，B住宅1~3层为商业，商铺出入口对外避免相互干扰。

商业区由商业一、商业二、商业三组成，商业建筑紧临永福大道、与钦州湾广场隔路相望。三栋商业建筑3~4层，总高分别为14.4m和24.9m，商业建筑面积为36074.663m^2。

办公区为一栋6层综合楼，总高为28.3m，建筑面积为8355.912m^2。

酒店、B住宅（18层）、商业工程有一层地下室，地下室建筑面积为11972m^2。

1.2　建筑设计概况

内装修主要为粗装修，外门窗为铝合金门窗，内门有防火门（木制、钢制），室内精装修业主另行分包，综合楼、商业、住宅外墙为涂料（综合楼、商业局部有玻璃幕墙），酒店外墙为涂料（屋顶构架部位）、面砖（5层以上）、干挂砖（1~4层）、局部玻璃幕墙。建筑设计概况见表1-1。

建筑设计概况一览表　　表1-1

<table>
<tr><td>建筑类别</td><td>二类</td><td colspan="2">建筑物耐火等级</td><td>一级</td><td>地下室建筑面积</td><td>11972m^2</td></tr>
<tr><td>人防工程等级</td><td>抗力七级
防化丙级</td><td rowspan="3">建筑层高</td><td colspan="4" rowspan="3">·地下室（酒店、B住宅、商业）：为4.8m；
·商业：一层5.4m，二层~四层4.5m；电梯机房5.7m；
·B住宅：一层5.1m，二层~三层4.5m，四层~十七层2.9m，十八层3.3m，电梯机房层4m，水箱间6.6m；
·综合楼：一层5.1m，二层~三层4.2m，四层~六层3.3m，屋顶局部4.95m；</td></tr>
<tr><td>防水设防等级</td><td>二级</td></tr>
<tr><td>建筑物
安全等级</td><td>二级</td></tr>
</table>

续表

<table>
<tr><td colspan="2">建筑类别</td><td>二类</td><td>建筑物耐火等级</td><td>一级</td><td>地下室建筑面积</td><td>$11972m^2$</td></tr>
<tr><td colspan="2">建筑物安全等级</td><td>二级</td><td>建筑层高</td><td colspan="3">·A1、A2、A3住宅：一层5.7m，二～十层2.9m，十一层3.5m，电梯机房层3m;
·酒店：一层6m，二～四层5.5m，五～二十三层3.3m，二十四层3.9m，电梯机房层1.8m，风机房层3m，屋架层7.8m</td></tr>
<tr><td rowspan="6">装饰</td><td>外墙</td><td colspan="5">面砖、涂料、干挂砖</td></tr>
<tr><td>楼地面</td><td rowspan="3">1～4层商场</td><td colspan="2">地砖</td><td rowspan="3">住宅</td><td>钢筋混凝土板上作20mm厚1:2.5水泥砂浆</td></tr>
<tr><td>墙面</td><td colspan="2">涂料</td><td>刮腻子抛光</td></tr>
<tr><td>顶棚</td><td colspan="2">涂料</td><td>刮腻子抛光</td></tr>
<tr><td>楼梯</td><td colspan="5">水泥砂浆踏步（防滑采用贴防滑条砖），150mm高涂料踢脚</td></tr>
<tr><td>电梯厅</td><td>地面：地砖</td><td colspan="2">墙面：电梯间墙面墙砖，其他内墙刮腻子抛光</td><td>顶棚</td><td>轻钢龙骨石膏板吊顶面刷涂料</td></tr>
<tr><td rowspan="4">防水</td><td>地下</td><td colspan="5">抗渗混凝土结构自防水，地下室外墙防水作高分子防水卷材；地下水池内作5层刚性防水层</td></tr>
<tr><td>屋面</td><td colspan="5">4mm厚SBS改性沥青防水卷材（用于商业、综合楼屋面防水）；2mm厚复合高分子卷材防水（用于酒店、住宅屋面）</td></tr>
<tr><td>厕浴间</td><td colspan="5">墙、地面：1.5mm厚聚合物水泥基防水涂膜</td></tr>
<tr><td>厨房</td><td colspan="5">墙、地面：1.5mm厚聚合物水泥基防水涂膜</td></tr>
<tr><td colspan="2">内墙</td><td colspan="5">140mm厚MU3.5加气混凝土砌块，M5.0混合砂浆砌筑；
住户分户墙、楼梯、电梯间隔墙用180mm厚MU7.5机制砖，M5.0混合砂浆砌筑；
厨房、卫生间隔墙用120mm厚MU10机制砖，M5.0混合砂浆砌筑（离地200mm高浇C20混凝土墙）；地下室砌筑用M5.0水泥砂浆，180mm厚MU7.5机制砖。</td></tr>
<tr><td colspan="2">外墙</td><td colspan="5">180mm厚MU10机制砖，M5.0水泥砂浆砌筑</td></tr>
<tr><td colspan="2">门窗</td><td colspan="5">铝合金门窗、玻璃幕墙、防火门窗、防火卷帘门</td></tr>
<tr><td colspan="2">道路</td><td colspan="5">绿化路面（250mm厚种植土）、混凝土整体路面、广场砖路面、绿地（成品草皮）</td></tr>
</table>

1.3 结构设计概况

结构设计概况见表1-2。

结构概况一览表　　表1-2

<table>
<tr><td>基础地基</td><td>采用人工挖孔灌注桩基础，承台间以基础梁连接（局部商业有地下室的基础为筏板），总共435根桩，直径共7种，桩长为5～15m，桩端分别支承于强风化泥（砂）岩、中风化泥岩、微风化泥岩</td><td>基础设计等级</td><td>乙级</td><td>抗震设防烈度</td><td>六度</td></tr>
<tr><td>主体结构形式</td><td colspan="5">酒店部分主楼采用框架剪力墙结构，裙楼采用框架结构；住宅部分均采用框支剪力墙结构（除住宅商业为框架结构）；商业、综合楼采用框架结构</td></tr>
<tr><td rowspan="6">结构抗震等级</td><td rowspan="6">酒店为三级；B住宅六层以下为二级，六层以上为四级；A1、A2、A3住宅框支层及以下为二级，三层楼板及以下为三级，四层楼板以上为四级；商业、综合楼为四级</td><td colspan="2">人防抗力等级</td><td colspan="2">6级</td></tr>
<tr><td colspan="2">B住宅、部分商业基础</td><td colspan="2">底板底标高：－5.5m</td></tr>
<tr><td colspan="2">A1、A2、A3住宅基础</td><td colspan="2">承台面标高：－1.6m</td></tr>
<tr><td colspan="2">综合楼基础</td><td colspan="2">承台面标高：－1.2m</td></tr>
<tr><td colspan="2">商业1、商业2基础</td><td colspan="2">承台面标高：－0.6m</td></tr>
<tr><td colspan="2">酒店</td><td colspan="2">底板底标高：－5.1m</td></tr>
</table>

续表

地下室：地梁、承台、底板 地下室：基础垫层	C35P8 C15	构造柱、圈梁、过梁 地梁、承台、底板 高水位水箱	C20 C35 C25P6
承台基础梁 基础垫层	C35、C25（承台 P8） C10	地下室外墙、水池 地下室内墙、柱 地下室顶板梁	C40P8、C35P8 C35、C40 C35P6

混凝土强度等级及抗渗要求	B住宅及裙房				商业一、商业二、商业三			
	部位	地下室至六层	六层至十三层	十三及以上	部位	地下室部分	首层至一层	一层以上
	标高	−5.130～21.650	21.650～41.950	41.950以上	标高	−5.130～−0.030	−0.030～5.370	5.370以上
	混凝土强度等级	墙柱 C40 梁板 C35	墙柱 C35 梁板 C30	墙柱 C30 梁板 C25	混凝土强度等级	墙柱 C35 梁板 C35	墙柱 C30 梁板 C25	墙柱 C25 梁板 C25
	综合楼	酒 店			A1、A2、A3 住宅			
	承台 C25 基础梁 C25	承台 C35P8 基础梁 C35	墙柱 9 层以下 C60，C40	墙柱 20 层以下 C45，C35	部位	一二层	三层及以上	承台 C30P8 基础梁 C30
		地下室外墙 C35	墙柱 14 层以下 C55，C40	墙柱 24 层以下 C40，C35	标高	−1.6～8.57	8.57m 及以上	基础垫层 C10
	柱墙 C30 梁板 C25	水池 C40P6	墙柱 18 层以下 C50，C35	梁板 C35，C30	混凝土强度等级	墙柱 C35、C30 梁板 C35、C25	墙柱 C25 梁板 C25	构造柱过梁圈梁 C20

钢 筋	直径 < ϕ12 采用 HPB235；直径 ≥ ϕ12 采用 HRB335；局部采用 HRB400

地下室底板厚度	500mm、400mm	底板底标高	−5.73m（最低处）
地下室顶板厚度（mm）	250、150	地下室柱截面（mm）	1200×850，900×800，600×600，700×700，650×650，750×750，700×950
地下室外墙厚度（mm）	350、300	地下室内墙厚度（mm）	350、300、200
地下室顶板梁（mm）	450×1000，550×1000，400×1000，400×700，400×800，350×800，350×700，350×900，400×1700，500×1800，500×1500，500×1100，500×1000，500×900，500×800，300×700，600×1100，600×1800，700×1100，300×700，300×800，350×800		

1.4 水电安装工程概况

（1）给排水设计概况

本工程中给排水系统分项工程包括：生活给水系统、消防给水系统、生活污水废水排水系统、屋面雨水排水系统。具体各系统选用管材情况以及所服务的区域范围详见表1-3。

给排水设计概况一览表 表1-3

序号	系统名称	用材料及安装方法
1	生活给水系统	1. 采用PP-R塑料管，电热熔焊接。 2. 紫铜管，锡焊或锡焊法兰接口 3. 管道与阀门采用螺纹或法兰连接
2	地上部分排水管	1. 自然压力排水采用UPVC塑料管，胶接。 2. 有压排水采用镀锌管，与阀门用法兰连接
3	地下部分排水管	采用热镀锌钢管，丝扣连接
4	雨水系统	采用压力流雨水排放系统

(2) 电气设计概况

本工程电气安装工程涉及变配电、动力配电、照明及应急照明供电、自动控制、接地及防雷等系统，均采用常规工艺及常规材料。

(3) 通风与空调设计概况

商业空调面积为26530m^2，除商业二区3740m^{2}商铺采用分体空调外，其余都采用水环热泵（单冷型）中央空调系统。酒店空调面积为19750m^2，全部采用集中制冷、双冷水管及末端风柜或风机盘管加新风柜的中央空调系统。

通风与空调工程范围包括：通风系统、空调风系统、空调水系统。具体工作内容见表1-4。

通风与空调设计概况一览表 表1-4

分类 \ 内容		所含项目内容
设备项目		冷却水泵、离心式风机、排气扇、空气处理机、风机盘管、组合式空调机等
管道项目	风管	镀锌钢板风管、挤塑风管、消声器、静压箱、离心玻璃棉保温板、风量测定孔、柔性帆布软管等
	水管	镀锌钢管、无缝钢管、螺旋焊缝管、管道离心玻璃棉保温管、管件等
阀门及配件	风阀配件	防烟防火阀、电动对开多叶调节阀、单层百叶风口、对开多叶调节阀、回风口、双层进风百叶、单层进风消声百叶、散流器带调节阀、止回阀等
	水阀配件	温度计、压力表、蝶阀、Y形过滤器、地漏、法兰、平衡阀、波纹伸缩器、方形伸缩器、闸阀、自动排气阀等

1.5 场地自然条件

工程地质条件见表1-5。

工程地质情况表 **表1-5**

序号	土层名称	层厚（m）	地层岩性
			承载力特征值（kPa）
(1)	素填土	0.30~6.15	
(2)	淤泥质黏土层	0.25~2.50	120
(3) -1	黏土层	0.20~3.56	210
(3) -2	粉质黏土层	0.35~11.35	190
(4) -1	强风化泥岩层	0.70~12.30	320
(4) -2	强风化砂岩层	0.60~11.30	300
(5) -1	中风化泥岩层	0.70~8.30	1000
(5) -2	中风化砂岩层	0.55~6.02	1100
(6) -1	微风化泥岩层	最大厚度9.05	5000
(6) -2	微风化砂岩层	最大厚度6.60	6000

地下水静水位埋深在自然地面以下深度8~10m，设计标高-7.740m，涌水量约为2~5m^3/d，易于疏排，地下水对混凝土具弱腐蚀性。

场地临钦州湾大道与永福大道，交通便利。除施工临建及搅拌站位置有一条人防光缆需予以保护外，施工场地内无影响施工的地下管线。

1.6 工程特点、难点

(1) 工程地处闹市区，施工场地狭窄，面临现有通行道路施工，受交通、环境制约，需合理安排，科学组织并与地方政府相关部门取得积极联系，协调好施工扰民工作。

(2) 本工程地上包含9个单体建筑，功能包括住宅、商业、酒店及办公，属大型综合性建筑群，规模大、系统功能齐全、专业多，交叉作业频繁，需要充分发挥与相关专业系统的协作配合，以实现预定目标。

(3) 基础大部分采用人工挖孔桩，桩数及规格多，桩端分别支承于强风化泥（砂）岩、中风化泥岩、微风化泥岩。地下室面积大，形状较为复杂，底板及顶板梁很多，底板梁且都是正向，即向下突出底板底。

(4) 钦州市较小，城区人口仅30万，建筑市场相对落后。原材料采购、检测及机械设备租赁市场贫乏，施工组织难度较大。

(5) 因钦州市无商品混凝土供应，工程现场设集中搅拌站。本工程酒店采用了C50、C55、C60高强混凝土，地下室为防水混凝土，对配合比、搅拌控制管理要求较高。

(6) 本工程酒店一层大堂部位层高11.2m，且全部采用圆柱，对柱模及梁板高支模体系要求高。酒店屋顶钢筋混凝土构架模板支撑架高10m，商业一与商业三工程屋顶之间的装饰梁底模板支撑架高19.5m，均为高支模体系。模板支架须经过严格计算，并加强现场控制。

2 施工部署

2.1 施工顺序及流水段划分

2.1.1 总体施工流程

本工程工程量大、结构设计新颖、造型宏伟美观，为了保证基础及主体结构、内外装修及室外工程均尽可能有充裕的时间施工，高标准如期完成施工任务，需综合考虑各方面的影响因素，做到各施工作业面充分，前后工序衔接连续，即立体交叉，又均衡有节奏，以确保工程施工按照总进度计划顺利进行。经过综合考虑，本工程施工部署要点如下：

（1）本工程地下结构单层建筑面积大，作业面充分，且地上主体结构为独立的单体建筑，因此，各专业施工组织三个施工队，分区域分栋号组织施工，以便充分利用工作面，保证工程进度。

（2）由于本工程地下室施工阶段现场可用地比较狭小，地下室基坑内设临时钢筋加工场，以便施工队各自独立展开施工。

（3）本工程混凝土结构施工工期应相对提前，混凝土结构施工应尽量采用比较先进的均衡小流水施工工艺。

（4）本工程各个施工阶段特点鲜明，大致可分为人工挖孔桩、承台、地梁、地下室底板施工阶段；地下室混凝土结构施工阶段；酒店裙楼以下结构、商业、综合楼主体结构施工阶段；酒店、住宅标准层结构施工阶段以及分阶段插入施工的砌体工程、室内装修、外墙装修、设备安装阶段等。因此，在施工流水组织及施工机械选择和布置上应充分考虑各阶段特点。

（5）根据业主要求，本项目商业、综合楼须提前竣工交付使用，整个地下室的装修、共用的机电设施应安装完成。

（6）安装、装修施工阶段的配合是整个工程配合中的重中之重，各施工工序的及时插入和相互协调配合是保证工程施工进度、控制工程质量的重要环节。

2.1.2 施工部署原则

为保质如期地完成本项目施工，在充分考虑工程量、劳动力、材料、工期、成本及施工工作面后，按如下原则规划本工程的施工安排：

（1）在时间上的部署原则：

本工程在接到施工图纸后270d内完成商业、综合楼、住宅的施工，酒店602个日历日内完成合同内工程的施工。

（2）空间上的部署原则：

为了贯彻空间占满、时间连续、均衡协调、有节奏、力所能及、留有余地的原则，保证按照总控计划完成，需要采取主体和安装、安装和装修、室内与室外立体交叉施工。

（3）平面分区：

各栋组织流水施工，我方将按照业主要求的先后顺序分片组织施工。

（4）立面分段：

单体工程按楼层分段组织施工，各单体工程主体结构施工完毕，分阶段组织结构验收，砌体、抹灰及安装工作及时插入，确保在规定的工期内完成工程施工任务。

2.1.3　施工区段划分

（1）结构施工区段划分。

结构施工阶段施工平面流水段划分主要根据工程图纸各楼层划分，商业三为土建一队施工；A3住宅、B住宅、综合楼、商业一二为土建二队负责施工；酒店、A1、A2住宅为土建三队施工。

（2）施工缝位置的设置。

本工程地下室底板、外墙按设计要求留设后浇带，墙体除后浇带外不留垂直施工缝，地下室外墙水平施工缝留设在底板面以上300mm高处。

裙楼及地下室施工水平施工缝设置位置：

①柱。施工缝设在板面处。

②墙。施工缝设置在板面处（地下室顶板与外墙分开浇注时，墙体顶部水平施工缝设置在梁（暗梁）下250mm处）。

如遇特殊情况需留设竖向施工缝时，设置位置：

①梁。施工缝设在梁跨中三分之一梁跨度范围内。

②板。单向板施工缝设置在平行于板短边的任何位置，双向板施工缝设置在板跨中三分之一跨度范围内。

③墙。设置在门洞口、连梁跨中三分之一范围内和纵横墙交界处。

2.1.4　施工顺序

（1）地下室以设计划分的后浇带为界，分施工区段组织流水施工。

（2）单体建筑主体结构施工立面分段组织结构验收，及时插入隔墙与围护结构和抹灰等工序的施工。同时，各工序在区间内分段组织流水施工。

（3）总工艺流程：钢筋混凝土结构→砌体工程→装修、安装工程。

（4）主体结构楼层施工流程：

墙柱竖向结构→楼板、楼梯结构。

（5）主体结构施工工艺流程：

测量放线（验线、预检）→墙、柱钢筋绑扎（验收）→安装墙柱模板→墙柱混凝土浇筑及养护→拆墙柱模板（+50线抄平、预检）、支楼板、楼梯模板（预检）→楼板、楼梯钢筋绑扎（验收）→楼板、楼梯混凝土浇筑及养护→下一层结构定位放线→重复上述工序至封顶。

（6）装修施工工艺流程：

砌体→门窗框安装→顶棚抹灰→墙体抹灰→楼地面施工→门窗扇及小五金安装→顶棚、墙面面层施工→灯具安装→清扫。

（7）给排水施工工艺：

1）分部、分项工程合理划分后，在对本工程的所有管道项目的施工安排上，将实行全面铺开、重点突击的施工方式，即对各单体建筑内凡是具备管道施工条件的就全部铺开施工，同一单体建筑内凡是具备施工面的就实行合理的地面交叉作业、地上交叉作业、空中交叉作业等，一旦有特殊要求或者需重点安排的，则将及时组织人力、物力进行重点突击施工，以确保整个工程重点项目先行、一般项目及时跟上进度，确保整个工程的施工顺利进行。

2）在各系统之间，实行先施工“粗、大、笨、重”且不易被破坏的系统，后施工需进行成品保护的系统；实行先施工成本低且易于修复的系统，后施工成本高且不易于修复的系统；实行先主管后支管、先里后外、先上后下、先高压后低压、先无压后有压的施工顺序；

3）在各系统内，一般情况下，大的方面将实行先管网、再设备间后管网末端的施工顺序，如有特殊需要则视现场情况做特殊安排处理；小的方面，一般情况下则实行先支架制作安装、再管道及设备安装、再阀件安装、再试压冲洗、最后再保温交验的施工次序。

(8) 建筑电气施工顺序：

按主要工序分为七个施工阶段：

第一阶段：配合土建主体施工进行电气预埋，防雷接地焊接隐蔽工程。

第二阶段：配合土建室内装修，砌体电气预埋。

第三阶段：暗埋管穿线、电缆桥架线槽、明配管的制作安装。

第四阶段：电气设备（低压配电柜、低压配电盘、照明配电箱等）的安装。

第五阶段：电缆敷设及配线接线安装。

第六阶段：进行小型易损坏电气器具（开关、插座、插座箱、温控开关、接地端子箱、接地插座等）和照明灯具的安装及接线。

第七阶段：电气系统调试，交工。

2.2 施工进度计划

(1) 总体施工进度计划

项目部在仔细研究了工程特点，客观评估了工程施工难点后，认为本工程量大，工程任务繁重，且施工过程经过了2个雨期和2个春节施工，对工程进度影响较大，但通过合理安排施工工序，严格控制关键线路施工时间，及时插入非关键线路施工，紧缩施工节拍，在全面保证工程质量和成本控制的前提下，可以达到业主提出的工期要求。

(2) 制定派生计划

工程的进度管理是一个综合的系统工程，涵盖了技术、资源、商务、质量检验、安全检查等多方面的因素，因此，根据总控制工期、阶段工期和分项工程的工程量制定的各种派生计划，是进度管理的重要组成部分。为保证施工总体进度计划能够实施，项目编制了施工准备工作计划、图纸计划、施工方案编制计划、业主指定分包进场计划、拟分包项目计划、主要施工机械设备进场计划、主要安装设备/材料进场计划、分部分项工程验收计划等等。

2.3 资源配置

2.3.1 劳动力组织

根据工程进度要求，本工程各施工阶段劳动力组织情况见表2-1（劳动力计划表）及图2-1（劳动力柱状图）。

2.3.2 施工机械配置

机械是影响施工生产的主要因素之一，大型机械的投入直接影响着项目生产进度及生

钦州赛格新时代广场工程劳动力计划表 **表 2-1**

工种 \ 年 月	2004年								2005年												2006年					
	5	6	7	8	9	10	11	12	1	2	3	4	5	6	7	8	9	10	11	12	1	2	3	4	5	6
挖桩			60	94	120	60																				
土方清理	10	22	30	30	30	20	10	10	8	8																
测量		2	2	3	3	3	6	6	6	6	6	6	6	6	4	4	3	3	3	2	2	2	2	2	2	
木工					8	180	194	280	265	266	196	183	130	117	118	54	36	35	30	8	8	8	8	6		
钢筋工				8	8	160	163	210	200	225	190	150	100	108	103	44	28	29	20	8	8	8	8	6		
混凝土工					6	46	52	64	60	58	56	52	45	45	45	30	20	20	16	10	10	10	10	8		
瓦工				12	12	8	8			60	66	61	56	53	50	109	116	50	48	43	20	30	30	16	4	
抹灰工											60	80	60	60	59	210	90	70	80	49	43	96	90	60	6	
架子工						20	20	25	25	25	35	30	25	20	20	22	20	20	20	13	16	16	16	8	8	
电焊工				2	2	6	6	6	6	6	6	6	4	4	4	4	4	4	4	2	2	2	2	2	2	
防水工												8	8	8	9	12	5	6	6	5	6	6	6	6		
油漆工														28	22	25	25	56	20	6	9	9	4	4	4	
机操工				2	4	8	10	12	12	12	12	12	10	10	10	10	10	10	8	8	6	6	6	6		
信号起重				5	8	22	22	20	22	20	12	12	8	8	8	8	8	8	8	6	6	6	6	6		
机修工				3	3	5	5	6	6	6	6	6	4	4	4	4	4	4	4	2	2	2	2	2		
管工							43	22	22	22	22	20	16	16	30	32	30	36	22	18	16	26	36	38	16	16
电工				2	2	5	19	44	45	42	47	48	38	39	32	36	38	40	30	20	18	30	38	30	18	18
普工				2	2	30	36	36	36	30	65	60	50	49	35	46	30	34	36	28	30	28	38			
铝合金工												10	13	13	13	16	14	11	11	11	11	20	20	10	6	
合计	10	24	92	163	208	573	654	741	713	737	763	734	573	575	566	661	481	436	366	239	203	305	322	210	64	34

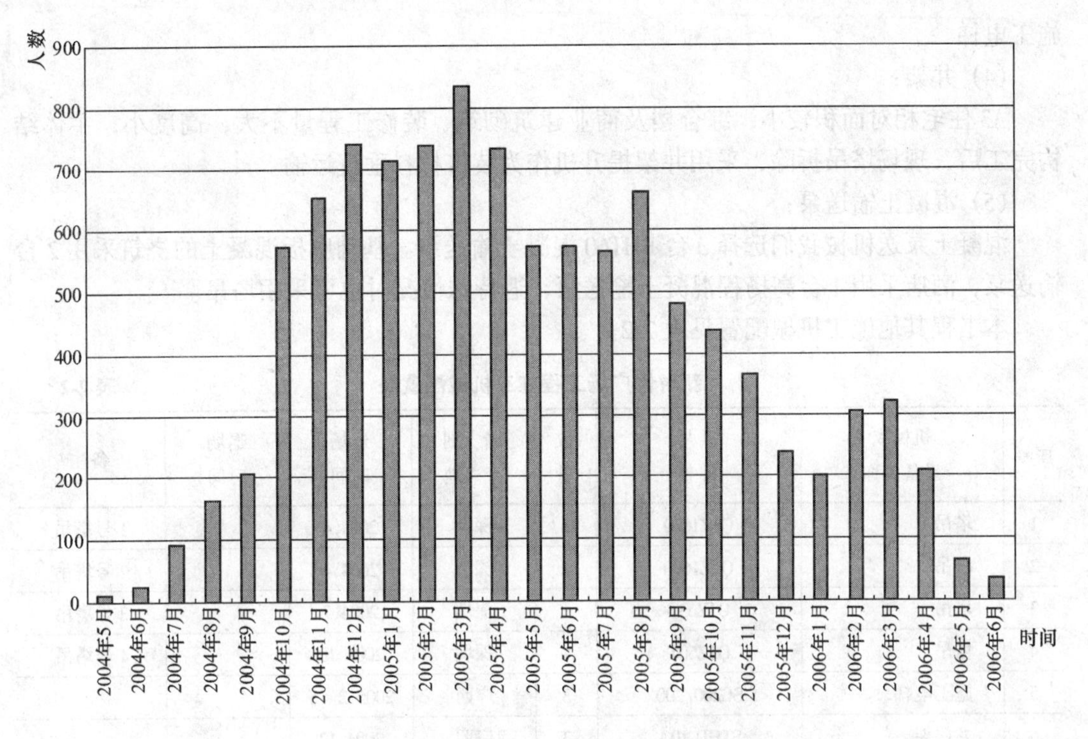

图 2-1 新时代广场工程劳动力柱状图

产成本。对于这些设备的投入，我们将通过具体计算，以保证生产进度为前提进行合理配置。大型施工机械选型按以下考虑：

(1) 搅拌站：

本工程混凝土总方量为 10.8 万 m^3，一次最大浇筑量为 $3400m^3$。由于钦州市没有商品混凝土搅拌站，混凝土须采用现场集中搅拌。根据施工进度要求及现有资源情况，现场考虑配备 HZS90 型、HZS50 型混凝土搅拌站各一台，分别设置在现场酒店及商业区。

(2) 塔吊选型：

在考虑塔吊的数量、型号与固定方式时，既要考虑钢筋混凝土结构施工阶段钢管扣件、木枋、模板、钢筋、预埋线管、机具的垂直运输、起重高度、工期，同时也要考虑装修安装阶段大型机电设备的垂直运输。本工程相对施工工期偏紧，现场共布置 4 台塔吊，供物料运输。

根据酒店、B 住宅塔吊吊次计算、起重高度的分析，在酒店部位布置 1 台 QTZ1600 塔吊，负责酒店及 A1、A2 住宅主体及装修垂直运输；B 栋高层住宅设一台 QTZ1600 塔吊，负责 B 住宅及地下室区域混凝土结构施工的垂直运输及屋顶结构构件的吊装工作；商业区、综合楼各布置 1 台 63t·m、60t·m 塔吊。

(3) 施工电梯：

本工程酒店 24 层，住宅 18 层和 11 + 1 层，商业 3 ~ 4 层，综合楼 6 层，施工高峰期劳动力 760 余人。因此，材料、人员的垂直运输量非常大，必须重视统筹协调各单位的材料运输。住宅砌筑装修工作开始时，酒店正值主体施工阶段，为减少塔吊运输压力，在 A1、A2 住宅设一台 SC200/200 双笼客货两用施工电梯，另在酒店、B 住宅各设一台 SC200/200

施工电梯。

（4）井架：

A3住宅相对面积较小，综合楼及商业建筑砌筑、装修工程量不大，高度小，主体结构完工后，现场塔吊拆除，采用井架提升机作为装修材料垂直运输。

（5）混凝土输送泵：

混凝土泵送机械我们选择3台BHT60混凝土输送泵。基础底板混凝土的浇筑采用2台输送泵，酒店采用1台高扬程混凝土输送泵，遇特殊情况时也可采用塔吊。

本工程其他施工机械配置见表2-2。

新时代广场工程施工机械配置表　　表2-2

序号	机械或设备名称	型号规格	数量	国别产地	进场时间	退场时间	备注
1	塔吊	QTZ1600	1	深圳	2004.4		1号塔吊
2	塔吊	QTZ1600	1	深圳	2004.4		2号塔吊
3	塔吊	QTZ63T	1	深圳	2004.7		3号塔吊
4	塔吊	QTZ60T	1	深圳	2004.10		4号塔吊
5	施工电梯	SC200/200	3	广西	2005.2～5		
6	龙门架	STHD-10A	3	广西	2004.12		
7	砂浆搅拌机	JZC350	5	广西	2004.5		
8	搅拌机	JZM750	2	广西	2005.4～6		
9	钢筋弯曲机	GW-36	4	合肥	2004.6		
10	钢筋切断机	GQ40-1	7	广东	2004.6		
11	对焊机	UN1-100	3	株州	2004.6		
12	对焊机	UN1-150	1	株州	2004.6		
13	交流电焊机	BX3-500	3	广西	2004.5		
14	电渣压力焊机	LZD-32A	3	新城	2004.6		
15	电动空气压缩机	4A-1/10	5	柳州	2004.10		
16	潜水泵	WQ-50-15-4	4	四川	2004.6		
17	高压水泵	65DL-30-16×9	3	广州	2004.7		
18	木工工具	—	3套	西安	2004.6		
19	砂轮切割机	300mm	3	广西	2004.4		
20	砂轮切割机	400mm	3	广西	2004.6		
21	混凝土输送泵	HBT60	2	武汉	2004.7.12		
22	混凝土输送泵	HBT60-1816D	1	三一	2004.8.24		
23	高压水泵	65DL-30-16×9	3	广州	2004.10		
24	全自动搅拌站	HSZ50	1	洛阳	2004.10.4		
25	全自动搅拌站	HSZ 90Ddj-C3RM	1	洛阳	2004.6.29		
26	装载机	ZL40B	2	柳州	2004.4.15		
27	铝合金加工工具	—	1套	顺德	2005.02		

2.3.3 周转材料配置计划

周转材料配置

计划见表2-3。

新时代广场工程施工周转材料配置表 表2-3

序号	材料名称	单位	数量	备注
1	钢管 ϕ48×3.5	t	1865	包括外架、模板及支撑
2	扣件	个	40万	
3	木枋 50×100（mm）	m^3	1447	
4	M12、M14 螺杆	t	30	墙、梁、柱
5	[8、[10、[12 槽钢柱箍	t	91	柱
6	脚手板（木、竹）	块	2383	50×200×4000mm
7	密目式安全网	张	4200	阻燃型
8	水平安全兜网	张	955	阻燃型
9	18mm 厚木模板	m^2	72950	

2.4 施工总平面布置

本工程施工现场呈长方形，目前现场临时围墙已完成，场地已平整。现场设集中搅拌站二座，一座设在商业二与A3住宅间，生产能力为90m^3/h，另一座设在场区西南角，生产能力为50m^3/h；钢筋加工、材料堆场，临建占地面积见临时用地表2-4。

施工临时用地表 表2-4

序号	用途	面积（m^2）	位置	需用时间	备注
1	混凝土搅拌站（包括砂、石料场）	2000	场内外	2004.7～2005.7 局部保留至2005.11	具体位置见平面布置图
2	钢筋加工及堆放场地	500	场内	2004.7～2005.6 酒店至2005.11	具体位置见平面布置图
3	木工房	180	场内	2004.5～2005.10	具体位置见平面布置图
4	周转材料（架管、扣件、木方、模板、脚手板、安全网等）	150	场内	2004.6～2006.1	具体位置见平面布置图
5	材料库房（工具、零星材料）	60	场内	2004.5～2005.5	具体位置见平面布置图
6	机修房及场地	60	场内	2004.7～2005.7	具体位置见平面布置图
7	办公室	303	场内	2004.5～2006.6	具体位置见平面布置图
8	试验室	25	场内	2004.5～2006.2	具体位置见平面布置图
9	民工宿舍	600	场内	2004.5～2006.5	

续表

序　号	用　　途	面积（m^2）	位置	需用时间	备　注
10	门卫室	20	场内	2004.5～2006.6	具体位置见平面布置图
11	厕所	130	场内	2004.5～2006.5	具体位置见平面布置图
12	管理人员宿舍、食堂	400	场外租赁	2004.5～2006.6	
13	水电材料堆放场	200	场内	2004.6～2006.2	具体位置见平面布置图
14	发电机房	15	场内	2004.6～2006.5	具体位置见平面布置图
15	砌块堆料场	800	场内	2004.9～2006.1	具体位置见平面布置图
16	砂浆搅拌机	50	场内	2004.6～2006.3	具体位置见平面布置图
17	合计	5493			

由于现场场地狭窄，管理人员住宿、食堂在场外租赁，民工住房在现场组拼双层活动板房2栋，此外现场仅设冲凉房、厕所等简易的生活设施。

本着方便施工、运输畅通、就近堆放的原则，拟按不同施工阶段（分为基础施工阶段、主体施工阶段、装修施工阶段）对施工现场生产、办公设施进行平面规划，以满足不同阶段的施工要求。具体如下：

2.4.1　基础施工平面布置

现场地上设钢筋加工场3个，基坑设钢筋加工点，负责地下室施工钢筋加工。地下室施工阶段需用的模板、木枋、架管等周转材料由1号、2号塔吊直接吊至基坑。

施工阶段现场按平面布置设出入口。设6m大门（1号、3号、4号、5号门）及4m宽生活区门（2号门），3号门用作钢筋及周转材料进场通道，平时关闭，4号门作砂、石、水泥、粉煤灰、外加剂等材料通道。

挖土、桩基施工时修建现场办公室、试验室、搅拌站、库房、民工住活动板房、冲凉房及厕所等设施，在酒店、住宅（18层）、综合楼、商业三工程边的位置做施工塔吊基础，在底板施工前塔吊安装完毕并验收，保证底板施工使用。

2.4.2　主体结构施工平面布置

1号塔吊保留至酒店主体、砌筑、屋面施工完成，地下室施工完成后在现场增设钢筋加工场，用于保证酒店、住宅、商业主体施工需要。现场东侧用作木工场、周转材料堆场等，地上酒店、住宅（18层）、A2住宅在施工至六层开始安装施工电梯。

2.4.3　装修施工平面布置

商业（三～四层）装修施工共安装2台井架、住宅（11+1层）装修施工共安装2台井架、2台电梯，酒店（24层）装修施工安装1电梯，在每栋楼设灰浆搅拌机，并做好排水工作。

2.4.4 现场临时用水

施工临时用水根据三个施工阶段进行布置。

(1) 施工临时供水

1) 因本工地面积小于5hm^2，现场施工用水可按消防用水考虑，而施工现场在25hm^2以内的消防用水量为10～15L/s，本工程施工现场不到5hm^2，因此可选用水量为10L/s，加10%的损耗，即为11L/s。

2) 供水管主管径的选择：

根据计算，本工程主管网采用*DN*100的钢管，能达到现场施工要求。

3) 加压部分。

本工程酒店高101.7m，A栋高40m，B栋69m，自来水管网达不到要求。根据公司实际情况，利用公司原有加压泵，扬程为150m，流量为30m^3/h，基本达到管网总供水量且远大于所需扬程，因此水量和扬程不作验算。

为节省投资，酒店地下室的正式消防水池为288m^3，能达到要求，因此本工程利用酒店地下室的消防水池做蓄水池，用立式水泵加压，即能达到要求。

4) 管网布置见平面图。

本工程取水点是位于工地南面的市政自来水，前期形成闭合管网。至搅拌站采用*DN*100的钢管做主水管，其他部分采用*DN*100的焊接钢管，水源往两边分时各加一个阀门，中途按每60m增加一个阀门，在进消防水池附近和搅拌站进水管后加一个阀门，以保证加压时能将自来水管网和加压管网分开。需要加压时，在消防水池处截断，一端接入消防水池，做消防水池注水用，一端与水泵出口相连，作为加压水管用，加压时关闭A3住宅进水口以后的阀门，以保证自来水管网和加压管网断开，必要时可直接堵死。

所有立管为满足消防要求，采用*DN*65的焊接钢管，楼层部分采用法兰连接，以便拆卸和再次利用。

(2) 临时排水系统

1) 由于现场场地狭窄，东侧排水在围墙外埋管排至路边雨水井，在现场南侧围墙外设砖砌排水沟，现场地下室雨水污水经集水坑沉淀后抽到排水沟，排入市政雨污水井，西侧基坑从集水井内抽至路边雨水井；

2) 厕所设砖砌化粪池，厕所用水经检查井沉淀后再流入市政排水系统；化粪池选用20～30m^3砖砌化粪池；

3) 搅拌站排水在搅拌站做沉淀池及排水沟排至原有排水沟污水井中。

2.4.5 现场临时用电

(1) 临时用电布置。

本工程现场所有用电均从业主提供的两台变压器（一台400kV·A，一台500kV·A）供电，现场用电采用五芯电缆或架空线路引至一级电箱，在每个一级箱处做重复接地，然后从一级电箱分配到二级电箱，二级电箱分配到三级电箱，再到用电器。一级箱及末级箱必须设置漏电保护器。所有设备如本身无控制装置必须设专用箱。

现场临时用电线路的结构形式，按《施工现场临时用电安全技术规范》(JGJ46—88)的规定采用TN-S系统，工作零线与保护零线分开，设置专用的保护零线，使用三相五线配电，采用“三级配电，两级保护”，开关箱末级必须装设漏电保护器，实行“一机一闸一漏一箱”，并按要求设置专用箱。

根据现场实际情况，共设置五个一级箱，指定范围内的所有用电设施均由其供电，二级箱、照明分箱、三级箱、专用箱的布置根据现场实际情况确定。

90 搅拌站设一级箱一个，为整个搅拌站所有设施供电。

综合楼、商业一无地下室部分、商业二设一级箱一个。

商业三无地下室部分及地下室设一级箱一个。

A3 及 B 栋住宅设一级箱一个。

A1、A2 住宅设一级箱一个。

酒店单独设一级箱一个。

50 搅拌站及办公室设一级箱一个。

(2) 总容量的计算。

计算过程（略）。

根据计算，所需容量为 716.3 kV·A，而提供的变压器总容量为 900kV·A，其不平衡负荷系数按 0.8 计，为 720kV·A，能满足施工要求。

2.5 施工组织机构

(1) 组织机构设置

现场项目经理部领导层设项目经理、项目生产副经理、商务经理、项目总工程师，管理部门设综合办公室、安全部、质保部、工程部、技术部、合约部、物资部，工程部下设搅拌站。

(2) 总分包情况

1) 业主自行组织施工范围。

土方（酒店、商业及 B 住宅工程地下室部分）、道路及绿化工程、玻璃幕墙工程（商业、综合楼）、室内精装修（包含栏杆）、电梯、消防、高低压配电。

2) 合同范围内业主指定分包工程。

室外给排水管道、空调（商业工程）、防火门安装（不包含酒店工程）、人防门安装。

3) 总包范围内的分包工程

水电设备安装工程、防水工程、防火门安装（酒店工程）、玻璃幕墙（酒店）。

3 主要施工方法

3.1 施工方法简述

本工程结构形式多样，基础人工挖孔桩、钢筋焊接及直螺纹连接、地下室复合卷材防水、酒店基础大体积混凝土浇筑等为特殊工程，须进行主要参数过程控制。简述如下：

(1) 酒店基础大体积混凝土：控制坍落度 18 + 2cm；浇筑时间 9 ~ 10 月，根据历年统计环境平均温度 25℃，混凝土入模温度控制在 28℃以内；采取适当措施控制混凝土中心最高温度与混凝土表面温度的温差，及混凝土表面温度与环境温度的温差在 25℃以下；

为保证连续供应，施工前应对混凝土供应强度进行计算。

(2) 受力钢筋焊接及机械连接接头须进行100%外观检查，并按规定比例做接头抗拉、抗弯试验。

(3) 地下室外墙复合高分子防水卷材主要控制接缝宽度、聚合物胶泥厚度等参数。

(4) 基础人工挖孔桩主要对成孔直径、深度、孔底标高等参数控制。

本《施工组织设计》仅对部分有特色的施工工艺重点编制，略去常规施工方法。

3.2 人工挖孔桩施工

(1) 工艺流程

放线定桩位及高程 → 开挖第一节桩孔土方 → 支护壁模板放附加钢筋 → 浇筑第一节护壁混凝土 → 检查桩位（中心）轴线 → 架设垂直运输架 → 安装葫芦 → 安装吊桶、照明、活动盖板、水泵、通风机等 → 开挖吊运第二节护壁模板 → 浇筑第二节护壁混凝土 → 检查桩位（中心）轴线 → 逐层往下循环作业 → 开挖扩底部分 → 检查验收 → 吊放钢筋笼 → 放混凝土溜筒（导管）→ 浇筑桩身混凝土（随浇随振）。

(2) 放线定桩位及高程

在场地的基础上，依据建筑物测量控制网的资料和基础平面图，测定桩位轴线方格控制网和高程基准点，确定好桩位中心，以中点为圆心，以桩身半径加护壁厚度为半径画出上部（即第一步）的圆周。撒石灰线作为桩孔开挖尺寸线。桩位线定好之后，必须经有关部门进行复查，办好预检手续后开挖。桩位放样允许误差≤10mm。测量控制：桩位轴线采取在地面设十字控制网基准点。安装提升设备时，使吊桶的钢丝绳中心与桩孔中心线一致，以作挖土时粗略控制中心线用。

(3) 开挖第一节桩孔土方

开挖桩孔应从上到下逐层进行，先挖中间部分的土方，然后扩及周边，有效地控制开挖桩孔的截面尺寸，每节开挖的高度为1m。弃土装入吊桶，垂直运输则在孔口安支架，用卷扬机或手动轱辘，慢速提升，吊至地面上后用机动翻斗车或手推车运出。在地下水以下施工，应及时用吊桶将泥水吊出；如遇大量渗水，在孔底一侧挖集水坑，用高扬程潜水泵排出桩孔外。

(4) 支护壁模板附加钢筋

模板高度1m，由4块活动钢模板组合而成。遇松散或淤泥质土时每段开挖深度0.5m左右，护壁钢筋用于第一节和不利土层，其余采用混凝土护壁。每节护壁前必须用桩中心点吊线、校孔、校模，以保证桩径及垂直度。控制挖孔中心偏移桩位中心不大于50mm。护壁支模中心线控制，系将桩控制轴线、高程引到第一节混凝土护壁上，每节以十字线对中，吊大线坠控制中心点位置，用尺杆找圆周，然后由基准点测量孔深。在模板顶放置操作平台，平台可用角钢和钢板制成半圆形，两个合起为一整圆，用来临时放置混凝土拌合料和灌注护壁混凝土用。

护壁的厚度按设计图纸要求尺寸，护壁模板采用拆上节、支下节重复周转使用。在每节模板的上下端各设一道圆弧形的用槽钢或角钢作成的内钢圈作为内侧模支撑，防止内模因受张力而变形。不设水平支撑，以方便操作。

第一节护壁以高出地面150～200mm为宜，便于挡土、挡水。桩位轴线和高程均应标定在第一节护壁上口，护壁厚度为75～150mm。

(5) 浇筑第一节护壁混凝土

桩孔护壁混凝土每挖完一节以后应立即浇筑混凝土。护壁混凝土要注意捣实，因它起着护壁与防水双重作用，上下护壁间搭接50mm。本工程护壁设计采用内齿式，护壁采用C20混凝土，坍落度控制在100mm，配筋上下护壁的主筋搭接250mm。

(6) 检查桩位（中心）轴线及标高

每节桩孔护壁做好以后，必须将桩位十字轴线和标高侧设在护壁的上口，然后用十字线对中，吊线坠向井底投设，以半径尺杆检查孔壁的垂直平整度。随后进行修整，井深必须以基准点为依据，逐根进行引测。保证桩孔轴线位置、标高、截面尺寸满足设计要求。

(7) 架设垂直运输架、安装辘轳

第一节桩孔成孔以后，即着手在桩孔上口架设垂直运输架。支架采用钢管吊架或钢筋支架，要求搭设稳定、牢固。在垂直运输架上安装滑轮组和辘轳、绳。如果是试桩，也可以用钢筋吊架、辘轳或人工直接借助粗麻绳作提升工具。地面运土用手推车或翻斗车。

(8) 安装吊桶、照明、活动盖板、水泵和通风机。

1) 在安装滑轮组及吊桶时，注意使吊桶与桩孔中心位置重合，作为挖土时直观上控制桩位中心和护壁支模的中心线。

2) 井底照明必须用低压电源（36V、100W）、防水带罩的安全灯具，桩口上设围护栏。

3) 当桩孔深度大于10m时，应向井下通风，加强空气对流。必要时输送氧气，防止有毒气体的危害。操作时，上下人员轮换作业，桩孔上人员密切注视观察桩孔下人员的情况，互相呼应，切实预防安全事故的发生。

4) 当地下水量不大时，随挖随将泥水用吊桶运出。地下渗水量较大时，吊桶已满足不了排水，先在桩孔底挖集水坑，用高程水泵沉入抽水，边降水边挖土，水泵的规格按抽水量确定，应日夜三班抽水，使水位保持稳定，井内抽水排至原场地的排水明沟内。为了便于井内排水，在透水层区段的护壁预留泄水孔，并在浇灌混凝土前予以堵塞。

5) 桩孔口安装水平推移的活动安全盖板；当桩孔内有人挖土时，应掩好安全盖板，防止杂物掉下砸人。无关人员不得靠近桩孔口边。吊运土时，再打开安全盖板。

(9) 开挖吊运第二节桩孔土方（修边）

从第二节开始，利用提升设备运土，桩孔内人员应戴好安全帽，地面人员应拴好安全带。吊桶离开孔口上方1.5m时，推动活动安全盖板，掩蔽孔口，防止卸土的土块、石块等杂物坠落孔口内伤人。吊桶在小推车内卸土后，再打开活动盖板，下放吊桶装土。

(10) 浇筑第二节护壁混凝土

放附加钢筋，护壁模板采用拆上支下节依次周转使用。模板上口留出高度为100mm的混凝土浇筑口，接口处应捣固密实。拆模强度达到1MPa。混凝土用串桶下料，人工浇筑，人工插捣密实。以桩孔口的定位线为依据，逐节校测。

逐层往下循环作业，将桩孔挖至设计深度，清除虚土，检查土质情况，桩底应支承在设计所规定的持力层上。

（11）开挖扩底部分

扩底部分采取先挖桩身圆柱体，钻凿时先从中间开始，控制好桩尖标高后以此为圆弧顶，向四周扩大成球面，按扩底尺寸从上到下削土，修成扩底形。

检查验收：成孔以后必须对桩身直径、扩头尺寸、孔底标高、桩位中线、井壁垂直、虚土厚度进行全面测定，做好施工记录。由工长通知甲方、监理及勘察设计、项目总工等有关质检人员共同鉴定，认为符合设计要求后，办理隐蔽验收手续，清理孔底，随即浇灌封底混凝土，封底混凝土最小高度为 $H+200$mm。

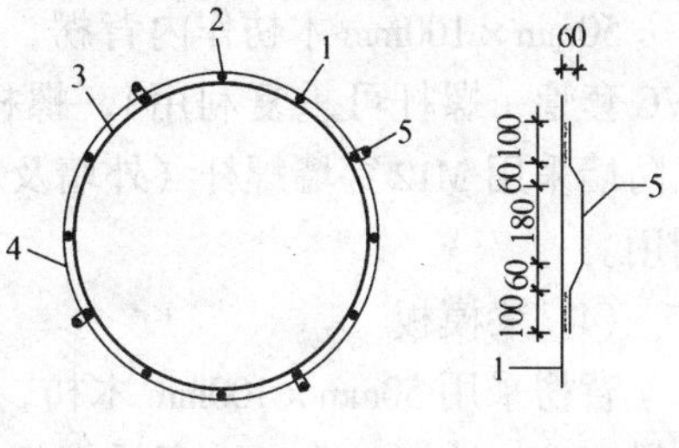

图 3-1　耳环

1、2—主筋；3—加劲箍；

4—螺旋箍；5—ϕ20 耳环

（12）吊放钢筋笼

钢筋笼纵向钢筋的搭接长度为 $42d$，纵横钢筋交接处均应焊牢。钢筋笼放入前应先绑好砂浆垫块，按设计要求一般为 70mm，在钢筋笼四周主筋上每隔 3m 左右设一个 ϕ20 耳环，如图 3-1 所示，作为定位。

吊放钢筋笼时，要对准孔位，直吊扶稳，缓慢下沉，避免碰撞孔壁。钢筋笼放到设计位置时，应立即固定。遇有两段钢筋笼连接时，应采用焊接（搭接焊或帮条焊），双面焊接，接头数按 50%错开，以确保钢筋位置正确，保护层厚度符合要求。钢筋笼就位后应固定，防止钢筋笼上浮并保证主筋位置准确。

（13）浇筑桩身混凝土

桩身混凝土可使用粒径不大于 40mm 的石子（若采用泵送，石子粒径不能大于 32mm），坍落度 100mm 左右（若采用泵送坍落度 140～160mm），机械搅拌，用吊桶向桩孔内浇筑混凝土；混凝土的落差大于 2m，桩孔深度超过 12m 时，采用混凝土导管或串筒浇筑。浇筑混凝土时应连续进行，分层振捣密实。第一步宜浇筑到扩底部位的顶面，然后浇筑上部混凝土。分层高度以捣固的工具而定，但不大于 1.5m。

混凝土浇筑到桩顶时，应适当超过桩顶设计标高 200～300mm，以保证在剔除浮浆后，桩顶标高符合设计要求，桩顶上的预留钢筋插筋一定要保证设计尺寸。

3.3　模板工程

（1）基础承台、地梁模板

采用砖胎模，用烧结普通砖、M5 水泥砂浆砌筑，180mm 厚，砌筑时要预留出内侧 20mm 厚的砂浆批挡层的位置。A1、A2、A3 住宅承台、地梁、筒体基础、基槽较深，开挖时要适当放坡，砖模为 240mm 厚墙并沿墙长每隔 2.5m 加 370mm 厚砖柱，表面用 1∶3 水泥砂浆抹平。

（2）柱模板

1）柱截面边长≤1600mm 的柱采用 2［8～［12 槽钢），M14 对拉螺杆加固，柱箍间距 500mm；柱截面边长≤800mm 柱，柱中不加对拉螺栓；柱截面边长 800mm < B ≤ 1200mm 柱，柱中增加一道对拉螺杆，柱箍间距 500mm；柱截面边长 1200mm < B ≤ 1600mm 柱，柱中增加二道对拉螺杆，柱箍间距 500mm。

2）圆柱：采用 18mm 厚木模板条散拼，内钉三层板或镀锌钢板，用 18mm 厚木板加工半圆形柱箍组合，拼接处用钉子固定，木模板 200mm × 100mm × 18mm（长 × 宽 × 厚）加固，柱箍竖向间距不超过 300mm。

（3）墙模板

50mm × 100mm 木枋作内背楞，外背楞采用 2 根钢架管，M12 穿墙螺栓加固（内墙加 PVC 套管，螺杆可重复利用），螺杆间距不超过 450mm × 450mm。地下室外墙、水池壁、人防墙采用 M12 穿墙螺杆（外墙及水池壁加焊止水片），螺杆为一次投入，不得抽出重复利用。

（4）梁模板

背楞采用 50mm × 100mm 木枋，木枋间距不超过 250mm。对于高度 > 700mm 的梁，须在梁高 1/3 处加一道 M12 穿梁螺杆，间距不超过 500mm；梁高 ≥ 1200mm，在梁中加二道穿梁螺杆，梁高 ≥ 1800mm，在梁中加三道穿梁螺杆；梁底采用架管支撑，梁宽小于 350mm 时，梁底采用 2 根立杆支撑；梁宽在 350 ~ 400mm 时，采用 3 根立杆，梁宽大于 450mm 时，采用 4 根立杆。楼板梁较大的部位详“模板专项施工方案”。

（5）楼板模板

50mm × 100mm 木枋，中-中间距不超过 300mm。板底采用 $\phi48 \times 3.5$ 架管搭设满堂架支撑，立杆间距 1200mm × 1200mm。离地 200mm 设纵、横向扫地杆，以上每 1500mm 加一道水平杆。

（6）高支模施工

本工程地下一层及地上部分结构层高大于 4.5mm，需按高支模工程验算模板支承的稳定性，所以本工程高支模的设计、材料的选用是工程安全顺利施工的重点和关键点。

1）梁、板模板采用 18mm 厚木模板，龙骨采用 50mm × 100mm 木枋，板底木枋间距中-中 250mm，梁底中-中按 250mm；模板支撑体系采用 $\phi48 \times 3.5$ 钢管，立杆间距 1200mm × 1200mm，梁底支撑间距加密为 600mm。

注：高支模体系支撑立杆间距及稳定性须经过计算，计算过程略。

2）立杆的接长均采用对接扣件，立杆的对接扣件应交错布置，两根相邻立杆的接头不应设置在同步内，同步内隔一根立杆的两个相隔接头在高度方向错开的距离不宜小于 500mm，各接头中心至主节点的距离不宜大于步距的 1/3，严禁采用搭接；若必须搭接，至少有两道水平杆。

3）水平杆布置为：扫地杆距根部为 200mm，其他步距为 1500mm，模板支架立杆伸出顶层横向水平杆中心线至模板支撑点的长度不大于 600mm。水平杆的接长：水平杆的接长宜采用对接扣件连接，也可采用搭接。对接、搭接应符合下列规定：

①水平杆的对接扣件应交错布置，两根相邻水平杆的接头不宜设置在同步或同跨内；不同步或不同跨两个相邻接头在水平方向错开的距离不应小于 500mm；各接头中心至最近主节点的距离不宜大于纵距的 1/3；

②采用搭接时，搭接长度不应小于 1m，应等间距设置 3 个旋转扣件固定，端部扣件离板边缘至搭接水平杆端的距离不应小于 100mm。

4）剪刀撑的布设为：满堂模板支架四边与中间每隔四排支架应设置一道纵向剪刀撑，由底至顶连续设置。剪刀撑布设时，梁底和板跨中部位必须布设剪刀撑。高支撑模板支架，其两端与中间每隔 4 排立杆从顶层开始向下每隔两步设置一道水平剪刀撑。剪刀撑的布设应符合下列规定：每道剪刀撑宽度不应小于4跨，且不应小于6m；斜杆与地面的倾角宜在45°~60°之间；剪刀撑的接长宜采用搭接，搭接长度不应小于1m；应采用不少于2个旋转扣件固定，端部扣件离板的边缘至杆端不应小于100mm；剪刀撑跨越立杆根数宜按表3-1的规定确定。

剪刀撑跨越立杆数 **表3-1**

剪刀撑斜杆与地面的倾角 （α）	45°	50°	60°
剪刀撑跨越立杆的最多根数 （n）	7	6	5

5）大龙骨采用$\phi48\times3.5$钢管，间距由上述立杆间距而定，梁底和板底均采用双扣件，在上钢筋之前和浇混凝土之前必须再次拧紧，拧紧扣件用45~60 N·m的力矩；小龙骨采用50mm×100mm木枋，间距为：板底中-中350mm，梁底中-中250mm均匀布置。

3.4 钢筋连接

（1）钢筋连接概述

1）梁、板钢筋连接：

板钢筋直径≥18mm，采用对焊或搭接焊连接；梁钢筋直径≥25mm，采用直螺纹套筒连接。其余梁板直径搭接采用绑扎接头连接。

2）柱、墙竖向钢筋连接：

直径≥25mm的竖向钢筋拟采用直螺纹套筒连接；直径>18mm的柱竖向钢筋采用电渣压力焊；柱及墙体竖向钢筋≤$\phi18$采用绑扎接头连接。

3）墙钢筋水平连接：

均采用绑扎接头搭接。

（2）钢筋等强度滚轧直螺纹连接工艺

1）施工工艺流程：

螺纹套筒验收→钢筋断料、平头→外径卡规检验直径→直接滚压螺纹→螺纹环规检验螺纹→套保护套→现场利用套筒连接→接头检验→完成

2）检查钢筋待轧制端头，钢筋如有马蹄、飞边、弯折或纵肋尺寸超大者，应先矫正或用砂轮修磨，禁止用电气焊切割超大部分，并且提前做好钢筋端头的位置标志和检查标志，以确定钢筋轧制螺纹长度，定位标志距钢筋的端部的距离为钢套筒长度的1/2。

3）将待轧制钢筋平放在支架上，端头对准螺纹轧制机的轧制孔。开动轧制机，并用水润湿轧制头，缓慢向钢筋端头方向移动轧制头（移动尺寸根据螺纹相关尺寸调整），将钢筋端头轧制出螺纹，再缓慢移开轧制头。过程约需40s。

4）逐个检查钢筋端头螺纹的外观质量，并用手将套筒拧进钢筋端头，看是否过松或过紧，检查螺纹的深度是否符合要求。

5）将检验合格的端头戴上保护套或拧上连接套筒，并按规格分类堆放整齐待用。

6）钢筋同径或异径普通接头：先用扳手将连接套筒与一端钢筋拧紧，再将另一端钢筋与连接套筒拧紧。

7）可调接头（用于弯曲钢筋、固定钢筋等不能移动钢筋的接头连接）：先将连接套筒

和锁紧螺母全部拧入螺纹长度较长的一端钢筋内，再把螺纹长度较短的一端钢筋对准套筒，旋转套筒使其从长螺纹钢筋头逐渐退出，并进入短螺纹钢筋头中，与短螺纹钢筋头拧紧；然后，将锁紧螺母也旋出，与连接套筒拧紧。

3.5 高强混凝土现场搅拌

本工程混凝土全部采用现场搅拌。酒店主体结构施工时大量使用C60、C55、C50高强混凝土，高强度混凝土的试配及现场搅拌是项目的一项技术攻关项目。现场主要采取如下措施，保证了混凝土强度：

3.5.1 原材料控制

(1) 水泥：

选用普通硅酸盐水泥，水泥强度等级不应低于52.5级，活性不应低于57MPa。

(2) 砂：

宜选用质地坚硬、级配良好的河砂，其细度模数宜大于2.6，含泥量不应大于2.0%，泥块含量不应大于1.0%。

(3) 粗骨料：

粗骨料最大粒径不应大于25mm，针、片状颗粒含量不宜大于5.0%，且不得混入风化颗粒；含泥量不应大于1.0%；泥块含量不应大于0.5%。粗骨料除进行压碎指标试验外，对碎石尚进行岩石立方体抗压强度试验，骨料母材的抗压强度应比所配制的混凝土强度高20%以上。

(4) 水：

应用洁净的饮用水。

(5) 外加剂：

选用减水率高，有一定缓凝作用、有少量引气作用的复合型高效减水剂，掺量不宜超过水泥重量的0.5%~1.8%。

(6) 掺合料：

掺加粉煤灰，粉煤灰品级应为Ⅰ级或Ⅱ级。为取得更好的效果，可在混凝土中同时掺入两种或两种以上的不同掺合料。掺合料的掺量应经试验确定。

(7) 每立方米混凝土原材料内含碱总量（$Na_2O+0.658K_2O$）不应超过3kg。为防止钢筋锈蚀，混凝土中氯盐含量（以氯离子计）应低于水泥重量的0.1%。

3.5.2 高强混凝土试配

为保证高强混凝土强度及施工性能，混凝土试验委托经验丰富的广西区检测中心试配，试配前，技术部要提出高强混凝土试配要求：

(1) 坍落度14~18cm；

(2) 在满足泵送要求的前提下，砂率控制在40%以内；

(3) 每立方米混凝土中最小水泥用量340~360kg，且水泥用量不宜大于450~500kg/m³,水泥与掺合料的胶结材料总量≤550~600kg/m³，粉煤灰的掺量不宜超过胶结料总量的30%（粉煤灰的掺加量宜为水泥重量5%~10%）；

(4) 水灰比不大于0.6，且水灰比的增减值宜为0.02~0.03；水胶比（水与胶结料的重量比，后者包括水泥及掺合料重量）宜控制在0.24~0.38的范围内；

(5) 高强混凝土的设计配合比提出后，尚应用该配合比进行6~10次重复试验进行验证，方能在工程中应用；

(6) 高强混凝土施工配制强度必须超过设计要求的强度标准值，以满足强度保证率的需要，要求混凝土施工配制强度（平均值）不低于混凝土强度等级值的1.15倍，且必须满足《普通混凝土配合比设计规程》中关于高强混凝土的相关规定；

(7) 各种原材料每盘称量的偏差不应超出以下规定：水泥和掺合料为+1%；粗细骨料+2%，水、高效减水剂+1%。

3.5.3 搅拌站控制要求

酒店高强混凝土施工前，项目技术部、质保部、搅拌站、工程部联合编制专项“高强混凝土施工保证措施”，将高强混凝土搅拌及浇筑过程的质量控制点责任到人，进行专项控制。

(1) 所有的原材料由物资部、质保部、搅拌站及试验人员联合把关，确保符合设计配合比通知单所提出的要求，并确保现场已准备足够的砂、石、水泥、掺合料以及外加剂等材料，能满足混凝土连续浇筑的要求。

(2) 根据原材料及设计配合比进行混凝土配合比检验，提前做3组试块，检验是否满足坍落度、强度等方面要求。

(3) 如须根据材料状况对配合比进行现场调整，调整配合比由项目技术负责人主持，对配合比新下达的混凝土配合比，应进行开盘鉴定，并符合要求。

(4) 第一罐混凝土搅拌前对搅拌站计量系统进行核对，搅拌过程中质保部负责人及专业试验员应随时对计量的准确性进行检查。

(5) 搅拌机及配套的设备经试运行、安全可靠，配有机电维修人员，随时检修，搅拌站砂石料斗周围应清理干净。每一工作班正式称量前，应对计量设备进行零点校验。

(6) 搅拌过程中应随时抽测坍落度及对混凝土拌合物的质量进行目测，发现不合适时及时调整。

3.5.4 混凝土搅拌要求

(1) 下雨过后，搅拌混凝土应在混凝土拌制前测定砂石含水率，并根据测试结果调整材料用量，提出混凝土施工配合比。

(2) 搅拌要求：搅拌混凝土前使搅拌机加水空转数分钟，将积水倒净，使搅拌筒充分润滑。搅拌第一盘时考虑到筒壁上的砂浆损失，石子用量应按配合比规定减半。搅拌好的混凝土要做到基本卸尽。从第二盘开始，按给定的配合比投料。

(3) 混凝土搅拌中严格控制水灰比和坍落度，未经试验人员同意，不得随意加减用水量。

(4) 每台班开始前，搅拌站站长应核对配合比，对所用原材料的规格、品种、产地及质量进行检查，并与施工配合比进行核对，对砂石含水率进行检查；如有变化，及时通知项目总工、试验人员，调整用水量，一切检查符合要求后，方可开盘拌制混凝土。

(5) 配合比控制：混凝土搅拌前，应将施工用混凝土强度等级要求对应配合比，对搅拌操作人员进行详细技术交底。

(6) 上料顺序：计量好的原材料先汇集在上料斗中，经上料斗进入搅拌筒，水及液体外加剂经计量后，在往搅拌筒中进料的同时，直接进入搅拌筒。其顺序为石子、外加剂、水泥、粉煤灰、砂。

（7）搅拌时间：混凝土搅拌的最短时间为 90s。

3.6　地下室外墙高分子复合卷材防水

（1）防水工艺流程

本工程地下室外墙防水设计采用 1.3mm 厚聚合物胶泥＋高分子卷材防水 0.7mm 厚，地下室外墙高分子复合卷材防水施工工艺：

外墙钢筋混凝土 → 穿墙螺杆割掉（需剔凿螺杆周围混凝土后再割螺杆钢筋）→ 外墙混凝土面修正打磨 → 检查清扫 → 喷水湿润 → 配置聚合物水泥胶粘剂 → 阴阳角附加层 → 基层刮聚合物水泥胶浆 → 防水卷材粘贴 → 卷材搭接缝粘贴 → 卷材搭接缝检查 → 收口密封 → 清理、检查、修整 → 表面刮 1mm 厚聚合物水泥浆 → 抹 20mm 厚 1:2.5 水泥砂浆保护层 → 回填土

（2）操作工艺要求

1）基层清理：

基层表面应平整坚实，转角处应做成圆弧形，局部孔洞、蜂窝、裂缝应修补严密，表面应清洁，无起砂现象。

2）弹铺贴线：

在处理后的基层面上，按卷材的铺贴方向，弹出每幅卷材的铺贴线，保证不歪斜。

3）聚合物水泥胶浆：

防水厂家提供配比为水:水泥:801 胶（改性聚乙烯醇缩甲醛胶）＝3:6:1（体积比），准确计量、搅拌均匀，在 4h 内涂刷完毕。铺摊聚合物水泥胶粘剂厚度为 1.3mm，在基层面及所铺贴卷材上面，然后立即用刮板均匀摊开，无露底，基层面所涂胶粘剂宽度大于所铺卷材宽度。

4）铺贴卷材：

铺摊后聚合物水泥胶粘剂在墙上，卷材面涂聚合物水泥胶粘剂后即把卷材贴在墙面上（由外墙底向上铺贴），并用刮板把卷材下面多余的胶粘剂和空气挤排除去。墙面防水层粘结率＞95%，不能有集中大面积和连续空鼓。

5）接边的粘结：

施工接缝时溢出的聚合物水泥胶粘剂暂不要清理（不要用刮板刮），待聚合物水泥胶粘剂初凝时再用刮板、扫帚清理干净。接缝搭接宽度≥100mm，粘结应连续、无翘边、无皱褶，粘结率＞98%，卷材边口用聚合物水泥胶粘剂封口。

6）接缝做法：

①接缝搭接采用聚合物水泥胶粘剂法，搭接宽度 100mm；附加层接缝与防水层接缝错开 100mm 以上，接缝粘结应连续粘结，卷材相临短边接缝应错开 1000mm 以上，水平转角与垂直转角、墙角与地面夹角处接缝均应错开 300mm 以上。

②附加层在阴阳角预埋套管周围及施工缝等薄弱处做附加层，附加层可用 0.6mm 厚高分子复合防水卷材，每边宽出转角或薄弱处 250mm。地下室顶板（室外部分）面做复合防水卷材，节点如图 3-2 所示。

③卷材复合防水层完工并经验收合格后，应及时在防水层表面刮一遍聚合物水泥浆，侧墙采用抹1:2.5水泥砂浆保护层20mm厚，及时分层做回填土。

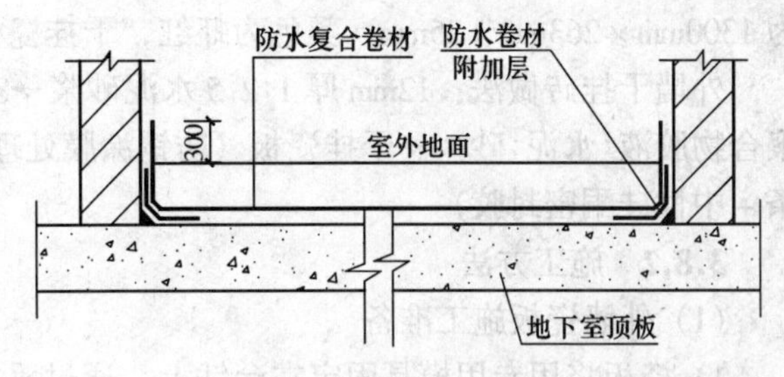

图 3-2　复合防水卷材

3.7　贴西班牙瓦坡屋面

本工程住宅屋面为坡屋面，屋面贴西班牙瓦。

(1) 铺法概述：

铺瓦前，找平层和平瓦应湿润，铺瓦必须与控制线对齐，自左至右，自下向上铺设，屋檐第一层瓦应与其上两层瓦水平，做法是：取三片瓦放置在檐口向上的三层瓦片铺设控制线上，此时檐口瓦会出现低垂现象，应用水泥砂浆起垫固定卧实檐口第一块瓦片，使其与上两层瓦成水平直线，两边同样做法后按控制线拉水平线往上铺设。

(2) 主瓦片固定加强措施：

在瓦片底部铺砂浆，使主瓦平稳地挂在砂浆上，瓦爪紧贴屋面，可用水泥钉加18号双股铜丝固定瓦。

每天施工完毕后，在完工部分瓦体及细部处理完毕，派专人用干抹布抹干净瓦面，以保持瓦面清洁、光亮。

(3) 檐口瓦安装

将30mm×40mm的木方用钢钉顺山檐口瓦封开始，每片檐口瓦需与上排主瓦平齐铺设，铺瓦砂浆要饱满卧实，并用钢钉将檐口瓦与木方固定牢，一直铺到山檐顶端。安装时，应从屋脊拉线到檐口，以保证安装好的檐口瓦必须成一条线。

(4) 脊瓦安装

斜脊由斜脊封头瓦开始，斜脊瓦自下向上搭接铺至正脊，再用脊瓦铺正屋脊，正屋脊由大封头瓦开始，用圆脊瓦搭接铺至末端以小封头瓦收口（当用圆脊时两端均用圆脊封头）。所有脊瓦安装必须拉线铺设，铺设时应砂浆饱满，勾缝平顺，随装随抹干净，保持瓦面整洁。

(5) 排水沟瓦安装

确定排水沟宽度后在排水沟瓦位置处弹线，用电动切割机切割瓦片，铺设排水沟瓦。铺设时，用砂浆将瓦片底部空隙全部封实抹平，防止鸟类筑巢。

(6) 节点做法

主瓦的瓦头伸入天沟长度为50～70mm；瓦屋面的脊瓦下端距坡面瓦的高度不宜大于80mm；脊瓦在两坡面瓦上的搭盖宽度，每边不应小于40mm；沿山墙封檐的一行瓦，宜用1:2.5水泥砂浆做出坡水线，将瓦封固。

3.8　外墙干挂克隆石施工

3.8.1　概述

酒店裙房（标高23.9m以下）、主楼西面（标高22.9m以下）外墙采用干挂瓷板，瓷板为三维克隆石，规格1300mm×800mm×18mm，颜色为紫彩珠，楼层色带砖采用火烧板为 1300mm × 263mm × 25mm，颜色为虾红，干挂瓷板横、竖缝隙为 6mm。

外墙干挂砖做法：12mm 厚 1:2.5 水泥砂浆→8mm 厚聚合物水泥砂浆（重量比为 1:2:4 聚合物胶液:水泥:砂）→干挂瓷板（防锈涂膜处理型钢 + 不锈钢配件固定，填缝采用泡沫条 + 中性硅酮密封胶）

3.8.2　施工方法

（1）外墙瓷板施工准备

1）瓷板将用专用模具固定在台钻上，通过手提切割机进行切槽，切槽位置应在规格板厚中心线上。瓷板孔、槽的精度应符合连接的技术要求，孔、槽质量应进行全数检查。

2）按外墙瓷板排版图应在干挂前设置基准线，并在干挂墙面弹好分格线，满足干挂的流水作业的要求。

3）火烧板表面处理：火烧板表面充分干燥（含水率应小于 8%）后，用石材护理剂进行火烧板六面体防护处理，此工序必须在无污染的环境下进行，将板材平放于木方上，用羊毛刷蘸上防护剂，均匀涂刷于板材表面，涂刷必须到位。第一遍涂刷完间隔 24h 后用同样的方法涂刷第二遍石材防护剂，间隔 48h 后方可使用。

（2）基层要求

1）清理预做外墙瓷板的结构表面，同时进行吊直、套方、找规矩。基层抹灰应分层进行；如果抹灰总厚度大于 35mm，应加钢丝网加强，保证抹灰层与基层粘结牢固，无开裂、空鼓与脱落。

2）瓷板安装前要事先用经纬仪打出大角两个面的竖向控制线，最好弹在离大角 200mm 的位置上，以便检查垂直度的准确性，保证顺利安装。

（3）瓷板干挂施工要点

1）瓷板干挂施工按确认的干挂瓷板施工图施工（干挂方式及龙骨体系、连接铁件、瓷板分格等），同幅墙的瓷板干挂应由下而上进行。安装工序流程：

基层处理 → 墙面分格弹线 → 钻孔、化学螺栓、穿墙螺栓固定钢板 → 钢架制作 → 钢挂架安装固定 → 避雷接地安装 → 化学螺栓抗拔试验 → 瓷板开槽 → 固定件安装 → 瓷板干挂校正 → 填嵌密封材料 → 检验 → 打板材密封胶 → 墙面清理

2）测量放线定位。

根据设计图纸和排版图弹出安装瓷板的位置线和分块线（水平、垂直线），定出相应钢龙骨位置线，并在墙角地面上弹出板材的外边线，在板材外边线上再弹出每块板材的就位线。

3）连接铁件的安装。

连接铁件与主体结构的固定：根据现场放线的具体位置，化学螺栓用于混凝土基面，穿墙螺栓用于砌体基面。在结构上用电锤钻孔，钻孔用的钻头应与螺栓直径相匹配，钻孔应垂直，钻孔深度应能保证化学螺栓进入混凝土结构层不小于 110mm，砖墙使用 ϕ14 穿墙螺栓穿过墙体（墙内面穿墙杆螺帽应埋设在抹灰层），钻孔内的灰粉应清理干净，方可塞进化学螺栓。化学螺栓凝固后，把加工好的镀锌钢板与化学螺栓连接牢固，螺栓紧固力矩应取 40 ~ 45N·m，并应保证紧固可靠。

4）骨架安装施工。

先安竖向槽钢，间距 1200mm，再安装横向角钢间距 800 ~ 263mm（依板材宽度定），依

据弹好的控制线将槽钢立好，为了保证垂直度、平整度，两侧用角钢码 L60×6 长 75mm 焊接固定，角钢码与槽钢满焊接，焊缝高度不小于 6mm，角钢码高度方向间距 1800mm。为了保证骨架的安装质量，在骨架安装完毕后，用仪器进行全面检查，并调平、调垂直，焊点处补做防锈处理。挂件连接应牢固可靠，不得松动；挂件连接位置调节适当，并应能保证瓷板连接固定位置准确。

钢架制作允许偏差应符合表 3-2 的规定。

钢架制作允许偏差 **表 3-2**

项目		允许偏差值（mm）	检查方法
构件长度		±3	用钢尺检查
焊接型钢截面高度	接合部位	±2	
	其他部位	±3	
焊接型钢截面宽度		±3	
挂接件用的型钢截面高度		±1	
构件两端最外侧安装孔距		±3	
构件两组安装孔距		±3	
同组螺栓	相邻两孔距	±1	
	任意两孔距	±1.5	
构件挠曲矢高		L/1000 且不大于 10	用拉线及钢尺

5）防雷系统的安装。

由电气专业人员按设计图要求，与干挂砖施工人员相互配合施工。

6）板材安装。

第一块板材安装时，按照基面与落地所弹的位置，将挂件插入开好的槽口内，校准校直位置，下端用木块垫平垫稳，装上不锈钢螺栓及弹簧垫圈，紧固螺母，用板材干挂胶填满挂件槽缝，自第二行开始，板材下侧槽内先注入板材干挂胶，槽口对准下行挂件，逐块自下而上安装，各行连接件必须自行跳装，不能叠装，防止上下荷载传递。试安装一排砖用托线板找垂直，用水平尺找平整，自检合格后，报监理验收，再大面积安装作业。

外墙干挂瓷板安装底标高为室外完成地面最底标高低 100mm。

7）缝隙处理。

板材安装完毕，用与板材相近颜色的胶填充瓷板材缝隙，保证缝隙密实均匀，颜色一致。

8）瓷板材料运输。

瓷板运输由人工抬运至安装地点，抬运前必须保证绳索捆绑牢靠，抬运时轻起轻放，避免碰撞损坏棱角。施工过程中，严禁随意碰撞板材，不得划花、污损板材光泽面。

9）瓷板防护。

瓷板干挂完成后，在缝隙处打胶之前，应用美纹纸贴在饰面瓷板的四周，以防打胶时污染瓷板表面。

10）打胶。

在缝中填充泡沫棒（泡沫棒的直径比实际留缝尺寸大 1~2mm），用中性硅酮密封胶填缝，然后剥去美纹纸。

(4) 工程验收

1) 干挂瓷板工程观感检验以每幅墙为检验单元，每幅墙为一个检验批，钢骨架和干挂砖应分项验收，自检合格后报监理验收，缝隙嵌胶后应进行观感检查，合格后方能拆架。

2) 检验质量应符合以下规定：

瓷板品种、规格、色彩、图案，应符合设计要求；瓷板安装必须牢固，无歪斜、缺棱掉角等缺陷，瓷板拼缝应横平竖直、缝宽均匀并符合设计要求；表面应平整、洁净，色泽协调，无变色、污痕，无显著划痕、光泽受损处；墙面凹凸位置的瓷板，边缘整齐、厚度一致；干挂瓷质饰面的密封胶和填缝应灌缝饱满、平直，宽窄均匀，颜色一致。

3) 干挂瓷板抽样检验质量符合表3-3，抽样数量以10m高左右为一检验层，每30m长抽查一处，每处长、高方向各3块，且不少于3处。

瓷质饰面工程质量允许偏差（mm）　　表3-3

项　目	允许偏差值	检查方法
立面垂直（室外）	3	用3m托线板检查
表面平整	2	用2m靠尺和楔形塞尺检查
阳角方正	2	用方尺检查
饰线平直	2	拉5m线检查，不足5m拉通线检查
接缝平直	2	
接缝高低	1	用直尺和楔形塞尺检查
接缝宽度	1	用直尺检查

3.9 吊挂玻璃幕墙施工

3.9.1 概述

酒店首层、二层 (Ea-2) 轴大门入口设计采用全玻璃幕墙，采取单块玻璃上吊挂、背部玻璃肋支撑的形式。此幅幕墙（MQ3）长度约32m、高度约10.3m、玻璃厚19mm，高度跨越二层楼板（在楼板处无支撑）。幕墙正面分格约9.53m×1.5m，由共21块单块玻璃组成。

吊挂玻璃幕墙的施工难点在于：

(1) 单块玻璃面积大，达到14.3m^2；

(2) 玻璃超高，单块高达9.53m；

(3) 单块玻璃重量大，达到650kg；

(4) 玻璃为易碎品，幕墙施工过程中玻璃吊装、就位、注胶的施工难度均很大。

3.9.2 安装工艺

放线 → 玻璃吊挂件安装 → 吊挂玻璃安装 → 注胶收尾。

(1) 放线

即根据土建结构施工的基准线及施工图纸，用经纬仪在主体结构上打出垂直定位线。

放线是吊挂玻璃安装的基础，直接影响工程整体效果。楼层 50cm 线、轴线是吊挂玻璃放线的基准。放线工作分几步进行：首先，根据楼层 50cm 线确定吊挂玻璃下部标高线，根据吊挂玻璃高度用水平仪确定吊挂玻璃的上部标高线；然后，依据轴线确定吊挂玻璃下部的中心控制线，根据吊挂玻璃高度用经纬仪确定吊挂玻璃的上部中心控制线；最后，根据设计图纸确定吊挂件的位置。

（2）玻璃吊挂件的安装

根据图纸安装示意位置，用仪器确定玻璃吊挂件的准确位置并安装吊挂件，吊挂件与结构采用穿墙螺栓连接。吊挂件安装完毕后须对中心线、安装位置进行全面检查调整，待骨架校正后进行与结构加固。

（3）吊挂玻璃的安装

根据玻璃安装图纸将玻璃吊挂上去，并与吊挂件可靠连接。因本工程的玻璃面板比较大（1600mm×9800mm×19mm 厚/块），施工难度较大，安装过程采用机械或半机械化进行玻璃吊装。吊装程序如下：

1）玻璃到场、脚手架准备。

2）用 AB 胶把铜片贴到玻璃上口，两边进去 20cm 贴好后，2h 可以安装。

3）将 3t 葫芦用架管固定在 10m 高处，进行安装调试。

4）将玻璃放在用木板做成的架子中，用绳子将木架子固定好。

5）用葫芦挂钩挂好木架子，慢慢启动葫芦将玻璃吊起。在每步脚手架内、外各站两名安装工人，慢慢地把玻璃移到需要安装的位置，轻轻移开木架子，人工用吸盘把玻璃放到位。调整好平整度固定，注意玻璃与吊挂件之间须加胶垫。

6）重复上述步骤，把玻璃逐块安装到位。

7）调节吊钩，玻璃平整、拼缝拼好。

（4）注胶收尾

在挂件与玻璃连接处、玻璃接缝处注胶。注胶要求饱满、均匀，无气泡，且不能污染玻璃。

3.9.3 质量控制标准

（1）平面平整度：2m 靠尺检查，控制在 2.5mm 以内；

（2）直线度：2m 靠尺检查，控制在 2.5mm 以内；

（3）线缝宽度与设计值比较需控制在 +2.0mm 以内；

（4）钢件连接设计采用焊接的部位要焊接牢固，确保焊缝饱满，焊脚尺寸达到设计要求的高度、宽度；

（5）打胶处封胶严密、宽度均匀、上下通顺。

3.9.4 施工注意事项

1）安装玻璃时，应避免玻璃与硬金属间的直接接触，应采用弹性材料进行过渡，避免玻璃因温度变化引起的胀缩导致破损；

2）安装完毕应及时清理，并采取必要的防护措施；特别应避免焊花落在玻璃表面，造成永久痕迹；

3）雨天或风力六级以上，应停止玻璃吊挂施工。

4　质量、安全、环保措施

4.1　质量保证措施

（1）建立工作部门的工作程序文件

项目经理部应根据局质量、环境、职业健康安全管理体系文件中规定的工作程序文件，参照本工程特点，结合现场实际情况相应编制项目经理部各工作部门的工作程序文件，以保证质量工作有依可办、有据可查。

（2）建立项目质量保证体系

根据我局程序文件要求和项目施工管理实际情况，建立项目质量保证体系。项目经理指定一名项目领导为本项目的质量经理，负责监督质量保证体系的实际运作。项目经理部各部门由一名项目领导分管，部门经理主持日常工作。其中质量管理组为项目质量工作的统一归口管理部门，在项目经理及质量经理的领导下，负责项目质量工作的具体组织、协调和实施监督。

（3）施工过程质量控制要点

根据施工规范要求，针对工程特点，在施工前编制施工过程质量控制要点，并对质量通病编制预防措施。如：混凝土浇捣常见质量问题防治对策，见表4-1。

混凝土工程常见质量防治表　　表4-1

质量问题	主要因素	预防措施
麻面	模板面粗糙，脱模剂漏刷，粘有杂物，木模表面未事先湿润，振捣时气泡未排出	清模，刷好脱模剂，木模用清水充分湿润，按操作规程振捣
露筋	1. 垫块位移，漏放或间距大 2. 钢筋过密，大石子阻碍水泥砂浆不能充满钢筋周围 3. 混凝土离析 4. 振捣棒碰移钢筋 5. 拆模过早，碰掉角	1. 确保混凝土保护层厚度 2. 石子最大尺寸选用合适 3. 优化混凝土配合比，规范运输 4. 钢筋密处用带刀片的振捣棒 5. 正确掌握拆模时间
蜂窝	1. 配合比不准或计量错误造成砂浆少、石子多 2. 混凝土搅拌时间短，未拌匀或振捣不密实 3. 未分层下料漏振 4. 下料不当，未设溜槽串筒，石子集中 5. 模板严重移位、漏振	1. 严格控制混凝土配合比，搞好计量 2. 严格控制混凝土搅拌时间，振捣密实 3. 分层下料，棒棒相接不漏振 4. 自由倾落高度不超过2m 5. 经常观察模板，及时修正
缝隙夹层	施工缝处理不认真	严格执行施工缝技术处理措施
孔洞	钢筋较密的部位混凝土被卡，未经振捣就继续浇上层混凝土	严格分层下料，正确振捣，严防漏振
缺楞掉角	拆模用力不当或过早	采用正确拆模方法，控制好拆模时间
板面不平整轴线位移	1. 梁板同时浇筑，只用了插入式振捣器振捣，用铁锹拍平，使混凝土板厚不准 2. 混凝土未达到强度就上人操作或运料。特别是为了保温覆盖或测温，没有搭设脚手板情况下进行操作	1. 梁用振捣棒，板用平板振捣器，除模板四周弹好标高线外，还应作一些与板厚相同的标志，随浇随移动 2. 混凝土达不到1.2MPa不能上人。应在混凝土上垫放脚手板，随浇、随退、随盖、测量时走脚手板

续表

质量问题	主要因素	预防措施
板面不平整轴线位移	1. 模板支设不牢固 2. 放线误差大 3. 门洞口模板及预埋件固定不牢靠，混凝土浇筑方法不当，造成门洞口和预埋件位移较大	1. 模板支设方案正确，操作认真 2. 位置线要弹准确，及时调整误差，以消除误差累计 3. 防止振捣棒冲击门口模板，预埋件坚持门洞口两侧混凝土对称下料

4.2 安全管理措施

4.2.1 建立安全管理体系和制度

(1) 建立项目安全管理体系。

(2) 制定并执行安全管理八项制度：

1) 安全例会制度；

2) 安全检查制度；

3) 安全技术交底制度；

4) 安全验收制度；

5) 安全持证上岗制度（项目经理、专职安全员、特殊工种）；

6) 安全生产奖罚制度；

7) 教育与培训制度；

8) 工伤事故报告制度。

4.2.2 编制季节性施工技术措施

钦州靠近北部湾海域，受海洋气候影响，风雨较多、夏季气候炎热。除采用常规防风雨、防暑降温措施外，须针对工程特点编制雨期、暑季、大风天气等专项季节性施工措施。

(1) 地下工程

1) 做好排水沟、挡土堰的规划，规划排水分区，保证大雨来临，不致雨水灌至基坑和地下室。

2) 配置潜水泵，以备大雨时抽水。

3) 雨后基坑雨水、污泥必须及时排除，然后再进行下一道工序施工。

4) 避免大雨天作业，以保证安全施工。如确需雨天施工时，尽量安排室内工种施工，室外施工必须进行可靠的防雨及遮蔽措施。严禁雷雨天进行室外施工。

5) 根据工程特点，合理安排机具和劳动力，组织快速施工。

6) 在出场前对车辆进行仔细冲洗及对外运土方尽量拍实，防止污染市政道路及环境，必要时采取遮盖保护措施。

(2) 钢筋工程

1) 钢筋临时堆放场地一定要保持整洁，钢筋应摆放在240mm×300mm（宽×高）砖垄上，避免被雨水浸泡、被污泥污染，在下雨前一定要将钢筋覆盖保护；

2) 钢筋要集中统一堆放，禁止乱扔乱堆，钢筋临时堆放场地一定要设置在地势比较高的位置，而且排水设施齐备；

3）准备大量雨具，在大雨来临前对施工现场已绑扎好的钢筋进行全封闭覆盖，避免被雨淋湿生锈；

4）电渣压力焊钢筋应选在无风雨雾天气进行，防止改变钢筋的受力性能；

5）在钢筋绑扎时，下雨天一般不影响钢筋质量，但工人上下班、搬运钢筋时一定注意避免将污泥带到钢筋网片上；如果钢筋被污染，采取用水冲洗、钢丝刷刷除的方法。

（3）混凝土工程

1）混凝土输送泵在遇下雨时应加防水盖，以防止雨水进入混凝土内，造成混凝土坍落度及和易性的改变；

2）浇筑混凝土尽量避免在雨天进行，确需雨天进行或浇筑过程中突然降雨时，必须及时采取遮盖防雨措施才可继续进行；

3）如果混凝土在浇筑过程中或浇筑后终凝前遇雨，导致表面受到破坏，应该将这部分混凝土及时凿至密实层，然后再进行修补。雨后浇筑混凝土前，用水泥浆处理施工缝，以保证接缝密实。

（4）吊装工程

1）施工用升降机等垂直运输机械要求有可靠的避雷接地措施，应测定接地电阻≤4Ω，并定期对避雷接地装置进行检查，确保接地可靠；

2）大风来临前，要加强高耸结构（塔吊、施工升降机等）的稳定性检查，及时加固，确保其安全可靠；

3）雨后及时检查塔吊基础情况，大雨、暴雨以及大风天气要停止吊装作业；

4）雨后进行吊装作业的高空施工人员，要注意防滑，要穿胶底鞋，不得穿硬底鞋进行高空操作；对施工现场内可能坠落的物体，一律事先拆除或加以固定，以防止物体坠落伤人。

（5）砌筑工程

1）防止砌块、砖被雨水淋得太湿或被长时间浸泡，下雨时要将砌块、砖用塑料布覆盖，含水量较多的砌块、砖要晾干后才能使用；

2）砌筑时如果出现浆水顺墙面流淌，说明砌块砖的含水率达到饱和，则应选择干砖和湿砖搭配砌筑，或使用稠度较小的砂浆；

3）下雨前，对新砌的砖墙应及时覆盖，以防止砌体被雨水冲刷；如雨后发现砌体砂浆被雨水冲刷严重，应拆除重砌。

（6）装饰工程

1）按照晴外雨内的原则安排施工，晴天多做外装修，雨天做内装修。外装修作业前要收听天气预报，雨天不得进行外装修作业。雨天室内工作时，应避免操作人员将泥水带入室内造成污染。一旦污染楼地面应及时清理。

2）室内油漆及精装修雨期施工时，室外门窗采取封闭措施，防止淋湿浸泡。

3）内装修应先安好门窗或采取多层板封堵。水落管一定要安装到底，并安装好弯头，以免雨水污染外墙装饰。

4）对易受污染的装修，要制定专门的成品保护措施。每天下班前关好门窗，以防雨水损坏室内装修，防止门窗玻璃被风吹坏。

5）外墙干挂克隆石、吊挂玻璃等大块材料吊装，严禁在雨天或大风6级以上天气施工。

（7）架子工程

1）雨期施工期间，要特别注意架子搭设的质量和安全要求，应经常进行检查，发现问题及时整改；

2）架子设扫地杆、斜撑以及剪刀撑，并与建筑物拉结牢固；

3）上人马道的坡度要适当，脚手板上要钉防滑条；

4）台风暴雨后要及时检查脚手架的安全情况，如有问题及时纠正；

5）严禁雨天进行外架搭设和提升，雨雪后，外脚手板要做可靠的防滑措施；

6）大风天气来临前，要检查脚手架连接是否牢固，并清除脚手板上的杂物和可能散落的物品。

（8）材料堆放

1）水泥库房的地坪应该高出室外地坪30cm以上，地坪上应垫油毡防潮，水泥要放置在油毡上，水泥库的墙面、屋面、门窗不得漏水；

2）在雨期水泥不得露天堆放。

（9）机电设备

1）雨期必须做好机电设备的防雨、防潮、防淹、防霉烂、防锈蚀、防漏电、防雷击等项措施，要管理好、用好施工现场的机电设备；

2）设备库房要不漏水，四周要有排水沟，机电设备不得受潮；

3）露天放置的机电设备要注意防雨、防潮，对机械的转动部分要经常加油，并定期让其转动以防锈蚀。所有的机电设备都得有漏电保护装置；

4）施工现场比较固定的机电设备（比如搅拌机、对焊机、电锯、电刨等），要搭设防雨棚或对电机加以保护；

5）施工现场的移动机电设备（如打夯机、混凝土振动器等）用完后，应放回工地库房或加以遮盖防雨，不得露天淋雨，不得在坑内或地势低洼处，以防止雨水浸泡、淹没；

6）变压器、避雷器、塔吊的接地电阻要经过测试；如测试值超标，要及时处理，对于避雷器要做一次性预防措施；

7）机电设备的安装、电气线路的架设，必须严格按照有关规定执行。

（10）高温天气施工安全措施

1）采取预防措施，防止高温下高空作业过度疲劳和中暑引起高空坠落；

2）按规定放置防火装置；

3）保证防暑降温费用的集中使用，防暑降温饮料每天供应到施工现场，真正起到保证工人身体健康，保持旺盛的战斗力，不准用发钱、发物代替；

4）临建工程每间房间安装吊扇，增加房间高度，保持良好通风；此外，还要增加屋面保温厚度，使工人能够有个较好的休息环境，保证充足的睡眠和旺盛的精力，提高工作效率。

4.3 环境保护措施

（1）环保措施

环保措施见表4-2。

环保实施措施　　表 4-2

	目标	指标	实施措施
1	控制施工噪声排放，达到钦州市建筑施工场界噪声标准	1. 结构施工： 昼间：< 70dB　夜间：< 55dB 2. 初装修施工： 昼间：< 65dB　夜间：< 55dB 3. 目标：基本无超标现象，无居民投诉	1. 中午 12:30～14:30 期间、夜间 23:00 以后不安排电锯、钢材切割等高噪声作业； 2. 混凝土夜间浇筑提前办理《噪声排放许可证》； 3. 中、高考期间、大型活动期间严格遵守政府有关规定； 4. 执行《噪声排放控制制度》
2	粉尘的排放符合地方标准要求	1. 施工现场目测无明显尘土，现场主要运输道路硬化率达 100%； 2. 粉尘排放达到地方标准，尽量减少人为造成的可避免的施工粉尘	1. 现场采用水泥罐，混凝土、砂浆搅拌场地硬化，干燥、有风天气对露天砂、石堆场覆盖； 2. 现场主要道路全部硬化；大门口设洗车场； 3. 木工房采用封闭式，避免锯末扬尘； 4. 现场垃圾集中堆放，不得抛洒 5. 气候干燥时设专人对现场道路进行洒水； 6. 执行《施工现场扬尘控制程序》
3	控制有害气体的排放，达到 GB50325-2001 要求	室内有毒有害气体排放控制在： 氡（Bq/m^3）≤200 游离甲醛（mg/m^3）≤0.08	1. 装饰装修材料、胶粘剂等选材时注意甲醛、甲苯等的含量； 2. 花岗石等材料使用前检验环保指标，与业主协调采用环保型建筑材料； 3. 采购执行《物资管理程序》
4	施工、生活污水排放达到当地允许排放标准	污水排放限值： pH 值：6～10 油脂：100mg/L SS（悬浮物）：500mg/L COD 量：　500mg/L BOD5 量：　500mg/L	1. 执行《污水排放控制程序》； 2. 沉淀池定期清掏；每周一次； 3. 如条件允许，每年进行一次污水监测
5	不发生火灾、爆炸事故	重大火灾发生率为零； 一般火灾控制在 1 次以内	1. 氧气、乙炔瓶隔离使用； 2. 定期检查消火栓、配电室灭火器、砂箱是否满足紧急要求； 3. 严格执行《用火证》制度； 4. 执行《易燃、易爆危险化学品控制程序》
6	有毒有害废弃物分类管理回收	1. 物资分拣率达 60%； 2. 废硒鼓、废墨盒、废电池回收率达到 80%	1. 根据需要设固体废弃物分类放置设施和场所，加强管理，宣传分类堆放的重要性； 2. 执行《固体废弃物处理程序》
7	能源资源节约降耗	1. 施工现场用水、用电按施工定额量节约 1%； 2. 办公纸张使用比现有方法节约 60%； 3. 钢材、水泥、周转材料、技术措施节约成本在 1%～2.5%以上	1. 行政部负责对纸张利用情况进行监查并负责成本核算，定期回收废办公用纸、报纸并按要求处理； 2. 纸张双面利用；除报南方公司、业主、监理、合约性文件外，其他文件一律先利用单面旧纸复印； 3. 安排专人抽查生活区、办公区用水、用电情况；杜绝长流水、长明灯现象 4. 现场对水电消耗设专人检查、管理，对水、电消耗较大的工艺、设备制定专项节能措施； 5. 执行《能源、资源控制程序》

(2) 环境保护的定期检查

1) 每天由项目片区工长、环境保护责任人对现场进行一次巡视检查，对违反施工现场环境保护规定的，及时指出，并责令整改。检查情况记录在安全生产检查记录上。

2) 项目每星期由项目主管经理牵头，项目片区工长、项目环境保护责任人配合，对施工现场进行一次检查，对检查出不符合环保要求的要发出书面整改通知书，限定期限整改，整改完毕由整改队组填写反馈信息书，并由检查组对整改情况做复查确认。

4.4 文明施工措施

(1) 项目严格执行钦州市的《建筑施工安全管理手册》，以及《钦州市安全文明施工检查评分标准》为文明施工设计、布置、检查标准。项目经理部成立安全文明施工领导小组如下，其中项目经理为文明施工第一责任人。

组长：项目经理。

副组长：施工经理、项目总工、安全主任。

成员：各部门负责人、各分包单位有关负责人、各施工队负责人、各班组长、项目安全员。

(2) 安全文明施工领导小组负责组织制定文明施工措施，建立文明施工管理岗位责任制，明确划分责任范围和责任区域，安全主任为项目文明施工直接管理者，负责日常文明施工工作。安全部负责组织贯彻文明施工措施，文明施工是日常安全巡视的一项重要内容，每周一上午安全文明施工综合大检查，对各施工队文明施工评分，月末进行综合评比，优奖劣罚，其结果上墙公布。

(3) 安全文明施工领导小组每月初召开全体管理人员会议，组织学习广西区及南宁市文明施工文件及企业内部文件，使每个人都熟悉文明施工标准，认识文明施工的重要性。

5 “四新”应用情况及技术经济分析

5.1 “四新”情况

(1) HRB400高效钢筋应用技术

本工程在酒店、B住宅工程柱、梁大量使用了HRB400（Ⅲ级钢筋）高效钢筋，钢筋配筋率明显低于Ⅱ级钢，且改善了传统Ⅱ级钢筋梁柱头钢筋密实，混凝土密实度无法保障的问题。施工方便，质量容易控制。

(2) 粗直径钢筋直螺纹连接技术

本工程中B住宅、酒店中框支柱竖向粗直钢筋采用直螺纹套筒连接。梁水平钢筋在直径25mm及以上时采用加工场对焊接长、现场接长采用直螺纹连接，与传统的加工场对焊接长、现场接长采用搭接焊比较，每个搭接焊接头改为直螺纹套筒连接后，施工方便，质量容易控制，缩短了工期。

(3) 新型防水材料施工技术

本工程防水采用高分子复合防水卷材（1.3mm厚聚合物胶泥+高分子卷材防水0.7mm厚），此卷材上下两表面粗糙，无纺布纤维呈无规则交叉结构，形成立体网孔状，与水泥基层粘结时，采用水泥胶粘剂粘结，水泥胶粘剂可直接进入防水卷材表面的网孔中，随水泥固化为一体，故粘结牢固，永久性强，施工方便，质量容易控制。

(4) 节能型墙体材料应用技术

本工程酒店、综合楼、商业工程墙体、屋面采用加气混凝土砌块，该材料是一种环保、节能型墙体材料，砌块主规格为 600mm × 140mm × 200mm、600mm × 100mm × 200mm，砌筑工艺简单，砌体表面平整度、垂直度容易控制。

(5) 管理信息化技术

本工程使用了一些工具类信息技术。技术工作中主要应用 CAD 制图以及通过互联网与设计单位的远程联系；

物资管理采用用友软件与公司财务部联网，避免了大量数据重复录入工作及数据传递中的失误；

计划管理应用 Microsoft Project 2000 进行计划编制、对比分析。

工程预结算中采用了广龙软件。

5.2　技术经济分析

(1) 高强混凝土现场搅拌质量控制

本工程酒店柱为高强混凝土，混凝土强度等级为 C50 ~ C60。现场设两台混凝土搅拌站，混凝土采用集中搅拌。配合比在区检测中心试配的基础上，根据现场原材料情况进行调整，见表 4-3。

配合比调整　　**表 4-3**

强度等级	水泥牌号	水泥用量	砂子用量	石子用量	水用量	粉煤灰用量	减水剂用量
C60	华宏	490	656	1070	160	80	13.6

高强混凝土总量为 $1224.4m^3$，现场自拌混凝土与商品混凝土比较，节约 177736.31 元。

(2) 地下室墙体钢筋整体下料经济效益

本工程地下墙体钢筋施工时改变传统在底板施工时预埋插筋方式，墙筋一次整体下料，底板施工期间搭设钢管架，用以支撑固定墙体钢筋，保证钢筋不致移位变形。此种作法与留插筋相比，每根竖向墙筋可节省一个搭接长度钢筋。本工程地下室墙筋规格为 $\phi14$、$\phi16$，单根节约搭接长度 560mm 和 640mm，共节省钢筋 6.12t，产生经济效益 2.4 万元。

(3) 合理管理加快进度节约管理成本

由于进度计划控制合理，现场管理到位，本工程商业、综合楼、A3 住宅工程工期节约 50d。由于商业及综合楼部位塔吊仅保留至主体施工完成，塔吊、钢管、扣件租赁费用相应降低 280000 元。

第十八篇

佛山电力工业局生产调度大楼施工组织设计

编制单位：中建二局

编 制 人：鄢睿　岳进　张浩　虢先举　张俊　余学军　黄承游　李勇

【简介】　佛山电力工业局生产调度大楼工程在软土地基基坑支护方面具有特色，该施工组织设计对工程涉及各个具体分项工程都做了详细、具体地说明，内容丰富，条理清晰，体系完备，具有很好的参考价值。

目　录

1　工程概况

1.1　工程建筑概况

佛山电力工业局生产调度大楼工程在建筑造型上新颖独特，立面富有动感，立面上设有多个空中花园（中庭），将办公楼与生态花园有机地融为一体。

本工程总用地面积为 14533m^2，总建筑面积为 42724.8m^2。其中地面以上建筑面积为 40869.2m^2，地面以下建筑面积为 1855.6m^2。在平面上，整个建筑分主楼和副楼两部分，主楼共 33 层（地下室一层，－5.00m），建筑面积 35213.5m^2；副楼 6 层，建筑面积 7673.4m^2。立面上，主楼建筑总高度 139.9m；副楼 6 层，建筑总高度 23.0m。

副楼营业大厅、办公室、电梯厅、楼梯间及其前室公共走廊、舞厅采用花岗石地面；设备用房、副楼室内停车库为水泥砂浆楼面；副楼自行车车库为细石混凝土地面；8 层调度中心机房、23 层计算中心机房、31 层计算中心机房、31 层通讯中心机房及控制室为活动地板楼面；8 层调度室、局长室、副局长室、总工室、大会议厅楼面为素色碎花羊毛地毯。

1.2　工程结构概况

本工程 ±0.000m 相当于黄海高程 3.50m。

主楼为钢筋混凝土框架—剪力墙结构，基础为人工挖孔桩，最大跨度为 32.2m（为无粘结预应力梁）；副楼为钢筋混凝土框架结构，基础为静压预应力管桩，最大跨度 11.6m。

主楼底板面标高－5.00m，积水坑底标高为－9.10m，底板厚度为 600mm，承台最大厚度为 3000mm。结构柱最大截面尺寸为 1000mm × 1750mm，最小截面尺寸为 800mm × 800mm；圆柱最大截面为 ϕ1300mm；框架梁最大截面尺寸为 900mm × 2000mm，最小截面尺寸为 120mm × 350mm。剪力墙最大厚度为 400mm。

副楼静压预应力管桩桩身截面尺寸 ϕ500mm（壁厚 125mm），桩身混凝土强度不低于 C60，单桩承载力设计值为 1800kN，单桩竖向极限承载力设计值为 3600kN。承台面标高－1.50m。结构最大截面尺寸为 500mm × 1000mm，最小截面尺寸为 200mm × 400mm。框架梁最大截面尺寸为 350mm × 1500mm，最小截面尺寸为 180mm × 400mm。

1.3　周边道路及交通条件

（1）场地已“三通一平”；

（2）四周场地已有围墙，作业场地较宽敞；

（3）交通便利，可通大型车辆。

1.4　场区及周边地下管线

施工用水管径为 *DN*75mm；业主在现场提供 500kW 的施工用电变压器；现场可提供 1 个施工用水接驳点和 1 个施工用电接驳点。

1.5　四新技术的应用

（1）深基坑支护技术

1）钢管压浆锚杆支护技术；
2）加筋水泥土挡墙支护技术；
3）基坑深井降水应用技术
（2）高性能混凝土技术
1）高性能混凝土应用技术；
2）商品混凝土及泵送混凝土应用技术；
3）散装水泥的应用技术；
4）复合型外加剂的应用技术；
5）粉煤灰掺合料的应用技术；
6）大体积混凝土施工技术的应用。
（3）高效钢筋和预应力混凝土技术
1）无粘结预应力混凝土技术；
2）低松弛高强度钢绞线应用技术；
3）冷轧带肋钢筋的应用技术；
4）钢筋焊接网应用技术。
（4）粗直径钢筋连接技术
1）钢筋直螺纹连接技术；
2）竖向钢筋电渣压力焊连接技术；
3）钢筋闪光对焊连接技术。
（5）新型模板和脚手架应用技术
1）清水大模板的应用技术；
2）定型钢模板的应用技术；
3）电梯井自爬式筒模应用技术；
4）楼梯封闭式模板应用技术；
5）外爬架的应用技术；
6）快易收口网应用技术。
（6）建筑节能和新型墙体应用技术
轻质砌块的应用技术。
（7）新型建筑防水和塑料管应用技术
1）APP改性沥青防水材料的应用技术；
2）氯丁沥青防水涂料的应用技术；
3）硬聚氯乙烯给水管和UPVC排水管的应用技术。
（8）钢结构技术
（9）计算机的应用和管理技术

1）利用微机进行钢筋翻样、编制预算、编制施工进度网络计划、进行劳动力管理、进行财务、会计、统计、资料管理，利用CAD进行模板和脚手架的设计等；

2）大体积混凝土电脑测温技术。
（10）新型测量仪器应用技术
1）应用全站仪进行工程轴线控制；

2）应用激光铅直仪进行建筑物垂直度控制；

3）应用激光水准仪进行楼面平整度控制。

1.6　工程特点、重点、难点分析

（1）工程特点

1）主楼建筑设计造型独特，在立面设有多个共享空中花园（中庭），将办公楼与生态花园有机地融为一体，使人置身于立体花园的工作环境之中，倍感心旷神怡。

2）结构设计部分采用了无粘结预应力混凝土技术，满足了大跨度、大空间结构的要求，结构构件简洁，并且使建筑立面富有动感。

3）建筑高度高，建筑总高度为139.9m，加上屋顶桅杆总高度达159.50m，建成后将成为佛山市的标志性建筑，为佛山市增加一道亮丽的风景线。

4）中庭大梁跨度大，最大达32.20m，架空高度高，最高达28.80m。

5）承台厚度大，最厚为3.9m；梁柱截面尺寸大，梁最大截面为900mm×2000mm，四边形柱最大截面为1000mm×1750mm，圆柱最大截面为ϕ1300mm。

6）结构构件混凝土强度等级高，竖向构件采用了C50、C55、C60等高强混凝土。

（2）工程重点

确保本工程获得建筑工程最高质量奖—鲁班金像奖作为本工程的重点。

（3）工程难点

通过现场踏勘及对施工图纸、地质资料的分析，在该工程施工中主要有以下几方面的难点：

1）软弱地基基坑支护施工；

2）大体积混凝土施工；

3）高性能混凝土的配制及施工；

4）中庭预应力结构施工；

5）钢桅杆吊装。

2　施工部署

2.1　工程目标

作为本工程的总承包单位，在施工管理过程中，对业主的所有在工程质量、工程进度、工程安全及文明施工方面的承诺，都作为我们总包管理的总目标。

（1）质量目标

工程质量：按国家标准一次交验达到优良，确保获得广东省优质样板工程和鲁班奖工程。

（2）工期目标

工程进度：在652个日历天内完成本工程合同范围内全部施工任务。即2000.10.28开工，2002.08.10竣工。

（3）安全目标

工程安全：在整个施工过程中无重大伤亡事故，月轻伤事故发生频率在1.2‰以内。

(4) 文明施工目标

文明施工：一流的施工现场，达到佛山市文明施工样板工地、广东省文明施工样板工地。

2.2 项目施工管理组织机构

(1) 按照“项目法施工”的模式，组建一个精干、高效的佛山电力调度大楼项目管理班子。项目决策层由项目经理、项目书记、副经理组成，负责工程施工的组织、协调和控制；由技术、监理、总包、施工、财经、供应、设备和后勤等职能部门组成项目管理层，对工程施工实施动态管理；项目作业层由具有一定操作技术和经验的工人组成，配备一定数量有成建制等级的外包队伍作为施工班组。

(2) 项目管理工作网络如图 2-1 所示。

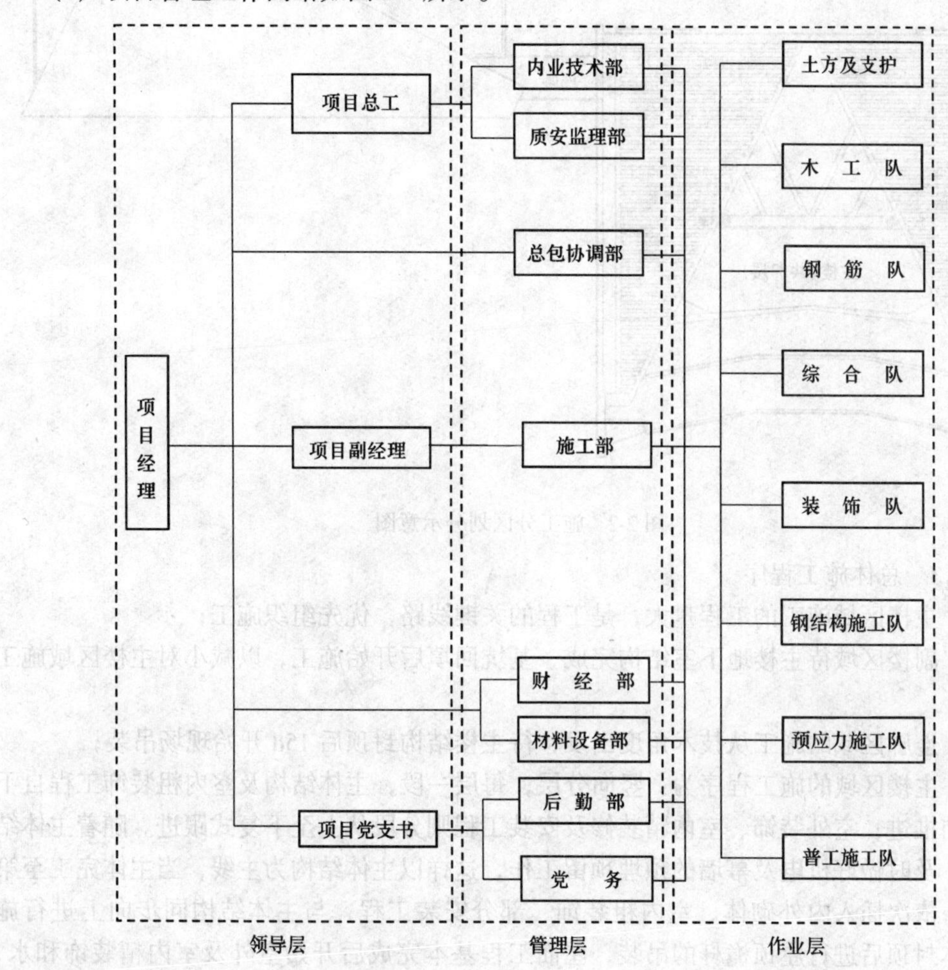

图 2-1 项目管理工作网络

2.3 施工流水段的划分及施工工艺流程

2.3.1 施工总则

依据本工程的特点，我公司以结构工程为先导，实行平面分区、立体分层、流水交叉、循序推进的施工方法，以系统工程的原理，精心组织各工种、各工序的作业，对工程的施工流程、进度、资源、质量、安全、文明实行全面管理和动态控制。

2.3.2　施工区域的划分

依从设计布局，本工程在平面上分为主楼、副楼、连廊三个区域，分别独立组织施工（图 2-2）。

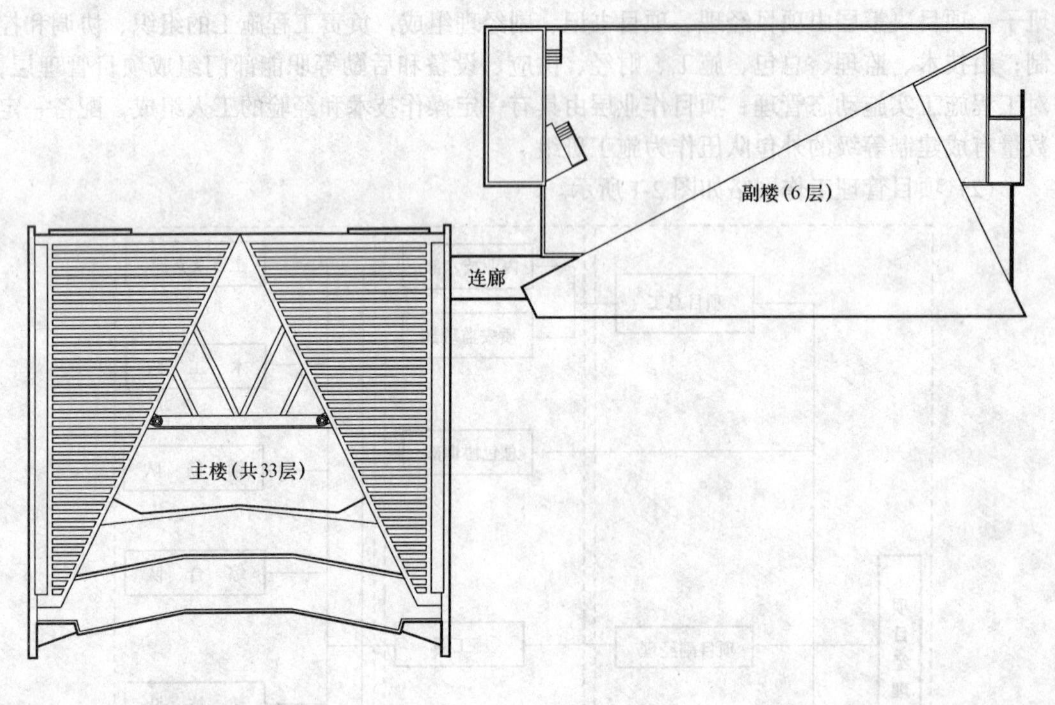

图 2-2　施工分区划分示意图

2.3.3　总体施工程序

（1）主楼区域施工的工程量大，是工程的关键线路，优先组织施工；

（2）副楼区域待主楼地下室结构完成、基坑回填后开始施工，以减小对主楼区域施工的影响；

（3）连廊区域的施工从技术角度出发，待主楼结构封顶后 15d 开始现场吊装；

（4）主楼区域的施工程序为：竖向分层，每层一段，主体结构及室内粗装饰工程自下而上单向推进；室外装饰、室内精装修及安装工程则分段从上至下复式跟进。随着主体结构施工，及时做好机电及幕墙的预埋预留工作，这样以主体结构为主线，当主体完工至第六层时，依次插入内外砌体、室内粗装饰、部分安装工程，与主体结构同步向上进行施工；主体封顶后进行屋顶桅杆的吊装，屋面工程基本完成后开始室外及室内精装饰和水、电、风、设备的安装工程，形成各主要分部分项工程在时间、空间上的紧凑搭接，缩短施工工期，使工程早日竣工。

2.3.4　主要分部分项工程施工程序

（1）土方开挖施工程序

加筋水泥土挡墙施工→基坑降水→基坑大开挖至 - 5.7m→基底清理，施工底板垫层→人工挖孔桩施工，同时进行大承台支护桩施工→大承台土方开挖，同时进行人工挖孔桩的检测→承台基底清理，施工承台垫层→承台砌砖模→承台、底板防水施工→进入承台及底板结构施工。

(2) 人工挖孔桩施工程序

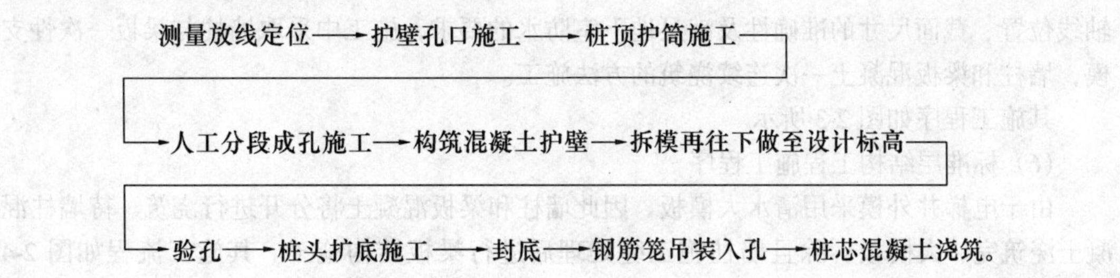

(3) 静压桩施工程序

测量定位放线→铺设桩机行车道路→安装桩机及设备→移机至起点桩就位→桩起吊定位→校核桩位及垂直度→静压沉桩→接桩→继续压桩至设计要求。

(4) 地下室底板防水工程施工程序

底板混凝土垫层施工→水泥砂浆找平层施工→刷基层处理剂一遍→4mm 厚 APP 改性沥青防水卷材层施工→30mm 厚 C20 细石混凝土保护层施工→养护，进入地下室底板结构

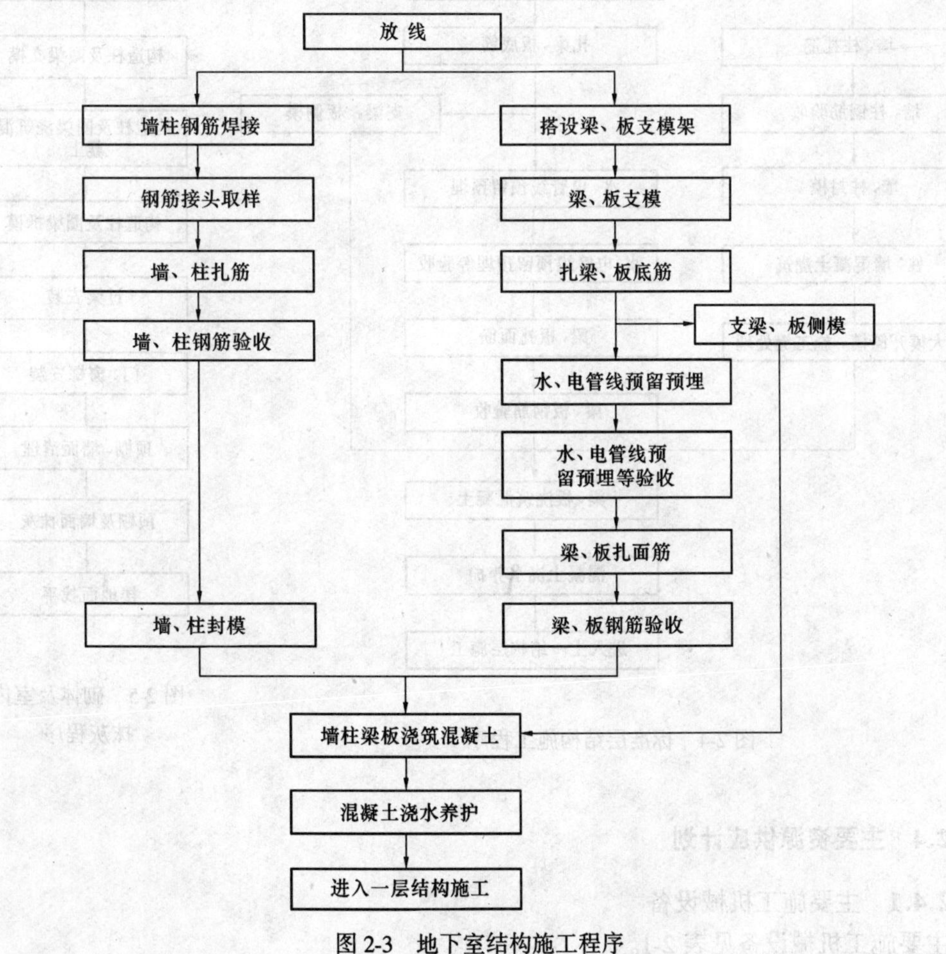

图 2-3　地下室结构施工程序

施工。

(5) 地下室结构工程施工程序

为保证墙、柱、梁、板的结构构件的模板及其支撑系统的整体性和稳定性，保证构件轴线位置、截面尺寸的准确性及满足地下室防水的要求，施工中采取墙柱与梁板一次性支模，墙柱和梁板混凝土一次连续浇筑的方法施工。

其施工程序如图 2-3 所示。

(6) 标准层结构工程施工程序

由于电梯井外模采用清水大模板，因此墙柱和梁板混凝土将分开进行浇筑。待墙柱混凝土浇筑完、大模板拆除且墙柱施工缝处理后进行梁板结构施工。其施工流程如图 2-4 所示。

(7) 砌体工程及室内抹灰施工程序（图 2-5）。

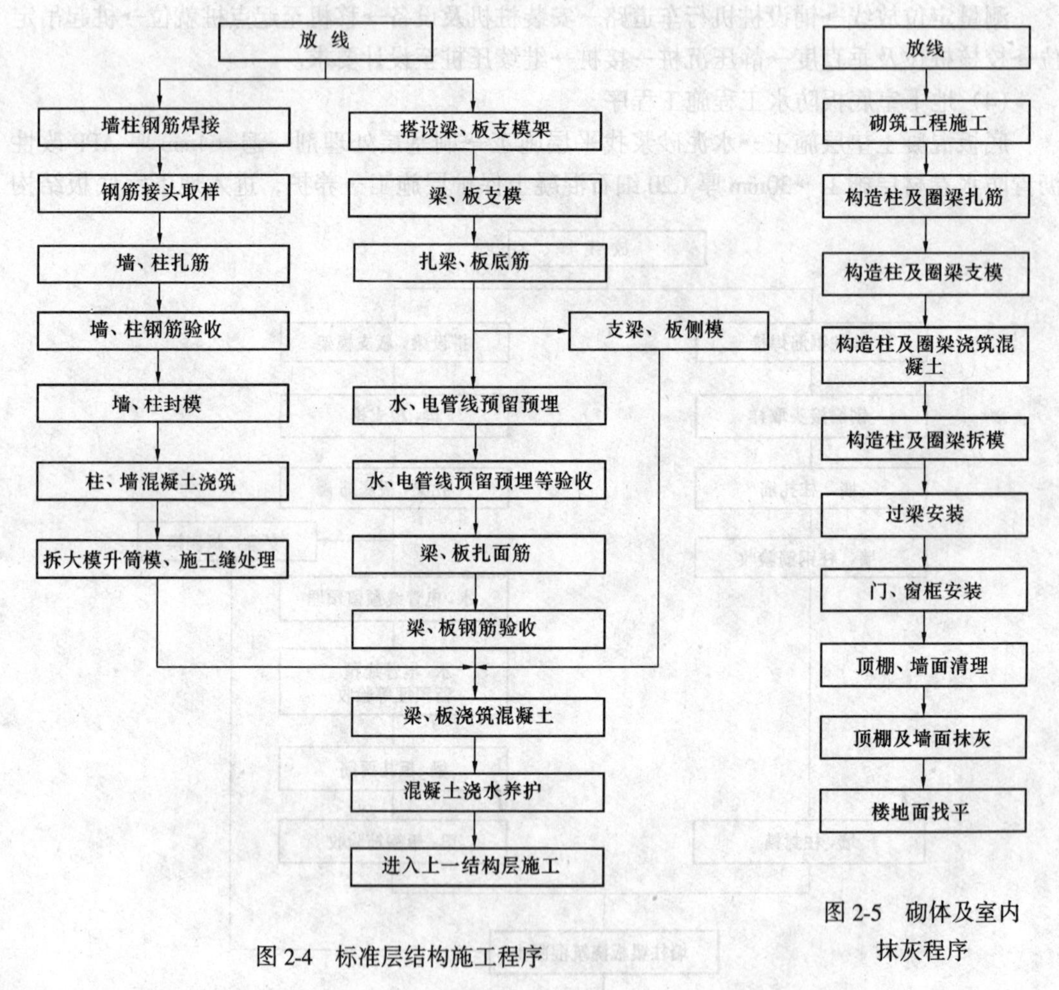

图 2-4　标准层结构施工程序

图 2-5　砌体及室内抹灰程序

2.4　主要资源供应计划

2.4.1　主要施工机械设备

主要施工机械设备见表 2-1。

主要施工机械设备表 表 2-1

序　号	机械设备名称	型　号	功　率	单　位	数　量	备　注
1	搅拌桩机	PH-7		台	4	
2	灰浆泵	2BL50		台	4	
3	水泥浆搅拌机	$0.4m^3$		台	4	
4	喷浆钻头	ϕ600mm		个	8	
5	空气压缩机	$9m^3/min$		台	2	
6	汽动锤	15t		套	2	
7	地质钻机	XU-300 型		台	2	
8	张拉千斤顶	100t		台	1	
9	反铲挖掘机	HD-700		台	2	
10	自卸汽车	15t		台	8	
11	静压桩机	YZY-560t		台	1	
12	塔吊	FO/23B	65kW	座	1	
13	型钢井架	2t	11kW	座	2	
14	施工电梯	宝达	45kW	台	1	
15	混凝土输送泵	斯维茵		台	1	
16	混凝土输送泵	HBT60	55kW	台	1	
17	混凝土布料杆	$R=21m$		套	1	
18	电焊机	BX1-400	25kVA	台	4	
19	钢筋对焊机	UN1-100	100kVA	台	1	
20	电渣压力焊	GIH-36	28kVA	台	2	
21	钢筋切断机	JJ40-1	5.5kN	台	3	
22	钢筋弯曲机	GW40-1	2.2kW	台	4	
23	钢筋拉直机	JK-2	11kW	台	1	
24	木工圆盘锯	MJ225	2.5kW	台	4	
25	混凝土搅拌机	350L		台	2	
26	砂浆搅拌机	200L		台	3	2001/04
27	插入式振动器		1.5kW	套	6	2000/12
28	手电锯		0.48kW	把	8	2001/02
29	手电钻		0.75kW	把	8	2001/02
30	电动套丝机	150mm 内	0.75kW	台	3	2001/02
31	高压水泵	120m 扬程	30kW	台	1	2001/04
32	潜水泵			台	5	2000/10
33	砂轮切割机	ϕ300		台	3	2001/02
34	台钻	ϕ12mm		台	1	2001/02
35	全站仪	SET2110		台	1	2000/10
36	水准仪	DS3		台	1	2000/10
37	激光水准仪	SETB1		台	1	2000/10
38	激光铅直仪	SET		台	1	2001/02

注：本机械设备计划不包括业主指定分包单位的数量。

2.4.2 主要劳动力需用量

主要劳动力需用量见表 2-2。

主要劳动力需用量计划

表 2-2

序号	工种	2000年			2001年												2002年							
		10	11	12	1	2	3	4	5	6	7	8	9	10	11	12	1	2	3	4	5	6	7	8
1	钢筋工	0	0	80	80	80	80	80	80	80	80	80	60	40	0	0	0	0	0	0	0	0	0	0
2	木工	0	0	0	0	160	160	160	160	160	160	160	120	80	0	0	0	0	0	0	0	0	0	0
3	混凝土工	0	0	40	40	40	40	40	40	40	40	40	30	20	10	10	10	10	10	10	10	10	10	0
4	瓦工	0	0	0	30	0	0	50	50	50	50	50	50	0	0	0	0	0	0	0	0	0	0	0
5	抹灰工	0	0	0	0	0	0	120	120	120	120	120	120	120	120	120	120	120	120	120	120	100	80	80
6	装修工	0	0	0	0	0	0	0	0	0	0	0	100	100	100	100	100	100	100	100	80	80	60	60
7	油漆工	0	0	0	0	0	0	0	0	0	0	0	0	80	100	100	100	100	100	100	80	60	60	60
8	架子工	0	0	0	0	30	30	30	30	30	30	30	30	30	30	30	30	30	30	30	20	20	20	20
9	电焊工	4	6	8	10	12	12	12	12	12	12	12	6	6	6	6	6	6	6	4	4	bb n	4	4
10	机操工	20	20	20	12	12	16	16	16	16	16	16	16	16	16	16	16	16	16	16	10	6	6	6
11	塔吊工	0	0	12	12	12	12	12	12	12	12	12	12	12	12	12	12	12	12	12	12	12	0	0
12	司机	20	20	20	15	3	3	3	3	3	3	3	3	3	3	3	3	3	3	3	3	3	3	3
13	防水工	0	0	30	0	0	30	0	0	0	0	0	40	40	40	40	40	40	0	0	0	0	0	0
14	测量工	4	4	4	4	4	4	4	4	4	4	4	4	4	4	4	4	4	4	4	4	4	4	4
15	电工	3	3	6	10	10	10	10	10	10	10	10	10	20	20	20	20	20	20	20	15	10	10	10
16	管工	3	3	2	2	2	2	2	2	2	2	2	2	2	2	2	2	2	2	2	2	2	2	2
17	钳工	0	0	0	0	0	6	6	6	6	6	6	6	6	4	4	4	4	4	4	4	4	4	4
18	调试工	0	0	0	0	0	0	0	0	4	4	4	6	6	4	4	4	4	4	4	4	4	4	4
19	普工	50	80	80	60	50	50	50	50	50	50	50	50	50	50	50	50	50	50	50	50	50	50	50
	合计	104	136	302	275	415	455	595	595	599	599	599	665	635	521	521	521	521	481	479	418	369	317	307

注：1. 以上劳动力需用量计划不包括业主指定专业分包商劳动力。

2. 劳动力用量图如图 2-6 所示。

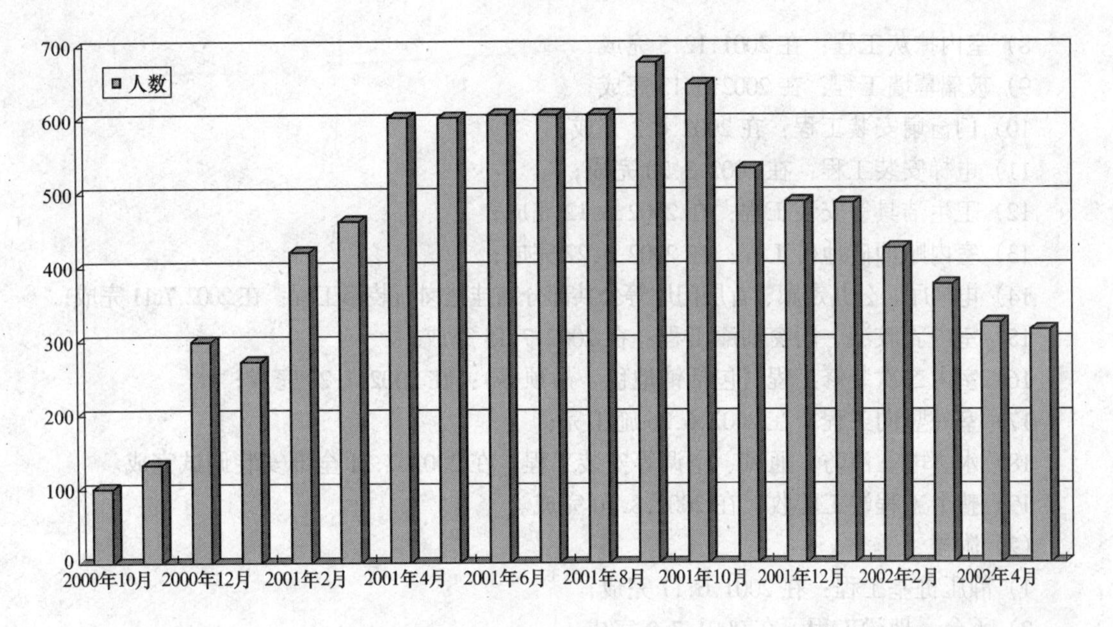

图 2-6 主要劳动力需用量计划图

2.4.3 主要周转材料需用量

（1）清水大钢模

总面积 792m^2，其中墙模 700m^2（其中外墙模共计 21 块、内墙模共计 26 块，阴阳角模共计 19 块，门窗模 13 块），矩形柱模 30m^2，圆形柱模 62m^2。

（2）钢管、扣件

1）外爬架及外脚手架。

外爬架投入钢管约 80t，扣件 1.6 万个；

普通钢管外脚手架投入钢管约 86t，扣件 1.72 万个。

2）内脚手架。

内脚手架钢管量 110t，木枋 61m^3，扣件 2.2 万个。

3）小计：

钢管：276t；扣件 3.92 万个。

2.5 施工进度安排

总工期：2000.10.28 开工，2002.8.10 竣工。

（1）主楼

1）桩基工程：在 2001.1.19 完成；

2）地下室承台、底板工程：在 2001.3.7 完成；

3）地下室结构工程：在 2001.3.19 完成；

4）塔楼结构工程：在 2001.10.21 封顶；

5）屋顶钢桅杆安装工程：在 2001.11.28 完成；

6）砌体工程：在 2001.11.8 完成；

7）门窗框安装工程：在 2001.11.17 完成；

8）室内抹灰工程：在 2001.12.5 完成；

9）玻璃幕墙工程：在 2002.5.13 完成；

10）门窗扇安装工程：在 2002.6.2 完成；

11）电梯安装工程：在 2002.3.20 完成；

12）卫生洁具等安装工程：在 2002.6.12 完成；

13）室内贴面砖地砖工程：在 2002.6.22 完成；

14）电梯厅、公共走廊、首层门厅等公共部分铺挂花岗石装修工程：在 2002.7.11 完成；

15）室内乳胶漆、门窗油漆工程：在 2002.7.15 完成；

16）室内二次装修工程（包括铺地毯、吊顶等）：在 2002.7.20 完成；

17）室外竖向工程：在 2002.6.26 施工完；

18）水、电、消防、通风、空调等安装工程：在 2002.7.21 全部安装调试完成。

19）整个工程竣工验收：在 2002.8.10 完成。

（2）附楼

1）静压桩基工程：在 2001.6.17 完成；

2）承台、地梁工程：在 2001.7.2 完成；

3）附楼结构工程：在 2001.11.26 封顶；

4）砌体工程：在 2002.12.27 完成；

5）门窗框安装工程：在 2002.1.1 完成；

6）室内抹灰工程：在 2001.1.7 完成；

7）玻璃幕墙工程：在 2002.2.9 完成；

8）门窗扇安装工程：在 2002.2.13 完成；

9）电梯安装工程：在 2002.3.6 完成；

10）卫生洁具等安装工程：在 2002.2.12 完成；

11）室内贴面砖地砖工程：在 2002.2.24 完成；

12）电梯厅、首层营业厅等公共部分铺挂花岗石装修工程：在 2002.3.27 完成；

13）室内乳胶漆、门窗油漆工程：在 2002.3.29 完成；

14）室内二次装修工程：在 2002.4.4 完成；

15）室外竖向工程：在 2002.6.13 施工完；

16）主附楼间的连廊安装：在 2001.12.26 完成。

2.6　施工平面布置

（1）施工总平面布置依据

根据业主提供的施工图纸，该工程施工现场场地比较开阔，有利于实现办公、生活、生产三区的独立分开。根据广东省佛山优良文明样板工地的要求，将施工现场按办公、生活、生产三区独立分开的方法进行布局。

（2）施工平面布置内容

1）主要机械设备布置

为了充分利用塔吊的垂直运输能力，决定将塔吊布置在主楼西侧，使其工作半径尽可能覆盖到主、副楼的大部分区域。

2）办公区域布置

将整个场地分为两个区域，为了实现将办公区域与生活、生产区域隔开，将场地东北段作为办公区域是最好的选择，并在场地东北角留设办公人员主要出入口－1号大门。办公区域内布置单层临建作为业主及监理、施工现场总包管理以及分包现场管理的办公室。办公场地中央依照文明施工样板工地标准，规划一个篮球场。

3）生活区域布置

利用场地内的临时道路将生活与生产区域隔开，场地南面作为生活区域。生活区域内布置可供500左右人员居住的宿舍。在场地的南面围墙上留设两个出入口，分别表示2号大门和3号大门。

4）生产区域布置

充分考虑到塔吊的工作半径，遵循在塔吊能覆盖的区域内布置钢筋原材料堆场、钢筋半成品堆场以及安装材料堆场等车间（堆场）的原则。

5）施工临时用水、用电布置

①现场临时用电、用水分别由业主现场提供的电源（变电箱）和水源接驳口接出。

②临时用电沿围墙周边布置。

③临时用水沿道路一侧敷设。

（3）施工总平面布置

3 施工方法

3.1 概述

本章将对施工过程中的重点施工方法进行说明，对于常规施工方法进行简略概述或省略。

3.2 深基坑支护及降水施工方法

本工程基坑开挖深度约4.8～8.2m，根据业主提供的《地质勘探报告》，本工程地质情况较差，地下水含量也较丰富，基坑挖方范围的土层包括：杂填土、粉质黏土、淤泥、冲积砂层、淤泥质土，基底持力层主要位于淤泥层、冲积砂层和淤泥质土层，其中冲积细（粉）砂有易液化的特性。

3.2.1 水泥土桩墙锚拉支护方案

（1）基坑支护设计方案

基坑周边设计二排ϕ550直径的深层搅拌桩（相互搭接150mm），设计桩长约14.8m，搅拌桩进入粉质黏土不少于2m，作为止水帷幕和支护结构，加固材料为32.5级普通硅酸盐水泥，掺入比15%，水灰比0.5，桩身抗压强度$q_u \geq 3$MPa，要求二喷四搅工艺成桩，桩身偏斜＜1%，相邻桩不留施工断缝。

（2）基坑支护施工方案

1）施工程序（图3-1）。

2）主要施工方法及要求：

A. 深层搅拌桩施工方法。

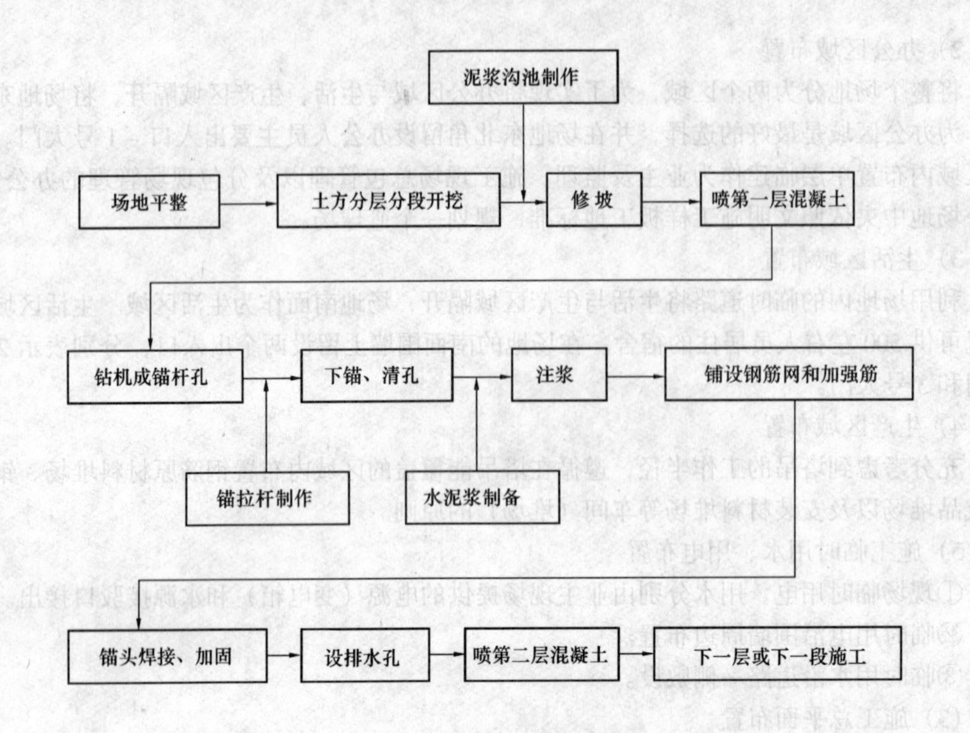

图 3-1　基坑支护施工程序

a. 施工工艺的原理

水泥深层搅拌桩是将特制的搅拌钻具（PH-7 型钻机）钻入地下，利用注浆泵将水泥浆体喷入地下并与地基土原位强制搅拌，经过一系列的物理化学作用，形成具有整体性和一定强度的桩柱体，具有挡土及止水的双重作用。

b. 工艺流程（图 3-2）。

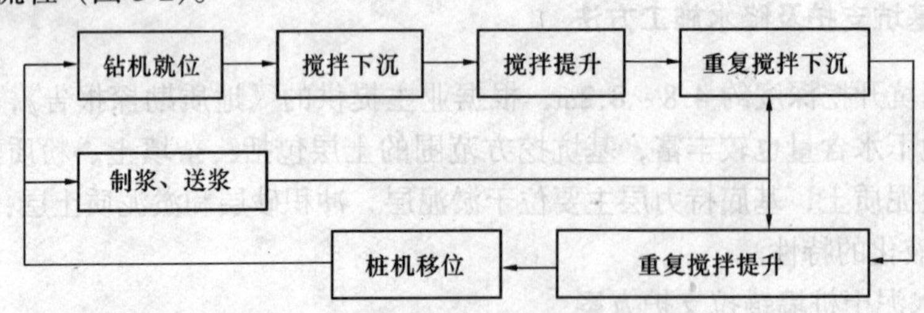

图 3-2　搅拌桩施工流程

c. 主要工艺控制参数（表 3-1）。

工艺控制参数　　表 3-1

项　　目	参　　数	备　注
钻进提升速度（m/min）	0.47、0.8、1.47	Ⅰ、Ⅱ、Ⅲ档
搅拌速度（r/min）	28、47	Ⅰ、Ⅱ档
泵压（MPa）	0.40～0.60	
泵量（m^3/h）	6.0	

d. 试桩

分别在不同地段试搅，检查设计工艺参数的合理可行性，其中包括：搅拌机钻进深度、桩底标高、桩顶或停灰面标高、灰浆的水灰比、外掺剂的配方、搅拌机的转速和提升速度、灰浆泵的压力、料罐和送灰管的风压、输浆量等。

B. 施工技术及操作要求：

a. 深层搅拌桩桩径为 ϕ550mm，桩间搭接 150mm，桩长 14.8m；

b. 深层搅拌桩采用水泥浆灌注，采用四搅二喷方式施工，加固材料采用 32.5 级普通硅酸盐水泥，水泥掺入比 15%，折合单桩水泥用量不少于 60kg/m，水灰比 0.5；

c. 搅拌桩的垂直偏差度不得超过 1%，桩位布置偏差不得大于 50mm，桩径偏差不得大于 4%；

d. 施工中用流量泵控制输浆速度，使注浆泵出口压力保持在 0.4 ~ 0.6MPa，输浆速度应保持常量；

e. 根据该场地勘察资料，搅拌桩穿过淤泥层及砂层进入强风化层。

C. 操作要求：

a. 桩机就位由专人操作，专人负责电缆管线，专人校正钻头对位，钻头就位采用垂线量测（两个方向观测）；

b. 钻进前先打开浆泵送清水，检查各种管路及钻头喷口通畅才可钻进；

c. 开始下沉时即送浆；桩底喷浆应不少于 30s，使浆液能完全到达桩端；

d. 整个制桩过程边下沉（或提升）、边搅拌、边喷浆地连续作业，注意观察有关仪表和管道的脉动情况，以判断管道是否通畅，喷浆是否正常；

e. 成桩后，应立即检查送浆量，成桩水泥浆总量不得少于设计要求；

f. 水泥浆拌制要严格计量，严格控制水灰比，浆体使用前要过筛，以防块体、纸屑等进入管道，造成堵塞；

g. 水泥不得使用过期、受潮、变质的水泥；

h. 施工记录、班报表应由桩机施工人员现场及时记录，不允许事后做“回忆记录”；

i. 在施工中出现的问题，当班人员应及时向工地指挥部门值班人员汇报，以便及时妥善处理解决；

j. 工程施工除按上述要求外，尚应遵守《软土地基深层搅拌加固技术规程》等有关规程规定。

（3）喷锚施工方案

1）喷锚施工需有 4m 宽的施工作业面，施工前，先按设计锚杆标高将土方分层开挖至锚杆位置以下 0.2m，并平整好场地，设置泥浆沟池，初喷第一层混凝土（4cm 厚），在混凝土面上定好锚杆位置，架设钻机。

2）相邻锚杆施工方位调整平行，严格定向定位，钻机安装牢固，先以 ϕ130mm 开孔至 1 ~ 3m，然后以 ϕ110mm 钻孔到底。

3）钻孔采用回转钻进方式，钻进时采用泥浆循环护孔，钻孔达到设计深度后，继续超钻 20 ~ 50cm。钻孔完毕后，反复用泥浆循环清孔，清除孔内残留物。

4）锚杆钻孔施工中若碰到楼房桩基础，应立即停钻，回灌水泥浆后，重新调整角度及位置施工。

5）锚拉杆（钢筋）上均匀布置定位器，定位器每1.5m一个。钢筋长度比锚杆设计长度长0.3m，留在锚杆孔外。

6）灌浆管采用1寸软塑料管，置于定位器中空，其底口离锚杆尾部0.3m，与锚杆钢筋一同下入孔中。

7）冲孔用大泵量清水，务必把孔中残留物清除，并置换出孔中泥浆。

8）锚杆灌浆材料采用水灰比0.4~0.5的纯水泥浆，水泥强度等级为32.5级（普通硅酸盐）。本工程采用一次灌浆工艺。

9）水泥浆须搅拌均匀，连续灌浆。拔管过程中，应保证灌浆管管口始终埋在水泥浆内。

10）每层锚杆施工完成后，立即将已制作好的钢筋网挂在第一层混凝土面上，并且铺设加强筋，设置排水孔。挂网时，要求钢筋网跟混凝土面密贴，钢筋网、加强筋与锚杆的连接采用焊接，锚头处加焊两条10cm长$\phi16$短钢筋。挂网完成后，立即进行第二层喷射混凝土（厚4cm）作业。

11）施工结束后，用泥浆泵将各池中水、浆抽干，整理好场地。

3.2.2　基坑内承台边坡支护方案

因底板底标高以下土层仍为淤泥、淤泥质土或粉砂，而CT6承台侧集水井最大挖深达-8.2m（底板底以下3.4m），为确保承台底板以下土方开挖的顺利进行，基坑开挖到底板底标高以后，在CT6承台较深一侧施工深层搅拌支护桩。

3.2.3　基坑内降水方案

根据工程地质报告，基坑在地质剖面上处于第四系冲积土层内。地下水类型为上层潜水，为弱透水层夹不连续的较强透水层，水位埋深为地表下0.2~0.6m。抽水试验表明，地下水含量较为丰富。

考虑到基坑土方工程、地下室工程及桩基工程施工的需要，基坑开挖过程中采用人工降低地下水位，除在基坑四周设排水沟外，还采用深井降水。

由于基坑已将基坑外的水源切断，而基底下的残积土层渗透系数甚小，可视为不透水层，故降水的目的仅考虑上部土层中的基坑中的潜水，以及从基坑外渗进的部分地下水（从理论和实践上看，支护内水总是有部分地下水渗进基坑的）。

基坑开挖面积约2000m²，地下室一般垫层底标高为-5.700，开挖深度约为5m，最深的集水坑垫层底标高为-9.100，开挖深度约为8m。

基坑内拟布置降水井5口，井深15m。

（1）降水设计（根据《高层建筑施工手册》公式（5-3-17））

引用半径 $x_0=\eta\dfrac{c+B}{4}$

取用 $C=43$m，$B=46$m，查表5-3-16，得，$\eta=1.18$

则，$x_0=1.18\times\dfrac{43+46}{4}=26.26$m

又据公式（5-3-20）

潜水井群基坑涌水量：$Q=\dfrac{1.366K\ (H^2-h_c^2)}{\lg\ (R+X_0)\ -\lg X_0}$

根据地质剖面：取 $H=12$m，$h_c=2$m

地质报告推荐 $K=47.75\text{m/d}$，$R=15\text{m}$

$$Q=\frac{1.366\times 47.75(12^2-2^2)}{0.196}=46590.36\text{m}^3/\text{d}$$

此数值明显偏大。分析其原因，主要是降水地层中砂层厚度不大，不能认为基坑内所有土层都是透水性良好的土层。

若仅计算砂层，故 $H=4\text{m}$。

$$Q=\frac{1.366\times 47.75(4^2-2^2)}{0.196}=3993.46\text{m}^3/\text{d}$$

公式（5-3-23）

每口井极限出水量：$q=120\pi r_w\sqrt[3]{K}$

取 $r_w=0.15\text{m}$，$L=6\text{m}$，$K=47.75\text{m/d}$

$q=120\times\pi\times 0.15\times 6\times\sqrt[3]{47.75}=1230.92\text{m}^3/\text{d}$，取 $q=1000\text{m}^3/\text{d}$

井数：$n=Q/q$

$n=3993.46/1000=3.99$ 口　　实际用 5 口井。

（2）降水井平面布置

井 1、井 2 是考虑到筒体开挖深度达 -9.000，且周边用深层搅拌桩（或高压旋喷桩）支护，为承台降水而布置。

井 3 是为大面积底板布置的。

井 4、井 5 是为东西两个较深承台布置的，并可兼顾大面。

（3）降水井施工要点

1）机械成孔，直径 600mm，深 15000mm。安装已包好钢丝网的钢筋笼，要求放在孔的中心，必要时可采用扶正器。

2）填滤料，要求在孔的周边均匀下料，以避免一边下料时钢筋笼偏向一边，使一边无过滤层。

3）下完滤料后，立即放抽水泵抽水，选用扬程大于 15m、流量 10m/h 的水泵。必要时可灌入清水，置换出孔中的泥浆，洗去孔壁的泥皮，以使水路畅通。

（4）抽水

设专人负责抽水。

坑外设排水沟，水泵抽出的水经软管排至排水沟，经沉淀池后排入市政网。

定期测量井内的水位，并做好记录，作为开泵和停泵的依据，以防止水位过高或过低，并防止烧泵。

（5）封井

根据设计院结施 -06 图纸说明第 5 条，“地下室整个施工过程应采取降水措施，直到首层楼板浇筑混凝土后方可停止，……”，因此，降水要维持至地下室施工完。在地下室底板施工时，在井边预留 1.0m×1.0m 的方孔，并继续抽水，待顶板施工后，即可停止抽水并封井。

3.2.4 基坑监测方法及要求

（1）根据基坑支护技术规程要求，地下室施工阶段必须对基坑支护系统和相邻建筑物进行监测，采用监测信息指导施工，并及时掌握其变化和稳定情况，以确保支护系统周边环境的安全。

(2) 本工程需监测的项目有支护体系的侧移、监测范围内的建筑物、地下水位等。

(3) 监测项目的测点布置、测量仪器和监测精度见表3-2。

监测项目的测点布置、测量仪器、监测精度表　　表3-2

序　号	监测项目	监测位置	仪　器	监测精度	测点位置
1	支护体系侧向位移	支护桩顶	经纬仪	1.0mm	间距10～15m
2	周围建筑物	检测范围内的重要建筑、道路等	经纬仪、水准仪	1.0mm	
3	地下水位	基坑周边	水位管	5.0mm	孔间距15～25m

(4) 当水泥土挡墙位移超过0.004h值（h为基坑深度），表明支护结构已处于安全警戒值，必须采取有效的补救措施。

(5) 在基坑开挖时间，每开挖一层必须观测一次以上项目，当变形超过有关标准或场地条件变化较大时，应加密观测。当有危险事故征兆时，则需加大监测频率。每次监测工作结束后，及时提交监测报告和处理意见。

3.3　土方开挖及基础工程施工方法

3.3.1　现场具备的作业条件

1）主楼地质情况

本工程自然地面相对标高约－0.90m，底板垫层标高－5.70m，承台最低标高－9.0m，集水井最低标高－9.10m。据工程地质报告，基坑在地质剖面上处于第四系冲积土层内，基坑边坡组成为杂填土、淤泥、淤泥质土、粉（细）砂，水位埋深为地表下0.2～0.6m。地下水含量也较为丰富。

2）基坑支护降水情况

依据本工程地质情况，必须先完成基坑支护及止水帷幕，并采用深井将坑内地下水抽排到开挖面以下，才能正常展开土方开挖。

3.3.2　土方开挖方法

(1) 开挖方法及主要机械的确定

1）土方开挖方法。

该工程的土方开挖量约为1.2万m^3，开挖深度约4.8～8.2m，根据施工部署，拟分两次开挖土方：

第一次开挖至底板底垫层标高－5.70m，以便封闭底板垫层并施工人工挖孔桩，第一次土方开挖计划工期16d；

第二次开挖在人工挖孔桩完成后进行，开挖承台土方并封承台底垫层，第二次土方开挖计划工期10d；

基坑内人工挖孔桩与承台土方用坑内的挖土机挖出基坑，并随即在地面装车运出场外；

第一层土方开挖路线将采取从北向南后退开挖，往其侧面将土装汽车运走；

为防止在土方开挖过程中垫层以下土体受到扰动，导致地基承载力下降，挖土机开挖时，距基底设计标高留100mm，然后采用人工挖至设计标高；

如地基受坑内积水的影响，为减少浸泡降低土的承载力，在施工混凝土垫层前，应视实际情况在基底先铺一层碎石或粗砂，然后在其上浇混凝土垫层；

开挖过程中如遇孤石、混凝土地板等，采用风炮机进行破碎石方；

基坑支护锚杆施工及后续人工挖孔桩施工均应与土方工程穿插，对先开挖出的工作面，应及时插入人工挖孔桩工程的施工。

2）主要机械的确定。

为保证按期完成挖土任务，并配合好基坑支护锚拉的施工，在第一次土方开挖阶段，选用1台HD-700型的反铲挖掘机挖土，自卸运输汽车8辆运土；第二次土方开挖阶段选用2台HD-700型的反铲挖掘机，其中1台在基坑内挖土和转运土方（土方挖运完成后用50t吊车吊出坑外），另1台在地面装车。

(2) 基坑内外排水沟的设置

土方开挖阶段的排水沟在基坑内和基坑外分别设置。

基坑外排水沟沿基坑支护外侧1~2m布设，排水沟尺寸为300mm×500mm，砖砌并内抹砂浆，排水沟坡向沉沙井，与市政下水道连通。

基坑内紧随土方开挖在四周设300mm×500mm的排水沟，排水沟距基坑下边线0.5~1.0m，并在基坑四角设1000mm×1000mm×1000mm的集水井，排水沟随挖随设。

第一次土方开挖完成后，将四周的排水沟全部疏通，使排水沟坡向集水井，集水井内的积水由潜水泵抽至地面排水沟。

第二次土方开挖后，承台部分必须设置集水井，并设置潜水泵，将集水抽至地面排水沟。

施工过程中应安排专人管理抽水设备，经常检查排水沟，确保排水沟的畅通，并应做好基坑边坡及临近建筑物的沉降、位移观测；发现变化异常时及时分析，进行补救。

3.3.3 土方开挖与锚杆施工的配合

支护方案的选择决定以后土方开挖与锚杆施工的配合，如支护体系采用锚杆时，基坑周边6~8m土方应分层、分段开挖，分层次数与锚杆排数相同，分段长度15~20m，以配合锚杆施工。每层土方应挖到锚杆以下500mm，并紧跟插入人工清边修坡及施工锚杆，严禁超挖。

支护结构设置有4~7排斜向地锚。分层分段开挖到锚杆以下500mm时，应及时插入进行锚杆的成孔、腰梁安装及注浆。

3.3.4 基础工程施工方法

人工挖孔桩、静压桩施工方法（略）

3.4 模板工程施工方法

3.4.1 模板体系配置及施工方案

(1) 底板及电梯井坑、集水井坑支模

本工程四周基坑支护离地库外墙距离较小，承台、底板、集水井外坑等采用在混凝土垫层上用M5水泥砂浆砌180mm厚砖胎模作侧模（高度超过2.0m的砖胎模每间隔2.5m设一个370mm厚壁柱），电梯井坑、集水井坑内侧采用七夹板支设模板并对撑加固。

（2）柱模

该工程柱子截面形状分别为圆柱和方柱，方柱拟采用七夹板模，加 50mm × 100mm 木枋竖楞和短钢管抱箍加固，木枋竖楞的横向间距按 250 ~ 350mm 设置，钢管抱箍的竖向间距按 500mm 设置，施工要结合实际情况做到上疏下密，木枋条定位必须准确，以保证柱线角顺直。为保证柱模的侧向刚度，在柱模上设置双向 ϕ12 对拉螺杆，间距按 400 ~ 500mm 设置。

圆柱截面尺寸 800 ~ 1100mm，拟采用定型钢模板，利用扁钢抱箍予以加固。为保证梁柱接头的施工质量，并解决好钢模与木模的接口，柱头也采用定型钢模，并利用钢模开口处的定位角钢包住梁侧板，浇混凝土后，先拆除柱头模板再拆除梁侧模。

（3）梁板模

本工程梁截面变化多，为便于配模，采用七夹板配置梁板模，以满足不同结构形状的配模要求。模板支撑均采用 ϕ48 × 3.5mm 钢管搭设室内满堂脚手架，钢管立杆下端加设可调支座，钢管立杆纵横向间距在板底为 1500mm × 1500mm，在梁底为 1200mm × 1200mm。在距离楼面 1600mm 左右设纵横水平杆，并适当加设剪刀撑。在梁底、板底分别设纵横向水平支模杆（梁板支模时应按设计要求将梁板起拱）。对于净高大于 800mm 的梁，在梁中设置 ϕ12 对拉螺杆，对拉螺杆间距按 500mm 设置，对拉螺杆外加设 ϕ15 硬塑套管，以便螺杆回收周转使用。

为严格控制主楼东面的圆弧梁的截面尺寸，确保混凝土的成型质量和保证圆弧梁的截面尺寸，圆弧梁采用定型木模。

（4）墙模

1）地库外墙模板。

本工程地库外墙由于结构层高较大，给外墙支模带来一定难度，拟采用七夹板配制模板，50mm × 100mm 木枋作竖楞，并用钢管做横撑，ϕ12 防水螺杆加固（纵横间距 500 ~ 600mm）。施工底板时，需沿外墙方向预埋 2 排短钢筋头，以固定室内满堂架立杆位置，并用多道斜撑加固模板。

2）上盖剪力墙模。

为确保剪力墙的平面位置和几何尺寸，本工程将大量采用清水大钢模板，其中外墙外侧模板利用外爬架进行提升，内墙模板利用塔吊吊装。

（5）楼梯模

楼梯踏步模板采用全封闭式定型钢模板，底模采用七夹板模，为确保在剪力墙和楼梯一次性浇筑混凝土时混凝土的密实，在剪力墙侧模开口处用快易收口网封堵。

（6）工具钢模的应用

为避免门窗洞口预留不方正等质量通病的发生，本工程所有剪力墙上预留的门窗洞全部采用定型工具模，用定型工具模代替常规的预埋木盒。

3.4.2　清水大钢模设计与施工方法

本工程剪力墙采用清水大钢模配置模板。

（1）产品结构与设计说明

1）设计参数：设计侧压力 $F = 60kN/m^2$。

2）组件材料选用：

A. 面板：模板面板选用 $t = 6$mm 厚钢板，材质 Q235A。

B. 边框：左、右、下边框选用 L8 角钢，上边框为 8mm 扁钢，材质 Q235A。

C. 竖肋：选用 8 号槽钢，材质 Q235A。

D. 横龙骨：选用 10 号槽钢，材质 Q235A。

3）结构布置：

A. 竖肋布置。

竖肋布置为两端留出 225mm 或 325mm，然后以 300mm 模数从两端往中间开始布置，间距为 $n \times 300$mm，余数尺寸留在中间。

B. 横龙骨布置。

横龙骨采用［10 槽钢背对背连接在竖肋上，共布置三道，两槽钢之间留有穿墙栓螺杆位置，其尺寸不小于 55mm。横龙骨两端开有 $\phi 20 \times 40$mm 长孔，其用途是为了安装模板连接板。竖向间距从下往上布置，间距为 400mm、1100mm、1400mm。

C. 边框布置。

左、右边框为 L80 × 80 mm 角钢，其上冲有 150 ~ N × 300 的模板连接孔（$\phi 17 \times 30$ mm）。

D. 模板边框与面板采用平口方式连接，模板边框与阳角模板采用固定方式连接，模板边框与阴角模板采用可调方式连接。

（2）方案设计

1）剪力墙平面配模设计：

本工程现浇混凝土墙体层高 $H = 3600$mm、板厚为 $h = 150$mm 为例，内墙模板高度为 3450mm，外墙模板高度 3650mm。模板配上支腿、走台、穿墙螺栓等形成一体，其配置和处理原则如下：

A. 模板最大尺寸宽度一般不超过 76400mm 。

B. 高度方向内外墙模板下边框与下层楼面齐平，上边框高于顶板底面 50mm。

C. 模板设计一般以假企口形式考虑，外墙模板拼接按零间隙考虑，内墙模板留 3 ~ 5mm 间隙，假企口为［8 槽钢。

2）模板支设方法：

按 2 ~ 4m 两个、4 ~ 6m 三个配置支撑架及走台。

3）角部处理方法：

阴、阳角的处理：全部采用定型角模。

（3）吊装方法

外墙外侧模板采用爬架带模，利用外爬架上的起吊梁，用手拉葫芦提升大模板。内墙大模板利用塔吊提升。

（4）清水大钢模板施工说明

1）施工准备。

A. 安排好大模板堆放场地，由于大模板体积大，重量大，应堆放在塔式起重机半径范围内，以便于垂直吊运。

B. 大模板的堆放场地必须坚实、平整。

C. 大模板的存放应满足自稳角的要求，且面对面堆放，对没有支撑或自稳角不足的大模板，应存放在专用的插放架上。严禁靠放到其他模板或构件上。

D. 在支模前，应清理大钢模板板面、阴、阳角模、穿墙螺杆等工作表面，并在其表面刷涂脱模剂，以便于脱模。

2）大模板的安装与拆卸方法。

A. 大模板安装前，应根据相关规范要求进行。必须做好抄平放线工作，并在大模板下楼地面做好找平层，依据放线位置进行大模板的安装就位。

B. 安装大模板时，必须按施工组织设计中的安排，对号入座，吊装就位。

C. 平面模板之间的连接，先将两块模板对接处边框孔位边缘对齐，上、中、下用三个 M16×40mm 螺栓拧紧，然后把模板连接板放入横龙骨中。在其中一块模板横龙骨的第四孔位插入一块楔板，再将另一块楔板插入另一模板横龙骨的第一孔位中，用锤子向下敲打楔板，使模板之间达到紧密相连。然后分别将楔板插入到各龙骨的第四孔和第一孔最后再把边框上孔位，用螺栓全部拧紧。

D. 平面模板与角部模板连接，先将模板就位后，每个阴角处用三个阴角连接器分别安装在相应的横龙骨位置处，拧紧螺栓即可。阳角处在模板边框与角模边框孔位上安装螺栓拧紧。

E. 模板的安装必须保证位置准确，立面垂直。发现不垂直时，可通过支架下的地脚螺栓进行调整。地脚螺栓向下调节长度不超过 150mm。

F. 模板安装后，接缝部位必须严密，防止漏浆。底部若有空隙，应用海绵或橡胶条塞严，以防漏浆。但不可将其塞入墙体内，以免影响墙体的断面尺寸。

G. 当墙体混凝土达到一定强度后方可拆除大模板。

H. 单片大模板应先拆平面模板，后拆角模。

I. 每块大模板应先将穿墙螺栓等连接件拆除，再松动地脚螺栓，使模板与墙面脱离。

J. 穿墙螺栓的正确拆除方法是：当要拆除大模板时，可松动楔板；同时，将另一方向的螺母向里紧两扣，使螺杆与混凝土界面脱开，然后可将穿墙栓轻松卸下。切不可用铁锤敲打，以免螺杆折弯。

K. 角模的拆除，由于角模的两侧都是混凝土，吸附力较大，因而当拆除平面大模板时，应立刻松动角模，使角模与混凝土界面脱开；若时间过长，会造成角部模板拆模困难，因而在拆除角模时应注意其拆模时间，不要太长。

L. 脱模后在起吊大模板前，要认真检查穿墙螺栓等附件是否全部拆完，无障碍后方可吊出，吊运时不得碰撞墙体。

M. 大模板及其配件拆除后，应及时将模板上的混凝土及水泥浆清除干净，并刷好脱模剂，以备下次使用。

（5）大模板安装使用注意事项

1）大模板放置时，下面不得压有电线和气焊管线；

2）大模板起吊前，应检查吊装用绳索、卡具及每块模板上的吊钩是否牢靠，然后将吊钩挂好，解除一切约束，稳起稳吊；

3）大模板进场后，穿墙螺栓和地脚螺栓等应刷好机油；

4）模板面板正面必需刷好脱模剂，脱模后应立即将模板板面灰渣清理干净，涂刷脱模剂后待用；

5）在使用过程中及堆放时应避免碰撞，防止模板倾覆；

6）模板多次使用后应检查有无过大变形及损坏，要及时进行维修；

7）为保证大模板流水后的通用性，本工程在梁窝处采用预埋钢筋网片的方法，拆模后取出钢筋网片，用切割机将梁窝周边切割平整（切割后的截面比梁截面内收3～5mm，避免接口处漏浆）。

（6）大模板施工必须达到的质量标准见表3-3。

大模板施工质量标准 表3-3

序号	项目名称	允许偏差（mm）	检查方法
1	每层垂直度	3	用2m托线板检查
2	位置	2	尺量
3	上口宽度	2	尺量
4	标高	5	拉线和尺量
5	表面平整度	2	用2m靠尺或楔形塞尺检查
6	墙轴线位移	3	尺量
7	预埋管、预留孔中心线位移	3	拉线和尺量
8	预留洞中心线位移	10	拉线和尺量
9	预留洞截面内部尺寸	10	拉线和尺量
10	模板接缝宽度	1.5	拉线和尺量

3.5 钢筋工程施工方法

（1）钢筋加工要求

1）钢筋应有出厂质量证明书、试验报告单，钢筋表面或每捆（盘）钢筋均应有标志，钢筋进场时应查对标志，进行外观检查，并按现行国家有关标准的规定抽取试样作力学性能试验，合格后方可使用。

2）钢筋均在现场设置的钢筋加工车间制作，钢筋必须经过检验合格；如有弯曲和锈蚀的钢筋，必须经调直、除锈后方可开始下料。

3）钢筋的加工制作必须严格按翻样单进行，加工后的钢筋半成品应按区段、部位堆放，且要挂牌，并做好钢筋半成品的验收工作。绑扎前，必须对钢筋的钢号、直径、形状、尺寸和数量等进行检查；如有错漏应及时纠正增补。

4）现场的钢筋垂直及水平运输由塔吊配合人工进行。

（2）钢筋的连接方式

1）框架柱、剪力墙暗柱内$\geqslant \phi 22$的竖向钢筋的接长采用直螺纹连接技术，$< \phi 22$的竖向钢筋的接长采用电渣压力焊连接。

2）梁内$\geqslant \phi 22$的纵向钢筋的接长采用直螺纹连接技术和闪光对焊技术综合使用，$< \phi 22$的纵向钢筋采用单面搭接焊连接技术（搭接焊缝长度大于等于$10d$）。

3）底板钢筋采用直螺纹连接技术和单面搭接焊连接技术综合使用。

4）剪力墙内水平钢筋、楼板钢筋的接长采用绑扎搭接或闪光对焊连接技术（绑扎搭接长度必须满足施工规范及设计说明的要求）。

(3) 多层钢筋网片的支撑

1) 承台范围内的多层钢筋网片拟采用角钢支撑，选用 L63×6mm 角钢作支撑横梁（单向@2000），L50×5mm 角钢作立杆和拉结横梁，纵横间距按不大于 2000mm 设置。

2) 底板面筋及中间层的冷轧变形钢筋网片采用钢筋马凳作支撑，钢筋马凳采用 $\phi20$ 钢筋焊接而成，纵横间距按不大于 1.0m 设置。

3) 配有双层钢筋的楼板采用支承马凳，纵横间距按不大于 1.0m 设置，并用扎丝固定在板筋上。

(4) 钢筋的绑扎方法及要求

1) 钢筋绑扎好后，应按设计的保护层厚度用带钢丝的砂浆垫块垫起，以确保钢筋的混凝土保护层厚度（承台、底板钢筋保护层厚度为 25mm；剪力墙、柱、梁的受力钢筋和地下室壁板水平分布筋混凝土保护层厚度为 25mm；剪力墙水平筋、楼面板的钢筋、梁箍筋的保护层厚度为 15mm）。

2) 在钢筋绑扎过程中要注意各钢筋的位置正确，楼板面筋从梁面筋上穿过，必须严格控制各层钢筋间的间距，既要保证其最小净距满足规范要求（不小于其直径且不小于 25mm），又要保证构件的截面尺寸正确（梁内多排钢筋间用 $\phi25$ 钢筋作垫铁，间距按 1000mm 设置）。

3) 板和墙的钢筋网靠近外围的两行钢筋的相交点必须扎牢，中间部分的交叉点可间隔交错扎牢，但必须保证受力钢筋不产生位置偏移，双向受力的钢筋交叉点应全部扎牢。

4) 为确保柱、剪力墙竖向钢筋位置准确，浇筑楼板混凝土前，应在楼面上绑扎三道水平钢筋，并用钢筋等支撑将墙、柱筋校准位置后固定牢固，以防止竖向钢筋偏位。

5) 梁中通长筋在任一搭接长度区段内，有接头的钢筋截面面积与钢筋总截面面积之比应满足设计及规范要求（上部通长筋应在跨中搭接，下部通长筋在支座处搭接，有接头的钢筋截面面积与钢筋总截面面积之比在受压区不得超过 50%、在受拉区不得超过 25%）。

6) 墙内竖向钢筋在主楼 -1~4 层及顶层均必须分两层错开接头位置，在其余层可以在同一部位连接，墙内水平分布筋沿高度每隔一根内外排错开搭接。

7) 框架柱筋及剪力墙暗柱内纵筋连接，当每边的钢筋少于 4 根时，可在同一截面设置接头；多于 4 根时，分两次接长，每边多于 8 根时分三次接长，相邻接头间距 $\geqslant L_{aE}$ 且不得小于 500mm，接头最低点宜在楼板面以上 750mm 处。

8) 配双层钢筋的楼板，同一截面的有接头的钢筋面积不应超过该截面钢筋总面积的 25%。

9) 钢筋的搭接长度和锚固长度按设计和有关施工规范的要求留置。

10) 开洞楼板洞宽小于 300mm 时，板筋可绕过洞边不需切断受力筋；洞宽大于等于 300mm 时，应另加附加钢筋；图中未标明时，洞边附加钢筋为 $2\phi12$，锚入洞边 450mm。

11) 在主次梁和柱相交的节点处，为防止板超厚，钢筋在加工过程中必须保证其形状、几何尺寸的准确，该直的钢筋必须校直、不得弯曲，梁柱交叉的箍筋可以适当缩小，避免此处钢筋超高。

12) 所有与钢筋混凝土墙平行连结的框架梁及墙肢间连梁，梁的钢筋均应伸入墙内（锚固长度 L_{aE} 并不少于 600mm），在楼层时梁筋伸入墙内不设箍筋，在顶层梁伸入墙的钢筋长度内应设置间距为150mm的箍筋（箍筋直径与梁箍筋相同）。

13）框架梁梁端箍筋加密的长度应≥1.5h（h为梁截面高度），框架柱箍筋加密范围为梁面以上和梁底以下各≥柱边长、≥1/6柱净高且不小于500mm，梁柱节点区应保证柱箍筋。

（5）钢筋连接新技术

主要有直螺纹机械连接、电渣压力焊、钢筋闪光对焊，施工方法（略）。

（6）机械连接及电渣压力焊连接的钢筋接头质量要求

凡采用直螺纹连接、电渣压力焊、搭接焊、闪光对焊连接的钢筋接头，均应按规定要求取样试验，其质量必须符合《钢筋焊接及验收规程》中的有关规定；试验方法应符合国家现行标准《钢筋焊接接头试验方法》中的有关规定。接头位置必须符合图纸、图纸会审纪要以及有关规范规定的要求。

3.6 混凝土工程施工方法

该工程结构混凝土强度等级C25～C60，全部采用商品混凝土，混凝土的浇筑采用混凝土输送泵进行泵送（附带一座布料杆），并用塔吊辅助混凝土的垂直运输，因本工程混凝土工程量大、性能要求高（强度、和易性要求高），必须从原材料控制、半成品生产、运输、浇捣施工、养护的全过程予以严格控制，方能确保混凝土工程质量，达到设计要求强度和内实外光的要求。

3.6.1 商品混凝土质量控制要求

（1）混凝土搅拌站的选定

在佛山地区选定两家有相应资质、技术先进、信誉好的搅拌站，我公司安排专人负责管理与协调，确保供应本工程的商品混凝土符合要求。

（2）混凝土的配合比设计

由我公司广州试验室联合选定的搅拌站，采用多种配合比经试拌后确定施工配合比，确保砂率为35%～45%，搅拌站出厂坍落度不超过220mm，现场泵送坍落度140～180mm，初凝时间不低于6h。

（3）混凝土生产质量管理

1）原材料计量控制误差范围：水泥±1%，粗细骨料±2%，水、外加剂±1%，掺合料±2%。

2）按出盘混凝土的坍落度在180～220mm范围控制加水量，外加剂采用后掺法，严格控制用水量。

3）混凝土拌合物自加入外加剂后继续搅拌时间不少于150s，混凝土出机温度控制在15～30℃范围。

（4）泵送混凝土的质量要求

1）碎石的最大粒径与输送管内径之比不宜大于1:3，选用1～3cm粒径的碎石；砂选用中粗砂，通过0.315mm筛孔的砂不少于15%。

2）搅拌站混凝土出厂坍落度180～220mm，现场泵送坍落度宜为140～180mm。

3）最小水泥用量为300kg/m^3。

4）混凝土内宜掺适量的泵送剂、减水剂，防水混凝土可掺加防水剂等外加剂。

5）严格按设计配合比拌制。

6）根据原材料的变化应随时调整混凝土的配合比，如随砂、石含水率的变化，调整砂、石用量及水的用量。

(5) C50及以上高强度混凝土质量要求

由我公司广州试验室联合选定的搅拌站，结合我公司以往高性能混凝土的生产经验，根据原材料情况进行多种配合比试配试验，经对比分析后，确定最优化的施工配合比，要求初凝时间不低于6h。

我公司安排专门的技术人员进驻搅拌站监督计量，并随时抽检原材料的有关技术指标，调整生产配合比。

根据搅拌站到工地的实际运输时间，进行坍落度损失试验，在满足现场泵送的要求下，严格控制混凝土的出厂坍落度。

混凝土搅拌运输车到达现场后，必须在卸料前高速搅拌5~10min；当坍落度及和易性满足要求后再卸料，现场试验员必须对每车混凝土均测定坍落度，不合要求的不能卸料或采用后掺法调整混凝土的和易性（具体掺量由试验室书面明确），严禁随意加水。

加强浇筑施工与供料的组织与协调，确保高强度混凝土从搅拌出机到现场卸完料不超过2h。

3.6.2　混凝土浇捣方法及要求

(1) 混凝土运输到现场后要取样测定坍落度，符合要求后随即用混凝土输送泵连续泵送浇灌混凝土，混凝土在泵送浇灌的同时，用高频振捣棒加强各部位振捣，防止漏振。

(2) 主楼地下室和副楼采取柱、墙、梁、板一次性浇筑混凝土，主楼上盖工程采取先浇筑剪力墙、楼梯混凝土到板底（梁位置留设梁窝），处理梁窝后支设梁板模，浇筑梁板及柱混凝土。

(3) 混凝土浇筑顺序为从西侧向东侧依次循序浇捣，一般不再留置施工缝，如由于特殊情况（如停电、暴雨等），其施工缝按规范可以留置在次梁跨中三分之一的范围内，并留成垂直缝。

(4) 竖向构件应分层下料、分层振捣，分层厚度不大于0.5m，用插入式振动器振捣时，上下层应搭接不少于50mm。

(5) 混凝土振捣除楼板采用平板式振动器外，其余结构均采用插入式振动器，每一振点的振捣延续时间，应使表面呈现浮浆和不再沉落。

(6) 插入式振动器的移动间距不宜大于其作用半径的1.5倍，振捣器与模板的距离不应大于其作用半径的0.5倍，并应尽量避免碰撞钢筋、模板，且要注意“快插慢拔，不漏点”。

(7) 平板式振动器移动间距应保证振动器的平板能覆盖已振实部分的边缘。

(8) 柱和墙混凝土浇筑采用导管下料，使混凝土倾落的自由高度小于2m，确保混凝土不离析。

3.6.3　混凝土施工缝的处理

(1) 在施工缝处继续浇筑混凝土时，已浇混凝土的强度（抗压）不应小于1.2MPa。

(2) 在已硬化的混凝土表面上，应细致凿毛，以清除水泥薄膜和松动的石子以及软弱混凝土层，并加以充分湿润和冲洗干净，但不得积水。

(3) 在浇混凝土前，首先在施工缝处铺一层水泥浆或与混凝土内成分相同的水泥砂浆(厚10~15mm)，并细致捣实，使新旧混凝土紧密结合。

3.6.4 混凝土找平及养护方法

(1) 底板、顶板面混凝土浇筑前，在墙、柱竖向钢筋上测设出标高控制线，用平板式振动器振捣后，采用机械抹光施工工艺一次性抹光，并使用一台水准仪随时复测整平，保证板混凝土面的平整。

(2) 混凝土在浇捣完毕后12h内应进行覆盖和浇水养护，各不同部位的养护方法和养护时间要求如下：

1) 地库底板、顶板采用灌水养护，养护时间不少于14d;

2) 竖向构件在拆模后，随即涂刷养护液进行保水养护；

3) 楼板采用洒水湿润养护，养护时间不少于7d;

4) 屋面板采用覆盖薄膜并洒水养护，养护时间不少于14d。

3.6.5 柱梁接头处不同强度等级混凝土浇捣的处理方法

本工程墙柱与梁板均采用了不同强度等级的混凝土，浇混凝土时必须保证墙、柱、梁、板节点区为高等级混凝土，拟采取以下措施：

(1) 将高等级混凝土浇筑范围扩大至墙柱四周各加宽50cm的部位，在这一个部位，采用支模专用“快易收口网”封堵，并固定在钢筋上，该模板既避免了混凝土随意流淌，又能保证模板两侧混凝土结合良好。

(2) 梁、板、墙、柱一次性浇筑混凝土时，按照梁板混凝土浇筑顺序和速度，先用输送泵将竖向构件混凝土浇筑到梁底以下50mm；浇筑梁板混凝土时，用塔吊进行节点区高强度等级混凝土的浇筑，保证在高强度等级混凝土初凝前梁板部位混凝土连续浇筑。

(3) 剪力墙和梁板分开浇混凝土时，同样用塔吊进行节点区高等级混凝土的浇筑，并保证在高强度等级混凝土初凝前梁板部位混凝土连续浇筑

3.6.6 预留预埋施工

水、电、通风、空调、机电设备等的预埋及其他构配件的预埋，各相应专业施工队必须在钢筋绑扎过程中全部预埋完，并保证钢筋的位置、间距的正确。

垂直管线随着砌块砌筑预埋在墙孔洞内，开关盒、接线盒、插座盒等需用C15细石混凝土或1:2水泥砂浆在砌块预留的孔洞内嵌填牢固，并填实缝隙。

3.6.7 地下室底板大体积混凝土施工方法

本工程主楼地下室底板厚度600mm，承台厚度1400~3000mm，总混凝土方量约2000m^3。采取承台、底板一次性浇筑混凝土，采用灌水养护方法，并采用电脑测温控制技术进行温差监测。

本工程承台厚度较大，且与周围底板形成整体，四周均受到约束，故属大体积混凝土施工，要重点处理好其混凝土的施工。

(1) 施工要点

针对大体积混凝土施工情况，制定详细的组织计划，从施工技术、施工组织管理等方面严格控制，确保大体积混凝土施工顺利实施。

在施工技术上周密考虑、层层控制、严格把关，主要从以下几个方面采取综合性措施，有效地解决大体积混凝土裂缝问题。

1）混凝土原材料的选择；

2）混凝土配合比的设计；

3）根据大体积混凝土特点，分别考虑具体的施工方法及浇筑程序；

4）混凝土测温控制；

5）混凝土的养护。

从施工组织管理上认真做好施工准备，采取混凝土集中搅拌的方法，通过混凝土运输搅拌车运输混凝土，确保混凝土的生产和运输；现场采用混凝土输送泵布料，充分满足混凝土浇筑的要求。

在施工过程中，项目全体技术人员分工合作，部门全力配合及协调管理，确保大体积混凝土一次性浇筑完。

（2）施工准备

1）编制详细的作业指导书，明确分工与职责，分工合作，各司其职，做到忙而不乱。

2）按24h分两班连续作业准备劳动力和施工机具，现场布置两台混凝土输送泵，以充分满足混凝土浇筑的需求，小型机具应准备备用数量。

3）进行模板、钢筋的检查验收，办理隐蔽验收记录，做好测温设备的准备。

4）收集天气预报资料，避免在雨天浇混凝土；同时，应准备足够的薄膜，以防出现意外雨天。

（3）混凝土振捣方法及要求

1）混凝土的浇筑顺序：先集中浇筑CT6，然后采取“平行后退、斜面分层、薄层覆盖、循序到顶”的方式由西向东逐步浇筑，一次性连续浇筑，斜面分层的浇筑厚度为300～500mm。在下层混凝土初凝前，必须将上层混凝土覆盖捣实，每层混凝土的浇筑最大间隙时间不应超过3h，以避免出现施工冷缝。

按此浇捣顺序，最大的每小时混凝土浇筑需用量为：

$$Q = V/t = hLb/t = (0.5 \times 7.7 \times 26 + 0.5 \times 2.3 \times 16)/2 = 51\text{m}^3/\text{h}$$

式中　Q——表示需用的混凝土方量，按最不利截面处核算；

h——分层浇筑厚度，表示每层的厚度应控制在300～500mm内；

L——斜面分层的长度，按泵送自然流淌形成的坡度，约为15°；

b——底板一次浇筑的宽度。

上述计算结果表明：每2h浇筑一层混凝土，按最不利情况计算的混凝土需用量为51m^3，必须确保满足该浇筑速度的要求。

选择的两个搅拌站，具有每小时供应60m^{3}以上混凝土的搅拌供应量，并应根据距离的远近，准备足够的罐车；现场两台输送泵、塔吊辅助运输，能满足施工的需要；表明我公司准备的条件能确保混凝土按此顺序进行连续浇捣，可有效避免出现施工冷缝。

由于底板混凝土连续浇筑所需的时间较长，施工中可能出现一些突发性的机械设备故障，以致混凝土供应量暂时供应不上，决定采取下列一些措施补救，以保证混凝土的连续浇筑：

A. 当混凝土搅拌站设备发生故障时，一方面组织机修人员立即抢修，另一方面减小浇筑层的厚度，增加另外一家搅拌站的供应数量和运输车辆数量；

B. 当混凝土输送泵发生故障时，除及时抢修外，利用塔吊辅助吊运混凝土至浇筑点薄层覆盖。

2）混凝土的振捣方法。

混凝土的振捣采用插入式振动器进行振捣。振动器的操作要做到“快插慢拔、直上直下”。在振捣过程中，应将振动器插入下层混凝土中5cm左右，以消除两层之间的接缝，保证混凝土的浇筑质量。每点的振捣时间以混凝土表面泛出灰浆、不再出现气泡为准。混凝土的振捣顺序为从浇筑层的底层开始逐层上移，以保证分层混凝土之间的施工质量。

3）混凝土的表面处理。

振捣完毕后将混凝土表面泌水、浮浆刮掉，在浇筑后2~3h，按标高初步用长刮尺刮平，然后用木搓板反复搓压数遍，使其表面密实平整。在混凝土初凝前，再用铁搓板压光，这样能较好地控制混凝土表面龟裂，减少混凝土表面水分的散失，促进混凝土养护。

(4) 混凝土中心最高温度和预计最大温差计算

1）基本数据：

A. 混凝土设计强度C40，抗渗等级P6；

B. 最大承台厚度3.0m，混凝土浇筑量2000m^3；

C. 预测浇筑时大气温度平均约15℃；

D. 演算采用配合比：42.5级水泥355kg/m^3，水180kg/m^3；外加剂FDN-RY6为8.88kg/m^3，UEA为36kg/m^3，砂818kg/m^3，石1041kg/m^3；

E. 混凝土分块砌筑砖墙围护，从混凝土终凝开始蓄水养护，通过计算确定蓄水深度，养护时间不少于14d；

2）混凝土的水化热绝热温升值计算

$$T(t) = CQ(1 - e^{-mt})/(c\rho) = 31.6℃$$

式中 $T(t)$——混凝土浇筑完t段时间，混凝土的绝热温升值，一般出现在第3d，故水化热绝热温升值按3d计算；

C——每立方米混凝土的水泥用量（355kg）；

Q——每千克水泥水化热量，42.5级粉煤灰水泥3d为251kJ/kg，7d为280kJ/kg，28d预测为346kJ/kg；

c——混凝土的比热，一般为0.92~1.00，取0.96；

ρ——混凝土的质量密度，取2400kg/m^3；

m——与水泥品种、浇筑时温度有关的经验系数，取为0.3；

t——混凝土浇筑后至计算时的天数，按3d计。

3）混凝土的入模温度值计算

A. 混凝土的出机温度。

根据试验室初定的配合比，每立方米体积混凝土材料的重量、材性及计算见表3-4。

每立方米混凝土材料 表3-4

序 号	材料名称	重量 W (kg)	比热 C	$W\cdot C$	材料温度 t (℃)	$W\cdot C\cdot t$
1	42.5级水泥	355	0.84	298.2	25	7455
2	砂	818	0.84	687.1	20	13742
3	石子	1041	0.84	874.4	20	17488

续表

序 号	材料名称	重量 W (kg)	比热 C	$W\cdot C$	材料温度 t (℃)	$W\cdot C\cdot t$
4	水	180	4.2	756	20	15120
5	FDN-RY6	8.88	4.2	37.3	20	746
6	合 计			2683.2		55155

$$t_h = \Sigma(W\cdot C\cdot t)/(W\cdot C) = 20.6℃$$

式中 t_h——拌合时混凝土拌合物的最终温度。

$$t_0 = t_h - 0.16(t_h - t_d) = 25.2 - 0.16\times(25.2 - 20) = 24.4℃$$

式中 t_0——混凝土自搅拌机中倾出时的温度；

t_d——搅拌站内的温度（取20℃）。

B. 混凝土运输时的温度损失。

$$t_s = (\alpha T + 0.032\eta)(t_0 - t_d) = 1.4℃$$

式中 t_s——混凝土运输至成型的温度损失；

T——混凝土运输至成型的时间（取1h）；

η——混凝土倒运的次数，装卸各1次，$\eta=2$；

α——温度损失系数，当用滚动式搅拌车，$\alpha=0.25$；

t_0——出机温度；

t_d——室外气温。

C. 混凝土的入模温度。

$$t_j = t_0 - t_s = 20.6 - 1.4 = 19.2℃$$

D. 混凝土内部预测最高温度。

$$T_{max} = T(t) + t_j = 31.6 + 19.2 = 50.8℃$$

E. 混凝土内外温度差。

$$T_b = T_{max} - T_d = 50.8 - 15 = 35.8℃ > 25℃$$

超过规范要求的温差控制要求，可能产生温度应力和裂缝。

(5) 混凝土浇筑后的养护措施

大体积混凝土的养护，主要作用是为了保温和保湿，为便于施工和提高养护效率，拟采用蓄水养护的方法，这种养护法可以达到保温和保湿的作用，成本也比其他保温和保湿材料低。其蓄水厚度计算如下：

$$\begin{aligned}\delta &= 0.5H\lambda K(T_a - T_b)/(\Delta t\lambda_1)\\ &= 0.5\times3.0\times0.58\times1.3\times(25.8 - 15)/(25\times2.09)\\ &= 0.234\text{m}\end{aligned}$$

取 $\delta=0.30$m

式中 δ——养护材料的厚度；

H——混凝土的浇筑厚度，取最大厚度 $H=3.0$m；

λ——养护材料的导热系数，水的导热系数 $\lambda=0.58$W/(m·K)；

Δt——控制温差（℃）；

K——传热系数修正值，$K = 1.30$；

T_a——混凝土与养护材料接触面温度，混凝土内外温差控制在25℃时，$T_a = 50.8 - 25 = 25.8$℃；

T_b——大气平均温度，$T_b = 15$℃。

混凝土的养护要求在混凝土初凝后，即采取分片砌筑120mm厚、300mm高的蓄水砖墙围栏，在蓄水前采取洒水养护，并加塑料薄膜覆盖的保温保湿方法，分片蓄水养护的厚度根据理论计算与实测温差进行控制，保证内外温差控制在25℃以内。当内外温差接近时，可放水按常规养护方法。

(6) 电脑测温措施

为了及时了解和掌握混凝土内部温度变化情况，防止大承台混凝土在浇筑后的养护过程中出现内外温差过大而产生裂缝，以便采取有效措施，将混凝土的内外温差控制在允许范围内（≤25℃），确保大体积混凝土的施工质量，特采用计算机联温度传感器的全自动测温方法。其工作原理是利用埋置于混凝土中的灵敏度极高的温度传感器，通过导线将混凝土中的温度变化信号传递到计算机并进行分析处理，以获得温度变化情况。

本工程拟在CT6布置9个测温点，在每个CT5布置3个测温点，每个测温点按上中下分别设3个测温点位，力求反映从上至下整个承台的温度场分布状况，使其最高温度位置的中心测点至边缘测点处于垂直线上，以正确反映温差情况，从而控制裂缝的产生；同时，应设置混凝土的表面气温测点、大气温度测点，并测定混凝土的入模温度。

温度监测自浇筑混凝土后5d内每2h采集一次数据，6～14d每4h采集一次数据，遇异常情况适当增加监测次数。要求每天提供内部最高温度、混凝土表面最低温度、最大温差，并及时提供温差预警值，以便及时采取有效措施控制混凝土内外温差，满足大体积混凝土的养护要求。

(7) 混凝土运输和输送设备计算

每小时混凝土浇筑需用量为：

$$Q = V/t = hLb/t = (0.5 \times 7.7 \times 26 + 0.5 \times 2.3 \times 16)/2 = 51\text{m}^3/\text{h}$$

式中 Q——需用的混凝土方量，按最不利截面处核算；

h——分层浇筑厚度，表示每层的厚度应控制在300～500mm内；

L——斜面分层的长度，按泵送自然流淌形成的坡度约为15°；

b——底板一次浇筑的宽度。

上述计算结果表明：每2h浇筑一层混凝土，按最不利情况计算的混凝土需用量为51m^3，必须确保有关条件满足该浇筑速度的要求。

3.7 地库防水工程施工方法

本工程地库底板底面、电梯井坑及集水井坑斜侧面、底板侧面以及地下室排水沟、混凝土垫层与桩基交接部位防水设计为APP改性沥青卷材防水。为保证地库防水质量，我公司将从如下方面进行控制：

(1) 提高地库防水质量的途径

根据我公司的工程实际经验，做好地下室防水主要途径有以下两种：

1）提高地下室防水部位混凝土结构自防水能力；

2）严格按照设计要求，做好防水层施工。

（2）模板工程

1）模板系统处理。严格控制模板系统的质量，应确保模板系统有足够的刚度；模板接缝要严密、平整，不得变形、裂缝，混凝土浇捣时不发生漏浆现象。

2）混凝土浇筑前，模板要充分湿润，避免模板在施工中遇水后膨胀而拉裂混凝土面。

（3）钢筋工程

1）钢筋表面的油污、铁锈等，必须清除干净。

2）钢筋下料、加工尺寸要准确。

3）钢筋绑扎后，应根据设计图纸检查钢筋的钢号、直径、根数、间距、形状等是否正确，特别要注意检查负筋的位置。

4）保证钢筋接头的位置及搭接长度符合规定要求，保证钢筋绑扎牢固、无松动等变形现象。

（4）混凝土工程

1）从提高混凝土内在质量着手，保证混凝土达到设计要求，使用优质骨料，控制含泥量（不超过1%），采用连续性级配，严格控制混凝土配合比，以提高混凝土抗拉性能。

2）严格计量，控制原材料配合比和混凝土坍落度，做到搅拌均匀，使混凝土浇筑时处于最佳状态。

3）保持混凝土连续浇捣，避免产生施工冷缝，选择熟练的混凝土工振捣密实。

4）尽量选择在晴天浇筑混凝土，避免雨天施工对混凝土浇捣产生影响。

5）加强全面质量管理，对拆模后的混凝土质量进行严格检查；拆模后如发现缺陷，应及时修补。

6）模板拆除时，混凝土强度不得低于设计强度的75%，以防拆模造成裂缝。

（5）施工缝防水措施

1）地库底板及顶板在施工过程中原则上不留施工缝，如因特殊原因（如暴雨等），其施工缝按规范留设在次梁跨中的1/3的范围内。

2）底板与外墙之间的施工缝应留设在底板以上500mm处，并通长设置-400mm×3mm钢板止水带。

3）在施工缝处浇筑混凝土时，已浇混凝土的强度（抗压）不应小于1.2MPa；在已硬化的混凝土表面上，应清除水泥薄膜和松动的石子以及软弱混凝土层，并加以充分湿润和冲洗干净，且不得有积水；在浇筑混凝土前，首先在施工缝处铺一层水泥砂浆或与混凝土内成分相同的水泥砂浆（厚10~15mm），并细致捣实，使新旧混凝土紧密结合。

（6）APP改性沥青防水卷材施工方法

1）施工工序

如图3-3所示。

2）清理基层

基层表面凸起部分应铲平，凹陷处用聚合物砂浆（108胶）填平，并不得有空鼓、开裂及起砂、脱皮等缺陷；如沾有砂子、灰尘、油污等，应清除干净。

3）涂刷胶底

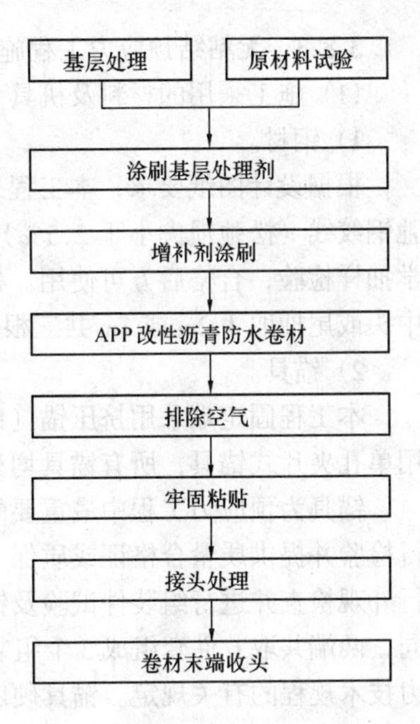

图 3-3 APP 防水卷材施工程序

①聚氨酯底胶的配制：将聚氨酯涂膜防水涂料按甲:乙:二甲苯=1:1.5:1.5 的比例配合搅拌均匀，即可进行涂布施工。

②聚氨酯底胶的涂刷：在涂第一遍涂膜之前，应先立面、阴阳角、排水管、立管周围、混凝土接口、裂纹处等各种接合部位，增补涂抹及铺贴增强材料，然后大面积平面涂刷。

4）APP 改性沥青防水卷材的铺贴

先在基层表面弹出标准线，标准线弹出后便可进行 APP 改性沥青防水卷材的铺贴工作，在基层底胶上均匀涂刷配套胶，沿标准线铺贴 4mm 厚 APP 卷材。

5）注意事项

①排除空气。

铺完一层，用长把滚刷从卷材一端开始顺序用力滚压一遍，用 30kg 重、30cm 长外包橡皮铁辊滚压一遍。

②接头处理。

卷材接头用专用胶粘结，大面积粘贴时空出接头 10cm 宽，便于做好接头处理。

③卷材末端收头。

卷材末端收头用嵌缝膏封闭后，再涂刷一层聚氨酯涂膜防水材料。

3.8 主楼无粘结预应力结构施工方法

本工程主楼中庭（Ⓐ~Ⓓ轴、②~⑪轴）部位即 5 层、7 层、9 层、16 层、23 及 31 层，采用了超高大跨度无粘结预应力混凝土结构。预应力梁最大跨度达 32.2m，最大截面为 900mm×2000mm，大梁最大架空高度为 28.8m。

3.8.1 模板与脚手架支撑体系

（1）满堂脚手架支撑

满堂架的搭设方法与一般工程类同。在沿大跨度梁长度方向上，立杆间距控制在 0.9m 以内，上下两排横杆之间的距离控制在 1.2m 以内。两个方向上均设剪刀撑。

满堂脚手架的拆除方法与一般工程类同。需注意的是，第 8 层的满堂架必须在第 10 层预应力梁混凝土达到强度，并且预应力筋张拉完毕之后方能拆除。

（2）模板体系

模板采用七层板及木枋，散装散拆。支模时按规范要求进行起拱。

模板工程的施工方法与一般工程类同，其中箱形梁内模采用专门制作的塑料盒作为永久性模板。

3.8.2 钢筋及混凝土工程施工方法

钢筋工程的施工方法与一般工程类同，预应力筋的埋设等工作要与非预应力筋的绑扎等工作协调配合好，先进行非预应力钢筋的绑扎，再进行预应力钢筋布设。普通钢筋混凝土工程施工详见有关章节。

3.8.3　无粘结预应力工程施工方法

(1) 施工采用的材料及机具

1) 钢材。

根据设计图纸要求，本工程采用强度等级为1860MPa，直径为15.24mm的高强度低松弛钢绞线（松弛损失小于2.5%），钢材应具有出厂证明书。进场时应进行外观检查和力学抽样检验，合格后方可使用。根据JGJ/T 92—93的要求，每30t为一批，每批从不同盘中头或尾抽取1.2m或1m共三根做力学性能试验。

2) 锚具。

本工程固定端采用挤压锚（P型锚），锚垫板用与挤压锚配套的承压托板，张拉端采用单孔夹片式锚具，所有锚具均为Ⅰ类锚具。

锚具为预应力工程中最重要的部件，必须严格按要求选用，出厂前应由供方按规定进行检验并提供质量合格证或质保书，其质量应符合国家标准的要求，进场时应分批抽样进行外观检查并进行组装件试验及锚具硬度试验，合格后方可使用。组装件成批数量与钢筋同，两端共取6件套组成3个组装件进行静载试验，锚固系数及伸长量应符合无粘结预应力技术规程的有关规定。锚具硬度要按每批不超过1000套，抽取5%总用量做硬度试验，其硬度值应在厂家出厂合格证或质保书的硬度要求范围内。

3) 端部用承压垫板。

本工程固定端用与挤压锚相配套的单孔托板，张拉端根据每个张拉端预应力筋数量及可利用承压面积，决定用单孔或多孔垫板。单孔垫板规格为100mm×100mm×12mm厚16Mn钢板，开孔20mm；多孔垫板用16mm厚16Mn钢板，开孔20mm，孔与孔间距离最少为80mm或经验算可调至50mm，边孔离板边最少为50mm。

4) 螺旋筋或网片筋。

根据每根梁预应力筋的布置情况，螺旋筋可采用$\phi5$高强钢丝做成的4圈直径为80～90mm的锥螺旋筋。布螺旋筋时，梁内各螺旋筋应相互扣住或可直接用钢筋网片，网片筋采用HRB335$\phi12$钢筋，双向@100布焊，至少四片。

5) 预应力施工机具选用。

张拉机用FYCD-23型前卡穿心式带液压顶压器千斤顶及配套高压油泵，剪切多余钢筋用小型手提式角磨机或液压机械剪切器。张拉设备在张拉之前必须送国家计量单位或大型力学试验室进行标定校验，检验制度按国家有关规定进行，未经标定的设备不得使用。

(2) 预应力施工方法

1) 预应力施工工艺

工艺流程图如图3-4所示。

2) 预应力筋下料及加工。

本工程根据施工场地情况，预应力钢筋采用加工厂下料，根据下料长度直接加工好后送往工地施工，下料时采用无齿砂轮机切割，下好的成品钢绞线不能有死弯及磨伤。钢绞线的下料长度L按以下公式计算：

$$L = L_1 + L_2 + L_3$$

式中　L_1——钢绞线埋入构件内长度L_1按以下公式计算：$L_1 = L_0\,(1 + 8\times H^2/\,(3\times L_0))$；

　　L_0——曲线水平投影长度；

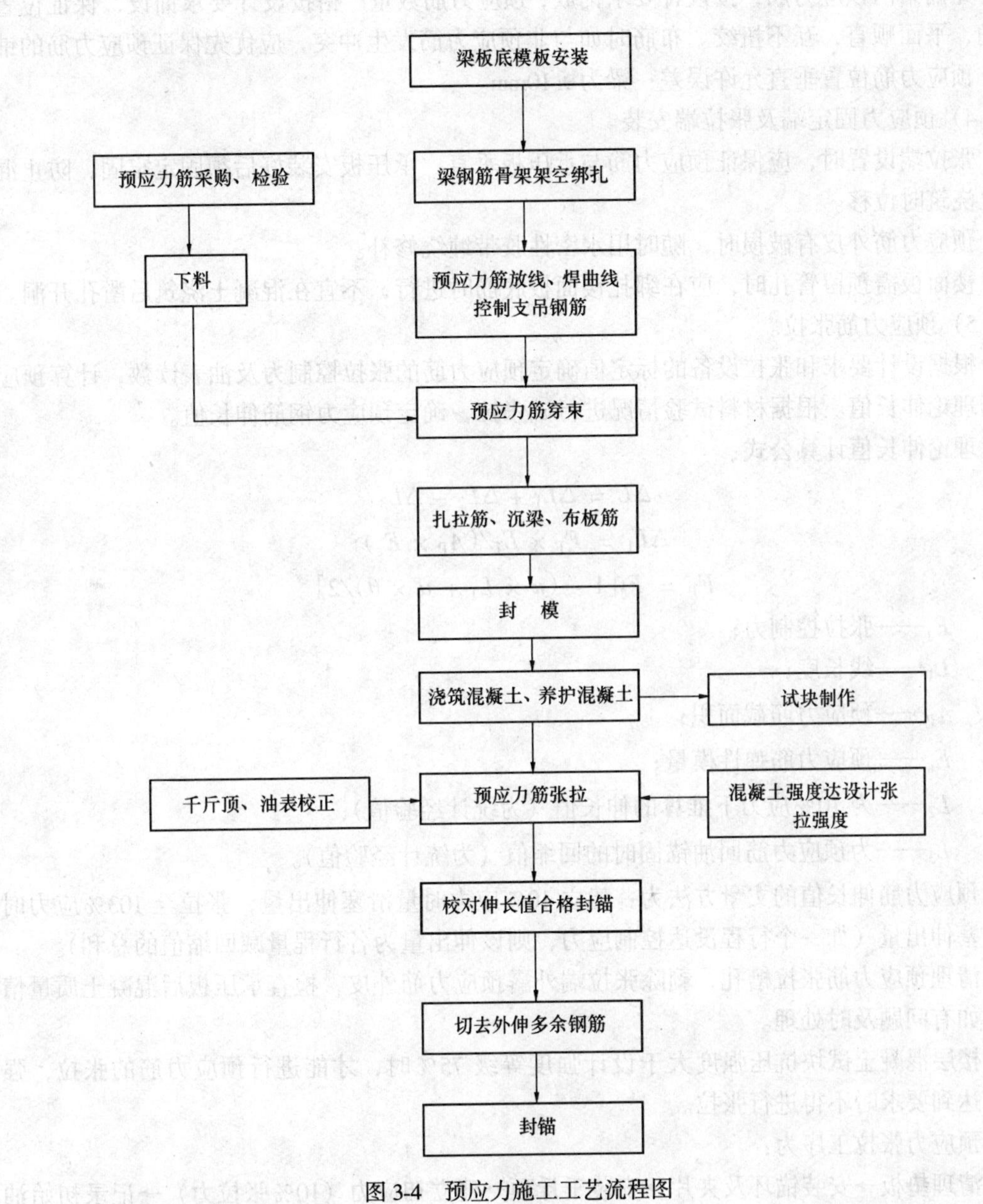

图 3-4 预应力施工工艺流程图

H——构件高度；

L_2——预应力筋张拉长度；

L_3——下料误差（取 0.1m）。

下好料的钢筋贴上长度标签，按长度分类堆放。预应力筋堆放场应尽可能靠塔吊，以便于垂直运输。

3）支吊筋及预应力筋安装。

支吊筋可用 $\phi10\sim\phi12$mm 普通钢筋与预应力梁箍筋焊接在一起，支吊筋的高度布点要严格按图纸预应力筋曲线大样布置；同时，各点如果间隔较大，可在其中加点，各支承点间隔宜取 1~1.5m，所有焊点要牢靠。

先铺梁内预应力筋，按设计要求铺放，预应力筋数量严格按设计要求铺设，保证位置准确，平面顺直，互不扭绞。布筋时如与非预应力筋发生冲突，应优先保证预应力筋的铺设；预应力筋位置垂直允许误差：梁为±10mm。

4）预应力固定端及张拉端安装。

张拉端设置时，应保证预应力筋与承压板垂直，承压板安装好后须固定牢固，防止混凝土浇筑时位移。

预应力筋外皮有破损时，随时用水密性胶带缠绕修补。

楼面板需预留管孔时，应在绑扎楼面板底筋时进行，不宜在混凝土浇筑后凿孔开洞。

5）预应力筋张拉。

根据设计要求和张拉设备的标定值确定预应力筋的张拉控制力及油表读数，计算预应力筋理论伸长值。根据材料试验情况进行试张拉，确定预应力钢筋伸长值。

理论伸长值计算公式：

$$\Delta L = \Delta L_1 + \Delta L_2 - \Delta L_3$$

$$\Delta L_1 = F_P \times L_T / (A_P \times E_s)$$

$$F_P = F_J[1 - (\kappa \times L_T + \mu \times \theta)/2]$$

式中 F_J——张拉控制力；

L_T——线长度；

A_P——预应力筋截面积；

E_s——预应力筋弹性模量；

L_2——为10%应力下推算的伸长值（为统计经验值）；

L_3——为预应力筋回油锚固时的回缩值（为统计经验值）。

预应力筋伸长值的丈量方法为：建立10%应力时量滑塞伸出量，张拉至103%应力时量滑塞伸出量（如一个行程没达控制应力，则该伸出量为各行程量减回缩值的总和）。

清理预应力筋张拉槽孔，剥除张拉端外露预应力筋外皮，检查承压板后混凝土质量情况，如有问题及时处理。

楼层混凝土试块抗压强度大于设计强度等级75%时，才能进行预应力筋的张拉，强度未达到要求时不得进行张拉。

预应力张拉工序为：

清理垫板→安装锚环及夹片→安装千斤顶→建立初应力（10%张拉力）→记录初始油压表及钢尺读数→张拉至终应力（超张拉3%）→记录终点油压表及钢尺读数→校核伸长值→千斤顶回程→锚固。

预应力筋张拉程序为：张拉控制力从零开始至1.03倍预应力筋的张拉控制力锚固即可。

张拉采用应力控制为主，应变校核的方法进行。理论伸长值与实际伸长值偏差范围-5%～+10%。

张拉时发生混凝土表面破裂或断丝、滑丝，应停止张拉，查明原因处理后再张拉。

做好原始记录，记录应精确到毫米。

6）预应力筋切除及封堵预留孔。

封锚前，应用手持砂轮切割机切割预应力外露多余长度，剩余长度不得少于30mm。

封锚前必须将锚具、锚孔清理干净及湿润充分，按设计要求进行封锚。封锚材料必须将锚具、预应力钢丝头全部封堵密实，筋头、锚具不得外露，保护层厚度不小于15mm。

7）预应力施工应注意事项。

预应力底模及支撑，必须在预应力筋张拉结束后方可拆除，预应力梁的侧模板和非预应力现浇楼板的底模板，可以在预应力筋张拉前全部拆除；如果相连板为预应力板，也要在预应力板预应力筋张拉完成后将底模拆除，以避免施加预应力时模板束缚梁的混凝土自由变形，影响混凝土预加应力的建立，具体拆除时间要根据施工图说明确定；同时，预应力梁由于自重很大，其下的支撑必须有足够的承载力。

8）预应力筋穿束。

预应力筋待梁骨架筋绑扎好后（S拉筋后扎）即可吊运到工作面，起吊时注意起吊每捆重量不宜大于0.5t，起吊宜用软质绳子三点起吊。预应力筋穿束可根据梁的截面大小及预应力筋数量决定分1～3层布置，每层预应力筋数量较多时，可将其分成2～3束，每束通长要捆绑；同时，要与支承点绑扎，绑扎用钢丝可用10～12号钢丝，也可在各支承点预应力筋上方加焊一压筋，将预应力筋压在支吊筋间，以防浇筑混凝土时预应力筋走位浮动，预应力筋到两端均匀分开，预应力每束不宜打扭，以免影响预应力张拉效果。预应力筋安装完成后的曲线形状要与图纸大样相同，复查各矢高，其误差不能超过10%。

9）预应力梁张拉方案。

预应力张拉要从中轴线开始，双向对称张拉，张拉前要把理论伸长值算好，取第一根为试张拉，试张拉要量千斤顶行程，所量得伸长值加上10%推算伸长值与理论伸长值比较，两者如果在+10%～-5%内，即可进行张拉。张拉时千斤顶后严禁站人，在梁端两侧要观察混凝土有无裂缝出现；如有，应停止张拉，查明原因后方可张拉。采用两端张拉时，可采用一端先预紧夹片，在另一端张拉，其后补足张拉力。两端张拉时，两端面正面均不能站人，最好用对讲机联系锚固情况。

10）预应力施工质量保证措施。

重点把预应力筋材料、锚具质量关，选购符合国标要求的上等材料，材料必须具有出厂验收合格证明。

做好材料、锚具质量的抽验和设备的校验工作；为保证梁、板预应力筋的铺设质量，建立工人自检、技术人员复检、项目负责人组织全面检查的质量验收制度。

预应力筋张拉是预应力重要环节之一，张拉时一定要按设计和技术规程要求进行，落实张拉顺序、次序，做好张拉原始记录。

3.9 外爬架施工方法

3.9.1 工程概况

本工程地上部分三面结构外形沿高度方向比较统一，适合爬架防护，为了更好地保证本工程施工进度、施工安全和现场文明施工，决定采用XHR-01型导轨式爬架作为本工程的外防护架。爬架平台自首层板面开始搭设，防护至主体结构屋面。中庭入口一面由于结构外形沿高度方向变化较大，不适合爬架防护，采用搭设钢管架的方法完成防护任务。

3.9.2 施工方法

(1) 导轨式爬升脚手架搭设方法

根据标准层结构平面布置图和有关立面图，进行了全面审核，并进行了爬架提升机构布置，初定共计24套提升机构，其中1~4号点片、13~14号点片、15~16号点片为爬模系统，其余15个提升点为爬架系统，采用电动整体提升方式。

(2) 爬架（爬模）平台自±0.00m开始搭设

爬架自第一个标准层开始组装，最低一步使用经建设部鉴定推荐的水平支撑框架（图3-33)，提升点处使用竖向主框架，架体其余部分使用普通钢管。架体宽度0.9m，架体总高度16.2m，计9步架，覆盖4层以上，每步架高1.80m，立杆最大水平间距1.80m，最大步距1.80m；支架离墙距离0.50m，内档较大处采用钢管内挑至小于0.20m；第5、6、23、24号提升点在跳板处搭设，需采用特制钢梁$L=1000$mm；第7~22号计16个提升点在挑沿处搭设，采用三角架附墙。

(3) 爬架在塔吊附墙处的协调

在塔吊附墙处，爬架支架在搭设时，大横杆、剪刀撑均采用短横杆，立杆和爬升机构要避开附墙支撑。爬架在升降至附墙杆时停止升降，先增加一道横杆（斜杆），再将障碍横杆（斜杆）拆除，爬架升降过后，应立即恢复所拆横杆（斜杆），升降时应设专人看守，专人负责解除和搭设，确保升降安全和支架整体性。

(4) 爬架剪刀撑搭设方法

外排剪刀撑满搭到顶，斜杆角度45°~60°，斜杆间距不超过4根立杆，钢管搭接不小于70cm，双扣件连接；内排剪刀撑自提升点搭设，高度应不少于三步架。

(5) 爬架防护要求

1) 每步架体外排及端部均设扶手杆，每步设踩脚填心杆，材质可用竹或钢管；每步架体外排设0.2m高挡脚板，材质可用模板或竹夹板；

2) 由于本工程结构外装饰采用玻璃幕墙，架体内挡距离要求控制在0.40~0.50m，并且保证架体升降、支模和装修需要；

3) 架体走道板最底一步、第五步用木模板铺设，其余各步可用铁笆或竹笆铺设；架体最底一步铺脚手板前应铺密目安全网兜底，以避免碎小杂物坠落；

4) 架体内挡封闭采用两层内木质翻板外加一道白兜网方案；两层翻板设于最底一步及第三步，白兜网设于作业层底部；

5) 片架间防护；爬架间断片处要求外排用密目网封闭并加短钢管连接加固，上、中、下设三层翻板；爬架与满架交接处加设扶手杆和一道翻板；

6) 周转导轨的吊篮设1.80m高立网围护，铺脚手板和挡脚板。吊篮与架体用双扣件扣接。

(6) 电梯、井架处及屋顶满搭架防护、卸荷方法

电梯、井架处满架根据内挡空间实际情况采取双排架或单排架。架体两端面应封闭，与爬架间空隔应用密网封闭。电梯、井架处架体横杆、立杆位置应避开行走通道。

电梯、井架处满架卸荷要求每层加设水平拉顶钢管，每六步加设一道卸荷钢丝绳。钢丝绳布置间距不大于2.0m，钢丝绳规格不小于$\phi12$，花篮螺栓规格M24型。

屋顶以上局部满搭架应挂设安全网，作业层应铺设走道板，内挡不超过40cm。

(7) 料台搭设方法

出料平台搭设在爬架第二步，宜设于两提升点之间，两料台水平距离以中间不少于三个提升点为标准。料台最大尺寸为3.0m×1.5m，料台扶手高1.2m，料台上铺木模板及踢脚板。料台采用双排斜杆双扣件卸荷，并加钢丝绳直接卸荷至结构主体。料台最大限重为800kg。

(8) 爬架人行梯步方案

爬架人行梯步设置应配合施工电梯最高升位楼层，尽量靠近电梯，梯步宽度与架体同宽，每一梯步尺寸为20cm×30cm，每一步架设一个停歇平台。梯步用钢管搭设或木模板铺设，根据现场具体材料情况而定。

3.9.3 工艺流程

(1) 施工工艺流程图

如图3-5所示。

详见“导轨式爬架操作规程”。

(2) 预埋件的设置。

1) 质量要求。

预留件放置前，用线坠与下层和隔层预留孔对齐，确保垂直度偏差不大于50mm，标高一致，位置准确，套管孔应垂直于墙面。

2) 预埋件用内径$\phi30$塑料管制作。套管长度为墙或梁厚，两端用塑料或麻布封口，以防混凝土浆进入，堵塞管孔。钢筋绑扎好后，用水平仪在钢筋上用油漆打上标高，根据平面布置图，确定套管位置，用绑扎丝将套管固定在墙或梁筋上，套管间距150mm。

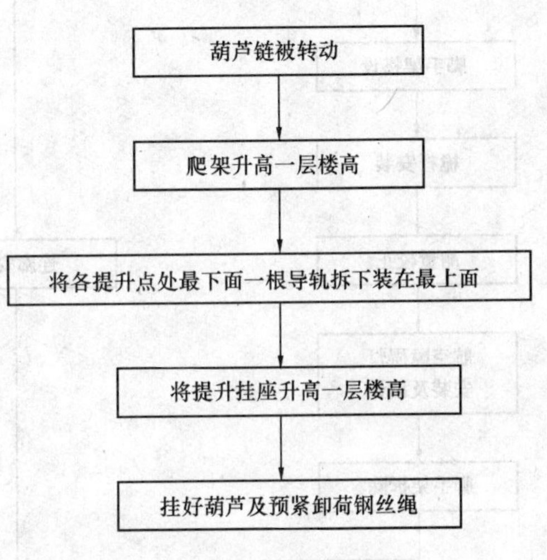

图3-5 爬架施工流程

3) 第一层预埋件设置后，建立各爬升点的预留孔位置相对其最近轴线的距离尺寸档案，以后各楼层预埋孔要参照档案表，确保预埋孔位置准确。

(3) 操作平台搭设

利用满搭架搭设平台时，为保证平台宽度，可沿满搭支架一侧或两侧搭设外挑架，并在外排加设扶手杆。

其余标准和质量要求见“导轨式爬升脚手架操作规程”。

(4) 爬架搭设与安装

标准和质量要求见“导轨式爬升脚手架操作规程”。

支架附墙：

在爬架搭设和爬架使用期间，上部支架均与建筑物有拉结，拉结点水平距离不大于6m，拉结点每层要错开。

升降前后检查见“导轨式爬升脚手架操作规程”。

爬架上严禁堆放设备、材料、杂物。

为确保爬架刚度和稳定，严禁将梁（墙）模板支撑力传递给架体。

(5) 施工进度及与相关工序配合

外架施工进度完全按照主体施工要求进度。每次爬架升降时间为40min，升降时间在主体混凝土灌注完毕后2~3d。

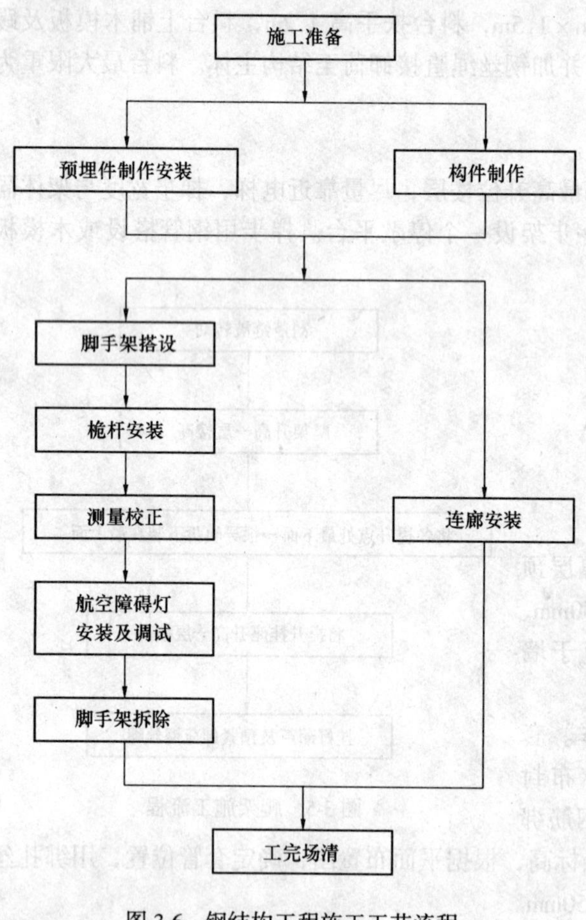

图3-6　钢结构工程施工工艺流程

3.10　钢结构工程施工方法

3.10.1　工艺流程

见图3-6。

3.10.2　屋顶桅杆设计与施工

(1) 桅杆基础设计

根据桅杆钢结构与混凝土结构连接的一般设计原理，在混凝土结构圈梁上为每根桅杆预埋24套锚栓，分布在通过桅杆中心的放射线上。这样既有利于钢结构的铰接连接，使桅杆有可靠的基础，也有利于桅杆基准标高的控制。

(2) 桅杆与屋面层连接节点设计

为避免桅杆与混凝土直接接触，桅杆与屋面层的连接应采用在屋面层圈梁上设置钢抱箍的方法。钢抱箍与桅杆焊接，钢抱箍通过设置在屋面层圈梁上的锚栓与屋面层连接。桅杆与屋面层混凝土结构圈梁预留孔间，先在桅杆上包一层特别橡胶，橡胶包层与圈梁预留孔之间补浇混凝土填密实。

(3) 桅杆现场安装节点设计

1) 桅杆变径接头的榫接设计。

桅杆变径节点采用榫接接头。榫接接头插入量为较小钢管外径的1.5~2倍。为控制插入量，大小管径间采用榫接设计原理，在大管径钢管上开槽，在小管径钢管上加肋板。桅杆变径接头，采用插入式设计，并在小管径钢管端部设置一端板，在大管径钢管顶部增设一横隔板。

2) 桅杆吊耳设计。

桅杆材质为不锈钢，不锈钢桅杆露天耸立，外观要求很高，而且不锈钢的表面处理非常复杂，为减少露天焊缝，改善桅杆的外观效果，吊耳布置在不锈钢管内壁。

(4) 提升机构设计

为便于桅杆顶部航空障碍灯的维修，设计为自由升降式航空障碍灯。

航空障碍灯提升机构须具备以下特征：

1) 自由升降，操作方便，安全可靠；

2) 障碍灯提升后能自锁、稳定。

(5) 避雷针设计

桅杆直径较大，顶端由于需要安装航空障碍灯，应设置障碍灯灯罩，影响了桅杆的避雷效果，因此必须设计避雷针。避雷针采用 $\phi20$ 不锈钢棒磨尖后插入不锈钢管内，焊牢后与天线桅杆外壁焊接连接，也可购买成品避雷针，安放在天线桅杆上。

(6) 压型板与空中连廊工字钢连接节点设计

空中连廊工字钢与压型板连接采用钢结构贯用的连接方式——熔焊栓钉连接。栓钉采用 $\phi20\times100$，间距为 200mm。栓钉采用专用栓钉焊机，穿透压型板后与工字钢压力焊焊牢。焊接质量以国家有关规范检验。焊接前，工字钢上栓钉位置打磨至露出钢材面，栓钉焊接结束后绑扎钢筋，浇灌混凝土。

3.10.3 施工方法

(1) 桅杆施工工艺

1) 桅杆制作

A. 桅杆的分段依据。

桅杆的分段主要考虑现场的吊装条件和工厂制作能力，现场吊装采用 F0/23B，其回转半径、布置位置及起重能力。

B. 桅杆的分段及重量，见表 3-5。

桅杆的分段及重量 **表 3-5**

分　段	钢管规格（mm）	长度（m）	重量（t）
第一段	$\phi800\times12$	22	5.065
第二段	$\phi600\times12$	16.38	2.814
第三段	$\phi450\times10$	10.81	1.173

可见，桅杆采用塔吊正装是完全能够实现的。

C. 桅杆的卷管。

桅杆的制作采用不锈钢板下料卷板焊接而成。

2) 桅杆底座板的制作

桅杆底板为圆形板，制作中主要需严格控制与锚栓配合的锚栓孔。先确定圆心，再根据图纸的尺寸找出锚栓孔中心位置，用冲子打上标记后转钻床钻孔，锚栓孔与锚栓的配合为：

$$D_{锚栓孔}=d_{锚栓}+(7\sim9)\text{mm}$$

桅杆底板下料采用仿形半自动切割机或数控切割机下料。

3) 锚栓预埋

锚栓位置精度要求很高，预埋后受混凝土浇捣的影响，位置容易变动。为克服以上矛盾，必须对锚栓的预埋设置限位板。锚栓预埋时，先用上下两块限位定位板与圈梁钢筋焊牢，即克服锚栓预埋移位的隐患。

定位板钻孔与锚栓直径配合为正常螺栓配合，即：

$$D_{限位板孔}=d_{锚栓}+(1.0\sim1.5)\text{mm}$$

4) 桅杆施工作业平台搭设

桅杆安装采用正装法施工，施工过程中桅杆应进行位置校正，接口施焊，航空障碍灯需安装灯罩及提升机构，桅杆表面应进行光洁处理，这些均需作业平台。

当采用桅杆上设爬梯施工方法及辅助设置专用操作平台时，因爬梯应割除，表面应处理，操作极为不便，外观难以保证，且安全可靠性差。因此，为完成上述工作，采用搭设满堂脚手架的方法提供作业平台，脚手架搭设从屋面开始至桅杆顶。为提高脚手架的稳定性，两桅杆施工脚手架连成一体，同时施工，先搭设至第一节桅杆顶端高度，当安装好第一节桅杆后再搭设至第二节桅杆顶端高度，依次搭设。脚手架四周应搭设安全网，作业面应满铺平台板。

5）桅杆测量

桅杆的测量包括底座中心的确定及桅杆垂直度的测量。

A. 桅杆底座中心的确定。

将大楼结构基准控制线延伸放线到结构屋面层及112.200m结构层。根据控制线与桅杆中心的轴线对应关系找出桅杆中心，根据桅杆中心放出桅杆外径控制圆，标识保存。

B. 桅杆垂直度测量。

a. 桅杆垂直度测量方法选择。

建筑物垂直度的测量一般有三种方法：根据平面坐标测量原理以全站仪测量、以经纬仪的常规垂直度测量以及采用铅直仪的读数测量。

采用全站仪测量，后视距离一般不小于前视距离，受结构层面积影响，全站仪必须于地面设置。这样因大气的影响会使测量精度受很大的限制，而且因平面坐标测量的要求，桅杆顶端必须设置一固定的端板，以方便寻找中心点架设标志杆，工艺复杂，测量人员操作难度很高，而且如此测量无法跟踪操作，测量工作量很大。

当采用经纬仪测量时，受结构层面积小的限制，经纬仪在楼层上因视角影响，无法直接测到桅杆顶端。在地面测量时，受结构层影响，桅杆底座测量的基准点被结构楼层隔挡，不能判定桅杆的垂直情况。

当采用铅直仪测量时，因铅直仪是垂直测定上方目标，不受结构层大小影响。而且仪器架设在屋面结构楼层，信息反馈也及时方便。满堂脚手架搭设时只要稍加注意，就不会遮挡测量目标。

综上所述，桅杆垂直度采用铅直仪控制。

b. 桅杆垂直度测量：

a）铅直仪后视点的确定。

铅直仪后视点是铅直仪的架设基准，确定铅直仪的后视点就是确定铅直仪的架设位置及确定桅杆垂直度控制的基准读数。

确定铅直仪后视点的位置的依据为桅杆结构及周围建筑物结构，确定的铅直仪后视点必须在施工中铅直仪能顺利完成测量而不受空中障碍物的影响，也不能因后视点位置的不合理而使铅直仪不能架设。

b）桅杆垂直度的测量。

桅杆垂直度测量采用直接读数法测量，即将铅直仪架设在后视点上，在待定位的桅杆顶端用刻度尺延伸，铅直仪的读数达到桅杆位置的设计值时，桅杆就垂直了。为克服桅杆安装的偏心，桅杆垂直度的测量采用对称四点测量法。

C. 桅杆的标高控制。

桅杆的标高控制主要包括两个部分，即桅杆的基准标高控制及桅杆安装过程的顶端标高控制。

a）桅杆的基准标高控制。

桅杆的基准标高控制是在桅杆底板安装前设置标高块实现。

桅杆底板锚栓预埋好并浇筑混凝土后，取下锚栓限位板并凿平凿毛锚栓范围混凝土表面。根据结构的基准标高及桅杆底座的设计标高，设置一个标高块，即实现桅杆基准标高控制。

b）桅杆安装过程的顶端标高控制

桅杆安装过程的顶端标高控制在桅杆的制作过程中，经设计标高要求及榫接接头设计实现。

6）桅杆吊装

A. 第一节桅杆吊装。

当桅杆底座控制圆测设好及第一节桅杆安装用脚手架搭设完成后，开始吊装第一节桅杆。

当桅杆吊装就位至底板控制圆上，即完成桅杆的就位施工。利用脚手架配合铅直仪调整桅杆的垂直度，达到要求后定位焊底板与桅杆的接头，复核无误后，开始对称施焊。

B. 第二节及以上段桅杆的吊装

a. 桅杆垂直度调节方法。

桅杆垂直度的调节采用千斤顶实现。为减少高空作业，千斤顶支托尽量在地面完成。

b. 桅杆吊装。

第二节及以上段桅杆的吊装方法同第一节桅杆的吊装，吊装就位及垂直度调节完成后，定位焊榫接口焊缝及隔板，然后松钩施焊。

7）桅杆焊接

A. 桅杆不锈钢选用 1Cr18Ni9Ti，桅杆焊接工艺参数选择、坡口设计及焊材选择见表 3-6。

桅杆焊接工艺参数 **表 3-6**

序号	焊接工件	焊接材料	工艺参数	坡口设计	焊接方法	备注
1	桅杆卷管对接纵缝	HoCr19Ni9Ti	$V=20\sim30V$ $I=320\sim350A$	60° CP	熔化极自动钨极氩弧焊	$\phi2$ 焊丝
2	桅杆对接环缝	HoCr19Ni9Ti	$V=20\sim30V$ $I=320\sim350A$	60° CP	熔化极自动钨极氩弧焊	$\phi2$ 焊丝
3	桅杆榫接立缝	A102	$I=80\sim110A$	35° CP	手工电弧焊	$\phi3.2$ 焊条
4	桅杆对接上隔板平缝	A102	$I=80\sim110A$	25° CP	手工电弧焊	$\phi3.2$ 焊条
5	桅杆与底座角缝	A307	$I=140\sim150A$	30	手工电弧焊	$\phi4$ 焊条

B. 桅杆焊接工艺：

a. 熔化极自动钨极氩弧焊：

a）施工前应对使用设备的水、电、气路是否正常，工件接头和坡口表面清洁的状况以及电极端形状，填充焊丝的准备等做充分检查；

b）引弧前应提前 5～10s 送氩气，氩气流量由焊工本身经验确定；

c）正式焊接前，应对被焊工件作定位焊。焊接时，在不妨碍视线情况下，尽量采用短弧焊接，以增加氩气保护效果，减少热影响，防止焊件变形过大；

d）施焊前应先试弧；当试弧后焊缝表面成灰色或黑色，应重新调整，直至试焊焊缝表面成红灰色、蓝色、银白或金黄色为止。

b. 手工电弧焊焊接不锈钢：

a）施焊前，应对工件仔细检查，使坡口平整、干净；坡口两侧 20～30mm 内用酒精擦净处理，并涂石灰粉防飞溅，损伤金属表面，工件表面不能有机械损伤；

b）为使电弧燃烧稳定，采用直流弧焊机，并用反极性；

c）短弧焊收弧要慢，弧坑应填满；

d）与介质接触的面最后焊接；

e）多层焊时要清渣检查，层间温度控制在 60℃以下；

f）焊后可采用强制冷却以减短晶间腐蚀的时间；

g）不要在坡口以外的地方起弧，地线要接好，以免损伤金属表面而使其耐蚀性下降。

c. 异种钢焊接。

异种钢焊接主要困难为碳钢与不锈钢的不同特性，为使两种金属融合后焊缝性能合理，主要要在选用焊接材料时充分考虑。焊接材料在施焊时能使这两种金属形成一种合理过渡层的焊缝，焊接材料如前所述，焊接工艺同手工电弧焊焊接不锈钢。

C. 焊接管理

a. 焊接岗位遵循原则：

a）焊工上岗前，应详细听取焊接工长进行技术交底工作，特别是各部位施焊时易发生出现的问题及注意事项；

b）焊工应遵循施焊顺序，绝对服从安排；

c）焊工施焊前，应进行一次仔细、认真的焊前准备检查，如焊机运转、电路安全、施工安全等；

d）焊接小组只有接到指令后，才有权对指令对象进行工作，且须按规定工艺工作，不得更改；

e）为减小焊接变形，采用对称施焊法施工。

b. 焊接工长职责：

a）全面合理安排焊接工作进度，对施工焊接质量负直接责任；

b）全面做好技术交底工作，对施焊关键部位应加强督促和检查；

c）施焊中严格按规范标准检查核实，发现问题及时处理，对违反规定的有权令其停止工作。

c. 焊接质量控制：

a）设专职的质量检查人员，不断加强对各作业点巡回检查，以督促焊工把住质量关；

b）焊接操作者要具备高度事业责任心，在焊接过程中发现隐患，应立即停止焊接，及时采取补救措施；

c）所有焊接部位进行目测外观检查，焊缝应无气孔、夹渣、裂纹、未熔合、咬边等缺陷；

d）对允许的局部焊接偏差应控制在最小范围内，严格按施工技术标准实行。

角焊缝：

焊角偏差　　$0 \leqslant \Delta S \leqslant 3mm$；

焊缝余高　　$0 \leqslant \Delta a \leqslant 3mm$。

对接焊缝余高见表3-7。

焊缝余高　　**表3-7**

焊缝宽度	余高 h
$B < 15mm$	$h \leqslant 3mm$
$15 \leqslant B < 25mm$	$h \leqslant 4mm$
$B > 25mm$	$h \leqslant 4/25$ 且 0.5mm 以上

T形缝余高：

$$a = t/4 (t \leqslant 40mm) \qquad 0 \leqslant e \leqslant 5mm$$

$$a = 10mm (t > 40mm)$$

咬边：

$$e \leqslant t/20 \qquad \text{且 } e \leqslant 0.5mm$$

表面宽窄不一致：

$$e \leqslant 5mm (\text{焊缝 } L > 150mm)$$

表面不平整：

$$e \leqslant 2.5mm$$

8）天线不锈钢的切割

天线不锈钢的下料及切割作业采用等离子弧切割，切割规范见表3-8。

切割规范　　**表3-8**

零件厚度（mm）	喷嘴孔径（mm）	工作电压（V）	工作电流（A）	氮气流量（L/h）	切割速度（m/h）
≤12	2.8	120～130	200～210	2300～2400	130～157

（2）空中连廊施工工艺

1）空中连廊钢结构制作。

空中连廊长度为14550mm，单根工字钢长度不能满足其要求，故需工字钢对接。工字钢对接采用45°对接法，即腹板切割与翼板成45°角。为确保工程质量，依梁铰接的受力条件，工字钢的对接接口应分布于距梁端1/4左右的位置。工字钢对接应在工字钢校正完成后，现场地面拼接完成，然后单根整体吊装。

2）空中连廊钢结构吊装。

钢结构空中连廊吊装程序：

空中连廊支承台的施工→支承台上安放橡胶支座→橡胶支座安装钢垫板及临时固定→从一侧向另一侧安装工字钢并焊接→工字钢侧弯控制→铺设压型板→栓钉焊接→吊装完成。

钢结构空中连廊的吊装：

钢结构空中连廊主要部分为工字钢，依塔吊回转半径及起重能力图，每层空中连廊工字钢每次吊装一根，吊装方法为二点钢梁吊装法。

3）空中连廊钢结构焊接。

空中连廊钢结构中工字钢对接采用手工电弧焊全熔透焊接，焊接材料选用E43。

4）空中连廊钢结构涂装。

桅杆结构的涂装主要为空中连廊工字钢的涂装，涂装以15年配套工艺设计，见表3-9。

涂装工艺设计　　表3-9

部位	涂料品种	干膜厚度（μm）	表面处理要求	涂装阶段
工字钢	喷砂		Sa2.5	车间
	喷锌	160	清洁	车间
	环氧底漆	50	清洁	车间
	通用环氧漆	100	清洁	车间
	聚氨脂面漆	100	清洁	现场
现场焊缝	按配套分别涂装完整			现场

3.11 屋面工程施工方法

本工程共设计有两种屋面，分别为屋面1（主要是119.4m标高的屋面和微波塔第二、三层平台，副楼22.5m标高屋面、露台）和屋面2（屋顶花园）。

3.11.1 屋面施工程序

（1）屋面1

1）钢筋混凝土屋面板，表面清扫干净；

2）20mm厚（最薄处）1:8水泥膨胀珍珠岩找坡；

3）20mm厚1:2.5水泥砂浆找平层；

4）刷基层处理剂一道；

5）3mm厚氯丁沥青防水涂料（二布三涂）；

6）3mm厚APP改性沥青防水卷材；

7）65mm厚陶粒轻质隔热砖，规格为305mm×305mm×65mm，1:2水泥砂浆填缝；

8）8mm厚地砖铺平拍实，缝宽5~8mm，1:1水泥砂浆填缝。

（2）屋面2

1）钢筋混凝土屋面板，表面清扫干净；

2）20mm厚（最薄处）1:8水泥膨胀珍珠岩找坡；

3）20mm厚1:2.5水泥砂浆找平层。

（3）刷基层处理剂一道

1）3mm厚氯丁沥青防水涂料（二布三涂）；

2）3mm厚APP改性沥青防水卷材；

3）200mm厚陶粒层，排水层；

4）玻璃纤维布过滤层；

5）人工合成种植土、种植物。

屋面施工重要工序是防水涂料和卷材的施工，其施工质量的好坏，直接影响防水质量。

3.11.2 屋面氯丁防水涂料施工方法

（1）施工准备

1）材料：

A. 氯丁沥青：质地细腻黏稠，均匀一致，无结粒状，滴入水中能均匀分散，无肉眼可见的颗粒和悬浮物，不凝聚。

B. 玻璃纤维布：宜用无碱无捻粗纱方格布，石蜡型浸润剂玻璃纤维布，需经脱蜡处理为宜。

C. 稀浆封层结合物：用细骨料、氯丁沥青和适当的水，由机械拌合而成。

2）作业条件：

A. 基层表面清洁平整，用2m直尺检查，最大空隙不应大于5mm，不得有空鼓、开裂及起砂、脱皮等缺陷，空隙只允许平缓变化。

B. 基层表面干燥，满涂冷底子油，待冷底子油干燥后，方可刷防水涂料。

C. 基层处理剂、有机溶剂等，均属易燃物品，存放和操作应远离火源，并不得在阴暗处存放，防止发生意外。

D. 刷防水涂料不得在雨天施工，同时应按说明书所规定的室外温度进行作业。

（2）操作工艺

1）工艺流程：

基层表面清理、修整→喷刷底胶→特殊部位附加增强处理→配料搅拌→刮涂第一遍涂料→铺胎体增强材料（玻纤布）→干燥→刮涂第二遍涂料→铺胎体增强材料（玻纤布）→干燥→刮涂第三遍涂料→铺保护层材料→养护→闭水试验。

2）清理基层：

基层表面凸起部分应铲平，凹陷处用砂浆填平，并不得有空鼓、开裂及起砂、脱皮等缺陷，沾有砂子、灰尘、油污应清除干净。

3）涂刷胶底：

底胶的配制：按说明书提供的比例配合搅拌均匀，即可进行涂布施工。

底胶的涂刷：在涂第一遍涂料前，应先立面、阴阳角、排水管、立管周围、混凝土接口、裂纹处等各种结合部位，增补涂抹及铺贴增强材料，然后大面积平面涂刷。

4）配料与搅拌：

根据材料生产厂家提供的配合比进行混合。在配制过程中，严禁任意改变配合比；同时，要求计量准确。

涂料混合时，在圆形的塑料桶中均匀搅拌，搅拌时间一般为3～5min左右。搅拌后的混合料，当颜色均匀一致时为标准，然后可进行刮涂施工。

5）涂刷防水涂料：

A. 第一遍涂料的施工：在底胶基本干燥固化后，用塑料或像皮刮板均匀涂刷一层涂料，涂刷时用力要均匀一致。在第一层涂料固化 8h 后对所抹涂料的空鼓、气孔、砂、卷进涂层的灰尘、涂层伤痕和固化不良等进行修补后刮涂第二遍涂抹，涂刮的方向必须与第一层的涂刮的方向垂直。涂刷总厚度按设计要求，控制在 1mm。然后铺玻璃纤维布，铺贴玻璃布时，不要拉得过紧，使玻璃布平直即可，两边不得有凹凸现象。玻璃布一定要被胶料浸透，使胶料从玻璃布孔眼里渗透出来。玻璃布各层上下左右之间至少搭接 30 ~ 50mm，各层搭接缝应互相错开，不得重叠。氯丁沥青玻璃布亦可采用多层连续铺贴法施工，一般以采用鱼鳞式搭铺法较好，但施工要细心，小心轻涂，不要把前一层布刮出皱纹和气泡，搭接处应仔细压紧。

B. 第二、三遍涂料的施工：等第一遍涂料干燥后，进行第二遍涂料的施工，方法基本同第一遍。

C. 特殊部位处理：突出地面的管子根部、排水口、阴阳角、变形缝等薄弱环节，应在大面积涂刷前先做好防水附加层。底胶表面干后，将纤维布裁成与阴阳角管根等尺寸、同形状并将周围加宽 200mm 的布，套铺在阴阳角管道根部等细部；同时，涂刷涂料防水涂料，常温 4h 左右表面干后，再刷第二、三道防水涂料。经 8h 干燥后，即可进行大面积涂料防水层施工。

D. 涂层厚度控制试验及厚度检验：

a. 涂层厚度是影响涂料防水质量的一个关键因素，手工操作要正确控制涂层厚度是比较困难的。因为涂刷时每个涂层要刷几道才能完成，而每道涂料又不能太厚；如果涂料过厚，就会出现涂料表面已干燥成膜，而内部涂料的水分或溶剂却又不能蒸发或挥发，使涂料难以实干而形不成具有一定强度和防水能力的防水膜。当然，涂刷过薄也会造成不必要的劳动力浪费和工期拖延。

b. 因此涂料防水施工前，必须根据设计要求的每平方米涂料用量、涂料厚度（3.0mm）及涂料材性，事先通过试验确定每道涂料涂刷的厚度。根据我公司以往的施工经验及通过计算，涂料总量宜控制在 3.0kg/m^2，每遍刮涂料为 1.0kg/m^2，通过准确的用料控制，才能准确地控制涂层的厚度，使每道涂料都能实干，从而保证涂料防水的施工质量。

c. 防水涂料总厚度检查可采取适当取样，用游标卡尺测量；然后，对取样处进行修补处理。

E. 涂刷过程中，遇到下列情况应做如下处理：

a. 当涂料黏度过大、不易涂刷时，可按说明加入少量的稀释剂进行稀释；

b. 当发生涂料固化太快、影响施工时，可按说明加入少量的缓凝剂；

c. 当发生涂料固化太慢、影响施工时，可按说明加入少量的促凝剂；

d. 当涂料有沉淀现象时，应搅拌均匀后再进行配制；否则，会影响涂料质量；

e. 材料应在贮存期内使用；如超期，则需经检验合格方能使用。

（3）保证防水质量的技术措施

1）原材料的质量控制：

A. 所有涂料防水材料的品种、牌号及配合比，必须符合设计要求和施工规范的规定；

没有产品合格证及使用说明书等文件的材料，不得采购和使用；

B. 凡进场的材料都须按规定抽样检查；凡抽查不合格的产品，坚决不能使用；

C. 加强计量管理工作，并按规定计量器具进行检验、校正，保证计量器具的准确性。

2）施工全过程的技术控制：

A. 审查好设备图纸并加强施工管理，认真制定详细的施工方案；

B. 防水施工队伍严格考核，确保施工人员的素质及作业水平；

C. 施工过程中层层把关，前一道工序合格后，方可施工后一道工序；

D. 涂料防水层及其变形缝、预埋管件等细部做法，必须符合设计和施工规范的规定；

E. 涂料防水层的基层应牢固，表面洁净、平整，阴阳角处呈圆弧形或纯角，底胶应涂刷均匀、无漏涂；

F. 底胶、附加层、涂刷方法、搭接和收头应符合施工规范规定，并应粘结牢固、紧密，接缝封严，无损伤、空鼓等缺陷；

G. 涂料防水层应涂刷均匀，且不允许出现露底情况，厚度最少达到设计要求。保护层和防水层粘结牢固、紧密，不得有损伤。

3）防水成品保护：

A. 防水施工完工后，应及时清扫干净；

B. 不得在防水层上堆放材料、机具；

C. 不得在防水层上用火或敲踩；

D. 因收尾工作需要在防水层上作业，应设置好防护木板、薄钢板，对防水层进行保护，完工后应将剩余材料和垃圾及时清除。

3.11.3 屋面 APP 改性沥青防水卷材施工方法

（1）施工准备

1）材料：

A. 成卷油毡宜卷紧、卷齐，卷筒两端厚度差不得超过 0.5mm，端面里向外出不得超过 10mm；

B. 成卷油毡在气温 10～35℃时，应易于展开，不得粘结和产生裂纹；玻璃纤维油毡贮存温度不得超过 40℃；

C. 玻璃纤维布和涂覆制品，应紧密、整齐地卷在硬纸管上，纸管内径为 32～35mm，表面不得有折叠和不均匀等现象，外包装应防潮；

D. 卷材短途运输平放不宜高于 4 层，不得倾斜或横压；

E. 油毡保管时，卷材必须直立堆放，高度不宜超过 2 层，不得横放、斜放，以免粘结变质，要在规定的温度下立放；再生胶油毡及玻璃布油毡运输及保管时，应按同一方向平放成堆，堆高不超过 1m，并应在 40℃以下保管；

F. 卷材在运输及保管时，应避免雨淋、日晒、受潮，要注意通风；

G. 防水卷材要使用配套的胶结材料。

2）作业条件：

A. 基层表面清洁平整，用 2m 直尺检查，最大空隙不应大于 5mm，不得有空鼓、开裂及起砂、脱皮等缺陷，空隙只允许平缓变化；

B. 平面铺贴卷材，宜使基层表面干燥，满涂冷底子油，待冷底子油干燥后，方可铺贴；

C. 基层处理剂、有机溶剂等，均属易燃物品，存放和操作应远离火源，并不得在阴暗处存放，防止发生意外；

D. 卷材铺贴不得在雨天和大风环境中施工，最佳施工温度在5℃以上。

(2) 操作工艺

1）卷材铺贴程序：

A. 高低跨屋面相连的建筑物要先铺高跨屋面，后铺低跨屋面；

B. 相同高度的大面积屋面铺贴卷材时，按“先远后近”的原则，还应注意从檐口处向屋脊铺贴；从水落口处向两边“分水岭”处铺贴。

2）卷材的铺贴顺序：

A. 特殊部位的附加层卷材，均应在大面积屋面卷材施工前铺贴完毕；

B. 屋面大面积卷材铺贴顺序应考虑屋面的形状、坡度以及排水方向。

3）卷材铺贴方向：

A. 屋面坡度小于3%时，宜平行于屋面铺贴；

B. 屋面坡度在3%～5%时，宜平行或垂直于屋脊铺贴；

C. 屋面坡度大于15%时，或屋面受震动时，应垂直于屋脊铺贴；

D. 屋面坡度大于25%时，屋面不宜使用卷材防水导层；

E. 建筑物平屋面较多，均应采用平行于屋脊铺贴的方法。

4）特殊部位铺贴。

天沟与屋面连接处各层卷材应进行加强处理。

(3) 质量标准

1）保证项目：

A. 所有卷材和胶结材料的品种、牌号及配合比，必须符合设计要求和有关标准、产品说明书的规定；

B. 采用基层处理剂时，所选材料应与卷材的材性相容；

C. 卷材防水层及其变形缝、排水口、外露穿墙、穿屋面顶管道等细部的卷材做法，必须符合设计要求和《屋面工程技术规范》的规定。

2）基本项目：

A. 找平层表面应压实平整，不得有酥松、起砂、空鼓等现象，空隙只允许平缓变化，找平层坡度应符合设计要求；

B. 基层与突出屋面结构的连接处，均应做成圆弧，圆弧半径按材质而定，并应按规范执行；

C. 铺设屋面隔气层和防水层前，基层必须干净、干燥，干燥程序的简易检查方法，是将1m² 卷材平坦地干铺在找平层上，静置3～4h后掀开检查，找平层覆盖部位的卷材上未见水即可；

D. 卷材防水层铺贴和搭接，应符合设计要求和《屋面工程技术规范》的规定，并应粘结牢固，无空鼓、损伤、滑移、翘边、起泡、皱折等缺陷；

E. 保护层的施工，应在卷材铺贴检验合格后方可进行，且应将防水层表面清扫干净。

(4) 施工注意事项

1）避免工程质量通病：

A. 空鼓：发生在找平层与卷材之间，且多在卷材的接缝处，原因是：

a. 防水层卷材中存在有水分，找平层未干，含水率超过9%；

b. 空气排除不彻底，卷材未粘贴牢固或刷胶厚薄不均，薄胶处压贴不实。预防方法是施工中应控制找平层的含水率，并应把好各道工序的操作关。

B. 渗漏：渗漏发生在管道穿透层、地漏、伸缩缝和卷材搭接处等部位，原因是：

a. 伸缩缝施工时未断开，产生防水层撕裂；

b. 其他部位由于粘贴不牢、卷材松动或衬垫材料不严、有空隙等；

c. 搭接处漏水原因是粘结不牢、松动或基层清理不干净，卷材搭接长度不够；

d. 预防措施是施工中应加强检查，严格执行工艺标准和认真操作。

C. 主要安全技术措施：

材料应严禁烟火接近和保持通风。

2）产品保护：

A. 对已施工完的屋面卷材，严禁操作人员穿钉鞋作业；

B. 穿过地面、墙面等处的管道根部、地漏等不得碰损、变位，以免铺贴卷材后再更换；

C. 地漏、排水口、变形缝等处应保持畅通，施工中应采取保护措施，防止基层积水或污染而影响卷材铺贴的施工质量。

3.12 塔吊布置、安装和拆除

（1）塔吊选型

因该工程屋顶有两根钢桅杆，考虑到吊装时塔吊需要有较高的自由高度，因此选用FO23B塔机。该塔机吊臂为50m，最远点额定起重量为2.3t，最大起重量为10t，附墙后塔机有45m的自由高度，完全能满足本工程施工的需要。

（2）塔吊平面位置及塔基的确定

塔吊布置在Ⓗ轴以西，④~⑦轴之间，塔吊中心距Ⓗ轴5.2m，距⑨轴9m。

（3）塔吊的安装步骤

在地库开挖的同时即安装塔吊，因现场平坦，对安装较为方便，根据现场情况，用一台25t汽车吊进行塔吊安装作业。具体步骤如下：

1）安装基础节（3780kg）。

2）安装外套架（包括液压顶升装置和操作平台，4325kg）。

3）安装一节标准节（1480kg）。

4）安装回转支承（4925kg）。

5）安装塔尖及驾驶室（4050kg）。

6）安装平衡臂，将4根栓好吊点起吊（7110kg）。

7）安装一块3.7t的配重。

8）安装起重臂（7310kg）：用两根8m长、ϕ21.3mm的钢丝绳穿绕在吊点上，吊点距吊臂根部为19.7m。

9）安装第2、3、4、5块配重。

10）接通电源，将所有控制线路连接好并进行调试。

11）穿绕主钩及小车钢丝绳。

12）由劳动局验收后投入使用。

（4）塔吊的附墙

本机选用的基础为 M101N 型，未附墙时其最大顶升高度为 13 节（标准节为 2m×2m×3m），达到自由高度后再往上顶升，塔身就必须用附墙杆与建筑物锚固。本工程塔吊共设置四道附墙，采用 N 型附墙杆，附墙杆用两根［20 槽钢焊接而成，通过与预埋于剪力墙中的预埋件焊接后，实现与墙体相连。

（5）塔基基础设计

略。

3.13　施工电梯布置、安装和拆除

本工程拟安装一台 SCD200/200 型施工升降机，该机为双笼电梯，不带配重，每笼的规定载荷为 2000kg。

（1）电梯基础平面布置

电梯布置在②轴以南，Ⓔ～Ⓓ轴之间，电梯标准节中心距②轴为 3.8m，距Ⓔ轴 3.9m。

（2）电梯附墙平面布置示意图

电梯每隔两层做一道附墙。

4　质量、安全、环保技术措施

4.1　工程质量目标

确保获得广东省样板工程和国家鲁班金像奖。

从以下几个主要要素确保创鲁班奖工程：

（1）选派精兵强将，组建精干高效的项目管理班子。

（2）精选高素质的施工作业班组。

（3）充分发挥技术优势，积极推广应用“四新”技术。

（4）加强技术管理，科学组织施工。

（5）加强材料管理，确保使用在工程上的各种材料符合要求。

（6）加强总包协调管理，确保各分项分部工程质量一次验收优良。

（7）加强资料管理，确保工程资料的及时性和完整性。

4.2　质量保证措施

（1）施工质量管理组织

施工质量的管理组织是确保工程质量的保证，其设置的合理、完善与否将直接关系到整个质量保证体系能否顺利地运转及操作（见施工部署章节的施工组织机构内容）。

（2）质量管理职责

施工质量管理组织体系中最重要的是质量管理职责，职责明确，可使责任到位，便于管理。

(3) 施工质量控制体系

1) 施工质量控制体系的设置

按PDCA的循环管理方式，通过计划、执行、检查、总结四个阶段，把经营和生产过程的质量有机地联系起来，从而形成一个高效的体系来保证施工质量达到工程质量的保证。

2) 施工质量控制体系的落实

围绕“人、机、物、环、法”五大要素进行控制。

①“人”的因素。

施工前，对施工管理人员及施工劳务人员进行培训；管理层积极推广计算机的广泛应用；一些重要岗位的劳务层，必须进行再培训，以达到更高的要求。

在施工中，加强人员的管理、评定工作，按层层管理、层层评定的方式进行。

②“机”的因素。

对进场机械进行一次全面的保养，使施工机械在投入使用前就已达到最佳状态；而在施工中，对机械进行良好的养护、检修。

③“物”的因素。

从施工用材、周转用材进行综合落实。

④“环”与“法的因素。

“环”是指施工工序流程，而“法”则是指施工的方法，利用合理的施工流程，采用先进的施工方法建造本工程。

(4) 施工阶段性的质量保证措施

施工阶段性的质量保证措施主要分为三个阶段，并通过这三阶段来对本工程各分部分项工程的施工进行有效的阶段性质量控制。

1) 做好事前控制阶段

主要是建立完善的质量保证体系和质量管理体系，编制“质量计划”，制定现场的各种管理制度，完善计量及质量检测技术和手段。

做好设计交底、图纸会审等工作，并根据本工程特点确定施工流程、工艺及方法。对本工程将要采用的新技术、新结构、新工艺、新材料均要审核其技术审定书及运用范围，检查现场的测量标桩、建筑物的定位线及高程水准点等。

2) 做好事中控制阶段

完善工序质量控制；严格工序间交接检查，做好各项隐蔽验收工作，加强交检制度的落实；对完成的分部分项工程，按相应的质量评定标准和办法进行检查、验收；审核设计变更和图纸修改；及时处理施工中出现的特殊情况。

3) 做好事后控制阶段

按规定的质量评定标准和办法，对完成的单位工程、单项工程进行检查验收。整理所有的技术资料，并编目、建档。在保修阶段，对本工程进行回访维修。

(5) 各施工环节的质量控制措施

1) 做好施工计划的质量控制

制定好本工程的施工总进度计划、阶段性进度计划、月施工进度计划等，充分考虑人、财、物及任务量的平衡，合理安排施工工序和施工计划，合理配备各施工段上的操作人员，合理调拨原材料及各周转材料、施工机械，合理安排各工序的轮流作息时间，在确保工程安全及质量的前提下，充分发挥人的主观能动性。

2）做好施工技术的质量控制措施

制定详细的施工质量、技术措施，并按总工程师给工长交底、工长给班组交底的方式做好技术交底工作。

同时，做好以下重点分部分项工程的技术措施：

①施工前各种翻样图、翻样单；

②原材料的材质证明、合格证及复试报告；

③各种试验分析报告；

④基准线、控制轴线、高程标高的控制；

⑤沉降观测；

⑥混凝土、砂浆配合比的试配及强度报告；

⑦底板大面积、大体积混凝土浇捣的质量控制；

⑧基坑降水及基坑支护质量控制；

⑨中庭大跨度无粘结预应力大梁施工质量控制；

⑩钢结构安装质量控制；

⑪玻璃幕墙质量控制。

3）做好施工操作中的质量控制措施

每个进入本项目施工的人员均要求达到一定的技术等级，具有相应的操作技能，特殊工种必须持证上岗。

加强对每个施工人员的质量意识教育，提高他们的质量意识，自觉按操作规程进行操作，在质量控制上加强其自觉性。

施工管理人员，特别是工长及质检人员，应随时对操作人员所施工的内容、过程进行检查，在现场为他们解决施工难点，进行质量标准的测试，随时指出达不到质量要求及标准的部位，要求操作者整改。

在施工中各工序要坚持自检、互检、专业检制度，在整个施工过程中，做到工前有交底、过程有检查、工后有验收的“一条龙”操作管理方式，以确保工程质量。

4.3 安全生产措施

4.3.1 安全生产管理机构

成立以项目经理为组长，项目副经理、技术负责人、安全总监为副组长，专业工长和班组长为组员的项目安全生产领导小组，在项目形成纵横网络管理体制。

4.3.2 安全防护措施

该工程专业工种繁多，其安全防护的重点如下：

(1) 做好建筑物周边防护

主楼从二层开始，每隔10层设置一道防护棚，防护棚宽度为2m；副楼在二层设置一道防护棚。外脚手架使用前必须经项目负责人、项目技术负责人、总监、施工工长、搭设班组共同验收。

(2) 做好“五临边”防护

临边防护应按计划备齐防护栏杆和安全网，拆一层框架模板，清理一层，五临边设一道防护，其栏杆高度不小于1m，并用密目网围护绑牢。任何人未经现场负责人同意，不得私自拆除。

(3) 做好“四口”防护

洞口的防护应视尺寸大小，用不同的方法进行防护：如边长大于25cm的通口，可用坚实的盖板封盖，达到钉平、钉牢、不易拉动，并在板上标识“不准拉动”的警示牌；大于150cm的洞口，洞边设钢管栏杆1m高，四角立杆要固定，水平杆不少于两根，然后在立杆下脚捆绑安全水平网两道（层），栏杆挂密目立网密封绑牢。其他竖向洞口，如电梯井门洞、楼梯平台洞、通道口洞，均用钢管或钢筋设门或栏杆。

(4) 做好现场安全用电

1) 现场塔吊、钢筋加工车间、楼层施工各设总电箱一个。

2) 主线走向原则：接近负荷中心，进出线方便，接近电源，接近大容量用点设备，运输方便。不设在剧烈振动场所，不设在可触及的地方，不设在有腐蚀介质场所，不设在低洼和积水、溅水场所，不设在有火灾隐患的场所。进入建筑物的主线原则上设在预留管线井内，做到有架子和绝缘设施。

3) 现场施工用点原则执行一机、一闸、一漏电保护的“三级”保护措施。其电箱设门、设锁、编号，注明责任人。

4) 机械设备必须执行工作接地和重复接地的保护措施。

5) 照明使用单相220V工作电压，室内照明主线使用单芯$2.5mm^2$铜芯线，分线使用$1.5mm^2$铜芯线，灯距离地面高度不底于2.5m，每间（室）设漏电开关和电闸各一只。

6) 电箱内所配置的电闸、漏电、熔丝荷载必须与设备额定电流相等。不使用偏大或偏小额定电流的电熔丝，严禁使用金属丝代替电熔丝。

7) 佛山地区雷雨天气较多，现场防雷不可忽视。由于塔吊、脚手架都将高于建筑物，很容易受到雷击破坏。因此，这类装置必须设置避雷装置，其设备顶端焊接2m长ϕ20mm镀锌圆钢作避雷器，用不小于$35mm^2$的铜芯线作引下线与埋地（角钢为L50×5×2500mm）连接，其电阻值不大于10Ω。

8) 现场电工必须经过培训，考核合格后持证上岗。

(5) 做好机械设备安全防护

1) 塔吊的基础必须牢固。架体必须按设备说明预埋拉结件，设防雷装置。设备应配件齐全，型号相符，其防冲、防坠联锁装置要灵敏可靠，钢丝绳、制动设备要完整无缺。设备安装完后要进行试运行，必须待几大指标达到要求后，才能进行验收签证，挂牌准予使用。

2) 钢筋机械、木工机械、移动式机械，除机械本身护罩完好、电机无病外，还要求机械有接零和重复接地装置，接地电阻值不大于4Ω。

3) 机械操作人员必须经过培训考核，合格后持证上岗。

4) 各种机械要定机定人维修保养，做到自检、自修、自维，并做好记录。

5) 施工现场各种机械要挂安全技术操作规程牌。

6）各种起重机械和垂直运输机械在吊运物料时，现场要设人值班和指挥。

7）所有机械都不许带病作业。

(6) 做好施工人员安全防护

1）进场施工人员必须经过安全培训教育，考核合格，持证上岗。

2）施工人员必须遵守现场纪律和国家法令、法规、规定的要求，必须服从项目经理部的综合管理。

3）施工人员进入施工现场必须戴符合标准的安全帽，其佩戴方法要符合要求；进入2m以上架体或施工层作业，必须佩挂安全带。

4）施工人员高空作业禁止打赤脚、穿拖鞋、硬底鞋和打赤膊施工。

5）施工人员不得任意拆除现场一切安全防护设施，如机械护壳、安全网、安全围栏、外架拉结点、警示信号等；如因工作需要，必须经项目负责人同意方可。

6）施工人员工作前不许饮酒，进入施工现场不准嬉笑打闹。

7）施工人员应立足本职工作，不得动用不属本职工作范围内的机电设备。

8）夏天酷热天气，现场为工人备足清凉解毒茶或盐开水。

9）搞好食堂饮食卫生，不出售腐烂食物给工人餐饮。

10）施工现场设医务室，派驻医生一名，对员工进行疾病预防和医治。

11）夜间施工时在塔身上安装两盏镝灯，局部安装碘钨灯，在上下通道处安装足够的电灯，确保夜间施工和施工人员上下安全。

(7) 做好施工现场防火措施

1）项目建立防火责任制，职责明确。

2）按规定建立义务消防队，有专人负责，制定出教育训练计划和管理办法。

3）重点部位（危险的仓库、油漆间、木工车间等）必须建立有关规定，有专人管理，落实责任，设置警告标志，配置相应的消防器材。

4）建立动用火审批制度，按规定划分级别，明确审批手续，并有监护措施。

5）各楼层、仓库及宿舍、食堂等处设置消防器材。

6）焊割作业应严格执行“十不烧”及压力容器使用规定。

7）危险品押运人员、仓库管理人员和特殊工种必须经培训和审证，做到持有效证件上岗。

(8) 做好风灾、水灾、雷灾的防护

1）气象部门发布暴雨、台风警报后，值班人员及有关单位应随时注意收听报告台风动向的广播，转告项目经理或生产主管。

2）台风接近本地区前，应采取下列预防措施：

A. 关闭门窗，如有特殊防范设备，亦应装上；

B. 熄灭炉火，关闭不必要的电源或煤气；

C. 重要文件及物品放置于安全地点；

D. 放在室外不堪雨淋的物品，应搬进室内或加以适当遮盖；

E. 准备手电筒、蜡烛、油灯等照明器具及雨衣、雨鞋等雨具；

F. 门窗有损坏应紧急修缮，并加固房屋屋面及危墙；

G. 指定必要人员集中待命，准备抢救灾情；

H. 准备必要药品及干粮。

3）强台风袭击时，应采取下列措施：

A. 关闭电源或煤气来源；

B. 非绝对必要不可生火，生火时应严格戒备；

C. 重要文件或物品应有专人看管；

D. 门窗破坏时，警戒人员应采取紧急措施；

E. 为防止雷灾，易燃物品不应放在高处，以免落地，造成灾害；

F. 为防止被洪水冲击之处，应采取紧急预防措施。

4.3.3 安全检查

项目文明施工管理组每周对施工现场做一次全面的安全施工检查。公司生产技术部门牵头组织各职能部门每月对项目进行一次大检查。

发现问题及时整改，确保安全目标的实现。

4.4 文明施工及环保措施

(1) 文明施工及环保目标计划

确保达到佛山市文明施工样板工地。

(2) 施工现场文明施工管理

做好如下几方面的管理：

1）做好施工总平面管理

合理布局整个施工现场是做好文明施工的前提和关键，严格管理是搞好文明施工的保证，在总平面管理中，必须达到如下要求：

施工平面管理中项目经理负责，由项目工长、材料部门、机械管理部门、后勤组织部门实施，按平面分片包干管理措施进行管理。

施工现场按照公司CI标准设置“六牌一图”。即公司质量方针、工程概况、施工进度计划、文明施工分片包干区、质量管理机构、安全生产责任制、施工总平面布置图。

按照总体规划要求作好平面布置，主要包括：①现场办公临建布置；②现场食堂、厕所布置；③材料堆放场地布置；④钢筋加工场地布置；⑤现场排水；排污布置。详见“施工平面布置图”。

施工现场要加强场容管理，做到整齐、干净、节约、安全，力求均衡生产。

施工现场切实做到工完场清，施工垃圾要集中堆放，及时清运，以保持场容的整洁。

施工围挡色彩一致，立放整齐、顺直。设置专人每日巡夜，施工围挡因施工原因临时拆除后要及时恢复，对破坏的施工围挡要及时更换。

2）重点部位文明施工管理措施

①办公及生活区

A. 现场临时办公室、会议室全部按设计要求布置，并按公司CI标准进行油漆。

B. 临建区场地全部用C10混凝土进行硬化，并按要求设置明沟排水，在大门口处设置洗车槽。

C. 围墙设置高度不低于2.5m，并按公司CI标准进行粉刷、油漆及做好广告语。

D. 大门整洁醒目，形象设计有特色，“六牌一图”齐全、完整。

E. 办公室门口设置绿地带。

F. 办公区公共清洁派专人打扫，各办公室设轮留清洁值班表，并定期检查。

G. 施工现场设立卫生医疗点，并设置一定数量的保温桶和开水供应点。

②材料堆放场地

A. 宿舍。

宿舍管理必须达到以下要求：

宿舍管理以统一化管理为主，制定详尽的“宿舍管理条例”，要求每间宿舍排出值勤表，每天打扫卫生，以保证宿舍的清洁。宿舍内不允许私拉、私接电线及各种电器。

民工宿舍牢固，安全符合标准。室内保持整洁，并设置生活柜。卧具、用具摆放整齐，换洗衣服干净、晾挂整齐。

对宿舍要定时消毒，灭蚊蝇、鼠、蟑螂措施到位。

B. 食堂。

施工现场的食堂应符合《食品卫生法》，明亮整洁，设置冷冻、消毒器具，生熟食品分开存放，防蝇设施完好。食堂有卫生许可证，炊事员体检合格，有健康证后方能上岗操作，证件用铝合金镜框悬挂，并保证食堂清洁卫生、无杂物、无四害。食堂墙面粉刷清洁，地面铺贴防滑地砖。

C. 厕所。

厕所内外要求清洁，墙面铺贴白瓷砖，地面铺贴防滑地砖，现场设水冲厕所，粪便化粪池处理后排入市政污水管道，并派专人打扫，以保证厕所卫生、清洁。

③材料堆场

A. 施工及周转材料按施工进度计划分批进场，并依据材料性能分类堆放，标识清楚。做到分规格码放整齐、稳固，做到一头齐、一条线。

B. 施工现场材料保管，将依据材料的性质采取必要的防雨、防潮、防晒、防火、防爆、防损坏等措施。

C. 贵重物品及易燃、易爆和有毒物品及时入库，专库专管，加设明显标志，并建立严格的领退料手续。

D. 材料堆放场地设置得力的消防措施，消防设施齐全有效，所有施工人员均会正确使用消防器材。

E. 施工现场临时存放的材料，须经有关部门批准，材料码放整齐，不得妨碍交通和影响市容。堆放散料时进行围挡，围挡高度不得低于0.5m。

④钢筋加工场地

A. 钢筋加工场地力求原材料堆放场地，钢筋加工场地、半成品堆放场地布置合理，方便加工和堆场。

B. 钢筋原材料及加工好的半成品必须分类、分规格堆放，并做好标识。

C. 各种钢筋加工机械前，必须按要求悬挂安全操作规程。

D. 钢筋加工场地必须硬化，要求场地平整无积水，并做好明沟排水、排污措施。

E. 严格执行钢筋加工场地领退料手续。

3）做好施工现场文明施工管理

①施工现场临时道路必须硬化处理，并按要求设置排水、排污明沟和暗沟、泥浆沉淀

池，保证施工现场无污积水，泥浆有组织排放。

②加强施工现场用电管理，严禁乱拉、乱接电线，并派专人对电器设备定期检查，对所有不合规范的操作限期整改。

③现场用水按平面规划要求设置管线及水龙头，设通畅的排水措施。

④施工围挡颜色一致，分段密封，用钢管绑扎牢固，整体顺直，并设专业维护。对损坏的施工围挡，要及时更换。

⑤桩基施工期间做好泥浆的排放工作和外运工作，防止泥浆污染路面，并按要求设置排水、排污沟及泥浆沉淀池。

⑥土方和泥浆外运车辆必须冲洗干净后方可上路。

⑦零散碎料和垃圾、渣土等分类集中堆放，并及时组织车辆外运。

⑧工人操作做到活儿完料净脚下清。

⑨施工脚手架用密目安全网全封闭，未经许可，任何人员不得私自拆除和出入施工区。

(3) 文明施工检查措施

1) 检查时间

项目文明施工管理组每周对施工现场做一次全面的文明施工检查。公司生产技术部门牵头组织各职能部门，每月对项目进行一次大检查。

2) 检查内容

施工现场的文明施工执行情况。

(4) 环境保护措施

1) 环境保护措施

A. 粉尘控制措施：

a. 施工现场场地硬化和绿化，经常洒水和浇水，减少粉尘污染；

b. 禁止在施工现场焚烧废旧材料及有毒、有害和有恶臭气味的物质；

c. 装卸有粉尘的材料时，应洒水湿润和在仓库内进行；

d. 严禁向建筑物外抛掷垃圾，所有垃圾装袋运走。现场主出入口处设有洗车台位，运输车辆必须冲洗干净后方能离场上路行驶。在装运建筑物材料、土石方、建筑垃圾及工程渣土的车辆，派专人负责清扫道路及冲洗，保证行驶途中不污染道路和环境。

B. 噪声控制措施

a. 施工中采用低噪声的工艺和施工方法；

b. 建筑施工作业的噪声可能超过建筑施工现场的噪声限值时，在开工前向建设行政主管部门和环保部门申报，核准后方能施工；

c. 合理安排施工工序，严禁在中午和夜间进行产生噪声的建筑施工作业（中午 12:00 至下午 14:00，晚上 22:00 至第二天早上 7:00）。由于施工中不能中断的技术原因和其他特殊情况，确需中午或夜间连续施工作业的，再向建设行政主管部门和环保部门申请，取得相应的施工许可证后方可施工；

d. 在施工场地外围进行噪声监测，对于一些产生噪声的施工机械，应采取有效的措施以减少噪声，如金属和模板加工场地均搭设工棚，以屏蔽噪声。

2) 现场绿化

在现场未做硬化的空余场地进行规划，种植四季常绿花木，以美化施工环境。

3）夜间施工措施

①合理安排施工工序，将施工噪声较大的工序安排到白天工作时间进行，如楼层混凝土的浇筑、模板的支设、砂浆的生产等。在夜间尽量少安排施工作业，以减少噪声的产生。对小体积混凝土的施工，尽量争取在早上开始浇筑，当晚23:00前施工完毕。

②注意夜间照明灯光的投射，在施工区内进行作业封闭，尽量降低光污染。

5 经济效益分析

5.1 工期指标

工程进度：总工期652个日历天，2000.10.28开工，2002.8.10竣工。

5.2 分部优良率指标

分部工程质量目标计划见表5-1。

分部工程质量计划 表5-1

序号	分部分项工程名称	一次交验质量目标	序号	分部分项工程名称	一次交验质量目标
1	地基与基础工程	优良	8	水暖卫生安装工程	优良
2	主体工程	优良	9	电气安装工程	优良
3	地面与楼面工程	优良	10	通风与空调工程	优良
4	门窗工程	优良	11	电梯安装工程	优良
5	装饰工程	优良	12	人防、消防工程	优良
6	屋面工程	优良	13	分部工程优良率	100%
7	幕墙工程	优良	14	单位工程	鲁班奖

5.3 经济效益指标

本工程使用四新技术创造经济效益见表5-2。

“四新”效益表 表5-2

序号	新技术名称	产生经济效益（万元）
1	深基坑支护	55.4
2	导轨式外爬架	94.24
3	商品混凝土及外架剂应用	62.29
4	钢筋直螺纹连接	34.23
5	电渣压力焊	2.55
6	清水大钢模	34.75
合计		283.46

本工程使用四新技术创造经济效益共计283.46万元。

第十九篇

中旅商业城施工组织设计

编制单位：中建三局
编 制 人：鄢 睿 虢先举 黄承游 周连川 王锦春

【简介】 中旅商业城工程建筑结构复杂，工程体量大，施工难度较高，在施工中采用了人工挖孔桩30μs微差松动爆破成孔技术，地下室施工运用外墙单侧支模施工，都具有很好的效果；同时，由于施工现场地处闹市区、场地狭小、工期紧张、施工队伍较多等原因，使得工程在材料运输、文明施工、施工协调等施工组织管理方面克服了许多困难。

目 录

1 工程简介

1.1 工程施工目标完成情况

中旅商业城在施工中，充分发挥了集团优势和成熟的高层建筑施工工艺，科学地进行了交叉流水作业，精心施工。在施工过程中，严格履行合同，同时以一流的项目管理、一流的工程质量、一流的文明施工、一流的安全措施、一流的效率、一流的服务，完成了以下目标：

（1）工程质量：

经精心施工和过程控制，工程质量验收合格，达到了广东省、广州市优质样板工程。

（2）施工工期：

本工程实际1998年2月20日开工，于2000年12月10日竣工，在合同要求的范围内竣工。

（3）安全施工：

没有死亡事故及重伤事故，月轻伤频率在1.2‰以下，达到了广州市安全施工样板工地标准。

（4）文明施工：

认真执行了文明施工的管理制度，达到广州市文明施工样板工地标准。

1.2 建筑概况

中旅商业城位于广州市中山五路与解放中路交叉口的东南角，是一座集办公楼、住宅楼、商场、饮食娱乐为一体的现代化多功能商业楼。

±0.000m以下为4层人防地下室，建筑面积27990.9m²。负一层为超市、设备用房、排风机房、变配电室、超市、空调机房；负二层为商业市场、商铺、空调机房、工具间；负三层是自行车道、自行车库、送排风机房、车库；负四层为车库、防毒通道、控制室、排风机房、变配电室、消防器材库、战时用的发电机房。地下室共有8部电梯，8部楼梯，2部自动扶梯；另外，在本建筑东南角还有一条旋转车道。

±0.000m以上建筑高度100.940m（不包括屋面古城堡式建筑），共有25层，一~九层为商场，十~十七层为办公楼，十八~二十五层为屋顶花园式住宅（包括游泳池），建筑面积99970m²。

1.3 结构概况

（1）本工程结构形式采用钢筋混凝土框架-剪力墙结构，设计抗震设防烈度为七度，框架、剪力墙抗震等级为二级。楼板采用梁板式结构，结构平面采用主次梁结合布置，次梁随结构变化而灵活布置。

（2）本工程从地下四层底板至二十五层屋顶，均布设有三条后浇带，纵向一条，横向两条，后浇带位置与地下四层底板的后浇带位置相同。

（3）本工程桩基设计为端承桩，桩直径1200~2200mm，桩长10~14m，桩端进入中风化岩层顶端以下一定深度，相邻桩的桩距（中心距）大多为8.4m，桩心及护壁混凝土等级为 C40。

（4）承台结构形式主要采用单桩承台，承台厚 1.6m，承台宽为桩直径另加 400mm，混凝土采用 C40 抗渗混凝土，抗渗等级 1.6MPa。

（5）基础梁宽 600～700mm，高 1600mm，底板厚 700mm，底板上设计有东西向二条、南北向一条共三条后浇带，后浇带宽 800mm。混凝土强度等级为 C40P16。

（6）地下室主体结构类型为框架筒体结构。根据截面尺寸大小划分，柱有九种；根据柱截面形状划分，有方柱、圆柱和异形柱三种。其中，方柱最大尺寸为 1350mm × 1350mm，最小尺寸 600mm × 600mm，圆柱直径为 500mm，剪力墙厚为 250mm 或 300mm，混凝土强度等级为 C60。+0.000m 以上结构柱大多为方柱，方柱最大截面尺寸 1200mm × 1200mm，最小截面尺寸 750mm × 750mm；随着层数的增加，柱的截面尺寸逐渐收缩变小；另外，还有少数圆柱（直径 600mm）和异形柱。

（7）地下室楼板为带柱帽的板式结构，混凝土强度等级为 C30。地上结构楼板采用梁板式结构，梁截面最大尺寸 1000mm × 800mm；二～十七层楼板厚 170mm，十八层楼板厚 150mm，十九层楼板厚 250mm，二十～二十六层板厚 150mm。

（8）地下室外墙厚 500～600mm，采用混凝土强度等级为 C40，抗渗等级 1.6MPa。

（9）砌体类型，结合不同部位灵活变化，梯井为 240mm 厚机制砖墙，地下四层为 180mm 厚机制空心砖隔墙，地下二层为 180mm 厚，管道井为 120mm 厚加气混凝土墙。

（10）本工程防水要求较高，地下室外侧及地下四层底板垫层上做涂膜防水，采用四道硅橡胶防水涂料；地下室外墙内侧为 20mm 厚 1:2 防水砂浆，内掺相当于水泥用量 3%～5%的防水剂。

（11）由 50 多个柱和 5 个剪力筒共同组成本工程的结构框架，5 个剪力筒墙厚一般为 300mm 和 250mm。

（12）本工程的混凝土有 4 种强度等级：C30、C40、C50、C60。

1.4　地质概况

（1）场地内自上而下存在如下土层：

新近人工填土层（平均厚 3.13m）；

第四系海陆交互淤泥质粉土层（平均厚 2.23m）；

坡洪积含砂粉黏土层（平均厚 0.81m）；

冲洪积粉质黏土或中粗砂（平均厚 0.56m）；

残积粉土层（平均厚 7.35m）以及白垩系统三水组康乐段沉积岩层。

（2）岩性上表现为泥质细粉砂岩、石英砂岩或含砾粗砂岩，部分地带呈现出这几类岩的面层组合形式。依据岩石风化程度可将场区基岩划分为强风化带（平均厚 4.89m）、中风化带（平均厚 7.51m）和微风化带（平均厚 5.68m）。

1.5　工程特点及难点

（1）现场地处闹市区，车辆行人较多，物资材料等的运输较为困难，为现场文明施工提出了更高的要求。

（2）工程量大。该工程混凝土量为 32612.1m^3，钢筋量为 7168.48t，一次性投入的人力、物力大。

(3) 建筑结构复杂，梁板构件尺寸不规则。外立面兼有弧形及半圆结构，结构施工难度较大。

(4) 工期紧。

(5) 场地狭窄，且基坑周边的堆料荷载小（$\leqslant 2t/m^2$），给施工平面布置造成一定难度。

(6) 地下室外墙距离基坑支护边短，操作空间狭小，造成支模、防水施工困难。

(7) 现场施工队伍多，交叉作业频繁，施工协调和管理较困难。

1.6 主要采用的四新技术

(1) C60 高强混凝土的研制与施工技术；

(2) 高强混凝土泵送施工技术；混凝土超高泵送施工技术；

(3) 预拌混凝土中掺加粉煤灰的应用技术；

(4) 预拌混凝土与散装水泥的应用技术；

(5) UEA 外加剂在后浇带等结构混凝土中的应用技术；

(6) 高效复合型早强减水剂（FDN-RY6）的应用技术；

(7) 大体积混凝土电脑自动测温报警技术；

(8) 竖向钢筋采用电渣压力焊连接技术、钢筋套筒冷挤压连接技术；

(9) 钢筋闪光对焊连接施工技术；

(10) 定型模板的设计与施工技术；

(11) 现浇混凝土楼地面一次性机械抹光工艺；

(12) 激光水准仪和激光铅直仪控制楼面平整度和楼层的垂直度的施工技术；

(13) 利用微机进行钢筋翻样、编制预算、施工进度网络计划管理等；

(14) 新型防水材料应用技术；

(15) 人工挖孔桩 30μs 微差松动爆破成孔技术。

2 施工部署

2.1 施工阶段及施工流水段的划分

2.1.1 施工阶段的划分

在施工过程，突出重点、难点，同时做好人、财、物的资源准备工作，实施动态管理，便于总体目标得以逐步实现，将该工程分成地下和地上两个阶段来施工。

(1) 地下工程施工阶段

地下工程施工阶段具体划分如下施工段：

①人工挖孔桩施工及检测（包括承台、地梁及底板土方处理）；

②地下室底板施工（包括底板防水、承台、地梁施工）；

③地下室结构施工（包括外墙防水）及地铁通风道施工；

④冷却塔支架及地铁出入口顶盖。

(2) 地上工程施工阶段

1）第一阶段为主体结构施工阶段。此阶段的难点是：工程结构平面复杂，钢筋、模板、混凝土工程量大，混凝土强度等级高，柱墙与梁板接头处理困难。在施工过程中，项目进行了科学的组织，选择了符合本工程的施工工艺，配备充足的施工材料及机具；同时，又保证工程质量，按合同工期顺利地完成本工程的施工。

2）第二阶段为装饰工程施工阶段。该阶段汇集人员多、工序多、交叉施工多，而且指定分包单位参与施工多，因此该阶段的相互配合、协调、计划成为项目施工过程中重点监控的阶段，也是体现本工程管理水平的主要阶段。

3）第三阶段为竖向工程施工和竣工验收阶段。此阶段的重点是竖向工程施工，尽早进行质量检查、修补、清理、准备竣工资料等。

2.1.2　施工流水段的划分

（1）地下室施工流水段的划分

根据施工场地的实际情况，并结合结构设计的后浇带位置进行了施工段的划分。在施工过程中，将地下工程划分为A、B两个相对独立的施工区域，每个区域又划分为Ⅰ、Ⅱ两个施工段。施工时均本着"先东后西，先保地铁"的原则组织施工作业。施工区域及施工段的划分如图2-1所示。

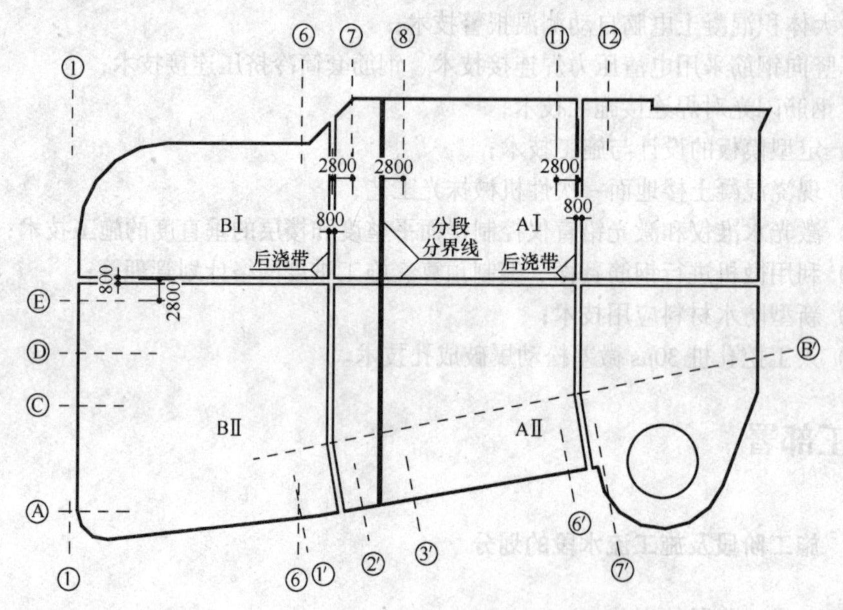

图2-1　施工区域及施工段划分

在施工过程中，由于冷却塔支架及地铁出入口顶盖各自独立形成体系，两者不再另行划分施工段，按各自的工作面尽早插入施工。

（2）地上施工流水段的划分

本工程由于建筑面积较大，且在地库结构各段施工进度相差较大，地库结构施工的各段形象进度呈阶梯式，为了充分利用现场的场地，及早插入上部结构的施工，施工时将该工程按两条纵向后浇带和一条横向后浇带划分为三个区独立施工，如图2-1所示。每个区又分为两个施工段进行流水施工，组织交叉流水作业，缩短了工期，提高了生产率。

砌体结构及粗装修施工在平面上不分段，随主体结构施工进度展开。

2.2 整体施工方案的采用

2.2.1 地下工程施工方案

(1) 塔吊布置及安装

1) 平面布置。

塔吊先进行布置并投入使用，以加快施工进度，本工程共布置两台 FO/23C 塔吊，1 号塔吊布置在Ⓙ轴北侧⑪～⑫轴之间，2 号塔吊布置在Ⓑ～Ⓒ轴⑤～⑥轴之间，具体详见“施工平面布置图”。

2) 塔吊基础。

塔吊基础设置具体详见“塔吊基础布置图的说明”。

3) 塔吊安装。

1 号塔吊安装利用设置于中山五路的大吨位汽车吊直接安装。

2 号塔吊利用设置于解放中路的大吨位汽车吊，吊运较小吨位汽车吊入基坑（坑内临时铺设钢板），利用坑内较小吨位汽车吊安装塔吊，塔吊安装完毕后，用大吨位汽车吊把坑内汽车吊吊出坑外。

(2) 人工挖孔桩施工

人工挖孔桩采用“挖一护一”的方式进行，即每开挖 1m 深做一次桩内护壁，桩芯混凝土采用分批集中浇筑。

(3) 地下室底板施工

1) 底板防水：底板防水采用人工滚筒分遍涂刷硅橡胶的方式进行施工。

2) 钢筋：钢筋在场外制作成半成品，运到现场后利用塔吊直接吊运到位绑扎成型，双层钢筋网片利用钢筋马凳作支架。

3) 模板：外侧模板根据喷锚面与底板间的距离（b）采用不同的方式。具体如下：

A. 当 $b \geqslant 400$mm，采用七夹板作面板，50mm×100mm 木枋作背楞及钢管支撑的散装散拆的模板形式；

B. 当 50mm $< b <$ 400mm 时，采用砖砌外模，粉刷防水砂浆，并做好硅橡胶防水层后作外模；

C. $b \leqslant 50$mm 时，对喷锚面做一定处理后，粉刷防水砂浆，并做好防水层后作外模。

4) 混凝土搅拌运输、浇筑、养护：

地下室底板及承台作为大体积混凝土，在施工过程中，与试验室共同协作，合理配制混凝土配合比；同时，采用保温保湿养护。养护材料采用塑料薄膜上盖麻袋片的方式，同时使用先进的电脑测温技术，随时掌握混凝土的内外温差，做到动态养护。

(4) 地下室施工方法

在地下室施工过程中，由于圆弧形车道部分与其余部分结构有结构差异，故采用不同的施工方法。

1) 垂直施工缝的划分。

由于现场圆弧形车道的喷锚面部分已进入地下室外墙，在外墙施工中，需逐步拆除喷锚预应力锁定槽钢的实际情况。为了施工期间基坑的安全，采取缩小施工段并加快每段施工进度的方式，垂直施工段的划分分段以每段高 1.5 m 左右为原则，并结合地库层高进行划分。

2）模板。

外侧模板在分段拆除喷锚预应力锚具并对喷锚面作适当处理后，粉刷防水砂浆并刷防水涂料后作为外侧模板，其余部分模板采用七夹板作面板，50mm×100mm 木枋作背楞拼制定型模板，模板支撑采用 $\phi4.8\times3.5$mm 钢管。

3）钢筋。

钢筋在场外加工成半成品，运至施工现场利用塔吊吊运到绑扎地点，人工绑扎成型。

4）混凝土。

混凝土采用商品混凝土。场外运输利用 6～8 台混凝土搅拌运输车运至施工现场，场内由设置于东、西门的两台混凝土输送泵将混凝土输送到浇筑地点，混凝土浇筑采用分层浇筑的方式，每层不大于 50cm，混凝土养护采用蓄水养护。

(5) 地铁通风道施工

地铁通风道依据其所在施工段的楼层与地下室结构同时施工，其施工方法同地下室结构施工方法。

(6) 冷却塔支架及地铁出站口顶盖

冷却塔支架及地铁出站口顶盖的施工，其钢筋、模板、混凝土养护等的施工方法与地下室施工方法基本相同。

2.2.2　地上工程施工方案

(1) 主体结构工程施工方案

主体结构施工按划分的施工段组织流水施工，配备三套综合作业队负责施工，综合作业队按钢筋工、模板工、架子工、混凝土工等专业工种设立专业施工班组。同时为了工程进度，实现工期目标，各班组按双班作业进行施工。

梁、板、墙、矩形柱模板系统按七夹板配置，配置数量按建筑单层面积配 3 层，模板支撑系统采用普通钢管脚手架，按建筑单层面积配 3 层。

本工程立面变化较多，施工外脚手架采用普通双排钢管脚手架。由于钢管脚手架一次搭设高度不宜超过 50m，本工程为超高层建筑（建筑高度大于 100m），故外脚手架的搭设必须采取卸荷措施：外脚手架分四段搭设（一～五层、六～十二层、十三～十八层、十八层以上），以便于分段卸荷。

混凝土采用商品混凝土，配备 10～15 辆车运送混凝土到现场，现场布置两台混凝土输送泵和 2 座布料杆，并辅以塔吊进行梁柱接头部位混凝土的场内运输和布料。

现场设立钢筋加工车间，配了 3 套钢筋加工机具。

(2) 砌体结构和室内粗抹灰施工方案

本工程砌体结构在 C 区Ⅵ段主体结构完成 2 层后开始插入施工。施工时，从下至上逐层跟进施工，以尽量减少砌体结构施工占用的绝对工期。每层砌体的最上一皮砖应斜砌，待墙体沉降基本完毕后砌筑。

室内粗抹灰工程在地下室砌体结构完成后开始插入施工，其施工顺序与砌体结构施工相同，也是从下至上逐层进行施工。

砌体结构和室内粗抹灰工程配备一组综合作业队伍进行施工，并按各专业工种设立专业施工班组。

现场配备 2 台砂浆搅拌机拌制砂浆，材料的运输主要由两台塔吊进行吊运。

(3) 装饰工程施工方案

配备三套综合作业队伍进行施工，并按各专业工种设立专业施工班组。

现场配备 2 台砂浆搅拌机拌制砂浆，材料的运输主要由塔吊进行吊运。

2.3 施工程序

2.3.1 总体施工程序

充分利用现有的工作面条件，在平面上组织流水作业；在空间上组织立体交叉作业；在组织上建立健全管理组织；在管理上精心组织，科学施工；在施工工艺上，充分应用“四新”技术和成熟的施工工艺和方法；在人、财、物上充分发挥集团优势，优质、高速、安全、文明地完成本工程施工任务。

2.3.2 地下工程施工阶段工程施工程序

地下工程施工阶段施工程序如图 2-2。

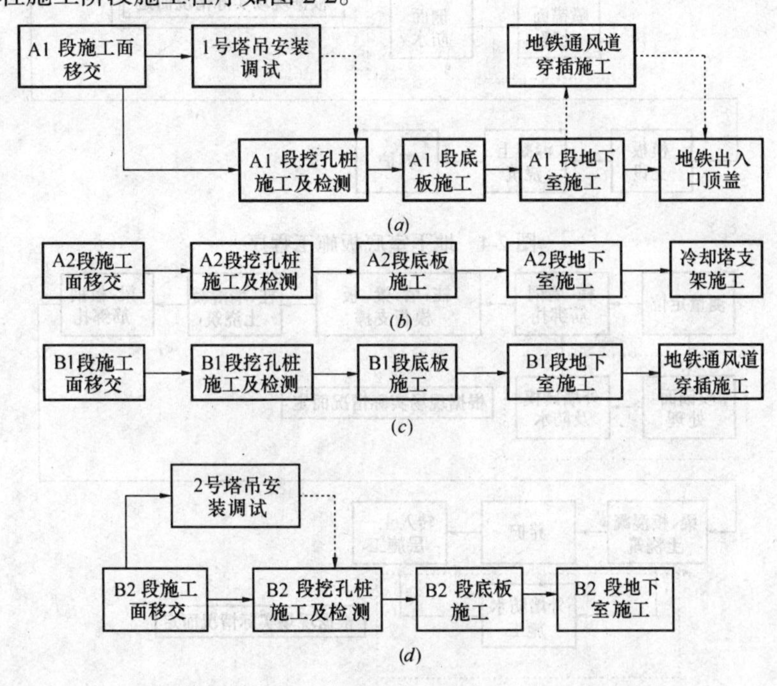

图 2-2 地下工程施工程序

(1) 人工挖孔桩施工程序

如图 2-3 所示。

(2) 地下室底板施工程序

如图 2-4 所示。

(3) 地下室施工程序

1) A1、A2、B1、B2 段（不包括圆弧形车道部分）地库施工程序（图 2-5)。

2) 圆弧形车道部分施工程序（图 2-6)。

2.3.3 地上工程施工阶段工程施工程序

本建筑层高较大，模板系统的稳定性不易保证，为保证建筑轴线位置的准确与混凝土的施工质量，主体结构施工采用“一次支模，一次浇混凝土”的方法进行施工，其施工程

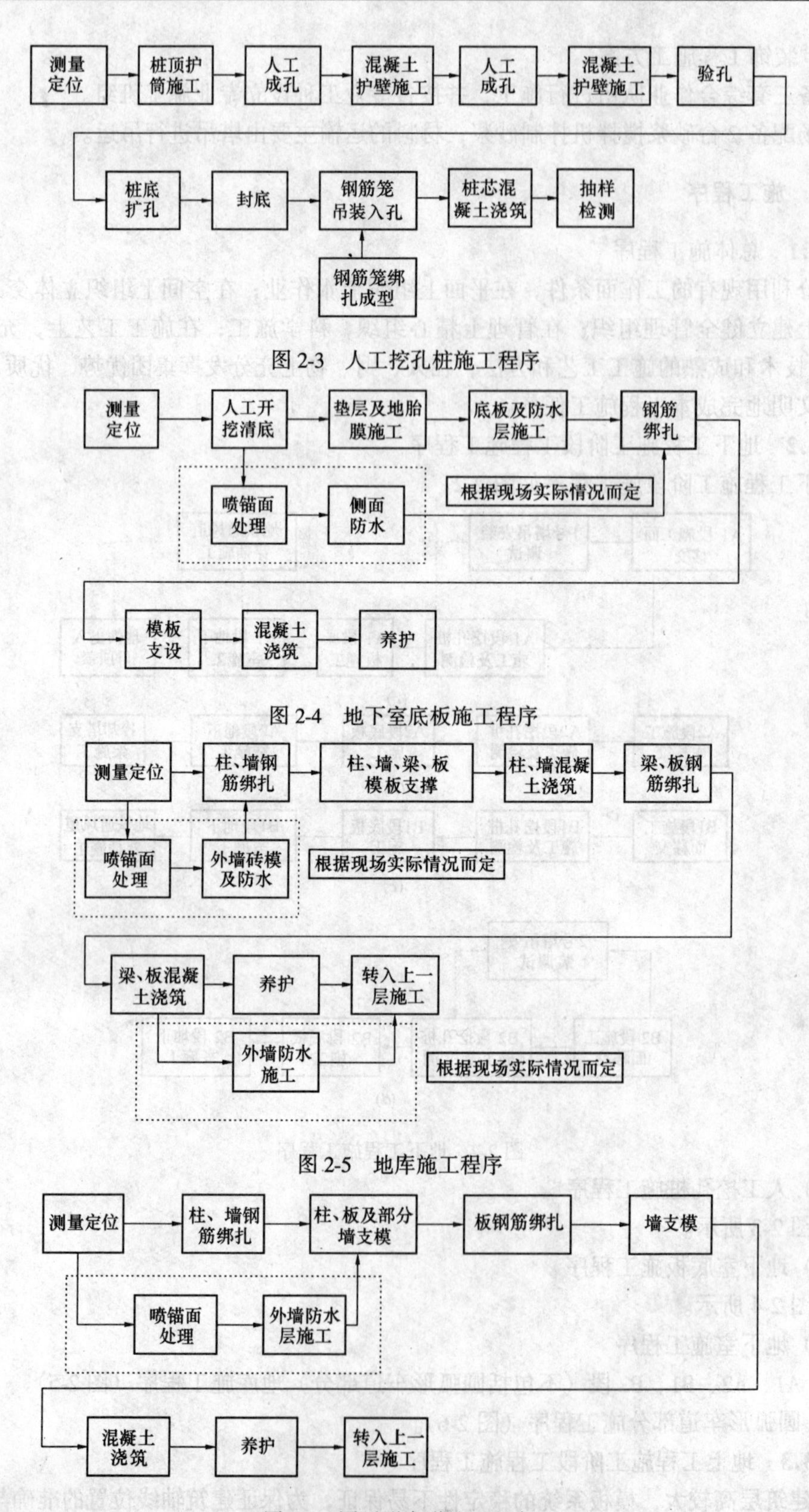

图 2-3 人工挖孔桩施工程序

图 2-4 地下室底板施工程序

图 2-5 地库施工程序

图 2-6 圆弧形车道施工程序

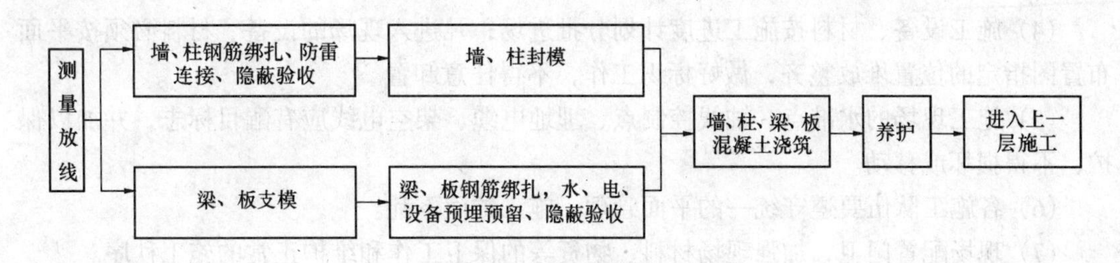

图 2-7 地上工程施工程序

序如图 2-7 所示。

2.3.4 装饰工程施工程序

室内装修包括墙面、顶棚粗抹灰，室内小型砌体和洞口边的修补，卫生间贴面砖，电梯大堂贴大理石、吊顶、乳胶漆、油漆等。

粗装修的施工程序为：顶面抹灰→室内小型砌体→洞口边修补→墙面抹灰→楼面面层找平→贴面砖、大理石→吊顶→乳胶漆、油漆。

2.4 施工平面布置

2.4.1 施工平面布置

由于本工程量较大，一次性投入的人力、物力较多，为保证安全文明施工，减小现场材料的二次搬运，加快施工进度，保证工程的施工的需要。

(1) 主要施工机械的布置

为保证钢筋模板的垂直运输，现场设置两台 FO/23C 型塔吊，分别为 1 号塔吊和 2 号塔吊，1 号塔吊布置在Ⓙ轴外、⑨～⑩轴间；2 号塔吊布置在Ⓐ轴外、⑤～⑥轴间。

另外，当施工到第四层时，现场在Ⓐ轴外、①'～②'轴间布置一台施工电梯，Ⓐ轴外、②～③轴间布置一台施工电梯。

现场布置 1 个钢筋加工车间，具体位置详见中旅商业城施工平面布置图。

(2) 临建设施的布置

详见中旅商业城施工平面布置图。

(3) 临时水电管线的布置

1) 临时供水管：由现场水源接出，沿围墙布置，由支管接至各用水点，且装上水阀。

2) 临时供电线：由现场电源（配电房）接出，沿围墙布置，设五条供电线路，分别供给生活、加工车间、塔吊电梯及工作面用电，在各用电处用支路接入，并装上配电箱。

(4) 排水沟的布设

排水沟沿临建及围墙四周布置，将污水汇集于沉淀池，经沉淀后排入市政管道。

2.4.2 施工平面管理

由于该工程位于闹市区，工程占地面积大，加上工程工期紧，现场施工人员多，现场施工用地狭窄，故在施工总平面布置上做了一个合理的布置，同时还进行了严密科学的管理。

(1) 施工平面管理由项目经理负责，由工长及材料部门组织实施，按计划分片包干管理（包括其他分包单位）。

(2) 现场临设、道路应有排水明沟，且必须保持道路、排水沟的畅通。

(3) 现场主要入口处设置出入制度、场容管理条例、安全管理制度等。

（4）施工设备、材料按施工进度计划分批进场；凡进入现场的设备、材料必须按平面布置图指定的位置堆放整齐，做好标识工作，不得任意卸置。

（5）施工现场的水准点、轴线控制点、埋地电缆、架空电线应有醒目标志，并加以保护，不得损坏或移动。

（6）各施工队伍要遵守统一的平面管理，施工忙而不乱。

（7）现场配置门卫，加强现场材料、物资等的保卫工作和维护正常的施工秩序。

（8）现场切实做到工完场清，减少材料浪费，并定期检查。

（9）现场的施工垃圾要采取层层清理，集中堆放，专人管理，统一搬运，保持现场干净、整洁。

（10）切实执行我公司制定的“现场文明施工管理细则”，定期检查评比。

2.5　施工进度计划

（1）总工期

本工程实际工期为659d，1998年2月20日开工，1999年12月10日竣工。

（2）工期完成节点情况

工期完成节点见表2-1。

工期完成节点　　**表2-1**

序号	任务名称	工期	开始时间	完成时间
1	桩基施工	91d	1998.2.20	1998.5.21
2	桩基养护及检测	86d	1998.3.17	1998.6.10
3	底板施工	96d	1998.3.17	1998.6.20
4	地下室底板以上结构施工（局部外墙防水）	93d	1998.4.21	1998.7.22
5	结构完成后未完的防水工程	82d	1998.5.6	1998.7.26
6	配套工程施工	30d	1998.6.20	1998.7.19
7	地上结构工程	255d	1998.7.1	1999.3.12
8	屋面工程	60d	1999.5.12	1999.7.10
9	砌体结构工程	209d	1998.9.16	1999.4.12
10	室内粗抹灰工程	209d	1998.10.1	1999.4.27
11	外墙装饰工程	234d	1999.1.1	1999.8.22
12	卫生间、开水房贴瓷片	100d	1999.3.1	1999.6.8
13	大堂、楼梯间精装饰工程	157d	1999.5.15	1999.10.18
14	楼地面初找平工程	133d	1999.1.9	1999.5.21
15	室内精装饰工程	353d	1998.11.16	1999.11.3
16	外架的搭设	252d	1998.7.1	1999.3.9
17	安装的预埋预留	253d	1998.7.2	1999.3.11
18	水、电、风、消防制装工程	252d	1998.8.1	1999.4.9
19	强弱电、通风、卫生、消防控制系统安装工程	245d	1998.9.30	1999.6.1
20	灯座、散流器等安装工程	261d	1998.12.6	1999.8.23
21	灯具、监控等系统安装	50d	1999.9.22	1999.11.10
22	设备安装	90d	1999.6.2	1999.8.30
23	电梯安装	120d	1999.3.15	1999.7.12
24	设备的安装调试	60d	1999.8.31	1999.10.29
25	清理、修补、交工验收	30d	1999.11.11	1999.12.10

2.6 施工周转材料的配置

地下室结构配一整层，地上结构工程配三层，外架为全悬挑外架，17层以上内室采用落地架，其中模板：48788m^2；木枋：1707m^3；钢管：966t（其中支模架：322t，外架：644t）；扣件：193200个；安全网：44325m^2；兜网：16380m^2，

2.7 主要机械设备机械配置

主要施工机具见表2-2

表2-2

序号	机械名称	单位	数量	规格	备注
1	塔吊	座	2	FO/23C	
2	外用电梯	座	2	双笼	
3	输送泵	台	2	BP3000HDD-18R	
4	电焊机	台	3	AX1	26kW
5	电焊机	台	2	BX1	20kW
6	钢筋弯曲机	台	4	GW40-1	2.2kW
7	钢筋对焊机	台	2	UNI-100	100kVA
8	钢筋截断机	台	2	GG40-1	5.5kW
9	钢筋张拉机	台	2	GT4-14	4kW
10	混凝土搅拌站	座	2	HZS50A	
11	套丝机	台	2		100
12	高压水泵	台	1		杨程100m
13	砂轮切割机	台	2		2kW×2
14	柴油发电机	台	1		120kW
15	砂浆搅拌机	台	3		
16	平板式振动器	台	2		1.1kW
17	插入式振动器	台	6	ϕ50、ϕ30	1.1kW
18	木工圆盘锯	台	4	ϕ500	
19	激光铅直仪	台	1		
20	激光水准仪	台	1		
21	混凝土抹光机	台	2	EY-200	
22	布料杆	座	2		半径21m
23	混凝土搅拌输送车	辆	15	6m^3	
24	水准仪	台	1		
25	经纬仪	台	1		
26	空压机	台	5	VV9/7	9m^3/min
27	空压机	台	1	JB-9	柴油机
28	空压机	台	2	37kW×2	
29	手动轱辘车	套	150		
30	潜水泵	台	80		
31	风镐	套	150		

2.8 施工劳动力计划

施工劳动力计划见表2-3，计划图如图2-8所示。

劳动力计划表

表 2-3

序号	工　种	98.2	98.3	98.4	98.5	98.6	98.7	98.8	98.9	98.10	98.11	98.12	99.1	99.2	99.3	99.4	99.5	99.6	99.7	99.8	99.9	99.10	99.11	99.12
1	钢筋工	20	50	100	150	150	150	120	120	120	120	120	120	100	80	10	0	0	0	0	0	0	0	0
2	木　工	50	100	150	200	200	200	160	160	160	160	160	160	150	100	10	0	0	0	0	0	0	0	0
3	混凝土工	30	30	50	50	50	50	40	40	40	40	40	40	40	40	0	0	0	0	0	0	0	0	0
4	电焊工	10	10	10	10	10	10	10	10	10	10	10	10	10	10	2	0	0	0	0	0	0	0	0
5	瓦　工	20	20	20	20	20	0	0	80	160	160	160	160	160	160	160	10	10	0	0	0	0	0	0
6	机操工	0	0	0	0	0	2	2	2	2	2	2	2	2	2	2	2	2	2	2	2	2	0	0
7	塔吊工	4	4	4	4	4	4	4	4	4	4	4	4	4	4	4	4	4	4	0	0	0	0	0
8	抹灰工	20	80	80	80	80	0	0	0	100	100	120	120	120	100	100	50	50	50	30	30	0	0	0
9	防水工	0	20	20	20	20	10	0	0	0	0	0	0	0	10	10	30	30	30	0	0	0	0	0
10	普　工	50	50	50	50	50	50	50	50	80	80	80	150	150	100	100	80	80	50	50	50	50	50	10
11	架子工	20	40	40	40	20	100	100	100	100	100	100	100	100	100	30	30	30	30	30	30	30	0	0
12	测量工	4	4	4	4	4	4	4	4	4	4	4	4	4	4	4	4	4	4	4	4	4	4	4
13	管　工	4	4	4	8	10	25	25	25	25	25	25	25	25	25	20	20	20	20	10	10	4	4	4
14	电　工	6	20	20	20	25	25	25	25	25	25	25	25	25	25	10	10	10	10	5	5	5	5	5
15	油漆工	0	0	0	0	0	0	0	0	0	40	40	40	40	40	40	40	40	40	40	40	40	40	0
16	钳　工	0	0	0	0	0	5	5	5	5	5	5	5	5	5	5	5	5	5	0	0	0	0	0
17	调试工	0	0	0	0	4	4	4	4	4	4	4	4	4	8	5	5	5	5	0	0	0	0	0
合计		238	432	552	656	647	639	549	629	839	879	899	969	939	813	512	290	290	250	171	171	135	103	23

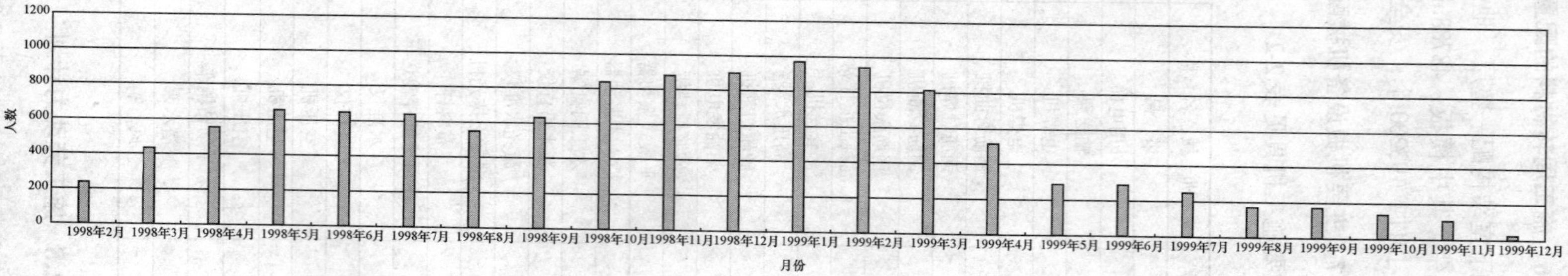

图 2-8　中旅商业城劳动力计划图

3 主要项目施工方法

3.1 人工挖孔桩微差爆破施工

本工程桩基础采用直径为1.2～2.2m的人工挖孔桩，共有100多根，采用人工挖孔桩入岩微差控制爆破，使得本工程创造施工速度快、施工质量易控制、安全有保障、施工成本低的成果。

工艺原理：采取在桩孔岩层中心掏槽眼、辅助眼、周边眼相结合的布孔方式，利用多个段别毫秒雷管，采用大串联网路连接，通过起爆器起爆，实现微差控制爆破。

爆破破碎岩石原理：当炸药爆炸时，产生了高压气体和冲击波，高压气体将使10cm范围以内的岩石产生破碎性的破坏，冲击波在岩石内传播；当冲击波遇到自由面时，冲击波反射形成拉伸波，使岩石被压碎拉裂，而其他岩石不被破坏。

（1）工艺流程

工艺流程如图3-1所示。

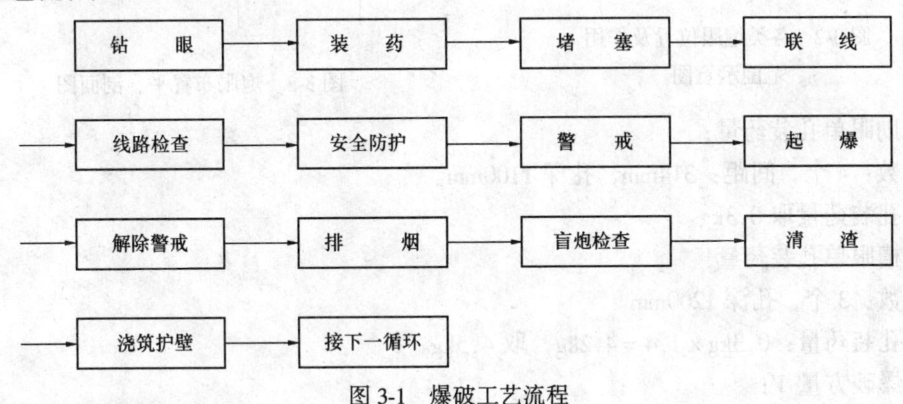

图3-1　爆破工艺流程

（2）操作要点

1）炮眼布孔方式

炮眼采用掏槽眼、辅助眼、周边眼相结合的布孔方式，各类炮眼位置及其作用范围如图3-2所示。

2）爆破参数及装药量的确定

以桩径为1.4m的桩为例：

桩径为1.4m，护壁厚度为0.15m，则爆破直径为1.7m，其炮眼布置如图3-3所示。

①单位用药量 q：

根据岩石坚硬程度和有关爆破资料，对于 ϕ1400的桩径，设定其单位耗药量为3.5kg/m³，掏槽眼装药量为辅助眼或周边眼的1.2～1.4倍。

周边眼单孔装药量：

孔数：14个，间距：314mm，排距：300mm，孔深：1000mm。

单孔装药量：$q = KV = K \times \pi h(R^2 - r^2)/n$

$= 3.5 \times 3.14 \times 1.0 \times (0.7^2 - 0.4^2)/14$

$= 0.26\text{kg}$　取0.3kg

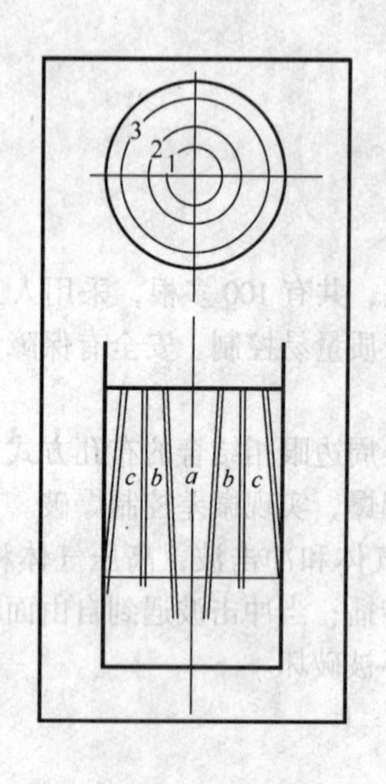

图 3-2 各类炮眼位置及作用范围示意图

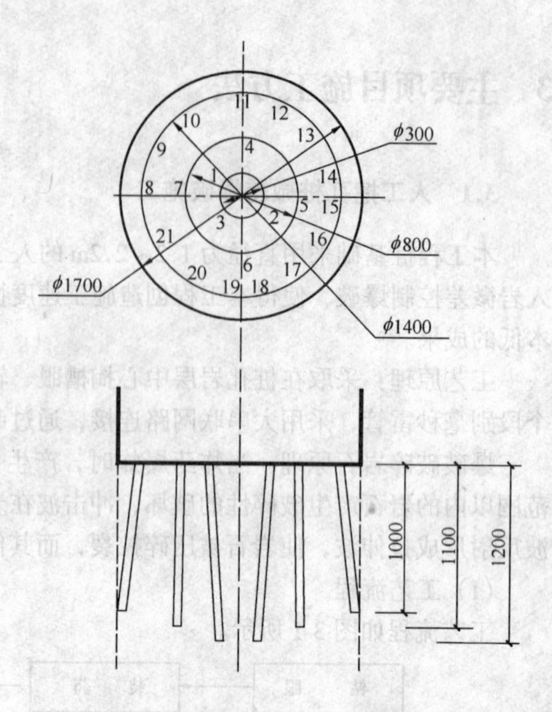

图 3-3 炮眼布置平、剖面图

辅助眼单孔装药量：

孔数：4 个，间距：314mm，孔深 1100mm。

单孔装药量取 0.3kg。

掏槽眼单孔装药量：

孔数：3 个，孔深 1200mm。

单孔装药量：0.3kg × 1.4 = 4.2kg，取 4.5kg。

②爆破方量 V：

$$V = 1/4 \times \pi D^2 L \times 85\%\ (85\%\ \text{为炮眼利用率})$$
$$= 1/4 \times 3.14 \times 1.7^2 \times 1.0 \times 85\%$$
$$= 1.93\text{m}^3$$

③总装药量 Q：

$$Q = (3 \times 0.45) + (4 \times 0.3) + (14 \times 0.3)$$
$$= 6.75\text{kg}$$

3）爆破安全分析

人工挖孔桩入岩爆破应考虑爆破飞石和振动两方面的安全问题。

①飞石安全距离分析。

裸露无覆盖状态下飞石距离：

$$R_{飞} = 20 K_A \eta_1^2 W$$

式中 $R_{飞}$——飞石距离，m；

K_A——安全系数，取 1.0；

η_1——爆破作用指数，取 1.2；

W——最小抵抗线，取 1.0m。

$$R_{飞} = 20 \times 1.0 \times 1.2^2 \times 1.0 = 28.8\text{m}$$

桩口在覆盖状态下飞石距离：

若桩孔内爆破工作面距地面在 15m 以下，则分解在水平方向的飞行距离为：$[28.8-(15^2+1.7^2)^{1/2}] \times 1.7/15 = 1.55\text{m}$

确定警戒范围为 15m。

②爆破震动安全分析。

爆破产生的震动对周围的影响采用质点垂直振动速度来衡量：

$$Q = R^3(v/K)^{3/a}$$

式中 Q——最大单响药量，kg；

v——质点垂直震动速度，cm/s；

K、a——与地形地质因素和爆破条件有关的参数；

R——测点至爆源中心的距离，m。

对不同距离的桩孔只要控制其单响药量即可确保周围建筑物不受爆破震动的危害。根据《爆破安全规程》的规定，非抗震结构建筑物允许的安全震动速度为 2～3cm/s；为确保安全，可按 1.5cm/s 来控制最大单响药量，若取 $K=150$，$a=1.6$。

桩孔离最近建筑物的距离与最大单响药量的对应关系见表 3-1。

距离与单响药量关系 **表 3-1**

R（m）	5	10	15	20	25	…
Q（kg）	0.022	0.18	0.60	1.42	2.78	…

4）周边眼对围岩的影响分析

周边眼起爆时所产生的影响范围主要是炸药产生的压缩圈和裂隙圈，压缩圈半径 R_y 和裂隙圈半径 R_r 的计算公式为：

$$R_y = 0.62 \times (Q\mu/\Delta)^{1/3}$$

式中 μ——压缩系数，对微风化岩取 10；

Q——集中药包药量，t；一般取 $Q=300\sim350$g；

Δ——装药密度，t/m^3，取 1t/m^3。

则 $R_y=0.8\sim0.9$cm，小于 15cm。

$$R_r = 8r(r\text{ 为药包半径})$$

$$= 8 \times (3.2 \div 2) = 12.8\text{cm,小于 15cm}$$

说明在离围岩 15cm 处打眼放炮，对围岩不会造成破坏。

5）起爆顺序和延期时间

起爆顺序按先掏槽眼、后辅助眼、再周边眼进行。

确定合理的起爆时间间隔，对改善爆破效果和降低爆破震动效应有重要作用，起爆时间间隔根据目前常用雷管的段别，确定掏槽眼为 2 段（25ms）、辅助眼为 6～8 段（150～250ms）、周边眼为 8～10 段（250～380ms）。

6）装药方法和堵塞结构

考虑到桩孔内可能有涌水，炸药应采用具有防水性能的乳胶炸药，雷管采用具有防水性能的电毫秒铜雷管，采用正向装药形式。装药长度在三分之一时装入雷管，装药后采用全堵塞方式，用中粗砂作堵塞物。

7）试爆

由于岩层的不均匀性，针对不同风化程度和裂隙发育程度的情况，应在单位装药量和最大单段药量方面作适当调整。为更好地把握药量以取得理想的爆破效果，正式爆破前应进行试爆。试爆时，先选取基坑中心附近的桩进行，其优点在于：一是爆破震动对周围的建筑物和基坑边坡的影响最小；二是爆破震动和噪声对周围居民的影响最小。

8）起爆网络

为控制单段最大炸药用量，起爆时逐桩起爆。桩内所有雷管采用大串联网络连接，如图 3-4 所示。起爆器选用普通电容式起爆器。

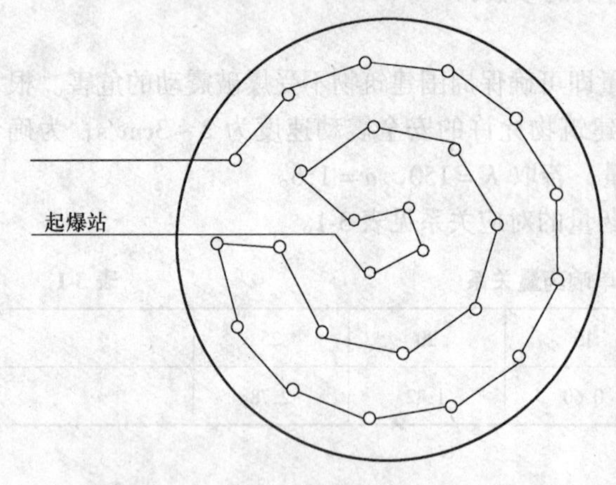

图 3-4　电爆网路示意图

网络连接时，同一网路内（即同一条桩）的雷管必须是同厂同批同型号的，各电雷管的电阻差值不得大于 0.3Ω，流经每个电雷管的电流值必须不小于 2.5A。

(3) 材料

1）炸药

采用具有防水性能的乳胶炸药，其质量应符合有关标准要求，并具有产品合格证。

2）雷管

采用具有防水性能的电毫秒铜雷管。其中，掏槽眼采用 25ms 的雷管、辅助眼采用 150～250ms 的雷管、周边眼采用 250～380ms 雷管，且同一网路（即同一条桩）的雷管必须是同厂、同批、同型号的，各电雷管的电阻差值不得大于 0.3Ω；其质量均应符合有关标准要求，并具有产品合格证。

3）起爆电线

应符合有关规范标准要求，并具有产品合格证。

(4) 机具设备

1）空压机：型号 9m³；

2）钻机：型号 Y24；

3）砂轮机：型号 380mm/1kW；

4）起爆器：采用普通电容式起爆器，如 MBF-200 型电容起爆器；

5）振动测试仪：型号 RS1616J；

6）传感器：型号 ZJ-2 型速度传感器；

7）雷管和网路测试仪：专用的万用电表。

(5) 劳动组织及安全

1）劳动组织

成立人工挖孔桩入岩爆破指挥部，任命指挥长，组建技术组、质安组、施工组和器材组，配备技术员、质安员、爆破员、保管员、钻眼工、辅助工、杂工、机械工。

指挥长：负责领导和协调工作，处理重大事情，控制施工进度；

质安员：负责施工过程中的质量、安全检查、监督；

爆破员：负责爆破施工；

保管员：负责器材的购买、输送、保管、发放等工作；

钻眼工：负责钻爆破眼。

人员搭配：一般工程配工程技术人员2名、钻眼工8名、辅助工4名、爆破员2名、杂工1名；视工程量的大小，人员作适当调整。

2）安全

采用本工法时，除应严格执行人工挖孔桩施工的有关安全施工规程及规定外，还应注意以下安全事项：

①爆破应严格遵守《爆破安全规程》、《井下安全操作规程》和公安部门的有关规定。

②爆破时要设立警戒，在路口和通道派人把守，警戒范围：无掩体保护的情况下为30m，有掩体保护的情况下为15m，警戒范围内的人员都必须全部撤走，用哨子作为警戒信号，规定第一信号为警戒信号，用几声间隔较长的哨声，在起爆前10min发出；第二信号为戒备信号，用几声间隔极短的哨声，在起爆前5min发出，听到该信号后警戒人员都必须将本岗哨的警戒任务准备完毕，无关人员全部撤出警戒区；第三信号为起爆信号，用连续几声长哨声，该信号发出后，爆破员合闸起爆；第四信号为解除信号，用一声长哨声，在起爆后3~5min后发出。

③所有炮眼装药完毕后都必须用砂子填塞满，防止冲跑。桩口用铁栅、钢板覆盖，其上堆放至少4层砂袋（留2~3个出气孔），码放重量不低于1200kg/m²；覆盖高出桩口不小于0.4m，宽度超过桩口径0.2m，保证飞石不飞出桩孔外。桩口覆盖防护示意图如图3-5所示。

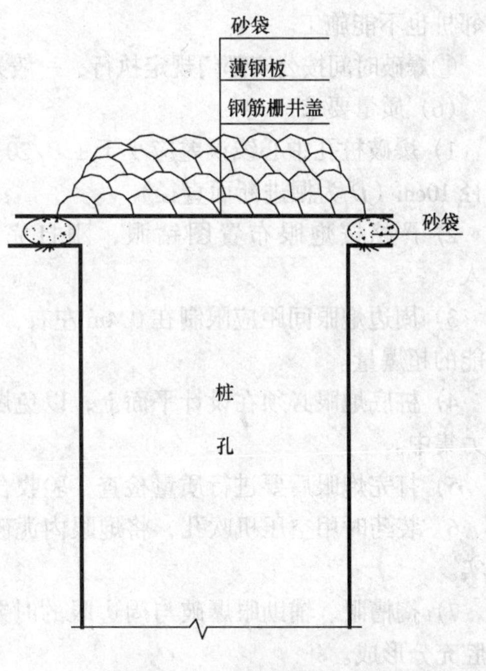

图3-5 桩口覆盖防护示意图

④雷管和网路用专用测试仪测量，不准使用其他仪器测试雷管或网路网，网路导通，电阻无误后方可进行覆盖。

⑤装药时要小心轻掏，雷管脚线要悬挂起来。

⑥爆破器材须由民爆公司负责专运，爆破器材的保管必须遵守爆破安全规程和公安部门的有关规定（专业仓管员保管、24h值班、标准库房结构和规格、进出库一式三联登记），严禁超量存放（过夜库存量规定：炸药24kg、雷管1000发）。

⑦严禁在残眼上打孔，发现残眼或哑炮时要及时上报处理。

⑧桩孔内有人作业时，桩口应有人看守。

⑨装药前要切断一切电源，停止抽水，爆区内严禁烟火。

⑩装药时必须按设计药量和段别进行操作，且不得向桩孔内投掷爆炸器材，只能用提桶小心传送。

⑪连线时所有接口必须用胶布包好，以防短路，每个桩孔连好线后必须短接，以防杂散电流引起早爆。

⑫雷雨天不得进行爆破作业。

⑬放炮后，必须用送风、淋水等方法将桩孔内炮烟排除，并经过气体检测安全后方可下井作业。

⑭起爆器要派专人看管，钥匙不得随意交给他人。

⑮爆破工作人员必须持证上岗，坚守岗位，完善管理。

⑯如发现哑炮必须立即通知现场爆破技术人员，并按有关安全规定由原装药爆破员和有经验的爆破技术人员一起处理，处理方法：

A. 由于连线不良造成哑炮，可经重新连线放炮；

B. 在距哑炮眼至少 0.3m 处另打平行新炮眼，重新装药放炮；

C. 哑炮应在当班处理，当班不能处理或未处理完毕的，应将盲炮情况（哑炮数目、炮眼方向和起爆药包位置，处理方法和意见）在现场交接清楚，由下一班继续处理；

D. 严禁用风镐冲钻或从哑炮眼中取出引药或从引药中拉出电雷管，严禁用打眼法往外掏药；严禁用压风吹这些炮眼；

E. 在哑炮处理完毕前，严禁在桩孔内进行同处理哑炮无关的工作，在距 20m 范围内的邻桩也不能施工。

⑰爆破时间按公安部门规定执行，一般为：中午：12:00—12:30；下午：18:00—18:30。

（6）质量要求

1）爆破桩孔中心线误差应小于 $\pm D/20$。掘进断面直径不小于设计直径，不超过设计直径 10cm（D 为掘进断面直径）。

2）严格按炮眼布置图钻眼，刚打完的炮眼，要用特制的木条塞紧，以防泥砂流入。

3）周边炮眼间距应限制在 0.4m 左右，炮眼不应超过掘进断面，以减少桩壁外及桩底可能的超爆量。

4）桩底炮眼必须在设计平面上，以免爆破面参差不齐，而使桩承压时在支承面发生应力集中。

5）打完炮眼后要进行质量检查，验收合格后方可装药。

6）装药时用空压机吹孔，将炮眼内泥砂吹净。炸药要装到底，并用中砂与黄泥堵塞严实。

7）掏槽眼、辅助眼爆破与周边眼的时差必须大于 150ms 以上，以保证周边眼爆破时槽腔充分形成。

8）爆破后必须用风镐清底、修边，以保证桩底持力层无浮石，井壁摩阻面无悬石，以确保桩基承载能力。

3.2 大体积抗渗混凝土承台及底板施工

3.2.1 大体积混凝土特点

大体积混凝土是指混凝土浇筑厚度较大，长、宽尺寸较大，水化热引起混凝土内最高温度与外界气温之差，预计超过25℃时的混凝土。由于混凝土浇筑后，在其硬化过程中，水泥不断水化，产生大量水化热，而混凝土体积厚大，热量不能尽快散失，致使混凝土内部温度显著上升。正因混凝土内部的热量散发较慢，而表面散热较快，从而形成较大的内外温差，由此导致混凝土内部产生温度应力。如果温差过大，则易在混凝土表面产生裂纹。当混凝土内部逐渐散热冷却收缩时，因受基底或浇筑混凝土的约束，接触处将产生很大的拉应力；当拉应力超过混凝土的极限抗拉强度时，与约束接触处会产生裂纹，甚至可能贯通整个混凝土块体，由此造成严重的质量事故。为了保证大体积混凝土的施工质量，除满足混凝土强度等级要求、抗渗要求以及混凝土内实外光的常规要求外，最关键在于严格控制混凝土在硬化过程中因水化热引起的内外温差以及混凝土收缩变形，防止混凝土内外温差过大而导致混凝土产生裂缝。大体积混凝土产生裂缝的主要原因有以下几个方面：

（1）水泥水化热引起混凝土温度应力；

（2）混凝土内外约束条件的不同引起应力不均；

（3）外界气温变化引起混凝土内外温差变化；

（4）混凝土的收缩变形。

3.2.2 施工要点

本工程承台厚1.6m，底板厚0.7m，混凝土工程量大、运输距离远（约18km）、抗渗要求高（C40P16）的施工特点，在施工前制定详细的施工组织计划，从施工技术、施工组织管理等方面严格控制，按大体积混凝土的要求进行施工。

（1）在施工技术上周密考虑，层层控制，严格把关，主要从以下几个方面采取综合性措施，有效地解决大体积混凝土裂缝问题：

1）混凝土原材料的选择；

2）混凝土配合比的设计；

3）根据大体积混凝土特点，分别考虑具体的施工方法及浇筑程序；

4）混凝土测温控制；

5）混凝土的养护。

（2）从施工组织管理上，认真做好施工准备，施工采取混凝土集中搅拌的方法，通过混凝土运输搅拌车运输混凝土；以保证混凝土的生产和运输；现场采用三台混凝土输送泵布料，以充分满足混凝土浇筑的要求。

在施工过程中，项目全体技术人员分工合作，在分公司各有关部门全力配合及协调管理，大体积混凝土一次性浇筑顺利完成，并达到国家规范要求。

3.2.3 大体积混凝土施工方法

（1）混凝土原材料的选择

为保证大体积混凝土的施工质量，原材料的选择极为重要，对进场材料必须通过严格选择，符合各项规范要求方可使用。

1）水泥。

选用42.5级普通硅酸盐水泥并外掺粉煤灰外掺料。

2）碎石。

选用级配较好且压碎指标小于12%的碎石，粒径为10~30mm，其含泥量不得大于1%，且不得含有机杂质，本工程碎石选用广州嘉华石场一级石料。

3）砂。

选用级配较好的中粗砂，含泥量不得超过3%，通过0.315mm筛孔的砂不得少于15%，本工程中砂选用广州贤江砂场优质中砂。

4）外加剂。

外加剂选用具有缓凝、早强、防水性能的复合性外加剂，掺量必须严格按照配合比来进行，且进场时必须有出厂合格证或质量保证书，保证其性能和质量的可靠性，本工程选用东莞沙角电厂生产的优质粉煤灰，南海外加剂厂生产的FDN-RY6液体高效缓凝减水剂。

（2）混凝土配合比设计

通过试验室进行多种配合比的试验和研究，选用最佳配合比作为生产混凝土的施工配合比，配合比满足以下要求：

1）水灰比控制在0.45~0.5，浇筑点的混凝土坍落度控制在8~15cm；

2）混凝土的初凝时间不少于6h；

3）混凝土的砂率控制在40%~45%；

4）外加剂能起到降低水泥水化热峰值及推迟热峰值出现的时间，延缓混凝土凝结时间，减少水泥用量，降低水化热，减少混凝土的干缩，提高混凝土强度，改善混凝土的和易性。

（3）大体积混凝土的模板

大体积混凝土模板采用砖胎模，砖胎模采用MU7.5砌240mm厚砖，M5砂浆砌筑。

（4）混凝土的布料顺序

大体积混凝土的浇筑采取“由一边向另一边推进，一次浇筑，一个坡度，先低后高，薄层覆盖，循序推进，一次到顶”的方法进行布料。

（5）混凝土的振捣

混凝土的振捣采用插入式振动器进行振捣。振动器的操作要做到“快插慢拔，直上直下”。在振捣过程中，应将振动器插入下层混凝土中5cm左右，以消除两层之间的接缝，保证混凝土的浇筑质量。每点的振捣时间以混凝土表面泛出灰浆、不再出现气泡为准。混凝土的振捣顺序为从浇筑层的底层开始逐层上移，以保证分层混凝土之间的施工质量。据混凝土自然流淌形成一个坡度的实际情况，在每个浇筑层的上、中、下部布置三道振动器。第一道布置在混凝土卸料点，主要解决上部的振实；第二道布置在斜坡的中部，以保证中部混凝土的振实；第三道布置在坡角处，振捣下部混凝土，防止混凝土堆积。振捣时先振捣出料口处的混凝土，使其自然流淌成坡度，然后全面振捣。

（6）混凝土的泌水及浮浆处理

由于混凝土采取分层浇筑，混凝土的上下层施工的间隔时间较长，且混凝土的坍落度较大，其内的自由水较多，故各浇筑层易产生泌水层。在混凝土的浇筑过程中，应先在未浇筑的一边设置集水坑，让混凝土中多余的水分和浮浆沿分层斜面流下，顺混凝土垫层流至集水坑中，在集水坑中用抽水泵将其抽出基坑排至场外。

(7) 混凝土的表面处理

因混凝土表面水泥浆较厚，在浇筑后2～3h，按标高初步用长刮尺刮平，然后用木搓板反复搓压数遍，使其表面密实、平整，在混凝土初凝前再用铁搓板压光，这样能较好地控制混凝土表面龟裂，减少混凝土表面水分的散失，促进混凝土养护。

(8) 大体积混凝土的养护

为防止混凝土内外温差过大，造成温度应力大于同期混凝土抗拉强度而产生裂缝，对大体积混凝土必须进行必要的养护，经温差计算，采用二层塑料薄膜加三层麻袋养护。塑料薄膜加麻袋养护的方法是：首先，在混凝土表面覆盖一层塑料薄膜，覆盖时间以混凝土初凝时间为宜，覆盖塑料薄膜的目的是防止水分的蒸发；然后，在塑料薄膜上覆盖麻袋以保温；最后，在麻袋上面加盖一层塑料薄膜，以防麻袋被雨水淋湿，加强保温性能。

(9) 大体积混凝土温度测试

为保证大体积混凝土的施工质量，必须对其温度进行测试。本工程中采用我局先进的智能温度巡检系统进行测温，它通过在混凝土中埋设热电偶温度传感器，通过补偿导线与信号采集仪配套进行24h连续测试，采集到的信息由计算机进行处理后显示混凝土各不同部位的温度状况，并对超出规定温差部位进行报警提醒；然后，根据混凝土温差情况采取有效措施，对大体积混凝土进行温度测控养护；如果温差较大，一般采取增加麻袋层数以增强保温效果，或降低混凝土入模温度。

3.3 模板工程施工方法

3.3.1 基本要求

(1) 模板及其支撑系统必须满足以下要求：

1) 保证结构、构件各部分形状尺寸和相互间位置的正确；

2) 必须具有足够的承载能力、刚度和稳定性，能可靠地承受新浇混凝土的自重和侧压力，以及在施工过程中所产生的荷载；

3) 模板接缝严密，不应漏浆；

4) 构造简单，装拆方便，并便于钢筋的绑扎、安装和混凝土的浇筑、养护等要求。

(2) 模板与混凝土的接触面应满涂隔离剂。

(3) 按规范要求留置浇捣孔、清扫孔。

(4) 浇筑混凝土前用水湿润木模板，但不得有积水。

(5) 墙、柱模板在混凝土浇筑完后，其模板及支架的拆除、混凝土强度应符合设计要求；当设计无要求时，应符合下列规定：

1) 侧模：在混凝土强度能保证其表面及棱角不因拆除模板而受损坏后，方可拆除；

2) 底模：在混凝土强度符合规范要求后，方可拆除。

(6) 上层梁板施工时应保证下面一层的模板及支撑未拆除。

(7) 模板接缝不应漏浆，对局部缝隙较大的采用胶带纸封贴。

现浇结构模板安装允许偏差见表3-2。

现浇结构模板安装的允许偏差（单位：mm）　　表 3-2

项目		允许偏差
轴线位置		5
底模上表面标高		±5
截面内部尺寸	基础	±10
	柱、墙、梁	+4、-5
层高垂直	全高 ≤ 5m	6
	全高 > 5m	8
相邻两板表面高低差		2
表面平整（2m 长度上）		5

3.3.2 底板模

本工程底板为承台梁板式基础，其中大部分单桩承台截面为桩径 + 400mm，核心筒承台为群桩承台，体积较大，基础梁截面为宽 700mm × 高 1600mm，板厚为 700mm。四周基坑围护，离地库外墙距离较小。对独立承台和基础梁，采用在混凝土垫层上用 M5 水泥砂浆砌 120mm 厚砖胎模作侧模，核心筒承台采用砌 240mm 厚砖胎模，砖砌高度为底板底标高，即与底板的混凝土垫层相平，以便作为底板垫层浇筑时的侧模。整个底板四周侧模原则上采用七夹板支设的办法，但对局部基坑支护向内偏移较大的部位，则采用 240mm 厚砖胎模或者将喷锚混凝土面修补处理后直接做底板侧模。底板砖胎模及侧模支设方法如图 3-6 所示。

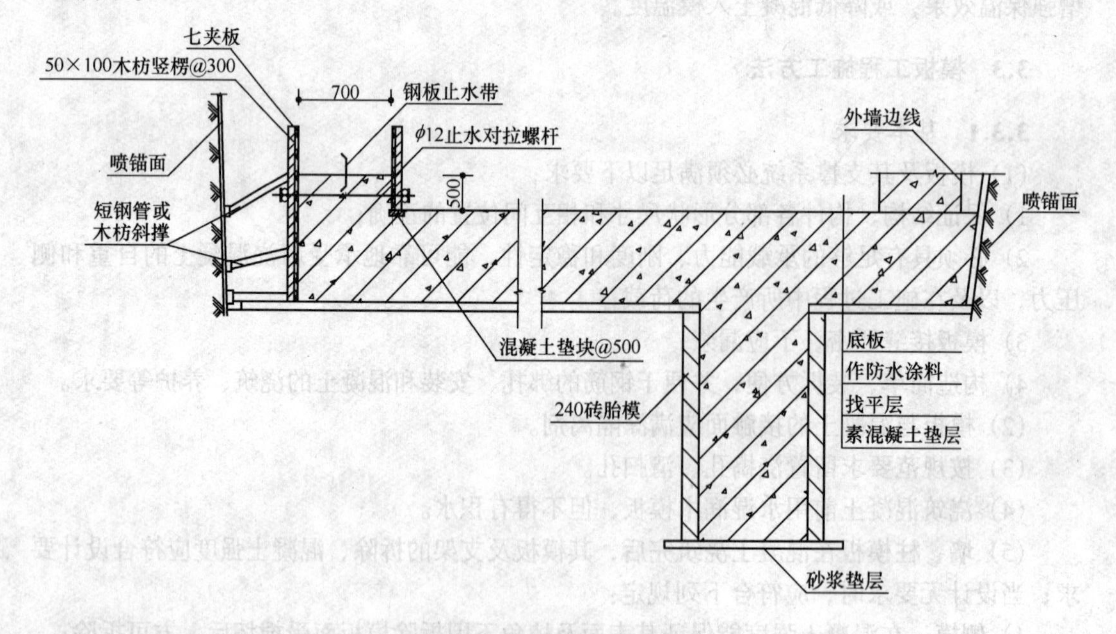

图 3-6　底板砖胎模及侧模支设方法示意图

本工程底板分为 -15.6m 和 -17.4m 两个标高，其交界面高差达 1.8m，长约 60m，高差面支模采用七夹板配制，模板竖楞采用 50mm × 100mm 木枋，横楞采用 ϕ48 × 3.5mm 双钢管。模板定位支撑利用底板已焊成整体的板筋，用带钢筋头的混凝土预制垫块与底板面筋焊接以支撑模板，模板加固在底板垫层施工时作条形地锚处理。地锚竖向长度同结构斜坡长，横向间隔400～600mm一条，地锚上外露埋筋，以便与加固对拉螺杆焊接。加固螺杆一端与地锚上外露埋筋焊接形成支撑点；另一端用钢管与螺栓将模板固定，为保证底板防水要求，螺杆采用防水螺杆，竖向设置3道，水平间距400～600mm，拆模后将多出的部分割除。底板高差交界面支模示意如图3-7所示。

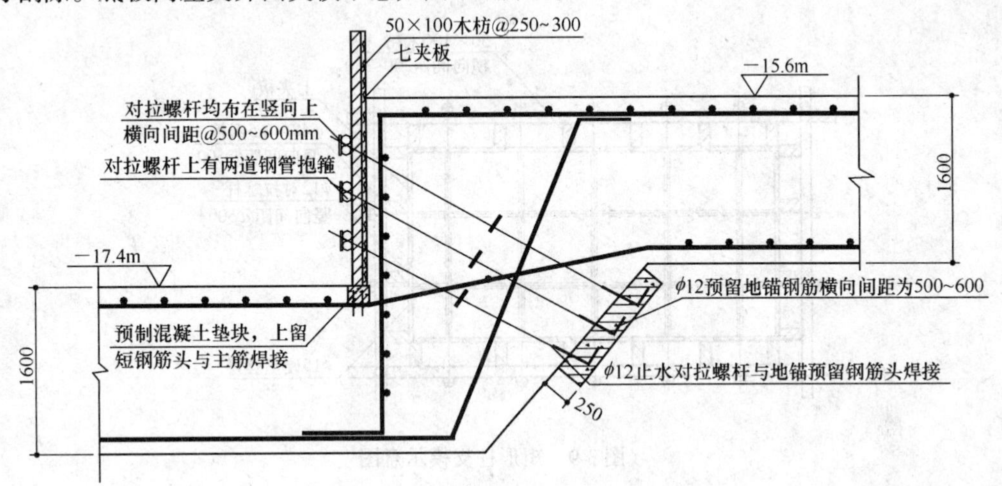

图3-7　底板高差交界面支模示意图

本工程底板及多个电梯井承台中都有截面大于2m以上的坑洞，特别是CT-3和CT-4为三个坑洞，支模施工质量较难保证，采用七夹板配制，50mm×100mm木枋作楞，钢管相应支撑，以保证其截面尺寸；同时，用防水螺杆加固以保证其位置准确，下口用C10混凝土垫块垫于面筋上，使模板体系与底板钢筋分开，避免拆模后的露筋现象。坑洞部位支模示意如图3-8所示。

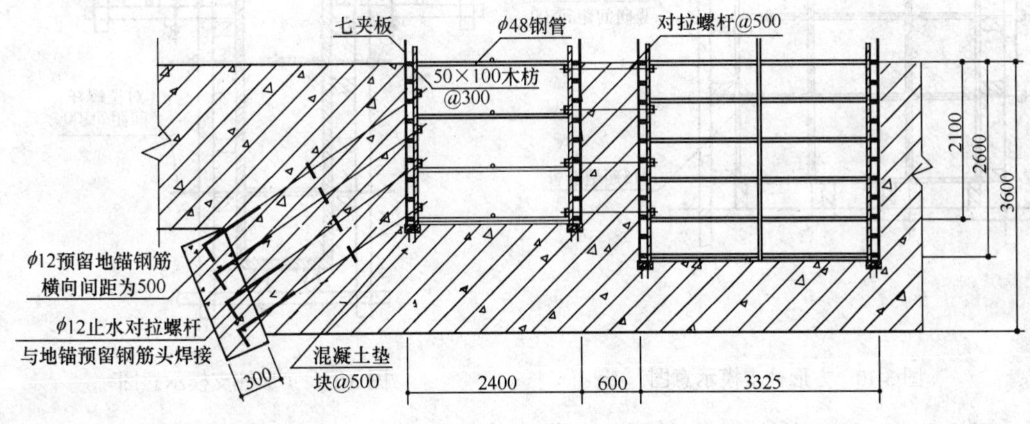

图3-8　坑洞位置支模示意图

3.3.3　柱模

该工程柱子数量大（50多个），柱截面尺寸种类多，有方柱、圆柱，还有异形柱，柱高度变化较大，施工具有一定难度。该工程矩形柱最大截面尺寸1200mm×1200mm，最小截面尺寸750mm×750mm（暗柱除外），采用七夹板配制模板，加50mm×100mm木枋竖楞和短钢管抱箍加固。木枋竖楞的横向间距按 250~350mm 设置，钢管抱箍的竖向间距按 500mm 设置，施工时还要进行加固，以保证模板的牢固稳定。为保证柱线角顺直，木枋条定位必须准确。为增强柱模的侧向刚度，在柱模上设置双向 $\phi12$ 对拉螺杆。对拉螺杆的竖向间距按 500mm 设置。矩形、方形、T 形柱模板支设示意如图 3-9~图 3-11所示。

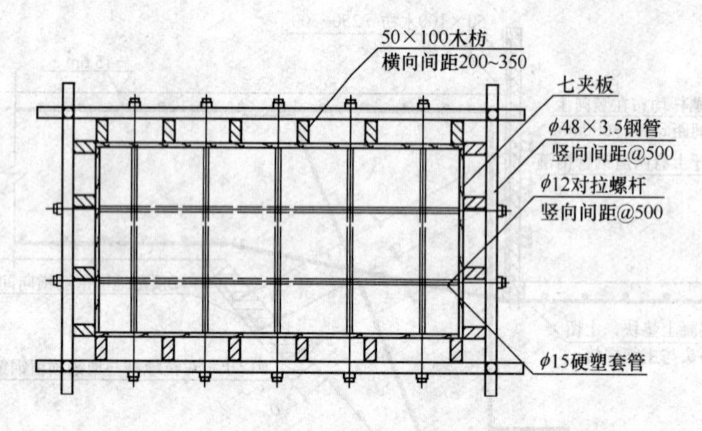

图 3-9　矩形柱支模示意图

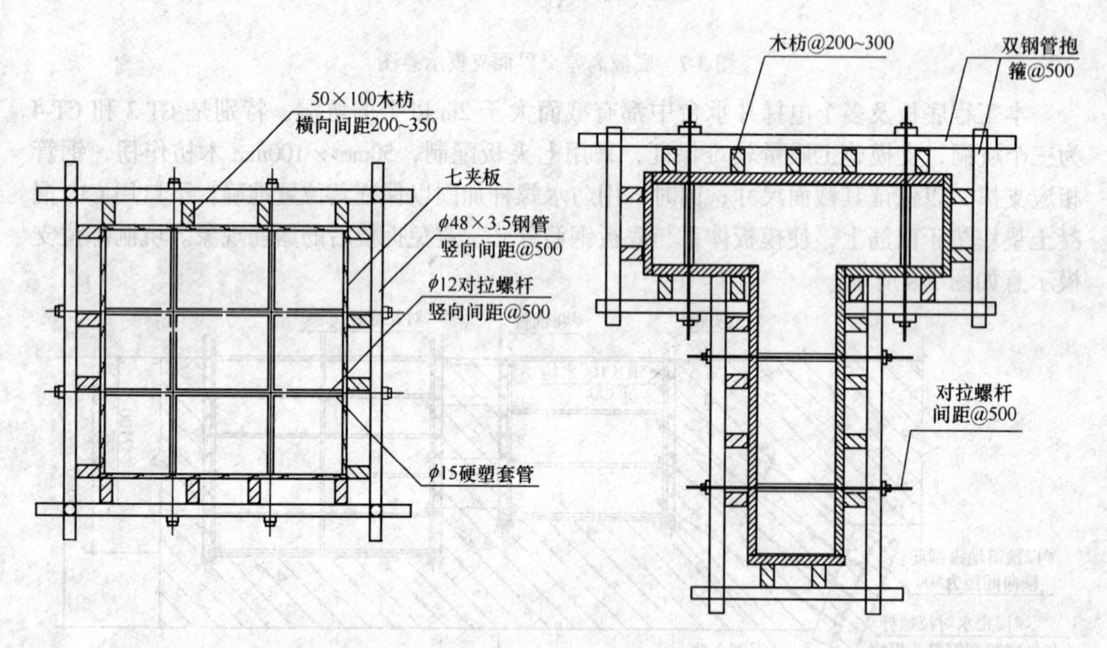

图 3-10　方形柱支模示意图　　图 3-11　T形柱支模示意图

圆柱只有一根，直径 650mm，采用制作定型木模。

对于一、二、三层位于Ⓒ~Ⓖ/⑥~⑨轴间的通长柱子，支模时与其他柱子一样分层支模、浇筑。为保证拆模后上下层柱子接口处的平整、光滑，在浇筑混凝土时，应浇筑到柱顶下 200~300mm 处停止。上层柱子支模前，应将下层柱顶表面的浮浆清除并凿毛，以增强新旧混凝土的咬合。柱子浇筑前，底部应先浇筑一层厚 50~100mm、与所浇筑混凝土内砂浆成分相同的水泥砂浆。

Ⓒ~Ⓖ/⑥~⑨的满堂脚手架在一到三层通长搭设，以作为柱模的支撑系统。

因该工程柱高度较大，在混凝土浇筑时应按规范要求留置浇捣孔，便于进行混凝土的振捣，保证混凝土的施工质量。

3.3.4 梁板模

由于本工程地库结构大多为无梁楼盖，框架梁较少而 $D=2800$mm 圆形柱帽较多，不适于应用定型钢模，而只能采用普通七夹板配制，模板支撑为 $\phi48\times3.5$mm 普通钢管。在模板安装过程中，要特别注意保证梁、板的截面尺寸、轴线和标高的准确性。柱帽施工示意图如图 3-12 所示。

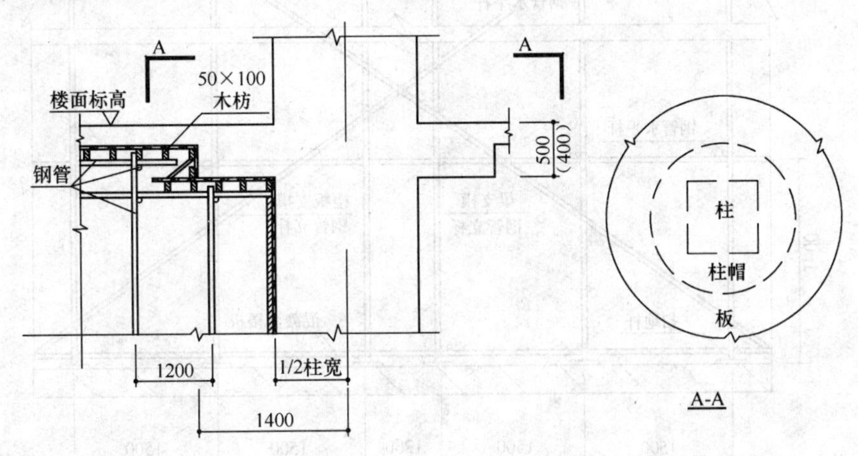

图 3-12 柱帽支模示意图

本工程梁板模采用七夹板配制，支撑采用钢管满堂脚手架。模板竖楞采用 50mm × 100mm 木枋，横楞采用 $\phi48\times3.5$mm 钢管，然后在其上铺七夹板模。对于梁高大于 800mm 的梁，在梁中设置 $\phi12$ 的对拉螺杆，对拉螺杆的间距按 500mm 设置。支模时，按设计要求将梁底模起拱；当梁跨度大于或等于 4m 时，按跨度的 0.1%起拱，梁板支模如图 3-13 所示。

3.3.5 墙模

(1) 外墙模板

本工程外墙部分由于结构层高变化较多，基坑喷锚围护面距结构外墙宽窄不一，最小环形车道处围护面已进入结构外墙范围。部分地方喷锚预应力锚头也已进入结构外墙范围，给地库的结构施工带来了一定的困难，针对此特殊现状，对外墙施工进行分类处理。

1）基坑围护面已进入结构外墙宽度范围内的地方，主要为环形车道处。该处喷锚腰梁及锚头在地库施工时将分段拆除，且对伸入外墙宽度范围内的喷锚面进行打凿修平，加上该处环形车道本身施工比较困难，在“3.7 环形车道施工方法”中另行详细说明。

2）基坑围护面距结构外墙宽度不足 50mm 处，利用基坑围护喷锚面混凝土经人工打凿、修平并粉刷水泥砂浆至外墙边线作为外墙外侧模板使用，利用喷锚外露纵横向间距 1100mm 的锚头与对拉螺杆焊接加固；同时，利用室内满堂脚手架体对墙模作斜撑加固处理，支模示意图如图 3-14 所示。

3）基坑围护面距结构外墙宽度不足 400mm 处，主要为地下四层局部平面处，由于人体无法进入进行墙体模板的支拆及后续防水涂料的施工，采用砌筑 240mm 厚砖胎模的办法。考虑砖胎模承受侧压力及自身稳定性，对砖胎模水平每4m作一砖垛办法，在底板施工时将该处底板浇宽300mm用于支承砖胎模重力，避免砖胎模不均匀沉降。在砖胎模施

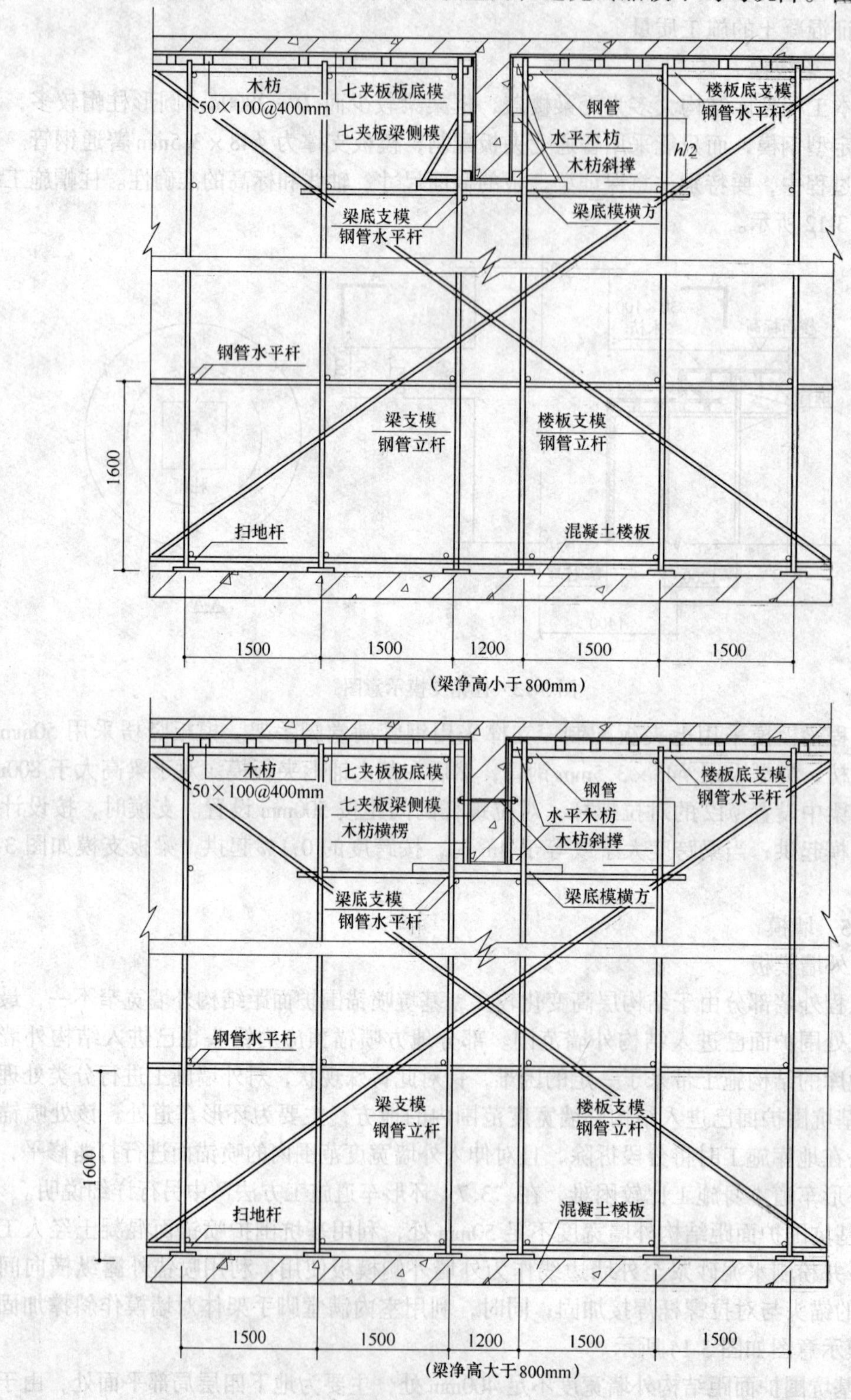

图3-13　梁板支模示意图

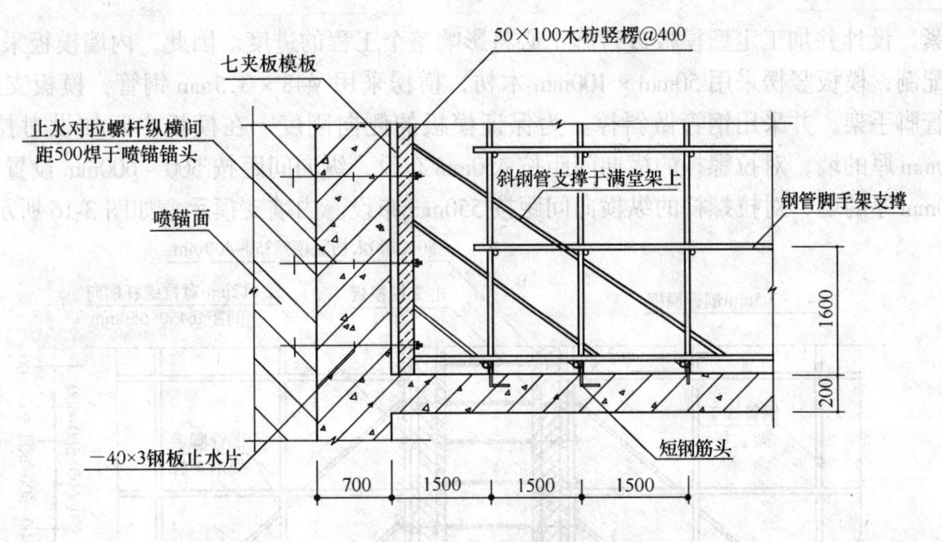

图 3-14　外墙模板示意图（喷锚面作外侧模）

工时，将墙体对拉防水螺杆埋入；同时，利用喷锚锚头（纵横向间距 1100mm）焊接防水螺杆作对拉螺杆，外墙内模采用七夹板配置，以满足不同结构形状的配模要求。

模板与搭设的室内满堂脚手架相连，并充分利用楼板预埋管作斜撑。竖楞采用 50mm × 100mm 木枋，横楞采用 $\phi48\times3.5$mm 钢管，利用埋设于外胎模中的对拉止水螺杆进行加固，对拉螺杆的纵横间距均按 500mm 设置，支模示意图如图 3-15 所示。

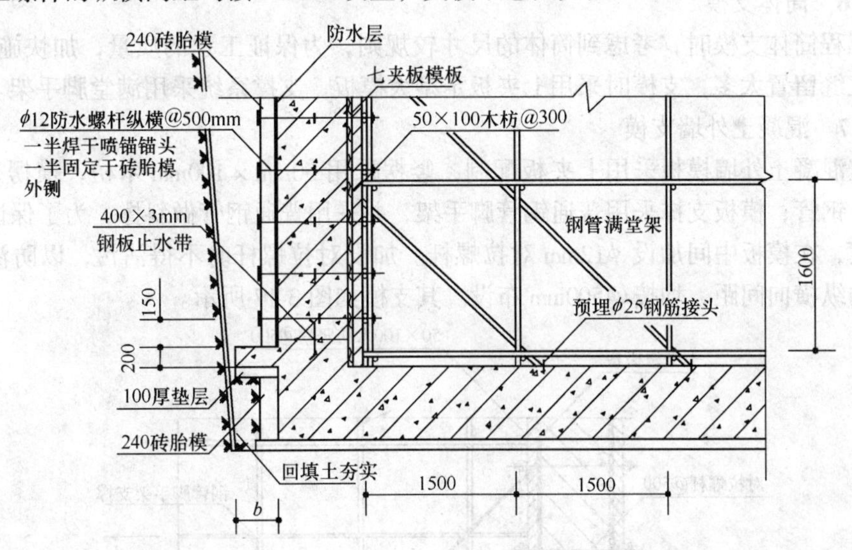

图 3-15　外墙支模示意图（外侧模为砖胎模）

4）外墙有作业面时采用常规施工方法：用七夹板配制模板，50mm × 100mm 木枋作竖楞，并用钢管做横撑，$\phi12$ 防水（地上工程不加止水片）螺杆加固，纵横间距 500 ~ 600mm 设置，施工中为避免接缝不平顺的质量通病，利用下一层支模用的螺杆进行加强处理。

（2）内墙模

本工程结构层层高变化较多，配制定型模板将造成较大的浪费，而且因进场施工时间很紧，设计并加工定型模板进行施工必将影响整个工程的进度。因此，内墙模板采用七夹板配制，模板竖楞采用 50mm × 100mm 木枋，横楞采用 $\phi48 \times 3.5$mm 钢管，模板支撑采用钢管脚手架，并采用钢管做斜撑。为保证模板的侧向刚度，在模板中间加设对拉螺杆。400mm 厚的墙，对拉螺杆的横向间距按 450mm 布设，纵向间距按 500 ~ 600mm 设置；小于 400mm 厚的墙，对拉螺杆的纵横向间距按 550mm 布设。内墙支模示意如图 3-16 所示。

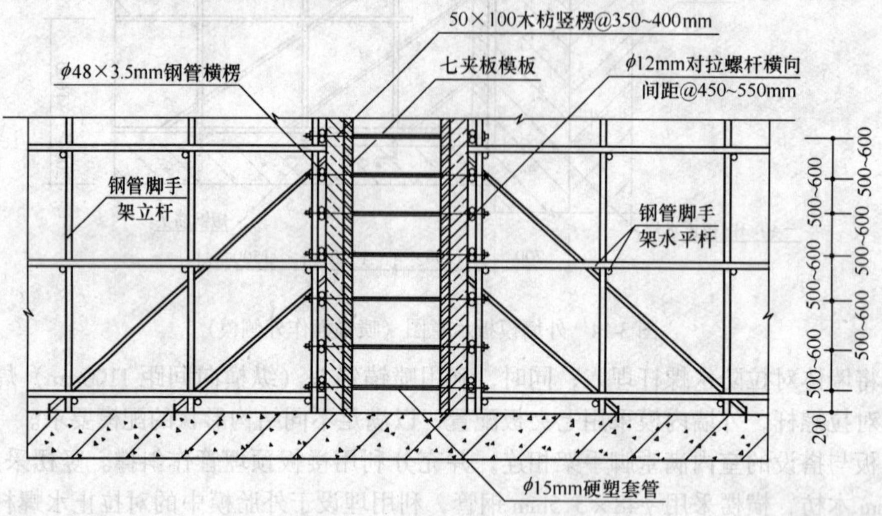

图 3-16　内墙支模示意图

3.3.6　筒体支模

本工程筒体支模时，考虑到筒体的尺寸较规则，为保证工程的质量，加快施工进度，避免施工缝留置太多，支模时采用七夹板定型大模板，支撑系统采用满堂脚手架。

3.3.7　混凝土外墙支模

承重混凝土外墙模板采用七夹板配制，竖楞采用 50mm × 100mm 木枋，横楞采用 $\phi48 \times 3.5$mm 钢管；模板支撑采用普通钢管脚手架，并采用普通钢管做斜撑。为了保证模板的侧向刚度，在模板中间加设 $\phi12$mm 对拉螺杆。加设对拉螺杆时不得沾污，以防渗水。对拉螺杆的纵横向间距，均按@500mm 布设。其支模如图 3-17 所示。

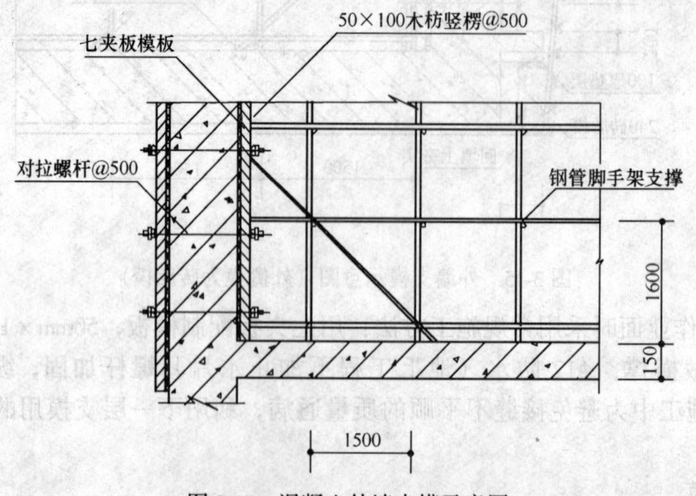

图 3-17　混凝土外墙支模示意图

3.3.8 檐口模

本工程六层檐口，因其形状独特，外挑宽度大（达1700mm），所以施工有一定难度。模板系统采用七夹板定型模板，利用钢管脚手架作为模板支撑系统，如图3-18所示。混凝土分两次浇筑，先浇筑外墙混凝土，待主体结构完成后，再浇筑檐口混凝土；同样，本工程三层挑板亦分两次浇筑混凝土。

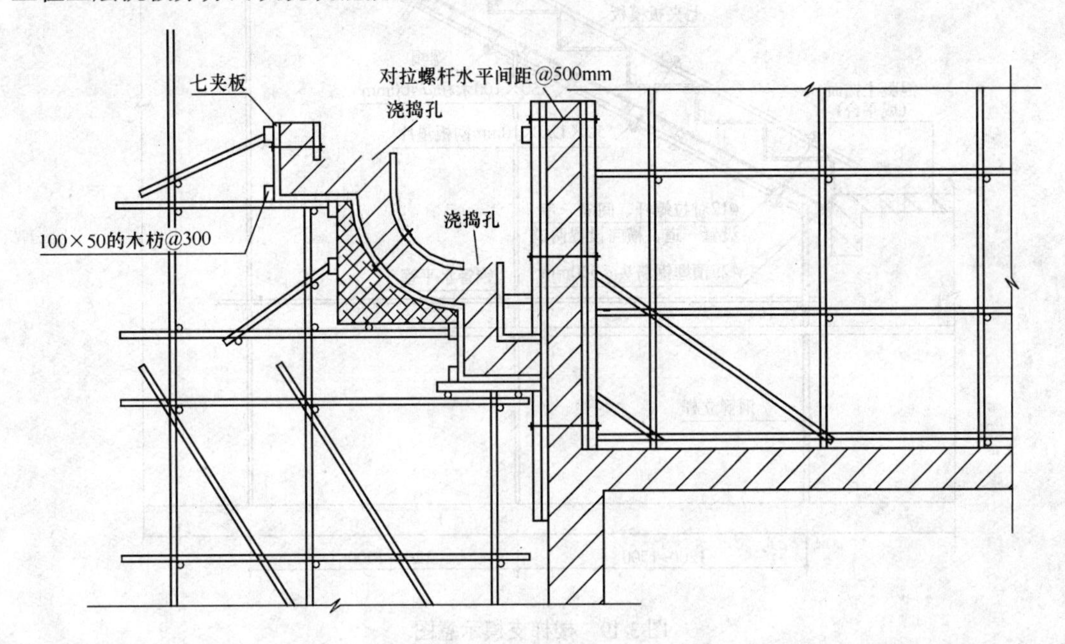

图3-18 檐口支模示意图

3.3.9 楼梯模

采用全封闭式支设楼梯模板，如图3-19所示。

3.4 钢筋工程施工方法

3.4.1 钢筋施工的准备

钢筋采取在现场加工制作方法。现场的垂直及水平运输由塔吊配合人工进行。钢筋必须经过检验合格，有弯曲和锈蚀的钢筋必须经调直、除锈后方可开始下料，钢筋取样及试验方法应符合国家现行规范及标准的要求；钢筋的加工制作必须严格按翻样单进行，加工后的钢筋半成品应按区段部位堆放，且要挂牌标示；绑扎前，必须对钢筋的钢号、直径、形状、尺寸和数量等进行检查；如有错漏，应及时纠正增补。

3.4.2 钢筋的连接方式

直径为25mm和大于25mm的墙柱内竖向钢筋及梁内钢筋的接长采用挤压套筒连接，直径小于25mm大于22mm墙柱内竖向钢筋接长采用电渣压力焊，直径小于22mm的墙柱内竖向钢筋的接长采用绑扎搭接。

梁内受力钢筋直径小于25mm、大于等于18mm的钢筋接长采用闪光对焊或单面搭接焊连接。凡框架梁、LL梁纵向钢筋与剪力墙相连接的暗梁的水平钢筋应焊接，其余直径小于18mm的钢筋均采用绑扎搭接接头。

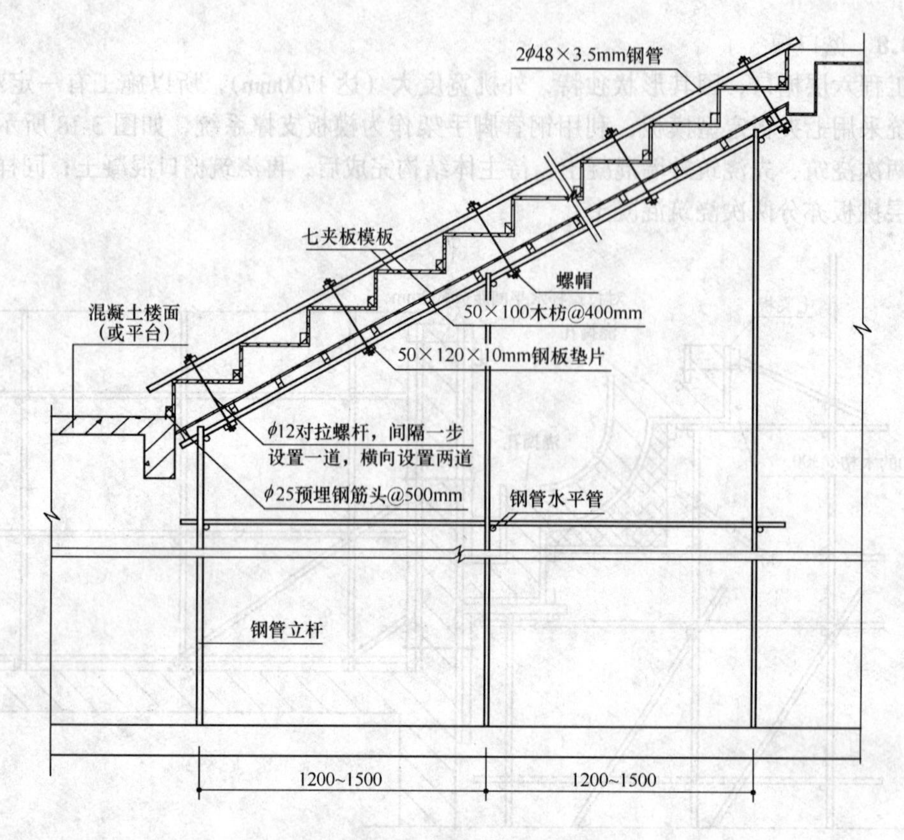

图 3-19　楼梯支模示意图

3.4.3　非绑扎搭接连接的钢筋接头质量要求

凡采用直螺纹套筒连接、电渣压力焊、闪光对焊、搭接焊连接的钢筋接头，应按规定要求在现场进行取样试验，其质量必须符合《钢筋机械连接通用技术规程》、《钢筋焊接及验收规程》的要求，其取样试验方法必须符合《钢筋焊接接头和机械性能实验取样方法》中的有关规定。接头位置必须符合图纸、图纸会审纪要的要求。

3.4.4　钢筋的绑扎方法及要求

钢筋要严格按图纸要求绑扎，注意钢筋间距、位置的准确，绑扎点牢固。板和墙的钢筋网靠近外围的两行钢筋的相交点应全部扎牢，中间部分的交叉点可间隔交错扎牢，但必须保证受力钢筋不产生位置偏移；双向受力的钢筋交叉点应全部扎牢。

为保证楼板钢筋的位置正确，在两层钢筋之间设“⊓”形 φ10 钢筋支架，其间距不大于 1200mm，以保证钢筋位置正确为准；墙体钢筋按设计要求设置“∽”形拉结筋。

钢筋接头应按规定错开，剪力墙顶层、首层、二层、转换层、各层的楼梯间及电梯间墙为分布钢筋加强部位，其竖向钢筋的连接除特别注明外接头位置应错开，每次连接的钢筋数量不超过 50%，其余非加强部位可在同一部位连接，墙内水平分布筋沿高度每隔一根内外排错开搭接；梁中通长筋在规定的任一搭接长度区段内，有接头的钢筋截面面积与钢筋总截面面积之比，在受压区不得超过 50%、在受拉区不得超过 25%，梁的上部通长筋应在跨中搭接，下部通长筋应在支座 1/3 跨处搭接；柱筋当每边的钢筋少于 4 根时，可在同一截面搭接；多于4根时，分两次搭接；每边多于8根时，分三次搭接。钢筋的搭接长度和锚固长度，按设计要求留置。

在主次梁和柱相交的节点处，为防止板超厚，钢筋在加工过程中必须保证其形状、几何尺寸的准确，该直的钢筋必须校直，不得弯曲，避免此处钢筋超高。在钢筋绑扎过程中要注意各钢筋的位置，板的钢筋在上面，次梁的钢筋居中，主梁钢筋在下，并严格控制各层钢筋间的间距，既要保证其最小净距满足规范要求（不小于其直径且不小于25mm），又要保证构件的截面尺寸正确且要有足够的保护层。为保证柱钢筋的位置正确，绑扎过程中要做好预防工作，使柱箍的绑扎超出板面2~3个，并用钢筋等支撑将柱筋校准位置后固定牢固。

开洞楼板除洞宽小于300mm时板筋可绕过洞边不需切断受力筋，洞宽大于等于300mm时应另加附加钢筋，附加钢筋的数量除结构平面另有说明外，采用不小于洞内被切断的受力钢筋截面面积，分布于洞口两侧并伸过洞边各$30d$（用于HPB235级钢筋）或$40d$（用于HRB335级钢筋）。

钢筋绑扎好后，应按规定的保护层厚度用带钢丝的砂浆垫块垫起。楼板、楼梯的受力钢筋混凝土保护层厚为15mm；墙的受力钢筋混凝土保护层厚为25mm，且分布钢筋的保护层厚度不应小于10mm；梁、柱受力钢筋的保护层厚为25mm；水池受力钢筋保护层厚为25mm。

钢筋绑扎网和绑扎骨架的外形尺寸的允许偏差见表3-3。

3.4.5 预留预埋工作要求

水、电、通风、空调、机电设备等的预埋及其他构配件的预埋，各相应专业施工队必须在钢筋绑扎过程中全部预埋完，并保证钢筋位置、间距的正确。

钢筋绑扎允许偏差　　表3-3

项目		允许偏差（mm）
网的长、宽		±10
网眼尺寸		±20
骨架的宽与高		±5
骨架的长		±10
箍筋间距		±20
受力钢筋	间距	±10
	排距	±5

3.5 混凝土工程施工方法

该工程结构混凝土设计强度等级较高，必须严格控制混凝土工程的质量。混凝土采用商品混凝土，由混凝土搅拌运输车运至现场，混凝土的浇筑采用混凝土输送泵进行泵送。该工程混凝土由公司实验室组织进行试配，确定合理的施工配合比，由自动计量搅拌站严格按施工配合比组织生产，保证混凝土强度等级达到设计要求。

3.5.1 基本要求

（1）水泥进场必须有出厂合格证或进场实验报告，并应对其品种、强度等级、散装仓号、出厂日期等检查验收。

（2）粗细骨料应符合国家现行有关标准的规定。

（3）粗骨料的最大颗粒粒径不得超过结构截面最小尺寸的1/4，且不得超过钢筋间最小净距的3/4。

（4）骨料应按品种、规格分别堆放，不得混杂，骨料中严禁混入煅烧过的白云石或石灰块。

(5) 拌制混凝土宜采用饮用水。

(6) 外加剂的质量应符合现行国家标准的要求。

(7) 外加剂的品种及掺量应结合实际经试验确定。

(8) 混凝土的取样及实验应符合国家现行标准的要求。

(9) 浇筑竖向结构前，应先在底部填以50~100mm厚、与混凝土内砂浆成分相同的水泥砂浆。

(10) 竖向结构混凝土浇筑采用分层浇捣，浇筑层厚度应不大于振动器作用部分长度的1.25倍。

(11) 现浇结构的允许偏差见表3-4。

现浇结构的允许偏差　　表3-4

项	目		允许偏差（mm）
轴线位置	墙、柱、梁		8
	剪力墙		5
垂直度	层间	≤5m	8
		>5m	10
	全高		H/1000且≤30
标高	层高		±10
	全高		±30
截面尺寸			+8、-5
表面平整（2m长度上）			8
预埋设施中心线位置	预埋件		10
	预埋管		5
预留洞中心线位置			15
电梯井	井筒长宽对定位中心线		+25、0
	井筒全高垂直度		H/1000且≤30

3.5.2 泵送混凝土的质量要求

(1) 碎石的最大粒径与输送管内径之比不宜大于1∶3，选用1~2cm粒径的碎石；砂选用中粗砂，通过0.315mm筛孔的砂不少于15%；砂率宜控制在35%~45%。

(2) 搅拌站混凝土出厂坍落度不宜大于210mm，现场泵送坍落度宜为140±20mm。

(3) 最小水泥用量为300kg/m^3。

(4) 混凝土内宜掺适量的泵送剂、减水剂，防水混凝土可掺加防水剂等外加剂。

(5) 严格按设计配合比拌制。

另外，根据原材料的变化应随时调整混凝土的配合比，如随砂、石含水率的变化，调整砂、石用量及水的用量。

3.5.3 C50、C60高强混凝土的质量控制

该工程距离黄村搅拌站约18km，根据长途运输高强混凝土的特点，为保证搞好高强混凝土的搅拌、运输、浇筑，控制好混凝土的坍落度、初凝时间，满足施工现场泵送的要求，对C50、C60高强混凝土提出以下具体要求。

(1) 原材料的质量控制

1）水泥：水泥活性不宜低于57MPa，首选珠江水泥厂生产的粤秀牌硅酸盐42.5级水泥。

2）砂：采用中砂，细度模数宜大于2.6，含泥量（重量比）不应大于2.0%，泥块含量（重量比）不应大于1.0%，优选贤江砂厂供应。

3）石：选用10~20mm碎石，最大粒径不大于31.5mm，针片状颗粒含量不宜大于5.0%，含泥量（重量比）不应大于1.0%，泥块含量（重量比）不应大于0.5%。优选广州嘉华石场生产的石料。

4）粉煤灰：选用Ⅲ级以上质量粉煤灰。

5）外加剂：选用南海外加剂厂生产的FDN-RY6液体高效缓凝减水剂。

(2) 混凝土的配合比设计

由实验室采用多种配合比经试拌后确定施工配合比，保证砂率为35%～45%，搅拌站出厂坍落度不超过210mm，泵送坍落度140±20mm，初凝时间不低于6h。

(3) 混凝土生产质量管理

1) 原材料计量控制误差范围：水泥±1%，粗细骨料±2%，水、外加剂±1%，掺合料±2%。

2) 按出盘混凝土的坍落度在190～210mm范围控制加水量，外加剂采用后掺法，严格控制用水量。

3) 混凝土拌合物自加入外加剂后继续浇拌时间不少于150s，混凝土出机温度控制在15～30℃范围。

(4) 混凝土的运输与浇筑

混凝土用搅拌车运送到现场，运输时间不得超过2h，运输期间严禁加水，混凝土运到现场后要取样测定坍落度，随即用混凝土输送泵连续泵送浇灌混凝土。混凝土在泵送浇灌的同时，用高频振动器加强各部位振捣，防止漏振。

3.5.4 混凝土振捣要求

墙、柱、梁、板的混凝土振捣均采用插入式振动器。每一振点的振捣延续时间，应使表面呈现浮浆和不再浮落；插入式振动器的移动间距不宜大于其作用半径的1.5倍，振动器与模板的距离，不应大于其作用半径的0.5倍，并应尽量避免碰撞钢筋、模板，且要注意“快插慢拔，不漏点”，上下层振捣搭接不少于50mm，平板式振动器移动间距应保证振动器的平板能覆盖已振实部分的边缘。

3.5.5 混凝土施工缝的处理

梁板与柱、墙的水平施工缝留置在梁、板面标高位置处。柱和墙混凝土浇筑采用导管下料，使混凝土倾落的自由高度小于2m，保证混凝土不离析。梁板混凝土浇筑按划分的施工段连续浇筑，由一端向另一端推进，原则上不再留施工缝；如因特殊情况（如停水、暴雨等），其施工缝按规范可以留置在次梁跨中三分之一的范围内，并留成垂直缝。

在施工缝处继续浇筑混凝土时，已浇混凝土的强度（抗压）不应小于1.2MPa；在已硬化的混凝土表面上，应清除水泥薄膜和松动的石子以及软弱混凝土层，并加以充分湿润和冲洗干净，且不得积水；在浇混凝土前，首先在施工缝处铺一层水泥浆或与混凝土内成分相同的水泥砂浆（厚10～15mm），并细致捣实，使新旧混凝土紧密结合。

3.5.6 养护

混凝土应在浇筑完毕后的12h以内对其进行覆盖和浇水养护，普通混凝土保水养护时间应大于7d，掺有缓凝型外加剂或有抗渗要求的混凝土养护时间不得少于14d。洒水次数以保证湿润状态为宜。

3.5.7 柱梁接头处不同强度等级混凝土浇捣的处理方法

浇筑墙、柱、梁、板混凝土时，采用一次性连续浇筑。首先浇筑墙、柱部位高强度等级混凝土，并且将高强度等级混凝土浇筑范围扩大至墙柱四周各加宽50cm的部位，在这一个部位，采用支模专用钢丝网堵头，保证在高强度等级混凝土初凝前开始梁板其他部位混凝土的接触连续浇筑，如图3-20所示：

为了绝对保证施工过程中的级配正确并能连续浇筑混凝土，混凝土的垂直运输利用2台输送泵进行运输。

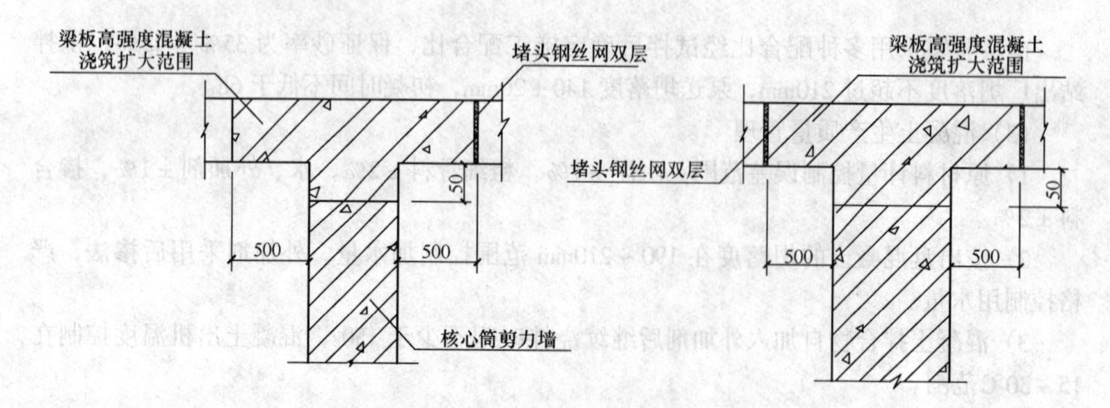

图 3-20　不同混凝土强度等级梁柱接头处理

在混凝土脱模前后，定期洒水养护。在脱模后，使混凝土表面始终保持湿润状态，养护时间不少于 14d。

3.6　地下室防水防渗施工

本工程地库结构埋置较深，地下水量充足，设计要求地下室底板底层及四周外墙外侧面刷四道硅橡胶防水涂膜涂料，四周外墙内侧墙面做 1:2 防水砂浆。

3.6.1　硅橡胶防水涂料施工

硅橡胶防水涂料是以硅橡胶乳液及其他乳液的复合物为主要基料，掺入无机填料及各种助剂配制而成的乳液型防水涂料，该涂料兼有涂膜防水和浸透性防水材料两者的优良性能，具有良好的防水性、渗透性、成膜性、弹性、粘结性和耐高低温性。防水功能良好，在本工程中采用“科顺牌”或“鲁班牌”新型高效硅橡胶防水涂料。

（1）特点

1）适应基层的变形能力强。可渗入基底，与基底粘结牢固。

2）冷作业。施工方便，可涂刷或喷涂。

3）成膜速度快。可在潮湿基层上施工。

4）无毒、无味、不燃，安全可靠。

5）便于修补。凡施工遗漏或破损处，可按要求涂刷四遍即可。

（2）主要技术性能

硅橡胶防水涂料是以水为分散介质的水性涂料，失水固结后形成网状结构的高聚物。将涂料涂刷在各种基底表面后，随着水分的浸透和蒸发，颗粒密度增大而失去流动性。当干燥过程继续进行，过剩水分继续失去，乳液颗粒渐渐彼此接触集聚，在交联剂、催化剂作用下，不断进行交接反应，最终形成均匀、致密的橡胶状弹性连续膜。

（3）施工工艺

1）基层处理及要求：

①基层应平整，要求无死弯、无尖锐棱角，凹凸处需事先进行处理；

②基层上的灰尘、油污、碎屑等杂物应清除干净；

③空鼓处应先铲除，再与有孔洞处一起采用水泥砂浆填补找平，并要达到一定强度；

④阴阳角应做成圆角。

2）施工顺序及要求：

①一般采用涂刷法，涂刷时用长板刷、排笔、长柄滚筒等软毛刷进行；

②涂刷的方向和行程长短应一致，要依次上、下、左、右均匀涂刷，不得漏刷；

③首先在处理好的基层上均匀地涂刷一道防水涂料，待其渗透到基层并固化干燥后再涂刷第二道；

④第二、第三道均应在前一道涂料干燥后再施工；

⑤当第四道涂料表面干固时，再抹水泥砂浆保护层。

3）注意事项：

①由于渗透性防水材料具有憎水性，因此抹砂浆保护层时，其稠度应小于一般砂浆，并注意压实、抹光，以保证砂浆与防水材料粘结良好。

②砂浆层的作用是保护防水材料。因此，应避免砂浆中混入小石子及尖锐的颗粒，以免在抹砂浆保护层时，损伤涂层。

③施工温度宜在5℃以上。

④使用时涂料不得任意加水。

⑤因工程工期要求，在进行上层结构施工时，下层需进行后做部分的外墙防水，为保证施工质量及安全，在楼层处设置安全挡板，用夹板铺盖，以防坠物伤人或破坏防水层。

3.6.2 外墙特殊部位防水施工

由于本工程基坑喷锚面距结构外墙距离较小，有的部位根本无法进入施工，有的喷锚锚头已浸入结构外墙内，给工程防水处理增强了不少困难。针对此部分防水施工，特做如下说明：

（1）局部喷锚面少量浸入结构外墙部位，施工时，先将该处喷锚面护坡混凝土进行局部打凿、修平至结构外墙边线，再在修平后的护坡墙上做四道硅橡胶涂料防水处理及砂浆保护层后，作为结构外墙的外侧模板使用，施工一层防水处理后进行一层外墙混凝土的浇筑。

（2）喷锚锚头及承载板浸入结构外墙部位，可能造成地下水经喷锚预应力钢绞线进入结构外墙从而锈蚀外墙钢筋，施工时，先用同地下室底板同级配的C40P16的防渗混凝土将该处喷锚锚头及承载板浇筑包裹，再用BW橡胶止水胶条将喷锚锚头混凝土包裹，后浇筑外墙混凝土，使浸入外墙部分的喷锚锚头混凝土与外墙混凝土结合紧密，起到相应的防水效果，施工示意图如图3-21所示。

（3）结构外墙距喷锚面过小，人工不能进入施工外墙防水，该处采用砌筑砖胎模，直接在砖胎模上施工硅橡胶防水涂料及保护砂浆。为防止砖胎模不均匀沉陷造成防水涂料拉裂，施工底板或楼板时，将该处板向基坑边加宽300mm作为砖胎模承力面；同时，尽量减少砖缝砂浆厚度，从而尽可能减少砖胎模不均匀沉降。根据以往的经验，目前更先进的改性聚乙烯卷材的弹性和延伸率都较多，更适合于外墙采用砖胎模情况时的施工。因此，将外墙防水作法改为聚乙烯卷材防水更好，设计和甲方均同意该做法，最后也是以此做法进行施工。

（4）结构外墙距喷锚面较小，人工不能进入进行防水施工时，待外墙混凝土施工一层一段即进行下一层一段防水施工，施工方法采用长管喷涂器或长柄滚筒施工，采用

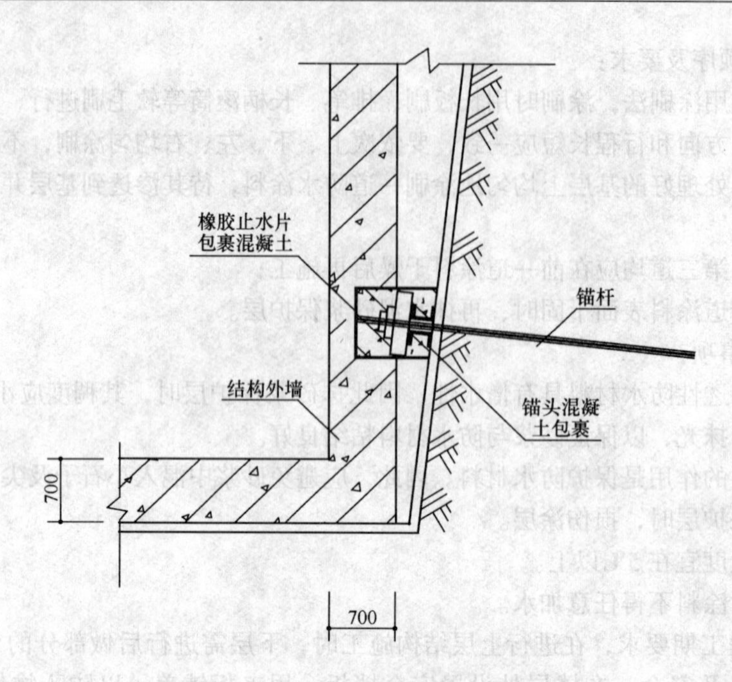

图 3-21　伸入外墙的锚头防水处理

50mm 厚泡沫板做保护层后及时回填围护土方，注意泡沫板接缝紧密，避免回填土破坏防水层。

(5) 结构外墙距喷锚面较大，人工可进入进行防水作业时，由人工直接在混凝土外墙涂刷防水层，并及时做好砂浆保护层，由于硅橡胶涂膜具有一定的憎水性，砂浆保护层的砂浆稠度要小。

3.6.3 地库防渗防漏施工措施

(1) 模板系统处理

1) 严格控制模板系统的质量。采用七夹板施工，模板系统有足够的刚度；模板接缝要严密、平整，不得有变形、裂缝，混凝土浇捣时不发生漏浆现象。

采用防水对拉螺杆紧固模板，对拉螺杆采用一道 50mm × 50mm × 3mm 止水片，增加防渗防漏性能。防水对拉螺杆大样如图 3-22 所示。

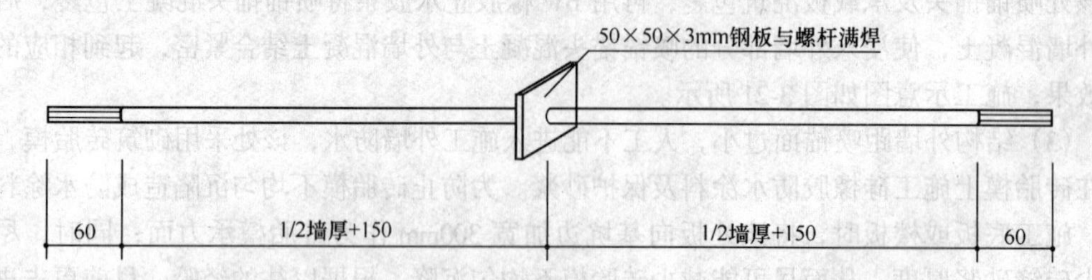

图 3-22　防水对拉螺杆大样图

2) 混凝土浇筑前，模板要充分湿润，避免模板在施工中遇水后膨胀而拉裂混凝土面。

3) 拆模时，混凝土强度必须达到一定的设计强度，以防拆模造成裂缝。

(2) 混凝土的质量控制

1）严禁使用锈蚀钢筋。因浇混凝土后仍有少量空气存在，会更加促使钢筋继续氧化。钢筋锈蚀膨胀，将使混凝土体积增大，也会引起混凝土产生微裂缝，降低混凝土防水效果。

2）从提高混凝土内在质量着手，使用优质骨料，控制含泥量（不超过1%），采用连续性级配，严格控制混凝土配合比，增强混凝土早期强度，以提高混凝土抗拉性能，保证混凝土的防水抗渗等级达到设计要求。

3）严格计量控制原材料配合比和混凝土坍落度，做到搅拌均匀，使混凝土浇筑时处于最佳状态。

4）保持混凝土连续浇捣，选择有技术的混凝土工振捣密实。

5）尽量选择在晴天浇筑混凝土，避免雨期施工时对混凝土浇捣产生影响。

6）防水混凝土中掺加具有防水性能的外加剂，并严格控制外加剂的用量。

7）加强全面质量管理，对于拆模后的混凝土质量进行严格检查。拆模后，如发现缺陷，应及时修补。对数量不多的小蜂窝或露面的结构，选用钢丝刷或压力水冲洗，然后用1:（2~2.5）的水泥砂浆压实抹平；对于蜂窝或露筋，应凿去全部深度的薄层混凝土和个别突出的骨料，用钢丝刷和压力水冲洗后，采用比原强度等级高一级的细骨料混凝土堵塞，并仔细压实抹平。

（3）施工缝防水处理

外墙和水池壁的水平施工缝，采用埋设橡胶止水带或钢板止水片，沿墙板四周通长布设，此处混凝土浇捣应特别注意振捣密实，混凝土要凿毛，并清除垃圾杂物，用水冲洗干净，且提前2d湿润。浇捣前，先铺厚2~3cm的1:1水泥浆，方可进行混凝土正常施工。

（4）外墙后浇带处的防水处理

在后浇带两侧的混凝土浇筑前应按图纸要求支好模，外墙应做好四道硅橡胶涂料柔性防水层，然后一次性将钢筋绑扎好，再支内模，并按后浇带处的支模方法将墙体支模封堵好后，方可浇筑其两侧的混凝土。

后浇带处的混凝土应在其两侧的混凝土浇筑完毕，并间隔60d后方能进行混凝土的浇筑。后浇带处的混凝土浇筑前应保持该处清洁，保护好柔性防水层，对已浇混凝土表面凿毛，并清洗干净，保持湿润。该处混凝土应按设计要求，较其两侧混凝土强度等级提高一级。

3.7 环形车道施工方法

本工程地下室环形车道位于建筑物东南角⑫~⑭轴/Ⓐ~Ⓒ轴范围，为一个各行其道的半径为5.7m~10.4m的双环形同向行驶车道，两条车道及两个出入口互为独立，互不影响车流。东侧入口车流分别从⑦轴的负一、负三层和Ⓐ轴的负二、负四层进入地库停车场。西侧入口车流分别从⑦轴的负二、负四层和Ⓐ轴负一、负三层进入地库停车场。结构设计环形车道外环墙体半径为10.4m，墙厚500mm；内环墙体半径为5.7m，墙厚300mm。整个车道板厚200mm，净空高约3.8m，外边延坡度为12:1，内环半径5.7m，内空间在标高-9.100m至-0.650m形成一个大型消防及生活水箱。

3.7.1　施工程序

根据现场资料，该车道外侧基坑围护喷锚面已渗入环形车道外环墙体约 300mm，施工车道的同时，须将喷锚槽钢腰梁及承压板一并拆除，这样便增加了施工的难度和危险性。为保证优质安全顺利完成此项工程，采用配制定型木模，分段支模，分段浇混凝土车道墙体及坡道板混凝土的方法，即车道外环墙体按约 1.5m 高一段，将其分为九段竖向施工。每一段先拆除相应高度范围内的喷锚腰梁及承压板（锚杆竖向间距 1100mm），凿除进入车道墙范围内的护坡及墙后的部分土层，用水泥砂浆护坡抹面，作为结构外墙模板。经对砂浆面作防水处理后，立即进行结构墙体的支模扎筋和浇筑混凝土，回填土方后再进行上一层墙体和车道板的施工。施工程序如图 3-23 所示。

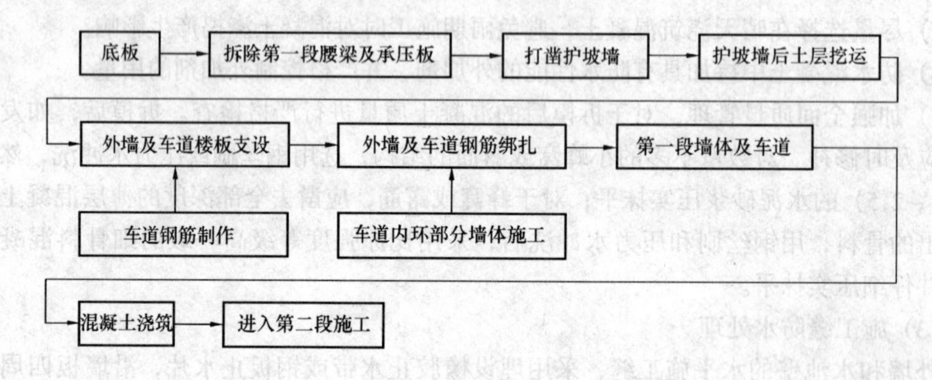

图 3-23　车道施工程序

3.7.2　环形车道模板设计

由于环形车道结构的特殊性和复杂性，以及该部位施工需分层分段抓紧进行的特点，为保证工程工期及质量的要求，将环形车道内外弧形墙体制作专门定型木模板施工（喷锚面伸入混凝土墙体的部分用处理过的喷锚面作外侧模），将 $\phi48 \times 3.5$mm 钢管预先弯成圆弧形作横肋，间距 500mm；竖肋采用 50mm × 100mm 木枋，间距 300mm。用钢管脚手架结合防水对拉螺杆进行加固。

3.7.3　车道混凝土施工

环形车道混凝土包括内外环形剪力墙，内环消防水池以及相应坡道板和水池板的施工，由于本工程环形车道为同向双层设计，即在同一结构层内有两条位置对称的环形车道混凝土浇筑。施工方法为：

（1）按施工程序要求每一浇灌层高度约为 1.5m，共分九次浇筑。

（2）每一浇灌层包括相应部位的墙体和车道板，施工缝一部分留在车道板面，一部分留在车道板以下墙体，施工缝严格按照施工规范进行打凿清理；同时，按防水要求，做好钢板止水片的留设工作，注意混凝土浇灌一定要密实。

（3）每一浇灌层车道板混凝土在初凝后进行板面防滑拉毛处理，具体施工方法视设计而定。

（4）为保证车道板混凝土表面的坡度符合设计要求，在施工每一浇灌层时测量人员跟班作业，用高精度水准仪随时监测控制，保证车道板混凝土表面的施工质量。

（5）环形车道外围结构墙及内围水池墙的防水处理同 3.4 所述。

3.8 C60 高强混凝土级配及施工

本工程柱墙竖向结构混凝土强度等级达 C60，梁板水平结构混凝土强度等级为 C40、C30 等。C60 高强混凝土的级配如何满足工艺要求，以及施工过程中如何解决混凝土长距离运输坍落度损失而影响混凝土强度等问题是混凝土工程成败的关键。

3.8.1 现浇高强混凝土原材料的选择

（1）水泥

水泥采用硅酸盐水泥，水泥强度等级不低于 42.5 级。水泥安定性必须合格，快检水泥抗压强度值没有较大的波动，且水泥活性不宜低于 57MPa。严格控制水泥用量，掺用高效减水剂和流化剂等措施减少水泥用量，并掺入适量优质的、质量稳定的粉煤灰进一步降低水泥用量和改善混凝土的工作性能，本工程水泥选用珠江水泥厂生产的粤秀牌硅酸盐 42.5 级水泥。

（2）骨料

骨料的物理性质对混凝土强度影响非常大。高强度混凝土用骨料，要求抗破碎值和弹性模量都很大，与水泥砂浆的粘结性要好，且具有单位用水量少的粒形。粗骨料最大粒径 20～25mm 为宜，粗骨料以优质花岗石料为首选，严格检验其压碎指标，含泥量控制在 0.1%以内，针片状含量<5%。细骨料的粒形、粗粒率、粒度分布等物理性质指标必须严格检验，细度模数在 2.6 以上为宜。本工程选用广州嘉华石场一级石料和广州贤江砂厂优质中粗砂。

（3）混合材料

粉煤灰对混凝土拌合物的施工和易性和可泵性有改善效果，还能降低混凝土的水化发热量。粉煤灰的掺配量为胶体材料的 10%～15%，要求必须达到细度小、颜色浅、含碳量低、供应完全、质量稳定的Ⅱ级及以上等级的优质粉煤灰。本工程选用东莞沙角电厂的优质粉煤灰。

（4）外加剂

高强度混凝土掺用外加剂时，必须充分检测其与水泥的亲合性，为保证混凝土的品质，可同时掺用不同功能的多种外加剂，以保证如梁柱相接部位钢筋稠密，需要缓慢浇筑混凝土的要求。特别是针对超高层泵送混凝土坍落度损失而对强度不利的影响，选用优质的泵送剂进行复合掺加效果较好。本工程主要选用南海外加剂厂生产的 FDN－RY6 液体高效缓凝减水剂。

3.8.2 高强度混凝土的配合比

（1）首先在优化原材料选择的基础上，进行室内配合比试验，初步确定各种组分的水泥用量、砂率和水灰比，特别是严格控制外掺合料和外加剂的用量及其品质。

（2）模拟施工环境，实施模拟生产、输送和浇灌状态下的 C60 高强度混凝土配合比检验及调整，特别注意外加剂的调整。

1）水泥用量：在综合考虑外加剂与外掺合料共同作用的条件下，控制最大水泥用量。

2）水灰比：对混凝土坍落度及强度影响极大，应严格控制在 0.35 以下，必须采用高效减水剂（应具有 20%左右的减水率）。

3）砂率：应控制在 0.4 以内，但不应过小；当接近 0.3 时，拌合物中砂浆量少且黏性大，开始影响混凝土的可泵性。因此，应综合考虑粗骨料与所有细骨料（包括砂、外掺合料、水泥）的比例对混凝土级配的综合影响。

（3）根据本工程施工特点，为保证C60高强混凝土的需要及质量要求，结合多年施工C60高强混凝土经验，本工程C60高强混凝土级配确定配合比见表3-5。

C60混凝土配合比　　表3-5

强度等级	材料用量（kg/m³）						砂率	坍落度	初凝时间	抗压强度（MPa）		
	水	水泥	砂	石	粉煤灰	FDN－RY6				3d	7d	28d
C60	184	530	587	1089	60	10.6	35%	21cm	6h	50.2	60.4	71.8

3.8.3　高强混凝土质量的控制

（1）加强对原材料品质的管理，严格把关，严禁达不到等级要求质量的原材料投入使用。

（2）严格控制混凝土生产质量。各类原材料后台计量控制在允许误差范围内：水泥±1%，粗细骨料±2%，水、外加剂±1%，掺合料±2%，所有原材料均采用电脑自动计量控制。

（3）墙柱C60混凝土与梁板C30、C40混凝土交界面的处理措施：

1）C60墙柱混凝土与梁板C30、C40混凝土分别浇筑，C60墙柱混凝土一次性浇筑至梁底50mm部位；

2）浇筑梁板混凝土C40、C30混凝土时，首先浇筑墙柱部位C60混凝土，并且将C60浇筑范围扩大至墙柱四周各加宽50cm的部位；在这一个部位，采用支模专用钢丝网堵头，保证在C60混凝土初凝前，开始梁板其他部位C40、C30混凝土的连续浇筑；

3）为了绝对保证C60混凝土施工过程中的级配正确，专用一台自动计量搅拌站和一台输送泵组成专项生产车辆运输系统，保证C60高强度混凝土的质量；

4）在C60高强度混凝土脱模前后，定期洒水养护。在脱模后的墙柱外侧挂设一道湿麻袋片或采用新型无水养生液的方法进行养护，使混凝土表面始终保持湿润状态，养护时间不少于14d，并设专人负责。

3.9　现浇楼地面一次性抹光施工

本工程地库部分主要用于停放汽车及自行车的车库使用，设计考虑为混凝土楼地面上砌广场砖及水泥砂浆找坡。由于水泥砂浆极易出现起毛、空鼓、脱落等质量通病，而广场砖的施工同样存在松动、破损等现象，不可避免地影响车库的使用功能，且增加了工程成本，对此类水泥砂浆找平贴砖的楼地面进行机械一次性抹光施工，保证满足楼地面结构要求及平整与美观的效果，同时由于取消了水泥砂浆找平层，避免了许多粗装修可能出现的裂缝、反砂、空鼓等不良现象，是一种比较科学、先进的施工工艺。

3.9.1　施工工艺

施工工艺流程为：绑扎地坪钢筋→布设标高控制网点→浇筑混凝土→排除混凝土表面游离水→施撒干硬剂→机械粗抹→机械精磨→人工收光机抹印痕→洒水养护。

（1）板面标高控制采用在楼地面上层钢筋网片上焊接L25角钢4m间隔网格布置，并使角钢的一个小面与楼地面设计标高一致。

(2) 混凝土浇筑时先用振动器振捣，再用2～4m双人括尺（铝合金方钢做成）按控制标高刮平，并使用一台水平仪跟班复测整平，最后使用长把拖抹平。

(3) 为了便于机械抹光，混凝土表面游离水需要排除，采用引管和混凝土面刻划临时排水槽道相结合的方法进行排除（若用填空吸水机排除效果会更好）。

(4) 干硬剂施撒在混凝土收水后进行。干硬剂为石英砂与水泥干粉以2:1（重量比）拌合，纵横两个方向各撒一遍，石英砂撒量为3kg/m²，施撒均匀。

(5) 机械抹光在混凝土初凝后，终凝前进行，即在混凝土浇筑后约4～6h进行。抹光工艺采用EY200抹光机（从美国引进）一次性抹光。施抹时从一边开始，机械沿该边顺行施抹形成一个抹光带，逐渐向前推进，相邻抹光带间要重叠半个单机抹光面宽度。

(6) 机械抹光后，对机抹印痕进行人工收光，地面抹光全过程即算完成。

3.9.2 注意事项

(1) 混凝土表面水平控制要特别重视，混凝土浇筑前，一定要做好可靠的标高控制，浇筑过程中用水平仪跟班复测（小面积施工可不设水平仪），以保证混凝土面水平。

(2) 混凝土中游离水尽量减少，可采用减小坍落度、掺加减水剂等方法来实现。

(3) 干硬剂施撒，要根据每次施撒面积来称取重量，便于宏观控制，施撒时纵横两个方向各撒一道，避免单向施撒，形成“条状”不均匀现象。

(4) 机械抹光是最关键一环，要注意两个方面：一是开抹时间要把握好；二是机抹操作要熟练。开抹时间与气温、混凝土配合比等多种因素有关，不能一概而定，最好先做试抹来确定最佳开抹时间，抹光机械操作人员也要经过事先操作培训，掌握其性能，才能提高抹光质量。

(5) 对机抹印痕和机抹不到处，进行人工收光时，操作人员脚下需垫垫块，防止踩坏地面。垫块可用五夹板或塑料板做成，尺寸约40～50cm见方，操作人员每人两块，交换铺垫移动。

(6) 地面保护采用铺砂法或铺板法均可，铺砂法砂层厚度为3～5cm，铺板（或竹笆）时接头要搀叠。地面若有局部碰坏，可用树脂浆施补，机械抹光。

3.10 塔吊施工方案

该工程施工场地狭小，为满足施工需要，在现场安装两台FO/23C塔吊。FO/23C塔机吊臂长50m，额定起重力矩为120t.m，可以满足施工要求。

3.10.1 塔吊平面位置的确定

本着满足施工需要，安拆方便，有利于附着以及塔身避开设计结构的梁位等原则，在Ⓙ轴外/⑪～⑫区安装1号塔吊，在Ⓑ～Ⓒ/⑤～⑥区安装2号塔吊。1号塔吊中心距Ⓙ轴2000mm，距⑫轴3400mm；2号塔吊中心距Ⓑ轴4200mm，距⑤轴4200mm，如图3-24所示。其中2号塔吊仅作为地下室施工阶段使用，进入上部主体施工期间，将该塔机拆除，另行设计安装，2号塔吊地上工程设计具体位置为：塔吊中心距④轴4200mm，距Ⓐ轴7450mm，以满足上部主体施工的需要。

3.10.2 塔吊基础的确定

根据现场实际情况，结合FO/23C塔式起重机安装使用说明的有关要求，1号塔吊在

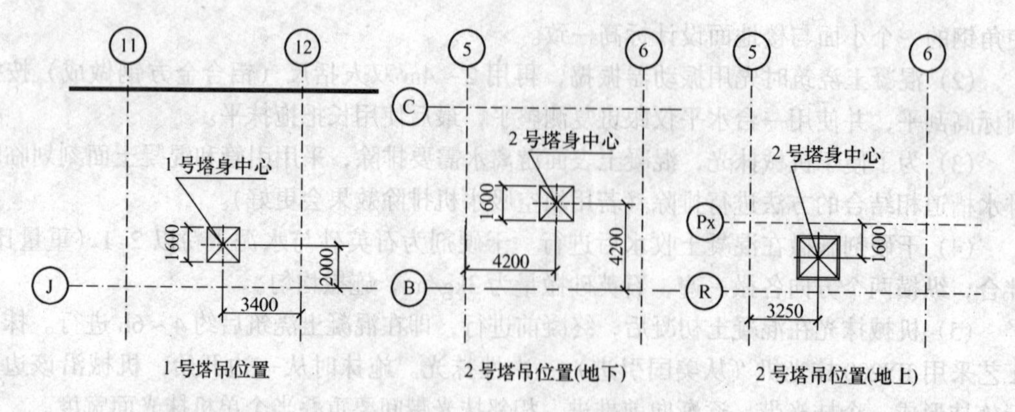

图 3-24　塔吊定位示意图

残积黏土层上浇筑 5600mm × 5600mm × 1350mm 钢筋混凝土塔吊基础，采用 C30 混凝土浇筑。配筋为双层双向 $\phi25@170$mm 的钢筋，拉结筋为 $\phi16@510$mm 的钢筋，塔基上表面与底板底面平，塔吊基础如图 3-25 所示。2 号塔吊基础顶面标高为 − 3.7m，配筋同 1 号塔吊相同。

3.10.3　塔吊的使用步骤及注意事项

（1）使用步骤

1）安装基础底节。

2）安装内套架：包括液压顶升装置。

3）安装回转机构：包括上、下支座、回转装置等。

4）安装塔尖总成：包括司机室、平台、护栏及拉杆。

5）安装平衡臂：在地面把平衡臂拼装好（包括主卷扬机、平台、护栏、拉杆等），拼装位置在塔吊与钢塔之间呈南北向，用 2 号杆将平衡臂整条吊起在塔身的东北面与塔身连接，最后将平衡重块吊上臂尾。

6）安装吊臂：在地面将吊臂拼装好（包括小车牵引机构、小车、拉杆等），拼装位置塔吊与钢塔之间呈南北向，旋转塔身，使平衡臂尾指向西北面，用 1 号杆将吊臂整条吊起，在塔身的东南面与塔身连接，最后旋转塔身，使平衡臂尾部指向东北面，把余下的平衡重块吊上臂尾。

7）安装电气设备：按需要插入安装。

（2）注意事项

1）现场需将建筑物北面的原地面清理干净，以便吊车能顺利进入并卸钢塔料。

2）整座吊装钢塔加上最大吊重共 16t，应做好吊车的支垫，以保证满足承载力要求。

3）吊装用的卷扬机前顶后拉，安装牢固，由于未捣底板混凝土，无法留预埋件，所以要在卷扬机旁边打钢桩来固定卷扬机。吊装钢塔须经有关人员验收合格，并记录在案后，才能正式使用。

4）教育在场的工作人员，不能随意解开钢塔的缆风绳；吊装的人员亦要在每天的班前及班中，认真检查缆风绳的牢固情况。

5）参加安装的工作人员必须带安全帽，并必须严格执行高空作业的一切安全操作规程，并指定班长负责指挥，统一行动，必须佩戴安全带。

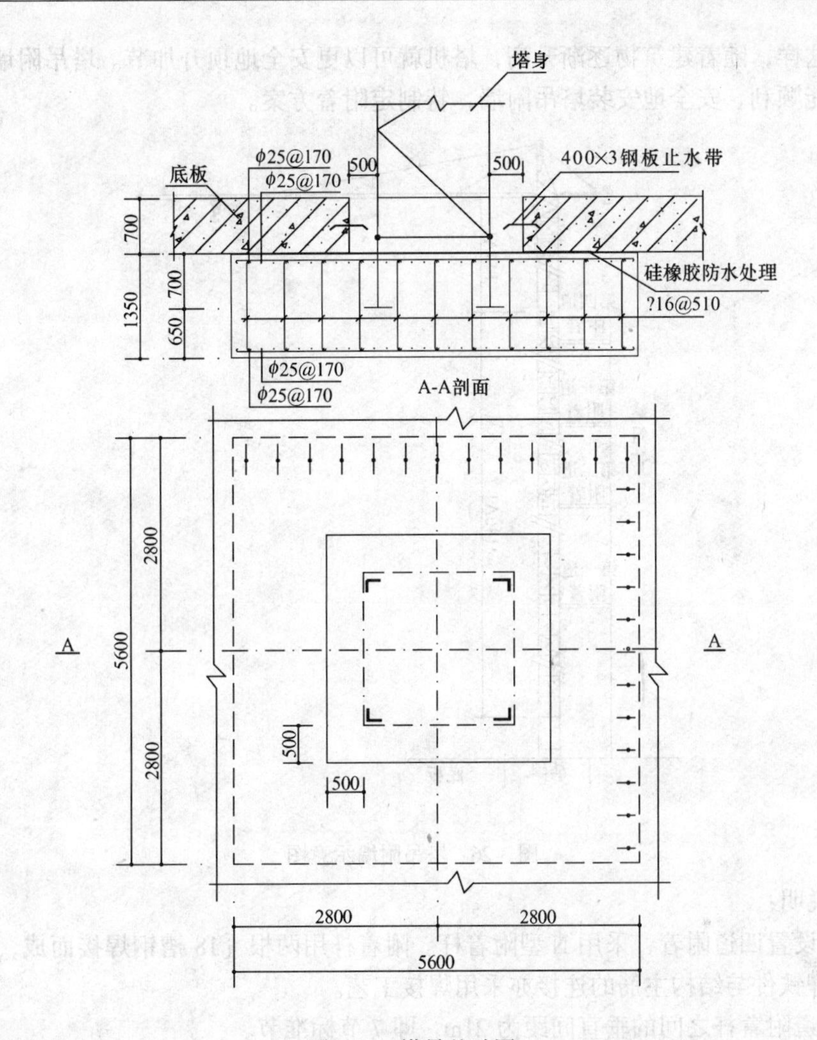

图 3-25 塔吊基础图

6）在整个安全过程中，必须有专人现场负责技术、安全质量的监控工作。

7）要求塔吊吊臂和平衡臂的安装必须在同一天内完成。当吊臂安装好后，其高度低于钢塔时，每天下班前都需用拉索将吊臂固定好，以免随风摆动，碰撞钢塔以及⑯轴处的钢井架。

8）安装人员须熟悉本塔吊的技术性能，除执行本方案外，还需按说明书的要求做。

9）尽量避免晚间进行作业；如必需时，要在现场提供足够的灯光照明下进行。

10）电气设备的安装要由专业电工进行，其他人员不能随便安装，同时要有焊工、机修工配合安装工作。

11）在安装过程中，如遇雷暴雨或四级以上大风，则必须停止作业，并对塔吊做好技术处理，以免发生事故。

12）塔吊安装好后，必须经过验收，合格后才能正常使用，塔吊的垂直偏差不得大于2/1000。

3.10.4 塔吊附着方案

塔式起重机到达自由高度以后，再往上顶升标准节，塔身就必须用附着杆与建筑物连接加固。这样，随着建筑物逐渐升高，塔机就可以更安全地顶升加节。塔吊附墙如图 3-26 所示。为能顺利、安全地安装塔吊附墙，特制定附着方案。

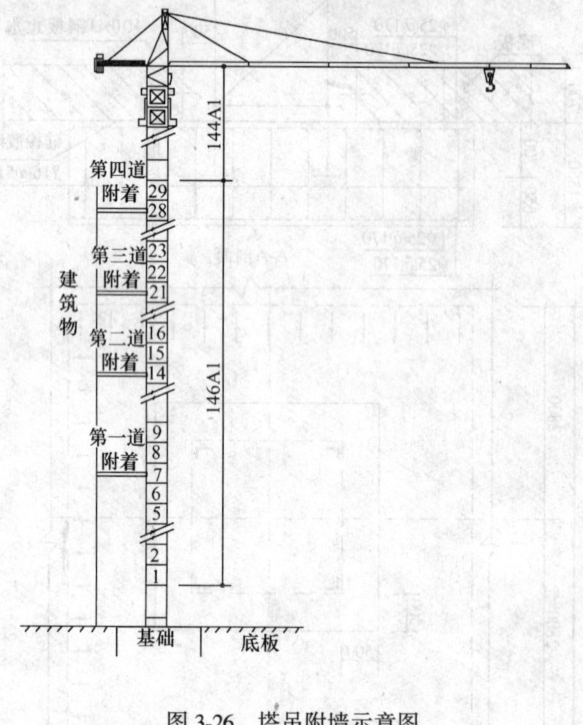

图 3-26　塔吊附墙示意图

（1）说明：

1）共设置四道附着，采用 N 型附着杆。附着杆用两根［18 槽钢焊接而成，附墙支座采用的预埋铁件与结构主筋的连接亦采用焊接工艺。

2）每道附着杆之间的垂直间距为 21m，即 7 节标准节。

3）安装附着杆前，应先拆除塔身上的扶梯，以便于附着框的安装。

4）安装附着框和附着杆时，要用经纬仪进行观测，并采取切实措施，保证塔身的垂直度（偏差小于 1‰）。

5）为了满足附着杆和预埋件位置的需要，附着杆允许适当倾斜，但倾斜度不得超过 10°。

6）附着框应尽可能地设置在塔身标准节的节点处，箍紧塔身，对角处应设斜撑加固。

7）预埋件处的结构强度必须达到设计要求，必要时可加配钢筋或适当提高混凝土强度等级，预埋件应牢固可靠，与建筑物之间的间隙应嵌塞紧密。

8）在安装附着装置时，塔机不得作任何运转。

9）遇到有六级以上大风时，严禁安装和拆卸作业。

10）附着装置的安装、拆卸、检查、调整均应由专人负责，工作时注意安全，并遵守高空作业的操作规程。

11）施工过程中必须经常检查附着装置；发现有松动和异常情况时，应立即停止液压顶升。

12）安装附着框、附着杆的步骤：

A. 在地面先将两个侧梁连接到前梁上。

B. 将附着框吊到塔身的准确位置，使附着框前梁一侧朝向建筑物。

C. 为便于安装，可使用两根绳子作导向。

D. 吊起前，梁放到位于塔身中间的水平腹杆上。

E. 折回侧梁并用销轴连接。

F. 吊起后梁，就位后用销轴将其与侧梁连接。

G. 吊装附件，并用销轴连接到梁上。

H. 在附着杆与预埋铁件做最后焊接时，应再次对塔身的垂直度进行测量，保证塔机的垂直偏差在允许范围内。

I. 装好斜撑。

J. 检查附着杆是否水平，必要时作适当调整。

K. 打入楔块使附着框与塔身立杆接触。

L. 安装爬梯并在爬梯上安装两个背圈。

M. 顶升严格按使用说明书进行。

N. 顶升完毕后，最后一次对塔身垂直度进行测量。

O. 作业完毕后，由有关部门验收后方可投入使用。

注：根据施工进度四道附着及顶升工序分四次单独进行。

(2) 安装人员职责：

1) 地面作业组

职责：负责地面附着框的组装，同时指挥地面上的起吊作业，协调解决空中作业组遇到的一切困难。

2) 地面拼装成员

职责：负责地面上的拼装作业。

3) 空中作业组

职责：负责将附着框安装在塔身上。

4) 空中作业人员

职责：负责附着框的安装以及附着杆和抱箍的销接。

5) 电焊工

职责：负责附着杆与预埋件的焊接工作和配合调试附着杆件。

6) 测量组

职责：负责塔吊垂直度的测量工作。

3.11 特殊工艺的施工方法

3.11.1 钢筋电渣压力焊施工方法

(1) 电渣压力焊操作要点

电渣压力焊是利用电流通过渣池产生的电阻热将钢筋端部熔化，然后施加压力，使钢筋焊合。电渣压力焊可采用直接引弧法，先将上钢筋与下钢筋接触，通电后，即将上钢筋提升 2～4mm 引弧；然后，继续缓提几毫米，使电弧稳定燃烧；然后，随着钢筋的熔化，上钢筋逐渐插入渣池中，此时电弧熄灭，转为电渣过程，焊接电流通过渣池而产生大量的电阻热，使钢筋端部继续熔化。钢筋端部熔化到一定程度后，在切断电源的同时，迅速进行顶压，持续几秒钟，方可松开操纵杆，以免接头偏斜或接合不良。

(2) 焊接参数

电渣压力焊的参数主要包括：渣池电压、焊接电流、焊接通电时间等，应按表3-6参考选用。

焊　接　参　数　　　　表3-6

钢筋直径（mm）	渣池电压（V）	焊接电流（A）	焊接通电时间（s）
14	25～35	200～250	12～15
16		200～300	15～18
20		300～400	18～23
25		400～450	20～25
32		450～600	30～35
36		600～700	35～40
38		700～800	40～45
40		800～900	45～50

注：不同直径钢筋焊接时，应根据较小直径钢筋选择参数。

(3) 焊接缺陷及防止措施

在钢筋电渣压力焊的焊接过程中，如发现裂纹、未熔合、烧伤等焊接缺陷，应查找原因，采取措施，及时把铁锈清除干净。

3.11.2　楼地面机械一次性抹光施工方法

对于作一般水泥砂浆找平的楼地面，采取机械抹光工艺进行施工，能更好地满足楼地面的结构要求，以及平整与美观，同时起到了粗装修的效果，避免楼地面因粗装修出现裂缝、起毛、脱落等不良现象。本工程所有此类粗装修部位经业主同意采用机械抹光工艺，以取消楼地面的水泥砂浆面层，提高质量，降低成本。

(1) 施工工艺

施工工艺流程为：绑扎地坪钢筋→布设标高控制网点→浇筑混凝土→排除混凝土表面游离水→施撒干硬剂→机械粗抹→机械精磨→人工收光机抹印痕→洒水养护。

1) 板面标高控制采用预制混凝土块，2m间隔网格状布置，用水平仪统一测设调平。混凝土浇筑时先用平板式振动器振捣，再用3～4m双人括尺（铝合金方钢做成）按控制标高刮平，并使用一台水平仪跟班复测整平，最后使用长把拖抹平。

2) 为了便于机械抹光，混凝土表面游离水需要排除，采用引管和混凝土面刻划临时排水槽道相结合的方法进行排除（若用填空吸水机排除效果会更佳）。

3) 机械抹光在混凝土初凝后，终凝前进行，即在混凝土浇筑后约2～4h进行。抹光工艺采用现代先进的EY200抹光机（从美国引进）一次性抹光。施抹时，从一边开始，机械沿该边顺行施抹，形成一个抹光带，逐渐向前推进，相邻抹光带间要重叠半个单机抹光面宽度。

4) 机械抹光后，对机抹印痕进行人工收光，地面抹光全过程即算完成。

(2) 注意事项

1）混凝土表面水平控制要特别重视，混凝土浇筑前，一定要做好可靠的标高控制，浇筑过程中用水平仪跟班复测（小面积施工可不设水平仪），保证混凝土面水平。

2）混凝土中游离水尽量减少，可使用控制较低的坍落度、掺加减水剂等方法来实现。

3）干硬剂施撒，要根据每次施撒面积来称取重量，便于宏观控制，施撒时纵横两个方向各撒一道，避免单向施撒形成“条状”不均匀现象。

4）机械抹光是最关键一环，要注意两个方面：一是开抹时间要把握好；二是机抹操作要熟练。开抹时间与气温、混凝土配合比等多种因素有关，不能一概而定，最好先做试抹来确定最佳开抹时间，抹光机械操作人员也要经过操作培训，掌握其性能才能提高抹光质量。

5）对机抹印痕和机抹不到处，进行人工收光时操作人员脚下需垫垫块，防止踩坏混凝土地面。垫块可用五夹板或塑料板做成，尺寸约 40 ~ 50cm 见方，操作人员每人两块，交换铺垫移动。

6）地面保护采用铺砂法或铺板法均可，铺砂法砂层厚度为 3 ~ 5cm，铺板（或竹笆）时接头要重叠，若地面在结构施工后再做，可采取一般的保护；地面若有局部碰坏，可用树脂砂浆施补抹光。

4 质量、安全、环保技术措施

4.1 质量保证体系

4.1.1 建立健全管理组织，推行 ISO900 标准质量管理体系

我公司是 1995 年通过 ISO9000 质量体系认证、1998 年通过复审的具有一级资质建筑安装工程施工企业。我公司的质量方针是“质量第一，业主至上，不断奉献真诚服务”。为实现我公司这一质量方针，我公司在本工程项目推行 ISO9000 标准质量保证体系，制定“施工组织设计和项目质量保证计划”、“质量记录”等质量体系文件，在质量目标、基本的质量职责、合同评审、文件控制、物资采购的管理、施工过程控制、检验和试验、物资的贮存和搬运、标识和可追溯性、工程成品保护、培训、质量审核、质量记录、统计技术与选定等与质量有关的各个方面，规范与工程质量有关的工作的具体做法。同时，在项目建立一个由项目经理领导的质量保证机构，形成一个横到边、纵到底的项目质量控制网络，并使工程质量网络处于有效的监督和控制状态。本项目的质量保证机构及职能如图 4-1所示。

4.1.2 加强施工全过程管理，建立质量预控体系

我公司建立健全施工全过程的质量保证体系，对工程施工实施质量预控法，提高操作人员的操作水平及管理人员的管理效能，有目的、有预见地采取有效措施，有效防止施工中的一切质量问题的产生，真正做到施工中人人心中有标准、有准则，保证了施工质量达到预定的目标，把以事后检查为主要方法的质量管理转变为以控制工序及因素为主的 ISO9000 质量管理，达到预防为主的目的。在施工当中，项目严格加强培训考核、技术交底、技术复核、“三检”制度的管理工作，使每一位职工知其应知之事、干其应干之活，并使其质量行为受到严格的监督。实行质量重奖重罚，质量控制体系有效运行，保证了工

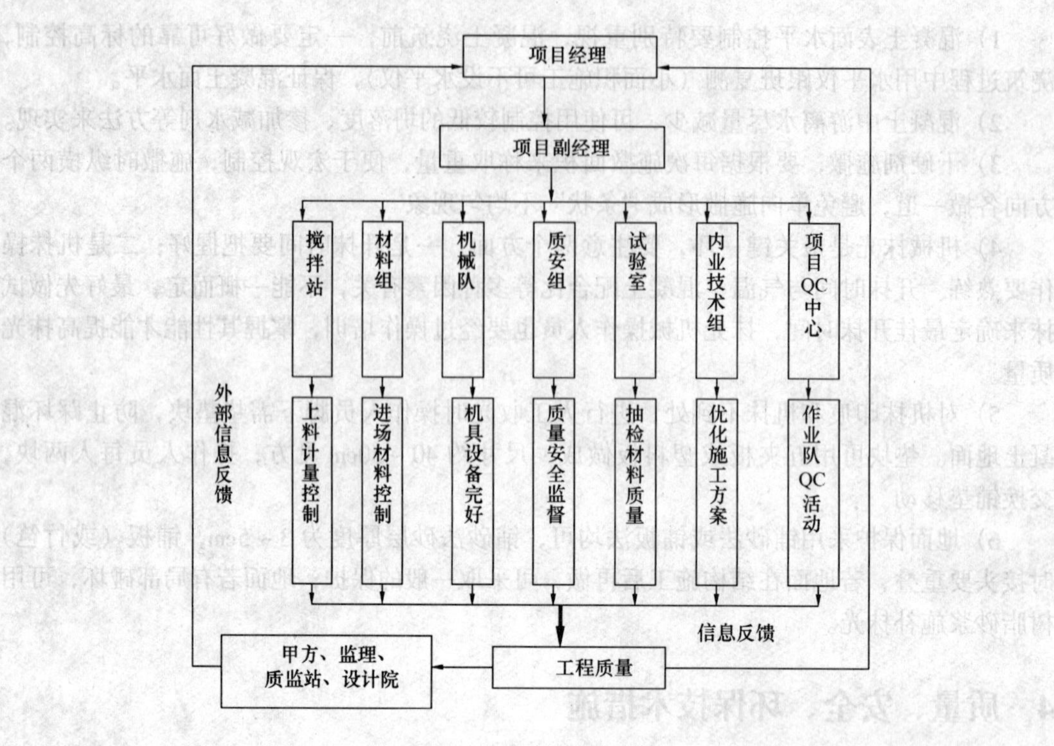

图 4-1　质量保证体系

程质量的目标。

4.1.3　项目各类人员质量职责

（1）项目经理质量职责

1）代表公司履行同业主的工程承包合同，执行公司的质量方针，实现工程质量目标。

2）作为公司在项目上的全权代表，负责协调同业主、总承包商、建设监理等各方面的关系。

3）按合同要求进行施工，并完成合同规定的施工内容。

4）确定项目组织机构，选择合适人选并上报上级主管部门。

5）确定项目工作方针、工作目标，组织项目员工学习，项目员工按规定的职责及工程程序工作。

6）主持项目工作会议，审定或签发对内对外的重要文件。

7）对重大问题包括施工方案、人事任免、技术措施、设备采购、资源调配、进度计划安排、合同及设计变更等会同上级主管部门进行决策，组织项目有关人员制订“项目质量保证计划”。

8）制定项目安全生产责任制。

9）协调各施工工种及各分包商之间关系，对分包商进行监督和评审。

10）组织编制项目员工培训计划。

11）监督执行质量检查规程，对不合格的分部、分项、单位工程负有直接责任，及时制定纠正措施并找出失误的原因上报。

12）确定项目经理部各人员的职责，监督考核。

13）审查并批准现场人员工资名单、工程费用报告及财务。

14）安排竣工验收工作，以及竣工设施向业主移交的工作。

15）安排竣工后的结算工作和竣工资料的移交及其后续工作。

16）负责责任范围内的质量记录的编制和管理。

17）其他应由项目经理担负的责任。

（2）副经理质量职责

1）负责项目质量保证体系的建立及运行。

2）统筹项目质量保证计划及有关工作的安排，开展质量教育，保证公司各项制度在项目得以正常实施。

3）负责项目工程技术管理工作。

4）参加工程的设计交底和图纸会审。

5）规划施工现场及临时设施的布局。

6）参与“项目质量保证计划”的编制及修改工作，主持项目施工组织设计的编制及修订工作。

7）组织实施“项目质量保证计划”及“施工组织设计”。

8）安排进行图册、文件、资料分配、签发、保管和日常处理。

9）主持处理施工中的技术问题，参加质量事故的处理和一般质量事故技术处理方案的编制。

10）核定分包商的施工方案，督促其配合总体方案的实施。

11）审批有关物资贮存、搬运等作业计划及作业指导书。

12）负责推广应用“四新”科技成果。

13）组织主持关键工序的检验、验收工作。

14）负责责任范围的质量记录的编制与管理。

15）项目经理交办的其他事情。

（3）内业技术员质量职责

1）负责项目内业技术管理工作。

2）参加设计交底和图纸会审，并做好会审记录。

3）深入施工现场参加施工中的技术问题，参加质量事故的处理和一般质量事故技术处理方案的编制。

4）参加项目特殊工序作业计划及作业指导书的编制，并负责指导实施。

5）组织推广应用“四新”科技成果，并负责资料的收集、整理、保管工作，撰写施工技术总结。

6）负责项目技术档案工作。

7）与公司技术部门联系，做好工程技术信息传递工作。

8）负责责任范围内的质量记录的编制与管理。

9）项目经理交办的其他工作。

（4）质量安全监督员的质量职责

1）依据我公司的质量管理程序文件及相关规范、法规，全面负责项目的质量安全监督管理工作，监督不合格品的整改，参加项目的质量改进工作。

2）参与进场职工安全教育，督促执行安全责任制及安全措施，定期组织质量安全检查，并发出质量安全检查通报。调查处理违章事故，提交项目质量安全报告。

3）负责设置现场安全标志，监督项目的各种安全质量措施及操作规程的执行。

4）领导交办的其他工作。

（5）施工工长质量职责

1）参与施工方案的编制及实施。

2）编制施工计划，报项目经理综合平衡后实施。

3）熟悉度掌握设计图纸、施工规范、规程、质量标准和施工工艺，向班组工人进行技术交底，监督指导工人的实际操作。

4）按施工方案、技术要求和施工程序及作业指导书组织施工。

5）合理使用劳动力，掌握工作中的质量动态情况，组织操作工人进行质量的自检、互检。

6）检查班组的施工质量，制止违反施工程序和规范的行为。

7）参与上级组织的质量检查评定工作，并办理签证手续。

8）对因施工质量造成的损失，要迅速调查、分析原因、评估损失、制订纠正措施和方法，经上级技术负责人批准后及时处理。

9）负责现场文明施工及安全交底。

10）做好成品保护。

11）运用适当的统计技术对工序和产品进行统计分析。

12）负责责任范围内的质量记录的编制和管理。

13）项目经理赋予的其他职责。

（6）机械设备管理员质量职责

1）根据施工要求提出设备需用计划，并提交设备租赁站和其他有关部门。

2）办理机械进场手续。

3）负责机械设备的使用、维修和日常保养工作，对不能解决的设备维修及时报设备租赁站协助解决。

4）负责机械设备安全措施的落实。

5）督促机械工填写机械运转记录并审核。

6）对分包商机械设备是否按施工平面图、现场文明施工规定布置，是否符合安全规定进行督促检查。

7）定期组织机操工安全学习。

8）负责责任范围内的质量记录的编制和管理。

9）项目经理赋予的其他职责。

（7）材料员质量职责

1）按施工进度计划平衡后，编制并向料具租赁站申报材料分阶段使用计划，或向采购员提供物资需用计划。

2）负责落实原材料、半成品的外加工定货的质量和供应时间，并做好原材料、半成品的保护。

3）规定现场材料使用办法及重要物资的贮存保管计划。

4）对进场材料的规格、质量、数量进行把关。

5）负责现场料具的验收、保管、发放工作，按现场平面布置图做好堆放工作。

6）严格执行限额领料制，做好限额领料单的审核、发料和结算工作，建立工程耗料台账，严格控制工程用料。

7）负责制定降低材料成本措施并执行。

8）及时收集资料和原始记录，按时、全面、准确上报各项资料。

9）负责责任范围内的质量记录的编制和管理。

10）项目经理赋予的其他职责。

（8）试验员质量职责

1）根据材料计划及施工计划编制试验检验计划。

2）对送检样品进行试验检验。

3）确定现场施工配合比。

4）按规定负责抽样、送检，并与试验机构或外部权威机构保持联系。

5）负责现场试验工作并保存取样记录及各种试验资料。

6）协助推广应用“四新”技术。

7）负责责任范围内的质量记录的编制与管理。

8）项目经理赋予的其他职责。

（9）测量员质量职责

1）参与施工测量方案的编制。

2）复核甲方提供的坐标基点。

3）根据设计坐标，放出建筑物的主要轴线。

4）配合施工工长控制好梁、柱轴线、尺寸及楼地面标高。

5）埋设沉降观测点，对建筑物的沉降情况进行观测。

6）对建筑物的垂直度进行观测。

7）负责保养、维护好测量仪器，确保其精确度。

（10）计量员质量职责

1）负责建立项目计量器具台账及技术档案，随时掌握项目器具状态。

2）负责项目计量器具的送检工作。

3）根据项目施工情况编制计量网络图，并根据网络图及施工生产的实际需要提出需配备计划。

4）随时掌握项目计量器具的使用状况，不使用超周期及不合格的计量器具。

5）做好项目在用计量器具抽检工作，及时收集各项目计量检测数据，核对后及时报公司质量安全科。

4.2 原材料质量保证措施

4.2.1 材料采购

根据本公司质量方针和质量目标的要求，依据本公司的材料采购的有关程序文件，选择合格的材料供应商，保证所有同工程质量有关的物资采购能满足规定的要求。

（1）建立合格的材料供应商队伍

1）所有向本公司提供与工程有关物资的供应商，在与本公司开展业务之前应接受公司质保能力认定。

2）采购员对物资供应商进行现场考察及产品检测，形成供应商考察报告，经公司材料科长审核合格后，作为本工程的合格材料供应商。

3）经考查合格的材料商进入我公司的合格材料商供应名册。我公司工程所用的建筑材料全部从合格材料供应商名册中的供应商采购。

(2) 对材料供应商的控制

1）每季度对合格供应商名册中的供应商的表现进行评审，并在合格供应商名册中填写评定意见。

2）凡有一次违反按质、按时、按量供货规定而不采取纠正措施的供应商，在供应商名册中除名。

3）经除名的供应商在一年内不能使用。一年后，只有重新经质保能力认定合格，方能进入合格供应商名册。

4）年终经过对供应商进行评估后，将供应商名册进行重新整理，将取消的供应商除名。

(3) 采购计划的编制

项目采购计划由项目材料员按周、月、年进行编，由项目经理批准，上报公司材料科。由公司材料科统一采购或调配。项目采购计划依据施工工期及现场大小进行编制。

4.2.2　原材料的检验

(1) 人员职责

1）项目试验员。

对进场物资进行取样和送样，并填写试验检测申请单。

2）项目材料员。

A. 对进场物资的材质证明、数量、外观进行检查和验收。

B. 安排物资的贮存保管和经外观及化学性能检测合格后的物资发放工作。

3）项目质量监督员。

A. 监督进场物资的材质证明、数量、外观进行检查和验收的工作。

B. 签发进场物资的准用令或不合格品通知单。

C. 提出对进场不合格品的处理措施，并监督其实施。

(2) 工作程序

1）进场物资的检验、验收：

A. 为了保证用于工程的物资满足规定的要求，所有物资于进场后都必须先行接受检验或试验，经证明合格后方能允许使用。

B. 进场物资的取样由项目试验员负责进行。

C. 物资的进货检验由材料员及试验员负责进行。材料员负责材料的外观物理性能检验，试验员负责材料的化学性能检验。材料检验和送检必须经过监理检查验收允许才能使用。

D. 材料进场后，材料员清点材料，填写料具验收单，核对送货单内容与采购合同的内容或事先的协定是否一致，不一致则应通知采购责任人，及时与材料供应商联系，协商处理。

E. 材料员根据采购合同及送货单核对到场物资数量并检查合同要求或通常要求的各种证明文件是否齐全。

F. 当物资的质量不符合合同规定时，材料员可拒收该批物资并通知采购员退货。

G. 送货单准确、有材质证明及物资经检验合格的，材料员在验收单上签字。

H. 如合同规定某项物资须由独立试验机构进行进货检验和试验，材料员应尽快安排该项工作。

I. 进场材料经检验和试验后，需经项目质量监督员签发进场物资的准用令；否则，进场材料不允许在工程中使用。

4.2.3 现场物资的堆放、贮存

A. 现场材料严格按施工平面布置图堆放，钢材、钢管、木枋、模板、砌块、砂石等材料须挂牌标识，标识牌上要标明材料品种、规格、型号、数量、进货日期和保管人姓名。

B. 需入库保存的材料如：水泥、扣件、瓷片、小五金等须分门别类摆放好，并挂牌标识，标识牌上应标明材料的类别、规格、型号和进货日期。

4.3 安全管理

由于本工程总高 103.7m，且建筑面积较大，高空作业的防坠落，安全施工用电、施工设备的安全尤其重要。为保证人员的人身安全和生产设备、工程建设的安全，特制定以下具体安全措施：

(1) 建立项目经理部安全生产管理机构

建立以项目经理为组长，项目副经理、技术负责人、安全总监为副组长，专业工长和班组长为组员的项目安全生产领导小组，在项目形成纵横网络管理体制。

(2) 项目工程安全计划与措施

该工程由于建筑面积大，高度高，其防护范围有：建筑物周边防护；建筑物五临边防护；建筑物预留洞口防护；现场施工用电安全防护；现场机械设备安全防护；施工人员安全防护；现场防火、防毒、防台风等防护。

1) 建筑物周边防护。

该工程裙楼外脚手架采用普通钢管双排脚手架，塔楼外脚手架采用悬挂式分片提升外爬架，其搭设标准按《建筑施工脚手架实用手册》的具体要求搭设和防护。外脚手架使用前必须经项目负责人、项目技术负责人、总监、施工工长、搭设班组共同验收，合格签字挂合格牌后方可投入使用。其检验标准为《建筑施工安全检查评分标准》（JGJ59—88），并结合“ZJSY/XG204 检查 3 表”内容逐条对照验收。凡保证项目中某一条达不到标准均不得验收签字，必须经整改达到合格标准后重新验收签字，然后才能使用。

为保证建筑物施工质量及安全，在井架的出口处应搭设安全通道。

2) “五临边”防护。

高空作业“五临边”的防护至关重要一点也不能马虎。因此，临边防护应按计划备齐防护栏杆和安全网，拆一层框架模板，清理一层，五临边设一道防护，其栏杆高度不少于 1m，并用密眼网围护绑牢。任何人未经现场负责人同意不得私自拆除，项目要对违章违纪行为制定严密的纪律措施。对于主楼无混凝土结构围护墙部位的临边，项目以施工进度

为准，可对临边砌筑穿插施工。如因计划跟不上，必须在临边埋设钢筋头出楼150mm高，焊接一根钢筋栏杆（@1500mm），栏杆水平筋不小ϕ12mm，然后用密网封闭。

3）“四口”防护

楼层平面预留洞口防护以及电梯井口、通道口、楼梯口的防护。洞口的防护应视尺寸大小，用不同的方法进行防护。如边长大于25cm的洞口，可用坚实的盖板封盖，达到钉平钉牢不易拉动，并在板上标识“不准拉动”的警示牌；大于150cm的洞口，洞边设钢管栏杆1m高，四角立杆要固定，水平杆不少于两根，然后在立杆下脚捆绑安全水平网两道（层）。栏杆挂密目立网密封绑牢。其他竖向洞口，如电梯井门洞、楼梯平台洞、通道口洞，均用钢管或钢筋设门或栏杆，方法同临边。

4）现场安全用电

现场应设配电房和备用发电机房。主线执行三相五线制，其具体措施如下：

①现场设配电房，建筑面积不小于10m^2，并具备一级耐火等级。

②现场塔吊、电梯、钢筋加工车间、楼层施工各设总电箱一个。

③主线走向原则：接近负荷中心；进出线方便；接近电源；接近大容量用电设备；运输方便。不设在剧烈振动场所，不设在可触及的地方，不设在有腐蚀介质场所，不设在低洼和积水、溅水场所，不设在断层、滑坡、滚石、塌陷危险场所，不设在爆炸和火灾场危险的场所，不设在易燃物房。进入建筑物的主线原则上设在预留管线井内，做到有架和绝缘子的设施。

④现场施工用电原则执行一机、一闸、一漏电保护的“三级”保护措施。其电箱设门、设锁、编号，注明负责人。

⑤机械设备必须执行工作接地和重复接地的保护措施。

⑥照明使用单相220V工作电压，室内照明主线使用单芯2.5mm^{2}铜芯线，分线使用1.5mm^{2}铜芯线，灯距离地面高度不低于2.5m，每间（室）设漏电开关和电闸各一支。

⑦电箱内所配置的电闸、漏电、熔丝荷载必须与设备额定电流相等。不使用偏大或偏小额定电流的电熔丝，严禁使用金属丝代替熔丝。

⑧现场防雷装置。现场的塔吊、脚手架、井架都将高于建筑物，很容易受到雷击破坏。因而要求现场这三种设备必须设置避雷装置，其设备顶端焊接2m长ϕ20mm镀锌圆钢作闭雷器，用不小于35mm^{2}的钢芯线作引下线与埋地（角钢为L50×5×2500mm）连接，其电阻值不大于10Ω。

⑨现场电工必须是经过培训，考核合格持证上岗。

5）机械安全防护

①塔吊、井架的基础必须牢固。架体必须按设备说明预埋拉结件；架体要设防雷装置；其设备配件齐全，型号相符。其防冲、防坠联锁装置要灵敏可靠，钢丝绳、制动设备要完整无缺。设备安装完后要进行试运行，必须待几大指标达到要求后，才能进行验收签证，挂牌准予使用。

②钢筋机械、木工机械、移动式机械，除机械本身护罩完善，电机无病的前提下，还要对机械作接零和重复接地的装置。接地电阻值不大于4Ω。

③机械操作人员必须经过培训考核合格持证上岗。

④各种机械要定机定人维修保养，做到自检、自修、自维有记录。

⑤施工现场各种机械要挂安全技术操作规程牌。

⑥各种起重机械和垂直运输机械在吊运物料时，现场要设人值班和指挥。

⑦各种机械不准非正常运行。

6）施工人员安全防护

①参加施工人员是经过安全培训，并考核合格持证上岗者。

②凡患有禁高症人员不得参加高空作业，企业将定期对高空作业人员进行身体健康检查。

③施工人员必须遵守现场纪律和国家法令、法规、规定的要求，必须服从项目经理部的综合管理。

④施工人员进入施工现场必须戴符合标准的安全帽，其佩戴方法要符合要求；进入2m以上架体或施工层作业，必须佩挂安全带。

⑤施工人员高空作业禁止打赤脚、穿拖鞋、硬底鞋和打赤膊施工。

⑥施工人员不得任意拆除现场一切安全防护设施，如机械护壳、安全网、安全围栏、外架拉结点、警示信号等；如因工作需要拆除，必须经项目负责人同意方可。

⑦施工人员工作前不许饮酒，进入施工现场不准嬉笑打闹。

⑧施工人员应立足本职工作，不得动用不属本职工作范围内的机电设备。

⑨施工现场夏天给工人备足清凉解毒凉茶或盐开水。

⑩搞好食堂饮食卫生，不出售腐烂食物给工人餐饮。

⑪施工现场设医务室，派医生一名，对员工疾病进行医治和疾病预防工作。

⑫施工作业面在夜间施工时在塔身上安装两盏镝灯，局部安装碘钨灯，在上下通道处均安装足够的电灯，保证夜间施工和施工人员上落的安全。

7）施工现场防火措施

①项目建立防火责任制，职责明确。

②按规定建立义务消防队，有专人负责，订出教育训练计划和管理办法。

③重点部位（危险的仓库、油漆间、木工车间等）必须建立有关规定，有专人管理落实责任，设置警告标志，配置相应的消防器材。

④建立动用火审批制度，按规定划分级别，明确审批手续，并有监护措施。

⑤一般建筑各楼层，非重点仓库及宿舍、食堂等处应设有常规消防器材。

⑥高层建筑消防设施按当地有关规定或公司有关规定设置。

⑦焊割作业应严格执行“十不烧”及压力容器使用规定。

⑧危险品押运人员、仓库管理人员和特殊工种必须经培训和审证，做到持有效上岗证。

8）风灾、水灾、地震的防护

①气象机关发布暴雨、台风警报后，保卫及有关单位应随时注意收听报告台风动向的广播，转告项目经理或生产主管。

②台风接近本地区之前，应采取下列预防措施：

A. 关闭门窗，如有特别防范设备，亦应装上。

B. 熄灭炉火，关闭不必要电源或煤气。

C. 重要文件及物品放置于安全地点。

D. 放在室外不堪雨淋的物品，应搬进室内或加以适当遮盖。

E. 准备手电筒、蜡烛、油灯等照明物品及雨衣、雨鞋等雨具。

F. 门窗有损坏应紧急修缮，并加固房屋天面及危墙。

G. 指定必要人员集中待命，准备抢救灾情。

H. 准备必要药品及干粮。

③强台风袭击时，应采取下列措施：

A. 关闭电源或煤气来源；

B. 非绝对必要，不可生火。生火时应严格戒备。

C. 重要文件或物品应有专人看管。

D. 门窗破坏时，警戒人员应采取紧急措施。

④为防止雷灾，易燃物不应放在高处，以免落地造成灾害。

⑤为防止被洪水冲击之处，应采取紧急预防措施。

9）项目安全事故处理

①发生伤亡事故后，负伤人员或最先发现事故人员应立即报告领导，对受伤人员歇工满一月以上的事故，要填写“伤亡事故登记表”并应即时上报。

②发生重伤事故和重大伤亡事故，必须立即将事故概况（包括伤亡人数、发生事故的时间、地点、事故原因）等用快速办法报告上级有关部门。

③事故发生后，现场人员不要惊慌失措，要有组织、有指挥，首先抢救伤员和排险，防止事故的扩大。

④发生死亡、重大伤亡事故的项目应保护事故现场，因抢救伤员和排险必须移动现场构件时，要做好标记。

⑤清理事故现场应在调查组确认无可取证，并充分记录后方可进行，不得借口恢复生产，擅自清理现场，造成掩盖现场。

⑥事故调查组在调查过程中，向项目有关人员了解情况和索取有关资料时，任何人不得拒绝。

⑦任何人不得阻碍、干涉事故调查组的正常工作。

⑧认真执行事故调查组提出的防范措施的意见，完善各项安全防护措施。

⑨对事故的处理，必须坚持四不放过的原则，作出严肃处理。

⑩伤亡事故处理工作应当在90d内结案，特殊情况不得超过180d，伤亡事故处理结案后，应当公布处理结果。

10）安全检查

①班组每天进行班前活动，由班长或安全员传达工长安全技术交底，并做好当天工作环境的检查，做到当时检查当日记录。

②项目经理带队每星期一组织本项目安全生产的检查，记录问题，落实责任人，签发整改通知，落实整改时间，定期复查，对未按期完成整改的人和事，严格按公司安全奖惩条例执行。

③公司对项目进行一月一次的安全大检查。发现问题，提出整改意见，发出整改通知单，由项目经理签收，并布置落实整改人、措施、时间；如经复查未完成整改，项目经理将受到纪律和经济处罚。

④对于公司各部门到项目随机抽查发现的问题，由项目监理组总监监督落实整改，对不执行整改的人和事，总监有权出据罚款通知单或向项目经理反映，对责任人进行当月奖金的扣减。

⑤项目总监代表公司行使有关权利，对项目施工管理人员（包括项目经理）的安全管理业绩进行记录，工程完工后向主管部门提供依据，列入当事人档案之中。

项目总监代表公司利益，立场应坚定，观念要转变，对于项目违反规程、规范、法令、纪律的行为要勇于向项目经理提出，对原则问题不能迁就，以致引出后患。

4.4 文明施工管理及环境保护

4.4.1 文明施工管理细则

(1) 建立管理机构

成立现场文明施工管理组织，定期组织检查评比，制定奖罚制度，切实落实执行文明施工细则及奖罚制度。

(2) 实行分层包干管理

由各区各段责任人负责本区段的文明施工管理。

(3) 建立健全施工计划管理制度

1）认真编制施工月、旬作业计划。

2）做好总平面管理工作，经常检查执行情况。

3）认真填写施工日志，建立单位工程工期考核记录。

4）合理安排施工程序，做好安全生产。

5）加强成品、半成品保护，制定保护措施。

(4) 建立健全质量安全管理制度

1）严格执行岗位责任制度，建立完善的质量安全管理制度。

2）严格执行“三检”（自检、互检、交接检）和挂牌制度。

3）进场必须戴好安全帽，安全网要按规定设置。

4）“四口”（通道口、孔洞口、楼梯口、电梯口）的防护必须完善。

5）各种机电设备要按规定接地，设置保险装置。

6）外架搭设完毕，经检查后方可使用。

7）现场电源必须按施工平面图设置，严禁乱拉、乱接电源。

8）加强现场消防工作，现场的消防设备要按规定设置。严禁在现场生火，电气焊时应有专人看火。

9）特殊工种人员应进行培训，经考试合格后方可使用。

10）塔吊及其他施工设备必须按有关规章操作。

(5) 建立健全现场技术管理制度

1）施工必须按照设计图纸、施工组织设计和作业指导书进行施工。

2）施工前，必须进行技术交底工作。技术部门对项目交底，项目对工长交底，工长对作业班组的交底都必须得到认真执行。

3）分项工程严格按照标准工艺施工，每道工序要认真做好过程控制工作。

(6) 建立健全现场材料管理制度

1）严格按照施工平面布置图堆放原材料、半成品、成品及料具。

2）各种成品及半成品必须分类按规格堆放，做到妥善保管，使用方便。

3）现场仓库内外整齐干净，怕潮、怕晒、怕淋及易失火物品应入库保管。

4）严格执行限额领料、材料包干制度。做到工完场清，余料要堆放整齐。

5）现场各类材料要做到账物相符，并要有质量证明，证物相符。

（7）建立健全现场机械管理制度

1）现场机械必须按施工平面布置图进行设置与停放。

2）机械设备的设置和使用必须严格遵守国家有关规范规定。

3）塔吊等垂直运输机械应做好避雷接地措施。塔吊的基础应定期做沉降观测。

4）认真做好机械设备的保养及维修，并认真做好记录。

5）应设置专职机械管理人员，负责现场机械管理工作。

（8）施工现场场容管理制度

1）现场做到整齐、干净、节约、安全、施工秩序良好。

2）施工现场要做到"五有"、"四净三无"、"四清四不见"、"三好"及现场布置做好"四整齐"。

3）现场施工道路必须保持畅通无阻，保证物资的顺利进场。排水沟必须通畅，无积水。场地整洁，无施工垃圾。

4）要及时清运施工垃圾。由于该工程工程量大、周转材料多，施工垃圾也较多，必须对现场的施工垃圾及时清运。施工垃圾经清理后集中堆放，集中的垃圾应及时运走，以保持场容的整洁。

5）项目应当遵守国家有关环境保护的法律，采取有效措施控制现场的各种粉尘、废气、废水、固体废弃物以及噪声振动对环境的污染及危害。

6）在现场出入口设洗车槽。对进出车辆进行冲洗，防止将泥土等带到道路上；如有污染，应派专人对市区道路进行清扫。

7）除设有符合规定的装置外，不得在施工现场熔融沥青或者焚烧油毡以及其他会产生有毒、有害烟尘和恶臭气体的物质。

8）对一些产生噪声的施工机械，应采取有效措施，减少噪声。

4.4.2 文明施工检查措施

（1）检查时间

项目文明施工管理组每周对施工现场作一次全面的文明施工检查。公司工程部门牵头组织各职能部门（质安部门、人力资源部门、材料部门、动力部门等）每月对项目进行一次大检查。

（2）检查内容

施工现场的文明施工执行情况。

（3）检查依据

"文明施工管理细则"。

（4）检查方法

项目及公司除定期对项目文明施工进行检查外，还应不定期地进行抽查。每次抽查，应针对上一次检查出的不足之处作重点检查，检查是否认真地做了相应的整改。对于屡次整改不合格的，应当进行相应的惩戒。检查采用评分的方法，实行百分制记分。每次检查应认真做好记录，指出其不足之处，并限期责任人整改合格，项目及公司应及时落实整改完成的情况。

（5）奖惩措施。

为了鼓励先进，鞭策后进，应当对每次检查中做得好的进行奖励，做得差的应当进行惩罚，并敦促其改进。由于项目文明施工管理采用的是分区、分段包干制度，应当将责任落实到每个责任人身上，明确其责、权、利，实行责、权、利三者挂钩。奖惩措施由项目根据前面所述自行制定。

4.4.3 环境保护及职业健康安全

（1）环境与职业健康安全管理方针

环境和职业健康安全管理方针为：营造安全、健康、文明、洁净的人文环境，持续提高施工管理水平。

（2）环境目标

环境目标：噪声投拆处理率100%，噪声投诉率年均降低20%以上。

（3）环境与职业健康安全培训

为保证施工现场环境保护及职业健康安全目标切实落实到位，对项目各级管理人员及施工人员进行相关知识的培训。

1）培训内容　包括：

A. 环境和职业健康安全标准、意识教育；

B. 岗位职责和相关法律法规及要求；

C. 各种操作规程；

D. 各种专项取证培训。

2）培训对象　包括：

A. 项目各级管理人员；

B. 特殊技术工人层次；

C. 施工作业层次。

3）培训方式　包括：

A. 进场前培训：进入现场施工人员均需进行环境和职业健康安全知识和意识的培训。培训合格者方有资格进入现场施工。

B. 入职前培训：施工人员入职前应培训，使员工对环保、职业健康安全的重要性有一个初步的认识。

C. 在职培训：在职培训是指员工在正式上岗后因种种需要而进行的培训，在职培训必须持续不断地穿插进行，培训时间可长可短，培训方式灵活多样。

（4）环境保护措施

1）粉尘控制措施：

A. 建筑施工现场的粉尘排放应满足《大气污染物综合排放标准》的相关规定，以不危害作业人员健康为标准。

B. 对水泥必须贮存在密闭的仓库，在转运过程中作业人员应配戴防尘口罩，搬运时禁止野蛮作业，造成粉尘污染。

C. 对砂、灰料堆场，一定要按项目文明施工的堆放在规定的场所，按气候环境变化采取加盖等措施，防止风引起扬尘。

D. 工完清理建筑垃圾时，首先必须将较大部分装袋，然后洒水清扫，防止扬尘，清扫人员必须佩戴防尘口罩。对于粉灰状的施工垃圾，采用吸尘器先吸，后用水清洗干净。

E. 在涂料施工基层打磨过程中，作业人员一定要在封闭的环境作业佩戴防尘口罩，即打磨一间、封闭一间，防止粉尘蔓延。

F. 拆除过程中，要做拆除东西不能乱扔乱抛，统一由一个出口转运，采取溜槽或袋装转运，防止拆除的物件撞击，引起扬尘。

G. 气割和焊接一般要求在敞开环境中作业，在密闭的房间或地下室等通风不畅场所作业人员必须佩戴防尘口罩，还必须采取通风措施。

H. 对于车辆运输的地方易引起扬尘的场地，首先设限速区，然后要派专人在此通道上定时洒水清扫。

I. 砂、灰料的筛分，首先考虑在大风的气候条件下不要作业，一般气候条件下作业人员应站在上风向施工作业。

2）噪声控制措施：

A. 建筑施工现场的噪声控制应进行必要的噪声声级测定，声级测量应按《建筑施工场界噪声测量方法》进行。

B. 建筑施工作业的噪声可能超过建筑施工现场的噪声限值时，在开工前向建设行政主管部门和环保部门申报，核准后方能施工。

C. 施工中采用低噪声的工艺和施工方法。

D. 塔吊、施工电梯、混凝土搅拌站的安装、拆除要控制施工时间，零配件、工具的放置要轻拿轻放，尽量减少金属件的撞击，不要从较高处丢金属件，以免产生较大声响。

E. 结构施工过程中，应控制模板搬运、装配、拆除声，钢筋制作绑扎过程中的撞击声，要求按施工作业噪声控制措施进行作业，不允许随意敲击模板的钢筋，特别是高处拆除的模板不撬落自由落下，或从高处向下抛落。

F. 在混凝土振捣中，按施工作业程序施工，控制振动器撞击钢筋模板发出的尖锐噪声，在必要时，应采用环保振动器。

G. 合理安排施工工序，严禁在夜间进行产生噪声的建筑施工作业（晚上 22:00 至第二天早上 7:00）。由于施工中不能中断的技术原因和其他特殊情况，确需夜间连续施工作业的，向建设行政主管部门和环保部门申请，取得相应的施工许可证后方可施工。

3）固体废弃物的控制：

A. 各施工现场在施工作业前应设置固体废弃物堆放场地或容器，对有可能因雨水淋湿造成污染的，要搭设防雨设施。

B. 现场堆放的固体废弃物应标识名称、有无毒害，并按标识分类堆放废弃物。

C. 有害有毒类的废弃物不得与无毒、无害类废弃物混放。

D. 固体废弃物的处理应由管理负责人根据废弃物的存放量及存放场所的情况安排处理。

E. 对于无毒、无害有利用价值的固体废物，如在其他工程项目想再次利用，应向材料部门、生产部门提出回收意见。

F. 对于无毒无害无利用价值的固体废弃物处理，应委托环卫垃圾清运单位清运处理。

G. 对于有毒有害的固体废物处理，应委托有危害物经营许可证的单位处理。

(5) 夜间施工措施

1) 合理安排施工工序，将施工噪声较大的工序安排到白天工作时间进行，如混凝土的浇筑、模板的支设等。在夜间尽量少安排施工作业，以减少噪声的产生。对小体积混凝土的施工，安排在早上开始浇筑，当晚22:00前施工完毕。

2) 注意夜间照明灯光的投射，尽量降低光污染。

5 经济效益分析

由于本工程采用了较多的“四新技术”，科技进步效率达到了2%。本工程总造价为16374.04万元，其中我公司完成量为13183.16万元，取得科技进步效益为263.66万元，具有良好的经济效益。

第二十篇

北京华贸中心商贸广场工程施工组织设计

编制单位：中建三局
编 制 人：陈明留　王　杰　周春辉

【简介】　华贸中心商贸广场工程为北京市重点项目，主体为框架结构，工程体量较大，地下室面积占总建筑面积的1/2以上，局部采用劲性混凝土及无粘结预应力板技术，结构施工采用了分区分段、平行流水相结合的组织方式，在总承包管理与施工协调方面也具有很多特色。

目　录

1 编制依据

1.1 合同

合同名称	编 号
北京市建设工程施工合同（京合同第04-0363号）	签定日期2004.6.8

1.2 施工图

施工图见表1-1。

施 工 图 纸　　表1-1

图纸类别	图 号	图 名	出图日期
结构	J1、J5	结构总说明及附图	2004.07.27
	JP1~JP51	平面图；剖面图	
	JL1~JL33	梁大样图	
	JZ1~JZ10	柱平面图	
	JQ1~JQ22	楼梯筒、中筒大样图；过梁、暗柱表	
	JT1~JT32	楼梯大样图	
	JD1~JD9	坡道大样图	
建筑	建0001~0004A	建筑总说明、材料做法表	
	建1001~1011C	平面图	
	建2001~2003B	立面图	
	建2004~2006B	剖面图	
	建3001A~3001C	外墙大样图	
管道	设水1~76	管道、排水及空调水施工平面图	
	设立1~14	各类管道系统示意图	
消防	设消1~49	消火栓、喷淋施工平面图	
通风	设通1~77	空调通风施工平面图	
	设详1~49	机房大样图	
电气	电防1~14	人防照明、配电、消防平面图及系统图	
	电1~68	照明、动力系统图	
	电A1~109	照明、配电、防雷施工平面图	
	电B1~43	弱电施工平面图	
	电C1~82	消防弱电施工图	

1.3　主要规范、规程

主要规范、规程见表1-2。

主要规范规程　　表1-2

类别	名　称	编　号
国　家	《工程测量规范》	GB 50026—93
	《地下防水工程质量验收规范》	GB 50208—2002
	《建筑地基基础工程施工质量验收规范》	GB 50202—2002
	《建筑抗震设计规范》	GB 50011—2001
	《砌体工程施工质量验收规范》	GB 50203—2002
	《混凝土结构工程施工质量验收规范》	GB 50204—2002
	《钢结构工程施工质量验收规程》	GB 50205—2002
	《屋面工程质量验收规范》	GB 50207—2002
	《建筑地面工程施工质量验收规范》	GB 50209—2002
	《建筑工程施工现场供用电安全规范》	GB 50194—93
	《民用建筑工程室内环境污染控制规范》	GB 50325—2001
	《人防工程施工及验收规范》	GBJ 134—90
	《建筑给水排水及采暖工程施工质量验收规范》	GB 50242—2002
	《通风与空调工程施工质量验收规范》	GBJ 50243—2002
	《建筑电气安装工程施工质量验收规范》	GB 50303—2002
	《电气装置安装工程电缆线路施工及验收规范》	GB 50168—92
	《电气装置安装工程盘柜及二次回路接线施工及验收规范》	GB 0171—92
	《电气装置安装工程低压电器施工及验收规范》	GB 50254—96
	《电梯工程施工质量验收规范》	GB 50310—2002
	《自动喷淋灭火系统施工及验收规范》	GB 50261—96
	《建筑与建筑群综合布线系统工程验收规范》	GB/T 50312—2000
行　业	《建筑机械使用安全技术规程》	JGJ 33—2001
	《钢筋机械连接通用技术规程》	JGJ 107—2003
	《型钢混凝土组合结构技术规程》	JGJ 138—2001
	《钢筋焊接及验收规程》	JGJ 18—2003
	《混凝土泵送施工技术规程》	JGJ/T 10—95
	《玻璃幕墙工程技术规范》	JGJ 102—2003
	《建筑机械使用安全技术规范》	JGJ 33—2001
	《建筑装饰工程施工及验收规范》	JGJ 73—91
	《建筑变形测量规范》	JGJ/T 8—97
	《建筑排水硬聚氯乙烯管道工程技术规程》	CJJ/T 29—98
	《建筑给水钢塑复合管管道工程技术规程》	CECS 125：2001
	《冬期混凝土综合蓄热法施工成熟度控制养护规程》	DBJ 01—36—97
	《建筑工程监理规程》	DBJ 01—41—2002
	《建筑工程资料管理规程》	DBJ 01—51—2003
	《商品混凝土质量管理规程》	DBJ 01—6—90
	《建筑工程测量规范》	DBJ 01—21—95
	《北京建筑工程施工安全操作规程》	DBJ 01—62—2002
	《建筑工程施工技术管理规程》	DBJ 01—80—2003
	《建筑安装分项工程施工工艺规程》	DBJ/T 01—26—96
	《北京市给水排水管道工程施工技术规程》	DBJ 01—47—2000
	《建设工程施工现场安全、防护、场容卫生、环境保护及环卫、消防标准》	DBJ 01—83—2003

1.4 主要图集

主要工程用图集见表 1-3。

主要工程图集 **表 1-3**

序号	名称	编号
1	《建筑构造通用图集》	88J 系列
2	《混凝土结构施工图平面整体表示方法制图规则和构造详图》	03G101
3	《房屋建筑制图统一标准》	GB/T 50001—2001
4	《框架结构填充空心砌块构造图集》	京 94SJ19
5	《建筑物抗震构造详图》	03G 329—1
6	《防护密闭门、密闭门、防爆波活门选用图集》	JSJT—72
7	《人防工程防护设备选用图集》	GJBJ—311
8	《建筑设备通用图集》	91SB * 系列
9	《给排水专业图集》	99（03）S203 系列
10	《钢制管件》	02S403
11	《雨水斗》	01S302
12	《小型潜水排污泵选用及安装》	01S305
13	《液位测量与控制》	D703—1 ~ 2
14	《建筑电气通用图集》	92DQ * 系列
15	《电气装置标准图集》	JSJT— * 系列
16	《封闭式母线及桥架安装》	D701—1 ~ 2
17	《电缆敷设》	D101—1 ~ 7
18	《室内管线安装》	D301—1 ~ 2
19	《常用低压配电设备及灯具安装》	D702—1 ~ 2
20	《建筑物防雷设施安装》	99D501—1、 99（03）D501—1
21	《等电位联结安装》	97SD567
22	《智能建筑弱电工程设计施工图集》	97X700（下）
23	《火灾报警及消防控制》	96SX501

1.5 主要标准

主要标准见表 1-4。

主要施工标准 表 1-4

类别	名称	编号
国家	《建筑工程施工质量验收统一标准》	GB 50300—2001
	《混凝土强度检验评定标准》	GB 107—87
	《混凝土质量控制标准》	GB 50164—92
	《土工试验方法标准》	GB/T 50123—99
	《砌体工程现场检测技术标准》	GB/T 50315—2000
	《建筑安装工程质量检验评定统一标准》	GB 50300—2001
	《电气装置安装工程电气设备交接试验标准》	GB 50150—91
地方	《北京市建筑结构长城杯工程质量评审标准》	DBJ/T 01—69—2003
	《北京市建筑长城杯工程质量评审标准》	DBJ/T 01—70—2003
	《北京市建设工程施工现场生活区设置和管理标准》	DBJ 01—72—2003
行业	《建筑施工安全检查标准》	JGJ 59—99
	《玻璃幕墙工程质量检验标准》	JGJ/T 139—2001
企标	《建筑工程施工工艺标准》	中建总公司

1.6 主要法律、法规

主要法律、法规见表 1-5。

主要法律、法规 表 1-5

类别	法规名称	编号
国家	中华人民共和国建筑法	中华人民共和国主席令第91号
	中华人民共和国环境保护法	中华人民共和国主席令第22号
	建设工程质量管理条例	国务院令第 279 号
	中华人民共和国合同法	
	工程建筑标准强制性条文	建设部建标［2000］85 号
	关于进一步做好建筑业 10 项新技术推广应用的通知	建质［2005］26 号
	建设部《关于加强工程质量检测工作的若干意见》	建监［1996］208 号
	建筑企业试验室管理规定	建监［1996］488 号
	预防混凝土工程碱集料反应技术管理规定（试行）	京 TY5—99
	房屋建筑工程和市政基础设施工程实行有见证取样和送检的规定	建建［2000］211 号
	关于转发建设部《房屋建筑工程和市政基础设施工程实施见证取样和送检的规定》的通知	京建质［2000］578 号

1.7 其他

见表 1-6。

其他施工管理文件 表 1-6

类 别	名 称	编 号
工程报告	北京华贸中心商贸广场岩土工程勘察报告	2003 技 210
地方	《北京市建筑长城杯工程评审管理办法》	京建质［2002］649 号
地方	《北京市创长城杯、鲁班奖工程工作指南》	
企业质量体系文件	ISO9001：2000 质量管理体系	
企业体系文件	ISO14001	
企业体系文件	OSHMS18000	

2 工程概况

2.1 工程概况

北京华贸中心商贸广场工程地下 4 层（局部 3 层），地上 5 层（局部 6 层），总建筑面积 189633m^2，地下室单层建筑面积 24000m^2，地上单层建筑面积 18000m^2，檐口高度 30.8m，工程结构形式为框架—抗震墙结构，局部采用钢骨梁与钢骨柱相刚接的劲性结构和钢结构，是一栋集地下车库、商业、餐饮等多功能于一体的大型商业建筑。

本工程为北京市 60 项重点工程之一，在工期、质量及安全等各方面的要求十分高，根据施工合同要求，工期方面，项目须在 550 个日历天完成合同约定的所有工作内容；质量方面，本工程确保北京市结构“长城杯”金奖，建筑“长城杯”金奖，确保建筑工程“鲁班奖”；安全文明方面，争创北京市“文明安全样板工地”。

（1）工程名称：北京华贸中心商贸广场工程

（2）工程地点：北京市朝阳区西大望路 6 号

（3）建设单位：北京国华置业有限公司

（4）设计单位：北京市建筑设计研究院

（5）监理单位：中国建筑设计咨询公司

（6）质量监督单位：北京市质量监督总站

（7）施工总承包单位：中国建筑第三工程局（北京）

（8）施工主要分包单位：江苏苏中公司、南通六建公司

（9）投资来源：自筹资金

（10）结算方式：分阶段付款

（11）合同承包范围：北京华贸中心商贸广场结构、初装修工程，给排水、采暖、通风、空调、动力、照明、防雷接地工程。

（12）结算方式：清单报价 + 暂估量 + 设计变更

（13）主要分包项目：钢结构工程（甲方指定）；消防工程（甲方指定）；预应力钢筋混凝土工程（甲方指定）；精装修工程（甲方指定）；玻璃幕墙工程（甲方指定）；弱电工程（甲方指定）；电梯工程（甲方指定）；安装工程（自行分包）；人防门制作安装工程（自行分包）；防水工程（自行分包）

（14）合同工期：591d

（15）合同质量目标：确保工程获北京市结构“长城杯”、建筑“长城杯”、“鲁班”奖

（16）拟实现的科技目标：中建总公司科技推广示范工程

2.2　建筑设计简介

建筑设计见表 2-1。

建筑设计概况　　**表 2-1**

建筑类别	一类	总建筑面积	189633m^2
地下面积	96377m^2	地上面积	93256m^2
建筑功能	地下四层	人防、设备用房、汽车库	
	地下二层、三层	汽车库、设备用房、职工食堂	
	地下一层	商业用房、自行车库	
	一～四层	商业、餐饮、娱乐	
	五层以上	餐饮、商店、机房	
外装修	外墙面	石材幕墙，局部为铝板和玻璃幕墙	
墙体	内墙核心筒为钢筋混凝土现浇墙		
	核心筒内部隔墙、楼梯间隔墙为陶粒空心砖墙		
	厨房、卫生间隔墙为陶粒空心砖墙		
	其余隔墙均为轻钢龙骨双面二层纸面石膏板墙，龙骨中加填岩棉吸声板		
防水	地下室	混凝土自防水＋柔性防水材料（1.2＋1.2mm 三元乙丙）	
	卫生间	3mm 聚氨酯涂膜防水层	
	屋面	防水等级Ⅰ级，三道设防，1.2＋1.2＋1.5mm 三元乙丙柔性防水卷材和刚性屋面架空保护层	
主要装修做法	楼面	细石混凝土楼地面、普通地砖、防滑地砖、大理石楼面	
	踢脚	水泥踢脚、普通地砖	
	内墙	水泥砂浆墙面、玻璃棉毡铝板网吸声墙面、乳胶漆墙面、防火型乳胶漆墙面、陶瓷砖防水墙面	
	顶棚	板底抹水泥砂浆顶棚、粘贴矿棉吸声板顶棚、乳胶漆顶棚、防火型乳胶漆顶棚，铝合金方板吊顶	
	其他	精装修工程设计待定	
电梯	电梯、扶梯	5 部消防梯，4 部货梯和 5 部客梯，18 组自动扶梯	

2.3　结构设计简介

结构设计见表 2-2。

结构设计概况 表 2-2

结构安全等级	二级	耐火等级	一级
场地类别	Ⅱ类	地基基础设计等级	甲级
槽底标高	-20.45m	檐口高度	30.8m
抗震设防烈度	8度	±0.000m=36.800m，室内外高差0.15m	
抗震设防类别	丙类	框架部分抗震等级为二级、抗震墙为一级	
地下水	场区内台地潜水、层间潜水、承压水，最高水位标高为35.50m，近3~5年最高水位为34.00m左右。对混凝土结构无腐蚀性，但在干湿交替条件下对钢筋混凝土结构中的钢筋有弱腐蚀性		
地质条件	持力层为第四沉积层粉质黏土，重粉质黏土④，局部为第四沉积层细砂、中砂③1层。地基承载力标准值 $f_{ka}=220kPa$		
基础形式	筏形基础		
结构体系	框架-抗震墙结构		
	地下部分连成一体，地上部分根据建筑功能分成三段，各段之间设防震缝		
	局部采用钢骨混凝土梁柱、钢骨梁与钢骨柱均为刚接		
钢　材	钢筋、焊条	HPB235、HRB400、钢绞线；钢材Q235	
	焊条	E43、E50	
	螺栓连接	采用摩擦型高强螺栓	
混凝土强度等级	基础	垫层C15，梁、板C35	
	地下四层~地下二层	柱C50，墙C45，梁、板C40	
	地下一层~二层	柱C45，墙C45，梁、板C40	
	三层~六层	柱C40，墙C45，梁、板C35	
	地下室外墙C30；楼梯间C30；构造柱、圈梁C20		
外加剂	地下室基础底板、地下室外墙、人防顶板及水箱、水池等部位混凝土均采用抗渗混凝土，混凝土中需掺加HEA防水剂		
	基础底板、地下室外墙抗渗等级为P10，其他部位为P6		

2.4 专业设计简介

专业设计见表2-3。

专业设计概况 表 2-3

专业	工程概况
给排水工程	给排水工程包括生活给水系统、排水系统、中水系统、热水系统、消防给水系统。 给水系统：水源由市政给水管网提供，从建筑物东西两侧引入 *DN*200 的给水管，至地下四层生活水箱。给水分二区供水。二层及以下由市政管网直接供给，二层以上由变频供水装置提供。 排水系统：首层至六层为一个分区，由立管接至地下一层顶板下排出室外。地下室部分为另一个分区，污水收集到集水池后由潜污泵提升后排出室外。 中水系统：小区设有市政中水供水管网，引至地下四层中水泵房，经变频泵加压后供给各层卫生间冲厕及预留绿化灌溉、道路冲洗用水。 热水系统：热水由设于地下四层的热交换站提供，市政给水经过热交换器后通过热水循环泵，输送到客房、厨房等热水配水点。 消防给水系统：分为消火栓系统、消防喷淋系统、水喷雾系统。本楼消防水系统与写字楼共用，消防水箱、消防水泵均延用写字楼已有设备

续表

专业	工程概况
暖通空调工程	暖通空调工程包括空调风系统、空调水系统、采暖系统、消防排烟系统。 空调风系统：各大型商业区设独立的一次回风全空气系统，各中小型商业区均采用风机盘管加新风系统，各影院均设各自独立的全空气处理机组，地下机房、库房及地下四层货场均设有机械送排风系统。 空调水系统：空调系统冷源由设于地下四层的5台蒸汽溴化锂吸收式制冷机组提供，总制冷量为6000RT。冷冻水供回水温度为7/12℃，管路系统采用双管制系统，分别供给空调机组和风机盘管。 采暖系统：冬季供热热源由市政热网提供，经地下四层热交换器换热后供给楼层。一次水供回水温度为110/80℃，二次供暖水温度为60/50℃，底层集中供暖，供暖方式为地板辐射采暖或周边立式风机盘强制对流供暖，其他部分为空调采暖。 消防排烟系统：消防电梯合用前室及防排烟楼梯间采用机械加压送风防排烟措施，屋顶设置加压送风机。地下车库采用机械排烟，超大中庭共设7个排烟系统及补风系统，每个系统隔层担负排烟量
电气工程	电气工程包括变配电系统、照明系统、防雷接地系统、弱电系统等。 变配电系统：高压系统采用四路10kV高压电源进线，10kV高压电源直接取自楼内地下二层35kV变电所，分别引至1号、2号变配电室，采用柴油发电机组作为第三路备用电源。其中商业区门厅照明、应急照明、信息通讯机房、消防设备及保安监控设备用电为一级负荷，大型商场一般照明、客梯、自动扶梯、生活用水泵等设备为二级负荷，其余为三级负荷。 照明系统：商场照明采用高显色荧光灯与冷光密封式石英卤素灯相结合的照明方式。专业机房照明、正负零以下走道、楼梯间等消防通道、消防用设备机房均为应急照明，各疏散通道及主要出入口均设疏散指示灯及出口标示灯。 防雷接地系统：本工程按二类防雷接地设计，屋顶沿檐口、屋脊等处设置避雷带，屋面设避雷网格，利用结构柱内主筋作为防雷引下线，建筑物内所有金属结构，外墙金属门窗、玻璃幕、铝板金属支架等均与防雷引下线可靠连接。接地电阻小于0.5Ω。 弱电系统：包括综合布线系统、有线电视系统、火灾自动报警系统、保安监控及门禁管理系统、楼宇自动控制系统、车库管理及地下室手机信号增强系统

2.5　工程特点与难点

（1）工程质量标准高

本工程为北京市2004年60项重点工程之一，确保结构“长城杯”、建筑“长城杯”金奖及“鲁班奖”。

（2）场内外交通组织、疏导协调要求高

本工程地处黄金地段，场外交通状况严峻；施工现场内数家总承包单位共用本标段北侧的主干道进出，场内交通狭窄。现场交通组织、疏导协调要求高。

（3）总包管理任务重

本工程除常规的机电专业外，还包括诸多新技术和新系统。工程各专业工种之间的工序上交替穿插频繁，总包管理任务重。

（4）结构复杂，劲性结构施工难度大

本工程既有框架-剪力墙结构，又有型钢柱与型钢梁相刚接的劲性结构。型钢柱与柱主筋、型钢梁与梁主筋及梁柱节点钢筋密集，施工难度大。

（5）基础抗拔桩桩头穿楼板

为解决建筑物本身自重不足以抵抗水的浮力的问题，本工程设计有大量的抗拔桩，抗拔桩伸入底板会穿透底板柔性卷材防水层，从而导致该处防水出现薄弱环节。

(6) 深化设计要求高

本工程为超大型商场，其设计体现了建筑与城市人文结合、与环境共生的设计理念。在建筑功能设计上，更具有超前性，要求总包单位深化设计能力强，在施工过程中能充分领会设计师的意图，高标准完成工程的建设。

(7) 基础基坑深

由于基坑开挖深达 17.85m，暴露时间较长，降水维护时间也较长，南侧近临长安街、地下铁路、市政管网，对基坑支护结构水平位移的影响非常敏感。因而对基坑安全提出了更高要求。

(8) 灯光效果要求高

商场是整个建筑物最重要的部位，是顾客最密集的地方。良好的灯光效果给顾客以舒适的视觉环境和心理感受，同时对于渲染和表现商品特色、质地，对正确辨认商品颜色和品质，都有重要的作用。本工程的商场分为各种不同的功能区，有大型商店、小型商店、大店铺、电影院等主营业区，还有小食店、餐厅等辅助营业区，以及电梯前室、卫生间等配套功能区；各营业区出售的商品不同，有珠宝、金银首饰等贵重的商品，有时装、食品、体育用品等普通的商品。总之，由于区域的功能不同、商品的种类与材质千差万别，因此，商场各区域照明风格需不相同，以达到强化商场照明灯光的整体效果。

(9) 设备安装难度大

本工程大型设备比较多，主要包括冷水机组、冷却塔、水泵、空调机组、风机、柴油发电机等。其中，冷水机组的单体重量达到 53t，外形尺寸为 8620mm × 3390mm × 3800mm，从地面吊到地下四层，吊装难度大。

2.6 典型平面、剖面、立面

略。

3 施工部署

3.1 施工组织

(1) 工程管理组织机构如图 3-1 所示。

(2) 项目经理部成员职责。

1) 项目经理

①组织、管理、领导项目经理部的全面工作，建立健全工程项目的各项管理制度，严格认真履行与业主的合同责任、权利和义务。

②是本工程质量、进度、安全、文明施工及施工协调的第一责任人。

③负责项目质量目标、进度目标、安全文明施工目标和创优目标等的策划、组织、管理和落实。

④负责做好与业主、设计院、监理和相关政府部门的协调工作。

⑤负责配合业主做好各指定供应商、指定分包单位、独立工程承包单位的协调、配合、管理等工作。

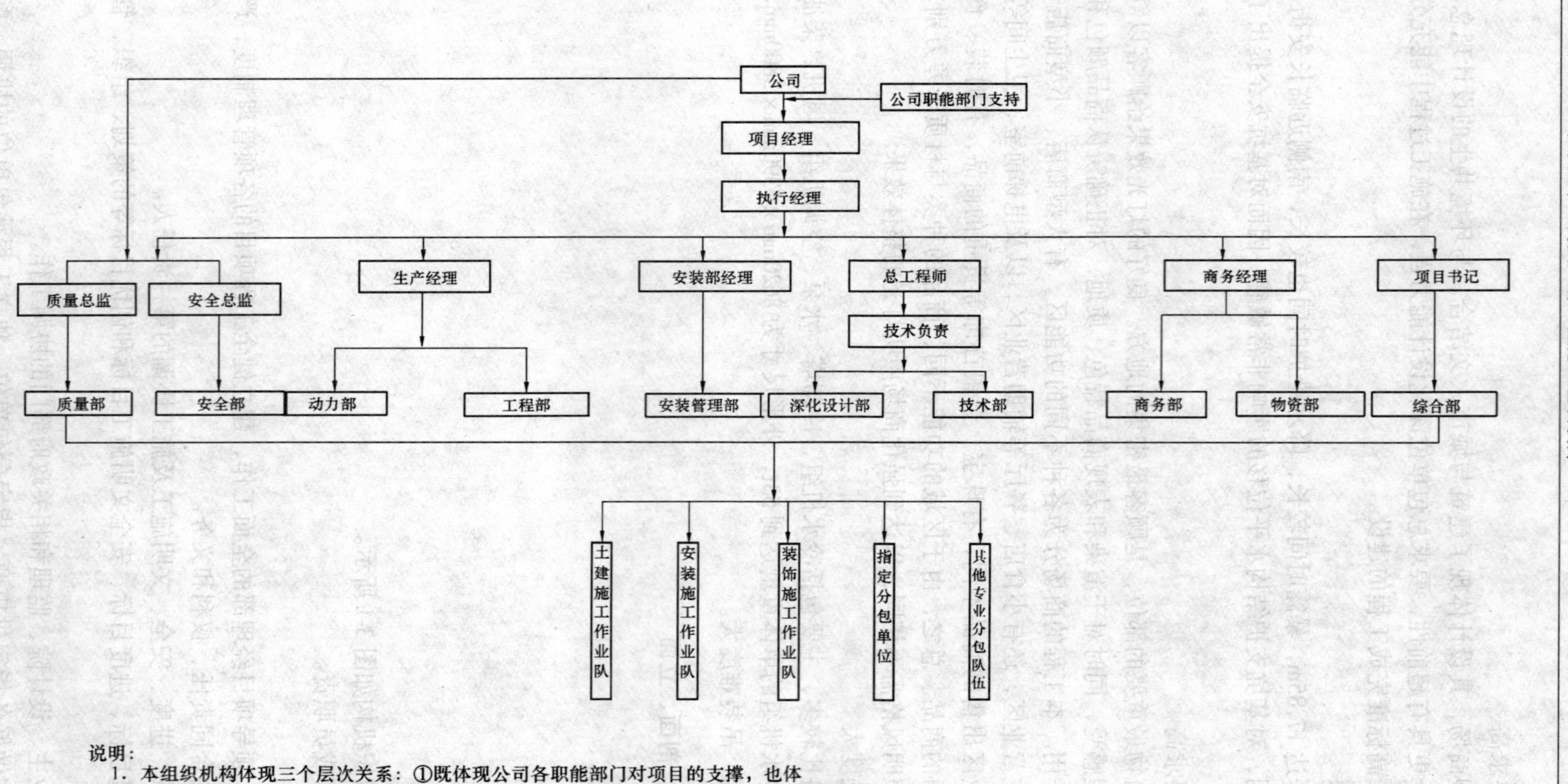

说明：

1．本组织机构体现三个层次关系：①既体现公司各职能部门对项目的支撑，也体现公司对项目的授权，即在公司宏观监控下，赋予项目经理部在人、财、物等方面更多的自主权；②体现项目整体管理架构，项目各职能部门在纵向各负其责，各司其职，充分发挥部门能动性，以线性化的管理提高工作效率；横向则加强沟通，确保信息畅通；③体现劳务作业层的专业性，通过项目部的科学组织与管理及各专业队伍的精心施工，确保工程各项目标的顺利实现。

2．本组织机构着重体现质量总监和安全总监的权限，二者受公司委派，对工程质量和安全具有一票否决权；

3．项目经理部设置急救站，负责处理突发性公共卫生事件，确保项目生产活动的顺利开展。

图 3-1　项目组织机构图

⑥负责做好与标段1、标段3总承包单位的协调、配合工作。

2）项目总工程师

①负责施工现场工程技术管理工作，主管项目技术部、深化设计部的工作。

②主持编制项目施工技术方案、专项方案、技术措施和施工工艺卡；负责指定分包工程以及独立工程的施工方案审核工作。

③主持施工详图设计和安装综合管线图设计，负责主持对包括指定分包工程以及独立工程在内的所有施工图的审核工作。

④主持图纸内部会审、施工组织设计交底及重点技术措施交底，负责审定各分包专业的图纸。

⑤负责新技术、新材料、新设备、新工艺的推广应用工作。

⑥负责工程材料设备选型的相关工作。

⑦主持工程材料鉴定，测量复核及工程资料的管理工作。

⑧负责与业主、设计及监理单位之间的技术和设计联系与协调工作。

⑨主持项目计量设备管理及试验工作。

⑩组织项目结构验收与竣工验收工作。

⑪负责主持工程竣工资料的收集、整理、编制工作。

3）项目副经理

①项目副经理是施工生产的指挥者，负责现场全面生产管理工作。

②主管项目工程部、动力部、协管质量部及安全部。

③建立健全各项生产管理制度。

④主持施工管理工作，作好生产要素的综合平衡工作，确保工程如期圆满完成。

⑤参与工程各阶段的验收及竣工验收工作。

⑥组织做好生产系统信息反馈及各项工作记录。

⑦主持开展QC小组活动，并组织编写项目工程施工总结工作。

⑧严格执行安全文明管理办法及奖惩制度，确保安全生产及文明施工。

4）安装部经理

①是本工程机电安装工程施工生产的指挥者，全面负责机电安装工程生产管理以及配合业主做好各机电安装分包单位组织协调工作，对机电安装专业施工质量负第一领导责任。

②主管机电管理部。

③参与制定各项生产管理制度。

④负责安装专业材料计划的审定。

⑤同项目总工程师组织深化设计部进行制备机电配合总图。

⑥根据项目总工期控制计划，主持编制机电工程各专业配合计划，并对执行情况进行监督与检查。

⑦组织机电工程各专业的协调会，解决生产进度、质量问题，协调机电工程各专业间，机电专业同土建、装饰专业之间的矛盾。

⑧保持与业主、设计及监理之间密切联系与协调工作，并取得对方的认可，确保深化设计工作能满足连续施工的要求。

⑨主持编制机电安装各专业施工方案，牵头协调解决机电安装各专业技术问题。

⑩严格执行项目质量策划及质量验收程序，保证安装施工质量及项目质量目标的实现。

⑪严格执行安全文明管理办法及奖罚制度，确保安全生产及文明施工。

⑫参与工程各阶段的验收工作。

⑬组织做好安装专业施工信息反馈及各项工作记录。

5）商务部经理

①贯彻执行公司质量方针和项目规划，熟悉合同中业主对产品的质量要求，并传达至项目相关职能部门。

②负责组织项目人员对项目合同学习和交底工作。

③主持项目各类经济合同的起草、确定、评审。

④负责项目经营报价、进度款结算及工程决算，负责专业队伍的结算。

⑤负责专业施工队伍、材料供应商的报价审核。

6）质量总监

①主持项目质量管理工作。

②严格执行国家质量验评标准和施工规范，对工程质量行使监督检查职能。

③按贯标的程序文件要求和项目质量计划书的规定，加强工程的施工过程质量控制。

7）安全总监

①主持项目的安全管理工作。

②严格执行各项安全生产、劳动保护制度，组织项目安全领导小组开展旬（周）安全生产大检查。

③进行项目安全巡查，制止违章指挥和违章作业，遇有严重险情有权要求现场停工。

8）物资部

①负责物资部门的日常管理工作。

②制定物资管理制度，组织制度的评审，检查制度的执行情况，收集制度执行过程中的反馈信息，并不断完善。

③监督检查在施工生产中的物资消耗情况，做好物资的消耗统计工作，收集整理物资消耗资料，统计分析各类物资的消耗定额。

④加强计算机在物资管理中的应用，推动物资管理的信息化建设。

⑤负责现场的材料的计划、采购、收发、库存、文明施工的管理。

9）总承包部

①在项目经理的领导下负责项目总包管理工作的全面组织和实施。

②负责组织制定和落实项目的分包计划和管理规定。

③负责组织协调各分包单位以及各分包单位与业主、监理、设计院的关系。

④负责组织包括指定分包和独立工程分包单位制定项目的环境目标、安全文明施工目标的落实工作。

⑤负责配合业主制定样板层实施计划、并加以落实。

⑥负责组织项目分包工程的招标工作以及分包单位的考核工作。

⑦负责组织项目施工进度计划的编制工作。

⑧负责组织制定施工现场的平面管理计划。

⑨定期组织召开总包会议，掌握各分包的生产、经营以及管理等情况。

⑩参加业主、监理主持的例会，汇报项目的工作，落实会议的有关决议。

⑪负责配合业主制定指定工程和独立工程等分包单位的招标、考核以及进场计划。

⑫负责配合业主制定指定工程、独立工程的质量目标、工期目标、文明安全目标、环保目标的制定，并配合业主进行监督检查。

⑬负责配合业主，主动与指定分包工程、独立工程承包单位沟通，了解其所需要总承包单位协调、配合、管理的情况，并负责组织落实。

10）综合部

①负责综合部日常管理工作。

②负责项目部的后勤供应工作。

③负责项目部的公文管理、印信管理、会务管理、日常行政事务管理、现场CI工作、宣传工作、消防保卫工作等。

④负责与卫生防疫站、定点医院等单位联系与沟通，预防和处理突发性公共卫生事件。

⑤负责来访接待工作。

⑥负责配合指定分包工程、独立工程承包单位建立突发公共卫生事件预防和处理联动机制。

11）工程部

①负责向专业施工队伍进行技术交底，审核专业施工班组的交底，且各项交底必须以书面形式进行，手续齐全。

②参与技术方案的编制，加强预控和过程中的质量控制把关，严格按照项目质量策划和质量评定标准、国家规范进行监督、检查。

③负责现场文明施工管理，落实各施工部位责任人，并进行现场达标管理。

④负责现场劳动力、材料、机具协调工作。

⑤严格工序的检查，组织专业施工单位做好工序、分项工程的检查验收工作。

⑥对工程进展情况实施动态管理，分析预测可能影响工程进度的质量、安全隐患，提出预防措施或纠正意见。

⑦协助安全部门对现场人员定期进行安全教育，并随时对现场的安全设施及防护进行检查，加强现场文明施工的管理。

⑧协助物资部对进场材料及构配件进行检查、验收及保护。

⑨在施工管理过程中负责配合部门经理具体落实对指定分包工程、独立工程等分包单位以及标段1、标段3总承包单位的各项协调、配合工作。

12）动力部

①根据项目生产计划和施工进度要求，组织制定机械设备计划，及时组织和联系机械设备进场，根据需要平衡调度、合理组织、确保项目施工生产的顺利进行。

②贯彻执行公司颁发的设备管理条例、规定和标准，结合项目实际情况组织制定相应的管理实施细则并组织实施。

③负责项目机电操作人员的进场、管理、退场工作。

④认真负责进场机械设备的验收、登记、租赁结算及退场工作。

⑤加强对操作人员的安全教育、督促操作人员合理使用机械设备、完善安全防护装置，确保机械设备及人员安全。

⑥负责对机械设备事故的调查、分析、处理和上报工作。

⑦负责机械设备档案的管理，及时收集、整理各类原始资料及交接登记、运转维修记录、事故分析材料，并及时、准确上报各类统计报表。

⑧负责文明施工中机械设备的达标管理。

13）技术部

①负责项目施工的技术准备、方案编制、施工进度计划、部分材料计划报批。

②协调解决与业主、监理及分包商的技术问题。

③负责设计变更、工程洽商的办理工作，并对现场提出的技术问题，及时准确地予以回复。

④负责深化设计工作

⑤负责组织对项目管理人员的技术交底工作。

⑥负责编制质量安全技术措施，督促项目管理人员落实施工组织设计与各类技术措施，深入调查研究，全面开展QC活动。

⑦负责工程材料、设备的选型、考察和报批工作。

⑧负责组织工程的阶段验收及最终验收工作。

⑨负责技术总结工作。

⑩负责现场试验及抽样试验工作。

⑪负责工程质量监督及组织质量资料编制和报批工作。

⑫负责幕墙、机电、电梯等业主直接分包方的方案审批，现场管理及与土建交叉配合工作。

⑬负责分包方案讨论组织与反馈工作。

⑭影像资料的策划、组织和实施。

⑮负责策划、组织、实施创优工作。

⑯负责工程资料的收集、整理和归档工作。

⑰负责项目信息化管理工作。

14）质量部

①严格执行国家质量验评标准和施工规范，代表企业对工程质量行使监督检查职能。

②负责对分部分项工程进行检查和等级评定，参加基础、主体部分工程质量核定和单位工程质量评定。

③按贯标的程序文件要求和项目质量计划书的规定，加强工程的施工过程质量控制。

④领会设计意图，掌握技术要点，按工艺标准进行工序质量控制，协助工长管好工程质量“自检、互检、交接检”，随时掌握各分项工程的质量情况。

⑤深入施工现场，检查主要原材料、半成品、成品的质量情况，参加隐蔽工程、分部分项工程的验收、评定和质量事故的调查、分析，并检查技术处理方案的执行情况；对不符合质量标准的工程有权责令返修、返工或停工。

⑥负责检查施工记录和试验结果，整理分部分项工程和单位工程检查评定原始记录，及时填报各种质量报表，建立质量档案。

15）安全部

①严格执行各项安全生产、劳动保护的方针、政策、法令及规章制度，在上级业务部门和项目经理的领导下，做好项目的安全生产管理工作。

②熟悉安全技术操作规程和掌握安全防护标准，制定安全生产制度，实行企业安全生

产责任制、安全检查制度和安全教育制度并负责贯彻实施。

③组织项目安全领导小组开展旬（周）安全生产大检查，并做好记录、督促整改和实施奖惩。

④进行项目安全巡查，制止违章指挥和违章作业，遇有严重险情有权通知暂停生产，并立即报告上级领导妥善处理，做好安全生产工作日记。对违反安全条例和有关安全法规的行为，经劝说无效，有权提出处理意见，报项目经理批准后执行。

⑤做好项目特殊作业人员的登记管理工作，督促遵守安全生产制度，持证上岗，不违章作业。

⑥建立和健全职工伤亡事故登记档案和安全奖惩台账，对安全奖励基金做出资金使用计划，报项目经理审批。工伤事故应如实填写伤亡事故报告单，内容填写齐全、清楚。

3.2 施工任务划分

3.2.1 总承包合同范围

工程承包范围为北京华贸中心商贸广场工程招标图所包括的全部建筑安装工程内容，并承担本工程的总承包职责。

3.2.2 业主指定分包施工项目

(1) 幕墙工程；

(2) 电梯工程；

(3) 钢结构工程；

(4) 装修工程；

(5) 智能化弱电系统工程；

(6) 消防工程；

(7) 部分特殊工艺或必需特种资质的来料加工等工程。

3.3 主要施工部署

3.3.1 施工组织部署原则

(1) 满足合同要求原则

根据合同中确保结构“长城杯”、建筑“长城杯”金奖及“鲁班奖”约定的质量要求，采取切实可行的施工组织措施，确保工程质量目标的实现。

按合同工期进行工程进度计划控制，保证工程如期交付。

(2) 科技先导原则

积极推广应用建设部“十项新技术”，真正实现科技先行，指导现场施工。

(3) 经济效益原则

在满足合同质量及工期前提下，应用新技术、新材料和新方法，为工程创造更大的经济效益。

3.3.2 施工顺序部署原则

总体施工顺序部署原则：先地下，后地上；先结构，后围护；先主体后装修，砌筑工程在主体结构施工至首层及时插入。

待首层结构施工完，开始插入地下室外墙防水施工，防水经验收合格后插入肥槽土方回填。主体结构分两次组织结构验收（第一次为地下室结构验收、第二次为地上结构验收），及时组织二次结构及安装等后续工作的提前插入。

主体结构封顶、设备吊装完后拆除塔吊。2005年8月5日开始进行外幕墙施工，2005年7月16日开始进行地下室精装修，2005年11月20日完成外幕墙施工。2006年3月16日进行联合调试和竣工验收。

各施工阶段的主要程序部署如下：

(1) 地下室施工阶段

本工程土方及基坑支护已由业主直接分包完成。我单位本阶段施工程序为：基坑交接→人工清理、验槽、垫层→底板防水→底板结构→地下室结构、安装预埋预留和防雷接地随结构施工进行。

(2) 主体结构施工阶段

主体结构施工时，安装预埋预留和防雷接地工作同时进行。首层施工时即进行地下室围护结构施工。

(3) 安装施工阶段

安装工程施工总体按照“先内后外，先下后上，先主管后支管，先预制后安装”的原则，实行平面分区、分楼层、立体交叉作业的施工方法。在专业施工阶段，应本着“电让水，水让风、风让设备 ”的原则组织施工。配合装饰阶段先进行吊顶内安装施工。待各专业的安装工程完成后，再进行竣工验收前的单体和联合调试。

(4) 装饰施工阶段

装饰施工阶段本着先外后内的原则进行。地下室部分首先组织施工，然后依次向上组织流水施工，以装饰施工为主线，其他专业施工按进度要求配合。

(5) 综合调试、竣工收尾阶段

本阶段加紧整个工程的配套收尾、清洁卫生和成品保护，搞好安装及设备调试，安装好室外管线，加紧各项交工技术资料的整理，确保工程的一次验收成功，保证在较短的工期内完成所有工作内容。

3.4 施工进度计划

3.4.1 工期目标

本工程的开工日期为2004年8月10日，竣工日期为2006年3月25日，总工期591个日历天。本工程实行网络计划管理，设立阶段性目标控制节点来指导现场人、财、物的合理调配。(表3-1)。

总工期网络计划控制节点　　**表3-1**

控制点	日历天	内　容	完成时间
1	52	底板施工完	2004.10.2
2	143	管廊结构施工完	2004.12.31
3	174	地下室结构完	2005.2.1
4	340	主体结构封顶	2005.7.16
5	522	精装修完	2006.1.25

3.4.2 进度计划

略。

3.5 组织协调

3.5.1 协调好与业主的关系

在施工过程中通过监理单位、设计单位与业主形成畅通快捷的信息渠道，通过良好的合作，确保本工程承包合同全面履行：

(1) 定期参加监理例会，讨论解决施工过程中出现的各种矛盾及问题，理顺每一阶段的工作关系，使整个施工过程井然有序。

(2) 参与业主组织的联合招标，选择施工质量好、企业信誉高的分包单位。

(3) 协助业主办理开竣工手续、处理和协调好与周围居民及相关部门的关系等。

(4) 根据总体进度计划安排，对分包单位的考察时间、进场时间及退场时间作出部署，做好对分包单位的考察工作。

(5) 对于业主指定的分包和其他承包人，在施工的各阶段进行协调和管理。

3.5.2 协调好与监理单位的关系

(1) 技术部、质量部、安全等职能部门安排专人对口监理单位，与监理单位紧密合作，在施工全过程中，严格按照经业主、监理批准的“施工组织设计”进行全面管理，以严格的施工管理程序，达到工程所要求的各项技术、质量、经济指标。

(2) 施工过程中所有的施工方案，均要在施工前规定的时间内报送监理等相关单位审批。

(3) 按照监理等相关单位的合理意见进行修改和完善后，方可用来指导现场施工。现场的所有人员的资料要在规定时间内报送监理等相关单位，以便于管理；若有改动，及时报批后才能进行。用于施工的各种材料设备进出，均要在规定时间向监理等相关单位报批。

(4) 施工过程中在班组“自检”和项目经理部“专检”的基础上，虚心接受和服从监理的检查和验收，服从监理的“四控”(质量控制、工期控制、安全和造价控制)、“两管”(合同管理和资料管理)、监督和协调，并按照监理工程师提出的要求予以改正，以便监理工作顺利进行。

3.5.3 协调好与设计院的关系

(1) 深化设计的施工图应按程序进行会签并报设计单位、监理单位和业主确认后指导施工。

(2) 现有图纸中指出由厂家或分包单位进行二次设计的，我公司提供相关资料，现场予以积极配合。

(3) 针对每一次图纸会审及设计交底会议都要进行充分的准备，将图纸上的问题在施工前解决。进入装修阶段，主要材料的样品必须经过设计院等各方的认可后方可采购及使用。通过与设计院等各方的密切配合，保证施工过程中以最佳的施工方案来充分表现本工程的设计风格。

3.5.4 为各分包单位提供的服务措施

严格履行总承包责任、权力和义务，按规定为各分包单位提供工作条件，保证关键工序和关键线路。主要如下：

（1）提供现场已有的脚手架、操作平台；

（2）提供现场的垂直运输机械设备并分配好使用时间；

（3）合理分配和提供现场堆场、道路，及时提供足够的工作面；

（4）提供现场现有的办公场地及库房等临时设施；

（5）在施工现场提供公共部分的照明及临时电源；

（6）在施工现场提供临时水源；

（7）提供现场警卫、公共部位消防设施；

（8）提供外架安全防护和公共通道安全防护；

（9）提供现场轴线、高程等相关测量资料以及楼层测点；

（10）提供有关文件要求的其他措施；

（11）施工图纸的深化设计；

（12）主体阶段施工中配合；

（13）安装、装饰施工阶段的配合。

该阶段各专业同时施工，成品保护工作是重点。各专业严格按“成品保护制度”进行施工和保护，并有严格的监督和奖罚制度。

3.6　主要项目工程量

主要工程量见表 3-2。

主要分部（分项）工程量　　**表 3-2**

序　号	分部（分项）工程名称	单　位	数　量	备　注
1	钢筋	t	25720	本工程量仅为估算量，不能作为材料计划及工程结算用
2	混凝土	m^3	97785	
3	灰土回填	m^3	15600	
4	地下室防水	m^2	46713	
5	陶粒空心砖	m^3	5000	
6	屋面防水	m^2	7592	
7	防滑地砖	m^2	2800	

3.7　主要劳动力计划

劳动力实行专业化组织，按不同工种、不同施工部位来划分作业班组，使各专业班组从事性质相同的工作，提高操作的熟练程度和劳动生产率，以确保工程施工质量和施工进度。根据工程实际进度，及时调配劳动力，实行动态管理。

劳动力需用量计划见表 3-3，劳动力动态图如图 3-2 所示。

3.8　施工总平面布置

要保证本工程能安全、优质、高速地完成，关键在于合理地进行总平面布置和科学地进行总平面管理。总平面布置的原则是有效利用场地的使用空间，科学规划现场施工道路，满足安全生产、文明施工、方便生活和环境保护的要求。必须做好对总平面的分配和统一管理，协调各专业和各分包单位对总平面的使用。

3.8.1 场地特征

本标段位于朝阳区西大望路、建国路及东四环交错地块，北侧为业主的售楼部，南侧为原电力厂厂区，东侧紧邻在施的华贸写字楼工程。本工程现场面积较大，但地下室施工阶段可利用面积较小。

3.8.2 施工平面布置

考虑到本标段施工阶段，其他标段也在施工，为便于本工程现场管理，工地必须实行封闭式施工。

进场后在充分利用现场已有硬化道路的基础上对本标段增设道路和部分材料堆场进行硬化加固，道路和材料堆场均做好排水坡度，并在基坑周边砌筑排水沟，利用现场东南角已有排污管进行有组织排水；同时，在施工场地大门入口处设置洗车槽，对进出场的车辆轮胎夹带物清洗干净，以减少扬尘污染。

临建及材料堆场的布设根据业主提供的水源、电源、市政管网、工程概况及场地大小综合考虑。现场除硬化区域外，其他部分进行绿化，做到黄土不露天，美化环境，减少污染。

本工程现场可利用面积较小，而施工机具、材料、劳动力投入量却较多，现场的平面布置仅考虑管理人员办公室、标养室、厕所、库房、木工加工房、材料堆场和垂直运输机械等，而工人宿舍及钢筋加工车间需布置在场外。根据不同施工阶段的动态调整，对施工现场平面布置如下：

(1) 现场平面布置本着动态管理的原则，分为地下室施工阶段、主体施工阶段、安装及装修施工阶段三个不同时期进行管理，根据每个时期的材料和设备的不同，合理调整堆场位置，同时兼顾到不宜移动的设施，如办公用房、材料加工场、大型机械设备、临时水电管线、道路等。

(2) 根据施工的总体部署和现场实际情况，在地下室施工阶段布置6台塔吊，地上结构施工阶段布置5台塔吊，可以覆盖本标段建筑物和主要材料堆场，并满足吊运能力要求。

(3) 根据流水段划分和混凝土方量计算，现场布置5台HBT80混凝土柴油泵。

(4) 结构施工至四层后安装6台施工电梯，用于满足人员的垂直运送和装修阶段材料的运输。

(5) 装修施工阶段，在场地西侧布置带自动计量装置的砂浆搅拌机和水泥库房、砂堆场等，以进行砂浆的集中搅拌和供应。

(6) 所有材料堆场需进行硬化处理，并按照“就近堆放”的原则，既布置在塔吊覆盖范围内，同时考虑现场实际情况，主要布置在结构内收部位。管理人员办公室、库房、标养室等布置在现场西侧，工人宿舍布置在场外。

(7) 根据朝阳区政府文件要求，在现场内还将设立医务室，以对突发性公共卫生事件进行有效监控。

主要劳动力需用计划动态分析表

表 3-3

日期 工种	04.8 ~04.9	04.9~ 04.10	04.10~ 04.11	04.11~ 04.12	04.12~ 2005.1	05.1~ 05.2	05. 2~ 05.3	05.3~ 05.4	05.4~ 05.5	05.5~ 05.6	05.6~ 05.7	2005.7 ~05.8	05.8~ 05.9	05.9~ 05.10	05.10~ 05.11	05.11~ 05.12	05.12~ 06.12	2006.1 ~06.2	06.2~ 06.3
钢筋工	150	350	360	360	350	400	40	350	360	360	350	50	50	50					
木 工	300	500	520	550	530	540	60	500	550	550	530	80	80	80					
混凝土工	60	130	150	160	150	150	30	130	160	160	150	40	40	40					
防水工	80						100					40							
土 工			50					40	50	50	50	70							
测量工	25	30	28	30	25	30	5	30	28	28	30	25	40	20	15	15	10		
瓦 工							10	150			160	160	160						
架子工	80	80	80	80	80	80	15	80	80	80	80	80	60	50					
机操工	25	25	25	25	25	25	5	25	25	25	25	25	20	20	20				
电 工	20	20	20	20	20	20	5	20	20	20	20	20	30	30	30	30	10	5	5
管 工	10	10	10	10	10	10	6	50	50	50	50	50	50	50	50	50			
焊 工	30	30	30	30	30	30	5	30	30	30	30	30	50	50	60				
内装饰									400	400	400	400	400	400	400	400	400	10	10
合 计	780	1175	1273	1265	1220	1285	281	1405	1763	1763	1875	1070	980	790	575	495	420	15	15

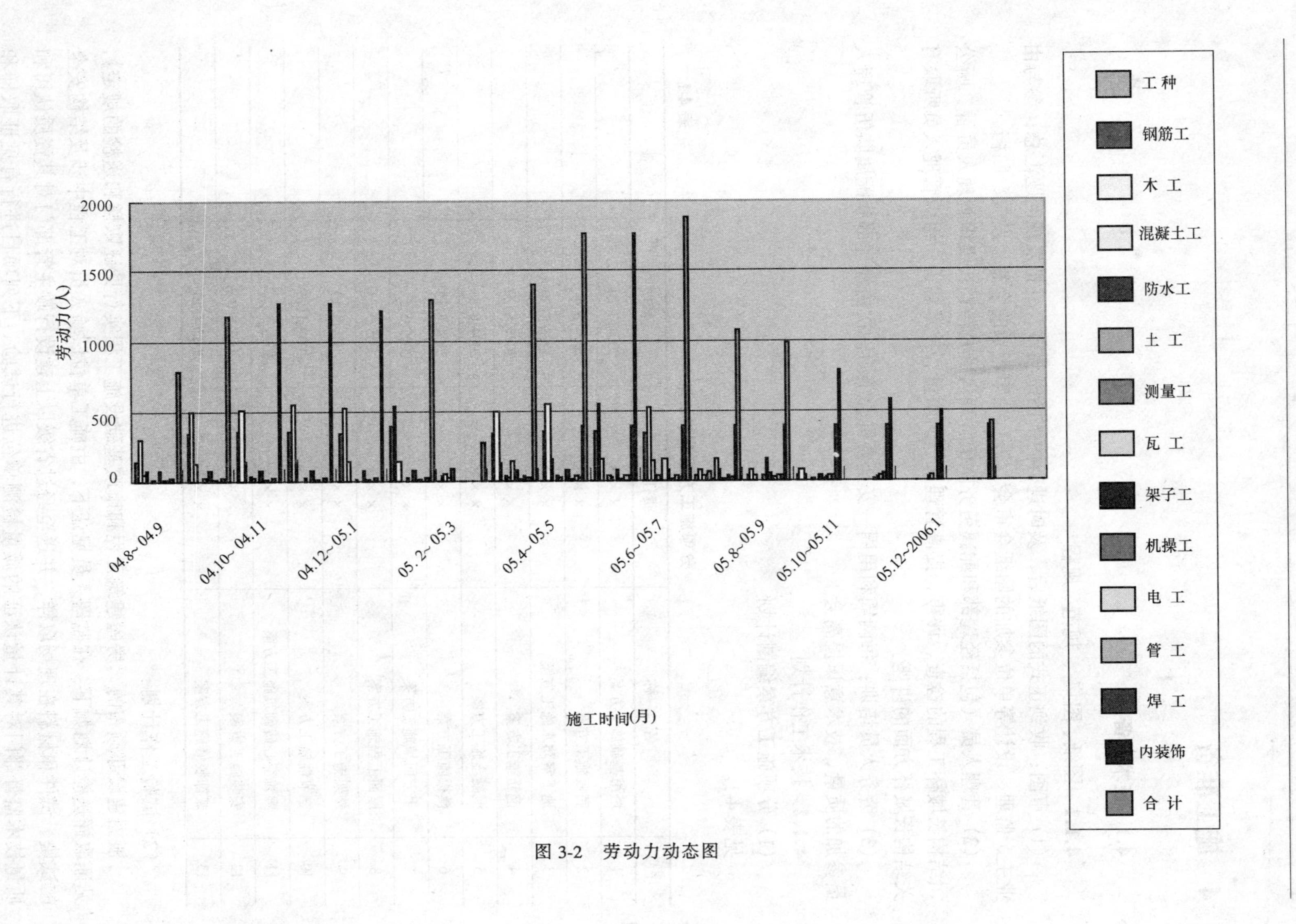
劳动力(人)
2000
1500
1000
500
0
04.8~04.9
04.10~04.11
04.12~05.1
05.2~05.3
05.4~05.5
05.6~05.7
05.8~05.9
05.10~05.11
05.12~2006.1
施工时间(月)
工种
钢筋工
木工
混凝土工
防水工
土工
测量工
瓦工
架子工
机操工
电工
管工
焊工
内装饰
合计

图 3-2 劳动力动态图

4　施工准备

4.1　技术准备

4.1.1　图纸、图集 、规范、规程

（1）审图：收到正式的图纸后，及时进行内部图纸会审，并把发现问题汇总；参与由业主、监理、设计等单位参加的图纸会审会，进行会审记录的会签、发放、归档。

（2）管理人员（包括经理部和配属劳务队伍管理人员）培训：组织管理人员看、听公司结构长城杯工程的检查、评审，提高管理人员的质量、技术意识；组织管理人员听取有关结构长城杯方面的讲座。

（3）劳务人员培训：每两周利用周一安全会机会组织一次由经理部和配属队伍管理人员参加的质量、技术意识提高会。

4.1.2　技术工作计划

（1）分项施工方案编制计划

见表4-1。

分项施工方案编制计划　　表4-1

序号	名　称	责任人	完成时间	备　注
1	塔吊基础施工方案	×××	2004.7.20	
2	底板施工方案	×××	2004.8.4	
3	地下室防水施工方案	×××	2004.7.30	
4	钢筋施工方案	×××	2004.8.10	
5	混凝土施工方案	×××	2004.8.8	
6	模板施工方案	×××	2004.8.15	
7	土方回填施工方案	×××	2005.5.5	
8	屋面工程施工方案	×××	2005.6.25	
9	外架施工方案	×××	2005.4.10	
10	季节性施工方案	×××	2004.11.8	
11	陶粒空心砖砌筑施工方案	×××	2005.5.20	
12	安装施工方案	×××	2004.9.1	
13	装饰装修施工方案	×××	2005.7.10	

（2）试验工作计划

根据建设部颁布的《房屋建筑工程和市政基础设施工程实行见证取样和送检的规定》，见证取样送检计划如下：在监理人员见证下，由施工单位试验人员对工程中涉及结构安全的试块、试件和材料在现场取样，并送至经过省级以上建设行政主管部门对其资质认可和质量技术监督部门对其计量认证的质量检测单位进行试验。下列项目进行有见证取样和送检：

①用于承重结构的混凝土试块；

②用于承重墙体的砌筑砂浆试块；

③用于承重结构的钢筋原材及连接接头试件；

④用于承重墙的砖和混凝土小型砌块；

⑤用于拌制混凝土和砌筑砂浆的水泥；

⑥用于承重结构的混凝土中使用的掺加剂；

⑦地下、屋面、厕浴间使用的防水材料；

⑧国家规定必须实行见证取样和送检的其他试块、试件和材料。

单位工程有见证和送检次数不得少于试验总次数的30%，试验总次数在10次以下的不得少于2次。针对本工程所需送检及见证数量见表4-2。

送检及见证数量 **表4-2**

样品名称	总　量	送检总组数	见证组数
钢筋原材	25720t	429	130
混凝土	100000m^3	1000	300
钢筋接头	35000个	70	21

说明：以上仅为估计数量。

(3) 推广新技术应用计划

推广新技术应用计划见表4-3。

推广应用新技术计划 **表4-3**

序号	推广应用技术名称	负责人	使用部位	工程量
1	复合土钉墙支护技术	×××	基础部分	18000m^2
2	清水混凝土技术	×××	主体结构	100000m^3
3	HRB400级钢筋的应用技术	×××	主体结构	21720t
4	粗直径钢筋直螺纹机械连接技术	×××	主体结构	35000个
5	无粘结预应力成套技术	×××	主体结构	200t
6	清水混凝土模板技术	×××	主体结构	20000m^2
7	碗扣式脚手架应用技术	×××	主体结构	
8	悬挑式脚手架应用技术	×××	主体结构	24000m^2
9	钢结构施工安装技术	×××	主体结构	
10	钢与混凝土组合结构技术	×××	主体结构	500t
11	新型墙体材料应用技术及施工技术	×××	二次结构	4000m^3
12	节能型门窗应用技术	×××	装修工程	
13	新型合成高分子防水卷材应用技术	×××	基础、屋面	50000m^2
14	建筑防水涂料应用新技术	×××	装修工程	
15	深基坑工程监测和控制技术	×××	基础部分	
16	管理信息化技术	×××	整个施工过程	

说明：以上仅为估计数量。

(4) 高程引测与定位计划

根据业主提供的坐标点及北京市规划测绘设计研究院工程测量成果和高程定位工程测量成果引入平面控制网和标高控制网。

(5) 创优计划

为保证施工质量，以过程精品创精品工程，确保获得北京市“结构长城杯”金杯及“建筑（竣工）长城杯”金奖，确保获得“鲁班奖”。制定详细周密的创优计划表4-4，以便将施工过程中的每一个环节落实到实处。

创　优　计　划　　表4-4

序号	计划名称	完成时间
1	质量保证措施	2004.9.1
2	质量管理制度	2004.9.3
3	质量通病防治措施	2004.9.4
4	成品保护措施	2004.8.30

(6) 样板施工计划

坚持以样板引路，施工前确定操作要点及质量标准，用样板指导后续工程的施工。①主体结构施工阶段的样板段见表4-5。

②装修施工阶段选择Ⓡ~Ⓣ/⑦～⑨轴地下三层进行样板施工。

主体结构样板　　表4-5

序号	分项样板名称	样板部位
1	竖向结构钢筋	Ⓡ~Ⓢ/③～⑤轴地下四层墙体
2	竖向结构模板	Ⓡ~Ⓢ/③～⑤轴地下四层墙体
3	水平结构钢筋	Ⓜ~Ⓢ/①～⑧轴地下四层顶板
4	水平结构模板	Ⓜ~Ⓢ/①～⑧轴地下四层顶板
5	竖向结构混凝土	Ⓡ~Ⓢ/③～⑤轴地下四层墙体
6	水平结构混凝土	Ⓜ~Ⓢ/①～⑧轴地下四层顶板

(7) 深化设计计划

为了理顺以上繁多专业工序之间在平面及空间上的搭接关系，制定各专业结合部的处理方案及保证后期设备安装的预留空间，必须对设计图纸进行施工深化设计。为此，项目经理部成立以项目总工程师为首的技术力量强的深化设计部，负责此项工作。

(8) 计量器具及设备计划

施工前，针对本工程特点选购适应本工程需要的测量、计量器具。详见表4-6和表4-7。

主要测量仪器一览表　　表4-6

序号	名　称	型号规格	数量	用　途	检测状态
1	全站仪	GTS-602	1台	布设测量控制网	检测合格
3	精密水准仪	DiNi10	2台	标高复核、沉降观测	检测合格
4	自动安平水准仪	DZS3-1	2台	标高控制	检测合格

续表

序号	名　称	型号规格	数量	用　途	检测状态
5	激光垂准仪	DZJ3	1台	竖向点位传递	检测合格
6	对讲机	TK278/378	10对	通信联络	检测合格
7	钢卷尺	50m	2把	量距、细部放线	检测合格

主要试验仪器一览表　　表 4-7

序号	仪器名称	规　格	数量
1	振动台	0.8m	1台
2	混凝土试模	100mm×100mm×100mm	15组
3	混凝土抗渗试模		6组
4	砂浆试模	70.7mm×70.7mm×70.7mm（三联）	6组
5	混凝土坍落度桶		1套
6	恒温恒湿控制仪		1套
7	空调	1.5kW	1台
8	温度计		1只

4.2　生产准备

4.2.1　临时用水布置

本工程现场临时用水包括给水和排水两套系统。给水系统又包括生产、生活和消防用水。排水系统包括现场排水系统和生活排水系统。

给水系统：从业主指定的水源接用水管至生活区和各施工用水点，并按有关要求报装和安装水表。管道布置及管道选型要以施工用水量计算为依据，进行合理选择。

排水系统：施工现场的各类排水必须经过处理达标后才能排入城市排水管网。沿临时设施、建筑四周及施工道路设置排水明沟，并做好排水坡度。生活污水和施工污水经过沉淀处理后，将清水排入市政管线。排水沟要定期派人清掏，保持畅通，防止雨期高水位时发生雨水倒灌。生产、生活用水必须经过沉淀，厕所的排污必须经过三级化粪池处理，食堂设隔油池。施工现场出入口设洗车槽，所有外运渣土的车辆必须清洗，减少车辆带尘。详见“临水方案”。

4.2.2　临时用电布置

本工程现场用电负荷根据用电机具类别分为电动机负荷、电焊机负荷和照明负荷，各种机具设备容量、相关参数及其计算：设备容量参见土建、机电专业机具使用计划表（表5-1），其他参数从相关技术手册中查得；其他部分为计算数据。由于用电高峰在结构施工期间，故不考虑装修期间室外电梯的负荷容量。本工程钢筋场外加工，现场仅考虑零星钢筋加工用机具。表中，具体设备统计和计算如下（其中照明用电按动力用电的10%考虑，系数 K_0 取1.05）：

总用电量按下式计算所得：

$$S = 1.05 \sim 1.10(K_1 \sum P_1/\cos\phi_1 + K_2 \sum P_2/\cos\phi_2 + S_3)$$

式中 S——供电设备总需要容量（kV·A）；

S_1——电焊机额定容量（kV·A）；

P_2——电动机额定功率（kW）；

S_3——照明总需要容量（kV·A）；

$\cos\phi$——电动机平均功率因素，K_1、K_2 为需要系数。

工程现场临时用电采取TN-S供电系统，放射式多路主干线送至各用电区域，然后在每个供电区域内再分级放射式或树干式构成配电网络，并在配电柜及二级配电箱处做重复接地。按照配电柜（一级配电箱）→现场总配电箱（二级配电箱）→现场分配电箱（三级配电箱），三级配电，两级漏电保护原则配电。根据施工现场平面布置及用电负荷分布情况，配电柜置于临电配电房内，由10个现场总箱布置在负荷相对集中区域，供给塔吊、施工电梯和附近现场用电；现场办公室单独从配电室引出，既保证供电可靠性，又能单独计量。现场总配电箱配合各楼层配电箱分散供电。

4.2.3 交通运输

（1）在酒店工程尚未开工的阶段，运输车辆从西北门进入，沿西侧道路进入施工现场，材料倒运后从西南角出现场；同时，在基坑东侧拟建酒店区域处布置一条临时双车道，运输车辆从西北门进入现场后，沿北侧已有道路转入东侧临时道路后行至东侧已有硬化区域处卸料，而后沿原路返回出现场。

（2）酒店开工后，东侧原临时道路已经拆除，运输车辆从西北角大门进入后，需沿北侧已有道路行进，绕行至公寓东侧道路并转入至酒店与写字楼之间的道路后，将材料卸于东侧已有硬化区域处，然后沿原路返回出现场。

（3）当商贸广场及写字楼基坑土方回填完成后，运输车辆从西北角大门进入后，沿北侧已有道路行进，绕行至公寓东侧道路并转入至酒店与写字楼之间的道路后将材料卸于东侧，然后可沿商贸广场与写字楼之间的道路行进，从西南门出现场。

5 主要施工方法

5.1 流水段划分

地下结构施工阶段分为三个区（Ⅰ区、Ⅱ区、Ⅲ区），其中Ⅰ区根据后浇带划分为Ⅰ-1、Ⅰ-2、Ⅰ-3、Ⅰ-4四个施工流水段；Ⅱ区根据后浇带划分为Ⅱ-1、Ⅱ-2、Ⅱ-3、Ⅱ-4四个施工流水段；Ⅲ区根据后浇带划分为Ⅲ-1、Ⅲ-2、Ⅲ-3、Ⅲ-4、Ⅲ-5、Ⅲ-6六个施工流水段，具体划分如图5-1所示。

地上结构施工阶段，地上部分结构大量内收，该施工阶段仍分为三个区（Ⅰ区、Ⅱ区、Ⅲ区），其中Ⅰ区根据后浇带划分为Ⅰ-1、Ⅰ-2、Ⅰ-3、Ⅰ-4、Ⅰ-5、Ⅰ-6、Ⅰ-7、Ⅰ-8八个施工流水段；Ⅱ区根据后浇带划分为Ⅱ-1、Ⅱ-2、Ⅱ-3三个施工流水段；Ⅲ区根据后浇带划分为Ⅲ-1、Ⅲ-2、Ⅲ-3三个施工流水段，具体划分如下图5-2所示。

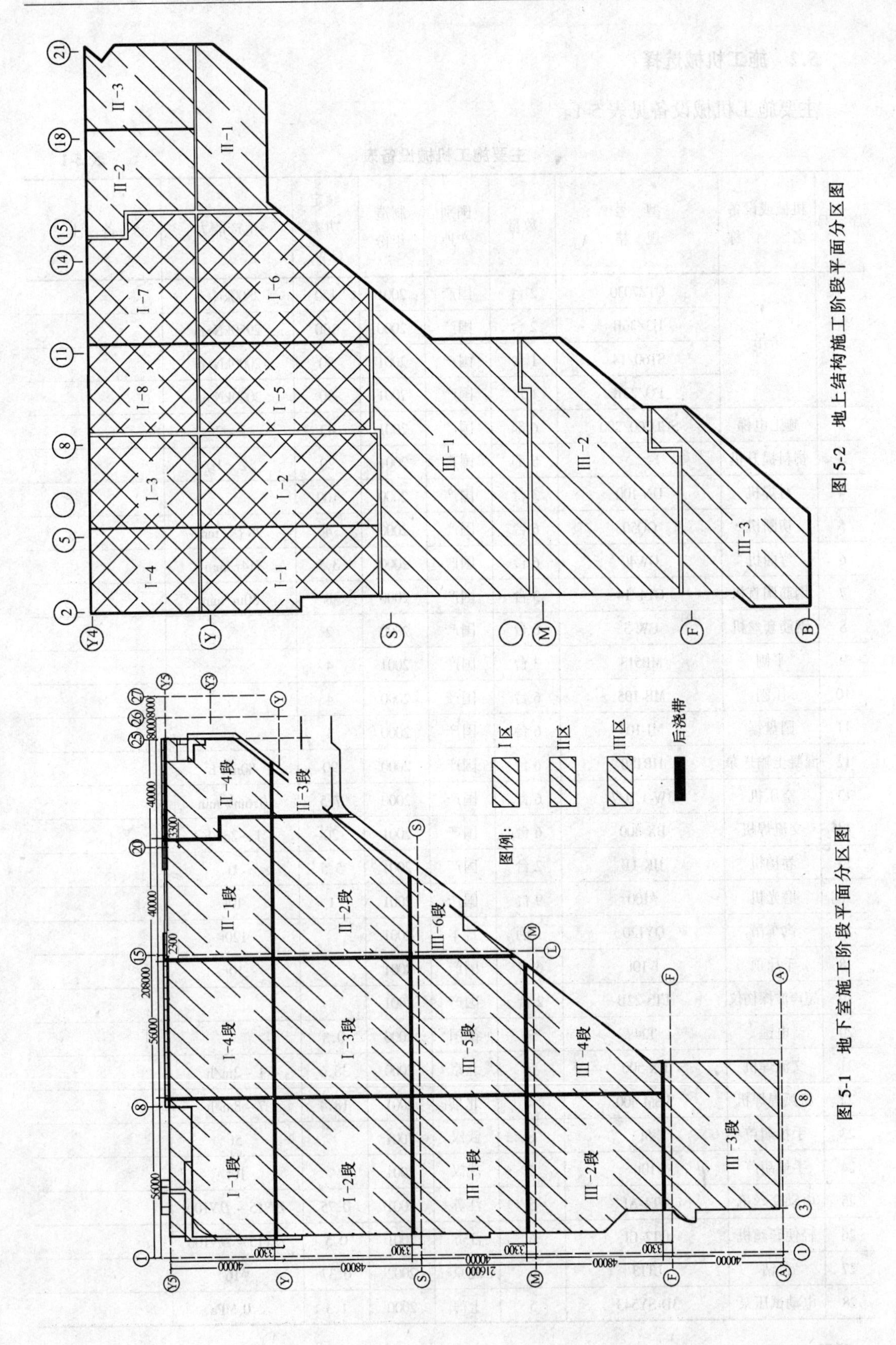

图 5-2 地上结构施工阶段平面分区图

图 5-1 地下室施工阶段平面分区图

5.2 施工机械选择

主要施工机械设备见表5-1。

主要施工机械设备表 表5-1

序号	机械或设备名称	型号规格	数量	国别产地	制造年份	额定功率(kW)	生产能力	备注
1	塔吊	QTZ7030	2台	国产	2001	150	2800kN·m	
		H3/36B	2台	国产	2000	130	2950kN·m	
		ST60/14	1台	国产	2001	90	2000kN·m	
		FO/23B	1台	国产	2001	90	2000kN·m	
2	施工电梯	SCD200/200	6部	国产	2001	43	2×2t	
3	物料提升机		5部	国产	2001	20	2×1t	
4	对焊机	UN-100	3台	国产	2000	100		
5	切断机	GQ50	6台	国产	2000	4	28次/min	
6	弯曲机	GW40	6台	国产	2000	3.5	14r/min	
7	钢筋调直机	GT4/14	3台	国产	2000	8	30m/min	
8	钢筋套丝机	CW-3	6台	国产	2000	2		
9	平刨	MB513	3台	国产	2001	4		
10	压刨	MB-105	6台	国产	2000	4		
11	圆盘锯	MJ-105	6台	国产	2000	3		
12	混凝土输送泵	HBT80	6台	国产	2000	90	$80m^3/h$	
13	空压机	3W-1.0/7	6台	国产	2000	7.5	$0.6m^3/min$	
14	交流焊机	BX-300	6台	国产	2001	20	1~2m/h	
15	卷扬机	JJK-1B	2台	国产	2001	5.5	1t	
16	磨光机	ϕ100	9台	国产	2001	1	10t	
17	汽车吊	QY120	1辆	日本	2001		120t	
18	千斤顶	1-10t	6台	国产	2001		10t	
19	超声波探伤仪	CTS-22B	2台	国产	2001			
20	电锤	T24	50	德国	2000	0.8		
21	交流焊机	BX-500	16	北京	2000	38.6	1~2m/h	
22	氩弧焊焊机	WSM-400	4	北京	2001	18.4	7~8m/h	
23	手拉葫芦	5t	8	武汉	2001	/	5t	
24	手拉葫芦	10t	5	武汉	2001	/	10t	
25	电动套丝机	QT4-AI	5	江苏	2001	0.75	*DN*15~*DN*100	
26	轻便套丝机	QT2-CI	6	江苏	2001	0.5	*DN*15~*DN*100	
27	台钻	LT13	6	北京	2002	0.37	ϕ16	
28	电动试压泵	3D-SY543	5	上海	2000	1.3	2.0 MPa	

续表

序号	机械或设备名称	型号规格	数量	国别产地	制造年份	额定功率(kW)	生产能力	备注
29	手动试压泵	/	3	上海	2000	/	2.0MPa	
30	联合咬口机	YZL-12	3	成都	2000	2.0		
31	折方机	SAF-9	2	成都	2000	3.5		
32	剪板机	Q11-3×2500	2	成都	2001	4		
33	风管自动化生产线	ACL-II	1	北京	2001	12	$1000m^2/d$	

5.3 主要施工方法

5.3.1 主要分部分项工程施工顺序

(1) 地下室施工阶段

本工程土方、基坑支护、降水及地基处理已经由其他承包商完成。我项目本阶段施工程序为：基坑交接→验槽、垫层→底板防水→底板结构→地下室结构。安装预埋预留和防雷接地随结构施工进行。塔吊在土方施工过程中适时安装（图5-3）。

图5-3 基础施工阶段

(2) 主体结构施工阶段

分区分段流水施工；安装预埋预留和防雷接地随结构施工同时进行。

(3) 安装施工阶段

预留预埋工作在结构施工阶段完成。尽管机电、安装内容为指定分包，但安装工程施工总体按照"先内后外，先下后上，先主管后支管，先预制后安装"的原则，实行平面分区、分楼层、立体交叉作业的施工方法。在专业施工阶段，本着“电让水，水让风、风让设备”的原则组织施工。配合装饰阶段先进行吊顶内安装施工，为装修及其他专业施工提供作业面。待各专业的安装工程完成后，再进行竣工验收前的单体和联合调试。

(4) 装饰施工阶段

室内装修适时插入施工，外墙装修在 2005 年 2 月开始插入施工。此阶段以装饰施工为主线，其他专业施工按进度要求配合。

(5) 综合调试、竣工收尾阶段

本阶段加紧整个工程的配套收尾，清洁卫生和成品保护，配合指定分包单位做好安装及设备调试工作，配合室外工程施工，加紧各项交工技术资料的整理，确保工程一次验收成功。

5.3.2　施工测量

(1) 先复核城市规划部门提供的坐标控制点和水准点，复核基坑开挖尺寸，确认无误后，布设测量控制网。

(2) 布设测量控制网：控制网采用二级场地控制网，精度为测角 5″，量距 1/20000。①平面控制网的布设：利用全站仪进行平面轴线的布设，施工过程中要定期复查轴线和角度。②高程控制网的布设：根据城市规划部门提供的高程控制点，用精密水准仪进行闭合检查，布设一套高程控制网，场区内至少引测三个水准点。

(3) 各阶段施工测量做好测量记录，要求原始真实、数据准确、内容完整。具体见“测量方案”。

5.3.3　土方工程

(1) 工作交接

进场后，我企业即与土方开挖、喷锚降水和地基处理等施工单位进行积极的配合，办理相关的交接工作。尽快完成工作面的交接和验收工作，为结构工程的施工创造施工条件。

(2) 排水措施

对原有基坑边缘场地进行硬化，并砌 30cm 高的挡水墙，防止地表水流入基坑内；在混凝土垫层施工时，在基坑底沿坑壁设置排水沟、四角及四边相应位置设置集水井，作为基坑内排水设施。

(3) 回填土施工

根据工期进度计划安排，本工程的回填土工程在地下室外墙防水工程及其保护层施工完毕并经验收合格后，即进行土方回填；必要时，土方回填可分段插入施工，如肥槽的回填以及房心土回填。

加强对天气的监测，了解当天的天气预报，做到雨天停止回填土施工，并采取相应措施，对受潮回填土层进行处理。

5.3.4　钎探、验槽、基坑处理工程

本工程基础以下地基持力层为第四沉积层粉质黏土，重粉质黏土④，局部为第四沉积层细砂、中砂③1 层，根据勘探要求，进行钎探处理。根据验槽情况及有关方面提出的意见进行基础处理。

由于基坑深、暴露时间较长，为确保基坑安全，进场后对基坑的尺寸、基坑支护质量

进行验收。利用土方分承包商留设的监测点，对基坑变形量进行监测，随时提供基坑安全状态信息；按计划完成地下室结构施工，尽快回填，减少基坑暴露时间；制定基坑应急方案，一旦出现异常，立即对基坑采取相对应的应急措施。

5.3.5 钢筋工程

钢筋加工均在场外加工厂加工成型，钢筋工程的重点是粗钢筋的定位和连接以及主次梁的下料、绑扎，钢筋绑扎按照结构“长城杯”金奖质量要求进行施工。

（1）钢筋采购

我方按照工程进度，至少提前两个月向发包方提交满足两层结构工程施工所需要的钢筋用量计划，由发包方协调供应单位按时供应钢筋。钢筋供应商与总承包方在场外指定加工厂完成钢筋的交接。

（2）钢筋的加工

钢筋加工前，由技术部门和商务部门共同审核劳务分包单位，做出钢筋配料单，由项目总工程师审批后进行下料加工。

（3）钢筋连接

根据设计要求，钢筋直径 $d \geqslant 20$mm 采用直螺纹连接，$d < 20$mm 采用搭接。

（4）各部位钢筋绑扎施工

1）基础底板钢筋施工：垫块采用40mm厚的大理石垫块，间距1.5m，梅花状布置。上、下层的钢筋之间采用Φ 32钢筋制作的钢筋马凳，马凳长度2000mm，高度560 mm，焊成“A”形，南北向不间断连接，东西向间距1m，成梅花状布置。

2）剪力墙钢筋施工：为保证墙体双层钢筋横平竖直，间距均匀正确，采用水平定位筋和竖向梯子筋限位。梯子筋要求采用大于墙纵筋一个等级的钢筋制作，竖向梯子筋中带3道顶模筋，顶模筋端头刷好防锈漆。

3）柱钢筋绑扎施工：为防止柱筋在浇筑混凝土时偏位，在柱筋根部以及上、中、下部增设Φ 20的钢筋定位卡。钢筋绑扎完毕后，在箍筋上卡专用塑料垫块，以保证主筋和箍筋保护层厚度满足要求。

4）梁钢筋施工：为保证保护层厚度，梁受力筋下应垫垫块，垫块采用大理石垫块，其规格为50mm × 50mm × 30mm。

5）板钢筋施工：由于本工程平面尺寸东西向184.4m，南北向215m，结构平面尺寸较大，为减小温度变化对结构的影响，对直线距离大于50m的楼板上下增加通长钢筋。地下四层有人防结构，根据设计要求，本层楼板沿（人防）外墙布置Φ 14间距300mm（钢筋长4000mm）。

6）劲性钢结构工程：定位放线及复验预埋构件位置：复验安装定位所用的轴线控制线，测放型钢混凝土柱位置线、控制线，复验型钢地脚螺栓的位置，外露长度。其余见“钢筋方案”。

5.3.6 模板工程

（1）模板设计

1）基础模板：本工程基础形式为筏形基础，底板侧模采用240mm厚砖砌胎模；导墙模板采用18mm厚多层板；基础反梁侧模采用中型宽面钢模板，对拉螺杆紧固，钢管支撑。

2）柱模板：大面采用可调式钢模板，对拉螺杆紧固，钢管斜撑。南侧的圆柱采用定型钢模板。部分截面较小柱如400mm×500mm等采用木模拼装。

3）墙体模板：地下地上采用两种模板体系，具体见表5-2。

墙体模板配置　表5-2

序号	位置	模板体系	使用范围	部　位	备　注
1	地下	钢框铝梁木模板	带连墙柱的直段墙体	外墙及部分内墙	4m钢框，覆膜高度3.66m，局部木模接高
2	地下	定型钢模板	无连墙柱的直段墙体	外墙及部分内墙	－4层至－2层采用3.9m模板，－1层采用5.15m模板
3	地下	小钢模拼装	北侧窗井外侧墙体	外墙	
4	地下	木模板	井筒墙体、短墙及车道弧墙	内墙	
5	地上	定型钢模板	地上墙体	内墙	

4）顶板模板：顶板模板采用铝梁模板体系，支撑体系为碗扣式脚手架，后浇带采用钢管U形托顶支100mm×100mm木枋独立支撑体系。

5）梁模板：梁模板采用钢管木枋模板体系，采用木枋、钢管进行支撑。

6）楼梯模板：楼梯模板采用钢管木枋模板体系，钢管进行支撑。

7）门窗洞口模板：采用木枋木模体系，角部设角铁护角，木枋对撑。

8）施工缝处模板：采用梳子状木模板制作。

(2) 脱模剂选择

选用机油、柴油（2∶8）油性脱模剂，以涂刷不流坠为度。在支设模板前，先用棉纱将模板表面的脱模剂擦除。

(3) 施工要点

1）底板设1200mm高导墙，外墙导墙设钢板止水带。

2）模板支设前，由工长根据施工方案对操作班组长进行详细技术交底，并落实责任。

3）认真执行自检、互检、交接检“三检”制度，认真执行公司质量管理条例，对质量优劣进行奖罚。

4）模板支设过程中，木屑、杂物必须清理干净，在顶板下口墙根部每段至少留两个清扫口，将杂物及时清扫后再封上，避免发生质量事故。

5）各类模板制作须严格要求，应经质量部门验收合格后方可投入使用；模板支设完后先进行自检，其允许偏差必须符合要求；凡不符合要求的应返工调整，合格后方可报验。

6）模板验收重点控制刚度、垂直度、平整度和接缝，特别应注意外围模板、电梯井模板、楼梯间模板等处轴线位置正确性。并检查水电预埋箱盒、预埋件位置及钢筋保护层厚度等。

7）具体内容详见“模板工程施工方案”。

5.3.7　混凝土工程

为确保工程质量达到结构“长城杯”金奖等级要求，地下室抗渗混凝土保证不渗漏，确保混凝土密实，表面平整光滑，线条顺直，几何尺寸准确，色泽一致，无明显气泡，模板拼缝痕迹整齐且有规律性，结构阴阳角方正顺直，上下楼层连接面平整，使混凝土工程最终达到“内坚外美”的技术要求。

（1）对预拌混凝土站的要求

与预拌混凝土搅拌站签订供应合同，对原材、外加剂、混凝土坍落度、缓凝时间、混凝土罐车在路上运输等做出严格要求。

（2）各部位混凝土施工

1）垫层。验槽后，浇筑垫层，采用一次收平压光技术，具备防水施工条件。

2）底板混凝土施工：

Ⅰ区底板混凝土按施工流水段分四个段进行浇筑，即1－1～1－4四个段进行浇筑。

Ⅱ区底板混凝土按施工流水段分四个段进行浇筑，即Ⅱ－1～Ⅱ－4四个段进行浇筑。

Ⅲ区底板混凝土按施工流水段分四个段进行浇筑，即Ⅲ－1～Ⅲ－4四个段进行浇筑。

底板厚度为700mm，采用斜面分层浇筑法，浇筑工作由下层端部开始逐渐上移，循环推进，每层厚度500mm，通过标尺杆进行控制。夜间施工时，尺杆附近要用手把灯进行照明。浇筑时，要在下一层混凝土初凝前浇捣上一层混凝土，并插入下层混凝土5cm，以避免上下层混凝土之间产生冷缝；同时，采取二次振捣法保持良好接槎，提高混凝土的密实度（图5-4）。

采用插入式振捣棒振捣，每个泵配3个以上振捣棒，在混凝土下料口配2个振捣棒，在混凝土流淌端头配2个振捣棒，在中间配置1个振捣棒，在两侧各配2个振捣棒负责两侧较宽区域的振捣。振捣手要认真负责，仔细振捣，防止过振或漏振。

由于泵送混凝土表面水泥浆较厚，浇筑后须在混凝土初凝前，用刮尺抹面和木抹子打平，可使上部骨料均匀沉降，以提高表面密实度，减少塑性收缩变形，控制混凝土表面龟裂，也可减少混凝土表面水分蒸发，闭合收水裂缝，促进混凝土养护。在终凝前再进行搓压，要求搓压三遍，最后一遍抹压要掌握好时间，以终凝前为准，终凝时间可用手压法把握。

3）剪力墙混凝土施工。

剪力墙混凝土分层浇筑，首先在底部浇筑30～50mm同配比的减石子水泥砂浆，用标尺杆控制分层高度，每层500mm。墙体混凝土分层连续浇筑到梁底或板底，且高出梁底3cm、板底2cm（待拆模后，进行施工缝处理，剔凿掉2cm，使其露出石子为止）。墙体混凝土浇筑完后，将上口甩出的钢筋加以整理。地下室外墙导墙水平施工缝处设置止水钢板，其余地下室外墙水平施工缝采用膨胀止水条。

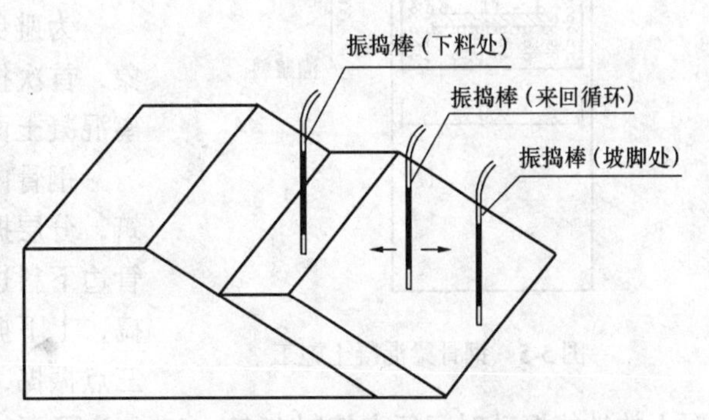

图5-4 分层浇筑混凝土

4）楼板混凝土施工。

楼板混凝土要求随铺随振随压，并在浇筑完毕后，用木抹子抹平，并进行拉毛处理。

5）柱头混凝土浇筑。

柱头水平施工缝留设在距梁底上3cm处（待拆模后，剔凿掉2cm，使其露出石子）。

6）楼梯混凝土施工。

楼梯间墙混凝土随结构剪力墙一起浇筑，一次成型。楼梯段自下而上浇筑，先振实底板混凝土，达到踏步位置时再与踏步混凝土一起浇捣，不断连续向上推进，并随时用木抹子将踏步上表面抹平。

7）劲性结构混凝土施工：

①钢骨混凝土梁施工。

在混凝土浇筑中，由于钢骨梁内有大型工字钢，钢骨两侧浇筑混凝土及振捣净空隙小，浇筑及振捣较困难，且工字钢上、下翼缘的底面均为混凝土浇筑及振捣的死角区，易出现不密实现象，故在施工梁混凝土时，需采取以下措施进行浇捣。

混凝土上表面距钢梁上翼缘底面只有15～20cm的距离时，从梁的中段开始浇筑，投料厚度要超过上翼缘15～20cm厚（使其对下层混凝土有一定的压力），用振捣棒从中间分别向梁的两端逐渐驱赶混凝土，振捣时要始终保持振捣区域内的混凝土厚度，并且要注意及时添加新混凝土（每次投料不得过多或过少，更不允许间隔距离分堆投料，防止阻断排气通路）。这样，混凝土可从梁的中段沿腹板逐渐向两端延伸，直至梁端部，同时也可把空气从两端完全排出。

部分钢骨梁由于钢筋密度大及大截面钢骨的存在，钢骨柱柱头及钢骨梁内钢筋间隙小，无法进行内部振捣，采用在钢骨梁下部600mm高浇筑高强无收缩灌浆料，钢骨梁上部浇筑普通混凝土（图5-5）。

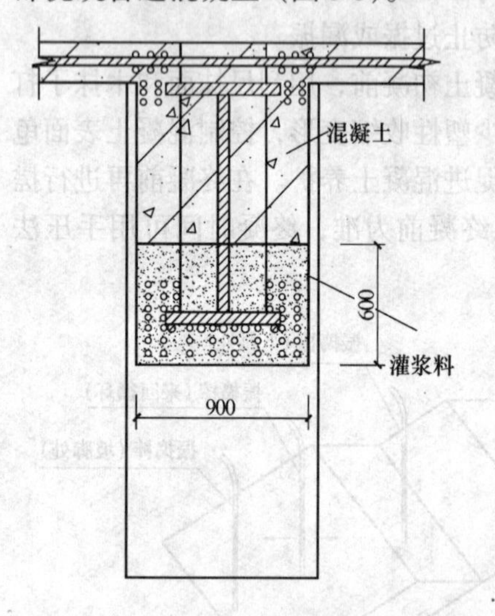

图5-5　钢骨梁混凝土施工

②钢骨混凝土柱施工。

由于钢骨柱混凝土浇筑高度较高，为保证下料自由高度不大于2m，施工中可以采取在布料杆前端接*DN*100的长细软管，以确保软管能穿过下料孔下料；同时，将混凝土坍落度适当加大，控制在160～180mm。

为避免自由下落的混凝土粗骨料产生弹跳现象，首次投料时将细软管伸入下料口内，使软管离混凝土面高度小于1m。

钢骨内混凝土采用立式手工浇灌法，分层浇筑，分层振捣，分层厚度控制为0.5m，布料杆软管边下料边提升，同时辅以插入式高频振捣棒振捣，上下振动，垂直且缓慢拔棒，插点按梅花形三点振捣，逐点移动，按顺序进行，根据所配混凝土的性能振动时间每点控制在20～30s。为了更好地控制高频振捣棒按梅花点位置准确下振，保证振动均匀，操作人员应用拉绳控制振捣棒下振点。钢骨外包混凝土施工由于内部钢骨限制混凝土的正常流动，故在浇筑过程中必须四周对称、均匀下料、分层投料厚度一致、振捣棒四周插振，人工辅助对柱中间段模板振拍。

(3) 混凝土养护

成立混凝土养护小组。对施工阶段的混凝土养护将采取楼板洒水养护，墙体洒水养护，框架柱采用拆模后先护角再包裹塑料薄膜养护。普通混凝土养护时间不少于7d，抗渗混凝土养护时间不少于 14d，后浇带混凝土养护时间不少于 28d。而对处于冬期施工阶段的结构混凝土养护见“冬期施工措施”。

5.3.8 脚手架工程

本工程外脚手架拟采用悬挑脚手架和双排落地式脚手架两种搭设方式。地下室结构施工阶段采用双排落地式脚手架，地上结构采用钢管层层悬挑式脚手架，以便于地下室外墙防水及肥槽回填施工。

外脚手架立面采用绿色密目安全网进行全封闭，水平每层设白色水平兜网，脚手板施工层满铺，施工层以下每两层设置一道，即二层、四层施工层共设三道。

5.3.9 砌筑工程

本工程后砌墙主要为核心筒内部隔墙、楼梯间隔墙及厨房、卫生间隔墙。其中，核心筒内部隔墙、楼梯间、厨房卫生间隔墙采用陶粒空心砖墙。

地下室砌筑采用 M5.0 水泥砂浆，地上结构采用 M5.0 混合砂浆。

5.3.10 防水工程

本工程基础底板、地下室外墙及屋面均采用三元乙丙 1.2 + 1.2mm 防水卷材防水；基础设有抗拔桩且桩头主筋伸入底板锚固，对桩头部分采用单组分聚氨酯和高柔韧性 K11 型防水浆料相结合，进行防水处理。

底板抗拔桩桩头处理具体做法如图 5-6 所示。

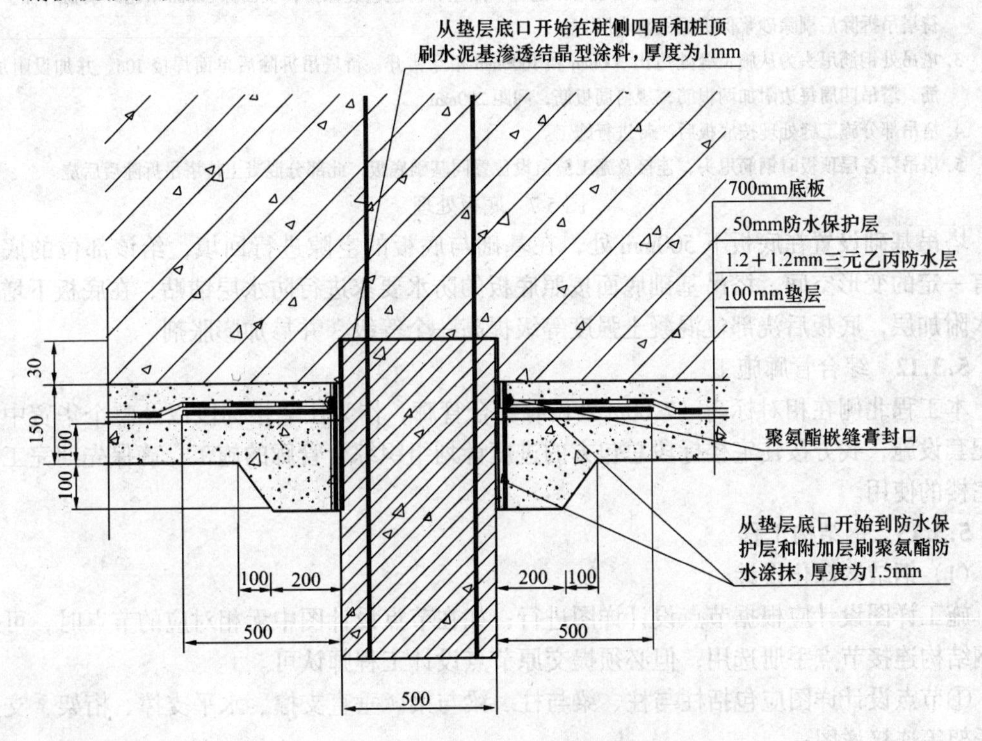

图 5-6 抗拔桩桩头防水做法

5.3.11 塔吊穿楼（底）板处理

(1) 塔吊穿底板、楼板处理及塔吊拆除

本工程在结构施工期间，有 6 台塔吊的基础在底板下，结构施工期间在塔吊周围

4000mm×4000mm 范围内留设施工缝，待塔吊拆除后混凝土后浇。

（2）楼板的加固措施

在吊车进行拆塔的作业范围内，从负三层开始逐层搭设支撑脚手架，该支撑架及模板随塔吊的拆除而拆除；同时，整个楼板加固措施应报监理和设计院审批后方可进行实施。

（3）底板处理

底板处理如图 5-7 所示。

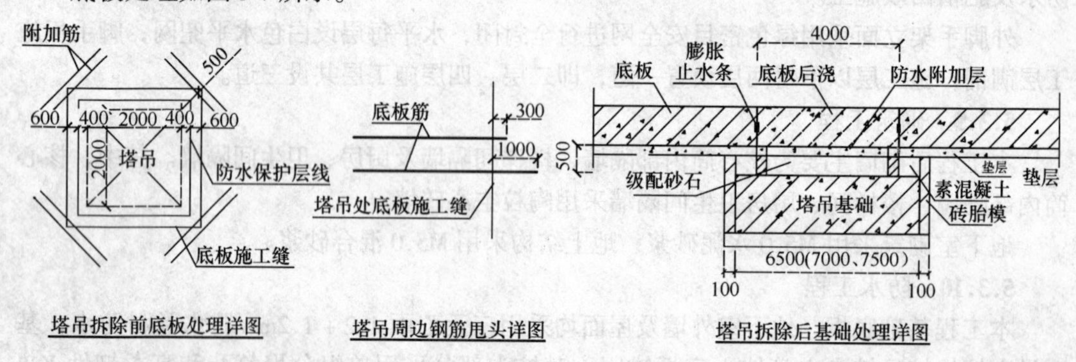

说明：

1. 混凝土垫层浇筑至塔吊边缘。
2. 防水做至距塔吊边 300mm 处空铺并甩至塔吊边缘，用塑料薄膜包裹保护，上面抹 30mm 水泥砂浆临时保护，待塔吊拆除后剔除砂浆保护层做防水层。
3. 塔吊处钢筋甩头为从施工缝处甩出 300mm 和 1000mm 相互错开，待塔吊拆除后单面焊接 10d。并加设附加筋，塔吊四周每边附加两根筋，规格同板筋，间距 200mm。
4. 塔吊部分施工缝处理按底板后浇带进行施工。
5. 塔吊穿各层顶板时钢筋甩头、连接及施工缝留设位置同基础底板，此部分混凝土待塔吊拆除后后浇。

图 5-7　底板处理

塔吊基础设置在底板下 500mm 处，在基础与底板的空隙进行回填，给该部位的底板留有一定的变形空间。塔吊基础底面按照底板的防水要求进行防水层铺贴，在底板下增加防水附加层，底板后浇部位混凝土强度等级提高一个等级，并掺加膨胀剂。

5.3.12　综合管廊施工

本工程北侧在相对标高 -7.00m 处设有综合管廊，作为住宅楼标段以及整个华贸中心的配套设施，我方按住宅楼标段总包方的进度计划组织综合管廊的施工，确保先期完工的住宅楼的使用。

5.3.13　钢结构工程

（1）钢结构深化设计

施工详图设计应根据节点设计详图进行；如在节点设计图中无相对应的节点时，可按照钢结构连接节点手册选用，但必须提交原节点设计工程师认可。

①节点设计详图应包括柱与柱、梁与柱、梁与梁、垂直支撑、水平支撑、桁架、支坐和托架等连接详图；

②节点设计详图内容应包括各个节点的连接类型、连接件的尺寸、高强度螺栓的直径和数量、焊缝的形式和尺寸等一系列施工详图设计所必须具备的信息和数据；

③安装布置图：安装布置图应包括平面布置图、立面布置图、楼梯布置图、扶手布置图、地脚螺栓布置图等；

④安装布置图所包含的内容有构件编号、安装方向、标高、安装说明等一系列安装所必须具有的信息；

⑤详图必须给出完整、明确的尺寸和数据；

⑥构件详图制图方向；

⑦螺栓长度的确定，必须按照 GB 50205—2001 进行计算；

(2) 钢结构制作

华贸商贸中心钢结构工程，按照施工图和投标文件（或合同）作为原始依据，工程施工及验收以经原设计认可的细部设计图为依据。

板材拼接采取全熔透的坡口形式和工艺措施，明确检验手段，以保证接口等强连接。拼接位置避开安装孔和复杂部位。焊接 H 型钢的翼缘、腹板拼接位置应该尽量避免在同一断面上。

(3) 钢结构吊装

1）吊装思路

现场的所有钢结构构件，由塔吊进行吊装。根据钢柱重量及塔吊起重能力，对钢柱及钢梁进行分段吊装。

2）钢柱吊装

①第一段钢柱吊装。

钢柱的吊装采用专用吊具，以旋转法一次起吊，起吊时注意避免拖拉和斜扯。每根钢柱吊装完成后，用四根缆风绳朝四个方向将其拉住，然后对其进行校正，并及时将缆风绳收紧，保证钢柱的垂直度要求。

②第二节以上钢柱吊装。

钢柱吊点设置在钢柱的上部，利用四个临时连接耳板作为吊点（图 5-8）。

3）钢梁吊装

钢梁吊装可采用两点起吊，钢丝绳捆住钢梁，钢丝绳的吊装角度不得小于 45°。

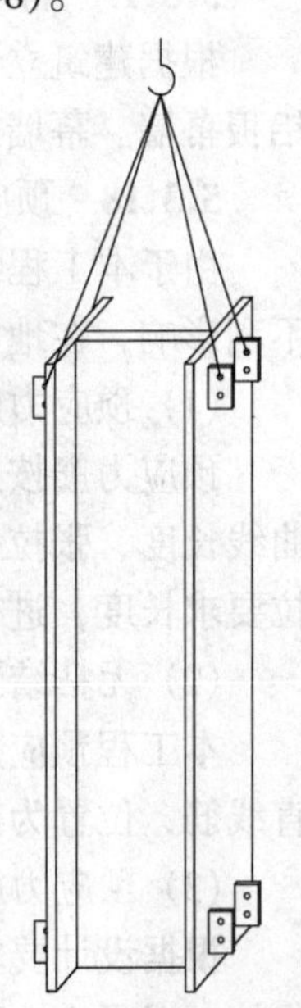

图 5-8　钢柱吊装

5.3.14 安装工程

(1) 预留预埋

本工程各类管道、风道、电气配管等交叉部位多、数量大，尤其是地下机房、管道竖井和楼层内走廊的部位最为繁杂。各个专业工长认真熟悉施工图纸，找出所有的预埋预留点，并统一编号，专业间互相沟通，以避免安装有冲突、交叉现象，减少不必要的返工。为了保证工程预留预埋工作的准确性，特别是穿外墙、地下水池部分的防水套管预埋必须一次到位，在施工过程中严格控制预埋质量。

(2) 给排水工程

管道安装本着“先干管、后支管”的原则进行，先安装地下室部分主干管线、管井内立管，再安装各楼层水平干管，最后在末端设备安装完后进行支管的接驳。具体见“给排水工程施工方案”。

(3) 通风空调工程

本工程通风空调工程包括：空调通风系统、空调水系统、防排烟系统。具体见各专业的施工方案。

(4) 弱电工程

本工程弱电工程由业主指定分包，总包单位应对弱电工程的施工质量、工程进度向业主负责，负有管理职责。我们将与各分包商充分配合，了解各系统的配合要点，各阶段不同专业的配合需求，为各分包提供良好施工条件及足够的配合。

(5) 设备安装工程

工程设备比较多，主要包括：冷却塔、冷水机组、空调水泵、组合式空调机组、风机、柴油发电机等大型设备。

(6) 消防工程

总包单位均应对消防工程的质量、安全、进度及最终消防验收合格向业主负责。消防工程按系统分为消防自动报警及消防联动控制系统、自动喷淋系统（柴油发电机房为水喷雾系统）、消火栓系统，总包单位应全过程管理及配合消防工程分包单位的施工，达到设计要求与使用功能。

5.3.15　装饰装修工程

根据设计图纸要求，本工程装饰装修工程的主要内容为：内墙，抹灰工程、乳胶漆墙面（含防火型）、陶瓷砖防水墙面、玻璃棉毡铝板网吸声墙面；顶棚，乳胶漆顶棚（含防火型）、粘贴矿棉吸声板顶棚；楼面，水泥楼面、防滑地砖楼面、大理石楼面。精装修工程设计待定。

5.3.16　屋面工程

本工程屋面做法主要采用88J5-1中的屋19B1上人架空屋面，面层为防滑地砖，不上人屋面为耐擦洗涂料屋面。

5.3.17　幕墙工程

根据建筑立面图纸和建筑设计说明，本工程幕墙工程主要采用石材，局部玻璃幕墙和铝板幕墙。幕墙工程大面积安装阶段拟采用吊船进行施工。

5.3.18　预应力工程

由于本工程结构超长（南北向达218m，东西向达287m），为减小温度应力对结构的不利影响，在地下一层～顶层顶板结构中配置无粘结预应力钢筋。

(1) 预应力筋加工

预应力筋按照施工图纸规定进行下料。按施工图上结构尺寸和数量，考虑预应力筋的曲线长度、张拉设备及不同形式的组装要求，每根预应力筋的每个张拉端预留出不小于张拉要求长度，进行下料。

(2) 无粘结预应力筋的铺放

本工程预应力板为自然曲线布置，及支座处为梁上搭过，跨中放在板下铁上。梁筋为直线筋，位置为梁中均匀布置。

(3) 预应力筋张拉

根据设计要求的预应力筋张拉控制应力取值，实际张拉力根据实际状况进行3%的超张拉。混凝土达到设计要求的强度后，方可进行预应力张拉。每束预应力筋张拉完后，立即测量校对伸长值。

(4) 张拉后预应力筋张拉端处理

张拉完毕后，将张拉端外露预应力筋用砂轮锯切割，剩余绞线露出夹片外不得少于30mm，且保证封锚后不露出混凝土表面（图 5-9）。

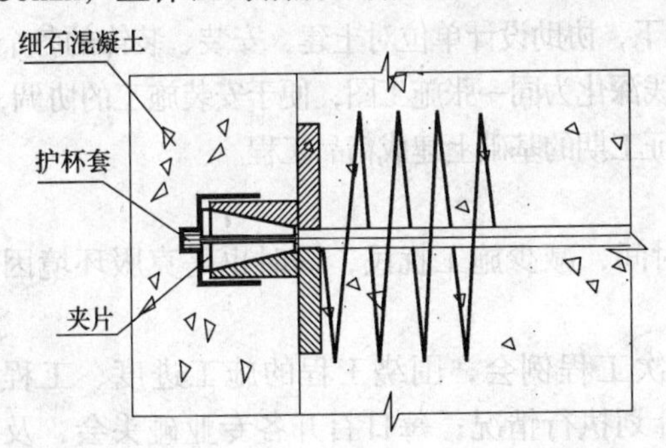

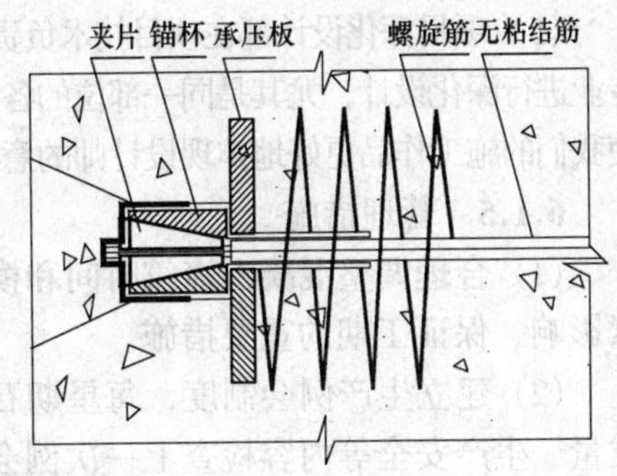

图 5-9 预应力张拉端处理

6 施工管理措施

6.1 工期保证措施

6.1.1 资金保证

本工程资金专款专用。既能充分保证劳动力、施工机械的充足配备、材料及时采购进场，又可以随着工程各阶段关键节点的完成，及时兑现各施工队伍的劳务费用，充分调动作业队伍的积极性，为冬期、春节期间的作业队伍人员的充足配备提供了保证。

6.1.2 前期准备

依靠公司的完善的材料供应商服务网络，及一大批重合同、守信用、有实力的物资供应商，做好各种材料进场的充分准备，以确保按工程进度做好材料供应工作。

与有“长城杯”工程施工经验的劳务队伍签定合作意向书，保证劳务队伍及时进场。

6.1.3 组织措施

（1）我单位配备的项目班子精干高效，可以确保指令畅通、令行禁止；同业主、监理工程师和设计方密切配合，统一领导施工，统一指挥协调，对工程进度、质量、安全等方面全面负责，从组织形式上保证总进度的实现。

（2）我单位加强对项目施工生产的监控与指导，保证各种生产资源及时、足量的供给。

6.1.4 技术措施

（1）由于本工程专业较多，我们制定二、三级工期网络，节点控制，进行动态管理，合理、及时插入相关工序，进行流水施工。

（2）利用计算机技术对网络计划实施动态管理，通过关键线路节点控制目标的实现来保证各控制点工期目标的实现，从而进一步通过各控制点工期目标的实现来确保总工期控制进度计划的实现。

（3）根据总工期进度计划的要求，强化节点控制，明确影响工期的材料、设备、分包单位的考察日期和进场日期，加强对各分包单位的计划管理。

（4）将本工程列为中建总公司科技推广示范工程，积极推广应用先进适用技术和科技成果。如深基坑施工技术、高性能混凝土技术、粗直径钢筋连接、新型模板技术等，充分依靠、发挥科学技术是第一生产力的作用和对工程质量、工期的保证作用。

(5) 项目深化设计部在项目技术负责人的领导下，协助设计单位对土建、安装、装饰的各个专业进行深化设计，尤其是同一部位的各种专业管线深化为同一张施工图，便于安装施工的协调，使我们的施工作品更好地体现设计师的意图。在保证工期的基础上建成精品工程。

6.1.5 管理措施

(1) 合理调整混凝土浇筑时间和模板制作时间，减少施工扰民，同时也是克服环境因素影响、保证工期的重要措施。

(2) 建立生产例会制度，每星期召开2~3次工程例会，围绕工程的施工进度、工程质量、生产安全等内容检查上一次例会以来的计划执行情况；每日召开各专业碰头会，及时解决生产协调中的问题；不定期召开专题会，及时解决影响进度的有关问题。

(3) 做好作业队管理：作业队采取三级管理方式，即一级为作业队长，二级为质检员和施工员，三级为班组长，明确权力，落实责任；在施工过程中引入竞争激励机制，每月进行一次考核评比，对于表现突出、对工期和质量做出重大贡献的作业班组和个人予以重奖；专业工种之间严格执行持证上岗制度，杜绝无证操作，同时要定期对持证人员进行现场实际操作考试，考试不合格的取消上岗资格，对于重要工序（如混凝土振捣等）的操作人员进行现场技术培训，考试合格后才能上岗。

6.1.6 材料保证措施

将施工前期需用的部分钢筋、模板落实货源，周转架料已在我单位附近项目进行了准备，保证材料可随时进场。

6.1.7 机械设备保证措施

为保证施工机械在施工过程中运行的可靠性，我们还将加强管理协调，同时采取以下措施：

(1) 加强对设备的维修保养，对机械易损件的采购储存；

(2) 落实钢筋加工机械、木工机械、焊接设备的定期检查制度；

(3) 为保证设备运行状态良好，加强现场设备的管理工作。

6.1.8 外围保障保证措施

设专人专职负责，加强消防、文明施工、环保与防止扰民、治安保卫工作以及与政府有关部门的联系。对于扰民及民扰，提供完善的管理和服务，减少由于外围保障不周而对施工造成的干扰，从而创造良好的施工环境和条件。

6.2 质量保证措施

6.2.1 质量标准

按北京市“长城杯”及“鲁班奖”要求进行质量控制，按照《建筑工程施工质量验收统一标准》(GB 50300—2001) 和北京市现行质量评定标准进行质量评定。

6.2.2 质量管理体系

根据公司质量方针、ISO—9002质量标准和公司“质量保证手册”，推行“一案三工序管理措施”即“质量设计方案、监督上工序、保证本工序、服务下工序”和QC质量管理活动；编制项目“质量计划”和“创优计划”，并把质量职能分解，严格按照计划实施。

6.2.3 质量管理措施

(1) 制度保证

1) 技术交底制度。

坚持以技术进步来保证施工质量的原则。编制的施工组织设计应有指导性，施工方案应有针对性，技术交底应有可操作性。实行三级交底制度，各级交底以书面进行。因技术措施不当或交底不清而造成质量事故的，要追究有关部门和人员的责任。

2) 材料进场检验制度。

各类材料必须具有出厂合格证，需进行复试的材料要根据国家规范要求进行抽样复试，不合格的材料一律不准使用，因使用不合格材料而造成的质量事故要追究有关人员的责任。

3) 样板引路制度。

施工操作注重工序的优化、工艺的改进和工序的标准化操作，通过不断探索，积累必要的管理和操作经验，提高工序的操作水平，确保操作质量。各工序施工前做好样板工作，统一操作要求，明确质量目标，便于工人操作。

4) 施工挂牌制度。

主要工种如钢筋、混凝土、模板、砌砖、抹灰等，施工过程中在现场实行挂牌制，注明管理者、操作者、施工日期以及施工要点、质量要求、安全文明施工等内容。因现场不按规范、规程施工而造成质量事故的，要追究有关人员的责任。

5) 过程三检制度。

实行并坚持自检、互检、交接检制度，自检要作文字记录。做到上一道工序验收不合格，坚决不进行下一道工序的施工。

6) 质量否决制度。

对不合格分项、分部和单位工程必须进行返工。有关责任人员要针对出现不合格品的原因，采取必要的纠正和预防措施。

7) 成品保护制度。

应当像重视工序的操作一样重视成品的保护。合理安排施工工序，减少工序的交叉作业。上下工序之间应做好交接工作，并做好记录，下道工序的施工应尽量避免对上道工序的破坏和污染。

8) 质量文件记录制度。

质量记录是质量责任追溯的依据，应力求真实和详尽。各类现场操作记录及材料试验记录、质量检验记录等要妥善保管，特别是各类工序接口的处理，应详细记录当时的情况，理清各方责任。

9) 培训上岗制度。

工程项目所有管理及操作人员应经过业务知识技能培训，并持证上岗，杜绝无证上岗情况的出现。

10) 工程质量事故报告及调查制度。

工程发生质量事故，马上向当地质量监督机构和建设行政主管部门报告，并做好事故现场抢险及保护工作，建设行政主管部门要根据事故等级逐级上报，同时按照“三不放过”的原则，负责事故的调查及处理工作。对事故上报不及时或隐瞒不报的，要追究有关人员的责任。

（2）组织保证

建立由项目经理、生产经理、项目总工领导，专业工长、专职质检员及各部门采取事前预控、事中过程控制、事后检查的质量管理体系，形成由项目经理到各分包、各专业公司的质量管理网络。制定科学的组织保证体系，并明确各岗位职责。

1）项目经理：

项目经理是质量管理工作的领导者与管理者，是工程质量的第一责任者，对工程质量终身负责；领导与组织有关人员编制项目质量计划。

2）质量总监：

代表公司行使对项目工程质量的监控权力，监督和管理项目质量保证体系的正常运转，负责检查项目各项质量管理制度的落实情况。针对项目存在的质量隐患应及时提出整改要求，定期向公司汇报项目的质量情况。

3）项目总工：

对质量负有第一技术责任；负责组织编制项目质量计划；贯彻执行技术法规、规程、规范和涉及质量方面的有关规定、法令等具体领导质量管理工作，领导组织开展 QC 小组活动。

4）项目生产经理：

对工程质量负领导责任；具体负责工程质量问题的处理和质量事故的调查，并提出处理意见上报公司；对专业工长的日常工作予以具体的指导与帮助，协助他们解决施工中出现的疑难问题。

5）专职质检员：

对产品的交验质量负责，负责向监理单位报验分项工程资料，并协同工长作好现场的检查工作；随时指出工程上的质量问题，并协同现场技术协调部编制质量问题处理措施和不合格品纠正措施；定时向公司上报质量月报，组织开展 QC 小组活动。

6）商务部：

按合同质量目标对各配属队伍、各专业公司进行监督与管理。

7）技术部：

监督、检查配属队伍对施工组织设计与施工技术方案实施情况；负责对分承包方的技术交底，并检查是否按交底要求施工；推广新技术、新材料、新工艺；收集、保存好相关的技术资料，检查施工技术资料是否与施工进度同步、分供方采购材料质量的控制；参加图纸会审。

8）工程部：

组织施工过程中的质量自检，并提出自检报告，对工程质量负责；施工过程中矛盾与问题的处理；负责 QC 活动的开展与指导；参与质量事故的处理；参加隐蔽验收，中间结构验收和交工验收；负责安全生产；负责对机械设备的管理；参与样板的审议、修改、检验、实施与首检；核定分部、分项工程质量，准确、真实反映工程施工质量状况。

9）物资部：

负责自施项目的物资供应。组织进场材料、设备的检验与验收；制订进场材料计划和定货计划；材料、设备样品与相关资料的汇集、贮存归档工作；负责对限额领料的管理，对项目材料成本核算负责；负责各分包材料、设备进出场及半成品加工动态统计的工作。

配合技术质量部负责分供方资质的考察、推荐工作；负责对项目主要材料进场时间、进场计划的安排。

10）安全部：

严格执行各项安全生产、劳动保护的方针、政策、法令及规章制度。熟悉安全技术操作规程和掌握安全防护标准，制定安全生产制度，实行企业安全生产责任制、安全检查制度和安全教育制度并负责贯彻实施。

11）专业分包单位：

专业分包单位应在遵守总包单位各项质量管理制度的前提下，建立本单位的质量保证体系，充分发挥其技术优势，合理组织施工。重点加强分包范围内的各工序的质量检查工作，以及各项质量保证资料的收集、整理、归档工作。

12）劳务施工队伍：

劳务队伍应树立明确的质量目标，提高质量意识，坚决按照施工图纸、施工方案、技术交底进行施工。坚决遵守并贯彻执行项目的一切质量管理制度，加强过程控制，做好自检、互检、交接检工作，做好成品保护工作。

（3）技术保证

1）购置各类规范、图集、标准，用以指导施工。

2）做好图纸审查工作，及早发现图纸中存在的问题与设计不合理的地方，并与设计单位做好沟通工作，使设计图纸更加合理。

3）提前确定施工方案及工艺流程，选择先进、合理、可行的施工方法，使工程质量得到良好的控制。

4）项目技术负责人负责项目的材料、成品、半成品的检验、计量、试验控制的日常管理工作。

5）配备相应精度的检验和试验设备。设置专职试验员按有关标准规范进行试验检测工作。设置计量员负责计量器具的检测工作。

（4）物资保证

1）本工程物资由物资部负责统一采购、供应与管理。

2）采购物资须在合格的分供方厂家或有信誉的商店中采购，所采购的材料或设备必须有出厂合格证、材质证明和使用说明书，对材料、设备有疑问的禁止进货。

3）项目经理部对分供方实行动态管理。定期对分供方的业绩进行评审、考核，并做记录，不合格的分供方从档案中予以除名。

4）各种材料、成品和半成品进场后必须按有关规定要求进行检查验收，合格后方可使用。未经检查或检查不合格的材料、成品及半成品一律不准使用。各类施工材料、机具设备进场后应堆放整齐，并有明显标识，标明材料、机具的品种、规格和检验状态。

5）用于施工过程的各种有关长度、重量、流量和电气参数等检测的计量器具，必须按计划进行。

6.3 安全管理措施

6.3.1 安全管理方针

安全第一，预防为主。

6.3.2　安全保证体系

建立以项目经理为组长，项目技术负责人、项目各部门经理、专职安全员为副组长，各专业专（兼）职安全员为组员的项目安全文明施工及消防领导小组，在市政府有关部门及公司安全部门的领导监督下，项目形成安全管理的纵横网络。项目经理部设专职安全员2名，超过50人的分包队伍必须配备专职安全员，50人以下的分包队伍必须有兼职安全员，专门负责各分包队伍的安全管理。

6.3.3　安全生产责任制

（1）项目经理是项目安全生产的第一责任人，对整个工程项目的安全生产负责。

（2）项目技术负责人负责主持整个项目的安全技术措施、脚手架的搭设及拆除、大型机械设备的安装及拆卸、季节性安全施工措施的编制、审核工作。

（3）项目各部门经理具体负责安全生产的计划和组织落实。

（4）项目各专业工长是其工作区域（或服务对象）安全生产的直接责任人，对其工作区域（或服务对象）的安全生产负直接责任。

（5）专职安全员负责对分管的施工现场，对所属各专业分包队伍的安全生产负监督检查、督促整改的责任。

6.3.4　安全管理制度

（1）安全教育制度：所有进场施工人员必须经过安全培训，经公司、项目、岗位三级教育，考核合格后方可上岗。

（2）安全学习制度：项目经理部针对现场安全管理特点，分阶段组织管理人员进行安全学习。各分包队伍在专职安全员的组织下坚持每周一次安全学习，施工班组针对当天工作内容进行每天的班前教育，通过安全学习提高全员的安全意识，树立"安全第一，预防为主"的思想。

（3）安全技术交底制：根据安全措施要求和现场实际情况，项目经理部必须分阶段对管理人员进行安全书面交底，各施工工长及专职安全员必须定期对各分包队伍进行安全书面交底。

（4）安全检查制：项目经理部每半月由项目经理组织一次安全大检查各专业工长和专职安全员每天对所管辖区域的安全防护进行检查，督促各分包队伍对安全防护进行完善，消除安全隐患。对检查出的安全隐患落实责任人，定期进行整改，并组织复查。

（5）外脚手架、大中型机械设备安装安全验收制：大中型机械设备安装完成后，必须经北京市安全劳动部门进行验收后才能使用；脚手架搭设完成后，必须经公司质安部验收合格后，方可使用。凡不经验收的一律不得投入使用。

（6）持证上岗制：特殊工种必须持有上岗操作证，严禁无证上岗。

（7）安全隐患停工制：专职安全员发现违章作业、违章指挥，有权进行制止；发现安全隐患，有权下令立即停工整改，同时报告公司，并及时采取措施消除安全隐患。

（8）安全生产奖罚制度：项目经理部设立安全奖励基金，根据半月一次的安全检查结果进行评比，对遵章守纪、安全工作好的班组进行表扬和奖励，对违章作业、安全工作差的班组进行批评教育和处罚。

6.3.5　基坑护坡观测检查

对现场基坑护坡进行观测，定期进行检查，保证基坑安全。

6.3.6 临边防护措施

(1) 基坑边设置红白相间的水平警示护栏两道，高度0.6m、1.2m，并用密目网进行封挡。

(2) 主体施工阶段结构外围全部采用密目式安全网进行封闭，层间每隔四层采用硬质材料进行封闭，每隔3层采用兜网进行封闭。

(3) 楼板、平台等面上的空口，使用坚实的盖板固定盖严。边长1.50m以上的洞口，四周设防护栏杆，洞口下张设安全网。

(4) 在建筑物底层，人员来往频繁，而立体的交叉作业对底层的安全防护工作要求更高，为此在建筑底层的主要出入口将搭设双层防护棚及安全通道。

6.3.7 临时用电和施工机具

(1) 使用电动工具（手电钻、手电锯、圆盘锯）前检查安全装置是否完好，运转是否正常，有无漏电保护，严格按操作规程作业。

(2) 电焊机上应设防雨盖，下设防潮垫，一、二次电源接头处要有防护装置，二次线使用接线柱，且长度不超过30m，一次电源采用橡胶套电缆或穿塑料软管，长度不大于3m，且焊把线必须采用铜芯橡皮绝缘导线。

(3) 配电箱、开关箱应装设在干燥、通风及常温场所，不得装设在易受外来固体物撞击、强烈振动、液体浸溅及热源烘烤的场所。

(4) 开关箱必须实行“一机、一闸、一漏”制，熔丝不得用其他金属代替，且开关箱上锁编号，有专人负责。

(5) 施工电梯须安装高度限位器、防坠落装置、紧急停止开关，卸料平台和人员出入口应设防护门。每日工作前，必须对施工电梯行程开关、限位开关、紧急停止开关等进行空载检查，正常后方可使用。

(6) 塔吊拆装顶升由专业人员负责，专业装拆人员操作，并经专门验收后，方准使用。塔吊操作工及信号工必须持有上岗证，塔吊在六级以上大风、雷雨、大雾天气或超过限重时禁止作业。塔吊之间的作业范围要协调好，塔吊的起重臂必须错开布置，不得处于同一高度。

6.4 消防保卫措施

6.4.1 现场消防措施

(1) 消防领导小组职责

1) 由项目经理对施工现场的消防安全负第一领导责任，领导与组织小组成员制定消防计划。

2) 部门经理和安全员直接负责施工现场的消防现场安全管理，负责对施工人员进行消防预防教育、培训、落实各项消防安全措施。

(2) 消防保证措施

1) 严格遵守北京市有关消防方面的法令、法规，按照《北京市建设工程施工现场消防安全管理规定》第84号令，开工前必须办理“消防安全许可证”方可开工，配备专职消防安全员。

2) 严格遵守北京市消防安全工作十项标准，贯彻以“以防为主、防消结合”的消防方针，结合施工中的实际情况，加强领导，组织落实，建立逐级防火责任制，确保施工安全。

3）对易燃易爆物品指定专人，按其性质设置专用库房分类存放。对其使用要按规定执行，并制定防火措施。

4）开工前根据施工总平面图、建筑高度及施工方法等按照有效半径25m的规定，布置消火栓和工程用消防竖管。现场配备干粉灭火器、消防锹、消防桶等器具。

5）在库房、木工加工房及各楼层、生活区均匀布置消防器材和消防栓，并由专人负责，定期检查，保证完整。冬期应对消防栓、灭火器等采取防冻措施。

6）施工现场内建立严禁吸烟的制度，发现违章吸烟者从严处罚。为确保禁烟，在现场指定场所设置吸烟室，室内有存放烟头、烟灰的水桶和必要的消防器材。

7）坚持现场用火审批制度，现场内未经允许不得生明火，电气焊作业必须由培训合格的专业技术人员操作，并申请动火证。工作时要随身携带灭火器材，加强防火检查，禁止违章。对于明火作业每天巡查，一查是否有“焊工操作证”与“动火证”；二查“动火证”与用火地点、时间、看火人、作业对象是否相符；三查有无灭火用具；四查油漆操作是否符合规范要求。

8）施工现场设置临时消防车道，并保证临时消防车道的畅通。现场保证消防车道宽度大于3.5m；悬挂防火标志牌及119火警电话等醒目标志。

9）在不同的施工阶段，防火工作应有不同的侧重点。

结构施工时，要注意电焊作业和现场照明设备，加强看火，特别是高层焊接时火星一落数层，应注意电焊下方的防火措施。装修施工时，要注意电气线路短路引起的火灾，对电气设备和线路要严格检查，还要注意在施工后期收尾时，个别电气线路变更或其他变更项目，需要用电气焊时的防火措施。在易燃材料较多处施工时，要设防火隔板，控制火花飞溅。还要注意油漆和一些挥发易燃易爆气体的涂料作业，做好通风，严禁明火；同时，还应注意在这种场所施工时工具碰撞打火或静电起火。

10）新工人进场要进行防火教育，重点区域设消防人员，施工现场值勤人员昼夜值班，搞好“四防”工作。对进场的操作人员及操作者进行安全、防火知识的教育，并利用板报和醒目标语等多种形式宣传防火知识，从思想上使每个职工重视安全防火工作，增强防火意识。

11）积累各项消防资料，健全施工现场防火档案。

6.4.2 保卫措施

（1）加强对每位员工的思想教育工作，建立有针对性的保卫制度和处罚制度。

（2）现场经济警察实行24小时值班制度，进出场车辆必须进行登记。

（3）现场每位员工必须佩戴胸卡进出现场，对于来访者要进行登记。实行材料出门条制度，材料出场必须有器材部签发的出门证，其他部门签发无效，现场贵重物品必须入库保管，专人专管。

6.5 文明施工管理措施

（1）成立现场文明施工管理小组，项目经理担任组长，建立现场文明施工责任区制度，根据文明施工管理员、材料负责人、各工长具体的工作将整个施工现场划分为若干个责任区，实行挂牌制，使各自分管的责任区达到文明施工的各项要求，项目定期进行检查，发现问题，立即整改，使施工现场保持整洁。

(2) 认真执行工完场清制度，每一道工序完成以后，必须按要求对施工中造成的污染进行认真的清理，前后工序必须办理文明施工交接手续。

(3) 由项目经理、文明施工管理员、保卫干事定期对员工进行文明施工教育、法律和法规知识教育，以及遵章守纪教育。提高职工的文明施工意识和法制观念，要求现场做到“五有、四整齐、三无”，以及“四清、四净、四不见”，每月对文明施工进行检查，对各责任人进行评比、奖罚，并张榜公布。

(4) 项目文明施工管理组每周对施工现场作一次全面的文明施工检查。公司每月对项目进行一次大检查，检查内容为施工现场的文明施工执行情况，检查依据：《建设部建筑施工安全检查评分标准》、《建设工程施工安全条例》、《北京市施工现场检查评分记录表》、公司“文明施工管理细则”。检查采用评分的方法，实行百分制记分。每次检查应认真做好记录，指出其不足之处，并限期整改。对每次检查中做得好的进行奖励，做得差的进行处罚，并敦促其改进。

6.6 季节性施工措施

6.6.1 冬雨期施工部位

根据总控进度计划，在工程施工期间将经历 2 个雨期和 2 个冬期，各期的施工项目如下：主体及装修工程处于冬期施工，基础及主体结构工程处于雨期施工。

6.6.2 雨期施工措施

雨期施工前认真组织有关人员分析雨期施工生产计划，根据雨期施工项目编制雨期施工方案。成立防汛领导小组，制定防汛计划和紧急预防措施，其中应包括现场和周边居民小区。

组织相关人员进行一次全面检查施工现场的准备工作，包括临时设施、临电、机械设备防雨、防护等项工作，检查施工现场及生产生活基地的排水设施，疏通各种排水渠道，清理雨水排水口，保证雨天排水通畅。

现场道路两旁设排水沟，保证路面不积水，随时清理现场障碍物，保持现场道路畅通。道路两旁一定范围内不要堆放物品，保证视野开阔，道路畅通。

检查塔吊基础是否牢固，设备防雷接地是否可靠。脚手架立杆底脚必须设置垫木或混凝土垫块，并加设扫地杆，同时保证排水良好，避免积水浸泡。所有马道、斜梯均应钉防滑条。

施工现场、生产基地的工棚、仓库、食堂、搅拌站、临时住房等暂设工程各分管单位应在雨期前进行全面检查和整修，保证基础、道路不塌陷，房间不漏雨，场区不积水。

(1) 钢筋工程

1) 现场钢筋堆放应垫木枋，以防钢筋泡水锈蚀。

2) 雨后钢筋视情况进行除锈处理，不得把锈蚀严重的钢筋用于结构上。

(2) 模板工程

1) 雨天使用的木模板拆下后应放平，以免变形。木模板拆下后及时清理，刷脱模剂，大雨过后应重新刷一遍。

2）模板拼装后应尽快浇筑混凝土，防止模板遇雨变形。若模板拼装后不能及时浇筑混凝土，又被雨水淋过，则浇筑混凝土前应重新检查，加固模板和支撑。

（3）混凝土施工

1）混凝土施工应尽量避免在雨天进行。大雨和暴雨天不得浇筑混凝土，新浇混凝土应覆盖，以防雨水冲刷。防水混凝土严禁雨天施工。

2）雨期施工，在浇筑板、墙混凝土时，应根据实际情况调整坍落度。

3）浇筑板、墙、柱混凝土时，可适当减小坍落度。梁板同时浇筑时应沿次梁方向浇筑，此时如遇雨而停止施工，可将施工缝留在次梁和板上，从而保证主梁的整体性。

（4）脚手架工程：

1）雨期前，对所有脚手架进行全面检查，脚手架立杆底座必须牢固，并加扫地杆，外用脚手架要与墙体拉结牢固；

2）外架基础应随时观察，如有下陷或变形，应立即处理。

6.6.3　冬期施工措施

冬期施工前，认真组织有关人员分析冬施生产计划，根据冬施项目编制冬期施工方案。

大型机械要做好冬期施工所需油料的储备和工程机械润滑油的更换、补充以及其他检修保养工作，以便在冬施期间运转正常。

冬期施工中，要加强天气预报工作，防止寒流突然袭击。现场临时管道均要采取保温处理，以防冻裂。

（1）钢筋工程：

1）雪天钢筋要用塑料布遮盖严密，防止钢筋表面结冰霜。

2）直螺纹接头现场取样后在负温条件下焊接钢筋，采取保温的方法，减缓焊接接头的降温速度。

（2）混凝土工程：

1）在浇筑前，要清除模板和钢筋上的冰雪和污垢。

2）冬期混凝土施工采用综合蓄热法施工，混凝土中必须添加高效防冻剂。

3）楼板保温采取先覆盖一层塑料布，后盖保温草帘被的方法；墙体及柱采用塑料薄膜及草帘吊挂保温。

4）冬施混凝土要制作抗冻临界强度试件及冬施转常温试件，分别用于检验受冻前的混凝土强度和转入常温养护28d的混凝土强度。

5）混凝土测温。

冬施混凝土要加强养护温度的测量工作，掺防冻剂的混凝土在临界强度2h前测一次，以后6h测一次。混凝土搅拌出机温度每班至少测4次，每罐混凝土进场后，都要进行混凝土出罐和入模温度的检测，各项检测工作都要做好测温记录。测温人员必须经过培训后方可上岗。

各部位施工的混凝土都要进行测温记录，测温孔要编号，并绘制测温孔布置图，测温时要将温度计与外界相隔离，在孔口四周用棉纱塞住，测温计要在测温孔内停留3min以上方可读数。

测温孔布置在温度变化大，易散热的位置，板的测温孔应按横方向不大于5m的间距布置，测温孔要垂直于板面，孔深为板厚的1/2；大墙面测温孔按纵横方向不大于5m间距布置；梁每跨至少一个，孔深为1/3梁高。

6.7 环保与文明施工措施

文明施工是建筑施工形象的窗口，是施工现场综合管理水平的体现，贯穿于项目施工管理的给终，文明施工不仅涉及项目每位员工的生产、生活及工作环境，而且对周围环境及居民的影响也很大。

我公司在文明施工方面一直注重管理，强调落实，并形成了规范化、制度化，依据公司明文规定并结合本工程特点，采取以下措施保证现场的环境卫生：

在大门口设置沉淀池，出场地车辆必须经过冲洗，避免将尘土、泥浆带到场外，运输散装材料的车辆，车箱必须封闭。

专人负责现场道路及大门出入口的清扫工作，并经常洒水，防止扬尘，现场内的道路浇筑混凝土硬化，防止雨期产生泥浆。现场设置垃圾站，并定期进行清运。

综合办公室抓好办公、生产区域的环境卫生工作，设置专门的生活垃圾回收站，每日有专人清理宿舍，临时厕所专人每日清扫。

6.8 降低成本措施

在施工前和施工过程中，积极提出合理化建议，优化设计和方案，尽量减少业主不必要的投资。

采用钢模板体系，减少抹灰作业工作量，同时也节约了投资。

采用先进合理的流水施工工艺，可以节约模板、机械设备及劳动力的投入，达到节约投资的目的。

严格实施材料限额领料；优化现场布置，充分利用现场场地；合理优化工期，降低管理费，优化配置大中型机械设备，降低租赁成本。开展QC活动，扩大PDCA控制面。

7 技术经济指标及效益分析

7.1 工期目标

确保本工程在591个日历内完成标书范围内的全部工程内容。

7.2 工程质量目标

确保本工程达到国家及北京市有关施工及验收规范的合格标准，确保本工程的整体结构工程达到获得北京市结构工程“长城杯”金奖和竣工“长城杯”金奖的质量等级，获得“鲁班奖”。

7.3 安全文明施工目标

以人为本，创造干净、整齐、卫生、方便的生活及生产条件，丰富项目业余文化生活，树立首都意识、营造文明环境。

杜绝重大伤亡及火灾、机械事故，年轻伤频率控制在3‰以下。

7.4　环保目标

以我企业“保护环境，营造绿色建筑，以人为本，追求人居、社区和施工环境的不断改善”的环境方针为宗旨，进行CI策划设计，做好现场硬化、绿化、美化，实施“花园式”工地管理。

7.5　竣工回访和质量保修计划

承诺对本工程质量终身负责，严格履行工程保修承诺。工程竣工时与业主签订“工程保修合同”，并在交工的同时，向业主提交“用户使用手册”，在手册中说明工程各个系统的详细情况以及在使用过程中的注意事项；同时，在现场对各个系统以及必要部位做出醒目的标识，以便于使用和保护，避免不必要的损失。工程交付使用后，定期对工程进行回访，确保“工程使用安全、设备和系统运转正常”的服务目标。

7.6　经济效益分析

本工程科技管理工作具有两个明显的特点，其一推广和运用建设部推荐的十项新技术和其他新技术多，建设部“十项新技术”中的10项共19个分项，其他技术4项，创新2项，而且推广和运用的工程量大；其二通过新技术、新工艺和新材料应用及推广，积极提出合理化建议，对原有设计进行优化，为企业创造了较好的经济效益。

在本工程施工过程中，我们把科技推广示范工作与创优质工程相结合、与安全文明施工相结合、与降低成本等各项管理基础工作相结合，既为高质量、高速度、低消耗地完成合同范围内的工作奠定了基础，有力地推动了企业施工技术和管理技术的进步，也为项目取得良好的经济效益创造条件。

其次，本项目的施工过程从设计源头抓起，从设计方案确定时抓起，对设计图纸多次进行严格科学计算，结合企业投标工程清单，提出多项合理化建议，例如楼板设置温度预应力、钢渣回填、水泥结晶防水涂料应用等。不仅使设计更加合理，同时也使工程使用功能更加完善，而且为业主降低了工程造价，为企业创造了可观的经济效益，共计408万元。

项目通过推广运用建设部推荐的十项新技术和其他新技术，产生经济效益额714万元超过原定计划（计划效益648万元），按自行完成产值18203万元计算，则取得技术进步效益为3.9%，超过原定计划2.7%。

本工程荣获了2005年北京市优秀管理项目，工程结构2005年6月12日和8月21日分别以“五个精”的高标准通过结构“长城杯”检查和复查。安全方面以优异成绩通过北京市文明安全工地检查与复查；顺利通过了中建总公司CI金奖检查。